# 中国自动化
## 技术发展报告
## 2025

孙优贤　陈　杰　等 编著

化学工业出版社
·北京·

内容简介

《中国自动化技术发展报告（2025）》分3篇内容，第1篇工业过程自动化，包括电力、冶金、炼油、石油化工、传统化工、煤化工、生物化工、精细化工、合成橡胶、环保共十大行业的自动化技术；第2篇装备设备自动化，包括数控机床、车辆驾驶、轨道交通、航空航天、陆用装备、船舶设备中的自动化技术；第3篇共性关键技术，介绍了工业互联网技术、工控安全技术、工控网络技术、工控装备技术、数字孪生技术、特种传感器技术、人机交互技术和工业机器人技术。每个行业和领域中的自动化技术基本按照技术发展背景、国内外发展现状、新技术新方法、应用情况以及发展建议进行介绍，力图把脉技术现状，分析发展方向，激励技术创新。

本书适合自动化领域广大技术人员、科研人员和管理者阅读，也适合高等院校相关专业师生学习参考。

**图书在版编目（CIP）数据**

中国自动化技术发展报告. 2025 / 孙优贤等编著. 北京 : 化学工业出版社, 2025. 9. -- ISBN 978-7-122-48531-1

Ⅰ. TP2-12

中国国家版本馆CIP数据核字第20252BQ641号

责任编辑：宋　辉　耍利娜　于成成　　文字编辑：毛亚囡
责任校对：宋　玮　　装帧设计：王晓宇

出版发行：化学工业出版社
（北京市东城区青年湖南街13号　邮政编码100011）
印　　装：盛大（天津）印刷有限公司
787mm×1092mm　1/16　印张67¼　字数1695千字
2026年1月北京第1版第1次印刷

购书咨询：010-64518888　　售后服务：010-64518899
网　　址：http://www.cip.com.cn
凡购买本书，如有缺损质量问题，本社销售中心负责调换。

定　　价：360.00元

中国自动化技术发展报告（2025）

CHINA AUTOMATION TECHNOLOGY DEVELOPMENT REPORT (2025)

编写委员会

主　任：孙优贤

副主任：陈　杰　钱　锋　桂卫华　王耀南　于海斌　段广仁　管晓宏　戴琼海

编　委（按姓氏汉语拼音排序）：

陈　虹　陈　杰　程　辉　程　鹏　戴琼海　邓　方　丁进良　董海荣　段广仁　管晓宏　桂卫华　刘　飞　罗　均　钱　锋　乔俊飞　孙彦广　孙优贤　田　洲　王　硕　王　坛　王文海　王耀南　阳春华　杨春节　杨明磊　叶贞成　于海斌　张　楠　赵　亮　赵　勇　周　彬

**CHINA AUTOMATION TECHNOLOGY**
DEVELOPMENT REPORT (2025)

# 前言
PREFACE

自动化科学与技术在当今社会发展中起着至关重要的作用，并且正经历着日新月异的发展和变化，特别是近年来，随着新一代工业制造技术、新一代人工智能技术、新一代信息通信技术与新一代工业控制技术的深度融合，我国自动化技术得到了飞速发展。为全面展现中国自动化行业与技术发展概貌，发展新质生产力，中国自动化学会组织专家编写《中国自动化技术发展报告（2025）》（以下简称《报告》）。

为高质量写好《报告》，2023年4月，自动化领域知名专家学者共同组成了编写委员会，负责报告的起草工作。自动化技术内容包括感知、建模、控制、优化、调度、管理、决策、诊断、运维、安全以及分析、设计、综合、仿真、调试、运行等。经过深入交流与充分讨论，编写委员会决定将自动化技术分为3个领域，共21个方面。经过数十位专家学者两年多的写作和反复修改，《报告》得以完成。

第1篇为工业过程自动化，详细介绍了电力自动化、冶金自动化、炼油自动化、石油化工自动化、传统化工自动化、煤化工自动化、生物化工自动化、精细化工自动化、合成橡胶自动化和环保自动化等的技术发展背景、技术发展概况、技术发展进展，展示了各行业在线检测与智能感知技术，生产装置及流程的智能运行控制与优化技术，以及全系统数字孪生与全流程智能优化技术。第2篇为装备设备自动化，分别是数控机床自动化、车辆驾驶自动化、轨道交通自动化、航天航空自动化、陆用装备自动化以及船舶设备自动化，详细介绍了各领域自动化的发展现状、关键技术、工程应用、存在问题、发展前景，特别是结合各自特点取得的突破性技术成果。第3篇是共性关键技术，分别为工业互联网技术、工控安全技术、工控网络技术、工业控制系统技术、数字孪生技术、特种传感器技术、人机交互技术和工业机器人技术，突出介绍了各自的新方法、新技术、新成果、新应用以及共性关键技术在自动化系统中的特殊重要性。

在本《报告》的筹划和组织编写过程中，中国自动化学会做了大量工作，所有编写人员得到了所在单位给予的大力支持和帮助，在此表示衷心感谢。《报告》中不足之处在所难免，恳请批评指正。

2025年5月20日

于湖州工业控制技术全国重点实验室

# 目录

CONTENTS

CHINA AUTOMATION TECHNOLOGY
DEVELOPMENT REPORT (2025)

2025

# 综述

自动化技术的发展经历了多个阶段，从最初的机械自动化、电气自动化开始，经历了数字化、网络化、智能化发展，不断推动着工业和社会的进步。第三次工业革命、电子信息技术的规模化应用，推动了自动化系统的数字化进程；20世纪80年代，伴随着现场总线技术的诞生，自动化系统开始进入网络化发展阶段。当前，第四次工业革命到来，随着人工智能、物联网、大数据、云计算等技术的迅速发展，自动化技术也将不断创新和升级。未来，自动化技术将更加注重柔性化、网络化、集成化、智能化发展，不断提高生产过程中的信息透明度、数据分析能力和资源优化能力。

随着新一代工业控制技术与新一代工业制造技术、新一代人工智能技术、新一代信息通信技术的深度融合，控制学科取得了突破性发展，在当今科技和社会发展中起着至关重要的作用，在各个领域都作出了重大贡献，并且正经历着日新月异的变化。为全面展示自动化和相关行业的发展概貌，推动自动化和相关行业的快速发展，中国自动化学会组织行业专家编写出版《中国自动化技术发展报告》。

2016年7月，孙优贤院士牵头，与陈杰、于海斌等院士和专家编写了第一期《中国自动化技术发展报告》，得到了广大科技工作者的好评。本期《中国自动化技术发展报告》主要总结、交流、推广在冶金（钢铁、有色）、电力（火电、核电、水电、风电、光热、光伏）、炼化（炼油、化工、石化、煤化、生化）、机械、电子、交通、建筑、船舶、环保、航空航天、陆用装备等领域成功应用的自动化系统理论、方法、技术、装备及软件。自动化系统的工作内容包括分析、设计、综合、仿真、安装、调试、运行、检测、维护等，技术内容包括建模、控制、优化、调度、管理、决策、诊断、运维、安全等。本期发展报告重点介绍了自动化和相关行业的国内外现状，以及自动化系统工作内容和技术内容的最新技术、应用推广、发展趋势、典型企业分析、政策建议等情况。

## 1. 自动化系统共性关键技术

本期技术发展报告着重介绍了应用最广泛、内容最重要、成效最显著的数字孪生技术、工控装备技术、工控网络技术、工控安全技术和特种传感技术等共性关键技术，这是自动化系统得以“安全可靠、优质高效、节能降耗、绿色环保”运行的基础。

### （1）数字孪生技术

数字孪生的相关概念最早是由美国密歇根大学的Grieves教授于2002年提出，当时称之为“与物理产品等价的虚拟数字化表达”。经过20多年的发展，数字孪生的含义逐渐完善，相关的理论研究日益丰满。虽然不同的研究机构和专家对于数字孪生定义的具体阐述不尽相同，但其本质都是一致的，即数字孪生是物理对象在数字空间中的全生命周期动态复制体，是化学特性、物理特性、行为特性、几何特性相同的孪生体。数字孪生一系列技术都从这五大维度出发，具有与物理实体相同的外观、属性、行为、规则等，可基于丰富的数据和模型对物理对象的状态和行为提供高保真的模拟、仿真、预测等多种功能。根据组成要素对其内涵进行剖析，数字孪生主要包含物理实体维度、虚拟实体维度、孪生数据维度、虚实连接维度以及服务应用维度五大维度，以此确保数字孪生体与物理实体的化学特性、物理特性、行为特性、几何特性的一致性。

1）物理实体维度

物理实体是数字孪生的构成基础，对物理实体的结构分解和需求分析是构建数字孪生体的前提。根据层级，物理实体可分为设备单元级、流程系统级、企业资源级三个层次。以数字孪生车间为例，车间内各设备，如鼓风机、热风炉、机床、机械臂等，可视为设备单元级物理实体，是功能实现的最小单元；根据产品的工艺及工序，由设备组合配置构成的生产线可视为流程系统级物理实体，可以完成特定产品或中间产品的加工任务；在生产线之上，企业各管理部门组成的包含了物料流、能量流、信息流的综合系统归属企业资源级物理实体。

不同的物理实体层级对应着不同的数字孪生应用需求和管控粒度。例如，针对设备单元级物理实体构建数字孪生，故障监测、设备维护将会是主要的应用需求；针对流程系统级物理实体构建数字孪生，更关注生产线的调度优化、产品质量管控等方面；针对企业资源级物理实体构建数字孪生，需要对各子系统间的交互和耦合关系进行重点刻画，从而实现企业制造、财务、销售、采购、人力等多方面协同分析，制订更优的经营计划。

2）虚拟实体维度

虚拟实体是数字孪生的主要表现形式，通过几何模型、物理模型、行为模型和规则模型对物理实体进行多维多尺度刻画。几何模型描述了物理实体的几何参数、装配关系等外部形态，使虚拟实体与物理实体具有良好的视觉一致性；物理模型刻画了物理实体的内部动态运行情况，如流场、电场、磁场建模等；行为模型模拟了物理实体在外部环境干扰与内部运行机制共同作用下的实时响应行为；规则模型囊括了基于历史关联数据的规律规则，基于隐性知识总结的经验，以及相关领域标准与准则等。最后通过对以上四类模型进行组装、集成与融合，并进行模型校核，以验证虚拟实体和物理实体的一致性、准确性等，创建出能够完整代表物理实体的虚拟实体。

3）孪生数据维度

数字孪生需要海量的孪生数据来支持模型构建、服务开发等过程，因此孪生数据是数字孪生的内驱力。孪生数据主要包括物理数据、虚拟数据、服务数据、知识数据、衍生数据等。物理数据包括体现实体规格、功能及性能等的物理要素属性数据与反映实体运行状况的真实数据，虚拟数据包括三维模型以及仿真、验证、评估、分析与预测等的仿真数据，服务数据包括业务应用算法与行为结果，知识数据包括专家知识、行业标准、规则约束与推理推论等，衍生数据包括数据预处理、分类、关联、集成、融合等相关处理后得到的新数据。孪生数据集成融合了信息数据与物理数据，满足信息空间与物理空间的一致性与同步性需求，并提供了更加准确、全面的全流程数据支持。

4）虚实连接维度

虚实连接实现数字孪生各组成部分的互联互通，支撑着数字孪生最本质的实时连接交互、迭代优化的虚实融合功能。数字孪生的虚实连接过程通常是基于各种传感器、嵌入式系统、数据采集卡等对物理实体数据进行实时采集，利用LoRa、Wi-Fi等数据传输技术和OPC-UA、MQTT等协议规范将数据在虚拟实体、数据库、应用服务等模块间传输，并将虚拟实体的实时仿真计算数据和服务应用模块产生的决策优化等转化为控制指令下达至现场执行器，实现对物理实体的实时反馈控制。低延时、低功耗、大带宽、高可靠的先进数据传输技术是实现数字孪生虚实连接的基石。

5）服务应用维度

数字孪生的服务呈现多元化，不仅能在仿真、可视化等方面体现其应用价值，还可针对不同的对象和需求，为产品设计、原料采购、加工制造、运行维护等全生命周期提供相应的服务，如流程优化、故障诊断、质量追溯等。先进的人机交互也是数字孪生系统的重要服务，其中增强式交互技术可以将物理空间与数字空间叠加，以沉浸式的3D显示方式呈现给体验者，并通过手柄、穿戴式传感器采集人体动作，实现人与数字空间的人机交互。上述服务通过封装成应用软件、移动端APP等形式向用户提供标准的输入输出，从而降低数字孪生应用实践中对用户专业能力与知识的要求，实现便捷的按需使用。

**（2）工控装备技术**

本期《中国自动化技术发展报告》中编写的工业控制装备即工业控制系统，全部发布在国家工业和信息化部组织编制的《工业重点行业领域设备更新和技术改造指南》之中。

1）集散控制系统（DCS）

DCS是一个多层次、分布式的系统，通常采用集中管理、分散控制的系统架构，即将整个控制任务分布到内部的多个控制器中，主要用于过程自动化，包括处理连续性工业流程的控制。对于大型的工程与生产，如电力、石油化工、钢铁等，可基于DCS经中央监控系统获取当前状态，并使用通信网络进行各部分的连接与协调。通过将控制分散化，降低了单点故障的风险系数，提高了系统的整体稳定性，DCS的特点如下。

分布式架构：DCS通过分散环境中的控制器与监控设备，减少了因集中控制而可能出现的生产瓶颈与故障点，使其有较高的冗余与容错性，适合较为复杂的广域系统。

数据处理与分析能力：DCS在生产中不仅能实现过程控制，还能进行实时数据的采集与分析，实现工业生产的全过程优化。

支持与人机界面（Human Machine Interface，HMI）的交互性：DCS通常具备高度可视化的HMI功能并配备中央控制室，操作员可在其中进行远程监控并集中调整调度。

2）可编程逻辑控制器（PLC）

PLC是一种数字计算机可编程控制系统，最初设计目的是为取代传统继电器控制，现广泛应用于流程自动化（生产线）中。PLC可通过编程实现机械设备与生产流程的控制，是当前主流工业控制系统的基础之一。通过接收传感器的输入信号，按照预定程序实现顺序控制、定时、计数、逻辑运算等功能后输出控制信号驱动执行器。因拥有高度可靠性、灵活性以及对恶劣工业环境的强适应性，其广泛应用于离散制造、包装、装配线等领域。PLC的特点如下。

模块化设计且易于编程：PLC通常采用模块化设计，易于扩展与功能维护；同时其拥有多种编程方式，如梯形图、指令表、功能模块等，在流程设计上表现更灵活多样。

高可靠性：PLC可适用于高温、潮湿、粉尘等恶劣工业环境，在实现系统控制的同时确保其能够稳定运行。

实时性强：目前市面上生产的PLC种类基本为PLC-HMI一体机，其人机交互能力更强，适合于单机或小型系统控制；同时其能以毫秒级别速度响应输入变化实现及时控制。

3）安全仪表系统SIS（Safety Instrument System）

SIS是用于工业过程中的关键安全系统。当检测到危险情况或异常条件时，SIS将会自动执行紧急措施以保护人员、设备与环境。可通过实时监控关键工艺参数（如压力、温度、流量等）以及工艺设备运行状态，确保在可能发生事故时系统能够迅速、安全地进行响应，防止事故的升级或恶化。其广泛应用于涉及高温、高压或有害物质操作的存在较大安全隐患的高风险行业，如石油化工、天然气处理与大型制造业等。SIS的特点如下：

高可靠性：SIS在设计之初通常在内部预留冗余，即当某些部件发生故障时，系统仍能正常运行。多层备份与定期测试保证了其在关键时刻的稳定性与可靠性。

实时响应：当系统工艺参数超出安全范围时，SIS会迅速做出反应，执行如紧急停机等安全措施。其反应时间极短，能在事故发生前及时阻止危险扩展。

独立性：SIS与过程控制系统（Process Control System，PCS）分离，确保即便控制系统出现故障，安全系统仍能独立工作，保证不受其他系统干扰。

自动化保护：SIS在上述异常或紧急情况下无需进行人工干预，能自启动应急措施，如关闭阀门、停机或启动备用系统，确保设备与人员安全。

4）监控与数据采集系统SCADA（Supervisory Control And Data Acquisition）

SCADA系统是一种用于远程监控与控制广域分布系统的工具，用于监控与控制地理上分布较广的设备，通过各种传感器采集远程设备的运行数据，并将这些数据传输到中央控制室进行监控与分析，常见的应用场景包括电力传输、管道运输、水处理等在工业控制中涉及广泛地理分布的领域。SCADA系统的特点如下：

实时数据采集与监控：SCADA系统能够持续采集现场设备的实时数据，监控重要参数（如压力、温度等），确保生产过程在设定范围内正常运行。

远程操作与控制：在实际控制中，可以通过SCADA系统远程管理与控制分布广泛的设备，减少现场操作的需求，提高操作效率与灵活性。

事件与报警管理：SCADA系统能自动检测异常情况并生成报警，帮助操作人员及时发现并解决潜在问题，防止事故或停机。

数据存储与历史记录：SCADA系统会存储大量历史数据，用于故障排查趋势分析与优化操作，帮助企业改善长期决策与维护计划。

高度可扩展性：SCADA系统同样具有模块化设计，能够根据需要轻松进行扩展，适应从小型设施到大规模分布式系统的需求。

**（3）工控网络技术**

在工业控制工程领域，工业控制网络（工控网络）起到至关重要的作用。工控网络致力于将计算机网络技术应用于工业控制系统领域。随着现代工业的发展，工控网络技术在提高生产效率、降低成本、增强系统可靠性等方面发挥着越来越重要的作用。

工控网络技术是一种特殊的网络技术，旨在满足工业控制系统对实时性、可靠性、稳定性等方面的高要求。它将计算机网络技术引入到工业控制领域，实现工业设备之间的数据交流、控制指令传递等功能。

工控网络相较于通用网络有着一些明显的区别。首先，工控网络对实时性和可靠性的要求更高，因为在工业控制中，任何时间的延迟都可能导致系统失效。其次，工控网络通常需要支持更广泛的工业协议和通信标准，以适应多样化的工业设备。

工控网络的关键技术主要有：

① 实时通信技术：工控系统中的实时性要求决定了工控网络必须支持实时通信。实时通信技术包括周期性通信和事件触发通信，确保在严格的时间限制内完成数据传输和控制指令的下发。

② 网络拓扑结构：工控网络的拓扑结构直接影响了系统的稳定性和可靠性。常见的工控网络拓扑包括总线型、星型、环型和树型等，根据具体应用需求选择合适的拓扑结构。

③ 网络协议与标准：工控网络使用的协议和标准直接关系到设备之间的互操作性。常

见的工控网络协议包括Modbus、Profibus、Ethernet/IP等，它们在不同的工业场景中具有广泛的应用。

④ 网络安全技术：随着工业互联网的普及，工控系统面临着越来越严重的网络安全威胁。网络安全技术包括防火墙、入侵检测系统、加密通信等，以保护工控系统免受恶意攻击和数据泄露的威胁。

⑤ 无线通信技术：传统的有线工控网络在某些场景下存在布线难、维护成本高等问题，因此无线通信技术成为一种重要的选择。工控系统中的无线通信技术包括Wi-Fi、蓝牙、Zigbee等，它们为工业设备提供了更灵活的连接方式。

在国内广泛应用的工业控制网络主要有CAN、Profibus、ISO、Profinet、FF、HART、EPA等现场总线，下面着重介绍EPA。

EPA（Ethernet for Plant Automation）全称为《用于工业测量与控制系统的EPA系统结构与通信标准》，是在国家“863”计划支持下，由浙江大学、浙江中控技术股份有限公司共同主持，联合中国科学院沈阳自动化所、清华大学、大连理工大学、重庆邮电学院、上海工业自动化仪表研究所、北京华控技术有限责任公司、机械工业仪器仪表综合技术经济研究所等国内部分高校、科研院所、高新技术企业，在解决了以太网用于工业现场设备间通信的确定性通信调度、总线供电、网络安全、可互操作等关键技术的基础上，起草的我国第一个拥有自主知识产权的现场总线国家标准。该标准被国际电工委员会IEC作为PAS标准（Pulblic Available Specifcation）予以发布，并被IEC接收为正在制定的国际实时以太网标准IEC61784-2中的实时以太网类型14（Common Profile Family 14，CPF 14），成为我国第一个被国际认可和接收的工业自动化领域的通信标准。

EPA采用了ISO/OSI开放系统互联模型的一、二、三、四、七层，并在第七层之上增加了第八层（用户层），其中最关键的一点是EPA在数据链路层扩展定义了一个EPA通信调度管理实体。EPA在链路层先前采用GB/T 15629.3—1995标准（即带碰撞检测的载波侦听多址访问）的访问方法和物理层规范。EPA通信调度管理实体用于对EPA设备向网络上发送报文的调度管理。它采用分时发送机制，按预先组态的调度方案，对EPA设备向网络上发送的周期报文与非周期报文发送时间进行控制，以避免碰撞。EPA在传输层与网络层使用的协议十分常见，包括IP、ARP、ICMP、IGMP、UDP和TCP。EPA应用层以OSI应用层结构标准（GB/T 17176—1997）为基础。

**（4）工控安全技术**

工控安全技术的发展与创新对工业互联网安全领域的影响是深远且多方面的，在不断演变的网络安全威胁面前，新兴技术的应用已经成为提高防护能力、应对复杂威胁的关键手段。

首先，人工智能和机器学习技术的发展对工业互联网安全产生了重大影响。这些技术可以分析大量数据，快速识别出异常模式，从而及时发现潜在的安全威胁。例如，通过机器学习算法，安全系统可以学习和预测恶意软件的行为模式，有效地阻止新型和复杂的攻击。

其次，区块链技术在数据安全和完整性保护方面显示出巨大潜力。区块链通过其去中心化和不可篡改的特性，可以为工业互联网提供一个安全、透明的数据交换平台，这对于防止数据篡改和确保交易安全至关重要。

再者，云计算和边缘计算技术的发展也为工业互联网安全带来了新的挑战和机遇。通过云计算，企业可以利用强大的云端安全服务来保护数据和资产。同时，边缘计算能够在数据产生的地点进行处理，减少数据传输中的安全风险。

最后，物联网（IoT）设备的安全也成为了一个重要话题。随着越来越多的设备接入网络，确保这些设备的安全变得尤为重要。这需要从硬件和软件两个层面加强安全性，比如通过加密技术保护数据传输的安全，以及定期更新固件和软件来防范安全漏洞。

1）数据安全

在工业互联网的领域内，数据安全是一个极为关键的组成部分，涉及保护大量生成和流通的数据不被非法访问、泄露或篡改。随着工业自动化和智能化的深入，企业对数据的依赖程度越来越高，这使得数据安全变得尤为重要。

首先，保护数据的保密性是数据安全的首要任务，这涉及防止敏感信息（如商业机密、工艺流程、客户数据等）被未授权的第三方获取。在这方面，加密技术、访问控制和网络隔离等措施常被用来确保数据的保密性。

其次，数据的完整性同样重要。这意味着必须确保数据在存储、处理和传输过程中不被篡改。为了保障数据的完整性，通常需要实施数据校验机制和完善的数据备份策略，以及定期进行数据完整性的审核。

再者，数据的可用性也是数据安全的一个重要方面。这要求数据在需要时能够被可靠地访问和使用。为此，企业需要采取措施确保数据存储系统的稳定性和抗灾能力，以及在发生数据丢失或损坏时能够迅速恢复数据。

此外，随着数据分析和人工智能技术的应用，数据安全的挑战也在不断增加，这要求企业不仅要关注数据的静态保护，还要关注数据在分析过程中的安全性。

2）设备和系统安全

在工业互联网环境中，设备和系统安全是确保整个生产流程平稳运行的基石。随着工业自动化和智能化水平的提升，工业设备和控制系统越来越多地依赖于网络连接，这不仅带来了效率和灵活性的提升，同时也引入了新的安全风险。

首先，物理安全是设备和系统安全的基本要求，这涉及防止设备被盗、破坏或非法访问。为此，企业需要实施严格的物理访问控制，比如使用监控摄像头门禁系统和安全警报系统，来保护关键的设备和基础设施。

其次，网络安全对于工业设备和系统同样至关重要。随着越来越多的设备连接到网络，它们可能成为黑客攻击的目标，这要求企业采取有效的网络安全措施，如使用防火墙、入侵检测系统和安全协议，以防止恶意软件感染和网络攻击。

此外，系统的稳定性和可靠性也是保障生产安全的关键，这不仅要求硬件设备的高质量和可靠性，还要求软件系统具备强大的容错能力和快速恢复能力。例如，通过实施冗余设计和备份策略，可以确保关键系统在面临故障时仍能维持运行。

最后，随着工业互联网技术的不断发展，设备和系统安全的维护也需要不断适应新的挑战。这包括定期更新系统和软件以修补安全漏洞，以及对新引入的技术进行安全评估和测试。

3）网络安全

在工业互联网环境中，网络安全是维护整个生产和运营体系安全的核心环节。随着工业系统越来越多地依赖于网络技术，如云计算、物联网（IoT）和远程监控，网络安全面临的挑战也在不断增加。

首先，入侵防御是网络安全的基本要求。企业需要部署有效的防火墙和入侵检测系统（IDS）来监测和阻止未授权的访问尝试。这些系统能够识别出潜在的攻击行为，如恶意软件传播和网络扫描，从而防止黑客入侵工业控制系统。

其次，数据加密在网络安全中扮演着重要角色，加密技术可以保护数据在传输过程中不被截取或篡改，特别是在开放的网络环境中，如通过互联网进行的数据传输。使用强加密算法和安全的通信协议能够显著提高数据传输的安全性。

安全监控也是保护网络安全的关键。这涉及实时监控网络流量和系统活动，以便及时发现异常行为或潜在的安全威胁。通过部署网络监控工具和安全信息与事件管理系统（SIEM），企业能够更有效地管理安全警报并快速响应安全事件。

最后，随着新技术的不断引入，网络安全策略和措施也需要持续更新和改进。这包括定期进行安全评估、更新防御策略以应对新的威胁，以及对员工进行网络安全培训，提高他们的安全意识。

下面从工业互联网安全新技术层面重点介绍安全防御技术。

1）安全风险评估技术

主要包括工业控制系统网络结构模型、工业控制系统脆弱性定义、工业控制系统脆弱性面临的问题分析，重点是控制器脆弱性分析。

在信息物理系统中，控制器在保证可靠性和稳定性方面起着至关重要的作用。特别地，冗余控制器结构在分布式控制系统及监测控制与数据采集系统中广泛应用。冗余控制器在关键工业过程如电力系统、水处理系统、化工过程等典型工业网络系统中保障系统正常运行尤为重要。然而，这种扩展结构也带来了新的网络攻击面，攻击者可以利用冗余的控制器设计破坏性更大的隐蔽性攻击。工业现场常用的控制器（如PLC）本身存在着大量漏洞，从PLC的通信协议到固件，均有可能被攻击者攻破，而直接针对现场设备和物理过程的攻击危害极大。因此分析冗余结构控制器的脆弱性对增强控制系统现场层的安全性具有重大意义。

2）安全设计与规划技术

工业互联网安全防御技术中的安全设计与规划技术是指在工业互联网系统建设的初期阶段，通过合理的设计和规划来确保整个系统在安全性方面的健壮性。以下是一些与安全设计与规划技术相关的关键方面：系统架构安全设计、安全需求分析、威胁建模与风险评估、访问控制与身份验证、数据保护与加密、安全培训与意识、合规性与标准遵循、更新与维护策略。

3）安全运营与响应技术

① 安全运营技术。随着工业互联网在当代生产中广泛应用，其高效性和创新性为工业生产注入了新的活力。然而，随着这种数字化浪潮的兴起，同时也带来了潜在的隐患。工业互联网安全运营技术在这一背景下崭露头角，它为工业系统的可靠性、完整性和保密性提供了坚实的保障，旨在防范和应对各类潜在的网络威胁和安全风险。这一技术体系的应用不仅为工业生产带来了全新的可能性，而且有效地应对了数字化转型中面临的挑战。其目标是保护工业系统免受未经授权的访问、恶意攻击以及数据泄露等威胁。重点是网络安全防护、身份验证与授权。

② 安全响应技术。工业互联网的安全响应技术旨在构建一套高效辨识、应对和恢复网络安全事件的战略和措施。这一综合技术框架的目标在于加强工业系统对潜在威胁的感知和响应能力，以确保系统能够在可能受到损害的情况下迅速而有序地采取适当的行动。

该技术体系注重提高工业系统的警觉性，通过实时监控、智能分析和先进的威胁检测工具，迅速识别潜在的异常行为和安全事件。随着数字化工业的复杂性增加，这种技术体系致力于更全面、智能化地管理安全事件，以便系统能够对各种威胁做出敏捷而有针对性的应对。

③ 网络隔离技术。工业网络隔离技术是一项关键的安全响应策略，通过在工业互联网系统中实施网络分割和访问控制，有效降低了网络攻击的传播风险。通过将工业网络划分为不同的区域，这项技术限制了数据流量在系统内的传播范围，使得即使在发生安全事件时，攻击难以跨越不同区域，从而有效遏制横向传播。

工业网络隔离技术可以实现差异化的访问控制，只允许经过授权的设备和用户在不同网络区域之间进行通信，这种精确的控制手段不仅提高了系统对未经授权访问的抵御能力，而且有助于限制恶意活动的影响范围。使用安全网关技术实时监测网络流量，对跨越不同网络区域的流量进行深度检查和过滤，确保只有合法且安全的通信能够通过。

④ 内生安全技术。内生安全智能攻防技术是一种先进的网络安全方法论，注重系统自身的保护和主动防御能力。该技术整合了机器学习、人工智能和先进的行为分析等技术手段，以实现系统的自我保护、自我修复和自我学习。这种方法不仅仅依赖于传统的防御措施，更强调系统能够在不断变化的威胁环境中适应和演进。

学习能力是内生安全智能攻防技术的又一显著特征。通过分析历史数据和安全事件，系统能够不断改进其防御机制，适应不断演进的威胁态势，这使得系统在面对新的攻击形式时能够更具适应性和智能性。

在内生安全智能攻防中，智能防御是关键的组成部分。通过实时监测和分析系统的活动，利用先进的算法和模型，系统能够识别潜在的异常行为和威胁特征。使系统不仅识别已知攻击模式，还能够识别新型的威胁，从而提高对未知威胁的防御能力。值得重视的是嵌入式可编程电子组件的安全增强技术和控制工程软件开发平台的安全增强技术都能有效实现安全增强和动态防护。

除了以上四项新技术之外，工控系统全生命周期的内生安全、工程文件的全生命周期安全保护技术、信息物理融合系统的异常检测技术，以及控制逻辑代码安全审计技术等都是十分重要的新技术。

**（5）特种传感技术**

制造业是立国之本、兴国之器、强国之基。我国制造业规模跃居世界第一位，已具备了建设工业强国的基础和条件。传感器作为“工业基石”，是各类产业赖以生存和发展的基础，作为“性能关键”，直接决定重大装备和整机产品的性能、质量。以传感器为代表的感知制造业将是未来重要的战略性新兴产业，是信息系统的源头，是实现自动化、智能化的核心。传感器具有广泛的应用领域和巨大使用量，在工业生产制造中扮演着重要的角色，也应用于航天、国防和工农业等多个领域，将成为构筑未来智能社会基础设施、工业基础支撑体系、各类装备产品的关键。但传统传感器基本属于低端基础类别，有反应较慢、精度不高、稳定性差、体积偏大、对恶劣工业场所（高温、粉尘、潮湿、电磁干扰等）的适应能力不强、能耗高、技术含量低和寿命短等问题。而以大数据分析作为实现智能制造的基础，要求传感器更加智能化、精准和稳定，来保障设备高质量和高效率地运行，这对大数据和工业自动化融合至关重要，也是实现智能制造的突破口。智能系统化、移动数字化、微型化、多功能化、低功耗、低成本、高灵敏度、高安全性、高可靠性、高实时性、高适应性将是传感器新技术、传感器工业测量技术和传感器信息融合技术发展的重要方向。

1）太赫兹传感技术

太赫兹传感技术包括太赫兹通信技术、太赫兹分子光谱技术、太赫兹成像技术等。国际电信联盟在2015年已将81 ～ 86GHz列为候选频段，但2019年5G“扩容”也只是到了66 ～ 71GHz；随着美国联邦通信委员会于2019年3月15日投票决定开放95 ～ 3000GHz，掀起了6G的研究热潮，即被认为迈向了太赫兹通信时代。太赫兹通信系统，从技术框架而言主要是基于固态电子学器件和基于光-电结合两种方式，虽然已经在140GHz、220GHz和260 ～ 270GHz的室内信道测量方面取得了一定进展，但一直存在频效提升问题、站点密集问题和频率扩展问题。近年来虽然在宽带信道估计技术上取得了较好的研究进展，但2030年实现太赫兹通信的商业化尚需解决一系列的关键技术，部分关键技术问题也一直制约5G技术的发展和推广。

2）微纳气体传感技术

微纳气体传感器基于分子之间的相互作用进行响应识别，其敏感机理涉及气体分子在接触敏感材料表面时发生的吸附/脱附和氧化还原等反应，引起材料电阻值的变化。通过微观结构调控，缺陷结构优化，贵金属修饰和异质结构构建，可进一步提升传感器的气敏性能。微观结构调控通过调整晶粒尺寸和孔隙率增加金属氧化物半导体活性位点的关键因素。大孔径加速气体分子扩散，促进吸附/脱附速度，缩短响应/恢复时间。缺陷结构优化通过晶界和空位等敏感材料缺陷影响气体传感特性。通过异价金属阳离子掺杂引入缺陷，调节电子结构以优化传感性能。贵金属修饰通过在敏感材料表面担载纳米贵金属颗粒（Au、Ag、Pd、Pt），优化化学和电子敏化作用提高气敏性能。异质结构构建通过异质结合并两种不同费米能级的半导体材料，导致电荷转移和费米能级平衡。异质结是气体吸附和反应的活性位点，显著提高传感器响应、选择性和检测下限。

工业气体在线检测技术以微纳气体传感器为基础，创新地整合了工业气体检测信号收集、处理和识别技术。这一创新为工业领域带来了安全、环保和效率的协同发展。信号收集技术应用微纳传感器与监测设备实时捕获环境气体信号数据为后续分析提供丰富信息。信号处理技术通过多模态分析和滤波原始信号数据，提升数据质量和空间表达的特异性，为深入决策识别模型的构建奠定坚实基础。信号识别技术运用智能优化与机器学习等前沿方法，从处理后的数据中精准识别气体成分，实现高效准确的定性定量识别。这些技术的创新性在于整合了微纳气体传感器和多种智能分析决策技术，实现了对工业环境气体实时监测，为工业安全提供有力支持。其突破性在于推动工业领域数字化转型，实现气体检测的自动化、远程化和智能化，为生产决策提供智能数据决策支持，促进生产管理可持续。

3）自供电传感技术

自供电传感技术集微机电技术、集成电路技术、微处理器技术和无线通信技术于一体，重新定义了传感器件的功能和结构：传感器同时具有信息获取、能量采集和无线通信功能，它由敏感材料结构、换能元件、信号调理及采集电路、电源管理电路、微处理器和无线收发部件构成。自供电传感器由于不需要信号以及电源的物理连线，而且不需要电池维护，使用时具有极大的便利性和灵活性。对于任何对象和系统，都可以采用自供电无线传感器来实现非侵入式的、可方便扩展、不需维护的智能感知。而且采用自供电无线传感器来实现一个系统中所要求的信息获取功能时，不再需要考虑传感器可能会给系统带来的限制。

4）分布式光纤应变传感技术

经过四十多年的努力，光纤多参数检测技术已经成为中国传感器领域的一个重要分支，成为现场在线检测的重要手段。近年来，上海交通大学在地壳微弱形变观测的高精度光纤应变传感技术方面取得了一系列重要进展与成就，提出了基于Pound-Drever-Hall技术的光纤法布里-珀罗（F-P）干涉仪/相移光纤光栅解调方案和射频强度调制边带探测技术，将准静态频段应变信号测量分辨率提升至亚纳应变（10 ～ 10ε）级；通过实时双闭环控制技术，进一步提高了测量分辨率并拓宽了响应频带，实现了在大于100Hz高频响应下10 ～ 11ε级的准静态应变分辨率。深圳大学开展了利用飞秒激光制备光纤光栅的研究，实现了光纤光栅的并联和串联集成，并成功制备出耐高温的光纤光栅。光纤表面等离子激元共振（SPR）传感、倾斜光栅等在生物学、医学、食品安全和石油化工等领域在最近几年也得到很好的应用。光纤SPR传感技术对环境折射率的变化非常敏感，成为当前光纤传感领域的研究热点之一。光纤SPR传感技术克服了传统SPR技术检测系统体积大、仪器价格和维护成本昂贵、难以实现遥测及在线监测等局限，具备耐腐蚀、耐高温、抗电磁干扰、传输距离远等优点，可实现灵巧系统、在线遥测及免标记生化测量等，响应速度快、特异识别功能强、分辨率和灵敏度高，有效地推动了SPR检测技术的发展和普及。近年来，中国在光纤SPR传感理论、传感器件、仪器化和实用化方面开展了一系列研究工作。北京交通大学研究了光纤光栅结SPR传感理论，结果表明，表面等离子激元模式的传播长度决定了光栅长度的阈值，在光栅长度接近阈值长度时可实现有效的模式耦合。深圳大学采用光纤侧面抛光镀银的方法制作了SPR传感器，研究了银镀层降解对传感器性能的影响，提出基于相位解调的光纤SPR传感器。这些研究有望逐步实现更高灵敏度、高可靠性、高集成度和功能复用的智能化光纤SPR传感系统，拓展了光纤多参数检测技术在工业实际应用中的新路径。

5）实时互联网融合感知技术

实时互联网融合感知技术将分散在不同空间、不同时间、不同频率的物理世界信息汇聚并融合在一起，使物理世界能够更精准地接入信息世界，从而为后续的智能化提供必要的支撑。

高速高并发的全频段数据采集需基于硬件实现，软件在处理速度与并行性方面无法满足工业应用中的数据采集需求。在有限的硬件资源下同时兼顾采集速率、并发性以及全频率覆盖需要创新性的技术作为支撑。一方面，通过自适应的频率调整与功能的细粒度划分，实现工业特定场景下的全频率支持。另一方面，通过细粒度硬件功能的分时复用，有效地降低高端采样技术对硬件资源的需求，进而增加有限资源所能支撑的采样通道数量，最终实现高端自动化场景中的数据采集。

实时可靠传输技术通过对网络多维资源的灵活按需调度，突破了已有网络架构的性能限制。在实时性方面，基于时、频、网络设备多维度调控手段，通过分级无冲突实时调度方法，优化数据传输过程，消除传输间的资源竞争，提升传输的可控性，确保传输的完成时间。在可靠性方面，通过分布式动态局部自修正技术，在传输异常发生时，根据全局先验信息与本地当前信息，以最小改动为目标，对传输时机与路径进行修正，尽可能在本地消除异常传输，确保端到端整体传输。

高精度实时融合技术首先基于系统整体的时间同步，将海量信息在时间维度对齐。对于大规模系统所包含的多种时间尺度子系统，通过分尺度级联与同步技术，使同步误差满足工业需求。之后通过硬件并行化技术对海量信息进行高速的特征提取，实现实时信息的处理。最终，人机物特征通过分级机器学习进行逐级的凝练融合，实现复杂工况的融合感知。

6）无线无源微传感技术

与传统的有线传感器相比，无源无线传感器具有许多优势，由于不需要复杂的电路结构和冗余的电气连接，因此总成本很低。同时，不需要大型电源系统使传感器使用更加方便，使用寿命更长。由于采用无线通信，因此可以用于无法使用有线连接的领域，例如人体内部、密封或超高温环境。该技术的创新性及突破性主要体现在以下三个方面：

① 微型化与集成化：该技术结合微纳技术与无线通信技术，将传感器、信号处理单元和通信模块集成在微小封装中，实现了传感器的无线供能和通信功能。与传统有线传感器相比，无线无源传感器不受布线限制，可以灵活布置在各种复杂环境中，有效地降低了传感器的维护成本和工作风险，使得监测系统可以更加方便地应用于不同的场景和环境。

② 高速高旋环境下信号可靠获取：无线无源传感器可部署在旋转装备的关键部位，通过无线信号接收器接收并分析传感器返回的信号，实现对装备压力、振动、温度等参数的实时监测，解决高速、高旋环境下传感信号的传输问题，广泛应用于旋转动力装备健康监测、目标检测与跟踪、空间飞行器姿态控制以及高速机械设备监测等多个领域。

③ 突破高温测试极限：无线无源传感技术可与HTCC陶瓷、硅酸镓镧、铌酸锂、碳化硅等多类耐高温敏感材料配合，解决高温环境下传感器性能退化的问题，同时采用无线信号读取技术可解决引线焊点失效导致的温度限制问题。

技术应用情况：无线无源微传感器及测量系统已广泛应用于航空航天、汽车制造、石油化工等领域。例如，在航空航天领域，该技术可用于监测航空发动机的高温工作状态，提高飞行安全性；通过该技术实时测量飞行器的角速度、加速度、磁场及气压等参数，实现对空间飞行器的稳定控制。在汽车制造领域，可以用于测量发动机和排气系统的温度，有效提升汽车性能和燃烧效率。在石油化工领域，应用于测量反应器内部的温度变化，优化工艺控制，减少能源消耗。2020年，无线传感器市场价值为44.357亿美元，预计2026年将达到159.982亿美元，2021年至2026年期间的复合年增长率约为23.5%。

## 2. 过程自动化关键技术

本期技术发展报告中叙述了十类行业的工业过程自动化，这是我国工业自动化的应用主体，代表着整个自动化领域的最高水平，并且正向着数字化、网络化、智能化全面推进。下面介绍冶金、电力、石化领域的七大最新的关键技术。

### （1）有色冶金过程智能协同优化与动态协同运行技术及应用

① 锌冶炼过程智能控制与协同优化技术：锌是重要基础原材料，我国是世界上最大的锌生产和消费国。但是，由于我国锌精矿资源复杂、伴生元素多、成分变化大，使得锌冶炼流程长、多工序关联、反应机理复杂，造成动态生产条件下的精准调控和全流程优化运行极其困难，严重影响锌冶炼过程的节能降耗和产品质量的稳定，制约了我国锌冶炼工业的绿色高效发展。有色冶金过程智能协同优化与动态协同运行技术揭示了锌冶金反应器多相多反应之间的“竞争-促进”关系，首次构建了级联冶金反应器的闭环链式模型，原创提出基于生产数据特征与机理模型匹配程度的多工况自主划分方法，实现了级联冶金反应器工况全覆盖下的模型化描述；探明了工况动态迁移过程中控制系统性能的变化机制和控制潜质，首创面向控制潜质的周期自调整控制方法，发明了面向工艺指标控制性能的可控域分类方法和多可控域下控制规则主动提取技术，攻克锌冶炼过程中动态工况下的稳定控制难题；解析了锌冶炼过程多反应器之间及浸出、净化、电解等多工序之间的动态耦合关系，发明了基于氧化还原电位的级联冶金反应器梯度优化控制和操作模式动态匹配的多工

序协同优化技术，突破了矿源复杂多变下的锌冶炼全流程运行优化难题。

② 铜冶炼全流程高效动态协同运行技术：铜冶炼过程是将大规模物质流，通过由多种炉窑等组成的长流程生产链，逐级生产得到金属铜。随着全球有色金属资源日趋贫杂化和冶金装备日益大型化，装备作业模式多样、作业时长差异大，生产流程易“梗阻”。为此，首创供应链-生产链多目标协同的一体化优化技术，发明了枢纽装备作业终点变化规律表征技术，提出连续-批次多作业模式下“作业任务-生产时序”协同的生产要素动态调度方法，突破了大规模物质流与全流程生产节拍协同的技术瓶颈。技术应用于世界最大铜冶炼企业江西铜业集团，提高了铜熔炼的原料适用性和资源回收率，支撑闪速炉作业率、铜回收率、综合能耗等核心技术指标世界第一，率先建成“国内领先、世界一流”的铜冶炼智能工厂，获工信部“智能制造示范工厂揭榜单位”，引领铜冶炼行业智能化转型。

**（2）大型高炉炼铁系统高性能运行控制关键技术及应用**

大型高炉炼铁系统高性能运行控制是钢铁工业“安全、优质、高效、低碳”运行的重大需求。该项目组在国家自然科学基金重大项目、国家863计划等支持下，突破了严重制约大型高炉炼铁系统高性能运行的关键信息智能感知技术、智能诊断安全运行技术、智能优化协同控制技术三大难题，形成了自主知识产权的核心技术体系，开发了高炉炼铁过程高性能运行控制软件与系统，并大规模推广应用。主要创新成果如下。

① 关键信息智能感知技术：首次提出了数据驱动多元铁水质量非线性子空间建模与在线高精度感知方法，发明了多源信息融合的烧结矿FeO含量时序智能感知技术，创建了选择性注意机制融入编码解码网络的烧结终点预测模型，突破了铁水硅含量、烧结矿FeO含量等关键参数在线感知的国际性难题，实现了炼铁系统运行状态高精度观测。

② 智能诊断安全运行技术：首次提出了移动滑窗隐马尔可夫模型驱动的高炉炼铁故障监测方法，创建了基于深度加权联合分布适应网络的高炉炼铁故障诊断算法，发明了动态贝叶斯网络驱动的高炉炼铁故障自愈技术，攻克了制约大型高炉炼铁系统安全运行的重大技术难题，实现了炼铁系统故障精准诊断与快速自愈。

③ 智能优化协同控制技术：首次提出了分层协同多级闭环炼铁系统智能优化控制方法，创建了递推子空间辨识在线建模的铁水质量预测控制模型，发明了深度学习辅助典型变量分析的烧结矿FeO含量和烧结终点预测控制技术，解决了大型高炉炼铁系统全局协同优化控制的国际性难题，实现了炼铁系统优质、高效、低碳运行。

运用以上三大创新成果，在国际上率先构建了炼铁过程高性能运行控制系统及开发平台，研发微服务组件300余个，支持模型封装、复用、调度，以及“拖、拉、拽”可视化编程，解决了快速按需定制炼铁系统高性能运行控制解决方案的重大技术难题。

获发明专利46件，软件著作权12项，发表论文108篇；5位院士领衔的鉴定委员会认为：该项目研发的大型高炉炼铁系统高性能智能运行控制关键技术，系统复杂，技术难度大，创新性强，成果转化率高，总体技术达到国际先进水平，其中烧结矿FeO含量时序智能感知技术、铁水质量非线性预测控制技术和高炉运行故障诊断与自愈控制技术等处于国际领先水平。

成果应用于宝钢、鞍钢、柳钢等企业，近三年新增销售收入212.04亿元，新增利税46.47亿元，降低成本24.73亿元，减少二氧化碳排放330.63万吨，经济和社会效益显著。成果被评为“2023年浙江大学十大科技进展”。

**（3）大容量电池储能系统数智化测试与控制关键技术及应用**

大容量电池储能系统是支撑新能源电网安全高效稳定运行的“国之重器”，是国家能源战略重大急需，已成为大国博弈的主战场和全球科技创新与经济增长的新引擎。储能系统由电池测试（仪器）、储能集成制造（装备）、储能电站运行管控（平台）三大核心环节组成，是行业公认的安全防控最难、技术含量最高、研制难度最大的新能源战略装备。“测得快而准，造得大而精，控得稳而优”是储能控制产业的根本，也是三大世界级难题。该项目以国家重大重点项目为依托，按照“理论-技术-产品-标准-应用”的研发布局，提出能量信息融合新理念，创造性建立储能系统数智化测试与控制技术新体系，攻克三大技术瓶颈，带动全产业链集群突破和跨越发展，开创了我国领跑全球的储能控制产业新格局。主要科技创新如下。

① 创立电池数智化测试理论方法，率先发明大功率、快响应、高效率激励电源控制技术，攻克测试精度低、速度慢等国际难题，实现测得快而准。自主研制世界第一台1500V/600kW数智化测试仪器，测试精度、速度比全球顶尖产品高10倍、6.5倍，为世界最高水平。极大缩短电池研发周期，支撑我国电池技术快速迭代，是电池测试领域重大“里程碑”。

② 独创分布聚合式储能装备安全控制与高效集成技术体系，创建“储-变-感-算”一体化技术体系，突破储能容量小、密度低、成本高、安全性差等世界难题，实现造得大而精。合作研制成功国际首台容量最大、能量密度最高的10MW·h储能装备。比全球顶尖Tesla产品的容量高1.6倍、密度高1倍，度电成本低28%。在国家电网张北“风光储输示范工程”中应用，创造了连续运行13年零安全事故的世界纪录，树立储能系统安全“新标杆”。

③ 首创储能电站稳定并网、“储-储”集群协同、“源-网-储”能量优化全流程数智化控制技术体系，开发世界首套GWh级电站智慧管控平台，并组成储能系统，破解电站稳定并网、协同优化运行重大难题，实现控得稳而优。将电站脱网率降低约80%，新能源利用率从80%提升至96%，收益提高15%。经美国12轮严苛审查，在美国最大光储项目中击败全球顶尖Tesla产品中标，开创了国产储能系统出口美国的先河。

自主研制成功86个规格3大类储能系统新产品，覆盖全国31个省、市及欧美等全球150多个国家，出货量连续7年全球第一。在国家电网、南方电网、五大发电集团等龙头企业中广泛应用，支撑国内外300余个重大工程、6200余座储能电站建设，创造19项世界之最，成为闪亮世界的“中国名片”。

主导编制储能国际标准2项，国标/行标/团标等29项；授权发明专利207件（美国专利8件），其中山东大学42件专利转让/转化给11家企业，支持4家企业上市。近三年新增销售额527亿元、利税69.7亿元，社会生态效益特别巨大。在第26届联合国气候变化大会上被称赞：应对全球碳中和战略的“中国方案”。

3项科技成果被19位院士鉴定为“有重大技术创新”“居国际领先水平”“具有标志性重要意义”。获教育部技术发明一等奖等4项、省部级一等奖、中国工业大奖（工业领域最高奖项）、联合国能源特别奖、扎耶德未来能源奖等。为保障国家能源安全和实施“双碳”目标做出重大贡献。

**（4）复杂路网条件下高速铁路列控系统互操作和可靠运行关键技术及应用**

我国高速铁路运营里程已超过两万公里，占世界高速铁路总里程的60%以上，列控系统是确保其安全和高效运营的“大脑和神经”。我国高速铁路网具有分布广泛、交路长、设备型号多、电磁环境复杂等特点，保障列车在复杂路网条件下的多频次跨线安全可靠运行是亟待解决的问题。

该项目在国家支撑计划、863计划、自然基金等支持下，历经十多年，制定了支撑列控系统装备互操作的系统规范，构建了可动态配置的列控系统半实物仿真测试平台和互操作性测试平台，研制了电磁干扰幅度概率分布测量仪，发明了适应高速列车牵引电流波动剧烈的阻抗匹配装置，形成了具有自主知识产权的高速铁路列控系统互操作和可靠运用的成套技术。主要创新点如下。

① 提出了列控系统需求规范形式化建模验证理论和技术，制定了适合高速铁路的CTCS-3级列控系统技术规范，提出了基于功能特征提取的测试案例构造方法和基于决策树分析的测试案例生成方法，构建了完备的CTCS-3级列控系统测试案例库，成为我国高速铁路列控系统设计研发、测试和建设运用的依据。

② 提出了适用于不同测试需求的列控系统多分辨率仿真建模方法和平行测试验证方法，构建了可动态配置的列控系统半实物仿真测试平台；提出了基于数据驱动的测试方法，构建了互操作性测试平台。支持多种型号列控设备的开发及应用，完成了所有CTCS-3级列控系统及新型高速列车的第三方互操作性测试，为高速铁路网中列车安全、可靠运行提供了有力支撑。

③ 提出了瞬态脉冲干扰的统计参量评估方法和实时测量技术，自主研制了基于随机变量分析方法的电磁干扰幅度概率分布测量仪，构建了基于瞬态脉冲干扰统计参量的故障诊断和故障模拟再现平台。有效解决了列控系统的电磁干扰问题，使CTCS-3级列控系统因电磁干扰导致的故障率由90%降低至20%。

④ 提出了时-频信号检测分析与软计算结合的轨道电路实时故障诊断方法，发明了轨道电路防护瞬态冲击电流抗干扰技术，研制了适应大负荷高速列车牵引电流波动剧烈的阻抗匹配装置，使高速铁路车站轨道电路抗不平衡牵引电流干扰能力大幅提升，比国外同类设备指标提高1.5倍。

在该项目中，获授权发明专利16项；发表论文77篇；出版专著6部；制定国家标准9项，行业标准4项。整体达到国际先进水平，其中，电磁干扰评估技术达到国际领先水平。

CTCS-3级列控系统技术规范已在我国高速铁路广泛应用，完成了所有CTCS-3级列控系统第三方的互操作测试和所有高速铁路列控装备的电磁兼容测试。采用该技术规范和仿真测试集成平台研发的CTCS2-200H型和CTCS3-300S型列控系统车载设备已在高速铁路网中分别应用1074套和728套，占全国市场份额的70%和30%。利用该项目发明生产的轨道电路防护瞬态冲击电流抗干扰装置已在2万公里高速铁路车站内安装使用25000台。近三年取得经济效益达5.2亿元、新增利润1.8亿元。

#### （5）乙烯装置效益最大化的优化控制技术及应用

在乙烯生产过程基于神经网络的软测量和智能控制技术、大型乙烯装置优化运行技术与工业应用两项重大成果的基础上，从提高原料转化效率、降低燃料消耗两个影响乙烯装置运行效益的关键因素出发，在全面掌握裂解过程全周期运行机理特性基础上，突破了裂解炉群调度与在线优化调控等核心技术并实施应用，为我国智能装备成套技术提供全面支撑。

① 裂解炉炉膛传热与管内裂解反应逐点耦合建模　首次提出并实现了裂解炉炉膛内流动、燃烧、辐射传热与炉管内自由基裂解反应过程的逐点耦合建模技术，获得了炉膛内烟气温度、热通量分布、产物收率分布等信息，实现了裂解炉全周期运行动态特性的表征和预测。

② 裂解炉炉群原料与负荷优化配置　首次研发并实施了裂解炉群多种原料及其负荷的优化配置技术，建立了各裂解炉运行效率实时评测模型，建立了原料选择与负荷调度优化

系统并在线求解，实现了裂解炉群的全局调度与优化运行。

③ 裂解深度实时优化与智能控制　首次创造性研发了裂解炉裂解深度实时优化与控制技术，建立了裂解产物全组分收率在线预测模型，应用间接参量校正、Smith预估控制技术，有效解决了优化控制系统的可靠性和大时滞问题，实现了裂解炉的智能自主控制。

本项目授权国家发明专利8项，公开国家发明专利6项，登记6项国家计算机软件著作权。项目成员发表的学术论文中有43篇被SCI收录、23篇被EI收录。研究成果在上海石化、镇海炼化、扬子石化、吉林石化等企业的百万吨级乙烯装置成功应用后，其目标产品收率提高0.2%～1.95%，综合能耗降低0.9%～9.3%，核心技术指标达到或超过了同类装置国际先进水平。项目成果进一步推广到天津石化、大庆石化、齐鲁石化、武汉乙烯、兰州石化、独山子石化等乙烯装置中，有效解决了生产运行中的关键瓶颈问题。近三年应用单位累计实现新增销售额33亿元、新增利润22亿元，对推动乙烯行业技术进步和流程工业高质量发展发挥了示范引领作用。

## 3. 自动化系统技术发展趋势

本期技术发展报告详细介绍自动化系统共性关键技术的发展趋势，包括数字孪生技术、工控装备技术、工控网络技术、工控安全技术和特种传感技术。工业过程自动化和装备自动化涉及工艺、设备、装置的发展，发展趋势难以预测，这里从简。

### （1）数字孪生技术

数字孪生技术为当前多领域的创新和发展提供了新的理念和工具，得到了工业界和学术界越来越广泛的关注。目前，数字孪生技术尚处于高速发展阶段，真正实现基于数字孪生的高端智能运维还需要解决如下关键技术。

1）复杂环境智能感知技术

物理实体自身以及外部的工作环境复杂，需要开发多类型、多参数、宽量程、高精度、低能耗、自校准、抗干扰的智能传感器，为数字孪生物理对象的各种参数感知提供支撑。如何设计智能化、微型化、新材料传感器是数字孪生技术数据感知的关键。此外，面向工业环境的无线感知技术也极具探索价值。首先，复杂工业环境中的确存在数量众多、种类繁杂的真实监测需求；其次，工业环境中的感知赋能需要最小化对现有产线设备的影响。无线感知在满足监测需求的同时，既无需对产线设备改造升级，又不干扰其运行工况。然而现有的无线感知技术要么仅能够实现对感知量的定性检测，要么对其定量刻画的精度难以满足工业监测需求。因此，如何提升无线感知面向工业监测应用的量化感知能力也是一个亟待解决的难题。

2）高速安全可信数据传输技术

数字孪生平台的实现需要建立安全可信的数据传输环境，如何保证数据双向高速传输的安全可信也是需要深入研究的重要方向。数据实时传输是数字孪生实现动态仿真、控制、预测、优化等功能的基础，为保障数字孪生各要素能及时准确获取所需信息，需实现：实时通信，建立海量感知数据的高并发处理与通信机制，为物理实体的实时分析与控制、数字孪生模型的动态仿真与更新演化、数字孪生数据的更新推理与融合、服务的动态决策与优化提供实时数据支持；可靠通信，为数字孪生各要素提供完整、准确、一致的数据支持，保障数字孪生高效稳定运行；安全通信，提供安全可用的通信协议和交互机制，保证通信数据机密完整、交互对象安全可靠。因此，为保障数字孪生要素间可靠通信，需建立实时、可靠、安全的通信机制，实现高质量信息互通。

3）高保真数字孪生建模技术

在海量的网络数据下，数据建模不仅要保证模型的功能丰富，而且要兼顾模型的灵活、可扩充性，这就使得构建高效、层次化的基础模型和功能模型更加困难。面对现实工况可能存在的同源异构数据，如何构建高可信度、可实时演化的数学模型一直是一个难题。对于黑箱模型来说，如何设计开发高效的学习算法是一个挑战；对于灰箱、白箱模型来说，如何设计参数、结构可在线更新的机理模型同样面临挑战。此外，如何实现非平稳数据下的高保真建模、多模型装配、多模型融合，也是该领域的难点。

4）高性能算力存储技术

强大的算力是整个数字孪生能够顺畅运行的基石，数字孪生系统的建模、应用等各个环节的实现都依赖于高性能的计算、存储技术。考虑到数字孪生平台对于算力、存储等的高性能要求以及对物理实体系统的远程部署，数字孪生体的搭建与运维未来应该朝着云边协同的架构模式发展，这对云端平台的总体架构以及边缘侧的资源分配提出了更高的要求。对于系统所搭载的云端计算平台，如何优化数据结构、算法结构并配套足够的算力是一个问题；对于部署在终端的边缘计算平台，如何平衡算力和功耗之间的矛盾也面临难题。除此之外，如何与端网络实现连接，打通底层数据通道，让数据在云边之间快速传递，释放算力动能，加速终端数据的处理和传递同样是需要研究的课题。

5）高质量连接交互技术

为实现高质量虚实交互，数字孪生还需考虑如何进一步实现交互融合。具体表现为:虚实融合，一方面感知物理实体的实时状态，并据此驱动数字孪生仿真与分析，达到虚实同步（从实到虚），另一方面将数字孪生提供的决策信息准确、实时传输给物理实体（从虚到实）；数模融合，一方面数字孪生数据可用于补充、修正、完善数字孪生模型，保障模型精准运行，另一方面数字孪生模型可用于校验融合数据的准确性，提供精准数据分析；人机共融，通过人机智能的互促互进，使机器能准确理解人类需求与反应，同时具备智能感知和自主协同能力，从而实现人机密切合作、深度融合与和谐共生。

### （2）工控装备技术

随着计算机技术的飞速发展，工业控制进入了新的自动化发展时代。可编程逻辑控制器（PLC）和分布式控制系统（DCS）的引入，标志着工业控制装备从模拟到数字的转变。这些能够通过预先编写的程序实现自动化控制，提高了生产效率和精度。然而，这一时期的工业控制仍然是以预先定义的逻辑为基础，系统灵活性有限，难以实时适应动态环境的变化。

进入智能控制时代，物联网（IoT）、大数据、人工智能（AI）等技术的融合极大地提升了工业控制的智能化水平。现代智能控制能够通过传感器收集大量实时数据，利用机器学习算法进行预测性维护、故障诊断和自主优化，从而大幅提高生产的灵活性和效率。同时，智能控制系统具备自学习能力，能够根据历史数据优化控制策略，降低人为干预和潜在风险。

总体而言，工业控制正朝着更加智能、自主的方向发展，未来的工业控制不仅限于生产流程的自动化，还将涵盖全生命周期的管理和优化，为工业4.0的实现奠定基础。下面着重介绍工控装备技术中最关键的综合安全技术。

综合安全技术是工控装备技术中最具独创性的技术，在当今工业控制装备设计制造中具有不可替代性。随着工业自动化和信息化的不断发展，功能安全与信息安全的融合成为现代工业和企业系统的一个重要趋势。功能安全旨在确保系统在出现故障时，能够有效避免人员伤害、设备损坏和环境灾害。而信息安全则专注于保护系统中的信息免受未授权访问、篡改或破坏。两者虽然在目标和重点上有所不同，但在实际应用中却密不可分。特别是在当今的智能制造、工业控制系统和物联网环境中，功能安全与信息安全的结合显得尤为重要。这一融合可以称之为综合安全技术（Safety-Security Integration），旨在提供一个更加全面的安全防护体系。

综合安全技术是将功能安全和信息安全相结合的技术框架，旨在同时保护系统的物理安全和信息安全，防止由于功能故障或信息安全漏洞引发的安全事故。这种融合的目的是通过一体化的安全架构，不仅保证系统能够在硬件或软件故障时维持安全状态，还能够防止因网络攻击、数据泄露等引发的潜在危害。现代工业和企业环境，特别是工业控制系统（ICS）、智慧工厂和物联网系统中，综合安全技术通过统一的管理和技术手段，提供了更加可靠的安全保障。

1）风险评估与管理

综合安全技术首先需要对系统中的功能安全和信息安全风险进行全面评估，功能安全的风险评估主要集中在设备故障、系统异常等导致的潜在危害，而信息安全的风险评估则关注外部攻击、数据泄露、未经授权的访问等威胁。通过统一的风险评估模型，识别系统的脆弱点和潜在威胁，制定综合的风险管理策略，从而降低系统在这两方面的风险。

2）安全设计与架构

在系统设计阶段，综合安全技术要求将功能安全和信息安全的要求都纳入考虑。例如，在自动化生产系统中，紧急停止按钮的设计不仅要确保在机械失控时可以及时响应，还需要考虑防止网络攻击者远程篡改或禁用这一安全功能。通过引入多层次的安全机制，例如冗余设计、网络隔离、加密通信和多因素身份验证，可以确保系统在故障或攻击情况下，能够保持安全运行。

3）实时监控与检测

现代工业和企业系统越来越依赖于网络连接和信息交换，这增加了系统受网络攻击的可能性。为了应对这些威胁，综合安全技术要求在系统运行过程中进行实时监控和检测。通过功能安全监控技术（如传感器监控、故障检测）与信息安全监控技术（如入侵检测系统、网络行为分析）的结合，系统能够在故障或攻击发生的第一时间检测到异常，并采取预防措施。这种多层次的监控和检测技术，可以帮助减少由于攻击或故障引发的灾难性后果。

4）容错机制与冗余

冗余设计和容错机制是确保功能安全的重要手段之一，而在信息安全领域，数据冗余和容错也起着至关重要的作用。综合安全技术要求同时考虑到硬件和软件的冗余设计。例如，在工业控制系统中，如果一个控制器失效，备用控制器应能够立即接管并保持系统的正常运行；而在信息安全中，如果一部分数据被改或破坏，系统应具备恢复数据的能力。这种综合的冗余设计能够极大提高系统的可靠性和安全性。

5）故障响应与恢复

综合安全技术不仅关注如何预防故障和攻击，还重视系统在发生故障或攻击后的响应和恢复能力。当系统检测到功能故障或网络攻击时，综合安全体系应该能够快速做出反应，切换到安全模式，并在确保安全的情况下进行恢复。例如，某些工业系统在遭遇攻击时，可能需要立即断开网络连接，防止攻击者进一步入侵，同时保持核心功能的独立运作，确保人员和设备的安全。

6）标准化与合规性

综合安全技术需要符合多种国际标准和法律法规。功能安全领域有如IEC 61508和ISO 13849等标准，信息安全则包括ISO 27001和GDPR等。在综合安全技术的实施过程中，必须确保系统设计和操作符合这些标准，以便在法律和监管要求的框架内，提供最优的安全保护。此外，标准化的安全流程和合规性审计也有助于提升系统的整体安全性。

综合安全技术是功能安全与信息安全的深度融合，在现代化工业系统和复杂的网络环境中，这种融合不仅能够保护系统免受设备故障的影响，还能防止外部攻击带来的安全隐患。通过风险评估、实时监控、冗余设计和快速响应机制的结合，综合安全技术为各类关键系统提供了更加可靠的安全保障。未来，随着物联网、人工智能等技术的进一步发展，功能安全和信息安全的融合将变得更加重要，成为现代企业和工业系统安全防护的核心技术。

**（3）工控网络技术**

① 时间敏感网络技术：时间敏感网络（Time-Sensitive Networking，TSN）是基于IEEE 802.1标准的增强版以太网协议，旨在非确定的以太网中实现高可靠、低延迟的通信。它通过一系列先进的机制和协议，如精确的时间同步、流量整形、资源预留以及时间敏感流量配置，确保数据传输的实时性和高可靠性。这些机制为网络中的不同类型数据流提供优先级处理和确定性传输，极大降低了网络的不确定性和变化性，特别适用于要求严格的时间同步和低延迟的应用场景。然而，TSN的应用主要集中在局域网环境，涉及广域网时，其时间同步和流量调度机制在更复杂的网络架构中难以保持一致性和效率，这限制了它的扩展性和应用范围。尽管存在这些限制，TSN仍然是工业互联网和实时数据处理领域的关键技术，其在确保数据传输的精准性和可靠性方面的优势不可替代。

② 工业控制网络安全技术：如何进一步提升网络安全是工控网络技术未来的重要方向。随着工业互联网的普及，工控系统成为网络攻击的目标。勒索软件、远程入侵、数据篡改等威胁逐渐增多，威胁到生产系统的正常运行。建立强大的网络安全体系，包括防火墙、入侵检测系统、数据加密等技术以及如何进一步适应虚拟化、开放化、智能化的内外部环境和业务需求，将变得更为重要。其中工业协议在工业控制系统中负责连接各个工控设备，是保证完成各种业务的“血液”，因此一旦工业协议遭到攻击，将会影响整个工业控制系统的安全运行。安全人员通过分析已经披露的震网、Triton等工控攻击事件，发现攻击者都利用了工业协议的安全漏洞对工控系统发起攻击。而由于工业协议的私有、封闭、场景化，导致急需更加精确和高效的分析、测试、监测等方法以及更加高效的安全认证机制来保护工业控制网络安全。

**（4）工控安全技术**

工业控制安全技术发展方向包括工业互联网威胁分析技术、安全检测技术、信息物理综合安全技术、全生命周期内生安全技术以及各类安全增强技术，下面重点介绍威胁分析技术。

1）工业互联网威胁模型构建

针对工业互联网真实攻击案例曝光后，研究人员也在不断研究能够适应工业互联网的威胁模型，主要包括杀伤链模型、钻石模型、滑动标尺模型等。例如，有研究人员基于已有的杀伤链模型提出了工控系统杀伤链。该杀伤链从网络入侵准备和执行、攻击发展和调整两个阶段剖析了工控恶意病毒的攻击全过程，在网络入侵之前，攻击者需要通过规划和侦查找到攻击目标潜在的风险点，在获得初始访问权限后，建立多个连接链路以确保连接不被中断，并在对目标对象的过程环境彻底了解后实施针对工控系统的重大攻击。也有研究人员针对乙酸乙烯酯加工过程的控制模型，研究了真实化工厂攻击的五个阶段：网络接入、发现、控制、破坏、清理。这种模型可以帮助理解攻击者如何渗透、控制和破坏工业过程。针对风力发电厂的潜在安全威胁，有研究人员开发了概念验证攻击，这些攻击包括了物理接近并破坏保护设备、植入远程控制木马、利用漏洞破坏控制站点、使用Telnet和FTP在控制器间扩散等，强调了对工业设施物理和信息层面的多重攻击路径的重视。

2）工业互联网威胁指标体系

威胁评估的任务涉及构建工业互联网威胁指标体系，该体系通过对数据信息比、系统风险、系统置信度、系统纯净度、系统成本效用和系统时效性等指标的衡量，为工业互联网提供全面的安全评估。

3）工业互联网威胁态势感知

工业互联网威胁态势感知方法主要包含三个关键内容：多源主动监管设备的报警信息融合方法，攻击时机预测方法，认知驱动的态势评估决策推理。

4）工业互联网威胁攻击溯源

工业互联网威胁攻击溯源方法从入侵痕迹中还原完整的攻击链。主要步骤包括：研究路由调制、数据包标记等多种追溯方法，标记攻击源和攻击目的主机；基于工控网拓扑结构、资产及脆弱性信息，研究快速生成大规模攻击图的方法，构建所有可能的攻击路径；基于态势感知发现的攻击线索，从威胁情报库中关联相关线索，丰富溯源信息；基于攻击图、被标记的主机和溯源信息，构建覆盖探测扫描、渗透攻击、攻陷入侵、安装工具和恶意行为的完整攻击链，从而识别攻击者意图。

**（5）特种传感技术**

1）太赫兹传感技术

随着太赫兹（THz）技术研究的不断深入发展，越来越多的国家认识到其研究的重要性。早在2004年，太赫兹技术首次被美国政府评为“改变未来世界的十大技术”之一；2005年，日本将太赫兹技术列为“国家支柱十大重点战略目标”之首。太赫兹技术的研究被称为本世纪最重要的新兴学科之一。我国虽然在太赫兹技术领域的研究起步时间较晚，但给予了高度重视。近年来，在各国的大力支持下，太赫兹技术得到了极大的发展。太赫兹探测技术属于交叉融合科学领域，是革命性技术。制约太赫兹技术发展的因素主要有三方面：一是太赫兹、费米子、玻色子三者的运动机理和特征属性尚未揭示；二是太赫兹与基础物理，尤其是阿秒物理的研究尚不深入；三是太赫兹元器件所需材料科学的支撑力度尚不充分。

2）微纳气体传感技术

微纳气体传感器在工业气体在线检测领域具有广阔前景，但同时也面临一系列挑战。材料方面的创新起着核心作用。新的气体敏感膜材料需通过化学修饰改性等途径开发，同时对现有材料进行掺杂、改性和表面修饰，优化成膜工艺，以提高传感器的灵敏度和稳定性。进一步的研发应聚焦于先进气体传感器，利用晶体材料和先进加工技术，研制新型EMS传感器及系统，以获得更完善的性能，实现传感器的小型化、微型化和多功能化。

基于微纳气体传感器的技术将朝集成化、智能化和自动化方向不断发展，传感器检测方法和智能识别算法的关键创新亟待提高，整合先进微纳气体传感器网络通信和智能决策技术，对信号实时采集、远距离传输和快速分析，提升信号反馈实时性和决策准确性有重要意义，将为工业环境管理开辟新方向。需要注重同时在线检测多组分气体，结合网络系统，大数据处理和人工智能技术，将传感器数据、历史数据和其他相关数据整合进行深入分析，挖掘有价值信息，强化预测性维护，通过关键数据分析提前预测设备和气体泄漏问题，降低停机时间，提高生产效率，降低安全风险。

3）自供电传感技术

自供电传感技术可以提供一个通用的、自治的无线传感平台：这个平台可以接入各种满足功耗要求的敏感器件，实现要求的传感功能，同时这个平台上的所有传感数据都是按照公共的通信协议无线传送。这样就像RFID（射频识别）已经成为社会生活/工业/国防不可或缺的信息获取手段一样，自供电传感器可以完美地匹配发展迅猛而且应用普及的无线通信和网络技术，使得人以及包括工业自动化系统在内的各种人造系统可以不受时空限制获取环境/对象的客观信息。

4）分布式光纤应变传感技术

随着我国物联网、智慧城市、人工智能、大数据等先进技术的兴起和应用，分布式光纤应变传感技术也迎来了发展的春天。市场产业已从最初单一领域单一产品逐步走向自主研发、生产和销售、多机理融合的分布式光纤传感产品，并在电力、油气等领域开始广泛应用，部分产品技术已经达到国际先进水平。

分布式光纤应变传感技术在挑战与机遇中不断发展，针对电网、铁路、油气管道、大型基础设施等实际监测需求，需要研制无中继超长传感距离的解调设备，研制能解决温度与应变之间的交叉干扰、更高性能、更丰富功能、小型化、高可靠的仪器，以及优化传感数据的解调算法，从而在更多领域推广应用。

5）实时互联网融合感知技术

融合感知是工业智能化的基础，是未来工业自动化的重要组成部分，但仍有若干难题需要进一步攻克。在标准化与互操作性方面，工业设备种类多、厂商多、协议多，异构设备间难以交互与协同，使融合过程难以有效实施。在系统复杂性方面，由于融合感知需要多类设备、多种技术作为支撑，通常系统架构复杂，整体调控难度大，融合感知系统的运行效率仍有可提升的空间。在信息安全方面，由于待融合的感知信息需长距离传输到异地进行处理，该过程加剧了信息安全风险，需有针对性地研发融合感知的安全策略。

融合感知的应用推广至关重要，目前由于感知具有极强的针对性，导致融合感知技术和产品必须针对应用目标定制开发，这严重限制了该项技术的大规模推广应用。未来尚需进一步提升定制化开发效率。

6）无线无源微传感技术

随着我国新型工业化发展不断深入，对无线无源微传感器及集成测量系统的需求也在不断增加。未来，需在优化传感器的灵敏度、稳定性等性能指标，提高系统的集成度等方面进一步发展和完善该技术。

首先，需要进一步研究提升传感性能的机制与方法，开发配套制造工艺及装备，不断优化传感器的稳定性、精度和响应速度，提高数据采集和处理的效率。其次，实现无线传感器信号实时处理分析、解耦，揭示温度对力学参数的测量影响规律，为高温下各参数敏感传感器件的解耦算法提供方法。再次，加强系统的安全性和可靠性，保障数据的隐私和完整性，以应对越来越复杂的网络安全威胁。最后，与其他领域（如物联网、人工智能等）的融合发展也是未来的趋势，通过结合无线无源传感技术与物联网、人工智能等技术，以实现更加智能化和自动化的监测和控制。

## 4. 技术发展建议

本期技术发展报告的每一章都提出了技术发展建议，这里列举4项。

（1）关于能源自动化

能源环境问题和相关技术是当前最受关注的领域之一，事关人类社会的可持续发展。基于能源自动化技术，整体优化规划和运行综合能源系统，能够在基本不改变现有能源供需工艺的基础上，通过充分配合与协调多种可再生能源、可再生能源与传统能源、能源生产与需求，实现综合能源系统的节能减排和安全稳定运行。为了进一步发展能源自动化技术，特提出以下几点建议：

① 信息物理融合能源系统包括新型电力系统、智能配电网、企业能源系统、智能楼宇能源系统、智能家居能源系统等，是“工业4.0”“中国制造2025”计划在能源领域的落地实施，也是信息化与工业化“两化融合”、信息化带动工业化在能源领域的具体体现。信息物理融合能源系统是能源自动化技术的最新方向之一。应系统化发展相关的基础理论和关键技术，高度重视其应用推广，推动能源自动化技术的升级换代，从而助力新型能源体系的构建，推动能源系统的低碳高效转型。

② 在“双碳”目标下，以风力发电、太阳能发电为代表的新能源发电将成为未来能源系统的主要能源形式。应充分考虑高比例新能源发电引起的高不确定性、弱抗扰性、弱惯量特性等突出问题，建议注重发展新能源自动化技术，包括能源转换和存储的建模、分析、控制、优化等。

③ 未来能源系统是高度信息化、网络化、智能化的系统，能源系统的综合安全包括传统的物理系统安全和网络信息安全，是未来能源自动化技术的重要组成部分。建议充分考虑电、气、冷/热、氢等异质能源网络的耦合以及能源系统与信息网络的相互作用，注重发展系统综合安全模型和分析方法，解决信息网络与物理系统中异构数据分析、多源信息融合、综合安全监控、异质能源网络信息壁垒、能源网络与信息网络融合等挑战性问题。

④ 目前，自动化学科专业的人才培养体系以传统自动化技术为主导，课程体系以传统动态控制系统为重要对象。为了适应能源自动化技术的上述新发展，需要从专业基础理论和实践教学等多个方面改革课程体系，以适应新形势下大能源领域对高层次人才的紧迫需求。

（2）关于炼油自动化

① 智能化是第四次工业革命的核心，它与第三次工业革命中的信息化密不可分。我们目前正处于这一转型时期，人类工业的发展始终以科学技术的突破为基础，而智能化的过程则需要在更多学科的技术突破和跨学科融合上取得进展，这是一个需要时间的过程。除了技术突破外，工业企业还必须在业务形态、组织模式和运营模式上进行改革。

早在2012年，中国石化就着手规划智能工厂，在2013年启动了智能工厂的第一阶段试点建设，这比许多西方先进的炼油化工企业更早，在首批的四家试点企业中，九江石化、镇海炼化和茂名石化被工信部评为智能制造示范企业，燕山石化则被评为北京市的绿色工厂。通过智能工厂1.0的建设，这四家企业的自动化、可视化和数字化程度得到了显著提升，生产数据自动采集率提高了10%，达到了95%以上；先进控制投用率提高了10%，达到了90%以上；重点环境排放点实现了100%的实时监控与分析预警；能源管理实现了能源可视化和在线优化；生产优化从局部和月度优化转变为一体化和在线优化；劳动生产率提高了10%以上。在生产操作协同联动方面，通过采用工业4G无线网和智能巡检设备，外部巡检数字化和内部巡检自动化得以实现，现场处置效率提高了，并使操作平稳性提高了5.3%，操作合格率更是由90.7%提升至99%，取得了良好的社会和经济效益。在炼油厂数字化转型与智能化发展的过程中，也面临诸多困难，需要持续地探索、不断地突破。正所谓“道阻且长，行则将至；行而不辍，未来可期”。

② 工业软件是对工业技术和知识的程序化封装、复用，能够定义工业产品、控制生产设备、优化制造流程、变革生产方式，被视为“工业制造的大脑和神经”。虽然我国拥有世界上最齐全的制造业门类，但工业软件领域却是产业发展的软肋，整体上呈现出企业市场份额较小、产业链不完整、技术水平相对落后的局面，离自主可控仍有较大差距。炼油行业的数字化转型可以通过使用各种工业软件来实现。以下是一些十分重要的炼油数字化转型方面的工业软件：

- 过程模拟和优化软件
- 实时过程控制软件
- 故障诊断和预测软件
- 能源管理软件
- 数据分析和大数据软件
- 资产管理与维护软件

特别要加紧研发工艺复杂、规模超大、需求迫切的上述工业软件。

**（3）关于工业控制网络技术**

随着技术发展与产业升级，作为具体工业业务的通信、传输载体，工业界对工控网络技术的服务质量要求不断提高，建议以下列几个技术作为抓手，进一步赋能工业生产发展。

① 实时通信技术：继续开发和优化工控网络中的实时通信技术，确保数据传输和控制指令的及时性，满足高端装备生产、复杂运动控制、复合协同制造等重大场景的应用需求。

② 无线通信技术：鉴于无线技术在某些应用场景中的灵活性优势，应进一步研发和优化工业环境中的无线通信技术，拓宽无线通信技术在复杂工业场景中的应用范围。

③ 网络安全技术：工控系统安全是实现工业控制过程全面深度感知、高效精准分析和智能决策优化的前提与基石。随着工业互联网的普及，工控系统面临着日益严峻的网络安全威胁。应加强网络安全技术的研发，如防火墙、入侵检测系统、加密通信等。

④ 协议标准化与融合技术：标准化是促进设备互操作性和技术集成的关键，对营造良好工控设备生态，打破贸易和技术壁垒，提高工控系统灵活性，构建装备制造产业和工业生产行业良性互动闭环有着至关重要的意义。

⑤ 算网融合技术：大力促进算力与网络融合，结合大数据、边缘计算、云计算等技术，对工控网络进行升级，提升工控网络内生数据管理和分析能力。

**（4）关于工业互联网技术**

1）制定和完善相关法规

在当前快速发展的工业互联网时代，制定和完善相关法规对于确保网络空间的安全至关重要。政府在这方面扮演着关键角色，政府通过制定和更新法律法规来提供强有力的法律保障，从而支持工业互联网的健康发展。随着工业互联网的不断演进，新的技术和应用不断涌现，法律法规的制定需要不仅覆盖传统的网络安全问题，还应针对这些新兴技术的特点和安全风险，确保覆盖面的全面性和针对性。

制定相关法规时，政府需要深入了解工业互联网的特点，包括其技术架构运行机制，以及可能面临的安全威胁。法规的制定应基于对行业现状的充分调研和理解，确保既能有效应对当前的安全威胁，又能灵活适应未来技术的发展。同时，法规的完善也需要考虑到不同利益相关方的需求和观点，包括企业、消费者、技术专家等，以确保法规的公平实用。此外，法律法规的实施和执行同样重要。政府需要建立相应的监管机构和机制，确保法规得到有效执行。这可能包括监督机构的设立、监管人员的培训，以及监管技术的更新。同时，政府还应提供指导和支持，帮助企业和组织了解和遵守这些法规。

2）建立国家级安全评估体系

建立国家级的安全评估体系对于确保工业互联网的安全至关重要，这不仅涉及安全技术的评估，还包括对整个工业互联网生态的持续监测和分析。

安全评估体系的建立需要从多个层面进行。首先，技术层面的评估应包括对硬件、软件、网络和数据的全面检查，以确保所有组成部分都符合最新的安全标准。这一过程中，不仅要考虑每个单独部分的安全性，还要分析它们之间的相互作用和潜在风险。其次，从管理层面来看，安全评估还应包括对企业安全政策流程和员工培训的评估，以确保企业有能力管理和应对安全威胁。为了确保评估的有效性和准确性，安全评估体系还应定期更新其评估标准和方法，以适应技术发展和安全环境的变化。

3）提供政策支持和资金投入

在工业互联网的发展过程中，政府的政策支持和资金投入起着至关重要的作用，尤其是在安全研究领域。为了促进工业互联网安全的创新和技术发展，政府应当提供必要的资金支持和政策引导。这种支持可以帮助研究机构、高等院校和企业克服资金短缺的问题，鼓励他们在安全技术的研究和开发上进行更深入的探索。通过资金投入，可以促进新的安全技术、工具和方法的研发，这对于应对日益复杂和多变的网络安全威胁至关重要。

政府的资金支持不仅限于直接的财政投入，还可以包括税收优惠、研发补贴创新基金等多种形式。这些措施可以降低研究和开发新技术的经济风险，激励更多的企业和研究机构参与到工业互联网安全领域的创新中。此外，政府还可以通过设立专项资金来支持特定的研究领域，如物联网安全、数据保护、云计算安全等，这有助于解决行业发展中的关键技术问题。

除了资金支持，政策引导也是政府支持工业互联网安全研究的重要手段。政府可以通过制定相应的政策和指南来鼓励企业和研究机构遵循最佳实践，提高安全水平。例如，可以制定安全标准和认证体系，鼓励企业提升其产品和服务的安全性能。同时，政府还可以通过政策引导，促进公私部门的合作，建立起安全信息共享和协同防御的机制。

政府在资金和政策支持方面还应注重长期性和可持续性。这意味着支持不应仅仅是一次性的，而应该是一个持续的过程，以确保安全技术能够随着威胁的演变而不断进步。通过这样的长期和持续的支持，可以帮助形成一个稳定且充满活力的工业互联网安全研究生态系统。

## 5. 本书结构

《中国自动化技术发展报告》的第1篇为工业过程自动化，共10章，详细地介绍电力自动化、冶金自动化、炼油自动化、石油化工自动化、传统化工自动化、煤化工自动化、生物化工自动化、精细化工自动化、合成橡胶自动化和环保自动化等的现状、技术发展背景、技术发展概况、技术发展进展，展示了各行业自动化的在线检测与智能感知技术，生产设备、装置及流程的智能控制技术，生产设备运行状态智能监测技术，生产过程在线优化与全流程智能优化技术；叙述了各行业生产设备、装置及流程的自动化新技术的应用案例，以及取得的经济和社会效益；指出了各行业工业自动化存在的问题与面临的挑战，以及自动化技术发展建议；多数行业的自动化章节，还详细介绍了细分行业的自动化新技术和新方法，并指明了这些新技术和新方法必将对行业发展产生重要作用。

第2篇为装备设备自动化，共6章，分别是数控机床自动化、车辆驾驶自动化、轨道交通自动化、航天航空自动化、陆用装备自动化以及船舶设备自动化。第1章数控机床自动化介绍了数控技术起源与数控技术发展、中国数控产业布局与规模、数控系统技术与原理、数控系统技术发展与创新，以及数控系统技术应用与趋势。第2章车辆驾驶自动化，叙述了数字交通背景下的车辆智能网络化以及关键技术的发展现状，包括环境感知智能决策和规划控制等技术。重点介绍了车辆驾驶自动化的关键新技术与新方法，包括车-路-云通信技术、车-路-云协同控制技术、自动驾驶技术；接着分析了先进优化算法与功能安全技术，以及硬件实现技术。第3章是轨道交通自动化，全面分析了高速铁路、城市轨道交通、重载铁路、普速铁路和磁悬浮铁路的发展现状、关键技术、应用情况、存在问题和发展前景。第4章是航天航空自动化，详细介绍了高超声速飞行器控制、航空器轨道控制、航天器姿态控制、空间体联合控制、航天器编队飞行控制、航天器自主导航、航天器自主诊断的研究现状、前沿研究、实际应用。第5章是陆用装备自动化，详细分析了陆用装备自动化的特征描述、发展趋势，陆用装备智能指挥、陆用装备火力智能控制、陆用装备维护保障，以及试验、检测、效能评估技术，陆用装备自动化体系结构、系统建模、战场多元信息感知、融合、定位技术，多元信息驱动的战场态势分析、预测技术、分布式智能指挥与火力控制一体化技术，智能无人战车系统、自动火炮系统、防空装备自动化系统、坦克装甲车系统、地空协同智能无人集群作战系统，以及智能化作战指挥控制系统的典型应用与成效。第6章是船舶设备自动化，介绍了船舶动力系统、船舶导航系统、船舶操作系统、船舶监控系统和船舶通信系统的自动化背景与现状，水面/水下无人船舶单体和集群国内外研究现状，水面/水下无人船舶自动化、自主导航、智能控制、集体协同等技术以及典型应用。

第3篇是共性关键技术，共8章，分别为工业互联网技术、工控安全技术、工控网络技术、工业控制系统技术、数字孪生技术、特种传感器技术、人机交互技术和工业机器人技术，突出介绍了各自的新方法、新技术、新成果、新应用。共性关键技术在自动化系统中的特殊重要性，在本篇综述中已有重点介绍，这里从简。

---

本章负责人　孙优贤　浙江大学

参加编写人员　杜文莉　阳春华　杨春节　张承慧　蔡伯根

---

## 附：自动化领域2016～2023年国家科学技术奖清单

| 序号 | 获奖年份 | 项目名称 | 第一完成人 | 奖励类型 | 奖励等级 |
|---|---|---|---|---|---|
| 1 | 2016年 | 视觉场景理解的模式表征与计算理论及方法 | 郑南宁 | 国家自然科学奖 | 二等奖 |
| 2 | 2016年 | 复杂动态网络的同步、控制与识别理论与方法 | 吕金虎 | 国家自然科学奖 | 二等奖 |
| 3 | 2016年 | 高增益电力变换调控机理与拓扑构造理论 | 何湘宁 | 国家自然科学奖 | 二等奖 |
| 4 | 2017年 | 仿生机器鱼高效与高机动控制的理论与方法 | 谭　民 | 国家自然科学奖 | 二等奖 |
| 5 | 2017年 | 网络化动态系统的分析与控制 | 王　龙 | 国家自然科学奖 | 二等奖 |
| 6 | 2017年 | 预测控制的原理研究与系统设计 | 席裕庚 | 国家自然科学奖 | 二等奖 |
| 7 | 2018年 | 网络化系统安全优化理论与方法及在能源电力等系统的应用 | 管晓宏 | 国家自然科学奖 | 二等奖 |
| 8 | 2019年 | 随机控制与非线性滤波的数学理论 | 汤善健 | 国家自然科学奖 | 二等奖 |
| 9 | 2019年 | 时延系统的鲁棒控制理论与方法 | 徐胜元 | 国家自然科学奖 | 二等奖 |
| 10 | 2019年 | 多模图像结构化稀疏表示与融合理论方法研究 | 李树涛 | 国家自然科学奖 | 二等奖 |
| 11 | 2019年 | 动态系统运行安全性评估理论与方法 | 周东华 | 国家自然科学奖 | 二等奖 |
| 12 | 2019年 | 生产全流程多目标动态优化决策与控制一体化理论及应用 | 柴天佑 | 国家自然科学奖 | 二等奖 |
| 13 | 2020年 | 视觉运动模式学习与理解的理论与方法 | 胡卫明 | 国家自然科学奖 | 二等奖 |
| 14 | 2020年 | 分布式动态系统的自学习优化协同控制理论与方法 | 张化光 | 国家自然科学奖 | 二等奖 |
| 15 | 2023年 | 弱观测成像反问题的L(1/2)理论与自适应正则化方法 | 徐宗本 | 国家自然科学奖 | 二等奖 |
| 16 | 2023年 | 高空间分辨率高光谱成像与识别理论方法研究 | 李树涛 | 国家自然科学奖 | 二等奖 |
| 17 | 2016年 | 复杂岛礁水域无人自主测量关键技术及装备 | 谢少荣 | 国家技术发明奖 | 二等奖 |
| 18 | 2016年 | 钢铁生产与物流调度关键技术及应用 | 唐立新 | 国家技术发明奖 | 二等奖 |
| 19 | 2017年 | 高动态MEMS压阻式特种传感器及系列产品 | 赵玉龙 | 国家技术发明奖 | 二等奖 |
| 20 | 2018年 | 高端制药机器人视觉检测与控制关键技术及应用 | 王耀南 | 国家技术发明奖 | 二等奖 |
| 21 | 2020年 | 复杂工业系统安全高效运行的无线控制系统技术及应用 | 于海斌 | 国家技术发明奖 | 二等奖 |
| 22 | 2020年 | 锌冶炼过程智能控制与协同优化关键技术及应用 | 阳春华 | 国家技术发明奖 | 二等奖 |
| 23 | 2020年 | 物联网系统数据安全关键技术及应用 | 马建峰 | 国家技术发明奖 | 二等奖 |
| 24 | 2016年 | 高性能光伏发电系统关键控制技术与产业化应用 | 张承慧 | 国家科技进步奖 | 二等奖 |
| 25 | 2016年 | 高安全成套专用控制装置及系统 | 王文海 | 国家科技进步奖 | 二等奖 |
| 26 | 2016年 | 网络交易支付系统风险防控关键技术及其应用 | 蒋昌俊 | 国家科技进步奖 | 二等奖 |
| 27 | 2016年 | 大型风电水电机组低频故障诊断关键技术及应用 | 何　斌 | 国家科技进步奖 | 二等奖 |
| 28 | 2017年 | 高性能数控系统关键技术及产业化 | 陈吉红 | 国家科技进步奖 | 二等奖 |
| 29 | 2017年 | 复杂路网条件下高速铁路列控系统互操作和可靠运用关键技术及应用 | 唐　涛 | 国家科技进步奖 | 二等奖 |
| 30 | 2017年 | 气动元件关键共性检测技术及标准体系 | 蔡茂林 | 国家科技进步奖 | 二等奖 |
| 31 | 2017年 | 危险废物回转式多段热解焚烧及污染物协同控制关键技术 | 严建华 | 国家科技进步奖 | 二等奖 |
| 32 | 2017年 | 矿山超大功率提升机全系列变频智能控制技术与装备 | 谭国俊 | 国家科技进步奖 | 二等奖 |

续表

| 序号 | 获奖年份 | 项目名称 | 第一完成人 | 奖励类型 | 奖励等级 |
|---|---|---|---|---|---|
| 33 | 2018 年 | 大规模网络安全态势分析关键技术及系统 YHSAS | 贾　焰 | 国家科技进步奖 | 二等奖 |
| 34 | 2018 年 | 300m 级特高拱坝安全控制关键技术及工程应用 | 王仁坤 | 国家科技进步奖 | 二等奖 |
| 35 | 2018 年 | 大范围路网交通协同感知与联动控制关键技术及应用 | 王云鹏 | 国家科技进步奖 | 二等奖 |
| 36 | 2019 年 | 乙烯装置效益最大化的优化控制技术 | 杜文莉 | 国家科技进步奖 | 二等奖 |
| 37 | 2019 年 | 燃煤电站硫氮污染物超低排放全流程协同控制技术及工程应用 | 向　军 | 国家科技进步奖 | 二等奖 |
| 38 | 2019 年 | 千万千瓦级风光电集群源网协调控制关键技术及应用 | 汪宁渤 | 国家科技进步奖 | 二等奖 |
| 39 | 2020 年 | 高比例新能源电力系统电能净化关键控制技术及应用 | 张承慧 | 国家科技进步奖 | 二等奖 |
| 40 | 2020 年 | 海洋窄带环境复杂目标探测识别技术与装备 | 罗　均 | 国家科技进步奖 | 二等奖 |
| 41 | 2020 年 | 广域协同的高端大规模可编程自动化系统及应用 | 王文海 | 国家科技进步奖 | 二等奖 |
| 42 | 2023 年 | 大容量电池储能系统数智化测试与控制关键技术及产业化 | 张承慧 | 国家科技进步奖 | 二等奖 |
| 43 | 2023 年 | 有色冶金高效转化精准调控与智能自动化系统 | 阳春华 | 国家科技进步奖 | 二等奖 |
| 44 | 2023 年 | 复杂装备数字孪生运维管控共性关键技术及标准体系 | 陶　飞 | 国家科技进步奖 | 二等奖 |

第 1 篇

# 工业过程自动化

# 第1章 电力自动化

## 1.1 “双碳”目标与信息物理融合能源系统

### 1.1.1 “双碳”目标与新型能源体系

伴随着人类经济、工业、文明的高速发展，世界各国消耗了大量的石油、煤炭和天然气等化石能源。但是，传统化石能源储量十分有限，且在利用过程中会产生大量污染物，严重威胁人类社会的可持续发展。在能源供应短缺与生态环境保护的双重压力下，能源问题已成为人类社会所面临的紧迫问题，成为制约我国经济发展的巨大障碍。

2020年9月，习近平总书记在第七十五届联合国大会一般性辩论上向全世界庄严宣布："中国将提高国家自主贡献力度，采取更加有力的政策和措施，二氧化碳排放力争于2030年前达到峰值，努力争取2060年前实现碳中和"（即"双碳"目标）。为完整、准确、全面贯彻新发展理念，做好碳达峰、碳中和工作，中共中央、国务院印发《关于完整准确全面贯彻新发展理念做好碳达峰碳中和工作的意见》，明确"到2030年，经济社会发展全面绿色转型取得显著成效……到2060年，绿色低碳循环发展的经济体系和清洁低碳安全高效的能源体系全面建立，能源利用效率达到国际先进水平，非化石能源消费比重达到80%以上"。

在"双碳"目标的驱动下，我国能源的发展重点由传统化石能源加速向多元化、清洁化的新型能源转变。党的二十大报告指出，要"深入推进能源革命，加强煤炭清洁高效利用，加大油气资源勘探开发和增储上产力度，加快规划建设新型能源体系，统筹水电开发和生态保护，积极安全有序发展核电，加强能源产供储销体系建设，确保能源安全"。其中"加快规划建设新型能源体系"这一新提法是新时代我国能源产业转型升级的重要指南，擘画了我国能源体系发展新的蓝图。面对我国社会主要矛盾的历史性转变和经济社会发展动能转换的时代机遇，构建更加多元、清洁、低碳、可持续的新型能源体系，成为了能源产业实现战略性、整体性转型的当务之急。电力工业是我国最重要的碳排放来源，年排放量占比超过全国碳排放总量的40%。因此，推动清洁低碳、安全充裕、经济高效、供需协同、灵活智能的新型电力系统建设，是实现新型能源体系的重要手段和"双碳"目标的关键载体，也将为培育和发展新质生产力注入绿色动能。

### 1.1.2 信息物理融合能源系统

能源系统的节能减排是"双碳"目标实现的关键。在新一代信息技术的支撑下，充分感知环境和系统状态信息，对能源生产和消费进行实时监测、预测、统一优化调度和控制，使能源供需协调配合，可以实现可再生新能源的高效消纳。在此背景下，信息物理融合系统（Cyber-Physical System，CPS）为解决能源环境问题提供了新途径和新方案。

信息物理融合系统是信息网络深度融入物理系统，在环境和状态感知的基础上，集通信、计算和控制于一体的网络化系统，是第四次工业革命的基础。例如，物联网、智能电网、智能交通系统等都是典型的信息物理融合系统。信息物理融合系统通过获取充分的信息优化系统参数和控制策略，取得稳定、可靠、经济、高效的系统性能。

信息物理融合能源系统（Cyber-Physical Energy System，CPES）是信息网络与能源物理系统高度融合和集成的创新结果，是能源自动化技术的最新发展之一，近年来得到了学术和工业界的广泛关注。一般认为，信息物理融合能源系统主要由负责电能供应的智能电网和负责其他能源供需的企业能源系统、智能楼宇能源系统、智能家居能源系统等能源终端系统组成，其典型结构如图1-1-1所示。信息物理融合能源系统是信息物理融合系统在能源领域的具体应用，利用信息获取和处理设施，如新型传感器、传感器网络等，获取准确的能耗、环境、状态等信息，进而对系统进行整体的供需节能优化。信息系统与物理系统高度融合，能够在信息和物理系统层次上包含产能不确定的可再生新能源、遍布于系统供需两端的分布式能源和储能设备，支持能源流与信息流在供应侧和需求侧之间的双向流动，具有可靠、自治、自愈控制等特点。所有物理设备和器件相互联网，可在不同层次上组成网络，并保证网络信息安全。

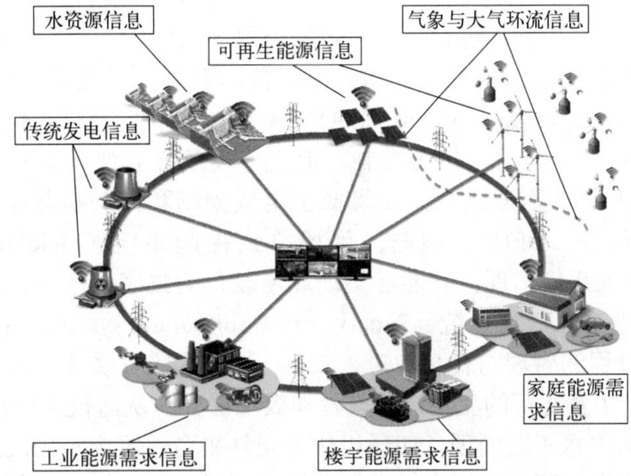


图1-1-1　信息物理融合能源系统的典型结构

在能源供应侧，基于信息物理融合能源系统，可通过新型传感器与传感器网络，感知和分析可再生新能源的不确定特性，对产需协调实现节能降耗和系统优化、保证电网安全经济运行非常重要。对于需求侧综合能源系统（如高耗能企业和楼宇建筑能源系统），信息物理融合能源系统通过提供准确的实时能源价格和终端能源需求信息，支持能源在供应侧和需求侧双向流动，对利用需求响应节能至关重要。通过以实时能源价格特别是实时电价为基础的需求响应和以多能源存储与转换为基础的节能优化，可以提高系统的总体能效水平。

## 1.2　火电自动化

### 1.2.1　火电自动化发展现状与发展态势

火电自动化是指利用先进的控制、监测、信息技术等手段，对火力发电厂的运行过程进行智能化管理和优化调控的技术。在“双碳”目标的驱动下，火电从主体能源逐步向基础能源和调峰资源转变。火电机组的升级改造向清洁化、低碳化方向发展，也需为新能源发电消纳提供安全保障。根据习近平总书记在中共中央政治局第三十六次集体学习的重要讲话精神，未来将大力推动火电降碳改造、灵活性改造、供热改造“三改联动”。2023年，全国单位火电发电量二氧化碳排放约821g/(kW·h)，同比降低0.4%，比2005年降低21.7%；单位发电量二氧化碳排放约540g/(kW·h)，同比降低0.2%，比2005年降低37.1%；全国火电烟尘、二氧化硫、氮氧化物排放总量分别为8.5万吨、48.4万吨和78.5万吨，同比分别下降约14.1%、上升约1.7%、上升约3.0%，全国6000kW及以上火电厂供电标准煤耗301.6g/(kW·h)。

我国火电自动化历程始于20世纪六七十年代。当时我国的火力发电基本上采用低参数、中小容量机组，自动控制装置采用以晶体管为核心的电动单元组合式仪表，构成若干局部的模拟控制系统，主辅机设备的程序控制与保护系统并不完备，主要采用继电器实现，火电机组运行自动化水平较低。

20世纪70年代初，微处理器的出现促进了新型仪表控制系统——分散式控制系统（Distributed Control System，DCS）的发展。DCS结合计算机、控制、通信和CRT显示技术，适应工业自动化需求。与此同时，可编程逻辑控制器（Programmable Logic Controller，PLC）也广泛应用于逻辑控制、过程控制和数据处理等领域。20世纪70年代末，我国火电厂引入了集成电路控制仪表，但由于当时计算机技术有限，只能采用集中式控制。另外，数据采集系统（Data Acquisition System，DAS）被用于实时监控火电机组的运行数据。20世纪80年代，单回路调节器用于热工控制，但由于设备分立性，未能大规模推广。20世纪90年代，DCS应用技术逐渐成熟，并集成了电气控制和汽轮机数字电液控制（Digital Electro-Hydraulic Control，DEH）。同时，现场总线控制系统（Fieldbus Control Systems，FCS）作为新一代控制系统出现，其能够实现现场设备的数字化控制。1997年，侯子良教授提出了发电厂厂级监控信息系统（Supervisory Information System，SIS）的概念，推动了发电厂实时生产过程的管理与优化。进入21世纪，SIS的发展非常迅速，通过与其他管理系统的联动，促进了发电厂的生产运行与管理效率提升，从而极大提升了经济效益。

21世纪以来，新技术不断涌现，如通用化的硬件平台、可组态的应用软件、标准化的通信协议、可编程逻辑控制器的接入、现场总线控制系统的应用、变频技术的实现、控制技术的优化、自动启停机控制系统等。目前，PLC可以方便地接入DCS，从而将DCS的运行状态数据送入全厂管理信息系统，实现数据共享和处理，厂级监控信息系统则完成电厂管理系统与分散式控制系统之间的信息交换和实时数据共享。

近年来，人工智能研究及其应用飞速发展，逐渐作为一项基础技术渗透到各行各业之中。在火电行业，人工智能技术已涵盖智能测量、计算机视觉、自然语言处理、状态检修、远程诊断、智能控制以及机器人等领域，对测量、决策和执行等环节产生着重要影响。目前，中国火电行业已初步具备将人工智能转化为生产力的技术经济可行性，并有望在火电智能安防、运行优化、状态检修、经营决策等方面进行广泛应用。因此，推动人工智能技术与火电生产经营的融合创新，将成为火电产业转型发展和智能化升级的重要突破口。

### 1.2.2 主要科学问题挑战与新技术突破

#### （1）火电自动化调控技术

目前，火电行业已初步实现了生产自动化，但尚未达到生产智能化的水平。其中一个核心问题是缺乏对复杂多变的火电设备特性的准确描述和高效定制化的优化控制方法。由于火电机组涉及连续和间歇性流程，且锅炉特性受多种因素影响，因此传统的理论建模方法需要深入了解研究对象的内部运作规律，并借助流程模拟软件进行仿真。由于系统的复杂性、非线性、时变性和输入不确定性，传统的火电机组建模方法往往难以精确预测和控制火电机组的运行状态，从而在实际应用中面临巨大挑战。因此，对复杂的现实问题进行系统性建模一直是当前控制领域的热点研究问题。这些工作严重依赖专家知识，模型构建复杂且周期长，导致了火电行业竞争力的下降。

机理建模是通过已知的物理规则构建系统模型。热工对象一般是用高阶非线性方程描述的，有时利用偏微分方程描述。由于上述模型十分复杂，在实际中往往不得不进行一些必要的简化。这将导致模型的精度降低，各参数的物理意义也会变得含糊起来。并且这样的模型大多是针对某个特定系统设计的，甚至典型模型在不同负荷下的不适用性都十分明显，故火电模型的通用性较差。当前这方面的研究主要集中于具体机组的某一实际问题，量身建立优化模型。然而实际过程中通过机理建模的方式建立的数学模型计算量大、在线计算负担重，难以满足实际工业中对实时计算的要求。

为了克服机理模型的上述困难，基于统计学的数学模型应运而生，即试验建模。这样的数学模型中的参数没有明确的物理意义，但是它能以一定的精度描述原系统的变化情况。这种模型与经过大量简化的机理模型相比，精度并不差，通用性也更好。随着工业智能化水平的提高，火电系统数据的海量化和高维化将成为必然趋势。在此背景下，试验建模的重要性不言而喻。试验建模的常用方法有阶跃响应法、脉冲响应法、频率响应法、最小二乘法以及相关（统计）分析法。试验建模通常根据问题领域的工程经验，选择一种合适的估计模型，在系统运行的历史数据或人为地给系统加入各种扰动所得到的数据中，找出一组适合辨识的输入、输出数据，选择较为成熟的算法即可得到系统的数学模型。一些成熟的试验建模模型预测准确率可达80%。基于数据挖掘、数据分析的火电机组试验建模是当前火电建模领域的一大研究热点。

火电机组的灵活运行控制是指采用先进的控制技术，使机组能够快速、深度地调整负荷。传统的火电机组运行控制主要关注安全、高效和环保等指标，而灵活运行控制则是新型电力系统对火电机组提出的更高要求，以适应新能源的规模化接入。灵活性的核心在于机组能够快速且深度地调整负荷，具体要求包括实现机组的最低负荷运行以及灵活调整输出功率等。

长期以来，在火电机组控制中，“PID+前馈”方式始终占据主导地位，这得益于其结构简单、容易实现、鲁棒性强和可实现无差调节的特点。但传统PID控制器虽然对线性、小偏差、小滞后对象有优势，但对非线性、时变、大延迟、大惯性、强耦合与不确定性明显的对象，很难取得满意的控制效果。在国内火电机组长期面临低负荷与快速大幅变负荷运行的情况下，传统PID控制方式越来越力不从心。而在工业过程控制领域获得广泛应用的现代控制理论（以预测控制、自适应控制为代表）在火电机组的控制中逐步得到推广，并取得了突出的效果。

现代控制理论可以解决某些非线性和时变系统的控制问题，适用于多输入和多输出的反馈控制系统。但其仍依赖被控对象的数学模型，或利用不精确的数学模型又采用固定的控制算法，缺乏灵活性和应变能力。在火电机组控制系统中，许多被控对象不确定性明显，难以使用精确的数学模型进行描述。为此，众多学者开始尝试采用智能控制技术来解决这些问题。而智能控制技术的不断发展和完善以及一些商业专用计算软件的开发，也为相关研究提供了基础。

智能控制是在人工智能及自动控制等多学科基础上发展起来的新兴交叉学科，主要用来解决传统控制方法（经典反馈控制、现代控制技术）难以解决的复杂系统的控制。就智能控制的类型而言，包括分层递阶控制、学习控制、仿人智能控制以及各种混合型方法。如在火电机组的主蒸汽控制中，采用模糊控制与传统PID控制相结合的方式，可获得比传统串级PID控制方式更好的控制效果。

另外，也有学者将进化计算及群智能优化算法纳入了智能控制的范畴。鉴于火电机组控制对象的特点，智能控制在该领域的应用研究主要为具有相对成熟理论基础的神经网络控制和模糊控制，粒子群优化、遗传算法和蚁群优化算法等智能优化算法，以及它们与传统或现代控制技术的结合。

**（2）火电机组在线监测与安全维护**

随着电力市场改革的不断深入，厂网分开、竞价上网使各发电厂为了加强市场竞争力而努力提高发电效率，从而降低发电成本。然而，影响火电厂经济运行的一个重要因素是诸多重要技术参数和经济参数难以在线实时测量。例如，烟气含氧量、飞灰含碳量、煤种发热量、球磨机负荷等都是直接反映发电效率和运行安全的重要热工参数，出于技术或经济原因，无法用常规的传感器直接测量。一方面，火电厂对某些重要参数采用“人工取样化验-离线分析”方法，滞后性大、采样周期长、代表性差，难以直接用于在线监测和指导控制；另一方面，火电厂许多生产环节为保证安全和稳定性，被迫采取保守工况运行，牺牲了经济性。

采用软测量技术是解决以上问题的有效途径之一。软测量技术采用间接测量的思路，利用易于获取的其他测量信息，通过计算来实现对被测量的估计。软测量技术的核心是建立软测量的数学模型，以实现辅助变量对主导变量的最佳估计。20世纪90年代以来，软测量技术在理论研究和实际应用方面均取得了迅速发展。在软测量建模中有基于工艺机理的方法、基于对象数学模型的方法、基于回归分析的方法、基于模式识别的方法、基于粗糙集理论的方法、基于人工神经网络的方法、基于支持向量机的方法等。然而火电厂热工参数软测量方法的研究目前还处于理论研究和实验室仿真阶段，距离实际工程应用还有大量的问题需要进一步研究和解决。

**（3）信息物理融合系统在火电机组中的应用**

信息物理融合系统（CPS）是将计算、通信、传感器和物理过程紧密结合的智能系统。它通过传感器、控制器和执行器等设备将物理世界与数字世界无缝连接，实现对复杂物理过程的监控、优化和控制。在火电自动化中，CPS能够通过实时采集设备数据、分析生产过程，并利用反馈机制对火电厂的运行进行智能调度和优化，从而实现生产效率和安全性的提升。

在火电自动化应用中，CPS的核心目标是通过集成物理过程与信息技术来增强系统的自主性、灵活性和可操作性。近年来，数字孪生（Digital Twin）作为一种新兴技术，成为了CPS应用中的重要组成部分。数字孪生通过创建物理设备或系统的虚拟模型，使得整个系统的运行状态、性能、故障信息等可以在虚拟环境中实时监控和模拟，从而为实际操作提供决策支持。

火电厂的设备系统往往复杂且多样化，传统的监控系统主要依赖于硬件传感器采集数据，进行单点分析与控制。然而，这种方式难以应对日益复杂的生产过程和设备故障预警需求。CPS结合数字孪生技术能够有效解决这一问题。数字孪生创建了火电厂各个设备

（如锅炉、汽轮机、发电机等）的虚拟模型，通过实时反馈来自物理世界的数据，进行全方位、多角度的监控和调节。例如，锅炉的数字孪生模型可以实时反映锅炉内部的燃烧过程、温度分布、烟气成分等信息。通过数字孪生系统的模拟和分析，运维人员可以对锅炉的燃烧效率、排放水平进行精确评估，从而根据实时数据优化燃烧控制策略，减少能源消耗和有害气体排放。

### 1.2.3 发展思路与发展方向

伴随着电力体制改革的深入，电力市场的竞争愈发激烈，尽可能地提高经济效益必然是未来电厂追求的目标。提高电厂信息化水平，实现生产过程高度自动化和管理现代化是较为有效的途径。智能（数字）化电厂的建设目标是将所有信号数字化，利用网络技术，实现可靠而准确的数字化信息交换、跨平台的资源实时共享，进而利用智能专家系统提供各种优化决策建议，为机组的操作提供科学指导。其作用是可以降低发电成本、提高上网电量、减少设备故障，最终实现电厂的安全、经济运行和节能增效。

**（1）基于多元信息融合的火电系统状态监测**

多源信息融合（简称为信息融合）是指组合和合并多个来源的信息或数据以便形成一个统一结果的技术。它起源于军事领域中的多传感器综合应用，故又叫多传感器数据融合（或数据融合）。信息融合技术已广泛应用于很多领域，比如目标跟踪、情报分析、军事指挥、图像处理、工业控制、环境监测、智能系统设计等。近年来，多源信息融合技术逐渐作为一项基础技术应用于众多学科。

基于多源信息融合的火电系统状态监测是一种高效的技术手段，通过整合来自不同传感器、监测设备以及其他数据源的信息，实现对火电系统状态的全面监测和分析。这种方法利用多样化的数据来源，如智能传感器、实时监控系统、物联网设备等，综合考虑多个方面的信息，包括温度、压力、振动、电流等参数，提高监测的准确性和可靠性。通过多源信息融合，可以实现对火电系统各个关键部件和子系统的状态进行实时监测和评估。这种综合分析不仅可以及时发现系统运行中的异常情况和潜在故障，还可以预测设备的健康状况，提前采取必要的维护和修复措施，最大程度地确保火电系统的稳定运行和安全性。

此外，基于多源信息融合的状态监测还能够为火电系统的运行优化和性能提升提供重要支持。通过对大量数据进行深度分析和挖掘，可以发现系统运行中的潜在问题和改进空间，指导优化调整运行策略，提高能源利用效率，降低成本，实现火电系统的智能化管理和运营。

**（2）人工智能技术在火电自动化中的应用**

人工智能（AI）技术加速了火电自动化技术的变革与进步。在过去几十年里，火电行业通过引入自动化技术，已经大大提升了运行效率和稳定性。然而，随着能源市场的快速发展和环境要求的日益严格，传统的自动化技术已难以满足火电行业日益增长的需求。人工智能技术的融入为火电自动化带来了新的机遇，特别是在预测性维护、故障诊断、优化控制和图像识别等方面，展现出了巨大的潜力和应用价值。

例如，在火电厂的运行过程中，设备的健康状态对生产效率和安全性至关重要。传统的维护方式通常依赖于固定的维修周期或预定的操作手册，这往往忽视了设备实际运行中的个性化需求，且可能错过最合适的维修时机。通过分析历史运行数据和实时监测数据，人工智能算法可以识别设备的运行模式并学习设备在不同工作条件下的健康状态，分析设备的潜在故障，甚至预测故障发生的具体时间。例如，可以通过对锅炉、汽轮机、发电机等关键设备的运行数据进行深度分析，识别设备即将出现故障的微小迹象，如振动频率的变化或温度的波动。因此，火电厂可以在故障发生前采取有效措施，如调整运行参数或进行局部维修，有效减少突发性故障带来的停机时间。

人工智能技术还在火电厂的设备自动控制和优化调节方面发挥着关键作用。基于强化学习、深度学习等先进算法，AI能够不断学习和优化设备的运行参数，从而实现更高效的能量利用和更低的运行成本。例如，在锅炉和汽轮机的运行过程中，AI可以通过强化学习算法，优化燃烧过程中的燃料与空气的比例、炉温的控制以及废气排放量等参数，从而达到最佳的能源利用效率。强化学习算法通过与环境的互动和反馈学习，可以模拟不同操作条件下设备的表现，并找到最优的控制策略。通过这种方式，锅炉和汽轮机的燃烧效率得到提高，同时排放物的生成也能得到有效控制，既提升了热效率，又减少了温室气体排放，符合绿色能源的要求。同样，在火电厂的负荷调度方面，AI可以发挥巨大的作用。深度学习和神经网络算法可以帮助火电厂对电力需求进行预测，分析市场的负荷变化，从而实现电力供应的优化调度。通过实时监控电网的负荷波动，AI可以动态调整火电机组的负荷输出，确保电力供应的平衡与稳定，避免电网出现过载或频繁停机等问题，提高电力供应的可靠性。

图像识别技术是人工智能的又一重要应用领域，在火电厂的设备监测和故障预警中发挥着重要作用。通过计算机视觉技术，AI能够对设备状态进行高效、全面的实时监控，及时发现潜在的安全隐患和运行问题。例如，火电锅炉在长时间高温、高压运行的情况下，内部可能会发生燃烧不完全、积灰、结渣等问题，这些都可能影响锅炉的运行效率和安全性。通过安装在锅炉周围的监控摄像头，AI系统可以实时采集锅炉的燃烧状态、烟气流动等图像数据，并对其进行分析。基于图像识别技术，AI可以及时检测出燃烧过程中出现的不正常现象，如火焰不稳定、烟气排放异常等问题，提前发出预警信号，并自动调节锅炉的工作参数，避免事故的发生。此外，计算机视觉技术还可以对火电厂设备的磨损程度进行评估。例如，在汽轮机、发电机等关键设备中，零部件的磨损会影响其运行效率，甚至导致严重故障。AI通过图像识别技术，可以自动分析设备的表面磨损情况，识别出可能存在的裂纹、腐蚀等问题，为设备的维修与更换提供科学依据。这种智能化的检查方式不仅提高了设备检测的准确性，还大大降低了人工巡检的成本和风险。

**（3）新型检测与监控技术**

① 智能传感器。智能传感器（Intelligent Sensor）是具有信息处理功能的传感器。智能传感器带有微处理器，具有采集、处理、交换信息的能力，是传感器集成化与微处理机相结合的产物。智能传感器可将信息分散处理，从而降低成本。与一般传感器相比，智能传感器具有以下三个优点：通过软件技术可实现高精度的信息采集，而且成本低；具有一定的编程自动化能力；功能多样化。智能传感器改变了传统传感器的信号传递方式，微处理器将模拟信号变成了数字信号，提高了数据传输的精度，在一定程度上弥补了DCS模拟终端的缺陷。

② 现场总线仪表。现场总线仪表和智能传感器类似，也是在现场完成信号的数字化。但不同于智能传感器的是，现场总线仪表规范了上传数据的格式，并对于设备本身的状态信息做了定义，使得仪表的智能化程度更高。现场总线仪表的引入将会很大程度上提高电厂数字化，增加来自现场的信息量。

③ 新型检测技术与系统。一些特殊场合或者现场数据，借助于传统的测量装置很难

获取，利用新型检测技术可以弥补这一缺点。例如，煤质成分在线分析，气体成分在线分析，金属寿命检测，利用激光、声波、CCD图像测量炉膛温度场，以及烟气含氧量、飞灰含碳量、磨煤机负荷软测量等，通过新型检测技术，覆盖了传统测量装置难以覆盖的场合，有利于消除数据盲点。

（4）智能管控信息系统

火电智能管控信息系统是指利用先进的信息技术和智能化手段，对火电厂的各生产运行环节进行监测、控制和管理的系统。该系统旨在提高火电厂的运行效率、降低成本、增强安全性，并促进火电产业向智能化、数字化方向发展。火电智能管控信息系统可包括监控信息系统（Supervisory Information System，SIS）、管理信息系统（Management Information System，MIS）、自动发电控制（Automatic Generation Control，AGC）、机组自启停控制系统（Automatic Plant Start-up and Shutdown System，APS），以及负荷优化分配。

监控信息系统的目的是从DCS或者其他控制系统中获取现场数据，并集中到统一的数据平台上。主要功能有：生产过程信息监测和统计、实时性能计算、分析和操作指导、设备状态监测与故障诊断。

管理信息系统位于数字化电厂的最高层，是一个以人为主导，利用计算机硬件、软件、网络通信设备以及其他办公设备，进行信息的收集、传输、加工、储存、更新、拓展和维护的系统。管理信息系统属于数字电厂的高级优化系统，用于大局统筹。从电厂建设的初步规划到电厂建设完成后的正常生产运行，所有的数据资料都在管理信息系统中。

自动发电控制是电网中发电机组调度与控制的一项重要内容，是实现电网有功频率控制、维持系统频率质量以及互联电网之间联络线交换功率控制的一种重要技术手段，其控制策略的优劣直接决定了AGC控制效果的好坏。因此，科学、合理的AGC控制策略对于保障电网的安全、可靠和经济运行具有重要意义。

机组自启停控制系统是热工自动化技术的最新发展方向之一。APS是实现机组启动和停止过程自动化的系统，其优势在于可以提高机组启停的正确性、规范性，大大减轻运行人员的工作强度，缩短机组启停时间，从整体上提高机组的自动化水平。

同时，信息系统是支撑火电生产运行的关键基础设施之一。如果信息系统受到网络攻击或者数据泄露，可能会导致生产运行受到干扰或中断，进而引发生产事故或损失。因此，火电信息系统的网络安全也是火电自动化未来发展的重要内容。

## 1.3 核电自动化

### 1.3.1 发展现状与发展态势

核能作为一种清洁、高效、可靠的能源，在现代能源体系中具有重要地位。核电高效且能量密度高，能有效缓解能源供应紧张并减少资源依赖。除此之外，核电不产生温室气体和污染物，有利于能源系统的清洁低碳化转型。中国核能行业协会发布的《中国核能发展报告2024》蓝皮书显示：截至2023年底，我国在建核电机组26台，总装机容量3030万kW，继续保持世界第一；商运核电机组55台，总装机容量5703万kW，位列全球第三；2023年核电发电量4334亿kW·h，位居全球第二，占全国累计发电量的4.86%，年度等效减排二氧化碳约3.4亿t。

核电自动化是一种以现代自动化技术为基础，应用于核电厂安全与可靠运行的综合技术系统。核电站利用原子核裂变反应释放出能量，经能量转化而发电。核电自动化涉及设备监测、故障诊断、运行调度、数据分析等方面，通过自动化系统实现对核反应堆、蒸汽发生器、汽轮机等核电厂设备的实时监控和智能化管理。

核电自动化的演进可以概括为模拟控制、部分数字化和全数字化三个阶段。20世纪六七十年代，美、法等国开始掌握核电自动化技术，但在模拟控制阶段存在诸多问题。20世纪70年代初，微处理器出现了，核电自动化向数字化转变，有模拟保护加部分数字控制与数字保护加模拟控制两种形式，主控制室等方面有所改善，但仍存在不足。1996年，法国率先采用全数字控制和保护系统，核电进入全数字化时代，后续需利用多种技术实现更优的控制策略。如今，核电受多种技术影响，分散式控制系统（DCS）虽然提供了新的方案，但带来了系统复杂性增加、安全性受到挑战等问题，应用时需确保核电站的运行安全。

**（1）国外研究现状**

国外一些发达国家在核电自动化领域起步较早，技术相对成熟。目前，国外核电研究单位主要有英国CCLRC、印度BARC、日本AIST、美国ORNL、加拿大INRS、法国CEA、俄罗斯IPPE、德国INIS等，核电企业包括美国西屋、法国AREVA NP、日本三菱、德国西门子、美国英维斯等。

国外典型的核电自动化系统主要包括美国西屋电气公司的Common Q+OVATION控制系统、德国西门子股份公司的Teleperm XS+XP控制系统、日本三菱集团的MELTAC-Nplus R3控制系统等。这些系统在国内也有应用：田湾核电站采用了西门子Teleperm XS+XP系统，岭澳核电站二期采用了三菱MELTAC-Nplus R3系统。

**（2）国内研究现状**

国内主要的核电研发机构包括中国核动力研究设计院、国家核电上海核工程研究设计院、中核集团中国核电工程有限公司、中科华核电技术研究院、清华大学、上海交通大学、西安交通大学、哈尔滨工程大学等，主要研究反应堆工程、核动力装置、核电自动化软件等。国家能源研发（实验）中心包括中国广核集团有限公司（中广核）的“国家能源核电站核级设备研发中心”和“国家能源核电站数字化仪控系统研发中心”，以及中国核工业集团有限公司的“国家核动力研发基地”。核电设计、集成和服务厂商主要有北京广利核系统工程有限公司（广利核）、北京中核东方控制系统工程有限公司、中控科技集团有限公司、上海自动化仪表有限公司、国核自仪系统工程有限公司（国核自仪）等。

中国核电自动化行业的技术水平正在不断提高，并且我国自主研发的核电自动化技术已经广泛用于国内多个在役机组的改造和新机组的建设中。国核自仪致力于AP1000自动化技术的引进、消化和国产化。目前，作为国内首个采用AP1000自动化技术的依托项目三门核电一号机组已并网发电，除在建的两个项目（三门、海阳）外，三门二期、海阳二期、广东陆丰、辽宁徐大堡、以及湖南桃花江等内陆核电项目均拟选用AP1000技术。由中广核研制的国内首个自主产权核级DCS产品“和睦系统”已被用于阳江核电站5、6号机组，红沿河核电站5、6号机组等多个核电机组的建设项目。

综上，国内核电自动化领域具备一定的基础，拥有自主知识产权的数字化控制系统平台，已经在工业领域得到了较广泛的应用。尽管如此，国内技术仍落后于国外水平，我国核电自动化市场需求大、发展前景广阔，但是自主创新还不足，学科发展和产业化机遇与挑战并存。

### 1.3.2 主要科学问题挑战与新技术突破

**（1）特殊核材料检测**

核电站运行产生的特殊核材料（如钚和铀）会对环境健康和公共安全构成潜在威胁，如2011年福岛核事故中大量锕系元素和放射性核素释放造成的核污染。这些材料在核电厂和核安保环境中需要严格监管，防止非法获取和使用。准确检测和定位这些特殊核材料至关重要，但在存在多种放射性源和干扰因素的复杂情况下，如何区分特殊核材料与其他放射性物质，以及准确确定其位置和数量具有很大挑战性。

针对这一问题，韩国开发了紧凑型伽马射线成像系统（EPSILON-G）。该系统基于编码孔径，使用GAGG（Ce）闪烁体阵列和硅光电倍增管（SiPM），可对少量特殊核材料形成量化的放射性核素分布图，它能在短时间内成像低活度辐射源。此外，该系统还可测量环境剂量当量$H^{*}(10)$，并在混合中子-伽马环境中实时识别中子-伽马源的准确位置。日本原子能机构（JAEA）开发了延迟伽马射线光谱法（DGS）。该技术使用3He和4He中子探测器，可监测中子源发射率以校正伽马射线光谱并评估易裂变质量，有助于提高核材料检测的准确性。文献[25]介绍了一种使用光纤辐射传感器的伽马射线能谱系统，能够迅速对核设施混凝土结构中的核污染进行定位。

**（2）核电机组自动控制技术**

核电站数字化仪控系统是一个包括硬件、软件、固件的复杂系统，其功能实现和逻辑运算均通过软件编程执行。通过在标准化的可编程硬件上执行代码，数字化仪控系统能够实现各种控制逻辑，并不断迭代升级算法，从而灵活地实现核电厂运行控制。数字化仪控系统的运行通过收集核电厂的各种模拟和数字信号，并在进行逻辑运算和处理之后，将控制指令发送到现场执行器，同时通过主控制室实现人机交互。典型的数字化仪控系统在结构上主要分为工艺系统接口层、自动控制和保护层、操作和管理信息层、厂级管理层，如图1-1-2所示。

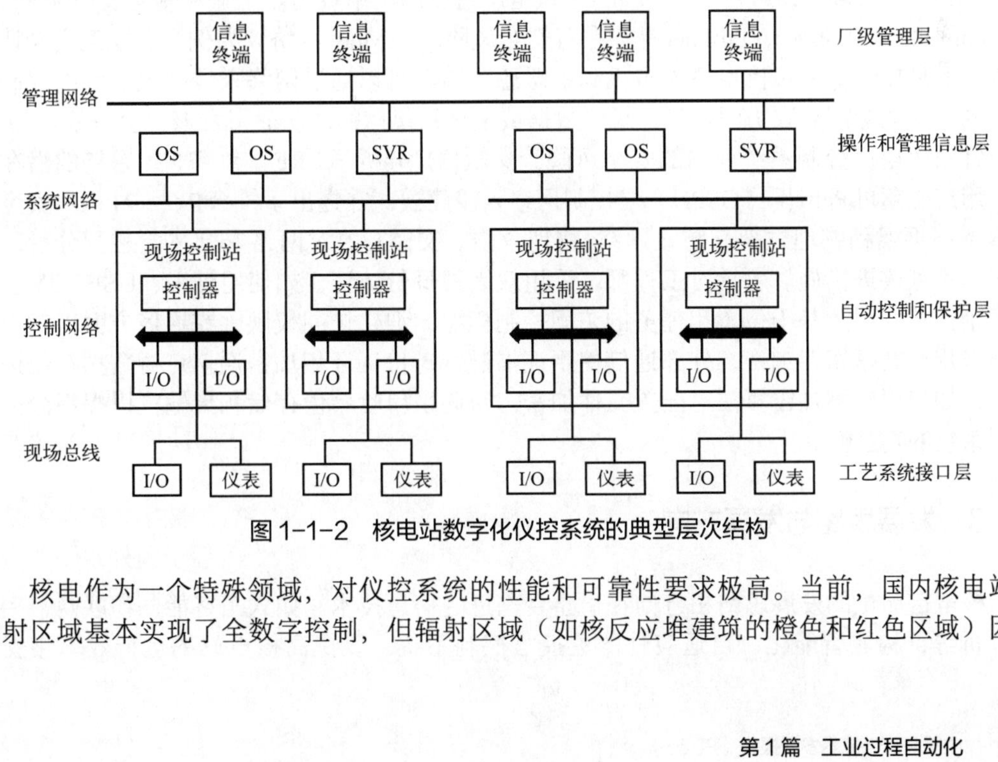


图1-1-2 核电站数字化仪控系统的典型层次结构

核电作为一个特殊领域，对仪控系统的性能和可靠性要求极高。当前，国内核电站非辐射区域基本实现了全数字控制，但辐射区域（如核反应堆建筑的橙色和红色区域）因辐射线会破坏数字芯片，仍采用模拟组合单元仪表。这种情况导致中央控制系统规模庞大、硬件资源需求多且易引发操作人员误操作。文献[27]提出了一种辐射抗性智能仪表控制系统的总体设计方案，通过使用抗辐射芯片、抗辐射模块、抗辐射总线和铅壳来对系统进行抗辐射设计，从而实现了辐照区域仪表控制系统的数字化和智能化，该方案已通过用户验收并在某型压水堆机组试运行。

核电站是一个复杂的非线性系统，参数因燃料燃耗、反应性反馈和建模不确定性而变化，且传感器测量噪声和执行器输出不确定性影响控制设计，传统控制器难以在不确定性环境中保持最佳性能，因此需要研究更为先进的控制技术。文献[28]提出了一种基于自适应控制的设计策略来控制压水堆核电站。该控制方案在处理干扰和不确定性方面具有良好的鲁棒性，并在反应堆功率、蒸汽发生器等多个控制回路的测试中表现出色。该自适应控制器可集成到现有数字控制系统平台，在经过验证后可用于实际核电站。

蒸汽发生器水位控制系统作为核电站中关键且复杂的控制系统之一，受多种因素影响，水位过高或过低都会引发严重后果，如蒸汽湿度增加、涡轮侵蚀、管道水锤等。过去，因水位控制不当导致的反应堆跳闸事件频发，约占非计划反应堆跳闸事件的30%。针对蒸汽发生器水位控制这一复杂问题，第三代核电站的蒸汽发生器水位控制系统在第二代的基础上通过增加窄量程给水流量传感器，实现三冲量控制策略，优化了低功率水位控制，避免了高低功率切换时的水位扰动。增加给水阀特性曲线，以提升控制精度。此外，还引入了基于阀门压差的前馈控制，降低了失去主给水泵时蒸汽发生器低水位的风险，从而全面提升蒸汽发生器水位控制系统的性能。

**（3）工业控制系统的安全性挑战**

随着工业控制系统与网络连接程度的增加，系统的安全性面临新的挑战。核电站控制网络由多个组件构成，如应急响应设施（ERF）系统、物理安全保护（PSP）系统等，这些组件之间的复杂连接使得网络安全管理难度增大。如果核电站遭受网络攻击，不仅会遭受经济损失，还可能造成人员伤亡。目前一些针对核电站的网络攻击事件已经发生，例如2010年伊朗Natanz、2014年日本Monju等核电厂遭受的网络攻击。工业控制协议如Modbus、S7Comm-Plus、Profibus、Profinet等存在着安全风险。以Modbus协议为例，其缺乏安全认证机制、消息加密机制和抗重播攻击机制。恶意攻击者可以通过网络入侵核电机组的控制系统，利用这些漏洞获取访问权限、篡改数据或干扰系统运行，从而引发核安全事故。

针对核电厂控制系统面临的安全风险，文献[31]分析了ERF系统和PSP系统的潜在风险，用广义随机Petri网（GSPN）对控制网络入侵建模，并提出了符合RG 5.71网络安全法规的网络框架和物理框架来防止网络/物理攻击。文献[32]对网络安全风险进行分析，提出了一系列改进措施。包括对工程师站采用双因素身份认证，如使用证书、USBKEY或生物识别方法；引入基于位置和任务的访问控制模型，细化访问权限；在通信方面，对内部通信采用预共享密钥加密，外部通信使用证书进行身份认证和加密通信；对数据存储进行加密，如使用对称加密算法对配置文件加密，密码采用哈希值存储和传输，以提高分散式控制系统的安全性。

### 1.3.3 发展思路与发展方向

核电自动化的发展思路和方向在于整合先进的信息技术，如人工智能、物联网、大数据分析等，构建智能化、自适应性的监控与控制系统，以提高核电站的运行效率和安全性。未来的发展重点包括深度学习在异常检测与故障诊断中的应用，加强数据安全等方面的研究，从而实现核电自动化的持续发展与优化。

**（1）第四代核电站研究**

第四代核能系统的概念最初起源于1999年美国能源部的一项倡议。该倡议旨在跨越轻水堆技术的局限，通过与国际伙伴的合作来分享先进核能反应堆系统的研究与开发成果。经过共同努力，2002年，全球核能倡议组织（GIF）从130多种概念设计中选定了6种核能系统作为最有开发前景的第四代核能技术，分别是气冷快堆（GFR）、铅冷快堆（LFR）、熔盐反应堆（MSR）、钠冷快堆（SFR）、超临界水冷堆（SCWR）和超高温气冷堆（VHTR）。随后发布了技术路线图，确定并规划了推动这6种核能系统发展所必不可少的研发工作和相关时间节点。

第四代核反应堆是目前正在研发的、在反应堆概念和燃料循环方面有重大创新的下一代反应堆。其主要特征包括安全可靠性高、废物产生量小、具有更好的经济性、具备多用途功能以及可防止核扩散等。2023年12月6日，全球首座第四代核电站华能石岛湾高温气冷堆核电站完成了168h连续运行考验，正式投入运行。高温气冷堆是国际公认的第四代核电技术先进堆型，是世界核电未来发展的重要方向。其在丧失所有冷却能力的情况下，不采取任何干预措施，反应堆都能保持安全状态，不会出现堆芯熔毁和放射性物质外泄等现象。这标志着我国核电技术的发展迈入了历史新阶段。

**（2）人工智能技术在核电领域的应用**

近年来，人工智能的研究和应用飞速发展，逐渐作为一项基础技术渗透进各行各业。对于核电领域而言，人工智能技术有助于加速推进核电数字化、智能化进程，实现核电降本、增效、提质的目标。

模拟在智能核燃料管理中起着至关重要的作用。传统的模拟方法通常需要漫长的迭代过程，这导致模拟时间过长，往往超过现实中瞬态过程所消耗的时间。因此，人工神经网络逐渐在模拟中得到广泛应用，其优势主要在于计算速度快，能够在不完全理解基本物理原理的情况下进行经验性的“输入-输出”映射，以及对噪声和部分不完整数据具有较强的鲁棒性。核电厂环境复杂、设备众多，传统的运行维护方式会耗费大量人力和物力，而人工智能技术可被用于对核电设备进行实时检测和快速反应，有效降低运维成本。故障诊断是对系统故障进行检测、隔离和识别定位的重要过程。在工业应用中，及时识别故障并采取后续补救操作可以显著提高生产效率，同时降低维护成本。核电站运行过程中面临各种故障，如传感器信息错误、报警错误等。人工智能可通过大数据和智能算法提高故障检测和诊断能力。例如，利用神经网络等技术处理并分析复杂数据，帮助操作人员理解故障，减少人为错误。核电厂中许多内部设备存在一定放射性，可通过核电维修机器人代替人工进行维护，降低人员安全风险。

当前人工智能在核电领域应用还存在一定挑战，其中的一个主要难点在于缺乏核电站实际运行数据，尤其是瞬态和事故场景数据，影响人工智能模型的准确性和可靠性。因此，在小样本、样本失衡和强烈噪声条件下，如何确保人工智能系统的可用性，将成为人工智能技术在核电领域落地的一个重要研究方向。另外，深度学习模型的透明度低，常被称为“黑箱模型”，无法从机理本质解释决策行为，导致方案的可靠性和安全性降低，呈现出极大的脆弱性。

综上，人工智能在核工业的应用已取得一定成果，但要实现全面应用仍需大量研究。人工智能辅助核电站的未来应该朝着更优的识别、认知、预测、辅助能力以及完全集成的人工智能系统发展。未来需建立可靠数据库，提高模型可解释性和透明度，加强跨实验室合作以确定最佳技术，确保在核工业复杂环境下安全、可靠、高效地应用，充分发挥其潜力。

**（3）核电站仪控系统智能化**

随着技术的发展以及对核能安全性和经济性要求的不断提高，信息技术成果逐渐被引入核电站的仪控系统。在仪控系统实现数字化之后，其未来的发展方向是提升其自动化和智能化程度，从而提高核电站的安全性、可靠性和可操作性。核电仪控系统智能化发展主要体现在智能硬件构建、自动化程度提高和智能化程度推进三个关键方面。

智能硬件构建的重点在于现场层的数据采集和设备执行。目前，核电站数据收集范围受运行控制需求主导，而扩展该范围可满足仪控系统的多方面需求，如提升自动化程度、实现安全监督、提供运行支持以及加强设备状态管理，进而为系统功能拓展筑牢数据源根基。通过应用智能技术与物联网技术，可赋予现场设备数据存储、处理、识别及网络通信能力，从而提升数据采集的数量和质量，确保数据准确、指令有效执行，实现现场设备智能化。同时，优化数据传输技术，强化上层数据管理，有助于构建高效、灵活且可扩展的智能硬件系统，为整个仪控系统的智能化发展提供有力支撑。

自动化程度的提高是核电仪控系统智能化发展的关键方向之一。一方面，全面分析核电站仪控系统在不同运行条件下的自动控制能力，逐步扩大自动控制范围至关重要。当前多数核电站自动控制技术面向系统的正常运行场景，但长远来看，还需加强研究事故条件下的自动处置方法，以适应未来发展趋势。另一方面，提升自动控制系统性能迫在眉睫。尽管PID控制方法应用广泛，但先进控制方法的应用潜力巨大。随着自动化技术的发展，采用协调控制、最优控制和智能控制等技术，结合软测量和容错控制技术在重要系统中的研究应用，有助于提高控制性能，满足核电站高安全性和可靠性要求，提升整体运行效能。

智能化程度推进能够为核电仪控系统带来全方位优化。在安全管理方面，通过对实时和历史数据的分析，可以增强安全状态实时评估能力，及时提供预警并在事故时提供预测和替代方案，同时支持核安全监督和运行经验反馈。运行管理方面，智能处理报警信号、优化人机界面，可以实现运行故障自动诊断，并提供操作指导与监督，减少人为错误。设备管理层面，利用运行数据构建大数据源，为设备技术状态分析、故障诊断等提供信息支持，聚焦于关键技术研究应用，可以逐步实现精准控制、维护和支持，最终达成核电站安全、可靠、经济运行的目标。

## 1.4 水电自动化

### 1.4.1 发展现状与发展态势

中国水电行业正处于大规模建设阶段。2023年新开工水利项目达到了2.73万个，同比增长10.5%，其中投资规模超1亿元的项目有1879个。重大水利工程如黑龙江粮食产能提升工程、吉林水网骨干工程等43项已开工，预计将新增供水能力81.9亿$m^3$，改善灌溉面积2075万亩（1亩=666.67$m^2$），加固堤防1125km，为国家战略和区域发展提供水安全保障。

随着大型水利水电工程的建设推进，对自动控制系统的需求持续增加，水利水电自动化技术的发展迎来新机遇。水电自动化系统通过深度融合计算机监控、通信网络和智能控制技术，可以切实提升水电厂的发电效率和运行安全性。

我国的水利水电自动控制系统主要分为三类。

**（1）大型水电站综合自动化系统**

目前，我国几乎所有的新建水电站都同步实施了综合自动化系统工程，显著提高了水电站自动化及安全运行水平。水电站综合自动化系统的关键是计算机监控系统。目前我国主要大中型水电站计算机监控系统均采用符合国情的国内厂家开发的系统，典型系统结构如图1-1-3所示。我国水电站计算机监控系统的发展从20世纪80年代开始，经历了初期以常规为主、计算机为辅的试点模式，到取消常规的全计算机监控实用化模式；系统结构也从全厂集中式结构发展为比较适合水电站的分层分布式开放系统结构。经过20多年的发展，系统功能和性能指标得到了极大提高，计算机监控系统在水电站中也获得了广泛应用，技术也逐步趋于成熟，已经可以比较好地实现水电站的本地和远方集中控制、安全监视、优化运行等功能，并满足水电站“无人值班”的发展需要。

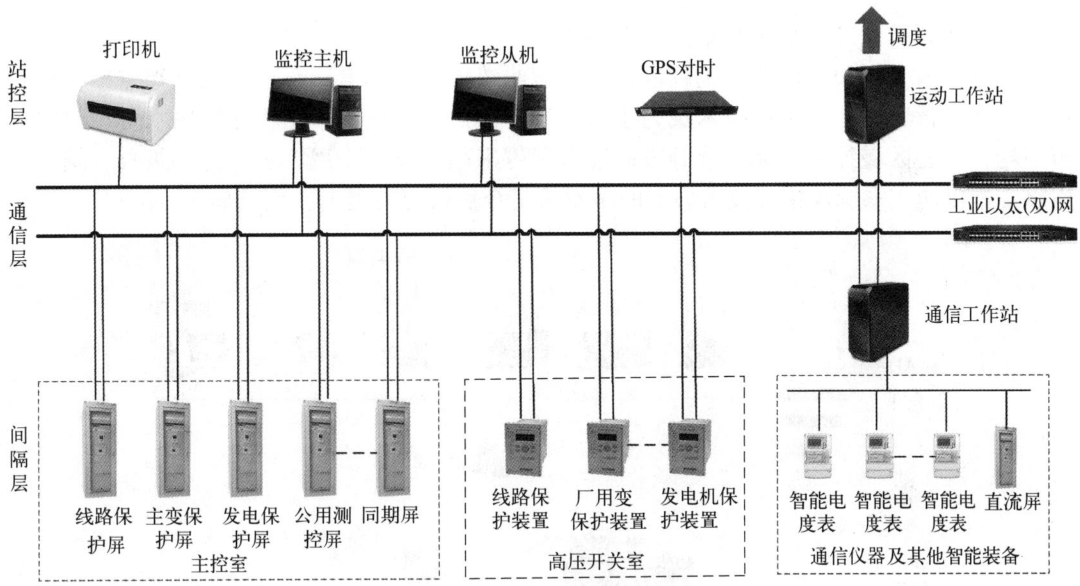


图1-1-3 大型水电站综合自动化系统典型结构图

**（2）梯级集控中心自动化系统**

梯级集控中心自动化系统包括电调自动化系统和水调自动化系统，其典型系统结构图如图1-1-4所示。电调自动化系统主要实现流域梯级电站的信息采集与处理和运行监视，满足梯级水电站操作控制、生产调度、集中监控需要。水调自动化系统主要进行与水库运行有关的监视、预报、调度和管理。该系统基于对历史资料的收集整理，通过实时水文、气象和水库运行信息的自动采集，利用数据库管理技术，进行在线水文预报、调洪演算、优化调度和水务综合管理等，提供满足防洪、发电及其他综合利用要求的水库调度决策方案，同时支持水电厂的经济调度。目前，梯级集控中心自动化系统已经在国内外多个大型水电站群中得到应用。例如，中国的长江三峡梯级水电站群、黄河上游梯级水电站群等都采用了先进的自动化系统进行管理和调度。这些系统的应用不仅提高了水电站的运行效率和安全性，还为电力市场的交易和调度提供了重要支持。

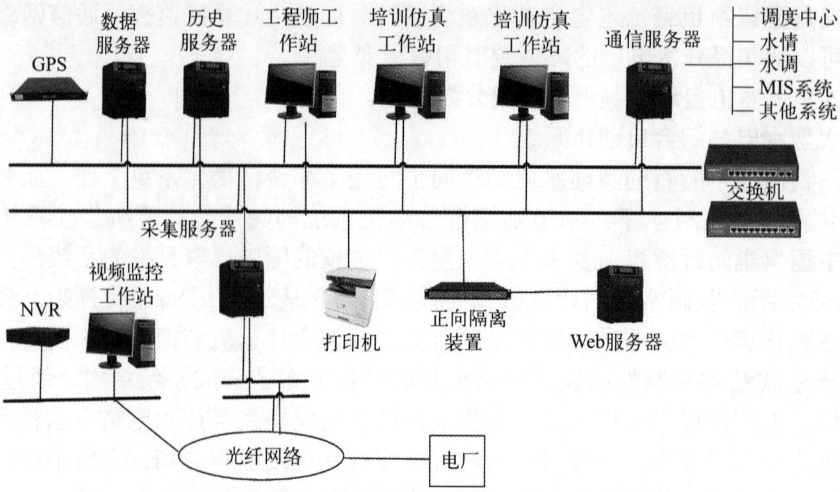


图 1-1-4　水电梯级集控中心系统典型结构图

（3）大型引水工程泵站调度自动化系统

随着我国大型长距离调水工程的建设，全线统一优化调度、泵站闸站远程监控、全线自动化运行管理等一批关键技术成为了研究开发热点，大型引水工程在解决水资源时空分布不均、促进区域经济社会发展等方面发挥着越来越重要的作用。长距离梯级泵（闸）站引水工程自动化系统及相关技术装备的研发将是今后研究发展的主要方向。

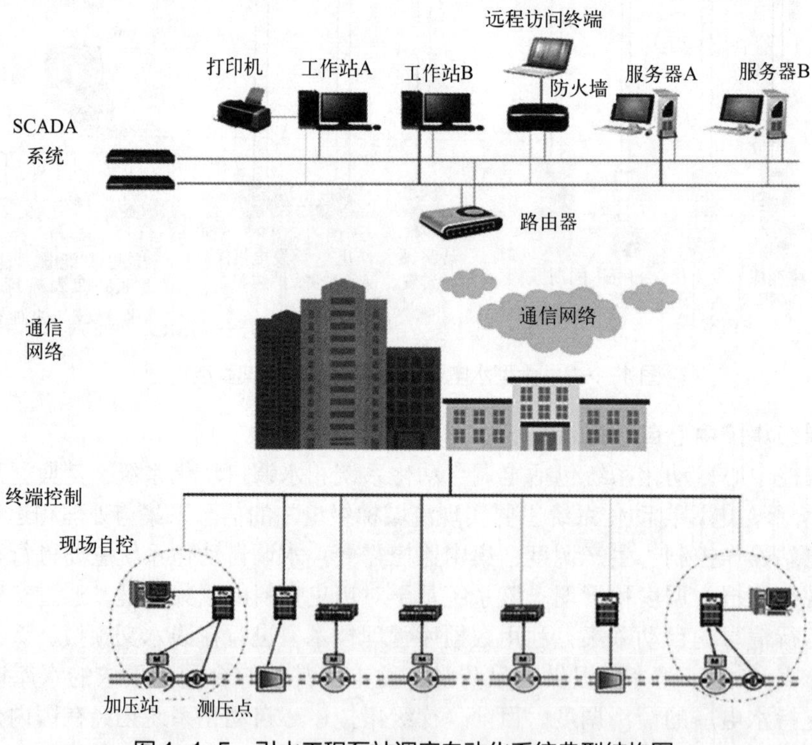


图 1-1-5　引水工程泵站调度自动化系统典型结构图

大型引调水工程建立自动化系统是其实现安全输水、精确量水的基本保障，如图 1-1-5 所示，对工程的高效运行、可靠监控、科学调度和安全管理起着至关重要作用，进而实现水资源的优化配置。该系统包含了工程安全监测、视频监视及安防、泵/闸（阀）站监控、计算机网络、通信系统等内容，不仅是计算机与网络设备的简单组合，更是一个以调水业务为核心的多业务、多学科、规模庞大、结构复杂的综合性系统工程。

### 1.4.2 主要科学问题挑战与新技术突破

**（1）主要科学问题挑战**

目前，大中型水电厂都建有水电自动化系统。但由于规划设计阶段的电站系统，特别是较早期建设的系统，没有考虑到智能电厂建设的需要，系统功能基本停留在自动化阶段，与智能化或智慧化要求尚有一定差距，缺乏对大数据和跨系统融合等的应用，还存在着信息孤岛、数据处理困难等问题，制约了水电厂水库向智能化的发展。主要问题有以下几个方面。

① 监测感知交互体系与实际需求差距较大。构建天空地一体化水利感知网是构建水电厂监测感知交互体系的基础。目前我国的水利感知网建设取得了长足进步（其标准体系如图1-1-6所示），正逐步覆盖大江大河及其主要支流，并且感知对象也逐步涵盖水文要素与测报、河湖生态环境、水利工程及其运行管理等方面，还编制发布了一些相应的技术规范。但是，当前的水利感知网与实际需求相比仍然存在较大差距，无法实现对物理流域的全要素数字化映射，并且无法保证物理流域与数字流域交互的精准性、同步性和及时性。因此，水电自动化系统的监测感知体系建设需要从系统整体的角度出发，在加强天空地一体化水利感知网基础设施建设的同时，重点制定和完善多个方面的标准，包括物理实体流域、智慧水利监测感知的基础要素数据信息及其分类，监测感知尺度和时空分辨率，物理实体与数字虚拟的仿真、映射和交互，水利信息数据交互和融合程度等。

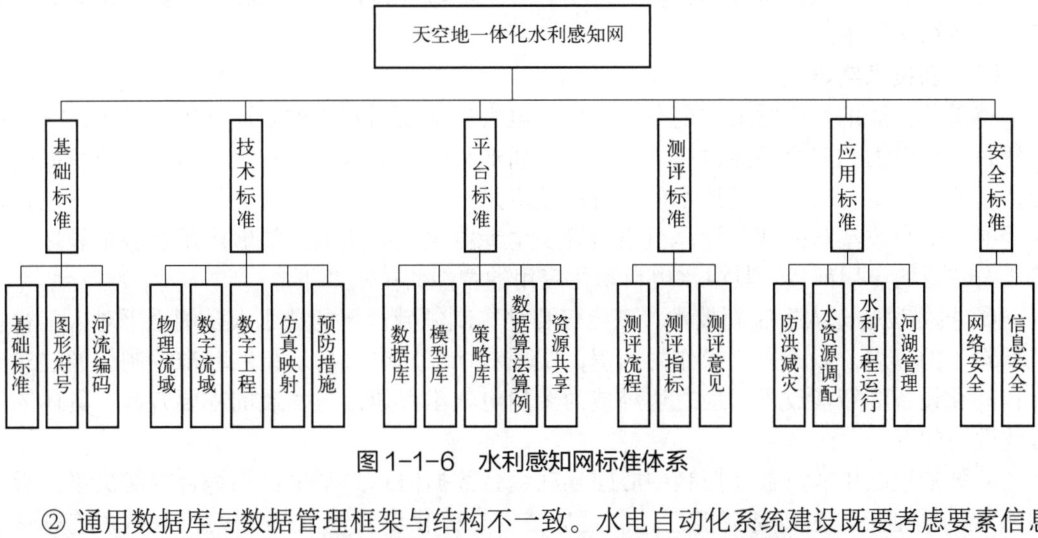


图1-1-6 水利感知网标准体系

② 通用数据库与数据管理框架与结构不一致。水电自动化系统建设既要考虑要素信息的存储、提取和更新需求，也要考虑各类数据源的规范化和协同性。由于不同数字流域的建设需求不同，不同数据库建设可能存在一定的差异。但是，基础数据库框架和结构应保持一致，即建立通用数据库标准，方便不同数字流域的互联互通和数据共享。其中，河流编码标准和数据标准处理是亟须解决的关键问题。目前我国缺乏统一的河流编码体系，面对数字流域的海量大数据管理，存在很大局限性，已不能适应当前水电自动化系统发展的

需要。未来，可依托全国水利普查、水利一张图等，加快建立以流域为单元、单元内不同层级河网水系的拓扑关系，以及挂接河流与自然地理、水文要素、经济社会、河湖管理等相关数据的属性关系，建立数据规范化处理流程，统一各类型/渠道数据的获取、加工、存储和共享等技术方法，方便各级用户参考使用。

此处需重点强调河流编码问题。不同国家、不同部门的河流编码技术方法相差甚远，大体可分两类：一类是以河流的水文分析为主，便于分析各个集水区域的水流关系，管理河流空间位置，建立河网水系的拓扑关系，如北美Piaisteter河流编码体系、欧洲河流编码体系；另一类是以河网上的相关属性管理为主，在分析各个集水区域的水流关系和河流空间位置管理的基础上，进一步分析河流与相关属性的相互关系，如美国的NHD河流编码体系。未来，我国的河流编码体系可借鉴国际先进河流编码体系，构建发展具有中国特色、高效统一且适应数字化要求的国家河流编码体系，以河流水文分析为主，兼顾河网上的相关属性管理，具有层次性与可拓展性，能够允许支流的增减、河段的细分和断面的扩展，如同计算机网络体系一样，具有无限扩展功能。

③ 水文预测模型库精度不高。模型是水电自动化系统高效率智慧模拟和精准化决策的中枢。数字流域模型需要重视模型的开发应用和算据、算法和算力建设。国内外已经开发了众多水文水资源模型，但对水循环机理的刻画和预测精度都亟须提升与完善。构建智慧水利模型库，制定水循环模型功能评价标准，既要大力研发适应我国复杂水情的通用模型，也要鼓励发展流域区域定制模型，以更好地揭示流域/区域水循环规律，为精准决策提供支撑。

算据标准建设方面，应在通用数据标准化和规范化处理的基础上，对模型输入和输出数据提出基础处理要求。算法标准建设方面，不要求模型的内在方法必须统一，可以针对不同模拟目的的需要，建立推荐模型库，并说明模型方法、公式参数及适用性。算力标准建设方面，重点是增强模型效率和能力，明确数字流域并行计算、分布式计算、网络计算和云计算等技术要求。

**（2）新技术突破**

伴随着工业的快速发展，现有的水电厂电气自动控制方法难以达到预期需求，无法保证整片地区电力的安全稳定供应。为了适应新形势的新需求，现在大多水电厂将智能技术应用于水电厂电气自动控制技术中。智能技术是一种具备高度系统性的技术，其内包含自动控制、信息收集与处理、计算机语言等多个专业领域的知识，能够应用在各个领域，具备十分广泛的应用前景。其中水电自动化应用的智能新技术如下。

① 机器设备无人控制新技术。在电气自动控制领域，智能技术大多侧重于对人工智能机器设备的应用，以无人化操作为前提，实现对水电厂电气自动化的精准控制。通过对原有自动化设备的智能改造，使之逐渐成为今后电气工程建设与发展的主要方向。具体的无人化改造如下：

a. 智能控制中心。智能控制中心建立在综合数据信息共享平台和综合智能决策分析管理系统的基础上，应具备智能性、高度集成、一体化以及高效等特点。中心系统应基于IEC61850或IEC61970等建立标准统一的数据总线，规范数据访问接口，提供对实时/历史数据库、关系数据库、文件数据库的统一管理。中心集成不同类型的监控、调度和管理以及各种在线分析与智能化应用功能，不同功能服务利用相互独立完整的功能组件，通过系统服务架构统一发布，利用多类型、多功能的应用模块组合实现智能化平台的业务支撑层。在智能控制中心系统中，数据管理和分区、安全防护、软件架构、多功能模件的集成和管理、智能型实用的专家系统等方面将是研究的关键技术。

b. 全站高速、标准、统一的网络。基于全厂信息数据信息化、网络化、标准化的要求，构建全厂统一标准的高速以太网（基于IEC61850标准）是自动化智能化水电厂建设的必然要求。

c. 分布式自动化子系统的升级。在保证各分布式自动化子系统向先进性和智能性发展的前提下，对水电厂内各分布式自动化子系统进行基于IEC61850标准的系统建模、数据定义和标准通信接口等方面的升级换代，将是智能化水电厂信息数据高度共享和系统间深层次互动的前提和基础。

② 故障诊断新技术。水电厂自动控制系统在工作过程中，可能由于人为疏忽、设备故障等因素导致控制系统出现故障。虽然传统控制方式也可以诊断出故障区域以及导致故障的原因，但需要耗费大量时间与人力、物力，且精确度较低。人工智能技术的应用则可以有效解决这一问题。将人工智能技术应用在水电厂故障诊断中能够利用计算机技术、智能控制系统对电气控制设备进行分析，第一时间发现设备异常情况并及时处理。

a. 智能预警与诊断技术方向。在智能化技术飞速发展的今天，水力发电装置的运行速度也越来越快。因此，要保证电厂的稳定运行，就需要将智能化技术和相应的智能化预警与诊断技术结合起来，以保证电站的安全可靠运行、集中控制和远程控制。在智能化技术实施后，当出现紧急事件或危险时，可以采用智能化的防护手段，将造成的破坏降到最低，保证电站的安全、稳定。比如，当使用了装置报警和智能化技术，就可以对装置的运行状况进行智能化的监测，能够及时地识别出存在的隐患，并对隐患进行分析，以便能够及时、方便地应对。利用智能化技术，可以对电站的设备稳定、功耗、负荷、水量的使用状况进行综合的分析，并能够及时地检测出设备的故障和安全问题，并在必要的时候进行维修。

b. 数据挖掘与远程专家诊断技术方向。发电厂的各种设备信息、运行状态信息、应用系统数据等是一项非常有用的数据资源，通过对这些数据的存储和特征分析，可以实现发电厂级别的智能自我管理和趋势预警，还可引入云平台数据挖掘资源，使所有区域的专家都可以方便地分享数据。以水利企业知识信息管理系统、远程监督数据平台、专家网络移动数据平台等技术载体为支撑，运用数据挖掘、风险预测、实时风险预警设置、自动判断智能处理等技术手段，实现省调级、市局级、县厂级设备状态的智能控制和自动控制。

c. 智能巡检技术方向。随着智能技术的飞速发展，电力系统的智能故障诊断技术也得到了越来越多的运用，例如机组温度、电量、振动信号的分析等。借助智能故障诊断技术，能够对电站的设备状态进行正确的分析，对电站的机械设备进行综合评价，并通过专家图书馆、故障预测分析等手段保证电站的安全生产。通过智能系统可以实时地对电站的各类装置和系统进行监测，并对各类数据进行收集、分类、处理，并通过与数据库的联结，对生产数据进行实时对比和分析，发现电站的操作中存在的问题。作为智能化检测技术中的关键环节，通信技术在收集、整理和传输各类数据时显得格外的关键。

③ 电气控制新技术。水电厂自动化的实现需要相关技术手段作为支撑，大数据、互联网及智能技术等的快速发展促进了水电技术的革新。在水电自动控制中电气控制是最为核心的环节，人工智能技术的应用能够提升控制效率与精度，且能够应对庞大的信息数据以及复杂的工作流程。

a. 数据处理技术方向。基于统一标准建立水电厂数据接入模型，采用标准的通用接口实现对不同种类型数据的获取，汇集生产信息系统的所有数据。利用动态镜像传输技术，建立高效数据传输路径，实现跨大区数据传输，实时进行历史数据传输，断点续传。建立数据中心，为所有应用提供数据访问接口，为节省存储空间，数据采用分级压缩。通过开发计算机组态工具进行准确、有效的计算，剔除部分异常数据，然后将数据进行多次归类并计算出特征值，完成数据计算。根据水电站的特征性进行运行分析、技术分析、综合分析，设计针对水电站的数据分析算法。所有应用模块均进行组态化设计，包括数据整编、报表、监视画面、报警预案、设备联动、趋势分析等。

b. 巡检机器人技术方向。巡检机器人利用激光雷达实现机器人的自动导航巡检。采用先进的激光导航和视觉识别，使机器人的定位系统更加精准。对厂内导航部署实施无轨化操作，搭载云平台实现可见光和红外相机全方位无死角的视领拍摄，配备手动遥控器，可以控制机器人和云平台的运动。通过红外热诊断技术，准确分析各类设备温度是否异常与各类电流致热性的故障，实时监控各类设备的温度情况。安装声音采集器采集设备的运转声音，机器人通过自主学习和智能学习，不断完善设备异常音频库内容，发现异常可及时通知管理人员。

c. 数字孪生技术方向。数字孪生实际上就是要达到虚实对应，构建电厂实景三维模型云平台，建立电厂完整的室内外实景模型。通过数据建模，利用知识图谱把各种信息整合成策略，推送到生产过程中，实现生产高效智能化的管控，为电厂多个场景应用提供支持。

d. 不同的识别技术方向。人脸识别系统通过安装抓拍设备，将拍摄到的信息以光纤传输的方式传至上端服务器，通过视频结构化分析，提取人员的外形、衣服特征，发现异样信息则发出预警提示，可实现进出厂区人数的记录，为相关人员查找监测提供图像信息。

图像识别技术可以识别场景并进行分类，不同的识别场景有不同类型的设备。按照所需要的场景可分为中控室、开关室、发电机层、水轮机层、库区、尾水、闸门控制室等。对场景进行分类，可以更好地定位巡检范围。图像识别技术也可以对所识别的对象进行分类，不同的识别对象对应着不同的识别算法，按照所需识别的对象可分为指示灯、保护连片、开关把手、按钮、压力表、油位计、油水气阀门等。

二维码识别技术是基于系统、子系统、设备、部件、零配件多级的设备自身编码和扩展编码的结合，既确保了系统设备编码的唯一性，又通过扩展编码来满足与外部系统的兼容性。通过唯一的设备编码将设备资料有效整合，通过扫描二维码可以完成各自的项目访问。

e. 三维可视化技术方向。构建水电厂实景三维模型云平台，应用无人机倾斜摄影和即时定位与地图构建技术建立完整的厂区内外实景模型，还原电厂厂房、设备结构，实现在云平台上将电厂场景还原、三维设备拆解等功能。开发实景三维服务平台，展现水电厂各区域的基本建设、设备运行情况以及相关注意事项，为电厂多个应用场景提供支持。模拟水电厂人员的工作状态，再现水电厂运行过程中的场景，结合数据传输技术，在三维场景中实时显示关键设备的主要参数，以设备为基础构建主要生产系统集合，分层显示，建立从系统到设备、部件的三维可视化系统。

### 1.4.3 发展思路与发展方向

随着时代的发展，科学技术日新月异。在此背景下，现有水电自动化系统逐渐显露出一体化及智能化程度低、标准差异性大、厂网协调能力差、电力安全防护较薄弱等问题，智能辅助决策推进困难，制约了水电产业的发展与壮大。

以计算机、自动化技术为代表的信息自动化技术日新月异，已经成为当今世界上发展最快的领域之一。国内水电厂自动化的建设应在现行水电厂“无人值班”（少人值守）设计、运行、管理模式的基础上，以全厂信息数字化、通信平台网络化、信息集成标准化、业务应用一体化、辅助决策自动化为特征，集成信息采集、测量、控制、保护、计量和检测等基本功能，并支持经济运行、数据分析与评估、安全防御、状态检修辅助决策、安全防护多系统联动等高级应用，实现水电生产运行坚强可靠、经济高效、友好互动和绿色环保的目标，适应厂网协调智能化发展方向，有力支撑智能水电厂建设。具体发展思路如下。

**（1）智能化技术的广泛应用**

模糊技术和神经网络等智能控制技术将深度融入水电自动控制系统，降低系统成本，完善无人操纵和自动控制功能。智能控制技术能够模拟人类的思维方式和决策过程，对复杂系统进行高效控制和优化。例如，模糊控制技术可以根据不同的运行工况自动调整控制参数，实现系统的最佳运行状态；神经网络技术可以通过学习和记忆系统的运行规律，提高故障诊断和预测的准确性。这些智能控制技术的应用，将使水电自动化系统更加智能化、灵活化和高效化。

**（2）计算机技术的完善**

着力解决系统装置的电磁兼容性问题，确保电力系统的稳定运行。同时，开发更智能的系统应用服务器和应用逻辑，提升信息传递和交流的效率。电磁兼容性问题是影响电力系统稳定运行的重要因素之一。随着计算机技术的不断发展，需要采取更加有效的措施来解决系统装置的电磁兼容性问题，如优化电路设计、采用屏蔽技术等。更智能的系统应用服务器和应用逻辑可以提供更强大的数据处理和分析能力，实现信息的快速传递和高效交流。例如，可以通过云计算和大数据技术，对水电站的运行数据进行深入分析和挖掘，为系统的优化运行和决策提供科学依据。

**（3）技术标准的统一**

制定统一的GIS技术标准及其他相关技术标准，确保系统结构的开放性和兼容性，提高整体运行效率。统一的技术标准是实现系统互联互通和信息共享的基础。通过制定统一的GIS技术标准及其他相关技术标准，可以确保不同厂商的设备能够互相兼容，实现资源的优化配置和高效利用。同时，统一的技术标准还可以降低系统的维护和升级成本，提高系统的可靠性和稳定性。

**（4）监测技术的提升**

引进和研发更先进的监测元件，提高监测精度和可靠性。例如，振动信号器和流量信号器的技术升级，将有助于更准确地评估机组的运行状态。随着传感器技术和信号处理技术的不断发展，监测元件的性能和功能也在不断提高和完善。引进和研发更先进的监测元件，可以提高对水电站运行状态的监测精度和可靠性。例如，采用高灵敏度的振动信号器可以更准确地检测机组的微小振动，及时发现潜在故障；采用高精度的流量信号器可以更准确地测量水轮机的过机流量，提高耗水率计算的准确性。这些先进监测元件的应用，将为水电站的安全稳定运行提供更加有力的保障。

水电自动化系统是水电站运行管理的重要支撑。通过不断创新与应用新技术，水电自动化将在智能化、网络化和集成化的发展道路上不断前行，进一步提升水电站的运行效率和安全性，降低运营成本，为社会提供更加稳定和高质量的电力服务，为电力行业的可持续发展提供更加坚实的技术保障。

# 1.5 新能源自动化

## 1.5.1 发展现状与发展态势

### （1）风力发电自动化技术现状

为了应对全球气候变化及能源危机，加快开发新能源成为各国改善能源结构、推进生态文明建设的必由之路。联合国政府间气候变化专家委员会、国际可再生能源署等均指出，新能源是实现应对气候变化目标的重要措施。国际能源署发布的《2022年世界能源展望》显示，预计2030年前全球能源需求每年增长约0.8%，增长需求几乎全由新能源满足。全球能源转型的基本趋势是实现化石能源体系向低碳和新能源体系的转变，最终进入以新能源为主的可持续能源时代。

风能作为最环保、最经济的新清洁能源之一，凭借其蕴藏量丰富、污染小等优势，在全世界范围得到了广泛关注，且正处于飞速发展时期。全球风能理事会（Global Wind Energy Council，GWEC）发布的《全球风能报告》显示，截至2022年，全球累计风电装机容量已达到906GW，相比于2012年增长量超过了200%。国际能源署和国际可再生能源署于2021年发布的《温升1.5℃能源发展路线图》显示，预计于2050年风能将成为全球能源体系的重要来源，全球风电装机容量将突破80亿kW，该目标值约为现有并网容量的10倍。因此，全球风电装机需求和市场空间依然很大。

对我国而言，发展风力发电是深入推进能源生产和消费革命、实现“2030年非化石能源占一次能源消费的比重达到20%、2050年占比超过一半”等目标的战略支撑。自2006年起，我国风电进入了大规模发展的黄金时期，经过多年发展，我国目前累计装机容量及新增装机容量等指标均居世界首位，是全球第一风电大国。《中国风电发展路线图2050》指出，到2030年和2050年，我国风电装机容量将分别达到4亿kW和10亿kW，风电成为我国主要电源之一；到2050年，风电将满足国内17%的电力需求。风力发电的快速发展为“双碳”目标的实现提供了强大助力。

各国政策的大力支持和全球风电市场的火爆促进了风力发电技术的快速进步。在学术界，大量的智能控制和智能运维算法被提出；工业界中，西门子歌美飒公司推出的SG8.0-167DD型8MW巨型海上风电机组于2019年通过了DNVGL型式认证，该机组市场前景光明，国内的远景能源、运达风电也纷纷提出了智能风力机的概念。可见，大型化和智能化已经成为现代大型风电机组的主要技术趋势，具体表现在：

① 叶片越来越长。理论上，叶片越长，风力机风能捕获的能力越大。据预测，到2030年左右，直径230～250m的超大型风电机组将会问世，越来越长的叶片直径必定会大幅增加风电机组的制造成本。

② 塔筒越来越高。一般来说，随着海拔的增加，风速也会增加。为了捕获更加优质的风资源，现代机组的塔筒越来越高。研究表明，风电机组塔筒每增加10m，其成本增加1.5万美元。同时，高塔筒面临的高风速也会给机组带来更大的载荷，若采用的控制方式不当，会影响机组的使用寿命，甚至导致安全隐患。

③ 智能化程度越来越高。首先，受益于传感器制造工艺的进步，包括风速、风向、空气密度、振动水平、力矩、位移等在内的信息均可通过传感器获得，为实现风电机组的智能化打下了良好的数据基础。其次，人工智能的飞速发展为风电技术的更新换代提供了

新的机遇，如何使用先进的机器学习算法来解决当前风电工业中存在的风速精准测量成本高、强阵风环境下机械载荷大、部件故障准确预警难、运维成本高等行业痛点问题，已经成为风电技术开发尤其是风电机组智能控制领域的研究热点。

**（2）光伏发电自动化技术现状**

随着全球对可再生能源需求的急剧上升，光伏发电已经成为解决气候变化和能源危机的核心技术之一。2023年，全球光伏新增装机容量达到了创纪录的447GW，较2022年增长了87%，这一增速远超市场分析师的预期。相比于2022年239GW的新增容量和46%的年增长率，2023年的表现可谓是一次巨大的突破。这一增长不仅标志着光伏发电市场的成熟，也体现了全球对可再生能源的强烈需求。尤其是在全球能源结构转型的背景下，光伏正逐步取代传统能源成为主流。

全球光伏装机容量的持续增长反映了光伏产业的快速发展，这一趋势推动了光伏发电技术的不断进步。其中，光伏自动化技术的应用已成为提升系统效率、降低成本、提高稳定性的关键。随着光伏市场规模的扩大，自动化技术在光伏发电领域的应用也变得愈加广泛。从光伏组件的生产制造到电站的日常运维，自动化技术在每一个环节中都发挥着重要作用，帮助行业应对快速增长的市场需求。

国外公司在光伏发电自动化技术领域拥有一系列创新成果和落地应用。美国First Solar公司通过Fleet Monitoring平台，成功实现了对大规模光伏电站的远程监控和管理。这一平台专为优化First Solar薄膜光伏组件的运行而设计，操作员可以远程监控逆变器、传感器、数据采集设备等，进行故障修复和配置调整，从而提升电站的发电效率。德国SMA公司提供的Sunny Portal和Energy Management系统则在大型光伏电站、商业项目和家庭光伏系统中得到了广泛应用。通过该系统，电站的实时发电数据、逆变器性能和发电量等信息可以在Web和移动应用上进行实时监控，确保发电和储能的最优配置。与此类似，美国Enphase Energy公司通过其Enlighten监控平台和微型逆变器技术，为每个光伏面板提供独立的智能管理，大大提高了系统的可靠性和灵活性。这些技术的应用不仅优化了光伏电站的运行和运维管理，还提升了光伏发电系统的智能化水平。

在国内，尽管光伏发电的自动化技术起步较晚，近年来也取得了显著进展。中海阳能源集团自主研发的SETECH-I大型光伏电站DCS系统，通过多级计算机集散控制技术成功实现了对太阳能光伏发电站的过程监测和控制。这一系统支持对环境条件如日照、风速、气温等进行实时监测，具有智能电网接入功能，进一步推动了光伏电站的智能化和系统化。上海禅德智能科技有限公司的赛德-I型DCS集散控制系统通过对光伏电站的主要设备进行监测与控制，优化了定日跟踪和逆变器管理，提升了系统效率。同时，北京国能日新系统控制技术有限公司开发的SPSF-3000光伏并网电站负荷预测系统，采用人工智能与数据挖掘技术对光伏电站进行功率预测，平均预测精度超过了85%，为光伏电站的管理和运维提供了有力支持。北京东润环能科技股份有限公司开发的大型新能源场站功率预测系统，结合气象数据和大数据分析，帮助光伏电站实现精准功率预测和调度优化。

综上所述，国内外光伏发电自动化技术的发展虽然存在差异，但都在向提高系统效率、智能化管理和降低运维成本的方向努力。国内光伏发电技术仍在不断进步中，随着技术的不断创新和应用，光伏发电的自动化水平有望进一步提升，推动光伏发电技术向更高效、更智能的方向发展。这不仅有助于提升光伏电站的发电效率，还将为全球能源转型和可持续发展提供坚实的技术支持。

### （3）其他新能源发电自动化技术现状

随着全球能源结构转型，除传统的光伏和风电外，氢能、生物质能和地热能等其他新能源发电技术在能源体系中日益占据重要地位。在东南亚等地区，新能源的比例和应用呈现出显著增长趋势。预计到2050年，这些新能源将成为全球可再生能源的重要组成部分。在这一过程中，自动化技术的应用已成为推动新能源技术发展的关键因素之一。氢能发电和地热能发电等领域的技术创新，通过智能化控制系统的广泛应用，不仅提高了能源利用效率，还加强了系统的稳定性和灵活性。

氢能发电作为一种新兴的清洁能源技术，依赖于高度自动化的生产、储存和利用系统。在电解水制氢过程中，自动化系统能够实时监控氢气的生成过程，自动调整反应条件，从而优化氢能转化效率。氢气的生产与储存往往与智能电网技术结合，通过集成智能调度平台，能够根据电网的负荷需求和氢气生产的实际状况，自动调整氢气的生产速度和储存量。这种高度智能化的调度系统，使得氢能生产更加高效，同时也能确保氢能发电系统的稳定性。例如，挪威的Nel Hydrogen公司通过电解水制氢技术与智能电网系统的结合，有效提升了能源的利用效率，确保了氢能发电的灵活性和稳定性。

地热能发电也正通过自动化技术的应用，不断提升发电效率和系统的稳定性。Ormat Technologies公司在地热能发电领域的应用案例展示了自动化技术在温度与压力监控、流体循环控制等方面的显著优势。该公司的地热发电系统利用先进的传感器实时监控地下热源的温度和压力，并通过自动控制系统动态调整发电机组的操作参数。这种智能化的温度和压力调控不仅确保了地热资源的高效利用，还有效降低了设备故障的风险，提升了系统的整体运行效率。此外，地热发电中的智能流体循环控制技术通过自动调节地热流体的流量和循环速度，能够预测流体的行为，避免了由于流体参数不匹配而导致的设备故障，从而保证了地热能系统的长期稳定运行。

综上所述，自动化技术在氢能和地热能发电中的广泛应用，显著提升了这些新能源系统的效率、稳定性和智能化管理水平。随着技术的不断创新和应用，未来新能源发电将更具高效性和灵活性，推动全球能源转型和可持续发展。这些技术创新不仅为新能源的普及提供了坚实的保障，也为实现全球清洁能源目标奠定了重要基础。

## 1.5.2 主要科学问题挑战与新技术突破

### （1）风力发电面临的科学问题挑战

现代大型变速风电机组的控制系统根据其具体功能一般可分为三个部分。第一部分是简单的“if-then”控制，负责根据风速大小启、停机。当风速大于切入风速且持续预设时长后，发送开机命令；当风速大于切出风速时，为确保风电系统安全，发送停机命令同时启动刹车装置。第二部分主要是机械部分的控制，包括发电机转矩控制、桨距角控制和偏航控制。发电机转矩控制算法主要给出电磁转矩参考值，控制目标是通过控制作用在高速轴上的电磁转矩来控制风轮转速，从而实现低风速段机组产能的最优化，也叫最大功率点跟踪（Maximum Power Point Tracking，MPPT）控制；桨距角控制一般在高风速段时采用，通过改变作用在叶片上的气动力矩大小来实现风轮转速的恒值调节，为电网提供优质平稳电能，并减小机组机械载荷，延长使用寿命；偏航控制主要负责将机舱对准风的来向。第三部分是电气部分的控制，主要包括内部发电机控制、电力电子装置控制和桨距角执行器控制。电气部分和机械部分的关系中$\beta_{\mathrm{ref}}$、$\dot{\beta}_{\mathrm{ref}}$和$T_{\mathrm{emref}}$分别是桨距角、桨距角变化率和电磁转矩的参考值，$\beta$、$\dot{\beta}$、$T_{em}$、$\omega_g$和$P_g$分别表示桨距角、桨距角变化率、电磁转矩、发电机转速和发电机功率。由于风电机组机械部分的响应速度远慢于电气部分，因此在进行控制器设计时，可认为两者是解耦的。此外，电气部分的控制一般依赖于发电机和电力电子装置的类型，而机械部分的控制则不存在这个问题。

① 风电机组MPPT控制问题。风电机组的MPPT控制算法能够保证系统在较宽的风速范围内始终保持在最大功率点上，从而最大限度地增加机组产能的数量，现有MPPT控制算法可以概括为直接功率法（Direct Power Controller，DPC）和间接功率法（Indirect Power Controller，IPC）两类。DPC最大化发电机功率，IPC最大化机组的机械功率。由于IPC需要用到风电系统的先验知识，而这些先验知识往往很难准确获得。因此，理论上，DPC能够取得比IPC方法更好的控制性能。

DPC的典型代表方法是爬山法（Hill Climbing Search，HCS），该方法本质上是一种数学优化方法，其工作过程是：向风电机组发送转速变化量指令，记录该指令产生的发电机功率变化量，根据发电机功率变化量与转速变化量比值的正负来确定转速变化的方向。HCS不需要系统的先验信息，简单易实现，但是该方法中寻优步长的合理设置较难，步长设置过小，需要较长的收敛时间，步长设置过大，则会导致系统的不稳定。为了解决这一问题，文献[58]根据发电机功率相对于转速的变化率的大小来决定寻优步长，文献[59]也提出了寻优步长的自适应选择方式，这些方法都加快了HCS的收敛速度，一定程度上提高了风电机组的产能。

IPC包括最优转矩法（Optimal Torque Controller，OTC）、功率信号反馈法（Power Signal Feedback，PSF）和叶尖速比法（Tip Speed Ratio，TSR）。OTC是在假设风速是定值的情况下根据风电机组的动态方程推导而得，该方法能够使得机组在其自身固有特性的作用下运行在最优功率点附近。OTC控制逻辑简单，是目前工业上普遍采用的低风速段控制策略。由于其控制增益设置为定值，当叶片翼形由于磨损、废物堆积、结冰等原因发生变化时，OTC将会使得机组偏离最优工作点。文献[62]针对运行在低风速地区的风电机组，详细分析了平均风速、湍流强度和空气密度对OTC控制增益的影响，提出了限定控制增益寻优范围和跟踪区间优化设定的改进OTC方法，这些方法均可提高风能捕获效率，具有较高的工程实践价值。PSF根据机组当前转速和预设的转速-最优功率关系表来实现MPPT。文献[63]证明，PSF与OTC在控制性能和实现复杂度上并无差别。

为了改善MPPT控制的动态性能，学者们提出了TSR方法。该方法假设风电机组的有效风速可以精确测量，然后根据有效风速计算得到风轮转速或者发电功率的参考值，进而设计跟踪控制算法。由于此时控制目标已知，因此很多基于先进非线性控制算法的MPPT方法被提出。因为对干扰、参数不确定性和非线性动态具有良好的鲁棒性，一阶、二阶及高阶滑模控制（Sliding Mode Control，SMC）理论均被广泛用于设计风电机组的MPPT控制算法。文献[67]面向DFIG变速风电机组，以寻找风能捕获效率提升和减小转矩抖动之间的平衡点为目的设计滑模面，所得到的SMC策略能够在实现MPPT控制的同时兼顾传动链载荷。另外，鉴于对未知非线性动态和系统参数的优秀应对能力，自适应控制理论也被用于设计基于TSR的风电机组MPPT策略。大多方法只考虑了机组的稳态性能，然而瞬态性能对于运行在复杂多变环境中的风电机组同样重要。文献[69]分气动转矩结构已知和未知两种情况进行讨论，率先将保性能自适应控制理论应用于风电机组的MPPT策略设计中，并取得了比传统SMC方法更好的瞬态及稳态跟踪性能。

由于TSR方法有效风速精确已知的假设在实际中较难满足，为了在不增加控制系统实施成本的前提下实现机组的产能提升，人们将目光转向了基于风速估计的风电机组MPPT控制方法。文献中提出了非线性动态反馈和滑模MPPT控制算法，但这些MPPT控制算法需要精确已知系统参数，当系统参数发生漂移时，其控制效果会变差。文献[72]提出了应用神经自适应变速控制器来应对系统的未知参数，但是该方法需要用到估计风速的一阶及二阶导数，这在实际中是很难获得的。文献[73]提出了一种基于风速估计的OTC改进算法，通过在已有的OTC结构中引入风速信息，同时改善风电机组的加速和减速性能，进而提高机组产能数量。

② 风电机组桨距角控制问题。在早期的定桨距风电机组中，为了对进入高风速工作区域的风电机组进行减速，人们通常通过改变机舱的俯仰角使机组进行失速状态，此时机组的升力骤然下降，从而实现减速的目的。但是，失速控制的调节范围较小，限制了风电机组正常工作的风速范围。因此，变桨距风电机组和变桨控制算法应运而生。变桨距风电机组的桨距角能够改变来风的攻角从而改变气动转矩的大小，进而实现风电机组的加速或者减速，其还能决定来风作用在叶片以及机组其他相关部件上的载荷。因此，风电机组的桨距角控制扮演着双重角色：既要实现转速和功率的恒值调节，又要优化机组关键部件的机械载荷。现有风电机组桨距角控制算法可以分为统一变桨方法（Collective Pitch Control，CPC）和独立变桨方法（Individual Pitch Control，InPC）。

CPC向每个叶片对应的变桨机构发送同样的变桨指令，是目前风电工业中大规模采用的变桨控制策略。文献[74]提出了基于增益调节PID控制方法，该方法已经成为比较经典的CPC策略，且在实践中被广泛采用。InPC是比较新兴的变桨控制策略，该类方法将风电机组视为多输入多输出（Multiple-Input-Multiple-Output，MIMO）系统，根据载荷传感器提供的信息，独立向每个叶片发送不同的变桨命令。因此，IPC能够较好地降低除变桨系统在外的机组其他部件的疲劳损伤和运行载荷。早期，文献[75]提出了基于风电机组的结构型传感器信息设计反馈IPC策略；近来，研究人员提出了大量的基于LiDAR技术的前馈IPC方法，有效减少了机组载荷。然而，由于InPC需要频繁地变桨，这极大地增加了变桨系统的机械载荷，进而大幅减少了变桨系统的使用寿命。同时，价格昂贵的LiDAR设备并没有在风电场得到普及。为了应对系统的非线性和提高前馈桨距角信号的准确性，文献[77]提出了一种基于不确定性及干扰估计器（Uncertainty and Disturbance Estimator，UDE）的前馈-反馈桨距角控制方案，在提升转速和功率恒值调节效果的同时，降低机组各关键部件的载荷。

**（2）风力发电的新技术突破**

风力发电近年来在状态监测与故障预警技术方面取得了较大的进展。风力发电机组的状态监测是指通过有效的检测手段与分析技术，及时准确地掌握机组实时运行状态，保障机组安全、可靠、高效运行。故障预警则是基于当前时间及历史运行状态，判断监测部件是否存在潜在故障。及时准确的故障预警可以避免故障的进一步劣化，从而能够减少运维成本，提升机组运行可靠性。现有研究中有关风力发电机组的状态监测与故障预警技术可以分为两大类：基于分类的方法与基于回归的方法。

① 基于分类的方法。基于分类的方法通常是利用正常运行时期的数据以及故障劣化阶段的数据，使用分类模型划分为表示正常样本的一类，以及代表不同故障类型或不同故障劣化阶段的多个类别。文献[78]使用支持向量机（Support Vector Machine，SVM）作为分类模型，对变桨系统中的不同类型故障进行分类识别。文献[79]使用一种改进的孪生支

持向量机对齿轮箱系统故障进行检测，相较于SVM在保证分类性能的基础上模型训练效率得到了显著提升。针对风力发电机组内转子、发电机、齿轮箱等多个关键部件的不同类型故障，首先使用ReliefF算法进行模型输入变量选择，之后使用XGBoost模型进行多故障类别的分类学习。文献[81]基于齿轮箱部件中的振动数据，设计了一种多尺度卷积神经网络（Multiscale Convolutional Neural Network，MSCNN），在通过多对卷积层和池化层的分层学习结构提取深度故障特征的基础上，通过多尺度学习方案在不同尺度上捕获诊断信息，最终实现不同劣化阶段的有效识别。

② 基于回归的方法。基于回归的方法通常利用历史正常运行时期的数据，通过回归或重构模型实时预测机组的预期正常运行状态。随后，通过实际测量值与模型预测值之间的预测残差，将其转换为预警结果。例如，有研究采用相关向量机（Relevance Vector Machine，RVM）进行正常行为建模；也有方法基于马氏距离构建特征空间，以有效表示系统的正常运行状态。此外，还有研究设计了卷积自编码器，通过重构误差捕捉系统的动态变化。

综合来看，基于分类的模型通过多分类的方式，可以实现多种故障类型的定位或不同劣化阶段的识别，应用范围较广。然而，这类方法高度依赖于大量的故障样本及对应的故障类型或劣化阶段标签，而这些数据在大多数风电场中难以获取。此外，人为标注的精度问题、样本不平衡问题等也限制了该方法在实际场景中的应用。相比之下，基于回归的方法则更侧重于机组正常运行状态的建模，其算法原理与故障预警的实际需求更加契合。依赖于充分的正常运行数据，该方法能够有效保证建模精度，因此逐渐成为基于SCADA数据开展故障预警的重点研究方向。例如，有研究针对风电场故障预警策略中运行变量之间动态相关关系难以精准刻画及缺乏鲁棒性等问题，设计了动态相关性注意力机制，精确捕捉时变相关关系，并针对故障演变速率未知且多变的挑战，提出了基于投票机制的鲁棒预警策略。此外，还有研究针对运行变量的多维耦合特性难以分解量化、外部环境信息难以有效利用，以及预警策略易受主观因素影响等问题，构建了更大体量的多模式特征提取模型，将变量相关性分解为不同的耦合模式，并对各耦合特性进行针对性评估和多模式融合，实现了多颗粒度、多维度建模，并提升了故障预警策略参数的自适应性与可扩展性。

**（3）太阳能光伏发电面临的科学问题挑战**

传统的电力监视手段不能满足光伏电站远程运维的需要。光伏电站监控与传统的电力监控相比，需要监视的设备更多、采集的数据点数量庞大，设备多数部署在荒漠无人地区，迫切需要能够远程全方位地协同维护，包括基于无线专网的移动检修、远程巡检、智能高级应用等。因此，需要在确保安全防护要求的基础上，充分利用硬件资源，实现大量设备的接入和数据的处理，从而提升光伏电站的运维效率。

与国外分布式光伏电站开发不同，我国光伏采用大规模集中式和分布式并举的开发模式。随着我国光伏电站接入规模的增大，超大规模的光伏电站群开始出现，光伏电站功率预测作为电网调度运行的基础性数据在保障电网安全稳定运行方面的作用越来越大，现有的光伏功率预测技术及运行模式已不能适应电网调度运行的需要。为适应未来的光伏发展需求，首先，需结合大数据、云计算、移动互联网等新一代信息技术，深入研究光伏功率预测模型与算法，进一步提高现有功率的预测精度。其次，需完善适应我国光伏发电快速发展的功率预测评价和考核体系，激励光伏发电企业持续优化光伏功率预测精度，使光伏发电功率预测技术朝着更高水平的方向发展。

现有的AGC/AVC技术不能适应超大规模尤其是含大量组串式光伏逆变器的光伏电站功率运行控制的需求。当光伏电站超出一定规模之后，随着容量的上升，逆变器的数量也不断增加，对AGC/AVC服务器的控制点数和计算速度及网络带宽提出了更高的运行控制需求。当站内出现大规模组串式光伏逆变器的情形时，对传统AGC/AVC系统而言，控制目标逆变器数目相比于集中式逆变器会出现几十倍级量的增加，这可能导致AGC/AVC系统出现控制计算、容量和通信等各方面的瓶颈。这种挑战的解决，除了要提高AGC/AVC服务器性能外，需要在AGC系统架构方面寻找突破口，比如在光伏方阵中增设方阵AGC装置的站内分层分布式的AGC系统架构。

**（4）太阳能光伏发电的新技术突破**

① 智能电网集成技术。电网集成是实现可再生能源如太阳能发电等大规模应用的重要环节。它有助于将分散式的能源产能（如太阳能电池阵列）与传统的电力网络无缝衔接，以确保电能的可靠供应。自动化技术在这一过程中发挥着关键作用，特别是通过逆变器的控制，将太阳能电站产生的直流电有效地转换为与电力网络广泛采用的交流电。自动化技术通过逆变器控制实现了以下功能：a.确保逆变器生成的交流电的频率和电压与电力网络的要求相匹配，以实现平稳连接；b.逆变器控制系统同时负责最大功率点追踪，监测太阳能电池阵列的输出，以提高能源转化效率；c.维护系统的稳定性，并采取保护措施以应对电力网络问题或系统故障，确保电力网络的可靠性；d.电气自动化技术还使太阳能电站与电力网络协调运行，实现反向供电，管理电网负载需求，通过数据通信实时监测性能，促进可再生能源的分布式发展，从而在太阳能发电领域发挥重要作用。

并网逆变器主要采用基于锁相环（Phase-Locked Loop，PLL）控制的电网电压定向方案，该控制方式下并网逆变器可等效为一个电流源，称为电流源模式。PLL是一种结构简单、强电网下性能稳定的并网同步单元。电流源模式并网逆变器除了需要PLL外，通常还采用电网电压前馈，以提升并网逆变器在电网电压发生扰动情况下的动态响应性能，并抑制由于电网电压背景谐波引起的电网电流谐波等问题。电流源模式是当前并网逆变器应用于新能源发电的主要并网模式。强电网下，这种模式不仅能实现新能源利用率的最大化，还可以保证较高的并网电能质量。对于电流源模式并网逆变器而言，高渗透率条件下的电网阻抗大幅波动会导致稳定裕度的降低，引起并网逆变器谐波谐振甚至不稳定。有学者提出了一些改进的电流源模式稳定控制策略，如调整PI控制器的参数或结构、在电流环中加入主动阻尼控制等，能够在一定程度上提高弱电网下电流源模式并网逆变器的稳定性。

作为有源逆变系统，光伏并网系统需要实现直流电向正弦交流电的转化，并为电网进行供电。因此，光伏并网发电系统的控制目标是输出与电网电压频相相同的交流电，得到稳定、优质的正弦波。并网输出电流是并网逆变器控制的重点，控制方法主要有两种。一是直接控制输出电流，先计算交流电流值，再得出交流电流反馈，在交流电流控制的基础上进行电流值的跟踪。此控制方法较为简单，动态响应较为快速，且不会过度依赖系统参数。二是控制输出电压，间接实现对输出电流的控制，以此实现对交流侧电流及功率因数的有效控制。该方法需要以稳态电流向量为基础，根据PWM基波电压的向量幅值及具体相位，实现电压幅值及相位的闭环控制。此方法可免去并网电流检测环境环节，然而响应时效偏低，瞬时直流电流可能会发生偏移，且电路控制过程相对复杂。目前可采用数字控制算法、连续控制算法进行光伏电网逆变器控制，或是以PWM控制技术作为调制方法。

② 智能控制技术。智能控制系统在太阳能发电系统中的关键功能包括：a.实时性能监测。智能控制系统使用传感器来监测太阳能电池阵列的性能，包括温度、光照强度、电池电压和电流等参数。这些数据的实时监测有助于及时识别任何潜在问题或故障，以便进行维修和维护。b.跟踪位置。太阳能电池板的角度和方向对能量捕获效率至关重要。智能控制系

统可以根据太阳的位置自动调整电池板的角度，确保光线垂直照射到电池表面，最大程度地提高能源转化效率。c.负载管理。智能控制系统还可以根据当前的能源产出和需求，智能地分配电能到不同的用途，有助于确保系统在供电需求高峰时期保持稳定，同时最大限度地减少浪费。

数据分析是电气自动化技术的另一个重要方面，它为太阳能发电系统的运行和维护提供了关键支持。通过采集和分析大量数据，系统管理员可以获得以下好处：a.故障诊断。数据分析可以帮助系统管理员及时检测并诊断太阳能电池阵列中的故障，如热点效应、腐蚀、电池老化等问题。这有助于减少维修时间和成本。b.预测性维护。通过监测性能数据，系统管理员可以制定预测性维护计划，避免突发故障，提高系统的可靠性和可维护性。c.性能优化。数据分析还可以帮助系统管理员识别潜在的性能瓶颈或优化机会。通过对能源产出和效率的详细分析，可以调整系统的运行参数，以最大化能源捕获效率。

③ 分布式光伏/储能系统协调控制技术。分布式光伏电站与混合储能电站的联合运行结构中光伏系统、储能系统和负荷、电网通过交流母线互联。储能电站由铅酸蓄电池和超级电容器构成的混合储能系统组成。其中，储能用铅酸蓄电池的充放电倍率较低，一般为0.2～0.4C，其深度循环寿命一般为1500～3000次，适合于做低频大容量的充放电循环；而超级电容的充电倍率一般为10C以上，循环寿命在10万次以上，适合于做高频小容量的充放电循环。为了实现源荷网储的协调运行，在储能电站侧设置协调控制系统，协调控制系统引入储能装置的荷电状态和实际输出功率构成反馈控制，通过控制策略计算出各变流器的功率参考值$P_{batref}$、$P_{capref}$，蓄电池和超级电容器经变流器充放电控制后实际输出功率为$P_{bat}$、$P_{cap}$，$P_{Hess}$为混合储能系统总输出功率。利用$P_{Hess}$可对光伏电站输出功率$P_{pv}$和本地负荷$P_{load}$进行功率平衡。

**（5）其他新能源发电面临的科学问题挑战与新技术突破**

① 氢能自动化技术在现代能源转型中面临诸多科学问题和挑战。在氢气生产方面，尽管电解水制氢被视为一种清洁的制氢方式，但现有电解槽在处理波动性风电和太阳能时，往往无法高效稳定地转化能量，电解槽的效率和稳定性仍有待提高。此外，氢气的储存和运输问题同样复杂，高压气态储氢和液态储氢虽然在应用上比较成熟，但在成本、安全性和运输效率上依然面临挑战，尤其是在大规模部署时存在高成本和低效率问题。燃料电池的自动控制也是氢能应用中的另一大难题，目前的低温燃料电池对于负荷波动的响应速度较慢，导致其在面对风能等间歇性能源时，不能实时调节输出功率，从而影响系统的整体效率。为了应对上述挑战，新的智能控制技术和高效储氢材料亟待研发，同时系统集成和多能源协同优化也将成为未来氢能自动化发展的关键方向。通过这些技术突破，氢能的生产、存储、运输和应用的效率将大幅提高，推动氢能在能源领域的规模化应用。

氢能领域的最新技术突破主要体现在制氢、储氢和系统集成三大方面。首先，针对风电与氢能的耦合制氢技术，电解槽的效率逐步提升。通过优化电解槽材料和提高电流密度，降低了风电功率波动对制氢效率的影响，使得风电和氢气生产的耦合更加高效。此外，新的控制策略，如超级电容器在风-氢耦合系统中的应用，有效平抑了风电出力波动，提升了系统的稳定性。其次，氢气储存技术也取得了突破，特别是在固态储氢和镁基储氢材料方面，具备更高的储氢密度和更低的成本，提升了氢能的运输与储存效率。最后，智能化风-氢耦合控制系统的应用，使得系统运行更加灵活、可靠，有效解决了传统电力系统中的弃风问题。这些技术的突破，不仅推动了氢能的规模化应用，也加速了可再生能源与氢能产业的融合，为未来能源结构的转型提供了强有力的支持。

② 地热能发电作为一种清洁可持续的能源利用方式，面临着诸多技术和工程上的挑战。首先，地热能的资源开采和热源稳定性问题仍是其发展中的瓶颈。地热井的开采深度和温度差异较大，导致不同地区的地热能资源潜力差异显著。在低温或浅层地热资源的开发过程中，地热井的长期稳定性和产能衰退问题较为严重，这影响了地热发电的可持续性和经济性。其次，地热能开采过程中可能引发的地质活动（如诱发地震）和地下水资源的污染也带来了环境保护的隐患。再次，地热发电的效率问题仍然未得到根本性解决，尤其是在温度较低的地区，如何提高热能的转化效率和降低系统成本是技术研发的核心挑战。当前的地热发电技术，特别是二元循环发电系统，仍面临高效换热器、低温发电设备和成本控制等问题。此外，地热发电系统的高初期投资和维护成本，以及地热能开发的区域限制，都是制约其大规模推广的因素。

地热能发电的技术突破分为以下几个方面。

a. 传感器技术在地热能发电中的应用。传感器作为热能动力工程中自动化技术的重要组成部分，扮演着收集、监测和传输系统关键数据的角色。例如，在燃烧控制中，氧气传感器通过监测燃烧过程中的氧气浓度来调节燃料供给，提高燃烧效率。而在发电系统中，温度传感器能够实时监测设备的工作温度，以防止设备过热损坏，增加系统的稳定性。传感器技术的应用在于实时获取数据，为控制系统提供准确的反馈信息。其工作原理是基于各种物理量的变化，通过转换成电信号并经过处理，得到相应的输出结果。典型的传感器包括温度传感器、压力传感器、流量传感器等，其运作可依据不同物理原理进行。

b. 控制算法在热能动力系统中的作用。控制算法在热能动力系统中扮演着关键的角色，通过对传感器获取的数据进行分析和处理，实现对系统的精准控制和调节。在热能动力工程中，常用的控制算法包括PID控制、模糊逻辑控制、神经网络控制等。以PID控制为例，其基本原理在于根据当前误差（设定值与实际值之差）、积分误差（误差累积）以及微分误差（误差变化率）来调整控制量。控制算法在热能动力系统中的应用能够实现系统稳定性和效率的提高。例如，在燃烧控制中，PID控制器可根据燃烧过程中的数据动态调整燃料供给，使系统保持在最佳工作状态。在发电系统中，控制算法可以根据负载变化对发电设备进行动态调节，实现发电系统的稳定运行。

c. 数据采集与处理技术在热能发电中的作用。在热能动力工程中，数据采集与处理技术是自动化系统中至关重要的一环。数据采集涉及从各种传感器和设备中收集大量实时数据，而数据处理则包括对这些数据进行筛选、分析和转换，为决策和控制提供准确的依据。举例来说，在发电系统中，监测设备的温度、压力、转速等参数能够提供运行状态的详细信息，这些数据经过采集和处理后，可以为系统故障诊断、性能优化以及预测性维护提供重要支持。数据采集与处理技术的重要性在于通过有效的数据管理和分析，为自动控制系统提供准确的反馈信息，帮助系统实现智能化运行。例如，通过对历史数据的分析，可以建立模型来预测热能系统的运行状况，并优化控制策略以提高能源利用效率。现代数据处理技术，如机器学习和人工智能，也被应用于数据处理中，以挖掘数据间的潜在关联和模式，为系统的优化和改进提供更多可能。

### 1.5.3 发展思路与发展方向

#### (1) 风力发电的发展思路和发展方向

① 大容量风电系统。为进一步提升风力资源的利用率，风扇叶面的表面积不断扩大，

风电系统的规模与复杂性不断增加。但需要注意的是，在风电系统体积增大的过程中，风电机组内部结构不能通过单纯增大的方式提升风能转化效率。面对上述情况，提升对大容量风电系统研发工作的关注度，攻克风电系统体积增大过程中暴露出来的系统运转问题，提升风电机组与内部控制系统设计的合理性，成为了一项极为必要的工作。举例来说，2022年4月8日，三峡平潭外海海上风电塔筒设备正式开工，这一项目是当前亚洲单机容量最大的风电项目，项目规划总装机容量为100MW，布置的风电机组有11台，其中包括1台13MW的风电机组。数据显示，该项目建成后，每年可以提供清洁电能44388.9万千瓦时，同比节约标准煤13.6万t［火电煤耗按照295g/(kW·h）计算］，减少二氧化碳排放量为37.20万t/年。同时，随着各类新材料的不断涌现及加工工艺技术的不断创新，为进一步提升风电系统的容量与可靠性，必须努力攻克当前大容量风电系统开发应用过程中的技术难题。

② 深海、远海风电场技术。对我国风能资源分布情况进行调查分析后可以发现，相较于陆地风能，海上风能更为稳定与丰富。现阶段，为了更好地满足人们对风电资源的需求，在海上建设更多、单机容量更大的风电机组，成为了切实满足当前人们对风电资源需求的重要举措之一。近年来，随着科学技术的不断发展，近海区域已经成功建设了一些海上升压站，但相较于广阔的海洋，建设海上风电机组的区域面积较小，这在一定程度上造成了海上风力资源的浪费。在新时代科学技术不断发展的背景下，为切实解决上述问题，推进远海、深海风电场技术的研究与应用，成为了推动海上风电技术稳定发展，满足当前社会对电力资源供应需求的关键工作之一。

③ 并网技术与最大风能捕获技术。并网技术与最大风能捕获技术同样是推动未来风电发展的重要研究内容。具体来说，在风电并网的过程中，风电的反调峰特性增大了当前风险并网调峰工作的难度。同时，风电在供应时的间歇性与随机性也增大了电网调频工作的负担。尽管当前部分电网并网区域应用了低负荷时段弃风技术，但如何进一步提升风电机组电力资源供应的稳定性，仍是当前并网技术发展过程中的重点、难点之一。同时，为进一步提升风力资源的利用率，最大风能捕获技术同样受到了人们的广泛关注。现阶段，较为常用的最大风能捕获算法包括最佳叶尖速比法、功率反馈法和爬山法。尽管这些算法在实际应用过程中能够提升风电机组的工作效率，但受风速多变、需要设定风力电机最佳叶尖速比等问题的影响，上述算法的使用难度相对较大，无法大规模推广利用。因此，研究更为简便有效的最大风能捕获技术是一项极为必要的工作。

**（2）光伏发电的发展思路和发展方向**

① 推动光伏发电储能技术的提升。随着国家对电力电子器件的重视和国内芯片技术的进步，中国光伏并网逆变器的国产化率已经超过80%。储能逆变器在光伏系统中发挥着交/直流转换、功率控制、并/离网切换等重要功能。而随着光伏储能技术的寿命和稳定性的提高，半导体和磁性元件等器件的要求也被相应提高。储能逆变器里半导体器件主要包括IGBT、MOS管、MCU、电源管理IC、电容、PCB板等，其中IGBT、MOS管、电源管理IC在储能逆变器里占比高、数量多，是必不可少的器件。MCU是逆变器中不可或缺的关键部件，而MPPT（最大功率点跟踪）又是光伏发电效率最大化的关键技术。为了满足光伏逆变器高效率、高可靠性的要求，主控MCU更需要配备多路高精度ADC用于采集电压和电流信号、高精度定时器用于输出PWM控制及频率捕获功能，并支持硬件乘除法器、浮点运算、三角函数加速器等模块高效运行控制算法。值得关注的是，未来光伏储能系统的效率和功率密度可能是制约未来产品竞争力的重要因素。如何应对这样的高功率密度、

最小温升的挑战成为了光伏储能系统的一大难题。

② 推动光伏发电技术的智能化应用。

a. 智能监控与管理。智能化监控与管理是光伏发电技术中的一个重要方面。通过安装传感器和监控系统，可以实时监测光伏板的工作状态、功率输出以及系统的运行情况，同时，还可以对系统进行远程管理和控制。这样一来，不仅可以及时发现并解决问题，还可以优化能源利用和系统运行效率。

b. 智能调度与储能技术。智能调度与储能技术是光伏发电技术智能化应用的另一个重点。通过智能化的调度系统，可以根据天气、时间和能源需求等因素，合理安排光伏发电系统的运行时间和功率输出。同时，结合储能技术，将多余的电能储存起来，在夜晚或阴天等无法发电的时候供电使用，从而实现能源的高效利用。

c. 智能维护与故障检测。由于光伏发电系统的组件众多且分布在不同位置，传统的维护和故障检测方式往往效率较低，而智能化应用可以通过联网和数据分析技术，实现对光伏组件的实时监测和故障检测。一旦发现问题，系统会自动报警并指示需要维护的具体位置，从而提高维护效率和可靠性。另外，由于大多数光伏电站处在偏远的地区，远程控制技术也非常重要。

总体来说，新能源自动化在光伏发电领域的发展思路应聚焦于提升系统智能化水平、优化储能技术、加强故障检测与运维效率、推动智能调度与能源管理。通过实现光伏系统的智能监控、优化储能管理、提高设备运行的稳定性与可靠性，能够有效提升光伏发电的能效和经济性。同时，结合大数据、人工智能及数字化技术的应用，推动光伏发电领域向更加智能、高效、绿色的方向发展，为全球能源转型与可持续发展提供有力支持。

**（3）其他新能源发电的发展思路和发展方向**

① 大规模氢能生产与应用系统。近年来，氢能作为一种重要的清洁能源，正在逐步向大规模生产和系统级应用发展。为了提高氢能的生产效率，尤其是在电解水制氢过程中，必须进一步提升电解槽的效率与稳定性。随着氢气生产成本的下降和技术的不断进步，氢能的规模化应用成为了可能。例如，近年来对风电与氢能耦合制氢技术的优化，不仅提高了风能的利用率，也使得氢气的生产过程更加高效。在这一过程中，研究者们不断探索如何在应对波动性能源（如风电、太阳能）输入时，保持氢能生产系统的稳定性与高效性。与此同时，氢气的储存、运输和分配技术的创新，也为大规模氢能应用提供了技术保障。以氢能储存与运输技术为例，固态储氢技术和低温液态储氢技术的突破，有望大幅降低氢气储存的成本和提高运输效率。未来氢能生产系统将朝着高效、低成本和可持续发展的方向迈进。

② 氢能与可再生能源的深度融合。随着可再生能源的广泛应用，氢能的角色也变得愈发重要。风能、太阳能等间歇性能源与氢能的深度融合将是未来氢能发展的一个重要方向。特别是在风能、太阳能等资源丰富的地区，利用过剩的可再生电力进行氢气生产，可以有效解决可再生能源的消纳问题。新型风-氢耦合控制系统的应用，将使得氢能系统能够更加灵活地响应可再生能源的波动，提升整体电力系统的稳定性。未来，氢能与可再生能源的集成应用将成为推动清洁能源转型的关键力量。

③ 提高资源利用效率与智能化控制。地热能的开发效率直接影响其在全球能源结构中的地位，尤其是如何高效开发深层地热资源。当前，干热岩（HDR）和增强型地热系统（EGS）技术已经取得重要突破，通过深井钻探和技术创新，能够将地下深层的热能有效转化为电力，极大地拓展了地热能的开发潜力。然而，随着开采深度和资源量的不断增加，

如何实现对地下热能的精准调控和高效利用，成为了关键挑战。

在此背景下，智能化与自动控制技术的应用显得尤为重要。通过实时监测地热井的温度、压力等关键参数，智能化系统能够根据实际情况自动调整发电设备的运行状态。这不仅有助于优化资源的开发利用，还能保证系统的稳定性和发电效率。例如，结合人工智能和大数据分析技术，地热能系统能够在不同负荷和环境条件下进行预测性维护和故障预警，避免资源浪费和设备故障，进一步提高系统的整体运行效能。此外，智能化控制技术还可以实现对热能交换系统的实时调节，确保地热流体在闭环系统中得到最大程度的循环利用，从而减少地热资源的损失。

④ 多能互补与成本控制。地热能发电不仅可以单独应用，还能够与太阳能、风能等可再生能源相结合。通过多能协同互补运行，能够有效应对可再生能源间歇性和波动性的挑战，提升能源系统的整体稳定性与可靠性。例如，地热能可以在低负荷时提供稳定的基荷电力，太阳能和风能则可在需求高峰时补充发电量，形成一个动态优化的能源供应系统。这种多能互补模式不仅能最大程度地提高能源系统的利用效率，还能减少对传统化石能源的依赖，推动能源结构向更加绿色、低碳的方向发展。

然而，地热能发电仍面临较高的开发和运营成本，这也是其大规模应用的主要障碍之一。为了推动地热能的普及和应用，降低成本将是未来发展的关键。当前，地热能开发的成本主要集中在深井钻探、热能交换和设备维护上。随着新材料、新工艺的不断应用，预计地热能的开发成本将会显著下降。例如，使用更耐高温、抗腐蚀的新型材料，可以延长设备的使用寿命，降低维护成本；同时，先进的钻井技术和热能交换工艺的优化，也能提高开发效率和降低初期投资。此外，随着市场规模的扩大和技术的成熟，地热能的单位电价有望逐步下降，使其在全球范围内变得更加具备竞争力。

总体来说，氢能和地热能的未来发展将依赖于高效的生产技术、智能化控制、成本优化及可再生能源的深度融合。在氢能领域，随着电解水制氢技术的进步和风电等可再生能源的耦合应用，氢气生产效率和稳定性不断提升。同时，氢能储存与运输技术的突破，如固态储氢和液态储氢，将降低成本并提高运输效率，推动氢能的大规模应用。氢能与可再生能源的集成，如风-氢耦合系统，能够平衡可再生能源的波动性，提高电力系统的稳定性，并推动清洁能源转型。

在地热能方面，智能化与自动化控制技术的应用将优化资源利用，通过实时监控与调节，提高深层地热资源的开采效率。地热能与太阳能、风能等其他可再生能源的多能互补，能有效提高系统的稳定性与可靠性，减少对化石能源的依赖。尽管地热能的高成本仍是挑战，但通过新材料与先进技术的应用，预计其开发成本将显著下降，推动其在全球范围内的普及。这些技术突破将共同促进氢能与地热能的可持续发展，助力全球能源结构向绿色、低碳方向转型。

## 1.6 电网自动化

### 1.6.1 发展现状与发展态势

近年来，我国可再生能源的装机容量迅速攀升。截至2022年底，水、风、光的装机分别为4.1亿kW、3.7亿kW、3.9亿kW。预计到2050年，全国水电装机将达到5.4亿kW左右，风电装机将达到15亿～20亿kW，太阳能发电装机也将达到15亿～20亿kW。在世界范围内，可再生能源同样已成为欧盟、美国等全球主要经济体电力供给的重要来源。

高比例可再生能源的大量接入，一方面有利于节能减排、保护环境，另一方面也给电力系统运行带来了新挑战。由于可再生能源具有显著的不确定性和波动性，系统需要更加灵活的调度决策来消纳可再生能源，这给电网运行调度、安全评估、频率安全控制和无功电压控制提出了新的需求，主要体现在以下两个方面：

① 强不确定性。风电、光伏新能源发电具有显著的随机性、波动性和间歇性，出力难以准确预测，增加了系统运行状态的不确定性和调控难度。随着风光新能源发电的占比进一步增加，电力系统运行所面临的不确定性和复杂性将更加严峻。

② 低惯量特性。惯量是惯性的量值，惯性是电力系统抵御外来扰动引发频率变化的固有属性。风电、光伏等新能源发电采用电力电子变流器并网，在常规控制方式下无法像同步机组一样提供惯量响应、参与一次调频。传统同步机组被新能源机组大量取代后，电源的转动惯量将大幅下降，调频能力明显降低。

为应对上述问题，电网自动化技术在近年来快速发展，一系列新的随机优化调度和控制方法被提出。

**（1）电网运行调度**

电网运行调度基于新能源与用电负荷功率的预测信息，通过优化燃煤机组启停及输出功率、储能充放电状态、潮流控制等决策，在供需平衡、源储调节及电力潮流安全等约束条件下，达成预先给定的调度目标。当前考虑不确定性的电网运行调度问题主要有三种解决方法：

① 基于场景/场景树的随机优化方法。这类方法通过假设分布信息或条件抽样生成大量场景，用有限离散的场景近似地描述不确定信息，如光伏出力等，从而将不确定优化问题转换成考虑有限场景的确定性优化问题。随机优化方法由于结构简单、易于实现，在实际中已取得广泛的应用。

但是基于场景的优化方法存在以下弊端：首先，电力系统中的不确定性（如风电、光伏出力的预测误差）往往是不满足某种概率分布的，通过假设概率分布的方式生成场景会造成不可避免的误差。其次，有限场景是难以准确表征连续的不确定集的。越丰富的场景对不确定性的刻画越准确，但同时庞大的场景规模会对计算带来极大的挑战。计算精确度与复杂度的平衡是一项很有挑战性的工作。

② 基于不确定集的鲁棒优化方法。这类方法以集合的形式描述不确定信息，通过保证集合内所有元素的可行性，保证决策的完备补偿性（即运行调度问题对于任意不确定实现值的可行性）。为了求解方便，最常见的鲁棒优化方法一般基于线性决策规则，即建立不确定变量和决策间的线性映射关系，进而将随机优化问题转换为在期望意义下求解线性决策系数的确定性优化问题。相比于基于场景的随机优化方法，不确定信息不再通过离散化表示，决策的完备性明显改善。

但线性决策规则存在两个不足之处：a.文献[88]中指出，最优的决策可能不是线性形式，线性决策函数的假设可能会带来最优性的损失，甚至在极端情况下可能导致系统的不可行；b.文献[89]中指出，线性决策规则需要在日前计算中提前求解并设定，在日内的实时决策中会影响部分补偿变量的灵活性，从而导致经济性损失。

③ 基于分布信息的机会约束优化方法。此类方法通过设定约束条件在已知概率分布信息下的满足概率，将随机优化问题转换为传统优化问题进行求解。相比于鲁棒优化方法，

机会约束方法的保守性较低，使电网的期望运行成本改善。但作为代价，机会约束方法应对极端场景的能力也逊于鲁棒优化方法。

另外，文献[90]指出，电力系统中的不确定性，例如风电、光伏等，往往不符合常见的概率分布，因此难以对这些不确定变量提出合适的概率分布信息，使得机会约束方法的应用难度增加。

综上所述，考虑不确定性的电网运行调度问题已得到广泛研究，并在一定的假设下提出了一系列有效的求解算法，但仍存在以下三个需进一步解决的问题：

① 不同时间尺度的不确定性如何考虑。例如，风电、光伏等不确定性主要在较短时间尺度考虑，例如小时、分钟级；而像水电的季节特性，往往需要在季节和年等时间尺度上考虑。在调度问题中如何考虑不同时间尺度的不确定性仍存在一定的研究空白。

② 如何有效考虑高影响、低频次的事件。紧急事件会显著影响电网的运行状态。现有方法中，基于场景和概率分布的方法往往忽略了极端场景的影响，而在鲁棒方法中考虑极端场景会极大地增加系统的运行成本。如何合理、高效地考虑极端场景仍有待进一步研究。

③ 上述方法都难以拓展到大规模的实际系统中，绝大部分方法都是基于IEEE标准测试案例（几十到几千节点），然而现实中的电网节点数目众多，并且结构复杂，当前方法难以推广。

**（2）电网安全评估**

安全性是指电力系统在不违反运行限制的情况下抵御各种干扰的能力。在众多运行问题中，电力系统的运行安全尤为关键。系统一旦受到威胁，可能会对社会、经济和政治产生巨大影响。一次由人为错误或线路过载导致的停电事件可能会造成数十亿的经济损失和其他难以衡量的灾难。

电力系统容易受到突然停电，发电机、变压器和传输线路的故障，以及发电或负荷需求的突变等干扰。与可再生能源的整合和负荷需求相关的不确定性是当前和未来安全运行面临的重要挑战。电力系统需要能够在这些干扰和不确定性存在的情况下始终可靠运行。

安全评估是指评估和检查当前或近期未来电力系统的安全状况，以及与相关安全标准或限制条件进行对比的过程。此外，安全评估可以检查系统在长期临时运行情景下的安全状况，其目的是确定电力系统是否处于安全状态。安全状态意味着在当未知干扰和事故发生时，系统具有良好的抗干扰能力，仍能满足负荷需求并且不会违反运行要求。不安全状态意味着某些运行限制可能被违反，部分负荷需求无法满足。

安全评估主要分为两类：动态安全评估和静态安全评估。动态安全评估的目的是通过评估从事故前到事故后的系统变化，识别可能导致的相角、频率或电压不稳定事故。动态安全评估基于连续非线性潮流方程的求解，为了维持系统的鲁棒性，必须涵盖多种运行条件（通过模拟不同负荷需求和发电功率的组合）和事故仿真。然而，上述仿真技术不仅计算量大，还需要详细的故障特性、网络配置和保护行为信息。对于由间歇性可再生能源发电机和随机变化负荷组成的大规模电力网络，这个问题更加严重。电力系统静态安全分析是电力系统调度和规划的常用手段，也是电力系统安全分析的重要组成部分，用以校验输变电设备强迫退出运行后系统的运行状态，即是否有过负荷的元件或者电压过低的节点，以及由此产生的连锁故障等。如果系统的潮流和电压都在容许的范围内，则系统是安全的；如果出现某些输变电设备过负荷或者某些母线电压越限的情况，则系统是不安全的。电力系统静态安全分析的结果能够反映系统当前与未来的系统安全状态，为预防控制提供数据基础，为系统调度提供决策支持。传统的静态安全分析主要包括系统过载分析和电压安全分析两个部分。随着系统的发展，连锁故障问题逐渐突出，对此问题的分析也成为静态安全分析的重要组成部分。静态安全分析只考虑事故后稳态运行情况的安全性，不考虑从当前的运行状态向事故后稳定状态的动态转移。

**（3）频率安全控制**

自动发电控制（Automatic Generation Control，AGC）是实现电力系统有功频率控制的核心，通过实时调整发电功率来跟随负荷波动，进而维持频率和联络线功率波动在可接受的范围内。高比例新能源接入下，越来越多的电力系统正逐渐演变为低惯量电力系统。低惯量电力系统惯量支撑力度弱、出力不确定性强、频率调节能力和阻尼特性差，致使频率稳定问题日益凸显。为了缓解低惯量带来的频率问题，近年来AGC一直是国内外学术界和工业界的研究热点，伴随电力系统发展演变诞生了大量学术创新和应用成果。

随着新能源持续并网，为应对源荷双侧的不确定性，电力系统对备用的需求越来越大，单纯依赖同步电源参与的传统调频机制已难以满足频率稳定需求。为此，近年来学者从“源、网、荷、储”多环节出发，提出了一系列频率安全控制方法。

① 电源侧频率安全控制。文献[92]针对火电机组提出了一种控制参数动态优化方法。该方法通过考虑各个场景下调差系数变化对机组调频能力的影响，动态调节调频控制参数，从而实现最佳的调频效果。另外，文献[93]提出了一种定参数虚拟惯量模拟策略。当系统频率发生下降时，该策略可以通过变流器控制风轮转速快速下调，释放部分转子动能，从而增加机组出力，为系统提供惯量支撑。

② 网络侧频率安全控制。文献[94]对于多直流异步电网进行了研究，分析了直流频率调制与一次调频之间的协调配合关系，并提出了优化设计方案来改进直流频率调制策略。另外，文献[95]基于VSC-HVDC技术，提出了一种解耦控制策略，其中$d$轴调频和$q$轴辅助调频被应用。通过调节$d$轴来调节线路输送的有功功率，同时利用$q$轴来支撑直流母线电压，该策略改善了异步分区电网的频率稳定性。

③ 负荷侧频率安全控制。文献[96]提出了一种分布式需求响应控制策略，无须通信即可实现。该策略通过响应系统各个区域的频率偏差和持续时间，利用简单的控制装置来调节该区域部分负载辅助系统，从而进行调频。另外，文献[97]考虑了电动汽车的充电需求，并提出了一种分散式车联网（V2G）控制技术。该技术使得当电动汽车电池并网时，它们可以参与电网的一次调频。

④ 储能侧频率安全控制。文献[98]研究了一种自适应控制策略，该策略结合了虚拟惯量和虚拟下垂的动态特性，使得电池储能能够参与电网的一次调频。另外，文献[99]在考虑储能经济性和调频性能的基础上，提出了一种分布式储能协同调频策略。该策略以储能初始投入成本和电网调频性能标准为参考，量化了不同储能规模和扰动下调频策略的性能和经济性。

**（4）无功电压控制**

随着大规模风力和光伏场站与输电网以及分布式能源资源的日益融合，电网电压控制面临着重大挑战。这导致控制方案出现重大转变，需要更复杂的协调和控制器之间的相互作用。

在输电网和配电网中，学者已经提出了一系列有效的控制方法。大约在十几年前，工业界和学术界同时注意到了协同考虑输电网和配电网的必要性。最初的系统优化方法主要通过配电网运营商将边界母线的无功功率允许范围发送给输电系统运营商，输电系统运营商根据这一范围确定边界母线的无功功率和电压值。然而，单方面的信息传输可能会影响电压控制的全局最优性。为了解决这个问题，输电网和配电网迭代求解本地电压控制问题，交换边界母线的电压和功率，直至得到可行的潮流分布。

但上述方法可能会存在不收敛或收敛不到最优解的问题，因此，分布式优化理论被引入无功电压控制问题中以进行有效的协调。通过联合输电网和配电网的分布式优化方法，无功电压控制得到了更严格的保证，电能质量也获得了进一步的提升。

### 1.6.2 主要科学问题挑战与新技术突破

基于电网自动化的发展现状和发展态势，下面总结了以下四个核心的科学问题并提供了当前最新的解决方法。

**（1）主要科学问题挑战**

① 高不确定多尺度运行调度决策挑战。为了充分发挥可再生能源，如风电、光伏等资源的日、季节互补特性，必须进行年、月、日、小时等不同时间尺度的协同优化。目前，该研究主要面临两大挑战:

a. 多时间尺度的不确定性建模。由于可再生能源的随机性在年、月、日、小时等多时间尺度上具有复杂的耦合关系，准确地建模和表征多时间尺度耦合关系是一项巨大挑战。

b. 多时间尺度决策的完备性。随机优化问题中，决策的完备性是指无论随机变量如何实现，总有应对的可行决策。为了准确地描述决策的完备性，非预期约束（本质上相当于无穷多约束）需要被考虑。因此，如何建立多时间尺度的完备性决策模型是一项核心挑战。

② 大规模新能源电网安全评估问题的快速计算挑战。在电网规划和制定电网运行计划中，需要进行开断模拟以鉴别电网在运行中可能遇到的问题。一般来说，需要鉴别的故障场景数量是非常庞大的。以传统的电力系统$N$-$k$故障分析为例：如果采用遍历的方式鉴别电网在潜在故障下的安全性，则对每次模拟开断造成网络拓扑结构的修改，都需要重新形成网络矩阵进行潮流计算。这显然不能满足计算速度上的要求。在大规模新能源接入电网的情况下，电网安全评估面临以下三个核心挑战:

a. 电网$N$-$k$故障计算量巨大，计算复杂度约为$O(N^k)$。实际区域电网中$N$一般为千级别，$k$即使为2或3时，计算规模已非常庞大。因此，提出低计算复杂度的故障筛选方法是实现电网安全评估问题快速计算的必备条件之一。

b. 电网连锁故障过程非常复杂，目前还没有比较完善和公认的演化模型，缺乏对连锁故障进行分析和控制的数学模型基础。时序特征是连锁故障的重要特性之一，对其进行准确建模也是进一步提出有效控制措施的基础。

c. 在当前电网安全评估算法中，一般只能考虑一定置信度下的新能源和负荷出力范围。随着新能源渗透率的增加，如果在日前调度中所考虑的波动区间较大时，可能导致系统没有可行的调度解或得出的调度解经济性较差，因此，考虑高维、波动较大的不确定集是当前电网安全评估的重要条件之一。

③ 弱惯量电网的实时调频与安全运行挑战。随着可再生能源渗透率的逐渐增加，电网中的不确定节点的数目和波动范围增加。同时，为了节能减排，火电机组的发电占比越来越小。这意味着电网抵御干扰的能力越来越差，即系统以弱惯量运行。当受到干扰时，弱惯量的系统往往表现出较为剧烈的状态波动，这给电网的实时调频与安全运行提出了新的

挑战。为了方便讨论，图1-1-7给出了在同样扰动下不同新能源占比（30%～90%）的系统的频率变化。

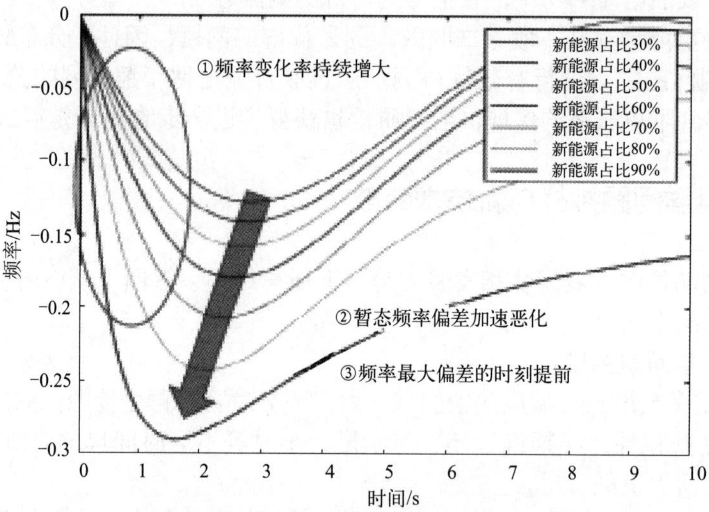


**图1-1-7　不同新能源占比下系统的频率变化**

从图1-1-7中可以看出，随着新能源占比的增加，系统的频率变化率持续增大，暂态频率偏差加速恶化，并且频率最大偏差的时刻提前。这给电网的实时调频与安全运行提出了新的挑战。

④ 高比例新能源接入下的无功电压控制挑战。高比例新能源接入下，输电网络的无功电压控制存在许多新的挑战，包括但不限于电压波动、级联跳闸故障，以及诸如故障引起的延迟恢复电压等电压稳定性问题。解决这些问题需要更好地了解现有输电网络与可再生能源之间的相互作用，采用先进的控制方法实现可再生能源的快速参与，以计算可行的方法来帮助减轻延迟恢复电压，并通过基于测量的方法提高电压不稳定性的情境感知能力。

在配电网络中，分布式能源资源的高渗透率，如风电机组或住宅光伏，对电能质量，特别是电压控制，将提出更高的要求。例如：如何合适地选择和权衡不同的控制架构，适当地设置本地控制器的参数，并在最小化发电削减的同时，对大量分布式能源进行成本效益的协调以控制电压。

此外，由于输电网和配电网之间的耦合日益增加，输电系统运营商和配电系统运营商必须适当协调，才能有效地调节两侧的电压。随着输电网中的无功电源逐渐被分布式能源取代，这将对分布式能源积极参与无功和电压控制提出更多的要求。

**（2）新技术突破**

① 新能源电网不确定优化调度方法。为了应对波动性较强的新能源，当前不确定优化调度方法往往通过建立决策函数的方式保证决策的完备性。相比于传统的确定性优化调度方法，当前不确定优化方法以求解最优的映射关系代替了求解最优决策。常用的映射关系主要分为两种：一种是显式的决策函数，例如线性决策函数或仿射决策函数；另一种是隐式的决策函数，隐式函数没有解析的表达式，当不确定变量实现后，基于隐式函数的决策一般通过求解一个简单的规划问题得到。本节将对这两种决策规则进行介绍。

考虑不确定性的电网优化调度问题可以表示成如下紧凑形式：

$$\min_{x}\ \mathop{\mathbb{E}}_{u\in\mathcal{U}}\ \boldsymbol{c}^{\mathrm{T}}\boldsymbol{x}$$
$$\text{s.t.}\quad \boldsymbol{Ax}+\boldsymbol{Bu}\leqslant \boldsymbol{b}$$

其中，$\boldsymbol{x}$代表决策变量，$\boldsymbol{u}$代表不确定变量，$\mathcal{U}$表示不确定集，$\mathbb{E}$表示期望值，$\boldsymbol{A}$、$\boldsymbol{B}$表示系数矩阵，$\boldsymbol{b}$、$\boldsymbol{c}$表示系数列向量。

由于需要考虑任意不确定实现值的可行性与最优性，所以考虑确定性的电网优化调度问题本质上需要考虑无穷多个约束，含无穷多个约束的规划问题是不能直接计算的。所以，显式决策规则通过假设最优决策规则，将原始的问题转换成如下形式（以仿射决策规则为例）：

$$\min_{\boldsymbol{M},\boldsymbol{N}}\ \mathop{\mathbb{E}}_{u\in\mathcal{U}}\ \boldsymbol{c}^{\mathrm{T}}\boldsymbol{x}(\boldsymbol{u})$$
$$\text{s.t.}\quad \boldsymbol{Ax}(\boldsymbol{u})+\boldsymbol{Bu}\leqslant \boldsymbol{b}$$
$$\boldsymbol{x}(\boldsymbol{u})=\boldsymbol{Mu}+\boldsymbol{N}$$

其中，$\boldsymbol{M}$、$\boldsymbol{N}$为仿射函数的决策变量，对应了仿射函数的系数。

通过假设仿射函数，无穷多约束的边界更容易刻画，进一步地，电网不确定优化调度问题可以被转化成考虑有限约束边界的规划问题。基于样本平均近似（Sample Average Approximation，SAA）方法，转化后的问题容易被求解。基于约束生成（Constraint Generation，CG）方法，问题规模可以被进一步缩小，求解效率将会进一步提高。

虽然显式决策规则是一种有效的求解方法，但为了计算方便和高效，最优函数的形式往往被假设为简单的线性形式。已有学者指出，电力系统不确定性优化问题的最优解往往不是线性形式的，可能是分段线性的或非线性的。这意味着线性决策函数的假设可能会损失一定的最优性，在一些极端情况下甚至会导致调度问题不可行。

为了缓解由函数形式假设带来的可行性和最优性损失，部分学者提出了基于隐式决策规则的求解方法。与显式决策规则不同，决策函数的形式并没有在求解问题前确定，隐式决策规则得到了一个能满足多阶段决策完备性的解空间。也就是说，无论当前决策在所求得的解空间中如何选取，未来一定在对应的解空间中存在可行决策以应对任何可能发生的不确定量实现值。通过求解这样的解空间，电网不确定优化调度问题可以一定程度上按阶段进行解耦，当一个不确定变量被观测到后，对应的最优决策可以在解空间中灵活选取。

② 新能源电网快速安全评估技术。针对不确定性新能源和负荷对电网潮流分布的影响，已有学者建立了考虑风电和负荷不确定性的电网传输安全裕度评估模型，可评估当风电功率和负荷在给定范围内任意波动时输电线路的阻塞和过载风险，为调度人员提供有效预警信息。在系统安全裕度不满足要求时，给出了适当的弃风方案对系统运行状态进行校正控制，使得电网能够在风电最坏场景下依然保持较高的安全裕度，该弃风方案也能为调度人员提供有效的控制预案。

为降低事故发生的风险，电网运行中不允许线路长时间满载或过载运行。然而，在实际电网运行中，由于风电功率和负荷的不确定性，不能事先确定电网的潮流分布，因此也不能提前获取满载或过载线路信息。在一定的风电和负荷功率预测范围内，若能计算出各条线路在各个时段可能的最小传输安全裕度，即可提前获取有阻塞或过载风险的线路信息，并制定相应举措，降低甚至消除阻塞或过载风险。

基于以上分析，电网传输裕度评估模型可以建立为如下的min-max问题。

$$\sigma_t^* = \min_{w_{k,t}, d_{m,t}} \max_{p_{i,t}, \sigma_t} \sigma_t$$

s.t.

$$\sum_{i=1}^{I} p_{i,t} + \sum_{k=1}^{K} w_{k,t} - \sum_{m=1}^{M} d_{m,t} = 0$$

$$\sum_{i=1}^{I} \Gamma_{l,i}^{U} p_{i,t} + \sum_{k=1}^{K} \Gamma_{l,k}^{W} w_{k,t} - \sum_{m=1}^{M} \Gamma_{l,m}^{D} d_{m,t} \leqslant \overline{F}_l - \sigma_t$$

$$\sum_{i=1}^{I} \Gamma_{l,i}^{U} p_{i,t} + \sum_{k=1}^{K} \Gamma_{l,k}^{W} w_{k,t} - \sum_{m=1}^{M} \Gamma_{l,m}^{D} d_{m,t} \geqslant \underline{F}_l + \sigma_t$$

$$\underline{p}_{i,t} \leqslant p_{i,t} \leqslant \overline{p}_{i,t}$$

$$\underline{w}_{k,t} \leqslant w_{k,t} \leqslant \overline{w}_{k,t}$$

$$\underline{d}_{m,t} \leqslant d_{m,t} \leqslant \overline{d}_{m,t}$$

其中，$\sigma_t$表示系统安全裕度，$p_{i,t}$表示火电机组出力，$w_{k,t}$表示新能源机组出力，$d_{m,t}$表示负荷水平，$\Gamma_{l,i}^{U}$、$\Gamma_{l,k}^{W}$、$\Gamma_{l,m}^{D}$分别表示火电、新能源、负荷的传输分布因子，$\underline{F}_l$、$\overline{F}_l$表示传输线的安全传输范围。

通过对偶技术，上述规划问题可以有效求解，其结果可能出现三种情况。

情况1：问题存在有界最优解，且最优值为正。该情况意味着当风电、负荷功率在预测范围内任意变动时，均可以调度出可行的常规火电机组发电功率，使得传输安全裕度大于零，即所有线路均不发生阻塞或过载，这意味着系统传输安全裕度满足要求，无须降低节点接入水平。

情况2：问题存在有界最优解，最优值不大于零。在该情况下，至少在“最坏的”风电、负荷场景下，电网的传输安全裕度不大于零，即有某条/些线路满载或过载运行。

情况3：问题无可行解。该情况意味着在“最坏的”风电、负荷场景下，约束不能同时满足，即系统无法提供充足的备用容量以满足系统功率平衡。

当情况2和情况3发生时，系统需要通过新能源弃电保证运行的安全性，具体弃电规则见文献[103]。

③ 弱惯量电网频率安全控制技术。在实际运行中，运行人员往往更关心关键的频率指标，例如频率变化率、最低点频率和准稳态频率。详细建模整个频率动态过程会带来极高的计算代价，因此实际运行中一般不需要准确的频率动态过程微分方程，将这些关键指标建立为安全约束即可保证系统的频率安全。

根据系统的摆动方程和发电机调速器线性近似方程，上述关键的三个指标可以转换为解析的频率安全约束：

频率变化率约束：

$$H_t^G \geqslant \frac{P_t^L}{2RoCoF^{\max}}$$

$$H_t^G = \sum_{g \in \mathcal{G}} H_g^G p_g^{\max} x_{g,t} / f_0$$

最低点频率约束：

$$\sum_{g\in\mathcal{G}} H_g^G p_g^{\max} X_{g,t} / f_0 \geqslant \kappa_t$$

$$-Mx_{g,t} \leqslant X_{g,t} \leqslant Mx_{g,t}$$

$$-M(1-x_{g,t}) \leqslant X_{g,t} - R_t \leqslant M(1-x_{g,t})$$

准稳态频率约束：

$$\frac{p_t^{dis} - R_t}{D'} \leqslant \Delta f_{\text{qss}}^{\max}$$

$$R_t = \sum_{g\in\mathcal{G}} R_{g,t}$$

同时，采用分布鲁棒优化方法，可以将不确定性建立为机会约束，并转化为二阶锥约束。基于此，频率动态过程微分方程可以被近似地转换为一个二阶锥优化，二阶锥优化相对容易求解，可以采用成熟的商业求解器，例如CPLEX、Gurobi等进行求解。

④ 面向新能源并网的无功电压控制技术。面向输电网的无功电压控制技术已经相对成熟，例如欧洲的三级分层自动电压控制、中国的自适应区域划分方法以及美国的安全约束最优潮流方法。近年来，随着分布式能源渗透比越来越高，配电网的负荷模式逐渐被改变，这将影响调压装置的性能。为了保证配电网的电压和潮流安全，四种不同的方法被研究，分别是本地、分散、分布式和集中控制。

在本地控制中，分布式能源的控制决策是基于本地电压/电流测量而做出的。电压控制通过分布式能源的无功控制、有功弃电以及电动汽车的智能充电来实现，可以减少可再生能源发电的影响，最大限度地减少对电压控制辅助设备的需求。

分散电压控制技术主要通过低格式通信系统加强本地控制。它整合了多种系统部件，以自动化的方式协调各组件（尽管有些策略可能与系统运营商进行通信），以优化本地电网运行。

分布式电压控制是一种没有中央控制器的电压控制方案，通过节点局部计算实现，仅使用局部测量，并通过通信通道增强来自相邻节点的有限信息。例如，文献[103]提出了一种两级分布式电压控制方案。第一阶段是基于灵敏度分析对各分布式能源进行局部控制，第二阶段是获得其他分布式能源的无功支持。

集中电压控制也被称为主动网络管理，它利用复杂的通信网络来调节电压。利用状态估计来估计电压分布，并以此为基础调度分布式能源和其他组件。通过对有载分接开关、分布式能源和电压调节器的协调控制，在系统运营商的控制下优化整个电网区域的运行。

### 1.6.3 发展思路与发展方向

#### （1）电网运行调度

随着可再生能源在发电中的占比日益提高，系统的不确定性逐渐增大。为了经济消纳不确定可再生能源，越来越多的储能设备也接入电网中。由于储能状态具有复杂的多时段非线性耦合关系，运行调度模型的复杂性进一步提升。因此，考虑不确定性以及储能装置的电网运行调度问题将是未来发展的重要方向，本小节列出了三个具有较高价值的科学问题。

① 基于历史数据的含预算约束的不确定集建模；

② 考虑备用价值的新型电力市场交易机制；

③ 考虑多阶段决策完备性的新一代电力系统调度、规划模型及算法。

**（2）电网安全评估**

电网安全分析与控制领域涉及的问题众多，本小节总结了当前的热点研究方向，列出了未来的发展思路和发展方向。

① 连锁故障的预防控制；

② 基于快速优化模型的严重故障识别；

③ 基于优化模型的电网安全防御；

④ 高渗透率新能源接入的配电网安全分析。

**（3）频率安全控制**

新型电力系统演进过程的复杂性决定了单一技术无法应对面临的新挑战和新机遇，传统的有功频率控制也已经演变为多学科、多专业交叉的新研究课题。因此，未来针对有功频率控制技术的研究，应当坚持业务需求和技术驱动，不仅需要结合当前及未来电网运行方式及需求的变化，在相关专业技术上不断提高进步，而且面对不断出现的新技术时也需要及时思考引入的必要性和可行性，进一步提升实际系统的智能化和自动化程度。

**（4）无功电压控制**

在无功电压优化问题中，非线性非凸的潮流方程是难以求解的。因此，建立高效的潮流方程求解模型是改善无功电压控制的重要基础，当前主要有三种研究方向：

① 基于物理模型和理论分析，建立易于求解的近似潮流方程；

② 基于数据驱动，训练和建立潮流方程的仿真器；

③ 在数据驱动模型中结合理论分析，建立数据-模型混合驱动潮流方程模型。

## 1.7 发展建议

能源环境问题和相关技术是当前最受关注的领域之一，事关人类社会的可持续发展。基于能源自动化技术，整体优化规划和运行综合能源系统，能够在基本不改变现有能源供需工艺的基础上，通过充分配合与协调多种可再生能源、可再生能源与传统能源、能源生产与需求，实现综合能源系统的节能减排和安全稳定运行。为了进一步发展能源自动化技术，特提出以下几点建议：

① 信息物理融合能源系统，包括新型电力系统、智能配电网、企业能源系统、智能楼宇能源系统、智能家居能源系统等，是“工业4.0”“中国制造2025”计划在能源领域的落地实施，也是信息化与工业化“两化融合”、信息化带动工业化在能源领域的具体体现。信息物理融合能源系统是能源自动化技术的最新方向之一。应该系统化发展相关的基础理论和关键技术，高度重视其应用推广，推动能源自动化技术的升级换代，从而助力新型能源体系的构建，推动能源系统的低碳高效转型。

② 在“双碳”目标下，以风力发电、太阳能发电为代表的新能源发电将成为未来能源

系统的主要能源形式。应该充分考虑高比例新能源发电引起的高不确定性、弱抗扰性、弱惯量特性等突出问题，建议注重发展新能源自动化技术，包括能源转换和存储的建模、分析、控制、优化等。

③ 未来能源系统是高度信息化、网络化、智能化的系统，能源系统的综合安全包括传统的物理系统安全和网络信息安全，是未来能源自动化技术的重要组成部分。建议充分考虑电、气、冷/热、氢等异质能源网络的耦合以及能源系统与信息网络的相互作用，注重发展系统综合安全模型和分析方法，解决信息网络与物理系统中异构数据分析、多源信息融合、综合安全监控、异质能源网络信息壁垒、能源网络与信息网络融合等挑战性问题。

④ 目前，自动化学科专业的人才培养体系以传统自动化技术为主导，课程体系以传统动态控制系统为重要对象。为了适应能源自动化技术的上述新发展，需要从专业基础理论和实践教学等多个方面改革课程体系，以适应新形势下大能源领域对高层次人才的紧迫需求。

## 参考文献


[1] 中国电力规划设计总院. 中国电力行业年度发展报告2024[M]. 北京：中国电力出版社，2024.

[2] 霍耀光，侯子良，李麟章，等. 中国火电厂热工自动化技术改造建议[J]. 电力系统自动化，2004, (02): 1-7.

[3] 闫天军，郭伟，赵树春. 火电厂电气监控系统接入DCS方式的分析[J]. 电力系统自动化，2006, (11): 86-89.

[4] Su H, Luo Z, Feng Y, et al. Application of Siemens PLC in thermal simulator control system[J]. Procedia Manufacturing, 2019, 37: 38-45.

[5] 朱庆明. 火电厂计算机监视系统(DAS)的应用[J]. 电力系统自动化，1991, 2(2): 43-48.

[6] Liu J, Zhu H, Cui X. China’s power plant thermal process automation: past, present, and future[J]. Power Generation Technology, 2018, 39(1): 18.

[7] Yin C, Liu J. Study on valve management of DEH for steam turbine[J]. Energy and Power Engineering, 2013, 5(4): 319-323.

[8] 李蔚，盛德仁，陈坚红，等. 火电厂SIS系统中实时数据库平台的选择[J]. 中国电机工程学报，2003, (12): 221-224.

[9] He Z, Guo W, Zhang P. Performance prediction, optimal design and operational control of thermal energy storage using artificial intelligence methods[J]. Renewable and Sustainable Energy Reviews, 2022, 156: 111977.

[10] 张小科，王子杰，夏大伟，等. 一种面向深度调峰运行火电机组的一次调频能力建模新方法[J]. 电网技术，2022, 46(12): 4947-4954.

[11] Wu Y, Ming T, Li X, et al. Numerical simulations on the temperature gradient and thermal stress of a thermoelectric power generator[J]. Energy conversion and management, 2014, 88: 915-927.

[12] Lai C M, Teh J, Alarbi B, et al. Optimisation of generation unit commitment and network topology with the dynamic thermal rating system considering N-1 reliability[J]. Electric Power Systems Research, 2023, 221: 109444.

[13] Vigya, Shiva C K, Vedik B, et al. Comparative analysis of PID and fractional order PID controllers in automatic generation control process with coordinated control of TCSC[J]. Energy Systems, 2023, 14(1): 133-170.

[14] Wu Z, Gao Z, Li D, et al. On transitioning from PID to ADRC in thermal power plants[J]. Control Theory and Technology, 2021, 19: 3-18.

[15] Wang B, Yao X, Jiang Y, et al. Design of a real‐time monitoring system for smoke and dust in thermal power plants based on improved genetic algorithm[J]. Journal of Healthcare Engineering, 2021, 2021(1): 7212567.

[16] Pan H, Su T, Huang X, et al. LSTM-based soft sensor design for oxygen content of flue gas in coal-fired power plant[J]. Transactions of the Institute of Measurement and Control, 2021, 43(1): 78-87.

[17] Pivoto D G S, De Almeida L F F, Da Rosa Righi R, et al. Cyber-physical systems architectures for industrial internet of

things applications in Industry 4.0: a literature review[J]. Journal of manufacturing systems, 2021, 58: 176-192.
[18] Lei Z, Zhou H, Hu W, et al. Toward a web-based digital twin thermal power plant[J]. IEEE Transactions on Industrial Informatics, 2021, 18(3): 1716-1725.
[19] Zhang P, Li T, Wang G, et al. Multi-source information fusion based on rough set theory: a review[J]. Information Fusion, 2021, 68: 85-117.
[20] Zhan X, Xu H, Zhang Y, et al. Deepthermal: Combustion optimization for thermal power generating units using offline reinforcement learning[C]//Proceedings of the AAAI Conference on Artificial Intelligence. 2022, 36(4): 4680-4688.
[21] Hundi P, Shavari R. Comparative studies among machine learning models for performance estimation and health monitoring of thermal power plants[J]. Applied Energy, 2020, 265: 114775.
[22] Herra Á H, Marugán A P, Márquez F P G. Photovoltaic plant condition monitoring using thermal images analysis by convolutional neural network-based structure[J]. Renewable Energy, 2020, 153: 334-348.
[23] Boo J, Hammig M D, Jeong M. Passive gamma-ray detection with compact lightweight imager for nuclear safeguards[J]. IEEE Transactions on Nuclear Science, 2022, 69(6): 1336-1343.
[24] Rossi F, Abbas K, Koizumi M, et al. Developing DGS for reprocessing plant nuclear safeguards: designing a compact instrument[C]//2021 IEEE Nuclear Science Symposium and Medical Imaging Conference (NSS/MIC). IEEE, 2021: 1-5.
[25] Döhler D, Alshut L, König L, et al. Characterization of a fiber optic radiation sensor prototype for nuclear dismantling[J]. IEEE Transactions on Nuclear Science, 2022, 69(8): 1884-1892.
[26] 黄晓津，朱云龙，周树桥，等. 核电厂数字仪控系统动态可靠性分析方法综述[J]. 自动化仪表，2020, 41(12):1-8.
[27] Lan J, Xi C, Liu L, et al. Digital design of radiation-resistant intelligent instrument control system for nuclear power plants[C]//2019 IEEE 4th Advanced Information Technology, Electronic and Automation Control Conference (IAEAC). IEEE, 2019: 2225-2228.
[28] Vajpayee V, Becerra V, Bausch N, et al. $L_1$-adaptive robust control design for a pressurized water-type nuclear power plant[J]. IEEE Transactions on Nuclear Science, 2021, 68(7): 1381-1398.
[29] Liu P, Liu Y, Luan Z, et al. Improvement and research about the SG level control system of a GEN-Ⅲ nuclear power plant[C]//2019 Chinese Automation Congress (CAC). IEEE, 2019: 5262-5266.
[30] Jung D, Shin J, Lee C, et al. Cyber security controls in nuclear power plant by technical assessment methodology[J]. IEEE Access, 2023, 11: 15229-15241.
[31] Cho C, Chung W, Kuo S. Cyberphysical security and dependability analysis of digital control systems in nuclear power plants[J]. IEEE Transactions on Systems, Man, and Cybernetics: Systems, 2015, 46(3): 356-369.
[32] Wang Q, Xiang Y, Wang D. Improvement plan for cyber-security of DCS control system of nuclear power plants[C]//2024 IEEE 7th International Conference on Electronic Information and Communication Technology (ICEICT). IEEE, 2024: 620-624.
[33] Lu C, Lyu J, Zhang L, et al. Nuclear power plants with artificial intelligence in industry 4. 0 era: Top-level design and current applications—a systemic review[J]. IEEE Access, 2020, 8: 194315-194332.
[34] 张恒，吕雪，刘东，等. 核电人工智能应用：现状，挑战和机遇[J]. 核动力工程，2023, 44(1): 1-8.
[35] Suman S. Artificial intelligence in nuclear industry: chimera or solution? [J]. Journal of Cleaner Production, 2021, 278: 124022.
[36] Yu R, Wang T, Peng Q. The discussion of the development route of intelligent instrument and control system in nuclear power plant[C]//2020 39th Chinese Control Conference (CCC). IEEE, 2020: 5419-5422.
[37] Arce T, Ohishi S, Soares S. Optimal dispatch of generating units of the itaipu hydroelectric plant[J]. IEEE Transactions on Power Systems, 2002, 17(1): 154-158.
[38] Mnatawy H, Abdel-megid Y L, Selim S Z. Integrating genetic algorithms, tabu search, and simulated annealing for the unit commitment problem[J]. IEEE Transactions on Power Systems, 1999, 14(3): 829-836.
[39] Dong W, Yang Q. Data-driven solution for optimal pumping units scheduling of smart water conservancy[J]. IEEE Internet of Things Journal, 2020, 7(3): 1919-1926.
[40] 陶飞，马昕，胡天亮，等. 数字孪生标准体系[J]. 计算机集成制造系统，2019, (10): 191-192.
[41] Li G, Zhang J, Wu X, Yu X. Small-signal stability and dynamic behaviors of a hydropower plant with an upstream surge

tank using different PID parameters[J]. IEEE Access, 2021, 9: 104837-104845.

[42] IEEE. IEEE guide for control of hydroelectric power plants[M]. IEEE Std 1010-2022, 2023: 1-95.

[43] Kumari R, Chelliah T R. Impact analysis of sensor cyber-attacks on grid-tied variable speed hydropower plants[J]. IEEE Transactions on Industry Applications, 2023, 59(6): 7725-7734.

[44] Nayak P, Chelliah T R, Jena P. RTDS implementation and stability analysis of PSS4B enabled large hydropower plant connected to a series compensated high voltage network[J]. IEEE Transactions on Industry Applications, 2024, 60(4): 5499-5509.

[45] 丁洁. 简析人工智能技术在电气自动化控制中的应用[J]. 南方农机, 2021, 52(1): 191-192.

[46] Su C, Cheng P, Wang P, et al. Optimization model for the short-term operation of hydropower plants transmitting power to multiple power grids via HVDC transmission lines[J]. IEEE Access, 2019, 7: 139236-139248.

[47] Kumari R, Prabhakaran K K, Desingu K, et al. Improved hydroturbine control and future prospects of variable speed hydropower plant[J]. IEEE Transactions on Industry Applications, 2021, 57(1): 941-952.

[48] Global Wind Energy Council. Global wind report 2023[J]. 2023.

[49] Gielen D, Gorini R, Leme R, et al. World energy transitions outlook: 1.5℃ pathway[J]. 2021.

[50] 辛华. 中国风电发展路线图2050[J]. 精细与专用化学品, 2011, 19(12):27.

[51] International Energy Agency. Offshore wind outlook 2019[OL]. Available: https://webstore. iea. org/download/direct/2886?fileName=Offshore_Wind_Outlook_2019. pdf.

[52] Wagner H J. Introduction to wind energy systems[C]//EPJ Web of Conferences. volume 148. EDP Sciences, 2017: 00011.

[53] Hu W. Advanced wind turbine technology[M]. Springer, 2018.

[54] Feng J. Artificial intelligence for wind energy (AI4Wind): a state of the art report[J]. 2019.

[55] Johnson K E, Pao L Y, Balas M J, et al. Control of variable-speed wind turbines: Standard and adaptive techniques for maximizing energy capture[J]. IEEE Control Systems Magazine, 2006. 26(3): 70-81.

[56] Kumar D, Chatterjee K. A review of conventional and advanced mppt algorithms for wind energy systems[J]. Renewable and Sustainable Energy Reviews, 2016, 55: 957-970.

[57] Abdullah M A, Yatim A H M, Tan C, et al. A review of maximum power point tracking algorithms for wind energy systems[J]. Renewable and Sustainable Energy Reviews, 2012, 16(5): 3220-3227.

[58] Jia Y, Yang Z, Cao B. A new maximum power point tracking control scheme for wind generation[C]//Proceedings. International Conference on Power System Technology, IEEE, 2002: 144-148.

[59] Dalala Z M, Zahid Z U, Yu W, et al. Design and analysis of an mppt technique for small-scale wind energy conversion systems[J]. IEEE transactions on energy conversion, 2013, 28(3): 756-767.

[60] Veers P, Dykes K, Lantz E, et al. Grand challenges in the science of wind energy[J]. Science, 2019, 366(6464).

[61] 罗清顺. 大型变速变桨风力发电机组的先进控制技术研究[D]. 杭州：浙江大学, 2016.

[62] 张小莲. 风机最大功率点跟踪的湍流影响机理研究与性能优化[D]. 南京：南京理工大学, 2014.

[63] Kazmi S M R, Goto H, Guo H J, et al. Review and critical analysis of the research papers published till date on maximum power point tracking in wind energy conversion system[C]//2010 IEEE energy conversion congress and exposition. IEEE, 2010: 4075-4082.

[64] Beltran B, Ahmed-Ali T, Benbouzid M E H. Sliding mode power control of variable-speed wind energy conversion systems[J]. IEEE Transactions on Energy Conversion, 2008, 23(2): 551-558.

[65] Abolvafaei M, Ganjefar S. Maximum power extraction from a wind turbine using second-order fast terminal sliding mode control[J]. Renewable Energy, 2019, 139: 1437-1446.

[66] Tohidi A, Hajieghrary H, Hsieh M A. Adaptive disturbance rejection control scheme for DFIG-based wind turbine: theory and experiments[J]. IEEE Transactions on Industry Applications, 2016, 52(3): 2006-2015.

[67] De Battista H, Puleston P F, Mantz R J, et al. Sliding mode control of wind energy systems with doig-power efficiency and torsional dynamics optimization[J]. IEEE Transactions on Power Systems, 2000, 15(2): 728-734.

[68] Mahmoud M S, Oyedeji M O. Adaptive and predictive control strategies for wind turbine systems: a survey[J]. IEEE/CAA Journal of Automatica Sinica, 2019, 6(2): 364-378.

[69] Meng W, Yang Q, Ying Y, et al. Adaptive power capture control of variable-speed wind energy conversion systems with

guaranteed transient and steady-state performance[J]. IEEE Transactions on Energy Conversion, 2013, 28(3):716-725.

[70] Boukhezzar B, Siguerdidjane H. Nonlinear control of a variable-speed wind turbine using a two-mass model[J]. IEEE Transactions on Energy Conversion, 2010, 26(1): 149-162.

[71] Jena D, Rajendran S. A review of estimation of effective wind speed based control of wind turbines[J]. Renewable and Sustainable Energy Reviews, 2015, 43: 1046-1062.

[72] Li D, Cai W, Li P, et al. Neuroadaptive variable speed control of wind turbine with wind speed estimation[J]. IEEE Transactions on Industrial Electronics, 2016, 63(12):7754-7764.

[73] Jiao X, Yang Q, Sun Y, et al. Adaptive maximum power point tracking control for wind turbines with effective wind speed estimation and prediction. control theory and applications[J]. Control Theory & Applications, 2019, 36(2): 372-382.

[74] Jackson G N, Dirk S. State-of-the-art in wind turbine control: trends and challenges[J]. Renewable and Sustainable Energy Reviews, 2016, 60: 377-393.

[75] Ervin B. Further load reductions with individual pitch control[J]. Wind Energy, 2005, 8(4): 481-485.

[76] Thapa M K S, Balas M J. Adaptive individual blade pitch control for large wind turbines with LiDAR measurement of wind speed[C]//33rd Wind Energy Symposium. 2015: 1212.

[77] Jiao X, Yang Q, Fan B, el al. EWSE and Uncertainty and disturbance estimator based pitch angle control for wind turbine systems operating in above-rated wind speed region[J]. ASME Journal of Dynamic Systems, Measurement, and Control, 2020, 142(3): 031006.

[78] Kandukuri S T, Senanyaka J S L, Robbersmyr K G. A two-stage fault detection and classification scheme for electrical pitch drives in offshore wind farms using support vector machine[J]. IEEE Transactions on Industry Applications, 2019, 55(5):5109-5118.

[79] Dhiman H S, Deb D, Muyeen S M, et al. Wind turbine gearbox anomaly detection based on adaptive threshold and twin support vector machines[J]. IEEE Transactions on Energy Conversion, 2021, 36(4):3462-3469.

[80] Wu Z, Wang X, Jiang B. Fault diagnosis for wind turbines based on ReliefF and eXtreme gradient boosting[J]. Applied Sciences, 2020, 10(9): 3258.

[81] Jiang G, He H, Yan J, et al. Multiscale convolutional neural networks for fault diagnosis of wind turbine gearbox[J]. IEEE Transactions on Industrial Electronics, 2018, 66(4): 3196-3207.

[82] Wei L, Qian Z, Zareipour H. Wind turbine pitch system condition monitoring and fault detection based on optimized relevance vector machine regression[J]. IEEE Transactions on Sustainable Energy, 2019, 11(4): 2326-2336.

[83] Jin X, Xu Z, Qiao W. Condition monitoring of wind turbine generators using SCADA data analysis[J]. IEEE Transactions on Sustainable Energy, 2020, 12(1): 202-210.

[84] Yang L, Zhang Z. A conditional convolutional autoencoder-based method for monitoring wind turbine blade breakages[J]. IEEE Transactions on Industrial Informatics, 2020, 17(9): 6390-6398.

[85] 中国电力企业联合会. 中国电力行业年度发展报告2023[R]. 北京: 中国电力企业联合会, 2018.

[86] 白建华, 辛颂旭, 刘俊, 等. 中国实现高比例可再生能源发展路径研究[J]. 中国电机工程学报, 2015, 35(14): 3699-3705.

[87] Guo Z, Wei W, Chen L, et al. Distribution system operation with renewables and energy storage: a linear programming based multistage robust feasibility approach[J]. IEEE Transactions on Power Systems, 2021, 37(1): 738-749.

[88] Bodur M, Luedtke J R. Two-stage linear decision rules for multi-stage stochastic programming[J]. Mathematical Programming, 2022, 191: 347-380.

[89] Bertsimas D, Iancu D A, Parrilo P A. Optimality of affine policies in multi-stage robust optimization[J]. Mathematics of Operations Research, 2010, 35(2): 363-394.

[90] Qiu H, Gu W, Xu X, et al. A historical-correlation-driven robust optimization approach for microgrid dispatch[J]. IEEE Transactions on Smart Grid, 2021, 12(2): 1135-1148.

[91] 滕贤亮, 谈超, 昌力, 等. 高比例新能源电力系统有功功率与频率控制研究综述及展望[J]. 电力系统自动化, 2023, 47(15): 12-35.

[92] 王琦, 郭钰锋, 万杰, 等. 适用于高风电渗透率电力系统的火电机组一次调频策略[J]. 中国电机工程学报, 2018, 38(4): 974-984.

[93] 李少林, 秦世耀, 王瑞明, 等. 大容量双馈风电机组虚拟惯量调频技术[J]. 电力自动化设备, 2018, 38(4): 145-150.

[94] 高琴, 陈亦平, 朱林, 等. 多直流异步互联系统中频率限制器的控制策略优化设计[J]. 电力系统自动化, 2018, 42(12): 167-172.

[95] 付聪, 卞志鹏, 王铃, 等. 改善异步分区电网频率稳定性的VSC-HVDC控制策略[J]. 电力自动化设备, 2019, 39(11): 139-144.

[96] Molina-García A, Bouffard F, Kirschen D S. Decentralized demand-side contribution to primary frequency control[J]. IEEE Transactions on Power Systems, 2011, 26(1): 411-419.

[97] Liu H, Hu Z, Song Y, et al. Decentralized vehicle-to-grid control for primary frequency regulation considering charging demand[J]. IEEE Transactions on Power Systems, 2013, 28(3): 3480-3489.

[98] 李欣然, 崔曦文, 黄际元, 等. 电池储能电源参与电网一次调频的自适应控制策略[J]. 电工技术学报, 2019, 34(18): 3897-3908.

[99] Chen S, Zhang T, Gooi H, et al. Penetration rate and effectiveness studies of aggregated BESS for frequency regulation[J]. IEEE Transactions on Smart Grid, 2016, 7(1): 167-177.

[100] Sun H, et al. Review of challenges and research opportunities for voltage control in smart grids [J]. IEEE Transactions on Power Systems, 2019, 34(4): 2790-2801.

[101] Lorca A, Sun X A, Litvinov E, et al. Multi-stage adaptive robust optimization for the unit commitment problem[J]. Operation Research, 2016, 64(1): 32-51.

[102] 翟桥柱, 周玉洲, 李轩, 等. 非预期性与全场景可行性: 应对负荷与可再生能源不确定性的现状、挑战与未来[J]. 中国电机工程学报, 2020, 40(20): 6418-6433.

[103] Yang Y, Lei X, Zhai Q, et al. Transmission capacity margin assessment in power systems with uncertain wind integration[C]//2017 IEEE Conference on Automation Science and Engineering, 2017.

本章负责人　管晓宏　西安交通大学

参加编写人员　徐占伯　曹晓宇　吴　江

# 第2章　冶金自动化

## 2.1　冶金自动化背景介绍

### 2.1.1　冶金行业发展概况

#### 2.1.1.1　钢铁行业发展概况

钢铁行业是以从事黑色金属矿物采选和黑色金属冶炼加工等工业生产活动为主的工业行业，包括金属铁、铬、锰等的矿物采选业、炼铁业、炼钢业、钢加工业、铁合金冶炼业、钢丝及其制品业等细分行业，是国家重要的原材料工业之一。

钢铁产品一般是指以铁元素为主的金属基础产品的统称，包括生铁、粗钢、钢材三大类产品。

生铁是指含碳量大于2%的铁碳合金，为铁矿石在高炉冶炼后的产物。工业生铁含碳量一般为2.11%～4.3%，并含碳、硅、锰、硫、磷等元素，根据其用途可分为炼钢生铁和铸造生铁。炼钢生铁里的碳主要以碳化铁的形态存在，其断面呈白色，通常又叫白口铁。炼钢生铁性能坚硬而脆，一般作为炼钢的原材料。铸造生铁中的碳以片状石墨形态存在，断口为灰色，通常又叫灰口铁。

粗钢又称钢坯，是由铁水经过加工，添加合金、碳等元素浇注成型后的产物。粗钢的主要用途是作为原料，制成各种规格的钢材，包括板材、管材、条钢、线材、铸件等，其性能由钢中所含的合金元素及制造工艺决定。粗钢按冶炼方式又分为转炉钢（利用向转炉内吹入的空气或氧气与铁水中的碳、硅、锰、磷反应放出的热量进行冶炼而得到的钢）、电炉钢（电弧炉内利用电能在电极与金属之间所产生电弧的热能炼成的钢）、感应电炉钢（在感应炉内利用电能通过电磁感应产生的热能炼成的钢）、其他炉钢（在其他炼钢炉内炼成的钢）。

钢材是粗钢通过铸、轧、锻、挤等各种处理方法加工而成的产物，为钢铁行业主要的最终产品。钢材品种繁多、应用广泛，根据性质可分为普钢与特钢。目前我国普钢产量占比超过90%，特钢产量占比不足10%。其中，普钢为工业上使用最早、用量最大的基本材料，根据断面形状的不同，一般可划分为板、型、管、丝四大类，即板材、型材、管材、钢丝。

回顾新中国现代钢铁工业的崛起、壮大，大体经历了改革开放之前的高度集中的计划经济时期（1949～1978年）、改革开放初期（1979～1992年）、社会主义市场经济初期（1993～2000年）和深化改革扩大开放国民经济高速增长时期（2001年以来）四个发展阶段。2022年以来，钢铁行业进入高质量发展阶段。2022年，在强预期、弱现实的市场环境下，我国钢铁企业加快了结构调整，加强了改革创新。同时，大力推进降本增效，有效防范风险，坚持节能降耗，推进绿色低碳发展。

2022年，在“双碳”目标大背景下，国家相关部委不断完善政策以推进钢铁行业节能环保、绿色发展。2022年，钢铁产业政策主要集中在降能耗和提高废钢使用量上。降能耗方面，如《关于促进钢铁工业高质量发展的指导意见》《工业能效提升行动计划》提出，到2025年，80%以上钢铁产能完成超低排放改造，吨钢综合能耗降低2%以上，钢铁行业吨钢综合能耗降低2%，规模以上工业单位增加值能耗比2020年下降13.5%，确保2030年碳达峰等。提高废钢使用量方面，到2025年，废钢铁加工准入企业年加工能力超过1.8亿t，短流程炼钢占比达15%以上；到2030年，富氢碳循环高炉冶炼、氢基竖炉直接还原铁、碳捕集利用封存等技术取得突破应用，短流程炼钢占比达20%以上。

#### 2.1.1.2 有色金属行业发展概况

有色金属又称非铁金属，是除铁、锰、铬之外所有金属的统称，广泛应用于机械、电子、化工、建材、航天、航空、国防军工等各个行业。有色金属工业开发利用有色金属矿产资源，为我国国民经济和国防军工发展提供基础及关键性材料，在经济建设、社会发展和国家安全中具有不可替代的战略地位。有色金属工业与国民经济的产业关联度高达91%，是国民经济和国防建设的基础性产业，也是国家参与21世纪国际竞争的支柱产业，对我国经济发展和综合国力提升具有不可替代的重大支撑作用。

在国家经济建设和国防安全需求的驱动下，我国的有色金属工业实现了快速的发展，涌现出了一批生产经营规模达到世界前列的企业，我国也逐步成长为有色金属大国。图1-2-1展示了从2002年到2022年间国家统计年鉴公布的十种主要有色金属产量，可以看到呈现出明显的增长趋势。2002年，我国十种常用有色金属产量达到了1012万t，首次超过美国，成为世界有色金属生产第一大国，之后我国有色金属的产量和消费量一直位居世界第一，占世界有色金属市场的份额逐年稳步上升。2012年，我国十种常用有色金属产量达到了3696万t，同2002年相比增加了2684万t，增长速度全球第一。2022年，我国十种常用有色金属产量达到了6794万t，同2012年相比增加了3098万t，平均增速300万t/a，达到了新的台阶。按1.2亿t的全球有色金属产量估算，我国2022年的有色金属产量已占据世界总产量的55%以上，超过其余所有国家的总和。

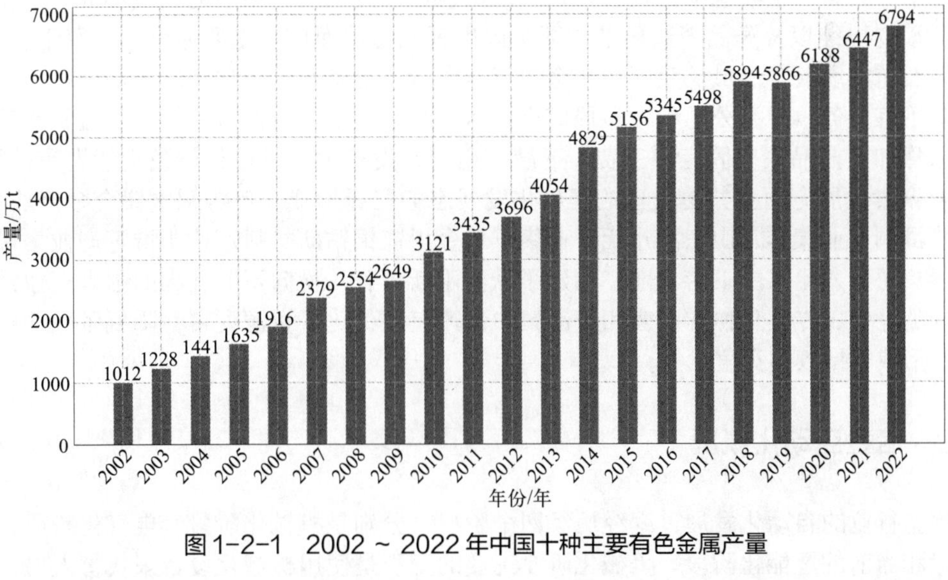


图1-2-1 2002 ~ 2022年中国十种主要有色金属产量

2020年的《有色金属行业智能矿山建设指南（试行）》《有色金属行业智能冶炼工厂建设指南（试行）》和《有色金属行业智能加工工厂建设指南（试行）》提出，要围绕物联网、人工智能等新一代信息通信技术与先进制造技术深度融合，推动产业智能升级，实现高质量发展。同年10月份，有色金属智能制造联盟正式成立，通过共享最新研究成果，促进我国有色金属智能矿冶加工技术与装备迈上新台阶，标志着有色金属工业智能化发展的进一步提速。2022年，《有色金属行业碳达峰实施方案》提出，要优化冶炼产能规模、调整优化产业结构、强化技术节能降碳、推进清洁能源替代、建设绿色制造体系，确保2030年前有色金属行业实现碳达峰。2023年《有色金属行业智能制造标准体系建设指南（2023版）》提出，要加快建立涵盖基础综合、装备与系统、智能工厂及评价等方面的智能制造标准体系，不断推进有色金属行业智能化发展。同年的《有色金属行业稳增长工作方案》提出，要提升有色金属深加工产品供给质量，实现供需动态平衡，持续优化贸易结构，加快绿色化、智能化改造升级。整体而言，在控产创新发展阶段，我国有色金属产业主要围绕着控制产能、智能转型升级和节能减排三个发展目标。

在国家政策的大力推动下，我国有色金属产业逐步由数量和规模扩张向质量和效益提升转变。近三年来，十种有色金属产量的增长比例稳定在5%左右。铜材、铝材等深加工产品质量提升明显。铝中厚板等高端产品已初步满足国内需要，电池级铜铝箔市场占有率全球第一。在工艺技术装备方面，我国已达到国际一流水平，大型化熔池熔炼技术、闪速熔炼技术、奥斯迈特（艾萨）熔炼技术等先进工艺的铜冶炼产能已占全部产能的95%以上。新型稳流铝电解槽、铝电解槽智能化等一批先进绿色低碳技术与装备在铝冶炼企业广泛采用，落后产能基本退出。能源利用效率方面，我国有色金属行业主要产品的能耗指标接近或达到世界领先水平。2023年一季度，电解铝综合交流电耗13383kW·h/t，比2015年下降1.3%；铜冶炼综合能耗197.4kg标准煤/t，同比下降3.5%；铅冶炼综合能耗306.8kg标准煤/t，同比下降4.3%。再生金属生产方面，2022年我国再生有色金属总产量1615万t，同2012年的1039万t相比增加55%，其中铜375万t、铝865万t、铅285万t、锌90万t。

我国的有色金属产业链可概括为上游矿产采选环节、中游冶炼加工环节以及下游产品应用环节。其中，上游包括勘查、开采、矿山运营以及运营结束后的闭坑环节；中游包括熔融、矿物提纯以及产品铸造环节；下游应用领域覆盖面广，主要为汽车、军工、医疗、电子以及航空航天等领域。我国有色金属行业矿端与冶炼端一体化程度较高，许多上游公司兼备冶炼业务，中游公司积极布局矿产业务。有色金属行业产业链的主要盈利环节在中游，依靠加工产品获取固定加工费，下游应用的开发较少，行业整体盈利能力有待提高。在产业聚集发展方面，共建共享的集群化发展态势已经形成。包头铝铜镁合金产业集群、江西鹰潭铜产业集群、山东滨州铝产业集群、金川镍铜钴新材料产业集群等产业集聚区域分别聚集了五六十家上下游企业，构建了纵向不断延长、横向不断壮大的强大产业链。企业之间的竞争、专业化协作配套和产品集中生产有效优化了资源配置，降低了生产和交易成本，形成了持续的竞争优势。

### 2.1.2 冶金自动化概况

冶金行业的自动化发展过程经历了四个阶段，分别是机械化阶段、电气化阶段、数字化阶段和当前的智能化阶段。机械化阶段主要的变革是使用机械化设备来代替人力，以提高生产效率和生产能力，例如使用蒸汽驱动的锻压机和滚轧机。这些机械化装置改变了生产方式，但仍然需要人工操作和监控。随着电气技术的发展，冶金工业开始采用电力驱动设备。在电气化时代，分散控制系统（DCS）和可编程逻辑控制器（PLC）等自动控制技术开始应用于冶金工业，实现了生产过程的部分自动化。到了20世纪，计算机技术的飞速发展推动冶金行业迈入了数字化时代。计算机在冶金生产中的应用逐渐得到扩展，冶金企业开始构建过程控制系统（PCS）和制造执行系统（MES），实现了生产过程的数字化和信息化管理。这一时期还见证了工业以太网和现场总线技术的广泛应用，实现了设备之间的互联。如今，智能化和工业互联网时代的浪潮开始涌现，学者和工程师们开始探索将大数据分析、人工智能、工业互联网技术等新兴技术应用于冶金工业的可能性。

由于发展的不平衡性，我国的冶金企业目前横跨了电气化、数字化和智能化三个发展阶段。头部企业迈入智能化的同时，大部分冶金企业还处于数字化阶段，部分落后产能则处于电气化阶段。以钢铁行业为例，2021年我国钢铁工业的两化融合指数为59.9，关键工序数控化率为70.1%，生产设备数字化率为51.3%。与此同时，宝武、沙钢、南钢等企业已经建立了部分“黑灯工厂”和智能车间，可实现24小时无人化、少人化运转。有色金属工业的数字化水平相对落后，但也存在以株冶有色为代表的锌冶炼智能工厂，实现了全球最大的焙烧、浸出和净化系统的智能优化控制。

冶金工业属于典型的流程工业过程，其自动化系统普遍采用PCS（过程控制系统）、MES（制造执行系统）和ERP（企业资源计划系统）所构成的三层体系结构。

ERP是一种集成化的信息管理系统，旨在帮助企业有效管理和协调各种业务流程，包括财务、生产、物流、人力资源等多个方面。它将不同部门和功能的数据整合在一个统一的平台上，提供实时数据和报告，以支持企业的决策制定和资源管理。在智能化时代，人工智能等新兴技术与ERP的结合为企业的生产经营信息开发出了许多新的应用场景。例如智能优化生产计划，减少生产延迟，降低生产成本；改进供应链协同，实现物料和信息的流畅传递，减少供应链风险，确保产品及时交付；可视化生产过程，帮助操作人员更好地理解生产情况，并及时采取行动；智能监测和预测产品质量，开发预测预警系统，减少次品率；智能学习历史决策，提供高级决策支持。

MES是一种用于监控和管理制造过程的计算机化系统。它通常位于企业的生产层次，处于企业资源计划系统和生产设备之间，充当ERP系统和实际生产设备之间的桥梁。MES系统的主要任务是协调和优化生产过程，以提高生产效率、确保产品质量、降低生产成本，并提供实时数据支持决策制定。目前，制造执行系统在大型冶金企业基本普及，通过信息化促进生产计划调度、物流跟踪、质量管理控制、设备维护、库存管理水平的提升，在应用过程中涌现出一批例如全流程物流件次动态跟踪、炼铸轧一体化计划编制、高级计划排产、设备在线诊断、质量过程控制、基于大数据的产品质量分析等技术和系统。

PCS系统主要用于监控和管理工业生产过程中的各种参数、设备和操作，以确保生产过程的稳定性、效率和产品质量。这些系统通常包括一系列传感器、仪表、控制器和计算机系统，通过实时数据采集、分析和反馈控制，对生产过程进行监督和调节。目前我国大多冶金行业PCS系统广泛采用PLC、DCS和工业PC实现数字化自动控制。PLC可用于执行离散的逻辑控制任务，DCS常用于集中控制和监控大型工业过程，两者能够满足一些简单的自动化需求，但其基本结构不支持复杂的过程控制任务。在从数字化到智能化发展的过程中，具有较强计算能力和灵活性的工业PC得到了普及。通过灵活配置各类算法和软件，工业PC能够适用于复杂的自动化系统和需要高级数据处理的任务。同时，工业PC与PLC、DCS之间没有根本性的冲突，可以相互整合，以实现更全面的控制和监控功能。例如工业PC与DCS系统的组合就是当前有色冶金企业最常用的自动化框架。将工业PC视作桥梁，人工智能等技术在冶金过程自动控制任务中成功落地，涌现出了原料量价实时预警、原料采购优化决策、原料库存智能综合优化控制、锌净化过程智能优化控制系统、离子浓度在线预测模型、锌电解过程能耗模型、锌电解沉积过程电力负荷优化调度算法、铅锌熔炼产量预测模型、铅锌熔炼过程炉况评判及炉况优化系统、铅锌生产过程密闭鼓风炉智能故障诊断算法、铝电解槽优化控制、密闭鼓风炉智能故障诊断系统、精矿干燥水分软测量的智能集成建模、操作平台型高炉专家系统、“一键式”全程自动化转炉炼钢、智能精炼炉控制、加热炉燃烧优化控制、热连轧模型控制、冷连轧模型控制、竖炉和磨机等设备的智能运行反馈控制等一系列的先进控制技术和系统，极大推进了冶金行业的智能化进程。

冶金工业的自动化发展也面临着诸多问题和挑战。一方面，在从电气化阶段发展到数字化阶段的过程中，设备网、控制网、现场总线、工业以太网和互联网等多种网络形式存在通信协议和标准的冲突；生产数据、质量数据、设备数据、能源数据等多种数据类型，文本、表格、图像、视频等多种编码方式存在数据格式的冲突。不同数据格式和网络互不兼容使数据集成和交互变得复杂，需要额外的中间件和数据转换工具来实现数据的协同使用。数据交互问题限制了不同部门之间、不同企业之间的信息共享和协作。另一方面，人工智能技术属于数据科学，其应用过程对数据的数量和质量有较高的要求。冶金工业是传统的重工业行业，生产环境恶劣，各类传感器难以长期稳定运行，采集到的过程数据存在噪声大的问题。同时，冶金过程涉及的流程众多，反应机理复杂，许多类似离子浓度、物质组分等关键技术指标难以在线测量。检测技术的落后严重制约了智能化技术在冶金工业自动化中的推广应用。目前，新一轮产业革命正在孕育，高新技术与战略性新兴产业迅猛发展，大数据、人工智能、工业互联网、工业云等新技术为冶金工业的发展创造了新动能和新挑战。如何打破数据流通过程的阻碍、如何获取更高质量的生产数据将是冶金工业在智能化浪潮中需要研究的主要问题。

## 2.2 冶金自动化国内外发展现状简述

### 2.2.1 钢铁生产自动化技术国内外现状

钢铁生产自动化技术以系统科学、控制理论和信息技术为支撑，与钢铁材料、工艺、生产、运营等技术深度融合，研究钢铁生产过程自动控制、钢铁制造流程计算机管控和钢铁企业信息化管理的新方法、新技术，研发相关新产品、新系统，并实现工程集成应用。

钢铁生产自动化技术包括钢铁生产过程控制、钢铁生产管控和企业管理信息化三方面内容。

**(1) 钢铁生产过程控制方面**

其目的是在较少人参与或无人参与的情况下，对钢铁装备、过程或系统进行控制和操作，并使之达到工艺预期的状态，包括工艺过程变量和质量指标的在线检测、钢铁设备和过程自动控制、工业机器人、过程模型和操作优化等。目前应用现状为：

① 常规检测仪表的配备比较齐全。出铁铁水温度和成分预报、冶炼过程钢水温度和成分预报、铸坯和钢材表面质量等软测量技术取得成功应用。自动取样测温、自动扒渣、自动铸坯和钢材标识、无人天车等工业机器人开始普及应用。

② 将工艺知识、数学模型、专家经验和智能技术结合，应用于炼铁、炼钢、连铸和轧

钢等典型工位的过程控制和过程优化，取得了很多成功应用。

③ 涌现了选矿作业智能控制、烧结机智能闭环控制、操作平台型高炉专家系统、“一键式”全程自动化转炉炼钢、智能精炼炉控制、加热炉燃烧优化控制、热连轧模型控制、冷连轧模型控制成果。

钢铁生产过程控制目前的发展重点：①钢铁流程在线连续检测和监控系统。采用新型传感器技术、光机电一体化技术、软测量技术、数据融合和数据处理技术、钢铁环境下可靠性技术，实现钢铁流程在线检测和监控系统，包括铁水、钢水及熔渣成分和温度检测与预报，钢水纯净度检测和预报，钢坯和钢材温度、尺寸、组织、缺陷等参数检测和判断，全线废气和烟尘的监测等。②钢铁过程关键变量的高性能闭环控制。基于机理模型、统计分析、预测控制、专家系统、模糊逻辑、神经元网络、支持向量机（SVM）等技术，以过程稳定、提高技术经济指标为目标，在上述关键工艺参数在线连续检测的基础上，建立综合模型，采用自适应智能控制机制，实现钢铁过程关键变量的高性能闭环控制，包括高炉顺行闭环专家系统、钢水成分和温度闭环控制、铸坯和钢材尺寸与组织性能闭环控制等。

**（2）钢铁生产管控方面**

通过钢铁生产物流跟踪、计划调度、质量控制、设备维护、能源调控等技术，研发应用制造执行系统（MES）和能源管理系统（EMS）等钢铁生产管控系统，实现钢铁生产的高效化、绿色化。目前应用现状为：①MES（制造执行系统）在重点钢铁企业基本普及，通过信息化促进生产计划调度、物流跟踪、质量管理控制、设备维护、库存管理水平的提升；②EMS（能源管理系统）通过建立能源中心，实现了电力、燃气、动力、水、技术气体等能源介质远程监控、集中平衡调配、能源精细化管理等功能；③涌现了全流程物流件次动态跟踪、炼铸轧一体化计划编制、高级计划排产、设备在线诊断、一贯制质量过程控制、基于大数据的产品质量分析等具有国际先进水平的科技成果。

钢铁生产管控目前的发展重点是物质流、能量流协同管控。①在生产计划管理方面，基于事例推理、专家知识的生产计划与运筹学中的网络规则技术，提高生产组织的柔性和敏捷化程度，实现计划的全线跟踪、灵活调整、异常情况下的重组调度；②在质量管理方面，基于大数据分析挖掘，对产品的质量进行预报、跟踪和分析，在线判定生产中发生的品质异常；③在能源管理方面，采用能源负荷预测和能源供需平衡分析、能源结构和调度优化等关键技术，形成企业级能源优化系统。

**（3）企业管理信息化方面**

研究企业资源计划（ERP）、客户关系管理（CRM）和供应链管理（SCM）关键技术，为企业运营管理提供决策支持，实现产供销一体化和上下游供应链协同优化。目前的应用现状为：

① 随着企业管理水平的不断提高，钢铁企业信息化取得显著进展。基于互联网和工业以太网的ERP、CRM、SCM、电子商务等取得成功应用，在更好地满足客户需求、缩短交货期、精细控制生产成本方面发挥了作用。

② 一些重点企业在聚集了海量的生产经营信息资源的基础上，建立了数据仓库、联机数据分析、决策支持和预测预警系统，着手进行数据挖掘、商业智能等深度开发。

③ 一些重点企业建立了集团信息化系统，支持企业一体化购销和异地经营，涌现了产销一体化、供应链深度协同等具有国际先进水平的科技成果。

企业管理信息化的发展重点是供应链整体优化，协调供、产、销流程，生产与销售连成一个整体，计划调度和生产控制有机衔接。

### 2.2.2 有色金属生产自动化技术国内外现状

有色金属生产自动化技术包括工艺参数在线检测、过程建模、过程监测和优化控制等四大关键领域，每一个方面都涵盖了广泛而深入的内容。国内外的研究机构围绕这些领域做了大量的研究工作，积累了相当数量的研究成果，其中一部分已经被成功应用于有色金属冶金自动化过程。下面将围绕这四个领域简要介绍国内外的自动化技术现状。

在工艺参数在线检测方面，由于有色金属和其冶炼工艺的多样性，待检测参数具有不同的特征，需要针对性地使用不同检测技术。对于流量、温度、质量、液位等常规参数，其检测技术和检测装置的研发设计都已经十分成熟，新技术的研究相对较少。目前，有色冶金过程的检测难点主要集中在离子浓度和温度场、电场的在线检测上。原子吸收光谱法（AAS）、X射线荧光光谱法（XRF）、中子活化分析（NAA）等高灵敏度光谱技术能够以较高的精度检测复杂基质中的金属离子浓度。然而，光谱检测技术需要训练有素的人员在激光器、光电探测器等复杂昂贵的设备上工作，并且涉及复杂分析程序的多样品制备，不适合现场使用，只能够进行人工分析。相对应地，电化学技术检测成本低、分析时间短，是目前大多数离子浓度检测装置的选择。金属离子的存在会引起电流、电压、电化学阻抗、电荷等各种电学参数的变化，电化学技术根据这些变化来确定溶液中的离子浓度。根据使用电信号的不同，电化学技术可分为安培法、伏安法、电位法、阻抗法、库仑法和电化学发光法。这些技术仅能在分析溶液中单一离子浓度时取得较好的效果。在有色冶金料液中，一般都含有多种金属离子，同时分析这些金属离子的难度远远高于分析单一的离子。另外，由于金属离子浓度差别大，且多种金属离子化学特性相似，使得杂质离子的检测信号经常被掩蔽掉或存在信号重叠现象，导致它们的分析检测难度极大。温度场的检测主要依赖于红外测温仪、红外检测仪等装置，研究的目标是从被干扰的检测数据中还原出真实的温度分布。电场分布计算目前仍然以3D有限元法为主，在磁场分布计算方面，涌现出了磁化强度积分方程法、磁衰减系数法、标量磁位法、表面破荷法、磁偶极子法、有限元法等技术，但由于槽内多相共存且存在频繁的能量、物质、信息流动，动态变化特征明显，其生产过程中的关键参数实时检测仍亟待开发。

在过程建模方面，机理模型主要被用于解释冶金过程发生的反应，指导冶金过程的工艺设计。国内外对冶金工艺的研究和改进一直在进行，例如北京科技大学在阴离子交换膜（AEM）电解槽中利用脉冲电流进行锰电解实验，探索锰电积的新方法。通过优化电解条件，明显缓解了$Mn^{2+}$的传质限制，改善了金属锰的沉积。新策略的比能耗（SEC）比传统电积工艺减少了23%左右，单产提高了约56%，可以实现电解金属锰生产过程中产生的废物和污染物的显著减少。印度理工学院研究了锌粉用量和大小对净化工序除杂效果的影响。其研究表明，300%的过量锌粉用量比化学计量的结果更有利于杂质沉降，同时，锌粉的直径越小，工序的除杂效率就越高。使用人工智能模型的数据建模和混合建模方法常用于实现关键工艺参数的软测量，例如杂质离子浓度、金属浸出率等。这些软件测量技术通常作为硬件或人工检测手段的补充，可以在过程控制、故障诊断任务中发挥重要作用。在有色冶金智能工厂中，软测量模型的预测值也会作为一项指标为主控室的操作人员提供一定的参考，缓解化验间隔之间的信息缺失。

过程监测的主要目的是对生产过程和设备的运行状态进行监测和评估，确定当前的运行模式，诊断故障发生，定位故障原因并预报故障发展趋势。有色冶金过程作为重工业过程，存在着许多危险因素，设备故障等事故的发生，轻则降低企业效益，重则危及人身安全。因此，通过过程监测技术降低事故发生概率对有色金属的安全生产至关重要。另外，冶金过程的反应状态多变，在不同的运行模式下需要采取不同的控制策略。这些能够体现反应状态的信息通常隐藏在过程数据中，需要丰富的操作经验才能够敏锐察觉，对操作人员的技术素养有较高要求。利用过程监测技术实时分析反应状态变化，可以为操作人员和优化控制系统提供重要的过程信息，有利于控制质量的进一步提升。国内外对于过程监测技术的应用有许多研究。中南大学设计了一种无延迟多模态过程监控框架，可以帮助从业人员在接近实时的情况下准确地识别过程故障，并将虚警率降到最低。与传统方法相比，该方法对小偏置故障的敏感度更高，从而具有更高的故障检测率。澳大利亚柯廷大学开发了一套利用神经网络的磨矿回路监督控制系统，能够处理粉碎电路复杂的非线性动态行为，帮助操作人员采取更及时和可靠的行动。

在优化控制方面，目前针对铜、铝、铅、锌等过程进行了大量的研究工作并取得了一定的应用效果。PID控制依然是使用最为广泛的控制器，但对于具有复杂动态特性的过程，PID的应用效果较差。一些基于人工智能和数据的优化控制方法，如专家系统、模糊控制、案例推理，正在逐步取代PID控制的地位。这一类方法可以直接从历史数据中挖掘控制规则，不需要精确的过程模型，拥有较强的鲁棒性。模型预测控制是一个热门的研究方向，通过建立对象的数据模型进行模型预测、滚动优化和反馈校正等步骤，可以实现高精度的过程控制。然而，有色冶金过程的检测技术限制了模型预测控制等方法的应用，在无法保证检测数据精度和及时性的情况下，过于精密的控制方法会造成难以预料的控制误差。因此，在检测技术得到一定进步之前，PID和模糊控制等控制策略将长期作为有色冶金过程的主要控制技术。在优化方面，当前主要的优化控制框架是优化加控制的两层结构。优化层根据优化目标生成每个控制器的设定值，控制器根据过程数据和设定值决定当前状态下的控制量。优化层面的研究主要集中于局部工艺过程的优化，针对全局优化的研究较少。工程应用上主要将全局优化问题分解为各个层次上的优化或控制问题，通过采用滚动或近似算法对处于不同层次和不同时间尺度的对象进行优化控制。这个过程往往忽视了不同对象之间的关联，同时，局部最优的组合也难以达到全局最优。有色金属企业的全局优化问题是未来一段时间的研究趋势。例如中南大学提出了一种关联单元过程的自组织级联协同优化方法，考虑了关联单元过程之间的能量-质量耦合和系统中自组织运动对过程优化运行的影响，通过逐步生成系统运行状态和耦合关系的描述来构建全局优化模型。该方法可以实现串级系统的全局优化，在保证系统稳定性的同时提高经济效益。

## 2.3 冶金自动化技术与方法进展

### 2.3.1 在线检测与智能感知技术

#### 2.3.1.1 钢铁生产过程在线检测与智能感知技术

**（1）高炉原位高温离散介质料面形态检测**

该技术由北京科技大学和武汉钢铁有限公司、攀钢集团攀枝花钢钒有限公司、江苏金恒信息科技股份有限公司等单位共同完成。

在硬件上，完成高炉SAR雷达成像系统，提出了基于SAR电磁散射成像高温离散介质料面检测方法。实现了高炉流态化点云的料线特征提取方法，获得料面的状态参数，料面检测正确率提升至90.2%，信号处理时间降至0.68s，实现了料面实时检测、精准快速识别，提高了成像精度和成像速度。

发明了高炉复杂环境下SAR雷达成像装置及高温防护技术，研发了带有“高温保护+环境感知+自我诊断”功能的高温SAR雷达系统，保证了雷达安全，适应了高炉内部剧烈温度变化和煤气流冲刷，有效延长了寿命，在武钢和南钢实现了16个月和18个月的免维护周期。

构建了机理+数据驱动的高炉料面调控大模型，基于CPS物理信息系统，实现了料面降速模型和点云深度学习框架融合驱动的高炉料层可视化框架。其中在料面图形的深度学习、迁移学习和序列特征提取方面，可以精准掌控料面形态、密度和下降速度，以图形图像化的智能电磁图像处理结合温度场和流场图像信息，形成新一代的异构图像AI分析大模型。上海梅山钢铁股份有限公司现场测量结果表明，高炉料层模型计算与实际测试结果的总体误差小于2%。

**（2）热轧运行非对称检测与全线自动纠偏控制**

粗轧翘扣头、镰刀弯以及精轧机架间跑偏等运行非对称行为会造成带钢楔形指标波动与整体中心线偏移，在薄规格轧制过程时极易产生机架间浪形，影响产品质量与成材率；同时，带钢翘扣头、跑偏会造成表面与边部损伤，严重时会造成甩尾和堆钢事故。

目前生产过程中，非对称控制依赖人工观察与调节，且缺乏准确的监测手段，操作难度大，控制效果和稳定性差。北京科技大学以热轧过程翘扣头、镰刀弯以及精轧机架间跑偏问题为研究对象，成功开发了基于机器视觉的翘扣头、镰刀弯、机架间跑偏系列非对称在线检测技术，在此基础上，结合生产工艺参数、轧机刚度、温度偏差、精轧多功能仪等数据，监控与分析各工艺、设备因素的干扰影响，开发了热连轧全线运行非对称协同控制模型，并通过开发与已有自动化系统的接口，实现热连轧产线的无人化自动调平控制。

目前相关测控系统已经推广应用于首钢、马钢、鞍钢等钢铁企业近20条产线。通过翘扣头、镰刀弯、机架间跑偏测控技术的综合应用，并配合热轧数学模型的优化改进，可使热轧生产过程的稳定性与楔形、非对称浪形的控制水平显著改善，有效降低堆钢、甩尾事故的发生频次，提升操作人员的劳动效率，为实现热轧工序“无人驾驶”奠定技术基础。

### 2.3.1.2　有色金属生产过程在线检测与智能感知技术

**（1）有色金属生产过程在线检测技术**

有色冶金生产关键参数在线检测技术为生产过程优化控制、质量调控决策提供数据支撑，是实现稳定运行和高效可持续发展的关键。在生产过程中，除了实时监测常规的温度、流量和液位等参数外，有色冶金料液酸碱度pH值、杂质金属离子浓度、酸锌离子浓度、电解极板间温度等复杂特殊的参数对有色冶金过程优化调控也十分重要。例如，湿法炼锌净化过程中需要实时根据杂质金属离子浓度调控锌粉添加量，以提高锌产品质量。然而，目前我国有色冶金生产线上仍然采用人工取样和实验室化验的方式来获取关键工艺参数，这种方法存在分析滞后时间长、人工劳动力大的问题，容易导致生产调控不及时，同时也会造成能耗和物耗的浪费。因此，需要引入新的在线检测技术来实现实时、准确、高效的关键参数在线检测，以实现有色冶金生产过程的精确控制，提高企业经济效益。

然而，我国有色冶金矿石具有来源多样、冶金料液高温浓稠、成分复杂、生产状态波动大等特点，导致一些关键参数难以实时精确获取。目前，我国有色冶金企业的高端在线检测设备长期依赖进口，而由于有色冶金环境恶劣，难以保证检测仪器的长期稳定运行，这种现象成为了有色冶金领域的重大科技难题，也是有色冶金过程控制和绿色生产的关键瓶颈。为了解决这些问题，相关学者探索引入先进的监测技术和方法，如基于光谱和极谱的谱分析检测技术、基于机器视觉和红外图像的非接触式检测技术等，以提高关键参数的在线检测精度和范围，为冶金工业的生产调控提供准确的数据支持。

例如，由于电解液的强腐蚀性和高浓度特性，酸锌离子浓度的在线检测面临困难，传统的接触式电位滴定方法难以在工业现场取得理想的效果。针对此问题，中南大学研制了基于机器视觉的非接触式酸锌离子自动滴定仪，基于采集图像特征的时变特性和时移特性严重干扰滴定终点识别问题，提出了一种动态更新参考帧的颜色直方图相似度判定识别滴定终点的方法，并根据化学反应原理自动计算出酸锌离子的浓度，实现电解液关键参数的自动在线检测，解决冶金工业酸锌比参数在线获取的难题。在有色冶金料液酸碱度pH值检测方面，针对检测环境恶劣，存在电磁环境干扰和传感器的温度漂移问题，中南大学开发了基于超声波清洗和自动定时保养的pH值自动检测装置，提出了一种基于集成策略的自组织量子粒子群优化动态修正节点策略的径向基神经网络（RBFNN）的温度补偿方法，实现了温度漂移在线自适应校正和pH传感器零点漂移的有效抑制，为有色冶金工业pH值在线检测提供了思路。

针对有色金属极板间距小、温度差异大、现场酸雾弥漫导致热成像模糊，使得极板短路故障在线检测困难的问题，中南大学基于红外热像仪，从极板短路故障特征提取、畸变图像矫正及极板故障预测方法展开研究。针对热像仪硬件限制以及大气传播介质等因素引起的图像对比度低、画质模糊和细节不突出等问题，提出了一种LoG算子约束滤波的红外图像分层增强算法，对滤波后的高频分量进行细节增强，得到边缘轮廓和细节纹理更加突出的高质量图像。针对红外图像透视畸变严重影响红外图像极板故障定位问题，提出了一种基于红外图像边缘线细化的红外图像透镜畸变校正方法，设计了用于边缘提取的形态学算子，实现了边缘的自动分离，并根据边缘线设计优化求解模型，对畸变参数进行标定。针对传统目标检测算法泛化能力弱、特征规则设计复杂、红外图像检测效果差的问题，提出了一种基于Mask-RCNN的故障检测算法，结合特征金字塔网络提高小目标特征表达能力，改进区域建议网络中建议框的生成策略和非极大值抑制算法，提高模型对故障极板的定位精度，减少了极板故障的漏检。最后，自主开发了基于红外热像仪的电解极板短路检测系统，自动实现电解槽面红外热像图的采集与处理，并能够实时显示短路极板所在的电解槽编号和极板序号，实现了铜电解车间极板短路的数据管理，提高了生产效率和自动化水平。

此外，中南大学围绕高浓度比有色冶金料液痕量多金属离子浓度在线检测难题，从多重金属离子高新测试体系构建、微弱光谱信号解析及多组分浓度反演方法展开研究。针对锌冶炼溶液中多金属离子共存、浓度差异大、有效光谱获取难的问题，首次构建了一系列高新光谱测试体系方法，提出离子竞争反应下，基于多目标优化的高灵敏度选择性测试体系优化方法，保证微量多重金属高质量光谱信号的有效获取，解决了多离子同时检测的难题。针对谱峰严重重叠掩蔽、特征冗余、光谱数据解析难的问题，提出了一系列光谱信号处理方法，包括高浓度背景下光谱的掩蔽峰重现方法、多种理化性质相近金属离子光谱高分辨率重叠峰分离方法与信息深度解析方法等，实现多元高度重叠谱信号的分离与解析。针对多金属离子光谱极易受溶液背景波动干扰，产生光谱漂移和基体效应的问题，提出了基于多光谱视觉编码的光谱漂移校正方法和基体背景随机波动下的重金属离子浓度非线性校正方法，建立溶液背景波动下稳健的浓度校正模型，实现了复杂溶液中多金属离子的浓度精准快速检测。并自主研发了高温高浓稠料液恒温多级自动取样制样装置，研制了高精度、高可靠性的在线检测设备，实现了金属离子浓度精确的快速在线检测，检测仪器各指标优于国内外水平，为有色金属冶炼过程实时控制和高效绿色生产创造了条件。

**（2）有色金属生产过程智能感知技术**

有色金属生产过程智能感知技术旨在实时、准确地感知和理解工业生产过程中的各种关键参数、事件和状态。它的难点在于复杂的工业环境下存在多采样率和多源运行的动态特性，解决该问题的建模技术包括机理建模和数据驱动建模。机理建模难以应对愈发复杂和高度集中的有色金属生产过程，数据建模难以解决样本之间采样周期不一致、样本数量不平衡的问题，这极大限制了实际生产过程的精准感知。此外，具有可解释性的智能感知也是一项关键任务。针对多采样率的动态感知学习问题，研究具有可控周期的关键工艺技术指标动态特性感知学习技术，使机器学习算法能学习对象的动态特性，且能改变对象的输出周期，训练时使用离线采样的低频关键工艺指标学习其随过程参数和时间的变化规律，使用时改变关键工艺指标输出周期实现其智能感知。针对多源运行的动态性问题，综合了有色金属生产过程空间和时间的动态演化特性，通过分析关键工艺技术指标与过程参数之间的关联关系，建立关键工艺技术指标与过程参数的时空关联机制，同时分析关键工艺指标变化的趋势，进行工艺指标的动态感知学习。针对感知信息的可解释性问题，建立关键工艺技术指标感知的结构化模型，以图网络等结构化深度学习模型为基础，综合考虑累积效应和多源工况信息动态特征，基于过程工艺拓扑信息设计机器学习模型结构，采用机理知识引导模型学习工业过程的知识，使其能够捕获化学反应变量的影响，构建具有一定可解释性和适应性的结构化模型，使模型的感知性能得到了更好的保证。对于未来，有色金属生产过程智能感知技术可能会向认知智能技术演进，认知智能从工业领域知识、人工智能和自我认知科学中汲取灵感，并结合跨领域跨层级知识图谱、因果推理、持续学习等技术，建立稳定获取和表达知识的有效机制，让知识能够被机器理解和运用，实现从智能感知到认知智能的关键突破，这将为有色金属生产过程智能感知技术带来更高的智能化水平，使其能够更准确、全面地感知和理解工业生产过程，为生产优化和决策提供更可靠的支持。

### 2.3.2 运行状态智能监测技术

#### 2.3.2.1 钢铁生产过程运行状态智能监测技术（转炉智能炼钢关键技术）

钢铁制造流程智能化是未来钢铁技术发展的必然趋势。各工序实现智能运行是基础。在满足连铸高拉速、恒拉速多炉连浇需求背景下，对转炉高效冶炼模式下智能吹炼的技术需求越来越迫切，是实现高炉-转炉流程智能化的重要前提。

在高效吹炼背景下，伴随熔池快速升温和成渣，转炉吹炼终点碳-温命中率控制难度加大，也带来炉况异常和喷溅的风险。转炉出钢时碳-温即使同时命中，如果转炉与连铸多炉连浇秩序上钢水节奏不能协同，势必会出现钢水正常精炼环节的时序与铸机空位的时序不协同造成的钢水温降，或铸机等待钢水时可能发生的连铸断浇。因此，转炉自动吹炼的终极目标不再是简单追求钢水碳-温命中率，而是转变为根据连铸多炉连浇节奏，在确保碳-温命中率的同时，与转炉自动出钢技术有机关联，更要与连铸上钢水时机紧密衔接。

转炉吹炼过程仍处于“黑箱”状态，对以秒计速的复杂吹炼现象的预判和及时调控，需依据对炉内反应过程的动态监测，实时进行吹炼工况判断，使黑箱逐步变为灰箱、白箱，甚至透明化。

实现自动吹炼转炉所采用的监测手段（副枪、烟气分析、音频化渣等）相对单一，尚不能捕捉吹炼过程中的其他重要特征信息（如炉渣返干、泡沫化程度、渣位、氧枪喷头蚀损、底吹元件通透性等），无法实现与氧枪枪位、炉渣泡沫化抑制、加料事件、底吹协同等操作事件的有机关联和智能干预。如不增加监测通道，或对不同监测方法做功能的互补性组合，则难以及时提取上述关键特征信息，对炉况预判必然存在滞后性。

河钢唐钢项目组自主研发并集成应用了多通道功能耦合匹配的系列单元监测技术和互补性的功能组合，对复杂炉况进行了多通道特征信息提取，实时反应吹炼现象动态变化，实现了转炉高效吹炼模式下的智能干预和自动吹炼，可做到吹炼终点碳、温、时间三因素同时命中，并满足连铸恒拉速多炉连浇对高质量钢水及时供应的要求，实现了从原料准备、装入、吹炼、出钢到溅渣等全过程的可测量、可预判、可调控，打通了转炉工序操作、工艺模型参数和跨工序数据的连接渠道，形成了控制水平高、技术特色鲜明的转炉智能炼钢技术体系。

**（1）开发转炉吹炼过程关键特征信息的在线监测和提取技术**

首创基于“出钢口视觉+音频监测”功能耦合的炉渣泡沫化程度在线测评技术，可提前20s预测溢渣风险和渣位。吹炼过程中通过出钢口位置安装的高清摄像头，采集炉内炉渣泡沫化视觉信息，可监测泡沫化严重时的炉渣渣位，弥补音频化渣的监测盲区。结合各自优势将音频化渣和出钢口视觉两项技术进行耦合、补位，可实现对转炉冶炼过程中炉渣泡沫化程度的全方位在线量化监测，及时预测返干、溢渣。

在应用“炉渣泡沫化程度在线评估”技术的基础上，通过吹炼过程中在出钢口位置连续检测出钢口区域的烟气温度来监测反应区温度变化，进一步将喷溅预测窗口前移。

首创氧枪喷头蚀损现象的在线感知技术，通过对比标准喷头在溅渣护炉过程中的流股特性参数，可以及时发现熔蚀后的氧枪流股特征信息与标准喷头射出规范流股信息的偏差，结合该偏差程度，对氧枪吹炼参数及时进行优化调整，确保吹炼参数的可靠性。

开发底吹风口通透性检测系统，在每次出钢结束抬炉过程中，摄像头会自动在固定角度拍摄风口照片，系统自动识别风口位置并根据风口位置的暗度、阴影面积等特征，自动将渣层分为薄、正常、厚和堵塞四个级别。这些信息在底吹协同匹配时会被自动调用，并用于风口的快速恢复。

**（2）开发转炉吹炼过程的智能干预调控技术**

依据系统采集的多通道信息细分成24种生产模式类别，分别匹配吹氧、加料、底吹、温度成分控制等方案。装铁前，模型评估铁水温度、废钢量、铁水成分、终点控制目标等因素，自主优化模型选择。冶炼过程中，基于可视化设备和干预模型，对冶炼过程进行智能干预，以达到终点温度、碳及时间的三命中。自主评估已完成冶炼炉次参数的正确性或优良度，自动修改模式匹配方案，实现转炉智能吹炼模型的迭代优化。

基于转炉冶炼过程透明化监测技术，创新开发了转炉自动吹炼过程智能干预调控技术：转炉吹炼模型可智能推送及自主优化、出钢口喷粉在线动态控制溢渣、转炉底吹智能分区控制、高效供氧智能干预调控等技术。实现转炉冶炼过程动态调控，为满足连铸恒拉速多炉连浇的生产秩序奠定基础。

（3）开发转炉自动出钢与出钢冶金一体化集成技术

自主研发基于分段式自修正的自动出钢技术，自主开发视频、雷达、音频、激光等多项感知技术，实现转炉“一键式”出钢技术一次性成功投用，解决了出钢过程中烟尘对机器视觉系统的干扰、出钢区域无人化安全预防管理等问题，实现出钢过程的下渣量控制、预脱氧及预合金化的稳定控制，出钢下渣量降至2kg/t以下，下渣指数波动范围由15～100收窄到10～50。

存在出钢过程渣料和合金的集中加入带来结块等问题，无法最大程度地发挥出钢冶金的优势。项目组依托创新设计的出钢料仓系统开发多料种精准均匀投料技术，充分利用出钢过程的搅拌能，实现出钢过程合金与渣料的充分熔化和合金配料精度的提高。对比常规投料方式，采用渣料分段连续下料设计，解决出钢开始渣层覆盖的问题，同时实现与合金加料时机的错峰。采用分段式脱氧设计，出钢前期采用碳粉预脱氧降低钢水氧化性。延长底吹强搅拌至出钢重量的70%，充分利用出钢动力学条件改善成渣及合金熔化效果。

（4）开发转炉自动兑铁技术

人工兑铁周期波动大、效率低，存在因倾动与天车动作不匹配引起的兑铁冒烟、炉嘴和铁水包搭接进而导致天车副钩过度受力等安全隐患。为此，项目组开发了安全可靠的自动兑铁技术。

通过倾动与天车主副钩起升高度差确定倾动与铁水包在兑铁过程的相对位置。通过实际兑铁数据回归统计的趋势线，找到了倾动与天车主副钩起升高度差的回归关系。倾动角度与主副钩起升高度差之间有足够的冗余进行自动兑铁设计。在二次除尘管道内、炉前区域距离吸气口5m处加装温度传感器，以检测兑铁期间的烟尘温度。通过烟气温度检测反馈兑铁冒烟、冒火条件，调节兑铁速度实现高效稳定兑铁。在兑铁过程中，检测烟尘温度超过150℃时，从炉口会冒出较大的火苗，影响兑铁安全；烟尘温度低于100℃时，兑铁过程保持平稳状态。检测温度超过100℃时降低兑铁速度，确保转炉兑铁过程的安全性和稳定性。

在烟尘和高温的复杂环境下，实现兑铁天车高精度的定位与控制，实现较高的通信稳定性。①天车三维高精度定位技术：天车$X$轴和$Y$轴的控制精度为±10mm。$Z$轴实现控制精度±5mm。②天车副钩自动挂钩技术：通过设计天车挂铁包副钩方式，保证铁水包能够准确定位到兑铁位置。③5G通信技术：自动兑铁时，5G信号全面覆盖，满足与倾动PLC进行实时交互。解决传输方式传输网络的稳定性缺陷。④天车副钩受力反馈控制技术：兑铁时铁包包嘴与转炉炉口搭接，会造成天车副钩受力过大的安全隐患。开发了天车副钩增重报警，当天车副钩起升质量变化超出60t时报警，提升天车高度，消除安全隐患。⑤天车防晃动技术：对天车稳钩进行控制计算，通过计算机对运输距离、运输速度和加速度进行控制，实现稳钩作用。解决兑铁天车在启动、制动过程中铁水包晃动的问题。平均兑铁时间由4.2min缩短至3.1min，兑铁时间波动范围由原来的2.7～5.7min收窄至2.6～3.6min，兑铁温度损失降低4.8℃；兑铁操作由3人操作变为仅1人监护，稳定性和生产节奏大幅度提升。

项目系统研发了转炉智能炼钢的关键技术，很好地解决了转炉炼钢过程中高效化与稳定性相矛盾的共性难题，所开发的转炉智能炼钢一体化集成技术控制精准，成效显著。该项目于2021年1月应用到唐钢公司炼钢事业部2座200T转炉。项目针对高效吹炼条件下转炉吹炼控制难度大、易发生异常炉况及不确定因素多等问题，对转炉冶炼过程关键特征信息的在线监测和提取进行了研究，研发并集成应用了多通道功能耦合匹配的系列单元监测技术和互补性的功能组合。基于转炉冶炼过程透明化监测技术，创新开发了转炉高效吹炼模式下的智能炼钢技术，实现了转炉冶炼过程无人干预的动态调控。

应用后，转炉平均冶炼周期降至31min以内，吹炼终点温度±10℃、终点碳含量±0.01%、冶炼周期±1.5min三项指标复合命中率达到90.3%；出钢下渣量降至2kg/t以下，下渣指数波动范围由原来的15～100收窄到10～50。钢包Als±30×$10^{-6}$命中率为90.4%，Mn±0.02%命中率为90.8%。

### 2.3.2.2 有色金属生产过程运行状态智能监测技术

随着有色金属生产规模的扩大及生产流程复杂性的增加，采用智能监测技术来保障复杂工业过程的安全稳定运行及连续稳定的产品质量是一项重要任务。有色金属生产过程运行状态智能监测技术是指利用先进的传感器、数据采集系统、数据分析算法和人工智能技术来实时监测、分析和优化有色金属生产过程中的各种关键参数和运行状态的技术。这些参数包括但不限于温度、压力、流量、化学成分、设备状态等。

有色金属生产过程运行状态智能监测技术的具体任务可分为故障检测、故障分离/识别、故障诊断和过程恢复四个方面，如图1-2-2所示，通过故障检测判断当前系统中是否发生了故障，在检测到故障后则需要分离/识别故障类型，并根据类型信息确定导致故障的根源以及故障可能影响的变量，结合故障信息、结构信息和生产知识等通过对故障部位的补偿实现故障隔离，并为决策提供有价值的可靠信息，保证生产系统稳定、可靠运行。一般而言，有色金属生产过程运行状态监测方法大体上分为三类，分别是基于机理模型的方法、基于知识的方法和基于数据驱动的方法。基于机理模型的方法主要通过分析过程的物理和化学原理，构建过程的数学解析模型，获得以残差时间序列为主的监测对象，进而实现与过程监测相关的系列需求，适用于国防尖端武器系统、航空航天装备等机理研究相对成熟的领域。鉴于有色金属生产过程所涉及的工艺类型繁多，且加工过程多为复杂的物理过程或化学反应，难以建立准确的机理模型，此方法很少被采用。基于知识的方法利用专家知识，采用逻辑推理的描述方法实现过程监测，然而，随着有色金属生产过程中的操作单元变多、总体规模变大，人工获得的知识和经验有限，所带来的信息量不足以支撑后续的过程监测。相对地，基于数据驱动的方法通过对富含信息的过程数据进行建模，该类方法可挖掘数据中潜藏的价值关系，以各类价值关系为监测对象，有色金属生产过程监测得以顺利实施。

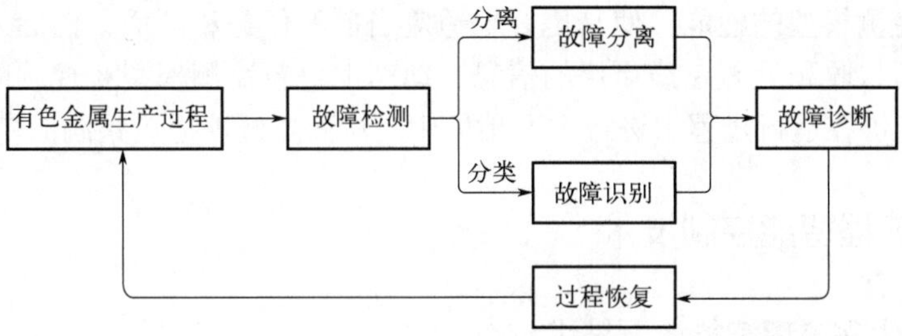


图1-2-2 过程监测示意图

基于数据驱动的方法需要考虑如下几个方面的挑战：

① 有色金属生产过程中涉及的操作单元众多，需要不同功能的工序串联工作，且各个工序和环节之间相互关联和耦合，其内部多种竞争反应体系共存，规模大、流程长、机理复

杂，构成一个有机的多层次、多功能、多相多物理场强耦合的非线性复杂过程动态系统。

② 有色金属生产过程众多变量耦合，且具有协同传递性。过程参数与运行状态之间存在复杂的非线性时空关联：一个变量发生变化时将会引起其他多个相关变量发生相应变化；当一个操作单元工艺参数调整时，其他参数也需调整才能确保产品质量；当一个操作流程综合优化时，其他操作流程也需要综合优化调整，以确保全流程系统稳定性。

③ 有色金属生产过程状态与变量参数之间存在着不明确的对应关系。有色金属生产过程数据蕴含的状态信息与众多相关的控制参数和质量目标参数紧密交织，一个操作单元故障的发生可能会产生众多的变量变化，表征为多个故障同时发生，产生多个异常征兆，而表现相似的征兆其故障源并不相同，且多个操作单元/流程同时发生故障的时候，各故障往往耦合在一起，导致更加难以发现故障的源头。

为此，中南大学研究团队针对上述难点，开展了分布式框架下的大规模有色金属生产过程运行状态监测方法研究，针对有色金属生产过程的非高斯、非线性特性，提出了一种基于局部离群因子的主元分析（Local Outlier Factor-Principal Component Analysis，LOF-PCA）过程监测方法，采用基于密度的LOF算法构建新的监控统计量，基于核密度估计方法得到相应的监测阈值，有效消除了数据分布及离群点对监测模型性能带来的影响。针对有色金属生产过程多变量耦合、协同传递性且分布广的特点，提出了一种基于分布式LOF-PCA的过程监测方法。该方法根据变量的相关性和冗余性，将不同时间和空间维度上的过程变量划分为多个子块；然后利用LOF-PCA对各个子块单独建立监测模型，并利用贝叶斯推理方法融合所有子块的监测结果，从而实现分布式框架下异常状况的快速发现；在此基础上，针对有色金属生产过程状态与变量参数之间存在着不明确的对应关系的问题，采用了一种基于加权贡献图的故障诊断方法，实现故障相关变量的快速定位。针对模型一旦部署到边缘设备可能无法及时更新学习的模型的问题，中南大学研究团队提出了一种云边协同过程监控方法。首先，收集工业过程的历史数据，建立字典学习模型，在云端训练判别器和分类器；然后，简化模型并将其部署到边缘。边缘层监控过程状态，包括故障检测和工况识别，并根据错误触发策略判断是否发生了模型不匹配。针对有色金属生产过程存在时变性，部署的模型监测性能可能逐步下降的问题，中南大学研究团队采用自适应完成过程监控和故障诊断任务的在线学习方法，采用迁移学习、增量学习方法并利用在线可用的信息来更新模型和控制限值，而不是保持固定的监测模型。首先使用迁移学习的技术，平衡源域数据和目标域数据以获取丰富知识，并将其应用于监测模型中。这样可以利用已有的知识来改善监测模型的性能，使其更好地适应当前的任务和环境，然后采用增量学习的方法，通过不断接收和处理在线可用的信息，动态地更新监测模型和控制限值。这种方法使得监测系统能够在运行过程中进行学习和优化，从而更好地适应系统的变化和演化。

## 2.3.3 生产流程智能控制技术

### 2.3.3.1 钢铁生产流程智能控制技术

#### （1）高精度冷连轧数字孪生与信息物理系统（CPS）关键技术

冷连轧机组作为生产高强钢、硅钢和极薄精密带钢等高端冷轧产品的主力机组，其控制系统是最复杂的工业控制系统之一。冷连轧生产控制精度要求高、动态响应时间短、轧制速度快及工艺参数多，目前仅有德国、日本掌握全套技术。我国冷连轧控制系统长期依赖引进，由于其存在封闭性和功能局限性问题，严重制约了产品的自主研发及拓展。同时，引进系统也存在静态模型精度低、系统间缺少协调控制及模型匹配性差等关键共性问题，导致板形、板厚质量超差及断面形状难以精准控制。以钢铁共性技术协同创新中心为平台，由东北大学、北京科技大学等联合国内冷轧企业，历经二十余年，在国家重点研发计划、国家自然科学基金及校企合作项目的支持下，自主研发高精度冷连轧动态数字孪生模型，首创工业化冷连轧CPS系统。

融合冷轧机理与大数据/机器学习等数据科学，针对冷轧生产过程板形、厚度等质量控制的关键难题，建立了冷连轧数字孪生与信息物理系统，为冷轧薄带高精度质量控制奠定了基础。

基于工艺机理及数字孪生建模方法，首创了轧制过程的动态数字孪生模型及多目标负荷分配最优化策略，实现了复杂约束工艺条件下轧制过程的动态协同优化与控制。

建立了板形前馈-反馈系统的多变量协调最优控制模型，自主开发了多机架多策略的厚度-张力解耦控制算法，实现了目标质量与过程参数的协调优化控制。

首创了基于CPS的冷连轧变接触轧制技术，提出了冷连轧非对称板形缺陷识别和局部板形缺陷控制策略，解决了凸度、楔形、边降等冷轧断面质量问题，实现冷轧带钢的断面控制。

项目成功应用于唐钢、马钢和涟钢等多条产线，搭建了冷连轧数字化核心平台，开发了数据驱动融合工艺机理的边缘过程数字孪生模型，并以其为核心形成完整的高速过程信息物理系统，大大提高了产品质量及生产效率。典型规格带钢的板形精度控制在3IU以内，板厚精度控制在±2μm以内，超差长度控制在5m以内，高品质硅钢同板差小于5μm的命中率超过85%，实现了0.17mm厚度T5镀锡基板1450m/min的高速稳定轧制。近三年新增产值约54亿元，新增利润约8.4亿元。

**（2）全流程智能决策管理**

全流程一体化计划排程。通过建立覆盖钢铁生产由原料至最终客户的全供应链计划和排程体系，整个过程采用上连客户需求、下接生产实际反馈的模式，形成动态计划运算模型，根据库存、客户需求、生产能力、订单完成度等多方面关键因素形成完整的自动计划编制新模式。标准化、信息化的一体化计划排产，应用多工序、多机组、多路径、强约束的排程算法，解决了无法全流程按单生产的难题，实现了全流程按单生产的贯通；统一资源，跨基地调拨，生产管理及信息数据上的聚合；高效响应客户需求，合理接收订单。

全流程可追溯质量管理。基于自主工业互联网平台，通过“智采、智用、智算”等关键技术，实现钢铁全流程生产的质量一贯制控制国产化应用。智采：主要解决质量数据的采集、存储问题，通过支持多协议数采程序的开发，实现全流程质量数据的实时、准确采集。智用：自主开发数据匹配算法，完成质量数据从时间到空间的转换，实现全流程质量分析决策，找出质量问题进行工序模型的加强和优化。智算：智算中心支持统计分析、机器学习、深度学习等算法集成及可视化建模，可将闪现的科研思维快速落地，提高开发效率。全流程可追溯质量管理，支持生产过程中的质量问题预警，同时给出可能的异常原因和补偿措施；支持批次产品生产全流程质量数据追溯，分析工艺变化和产品质量缺陷的原因，以进行持续性质量改进，为工艺规程优化及新产品开发提供数据分析依据；与表检系统集成，实现缺陷管理及分级判定。

精益生产决策管理。精益生产指挥管控平台充分利用物联网、大数据等最新信息技术提供的环境和手段，在已有生产线自动化、数字化信息系统的基础上，建立横向上工序联通、纵向上系统互动的一体化的智能管控平台。通过信息化网络将目前各个工序孤岛式的管控系统互联互通，沿全链条生产线构成2层扁平式的系统架构，对钢铁生产过程全流程实现扁平化、一体化、“一竿子插到底”的智能管控，实现信息采集、处理、监控和一体化生产调度管理的智能、协调、一体化控制，做到“信息的深度感知、协同精准控制、智能优化决策、自主学习提升”，从而实现钢铁生产全过程的一体化控制，钢铁生产各层次的协调优化，大规模定制下产品个性化与定制化以及装备、物流、能源的智能控制与优化协同等，大幅提高生产效率，提升企业的劳动生产率。

#### 2.3.3.2 有色金属生产过程智能控制技术

有色金属生产过程包含全流程、单元工序、反应器等不同工艺层级，存在全流程多工序关联、工序内多反应器级联、反应器内多反应共存且工况多变、生产流程长、参数指标众多、反应机理复杂、全局优化问题难以解析描述和精准求解等问题。如何协同优化全流程各工序和单元工序内各反应器的工艺指标，同时精细化调控各反应器的操作参数，是提高资源能源利用效率、降低原料条件波动对产品质量影响的关键。该问题是我国有色冶金行业智能转型的技术瓶颈，也是国际过程控制领域公认的科学难题。

复杂生产流程优化控制技术的发展经历了不同的发展阶段：PID、串级控制、前馈-反馈控制、模型预测控制（MPC）、控制向量参数化、多变量解耦控制等经典方法，模糊控制、专家系统、案例推理、因果推理等基于经验和规则的方法，智能集成优化控制、设定值智能闭环控制、智能运行反馈控制等针对问题特点设计的、具有特定结构的智能控制方法先后产生或在过程控制应用中进行融合与方法革新。然而，由于生产工艺和优化控制问题的特殊性和多样性，目前尚未形成通用性的生产过程运行优化方法，需根据过程的工艺特点分析设计优化控制框架。

中南大学分析了有色冶金过程优化控制问题在全流程、单元工序和反应器三个不同工艺层级的具体体现，总结了一套系统的复杂生产流程协同优化与智能控制框架。框架概念图如图1-2-3所示，共分为三个层级，分别是工序工艺指标协同优化层、反应器指标梯度协同优化层和反应器工艺指标精准控制层。

全流程不同工序间的协同优化是根据当前的入料情况和生产状态，考虑产量、质量、环保等要求，以各项生产运行指标综合最优为目标，对各工序工艺指标进行同时在线决策。由于入料条件波动频繁，各工序间能质耦合、各项生产运行指标时空关联关系复杂甚至存在矛盾，人工决策具有主观性和差异性，难以保证在短时间内通过经验的检索、匹配和推理实现各工序工艺指标的在线优化决策。对于复杂生产流程，在一定的入料条件下，各工序工艺指标的不同取值将导致各项生产运行指标出现不同的结果，即“条件”“操作”“结果”三者间存在一定的时空关联规律，构成了一个“操作模式”。历史生产数据中包含了大量反映“条件”“操作”“结果”三者间关联规律的信息，因此，从生产运行数据中挖掘出“操作模式”，对“操作模式”进行评价，基于优良操作模式的匹配和再利用可实现各工序工艺指标的协同优化决策。

单元工序通常由多个反应器串联组成，通过各反应器的操作处理完成整个工序的生产/物质转化任务。对于单元工序，其运行优化本质上是根据其工艺技术指标的目标值合理分配各反应器的生产任务，用最少的资源能源消耗使得该工序工艺技术指标的实际值尽可能接近其设定值。单元工序的生产成本由各反应器的资源能源消耗组成，一个反应器的工艺指标直接影响其下一个反应器的工艺指标。同时，由于各反应器处于工序的不同位置，其

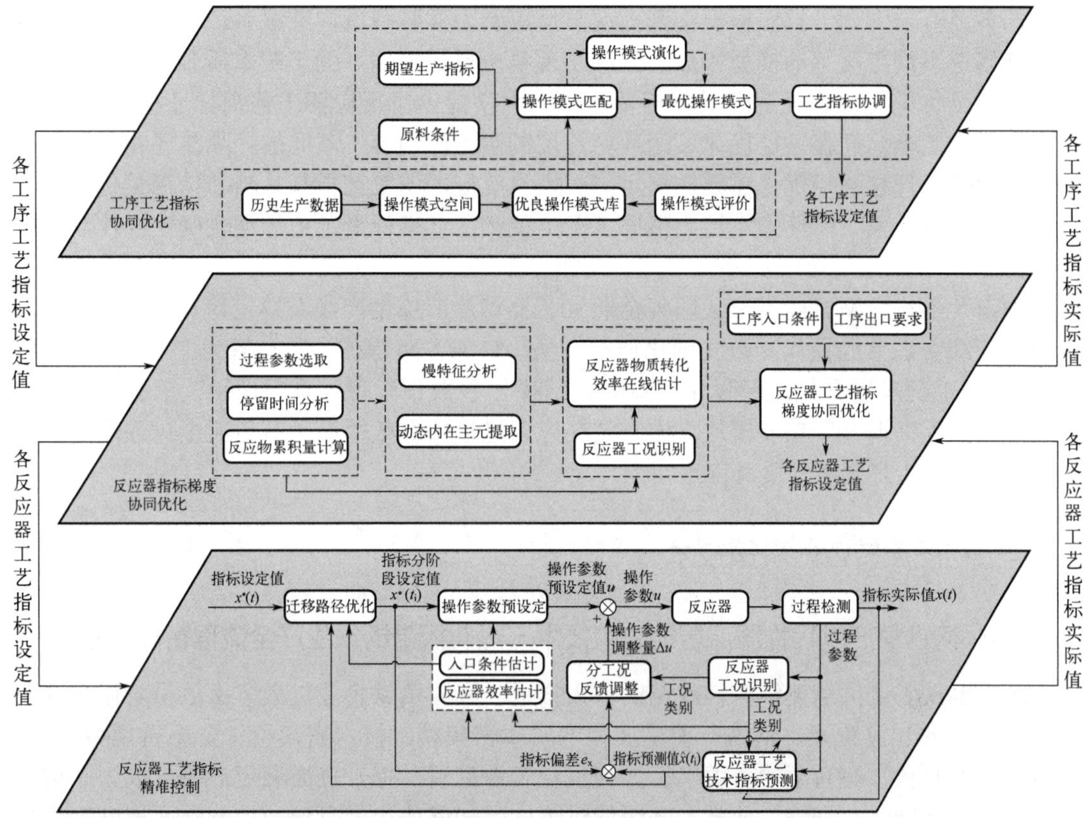


图 1-2-3 复杂生产流程协同优化与智能控制方法架构

内部的反应物组成、浓度及反应条件不同，导致其内在反应状态不同，生产/物质转化效率存在差异。每个反应器的工艺指标综合影响了整个工序的最终工艺指标和生产成本，可根据各反应器效率的高低优化分配反应任务，得到各反应器工艺指标的设定值，使得反映物质转化程度的工艺指标按照最优的梯度变化，即寻找到最优的物质转化梯度。由于反应器效率和反应物的多少有关，且大型反应器存在累积效应，因此：首先分析反应物在反应器中的停留时间，据此计算反应器中各类反应物的累积量；其次基于原始过程参数和反应物累积量，采用慢特征分析、动态内在主元分析等方法提取多维度动静态特征，分工况进行反应器效率估计；最后根据各反应器效率、工序入口条件、出口工艺指标要求和各反应器工艺指标范围约束，进行反应器工艺指标优化设定。考虑到工序入口条件、工艺指标目标值和各反应器效率的时变问题，整个过程需要进行周期性的滚动求解。

反应器是复杂生产流程的基本生产单元。由于反应器工艺指标调控范围窄、工况多变，如何描述其动态特性，在工况波动时根据其工艺指标的目标值调控操作参数，使得该反应器的工艺指标按照最优的变化路径达到其目标值、满足约束且尽可能减小波动是反应器工艺指标精准控制的主要问题。

为精确描述反应器的动态特性，中南大学提出了过程动态特性描述体系、竞争-促进反应体系机理建模和多工况自主划分方法。基于完备状态空间的动态特性描述体系针对反应器动态特性的多重复杂性，融合状态空间描述和数据空间描述方法，将过程动态特性的影响因素划分为入口条件、反应条件和工艺指标三大维度。竞争-促进反应体系能够描述有色冶金过程多反应共存，反应间具有“竞争消耗同一反应物，生成物促进其他反应”的特点。多工况自主划分方法根据生产工况与反应动力学特征的内在联系，自适应划分工况类型并辨识不同工况下的模型参数，能够实现复杂反应规律下的工况本质分类。为使工艺指标按照最优的变化路径达到其目标值，中南大学提出了反应器工艺指标迁移控制方法，主要包括工艺指标迁移路径优化和闭环稳定控制两方面内容。不同的迁移路径将导致不同的迁移代价，迁移路径优化需要在一定时间内将反应器的工艺指标从当前值沿最优的轨迹迁移到优化设定值。闭环稳定控制根据工况类型和工艺指标设定值精细化确定操作参数调整策略。

中南大学将该框架应用于我国某企业30万t/年锌冶炼生产线新建工程，提出了基于分工况智能综合调节的操作参数精细化调控方法。该方法将操作参数分解为“基准值+调整量”，根据工况类别分别进行设定，具体包括操作参数预设定、工况识别、工艺指标预测以及分工况反馈调整等功能模块。该方法在应用过程中有效提高了有色冶金过程的工艺原料适应能力、生产效率和质量稳定性。

### 2.3.4 物质流转智能决策技术

#### 2.3.4.1 钢铁生产过程物质流智能决策技术（热轧板带钢铁生产全流程智能管控）

随着钢铁工业供给侧结构性改革的深入推进，我国钢铁企业进入了由数量阶段向高质量发展阶段的过渡阶段。钢铁行业是典型的资本密集型、技术密集型、资源密集型产业。在减量发展时代，在有限的资源下，如何优化资源配置，提升资源利用效率，成为了钢铁企业面临的难题。在钢铁工业转型升级的过程中，如何使用信息集成控制技术提升钢铁生产全流程管控水平，实现原材料供应链协同、产品销售管理、工序工艺控制，以及生产组织管控，是钢铁企业亟待解决的问题。

宁波钢铁和冶金工业规划研究院进行合作，借助大数据、物联网、人工智能等新一代信息技术，共同研发了热轧板带钢铁生产全流程智能管控平台。将先进制造技术和工业互联网、智能传感技术、大数据、人工智能、数字孪生等新一代信息技术应用于生产计划、物流、物料结构、能源等方面，围绕宁波钢铁计划与生产两大主线，建设集成化和智能化的钢铁生产全流程智能管控平台（NS-iMCP）：

① 客户资源需求分析系统：需求预测分析，系统创造性地集成长期客户库存信息，基于历史销售数据及客户需求信息，构建时序数据模型，预测客户需求，并与现有订单集成分析，充分结合订单结构及订单盈利性，推荐最佳经营决策建议。

② 智能钢轧一体化计划子系统：销售计划管理，实现从订单投入到发货的全过程数据监控，包含合同交货周期、产品质量追踪分析、制造能力分析等，辅助发货处考虑客户运力情况，缩短交货周期，达到接单、生产、发货计划的统合；订单计划模块主要是对经过销产转换的生产订单进行排产，依据有限能力和库存替代规则，排定生产订单的生产期间，形成订单计划，并返回订单交货期；钢轧一体化计划模块主要是对已经排定生产交期的订单计划执行组批，针对炼钢-连铸-热轧工序分别组炉、组浇和组轧。组合后的生产批量为相应工序的基本作业单位。对于组合好的批量，依据生产能力等相应规则，排定其生产期间，形成钢轧一体化计划。

③ 智能钢轧一体化调度子系统：包含炼钢调度、轧钢排程、扰动因素分析、调度规则库。钢铁生产调度问题是一个多阶段、多机器、有多种工艺约束限制的多目标组合优化

问题，包括静态调度和动态调度两个层面。静态调度假设生产环境平稳、生产参数确定、工件的加工机器连续可用，在此环境下通过某种算法寻找一个最优（或次优）的调度方案。静态调度按日编制、按批滚动。动态调度是指当生产过程中发生动态事件和随机扰动时，根据实时数据采集系统监测到的实时情况，通过重新分配系统资源、修改原来的生产顺序或操作的开工时间，使生产系统持续、稳定地运行。动态调度方案管理主要包括扰动因数参数调整、调度方案、多方案对比、调度方案下发、调度方案取消下发。当出现扰动时，由用户对扰动参数进行设置，之后系统自动调用相应的模型算法进行求解。对于不同的扰动参数，系统会给出不同的调度方案，多方案对比功能用于对不同的调度方案进行对比，以辅助用户进行决策。当确定具体的调度方案后，调度方案下发到生产执行/二级模块，指导生产。

④ 炉料结构优化子系统：转炉热平衡状况分析研究，充分了解目前转炉炼钢的现状，根据已知铁水条件、造渣材料构成、原料条件以及转炉成分及温度控制情况，计算转炉物料和产物的进出平衡关系，确定不同条件下转炉内的能量利用率。研究不同类型废钢熔解速率及其对炼钢过程的影响，在实验室内研究不同类型废钢（如轻型废钢、重型废钢）在铁水中的熔解速率以及其熔解过程对温度及炼钢过程的影响，建立不同类型废钢的熔解过程动力学方程式，为建立模型提供参数支持。根据线性规划及最优化原理，结合铁水条件与价格以及废钢类型与价格等参数，以物料平衡与热平衡计算为基础，利用计算机编程软件进行建模和最优化求解，最终建立钢铁料结构最优化炼钢模型。

项目的主要创新点如下：

① 基于长期客户订单需求大数据，创造性地融合客户库存及需求信息，构建了客户需求时序模型，实现了对客户需求的预测。对订单结构进行分析，集成已有订单和预测需求订单，并综合品种效益、客户贡献以及生产工艺约束，实现了生产订单组合的优化。

② 首次将在线调宽、多流异宽等连铸机新工艺集成融入炼钢批量计划中，建立了考虑在线调宽和多流异宽的炼钢批量计划模型，丰富了炼钢批量计划理论层面研究，并且更加符合实际应用。针对炼铁和炼钢环节不平衡的实际情况，以综合铁钢平衡、钢轧平衡、能源平衡、节能降碳等为主要目标，考虑高炉生产波动影响，建立了考虑铁钢平衡的智能钢轧一体化计划模型，可实现自动生成炼钢、轧钢一体化计划。

③ 针对以严格等待时间上限约束为特征的炼钢连铸调度和以钢轧衔接直、热装为目标的炼钢-连铸-热轧集成调度问题，通过对历史生产数据进行分析，训练生产过程中的工艺参数，并对生产过程中遇到的诸多复杂扰动因素进行分类，建立了历史扰动因素问题库和解决策略库，实现了基于启发式算法和人机交互的方法，对炼钢、连铸、热轧生产过程进行动态智能调度。

④ 以历史数据为基础，对各类钢铁料的价格进行预测分析。结合生产转炉生产工艺大数据、铁水条件、废钢类型、价格等参数，基于线性规划及最优化原理，以物料平衡与热平衡计算为基础，并创造性地与生产计划结合，建立了炼钢炉料结构最优化模型。该模型考虑了铁钢平衡问题以及订单质量要求，能够缓解铁水不足与供应过量的影响，达到降低吨钢生产成本的目的。

自项目成功实施以来，以钢轧一体化计划为核心驱动力，以客户端为拉动力，实现产品全生命周期内最佳经济运行链条，取得了良好的经济效益和社会效益，获得了多个创新性成果：

① 基于供应链库存管理打造钢铁企业敏捷制造服务体系，实现客户需求快速响应、客

户服务敏捷处理；

② 建立了多个基于工业互联网、大数据平台的不同工序间的耦合关联模型，实现了物质流、能量流、信息流的有序协调经济运行；

③ 建立了以钢轧一体化计划为核心的全流程计划互联体系，实现全流程计划智能互联、生产过程协同智能调控、生产物流协同智能化运行，以及以客户为中心的不断优化的最佳效益运行环。

#### 2.3.4.2 有色金属生产过程物质流转智能决策技术

铜、铝、铅、锌等有色金属生产过程的本质可体现为一系列低品位的原料经过多装备、多工序、全流程的富集、除杂等最后得到高纯度的有色金属单质产品。可见，物质流转是有色金属生产的核心关键。近年来，随着优质矿源的逐渐减少、经济贸易全球化，我国有色金属生产面临原料来源广、品位杂的新特点。同时，在双碳等国家战略以及国家出台的一系列环保政策下，对有色金属绿色高效生产也提出了更高的要求。运用新一代信息技术，通过智能决策赋能有色金属生产过程进而实现绿色高效生产是重要方向。

**（1）智能配料技术**

铜精矿、锌精矿、铅精矿等原料是有色金属冶炼生产的物质基础。配料是物质流转的第一道关键工序，其需要将来自不同厂家、不同批次的精矿进行配比混合，使得其达到后置冶炼工艺的要求。

铜精矿、锌精矿等除了包含其本身的铜、锌元素外，还包含其他诸多伴生元素。例如，铜精矿中除了包含铜、金、银等有价金属外，还包含砷、汞、镉等有害元素。国内某大型铜冶炼厂在某一时段对进口铜精矿与本土矿山铜精矿的检化验结果如表1-2-1所示，可见，来源于不同矿山的铜精矿其成分差异大。当前形势下，我国有色金属生产原料广泛依赖进口。2022年，我国铜精矿大量依赖于从智利、秘鲁、哈萨克斯坦、蒙古国和墨西哥等国家进口，铝土矿大量依赖于从澳大利亚、几内亚、印度尼西亚等国家进口，铅精矿大量依赖于从俄罗斯、澳大利亚、秘鲁、土耳其、美国等国家进口，锌精矿大量依赖于从俄罗斯、澳大利亚、秘鲁、厄立特里亚等国家进口。由于冶炼厂内矿仓数量有限，只能根据精矿厂商、批次、检化验结果等对精矿进行粗略划分后进行储存，精矿源源不断地加入矿仓中，导致矿仓中的原料成分存在不确定性，即使是同一批原料，其不同部位的成分也存在波动。随着优质矿源的逐渐减少，冶炼工艺对入炉物料的成分限制增多，常常出现配料结果无法全部满足冶炼工艺要求的情况。对于实际生产而言，熔炼工艺对于入炉物料部分元素成分要求的严格程度高，对于部分元素成分要求的严格程度低。因而，前置精矿成分动态不确定，后置冶炼工艺对入炉物料的成分限制严格程度差异大，给配料优化决策带来了巨大挑战。

表1-2-1 国外某矿山与国内某矿山铜精矿品位比较

| 成分 | 国外某矿山 | 国内某矿山 |
|---|---|---|
| Cu | 34.38% | 16.63% |
| S | 19.19% | 40.65% |
| $SiO_2$ | 10.27% | 3.63% |
| As | 0.02% | 3.01% |
| Fe | 17.49% | 32.21% |
| …… | …… | …… |

为解决配料决策难题，首先需要对原料成分的动态不确定性进行描述，中南大学提出了一种基于变分贝叶斯与专家规则相结合的原料成分分布在线修正方法。首先，对各原料成分进行独立性检验，并利用线性贝叶斯获得各元素分布的初始概率密度描述形式；然后，根据配比以及配比后的入炉物料化验结果，利用变分贝叶斯对元素分布的概率密度函数参数进行在线反馈修正；同时，利用根据配料专家经验建立专家规则，基于新入库原料对各成分的均值进行二次更新，实现了原料成分的动态不确定性描述。此外，针对原料成分不确定下约束的置信水平难以确定的问题，中南大学建立了基于模糊随机机会约束的配料优化模型，并利用蒙特卡罗模拟与神经网络拟合等方法，将不确定性模型转化为确定性多目标等价模型；对于不同约束严苛程度差异大、多目标相互冲突的问题，则进一步将多目标优化模型转化成带偏好的分层Stackelberg-Nash博弈模型，将优先级高的目标作为领导者，将优先级低的目标作为跟随者，并提出了分层多主从状态转移算法对博弈模型进行求解，最后将Stackelberg-Nash均衡解作为最优配比方案。

**（2）物质流-生产链协同优化调度技术**

有色金属生产过程中，物质沿着设备、工序依次流转，各设备、各工序需各司其职、协同配合，确保物质流与各设备生产节拍协同，实现高效平稳生产。以铜冶炼工序为例，如图1-2-4所示，从铜精矿变成阳极铜要依次经过闪速炉熔炼、转炉吹炼、阳极炉精炼。若物质流与装备生产节拍不协调，将会出现等炉、缺料等现象，造成物质过吹或欠吹等问题，一方面将导致生产效率与产品质量下降，另一方面会导致能源的浪费。可见，实现物质流-生产链协同优化调度对于有色金属绿色高效生产具有重大意义。

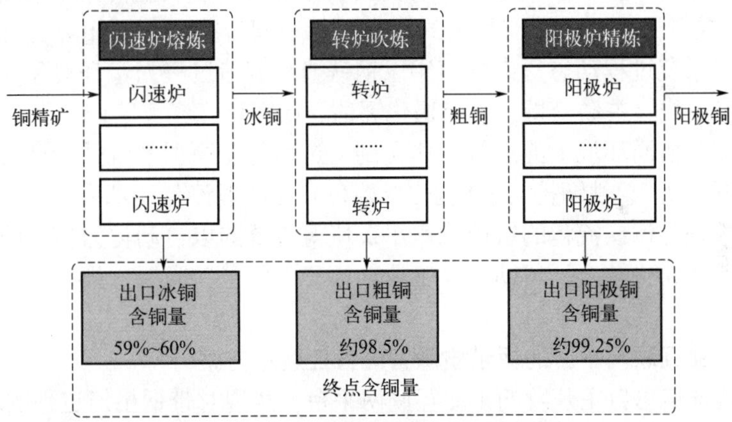


图1-2-4 铜冶炼物质流转过程示意图

在有色金属生产过程中，部分装备采取连续作业的方式，部分装备采取离散作业的方式，生产装备的多作业模式给物质流与生产链的协同带来了巨大挑战。此外，对于作业的装备而言，装备的作业时长难以预估，这是由于生产过程装备受人、物、环境等外部要素干扰，同时其内部工况多变，造成其运行状态复杂多变进而影响作业进程。综上所述，多作业模式与动态生产过程下的物质流与生产链协同优化调度存在巨大挑战。

中南大学为解决装备作业时长难以预估的问题，提出了机理与工业大数据融合的装备作业时长估计与动态校准方法，运用有色冶炼生产过程的机理知识对装备内难以检测的关键参数与状态进行估计，然后将关键参数与机理特征输入大数据模型，对装备的作业时长进行预估，同时建立基于决策树的动态校准模型对预估值进行动态校准。在此基础上，建立基于作业时长预报的物质流-生产链动态调度模型，并针对多作业模式下的多装备作业调度涉及离散变量与连续变量的协同优化决策问题，提出了一种离散-连续协同转移的优化求解算法，实现了调度方案的快速高效动态求解，进而保障了物质流与生产节拍的高效协同。

## 2.3.5 智能工厂关键技术

### 2.3.5.1 钢铁智能工厂关键技术

**（1）数据驱动的钢铁流程闭环调控与优化方法**

以信息技术与制造业加速融合为主要特征的智能制造将赋能钢铁流程高质量发展，其转型升级中普遍面临着三方面难点，即机理复杂与数据多源异构造成数字表征难、资源异构与强耦合导致性能关联建模难、高度动态与不确定性致使闭环调控优化难，给其提质增效带来重大挑战。由北京科技大学、清华大学、东北大学、北京大学、鞍钢股份有限公司等共同承担了国家重点研发计划“工业软件”重点专项项目“数据驱动的钢铁流程闭环控制分析与优化方法”。

项目以新兴的数字主线技术为基本支撑，围绕“数据驱动的闭环控制多性能关联分析与协作调控优化”这一核心问题，针对相关难点挑战，已取得4个方面的关键理论突破：①提出了多层面多模态数据表征与多要素信息融合，构建了模型-数据-知识的多维多时空尺度信息；②建立了多性能数据的多尺度关联分析与评估模型，揭示了面向性能的多工序-多系统耦合关联关系；③建立性能约束多目标协同调控与跨层闭环优化机制，以闭环反馈特性克服了系统过程动态复杂性；④以钢铁典型制造过程为验证对象，取得初步验证效果。突破数字主线、关联分析、性能退化评估、闭环调度、协同调控优化5项关键技术，开发了“云边端”协同环境下的运维一体化制造过程优化原型系统并验证方法性能，形成“数字主线-关联分析-柔性调控-闭环优化”四位一体的理论与技术体系。上述理论方法和技术突破能有效提升钢铁流程的智能化水平，使得传统的以自动化为核心的工业系统向数字化、网络化、智能化转变，帮助解决工业软件“卡脖子”问题，推进我国制造业向高质量发展。

**（2）基于工业互联网平台的板带质量智能管控解决方案**

基于中冶赛迪信息自主开发的工业互联网平台，实现对带钢生产过程的IT&OT数据聚合，并对生产过程数据、管控业务数据、工艺规程数据等进行对齐和治理，对产品质量缺陷采用机器视觉技术进行自动检测和识别，检测结果与对应轧材进行关联，在此基础上构建数字化的质量管控系统。

① 基于机器视觉的钢铁全流程的质量缺陷检测技术：研究了炼钢火焰识别技术、连铸表面质量检测技术、热轧粗轧道次翘扣头检测技术、镰刀弯检测技术、精轧机架间跑偏技术、带钢表面质量检测技术、钢卷端面质量检测技术，实现了用机器视觉来替代人眼，推进产线质量检测的全自动和智能化，降低人工值守成本，提高质量快速反应效率。

② 全流程质量追溯技术：研究了板带全流程生产过程物质流、信息流融合的物料数字化技术，解决产品多工序生产过程中数据多源异构、数据粒度粗、工序间数据对齐困难、特征提取效率低的问题，实现钢铁流程生产中炼钢、连铸、热轧、冷轧全工序的全链路的数字钢卷，解决了全流程质量追溯时数据分散及获取难的问题，从而提高质量全流程追溯

能力和分析效率。

③ 基于数据模型的板带组织性能预测技术：研究了基于数据驱动方法建立的热轧性能预报模型，实现了基于生产过程数据的性能在线质量预测、生产完成后进行板带性能预报，从而实现对性能质量的预测式管理。

### 2.3.5.2 有色金属智能工厂关键技术

**（1）智能工厂模式**

工业互联网等新一代信息技术的发展与应用已经开始并逐步深入地改变有色金属生产的方式。新一代信息技术与有色金属生产的相互融合急需一种新的制造模式对其进行指引，以实现全要素互联、全信息融合、全流程协同、全设备自主。中南大学提出了面向有色金属生产过程的采购制造信息一体化互联协同新模式，解决了供应链与生产链信息孤立、决策分立的问题，为采购与制造协同提供了指引；提出了物质流与生产链协同的新模式，以全流程物流主线与全流程生产主线进行跨线协同与交互，为全流程的调度优化提供指引；提出了基于自学习的工况智能识别-全流程多冲突下的生产指标协同优化-工序设备自主调控的生产管控模式，为全流程的管控运行提供模式指引。

**（2）智能工厂架构**

智能工厂以虚拟化、并行计算、分布式存储和自动化为中心特征的云计算和互联网架构，建立标准、统一和数出一源的集成信息平台，贯通业务流程，夯实智能工厂建设基础，全面完成数字化和智能化。其中，通过统一的IT技术体系、统一的开发运维平台和统一的代码体系建立以标准化、企业数据仓库和企业服务总线为核心的服务体系，支撑智能工厂研发及运营一体化，并大幅降低IT部门的运维成本，解决了各子系统条块分割、各自为政造成部门间信息难以共享的问题，实现信息的互联互通。

面向有色金属生产全流程、精细化管理与管控需求，梳理其信息流、业务流、价值流，设计了端、边、云架构。其中，在端通过对生产设备进行智能化改造和成套智能装备应用，实现人、机、料、环、法的全面感知和设备/工序/流程由底层到上层的精准控制；在边充分利用企业原有及新建控制系统，汇聚数据资源，实现全厂生产、设备、能源、安环等模块的集中管理，以及边缘侧的数据分析和实时决策；在云集成工业微服务、大数据服务、应用开发与部署等功能，实现海量异构数据汇聚与建模分析、工业经验知识软件化与模块化，并针对具体应用场景开发可敏捷构建的APP。

**（3）智能工厂模型算法库**

模型算法是智能工厂的关键赋能工具。然而，这些模型与算法多是面向特定场景开发的，因集成度较高而不易在其他场景下应用，泛化性能差；相关模型的开发工作“各自为战”，没有在具有统一标准的平台上对模型资源进行汇聚管理，使得模型的质量差异大、兼容性差，无法形成有色冶金模型应用业态。近年来，中南大学研发了有色金属行业的首个模型库，从元模型驱动工程出发，定义了有色冶金元模型及其属性特点，提出了基于架构的元建模方法；设计了基于工业互联网的有色金属智能模型库总体架构、多语言融合的模型集成敏捷开发环境、多场景黑盒复用的元模型封装体系，构建了过程维度、功能维护与全流程层-单元工序层-设备层-功能域层-功能标签层的“两维五层”的分类标准，形成了领域知识图谱的元模型全生命周期管理平台。基于模型库平台的已有模型算法，开发人员针对具体的有色金属生产应用场景，通过“拖、拉、拽”等敏捷开发方式可快速形成过程监测、优化运行、生产管控等环节的技术解决方案。

## 2.4 技术应用效果

### 2.4.1 钢铁生产自动化应用案例

**（1）马钢宽带钢热连轧智能工厂高效集约生产和精益管控**

针对宽带钢热连轧生产和管控过程的痛点问题，提出面向操维智控和业务协同的热轧智能工厂构架，分为智能支撑、智能生产和智能管控三个层级。

① 智能支撑层包括控制系统和信息化系统的短板补齐、新增智能检测与装备技术、机器代人、工业互联网平台建设等内容。在宽带钢热连轧中，包括通过信息化技术打通库区、磨辊间、主轧线之间的业务壁垒；开发字符识别、镰刀弯、翘扣头、机架间跑偏、卷取定尾等智能检测获取轧线物料状态；利用喷号、打捆等机器人可降低人工工作强度和错误率，改善工作环境；基于工业互联网平台技术则实现全域数据的收集、治理、服务，为上层应用模型提供全面支撑。

② 智能生产层包括研发新一代控制系统和算法模型实现自感知、自决策、自执行和自学习，应对复杂的边界条件，提高控制系统的适应性，开发生产全过程的一键式、高精度、无人化、少人化综合运行技术，以及在此基础上实现高效生产、岗位优化、操作集控。在宽带钢热连轧中，具体包括全线无人装出钢与自动轧钢技术、无人行车和智能库管技术、一线一室技术、磨辊间集中控制技术等。

③ 智能管控层以数字钢卷为核心实现业务集控，以绩效动态指标管理为导向，实现生产、质量、成本、设备等多业务大尺度协同和智能决策。在宽带钢热连轧中，包括建立过程质量管控系统、精细化能源系统和成本系统、设备监视与分析系统等，通过数据分析方法和工艺技术的融合解决现场长期遗留问题。

项目形成生产、质量、设备、成本、能源、安环、交付、人员的全要素智能工厂体系，从感知、互联、集约、协同四个方面形成面向高效集约与精益管控的热轧智能工厂建设关键技术：

① 基于深度学习的物料多维信息感知技术与智能装备。针对检测环境干扰大、训练样本少、样本特征复杂的共性难题，将深度学习与视觉检测、音频提取技术充分融合，首创热轧宽带钢加热炉-粗轧-精轧-卷取全工序物料多维度信息感知技术，打牢智能化基础，满足宽带钢热连轧生产过程的稳定性需求、物料跟踪需求、质量控制需求和岗位优化需求。

② 基于端边协同的热轧多区域业务互联和数据治理技术。热轧普遍存在轧线与板坯库、磨辊间之间作业信息互联不足，导致生产效率和质量提升受到制约，同时工业数据一直存在治理难、使用难的问题，为此，开发热轧多区域作业信息互联和端边协同的数据互联技术。

③ 面向高效集约的宽带钢热连轧多线多区域集控技术。开发面向高效集约的宽带钢热连轧多线多区域集控技术，破解多个工序之间生产节奏互为瓶颈、控制靠人的低效率轧制模式，攻克多线远程集控生产中存在的实时性、稳定性、高质量难题。通过加热炉富氧燃烧、炉温自动设定、炉气精准控制、精轧双钢轧制等技术，大幅度提高轧制节奏，提高生产能力。综合加热炉无人化控制技术、粗轧无人化控制技术、精轧少人化控制技术和卷取少人化控制技术实现全轧线一键轧钢。建设双线远程集控中心，开发智能安环管理系统，

将现有分散、独立、单一的监管平台提升为系统、开放、多元的一体化综合管控平台，实现实时感知、准确辨识、快捷响应、有效控制。进行双线岗位优化和功能重构，在板材加工、运维、管控岗位实现人员极简，提供舒适友好的工作环境。

④ 面向精益化管控的热轧多业务协同关键技术。不确定性质量问题长期以来缺乏科学分析方法，影响高端、极限产品研发，项目以质量和成本最优为核心协同完成八大任务，实现事前策划、在线预判、实时监控、异常诊断和过往追溯，破解生产过程中的“黑箱模型”。开发计划动态排程、工艺规范上线与过程监视、缺陷自动分析等功能，通过数据驱动与机理混合模型，形成热轧生产流程事前、事中、事后一贯制的智能管控技术。对产品性能、残余应力、复杂表面缺陷等潜在质量问题进行预测，并对影响质量的过程参数进行优化整定，开发产品性能及能耗、设备状态与生产计划进行一体化调控模型。对生产数据进行标准化建模、可视化配置与实时动态映射，形成融合形状性能-能耗-成本的数字钢卷技术，形成钢卷的电子身份证，极大提升了数据查询、故障排除和生产工艺优化效率。建立基于数据-链接-服务的轧线数字孪生建模技术，实现实时生产状态的数字化、可视化、透明化，提高信息感知效率，提升决策与执行效率。

项目由北京科技大学工程技术研究院（北科工研）、上海宝信软件、马钢四钢轧总厂等单位联合实施，在马钢2250mm和1580mm热轧产线实现应用，热轧智能工厂以操维智控中心和协同智控中心为两翼，实现热轧岗位集中与多专业协同，构建了操维运管双协同的热轧智能工厂，在行业内打造出了首条操作和业务远程在线双集控的热轧智慧产线，为一厂多线的高效集约生产和精益化管控提供示范。

项目实施以来，主线减员超过35%，热轧产能提升10%，热轧工序能耗下降7.27%，产品废次降下降37.8%。项目新增产值61.24亿元，累计产生经济效益超过4.46亿元，项目主要成果及双智控智能工厂建设模式已在宝武集团内部和外部10家单位推广应用，取得显著的经济效益和社会效益。

**（2）河钢唐钢信息物理系统融合的钢铁制造流程智能化**

该项目由河钢集团有限公司、中国钢研科技集团有限公司、冶金自动化研究设计院有限公司、唐山钢铁集团有限责任公司、钢铁研究总院有限公司、河钢数字技术股份有限公司和北京科技大学共同完成。通过构建炼铁-热轧全过程铁素流路径优化与层流运行、界面技术优化与运行规则，降低流程运行的不确定性，实现铁素流层流运行，提升钢铁制造流程的自组织性，使信息导入容易，易于求解；通过建立基于协同规则的钢铁流程动态仿真、炼铁-热轧全过程五维动态甘特图，预测变化及时调整，提升钢铁制造流程的他组织力，显著提升感知、决策和适应能力。

① 项目创新构建从高炉炼铁到热轧全过程的铁素流层流运行机制。开发和应用了炼铁-炼钢界面动态调整的层流分铁模型、炼钢区段多工序“准等节奏”层流协同运行机制，优化了铁水和钢水的运输路径；创建了铸-轧界面多路径负荷均衡的铸坯层流运行机制，铸坯非计划倒跨比例趋近于零。显著减少了流程运行的不确定性和随机性，为贯通全流程的智能化运行奠定了物理基础。

② 创新开发从高炉炼铁到热轧全过程所涉及的关键界面及亚界面技术群和多层次一体化协同运行规则库，支撑了全流程层流运行及一体化动态调度。从高炉出铁至进KR铁水温降减少了13.3%，炼钢区段钢包周转率提升至7.4次/天，铸-轧界面全钢种月平均铸坯热装温度从425℃提升至567℃，热装率从56.1%提升至72.3%。

③ 首次构建从高炉炼铁到热轧全过程多层级网络化智能体动态仿真模型和一体化流

程网络仿真平台，完整呈现了全流程物质流运行、设备状态及铸坯库存变化，全过程运行时间的仿真精度在10min以内的命中率大于等于95%，显著减少了工艺试错成本，为制定、验证流程运行规则和各工序协同调度提供了定量解析、迭代寻优的新途径。

④ 首创融合物质、能量、时间、空间、信息等要素的从高炉炼铁到热轧全过程的动态甘特图，实现全过程一图贯通、生产状态一图描述和智能化调控一图指挥。铁水运输时间由123min降至81min，铁素物质流从KR进站到连铸开浇时间由171.8min缩短至155.6min，显著提高了全流程生产效率和连续化程度。

通过项目的实施，实现信息物理系统融合的流程智能化，获得了全流程生产效率的显著提升，项目成果在唐钢新区上线运行后，各区段运行指标显著提升，铁包、钢包周转率和板坯入炉温度显著提高，降低了铁水的温降、出钢温度，产品质量稳定性明显增强。项目突破炼铁-炼钢-连铸-轧钢区段瓶颈，建立了信息物理深度融合系统，实现了跨工序连续紧凑、动态有序运行，为钢铁行业流程智能化树立了样板。

### 2.4.2 有色金属生产自动化应用案例

**（1）铜冶炼智能工厂——江西铜业集团贵溪冶炼厂**

江西铜业集团旗下的贵溪冶炼厂是世界上最大的单体炼铜工厂，其阴极铜年产量已突破百万吨。作为大型铜冶炼厂，贵溪冶炼厂的生产具有以下特点：

① 生产原料来源广：贵溪冶炼厂的铜精矿来源于国内外上百家矿山，包含溶剂、燃料等数十种辅料；

② 物质流量大：贵溪冶炼厂每年的进出厂物质吞吐量超过700万t，其中入厂铜精矿超过200万t，杂铜超过30万t，产出硫酸超过200万t，阴极铜超过100万t；

③ 物料形态杂：贵溪冶炼厂拥有两套以闪速炉为核心的生产系统，物质跨数十个工序流转，包含冰铜、粗铜、阳极铜、阴极铜、炉渣等中间物料，生产销售阴极铜、金、银、铂、钯、硒、碲、铼、铋、硫酸、硫酸铜、三氧化二砷等产品；

④ 生产过程动态不确定：熔炼过程极易受原料、操作条件等生产因素影响进而影响吹炼进程；

⑤ 关键装备故障频发：铜闪速炉、转炉、阳极炉、电解槽等均是铜冶炼生产过程的关键装备，但由于其处于高温、高腐蚀等环境下，装备运行易出现故障。

在智能工厂建设前，原料来源广、物质流量大、关键装备故障频发等因素造成贵溪冶炼厂物质流与生产节拍不协调、能源浪费严重、生产效率与生产质量提升遭遇瓶颈。通过智能工厂建设，运用关键技术解决生产难题，实现提质增效，所取得的技术应用效果具体如下：

① 突破了复杂铜精矿配料优化技术，解决了矿源动态不确定条件下的优化配料难题，其入炉物料达优率提升4%，组分平均波动幅度降低7.2%，铜精矿安全库存从11万t降低到7万t，提高了高杂低品位矿（Cu＜20%、Pb+Zn＞5%）的处理能力，高杂低品位铜精矿年处理量增加30万t。

② 突破了多作业模式下多炉动态协同调度技术，解决了物质流与生产节拍的协同难题，闪速炉作业率从97.02%提升到99.61%，提升了2.59%，居世界第一；阳极炉单周期有效作业时长提高了79%。

③ 突破了关键装备智能监测技术，保障了熔炼炉、电解槽等关键装备的安全稳定运

行，转炉检修周期从214炉提高到365炉；电解电流效率从98.18%提高到98.68%，提高了0.5%；阴极铜合格率从99.57%提高到99.72%，提高了0.15%。

④ 研发了铁运物料调度系统、检化验系统、极板自动转运装备与系统、尾矿智能装车系统、始极片智能剥片机组、硫酸铜智能立体仓储系统、汽车自动装酸系统等在内的铜冶炼全流程智能装备与系统，极大地提升了生产效率与生产质量，降本增效显著。

智能工厂整体技术应用后，有力支撑了贵溪冶炼厂吨铜冶炼综合能耗、铜总回收率、精矿处理能力等核心指标达到世界第一，近三年直接经济效益上亿元，为我国铜冶炼智能工厂建设树立了典范。

**（2）锌冶炼智能工厂——株洲冶炼集团**

株洲冶炼集团是我国铅锌冶炼行业标杆企业、最大的铅锌冶炼基地，其生产规模多年保持国内第一、世界前五，发展态势强劲。然而，该企业锌精矿原料来自数百家矿山，不同矿山、不同批次的锌精矿中主金属锌和铜、铅等伴生元素成分变化大。盲目粗放的操作易造成工序工艺指标超标的现象，且受到大惯性、指标间的复杂关联等影响，需要数天甚至数周的调整才能让生产工艺恢复到正常状态，难以长期稳定优化运行，直接影响产品的质量、生产效率和成本。

为避免复杂原料条件下因长时间反复调整产生的不必要能耗、物耗，保障产品质量，提高工艺对复杂原料的适应能力，中南大学在该生产线新建工程中开发了由全流程协同优化平台以及焙烧、浸出、净化、电解等工序的优化控制系统组成的锌冶炼过程协同优化与智能控制系统。系统架构如图1-2-5所示。其中，协同优化与智能控制系统从现场DCS系统和MES系统获取实时过程参数和工艺指标化验结果；全流程协同优化平台提供各工序工艺指标优化设定值；各工序优化控制系统优化得到各反应器工艺指标和操作参数的设定值，并将操作参数设定值提供给现场DCS控制系统。

经历了离线对比分析、半自动试运行和全面投入运行阶段，锌冶炼过程协同优化与智能控制系统的具体应用效果如下：

① 焙烧工序标温的平均波动从23℃降低至10℃，有效地提高了焙烧氛围的稳定性。

② 浸出工序应用前后终点pH值最大值分别为6.22和6.18，最小值分别为5.72和5.81。优化控制下浸出终点pH值达标率提升3.9%，达到100%（6±0.20），有价金属锌的浸出率提高2.39%。

③ 净化工序应用前后出口钴离子浓度最大值分别为0.75mg/L和0.68mg/L，最小值分别为0.36mg/L和0.32mg/L，均值分别为0.54mg/L和0.48mg/L。优化控制降低了入口钴离子浓度对出口钴离子浓度的影响，钴离子浓度达标率提升1.4%，达到100%（≤0.7mg/L），锌粉消耗降低11.64%。

④ 电解工序酸锌离子浓度应用前分别有3次和1次超标，应用后均未超标，且通过对新液流量的及时调控避免浓度超限，比应用前波动更小。

总体上，锌冶炼过程协同优化与智能控制系统提升了酸锌离子浓度指标达标率，使得能耗降低2.69%。通过系统应用，实现了世界上最大焙烧炉、浸出、净化系统的优化控制，焙烧工序标温控制精度达到了±1%，浸出终端pH值控制精度达到了±0.2，提高了锌浸出率，降低了渣含锌量，净化后液杂质离子浓度达标率提升了3.7%，吨锌直流电耗、锌粉消耗等经济技术指标国际领先，可处理高铜、高铅等难冶矿，扩展了工艺适用的原料范围，锌产品纯度稳定达到99.996%，提升了原料波动条件下复杂生产流程的稳定优化运行水平。

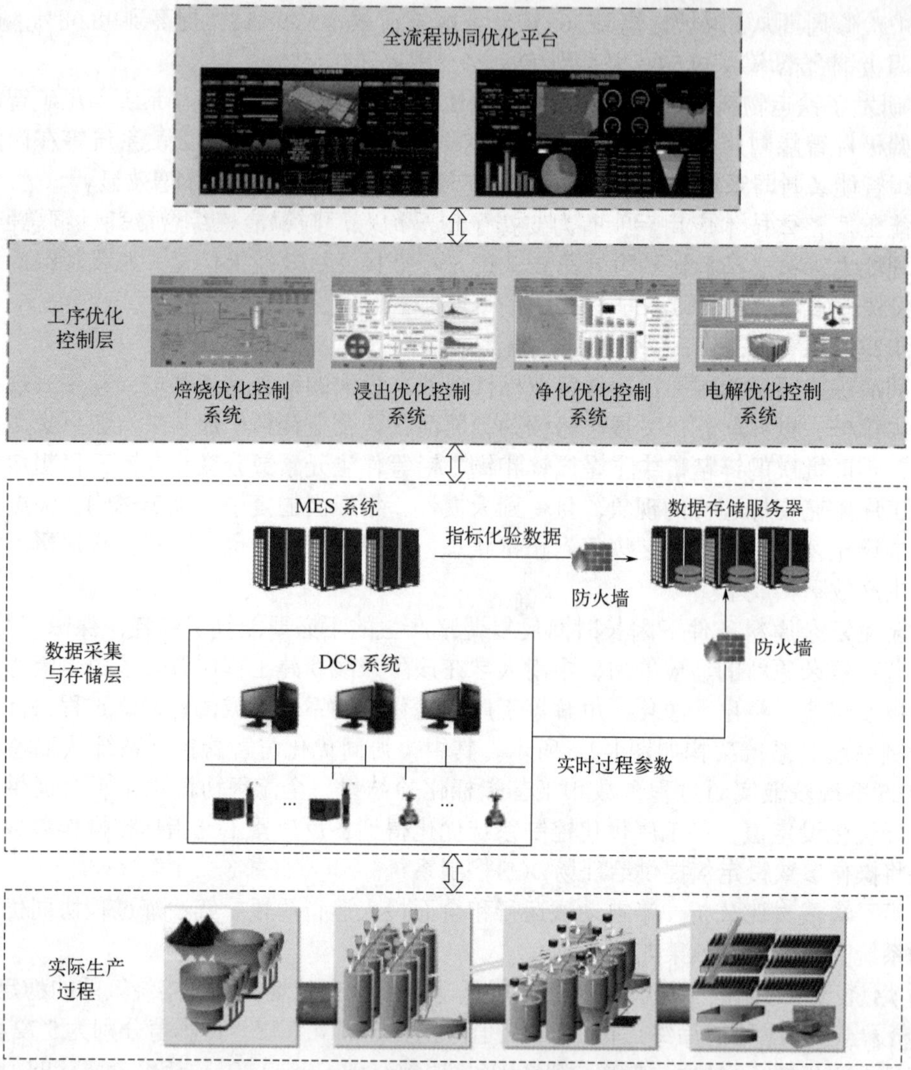


图 1-2-5　锌冶炼过程协同优化与智能控制系统架构

## 2.5　存在的问题与挑战

### 2.5.1　存在的问题

冶金流程由紧密衔接的多生产工艺过程构成，每一生产过程涉及复杂的物理化学变化且难以用机理模型描述，全流程物质流、能量流呈现网络化、非线性特征，经济新常态下的市场环境和用户个性化需求凸显不确定性，集中体现为“运行信息感知难”“行为特征建模难”和“运行管控实现难”等固有瓶颈。

**（1）运行信息感知难**

生产管控需要依据过程运行实时信息作为反馈，然而受现有检测技术及冶金过程的恶劣工况环境限制，冶金工艺过程关键运行变量和重要质量参数难以在线实时获取，过程控制和运行优化缺少反馈信息支撑。

**（2）行为特征建模难**

冶金过程多相多场耦合、非稳态、非平衡、强非线性等特征难以用机理模型描述，燃原料波动、设备运行状态变化常常引起生产工况条件变化，加之过程输入条件、状态变量和管控目标之间的关系十分复杂，现有数学模型不能完全描述这些关系；产品和工艺数字化程度不足，全流程各工序间非线性动态关联难以量化描述，上下游企业运行模式不透明。以上这些问题导致了管控决策的盲目性，需要解决融合机理、经验、数据和知识的冶金过程和管控流程建模问题。

**（3）运行管控实现难**

冶金过程是一个多变量、强耦合、非线性、大时滞过程，冶金流程是间歇式和连续式操作并存的复杂工业过程，需要解决过程稳态设定点全局优化，以及在扰动情况下如何动态调整和恢复等问题。生产管控和企业运营优化涉及管控流程重整、人员主观能动性发挥等因素，需要解决人机有机协同、知识工作自动化等问题。

近年来，工业互联网、大数据、云计算、人工智能、运筹优化等技术日新月异，为冶金自动化发展提供了新思路、新方法、新机遇。如何学习、掌握这些新技术，并融会贯通，形成新的知识谱系；如何针对具体问题，分析选择合适的方法和技术，解决实际应用问题，取得实效，向冶金自动化工作者提出了新的挑战。包括感知、通信、计算、控制一体化问题，管理、决策、控制一体化问题，以及机理解析和数据驱动结合的管控等问题。

### 2.5.2 面临的挑战

未来冶金工业将呈现自动化生产、科学化设计、知识化经营、社会化协同的新局面、新模式。生产现场操控人员将大大减少，开发设计、生产管理人员等知识工作者将从繁杂的事务性工作中解脱出来，主要从事创造性的产品开发、工艺改进、生产优化等工作，供应链深入有序协同、跨行业物流能流集成和社会生态产业链构建，这些需求变化将进一步丰富和拓展冶金自动化的内涵和外延，对冶金自动化学科发展提出新的挑战。

## 2.6 发展建议

### 2.6.1 技术发展建议

冶金自动化技术发展重点包括：关键工艺变量在线连续自动检测，生产过程全自动化控制，冶炼-轧制工序间高度协同，面向批量定制、柔性生产的一体化计划调度，产品品质稳定性、适用性PDCA闭环管控，企业物质、能源、环境多目标动态优化，全流程精准设计和动态有序运行。

### 2.6.2 政策措施建议

**（1）统一规划，指导冶金工业数字化智能化发展**

结合冶金工业需求，在国家层面上组织制定冶金智能标准体系和技术路线图，制定冶金工业数字化、网络化、智能化制造行动计划和实施指南，对冶金工业智能装备、数字化工厂、关键技术等深化应用进行引导和支持。

**（2）推动产学研用模式，促进自主创新成果产业化**

以市场需求为导向，以产学研用结合的形式，整合企业、高等院校、科研机构等资源，共同致力于冶金工业数字化智能化制造关键技术研究、智能装备和数字化工厂开发、应用示范和推广。

---


本章负责人　　阳春华　中南大学
孙彦广　冶金自动化研究设计院

参加编写人员　孙　备　王　敏


---

# 第3章 炼油自动化

## 3.1 炼油自动化概述

炼油厂自动化工作可以追溯到20世纪50年代以前，主要集中在解决自动检测和计量的问题。此后才开始逐步开展过程控制方面的工作，如最初采用以基地式调节器为基础的单回路控制、基于气动单元组合仪表实现的集中控制等。

20世纪60～70年代，随着电子技术的高速发展，大规模集成电路和微处理器的问世进一步推动了控制技术、显示技术、计算机技术和通信技术等方面的发展，逐步形成了集中分散计算机分级控制思想，使整个企业能够通过计算机实现设定值控制。同时也衍生了前馈、自适应、多变量和最优控制等高级控制技术。

进入20世纪80年代，主要的炼油装置陆续引入了DCS，装置运行水平大幅提高。随着电子元器件和外部设备的小型化和大容量化，我国炼油工业测量技术和控制器技术不断升级更新，从现场手工操作逐渐过渡到自动控制，从单回路控制发展到高级复杂系统控制，自动化技术水平、控制规模和安全等级等方面都得到了显著提高。

当前，在工业生产中，传统的PID调节技术（比例、积分、微分控制）仍然是DCS的主流应用。该技术尽管在许多工业过程中得到了广泛应用，但在一些复杂、不确定性和非线性特征明显的生产过程中，其短板逐步显现。为了应对这些复杂的控制需求，先进过程控制（APC）技术应运而生，能够灵活适应各种复杂情况，为企业创造更大的利益。APC已经在各个领域取得了广泛应用，并且随着控制理论的不断发展，其应用范围进一步扩大，得到更广泛的认可。与此同时，实时在线优化技术（RTO）也在炼油厂等领域应用，不仅可以与APC结合形成在线实时优化的闭环控制系统，而且内嵌的工艺模型还可以对生产装置性能进行实时评估，包括对塔盘效率、换热器传热系数、催化剂寿命、机组效能、液泛等生产性能指标，实现了所谓的“数字孪生”应用。

现在很多企业面对的都是大规模的生产系统，变量很多，关系复杂，以往纯粹的先进过程控制系统也难以完全满足生产要求。比如要控制一个高分子产品的质量，它的影响因素除了直接的有显著影响的变量之外，还取决于原料的性质、催化剂的性质，甚至天气温度和大气湿度，这些因素都是难以测量的，或者是只能用间接的变量去表征，这需要同时用很多的变量才能建立因果关系。这种因果关系对于任何一个具体的变量来讲都是非常小的，甚至能和该变量的噪声在一个数量级，这样就不能说它有很明确的传统意义上的因果关系了。如果按传统的因果变量方法去设计这类系统的自动化，就会遇到很大困难，设计出来的系统也难以有效地工作。处理这一类系统的控制问题，需要用概率和统计的思想方法，比如现在常用的随机过程理论、数据挖掘算法、机器学习算法等。现在高速发展的数据挖掘技术、机器学习算法等以人工智能、大数据为代表的新一代信息技术在处理这类问题时表现出了极大的优越性，对炼油工业数字化转型将产生巨大的推动作用。

以上主要是在装置运行层面的技术革新，在全厂经营决策和生产管控方面，从20世纪90年代开始，我国炼油工业开始使用生产管理信息系统，此阶段信息技术的应用还是以企业分散建设为主。2000年之后，炼油工业领域的信息化建设进入快速发展阶段。在经营管理方面，企业资源计划（ERP）系统建设全面开展，并建立了供应链和电子商务等信息系统。在生产执行方面，完成了生产执行系统（MES）的建设，使生产数据的覆盖范围更广、频度更高、粒度更细、准确性更高。信息技术在企业生产计划优化、调度优化和流程模拟等方面的应用显著提高了工作效率和排产精度，实现了资源和加工流程的优化。

从技术层面来看，我国炼油工业在装备、工艺、催化剂等方面已经达到了与发达国家及世界先进水平相近的水平。然而，与其他国家相比，能耗、物耗以及化工产品收率等指标与国外先进水平仍差距较大。随着炼化企业逐步向一体化、大型化、规模化发展，大数据、人工智能、云计算、物联网等新一代信息技术已经逐步改变炼油行业的生产、销售和管理决策等业务模式，推动着炼油厂的数字化转型。鉴于此，构建数字化炼油厂和智能炼油厂，从生产、经营和管控等领域进行优化，提高炼油厂的生产经营效益，使其更加高效、绿色和低碳，已经成为炼油行业的关键任务。

## 3.2 炼油自动化仪表与控制系统

### 3.2.1 概述

随着炼油生产规模的不断扩大、生产过程的强化，以及对产品质量的严格要求，人工操作和一般的控制已经远远不能满足现代化生产的需要，过程控制系统已成为保证炼油生产过程安全、优化、低耗和高效生产的主要技术手段。在自动化技术领域中产生了极大的影响和推动作用。

现代自动控制依托于工业计算机、监控体系、I/O装置，实现了低成本且高效稳定的控制，在各大炼油厂快速普及。在现代炼油过程中，运用自动化技术，采用成熟的控制算法和控制方案，实现控制理论和工程技术的协调，从加工到产品产出整个过程纳入自动控制系统，实现过程中对温度、压力、流量、液位等参数的控制。现代炼油装置中使用的主要控制系统有：可编程逻辑控制器（PLC）、分散控制系统（DCS）、现场总线控制系统（FCS）和安全仪表系统（SIS）。

除了PLC、DCS、FCS、SIS，为满足企业的不同需求，过程控制系统的设置更加精细，现代炼油装置中使用的控制系统还有数据采集与监视控制（SCADA）系统、压缩机组控制系统（CCS）、操作员培训仿真系统（OTS）等。

SCADA系统是以计算机为基础的DCS与电力自动化监控系统，可应用于电力、冶金、炼油、化工、天然气、铁路等领域的数据采集与监视控制以及过程控制等，并能显著降低劳动力成本、改善工厂的性能，同时节省管理时间；另外，因SCADA系统在中心位置收集信息，所以人员无须在现场。SCADA系统自诞生之日起就与计算机技术的发展紧密相关，至今已发展三代系统。

CCS是为压缩机配备的过程控制系统。作为动力、冶金、石化、气体分离及天然气输送等工业部门的关键设备，压缩机是必不可少的装备，从稳定工况、安全生产角度出发，需要配备CCS。

OTS的核心在于仿真模拟技术，它在计算机上模拟化工、石化、炼油等行业的各个流程，构建相应的虚拟工厂，包括生产过程及其控制逻辑。基于这个虚拟工厂，OTS实现了对工厂过程和控制逻辑的模拟、调整和培训，以减少开车、停车、故障和装置事故等情况下的事故损失。早期的仿真系统主要采用已经停运的小规模实际装置作为模型进行仿真练习，但这种方法受到运转特性的限制。在随后的发展中，为了增强培训效果，改进了模型的设计。后期的仿真系统将实际装置上运转操作的主体部分（如泵的运转、阀门的开关等）和过程控制部分分开进行培训，以更好地满足不同类型的操作培训需求。通过OTS，操作人员可以在虚拟环境中进行实际操作练习，调整和优化控制逻辑，从而提高他们在实际生产中的应对能力。这种虚拟培训方式有效地降低了事故风险，减少了生产过程中的人为错误，对提高生产安全性和效率具有积极的作用。

世界范围内石油炼制技术不断进步，我国石油炼制行业也正加快与国际接轨的步伐。石油炼制的不断发展促进了自动化技术的发展，进而为炼油厂长周期、满负荷、高质量、多品种、安全稳定运行、提高经济效益提供了可靠保证。

### 3.2.2 炼油自动化仪表

随着信息化的不断发展，企业及国家经济发展对石油炼制工业自动化仪表的使用提出了更高的要求，在此背景下，检测仪表的智能化程度得到了全面提升。过程检测仪表的主要作用是对石油炼制作业过程中的供给参数进行记录、智能检测与控制。现阶段常用的自动化仪表通常是以嵌入式单片机为核心的，单片机模式的使用进一步提升了检测仪表的智能化与数字化程度。

在炼油工业仪表控制系统的制造和应用领域，随着新技术、新工艺、新材料，特别是计算机技术、显示技术和通信技术的快速发展和应用，炼油工业仪表自动化呈现出一系列新的特点和趋势。其中，炼油工业仪表的发展方向主要包括小型化、模块化、高可靠性和智能化。

仪表智能化指的是采用大规模集成电路技术、微处理器技术、接口通信技术，并利用嵌入式软件进行协调内部操作，使仪表具备智能化处理的功能，便于信息沟通。智能化仪表可以通过网络组成新型的、开放式的测控系统，为炼油工业提供更灵活、高效的自动化解决方案。另外炼油工业仪表还具有总线化、数字化和无线化的特点。仪表的总线化使得它们可以通过现场总线技术在计算机领域进行互联，促使集中和分散测控系统更加容易组建。现场仪表的总线化是数字化的基础，也是智能工厂和物联网发展的方向。同时，通过无线通信技术与控制系统互联也是一个明显的发展趋势。无线智能变送器的应用在偏远无人值守的站场中越来越普遍。

随着工业信息网络技术的不断发展，新型自动化仪表系统已经形成，具备数字化和开放性的特点，提供多种接入方式、完善的通信接口和标准化的通信协议，可以连接各种现场测控仪表或执行器设备。通过网络形成具有特定功能的测控系统，实现了多种智能化现场测控设备的开放互联系统，实现了数据资源的共享。

石油炼制的过程比较复杂，对物料分析也有各种各样的要求，包括原油、馏分油、成品油等。典型的分析技术包括实验室化验分析技术，如实沸点蒸馏、密度分析、硫分析等，以及在线分析技术，包括近红外技术、核磁技术，以及拉曼技术等。这些先进的快评技术可以为先进过程控制、实时优化以及经营决策提供敏捷、准确、可靠的数据来源，是数字化转型不可或缺的核心技术之一。

### 3.2.3 炼油控制系统

（1）分散控制系统

DCS的硬件系统通常由工程师站、操作员站、服务器、操作台、打印机、控制站、输入/输出卡件、仪表柜、电源、通信卡件及网络设备等组成；软件系统通常可以为用户提供相当丰富的功能软件模块和功能软件包，控制工程师利用DCS提供的组态软件，将各种功能软件进行适当的“组装连接”组态，生成满足控制系统要求的各种应用软件。软件主要分为系统软件、应用软件、通信软件及组态软件，如图1-3-1所示。

现代炼油化工企业通常采用全厂中心控制室和多个现场机柜室及少量现场控制室模式，在中心控制室对全厂主要工艺装置及辅助系统进行操作管理。DCS操作站设置在中心控制室的操作区，操作站通常根据工艺装置的相互关系、生产操作管理的岗位分工等因素进行联合分区设置；DCS的控制站及相应的过程接口单元等设置在相应的现场机柜室。通常在中心控制室设置全局性的工程师站，用于整个DCS的软件组态、系统调试、日常维护、故障诊断等，在现场机柜室内设装置或区域级的工程师站，用于现场调试、开车及维护等。中心控制室的DCS设备与各现场机柜室的DCS设备采用冗余光缆或电缆进行连接，构成一个完整的DCS系统。

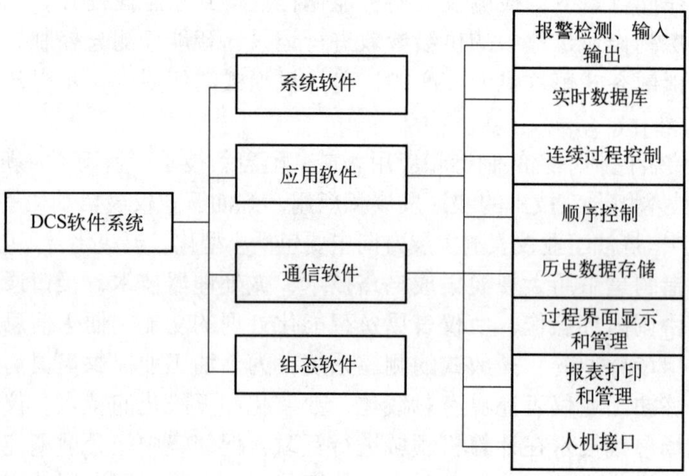


图1-3-1 DCS软件系统

（2）现场总线控制系统

FCS把DCS中的集中与分散相结合的概念变成了新型的全分布式测控系统。作为工厂数字通信网络的基础，FCS沟通了生产过程现场控制设备之间及其与更高控制管理层之间的联系。它向下深入现场的每一台仪表、执行机构，把控制功能彻底放到现场，依靠现场智能设备本身便可实现基本控制功能；向上连接到生产管理、企业经营的方方面面，为企业提供全面的解决方案。

在FCS中，模拟信号仪表被符合现场总线标准的双向通信全数字智能仪表所代替，实现传输信号数字化，转变为全数字控制系统。FCS的开放性解决了数字系统的兼容性问题，协议的完全开放使得不同生产商的产品之间可以互换和互操作。这不但给生产商和用户带来了极大的方便，而且突破了DCS中专用网络的封闭系统所造成的缺陷，把封闭、专用的解决方案变成了开放、标准化的解决方案。

与传统的DCS相比，FCS将控制功能由控制站分散到了现场中完成，现场数据直接通过数字信号远传到操作站中。DCS与FCS的区别见表1-3-1。

FCS的出现促进了现场设备的数字化和网络化，并且使现场控制的功能更加强大。但DCS作为底层控制仍占有炼油装置大部分份额。FCS是发展方向，从走向应用考虑，在现阶段应使FCS系统和传统的DCS系统尽可能地协同工作，这种集成方案能够更灵活地进行系统组态，得到更广泛的应用且具有实用价值。

表1-3-1 分散控制系统（DCS）与现场总线控制系统（FCS）的区别

| 项目 | 分散控制系统（DCS） | 现场总线控制系统（FCS） |
| --- | --- | --- |
| 设备名称 | 现场设备的上一层，称为控制站 | 现场设备的上一层，称为服务器 |
| 硬线连线 | 控制站以上为网络，控制站以下为一对一（IO）的设备连接 | 服务器以上为网络、服务器以下为网络，即网络延伸至现场设备级 |
| 控制功能 | 控制功能集中在控制器上 | 控制功能分散至现场仪表 |
| 传输线的功能 | 信号传输 | 可用通信线供电，通常为双绞线 |
| 信号的类型 | 部分数字信号，部分模拟 | 全数字信号 |

**（3）炼油工业其他常见控制系统**

① 安全仪表系统。安全仪表系统又称为安全联锁系统（SIS），主要为工厂控制系统中的报警和联锁部分，对控制系统中检测的结果实施报警动作、调节或停机控制，是工厂自动控制的重要组成部分。

根据安全标准IEC 61508、IEC 61511和《国家安全生产监督管理总局令（第40号）》的规定，不同等级的重大危险源应进行辨识分级和安全评估，并配备相应的SIS。进行安全功能设计可有效确保工业过程处于安全状态。SIS不仅可以将危险事故降低到最低，而且还能避免工业生产中重大事故、灾害的发生。对于具体的工艺装置而言，是否需要设置安全仪表系统或设置何种安全仪表系统，由工艺装置对安全仪表功能的安全完整性等级（SIL）要求来决定。

② 压缩机组控制系统。压缩机组控制系统（CCS）通常是一套独立的控制系统，用于完成压缩机组的监控、调速、防喘振控制及相关过程控制监视等功能，主要功能为：透平转速控制、防喘振控制、过程控制。

③ 可燃及有毒气体检测系统。可燃及有毒气体检测系统（GDS）几乎在所有的炼油装置中都需要。在工艺装置及辅助设施内可能存在泄漏或聚集可燃气体、有毒气体的地方设置GDS。在以往的部分实践中，企业将GDS合并在DCS系统中，此做法与单独设置DCS相比安全性能降低，在响应时间、设备可靠性和人员安全上都存在隐患。

④ 智能仪表设备管理系统。智能仪表设备管理系统（IDM）主要用于现场智能仪表的调校、诊断、维护、管理。由于智能仪表（智能变送仪、智能阀门定位器等）的普及，IDM已在炼油化工项目中普遍应用。IDM通常与DCS系统联合配置，在基本的DCS系统基础上配置相应的信号处理单元、服务器、客户端、相关的软件等。IDM服务器可设置在中心控制室或现场机柜室，通过DCS系统局域网和相应的FF或可寻址远程传感器高速通道的开放通信协议（HART）智能仪表信号通信连接。在中心控制室的工程师站内可设有公共IDM工作站，对所有装置单元的现场智能仪表进行维护和管理。

# 3.3 炼油数字孪生技术

## 3.3.1 概述

数字孪生技术是炼油工业智能制造的核心组成部分。依托该技术建立的炼油数字孪生技术架构如图1-3-2所示。通过应用该技术和系统，用户能对常减压、连续重整、蜡油加氢裂化、催化裂化、渣油加氢、延迟焦化、催化裂化汽油吸附脱硫（S-Zorb）、汽柴油加氢等炼油主装置的模型进行仿真测试，同时针对各个装置模型开发了自动校核功能，进一步提高模型精确度，增强应用潜力。具体功能包括收率与性质实时仿真、工况选择、模型自动校正和分析报表导出。

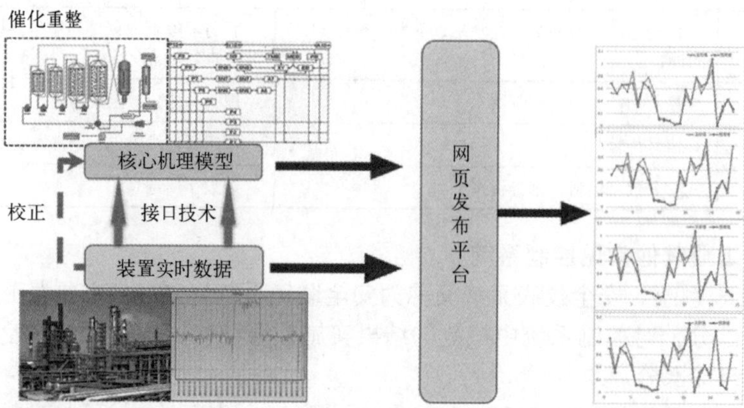


图1-3-2 炼油数字孪生技术架构

工艺过程数字孪生主要包括炼油分馏和反应过程单元模型与集成等，具体涉及数据调和技术、显著误差检测技术、机理模型构建技术以及模型自动校正技术实现。

炼油过程系统的过程数据是过程控制与优化的基础。通过仪表测量获取过程数据不仅存在随机误差，而且有时还存在显著误差，直接影响过程控制与优化的准确性。因此采用数据调和与显著误差检测技术，调整测量数据，剔除显著误差，减小随机误差的影响，提高测量数据的质量是过程控制与优化实现过程中重要的环节。

对于大多数过程系统来说，基于严格机理模型的数据调和问题是一个大规模、非线性优化问题，求解计算复杂然而灵活性好。由于严格机理模型同时包括物料平衡、能量平衡、相平衡及组分归一等方程，当测量信息丰富时，可对进料的流量、组分及压力等多种测量数据同时进行数据调和，调和结果相比前两种技术一般会更加精确。然而由于基于这种技术的数据调和问题是一个大规模、非线性优化问题，因此模型参数较多，问题的求解对参数比较敏感，如果参数波动较大，难以保证求解的收敛性。对于这类问题的求解，方程求解往往具有较大不稳定性。

在炼油过程系统中，由于测量数据具有不同的类型，因此在各种不同的测量信息的情况下进行数据调和有待解决。当测量变量改变时，应调整约束方程来进行数据调和。构造多层数据调和框架如图1-3-3所示。

此框架主要包括：

① 根据测量信息选择数据调和层数；

② 显著误差检测与剔除；

③ 数据调和得到测量变量与未测量变量的估计值。

基于此框架，测量信息不同时，均可调整模型进行数据调和，对炼油过程系统的不同测量信息情况可有效地进行数据调和。

炼油过程一般包括原油常减压蒸馏单元、催化重整单元、催化裂化单元、延迟焦化单元、汽柴油加氢精制单元等。对不同的过程处理单元，需要根据过程机理、过程动力学、热力学和流体力学采用不同的方法建立严格机理模型。

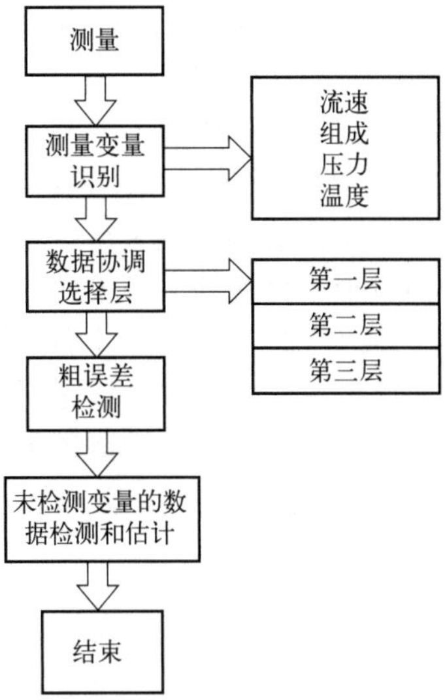


图 1-3-3　数据调和框架

## 3.3.2　常减压

常减压装置主要是由初馏塔、常压塔和减压塔组成的，这些塔的工作原理都是精馏原理，通过逐板分离提纯得到满足要求的各种产品。

与普通精馏塔的不同之处在于常减压处理的物料为具有复杂分子组成的原油。考虑到石油的特殊性，石油馏分是一种组成极其复杂的混合物，要按逐个组分来进行石油馏分的模拟计算显然是很难做到的，也没有必要。解决这个问题的方法就是将石油切割成沸程为10℃至数十摄氏度的窄馏分，然后求解它们的各种参数。尽管窄馏分的沸程可能窄至只有10 ～ 20℃，其中所含的组分数仍然以数十个计。因此，这种处理方法实际上是将一个石油窄馏分看成一个假想的组分，称为假组分（或虚拟组分）。对每一个假组分，可以像纯化合物那样，用一系列确定的数字来描述它的性质，如密度、沸点、分子量、临界常数以及偏心因子等。当不能直接获得某些性质数据的时候，可借用沸点与窄馏分的平均沸点相同或相近的纯烃（常常用正构烷烃）的数据，也可以通过特定的关联图或计算式求解。

装置的建模要确定变量数：塔的各变元函数之和，如温度、压力等，以及独立变量数（或称自由变量数）。通常将各塔的板数及其操作压力、进料位置、进料流率、组成及相态、加热取热器的位置及负荷、侧线产品位置及流率视为已知数，将各塔板的温度、液相流率、气相流率、液相组分、气相组分、热负荷和塔顶回流比、产品总量、气液比等作为变量。

综上所述，对于精馏过程的模拟计算需要先确定模型塔的基本方程组，然后确定要使用的汽-液平衡和焓模型，最后确定独立变量的确定方案和独立变量数。根据精馏基本原理，基于设计工况数据，建立能够良好描述常压塔和减压塔精馏过程操作特性的工艺模型，实现其流程模拟。融合装置实际运行数据与精馏过程机理模型，对精馏过程进行模型参数在线校正，确保所建立的模型能够适应不同生产工况，实现对实际工况的流程模拟。

此外，生产决策需要常减压装置模型足够精确的同时，还需要其非线性程度不能过高，这样的装置模型才能满足全厂的操作能够在相对可以接受的时间内得到优化。有学者建立了多项式模型以提升常减压模型的精度，但该模型高度非线性，需要开发特殊的优化算法，且在不确定性优化问题中需要耗费大量的求解时间。近年来有学者提出了一种高精度的常减压装置馏分切割模型（又称为馏分三段式常减压装置模型），其精度可以满足生产计划调度应用，同时又足够简洁，使其能够在大规模求解问题中满足快速求解的要求。

这个模型基于馏分真实沸点（TBP）曲线的三段区间进行分段线性近似。用于建模的数据通过常减压装置机理模型模拟生成。这个模型相比于混合常减压装置模型降低了部分计算的复杂度，不需要计算从初馏塔到常压塔进料和从常压塔到减压塔进料的流量和性质曲线（包括TBP曲线、密度曲线和硫含量曲线等）。馏分的TBP曲线中段通过馏分的分布、进料的TBP曲线和一些关键操作条件来确定。馏分的TBP曲线前段和后段用通过中段的直线和相对于该直线的垂直偏移量来表示。馏分的整体性质利用虚拟组分属性分布通过积分法来计算。常减压装置馏分切割模型的计算结果显示出其可以在0.5%以内的精度下近似机理模型模拟的TBP曲线。以重石脑油馏分为例，TBP曲线预测误差如图1-3-4所示。与混合常减压装置模型相比，常减压装置馏分切割模型有着近似或更好的精度，并且在馏分TBP曲线的前段和后段的误差分布更加集中。

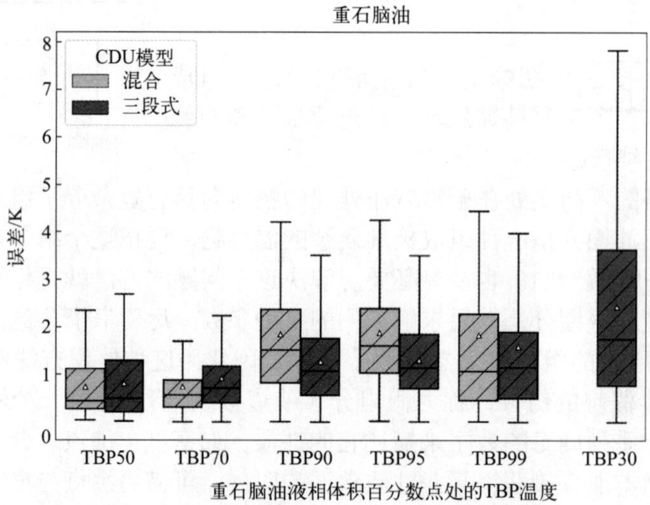


图1-3-4　重石脑油馏分 TBP 曲线预测误差

### 3.3.3　催化重整

对催化重整反应机理的剖析是进行催化重整反应动力学研究的前提。经典催化重整反应机理为Mills提出的双功能反应机理，即烷烃首先在金属中心脱氢生成烯烃，烯烃在酸中心进行环化、异构化和裂化反应。烯烃先环化生成五元环烃，而后异构化为六元环烃，进而在金属中心脱氢生成芳烃。虽然Burtron等提出烷烃在金属中心催化下可以直接进行六元环化和氢解反应，但工业上使用的重整催化剂都为双功能催化剂，金属中心与酸中心以合适的比例并存，故重整反应以双功能催化反应为主，主要发生的反应是六元环烷烃脱氢芳构化、环烷烃异构化、烷烃脱氢环化、烷烃异构化、加氢裂化、积炭等。目前，对于类似的复杂反应体系，一般采用集总的方法进行动力学分析。如此，既能保留反应核心机理，同时还能简化反应网络，降低动力学参数估计难度。近年来，国外许多工程公司以及科研机构，如Engelhard公司、埃索公司、Mobil石油公司、英国石油公司、法国石油公司，都对重整反应进行了深入的研究，提出了各自的催化重整集总反应动力学模型。图1-3-5所示为典型的33集总反应动力学网络，可用于实时预测重整装置关键产品收率、能耗等。工艺孪生模型主要基于以下考虑和假设：

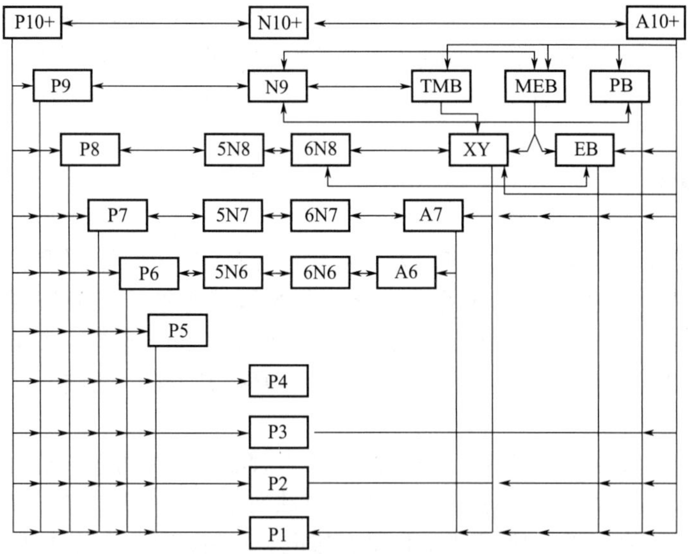


**图1-3-5 催化重整集总反应网络**

P1 ～ P9—1 ～ 9 个碳原子的烷烃；P10+ —10 个或更多碳原子的烷烃；5N6—6 个碳原子的五元环环烷烃；
5N7—7 个碳原子的五元环环烷烃；5N8—8 个碳原子的五元环环烷烃；6N6—6 个碳原子的六元环环烷烃；
6N7—7 个碳原子的六元环环烷烃；6N8—8 个碳原子的六元环环烷烃；N9—9 个碳原子的环烷烃；
N10+ —10 个或更多碳原子的环烷烃；A6—6 个碳原子的芳香烃；A7—7 个碳原子的芳香烃；
A10+ —10 个或更多碳原子的芳香烃；TMB—三甲苯；MEB—甲基乙基苯；PB—丙基苯；EB—乙基苯；XY—二甲苯

① 考虑到不同碳原子数烃类反应速率的差异，同时兼顾对裂化产物组成和氢气的预测，将全部组分按碳原子数划分为C1 ～ C10+组分，并将C5以上组分划分为烷烃（区分正异构）、五元环烷烃、六元环烷烃和芳烃。

② 为了能对芳烃的组成进行较为详细的预测，除了将芳烃组成按碳原子数划分外，还根据侧链的个数进一步将C8芳烃细分为二甲苯和乙基苯，将C9芳烃细分为三甲苯、甲基乙基苯和丙基苯。

③ 将脱氢环化、异构化、芳构化反应视为可逆反应，裂化反应视为不可逆反应。

④ 烷烃直接脱氢环化为六元环烷烃的速率接近于零，烷烃须经过五元环烷烃才能生成六元环烷烃。考虑到分析条件的不足，同时由于随着碳原子数增加五元环烷烃和六元环烷烃的异构化速率加快，故将C9及以上的五元环烷烃和六元环烷烃作为1个集总考虑。

⑤ 考虑到二甲苯和乙基苯之间的转化速率非常慢，认为二甲苯和乙基苯之间不可相互转化，同理，三甲苯、甲基乙基苯和丙基苯之间也不可相互转化。

⑥ 由于芳环非常稳定，所以只考虑芳烃侧链的裂化，而忽略芳环的裂化，对于多侧链芳烃的裂化反应，每步反应只考虑单一侧链的裂化反应；由于环烷烃的异构化和脱氢芳构化的反应速率很快，所以忽略它们的裂化反应；C1 ～ C4烷烃不再进一步裂化。

以上述模型假设和反应网络为基础，针对工业催化重整装置，建立链烃与环烷脱氢、芳构化制芳烃的催化反应机理的动力学模型。在此基础上，结合实际工业数据，通过工业反应器内组分浓度分布、温度分布、催化剂失活特性等对催化重整集总反应动力学模型参数进行估计，获取精确描述实际工况的石脑油催化重整反应过程的工业反应器模型。

在实际应用过程中，利用信息化技术可以直接获取在线运行数据，通过自动校正模型参数实现模型在线化。当重整原料结构切换，如加裂重石脑油占比调整时，模型可以根据实际运行情况动态调整模型参数，实现工艺在线孪生。经长期运行数据统计，应用相关技术后，催化重整模型对氢气、重整汽油等主产品收率预测绝对偏差不超过0.5%，辛烷值预测偏差在0.2个单位以内。

### 3.3.4 催化裂化

催化裂化是在高温、较低的反应压力和催化剂存在的条件下，将重质馏分油裂解转化为较轻、价值更高的烃类产品的过程。催化裂化装置是炼油厂核心装置。催化裂化原料含有烷烃、环烷烃、芳烃和少量烯烃。在催化裂化条件下，这些烃类可发生催化反应及非催化反应，如裂化、异构化、环化、氢转移、开环、热裂化、杂原子、脱氢、生焦、歧化等。

催化裂化装置的原料油主要有两类，即蜡油和渣油，在装置的实际运行过程中还会掺炼回炼油、污油、洗涤油等。原料油的特征化方法有很多，主流的有n-d-M法、Watson特性因数法、BMCI指数法等。随着科技的发展与进步，目前可以通过核磁共振原油快评系统实现对原油四组分的快速测定。主流的模拟技术普遍选择能够反映物料化学结构特性的族组成表征方法，即四组分法（饱和烃、芳烃、胶质、沥青质）进行原料油的特征化表征。针对催化裂化原料组分复杂、分子众多的问题，根据产物中烯烃、烷烃、环烷烃等分子特性，将反应体系物料组分划分为11种，见表1-3-2。

表1-3-2 反应体系中组分划分

| 序号 | 馏分 | 化学组成 | 集总符号 |
|---|---|---|---|
| 1 | 原料油 | 饱和烃 | SS |
| 2 | | 芳烃 | SA |
| 3 | | 胶质 + 沥青质 | SR |
| 4 | 柴油 | | D |
| 5 | 汽油 | 饱和烃 | GS |
| 6 | | 烯烃 | GO |
| 7 | | 芳烃 | GA |
| 8 | 液化气 | C3-C4 | LPG |
| 9 | 丙烯 | | C3= |
| 10 | 干气 | C1-C2 | DR |
| 11 | 焦炭 | | COKE |

针对反应复杂问题，在催化裂化模型建立过程中，假定反应为等温、气相、活塞流反应器，质点内扩散可忽略不计，并假定所有反应均为一级不可逆反应。考虑到碱氮中毒、重芳烃吸附及催化剂时变失活因素，模型反应动力学方程表达如下：

反应动力学微分方程：

$$r_i = \frac{dc_i}{dt} = -kf(A)f(N)\varphi(t_c)c_i \tag{1-3-1}$$

式中，$r_i$为集总$i$的反应速率；$c_i$为集总$i$的浓度；$t$为反应时间；$k$为反应速率常数，其表达式为：

$$k = k_0 \exp\left(-\frac{E}{RT}\right) \tag{1-3-2}$$

式中，$k_0$和$E$分别为指前因子和活化能；$R$为普适气体常数，通常取8.314J/(mol·K)；$T$为温度；$f$（$A$）为芳烃吸附函数，其表达式为：

$$f(\mathrm{A}) = \frac{1}{1 + k_\mathrm{A}(\omega_\mathrm{A} + \omega_\mathrm{R} + \omega_\mathrm{ASP})} \tag{1-3-3}$$

式中，$k_\mathrm{A}$为芳烃吸附因子；$\omega_\mathrm{A}$、$\omega_\mathrm{R}$、$\omega_\mathrm{ASP}$分别为原料中芳烃、胶质、沥青的质量分数；$f(\mathrm{N})$为碱氮吸附失活函数，其表达式为：

$$f(\mathrm{N}) = \frac{1}{1 + k_\mathrm{N}\omega_\mathrm{N}\dfrac{\dfrac{t_\mathrm{c}}{m(\mathrm{Cat})}}{m(\mathrm{oil})}} \tag{1-3-4}$$

式中，$k_\mathrm{N}$为碱氮失活系数；$\omega_\mathrm{N}$为碱氮质量分数；$m(\mathrm{Cat})$为催化剂质量；$m(\mathrm{oil})$为油品质量；$\varphi(t_\mathrm{c})$为催化剂时变失活函数，其表达式为：

$$\varphi(t_\mathrm{c}) = \frac{1}{1+\beta t_\mathrm{c}^{\gamma}} \tag{1-3-5}$$

式中，$t_\mathrm{c}$为催化剂停留时间；$\beta$、$\gamma$为失活系数。

典型的反应网络如图1-3-6所示。

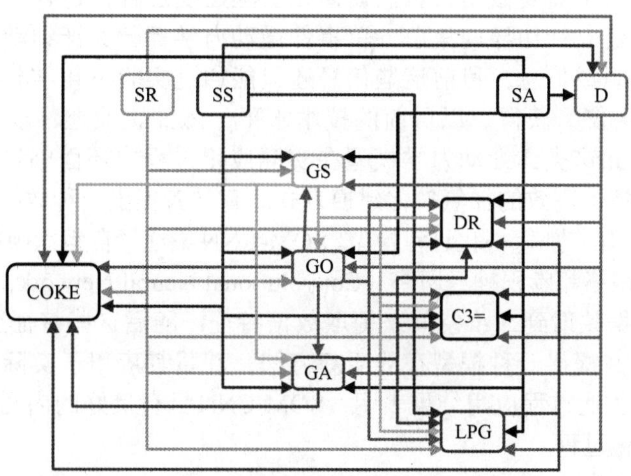


图1-3-6　催化裂化11集总反应网络

在以上动力学基础上，结合进料和催化剂指纹库技术，收集装置信息以及原料结构性质（密度、残炭、馏程、黏度等）、原料预热温度、反应温度、反应压力、剂油比、停留时间、吸收剂温度、补充吸收剂流量、吸收塔顶温度、解吸塔进料温度、催化剂循环量、吸收稳定系统操作压力、稳定塔回流比等关键操作条件，建立起能反映原料性质、装置工艺参数与产品收率和性质之间关系的催化裂化过程模拟模型。利用大量的装置生产数据，对基于机理模型的催化裂化装置模型的动力学参数进行调整，获得能够反映进料性质、操作条件等变化时，产物分布和产品性质的变化的催化裂化工艺装置模型。

### 3.3.5 加氢裂化

加氢裂化装置主要处理重质蜡油，并将其转化为轻质原料油、高品质柴油、航煤等。根据加氢裂化反应机理以及原料和产品特点，建立数学模型时考虑：链烷烃的加氢裂解、环烷烃和芳烃的脱侧链、环烷烃的开环及芳烃的饱和反应。并有如下假设：

① 任意两个不同集总之间都存在着重集总向轻集总的转化；

② 所有反应视为一级不可逆反应，无聚合反应；

③ 反应物流动形式为活塞流，不存在返混、扩散现象。

新报道的加氢裂化集总模型在此基础上对工业实际情况进一步修正：

① 考虑了反应器内流速的变化；

② 采用相同形式的动力学方程描述精制反应与裂化反应，但采用不同的动力学参数；

③ 考虑了每个反应床层的热效应差异。

相关模型可以描述加氢脱硫、加氢脱氮、加氢脱氧、烯烃饱和、芳烃饱和、环烷烃开环、环烷烃断侧链、链烃加氢裂化等反应。通过工业数据校正，模型能准确描述反应床层中各集总（产品）和温度的分布，准确预测产品产率和各床层出口温度，同时给出进入各床层的冷氢流量。相关报道显示，应用此类模型对7个床层出口温度的平均预测绝对误差仅为0.8℃，6种产品产率的平均预测绝对误差为0.5%。

此外，尽管机理模型可以揭示反应过程的本质，使我们可以对实际过程有更深的理解，但是建立机理模型通常需要研究者掌握大量关于研究对象的背景知识。由于实际反应过程非常复杂，通常需要做出大量假设简化机理建模过程，这在一定程度上也削弱了机理模型的性能。建立结构导向集总、单事件微动力学等一类详细动力学模型，需要提供进料的详细分子组成信息，目前这些信息还只能通过实验室化学分析仪器（如气相色谱、色谱-质谱联用仪）获得。以目前的技术水平，炼油企业还难以在线实时获得进料分子组成信息，因此这类详细动力学模型在实际应用过程中还面临诸多困难。数据驱动模型提供了一种便捷、高效的加氢裂化建模方式。有学者提出一种数据驱动的深度学习框架（SOM-CNN）来建立加氢裂化过程模型。SOM-CNN集成了自组织映射（Self-Organizing Map，SOM）神经网络和卷积神经网络（Convolutional Neural Network，CNN），其中SOM神经网络将输入数据映射到二维空间来提取数据特征，随后这些特征送入CNN进行深度特征融合和学习，并提出一种模型在线更新方法，并将其应用于实际加氢裂化过程稳态建模。在加氢裂化工业过程应用结果表明，SOM-CNN具有良好的内插和外推性能，可以很好地模拟加氢裂化过程。

### 3.3.6 延迟焦化

延迟焦化主要以渣油、油浆、污油等重质、劣质油品为原料，将其裂解为轻质产品。一般而言，延迟焦化因其原料分析情况和产品结构，将原料划分为饱和烃、轻芳烃、重芳烃、软胶质、硬胶质和沥青质六组分，将热转化产物划分为气体、汽油、饱和烃裂解中间馏分油、非饱和烃裂解中间馏分油和焦炭。典型的延迟焦化反应动力学为11集总反应动力学模型。反应网络如图1-3-7所示，反应网络包含28个反应速率常数。

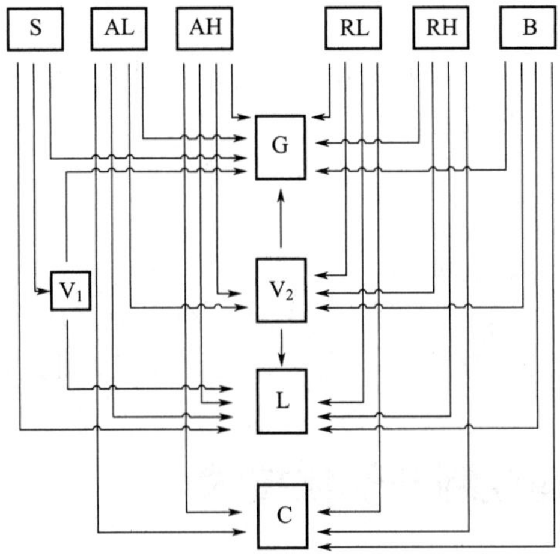


**图 1-3-7　延迟焦化 11 集总反应网络**

S—饱和烃；AL—轻芳烃；AH—重芳烃；RL—软胶质；RH—硬胶质；
B—沥青质；G—汽油；$V_1$—饱和烃中间馏分油；$V_2$—非饱和烃中间馏分油；L—液化气；C—焦炭

一级反应动力学方程组：

$$\frac{\mathrm{d}c_{\mathrm{s}}}{\mathrm{d}t}=-(k_{\mathrm{SG}}+k_{\mathrm{SL}}+k_{\mathrm{SV_1}})c_{\mathrm{s}} \tag{1-3-6}$$

$$\frac{\mathrm{d}c_{\mathrm{AL}}}{\mathrm{d}t}=-(k_{\mathrm{ALG}}+k_{\mathrm{ALL}}+k_{\mathrm{ALV_2}}+k_{\mathrm{ALC}})c_{\mathrm{AL}} \tag{1-3-7}$$

$$\frac{\mathrm{d}c_{\mathrm{AH}}}{\mathrm{d}t}=-(k_{\mathrm{AHG}}+k_{\mathrm{AHL}}+k_{\mathrm{AHV_2}}+k_{\mathrm{AHC}})c_{\mathrm{AH}} \tag{1-3-8}$$

$$\frac{\mathrm{d}c_{\mathrm{RL}}}{\mathrm{d}t}=-(k_{\mathrm{RLG}}+k_{\mathrm{RLL}}+k_{\mathrm{RLV_2}}+k_{\mathrm{RLC}})c_{\mathrm{RL}} \tag{1-3-9}$$

$$\frac{\mathrm{d}c_{\mathrm{RH}}}{\mathrm{d}t}=-(k_{\mathrm{RHG}}+k_{\mathrm{RHL}}+k_{\mathrm{RHV_2}}+k_{\mathrm{RHC}})c_{\mathrm{RH}} \tag{1-3-10}$$

$$\frac{\mathrm{d}c_{\mathrm{B}}}{\mathrm{d}t}=-(k_{\mathrm{BG}}+k_{\mathrm{BL}}+k_{\mathrm{BV_2}}+k_{\mathrm{BC}})c_{\mathrm{B}} \tag{1-3-11}$$

$$\frac{\mathrm{d}c_{\mathrm{V_1}}}{\mathrm{d}t}=k_{\mathrm{SV_1}}c_{\mathrm{S}}-(k_{\mathrm{V_1G}}+k_{\mathrm{V_1L}})c_{\mathrm{V_1}} \tag{1-3-12}$$

$$\frac{\mathrm{d}c_{\mathrm{V_2}}}{\mathrm{d}t}=k_{\mathrm{ALV_2}}c_{\mathrm{AL}}+k_{\mathrm{AHV_2}}c_{\mathrm{AH}}+k_{\mathrm{RLV_2}}c_{\mathrm{RL}}+k_{\mathrm{RHV_2}}c_{\mathrm{RH}}+k_{\mathrm{BV_2}}c_{\mathrm{B}}-(k_{\mathrm{V_2G}}+k_{\mathrm{V_2L}})c_{\mathrm{V_2}} \tag{1-3-13}$$

$$\frac{\mathrm{d}c_{\mathrm{L}}}{\mathrm{d}t}=k_{\mathrm{SL}}c_{\mathrm{S}}+k_{\mathrm{ALL}}c_{\mathrm{AL}}+k_{\mathrm{AHL}}c_{\mathrm{AH}}+k_{\mathrm{V_1L}}c_{\mathrm{V_1}}+k_{\mathrm{RLL}}c_{\mathrm{RL}}+k_{\mathrm{RHL}}c_{\mathrm{RH}}+k_{\mathrm{BL}}c_{\mathrm{B}}+k_{\mathrm{V_2L}}c_{\mathrm{V_2}} \tag{1-3-14}$$

$$\frac{\mathrm{d}c_{\mathrm{G}}}{\mathrm{d}t}=k_{\mathrm{SG}}c_{\mathrm{G}}+k_{\mathrm{ALG}}c_{\mathrm{G}}+k_{\mathrm{AHG}}c_{\mathrm{G}}+k_{\mathrm{V_1G}}c_{\mathrm{G}}+k_{\mathrm{RLG}}c_{\mathrm{G}}+k_{\mathrm{RHG}}c_{\mathrm{G}}+k_{\mathrm{BG}}c_{\mathrm{G}}+k_{\mathrm{V_2G}}c_{\mathrm{G}} \tag{1-3-15}$$

$$\frac{\mathrm{d}c_{\mathrm{c}}}{\mathrm{d}t}=k_{\mathrm{ALC}}c_{\mathrm{AL}}+k_{\mathrm{AHC}}c_{\mathrm{AH}}+k_{\mathrm{RLC}}c_{\mathrm{RL}}+k_{\mathrm{RHC}}c_{\mathrm{RH}}+k_{\mathrm{BC}}c_{\mathrm{B}} \tag{1-3-16}$$

式中，$\frac{\mathrm{d}c_i}{\mathrm{d}t}$表示反应物浓度随时间的变化；$c_i$表示反应物的浓度；$i$表示不同的反应物；$k_{pq}$表示从$p$物质到$q$物质的化学反应速率。

模型假设:

① 假设残渣油原料所包含的六个反应集总组分之间不发生相互反应;

② 所有反应均为一级不可逆反应;

③ 饱和烃集总裂解生成的中间馏分与其余五个集总组分裂解生产的中间馏分进一步裂解时反应性能不一样;

④ 饱和烃集总裂解不生成焦炭。

在以上机理模型基础上，结合实际工业数据进行工业反应产物分布对数学模型的参数校正，获取精确描述实际工况的渣油延迟焦化反应过程的工业反应器模型。

## 3.4 炼油先进过程控制与优化技术

### 3.4.1 概述

炼油先进过程控制与优化技术是应用于炼油过程的一系列先进工程和计算方法的集合，旨在提高生产过程的效率、降低成本、优化产品质量，同时确保符合环保和安全标准。这些技术结合了计算机科学、控制工程和化学工程等多个领域的知识，通过实时数据分析、先进的控制策略和优化算法，使炼油工厂能够更灵活地应对市场变化和原油品质的波动。炼油企业应用的典型先进过程控制与优化技术如下。

**（1）模型预测控制（MPC）**

模型预测控制是一种先进的控制策略，它基于数学模型对系统未来的行为进行预测，并通过实时优化来调整控制参数。在炼油中，MPC可用于优化常减压切割温度、加氢反应压力、装置流量等操作变量，以实现更高的产品产量和质量。

**（2）多变量控制（MVC）**

MVC技术考虑多个输入和输出变量之间的关系，通过联合调整这些变量，实现更有效的生产过程。它可以解析炼油过程中复杂的相互关系，提高整个系统的稳定性和性能。

**（3）先进的过程模拟和优化工具**

使用先进的过程模拟软件和优化工具，炼油工程师可以建立详细的过程模型，并利用这些模型进行系统的优化，以找到最佳操作条件，提高生产效率。

**（4）实时数据采集与分析**

先进的炼油工厂通常配置高度自动化的实时数据采集系统。通过使用传感器和监测设备实时监测关键参数，以识别并纠正潜在问题。

**（5）在线油品分析技术**

这包括采用在线光谱分析、气相色谱质谱联用（GC-MS）等技术，实时监测原油和产品的组成，以调整操作满足产品规格。

**（6）能源集成和优化**

通过优化能源的使用，包括蒸汽、电力等，可以降低生产成本。能源集成技术可通过整合不同能源系统提高能源效率。

**（7）高级控制技术**

包括先进的PID控制、模型预测控制（MPC）、优化控制等，用于更好地调节和控制炼油过程的各个阶段。

（8）**实时优化技术**

以准确可靠的机理模型、混合模型为基础，根据常减压、催化重整、催化裂化等核心装置关键指标要求，构建包含目标函数、决策变量、优化约束等元素的优化模型，结合确定性算法、智能优化算法等，形成实时优化解决方案，实现装置小时级调控。

（9）**故障诊断与容错控制**

先进的系统通常包括故障诊断和容错控制功能，能够检测并自动应对系统中可能发生的故障，提高工厂的可靠性。

## 3.4.2 油品在线快评技术

油品在线快评技术是指利用先进的近红外分析仪器和传感器，在油品生产过程中实时监测和评估产品的质量。这些技术有助于及时发现潜在的问题、调整生产参数，并确保最终产品符合规定的质量标准。以下是一些常见的油品在线快评技术。

（1）**近红外油品在线快评技术**

近红外油品在线快评技术是一种利用近红外光谱技术进行油品质量评估的方法。该技术通过测量油品在近红外光谱范围内的吸收、反射或透射特性，然后利用这些光谱信息来推断油品的组成、性质和质量等参数。近红外油品在线快评技术的一般步骤如下。

① 样品采集。收集代表性的油品样品，并确保样品的物理状态（如温度、压力）符合测试要求。

② 光谱测量。通过照射近红外光线到油品样本中，测量其透射或反射的光谱数据，可以分析油品的化学成分、浓度和其他特性。

③ 数据处理。将测得的光谱数据导入计算机进行数据处理和分析。这可能涉及数学模型、化学模型或机器学习算法，以便从光谱中提取有关油品性质的信息。

④ 模型建立。建立一个模型，该模型能够将光谱数据与已知的油品性质（如黏度、密度、硫含量等）相关联。这可以通过监督学习等方法来实现。

⑤ 在线监测。将建立的模型应用于实际生产中，实现对油品质量的在线监测。这使得生产过程中能够及时发现并纠正可能影响油品质量的问题。

近红外油品在线快评技术的优点包括快速、非破坏性、实时性强以及对多种油品进行快速检测的能力。它在石油、化工等行业的原油加工、油品生产和质量控制等方面有着广泛的应用。华东理工大学基于探头式近红外原油在线快评技术可以实现对原油密度、硫含量、残炭、石脑油收率、柴油收率、蜡油收率、渣油收率等关键性质的精确测量，分析过程自动进行，每次分析耗时仅数分钟，可以为原油调和在线控制优化和常减压装置操作优化提供实时数据。该方法与传统的原油快速测量方法相比，不需要复杂的样品预处理，具有操作简单、快速无损、灵敏度高、近红外光谱信噪比高、定量分析模型精度高等特点。

（2）**红外油品在线快评技术**

红外油品在线快评技术是一种利用红外光谱范围内的信息对油品进行快速评估的技术。与近红外光谱技术类似，红外光谱法也是一种非破坏性的分析方法，它利用油品分子在红外光谱范围内的吸收特性，通过测量样品对红外光的吸收，可以获取关于油品成分和性质的信息。以下是该技术的一般步骤和关键方面：

① 工作原理。红外光谱法利用油品分子的振动和转动引起红外光的吸收。这些吸收带有样品的分子信息，可以用来推断油品的组成、结构和其他性质。

② 样品准备。样品通常以液态形式进行测试，确保其在测试时的物理状态（如温度、压力）符合测试要求。

③ 红外光谱仪器。使用红外光谱仪器进行测量，这些仪器包括光源、样品单元和红外检测器。红外光谱仪器产生红外光，照射到样品上，然后测量样品对这些光的吸收。

④ 光谱数据采集。通过红外光谱仪器采集的数据包含油品在红外范围内的吸收光谱。这些光谱数据是评估油品性质的基础。

⑤ 数据处理和分析。将光谱数据导入计算机进行处理，可以采用化学计量学模型或者机器学习算法，建立光谱与油品性质之间的关系。化学计量学模型可以使用已知样品的光谱和相应的实验室测试数据进行训练，以便预测未知样品的性质。

⑥ 在线监测和实时性。将建立的模型应用于实际生产中，实现对油品质量的在线监测。红外油品在线快评技术可以提供实时反馈，有助于调整生产过程以维持产品质量。

⑦ 应用领域。用于原油加工厂，监测原油的组成和性质；在石油化工行业中，实时监测燃料油、润滑油等产品的质量；在油品生产和储运过程中用于质量控制和问题诊断。

红外油品在线快评技术在石油工业中也有广泛的应用，具有实时性和高灵敏度，使其成为油品生产和处理中质量控制的重要工具。

**（3）核磁共振油品在线快评技术**

核磁共振（NMR）油品在线快评技术是一种利用核磁共振原理进行油品质量评估的方法。核磁共振技术通过测量样品中原子核在磁场中的行为，可以提供关于样品组成和结构的信息。在线NMR技术允许在生产过程中实时监测和评估油品的性质。以下是该技术的一般步骤和关键方面:

① 工作原理。NMR利用样品中原子核在磁场中的行为，特别是其在外加射频脉冲作用下的共振现象。不同原子核（如氢、碳等）在磁场中的共振频率与其周围环境有关，从而提供了有关分子结构和环境的信息。

② 样品准备。样品通常以液态形式进行测试，确保其在测试时的物理状态（如温度、压力）符合测试要求。

③ 核磁共振仪器。使用核磁共振仪器进行测量，这些仪器包括磁体、射频发生器、探头等。样品放置在强磁场中，通过射频脉冲激发样品中的原子核，测量产生的核磁共振信号。

④ 光谱数据采集。通过核磁共振仪器采集的数据包含样品中原子核的共振频率和相对强度等信息。

⑤ 数据处理和分析。将光谱数据导入计算机进行处理和分析，可以使用化学计量学模型或者机器学习算法，将核磁共振信号与油品性质相关联。可以通过先前建立的模型，根据核磁共振光谱推测油品的成分、质量和其他性质。

⑥ 在线监测和实时性。将建立的模型应用于实际生产中，实现对油品质量的在线监测。在线NMR技术允许实时获得核磁共振数据，使其成为生产过程中质量监测的有力工具。

⑦ 应用领域。用于原油加工厂，监测原油的组成和性质；在石油化工行业中，实时监测燃料油、润滑油等产品的质量；在油品生产和储运过程中用于质量控制和问题诊断。

核磁共振油品在线快评技术具有高灵敏度和分辨率，可提供更详细的油品光谱特征信息，在九江石化、燕山石化等企业的原油和馏分油上应用。

**（4）拉曼油品在线快评技术**

拉曼油品在线快评技术是一种应用拉曼光谱学原理进行油品质量评估的先进方法。拉曼光谱学是一种基于光的散射而非吸收的光谱技术，可以提供有关分子的振动和旋转信

息。相关技术情况如下:

① 工作原理。当激光光束照射到样品上时，样品中的分子会发生散射。拉曼散射是一种光子与分子相互作用的现象，其中散射光的频率与入射激光光子的频率发生微小的变化，这被称为拉曼频移。这个频移包含了关于分子振动和旋转的信息。

② 样品准备。拉曼技术通常不需要样品准备，对样品的要求相对较低，因为它是一种非破坏性技术。液态、固态和气态的油品样品都可以进行测试。

③ 拉曼激光器。包括三部分。激光源：发射激光束以激发样品中的拉曼散射；样品单元：包括样品架或流通单元，用于将激光照射到样品并收集散射光；拉曼散射光谱仪：用于测量和记录拉曼散射光的频移。

④ 光谱数据采集。拉曼光谱仪测量样品后，获得的拉曼散射光谱包含了与样品中不同化学成分和分子振动模式相关的信息。

⑤ 数据处理和分析。将拉曼光谱数据导入计算机进行处理和分析。使用化学计量学模型或机器学习算法，建立光谱与油品性质之间的关系。

⑥ 在线监测和实时性。将建立的模型应用于实际生产中，实现对油品质量的在线监测。拉曼油品在线快评技术具有实时性，允许在生产过程中进行快速而准确的监测。

⑦ 应用领域。用于原油加工厂，监测原油的组成和性质。在石油化工行业中，实时监测燃料油、润滑油等产品的质量。在油品生产和储运过程中用于质量控制和问题诊断。

拉曼油品在线快评技术的优势包括不需要样品准备、非破坏性、实时监测能力以及对不同类型油品的适应性，尤其是进行远距离危化品和爆炸物等物品非接触式高信噪比、高灵敏度的快速检测和识别。拉曼光谱仪在石化生产过程中主要应用于汽油、喷气燃料、柴油等油品，以及天然气、页岩气等气体在线监测。国内仅有少数科研机构在进行实验研究，相关应用标准有待建立和完善，工业应用处于发展初期。而国外拉曼光谱仪在石油化工行业已有大量的成功应用案例，从事相关工业在线监测拉曼光谱仪设备开发的公司及研究机构有很多，如美国国家能源技术实验室NETL、美国Kaiser光学系统公司、美国MarqMetrix、德国tec5等。

## 3.4.3 炼油先进过程控制技术

### (1) 常减压

原油常减压装置是炼油过程中的关键设备之一，用于处理原油以分离不同组分。这种装置的主要目标是通过减小压力，从而引发原油中的轻质组分（如天然气和轻质烃类）从液态状态转变为气态状态，以便在后续的处理中进行分离和收集。随着我国进口原油的品种和数量越来越多，常减压装置的原料性质变化频繁，装置平稳操作难度进一步加大，依靠常规控制难以达到较好的效果，而采用先进过程控制技术可以提高装置的平稳性。

我国常减压装置先进过程控制通常选择初馏塔、常减压塔、常减压加热炉作为实施对象，采用初馏塔/常压塔控制器、常/减压进料加热炉控制器和减压塔控制器，主要控制目标是平稳装置操作、提高轻油收率、提高拔出率、控制过汽化率等。主要的控制器变量见表1-3-3和表1-3-4。

表1-3-3 初馏塔/常压塔控制器变量

| 被控变量 | 操作变量 | 干扰变量 |
| --- | --- | --- |
| 初顶汽油终馏点 | 初顶温度或回流量 | 常压塔进料量 |
| 常顶汽油终馏点 | 常顶温度或回流量 | 初馏塔顶压力 |

续表

| 被控变量 | 操作变量 | 干扰变量 |
| --- | --- | --- |
| 喷气燃料终馏点 | 常压炉出口温度 | 常压塔顶压力 |
| 喷气燃料冰点 | 常一线抽出量 | — |
| 喷气燃料闪点 | 常一线抽出量（如果有） | — |
| 常三线95%点 | 常三线抽出量<br>常顶循流量 | — |
| 过汽化率或常四线流量 | 常一中流量<br>常二中流量 | — |

表1-3-4　常 / 减压进料加热炉控制器变量

| 被控变量 | 操作变量 | 干扰变量 |
| --- | --- | --- |
| 加热炉烟气氧含量 | 初顶温度或回流量 | — |
| 加热炉炉膛负压 | 常顶温度或回流量 | — |
| 各支路出口与总管出口温度差值 | 常压炉出口温度 | — |
| 支路流量与平均值之差的最大值 | — | — |
| 加热炉进料总量 | — | — |

上述变量表中，产品95%点、终馏点、闪点、冰点等需要在线分析仪或软测量技术获得。随着我国原油对外依存度的不断升高，原油性质变化日趋频繁，原油和产品的在线质量分析技术应用也日渐增加。

常减压装置实施先进过程控制后，明显提高了装置运行的平稳性，产品质量控制标准偏差有所降低，产品质量更加稳定。另外，在操作变量允许的范围内，实现喷气燃料干点卡上限、闪点卡下限、冰点卡上限的控制目标，从而将常二线柴油组分中的喷气燃料组分上拨到常一线喷气燃料中，使得喷气燃料收率提高0.3～1个百分点。同样，通过卡边控制和优化减压炉出口温度，可以提高减压塔总拔出率，有效提高总液收。

提高常减压先进过程控制的应用效果，需要针对上述问题，增加在线分析仪投入；强化分析仪维护和日常保养，确保其运行良好；加强化验管理或采取技术措施确保化验采样时刻、数值的准确性；采取技术措施提高加热炉燃料气热值稳定性，提高加热炉温度控制平稳性。

**（2）催化重整**

催化重整是炼油厂主要加工轻质原料的装置。其核心功能是将低辛烷值的馏分（例如催化裂化产物）通过催化重整反应转化成高辛烷值的芳香烃。主要产品是高辛烷值的芳香烃，其中苯、甲苯和二甲苯是主要成分。这些产品被混合到汽油中，提高了汽油的辛烷值，使其更适合高效燃烧。催化重整装置按照工艺特点分主要有连续再生、半再生和固定床三种。随着规模越来越大，目前在运行的重整装置主要为连续再生工艺，先进过程控制技术也主要围绕该工艺进行介绍。

提高芳烃产率或辛烷值桶收率是重整先进过程控制的主要目标。在实施先进过程控制时，常用反应器加权平均入口温度（WAIT）和反应器加权平均床层温度（WABT）等软测量值表示反应器温度。主要变量如表1-3-5所示。

表 1-3-5　连续重整反应控制器变量

| 被控变量 | 操作变量 | 干扰变量 |
| --- | --- | --- |
| 反应器加权平均入口温度 | 加热炉出口温度设定 | 燃料气压力 |
| 各床层温差 | 加热炉风门开度 | 进料芳烃潜含量 |
| 反应器加权平均床层温度 | 加热炉烟气挡板开度 | 重整进料量 |
| 烟气含氧量 | — | — |
| 炉膛负压 | — | — |
| 加热炉管壁最高温度 | — | — |
| 重整生成油芳烃含量（或辛烷值） | — | — |
| 产品辛烷值桶收率 | — | — |

重整装置脱戊烷塔先进过程控制总体目标是：平稳操作，提高分离精度。主要控制器变量见表 1-3-6。

表 1-3-6　脱戊烷塔控制器变量

| 被控变量 | 操作变量 | 干扰变量 |
| --- | --- | --- |
| 灵敏板温度 | 再沸炉出口温度设定（加热蒸气量） | 塔进料温度 |
| 回流比 | 塔顶回流 | 塔进料温度 |
| 塔顶温度 | 塔底抽出量 | 塔顶回流温度 |
| 塔底温度 | — | — |
| 塔釜液位 | — | — |

反应控制器将产品质量和液收要求转化为反应温度要求，由加热炉出口温度设定进行控制。采用常规控制，当进料发生变化时，反应温度保持不变，造成产品质量的波动，而采用先进过程控制器后，能够优化反应深度、克服进料干扰，在保持产品质量平稳的基础上稳定提高产品质量。实施先进过程控制后，重整汽油的辛烷值一般能够增加 0.5 ～ 1 个单位。先进过程控制还能利用多变量解耦，在满足变量约束的前提下优化反应温度，可提高重整汽油液体收率约 1%。催化重整装置加热炉较多，先进过程控制器在满足加热炉安全运行的前提下，通过调节风门开度和烟道挡板开度等提高加热炉热效率。塔釜液位和灵敏板温度是体现脱戊塔平稳运行最重要的两个参数，先进过程控制器投用后，灵敏板温度、塔釜液位波动减少，塔工况更加稳定。

**（3）催化裂化**

催化裂化是炼油工业中装置数量多、加工能力大、效益较好的重要加工装置，特别是在我国，催化裂化装置是炼油厂加工重质蜡油和渣油的主要手段。主要产品包括轻质的汽油、烯烃、芳香烃和液化石油气。其中，汽油是催化裂化的主要目标产品，因为它是一种高附加值的燃料，用于驱动汽车等。

催化裂化装置在实施先进过程控制时，常采用反应再生、主分馏塔和吸收稳定三个控制器。对于反应再生部分，先进过程控制器主要用于控制反应深度和产品分布，在安全平稳生产的前提下，能以较大处理量、较高的产品质量和较低能耗实现最好的生产效果。反应再生控制器的主要变量如表 1-3-7 所示。

表1-3-7　催化裂化装置反应再生控制器变量

| 被控变量 | 操作变量 | 干扰变量 |
| --- | --- | --- |
| 再生器密相温度 | 新鲜进料流量 | — |
| 再生器稀相温度 | 掺渣比（如果有） | 再生器总风量 |
| 再生烟气氧含量 | 原料预热温度 | — |
| 再生滑阀阀位（压降） | 提升管出口温度 | — |
| 反应转化率 | 回炼油量 | — |
| 气体产品产率 | 再生器主风量 | — |
| 原料罐液位 | 外取热滑阀开度 | — |
| 回炼油罐液位 | 外取热器风量 | — |

上述变量中，再生器稀相温度和再生滑阀压降为安全约束变量。再生器烧焦效果、反应生焦量、密相温度均会影响稀相温度，在先进过程控制策略中，与此相关的各操作变量，其调节范围需要遵守该约束。

而再生滑阀阀位或压降作为催化剂循环量的间接表征，操作变量“提升管出口温度”的调节，要首先保证再生滑阀阀位在设定的约束范围。

对于催化裂化的反应-再生过程，未来的努力方向主要有两方面：

① 通过技术手段，提高反应转化率、气体产品产率、生焦量的实时计算精度，在此基础上，再进一步提升或实现反应-再生过程的先进过程控制；

② 采取RTO实时优化技术，将调度安排的反应进料流量、提升管出口温度两个主要调节手段纳入RTO优化调节，再结合回炼、掺渣等调节手段，通过实时寻优提高反应转化率。

主分馏塔控制器的目标是在设备约束范围内提高装置操作的平稳度、提高产品分离精度，如降低汽柴油重叠度、稳定产品质量。主要控制器变量如表1-3-8所示。

表1-3-8　催化裂化装置主分馏塔控制器变量

| 被控变量 | 操作变量 | 干扰变量 |
| --- | --- | --- |
| 粗汽油终馏点 | 顶循环返塔温控 | 提升管出口温度 |
| 柴油初馏点 | 顶循环回流量 | 新鲜进料量 |
| 柴油95%馏程温度 | 一中流量 | 回炼油量 |
| 柴油抽出温度 | 一中返塔温控 | 富吸收油流量 |
| 脱过热段气相温度 | 油浆上、下返塔流量 | |
| 油浆循环流量下限 | 油浆返塔温控 | |
| 塔底油浆温度 | 汽提蒸汽流量 | |

吸收稳定控制器的主要控制目标是提高产品纯度、提高产品质量，如干气中的C3+含量尽可能少、稳定汽油蒸气压合格。主要控制器变量如表1-3-9所示。

表1-3-9　催化裂化装置吸收稳定控制器变量

| 被控变量 | 操作变量 | 干扰变量 |
| --- | --- | --- |
| 干气C3+含量 | 补充吸收剂流量 | 粗汽油流量 |
| 液化气C2含量 | 再吸收剂流量 | 吸收塔富气进料量 |
| 液化气C5+含量 | 再吸收塔压力 | 补充吸收剂温度 |

续表

| 被控变量 | 操作变量 | 干扰变量 |
| --- | --- | --- |
| 稳定汽油蒸气压 | 解吸塔进料温度 | 富气进料温度 |
| 吸收塔进料液气比 | 解吸塔重沸返塔温度 | 稳定塔进料量 |
| 解吸塔顶温度 | 稳定塔顶压力 | 稳定塔进料温度 |
| 稳定塔顶压控阀位（或不凝气流量） | 稳定塔顶温控（或回流量） | |
| 塔底油浆温度 | 稳定塔重沸器返塔温度 | |

催化裂化先进过程控制器投用后，主要被控变量的标准偏差都有不同幅度的减少，下降幅度一般在30%以上，说明先进过程控制在系统平稳操作方面发挥了显著作用。将预测产品转化率作为控制变量，在满足各变量约束的条件下，通过改变提升管出口温度、回炼油量等操作变量，汽油产品的收率提高0.5%～2%。先进过程控制器还能通过多变量解耦充分发挥装置潜能，提高装置处理量或掺渣比达2%左右。先进过程控制器在主分馏塔和吸收稳定系统所起的主要作用在于稳定产品质量，提高产品质量合格率；通过产品质量卡边控制，提高产品轻收。

**（4）延迟焦化**

延迟焦化装置是炼油厂中用于生产焦炭（一种高碳含量的固体燃料）的关键设备。这个过程通常涉及将重质原油残渣或其他类似的原料进行热裂解和裂化，产生具有高热值和高碳含量的焦炭。我国延迟焦化装置通常由加热炉、焦炭塔和分馏塔三部分组成，多数采用一炉两塔工艺。主要产品是焦炭，这是一种具有高碳含量的固体燃料。在气体分离步骤中，还可以获得其他产品，如液化石油气和石脑油，这些产品具有商业价值。

延迟焦化装置实施先进过程控制时通常采用加热炉反应控制器和分馏塔控制器。总体控制目标是：平抑焦炭塔切换带来的干扰，平稳操作，减少质量波动，提高装置处理量，降低装置能耗。

影响装置平稳操作的最大因素是生产过程中的小吹汽、大吹汽、暖塔等。将上述操作假定为扰动事件，通过焦炭塔温度、压力等参数计算得到事件模型，将其作为干扰变量，使控制器能根据事件的发生提前采取补偿动作，实现装置平稳操作。此外，加热炉烟气氧含量、炉支路出口温度平衡等对安全生产、降低能耗具有重要意义。主要控制器变量见表1-3-10和表1-3-11。

表1-3-10　延迟焦化装置加热炉反应控制器变量

| 被控变量 | 操作变量 | 干扰变量 |
| --- | --- | --- |
| 辐射段支路出口温度偏差 | 对流段支路流量 | 分馏塔塔底温度 |
| 焦炭塔入口温度 | 辐射段支路流量 | 新鲜进料温度 |
| 炉膛最高温度 | 辐射段支路出口温度 | — |
| 炉膛压力 | 支路烟气挡板开度 | — |
| 炉管最高温度 | 鼓风机变频（或挡板开度） | — |
| 烟气含氧量 | 引风机变频（或挡板开度） | — |
| 烟气出口温度 | — | — |
| 焦炭塔焦高 | — | — |
| 分馏塔塔底分液 | — | — |

表1-3-11 延迟焦化装置分馏塔控制器变量

| 被控变量 | 操作变量 | 干扰变量 |
| --- | --- | --- |
| 汽油终馏点 | 顶循流量 | 吸塔事件 |
| 塔顶温度 | 柴油上回流冷流量 | 切塔事件 |
| 柴油 95% 点温度 | 柴油抽出流量 | 小吹汽事件 |
| 柴油气相温度 | 柴油下回流热流量 | 大吹汽事件 |
| 柴油抽出温度 | 中段回流流量 | 油气温度 |
| 柴油集液箱液位 | 蜡油上回流流量 | — |
| 蜡油抽出温度 | 蜡油下回流流量 | — |
| 联合循环比 | 蜡油回流温度控制 | — |
| 蒸发段温度 | — | — |
| 塔底温度 | — | — |

变量列表中的被控变量，如联合循环比等需要在线分析仪或软测量技术获得。

通过对焦高的预测控制能灵活调整处理量。在满足加热炉、主分馏塔约束的前提下，提高装置的新鲜进料。先进过程控制器投用后，通过调整焦高控制目标，一般能提高装置处理量达1.5%。在分馏塔平稳控制的基础上，对产品质量进行卡边控制，能提高目的产品收率。在装置进料相对稳定的情况下，先进过程控制器投用后轻质油收率一般提高约1%。

**（5）加氢精制**

加氢精制是石油炼制中的关键过程之一，通过在高温高压条件下使用催化剂，将原油中的不饱和烃（如烯烃和芳烃）加氢转化成饱和烃，从而提高产品的稳定性和质量。主要产品是经过加氢处理的清洁燃料，其中硫、氮和不饱和烃的含量显著降低。产品可能包括硫化氢、氨和精制的液体燃料。

先进的控制技术在这个过程中扮演着至关重要的角色，有助于确保反应过程的高效性、安全性和稳定性。

我国的加氢精制装置通常由多个部分组成，这些部分协同工作，完成原油加氢处理，去除硫、氮等杂质，提高产品质量。加氢精制装置通常由进料处理单元、加氢反应器、催化剂再生装置、分离单元、产品处理单元和工艺控制系统等部分组成。加氢精制装置实施先进过程控制时通常采用加氢反应器控制器，用于提高系统的控制性能和效率。以下是一般情况下，先进过程控制器在加氢精制装置中可能涉及的被控变量、操作变量和干扰变量。

① 被控变量。

a. 硫含量：保持加氢反应器出口产品中的硫含量在规定范围内。

b. 氮含量：控制气体产品中的氮含量，确保产品质量符合要求。

c. 饱和度：调节不饱和化合物的饱和度，以满足产品规格。

② 操作变量。

a. 氢气流量：调整氢气的流量，以影响加氢反应的速率和选择性。

b. 温度：调节反应器温度，以实现更好的反应效果和产品质量。

c. 催化剂循环流量：控制催化剂的循环流量，影响反应器内的催化剂活性。

③ 干扰变量。

a. 原油成分变化：原油的成分可能会随时间和原油来源的变化而波动，需要处理这些变化以保持稳定运行。

b. 压力变化：反应器内的压力变化可能是一个干扰变量，需要适当的控制策略进行应对。

c. 催化剂活性变化：随着时间的推移，催化剂的活性可能会降低，这也可能对反应的效果产生干扰。

这些变量之间的关系复杂，先进过程控制系统通过综合考虑多个变量，使用数学模型进行优化和预测，以实现更高水平的自动化和性能优化。具体的控制策略可能会根据具体的加氢反应器设计和操作要求而有所不同。

**（6）气分装置**

炼油气分装置是用于从炼油厂产生的气体混合物中分离不同组分的设备。这通常包括从裂化、催化和其他炼油过程中产生的气体，如乙烯、甲烷、丙烷、丁烷等。主要产品包括液化石油气（LPG）的组分，如丙烷和丁烷，以及未被液化的气体产品，如乙烯和甲烷。

气分装置是多塔串联的工业精馏塔系，干扰易在整个装置内快速传播。塔系统中的热集成增强了装置工艺参数耦合，装置抗干扰性差。

气分装置通常采用三个控制器，分别控制脱乙烷塔、脱丙烷塔和精丙烯塔。由于装置压力不易稳定，实施先进控制时，需要对温度进行压力补偿计算，具体方法可采用Antonie方程，而气体组成测量则主要依赖在线色谱分析。

脱乙烷塔控制器的主要目标是减少塔顶C3损失和塔釜C2含量，塔顶放空和塔釜温度控制是重要手段。主要变量如表1-3-12所示。

脱丙烷塔控制器的主要目标是塔关键参数在规定范围内、减少进料和换热介质波动对丙烷塔的影响、减少塔底C3含量和塔顶C4含量。主要变量如表1-3-13所示。

表1-3-12 脱乙烷塔控制器变量

| 被控变量 | 操作变量 | 干扰变量 |
|---|---|---|
| 灵敏板压力补偿温度 | 塔釜温度控制 | 塔进料流量 |
| 塔顶压力补偿温度 | 塔顶放空流量控制 | — |
| 塔顶温度 | 塔顶温度控制 | — |
| 塔顶压力 | — | — |
| 塔底C2浓度 | — | — |

表1-3-13 脱丙烷塔控制器变量

| 被控变量 | 操作变量 | 干扰变量 |
|---|---|---|
| 塔顶C4含量 | 塔釜温度控制 | 塔进料流量 |
| 塔底C3含量 | | |
| 灵敏板压力补偿温度 | 塔顶压力控制 | 塔进料温度 |
| 塔顶回流罐液位 | 塔顶回流控制（塔顶温度） | 塔底再沸器供热介质温度 |
| 塔顶压力补偿温度 | — | — |
| 回流比 | — | — |

与脱丙烷塔控制器类似，除了稳定塔操作外，精丙烯塔控制器更重要的目标是减少精丙烯质量过剩，提高产品收率。主要变量如表1-3-14所示。若采用热泵流程，控制策略需要做适当调整。

表 1-3-14 精丙烯塔控制器变量

| 被控变量 | 操作变量 | 干扰变量 |
| --- | --- | --- |
| 精丙烯纯度 | 低温热水流量控制 | 热水温度 |
| 精丙烯塔顶压力补偿温度 | 精丙烯塔顶回流量控制 | 精丙烯塔顶压力 |
| 精丙烯塔灵敏板压力补偿温度 | 精丙烯出装置量控制 | 精丙烯塔回流温度 |
| 精丙烯塔底温度 | 提馏段塔温度控制 | 提馏段进料温度 |
| 上游提丙烯塔灵敏板压力补偿温度 | — | 提馏段进料量 |
| 精丙烯塔顶回流罐液位 | — | — |
| 精丙烯塔回流比 | — | — |

由于气分装置的工艺特点，特别是丙烯塔，存在操作滞后、变量耦合严重等现象，常规控制装置平稳性较差，产品质量易波动，产品收率较低，采用先进过程控制技术后，主要变量标准偏差都有较大幅度减少，装置运行平稳性得到显著提高。炼油厂精丙烯纯度指标一般在99.5%以上，采用常规控制时，为保证产品合格，实际精丙烯纯度高出指标值约0.3%，产品质量裕度较大。先进过程控制器投用后，产品质量得到平稳控制，质量裕度控制平稳，可以提高精丙烯收率达0.3%。

**（7）油品调和**

油品调和装置是炼油工业中的关键设备，用于混合不同种类和性质的石油产品，以满足市场需求并符合特定规格。这个过程可以调整油品的物理和化学性质，以获得所需的产品性能。主要产品是符合市场需求的油品，可能包括汽油、柴油、航空燃料、润滑油等。

油品调和的先进过程控制技术可以通过高级算法和自动化系统来优化混合过程，提高产品质量，降低生产成本，并满足不断变化的市场需求。

虽然具体的装置配置可能因炼油厂而异，但一般而言，我国的油品调和装置通常由混合罐、计量系统、输送系统、混合控制系统等主要部分组成。油品调和装置实施先进过程控制时通常采用混合罐控制器，用于提高系统的控制性能和效率。以下是一般情况下先进过程控制器在加氢精制装置中可能涉及的被控变量、操作变量和干扰变量：

① 被控变量。

a. 最终产品质量参数：例如硫含量、密度、黏度等，这些是混合的最终目标，需要在规定范围内控制。

b. 混合比例：确保混合罐中不同石油馏分的混合比例符合产品要求。

c. 温度：在需要调控温度的情况下，确保混合罐内的温度在规定范围内。

② 操作变量。

a. 馏分流量：不同馏分的投入量需要根据产品要求进行调整。

b. 混合罐搅拌速度：搅拌速度的调整可以影响混合的均匀性，从而影响最终产品的质量。

c. 混合罐温度：如果需要调整混合罐内的温度，温度控制就是一个操作变量。

③ 干扰变量。

a. 原油成分变化：如果原油成分在时间内发生变化，可能影响到混合过程，需要及时调整以应对这种变化。

b. 原油温度变化：原油的温度变化可能会影响流动性和混合性能，需要进行调整。

c. 混合罐内部液位变化：液位的变化可能影响混合的均匀性，需要相应的控制。

采用先进过程控制技术后，油品调和装置可以获得多方面的效益，包括提高产品质量、降低生产成本、增强生产过程的稳定性和可控性等。先进过程控制技术能够更精确地调节混合比例、温度、流量等参数，以确保最终产品符合更高的质量标准。这包括调整硫含量、饱和度、密度等产品性能指标。同时优化混合过程，使其更加高效，减少原材料的浪费，提高能源利用效率，从而降低生产成本。

### 3.4.4 炼油在线优化技术

（1）RTO与APC

实时优化（Real Time Optimizer，RTO）技术是实现炼油厂生产操作智能化的主要技术路径。该技术旨在设定特定的目标，使装置围绕该目标对操作进行在线优化。在炼油RTO中，通过利用现场操作数据、产品及原料分析数据、物料价格数据等作为计算输入，以装置模型为计算依据，以效益最大化为目标，对生产装置的关键操作参数进行优化计算并自动执行，从而使装置始终处于高效、低耗和安全的运行状态。RTO技术可以与APC构成在线、实时优化、闭环控制系统，称为在线实时优化系统。

炼油RTO按技术的实现路径分为稳态实时优化技术、动态实时优化技术和基于神经网络的实时优化技术。稳态实时优化技术主要基于全过程的严格化工机理进行建模，对工艺过程进行描述；动态实时优化技术则对工艺过程的每台设备用数学回归进行建模，或采用机理模型构建数学回归的代理模型，从而提高计算效率，但可能忽略了设备间的组分传递、热量传递和动量传递；而基于神经网络的实时优化技术类似于动态实时优化技术，但使用神经网络模型对单台设备进行建模。

相较于APC（先进过程控制），RTO是一种优化技术，其核心特点是基于严格的机理建模而不是数学模型。RTO可以替代优化工程师在线计算装置关键操作变量的最佳值，从而自动给出最佳操作方案。APC则是一种控制技术，主要通过建立数学模型来进行“卡边”操作，保证产品质量合格。相对而言，RTO更注重实时的优化计算，而APC更注重实时的控制操作。在实际应用中，炼油厂往往会采用RTO技术来实现生产操作的智能化，提高生产效益。由“RTO模型+APC”构成的在线、实时优化、闭环控制系统中，RTO模型负责优化计算，RTO的计算结果是APC的执行目标，具体流程为：操作数据及在线分析数据→DCS→实时数据库→RTO模型→得出被控变量（CV）最优解。APC负责执行操作变量最优解，具体流程为：RTO求解的操作变量（CV）最优解→实时数据库→进入APC并作为APC的CV值的设定值→APC求解操作变量（MV）组→DCS执行。

（2）常减压

以某炼油厂$5\times10^6$t/a常减压蒸馏装置为例，该装置采用电脱盐-初馏-常压蒸馏-减压蒸馏等工艺流程，加工原油为管输原油，主要产品为重整原料、航煤料、加氢料、减压蜡油和减压渣油。本装置APC系统为DMCplus，用以达到控制产品质量、稳定工艺参数、控制产品切割和取热比例等目的。

该常减压装置工况变化频繁，主要体现在原料性质、生产方案和操作条件等几个方面。装置加工原油密度从0.86kg/m$^3$到0.89kg/m$^3$，跨度较大；常一线可生产航煤料或加氢料，常二线生产军柴或普柴加氢料，常四线可做蜡油产品，也可汇入减压塔中段回流；在不同的原油、生产方案下，装置操作条件也需随之频繁调整。单纯依靠技术人员根据设计参数和经验确定装置操作值，很难达到最优状态。

基于以上限制因素，常减压装置的实时优化系统目标如下：

① 系统运行稳定，模型准确、求解速率快、鲁棒性强；

② 系统闭环运行，并能更快速有效地响应工艺扰动；

③ 在满足装置平稳与下游需求条件下，提高原油切割精度，减少各馏分油重叠度，提高装置的高附加值产品收率；

④ 降低公用工程消耗。

以上述目标为导向，针对外界环境变化（产品及原油价格、燃料价格、原油品质及环境温度等），通过在线、闭环方式实时优化装置操作，不断地将装置推向最优点，使生产经济效益最大化。

常减压装置设备及仪表较多，蒸馏塔以及换热网络模型较复杂，变量规模庞大，需考虑其合适的求解方式。联立方程求解法（EO），模型各变量放入同一计算矩阵中同时求解，变量间通过矩阵方程相互影响，从而实现全局最优。当模型获得外部仪表值和原油性质后，需进行数据整定，使模型与现场装置相匹配，尽可能降低二者之间的偏差。

实时优化需明确优化目标——通过在操作条件可行域内调整模型参数，提高装置经济效益。模型为计算经济效益，利用产品产量、原油消耗量、公用工程耗量以及价格体系构成优化目标函数。

常减压装置的操作控制条件一般为塔顶产品抽出量、塔顶回流量、侧线产品抽出量、中段循环抽出量、加热炉出口温度、汽提蒸气量等。改变上述操作变量往往会引起塔顶压力、冷凝器出口温度、塔顶温度、中段循环返塔温度等一系列参数的变化，从而影响塔内气液相分布，导致产品收率以及能耗发生变化。选取上述变量等为优化变量，通过控制这些参数，做到模型与现场实际调整方式一致，保证优化策略的合理性（表1-3-15、表1-3-16）。

表1-3-15 某常减压装置RTO主要优化方案

| 优化单元 | 优化方案 | 设备名称 | 优化变量 |
|---|---|---|---|
| 初馏及常压蒸馏单元 | ①提高石脑油产量，增产高芳潜石脑油；<br>②根据市场动态及计划约束，优化常一线喷气燃料和常二线柴油切割点，动态优化喷气 | 燃料组分油和柴油产量<br>初馏塔<br>常压塔<br>常一线汽提塔<br>常二线汽提塔<br>常三线汽提塔<br>常压炉 | 常压炉出口温度<br>换热器<br>初馏塔塔顶（初顶）温度<br>常压塔塔顶（常顶）温度<br>常一线抽出温度<br>常二线抽出温度<br>常三线抽出温度<br>常一线采出比例<br>常二线采出比例<br>常三线采出比例<br>常压塔底汽提蒸气量/原油量比值 |
| 减压蒸馏单元 | 优化减压炉出口温度，优化减压塔操作，提高装置总拔出率 | 减压塔<br>减压炉<br>换热器 | 减压塔塔顶（减顶）温度<br>减压塔二段填料上部温度<br>减压塔四段填料上部温度<br>减一线返塔流量<br>减压塔塔底汽提蒸汽量<br>减压炉出口温度 |

表1-3-16 常减压装置RTO质量约束变量

| 序号 | 名称 | 序号 | 名称 |
|---|---|---|---|
| 1 | 初顶终馏点 | 4 | 常一线10%点 |
| 2 | 常顶终馏点 | 5 | 常一线闪点 |
| 3 | 常一线终馏点 | 6 | 常三线95%点 |

模型优化方向为:

① 合理分配产品收率，通过提高高附加值的产品收率来增加总收益，以降低装置单位能耗的方式降低总消耗。在保证产品质量合格的前提下，通过产品质量“卡边”操作，可以提高该种产品的收率。

② 调整加热炉出口温度以改变进塔料液的过汽化率，从而影响塔内气液相分布。

③ 加大中段循环流量，可以提高进加热炉的换热网络换热终温，增加汽提蒸汽量，可降低加热炉负荷，减少能耗。

在优化求解配置时，优化变量设置可行域，保证每个参数都在合理范围内变化。

**（3）催化重整**

某炼油厂1.8Mt/a催化重整装置由石脑油加氢、连续重整、催化剂再生、变压吸附装置及公用工程五个部分组成。预加氢原料为常减压直馏石脑油（少量）、乙烯裂解抽余油（少量）以及轻烃回收重石脑油（主要），采用先加氢后分馏流程，产生预加氢精制油；精制油与蜡油加裂化重石脑油混合后进入重整单元；再生单元采用UOP Chlorsorb技术。该装置正常生产过程稳定，产品质量及工艺控制参数均符合指标要求。但在实际运行过程中，为配合厂区物料调整，原料性质、装置负荷等均会频繁发生变化，很难保证装置运行条件长期处于较优状态。

催化重整装置实时优化系统的优化目标是在保证装置运行安全的前提下提高芳烃收率，同时要兼顾装置效益最大化。该模型系统将操作参数设置为四个反应器入口温度、重整反应氢油比、C201塔顶灵敏板温度、C201塔底温度、C202塔顶灵敏板温度、C202塔底温度，并以这些操作参数为优化变量实施优化计算（表1-3-17）。

装置采用的分析仪表为在线近红外分析仪。通过建立在线近红外光谱分析模型，即油品物质组成与光谱之间的关系，实时分析油品各组分组成等性质。通过在线近红外分析仪主要对重整进料以及重整生成油进行实时组成分析。分析项目包括C1 ～ C10组分的“饱和烷烃、烯烃、环烷烃、芳烃”（PONA）组成及其含量、密度以及馏程等，与化验室分析项目一致。

表1-3-17　催化重整装置工艺参数优化前后对比

| 优化项目 | 优化前 | 优化后 |
|---|---|---|
| 一反入口温度/℃ | 514.75 | 517.71 |
| 二反入口温度/℃ | 511.11 | 514.07 |
| 三反入口温度/℃ | 512.13 | 515.08 |
| 四反入口温度/℃ | 515.79 | 518.75 |
| 重整反应氢油比/mol | 2.596 | 2.504 |
| C201塔顶灵敏板温度/℃ | 140.31 | 136.37 |
| C201塔底温度/℃ | 233.14 | 232.18 |
| C202塔顶灵敏板温度/℃ | 76.05 | 79.08 |
| C202塔底温度/℃ | 136.87 | 134.54 |
| 催化剂碳含量（质量分数）/% | 4.36 | 4.86 |
| 总芳烃收率（质量分数）/% | 66.89 | 67.45 |
| BTX收率（质量分数）/% | 41.74 | 42.36 |
| 重整生成油收率（质量分数）/% | 84.59 | 84.79 |
| 重整生成油芳烃含量（质量分数）/% | 79.08 | 79.55 |

### （4）催化裂化

流化催化裂化装置（Fluid Catalytic Cracking Unit，FCCU）是炼油工业中最重要和最复杂的工艺，也是重要的二次加工单元，主要用于生产汽油、液化石油气（LPG）和轻循环油（LCO）。催化裂化反应是一种将大分子裂解为小分子的化学反应过程，其中催化剂起到了不可或缺的作用。

① 反应再生优化　MIP（Maximizing Iso Paraffines）技术即多产异构烷烃催化裂化，其主要思想在于，既要保留提升管反应器能够发生的高反应强度，又可以进行二次反应以产生更多的烷烃和芳烃。基于这种特点，设计了一种新的两个反应区串联的提升管反应器。在MIP工艺技术的基础上，我国又开发了MIP-CGP（MIP for Clean Gasoline and Propylene）技术，旨在生产满足国标的汽油并增产丙烯，以某炼油厂MIP-CGP装置为例进行优化。

应用一种基于性能指标的事件触发动态实时优化与模型预测控制算法对反应再生系统进行优化控制。实际系统经济运行需要增大汽油的产率以增加收益，减小主风流量以降低成本，因此定义性能指标为二者的加权平方和。考虑存在模型参数不确定性，在触发参数中设置两种不同的性能指标权重比，实现了系统在可行范围内的动态优化控制。通过比较两种情况下的系统性能，分析了触发参数中性能指标设置不同权值对控制效果的影响。在性能指标中设置不同的权重，能够实现不同性能的综合权衡，达到满意的控制效果。

② 分馏工段实时优化　分馏与吸收稳定系统的基本操作流程为：反应油气进入主分馏塔下部，富吸收剂进入主分馏塔第9层塔板。从塔顶蒸出富气和粗汽油，从侧线依次分馏出柴油、回炼油和油浆。富气经吸收塔、再吸收塔后作为干气产品出装置；而吸收塔底油则经解吸塔、稳定塔分别采出液化气、轻石脑油、稳定汽油。

该工段的主要优化点在于汽油和柴油的分离精度提高、干气和液化气的品质提升等，结合装置实际运行经验和机理模型表现，对各优化点的分析如表1-3-18所示。

表1-3-18　分馏工段优化点分析

| 优化目标 | 优化点分析 |
|---|---|
| 主分馏塔的粗汽油干点优化 | 粗汽油外送流量、塔顶温度与粗汽油干点正相关，而主分馏塔顶循环流量则与其负相关 |
| 主分馏塔的柴油初馏点优化 | 主分馏塔柴油抽出量、柴油汽提蒸汽量、主分馏塔一中返塔温度、顶循返塔温度与柴油初馏点正相关，主分馏塔塔顶循环流量、主分馏塔一中循环量则与其负相关 |
| 主分馏塔的柴油95%点优化 | 主分馏塔柴油抽出量、一中返塔温度与催化柴油95%点正相关 |
| 吸收塔干气中C3及以上含量优化 | 吸收塔吸收剂温度、吸收塔中段回流返塔温度、吸收塔进塔油气温度、再吸收塔吸收剂温度与干气中C3及以上含量正相关，再吸收塔吸收剂量、吸收塔中段回流量、吸收塔吸收剂量反之 |

根据以上分析可以看出，主分馏塔粗汽油和柴油质量受塔顶循环和一中循环的影响较大，而吸收塔干气中C3及以上含量则受吸收剂温度、吸收塔中段循环等影响较大。

建立机理模型与优化算法之间的通信，针对当前的工况和质量控制指标，自动识别出汽油和柴油的优化目标，应用列队竞争算法（LCA）对优化目标进行优化计算。从表1-3-19中可以看出，达到该目标的调整方案为塔顶温度提高2.6℃、柴油抽出温度提高1.5℃、顶循流量下降30t/h、一中流量下降10t/h。当温度和中段循环调整到位后，粗汽油采出量将会提高1.5t/h，柴油采出量将会提高0.5t/h，外甩油浆流量将会下降2t/h。最终汽油终馏点由

194.5℃提高至197℃，重叠度由原来的12℃下降至8℃。在操作目标达标的同时，实现了汽油和柴油收率的提高。

表1-3-19　优化后的操作目标和分析数据

| 序号 | 操作变量 | 基准值 | 优化值 | 优化幅度 |
|---|---|---|---|---|
| 1 | 富气流量/(t/h) | 73.9 | 73.9 | 0 |
| 2 | 粗汽油采出量/(t/h) | 63 | 64.5 | +1.5 |
| 3 | 柴油出装置流量/(t/h) | 62 | 62.5 | +0.5 |
| 4 | 顶循流量/(t/h) | 400 | 370 | −30 |
| 5 | 一中流量/(t/h) | 428 | 418 | −10 |
| 6 | 回炼油流量/(t/h) | 4.3 | 4.3 | 0 |
| 7 | 外甩油浆流量/(t/h) | 9.1 | 7.1 | −2 |
| 8 | 塔顶温度/℃ | 109 | 111.6 | +2.6 |
| 9 | 柴油抽出温度/℃ | 181 | 182.5 | +1.5 |
| 10 | 汽油终馏点/℃ | 194.5 | 197 | — |
| 11 | 柴油初馏点/℃ | 182.5 | 189 | — |
| 12 | 重叠度/℃ | 12 | 8 | — |

(5) S-zorb

以中国石化某分公司的S-zorb装置为例。扩充装置底层数据库，建设近红外在线分析系统，将原料与产品信息及时地以数字化方式表征。基于某国产自主研发的OPEN流程模拟软件，建立S-zorb装置原料及产品278种组分基础物性数据库及热力学数据库，根据在线分析，简化为40种组分集。结合反应-再生机理模型，建立具有良好预测精度的反应-再生模型，可准确地预测计算精制汽油产品的硫含量、烯烃含量，以及辛烷值损失。开发OPEN与RTO平台通信接口程序，实现OPEN与RTO数据和控制的实时交互。

根据RTO整体优化策略，并基于PROCET-APC软件进行控制器建模、开发软测量点位、利用平台控制器自定义功能实现对反应温度与反应温升的精确控制，同时实现RTO目标控制与APC范围控制的灵活自动切换，有效支撑RTO系统实时优化。

数据接口模块采用OPC协议实时获取数据库数据，通过位点信息对应DCS数据与APC现场数据进行存储；稳态监测对实时数据进行稳态判断，判定是否进行算法优化，实时优化模块实现对OPEN过程模型的调用，在模型运行期间将现场数据与运行数据进行数据交互，在满足优化模块的运行条件下根据优化引擎的设置进行周期性模型优化，并对变量数据进行参数整定；优化后的数据通过位点上传存储至本地过程数据库，并通过OPC协议采用爬坡模块上传至DCS进行数据展示。

通过在线实时优化系统建设，实现了在不增加能耗剂耗，以及保证精制汽油脱硫效果的前提下，RON辛烷值损失平均降低0.46个单位，实现装置创效超过3500万元。该技术的实施提升了S-zorb装置的运行平稳性，降低了操作人员的劳动强度，进一步提升装置智能化控制水平，实现了装置的精细化操作，提升了装置经济效益。

**(6) 油品调和**

油品调和是炼油厂生产各种石油产品的重要生产工序之一。油品调和过程要综合考虑油品的质量指标、炼油厂的生产能力以及市场订单要求等因素。调和过程中涉及许多组分油及添加剂的混合，由于油品的混合特性并非组分油特性的简单线性叠加，因此油品调和问题本身是一个复杂的非线性约束优化问题。因此，建立较为精确的油品调和优化模型并寻求快速高效的配方求解方法是实现油品在线调和的关键。

以某炼汽油调和的实时优化系统为例。参加调和的组分油流量、品质特性与上游生产加工装置的平稳性息息相关。调和过程是一个不断调整的过程，需要在调和过程中对过程进行实时监控，及时地调整组分配比。检测采用近红外光谱分析法。近红外光谱分析用于汽油调和领域主要是通过近红外分析仪，利用汽油在近红外谱区（700 ～ 2500nm）的吸收光谱所含有的组成和性质的丰富信息（即近红外光谱图），在汽油辛烷值等关键性指标（辛烷值、蒸汽压、馏程等）与特征光谱之间建立相关的数学模型，并使用该模型对未知样品进行预测分析，最后将分析结果提供给汽油调和的实时优化控制系统，以便于对调和过程进行优化控制，不仅使调和得到的成品油符合质量指标，而且使调和成本最低或使调和收益最大。

实时优化控制部分采用模型预测控制方法。模型预测控制是一种基于模型的闭环优化控制策略，它的基本特征是预测模型、滚动优化和反馈校正。汽油管道调和配方的初始优化目的并不是一次就结束优化，而是为调和过程提供较理想的初始设定值。它必须和动态实时优化相结合，只有通过在线的实时控制和流量调整才能达到理想的调和控制目的。通过这种策略，可最大限度地减少质量流失，提高一次调和成功率，为企业节省调和成本，提高经济效益。

## 3.5 炼油生产决策技术

### 3.5.1 生产决策层概述

在炼油厂信息化体系中，一般分为三个层次，即经营管理层、生产执行层和过程控制层，其中生产执行层又称为MES。MES在1990年由美国先进制造研究机构提出并使用，是将制造业经营管理系统（例如MRP Ⅱ/ERP/SCM等）和过程控制系统（例如DCS、SCADA、PLC等）集成在一起的中间层，是位于管理层与控制层之间的执行系统。MES是一个特定集合的总称，包括一些特定功能的集合以及实现这些特定功能的产品，是应用于各种制造业的重要信息系统。MES的任务是将管理系统的指令传达到生产现场，并将生产现场的信息及时收集、上传和处理，是上下两层之间信息的传递系统。

国际自动化学会（ISA）从1997年开始编制ISA-SP95（企业控制系统集成标准），该标准目前已经成为世界公认的MES标准。基于该标准体系，面向炼油工业，国内外均研发了配套的MES软件。国外如Honeywen、AspenTech、OSI、Schneider等公司均有面向炼油工业的MES产品。国内则以石化盈科信息技术有限责任公司为代表，自2004年起，该公司在国家863项目的资助下牵头组织了能源化工行业国产MES软件的研发。2006年发布了SMESIAR版本，到2012年发布了SMES3.0版本。该系列软件在中国石化、中国化工、神华、中煤等国内能源化工企业里广泛应用。2012年后，随着工业互联网概念的兴起，石化盈科信息技术有限责任公司在业内率先开展能源化工行业工业互联网平台的研发，即ProMACE平台，目前已发布到ProMACE 2.2版本。ProMACE平台是MES的延续，它使得炼油工厂内部高度集成和自动化的生产执行系统变为一个互联网下的流程制造业云生态系统，支持多个工厂间的集成共享，协同工作，旨在进一步提升生产企业全面感知、预测预警、协同优化、科学决策能力。

在炼油工业中，人们最初把MES聚焦于生产过程的管理，而生产过程又以物料平衡为核心，所以国内外的MES都把物料管理作为最核心、最基础的模块。围绕炼油厂的物料加工、流转过程，物料管理一般包括生产计划优化与编制、调度作业计划优化与编制、油品调和作业计划优化与编制、操作指令、油品移动（原料进厂、装置与罐间的移动、罐与罐间的移动、产品出厂、计量等）、生产平衡、生产统计、生产绩效等。围绕物料转换的主线，MES又包含了质量管理、能源管理、设备管理、工艺管理、安全管理、环保管理等一系列生产相关专业模块。MES在IT技术层面强调统一的数据标准、统一的技术平台，以充分实现数据的集成共享和业务的协同。MES在业务的支撑方面主要表现在三个方面：一是对生产过程进行数据采集、加工计算和监控；二是将工作流程标准化、表单化，规范生产作业过程；三是用模型技术对生产过程进行分析、优化和预测。对于前两个方面，主要的实现方法是IT技术，而模型技术是IT、工艺和数学技术的融合，与炼油技术关联度较高。

### 3.5.2 生产计划优化技术及其应用

**（1）线性规划模型在石化行业的发展**

石油化工领域是线性规划技术（LP）应用最早也是最为成功的领域，LP的应用为整个炼化行业带来了巨大的经济效益。LP在炼化行业应用的两大决定性因素是LP的算法和计算机技术。

20世纪50年代是LP在石化行业各方面应用的试验年代。这一时期，将LP成功应用到炼油厂的物料平衡和生产计划，发现了LP应用中所谓的物流池Pooling问题和包括调和性质在内的其他非线性问题。

20世纪60年代是石化行业积极进行各项LP应用技术研究与开发的年代。当时针对产品调和中各类性质的非线性调和问题开发了SLP（连续线性规划）技术，从而提高了调和优化的精度。

20世纪70年代，各主要石油公司都独立开发了供内部使用的各类数学规划应用平台，SLP已经成熟，由于误差分布和递归概念的出现，Pooling问题得到初步解决。

20世纪80年代是LP在生产计划方面的应用定型期，在此期间重要的LP技术均已成熟，LP已经成为发达国家石油公司的日常使用工具。20世纪80年代初，在分布递归法的基础上开发了Delta-base技术，从而大大提高了用LP模拟各种物料加工流向的灵活性，使得LP所得到的优化结果与实际结果更为接近。

20世纪90年代初，我国的分布递归技术开发成功。分布递归技术的引入使得物性的传递得以实现，也使得复杂的蒸馏装置模型和油品调和模型的构建得以简化。但是分布递归会产生局部优解，近些年来，为了消除局部优解，很多公司和专家都做了大量的工作，目前比较常见的做法是使用泰勒级数展开将非线性问题转换为明确的线性问题，并将其应用于目前比较成熟的炼油厂优化的商业软件中。

**（2）炼油厂优化模型的种类**

优化模型可以分为单厂单周期模型、单厂多周期模型、多厂单周期模型、多厂多周期模型。

多周期模型具有优化库存管理、优化产品调和、安排装置检修、应对市场变化的功能。其优越性在于既能在一个大周期内同时考虑各个小周期内的生产状况（如装置的检修、开停）、公用工程的供应、工艺流程、原料供应、产品结构等生产条件和生产环境的区别以及市场的变化（价格、需求的变化），又能在大周期内进行整体优化，统一安排并优化资源的生产和库存，以保证生产、供应和销售平稳进行。鉴于这些优越性，多周期模型已被广泛应用于长远规划、中长期计划以及短期计划、作业计划、油品调和检修计划等领域。

多厂模型是单厂模型应用的另一扩充，大的联合企业、集团等都有多个下属企业，每个下属企业均构建了LP模型，如果在总部这一层构建计划模型，就需要使用多厂模型技术。可以将多厂模型技术看作是多个LP模型的紧密集成的技术。

**（3）线性规划模型技术在炼油厂生产计划优化中的应用**

生产计划优化模型在我国炼油厂得到了广泛应用，并取得了丰硕的成果。应用领域涉及生产计划的编制、原油选择优化、企业加工方案优化、加工流程优化、产品调和优化等多个方面，经济效益十分明显。

① 生产计划的编制。生产计划的编制是LP模型最基本的应用。目前我国多数炼油厂应用LP模型编制企业中、长期计划，某石化集团公司层面利用LP模型进行总部与下属企业的排产对接，在年度和季度的排产中，模型的使用为总部和企业两个层面进行优化管理提供了统一的应用平台。LP模型的应用提升了生产计划的精确性和优化水平，为指导企业充分发挥已建成装置生产潜力、优化原料配置提供了很好的工具。

② 原油选择优化。原油选择优化是LP模型应用的一个重要内容。根据原油市场价格变化选择既适合企业加工又具有价格优势的原油，可以为企业带来巨大经济效益。例如，某炼油厂通过LP模型分析了不同原油的加工特性，最终选择用中间基原油代替部分石蜡基原油，石蜡基原油加工的比例减少20%以上，从而使加工原油的平均价格下降，经济效益明显。通过计算原油盈亏平衡值，可为原油采购提供基准点。对同类原油进行加工效益排序，可为企业优选原油加工提供依据。

国内企业加工的原油来源复杂，部分沿海企业加工的原油甚至全部来自国外，原油加工受原油到厂时间、运输船规格以及炼油厂已有原油和库容的影响，在编制生产计划时，采用多周期技术，按照原油的到港时间划分周期个数及周期长短，反映了原油供应量不均匀对生产的影响，这样可以使模型的运行结果更接近企业生产实际，也为原油调度的进一步优化奠定了技术基础。

③ 企业加工方案优化。炼油厂的加工流程复杂，通过优化生产方案可以提高企业加工效益。例如，若有催化裂化、加氢裂化、蜡油加氢、渣油加氢及焦化等多种重油加工手段可供选择，蜡油、渣油在这些装置中的加工比例不同，就会对炼油厂的加工效率产生很大影响。某企业利用LP模型进行测算，发现随着蜡油加氢负荷的增加，可提高渣油加氢中渣油进料的比例，减少燃料油产量，同时改善催化装置的产品分布，提高轻质油收率。炼油厂根据这一结果安排生产计划，经济效益十分可观。

在炼油化工一体化企业中，可以通过优化乙烯原料结构提高整体加工效益。例如，某企业的模型测算结果表明，乙烯装置多加工加氢尾油、少加工重裂解料（AGO）有利于炼油化工整体效益的提高，因此，在实际生产安排时，提高了中压加氢裂化装置的加工负荷以多产尾油，每月可多供乙烯装置90000t尾油，乙烯收率相应提高。此举既保障了优质裂解原料的供应，又增加了汽柴油的产量，按照当时价格计算，每月增加毛利200多万元。

装置的停工检修会对整个加工流程产生影响，合理安排装置检修的时间及多个装置停工检修次序，实现检修顺利进行，并使炼油厂效益损失最小的目标。建立检修模型，将装置停工时间、检修时间、开工时间与生产加工计划、库存进行匹配，寻求最佳的停工时间，并验证检修计划的可行性。对于多个装置需要检修的情况，可以优化装置的停工次序，对不同的检修方案组合进行测算，从而比较各个检修方案对炼油厂效益的影响。

④ 加工流程优化。在现有炼油厂中，采用LP模型模拟加工流程，可检测生产流程中的加工“瓶颈”，为企业进一步优化装置配置提出建议。通过模型的测算对比，可以预测新建或改扩建装置对全厂加工流程的影响，比较不同改造方案的经济效益，为企业决策提供技术支撑。如在企业产品质量升级改造中，用LP模型可测算出影响产品质量升级的主要因素，对比不同解决方案的经济效益以及对产品结构和经济技术指标的影响。

LP模型在新建炼油厂总流程优化测算中也起着重要作用。根据加工原油特性和目标产品的要求规划加工路线。例如，比较重油加工采用加氢或脱碳工艺对产品质量的影响，选择不同工艺组合时产品结构的差异，同一价格体系下不同加工流程的效益变化，不同价格体系对产品结构及经济效益的影响等。

⑤ 产品调和优化。产品调和优化是企业提高加工效益的重要手段。多数企业通过全厂加工模型优化调和组分生产，计算汽柴油等产品的组分配比，得到更为经济合理的产品结构。企业针对汽油产品牌号多、可调和组分品种多、质量控制指标复杂的特点，可建立独立的汽油调和模型，用于汽油调和调度计划的编制。优化目标是减少产品辛烷值的浪费、降低高辛烷值组分的用量。例如，某企业采用汽油调和优化模型编制调和周计划，在调和95号国Ⅵ清洁汽油时，用烷基化油代替MTBE；调和95号国Ⅵ乙醇汽油基础油时，用烷基化油代替重芳。在保证产品质量合格的前提下，平均每周节省相当于10～30t的MTBE汽油组分，在该方案编制期间，MTBE与烷基化油价差约670元/t，相当于每年节省调和成本35万～100万元。

### 3.5.3 生产调度优化技术及其应用

#### （1）调度排产优化

生产调度在炼油厂中起着关键的协调和指挥作用。其任务包括原油优化配比、装置操作方案的调整以及成品油调和，以确保企业生产计划的顺利执行。

生产调度根据原油市场价格的变化，灵活调整原油的比例，以最大化经济效益。同时，综合考虑各装置的加工方案，动态调整操作，优化整个生产流程。这涉及对生产情况和原油评价数据的深入分析，以做出明智的决策。

在成品油调和方面，生产调度制定方案时必须考虑产品质量、罐区库存等多个约束条件。目标是保证生产的成品油符合质量标准，同时最大程度地满足市场需求。

生产调度作业计划的优化是基于月度生产计划的。优化型、智能型和模拟型是三种主要的调度优化方法。优化型调度系统将问题转换为数学模型，通过求解得到最优结果。智能型调度系统则模仿调度人员的决策过程，将其经验转化为可行方案。而模拟型调度系统对调度的各个环节进行动态模拟，以预测事件发生时的后果，检验调度方案的可行性。

在实际应用中，许多炼油厂采用模拟型调度系统（如中国石油、中国石化旗下的炼油厂），这些系统通过对生产流程的动态模拟，测算调度作业计划在各种条件约束下的可行性，并预测炼油厂的运行情况及效益。这种方法已经在原油接收、物料流向、装置生产方案选择、油品调和和产品出厂运输等多个调度业务中得到广泛应用。

近年来，一些炼油厂开始尝试使用线性混合整数规划（MILP）和非线性混合整数规划（MINLP）方法来解决炼油调度问题，实现更为精细化的调度优化。这种优化型调度系统在解决原油调度等问题上表现出色，为炼油厂的生产提供了更高水平的调度管理。优化型调度模型的特点主要有：

① 建立调度的线性（非线性）规划模型。调度模型用线性规划（LP）、线性混合整数规划（MILP）和非线性混合整数规划（MINLP）技术建立数学规划模型，描述炼油调度过程的“事件”。根据调度的实际情况建立线性（非线性）规划数学模型。其数学模型中主要包括物料平衡方程、事件的起始时间控制和次序方程、能力约束方程、需求约束方程、操作规则方程、目标函数方程等。

② 按照不同的调度测算目标建立的模型基本是局部模型，而不是全厂模型。如汽油调和调度模型，只考虑汽油生产相关装置及汽油调和设施、汽油储罐和汽油出厂设施，调和配方可以按比例给定，也可以用质量方程进行约束，后者可以优化调和产品结构，使关键质量指标卡边，多销售高标号产品，也可以解决组分物性时间分段的问题。

③ 人工智能经验数字化。将人工测度经验纳入模型，例如：在给定罐与罐流向时规定优先次序；调度人员希望尽量首先使用哪些组分，或尽量多保留某些组分；将人工经验和要求描述为数学公式加入模型，使模型与人工经验相结合。如果模型数据不合理，得不到可行调度方案，系统可以输出指导信息，例如哪种组分量不足或哪种性质不能达标等。

④ 对用户的调度需求进行优化。在模型中，根据不同用户对调度关注点的不同，可以在模型目标函数中加入罚款变量和罚款系数，以达到用户所希望的目的，例如指定某些事件（如调和次数）发生次数最少、消耗量最少等。

**（2）油品调和优化**

从20世纪70年代起，面对经常变化的原油品质、原油价格以及不断推出的政府环保法规，国外的一些炼油厂意识到了油品调和优化的必要性，并在20世纪80年代初开发了最早的离线调和优化系统，用于指导调和操作。进入20世纪90年代，随着油品性质在线分析技术（主要是近红外光谱分析技术）的日趋成熟，一些控制软件厂商，如Honeywell、ABB、SetPoint（后被Aspen Tech收购）等，纷纷针对在线管道调和开发了各自的调和优化软件包。这些软件包基本都采用了分级优化的思想，即计划优化到油品配方离线优化，再将离线得出的优化配方作为在线优化的初始配方，进一步在线优化控制结构。国外炼油厂也广泛应用了这些调和优化系统，并取得了良好的经济效益。

2000年以来，国内少数炼油厂引进了国外的调和优化软件，成本较高。之后，国内炼油厂和科研机构在油品调和模型研究方面做了大量工作，国产化油品调和技术或软件取得快速突破和应用。国产化调和软件一般同时支持离线调和和在线优化控制。其中，离线调和功能采用线性规划建模，主要用于得出调和的初始配方；在线优化控制一般与在线分析仪集成，用于调和过程中指标的在线监控、调和比例的在线优化控制。

国内外流行的商业调和软件主要有Honeywell的调和优化系统、Aspen公司的MBO+Blend组合、Shell公司的Star Blend、Foxboro公司的BOSS、北京汉盟公司的TurboBlend、中科院研发的汽油在线优化调和系统以及石科院（中国石油化工股份有限公司石油化工科学研究院）研发的汽油调和系统和原油调和系统等。在中国炼油领域应用的主要有：

① Aspen公司的MBO。这是一个多周期离线调和优化工具，可以在多周期的基础上为每次调和任务生成最优的调和配方，并且支持将最优配方通过调和控制接口BCI自动调入

在线调和控制系统。

② Aspen公司的Blend。该软件将Aspen PIMS优化器和DMCplus多变量动态矩阵控制器结合到一起，以实现每次调和过程的优化控制。在调和过程中，通过对调度优化产生的配方的在线调整，保证产品的质量指标在线卡边，同时优化组分的使用。

③ 中科院研发的汽油在线优化调和系统。该系统将配方在线优化、实时控制以及罐区计量等应用集成一体，该技术已经在中国石油、中国石化重点企业得到应用。

④ 石科院研发的具有自主知识产权的汽油调和系统和原油调和系统。汽油管道调和工艺成套技术包括在线近红外质量分析仪、汽油管道调和优化与控制软件、调和规则模型和系统集成技术，该技术已在中国石化广州分公司成功应用：采用先进计算方法，在原油评价数据库和原油光谱库所采集的大数据基础上，通过原油品种和数量的巧妙搭配，得到与目标原油性质十分接近的多种配方原油，为炼油厂原油采购及加工原油的性质长期稳定提供技术支持，该技术已在中国石化镇海炼化进行成功应用。

### 3.5.4 其他决策技术应用情况

**(1)设备可靠性和维护决策**

在现代炼油厂中，设备可靠性和维护决策是至关重要的，直接关系到生产的连续性和效率。通过使用传感器和监测系统，工程师们能够实时监测设备的运行状况，采集大量数据。这些数据被送入先进的分析软件，使用机器学习算法进行模式识别，以预测可能的故障。预测性维护计划可以被制定，通过提前修复潜在问题，最小化停机时间。这种方法提高了设备的可靠性，降低了维护成本，并减少了突发故障对生产计划的影响。

**(2)质量控制和管理**

质量控制是炼油过程中的关键因素之一，直接影响到最终产品的市场竞争力。现代炼油厂通过在生产线上使用先进的在线分析仪器，实时监测产品的关键参数，以确保其符合预定的质量标准。自动化的质量控制系统能够立即识别潜在问题，通过调整生产参数进行实时调控。这不仅提高了产品质量，还降低了废品率，增强了企业的可持续竞争力。

**(3)能源管理**

能源成本通常是炼油厂的主要开支之一。能源管理技术的应用旨在最大限度地减少能源消耗，提高生产的能源效率。通过实时监测各个生产单元的能源使用情况，工程师可以优化操作参数，使其在能源效益和生产需求之间取得平衡。这包括调整温度、压力和流量等操作参数，以最小化能源浪费。综合的能源管理系统能够提供详细的能源使用报告，帮助企业追踪成本并制定未来的能源战略。

**(4)原材料管理**

有效的原材料管理对于确保生产的连续性至关重要。供应链管理系统通过整合供应链信息，实时监测原材料库存水平，以确保生产所需的原材料能够及时可用。这包括从供应商处获取实时信息、优化订购策略以及建立紧密的合作关系，以应对供应链中的不确定性。通过精确的原材料需求规划，企业可以降低库存成本，减轻市场波动对生产计划的影响。

**(5)环境和安全管理**

环境和安全管理在现代炼油厂中是不可或缺的。通过实施先进的环境监测系统，炼油企业能够实时监测排放物和废弃物，确保符合环保法规。这包括使用各种传感器来监测大气和水体污染物，以及建立紧急响应系统，确保在紧急情况下能够快速采取措施。这不仅有助于提高企业的环保声誉，还能减轻环境和安全合规带来的潜在法律责任。

**（6）人力资源管理**

人力资源管理对于确保炼油厂的高效运作至关重要。通过实施人员调度和培训系统，企业能够确保在每个生产阶段都有足够数量的合格操作人员。这包括使用智能调度系统，根据生产计划和技能需求，确保适量的员工在正确的时间到达工作岗位。此外还包括，提供定期的培训计划，以提高员工的技能水平，适应技术的更新和变化，确保人力资源的可持续发展；通过合理的人力资源管理，炼油企业能够降低人力成本，提高员工的工作效率和满意度。

## 3.6 炼油数字化转型与智能化发展

### 3.6.1 概述

进入21世纪，随着新一轮工业革命的发展，工业转型的呼声日渐高涨。进入工业4.0，工业生产迎来了数字化、互联化和智能化的新时代。

智能化并不是脱离信息化、数字化的全新阶段，智能化包括信息化、数字化、模型化、网络化、集成化、自动化等一系列特征。信息化、数字化、智能化这三个阶段也不完全是递进关系，也会有重合。

数字化是将物理世界的事物、过程和数据转化为数字形式，以便能够进行存储、处理和传输。在工业领域中，数字化指的是将各个环节、设备和资源连接起来，并通过传感器、数据采集和处理系统等技术，将生产过程中产生的各种数据进行数字化处理和管理。数字化的目标是实现实时监测、数据分析和决策支持，提高生产的可视性、可控性和效率。

智能化是在数字化的基础上，通过人工智能、机器学习和自动化技术等，赋予系统和设备更高级的智能和自主性。智能化在工业中的应用包括机器视觉、自动控制、智能优化和协作决策等。通过智能化，工业系统能够实现自动化、智能化运作，能够自动感知环境，做出适应性响应，并根据数据分析结果进行智能决策和优化。智能化的目标是全面提升生产的智能性、柔性和适应性。图1-3-8描写了炼油企业智能化架构。

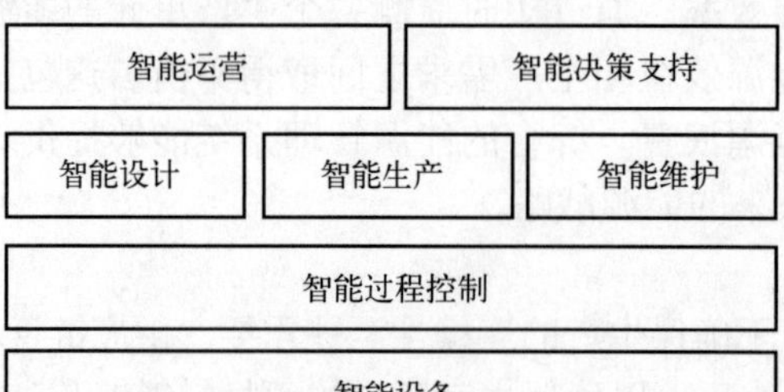


图1-3-8 炼油企业智能化架构

数字化和智能化的发展是相互关联的。数字化提供了智能化所需的数据基础和信息支持，而智能化则通过对数据的分析和智能决策，实现对生产过程的自动化控制和优化。二者的结合使工业实现了更高效、灵活和智能的生产方式，推动了工业向着更加精细化、高质量和可持续性的方向发展。随着技术的不断进步和应用的不断推广，数字化和智能化将继续深化和扩展，为工业带来更多的创新和转型机遇。

就目前国内炼油厂的智能化发展方向而言，技术层面的重点包括以下五个方向：

① 物联网技术的应用：强调扩展数据采集范围，提升采集频次，以增强企业的信息感知能力。

② 工业互联网、云技术和集成技术：如中国石化旗下的石化盈科公司开发了专为能源化工行业设计的工业互联网平台ProMACE，旨在实现信息的集成、共享，促进企业的互联互通，并提供强大的计算资源支持。

③ 工业大数据和人工智能技术：强调在工业建模和预测模拟方面的应用，利用大数据和人工智能算法进行准确预测和优化。

④ 三维数字化技术在虚拟现实工厂中的应用：强调利用三维数字化技术创建虚拟现实工厂，可以进行模拟实验、虚拟维护等操作。

⑤ 机理模型在控制方向的应用：强调应用机理模型优化控制，是实现智能化炼油厂的重要技术依托。机理模型通过预测、模拟、预判、优化甚至主动决策和控制能力，与炼油技术融合，可以有效提升工业过程的效率和质量。

针对前两类技术，重点在于提升数据采集和共享能力，以增强生产过程的监控能力；而后三类技术则需要与炼油技术深度融合，强调模型化方法，通过模型的应用加强对工业过程的预测、模拟、优化和控制能力。

机理模型在优化控制方向的应用是智能化炼油厂的关键技术支持，前文已经详细介绍了RTO和流程模拟方面的应用。接下来的内容将重点介绍前文中提到的第三类和第四类技术。

### 3.6.2 大数据技术

国内炼油行业的大数据应用起步较晚，但与全球同行相比几乎同步。2013年，中国石化九江石化催化裂化装置大数据分析试点项目标志着国内炼油行业大数据应用的起步。此后，大数据应用技术逐渐在国内炼油行业中推广应用，涵盖工艺、质量、设备、安全、环保等多个业务领域，并取得了一系列的成效。大数据指的是需要采用新的处理模式，发挥其在决策、洞察和流程优化方面的强大能力的海量、高增长率和多样化的信息资产。大数据技术使得从各种类型的数据中快速获取有价值的信息成为可能。与此同时，大数据、云计算和人工智能之间存在着紧密的关联关系，三者相互影响、相互依赖。

**（1）大数据的分析技术**

大数据的分析技术主要基于人工智能、机器学习、模式学习、统计学等。通过对大数据高度自动化的分析，做出归纳性的推理，从中挖掘出潜在的模式，可以帮助人们做出正确的决策。大数据分析从不同的角度对数据进行挖掘，常用的方法有分类、回归分析、聚类、降维、关联规则挖掘、神经网络方法等。

① 分类（Classification）。将数据样本根据其特征进行分类，基于已有数据的分类模型，将新的数据样本归类到合适的类别中。常用的算法有决策树、朴素贝叶斯、支持向量机等。

② 回归分析（Regression Analysis）。建立数据之间的关系模型，预测一个或多个连续变量的值。回归分析可以用于趋势预测、需求预测等任务。常用的算法有线性回归、多项式回归、岭回归等。

③ 聚类（Clustering）。将数据样本划分为相似的群组，使得同一组内的数据相似度高，而不同组之间的相似度较低。常用的算法有K均值聚类、层次聚类、密度聚类等。

④ 降维（Dimensionality Reduction）。通过削减数据维度，保留主要信息，以减少数据的复杂性和冗余性。常用的算法有主成分分析（PCA）、线性判别分析（LDA）等。

⑤ 关联规则挖掘（Association Rule Mining）。通过发现数据中的频繁项集和关联规则，揭示不同数据项之间的关联性。常用的算法有Apriori算法、FP-growth算法等。

⑥ 神经网络方法（Neural Network）。模拟人脑神经元之间的连接和信息传递，用于处理非线性问题和复杂模式的识别。常用的神经网络包括前馈神经网络、循环神经网络、卷积神经网络等。

**（2）大数据分析的建法**

① 业务应用场景分析。首先，在业务战略上选择通过数据挖掘和数学模型获得满足应用要求的场景，特别是那些缺乏成熟机理方法或实现成本较高的场景。通过大数据分析方法，旨在带来经济或社会效益。

接下来，在确定业务应用方向后，需要对业务分析路径进行细化，包括可行的分析路径、结论和支持决策的逻辑。然后，确定分析所需的业务数据范围，包括数据种类、粒度、质量、采集难度，并判断数据规模，确定应用策略，评估系统建设难度，最终明确完整的分析应用场景。

② 收集整理数据。收集的数据包括原料性质数据、操作数据、产品质量数据、设备运行数据和环境数据等。通常从计算机系统角度将数据分为结构化数据（如实验室数据和MES数据）、半结构化数据（如实时数据和文档数据）以及非结构化数据（如视频、音频、图片和流式数据）等。

通过收集历史数据建立最初的分析模型，数据整理包括数据质量判断、缺失数据处理、主数据整理、数据时间对齐和数据规则整理等步骤。

③ 分析建模。根据确定的分析目标进行实际分析建模过程，一般包括以下步骤：数据降维、数据建模和模型自适应。

a. 数据降维。根据业务上的分析目标和先验知识判断数据的相关性，并通过相关性分析、主成分分析等大数据分析工具进行数据降维。例如，根据先验知识判断哪些操作参数对分析结果产生直接影响，然后通过相关性分析和主成分分析对数据进行降维。

b. 数据建模。结合业务先验知识、分析目标和数据特征，选择合适的算法进行建模。例如，使用原料关键物性指标划分不同的生产数据样本集，通过深度学习等算法加载训练数据集完成模型训练，并使用业务知识验证模型对测试数据的输出结果，判断其是否符合业务逻辑，以及精度是否满足业务分析要求。

c. 模型自适应。由于生产过程中参数会发生变化，已经训练好的模型经过一段时间后可能不再适用。因此，需要监测模型的有效性，如果模型误差超出预定范围，则加载新近的数据重新训练模型，并通过版本管理更新模型，以适应外部参数的变化。

④ 工业验证。通常通过工业验证来检验大数据应用的效果，主要是将计算结果与实际生产数据进行比对。例如，将通过大数据预测的产品质量与实际化验值进行比对等。

**（3）大数据技术在炼油厂生产操作领域的应用**

在炼油计划优化业务领域，基于大数据技术的投入产出预测模型与线性规划的计划优化模型相结合，可以提升计划优化模型的精度。面向炼油装置生产运行，大数据模型可用于操作分析、产品分布预测、质量预测、设备健康评估等；在生产安全领域中，大数据模型可用于操作报警根源分析、火灾识别等。

下面以加氢裂化装置馏出口质量预测模型为例，介绍大数据技术在炼油生产操作领域的应用，构建过程如下：

① 收集数据。收集了过程操作数据、APC数据、在线仪表数据和LIMS系统化验数据等多种数据类型，见表1-3-20。

② 数据预处理。对收集到的数据进行预处理，包括数据清洗、特征选择和数据转换等步骤，以确保数据的质量和可用性。

③ 算法建模。采用深度学习算法进行模型的建模。深度学习算法具有强大的非线性建模能力，可以通过学习大量数据来发现隐藏的模式和规律。

④ 模型评估。通过对比实际测量值和实时预测值之间的误差，评估模型的性能。表1-3-21中给出了部分时间点的实际测量值、实时预测值及其误差。

表1-3-20　模型选取的加氢裂化装置操作条件数据

| 仪表位号 | 操作条件数据 | 仪表位号 | 操作条件数据 |
|---|---|---|---|
| 1 | 分馏塔顶压力 | 7 | 分馏塔进料温度 |
| 2 | 分馏塔顶回流 | 8 | 喷气燃料抽出量 |
| 3 | 分馏塔顶温度 | 9 | 冷低分油流量 |
| 4 | 石脑油抽出温度 | 10 | 热低分油流量 |
| 5 | 分馏塔进料流量 | 11 | 硫化氢汽提塔进料量 |
| 6 | 分馏塔底温度 | 12 | 柴油抽出量 |

表1-3-21　加氢裂化装置石脑油终馏点预测效果

| 时间点 | 实际测量值/℃ | 实时预测值/℃ | 误差/℃ |
|---|---|---|---|
| 8:00 | 170 | 168 | −2 |
| 16:00 | 170 | 170 | 0 |
| 24:00 | 167 | 166 | −1 |
| 16:00 | 170 | 170 | 0 |

通过以上步骤构建的加氢裂化装置馏出口质量预测模型可以帮助操作人员实时预测石脑油的终馏点，并提供数据支持，以优化装置的操作和控制。大数据技术的应用使得模型能够挖掘企业现有数据的价值，并进行多维度的联合分析，从而提高模型的精度和可靠性。

另外，通过大数据分析的方式进行精馏塔设备建模、故障诊断以及应用实施方案的研究，可解决目前行业中存在的难题，将为用户提升产品质量、降低设备的维护成本和运行损耗做出贡献。基于大数据的精馏塔设备故障诊断流程如图1-3-9所示。

### 3.6.3　三维数字化技术

三维数字化是指将现实世界中的物理对象、场景或系统以数字形式进行建模和呈现的过程。它通过使用计算机科学、计算机图形学、模型构建等技术，将实际物体的形状、结构、

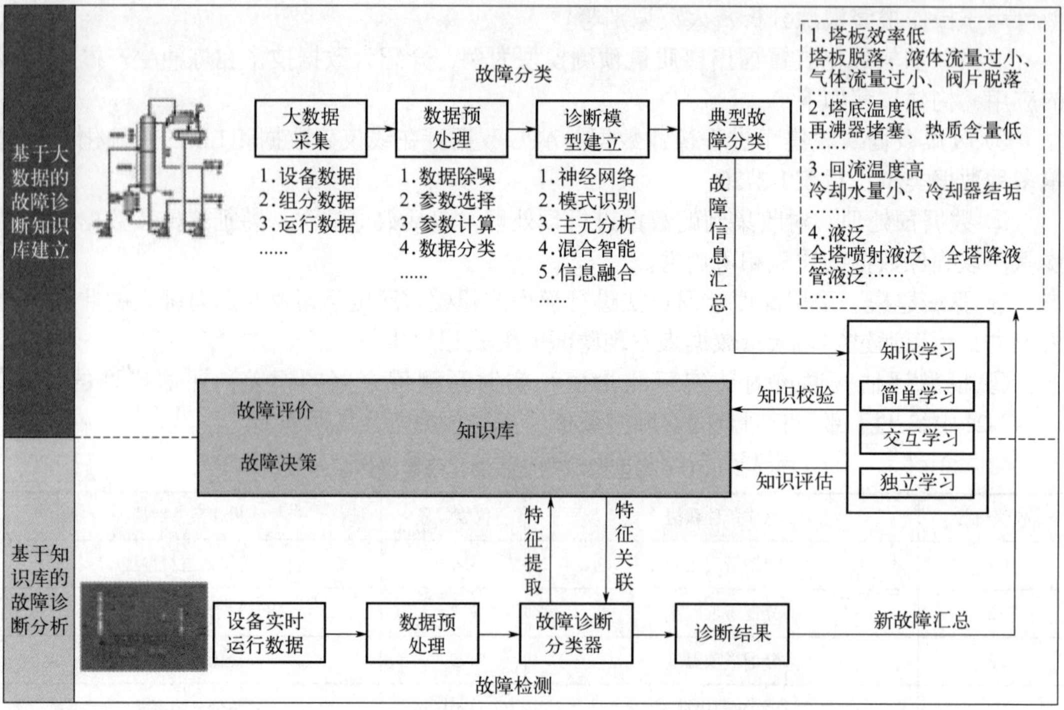


图 1-3-9　基于大数据的精馏塔设备故障诊断流程

纹理以及运动等信息转化为数字化的三维模型或场景。其步骤主要包括数据采集、数据处理与重建、模型编辑与优化、呈现于应用。其特点是数字化、可视化、集成化。它能够提供真实感的可视化和交互体验，帮助人们更好地理解、分析和优化复杂的物体、场景或系统。

**（1）三维数字化平台技术**

三维数字化平台技术主要有以下三类。

① 基于地理信息系统（GIS）技术的平台。这种平台以三维GIS为基础，支持实时、快速、有效地采集和更新地理信息数据，并能实现大规模场景的可视化表达和可视化分析。然而，由于其关注点主要是空间数据，因此在生产类企业的业务应用中存在较大的局限性。尤其是对企业级大规模、高精度以及高仿真度要求较高（例如需要毫米甚至更高设计级别精度的装置和设备）的情况下，这种技术可能无法完全满足要求。

② 基于虚拟现实（VR）技术的平台。虚拟现实技术是一种能够创建和体验虚拟世界的计算机仿真系统。它具有实时的三维计算机图形、实时环境渲染、实时交互式操作和全维度用户感知的特点。基于这种技术，平台可以利用虚拟现实工具或引擎技术来实现对三维对象的操作和调度，并能与外部系统数据进行交换。此外，还可以附加定制应用开发或构建开发平台。虽然在超大场景渲染和交互方面存在一定的挑战，但随着技术的不断发展，这种平台在工程数字化交付中被广泛采用。

③ 基于三维设计软件厂商技术的延伸或衍生产品。这类技术主要由Autodesk、AVEVA等三维设计软件厂商提供。其核心定位偏向于指导设计、施工以及建设期数据的资产管理。尽管难以支持超大场景的渲染和交互需求，但随着技术的进步，这种技术在工程数字化交付中已得到广泛应用。特别是在工程领域，这种技术被广泛应用于指导设计和施工，以及进行建设期数据的管理。

### （2）三维数字化建模方法

三维数字化建模方法主要有三维设计软件建模法、三维激光扫描法、全景影像建模法三种。

① 三维设计软件建模法。这种方法主要依赖于使用三维建模软件进行建模。用户可以使用专业的三维设计软件，如Autodesk公司开发的3ds Max、Trimble公司开发的SketchUp、Blender等，在虚拟环境中创建和编辑三维模型。这些软件提供了丰富的建模工具和功能，如绘制、拉伸、挤压、旋转等操作。通过调整形状、添加纹理、设置材质，用户可以创建具有几何形状和视觉效果的高质量三维模型。

② 三维激光扫描法。这种方法使用激光扫描仪等设备获取现实世界中物体的几何信息。激光扫描仪通过发射激光束并测量激光返回的时间和强度，可以获得物体表面的点云数据。然后，通过点云处理算法，如配准、滤波、网格重建等，可以将点云数据转换为三维模型。这种方法适用于复杂或具有精细纹理的物体。

③ 全景影像建模法。这种方法利用全景影像技术，通过拍摄物体周围的全景图像来建模。全景相机或全景图像拼接软件可以捕捉物体周围的环境，并将多个图像拼接成一张全景图像。然后，通过计算机视觉算法，如特征提取、图像配准等，可以从全景图像中提取几何信息并创建三维模型。这种方法适用于室外建筑、景观、城市环境等大范围场景的建模。

这三种方法各有特点，适用于不同的应用场景。三维设计软件建模法适合精确控制和创造自定义的三维模型。三维激光扫描法可以捕捉实际物体的细节和形状。全景影像建模法适用于宏观场景和大范围建模。根据具体需求，可以选择适合的方法来进行三维建模。

### （3）炼油厂三维数字化工厂构建

三维数字化工厂在不同行业有不同的内涵和外延。以炼油厂为例，三维数字化工厂是将实体空间与虚拟呈现相结合，通过传感器采集炼油厂生产制造过程中的静态和动态数据。这些数据在虚拟呈现环境中进行三维集成展示，并提供更多的分析、模拟、演练、培训和监控功能。通过三维数字化工厂，可以实现虚拟环境中的生产仿真与现实中的生产的无缝融合。借助虚拟工具的灵活性和优势，能够促进现实工厂的生产效率和质量提升。

① 建设三维数字化工厂难点。三维数字化工厂是企业推进建设基于信息物理融合系统（CPS）的智能工厂基础平台，已成为研究的热点和建设的重点。炼油厂由于数据量大、装置数量多，以及模型精度、真实度、交互性高等要求，对三维平台的需求与技术适应性要求非常高，在三维数字化工厂实际建设中，主要面临以下几个问题：

a. 投资大：每套装置的三维模型建设及深化应用需要近百万元，每一家炼油厂有几十套装置，建成三维数字化工厂资金需数千万元。

b. 设备互操作性：为了实现全面的数字化和智能化，需要将各种设备和系统连接在一起，使其能够互相通信和协作。然而，不同设备供应商使用的通信协议和接口往往不同，互操作性成为一个挑战。需要进行设备集成和接口开发，使各设备能够实现数据共享和协同操作。

c. 安全和隐私保护：数字化工厂涉及大量敏感数据的收集、处理和传输，包括工艺参数、生产计划、设备状态等。因此，确保数据的安全性和隐私保护是一个重要的难点。需要采取适当的网络安全措施、数据加密技术和访问控制策略，以防止数据泄露和未经授权的访问。

d. 技术成熟度和可行性：一些新兴的数字化技术和解决方案，如虚拟现实、增强现实和人工智能等，仍处于不同程度的发展阶段。在实际工厂环境中应用这些技术，可能面临技术成熟度和可行性的挑战。需要评估技术解决方案的实际效果和可行性，结合工厂的具体需求和限制做出相应的选择。

e. 组织变革和人员培训：数字化工厂的建设不仅涉及技术层面，还需要进行组织变革和人员培训。需要对现有工作流程和岗位进行调整和重新设计，以适应数字化工厂的要求。同时，为了充分利用数字化技术，需要对员工进行培训和教育，提高他们的数字化素养和技能水平。

② 对三维数字化平台的技术要求。三维数字化工厂的建设目标是实现虚拟空间与物理空间的精确映射，逐步建成具有状态感知、实时分析、自主决策、精确执行的信息物理融合系统。结合石化行业智能化工厂建设目标，平台总体应满足以下技术要求：

a. 数据采集和传输：能够实时、准确地采集和传输各种类型的数据，包括设备数据、传感器数据、工艺参数等。数据采集可以通过传感器、物联网设备或其他数据源进行，传输可以通过各种通信协议和网络技术实现。同时，需要确保数据的安全性和可靠性。

b. 数据整合和标准化：能够将来自不同设备、系统和部门的数据进行整合和统一标准化处理。这包括数据格式的转换、数据关联和数据集成等。整合后的数据应该具有一致的数据结构和定义，以便于后续的数据分析和应用。

c. 可视化和模拟：能够将采集到的数据以可视化方式展示，包括实时监控、图表、仪表盘等。同时，能够进行模拟和仿真，以验证工艺参数、优化生产过程等。可视化和模拟的功能可以帮助用户快速了解工厂运行状态和预测未来发展趋势。

d. 数据分析和决策支持：具备强大的数据分析和挖掘功能，能够对大数据进行实时处理和分析，发现隐藏在数据中的模式和规律。同时，能够为决策者提供准确的数据支持和可视化的决策辅助工具，帮助他们做出更好的决策并优化工厂运营。

e. 安全和隐私保护：能够保证数据的安全性和隐私保护，包括数据加密、身份认证、访问控制等。同时，需要确保系统的稳定性和可靠性，以防止潜在的安全威胁和故障。

③ 三维数字化工厂建立路径。三维数字化工厂由工程项目建设阶段产生的数字化静态信息、运维阶段产生的数字化动态信息和基于工厂对象的关联关系构成，并通过三维可视化和虚拟仿真技术对工厂进行数字化模拟和全生命周期的数字化管理。三维数字化工厂是智能工厂建设的重要内容之一，其本质是以工厂全生命周期的相关数据为基础，运用地理空间信息技术、三维图形技术、物联网技术等，对工厂整体或局部进行数字化仿真建模，关联集成静态数据和动态数据，形成物理工厂的数字孪生体。在三维数字化工厂中，用户可以进行工厂漫游、实时监控、培训演练、协同管理，提高工厂的可视化水平和运营管理能力。

三维建模是数字化工厂的基础。在三维数字化工厂中，建模内容包括装置的正向（逆向）建模（图1-3-10、图1-3-11）、设备结构建模、总平面建模和管架建模等。装置的三维建模内容包括但不限于基座、结构、管道、静设备、机械设备、阀门类、消防设备、电气线路、仪表、采样设施、分析仪器、报警仪和监控设备等。

建设三维数字化工厂对于炼油厂来说具有投资大、建设周期长和技术要求高的特点。

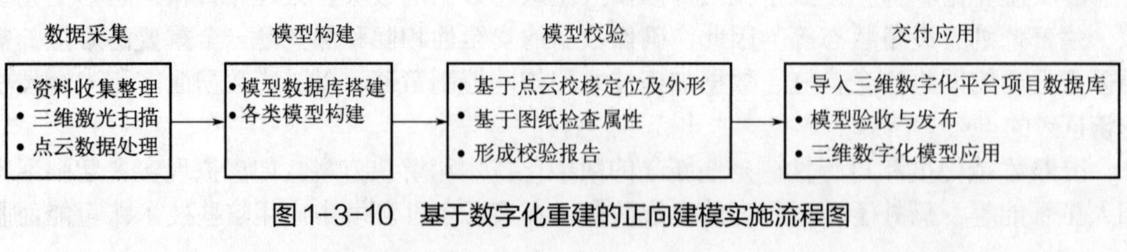


图1-3-10　基于数字化重建的正向建模实施流程图

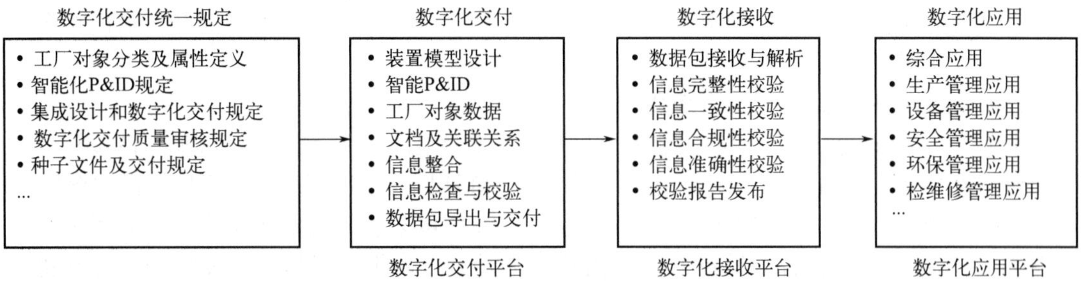


图 1-3-11　基于数字化交付的逆向建模实施流程图

因此，企业需要在建设过程中打破常规，采用创新方法，并以最少的投资来探索适合石油化工企业三维数字化工厂建设的道路。

具体建设步骤如下：

a. 统一规划、分步实施：按照整体规划、试点应用、全面实施和持续完善的思路进行建设。在试点中选择装置和设备进行三维建模，并建设数字化平台进行应用试点。在试点取得成功经验的基础上，逐步建成全厂三维数字化工厂，并持续进行完善。

b. 新建装置设计阶段：在与设计院签订的合同中明确移交装置数字化内容，并与新建装置的建设同步完成三维数字化移交。

c. 老装置逆向建模：针对老装置采用逆向建模的方式，利用企业专业技术人员熟悉现场工艺流程和设备结构的优势，组建三维建模实施团队，完成老装置的逆向建模任务，既锻炼团队，又大大降低投资成本。

d. 三维模型优化预处理：对建成的三维模型进行效果和结构的优化预处理，提高系统的运行速度。

e. 场景集成与优化：将优化后的模型及其相关的编码数据、设备和管线的设计参数按照现实场景的指定坐标进行场景装载。为了实现海量业务集成数据下的超大规模场景实时交互，采用裁切算法、多细节层次模型技术、各种剔除算法和渲染状态分组等技术对场景进行优化。

f. 数据与应用集成：系统集成主要采取数据集成和页面集成两种方式。数据集成按照企业需求集成不同业务数据，包括设计数据、工程数据和工艺数据等，确保数据的一致性和准确性。页面集成则是将不同应用系统的功能页面集成到统一的平台上，实现数据的共享和交互。

另外，目前三维数字化工厂主要的建模方法有：

a. 手工建模法：依靠高清现场照片、纸质资料或电子版资料作为建模依据，运用手工的方式，在三维绘图软件中建模。然后，再让装置现场技术人员进行校对，最后根据校对结果进行完善的建模方法。

b. 导入模型法：将装置工程设计数字化移交的三维PID模型通过格式转换，直接导入三维工厂系统的建模方法。

c. 激光扫描建模法：运用激光扫描仪对现场装置进行360°的全景扫描，扫描前在场景中布置一定数量的标靶，扫描结束后在辅助软件上按照相同标靶对图像进行拼接，形成与现场一致的点云，然后再依托这些点云进行建模。

三维数字化工厂建设的最终目标是实现数字化转型，提高生产效率、降低成本和风险，并为企业决策提供准确、实时的数据支持。通过全生命周期管理和可视化展示，企业能够更好地掌握装置的运行状态和数据信息，及时发现问题并采取相应措施，从而提升企业的竞争力和市场地位。

**（4）炼油厂三维数字化工厂应用**

炼油厂是一个复杂而庞大的工业设施，而三维数字化工厂应用可以在炼油厂的设计、建设、操作和维护等方面提供重要支持。以下是关于炼油厂三维数字化工厂应用的简要介绍：

① 设计和建设阶段。在设计和建设阶段，炼油厂可以利用三维数字化工厂应用进行设备三维可视化。通过将各种设备、管道和结构等元素以三维形式呈现，设计团队能够更好地理解设备之间的关联和工艺流程。这有助于准确评估设备布局、优化管道走向以及确定设备之间的最佳操作路径。

同时，炼油厂可以应用炼油厂工程信息管理系统，将设计和建设过程中的各类工程信息进行集中管理。这包括设计图纸、规范标准、材料清单等。通过数字化管理，可以提高信息的可靠性和准确性，降低信息处理的复杂性。

② 运营和操作阶段。在炼油厂的运营和操作阶段，三维数字化工厂应用有助于日常安全管理。通过将安全设备、消防通道和逃生出口等关键要素以三维形式呈现，安全人员可以更好地了解设备的位置和布局，制定合理的安全措施。

预案和应急管理也可以借助三维数字化工厂应用进行优化。三维数字模型可以用于模拟并评估不同的应急情况，提前制订应急预案，并培训相关人员进行应急演练。

三维数字化工厂应用还能实现生产运营信息的集成。将不同系统（例如生产过程监控、物料管理、质量控制等）的数据整合到三维数字模型中，操作人员和管理人员可以更全面地了解炼油厂的运营状况，做出更准确和及时的决策。

③ 维护和管理阶段。三维数字化工厂应用在维护工单管理方面发挥着重要作用。将维护工单信息与三维数字模型进行关联，维护人员可以更直观地了解设备的维护需求和工作位置。这有助于提高维护工作的效率和准确性。

此外，三维数字化工厂应用还能用于培训演练。通过创建虚拟场景，员工可以在模拟环境中接受培训，学习正确的操作流程和安全程序，提高其工作技能和应变能力。

综上所述，炼油厂三维数字化工厂应用在设计、建设、运营和维护等方面提供了重要的支持。通过利用数字化技术和虚拟现实工具，炼油厂可以更好地管理和优化设备、流程和操作过程，实现更高的生产效率、安全性和可靠性。

智能化是第四次工业革命的核心，它与第三次工业革命中的信息化密不可分。我们目前正处于这一转型时期。人类工业的发展始终以科学技术的突破为基础，而智能化的过程则需要在更多学科的技术突破和跨学科融合上取得进展，这是一个需要时间的过程。除了技术突破外，工业企业还必须在业务形态、组织模式和运营模式上进行改革。

早在2012年，中国石化就着手规划智能工厂，随后在2013年启动了智能工厂的第一阶段试点建设，这比许多西方先进的炼油化工企业更早。在首批的四家试点企业中，九江石化、镇海炼化和茂名石化被工信部评为智能制造示范企业，燕山石化则被评为北京市的绿色工厂。通过智能工厂1.0的建设，这四家企业的自动化、可视化和数字化程度得到了显著提升。生产数据自动采集率提高了10%，达到了95%以上；先进过程控制投用率提高了10%，达到了90%以上；重点环境增排放点实现了100%的实时监控与分析预警；能源管理实现了能源可视化和在线优化；生产优化从局部和月度优化转变为一体化和在线优化；劳动生产率提高了10%以上。在生产操作协同联动方面，通过采用工业4G无线网和智能巡检设备，外部巡检数字化和内部巡检自动化得以实现，现场处置效率提高了，并使操作平稳性提高了5.3%，操作合格率更是由90.7%提升至99%，取得了良好的社会和经济效益。

在炼油厂数字化转型与智能化发展的过程中，也面临诸多困难，需要持续地探索、不断地突破。

### 3.6.4 工业软件

工业软件是对工业技术和知识的程序化封装、复用，能够定义工业产品、控制生产设备、优化制造流程、变革生产方式，被视为“工业制造的大脑和神经”。虽然我国拥有世界上最齐全的制造业门类，但工业软件领域却是产业发展的软肋，整体上呈现出企业市场份额较小、产业链不完整、技术水平相对落后的局面，离自主可控仍有较大差距。炼油行业的数字化转型可以通过使用各种工业软件来实现。以下是一些常见的炼油数字化转型方面的工业软件:

**（1）过程模拟和优化软件**

① Aspen HYSYS：一款广泛应用于炼油行业的过程模拟软件。它可以建立和模拟炼油过程的数学模型，包括裂化、脱油、重整、脱硫和脱氮等操作。通过对操作变量、工艺参数和产品要求进行优化，可以帮助炼油企业减少能源消耗、降低排放和提高产品质量。

② Honeywell UniSim：一个全面的过程模拟和优化软件平台，广泛应用于炼油和化工行业。它可以建立详细的炼油过程模型，并通过仿真和优化来优化操作和改善性能。Honeywell UniSim还提供了多种工具和算法，用于优化炼油过程中的能源利用、产品质量和操作策略。

③ KBC Petro-SIM：一款综合的炼油过程模拟和优化软件。它可以模拟各种炼油工艺，包括裂化、热裂解、脱硫、脱氮等。KBC Petro-SIM具有高度可定制的功能，允许炼油企业根据其具体需求建立详细的模型，并通过优化分析工具进行性能改进和操作优化。

④ AVEVA PRO/ Ⅱ：一款常用的过程模拟和优化软件，被广泛应用于炼油和化工行业。它可以建立和模拟各种炼油过程和设备，帮助炼油企业优化操作策略、提高产品质量、减少废品和能源消耗。AVEVA PRO/ Ⅱ还提供了多种高级优化算法，可用于解决炼油过程中的复杂问题。

这些过程模拟和优化软件具有强大的功能，可以帮助炼油企业进行操作优化、节能减排和产品质量改进。它们能够模拟和分析各种操作策略和方案，帮助炼油企业做出最佳的决策，从而提高炼油过程的效率、灵活性和可持续性。

**（2）实时过程控制软件**

① Aspen DMCplus：一款先进的多变量模型预测控制软件，被广泛应用于炼油行业。它可以通过建立和维护数学模型，实时监测炼油过程中的多个变量，并自动调整操作参数以保持过程在安全、稳定和最优的范围内。

② Honeywell Profit Controller：一款实时过程优化控制软件，被用于炼油厂的操作优化和性能管理。它通过动态调整操作参数来优化炼油过程，同时实时监测和报告过程性能指标，以确保炼油企业的运营在最佳状态下。

③ Yokogawa Exaquantum：一款实时数据管理和分析软件，广泛应用于炼油行业。它可以实时地采集、处理和分析传感器数据，并通过实时状态监测和报警功能对炼油过程进行实时控制和优化。

④ ABB System 800xA APC：一款实时过程控制软件包，专门用于炼油和化工行业。

它可以通过建立先进的控制策略和模型，实时监测和调整操作参数，以最大程度地提高炼油过程的效率、安全性和产品质量。

这些实时过程控制软件可以帮助炼油企业实现自动化和智能化的运营管理，通过实时监测和控制过程中的关键变量和设备状态确保炼油过程在最佳状态下运行。这些软件还可以提供实时报警和趋势分析功能，以帮助操作人员监测过程运行情况，并及时采取措施来纠正和优化操作。

**（3）故障诊断和预测软件**

① GE Digital APM：一款综合的资产性能管理软件，被广泛应用于炼油行业。它使用高级分析和机器学习算法，实时监测和分析炼油设备的传感器数据，以识别潜在的故障和问题，并提供预测性维护建议，以减少停机时间和维修成本。

② Aspen Mtell：一款基于机器学习的故障诊断和预测软件，专门用于炼油和化工行业。它可以分析设备传感器数据、操作参数和维修记录，以识别潜在的设备故障，并提供实时的预测性维护建议，以减少故障停机时间，降低维修成本和增强设备可靠性。

③ Honeywell Assurance360：一款综合的故障诊断和性能优化软件，广泛应用于炼油行业。它使用高级分析和故障诊断算法，帮助炼油企业实时监测和分析设备性能，并提供及时的故障诊断和预测，以帮助减少停机时间、提高设备可用性和降低维修成本。

④ Siemens COMOS Walkinside：一款虚拟现实故障诊断和培训软件，适用于炼油行业。它可以模拟和呈现炼油设备和工艺场景，帮助操作人员识别和解决故障，并提供虚拟培训环境，以提高操作人员的应急反应能力和故障诊断技能。

这些故障诊断和预测软件利用先进的分析和算法，帮助炼油企业实时监测和分析设备状态，并提供准确的故障诊断、预测和维护建议。通过及时识别和解决潜在的故障问题，这些软件可以帮助炼油企业降低停机时间、提高设备可靠性和降低维修成本。此外，一些软件还通过虚拟现实技术提供培训和仿真环境，以提高操作人员的应急反应能力和故障处理技能。

**（4）能源管理软件**

① Schneider Electric EcoStruxure Energy Management：一款综合的能源管理软件，被广泛应用于炼油和化工行业。它可以实时监测和分析能源消耗，提供能源效率报告并识别节能机会，帮助炼油企业降低能源成本和减少碳排放。

② Siemens EnergyIP：一款智能的能源数据管理和分析软件，适用于炼油工厂的能源管理。它帮助炼油企业收集、处理和分析能源消耗数据，提供实时能源监测和报告，以支持能源效率改进和能源成本降低。

③ Honeywell Enacta：一款综合的能源管理和节能软件，用于炼油和化工行业。它提供全面的能源监测和分析功能，可以帮助炼油企业识别能源浪费、优化能源使用，并制定节能策略以降低能源消耗和成本。

④ AVEVA Energy Management：一款全面的能源管理软件，广泛应用于炼油工业领域。它可以帮助炼油企业实时监测和分析能源消耗、制定能源计划和预测，并提供能源报告和优化策略，以提高能源效率和降低能源成本。

这些能源管理软件通过实时监测、分析和报告能源消耗，帮助炼油企业实现能源效率的改进和成本的降低。通过识别能源浪费、制定能源计划和预测，并提供能源优化策略，这些软件帮助炼油行业管理能源使用，并持续改进能源效率，以减少对环境的影响并提高企业的可持续性。

（5）数据分析和大数据软件

① Splunk Enterprise：一个广泛应用于各行业的数据分析和大数据平台。在炼油行业中，它可以帮助企业分析和监测实时的炼油操作数据、设备传感器数据等，以优化生产过程、提高设备可靠性和减少故障停机时间。

② Ayasdi：一个用于数据分析和机器学习的可视化软件，在炼油行业中有应用。它可以帮助炼油企业分析和挖掘大规模的数据，识别隐藏的模式和关联，提供数据驱动的洞察，以优化运营决策和提高生产效率。

③ Hortonworks Data Platform：一个用于大数据管理和分析的平台，被广泛应用于炼油和能源行业。它可以帮助炼油企业处理、存储和分析大规模的结构化和非结构化数据，以发现趋势、优化生产过程和改进能源效率。

④ IBM Watson Analytics：一个用于数据分析和智能决策的云平台，适用于各个行业，包括炼油行业。它可以帮助炼油企业整合和分析多源数据，构建预测模型和决策支持系统，提供数据驱动的洞察和优化建议。

这些数据分析和大数据软件可以帮助炼油企业处理、分析和挖掘海量的数据，以获取更深入的洞察，并通过数据驱动的决策优化生产过程，提高能源效率和实现更高的可靠性和盈利能力。这些软件不仅可以处理结构化数据（如传感器数据、操作参数等），还可以处理非结构化的数据（如文本、图像等），帮助企业获取全面的数据洞察。

（6）资产管理和维护软件

① IBM Maximo：一种用于资产管理和维护的综合软件解决方案，广泛应用于炼油和化工工业。它可以帮助炼油企业进行资产管理、计划维护、故障诊断和预防性维护，以降低设备故障风险、提高可靠性并延长资产寿命周期。

② SAP EAM：一款综合的企业资产管理软件，也是炼油行业常用的解决方案之一。它可以帮助炼油企业进行资产管理、计划维护、维修历史记录和资源调度，以最大程度地提高资产的可用性和效率。

③ Oracle EAM：一款全面的企业资产管理软件，适用于炼油行业的资产管理和维护需求。它提供资产记录、计划维护、设备故障诊断和备件管理等功能，帮助炼油企业实现资产的优化利用和维护成本的控制。

④ Infor EAM：一种专注于资产管理和维护的软件解决方案，在炼油行业得到了广泛应用。它提供资产管理、工作订单管理、预防性维护和故障修复等功能，帮助炼油企业实现资产的高效管理和维护。

这些资产管理和维护软件能够帮助炼油企业优化资产的可靠性、维护计划和备件管理，以提高生产效率、降低设备故障和维护成本。它们提供实时的资产数据和维护工作流程，帮助企业实现资产的全生命周期管理，提高资产利用率，减少停机时间，并提供更精确的维护预测和决策支持。

通过使用这些工业软件，炼油行业可以实现数据驱动的运营、自动化控制、预测维护和能源优化。数字化转型帮助炼油企业降低成本、提高效率、减少故障和提高产品质量，同时提升竞争力和可持续发展能力。

另外，流程模拟技术是应用专用软件对石化流程工业中单元设备、装置及整个生产过程进行数字化描述，通过对物料平衡、热量平衡、化学平衡、相平衡等理化过程进行严格计算，可以模拟与预测由于原料及参数的变化，对装置运行、产品收率及物性所带来的影响。例如，中国石化炼油事业部采用流程模拟及优化技术围绕炼化过程开展相关装置运营优化技术服务，并协助各炼化企业组建炼油绩效提升团队。据不完全统计，已通过使用各类流程模拟软件为系统内26家炼化企业开展建模工作，共测算4000余项优化方案，实施近2000项，效益突出。

## 参考文献


[1] Liu S, Bao J, Zheng P. A review of digital twin-driven machining: from digitization to intellectualization [J]. Journal of Manufacturing Systems, 2023, 67: 361-378.

[2] 刁俊武，田壮，论国柱. 数字孪生技术在石油化工行业的应用研究 [J]. 石化技术，2022, 29(07): 79-82.

[3] 刘志鹏，赵毅. 数字孪生技术在石油化工企业数字化转型中的应用研究 [J]. 石油化工自动化，2022, 58(05): 1-6.

[4] 周红军，石铭亮，翁惠新，等. 芳烃型催化重整集总反应动力学模型 [J]. 石油学报(石油加工)，2009, 25(04): 545-550.

[5] Yusuf A Z, John Y M, Aderemi B O, et al. Modelling, simulation and sensitivity analysis of naphtha catalytic reforming reactions [J]. Computers & Chemical Engineering, 2019, 130: 106531.

[6] 郭丽佳. 催化裂化反-再系统稳态机理模型的研究 [D]. 北京：北京化工大学，2019.

[7] He G, Zhou C, Luo T, et al. Online optimization of fluid catalytic cracking process via a hybrid model based on simplified structure-oriented lumping and case-based reasoning [J]. Industrial & Engineering Chemistry Research, 2021, 60(1): 412-424.

[8] 杨文剑，张洋，张小庆，等. 集总动力学-BP神经网络混合模型用于预测延迟焦化装置液体产品产率 [J]. 石油炼制与化工，2015, 46(07): 101-106.

[9] 刘现峰，彭飞，刘金龙，等. 延迟焦化动态机理模型的开发 [J]. 炼油设计，2002, (02): 30-33.

[10] Ye L, Qin X, Murad A, et al. Coupling simulation of delayed coking and hydrotreating process at molecular level [J]. Chemical Engineering Journal, 2022, 449: 137543.

[11] Niu M, Zheng H, Sun X, et al. Kinetic model for low-temperature coal tar hydrorefining [J]. Energy & Fuels, 2017, 31(5): 5441-5447.

[12] 王罗汉，王伟楠. 德国工业4.0十年发展回顾与对中国的启示 [J]. 全球科技经济瞭望，2021, 36(12): 6-11.

[13] 王华. 炼油企业生产过程的信息化与智能化[J]. 计算机与应用化学，2013, 30(11): 1367-1370.

[14] Bashynska I, Mukhamejanuly S, Malynovska Y, et al. Assessing the outcomes of digital transformation smartization projects in industrial enterprises: a model for enabling sustainability [J]. Sustainability, 2023, 15(19): 14075.

[15] Yuan Z, Qin W, Zhao J. Smart manufacturing for the oil refining and petrochemical industry [J]. Engineering, 2017, 3(2): 179-182.

[16] Patel H, Prajapati D, Mahida D, et al. Transforming petroleum downstream sector through big data: a holistic review [J]. Journal of Petroleum Exploration and Production Technology, 2020, 10(6): 2601-2611.

[17] Ni P, Liu B, He G. An online optimization strategy for a fluid catalytic cracking process using a case-based reasoning method based on big data technology [J]. RSC Advances, 2021, 11(46): 28557-28564.

[18] 汪燮卿. 中国炼油技术[M]. 4版. 北京：中国石化出版社，2021.

[19] 冯言勇，刘桐杰，李昱，等. 通过大数据分析进行设备故障诊断的技术研究 [J]. 自动化博览，2017, (12): 72-77.

[20] Hovanec M, Korba P, Vencel M, et al. Simulating a digital factory and improving production efficiency by using virtual reality technology [J]. Applied Sciences, 2023, 13(8): 5118.

[21] 王华，魏岩. 数字化交付模式下三维数字化工厂建设 [J]. 油气与新能源，2022, 34(04): 93-98.

[22] 董超. 浅析三维数字化工厂技术在炼油化工企业中的应用 [J]. 中国管理信息化，2021, 24(13): 128-130.

[23] Cafasso D, Calabrese C, Casella G, et al. Framework for selecting manufacturing simulation software in industry 4.0 environment [J]. Sustainability, 2020, 12(15): 5909.

[24] 陈旭，江瑶，熊焰，等. "卡脖子" 技术甄别模型构建及应用：以工业软件为例 [J]. 情报杂志，2024, 43(04): 95, 106-113.

[25] 孟景花，卢永飞，肖光华. 炼油化工仪表自动化特点及发展趋势 [J]. 中国石油和化工标准与质量，2023,43(16): 110-112.

[26] 焦方斌. 炼油化工仪表自动化特点及发展趋势 [J]. 价值工程，2019, 38(29): 233-234.

[27] 黄焕袍，潘钢，曲云. 分散控制系统及其应用 [M]. 北京：电子工业出版社，2020.

[28] 刘瑞. 集散控制系统与现场总线控制系统的比较 [J]. 装备制造技术，2015(2), 229-230.

[29] 夏建全, 工业计算机控制技术原理与应用 [ M ]. 北京: 北京交通大学出版社, 2006.
[30] 刘泽祥, 李媛. 现场总线技术 [M]. 北京: 机械工业出版社, 2018.
[31] 俞金寿. 工业过程先进控制 [M]. 北京: 中国石化出版社, 2002.
[32] 张永辉, 纪红霞. 先进控制技术在炼油化工行业的应用 [J]. 化工管理, 2022(02): 69-71.
[33] 陆婉珍, 等. 现代近红外光谱分析技术 [M]. 北京: 中国石化出版社, 2007.
[34] 高喜奎, 等. 在线分析系统工程技术 [M]. 北京: 化学工业出版社, 2013.
[35] 宋扬. 大数据技术在催化裂化装置运行分析中的应用分析 [J]. 中国新技术新产品, 2016(16): 4.
[36] 蔡智, 黄维秋, 李伟明, 等. 油品调合技术 [M]. 北京: 中国石化出版社, 2006.
[37] 郑文刚. 计算机模型模拟诊断塔盘故障 [J]. 中外能源, 2018, 123(7): 66-72.
[38] 卢俊文, 王肖逸, 周璐璐, 等. 先进过程控制技术在催化重整装置中的应用 [J]. 石油化工技术与经济, 2023, 39(01): 31-35.
[39] 杜鑫成. 连续重整装置的先进控制与优化系统研究 [D]. 北京: 北京化工大学, 2020.
[40] 孙雪婷, 王晓霖, 陈钢. 炼油化工的先进控制技术应用进展 [J]. 现代化工, 2022, 42(01): 40-45.
[41] 王文久. 催化裂化工艺技术优化分析 [J]. 石化技术, 2023, 30(10): 80-82.
[42] 刘卫国. 先进控制技术在催化裂化装置上的应用 [J]. 广州化工, 2019, 47(24): 131-133.
[43] 王赓. 先进控制技术(APC)在大型延迟焦化装置的应用 [J]. 中外能源, 2018, 23(09): 76-85.
[44] 龙领军. 先进控制技术在延迟焦化装置上的应用 [J]. 化工管理, 2018(15): 42-43.
[45] 翟资伟. 探讨炼油气分轻碳四分离工艺的优化方案 [J]. 化学工程与装备, 2016(07): 60-62, 111.
[46] 张睿. 汽油在线调合及控制系统 [J]. 化工管理, 2021, (35): 138-139.
[47] 陈燕斌. 在线优化技术在催化裂化装置中的工业应用 [J]. 控制工程, 2021, 28(05): 1041-1048.
[48] 肖文涛, 李雪. 重质燃料油在线优化调和系统建设所面临的挑战 [J]. 当代化工, 2020, 49(12): 2832-2839.
[49] 安伟刚, 孙鹏, 王顺利, 等. 汽油管道调合配方优化控制在汇丰石化的应用 [J]. 石化技术, 2020, 27(05): 207-209.
[50] 梁庆辉, 黄福仪. 石油化工过程与装置的操作优化 [J]. 化工设计通讯, 2019, 45(03): 89, 119.
[51] Li F, Yang M, Du W, et al. Development and challenges of planning and scheduling for petroleum and petrochemical production [J]. Frontiers of Engineering Management, 2020, 7(3): 373-383.
[52] 王鹏. 炼化企业生产计划优化模型测算应用研究 [J]. 炼油技术与工程, 2023, 53(07): 44-48.
[53] 邵敏. S-GROMS在炼油企业计划优化中的应用 [J]. 石化技术, 2023, 30(10): 129-132+79.
[54] 王鹏. 分子建模技术在芳烃联合装置生产计划优化中的应用研究 [J]. 当代化工研究, 2022, (05): 81-83.
[55] 黄竣桥, 邝凯茵, 叶江河. 基于线性规划的生产计划优化研究[J]. 中国储运, 2021, (11): 119-120.
[56] 王国峰. 炼化企业生产计划优化的实践 [J]. 石油化工技术与经济, 2019, 35(04): 34-37.
[57] 黄松桥, 张兴龙. 炼油调度排产优化管理 [J]. 当代石油石化, 2018, 26(06): 36-39.
[58] 顾婷婷. APS系统在生产计划优化中的应用 [J]. 化学工程与装备, 2016, (09): 223-226.
[59] 王耀伟, 宋佳, 沈体峰, 等. 催化裂化分馏工段实时优化系统与水力学核验模型的开发 [J]. 计算机与应用化学, 2019.
[60] 梁允生. 实时优化技术在催化重整装置的应用 [J]. 广东化工, 2023, 50(11): 105-107.
[61] 王琳. 大型流程系统的双层结构预测控制与动态实时优化 [D]. 上海: 上海交通大学, 2019.
[62] 张华云, 李浩扬, 吴玉成. 常减压装置在线闭环实时优化 [J]. 自动化博览, 2022, 39(07): 19-23.
[63] 李响. 油品调和优化问题的研究 [D]. 大连: 大连理工大学, 2010.
[64] 赵浩, 荣冈, 冯毅萍. 集成炼油企业生产与能量系统的生产计划优化 [J]. 化工学报, 2015, 66(01): 228-236.
[65] 高小永, 黄付宇, 郑万鹏, 等. 考虑调度操作安全平稳性的炼油化工生产过程调度优化 [J]. 化工学报, 2023, 74(04): 1619-1629.
[66] 王浩俨. 炼油化工企业生产调度系统优化的方式方法 [J]. 化工管理, 2021, (11): 114-115.
[67] 周瑞林. 炼油企业生产调度系统优化方法探讨 [J]. 化工管理, 2018, (08): 149.

本章负责人　钱　锋　华东理工大学

参加编写人员　杨明磊

# 第4章 石油化工自动化

## 4.1 背景介绍

### 4.1.1 石油化工行业概况

石油化工行业是在石油和天然气等自然资源的基础上进行工业生产的领域。这个行业的主要目的是通过化学反应将石油和天然气转化为各种有用的化学制品和燃料。早期的石油化工技术主要用于生产煤油和汽油，但随着时间的推移，这个行业已经发展出了更多的化学产品和燃料产品。今天，石油化工行业的产品包括润滑油、溶剂、塑料、橡胶、染料和化肥等多种物质。石油化工行业是世界上规模最大的制造业之一，它对于全球经济的增长和发展至关重要。由于其对原材料的大量需求，这个行业在全球范围内拥有广泛的供应链和物流网络。此外，石油化工行业的生产活动也受到严格的监管，以确保其安全性和环保性能达到标准。

目前，全球石油化工行业正在经历重大变革。东西方的行业版图正在迅速重构，新兴市场国家的化工建设项目推动着全球炼油产能的持续增长，这使得全球石油化工行业之间的竞争更为激烈。伴随着“碳达峰”和“碳中和”目标的实施，全球石油化工行业正在大规模推行低碳转型。同时，全球政治经济形势变化以及突发情况可能打破原有的行业周期平衡，新一轮平衡周期可能正在展开。

一方面，全球炼化工厂正在加速布局转移。炼油和乙烯产能是衡量国家石油化工行业发展规模的重要标志。截至2022年底，亚太地区和中东地区的炼油能力在全球总能力中的占比已经升至46%，欧美地区的炼油能力萎缩至37%；亚太地区和中东地区乙烯产能全球占比升至55%，欧美地区缩减至37%。全球石油化工行业“东升西降”的动态调整以及两极化格局更加凸显。全球乙烯产业格局也在发生重大变化。随着大宗石油化工原料乙烯、丙烯和对二甲苯产能的快速扩张，全球聚烯烃和聚酯等下游配套产能同步快速增长，80%以上的石油化工产能增量集中在东半球。这种布局的变化伴随着多方面原因，如欧美地区对石油化工行业的低碳限制、用工成本、国家能源安全战略布局和市场因素等的考量，都将对中国石油化工行业造成极大冲击。另一方面，石油化工行业的景气周期可能会推迟到来。根据历史发展规律，石油化工行业显示出明显的市场周期性。判断景气周期的四个主要参考指标是经济增长率（通常指GDP增长率连续三年超过3%）、原油价格是否位于上升通道并且相对较高、炼油设施的开工率是否足够，以及石油化工产品的利润率是否优秀。长远来看，在外界条件允许的情况下，如果能够迅速达到一种安全稳定的新平衡，那么石油化工周期将以新的节奏出现，地区之间的周期规则将再次趋同或差距减小。随着全球经济联系的加强，小型区域性的危机可能会产生更大的影响，从而阻碍景气周期的规律，导致周期间隔延长。

在中国，石油化工行业近年来的整体发展呈现良好态势，市场需求保持较高水平，行业增加值逐年攀升，产业集中度与技术装备水平显著提高，在重点领域取得了一批重大科技创新成果。2017 ～ 2019年，共有139项化学化工类科技成果荣获国家级大奖，同时有607项科技成果获得石化联合会科学技术奖。在取得丰硕成果的同时，我国石油和化工行业技术创新体系建设也取得了一系列进展和突破，共有28家企业通过了国家企业技术中心资质认定，36家企业被认定为国家技术创新示范企业，30家国家地方联合工程实验室和工程研究中心得到国家发展和改革委员会的认定。由此可见，技术创新已成为优化产品结构、推动产业结构升级、提高石化行业综合竞争力的有效手段。

2022年，我国石油化工行业克服诸多挑战取得了极其不易的经营业绩，行业生产基本稳定，营业收入和进出口总额增长较快，效益比上年略有下降但总额仍处高位。尤其是原油产量六年来重上2亿吨平台，天然气产量实现连续六年年增量百亿立方米以上，为保障我国能源安全做出了重要贡献。

2022年我国石化行业运行的基本情况和特点：

① 全行业生产小幅增长，营业收入保持较快增长，利润下降。国家统计局数据显示，2022年，规模以上石油化工行业增加值比上年增长1.2%；实现营业收入增长14.4%，实现利润总额下降2.8%；每百元营业收入中的成本为83.26元，全行业亏损面为19.4%，亏损企业亏损额2219.4亿元，资产负债率54.7%。分行业看，石油和天然气开采业效益大幅增长，全年实现利润总额大幅增长109.8%；化学原料和化学制品制造业效益增速由正转负，全年实现利润总额下降8.7%。

② 能源生产稳定，化工生产平稳。油气生产保持平稳增长。2022年，全国原油产量达2.05亿t，比上年增长2.9%；天然气产量2201.1亿$m^3$，增长6.0%。原油加工量6.76亿t，下降3.4%；成品油产量（汽油、煤油、柴油合计，下同）3.66亿t，增长3.2%。其中，柴油产量1.91亿t，增长17.9%；汽油产量1.45亿t，下降5.1%；煤油产量2949.1万t，下降24.9%。重点化学品生产平稳。2022年，我国化工行业产能利用率为76.7%，比上年下降1.4个百分点。全年乙烯产量2897.5万t，比上年增长2.5%；硫酸产量9504.6万t，增长1.3%；烧碱产量3980.5万t，增长2.3%；纯碱产量2920.2万t，增长0.3%；橡胶轮胎外胎产量8.56亿条，下降5.0%。化肥生产总体平稳，农药生产放缓。2022年，全国化肥产量（折纯）5573.3万t，比上年增长0.5%；农药原药产量（折100%）249.7万t，下降1.3%。

③ 外贸进出口保持较快增长，结构继续优化。2022年，我国石油化工行业对外贸易持续较快增长，进出口总额创历史新高。海关数据显示，2022年全行业进出口总额1.05万亿美元，比上年增长21.7%，增速比2021年回落17%，占全国进出口总额的16.6%。其中，出口总额3564.8亿美元，增长20.6%；进口总额6901.3亿美元，增长22.2%。贸易逆差3336.5亿美元，扩大24.0%。2022年，基础化学原料出口额1201.0亿美元，比上年增长29.6%；合成材料出口额386.3亿美元，增长15.7%；橡胶制品出口额611.9亿美元，增长5.8%。成品油全年出口量3442.8万t，下降14.6%，连续3年下降；出口额327.5亿美元，增长50.3%。化肥出口2474.1万t，出口额114.4亿美元，分别下降24.8%、1.7%。2022年，进口原油5.08亿t，比上年下降1.0%；进口天然气1520.7亿$m^3$，下降10.4%，这是多年来天然气进口量首次下降。

④ 成本支撑价格总体上涨，下游明显弱于上游。2022年，石油和主要化学品市场受外部因素影响，价格先扬后抑，波动较大，全年累计看，价格水平总体上涨。国家统计局数据显示，2022年，油气开采业出厂价格比上年上涨35.9%，化学原料和化学品制造业出厂价格上涨7.7%。从走势看，上半年涨幅较大，三季度高位震荡为主，四季度整体回落明

显。石化联合会监测数据显示，2022年，布伦特原油现货均价101.2美元/桶，比上年上涨43.0%；WTI原油现货均价94.5美元/桶，上涨39.1%；胜利原油现货均价100.1美元/桶，上涨41.7%。受原料价格影响，化工品价格依然维持高位运行，但下游需求疲软，上涨动力不足，涨幅明显低于上游原料。市场监测显示，在48种主要无机化学原料中，2022年市场均价比上年上涨的有41种，占86%；在87种主要有机化学原料中，2022年市场均价比上年上涨的有50种，占58%；在32种主要合成材料中，2022年市场均价比上年上涨的有17种，占54%；磷肥、钾肥、复合肥等价格依旧高位运行；轮胎价格同样受成本推动影响，2022年均价上涨明显。

⑤ 投资呈现良性增长态势。国家统计局数据显示，2022年，化学原料和化学制品制造业固定资产比上年增长18.8%，增速较2021年上涨3.1%；石油和天然气开采业投资增长15.5%，增速上涨11.3%；石油及其他燃料和煤炭加工业投资下降10.7%，2021年为增长8.0%。2022年，全国工业投资增长10.3%，制造业投资增长9.1%，油气开采业和化工投资增速明显超出全国工业和制造业平均水平。

⑥ 化工新材料技术方面有突破。在当前全球科技创新发展的大潮中，新材料与信息、能源成为现代科技的三大支柱。其中，新材料是其他两个产业发展的基础和支撑。新材料的诞生，往往会催生一种甚至多种新兴产业和技术领域。建设重大工程、增强国防保障能力、提升经济发展质量、构建国际竞争优势都离不开新材料的支撑。作为新材料的重要组成和生产其他新材料的重要原料，化工新材料近年来备受投资者的关注与青睐。“十三五”以来，我国化工新材料在工艺技术和产业化方面取得了重要突破，氟硅材料、聚氨酯材料、工程塑料、高性能橡胶等行业的装置能力快速增长；氟硅树脂和橡胶、聚氨酯材料、储能材料领域生产能力快速提升；高性能分离膜材料、高性能纤维、工程塑料与特种工程塑料、高性能橡胶、新型特种涂料、新型特种胶黏剂等电子化学品领域产业化也有一定发展。

当前，我国石油化工行业呈现出四大新发展趋势：

① 石油和化学工业由大国向强国的跨越已进入关键时期。通过对产业结构和技术水平进行不断调整与优化，我国石油化工行业主要在三个方面得到显著的改进和提高：a.基本建立了门类齐全、综合配套的完整工业体系。石化产业布局得到明显改善，逐步形成大型集约化、炼化一体化、全方位协同、多维度扩展的发展局面。b.持续提升油品质量，切实满足标准要求。通过推动国家汽柴油质量持续升级，使我国石油化工行业的生产技术得到长足发展和进步。c.不断调整优化加工工艺技术，装备水平得到显著提高。目前，我国已经具备成熟的建设千万吨级炼油厂的成套技术，拥有国际先进的石化开发技术，其中，重油催化裂化和渣油加氢处理技术更是达到了世界领先水平。

② 我国石油和化学工业的发展已形成国企、民企、外企三足鼎立的全新产业结构。根据国家统计局数据，2022年初中国石油化工行业规模以上企业数量达到25974家，较2021年增加1358家；总产值175409.2亿元，同比增长14.75%；总资产164032.7亿元，同比增长8.9%；销售收入169319.6亿元，同比增长14.82%；行业利润14167.9亿元，同比增长14.4%。截至2022年底，石油化工行业规模以上企业28760家，其中民营企业占比超过90%。在377家石油和化工上市企业中，民营企业和民营相对控股企业有267家，占比70.8%。石油和化工民营企业百强收入为4.65万亿元，占全行业营业收入的28.08%，其中石油化工类收入为4.11万亿元，行业百强企业资产总额为2.95万亿元，占全行业资产总额的17.7%。百强企业利润总额为3386亿元，占全行业利润总额的29.96%。

③ 我国石油和化学工业已走出“短缺经济时代”，快速进入“大竞争”时代。近年来，疫情肆虐全球，叠加以美国为首的发达经济体货币政策大放水，又突发地缘政治冲突，导致世界经济明显下滑，从2023年开始世界经济将步入低速增长时期，甚至个别经济体将出现短时期的衰退。国际货币基金组织（IMF）的最新预测：今年世界经济增速2.9%、发达经济体增速1.2%。“十八大”以来的10年，中国经济增速年均6.6%，今后10年经济增速保持在5%左右是努力目标。由此可见，中国经济已经告别高速增长时代，步入高质量发展的新阶段。短缺经济时代已过，靠规模和数量取胜的时代已一去不复返，当前石化行业除了乙烯、聚乙烯，以及某些高性能新材料和高端专用化学品尚有一定短缺外，其余主要石化产品都呈现产能过剩状态。把高质量发展摆在首位，把绿色低碳转型和产业链、供应链安全摆在更加突出的位置，才能更快速更好地进入大竞争时代。

④ 石油和化学工业发展正处于产能过剩调整期。据2022年度石油化工行业经济运行新闻发布会，中国的炼油总产能已经达到9.2亿t/a，超过了美国的总炼油能力（约9.0亿t/a），成为全球第一大炼油大国。同时，中国的乙烯总产能也达到了4675万t/a，超过了美国的乙烯总产能（4482万t/a）。随着国内石油化工行业对“油转化”项目的大力推广，大量的石油化工产能即将投入运营，2023年成为中国石油化工行业扩能的重要一年。在这轮扩能周期中，新增的产能将远远超过过去10年的水平。2023年至2025年间，市场供应的压力达到历史最高点，加上外部市场的不稳定因素，产能消化周期可能会延长5～8年。面对这种情况，全球石油化工行业将面临经济增长放缓、需求下降和主要产品供应过剩的局面。

但就目前行业发展现状来看，石化行业仍面临不少矛盾、困难和问题。

① 我国部分石油化工产品存在严重的同质化问题。近年来，我国新炼化项目集中上马，相关产业链重合度较高，部分产品同质化问题日趋严重。如乙二醇，在原始生产成本偏高的背景下，受不同类工艺生产夹击、市场周期冲击和下游产业衔接不及等多重因素影响，盈利空间所剩无几，多套乙二醇装置被迫关停，大量装置负荷不足。再如聚烯烃，作为新材料的稳步推进的重要基础，产能不断扩大的同时，研发重视度也在持续跟进。随着近年新产品研发的快速推进，新产品牌号数量剧增，可挖掘的新领域越来越少，内部市场产品同质化竞争严重，各类销售手段层出不穷，造成一定范围内非良性市场状态。

② 绿色低碳发展给我国石油化工行业带来了巨大挑战。碳达峰、碳中和对石油化工行业本身提出了新的要求。石油化工行业是碳排放大户，且产业规模处于增长期，需要从投资、技术、产业配套等多个方面进行统筹推进，才能如期实现“双碳”阶段性目标。中央和国务院提出，2060年我国非化石能源消费比重将达到80%以上。这意味着包括石油和天然气在内的化石能源消费比重将不超过20%，相对于我国化石能源消费占比超过80%的现状来说，这意味着能源体系的重新构建。这要求在推进绿色低碳发展的同时，满足经济社会对石油化工产品不断增长的需求；在减污降碳的同时，保持和提升石油化工企业的竞争力；在实现减碳减排目标的同时，不间断地推进向石油化工强国跨越的目标。这些都给我国石油化工行业带来了巨大挑战。

③ 石油化工行业大而不强。中国石油化工产能虽然已经处于世界领先水平，但总体竞争力不足，装置开工率低，收益水平差；部分高端产品的国内供应严重不足，主要依靠进口，存在产品、技术“卡脖子”现象。在“油转化”的大趋势带动下，全球石油化工行业的发展整体步入高技术引领、快速度迭代的阶段，我国的技术性引领不足则在扩大的产能

中被凸显出来。为了快速突破矛盾、占据市场，不少中小型企业开始以自身优势领域为基点，加大投入力度，扩大单线全产业链以获得全球范围角逐优势。然而，国内高端产品的市场占有量还远远不够。

④ 国际化经营水平有待提高。我国石化行业境外市场开拓时间短，经验和技术装备水平不足，在炼化产能布局、经营服务水平、出口产品国际化地域分布等方面与世界一流公司相比还有明显差距，尚需加强积累和历练，对标先进，向打造世界一流公司阔步前行。

⑤ 产业性结构矛盾突出。随着近些年市场起伏，化工板块装置扎堆建设尤为突出，我国乙烯、对二甲苯自给率提高迅速，加剧了市场竞争。产能过剩加剧、产品结构性矛盾突出、产业链转型升级加快等新的趋势变化叠加，导致部分竞争力较弱的企业亏损严重，炼化企业装置受前期市场存量过大及下游市场需求减缩影响，实际开工水平与预期偏差较大，部分装置开工率不足40%，形成了实质性和结构性产能过剩。

### 4.1.2 石油化工自动化概况

石油化工自动化是指在石油化工行业中使用自动化的技术和设备，以提高效率、降低成本并降低环境污染风险。这些技术可以帮助企业实现远程监控、自动操作和数据收集等功能，进一步提高了企业的生产力和质量保证能力。

石油化工自动化技术通过计算机网络技术实现对装置的控制，有利于降低传统石油企业操作工人的劳动强度，贯彻落实了“以人为本”的生产发展理念，最重要的是计算机技术的高精确度从一定程度上也提升了石油产业产量，保障了生产产品质量。自动化生产技术的应用，规避了传统生产过程中违规操作现象的发生，延长设备使用寿命的同时，也保障了设备的应用安全，进而降低了开采过程中安全事故的发生频率。石油化工自动化生产技术的应用符合当下我国信息产业技术高集成化的发展，提高工人技术专业知识的同时，提升了他们的综合素养，进而为生产过程自动化的实现、体力与脑力劳动之间差距的消除创造了条件。

对于石油化工行业来说，其自动化技术的关键包括以下几个方面：

① 传感器技术。传感器技术是石油化工行业的一项重要技术，它能够自动检测并采集各种物理量和化学量的数据，从而实现石油化工生产的自动控制。传感器技术主要应用于以下几个方面。压力测量：石油化工生产过程中经常需要监测管道内的压力变化，因此压力传感器是必不可少的一部分。压力传感器可以通过测量管道内气体或液体的压力来实时监测生产设备的工作状态，一旦发现异常情况，就可以立即采取措施进行处理，防止事故的发生。温度测量：温度是石油化工生产中的一个重要参数，温度的变化会影响到反应速率、产品质量等多个因素。因此，温度传感器也被广泛应用在石油化工生产中，通过监测设备内部和周围环境的温度，可以及时发现温度异常情况，从而提高生产效率和产品质量。流量测量：流量也是石油化工生产中的一个重要参数，它直接关系到生产过程的速度和效率。流量传感器可以准确地测量液体或气体的流动速度和流量，从而提供实时的生产数据，帮助企业进行生产调度和优化。化学成分分析：在石油化工生产过程中，经常需要对原料和产品进行化学成分分析，以确保产品的质量和安全。化学传感器可以快速准确地检测出化学物质的含量和浓度，从而帮助企业实现精准的质量控制。

② 通信技术。在石油化工生产过程中，需要通过各种通信手段和技术实现设备之间的信息交换和通信，以实现生产过程的自动控制和优化。通信技术主要包括无线通信

技术、有线通信技术、协议转换技术和宽带通信技术。无线通信技术是石油化工自动化通信技术的一种重要形式，其主要优点是具有灵活的布线方式、方便的安装和维护、快速的数据传输等。常见的无线通信技术包括Wi-Fi、蓝牙、ZigBee、LoRa等。有线通信技术是指通过电缆等方式实现设备之间的通信，其优点是稳定性高、传输速度快、抗干扰能力强等。常见的有线通信技术包括以太网、RS-485、HART、Modbus等。协议转换技术是指将不同通信协议之间的数据进行转换，以便实现设备之间的兼容性和互操作性。常见的协议转换技术包括Modbus RTU/ASCII、HART/Modbus RTU、Profibus DP/FM等。宽带通信技术是指利用光纤或其他高速传输介质实现高速数据传输的技术，其优点是传输速度快、容量大、抗干扰能力强等。常见的宽带通信技术包括SDH、ASON、WDM等。

③ 以数据库为基础的集成技术。对于石油化工行业而言，自动化技术主要是通过信息集成来实现的，而要实现信息集成就必须具备一个必要的基础条件，即数据库管理技术。与其他行业不同，石油化工体现出独特的行业特性，不仅涉及的处理数据多，而且还要对数据库进行开发与应用，从而将数据库系统的功能与价值充分发挥出来，最终与其他技术互相结合，实现对石油化工管理体系各个技术指标、管理指标的监控。由此可见，数据库管理系统的主要作用就是对海量信息需求进行处理，对数据的产生、加工过程进行实时监督与控制。数据库的运用载体主要有两种，即关系数据库与实时数据库，其可以对系统信息进行相关操作，且实现二者的协调与配合。通过数据库信息集成技术可以实现各种生产信息、技术信息及管理信息的利用处理，并将这些信息进行最大程度的共享，保证信息的价值与增值。

④ 控制技术。控制技术是指在石油化工行业中应用自动化技术进行生产管理和控制的过程。这些技术主要是为了提高石油化工企业的生产效率、降低成本和提高产品质量。在石油化工行业中，常用的自动控制模式包括自适应的生产控制和最优生产控制。自适应的生产控制系统属于反馈控制程序的一种，程序能够结合石油实际生产情况对使用设备的功能进行自动调节，确保系统依照设定的标准开展工作，为产品的生产质量提供保障。最优生产控制是当代控制系统中不可或缺的构成部分，最优控制在石油生产等工业领域的应用水平不断提高，其在已知控制系统的初始状态与各项参数的基础上确定生产、控制目标，然后选择合理的系统控制模式保证系统状态最佳，从而确保对整个系统的优化控制。最优控制的理论基础来源于动态规划、最大原理，通过变分法实现控制功能，目前在石油生产等工业领域的应用不断扩展，最优生产控制系统在石化行业的应用不断拓展，能够在温度、压力等生产环节进行自动控制。

⑤ 流程模拟技术。所谓流程模拟就是建立一个可以反映石油化工生产原貌形态的过程模型，模拟其自动化经营生产的整个过程。石油化工生产过程涉及多方面的内容，从原油到产品生产的过程非常复杂，而流程模拟技术，可以把石油化工的生产工艺机理与整个系统化的生产过程密切结合起来，从而对石油化工生产过程的结构进行优化与改善。

⑥ 故障诊断与监控。自动控制系统可以检测和诊断故障，并识别潜在的问题，实现实时监控和故障诊断，确保生产安全稳定。实时监控是通过对化工生产中的各项指标和参数进行监测，根据参数评价生产是否正常，进而完善解决方案。故障诊断有数据分析、建模和专家知识等方法，通常数据分析和专家知识应用较多，建模由于技术要求高，在实践中很少使用。为解决化工生产中的故障和安全等问题，可以将相关的方法结合，形成包含故障诊断与监控功能的自动控制系统。

我国石油化工自动化主要存在以下问题：

① 国产DCS的可靠性、配套软件和硬件等与国外相比存在差距，难以满足企业生产运行和发展的需求，因此目前情况下大型装置的DCS还是以进口为主。

② 在控制软件方面，我国目前也进行了大量投入，积极开发一些具有国际竞争力的控制软件，但是，这些软件生产成本过高，使得它们很难进行批量生产，因而影响其推广和普及。

③ 国产的仪表多数是沿用20世纪的计量方式，即模拟登记，这种方式存在漏洞多、准确度低等劣势。

④ 石化企业中的计算机信息管理系统过于老旧，并且人力投入和资金投入过多，生产效益不佳。

⑤ 目前，石油化工企业的自动控制系统大多采用分散式设计，各个子系统的功能独立，相互之间缺乏有效的信息交流和协调，导致整个系统的集成度不高，难以实现高效的协同工作和智能化决策。

⑥ 石油化工自动化技术的更新换代相对较慢，一方面是因为石油化工行业的特殊性，新技术的应用受到严格的监管和审批，另一方面是因为石油化工行业的规模较大，新技术的应用和推广需要较长的时间和较大的投入。

⑦ 石油化工行业的自动控制系统通常涉及大量的敏感数据和信息，如生产工艺参数、设备运行状况等，如果数据保护措施不到位，就可能面临数据泄露、被篡改或者被非法访问的风险，给企业带来严重的经济损失和社会影响。

⑧ 部分石油化工企业在选择自动化设备时过于注重价格和性能，忽视了设备的性能、可靠性和耐用性，导致设备在使用过程中频繁出现故障，影响了生产的正常进行。

⑨ 既懂石油化工工艺又精通自动化技术的复合型人才短缺。石油化工自动化技术的不断发展，对技术人员的专业技能和综合素质提出了更高的要求，但目前市场上能够满足这种要求的人才相对较少，这也成为制约石油化工自动化发展的一个重要因素。

## 4.2 国内外现状

### 4.2.1 烯烃生产过程自动化技术发展现状

（1）乙烯

从20世纪60年代至今，国外对乙烯制造过程的自动控制和实时优化技术进行了大量理论和应用研究。从早期基于经验式和分子反应速率论的碳氢裂解模型，到如今基于严格机理模型的乙烯装置的先进过程控制（APC）和实时优化（RTO）解决方案，技术进步非常迅速。国外的几家软件公司提供了乙烯装置控制与优化的整体解决方案。例如，AspenTech的DMCplus，为乙烯装置提供了一整套仿真、先进过程控制和实时优化解决方案。其实时优化解决方案包括用于APC的AspenDMCplus和用于RTO的AspenPlusOptimizer。AspenDMCplus基于多变量模型预测控制理论，提高了工厂对干扰和制约的耐受性，降低了生产波动，充分利用了工厂的工艺和设备的能力。AspenTech的乙烯生产过程实时优化技术被中国石化北京燕山分公司引进。RTO技术实施之后的模型维护专业性很强，工作量也很大。目前APC正常运行，但RTO需要改善与维护。同样，霍尼韦尔发布了名为ProfitSuite的先进过程控制和实时优化软件。该实时优化框架由三层构成：①基于ProfitController的本地优化；②基于ProfitOptimizer的实时全局优化；③ProfitMax使用严密的力学模型对高非线性过程进行优化。ProfitOptimizer使用基于分布式二次规划法（DQP）的独特协调控制和优化算法，上海SECCO石油化工公司正在使用该算法。除了上述两家公司，Invensys还提供实时优化解决方案ROMeo。ROMeo基于物理化学平衡机制模型，采用基于开放方程的求解算法，包括离线分析、在线优化、数据校准、在线性能监控等。ROMeo采用基于PRO/Ⅱ的热力学模型，保证了计算的准确性和可靠性。ROMeo拥有用户友好的人机界面，为各种第三方组件（炼油厂反应器、乙烯裂解模型、用户定义模型等）提供接口，并提供各种流程优化任务的有力支持。目前，发达国家的乙烯设备多已完成高度控制系统的安装，并开发和引进了实时优化技术，以实现装置整体运行效率的最大化。

20世纪60年代以后，我国乙烯产业从无到有，从小企业到大企业，实现了快速而辉煌的发展。乙烯装置建设初期，我国乙烯工艺包主要依靠引进国外成套专利和生产设备进行建设。虽然我国乙烯成套装置的先进过程控制和优化技术的研发比国外落后，但在我国的第九个五年计划、第十个五年计划的支持下，我国与国外的主要乙烯装置在运行能耗、产品质量和生产效率方面的差距有所缩小，节能降耗取得一定成果。不过，考虑到过程对象的复杂性，以及对特定部分或局部设备的优化并不代表对整个过程的优化，采取了一些适应性操作方法以缓解操作瓶颈，但经过几十年的发展壮大，我国乙烯产业、技术、设备水平显著提高，武汉乙烯装置已实现本土化生产。目前，年产100万t乙烯的成套工艺包和装备制造日趋成熟。同时，与之配套的建模、优化与控制技术、软件及系统也实现了国产化。例如，华东理工大学在乙烯裂解炉裂解温度COT控制、支路均衡控制、裂解深度智能控制、分离过程智能控制等乙烯装置全流程APC技术、全流程RTO技术等方面取得了重大成果，已在国内多家大型乙烯装置中全面推广应用。

裂解炉是乙烯装置的核心设备，如何建立一系列裂解炉数学模型，能够合理地描述炉内流体和热的轴向和径向的物质移动，以及炉外废气的流动和温度分布是主要研究热点之一。这些模型包括炉管内流体相关的一维活塞流模型和二维模型，以及炉膛热传递相关的零维、一维、二维、三维模型等。为了在各种维度上求解简化的机理模型，需要各种各样的数值计算方法，从最简单的欧拉方法到龙格-库塔方法，再到最近应用的网格法和有限元法。快速、高温的热裂解和吸热反应发生在裂解管内部，所需的热量通过燃料燃烧、废气辐射和对流从管外的炉膛供给。辐射室数理模型主要由辐射传热模型、燃料燃烧模型、废气流动模型组成。目前，解决辐射传热的计算方法有罗伯-伊万斯方法、别洛康方法、区域方法、蒙特卡罗方法、热流方法、离散坐标方法等。随着湍流理论、燃烧理论、数值模拟方法和软件的成熟，越来越多的研究人员将燃料燃烧模型和湍流模型融入辐射室的整体模型中，同时使用更精确的高阶模型来描述辐射室辐射传热过程。同时结合原有模型，实现了对裂解炉的更完整的模拟。Gosman首先建立了辐射室的完整数理模型，包括湍流、燃烧和辐射传热模型，为后来的研究奠定了基础。Detemmerman和Froment首先将上述类似的辐射室的完整三维数理模型与辐射管内裂解的三维数理模型相结合，建立了整个裂解炉的完整数理模型。该方法中，装入丙烷时，在反应管上设有螺旋翅片的辐射室，采用区域法计算辐射传热，废气流动模型由基于雷诺数时间平均N-S方程的CFD模型得出，并通过涡旋消散燃烧模型确定烟气浓度分布，管内裂解过程的三维数理模型（无结焦模型）采用Desaegher等人设定的模型。Desaegher等人将构建的三维数理模型（无结焦模型）用于管内裂解反应过程，将管外壁温度和炉壁温度作为边界条件反复迭代计算，得到了完整的模拟结果。Stefanidis等人将涡流耗散的概念作为模拟的基础，使用了更详细的动态燃烧模型（DRK）。Stefanidis等人使用更详细的燃烧动力学模型（DRK），同时使用基于涡流耗散概念的湍流-化学相互作用模型（EDM），对工业单套辐射室内的流动、温度和浓度场进行了模拟。国内对裂解深度建模的研究目前还处于理论研究阶段，其数学模型难以适配现场装置的各种工况。国外虽然开发出了裂解深度模型的商用软件，但由于国内裂解原料特性和国外进口时设计条件的差异，裂解工艺模式发生了变化，因此国内乙烯装置采用了国外的商用软件时，会产生一定程度的误差，无法达到预期效果。华东理工大学综合应用信息技术、自动化技术、智能控制技术和化工技术，研究出适合我国乙烯生产工艺的裂解过程模型和APC、RTO软件。大多数国外软件公司都有适用于过程模拟软件、多变量先进过程控制软件。但这些产品对我国企业适应性较差，且工程服务和维护成本较高，无法实现预期目标。因此，有必要通过企业与科研院所等研究机构全面合作和自主开发。国内科研机构和乙烯生产企业应充分利用后发优势，开发出以智能制造为重点的综合自动化控制和优化运行技术，缩小国内乙烯装置运行水平与世界的差距。其中，处于支撑地位的裂解炉建模技术与方法进展如下。

① 裂解过程建模。Geng和Cui等人基于Kumar乙烯裂解过程的半机理半经验模型，研究了模型中一级反应生成物选择系数和速度论参数的最佳拟合方法。初级系数和速度论参数随原料油种类组成的不同而变化，特别是前者受油性质的强烈影响，对产物收率有很大影响。在此基础上，混沌优化算法被应用于一级反应系数和反应参数的优化求解，以扩展Kumar模型的适用范围。该算法结构简单、易于实现、不仅收敛速度快且能提高裂解模型精度。此外，粒子群二次混沌规划算法被用于优化模型参数，同样得到了很好的结果。在这个综合算法中，粒子群算法用于全局参数搜索，二次规划法用于局部搜索，同时引入混沌映射以确保粒子的多样性，避免算法陷入局部最优解。

② 耦合模型的建立。Lan、Gao、Xu等人利用流体力学基本守恒方程、k-epsilon湍流模型、裂解反应机制模型、湍流扩散燃烧概率密度函数假设模型、CFD技术，结合辐射热传递离散坐标方法等，提出了乙烯裂解的全面数学模型，定量研究了烧嘴位置、管径和管间距对乙烯裂解炉运行性能的影响，并得到了详细的流场、温度场、热通量分布和密度分布。张禹等人针对CFD模拟中对裂解炉细节刻画的不足，研究了详细的烧嘴构造、废气辐射性质、阴影效应等的影响，并计算了炉膛内的浓度、温度、速度场的分布。基于以上研究，华东理工大学与比利时根特大学合作，将裂解炉炉膛燃烧模拟技术与炉管反应模拟技术相结合，成功研制了乙烯裂解炉系统模拟软件COILSIM-CRAFT，目前已在国内15家企业、设计院应用。

③ 代理模型。金阳坤等人为满足乙烯制造工艺的不同层次的建模需求，根据裂解炉的运行信息和裂解工艺机理，通过稳态仿真和全循环智能仿真建立了代理模型。通过将自动确定神经网络隐藏层节点数的推荐方法与基于预测误差的混合自适应采样方法相结合，提出了基于神经网络的自适应智能裂解炉建模方法，并应用于建立用于裂解炉稳态模拟的智能代理模型。为了解决传统方法得到的全周期模拟代理模型的预测误差随着预测时间的推移而显著累积的问题，利用前馈神经网络（FNN）和状态空间模型（SSM），建立了基于FNN-SSM的裂解炉全循环仿真智能代理模型，测试结果表明，FNN-SSM方法得到的智能代理模型贯穿整个运行周期，显示出良好的预测性能。测试结果显示FNN-

SSM方法得到的智能代理模型在整个运行周期中是一致的，总体上具有良好的预测性能。周书恒等人基于影响裂解产物收率的因素，研究了不同裂解过程之间的相似性，分析了基于示例的转移学习算法TrAdaBoost算法。为了解决TrAdaBoost算法在特定应用场景中泛化误差较大的问题，提出了一种基于示例的迁移学习算法Bag-TrAdaBoost。通过数据集重建，解决了大量旧数据可能淹没新信息的问题。通过使用UCI数据和工业裂解炉数据的模拟，验证了该算法的有效性。

**（2）丙烷脱氢**

丙烯是一种应用极其广泛的重要化工原料，它是生产丙烯酸、环氧丙烷、丙烯腈和聚丙烯等高附加值产品的中间体，消费量仅次于乙烯。

制取丙烯的工艺很多，主要包括五种：流化催化裂化工艺、烯烃歧化工艺、烯烃断裂工艺、甲醇制烯烃工艺、丙烷脱氢工艺（PDH）。现如今，丙烯下游衍生物（通常包括聚丙烯、丙烯酸、丙二醇、丙酮、丙烯腈和异丙醇）的需求持续增长，采用传统乙烯联产和轻油裂解等工艺制备丙烯的产能已不能满足市场需求。丙烷脱氢工艺拥有原料成本低、收率高、经济效益高等优势，已经成为丙烯的主要工业生产工艺。丙烷脱氢工艺通常包括以下几个部分。①脱氢反应：这是主要的反应步骤。丙烷在催化剂床层（通常采用氧化钒、氧化钼或钒铬复合催化剂等）进行反应，其中丙烷失去氢原子转化为丙烯，并释放出剩余的氢气。②催化剂：催化剂在丙烷脱氢中起着关键作用。这些催化剂被设计用于提高丙烷脱氢的效率和选择性。它们帮助促进所需的反应，同时减少副反应的发生。③反应条件：反应通常在高温和压力下进行，以促进丙烷转化为丙烯。反应温度通常在400 ～ 550℃之间，压力则在相对高的范围内，通常在0.1 ～ 1个大气压之间。④产品分离和纯化：产物混合物需要进一步处理和纯化，以分离和提取所需的丙烯。这通常通过蒸馏、萃取或其他分离技术来实现。⑤废气处理：在这种过程中，可能产生一些废气，包括未反应的丙烷和其他副产物。这些废气通常需要经过处理，以符合环保标准。丙烷脱氢工艺在工业中被广泛应用，但是具体的工艺参数和操作条件可能因生产厂商、催化剂类型、反应器设计以及优化方案的不同而有所差异。不同的工厂可能采用略有不同的技术和设备以优化产物选择性和产率。

目前，国外PDH工艺发展成熟，主流工艺包括五种，分别是Universal Oil Products（UOP）公司开发的Oleflex工艺、ABB Lummus Global公司开发的Catofin工艺、Uhde公司开发的STAR工艺、Linde公司与BASF公司共同开发的PDH工艺和Snamprogetti与Yarsintez公司共同开发的FBD工艺。此外近几年开发的具有极大发展潜力的有Dow公司的FCDh工艺和K-PRO公司的K-PRO工艺。但目前实现工业化生产应用的仅有Catofin工艺和Oleflex工艺。接下来分别介绍现如今比较主流的几项国外PDH工艺技术。

Oleflex工艺是由Pacol工艺发展而来的，其通常采用四个移动床反应器。移动床反应器具有反应均匀稳定、可连续运行的特点，于1990年实现工业化生产。其自动化生产过程如下：原料预处理、脱氢反应、压缩、低温分离、选择性加氢、脱乙烷以及脱丙烷、丙烯分离等过程，生产高纯度丙烯。Oleflex工艺中采用$Pt/Al_2O_3$催化剂，这是一种贵金属催化剂，其效果好，但催化剂成本相对较高。该工艺的丙烯收率达到85%，处于较高水准，反应周期较长，通常为5 ～ 10天。Oleflex工艺具有环境友好、原料价格低、投资少、制造费用低、丙烯收率高、技术日趋成熟的优点，故其推广程度高，是当今国际PDH生产的主流工艺，但生产过程较为复杂，条件苛刻，有火灾以及爆炸等风险。

Catofin工艺是在Catadiene工艺基础上发展而来的，其反应器主要使用多个并联固定床（8个或者5个）反应器周期切换。其自动化生产过程主要由如下四个部分组成：丙烷脱氢反应部分、尾气压缩部分、丙烷与丙烯回收部分和产品精制提纯部分。Catofin工艺采用$Cr/Al_2O_3$催化剂，这是一种非贵金属铬催化剂，其催化剂成本低、丙烯收率为85%，处于较高水准。该工艺有着烷烃转化率高、循环量少、原料利用率高、操作费用低的优点。与此同时，Catofin工艺的装置很容易添加更多的反应器，易于扩大产能，提高规模经济性。但是Catofin工艺也有缺点，该工艺使用含铬催化剂，但Cr对环境有污染，因此相对不够环保。且在高温反应时，Catofin工艺需要反应器的频繁切换，这需要有极高性能的特制的高温阀门和反应器内衬，所以其推广应用也因此受到了一定程度的影响。

STAR工艺由Uhde公司开发，其反应器主要采用固定床管式反应器。该工艺催化剂主要使用了$Pt\text{-}Sn/Al_2O_3$体系的催化剂，工艺丙烯收率为80%，相对于Catofin工艺和Oleflex工艺，其丙烯收率较低。其生产过程主要包括三个阶段：$CO_2$分离、气体分离、丙烷与丙烯分馏。STAR工艺的特色是使用水蒸气为稀释剂，主要作用是可以减少积碳，同时将积碳氧化生成的$CO_2$带出。STAR工艺反应器具有体积小、催化剂用量少、操作简单、运行可靠、安全稳定的优点。但是该工艺装置建造成本较高、催化剂成本较高、这些影响了其推广。

近年来，国内PDH自动化生产技术也取得突破，趋向成熟，已经开发出完整的丙烷脱氢生产工艺，实现工业化。如中国石化固定床PDH SDH技术，主要由中国石化上海石油化工研究院和中国石化工程建设有限公司开发，其主要采用固定床反应器，采用绝热固定床循环切换的运作方式进行生产，即新鲜丙烷原料和循环丙烷会经加热后进入负压绝热固定床反应器进行脱氢反应。SDH工艺以$Cr_2O_3/Al_2O_3$为催化剂，总转化率大于85%，处于较高水准。除此之外，中国石化移动床SPDH脱氢技术也已经趋向成熟，由中国石化石油科学研究院和广州工程公司开发，其反应器主要是4台移动床反应器，运作方式是将4台反应器串联操作，丙烷单程转化率达33%，丙烯总收率大于85%，其中丙烷单程转化率相对较低。催化剂为Pt基催化剂，这是一种可实现连续再生的催化剂。与此同时，除了企业，许多高校和设计院在PDH自动化生产工艺上也取得重大突破，例如中国石油大学（华东）的ADHO技术。ADHO技术由中国石油大学（华东）和华东设计院联合开发，采用循环FBD反应器，采用非贵金属氧化物催化剂，丙烷单程转化率为41.28%，丙烯选择性为80.01%，其工艺达到的技术指标和FBD指标相当。ADHO工艺的主要特点是采用难熔非贵金属氧化物催化剂和FBD反应器，且对原料预处理要求较低，最重要的是目前该技术已完成了小试和万吨级中试，正在中国石油呼和浩特石化公司建设50kt/a PDH工业试验装置，有望实现工业化。除此之外，清华大学开发的FLOTU脱氢工艺也取得了不错的进展。FLOTU工艺采用Pt系分子筛催化剂，其反应器使用了流化床反应器，实行连续循环运作生产。但目前仅完成小试阶段，且暂用于异丁烷脱氢，尚未用于工业丙烷脱氢装置，未来有望在丙烷制丙烯反应中得到应用。

综上所述，在国内经济持续增长的背景下，丙烯和丙烯衍生物的需求将保持稳定增长，且我国丙烷储量较高，故近年来，国内PDH技术得到快速发展，且工业装置规模也在逐渐扩大，丙烯产能逐步增加，目前已工业化并占据市场主流的PDH技术仍然是国外的Catofin固定床工艺和Oleflex移动床工艺，它们各有优势。我国PDH技术起步虽然比较晚，但目前国内PDH技术无论是催化剂还是生产过程自动化技术的开发同样进展迅速，即将进入产业化验证阶段。国内各研究团队应进一步加快PDH技术的开发，持续提升技术水平，增强技术竞争力，尽早实现技术的国产化替代。

### 4.2.2 环氧乙烷 / 乙二醇生产过程自动化技术发展现状

近年来，随着国内外乙烯项目的不断投产，环氧乙烷（EO）/乙二醇（EG）全球总体产能不断扩大，环氧乙烷/乙二醇的应用十分广泛，其可用于化工、医疗、军事、洗涤、印染等领域。这使得环氧乙烷的生产技术和乙二醇的生产技术也成为了企业乃至国家都十分关注的领域，目前，工业上较多采用乙烯直接氧化法生产环氧乙烷，并进一步通过水合反应生产乙二醇。国内外环氧乙烷和乙二醇多为联产装置，但增加环氧乙烷和乙二醇各自的精制能力，同样能提高经济收益。下文分别介绍环氧乙烷和乙二醇生产过程自动化技术的发展现状。

**（1）环氧乙烷生产过程自动化技术发展现状**

环氧乙烷在化工、医疗、军事、洗涤、印染等领域应用广泛，具有重要价值。环氧乙烷的结构式简单，但其化学性质十分活泼，同时还具有多种优秀的化学性质。工业合成环氧乙烷的方法主要为乙烯直接氧化法。还有少量的氯乙醇法，但由于氯的腐蚀和污染，目前氯乙醇方法已很少使用，接下来所述环氧乙烷的生产过程都指的是乙烯直接氧化法制取环氧乙烷。氧气和乙烯直接氧化法制环氧乙烷的催化剂一般采用银催化剂。乙烯直接氧化制取环氧乙烷通常使用大型列管式固定床反应装置作为乙烯制环氧乙烷反应器，管内装填催化剂，壳侧流体为撤热剂。在氧气和乙烯直接氧化法生产环氧乙烷的技术领域，壳牌（Shell）、美国科学设计（SD）和陶氏化学等企业的技术较为先进。

目前，国内外环氧乙烷生产过程自动化技术的发展主要着重三个方面：①供给层面：提高能源的供给率能优化环氧乙烷生产过程的效率，其主要表现为优化乙烯氧化工段，通过对能源供给层面进行相关的设计优化，根据化工生产单元的分布进行研究，并且通过对现有模式的优化，选择出最佳的氧化生产方式，以确保化工生产过程的高效运行。在环氧乙烷生产工艺的研究中，需要深入分析可能出现的化学反应特点，并进行相应的能源技术革新，节约能源的损失，以优化直接氧化法反应过程，从而促进环氧乙烷生产效率的提升。②守恒层面：在环氧乙烷化工生产中，守恒层面的研究至关重要，以避免大量能源被浪费。对循环生产过程和直接氧化过程进行重点分析，完善自动化生产过程，以确保环氧乙烷的生产效益。③转换层面：在环氧乙烷工艺研究中，为进一步降低过程消耗、维持物料平衡，需要着重关注反应转换效率，进行有效的工艺优化。这有助于在提高环氧乙烷生产效率的同时保持产品质量。在直接氧化法生产中，需要注意当前的反应温度与相关辅助设备配置，选择最优控制策略，从而有效控制内部反应参数，以避免对氧化反应过程造成不良影响，确保直接氧化反应符合转换要求，有效提升环氧乙烷生产效率，从而规避问题的出现。例如谢志锋等人所研究的分散控制系统在环氧乙烷衍生生产系统的应用就是环氧乙烷生产过程自动化技术的重大发展，PKS分散控制系统是以现代高科技网络为基础的高可靠控制系统，是一项十分适用于复杂工业生产的先进技术。PKS的基础是以太网，与分散控制系统（DCS）、数据采集与监视控制系统（SCADA）等功能融为一体，具备良好的开放性和丰富的系统支持能力，DCS以其超强的控制能力具备极高的可靠性和强大的功能。乙烯直接氧化制取环氧乙烷的生产系统流程不仅技术复杂，而且有一定的毒性，存在较高安全风险，因此该系统的生产程序的安全稳定极为关键，以实现安全稳定性和生产效率双高的目标。该系统应用了PKS分散控制系统，不仅提高了安全效率，也成功提高了环氧乙烷的产率，完成了生产过程的能量优化，减少了成本的投入。

现如今，无论是国外还是国内，从宏观来说，环氧乙烷生产过程自动化技术的发展主要着重于供给层面、守恒层面和转换层面几个方面。从具体工艺来说，生产技术的发展主要着重于反应器改进、反应过程改进、乙烯回收改等几个方面。只有取得这些层次的技术突破，才能实现环氧乙烷的技术优化。

（2）乙二醇生产过程自动化技术发展现状

乙二醇是重要的化工原料，可作为聚酯纤维、塑料瓶和薄膜以及防冻剂等的原材料。其在世界范围内都有着极大的需求。目前，石油化工行业制取乙二醇的方法主要有两种，均以乙烯氧化生成的环氧乙烷为原料。其一，非催化水合工艺：氧气和乙烯生成环氧乙烷（EO）之后，EO能够和水发生反应，从而生成乙二醇，此技术在水合反应过程中并不需要使用催化剂，并且技术成熟。但是流程比较长，EG选择性为90% ～ 92%，国内乙烯法制作乙二醇都是使用此技术，主要的技术来源包括DOW、Shell、SD等。其二，催化水合工艺：氧气和乙烯能够生成环氧乙烷，然后EO在催化剂作用下和水反应生成EG。此工艺包括一步法和两步法：一步法是EO与水直接生成EG，因催化剂稳定性不足，有工业化应用实例；两步法指的是$CO_2$和EO生成碳酸乙烯酯，之后通过水解反应实现EG的生成，此技术具备工业化应用业绩。现如今，我国国内通常使用非催化水合工艺来制取乙二醇。

目前，常规工业制取乙二醇存在如下几个主要问题：①环氧乙烷/乙二醇（EO/EG）装置精制单元由多个精馏塔组成，它们之间存在很强的相互干扰。克服这些精馏塔间的相互干扰，稳定操作是控制的主要目标。②精馏塔是耗能大户，如何提高精馏塔能效也是精馏塔控制需要重点考虑的问题。③精馏塔的另外一个目标是实现质量卡边，减少产品损失，提高收率。④由于受市场的影响，处理量也经常发生变化。对此，曹俊杰提出在乙二醇装置生产过程中采用先进过程控制（APC）技术和分散控制系统（DCS）相结合的方法，通过提高生产装置（精馏塔）的自动化水平，成功提高乙二醇装置的控制水平，实现“卡边”优化运行，提高产品质量，提高产品收率，降低能源消耗。类似地，王雪锋也提出使用DCS控制系统来提升乙二醇的产量和生产效率，他主张用DCS控制系统对过程参数进行采集处理，对回路进行调节，以及对生产设备进行普通的启停、运行控制，具体包括乙二醇生产现场工艺设备的控制和现场仪表的控制。

综上所述，目前，我国国内通常使用非催化水合工艺来制取乙二醇。现如今，国内外都主张研究类似先进过程控制技术等技术来提高精馏塔的自动化水平，从而提高乙二醇的产量，减少制取乙二醇中的能量损耗。

### 4.2.3 芳烃生产过程自动化技术发展现状

芳烃是石油化工行业的重要基础原料，在已知的约八百万种有机化合物中，芳烃化合物约占30%，其中BTX芳烃（苯、甲苯、二甲苯）被称为一级基本有机原料，其生产技术水平代表一个国家石油工业的发展水平。工业上所称的芳烃行业是指三苯（苯、甲苯、二甲苯）等基本有机原料的生产，其中二甲苯有3种异构体（邻二甲苯、对二甲苯和间二甲苯）。我国芳烃行业快速发展，已成为世界主要的芳烃生产和消费大国。基于目前我国对二甲苯（PX）产能不足、对外依存度较高的状况，加大力度投入对芳烃生产技术的研究，在最大限度降低其危害的前提下，优化芳烃的生产技术，以进一步提高芳烃的利用效率，合理布局并建设芳烃生产装置十分必要。

现在常用的芳烃的生产工艺技术主要有以下几种：

① 催化重整技术：催化重整技术是现代化石油工业生产中提高石油质量和生产石油化工的重要手段。催化重整从本质上来说，是将对石脑油等原料进行催化处理，通过烃类分子重排提高原料的利用价值和产品质量。催化重整是以石脑油为原料，在催化剂的作用下，烃类分子重新排列成新分子结构的工艺过程。

② 裂解汽油加氢：芳烃生产过程中萃取前需要经过高温裂解环节。而在高温裂解这一环节中，在以粗汽油作为裂解的原材料时，大约每1t乙烯会产生相近质量的裂解汽油。而裂解汽油中进行芳烃的回收时，需要进行两段加氢，第一段采用贵金属加氢，第二段则采用非贵金属加氢，其根本作用是在萃取BTX后，需要对其进行杂质的去除处理。

③ 芳烃抽提：芳烃抽提本质上是利用萃取剂从混合物中分离芳烃的过程。该技术手段的核心是通过芳烃萃取剂的特殊化学性质，将混合成分中的芳烃萃取出来，然后再进行精馏分离，从而得到较高纯度的芳烃。但该技术使用过程中，由于原料中组分化学性质较不稳定，易导致萃取效率波动或产品纯度下降。

④ 轻烃芳构化：LPG、轻烯烃、重整抽余油等轻质烃类原料经芳构化均可转化成芳烃。芳构化生产芳烃技术按反应器形式分为固定床工艺和移动床工艺。而按照所用催化剂类型又可分为2条工艺路线：一条是采用金属改性的ZSM-5分子筛酸性催化剂技术，加工原料以C2 ～ C5轻烃组分为主，具有工艺流程简单、原料适用性广且无须严格精制、投资成本低等优点，芳烃收率可达60%以上；另一条则是采用Pt/KL的碱性分子筛催化剂技术，主要加工C6 ～ C7烷烃，芳烃收率比传统重整工艺高，但对原料精制要求苛刻，尤其是对原料脱硫要求很高，因此未得到广泛应用。

⑤ 二甲苯异构化：二甲苯异构化技术的核心是异构化催化剂。目前全球绝大部分工业化的二甲苯临氢异构化技术中异构化单元的工艺流程（包括反应及分离系统）基本相似。该技术是通过对（间/邻）二甲苯相互异构为对二甲苯，并将乙苯异构转化成二甲苯或脱乙基生成苯，可分为乙苯转化型和乙苯脱乙基型两种工艺路线。其中，乙苯转化型的优点在于能够利用有限的C8芳烃资源最大量地生产PX，但乙苯单程转化率较低；脱乙基型的优点是反应空速高、乙苯转化率高，但C8芳烃资源的利用率相对较低。目前，两种异构化工艺均得到了广泛应用，其市场份额各占50%左右，但新建装置多采用脱乙基型技术。

近年来，国内在传统芳烃领域的转化和分离技术持续研究改进，芳烃生产各单元技术均取得了较大发展与进步。开发了用于甲苯异构化及烷基转移的HAT-099型催化剂、用于吸附分离的RAX-3000吸附剂、用于碳八异构化反应的SKI系列催化剂、用于处理重芳烃的重芳烃轻质化技术（HAT-Plus）、用于二甲苯分离的对二甲苯结晶工艺等一系列新型催化剂、吸附剂、反应工艺和分离工艺。另外，随着国内煤化工技术的蓬勃发展，煤基芳烃生产技术受到越来越多的关注，研发了包括甲醇制芳烃（MTA）、甲苯甲醇甲基化制混合二甲苯（MTX）、甲苯甲醇择形甲基化制对二甲苯（MTPX）等新的芳烃生产技术。

芳烃生产工艺过程控制的关键环节往往具有很强的耦合性、非线性以及滞后性等特性，直接关系到产品的质量、产品收率和能耗等经济指标，常规PID控制已难以满足不断提高的生产需求，在面对较为复杂的过程控制问题时，例如进料中芳烃含量的变化、进料温度的变化、溶剂温度的波动，以及外部环境温度的变化等，这些干扰都给工艺生产带来了不同程度的扰动，极大影响了产品质量的控制，此时针对先进过程控制策略的研究走进了研究人员和生产企业的视野。先进过程控制（Advanced Process Control，APC）技术属于计算机控制技术的一种，控制目的是使装置达到安、稳、长、满、优的运行状态。作为一个整体，先进过程控制技术应包括数据采集处理、数学模型建立、先进过程控制策略和工程实施的全部内容。其理念是将整个生产装置或者某个工艺单元作为一个整体研究对象，通过现场测试，量化描述各变量之间的相互关系，建立过程多变量控制器模型，利用模型对工艺过程进行预测，提前对控制变量进行调整，提高装置运行的平稳性。先进过程控制技术在石油化工生产过程中的应用使生产控制在自动化、智能化方面取得新的突破，多变量模型预估控制相较于常规控制，使工艺生产控制更智能稳定。国内外众多大型石油化工企业的应用实例表明，该技术（APC）可提高生产负荷和产品回收率，带来了可观的经济效益。APC技术以工艺控制、模型计算作为关键中心，有如下三个方面的特点及优势：

① 符合工艺机理要求，能满足多目标协调优化控制，适用于解决复杂生产工艺的过程控制问题。

② 增强抗干扰能力，提高工艺生产控制稳定性，为“卡边”操作优化打下坚实基础。

③ APC技术应用改造常在DCS（分散控制系统）平台及其上位机上，依然保留DCS系统常规控制的整体性，可操作性好和可靠性高。

在国内外科技工作者的大力推进下，我国工业界开始大量应用先进过程控制技术，以提高企业的经济效益和生产技术水平。

下面将分别从催化重整过程、对二甲苯（PX）生产过程和对苯二甲酸（PTA）生产过程三个方面的自动化技术的应用发展现状进行介绍。

**（1）催化重整过程**

催化重整是生产芳烃的龙头装置，也是现代炼油化工工业的主要装置之一。其工艺过程是在一定温度、压力、临氢和催化剂存在的条件下，将石脑油馏分中的烃类分子结构进行重新排列，转变成富含芳烃的重整生成油，同时副产低成本氢气。其主要目的为：①生产高辛烷值汽油组分；②为化纤、橡胶、塑料和精细化工提供原料。在目前芳烃的生产应用技术中，催化重整技术在应用过程中除其本身的原料预处理与重整两个工序外，还需增加芳烃抽提与精馏装置。催化重整技术在应用过程中，按照对目的产品要求的不同，其流程也存在差异。就化工行业常用的加工方案而言，其方案包括了预处理、催化重整、溶剂抽提、芳烃精馏的联合过程，具体如图1-4-1所示。当前在芳烃生产的技术中，催化重整装置的作用尤为重要，同时也得到了多个公司的研究。

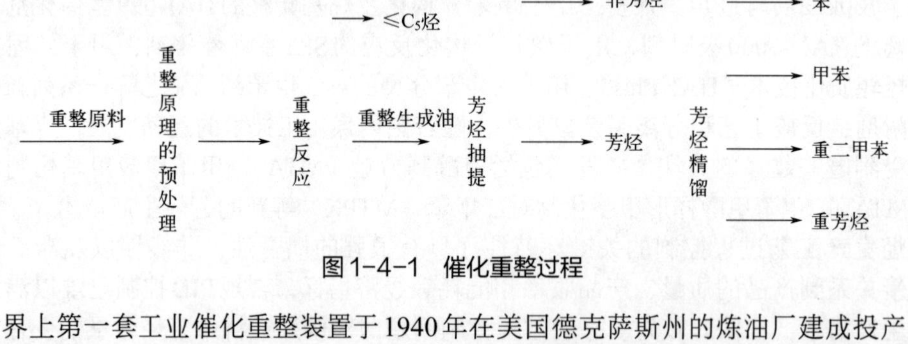


图1-4-1　催化重整过程

世界上第一套工业催化重整装置于1940年在美国德克萨斯州的炼油厂建成投产，当时命名为临氢重整（Hydroforming），主要用于生产三硝基甲苯（TNT炸药）的原料甲苯和航空汽油。1949年，铂重整工业装置问世，其采用的双催化剂（如铂系与其化活性组分组合）大大提高了产品质量。美国UOP公司的连续重整（CCR，Continuous Catalytic Reforming）工艺和法国IFF公司的Octanizing工艺工业化以后，催化剂的活性问题得到了极大改善，这也大大提高了工艺平稳度，进一步提升了产品质量和产量。而现在，据美国《油气杂志》

统计，全球共有炼油厂662座，原油蒸馏装置总加工能力达到44.11×$10^8$t/a，其中美国为8.93×$10^8$t/a，占世界原油总加工能力的20.25%，居世界首位。468座炼油厂设有催化重整装置，居世界催化重整加工能力前三位的分别是美国、日本和俄罗斯，它们分别拥有120座、28座、25座大型炼油厂。按美国《油气杂志》统计的世界催化重整加工能力，世界催化重整总加工能力为4.95×$10^8$t/a，其中美国、日本、俄罗斯分别为1.52×$10^8$t/a、3.566×$10^7$t/a和3.207×$10^7$t/a，美国占世界催化重整总能力的30.71%，居世界首位。据美国UOP公司的统计，目前世界范围内约有200套采用UOP公司技术的连续重整装置。20世纪70年代，UOP公司设计的连续重整装置最大加工能力为1.72Mt/a，目前该公司设计的连续重整装置的加工规模为0.26 ～ 4.30Mt/a。

我国催化重整催化剂及工艺的研究开发始于20世纪50年代。1955年，在实验室研制出铂重整催化剂，此后开始了利用二乙二醇醚作溶剂生产芳烃的实验室工作。1965年12月，我国自行设计、建设的100kt/a催化重整装置在大庆炼油厂一次开车成功，采用我国自行研发和生产的3651铂催化剂，结束了我国没有催化重整装置的历史，被誉为我国炼油工业“五朵金花”之一。

我国原油石脑油收率较低，加之当时炼油厂规模也不大，催化重整规模较小，一定程度上使得连续重整诞生后我国的研究开发并没有立即跟进。20世纪80年代，我国开始引进并建设连续重整装置，并开始自行研究和开发连续重整工艺和催化剂。20世纪90年代至21世纪初，随着国内炼油规模的扩大和进口原油加工比例的增加，以及国内对化纤原料需求的增长，连续重整得以迅速发展，这一阶段连续重整催化剂逐渐完成低铂化，活性、选择性、再生性能、抗磨性、水热稳定性及低积碳性能大幅提高，达到或超过国外同类催化剂性能指标。

2001年3月，我国自行研发、设计和建设的500kt/a低压组合床催化重整装置在长岭炼油厂投产成功，拉开了我国连续重整技术自主创新的序幕。攻克低压组合重整技术的关键是开发了不需要补充还原和预硫化的催化剂，工程技术上找到了固定床和移动床的隔离方法，低压组合床的操作平均反应压力为0.9MPa，运转周期达到23个月，其运转周期领先于世界同类装置。

在成功开发低压组合床技术的基础上，于2005年7月将自行研制开发的反应和再生技术应用于700kt/a年连续重整装置，实现了连续重整关键设备和技术突破。在此基础上，开发了超低压连续重整工艺（SLCR），开展了再生动力学研究，开发了相应计算软件，进行了闭锁料斗、反应器再生器催化剂输送及循环的冷模试验等基础研究。该技术的主要特点包括：新型结构的重整反应器布置改善了反应器内物流及催化剂分布，Z形径向反应器改善了反应器出入口管道的布置，两两重叠降低了反应器的制造难度和投资，方便安装及维护；再生循环气体采用“干冷”循环流程，焙烧区及氧氯化区采用纯空气，既有效抑制了催化剂比表面积降低、延长了催化剂使用寿命，又保证了催化剂氧氯化及干燥效果；闭锁料斗采用“无阀输送”的催化剂循环方式，并置于再生器上方，再生器上部的催化剂缓冲区同时作为高压区的气体缓冲区，使压力更加稳定，使用氮气作为工作介质，保证了增压阀曲线稳定有效，催化剂循环量精确计量，闭锁料斗操作更加平稳可靠；无纵焊缝结构、激光焊接的中心管、扇形筒等内构件更加安全可靠，新型进料加热炉结构改善了传热均匀度，强制通风的空气预热保证了烟气余热的充分利用；简便灵活的开工及操作程序等。这些技术的创新和应用使我国成为世界上第三个全面掌握连续重整技术并处于先进水平的国家。

逆流重整（SCCCR）是我国开发的另外一个连续重整技术，该技术与其他连续重整技术的区别是改变了催化剂在反应区的移动次序，再生后的催化剂首先进入末反用于烷烃芳构化等最难发生的目的反应，使得催化剂的活性状态与反应难易程度相匹配；由于再生压力介于一反和四反之间，催化剂循环回路取消了闭锁料斗，在正常情况下，催化剂循环管线上没有需要开关的阀门，实现了真正的“无阀输送”；再生部分采用两段移动床烧焦，分别控制烧焦区入口氧含量和出口过剩氧含量，保证烧焦质量，再生器采用固体脱氯和“干冷循环”，无热风机，降低了对设备的要求；氧氯化区、干燥焙烧区及冷却区采用同心筒式轴向设计，结构简单，维修方便。随着工业化应用的不断深入，SLCR和SCCCR技术已获得业界的充分认可。从工艺开发、装置设计和运行水平看，我国连续重整技术已达到国际先进水平。

在先进过程控制技术的应用上，催化重整是最早推广的装置之一。由于催化重整装置比较复杂，传统控制不仅具有强耦合、大滞后的系统控制效果较差，也无法满足该装置对控制模型准确性的要求。因此，先进过程控制的出现大大改善了催化重整装置的控制方式，这一控制方法也为许多商业公司带来了发展方向与研究方向，许多自主研发的先进过程控制算法、商业化先进过程控制软件应运而生。先进过程控制给催化重整装置的控制带来的稳定性改善、平稳性改善，使操作简化，使产品收率大大提升。多家公司和企业在这方面做出了贡献：霍尼韦尔公司针对重整装置的在线控制与优化，研发并投用鲁棒多变量预测控制技术（RMPCT）；Aspen公司的先进过程控制软件DMCplus，可以重新配置反应堆并由软件控制稳定。中国石化炼油技术分析及远程诊断系统，针对催化重整装置共收集了中国石化科研、设计等单位的12大类机理模型，实现了装置的在线优化指导；鉴于逆流连续重整是中国石化的专利技术，目前世界上无商品化的动力学模型，为了下一步实现该装置的在线实时优化操作，中国石化正在开发反再动力学模型，实现模型在线实时标定、运行和优化的功能，为逆流连续重整RTO项目的开发与建设奠定基础。

先进过程控制可以实现前馈控制、反馈控制、模型预测及优化控制，根据采集的基础数据建立预测模型，预测被控变量的变化轨迹，提前对工艺参数进行干预，用多变量解耦和前馈手段优化现阶段操作变量的调节，以降低关键工艺参数的波动范围，实现优化参数的卡边控制。预测控制的重点即为模型，故准确的模型可以极大提高预测控制的综合性能。这一建模的过程也是对控制系统机理的认识，也能极大地推动模型预测控制的发展。机理建模和非机理建模一般是建模的两大类。机理建模反映了系统内部的运行机理，我们通过使用能量守恒、动量守恒等定律对系统机理进行建模。按系统内部状态可将机理模型分为稳态模型和动态模型。稳态模型是系统内部处于稳定状态时建立的模型，模型给出了稳态生产过程中各变量间的关系。通过稳态机理建模，可针对控制器设计、控制系统运行条件等，给出对应的优化方案。动态模型是指系统内部处于动态时建立的模型。动态模型可以建立系统内部变量的相互关系、系统内部的变化规律，这些可用来作为稳定性分析的依据。

杜鑫成选用机理建模的方法对催化重整部分进行建模，对重整反应器、加热炉等系统进行机理建模，并做参数估计，最后通过使用某石化公司重整芳烃装置实际现场数据，对所提出的机理模型进行验证；华东理工大学的刘禹含使用Aspen HYSYS软件建立了与有限实际生产数据相吻合的连续催化重整装置的集总动力学机理模型，并在软件中考虑了多种生产可能性，扩展生产数据的范围，得到了更加完整的装置产品预测训练数据集。然后，与已有研究成果中常用的BP神经网络对比，在Python平台上采用训练速度快、预测精度高、适合非线性过程建模的LightGBM决策树模型对某炼油厂的催化重整装置，构建了数据驱动的产品预测模型；而戴坤成提出了一种基于核主元分析和加权最小二乘支持向量机的催化重整装置辛烷值软测量建模方法，并与其他模型的预测结果及性能评价指标进行比较，证明了其模型在催化重整装置辛烷值软测量中的有效性和优越性。

催化重整作为芳烃产业链的龙头，随着炼油产品结构向增产芳烃和烯烃原料方向调整，连续重整因其芳烃产率高，日益成为炼化一体化的关键技术，受到广泛关注。而经过多年的发展，我国的催化重整技术不断取得了重大突破，已经迈入世界前列。在不远的将来，中国将快速建成大规模催化重整装置，不仅在装置加工能力上，更是在催化重整技术进步方面，为世界催化重整的发展带来新的更强活力。

**（2）对二甲苯（PX）**

对二甲苯（Para-xylene，PX）是芳烃中最受关注的产品，主要用于生产对苯二甲酸（PTA）、对苯二甲酸二甲酯（DMT）和对苯二甲酸乙二醇酯（PET），进而生产聚对苯二甲酸乙二醇酯（涤纶），还可用作溶剂以及医药、香料、油墨等行业的生产原料，也广泛应用于纤维、胶片、薄膜和树脂的制备。

目前，PX通过石油化工的芳烃联合装置进行大规模工业生产。芳烃联合装置主要包括催化重整、芳烃抽提、甲苯歧化、烷基转移、二甲苯异构化及PX分离等装置，主产品是苯和二甲苯，其中二甲苯主要包含对二甲苯（PX）、邻二甲苯（OX）和间二甲苯（MX）。生产工艺：先通过石脑油催化重整获得混合二甲苯，再采用多级深冷结晶分离或分子筛模拟移动床吸附分离技术将PX从沸点极其相近的二甲苯异构体混合物中分离出来（图1-4-2）。

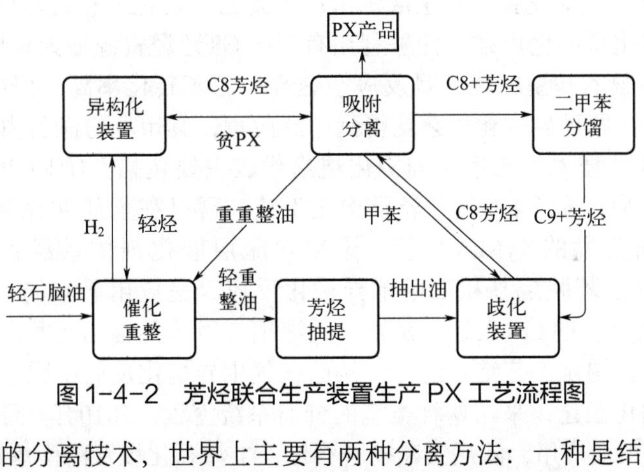


图1-4-2　芳烃联合生产装置生产PX工艺流程图

关于对二甲苯的分离技术，世界上主要有两种分离方法：一种是结晶分离技术，另一种为吸附分离技术。吸附分离工艺采用特定的分子筛吸附剂选择吸附对二甲苯，再采用专有的解吸剂将被吸附的对二甲苯脱附，然后经精馏分离生产高纯度对二甲苯产品，其中模拟移动床技术的开发使液固两相的逆向接触分离实现了连续稳定操作，使吸附分离工艺成为目前国内外应用最多的工艺。吸附分离工艺的代表技术为美国UOP公司的PAREX技术和法国AXENS公司的ELUXYL技术。目前，UOP公司的最新技术为2015年开发的新一代轻解吸剂技术LDParex，代表性应用为浙江石化200万t/a芳烃装置。AXENS公司最新技术是在原Eluxyl基础上，将双塔24床层优化成单塔15床层，投资、能耗进一步降低，应用代表业绩为大连恒力石化225万t/a芳烃装置。

结晶分离工艺是利用混合二甲苯中各同分异构体的熔点差这一特性，通过结晶和熔融过程，生产高纯度对二甲苯。由于混合二甲苯在低温下形成低共熔混合物，对二甲苯的单程收率只有65%左右。近年来，随着结晶器和离心机制造水平的进步，该技术竞争力日益突出。目前，工业化的结晶技术主要有美国GTC公司与美国Lyon2dell公司联合开发的GT-Cryst工艺，Lummus的两段重浆法工艺，美国UOP公司、Raytheon公司和荷兰Niro公司联合开发的PlusXP工艺等。代表性应用案例为比利时GEEL公司67万t/a芳烃装置和印度信实公司225万t/a芳烃装置。与吸附工艺相比，结晶工艺不采用昂贵的吸附剂、解吸剂以及相应的专有设备和控制系统，具有能耗低、投资少、占地小等优势。面对未来激烈的市场竞争，结晶法具有较好的竞争能力。

近年来，PX需求量日益增长，从重整油和裂解汽油中直接抽提和分离PX已不能满足需求。因此，在芳烃联合装置中，一般利用甲苯歧化、烷基转移及异构化等技术来增产PX。甲苯歧化与烷基转移技术在整个芳烃联合装置中起到物流转化枢纽和有效调整芳烃原料与产品结构的重要作用。该工艺是以甲苯/苯及C≥9芳烃为原料，以分子筛固体酸为催化剂活性主体，临氢条件下在固定床反应器中通过烷基转移反应将其转化为二甲苯的技术。其技术代表为：①美国UOP公司与日本TORAY公司合作开发的Tatoray工艺，该工艺已在全球50余套装置中得到应用；②美国ExxonMobil公司开发的TransPlus工艺，具有C≥9芳烃单程转化率高、二甲苯收率高、装置体积小、成本低等特点；③ExxonMobil公司开发的MTDP-3工艺，其处理C≥9重芳烃的质量分数可大于40%，其中C10原料占比可大于25%；④中国石化开发的S-TDT歧化工艺，该技术现已在国内11套装置上得到应用，在大幅提高苯和二甲苯产量的同时，还显著提升了装置的整体经济效益。

异构化技术的核心是异构化催化剂，该技术是通过对（间/邻）-二甲苯的相互异构将乙苯异构转化成对二甲苯或脱乙基生成苯，可分为乙苯转化型和乙苯脱乙基型2种工艺路线。其中，乙苯转化型的优点在于能够利用有限的C8芳烃资源最大量地生产PX，但乙苯单程转化率较低；脱乙基型的优点是反应空速高、乙苯转化率高，但C8芳烃资源的利用率相对较低。目前，两种异构化工艺均得到广泛应用，其市场份额各占50%左右，但新建装置多采用脱乙基型技术。二甲苯异构化技术代表主要包括：①UOP公司开发的Isomar工艺，是迄今为止应用最多的C8芳烃异构化工艺，现已在全球90余套装置上得到应用；②ExxonMobil公司开发的XyMax工艺，选用双床层催化剂体系经轴向反应器，在上、下床层中分别进行乙苯脱烷基和二甲苯异构化反应，是应用最广的乙苯脱乙基型工艺；③ExxonMobil公司开发的LPI工艺，是新一代液相二甲苯异构化技术，因其乙苯单程转换率低，需要与气相异构化工艺结合运行，从而在气相异构化反应中脱除乙苯；④中国石化开发的二甲苯异构化工艺，采用两种类型的分离系统流程，2010年9月，该工艺所用催化剂首次在天津石化工业应用，随后又在扬子石化、上海石化以及海南炼化等企业应用。

先进过程控制技术（APC）也常用于PX的生产过程。例如芳烃联合装置就是一个多变量强耦合的复杂控制对象，DCS系统中的常规控制策略无法较好地考虑各系统相关变量之间的耦合性，解耦能力差，导致控制效果不理想。因此，根据芳烃联合装置的生产运行特点，需要在DCS常规控制的基础上采用预测控制、智能控制等先进过程控制策略，建立适配芳烃联合装置运行要求的优化控制系统，进一步提升工艺控制智能化水平，提高装置运行安全性和经济性。

#### （3）对苯二甲酸（PTA）

对苯二甲酸（PTA）是重要的大宗有机原料之一，其主要用途是生产聚酯切片、聚酯薄膜、聚酯瓶和涤纶长短丝等，广泛用于化学纤维、轻工、电子、建筑等国民经济的多个领域。PTA的应用比较集中，世界上90%以上的PTA用于生产聚对苯二甲酸乙二醇酯，其他是作为聚对苯二甲酸丙二醇酯（PTT）和聚对苯二甲酸丁二醇酯（PBT）及其产品的原料。PTA既是石油的终端产品，也是聚酯的上游产品。从产业链上看，PTA上承对二甲苯（PX）和原油，下接聚酯、涤纶短纤和长丝，是石化和聚酯产业链的重要枢纽，具有承前启后的作用。

对苯二甲酸在生产过程中分为氧化单元和氢精制单元两个部分。首先是氧化单元，将原材料对二甲苯溶化到乙酸中，通过催化剂使其在空气中进行氧化反应得到粗制的对苯二甲酸，再经结晶、分离以及干燥等制成粗品。然后是氢精制单元，将粗品通过加氢的方式来对其进行去杂质处理，再结晶、分离和干燥，制成精制对苯二甲酸。

目前，世界上掌握PTA生产工艺技术的公司主要包括：BP-AMOCO、INVISTA、三井油化、DOW-INCA、三菱化学、EASTMAN、IEC-日立技术、中国昆仑工程有限公司等，其中三井油化目前不向第三方转让专利技术，EASTMAN主要生产中纯度对苯二甲酸。国内市场上现在转让PTA技术的主要有BP、INVISTA和中国昆仑工程有限公司。

BP-AMOCO公司（简称BP）是世界领先的PTA生产商，与传统PTA技术相比，BP最新的PTA工艺技术和专利设备在环境保护方面有显著提升，废弃固体物排放可减少95%，温室气体排放减少65%，废水排放减少75%；同时，BP珠海技术拥有世界级的压缩工艺布局，大幅减少了土地占用面积。该技术在能量利用方面表现优异，生产过程中所产生的热能被回收后，可用于余热发电，在满足工厂自用的同时，多余电力还可供给外部电网。

INVISTA公司的PTA技术在国内市场占有率最高，超过一半的PTA装置都采用了INVISTAPTA专利技术。随着技术的不断改进，目前INVISTA最新PTA技术是P8+版本，具有投资规模大、生产能力强、工艺水平高、能源消耗低等特点。相较于P7的基础上，采用了温和的反应条件，改进了能源集成和回收，有效降低了PTA的生产成本，且减少了对环境的影响。

中国昆仑工程有限公司的PTA工艺技术采用中温氧化工艺，采用底部搅拌塔反应器，在氧化第一副产蒸汽换热器后增加乙酸回收塔，以氧化单元精制母液作为回流液。氧化单元各种尾气根据压力不同分别进入高压、中压与低压吸收塔，以充分回收尾气中的有机物。溶剂脱水采用具有特色的共沸精馏技术，溶剂脱水量仅为传统工艺的40%，大幅减少低压蒸汽消耗。氧化和精制单元分离均采用一步压力过滤，洗涤采用乙酸回收塔塔顶冷凝液经乙酸甲酯汽提塔处理过的高温水，取消氧化干燥机、CTA料仓及风送系统。其PX消耗处于国际领先水平，综合能耗处于国际先进水平。同时采用该技术的成套装置国产化程度高，投资节省，精制单元反应器无搅拌装置，不易发生机械故障且效率高。

目前，采用昆仑公司PTA技术的生产装置有6套，合计产能为650万t/a。其中，采用第三代PTA技术的生产装置1套，产能为120万t/a。2020年1月5日23时50分，由中国化学工程第十一建设有限公司承建的新疆库尔勒中泰石化120万t/aPTA项目投料开车平稳运行72h，日产优质PTA产品3372t，达到设计日产能的102.56%，标志着库尔勒中泰石化PTA项目高质量投产并实现高效益。另外，采用第三代PTA技术进行升级改造的装置有3套，产能为360万t/a。综上所述，上述公司的精对苯二甲酸生产工艺均是经过多年生产实践检验的成熟工艺，专利技术均有工业装置运行实施，各有特点，最新技术均已达到国际先进水平。

PTA工艺发展较为成熟，不同技术提供商在精制部分生产工艺基本相似，主要区别在于氧化部分。PX氧化是PTA生产的核心部分，也是各专利商竞争的焦点所在。在氧化单元，需要对含有液相催化剂的对二甲苯溶液通入空气氧化。乙酸溶液、对二甲苯、催化剂溶液和空气连续送入氧化反应器进行氧化反应。通过对沸腾的反应溶剂冷凝来排除反应释放的热量，通过将部分冷凝液抽出来控制氧化反应器的水浓度，其余部分回流到氧化反应器控制反应温度及回收冷凝下来的乙酸溶剂。氧化反应器生成的浆料经3台结晶器减压并冷却达到过滤条件，空气送入第一台结晶器对未反应的对二甲苯进行二次反应，以保证充分氧化。氧化反应过程中存在各种物理化学反应、相变过程、物质和能量的转换传递过程，是一个复杂的大系统，所涉及的被控过程具有强耦合性、不确定性、非线性、信息不完全性和大纯滞后等特征，并存在苛刻的约束条件，因此对这类复杂过程优化也通常需要采用先进的控制技术。

华东理工大学的陶丽丽利用支持向量机、进化算法以及预测控制等人工智能关键技术与理论对PX氧化过程进行了研究，构建了一种新的自由基反应动力学模型描述氧化反应过程，由于反应动力学参数与反应条件之间存在高度非线性关系，其首先采用了自适应加权最小二乘支持向量机对动力学参数进行了拟合，针对实验室半连续反应器与工业连续搅拌反应釜之间的差异，对实验室氧化PX反应动力学模型参数进行智能优化校正，得到了符合工业PX氧化过程的智能混合模型；华东理工大学的邢建良在实验分析氧化主、副反应机理的基础上，建立了氧化反应宏观动力学模型以及反应器中乙酸、燃烧损失模型，同时采用先进过程控制软件实现了氧化反应过程的多变量预测控制。

### 4.2.4 聚合物生产过程自动化技术发展现状

**（1）聚乙烯**

在聚乙烯生产过程的自动控制与优化技术方面，国外从20世纪60年代以来进行了大量的理论和应用研究。在聚乙烯生产的早期阶段，主要采用传统的反馈控制方法。该方法通过测量生产过程中的关键参数（如温度、压力、流量等），并将这些测量值与预设的目标值进行比较，然后调整反应条件来保持参数在可接受的范围内。随着计算机技术的进步和数学建模能力的提高，前馈控制和模型预测控制（MPC）等技术逐渐应用于聚乙烯生产过程中。

此外，借助大数据和物联网技术的快速发展，聚乙烯生产过程中的控制策略也变得更加复杂和高级化。例如，多变量控制（MVC）技术可以同时考虑多个输入和输出参数，以实现更精确的控制。优化控制算法如MPC、遗传算法、模糊逻辑控制等被应用于聚乙烯生产中的参数调整和控制策略的优化。近年来，故障诊断与预测维护技术在聚乙烯生产过程中的应用越来越广泛。通过监测和分析生产过程中的数据，结合机器学习和人工智能算法，可以实现对设备故障的实时识别和预测，从而采取相应的维护措施，减少停机时间和提高生产效率。随着大数据和物联网技术的快速发展，聚乙烯生产过程中的数据采集和分析变得更加全面和细致。通过对海量数据的收集、存储和分析，可以发现生产过程中的潜在问题和改进空间，最终实现生产参数和控制策略的优化，提高生产效率、产品质量和能源利用率。

ABB在聚乙烯生产领域提供了一系列的优化控制方案和软件包，帮助客户提高生产效率、产品质量和能源利用率。

① ABB Ability™ Predictive Analytics for Polyethylene：这是基于数据分析和机器学习的软件包，用于聚乙烯生产过程的预测性分析，辅助生产决策。它通过对历史数据进行建模和分析，可以预测关键指标（如聚合级别、产品质量）的变化趋势，并提供优化建议，以提高生产过程的稳定性和一致性。

② ABB Ability™ Asset Optimization for Polyethylene：这是一个综合的资产优化解决方案，专为聚乙烯生产设备设计。它结合了设备监测、维护优化和生产计划等功能，利用数据分析和智能算法实现对聚乙烯设备和工艺的优化，包括设备状态监测、故障诊断、维护计划优化等，以提高设备的可靠性、降低维护成本和最大化生产效率。

Emerson Electric也在聚乙烯生产领域提供了一系列的优化控制方案和软件包，以下是相关的解决方案：

① DeltaV Advanced Process Control (APC)：Emerson的DeltaV APC是一套先进的过程控制软件，用于优化聚乙烯生产过程。它结合了高级的控制算法和优化模型，可实现对聚乙烯生产过程的实时控制和优化。DeltaV APC可以帮助提高产品质量、生产效率和能源利用效率，并减少生产过程中的变异性。

② Syncade™ Operations Management：这是Emerson提供的一套操作管理软件，适用于聚乙烯工厂的运营管理。它包括生产计划、资源调度、物料管理和质量管理等功能，可以提高生产计划的准确性、生产资源的利用率和产品质量的一致性。

③ Plantweb Digital Ecosystem：Emerson的Plantweb数字生态系统提供了一整套工具和解决方案，用于实现聚乙烯生产过程的数字化转型。它包括传感器、设备监测、数据分析和预测性维护等功能，可以帮助实现实时数据采集、设备状态监测和故障预测，以提高生产过程的可靠性和效率。

④ AMS Suite：这是Emerson的资产管理软件包，用于聚乙烯生产设备的维护管理。它包括设备监测、故障诊断和维护计划优化等功能，可以帮助提高设备的可靠性、降低维护成本和延长设备寿命。

西门子在聚乙烯生产领域提供了一系列的优化控制和软件包，以下是一些相关的解决方案：

① SIMIT模拟仿真平台：SIMIT是西门子提供的一种虚拟仿真平台，用于对聚乙烯生产过程进行建模和仿真。它可以模拟和测试控制系统的性能，帮助优化和验证控制策略，减少在实际生产中的试错时间和成本。

② SIMATIC PCS 7：SIMATIC PCS 7是西门子的过程控制系统，用于实现聚乙烯生产过程的实时监控和控制。它集成了先进的控制算法和优化模块，可以对关键单元操作进行优化，提高产品质量、生产效率和安全性。

③ COMOS软件套件：COMOS是西门子提供的一套工程软件套件，用于聚乙烯生产过程的工程设计和管理。它包括工艺设计、设备选型、管道布局、仪表设计和电气设计等功能，可以提高工程设计的效率和准确性。

④ Sipaper和Sipat软件：Sipaper和Sipat是西门子提供的一套用于生产过程监测和分析的软件。它们可以实时采集和分析生产数据，提供关键性能指标和生产过程的可视化，以帮助优化聚乙烯生产过程的稳定性和一致性。

Honeywell在聚乙烯生产领域提供了一系列的优化控制和软件包，以下是一些相关的解决方案：

① Profit Suite：Profit Suite是Honeywell提供的一套综合性软件包，用于聚乙烯生产全过程的优化控制和管理。它包括Advanced Process Control (APC)、Real-Time Optimization (RTO)、Operator Training Simulator (OTS)等模块，可帮助优化聚乙烯生产过程的稳定性、效率和产品质量。

② Experion Process Knowledge System (PKS)：Experion PKS是Honeywell的过程控制

系统，用于实现聚乙烯生产过程的实时监控和控制。它提供了先进的控制算法和优化模块，支持对关键单元操作的优化，提高生产过程的效率、产品质量和安全性。

③ UniSim Design Suite：UniSim Design Suite是Honeywell提供的一套工程设计和模拟软件，用于聚乙烯生产过程的工程设计和优化。它可以进行工艺模拟、装置设计和操作优化，帮助提高工程设计的准确性和效率。

④ Assurance Suite：Assurance Suite是Honeywell提供的一套用于生产过程监测和分析的软件包。它包括实时数据分析、故障诊断和维护优化等功能，可以帮助提高聚乙烯生产过程的可靠性、一致性和维护效率。

Yokogawa在聚乙烯生产领域提供了一系列的优化控制和软件包，以下是相关的解决方案：

① Advanced Process Control (APC)：Yokogawa的APC解决方案针对聚乙烯生产过程进行优化控制。它基于先进的控制算法和模型预测技术，实现对关键过程变量的实时优化和控制，以提高产品质量、生产效率和能源利用效率。

② Exaquantum Plant Information Management System (PIMS)：Exaquantum是Yokogawa提供的一套工厂信息管理系统，用于聚乙烯生产过程的数据采集、存储和分析。它可以集成来自不同系统的数据，提供实时的过程状态和性能指标，帮助运营人员进行生产过程的监测和分析，以支持决策和优化。

③ VigilantPlant Operator Training Simulator (OTS)：VigilantPlant OTS是Yokogawa的操作员培训模拟器，用于培训操作员聚乙烯生产的操作技能和应急响应能力。它提供真实的仿真环境，让操作员能够在虚拟的场景中练习操作，以提高操作的准确性和效率。

④ Plant Resource Manager (PRM)：PRM是Yokogawa提供的一套设备管理软件，用于聚乙烯生产设备的维护管理。它可以实现设备状态监测、故障诊断和维护计划优化，帮助提高设备的可靠性、降低维护成本和延长设备寿命。

发达国家的聚乙烯产业在过去几十年里取得了显著的发展，并实现了一系列重要的成就。以下是其取得的主要成就：

① 生产技术与能源效率：通过采用先进的催化剂、高效的反应器设计和工艺优化，实现了更高的聚乙烯生产效率和产品质量，同时降低了能源消耗和环境影响。

② 产品品种和特性的多样化：通过改变催化剂和反应条件，可以生产出不同密度、不同分子量、不同熔体流动率等特性的聚乙烯产品，以满足不同市场需求。

③ 循环经济与可持续发展：通过回收和再利用聚乙烯废弃物、推动生物基聚乙烯的研发和应用，以及减少生产过程中的废物和排放，致力于降低资源消耗、减少环境污染和推动可持续发展。

④ 自动控制与数字化转型：通过引入先进的自动控制系统、实时优化技术和数据分析方法，实现了生产过程的智能化和高效化。这些技术的应用有助于提高生产效率、产品质量和设备可靠性，同时降低生产成本和人力投入。

未来，发达国家聚乙烯产业的发展将朝向创新与技术升级、可持续发展与循环经济、数字化转型与智能化制造、绿色能源与碳减排发展。

国内聚乙烯行业在PLC、DCS等的技术基础上，开始应用先进的优化技术和控制策略，以提高生产效率、稳定性和产品质量。

先进过程控制（APC）利用数学模型和优化算法对聚乙烯生产过程进行建模和分析，并根据实时数据进行优化控制。通过APC可以实现对生产过程的精确调节，以最大化产品产量、降低能耗和废品率。

在APC中，首先需要建立一个准确的数学模型，描述聚乙烯生产过程的动态行为。这个模型可以基于物理原理或统计方法构建，反映出关键参数之间的相互作用和影响。然后，通过实时采集的数据将模型与实际过程相结合，进行模型参数的校准和验证。

一旦建立了准确可靠的模型，就可以使用优化算法进行过程控制。这些算法可以根据预设的优化目标和约束条件计算出最佳的操作策略。优化的目标可以包括最大化产量、最小化能耗、优化产品质量等。通过实时监测和反馈控制，APC系统可以实现对关键参数的自动调节，以保持生产过程在最佳状态。

另一个重要的优化技术是质量预测和质量控制。通过建立质量预测模型，可以根据生产过程中的关键参数预测产品的质量特性。这些预测模型可以基于历史数据和统计方法构建，帮助操作人员及时调整工艺条件，以达到所需的产品质量要求。同时，质量控制策略可以根据预测结果进行自动调节，保证产品质量的稳定性和一致性。

此外，还涉及先进的故障诊断和维护策略。通过分析采集的数据和模型的比较，可以及时检测和诊断生产过程中的故障和异常情况。这有助于减少停机时间，提高设备的可靠性和维护效率。

通过过程数据优化与控制技术的应用，国内聚乙烯企业可以实现生产过程的精确控制和优化。这不仅提高了生产效率和产品质量，还减少了能源消耗和生产成本。同时，这些技术也为企业构建智能化生产系统和实现工业互联网的应用奠定了基础。

之后，国内聚乙烯行业开始利用大数据分析和人工智能技术对采集的数据进行深入挖掘和应用，以实现更高级别的智能化决策和优化。

数据分析是这一阶段的核心。通过对大量采集的数据进行处理和分析，可以揭示生产过程中隐藏的模式、趋势和关联关系。数据分析可以采用统计分析、机器学习和深度学习等技术，以识别关键因素、预测未来趋势和发现潜在问题。

一项重要的数据分析应用是故障预测和预防性维护。通过分析采集的数据和历史故障数据，可以建立故障预测模型，用于预测设备或系统的故障风险。这使得企业能够采取预防性维护措施，提前进行设备维修或更换，从而减少停机时间和生产损失。

另一个重要的应用是生产过程优化。通过对采集的数据进行实时分析和建模，可以优化生产过程中的各项参数和操作策略，以提高产量、降低能耗和提高产品质量。这一目标可以通过基于模型的优化、多目标优化和强化学习等技术来实现。

智能化应用是数据分析阶段的延伸，利用人工智能技术赋予系统更高级别的智能和自主决策能力。例如，基于机器学习和深度学习的模型可以用于实时监测和预测生产过程中的异常情况，并自动调整控制策略。智能化应用还可以实现自动化的运维管理、质量控制和资源调度，提高生产效率和灵活性。

此外，数据分析与智能化应用还支持企业的决策制定和战略规划。通过对历史和实时数据的分析，可以为决策者提供所需的关键指标和洞察，帮助他们做出准确的决策。智能化应用还可以提供预测性分析和决策支持系统，以辅助企业的长期规划和市场预测。

目前，在智能制造与工业互联网阶段，国内聚乙烯行业开始应用先进的信息技术和通信技术，实现生产过程的数字化、智能化和设备与系统的互联互通，以提高生产效率、降低成本和实现可持续发展。

在智能制造与工业互联网阶段，国内聚乙烯行业应用了一系列技术和应用，包括：

① 物联网技术：通过在生产设备和工艺流程中部署传感器和智能设备，实现对设备状

态、生产参数和环境条件的实时监测。这些数据可以通过物联网平台实现收集、传输和存储，为后续的数据分析和决策提供基础。

② 云计算和大数据技术：通过云计算平台存储和处理大规模的生产数据，实现对数据的高效管理和分析。大数据技术可以应用于数据挖掘、模式识别和预测分析，帮助企业发现潜在问题、优化生产过程和改进产品质量。

③ 边缘计算：通过将部分数据处理和分析功能放置在生产现场的边缘设备上，实现对实时数据的快速处理和响应。边缘计算可以减少数据传输延迟，并提高系统的响应速度和稳定性。

④ 人工智能和机器学习：利用人工智能和机器学习算法对大数据进行分析和建模，实现对生产过程的智能优化和预测。例如，可以构建预测模型来预测设备故障和产品质量问题，以及优化算法来实现自动化的生产调度和资源优化。

⑤ 虚拟现实和增强现实：通过虚拟现实（VR）和增强现实（AR）技术，可以在培训、维修和生产过程中提供沉浸式的交互体验。这有助于提高操作人员的操作技能和安全意识，减少培训成本和生产事故的风险。

华东理工大学在聚乙烯生成过程的自动控制与优化技术方面做出了一系列具体贡献。以下是其中的一些重要成果：

① 聚乙烯生成过程建模与仿真：提出了聚乙烯生成过程的动态建模方法，基于反应动力学和热力学原理，建立了聚乙烯生成过程的数学模型。这些模型能够描述聚合反应的动态演化和热传递过程，为后续的控制与优化提供了基础。

② 先进的过程监测与控制系统：开发了先进的过程监测与控制系统，用于实时监测聚乙烯生成过程中的关键参数和状态。该系统结合了传感器技术、数据采集与处理技术以及先进的控制算法，能够实现对温度、压力、流量等多个过程变量的在线监测与控制，提高了聚乙烯生产的稳定性和一致性。

③ 优化算法与决策支持系统：开展了聚乙烯生成过程的优化研究，提出了基于优化算法的决策支持系统。这些系统能够对聚乙烯生产过程进行全面的优化，包括最大化产量、降低能耗、优化催化剂用量等方面。通过对多个优化目标进行权衡，系统能够给出最优的操作策略，提高生产效率和经济效益。

④ 聚乙烯生成过程的智能化控制：探索了聚乙烯生成过程的智能化控制方法，包括模型预测控制（MPC）、人工智能和机器学习等技术的应用。通过建立准确的过程模型和数据驱动的预测模型，结合先进的控制算法，实现对聚乙烯生成过程的智能化调控和优化。

**（2）聚丙烯**

国外的聚丙烯生产过程的自动控制与优化技术不断发展，经历了从20世纪60年代开始，仅依靠经验操作和手动控制，到20世纪80～90年代的动态模型与先进过程控制策略的引入，再到21世纪初至今数据驱动的优化与智能控制技术，通过收集和分析大量历史数据和实时数据，应用人工智能技术（如机器学习、数据挖掘），建立了聚丙烯生产过程的数据模型和预测模型。

关于Honeywell在聚丙烯自动控制与优化技术方面的解决方案如下：

① Experion® PKS (Process Knowledge System)：Experion® PKS是Honeywell的分散式控制系统（DCS），专为工业过程控制而设计。它提供了可靠的实时控制和监视功能，用于管理聚丙烯生产过程中的各个单元操作。Experion® PKS具备先进的控制算法和优化模块，可实现对关键过程参数的精确控制和优化。

② UniSim®：UniSim®是Honeywell的工艺模拟软件平台，用于建立聚丙烯生产过程的动态模型。UniSim®可以模拟聚丙烯装置的各个单元操作，并进行模拟仿真和优化分析。通过UniSim®，操作人员可以在虚拟环境中测试不同操作策略和优化方案，以便更好地了解和优化聚丙烯生产过程。

③ Profit® Suite：Profit® Suite是Honeywell的先进过程控制（APC）软件套件，专为优化工业过程而设计。在聚丙烯生产中，Profit® Suite提供了先进的模型预测控制（MPC）和优化技术，以实现对聚丙烯装置的高级控制和优化。它可以通过优化操作变量来提高产品质量、降低能耗和增加产量。

④ Uniformance®：Uniformance®是Honeywell的数据管理和分析平台，用于聚丙烯生产过程中的数据采集、存储和分析。它可以集成来自不同数据源的实时和历史数据，并提供高效的数据查询和分析工具。Uniformance®可以帮助操作人员了解和优化聚丙烯生产过程的细节，并支持决策制定和问题解决。

关于Aspen Technology在聚丙烯自动化控制与优化技术方面的解决方案如下：

① Aspen Plus®：Aspen Plus®是Aspen Technology的工艺模拟软件，广泛应用于聚丙烯生产过程的建模和仿真。它可以模拟聚丙烯装置的各个单元操作，并进行过程优化和分析。通过Aspen Plus®，操作人员可以评估不同工艺方案、优化操作条件，并预测产品性能和产量。

② Aspen HYSYS®：Aspen HYSYS®是Aspen Technology的流程模拟和优化软件，用于聚丙烯生产过程的动态建模和仿真。它提供了聚丙烯装置的详细过程模型，包括反应器、分离器和传热设备等。通过Aspen HYSYS®，操作人员可以模拟聚丙烯生产过程的动态行为，并进行操作优化和故障诊断。

③ Aspen DMCplus®：Aspen DMCplus®是Aspen Technology的模型预测控制（MPC）软件，专为聚丙烯生产过程的高级控制而设计。它利用先进的控制算法和优化模型，实现对聚丙烯装置的实时先进控制和优化。Aspen DMCplus®可以通过优化操作变量来提高产品质量、降低能耗和增加产量。

④ AspenTech Asset Performance Management (APM)：AspenTech Asset Performance Management (APM)是Aspen Technology的资产绩效管理解决方案，用于聚丙烯生产过程中的设备状态监测和维护优化。它结合了实时数据采集、故障诊断和预测分析，帮助操作人员提高设备可靠性、降低维护成本，并最大程度地减少停机时间。

关于AVEVA在聚丙烯自动控制与优化技术方面提供的多种解决方案如下：

① AVEVA System Platform：AVEVA System Platform是AVEVA的集成化操作管理系统，用于聚丙烯生产过程的自动控制和数据管理。它提供了实时数据采集、监视和控制功能，支持聚丙烯装置的各个单元操作。AVEVA System Platform还集成了高级控制和优化技术，用于实现对聚丙烯生产过程的智能精确控制和优化。

② AVEVA Process Optimization：AVEVA Process Optimization是AVEVA的过程优化软件，专为聚丙烯生产过程的优化而设计。它利用先进的建模和优化算法，分析聚丙烯装置的运行数据，并提供优化建议和操作指导。AVEVA Process Optimization帮助操作人员提高聚丙烯生产过程的效率、质量和能耗。

③ AVEVA Asset Performance Management (APM)：APM是AVEVA的资产绩效管理解决方案，用于聚丙烯生产过程中的设备状态监测和维护优化。该方案结合了实时数据采集、故障诊断和预测分析，旨在帮助操作人员提高设备可靠性、降低维护成本，并最大程

度地减少停机时间。

④ AVEVA Engineering：AVEVA Engineering是AVEVA的工程数据管理系统，支持聚丙烯装置的工程设计和项目管理。它提供了全面的工程数据管理功能，包括设备数据、仪表数据、管道数据等。通过AVEVA Engineering，工程师可以高效地管理聚丙烯装置的工程设计和变更过程，确保工程质量和一致性。

目前，发达国家在聚丙烯生产过程的自动控制与优化技术方面先进的控制策略已经成熟并得到应用，如模型预测控制（MPC）、多变量控制（MVC）和优化算法，在实时数据采集与分析方面，采用高级传感技术和实时数据采集系统，实时监测聚丙烯生产过程中的关键参数和性能指标。在智能化和自动化方面，引入了人工智能（AI）、机器学习和物联网（IoT）等技术，实现了设备状态监测、故障诊断和自动控制，以提高生产效率和可靠性。未来的发展重点将聚焦于节能减排、推动数字化转型以及实现可持续发展。

聚丙烯的收率主要取决于反应条件、催化剂的选择和用量、单体浓度、反应时间、反应体系的纯度和条件。聚合物的收率受到多个因素的综合影响，不同的反应体系和实验条件下，收率的影响因素可能有所不同。因此，在聚丙烯生产过程中，需要综合考虑和优化上述因素，以提高聚合物的收率和产品的质量。

反应条件对聚合反应的进行和聚合物的收率有重要影响。其中，反应温度和压力是两个主要的反应条件参数。适宜的反应温度和压力可以促进聚合反应的进行，提高聚合物收率。温度过高或过低都可能导致副反应的发生或反应速率过慢，从而影响收率。催化剂在聚合反应中起到引发和控制反应的作用。催化剂的选择和用量直接关系到聚合反应的效率和聚合物的收率。合适的催化剂选择和适量的催化剂用量可以提高聚合物的收率。聚合反应中单体的浓度也对聚合物的收率有一定影响。适宜的单体浓度可以保证反应物质的充分接触和反应，从而提高收率。过高或过低的单体浓度都可能导致聚合物的收率下降。反应时间是指聚合反应的持续时间。适当的反应时间可以确保聚合反应充分进行，但过长的反应时间可能导致副反应的发生或聚合物分解，影响收率。反应体系的纯度和条件对聚合物的收率有一定影响。高纯度的反应体系可以减少杂质对聚合反应的干扰，有利于提高聚合物的收率。此外，适宜的pH值、溶剂选择等条件也可能影响聚合物的收率。

华东理工大学针对聚丙烯的收率问题，致力于以下几个方面的研究：

① 反应动力学模型：研究人员通过实验和理论模拟，构建了聚丙烯聚合反应的动力学模型，探索聚合反应的速率方程、反应活性中心的生成与消失以及分子量分布的形成等关键过程。这些模型为聚丙烯收率的预测和控制提供了理论基础。

② 催化剂设计与优化：华东理工大学的研究人员致力于催化剂的设计和优化，以提高聚丙烯的收率和聚合反应的效率。他们通过调控催化剂的结构、添加助剂等方式，改善催化剂的活性和选择性，从而实现更高的聚合反应收率。

③ 反应器工艺优化：研究人员关注反应器的工艺优化，包括反应条件的调控、反应器结构的优化等方面。他们通过改进反应器的传热和质量传递性能，提高反应物的利用率和聚合物的收率。

④ 工业应用研究：华东理工大学与工业合作伙伴密切合作，开展聚丙烯生产工艺的研究与开发。他们通过实际生产数据的分析和优化，提出了一系列改进措施，以提高聚丙烯的收率和产品质量。

国内，聚丙烯生产过程的自动控制与优化技术方面已经取得了一些重要的成就。例如，通过先进的传感器技术和实时数据采集，生产过程中的关键参数可以及时监测和控制，显著降低了操作人员的干预需求和误操作的风险。同时，智能化的控制算法和优化模型的应用能够实现对生产过程的精确调控和优化，提高了聚丙烯的生产效率和质量。

然而，国内聚丙烯产业仍然面临一些挑战和任务需要解决。首先，亟需提升自动控制系统的稳定性和可靠性，以确保其在复杂生产环境下能够持续高效运行。其次，要加强数据分析与智能化决策支持系统的建设，充分挖掘生产数据价值，以实现更精准的实时监控、故障诊断及预测性维护。此外，还需持续推动绿色生产工艺和资源节约型利用，从而减少对环境的影响，提升聚丙烯生产的可持续发展能力。

**（3）聚烯烃弹性体**

聚烯烃弹性体（Polyolefin Elastomer，POE）是由乙烯与α-烯烃（1-丁烯、1-己烯、1-辛烯等）在催化剂作用下合成的一种无规共聚物弹性体，最早由美国陶氏化学公司于1994年推向市场。POE独特的结构，使其具有优异的性能和广泛的应用。

POE分子结构中的聚乙烯链结晶区（树脂相）以及α-烯烃的引入，使产品兼具塑料和弹性体的性能。POE窄的分子量分布、短支链、极低的结晶度、低密度、低玻璃化温度以及相对较少的含叔碳原子数量，使得产品具有卓越的弹性、良好的流动性、较高的力学性能、耐腐蚀性和透气性、优异的电性能和耐低温或耐热性、耐紫外线性和耐水性等，在汽车行业、包装、发泡材料、家电行业以及电线电缆等领域具有广泛的应用。

从20世纪后半叶至今，国外在聚烯烃弹性体生产过程自动化技术上取得了显著进展。从最初的设备控制和过程监测，到计算机控制系统的应用，再到如今的物联网和人工智能技术的融合，自动化程度不断提高，生产过程的稳定性、效率和可控性得到了显著改善。

1991年，埃克森美孚最先采用Exxpol技术生产出POE产品，牌号为EXACT；1993年，陶氏化学利用Insite金属催化工艺生产出牌号为ENGAGE的POE；此后，三井化学、LG化学以及SK–SABIC分别在2003年、2009年和2014年生产出各自的POE产品；2013年，北欧化工收购了埃克森美孚位于荷兰的工厂，也具备了生产POE的能力。目前，全球广义上的POE产能（包含丙烯基弹性体等）合计约200万t/a，乙烯基弹性体的狭义POE产能约158万t/a。考虑到POE生产装置会与茂金属LLDPE等溶液聚乙烯生产装置共线，可生产POE、POP（聚烯烃塑性体，α-烯烃含量低于20%）、烯烃嵌段共聚物（OBC）、LLDPE等产品，实际POE产能要低于上述产能。其中，陶氏化学POE产能位居全球第一，占比高达48%，且产品种类最多，包含POE、POP及OBC等（见表1-4-1）。

**表1-4-1　全球POE生产企业及产能情况**

| 生产企业 | 广义产能 /（万 t/a） | 狭义产能 /（万 t/a） | 投产时间 / 年 |
|---|---|---|---|
| 陶氏化学 | 81.5 | 76 | 1993/2003/2004/2006/2008/2016 |
| 埃克森美孚 | 43.0 | 8 | 1991/2004/2005 |
| 三井化学 | 20.0 | 20 | 2003/2010 |
| LG 化学 | 28.0 | 28 | 2009/2016 |
| SK-SABIC | 23.0 | 23 | 2014 |
| 北欧化工 | 3.0 | 3 | 2013 |
| 合计 | 198.5 | 158 | |

先进过程控制系统的应用、传感器技术的进步、数据分析和智能优化、控制系统集成和通信技术是推动聚烯烃弹性体生产过程自动化技术发展的核心推动力。国内，聚烯烃弹性体生产过程自动化技术的发展还面临一些技术障碍。其中包括技术应用滞后，尤其是在先进过程控制系统、数据分析和智能优化方面，缺乏完善的自动化设备和解决方案以及技术人才的培养等。促进技术发展，国内企业和研究机构需要加强合作，加大研发投入，并培养专业人才。因此，如何通过局部的、有限的投入，在较短的时间内缩短与世界先进水平的差距是目前我国聚烯烃弹性体产业转型升级发展的重大需求。然而，在聚烯烃弹性体生产过程的自动化技术发展中，仍然存在一些棘手的问题，如：

① 多样性和复杂性：聚烯烃弹性体生产过程涉及多个工艺步骤和设备，每个步骤都有其特定的要求和参数。这种复杂性和多样性增加了自动化技术的设计和实施的难度。开发适用于不同产品和工艺的通用自动化解决方案需要考虑到不同的工艺条件、参数和材料特性。这要求设计灵活性强、可配置性高的自动化系统，能够适应各种生产要求。

② 数据质量和一致性：自动化过程依赖于准确、一致的数据来实现控制和决策。然而，在聚烯烃弹性体生产过程中，由于环境条件的变化和设备的复杂性，数据质量和一致性可能受到影响。例如，传感器可能受到污染、故障或校准不准确等问题的影响，导致数据的准确性下降。在处理大量数据时，需要采取有效的数据处理和校准方法，以确保数据的可靠性和准确性。

③ 故障诊断和维护：聚烯烃弹性体生产过程涉及多个设备和系统的集成，故障的诊断和维护变得更加困难。故障可能由于设备故障、传感器故障、通信故障或控制系统故障等引起，需要能够及时准确地识别和定位故障原因。然而，由于系统的复杂性和相互关联性，故障诊断和维修变得复杂。解决这个问题需要开发高级的故障诊断算法和方法，并结合专业知识和经验进行维护和修复。

④ 安全性和可靠性：聚烯烃弹性体生产过程涉及高温、高压和易燃易爆的化学过程，因此安全性和可靠性是至关重要的。自动化技术的应用必须确保生产过程的安全运行，防止事故和损失的发生。这需要采用可靠的传感器和监测系统来检测潜在的安全风险，并采取相应的控制措施。

聚合反应器是聚烯烃弹性体的核心装置，其中聚合动力学、传质与热力学、催化剂设计和反应器工程是该领域研究的重点问题。

聚合动力学是研究聚合反应的速率和机理。在聚烯烃聚合反应中，通常采用链增长机制，即单体分子与聚合物链上的活性中心反应，形成新的聚合物链。聚合动力学研究可通过实验和数学模型来确定反应速率常数、反应级数以及其他相关参数。传质与热力学是聚合反应器设计和操作中的关键因素。传质过程涉及单体和催化剂在反应器中的传输和扩散，对于保持适当的浓度梯度和反应均匀性至关重要。热力学则关注反应器中的温度和压力变化，以确保反应条件处于合适的范围，避免副反应和不利的热效应。催化剂在聚烯烃聚合反应中起着关键作用。催化剂设计涉及选择适当的催化剂体系和催化剂活性中心，以及调节催化剂的反应性能和稳定性。聚烯烃聚合反应中常用的催化剂包括Ziegler-Natta催化剂和铬催化剂。聚烯烃聚合反应器的工程设计涉及反应器的几何形状、体积、搅拌方式、传热方式等方面。设计的目标是实现良好的热量和质量传递，确保反应的均匀性和高效性。在反应器工程中，数学模型和计算流体力学方法常用于预测和优化反应器的运行条件。

聚烯烃聚合反应器可以使用多相反应动力学模型。这些模型基于质量守恒、能量守恒和动量守恒等原理，并结合聚合动力学方程以描述聚合物的生成和消耗过程。常用的数学模型包括理想混合模型、连续流动模型和分布参数模型等。

聚烯烃聚合反应器的理论基础涉及物理化学和化学工程的多个领域。其中，聚合动力学的理论基础可以追溯到Flory-Huggins理论、Zimm-Bragg理论和Kolmogorov方程等。催化剂设计方面，Ziegler-Natta催化剂的理论基础是Karl Ziegler和Giulio Natta的工作，而铬催化剂的理论基础涉及铬催化剂的电子构型和配位化学等。

聚烯烃弹性体的收率主要取决于以下几个因素：

① 聚合反应的完整性：聚合反应的完整性是指聚合反应的程度和效率。如果反应过程中出现副反应、链传递或链中断等问题，将导致聚合物收率的降低。因此，确保聚合反应的高度选择性和高效性对于实现高收率至关重要。

② 单体转化率：单体转化率是指聚合反应中单体分子转化为聚合物链的百分比。更高的单体转化率意味着更多的单体分子成功参与聚合反应，从而增加聚合物的收率。

③ 反应条件的优化：反应条件的优化对于提高聚烯烃弹性体的收率至关重要。包括适宜的温度、压力、催化剂浓度和反应时间等参数。通过精确控制这些条件，可以最大程度地提高聚合反应的效率和收率。

④ 催化剂的选择和性能：催化剂在聚合反应中起着关键作用。选择合适的催化剂体系和催化剂活性中心，具有高活性和高选择性的催化剂可以提高聚合反应的收率。

⑤ 副反应的抑制：副反应的发生会降低聚合反应的收率。例如，副反应可能导致聚合物链的交联或分解。通过优化反应条件、选择合适的催化剂和添加适当的抑制剂，可以有效地抑制副反应的发生，从而提高聚合物的收率。

通过在这些方面的优化和控制，可以实现更高的聚合物收率。

随着科学技术的不断进步，聚烯烃弹性体生产过程的自动化技术取得了显著的发展，包括反应控制、过程监测、催化剂输送和配料控制等方面。这些技术的进步为聚烯烃弹性体行业带来了诸多机遇，同时也伴随着不小的挑战。

然而，虽然自动化技术在聚烯烃弹性体生产中的应用已经取得了一定的成就，但仍然存在一些问题和挑战。首先，自动化技术的引入需要投入大量的资金和专业技术支持，对于一些中小型企业来说可能具有一定的难度。其次，聚烯烃弹性体的生产过程复杂多变，不同的聚合反应条件和催化剂体系需要针对性的自动化解决方案。因此，自动化技术的研发和应用必须与聚烯烃弹性体的特性和生产工艺相匹配。

国内，聚烯烃弹性体产业正面临着技术升级、环境保护和质量提升等多重挑战。在这一背景下，加强自动化技术的研发和应用、提高生产过程的稳定性和可控性将是关键的发展方向。同时，需要加强与催化剂制造商、设备供应商和工程技术服务商的合作，共同推动聚烯烃弹性体产业的技术创新和发展。

#### （4）聚氯乙烯

1）聚氯乙烯自动化生产过程

聚氯乙烯（Polyvinyl Chloride，PVC）是仅次于聚乙烯和聚丙烯的第三大合成聚合物塑料，在外观上是无定形的白色粉末。工业生产的聚氯乙烯无固定熔点，力学性能很高，应用非常广泛。PVC可分为硬、软质两种。硬质聚氯乙烯用于建筑管材、门窗。它还用于制造塑料瓶、包装、银行卡或会员卡。添加增塑剂可使PVC变得更柔软、更有弹性。它可用于管道、电缆绝缘、地板、标牌、留声机唱片、充气产品和橡胶替代品。

聚氯乙烯是由氯乙烯聚合而成的。聚氯乙烯的聚合方法有四种，分别为乳液法、悬浮法、本体法以及溶液法，见表1-4-2。其中最常用的方法是乳液法和悬浮法。乳液氯法是在聚合釜中加入水、氯乙烯单体、乳化剂以及水溶液引发剂等，在一定温度下搅拌使得氯乙烯聚合，当聚合反应停止后，所得到的聚合物胶乳干燥物即为聚氯乙烯。而悬浮法是将氯乙烯单体、悬浮剂、水、油溶性引发剂以及缓冲剂等加入聚合釜中，在一定温度下搅拌聚合，然后将所得物汽提、脱水和干燥后即可。

表1-4-2　不同合成方法制得的PVC产品特性

| 生产方法 | 特性 |
| --- | --- |
| 悬浮法 | 不含金属离子，有良好的电绝缘性及热稳定性 |
| 乳液法 | 颗粒较细，含杂质较多，电绝缘性及热稳定性不及悬浮法 |
| 本体法 | 含杂质极少，纯度高，热稳定性和电绝缘性优于悬浮法 |
| 溶液法 | 含杂质极少，纯度高，成本高，价格高，聚合物的分子量不高 |

生产过程常用的自动控制系统有如下三种：PLC控制系统、DCS分散控制系统、现场总线控制系统（Fieldbus Control System，FCS）。

① PLC控制系统含有可编程序芯片，可以实现时间、计算、序列控制、逻辑控制及其他功能，是一种新型的自动化控制系统。PLC在高速总线上实现开关控制、序列控制、连续比例积分微分（Proportional Integral Derivative，PID）控制等多种功能。PLC硬件可灵活搭建，维护起来简单方便，程序设计在硬件底层，组态不便利，但费用低廉，性价比很高。

② DCS分散控制系统的主要特点是控制分散、操作管理相对集中，采用多层分级、合作自治的结构形式，适合如石化等的大规模连续性过程控制。DCS的优点是高稳定性、强力的抗干扰性、简单的模块式组态，但是一次性投资费用较高。

③ FCS现场总线控制是生产现场的一种控制网络，具有开放式、整体数字化的多点通信控制网络特征。FCS串行或总线连接分散的控制设备、智能现场仪表等。中央集中控制不再需要，改为现场电脑控制，并连接到调度系统。FCS主要用于石油化学产业等连续过程的自动化控制，如制造业中机器人自动控制汽车、办公大楼自动化控制等。缺点是虽然FCS的通信协议和系统本身可能成本较低，但由于需要配套昂贵的智能仪表，整体投资成本可能并不比DCS或PLC低。目前，DCS系统品牌多样，技术上不断相互借鉴，不断创新，每个型号几乎都可以形成控制网络。FCS不仅具备DCS与PLC的特点，并且完成了革命性的变革，引领控制系统向网络化、智能化、分散化不断发展，未来有很大可能取代DCS系统。国内的DCS主要有浙大中控的JX300、北京和利时的MACS等。国外比较有影响力的有德国西门子的PCS7、ABB公司的AC800FDCS、霍尼韦尔TDC3000、日本横河的CENTUM VP和CS3000、Foxboro公司的A2等系统。

对聚氯乙烯生产过程的控制系统应具有适应性，可对不同牌号的聚氯乙烯生产进行控制。由于聚合反应过程中会伴随着放热过程，因此，在聚合过程中，安全、温度、压力的控制至关重要。聚氯乙烯生产过程复杂，要考虑多个控制变量，整体的控制系统目标如下：

① 保证聚氯乙烯的安全生产。氯乙烯单体是生产聚氯乙烯的主要原料，具有易燃易爆的特性，反应过程中使用的引发剂和乳化剂含有有害物质，所以要设计关键仪表的报警和紧急停车方案以确保原料的自动化、稳定计量和安全投加。

② 保证控制的精确度。聚合温度的不稳定可能导致聚氯乙烯转化率的变化或分子量分布过宽，所以对聚合温度的稳定控制是关键。通过精确设定入料时序和配方表，可实现定量的平稳控制，从而提高控制点的精确度。

③ 保证控制系统的高可靠性。使用自动控制系统控制全过程，无须手动干预控制现场设备的运行。为了保证DCS硬件的持续运行，保证在定期维护期间软件的运行，需要确保系统是否安全、稳定、可靠。

④ 保证控制系统实时传输数据，可以及时反映现场阀门等的开关状态，用计算机显示传输数据，控制和计算能够迅速处理。为此，控制系统需要拥有高速度处理器芯片来进行高速周期扫描，确保现场数据实时准确传输。

智能控制技术的出现，显著提高了生产效率，国内外很多专家学者在聚氯乙烯的生产过程中广泛采用了智能控制技术。

① 模糊控制。针对模糊控制而言，其实质即为模糊数学与理论控制的重要组成部分。在进行处理时，应符合模糊控制的基本要求，按照人类的意愿想法构建相应的模糊规则库。

② 人工神经网络。对于大部分人工神经网络来说，其为具有强大非线性逼近能力的黑箱模型。现阶段，随着社会的不断进步与发展，硬件技术也得到了迅速提升，受这一背景条件的影响，神经网络也逐渐得到了广泛应用，并取得了较佳效果。

③ 专家系统。通过对专家系统进行分析后发现，其在智能控制领域得到了广泛的应用，在实践操作中，融合了人工智能理论，将一般思维与专业经验推理有效结合。

④ 预测控制。基于预测控制考虑，则具有较佳的跟踪性能，不需要构建精准的数学模型。在诸多领域都具有较佳的成就，而且也取得了十分显著的效果。

聚氯乙烯生产单元以及配套的工艺单元现阶段采用的主流DCS控制系统是艾默生的Delta V系统、横河的CENTUM VP系统、霍尼韦尔的PKS系统，聚氯乙烯生产单元自动化程度相对较高，其化学品配制单元、聚合加料单元、聚合过程单元、浆料汽提单元均是采用批量程序或顺控程序进行全过程自动控制的。

以横河CENTUM VP控制系统为例进行详细介绍：分散控制系统以微处理器为基础，主要包含现场控制站、操作站、工程师站等。主要特点是控制分散、操作管理相对集中，采用多层分级、合作自治的结构形式。目前DCS被广泛应用于化工、冶金、电力等行业之中。

横河CENTUM VP系统是由横河集团生产的领先的控制系统，它基于微软Windows 7以上操作系统，是在原有DCS基础上具有高可靠性、实时性、人机界面友好、方便组态等特点的开放型系统。操作站使用个人计算机，操作人员可以在电脑上查看流程图，操作和监控控制参数、工艺变量、仪表运行趋势、报表等数据。现场控制站可实现过程的管理与控制。控制站管理系统间的通信，生成控制功能，可以读取工艺参数，在处理器中完成控制计算，将信号传输到现场。现场控制站采用的是周期扫描方式，每秒周期扫描一次，甚至可能达到两次每秒。现场控制站拥有高端的容错技术，通过四个CPU协用工作，实现高可用性和实时的故障检测。CPU的强大运算能力是实现精确控制的基础，能够支持顺序、连续、批量等多种控制模式。

工程师站及操作站用于操作和监控现场仪表数据。工程师站还可实现在线的后台组态工作，操作权限最高。后台的组态数据可以暂存在工程师站中，也可支持随时下装至控制器。应用其方便快捷的图形化编辑界面，完成流程图的绘制工作，可将报警信息的定义、仪表点位及其参数的定义甚至将复杂的联锁程序设定其中。

2）聚氯乙烯国内外发展现状

聚氯乙烯（PVC）是一种重要的合成塑料，被广泛用于建筑、汽车制造、电子设备、包装和其他众多行业。然而，PVC行业的发展受市场需求、技术创新、可持续发展趋势及环保法规等多重因素驱动。

从市场规模和趋势来看，PVC在国外市场占据着重要地位。其需求主要来自建筑和建材行业，汽车制造、电线电缆以及医疗设备等领域也是重要的应用领域。全球范围内，PVC的市场规模庞大，受到全球经济状况的波动影响较大。市场的发展趋势受多种因素共同作用，其中包括全球贸易关系、工业化水平的提高以及不同行业对塑料材料性能的需求变化。

在技术创新方面，PVC生产技术一直在不断演变。新型催化剂、工艺优化及环保技术的应用，正协同提升生产效率、降低生产，并显著减少对环境的影响。这些创新不仅有助于提高PVC的品质，更满足市场对环保、可持续材料日益增长的需求。

可持续发展已成为全球塑料行业的核心议题，PVC行业亦面临转型压力。随着对环境友好材料的日益关注，PVC行业在寻求更可持续的解决方案。解决方案涵盖工艺改进、绿色原料应用，提高回收率，以及环保替代品的研发。部分企业在可持续发展上取得显著成效，通过权威认证和标准体系彰显其产品的环境友好性。

在国际贸易方面，PVC是一个重要的国际贸易商品。不同国家和地区可能有不同的产能和需求，因此PVC的国际贸易格局较为复杂。贸易政策、关税以及其他国际贸易因素对PVC的生产和销售都有一定的影响。全球经济的波动和贸易关系的变化也可能对PVC行业带来一些不确定性。

此外，环保法规是影响PVC行业的另外一个重要因素。不同国家和地区对PVC的生产和使用制定了各种环保法规，其中可能包括对有害物质的限制、废弃物处理要求等。企业需要遵守这些法规，通过采用更环保的生产技术和管理方式来减少对环境的影响。

2022年，全球1300万t聚氯乙烯出口贸易中，西欧、北美、东北亚、中国和其他地区分别占23%、23%、19%、17%和18%。

PVC的应用领域也可能发生变化。随着新兴技术的发展，一些领域可能会出现新的应用，而传统应用领域也可能发生变化。例如，在电动汽车和可再生能源的推动下，PVC在电池技术和太阳能设备中的应用可能会增加。

国外的DCS主流的有德国西门子的PCS7、ABB公司的AC800FDCS、霍尼韦尔TDC3000、日本横河的CENTUM VP和CS3000等系统。

我国的PVC产业初期产能严重不足，仅能满足市场需求的一半。

2003年之后，我国在进口PVC方面制定了反倾销的措施，同时在国际原油价格不断上涨的影响下，我国的PVC行业进入了迅猛发展阶段，特别是对于电石法PVC企业来说，更是呈现出爆发式的增长，我国PVC的产能长期稳定在30%左右的增速。2016年以来，我国PVC产能稳步上升，在2022年总产能达到2810万t/a，增加产能97万t/a，产能增速为3.45%；2022年PVC产量为2090万t，装置开工率74%，同比2021年产量略有下降，未受疫情显著影响。2016～2022年我国PVC产能、产量变化情况见图1-4-3。

受基础建设和房地产开发等因素影响，PVC需求量有一定的下滑，但PVC作为基础化工材料，仍保持着重要的市场地位。随着PVC行业的技术改革和国家政策扶持，PVC国内供给和进口的增加，PVC市场行业竞争日趋激烈，我国PVC企业已经到了改革升级的关键阶段。

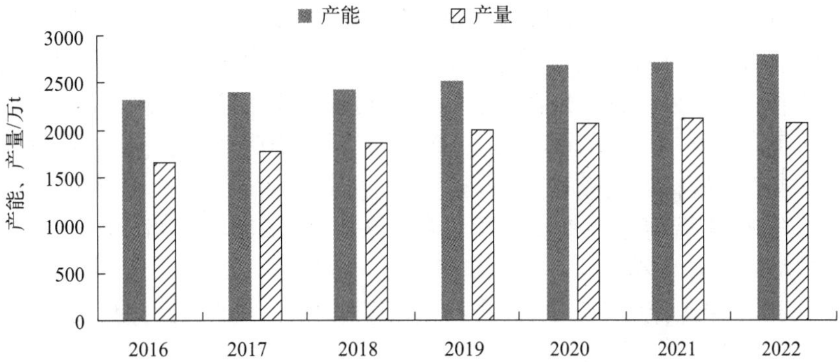


图1-4-3　2016～2022年我国PVC产能、产量变化

国内的DCS主要有浙大中控的JX300、北京和利时的MACS等。近几年，中国智慧城市建设的不断发展，推动了DCS系统行业的快速发展。我国的DCS系统品牌生产公司也相继与周边国家签署订单，供应其自主研发的DCS系统。这表明了我国自主研发的产品可以与国外供应的产品相抗衡，对阻止国外企业在该领域的垄断做出了突出贡献。国内大中型电厂主要使用如和利时系统等国内品牌，中小型企业一般使用浙大中控DCS系统。目前，国内绝大部分的聚氯乙烯生产过程均应用DCS分散控制系统，自动化控制聚合的反应过程。其中主要包括入料配比、入料过程、聚合釜中的反应、氯乙烯单体的回收过程、进入干燥程序及生产全过程中的联锁控制等等。

在面临严峻的形势下，我国的PVC行业正在向绿色、环保的方向发展，积极贯彻国家环保政策，在保护环境的大前提下，大力发展先进的生产工艺，最终实现经济多重效益融合，达到共赢的目的。

**（5）聚苯乙烯**

1）聚苯乙烯自动化生产过程

聚苯乙烯（Polystyrene，PS）是一类通用的热塑性树脂，具有广泛的应用领域。聚苯乙烯是由苯乙烯（SM,$C_8H_8$）单体通过自由基加聚反应合成的一种高分子聚合物。苯乙烯是由苯取代乙烯上的一个氢原子所形成的，也是一种重要的基础有机化工原料。聚苯乙烯因其优良的透明度和成型加工性，常被用于制造塑料杯、餐具、包装材料、电器外壳以及保护性包装等。聚苯乙烯在许多领域都有重要用途。聚苯乙烯按照强度性能进行分类，通常可分为通用聚苯乙烯（GPPS）、可发性聚苯乙烯（EPS）、高抗冲聚苯乙烯（HIPS）三种类型。

通用聚苯乙烯（GPPS）虽然透明，但存在易脆、不耐高温和强度相对较低等问题。为了克服这些问题并改进聚苯乙烯的性能，近些年来研究人员通过将苯乙烯与不同单体进行共聚或将均聚物、共聚物混合，成功开发出一系列性能卓越且功能多样的新型聚苯乙烯。一个显著的例子是高抗冲聚苯乙烯（HIPS），它是由单体苯乙烯与橡胶丁二烯接枝共聚而成的产物。HIPS具有较好的强度和韧性，因此在各种应用领域得到了广泛的应用。此外，可发性聚苯乙烯（EPS）是通过在常规聚苯乙烯中添加发泡剂（通常为戊烷）而制得的，它在加工过程中受热发泡，从而制造出泡沫塑料。

在全球聚苯乙烯树脂的生产中，约三分之一的产量为高抗冲聚苯乙烯（HIPS），通用聚苯乙烯（GPPS）则占据大约一半的份额，而其他品种则占有剩余的份额。在发达国家，高抗冲聚苯乙烯的产量相对较大，北美地区的聚苯乙烯总产量中，HIPS的产量占据了一半以上的比例。HIPS具有较好的韧性，而GPPS则偏脆。HIPS具有良好的化学稳定性和电绝缘性能，耐化学腐蚀，并且相对于其他塑料而言，价格相对较低。聚苯乙烯在众多领域中有着重要的应用，其中最常见的是在包装行业，其他一些用途如下：

① 建筑和建材：在建筑和建材领域，PS被广泛用作隔热、保温及吸音材料的组成部分，应用于地板、墙板和天花板等。

② 电子行业：凭借的绝缘性和力学性能，PS在电子行业被用于制造电子产品外壳、组件，以及作为隔热和保护材料。

③ 医疗用途：在医疗行业，PS同样扮演着重要角色，是制作医疗设备、试管、培养皿及一次性医疗用品的常用材料。

④ 工艺品和家居用品：易于加工和成型的特性，使得PS被广泛用于工艺品、玩具及家居用品的制造。

此外，聚苯乙烯还具有可回收性，可通过回收利用加工成新的塑料制品或其他材料。在可持续发展的观念下，提高聚苯乙烯的回收利用率成为了一个重要的议题。然而，尽管聚苯乙烯在许多领域都有着广泛的应用，但也面临一些挑战，比如在废弃物处理和环保方面的问题。随着环保意识的提高，对可持续塑料替代品和更环保的处理方式的需求也在不断增加。

总的来说，聚苯乙烯因其广泛的应用领域、良好的力学性能和相对低廉的价格而备受青睐，但在考虑环保和可持续发展时，对于其替代品和可回收利用的研究也在不断深入。

聚苯乙烯和聚乙烯、聚氯乙烯一起被统称为“塑料老三烯”，可见其在工业生产中的地位不容小觑。聚苯乙烯的聚合步骤为在苯乙烯单体的溶液中先加入引发剂，再通过加热的方式进行热引发，苯乙烯单体经过自由基反应得到聚苯乙烯。其合成原理如图1-4-4所示。

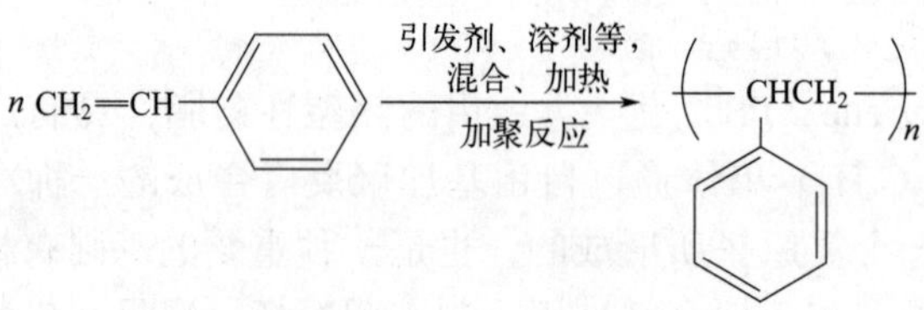


图1-4-4 聚苯乙烯的聚合过程

当前主流的聚苯乙烯生产工艺有两种，即本体聚合工艺和悬浮聚合工艺，而大部分企业所采用的是本体聚合工艺，并且为连续本体聚合工艺，如美国的DOW本体法、FINA本体法、CHERVON本体法、德国BASF本体法、日本的TEC-MTC本体法等。连续本体聚合工艺因其废水排放量少、能耗和物料消耗低，产品质量高等优点，正逐步取代悬浮聚合工艺。目前悬浮聚合工艺主要用于生产EPS。

国内和国际上现有的生产装置工艺基本上都是连续本体聚合法。下面就以连续本体聚合法的工艺简述一下聚苯乙烯的基本生产流程。

原料配料准备：聚苯乙烯的主要原料是苯乙烯、矿物油、橡胶（用于HIPS）。这些原料首先需要通过适当的处理和纯化、混合、橡胶溶解等步骤并配制成进料液。

制备过程一般分为三个阶段：

① 预聚合。预聚合反应：在聚苯乙烯的生产中，通常采用均相聚合反应。在预聚合反应器中将进料液、循环回收液和引发剂一起加入预聚合反应器中，预聚合反应器一般

为全混流反应器，在真空压力条件下控制反应温度在128℃左右进行聚合反应。在预聚合反应器中，通过控制一定的停留时间，使苯乙烯单体聚合，形成苯乙烯聚合物含量在25% ～ 30%的聚合物料液。

预聚合阶段原理：

a. 引发剂引发链反应：预聚合阶段通常使用引发剂引发链反应，即引发剂引发苯乙烯单体的自由基聚合。这种反应形成的聚合物链段较短，为后续的聚合提供了起始点。

b. 形成种子颗粒：链反应生成的自由基在反应体系中形成了微小的种子颗粒，这些颗粒在后续的聚合中作为起始点。这种方法有助于在整个聚合过程中控制分子量分布。

c. 调控反应条件：在预聚合阶段，通过调控反应条件，如温度、压力、引发剂浓度等，可以实现对聚合反应速率和产物性质的精确控制。

预聚合反应过程：

a. 引发剂引发链反应：预聚合通常采用自由基聚合机理。引发剂（Initiator）在一定条件下被激活，生成自由基，然后这些自由基引发苯乙烯单体的聚合反应。

b. 形成种子颗粒：这些聚合物链段在反应体系中聚集形成微小的种子颗粒。这些颗粒可以作为后续聚合的起始点。

c. 调控反应条件：温度、压力、引发剂浓度等反应条件得到精确调控，以确保在预聚合阶段形成适当长度的聚合链段，从而控制最终聚合物的分子量。

d. 停止预聚合反应：一旦形成了足够数量和长度的种子颗粒，预聚合反应被停止，为后续的聚合阶段做好准备。

② 聚合反应。预聚合反应后产生的含25% ～ 30%苯乙烯聚合物的反应物料被送入反应器，在130 ～ 135℃和满釜压力条件下继续反应生成含30% ～ 35%苯乙烯聚合物的反应物料。然后送入下一个反应器，在135 ～ 150℃和满釜压力条件下继续反应生成含40% ～ 50%苯乙烯聚合物的反应物料。这些反应物料又送入最后一级的反应器，在150 ～ 175℃和满釜压力条件下继续反应生成含75% ～ 85%苯乙烯聚合物的反应物料，再送到脱挥工段进一步处理。

聚合反应主要涉及的是链延长：在聚合阶段，通过引发剂或催化剂的作用，预聚合阶段形成的短链聚合物将继续发生聚合反应，逐渐延长链段。

③ 脱挥。来自聚合工段的含75% ～ 85%苯乙烯聚合物的反应物料在齿轮泵的输送下进入脱挥预热器迅速加热到210 ～ 245℃然后进入脱挥器，在230℃左右和真空压力条件下，将未反应苯乙烯、溶剂乙苯和低于5%小分子的反应副产物以气体形式抽走，留下近100%的聚苯乙烯。也可以采用相似结构的脱挥器串联进行二级脱挥得到更纯的聚苯乙烯。

整个生产过程中通常会采用PLC或者DCS等自动控制系统。这些系统通过传感器实时监测各个参数，并根据预设的控制策略自动调整操作条件，以确保每个阶段的稳定性、一致性和符合环保标准。

主要对以下变量进行控制：

① 温度控制：在整个过程中，温度的控制是至关重要的。通常会采用加热系统，通过监测颗粒的温度并调整加热设备，以确保挥发性物质可以充分脱除，同时避免过高的温度导致产品质量问题。

② 压力控制：控制整个过程的压力至关重要。自控系统会监测反应器内的压力，并调整排气系统以维持适当的操作压力。

③ 反应时间控制：控制反应的时间是另一关键。自控系统可以通过监测反应的进展，

以及根据预定的反应时间调整温度、压力等参数，确保反应在适当的时间内完成。

④ 反应物料的添加和混合控制：聚苯乙烯聚合需要确保单体和引发剂等反应物料的均匀混合。自控系统可以通过监测反应物料的流量和混合状态，并调整供料系统来实现这一目标。

⑤ 流量控制：控制反应体系中不同物质的投入流量是一个重要的自控参数。确保精确的投入流量有助于维持反应的平衡和一致性。

⑥ 搅拌速度控制：聚合反应需要充分地搅拌以确保反应物充分混合，避免局部浓度差异。自控系统会监测搅拌速度，并根据需要进行调整，以保持适当的混合。

世界上各大公司生产聚苯乙烯的工艺过程尽管复杂多样，但是其基本流程与总体步骤基本上是一致的：首先对原料进行切粒与溶解，然后先在普通的反应釜中进行预聚合，聚合到一定程度后再在特殊的聚合釜中进行聚合，经闪蒸脱挥后熔体挤出、造粒，进而进行包装等后续工序。

目前各生产厂家在生产聚苯乙烯时所采用的工艺流程与上述流程基本相同，只是在具体的操作与条件控制中有所差异：比如聚合的方式和停留时间的不同、聚合反应引发方式的不同、预聚合阶段压强控制的不同、反应器结构及设备材质的不同、闪蒸条件及脱挥的方式的不同等。

2）聚苯乙烯国内外发展现状

国外聚苯乙烯工业生产的发展最先是由德国的BASF公司实现的，在随后的发展与探索中，聚苯乙烯本体连续聚合的工艺发展逐步替代了乳液聚合的工艺方法，该公司采用引发剂引发及少量乙苯作为循环剂，所生产的聚苯乙烯更为纯净，具有高透明性以及良好的外观质感。目前BASF公司已经成为世界四大聚苯乙烯生产企业之一。

20世纪30年代，美国的Dow公司开始了聚苯乙烯生产工艺的研究与探索，历经90多年的发展，对聚苯乙烯的合成工艺做了大量的改进和优化。目前Dow公司也成为了世界四大聚苯乙烯生产企业之一，在聚苯乙烯的生产领域中处于领先的地位。

美国的Fina公司采用热引发剂，以乙苯为溶剂，且设备材料均采用碳钢材质，投资较少，目前也是世界四大聚苯乙烯生产企业之一。日本的TEC-MTC工艺采用热引发，同样以乙苯为溶剂，且设备材质均为不锈钢材料。

随着化学工艺与聚合技术的不断发展和完善，各大化工生产企业不断地改进自身的生产设备，朝着规模化、自动化的目标不断迈进。为确保在当下激烈的市场竞争中占据有利的优势地位，各大化工企业纷纷加大投入力度，研发尖端技术，力图研发出高产能、高性能、高利润、高附加值的聚苯乙烯树脂生产技术。

当前，国外对于新型聚苯乙烯树脂材料的开发主要有以下三种思路：其一，采用先进的工艺和聚合技术，对聚苯乙烯树脂的分子量及其分布做到更为精准的把控，使开发出的新型聚苯乙烯树脂产品具有优良的流动性能和耐热性能；其二，使用一些添加剂，通过添加剂的种类、粒径大小与用量多少的不同来改善聚苯乙烯树脂的性能，如透明性、抗冲性等；其三，通过共混改性、增韧改性等改性技术来生产高性能、高附加值及多样化的聚苯乙烯制品。近些年来，由于聚苯乙烯树脂的加工技术成熟、生产价格低廉，并且一些新开发的聚苯乙烯产品已经具备了ABS工程塑料的某些特性，聚苯乙烯树脂广泛地应用于生产生活中的各个领域。随着各具特色的改性聚苯乙烯树脂材料的研发与应用，当前许多材料出现了向聚苯乙烯树脂转变的趋势，尤其是一些电子、电器产品的外壳材料。

我国的聚苯乙烯生产起步较晚。20世纪60年代是国内聚苯乙烯工业生产的初创期，我国自主研发了悬浮法生产聚苯乙烯的工艺技术，并且设计了一座年产量为500t的聚苯乙烯生产工厂——上海高桥化工厂，我国第一次实现了聚苯乙烯树脂的大规模生产。但悬浮法的缺点也十分明显，废水排放量大，能量和物料的消耗也都很大，仅能够作为小型装置进行生产。20世纪80年代之前，我国聚苯乙烯工业的产能极其低下，一方面是由于生产装置落后，企业多为自主设计的小型加工厂，另一方面是由于原料往往得不到充分的保障，因而开工率低，全国一整年的产量维持在30kt左右。

直到1985年左右，我国引进了几套万吨级的大规模生产装置，同时采用国际先进的技术进行生产，聚苯乙烯的产量大幅度提高，其工业化生产步入了高速发展的快轨道，一时间，PS树脂的生产逐渐形成一定规模的工业化生产能力，但是大量的产品仍然需要从国外进口。

21世纪初期，我国进入了聚苯乙烯工业化生产的快速扩张时期，一套年产量200kt的聚苯乙烯树脂生产线在天津大沽化工股份有限公司的设计下落成兴建；与此同时，中国石油集团独山子石化公司也设计建成了一套年产量130kt的聚苯乙烯树脂生产装置。但是该时期仍然是以引进国外的工艺技术为主，处于模仿和借鉴的阶段，主要生产还是集中在基础性应用的聚苯乙烯产品上，附加值较高的产品依然很少。

2010年以后，我国聚苯乙烯的生产进入了温和扩张的时期，国内厂商在吸收和消化国外先进技术的基础上不断地自主研发，不断地进行创新，使得产品结构出现了多元化和专业化的发展，推动了聚苯乙烯的生产逐渐向应用领域的拓展，使得国内的企业在全球同行业中的地位逐渐提升，差距逐渐缩小。

目前，我国聚苯乙烯工业化的生产仍然处于发展中阶段，在技术水平、产品质量以及产品结构等方面与国外起步较早的一些大型生产厂家相比，仍存在着不小的差距，国内聚苯乙烯市场目前所呈现出来的最直接、最严峻的问题是：具有基础附加性的聚苯乙烯产品在应用领域同质化严重，供过于求，竞争非常激烈。而高附加值及具有专用牌号的产品产量较少，但市场需求旺盛，供不应求，部分产品依赖于国外产品的进口。部分优势企业不断地投入研发、探索创新，对生产工艺进行改进，对设备装置进行改良，对产品配方进行研发革新，陆陆续续地推出了一些专用牌号的产品。与此同时，应用于家用电器、高性能光学材料及功能性包装材料等方面的聚苯乙烯市场需求迅速增长，推进了聚苯乙烯市场容量的扩充以及产业结构的完善与升级。

目前，我国的聚苯乙烯生产厂家主要集中在华东及华南区域，这是由于华东及华南地区具有天然的港口优势以及货运优势，因此便于原材料的采购运输以及产品的销售运输，便于进行建厂生产。与此同时，东南沿海一带的地区经济较为发达，聚苯乙烯的下游产品应用广泛，可与相关的下游产业集群化发展。因此，聚苯乙烯的生产企业在华东及华南片区形成了一定的产业集群优势。

由于我国的聚苯乙烯产品起步较晚、发展较慢，目前大多数企业生产的都是低附加值的产品，技术含量低、设备要求低、产量大、利润微薄，主要应用在日用品及包装等领域。相比之下，高附加值、高技术含量的产品供应较少，但市场需求旺盛，利润空间巨大。高技术含量的产品主要面向于光学材料、家用电器等下游产业领域。专用材料的生产对上游企业提出了严格要求，需要具备高品质的产品、先进的生产工艺及生产设备。展望未来，我国聚苯乙烯的生产将不断地优化生产工艺、改进生产设备，加大对新品研发的投入和对下游应用行业的开发，以生产更具优越性的高附加值的产品。这将有助于满足国内下游产业的专业化需求，逐步实现进口替代，并推动高附加值产品的出口销售。

随着聚苯乙烯附加值的逐渐提升，聚苯乙烯材料将会在越来越多的领域凸显其优越性并且发挥重要的作用，其应用范围将会不断地扩大。随着市场竞争的加大，产品不断地细化分类，产品将会向着多元化和专业化的方向发展，这是用户对产品质量要求不断提高的必然结果。当前研发的重点在于提高各类专用塑料的专门性能，如耐候、阻燃、耐腐蚀、高抗冲、高透明、超高光泽等方面。未来共聚改性产品的工业化生产也将会成为研究的重点，产品类别的多元化、应用的专业化的探索趋势将推动聚苯乙烯行业的进一步发展。

国内老一批的聚苯乙烯生产企业建厂较早，技术较为落后、产能较低、利润微薄，越来越不适应当今的社会发展，企业面临诸多的现实问题，如老的生产线落后需要更新换代、国家关于化工企业必须入园的政策以及产能过小被迫关停等问题。近年来，抚顺石化、燕山石化、齐鲁石化和大庆石化已经陆陆续续地关停了聚苯乙烯生产线，四家企业合计年产量达170000t/a。行业内的格局将会经历一轮新的洗牌，老旧小的企业将逐渐关停，新进军的企业技术先进且规模可观。因此将会呈现企业数量下降、单个企业生产规模变大的趋势，行业的集中度将会提高，规模化效益将更加凸显。随着国家对环保及安全要求的不断重视，准入门槛将会提高，对企业安全、环保、能耗、资质、规模、产品质量及性能的要求都将会越来越高。

**（6）聚酯**

聚酯自动化生产过程叙述如下。

聚酯（Polyester，PET）是一类高分子化合物，其分子结构中包含酯基（COO）的重复单元。聚酯通常通过多元醇与多元酸之间发生的酯化反应（或酯交换反应），经过缩聚过程合成。这类化合物具有多种形态，包括线性聚酯、交联聚酯等。此外，不饱和聚酯是另一大类重要的聚酯，其分子中含有可参与自由基聚合的不饱和双键，赋予了它们特殊的性能和应用。

聚酯最广泛用途之一是制造聚酯纤维。聚酯纤维以其强度高、耐磨性强、抗皱性好等优异的物理特性，在纺织品行业得到广泛应用。此外，聚酯树脂也是一种重要的塑料原料，广泛应用于制造饮料瓶、食品容器、包装薄膜等。

在建筑和交通运输领域，不饱和聚酯树酯被用作玻璃纤维增强材料的基体，增强材料通常用于制造轻质但坚固的构件，如船体、飞机零部件、汽车外壳等。其优异的耐腐蚀性和强度使其成为一种理想的结构材料。

此外，聚酯树脂还用于制备涂料和胶黏剂，这些产品在建筑、汽车制造和家居装饰等领域中得到了广泛应用。在电子领域，聚酯薄膜用作电容器的绝缘材料。

总体而言，聚酯因其多样的形态和卓越的性能，在纤维、塑料、建筑、电子等众多领域都发挥着重要作用，成为当今现代工业中不可或缺的功能性材料。

聚酯的反应机理：聚酯主要是由多元醇和多元羧酸发生缩聚反应而产生的聚合物，属于高分子化合物。工业生产中常见的聚酯生产有三种方法：环氧乙烷法、直接酯化缩聚法和酯交换缩聚法。

环氧乙烷法是利用环氧乙烷和对苯二甲酸反应后再进行缩聚反应，从而生成PET。该方法生产利用率高，但对生产条件要求较高，需要在高温高压下进行反应。

直接酯化缩聚法是利用高纯度多苯二甲酸和乙二醇反应后进行缩聚反应，从而生成聚酯。该方法有利于原料回收，但对原料和对苯二甲酸的纯度要求较高，原料成本较大。

酯交换缩聚法是利用乙二醇和对苯二甲酸二甲酯发生酯化反应。该方法广泛应用于聚酯的生产，但是，该法生产也需要在高温高压下进行，对设备的要求较高。

以某工厂生产聚酯为例，它的聚酯生产工艺是连续聚酯装置，所用的方法是酯交换缩聚法，通过对苯二甲酸二甲酯和乙二醇在催化剂作用下经过酯化以及缩聚生成聚酯。聚酯连续生产工艺采用的是五釜流程，由2台酯交换反应釜和3台缩聚反应釜串联组成。酯化反应装置是由2台酯化反应釜串联而成的。在第一酯化釜中，原料乙二醇和对苯二甲酸二甲酯的混合浆料从底部入釜，在260℃和250kPa的条件法发生酯化反应。然后，将酯化后的产物转入缩聚反应釜，在该釜中除去乙二醇后，进行缩聚反应和后缩聚反应，生成聚合物。将具有黏度的聚合物移送到纺丝机。从整个工艺来看，连续生产工艺的过程包括酯化反应、酯化缩聚反应和缩聚反应。

从连续聚酯生产来看，连续聚酯反应必须具有高真空度，且温度以及酯化率对生产工艺具有影响，具体如下：

① 真空度。高真空度是连续聚酯反应的关键，对于生产而言，真空度具有决定性的影响，生产过程必须具备高真空度，这样才能确保动力黏度处于稳定的状态，提升产品质量。

② 温度。温度是衡量酯化反应质量的间接指标，在生产过程中，需要严格控制生产过程的温度，从而保证生产效率；不同反应釜对温度的要求不同，需要根据生产需求精确控制。

③ 酯化率。原料摩尔比、催化剂含量和聚合物滞留时间是影响酯化率的关键，连续酯化反应中，需要对原料、催化剂等用量进行严格控制，同时，要求在不同反应釜中控制不同物质的含量，在连续生产过程中，对温度、高真空度、物料摩尔比、滞留时间等进行严格控制，从而将动力黏度控制在一定范围内，以便控制最终的产品质量。

传统方案生产聚酯的连续聚酯生产工艺的主要流程包括酯化缩聚反应和缩聚反应。过去，大多采用普通闭环PID控制的方法，它的控制原理简单、实现方便，但是在给定量突变、控制对象非线性的情况下，其模型较难确定，超调量过大、控制时间长，导致控制效果不理想。

现在的聚酯自动化生产过程中广泛应用各种自动化控制技术，以提高生产效率、确保产品质量，并降低人为操作的错误。PLC是聚酯生产中常见的一种自动化控制技术。

在聚酯自动化生产过程中，PLC广泛用于控制和监控各个阶段的生产操作。

PLC可用于控制酯交换反应过程中的温度、压力和流量。它监测传感器的反馈信号，根据预设的逻辑和算法来调整加热、冷却和搅拌等参数，以确保反应的稳定性和高效性。

在聚酯化反应中，PLC负责监测和控制反应温度、反应物料的供应速率以及其他关键参数。通过闭环控制系统，PLC可以根据反馈信号自动调整反应条件，以保持理想的反应速率和产物质量。

PLC可用于自动化原料的配料过程。它可以根据生产配方准确地控制各种原材料的投入量，确保每个批次的产品具有一致的成分。

PLC控制生产设备的启动和停止，确保在需要的时间内执行必要的操作。这包括搅拌器、泵、加热器等设备的控制。

PLC集成了报警系统，可以监测生产过程中的异常情况，并采取相应的措施。例如，当温度或压力超出安全范围时，PLC可以触发紧急停机程序。

PLC负责采集各种传感器的数据，记录关键参数的变化，以便后续的过程优化、质量控制和合规性报告。

随着技术研究的发展，现代的聚酯生产企业都采用了更为先进的自动化流水线技术，相对于以前传统方案生产技术有了很大的进步，在精度上的控制等都有了很大的改进。对于生产过程中工艺参数的控制主要采用以下几种控制技术：鲁棒控制、自适应控制、智能算法控制。

在实际的工厂中，对于纺丝系统的设计多是根据传统的纺丝工艺加上现代化技术改进而来，或者是根据其他的相似生产线改进过来，所以虽然在生产工艺控制上采用了现有的智能控制算法的方式来解决生产过程中遇到的复杂问题，但是还有很多的问题需要改进。

聚酯国内外发展现状叙述如下：

目前，国外聚酯产业发展的整体状况为生产规模大、工艺耗时短、产品种类齐全且附加值高、生产成本低、产品差异化水平高。国际上聚酯的生产规模从1980年的180t左右增长到1990年的500t左右，直至2000年的750t左右，其产能逐年持续增长。杜邦公司开发了两釜流程的生产技术，吉玛公司和伊文达公司等开发了四釜流程生产技术。他们运用这些新的技术缩短了生产时间，减少了设备折旧，降低了生产成本，获得了更高的利润。PET在非纤维领域（例如塑料和涂料）中的应用也非常广泛，这方面西欧和美国占据着国际市场的主导地位。

最近几年，西欧和美国等不再仅仅追求产量的增加，他们将聚酯产品的性能进行改良，使得其产品具有更高的附加值。因此，原来聚酯纤维的主要生产国在近年来产能的增加幅度很小，甚至出现了一定程度的下降；更有甚者，像杜邦、赫斯特等寡头公司都转向了生命科学领域。虽然杜邦公司已经离开了纤维领域，但是由于非纤维领域依然存在很大的利润空间，因此其在包装技术的应用方面仍然具有很强大的实力。

日本的聚酯工业在经历了激烈的竞争之后进行了产业线的拆分和重组，他们也开始生产高附加值的产品，尤其是在非纤维领域。代表性生产品包括东洋公司用于汽车轮胎制造的长丝产品、三菱化学的聚酯薄膜，以及可乐丽公司的MINI系列产品等。

我国聚酯工业起步较晚，起步阶段我国的聚酯生产技术及设备主要依靠国外引进。国内先后引进几十余条聚酯生产线，包括德国吉玛、瑞士伊文达、日本钟纺、美国杜邦等多条技术路线。中国纺织设计院在消化、吸收国外先进技术的基础上成功开发了300t/d、500t/d聚酯成套技术和设备，先后建设了萧山恒逸、龙达绍兴翔盛、桐昆、纵横等工程。

近20年来，我国的聚酯工业以高起点、低投入、大规模的后发优势实现了前所未有的高速发展，取得了举世瞩目的成就。早在2010年，我国的聚酯产量超过2500万t，占全球聚酯总量的2/3以上，成为世界第一聚酯大国，确立了我国在世界聚酯产业中的重要地。

中国聚酯工业的快速发展极大地缓解了国内纺织原料的紧缺和结构性矛盾的问题，推动了化纤、纺织和相关产业的快速发展。在充分肯定化纤行业取得重大成果的同时，更应看到发展中浮现的深层次结构性矛盾问题。如自主创新能力不足、高新技术纤维发展滞后、产品同构化常规产能发展过快、成本上升、竞争加剧、节能减排压力增大、循环经济任务艰巨等。面对全球严峻的竞争形势，我们必须加快结构优化调整，转变增长方式，提高自主创新能力，最终实现产业全面升级。因此我国聚酯工业技术现在的发展趋势体现在以下几个方面：

近年来，伴随我国经济的迅速发展，也带来了潜在的能源短缺问题。聚酯产业的扩张已不具备过去的低成本优势。因此，在现有生产工艺基础上对工艺流程中可优化的环节进行技术改造、降低生产成本、提高产品质量是当前聚酯行业进一步健康发展所能采取的主要措施。

我国聚酯行业的生产水平正在稳步提高，科技创新已经为我国聚酯产业的发展提供了强劲的动力。我国自主研发的直接酯化法（PTA法）生产的PET，无论是单位能耗还是产品质量，其指标在国际上处于较为领先的位置。

## 4.3 新技术和新方法

### 4.3.1 烯烃生产过程自动化新技术和新方法

#### （1）乙烯全流程先进过程控制技术

① 裂解深度控制。裂解操作的目的是在保证一定运行周期的同时，最大化操作的收益（提高产品产量，降低能源和材料消耗）。乙烯设备中，油的特性变化频繁，COT稳定化控制技术可以保证COT的稳定性，但不能保证裂解深度的稳定性。在线分析仪的测量延迟较高（通常为10～30min），而反应在裂解器中的停留时间仅约0.38s，因此在线分析仪的输出不能直接用于裂解炉的运行控制。通过分析主要参数之间的关系，如油特性、熔渣载荷、气体/碳氢化合物比、COT、熔渣深度因子（丙烯/丁酯比），来建立熔渣深度预测模型，预测实际裂解深度作为裂解炉运行条件的函数，并利用在线分析设备的结果修正裂解深度预测模型的输出。裂解深度预测模型的输出由在线分析器的结果校正，并用作裂解深度控制器的PV值。然后，深度控制器自动调整COT控制器的参数。在裂解运行的最后阶段，当COT温度设定值达到预先设定的控制极限时，现场技术人员可以通过调整裂解的总供给量来稳定裂解深度。

② 裂解工程的监控方法。红外视频检测系统可用于裂解炉内温度场的模拟，该系统采用红外热像仪，其配套的高温探针通过密封连接装置安装在反应堆侧壁上，可实时监测反应堆内部情况，并将图像传回计算机进行分析处理。通过一系列算法，来自炉膛和管壁的红外辐射数据被转换成温度，并按深度标记。另外，系统中还设置了多种校准参数，可以根据热辐射得到的实际温度来校正热像仪的温度分布。拖动鼠标，将温度测量帧放在测量区域上，就可以得到该点的实时温度数据，系统每10min自动采集一次温度，供用户导出记录所有32个点的温度数据。除了验证，在当前监测流程中，用户可在监控图像上沿温度曲线绘制直线段，该直线段与温度曲线会同步在监控画面右侧实时显示，进而辅助及时监测原料油的关键参数。该系统图像处理设备实时监测炉管外壁和炉内温度，检测和防止可能影响运行过程的烧嘴故障和炉膛热点。通过长时间的数据监视，可以掌握炉管的外壁温度根据运行周期和炉膛负荷的变化情况。理想情况下，通过取得炉管的温度作为炉膛运转时间的函数，使再现性的实用的建模成为可能。

③ eFAS技术。自动裂解供排系统和APC焦化系统，是基于从韩国引进的eFAS新技术搭建的核心设备，首先对裂解的装料、温度、稀释蒸汽、焦化空气等主要参数建立了控制模型，并制定了切换操作标准，通过写入控制程序，实现对各主要参数的顺序控制，达到各参数缓慢、平滑变化的目标。通过应用该技术，可减少投运运行过程中因负荷变动而引起的系统变动和对装置的影响，提高裂解炉的运行效率，节约原料消耗，最大限度地利用原料，并保证设备安全、平稳地运行。

eFAS技术具有以下四个功能：裂解炉自动投退料、自动烧焦、负荷自动调整及COT自动调整。裂解炉投退料与COT调整程序可以同步进行，也可以分开使用以增加灵活性。eFAS技术的自动投退料功能主要用于在一段时间内同时切换两个压缩炉。eFAS的自动投退料功能减少了因工厂负荷变动造成的影响，起到了安全控制的作用。自动投退料功能启动后，将切断的裂解炉切换到“退料”模式，将供应的裂解炉切换到“投料”模式。切换时间通常设定为45min，可根据设备的实际过程负荷和过程中所要求的供出率范围来设定。供给负载的变化率或补给负载的变化率通常需要控制在800 ～ 1200kg/h的范围内。设定切换时间后，确认裂解炉的状态，在裂解炉设定接口中设定供给裂解炉和排出裂解炉的目标负荷、目标稀释率和目标COT。程序设置完成后，将裂解控制器从“自动”模式切换到“程序”模式，单击“开始切换”按钮。然后点击“SwitchingStart”按钮，裂解炉进入正常的交换程序。如果在切换过程中发生意外情况，只需将控制器从“程序”模式中移除并暂停即可。问题解决后，控制器返回程序模式，过程继续，直到裂解炉的切换完成。运行初期的压力炉切换过程以低流量手动控制，各组流量稳定时将程序切换为自动控制继续运行，增加负荷的过程基于组间温度差可以自动调整各组的流量，维持各组的平均温度。同时，在程序执行中发生故障的情况下，供给可能被中断，供给运行可以被切换到手动控制。裂解炉的生产负荷控制，当某组炉管因控制和温度均摊变化而供油时，可通过供油量控制模块的设定值自动调节另一组炉管的流量变化并被分配到其他火炉管道，得到补偿。总负荷控制采用非线性控制方式，以缓解总供给量的变动对炉具管道出口温度的影响，实现稳定有效的总负荷控制。偏差小于阈值时，总负荷控制装置的控制作用减弱；偏差大于阈值时，采用加强控制装置的控制作用的策略。

**（2）乙烯全流程实时优化技术**

① 裂解深度实时优化。在裂解炉的运转过程中，裂解的原料特性和裂解炉的运转状态会发生变化，因此很难保证裂解炉在单一的裂解深度下以最佳状态运转。如果裂解深度过浅，则反应不完全，乙烯收率降低，产生大量液体副生成物，增加后续裂解负荷。如果裂解深度过深，虽然乙烯收率高，但丙烯收率低，重组分结焦量增加，导致裂解炉的工作周期缩短，裂解炉的运转时间变长。因此，为了获得最佳运行条件并提高裂解炉的运行效率，需要应用在线裂解炉优化技术。裂解原料通常包括气相（LPG、乙烷等）、轻质石脑油、石脑油、尾油等。气相裂解原料的组成比较简单，可以通过气相色谱法得到详细的信息。像石脑油这样的液相原料，通常只测定密度、馏程和PIONA值等。裂解产品全组分收率预测：对裂解炉管和炉膛的几何结构进行建模，使用Colsim裂解模拟软件预测裂解气体组成，根据工艺运行参数进行裂解产物收率构建预测模型，包括裂解炉管器运行温度、裂解炉管原料横断面温度、气体/碳氢化合物比、燃料气体组成、裂解炉管原料特性、热裂解生成物组成等。裂解炉实时优化的技术方法是从高附加值产品的经济效率角度出发，提出乙烯裂解炉经济效率优化指标，通过优化该经济指标，在不同裂解原料和工艺参数条件下，可找到裂解炉操作的最佳裂解深度。同时，在线校准和滚动优化被引入优化过程，有效克服了高附加值步留式模型的不确定性和过程扰动的问题。在线裂解收率模型和实时裂解深度优化系统需要知道裂解原料的特性和裂解炉的当前运行条件和变量。裂解原料的特性可以直接通过在线原料分析设备获得，也可以在实验室分析后手动输入DCS的裂解优化系统（COMS）接口，由DCS上传至实时数据库。Cracker（裂解炉）优化系统服务器从实时数据库读取裂解原料信息，以及Cracker运行条件和变量，计算当前Cracker优化结果，并通过OPC服务器向DCS系统发送高级Cracker高级输入控制系统设定值。

② 裂解炉群负荷配置优化技术。Jain等人首先研究了乙烯裂解炉炉群负荷分配问题，并将其还原为通过提供多个并行单元的优化调度问题。假设每个单元具有性能指示函数，其随运行周期呈指数递减。通过组合各种限制条件，这个问题被还原为混合整数非线性规划问题。使用branch-and-bound算法，将混合整数非线性规划问题转换为若干非线性规划模型，并像large-M方法那样对若干非线性约束进行线性化，从而实现模型的数学特性分析，寻求全局最优解。乙烯裂解炉组的负荷分配和焦化调度问题的研究可以通过简单的假

设（如假设原料充足、单个裂解炉单个运行周期内只处理一种原料、没有设备运行过程因故障导致的停车等）进行。乙烯裂解负荷分配和调度问题所涉及的困难包括：a.准确描述裂解过程的模型；b.有效解决过程优化问题的方法；c.对调度模型共同特征的识别。

华东理工大学研发了裂解炉群负荷配置优化技术，解决了以下关键技术问题：建立了针对不同裂解材料和不同炉型的产品收率预测模型，构建了高温锅炉出口温度预测模型和燃料燃气消费模型，构建了裂解组负荷分配优化模型，开发了优化求解智能算法。

③ 乙烯裂解炉群的实时优化。一些研究者提出了基于改良型鲍威尔智能搜索算法和广义乘数法的实时优化方法。该方法结合了改良型鲍威尔智能搜索算法和广义乘数算法以实时优化乙烯裂解装置，优化的运行条件允许裂解装置以更好的参数运行，以一定的步长写入裂解装置控制器。通过分析来自Cracker实时优化系统的实际数据，在Cracker调试期间（含调试前后的校准阶段），优化计算方法能够满足现场的实时需求，并提供优化参数，提高目标产品收率和整体经济效率。

④ 基于改进型AVOA的燃烧优化技术。该方法设计基于燃烧模型和非洲秃鹫（AfricanVulture）优化改进算法的乙烯烷燃烧优化技术，然后计算热效率类别，对工作条件进行分类，设计不同的工作条件分类方案，在每个方案中建立热效率和$NO_x$预测子模型，计算均方根误差（RMSE），其中RMSE最对应于方案的热效率和$NO_x$预测模型是最终的燃烧模型。基于该燃烧模型，改进型AfricanVulture优化算法计算优化值，改善热效率并控制$NO_x$浓度。乙烯裂解炉是复杂的多情况非线性系统，单个模型的预测精度很低。该方法构建了乙烯裂解炉燃烧模型，并提出了基于均方根误差（RMSE）的燃烧模型构建方法，以提高热效率和$NO_x$浓度的预测精度。模型输入变量数据首先从历史运行数据中选择，用于计算热效率类别的预处理，然后将供应类型和数量作为分类标准分类到工作条件中，数据样本根据工作条件自动通过计算不同工作条件分类方案的RMSE来确定燃烧模型。该工作条件分类法设计了不同子模型的分类方案，充分考虑了输入变量对乙烯裂解输出变量的影响。最佳分类方案是通过计算RMSE来确定的，其中过滤子模型的最佳组合以最大化燃烧模型的精度。通过将基于RMSE的燃烧建模方法应用于乙烯裂解炉的制造过程，所建立的燃烧模型的预测精度比单一模型的预测精度有了很大的提高。

乙烯裂解炉通常通过调整减震器的开度和风扇的转速来控制炉内的含氧量和负压，以改善燃烧状态。含氧量和负压的大小可以指示燃烧是否充分，这是模型的重要输入变量。此外，将相关系数大于等于0.2的温度测量值（COT温度、废气温度、对流段温度、锅炉给水一次预热后温度）和流量测量值（总供给量、DS流量、底部和侧壁燃料气体流量比）作为模型的输入变量。为了进一步地燃烧优化，通过皮尔逊相关系数法进行选择。

为了改善乙烯裂解炉的热效率和控制$NO_x$浓度，需要通过优化算法来优化乙烯裂解炉的燃烧过程。智能优化算法是从生物智慧和自然法则的启发中诞生的一种优化算法，能够有效解决复杂的优化问题，但对初始总体敏感，在应用上陷入局部优化等问题，同时在使用便捷性上仍有提升空间。以非洲秃鹫优化算法为基础，引入了物流混沌映射初始化和高斯变化机制，提高了算法的全局优化搜索能力。基于12个典型基准测试函数对改进型AVOA（African Vulture Optimisation Algorithm，非洲秃鹫优化算法）的收敛速度和收敛精度进行测试，并将改进型非洲秃鹫优化算法用于乙烯生产中的压块环节，以优化燃烧过程中的含氧量控制精度，稳定炉压并确保$NO_x$浓度不超过限值。模拟结果显示，改进非洲秃鹫优化算法的优化效果比原始非洲秃鹫优化算法更强。非洲秃鹫优化算法背景：非洲秃鹫是非洲最广泛的中型鸟类之一，频繁访问草原、沼泽地、开阔森林等森林覆盖较少的开阔地带，也栖息在河流沿岸和荆棘丛生的灌木丛中。在自然环境中，非洲秃鹫为了寻找食物必须经常进行长距离飞行，最常见的飞行形式之一就是旋转飞行。非洲秃鹫为了觅食而飞行的理由大致如下：秃鹫在食物充足的时候精力旺盛，为了寻找食物可以飞到更远的地方，但是当秃鹫因为饥饿而无法进行长距离飞行的时候，它们只能停留在更强的秃鹫附近，从而形成集体，它们通过骚扰其中最强壮的秃鹫，展开激烈的食物争夺战。AVOA是2021年提出的新型智能优化算法，是对于非洲秃鹫的觅食行为和航行行为的模拟。该算法已被证明优于其他类似的优化算法，并在许多工程问题上得到了良好的应用。非洲秃鹫优化算法的假设如下：a.在自然环境中，存在$N$只秃鹫，相当于算法中的种群大小，可以根据算法适用的问题人为地调整$N$的大小。b.觅食能力最高的秃鹫是最佳秃鹫，觅食能力最低的是最差秃鹫。c.在自然环境中，很多秃鹫被分为两类。该算法首先计算所有初始种群的拟合度函数，选择具有最佳拟合度函数值的解和具有最佳以下拟合度函数值的解的两组，分别作为最佳秃鹫和最佳以下秃鹫，选出的最佳秃鹫和最佳以下秃鹫会随机成为所有秃鹫的跟随者，所以秃鹫根据跟随者的不同分为两类。d.在该算法中，秃鹫为了寻找食物而群居。每一群秃鹫都有不同的觅食能力。e.秃鹫经常觅食，通过吃来解决饥饿的问题。为了制定更好的觅食策略，秃鹫会与觅食能力最低的秃鹫保持距离，靠近觅食能力最高的秃鹫。原始AVOA存在收敛精度低、容易陷入局部最佳点的问题。为了解决这些问题，该方法首先使用logistic混沌映射来改进初始化总体，试图使秃鹰的初始位置尽可能随机且均匀地覆盖解空间，以便在后面的阶段中改进全局最优搜索。在原始的非洲秃鹫优化算法中，非洲秃鹫的位置是由随机初始化决定的，因此会出现位置分布不均和种群多样性低的问题，收敛精度也会降低。为了改善这一问题，许多研究者提出了嵌入混沌序列的初始化算法，其中logistic混沌映射是目前研究最多的，应用范围广，效果显著。该算法主要是在非洲秃鹫优化算法的基础上改进的。为了解决收敛精度低、容易陷入局部最优点等问题，引入了逻辑混沌映射初始化和高斯变化机制，提高了初始总体的多样性，摆脱了局部最优点。通过12套基准测试函数对改进型AVOA和原始AVOA进行测试，确认改进型AVOA的性能优于原始AVOA。改进型AVOA算法利用热效率和$NO_x$浓度预测模型应用于乙烯压，计算出氧气含量和炉负压的最佳值，在控制$NO_x$浓度不超过限值的同时提高热效率最大化。比较结果显示，改进型AVOA在获得最佳值的能力上优于原始AVOA，尤其是在优化低热量数据方面有更好效果。

⑤ 数据驱动混合燃烧优化策略。第一种数据驱动燃烧优化策略（以下简称策略1）基于燃烧过程中的燃烧优化规则。Wang等通过数据挖掘，建立不同运行条件下的燃烧案例库，通过匹配燃烧案例库对燃烧案例进行数据挖掘。郑等人首先对锅炉的历史运行数据进行预处理，调整运行变量的设定值，以改善锅炉的效率。在各种运行条件下，使用受限模糊加权规则提取算法提取燃烧优化规则，并提取所有燃烧优化规则。优化规则被用于创建燃烧规则的基础，然后被用于优化燃烧。策略1的优点是可以迅速得到一组运转变量的理想值，缺点是值仅仅是理想的而不是最优的。第二种数据驱动燃烧优化策略（以下简称策略2）基于燃烧过程的数学模型。一些研究者提出了以氮氧比和燃烧效率为输出的人工神经网络模型，氮氧比使用遗传算法。Lv等使用反向神经网络构建了最优燃烧模型。以$NO_x$排放和燃烧效率为目的进行燃烧建模，利用加权系数将多目的问题转化为单一问题。Song等人在广义回归神经网络中引入了高斯自适应共鸣理论和多项式外插，以建立具有更好在线性能的燃烧模型，从而在燃烧效率、氮氧化物排放、热损失等方面生成单目标函数。该算法确定燃烧模型的最佳输入。策略2的优点是可以得到比策略1更精确

的优化值，但缺点是耗时。传统的燃烧优化方法仅使用一种策略来优化燃烧过程，例如基于燃烧规则的优化以进行快速安全的优化计算，基于数学燃烧模型的优化以获得更精确的优化值。但是，单一的策略已经不能满足不断发展的燃烧优化的要求。策略1用于快速计算运行变量的理想值并将其输入应用程序，策略2使用多元回归对燃烧过程建模，调整输入变量以获得最佳性能指标，最终通过多属性决策来确定单解。如果单解的性能指标优于策略1，则策略1的优化值被替换。该方法使用FCM分析来提取燃烧优化规则，并且在建模过程中使用更快的多元回归算法来提高整个优化过程的速度。该方法的创新之处在于，即使燃烧系统的结构参数是未知的，也可以根据数据特性计算运行变量的值。此外，多元回归和多属性确定方法的组合优化比较简单，其结果是计算速度快、优化效率高。模拟验证了数据驱动混合策略的有效性。在燃烧系统的结构参数未知的情况下，策略1可以直接从数据库中提取一组运行变量的最佳值作为最佳燃烧规则，这是基于乙烯拉环的当前运行条件。提取燃烧规则只需要过去的运转数据，时间也只需几秒，速度很快。因此，在初始阶段，使用策略1来优化乙烯裂片以适应良好的燃烧条件。同时，使用策略2对燃烧过程进行多元回归，并开发燃烧效率和$NO_x$排放量的数学模型。根据模型不断地调整输入以获得性能指标的最佳值。为了提高策略2的速度，直接使用策略1中获得的两个性能指标的理想值作为策略2的比较阈值，并且仅保留两个性能指标优于阈值的解集。然后，通过多属性确定法计算每个解决集的得分，将得分最高的一个作为唯一解，替换为策略1的值。在实施过程中，当计算最佳解集时，由于优于阈值的解的数目过多，需要由多属性确定处理的数据量变大并且需要花费更多时间。因此，通过灵活地调整阈值以使最佳解集的数量小于或等于10，可以迅速地进行多属性确定并得到唯一解。该方法通过组合两种传统燃烧策略提出了一种数据驱动混合燃烧优化策略。在系统结构未知且计算速度快的情况下，仅依靠执行数据就可以得到提取规则和优化规则。业务变量的值可以直接投入生产。策略2使用多元回归来建立性能指标和操作变量之间的关系。通过对输入的调整获得最佳解集，并最终通过多属性确定获得得分最高的单个解，可以使两个性能度量达到最佳稳定状态。为了改善策略2的方法，该方法通过在求解最优解集时灵活地调整阈值，大幅减少解集的数量，并缩短之后的多属性决策的计算时间，使得策略2的消耗时间比传统方法大幅缩短。基于模拟实验，策略1的平均实现时间为2.81s，并且可以快速优化以满足指令的要求。与策略1相比，策略2的燃烧效率提高了1.5%，$NO_x$排放量提高了1.5%。与策略1相比，0.5%的减少证明了策略2可以获得更精确的优化值。此外，策略2在优化值的调整方面是灵活的。阈值后的平均完成时间为9.12s，大大缩短了策略2的完成时间。

⑥ 灵活测量模型的多阶段预测的时空注意机制。在复杂的工业生产过程中，为了提高产品质量，需要建立针对重要变量的多阶段预测模型，但是传统的软测量建模方法无法聚焦工业数据的复杂特性，因此预测结果不准确。该方法提出了时空关注机制、双向长期存储网络和光梯度机，同时提出了用于灵活测量模型的多阶段预测的时空注意机制（STA-BiLSTM-LightGBM）。STA-BiLSTM时空注意机制为输入特征量分配时间维度和空间维度的权重，BiLSTM捕捉数据的时间特征量，通过STA-BiLSTM学习STA-BiLSTM和LightGBM的预测输出。随后，使用逆误差法对STA-BiLSTM和LightGBM的预测输出进行加权并求和，得到预测结果。最后，在工业数据集中对该方法进行了模拟验证，显示组合模型做出了优于BiLSTM和LightGBM的预测，并且在预测步数增加时仍保持较高的预测精度。在许多工业生产场景中，直接测量主要质量变量是不容易的，或者在线测量存在很大的时

滞。软测量建模是选择与质量变量相关的变量来预测质量变量的方法，具有较高相关性的过程变量被用作辅助变量，通过在辅助变量和关键变量之间建立数学模型来间接地推测或计算关键变量。常见的软测量建模方法包括机制建模、知识建模、数据驱动建模等。随着计算机硬件和机器学习方法的迅速发展，数据驱动建模以其卓越的大规模数据处理能力和高精度建模能力，成为工业过程高质量控制和优化的重要支持技术。在工业过程中，有一类以时间序列记录的数据，具有强烈的时间相关性和特征耦合，被称为时间序列数据。传统的基于数据的建模方法有差分综合移动平均自回归（DIIMA）、支持向量回归（SVR）、主成分回归（PCA）、树模型（决策树、随机森林等），但是这些无法进行详细的特征搜索，特别是在面对时间序列数据的动态特性时，这些传统建模方法的预测效果往往很差。基于深度学习的新型数据驱动建模方法可以利用数据内的隐式特征，捕捉数据内的时间相关性，自动学习抽象表现，对工业时间序列数据进行软测量建模更适合。通过分析和利用时间序列数据的特征，构建能够实时或提前数阶段预测主要变量的软件测量模型，深度学习方法的应用有助于降低生产成本、改善空气质量、减少温室气体排放，对于修改控制策略、监视生产状态、提高产品质量是非常重要的。目前应用于工业过程监控和产品质量预测的深度学习技术中，最常见的是卷积神经网络（CNN），主要用于从高维数据中提取空间局部特征。回归神经网络（RNN）主要用于顺序数据的处理和时间相关特征的提取。注意机制主要用于对数据的特定关键特性进行聚焦和加权，强化重要信息的作用。其中，RNN具有处理顺序数据的自然能力，最适合用于工业过程的时间序列预测任务，但随着时间序列长度的增加，RNN会受到梯度消失和爆炸的困扰，因此RNN在面对较长的时间序列时，不能有效地传输信息。长期存储网络（LSTM）是RNN的一种变体，它通过栅极机制缓解了RNN远距离传递信息时的梯度消失和爆炸问题，是目前广泛使用的一种循环神经网络。但是，在涉及时滞和特征结合的复杂工业过程中，LSTM对重要变量进行多阶段预测，预测过程分为离线建模和在线预测两个阶段。离线建模时，首先从工业现场的传感器收集数据，对数据进行清洗，然后根据工业过程的特性决定预先预测的时间步长，将数据（样本数、时间步长×特征维度数）存储在CSV文件中。BiLSTM要求输入数据是三维的，将数据转换格式（样本数量、时间步骤、特征维度数量）之后再输入。而LightGBM直接处理CSV文件。当两个基本模型达到指定的学习次数时，就会对每个学习样本进行多阶段预测。由于学习过程属于监督学习，所以可以求出学习样本的多阶段预测误差，使用逆误差法计算各学习样本各阶段的预测误差，作为导出模型组合权重。预测误差和模型组合权重作为矩阵存储在内存空间中。内存空间在在线预测阶段，对于属于历史条件的数据，平均欧氏距离最小的多个历史样本的模型权重，作为导出变量权重组合权重。由于需要重复所有训练数据，预测过程的时间复杂度为$O$（$n$），其中$n$为训练样本的数量，且预测时间与训练集的大小正相关。但是，由于在行业中可能会发生意外的工作条件，并且基于欧氏距离最小化原理搜索类似的历史样本是没有效率的，因此，对所有历史样本的平均模型权重，即固定权重建议使用结合法。作为用于确定权重的参考方法，在处理未知工作条件数据时，固定权重组合法比可变权重组合法具有更高的预测效果和更稳定的性能。最后，从在线分析工具中获取实际值，保存到历史数据中，然后离线重新建模。由于工业时间序列数据具有复杂的性质，传统的软测量建模方法对主要变量的预测精度较低，多阶段预测难以建模。为了解决这一问题，该方法提出了基于STA-BiLSTM-LightGBM耦合模型的多阶段预测软件主要建模方法。它结合了BiLSTM阶数网络和LightGBM树模型，并加入了时空注意机制，以全面探索数据的时间和空间特性。在乙烯裂解和德贝坦塔的主要变量的预测中，采用该方法在多个未来时间预测废气出口温度和C4浓度，与LSTM系列算法和LightGBM算法相比使多阶段预测的精度大幅提高，确认了该方法的有效性。然而，由于BiLSTM和LightGBM仅对短中期预测有效，所以当预测时间间隔$\tau$过大时，由于要处理的时间序列较长，组合模型在求解长时间相关特征方面较弱，从而降低了模型性能。而且，结合模型适用于需要短中期预测的工业过程。由于工业过程不同，预测所需的时间范围也不同，因此对于需要长期预测的工业过程，如何提高模型的泛化性能是今后的研究方向。

**（3）丙烷脱氢优化控制技术**

丙烷脱氢优化控制技术是一种用于优化丙烷脱氢过程的自动控制技术。丙烷脱氢是一种重要的化工反应，用于生产丙烯，丙烯是一种广泛应用于塑料、化肥和化工行业的重要化学品。优化控制的目标是提高丙烷脱氢的生产效率、降低能耗，并确保产品质量的稳定。这通常通过在反应器系统中引入先进的自动化和控制策略来实现。丙烷脱氢优化控制技术主要着重于如下几部分：①控制反应温度。精确控制反应温度对于脱氢反应的选择性和产率至关重要。通过实时监测反应器中的温度，并采用先进的反馈控制系统来调整加热或冷却系统，可以最大程度地提高反应的效率。②催化剂控制。催化剂在丙烷脱氢中发挥着关键作用。监测和管理催化剂的性能，以确保其寿命和活性，从而维持最佳的反应条件，以此最大限度地提高反应的效率。③物料平衡控制。通过精确控制丙烷和其他反应物料的供应速率，确保物料在反应器中的均匀分布，从而提高反应的利用率。④产品分离和提纯。优化控制技术还包括对丙烯产品的分离和提纯过程的监测和调整，以确保产品符合质量标准，并最大限度地减少副产物的生成。⑤安全监测与应对。引入先进的安全监测系统，确保在任何可能的异常情况下及时采取措施，以防止事故的发生。通过综合应用这些技术，丙烷脱氢过程可以更灵活、高效，并且更容易适应生产需求的变化。这有助于提高生产率、降低生产成本，并减少对环境的影响。接下来具体介绍其中几种优化控制技术。

① 催化剂Pt分散度控制技术。催化剂Pt分散度控制技术是指采用不同负载方法、不同载体以及添加合适的助剂等手段来减小活性金属Pt的粒径，提高Pt的分散度，改善Pt的电子特性，进而提升丙烷脱氢催化剂的性能。现阶段，烷烃脱氢催化剂主要有Pt基和Cr基催化剂，两种催化剂都已实现工业化，但由于Cr基催化剂具有毒性，且“三废”问题还未得到良好解决，所以工业上更倾向使用Pt基催化剂，且Pt基催化剂稳定性好、对环境友好，其在丙烷脱氢的过程中有着至关重要的作用。但是Pt基催化剂制备成本高，故Pt基催化剂失活的成本过于庞大，所以对Pt分散度的控制能够在一定程度上提高催化剂的活性。研究发现，Pt基催化剂失活的原因主要有两方面：一方面是焦炭覆盖在活性位上导致活性位减少；另一方面是Pt粒子在载体中的结块或迁移团聚。在工业上，其主要呈现为Pt基催化剂中活性组分的聚集、烧结和积炭。通过采用合适的负载方法和载体以及添加合适的助剂等手段能够提高Pt的分散度，改善Pt的电子特性，从而减少Pt基催化剂中活性组分的烧结。

所以，通过控制催化剂Pt的分散度从而提高催化剂活性的方法不仅能提高生产率、降低催化剂成本，也能增加催化剂的使用周期，使得整体生产过程得到优化。

② 丙烷脱氢反应工段设计参数优化技术。丙烷脱氢反应通常有如下几个步骤：烃类进料脱氢、蒸汽吹扫、空气再生、反应器抽真空、催化剂还原。丙烷脱氢反应过程中受到各种因素的制约，主要涉及多个因素，包括反应温度、压力、空速、原料组分和催化剂。这些因素直接影响反应的转化率和选择性。选择合适的参数对丙烯的转化率和选择性有着直接性的影响，就以固定床丙烷脱氢反应为例：a.反应温度。选择适当的温度是关键，因为它直接影响丙烷脱氢的速率。在这个过程中，需要最大化催化转化，同时抑制热

裂解。提高温度可以提高转化率，但也会增加热裂解的速率。为了平衡这两者，通常选择550～610℃入口温度，以满足最优转化率和降低热裂解的需求；b.反应压力。压力的选择对于维持操作的热力学平衡至关重要。低压有利于操作，但要考虑到平衡转化率，因为丙烯的转化率随着压力的增加而升高，而丙烯的选择性则随之降低。因此，为了经济性，采用低分压操作是更有利的选择，通常选择0.05MPa的绝对压力，以实现相对较高的转化率和选择性。c.反应空速。反应空速的选择是确保在催化剂床层中尽可能地减少烃类物质停留时间的关键。理想的液体空速在1.3～1.7$h^{-1}$的范围内。d.蒸汽吹扫：蒸汽吹扫是固定床丙烷脱氢反应中的一个重要步骤，通常选用低压蒸汽（0.10MPa，180℃）来吹扫催化剂中残余的碳氢化合物，若选用相对较高的温度（400℃以上），则会提高催化剂的活性。

③ 反应-再生系统方案优化控制。我国很多丙烷脱氢的工艺都是使用FBD工艺，FBD工艺离不开其反应-再生系统，FBD工艺反应-再生系统的控制围绕着反应器温度、藏量、两器压差等变量进行。据调研，许多FBD工艺装置普遍存在反应-再生系统运行不稳定、调节回路超调幅度大、振荡周期长、能耗高等现象。经过分析，该工艺控制方案存在下述问题。a.反应器温度控制：操纵量选取不当，反应温度超调严重，振荡周期长；b.再生器密相段温度控制采用单闭环回路，响应时间长，调节品质差；c.反应器密相段藏量与反应器温度控制原理基本相同；d.再生器、反应器两器压差控制双动滑阀会导致两器均偏离各自的压力设定值；e.取热盘管缺少必要的流量均匀分配控制手段。故对反应-再生系统控制方案的优化势在必行。例如，陈梦阳就主张对流化床反应过程进行反应-再生系统方案优化控制。他提出了如下几点改进措施：a.将反应器温度、藏量设定为被控变量，引入滑阀两端压差作为第二被控变量，取再生或待生滑阀的开度为操纵变量，同时，提升气流量，采用单回路定值调节。b.取消反应器、再生器的压差控制：只设置两器压差报警、跳车联锁。反应器、再生器分别设置独立的压力调节手段，并使两器压力差设定在10kPa左右。c.将燃料气流量引入再生器密相温度控制方案中，设置温度-流量串级调节回路。d.反应器4组取热盘管分别设置单闭环流量调节回路。

### 4.3.2 环氧乙烷/乙二醇生产过程自动化新技术和新方法

环氧乙烷（EO）和乙二醇（EG）是重要的化工原料，在许多工业领域中都有广泛的应用。自动化技术的发展为这些化工生产过程带来了许多新方法和新技术，以下是一些在环氧乙烷/乙二醇生产中可能使用的新技术：

① 先进过程控制（APC）：APC系统结合先进的算法和控制策略，能够实时调整生产过程中的多个参数，以最大化生产效率并确保产品质量。这种系统使用传感器和数据分析来优化操作条件，提高生产的稳定性和一致性。

② 先进的催化剂和反应工艺：针对环氧乙烷/乙二醇生产，新型催化剂的研发和改进可能提高反应选择性、降低副产物生成，从而提高产品质量和产率。新型反应工艺的开发也有助于提高能源效率和减少废物生成。

③ 实时数据分析和预测性维护：运用实时数据监测和高级分析技术，可以实现对生产过程的深度理解，并提前预测设备可能出现的问题。这种预测性维护有助于减少设备停机时间，提高生产效率。

④ 人工智能和机器学习应用：通过机器学习算法，可以分析大量的数据并识别生产过程中的潜在优化点。这些算法可以逐步学习并调整生产参数，以优化环氧乙烷/乙二醇的

生产条件。

⑤ 物联网（IoT）和远程监控：连接设备和传感器到互联网，实现远程监控和控制。这样的系统可以让操作人员实时监测生产过程，及时做出调整，同时也有助于实现远程维护和诊断。

⑥ 自动化生产线和机器人技术：引入自动化生产线和机器人技术可以提高生产的精确度和效率，同时减少人为错误。这种自动化系统还可以实现持续生产，提高生产的稳定性。

这些新技术和新方法可能在环氧乙烷/乙二醇生产领域带来更高的效率、更低的成本和更高的产品质量。然而，确切的技术和方法可能因生产规模、工厂设置和技术创新而有所不同。需要根据具体情况进行评估和选择适合的自动化解决方案。以下介绍几项新技术。

**（1）环氧乙烷/乙二醇生产过程APC技术**

以多变量模型预测控制为主要特征的先进过程控制（APC）是比传统的PID控制更优异的一种控制技术，它体现了人们处理不确定性问题时的通用思想方法，且控制效果好，鲁棒性强，能方便地处理过程被控变量和操作变量中的各种约束，被广泛应用于工业系统。APC技术具体是指通过数学模型对控制系统未来状态进行预测，并采用反馈校正和在线滚动优化的方法纠正系统行为的技术。APC技术具有以下特点：①在偏差控制的基础上，将数学模型作为控制器内部模型，并充分利用过程信息和知识信息，实现多目标协调优化控制；②保留原有的复杂控制，能有效处理各种过程约束。接下来介绍APC技术在环氧乙烷/乙二醇生产过程中的应用。在环氧乙烷/乙二醇生产过程中，处于末端的乙二醇装置往往存在着问题。乙二醇装置在生产产品的末端装置，原料来自乙二醇加氢合成的罐区，整个装置及关联单元属于多变量耦合系统，在生产操作过程中需要克服变量间的强耦合特性，以保持装置之间以及各单元操作内部的物料平衡和能量平衡。基于人工经验的过程控制难以确保乙二醇装置的平稳运行和节能降耗，操作难度较大。由于各班组操作习惯不同，因此控制品质也存在一定的差异。以乙二醇精馏单元为例具体来说，其问题具体表现为整个精馏塔系统平衡方面存在着较大波动，主要体现在以下三个方面：①根据物料平衡及时调整第一精馏塔塔顶采出量和回流量，具体参数设定值需要根据检测分析结果进行摸索调整；但当进料组分变化大时很难及时调整，造成精馏塔整体失衡，出料质量不合格；②精馏塔供热蒸汽波动较大，造成精馏塔温度控制、压力控制、回流量控制、塔釜液位控制方面波动较大，操作人员需要时刻紧盯各参数变化，根据蒸汽波动及时调整蒸汽压力，进而稳定精馏塔的工艺参数平衡；③精馏塔塔釜蒸汽流量计监测存在显示失真现象，操作人员无法将流量与相关温度组成自动控制。

这些问题很难用传统的PID控制技术解决，但是APC技术则能解决这一问题。杨文华等人据此进行了APC设计，从物料平衡、节能降耗、减少操作工劳动强度等方面出发，对装置回路进行调整。具体从以下四个维度进行控制：①压力稳定控制。各个精馏塔的压力是实现乙二醇装置稳定控制的基础，如果压力波动太大，则对应温度等失去参考价值。因此，除了常压塔压力恒定，不需要压力控制外，其他塔的控制应优先保证塔压力稳定。②塔内物料平衡。精馏塔物料平衡主要涉及各个塔顶回流、各个塔之间进出料的平衡控制。物料平衡应优先考虑基于全流程物料平衡控制思路，具体到每个塔采用类似内回流的方式进行控制，以局部克服蒸汽波动及外界干扰，避免蒸汽及外界小幅度干扰冲击。③供热负荷平衡及塔内气液交互平衡。在塔顶回流罐液位自调强跟踪的基础上，使塔底供热负荷匹配塔回流比及塔内提馏段温度，实现稳定回流比控制及塔底温度控制，保障塔内热量交互平衡及塔内组分分布梯度相对稳定，从而使全塔趋于平衡。④各塔之间物料互供平衡及质量切割。在各塔稳定的基础上，依据各塔进料组分、塔精馏段温差等参数，辅助确认塔上部切割出料占进料的比例，控制前后塔间物料互供相对稳定。除此之外，APC技术不仅能有效解决控制波动大的问题，它还具有一定的“绿色”效果。环氧乙烷/乙二醇生产过程中通常会有污染物的诞生，APC技术能改善过程动态控制的性能，减小过程变量的波动幅度，使之更接近于其优化目标值，从而能使生产装置在更接近其约束边界的条件下运行，最终达到增加装置运行的平稳性和安全性、保证产品品质的均匀性、节能减排、提高目标产品的收率、提高装置的处理量和降低运行成本等目的。

**（2）环氧乙烷/乙二醇反应器泄漏实时监测技术**

环氧乙烷是一种易燃易爆的有毒致癌物，一旦发生泄漏，将会对周围建筑、设备以及人员造成极大伤害。为了避免环氧乙烷反应器爆炸事故的发生，很多学者使用了模拟、测试分析和外场试验等方法和手段，但由于现场试验存在安全隐患且周期长、耗资多，往往试验开展和数据采集难度较大。当前已经有很多计算气体泄漏后果的模型和事故后果定量计算模拟软件，但仅能完成单点离线预测，模型预测结果很难直接应用于设备泄漏连续监测预警。大多数模型为了求解方便，进行了理想化和简化处理，得到的结果误差比较大。应用实时连续监测预警系统是防控环氧乙烷泄漏着火爆炸的有效手段。环氧乙烷/乙二醇反应器泄漏实时监测技术的关键主要是建立环氧乙烷反应器泄漏实时监测预警模型，随后确定化工过程实际生产中的参数变化范围，基于UDM模型多参数进行正交试验模拟计算环氧乙烷反应器泄漏后扩散、着火、爆炸等事故后果，以模拟得到的数据进行相关分析，确定风险的主要影响因素，回归拟合事故后果的定量计算数学模型，利用定量计算数学模型计算事故后果。最后，根据该方法和模型开发相应的定量计算软件，构建实时监控系统，根据实际生产过程实时改变多参数输入，实现泄漏风险实时监测，进而为事故预警和应急救援提供技术依据。

环氧乙烷/乙二醇反应器泄漏实时监测技术能计算出各种工况条件下出现的泄漏扩散浓度范围、着火和爆炸的危害范围，适用于现场实时监测。它基于实际生产数据进行实时的处理、分析和计算，并实时给出计算结果，分析多工况条件下的事故后果数据，并结合国家相关规范提供给用户详细的安全建议，便于工程技术人员快速有效地制定安全应急预案。

**（3）环氧乙烷/乙二醇装置高压膜分离技术**

环氧乙烷/乙二醇装置高压膜分离技术（以下简称高压膜分离技术）在环氧乙烷/乙二醇单套装置中的应用可以使膜分离尾气直接进入循环气，较大程度地降低了乙烯回收压缩机的负荷。高压膜分离技术可以优化工艺流程，避免分离气进入乙烯回收压缩机，节省了投资成本和运行成本，完善了环氧乙烷/乙二醇生产过程。高压膜分离技术也称为筛分膜分离技术，是一种氩气选择性透过膜分离技术，通过处理原循环排放气，将其中的惰性气体（氩气）在渗透相（低压侧）提浓后排放掉，而乙烯在渗余相（高压侧）提浓后返回循环系统来实现。该高压膜分离技术的基本原理是利用特殊的高分子膜对氩气优先透过性的特点，让氩气、乙烯、甲烷等的混合气在一定压差推动下，经此高分子膜，使混合气中的氩气优先透过高分子膜得以富集排放，而乙烯、甲烷等有效组分等则被选择性地截留回收，从而达到分离的目的。其分离流程为：从循环气压缩机出口引出一股物流压力为1.87MPa（A）气体进入高压膜分离单元，氩气、氮气、氧气等小分子气体优先通过渗透膜，乙烯、乙烷等有机大分子在渗余相［压力1.79MPa（A）］富集，直接返回至循环气压缩机入口回收。高压膜分离流程更精简，省去一台乙烯回收压缩机，使操作维护更加简单，占地更小。

综上所述，环氧乙烷/乙二醇装置高压膜分离技术可以节约生产成本，减少操作维护费用，同时，高压膜分离技术可以有效降低乙烯回收压缩机的负荷，提高了整个生产过程的效率，使得整个生产过程更加自动化。

**（4）环氧乙烷/乙二醇装置腐蚀控制技术**

环氧乙烷/乙二醇装置目前较多采用乙烯直接氧化法生产环氧乙烷（EO），并进一步加压水合生产乙二醇（EG）。全工艺流程可分为乙烯氧化反应和EO吸收单元，二氧化碳脱除单元，EO汽提、再吸收和精制单元，EG反应和蒸发单元，EG干燥和精制单元，工艺水循环处理单元。由于乙烯氧化反应副产二氧化碳，且EO异构成醛后易氧化成酸，同时，反应抑制剂二氯乙烷的注入不可避免地夹带了少量氯化氢等酸性物质，这些腐蚀性介质随着主物料流至装置各部位，对设备和管道的完整性带来了严峻考验。但目前对生产过程中的腐蚀控制方面还鲜少有人研究，包振宇则提出了一种腐蚀控制技术，其针对装置重点设计了典型腐蚀控制回路，回路中用到的工艺防腐手段主要包括温度控制、pH值控制、流速控制和注缓蚀剂等。温度控制和pH值控制主要是为了避免高温或酸性较强时介质对设备造成损伤，流速控制主要是为了避免腐蚀性介质的冲蚀，注缓蚀剂的作用是降低腐蚀性介质对材质的腐蚀速率。

**（5）环氧乙烷/乙二醇装置的低压凝液余热回收利用系统技术**

环氧乙烷/乙二醇装置是采用乙烯氧气直接氧化工艺技术，将原料气乙烯、氧气和抑制剂二氯乙烷（EDC）加入反应器入口循环气中，在高温、高压的条件下反应生产环氧乙烷。环氧乙烷生成后，经过洗涤塔被循环水吸收，送往汽提塔汽提精制，汽提过程需要消耗较多蒸汽。装置生产过程中需要用到各种不同等级压力的蒸汽，部分低压蒸汽及工艺蒸汽经换热形成的凝液会收集在低压凝液闪蒸罐中，低压凝液闪蒸后，部分蒸汽送往二氧化碳汽提塔及再生塔供热，剩余凝液温度约为130℃，这部分凝液会被送往界区外，造成大量热源被浪费。而环氧乙烷/乙二醇装置的低压凝液余热回收利用系统技术则能有效地回收这部分热源，减少了能量的损耗，从而提高生产效率。而环氧乙烷/乙二醇装置的低压凝液余热回收利用系统的设计和实现流程并非十分复杂，其主要包括反应器、连通于反应器的洗涤塔、连通于洗涤塔的汽提塔、连通于汽提塔的第一闪蒸罐、连通于第一闪蒸罐气相出口的二氧化塔汽提塔和再生塔、连通于第一闪蒸罐液相出口的第二闪蒸罐、连通于第二闪蒸罐液相出口的凝液罐。所述第二闪蒸罐的气相出口与汽提塔连通作为汽提蒸汽组成，其运作流程为：首先，利用第二闪蒸罐，使130℃的凝液能够通过管道输送至第二闪蒸罐，凝液在闪蒸罐内汽水分离，产生的蒸汽由管线输送至汽提塔内作为汽提蒸汽，剩余凝液进入凝液罐中，实现低压凝液热源的回收利用，减少凝液排放量，降低排放凝液温度，节省蒸汽用量，减少电量消耗，降低生产成本，缓解能源紧张问题；随后，利用进料器，能够使凝液可以从多个点进入罐体进行减压，使凝液能够迅速沸腾汽化，达到更好的余热回收率；最后，利用支管中的增压管和保温层，能够使凝液在正式进入罐体内之前，可以尽可能保持内部的压强和温度，使凝液的热含量更高，从而可以使余热更好地回收利用。

**（6）环氧乙烷PKS分散控制系统应用技术**

随着我国技术的高端化和经济的纵深化，各个行业对环氧乙烷衍生品开始有了越来越大的需求，由此环氧乙烷衍生产品的生产企业也逐年增加，但生产和运营安全是生产系统面临的最大问题。PKS分散控制系统在环氧乙烷生产过程中的使用就是一种行之有效的生产控制，在保证生产工序的安全、避免各类事故的发生、提升生产的质量和效率等方面具有关键的现实意义。

环氧乙烷/乙二醇的生产流程不仅技术复杂，而且因其有一定的毒性，潜藏着很大的危险性，因此该系统的生产程序的安全稳定极为关键。为实现安全稳定性和生产效率双提高的目标，该系统应用了PKS分散控制系统，也就是第四代分散控制系统。PKS的基础是将以太网与分散控制系统（DCS）、数据采集与监视控制系统（SCADA）等功能融为一体，具备良好的开放性和丰富的系统支持能力。DCS系统以其超强的控制能力具备极高的可靠性和强大完善的功能。DCS组态软件工具极其完善，可以帮助用户高效、方便地完成各类任务和功能控制。

如谢志锋提出的分散控制系统在环氧乙烷衍生生产系统上的应用，基于PKS分散控制系统的环氧乙烷衍生精细化工生产系统基本提高了生产过程的稳定性和可靠性，保证生产工序的安全，避免各类事故的发生，提升了生产的质量和效率。

### 4.3.3 芳烃生产过程自动化新技术和新方法

近年来，世界石化工业发展迅速，产业结构调整力度不断加大，发展中心已转向亚洲和中东地区，产业集中度进一步提高，装置规模趋于大型化。同时为了进一步优化资源配置，充分发挥炼油的规模优势，按照“宜油则油、宜烯则烯、宜芳则芳”的理念，建成了一大批大型炼化一体化基地。除了开发一系列炼油新技术外，我国的石化工业信息化也取得了显著成绩，现代信息技术对石化工业的规划、建设、运营全过程都产生了巨大的影响。目前，石化行业正在持续推进现代信息技术与石化工业的深度融合，应用大数据，通过物联网、互联网、云计算等信息技术，全面推进炼油与石化装置的智能化。

**（1）重整过程**

流程模拟技术利用数学工具，借助计算机对化工过程进行模拟，对工艺质量平衡、热平衡、相平衡和动态模型进行计算，并对相应的技术进行了环境和技术经济评价。该技术是化学热力学、反应工程、分离工程、系统工程和计算机技术的交叉融合，在近几十年得到了广泛的应用和发展。目前流程模拟软件和技术在科研、工程设计和炼化生产单位中被广泛应用，已成为石油化工科研、设计和生产部门开发新技术、开展工程设计、优化生产运行不可或缺的辅助工具。流程行业也正在推进智能工厂的建设，智能工厂的一大特征就是模型化，即对生产的感知能力、预测能力和分析优化能力，这也是智能工厂的几个关键能力之一，这一切也都离不开流程模拟软件和技术的支撑。

流程模拟技术可以利用软件再现实际的催化重整过程，同时由于这一过程并不涉及实际装置的变动。因此，流程模拟不仅可以节省时间，也可节省大量资金和操作费用，目前应用流程模拟技术还可对经济效益、过程优化、环境评价进行全面的分析和精确评估，可对催化重整过程的规划、研究与开发及技术可靠性做出分析。以石化厂实时数据为基础，依据经过处理后的现场实际运行数据，利用MATLAB建立重整装置的BP神经网络产品质量监测模型，用来预测和监测产品的质量，并利用该模型对现场实际操作参数进行调优，从而加强企业对产品的质量监控；以连续催化重整装置的设计参数为基础，分析选择合适的物性方法和单元模块，利用HYSYS流程模拟软件分别建立催化重整装置反应单元和分馏单元的流程模型；以建立的催化重整流程模型为基础，分析主要操作参数对重整反应器的影响，筛选合适操作参数，确定优化目标，利用智能算法完成对优化模型的求解，从而实现对操作参数的智能优化，有利于企业装置信息智能化建设。

(2) PX

煤制芳烃是以煤为原料首先生产甲醇，再以甲醇为原料，采用双功能活性催化剂，通过脱氢、环化反应生产芳烃的工艺过程。在煤制芳烃工艺过程中，煤制甲醇和芳烃分离转化均属于成熟技术，煤制芳烃技术的关键技术环节在于甲醇制芳烃，其反应机理主要包括三个关键步骤：甲醇脱水生成二甲醚，甲醇或二甲醚脱水生成烯烃，烯烃经聚合、烷基化、裂解、异构化、环化、氢转移等过程转化为芳烃和烷烃。目前，我国煤制芳烃技术主要有中国科学院山西煤化所的固定床甲醇制芳烃技术（MTA）、清华大学的循环流化床甲醇制芳烃技术（FMTA）以及河南煤化集团研究院与北京化工大学开发的煤基甲醇制芳烃技术等。

根据石油和化学工业规划院建立的煤制芳烃成本模型分析结果，当国际油价在60美元/bbl及以上水平时，煤制芳烃路线具有成本优势；当油价达到80美元/桶时，煤制芳烃路线PX生产成本为4906元/t，能够保证项目盈利的煤价为115元/t。当原油价格达到85美元/桶（对应可承受煤炭价格为213元/t），PX生产成本为5313元/t，煤制芳烃项目才能满足内部利润率IRR（税前）11%的要求，煤制芳烃相对于石脑油制芳烃具有较好的盈利能力。值得指出的是，如果采用外购甲醇制芳烃，则PX生产成本完全取决于甲醇原料购置成本，其经济性要弱于煤制芳烃路线。煤制芳烃技术因具有原料成本低、PX产物收率高、能耗低、生产灵活、优化调整便利等优势，已成为经济、高效生产PX的工艺路线。

(3) PTA

对苯二甲酸（PTA）是化纤的重要基础原料，生产过程会产生大量的废水，对环境造成很大影响。中水回用工艺可减少废水的排放量，节约运行成本，在PTA企业中得到了广泛应用。

双膜法是一种膜集成技术。由于实际的工业废水中含有各种酸、碱、油等物质，组分非常复杂，仅仅依靠单一的膜分离技术往往无法有效地处理废水，采用膜集成技术即将两种或更多种的膜技术结合使用，可达到理想的废水处理效果。在现有的膜处理技术中，反渗透膜的膜孔径可低至1nm以下，可有效地除去废水中的可溶性盐分如重金属离子。利用反渗透技术对重金属废水进行处理时，可以将其中95%以上的重金属离子进行回收，对重金属废水的处理具有十分显著的效果。但是，反渗透技术的核心部件——反渗透膜的价格相对比较昂贵。因此在利用反渗透技术进行重金属污水的处理过程中，对重金属污水进行科学的预处理可以有效地延长反渗透的使用寿命，从而降低企业的更换成本。为了防止对反渗透膜的频繁清洗，须在反渗透工艺前面增加预处理工艺，使反渗透的进水满足一定的水质要求。引起反渗透膜污染和堵塞的主要原因是废水中的悬浮颗粒、多价阳离子的碳酸盐或硫酸盐结垢，以及水中的肢体、有机物和微生物等。和常规的毛细管过滤不同，超滤膜过滤使用表面过滤，可以阻挡废水中的所有不溶物，对悬浮物的去除能力远强于传统的过滤方法。超滤作为反渗透预处理具有出水水质高且稳定、成本较低等优点，可为反渗透提供良好的保护。目前，超滤反渗透双膜法在各行各业均得到了广泛应用。

### 4.3.4 聚合物生产过程自动化新技术和新方法

**(1) 聚烯烃**

姚健等提出了一种基于深度学习的聚乙烯薄膜成分检测方法，它采用多组照相机实时采集生产线上薄膜的多视角图像作为输入，利用卷积神经网络CNN提取图像特征，将特征向量输入全连接层进行分类。分类器经过大量标记数据训练可以识别膜片成分的均匀性和杂质掺杂情况，算法每秒能处理多张图片，实现近乎实时的连续检测。与传统检测方法相比，深度学习方法的检测效率和准确率均有提升，它还结合线上检测结果，优化主控系统，调节原料比例和过程参数，提高产品质量。该技术已有成功应用，有效提升了膜片批次间的成分稳定性。

刘林等提出了一种采用VR/AR技术辅助聚丙烯新产品研发设计的方法。使用VR技术构建产品三维数字模型和虚拟试验环境。研发人员可通过VR头显实地游览和操作虚拟模型。利用AR技术在现实环境叠加虚拟模型和参数，实现远程协同研发。不同部门的设计人员可以共同参与虚拟试产和参数优化。虚拟试验结果可以快速反馈到产品数字模型上不断优化。与传统方式相比，该方法可以大幅缩短产品开发周期，同时提高协作效率，降低设计迭代成本。该技术已在某聚合企业取得很好的应用效果。

王小明等提出利用区块链技术建立聚丙烯生产材料的供应链可追溯管理模式，每个供应关系节点（包括原料厂商、生产企业等）都构建独立的区块链账本。各节点生产或交易活动形成的产品信息和资质信息都记录在账本上。采用分布式技术，所有账本在联网环境下同步信息，下游节点可以快速追查某批原材料的完整生产流程和厂家资质信息，同时也可实现自动化合同和款项结算。该模式实现了供应链各环节信息的透明共享与监督，有效提升产品质量监控能力和危机响应速度。该模式初步应用于某企业，显著提高了供应链管理效率。

张思聪等提出采用深度学习算法为聚丁二烯生产线提供智能诊断与参数优化服务，建立包含多种监控信号的大数据采集系统，长期记录生产线运行数据，用卷积神经网络将生产过程多源异构数据融合为特征表示，通过大量标记样本训练出智能诊断模型，可以识别常见故障类型，同时该模型还可以预测生产指标受不同参数影响的趋势变化，生产管理人员可以根据模型预测结果局部优化参数较佳组合。与传统方法相比，该方法提升了生产线管道化水平。

牛小明等研究了采用5G网络构建聚四氟乙烯智能厂房的关键技术，提出利用5G网络实现视频监控、远程控制和大数据分析的技术方案，通过5G高带宽低延迟网络实现高清视频在生产线各个环节的实时传输。研发人员可以通过远程终端对生产设备进行实时监控和参数设置，将厂房各系统产生的大数据通过5G上传到云平台进行分析处理，并根据分析结果给出生产优化建议，实现智能监督管理。与传统方法相比，该模式实现了生产监控和管理的远程智能化，为智慧化特高压工业铺平了技术基础，提升了生产效率和安全水平。

赵鑫等提出一套聚烯烃精细化生产装置的一体化设计技术路线。技术路线采用模块化设计理念，将整个生产线分为多种功能模块，每个模块都具有独立的技术标准，但可以通过接口组合成不同配置的产能组合，研究了各种模块之间的信息交互方式，提出基于工业Internet技术标准的连接方案，实现了生产线自动计划、自动运行、参数优化等功能的一体集成，通过数字化和智能化改造，统一管理生产线各个环节。该技术路线可大幅缩短生产线研发周期，支持灵活生产，为实现精细化生产装置提供了系统级的解决方案。

① 聚丙烯生产过程自动化新方法。李欣等提出采用机器学习方法建立聚乙烯生产工艺联合模型，利用大量历史数据训练出关联随机森林模型，描述原料和过程参数与产品质量之间的复杂关系，考虑了原料性能、反应条件、设备性能等多元因素的影响。建模结果表明与传统回归模型相比，随机森林模型解释能力更强，在此基础上采用帕累托法则完成多目标优化，确定工艺的最优参数组合。实验结果表明此方法优化后工艺更稳定，产量和产

品质量均有提升。该方法实现了聚合物工艺优化的自动化和智能化。

孙小娜等提出采用遗传算法对聚丙烯生产催化剂多目标优化设计，将催化剂性能指标（如活性、选择性等）与成本设置为优化目标，使用遗传算法模拟天然进化过程，生成各种参数组合个体，根据个体目标函数值，筛选出优良个体继续“进化”，并淘汰劣质个体，经过多次迭代优选后得到聚丙烯催化剂优化设计方案集。与单个参数优化方法相比，该方法考虑了更多目标的衡量。实验结果表明，优化后催化剂的表现优于现有产品，提高了催化合成的效率和智能化水平。

李玉梅等提出采用稳态熵最大原理控制聚氯乙烯生产线的新策略，将生产线视为开放且旨在实现最大熵输出的热力学系统来描述，建立了生产线动力学模型和温度场分布模型，在保证安全运行的前提下，以最大熵产出为优化目标，设计了相应的控制律，提出一种基于延迟赋权的PID联合控制器实现方案。建模与仿真结果表明，该方法具有较强的鲁棒性和适应性，且相比于传统PID控制，能更好地优化产出和提高能效，为过程控制理论在聚合领域的应用提供了新思路。

赵洋等提出采用BP神经网络对聚氯乙烯生产线成分进行联合预测，建立了多因素的神经网络预测模型，利用大量历史数据训练网络结构，实现对多种成分的准确预测，在此基础上提出采用模型预测控制的生产线优化控制算法。算法可以通过不断学习生产线上运行数据来调整控制参数，同时使产品各成分保持在允许幅度内，从而实现成分联合调控。与传统单个轮流控制方法相比，该方法提高了产品质量稳定性，该控制新范式推动了聚氯乙烯生产的智能化和自动化。

② 关于聚烯烃生产过程的自动化技术和方法。聚烯烃生产过程的自动化技术和方法涉及先进传感技术、智能化控制系统、人工智能和机器学习、模型预测控制、无人化操作和自动化设备等。

先进传感技术：先进的传感技术在聚烯烃生产过程中主要用于监测和测量关键参数，如温度、压力、流量和浓度等。这些传感技术可以提供高精度、实时的数据，用于监控和控制生产过程，优化操作条件。常见的传感技术包括：

a. 光纤传感技术：光纤传感技术利用光纤作为传感器，通过测量光的传输特性来监测温度、压力、应变等参数。这种技术具有高灵敏度、实时性强和抗干扰能力强的特点，可用于聚烯烃反应器的温度监测、管道的压力监测等场景。

b. 纳米传感技术：纳米传感技术利用纳米材料的特殊性质来实现对微小变化的检测。例如，通过使用纳米颗粒或纳米结构的材料，可以实现对聚烯烃生产过程中颗粒大小、流变性质等的精确测量，从而优化产品的品质和性能。

c. 声波传感技术：声波传感技术利用声波的传播和反射来测量介质的物理特性。在聚烯烃生产过程中，通过声波传感技术可以实现对流体的流速、密度、浓度等参数的监测，从而实现流体流动的控制和优化。

d. 电化学传感技术：电化学传感技术利用电化学原理来检测电化学反应过程中的物理和化学参数。在聚烯烃生产过程中，电化学传感技术可以用于监测电极的状态、电解质的浓度等，为反应过程的控制和优化提供关键数据。

e. 红外辐射传感技术：红外辐射传感技术通过检测物体发出的红外辐射来测量温度和热量，可用于在聚烯烃生产过程中，实时监测反应器内部的温度分布情况，帮助调整反应条件和提高产品质量。

智能控制系统：智能控制系统结合了传感技术、数据处理和控制算法，实现对聚烯烃生产过程的自动控制。这些系统可以实时监测和调节关键参数，优化生产过程的稳定性和效率，并提高产品质量。智能控制系统的特点包括：

a. 实时数据采集和监测：智能控制系统通过传感器和仪表实时采集工业过程中的各种参数，如温度、压力、流量等。这些数据被传输到控制系统中进行分析和处理，以实时监测过程状态和性能。

b. 先进的控制算法：智能控制系统利用先进的控制算法和模型对工业过程进行精确调控。这些算法可以根据实时数据和预设的目标调整控制策略和参数，以实现最佳的过程控制和性能优化。

c. 故障诊断和预测性维护：智能控制系统具有故障诊断和预测性维护功能，可以通过分析过程数据和设备状态，检测潜在的故障和异常情况，并提前采取维护和修复措施，以减少停机时间和提高设备可靠性。

d. 数据分析和优化：智能控制系统通过对大量的过程数据进行分析和挖掘，可以识别出生产过程中的优化潜力和改进机会。这些系统可以提供实时的报告和指标，帮助操作人员和管理人员做出决策，优化生产过程和资源利用。

e. 用户界面和可视化：智能控制系统提供直观的用户界面和可视化工具，使操作人员能够实时监控和控制工业过程。这些界面通常以图表、趋势图、报警和事件记录等形式展示过程数据，便于进行操作和分析。

人工智能（AI）和机器学习（ML）：人工智能和机器学习技术应用于聚烯烃生产过程中的数据分析和优化。通过对大量的历史数据进行学习和建模，这些技术可以预测和优化生产过程，从而提高生产效率和产品质量。下面是一些与AI和ML相关的新技术和新方法的例子：

a. 过程建模和优化：AI和ML技术可以用于建立聚丙烯弹性体生成过程的模型，并通过优化算法对过程进行优化。基于历史数据和实时监测数据，ML模型可以学习和预测过程变量之间的关系，进而帮助优化操作参数，提高生产效率和产品质量。

b. 故障检测和预测性维护：AI和ML技术可以用于实时监测聚丙烯弹性体生成过程中的故障和异常情况。通过对大量的传感器数据进行分析，ML模型可以识别出潜在的故障模式，并提前发出警报，以便采取适当的维护措施，减少停机时间和维护成本。

c. 智能化控制：AI和ML技术可以应用于聚丙烯弹性体生成过程的控制系统中，实现智能化控制。ML模型可以根据实时传感器数据和过程状态学习和调整控制策略，实现更精确的过程控制和优化。

d. 数据分析和决策支持：AI和ML技术可以用于聚丙烯弹性体生成过程中的数据分析和决策支持。通过分析历史数据和实时数据，ML模型可以提供洞察力和预测能力，辅助操作人员和管理人员做出决策，优化生产过程和资源利用。

e. 虚拟仿真和优化：AI和ML技术可以与虚拟仿真技术结合，用于优化聚丙烯弹性体生成过程。通过在虚拟环境中建立模型和进行仿真，ML模型能够测试并优化不同操作参数和策略，从而确定最佳的生产方案和条件。

模型预测控制（MPC）：模型预测控制技术利用建立的动态模型对聚烯烃生产过程进行预测和优化控制。通过持续更新模型和优化算法，这些技术可以实现对复杂的非线性过程进行精确的控制和优化。以下是MPC在聚丙烯弹性体生成过程中的应用方式和优势：

a. 建立动态数学模型：MPC首先需要建立聚丙烯弹性体生成过程的动态数学模型。这个模型描述了过程中各个变量之间的关系，包括反应动力学、传热传质、物料平衡等。通过对生产过程的深入理解和数据分析，可以建立准确的数学模型。

b. 预测未来过程状态：基于动态数学模型，MPC可以预测未来一段时间内的过程状态。这包括预测关键变量的变化趋势、反应进程的发展以及可能出现的异常情况。这些预测通过考虑过程约束和目标函数，为控制系统提供了参考和指导。

c. 优化控制策略：MPC利用预测模型和优化算法计算出最优的控制策略。它综合考虑了多个控制变量、约束条件和目标函数，以在给定约束条件下实现最佳的过程控制和性能优化。这使得MPC能够处理复杂的多变量、多约束的控制问题。

d. 实时调整控制策略：MPC是一种迭代控制方法，它不断根据实时测量数据和预测模型的更新来调整控制策略。这意味着MPC能够适应过程的变化和不确定性，并及时做出调整，以保持控制系统的稳定性和性能。

e. 多目标优化：MPC可以同时考虑多个目标和约束条件，如生产效率、产品质量、能耗等，并在这些目标之间进行权衡和优化。这使得MPC能够实现多目标的综合优化，满足不同方面的需求。

无人化操作和自动化设备：无人化操作和自动化设备在聚烯烃生产过程中的应用日益广泛。例如，自动化的原料供给系统、自动化的产品收集和包装系统等能够减少人为干预，提高生产效率和安全性。以下是几个与无人化操作和自动化设备相关的新技术和新方法：

a. 自动化生产线：通过引入自动化设备和机器人，可以实现聚丙烯弹性体生成过程的自动化生产。例如，自动搅拌设备、自动喂料系统、自动控制阀等可以自动执行生产过程中的操作和调整，从而减少人工干预，提高生产效率和一致性。

b. 传感器技术：传感器技术在聚丙烯弹性体生成过程中起着重要作用。通过安装各种传感器，如温度传感器、压力传感器、流量传感器等，可以实时监测关键过程变量，并将数据传输给自动化控制系统，使自动化设备能够根据实时数据进行相应调整与控制。

c. 无人化操作和监控系统：无人化操作和监控系统可以实现对聚丙烯弹性体生成过程的远程监控和控制。这些系统通过网络连接和远程控制软件，该系统可以实时监测生产过程、收集数据并远程调整操作参数。操作员可以通过监控界面进行远程操作和干预，从而实现无人化操作。

d. 自动检测和故障诊断：自动化设备可以配备自动检测和故障诊断系统。这些系统可以通过传感器和算法监测设备状态，检测潜在的故障和异常。一旦发现问题，系统可以自动发出警报并采取相应的措施，从而提高设备的可靠性和减少停机时间。

e. 数据分析和优化：自动化设备产生大量的数据，可以利用数据分析和优化技术来提取有价值的信息。通过应用人工智能和机器学习算法，可以分析历史数据、实时数据以及设备运行状况，从而优化生产过程、预测故障和改进设备性能。

近年来，许多创新的技术和方法已经在聚烯烃弹性体的生产和应用领域取得了显著的进展。这些进展不仅提高了产品质量和生产效率，也推动了行业的可持续发展。尽管国内聚烯烃弹性体行业在新技术和新方法方面取得了显著进展，但仍然面临一些挑战，包括如何实现技术创新的持续推进、人才培养和跨学科合作的加强，以及与国际标准和竞争的对接等。同时，随着国内市场需求的不断增长和消费者对产品质量和功能的要求提高，聚烯烃弹性体行业也迎来了广阔的市场机遇和发展空间。

**（2）聚氯乙烯**

唐山三友氯碱有限责任公司围绕提高聚合反应强度、反应速率、聚合釜利用率等方面开展自动化技术攻关，成功开发了高效微悬浮聚合系列关键技术与装备，释放了该工艺的生产潜能，聚合生产周期由30h缩短至24h，聚合釜收量由18t提高至19.5t，单套装置生产能力由原来的2万t/a增至2.6万t/a，生产成本降低5%，并实现工业化应用，生产出的树脂产品指标达到行业领先水平。主要技术创新如下：

① 针对微悬浮法聚合技术在反应中存在的后期聚合釜釜内空间、移热能力利用率低的问题，公司发明了微悬浮法聚合二次加注单体新工艺，释放了聚合反应中后期生产潜能，提高了聚合釜的反应强度和利用率，单釜收量提高到19.5t；同时，还发明了微悬浮法聚氯乙烯树脂连续均化生产装置及方法，解决了二次加注单体时出现的初级粒子粒径大、爆聚等问题。

② 引入链调节剂，研发了微悬浮高温聚合生产新配方，打破了树脂产品平均分子量对聚合温度的依赖，加快了聚合反应速率，使反应时间缩短3h以上；同时还发明了自动涂釜新技术，解决了高温聚合过程中粘釜严重的问题。

③ 开发了釜外“双效”回收新技术，改变了微悬浮法釜内回收的传统工艺，首创了单体回收过程与聚合入料并联运行新模式，缩短了微悬浮法聚氯乙烯生产工艺流程，使生产周期缩短3.5h；并开发了胶乳消泡装置、胶乳过滤装置，解决了胶乳在转移过程中产生泡沫以及大颗粒堵塞设备的问题。技术经济指标：聚合釜收量超过19.5t，聚合生产周期控制在24h以内，单套装置最大生产能力由原来的2万t/a提高至2.6万t/a，树脂单体残留低于$3\times10^{-6}$，环保性能达到RoHS标准要求。

随着科学技术的进步和国家的不断发展，聚氯乙烯自动化生产将会在整个生产过程中发挥更加重要的作用。国内聚氯乙烯行业正逐步与先进的过程控制系统、数据分析和大数据应用、人工智能和机器学习等技术相融合。

**(3) 聚苯乙烯**

聚苯乙烯（PS）生产过程自动化的新技术和新方法涉及多个方面，从控制系统的改进到数据分析和先进的生产技术。主要包括以下一些方法：

① 智能控制系统：使用先进的传感器技术和控制算法，实现对生产过程的实时监测和调整，以提高生产效率和产品质量，包括对温度、压力、反应速率等参数的控制。

② 先进的反应工艺技术：通过采用新型催化剂、改进的反应器设计以及高效的分离技术，以实现更高产率、更低的能耗和原料消耗。

③ 自动控制策略：采用先进的控制算法和自适应系统，使得生产过程能够快速响应变化，并实现更精确的控制，从而降低资源浪费和提高产出。

主流的聚苯乙烯生产工艺仍然是本体聚合工艺和悬浮聚合工艺，在此基础上衍生出的新方法通常是通过对特定生产过程进行优化与改进而形成，下文将以搅拌器的变频控制为例介绍其新技术。

目前，大多数聚苯乙烯反应釜中的搅拌器变频控制主要依赖人工操作，结合内部设定的浓度检测机构和报警器进行协同控制。在接收到报警器的预警后，操作人员需调整搅拌器的转动频率，并添加稀释剂以降低反应釜物料的浓度。这种控制方式不仅增加了工人的劳动强度，而且还降低了整个聚苯乙烯生产流程的效率。

基于上述原因，张超等人提供了一种无须人工参与，能够自动调节搅拌器的转动频率以及自动添加稀释剂的聚苯乙烯釜内搅拌器变频控制装置，以实现低人工劳动强度和高生产效率。

相比之下，新型的聚苯乙烯釜内搅拌器变频控制装置采用浓度传感器、中央处理器、数据对比器和反馈模块，能够替代人工，自动调节搅拌器转动频率。此外，该装置还可以控制电磁阀自动向反应釜内添加稀释剂，从而降低人工劳动强度，提高生产效率。通过存储管和喷头的设置，可以确保稀释剂能够均匀分散至反应釜内部，实现均匀稀释。同时，设置的清理刷，可以清理反应釜本体顶部残留的原料，有效防止在反应釜内部产生残留物。这一创新设计使得整个生产过程更为自动化、高效。

**（4）聚酯**

聚酯是一种重要的化工原料，广泛应用于工业合成纤维和生产纺织等领域。随着工业化发展，对聚酯生产的要求不断提高，良好的生产控制技术是确保聚酯生产质量的重要方式。尽管传统控制方案能够对连续聚酯生产工艺进行控制，但是依然存在着一些问题。

① 传统PID系统存在固定参数的限制，无法实现智能控制。从控制规则的角度来看，传统PID系统无法满足实时性的要求，控制手段单一，精准度不够高，因此无法达到优化控制的效果。

② PID控制系统具有滞后性，在实际生产中，由于各种因素的影响，反应过程可能出现虚假突变等情况，导致一些参数发生变化。然而，由于PID的参数固定，系统难以实现精确控制，从而导致控制偏差的变化率较大，易引发误操作，进而影响产品质量。

③ 传统PID控制缺乏自主学习机制，因此系统无法对反应装置的故障进行诊断，同时串级控制的实施难度较大。因此，控制系统无法对生产工艺进行实时维护和动态修改，从而对控制效果产生影响。在工厂中，通常以终釜真空度作为调节手段，根据黏度变化及时调整真空回路，对生产工艺过程进行控制。尽管这种方法在一定程度上可以实现控制，但存在一定的滞后性，且无法实现实时控制。

针对传统聚酯生产工艺控制的不足，王伟等人将智能控制引入控制系统中，创建基于实时推理的智能控制系统，该系统能够实时监测聚酯黏度，有助于对黏度进行有效控制。以下是对智能控制系统的介绍。

利用工控软件编写PLC控制程序，实现对温度、真空度、黏度等关键参数的控制。由于连续聚酯生产过程复杂多变，工艺参数较多，要求控制界面能够直观反映每个反应釜的温度、真空度、黏度等因素，而且具有数据归档和故障报警的功能。采用模糊PID控制功能掌握聚酯生产情况，能够及时了解故障情况，从而确保聚酯生产高效安全。

模糊PID在PLC中的应用：为了克服传统PID控制在精度和自适应性方面存在的不足，选择带有模糊逻辑的PID控制器。模糊逻辑PID不仅能够实现精确控制，而且具有出色的灵活性和实用性，适用于多种反应釜的控制需求。在连续聚酯反应的过程中，应用模糊PID控制器，系统能够灵活适应控制对象的变化，并通过自动调整功能，优化相关参数的调整。模糊PID控制框图如图1-4-5所示。

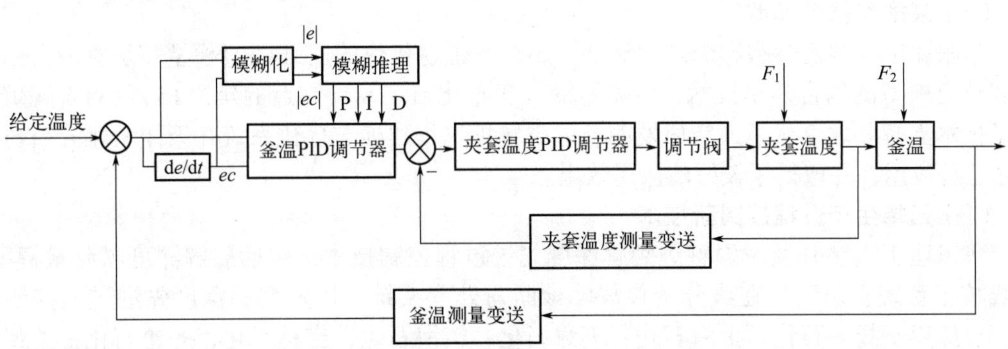


图1-4-5　模糊PID控制框图

为了保证系统稳定性，选择釜温控制系统为主控制器，采用模糊PID进行控制，夹套温度控制系统作为副环，选择常规PID进行控制。在连续聚酯生产过程中，当副环中出现温度扰动时，可以利用温度控制阀由模糊PID控制回路，及时调整调节阀，从而快速消除扰动，确保反应稳定进行。除了温度控制外，可以利用模糊PID控制器控制开泵，在反应过程中，模糊PID准确读取物料信息，控制影响圈，从而控制系统泵的开关，实现泵阀联动。

综上所述，聚酯生产工艺需要严格的控制，智能控制系统的应用是聚酯生产工艺控制的发展趋势。相比普通PID控制，自适应模糊PID控制系统能够提升系统控制精确度，并且增强系统的自适应能力。

## 4.4 应用情况

### 4.4.1 烯烃生产过程自动化技术应用情况

随着生产过程控制技术的不断进步，先进过程控制和在线优化作为实现经营目标和生产技术指标综合控制的手段，变得越来越重要。这些工具与其他信息系统的集成和应用不仅是国外信息化工作的热点，也是商业信息化的发展方向。炼油设备的典型生产过程具有动态响应延迟、变量在线测量失败、动态响应非线性、扰动相互耦合、压力大、扰动大等特征，使得传统PID控制的结果较差。基于设备操作的实时数据，采用多变量模型预测技术，计算出最佳设定值，并发送给控制器执行。多变量预测控制的范围不再局限于特定的过程测量值及其相关变量，而是基于一系列的相关测量值，或者整个工厂的所有变量。APC的引入提高了动态过程控制的性能，减小了过程变量变动的幅度，使得生产单元能够在接近其极限的状态下运行（卡边运行）。

先进过程控制可以确保控制链在给定的运行条件下稳定运行，但无法确定最佳的工厂运行条件和相应的生产参数。为了解决这一问题，开发了基于高度控制的整套设备的在线、闭环、实时优化（RTO）。基于工厂的稳态模型，对模型参数进行校准，通过数据更新和仿真，根据数据和经济约束进行优化，并将优化后的结果发送给先进过程控制系统。先进过程控制和在线优化代表了生产过程控制的最高水平，也是信息化建设最基本的工作。在规划信息化建设时需要进行协调，实现MES、APS、ERP等信息系统与DCS、PLC等控制系统的有机集成。

**（1）裂解炉耦合模型**

华东理工大学乙烯裂解炉炉腔流动、燃烧、辐射传热的三维CFD模型和炉管内自由基裂解反应模型的耦合建模技术，为中石油大庆石化自主设计制造的年产15万t的裂解炉提供了技术支持。北京化工大学研发的乙烯裂解炉过程建模与优化系统在天津石化分公司进行了工程应用，并取得了较好的应用效果。

**（2）乙烯生产过程控制新技术**

华东理工大学开发了裂解炉裂解深度先进过程控制技术，包括裂解深度软测量模型、在线校正系统、裂解气在线分析仪故障诊断与处理系统，以及裂解深度先进过程控制软件，已应用于扬子石化、上海石化、天津石化、镇海石化、吉林石化、齐鲁石化、兰州石化等。应用结果显示，裂解深度软测量值与正常运行时的在线分析值的误差小于3%，裂解深度控制的平稳性显著提升，提高了裂解炉的双烯收率和经济效益。

**（3）乙烯生产过程优化新技术**

华东理工大学的裂解炉裂解深度在线优化技术已应用于扬子石化、镇海炼化等乙烯裂解炉。建立了裂解产物收率预测模型，并开发了在线裂解深度优化软件，实现了高附加值产品采收率和经济利益最大化，可在线调节裂解炉的裂解深度，明显提高了主要产品的收率。石化设备“双烯”收率提高0.33%，镇海炼化高附加值产品收率提高0.21%，产生了良好的经济效益。

**（4）裂解炉群负荷配置优化技术**

华东理工大学提出了裂解过程关键性能指标代理模型化方法，研发了裂解炉群负荷配置优化技术，成功应用于上海石化、扬子石化。项目通过了中国石化科技开发部组织的技术鉴定，整体技术达到国际最先进水平。

### 4.4.2　环氧乙烷 / 乙二醇生产过程自动化技术应用情况

无论是国内还是国外，环氧乙烷/乙二醇的生产过程中都有许多自动化技术的应用案例。接下来简要介绍几个环氧乙烷/乙二醇生产过程自动化技术的应用情况。

**（1）环氧乙烷/乙二醇生产过程APC技术的应用**

由湖北三宁化工股份有限公司提出的乙二醇生产过程APC技术已经成功在其公司自身平台（浙江中软软件平台）应用，在环氧乙烷/乙二醇生产过程中投运APC技术后，乙二醇装置取得良好的控制效果，具有较强的抗干扰能力，并能协调各个过程控制变量，使装置运行更加平稳。同时，该控制系统减轻了操作人员的劳动强度，实现装置优化控制，降低了操作成本，达到了预期的建设目标，即：①实现了常规PID控制和APC的无扰切换，提高了装置的平稳性；②降低了操作人员的劳动强度；③提高了工艺平稳率，生产装置综合平稳率达99.96%，环比提高了22个百分点。APC技术的应用大幅减小了乙二醇装置主要控制指标的波动，并且该控制系统与下位机DCS700系统可进行无扰动自由切换，不仅实现了生产装置的安全稳定运行，提高了产品质量及产量，也降低了操作人员的劳动强度。

**（2）环氧乙烷/乙二醇反应器泄漏实时监测技术的应用**

由北京化工大学国家危险化学品生产系统故障预防与监控基础研究实验室和中国石油技术开发有限公司联合开发的环氧乙烷/乙二醇反应器泄漏实时监测技术，已经在最严重的泄漏场景中应用，其虽然是利用ThingJS平台构建的3D可视化厂区，但储罐的温度、压力、泄漏高度、泄漏口径等状态数据都能清晰地获取，通过对模拟场景的应用，证实了乙二醇反应器泄漏实时监测技术可以实时监测现场的数据，判断反应器反应过程中的泄漏情况。而在实际生产中，可将实时监测软件与实际生产系统后台数据库连接，实现基于实际生产数据进行实时的处理、分析和计算，并实时给出计算结果，分析多工况条件下的事故后果数据，结合国家相关规范提供给用户详细的安全建议，从而便于工程技术人员快速有效地制定安全应急预案。

### 4.4.3　芳烃生产过程自动化技术应用情况

福建古雷石化有限公司芳烃抽提装置在生产过程中存在进料芳烃含量、进料温度、溶剂温度等参数变化的扰动因素，导致产品质量的控制存在挑战。针对该问题，芳烃抽提装置采用了先进过程控制系统DMCplus。芳烃抽提单元的APC控制器的设计综合考虑了装置的实际情况和各个塔之间的关联耦合关系，将芳烃抽提蒸馏塔、非芳烃蒸馏塔、溶剂回收塔和溶剂再生塔4个塔纳入1个控制器，协调优化控制，实现以下功能：①合理控制抽提蒸馏塔塔顶塔釜温度，优化溶剂比的控制，提高芳烃收率，降低蒸汽消耗；②保证非芳烃蒸馏塔和溶剂回收塔的稳定，实现非芳烃蒸馏塔塔顶芳烃含量和溶剂回收塔塔顶非芳烃含量的卡边控制，降低非芳烃中的芳烃含量，保证芳烃中的非芳烃含量满足质量要求；③稳定溶剂再生塔液位及温度的控制，保证再生效果。APC在芳烃抽提单元的应用显著提高了该单元的运行平稳性，大幅降低了操作人员的劳动强度，使其有更多的时间与精力来思考操作上的优化。APC通过多变量预估优化控制，提高了各塔温度的稳定性，并通过对抽提蒸馏塔灵敏板温度和溶剂比的优化控制，提高了该单元的芳烃收率，并降低了单元溶剂消耗和蒸汽消耗，提升了装置的操作安全性，为装置带来了较为可观的经济效益。

中海油惠州石化有限公司应用的芳烃联合先进过程控制系统由一个APC-Adcon控制器来控制，控制系统包括芳烃抽提单元控制器、二甲苯精馏单元控制器、歧化与烷基转移单元控制器、吸附分离单元控制器和异构化先进控制器5个子控制器，以及相对应的产品质量软测量。各个单元子控制器之间通过物料和热量紧密联系，相互关联，一方面各控制器的控制目标相对独立，另一方面又是互相关联的，其联系主要由软测量、模型计算与干扰变量来实现，最终成为一个完整的控制系统。芳烃联合装置先进过程控制系统总体框架图如图1-4-6所示。

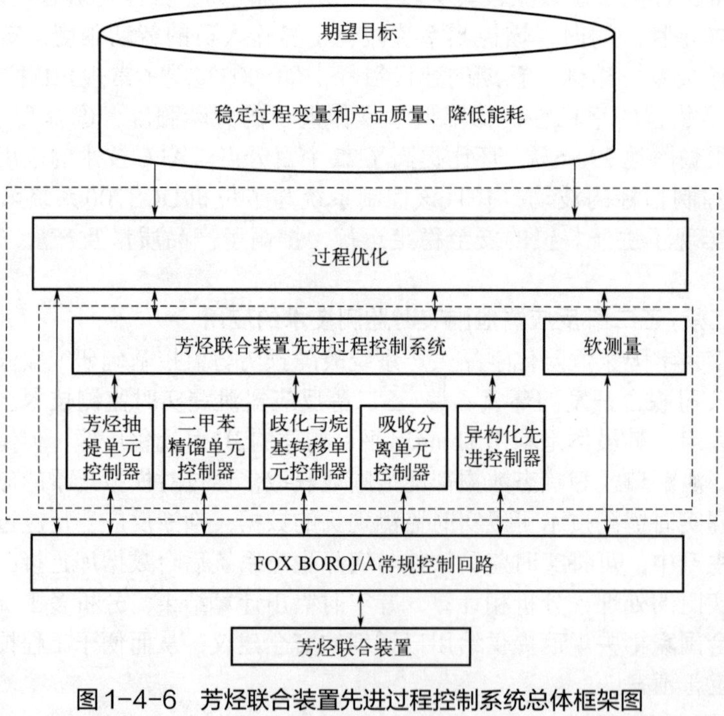


图1-4-6 芳烃联合装置先进过程控制系统总体框架图

在其芳烃联合装置APC项目实施完成后，各控制器稳定运行，各关键变量的平稳性明显提高，标准偏差平均降低30%。项目投用前，苯塔塔底温度最高达到143.64℃，最低温度为136.01℃，平均控制温度为141.64℃，标准方差为0.57；而APC控制投用后，苯塔塔底温度最高为143.20℃，最低温度为140.52℃，平均控制温度为142.00℃，标准方差仅为0.17，该指标标准方差降幅达到69.80%，苯塔塔底温度控制更加稳定。APC项目应用后有效提高了装置对各种生产工况的适应能力和抗干扰能力，使主要被控变量的平均标准差降低约40%，为装置控制实现卡边操作提供强有力的支持。

中国石化上海石油化工股份有限公司则在歧化异构化和吸附分离装置上应用了先进过程控制技术。歧化异构化和吸附分离装置采用的是成熟工艺，自控技术应用较完善，装置自控率已达90%以上，而他们采用的APC先进过程控制在装置自控率较高的基础上开发了模块化控制技术，从而达到在装置平稳安全运行基础上进一步挖掘装置潜力，实现降低能耗和提高目标产品收率的目标。他们在歧化异构化、吸附分离装置先进过程控制系统开发中规划设置了6个控制器，各控制器之间存在的耦合关系，利用干扰（前馈）变量及约束条件来相互关联。APC在实施后有效地提高了装置的处理能力，保证了装置的运行平稳，减小了生产状态的波动，在一定程度上降低了生产管理的难度，减轻了操作工的劳动强度，同时也带来了一定的经济效益。

洛阳石化PTA装置在现有的DCS基础上，利用DMCplus先进过程控制技术和AspenIQ软测量仪表软件，在PX氧化反应过程中建立了氧化反应多变量预测系统，对PX氧化反应过程实现了整体控制。此套先进过程控制系统采用多变量预测协调控制和常规PID控制相结合的二级控制体系。从数据通信管理角度来看，整个先进过程控制系统分为3层：第1层纳入先进过程控制操作管理的控制回路和过程参数，以及软仪表所采用的过程参数，即原有DCS数据点，驻留在横河CS系统的控制站；第2层为数据通信管理层，CIMIO接口，驻留在APC服务器；第3层采用DMCplus软件实施的多变量预测协调控制器，以及采用AspenIQ软件实施的品质指标软仪表，驻留在APC服务器。

由于配料系统更加平稳，工艺参数的波动标准偏差显著降低，氧化控制器投用前后2周的数据对比结果表明，品质和催化剂浓度控制更为平稳，标准方差均降低了20%以上。自2013年6月初交付使用至今，APC系统工作正常，氧化反应控制器运行平稳。氧化反应品质标准偏差明显降低，提高了装置操作平稳性。PTA装置APC控制器，实现了氧化配料自动调节，极大减轻了操作员的劳动强度。在此基础上，通过卡边操作，有助于装置节能降耗。

### 4.4.4 聚合物生产过程自动化技术应用情况

我国聚合物生产自动化水平不断提升，但与先进国家相比，还存在技术差距，需进一步推动智能制造水平。中国聚合物生产过程自动化技术应用情况如下：

① 自动控制技术广泛应用：主要包括PID控制、模型预测控制等。如轻工业集团使用模型预测控制技术优化聚丙烯生产。

② 联网监测设备开发成熟：采集参数信息，实现远程监控诊断。如华东石化利用物联网对聚氯乙烯生产线进行实时监测。

③ 人工智能algorithms进入应用阶段。如深度学习用于产品参数预测控制、支持决策。

④ MES生产管理系统支持自动化：连接智能设备，完成生产信息收集、存储与分析处理。

⑤ 一体化生产线和细胞生产方式推广：模块化与集成程度高，自动化水平高。

⑥ 应用过程模拟技术：如有限元模拟聚丙烯加工过程，指导设备优化设计。

⑦ 制造智能化与工业5.0应用探索：如中国石化利用5G控制聚乙烯生产工艺参数。

以下是聚合物生产过程自动技术应用情况的一些具体例子。

文献[115]使用卷积神经网络（CNN）对生产线图像数据进行特征提取，识别设备运行状态，通过历史生产数据训练循环神经网络LSTM模型，实现生产参数的序列预测。基于预测结果和物理模型，采用模型预测控制方法对生产线进行优化控制。算法具有自适应优势，通过不断学习新增数据来提升诊断和控制能力。系统整合视频采集、数据传输、深度学习计算等，实现智能监测与决策。相比于传统方法，该方法明显提高了生产线运行状态识别率和产品质量稳定性。

文献[116]在生产线各重要设备节点部署了传感器，采集设备运行参数等监控数据，利用ZigBee/Wi-Fi网络对传感器节点进行连接，形成局域网，搭建基于MQTT通信协议的物联网平台，实现局域网与互联网的连接，开发APP界面程序，实现远程登录平台及数据实时浏览与分析，应用大数据分析技术，对历史监控数据进行挖掘检测生产线运行状态，发现故障后通过APP推送告警信息，辅助远程处理和维修。相比于传统的监控手段，该方法大大提高了生产线的监控自动化水平。

文献[117]应用模型预测控制（MPC）理论建立了反应过程动态数学模型，根据最优控制原理，设计了基于状态空间的多变量自适应控制器，采用极点分配法优化控制系统参数，提高控制质量和反应稳定性，应用博弈论分析优化反应条件设定，实现多目标优化控制，将控制系统整合到MES生产管理系统中进行自动控制。与传统PID控制相比，该方法使产量提高约20%，产品质量达标准率提高约10%。

总体来说，我国聚合物生产自动化技术应用日臻成熟，各类自动控制和监测设备得到了广泛应用，信息化水平不断提升。一些企业也开始探索人工智能和大数据技术在生产过程中的应用。但是，与国际先进行业国家和世界级企业相比，我国在一些关键技术和应用方面还存在差距：

① 生产数据资源整合水平有待提高，数据共享利用程度不够。

② 一些新技术如深度学习等在生产过程中的实际应用案例较少。

③ 设备水平尚需进行升级改进，智能化、网络化程度需要加强。

④ 不同企业和生产厂家之间的技术交流不够频繁深入。

⑤ 制造业软硬件整合水平与工业互联网融合能力有待提升。

未来，我国聚合物生产过程自动化还需进一步推进：一是加大新技术研发力度，推广新一代自动控制和智能监测设备；二是实施大数据及云计算投入，助推智能制造水平；三是深化不同主体之间的技术交流合作。只有这样，才能缩小与国际先进水平的差距，推动我国聚合物制造业实现更高水平的智能化发展。

## 4.5 发展建议

对于石油化工自动化行业来说，其发展建议如下：

① 坚持创新驱动，促进产业高端化发展。坚持需求牵引科研。围绕攻破“卡脖子”技术难题，精确找准技术缺口，并按照紧缺程度、技术类别、攻坚难度等深入分析，明确必须自主创新的核心技术、可以依赖全球创新链分工的技术、必须抓紧攻坚的技术、可以长远谋划布局的技术，按照依据梳理形成任务清单，逐项进行攻关突破。

② 加快培育壮大新兴产业，促进工业化和信息化的深度融合。“互联网+”协同制造、“互联网+”智能制造日益成为生产方式变革的主要力量，持续推动着传统制造业向数字化、网络化、智能化方向发展，为传统产业转型升级带来了新的发展机遇。

未来，国内炼化企业要不断创新生产经营管理模式，基于大数据、云计算等先进技术的深度融合，建立智能石化生产经营模式和个性服务型业务体系，创新发展碳交易、“互联网+”等模式在石化市场上的应用。

① 加强管理创新，推动行业高质量发展。“十四五”时期是信息化引领全面创新驱动、构建国家竞争优势的重要战略期，也是我国从网络大国迈向网络强国、成为世界互联网引领者的关键期，更是我国实现在信息技术领域从跟跑到领跑、抢占战略制高点的竞速期。信息化不是概念，它需要每个企业将技术优化的理念贯彻到每个生产环节和部门，特别是对企业日常管理必须做到数据化、云化、服务化，真正从软、硬两个方面让生产制造业实现数字化、网络化和智能化。未来，石化行业科技创新将不断地扩展到管理创新方面，当下，一些石化企业已经开始推动信息化变革，利用信息化技术实现创新驱动，让互联网技术广泛应用于生产、运营和管理，逐渐改变传统的工作模式，从而达到降本增效的目的。相信在创新领域，石化行业从跟跑到并跑再到领跑，未来也必将是企业双创领域一面奔跑的旗帜。

② 加强集成化管理力度，打造系统管理平台。为确保石油企业的核心市场竞争能力，在工厂规模达到一定水平后，需要提升自动化技术的应用水平，确保企业的生产、决策能力。在此基础之上，加强信息化管理机制的建设力度，利用集成系统对不同生产环节进行系统化控制，成为企业保证生产规模、同步建设自动化控制程序的重要方向。提升石油企业生产、经营、决策、管理等工作的集成化水平，需要建立动态、系统、实时的管理平台，对规模化的生产设备、生产人员进行全面监督与管理，为企业大型化、集成化、自动化的发展夯实基础。

③ 重视自动化网络架构的管理数据信息安全。在现代仪表及控制系统领域，现场总线技术、智能芯片技术、无线技术等各类先进技术的应用越来越广泛，相应地需要经过数据总线处理的信息量也越来越大，对于自动控制系统而言，就面临一个新问题，即信息利用的合理性及信息传输的安全性。此外，对于各类生产企业而言，DOS系统的安全性也是一个重要问题，网络安全成为制约信息技术发展的重要因素。对于石油化工企业而言，网络安全问题同样是专家学者广泛关注的问题，因此未来石油化工自动化技术发展过程中，网络架构的信息安全问题及解决对策将引起更多人的重视。

④ 强化现场总线自动化技术的应用水平，推进信息处理的智能化。当前，现场总线自动化技术在石油生产领域的应用范围越来越广，实际的生产经验逐步积累，提升了生产环节的安全性与稳定性。现场总线管理通常在一些大型项目中的应用频率较高，通过远程控制及在线检测、维护等功能，及时对生产环节的工作内容进行监管，确保生产效率的同时兼顾了产品质量，促进石油企业整体效益的稳步提升。与此同时，现场总线自动化技术的应用还可以推进石油生产的管控一体化进程。具体来讲，在生产现场，自动化技术可以实现全数字的信息传递功能，优化、完善数据库的智能控制系统，对控制信息与非控制信息开展收集与处理工作，利用远程操控提升生产设备的智能化水平。远程控制的内容包括设备的在线调校、远程故障异常诊断以及预防维护等。

⑤ 开发先进的控制系统。操作数据管理系统（ODS系统）可实时获得各个生产装置及公用工程的数据，可以自动地从DCS系统收集实施数据，储存至实时数据库。利用这些

数据更好地实现优化操作、稳定生产、调整计划、改进经营、节能能源、降低成本和保护环境。ODS系统还可以提供工厂物料质量平衡和能量平衡计算、产品质量数据。

⑥ 检测仪表有待进一步优化与提高。仪表是石油化工行业中不可或缺的重要检测元件，并且石化企业中使用的仪表类型繁多，仪表级别也参差不齐。目前我国使用的仪表普遍存在过于传统与陈旧的缺点，仪表级别没有达到国际领先水平。然而，进口仪表又存在费用高、维护不方便等问题。因此，自主研发具有较高创新性和先进性的仪表成为解决当前仪表配套不健全的主要任务和发展方向。

## 参考文献


[1] 郑倩. 中国石油化工行业现状分析及发展建议[J]. 当代石油石化, 2023, 31(7): 19-22.

[2] 徐海丰, 王婧. 全球炼油化工产业发展新态势及启示[J]. 国际石油经济, 2023, 31(4): 37-45.

[3] 吴佳晨. 浅析我国石油化工行业发展趋势与应对措施[J]. 石油化工设计, 2022, 39(2): 5.

[4] 李寿生. 创新引领 高端突破 开创新时代石油和化工行业高质量发展新局面[J]. 中国石油和化工, 2020(1): 4-9.

[5] 由春艳, 赵国伟, 李海洋, 等. 2022年中国石油和化学工业经济运行报告[J]. 现代化工, 2023, 43(3): 245-247.

[6] 王一冰. 石化联合会会长李寿生在首届中国石油化工央企、国企、民营企业高层合作座谈会上表示我国石化行业呈现四大新发展趋势[J]. 中国石化, 2023, (11): 39-40.

[7] 王一冰, 任卓. 开拓市场是2023年石化行业稳中求进的头等大事——专访中国石油和化学工业联合会副会长傅向升[J]. 中国石化, 2023, (3): 46-50.

[8] 李寿生. 直面新挑战抢抓新机遇石油化工行业要走在绿色低碳发展最前列[J]. 智慧中国, 2023, (9): 8-12.

[9] 牛岩方, 于振磊. 石油化工自动化技术的发展现状及关键探讨[J]. 工程管理前沿, 2020(20).

[10] 郑丽珍. 石油化工自动化技术的发展现状及分析[J]. 计算机与网络, 2020, 46(2): 43.

[11] 陈子安, 钟鑫. 自动化技术在石油化工发展中的应用前景分析[J]. 现代物业(上旬刊), 2013, 12(4): 28-29.

[12] 喻春城, 周娟. 化工企业自动化控制技术解析及优化探究[J]. 中国化工贸易, 2022(1): 85-87.

[13] 郑梦. 自动化技术在石油化工领域的应用[J]. 山东工业技术, 2016, (19): 53.

[14] Gosman A D, Lockwood F C, Megahed I E, et al. Prediction of the flow, reaction, and heat transfer in a glass furnace[J]. Journal of Energy, 1982, 6: 353-360.

[15] Geng Z Q, Bi S, Wang Z, et al. Operation optimization of ethylene cracking furnace based on improved NSGA-Ⅱ algorithm[J].CIESC Journal, 2020, 71(3): 1088-1094.

[16] Zhu Q X, Geng Z Q, Xu Y, et al. Progress in intelligent process system engineering driven by data and knowledge fusion[J]. Journal of Beijing University of Chemical Technology, 2018, 45(5): 143-152

[17] 蓝兴英, 高金森, 徐春明. 乙烯裂解炉内传递和反应过程综合数值模拟研究Ⅲ. 炉膛内燃烧和传热过程的数值模拟[J]. 石油学报(石油加工),2004,(01):46-51.

[18] Zhang Y, Reyniers P A, Schietekat C M, et al. Computational fluid dynamics - based steam cracking furnace optimization using feedstock flow distribution[J]. Aiche Journal, 2017, 63: 3199-3213.

[19] Jin Y, Li J, Du W, et al. Adaptive sampling for surrogate modelling with artificial neural network and its application in an industrial cracking furnace[J]. Canadian Journal of Chemical Engineering, 2016, 94: 262-272.

[20] 周书恒, 杜文莉. 基于迁移学习的裂解炉产率建模[J]. CIESC Journal, 2014, 65(12): 4921-4928.

[21] 杨瑞云. 丙烷催化脱氢制丙烯技术研究进展[J]. 中国石油和化工标准与质量, 2023, 43(6): 164-166.

[22] 陈义丰, 王占丽, 杨春亮, 等. 丙烷脱氢制丙烯Catofin技术工艺危险性分析及预防措施[J]. 浙江化工, 2022, 53(5): 30-34.

[23] 欧阳素芳, 方志平. 丙烷脱氢技术发展现状[J]. 石油化工, 2022, 51(7): 823-830.

[24] 黄燕青, 陈辉. 丙烷脱氢工艺对比[J]. 山东化工, 2020, 49(15): 89-92.

[25] 彭文宇. EO/EG装置环氧乙烷精制系统改造优化[J]. 山东化工, 2021, 50(20): 165-167.

[26] 郭冬雨, 王筠. 环氧乙烷工艺流程的研究进展[J]. 山东化工, 2021, 50(16): 63, 65.

[27] 包振宇. 环氧乙烷/乙二醇装置的腐蚀分析及控制策略[J]. 石油化工设备技术, 2023, 44(4): 6, 44-50.

[28] 王炜，李金．乙烯制环氧乙烷技术进展[J]. 乙烯工业，2020, 32(1): 4, 11-14, 19.
[29] 林艳涛，聂伟，丛亮．环氧乙烷生产工艺研究[J]. 化工设计通讯，2022, 48(11): 61-63, 69.
[30] 谢志锋，梁馨茹．集散控制系统在环氧乙烷衍生生产系统上的应用[J]. 化工管理，2022, (22): 136-138.
[31] 李凤强．乙二醇生产工艺的研究进展[J]. 化工管理，2020, (31): 97-98.
[32] 聂辉．合成气制乙二醇产品品质提升方法的应用研究[J]. 云南化工，2023, 50(3): 134-137.
[33] 刘兰．石油化工制定乙二醇的标准以及生产工艺研究[J]. 大众标准化，2022, (24): 168-170.
[34] 曹俊杰．APC 系统关键技术及其在乙二醇生产工艺过程的应用[D]. 广州：华南理工大学，2017.
[35] 王雪锋．DCS 在乙二醇控制中的应用[J]. 山西化工，2023, 43(03): 120-121, 124.
[36] 慕彦君，宋倩倩，付凯妹，等．芳烃生产技术进展及产业发展建议[J]. 石化技术与应用，2021, 39(05): 371-377.
[37] 屠庆华．我国芳烃行业现状及发展趋势分析[J]. 化学工业，2020, 38(04): 36-44.
[38] 李小辉．芳烃生产技术研究[J]. 广州化工，2018, 46(02): 21-23.
[39] 张世方．催化重整工艺技术发展[J]. 中外能源，2012, 17(06): 60-65.
[40] 孙雪婷，王晓霖，陈钢．炼油化工的先进控制技术应用进展[J]. 现代化工，2022, 42(01): 40-45.
[41] 翁小平，袁海雷，杨飞．先进控制和优化技术在苯加氢装置中的应用[J]. 燃料与化工，2023, 54(04): 45-48.
[42] 曹东学．催化重整技术的发展趋势及重要举措[J]. 当代石油石化，2019, 27(10): 1-8.
[43] 卢俊文，王肖逸，周璐璐，等．先进过程控制技术在催化重整装置中的应用[J]. 石油化工技术与经济，2023, 39(01): 31-35.
[44] 杜鑫成．连续重整装置的先进控制与优化系统研究[D]. 北京：北京化工大学，2020.
[45] 刘禹含，曹萃文．基于 LightGBM 的催化重整装置产品预测及操作优化相关性分析[J]. 石油学报(石油加工)，2020, 36(04): 756-766.
[46] 戴坤成．连续催化重整过程软测量建模及优化方法研究[D]. 福州：福州大学，2016.
[47] 冯志武．PX 生产工艺及研究进展[J]. 现代化工，2019, 39(09): 58-62.
[48] 于政锡，徐庶亮，张涛，等．对二甲苯生产技术研究进展及发展趋势[J]. 化工进展，2020, 39(12): 4984-4992.
[49] 郭振宇．对二甲苯生产技术现状及市场分析[J]. 山东化工，2020, 49(12): 113, 121.
[50] 李永亮，孙小涛．中国 PTA 产业的发展现状及趋势[J]. 中国石油和化工经济分析，2013, (08): 46-49.
[51] 李西春，李媛．浅析国内精对苯二甲酸技术和生产现状[J]. 合成纤维，2021, 50(09): 1-4.
[52] 李晓莲．对苯二甲酸生产工艺技术及行业发展现状[J]. 化工管理，2022, (32): 59-62.
[53] 毛俊顺，詹宏伟，刘学良，等．先进控制系统在 PX 氧化反应过程中的应用[J]. 聚酯工业，2016, 29(04): 52-54.
[54] 陶莉莉．对二甲苯氧化反应过程智能建模、优化与控制研究[D]. 上海：华东理工大学，2013.
[55] 邢建良．大型精对苯二甲酸装置优化运行方法及其应用研究[D]. 上海：华东理工大学，2013.
[56] 贺小进．茂金属聚烯烃弹性体 POE 研究进展[J]. 化工新型材料，2011, 39(2): 32-35, 65.
[57] 刘振国，杨博，奚延斌，等．聚烯烃弹性体的研究现状及应用进展[J]. 弹性体，2017, 27(4): 65-69.
[58] 谭捷．POE 应用研究最新进展[J]. 精细与专用化学品，2019, 27(2): 21-23.
[59] 张腾，沈安，曹育才．聚烯烃弹性体和塑性体产品及应用现状[J]. 上海塑料，2021, 49(2): 14-20.
[60] 珂瑾．2023—2028 年中国 POE 胶膜行业投资规划及前景预测报告 [DB/OL]. (2023-02-17). https://it.sohu.com/a/641992751_121649946.
[61] 观研天下.2021 年全球主要 POE 生产企业产能、技术路线及可产产品类型一览表[DB/OL](2023-01-30).https://www.chinabaogao.com/data/202301/624011.html.
[62] 白平安．DCS 系统设计及先进控制在 DCS 系统中的应用[J]. 科技创新与应用，2017(31): 159-160.
[63] 胡寿松．自动控制原理[M]. 北京：科学出版社，2001: 205-230.
[64] 乐嘉谦．仪表工手册[M]. 北京：化学工业出版社，2003: 541-554.
[65] Fahime K, Jafar G. Stability analysis of model-based networked distributed control system[J]. Journal of Process Control, 2013, 23(03):452.
[66] 蒋世俊，杨其，朱家玉，等．SBS/EP 共混体系改性 PS[J]. 塑料，2012(03).
[67] 汪晓鹏，贺建梅，李文磊．聚苯乙烯改性研究进展[J]. 上海塑料，2017(02).
[68] Chang S Q, Xie T X, Yang G S. Effects of elastomer on morophology, flammability and rheological properties of HIPS/PS-encapsulated Mg(OH)p composites[J]. Polym Sci, Part B: Polyme Phy, 2007, 56(9): 1135-1141.

[69] 王中明，姚云，乔四宝．涤纶切片差别化干燥系统生产中问题及改善[J]．聚酯工业，2018, 31(01): 25-27.
[70] 牛长胜．涤纶短纤维后加工生产线控制系统开发研究[D]．哈尔滨：哈尔滨工业大学，2009.
[71] 刘民．基于数据的生产过程调度方法研究综述[J]．自动化学报，2009, 35(6): 785-806.
[72] And V J, Grossmann I E. Cyclic scheduling of continuous parallel - process units with decaying performance. AIChE Journal, 1998, 44, 1623-1636.
[73] 曹鹏飞，罗雄麟．化工过程软测量建模方法研究进展[J]．化工学报，2013, 64(3): 788-800.
[74] Li Y R, Yang C J, Zhang H W, et al. A model combining Seq2Seq network and LightGBM algorithm for industrial soft sensor[J]. IFAC-PapersOnLine, 2020, 53(2): 12068-12073.
[75] Sun Q Q, Ge Z Q. A survey on deep learning for data-driven soft sensors[J]. IEEE Transactions on Industrial Informatics, 2021, 17(9): 5853-5866.
[76] 耿志强，徐猛，朱群雄，等．基于深度学习的复杂化工过程软测量模型研究与应用[J]．化工学报，2019, 70(2): 564-571.
[77] 伊金静．基于深度学习的工业过程软测量[D]．杭州：浙江大学，2019.
[78] 周乐，沈程凯，吴超，等．深度融合特征提取网络及其在化工过程软测量中的应用[J]． 化工学报，2022, 73(7): 3156-3165.
[79] Yuan X F, Qi S B, Wang Y L, et al. A dynamic CNN for nonlinear dynamic feature learning in soft sensor modeling of industrial process data[J]. Control Engineering Practice, 2020, 104: 104614.
[80] Wang K C, Shang C, Liu L, et al. Dynamic soft sensor development based on convolutional neural networks[J]. Industrial & Engineering Chemistry Research, 2019, 58(26): 11521-11531.
[81] Sagheer A, Kotb M. Time series forecasting of petroleum production using deep LSTM recurrent networks[J]. Neurocomputing, 2019, 323: 203-213.
[82] Hu J J, Wang X F, Zhang Y, et al. Time series prediction method based on variant LSTM recurrent neural network[J]. Neural Processing Letters, 2020, 52(2): 1485-1500.
[83] Luo Y, Liu Q, Zhu H M, et al. Multistep flow prediction on car-sharing systems: a multi-graph convolutional neural network with attention mechanism[C]//International Conferences on Software Engineering and Knowledge Engineering, Proceedings of the 31st International Conference on Software Engineering and Knowledge Engineering. KSI Research Inc. and Knowledge Systems Institute Graduate School, 2019: 1727-1740.
[84] 王雅欣，徐宝昌，徐朝农，等．基于工厂数据的注意力LSTM网络辨识方法[J]．化工学 报，2020, 71(12): 5664-5671.
[85] Chandra R, Goyal S, Gupta R. Evaluation of deep learning models for multi-step ahead time series prediction[J]. IEEE Access, 2021, 9: 83105-83123.
[86] 常小虎，赵毅，曹雷，等．丙烷脱氢催化剂中Pt分散度控制对催化性能的影响研究进展[J]．天然气化工(C1化学与化工)，2021, 46(5): 29-35.
[87] 王刚．固定床丙烷脱氢反应工段设计参数的优化[J]．化工技术与开发，2022, 51(10): 54-56, 74.
[88] 陈梦阳．流化床丙烷脱氢工艺反应-再生系统自控方案优化[J]．上海化工，2023, 48(04):48-51.
[89] 杨文华，金治东．乙二醇装置上的APC技术应用[J]．氮肥与合成气，2022, 50(10): 11-13.
[90] 吕建新．乙二醇装置应用绿色APC技术效果[J]．聚酯工业，2021, 34(04): 52-56.
[91] 胡晓卫，张扬，何勇，等．大型EO/EG装置膜分离技术方案的选择与论证[J]．山东化工，2022, 51(6): 171-173.
[92] 曾稳稳，邓付洁，蔡静波，等．环氧乙烷反应器泄漏实时监测预警模型构建方法及应用[J]．化工进展，2019, 38(11): 5200-5209.
[93] 浙江三江化工新材料有限公司．一种环氧乙烷/乙二醇装置的低压凝液余热回收利用系统：CN202210289424.9[P]. 2022-07-15.
[94] 汤瀚源．连续重整装置流程模拟与目标优化[D]．北京：中国石油大学(北京)，2016.
[95] 黄格省，包力庆，丁文娟，等．我国煤制芳烃技术发展现状及产业前景分析[J]．煤炭加工与综合利用，2018, (02): 6-10.
[96] 朱炜．超滤-反渗透双膜法在精对苯二甲酸（PTA）中水回用中的应用研究[D]．杭州：浙江大学，2019.
[97] 姚健，赵佳，等．基于深度学习的聚乙烯薄膜连续成分检测技术[J]．聚合物材料，2020, 22(5): 145-150.
[98] 刘林，成杰，等．基于VR/AR的聚丙烯新产品研发协同设计方法[J]．设计技术与研究，2021, 28(5): 120-125.
[99] 王小明，张强，等．基于区块链的聚丙烯材料可追溯供应链管理模式[J]．环保材料，2019, 26(8): 89-93.
[100] 张思聪，马伟，等．深度学习助推聚丁二烯生产线智能诊断与优化技术[J]．工业自动化，2021, 8(5): 12-18.

[101] 牛小明, 吴韬, 等. 基于5G远程协同的聚四氟乙烯智能厂房关键技术研究[J]. 自动化学报, 2020,35(12): 2356-2362.

[102] 赵鑫, 王辉, 等. 一体化设计聚烯烃精细化生产装置技术路线[J]. 塑料工业, 2018, 45(12): 34-38.

[103] 李欣, 王丽, 等. 基于机器学习的联合建模方法优化聚乙烯生产工艺[J]. 化学工程技术, 2021, 39(2): 209-214.

[104] 孙小娜, 王海涛, 等. 基于遗传算法的聚丙烯催化剂合成参数多目标优化设计[J]. 精细化学工程, 2021, 38(5): 78-83.

[105] 李玉梅, 田磊, 等. 基于先进过程控制理论的聚氯乙烯生产线稳态熵最大原理控制新策略[J]. 控制理论与应用, 2019, 26(2): 209-214.

[106] 赵洋, 马程, 等. 基于BP神经网络的聚氯乙烯成分联合预测优化控制新范式[J]. 化工进展, 2019, 38(8): 145-150.

[107] 张兆云, 李瑞新, 陈福新, 等. 高效微悬浮聚合工艺技术开发与应用[Z]. 唐山三友氯碱有限责任公司, 2021.

[108] 张超, 一种聚苯乙烯釜内搅拌器变频控制装置: CN202320106053.6[P]. 2023-06-30.

[109] 王伟. 聚酯生产工艺分析与智能控制实现[J]. 中国设备工程, 2022, (13): 84-86.

[110] 王炳淞. 先进过程控制技术在芳烃抽提装置中的应用[J]. 石油化工自动化, 2022, 58(02): 16-20.

[111] 韩文华, 杨纪, 盛腾飞. 先进过程控制技术在芳烃联合装置的应用研究[J]. 当代化工研究, 2022, (17): 132-134.

[112] 吕建新, 刘玉栓. 连续重整装置应用APC技术效果[J]. 中外能源, 2016, 21(01): 68-73.

[113] 阮粉连. 先进控制在歧化异构化和吸附分离装置上的应用[J]. 石油化工技术与经济, 2016, 32(04): 54-58.

[114] 钟睿. 基于深度学习的聚丙烯生产线智能化诊断和优化控制技术研究[J]. 自动化学报. 2021, 37(2).

[115] 孙立军, 王晓磊, 等. 基于物联网的聚氯乙烯生产线远程监控系统研究与应用.[J]. 仪器技术与sensors. 2020, 39(5): 145-150.

[116] 张小林, 黄海涛, 等. 基于先进过程控制理论的聚氯乙烯生产线自动化控制优化[J]. 工业自动化, 2019, 26(5).

[117] 赵文明, 白雪松, 龚华俊, 等. 石油化工行业“十三五”回顾和“十四五”发展展望（二）[J]. 化学工业, 2021, 39(1): 5-8.

[118] 伊光明. 浅析我国石化行业发展趋势和应对措施[J]. 中外能源, 2017, 22(4): 56-61.

[119] 赵晓飞, 张勇. 500强新榜发布, 探寻石化创新趋势[J]. 中国石油和化工, 2017,(9): 52-54.

本章负责人　田　洲　华东理工大学

参加编写人员　段兆阳

# 第5章　传统化工自动化

## 5.1　背景介绍

传统化工中的“三酸”（硫酸、盐酸、硝酸）、“两碱”（氯碱、纯碱）和“三肥”（氮肥、磷肥、钾肥）是工业与农业发展的基石。硫酸作为“工业之母”，广泛应用于化肥、药物、炸药、颜料、洗涤剂、蓄电池等领域；盐酸支撑金属加工、制药及水处理等行业发展；硝酸则是炸药和氮肥的核心原料，兼具战略与经济价值。烧碱是造纸、纺织和化工合成的关键碱性物质，而纯碱在玻璃制造、冶金脱硫等方面不可或缺，侯氏制碱法更实现了资源高效利用。三肥中，氮肥提高作物蛋白质含量，磷肥增强根系发育，钾肥提升抗逆性，三者共同保障粮食安全，推动农业增产。所以，“三酸两碱”是工业链的核心支撑，而“三肥”则直接维系农业命脉，共同构成国计民生的基础。

传统化工的数字化转型与高质量发展是行业突破资源、能源、环境约束，实现可持续增长的核心路径。通过深度融合工业互联网、大数据、人工智能等现代信息技术，研建智能制造系统，优化生产工艺与设备运维，推动生产流程从“经验驱动”向“数据与知识驱动”跃升，显著提升能效、降低碳排放。依托工业互联网平台整合产业链资源，实现供需精准匹配与供应链协同，赋能产品创新（如生物基材料、绿色催化剂）与工艺迭代（如短流程合成、碳捕集利用）。在“双碳”目标引领下，智能化转型加速传统化工向绿色化、循环化升级，通过原料替代（如氢能制合成氨）、能源结构优化（光伏制氢耦合生产）及废弃物资源化（磷石膏制建材），破解“碳排放双控”与可持续增长矛盾。

### 5.1.1　传统化工行业概况

**（1）化肥行业**

化学肥料（简称化肥）是指通过化学或物理方法制成的含有一种或几种营养元素的肥料，是农业生产中最基础和最重要的物质投入。化肥成分单纯，养分含量高；肥效快，某些肥料有酸碱反应；一般不含有机质，无改土培肥的作用。化学肥料种类较多，性质和施用方法差异较大，传统的“三肥”指氮肥、磷肥、钾肥。

化肥行业是关系农业生产发展和农民切身利益的基础性行业。化肥产业链上游主要是煤炭、天然气、磷矿、硫磺和钾矿等原材料供应商，中游是磷肥、氮肥、钾肥、复合肥生产制造商，下游是化肥批发商、零售商等，最终流通到农户手中。根据我国国民经济“八五”计划至“十四五”规划，国家对化肥行业的发展引导政策经历了从努力增加化肥供应量到积极发展市场需求量大的高效化肥，再到实施化肥农药使用量零增长行动的历程，政策层面对化肥行业的发展引导随着产业处于不同的历史环境和发展水平有所侧重，核心是服务于我国农业的高质量健康发展。

1937年，我国创建了第一座化学肥料工厂——永利硫酸铔厂，之后随着国外技术引进项目的逐渐落地和国内化肥生产技术的进步，以及在国内庞大的化肥市场需求的推动作用下，我国化肥行业进入快速发展阶段。到2015年，随着《到2020年化肥使用量零增长行动方案》的逐渐落地，国内化肥行业发展回归理性，化肥行业步入稳定发展阶段。根据“十四五”规划，将严格限制新增产能，国内氮肥、磷肥行业供给格局有望持续性优化。与氮肥、磷肥不同的是，我国钾肥资源供给不足，进口依存度超过50%。

多年来，氮肥产量保持在较高水平，基本能够满足国内农业生产的需求。随着农业现代化进程的推进和农作物种植面积的扩大，氮肥产量总体呈现增长趋势。2023年，我国氮肥产量为4486.7万t，同比增长8.6%。2024年1～10月，全国氮肥产量4022.8万t纯氮，同比增长7.2%。我国磷肥产量整体呈现下降趋势，由2018年的1696.3万t下降至2022年的1522万t。从地区来看，我国磷肥生产地主要分布在磷矿资源丰富的湖北省、贵州省、云南省、四川省等地区。其中，湖北省是我国磷肥第一大生产地，2022年占比达到37.8%；其次是云南省，占比达到27.1%。2018～2022年，我国钾肥产量由880万t下降至700万t。大力发展钾肥新品种，对改良土壤、提高农产品品质具有重要意义。随着我国农业用肥结构不断优化，钾肥需求预计也将继续稳步上涨。国内主要钾肥生产企业有盐湖股份、藏格控股，年产能分别为500万t和200万t，合计占国内产能的87%。

从市场规模情况来看，随着我国化肥产业的不断发展，近年来我国化肥行业市场规模也随之不断增长，如图1-5-1所示。但受限于产业结构调整及政策监管等原因，规模增速日益趋缓。相关资料显示，2021年我国化肥行业市场规模达2964亿元，同比增长1.79%，2024年我国化肥市场规模达3963亿元。

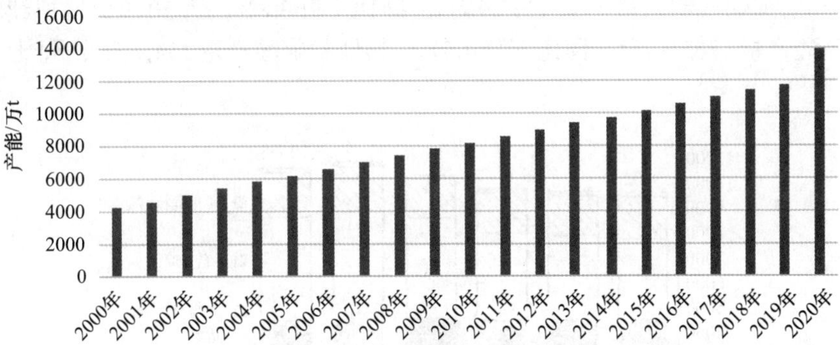


图1-5-1　我国化肥行业产能

我国有机化肥产业发展出现许多不容乐观的问题，如：产业结构不合理、产业集中于劳动密集型产品；技术密集型产品明显落后于发达工业国家；生产要素决定性作用正在削弱；产业能源消耗大、产出率低、环境污染严重、对自然资源破坏力大；企业总体规模偏小，技术创新能力薄弱、管理水平落后等。

近些年，有机肥受到越来越多农民的关注和认可，特别是大棚蔬菜产区，施用有机肥作底肥的菜农逐年增多，有机肥的销量也逐年攀升。但同时，有机肥在生产、销售过程中也暴露出了诸多缺点和不足，影响了人们对有机肥的正确认识，妨碍了有机肥市场的正常发展。

**（2）无机酸行业**

无机酸是一类广泛用于工业和化工领域的化学物质，通常以无机化合物的形式存在，具有酸的性质。无机酸在多个行业中应用广泛，包括冶金、矿业、农业、食品加工、制药、纺织、石油化工、电子、废水处理和建筑等，用于酸洗、脱色、酸碱中和、酸性调节和防腐蚀等用途。传统的“三酸”包括硫酸、硝酸、盐酸，其他的无机酸产品包括氮酸、磷酸和氢氟酸等，其中硫酸通常是市场上最主要的无机酸产品。全球无机酸市场规模庞大，其增长在一定程度上受到全球工业和制造业健康发展的影响，市场预测表明未来几年将继续稳健增长。市场竞争激烈，吸引了大型化学企业和小型企业进入市场，推动了产品质量和价格的变化。随着环保意识的增强，无机酸生产行业也在不断改进工艺以减少废物产生、降低能源消耗和减少对环境的不利影响，可持续生产实践变得越来越重要，以满足环保法规和市场需求。

目前，无机酸市场已经达到相当大的规模，市场预测表明未来几年其将继续稳健增长。根据统计数据，从2017年至2019年，全球无机酸市场的年均复合增长率为3.9%，预计至2028年市场规模将从约184亿美元增至254.7亿美元。在全球市场中，亚太地区占据着最大的份额，其次是欧洲和北美。

无机酸生产市场竞争激烈，市场准入壁垒相对较低，许多大型化学企业，如巴斯夫和阿克苏诺贝尔等，已进入这一领域。然而，一些小型企业也迅速崭露头角，如化学工业公司，还有通过收购和合并来扩大市场份额的企业，如海克尔和威廉斯。在无机酸市场中，硫酸是最主要的产品，其次是盐酸和氢氟酸。在全球市场中，硫酸占据了主导地位，占市场总份额的45%，而盐酸和氢氟酸分别占有31%和13%的市场份额。

在产能方面，以硫酸为例，据中国硫酸工业协会统计，2022年我国硫酸总产量约1.07亿t，同比下降2.2%，占全球硫酸总产量的34.9%。其中，硫磺制硫酸产量4421.7万t，同比下降8%；冶炼烟气制硫酸产量4255.9万t，同比上升3.8%，近20年保持连续增长走势；硫铁矿制硫酸产量1765.3万t，同比下降4.6%；其他制硫酸产量254.7万t，同比上升42.3%（图1-5-2）。

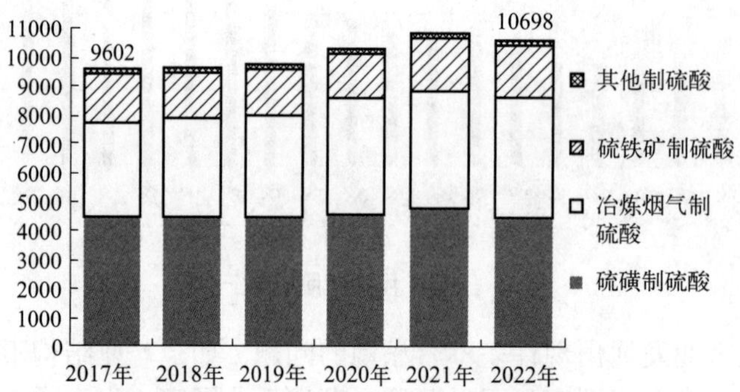


图1-5-2　2017～2022年我国硫酸总产量

2024年1～12月，我国硫酸产量约为10369.9万t，同比增长6.9%。图1-5-2中的数据显示，2019～2023年我国硝酸产量由239.21万t上升至645.36万t。硝酸的制备工艺分为两大类：硝化法和湿化氧化法。硝化法生产工艺简单、成本低廉，但有较大的环境污染问题和操作风险；湿化氧化法对环境的污染小，但成本较高、操作难度大。从消费领域来看，我国硝酸主要用于化学工业，其次是冶金工业和医药工业，分别占67.5%、15.2%和6.3%，其他方面消费量约占11%。2023年我国硝酸行业化工领域市场规模为20.67亿元。我国硝酸行业市场较为分散，行业内并无优势较为明显的龙头企业，一些大型企业，如安徽华尔泰化工股份有限公司、安徽金禾实业股份有限公司、四川泸天化股份有限公司、江苏戴梦特化工科技股份有限公司等，拥有较大的市场份额，但仍有众多中小企业在市场中占据一定地位。

我国的盐酸（含有31%的氯化氢）总产量近年来表现出下降的趋势。2021年，总产量降至802.24万t。这些产量主要集中在山东、江浙等华东地区。另外，从进口情况来看，2021年我国的盐酸进口金额达到了1.65亿元，进口的盐酸占全国市场规模总量的7.4%；2023年我国盐酸产量为830.7万t，进口量为0.61万t，出口量为2.03万t，需求量为829.3万t。

无机酸的生产过程通常包括溶解、酸化、结晶、蒸发、分离和干燥等步骤。每种无机酸的生产过程可能因使用的原材料和生产工艺的不同而略有不同。随着科技的不断发展，传统化工无机酸行业也在不断改进工艺和提高生产效率。新的技术和材料的引入可能会对行业格局产生影响。

综合而言，传统化工无机酸行业在工业和化工领域扮演着重要的角色，其持续发展和改进对满足多样化的工业需求和环保要求至关重要。

**（3）无机碱行业**

碱行业是化工行业的重要组成部分，主要生产碱类化学产品。传统的“两碱”指纯碱和氯碱（主要产品是烧碱）。碱行业主要包括氢氧化钠、氢氧化钾、氯化钠、氢氧化钙、碳酸钠、过硫酸钠等产品，原料广泛应用于玻璃、纺织、制革、造纸、石化、冶金等行业中。

“十四五”以来，顺应《中国制造2025》与“工业4.0”的智能制造与绿色化工发展趋势，碱行业严控新增产能、淘汰落后产能。在氯碱生产方面，推进国产化离子膜的开发与推广应用，应用先进节能的技术和装备，提升氯碱生产的自动化率。东部地区氯碱产业依托区域位置及产业链优势，探索出与化工新材料、氟化工、精细化工和农药等行业结合的综合发展模式。西部地区则依托资源优势建设大型化、一体化“煤电盐化”项目。我国东部、中部和西部地区不同成长路径和发展特点的氯碱产业带已经形成。在产品开发方面，不断开发高附加值耗碱产品，加强与下游加工企业的合作。

我国纯碱生产主要集中在华东、华中和西北地区。2017～2022年我国纯碱产量及增速如图1-5-3所示。2022年1～9月我国纯碱华东地区产量为747.78万t，占总产量的34.9%；华中地区纯碱产量为529.38万t，占总产量的25%；西北凭借丰富的原材料资源优势和地理优势，产量达415.74万t，占总产量的19.4%。2023年，我国纯碱在产企业有33家，总产能合计为3780万t，较2022年增加640万t。2024年，我国纯碱产能为3838万t，较2023年增加4.9%。

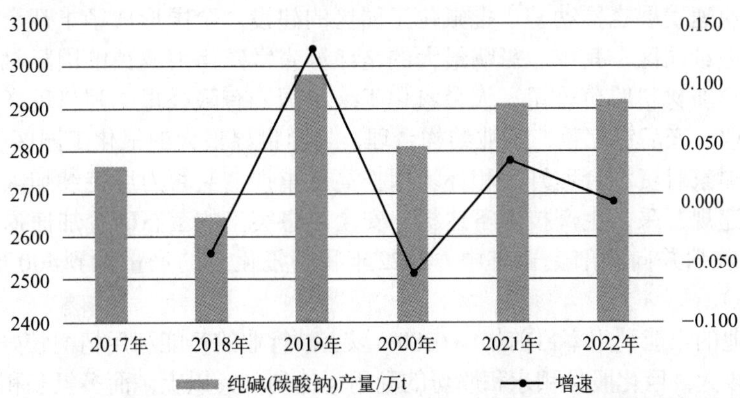


图1-5-3 2017～2022年我国纯碱（碳酸钠）产量及增速

目前我国烧碱供应主要集中在华东、华北和西北地区。其中华东是我国烧碱分布最为集中的区域，2022年其产能约2209万t，占全国总产能的比重为49.88%；其次为华北、西北地区，2022年产能分别为762万t、623万t，占比分别为17.21%、14.07%。然后是华中、西南、东北、华南地区，产能占比分别为8.47%、4.95%、2.78%和2.64%。2017～2022年我国烧碱实际产量及增速如图1-5-4所示。2024年，烧碱产量增加明显，主要是因为产能增加且开工负荷率提升。就产量数据来看，1～10月累计产量为3489.65万t，较2023年同期增加5.87%。

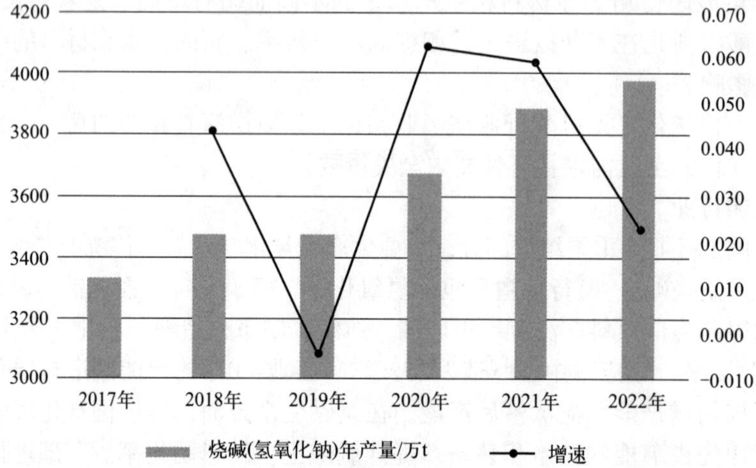


图1-5-4　2017～2022年我国烧碱（氢氧化钠）产量及增速

碱的生产在全球范围内呈现出分布广泛、规模不断扩大、产量持续增长的趋势。全球碱的年总产量以3%左右的速度增长。中国、美国、印度、俄罗斯等国家是全球碱生产的重要力量。

**（4）其他传统化工行业**

在无机氟化物中，作为铝电解工业生产原料的氟化铝、冰晶石等氟化盐产品占总生产量的绝大部分，其他产品产量较少。有机氟化工产品以其耐化学品、耐高低温、耐老化、低摩擦、绝缘等优异的性能广泛应用于军工、化工、机械等领域。目前国内氟化工企业已发展到上千家，形成了包括氟烷烃、含氟聚合物、无机氟化物、含氟精细化学品、氟材料加工等在内的完整氟化工产业链，产品年产能接近500万t，产能和消费量均占全球半壁江山。氟化工的快速发展也推动了一批氟化工园区的建设，全国形成了十几个以氟化工为主的经济开发基地或园区。其中，影响最大的是江苏省常熟市海虞镇的国际氟化工园区，集聚了上海三爱富新材料股份公司、大金氟化工（中国）有限公司、阿科玛（常熟）氟化工有限公司等企业，产品链完整，产业结构合理，是全世界最大的氟化工园区。

近年来，国家对资源合理开发和环境保护高度重视，监管力度持续加大，行业准入门槛不断提高。违规开采、生产技术不达标、安全隐患突出的萤石矿企加速退出，行业有效产能规模持续收缩并向头部企业集中，2022年我国氟化工的产量达到400万t，同比增长2.8%（图1-5-5）。

氟化工行业的产能利用率目前集中在80%以上，行业的产能利用情况较好。氟化工产能利用情况波动较大，巨化股份和永和股份的利用率达到80%以上，而多氟多和联创股份的利用率为60%左右；因此，氟化工的工艺技术流程在各个企业之间差异较大。

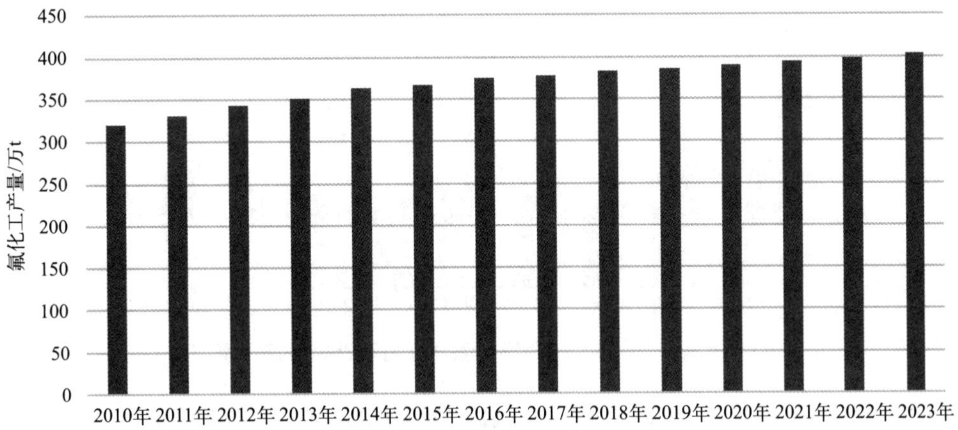


图 1-5-5　我国氟化工产量

近年来，随着中国经济的持续高速发展，氟化工产品的需求年增长率达到12%以上，特别是汽车、电子信息、建筑与石油化工等行业的迅猛发展，为氟化工提供了广阔的市场空间。随着经济实力的增强和人民生活水平的提高，我国对氟化工产品的需求增长率远高于全球平均水平，氟化工产业的生产技术日臻成熟，装置规模不断扩大，产品基本能满足国内需求。基础原料和消耗臭氧层物质（ODS）替代品的开发已形成规模、系列，以芳香族氟化物为主体的含氟中间体有了很大的发展，三废治理技术也有较大进步。我国氟化工已形成了一定的产业布局，除原有分布在江浙、沿海地区外，在全国各地尤其是在萤石储藏地区，新生的氟化工园区如雨后春笋般地崛起，形成了一批氟化工生产骨干企业及上千家中小型企业，氟产品年销售额约400亿元。

氟化工行业跨国公司，如杜邦、阿科玛、大金、旭硝子、苏威、霍尼韦尔等，相继进入我国市场，带来技术的同时也加剧了竞争。国内低端领域竞争本已十分激烈，跨国公司的重点在于控制高端市场，同时获取国内的氟资源。对于国内氟化工企业来说，既要更有效地吸收和利用国外先进技术，更要加大研发力度，必须正视行业的低水平重复建设与恶性竞争。

硅化工行业是全球竞争较为激烈的行业之一。在全球范围内，许多国家和地区拥有硅化工产业，并且市场竞争激烈。我国是全球最大的硅化工产品生产和消费国。硅化工产品广泛应用于建筑、电子、能源、光伏、玻璃、化妆品、医药等领域。随着这些领域的发展，硅化工产品的市场需求也不断增长。硅化工行业的产业链条较为完整，包括硅矿的采集、硅原料的提炼、硅制品的制造和销售等环节。在这个产业链中，不同企业承担着不同的角色和功能。

近年来，随着国内建筑、汽车、电力、医疗、新能源、通信电子等行业对有机硅材料的旺盛需求，我国有机硅产业的发展十分迅速，其已成为高性能化工新材料领域中的重要支柱产业。《中国制造2025》《战略性新兴产业分类（2018）》《新材料产业发展指南》《“十四五”原材料工业发展规划》等相关目录中也将有机硅材料列为重点发展和支持的材料之一。2022年，随着合盛硅业、东岳硅材、云南能投、恒星科技等有机硅上游企业新增产能的陆续释放，有机硅原材料供应充足，有机硅单体价格第二季度逐渐回落。

由于2022年工业硅市场行情整体较好，部分闲置产能重新投产，叠加“一体化”工业硅项目产能投产，使国内总产能有较大幅度的增长。据统计，截至2022年，我国工业硅产能为630.8万t。2022年，国内工业硅产量达到327万t（图1-5-6）。2022年工业硅整体行情较好，厂家生产积极性较高，尤其是上半年枯水期，西南地区开工率保持相对高位，尽管

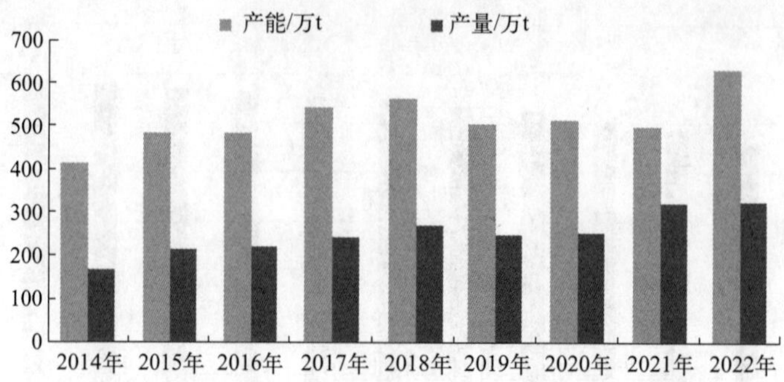


图1-5-6　2014～2022年我国工业硅产能、产量情况

下半年因电力短缺以及疫情影响，全年工业硅产量依然有较大幅度的增加。

随着国家不断加大安全、环保监管力度和对低端产能的限制，终端用户对品牌、质量、服务等的要求不断提高，有机硅下游行业集中度明显提升，市场愈发向头部企业集中。随着国内有机硅技术工艺的逐步成熟，国产质量不断升级，有机硅国产化进程快速推进，有机硅进口量呈持续下降趋势，出口量持续快速增长，进口替代效应显著，但高端有机硅产品仍依赖进口，大而不强的现象依然存在。

### 5.1.2　传统化工自动化技术概况

#### （1）化肥行业

随着科技的不断发展，化肥生产自动化已成为现代化农业生产的必要手段。本节主要介绍化肥生产自动化的几个方面，包括原料配比自动化、混合搅拌自动化、造粒成形自动化、包装封口自动化、质量检测自动化以及生产管理自动化。

山西丰喜肥业（集团）股份有限公司临猗分公司一套年产12万t合成氨的双甲合成工艺，除造气炉外，其余工艺包括变换、脱碳、双甲、合成等800多个控制点，全部采用浙江中控的JX-300X DCS系统进行控制，并实现了各工段的联网，为各工段的工艺协调和资源的最佳调度提供了可靠数据。系统运行可靠稳定，取得了良好的经济效益，吨氨耗煤1200kg，各项消耗达到国内同行业先进水平。整个DCS控制系统由8个工作站、2个控制站（3个机柜）构成。工作站中1个为调度机，1个为工程师站，其余6个为操作员站，调度机兼作网关机，具体网络结构如图1-5-7所示。

JX-300X DCS通信网络分为3层。最底层为控制站内部的I/O控制总线SBUS，它又分为两部分，即SBUS-S1和SBUS-S2，分别用于控制站内部数据转发卡和I/O卡件、主控卡和数据转发卡之间的通信。第2层为过程控制网络Scnet Ⅱ，它用于操作员站、工程师站和控制站之间的通信，数据传输遵循TCP/IP和UDP/IP协议，通信速率为10Mbit/s或100Mbit/s。由于网络采用双重化冗余结构，在任一通信线路发生故障的情况下，通信网络保持正常的数据传输。网络采用中继式集线器作为节点接入设备，使节点的扩充特别方便。各工作站之间的信息传送非常方便、快捷，各种资源可以方便地实现共享。组态数据可通过文件拷贝的形式进行传送，又可通过JX-300X的组态界面进行传送。最高层为信息管理网，采用以太网，用于工厂级的信息传送和管理，是实现全厂综合管理的信息通道。服务器采用浙大中控的AdvanTrol——PIMS综合集成软件，系统采用B/S模式，即浏览器/服务器模式，客户机只需有标准的Internet浏览器即可查看现场控制系统的生产数据和生产过程

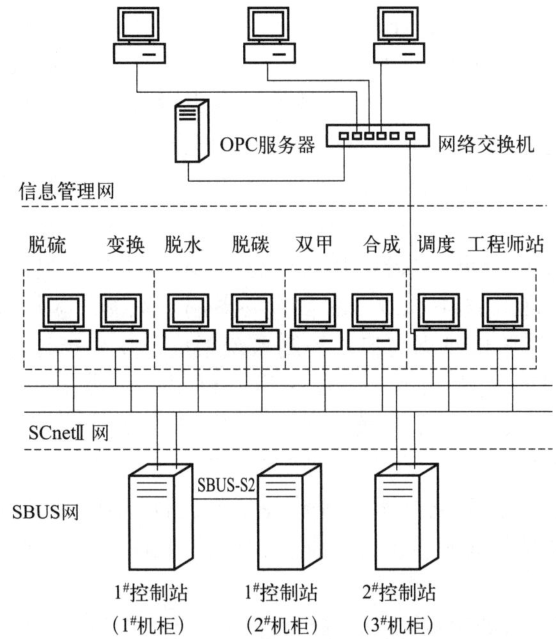


图 1-5-7　中央控制室 DCS 系统网络结构图

的运行情况，为生产管理人员及调度人员提供了可靠数据。

**（2）无机酸行业**

无机酸生产中的自动化技术在提高生产效率、产品质量和工作安全性方面发挥着关键作用。以下是无机酸生产中自动化技术（图 1-5-8）的概况：

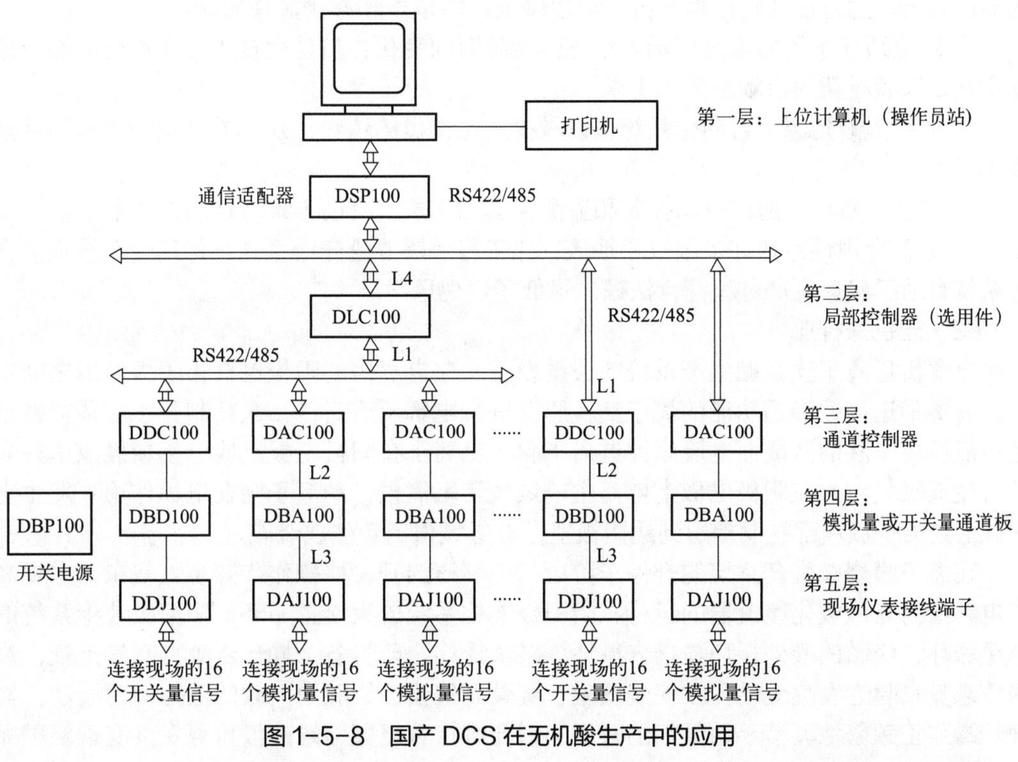


图 1-5-8　国产 DCS 在无机酸生产中的应用

① 自动化流程控制：现代无机酸生产通常采用自动化流程控制系统，以监测和调整生产过程中的各个参数。这些系统使用传感器、控制器和反馈机制来确保酸的浓度、温度、pH值等参数在可控范围内，以提高产品一致性和减少操作员的干预。

② 批量控制：在无机酸生产中，通常采用批量生产方式。自动化系统可以精确控制每个批次的生产参数，确保产品质量稳定，包括自动控制酸的添加、搅拌速度、温度和反应时间等。

③ 仪器和传感技术：先进的仪器和传感技术在无机酸生产中扮演着重要角色。例如，pH传感器可以监测反应液中的酸碱度，温度传感器用于监测反应温度，压力传感器用于控制反应器内的压力等。这些传感器与自动控制系统集成，使生产过程更稳定和可控。

④ 过程模拟和优化：先进的生产工厂采用过程模拟和优化软件，以模拟不同生产条件下的反应过程，并通过数学模型来预测最佳参数。这有助于优化生产过程，减少资源浪费，提高产量和降低成本。

⑤ 远程监控和维护：自动化技术远程监控生产过程，减少操作员的直接干预。此外，自动化系统可以提供实时数据和警报，以便快速响应任何生产问题，有助于提高生产的安全性和可靠性。

⑥ 数据分析和报告：自动化系统还能够生成详细的生产数据，可用于分析生产趋势、产品质量和生产效率。这种数据分析有助于改进工艺，预测维护需求，并支持决策制定。

自动化技术在无机酸生产中的应用不仅提高了生产效率和质量，还具有以下方面的重要影响：

① 安全性增强：自动化系统可以监测潜在的危险情况，并在必要时采取紧急措施，以防止事故发生。这有助于减少操作员的风险，提高工作场所的安全性。

② 能源效率：自动化系统可以更有效地管理能源消耗，例如在温度控制和反应过程中的能源利用。通过最佳化过程参数，可以降低能源成本和减少环境影响。

③ 迅速适应市场需求：市场需求可能会随时间变化，自动化技术使生产商能够快速调整生产，以满足新的市场趋势和需求。

④ 节约人力资源：自动化系统可以减少对操作员的依赖，从而节省人力资源和劳动力成本。

⑤ 质量一致性：通过自动控制和监测，自动化技术有助于维持产品的质量一致性。

⑥ 监管合规性：在许多国家和地区，化工行业需要遵守一系列环保和安全法规。自动化系统有助于确保生产过程符合法规，降低了违规风险。

**（3）无机碱行业**

电解槽是离子膜烧碱生产系统的关键设备。在电解槽的阳极电极和阴极电极之间安装着具有离子选择性渗透功能的离子交换膜，进行电解反应时，二次精制盐水和稀释碱液稳定地流过离子膜的两侧而电流则穿过离子膜。氯离子在阳极电极上放电生成氯原子并最终结合生成氯气；水在阴极电极上电离生成氢气和氢氧根，钠离子则在电场作用下发生电迁移并通过离子膜内部孔洞构造到达阴极室，与氢氧根结合生成烧碱。

在离子膜烧碱生产系统的开停车阶段，电解槽的开、停操作步骤多且复杂，主要涉及了电解槽的充液极化整流器的运行、阴阳极液相系统的大流量循环、阴阳极液相系统的最小量循环、烧碱的槽外循环与槽内循环等多项操作。随着各个操作步骤的有序进行，烧碱的需求量也随之发生变动，致使烧碱罐、烧碱高位槽、烧碱中间罐的液位产生波动，需要现场操作工频繁地调节手动阀门的开度，以便维持各烧碱储罐的液位稳定，实现烧碱循环系统的安全稳定运行。烧碱循环系统工艺流程图见图1-5-9。操作工频繁地手动操作阀门，调节循环系统中高温烧碱的流量，因此发生误操作的概率增大，这对生产系统是潜在的安全风险；同时操作工先是接收到操作指令然后再去执行，在时间上存在滞后性，且阀门开度通过操作工手动调节时个体差异性大，易造成烧碱罐、烧碱高位槽、烧碱中间罐的液位过高或过低，不利于生产系统的稳定运行。因此实现烧碱循环过程各环节的稳定控制是离子膜烧碱生产系统亟待解决的问题。

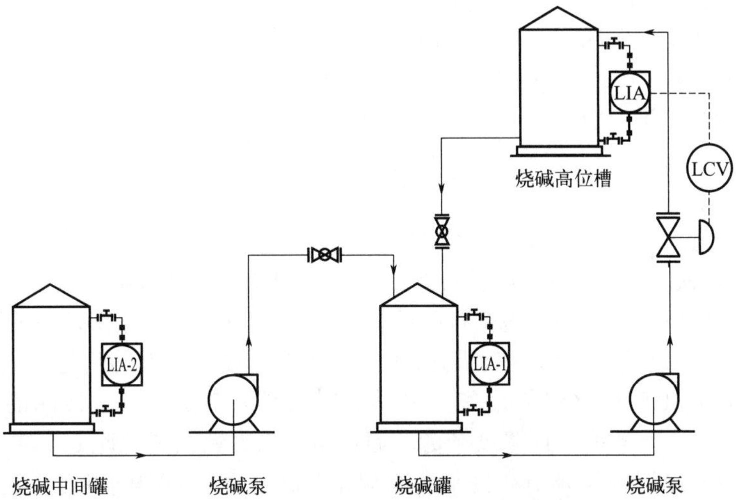


图1-5-9　烧碱循环系统工艺流程图

企业在原有生产工艺流程的基础之上，在烧碱管线上增加了两个自动调节阀，分别与相对应的烧碱罐液位、烧碱中间罐液位形成控制回路，实现烧碱罐液位的自动控制，依据实际的工艺操作条件，结合DCS自动控制技术，自动调节阀设置相对应的PID参数。自动调节阀投入离子膜烧碱生产系统使用后，调节及时、准确，烧碱罐、烧碱高位槽、烧碱中间罐液位稳定，且循环系统中烧碱流量稳定、使用效果良好。优化后的烧碱循环系统工艺流程图见图1-5-10。

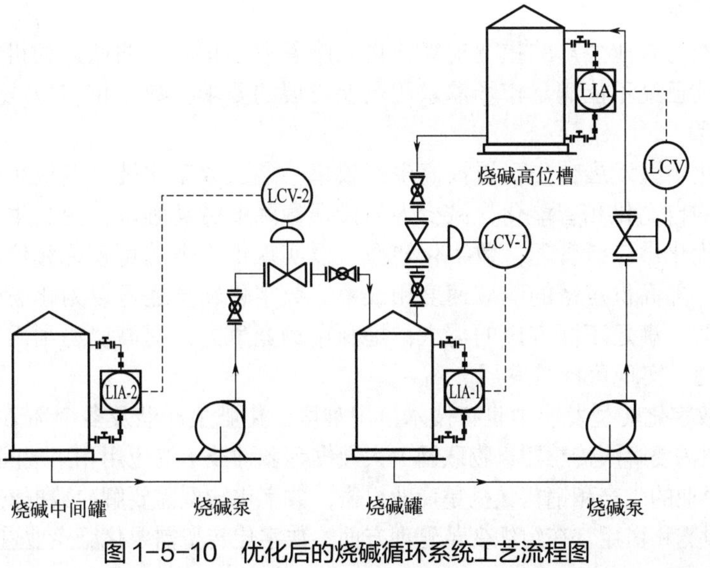


图1-5-10　优化后的烧碱循环系统工艺流程图

除此之外，在碱行业中，通过DCS系统可完成PID过程控制、多变量控制、串级、前馈调节，又可实现间断的顺序控制、批量控制、逻辑控制及自适应控制等各种专家控制，还可完成所需画面显示、监控、打印、输出报警、数据存储、趋势记录等功能，并且具有灵活扩展系统、管理功能强、实现人机对话、可靠性高、稳定性好的优点。系统硬件采用冗余配置与容错技术，其结构使得局部故障时维修方便，不影响系统监控，实现平稳操作、提质降耗，效益显著。目前DCS在碱行业主要工序上应用已成为主流，但不同厂家的计算机系统，特别是DCS各厂家通信标准不统一，互不兼容、封闭式的系统对实现计算机管控一体化造成了不便，形成了“自动化孤岛”。即使是“智能”数字仪表，尽管能实现许多功能，不同仪表公司生产的产品不能互相匹配，互换也存在此问题。

**（4）其他传统化工行业**

硅和氟化工行业在生产过程中可以应用各种自动化技术，以提高生产效率、降低成本、确保产品质量和安全性。

硅和氟化工行业采用自动控制系统来监测和控制生产过程中的各个环节。这些系统通常包括PLC和DCS，用于实现生产设备的自动控制和调节。通过集成传感器、执行器和控制算法，可以实现温度、压力、流量等参数的实时监测和调节，可以确保生产的稳定性。

自动化生产线和机器人技术在硅和氟化工行业中扮演着关键的角色。通过自动化输送线、机器人工作站和自动化包装设备，可以实现原料的自动投放、产品的自动生产和包装。这不仅提高了生产效率，还降低了劳动力成本和人为错误的风险。

远程监控技术允许操作人员在控制室监测和控制生产过程中的设备。通过远程监控系统，操作人员可以实时查看设备状态、采集数据和进行故障诊断。这种技术有助于提高生产的灵活性，减少停机时间，并降低了操作人员的风险。

数据分析和智能优化技术在硅和氟化工行业中日益重要。通过收集大量的生产数据，并应用机器学习和人工智能算法，可以从数据中提取有关生产模式、化学反应动力学和优化方案的信息。这有助于提高生产效率、降低原料和能源消耗，并优化产品质量。

### 5.1.3 传统化工数字化转型发展需求

**（1）化肥行业**

化肥行业作为农业生产的重要支撑，也面临着数字化转型的压力和机遇。传统的化肥生产和销售模式已经不能满足市场需求和行业发展的要求，数字化转型成为化肥企业转型升级的必然选择。

通过数字化转型发展首先可以提高生产效率，通过数字化技术的应用，化肥企业可以实现生产过程的自动化和智能化，减少人为错误，降低劳动强度，提高生产效率和产品质量。其次可以优化供应链管理，数字化转型可以实现供应链的可视化和信息共享，减少中间环节和库存，提高供应链的响应速度和效率。数字化转型还可以为化肥企业带来更多创新的产品和服务，满足不同客户的需求，提升市场竞争力，提高资源利用效率，减少环境污染和能源消耗，实现可持续发展。

当然，在数字化转型发展中也有技术应用难度，化肥生产涉及多个环节和复杂的工艺流程，数字化转型需要解决传感器、物联网、大数据等多种技术的应用和集成问题。还有数据安全风险，化肥企业的生产和销售数据是商业机密，数字化转型需要解决数据安全和隐私保护问题，防止信息泄露和盗用。在组织变革管理方面，数字化转型需要化肥企业进行组织架构和管理方式的变革，需要培养和吸引具备数字化能力的人才，提升组织的创新和协同能力。

**（2）无机酸行业**

在无机酸生产中，数字化转型发展具有重要的需求和潜力，以下是数字化技术的具体优势：

① 过程优化和效率提升：数字化转型可以通过实时监测、数据分析和智能控制系统来优化生产过程。这有助于提高产量、降低能耗、减少废品率和提高生产效率。

② 质量控制和一致性：数字化技术可以用于更精确地监测和控制关键生产参数，以确保产品的质量和一致性。这对于符合市场要求和质量标准至关重要。

③ 安全管理：数字化技术可以提高生产设施的安全性。例如，使用智能传感器和监控系统可以及时检测气体泄漏或火灾风险，并采取措施来保护人员和资产。

④ 远程监控和管理：数字化技术可以远程监控和管理生产设施，这对于实时决策和问题解决非常有帮助。远程访问设备和数据也有助于降低维护和运营成本。

⑤ 数据分析和决策支持：通过收集和分析大量的生产数据，数字化技术不仅可以提供更好的决策支持，这可以帮助管理层更好地了解生产趋势、市场需求和效益，以做出更明智的决策。

⑥ 环境和可持续性：数字化技术也可以用于监测和改进环境性能，以确保生产过程的可持续性和环保合规性。

**（3）无机碱行业**

工业互联网：碱行业的生产过程涉及生产参数、设备状态、品质数据等大量的数据，可以将生产设备、仪表和传感器等智能化设备进行联网，实现设备的联网和数据的实时采集，并通过实时监测和数据分析来实现生产的智能化优化，提高生产效率和产品质量。

大数据：对无机碱行业的生产数据进行深入挖掘和分析，发现潜在的规律和趋势，并提供对生产过程的优化和改进的决策支持。同时建立预测模型和预警系统，对生产过程进行预测和预警，帮助企业及时发现并解决潜在的生产问题。

过程自动化：碱行业生产过程复杂，包括原料处理、反应、分离和精制等多个环节。通过引入自动化技术，可以实现生产过程的自动化控制，提高生产效率和产品质量，并降低能耗和人力成本。

**（4）其他传统化工行业**

在其他化工行业，数字化转型发展需求需要考虑以下方面：

① 工艺优化和效率提升：有机硅和氟化工行业通过数字化转型可以对工艺进行优化，提高生产效率和降低成本。数字化技术可以帮助企业实时监测生产环节并收集大量数据，通过数据分析和模拟仿真来寻找工艺瓶颈和优化的潜力，从而提高生产效率和产品质量。

② 数据集成和智能分析：数字化转型可以帮助企业整合各个环节的数据，并进行智能分析。通过数据集成，有机硅和氟化工企业可以实时了解生产数据和设备运行状况，有助于做出准确决策和快速调整。智能分析可以帮助企业从数据中获取有价值的信息，用于优化生产和制定商业战略。

③ 远程监控和运维：数字化转型可以实现远程监控和运维，提高生产过程的灵活性和可靠性。通过物联网技术和远程监控系统，企业可以实时获取生产设备的运行状态和性能参数，并进行故障诊断和预测，及时采取措施避免停产造成的损失。

④ 安全与环保管理：数字化转型可以加强有机硅和氟化工行业的安全与环保管理。通

过数据分析和实时监控，企业可以对生产过程和环境参数进行监测，及时发现隐患和问题，并采取相应措施防止事故发生。数字化技术还可以改进废物处理和资源利用，降低对环境的影响。

⑤ 创新和产品开发：数字化转型可以促进有机硅和氟化工行业的创新和产品开发。通过将数字化技术应用于研发过程，企业可以进行虚拟实验和模拟仿真，快速评估新产品的性能和可行性。同时，数字化转型也可以帮助企业将市场需求与产品开发连接起来，提高产品的竞争力和市场占有率。

## 5.2 国内外现状

### 5.2.1 化肥行业自动化技术发展现状

**（1）流程模拟**

作为一种高技术应用工具，HYSIM化工模拟系统具有结构和功能强大的物性数据库，拥有丰富的单元操作模块，如反应器、分离器、热交换器、泵等。通过二次开发，将这些单元操作模块进行有效组合，在计算机上即可再现重油气化工序的生产实际，为分析并预测“瓶颈”的影响程度、改变工况、进行工艺参数寻优提供了便利。

由于重油气化工序的复杂性，采用HYSIM化工过程模拟系统对其进行流程模拟。模拟计算分两部分进行：一是根据气化炉模拟计算的混合模型，对中型氮肥厂重油气化工序进行全流程模拟，考核计算值与实测值是否吻合；二是考察氧油比、蒸汽油比变化时，气化炉出口温度、有效气产率、主要气体成分以及废热锅炉产汽量的变化情况，得出相关变化曲线图，在此基础上，探讨重油气化工序的最优操作条件。

Rudolph使用Aspen Plus对德士古合成氨工艺流程进行模拟计算，考察了德士古合成氨工艺流程的大能耗单元。研究表明，合成氨工艺可以继续进行节能降耗。

模拟结果中出现的偏差可能由以下方面造成：由于是模拟计算，流程均按理想状态处理；在实际生产过程中，合成塔中使用的催化剂会存在催化剂活性降低、中毒等因素，此处模拟为使模拟进程加快未加考虑；但模拟的总体相对误差较小，可用于合成氨工业生产的物料及能量平衡计算、生产条件优化、改进生产工艺、灵敏度分析，还可以用于设计方案的比较，节约了人工与实物成本，意义重大。

**（2）生产计划与调度**

化工生产计划与调度是生产经营单位应急管理运行机制的重要环节，对能否在突发事件初期进行有效的处置、控制和减少突发事件所造成的影响和损失至关重要。明确启动各类应急预案的关键环节和处置要点，控制、减轻和消除突发事件造成的社会危害，实现调度应急处置工作的程序化，打造“反应灵敏、协调到位、指挥有力”的调度应急工作体系是当代企业安全生产的关键。

兖矿鲁南化工有限公司（以下简称兖矿鲁化）是由兖矿鲁南化肥厂和兖矿国泰化工有限公司组建而成的。由于新老厂区的连通介质高达26条管线，兖矿鲁化的化工生产调度难度系数较大，对安全生产提出了较高的要求。

进行系统改造后，喷码系统运行稳定，降低了喷码系统的故障率，节省了费用，减轻了工作量，达到了预期目标。改造前、后工艺参数对比见表1-5-1。

表 1-5-1　改造前、后工艺参数对比

| 项目 | 改造前 | 改造后 |
|---|---|---|
| 主机故障 | 每年两次 | 至今未出现 |
| 喷头故障 | 每月 5 次以上 | 每月 1 次 |
| 喷头清洗 | 需人工清洗，每月约 30 次，每次清洗需 30min，清洗效果不理想 | 切换三通阀清洗，每月仅需 10 次，每次清洗需 10min，喷头的每个喷孔都能清洗干净 |
| 油墨用量 | 每月 200L | 每月 170L |

### （3）实时优化与先进控制

以系统建模、控制优化为代表的先进控制技术是应对工艺过程机理不清晰、生产条件复杂多变的有力工具。先进过程控制（Advanced Process Control，APC）是一种建立在常规控制基础上的、以多变量模型预测控制为代表的新一代自动化技术。APC主要包含模型预测、反馈校正和滚动优化。它使用模型来预估未来时刻被控对象的变化和误差，来确定当前的控制作用，利用可测信息来修正模型的预估值，再采用滚动优化的方法确定当前的最优控制作用。APC系统采用科学的、先进的控制理论及控制方法，以装置运行过程分析、数学模型计算为核心，以工厂的控制和信息管理网络为载体，在不修改原工艺流程、不增加现场设备的前提下，仅仅通过调整装置的运行操作参数，使DCS控制系统的潜力充分发挥，使工艺装置运行在最优工况，通过带约束的多变量协调控制降低装置物耗和能耗，实现装置“卡边”运行，获得最大的经济效益。

北京和利时工业软件有限公司开发的HOLLiAS APC软件包通过标准OPC接口与DCS系统进行通信，同时在DCS中设置了单独的APC操作监视画面，画面内容包括APC控制器的投运条件、通信状态、APC控制的运行状态、参数设置、投切开关等，如图1-5-11所示，并在DCS系统中组态了通信监测逻辑、APC无扰切换逻辑、中间点防误写逻辑等。保证APC系统的投运和切除均为无扰切换。当APC通信中断或系统故障时，APC也可以自动无扰切换至DCS操作员状态。

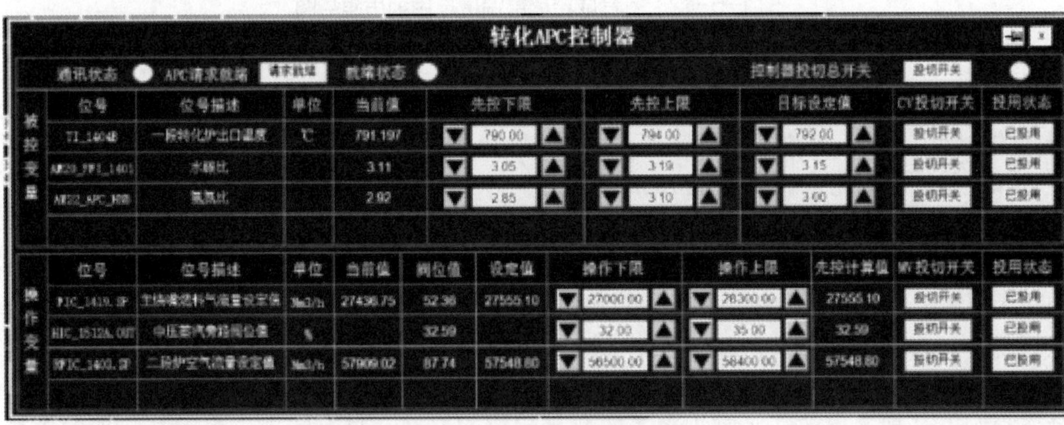


图 1-5-11　APC 操作面板

合成氨生产中一段转化炉出口温度通过对主烧嘴燃料气流量回路的设定值进行APC优化，天然气流量负荷、燃料气总管压力、燃料气热值、炼厂干气压力作为前馈，实现一段转化炉出口温度的平稳控制。水碳比优化回路以水碳比作为优化目标，通过对中压蒸汽旁路流量调节阀的开度进行APC优化，天然气流量负荷、中压蒸汽总管压力作为前馈来控制调整一段转化炉水碳比值；通过对二段炉空气流量设定值进行APC控制，配合合成气去氢回收流量、合成气的压力来控制调整氨合成塔入口合成气氢氮比的比值；通过对氨合成塔一床入口温度设定值进行APC控制，配合合成气温度、入口氢气浓度作为干扰变量来控制一床层温度；通过对氨合成塔顶部进口合成气手操器阀位进行APC控制，配合一床层温度作为前馈来控制二床层温度。

APC控制器经过开发、测试、试投用、连续投用后，整体装置运行更加平稳，转化一段炉出口温度、水碳比、氢氮比、合成塔触媒层温度关键工艺参数得到了自动精准控制，参数波动幅度明显降低，具体见图1-5-12。

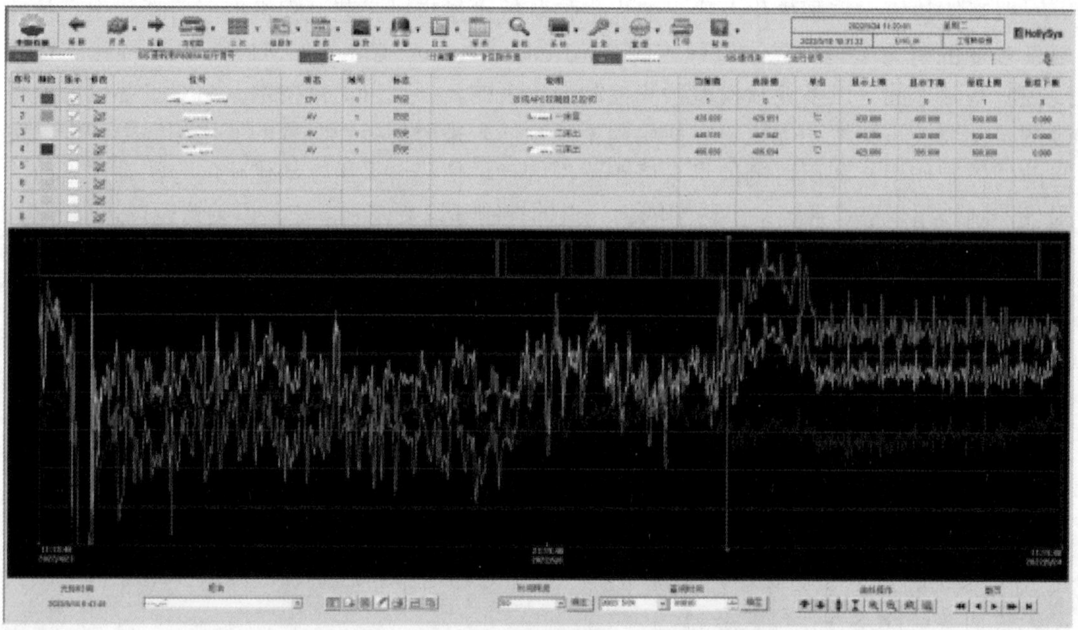

图1-5-12 氨合成塔床层温度投用前后趋势图

通过建立过程的多变量模型，实现了一段转化炉水碳比、一段转化炉出口温度、氢氮比的优化控制和操作监视，合成塔一层、二床层温度的优化控制和操作监视，实现了关键指标的自动、稳定、精准控制，实现了“卡边”操作，达到增产提质、节能降耗的目的。

**（4）基础自动化（MES、SCADA、DCS）**

DCS是目前自动控制中应用最多、运行可靠、功能最强、发展最快的生产过程控制系统。DCS是在集中式计算机控制系统应用的基础上发展起来的。它集计算机、通信、控制和大屏幕显示技术于一体，利用计算机技术对生产过程进行集中监视、操作、管理和分散控制。与常规仪表控制、PD直接控制相比较，DCS具有许多独到的优越性。DCS由现场控制站、操作员站、工程师站、通信网络等组成。DCS运行安全可靠、使用方便灵活、操作直观，从根本上改变了常规仪表的测量和控制方法，具有常规仪表无法实现的优异性能。

早些年，化肥行业采用的DCS几乎全都是国外的产品，由于价格和售后服务方面的原因，影响了DCS在中小化肥行业的推广应用。为了振兴民族工业，早日改变我国自动化技术的落后面貌，国内自动化界经过多年的努力，最近几年来陆续推出了一批国产的DCS。

几年来的实践证明，国产DCS性能良好、使用方便、价格适中、服务周到。国产DCS目前的水平接近或达到了进口DCS的水平。近几年来，国产DCS发展很快，性能愈来愈成熟。几年来的实践证明，国产DCS有很高的性能价格比。国产DCS硬件的可靠性与进口产品不相上下，组态和监控软件更有自己的特长，操作和维护更容易，售后服务更方便。实践证明，化肥行业生产过程控制完全可以采用国产DCS。

浙大中控从1993年推出了第一套SUPCON JX系列DCS系统，经过7年的努力，从JX-100到JX-300，还有JX-300X，无论是硬件还是软件性能大大提高，质量管理逐步完善，而且培养了一支优秀的工程应用队伍，积累了丰富的工程实践经验。到目前为止，仅化肥行业已经有20多家化肥厂采用了浙大中控的SUPCON JX系列DCS系统，近100套装置，使用时间最长的已经有30多年。例如龙山化工厂、巨化、淮化都是从1993年应用到现在，一直运行良好。

### 5.2.2 无机酸行业自动化技术发展现状

**（1）流程模拟**

流程模拟在无机酸行业的应用具有重要意义，无机酸生产通常包括酸的合成、蒸馏、浓缩和纯化等过程。为了科学地管理和操作化工生产过程，人们一般采用物理模型和数学模型两种方法模拟生产过程。这两种方法各有利弊，但采用数学模型的方法越来越被人们所重视。原因是：物理模拟需要实验装置，投资大，而且实验装置比实际生产装置小很多，许多参数会发生变化，很难保证模拟的真实性；数学模型综合热力学方法、单元操作原理、化学反应等基础科学，利用计算机建立化工过程仿真数学模型，进行物流平衡、能量平衡、相平衡等计算，以模拟化工过程的性能，达到生产过程的最优化。

在国内外，无机酸生产中的流程模拟应用广泛，覆盖了多个关键领域。国内，无机酸（如硫酸和盐酸）的生产过程通常受到流程模拟的指导。生产商利用流程模拟工具来规划生产计划，监控生产过程中的参数，进行数据收集和分析，进行质量管理以及物料追踪与管理。这有助于提高生产效率、降低废品率和确保产品质量。此外，在废水处理领域，国内工业企业也使用流程模拟来设计废水处理装置，确保废水中的酸性物质得到适当处理。在国外，无机酸生产和应用的领域包括矿业、电池制造、化学工程和环境保护。这些应用展示了流程模拟在无机酸生产中的多样性和重要性，有助于提高生产效率、降低成本、提高产品质量，并确保环境法规的合规性。如图1-5-13所示为Aspen Plus转化工序流程模拟图。

电池制造中的酸性电解液的制备和处理，以及半导体制造中的化学处理过程都需要流程模拟来确保产品质量和生产效率。此外，在环境保护方面，流程模拟也被国内外用于模拟酸性废水和废气的处理过程，以降低对环境的不良影响。

**（2）生产计划与调度**

国际上，无机酸生产的生产计划与调度通常采用高级计划排程（Advanced Planning and Scheduling，APS）系统。这些系统能够整合生产过程中的各个环节，优化资源分配，提高生产效率，降低生产成本。同时，它们还能够根据市场需求进行灵活调整，确保及时交付。

在我国，无机酸生产企业越来越重视生产计划与调度，采用了一些现代化的方法和工具来提高生产效率。一些大型化工企业已经引入了高级的生产计划与调度系统，以实现生产过程的优化和自动化。

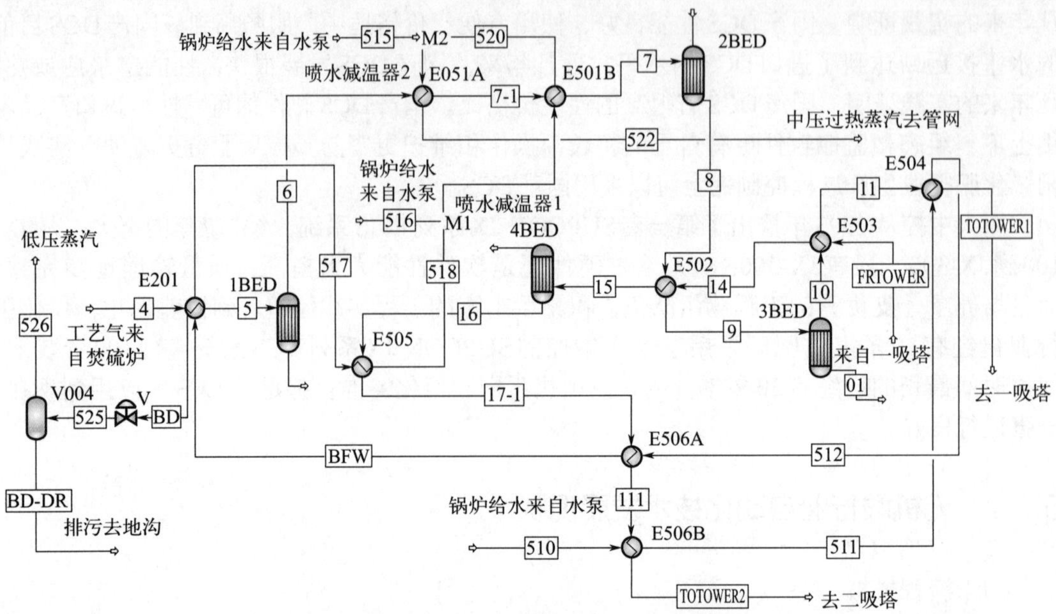


图1-5-13 Aspen Plus 转化工序模拟流程图

信息化生产与调度在无机酸生产过程中也应用广泛，以白沙河无机磷酸盐化工厂企业生产为例，通过分析出现的问题和需求，对基于MES的生产调度系统的相关技术进行了研究，构建了基于MES的生产调度系统总体架构，规划了系统功能模块，梳理了工作流程，有效解决了计划管理层与生产控制层之间的数据传输与通信问题，提高了生产效率，对合理调配生产资源有较好的促进作用。

**（3）实时优化与先进控制**

在国内，无机酸生产企业逐渐认识到实时优化和先进控制对生产过程的重要性。一些大型化工企业已经引入了高级的实时优化系统和控制策略，以提高生产效率和产品质量。这些系统利用先进的传感技术和自动化设备对生产过程进行实时监测和控制，以确保关键参数保持在可接受范围内。

在国外，特别是在发达国家，实时优化和先进控制在无机酸生产中得到了广泛应用。国际上的一些知名化工企业已经在其生产过程中引入了高级的实时优化系统，以提高生产效率和资源利用率。这些系统通常基于先进的控制算法和数学模型，能够实时调整生产参数以适应不同的工况和市场需求。

先进控制和实时优化不仅是生产过程的最高层面，更是企业信息化最基础的工作。应从企业信息化建设规划中加以统筹，实现MES、APS、ERP等信息系统及DCS、PLC等控制系统的有机整合。但目前仍存在着一些亟须解决的重大基础理论与工程科技问题，如经营决策、资源与能源的结构配置、生产计划调度与优化控制系统指令仍然依赖人工经验，远远没有实现生产全过程整体运行行为的优化，生产工艺研究和新产品的开发还停留于生产试验和实验小试，远远没有实现虚拟制造。

**（4）基础自动化（MES、SCADA、DCS）**

基础自动化系统可以提高无机酸生产的整体效率、降低成本、减少人为错误、提高产品质量，同时确保生产过程的可控性和合规性。通过集成MES、SCADA和DCS系统，生产过程可以更加智能化和自动化，从而提高生产线的生产能力和可靠性。

青岛恒昌化工股份有限公司是生产合成氨、浓稀硝酸、硝酸盐、苯胺等产品的大中型企业，2000年从美国引进了10万t稀硝酸生产装置，由济南大陆机电股份有限公司进行DCS系统配套，系统运行安全、平稳、可靠。招金贵合科技有限公司主要以金银氰化尾渣为原料生产制造硫酸。该硫酸生产和余热发电项目于2010年05月投入生产，自动化控制系统采用浙江中控JX-300XP型DCS系统，大大提高了硫酸生产效率，节省了大量劳动力，也为安全生产提供了有力保障。株洲冶炼集团公司的硫酸系统于2000年正式投产运行。原系统采用英国欧路TS3500系统，由于投入运行时间较长，系统内的许多硬件相对落后，处理效果较差。为了更好地利用公司的有效资源，提高生产效率，该公司于2014年12月对硫酸系统进行全面升级改造。新的硫酸系统采用ABB公司的DCS系统（集散控制系统）。该系统下位机采用的是ABB公司的AC800M，AC800M是一种广泛应用于DCS控制中的系统，有优良的运行性能；上位机采用的是IFIX，用于建立界面操作系统以及网络通信。2007年底投产运行的40万t/a PVC项目（新疆天辰化工有限公司）就是应用了DCS控制系统，将氮纯盐酸系统进行全方面控制和全过程监测，并取得了良好的控制效果和经济效益。青岛海晶化工集团有限公司采用了浙大中控生产的SUPCON JX-300型DCS系统（现已升级为JX-300X），对生产装置实现了自动控制和科学管理。尤其在操作人员获得丰富的操作经验后，在配比调节、压力调节、流量调节方面都显示出了非常好的控制效果，在产品质量、环保安全方面也有了更加可靠的保障。三环公司在18万t/a湿法磷酸建成后，又于2003年对该装置进行挖潜技术改造，使装置能力达30万t/a。另外，三环公司于2002年底开始建设管控一体化系统，对现场各装置DCS系统的生产过程实时数据进行采集、储存，并提供Web发布，公司内任何局域网用户均可通过网络查阅当前生产装置的运行情况，并利用专用分析工具对数据进行查阅、分析。

在无机酸生产行业，基础自动化技术发展面临多重挑战。这些包括系统集成问题，如MES、SCADA和DCS之间的不兼容性和数据集成难题，以及网络安全威胁的增加。同时，数据可靠性和一致性的挑战，包括设备故障、不准确的传感器和通信问题，可能会影响生产效率和产品质量。设备老化和维护需求也是一个关键问题，需要定期维护和更新自动化系统以确保可靠性。此外，人员培训、数据管理和存储，以及高昂的投资成本与回报之间的平衡都需要仔细考虑。解决这些问题对于确保自动化系统的可靠性和有效性至关重要，以提高生产效率、降低成本和确保产品质量。

### 5.2.3 无机碱行业自动化技术发展现状

#### （1）流程模拟

在流程模拟中，针对化学过程设计，提出基于可持续性标准进行初步筛选的框架。这一框架包括以下步骤：首先，在过程模拟器中实现每个流程图，通过计算基于可持续性（即经济、社会和环境）的多个指标来评估每个设计方案。然后，使用数据包络分析来对这些指标进行综合分析，以选择最有效的设计方案，同时考虑多个标准。接下来，通过采用改造分析进一步研究次优替代方案，旨在确定对最终指标得分最有影响的参数，从而揭示偏离最佳条件的主要根源。最后，这一框架为从业人员在对有前途的过程设计进行可持续性评估时提供支持，帮助消除效率低下的过程设计。

烧碱蒸发是一个高耗能的化工过程。为了降低能耗并减少碳排放，节约工厂运行成本，中国成达工程有限公司对影响烧碱蒸发蒸汽消耗的因素进行理论定性分析，建立了烧碱三效逆流降膜蒸发的模拟流程，定量分析各因素对蒸汽消耗的影响程度，验证了理论分析的结论，提出了降低蒸汽消耗的建议。利用Aspen Plus V10中的HEATX、Flash2、FSplit和Mixer等模块，流程模拟示意见图1-5-14。

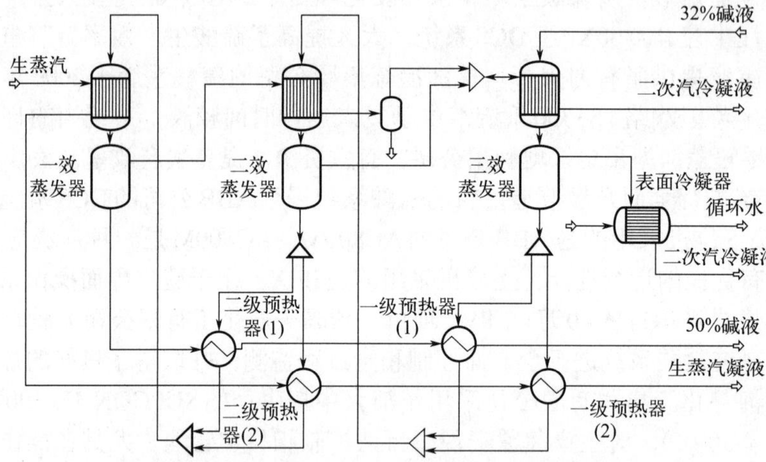


图1-5-14　三效逆流降膜蒸发流程模拟图

烧碱三效蒸发单元各个操作参数环环相扣，且同蒸汽消耗或设备投资息息相关，流程模拟对企业选择有效的生产方式具有相应的辅助性作用，帮助提升化工工艺设计整体操作质量和工作效率，从而促进企业经济效益最大化。

**（2）生产计划与调度**

地理上分散的工厂可能会节约成本、提高效率，但同时也受到了一些限制，如产能约束和劳动力成本。生产计划和调度的传统方法侧重于将需求分配给单个工厂，并获得该工厂机器的操作顺序。在多工厂或分布式环境中，额外的任务包括事先将订单分配给潜在的工厂。

由于氯碱生产线所产生的氢气、氯气和盐酸都是PVC生产线所需的原料，因此一般企业都将两条生产线捆绑在一起进行生产。国内某个大型化工电化厂的烧碱生产线和PVC生产线以产品利润最大化为目的针对该问题建立了包含资源、生产工艺和生产能力等约束的批量计划优化模型。PVC和烧碱流程中主要的产品有12种：30碱、32碱、46碱、48碱、固碱、氢气、盐酸、氯气、VCM、PVC、VDC和PVDC产品。12种产品都具有一定的需求指标，需要求解的目标是在满足所有需求指标以及流程工艺条件的前提下，根据各个工段的实际生产能力，使过剩产品的利润最大化。多级多产品多约束氯碱和PVC混合生产线的生产计划问题可以描述为：在一定的计划时间范围内，为了实现产品总利润最大化的目标，在物料、产品、生产工艺、生产能力、需求等多种约束条件下来确定产品和各工序加工物料在不同计划时段上的生产数量，以满足各时段产品种类和数量需求。

**（3）实时优化与先进控制**

在电解槽碱液浓度的控制中，电解工序产品质量控制主要是通过实时调节高纯水流量实现出口碱液浓度的稳定，采用质量流量计在线分析出口碱液的密度，然后利用先进过程控制系统专家控制器将密度转换为浓度，再进行APC控制器优化控制。通过碱液密度和浓度之间的关系，利用线性插值方法，获得出口碱液温度下的所有浓度时的密度，然后用最小二乘法拟合实时温度下浓度与密度间的关系，最后用在线分析仪检测的出口碱液密度计算实时碱液浓度。在电解槽负荷调节时，根据电流的实时变化，按照设定的电流与纯水的相应比例跟踪补偿控制纯水流量。

碱液浓度实现先进过程控制后，碱液波动幅度明显减小，碱液控制更加稳定，实现电解槽32%碱液浓度卡边控制的同时，也实现了30%碱、40%碱和48%碱的质量卡边，节约了物料成本，提高了收益。

**（4）基础自动化（MES、SCADA、DCS）**

山东海化原纯碱厂通过技术改造，纯碱生产过程全部用DCS控制，生产管理监控集成为PI Process Book数据，浙大中控的技术人员通过现有的MES进行再升级，增加了岗位操作日报表和交接班两个模块。将数据分类汇总，分为手动录入数据和自动采集数据两大类；将界面分为领导查看界面和岗位输入两大类画面。后期又新上MES系统，通过网页展现生产中仪表的流量、压力、温度等参数和化验室指标，仪表测量的温度、压力、流量、液位等数据，通过DCS→Process Book→MES的方式到时间自动采集到报表中。按照和纸质报表相同的要求，带受控编号，支持体系等外部审核。让员工用熟悉的操作，达到无纸化办公的效果。

通过MES线上电子报表，取消了纯碱厂现有生产岗位的报表100余张、生产记录本40多本，不但保证了记录和数据的真实性、准确性、及时性，也提高了效率，节约了纸张。更重要的是，MES跳出了DCS车间单独控制的限制，跨过了PI软件复杂的安装，用简单的网页使上下游工序紧密连接，生产数据智能分析，使纯碱生产更加精细化。由以前的被动调节改为预见性引导。

为实现石灰窑炉全自动控制与管理，广东南方制碱有限公司采用SCADA系统进行数据采集及监控。系统的初始设计是将厂区6个生产车间共10个监测控制分站进行组网。近1000个温度、压力和液面等测试点在生产调度室进行集中监控，并将监测结果送到中央控制室主计算机。然后根据现场的使用需求进行了多次技术更改，现系统由厂区6个生产车间共14个监测控制点进行组网。近2000个温度、压力、流量和液面的模拟量及各种执行结构的开关量及模拟量等测控点在生产调度中全集中监控，并将监测结果送到中央控制室主计算机。SCADA系统应用了成熟的现场总线技术，实现了生产过程的全面远程监控；在数据采集与监控网络的基础上与公司信息网络实现信息共享，建成完善的企业管理、生产过程监控的信息网络系统。

DCS作为一种有效的工具和实现手段，在氯碱生产中应用广泛。它可以处理整个企业的全部生产活动，主要担负过程控制和过程优化任务，完成重要的基础控制和实时生产数据采集、动态监控等功能。DCS报警类型一般分为两类：一类是系统报警，对控制单元、操作站、通信系统进行功能诊断，当发生异常时，发出报警；另一类是过程报警，此类报警是由控制单元发出的过程变量（工艺参数）异常情况，如测量值越限、控制输出越限等，一般设置有高（低）限值和高高（低低）限值报警。

### 5.2.4 其他传统化工自动化技术发展现状

**（1）流程模拟**

在国内，对于氟化工氟化液的生产过程，主要采用的反应工艺是氟化氢与金属氟化物的反应。这一反应通常在反应釜中进行，反应釜需要具备耐腐蚀性和耐高温的特性。反应过程中，氟化氢与金属氟化物发生化学反应，生成氟化液。反应过程需要控制反应温度、压力和反应时间等参数，以确保反应的完全性和产量的高效性。

在反应结束后，需要对产物进行分离和纯化。通常采用的方法是蒸馏和结晶。蒸馏可以将氟化液中的杂质分离出来，得到纯净的氟化液。结晶则是通过调整溶液的浓度和温度，使其达到饱和状态，然后通过结晶过程将氟化液中的固体沉淀出来。通过反复结晶和过滤，可以得到高纯度的氟化液。将纯净的氟化液进行包装和储存，以便于运输和使用。

生产氟化氢流程模拟图见图1-5-15。

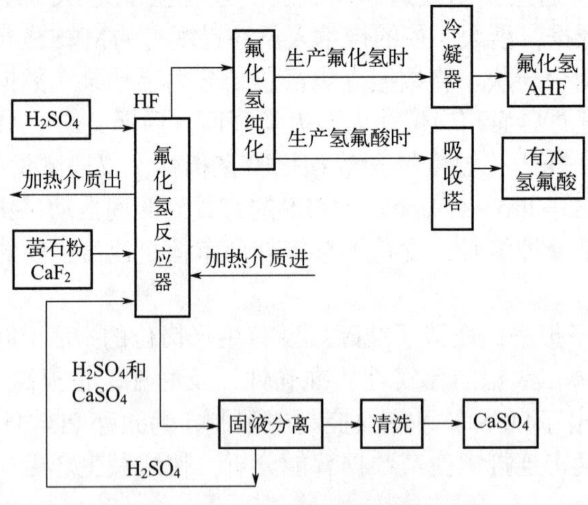


图1-5-15　生产氟化氢流程模拟图

氟化工和有机硅等行业应用了先进的流程模拟技术，以帮助优化生产流程和设备配置。例如，氟化工行业使用Aspen Plus建立从物料裂解生产产品的过程的仿真模型，经过参数整定后，所建立的仿真模型能很好地反映实际生产过程，其中关键参数的误差能实现在5%以内。运用所建立的仿真模型，在保持原有设备不变、原料量不变的情况下，通过对精制塔进行仿真研究，发现产量可以提高，能够指出精制塔的最佳进料位置，并可以绘制出回流比变化与产品纯度的对应关系。采用改进工艺，通常会以系统能耗最低为目标，对重要的工艺参数进行优化，模拟结果对工业过程的设计具有一定的指导意义。尽管Aspen Plus模拟应用于化工中存在物性估算难以验证及缺少基础反应数据的困难，其优点仍非常明显。若能利用中试数据模拟生产，或是用计算机模拟化学反应过程，则可减少实验测试次数，节省大量资金和时间，并能解决某些由于实验技术所限难以进行测量的问题，具有重大的现实意义和经济效应。

**（2）实时优化与先进控制**

氟化工和有机硅等行业采用了先进的优化和控制算法，以实现实时的工艺优化和控制。这些算法可以根据实时采集的数据自动调整工艺参数，以提高产品质量和生产效率。然而，存在的问题是算法的稳定性和可靠性，以及软件和硬件的兼容性。闭环实时优化可强化装置的可靠性，并提高效益，是先进控制的上层应用和巨大经济效益的另一来源。闭环实时优化载有当前经济信息，采用严格、非线性的工艺模型，确定最佳操作点，然后由先进过程控制器完成。

氟化工作为一种复杂的化学过程，借助智能化技术可以提高生产的自动化程度和精确度。例如，利用传感器监测生产过程中的温度、压力等参数，实现实时数据采集和分析，可以帮助生产企业及时调整操作参数，提高生产效率和产品质量；利用人工智能技术优化生产计划，提高生产能力和资源利用率。智能化生产的应用将使氟化工行业更加智能高效。

（3）基础自动化（MES、SCADA、DCS）

在基础自动化方面，氟化工和有机硅等行业广泛应用了MES、SCADA和DCS等基础自动化技术。这些系统可以实现设备监控、数据采集、故障诊断和生产过程控制等功能，提高生产的可靠性和效率。然而，仍然存在一些问题，例如系统集成的复杂性和不同系统间的互操作性问题。

氟化工行业以其高附加值、高性能被誉为“黄金产业”，因此需要建立一套属于该行业的管理流程，从而保证管理水平和管理质量。2016年，工信部发布《信息化和工业化融合发展规划（2016—2020年）》，国内企业信息化水平至今有了明显的提升，而整合企业现有自动化和信息化技术，进而开展MES系统的设计和应用，可以生产数据集成化，打破原有单个系统造成的数据孤岛。将业务流程标准化，降低不规范操作带来的效率低下和运营问题。管理过程精益化，降低重复或无效的劳动。对于提高企业生产效率、加强产品质量、降低人工负荷、促进企业管理水平提升从而增加核心竞争力至关重要。

## 5.3 新技术和新方法

### 5.3.1 化肥行业自动化新技术和新方法

（1）数字孪生

数字孪生技术可以应用在化肥生产的多个环节:

① 原料配比优化。不同原料的配比比例直接影响产品质量和产量。利用数字孪生技术，不仅可以在虚拟环境中快速模拟试验的不同配方，确定最佳的原料使用比例，这可以节省大量实际试验的资源和时间成本。

② 工艺参数优化。通过虚拟生产线，不仅可以系统地模拟调整各种工艺参数，如温度、压力、流量等参数，确定其对产品指标的影响规律，这可以指导实际生产过程中的参数设置，使整个生产过程达到最优状态。

③ 设备健康管理。数字孪生技术不仅可以模拟设备的实时运行状态，进行故障预测和异样检测，这可以使设备保养更加精准化，减少突发故障导致的停产时间。

④ 生产计划优化。通过虚拟生产线的仿真，可以提前评估不同生产计划的可行性和产出，制定出最佳的生产计划，缩短生产准备时间，提高生产效率。

⑤ 员工培训。通过虚拟仿真环境，可以让新员工体验各种操作场景，培养熟练的操作技能，加快培训进度，提高培训质量。

数字孪生技术通过建立虚拟生产环境，可以对实际生产过程进行全面且精确的模拟，找到生产过程中的各种优化点，这为化肥生产企业提供了重要的数字化、智能化支撑，能够有效提升产量、质量、效率和安全性。

（2）智能控制

国电赤峰3052煤制尿素项目主要利用国电内蒙古平庄煤业集团元宝山露天矿褐煤资源，采用鲁奇煤气化、宽温变换、低温甲醇洗、液氮洗、低压氨合成、二氧化碳气提法尿素工艺、大颗粒造粒等国内外先进技术，年产30万t合成氨、52万t大颗粒尿素。

为达到智能协同的目标，根据各工段的控制特点针对性地开发出不同的控制算法或制定相应的优化策略。

大化肥项目的工艺流程较长，可分为几个相对独立的工段，上一工段的产品作为下一工段的原料，各工段紧密联系，最终组成整个生产工艺流程。各工段又根据在整个工艺流程上的位置组织为气化、净化、合成和尿素分场，另外还有为整个工艺系统提供蒸汽和动力的动力分场、提供氮气和氧气的空分分场。

该项目的先进控制功能块主要包括扩张状态观测器（ESO）、非线性跟踪微分器（NLTD）、自抗扰控制器（ADRC）、预测控制器（MGPC）、内模控制器（IMC）、自校正PID等。其中MGPC为滑动多模带前馈的阶梯式广义预测控制器，非线性被控对象可拟合成16段线性数学模型。该功能块能通过组合实现多变量输入输出控制，可应用在纯滞后、大迟延特性的工艺过程。

以煤气化装置气化效率优化控制为例，通过稳定气化层位置、气化层厚度、气化层温度、物料上平衡（加煤平衡）、物料下平衡（排灰平衡）、热量平衡等方面优化控制策略实施，冷煤气效率达到74%左右，有效能耗率可达到77%，超过设计指标。

通过赤峰化工项目，北京国电智深控制技术有限公司已经拥有一套完整的化工控制系统解决方案，近几年根据化工控制智能化需求，北京国电智深控制技术有限公司设计标准化的第三方应用调用接口，提升了系统开放性，增强智能监测、智能控制和高效运行功能。

**（3）工业互联网**

化肥生产过程实现工业互联网的典型技术包括：

① 传感器网络。在全流程设置各种传感器，采集温度、压力、流量、液位等参数数据，实现对过程的监测。

② 工业以太网。采用以太网技术构建从工厂到企业内部的通信网络，确保数据高速稳定传输。

③ 5G网络。引入5G等工业无线网络，使传感器可以无线连接，有效降低布线难度。

④ 边缘计算。利用边缘计算网关对域内数据进行聚合分析，实现局部决策，降低数据量。

⑤ 云平台。通过云平台实现全过程数据的存储、计算和分析，构建数字孪生系统。

⑥ 大数据分析。使用Spark、Hadoop等大数据处理技术，对海量过程数据进行关联分析。

⑦ 人工智能。利用机器学习、深度学习等AI技术实现过程的故障预测、质量优化、智能控制等。

⑧ AR/VR。使用增强现实和虚拟现实技术，构建沉浸式的虚拟化肥工厂，辅助生产管理。

⑨ 工业APP。开发移动APP实现便捷的过程监控与决策。

通过工业互联网技术的运用，可以实现化肥生产全过程的数字化、网络化、智能化、灵活化。

### 5.3.2 无机酸行业自动化新技术和新方法

在无机酸生产行业，新的自动化技术和方法正积极应用，以提高生产效率、质量和可持续性。其中包括：

① 数字孪生。它将物理生产过程与数字模型相结合，实时模拟和分析生产，以更好地理解和优化过程。

② 过程监控系统。它利用传感器和数据采集技术实时监测生产过程，自动检测异常情况，降低生产中断的风险。

③ 决策优化技术。它帮助找到最佳生产决策，通过算法和数学模型优化反应条件、资

源分配和生产排程，提高生产效率和降低成本。

④ 智能控制系统。它使用先进的算法和人工智能技术实现更精确的过程控制，提高产品质量和减少能源消耗。

⑤ 工业互联网技术。它通过设备连接和数据共享监测设备状态和性能，预测设备故障，实施预防性维护，提高生产可用性。

这些新技术和新方法推动无机酸生产行业向更高层次的自动化、智能化和可持续的方向迈进，提供更多的数据，提高洞察力，以应对挑战、提高效率、降低成本，并确保产品质量。值得注意的是，这些新的自动化技术和方法也在促进无机酸生产行业的可持续发展。通过更精确的过程控制和优化，生产商能够降低资源消耗、减少废物和排放，从而降低对环境的不良影响。此外，通过减少生产中断和提高产品质量，这些技术还有助于提高工厂的可维护性、延长设备寿命、降低废品率、减少能源消耗，从而实现了更加可持续的生产方式。

山东红日集团年产20万t的大复肥工程（国家发展和改革委员会立项，1989年投产）中，针对原来自动化程度不高的磷酸生产过程（1990年投产的磷酸车间3万t/a）进行改造，开发了PLC与微机的分散控制系统，特别是PLC系统的抗干扰能力强，对电源质量的要求相对较低。该系统控制可靠、操作简便、易于维护，具有较高的性价比。系统对整个生产过程进行全程控制和监管，对数据进行采集、显示、控制，大大提高了生产效率和产品质量，工人的操作环境也比以前有了显著改善。南化集团在硫酸生产过程中运用远程监控系统，该系统以Windows 2000 Server作为服务器系统，利用Windows 2000中集成的IIS5.0（Internet信息服务器）、RAS（远程接入服务）、DNS（域名系统）、Exchange Server作为服务器管理系统，对硫酸生产过程中采集到的数据进行处理和计算，并在Internet网上对硫酸生产过程进行远程监控，从而实施远程调度和管理。

海澜智云科技有限公司公开了一种基于工业互联网煤化工行业硝酸制备原料调度方法，在现有硝酸制备原料调度方法的基础上增加了氨气的管理流程，并根据氨气有强烈刺激性气味、有腐蚀性、易燃和遇热易爆炸的特性来优化氨气的调度和管理流程。质检部原料质量分析班对储运原料配送班的原料氨气进行取样分析，得到实际氨气浓度含量的分析数据，生产调度室对质检部原料质量分析的原料氨气的采样、送样和质量分析的整个过程进行监督。

南京延长反应技术研究院有限公司开发了一种硝酸工业制备的智能控制系统，包括反应器、浓硝酸发生器、微界面发生器和智能控制模块等。该系统通过智能控制模块控制整个系统的工作，其中通过PLC控制器控制反应器、浓硝酸发生器、微界面发生器、供气单元、传递单元、气体收集单元和液体收集单元配合工作，使原料供给量和反应物生成量均得到记录，根据记录可找出相应最优的技术参数，以重复利用。智能控制模块的加入使得整个系统的操作稳定性、连续性更好，减小整个系统体积，使其精简程度更高。

综上所述，新的自动化技术和方法在无机酸生产行业中不仅提高了生产效率和产品质量，还有助于降低成本和实现更可持续的生产方式，使行业更具竞争力，同时也更环保。这些技术的广泛应用将进一步推动行业的现代化和发展。

### 5.3.3 无机碱行业自动化新技术和新方法

① 数字孪生：在无机碱行业中，数字孪生可以帮助模拟和优化生产流程，数字化工

厂在外形上须与真实的物理工厂保持一致，大到精制氯乙烯单体所用精馏塔、换热器等大型设备，小到螺钉都可以做到1∶1还原外形和尺寸。数字化工厂神韵体现在能优化实际生产并具有一定的预测性，具体包含两点：a.实时在线优化。基于“第一性原理”，对生产工艺精确模拟，凝结核心工艺，实现模拟计算值与实际生产数据保持统一，从而优化生产操作。b.设备预测分析。基于大数据分析技术，对核心设备，比如重型空压机的历史数据进行返回测试，建立设备的机器学习模型，来预测设备未来状况。

② 过程监控：通过传感器和现代化的监控系统对无机碱生产过程进行实时监测和数据采集。监控系统可以收集各种参数数据，如温度、压力、流量等，通过数据分析和处理，实现对生产过程的监控和预测，及时发现问题并采取措施。

晶昊智慧工厂监控从原材料进厂到产品出厂的全部生产过程，记录生产过程中产品所使用的原料、能源、工艺、设备、检验数据，以及产品在各个班组、批次生产的时间、人员等信息，挖掘数据价值，提升生产管理业务的专业化水平，实现晶昊盐化“安、稳、长、满、优”运行。

③ 决策优化：利用数据分析、机器学习和人工智能技术对生产过程中的各种数据进行处理和分析，通过建立模型和算法优化生产决策。决策优化可以帮助提高生产效率，减少能耗和资源消耗，优化生产计划和配方。

晶昊盐化质量管理部、纯碱分公司和动力车间的生产业务全部上云，打通了数据流、业务流、管理流，实现了两大部门和两大生产单位的所有生产数据和管理要素的统一和共享，实现了生产信息的可视化展示，为生产经营提供科学的决策依据。规范以上部门的生产业务管理流程，为实现优化资源利用、降低物耗和能耗、高效生产组织等提供可靠保证。

④ 先进控制：PID技术是在DCS技术的基础上进一步衍生出来的，它不仅能够作为一个系统独立存在，还可以作为软件包，和模型辨识技术与多变量动态过程所涉及的软测量技术加以联系。在氯碱化工生产过程中，PID技术的独立特征实现了多变量动态测量作业，也可以实现模糊辨别仪表间的联系，通过串级控制的措施，达到完善先进技术运用的目的。随着现代化控制理论的不断提升，自动化控制技术水平比以前有了明显的提升，多数石化企业已达到除PID控制器以外的多变量控制手段的水平。

江西盐业集团晶昊盐化5G+智慧工厂项目投用了包括纯碱五大工序的智能控制系统。在石灰工序中实现了石灰窑的智能计算上料个数、出灰时间、到点自动上料和出灰的功能，并能根据各并联石灰窑的运行工况实现其生产负荷的动态分配，稳定石灰窑料位。在工艺指标范围内尽量维持较低的出灰温度和出气温度，同时减少主要过程变量的标准方差30%以上。通过智能控制系统，稳定石灰窑煅烧区域，保持窑内温度的均匀分布，保证石灰石的煅烧质量和窑气浓度，提高热利用率，降低焦炭消耗0.6kg/t碱。根据灰乳密度的变化，实时微调化灰水量，从而稳定灰乳浓度：碳化过程中，在常规控制的基础上，碳化塔关键工艺参数（塔底压力、中部温度、出碱温度）的标准偏差（波动幅度）降低30%以上，在碳化工序上下游相关工序运行正常且物料达标稳定的条件下，使碳化转化率提高0.2%以上，先进控制系统的投运率达到90%以上，显著降低劳动强度。

⑤ 工业互联网：通过物联网技术和云计算平台，实现生产设备、系统和数据的互联互通。工业互联网可以将生产过程中的各种数据进行收集、传输和存储，实现数据共享和协同，提供更好的生产管理和决策支持。

海湾化学工业互联网平台建设之初，即制定了以实时数据库SAP ERP为核心，从过程控制、生产管理、经营管理、认知决策等4个层面展开建设，最终创建适合化工生产自动化、智能化的工业互联网创新应用平台的目标。工业互联网信息化总体架构设计见图1-5-16。

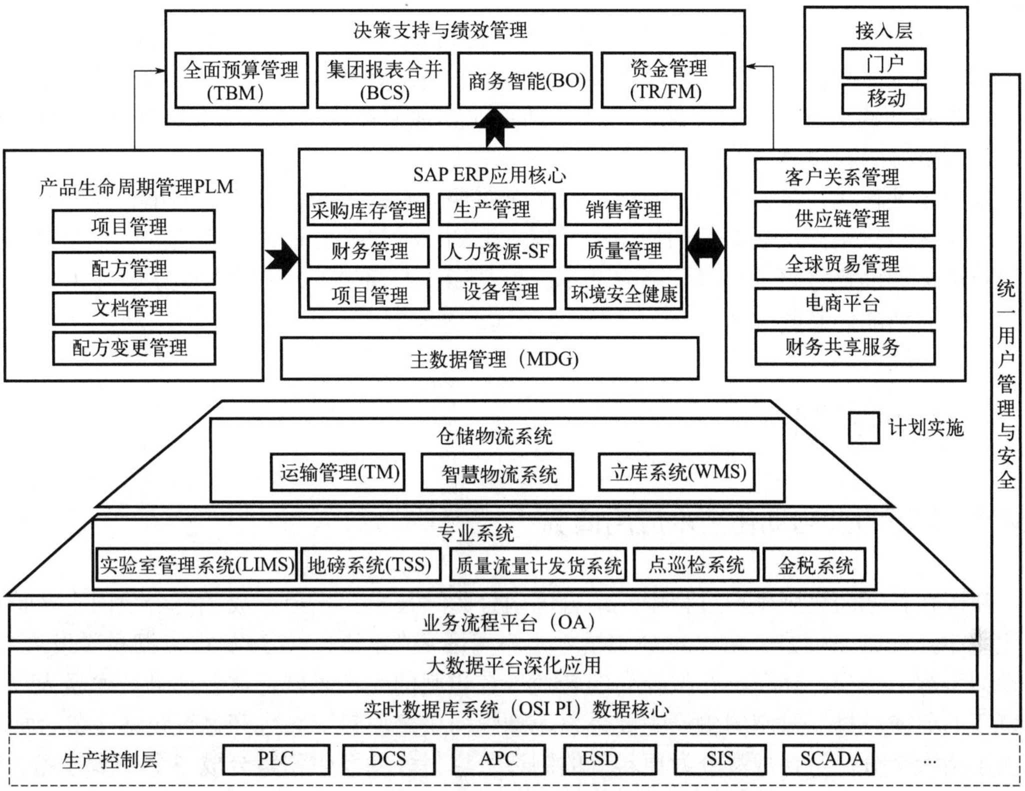


图1-5-16 海湾集团工业互联网信息化总体架构

## 5.3.4 其他传统化工自动化新技术和新方法

随着信息技术的不断发展，一系列新技术和新方法逐渐应用于氟和硅行业，包括数字孪生、过程监控、决策优化、智能控制和工业互联网等。

数字孪生技术：六氟工厂基于数字孪生的逻辑构建复合的应用集成管理平台，可以通过一致的数据访问模型对不同应用系统数据进行集成，使企业各功能系统协同工作。在高度仿真的数字模型与工业物联网的加持下，实现与工厂设备及管理人员之间的有效互动。建设数字化工厂，特别是数字孪生工厂无疑是当下数字化经济高速发展背景下解决高端氟材料生产中的各型困点、难点最有效的方法。利用仿真、数据分析、人工智能决策辅助、模型赋能、数据赋能等数字化手段实现化工新材料生产的再一次突破。

过程监控技术：在氟化工和有机硅行业中，过程监控技术可以帮助实时监测生产过程中的温度、压力、流量等关键参数，并提供实时报警和异常检测。通过对数据的分析和处理，可以实现对生产过程的精确控制和优化。在煤化工行业，过程监控对于确保工作人员生命安全至关重要。

在氟化工和有机硅行业，决策优化技术可以帮助企业进行生产和运营的优化，并最大限度地提高效益、降低成本。

供应链优化：通过决策优化技术，企业可以对供应链进行优化，包括原材料采购、生产调度和配送等。通过建立数学模型和算法，优化决策可以帮助企业在原材料库存、生产能力和客户需求之间实现最佳平衡，并降低物流成本和生产周期。

生产计划优化：在氟化工和有机硅行业，通过决策优化技术，企业可以优化生产计划。这包括确定最佳的生产批次、调度生产线和设备、分配人力资源等。通过建立数学模型和考虑各种约束条件，决策优化可以帮助企业实现生产效率的最大化、减少停机时间，提高工厂资源的利用率。

能源管理优化：氟化工和有机硅行业通常需要大量的能源消耗，例如电力和燃料。决策优化技术可以用于优化能源的使用和管理。例如，通过建立能源使用模型，企业可以确定最佳的能源消耗策略，以降低能源成本、提高能源利用效率，并优化温度、压力等工艺参数，以达到能耗的最小化。

## 5.4 应用情况

### 5.4.1 化肥行业自动化技术应用情况

我国在长期的化肥生产过程中，结合国内外先进技术，已经形成了符合我国生产特点的化肥生产模式。但是，由于资金和技术上不可避免的问题，要想真正贯彻科学发展观，实现向资源节约型、环境友好型社会的转变，在化肥的生产领域还需要加大技术投入，做到真正的节能减排。氮肥的生产主要是以无烟煤为生产原料，其生产过程包括了氨合成和氨加工两大部分。氨合成又分为原料气的制造、原料气的净化和氨合成三个基本过程。现就氮肥生产过程中可以使用的节能减排技术进行分析。

造气系统可以采用三炉-废锅-洗气塔的流程模式，加高造气炉体，采用节能型锥形夹套，利用DCS控制系统优化仪表检测水平，同时，对油压系统进行改造。可以通过阀门、油缸的改造加大油压的稳定性，进而提高油压阀门的安全性。造气炉改造能够提高制气强度，降低煤消耗。造气炉渣、造气集尘器灰可以与煤末按比例混合作为燃料进行综合回收利用，进而减少三废的排放并降低煤消耗。对于造气炉产生的循环水，可以通过微涡流塔板进行澄清，实现水的循环利用。净化系统可以利用静电除焦器，有利提高氮氢压缩机气体的净化质量，减少因煤气中的焦油而更换压缩机阀片的次数，大大延长了压缩机的有效使用时间。

脱硫系统可以利用高效脱硫剂以及不易阻塞的低阻脱硫塔提高整个脱硫系统的效率与稳定性，减少了脱硫液的循环量，降低电能消耗。变换系统应结合结构调整结果，提高系统的变换压力，进而完成压缩功的控制，节约电能。同时，也可以采用节能型全低变或中低低变换工艺，做到变换率高、流程简单、阻力低、蒸汽消耗少。脱碳系统将利用引风来处理空气气提流程，采用列管式散热器完成脱水系统的节能。并采用改进型的碳丙法、聚乙二醇二甲醚（NHD）法与变压吸附法脱除$CO_2$工艺，降低能源消耗。冷冻系统可以利用冷冻平台安置蒸发式的冷凝器，疏通工艺管线，降低冰机出口的压力，控制系统稳压工作，进而能够停止用于冷冻的循环水系统，节约系统电能消耗。

合成氨系统利用经过分析测定的活性好、宽温、高强度氨催化剂，使得其生产强度适宜，不仅能够提高氨产量，还能节电、延长设备使用寿命。对于氨合成反应热的回收利用二级余热回收技术，使合成气余热按位能高低获得多级利用，废热锅炉副产蒸汽，软水加热器加热软水，从而充分提高余热回收率，减少循环冷却水的用量。对于氨合成排放的气体，采用空中纤维膜将放空气中的氢气分离出来，再进行利用增加氨产量。循环水系统主要是对于冷凝水的再利用。使用蒸汽加热而冷凝下来的冷凝水大量被直接排放不仅会造成环境污染，而且也是一种资源浪费。可以在设备旁边增加过滤装置回收其热量，减少锅炉燃料的消耗，又能节省水费与水处理费、排水费用，降低生产成本，实现节能又增效。

在工业生产领域最经常使用到的生产技术就是电气工程和自动化技术，主要应用于控制领域，在机器上安装感应器、续电器、电子元器件等设备，再通过工作人员在控制平台上编写软件程序，系统按照规定的步骤去执行命令，而执行命令的过程就是所谓的控制系统控制机器自行生产的过程，能够极大程度上减少人力资源的使用。在钾肥的生产过程中，其控制系统主要由原矿采集运输、脱卤、磨矿分解、结晶离心、干燥、产品储运等多个子系统构成，而自动化技术在控制系统中的应用就主要是在每个子系统中设立独立的PLC控制站和MCC智能电机控制单元，再在上位机部分安装服务器，以及安排操作员站和工程师站。虽然目前电气工程使用的机器不太会受到人工因素的干扰，能够更好地保证工作效率、达到计划产量，精度也更为准确，但是由于种种因素的存在，目前钾肥生产领域并未实现完全意义上的自动化，而且没有得到大范围的普及。机械设备的不完善、控制系统的编程无法尽如人意等问题的出现，会时常需要人员看管机器，确保机械设备按照控制系统的要求正常运转，一旦发生故障，就需要维修人员进行维修，控制系统的操作人员需要及时更正操作信息，这些因素都在影响着自动化技术在钾肥生产中的进一步应用。

加工厂使用的自动控制系统，主要包含PLC系统，再通过和智能柜连接，这一系统具有以下功能。第一，画面组态监控功能。主要包含水泵、离心机等各类工件的具体工作情况，通过全面监控各个生产过程的环节，例如结晶器、浮选机以及浓密机的工作状态，干燥和包装车间的状态等。第二，控制开关和驱动装置，主要通过变频设备、集成式电机控制中心，控制设备运行画面，还能记录各项运行数据。第三，测量结晶器物料液浓度，饱和溶液与结晶固体一起在结晶器中存在，为了防止影响到测量结果，需要通过间接方法对液相浓度进行测量。例如，通过压力传感装置将结晶器放置于设备上方，对物体压力进行检测，然后检测固液百分比，参考标准为核密度计的检测结果。第四，测量浮选机槽体液位，可以使用雷达液位计精准监测液位，结合具体算法展开准确测量。第五，控制干燥炉，主要是指通过PID控制确保干燥炉的燃气、炉温以及炉压等参数不超过标准范围。

加工厂自动控制系统的构成中包括PLC RSI-gix5000系统，然后利用智能MCC柜与DeviceNet连接，该系统包含下面几个方面的功能。第一，监控画面组态。其中包含离心机、水泵、搅拌电机等各个工件的工作情况，并对生产过程中的各个方面进行全面监控，比如浮选机和液密机的工作状态、结晶器的工作状态、包装车间及干燥车间的工作状态。第二，驱动装置与开关的控制。其主要方式是利用POWER-FLEX750变频器集成式E3PLU电机控制中心，再连接DeviceNet网络实现对设备运行状况的画面监控，并记录所需的运行数据。第三，结晶器物料液浓度的测量。结晶固体和饱和溶液同时存在于结晶器中，为了避免对测量结果造成不利影响，应该选用间接方式来测量液相浓度，比如利用压力传感器使结晶器放于传感器上方检测该物体的实际压力，然后再检测结晶器中的固液百分比，以核密度计的检测结果为准。第四，浮选机槽体液位的测量。为了达到液位的准确监测，可以利用雷达液位计来实现，并根据具体算法对其进行准确测量。第五，干燥炉的控制。为了保障干燥炉的炉温、炉压和燃气等各项参数在一定范围内，可以使用PID进行控制。

### 5.4.2 无机酸行业自动化技术应用情况

冶炼烟气制酸是一个复杂的物理化学过程，随机干扰因素的影响严重，物理化学反应过程千变万化，不同的生产过程对各个控制量的要求也不尽相同，因此如何保持四段转化器内温度的基本恒定、如何尽可能地提高$SO_2$的转化率一直是困扰烟气制酸生产过程的难题。

对一些企业，例如云南铜业股份有限公司来说，冶炼烟气制酸过程只有简单的自动控制系统，完成基本的监控功能。杭州富春江冶炼厂虽然对工艺进行了改造，采用了两转两吸生产工艺，但是没有配套的自动控制系统。对风机的控制来说，大冶有色金属有限责任公司冶炼厂的KKK风机用PLC进行检测和控制。大冶的$SO_2$风机用2台液力耦合器调速，能耗较大，$SO_2$浓度偏低时用一转一吸或补热炉加热保证两转两吸，控制手段较为落后。贵溪冶炼厂提出$SO_2$风机自动改造方案，用阀门控制风机对冶炼烟气的分配，但是风机风量的调节靠机械调速，有较大的功耗。金川集团股份有限公司化工厂将风机和变频器信号都通过PLC传送到DCS，由DCS集中控制，对风量的调节主要依靠操作。某些企业用HoneyWell公司的S9000分散控制系统作为冶炼烟气制酸过程中的主要控制设备，完成对烟气制酸过程的监控。综上所述，国内的冶炼烟气制酸过程自动化程度相对落后，各企业为满足生产工艺的要求，一般在生产工艺上进行了较多的改造，而没有在工艺改造完毕的基础上建立更高级的自动控制系统，达到更好的控制效果。

国外烟气制酸过程的自动化程度相对较好，其更好的控制效果一般是建立在较好的设备情况的基础上。芬兰凯米拉（中国）化学工业集团有限公司化工厂在1987年已采用两转两吸生产工艺，共有三台$SO_2$风机，与国内现有生产工艺类似，但是产品产量和质量相对较好。国外的一些学者对冶炼企业降低能耗，提出了能耗预测模型、局部最优解的获得、控制系统结构最优化实现等方案，对烟气制酸和其他冶炼企业的生产有较大的指导意义。但是这些控制方案一般都需要建立复杂的数学模型；而烟气制酸过程是多变量系统，变量之间的关系难以用精确的数学模型来表达，单纯依靠传统的控制思想，难以实现并且难以取得较好的控制效果。

自动化技术在冶炼烟气制酸中的应用对于确保生产过程的高效性、环境友好性和产品质量至关重要。在这一过程中，自动化系统通过多种方式发挥作用，包括监测和控制烟气净化、优化反应条件、管理能源消耗、确保产品质量、提高安全性，以及记录和分析大量的生产数据。这些应用效果包括降低环境污染、减少有害气体和颗粒物的排放、提高产品一致性、降低废品率、降低原材料消耗、提高生产效率、减轻操作风险，并降低能源成本。

对于烟气冶炼过程的控制，国内电控装置大都是模拟手动控制装置或者由简单的单片机、可编程逻辑控制器组成，受到控制器速度及内存的限制，很难应用复杂的控制算法及保证控制的实时性。为此，引入先进的控制理论和技术，应用模糊控制、专家控制等多项智能控制理论和技术，建立冶炼烟气制酸过程转化器内四段温度基本恒定、$SO_2$达到较高的转化率、风机以尽可能低的转速以达到节能目的的智能控制系统，成为当前冶炼企业烟气制酸过程控制的主要发展趋势。

### 5.4.3 无机碱行业自动化技术应用情况

在无机碱行业中，自动化技术的应用已经越来越广泛，并且在提高生产效率、降低人为错误、优化资源利用等方面取得了显著的应用效果。

在烧碱生产过程中，通过pH传感器对反应液pH值进行实时监测，并将数据反馈给智能控制系统。智能控制系统可以根据设定的目标pH值和控制算法自动调节酸碱的加入量，以保持合适的反应环境，提高碱液的纯度和稳定性。气体流量对反应的效果有关键影响，通过传感器监测气体流量，并与设定的目标进行比较，并相应地调节控制阀来控制气体流量。这有助于确保反应过程中气体的均匀分布，并提高产能和产品质量。烧碱生产过程中需要用到蒸汽加热，智能控制系统可以实时监测蒸汽温度和压力，并根据设定的反应要求和过程条件自动调节蒸汽供给，以确保烧碱反应的高效进行。

重碱（碳酸钠）的生产过程包括多个阶段，智能控制系统可以根据实时数据和事先设定的条件自动切换控制策略。例如，在放液和补液阶段，结合液位传感器监测反应器内液位的变化，智能控制系统自动切换到补液控制模式，并调整出液和补液的速率，确保反应器中的原料浓度和体积保持稳定；通过传感器实时监测反应器内的温度数据，并将数据反馈给控制系统，根据设定的目标温度和控制算法自动调节加热和冷却设备，确保反应器内温度维持在最佳范围内，提高产出和质量稳定性。

在氯碱工艺中，利用自动控制系统对原料供给、反应、分离、制备、储存等环节进行自动调节和控制，实现对整个氯碱生产过程中各个单元操作的自动化控制；使用各类传感器和仪表设备实现对生产过程中的参数监测、数据采集以及实时状态检测。自动化仪表监测能够精确而快速地获取关键参数，包括温度、压力、液位、流量等，从而及时发现过程异常和故障，并通过自动控制系统作出相应的调整；通过自动化质量检测，实现对无机碱产品质量的自动化监测和检测。通过自动化质量检测系统，可以实时监测产品纯度、含杂质的浓度和成分等指标，确保产品达到所需的质量标准。

### 5.4.4 其他传统化工自动化技术应用情况

APC技术：凭借在氟化工领域扎实的专业工艺知识和丰富的自动化工程经验，霍尼韦尔助力某大型氟化工企业率先实施APC项目，迈出了生产控制优化改造的重要一步。传统生产加工一般都是采用投料的生产方式进行大批量生产，在精细化工加工中容易造成产品过剩、物料浪费。霍尼韦尔APC技术则采用多变量控制算法将执行性能、鲁棒性目标与过程经济性相平衡，着眼于装置的整体控制，把被控变量、操作变量等众多信息全部纳入控制系统；同时具有良好的跟踪性能，既保证了装置的平稳运行，又可以实现卡边操作，极大提高了高附加值产品的收率，装置能耗、物耗得以大幅降低。以氟化工装置先进控制项目为例，项目完成后，装置平稳性得到了很大提高，关键参数的平均平稳率提高了57.41%，同时减少了操作员的操作频次，日均操作频次减少了80%。分馏塔控制器的功能：实现塔温平稳控制；降低塔顶残量；克服料流量、进料组成、返回量、蒸汽温度、蒸汽压力波动造成的影响；优化塔底温度，实现较小回流操作，减少蒸汽消耗。

另外，典型氟化工和有机硅生产工艺中，自动化技术的应用可以显著提高生产效率、降低成本、减少人为误操作和事故风险。

① 氟碳化合物生产工艺。

自动控制系统：在氟碳化合物生产过程中，自动控制系统可以实现对反应槽、分离装置、蒸汽供应系统等关键设备的自动控制和调节。通过对温度、压力、流量等关键参数的实时监测和调节，可以确保反应过程的稳定性和一致性，提高产品的质量和产量。

② 有机硅材料生产工艺。

a. 自动反应控制：有机硅材料生产过程中，自动化技术可以应用于反应控制系统中。通过实时监测和调节反应温度、物料供给、搅拌速度等参数，可以实现反应过程的精确控制和优化，提高产品的纯度和产量。

b. 自动化颗粒处理：有机硅材料生产过程中，颗粒的处理是一个关键环节。自动化技术可以应用于颗粒处理系统，实现对颗粒的输送、筛分、干燥和包装等环节的自动化操作。通过自动化颗粒处理系统，可以提高产品的一致性和包装的精确度，减少人为误差和物料浪费。

通过自动化技术的应用，氟碳化合物生产工艺和有机硅材料生产工艺可以实现以下效果：可以实现连续化操作、快速转换和高效生产，减少生产停机时间和能源消耗，提高生产效率和产量；可以减少人工操作和人为误差，降低劳动力成本和物料损耗；可以实现对能源的智能管理和优化利用，降低能源成本；可以实时监测和调节关键参数，提高生产过程的稳定性和一致性，提高产品的质量和纯度。可以减少人为误操作，降低事故风险和安全隐患。

## 5.5 存在问题、挑战及发展建议

### 5.5.1 问题与挑战

**（1）化肥行业**

化肥生产自动化系统由预处理系统、合成反应系统、产品精制系统等多个子系统组成，这些子系统涉及配料、反应、过滤、精馏、结晶等过程，设备和工艺复杂多样。要实现从企业信息层到工控层再到现场设备层的无缝连接，存在大量的设备接口需要统一，例如厂家及型号不同的PLC、DCS通信接口就可能采用不同标准。此外，各类检测设备、执行机构的信息接口也存在差异，增加了系统集成的难度。

除接口问题外，不同子系统还可能采用不同的工业通信协议，如PROFIBUS、HART、FF等。这些协议数据格式的不兼容也是系统集成过程中需要解决的问题之一。复杂的网络架构也增加了连接难度，从底层的现场总线、中层的工控网到高层的企业网，其网络设备选择、架构设计及配置都需要精心考虑，否则容易形成通信瓶颈，影响系统稳定运行。

在化肥合成过程中会产生温度、压力、液位、浓度等关键工艺参数。这些参数的变化反映了反应的实时状态。但是传统的检测系统捕捉这些参数的速度跟不上反应快速变化的内在速率，例如温度、压力的瞬时波动就难以捕捉，质量浓度、组分变化也难以实时监测。这种检测与反应速率不匹配的问题，导致无法根据瞬时状态实施针对性的优化操作。当检测系统显示参数正常时，反应体系可能已经出现问题。这种“视觉滞后”严重影响了过程质量与安全的监控与控制。只有当检测系统的时效性和反应速率匹配时，才能根据瞬时参数实施有针对性的控制，实现过程的安全与优化。这需要在新型传感器和检测技术上不断创新与突破。

**（2）无机酸行业**

在无机酸生产中，自动化技术虽然提供了许多益处，但也伴随着一系列问题和挑战。首先，系统的复杂性常常导致不同子系统之间的不兼容性和维护上的困难。此外，随着自动化程度的提高，网络安全风险增加，涉及数据泄露、网络攻击和恶意软件，因此需要加强网络安全措施。数据可靠性和一致性也是一个关键问题，因为传感器故障可能导致不准确或不一致的数据，进而影响生产决策的准确性。设备老化和维护需求，人员培训、数据管理和存储，以及高昂的投资成本与回报之间的平衡都需要仔细处理。解决这些问题需要综合考虑技术、人员和管理方面的因素，以确保自动化系统的可靠性和有效性，以提高生产效率、降低成本和确保产品质量。这也是无机酸生产行业在采用自动化技术时所面临的挑战。

此外，对于无机酸生产行业，环境法规的不断变化和越来越严格的要求也是一个重要的挑战。自动化系统需要不断更新以确保符合新的环保标准和法规，这可能需要额外的投资和技术升级。另外一个挑战是在自动化系统的维护和升级过程中，需要考虑生产线的停机时间。在生产线运营期间，减少停机时间对于维持生产的连续性至关重要，因此需要精心规划和管理维护工作。最后，跨不同制酸工艺的自动化技术标准化和整合也可能是一个挑战。不同的制酸工艺和设备可能需要不同的自动化解决方案，因此需要努力确保这些系统能够有效地协同工作，提高整体生产效率。

综合而言，无机酸生产中的自动化技术面临多样化的挑战，包括法规遵守、生产连续性、标准化和系统复杂性。应对这些挑战需要行业内不断地创新和协作，以确保自动化系统的可持续性和高效性。

**（3）无机碱行业**

在无机碱工业装置中，DCS的功效还远远未能得到深入的挖掘和完美的体现。即使通过研究和探索，努力实现了基于成熟工艺技术与完善的DCS操控系统的“一键启停”自动操控方式，也只是未来要实现的碱智能化管理的第一步。由于投资理念、管理理念、技术理念以及设计理念所限，目前的装置系统中还有许多人工取样点依靠分析室给出一些重要数据，还存在很多人工控制设备，例如需手动开关的许多阀门，或者需手动启动的许多机泵，这些人为操作是不当失误的易发环节，是阻碍实现“一键启停”自动化操控的一个重要因素。必须尽可能地将装置中须监测和控制的点位进行自动化配置，充分体现设计、工艺和配置的自动化水平，减少甚至消除人为操作指令需求，消除自动控制障碍，实现更完整的自动控制。

通过自动化技术实现碱生产的精细化和改善环境是无机碱行业发展的重要目标。精细化生产需要对生产工艺进行详细分析和优化，需要充分了解各个环节的影响因素并建立相应的控制策略，需要大量的数据采集和分析，包括原料成分、反应条件、产品质量等各个环节的数据。数据的采集可能面临设备接入、信号传输等问题；数据的分析则需要运用大数据、人工智能等技术，处理海量数据并提取有价值的信息，在采用自动化技术时需要加强网络安全措施，以防止数据泄露、网络攻击和恶意软件的影响。这对于无机碱行业来说可能是一个技术挑战。

智能化管理系统能够实现对整个生产过程的监控和管理，提供及时的预警和决策支持。但是，智能化管理系统的建设和运维需要解决的问题包括系统的复杂性、安全性和可靠性等。自动化系统依赖于传感器采集的数据来进行控制和决策。然而，传感器故障可能导致不准确或不一致的数据，进而影响生产决策的准确性。因此，确保数据的可靠性和一致性是一个重要的问题。

综合而言，未来无机碱行业在自动化技术上面临着众多的技术、挑战和问题。行业需要进行创新和协作，寻找解决方案，行业有望实现更高效、安全和可持续的发展。

**（4）其他传统化工行业**

在氟化工和有机硅化工的生产过程中，自动化技术的应用迅速增加，为生产效率和产品质量带来了许多优势。然而，与此同时，这些行业也面临着一些独特的挑战和问题。氟化工涉及复杂的化学反应和处理过程，包括高温、高压、强腐蚀性等特殊条件。这增加了自动化系统设计和运行的复杂性，并提高了处理特殊物料的难度。氟化工过程中使用的某些物质可能具有剧毒性和危险性，因此必须严格控制泄漏和安全风险。自动化系统需要考虑到这些特殊要求，并采取相应的安全措施，包括漏气检测、报警和紧急关断等手段。

在氟化工自动化中，设备和传感器需要具备良好的耐高温和耐腐蚀性能。这意味着在选择和设计自动化设备时需要特别注意材料的选择和适用性。在自动化系统中，数据的可靠性和精确性至关重要。由于氟化工过程的特殊性，传感器故障或数据的不准确性可能导致重大损失。因此，通过使用高质量的传感器、监测和检测装置，以及定期校准和维护，可以提高数据的可靠性和精确性。

同样地，在有机硅化工中同样面临着一些问题和挑战。有机硅化工通常包括多个步骤和复杂的反应，这要求自动化系统能够准确控制和协调各个步骤的参数和条件。同时，需要考虑到不同反应步骤之间的相互作用和影响，以确保产品质量的一致性和稳定性。有机硅化工产品通常对杂质的控制和纯度要求非常高。自动化系统需要能够实时监测和控制关键参数，以确保产品符合规定的纯度标准，并及时进行必要的调整和处理。

有机硅化工行业可能需要灵活和适应性较强的自动化系统，因为产品种类和规格可能会频繁变化。这要求自动化系统能够快速调整和适应不同的生产需求，同时保持高效和稳定运行。有机硅化工过程中的资源和能源消耗是一个重要的考虑因素。自动化系统需要能够优化资源利用，减少能源浪费，并提高生产效率，以降低成本和环境影响。

### 5.5.2 发展建议

**（1）化肥行业**

大力调整产业结构，加大科技创新，不断提高绿色生产水平，结合国内资源、能源情况，加大科技创新力度，推行先进高效的绿色生产技术，提升产业可持续发展能力。氮肥行业要大力发展煤炭清洁高效利用技术，应用先进煤气化技术、清洁生产技术和节能环保技术推进氮肥原料结构调整和技术改造，优化产能结构，以先进产能替代落后产能，使全行业综合能耗显著下降；磷肥行业将继续加大中低品位磷矿选矿和尾矿综合利用技术的开发与应用，提高氟、硅等磷矿共伴生资源的利用水平，着力提升中低品位磷矿直接生产无固废磷化工产品的占比，推进节能高效磷酸生产新工艺的改造，推动磷石膏多途径综合利用；钾肥行业将加大国内钾资源的勘探力度和油气勘探，推进低品位钾矿固液转化技术的深入研究，提高卤水伴生资源综合高效循环利用水平。在全行业大力推行绿色发展理念，提升废水、废气和固废治理水平，逐步实现全行业污水零排放，以及颗粒物、$CO_2$、$SO_2$、$NO_x$、$NH_3$、磷石膏等特征污染物的减排。

化肥工业自动化水平的提升有赖于新技术在检测、传输、计算等方面的革新与应用。因此，业内企业应加大在新技术研发方面的投入力度，开发出适合本行业特点的新设备。例如面向高温、高压、强腐蚀的合成环境，研制出新型的智能化传感器，能够实现对温度、压力等参数的准确捕捉。还可以开发基于图像分析、红外光谱的在线质量检测系统，用以监测产品质量。同时，汲取互联网技术成果，研发边缘计算网关和模块，作为现场数据的汇聚处理点，能减少数据量，提高整体处理效率。

这些新技术的应用将大幅提高过程状态的参数采集能力、传输能力和分析能力，实现对过程运行的深入监测与优化控制。最终帮助化肥企业实现从数据获取、模型建立到过程质量提升的全面自动化、信息化升级，推动这一重要化工产业的智能化转型。

**（2）无机酸行业**

为了推动无机酸生产行业中自动化技术的可持续发展，以下建议提供了方向。

首先，持续的投资和研发对于跟上技术发展至关重要。行业应不断探索新的自动化解决方案，以满足不断变化的需求和挑战。其次，面对网络安全威胁的不断增加，必须强化网络安全措施，采用最新的安全协议和技术，同时为工作人员提供网络安全培训，以保护自动化系统免受潜在的威胁。

其次，数据管理和分析的提高对于更好地利用大量产生的数据至关重要。这将有助于更好地了解生产过程，识别潜在的效率提升机会和成本降低的可能性。此外，员工的培训和技能发展是至关重要的，以确保他们能够有效地操作和维护自动化系统，减少操作误差，提高系统的可维护性。

然后，可持续性应考虑在自动化技术的选择和实施中，包括降低能源消耗、减少废物和排放，以及延长设备寿命。此外，确保数据隐私和合规性是必要的，以保护个人隐私并遵守相关法规。

最后，合作和标准制定是推动技术统一和协调发展的重要手段。与行业协会、研究机构和其他企业合作，分享最佳实践，制定行业标准，以确保技术的可持续性和一致应用。

此外，在自动化技术的应用中，行业可以考虑采用模块化和可升级的解决方案，以便更容易适应未来的技术进步和需求变化。模块化系统可以减少实施和维护的复杂性，而可升级性则允许系统在需要时进行改进，以保持竞争力和生产效率的持续提高。这种灵活性和适应性对于应对技术快速演进和市场变化至关重要。

综合而言，这些建议有助于无机酸生产行业更好地应对自动化技术的挑战，实现更高效、环保和可持续的生产方式，同时确保产品质量和竞争力。

**（3）无机碱行业**

就目前碱企业而言，必须加强对现有装置的投资改造，消除与自动检测和控制相关的手动数据采集和手动操作点，完善的设备自动化配置是自动化的基本条件。此外，具有成熟完善的操控逻辑的专业软件系统是自动控制乃至智能化的灵魂和必要条件。必须汇集所有正确的工艺运行和操控经验，将所有可能发生的问题以及相应的工艺处理方案和正确的应对操控方法编织成控制逻辑，融入专业的软件系统。

当前我国碱工业在发展过程中已明确绿色战略的重要性，推动互联网、大数据、人工智能同碱行业的深度融合，不断引进新技术和优化生产工艺，提升精细化学品的创新能力，鼓励采用有先进技术、绿色的装置扩能。碱行业生产系统的从业人员从生产工艺流程入手，一方面不断地进行精准化操作分析，寻找生产控制过程中存在的薄弱环节并进行优化，另一方面持续关注最新检测仪器仪表的发展动态，积极引进并用于生产过程中工艺指标的检测、控制。两方面积极配合，逐步提升生产工艺控制的自动化水平，消除生产过程中存在的安全环保隐患。

构建更专业的数据库，在数据库内上传全部与化工生产有关的数据信息，利用诊断模块来对各类数据信息进行分层处理，然后对处理结果加以科学分析，明确每一道生产工序的具体运作情况，进而提高整个化工生产作业操作的合理性与安全性。有效利用故障诊断系统，对各类生产设备使用过程中可能出现故障的时间、原因、影响范围等进行细致分析和准确判断，在故障发生前就进行有效处理。在设备检测的过程中，自动仪表设备往往要对各项运行设备的数据、原料消耗的数量等进行监测，尤其是纯碱的生产过程十分复杂，所涉及的流量数据以及相关的数据非常的繁杂，仅靠人工的记录往往无法制定出最佳的节能降耗的生产方案。此时使用自动化仪表设备对其中涉及的流量标准进行检测，将不同的流量数据分类，按照流体介质测量标准的不同将仪表流量分为体积测量仪表以及质量测量仪表。其中体积测量仪表主要对原材料之中的溶剂流量和速度进行测量，质量测量仪器主要是直接检测纯碱生产的原材料直接的流量情况。一次生产过程结束后跟踪相关的流量数据，判定纯碱的生产工艺如何才能够实现最佳的节能降耗，找出关键问题所在，从技术的角度不断改良，完善相应的节能降耗的目的。

通过解决上述建议，无机碱行业可以更好地利用自动化技术实现生产的精细化和环境的改善，从而实现可持续发展。同时，政府、企业和科研机构也需要加强合作，共同推动自动化技术在无机碱行业的应用和创新。

**（4）其他传统化工行业**

对于氟化工和有机硅化工行业，推动自动化技术的可持续发展也有一些相似的建议和方向。首先，持续的投资和研发对于跟上技术发展至关重要。行业应不断探索新的自动化解决方案，以满足不断变化的需求和挑战。在氟化工和有机硅化工领域，可能需要特殊的自动化设备和流程控制系统，以适应复杂的化学反应和特殊的生产需求。其次，持续投资和研发能够推动自动化技术的创新和进步。行业应鼓励企业进行自主研发，并与科研机构、大学和专业团体合作，共同推动自动化技术的发展。选择具有高效性能的自动化设备，如高精度的传感器、智能化的控制系统和可编程逻辑控制器。这些设备能够提高生产效率、减少资源消耗和废弃物的产生。数据管理和分析对于氟化工和有机硅化工行业的自动化也非常重要。通过有效的数据管理和分析，可以实时监测和优化生产过程，提高产品质量和生产效率。行业应考虑采用现代化的数据管理系统，并培养员工的数据分析能力。在自动化技术的选择和实施中，可持续性也应该被考虑进去。例如，通过优化反应条件和控制参数，可以减少化工过程中的能源消耗和废物排放。同时，定期维护和保养自动化设备，延长设备的使用寿命，减少资源浪费。与行业协会、研究机构和其他企业合作，分享最佳实践，并制定行业标准也是推动氟化工和有机硅化工自动化技术发展的有效途径。最后，考虑使用可持续能源，如太阳能和风能，以减少对传统能源的依赖和减低碳排放量。同时，关注资源的循环利用和废物的处理，促进循环经济和减少环境负荷。

## 参考文献

[1] 王文善. 世界化肥供需概况及我国化肥工业现状 [J]. 化肥工业, 2005, 32(6): 1-5.
[2] 廖康程，杨曼. 2022年我国硫酸行业生产运行情况及展望 [J]. 磷肥与复肥, 2023, 38(8): 1-6.
[3] 张培超. 2022年我国氯碱行业发展现状及展望 [J]. 中国盐业, 2022, (24): 29-35.

[4] 杨玉梅，葛艳丽，李连成．对我国无机氟化工发展的建议[J]. 化工新型材料，2005, 33(4): 4-6.

[5] 汪静，雷培德，李端阳，等．化肥厂重油气化工序流程模拟[J]. 化肥设计，2003, 41(5): 19-23.

[6] 马学华．烧碱系统自动化控制优化[J]. 中国氯碱，2022 (03): 24-28.

[7] 臧美燕．小型DCS控制系统应用组态软件的开发[D]. 济南：山东大学，2000.

[8] 刘珊．煤气制造智能控制系统的研究与实现[D]. 武汉：华中科技大学，2004.

[9] 李凌云．化工行业数字化转型实践及对企业的影响[J]. 河南化工，2020, 37(9): 66-68.

[10] Rudolph V. Field trial of underground coal gasification (UCG) in Zhong-liang-shan coal mine, China[C]// Book of Abstracts of the 12th Asian Pacific Confederation of Chemical Engineering Congress (Vol 1 Clean Energy Technology), 2008, 1: 126.

[11] 王士荣．合成氨系统节能降耗改造及工艺流程模拟的研究[D]. 湖北：武汉工程大学，2012.

[12] 马远彬．浅析化肥企业生产调度的重要性[J]. 氮肥与合成气，2018, 46(2): 6-7,23.

[13] 王军，邓小晖，樊君谊．大型天然气制合成氨APC系统设计及应用[J]. 山西化工，2023, 43(6): 98-101.

[14] 叶振国．国产DCS在中、小化肥生产过程中的应用[C]// 中国石油和化工自动化技术发展研讨会．北京：中国石油化工自动化应用协会，2001: 191-193.

[15] 代敏，杨晗，杨福胜，等．基于流程模拟的硝酸吸收塔多目标操作优化[J]. 控制工程，2023, 30(1): 78-82.

[16] 董忠哲．双加压法硝酸生产工艺流程的模拟与优化[D]. 天津：河北工业大学，2013.

[17] 鲁亚东．双加压法硝酸生产流程的动态模拟[D]. 北京：北京化工大学，2009.

[18] 孔聪．工业制备硫酸加压法流程模拟[D]. 北京：北京化工大学，2013.

[19] 袁圣娟．溶剂萃取法净化湿法磷酸的模拟分析[J]. 磷肥与复肥，2021, 36(1): 28-31.

[20] 田野，董宏光，邹雄，等．考虑需求不确定性的化工生产计划与调度集成[J]. 化工学报，2014, (9): 3552-3558.

[21] 蔡婧，蒋廷耀．基于MES的化工生产调度系统研究[J]. 科技视界，2015, (13): 236-237.

[22] 张荣．湿式硫酸制酸过程数据挖掘技术开发与应用[D]. 长沙：湖南大学，2009.

[23] 闫冬．硫酸串酸模糊控制系统的设计与开发[D]. 株洲：湖南工业大学，2011.

[24] 先进控制和在线优化技术[Z]. 清华大学自动化系．2004. https://kns-cnki-net-443. webvpn.las.ac.cn/dm8/manage/export.html?displaymode=NEW&filename=sm-8GmymwaOvbP2M7qb50o3DhoOakOZ68Bnm7eqnXVHeiEbSsHv8BEB1XUrBk8Ev4X92KQ42DfHYE516NhUznK1gFpm_wjolmyVYaJg1wfp3KAUBIVIsgcb0E8u_YkCK.

[25] 兰洲．基于分散控制系统的半水法湿法磷酸生产PID控制[J]. 电气技术，2021, 22(5): 97-101.

[26] 朱广波，王保京.PLC在磷酸生产过程自动化中的应用[J]. 工业计量，2003, 13(2):16-19.

[27] Mio A, Limleamthong P, Guillén-Gosálbez G, et al. Sustainability evaluation of alternative routes for fine chemicals production in an early stage of process design adopting process simulation along with data envelopment analysis[J]. Industrial & Engineering Chemistry Research,2018,57(23):7946-7960.

[28] 赵明恩，曾宇峰，刘人滔，等．影响烧碱蒸发单元蒸汽消耗因素的探讨[J]. 化工设计，2022, (4): 18-22,35.

[29] 高五喜，杨权．探究过程模拟优化在化工工艺设计中的应用[J]. 中国科技投资，2021(3): 143-144.

[30] Lohmer J , Lasch R . Production planning and scheduling in multi-factory production networks: a systematic literature review[J]. International Journal of Production Research, 2020, 59(7): 2028-2054.

[31] 戴欣华．化工流程中混合生产线的生产计划问题与复杂反应约束的调度问题的研究[D]. 杭州：浙江工业大学，2014.

[32] 詹意，方宁，王奇．先进过程控制技术在离子膜法烧碱装置上的应用[J]. 氯碱工业，2019, 55(11): 42-45.

[33] 顾元鹏，刘鸿浩，张世亮．MES系统助力纯碱工业精细化生产[J]. 纯碱工业，2021(4): 36-38.

[34] 黎小标．基于PROFIBUS的制碱过程数据采集及监控系统[D]. 广州：华南理工大学，2004.

[35] 唐荷．DCS预警功能优化在氯碱生产中的重要作用[J]. 氯碱工业，2019, 55(5): 43-45.

[36] 刘欢．无水氟化氢生产装置分离系统的流程模拟与方案对比[D]. 北京：北京化工大学,2016.

[37] 李盛姬，田端正，吴江平，等．Aspen Plus模拟在氟化工中的应用研究[J]. 有机氟工业，2011(2): 36-40.

[38] 王佰春，李宝杰．Aspen Plus模拟在氟化工中的应用研究[J]. 建筑工程技术与设计，2018(9): 4275.

[39] 朱莎弘，杨欣华，张双铭，等．基于Aspen Plus的废锅流程粉煤气化炉稳态流程模拟[J]. 煤炭学报，2023, 48(3): 1376-1383.

[40] 孙彦波，姚富根，马建伟．氟化工行业MES系统的设计及应用[J]. 浙江化工，2023, 54(7): 1-4.

[41] 陈峰，宗龙，刘明佳．国产智能控制系统在化工行业的应用实践[J]. 自动化博览,2020,37(3):50-53.

[42] 海澜智云科技有限公司．一种基于工业互联网煤化工行业硝酸制备原料调度方法:CN202111439484.6[P].2022-03-15.

[43] 海澜智云科技有限公司. 一种基于工业互联网煤化工行业硝酸制备工艺优化流程:CN202111439482.7[P].2022-03-18.
[44] 南京延长反应技术研究院有限公司. 一种硝酸工业制备的智能控制系统及工艺:CN201910860875.1[P].2021-03-12.
[45] 邵雄奇. 烟气制酸过程智能控制系统的设计与开发[D]. 长沙: 中南大学, 2005.
[46] 浙江中智达科技有限公司. 江西盐业集团晶昊盐化5G+智慧工厂项目[J]. 自动化博览, 2023, 40(3): 32-35.
[47] 黄珊珊. 关于自动化控制技术在石油化工仪表中应用的相关研究[J]. 中国石油和化工标准与质量, 2018, 38(14): 177-178.
[48] 张志远. 氯碱化工中自动化控制系统的发展与优化[J]. 中国氯碱, 2021, (4): 31-34.
[49] 夏建财, 张满江, 龚成, 等. 实时数据库系统在氯碱行业中的应用[J]. 中国氯碱, 2022, (3): 42-46.
[50] 刁俊武, 田壮, 论国柱. 数字孪生技术在石油化工行业的应用研究[J]. 石化技术, 2022, 29(7): 79-82.
[51] 王冬. 智能控制技术在石油化工仪表自动化中的应用[J]. 科海故事博览,2023(6): 29-31.
[52] 李秋英. 自动化技术在钾肥生产中的应用与发展趋势[J]. 化工管理, 2018(5): 155.
[53] 赵全梅. 自动化技术在钾肥生产中的应用与发展趋势[J]. 电脑爱好者（普及版）（电子刊）, 2022(3): 83-84.
[54] 李守平. 自动化技术在钾肥生产中的应用与发展趋势[J]. 化工管理, 2020(12): 129-130.
[55] 梅雪松. 烟气制酸中转化器入口温度的优化与控制[D]. 沈阳: 东北大学, 2007.
[56] Srivastava R K, Miller C A, Efickson C, et al. Emissions of sulfurtrioxide from coal-fired power plants. Journal of the Air and Waste Management Association, 2004, 54(6): 750-762.
[57] 孙义磊. 基于工业互联网的智能工厂技术要素、演化及其实践[J]. 模型世界, 2023(2): 19-21.
[58] 李秋香, 孔令涛. 国内自动化控制技术在石油化工仪表中的运用[J]. 石化技术, 2023, 30(8): 13-15.
[59] 刘秀明. 提高装置自动化水平 创建智慧氯碱企业[J]. 氯碱工业, 2021, 57(3): 1-5.
[60] 王钰, 温倩, 尚建壮, 等. 传统化工行业“十三五”回顾和“十四五”发展展望（二）[J].化学工业, 2021, 39(01): 9-16.
[61] 陈佳星, 张韵竹. 氯碱产业发展及存在的问题[J]. 化工设计通讯, 2020, 46(11): 157-158.
[62] 王媛媛, 师立晨, 王如君, 等. 化工和煤矿行业安全管理对比分析与对策建议研究[J]. 中国安全生产科学技术, 2021, 17(S1): 172-176.
[63] 刘月凤, 杨乐元. 浅谈自动化仪表在纯碱生产工艺与节能降耗中的应用[J]. 科技展望, 2017, 27(22): 173.

本章负责人　赵　亮　华东理工大学

参加编写人员　吴　静　刘京鑫　印　杰　徐云龙

# 第6章 煤化工自动化

## 6.1 背景介绍

### 6.1.1 煤炭在经济发展中的地位

煤炭作为我国的主要能源来源之一，为我国的能源供应提供了基础，特别是在工业生产中发挥着重要作用。煤炭的开采、运输、加工和利用形成了庞大的产业链，为相关行业提供了支撑。煤炭行业的发展也推动了地方经济的增长和城镇化进程，在促进就业和经济增长方面发挥了积极作用。

“煤炭丰富、石油稀缺、天然气不足”是我国特有的国情，因此，煤炭在我国能源供应体系中起到了不可或缺的作用。煤炭行业被认为是我国的关键基础产业之一。稳固煤炭产业的生产根基，并全方位地促进煤炭的清洁、多样化和可持续发展，是我国经济工作中的重中之重。

一方面，煤炭为工业生产提供了重要的物质基础，为电力、钢铁、化工等行业带来了稳定且巨大的能量供给。另一方面，煤炭还为农村生产和生活提供了需要的热能和光明，保证了人民生产生活的基本条件。同时，煤炭的资源价值也促进了区域经济发展，扶持了许多地方产业的发展。

近几年来，绿色清洁生产开始逐渐走进人们的视野，从我国的能源应用与消费模式等角度看，煤炭行业在未来依然有很大的发展空间。同时，煤炭产业对促进国民经济持续健康稳定地发展发挥着不可替代的作用。随着先进技术的广泛应用，煤炭产业在多个方面也实现了显著的进步和突破。值得注意的是，洁净煤技术已经成为煤炭资源利用的主要方式之一，这将会持续推动煤炭产业朝着低成本、低排放、高利用、可持续的方向不断发展。

在我国的化石能源使用中，煤炭占比最大，达到95%以上。习近平总书记曾指出：“在相当长一段时间内，甚至从长远来讲，我国还是以煤为主的能源格局，只不过比例会下降，我们对煤的注意力不要分散。”

煤炭在我国的一次能源消费中的比例超过一半，它已经成为确保我国能源安全的关键支柱。近年来，随着全球化工产业链的转型升级和经济的快速发展，我国煤炭行业也在快速发展，但依然存在较为严峻的形势。由于我国“少油、少气”的自然环境特点，已探明的油气储量相对较少，再加上油气富产区中东地区地缘政治复杂，国际油价起伏不定，使得我国石油和天然气的进口方面阻力重重。出于多种因素考虑，必须始终把煤炭放在我国能源领域的核心地位。因此，积极推动煤炭行业高质量发展是确保国家能源安全稳定的必由之路。

煤炭作为重要的生产要素之一，为工业生产提供了大量的热能和电力，极大地促进了劳动生产率的提高。一些重工业，比如钢铁、化工等行业，就离不开煤炭的供应。其中，在制造钢铁的过程中，大量的热量是不可或缺的，也需要大量的煤来作为还原剂，使铁矿石变为铁块。在化工生产制造的过程中，煤炭也担负着关键的职能，用于制造各种化工产品，比如热力煤制氨、苯乙烯等。同时，煤炭在降低生产成本方面发挥了重要作用。相对于其他化石燃料而言，煤炭价格调控较为稳定，而且燃烧效能高。这使得煤炭作为生产要素的价格始终在一个相对低的范围内波动，保证了工业生产成本的相对稳定。运用煤炭还可降低其他生产要素的费用，如电能和天然气，在某些情况下，它们的价格比煤炭要高得多。煤炭不仅为国家经济提供了持续的能源供应，同时也为全国城市化进程提供了有力支持。作为能源发展的重要基石，煤炭凭借其在我国能源结构中的“支柱地位”，在城市化过程中发挥着不可替代的作用。

### 6.1.2 煤化工产业链概述

煤化工产业是通过化学变化和工艺流程，把煤炭转换成具有价值的化学制品和能源产品的过程。这个产业涵盖了从煤炭开采和前处理到化学品生产和能源利用的各个环节。我国煤化工产业主要由以下四部分构成：

① 煤电化：煤电化是将煤炭转化为电力的过程。通常是通过燃烧煤炭来产生蒸汽，然后使用蒸汽驱动涡轮发电机产生电力。并且通过燃煤获得的电石作为中上游产品，可以为下游的乙炔等重要化工产品提供原料，它是煤炭资源综合利用的一种方式。

② 煤液化：煤液化是将煤炭转变为液体燃料或化学品的过程，通常是通过在高温高压条件下将煤炭与溶剂或氢气反应来实现的。煤液化可以生产出液体燃料，如合成柴油和合成石油等；也可以生产出化学品，如合成氨和甲醇等。煤液化过程是生产汽油、煤油等下游产品的重要部分。

③ 煤碳化：煤碳化是指将煤炭通过一系列化学反应和工艺步骤转化为有机化合物或其他高附加值产物的过程。可以通过煤炭气化或热解来实现。煤碳化的目的是将煤炭中的碳转化为有机化合物，如煤焦油和煤气。这些有机化合物可以用作生产燃料、化学品和材料等。

④ 煤气化：煤气化是将煤通过一定的化学、物理反应转化为可燃气体的过程。在这个过程中，煤炭与气化剂（通常是水蒸气和氧气）发生反应，生成合成气，其主要成分是一氧化碳和氢气，可以作为原料用于化学品生产，也可以用于能源利用，如发电和供热。实现煤气化工艺通常要在高温高压环境下进行，且需要引入适用的催化剂以促使反应发生。

我国煤化工产业链上下游产品如图1-6-1所示。

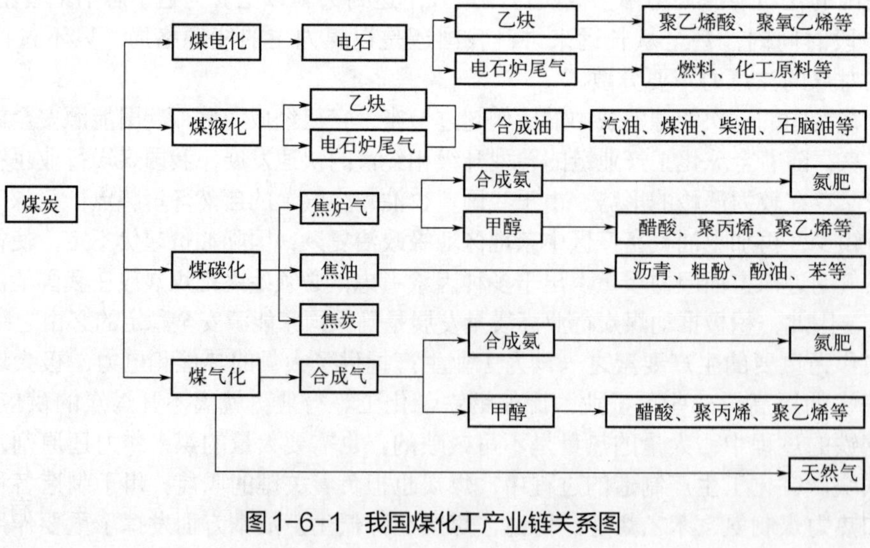


图1-6-1 我国煤化工产业链关系图

## 6.2 国内外现状与发展趋势

### 6.2.1 煤化工发展历程

早在公元前，人们就已经掌握了一些煤炭利用技术，包括“煤炼铜矿石”“煤烧陶瓷”“焦炭冶铁”等。但受限于当时的条件，煤炭行业并未形成一条完整的工业生产链，直到近代工业革命爆发之后，随着蒸汽机等工业设备对能源的巨大需求，煤炭产业才开始形成自己的工业体系并蓬勃发展起来。

在第一次世界大战时，以煤为原料的炼焦行业快速发展，以满足战场上日益增加的炸药需求。第二次世界大战初期，德国在煤液化领域做了大量的工作，成功实现了液体燃料的规模化工业制造，煤化工产业迅速崛起。第二次世界大战后，随着廉价石油和天然气的大规模开发，很多由煤生产的能源逐步被油气替代，导致许多煤化工产业停滞不前。20世纪五六十年代，以石油和天然气为基础原料的石油化学工业迅猛发展，除南非由于特殊的地理和政治环境以及资源条件未曾间断煤化工的发展外，世界各国的煤化工发展都处于停滞状态，致使煤基路线化学工业的地位大大降低。

1973年爆发的中东战争导致全球石油价格不断上涨，国际市场对石油替代品的能源需求量上升，为众多煤化工行业带来了崭新的发展机遇。煤直接液化法、供氢溶剂法、溶剂精炼煤法以及煤间接液化法等都得到了不同程度的发展，其中，煤间接液化法主要采用煤作为基础原料，最初是通过气化工艺来生成合成气，随后这些合成气被进一步转化为工业甲醇，直接用作燃料，或者再用于生产优质汽油。

由于石油化工的过度发展导致石油资源消耗量巨大，如今正面临石油资源越来越匮乏的局面。而煤炭资源极为丰富，煤化工在今后一段时间内仍将作为化工原材料的主要生产工艺而得到进一步发展。

经过多年的发展进步，我国的煤化工已经从传统模式迅速发展到了现代化水平，在某些方面（如生产规模）已经领先全球。在中华人民共和国成立初期，我国的煤炭产业正处于起步阶段，而此时几乎所有生产所需的技术和设备都依赖于进口。为了解决当时国内焦炭资源不足等问题，国家开始从国外引进炼焦技术和装备。直到1958年，北京焦化厂焦化炉开始投入生产，这是我国第一个自主设计研发的炼焦炉，代表着我国炼焦领域开始走出了自己的道路，具有里程碑式的意义。从此，炼焦技术实现了重大革新，我国成为世界上较早建立独立焦化工业体系的国家之一。随后，在钢铁产业的影响下，我国的焦化产业进入了一个高速增长的阶段。

制造氮肥的重要原材料之一是合成氨，其也可以用于改良土壤质地和调节土壤pH值，对于提高农作物产量具有非常重要的影响。在农业进步的历程中，它起到了不可或缺的作用。自中华人民共和国成立以来，我国农业发展迅速，对农作物肥料的需求持续上升，因此在20世纪50年代前后建立起了4个合成氨工厂以满足农业需求。从20世纪70年代开始，我国又从国外引进了十几套现代合成氨装置。电石行业是传统煤化工的重要环节之一，我国的电石行业发展是建立在苏联开放电石炉技术基础之上的。但是，传统电石炉工艺存在污染严重、能源消耗高、尾气难以回收等问题，不仅导致生产成本高，而且对环境也不友好。为了解决这类问题，我国在20世纪引进了当时世界上先进的密闭电石炉和大型铁合金技术。结合当时国外先进技术，我国科研人员最终在此基础上研究开发出一套具有自主知识产权的电石炉制造技术。在经历了改革创新后，我国传统煤化工行业生产技术有了质的飞跃，煤化工产业链逐步成型并得到不断发展，许多煤化工产品（如焦炭）生产规模位列世界第一。

伴随着全球石油化工产业的迅猛增长，石油的能源供应面临着严重的危机，而我国特有的地质条件导致了“煤炭丰富、石油稀缺、天然气不足”的能源分布模式。在此特殊背景下，煤化工行业再次得到蓬勃发展，以煤炭为原料生产芳烃、乙二醇、烯烃、天然气、汽柴油等产品的先进工艺技术相继涌现。到20世纪90年代中期，“清洁生产”逐渐成为许多化工行业的共识，各国政府的环境保护意识逐渐增强，我国也提出了要大力发展洁净煤技术，由此我国煤化工开始进入绿色生产的新纪元。经过多年的技术攻关与发展，我国的现代煤化工行业已在扩大生产规模、开发关键工艺技术路线以及生产关键设备等方面取得了重要进展。这些成就不仅在国内获得好评，在国际上也享有盛誉。如今，我国在煤化工行业领跑全球，成为了世界上生产规模最大、产量最高的国家。在“十二五”计划期间，我国重点推广和应用了包括航天炉技术、喷嘴水煤浆技术和清华炉技术等多种具有自主知识产权的先进煤气化技术。

不断涌现出来的先进煤化工工艺技术，有力地促进了我国现代煤化工产业的发展。如神华集团的煤直接液化项目，作为国内第一个现代直接液化工艺的大型工业示范项目，神华集团在借鉴和参考国外现有煤液化工艺的基础上，采用人工合成高效液化催化剂和悬浮床反应器，成功实现了百万吨级煤制石油工程示范项目。中国科学院陕西煤炭化学研究所以高温浆态床费托合成为核心的煤间接液化技术，成功突破了传统低温浆态床费托合成的温度限制，使得整个反应过程的能量利用效率大幅提升，并且在产物选择性、催化剂活性、能量利用率等工艺技术指标上均处于国际领先水平。2009年在内蒙古伊泰和山西潞安成功建立了16万t/a的示范生产装置，该技术得到了有效的技术验证。2016年又在神华宁煤装置上成功应用，2017年在伊泰和潞安百万吨级装置上再次得到应用。上海兖矿能源科技研发有限公司在2004年建成了5000t级低温费托合成煤液化装置，在2007年建成了5000吨级高温费托合成固定流化床装置。2017年，兖矿集团采用自主研发的高温费托合成技术建立了国内首套10万t/a的费托合成工业装置，技术层面达到国际领先水平。中国科学院大连化学物理研究所等单位开发的甲醇制取低碳烯烃（DMTO）工艺技术已建成投产多套工业化装置。

目前，国内的煤化工项目基地主要分布在内蒙古、宁夏、陕西、山西、新疆等地，典型代表包括内蒙古鄂尔多斯煤化工基地、宁夏宁东能源化工基地、陕西榆林煤化工基地等。这些基地大多涵盖了完整的煤化工产业链，包括上下游环节，而且有一些与石化、电力等产业形成了多联产的格局。这种多元化的产业布局有助于促进整个煤化工行业的协同发展。在新的发展阶段，我国煤化工不仅在技术上不断创新，更在可持续性和环保方面进行着积极的探索。

### 6.2.2 洁净煤技术的发展历程

洁净煤技术是一系列用于减少煤燃烧过程中排放的污染物的技术和方法，其目标是最大限度地减少污染排放，提高燃煤过程的效率，并降低对环境的不良影响，最早起源于美国政府在1984年10月提出的“洁净煤技术示范计划（CCTDP）”。一些常见的洁净煤技术包括：

① 煤气化：煤气化是使煤炭经过一系列变化成为一种合成气的过程。在高温和缺氧条件下，将煤炭转化为气态产物，煤气化产物的主要成分是一氧化碳和氢气。气化所生产的合成气可用于发电以替代传统的直接燃烧煤炭发电，减少二氧化碳（$CO_2$）和其他污染物的排放，并且能大大提高能源效率。

② 脱硫：煤炭中的硫含量较高，煤炭燃烧会产生二氧化硫（$SO_2$）等有害硫化物，造成大气污染。目前工业上常用的煤脱硫主要以湿法脱硫和干法脱硫为主。湿法脱硫通过在烟气中喷射石灰石乳浊液或石膏溶液，将$SO_2$吸收并转化为相对无害的硫酸盐。干法脱硫则是通过使用吸附剂或反应剂捕获$SO_2$。

③ 脱氮：煤炭燃烧会与氧气发生反应产生多种氮氧化物（$NO_x$），这对大气质量有不良影响。采用低氮燃烧技术，在燃烧器中控制氧气和燃料的混合方式，同时降低燃烧温度以减少$NO_x$的生成。另外一种方法是选择性催化还原（SCR）系统，在烟气中引入氨或尿素，并经过催化反应将$NO_x$转化为氮气和水。

④ 煤场处理：在煤场处理过程中，采用湿洗、干洗和密度分离等方法，从原始煤中去除杂质、灰分和硫含量更高的部分，提高燃烧效率和减少排放。湿洗是通过使用物理或化学方法从煤炭表面去除杂质。干洗则通过使用空气和振动筛分来获得更干净的煤炭。密度分离是利用煤炭粒子的不同密度，将较高密度的部分与较低密度的部分分离开来。

⑤ 高效燃烧器：高效燃烧器采用先进的燃烧技术和设计，提高煤炭的能源利用率。这些燃烧器能更好地控制燃料和空气的混合比例，使燃烧过程得到较大优化，控制有毒有害物质的产生。通过改善燃烧效率，高效燃烧器可以降低一氧化碳、氮氧化物、颗粒物和其他有害物质的排放。

洁净煤技术按照其生产和利用过程进行分类，大致可以分为：煤炭预处理加工和转化技术、煤炭燃烧技术和燃煤烟气净化技术。煤炭预处理加工和转化主要包括选煤技术和转化技术（例如煤炭的气化、液化技术），煤炭燃烧主要应用于洁净煤发电技术，燃煤烟气净化技术则主要通过回收和利用燃后废物，达到污染物减排或零排放的目的。

全球洁净煤技术的发展经历了以下几个阶段：在20世纪70～80年代，主要关注煤炭的预处理和燃烧优化。煤炭预处理主要包括煤的粉碎、洗选、干燥、气化脱硫脱氮、热解、混燃等过程。煤炭燃烧优化是通过改善燃烧过程，提高燃煤设备性能，降低排放，以实现更高效的能源利用，主要包括燃烧系统调整、过剩空气控制、煤粉细度控制、燃烧器优化等方面。在这个时期，焦炉煤气脱硫技术和燃烧脱硫技术等开始得到广泛应用，以减少燃烧煤炭产生的$SO_2$排放。此外，高效燃烧技术和煤气化技术也得到了一定程度的发展。到20世纪90年代，氮氧化物的危害开始引起人们的关注，SCR技术逐渐成为减少$NO_x$排放的主要技术，烟气脱硫和烟气脱硝技术得到了广泛应用。烟气脱硫技术主要包括湿法石膏法、石灰石法等，用于去除燃煤过程中产生的二氧化硫。烟气脱硝技术是一种用于减少烟气中$NO_x$排放的技术，主要使用低氮燃烧、氨法脱硝、选择性催化还原、选择性非催化还原、混合气体脱硝等技术。此外，煤浆和流化床燃烧技术也开始应用于洁净煤技术中。21世纪以来，煤场处理和排放气体脱硫技术得到了进一步的发展和应用，低氮燃烧技术和先进的高效燃烧器也在洁净煤技术中得到了更广泛的采用。2010年以后，清洁生产成为能源领域新的发展趋势，洁净煤技术也开始同步向这一方面发展。其中，煤气化产生的合成气可用于发电或制造生产清洁燃料，而不再以传统燃煤作为出发点，从源头上减少有害物质的产生。同时，新型燃烧技术和烟气处理技术的研发和应用也在不断推进，以进一步降低污染物排放。近年来，低碳煤炭利用技术成为了洁净煤技术的重要方向之一，旨在减少燃煤过程中产生的温室气体排放。同时，应用碳捕集和储存（CCS）技术，以减少$CO_2$的排放。

在我国，经过“八五”“九五”时期的洁净煤技术推动启动和初步发展，在1997年国务院颁布了《中国洁净煤技术“九五”计划和2010年发展纲要》（以下简称《计划和纲要》），首次提出我国洁净煤技术应该按照三个层次逐步发展：推广一批成熟的、在近期能显著改善煤烟污染的技术；示范一批能在近几年内实现商业化的技术；研究开发一批起点高、有长远影响的技术。根据《计划和纲要》，我国未来的洁净煤技术将从煤炭加工技术（选煤、型煤）、煤炭高效燃烧与洁净燃煤发电技术（CFBC、PFBC、IGCC）、煤转化技术（煤的气化、液化）以及污染控制与资源合理开发应用技术（烟气净化、煤层气甲烷的开发利用）四个方面进行发展。我国的洁净煤技术在21世纪得到了快速发展，我国自主研发并取得了一系列关键技术成果，尤其是在煤炭洗选加工领域和煤炭转化领域更为突出。至2010年末，我国各类选煤厂约1800座，位居世界第一，领先全球。近几年来，我国在煤制油、煤制烯烃、煤制天然气等领域取得重大突破，为实现煤的综合利用提供了很多可选方向。

### 6.2.3 洁净煤技术的发展方向

目前，洁净煤技术实现路径主要包括原煤预处理技术（煤炭洗选、型煤技术等）、洁净煤发电技术（超临界发电、循环流化床锅炉发电、IGCC技术等）、现代煤化工技术（煤制油、煤制烯烃、煤制天然气）等。

我国作为以煤为主的能源大国，依然面临着资源和环境的压力。今后一段时间内，我国在原煤预处理技术以及煤化工行业将继续推动生产技术的提高与突破，大力提升煤化工节能技术的应用范围和规模。在煤化工行业，重点注意突破技术壁垒，利用煤的特性，充分发挥各类煤转化的技术优势，利用煤转化技术生产油、烯烃、天然气等重要化工原料。洁净煤技术的发展方向主要包括以下几个方面：

**（1）提升煤炭预处理技术**

煤炭预处理是指在煤炭被用于能源生产之前，对其进行物理、化学或其他方式的处理，以改善其燃烧特性，减少环境污染物的排放，或者用于生产煤化工产品。原煤是煤炭利用过程中的源头，按照煤炭工业化或者应用的需求，对原煤进行洗选、加工、提质等预处理，可有效提高煤炭利用率。针对原煤的预处理技术包括：煤炭洗选技术、煤炭破碎技术（型煤技术）、煤炭脱硫技术、煤炭脱水技术、煤炭预处理过程的自动化和智能化、煤炭预处理技术与其他洁净能源技术的结合等几个方面。各方面的技术发展提升如下：

① 煤炭洗选技术：根据原煤、矿物杂质和煤矸石的物理化学性质差别，采用重介质分选、浮选和干选等方法清除原煤中的有害物质，排出煤矸石，降低灰分、硫分、水分，减少后续使用过程中的污染物排放。未来的发展方向包括提高洗选效果和洗选效率，减少洗选过程中的能源和水资源消耗、新型的洗选设备和技术（如浮选柱和离心浓缩器等），具有更高的洗选效果和能源利用效率。

② 煤炭破碎技术（型煤技术）：传统的煤炭破碎技术主要是利用机械方法和机械工具（包括颚式破碎机、圆锥破碎机和冲击破碎机等），将粉煤和低品位煤制成具有一定粒度和形状的煤制品。未来的发展方向包括提高破碎效率和破碎粒度的控制，减少破碎过程中的能耗和粉尘排放。新型的煤炭破碎设备和技术，如双转子反击破碎机和电动智能破碎机

等，具有更高的破碎效率和智能化程度，可供气化、炼焦等行业使用。

③ 煤炭脱硫技术：传统的煤炭脱硫技术主要包括湿法石膏法、石灰石法等。在降低煤中硫分含量和减少二氧化硫排放方面发挥了一定的作用，但也存在能耗高、产生大量副产物、操作复杂、易造成污染物排放和对水资源与环境有影响等缺点。未来的发展方向包括提高脱硫效率和脱硫副产物的利用价值，减少脱硫过程中的能耗和废水排放。新型的煤炭脱硫技术，如湿法石膏法的高效石膏脱硫技术、干法脱硫技术、生物脱硫技术和化学吸附剂技术等，具有更低的能耗、产生较少的副产物、操作简便、更好的污染物去除效果和对水资源和环境的影响较小等优势。

④ 煤炭脱水技术：传统的煤炭脱水技术主要包括机械脱水和热风脱水等，虽然在一定程度上可以降低煤中的含水率，但传统的煤炭脱水技术存在能耗高、产生废水或废热、处理效果受限、操作复杂和对环境的影响等问题。为了克服这些问题，需要不断改进和创新脱水技术，提高脱水效率、降低能耗、减少废水和废热的产生，并考虑环境友好性。新型的煤炭脱水技术，如离心脱水技术和微波脱水技术等，具有更高的脱水效率和能源利用效率，有望成为未来脱水技术的关键。

⑤ 煤炭预处理过程的自动化和智能化：随着科技的发展，煤炭预处理过程中的设备和系统可以实现自动化和智能化。通过使用传感器、控制系统和人工智能技术，可以实现对煤炭预处理过程的实时监测、控制和优化。未来的发展方向包括提高煤炭预处理过程的自动化程度，减少人力投入，降低操作风险，并开发智能化的煤炭预处理设备和系统。

⑥ 煤炭预处理技术与其他洁净能源技术的结合：将预处理后的煤炭与生物质混合燃烧，可以减少煤炭燃烧过程中的污染物排放；将预处理后的煤炭用于煤气化，可以生产合成气，用于发电或生产清洁燃料。未来的发展方向包括推动煤炭预处理技术与其他洁净能源技术的结合，促进能源的多元化和可持续发展；提高预处理技术的效率和自动化程度，减少能源和水资源的消耗，并探索新的煤炭预处理技术。

**（2）燃烧优化和烟气处理技术**

燃烧优化和烟气处理技术是为了提高燃烧效率、降低污染物排放，以及减少对环境的影响。未来的发展方向包括研发更高效的燃烧器设计、燃烧控制系统和燃烧室布置，以及更先进的烟气处理技术，如高效脱硫、脱硝和除尘技术。具体如下：

① 高效燃烧器设计：未来的燃烧器设计将注重提高燃烧效率和稳定性。这可能包括改进燃烧器的燃烧空气分配、燃料喷射和混合等方面，以实现更高效、更稳定的燃烧过程。

② 先进的燃烧控制系统：未来的燃烧控制系统将更加智能化和自适应。通过引入先进的传感器和控制算法，系统能够实时监测和调整燃烧过程中的各项参数，以实现更精确的燃烧控制，提高燃烧效率和降低排放物的生成。

③ 燃烧室优化：燃烧室是燃烧过程中燃料和空气混合的关键区域。未来的燃烧室设计将注重提高混合效率和燃烧效果。这可能包括优化燃烧室的几何形状、增加混合区域和改进燃烧室内的流动特性等方面，以实现更高效的燃烧过程。

④ 高效烟气处理技术：未来的烟气处理技术将注重提高脱硫、脱硝和除尘效率。这可能包括研发更高效的吸收剂和催化剂，改进脱硫、脱硝和除尘设备的结构和操作参数，以实现更高效的烟气处理效果。

**（3）构建绿色化产业链**

构建煤炭利用绿色化产业链是一种可持续发展的战略，旨在最大限度地减少对环境的负面影响，提高资源利用效率，促进经济可持续增长。绿色化煤炭产业链是指通过采用清洁、低碳、高效的技术和方法，对整个煤炭产业链进行优化和改进，以减少对环境的影响，实现可持续发展。以下是一些绿色化煤炭产业链的关键方面：

① 绿色煤炭开采：开采煤炭时，可以采用现代化的矿井设计和管理方法，提高矿井安全性，减少事故发生。此外，引入先进的矿井通风、天然气抽采和水处理等技术，减少煤矿排放的有害气体和废水。

② 清洁煤炭燃烧：在煤炭燃烧环节，可以采用洁净煤技术，如燃烧过程控制和优化，以减少污染物排放。此外，引入先进的燃烧器设计和燃烧控制系统，可以提高燃烧效率，减少资源浪费。

③ 煤炭深加工：将煤炭用于更高附加值的产品制造，如化学品、石油替代品、材料等，减少对传统石油化工的依赖。

④ 资源综合利用：制定政策和技术措施，推动煤矸石、煤灰等煤矿废弃物的综合利用，例如，煤矸石可以用于煤层气抽采，煤矿水可以进行处理和回用，煤灰和煤渣可以用于制备建材和填埋材料等。

**（4）$CO_2$捕集与利用**

自从“双碳”目标提出以来，碳捕集与利用已经发展成为我国的重要方向之一。它指的是在煤炭燃烧过程中捕集和分离$CO_2$，以减少排放到大气中的温室气体。随着全球各国对气候变化的关注日益增长，$CO_2$捕集与利用技术也成为洁净煤技术的重要方向。该技术是从工业排放源或其他大气源中捕集$CO_2$，并将其用于有价值的产品制造或其他用途，从而减少$CO_2$对大气的直接排放，同时实现碳循环利用。碳捕集技术可以分为前燃烧、后燃烧和气体分离等不同类型。总的来说，碳捕集技术在洁净煤技术中扮演着重要角色，可以减少煤炭燃烧过程中产生的$CO_2$排放，从而减少对气候变化的负面影响。随着技术的不断进步和成本的下降，碳捕集技术在洁净煤领域的应用前景越来越广阔。

除了碳捕集技术，碳利用和储存也是洁净煤技术发展的重要方向。碳利用指的是将捕集到的$CO_2$转化为有用的产品，如化学品、燃料或建筑材料等。碳储存则是将$CO_2$安全地储存起来，以防止其进入大气。

### 6.2.4 煤化工发展中的问题

煤化工在能源和化工领域具有重要地位。然而，煤化工发展中也存在一些问题和挑战。其中污染问题是最主要的问题。根据被污染的对象不同，大致可以分为如下几方面：大气污染、水体污染、固体废弃物污染。

煤化工生产过程会产生大量的废气，虽然在煤炭资源利用过程中采用了脱硫脱硝等操作，但是仍不可避免地会产生污染排放物，这些排放物会对大气质量和空气中的颗粒物含量产生负面影响。如二氧化硫和氮氧化物是主要的酸性气体排放物，会导致酸雨的形成，对土壤和水体造成腐蚀，对植被和水生生物造成伤害。二氧化碳是主要的温室气体，对全球气候变化产生影响。煤化工生产过程产生的废水含有各种有机物、重金属和其他污染物。这些废水会对水质和水生生物造成污染和毒性影响。有机物的排放会导致水体富营养化，引起水华和缺氧现象。排放的重金属会积累在水生生物体内，对生态系统产生长期的负面影响。煤化工生产过程产生的固体废弃物包括煤灰、废渣和废弃催化剂等。这些废弃物中可能含有有毒物质和重金属，对土壤和地下水造成污染。此外，废弃物的堆放和处理也会占用土地资源，并对周围的环境产生不利影响。

此外，煤化工在能源消耗、资源利用效率等方面也存在较多问题。煤炭转化和合成化学品的过程通常需要在高温高压的条件下进行，这对能源的消耗提出了较高的要求。原料预处理、化学反应和产物分离等过程也需要能源支持。能源消耗的多少直接影响到煤化工过程的经济性和环境。煤炭转化过程中，有一部分碳资源无法完全转化成高附加值产品，导致资源浪费，如煤炭转化为合成气或液体燃料的过程中存在一定程度的资源浪费，主要包括煤炭转化效率和副产物利用率较低。亟须对传统的反应装备和分离技术进行工艺革新，降低能源和原料消耗。

因此，煤化工需要在资源利用和环境保护等方面寻求更高效经济的方案，以实现可持续发展。煤炭资源的开采和利用应遵守环境法规，采取合理的采矿和回收措施，以保护环境和生态系统的可持续发展。

## 6.3 煤化工新工艺技术

### 6.3.1 煤气化工艺技术

煤气化工艺技术是一种将煤通过一定的化学、物理过程转化为可燃气体的化工技术，将经过适当处理的煤送入反应器内，在一定的温度、压力等工艺条件下与氧化剂（空气、氧气和水蒸气）发生化学反应，可得到含有杂质的粗制水煤气，而后经过脱硫脱碳等去杂工艺得到精制的合成气。煤气化工艺对于煤炭资源的清洁化具有重大意义，在现代煤化工产业中处于举足轻重的地位。

煤气化过程是一个包括干燥、燃烧、热解和气化多个阶段的复杂过程，涉及许多化学和物理反应。干燥是物理变化的过程，煤首先被破碎成较小的颗粒，并通过不断升高的温度去除其表面附着的水分。在此过程中，煤的化学性质不变，只是将煤中的水分去除。除了干燥之外，煤气化过程中的其他阶段都属于化学变化。燃烧实际上属于气化过程，煤中的碳与氧反应，利用反应热来不断地给后续的气化过程提供反应所需的热量。随着反应器内温度的逐渐升高，煤会进一步发生热分解反应，产生大量的气体、液体和固体产物，其中挥发性物质包括焦油、干馏煤气等。同时，煤会黏结成半焦。如果温度继续升高，反应将会进一步进行，产生以CO、$H_2$、$N_2$、$H_2S$、$H_2O$为主要成分的气态产物，即粗煤气。

煤气化工艺种类繁多，目前广泛应用的煤气化技术，按照其工艺所采用的反应器形式，主要可分为固定床气化技术、流化床气化技术、气流床气化技术三大类。

**（1）固定床气化技术**

在利用固定床气化煤炭的过程中，气化剂和煤料分别从炉底部的进料口和顶部的进料口进入，以逆流的方式接触。在这种情况下，煤料的下落速度远低于气体的上升速度，因此可以近似地将煤料视为固定不动。因此，可以采用固定床的研究方法对其反应特性进行研究，称为固定床气化。目前在工业上广泛应用的固定床气化技术是鲁奇固定床气化技术。鲁奇固定床气化技术的出现使煤气化技术取得了重大的突破，不仅满足了化学工业对装置大型化的需求，也为煤化工的快速发展铺平了道路。首先，固体燃料被送入气化炉的燃料喷嘴或喂料系统。然后，在高温下，燃料与有限供氧的气流接触，使其发生热解和部分氧化反应。这些反应会将固体燃料转化为合成气，合成气中包含的主要成分有$H_2$、CO

和少量$CH_4$等。产生的这些合成气的碳氢比在2.7～3.1之间。此外，鲁奇炉在固体废弃物处理和生物质能源开发等领域也得到了应用，这表明其具有广泛的应用范围和深远的行业影响力。随着科技的不断进步和广泛的工业化应用，鲁奇炉也随之不断得到优化和改进，进一步提升了适用性和效率。第三代鲁奇气化炉的炉型不仅显著提高了气化能力，而且拓宽了煤种的应用范围，满足了现代化大型工厂的需求。该技术的典型代表包括赛鼎固定床气化技术、德国鲁奇公司和英国煤气公司联合开发的BGL固定床气化技术等。赛鼎炉以低阶煤为原料，通过多年的技术研发与创新，成功开发出了碎煤加压气化工艺。这一工艺已成功应用于新疆庆华煤制天然气和内蒙古大唐煤制天然气等多个煤化工项目中。即使是品质较差的劣质煤或者含有较多灰分和水分的原料煤，此技术也可进行高效率的气化，使其具有耗氧量低、气化效率高的显著优点。

**（2）流化床气化技术**

流化床气化技术是采用一定粒度范围的细粒煤为原料的煤气化技术。气化剂进入流化床中，与煤粒接触后，会对其产生一定的冲力，克服煤粒之间的摩擦力和黏聚力，使得煤粒被流化，进入悬浮状态，增大了气-固相接触面积，加快了混合和传热速率，使得流化床气化技术具有床层温度分布均匀的优点。流化床气化技术不同于固定床气化技术，没有块煤必须使用的限制，取消了故障率较高的机械传动部分，如电机、减速器、链条等，生成的煤的挥发分含量较低，使得气化过程效率更高，对环境更友好。典型的流化床气化技术包括灰熔聚流化床煤气化技术、温科勒流化床气化技术、恩德流化床气化技术等。

灰熔聚流化床煤气化技术作为一种先进的煤转化技术，具有适中的气化温度、宽广的煤种适应范围和简单的流程等优点。然而，该技术也同样具有一些自身的局限性，如管道易堵塞和腐蚀、处理能力较小以及气化装置运行周期较短等问题，并且，如果原料煤具有较强的黏结性或易于粉化，采用该气化技术进行气化时，难以形成均匀的流态化分布，操作难度较大。此外，生成的合成气中二氧化碳、甲烷含量更高一些，含尘量较大，这些局限性对该技术的大规模推广存在较大的制约。

作为第一个采用褐煤作为原料的常压操作的流化床气化工艺，温克勒流化床气化技术的工艺流程包括煤的预处理、煤的气化、回收气化产物的显热、对煤气进行除尘和冷却等环节。常压的温克勒气化炉存在一些缺陷，仅适用于反应活性高的煤种，如次烟煤和褐煤。气化温度较低，这就造成了排渣含碳量高，飞灰带出物产生的碳损失也大，碳利用率较低，煤耗较高。为了解决这些问题，开发出了高温温克勒气化技术（HTW）。高温温克勒流化床气化技术采用比低温温克勒流化床气化技术更高的压力和温度，使煤气化。除了保持常压温克勒气化炉的简单可靠、运行灵活、氧耗量低和不产生液态烃等优点外，该技术主要采用了带出煤粒再循环回床层的做法，从而提高了碳的利用率。然而，高温温克勒流化床气化技术的原料煤种仍然局限于褐煤等高活性煤种。

恩德流化床气化技术是在温克勒流化床气化技术的运行实践中进行多次技术改良得到的一种煤气生产技术。原料煤被送入恩德炉后，先加热至反应所需温度，再与通入炉膛的气化剂反应，反应速度受原料粒度、水分、气化剂扩散速度等因素影响。原料粒度小，比表面积大，有利于气化剂快速扩散，从而加快反应速率。目前，恩德流化床气化技术还存在一些不足：首先，煤气带出物中的残碳偏高，虽然恩德流化床气化技术经过优化改进煤气夹带灰中的残碳已经有所降低，但从节能角度和环保要求看，仍需进行改造；其次，常压操作的气化炉存在许多弊端，如气化炉尺寸庞大、气化强度低、固体带出物多以及后系统煤气加压耗电量大等，这些问题在生产合成气时尤为严重。但总的来说，恩德流化床气化技术适用于多种煤源，具有一定的推广和应用价值。

**（3）气流床气化技术**

在气流床气化技术中，粉煤同气化剂（一般是水蒸气和氧气）一起喷到气化炉里后，在高温下进行反应，生成可燃气体和熔融的灰分。反应过程中，煤中的C和气化剂发生氧化作用，在释放出大量热量的同时生成$CO_2$和$H_2O$。由于反应所需温度较高，达到灰分熔点使灰分排出时呈熔融状态，不易形成固体废渣。这种气化技术具有很高的气化效率和速度、生产能力强、煤种适应性强的优势，可处理各种固体燃料，如石油焦、生物质等。同时，通过不同的气化工艺和操作条件，对产品的品质和性能进行调整，以达到不同的要求。目前常见的气流床气化技术有GE水煤浆气化技术、康菲E-Gas技术、壳牌Shell气化技术。

气流床气化炉通常分为两段，一段为预热段，另一段为反应段。在预热段，水蒸气和气化剂被加热到一定的温度，然后与粉煤一起进入反应段。在反应段，粉煤和气化剂发生氧化反应产生$CO_2$和水蒸气。由于反应所需温度较高，达到灰分熔点使灰分排出时呈熔融状态。同时，由于$H_2O$和C在高温下会发生水煤气反应，生成大量的$H_2$和CO等可燃气体。这些可燃气体经过冷却、除尘等处理后，可作为清洁的燃料使用。

气流床气化技术不仅仅能用来生产煤气，还可用于生产液体燃料，如合成柴油和合成液化气等。这些液体燃料可以替代传统石油燃料，减少对石油资源的依赖。同时，气流床气化过程还是一种高效的能源转换技术，可以将煤炭转化为可燃气体，且没有固体废渣的排放，从而在减少固废排放的同时实现能源的高效利用。此外，气流床气化工艺的余热可以用于供暖或发电等，进一步提高了能源的利用率。

随着煤气化技术的发展，开发出了固定床、流化床、气流床等气化技术，入炉的煤料大小不断减小，反应温度和速度不断提高，操作压力不断增大，炉型和工艺不断提升，使得气化炉的气化能力和气化率不断增强，适应的煤种范围不断拓宽。除了以上介绍的几种经典的煤气化技术，目前国内外还存在一些超临界水气化、催化气化、加氢气化等新型气化技术正在研制或开发中，这些新型气化技术的研究对于不断提高气化炉处理能力、提升全系统效率、开发环境优化技术意义重大。

### 6.3.2 煤制甲醇技术

煤制甲醇是一种以煤为基础原料通过直接或间接的方法经一系列化学反应生产甲醇的工艺技术。我国煤资源丰富、分布广泛，该工艺可利用丰富的煤炭资源进行甲醇的生产，降低对石油、天然气等稀缺化石能源的依赖。以煤为原料生产甲醇，需要先将煤气化，并按照一定的比例配制为合成气，再经过一定的化学反应合成甲醇，经过合成得到的粗甲醇再经过精馏处理，可以脱除其中的甲醚等杂质，最终得到纯净的成品甲醇。甲醇合成是放热过程，需要适当地排热以维持反应温度。

甲醇合成具有多种工艺流程，根据参与合成的原料不同，甲醇合成工艺可分为合成气（$CO+H_2$）合成和煤料直接合成。其中合成气制甲醇通常有高、中、低压三种合成方法。

高压法：该方法使用锌铬基催化剂，在压力30～50MPa、温度300～400℃的工艺条件下进行。1923年建成了全球首套甲醇高压合成装置，实现了工业化生产，之后的很长一段时间均采用此法合成甲醇。由于高压法合成过程中能量消耗大，设备投资及运行成本较高，在低压合成法出现后逐渐被取代。

低压法：英国的ICI公司于1966年首次成功研发了用于甲醇合成的铜基催化剂，并基于此开发了低压法合成甲醇工艺，使得甲醇的生产能够在较低的压力和温度下进行，简称ICI低压法。这一技术的出现大大提高了甲醇生产的效率，并使甲醇生产工艺成本降低。德国鲁奇公司也于1971年开发出了另外一种以铜基催化剂为基础的甲醇合成工艺，简称鲁奇低压法。低压法采用压力50 ～ 100bar（1bar=$10^5$Pa）、温度240 ～ 290℃的工艺条件。与高压法相比，该方法的设备更简单、投资更节省、热效率更高、产品质量更好，具有明显的优势。

中压法：低压法自身具有操作压力低的特性，导致反应速率和产物的生成速度较慢，需要庞大的设备体积来容纳更长的反应时间和更多的催化剂，操作压力在10MPa左右的中压合成甲醇法得以出现，有效弥补了低压法的缺陷。中压法、低压法已成为甲醇合成业主要的工艺发展方向，目前全世界的甲醇产量中有80%以上采用的是低压法和中压法。

在甲醇合成系统中，合成甲醇的反应器占据举足轻重的地位。合成气是在反应器中催化剂的作用下经化学反应直接合成甲醇的，相较于其他设备，对反应器的工艺要求更高，因此反应器也是系统中最复杂的设备。几种常见的反应器分别介绍如下。

冷激式绝热反应器：该类反应器采用多段绝热，并在两段之间直接加入冷原料气，从而控制反应温度。在冷激过程中，冷原料气与热反应气体混合，将物料温度调整到反应温度低限，然后进入下一段床层，继续进行绝热反应，反应放热使得物料温度再次升高，在温度达到反应温度高限前，继续采用冷原料气进行冷激，降低温度后再进入下一段催化剂床层。该反应器采用不断补充原料气的方式来进行冷激，这使得物料流量不断增加，各段催化剂床层之间的反应条件差异明显，气体组成和反应空速都不一样。虽然该类反应器相对简单的结构使得催化剂的装卸较为便利，但因为其受反应温升约束，反应器的设计需要精确控制温度和流量，以确保每个催化剂床层都能在最佳条件下运行。

管壳式反应器：在此类甲醇合成反应器中，催化剂放置于列管内，壳层内走沸腾水，通过沸腾水的汽化将热量带走，其产生的高压蒸汽将供给装置内部其他单元使用，通过调控壳层内的蒸汽压力大小可以实现对反应温度高低的精确控制。管壳式反应器近似等温反应过程，即列管内轴向温差小，避免了催化剂过热。此外，其循环气量较小，对于煤制合成气等CO含量较低的情况，采用水冷管壳式反应器可以进一步降低循环气量，提高能量利用效率。然而，由于管壳式反应器的结构和制作较为复杂，所以也对材质和制造提出了更为苛刻的要求。

浆态床反应器：浆态床反应器是一种通过将催化剂分散在液相介质中来实现甲醇液相合成的反应器。这种反应器以热导率较高、比热容较大的石蜡类长链烃类为传热介质，使得甲醇的合成反应可以在几乎恒定的温度条件下进行。与气相反应相比，液相合成具有更高的合成效率和更低的能耗。浆态床反应器和三相流化床反应器由于结构简单、换热效率高和催化剂活性稳定等特点，被广泛推广应用。

### 6.3.3 煤制甲烷技术

煤制甲烷技术是指煤气化产生的合成气经过甲烷化生产甲烷的工艺技术。由于天然气中有85%左右的成分是甲烷，因此煤制甲烷技术也被称为煤制天然气技术。煤制甲烷技术已基本成熟，能源转化率较高，可达到50%左右。天然气的燃烧只会生成水和$CO_2$而不产生废渣、废水，相较于直接燃烧煤炭更加洁净环保。随着工业化、城镇化的发展，我国对能源的需求越来越大，这为应用煤制甲烷技术提供了契机。以丰富的煤炭资源为依托发展煤制甲烷技术，补齐天然气资源方面的短板，更高效清洁地利用煤炭资源，对改善我国能源消费结构具有重大的发展意义。

利用煤制甲烷的生产过程分为两个阶段：①煤的气化。预处理后的煤进行加压气化，并将气体以一定的配比配制为合成气（$H_2$+CO）。②利用合成气制甲烷。合成气（$H_2$+CO）在一定的反应条件和催化剂的作用下进行化学反应生成甲烷，甲烷化反应会释放大量热能，是一种强放热的反应，反应温度的降低会使化学平衡向产物移动，但降低温度同样会导致反应速率下降，因此需要兼顾化学平衡和反应速率，选择适宜的反应温度。在200℃以上时，甲烷化反应就能达到足够的反应速度，但当温度超过450℃时，CO析碳反应会增多。高温条件下，CO会发生析碳反应生成C，这不仅降低了CO的转化率，还会导致碳在催化剂上沉积。可以在原料气中添加蒸汽以避免这种情况。利用蒸汽使气体的温升减小，从而减少析碳反应的发生，同时也有利于化学平衡向CO转化率提高的方向移动。当原料气中的CO的含量较大或$H_2$的含量较小时，蒸汽也可以引入，引发以下化学反应:

$$CO + H_2O \longrightarrow CO_2 + H_2$$

该反应通过$H_2O$和CO的反应来降低CO含量和提高$H_2$含量，从而提高$H_2$/CO比值。甲烷化反应为气体分子数减少的反应，压力的增加不仅会因为反应物分压的增加而加快反应速度，而且对反应的进行也是有利的。

合成气制甲烷是一种放热非常强烈的反应，因此在该反应过程中，热量的快速传递与移除对于避免催化剂烧结和甲烷化逆反应至关重要。选择合适的反应器类型对于优化甲烷化过程非常重要。早期（1970 ～ 1980年）的甲烷化技术主要集中在固定床和流化床技术。目前使用中的主流反应器主要有固定床反应器、流化床反应器、液相反应器（即浆态床反应器）等。

煤制甲烷是一种高效、环保的能源工艺，具有广泛的应用前景。其利用方向包括直接作为汽车燃料、制备甲醇燃料和合成燃料、工业燃料以及民用燃料等。然而，发展煤制合成天然气产业需要考虑与煤气化技术的匹配、天然气产品的输送、环保问题以及关键技术的自主研发等因素。在煤炭资源丰富的地区，可以积极发展煤制甲烷产业，作为石油燃料的替代和补充。这不仅是实现清洁能源生产的新途径，还能够优化煤化工产业结构，提高煤炭的综合利用率，缓解国内石油燃料的紧张问题，从而保障我国的能源安全。未来，煤制甲烷行业需要加快新型甲烷化催化剂的研发和新工艺、新设备的开发研究，加速我国煤制甲烷行业的发展。

### 6.3.4 合成油技术

煤制合成油指的是煤炭在一定的压力、温度以及催化剂等工艺条件下，在反应器中经过许多复杂的物理化学变化后转化为液态油的洁净煤技术。液态油主要指柴油、汽油、液化石油气等烃类液态燃料。

按照加工过程的区别，煤炭液化技术可分为两大类：直接液化、间接液化。直接液化是指煤炭在高压和一定温度等工艺条件下与氢气直接反应，将煤炭直接转化为液态油。而间接液化则是指在催化剂的作用下，将煤炭气化生成合成气，再由合成气合成液态油的工艺过程。

在利用煤炭液化技术对煤炭进行加工处理的过程中，可以有效脱除煤炭中的一些杂元素和矿物质。同时，煤炭中的硫也能转化为硫磺，实现变废为宝。煤制油得到的液体产品是一种比一般石油产品更清洁的燃料。因此，可以认为煤炭液化技术是一种更为高级的洁净煤技术。

虽然煤炭与液态燃料的组成元素都是C、H、O等，但在组成的比例上有所不同。煤炭的H/C原子比在0.6～1.0之间，而石油的H/C原子比可以达到1.6～2.0，与石油相比，煤中氢含量低，而氧含量高。

煤直接液化工艺包括加氢液化、固液分离和提质加工这三个主要步骤。首先，通过高温加热将煤炭中的大分子结构分解，产生自由基，这些自由基会和氢气发生化学反应，生成稳定的低分子产物。再利用不同的固液分离手段将加氢液化后剩余的无机矿物质和未反应的煤炭与液化油分离。通过加氢液化得到的粗制产品中的芳香烃含量较高，且O、N、S等杂原子的含量较多，因此下一步还需要进行提质加工，才能得到合格的合成油产品。

煤的间接液化是指通过煤气化得到的合成气来合成液态油的工艺过程。1923年，德国的两位科学家Fischer和Tropsch首次发现了这一合成技术，并以他们名字的第一个字母命名为F-T合成，也可称为费托合成。在费托合成工艺的技术开发中，出现了固定床、循环流化床、浆态床、固定流化床反应器等技术。

第一个用于费托合成的固定床反应器于1955年在南非建成，操作条件为压力26bar、温度225℃。固定床反应器具有操作便利、催化剂与产品分离容易的优点，特别适用于费托蜡的生产。当合成气净化厂的工作出现异常而使某些$H_2S$残余时，催化剂床层可以吸附少量$H_2S$，以免对其他部分产生影响。然而，这种技术本身就有一些难以避免的局限性。首先，由于反应器的制造过程相对复杂且需要使用高品质的材料，因此制造成本较高。其次，当反应器内的高气速流经催化剂床层时，会导致较大的压降，需要使用尾气循环来维持反应器的正常运行，这会增加气体压缩的成本。此外，由于费托合成受扩散过程的控制，要求使用的催化剂颗粒较小，大大增加了床层压降，从而增加了运行成本。另外，由于较高的反应器管程的压降，使得必须要用较厚的管材才能让反应器管束承受住较大的应力，这会增加反应器的制造成本。此外，催化剂对温度变化的要求较为苛刻，所以需要定期更换铁基催化剂。因为反应器需要特殊的可拆卸的网格结构来适应催化剂的更换，这无疑复杂化了反应器的设计。由于需要大量的时间来为反应器重新装填催化剂，这无疑会增加不少的停车时间和人力成本。

与固定床相比，循环流化床的压降和气体压缩成本更低，且反应器内的高气速造成的返混使得反应器内的温差一般小于2℃，可视为处于等温状态。循环流化床反应器的一个重要特点是可在反应过程中加入新催化剂并移除旧催化剂，但该技术操作复杂且设备成本较高。

浆态床反应器通常配备多层由多个过滤单元组成的过滤器，而每个过滤单元中又有多个过滤棒。反应器正常运行时，过滤棒起到将合成蜡排出并将催化剂阻挡并留在反应器内的过滤作用。如果在过滤过程中因催化剂颗粒进入过滤棒而造成堵塞，应及时对过滤棒采取反冲洗的方法，将催化剂冲洗出来以恢复其正常的过滤功能。在正常运作下，过滤棒中的过滤单元共分为三部分，第一部分过滤单元进行排蜡操作，第二部分则进行反冲洗以恢复功能，第三部分作为备用。反应器内共有2～3层的换热盘管来有效地移除反应产生的热量。通过进入管内的水的蒸发来吸收管内的反应热，同时还可以通过调控产生的蒸汽的压力大小来调整吸收的反应热的多少。此外，该技术还通过在反应器的下部配备气体分布器，使气体均匀分布在反应器内，以优化反应过程和反应效率。而上部则设有除尘除沫器，以去除气体中的杂质和泡沫。在催化剂的作用下，合成气经过浆料床层时发生F-T合成反应。反应产生的蜡全部经过过滤后排出反应器，而所有的气相产物都通过反应器上部的气相出口排出。当过滤器出现堵塞造成反应器内外的压差超过一定阈值时，需要及时关闭排蜡阀，启动备用过滤器，减小压差，再打开反冲洗阀进行冲洗，使堵塞现象消失。反应器还设有催化剂的进排口，以便及时地排出和加入催化剂。当反应器内的催化剂活性无法达到要求时，可通过加入口、排出口及时添加新鲜催化剂，同时将老旧催化剂排出体外。

### 6.3.5 合成气制乙二醇技术

通过合成气（$CO+H_2$）制乙二醇的工艺分为两步。首先，用合成气合成草酸二甲酯，再用草酸二甲酯加氢反应制得乙二醇。

在催化剂（多为负载型贵金属催化剂）的催化作用下，CO和反应中间体亚硝酸甲酯进行氧化偶联，生成草酸二甲酯。这个反应中还会产生NO并通过氧化酯化再次生成亚硝酸酯，形成一个循环过程。这个过程被称为CO氧化偶联合成草酸二甲酯，也被称为甲醇（或乙醇）的碳基合成反应，是合成气制乙二醇技术的核心反应。在所有合成气制乙二醇工艺中，CO氧化偶联反应的控制最为复杂，对安全性的要求也最高。如果没有较为合理的工艺技术方案，合成气制乙二醇技术也不可能实现。与费托合成和甲醇制烯烃（MTO）等技术类似，CO氧化偶联工艺技术实现了从$C_1$（无机碳）到$C_n$（$n\geqslant 2$）（有机碳）的转化，从而使得以煤为原料替代油生产重要大宗化学品成为可能。

CO氧化偶联合成草酸二甲酯的主要反应有:

主反应：$2CO+2CH_3ONO \longrightarrow (COOCH_3)_2+2NO$

副反应：$CO+2CH_3ONO \longrightarrow CO(OCH_3)_2+2NO$

草酸二甲酯为主要产物，碳酸二甲酯为副产物。CO氧化合成草酸二甲酯的反应为中强放热反应，对于该类反应，如果反应时的温度太高，对反应平衡不利，而反应温度过低，通常会造成反应速率过低，同样也会造成不利。催化剂前期的活性较高，所需的反应温度也较低，但在长期运转之后，后期催化剂活性将下降，因此需要提高反应温度以维持反应速度。综合各种因素，反应温度应以110～114℃为宜。

如果从主反应的计量比上看，CO与亚硝酸甲酯的计量比应为1:1。但在实际反应中，反应物质比对催化剂的催化活性有影响，对反应的选择性也有影响。由于亚硝酸甲酯具有易爆性，从安全生产的角度上考虑，希望能够在较低的亚硝酸甲酯的浓度下使反应仍保持一定的速率和选择性。综合考虑，在常规生产条件下，最佳的反应进料比值为CO/亚硝酸甲酯=1.6。

CO氧化合成草酸二甲酯是一个快速反应，反应过程中，反应物料的内扩散和外扩散是影响反应速率的重要步骤，其中催化剂的孔道结构决定了内扩散，催化剂表面的物流流速决定了外扩散。在压力、温度及其他工艺参数保持不变的情况下，空速越大，物流的流动越快，扩散层越薄，扩散速率也就越快。因此，需要选择合适的空速来尽可能消除外扩散的影响，同时最大化发挥催化剂的性能。研究表明，当空速处于2000～3000$h^{-1}$区间时，处于催化剂的最佳活性区间，在该区间内，空速增加，催化剂的选择性提高；但当空速达到3000$h^{-1}$以上时，提高空速无法显著提高催化剂的选择性，因此适合该反应的最佳空速为3000$h^{-1}$。

草酸二甲酯加氢制备乙二醇直接关系到合成气制乙二醇的生产效率，同时还与乙二醇分离提纯工艺紧密相关，因此在整个合成气制乙二醇的工艺中占有十分重要的地位。

自20世纪70年代以来，大量研究人员对草酸二甲酯加氢进行了深入的研究，并取得了诸多改进成果。目前国内外大量的研究主要集中在减少钯金属的使用和开发不含铬金属的高稳定性铜基催化剂方面。根据不同的催化剂使用情况，可将草酸二甲酯加氢工艺分为液相法和气相法。由于液相法所使用的催化剂中含有价格昂贵的金属活性组分，存在均相催化剂与产物分离困难的问题，且液相法存在反应操作压力高、反应时间长、乙二醇选择性低等缺点，目前草酸二甲酯加氢的研究焦点已经转移到气相法加氢。

## 6.4 煤化工自动化与智能化技术

随着我国煤化工领域科研和工业化技术的不断发展，煤化工行业的生产装置也在逐步朝着自动化与智能化方向迈进。引入各种先进的技术手段，不仅能为煤化工产业提高工艺水平，降低工艺成本，而且能有效降低生产中的污染物排放，对环境更加友好，为实现煤化工产业的可持续发展提供了一条可行之路。

### 6.4.1 煤化工工艺孪生技术

数字孪生技术是一种基于物理模型、传感器和实时数据的集成多学科知识，将物理世界与虚拟世界紧密联系在一起的技术。煤化工数字孪生技术是煤化工自动化与智能化技术的重要组成部分。它是基于数字孪生技术的煤化工工艺优化方法，通过对煤化工工艺数字模型的建立，实现煤化工生产过程的实时监控、数据预测和流程优化。煤化工工艺孪生技术的起源可以追溯到20世纪90年代。那时，计算机技术、仿真技术和控制技术等相关技术快速发展，人们开始将数字孪生技术应用到煤化工领域，以实现对煤化工过程的建模、模拟、预测和流程优化。经过多年的研究和实践，煤化工工艺孪生技术已经得到了广泛的应用和发展。

**（1）煤化工工艺数字孪生建模**

在煤化工领域，工艺孪生技术可以用于建立煤化工工艺的数字模型，该模型可以反映实际生产过程中的各种物理、化学和生物变化。通过实时监控煤化工生产过程中的物料的温度、压力、流量、液位、化学成分等工艺运行数据以及设备性能参数，数字孪生技术可以对整个煤化工生产流程进行实时监控和预测。通过这些监控和预测可以使得工作人员及时发现生产过程中出现的问题，并及时采取相应的措施对生产过程进行优化和调整。此外，数字孪生技术也可以通过分析和挖掘历史数据，发现生产过程中一些数据的规律和趋势，为未来生产过程参数优化提供可靠的经验指导。同时，数字孪生技术还能与人工智能技术相结合，对生产系统进行智能优化和控制。该技术的实现步骤包括：①采集数据及数据处理；②建立过程或者流程数学模型；③制定优化目标及参数调整；④过程性能监控与指标预测。

数据采集是建立煤化工工艺数字孪生模型的第一步。在煤化工过程中，存在着许多需要采集的数据，如原料的化学成分、反应温度、压力、流量等。这些数据可以通过各种传感器进行采集，并经过数据处理技术进行去噪、归一化、补缺等处理，为建立数字孪生模型提供可依赖的高质量资料。

建立数字孪生模型是实现煤化工工艺孪生技术的关键环节。数字孪生模型可以通过仿真软件进行建模和验证，以确保数字孪生模型的精确性和稳定性。在建立数字孪生模型时，需要将煤化工生产过程中大量的影响因素纳入考量，如原料的化学成分、反应温度、压力等，以及各种设备的工作状态和参数。通过对这些因素进行建模和模拟，可以实现对真实煤化工过程运行特性的准确描述，并能进行发展趋势的正确预测。

在完成数字孪生模型的初步建立后，还需要考虑对模型参数以及模型结构进行实时的优化和调整，确保在装置运行特性发生变化时，模型能够与装置运行特性匹配，以提高数字孪生模型的预测精确性和效率，从而实现煤化工工艺数字孪生模型对真实煤化工过程的优化和控制。具体而言，数字孪生模型的优化与调整包括：①利用历史数据进行模型验证和修正，以提高数字孪生模型预测的精确性和稳定性；②通过引入先进的控制算法和优化算法，对煤化工过程进行优化和控制；③通过仿真实验对模型进行测试和验证，以发现模型预测性能缺陷并加以改进。

借助数字孪生模型，可以准确地对真实煤化工过程进行实时监控和预测。监控内容包括原料的化学成分、反应温度、压力等参数的变化情况，预测内容包括产品品质、数量等。通过实时监控和预测，可以及时发现生产过程中的问题并采取相应的措施进行解决，从而降低生产作业风险并提升生产的质量和效率。此外，还可以利用数字孪生模型对未来的生产过程进行预测和规划，以便制定更加合理的生产计划和优化方案。

**（2）煤化工工艺孪生技术应用**

传统的煤场存储煤炭管理系统不仅管理效率低下，而且有可能导致洒水延迟而产生煤炭自燃的安全问题。目前已有学者基于数字孪生研究并设计了一种煤场智能管控系统，通过该系统解决精细化管控问题。利用数字孪生技术建立并验证模型，通过模型预测洒水时机。经实验验证，引入了数字孪生技术的管理系统在洒水时机的选择上领先传统管理系统10% ~ 20%，洒水时的总用水量降低30%以上，并且可根据实时的风速和降水量对洒水方案进行实时调整，一定程度上减少了因为突发情况而导致的洒水方案失效情况，通过及时洒水、精准洒水，解决了传统管理方案可能导致的煤炭自燃安全问题。

在数字孪生技术应用于煤化工工艺的过程中，有时会因为物理空间与虚拟空间的信息交互机制过于单一，导致安全管理的决策与生产运行中的控制对工艺过程中的不确定性的适应能力不足、物理空间设备协同利用率过低、虚拟空间对物理空间的综合管控鲁棒性较弱等问题。为了解决这些问题，有学者提出了知识引导的虚实空间信息主动管控机制，并建立了知识驱动的智采数字孪生主动管控模式。这种模式可以通过知识引导的方式，主动管理物理空间与虚拟空间的信息交互，从而提高生产运行控制与安全管理决策对工艺过程中的不确定性的适应能力，增强虚拟空间对物理空间的综合管控能力，提高物理空间设备协同利用率。

煤矿的信息化进程在物联网、人工智能及大数据技术的助力下，正逐步迈向智能化阶段。在此阶段中，以数字孪生技术为核心、聚焦于煤矿生产环境和智能装备的知识服务系统成为了研究重点。有研究指出，煤矿智能化的先决条件是实现可测量、可观察、可控制。借助数字孪生技术，可以观察到矿山各个环节的状态及其变化规律。同时，基于数字孪生模型的数据深度挖掘技术，可以为矿山安全生产流程提供即时重现、预测分析以及交互式的推演支持。由此可见，数字孪生技术在推动煤矿智能化建设中发挥着关键作用。

目前，国内煤化工行业的数字孪生标准体系尚未构建，阻碍了数字孪生技术在煤化工领域更深层次的应用。主要体现在：①煤化工行业缺乏数字孪生相关术语和系统架构的标准化参考，导致企业与用户在数字孪生理解上的差异，这给人员交流、技术集成和工程协作带来了困难；②煤化工数字孪生在模型、数据和服务方面缺乏标准化参考，这使得集成模型、数据以及系统的过程变得困难，同时使得兼容性较差；③在煤化工行业实施数字孪生时，由于缺乏适用规则及执行要求等标准参照，给用户和企业带来了很大的困扰，并提升了实施成本。因此，数字孪生的研究人员不仅需要再开展理论研究，还需要积极与煤化工应用企业以及相关的标准化组织进行协作，构建出一套能够适用于煤化工行业的数字孪生标准体系架构。

### 6.4.2 煤化工先进控制与优化技术

煤化工先进控制与优化技术是一种基于计算机技术的自动控制方法，通过引入各种先进的控制算法和控制策略，实现煤化工生产工艺的精准控制与优化。基于现代控制理论和优化算法，针对煤化工生产过程中的复杂性和不确定性，该技术主要涉及以下步骤：①对煤化工生产过程进行精确的数学建模，为实施过程先进控制与优化提供对象特性刻画的模型基础；②根据系统模型和控制要求，设计与特定煤化工工艺匹配的控制器和控制策略；③将设计的控制器和控制策略通过软硬件实现出来，形成具有可操作性的控制系统；④对控制系统进行严格的测试和验证，确保其在实际生产过程中能够发挥预期的作用；⑤根据实际生产过程的需要，设计合适的优化算法，以便实现生产过程的优化；⑥将设计的优化算法通过软硬件实现出来，形成具有指导性的优化方案；⑦将上述先进控制和优化系统集成到煤化工生产装置的DCS和上位机中，加速实现生产全过程向智能化、自动化、信息化的方向转变。

模型预测控制技术作为一种常用的先进控制技术，在煤化工中具有广阔的发展空间。该技术首先通过装置内各相关变量的历史运行数据建立过程模型，对未来的状态进行预测，并根据预测结果进行控制，以达到优化目标。在煤化工生产中，模型预测控制技术可以用于优化煤粉燃烧、气体分离、液体合成等关键环节，提高生产效率和产品质量。例如，有研究者将模型预测控制技术应用于焦油处理控制系统中，减少关键装置操作的波动，实现了“卡边”操作和平稳运行，在处理焦油蒸馏这一高度耦合、各单元间相互干扰的工艺过程中，该技术表现出了卓越的性能稳定性和可靠性。模型控制操作平稳，在完全满足生产需求的同时，经济效益显著。通过该技术，节约了4% ～ 6%蒸汽使用量，并提高了5%产品收率。

神经网络是一种模拟人脑神经元网络结构的计算模型，具有强大的学习和自适应能力。在煤化工生产中，神经网络控制技术可以用于建立复杂的非线性模型，对生产过程进行精确控制，并实现优化。例如，在跳汰选煤工艺过程中，在解决线性、时不变等相对简单的问题时，传统的控制方案可以取得较好的效果。然而，对于跳汰机这样复杂的非线性、大滞后系统，想要建立较为精确的数学模型通常比较困难，所以传统的控制方案通常很难取得比较好的控制效果。为了解决这个问题，相关研究将神经网络控制技术引入跳汰选煤工艺过程的控制方案中。通过利用事先训练好的神经网络预测器，可以预测下一时刻的跳汰机选煤情况，从而实现预测控制。这种控制方法相比传统方案有了显著改善，使得控制结果更加准确和稳定。

集成优化技术是将多种优化和控制技术进行有机融合，形成一种综合性的优化方案。

在煤化工生产中，集成优化技术可以综合利用上述各种技术的优势，对整个生产全过程进行优化和控制。虽然目前仍有许多煤化工生产企业实际生产中沿用了传统的控制技术，但是随着基于计算机技术、自动控制方法理论与工程应用技术的进步和发展，可预见，在不久的将来，煤化工生产过程中将会越来越多地引入各种先进的控制算法和控制策略，以提升生产安全性和经济效益。

### 6.4.3 煤化工智能化技术及应用

**（1）煤化工智能化技术**

煤化工智能化技术是一种基于物联网、大数据、人工智能等技术的综合应用，通过将各种信息技术与煤化工生产过程相结合，实现生产过程的全面数字化、智能化。该技术主要包含这几个方面。

① 设备智能化：物联网技术是一种通过传感器、无线通信等技术，实现设备与设备之间、设备与互联网之间互联互通的技术。在煤化工生产过程中，引入物联网技术，可以将各种设备连接成一个网络，实现设备之间的信息共享和协同工作。通过物联网技术，能够实时监测和评估设备的运行情况，包括一些关键设备中的温度、压力、流量等重要的物料参数，以及设备的运行状态和故障信息。另外，可通过远程控制和自动化控制实现对设备的远程操作和控制，增强设备运行效率和稳定性。此外，还可以通过采集并分析数据，发现设备运行的规律和潜在问题，及时采取措施进行维护和优化。引入物联网技术能够提高设备的运行效率和稳定性，减少设备损坏和停机时间，减少人工作业和干预，降低生产成本，提升产品品质，并对生产过程的自动化程度、智能化水平进行升级，提高生产效率和质量，还可以减少对环境的影响和污染物的排放，提高环保水平和社会效益。

② 数据智能化：大数据技术是一种通过对海量数据进行处理和分析，提取有价值信息的技术。人工智能技术则是一种通过机器学习和深度学习等方法，对数据进行学习和推理，实现智能决策和预测的技术。

通过大数据和人工智能技术，可以对煤化工生产过程中的各种数据进行智能化处理和分析。不仅可以对生产过程中的各种数据进行采集、存储和处理，包括原料性质、设备状态、生产过程参数等，还可以通过数据挖掘和机器学习等技术，对数据进行分类、聚类和关联分析，提取有价值的信息。此外，通过深度学习等技术，对数据进行学习和预测，还可以实现智能决策和预测。

③ 生产智能化：通过将各种智能化技术和生产过程相结合，加速实现生产全过程向智能化和自动化的方向转变，提高生产效率和产品质量。在生产过程中，各个环节和设备可以相互协同工作，实现信息的共享和协同处理。同时，通过自动化控制和智能决策，可以减少人工干预和操作，降低生产成本，实现生产的高效率和高品质。

④ 管理系统智能化：先进的信息化管理系统是实现煤化工生产过程智能化管理和监控的基础。这些系统通常采用前沿的计算机、网络、数据库等技术来采集、存储、处理和分析生产过程中的数据。同时，这些系统还可以实现对生产过程的实时监控和预测，及时发现和处理问题，以提升生产管理的效率和品质。

⑤ 供应链智能化：在现代煤化工产业中，供应链管理涉及从原料采购、生产、仓储到产品销售的一系列复杂流程。为了确保这一流程的高效和顺畅，越来越多的企业开始探索将智能化技术引入供应链管理中。例如，利用物联网技术对原料和产品进行实时追踪和监

控，确保其质量和安全；利用大数据和人工智能技术对市场需求进行预测，从而更为准确地进行生产和库存管理。通过对供应链管理引入智能化技术，企业可以对供应链管理进行智能化管理和优化。具体来说，这意味着企业可以实时掌握供应链中各个环节的状态和数据，从而更为迅速和准确地做出决策。例如，当某个原料供应出现问题时，企业可以立即得知并寻找替代方案，避免生产中断。

**（2）煤化工智能化技术应用**

煤化工以原煤为原料，煤炭气化或者液化后的生产技术与石油化工类似，其主要区别在于煤炭的预处理工序与石油化工不同。在此分别介绍煤炭预处理过程以及煤化工装置的智能化技术应用情况。

煤炭预处理过程的智能化是通过引入先进的技术和系统，以提高煤炭预处理的效率、准确性和可控性。煤炭预处理智能化技术应用包括如下几方面。

① 智能取样系统：传统的煤炭取样通常需要人工操作，存在取样不均匀和误差较大的问题。智能取样系统利用机械臂、传感器和控制系统等技术，能够完全自主地进行煤炭取样，并确保取样的准确性和均匀性。

② 智能筛分和分选技术：传统的煤炭筛分和分选通常需要人工操作，效率低且存在误差。智能筛分和分选技术利用图像识别、机器学习和自动控制等技术，能够自动识别和分选煤炭的质量和尺寸，提高筛分和分选的精度和效率。

③ 自动化破碎和磨煤系统：传统的破碎和磨煤过程需要人工操作，工作强度大且效率低。自动化破碎和磨煤系统利用自动化设备和控制系统，能够实现煤炭的自动破碎和磨煤，提高破碎、磨煤的效率和一致性。

④ 智能化煤质分析技术：传统的煤质分析通常需要实验室测试，周期长且存在一定的误差。智能化煤质分析技术利用光谱分析、化学传感器和数据处理等技术，能够实时监测和分析煤炭的质量和成分，提供准确的煤质信息，帮助优化煤炭预处理过程。

⑤ 自动控制系统：自动控制系统是煤炭预处理过程自动化和智能化的核心。通过传感器、执行器和控制算法等技术，自动化控制系统能够实时监测和控制煤炭预处理过程中的各项参数和操作，以保证预处理的准确性、稳定性和可控性。

煤化工装置在运行过程中会受到多种不确定性因素的影响，从而导致过程能耗和物耗的增加。为了解决这个问题，可以利用大数据、机器学习和流程模拟等模型化和智能化技术的融合，建立煤质集总数据库、构建装置机理模型、预测运行设备故障以及建立软仪表等。这些方法的应用可以有效地减少装置的非计划停车，优化装置的操作，并降低装置的能耗，从而实现煤化工装置的减排和增效。

即便煤化工装置能够保持长期平稳运行，但仍然存在如下几方面的问题：一是长期非最优操作导致煤化工装置能耗高、产品收率低，主要原因是煤化工装置受煤质影响较大。煤气化装置作为煤化工的“龙头”，一旦煤质发生变化，其操作参数就必须进行适应性调整。同时，煤种变化也会导致气化装置产出的合成气组成发生变化，进而需要同步调整下游合成气变换、净化等装置的操作参数。这样的工作对人工来说非常困难。二是煤化工装置的运行环境恶劣，设备故障率较高。由于缺乏有效的设备故障监测与预判手段，通常是在设备发生故障停车后才进行补救性维修，这严重影响了装置的开工率。三是由于煤化工装置多在高温高压、易燃易爆以及腐蚀性介质的工况中运行，常常导致一些关键仪表性能衰退甚至失灵，无法准确检测关键参数，难以精确指导现场操作。为解决这些问题，各种智能化方案应运而生。

智能化的煤炭性质数据库：基于煤炭分析检测数据、现有煤气化装置煤种、配煤数据以及气化操作参数，形成包括煤炭工业分析、元素分析、金属氧化物等与煤气化特性相关的煤质数据库。利用分析数据库对各煤种及配煤数据进行大数据分析，利用智能化技术收集在不同煤质下的最优工艺参数、原料的消耗、合成气组成等数据，预测与实际煤种相吻合的工艺参数，并优化装置的操作参数，使得装置能在多种不同的煤种下稳定运行。

设备故障预测预警：先对设备的运行状态、产品质量等数据进行集成，形成设备运行数据库，再借助机器学习对设备运行数据进行分析，并建立设备故障预测模型。通过运用设备故障预测模型，对设备的运行状态进行实时诊断与评估，如果发现设备运行异常，则快速启动排除设备故障方案，减少因设备故障而造成的不必要的停车次数。

煤化工自动化、智能化技术是未来煤化工行业的发展方向，通过引入各种先进的技术手段，可以加速实现生产全过程向自动化和智能化的方向转变，降低生产成本，提高生产效率和产品质量，降低环境污染，实现可持续发展。

## 6.5 发展建议

现代煤化工产业是我国能源结构低碳化改造的重要组成部分，提升煤化工技术装备的智能化水平是产业发展的关键抓手。在“双碳”目标背景下，应加快推动现代煤化工产业向减碳、低碳转型，促进智能化技术与传统工业技术的深度融合发展。煤化工产业在目前以及今后一段时间内仍是我国能源安全的“压舱石”，承担了无可替代的重要作用。煤化工产业的发展，必将进一步带动国内化工行业技术装备的革新，构建智能化、信息化煤化工技术装备体系，既能有效解决煤化工企业的转型发展需求，又能够提升国家重大化工装备制造、工艺设计与运行管理等综合能力，同时还符合产业链自主可控和国家“双碳”目标需求。绿色低碳转型的煤化工产业是未来发展的主要方向，它将成为煤化工新技术研究、工艺开发、投资、生产、消费等决策的重要依据。

结合当今的国际大环境，我国的煤化工发展必须以国内科研机构自主研发的国产化煤化工工艺孪生软件、DCS/PLC平台产品为建模与数据底座，以信息产业、智能产业、5G、互联网等科技进步为依托，借助工业互联网技术平台，开发能够覆盖煤化工生产全产业链的企业生产运营、信息管理系统平台，将生产过程管理与工艺、设备、资源、环境及人员之间的各种生产活动要素深度融合，提升综合感知能力、预警能力、优化能力、决策能力，以更精细、更灵活的方式提升企业的运营管理水平，对已经建成的煤化工企业加快智能化技术改造提升，提高行业竞争能力。对于拟建的煤化工企业，对产业规模进行科学调控，防止低水平重复建设。提高创新发展水平，做好技术规范，优化产业布局，牢固安全发展基础，推动产业向数字化方向转型，形成以新的制造和商业模式创新为核心的煤化工行业新质生产力。

## 参考文献

[1] 高兴，田文莉，刘军战. 甲醇制烯烃技术进展[J]. 工业催化，2020, 28(8): 21-23.

[2] 师琼. 洁净煤技术的发展简史[D]. 太原：山西大学，2007.

[3] 甘正旺，许振良. 洁净煤技术及其发展前景[J]. 辽宁工程技术大学学报（自然科学版），2005: 253-255.

[4] Midilli A, Kucuk H, Topal M E, et al. A comprehensive review on hydrogen production from coal gasification: challenges and opportunities[J]. International Journal of Hydrogen Energy, 2021, 46(50): 25385-25412.

[5] Yuan N, Zhao A, Hu Z, et al. Preparation and application of porous materials from coal gasification slag for wastewater treatment: a review[J]. Chemosphere, 2022, 287: 132227.

[6] Cheng G, Zhang C. Desulfurization and denitrification technologies of coal-fired flue gas[J]. Polish Journal of Environmental Studies, 2018, 27(2): 481-489.

[7] Çelik P A, Aksoy D Ö, Koca S, et al. The approach of biodesulfurization for clean coal technologies: a review[J]. International Journal of environmental Science and technology, 2019, 16: 2115-2132.

[8] Zhao Q, Han H, Hou B, et al. Nitrogen removal from coal gasification wastewater by activated carbon technologies combined with a short-cut nitrogen removal process[J]. Journal of Environmental Sciences, 2014, 26(11): 2231-2239.

[9] 程鹏. 高效煤粉锅炉替代链条炉改造的燃烧效果[J]. 工业炉, 2021, 43(03): 1-5.

[10] 岑可法, 池涌. 洁净煤技术的研究和进展[J]. 动力工程, 1997, 17(5): 15-20.

[11] 朱书全, 戚家伟, 崔广文. 我国洁净煤技术发展现状及其发展意义[J]. 选煤技术, 2003, 31(6): 47-51.

[12] 陈贵锋. 洁净煤技术新发展与重点方向[C]// 中国煤炭学会成立五十周年高层学术论坛论文集. 北京: 煤炭科学研究总院煤炭工业洁净煤工程技术研究中心, 2012: 183-189.

[13] 陈贵锋. “十二五” 期间我国洁净煤技术发展值得关注的方向[J]. 中国能源, 2011, 33(8): 5-7.

[14] 乌若思. 中国洁净煤技术发展现状与展望[C]// 国际清洁能源论坛（澳门）研究报告. 中国澳门: 国际清洁能源论坛（澳门）, 2013.

[15] 杜铭华, 何建平. 中国洁净煤技术进展及重点领域[J]. 中国能源, 2002 (9): 4-8.

[16] 姜殿臣, 任宝生, 李钟模. 洁净煤技术应用现状综述[J]. 化工矿产地质, 2001, 23(4): 245-247.

[17] 孙旭东, 张博, 彭苏萍. 我国洁净煤技术 2035 发展趋势与战略对策研究[J]. 中国工程科学, 2020, 22(3): 132-140.

[18] 赵福阳. 解读煤炭洗选加工在洁净煤技术发展中的现状和趋势[J]. 矿业装备, 2022.

[19] 王元亨. 煤炭洗选节能降耗技术应用与研究[J]. 能源与节能, 2023, (09): 85-87.

[20] 赵树彦, 任利勤. 选煤厂能耗标准与节能降耗技术研究[J]. 中国煤炭, 2022, 48(06): 44-49.

[21] 刘金月, 杨硕, 焦贻虎. 双碳背景下选煤厂节能降耗措施研究[J]. 煤炭加工与综合利用, 2022,(09):85-88.

[22] 王国栋, 周彪, 马军民, 等. 兖矿洁净型煤关键技术探索[J]. 煤炭加工与综合利用, 2019, (06): 6-8.

[23] 齐亚兵, 唐承卓, 贾宏磊. 工业烟气湿法脱硫技术的发展现状及研究新进展[J]. 材料导报, 2022, 36(S1): 88-96.

[24] 顾光应. 甲醇合成气干法脱硫技术应用研究[J]. 煤化工, 2023, 51(01): 83-88.

[25] 刘洋, 张福亭. 生物脱硫技术在煤化工酸性气脱硫中的应用[J]. 肥料与健康, 2023, 50(03): 39-42.

[26] Saha B, Vedachalam S, Dalai A K. Review on recent advances in adsorptive desulfurization[J]. Fuel Processing Technology, 2021, 214: 106685.

[27] 李应海. 离心分离技术在焦油脱渣脱水工艺中的应用[J]. 云南化工, 2017, 44(06): 43-45.

[28] 马洪业, 刘晨辉, 张利波, 等. 微波对褐煤提质干燥技术的研究现状及展望[J]. 昆明理工大学学报(自然科学版), 2017, 42(04): 53-57.

[29] 李鹏伟. 煤炭工程破碎筛分系统自动化设计及应用[J]. 内蒙古煤炭经济, 2023, (17): 124-126.

[30] 盖春燕, 侯志强. 选煤厂主要工艺自动化控制技术分析[J]. 内蒙古煤炭经济, 2023, (05): 30-32.

[31] 葛宪福. 燃煤电厂锅炉燃烧$NO_x$排放优化控制技术[J]. 工业加热, 2023, 52(06): 45-48, 53.

[32] 金彦超, 何安稳. 烟气脱硫脱硝一体化技术研究[J]. 科技风, 2015(24): 41.

[33] 任永强, 车得福, 许世森, 等. 国内外IGCC技术典型分析[J]. 中国电力, 2019, 52(02): 7-13, 184.

[34] 王爱华, 蔡九菊, 王连勇, 等. 洁净煤技术进展与展望[J]. 节能, 2004 (5): 6-9.

[35] Gao W, Liang S, Wang R, et al. Industrial carbon dioxide capture and utilization: state of the art and future challenges[J]. Chemical Society Reviews, 2020, 49(23): 8584-8686.

[36] Zhang Z, Wang T, Blunt M J, et al. Advances in carbon capture, utilization and storage[J]. Applied Energy, 2020, 278: 115627.

[37] 陆义丽, 赵春兰. 浅谈洁净煤技术及其在我国的发展[J]. 露天采煤技术, 2002 (1): 33-35.

[38] 高雄. 煤气化细渣自烧结制备高性能陶粒研究[D]. 银川: 宁夏大学, 2023.

[39] 尉美玲. 煤气化工艺节能减排技术及应用分析[J]. 中国石油和化工标准与质量, 2023, 43(19): 163-165.

[40] 胡晓松. 煤气化工艺中节能减排技术的研究和应用[J]. 山西化工, 2023, 43(06): 197-199.
[41] 王利峰. 我国煤气化技术发展与展望[J]. 洁净煤技术, 2022, 28(02): 115-121.
[42] 李浩列. 伊宁煤在固定床内气化时$CH_4$形成的研究[D]. 太原: 太原理工大学, 2019.
[43] Gu J, Yang S, Kokossis A. Modeling and analysis of coal-based lurgi gasification for LNG and methanol coproduction process [J]. Processes, 2019, 7(10): 688.
[44] 郭良元. 固定床固态排渣碎煤加压气化技术在国内应用现状[J]. 煤质技术, 2023, 38(04): 39-45.
[45] 刘丰力, 毕家立. 赛鼎炉的发展与应用[J]. 山西化工, 2017, 37(05): 84-87.
[46] 上官岳锋, 丁国建, 朱之明, 等. 晋城无烟煤循环流化床富氧气化特性研究[J]. 氮肥与合成气, 2023, 51(12): 3-8.
[47] 张能, 乔二浪, 鲁得鹏, 等. 煤气化技术应用现状及发展趋势[J]. 化工设计通讯, 2022, 48(07): 1-3.
[48] 杨益. 典型煤气化技术介绍及选择要点分析[J]. 山西化工, 2022, 42(05): 21-22, 28.
[49] 韩志学. 恩德粉煤常压气化工艺设计与实践改进[D]. 大连: 大连理工大学, 2008.
[50] 栾运加. 煤气化技术的现状及发展趋势研究[J]. 化工管理, 2023(16): 75-77.
[51] 刘斌, 王庆云, 柴祯, 等. 气流床煤气化细渣的形成机理及综合利用研究: 进展与前景[J/OL]. 洁净煤技术, 1-12[2024-09-07]. http://kns.cnki.net/kcms/detail/11.3676.TD.20231205.1007.005.html.
[52] 司云飞. 大型煤制甲醇工艺技术探讨[J]. 天津化工, 2023, 37(04): 22-25.
[53] Hosseini S S, Mehrpooya M, Alsagri A S, et al. Introducing, evaluation and exergetic performance assessment of a novel hybrid system composed of MCFC, methanol synthesis process, and a combined power cycle [J]. Energy Conversion and Management, 2019, 197: 111878.
[54] 赵忠治. 煤制甲醇合成工艺技术发展与分析[J]. 化工管理, 2021(33): 111-113.
[55] 庄金娟, 鲁坤. 煤制天然气技术发展现状及前景展望[J]. 内蒙古科技与经济, 2022(24): 104-106.
[56] 李明鑫. 热耦合煤制天然气-甲醇联产工艺同步综合[D]. 大连: 大连理工大学, 2022.
[57] Rönsch S, Schneider J, Matthischke S, et al. Review on methanation - from fundamentals to current projects[J]. Fuel, 2016, 166276-296.
[58] 王学云, 胡发亭, 王光耀. 煤间接液化合成油技术研究现状及展望[J]. 洁净煤技术, 2020, 26(01): 110-120.
[59] 郭云飞. 煤制油现状及高质量发展途径研究——煤直接液化技术高质量发展研究[J]. 内蒙古石油化工, 2021, 47(09): 4-8.
[60] Jin E, Zhang Y, He L, et al.Indirect coal to liquid technologies[J]. Applied Catalysis A, General, 2014, 476158-174.
[61] 黄保财, 苏安. 费托合成浆态床反应器过滤工艺和工业实践[J]. 当代化工研究, 2023(15): 153-155.
[62] 欧阳素芳. 国内乙二醇研究进展及展望[J]. 化工管理, 2022(16): 91-94.
[63] YE R P, HUANG Y Y, CHEN C C, et al. Emerging catalysts for the ambient synthesis of ethylene glycol from $CO_2$ and its derivatives[J]. Chemical communications(Cambridge, England), 2023, 59(19): 2711-2725.
[64] 白斌. 合成气直接法制乙二醇反应基础研究[D]. 太原: 太原理工大学, 2023.
[65] 谢丽军. 产线进给系统动态响应特性数字孪生研究[D]. 武汉: 华中科技大学, 2022.
[66] 张帆, 王世雄, 田睿芳. 基于数字孪生的智能安全煤场管控系统设计[J]. 煤矿机械, 2022, 43(07): 1-4.
[67] 郭一楠, 杨帆, 葛世荣, 等. 知识驱动的智采数字孪生主动管控模式[J]. 煤炭学报, 2023, 48(S01): 334-344.
[68] 丁恩杰, 俞啸, 夏冰, 等. 矿山信息化发展及以数字孪生为核心的智慧矿山关键技术[J]. 煤炭学报, 2022, 47(01): 564-578.
[69] 何浪宇. 焦油处理控制系统中先进控制技术的应用[C]. 中国仪器仪表学会过程检测控制仪表分会, 中国仪器仪表学会可靠性工程分会, 中国自动化学会仪表与装置专业委员会, 中国仪器仪表行业协会自动化仪表分会, 上海仪器仪表自控系统检验测试所. 第七届工业仪表与自动化学术会议论文集, 2006: 3.
[70] 符东旭. 跳汰机人工神经网络控制技术研究[D]. 太原: 太原理工大学, 2008.

本章负责人　叶贞成　华东理工大学

参加编写人员　李凯奇　叶皓天

# 第7章　生物化工自动化

## 7.1　生物化工自动化背景

### 7.1.1　生物化工核心内涵

生物化工涉及生物学、化学、工程学、过程控制等诸多学科，主要研究含生物活性物质或有微生物细胞参与的过程，本质上是利用微生物或酶催化剂进行物质转换，以生物技术手段来开发和生产化学品、食品、药品、材料及能源等产品。生物化工既是化学化工技术的主要前沿领域，也是生物技术的重要分支和产业化的关键。生物化工包括上游细胞选育与开发、中游基于细胞或酶体系的物质转化、下游物质分离纯化。中游生物反应工程或发酵工程是工业生物技术最重要的组成部分，也是生物化工区别于其他化工的核心内涵，生物产物的分离提取则是生物化工产业必不可少的下游技术。

构建生物反应体系的重要原理和技术包括中心法则、酶催化以及DNA重组，工业微生物一般由DNA转录成RNA，再翻译成蛋白质，进而实现生物系统内各种物质的代谢以及其他功能。各种代谢酶是进行物质转化或生化反应的前提。代谢物既可能是反应的产物，也可能是反应的底物，不同反应关联各种代谢物，形成复杂和稳定的代谢网络，调节或重组代谢网络可满足不同生产产品需求。

生物反应或细胞培养装置包括生物反应器、固体窖池、恒温培养箱等，工业生产中生物反应器多指发酵罐，其装配了多种传感器、执行器和控制器，能够对反应过程中的物料、温度、pH值、溶氧等进行调控。工业发酵需要调控底物、氧气、酸碱、无机盐等物料变量。底物浓度低，物质转换速率慢，生产周期长；底物浓度高，可能发生底物抑制，进而限制转换速率。底物成分同样会影响细胞生长。氧气构成呼吸链，接收酶分子产生的氢原子，使底物能够与酶结合。酸碱可调节发酵液中的氢离子浓度，从而影响酶的带电状态和活性。无机盐的作用较多，在最佳浓度下可显著激发酶的活性。物料成分和浓度直接影响酶分子的结构，而温度、罐内压力、液位、流体黏度等培养环境变量则主要影响酶分子在反应体系中的分布以及运动速率。

生物化工上下游与中游的生物反应紧密关联。上游包括菌种开发、原料预处理、培养基和设备灭菌等，过程操作具有生物技术特点。下游分离纯化是从发酵液中获得最终产品的统称，细分为发酵液预处理（例如细胞破碎）、精制、成品加工，许多化工单元操作都可用于生物分离的不同工段，例如离心、蒸发、结晶、层析、萃取和沉淀等。

为保障以生物反应为核心的生物化工生产流程稳定、高效、安全运行，自动化技术及控制系统必不可少。首先是对生物化工流程中关键的物料变量和环境变量的检测与控制。物料浓度检测对传感器的要求较高，一般利用电化学或光化学特性的测量仪器、将化学信号转换成电信号的生物传感器等，例如核酸传感器用于定性或者定量分析核酸产物的序列和浓度。酸碱度、溶氧、温度、压力、液位和黏度等检测手段较为成熟。从过程控制的角度来看，温度调控主要由反应器外部的换热夹套完成，小型发酵罐采用电加热，大型发酵设备则装配内置管道的热交换器，采用蒸汽、热水或冷水介质。罐压控制可防止空气进入发酵罐，避免染菌。液位控制可提高发酵罐效率，减少生产成本，同时降低染菌风险。流体黏度影响菌体对营养物质的吸收，因而可用来调节反应效率。其次是对生物化工流程各单元的机理和动态特性的解析及模型化，构建过程状态和变量之间的内在联系，进而是对流程的监测诊断、工艺优化等。监测诊断是为了保证生产过程安全、产品质量稳定而采取的及时预警手段。工艺优化将一些利于生产的经验或者模型推导结果以工艺参数的形式确定下来。

### 7.1.2 生物化工行业应用

生物化工行业非常广泛，人类利用生物进行生产的历史久远，传统发酵一般以食用物质为原料，利用单种或者多种微生物转换成有独特风味的产品，如酒类、酱油、奶酪、腐乳等，产品分离要求较低。现代精细化工产品涵盖分子、细胞、细胞器及组织各种级别，其中分子级别产品以低碳链的酸、醇、酮、酯、酚等大宗商品为主，如乙酸、丁醇、丙酮、柠檬酸、氨基酸、聚羟基丁酸等占市场规模主导地位，其他还包括核酸、多糖、蛋白质（抗体和酶）等。细胞级别的产品生产规模也比较大，但细胞器及组织级别产品生产尚处于研发和生产的前期。

生物化工一些大宗商品的生产原料来自生物基材料，如秸秆、木材废料等。其中有些产品，如乙烯、乙醇和乳酸等，通过聚合反应可以制成塑料、生物橡胶等材料；也有些产品，如柠檬酸、氨基酸和乙酸乙酯等，大量地用作食品添加剂；还有一些产品，理化特性优异，被用于日用化工行业，例如甘油即是实验室或者化工生产的良好溶剂，可参与各种化学反应，也常作为化妆品、香精、油漆等产品的原料。

在能源应用领域，生物乙醇由淀粉或者纤维素原料经过发酵和蒸馏获得，可作为汽车燃料甚至航空燃料。生物燃料燃烧污染少，是实现“碳中和”目标的手段之一。利用微生物捕获化石燃料燃烧后产生的二氧化碳，进而生产化学品也是生物化工前沿应用领域。生物化工应用于环保领域，利用微生物处理废水、废气等，将其转化为无害的物质，以减少环境污染，同时节约资源和降低生产成本。

生物化工较为典型的应用是生物制药，即利用生物技术手段生产药品，诸如生物类似物、疫苗等。与传统的化学合成药物相比，生物制药具有更高的纯度、更好的效果和更小的副作用，目前生物制药已经成为全球医药市场的主流。

随着生物技术的进步，一些新产品的开发和生产规模不大，但发展趋势开始显现。蛋白质是细胞内的基础功能单位，酶作为具有催化功能的蛋白质，能将高聚物分解成低聚物，例如由枯草芽孢杆菌生产的植酸酶可作为饲料的添加剂，促进牲畜对饲料的吸收。微生物多糖的生产应用不多，利用微生物发酵生产透明质酸，可应用于化妆品、医药和外科手术等行业，有效缓解炎症和关键疼痛。

微生物细胞本身也可作为产品，应用广泛的酵母培养的提取物是饲料、培养基配料和化妆品的原料。农业生产中利用氮气作为唯一氮源的微生物能与植物根系形成共生生态，促进植物的生长，减少了肥料的消耗和对环境的损害。医疗领域中利用微生物来代谢人体不能代谢的产物。

### 7.1.3 生物化工自动化技术概况

生物化工过程具有流程工业特性，与传统化工一样均以物质转化为核心，但一般化工业的原料为化石燃料、矿石和化学合成物等，而生物化工的主要原料是植物、生物废弃物等生物质材料；从物质转化机理和转化条件角度来看，传统化工通常需要高温高压环境，并借助催化剂的作用，而生物化工主要利用微生物细胞的活性进行物质转化，一般在常温常压下进行，通常对酸碱度、溶氧量等环境因素更为敏感，而酶是促成细胞内各种反应的催化剂。不同的生产原理和过程特点对自动化技术提出了不同的要求。本小节从生物化工过程建模、检测与监测、控制与优化等方面，对自动化技术在生物化工过程中的应用进行概述。

**（1）生物化工过程建模**

生物化工过程建模技术主要分为三类：基于生化反应机理的白箱建模、以神经网络等为代表的黑箱建模、结合机理和数据的灰箱建模。

机理模型建立在生化反应原理及质量、能量平衡的基础上，具有物理和生化可解释性，主要有非结构化模型、结构化模型以及控制论模型。非结构化动力学模型的状态量为过程宏观变量，如菌体浓度、底物浓度、代谢产物浓度等，以常微分或偏微分方程组的形式表达。最具代表性的非结构化模型Monod方程给出了菌体增殖速率与底物浓度之间的经验公式。非结构化模型无法描述细胞内部的代谢机理，是对生物反应过程的宏观近似。结构化模型包含了细胞各个组分的特性以及组分间的相互作用等胞内信息，如代谢通量分析、通量平衡分析等，能够提供每一时刻代谢网络的物质流量信息。控制论模型则为微生物调控提供了一种新方法，即以待优化的生物量、碳摄取速率等为调控目标，通过调节关键酶的合成速率和活性，描述代谢物浓度、酶浓度和微生物生长随时间变化的动力学关系，反映出微生物内部代谢活动根据环境进行调整的机制。

生物化工过程黑箱建模的传统方法以最小二乘（Least Squares，LS）类的系统辨识为代表，主要适用于线性过程。支持向量机（Support Vector Machine，SVM）、人工神经网络（Artificial Neural Network，ANN）等机器学习类方法可以应用于非线性过程，例如木糖醇的发酵生产建模。近年来，半监督策略的深度学习技术显示出了一定的优越性，被用来挖掘链激酶和青霉素发酵过程的内在信息，获得了更好的预测性能。

结合机理建模与数据建模，灰箱模型可以保证较好的精度和更好的外推特性。在生物反应器动力学模型参数的估计中，混合模型通常表现出更高的预测能力和数据效率，对于低质量的小型数据集具有鲁棒性。

**（2）过程检测与监测**

生物化工过程的检测涉及物理变量、化学变量和生物变量，其中温度、压力、搅拌转速等物理变量的在线检测技术已成熟，化学变量包括pH值、溶氧量、气相与液相成分等，在线检测技术也已开始应用和完善，而底物浓度、产物浓度等影响微生物生长代谢过程的重要生化变量，通常还采用离线检测方法，如比色法、液相法和液质法等。近年来，光谱检测和生物传感器逐步发展，此外，软测量、状态估计等间接的检测方法研发也有新进展。

光谱检测运用光学探头采集光学信号，通过光纤传输到仪器设备进行计算分析，根据物质对不同波长光的特性，可以在线非接触地分析物质组成、浓度、纯度等参数。主要包括紫外-可见光谱（Ultraviolet-Visible，UV-Vis）、近红外光谱（Near-Infrared，NIR）和拉曼光谱（Raman Spectra，RS）等。目前，在线UV-Vis已应用于固态发酵，实现对蛋白酶和淀粉酶活性和蛋白质浓度的检测，在厌氧发酵的有机酸在线检测中也获得了采用。NIR光谱对C-H、O-H和N-H化学键振动敏感，适合含氢基团，如有机酸、蛋白质和多糖等有机物，结合化学计量方法就可以实现对生物化工过程样本的定性和定量分析，与多种测量方式及探头的结合，采用NIR可在生物化工生产过程中进行原位检测。RS利用分子振动和转动所产生的散射光谱，在官能团化学键检测方面具有优势，对C-C、S-S、N-N键更敏感，有利于细胞培养监测，用于葡萄糖、谷氨酰胺、谷氨酸、乳酸、氨和活细胞密度等实时在线监测。

生物传感器主要利用固定化生物敏感材料（诸如酶、抗体、细胞等）来感知生物信号。酶是常用于食品分析的电化学生物传感器的生物受体，较易用于生物化工过程检测，例如葡萄糖氧化酶生物传感器。此类生物传感器为保证线性响应范围，要求待检测浓度较低，多数情况需要事先进行样品稀释。各种生物传感器开发的核心技术在于受体材料的设计。

软测量作为间接检测技术主要有基于模型、基于数据以及混合类方法。如果模型可靠且可重复，以此为基础的软测量方法可行性较强，例如基于软测量的大肠杆菌培养过程中生物量、细胞密度的在线估计。以偏最小二乘（Partial Least Squares，PLS）、主成分分析（Principle Component Analysis，PCA）、ANN为代表的数据驱动的软测量方法应用范围更广，在CHO细胞的培养过程中，基于光谱数据PLS回归和动态代谢模型实现了重组蛋白、葡萄糖等浓度的检测。

状态估计是一种重构过程变量的方法，本质上也是软测量，即根据生物化工过程中的可直接测量变量，结合过程动力学模型，对不可测量变量或受干扰变量进行推断或估计。以卡尔曼滤波（Kalman Filter，KF）理论为基础，考虑生物化工过程的非线性特性，扩展KF、无迹KF和粒子滤波等估计方法获得应用。扩展KF结合混合赛博模型，实现了对聚羟基丁酸发酵产物、底物和生物量的在线估计。近年来，越来越多地采用数据驱动或数据结合模型的软测量方法。

过程监测在变量检测的基础上实现对生产过程运行的判断。以PCA和PLS为基础的多元统计过程监测方法将过程的变量数据投影到低维空间，通过方差和残差两个统计量提前预判生产过程的异常情况。考虑生物化工批次生产的特点，一般采用多阶段多变量统计监测进行生产过程质量预测。

过程故障诊断（Fault Diagnosis，FD）进一步对过程故障进行定位、分离和辨识，判断故障发生的部位、种类和时间等。基于模型的FD技术较为成熟，其核心是状态估计方法。另外，基于数据的FD在生物化工中应用较为广泛。由于闭环控制回路可以消除部分过程变量的扰动，建立过程变量引起的故障与产品最终质量之间的模型关系，对判断和预测产品质量具有重要价值。

近年来，基于机器学习的过程诊断方法引起关注，机器学习类方法以诊断正确率为学习目标，利用工业过程在正常和故障情况下的历史数据，训练ANN、SVM等机器学习算法进行故障诊断。

**（3）过程控制与优化**

目前生物化工过程控制和优化仍面对较大困难，既缺乏可用且可靠的传感器在线测量细胞浓度和产物浓度等关键变量，又难以获得生物过程特性和模型描述。PID控制在生物化工过程应用中占据主要地位，自适应、预测等新型控制方法以及基于数据的智能化方法也在不断发展完善。

生物化工过程变量间的强耦合性影响PID单回路控制效果，通过输入输出线性化设计解耦控制器，操纵葡萄糖进料速率和空气流速，可以有效提升菌体质量浓度。微生物繁殖和代谢的时变不确定性使得溶氧控制成为难题，以一阶惯性作为参考模型，设计自适应控制律来操纵搅拌速率，取得了较好的控制效果。考虑生物化工过程本质非线性特点，在大肠杆菌补料分批过程控制中，采用精确线性化控制器操纵进料速率来调节重组蛋白的比生产速率。

模型预测控制（Model Predictive Control，MPC）开始逐步应用于各种生物化工过程控制。青霉素等生产过程的非线性使MPC优化求解计算量巨大，实践中更多采用非二次型目标函数。将滚动时域估计与MPC结合也是一种新的尝试，通过在线估计不同代谢模式下的模型参数，从而实现灵活的自适应MPC。MPC可直接将生产经济指标作为目标函数，使生产成本最小化或产品效益最大化。

智能控制技术在生物化工过程中越来越受到欢迎。模糊控制不需要精确的数学模型，通过基于专家知识的模糊规则设计控制器，比如酵母发酵过程中的溶氧浓度控制；生物过程控制中很多利用遗传算法确定模糊隶属度函数及关系矩阵，多层ANN控制器也显示处理本质非线性过程的能力，事实上ANN作为过程建模工具，可以与众多控制方法结合使用。

迭代学习控制（Iterative Learning Control，ILC）尤其适合生物化工过程分批生产的重复特性，根据生产过程历史批次的数据更新过程模型，再以当前批次结束时的实际输出与预测输出之间的偏差作为下一批次实际值与预测值的偏差，不断迭代获取新的控制量。ILC的具体方法包括：PID型ILC、鲁棒ILC和预测控制ILC等。生物化工间歇生产中，ILC与卡尔曼滤波算法结合，可提高状态估计性能。

优化操作与优化控制关系到产品质量、生产效益以及节能减排。前者通过反应物配比、培养基配方、培养温度、通气速率等工艺参数的综合优化，提高生化反应的产量和纯度。除经验试凑或反复实验之外，实验设计（Design of Experience，DoE）较为常用，DoE追求以更少的实验次数获得最优值，包括正交法、响应面法等。优化控制本质上是一种动态优化，早期以极大值原理或二次型规划等线性近似优化算法来实现优化控制，这类优化控制在酒精发酵生产中得到了应用。另外，当前生物化工生产优化指标也从一般的单目标发展为多目标，兼顾最大产量、最大转化率、最小生物转化时间、最小能耗等多种生产需求。

## 7.2 典型生产自动化现状

生物化工典型的生产工序主要是生物发酵和生物分离提取，自动化技术在不同生产工序中的应用状况各有不同，而我国传统的酿造行业中自动化技术更是具有一定的独特性。

### 7.2.1 生物发酵自动化

生物发酵过程广义上包括上游、中游和下游工程。上游以菌种选育、培养基选配等为主；中游主要进行细胞大量培养和代谢产物生产，核心是发酵条件控制；下游则是发酵液分离和纯化等。自动化技术在中游发酵工程中尤为重要，发酵条件控制涉及过程参数的检测、过程规律的获取以及过程运行的控制。

生物发酵自动化基于生物反应机理、发酵工程等原理，利用过程控制、最优化及人工智能等技术手段，将发酵过程控制在最优操作条件下，从而提高生物发酵的生产水平。目前生物化工产业正朝着工程化、自动化和智能化方向发展。传统的生物发酵控制手段已无法满足大规模生产的需求，生物工程学的新进展推动生物工业的发展和创新，催生生物发酵传感与控制的新方式。

**（1）过程传感**

传感及检测技术在生物发酵生产中的应用逐步深入，除常规的温度、pH值、溶解氧（DO）浓度、通风量、湿度等参数外，葡萄糖浓度检测、尾气成分分析等也开始使用。近年来，生物传感器的研发加快，其主要由分子检测和信号变换组成，一般多以酶、微生物、动植物组织和抗体等活性物质作为传感元件。

发酵过程多以热电偶、热敏电阻等作为温度传感，其中铂电阻温度传感器最为常见，pH值检测利用电流型或电位型离子选择性玻璃电极，溶解氧浓度测定采用由铂阴极和银阳极组成的克拉克电极，二氧化碳浓度检测可用红外光谱法、碱性溶液等方法。与传统电化学传感不同，离子敏感场效应晶体管技术为检测pH值和DO浓度提供了替代方案，光学化学传感通过荧光指示实现DO浓度检测、通过光纤照度实现摇瓶培养的检测。

葡萄糖是生物发酵过程中最常见的反应物和中间产物，葡萄糖的浓度关联菌体生长和产物合成，一般通过补糖控制和放罐控制调节葡萄糖浓度，保证产物质量和产率。葡萄糖浓度检测主要有菲林滴定法、氧化酶-偶联比色法、气相色谱法、高效液相色谱法、无酶葡萄糖传感器、葡萄糖氧化酶-电极法等，这些方法各具特点，可在不同场景中应用。因为酶极易失活，葡萄糖浓度检测主要采用离线方式，难以保证发酵过程各阶段所需葡萄糖浓度的精确性，最终影响发酵产物的产率与质量。

葡萄糖在线检测主要采用原位测定和引流测定两种方式。原位测定是将酶电极直接插入生物反应器，具有无时间延迟、样品损耗低等优点，但传感器极易受发酵液理化因素干扰，且固定化酶无法经受高温灭菌。引流测定则将生物反应器中的少量发酵液引出，在罐外用酶电极、色谱法或光谱法等进行测定，从而避免高温灭菌对生物传感器的破坏。在检测过程中，还应进行膜隔离以防止发酵液染菌。

生物传感与流动注射分析（Flow Injection Analysis，FIA）相结合也获得了较广泛的关注。将β牛乳糖酶和葡萄糖氧化酶固定在乳糖酶传感器上，通过测量酶促反应时氧气的消耗量，建立了一种FIA生物传感系统并应用于酵母分解的牛乳糖检测。将葡萄糖传感器与硅片微管道相结合，进一步实现FIA系统的小型化。考虑到生物发酵高压蒸汽灭菌以及防止染菌等因素，传感系统应尽可能远离发酵罐，这导致在延长管道内发酵液仍有生化反应，从而影响测量结果。

光谱技术在生物发酵过程中已经得到广泛应用，近红外光谱（NIR）用于同时测定葡萄糖、乳酸和生物量浓度，中红外光谱（MIR）常被用于测定混合物中的糖等有机化合物，核磁共振光谱作为研究代谢物浓度的强大工具在发酵过程在线分析中发挥作用。在现有生产工艺不变的前提下如何安装光谱检测装置以及光谱建模是技术应用难题。

**（2）过程控制**

发酵生产方式根据产品制造的需要，分为批次发酵、补料发酵和连续发酵。批次发酵也称间歇发酵，投料后反应器中细胞进行封闭培养，在此期间对温度、pH值和溶解氧浓度等环境培养条件进行控制。补料发酵通过调节底物进料，控制生物反应器的反应速率，培养过程中产物并不从反应器中连续排出。连续发酵中进料和出料速率相同，以保持培养体积恒定，主要采用两种控制方法：一是通过检测生物反应器内的浊度来调节流入和流出速率，以保持反应器内细胞密度的恒定；二是采用恒化器保持一定的流入和流出水平，通过调节培养基中的单一营养物来控制细胞生长速率。

补料生产方式可以克服底物对细胞生长的抑制，提高生产效率，同时控制不需要的副产物的形成，已成为许多生物化工行业采用的发酵方式。补料方式的主要挑战是如何获取最优补料轨迹。传统发酵过程采用开环控制，比如批次发酵通过控制pH值、温度、流量和溶解氧浓度等来优化产品产量。补料发酵过程中一般假设细胞随时间呈指数增长，因此指数补料策略是经常采用的一种直接控制方法，可以将细胞生长速率保持在临界值以下，以避免其他副产物的形成。但这种补料策略受随机干扰或过程非线性的影响，时常导致底物过量或补料不足。基于模型的优化补料提供了更系统的方法，在聚羟基丁酸发酵生产中采用经济MPC策略，不需要预先离线计算最优补料轨迹，直接以批次结束时的产物量为目标函数，在每个采样时刻以产量最大目标来优化果糖和尿素的补料速率。

在发酵过程中配置传感器可以实施闭环控制，采用糖醋混合液补料发酵生产生物聚合物，分别采用指数补料和分段常数参数化策略，总体效果上后者比前者更好，但产品产量没有变化。进一步加装氧气和二氧化碳浓度检测，以及生物量和基质混合物浓度的软测量，引入闭环策略实现优化的体积比生产。

发酵过程中需要特别对pH值加以控制，因其直接影响生物代谢及代谢产物的生成。由于pH值的高度非线性，闭环反馈控制有一定难度，比如在谷氨酸中一般给出大概范围，要求pH值前期不低、中期不降、后期不高。近年来，各种尝试基于模型的pH值控制，包括利用机理模型和ANN模型、利用潜变量非线性MPC、利用非线性MPC等。尽管基于模型的pH值控制更为精准，但应用实施不容易。

考虑生物反应器结构及细胞生长机理，以及大时滞、非线性、时变性等问题，发酵环境条件的温度控制可采用串级控制结构，主被控变量为反应器温度，副被控变量为冷却水出罐温度，副回路控制器一般采用PID，主回路可以选用PID控制、模糊控制、预测控制等。反应器压力的变化将引起发酵液中溶解氧浓度的变化，一般通过调节消毒空气流量进行闭环控制。

发酵过程涉及细胞生长培养，与其他过程相比，面临机理难以定量描述、宏观近似动力学复杂，以及缺乏生化传感器等难题，近年来，机器学习、大数据及人工智能技术的发展不断为发酵过程控制提供新的手段。

### 7.2.2 生物分离自动化

生物化工下游生产是将生物发酵液、酶反应液以及动植物细胞组织培养液等生物原料进行分离提取和精制，进而获得最终产品。分离是生物化工生产中的重要环节，分离生产的成本远超发酵环节。从生物发酵液中提取有效成分，按流程前后分为预处理分离，即过滤、离心、萃取、膜分离等过程，以及纯化分离，包括蒸馏、色谱、离子交换层析、结晶等。分离生产过程在降低能耗、提高产品收率以及减少污染等方面潜力巨大，自动化技术将发挥越来越大的作用。

现代生物分离技术根据物质溶解度、分子大小、形状、极性、电荷性质和专一结合位点等理化和生物学性质的差异，越来越多地采用超滤、透析、电泳等方法，并与膜分离、色谱分离等结合，形成针对不同产品线的分离技术，从而对自动监测与控制提出更高的要求。

**（1）预处理分离**

青霉素、啤酒等发酵生产中广泛采用过滤分离，发酵液中固体颗粒被过滤介质截留，从而实现与滤液的分离。常用的过滤装置有板框过滤机、转鼓真空过滤机、硅藻土过滤机等。板框过滤机中固体颗粒被滤布截留形成滤饼，需要不断将滤饼拆下，清洗后再进行过滤。目前板框拆卸、滤饼清洗，以及加压过滤等批次操作流程已经实现半自动和全自动化。

有机酸、氨基酸、抗生素、维生素等小分子物质广泛采用萃取分离，特别是双水相萃取方法。其基本原理是对于小分子醇和酮等亲水性有机溶剂，当与水和无机盐以一定比例混合时，会出现液液分层的现象，例如发酵液中的1,3-丙二醇及其他醇类物质进入有机相（萃取相），而发酵液中的其他成分主要进入水相（萃余相），从而将发酵液中的大部分菌体、蛋白质等其他杂质去除。作为一种新型分离技术，双水相萃取处理量大、操作条件温和，能够保持生物物质的活性，一般配备常规分散控制系统（DCS），但其生产过程容易出现乳化，导致生产条件难以控制，而且双水相萃取过程机理及热力学模型尚待进一步研究。超临界萃取技术近年来在生物化工领域获得了应用，萃取装置控制系统具有温度、压力、流量等闭环控制和串级控制。

膜分离设备简单，却是一种高效分离的新技术。常见的膜分离过程通过控制动力泵提供压差，使得液体进行错流过滤，是分子级的物理过滤分离，不发生相变，液体流经膜表面时，较小的分子透过膜，而大分子被截留。膜分离过程控制系统的基本结构：原料液通过泵输送到膜组件中，管道间装有进料流量计，原料溶液回流口安装出料压力计；原料液缓存罐入口与膜系统相连，出口与空气压缩机相连，其间有空气控制阀，同时出口与成品罐相连，其间设有出料控制阀和流量计；控制系统设有自动反冲洗功能，通过压缩空气将缓存罐中的溶液反向压入管式膜系统，可以自动冲洗。

**（2）色谱分离**

色谱技术是化学工程中的一种重要的分离纯化技术，根据进料中各组分与固定相吸附剂的亲和力差异来实现各组分的分离，模拟移动床（Simulated Moving Bed，SMB）色谱分离能力强、洗脱液消耗少，适合连续化大生产，在生物化工领域广泛应用，包括有机酸、氨基酸、维生素的分离纯化，各糖醇类同系物的分离，手性体类混合物的分离，以及对离子、盐、蛋白质、色素等杂质的去除。SMB由多个色谱分离柱串联构成连续与离散并存的混杂系统，划分为洗脱、精馏、吸附、过渡四个区域，分别具有不同功能且各区流量不同，通过控制阀门的切换，实现固体和液体的相对移动。控制阀门的切换时间、原料液的进口流量以及色谱柱内的温度是生产过程的主要操作变量，直接影响产物的分离效率。

SMB各区的操作流量和切换周期构成多参数耦合的生产调控工艺，实际生产中较为直接的方法是利用DoE及响应面法来优化工艺。以经典的平衡扩散理论为基础，多目标优化、遗传优化、粒子群优化、二次规划优化等算法被用于工艺参数优化，不同程度地实现纯度、产率最大以及洗脱液消耗最小。考虑到实际生产不确定性因素导致模型参数的变化，SMB鲁棒设计更关注不确定性对模型参数的影响。传统调控工艺只是静态设定值优化，难以适应生产过程中的各类复杂情形，改进的生产操作策略通过控制系统自动进行设定值调整，代表性的调控手段包括：每区色谱柱数量调整，进料流量和浓度的调整，在每个切换周期的初始阶段丢弃一部分含杂质（弱吸附组分）的提取产品或最后阶段丢弃一部分含杂质（强吸附组分）的提余产品以提高产品的纯度。

色谱分离工艺调控设计依赖数学模型，采用数值方法对数学模型求解，可以得到各组分在SMB各区位置上的浓度分布，从而为SMB控制与优化提供基础。例如在果糖和葡萄糖的分离过程中采用平衡扩散模型，并引入非线性吸附等温线，给出了一种带有双层控制结构的控制方案，以计算最优的操作轨迹。平衡扩散模型忽略了固定相和流动相之间的传质阻力，一般速率模型则根据传质和扩散的过程，分别建立流动相主体和固相吸附剂颗粒间的物料平衡方程，可以更好地分析SMB的分离过程，但模型复杂难以求解，因此SMB模型线性化、降阶、参数估计等方法不断出现。

SMB的结构也在改进，比如五区SMB色谱、间歇式SMB色谱等，可以实现连续或间歇生产。此外，离子交换也是色谱分离技术的一种，其特点是更需要对溶液的pH值进行控制。总体而言，SMB自动化技术主要是色谱柱内进料口流量与原料泵、热交换器出口热水温度与蒸汽的闭环控制，以及不同区域的温度检测与控制、压力测量等。由于SMB分离工艺复杂，分离性能更多是受多个工艺参数和操作方式的影响，近年来利用机器学习及深度神经网络模型进行SMB优化调控成为新的技术方向。

### 7.2.3 传统酿造自动化

传统酿造，如酿酒、酱油、食醋、奶酪等食品工业，大多采用多菌种共同发酵方式，包括固态、半固态和液态发酵，一般发酵周期较长，微生物代谢产物直接关联产品品质。酿造食品的工艺传统且产品独特，劳动强度大、生产效率低，与其他行业相比，从传统手工作坊向大规模工业生产转变的过程中，工艺装备较为落后，自动化程度较低，生产运行及产品质量的稳定性难以保证。随着科技的进步，机械化、自动化技术正在融入传统酿造行业，并逐渐替代传统生产方式，以提高生产效率和降低劳动强度，同时保持传统酿造工艺的精髓。

**（1）酿酒生产**

白酒酿造一般包括前期的制曲、配料，然后上甑、蒸馏糊化、出甑、摊凉加曲、入窖发酵、出窖等工序，酒液再经过摘酒、勾兑等形成产品。上甑是将酒醅填装到甑桶，填装工艺要求逐层均匀铺料，待甑桶内酒气上升后，再铺第二层，如此循环至完成圆周铺料，将机器视觉与多自由度机械臂相结合实现自动化上甑，可以代替人工填装。白酒蒸馏自动化系统则可以对蒸汽进气、气压、温度、冷却、流酒等环节进行闭环控制。传统摘酒操作依赖有经验的操作人员，现在大型白酒企业开发摘酒工艺自动化系统，在出酒管道上安装温度传感器和酒精度检测仪，在线检测蒸酒的气相温度及酒精度，通过闭环控制进行自动摘酒。考虑到酒精传感器的成本，一些新型低成本酒精传感器或软测量方法也已出现。考虑到不同酒的风味，还可在出酒管道上设置风味物质在线检测，以风味物质作为自动摘酒的依据。

NIR具有检测准确和重现性好等特点，既能对白酒中的风味物质进行检测，还能进一步识别酒头、酒尾，并对原酒进行分级，特别是NIR与ANN、PLS-SVM等算法相结合，通过化学计量学和光谱数据预处理，可以快速无损地识别白酒、葡萄酒等酒的品质。

需要注意的是，我国主要采用固态或半固态的酿酒工艺，而国外更偏向于液态酿酒工艺，典型的例子包括葡萄发酵酿制的葡萄酒、谷物类发酵蒸馏酒威士忌、果汁发酵蒸馏酒白兰地、大米发酵蒸馏酒日本清酒等，这些工艺更早实现机械化和自动化。固态发酵和蒸馏内部动力学较为复杂，通过实验分析其微观机理和动态变化较为困难。利用数学模型进行数值模拟可以弥补实验的不足，分析酒精在甑内的浓度分布以及迁移速度，寻找糟醅持液量与基酒产量的相关性。在白酒蒸馏过程中，基于模型研究主要风味物质的传质动力学，可以帮助优化设计蒸馏工艺。

**（2）其他酿造生产**

国内外的酿造产品广泛，酱油生产一般采用高盐稀醪发酵，包括大豆蒸煮、制曲、天然发酵、物理压榨、灭菌澄清、成品生产以及包装入库等工序。大型企业在发酵、酿造、灌装、仓储等生产单元基本采用自动化，包括生产数据采集系统、生产线执行和管理系统、灌装系统、机器人码垛及立体仓库系统等。特别是国内主流的灌装机基本实现了远程监控和预警、远程维护等功能。但各系统之间的集成尚待加强，系统还是以人的决策为主，智能化程度不够。在制曲发酵环节自动化水平较为落后，虽然有些已采用圆盘制曲，实现温湿度、风量自动控制，自动进料、出曲等，但圆盘清洗还不能做到完全自动化。由于制曲发酵采用自然日晒，长达数月的发酵过程中，稀醪内部及表层温度不均匀，且受不同季节温变影响，产品品质有差异，这些都对自动化和智能化提出了新要求。

中国独特风味的传统发酵食品，诸如豆瓣、泡菜等，生产加工多处于机械化、自动化的初级阶段，在制曲发酵车间，利用提升机将生物原料提升至储存罐，经热水浸泡沥水后，与一定比例的面粉、曲精混匀，通过布料车将混匀的生物原料输送至发酵床并铺平，进行温控发酵，一段时间后再封池发酵。当制曲完毕，出曲、入池发酵基本还是人工操作，而灌装、包装工序自动化程度较高。

从工业生产实际出发，大数据、人工智能技术与传统酿造有众多结合点，例如借助人工智能建立豆瓣发酵的微生物菌种资源库，形成标准化配比，简化“翻、晒、露”工艺，使得生产摆脱“靠天吃饭”这一传统方式。利用动力学模型和相关性分析，可以系统地分析食品添加物对泡菜发酵的影响。国外对奶酪、泡菜等传统发酵食品的酿造机理也有深入研究，例如通过高通量测序分析不同条件下发酵过程中的细菌群落来选择最优的生产操作条件。再比如通过对奶酪微生物群落组成与风味物质之间关系的系统性分析，可以选择特定的菌株进行微生物群落的重构，由此建立一种不依赖于地理环境、群落组成及演变可复制的奶酪发酵体系，从而为传统酿造食品的智能化可控生产提供依据。随着现代生物技术的发展，将基因、蛋白质及代谢组学等手段应用于传统酿造食品的发酵，尤其是微生物群落组成及其功能分析，具有广阔的前景。

综上所述，为推动酿造行业向自动化和智能化方向发展，既需要设备升级，也需要工艺提升，引入高度自动化和智能化的酿造设备和生产线，利用传感器、在线监测和控制系统等技术手段，实时监测和调节关键参数，优化和预测酿造过程，最终实现可控精细化酿造。

## 7.3 新技术与新方法

目前以人工智能、大数据、数字孪生、工业互联网等为代表的新一代信息技术快速发展，成为推动生物化工产业进步的新引擎，过程控制赋能生产过程，技术的交叉融合渐成趋势，本节从建模、检测、诊断、优化调控等方面概述生物化工自动化的新技术和新方法。

### 7.3.1 动力学与大数据混合建模

模型化是过程分析、控制、优化与诊断的基础和前提，过程模型是过程动态特性的本质表达。机理建模取决于对过程内部机理掌握的程度，一般根据生物化工过程的生化反应机理、物料平衡、能量平衡等建立动力学方程。数据建模则利用实际测量的过程输入输出变量数据，以模型输出值与测量值之间的误差最小化来获取模型。随着数据挖掘、机器学习的发展，数据建模有了更多的手段，但对数据质量和数量的要求高，模型的预测效果仅在训练数据范围内有效，泛化能力成为应用瓶颈。混合建模结合了机理特性和数据化特征，既考虑过程动力学机理，又辅之以过程运行数据，两者互补以提高模型整体性能。对生物化工过程建模而言，广义的混合建模还涉及细胞生长和代谢的微观描述。

（1）机理与数据混合

目前机理与数据混合结构主要有串行和并行两种。串行结构针对过程部分机理知识缺失，但存在大量可测量输入输出变量数据的情形，以机理模型作为整个混合结构的基础，利用经验或实验数据来估计动力学方程未知参数，例如反应动力学速率、反应动力学常数等。这种结构比单一机理模型更灵活，比只采用数据模型有更好的外推特性，兼顾可靠性和可解释性。

ANN因处理多变量和高非线性动态过程的特有能力，被广泛应用于混合建模。生化反应动态串联型混合模型由描述过程机理的微分方程和一般ANN构成，以ANN估计机理模型中的一些关键参数。随着深度学习的发展，具有多个隐藏层的ANN能以更低参数量和样本复杂性逼近组合函数，且不易过度拟合，将其与机理模型相结合，用以描述重组大肠杆菌补料过程中生物量、底物浓度、诱导剂浓度、产物浓度、冲击因子、回收因子和反应器体积的动态变化，在预测能力和计算成本方面都优于一般浅层ANN。

并行结构多用于机理模型已建立，但高度非线性且存在未知动态特性等情形，此时数据模型的并入融合用以提升预测性能。加法形式是并行结构中比较常见的融合方式，利用数据建立对机理模型和实际输出间的残差模型，再将残差输出与机理模型输出相加，得到混合模型的输出。对于分批补料生物反应器，可以采用诸如ANN、SVM等机器学习方法训练底物和产物浓度模型，在连续制药工艺生产中有效解决了模型失配问题。考虑到不可测干扰或传感器噪声等因素会影响建模精度，采用滤波方法来协调数据模型与机理模型，用扩展卡尔曼滤波协调机理和数据模型的输出，实现对葡萄糖、木糖和乙醇浓度的预测。

（2）宏观与微观混合

前述机理模型、数据模型以及混合模型均采用过程宏观变量来描述过程的宏观动力学特性，生物化工的核心是生物细胞生长过程，胞内大量中间代谢物的生化反应组成了错综复杂的代谢网络，微观层面诸如代谢机理、细胞力学、分子结构等大量化学与生物学信息，面向过程控制的建模策略未能加以分析与利用。最新的尝试是采用动态代谢通量分析（Dynamic Metabolic Flux Analysis，DMFA）对代谢网络中的通量分布进行定量分析，再采用高斯混合模型聚类算法，以多个子高斯成分来逐渐逼近过程概率分布，各子高斯成分参数由期望最大化算法估计；各子模型采用局部加权PLS建模，降低数据维度，最后将各子模型的预测结果进行融合得到全局输出，从而建立代谢通量与宏观操作变量之间的映射模型。

宏观动力学与微观代谢通量平衡方程相结合，开始应用于赖氨酸发酵耦合建模，首先对赖氨酸代谢网络进行简化，进而建立细胞内代谢物质的通量平衡方程，同时以微分方程表示生物量、产物和底物的宏观动力学，再将代谢方程与动力学方程耦合，实现微观代谢通量与宏观状态变量的关联。耦合模型中的关键代谢通量，诸如比底物消耗速率、比产物生成速率用经验方程来表示。通过遗传算法进行模型参数辨识，寻找最优参数，这种建模策略为细胞通量的定量研究提供了微观视角。

### 7.3.2 基于过程分析技术的在线检测

过程分析技术（PAT）广泛应用于生物、制药、食品等行业，可帮助实现生产质量及过程关键参数的实时控制，提高生产效率和产品质量的稳定性，提高生产的可控性、可靠性及产品一致性。目前光谱技术逐步成为在线PAT的主流，生物化工领域中生物质是基础原料，而NIR可用于分析和检测生物质的化学成分，具有广泛的应用场景。

**（1）光谱数据建模**

光谱分析主要包括光谱采集、数据处理与分析、模型建立及模型应用，其核心是建立基于化学计量学的数学模型，据此实现校正和预测两个功能。校正是离线建模，通过选择样本并获取其光谱，与标准数据对比而建立模型；预测则是模型在线应用，将实时采集的光谱数据输入模型，在线获得成分或性质指标。

光谱数据需要进行预处理，一般采用标准正态变量变换、多元散射校正、正交信号校正、傅里叶变换和小波变换等，以提高光谱分辨率，增强模型的稳定性和预测能力。定量建模方法主要采用PCA、PLS等，ANN类算法多用于建立复杂非线性的光谱数据与样品关键指标之间的模型。

高斯过程（GP）建模泛化能力强，与ANN、SVM等相比，GP模型为非参数概率模型，在给出模型预测值的同时，还可以给出预测值对模型的精度函数，且优化参数相对较少，学习速度快并且更易收敛。将GP方法引入NIR检测的波长选择，处理光谱非线性效果较好，已应用到红曲菌固态发酵过程参数水分含量和pH值的快速检测。

NIR对温度极为敏感，表现为谱峰位置变化、谱带宽度变化或者光谱漂移等，应用中需要进行温度补偿，诸如依据温度进行修正、剔除温度敏感变量等。较为实用和可靠的方法是将温度作为隐含或显式变量建立全局模型，以温度动态变化的数据作校正集。

建模需要的初始样品库一般应尽可能覆盖所有样品种类，比如来自不同地区、不同年份、不同品牌的样品，这样可以保证所建模型的适用范围和稳定性，然而却带来了全局模型与待测样品匹配度不高的问题，导致全局模型的预测精度较低。多模型方法则首先将初始样品库中的样品分为多个类别，分别建立子模型，一旦确定待测样品所属种类，调用依据相同类别样品所建的子模型进行预测。

**（2）光谱模型更新**

光谱模型具有一定的适用期，受应用场景波动、仪器老化、原料变化等因素的影响，已有样品所建模型的精度逐渐降低，当模型对预测集样品的检测精度低于某一阈值时，需要重新建模或进行模型更新。生产实践中为增加适用性，可根据专家经验选择代表性的待测样品，通过添加少量样品数来扩大原模型适用范围。更多被采用的方法是不断加入新样品信息，快速更新模型系数，其中递归偏最小二乘（Recursive PLS，RPLS）是常用的校正模型更新算法。近年来，将机器学习与RPLS算法结合的模型更新方法成为热点，诸如RBF网络与RPLS结合、即时学习（Just-in-time Learning，JIT）框架与RPLS结合等，可同时处理NIR建模中的时变性和非线性。

利用RPLS进行模型更新，一般多使用全谱信息扩充建模集并进行递归计算，这样处理的光谱变量多，且包含环境影响等干扰信息，导致更新计算量大。在黄酒生产关键参数NIR检测中，考虑其生产过程中特征波段变化小的特性，新的方法是基于特征波段进行模型递归更新，先采用相关系数法提取特征波段建立低维模型，在采集到新样品理化值后再利用其特征波段光谱信息，使用RPLS对低维模型进行更新。这种结合波长选择的递归算法，预测精度相比于固定模型和全谱递归更新模型均有所提高，有利于NIR在生物化工场合应用推广。

随着机器学习的兴起，即时学习框架被利用进行相似样品选择，与多模型方法相比可以减少对专家知识的依赖，由此构成一种实时更新的自适应建模策略。在建模过程中针对每一待测样品，通过数据学习方法选取历史样品库中的最相似样品构建局部模型，并以此局部模型对待测样品进行预测，这一局部模型仅用于当前待测样品的预测并随即丢弃不复使用。

### 7.3.3 生产综合监测与智能诊断

生物化工生产过程工艺复杂，特别是反应过程不可逆，需要保证生产过程稳定运行和生产条件严格受控，否则一旦发生诸如生物反应器染菌等非正常状况，将造成原料和能源的巨大浪费。各类传感检测及软测量用于感知生产过程状况，但各变量在正常范围内，并不一定意味着生产过程和产品质量得到了保证。传统多变量统计过程监测考虑变量间的相关性，可以评估和预测生产过程的运行状态，对生产稳定运行发挥作用。随着谱分析和微观代谢通量等多源多尺度数据的引入，综合监测将发掘和应用更多的过程特征信息，而新颖的故障诊断方法（如人工智能技术）为生物化工过程中的故障诊断提供了更多的解决方案。

**（1）多源多率监测模型与指标**

多源生化参数采样周期不一，采用半监督形式下的概率PLS方法，根据采样率将数据分成少数标记样本和大量未标记样本，分别建立概率PLS和概率PCA模型，挖掘未标记数据的有用信息。对于离线分析数据、缺失及离群点数据，采用拖尾更长的T分布代替正态分布，也有尝试将人工经验等定性先验信息分类并特征化，再融入监测模型中。

多源数据难用统一的监测模型描述各信息间的相关关系，以多概率模型拓展传统监测方法是较好选择。另外，概率模型假设主元和误差都服从高斯分布，这将导致模型鲁棒性较差，同样可用T分布来代替。随着过程分析技术（PAT）的逐步应用和微观代谢流的深入研究，在生化参数和谱数据的融合、微观代谢通量和宏观参数的联合特征提取等问题上正在取得成果，在不同检测精度和不同采样率下，构建监测指标，实现综合监测。

概率监测模型主要基于主元空间和残差两个指标，也有的采用其均值来克服随机分布性，结合具体应用不断尝试新的监测指标，比如方差指标、基于马氏距离的综合监测指标等，用于分别监测过程的受控状态以及模型关系的变化。另外，根据多源数据多阶段过程各监测指标的统计分布，可用概率推理方式对所有子模型监测指标进行概率综合。

**（2）基于人工智能技术的故障诊断**

生物化工生产过程的异常情况将直接导致产品质量下降、生产中断等后果，比如发酵生产中出现生物污染、废料堆积、酶活性下降等。生产实践中预警诊断很少采用基于模型的方法，大多基于定性经验。在大数据背景下，近年来数据驱动方法特别是人工智能被广泛应用于对故障的自动识别和预测。比如，在青霉素批次发酵工艺中，采用卷积神经网络进行过程特征提取，进而进行故障诊断。

在谷氨酸生物制造中，将SVM与模糊技术结合，构建软测量模型，实现在线检测与智能诊断。利用扩展卡尔曼滤波（EKF）和神经网络分类器设计级联故障诊断策略，神经网络的输入除温度、压力等过程参数以外，还可引入EKF状态估计值等。通过分析谷氨酸生产可能出现的故障、形成原因及解决方法，进一步对故障知识进行编码，开发故障诊断专家系统。

### 7.3.4 工艺优化与持续改进

生物化工生产效能由各单元工艺决定，例如，生物反应过程速率受酶活性的影响最大，而酶活性受到环境中的温度、pH值、溶氧等影响，色谱分离效果与柱内的温度、料液流量、阀门的切换时间有关。传统生产工艺优化以试验为主，寻找温度、pH值等最佳生产条件，或寻找蒸汽量、物料补给、搅拌转速等操作变量的最佳组合，也可采用现代控制与优化理论方法，结合生产过程数据，进行优化问题求解。无论根据试验或是基于理论计算，本质上均是以目标为导向的优化问题求解，不同的优化目标可选择不同的优化策略，尤其需要说明，在生产实际中优化获得的工艺并非一成不变，随着生产环境、设备状况、原料变化以及运行状态的变化需要持续改进。

**（1）试验寻优与模型数值寻优**

长期以来，DoE是生物化工领域工艺寻优的主流方法，一般在工艺参数空间的边界点进行试验，利用方差分析计算各参数在不同试验点的方差占总方差的比重，以F检验判断显著性，由此得到对生产目标输出有显著影响的参数组合，构建参数-输出模型。模型的结构一般采用多项式，多项式的阶数视试验点选取情况而定。随着计算机测控系统的大量采用，数据驱动建模以及启发式算法寻优受到关注，常用诸如温度、溶液组分等工艺参数作为ANN的输入，以菌体细胞浓度、产物浓度等作为ANN的输出，通过启发式寻优算法，比如遗传算法的不断选择、交叉、变异操作，获得温度、溶液组分等最优工艺条件。

基于优化目标与工艺参数间静态数学模型的工艺优化也较为常用，给定目标产物产量或者转化率等优化目标，在操作工艺参数空间中寻找一个最优点实现目标最大化。优化算法可用梯度下降法、基于卡罗需-库恩-塔克（KKT）条件的寻优算法和启发式算法等等。

对机理模型已知的过程，给定优化目标，寻找一条最优工艺参数轨迹，构成基于模型的动态优化，现代控制理论的众多成果可供选用，包括经典的极大值原理和动态规划，其他还有正交配置法、迭代动态规划法等。控制向量参数化（Control Vector Parameterization，CVP）是实用性较强的动态优化数值解法，其采用分段近似逼近策略，将被控变量在时域上进行离散化，用离散化后的分段参数函数来近似原有的控制轨迹，求解精度高且容易实施。若时域划分段数事先确定，则段数越大，求解精度越高，然而优化维数变大，算法收敛变慢，段数划分少则轨迹不能很好地逼近，对重要时间点不能优化。著名的Time-Scaling方法将CVP映射到一个新的时间尺度上，将原有的网格宽度作为优化变量，在求解获得最优控制参数的同时获得最优的网格划分。针对外源蛋白生产中葡萄糖的最优补料，在生产控制参数切换结构下，采用非均匀CVP方法获得最优目标产物产量。

**（2）代谢通量与操作参数映射优化**

生物反应中原料到产品的转化需要经过胞外转运到胞内、胞内各种生化反应以及分泌物运出胞外三个过程，细胞内物质浓度、生化反应的速率即代谢通量均难以获得，但胞外物质的浓度变化速率较易测得，于是用胞外代谢物浓度变化来推测胞内通量的成为研究细胞生长的一种方法。进一步采用数据驱动的方法建立代谢通量与生产操作参数映射模型，比如，赖氨酸发酵过程选择葡萄糖流加速率、$(NH_4)_2SO_4$流加速率、搅拌速率、pH值等4个操作参数作为模型输入，以赖氨酸代谢网络中的38个代谢通量（包括34个胞内代谢通量和4个胞内外交换通量）为模型输出，采用多模型结构，利用高斯混合聚类算法逐渐逼近建立代谢通量与生产操纵变量间的映射关系。

微生物代谢网络主要包含糖酵解、三羧酸循环、氧化磷酸化及产物合成等途径。其中糖酵解途径包括葡萄糖分解通量、丙酮酸合成通量等与菌体生长有关的主要通量；三羧酸循环反映代谢网络中供能的主要通量；氧化磷酸化主要利用呼吸链将代谢物脱下的氢与氧反应生成水及能量；产物合成途径包含重要中间代谢物的生成与转换等通量，等等。生产工艺优化问题可以描述为：以底物流加速率、pH值、搅拌速率等为决策变量，求取其优化操作轨线，实现最优生产性能指标，即待优化的目标以代谢通量的线性组合表征。实际操作中可将优化问题分为前期菌体生长和后期产物合成两部分，前期优化目标可选使底物充分分解、菌体生长最大化的糖酵解途径和三羧酸循环的代谢通量的最大化，后期的优化目标在选择菌体生长最大化的同时，使产物合成途径的代谢通量最大化、副产物合成途径的代谢通量最小化。

## 7.4 行业应用系统

### 7.4.1 大宗柠檬酸发酵生产自动化系统

柠檬酸作为大宗生物化工产品，是有机酸中的第一大酸，广泛应用于药物和食品行业。生物发酵法生产柠檬酸的方式包括液态深层发酵、浅盘发酵和固态发酵，其中液态深层发酵具有原料利用率高、生产容量大和易于控制等特点，在现代工业生产中广泛采用，具体包括培养基生产过程、发酵过程（一般以黑曲霉菌作为生产菌，以丙酮酸羧化酶作为催化，降解葡萄糖生成柠檬酸），以及精制过程（灭活、固液分离、产品提炼与产品纯化）等。

国内柠檬酸的生产原料为玉米，其资源丰富、价格便宜、可利用成分高，无有害物质，易于后期提取。玉米的主要成分是淀粉和蛋白质，在培养基生产过程中，淀粉经过糖化后最终转化为糖，是培养基中的主要成分（碳源），蛋白质除保存一定比例作为培养基的氮源外，大部分需要经过絮凝并通过板框过滤去除。

培养基生产过程中为保证玉米中的淀粉糖化充分，需要先将玉米进行粉碎，然后将玉米粉、水和耐高温α-淀粉酶按照一定的比例在配料罐混合均匀，并调整pH值到5.8～6.8，破坏原有晶体结构，再通过一次喷射，使原浆迅速均匀地升温到95～100℃，且在耐高温α-淀粉酶的作用下，形成大量糊精和低聚糖，由多级层流罐，再经二级喷射液化器进行高温（125～130℃）液化，使玉米淀粉中的难溶淀粉细胞微粒和糊精进一步液化，同时蛋白质更进一步凝结，经过维持罐进入后续的板框过滤。

原浆中各种成分的配制比、淀粉酶的流加、喷射温度和压力、多级层流罐以及维持罐的pH值和温度、多级板框的流量和压力均对最终的出率产生影响。传统的柠檬酸培养基制备过程的自动化程度低，主要采用的是就地式仪表结合人工调节的方式，原料出率低，并且极其不稳定，给后续柠檬酸的发酵过程造成了极大的影响。

混合配料罐中精确的水粉比（工艺水比玉米粉）是培养基生产的基础。玉米粉和工艺水的混合过程如图1-7-1所示。运行时，玉米筒仓的阀门打开，筒仓内的玉米经过刮板机和提升机等传送装置被送入电子秤；电子秤每达到设定的重量就会翻转一次，将玉米倒入待粉仓内，待粉仓流下的玉米通过粉碎机进行粉碎；玉米粉经过风机除尘后，通过投料绞龙与工艺水一起进入混合罐混合后得到最终的玉米液原浆。

生产过程中混合配料罐中的玉米粉很难准确检测，一般按进入电子秤的玉米进行计算，但是待粉仓容积较大，具有缓冲作用，内部的玉米量变化大且未知，导致进入电子秤的玉米和从待粉仓出去的玉米的量不一样，从而使得玉米粉的实际量与电子秤的测量值有很大偏差，且稳定性极差，无法保障配料罐的原料浓度和淀粉酶比例，制约着培养基的质量提升。由于生产环境的限制，无法在粉碎机下方加装称重仪器来实现对玉米粉出料量的直接测量。

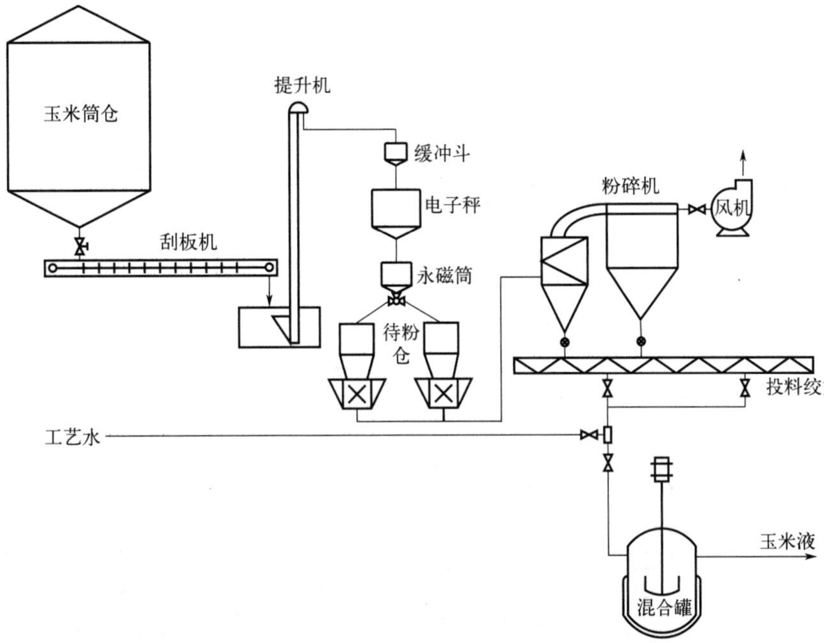


图1-7-1　玉米粉与工艺水混合的工艺流程图

为了测量与估算玉米粉，在待粉仓上方固定一个雷达料位计，测量待粉仓的料位高度，再通过料位高度来估算出对应的待粉仓内的玉米重量。待粉仓的进料可以通过电子秤的测量累积得到，待粉仓的实时出料量可通过物料平衡方程推算。由于玉米的堆积现象，待粉仓的顶面并非一个平面，雷达测距仪得到的单一点的高度不一定能代表整体的高度。考虑到玉米重量与高度都存在一定的误差，依据人工经验分析粉碎机变频和粉碎速度的对应关系，将其作为先验知识代入Kalman滤波的状态预测方程中，用正交最小二乘模型作为量测方程进行修正，提高玉米粉量的估计精度。

在自动控制方案的设计中，考虑到直接控制粉碎机的瞬时出料量难度较大，且实际生产过程中即便假设粉碎频率不变，出料速度也将在一个较大的范围内波动。控制系统以一定周期对粉碎量设定值进行更新，在周期内进行粉碎量控制，具体控制方案如图1-7-2所示。需要注意的是，为了简化计算并便于控制，在待粉仓内标识出每增加50kg的高度刻度，用于对估计的高度进行标定，得到对应的重量。

生物发酵过程是一个非常复杂的兼具化学变化和生物变化的综合过程，筛选出优良的菌株、改进培养基配方是提高发酵产量的一般途径，随着发酵工业的迅速发展，人们在改进发酵工艺和设备的同时越来越重视发酵过程的监测和控制。为了获得尽可能高的产量，一些营养物质（如糖、氧气）需要过量，另一些营养物质（如氮、磷酸盐和锰等）必须限量。依据质量和能量守恒机理构建原料、ATP、菌体、产物之间的关系，可以推算和试验验证获得原料转化率和菌体转化率，指导生产工艺控制。一些工业实践中将柠檬酸发酵的动力学划分为菌丝生长期、颗粒生长期、限制生长期、过渡期和特性生长期等阶段，分别采用对数生长模式、立方根生长模式和线性增长模式进行描述，在此基础上考虑变量滞后和参数时变等，进而实施生产过程控制。模糊控制策略被用于柠檬酸生产控制，将生产或者实验中不同状态下氧气通入量对菌体浓度的影响汇总成一定的规则库，在过程控制中不断判断输出与设定目标之间的偏差所对应的模糊集情况，从规则库中找出合适的控制规

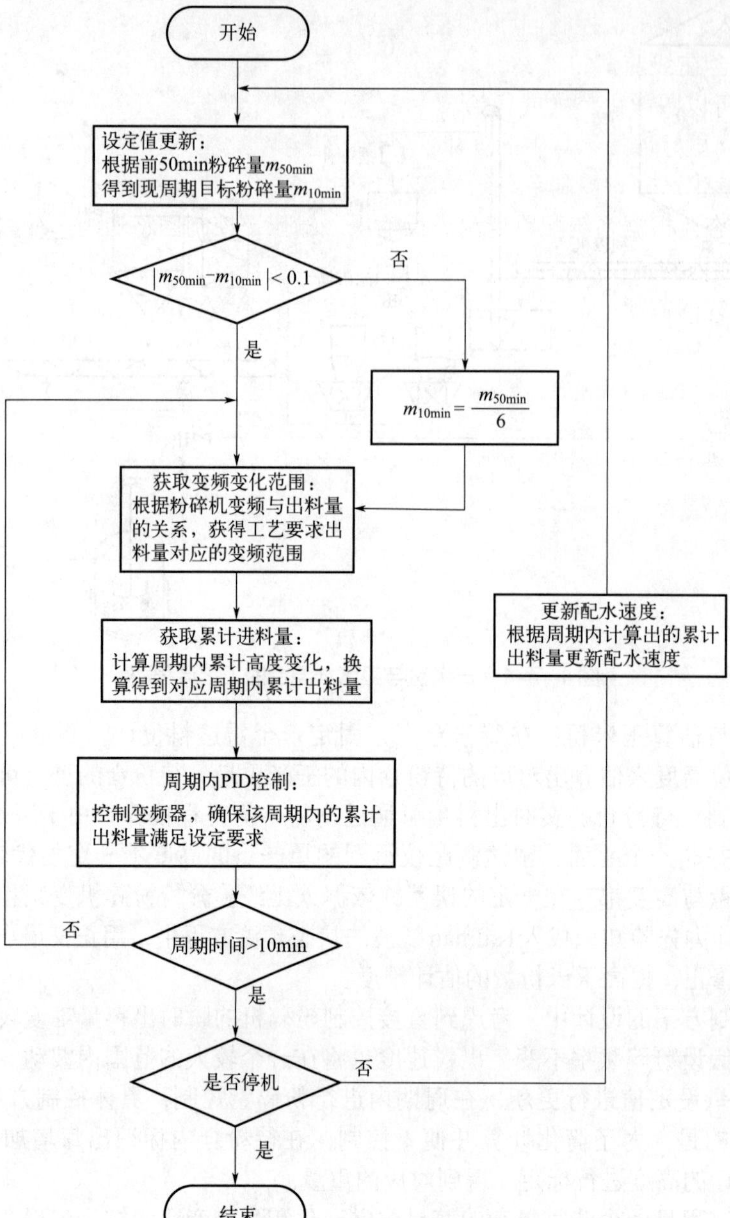


图 1-7-2　玉米粉量控制算法流程图

则，进行闭环控制。实际生产中也可采用线性回归等方法，定量描述各个阶段柠檬酸的菌体、胞内物质、碳源、氮源之间的动态关系，据此预测生物质浓度，还有在代谢控制分析的基础上对柠檬酸生产进行优化。

柠檬酸发酵生产中的难题是无法在线获得各物料的浓度，近年来采用NIR在线采集柠檬酸发酵的吸光度信息，并结合化学计量学和神经网络，建立光谱信息和柠檬酸发酵的底物、菌体浓度和产物之间的模型，实现多参数在线预测，为发酵过程的实时控制提供了更多的技术手段。

在柠檬酸企业普遍采用DCS控制系统进行生产检测与控制，用户可方便地根据系统配置情况进行输入、输出、控制回路的组态设置，形成控制系统并进行系统扩展和维护。控制系统一般包含在线监测、离线统计、实验分析和查询等功能，将在线和离线数据的整理、统计、分析以图形化形式展现给技术人员，方便工艺技术人员将生化反应过程与选定参数进行关联，更好地揭示其中的规律，进而改进和优化生产过程。

柠檬酸发酵生产分布控制系统结构简图如图1-7-3所示，控制软件主要功能如下:

① 系统组态：根据系统配置情况进行输入、输出、控制回路的组态设置，形成控制回路，具体涉及输入变量组态、输出变量组态、智能表设置、创建新的历史数据库。

② 运行参数的监测：监控站通过过程总线与控制站通信取得各发酵罐的实时数据，及时分析并定时存储和实时显示。如有异常，立即报警。操作人员可在控制室监视发酵生产，实时数据显示包括流程全貌、实时控制流程图、实时控制参数、实时曲线、实时数据、实时报警等。

③ 控制参数设定和控制：输入系统设定口令后设定每个发酵罐的工作状态（停止工作、运行和正在发酵）、发酵批号、发酵时间，设定每个变量的设定值、控制方式（PID控制与时间比例控制、定值控制与时序控制）、报警状态、上下限报警值、手操输出值等。由监控站发送到控制站；控制方式可以为手动、自动，也可以根据要求进行顺序控制和关联控制。

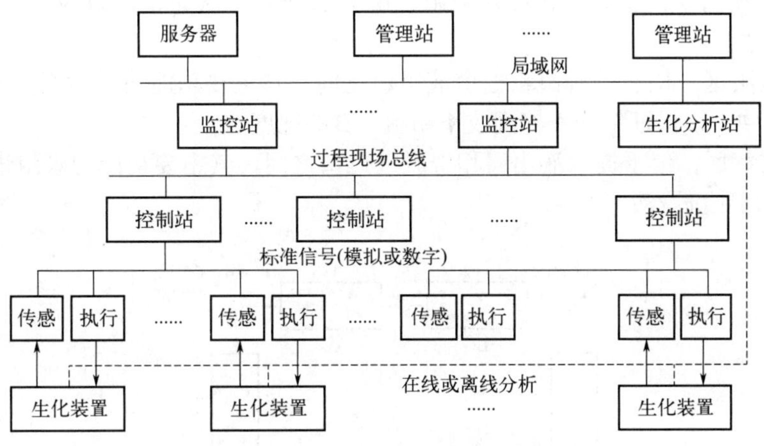


图1-7-3 分布控制系统结构简图

④ 优化分析：可显示实时趋势曲线、历史趋势曲线（输入日期、时间区间、间隔后可查看已保存的一年内任何时刻的发酵数据或曲线及历史报警追忆，并可打印发酵数据或曲线)，提供给工艺人员进行优化分析。数据可以传送至监控站、管理站处理。

⑤ 系统维护和帮助：输入口令后修改系统组态口令、系统设定口令、系统退出口令。提供在线帮助信息，包括各个功能块的操作说明。

⑥ 物联网：可实现现场总线、局域网、远程网络等集成，实现数据的有效管理和利用，与生产调度管理系统以及其他控制系统无缝对接，以便于决策与管理。

## 7.4.2 糖醇色谱分离生产自动化系统

在糖醇类的生产过程中，通常以淀粉等多糖作为底物，经水解或酶工程转化得到目标产品，其生产过程中往往会产生大量的副产物，而且这些副产物通常是与目标产品结构类似的物质或降解产物等。模拟移动床（SMB）非常适合这种样品杂质明确的两组分或三组分物料的分离。糖类的分离制备主要分为两类：一类是单糖和糖醇的分离，例如果糖和葡萄糖的分离、木糖和木糖醇的分离以及阿拉伯糖的分离等；另一类是寡糖的分离制备，如低聚果糖分离、麦芽糖和麦芽三糖的分离。我国从20世纪80年代后期开始研究将SMB应用于糖类分离，其工业规模和效益都取得了长足的发展。

色谱分离的基本原理是利用进料中各组分与固定相吸附剂的亲和力差异来实现组分分离。与精馏和蒸发等传统热分离方法相比，色谱分离耗能少、无热损伤、具备精细分离能力、经济环保且操作简单，因而在制糖、生物制药和精细化工等领域的应用不断扩大。

SMB是一种基于色谱技术的分离装置，常见结构是将多个色谱柱串联起来，通过阀门周期性地切换物料的进出口位置来模拟固定相与流动相的逆向移动。整个串联装置被划分为四个区域，如图1-7-4所示，每个区域对强吸附组分A（实心点）和弱吸附组分B（空心点）具有不同的作用：

Ⅰ区是洗脱区，位于洗脱液进口和提取液出口之间。其主要功能为在洗脱液的作用下解吸固定相中的组分A，以实现固定相的再生。在Ⅰ区应将固定相冲洗干净，使其不能将组分A带入Ⅳ区。

Ⅱ区是精馏区，位于提取液出口和进料口之间。其主要功能为使固定相中的组分B被组分A不断置换出来，使组分A反复吸附、解吸而浓缩，从而使提取液中只包含组分A，不包含组分B。

Ⅲ区是吸附区，位于进料口和提余液出口之间。其主要功能为吸附组分A，防止组分A进入提余液中，以保证组分A的回收率和组分B的纯度。

Ⅳ区是过渡区，位于提余液出口和洗脱液进口之间。其主要功能为吸附进入到该区中的组分B，以再生洗脱液。

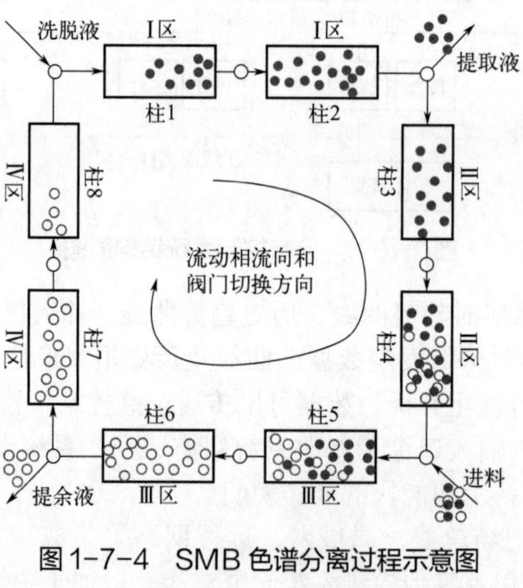


图1-7-4　SMB色谱分离过程示意图

SMB的具体分离过程如下：在初始时刻，进料和洗脱液分别从柱4和柱5、柱8和柱1之间进入，提取液和提余液分别从柱2和柱3、柱6和柱7之间流出。经过一个切换周期，SMB沿流动相的流动方向切换多位阀以改变物料的进出口位置。此时，进料和洗脱液分别从柱5和柱6、柱1和柱2之间进入，提取液和提余液分别从柱3和柱4、柱7和柱8之间流出。多位阀切换8次即1个循环，物料的进出口位置又回到初始时刻的位置。如此切换多次之后，两组分的色谱波峰会出现明显分离。在SMB到达稳态之后，可分别在提取液出口和提余液出口收集到产品A（称为提取产品）和产品B（称为提余产品）。

我国SMB应用于糖醇行业，最早从果糖与葡萄糖的分离制备开始。果糖与葡萄糖的分离是一个典型的二组分分离过程，利用SMB分离果糖节省了树脂和洗脱剂用量，且过程中的排污少，绿色环保。为提高分离效率以及实现三组分以上混合物的分离，在传统SMB的基础上又发展出了新的工艺结构，其中顺序式模拟移动床（Sequential Simulated Moving Bed，SSMB）是目前实际应用比较多的一种，被称为第二代SMB技术。相比于SMB，SSMB所需的色谱柱数量可以精简，且每个分离周期可以分解为多步完成，这样更易调整操作参数，从而实现精确控制。SSMB在保证高纯度的基础上，具有高分离性、高收率、高效率、高稳定性与低成本的特点。

麦芽糖醇是以淀粉为原料，采用α-淀粉酶、β-淀粉酶、脱支酶协同水解淀粉，将大分子淀粉降解为以麦芽糖为主要成分的麦芽糖浆，再经氢化还原后转化得到麦芽糖醇浆。结晶麦芽糖醇的生产对原料麦芽糖的要求较高，麦芽糖的纯度越高，加氢后的麦芽糖醇纯度就越高。一般只有当麦芽糖醇的纯度在90%左右时结晶才能顺利进行。采用色谱分离技术制备超高纯度麦芽糖醇具有明显的成本优势。麦芽糖醇液经色谱分离后，得到山梨醇、其他杂糖醇和纯度90%以上的麦芽糖醇3种组分，收集纯度为90%以上的麦芽糖醇组分，经浓缩、结晶、离心、干燥等工序得到晶体麦芽糖醇产品。

两组分色谱分离技术可以实现麦芽糖醇和其他杂质的分离，但其在杂糖醇的去除效率方面存在不足，会导致后续高纯度结晶麦芽糖醇的制备要消耗更高的成本。三组分色谱分离技术能够结合各组分在色谱树脂的出峰速度有效分离慢、中和快3种组分。该分离技术所得到的产品具有较高的纯度，对杂醇的分离效率更高，能够进一步提升结晶麦芽糖醇产品的质量，分离得到的其他组分也能够得到有效应用。图1-7-5所示为某四柱结构的三组分麦芽糖醇模拟移动床色谱分离装置工艺流程图。

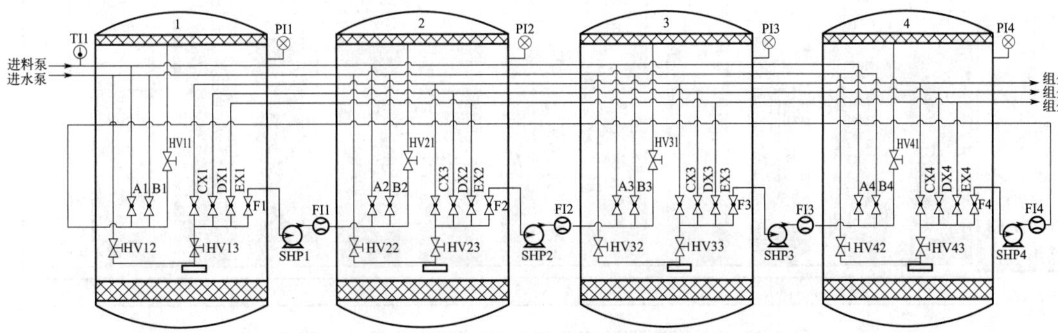


**图1-7-5　模拟移动床色谱分离装置工艺流程图**

图1-7-5所示装置中，4个色谱柱分离填料为Na型阳离子交换树脂，分离温度为70℃。电气设备包括料泵、水泵、循环泵、各种类型的阀门、温度传感器、压力变送器和流量计等。为实现分离过程的柔性配置，工艺流程被分解为10个标准工序，实际使用中可以根据现场情况在软件中选择所用工序。

标准工序包括以下步骤:

步骤1：初始步；

步骤2：进料，收组分1，进水，收组分2；

步骤3：进料，收组分1，进水，收组分3；
步骤4：进水，收组分1；
步骤5：循环；
步骤6：进水，收组分3；
步骤7：进水，收组分2；
步骤8：进水，收组分1；
步骤9：循环；
步骤10：切换到下一柱。

上述麦芽糖醇模拟移动床色谱分离装置的关键操作参数包括两个进料口和出料口的流量以及切换时间，任何一个参数的变化都会对分离过程产生影响，在敏感操作区对产品纯度的影响更大。同时，SSMB分离过程需要按照设定工艺运行，其逻辑操作涉及众多阀门的控制和工序切换，采用PLC系统及先进自动化技术对各生产设备进行控制，包括监控站、PLC控制站、变频器柜、现场分布式柜和各种阀门仪表等，其中上位机上运行色谱分离监控软件。

PLC控制站实现对各种设备的自动控制以及分离工艺的逻辑控制。信号采集程序实现对仪表数据的采集和变换，并在数据超限时发出报警。进出料口的流量和各柱顶及底的压力采用PID或其他先进控制算法保持恒定。柱和阀门的切换控制是分离过程的核心，由于模拟移动床本身是将多个单柱的间歇分离过程转换为连续过程结构，因此不同的总柱数和工序配置对应不同的控制算法。系统运行前首先需要选择不同工序所使用的分离柱号，然后设置进出料和循环流量，以及各步运行时间或累计流量。分离过程走完全部工序为一个切换周期，新的周期从原周期进料柱的后一柱开始重新进行，如此往复。

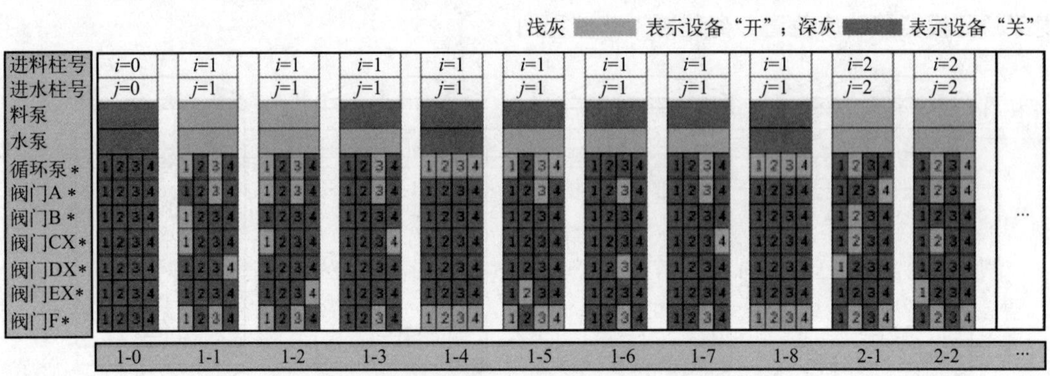


图1-7-6 模拟移动床色谱分离装置设备开关时序图

图1-7-6所示为某工艺设定下各泵和阀门的开关时序图。图中浅灰色方块表示对应设备在对应工序下为“开”状态，深灰色表示“关”状态。本设备总柱数为4，柱切换时设备编号增加值最大到4，超过4时从1开始循环。

监控软件包含的功能界面有：“用户管理”“趋势图”“历史数据”“报警记录”“参数设置”和“实时监控”。用户管理界面下可进行添加用户、删除用户、用户级别管理和密码修改等操作。趋势图界面下可查看色谱系统中流量信号和压力信号的变化曲线。“历史数据”界面记录色谱分离系统某一单柱运行过程中的进料、进水、出产品、出各杂糖和循环的累计流量。“报警记录”界面显示本系统运行过程中，阀门故障、变频器和压力超限时发生的所有报警记录。“参数设置”界面包括：仪表量程、报警设置、工艺时间、控制器参数、系统流量等功能操作。“实时监控”包括装置工艺简图和与设备运行相关的数据显示框和操作按钮。

在完成控制系统的设计后，分离装置正常运行还需要对模拟移动床的工艺参数进行大量调试。模拟移动床达到稳定运行所需的时间比较长，而且分离效果与进料浓度、温度以及洗脱水用量等众多因素相关，系统工艺优化是保证分离效果的核心工作。同时，模拟移动床技术具有高度灵活性，通过调整各分区的色谱柱数量，或更换不同的分离填料，就可以实现对不同的糖类混合物的制备工作，极大拓宽了该技术在糖醇类分离中的应用。模拟移动床作为一种真正的连续制备色谱技术，具有分离效率高、填料和洗脱剂消耗少、易于实现自动化控制等优点，在生物化工领域将会引起更广泛的关注。

### 7.4.3 传统白酒酿造生产自动化系统

白酒是我国特有酒种，采用窖池固态发酵，纯手工生产，产品质量不稳定，生产效率和产量难以保证，劳动强度大，生产环境及卫生条件较差。随着机械化、自动化、网络化技术的发展，不同白酒酿造企业在不同生产工段分别采用不同的技术升级方案。

传统酿酒生产中的粮食、稻壳、曲粉等原料主要采用麻袋、料斗等输送，人工拌料，目前很多企业开始采用自控系统进行自动输送。粮食的流动性好，采用U形刮板；而由细颗粒或粉状颗粒组成的曲粉，则采用封闭设计并加装除尘系统；稻壳这类输送量大的原料，多采用平底刮板机，并在料斗中安装自动打散装置。自控系统采集各电机频率、物料速度，通过比对数据库中不同物料配比所对应的生产参数，实现智能化酿酒原料配比。

传统堆糟坝改造成堆糟箱，蒸好的糠壳和粮食输送到拌和机，再通过管道输送到上甑机完成上甑、蒸馏、出甑，高温糟醅经过喂料机送入摊凉机，对糟醅降温后再次进入加曲机实现自动加曲功能。一些企业将配料均匀的酒醅等混合物送入上甑输送机及料斗，由机器臂旋转布料器将混合物均匀铺撒在甑桶内，实现自动装甑。新型机械化翻转式甑桶，更易于混合物均匀铺撒和粮糟的倒出，环形自动喷头喷水也可降低劳动强度。白酒接酒过程已开始尝试引入酒精度传感器进行自动分级。自动摊凉机内置多个搅拌器对粮槽均匀打散，基于通风与温度的动力学模型及历史数据，实现酒醅温度精准控制。

酿酒自动化生产线可以实现连续发酵、连续蒸馏及馏酒，其中自动装甑（机器臂）系统是核心装备，包括甑桶和干料湿料选择、铺底料、通蒸汽、料面温度检测、封顶等操作，如图1-7-7所示为自动装甑流程图。

固态蒸馏是保证酿酒质量的重要环节，要求物料搅拌均匀、铺料轻薄、松紧合适，多次铺撒的时间间隔、蒸汽量严格控制。根据工艺要求，自动装甑系统首先要按照甑桶体积和形状，计算单层铺料体积和重量，设计机器臂旋转布料器的尺寸和运动轨迹，利用激光传感器实时测量布料高度。为保证一定的均匀性，加装机器视觉系统检测桶内料面，带动铺料机构进行补料操作。其次，上甑速度的控制也非常重要，速度太快导致料醅厚实，高沸点香味成分溜出率低，上甑速度太慢，低沸点香味成分损失增大。上甑蒸汽压力控制要平稳，整个蒸馏过程不压汽不跑汽，避免破坏甑桶内各层的汽液平衡。自动装甑系统的主要功能包括：

① 铺料轨迹规划：根据甑桶结构和工艺要求，主要采用离线分析计算，考虑路径长短和行进时间，辅之以在线补料路径规划。

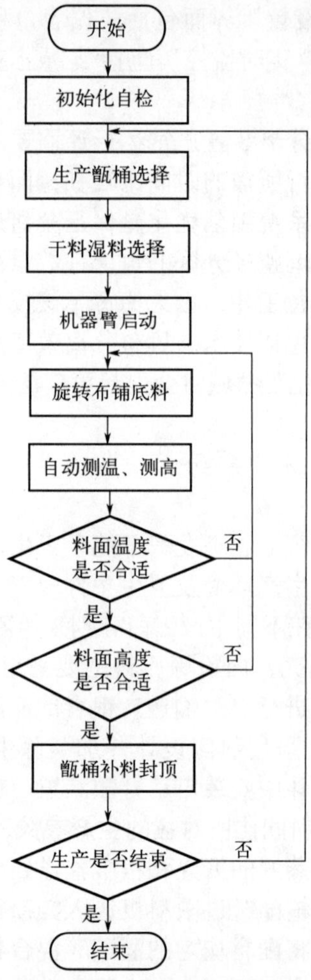


图1-7-7　自动装甑流程图

② 机器臂运动控制：四轴运动控制程序，涉及直线、圆弧、给定曲线等基本模块，具有限位、防碰等预判和报警功能。

③ 传感测量：采用激光传感器、红外相机实时测量料位高度和料面温度，利用机器视觉观测均匀性和漏气点。

④ 工艺参数管理：管理料桶参数、工艺参数、轨迹参数、运动参数等生产参数，以及测量传感调校、实时控制回路、提示报警等系统参数。

入窖发酵工艺中酿造温度直接影响酒的口味以及产量，传统窖池依靠人工实地测量温度信息，现在采用无线物联网，不需要在窖池中布线，可以不改变现有的工艺流程和生产方式，实现窖池发酵过程数据的自动采集和分析。物联网无线测温系统通过无线路由模块进行无线传输，采用工业级计算机对固态发酵温度进行实时检测、显示、存储和监控。在车间安装大型显示屏，也可以通过车间现场配备的触摸查询设备查询和分析特定的温度数据。窖池物联网周期性自动检测多达数百个窖池发酵温度变化情况，根据酿酒产量及风味，形成该类酒的大数据，可用于进一步优化生产工艺，并对其生产的质量管理追踪溯源。

窖池物联网软件采用组态式架构，方便地选择铂电阻传感器节点、路由模块、单跳或多跳传输算法，设定测温节点窖池号等。路由协议的设计保证低功耗的情况下，动态适应网络拓扑结构的改变，保证数据有效传输。根据系统结构特点和测温系统要求，对于数百个温度节点，可对发酵温度曲线进行自动对比分析，根据生产要求，寻找温度变化超出常态的位点，进行人工干预。通过自主设置温度报警上下线，实现生产现场声像报警。

酒库自动化系统采用PLC和现场总线，通过气动球阀、变频器、酒泵、质量流量测量等传感执行器，使企业自动化水平得到提升，并且与酿造生产运行系统对接，实时显示工艺流程状态、生产参数、物耗能耗及产量统计等。

物联网与企业局域网、互联网融合，具有网络数据发布、远程手机报警查询等功能，企业人员经身份验证后通过互联网访问查询相关信息，并可对报警信息做出及时判断及处理。现场数据通过互联网可在异地监测，全面记录和跟踪原料来源、生产过程状态信息，实现生产过程的信息化管理。通过数据融合策略进一步综合考虑pH值、粮食配比、湿度、温度等各工艺要素间的相关性，建立基于工业大数据的酿造工艺挖掘算法，不断进行工艺优化迭代。

## 7.5 存在问题与发展建议

我国生物化工产业已形成规模化效应，大宗生物发酵产品产量稳居世界第一，但国内围绕生物化工的平台装备及系统集成的供应商专业化程度低，或是一些非标容器设备生产商，或是通用自动化和信息系统集成商，在技术水平上与先进国家存在较大差距，实验室和中试等精密生物反应器多为国外进口。事实上，随着合成生物学的发展，中下游大规模生物培养技术在国内外都是最薄弱的环节之一，工艺设计与放大、优化调控、监测与控制等技术亟待开发，合成生物学基础及应用研究成果需要固化为生产装置和工业软件。

生物化工利用工业微生物进行物质转化，本身是在源头上解决资源短缺与环境污染问题的新型工业模式，但由于生产工艺缺乏优化、生产设备更新慢，导致生产过程稳定性差、原料利用率低、产品收率低等，很多生产企业高污染和高耗能。生产控制策略、优化及调度技术、实时数据库以及自动控制系统主要由化工等行业移植而来，较少考虑生物化工间歇操作、菌体生长不可逆、生产无菌要求以及批次质量一致性等特点。

生物发酵在我国食品工业中占有基础地位，通过对国内调味品、酒类等多家传统发酵食品厂家的调研，与国际纯种液态发酵、绿色化智能化生产相比，我国多数停留在多菌种混合固态发酵、经验式手工操作或部分机械化阶段。很多生产过程依赖师傅经验和靠天吃饭，生产效率低、品质不稳定，传统食品酿造产业需要绿色化信息化升级。

生物技术与其他学科领域的交叉渗透远远不够，工程控制论与过程控制手段有待在生物化工领域发挥更大作用，我国每年培养的生物技术人才不少，但过程开发的专门人才明显缺乏，成为制约生物技术产业化的瓶颈。生物化工产业覆盖面广泛，生产设备、流程及产品种类繁多，各类专业化设备与小型工业软件需要产学研深度合作开发。

面向生物化工生产过程的智能自动化系统，涉及菌体生长和细胞内代谢流调控，相较于一般化工过程建模、估计、监测、优化及控制，将面临更多的科学技术挑战，诸如，众多反映菌体生长状况的生化参数无法直接测量，需要结合微生物生长动力学及在线分析仪；现有各类菌体生长模型的物理意义阐述并不明确，胞内代谢通量和代谢途径的分析预测是生产工艺优化的重要途径；生长状态信息是实施培养条件有效调控的基础，对于诸如生长过程的补料等操作，人工智能策略在生物化工领域的应用有待开拓。

国际咨询公司、IEEE学术团体曾发文预测，亚洲和拉丁美洲的生物、医药、食品等行业，对制造过程控制装备与技术的需求日趋显著，市场空间巨大；生物医药、食品饮料等生产过程控制保障技术及运行软件的需求，将造就一批具有长久商业前景的高科技企业。

考虑我国生物化工产业规模及发展速度，对产业进步和技术发展提出如下建议：

①迅速提高我国生物制造平台装备、智能自动化系统的核心竞争力，加强生产流程集成、优化调控、预测与控制等关键技术及自主知识产权的装备系统研发。

②加强自动化、人工智能、大数据、工业互联网与生物化工的交叉融合，培养过程设计和过程工程方面的专门人才；加大知识产权保护，引导开发生物化工实验、设计、模拟、优化、控制等工业软件。

③加快建立以生物化工企业为主体、产业市场为导向、产学研深度融合的技术创新体系；加强对中小工业生物技术创新企业的支持，促进科技成果转化。

④走中国特色产业自主创新道路，挖掘我国传统发酵食品工艺，以数字化、智能化手段固化传承，打造国际竞争力。

# 参考文献


[1] Alvarez-Ramirez J, Meraz M, Vernon-Carter E J. A theoretical derivation of the Monod equation with a kinetics sense[J]. Biochemical Engineering Journal, 2019, 150: 107305.

[2] Antoniewicz M R. Methods and advances in metabolic flux analysis: a mini-review[J]. Journal of Industrial Microbiology and Biotechnology, 2015, 42(3): 317-325.

[3] Orth J D, Thiele I, Palsson B O. What is flux balance analysis?[J]. Nature Biotechnology, 2010, 28(3): 245-248.

[4] Aboulmouna L M. Towards Cybernetic modeling of biological processes in mammalian systems—lipid metabolism in the murine macrophage[D]. Indiana: Purdue University Graduate School, 2020.

[5] Pappu S M J, Gummadi S N. Artificial neural network and regression coupled genetic algorithm to optimize parameters for enhanced xylitol production by Debaryomycesnepalensis in bioreactor[J]. Biochemical Engineering Journal, 2017, 120: 136-145.

[6] Bangi M S F, Kwon J S I. Deep hybrid modeling of chemical process: application to hydraulic fracturing[J]. Computers & Chemical Engineering, 2020, 134: 106696.

[7] Ito S, Barchi A C, Escaramboni B, et al. UV/Vis spectroscopy combined with chemometrics for monitoring solid-state fermentation with Rhizopus microsporus var. oligosporus[J]. Journal of Chemical Technology & Biotechnology, 2017, 92(10): 2563-2572.

[8] Wolf C, Gaida D, Stuhlsatz A, et al. Predicting organic acid concentration from UV/vis spectrometry measurements-a comparison of machine learning techniques[J]. Transactions of the Institute of Measurement and Control, 2013, 35(1): 5-15.

[9] Arnold S A, Gaensakoo R, Harvey L M, et al. Use of at-line and in-situ near-infrared spectroscopy to monitor biomass in an industrial fed-batch Escherichia coli process[J]. Biotechnology and Bioengineering, 2002, 80(4): 405-413.

[10] Abu-Absi N R, Kenty B M, Cuellar M E, et al. Real time monitoring of multiple parameters in mammalian cell culture bioreactors using an in-line Raman spectroscopy probe[J]. Biotechnology and Bioengineering, 2011, 108(5): 1215-1221.

[11] Ning Y N, Xiao B L, Niu N N, et al. Glucose oxidase immobilized on a functional polymer modified glassy carbon electrode and its molecule recognition of glucose[J]. Polymers, 2019, 11(1): 115.

[12] Ehgartner D, Sagmeister P, Herwig C, et al. A novel real-time method to estimate volumetric mass biodensity based on the combination of dielectric spectroscopy and soft-sensors[J]. Journal of Chemical Technology & Biotechnology, 2015, 90(2): 262-272.

[13] Ohadi K, Legge R L, Budman H M. Development of a soft-sensor based on multi-wavelength fluorescence spectroscopy

and a dynamic metabolic model for monitoring mammalian cell cultures[J]. Biotechnology and Bioengineering, 2015, 112(1): 197-208.

[14] 潘妍如，刘飞．基于混合赛博模型的微生物代谢状态估计[J]. 化工学报，2020, 71(7): 3165-3171.

[15] 姬鹏飞，赵忠盖，刘飞．基于变采样周期的青霉素发酵过程多阶段建模及监控[J]. 江南大学学报，2010, v9(4):427-431.

[16] Chopda V R, Rathore A S, Gomes J. Maximizing biomass concentration in baker' s yeast process by using a decoupled geometric controller for substrate and dissolved oxygen[J]. BioresourceTechnology, 2015, 196: 160-168.

[17] Chitra M, Pappa N, Abraham A. Dissolved oxygen control of batch bioreactor using model reference adaptive control scheme[J]. IFAC-PapersOnLine, 2018, 51(4): 13-18.

[18] Kager J, Bartlechner J, Herwig C, et al. Direct control of recombinant protein production rates in E. coli fed-batch processes by nonlinear feedback linearization[J]. Chemical Engineering Research and Design, 2022, 182: 290-304.

[19] Ashoori A, Moshiri B, Khaki-Sedigh A, et al. Optimal control of a nonlinear fed-batch fermentation process using model predictive approach[J]. Journal of Process Control, 2009, 19(7): 1162-1173.

[20] Jabarivelisdeh B, Carius L, Findeisen R, et al. Adaptive predictive control of bioprocesses with constraint-based modeling and estimation[J]. Computers &Chemical Engineering, 2020, 135: 106744.

[21] 吴杰，刘飞．基于经济预测控制的生物制造最优补料策略[A]. 第32届中国过程控制会议论文集[C], 太原，2021.7.30-8.1.

[22] 吴宏亮，赵忠盖，刘飞．非线性间歇过程的迭代学习状态估计[J]. 计算机测量与控制，2020, 28(8):7.

[23] Kasemiire A, Avohou H T, De Bleye C, et, al. Design of experiments and design space approaches in the pharmaceutical bioprocess optimization[J]. European Journal of Pharmaceutics and Biopharmaceutics. 2021,166:144-154.

[24] 李海波，潘丰．补料分批发酵过程动态优化控制研究[J]. 控制工程，2019,26(10):1950-1954.

[25] Ferreira L S, Trierweiler J O, De Souza Jr M B, et al.A lactose FIA-biosensor system for monitoring and process control[J]. Brazilian Journal of Chemical Engineering, 2004, 21: 307-315.

[26] Wu J, Suls J, Sansen W. The glucose sensor integratable in the microchannel[J]. Sensors and Actuators B: Chemical, 2001, 78(1-3): 221-227.

[27] Landgrebe D, Haake C, Höpfner T, et al. On-line infrared spectroscopy for bioprocess monitoring[J]. Applied Microbiology and Biotechnology, 2010, 88: 11-22.

[28] Roychoudhury P, Harvey L M, McNeil B. The potential of mid infrared spectroscopy (MIRS) for real time bioprocess monitoring[J]. AnalyticaChimicaActa, 2006, 571(2): 159-166.

[29] Kreyenschulte D, Paciok E, Regestein L, et al. Online monitoring of fermentation processes via non-invasive low-field NMR[J]. Biotechnology and Bioengineering, 2015, 112(9): 1810-1821.

[30] Gnoth S, Jenzsch M, Simutis R, et al. Process analytical technology (PAT): batch-to-batch reproducibility of fermentation processes by robust process operational design and control[J]. Journal of Biotechnology, 2007, 132(2): 180-186.

[31] Garcia C,Alcaraz W,Acosta-Cardenas A,et al. Application of process system engineering tools to the fed-batch production of poly(3-hydroxybutyrate-co-3-hydroxyvalerate) from a vinasses-molasses Mixture[J].Bioprocess and Biosystems Engineering,2019,v42(6):1023-1037.

[32] Salehi S,Shahrokhi M,Nejati A. Adaptive nonlinear control of pH neutralization processes using fuzzy approximators[J]. Control Engineering Practice, 2009,17:1329-1337.

[33] Aniceto J P S, Cardoso S P, Silva C M. General optimization strategy of simulated moving bed units through design of experiments and response surface methodologies[J]. Computers & Chemical Engineering, 2016, 90: 161-70.

[34] 魏朋，陈珺，王志国，等．基于平衡理论的模拟移动床工艺参数鲁棒寻优[J]. 化工学报，2022, v73(2): 792-800.

[35] 魏朋，陈珺，王志国，等．基于双部分丢弃的模拟移动床产率提高策略[J]. 化工学报，2022, v73(7): 3099-3108.

[36] Klatt K-U, Hanisch F, Dünnebier G. Model-based control of a simulated moving bed chromatographic process for the separation of fructose and glucose[J]. Journal of Process Control, 2002, 12(2): 203-219.

[37] Yao C, Zheng Z, Chen K, et al. Using a machine learning model for the optimal design of simulated moving bed processes and its application to separate rebaudioside A and stevioside[J]. Journal of Chemical Technology &Biotechnology, 2021, 96(9): 2558-2568.

[38] Santos E J P, Calderon C H J. Electromagnetic transducer for in-line determination of alcohol content in pisco[J]. IEEE

Sensors Journal, 2016, 16(19): 7116-7123.

[39] Yang B, Yao L, Pan T. Near-infrared spectroscopy combined with partial least squares discriminant analysis applied to identification of liquor brands[J]. Engineering, 2017, 9(2): 181-189.

[40] Wolfe B E, Button J E, Santarelli M, et al. Cheese rind communities provide tractable systems for in situ and in vitro studies of microbial diversity[J]. Cell, 2014, 158(2):422-433.

[41] Liu F, Heiner M, Gilbert D. Hybrid modelling of biological systems: current progress and future prospects[J]. Briefings in Bioinformatics, 2022, 23(3):1-15.

[42] Pinto J, Mestre M, Ramos J, et al. A general deep hybrid model for bioreactor systems: Combining first principles with deep neural networks[J]. Computers and Chemical Engineering, 2022,165:107952.

[43] Chen Y, Ierapetritou M. A framework of hybrid model development with identification of plant-model mismatch[J]. AIChE Journal, 2020, 66(10):16996.

[44] Lopez P C, Udugama I A, Thomsen S T, et al. Transforming data to information: a parallel hybrid model for real-time state estimation in lignocellulosic ethanol fermentation[J]. Biotechnology and Bioengineering, 2021, 118(2): 579-591.

[45] Gao Y, Zhao Z, Liu F. DMFA-based operation model for fermentation processes[J]. Computers & Chemical Engineering, 2018,109(2018):138-150.

[46] Pan Y R, Luan X L, Liu F. Integrated metabolic and kinetic modeling for lysine production[J]. Industrial & Engineering Chemistry Research, 2020, v59(23):11012-11021.

[47] 徐琛，尹燕燕，刘飞. 联合区间高斯过程的近红外光谱波长选择及应用[J]. 光谱学与光谱分析，2016, v36(8):2437-2441.

[48] Chen L, ZhaoZ,Liu F. mRMR-based wavelength selection for NIRS quantitative detection of Chinese yellow wine[J]. Analytical Methods, 2018, 10: 667-675.

[49] 石博文，尹燕燕，刘飞. 基于非均匀参数化的生化反应过程补料优化控制[C]. 中国过程控制会议，2019.

[50] 高岩，赵忠盖，刘飞. 基于动态代谢通量分析的发酵过程多目标优化[J]. 化工学报，2018, v69(6):2594-2602.

---

本章负责人　刘　飞　江南大学

参加编写人员　王志国　赵忠盖　栾小丽

---

# 第8章 精细化工自动化

## 8.1 精细化工简介

### 8.1.1 精细化工产品的定义

精细化工，又称精细化学品工业，是在染料、医药、香料等传统工业基础上发展起来的化学工业分支。随着社会分工的细化，化工产品逐渐向专业化、单一化方向发展，精细化工的范围不断扩大。20世纪70年代，日本引入了“精细化学品”这一术语，指那些具有专门功能、研究开发、制造和应用技术密集的小批量、多品种、附加值高的化学产品。精细化工产品通常指高纯度、具有特定功能的小批量化学品，包括农药、医药、化妆品等。与大宗化学品不同，精细化学品主要通过深加工基础化学品获得，具有较高附加值和特定用途。

在欧美国家，精细化学品区分的重点在于产品的功能性。销售量较小的化学产品称为“精细化学品”，而销售量较小但具有特定功能的产品则称为“专用化学品”。换句话说，精细化学品是根据其分子组成来销售的小批量产品，侧重于产品的规格和纯度，例如化学试剂；而专用化学品也是小批量产品，但根据其功能来销售，侧重于产品的用途，如农药和化妆品等。

在中国，精细化工产品的分类涵盖了11大类，包括农药、染料、涂料、颜料、试剂、高纯物、食品添加剂、黏合剂、催化剂、化学药品及功能高分子材料等。

### 8.1.2 精细化工产品与产业

精细化工产品通常具有小批量、多品种、技术含量高、生产适应强、经济效益好等特点。

每种精细化工产品都具有特定的应用领域，以满足国民经济不同行业的使用需求。由于精细化工产品的应用面较为特定且具有强烈的针对性，特别是专用产品和特制配方的产品，往往会有多种不同型号或品牌。因此，随着国民经济生产规模和对象的不断扩大，精细化工领域不断涌现出新产品和剂型，呈现出日新月异的发展态势。多品种也因此成为了精细化工行业的一个重要特征。

以表面活性剂为例，它们的基本功能是改变两相的界面张力。基于这一基本性质，可以制造多种多样的产品，如洗涤剂、渗透剂、扩散剂、起泡剂、消泡剂、乳化剂、破乳剂、分散剂、杀菌剂、湿润剂、柔软剂、抗静电剂、抑制剂、防锈剂、防结块剂、防雾剂、脱皮剂、增溶剂、精炼剂等。这些产品可以广泛应用于国民经济的各个领域，如石油、轻工、纺织、印染、造纸、皮革、食品、化纤、化工、冶金、煤炭、建筑、采矿、医药、农业等行业。尽管这些产品种类众多，但由于各产品的特定应用性质，它们的消耗量相对较小。在世界范围内，表面活性剂品种就有5000多种，而染料品种也超过了5000种，像法国等化妆品生产大国，其化妆品牌号超过了2000种。需求的多样性使得精细化工领域充满了创新与发展机会。

精细化工是技术密集型产业，研发周期长且投入大，不仅需要解决化学工程技术方面的难题，还需要涉及多方面的技术、知识、经验和手段。尤其在医药领域，相比于一般的精细化工产品，其研发投资占年销售额的比例高。例如，开发一种新药需要5～10年，投资可达千万美元。此外，精细化工产品的技术开发成功率也相对较低，例如在染料的专利开发中，成功率通常在0.1%～0.2%之间。

由于精细化工产品是根据具体的应用需求设计的，这些需求随着产品加工工艺、技术进步经常发生变化。一旦有新的需求提出，就需要重新设计化合物结构或改进现有结构，从而产生新产品。由于产品功能要求多，复配技术在精细化工产品中得到了广泛应用，这也是其重要特点之一。为了满足不同专门用途的需求，许多通过化学合成得到的产品不仅需要加工成多种剂型（如粉剂、粒剂、可湿剂、乳剂、液剂等），还经常需要添加多种其他试剂进行复配。由于应用对象的特殊性，很难仅依靠单一的化合物来满足需求，因此配方的研究成为了精细化工产品开发成败的决定性因素。

多数精细化工产品的生产流程通常较为复杂，包含多个工序，但由于产品需求量有限，因此通常采用间歇式装置进行生产。这些产品的多样性、小批量生产和快速更新换代的特点，要求生产流程和装置必须能够适应这种情况，以降低生产成本并缩短新产品上市周期。

精细化工产品通常具有较低的产量和相对较小的装置规模，很多情况下采用间歇生产方式，因此具有装置通用性较强的特点。与连续生产的大型装置相比，精细化学品生产具有较低的生产设备等固定资产投资。对于精细化工产品的新产品开发来说，主要的投入通常是研发费用，而生产设备的变动较小，生产方式的改变以及技术难度也不一定很大。精细化工产品新品种的销售价格通常较高，因此具有较高的附加值，能为生产企业带来丰厚的利润。

## 8.2 精细化工的现状与发展趋势

### 8.2.1 精细化工产品研发现状

**（1）表面活性剂**

表面活性剂是一类具有显著改变溶液界面状态的高性能化学物质。其分子具有亲水基团和疏水基团，能够在溶液界面上形成有序排列。根据化学结构和性质，可以将其分为离子型、非离子型、两性表面活性剂等多种类型。表面活性剂在工业中的应用广泛，最早用于石油行业的乳化过程，后来应用拓展至洗涤剂、化妆品、农药等多个领域。我国的表面活性剂市场主要由国际巨头占据，国内生产厂家主要为国有企业和外资企业。近年来，我国表面活性剂行业正面临技术和市场竞争的挑战，但随着对环保和生物降解型表面活性剂的需求增加，行业发展前景广阔。根据统计数据，我国表面活性剂行业市场规模逐年增长，并预计到2025年将达到490亿元。

（2）化妆品

化妆品在现代生活中占有重要地位，涵盖了皮肤护理、美发、护肤、彩妆等多领域。中国已成为全球第二大化妆品消费市场。随着消费者对天然成分和疗效性化妆品的需求增加，化妆品的研发趋向功能化和天然化。化妆品的原料包括油脂、乳化剂、香精等，选择这些原料时，需根据不同类型化妆品的功能需求来决定。近年来，化妆品市场快速发展，特别是高端化妆品的增长显著。在中国，国货品牌正在崛起，逐步占领市场份额。

（3）涂料

涂料是一种用于物体表面形成保护膜的材料，其类型包括水性涂料、高固体分涂料、无溶剂涂料、粉末涂料等。随着环境保护意识的提升，绿色涂料如水性防腐涂料和无溶剂涂料正成为市场主流。水性涂料因环保性能突出，广泛应用于汽车、五金等领域。高固体分涂料具有较好的耐温性和较低的挥发性，应用于汽车和石化存储领域。无溶剂涂料因其较低的挥发性和高稳定性，受到日益关注，成为研究的新热点。粉末涂料则因其优越的资源利用和环保性能，在汽车、船舶等行业中得到广泛应用，特别是通过静电喷涂的工艺，使其能够均匀覆盖并确保涂层的质量。

（4）染料

染料是一类能够使物体获得鲜艳色泽的有色物质。染料的应用主要包括染色、着色和涂色。常见的染料大多是人工合成的，且需符合多项要求，如颜色鲜艳、牢度优良、无毒性等。合成染料由于具有良好的色泽、耐洗性和耐晒性等优点，已广泛取代传统天然染料，尤其在大规模生产中占据主导地位，广泛应用于纺织、皮革、食品和化妆品等行业。随着技术的进步，染料的生产工艺逐渐发展为更加环保和高效的方向，着色效果和安全性不断提高。然而，天然染料作为可再生资源，因其绿色环保、无毒生物降解等优点，逐渐受到市场和科研领域的重视。天然植物染料，特别是靛蓝、黄栀子，因其天然、环保的特性，成为可持续时尚和绿色制造的理想选择。

（5）黏合剂

黏合剂是将物体黏结在一起的媒介，现代社会中广泛应用于工业中。我国是使用黏合剂最早的国家之一，黏合剂的历史可追溯到数千年前。20世纪以来，黏合剂的应用和发展迅速，其中化学合成黏合剂占70%~80%。我国黏合剂市场在建筑、制造和汽车行业需求大，预计未来几年将保持年复合增长率5%左右。尽管国内黏合剂产品种类繁多，但以中低端产品为主，高端产品市场仍存在缺口，具备自主替代潜力，因此亟需加大研发投入以提升市场竞争力。

（6）香精和香料

香料是指能刺激嗅觉神经、给人带来愉悦感受的芳香性物质。香料广泛应用于食品、化妆品、烟酒等领域。根据来源可分为天然香料和合成香料，后者近年来发展迅速，特别是石油工业带动了合成香料的发展。香精由多种香料调配而成，满足特定香型需求。国内香精香料产业起步较晚，但随着技术进步，已经逐步实现了从依赖进口到出口型的转变，目前已有超过1000家生产企业，其产品主要以食用香精香料为主。

（7）电子信息产业精细化工产品

电子化学品在电子工业中至关重要，随着社会竞争和需求增长，光刻胶、湿电子化学品、电子特气等产品的需求持续上升。我国电子化学品市场逐渐扩大，技术水平不断提升。光刻胶市场主要受平面显示和半导体产业推动，需求稳步增长。尽管我国在一些领域仍面临技术差距，但通过技术提升，逐步缩小与发达国家之间的差距。

（8）农药

农药用于保护农作物免受病害、虫害等威胁，是农业生产的重要工具。全球每年因病虫害等损失的农作物产量高达35%，我国农业损失占10%以上。农药可根据原料来源、防治对象和作用方式分类。近年来，随着农业政策和环保要求的变化，农药产业的结构逐步优化，绿色高效农药产品发展成为趋势。我国农药产量持续稳定，但随着环保法规加强，化学农药的使用总量将进一步减少，推动农药产品向绿色、安全、高效方向发展。

## 8.2.2 精细化工自动化发展现状

（1）国内自动化发展特点

改革开放以来，中国精细化工产业取得了长足发展，产业规模不断扩大，技术水平显著提高。近年来，随着信息技术的快速发展和应用，自动化技术在精细化工生产中的应用日益广泛，自动化水平不断提高。总体来看，目前中国精细化工自动化发展呈现以下特点：

21世纪以来，国家高度重视精细化工产业发展，将其列为战略性新兴产业和重点支持对象。在此背景下，越来越多的精细化工企业开始进行自动化升级改造，引进先进的自动控制系统和设备，优化生产工艺流程，提高自动化水平。

目前，自动化技术在中国精细化工领域的应用已经从单一的过程控制向全流程、网络化控制发展，基本实现了从供料到成品包装全过程的自动化。主要应用领域包括：原料和产品的输送与计量、反应过程监控、化学品分离与提纯、产品性能检测、工业废水和废气处理、安全报警及联锁、仓储物流管理等。自动化技术的综合应用，有力促进了精细化工生产效率和安全环保水平的提高。

近年来，人工智能、大数据、云计算、物联网等新一代信息技术蓬勃发展，并加速向制造业渗透，推动了精细化工自动化技术的创新发展。一些大中型企业开始采用智能自动控制系统，通过对生产全过程的数据采集和分析优化，实现工艺参数的智能调整和设备的故障预警，显著提高了生产过程的自适应能力和精细化管理水平。同时，新型传感器、无线通信、云架构等技术的应用，使生产设备联网、过程可视化成为可能，有效提高了企业信息化管理水平。

为进一步提高精细化工自动化水平，一些企业开始引入先进控制和智能优化技术。如模型预测控制、多变量统计过程控制、实时优化等，可以更好地处理精细化工生产中原料波动大、转化率低、产品质量要求高等问题，实现了运行工况的实时优化和产品质量的稳定控制。此外，专家系统、知识库等人工智能技术在精细化工生产中的应用也逐步展开，有助于优化工艺路线、提高系统控制的智能化水平。

（2）国内自动化不足之处

尽管如此，我国精细化工自动化发展总体还处于起步阶段，与发达国家相比仍存在不小差距，主要体现在：

与发达国家相比，我国精细化工自动化改造起步较晚，多数企业是近十余年才开始进行自动化升级。相比主流化工产品，精细化工自动化改造进度更为滞后。同时，由于企业自身条件差异较大，自动化发展不平衡问题突出。大中型企业自动化水平较高，而广大中小企业自动化程度普遍偏低，许多仍处于半自动或手动控制状态，两极分化现象比较明显。

目前，我国精细化工所需的高端自动控制系统、现场总线、智能仪表等核心技术和关键装备主要依赖进口，国产化率不足30%，严重制约了自动化技术的推广应用。同时，自动化改造多采用成套引进方式，缺乏自主创新能力，后续维护升级受制于人。

精细化工生产工艺复杂、专业性强，不同产品、不同生产环节自动化技术差异较大，通用性不足。目前国内自动化系统多为单元式应用，缺乏全流程、多系统的集成优化，综合集成应用水平有待提高。

精细化工自动化对复合型技术人才的要求较高，既要精通自动化控制技术，又要熟悉精细化工工艺流程，要求具有深厚的跨专业知识背景。目前，国内既懂自动化又懂化工的高素质专业人才相对短缺，自动化系统的设计、安装、调试、维护等环节经常出现人才断档情况。

### 8.2.3 精细化工自动化应用

当前自动控制系统的应用和面临的挑战如下。

**（1）反应器温度控制**

在化工生产中，反应器的控制是至关重要的。采用分散控制系统（DCS）可以实现对反应器反应温度的精确控制，以满足产品质量和安全生产的要求。根据精确化生产的实践经验，对于强放热反应，反应器运行过程中需要及时移走反应热，将反应器内的物料温度控制在合理范围内，以防止反应器内部温度不断上升，导致飞温等危害事件发生。反应温度控制与系统进料流量直接相关，因此需要使用流量定值控制仪、质量流量计等仪器来控制反应物料的流量，以确保投料误差控制在工艺允许范围内，从而保持物料配比稳定，进而实现对反应温度和产物收率等关键工艺参数及反应性能指标的有效控制。

**（2）液位与出料的均匀控制**

在精细化工生产中，设备内物料的液位也是一个需要严格监控的指标，液位的变化反映了设备内物料偏离平衡的程度，因此液位控制也是一个重要的环节。采用DCS进行罐和塔器等设备的出料量的调节，可以实现对液位的平稳控制。但是，在精馏塔系统中，经常出现前塔出料为后塔进料的情况，此时如果过于强调前塔液位的平稳性，可能导致后塔进料量的不稳定性。因此，在精细化工业生产中，通常采用串级均匀控制系统来解决这类自由度不足的多调控目标系统。该控制系统中，流量控制器的给定值由液位控制器的输出值确定，通过把液位控制器的作用整定得适当，充分利用设备的缓冲能力，确保流量控制器的给定值不发生剧烈变化，通过流量控制器输出的执行器操作来实现兼顾液位与出料量平稳的控制。这种系统能够克服系统压力波动对流量的影响，提高系统运行的稳定性，确保了前序工序波动对后续工序的影响最小化。

**（3）联锁控制**

在生产现场设备控制方面，采用联锁控制手段是至关重要的。这种控制手段有助于简化流程、强化紧急事故处理，并减少误操作的可能性。例如，在双甘膦的生产流程中，当遇到紧急情况需要执行局部或者全部停车等非正常工况的操作时，通常要求升温、蒸发、回流、冷却等各个环节的执行器同时进行操作。采用工艺联锁控制，操作员只需在操作站控制画面中点击相应步骤即可完成操作，避免了人工操作可能带来的延迟或遗漏。另外，保护性联锁也是一种重要手段。以草甘膦氧化反应为例，在反应器压力高于联锁设定的上限时，保护联锁将自动运行：切断压缩空气来源，同时执行切断蒸汽加热、强制循环水降温等操作，以确保系统的安全运行。通过计算机软件组态，系统能够实现事故记忆和逻辑判断，并对电磁阀、调节阀、电动设备的动作进行自动控制。这种联锁控制的方式能够提高生产系统的安全性和稳定性，降低人为操作带来的风险。

**（4）现有挑战**

尽管自动化技术已经在精细化工行业中得到了较广泛的应用，但仍然存在不少问题，尤其对于走向高端化的精细化工，还面临着下列各方面的挑战。

在许多精细化工企业中，传统的间歇式生产方式依然普遍存在。间歇式生产在某些精细化工产品的生产中不可避免，但这种生产方式的特殊性使得自动化技术的应用受到一定制约。在间歇生产模式下，许多中间产品需要经过取样、检测和分析才能进入下一工序，这不仅增加了生产线的停滞时间，还使得自动控制的复杂性大大提升。为了解决这一问题，企业需要对生产方式进行适当的改造，例如采用更加连续的生产模式，提升在线检测与分析技术的应用，以便减少停机时间并提高自动控制的精度。

传统的PID控制算法在许多精细化工生产过程中仍被广泛使用。然而，由于工艺变量的复杂性和不确定性，基于经典PID控制的自动化系统往往难以应对动态响应较慢、滞后较大等特殊工况。例如，某些化学反应具有较长的滞后时间，传统PID算法无法快速响应变化，导致控制效果不佳。因此，开发更为先进的控制算法（如模糊控制、自适应控制等），以及结合大数据分析与机器学习等新兴技术，将成为精细化工自动化技术发展的重要方向。

在精细化工生产中，某些特殊化学品（如桶装危险品、无法通过管道输送的粉状或块状物料等）由于其物理性质的特殊性，仍然需要大量人工干预。例如，化学品的运输、包装等环节往往无法实现自动化，导致生产效率低下，安全隐患较大。面对这一挑战，企业应考虑针对性地设计自动化设备和流程，例如开发适用于块状或粉状物料的自动输送系统，同时提升操作人员的安全培训和应急响应能力。

自动化改造涉及多个专业领域的知识，包括工艺、仪表、自动控制、设备等领域，因此，要实现自动化改造，企业需要招募跨学科的专业人才，进行系统性的技术整合。然而，当前精细化工领域的自动化人才缺口较大，尤其是在一些技术要求较高的领域，缺乏足够的专业人员进行研究与实施。这一问题的解决不仅需要加强行业人才的培养，还需通过产学研合作，推动企业与高校、科研机构的合作，提升自动化技术的研发与应用水平。

### 8.2.4 精细化工产业发展趋势

精细化工与人类日常生活密切相关，精细化工业的发展方向同时受到了化学、物理和经济等领域发展成果的促进，这些因素共同决定了我国精细化工业的未来。在许多国家，精细化工业的发展都备受期待。未来，精细化工业不仅将在科技上有更多突破，也会在市场上更专业、更强大，这也将成为我国精细化工业发展的主要趋势。传统的精细化工产品，如肥皂、染料和油漆，与我们的日常生活密切相关，但随着生活水平的提高，一些新型精细化工产品将逐渐进入人们的生活，如新型农药、建筑材料和纺织品等。这些产品将在环保原料的推动下得到更广泛的应用。科技的进步将使产品更安全、更便捷。精细化工业未来与海洋开发、能源和生物技术等领域的联系也更紧密。例如，在海洋中寻找能源、运用生物技术都将为未来的精细化工业提供更广阔的发展空间和领域。这个行业未来将迎来巨大的创新，海洋中的能源和生物技术等将为精细化工业的发展提供更多机遇。

在精细化工行业，尽管自动控制系统得到了广泛应用，但总体自动化水平仍有提升空间，尚未满足企业对高精度控制的需求。为此，企业需要加大投入，开发更先进的检测仪器，并采用自适应控制技术，以提升自动化控制系统的性能。这样的系统可以按需及时调整生产工序和工艺，实现精细化工企业对安全性、产品质量、成本降低、效率提升以及环境保护等方面的实际需求。

同时，企业也需要强化自身技术能力，紧密关注当前技术发展状况，并不断进行技术创新。随着科技的迅速进步，精细化工行业正朝着智能化、高科技化的方向发展。近年来，随着移动互联网、机器人技术和人工智能等领域的快速发展，全球经济的全球化竞争加剧，智能化、无人化和柔性化已成为精细化工行业未来的发展趋势。这些趋势将进一步推动精细化工生产控制的自动化、高效化和可持续发展。

### 8.2.5 精细化工自动化发展建议

针对我国精细化工自动化发展中存在的问题，为进一步推动自动化技术在精细化工产业的深度应用，促进产业转型升级，提出以下对策建议：

**（1）加大政策引导和资金支持力度**

制定专项政策，加大对精细化工自动化改造的财税金融支持力度，设立专门基金，鼓励企业加大技改投入。改革现有科技项目立项机制，设立一批精细化工智能制造示范项目，发挥示范引领作用。鼓励金融机构创新信贷产品和服务，为自动化项目提供融资便利。

**（2）突破关键核心技术，提升装备国产化水平**

大力实施精细化工自动化“卡脖子”核心技术攻关，加快高端自动控制系统、智能仪表、工业控制软件等领域的自主创新，掌握一批拥有自主知识产权的核心技术，打破国外的技术垄断。支持高校、科研院所与企业开展产学研合作，推进科技成果产业化。提高自动化装备国产化率，带动装备制造业发展。

**（3）加强系统集成创新，提高综合集成应用能力**

发挥行业协会、产业联盟作用，加强精细化工自动化系统解决方案的探索和推广，促进不同系统间的互联互通和协同优化。支持骨干企业牵头，与高校、科研机构合作开展全流程自动化集成创新，提高综合集成应用能力。加强精细化工智能工厂、数字化车间建设，打造一批智能制造标杆。

**（4）加快自动化人才培养，完善人才发展体系**

加强校企合作，培养精细化工自动化领域的“双师型”高技能人才。鼓励高校开设精细化工智能制造相关专业，加大自动化、信息技术在化工类专业中的比重。支持企业与院校合作，建设一批精细化工自动化实训基地，提高人才培养的工程实践能力。建立完善的自动化人才职业发展通道，为人才成长创造良好环境。

**（5）加强国际交流合作，学习借鉴国外先进经验**

主动融入全球产业链，积极参与国际自动化领域的交流与合作，学习借鉴发达国家的先进经验和做法。鼓励企业“走出去”，通过引进技术、合资合作等方式，提升自动化水平。支持行业协会、科研机构等加强与国际自动化组织的联系，搭建国际交流平台，及时掌握全球最新动态。

## 8.3 精细化工新产品与技术

### 8.3.1 精细化工产品分类

精细化工产品种类多、附加值高、用途广、产业关联度大，既是当今化学工业中极具活力的领域之一，也是国民经济的重要支柱性产业。精细化工产品为高新技术产业的发展和先进制造业进步提供了独一无二的新型材料。尤其随着新型科技的发展，精细化工行业的产值与化工行业总产值的比例（简称精细化工率）的高低是衡量一个国家化学工业发展水平高低的标准，精细化工率越高，单位成本内所获得的经济效益就越高。

根据应用领域的不同，精细化工产业可以划分为传统产品和新型产品两大类。传统精细化工的代表性产品有农药、染料和涂料等，发展较为成熟。在新技术革命背景下，材料科学、信息科学和生命科学的发展崛起使得精细化工的生产门类、品种不断增加。精细化工产品的应用领域开始从传统行业向电子、生物医药等领域渗透，产生了新型精细化工，目前已逐渐成为精细化工行业未来的发展重点。近十几年以来，精细化工形成了产业集群，产品日益专业化、多样化和高性能化，新工艺、新领域的开发受到了广泛重视。截至目前，世界精细化学品商业化品种已超过10万种。全球各个国家都把发展新型精细化工产品作为传统化工产业结构升级调整的重点，化工产业均向着“多元化”及“精细化”的方向发展。随着社会经济的进一步发展，人们对电子、汽车、机械工业、建筑新材料、新能源及新型环保材料的需求将进一步上升，电子与信息化学品、医药化学品等新型精细化工产品将得到进一步的发展。

### 8.3.2 新产品研发技术

精细化工产品具有研发周期长、资金投入量大、技术力量要求高等行业壁垒，属于资金、人才密集型的行业。强大的研究人才队伍有助于理解化学反应机理和新材料的性质，充足的资金可以确保长期持续的投入。此外，精细化工是技术创新快、发展潜力大的产业部门，需要注意科研与技术创新同步发展。同时，精细化工业通常涉及高能耗和废弃物排放，因此需要关注环境可持续性。开发更环保的工艺方法、降低废弃物和污染物排放、提高资源利用效率，都应该成为重要目标，以满足可持续发展的要求。市场分析和需求预测是精细化工发展的必要途径，了解市场趋势、消费者需求和竞争情况是成功的关键。精细化工产品的研发需要从多个方面进行努力，包括市场调查、产品合成、应用研究、市场开发和技术服务等多个环节。这个过程通常需要解决多种技术问题，并涉及广泛的知识、经验和技能。市场调查在精细化工产品的研发过程中至关重要，它有助于确保研发的产品与市场需求相符，提供有关市场潜力和竞争情况的关键信息。

精细化工产品合成应考虑的关键因素包括原材料选择、反应条件优化、催化剂和催化反应、反应监测和控制、产品质量分析、分离和纯化、安全和环保，以及可重复性和工艺优化等。在生产工艺开发方面，注重如下几方面：选择高质量的原材料，进行原材料的前处理，以去除杂质和不纯物，确保其纯度和质量符合要求。确定最佳的反应条件，如反应温度、压力、反应时间和反应溶剂，这有助于提高产物收率和纯度。考虑可能的副反应和不良反应，并采取措施最大限度地降低它们发生的概率。考虑使用适当的催化剂促进目标反应，提高目标产物收率和选择性，同时优化反应的操作条件，确保催化剂高效稳定地运行。结合具体生产工艺，建立实时或离线的反应监测系统，跟踪反应进展和产物形成。在工艺参数调控方面，采用自动化控制系统，确保反应参数的稳定性和一致性。在反应产物后处理环节，开发有效的分离和纯化方法，实现目标产物和副产物的高效纯化，如可以考虑使用色谱、结晶、膜分离等技术，以提高纯度。在产物杂质分析方面，使用适当的分析方法来鉴定产物，包括质谱、核磁共振、红外光谱等实验室测试手段，以验证产物的质量和规格。此外在工艺参数优化方面，记录详细的实验数据和反应条件，以确保可重复性和工艺的稳定性，不断优化工艺，以提高效率和产量。确保在合成过程中遵循最佳实践，并不断进行优化，有助于确保产品达到高质量标准并满足市场需求。

### 8.3.3 新产品产业化技术

精细化工技术的持续进步已成为推动整个化工产业向前发展的关键动力。随着全球市场需求的日益增长，技术进步不仅满足了各行各业对高质量精细化工产品的需求，还成功地提高了生产效率，降低了生产成本，并确保了生产过程的环境友好性。精细化工技术发展绿色化是今后的主要发展方向，强调在生产过程中对环境的影响最小化，同时确保资源的高效利用。新型催化剂的研发和应用进一步加速了化学反应的速度和选择性，从而提高了生产效率和产品质量。与此同时，智能制造与自动化技术的引入，使得生产过程更加精确和高效，大大降低了人为操作错误和生产成本。微反应技术作为一种新兴的化工生产技术，允许在微小的空间内进行高效的化学反应，这种技术在某些特定应用中显示出巨大的潜力，成为了促进精细化工发展的有效技术之一。此外，生物技术与发酵的应用为精细化工产品的生产提供了全新的途径，特别是在生物制药和生物化学品领域。人工智能与大数据分析的融入，为精细化工技术带来了前所未有的机会。通过对大量数据的分析和预测，企业能够更好地理解市场需求，优化生产过程，并提前预测潜在市场变化。新材料的应用则为精细化工产品开辟了新的市场领域，如电子、能源和医疗等，这些新材料不仅具有优越的性能，还满足了特定应用的需求。综上所述，这些技术不仅有助于提高生产效率和产品质量，还能有效减少对环境的影响，推动整个行业朝着更环保、更高效的方向发展。接下来，将以绿色化学技术、微反应技术和清洁生产技术为例，详细介绍其在精细化工产业化中的应用和前景。

**（1）绿色化学技术**

随着全球工业化进程的加速和环境问题的日益突出，将绿色化学技术应用于实际的化工生产中变得至关重要。绿色化学技术致力于在精细化工生产中最大限度地减少对环境的不良影响，同时确保高产品质量和高选择性。这有助于实现极低污染或零污染的生产过程，符合可持续发展和环保原则。近年来，膜分离技术、超临界流体技术、新型生物发酵技术、无毒无害可再生的催化剂技术等都在向绿色生产方向发展。日益发展的先进技术大大促进了绿色催化剂的研究进展，有机合成工业借助仿酶催化剂、固体酸碱催化剂、纳米催化剂等催化剂大大促进了有机合成工业的发展。比如现在人们都是采用更加先进的手段来对传统催化剂进行强化优化，保证整个催化反应过程更加高效合理，使得每一个反应条件更加适宜于进行催化工作，保证整个生产环节向绿色方面进行转换和发展。总的来说，绿色化工所要达到的效果是在保持或提高生产效率和产品性能的同时，最大限度地减少对环境和人类健康的不良影响。这要求化学家、工程师和产业界采纳一种全新的思维方式，把生态和环保融入工艺开发与生产中。

（2）微反应技术

微反应技术是一种在微观尺度下进行化学反应的方法，它利用微型反应器或微流体设备来进行化学反应，通常在微升至纳升的体积范围内。这种技术的核心思想是将传统的化学反应缩小到微观尺度，以实现更精确的控制、更快速的反应和更高的效率。微反应技术的主要特点包括：微反应器是小型的装置，通常由微流道、微型反应室和微型混合器组成。这些装置可以设计成不同的几何形状和尺寸，以适应不同的反应需求，而且微反应器可以提供对温度、压力、流速和反应物浓度等参数的高度精确的控制，这有助于实现精确的反应条件，从而提高产品质量和选择性，因此在微反应器中发生事故的潜在危害通常较小，这有助于提高化学反应的安全性。微反应技术可以并行地进行多个小型反应，从而加速反应筛选和优化过程。这对于药物开发、催化反应等领域非常有用。由于微反应器通常使用非常小的体积，因此可以显著减少反应所需的原材料量，这对于昂贵的化学品非常有利。微反应技术可以用于连续生产，提高了生产效率，减少了批处理过程中的间歇时间。目前微反应技术在多个领域都有应用，包括药物开发、特种化学品制造、燃料合成、食品加工和生物技术，它不仅有助于改进已知反应的效率，还有助于探索新的化学反应路径和制备方法。因此，微反应技术在化学和工程领域中具有广泛的应用前景。

（3）清洁生产技术

精细化工产业在进行技术革新时，必须要用精细化的清洁生产技术，才能对整个行业的清洁化生产水平进行有效提升。采用新型的技术方法，减少整个行业的生产对于居民生活造成的危害，并且对一些原料和溶剂的使用情况进行有效的管理，避免出现不可再生资源消耗量不断提高的情况。在进行生产技术改进时，主要是考虑防止污染，并且对污染问题进行预测和解决。在进行合成方法设计时，可以最大限度地利用所有的资源，并且将其转化到最终的产品中。在进行合成时，应该在常规和常压的环境下进行相关的操作，确保产品的质量更高。清洁生产技术鼓励采用环保、高效的合成方法，例如用催化反应来降低反应温度和压力，从而减少能源消耗和废物的产生。还可以将产品中使用和生成的物质进行有效的管理，避免对环境和居民产生危险。在进行产品设计时，要尽可能地降低产品的毒性和污染性，尽量减少辅助剂的使用。即使要应用某些辅助试剂，也要选用无毒、无害类型的物质。在进行反应工艺选择时，应尽可能采用高效的催化剂提高反应的选择性和产率，减少副产物的生成，同时降低反应条件的要求。

## 8.4 精细化工自动化与智能化技术

### 8.4.1 精细化工产品生产工艺原理

精细化工产品的生产工艺涉及一系列精密的化学反应，通过不同的反应类型可以将原料转化为具有特殊功能的精细化学品。这些反应涵盖了从基础化学品到高级功能性材料的合成过程，其中包括卤化、磺化、硝化、烃化、耦合和酯化等反应。每一种反应方法都在特定的工艺条件下起到重要作用，满足了医药、农药、染料、香料、增塑剂等多个领域的需求。以下将详细介绍几种常见的精细化工生产工艺及其应用。

（1）卤化反应

在有机化合物分子中引入卤原子，形成碳-卤键，得到含卤化合物的反应被称为卤化反应。根据引入卤原子的不同，卤化反应可分为氯化、溴化、碘化和氟化。其中以氯化和溴化更为常用，氯化反应的应用尤为广泛。卤化已广泛用于医药、农药、染料、香料、增塑剂、阻燃剂及其中间体等行业，因此被广泛地应用于精细化工产品的生产工艺中，制取各种重要的原料、精细化学品的中间体以及工业溶剂等，是有机合成的重要岗位之一。取代卤化主要有芳环上的取代卤化、芳环侧链及脂肪烃的取代卤化。取代卤化以取代氯化和取代溴化最为常见。芳环上的取代卤化是亲电取代反应，其反应通式为

$$\text{Ph-H} + X_2 \longrightarrow \text{Ph-X} + \text{HX}$$

这是精细有机合成中的一类重要的反应，可以制取一系列重要的芳烃卤化衍生物。

这类反应常用三氯化铝、三氯化铁、三溴化铁、四氯化锡、氯化锌等Lewis酸作为催化剂，其作用是促使卤素分子的极化离解。芳环上的取代卤化一般属于离子型亲电取代反应。首先，由极化了的卤素分子或卤正离子向芳环做亲电进攻，形成σ-络合物，然后很快失去一个质子而得到卤代芳烃。

卤化反应在精细化工领域有广泛的应用，特别是在制药、特种化学品制造和材料科学等领域。在制药过程中，卤化反应被广泛用于合成药物的中间体和活性药物。卤代化合物通常具有特定的化学性质，可以在药物分子中引入特定的功能基团，从而影响药物的活性和选择性。例如，许多药物中含有卤素，如氟、氯、溴等，这些卤素通常是通过卤化反应引入的。在农药和化肥的合成中，卤化反应被用于制备杀虫剂、杀菌剂和植物生长调节剂等。卤化反应常用于生产特种化学品，如表面活性剂、染料、颜料和高性能聚合物等。通过卤化反应，可以引入卤素基团，改变化合物的性质，使其具有特殊的表面性质或溶解性质。

**（2）磺化反应**

磺化反应是一种用于引入磺基（$-SO_3H$）到有机化合物中的化学过程。磺基是硫酸根离子（$SO_3^-$）的一部分，具有强酸性和良好的亲水性，因此在许多有机合成和化学工程中具有重要的应用。磺化反应通常涉及有机化合物与磺化试剂（例如磺酰氯、磺酸、磺酰亚胺等）之间的反应，通过这些反应可以在有机分子中引入一个或多个磺基。这些反应可以具有不同的反应条件和机制，但它们的共同目标是将磺基连接到有机分子中。例如，芳香化合物（通常是芳香环上的氢原子）与磺酰氯（$SO_2Cl_2$）或磺酸（$H_2SO_4$）反应，形成芳香磺酸（$ArSO_3H$）或其衍生物。这些芳香磺酸通常具有酸性和亲水性，适用于一系列有机合成反应。在不同条件下磺化，其反应机理略有不同。

**（3）硝化反应**

硝化反应通常涉及有机化合物中的氨基基团（$NH_2$）被硝基（$NO_2$）取代的过程。这种反应的主要原理是通过氮原子的替代来引入硝基基团，从而改变有机分子的性质和化学活性。硝化反应通常需要强酸性条件，例如浓硫酸（$H_2SO_4$）或浓硝酸（$HNO_3$）作为反应介质，以促使硝基离子的形成和氨基基团的替代。硝化反应由硝基阳离子的生成和产物形成两个步骤组成。这些产物可以具有不同的化学性质，具体取决于反应中的底物和反应条件。在精细化工领域，硝化反应具有广泛的应用，如药物合成、染料工业、炸药制造以及高性能材料等。硝化反应在药物合成中常用于引入硝基基团，从而改变药物的生物活性和药代动力学特性，例如硝化反应可用于制备硝基药物，如硝普钠（一种用于心脏病治疗的药物）。此外，硝化反应可以用于改变聚合物的性质，制备高性能材料，如硝化纤维和硝

化纸。需要注意的是，硝化反应通常需要小心操作，因为它们涉及强酸性条件和硝基化合物，后者可能具有爆炸性。产量大的硝化过程可连续操作，采用釜式连续硝化反应器或环形连续硝化反应器，实行多台串联完成硝化反应。环形连续硝化反应器的优点是传热面积大、搅拌良好、生产能力大，副产的多硝基物和硝基酚少。

**（4）烃化反应**

烃化反应是一类碳氢化合物（烃）之间发生化学反应的过程，用烃基取代有机分子中的氢原子，包括在某些官能团（如羟基、氨基、巯基等）或碳架上的氢原子，均称为烃化反应。此外，有机金属化合物的金属部分被烃基取代的反应也属于烃化范畴。作为常用的烃化试剂，卤代烃和硫酸酯类化合物中卤原子及磺酰氧基的电负性很强，使C-X键的电子偏向X，碳上带有部分正电荷，容易受亲核试剂的进攻，X带一对电子离开，由于反应是亲核试剂进攻带正电荷或部分带正电荷的碳原子，因此称为亲核取代反应，用SN表示。影响亲核取代反应的因素非常多，一般根据参与取代反应分子数目的多少，分为单分子（$SN_1$）和双分子（$SN_2$）两种类型。O原子的亲核取代反应是通过O原子的亲核取代反应进行的烃化反应，主要是指醇和酚类化合物羟基氧上发生的烃化反应。由于醇和酚的羟基酸性有较大的差别，因此在和不同的烃化剂反应时，其反应机理及条件有很大的不同。N原子的亲核取代反应是含N原子的化合物，主要包括氨、脂肪胺、芳香胺及含氮杂环，氮原子通常具有孤对电子，这使它们表现出碱性和较强的亲核能力。这些特性使氮原子更容易参与烃化反应，尤其是一些具体的反应类型，如亲电取代反应和求核取代反应。氨或伯、仲、叔胺的氮原子向显电正性的R亲核性进攻（$SN_2$），得到高一级的胺盐及季铵盐。

烃化反应在精细化工中用于合成具有特定结构和性质的有机化合物，如药物、香料、染料等。聚合物的制备通常涉及烃化反应，通过引入不同的单体或功能基团来控制聚合物的结构和性能。精细化工领域也涉及一些环保技术，如催化裂化和氢化反应，以降低环境污染和提高资源利用率。

**（5）耦合反应**

耦合反应是有机化学中的一种重要反应类型，它涉及两种或更多不同的有机官能团在适当的催化剂或条件下相互结合，形成新的有机分子。这种反应通常用于构建复杂的有机分子，从而实现精确的合成目标。耦合反应通常包括碳-碳或碳-氮键的形成，有时还包括其他类型化学键的形成，例如碳-氧键。耦合反应类型又包括Suzuki偶联反应、Heck偶联反应、Sonogashira偶联反应、Negishi偶联反应、Buchwald-Hartwig偶联反应等。这些耦合反应为有机合成提供了强大的工具，使化学家能够有效地构建复杂的分子结构。这些反应通常需要合适的催化剂和反应条件，并且在合成药物、化学品和材料等领域中具有广泛的应用。耦合反应在精细化工中具有广泛的应用，这些反应用于合成特定的有机化合物，以满足各种工业和科学研究的需求。

药物合成是精细化工领域的一个关键应用领域，耦合反应在这里发挥着至关重要的作用。通过耦合反应，可以合成具有特定结构和性质的有机分子，从而制备药物的中间体和活性成分。例如，Suzuki偶联、Heck偶联、Buchwald-Hartwig偶联等反应被广泛用于药物合成。精细化工领域还涉及香料和精油的生产。耦合反应可用于合成香精和精油中的复杂有机分子，以制备各种食品、香水和化妆品。耦合反应在制备高性能聚合物方面发挥了关键作用。通过将不同的单体或功能基团耦合在一起，可以调整聚合物的结构和性能，以满足特定应用的需求。在电子和半导体行业中，耦合反应用于制备有机半导体材料和光电器件。这些反应可以用于形成有机分子的导电性和光学性质，从而用于电子和光电子应用。精细化工通常需要定制化的有机化合物，以满足特定的应用需求。耦合反应可以用于将不同的官能团耦合在一起，形成具有特殊性质的化合物。耦合反应也用于合成各种催化剂，包括金属有机催化剂，以促进其他反应的进行，例如氧化还原反应、氢化反应等。

**（6）酯化反应**

酯化反应是一种有机化学反应，通常涉及酸和醇/酚之间的反应，用于生成酯化合物。在这种反应中，一个羧酸及其衍生物和一个醇/酚在酸性条件下结合，消除水分子，形成一个酯化合物。这是一个广泛应用于有机合成的重要反应，酯化产物在化学、医药、香料、食品和其他领域中具有广泛的应用。酯化反应的一般反应方程式如下所示：

$$\text{羧酸}+\text{醇}\longrightarrow\text{酯}+\text{水}$$

在这类反应中，羧酸可以是有机羧酸（例如乙酸、苯甲酸等）或其酯化的前体，如酸氯、酸酐或酸酯。醇可以是各种有机化合物的醇基或酚基。酯化反应通常需要酸性催化剂来促进反应的进行，最常用的酸催化剂是硫酸或琼脂酸。此外，通常需要干燥剂来帮助消除生成的水分。酯化反应在精细化工中具有多种应用，这些应用涵盖了多个领域，包括化学、医药、食品、香料和材料科学。

酯化反应在药物合成中起着关键作用。它可以用于制备药物的酯部分，这些酯部分可以调节药物的性质、溶解性和生物活性。例如，酯化反应可用于合成药物中的酯化合物，这些药物在控制释放、提高生物利用度和改善口味等方面具有优势。酯化反应是制备香料和香精的关键步骤之一。许多天然香料和香精化合物都是酯，如水果香精中的水果酯。通过合成酯，可以模拟和改进食品、香水和化妆品中的香味。在食品工业中，酯化反应用于生产食品添加剂和风味物质。例如，合成某些酯类可以增强食品的香味和口感。酯化反应在聚酯材料的制备中起着关键作用。聚酯是一类重要的聚合物，用于制造塑料瓶、纤维、薄膜和其他材料。例如，聚乙烯对苯二甲酸酯（PET）是一种常见的聚酯，它是塑料瓶的主要原料，通常通过酯化反应合成。在实验室中，酯化反应用于有机合成中，以构建特定的有机分子或引入特定的官能团。这对于合成具有特定性质的化合物，用于研究或应用中都非常有用。某些酯化合物被用作涂料和油墨中的成分，以改善它们的性能和耐久性。

## 8.4.2 精细化工生产自动化技术

**（1）操作管理自动化**

当前，自动化技术在国内精细化工行业已经取得了一定的应用效果，但是由于精细化工通常采用间歇式生产模式，工艺流程、物料配方、反应条件等操作参数多变，由此给自动化技术在精细化工生产中的应用带来了挑战。如何利用自动化技术提升精细化工行业的生产水平是实现我国精细化工行业转型升级的重要手段之一。精细化工生产企业必须结合产品的生产工艺进行自动化技术工程应用研究，提出与生产工艺匹配的合理方案，以提升产品的市场竞争力，同时推动自动化技术在精细化工行业的发展与应用水平。

国内绝大多数精细化工产品，尤其是年需求量低于10万t的精细化工品种，几乎全部采用间歇生产模式，生产设备尺寸基本上是根据实验室设备尺寸进行等比例放大。这种间歇生产工艺存在物料均匀混合以及反应停留时间控制等困难。如果能通过工艺技术和工程技术的改进实现生产流程的连续化，如采用固定床、流化床反应器等连续化反应设备，可以使物料均匀和停留时间分步变得容易控制。以管式反应器为例，沿反应物流动方向，反应管不同长度处对应间歇反应器中不同停留时间的反应阶段。即反应过程中不同反应阶段的物料，存在连续反应的空间点等价于间歇反应的时间点，连续化反应设备通过时间—空间的转换，实现了间歇反应到连续反应的转变，有效降低了生产过程中的滞后效应，便于采用连续生产工艺中的常规控制方案实现较高程度的自动控制。目前已经在加氢、硝化、水解、氯化、氨化等生产过程中实现连续化、自动化生产，有效提升了工艺运行水平和产品质量。

针对小规模特殊精细化学品生产过程中所用的工艺介质腐蚀性强、危险系数高的特点，以及在短时间内手工操作的风险较大等问题，研究并实现对该过程的完全自动控制与远程控制是非常必要的。目前多数工艺过程采用小批次间歇生产模式，其运行工况非平稳、非静态，表现出高度非线性和大范围动态变化特征。过去，由于技术经济性等方面的原因，工艺过程的运行主要是以人工操作为主、自控操作为辅，自动化程度不高，工艺过程运行的信息化程度也不高。因此，要实现这一类复杂的工艺过程的自主智能控制，就必须对小型特种精细化工生产工艺过程中的智能感知、智能识别和智能操控技术进行深入的研究，使得自动控制系统具备较好的自主感知、识别和操控能力，从而实现在工艺过程自主控制和无人化操作下的安全、平稳、有序运行。

以往的自控系统使用的是常规仪表或PLC加工控机及组态软件，控制方式多使用常规PID或自整定PID，还有少量的开关量联锁报警回路。对产品质量的检测以人工取样为主，在实验室中进行离线化验，对原辅料质量的近红外光谱检测技术进行了研究，但是没有开发出生产质量分析检测实验室信息管理系统（LIMS）。对生产流程的模拟，侧重于对流程运行的训练模拟，没有对大规模的原始动力学模拟。由于缺少物理量数据，且没有系统地开展流场仿真技术的研究，运行状态的监控主要依赖于人的经验，没有对生产过程中的设备进行预测性维修技术的研究。生产管理在很大程度上是依靠人工来进行的，人工对操作数据进行记录，人工对原料、库存和安全进行管理等，但是对生产过程信息管理系统却没有进行过深入的研究。目前，对于分批生产中的配方管理已有初步的探讨，而分批生产调度多依赖人工安排，缺乏基于模型与优化算法的系统研究。

随着工业智能、大数据、云计算、VR、AR等技术的不断发展与应用，为研究与解决小规模、特殊的精细化工过程的全自动化与信息化问题提供了一种更经济的方法。国家对生产安全、职业健康和环境保护的要求也越来越高，这也迫使精细化工产业采用更强的自动化和信息化手段，以确保生产安全、从业人员的健康和环境的洁净。

通过对智能控制、在线分析、模拟仿真和虚拟制造、工况监测及预测性维护以及信息管理和生产调度等自动化和信息化关键技术的研究和应用，来提升小型特种精细化工生产工艺过程的自动化和信息化程度，实现小型特种精细化工生产工艺过程的数字化、虚拟化和智能化，从而降低生产工艺研究和测试的安全风险和测试的成本，提升生产工艺研究和测试的成功率和效率，最终实现小型特种精细化工生产工艺过程的数字化和精准化生产。

**（2）生产过程自动化**

要推动精细化工生产向智能化发展，首先必须保证整个生产流程的全自动化。这一过程可以对设备进行自动检测和控制，并在设备的操作过程中获得所需的信息，从而达到操作生产的自动化。因此，要想实现精细化工生产过程的自动化，就必须在计算机集成控制技术的帮助下，对整个生产过程中的程序进行操作和控制，这样才可以将传统的劳动生产力解放出来。在计算机集成控制架构中，分为以下几个程序。

① 综合控制功能。该系统是一种分批控制系统，它是一种以工艺参数优化为目的，对工艺参数进行优化的分批控制系统。除包含所有的程序控制系统的功能之外，还具有配方处理、过程优化、统计过程控制/统计质量控制（Statistical Process Control，SPC/Statistical Quality Control，SQC）、批量生产管理、计划和调度、能量管理等功能。目前，在精细化工过程中，一般采用计算机集成的、具有分层结构的DCS实现精细化工过程的计算机集成生产及柔性生产。它是一种精细化管理方式，具有很高的效率。

② 顺序控制系统。它通常有一个逻辑控制功能来区分生产流程中的每一个操作步骤，并在一个基本的操作步骤中对每一个设备的操作步骤进行控制。顺序控制系统是一种用来将输入与输出进行分离，从而实现系统安全、稳定和可靠工作的控制系统。PLC为时序控制提供了良好工具。

③ 程序控制系统。在原有序列控制的基础上，增加了对模拟量进行调整的控制。温度、压力、流量等调节参数均需通过IPC与PLC协同控制实现。

精细化工生产过程自动化的发展方向，就是要以科学技术为支撑，打破各生产系统之间相互独立的联系，突破“自动化孤岛”。把生产过程控制、实验室分析和生产管理结合在一起，形成一个综合信息自动化管理系统，并对其进行统一管理，进行分层优化，实现一体化管理。

因此，拟对影响该工艺系统整体自动化的关键技术进行深入研究，以进一步提升该工艺系统的整体自动化水平。在硬件设计上，主要研究解决传感器和执行器的选择设计问题。同时，针对分散控制系统的设计和实现问题开展研究。在软件上，根据流程生产规范（操作规范），从软件开发角度出发，针对批量过程控制软件研发难题展开研究。

在生产过程的新型控制技术方面，可开展统计过程控制技术、迭代学习优化控制（也被称为批次优化控制技术）的研究与应用。统计过程控制是以生产过程数据为基础，通过对生产过程的建模、仿真等手段构建出能对生产过程受控和失控进行判断的统计模型，从而可以快速地识别出异常情况。例如：可以用来判断工艺系统是否发生了故障、指导工艺系统优化运行等。同时，还可以用于工艺过程运行状况的监控、故障诊断、判断生产终点、生产质量控制等。在此基础上，以历史数据为基础，针对间歇流程中各操作参数（如进料流量、反应温度及搅拌速度）进行优化分析：最优的进料流量、反应温度、最优的搅拌速度、最优的反应浓度等操作参数操作轨线。

精细化工操作管理自动化指的是运用先进的技术手段，对化工生产过程展开自动化的管理，从而使化工生产过程的数字化、网络化、智能化得以实现，从而提高生产效率和产品质量。在精细化工生产过程中，解决了在精细化工生产过程中由于人为原因而引起的安全隐患、生产过程中的质量问题等，实现了工作流程自动化。同时利用数据分析与监测系统能够对整个生产过程进行实时监测，通过分析各种数据信息来提高企业的生产能力与经济效益。另外，通过自动化的管理可以改善生产环境的卫生与洁净、减轻对环境的污染、减少工人的劳动强度，同时也能提高生产效率和安全程度。在自动化系统中，生产过程的自动化、数据的整合、工作流程的管理以及工作计划的安排等问题都将成为重点问题。

以物联网等数据通信技术为基础，建设智慧工厂（也被称为数字工厂、透明工厂等）是精细化工过程自动控制技术的下一个发展趋势；通过对感知、识别、作业执行等关键技术的研究，研制出适用于生产作业的机器人。

### 8.4.3 精细化工数字化与智能化技术

**（1）生产工艺柔性化**

为了实现化工生产的多规格、多品种和高速化的要求，也要求在其智能化的同时，使精细化工过程的间歇化、柔性化。通过设备柔性，到工序柔性，再到装置柔性，来实现生产系统的柔性。主要分为以下几个方面：

① 设备柔性化。主要是指生产装置不但要能适用于多种生产作业，还要有多种用途，方便工人操作。在生产设备柔性研究中，为了实现多功能、多方位的目的，要求在工艺设计和装置配置中，保证压力、流量、温度、黏度等参数都在操作和运行的许可范围之内。再通过分析和计算，使整个生产过程更加稳定和高效。所用的化学品不会对设备部件造成损害。

② 工序柔性化。主要是指操作方便、简单、灵活，可以适用于各种程序。在设计过程中，要以已有的工艺单元模组为基础，引入柔性技术，对其进行扩展。需要将萃取、蒸馏、合成、精馏反应等多种工艺融合在一起，并针对具体的工艺条件进行相应的调整，以保证整体工艺的高效率。

③ 装置柔性化。它的核心是把单一化的生产工艺转变为系统化的、规模化的生产工艺。在对全流水线进行研究时，必须对每一种生产工艺和系统进行综合分析，并对其进行优化和转换，以保证全流水线的柔性化。

④ 系统柔性化。主要是能够生产出更多品种、更多规格的产品，保证整个生产过程的规模化、高效化、安全化，可以适应市场的需要，谋求发展。

柔性生产工艺模式的构建是“成组技术”的应用，是以“成组技术”为基本原则，以过程种类为依据，对化工产品体系与流程进行分类。之后再以不同的系列与化工品种为基础，设定对应的功能，再对其生产原料与工艺技术进行调整，这样就能生产出更多、更统一品种的化工产品。通过“成组技术”的构建，使整个生产流程向高效化、精密化、智能化方向发展，从而使整个生产流程更加科学、合理，效率更高。

柔性生产工艺系统的组织形式可以从以下几个方面来进行划分。

① 以设备为核心，实现资源最优配置与合理利用；

② 以人工作业为基础，实现设备运行与生产效率的大幅度提升；

③ 以计算机辅助设计和制造技术为手段，提高设备运行与生产效率；

④ 以信息网络技术和智能控制技术为基础，保障设备安全可靠运行。

各系统均能达到资源优化配置、合理使用的目的，极大地提高了设备操作和生产的效率，适应了市场需求，保障了生产设备的安全运行。

**（2）生产设备数字化**

随着柔性生产的深化，企业亟须依托数字化平台实现全流程协同与资源配置优化，推动数字化工厂的建设。计算机信息技术帮助加速了整个化工产业的发展，所以在我国进行精细化工生产智能化发展的过程中，也需要充分利用计算机信息技术，从而实现全面的数字化、信息化与一体化。而生产装备是一个很关键的环节，要求我们对装备的设计和制作都要做好。

物联网、云计算、大数据等技术不断涌现，给生产设备数字化设计与制造带来了诸多方便与优势。同时，也推动了制造装备智能化、精准化。

与此同时，随着物联网技术的发展与应用，也推动了设备制造从传统的复杂的计算机集成制造技术，转变为灵活的智能工厂及精益制造技术，进而可以实现流畅化生产，以适应市场的发展需求，对其进行全方位的优化。生产设备数字化发展，也要依赖机械领域、电动领域、液压领域、气化领域、化工领域等相互配合。目前国内已开发出以Simscape为代表的工业装备数字化模拟系统。

云计算是将分布式技术与并行技术相结合，通过网络在任何时间、任何地点，按需、方便地访问共享资源的一种计算方式。充分利用云计算提供的强大计算能力，可解决模拟系统的实时性、精确性以及复杂动态模拟计算等难题，实现化工过程的虚拟工厂建设。

**（3）质量检测在线化**

随着精细化工生产向智能化的方向发展，一定会实现质量分析检测的在线化，提升质量分析检测的工作效率和质量，达到及时、准确、高效的目的，降低对人力、物力和财力的投入，确保最后的结果是准确的。在线质量分析包括侧面品质分析（原材料）、线上品质分析（供应商）和非接触品质分析（生产线）三大部分。侧面品质分析：该部分主要涉及化学原料以及产品，它是对依据实际生产情况所产生出的产品来进行相应调节和控制。线上品质分析：该部分主要涉及与产品生产相关过程中所产生出的产品来进行相应调节和控制。同时，可以对生产出来的产品进行分析和反馈，使生产过程达到高效和信息化的目的。精细化工生产过程的在线质量分析，不但能给化工企业带来更多的经济效益，对质量进行严格控制，还能对生产过程中的产品展开检测，做到及时发现问题、及时解决问题，不会影响后续的生产运行，从而为化工产品的生产创造了一个安全稳定的环境，降低了有害物质在环境中的产生，减少了污染排放，达到环保目的。

综上所述，精细化工在线质量分析是一项全新技术，在现代企业中被广泛应用。它不仅能给企业带来更多经济效益，而且也对整个企业提出了更高要求。所以精细化工在线质量分析在当今时代显得尤为重要。

目前国内精细化工产品质量分析的在线检测，主要依赖于近红外光谱法和拉曼光谱法。近红外光谱法是对含有特定波长的信号进行探测，以发现分子之间是否存在化学键、离子键等构型以及分子间距离等信息。而拉曼光谱则是利用带有拉曼作用的物质，通过对其吸收、发射光谱进行分析来探测其结构及含量信息。它们各有优点，但也各自存在不足之处：

① 红外探测速度很快，但需要大量地修正模型；

② 拉曼谱峰具有很好的特征性，可以很好地区分混合态和无机态，但拉曼信号弱且存在着荧光干扰。

对于具有中心对称的分子来说，它存在着一个互斥规律，即与中心成对称性的分子，其振动不能被红外观测到，而能被拉曼观测到；在不具有对称中心的情况下，可以在红外线上看到而在拉曼上看不到。拉曼光谱和红外光谱能够相互补充、相互印证，并能更好地将二者结合起来。每种技术都有其优缺点，要想使制造工艺的品质和水平不断地提升，就必须在实际的制造条件下不断地对其进行优化和改进。

## 8.5 发展建议

展望未来，我国精细化工行业面临着挑战和机遇并存的局面。

挑战主要来自于以下几个方面：

① 环境保护和安全生产压力日益增大，精细化工行业需要投入更多的资源和成本来应

对相关法规和标准的变化。

② 原材料价格波动风险加大，精细化工行业需要加强对上游市场的关注和预判，以及对下游客户的沟通和协调。

③ 技术创新能力不足，精细化工行业需要加强与科研院所和高校等的合作，提高自主研发和知识产权保护能力。

机遇主要来自于以下几个方面：

① 国内外市场需求持续增长，尤其是新兴领域，如新能源、新材料、生物医药等，对精细化工产品提出了更高的要求，开辟了更大的空间。

② 国家政策和资金的支持不断加强，为精细化工行业提供了有利的发展环境和创新动力。

③ 国际竞争优势逐步显现，国内精细化工企业在技术水平、成本控制、品牌建设等方面不断提升，有望在全球市场占据更大的份额。

总体而言，我国精细化工行业仍然具有广阔的发展前景和潜力。未来，我国精细化工行业需要抓住机遇，应对挑战，加快转型升级，提高核心竞争力，实现高质量发展。具体而言，可以从以下几个方面着手：

① 加强绿色发展，推进清洁生产和循环经济。精细化工行业要积极响应国家的碳中和目标，加大节能减排和污染治理的力度，采用更环保的原料、工艺和设备，提高资源利用率和废弃物回收率，降低环境风险和社会成本。

② 加强创新驱动，提升产品质量和技术水平。精细化工行业要加大科技投入和人才培养，加强与国内外的合作交流，引进和消化吸收先进的技术和设备，开发出更符合市场需求和国际标准的新产品和新应用，提高产品的附加值和市场占有率。

③ 加强品牌建设，提升市场影响力和信誉度。精细化工行业要加强对产品的质量管理和监督，确保产品的安全性和稳定性，树立良好的企业形象，增强社会责任感，打造具有国际知名度和竞争力的品牌，拓展国内外市场渠道和客户群体。

## 参考文献


[1] 易小虹，熊秀芳. 精细化工[M]. 武汉：武汉大学出版社，1994.

[2] 赵文献，朱云云. 精细化工[M]. 徐州：中国矿业大学出版社，2000.

[3] 汪侠. 表面活性剂研发现状及未来发展前景研究[J]. 化工设计通讯，2023, 49(4): 55-57.

[4] 龚述辉. 中国化妆品制造企业的研发市场现状[J]. 中国化妆品，2020, (9): 20-27.

[5] 任彩娟. 绿色防腐蚀涂料的研究现状及应用[J]. 中国设备工程，2022.

[6] 范云丽，徐华凤，王雪燕. 天然染料的应用现状及发展趋势[J]. 成都纺织高等专科学校学报，2016, (1).

[7] 刘正. 天然染料的应用现状及研究进展[J]. 纺织导报，2021(9).

[8] 姚瑞雄. 我国香精香料工业的现状与分析[J]. 食品安全导刊，2017(18).

[9] 汪海燕，朱思坤. 电子化学品技术发展研究[J]. 化工管理，2022(30).

[10] 邵姗姗，王灿，于迟，等. 2022年中国农药工业运行回顾[J]. 世界农药，2023(4).

[11] 张迅. 精细化工自动化现状及发展[J]. 四川化工，2019(3).

[12] 叶得强，赵转霞，张彦龙. 我国精细化工自动化控制的现状与发展趋势[J]. 当代化工研究，2023(17).

[13] 秦晓龙，郝鹏. 关于精细化工的发展趋势探究[J]. 大科技，2017(1).

[14] Salmi T, Tirronen E. Process development in the fine chemical industry [J]. Chemical Engineering Journal, 2013, 91(23): 103-114.

[15] 陈晓宇. 中国精细化工行业概况及行业特点分析[J]. 中外企业家，2019: 137-138.

[16] 庄长君. 辽宁省精细化工产业现状分析与发展建议[J]. 辽宁化工, 2017, 46(03): 266-267.
[17] 时佩佩. 新型绿色手洗餐具洗涤剂的配制[D]. 广州: 华南理工大学, 2015: 30-35.
[18] 柴委. 绿色化工技术在精细化工中的应用研究[J]. 云南化工, 44(11), 2017: 28-32.
[19] 江镇海. 靖江神龙化工厂推出4种精细化工产品[J]. 精细与专用化学品, 45 (05), 1997: 31-35.
[20] 胡双岚. 新型炭基固体酸催化剂的制备及其催化纤维素水解反应的研究[D]. 广州: 华南理工大学, 2018: 34-37.
[21] 潘晓桃. 间歇硝化反应的安全管理[J]. 广州化工, 44 (24), 2016: 171-181.
[22] 王丽霞. 赖氨酸微量元素螯合物及昆布氨酸的合成工艺研究[D]. 青岛: 青岛科技大学, 2014: 32-37.
[23] 牟芃兴. 双嘧达莫缩合反应的工艺优化[D]. 青岛: 青岛科技大学, 2021: 35-37.
[24] 邹志云, 王志甄, 孟磊, 等. 精细化工过程系统工程技术的若干发展趋势探讨[J]. 计算机与应用化学, 2016, 33(10): 1050-1054.
[25] 杨友麒. 化学工业的转型升级和过程系统工程(PSE)[J]. 化工进展, 2018, 37(3): 803-813.
[26] 卢静宜, 曹志兴, 高福荣. 批次过程控制——回顾与展望[J]. 自动化学报, 2017, 43(6): 933-943.
[27] 邹志云, 刘兴红, 于鲁平, 等. 精细化工过程控制技术的发展动向[J]. 计算机与应用化学, 2012, 29(1): 56-60.
[28] 邹志云, 朱文超, 刘英莉, 等. 小型特种精细化工过程自动化和信息化研究发展趋势探讨[J]. 化工进展, 2020, 39(S2): 269-275.
[29] 邹志云, 刘建友, 王涛, 等. 精细化工领域过程系统工程技术研究发展趋势探讨[J]. 计算机与应用化学, 2010, 27(10): 1456-1460.
[30] 徐以法. 精细化工生产过程控制系统研究与设计[J]. 商品与质量, 2017 (45): 205.
[31] 邹志云, 郭宇晴, 王志甄, 等. 一种小型精细化工生产装置综合自动化控制系统的设计[J]. 冶金自动化, 2014 ( S2) : 629-633.
[32] 宋建成. 间歇过程计算机集成控制系统[M]. 北京: 化学工业出版社, 1999.
[33] 周荣富, 陶文英. 集散控制系统[M]. 北京: 北京大学出版社, 2011.
[34] Barker M, Rawtani J. Practical batch process management[M]. Oxford: Newnes, 2005.
[35] Seborg D E, Edgar T F, Mellichamp D A. Process dynamics and control[M]. 3rd edition. Hoboken,NJ: John Wiley & Son,2011.
[36] 邹志云, 桂新军. 间歇化工过程先进控制技术的应用与发展评述[J]. 石油化工自动化, 2009, 45(1): 1-6.
[37] Zuehlke D. Smart factory-towards a factory-of-things[J]. Annual R eviews in Control, 2010(34): 129-138.
[38] 李云飞, 陈良, 王树青. 物联网的内涵与应用及其对过程自动化的启示[J]. 石油化工自动化, 2011, 47( 2): 1-8.
[39] 刘红波. 化工精益生产与柔性生产系统的设计及应用[J]. 广州化工, 2010, 38(5): 227-228.
[40] 唐勇, 黎学明, 何勇, 等. 基于柔性生产模式的循环经济体系建设实践[J]. 广州化工, 2011, 39(5): 189-191.
[41] 母玉林, 卞剑锋, 彭福林. 精细化工生产过程的智能化发展趋势探讨[J]. 化工管理, 2019(31): 1-2.
[42] 邹志云, 孟磊, 王志甄, 等. 精细化工生产过程的智能化发展趋势探讨[J]. 工业计量, 2015, 25(S2): 151-155.
[43] 万峰, 罗娜, 祁荣宾, 等. 化工过程虚拟工厂云计算平台构建的技术研究[J]. 计算机与应用化学, 2012, 29(9): 1075-1078.
[44] 罗娜, 万峰, 叶贞成, 等. 基于云计算和虚拟现实技术的化工过程虚拟工厂[J]. 化工进展, 2012, 31(12): 2815-2819.
[45] 褚小立. 化学计量学方法与分子光谱分析技术[M]. 北京: 化学工业出版社, 2011.
[46] 陆婉珍, 袁洪福, 褚小立. 近红外光谱仪器[M]. 北京: 化学工业出版社, 2009.
[47] 田高友. 拉曼光谱技术在石油化工领域应用进展[J]. 现代科学仪器, 2009(2): 130-134.
[48] 阮华, 戴连奎, 许忠仪. 在线拉曼分析仪的研制及其在PX装置中的应用[J]. 化工自动化及仪表, 2012, 39(4): 467-470.
[49] 田国辉, 陈亚杰, 冯清茂. 拉曼光谱的发展及应用[J]. 化学工程师, 2008(1): 34-36.

本章负责人　冯恩波、叶贞成　华东理工大学

参加编写人员　孟泽琦　张　磊　李朝峰

# 第9章 合成橡胶自动化

## 9.1 合成橡胶自动化背景介绍

合成橡胶又称为合成弹性体，一般是由人工采用化学方法制备合成的高弹性聚合物，是三大合成材料之一。合成橡胶的研究已有一百多年的历史，经过长时间的技术积累，合成橡胶的特定性能已经超越了天然橡胶。近些年来，国内合成橡胶产业取得了长足的进步，无论是年产量还是消费量，都已经跻身世界前列。

随着现代工业的发展，自动化生产技术已是工业制造的主流，合成橡胶也未能独立于现代自动化生产的浪潮之外。然而，由于合成橡胶材料的性能提升对生产工艺提出了更高的要求，合成橡胶生产过程也越来越复杂，影响橡胶产品性能的物理和化学指标复杂多样，对合成橡胶控制和自动化技术提出了挑战。本章主要对合成橡胶生产过程中的测量、控制、建模等自动化技术进行探讨，并选取具有代表性的成果进行了介绍。

### 9.1.1 合成橡胶行业概况

合成橡胶通常以性能和用途分类，具体可分为通用橡胶和特种橡胶，如图1-9-1所示。通用橡胶一般与天然橡胶性能相近，物理加工性能好，广泛应用于轮胎和其他一般橡胶制

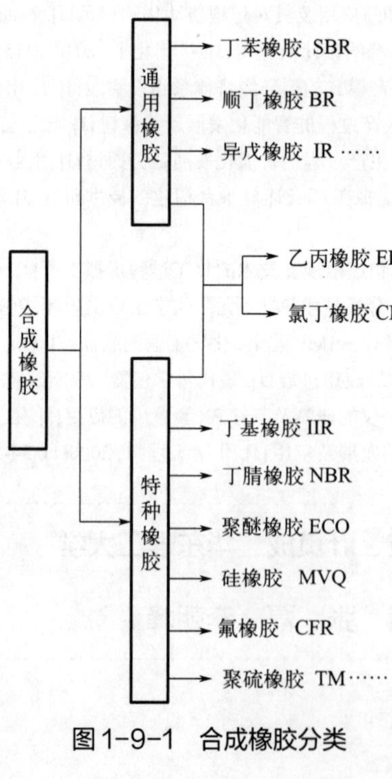


图1-9-1 合成橡胶分类

品。具有代表性的通用橡胶有丁苯橡胶（SBR）、顺丁橡胶（BR）以及异戊橡胶（IR）。特种橡胶一般具有特殊性能和特殊用途，是能在苛刻条件下使用的合成橡胶。具有代表性的特种橡胶有丁基橡胶（IIR）、氟橡胶（CFR）、丁腈橡胶（NBR）、硅橡胶（MVQ）等。然而，通用橡胶和特种橡胶实际上并无严格的界限，如乙丙橡胶（EPR）就兼具上述两方面的特点。

丁苯橡胶是橡胶工业的骨干产品，是最大的通用合成橡胶品种，也是最早实现工业化生产的合成橡胶品种之一。按聚合工艺的不同，丁苯橡胶分为乳聚丁苯橡胶（ESBR）和溶聚丁苯橡胶（SSBR）。与溶聚丁苯橡胶工艺相比，乳聚丁苯橡胶工艺在节约成本方面更占优势，全球丁苯橡胶装置约有75%的产能是以乳聚丁苯橡胶工艺为基础的。乳聚丁苯橡胶具有良好的综合性能，工艺成熟，应用广泛，产能、产量和消费量在丁苯橡胶中均占首位。

顺丁橡胶（BR）是由丁二烯聚合制得的结构规整的合成橡胶。与天然橡胶和丁苯橡胶相比，硫化后的顺丁橡胶其耐寒性、耐磨性和弹性优异，动负荷下发热少，耐老化性能好，易与天然橡胶、氯丁橡胶或丁腈橡胶并用。根据顺式1，4含量的不同，顺丁橡胶又可分为低顺式（35% ～ 40%）、中顺式（90%左右）和高顺式（96% ～ 99%）三类。高顺式顺丁橡胶分子间力小、分子量高，因而分子链柔性大、玻璃化温度低，在常温无负荷时呈无定形态，承受外力时有很高的形变能力，是弹性和耐寒性最好的合成橡胶。

异戊橡胶（IR），别名聚异戊二烯橡胶、顺式1,4-聚异戊二烯橡胶、异戊二烯橡胶，是由异戊二烯为单体合成的一种通用橡胶，由于其分子结构与天然橡胶（NR）相同，因此俗称合成天然橡胶。异戊橡胶具有纯度高、色泽浅、膨胀和收缩小、流动性好的优点，广泛应用于轮胎、胶带、胶管、胶鞋等橡胶制品，是合成橡胶中综合性能最好的胶种。

特种橡胶种类繁杂，不同的特种橡胶其性能特化方向有所偏重，如氟橡胶具有耐高温、耐强侵蚀的特性，硅橡胶具有温度依赖性小、黏流活化能低的特性。其他常见的特种橡胶还有聚氨酯橡胶、聚醚橡胶、环氧丙烷橡胶、聚硫橡胶等，它们各具优异的独特性能，可以满足一般通用橡胶所不能胜任的特定要求，在国防、工业、医疗卫生等领域有着重要作用。

合成橡胶种类较多，下游应用极其广泛，可大致分为民用领域和工业领域两部分。民用领域包括日用品、建筑装饰胶黏剂、制鞋业等行业，工业领域包括汽车、航空航天等行业。下游市场的需求受全球及中国宏观经济和国民收入水平的影响较大。合成橡胶主要品种及用途如表1-9-1所示。

**表1-9-1　合成橡胶主要品种及用途**

| 分类 | 原料 | 用途 |
|---|---|---|
| 顺丁橡胶（BR） | 丁二烯 | 主要用作轮胎胎面，常与天然橡胶并用 |
| 异戊橡胶（IR） | 异戊二烯 | 与天然橡胶基本相同 |
| 丁苯橡胶（SBR） | 丁二烯和苯乙烯 | 有良好的耐磨性能，常与NR和BR并用制造胎面 |
| 丁腈橡胶（NBR） | 丁二烯和丙烯腈 | 耐油性好，耐热，耐老化 |
| 丁基橡胶（IIR） | 异丁烯和异戊二烯 | 由于具有优异的气密性，主要用于制造内胎、胶囊等 |
| 氯丁橡胶（CR） | 氯丁二烯 | 用于制造胶管、胶带等 |
| 三元乙丙橡胶（EPDM） | 乙烯、丙烯及少量非共轭双烯 | 具有优异的耐老化性能和耐冲击性，常用作胎侧和车用橡胶密封条 |
| 苯乙烯类热塑弹性体（SBC） | SBS、SIS、SEBS、SEPS4 | 用于胶黏剂、密封剂、沥青改性、聚合物改性、黏度指数改进剂、涂料和鞋类 |

我国合成橡胶生产能力在2019年就已达到634.7万t，位居世界首位，合成橡胶消费自给率也达到相对较高的水平。尽管近些年受到贸易战、疫情冲击等外部因素的影响，行业发展仍稳中向好。2022～2023年我国合成橡胶产量及增长情况如图1-9-2所示，数据显示2023年1～8月当月产量与去年同期相比同比增长8.8%。

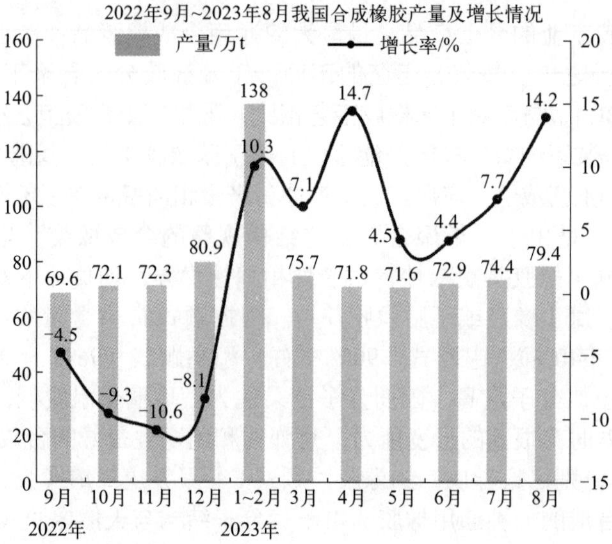


图1-9-2 2022～2023年我国合成橡胶产量及增长情况

## 9.1.2 合成橡胶自动化概况

随着合成橡胶行业的蓬勃发展，自动化技术在合成橡胶领域也已取得了长足的进步。自动化技术通过对整个生产过程中的资源进行整合，以先进的控制手段、最优的控制策略以及完善的保障条件挖掘企业生产力，并最终实现合成橡胶生产企业运转的安全稳定和自动高效。合成橡胶自动化技术为我国合成橡胶行业的发展贡献了强大的力量。

目前我国合成橡胶企业的生产已基本实现工业自动化，过程控制系统广泛采用分散控制系统（DCS）；针对以单体转化率和门尼黏度为代表的合成橡胶生产关键环节的测量控制方法也逐渐完备，相关的仪器仪表也都配套齐全；以软测量、模型预测控制为代表的先进测量控制方法也取得了一些进展。但合成橡胶行业的特点决定了工艺方案是生产的核心，行业内对自动化技术的重视程度还有待提升。以SSBR的生产为例，目前我国有6套规模化的SSBR生产装置，如表1-9-2所示，其中3套采用国外专利技术建设，另外3套采用自主技术建设。总的来说，我国SSBR的生产仍然依赖国外技术，装置运行效率还有待提高，SSBR产业面临一定程度的技术壁垒和运行瓶颈问题。

表1-9-2 国内主要SSBR生产装置

| 公司名称 | 产能/（万t/a） | 技术来源 | 分散控制系统品牌 |
|---|---|---|---|
| 燕山石化 | 3 | 自有技术 | 福克斯波罗 |
| 高桥石化 | 4 | 日本 | AB布鲁斯 |
| 独山子石化 | 6 | 意大利 | AB布鲁斯 |

续表

| 公司名称 | 产能 /（万 t/a） | 技术来源 | 分散控制系统品牌 |
|---|---|---|---|
| 辽宁北方戴纳索 | 5 | 西班牙 | 北方戴纳索 |
| 巴陵石化 | 3 | 自有技术 | 霍尼韦尔 |
| 镇江奇美 | 4 | 中国台湾 | 奇美电气 |
| 合计 | 25 | | |

虽然在客观上存在诸多困难，但得益于行业内人士的共同努力，合成橡胶行业的自动化建设取得了较为可观的成果。以顺丁橡胶生产为例，燕山石化形成了具有自主知识产权的高性能稀土顺丁橡胶成套工业技术，并将其成功用于高性能稀土顺丁橡胶工业化生产。2022年，该公司稀土顺丁橡胶装置年产稀土顺丁橡胶首次突破万吨大关，并实现全产全销。独山子石化在2023年成为中国石油首个实现稀土顺丁橡胶催化剂“一键自动配制”的企业。该公司的工业应用项目形成了包含催化剂、工艺、反应器、控制等全要素、全流程的成套技术，取得了核心技术发明专利5项、企业标准7项等主要成果。浙江石化建成了10万t/a镍系顺丁橡胶装置并与稀土顺丁橡胶共线生产，提高了资源利用效率。

总体来看，虽然我国自动化领域部分尖端技术还有待于突破，但行业内的自动化技术应用已较为普遍。合成橡胶生产过程中的测量技术整体体现出参数选取科学化、测量手段多样化、测量结果更精准。合成橡胶的工艺技术决定了相关控制技术的发展以聚合过程的控制为核心，聚合过程控制又以单体转化率和门尼黏度控制为焦点。在新时代绿色发展的大背景下，相关的环保节能生产技术也得到了重视，对污染物的后处理技术受到关注。此外，对反应过程的控制系统建模研究相对较少，这与合成橡胶行业对工艺配方的高度保密性有关。

对合成橡胶行业来说，应努力完善现有技术，加快提质降耗攻关。新建装置应慎重决策、理性投资，加快自主研发新型生产装置的进程。通过“产学研用”一体化开发，充分发挥科技研发实力，与国内行业协会、科研院校建立沟通和交流平台，及时了解前沿技术发展状态，推进产业化、自动化生产进程。在未来发展的进程中应继续着重对聚合过程进行控制和优化，改善目前的技术模式，确保可以更有效率地生产出性能高的合成橡胶产品，更好地替代天然橡胶材料，为我国橡胶行业的发展夯实基础。

## 9.2 合成橡胶自动化国内外现状

合成橡胶自动化是以某种合成橡胶的生产过程为控制对象，综合运用在线测量方法、传感器技术、自动控制系统以及控制算法对生产过程中的温度、压力、流量等参数进行监测与调节，以实现合成橡胶质量的稳定控制以及生产过程安全性的提高。

目前国内外合成橡胶企业已经广泛应用PLC、DCS以及现场总线控制系统（Fieldbus Control System，FCS）结合常规单回路PID控制策略对合成橡胶生产过程进行控制。然而，由于合成橡胶的生产过程具有工艺复杂、配套系统设备多、控制节点多以及控制节点间相关性大等问题，常规PID控制有时无法达到理想的控制效果。为了解决上述问题，部分企业采用DCS结合先进过程控制（Advanced Process Control，APC）的方法对合成橡胶生产过程进行控制，其中最具代表性的APC方法是建立软测量模型以及模型预测控制。这些方法能够解决多变量及多变量间耦合以及生产过程非线性、不确定性等问题，以取得更好的控制效果。

近年来，随着工业4.0的提出，国内外合成橡胶企业正在加快“智能工厂”的建设。目前很多企业已经应用了MES智能管理系统、ERP企业管理系统、PDM产品数据系统等信息系统，这些信息系统与控制系统进行有机整合能够促进自动化与信息化的融合，推动企业向着“智慧工厂”发展。此外，射频识别技术（Radio Frequency Identification，RFID）也被应用于生产线上的合成橡胶自动识别与追踪，工业机器人则更多地应用于搬运、装配等任务。总体上，合成橡胶行业正向着智能制造进行升级转型。

由于合成橡胶种类繁多，不同种类的合成橡胶的生产工艺有所不同，因此每种合成橡胶自动化的侧重点也有差别。本节根据合成橡胶生产工艺的特点，选取了具有代表性的几种合成橡胶，对其自动化国内外现状进行介绍。

### 9.2.1 丁苯橡胶自动化国内外现状

丁苯橡胶的单体是苯乙烯和丁二烯，主要分为乳聚丁苯橡胶和溶聚丁苯橡胶。其中乳聚丁苯橡胶开发历史悠久，生产工艺已经十分成熟，乳聚丁苯橡胶的生产工艺又以低温乳液聚合工艺居多，因此本小节以低温乳液聚合工艺生产乳聚丁苯橡胶的过程为例，阐述丁苯橡胶自动化的国内外现状。

低温乳液聚合工艺生产乳聚丁苯橡胶的过程如下：首先进行丁二烯和苯乙烯的制备获得纯度符合要求的单体。然后按照配方准确计量分子量调节剂、苯乙烯、丁二烯以及乳化剂，混合后进入冷凝器冷却到10℃。接下来将混合液、引发剂以及活化剂加入聚合釜中进行聚合反应。聚合釜内的温度控制在5℃左右，反应时间一般为6 ～ 10h。聚合反应的终点根据门尼黏度和单体转化率来确定，一般认为单体转化率达60% ～ 62%或门尼黏度达40 ～ 70时终止聚合反应，但当门尼黏度达到要求时，即使单体转化率没有达到要求也应该终止反应，以确保产物门尼黏度合格。加入终止剂终止聚合反应后，乳胶进入闪蒸脱气工序回收未反应的单体。之后加入防老剂和凝聚剂产生胶粒。最后进行干燥、成形、包装等后处理工序。图1-9-3所示为低温乳液聚合工艺生产乳聚丁苯橡胶的工艺流程图。

分析上述过程可知，乳聚丁苯橡胶生产自动化的研究重点如下：

① 实时监测产物的门尼黏度和单体转化率；

② 控制反应釜内温度；

③ 提高单体回收单元效率。

单体转化率表示单体在聚合反应过程中转化为聚合产物的百分比，是衡量聚合反应进程的重要指标。传统乳聚丁苯橡胶生产过程中单体转化率的测量是根据反应时间对产物进行采样，然后测定固体含量来实现的。这种人工化验方法存在较大的时滞，终止剂的加入时机具有一定的盲目性，多依据工艺操作人员的经验，往往导致产物性能较差。门尼黏度作为反映合成橡胶加工性能好坏和分子量高低及分布范围宽窄的指标，其测量也存在同样的问题，时滞甚至更大。为了解决该问题，需要对单体转化率和门尼黏度进行实时监测。

国内外关于乳聚丁苯橡胶生产过程中实时监测产物的门尼黏度和单体转化率的相关研究有很多，且多涉及软测量模型技术。徐文艳等以丁苯橡胶聚合反应过程为研究对象，根据聚合过程中胶浆密度随聚合反应程度的变化建立了一个聚合转化率的软测量模型，采用常规仪表对所需信号进行测量，利用工业控制计算机进行计算，实现了丁苯橡胶单体转化

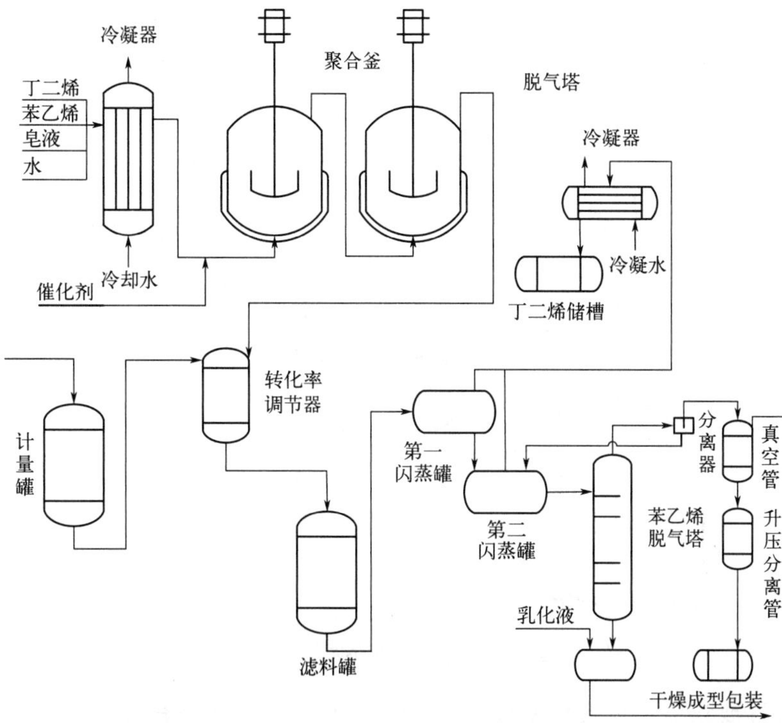


图 1-9-3　低温乳液聚合工艺生产乳聚丁苯橡胶的工艺流程图

率的在线连续监测。赵力等采用类似的方法建立了胶浆密度与单体转化率之间的线性软测量模型并结合了DCS的应用，数据采集、模型运算以及结果显示均在DCS控制室内完成。同时，DCS显示的单体转化率数值与变化趋势可以作为调整工艺的依据。刘美等通过对丁苯橡胶生产过程中与门尼黏度相关的15个参数进行主元分析确定了最终的5个辅助变量，结合神经网络建立了PCA-BP门尼黏度软测量模型。李桢等使用几乎相同的思路确定辅助变量，并应用神经网络偏最小二乘算法（NNPLS）建立门尼黏度预测模型，得到了精度高、泛化能力强且运行速度快的门尼黏度预测模型。国外方面，J.L.Godoy等提出了一种基于多元统计技术，尤其是偏最小二乘法（PLS）建立的估计丁苯橡胶生产过程中产物质量的软测量模型，能比较准确地预测单体转化率。E.Sangoi等则是关注如何保证已有的软测量模型的有效性，他们提出了一种贝叶斯估计策略用于更新丁苯橡胶生产过程中某些参数软测量模型的偏差，尽管他们并没有将该策略应用于单体转化率与门尼黏度的软测量模型，但是该方法为修正已有的单体转化率与门尼黏度软测量模型提供了思路。C.I.Sanseverinatti等则提出了一种应用于丁苯橡胶生产过程的在线监测单体转化率的自适应软测量模型。该模型通过单个确定的控制图（CC）结合Cusum算法监测平均预测误差的统计稳定性，可以避免不必要的偏差，保证软测量模型预测的准确性。该模型还可与贝叶斯估计策略相结合，进一步获得更优的结果。

利用低温乳液聚合工艺生产乳聚丁苯橡胶时采用氧化-还原引发体系，需要在−10～18℃下进行，一般将温度控制在5℃左右，此时产物中的低聚物和支链少，单体转化率易满足要求，产物性能更好。生产过程中一般通过在聚合釜中安装垂直管式氨蒸发器进行冷却，装置结构如图1-9-4所示，温度控制的控制变量是液氨液位与氨气压力。中国石油兰州石化公司自动化研究所提出的控制方案是以聚合釜温度为主环、氨气压力与液氨液位为副环的双串级调节系统。在该控制方案中还加入了确保压力与液位处于安全工况的配比器与加法器。该控制方案使聚合釜内的温度波动大大减小，控制效果良好。随着过程控制系统的发展，现在国内外多采用DCS控制丁苯橡胶生产过程聚合釜内的温度，同时依靠安全仪表系统（SIS）防止釜内压力、液位超出最大限度。

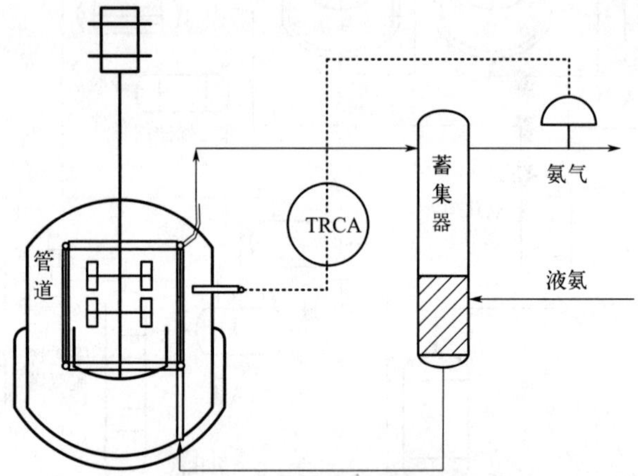


图1-9-4　垂直管式氨蒸发器结构

上述生产过程要求将单体转化率控制在60% ～ 62%，因此还有大量单体没有参与聚合反应，需要对它们进行回收，从而提高生产的经济效益，这对单体回收单元的效率提出了较高的要求。何承全等对兰州石化乳液聚合丁苯橡胶装置的苯乙烯回收系统汽提塔进行了改造，提高了苯乙烯的回收效率。赵志芳等以抚顺石化乳聚丁苯橡胶生产装置为研究对象，分析了该装置苯乙烯脱气塔运行周期短的原因及影响因素，提出了苯乙烯脱气塔优化控制措施，提高了装置的使用寿命。林海生等则采取控制闪蒸罐中氧含量等方式控制丁二烯的自聚，减少安全隐患的同时减少了成本。

可以看出，国内外丁苯橡胶自动化均取得了一定的成就，DCS、常规PID控制以及先进控制方法均得到了应用，并结合起来对生产装置进行了改进，获取了更好的控制效果。这些技术的应用对提高丁苯橡胶生产效率和资源利用率以及实现安全生产具有十分重要的意义。

### 9.2.2　顺丁橡胶与异戊橡胶自动化国内外现状

顺丁橡胶与异戊橡胶均是以一种单体经配位聚合生产的合成橡胶，其中顺丁橡胶的单体为丁二烯，而异戊橡胶的单体为异戊二烯，因此两者的生产工艺类似，为溶液聚合法，这里将二者放在一起讨论。以顺丁橡胶为例，简要介绍生产工艺。

溶液聚合法生产顺丁橡胶的工艺过程包括单体精制、引发剂配剂、聚合反应、单体回收、凝聚以及后处理等工序。具体过程：通过精制获得的丁二烯单体与溶剂混合、预热后再与引发剂混合，然后一起送入聚合釜中进行聚合反应。该过程在多个串联的釜内进行。该过程是剧烈的放热反应，需要及时排除反应热。聚合反应的终点根据门尼黏度确定，顺丁橡胶的门尼黏度一般为45 ～ 50，当产物门尼黏度达到该范围时，加入终止剂。之后便是进行单体回收、凝聚以及其他后处理单元。该工艺流程如图1-9-5所示，而异戊橡胶生产工艺流程简图则由图1-9-6给出。图中，NI组分为镍剂，AI组分为铝剂，B组分为硼剂。

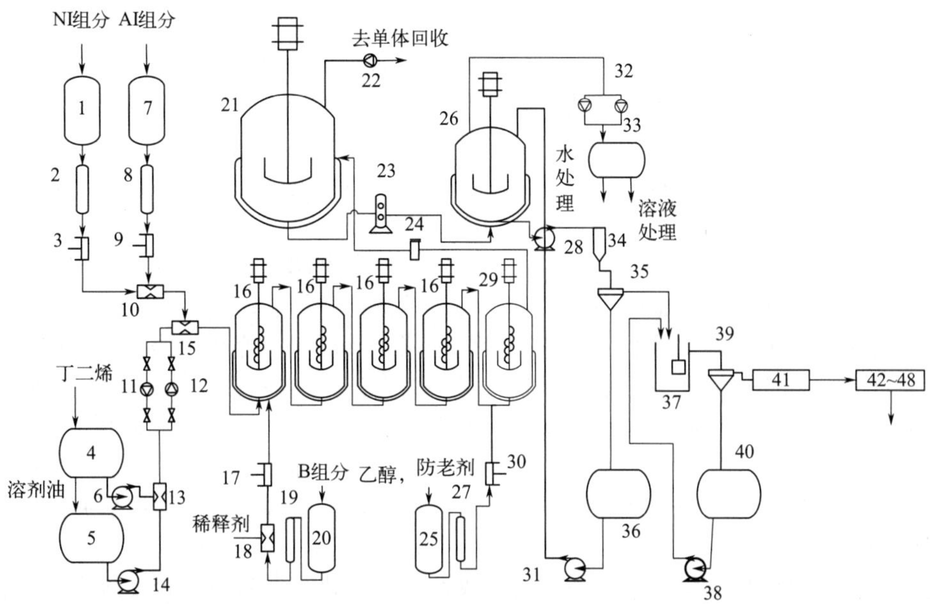


图 1-9-5　溶液聚合法生产顺丁橡胶的工艺流程图

1，4，5，7，20，25，36，40—储罐；2，8，19，27，34—缓冲罐；3，9，17，30—计量泵；6，14，28，31，38—泵；10，13，18—文氏管；11，12—预热器；15—混合罐；16—聚合釜；21—胶液罐；22，32—冷凝器；23—胶液泵；24—过滤器；26—凝集釜；29—终止釜；33—油水分离罐；35，39—振动筛；37—洗胶罐；41—挤压机；42—切粒机；43—提升机；44—水平红外干燥箱；45—膨胀干燥机；46，47，48—后续处理

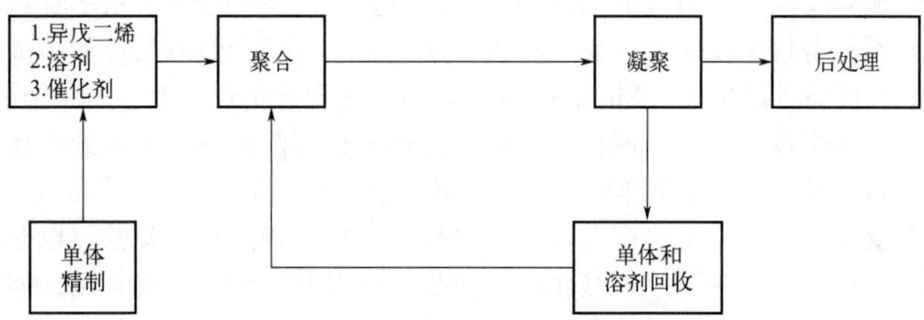


图 1-9-6　异戊橡胶生产工艺流程简图

对上述生产工艺进行分析可以得出顺丁橡胶与异戊橡胶自动化的重点如下：

① 配剂系统控制；

② 聚合釜中温度的控制；

③ 聚合过程中门尼黏度的实时监测与控制。

在顺丁橡胶与异戊橡胶生产过程的许多步骤中，如单体精制、引发剂配剂和聚合反应，均存在配剂系统。对配剂系统进行控制能够保证反应的稳定以及产物的质量，因此配剂系统的控制成为了顺丁橡胶和异戊橡胶自动化的一大重点。

配剂系统控制的一般流程如下：通过氮气压或动力泵结合配剂组分支线上的控制阀，在控制进料流量的同时将配剂组分注入配剂罐中，然后在罐内搅拌混合配剂，完成工艺设定的目标。另外，配剂组分支线上均设有切断阀，当工艺设定目标达成后，联锁切断配剂组分支线上的切断阀停止进料。周世军等研究了异戊橡胶各个步骤中配剂系统的控制方案，主要是通过DCS实现。通过DCS进行配剂系统的控制不仅能够满足流量控制与联锁切断阀的要求，还可以实现切断阀状态位监测以及事故分析，在实现稳定控制的同时提供了更多的功能。

溶液聚合法制备顺丁橡胶和异戊橡胶属于剧烈的放热反应，需要及时移除反应热以控制聚合釜温度。然而随着聚合反应的进行，物料的黏度越来越大，在聚合反应后期反应物料为高黏度体系，热量难以移除，导致聚合釜内温度极高，严重影响安全与产品质量。因此，如何快速移出高黏度体系中的反应热，控制聚合釜内的温度，是保证生产装置安全平稳运行和产品质量稳定的关键。目前采用的温度控制方法包括增大传热面积和安装内冷管等装置，这主要通过对聚合釜的改进实现。另外便是采用DCS对聚合反应釜内的温度进行实时监测，当温度达到一定值时向聚合釜中充入冷溶剂，利用溶剂汽化带走反应热。除此之外，张桂荣等研究了异戊橡胶中试装置聚合系统的温度调节方法，提出了通过在不同聚合釜上合理分配低温己烷（溶剂组分，10 ～ 15℃）进料量以及控制催化剂进料量的方案，实现了对聚合釜温度的控制。Kurbangaleeva针对聚合釜温度控制的重要装置——进料冷却装置，分析了可能导致其发生故障的原因，并通过安装高速截止阀最大限度地减少进入进料冷却装置内的危险物质数量，保证其稳定工作，实现温度控制，从而显著减少了安全事故和经济损失。

与丁苯橡胶自动化相同，顺丁橡胶与异戊橡胶自动化也要考虑聚合反应中门尼黏度的实时测量与控制。相比于丁苯橡胶自动化中采用的方法，顺丁橡胶与异戊橡胶自动化采取的是更加先进的模型预测控制，且重点在于聚合反应模型的建立。不过目前多为一些国外的研究：Mikhailova等最近提出了一种用蒙特卡罗方法模拟级联聚合反应釜中异戊二烯聚合过程的算法，基于该算法的模型可以用于计算终止釜中异戊橡胶在不同时间点的分子量分布，进而预测异戊橡胶在对应时间点的性质。并且由于蒙特卡罗方法的优点，其所描述的存储组织允许获得每个反应釜中聚合物大分子的总量、每个链的长度和组成、聚合物的分子量和门尼黏度特性的信息。Muravyova等则利用虚拟分析仪开发了一种神经网络模型。虚拟分析仪基于两个输入参数（催化配合物的流速和进料的流速）来连续预测异戊烷溶液中异戊二烯聚合的质量指标。而神经网络则允许根据三个输入参数，即催化络合物（AT）的质量分数、流速、温度，直接调整异戊烷溶液中异戊二烯的聚合参数，以控制产物的质量。这种虚拟分析仪与神经网络相结合的方法虽然还没有得到正式的应用，但它却为顺丁橡胶和异戊橡胶聚合过程中门尼黏度的实时预测与控制提供了合理的思路。

可以看出，我国顺丁橡胶与异戊橡胶自动化已经取得了很多有意义的成果，基本的控制系统与控制方案在生产过程中得到了广泛的应用。但是与国外相比，我国在先进控制尤其是聚合反应建模方面的研究应用还有待提高，应正视差距，加大科研开发力度，努力提升国内顺丁橡胶与异戊橡胶的自动化水平。

### 9.2.3 乙丙橡胶自动化国内外现状

乙丙橡胶分为二元乙丙橡胶和三元乙丙橡胶。二元乙丙橡胶的单体为乙烯和丙烯，应用相对较少；三元乙丙橡胶的单体为乙烯、丙烯，以及以双环戊二烯、乙叉降冰片烯为代表的第三单体，应用广泛。在没有特别指出的情况下，本小节中的乙丙橡胶均指三元乙丙橡胶。乙丙橡胶的生产工艺有三种，分别为溶液聚合工艺、悬浮聚合工艺和气相聚合工艺。其中溶液聚合工艺较为成熟，综合性能好，所以应用最为广泛，生产的产品约占乙丙橡胶总产量的76%。本小节以溶液聚合工艺为例介绍乙丙橡胶的生产过程。

乙丙橡胶的生产过程如下：将处理过的单体按照一定比例稳定加入管道混合器，单体在其中混合成一定的组成，将其吹入搅拌着的溶剂中使之达到饱和状态，然后加入引发剂开始进行反应。反应温度为40 ～ 60℃，压力为2.0 ～ 2.5MPa，经一定的反应时间后进入分离和溶剂回收单元，然后回收单体，最后进行一系列后处理。溶液聚合法生产乙丙橡胶的工艺流程简图如图1-9-7所示。

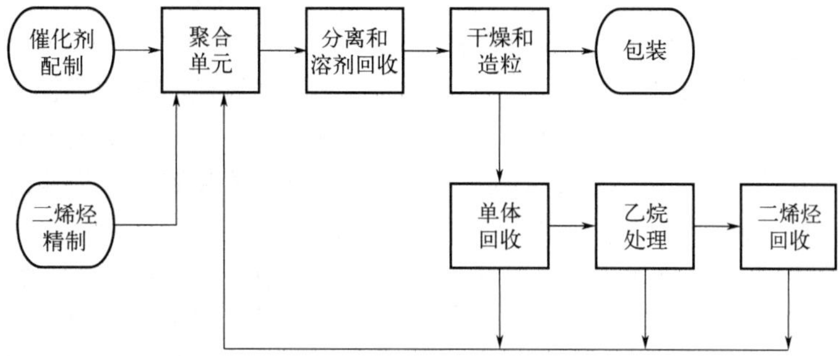


图1-9-7　溶液聚合法生产乙丙橡胶的工艺流程简图

该过程与前面提到的几种合成橡胶的生产过程有较大的差别。其中最明显的区别是聚合反应的终止点是根据时间确定而不是根据聚合过程中产物的性能指标确定的，另外该过程还有一些其他特点，因此乙丙橡胶自动化的研究重点与前面提到的几种合成橡胶自动化也有一定的差别。乙丙橡胶自动化的研究重点主要分为以下几点：

① 乙烯、丙烯纯度的控制；

② 进料量与进料比的控制；

③ 产物质量的监测控制；

④ 氢气加入过程的安全控制；

⑤ 催化剂残留量的控制。

该生产过程对于乙烯和丙烯的纯度规格要求很高，微量的杂质就会严重影响聚合过程，使产物的分子量降低甚至完全抑制聚合，因此在单体制备时就需要采取一定的控制方法提高单体的纯度。以乙烯制备为例，其生产过程比较复杂，由众多单元组成，其中与提高乙烯纯度相关的单元为精馏单元。对精馏单元的有效控制对提高乙烯纯度有着重要意义。石俊学以吉林石化公司70万t/a乙烯装置的精馏单元为对象，应用神经网络技术和工业过程数据协调与校正技术，开发了乙烯精馏塔塔顶和塔釜关键质量指标的神经网络软测量系统，并对软测量输出进行实时在线校正。该模型可用于乙烯纯度的测量与控制。乙烯精馏控制往往需要先进控制软件的辅助，国外在这方面的研究从20世纪70年代开始，目前国外先进控制的主流供应商及其产品包括：AspenTech公司的DMCplus和Apollo、Honeywell公司的Profit系列产品以及Invensys公司的Connoisseur等。国内的相关研究始于20世纪90年代中期，经过长时间的发展，已经取得了一定的成就。其中中控技术股份有限公司开发了可以应用于乙烯精馏过程的先进控制软件APC-Suite，该软件已经在扬子石化、金陵石化、洛阳石化、齐鲁石化等多家企业的生产装置上得到了成功的应用。

该过程中单体的初始进料比由配方决定，在反应过程中需要保持恒定以保证聚合反应和产品性能的稳定。进料比的恒定通过控制进料量实现。张铮天等提出了一种依靠设备的简单控制方案：通过在各种单体进料管线上分别加1台自力式减压阀来控制压力进而控制进料量。通过将介质的压力降低，同时借助阀后压力的作用调节启闭件的开度，使阀后压力保持在一定范围内，在进口压力不断变化的情况下，保持出口压力在设定的范围内。日本住友公司则通过控制乙烯和丙烯的进料速率，将乙烯与丙烯的摩尔比控制在72：22～9：33之间，成功实现了乙丙橡胶生产过程中进料比的控制。

该生产过程中并没有给出产物质量的具体要求，但是该过程要求保证产物质量的稳定性，这往往也需要对相关参数进行实时测量与控制。相关的方法与前面提到的基本相同，主要还是依赖于过程分析控制与聚合过程模型的建立。相关的研究有：吉林石化公司以某种牌号的乙丙橡胶的门尼黏度为主要控制指标，从过程质量控制的角度出发，寻找引起产品门尼黏度波动的影响因素，探索出了一个缩小乙丙橡胶产品门尼黏度波动范围从而稳定产品质量的可行方法。另外，为解决该公司4万t/a乙丙橡胶装置开车以来运行不稳定、门尼黏度波动的问题，公司对装置的生产工艺、设备运行情况进行了分析，得出了影响装置聚合系统运行稳定性的主要因素是聚合反应中气液两相的平衡和循环气量。根据分析结果，通过采取固定压缩机阀位、控制聚合及吸收塔塔底温度等措施，有效降低了乙丙橡胶产品门尼黏度的波动。Scaglia等提出了一个评估工业乙丙橡胶装置生产性能的第一原理模型。聚合过程在Aspen Polymers v12.1中进行模拟，根据选定的乙丙橡胶产品的工艺数据调整模型参数，使模型性能与产品工艺数据和生产线数据进行交叉验证。通过利用外部代码（例如MATLAB/Python），过程工程师可以自动调整过程、提高模型灵敏度并进行优化分析。该模拟过程有利于提高对生产工艺的理解，监测装置生产性能与产品质量，以及探索未来的工艺及新牌号产品的开发。类似的研究还有Li等提出的基于分层扩展卡尔曼滤波器的乙丙橡胶聚合反应器在线状态监测和产物质量参数估计方法。

引发剂中包括作为分子量调节剂的氢气。向密闭的聚合釜中加入氢气属于危险工艺，极易发生爆炸，因此充入氢气前需要先排空釜内的氧气。一般需要对氧含量进行持续监控，并将其作为一个安全要素纳入SIS系统中。另外，由于该生产过程中催化剂残留较多，严重影响产品的加工用途，因此需要对催化剂残留量进行控制。卢跃刚等通过控制聚合反应阶段催化剂使用量以避免催化剂在聚合过程中过量参与反应，并结合水洗脱除处理，达到了降低催化剂残留量的目的。

由于乙丙橡胶生产过程的特殊性，乙丙橡胶自动化对于质量控制的要求相对较低，因此国内外对于该方面的研究较少且不够深入。而乙丙橡胶自动化对单体的质量要求很高，因此更多的研究集中于对精馏过程的控制以及先进控制软件的开发。尽管我国在先进控制软件领域起步较晚，但由于众多研究人员与企业的努力，我国在该领域已经取得了较大的进步。

### 9.2.4 特种橡胶自动化国内外现状

特种橡胶作为一类具有特殊性能的橡胶产品的总称，在航空航天、汽车、医疗、电子等高新技术领域发挥着重要作用。随着我国经济社会的高速发展，特种橡胶产品的需求日益增长。不同类型的特种橡胶的生产工艺和自动化水平有所不同。目前，特种橡胶企业面临着生产规模扩大和产品个性化定制需求的双重压力。同时，劳动力成本的上涨也迫使企业寻求更高效的生产方式。为适应市场形势的变化，特种橡胶企业不断探索和优化自动化生产技术，以提高生产效率、降低生产成本、改进产品质量。

特种橡胶的生产工艺通常包括原料配料、混炼、聚合、凝聚，以及其他后处理环节。特种橡胶种类繁多，工艺各有不同，自动化技术几乎在特种橡胶生产每一个环节中都有所涉及，且大多数也在之前提到的合成橡胶自动化中得到了应用。在这些环节中，一些重复性高、操作简单的任务已经实现了自动化，例如：使用DCS控制配料系统以精确地控制原料配比。在生产工艺的某些较为复杂的环节中，自动化技术也得到了广泛的应用，例如：通过简单的PID单回路控制方案，实现聚合釜内温度的串级和前馈控制，使温度处于稳定状态。然而，在一些特殊的生产工艺环节，如高精度的模压过程中，仍然需要人工操作。一般来说，性能越高的特种橡胶，其生产过程越复杂，生产自动化水平越低。另外，特种橡胶自动化更注重对设备的强化升级，相关的研究有：对特种橡胶合成装置的目标靶进行改造，根据工艺控制要求实现位置的自动纠偏；通过设计自动漏胶回收系统，很好地解决了漏胶回收的问题；通过改造硫化管水位控制系统，解决了电缆的“起泡”“炸口”等质量问题。

丁基橡胶作为特种橡胶的一种，其产业规模正在不断扩大，产品需求个性化也日益强烈。为适应这一形势变化，我国丁基橡胶企业加快推进自动化水平。目前世界上丁基橡胶的生产工艺主要有淤浆法和溶液法两种，淤浆法是目前被广泛采用的丁基橡胶生产方法。用淤浆法生产丁基橡胶的过程如下：将单体按一定比例配制后溶于氯甲烷中，通过冷却器冷却至指定温度，然后进入聚合釜下部，加入溶于氯甲烷的催化剂（$AlCl_3$），利用釜底下部的推进式搅拌器使物料混合均匀。聚合釜内有列管，管内走物料，管间用液态乙烯冷却。聚合一定时间后，将所得胶液在闪蒸塔内通入蒸汽和热水（约70℃）使胶液萃发，并回收大部分单体和氯甲烷。下部的水和胶粒混合物经过振动筛过滤和洗涤，这时胶中的含水量约为50%。再经挤压脱水机脱去大部分水后送至干燥箱干燥，经称重、包装即得成品丁基橡胶。该工艺流程如图1-9-8所示。目前，丁基橡胶是所有特种橡胶中生产工艺较成熟、自动化水平较高的一种。

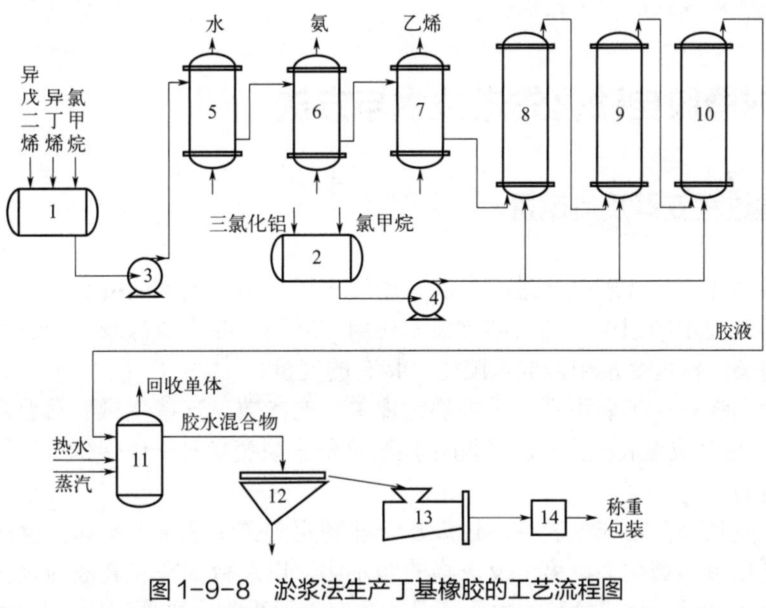


图1-9-8　淤浆法生产丁基橡胶的工艺流程图

1,2—配制槽；3,4—泵；5,6,7—冷却塔；8,9,10—聚合釜；11—闪蒸塔；12—振动筛；13—挤压脱水机；14—干燥箱

丁基橡胶的生产过程与乙丙橡胶是类似的，但丁基橡胶对于聚合反应中产物质量的要求更高，有时不仅需要某一指标保持稳定，更需要控制其在一个恒定的值，这也是丁基橡胶自动化的研究重点。

由于丁基橡胶的聚合反应过程往往表现出强耦合性、不确定性、强非线性和高黏性等特征，传统的控制技术往往不能对某一质量指标进行有效的控制。丁基橡胶聚合反应中产品质量的控制往往通过模型预测控制实现。通过建立反应过程的数学模型来准确预测丁基橡胶产品特性与操作条件的关系，从而优化操作条件，控制产品性能。目前，研究人员已经在聚合反应的建模仿真优化和先进控制等方面做了大量工作，各种其他的先进控制技术，如多变量统计过程控制、自适应控制、人工智能控制也已逐渐应用到丁基橡胶的聚合过程中。

下面介绍聚合反应过程中丁基橡胶质量控制的具体研究。俄罗斯Giprokauttchuk公司研究了一种丁基橡胶门尼黏度在线控制的方法：利用反应器内不同位置物料的温度、浓度等过程参数，根据已知的数学模型计算丁基橡胶的门尼黏度，根据计算值调整操作参数来改变聚合过程中产物的门尼黏度，实现了在线控制。另外，在聚合期间通过使用超前超量调节法调节物料和催化剂的进料比也可以减少门尼黏度的波动性。类似的研究还有对丁基橡胶不饱和度的控制，德国Bayer公司根据进料组成、废气中异丁烯等组分的摩尔比建立了预测方程，可以在线预测聚合过程溶液的不饱和度，得到了准确的结果。

总体来看，国内特种橡胶产业已取得一定进展，但是目前我国特种橡胶自动化总体水平仍然较低，许多企业的生产线和设备仍然依靠人工操作。部分企业自动化设备老旧，自动化设备更新不及时，技术水平无法跟上行业发展需求；自动控制系统整合能力差，不同设备之间缺乏有效的数据交互和协同控制；生产过程监控不足，难以实时监测生产过程中各个环节的运行状态和产出质量；设备故障检测能力弱，难以快速准确定位生产线设备故障原因；人工和自动化设备在生产过程中的协同效率还有提升空间，人机协同能力有待提高；数据应用能力差，积累和利用自动化数据为生产决策提供支持的能力还需加强。在当前全球特种橡胶市场竞争日趋激烈的背景下，我国特种橡胶行业需要加强自动化技术创新及应用，加快特种橡胶自动化进程。

## 9.3 合成橡胶自动化先进技术与方法

### 9.3.1 关键过程变量及其测量

自动化技术在合成橡胶生产过程中的应用促进了其生产效率的提高，而测量技术则是一切控制和建模技术的起点，是自动化技术应用的基石。在合成橡胶生产过程中，关键变量可以分为两类：常规变量和合成橡胶生产特有的变量。

常规变量是在各种工业生产过程中都需要关注的参数。这些变量包括温度、压力、流量、pH值等。在合成橡胶生产中，监测和控制这些常规变量对于确保生产过程的稳定性和安全性至关重要。

除了常规变量外，合成橡胶生产还涉及一些特定的关键变量。例如，反应器内的反应物浓度、溶剂用量、催化剂浓度、反应物的摩尔比，以及合成橡胶乳液的颗粒大小和分布等。这些特定变量对于合成橡胶的性质和品质具有重要影响，需要特别关注和控制。

得益于工业生产中DCS系统的应用，对压力、温度等常规过程变量的测量已达到较高水准，实时性与准确性均能够得到保证。但如聚合反应转化率、门尼黏度等关键参数受成本和技术的限制，尚无法通过传感器直接实现在线测量，只能靠离线实验室分析来测量，而这种手段存在滞后大、时间间隔长等缺点。即使有自动在线分析仪器，但由于设备投资大、维护困难、分析周期长、准确性不高等原因其使用率较低。

（1）门尼黏度测量

门尼黏度是指单位面积上施加的剪切力对单位流动速度产生的比例关系，用于描述其黏稠度，较高的门尼黏度表示流体更黏稠不易流动。而门尼黏度的需求大小与橡胶的用途相关，不同的产品需要不同的门尼黏度值。对门尼黏度的稳定控制是现代合成橡胶生产的重点，因此对合成橡胶门尼黏度的准确测量就成为了重中之重。门尼黏度的大小受到多个因素的影响，包括所用生胶的分子量、分子量分布、凝胶含量和生胶分子的支化度等参数。此外，在生产过程中还有其他因素会对门尼黏度产生影响，例如防老剂的种类、防老剂的存放时间、胶乳的存放时间，以及胶粒烘干温度等。这些因素的变化和调控都可能对橡胶材料的门尼黏度产生不同程度的影响。因此，在橡胶生产过程中需要密切关注这些因素，并进行相应的控制和调整，以确保获得所需的门尼黏度。

常用的门尼黏度的离线测量方法包括以下步骤：向胶浆试样中加入适量的防老剂，使用凝聚剂将样品凝结成凝胶，然后进行胶样的过滤和干燥，最后使用黏度计等仪器对样品进行门尼黏度测定。此外，还可以利用专门设计的自动门尼黏度检测仪来测量合成橡胶的门尼黏度。该仪器能够测定生胶的门尼黏度，同时也可以测量混炼胶的胶烧时间和硫化指数等参数。通过毛细管黏度计等间接方法，还可以推算出聚合物的分子量。另外，通过适当的物理和化学分析方法，可以对聚合物的组成成分进行实验室检测。然而，这些分析方法通常需要较长的采样和分析周期，有时结果可能滞后，因此对于生产决策可能不够及时。

为了解决上述问题，目前已经有很多先进的测量方法用于合成橡胶门尼黏度的测量，例如李大字提出采用增强的全局K′-means算法（EGK′M）来实现径向基函数（RBF）网络中心的选取，采用递推最小二乘算法计算RBF网络的线性权，并用核主元（KPCA）分析算法实现模型输入辅助变量的选择。门尼黏度软测量模型通过来自聚合反应过程的历史数据建立，以预测顺丁橡胶聚合反应过程中聚合物的门尼黏度。该模型能够实现预测控制的目的，同时网络经训练后还能够用来预测聚合物的门尼黏度。具体的顺丁橡胶聚合过程门尼黏度在线预估模型算法的计算步骤如下：

① 样本数据采集与归一化，参数初始化；

② 采用KPCA算法对辅助变量二次选择；

③ 采用EGK′M算法确定网络隐含层的结构，包括隐含层节点个数、隐含层中心位置；

④ 根据隐含层中心计算隐含层扩展常数，计算隐含层输出；

⑤ 采用递推最小二乘算法在线辨识网络输出层线性权值。

目前，该模型已经在燕山石化顺丁橡胶厂聚合反应过程装置上得到了应用，证明了该模型不仅训练时具有更好的泛化能力，而且模型验证时具有较好的预测能力和泛化效果。

（2）单体转化率测量

单体转化率是聚合反应速度和聚合程度的重要指标。它表示在聚合反应中单体转化为聚合物的百分比。转化率对产品产量和质量以及后续设备的分离负荷都有重要影响。在聚合反应中，需要合理控制转化率，使其在规定的范围内。这既确保了聚合反应的充分进行，又避免了过度转化所带来的问题。对于转化率的控制，可以通过反应条件的调整、单体的加入方式、催化剂的选择和反应时间的掌控等来实现。同时，监测和分析转化率是必要的，以便及时采取调整措施，确保聚合反应能够高效和安全地进行。

传统上，常用的单体转化率测量方法包括重量法、膨胀法和密度法等。其中重量法属于离线测量方法，需要在采样后才能实现测量，而膨胀法和密度法则可以在合成橡胶的生产过程中监测体积收缩量或密度来实现单体转化率的测量。通常膨胀法监控的是聚合过程中体积的收缩量，它通过一个与计算机相连的光电探测器追踪毛细管中的薄液膜，并且记录高度的改变来监控体积变化；密度法则利用聚合过程中胶浆的密度随单体转化率增加的特性直接使用密度计来测量胶浆的密度，从而计算出单体转化率。

对单体转化率的测量来说，现场分析技术与软测量模型相结合的方法是一种新型有效的测量方案，通过在现场安装密度、温度检测仪表，配合软测量模型，实现单体转化率的在线测量。现场分析器由检测线、密度检测仪表以及辅助的温度检测仪表组成。密度作为最关键的检测变量，相关的测量仪表类型的选择尤为重要，要考虑到检测精度、适用性、现场维护等诸多方面的因素。在高转化率条件下，胶浆内聚合物比例升高，尤其是特大分子聚合物比例增加，致使胶浆内的聚合物极易附着在突起表面导致测量失真，并可能造成管路堵塞，因此探入式密度检测仪无法满足现场应用需求。实际生产中通常选择直径探头微差压压力变送器作为密度变化检测仪表，利用液体密度压强原理测量密度变化。该仪表探头表面和管内壁相切，不影响胶浆的平流状态，也不阻碍胶浆物料流动，因此不会产生大量聚合物附着堵塞管道，但聚合物也会在探头表面形成“胶膜”，不过“胶膜”较薄，且极为柔软，对差压探头的检测精度影响很小，可以忽略不计。软测量模型以胶浆密度和单体转化率的对应关系为理论基础，机理建模所建立的软测量模型结构简单，对硬件需求不高，不需要独立的计算机控制器，可依靠装置原有的DCS工程师站运行。

除了根据密度与单体转化率的关系构建软测量模型外，还建立了一些其他的软测量模型，例如KPCA结合最小二乘支持向量机的方法进行丁苯橡胶转化率的软测量，基于核函数的偏最小二乘算法丁苯橡胶转化率软测量，基于红外光谱的异戊橡胶3，4链节含量的测量，等等。这些基于软测量模型的测量方法最大的优势在于避免了采样测量的滞后性与盲目性，因此得到了更为广泛的应用。

在利用KPCA结合最小二乘支持向量机（LS-SVM）的方法测量丁苯橡胶单体转化率的过程中，首先采用具有较强非线性特征提取能力的KPCA对数据进行前期处理，然后将其结果作为具有学习速度快、泛化能力强的最小二乘支持向量机的输入，并以交叉验证法对最小二乘支持向量机参数寻优，从而获得丁苯橡胶聚合转化率软测量模型。该模型可为后续模型提供更为全面精准的数据信息，有益于模型精度的提高。最小二乘支持向量机参数算法具有运算速度快、推广能力强等优点。交叉验证寻优参数可得到较优模型。目前已证实该模型具有较高的预测精度和良好的泛化性能，且方法简便易行，在一定程度上为丁苯橡胶的高效高质量生产奠定了基础。该模型的建模过程如图1-9-9所示。

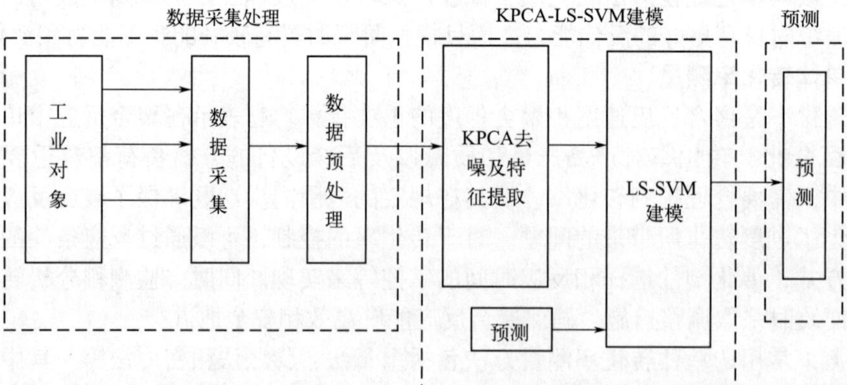


图1-9-9　KPCA结合最小二乘支持向量机建模过程框图

而基于核函数的偏最小二乘算法测量丁苯橡胶转化率则是为了获取更好的测量精度。考虑到实际工况的复杂性和偏最小二乘算法非线性处理能力的不足，分别建立了引入单核和混合核函数的丁苯橡胶聚合转化的偏最小二乘算法预测模型。其中混合核偏最小二乘算法兼有局部和全局特性，表现出了更优的性能。此类方法融合了“核”的思想和偏最小二乘算法的数据提取功能，同时考虑控制变量与被控变量的特点，提高了偏最小二乘算法的非线性处理能力。与常用的其他建模方法相比，基于核的偏最小二乘算法还有着算法简单、易于操作实现等优点。算法框图如图1-9-10所示。

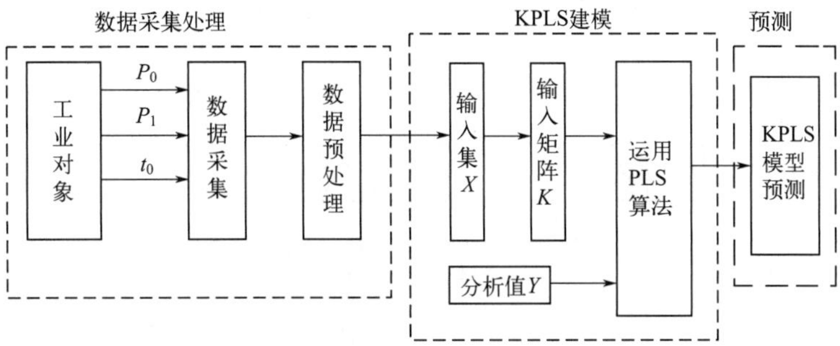


图1-9-10　基于核函数的偏最小二乘算法建模过程框图

针对目前丁苯橡胶生产过程中聚合转化率人工化验方法存在较大滞后的问题，兰州理工大学的李炜提出了一种以最小二乘支持向量机作为弱学习器，使用AdaBoost.RT算法对Bagging集成进行修剪的丁苯橡胶聚合转化率软测量方法。该集成方法在一定程度上改善了LS-SVM的稀疏性和鲁棒性，有着较高的预测精度。

利用AdaBoost.RT对Bagging集成展开修剪不仅节约了存储空间，也减小了时间成本，同时保证了较高的精确度。此外，利用Bagging修剪出20%的弱学习器集成精确度很高，远远超过了原本的Bagging集成，若是存在噪声，相应数据分类精度可以达到巅峰，体现了算法的鲁棒性。相较于传统的AdaBoost方法，AdaBoost.RT算法拥有极为突出的四个优势：首先，在误差超过0.5时也可以随意定义迭代次数；其次，AdaBoost.RT算法涉及阈值，可以通过比较训练误差和阈值对训练样本进行分类；此外，如果误差不大，那么对于学习效果不好的数据，可以给予其更大的权值；最后，最终得到的模型输出具备综合性，由各个弱学习器的输出加权平均所得。利用AdaBoost.RT对Bagging展开修剪的集成算法的建模过程如图1-9-11所示。

修剪思想解决了集成算法需要存储空间大和预测时间长的问题。Bagging作为主体训练算法可以并行训练各个弱学习器，节省大量时间开销。AdaBoost. RT作为修剪算法其较少的迭代步数不仅避免了过拟合，还能够发挥其精度较高的优点。

异戊橡胶中顺式1,4结构含量越高，其规整度越高，分子量也越高，取向性越高。而凝胶含量低随着顺式1,4结构含量的增加，赋予聚合物与天然橡胶更加接近的性能，且质量更均一、纯度更高、更易软化和混合、塑炼时间更短、混炼加工更加简便、膨胀和收缩更小，有较好的挤出和压延性。但异戊二烯橡胶不仅含有顺式1,4结构，还含有少量3,4链节结构，因此，可以通过准确测定异戊二烯橡胶中3,4链节结构的含量来间接测定出顺式1,4结构的含量。新疆独山子石化公司的赖文群等人用红外光谱法测定异戊橡胶中3,4链节结构的含量，具有测量速度快、操作简便、样品用量少、结果准确等优点。

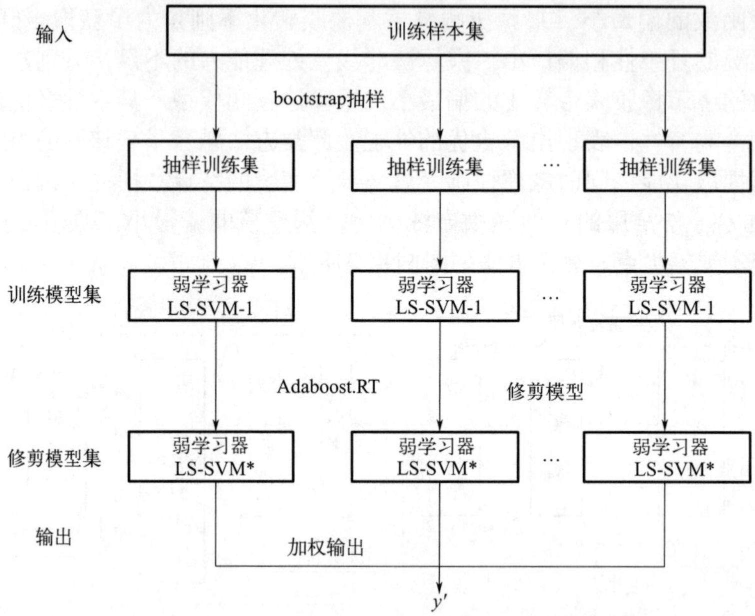


图1-9-11　基于修剪的集成算法建模过程示意图

根据朗伯-比尔定律建立了测定3，4链节结构含量的标准曲线，并对其重复性及再现性进行了讨论，结果表明，测定结果的最大偏差均在允许范围之内。此方法已用于工业生产中。

**（3）催化剂组分用量与残留量测量**

催化剂是合成橡胶生产过程中不可或缺的物质，对合成橡胶性能以及生产效率有着重要的影响。不同类型的合成橡胶采用的催化体系不同，不同的催化体系又有不同的特点：有的催化体系组分较多，各组分的用量对聚合反应有重要的影响，同时也是调节产品质量的重要手段，如顺丁橡胶生产过程中的镍、铝、硼三元催化体系中三种组分的用量；有的催化剂体系在聚合反应过程中效率较低，往往存在残留，严重影响产物的性能，某些残留的催化剂甚至会腐蚀设备，引起安全问题，如钒-铝催化体系（齐格勒-纳塔催化剂）在乙丙橡胶生产过程中产生的钒残留。因此，对合成橡胶生产过程中催化剂组分的用量以及残留量的测量非常重要。

然而，之前对催化剂组分用量以及催化剂残留量的测量方法多是化学方法，且大多数存在操作过程复杂、测量时间长、灵敏度低、测量不准确的问题，如过氧化氢比色法测量乙丙橡胶中的微量钒以及硫酸铁铵滴定法测量异戊橡胶中钛的质量分数。随着科学技术和测量仪器的不断进步，越来越多先进的测量方法用于合成橡胶生产过程中催化剂组分用量以及催化剂残留的准确测量，比较有代表性的方法有质量流量计、分光光度计、石墨炉原子吸收光谱法，以及微波消解-电感耦合等离子体发射光谱（ICP-OES）法。

质量流量计往往用于顺丁橡胶催化体系中三种组分的计量，但美国罗斯蒙特公司原始设计的质量流量计投产后指示不准确，因此孙福生和侯晓飞针对该质量流量计存在的不合理因素进行质量改进，得到了一种高性能的质量流量计——Promass63型质量流量计。该质量流量计具有一些比较实用、先进的功能，如脉冲信号或电流信号输出、批量控制、双电流信号输出、通信等。目前该质量流量计已用于大庆石化总厂顺丁橡胶装置中，用于镍、铝、硼三元催化剂体系中硼剂的准确计量与控制。具体方案是：通过Promass63型质量流量计的双电流输出功能，将所测质量流量和介质密度作为信号送入DCS系统，分别控制计量泵的冲程速度和硼剂浓度配比。Promass63型质量流量计的应用使该厂顺丁橡胶生产的优级品率达到98%以上。

分光光度计和石墨炉原子吸收光谱法都是乙丙橡胶生产过程中钒含量测量的常用方法。分光光度计是实验室中的常用设备，易于推广研究，且精密度和准确性良好。翟月勤等用紫外可见分光光度计测定了乙丙橡胶中的钒含量。在研究确定萃取时间、络合物的显色时间和最大吸收波长后建立了用于乙丙橡胶中钒含量测定的吸光度与钒含量的标准曲线，并通过与原子吸收光谱法对比证实了该方法具有良好的准确性。然而，使用分光光度计进行乙丙橡胶中钒含量的测量时往往需要进行萃取，因此该方法有测定时间相对较长的不足。用石墨炉原子吸收光谱法测定钒含量的原理与分光光度计类似，也是通过建立标准曲线实现测定。不同的是该方法无须萃取，节省了时间。黄明丽等对该方法进行了研究，在建立良好标准曲线的同时证明了方法的准确度，满足了分析控制工作的需要。

ICP-OES是根据处于激发态的待测元素原子回到基态时发射的特征谱线对待测元素进行分析的仪器。用ICP-OES进行元素分析比较简单，即使是技术不熟练的人员也可以应用ICP-OES专家制定的方法进行工作。目前ICP-OES法已经应用于乙丙橡胶钒含量的测定以及异戊橡胶钛含量的测定。具体过程是通过ICP-OES研究待测元素与光谱的对应关系并据此拟合标准曲线，之后只需根据光谱强度即可确定元素含量。张清智等采用该方法进行了异戊橡胶钛质量分数的测量，首先确定了消解体系、分析谱线的波长以及测试条件，之后通过ICP-OES测量一系列已知浓度的钛标准溶液的响应值并据此拟合了标准曲线。将该标准曲线用于异戊橡胶钛质量分数的测定，其相对标准偏差为1.07%（一般要求相对标准偏差小于5%），证明了方法的稳定性和准确性。范国宁等采用相同的方法测定了乙丙橡胶中的钒含量，得到了相对标准偏差低于3.6%的较为精密的结果。

精确计量合成橡胶生产的聚合阶段的催化剂用量以及催化剂的残留有利于对这两大指标进行有效的控制，对提高产品的质量有着重要的意义。先进仪器的应用大大提高了测量的精确度，而对测量方法的优化是满足日益提高的工艺生产需求的有力手段。

**（4）其他关键变量测量**

除了上述在各种合成橡胶生产过程中均需要关注的关键过程参数外，还有某些只存在于某种合成橡胶生产过程中的关键参数也值得注意，这些参数多存在于某些特种橡胶合成过程中，如卤化丁基橡胶中卤素的含量、丁腈橡胶中结合丙烯腈的含量等。其中，溴化丁基橡胶中的溴含量是评价其性质的重要指标，对其测量方法的研究比较深入。溴化丁基橡胶是卤化丁基橡胶的一种，溴含量反映了溴对氢的取代程度，不仅对橡胶硫化程度的评估具有重要价值，还关系到双键的反应活性。但由于其理论含量很低，一般工业品级的溴化丁基橡胶结合的溴含量为1.6%～2.0%，所以测量溴化丁基橡胶中的溴含量有一定的难度。为了能够准确反映溴化丁基橡胶的性能，需要选择合适的分析方法来提高分析的精度。

溴化丁基橡胶中溴含量的测量方法有很多，包括热重法、化学滴定法、离子色谱法、X射线-荧光光谱法、电位滴定法以及H-核磁共振法。其中行业内普遍认为热重法得到的结果偏高，往往不予研究。马艳与何晓玲对上述大部分方法进行了梳理，比较了各种方法的优缺点，为相关从业人员提供了参考。

化学滴定法和离子色谱法测量溴化丁基橡胶中溴含量的原理类似，都是通过将橡胶中的溴全部转化为溴离子后再进行测量。最常用的方法是氧弹（瓶）燃烧-化学滴定/离子色谱法，基本过程是：先通过样品前处理方法氧弹（瓶）燃烧将溴化丁基橡胶中的有机溴全部转化为无机溴，然后经吸收液吸收，通过化学滴定或离子色谱分析溶液中的溴含量。李静用这几种方法分别对溴化丁基橡胶中的溴含量进行分析，得出了氧弹燃烧作为前处理方法时，得到的结果相较于氧瓶燃烧更加平稳准确，而离子色谱法的准确度又要高于目视滴定法。除了可以利用氧弹（瓶）燃烧处理溴化丁基橡胶外，还可以通过碳化溶解或异丙醇提取处理溴化丁基橡胶后再用离子色谱分析溴含量。这些方法虽然可以对溴化丁基橡胶中的溴含量进行分析，但是由于前处理等一系列附加操作，测量时间往往较长，无法通过实时获取溴含量的相关信息调整工艺以控制溴化丁基橡胶质量，且测定结果与实际值相比普遍偏低。

X射线-荧光光谱法的原理是：基态原子吸收特定频率的辐射后被激发至高能级，激发过程中元素辐射出各自特有的荧光X射线，根据荧光强度与待测物质浓度成正比这一关系，实现对液体、粉末、固体中多元素的定性、定量分析。王娟等人将已知溴含量的溴化丁基橡胶作为标样，采用外标法进行了标样中溴的定量分析。李静则通过将固体橡胶溶于己烷溶液中制成胶液后再用X射线-荧光光谱法进行分析，得到了更加准确的结果。X射线-荧光光谱法具有检测速度快、无破坏性、选择性好、谱线简单以及灵敏度高等特点。该方法可以实现在线测量，但准确度上仍然存在不足。

核磁共振技术作为一种波谱学在橡胶合成与表征中应用广泛，在溴化丁基橡胶溴含量的测量中也有应用。该方法通过直接检测溴化丁基橡胶中的溴化结构，并根据谱图峰面积之比计算其溴含量。王娟等将丁基橡胶用己烷溶胀后加液溴制成为不同溴含量的弹性体，采用H-核磁共振法，以氘代氯仿为溶剂、四甲基硅烷为内标物，在室温条件下准确测定了4种橡胶中的溴含量。该方法准确高、重现性好、检测周期短、操作简单，是一种非常高效的分析手段。该方法可以用于溴化丁基橡胶生产过程中溴含量的准确在线测量，且测量结果常常作为通过其他方法得到的测量结果的参考。

本小节以溴化丁基橡胶中溴含量的测量为例介绍了其常用的测量方法，这是由于对其他关键变量的测量研究较少，这也从侧面表现了对这些变量的测量研究是不均衡的。另外，由于类似的参数大多只存在于某一种合成橡胶的生产过程中，因此需要对每一种变量分别进行研究分析进而得到对应测量方法，这往往是耗时耗力的。最后，这些关键变量的测量方法的性能和成本是成正比的，准确性越高的测量方法往往需要更高的成本，如前面提到的H-核磁共振法。因此，对这些关键参数的测量还需要投入更多的精力，进行更深入的研究。

### 9.3.2 聚合反应过程建模

聚合反应在合成橡胶过程中起着决定性的作用。通过聚合反应，单体分子聚合成高分子链，形成橡胶聚合物。它不仅决定了合成橡胶的结构和性能，还对橡胶的产量、效率和成本等方面产生重要影响。对聚合反应的深入理解和优化控制，对于实现高质量、高效率的合成橡胶生产具有关键意义。聚合反应过程控制对橡胶的性能至关重要。通过控制聚合反应的温度、压力、反应时间等条件，可以调节橡胶的分子量分布、分子结构和交联程度等。然而在实际生产中聚合反应过程的关键变量难以在线精确测量、实时性差、难以精确控制反应过程，传统方法依靠经验进行参数控制，难以实现精细化管理，很容易导致反应不稳定或者产品质量参差不齐的情况。通过建立聚合反应的数学模型，可以通过模拟和优化来研究不同反应条件对反应速率、产物分布和结构等的影响。这样可以帮助我们找到最佳的反应条件，提高反应的效率和产品质量。反应过程建模是合成橡胶生产过程的重点和难点。建立合成橡胶过程的机理模型，可以对反应器内的反应过程进行定量描述和预测，这对橡胶生产线的优化与控制具有重要意义。

聚合反应建模研究的关键点在于对聚合物原料的建模分析。聚烯烃是合成橡胶的重要原料，通过聚合反应形成高分子链结构的橡胶聚合物。聚烯烃的选择和比例对橡胶的性能和用途具有重要影响。烯烃共聚物的主要微观结构决定了聚合物的力学性能和加工性能，对共聚物微观结构进行准确建模有利于烯烃共聚物特性的精确调节和优化。现有生产过程中大多仅采用熔融指数和密度这两项中控指标进行质量控制，并不能反映产品的本质特征，且实时性差，导致与其相关的工艺流程优化、在线参数估计与先进控制的结果并不理想。准确表征聚烯烃的微观结构，在烯烃共聚反应的动力学研究、反应动力学常数的估计、聚合物性能的预测和微观结构模型的验证等方面起到重要作用。

浙江大学程锡佩围绕烯烃共聚反应过程的微观结构模型以及共聚产物微观结构表征的一系列关键问题，研究了准确分析宽分布聚烯烃高温凝胶渗透色谱（GPC）谱图的方法，重点考察了基于序列结构分布（SLD）、协同分子量分布（MWD）以及组成分布（CCD）的乙丙共聚过程建模方法和乙丙共聚反应的实际过程中微观结构的模拟。提出的基于序列结构分布的乙丙共聚过程模型如图1-9-12所示。

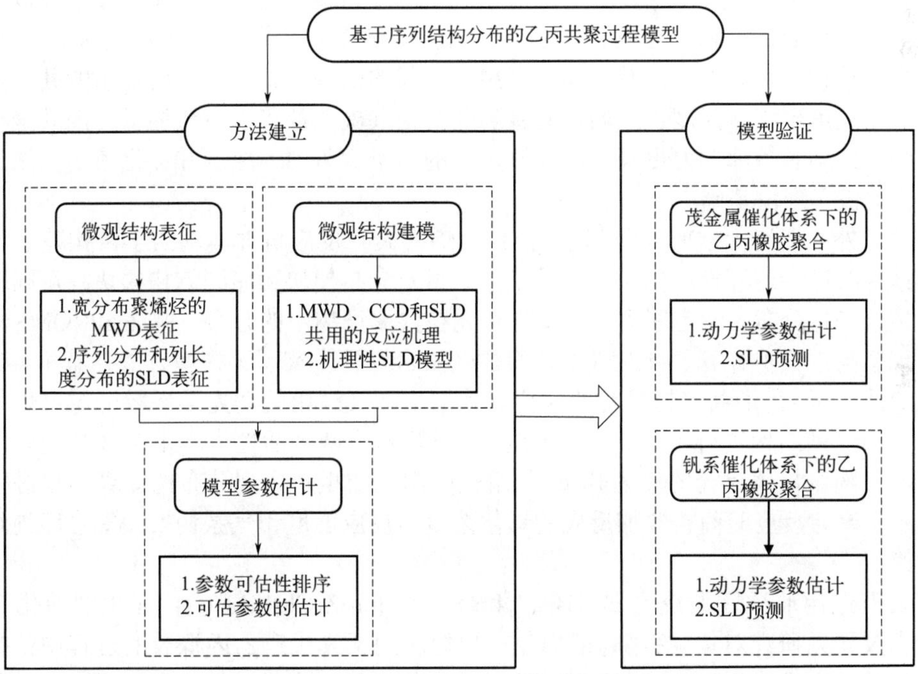


图1-9-12　基于序列结构分布的乙丙共聚过程模型

程锡佩分别采用GPC、核磁共振氢谱（1H-NMR）和核磁共振碳谱（13C-NMR）表征聚烯烃的MWD、平均共聚组成和SLD，并根据表征原理对原测试数据建立准确的分析方法。针对宽MWD的聚烯烃的MWD难以准确表征这一难题，从GPC原始谱图的分析方法出发，考察并比较了Mark-HouWink校正、普适校正三检法和光散射双检法处理得到的MWD图，发现对于含支链的宽分布聚烯烃其MWD的表征由三检法处理最适合。另外，根据乙烯共聚物的13C-NMR谱图分别分析计算二元/三元序列组分布和单体序列长度分布，形成两套序列结构表示方法。并在被广泛接受的烯烃配位共聚动力学机理的基础上，引入死序列和活序列的概念，创新性地提出一套链增长和序列增长共用的反应机理。

基于上述共用反应机理，程锡佩同时建立了MWD模型、平均共聚组成模型和SLD模型。随后用物料衡算法建立各分子结构和序列结构的化学反应速率表达式，并在gPROMS上进行求解实现对烯烃共聚物的微观结构的全面预测。通过该方法模拟得到的SLD要比传统的三元序列组分布法呈现更丰富的序列信息。根据所建立的微观结构模型和可实验表征的输出变量建立动力学参数估计方法。首先分别通过主成分分析、特征值法和正交法对参数可估性进行排序并比较排序结果，再根据可估性排序结果对可估参数子集进行估计，估计方法包括分步估计法和吴氏均方误差法。随后通过引进MWD的Flory分峰方法对多活性位催化体系的动力学参数估计问题进行处理。

程锡佩将建立的烯烃共聚过程的微观结构建模方法和参数估计方法分别应用于无桥联茂金属催化体系和钒系催化体系催化乙丙橡胶的聚合过程模拟，并根据不同催化体系的反应特点对机理方程进行适当的修正。针对茂金属催化体系，分别建立乙烯和丙烯两种单体序列结构分布的求解模型，进而采用正交法联合吴氏均方误差法对模型参数进行估计，估计得到的参数应用于SLD模型即可预测相应的SLD及序列结构的动态变化。针对钒系催化体系容易发生的α-烯烃2，1-插入的特点，在建模过程中引入一种新的单体，将二元共聚反应转化为三元共聚反应。通过采用烯烃聚合反应动力学、微观结构模拟和表征以及动力学参数估计相结合的方法，建立了一套可同时预测烯烃共聚物的MWD、平均共聚组成和SLD等微观结构的建模方法，并将模型应用于实际的乙丙共聚过程。所提出的共聚过程模型从实验室尺度到工业尺度、从均相共聚到非均相共聚，都可以定量揭示乙丙共聚过程的链增长和序列增长规律，为提高乙丙共聚产品的市场竞争力、控制并优化乙丙共聚过程的生产条件提供了理论基础。

除此之外，浙江大学邱云霞基于乙烯-丙烯共聚合反应机理与动力学，构建了面向共聚物链结构的聚合过程通用模型，包括了分子量及分布模块和序列结构模块，可同时求解出聚合物分子量分布、给定序列长度单体单元在共聚产物中的分布，并在gPROMS求解平台上实现了高效模拟计算。针对气氛切换烯烃聚合过程，实现了模型方法在基于Z-N催化剂催化合成乙烯-丙烯共聚物过程的应用。利用参考文献中的动力学参数，对聚烯烃的分子量分布和序列结构进行了计算，得到了分子量分布与两种活性中心上合成的无规共聚物和嵌段共聚物中单体单元的序列分布，并用核磁测试结果对序列分布的计算结果进行了验证，揭示了聚合反应时间、参加反应的单体浓度、反应温度和气氛切换频率对序列结构的影响规律。

邱云霞选用非桥联型茂金属［Bis(2,4,6-tri-Me-Ind)$ZrCl_2$/MMAO］催化剂催化合成二元乙丙橡胶作为研究对象，将序列结构分布模型应用于其生产乙丙橡胶的过程中，探究了该催化体系下生成的乙丙二元橡胶的序列结构。模型从热力学计算出发，建立了过程的模型，并估算了模型中相应的动力学参数。随后将该模型应用于乙丙二元橡胶的制备过程，得到了基于非桥联型茂金属催化剂机理的序列结构求解模型。运用累计分子量分布模型求解了反应的动力学参数，将参数用于求解序列结构的过程中，最终得到了乙丙二元橡胶制备过程中的序列结构动态增长过程。在求得用非桥联型茂金属催化剂合成的乙丙橡胶中，乙烯与丙烯单体序列结构的平均长度分别为7.01和1.30，比核磁测试结果要好。利用模型计算的序列结构可在一定程度上预测橡胶产品的性能。

合成橡胶过程的聚合反应建模一般采用机理建模方式，但部分橡胶的聚合过程具有快引发、快增长、易转移、难终止的特点，这为机理建模过程带来了一定的困难。以丁基橡胶为例，由于该聚合体系为非均相，聚合速率快，共引发剂、微量杂质对聚合速率影响很大，数据重现性差，因此丁基橡胶的聚合反应动力学研究比自由基聚合困难得多。同时，丁基橡胶的聚合过程是一种典型的阳离子聚合过程。在该聚合体系中，不同的引发剂和溶剂对聚合过程中链的引发、增长、转移和终止等步骤的活化能和指前因子都有很大的影响。目前只有对该聚合过程的链增长速率常数有一定的研究。基于丁基橡胶阳离子聚合的特殊性，陈建峰等采用了一种新型的建模方法——链节分析法，通过丁基橡胶的聚合机理对它的阳离子聚合过程建立了动力学模型。为方便模型的建立和计算，本书在可信的范围内忽略聚合过程中的自发终止和向溶剂转移等链的转移和终止方式，并假定异丁烯的链增长速率常数等于异戊二烯的链增长速率常数。同时，在总结前人经验的基础上，对液体在超重力旋转填充床内的流动和混合状况建立了液滴的聚并-分散模型。结合这两部分内容进一步建立了旋转填充床内的丁基橡胶聚合的数学模型，并对数学模型的计算求解方法做了详细的说明。

链节分析法即把链长和组成各不相同的各种高分子看成是由各种基本单元组成的。对某一特定的聚合体系而言，其中的基本单元的种类是有限的，而且通常都是一个相对较小的数，这样不仅避免了使用活性中心浓度不变的稳态假设，同时也将无限种高分子组分缩减成了有限种基本单元，进一步降低了建模的难度。为了进一步验证模型的准确性，陈建峰团队采用物料衡算和热量衡算计算出了系统中各个组分在反应器内的持料量。通过使用Runge-Kutta法对反应生成、物料衡算和热量衡算过程进行求解，得到了任意时刻系统内各种单体和基本单元的积累量，并通过模型假设得到了平均分子量和聚合度等信息。陈建峰团队采用链节分析法建立的IIR聚合数学模型分别模拟计算了不同的转子转速、填料层数、聚合温度以及单体流速等因素对聚合产物IIR分子量的影响规律，并与实验结果进行比较，发现该模型能很好地预测各个条件对聚合产物分子量的影响，具有非常高的可信度。

除了对聚合反应过程的建模外，对于合成橡胶过程中的其他反应建模，国内许多专家学者也进行了深入研究。以三元乙丙橡胶（EPDM）为例，该橡胶是非轮胎橡胶制品中用量最大的胶种。EPDM通常采用硫黄硫化体系、过氧化物硫化体系、树脂体系等进行硫化。采用过氧化物对EPDM体系进行硫化时，助化剂的选择与配合生胶结构、填充油的使用等直接关系到硫化过程中交联网络结构的形成与演变，以及橡胶硫化工艺条件的选择。为有效控制硫化过程，获得质量稳定的硫化产品，研究橡胶硫化机理及硫化反应的动力学过程非常必要。硫化动力学的研究方法主要分为通过模型参数描述宏观动力学过程的唯象理论方法和以反应机理为基础的动力学方法。受限于橡胶硫化中非常复杂的化学反应过程，多采用唯象动力学方程，其中硫化动力学参数主要依赖于混炼胶组成、硫化温度，以及所用的表征方法。青岛科技大学王鹤针对三元乙丙橡胶过氧化物硫化体系，从硫化过程及硫化胶交联网络结构的变化的角度考虑，对过氧化物硫化EPDM混炼胶硫化特性、交联网络结构及其硫化胶性能的影响以及硫化过程中降解反应的发生等方面进行了深入研究。

通常过氧化物硫化EPDM橡胶的硫化反应可以看作为一级反应，而断链反应的发生与生成的大分子自由基浓度有关，可作为一级反应，硫化过程中$t$时刻胶料的转矩$S(t)$可以采用下式进行表示：

$$S(t)=S_1\exp\left(-\frac{(t-t_0)}{\tau_1}\right)-S_2\exp\left(-\frac{(t-t_0)}{\tau_2}\right)+S_0 \qquad (1\text{-}9\text{-}1)$$

$$\tau = \tau_0 \exp(E_a / RT) \tag{1-9-2}$$

式中，$S_1$为交联反应导致胶料所能达到的最高转矩；$\tau_1$为交联反应的松弛时间，满足Arrhenius关系式；$S_2$为断链反应导致胶料转矩下降的最大值；$\tau_2$为断链反应的松弛时间；$S_0$为胶料本身对硫化仪转矩的贡献；$t_0$为硫化反应/断链反应的诱导时间；松弛时间$\tau$随温度呈指数型变化；$\tau_0$为常数，它的倒数可以反映体系硫化反应的快慢；$E_a$为活化能；$R$为气体常数；$T$为绝对温度。

上述两个一级唯象动力学方程模型的优点在于考虑了过氧化物硫化EPDM橡胶中硫化反应和断链反应同时发生的实际情况，并且用硫化仪转矩数值反映EPDM硫化胶交联密度的变化，更为直观、简洁。通过这样一个可描述断链现象的动力学模型对EPDM橡胶的过氧化物硫化过程进行动力学分析，结合Solver模拟分析工具对拟合数据和实际数据根据最小平方差原则进行相关模拟，获得的硫化动力学参数可用来分析和研究硫化中橡胶大分子网络演变过程，同时对EPDM聚合物网络发展过程中交联反应和断链反应的相对速度进行初步考察。

针对不同拓扑结构的EPDM生胶，王鹤采用唯象动力学方程对过氧化物硫化EPDM的硫化过程进行模拟，分析硫化胶交联结构随时间和温度的变化关系，通过硫化动力学参数明确硫化反应和断链反应随乙丙橡胶分子结构参数的变化规律及其分子链运动能力的变化，进一步验证了动力学模型方法的有效性，有利于预测材料性能和调控加工条件。

### 9.3.3 优化控制方法

合成橡胶行业属于非常典型的流程工业，通常采用过程控制系统（PCS）来实现数字化自动控制。与其他行业类似，目前合成橡胶行业主要采用PLC和DCS对工艺流程进行控制。与此同时，现场总线、工业以太网、物联网和移动通信技术也开始在该行业中进行应用。工艺知识、数学模型、专家经验和智能技术的结合，可以提供有效的工具和方法来控制和优化典型的工艺过程，如聚合反应、凝聚过程、单体与溶剂回收、尾气处理等。这种综合应用能够保证产品质量，提高经济效益和环境效益，实现高效绿色生产。

**（1）聚合反应的控制**

在合成橡胶生产过程中，聚合反应是一个剧烈的放热过程，具有非线性、时变和大滞后的特点。聚合反应作为合成橡胶生产过程中的核心步骤，具有控制点多、安全要求高的特点，往往需要对过程中的多个参数进行控制以保证产品质量，这点在乙丙橡胶生产过程中尤为重要。温度的控制可以影响反应速率、产物质量和反应的选择性。其中，对温度、单体浓度和配料比的控制十分重要。聚合反应需要在一定的温度范围内进行，温度可以影响聚合物的分子量、分子结构、热稳定性和其他物理化学性质。温度范围取决于聚合物的特性和所使用的反应体系，例如，对于环氧树脂的聚合反应，通常需要在高温下进行，可以达到100℃以上的温度，以促进环氧基团的开环反应。而在自由基聚合反应中，最常用的温度范围是60～80℃。在此温度范围内，自由基的反应活性比较高，可以促进聚合反应的进行。将温度精准控制在合理的温度范围内可以获得更高质量的聚合物，有助于减少副反应的发生，促进聚合反应的进行。浙江巨化股份有限公司为解决氟聚厂生产过程中，聚合釜温度测量滞后、工艺扰动比较大的问题，通过单位时间反应热计算聚合釜的换热温差、冷却水的进料量，设计了反应量、夹套温度、冷却水流量的前馈-反馈串级控制系统，从而提高聚合物产品的质量。因此，实现对温度的精准控制是生产高质量产品的重要手段之一。

单体浓度的控制对聚合反应速度有直接影响。过高的单体浓度会导致反应过于激烈，难以控制；而过低的单体浓度会降低设备的生产能力，并造成单体转化率不稳定。通过调节单体的浓度可以实现对聚合度的控制。通常工业上采用的单体浓度范围是30% ～ 35%。在某些合成橡胶（丁苯橡胶、乙丙橡胶）工厂，通过对单体浓度的控制，可以实现对聚合度的控制。

配料比的控制也是重要的，以丁基橡胶为例，通过调节单体中异戊二烯的用量可以调节聚合物的平均不饱和度。然而，异戊二烯是一种强链转移剂和毒物，其用量会显著影响聚合物的分子量、分子量分布和单体转化率。通常工业生产中，异戊二烯在单体中的占比为2.5% ～ 3.0%，以获得不饱和度大于1.5%的丁基橡胶。

为了满足聚合反应控制的要求，先进的过程控制系统PCS被广泛应用。基于聚合反应釜工艺流程和控制性能需求，燕山石化、高桥石化等工厂将PLC或DCS作为聚合反应釜控制系统的核心，利用可靠性高和抗干扰能力强的优点，实现了生产过程中对复杂流程的顺序控制和模拟量的过程控制。软件设计应以减少人工干预和操作为目标，并具备工艺参数在线可调、工作曲线和状态直观显示、监控和操作方便以及掉电自保护等功能。以PLC为例，应用系统选用西门子的CPU1214C，组态软件选用西门子的TIA Portal V16专业版，用于完成PLC和操作员站监控开发。同时，一些研究者对聚合反应过程设计了模糊PID控制器，通过计算当前系统误差和误差变化率，利用模糊规则进行模糊推理，控制盘管冷却阀门开度，及时消除系统偏差，再通过阀位控制器实现由盘管冷却到夹套冷却的平稳过渡，实现PID的参数调整。最终，通过修正后的参数对双冷却温度双重控制系统进行调整，改善系统控制性能。并且搭建MATLAB/Simulink模型进行仿真，仿真结果显示，基于模糊PID控制的系统超调小、调节时间短、动态响应更好。模糊PID控制的Simulink模型如图1-9-13所示。

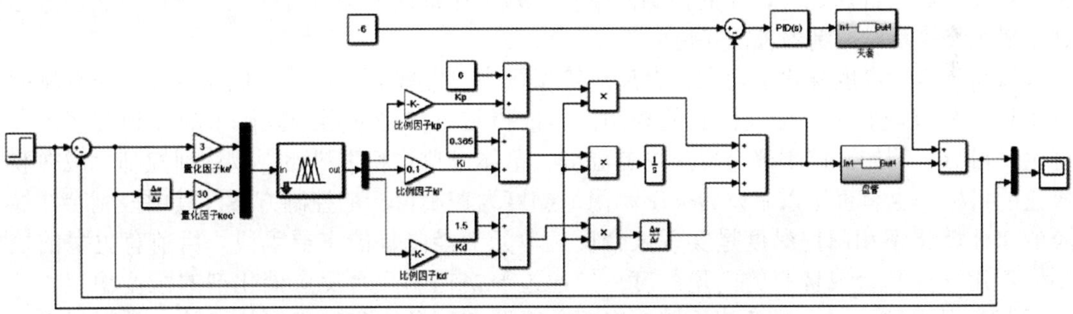


图1-9-13　模糊PID控制的Simulink模型

目前，丁苯橡胶生产过程中的丁二烯和苯乙烯的聚合过程已经实现了PLC或DCS控制，通过PLC调节聚合反应过程中的多个参数实现对溶聚丁苯橡胶乙烯基质量分数的控制。但PLC或DCS更多地追求经济效益而忽视了许多安全上的隐患，因此，对过程安全要求更为严格的安全仪表系统（SIS）得到了广泛的应用，并且现在的生产过程中更多地采用DCS和SIS相结合的方案，这一结合两种系统的控制方案的优点在于，可以在不影响正常生产过程及相关控制的前提下同时满足安全要求。但在国内一些合成橡胶生产企业（普利司通、中国石油吉林石化公司等）中，出于成本考虑，难以实现基于PCS的控制系统。

因此，可以采用一些简单的控制方案来实现与PCS相同的目标。具体的方案有：普利司通（惠州）合成橡胶有限公司通过控制乳化剂与氧化剂的进料来实现不同牌号丁苯橡胶的快速生产，这一方案的重点是根据反应进行的时间确定不同乳化剂和氧化剂的加入时机，从而控制乳化剂与氧化剂进料的切换；中国石油吉林石化公司的张桂荣等针对吉林石化公司研究院异戊橡胶中试装置系统讨论了异戊橡胶装置聚合系统温度控制的常用方法。聚合温度控制主要是在实时监测聚合反应温度的前提下通过调节聚合釜夹套循环水、调节己烷进料预热温度、调节催化剂进料量以及采用聚合釜侧线冷己烷等手段实现。而在未采用PLC的原始装置中，活性剂通过计量泵由一个质量流量计进行计量加料，引发己烷基锂通过一个质量流量计控制调节阀加料。因流量计量程偏大，精度不足，实际生产中存在活性剂和烷基锂加料量波动较大的问题，导致了溶聚丁苯橡胶乙烯基质量分数的波动。而采用PLC的具体控制方法如下：首先，在装置中分别增加了活性剂和引发己烷基锂的小量程流量计，提高了加料精度，保证活性剂与烷基锂的用量比稳定；其次，由于实验数据证明，在极性溶剂中反应温度对溶聚丁苯橡胶乙烯基质量分数有较大影响，反应温度越高，溶聚丁苯橡胶的乙烯基质量分数越小，因此也需要对温度进行控制，这通过控制聚合釜压力的方式实现；最后，PLC在控制反应温度的同时控制活性剂与烷基锂的用量比，找到了乙烯基质量分数控制的最佳平衡点，将溶聚丁苯橡胶的乙烯基质量分数控制在目标值，实现了稳定产品质量的目标。

随着深度学习技术的发展，深度强化学习在未来的化学过程控制中具有巨大的潜力。控制器能够通过从经验中自我学习，在连续空间中对复杂的化学反应系统进行多变量控制。与传统控制器相比，深度学习控制器在控制策略学习和自动探索方面具有优势。深度学习以离散时间控制问题的形式寻求控制策略，使用深度学习算法从系统交互或仿真中获得数值数据和瞬时成本，以推断出闭环策略。此外，深度学习控制器不需要参数整定或实时优化，因此能够控制高度非线性系统和高频控制任务。Ma等使用深度学习控制器成功地学习了聚合反应的控制策略，提供信息丰富且全面的状态输入，给出适合目标的明确奖励函数对控制器进行训练。设计的控制器在一系列工作条件下具有鲁棒性，进行多次训练达到了最优收敛来对控制器进行完善。

然而，尽管深度强化学习在聚合反应等领域中已经取得了成功，但在合成橡胶领域的应用还比较有限。对于合成橡胶的控制，目前更常见的是采用一些简单的控制方案来实现生产目标。例如，控制聚合反应中的温度、单体进料量和进料比，以达到控制合成橡胶质量的目标。也有直接以单体转化率和门尼黏度为控制目标的控制方案，其中控制合成橡胶的单体转化率和门尼黏度是实现聚合反应单元节能降耗的主要手段。目前有更多的控制方案用于控制合成橡胶的门尼黏度，如通过严格控制聚合反应催化剂的浓度稳定。而对于深度强化学习在合成橡胶领域的应用，需要有更多的研究和实验来验证其可行性和效果。

**（2）凝聚过程的控制**

溶液聚合法生产合成橡胶一般采用水析凝聚的方法分离橡胶和溶剂，并回收未反应的单体。在凝聚过程中，聚合单元生产波动或生产低门尼黏度合成橡胶产品时，凝聚出的胶粒热塑性增强。胶液在进入第一凝聚釜后不易分散扯断，溶剂汽化后无法胀破胶粒。这会导致胶液在凝聚釜内形成气泡状胶块，漂浮在第一凝聚釜液面上。此外，由于胶粒在釜内停留时间过短，无法吸引足够的热量使其中的溶剂汽化脱除，导致胶块互相转接，覆盖整个液面，严重影响聚合单元的稳定运行。另外，由于凝聚出的湿胶含有较多的溶剂，会增加溶剂的消耗量。因此，需要控制第一凝聚釜中溶剂的汽化速率。为了解决上述问题，中国石油吉林石化公司的田晓军等通过对胶粒的形成和凝聚过程进行分析，提出了通过过热水与胶凝预先强制混合的方法。这种方法可以在胶液进入凝聚釜之前就使溶剂吸收足够的热量。在胶液进入凝聚釜的瞬间，溶剂能够以较高的汽化推动力迅速汽化。这种方法可以在不增加蒸汽消耗量的情况下，明显提高溶剂的汽化推动力，使胶粒内的溶剂快速脱除，避免互相粘接形成大块。除了上述简单的控制方案外，大庆石化公司与江苏双良集团有限公司合作开发了国内首套工业级吸收式热泵技术。这种热泵技术可以用于控制凝聚釜中的胶粒水温度，从而控制第一凝聚釜内溶剂的汽化速率。热泵系统包括一台热泵（EP-201）、一台汽提气凝液缓冲罐（V-213）、两台汽提气凝液泵（P-217A/B）。热泵系统能够很好地控制凝聚过程中的各个温度，提高循环热水的温度，节约蒸汽，减少冷却负荷，实现降低装置能耗的目标。其基本结构见图1-9-14（应用热泵系统的顺丁橡胶生产流程）。

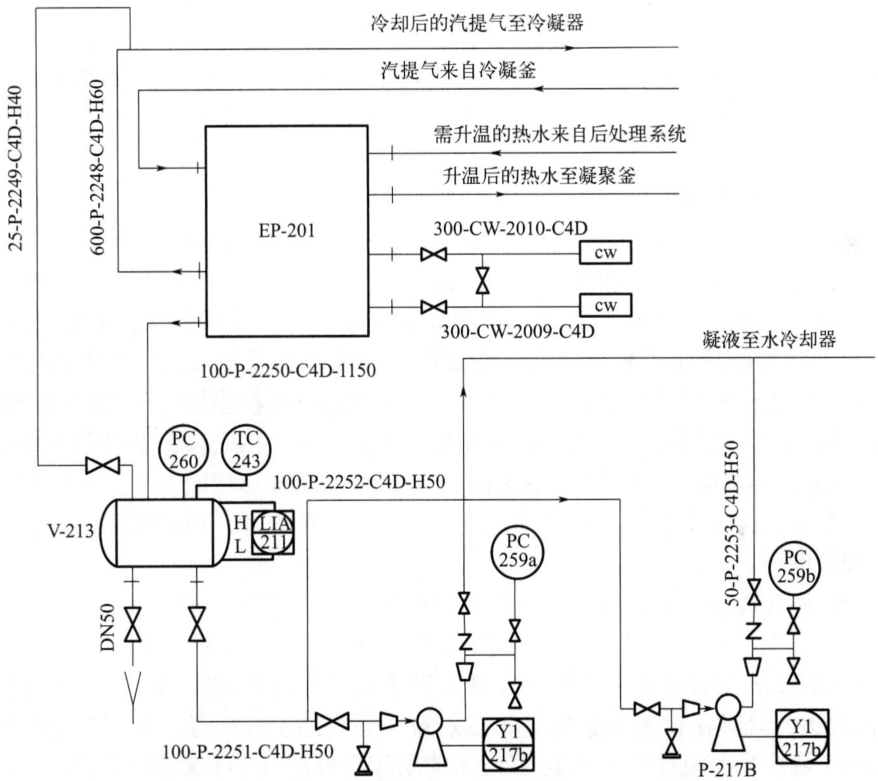


图1-9-14　应用热泵系统的顺丁橡胶生产流程

**（3）单体与溶剂回收单元装置的优化与控制**

回收单元通过对各个塔的工艺参数进行调节优化，以实现能耗和物耗降低的目标。顺丁橡胶装置聚合回收单元原料质量、催化剂用量等因素对聚合反应作用较大，在系统微氧及高温条件下，普遍存在挂胶严重、丁二烯自聚堵塞的问题，直接影响聚合总转化率，影响装置的平稳高效运行。通过对聚合回收单元影响因素的分析及实践总结，对实际生产操作和运行工艺参数不断地进行优化和改进，最大化消除影响聚合总转化率的因素，延长系统挂胶和自聚物堵塞造成停车检修的周期。在顺丁橡胶生产过程中的单体和溶剂回收单元控制中，回收单元主要通过塔精馏的原理实现溶剂和未反应丁二烯的回收与精制。具体的操作手段是通过优化回收单元中各塔的操作参数，合理有效地降低蒸汽、电和循环水的使用量，以及系统内微氧的含量。具体的塔参数控制包括对塔顶塔底温度、压力控制参数、塔回流参数，以及塔顶塔底馏出口产品指标合格参数的实时监控与调节，以确保塔的正常操作。王敏通过对影响聚合反应转化率和导致凝胶产生的因素进行分析，研究回收单元各塔工艺参数与单体和溶剂回收量的关系，以实现节能降耗的目的。四川石化顺丁橡胶装置通过长时间调整，在保证各塔产品指标维持在设计值范围内的前提下，对回收单元工艺操作参数进行优化，回收精馏塔塔顶压力和温度由0.35MPa、42℃降至0.29MPa、35.5℃，直接节省塔釜蒸汽0.5t/h，塔顶冷却循环水用量减少，塔回流量降低，塔顶温度降低，同时降低塔顶气相系统内丁二烯发生自聚的概率，能够回收更多的丁二烯单体。另外，四川石化的顺丁橡胶装置还优化了储罐分程调节方式。顺丁橡胶装置某储罐压力设计值为0.26MPa，控制范围为0.21 ～ 0.35MPa，修改为逻辑控制后，在DCS内部增加一套逻辑控制程序，当储罐压力降至0.24MPa时，氮气调节阀全开100%向储罐充压，当储罐压力升至0.34MPa时，排火炬调节阀全开100%向火炬系统泄压。因此当储罐液位波动时，压力波动范围在0.24 ～ 0.34MPa时，两个调节阀都处于关闭状态，减少氮气消耗和物料排空损失。这一操作有效地减少了单体的排空损失，丁二烯和己烷消耗明显降低，每年可减少丁二烯消耗1050t。

**（4）后处理单元的控制**

后处理单元是合成橡胶生产过程中凝聚后的处理阶段，主要包括尾气处理单元、干燥与造粒单元、橡胶挤出单元和包装单元等。这些单元通常具有较高的自动化程度，并且具备整体性。曹兰等人对后处理阶段进行研究，发明了一种粒状反式异戊橡胶后处理系统。该粒状反式异戊橡胶后处理系统包括两组双螺杆挤出干燥设备以及一组热挤出双螺杆挤出造粒设备，三组双螺杆挤出设备为串联排列，三组双螺杆挤出设备外侧均设置有控温装置，机筒上每隔一段设置排气口排出机筒内物料脱挥所产生的气体，并设置有真空及冷凝回收装置，热挤出双螺杆造粒设备采用输送履带风冷方式成形橡胶粒子，从而实现自动化包装。可以看出，该发明实际上包含了干燥、造粒、气体处理、橡胶挤出以及自动包装在内的几乎所有单元。

然而，在后处理单元中，尾气处理单元的温度控制问题相对来说更重要。合成橡胶生产企业是挥发性有机物（VOCs）的重要排放源之一，而后处理单元是废气排放的主要集中点。VOCs的排放会对周边环境和职工身心健康造成负面影响。因此，应用控制技术对VOCs的排放进行处理不仅有利于提高企业效益，还有助于推动绿色生产企业的建设。麦桂香针对顺丁橡胶生产设计了一个10万$m^3/h$的顺丁橡胶尾气VOCs治理装置。在正常生产操作中，采用集中控制，主要操作参数显示在原先的顺丁橡胶生产装置的DCS系统上，相关联锁信号也被引回到顺丁橡胶生产操作控制室的SIS系统中，以实现集中管理。这样的设计可以确保装置长期稳定运行，保证生产的高效、稳定和安全。工艺管道及仪表流程图如图1-9-15所示。

除此之外，冯楠针对某橡胶厂生产线的后处理单元尾气进行了催化氧化装置的设计。具体的方法如下：对废气中己烷和非甲烷浓度进行采样分析，当浓度符合设计要求时，催化氧化装置给电和仪表风，同时废气输送主管道上的阀门自动打开，紧急放空排气筒气体输送管道上的阀门自动关闭，然后手动关闭紧急放空排气筒的旁路阀门。在装置的开车和停车阶段，以空气为介质。当废气浓度较高时，装置会自动引入空气，降低废气浓度，避免装置停车；在装置发生意外停车时，装置自动引入空气以降低床层温度。采用热电偶

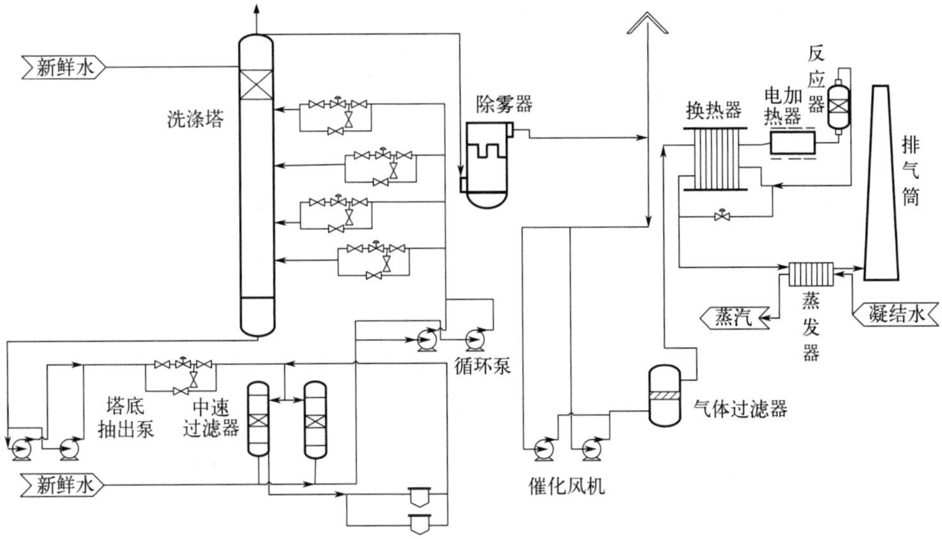


图1-9-15　工艺管道及仪表流程图

监测反应器进出口温度，信号输入PLC系统显示。通过反应器入口温度控制加热器的开、停。当反应器出口温度高于设定值时（550℃以上），装置报警，同时废气紧急放空切换阀组完成切换，即紧急放空排气管道上的阀门自动打开，废气输送主管道上的阀门自动关闭。废气处理装置开工运转期间，对进出装置的尾气进行取样检测，经过装置净化之后，尾气中的己烷含量由原来的6000mg/m$^3$降至约10mg/m$^3$，己烷去除率达到99.8%，可以满足规范要求。

**（5）其他装置控制方案**

合成橡胶在生产过程中存在自身特有的步骤，而这些特有的步骤往往也需要设计控制方案进行控制。例如顺丁橡胶和异戊橡胶单体精制过程中单体自聚的控制，而控制单体自聚对于生产过程非常重要。丁二烯单体和异戊二烯单体在一定条件下容易自聚形成自聚物，在单体精制系统中会存在少量氧、过氧化物、铁锈，这些物质是导致自聚物形成的主要原因。同时，单体自聚还与单体纯度、温度、压力、阻聚剂加入量以及设备存在死角等因素有关。而自聚物一经形成，就会以此为中心发生链增长，自身支化蔓延，不易终止，迅速堵塞设备或管线，因此，控制单体的自聚具有非常重要的意义。目前，控制单体自聚的主要思路是调控单体精制塔内的氧气含量和温度。具体来说，需要保持单体精制单元的稳定操作，避免局部高温运行情况的出现。同时，在单体精制塔运行过程中需要实时监测氧气含量，并定期在塔顶进行排氧操作。由于氧气较轻，可以在塔顶气相线进行排氧操作。在装置运行过程中，运行负荷及参数不宜进行大幅度调整，过高的负荷或局部加热量可能导致自聚物的出现。

许广华针对三剂加入过程提出了氧气含量的控制方案，来解决丁二烯单体自聚问题。顺丁橡胶三剂较多，有聚合单元用催化剂以及橡胶防老剂、回收单元用丁二烯阻聚剂（TBC）和凝聚单元用碱液与汽提剂。在向系统加入三剂的过程中不免会带入溶解氧，所以三剂加入环节需要加强控氧。尤其是固体防老剂和TBC的加入过程中，需要在配制罐顶开口向罐内倒入固体物料，按照大庆顺丁橡胶的工艺，在操作过程中，需要先泄净罐压，在料斗中装完固体物料后开阀放料至罐内，在放料过程中就带入了氧气。为避免在这一过程中带入氧气，建议在加料斗处加装N置换线和封盖，并在料斗下端加装振荡器（图1-9-16）。这样无须先将配制罐泄压，可直接将料斗加满料后，封闭料斗将空气置换干净后再启动振荡器向配制罐放料，即可完成加料，而且过程中无氧气漏入。

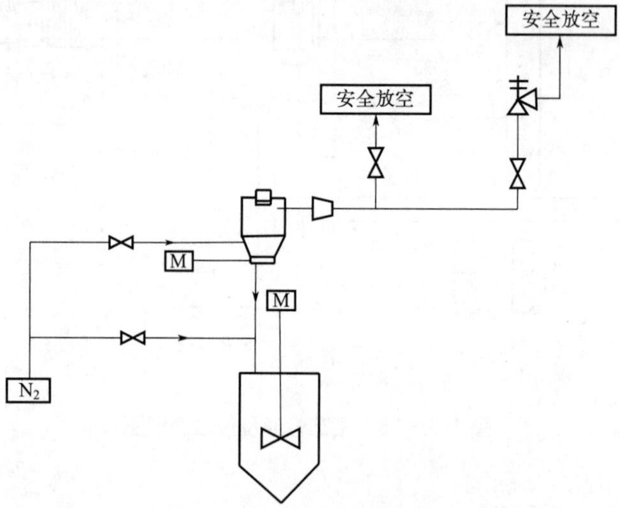


图1-9-16　防老剂或TBC加料装置示意图

合成橡胶生产作为化工产业的重要组成部分，虽然带来了高收入，但也伴随着高风险。由于合成橡胶生产在质量安全管理方面具有特殊性，因此必须高度重视安全生产。除了采用SIS等控制系统确保安全外，还需要根据化工生产不同阶段的危险性和特点进行相应的安全风险管理，特别是在设备调试和开车阶段容易出现问题的时候，更需要加大质量安全的重视程度。

# 9.4　技术应用与产业化案例

## 9.4.1　绿色生产技术案例

某橡胶厂顺丁橡胶装置的尾气直接经离心风机增压后向大气排放，对环境造成极大污染，两条后处理线运行时，振动筛、挤压脱水机、膨胀干燥机、热箱及长网等处设备会产生大量尾气。上述后处理装置的尾气量及烃含量经过采样分析，废气中己烷浓度约为6000mg/m$^3$，按照GB 31571—2015《石油化学工业污染物排放标准》的规定，炼油与石油化工生产工艺单元非甲烷总烃最高允许排放浓度为100mg/m$^3$（非焚烧处理）、20mg/m$^3$（焚烧处理）。因此必须进行有效的处理，以满足环保要求。后处理单元排放的废气主要组分为空气、水蒸气和少量的己烷溶剂。

目前该厂通过自动化技术与化工技术结合新建后处理单元，以催化氧化技术将废气中的溶剂氧化为二氧化碳和水。催化氧化法处理化工废气效率高，适用于生产过程中流量及浓度变化的废气，无火焰燃烧，操作温度较低，反应过程会释放大量反应热，无须额外补充能量，成本低。

废气处理装置开工运转期间，对进出装置的尾气进行取样检测，数据见表1-9-3。可以看出，经过装置净化之后，尾气中的己烷含量由原来的6000mg/m³降至约10mg/m³，己烷去除率达到99.8%，可以满足规范要求。

表1-9-3 尾气处理前后参数变化

| 参数 | 处理前尾气组成 | 处理后尾气组成 | 去除率 |
|---|---|---|---|
| 己烷含量/(mg/m³) | 6000 | 10 | 99.8% |
| 废弃总流量/(m³/h) | 70000 | 70273 | |
| 温度/℃ | 60 | 169.5 | |
| 压力/kPa(g) | −0.35 | 0.20 | |

装置投产后，运行情况基本稳定，效果良好。顺丁橡胶生产装置后处理单元产生的尾气经过催化氧化处理后排放浓度小于GB 31571—2015中规定的非甲烷总烃的浓度限值(20mg/m³)。催化氧化反应器中可利用自身氧化产生的热量完成反应，无须外加能量，而且通过回收净化气中的热量预热废气、副产蒸汽，具有良好的节能环保效果。

## 9.4.2 控制优化技术案例

吉林石化公司乙丙橡胶装置是引进日本三井化学株式会社乙丙橡胶合成技术，在钒-铝催化剂体系作用下，采用溶液聚合工艺合成乙丙橡胶，装置连续稳定运行18年，产品质量稳定。该装置生产二元乙丙橡胶时乙烯、丙烯连续进料，在催化剂作用下于聚合釜溶液中发生聚合反应，氢气间断进料进行分子量调节。

二元乙丙橡胶由于其门尼黏度低，因此需要有稳定的催化剂进料和较高的氢气保有量。装置生产过程中发现存在在冬季温度极低的情况下，催化剂密度发生较大变化，流量表内温度补偿器失灵或滞后，造成流量表读数较实际进料量偏差较大，从而影响聚合系统的物料平衡，导致产品门尼黏度变化较大，甚至影响产品内部结构，以及氢气进料稳定性差、进料压力不受控、色谱延迟指示、受温度影响较大等问题，严重影响产品纯度。公司通过更换催化剂流量计温度补偿元件，同时增设保温箱，保证流量计系统温度相对稳定，避免极寒天气的不利影响；通过优化催化剂送料工艺流程，现场增设玻璃柱流量计，定期进行人工校对，与流量表读数进行比较，及时校正流量计读数不准造成的进料偏差，确保催化剂进料稳定。

针对氢气进料不稳定的问题，公司通过改造氢气进料系统，在界区内管线增设压力调节阀，通过控制压力调节阀开度，使氢气进料管线压力稳定可控，保证氢气的加料速率处于合理区间，避免进料压力过大导致氢气进料过量；通过优化氢气进料控制工艺，设定流量控制阀门开度限制，防止氢气进料速率过快，优化氢气进料控制程序，设定每次进料、排放时间限制，避免由于色谱读数延迟导致氢气进料、排放过量；以及优化工艺控制参数，根据生产季节及牌号特点严格测算温度变化对氢气进料物质的量的影响，优化控制参数，适当调整进料管线压力阀门，保持氢气系统进料稳定。

为检验以上隐患问题改造后装置的运行效果，对2015年（改造前）、2016年（改造后）同期J-0010二元乙丙橡胶产品中控数据进行统计分析，并各随机选取20组样品进行溶油应用实验，结果见表1-9-4。

表 1-9-4 J-0010 样品对比分析数据

<table>
<tr><th rowspan="3">日期</th><th colspan="2">门尼黏度合格率 /%</th><th colspan="2">乙烯合格率 /%</th><th rowspan="3">溶油时间 /h</th></tr>
<tr><th>门尼黏度 8 ~ 10</th><th>门尼黏度 8 ~ 13</th><th>乙烯含量<br>50% ~ 53%</th><th>乙烯含量<br>48.1% ~ 53.1%</th></tr>
<tr><th>（正常）</th><th>（细化）</th><th>（细化）</th><th>（正常）</th></tr>
<tr><td>2015</td><td>83.2</td><td>98.8</td><td>85.2</td><td>97.5</td><td>4 ～ 9</td></tr>
<tr><td>2016</td><td>95.7</td><td>100</td><td>96.5</td><td>99.8</td><td>4 ～ 6</td></tr>
</table>

由表1-9-4可知，2016年产品门尼黏度、乙烯含量正常指标及细化指标的合格率均有不同程度的提高，特别是细化指标合格率从约85%提高到了95%以上。产品的溶油时间范围从4 ～ 9h缩短至4 ～ 6h，产品均一性更好，说明改造后低门尼黏度二元乙丙橡胶的生产控制能力得到了进一步的提高，产品质量稳定性明显改观，优化指标（门尼黏度8 ～ 10）合格率提高了约10%。通过催化剂系统改造和氢气进料控制工艺优化，消除了装置的隐患问题，提高了超低门尼黏度J-0010牌号二元乙丙橡胶的生产控制能力，提高了产品质量稳定性，具有巨大的经济及社会效益。

环保型溶聚丁苯橡胶是生产高性能轮胎的重要原料，中国石油独山子石化公司乙烯厂年生产能力为18万t的SSBR装置于2009年建成投产，为独山子石化公司改扩建项目中乙烯厂11套主要生产装置之一。产品包括SSBR、热塑性苯乙烯-丁二烯嵌段共聚物（SBS）、低顺式聚丁二烯橡胶（LCBR）和苯乙烯-丁二烯无规嵌段共聚物（SB），共计24个牌号。

独山子石化公司乙烯厂年生产能力为18万t的SBR装置A线为连续生产线，生产的SSBR牌号为2557S和2564S。为了应对市场需求，SSBR装置A线需要频繁进行转产操作，但聚合釜搅拌器以及干燥机设备检修频次高，同时因设计缺陷出现仪表故障以及引发剂管线堵塞现象，延长了装置非计划停车循环时间，对装置转产操作和长周期运行产生了严重影响。生产装置A线掺混接胶阀和倒胶阀操作频率高，频繁开关导致阀体密封失效，少量水或水蒸气进入电磁阀磁体，引起电磁阀故障。接胶罐的压力调节电磁阀定位器故障，导致阀门异常关闭，聚合系统压力升高，胶液窜入密封油系统，导致聚合釜泄漏量增大。为了解决仪表故障问题，采用变更控制方式，增加联锁逻辑控制程序等方式，当接胶罐压力值超过设定值时，执行自动停泵程序，打开接胶阀。

设备改造后平稳运行。2018年1 ～ 7月装置A线转产6次，每次转产过程过渡料平均产量为16t（见表1-9-5），过渡料总产量为97t，较改造前大幅减少。3台干燥机平稳运行，SSBR年产量可增加3500t，经济效益显著。

表 1-9-5 改造后装置 A 线转产操作数据

| 日期 | 转产操作 | 过渡料产量 /t |
|---|---|---|
| 2018 年 1 月 9 日 | 2564S 转产 2557S | 21 |
| 2018 年 3 月 23 日 | 2557S 转产 2564S | 15 |
| 2018 年 4 月 10 日 | 2564S 转产 2557S | 15 |
| 2018 年 5 月 22 日 | 2557S 转产 2564S | 15 |
| 2018 年 6 月 6 日 | 2564S 转产 2557S | 16 |
| 2018 年 7 月 6 日 | 2557S 转产 2564S | 15 |

### 9.4.3 智能化建设案例

在合成橡胶领域，山东京博石油化工有限公司具备行业内较为先进的自动化技术应用。目前公司的丁基橡胶生产系统有两套生产装置，控制系统为进口设备，一期装置采用的是霍尼韦尔DCS控制系统，二期装置采用的是爱默生DCS控制系统。安全仪表系统厂家为上海黑马安全自动化系统有限公司。

关键设备多数为进口设备，其中卤化反应釜和储罐为德地氏公司生产的设备，近红外在线分析仪采用ABB公司生产的进口设备。控制阀中的关键阀门采用费希尔（Fisher）阀门、工装自控工程有限公司、进典阀门等公司生产的设备，其他设备厂家包括浙江中德自控阀门有限公司和重庆川仪自动化股份有限公司、吴忠仪表有限责任公司等。

生产过程全部通过DCS进行控制，压缩机控制为全自动控制，生产过程90%为全自动控制。关键变量通过在线监测得到有效控制，通过色谱、微量水、氧含量、近红外分析仪等在线检测设备，调整生产控制参数。以安全本质化和价值最大化为目的，以装备本体智能化、运行控制智能化、运营方案智能化为主线，以市场和客户为导向，通过数智化辅助技术营销、敏捷研发、卓越智造全过程，助推公司战略达成；形成数字化集成运营能力，智能化驱动业务提升和创新，实现公司数字化转型。

京博石化公司以装备本体智能化、运行控制智能化、运营方案智能化为主线，系统实现工业智能制造；建立联融共赢的智慧经营生态平台和企业经营管理平台，构筑快速响应市场能力和高效运营能力，打造行业领先的价值创造体系，支撑企业数字化转型和创新发展。

装备本体智能化包括智能巡检、人员定位以及点上智能。其中，智能巡检包括制定巡检路线计划，并配置检查项目、检查标准和巡检人员。通过移动端在现场进行检查并填报检查结果。对发现的异常提交隐患治理。人员定位通过基础信息管理、定位管理、智能识别功能，及时准确地反映各个区域人员动态情况，使管理人员能够随时掌握生产人员的在岗在位信息和运动轨迹，从而进行更加合理的调度。点上智能包括单体设备智能化、生产过程自动化，筑牢工业自动化、智能化底座，控制室、设备故障诊断照片、AGV立库、橡胶机械手等。

运行控制智能化包括在途排队、生产运营平台、经营运营平台、数字化营销平台。其中，在途排队实现产供销储运的高效联动，为各体系计划管理提供支撑。解决链条各相关方痛点，实现园区与车辆的高效率运作。构建联融物流生态圈，成为炼化行业服务新标杆。生产运营平台包括围绕OS大数据平台，搭建OS+工业智能APPS模式的云、企、端一体的工业互联网平台，形成智能化辅助大生产体系的一体化运营和精细管理；立足于体系融合，以炼化制造事业部为主战场，融入计划、操作、优化、安全、环保、质量、成本等全要素职能需求和合规性要求，实现智能制造。经营运营平台包括依托经营运营平台，沿产供销存运建立数据标准统一、信息互联的经营运营平台，围绕订单到交付、原料到产品等主要流程和链利润，用智能化手段辅助大经营体系的高效运行，构筑高效运营能力，形成全域精细管理体系。数字化营销平台包括构筑高效一体化的数字化营销体系，实现三大板块（油品板块、化工品板块、材料板块）在线交易全程化，实现集商流、信息流、资金流、物流服务于一体的综合平台，高效满足用户采购及服务需求，提供无缝、一致化的采购体验，并提升全渠道运营整体效能。

运营方案智能化包括安全风险智能化管控平台和运营方案智能化。安全风险智能化管控平台包括完善全省危险化学品安全生产风险监测预警系统，应用安全生产双重预防机制信息化系统、特殊作业全过程信息化管理和视频监控系统，推广应用人员。运营方案智能化通过知识积累，运营方案模型化，嵌入生产、经营过程，支撑管理决策。

目前正在研究通过构建聚合反应的机理模型和性质指标的数据模型，集成机理模型和数据模型，实现对产品重要质量指标的预测（包括门尼黏度、分子量、分子量分布等），分析过程参数与产品质量指标的影响，对反应过程控制参数进行调整，保证产品门尼黏度、不饱和度等性质指标的一致性。

## 9.5 问题与发展建议

我国是世界上合成橡胶产能最大的国家，合成橡胶总体产量呈现逐年增长态势，整体来看，行业发展稳中向好。行业的发展离不开自动化技术的支持，目前我国正处于从材料大国向材料强国转变的过程中，在科学创新、技术创新和高技术产业化等方面取得了进展。但在某些方面，如合成橡胶技术绿色化、数字化、智能化研发和生产等，仍具有较大的进步空间。此外还存在创新能力不强，创新链与产业链协同程度不高，抵御风险的创新链、产业链、供应链体系尚不完备等问题。从国内环境看，我国正处于产业转型期，对合成橡胶新材料的产业需求更加突出，为合成橡胶产业的发展提供了难得的历史机遇。进一步总结问题与发展建议如下。

### 9.5.1 问题总结

**（1）对自动化技术重视程度不够**

目前，合成橡胶行业内的技术焦点仍在于工艺升级和配方改进，而较少关注自动化技术。客观来看，工艺上的进步一般相较于自动化技术进步容易实现，且能够为企业带来更大的利益。但是从行业的长远发展来看，自动化技术的升级是行业发展的必由之路。一旦长时间忽视自动化技术发展，当工艺技术发展至一定阶段时，自动化技术的落后就成了限制行业发展的首要问题。

**（2）科研力量投入不足**

我国目前在合成橡胶自动化技术领域投入的科研力量还有待进一步提升。一方面由于行业特点，相关的技术数据属于企业的商业机密，客观来说造成了相关研究的困难，且取得的技术突破难以广泛推广。另一方面，企业、高校等科研力量尚未形成合力，未出现业界公认的领军团队。

**（3）技术差距客观存在**

我国合成橡胶行业起步较晚，长期受资金和技术限制，自动化水平相对滞后。虽然经历了一段时期的快速发展，但追赶国际顶尖水平仍需时间，大多数企业生产线采用传统工艺，依赖人工操作，难以实现精细化管理。同时中小企业研发投入不足，缺乏核心技术支持，难以自主开发新产品和优化生产流程。此外，质量检测手段简单，难以全面和精细地掌握各个环节的质量问题，产品性能不稳定，无法满足部分高端市场需求。

**（4）企业技术升级需求不足**

目前的生产环境下，企业需求不足以推动自动化技术发展。使用新技术带来的收益相较于前期投入的高昂成本令企业望而却步。企业对绿色生产、智能化建设等技术的需求并不迫切，愈发导致相关技术发展缓慢。

### 9.5.2 发展建议

**（1）技术发展建议**

企业应加大技术研发投入，对于国外先进技术和设备不能只依赖于引进，更应该考虑合理借鉴、自主研发，努力提升生产自动化水平。作为一线生产企业，应更加关注生产过程中遇到的自动化技术问题，提出技术升级需求，从而达到企业发展与技术发展互相促进的良好循环。企业与高校也应加强合作，共同研发关键技术，推动产学研深入融合，不同的研究群体形成合力。

此外，应特别重视自动化仪表的创新和自动化软件系统的维护升级。自动化仪表是实现自动化的基本保障和具体实现手段，一方面要加强现场人员对自动化仪表的认识和重视，另一方面也要促进自动化仪表的更新换代，以切实遇到的生产问题为仪表创新指明方向。自动化软件系统是企业生产的重要支柱，目前我国大部分企业或多或少地引入了自动化软件系统，但随着工况变化，运行效果难以稳定。为此，应加大相关方面的研究，真正使其高效发挥作用。

**（2）人才培养发展建议**

重视职业教育培养，与企业携手建立实习基地。高校与企业合作开设专业课程，培养应用型人才。企业内部重视在职培训，培养骨干技术人员。另外，还应顺应时代潮流，重视自动控制、计算机、仪表知识的普及。提高一线生产人员的技能素养，加强自动化人才队伍建设。

**（3）政策发展建议**

首先，政府应加强政策引领，推动企业自主求发展。例如，给予环保技术改造补助、行业标准加入环保要求、鼓励企业开发绿色生产技术、支持建立资源综合利用体系，提高利用率。其次，政府应引导相关企业聚集区形成产业集群，实现资源共享。例如，共同建设高新技术研发中心、质量检测中心等公共服务平台，降低企业自身研发门槛。最后，可以制定行业标准和产品标准、完善质量监督体系、出台支持技术改造和产业集群发展的优惠政策、鼓励企业参与国际标准制定、建立政策保障体系，优化企业发展环境。

## 参考文献


[1] 陈茂春. 中国七大合成橡胶的现状与未来[J]. 石油化工设计, 2015, 32(1): 58-61.

[2] 孙欲晓, 李江利, 郭滨诗, 等. 异戊橡胶国内外现状及发展建议[J]. 弹性体, 2009, 19(6): 60-64.

[3] 管建主. 国内顺丁橡胶生产现状及其发展趋势[J]. 石化技术, 2023, 30(7): 172, 259-260.

[4] 徐文艳, 王豪. 丁苯橡胶聚合转化率的在线检测技术[J]. 控制工程, 2010, 17(S3): 176-177.

[5] 赵力, 王桂敏, 高维娜, 等. 丁苯橡胶单体转化率在线检测系统研究及应用[J]. 自动化与仪器仪表, 2014(07): 143-145, 149.

[6] 刘美, 黄道平, 李桢. 丁苯橡胶门尼黏度软测量[J]. 自动化仪表, 2008, 29(12): 33-34, 37.

[7] 李桢, 肖迳, 刘美. 基于NNPLS的丁苯橡胶门尼黏度预测[J]. 微计算机信息, 2008 (30): 247-249.

[8] Godoy J L, Minari R J, Vega J R, et al. Multivariate statistical monitoring of an industrial SBR process. Soft-sensor for production and rubber quality[J]. Chemometrics and Intelligent Laboratory Systems, 2011, 107(2): 258-268.

[9] Sangoi E, Sanseverinatti C I, Clementi L A, et al. A Bayesian bias updating procedure for automatic adaptation of soft sensors[J]. Computers & Chemical Engineering, 2021, 147: 107250.

[10] Sanseverinatti C I, Perdomo M M, Clementi L A, et al. An adaptive soft sensor for on-line monitoring the mass conversion in the emulsion copolymerization of the continuous SBR process[J]. Macromolecular Reaction Engineering, 2023, 17(5): 2300025.1 ～ 2300025.12.

[11] 兰化公司自动化研究所丁苯改造自动化会战组，丁苯橡胶聚合釜温度自动控制[J]. 化工自动化及仪表，1977(5): 6-10.

[12] 何承全，王宏军，陈国勇，等. 乳液聚合丁苯橡胶单体回收系统工艺技术改进[J]. 弹性体，2009, 19(4): 57-59.

[13] 赵志芳，段瑞军，葛传龙. 乳聚丁苯橡胶苯乙烯脱气塔运行周期影响分析[J]. 当代化工，2019, 48(11): 2573-2575, 2579.

[14] 林海生，李存华. 丁苯橡胶装置单体回收工序自聚物产生与预防[J]. 广东化工，2019, 46(11): 204-205.

[15] 周世军，王新强. 异戊橡胶配剂系统控制方案的实现[J]. 化工管理，2017, 36: 31-32.

[16] 张桂荣，刘斌，张国宾，等. 异戊橡胶中试装置聚合系统的温度调节方法[J]. 弹性体，2015, 25(3): 74-76.

[17] Kurbangaleeva M H, Tazetdinov A S. Safety improving of cooling unit of open tane-isoprene charge stock for production of isoprene rubber[J]. IOP Conference Series: Earth and Environmental Science, 2019, 272(2): 022067.

[18] Mikhailova T A, Miftakhov E N, Mikhailov V A, et al. About an algorithm for modeling the isoprene polymerization process in the cascade of reactors using the Monte Carlo method[J]. Journal of Physics: Conference Series, 2021, 1745(1):012079.

[19] Muravyova E, Nikolaeva A. Development of a neural network for controlling the polymerization of isoprene in an isopentane solution using a virtual analyzer[C]. 2022 International Ural Conference on Electrical Power Engineering (UralCon), 2022: 453-458.

[20] 王春慧. 溶液法乙丙橡胶工艺特点及技术新进展[J]. 乙烯工业，2018, 30(2): 1-5.

[21] 祁俊. 钒系溶液聚合法乙丙橡胶生产工艺技术分析[J]. 石化技术，2011, 18(3): 58-61, 66.

[22] 石俊学. 吉林石化公司70万t/a乙烯装置先进控制技术及应用[J]. 化工科技，2014, 22(5): 48-53.

[23] 张铮天，张志杰，孙海英，等. 乙丙橡胶中试装置进料单元优化控制研究[J]. 弹性体，2014, 24(5): 58-60.

[24] Scaglia F, Perrettab C, Regattieria G, et al. Industrial EP(D)M rubber production process: a firstprinciple data-driven modelling approach[J]. Chemical Engineering Transactions, 2023, 100: 163-168.

[25] Li R, Corripio A B, Henson M A, et al. On-line state and parameter estimation of EPDM polymerization reactors using a hierarchical extended Kalman filter[J]. Journal of Process Control, 2004, 14(8): 837-852.

[26] 卢跃刚. 乙丙橡胶中催化剂残留量的控制[J]. 弹性体，2015, 25(4): 68-69.

[27] 胡文婷. 乳聚丁苯橡胶乳门尼分析实验及影响因素研究[J]. 当代化工，2022, 51(07): 1605-1609.

[28] 李大字，钱丽，王淑红，等. 基于EGK'M-RBF网络的顺丁橡胶门尼黏度预测[J]. 化工学报，2011, 62(08): 2367-2371.

[29] 李炜，徐鸿飞，倪源，等. 基于KPCA-LSSVM的丁苯橡胶聚合转化率软测量[J]. 兰州理工大学学报，2012, 38(02): 73-77.

[30] 李炜，徐鸿飞，倪源. 基于核函数的PLS丁苯橡胶聚合转化率软测量[J]. 传感器与微系统，2012, 31(03): 143-146.

[31] 赖文群，仵春祺，陈莉津. 红外光谱法测定异戊橡胶中3,4链节的含量[J]. 分析仪器，2020, 1: 48-51.

[32] 曹柳林. 顺丁橡胶生产过程的催化体系数学模型[J]. 北京化工大学学报，1998, 25(3): 49-54.

[33] 李素. 脱除乙丙橡胶中催化剂残渣的研究[J]. 合成橡胶工业，1979, 3(2): 99-102.

[34] 费学备，袁则华，王万荣. 乙丙橡胶中微量钒的测定[J]. 合成橡胶工业，1980, 4(2): 85-86, 140.

[35] 张清智，丁兆娟，袁琛琛，等. 微波消解-电感耦合等离子体发射光谱法检测异戊橡胶中钛质量分数[J]. 橡胶科技，2017 (6): 43-46.

[36] 孙福生，侯晓飞. 质量流量计在顺丁橡胶装置催化剂计量中的应用[J]. 中国计量，2008, 1: 115-116.

[37] 翟月勤，赵慧晖，朱婧，等. 分光光度法测定乙丙橡胶中的钒含量[J]. 合成橡胶工业，2019, 42(5): 344-347.

[38] 黄明丽，史立英，张玴兰，等. 石墨炉原子吸收光谱法测定乙丙橡胶中的钒含量[J]. 弹性体，2016, 26(4): 71-73.

[39] 范国宁，韩萍，秦鹏. 微波消解-等离子发射光谱法测定乙丙橡胶的钒含量[J]. 合成橡胶工业，2018, 41(6): 416-419.

[40] 马艳，何晓玲. 溴化丁基橡胶中溴含量检测方法概述[J]. 山东化工，2022, 51(15): 95-96, 100.

[41] 李静. 溴化丁基橡胶中溴含量的分析方法研究[D]. 大连：大连理工大学，2019.

[42] 王娟，李树新，郭文莉．溴化丁基橡胶溴含量的测定[J]. 合成橡胶工业，2007, 30(6): 423-426.
[43] 程锡佩．基于序列结构分布的乙丙共聚过程建模[D]. 杭州：浙江大学，2019.
[44] 邱云霞．面向序列结构的乙烯—丙烯共聚过程建模[D]. 杭州：浙江大学，2014.
[45] 张雷．超重力法制备丁基橡胶新工艺及其模型化研究[D]. 北京：北京化工大学，2015.
[46] 王鹤．过氧化物硫化三元乙丙橡胶的过程模拟及其交联网络结构分析[D]. 青岛：青岛科技大学，2015.
[47] 张叶．聚合反应双冷却CSTR双重控制温度优化研究[D]. 西安：西安科技大学，2022.
[48] 王叶飞，任建华，肖小路，等．溶聚丁苯橡胶乙烯基质量分数的控制[J]. 橡胶科技，2020, 18(10): 570-573.
[49] 林海生，李存华．乳液丁苯橡胶生产装置品种切换方式的优化[J]. 广东化工，2019, 46(10): 146-148.
[50] 张桂荣，刘斌，张国宾，等．异戊橡胶中试装置聚合系统的温度调节方法[J]. 弹性体，2015, 25(03): 74-76.
[51] Ma Y, Zhu W, Benton M G, et al. Continuous control of a polymerization system with deep reinforcement learning[J]. Journal of Process Control, 2019, 75: 40-47.
[52] 田晓军，刘姜，王福民，等．提高异戊橡胶第一凝聚釜溶剂汽化速率的探讨[J]. 弹性体，2014, 24(01): 60-62.
[53] 孙玮，陈慧文．吸收式热泵（卧式）技术在顺丁橡胶装置上的应用[J]. 中外能源，2009, 14(02): 117-119.
[54] 王敏，杨青洪．镍系顺丁橡胶聚合回收单元节能降耗的措施[J]. 中国石油和化工标准与质量，2016, 36(19): 26-27, 32.
[55] 一种粒状反式异戊橡胶后处理系统[OL], 2017. https://pss-system.cponline.cnipa.gov.cn/documents/detail?prevPageTit=changgui.
[56] 麦桂香．10万$Nm^3/h$顺丁橡胶尾气VOCs治理工艺设计及优化[D]. 青岛：中国石油大学（华东），2021.
[57] 冯楠．催化氧化技术在顺丁橡胶装置后处理单元尾气的应用[J]. 化学工程与装备；2016 (11): 32-34.
[58] 王先武．异戊橡胶装置单体自聚的研究与预防[J]. 石化技术，2022, 29(05): 20-21.
[59] 许广华，王宪久．顺丁橡胶装置丁二烯系统氧含量的控制[J]. 广州化工，2010, 38(10): 204-205.
[60] 孟宪坤，赵阳，郎强，等．J-0010二元乙丙橡胶聚合单元生产控制与优化[J]. 化工科技，2016, 24(4): 6.
[61] 王舒，谢军，陈晓博，等．丁苯橡胶装置生产线运行优化研究[J]. 橡胶科技，2019, 17(09): 515-518.

本章负责人　　钱　锋　华东理工大学

参加编写人员　杜文莉　李少远　程　辉

# 第10章 环保自动化

## 10.1 环保自动化背景介绍

环保自动化是指以自动化技术为基础，应用现代信息技术和控制技术，对环境治理过程进行智能化、自动化的管理与控制。随着科技的发展和环保意识的提高，环保自动化近年来得到了广泛的关注和应用。它不仅可以提高环保治理的效率和质量，降低环境污染物的排放浓度，还能节约能源和资源。同时，环保自动化也与人工智能、大数据分析等相关技术相结合，实现更加智能、高效的环境保护与可持续发展。在环保治理中，智能化的污染物检测、模型预测、优化决策、过程控制等技术也得到了广泛应用，提高了环保治理的智能化水平和效率。本章主要围绕在大气污染防治、城市污水处理、城市固废焚烧行业中的自动化技术进行展开，所涉及的技术进展则选取代表性的成果进行介绍。

### 10.1.1 环保行业概况

**（1）大气污染防治行业概况**

大气污染防治是指采取一系列措施来降低大气污染物排放量，通过控制排放和充分利用大气自净能力，达到提高空气质量、保障人民健康、推动绿色发展的目的。

大气污染是最容易扩散且最容易接触到的污染形式，其主要成分包括粉尘、烟、雾等颗粒物（PM），也包括二氧化硫（$SO_2$）、氮氧化物（$NO_x$）、可挥发性有机物（VOCs）等气态污染物。自20世纪70年代起，我国大气污染治理随着社会经济发展和生态环境保护事业发展主要经历了消烟除尘构建大气环境容量理论（1972～1990年）、分区管控防治酸雨和二氧化硫污染（1991～2000年）、总量控制二氧化硫排放量见顶下降（2001～2010年）、攻坚克难打赢蓝天保卫战（2011～2020年）四个阶段。在起步阶段，我国大气污染问题主要以烟尘和工业废气为主，煤烟型污染是大气污染的主要类型。随着工业的发展，烟尘和工业废气的排放量不断增加，导致空气质量恶化。在发展阶段，我国开始采取分区管控的方式，对不同地区进行不同的管控措施，以减少酸雨和二氧化硫的排放。在转型阶段，为了进一步控制二氧化硫的排放量，我国开始实施总量控制措施，通过减少煤炭的使用和推广清洁能源来降低二氧化硫的排放量。在攻坚阶段，我国开始采取更加严格的措施来打赢蓝天保卫战。例如，加大环保法规的执行力度、推广清洁能源、限制高污染行业的排放等。

21世纪以来，我国已经在大气污染控制和空气质量管理方面做了大量的工作并取得了显著成效，然而仍然面临着许多严峻挑战，为了进一步提高大气环境质量，国家采取更加严格的措施来控制空气污染物的排放量。在工业源、移动源排放方面，我国已初步建立起主要的行业超低排放技术体系，包括燃煤电站超低排放技术，钢铁、建材和化工等非电行业超低排放技术，柴/汽油车满足国六标准的核心技术和船舶污染综合防控技术，以及农畜牧业的氨挥发减排技术；针对化工、涂装和包装印刷等行业研发了多项VOCs高效减排、替代技术、装备和清洁生产工艺；在大数据与人工智能的不断发展下，基于神经网络建模与优化控制算法的研究，成功实现了大气污染典型场景的污染物排放控制。

21世纪初期至今，我国空气质量达标城市的比例从2001年的74.9%逐年递增，截至2023年5月，全国339个地级及以上城市平均空气质量优良天数比例为88.3%，重度及以上污染天数比例为0.6%。与去年同期相比，优良天数比例上升3.1个百分点，重度及以上污染天数比例上升0.1个百分点。$PM_{2.5}$平均浓度为23μg/m$^3$，同比上升4.5%；$PM_{10}$平均浓度为46μg/m$^3$，同比上升4.5%；$SO_2$平均浓度为8μg/m$^3$，同比持平；$NO_2$平均浓度为17μg/m$^3$，同比下降5.6%；CO日均值第95百分位浓度平均为0.7mg/m$^3$，同比持平；$O_3$日最大8小时平均第90百分位浓度平均为149μg/m$^3$，同比下降2.6%；$PM_{2.5}$年均浓度也由最初的75μg/m$^3$降至33μg/m$^3$。以上数据均表明我国在大气污染防控方面取得了显著的成效。同时，我国将碳达峰、碳中和纳入生态文明建设整体布局和经济社会发展全局。在国家各类科技计划的支持下，区域污染防治和重点产业园区全过程控制等方面的技术取得了一系列成果。

然而，目前仍有一些地区和城市的大气污染问题较为严重，存在结构性污染问题突出，污染物排放集中的情况，以及由于能源结构不合理，燃煤污染问题突出，加之现有的联防联控机制作用不足，重污染天气监测预警机制尚不健全，各项监测的信息尚未完全共享，需要进一步加大防治力度。

**（2）污水处理行业概况**

城市污水处理是环保产业的一个重要分支，指通过去除工业废水、生活污水等污水中的污染物质，使污水的水体能够达到排放或再次使用的水质要求，以达到保护环境的目的。

20世纪80年代，国家政策推动大批城市污水处理设施兴建，城市排水设施建设得到了较快的发展。2002～2014年，我国污水处理行业进入全面发展期，全国城市污水处理无论在数量还是质量上都得到了迅速的发展。2015年以来，“水十条”在全国各地贯彻落实，各部门持续推出相关政策，全面推进污水处理设施建设、完善污水处理价费机制、促进减污降碳协同增效，污水处理行业规模快速上升。

在2020年和2021年，政府发布《关于推进污水资源化利用的指导意见》，污水处理厂数量和处理能力迅速增加，城市污水处理率达97.89%。市场规模从5245亿元增至5638亿元，呈现迅速增长趋势。回顾“十四五”以来的政府工作报告，要深入打好污染防治攻坚战，加大重要河湖、海湾污染整治力度。围绕“减污、降碳、协同、增效”的总要求，未来将出台更多污水处理细分领域政策，在低碳发展、污泥处置、农村污水处理等领域或将迎来更多市场机遇。

但是，目前污水处理行业整体仍存在一些问题：部分地区污水处理厂市场化运营程度不高，人员素质和技术水平较低，使得污水处理成本和出水水质难以得到有效控制；部分污水处理厂技术力量薄弱，由于技术水平造成仪表准确性差；大部分在线仪表的监测手段也是靠取样后测定，然后根据测定结果调整设备运行状态，由于是非连续性监测，设备运行状态调整滞后，常常导致出水水质不稳定。

**（3）城市固废焚烧行业概况**

固体废物是指在生产、生活和其他活动过程中产生的丧失原有的利用价值或者虽未丧失利用价值但被抛弃或者放弃的固体、半固体和置于容器中的气态物品、物质，以及法律、行政法规规定纳入废物管理的物品、物质。

城市固体废物（简称城市固废）焚烧处理是我国“碳达峰、碳中和”“绿水青山就是金山银山”大背景下，实现固废无害化、减量化、资源化的重要举措。截至2023年，全球城市固废年产量已超20亿t，预计到2050年将达到34亿t。目前，我国城市固废年清运量超3亿t，城市固废焚烧发电厂超1000座，已成为世界上年城市固废产生量最多的国家。

随着1985年深圳引进第一台日本三菱马丁炉排焚烧炉，我国城市固废焚烧行业才刚刚开启发展之路。到了2000年，国家为鼓励采用城市固废焚烧处理方式，先后出台《当前国家鼓励发展的环保产业设备（产品）目录》和《资源综合利用电厂（机组）认定管理办法》，城市固废焚烧发电行业开始纳入政策扶持范围，享受并网、上网电价等优惠政策。随后，为了提高城市固废的焚烧效率与焚烧厂的经济效益，国家进一步加大帮扶政策力度。首先，公布《环境保护、节能节水项目企业所得税优惠目录（试行）》通知，城市固废焚烧处理的企业可获免征企业所得税的待遇。其次，可再生能源发电项目接入电网系统而发生的工程投资和运行维护费用，按上网电量给予适当补助。以及《国务院关于加快发展节能环保产业的意见》要求推进固废处理技术装备成套化，重点发展大型垃圾焚烧设施炉排及其传动系统、循环流化床预处理工艺技术、焚烧烟气净化技术和垃圾渗滤液处理技术等大量相关措施。

《“十三五”全国城镇生活垃圾无害化处理设施建设规划》中开始指出，经济发达地区优先采用焚烧处理技术，减少原生固废填埋量。我国固废无害化处置能力和处置量在不断地提高。到了2020年，国家发展改革委、住房城乡建设部、生态环境部联合发布的《城镇生活垃圾分类和处理设施补短板强弱项实施方案》中进一步指出：城市固废日清运量超过300t的地区，要加快发展以焚烧为主的固废处理方式，适度超前建设与城市固废清运量相适应的焚烧处理设施，到2023年基本实现原生城市固废“零填埋”；在城市固废日清运量不足300t的地区探索开展小型城市固废焚烧设施试点。自此，城市固废焚烧技术占据了城市固废处理方法的主导地位。

在城市固废焚烧行业呈现向好前景的同时，仍面临着一些挑战。陆续出台的《国家发展改革委、财政局、国家能源局关于印发〈完善生物质发电项目建设运行的实施方案〉的通知》和《2021年生物质发电项目建设工作方案》等方案明确了城市固废焚烧发电中央补贴资金将逐年有序减少，即城市固废焚烧行业出现了“国补退坡”之势，这大大抑制了城市固废焚烧行业的发展。首先，经过技术升级以及排放标准施行后的城市固废焚烧过程虽已经确定不会对环境造成污染，但短时间内仍无法避免城市固废焚烧建厂的“邻避效应”，选址问题一直饱受困扰。此外，即使目前流程工业过程的自动化和信息化水平在不断提升，我国的城市固废焚烧过程仍以专家手动控制为主，这显然难以适应“蓝天净土”背景下城市固废焚烧技术智能化、高效化和绿色化发展的高需求。因此，在新型技术的研发、统一标准的施行等问题上仍存在较大阻碍。

### 10.1.2 环保自动化概况

近年来，自动化技术在环保行业当中的应用越来越广泛，该技术极大提高了环境保护的工作效率。为了提高污染物治理效率、减少环境污染、最大限度地资源回收和再利用，以及减少人工干预的过程，环保自动化利用自动化技术实现了污染物治理或者去除过程中所涉及的污染物检测、控制、治理过程的集成化和智慧化。环保自动化技术主要包括污染物监测、优化决策、过程控制以及自动化系统。

污染物监测是指利用传感器等设备实现对污染物排放过程中的关键参数和污染物浓度等信息的实时、自动分析和检测，能够确保污染物治理过程的安全、环保和可持续。污染物监测在实时监测和预警、数据分析和决策支持、资源优化和节能减排、故障诊断和维护管理、风险评估和安全保障等方面发挥着重要的作用。它可以提高监测的精度和效率，降低风险和成本，促进可持续发展和安全运行。

优化决策是指利用模型和优化算法确定所涉及的参数的取值范围、初始值和调整策略等过程，它能够避免仅凭人工设定而存在的滞后性和随机性等问题。过程决策可以通过智能化的算法和模型找到最优的解决方案和决策，应用领域包括过程优化控制、物料优化和智能决策等，从而达到污染物治理的最佳性能和效益。

过程控制是指应用自动化技术以及系统建模等方法实现温度、浓度等关键被控量的精准控制，包括自抗扰控制、线性二次调节控制、神经网络控制和模型预测控制等方法。过程控制涉及控制策略和控制算法，其核心思想是通过对大数据的采集和分析，自动地对被控对象进行决策和调节，以便实现控制过程的高效运行。与智能控制相对应的是传统的PID控制，PID控制因其具有操作简单、运行可靠和调节方便等优点，在环保行业控制领域中也取得了广泛的应用。

环境保护领域的城市污水处理、城市固废焚烧属于典型的流程工业过程，其使用的自动化控制系统主要包括SCADA（数据采集与监视控制系统）、PCS（过程控制系统）、ERP（企业资源规划系统）等。通过这些系统，可以记录与查询生产运行的主要数据和信息，在数据查询平台调用并打印数据。同时，通过组态软件可将整体企业的平面布置和控制策略集成到一处，能够提高污染物去除效率、降低运维成本，实现更加稳定、高效和环保的污染物过程处理。

当前，环保领域自动化和信息化水平不断提升，但仍然面临着巨大的挑战。从系统角度来看，不同层次的功能相对独立，导致各种终端之间无法互相连接，信息交流受到限制；多个过程参数监测过程之间的紧密联系被忽视，导致大量的信息和知识未能有效利用。从技术角度看，污染物去除过程多数采用领域专家手动控制模式，难以适应智慧环保的需求。新技术的大力发展，例如大数据、人工智能、工业互联网和工业云，正在为环保领域的发展提供新的动力和挑战。未来，我国的环保领域自动化系统的各项功能将会更加完善，自动化系统将会更加趋向于智能化、自动化、集成化，在资源节约和环境保护方面发挥更好的作用。

## 10.2 环保自动化国内外现状

### 10.2.1 大气污染治理自动化技术应用现状

大气污染防治过程的自动控制目标是采用专业的检测技术对环境质量进行评估和鉴定，实时准确地监测大气污染程度与大气污染源的排放情况，寻求工业废气处理过程最优设定值，通过对监测数据的分析，及时发现潜在的大气污染问题，并且通过自动控制系统保证工厂废气处理过程的稳定运行，对废气排放进行精确控制和调节，提高能源利用效率，减少能源浪费，并且充分降低过程中的能耗以及运营成本，科学治理大气环境。

大气污染防治的首要目标是大气污染物的监测，我国大气污染物监测技术自20世纪70

年代起主要是通过建立空气污染监测站和开展空气污染普查工作，来了解和掌握全国或地区的空气污染状况。初期的大气污染监测方式存在检测指标不全的情况，如只监测部分污染物、忽略某些重要的环境因素等，且当时的监测水平在大气污染监测点位的设置上可能存在不合理的情况，如监测点位数量不足、分布不均匀等，单纯依赖手工采样和实验室分析等因素共同导致监测结果不全面，不能准确反映大气污染的真实情况。

在大气自动化防治方面，直至21世纪初，大气污染物监测技术开始向精细化方向发展，如卫星遥感技术、激光雷达技术等开始得到应用。此外，随着大数据和人工智能技术的发展，数据分析和预测能力也得到了进一步提升。区别于传统的监测方法无法得到良好的效果，计算机视觉和机器学习在大气监测领域得到了广泛的发展与应用，通过利用摄像机、遥感卫星等进行图像拍摄，之后基于影像感知的方法对图像进行分析，从而判定空气的质量，如基于视觉的火炬烟气监测模型（VMFS）。该模型首先利用一种全新的广泛协调的颜色通道识别输入影像中是否存在火焰。其次，该模型把快速显著性检测与K-means相结合，用于标记火焰的具体位置。最后，根据物理先验知识来确定火焰区域，基于此将火焰左侧、右侧和顶部视为潜在的火炬烟气区域，然后根据背景颜色通道识别并区分火炬烟气区域。对从实际石化厂收集的照片集进行实验，其结果表明，该模型可实现较好的监测性能。

另外，在大规模的大气污染物自动监测系统中，我国通过环境监测网络对大面积区域内的环境质量进行连续动态数据采集，并对数据进行测定、分析和处理。该系统可以提供长期连续性的数据信息，能够自动对污染源分布情况、环境污染程度、污染危害状况等进行合理判断，从而协助环保部门制定质量标准，为大气污染预报提供准确依据。Wu等提出了一种基于残差概率的全自动离群值检测方法，对2014～2016年我国国家环境监测网络1436个站点的6种污染物（$PM_{2.5}$、$PM_{10}$、$SO_2$、$NO_2$、CO和$O_3$）逐小时地面测量数据中的所有4种异常值进行检测，采用该概率方法成功地识别了2014～2016年异常值下降的趋势，并且这与我国国家环境监测网络质量保证和质量控制程序的已知改进是相对应的。目前我国虽然已经建立了较为完善的空气质量监测系统，但在数据质量、监测设备精度和覆盖范围等方面仍存在很大的上升空间。同时，对于大气防治预警系统的及时性和准确性也需要进一步提高。

同样，国际上对于大气污染的防治工作也愈加重视，欧洲国家采用先进的排放控制技术，对工业和城市废气治理发挥了重要作用；美国则对燃油系统进行改进与升级，并且注重发展清洁能源，减少对化石燃料的依赖；日本则在汽车尾气治理方面取得了显著成效。同时，当前国外发达国家的大多数工业城市都使用自动监测站网络来进行大气污染物监测，将由自动监测站所获得的大量数据用于验证浓度是否在安全水平之内，并为当地提供信号预警。另外，在城市交通枢纽等经济繁杂区域，由庞大的车辆尾气输出造成的大气污染源识别也早已受到研究人员的重视，Maulik等为寻求一种低成本的自动化解决方案，以便从执法人员的角度快速检测污染车辆，在该领域中首次尝试将基于反馈的迭代深度学习模型应用于车辆污染检测，提出一种新的基于深度学习的评估策略，并将迁移学习应用于道路污染物的识别，为交通系统提供适当的监测，最终通过实验对比验证了该框架在道路监控领域的优越性。

## 10.2.2 城市污水处理自动化技术国内外现状

城市污水处理过程的自动控制目标是确保污水处理过程稳定运行、提高污水处理效率并降低运营成本，即通过自动化控制技术保证城市污水处理各单元之间协调稳定运行，控制污水处理过程中各操作变量，从而保证出水水质符合排放要求，并且充分降低过程中的能耗、药耗，降低运营成本。

城市污水处理过程至关重要的一步就是水质检测。传统的水质检测依赖于实验室检测，即专业人员前往水源，收集水样，然后将其运送到实验室进行后续分析，该方法检测精度高，但耗时时间长，效率低、时效差。针对该问题，20世纪30年代引入新的检测技术，即玻璃pH电极和pH计，随后对其他水质参数（如溶解氧浓度、浊度、水温、叶绿素a浓度、电导率、氨氮浓度和盐度）传感器的开发进行了深入研究。

随着便携式传感器、计算技术和通信技术的不断进步，基于无线传感器网络的水质检测技术有了长远发展。首先，由传感器读取特定水质参数；然后，通过无线通信设备将这些数据发送给控制器；最后，通过无线通信介质传输到中心站进行分析和处理。虽然无线传感器网络技术显著地解决了水质检测的一些问题，但也存在一定的局限性，例如功率要求高、安装或维护成本高、传感器数据易受网络攻击、存储问题等。

近年来，物联网技术的应用再次推进了水质检测技术的发展。但是，部分参数（如总磷、总氮和化学需氧量等）仍然需要传统的实验室分析方法，并且传感器成本高且寿命较短，需要频繁地清洁污垢和校准。伴随着人工智能和大数据的发展，软测量技术为污水处理过程中关键水质参数的检测提供了一种高效快速的解决方案，其以易于测量的辅助变量作为输入，对难测变量进行预测。建立软测量模型主要有基于机理的方法、基于知识的方法和基于数据驱动的方法。数据驱动的软测量建模方法能够有效解决污水处理过程中关键水质参数检测困难的问题。

从控制角度看，污水生化处理过程是典型的非线性、时变、不确定性、大滞后复杂系统，其过程控制面临着严峻挑战。由于PID技术控制效果稳定，PID控制技术在污水处理领域得到了广泛的应用。自适应模糊PID智能控制系统针对污水处理的非线性、滞后性和不确定性，提出将智能控制中的模糊控制和传统的PID控制相结合，使得控制器同时具有模糊控制的强鲁棒性和普通PID的高稳定性。模糊控制具有能够处理模糊信息、鲁棒性强和建模简单等特点，应用于污水处理过程的建模和控制能够得到良好的期望效果。为解决目前溶解氧控制中存在的诸多困难，将模糊控制、神经网络等多种控制理论结合起来，构成溶解氧浓度自组织控制，实验结果表明该系统能够稳定地控制溶解氧。神经网络具有强大的非线性拟合能力，可应用于对污水处理过程中水质参数的控制。苏尹等提出了在线生长管道型递归小波神经网络（OGPRWNN）控制，以提高溶解氧控制精度。专家控制（Expert Control）是智能控制的一个重要分支，又称为专家智能控制。国内施汉昌等开发了一个用于诊断城市污水处理厂日常运行故障的专家系统，系统采用了正反向混合推理机制，并采用故障树的形式将知识库中的知识组织形式向用户公开，便于用户使用和对系统的维护。

伴随着环境问题越来越受重视，人们对于污水处理过程控制技术的发展也越来越关注。在国外，尤其是北欧、日本、美国、英国等一些国家和地区在20世纪70～80年代就开始了污水生化处理过程建模和控制的研究，而且也在污水处理厂中得到了广泛的应用，最令人瞩目的是他们的部分污水处理厂已经实现了智能控制，如美国的厌氧硝化处理、日本的给水处理，都成功地应用了模糊控制技术。基于曝气过程机理模型，Piotrowski设计了一个两级多变量控制系统，采用非线性模型预测控制算法设计了上下两层的控制器，其中上级控制溶解氧浓度，下级控制曝气系统，实验结果证明该系统能够实现溶解氧和曝气系统的精准控制。

### 10.2.3 城市固废焚烧自动化技术国内外现状

城市固废焚烧过程的自动控制目标是确保城市固废的稳定燃烧、控制烟气污染物的排放并高效地利用燃烧产生的热能，即：稳定燃烧过程，降低炉膛内部的温度变化并满足期望的温度分布，维持蒸汽的稳定流动和锅炉的稳定运行，同时也能减轻焚烧过程中的热损失，并控制烟气中污染物的排放浓度。

PID控制具有控制效果好、控制结构简单、易于实现、适应性和鲁棒性强等优点，我国工业领域中90%以上的控制是PID控制。例如，乔司垃圾焚烧发电厂自动控制系统运用三段式智能PID控制和模糊控制，并在线进行了PID控制参数的整定工作。针对炉膛温度波动较大的情况，采用模糊自适应PID控制方案实现炉膛温度控制，实验结果表明该方法比传统PID控制性能好。模糊控制是一种基于模糊逻辑的控制方法，具有算法简单、性能优良和鲁棒性强等优点，适用于难以建立精确数学模型的复杂工业系统。垃圾焚烧模糊控制系统的实际运行结果表明，模糊控制系统可以有效地改善自动燃烧控制（Automatic Combustion Control，ACC）系统的控制结果。焚烧炉焚烧系统利用了一个适合于垃圾焚烧炉燃烧过程的模糊控制规则库，改造后的垃圾焚烧炉的运行稳定性得到了提高，炉温波动范围变小，取得了较好的效果。预测控制具有显式处理系统约束和在不确定环境下进行优化控制的共性机理。随着计算机技术的飞速发展和智能检测技术的广泛应用，先进控制技术例如预测控制技术也被广泛应用于工业生产中。垃圾炉控制系统采用了预测控制技术，并对垃圾炉水位进行预测控制。意大利某垃圾焚烧处理厂以两级干法脱硫剂系统为案例进行研究，对出口HCl浓度进行预测控制。神经网络控制是一种模拟生物神经网络结构的控制策略，主要用于解决一些传统控制方法难以处理或模型化的复杂非线性系统的控制问题，具有较好的学习、泛化和非线性映射能力。结合流化床反应器作为焚烧炉，使用ANN建立流体力学模型，对固废燃烧过程进行控制，结果表明污染物排放浓度降低。通过建立数据驱动的TS模糊神经网络（TS Fuzzy Neural Network，TSFNN）的城市固废焚烧过程炉膛温度模型，设计基于事件触发的RBF-PID（Event-triggered RBF-PID,ET-RBF-PID）炉膛温度控制方法，得到了很好的控制效果。

国外垃圾焚烧厂也面临着同样的问题，因此有许多国外学者针对自己国家的垃圾焚烧厂进行了改良。新加坡Tuas垃圾焚烧厂锅炉采用封闭式冷却水循环系统，根据当地的垃圾成分，去除掉燃烧过程中的辅助燃油。Gordon对城市固废焚烧过程中产生的二噁英进行综述介绍，为了使焚烧过程产生的二噁英最小化，提出了一系列工艺，同时提出了自动化工艺控制来实现。Hajime等通过对焚烧炉启动和关闭时的气体温度的控制调整和烟气采样，研究了日本的加煤机型城市固体废物焚烧炉非稳态条件下二噁英生成机制和浓度。Intharathirat等介绍了泰国主要的移动炉排加煤机和循环流化床两种固废焚烧技术。Mondal对印度的MSW燃烧联合循环发电厂的优化进行研究，设计了新型的MSW燃烧联合循环发电厂，固废干燥后在燃烧室-热交换器（CHR）单元内被加热并燃烧。欧委会发布了关于工业排放的《第2010/75/EU号指令》。在废物焚烧的通用技术中，先进的控制系统使用基于计算机自动化系统控制燃烧效率并协助预防或减少排放，同时对操作参数和排放采取高性能监测。

国外的一些大型自动化公司也在致力于开发先进的垃圾焚烧技术，以解决城市固废影响居民生活的问题。例如美国丹纳赫公司提供垃圾焚烧排放控制技术，通过使用洗涤器、过滤器等设备捕获和处理焚烧过程中产生的排放物，减少污染物排放。美国霍尼韦尔公司提供多种环保技术，如低$NO_x$排放的deNOxidzer系统、含卤废弃物热氧化炉系统、顶烧式热氧化炉系统、湿式或干式烟气处理系统用于处理含氮废弃物、含卤废弃物、含有无机或有机碱金属盐的废液或有机废弃物和排放的颗粒物。法国施耐德公司为城市固废焚烧过程提供性能出众的变频器，能够通过自动调节功能保持焚烧工艺的一致性，提高垃圾处理质量，并降低系统能耗。日本横河公司采用CENTUM VP综合生产控制系统，对城市固废焚烧过程实行全面控制和监控测量，可确保无中断的“仅限正常运行时间”的工厂性能，从而在可再生能源领域争取实现最高生产率和盈利能力。日本三菱公司开发了水平炉焚烧技术，该技术可高效地燃烧各种类型的固体废物，并最大限度地减少废气和废渣的产生。德国西门子公司为城市固废焚烧过程提供PLC控制技术，已经取得良好的控制效果。

在欧美、日本等发达国家和地区，焚烧处理城市固废的炉排炉使用率在90%以上。2005年8月欧盟公布的欧洲综合污染预防与控制局（European IPPC Bureau）研究报告表明，炉排炉仍然是固体废物焚烧处理的首选技术。炉排炉技术在城市固废焚烧自动化技术中起到核心作用，国外部分炉排炉技术如表1-10-1。

表1-10-1　国外炉排炉技术汇总

| 炉排技术 | 厂商 |
|---|---|
| 三菱 - 马丁逆推炉排炉 | 日本三菱重工株式会社 |
| SN 型炉排炉 | 日本田熊株式会社 |
| 阶梯式顺推炉排炉 | 德国诺尔 - 克尔茨公司 |
| 往复顺推式炉排炉 | 德国斯坦米勒公司 |
| S1TY2000 倾斜往复式炉排炉 | 法国阿尔斯通公司 |
| SHA 多级炉排炉 | 比利时西格斯公司 |
| R-10540 型炉排炉 | 瑞士 VonRoll 公司 |

# 10.3　环保自动化新技术与新方法

## 10.3.1　污染物智能检测技术与方法

### 10.3.1.1　大气污染物智能检测技术与方法

大气污染环境检测是采用专业的检测技术对环境质量进行评估和鉴定，明确化学指标、物理指标等相关参数，对大气污染程度及大气中的气体成分进行评估和分析，并对大气生态系统进行客观评价。积极开展大气污染环境监测能够有效明确环保工作的具体方向，准确分析大气污染源，有效规避突发性污染风险，采取优化措施，科学治理大气环境。

**（1）基于物理化学的大气污染物检测法**

随着工业化和城市化的不断发展，大气污染越来越成为人们关注的焦点。在大气环境监测中，物理化学方法一直占据着重要地位。这些方法基于对大气中各种化学物质的物理特性和化学性质的深入理解，为我们提供了传统且有效的检测手段。通过使用这些方法，我们能够准确测量和分析大气中的污染物浓度，为环境保护和健康风险评估提供科学依据。这些检测方法以其高精度、高灵敏度和多样性而在大气科学领域取得了巨大成功。下面主要介绍质谱法、红外光谱法、化学发光检测方法、非分散红外吸收法。

① 质谱法。质谱法是一种常用的空气污染物检测技术。它通过分析样品中分子的质量和电荷状态来确定样品中的化学物质种类和相对浓度。如飞行时间质谱仪（TOFMS）能够检测到纳克级污染物、有机化合物、金属元素和其他未知的酸类和酮类化学物质。质谱法不仅能够检测出单个污染物，还能够对多个污染物同时分析。因此，质谱法被广泛用于环境检测和空气质量监测。但是对于某些化合物，质谱法可能存在灵敏度限制，尤其是在低浓度下。Sheng等提出了一种简单而稳健的热解-气相色谱-质谱法测定大气中聚苯乙烯微纳米塑料浓度的方法。该方法引入气相色谱法，提高了质谱法的重现性和灵敏度。

② 红外光谱法。红外光谱法可以检测气体分子中的振动、转动以及伸缩等运动，从而确定不同物质的特定化学键，用以确认物质的种类和浓度。该技术已被广泛应用于检测空气中的多种污染物，例如二氧化碳、一氧化碳、甲醛等。由于红外光谱法简单快捷、灵敏而且便于操作，所以是一种比较理想的空气污染物检测方法。徐等将近红外光谱技术与化学计量学方法结合，实现对室内主要有机污染气体苯、甲苯和二甲苯同时快速的分析测定。该方法具有较高的准确度和较好的适用性。

③ 化学发光检测方法。化学发光检测方法是一种基于化学荧光检测原理的空气污染物检测方法。该技术主要是通过特殊化学荧光试剂和空气污染物产生化学反应，从而荧光增强，然后检测荧光信号的强度和大小。化学发光检测方法具有快速、敏感、非破坏性等特点，因此是一种理想的空气污染物检测方法。针对外来气体对微量NO的化学发光检测有干扰影响，李等选择特异性吸附剂预处理杂质气体，有效地消除杂质的干扰，从而提高微量NO检测的准确度和灵敏度，利于推广化学发光法对NO检测分析的应用。

④ 非分散红外吸收法。非分散红外吸收法（NDIR）是一种常用的气体分析技术，它利用气体分子对红外辐射的吸收特性来测量气体浓度。NDIR技术的原理是基于分子的振动-转动能级结构。气体分子在吸收红外辐射时，会发生振动和转动，这些振动和转动的能量与气体分子的结构和化学键有关。不同的气体分子具有不同的振动-转动能级结构，因此它们对不同波长的红外辐射的吸收也不同。非分散红外吸收法具有高精度、高灵敏度、快速响应和可靠性等优点，广泛应用于环境监测、工业生产和医疗诊断等领域。针对二氧化碳吸收红外光谱受环境温度和压力变化的影响易造成测量值偏差大。Li等在非分散红外吸收法中增加了一种实际二氧化碳气体浓度补偿方法用于减小检测误差。

**（2）激光雷达智能检测技术**

激光雷达是集“光、机、电、理”为一体的主动光学廓线定量遥感工具，是传统雷达技术与现代激光技术相结合的产物。基于激光雷达技术对大气环境进行检测受到了科研人员的极大关注，即通过激光器发射激光束来搜集目标物体的散射光特性，从而实现对目标物体相关的参数探测。在大气探测中，与普通微波雷达相比，激光雷达具有连续探测时间长、测量精度高、时空分辨率高等优势。

大气探测激光雷达属于激光雷达分支，按照原理可分为Mie散射（30km以下地空大气）、Rayleigh散射（30～70km高空的大气）、Raman散射（大气湿度、温度及污染物）、差分吸收（大气中的臭氧及微量气体）和共振荧光（大气中的80～110km金属原子）等若干种类。下面主要介绍对大气气溶胶探测和大气霾、PM方面的研究。

① 大气气溶胶探测。激光雷达应用于大气气溶胶探测时，主要以单波长或多波长Mie散射激光雷达为主，技术比较成熟。单波长Mie散射激光雷达主要探测大气气溶胶光学特

性，包括散射系数、消光系数及雷达比。而多波长Mie散射激光雷达除了具备单波长激光雷达的特性外，还可以得到粒谱分布和气溶胶消光系数。大气气溶胶探测激光雷达为研究激光在大气中的传输特性、大气环境湍流等提供了重要的科学依据。Mie散射激光雷达在反演气溶胶参数时，需对大气状态做出假设，因此具有反演精度不高的局限性。当前，在Mie散射激光雷达的基础上发展了高光谱分辨率激光雷达技术，实现大气气溶胶的高精度检测。该探测技术主要基于大气分子引起的Rayleigh散射光谱宽度为千兆赫兹（GHz）量级，而气溶胶散射谱宽为100MHz量级，因此可通过高光谱分辨率分光器分离Mie散射和Rayleigh散射光谱。该方法不需要假设大气状态参数，因此具有较高精度，从而实现了高精度的气溶胶探测。

② 大气霾、PM研究。激光雷达主要基于偏振原理、Mie散射原理等实现大气霾、PM等大气悬浮物的探测，对探测大气环境近地面颗粒物质量浓度及雾霾机理研究具有重要意义。偏振-Mie散射激光雷达能够探测云层和大气边界层高度，通过测得的大气能见度、$PM_{10}$、$PM_{2.5}$和后向轨迹数据，系统测量得到的颗粒物消光系数与地面$PM_{10}$空气污染指数结果对比可知，两者具有较好的一致性。对于雾霾生成机理来说，双波长激光雷达能够实现雾霾气溶胶光学和吸湿性质的探测，因此可通过上述系统探究气溶胶消光系数、大气能见度、Angstrom波长指数以及吸湿增长与雾霾形成的影响关系。

**（3）基于图像的智能检测方法**

对于某些由于技术条件难以直接测量，又或者测量成本过高的污染物，可通过基于影像感知的方法解决这一类问题。基于影像感知的方法已广泛应用于各个场景的空气质量感知，通过基于影像感知的方式，利用摄像机、遥感卫星等拍摄图像，对图像进行分析，从而判定空气的质量。这种方法的优点是快速、准确且无须与感知目标接触，所以被广泛应用于各种领域。

传统的烟雾感知技术受检测器空间分布及气流等因素的影响较为严重。就目前研究来看，提高烟雾感知的有效性和可靠性的主要方法为基于图像的火焰检测和烟雾检测技术。针对烟雾检测的颜色特征，Zhou等提出了一种局部极值区域分割方法来识别较远的森林烟雾，该方法首先使用最大稳定极值区域法获得初始烟雾区域，然后利用烟雾的静态特征从初始烟雾区域中尽可能排除非烟雾区域，随后基于烟雾运动独特的上升和延伸特征来检测累积区域的潜在烟雾扩散运动，从而区分烟雾和其他干扰物体。针对能量特征，Töreyin等利用当前帧和背景帧之间的小波变换检测图像中高频信息的减少部分，局部极值将出现在背景边缘区域，以此来提取疑似烟雾区域。

在石化企业中，放空火炬是保障安全的必要设备。其用以处理生产过程中产生的工业废气，在预防重大事故、保障安全生产、防止有毒有害气体泄漏等方面起到了至关重要的作用。火炬气是否完全燃烧是放空火炬系统的核心问题。火炬在不同燃烧状态下会呈现出不同的燃烧颜色特征，而且产生的黑烟更是可以直接被观察到，因此基于影像信息来分析火炬的燃烧状态是一种较为理想的解决方法。Gu等改进网络结构，提出了一种新的深度双通道神经网络，称为DCNN。该方法从结构上优化了现有的监测网络，使得常规烟雾检测数据集的烟雾识别准确度达到99.7%。另外，Gu等采用失真复原技术，针对各种类型和强度的失真专门开发了一个统一的无参考图像质量指标NR IQM，该结构在NS图像和SC图像的质量评估中均获得了高性能和良好稳定性。

针对现有的烟雾监测网络中存在烟雾的形状、质地和颜色的复杂变化，导致从给定的图像中识别烟雾非常困难，Gu等开发的深度双通道神经网络（DCNN）首先将输入图像分割成小块，然后使用DCNN分别对每个小块进行烟雾检测。如图1-10-1所示，通过该过程，可以将检测烟雾的任务转换为检测有烟和无烟的二分类问题。基于选择性的批量归一化网络（SBNN）擅长提取烟雾的细节纹理信息，而基于跳过连接的神经网络（SCNN）可以很好地捕获烟雾的基本结构信息。因此，综合SBNN和SCNN的优势来构建用于烟雾检测的双通道DCNN，可以实现烟雾的高效检测。

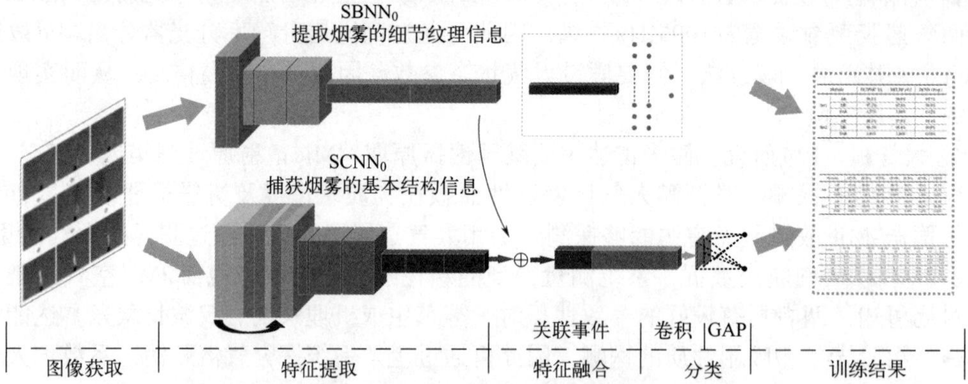


图1-10-1　DCNN工作流程图

针对烟雾燃烧状态在图像识别过程中可能存在的质量评估问题，如大多数图像质量指标（IQM）在不同的图像内容中不可用，尤其是在同时处理自然场景（NS）图像或屏幕内容（SC）图像的情景中，Gu等提出统一NR IQM，如图1-10-2所示，该结构是基于场景统计模型、自由能大脑原理和人类视觉系统（HVS）特征的特征提取操作。首先，基于在线和离线训练实例，将场景统计模型和图像检索技术相结合，推导出一种新的松散分类器，

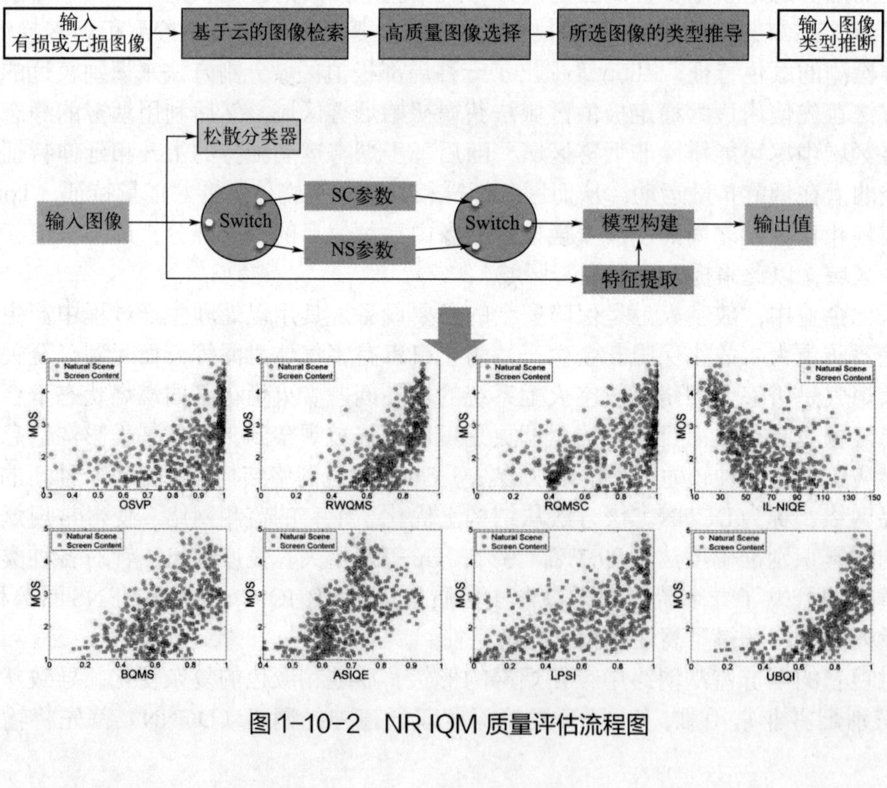


图1-10-2　NR IQM质量评估流程图

用于检索干净图像并帮助推断图像内容。其次，利用离线训练样本来分析失真类型和强度预测图像质量，学习通过结合推断的图像内容、HVS的自由能量和低水平感知特征而提取的特征。所提出的NR IQM可以同时推断不同类型图像的质量，在NS图像和SC图像的质量评估中都具有较高的性能和稳定性。

图1-10-2显示了平均意见得分（MOS）与八个测试图像质量度量（IQM），即基于取向选择性的视觉模式（OSVP）、屏幕内容图像的降噪小波域质量度量（RWQMS）、降低屏幕内容图片的参考质量度量（RQMSC）、改进版的集成局部自然图像质量评估器（IL-NIQE）、屏幕内容图像的盲质量度量（BQMS）、加速屏幕图像质量评估器（ASIQE）、局部模式统计指数（LPSI），以及统一盲质量指数（UBQI）的散点图，以进行直观比较。

#### 10.3.1.2 城市污水处理出水水质智能检测技术与方法

城市污水处理出水水质检测是评价污水处理效果的重要依据，对污水处理厂的运行调控有着重要的指导意义。出水水质检测可分为两大类：一类为反映水质状况的综合指标，如温度、色度、浊度、pH值、总悬浮物（TSS）浓度、溶解氧（DO）浓度、总氮（TN）浓度、总磷（TP）浓度、氨氮（$NH_3$-N）浓度、化学需氧量（COD）和生化需氧量（BOD）等；另一类为有毒物质，如酚、氰、砷、铅、铬、镉、汞和有机农药等。

**（1）基于物理或生化反应的水质检测法**

传统的基于实验室法的出水水质检测技术虽然检测精度高，但存在操作复杂、耗时长等问题，并且可能会导致二次污染。近年来，随着传感器技术与计算机技术进步，污水处理过程水质检测智能仪器快速发展。水质检测智能仪器是一种配备微计算机或微处理器的测试仪器，主要由硬件和软件两大部分组成，具有存储、运算、逻辑判断及自动操作、自动控制等功能。不同水质参数的检测仪器通常采用不同的检测方法，根据检测原理主要分为电极法、生物法、色谱法、光谱法等，详述如下：

① 电极法。通过将不同类型的电极浸入水样中，利用电化学原理进行分析和检测。该方法检测精度高、速度快、可重复性好、操作简单，适合进行现场实时监测。但是，易受到环境温度和湿度的影响，不适用于所有水质类型，并且电极易受污染或损坏，后期需要定期校准和维护。随着技术的进步，目前已有研究人员将纳米材料沉积到电极表面来快速准确地检测水体中的COD。针对水体中所含的有毒物质重金属离子，Li等总结介绍了近年来将纳米材料与传感器集成的便携式智能仪器，这些集成的仪器简化了检测过程，使实时和现场检测重金属离子成为可能。

② 生物法。通过观测水中的鱼、发光细菌、藻类等的变化实现水质检测。常见基于生物法的仪器为生物毒性检测仪器。生物法直观性强、经济性好、灵敏度高，但是误差较大、结果判定复杂。近年来，淡水发光菌受到越来越多研究者的关注，而青海弧菌是少数已知具有发光能力的淡水菌之一。Ma等将青海弧菌作为受试生物，探究了制药废水在污水厂的不同处理阶段中的毒性水平。另外，部分研究人员提出了基于叶绿素荧光的水质检测技术，以藻类光合作用为理论基础，通过荧光参数变化情况表征藻类毒性强度的变化。

③ 色谱法。根据不同物质在不同相态中的移动速度及轨迹实现物质的分离，常用于水中有机物的检测。色谱法浓度检测限低、物质选择性好且灵敏度高，但检测成本高昂，分析效率和自动化程度有待进一步提高，在组分复杂、变化较快的水样中难以发挥作用。水污染监测通常利用气相色谱或液相色谱进行靶标分析，而非靶标分析的适用性在很大程度

上取决于当前的技术发展。

④ 光谱法。根据不同物质在光照下会产生不同的波长和辐射强度，通过对光谱图进行分析从而检测水质参数，包括近红外光谱法、紫外-可见光谱法、荧光光谱法等，具有检测效率高、无二次污染、适用性强、能够满足多种水质指标的检测需求的特点。

与近红外光谱相比，水对紫外-可见光谱中的吸收要少得多，这使得它可以更准确、稳定地检测水质参数。Lin等使用紫外-可见光谱法同时测定天然水中TN和TP的浓度。Geng等首次采用检测整个氧气消化过程中紫外光谱的变化，自动实现水样的制备和光谱数据的采集，并据此得出TN浓度，远超TN在线检测行业标准。为了解决光谱数据受到多源噪声的污染而影响频谱检测的准确性的问题，Yue等提出了一种新的低秩恢复字典学习频谱去噪方法，消除频谱中不同级别的噪声，增强了模型的鲁棒性和适应性，实现COD的精确检测。荧光光谱法常用于水体中的溶解有机物分析，Peleato等应用并行因子分析来识别潜在的荧光成分，快速评估向饮用水源排放的污水中的有机物，实验表明检测到的水质分类准确率较高。Tian等提出了一种基于溶解有机物荧光强度的快速水质检测系统，主要包括半导体激光器和微型光谱仪，实验表明该方法具有结构紧凑、测试过程快、操作简单、成本低等优点。

**（2）数据驱动的水质智能检测法**

针对不同的污水处理需求，水质检测智能仪器分为单参数水质检测仪器和多参数水质检测仪器。其中，单参数水质检测仪器是一种专门用于检测水中某一特定参数的仪器，如pH值、DO浓度、浊度等；多参数水质检测仪器是一种用于同时测量多种水质参数的仪器，不同的变量选择不同的原理进行组合集成。数字技术和计算机技术的广泛应用推动了仪器功能的质的飞跃，现代仪器仪表正逐步实现计算机化、网络化、智能化、多功能化。

此外，为了解决污水处理部分水质参数难以在线实时检测的问题，有大量学者研究建立软测量模型，该方法根据过程的输入和输出数据直接建立模型，利用易测可测变量来间接预测难测变量，不需要提前了解被测对象的先验知识，具体原理如图1-10-3所示。该方法具有通用性较强、价格成本低、预测时间快等优点，适用于具有高度非线性、强耦合、严重不确定性的污水处理系统。

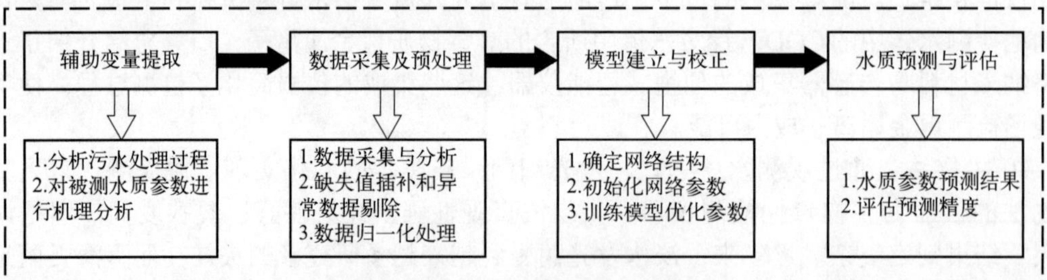


图1-10-3　软测量模型原理图

在现有的软测量模型中，数据驱动的人工神经网络凭借其强大的非线性拟合能力、自学习与自适应能力以及高度灵活性等优势，发展迅速、应用广泛，典型代表包括多层感知器、反向传播神经网络、径向基函数神经网络、递归神经网络、模糊神经网络等。Bagheri等利用多层感知器和径向基神经网络建立了序批式反应器模型，分别对TSS、TP、COD、$NH_3$-N浓度进行预测。Canete等利用主成分分析选择输入变量，基于神经网络建立在线出水浓度软测量模型来预测COD、TN和TSS。Mirbagheri等使用径向基函数神经网络对出水

BOD、COD、$NH_3$-N、TP进行建模来评价膜生物反应器的性能。尽管这些研究可以有效地预测水质参数，但网络结构是预定义的且在训练过程中保持固定，这可能导致网络并非最优结构：若网络规模过小，会出现学习能力不足的问题；而规模过大则会导致计算成本增加和过拟合风险，从而降低网络的泛化性能。此外，实际污水处理是一个具有复杂生化反应的非线性、大滞后、强耦合典型流程工业系统，污水处理厂收集的数据不可避免地受到传感器故障、数据传输、环境干扰或人为因素的影响，产生数据异常值，这将降低模型的预测性能，使得预测结果变得不可靠。因此，研究人员从自组织软测量模型和鲁棒软测量模型两方面开展深入研究。

① 软测量模型结构优化方法。为了平衡模型的精度和结构的复杂性，研究人员从不同角度针对网络结构进行设计，如图1-10-4所示。一方面，研究人员研究进化算法来优化神经网络的结构。Han等提出了一种自适应梯度多目标粒子群优化算法来优化径向基函数神经网络的结构和参数，有效提高了出水BOD的预测精度。Yan等利用粒子群优化和遗传算法对反向传播神经网络进行了优化，并将其应用于北京北海DO浓度的估计，提高了预测精度和鲁棒性。Qiao等提出了一种距离集中免疫算法来自组织确定径向基函数神经网络的结构和参数，实现出水TP的精准预测。另一方面，研究人员从模型结构自组织的角度进行研究，Zhou等提出了一种具有层次剪枝方案的自组织FNN（SOFNN-HPS），该模型采用在线自组织机制同步优化网络结构和参数，作为污水处理厂出水水质的软测量模型，在保证预测精度的同时显著提高了模型的紧凑性。Qiao等提出了一种具有增长和剪枝的混合算法的自组织深度置信网络（SODBN）来预测总磷浓度，在结构自组织的过程中动态调整权重，提高了网络的泛化性能。

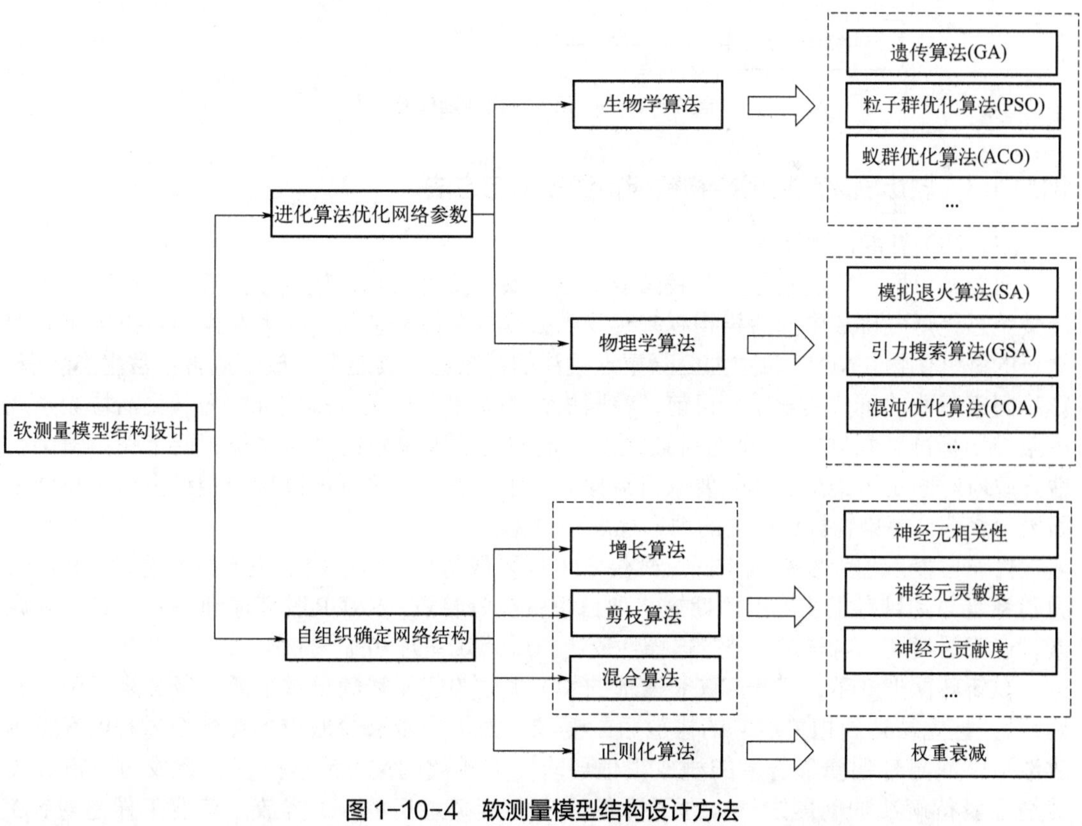


图1-10-4　软测量模型结构设计方法

② 软测量鲁棒建模方法。针对实际污水处理过程中的不可避免地存在的异常值使软测量建模结果变得不可靠的问题，一些学者就损失函数的鲁棒建模问题展开了多角度的研究，如图1-10-5所示。闻超垚等分别考虑输入异常值和输出异常值的影响，提出基于随机权神经网络与Schweppe型广义M估计的稀疏鲁棒建模方法，实现BOD、COD、TSS浓的在线鲁棒预测。Xiong等提出了一种结合随机森林（RF）、增强原子搜索优化（EASO）和在线序列异常值鲁棒极限学习机（OSRELM）的污水处理软测量模型，该模型能有效预测出水$NH_3$-N和BOD浓度，显著提升了预测精度和鲁棒性能。结合异常值的统计特性，Qiao等建立了模型误差概率密度函数准则来评估FNN的建模性能，采用具有自适应学习率的梯度下降法对FNN参数进行优化，实现出水$NH_3$-N浓度的精确预测。Huang等提出了一种稀疏学习方法将数据的负面影响分为小幅度的密集高斯噪声和异常值，并设计相应的约束条件来抑制噪声和异常值影响，从而实现了鲁棒建模。

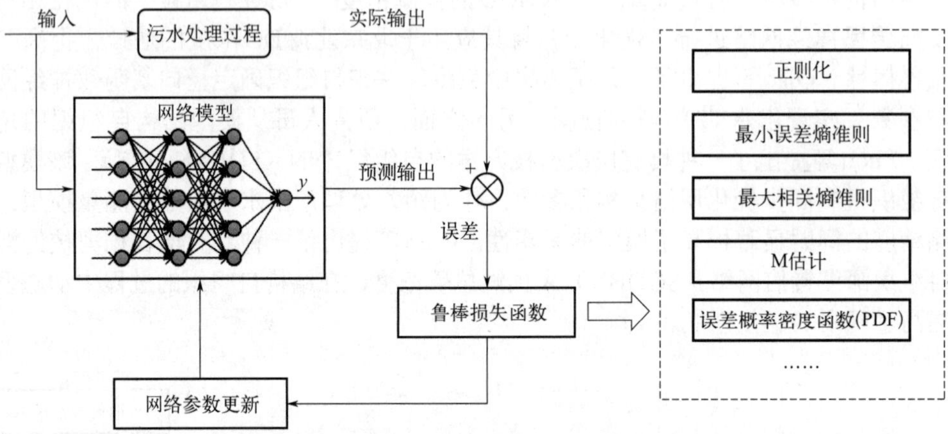


图1-10-5　软测量鲁棒建模方法

### 10.3.1.3　城市固废焚烧污染物智能检测技术与方法

#### （1）$NO_x$智能检测技术

随着城市固废焚烧发电厂在我国的快速发展以及污染物排放要求的逐步严格，城市固废焚烧过程烟气排放中的污染物越来越受到公众的关注和监督。作为酸雨等自然灾害元凶之一的氮氧化物（$NO_x$）也成为公众重点关注的污染物，其超标排放会危害正常生态环境、影响国家工业的可持续发展。目前，我国执行的城市固废焚烧排放标准为《生活垃圾焚烧污染控制标准》，其中$NO_x$小时排放浓度限值与发达国家相比更为宽松。近年来，国家和地方政府对固定污染源的环保要求日益提高，不同省市在国标的基础上相继出台了与城市固废焚烧烟气污染物排放相关的地方标准和意见。

目前已投运的大多数城市固废焚烧发电厂采取的$NO_x$污染控制主流技术是SNCR烟气脱硝系统，其具有工艺施工周期短、项目投资少等特点。SNCR脱硝原理是利用氨水或尿素等还原剂喷入炉内与$NO_x$进行选择性反应，脱硝效率为40%～60%。

在新环保形式下，基于SNCR技术的$NO_x$排放浓度能够满足《生活垃圾焚烧污染控制标准》，但无法达到相关地方的排放限制要求。为进一步减少城市固废焚烧过程的$NO_x$排放浓度，满足环保新形势下的排放限值要求，低排放的$NO_x$精准控制已经成为城市固废焚烧厂亟待解决的问题之一。为了降低城市固废焚烧厂的$NO_x$排放，首要工作是对$NO_x$

的排放浓度进行准确检测，以便实现城市固废焚烧厂的闭环控制。然而，城市固废焚烧过程中的$NO_x$检测面临着巨大挑战：①强非线性。城市固废焚烧过程存在复杂的物理和化学反应，$NO_x$的生成受多种因素影响，其排放过程具有很强的非线性特性，机理模型和数学模型难以准确建立。②动态时变性。受入料成分、操作手段等影响，城市固废焚烧过程呈现复杂的运行工况，导致$NO_x$排放具有很强的动态时变特性，基于单一神经网络的检测模型难以适应复杂多变的运行工况。③不确定性。城市固废焚烧过程包含多种不确定性因素，任何一个变量的波动都会引起$NO_x$排放的变化，决策工作面临一定的风险。

传统的检测技术难以准确获取$NO_x$的排放浓度，近年来，分布式控制系统（Distributed Control System，DCS）被广泛应用于工业过程中，其内部存储了大量的历史数据，这些数据包含的有效信息能够反应城市固废焚烧过程的运行特性和变化规律。在现有的智能检测技术上，采用模块化神经网络构建数据驱动的软测量技术是实现$NO_x$排放检测的有效途径。针对城市固废焚烧过程具有动态时变性的特点，建立了一种基于动态模块化神经网络的$NO_x$预测模型，提出了一种基于主成分分析（Principal Component Analysis，PCA）的动态任务分解方法。首先将具有时变特性的原始任务分解为若干个子任务；然后，基于每个子任务，设计了一种自适应长短期记忆（Long Short-Term Memory, LSTM）的子网络模型；最后，在测试阶段采用协同合作策略激活子网络并对其预测结果进行集成。同时，针对城市固废焚烧过程的不确定性，利用级联模块化神经网络进一步提高$NO_x$排放的检测精度。

**（2）数据驱动的智能建模技术**

城市固体废物的产生量随城镇人口的增加和居民生活水平的提升而不断增长，并引起环境污染和生命危害。城市固废焚烧过程因其具有无害化、减量化和资源化的优势成为世界范围内广泛采用的城市固废处理技术。然而，我国城市固废组分的特殊性和管理制度不规范等因素导致了炉膛燃烧状况多变，实际城市固废焚烧过程中炉膛温度、炉膛进风量和烟气含氧量等关键参数的测量与设定严重依赖人工经验进行，由此造成的误差和控制延迟极大地影响了系统运行效率。随着工业自动化、智能化的要求不断提高，简单地运用人工经验进行设定的方式既不能满足发展需要和工况变化响应的高效跟踪，也不能达到实际焚烧过程的需求最优值。对城市固废焚烧过程的精确建模是对过程进行优化、控制的前提，也是保障其环保、稳定、高效、智能运行的关键。

机理建模和数据驱动建模是城市固废焚烧过程模型构建的两种常见方式。机理建模是基于过程中蕴含的物理和化学等基本反应原理，利用物料平衡方程、能量平衡方程和化学反应式等数值方法对过程进行描述和求解，这在很大程度上依赖于科研和工程开发人员全面认知城市固废焚烧过程中庞大而复杂的物理化学反应、生化反应及物质和能量的转化与传递过程，并需要在苛刻的假设条件下才能成立，因此该类模型难以精准建立。相反，数据驱动建模无须掌握过程内部的运行机理，仅通过分析样本输入输出关系即可提取有效信息以描述动态过程，相比机理建模方法具有建模简单、精度较高等优点。且人工智能与机器学习技术的发展也为数据驱动模型的建立提供了有效支撑，使其成为当前主流的建模方式。但在数据驱动建模过程中，仍需考虑城市固废焚烧过程固有的强非线性、不确定性等问题，从而保障模型应用于城市固废焚烧过程时的泛化性能与计算效率。在最新的研究中，区间二型模糊神经网络能够有效融合模糊理论的神经网络的技术优势，展现出强大的非线性和不确定性应对能力，为城市固废焚烧过程智能建模提供了可行方案。改进的区间二型模糊神经网络设计架构如图1-10-6所示。

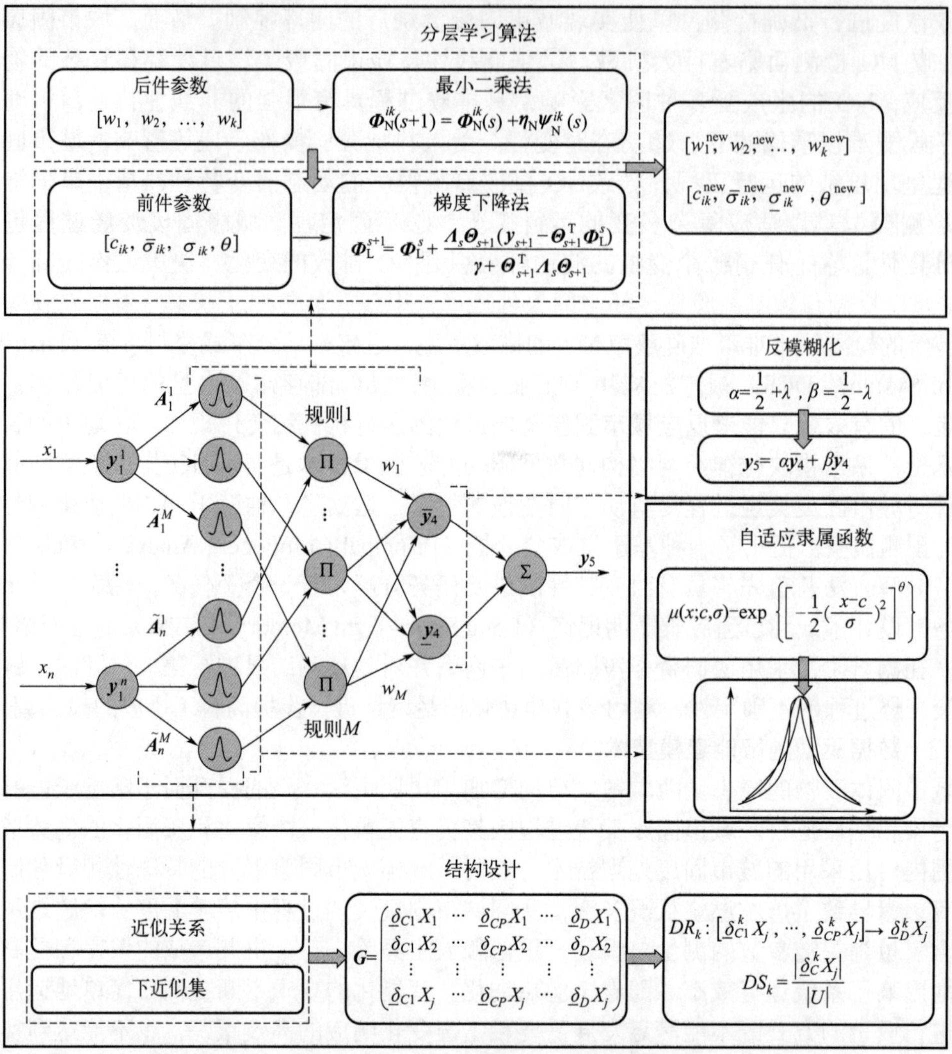


图 1-10-6　改进的区间二型模糊神经网络设计架构

首先，针对网络结构设计过程面临冗余规则和先验知识获取难的问题，基于粗糙集理论具有的强大知识发现和决策规则提取能力，构建适用于城市固废焚烧过程连续型数据的领域粗糙集近似关系表达方式，提出区间二型模糊神经网络结构设计方法。其次，针对单一模糊隶属函数对不确定性表达能力弱、多模糊隶属函数集成计算复杂度高的问题，构建依据数据特性自适应变化的隶属函数形状因子，提出区间二型模糊神经网络自适应模糊隶属函数构建方法。最后，基于前件及后件参数分别具有的线性和非线性特性建立分层参数学习方法，采用递归最小二乘进行后件参数学习并采用梯度下降法调整前件参数及隶属函数形状因子。

（3）非平稳过程智能建模技术

城市固废焚烧过程中物料组分变化、操作方式切换、运行工况转变及设备磨损维护等因素均会导致过程具有非平稳特性，进而引起运行数据的概念漂移现象，即数据分布随时间发生变化，导致基于历史样本构建的旧模型应用于新样本时泛化性能下降。因此，有效应对城市固废焚烧过程中由非平稳特性引起的概念漂移现象是建立精准智能模型的关键，也是实现工业过程智能化控制与运行的重要前提。

相较于其他应用领域，城市固废焚烧过程数据以连续型变量为主，建模任务常集中于焚烧效率或环保指标等相关关键参数的测量及预测。相较于以分类任务为主的视觉识别等领域，概念变化无法由类别改变直接表示，通常需结合实际过程设定观测阈值以确认概念漂移现象。此外，工业过程中概念漂移现象应对还需考虑的难点包括：城市固废焚烧过程工况变化形式与幅度较为复杂，由此导致概念漂移随机性较强，对概念漂移检测算法的灵敏度和准确度均有较高要求；城市固废焚烧过程中的概念漂移现象常预示潜在运行风险，如无法及时检测与控制，除造成经济损失外还可能引起人员伤亡及有毒污染物排放超标等严重运行事故，因此对概念漂移应对的时效性要求高；实际过程中由于技术局限与经济性考虑，通常无法为关键参数提供足够的真值，因此要求能在样本少量标记的情况下应对概念漂移。综合上述分析，提出了基于主动半监督学习的区间二型模糊神经网络构建方法，用于获取能够应对非平稳特性的城市固废焚烧过程智能模型，构建策略如图1-10-7所示。

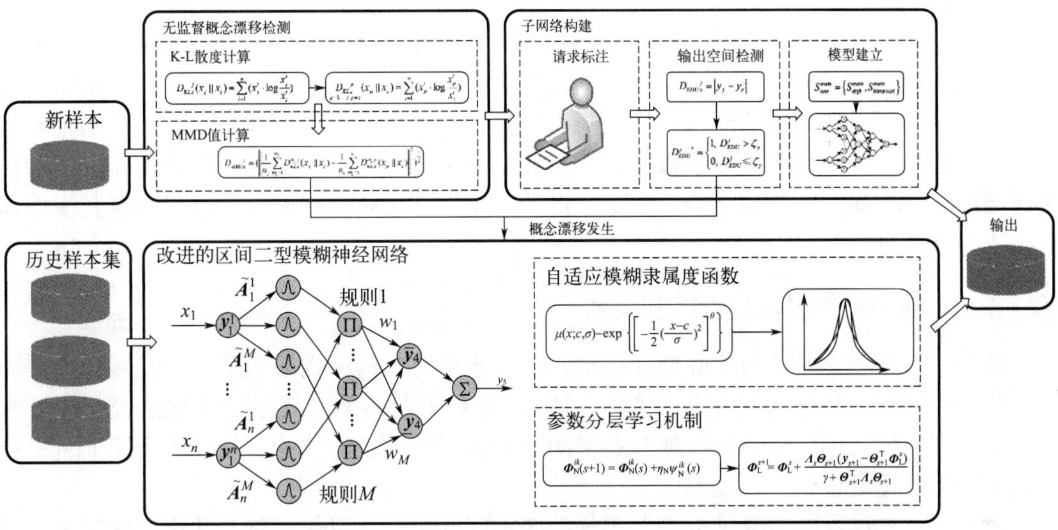


图1-10-7　基于主动半监督学习的区间二型模糊神经网络设计架构

首先，针对概念漂移现象难以准确检测的问题，提出联合最大均值差异和K-L散度的样本分布变化识别方法，采用K-L散度反映采用理论分布拟合真实分布时产生的信息损耗，以判别分布差异。其次，针对概念漂移样本难以完全标注导致模型无法有效学习漂移信息的问题，提出基于主动半监督学习的概念漂移应对策略。最后，针对工业过程工况变化复杂及概念漂移应对时效性要求，提出子模型预训练机制，即当确认新样本发生了概念漂移后，采用概念漂移样本与相似的历史样本共同构建子预测模型。该方法不改变原始预测模型对正常样本的预测精度，能够快速、准确应对城市固废焚烧过程潜在的重复漂移现象。

## 10.3.2　城市污水处理智能优化控制技术与方法

### 10.3.2.1　提升过程智能控制技术

污水泵站是污水系统的重要组成部分，特点是水流连续、水流较小，但变化幅度大，水中污染物含量多。污水处理厂在运行工艺流程中一般采用重力流的方法通过各个构筑物和设备。但由于厂区地形和地质的限制，必须在前处理处加提升泵站将污水提到某一高度后才能按重力流方向运行。污水提升泵站的作用就是将上游来的污水提升至后续处理单元所要求的高度，使其实现重力流。提升泵站一般由水泵、集水池和泵房组成。

集水池的作用是调节来水量与抽升量之间的不平衡，避免水泵频繁启动。对集水池内水泵机组的运行控制应考虑以下几项原则。一要保证来水量与提升量一致，如来水量大于提升量，上游又没有及时采取溢流措施，则可能淹泡格栅和沉砂桥。反之，如果来水量小于提升量，则可能使水泵处于干运行状态，损坏设备。二要保持集水池高水位运行。这样可以降低泵的扬程，在保证提升水量的前提下降低能耗。三要水泵的开、停不要过于频繁，否则易损坏开关和水泵并降低使用期限。四要至少有一台备用泵。可在线备用，也可池外备用。五要保持水泵组内每台水泵的停、开时间均匀，投入运行的泵和备用泵之间定时转换。

针对以上原则，对提升泵的控制是保证污水处理厂正常运行、减少能源消耗的关键。提升泵的控制流程是一个精密且持续的闭环。首先，系统利用各种传感器，如压力传感器、流量计和液位计，实时捕获泵及其相关系统的工作参数并将其转化为电信号。这些信号随后传输给控制器进行处理。当控制器接收到这些输入信号时，它会与预设参数（例如目标压力、流量或液位）进行比较，从而评估当前的工作状态是否满足需求。根据评估控制器确定是否需要对泵的运行状态进行调整。如果需要，它会计算并输出相应的控制信号，以调整泵的操作。执行这些操作后，系统状态将发生相应的变化。新的工作数据会再次通过传感器被捕获，并输送回控制器，形成一个反馈循环。这确保了泵能根据实际的需求和条件持续进行自我调整。

#### 10.3.2.2 鼓风曝气过程智能控制技术

曝气池是污水处理厂的核心处理构筑物。污水中有机污染物的去除主要在曝气池中通过生化反应完成。以城市污水处理经常采用的$A^2/O$工艺为例，其生化处理阶段分为好氧区、厌氧区、缺氧区，三个阶段都有各自的优势菌群和主要的功能，相互配合完成有机物的去除和生物脱氮除磷。

在曝气充氧过程中，鼓风机需向曝气池内不间断供气，以保证曝气池中的需氧量，使池内微生物充分发生生化反应。但是，溶解氧（DO）浓度将影响处理工艺中硝化菌和异养菌的含量和比例。当混合液中DO浓度较低时，不但硝化反应将受到抑制，而且曝气池中丝状菌将大量繁殖，导致污泥膨胀；当DO浓度较高时，除了增加运行费用外，强烈的空气搅拌会使污泥絮体打碎，从而影响出水水质硝化液回流，也会把好氧区的DO带入缺氧区对反硝化反应产生影响；当缺氧区的DO浓度高时，氧将与硝酸盐竞争有限的电子供体，抑制硝酸盐还原酶的合成及其活性。因此，曝气池的运行状况在某种程度上决定着整个处理系统的处理效果，因此曝气池控制是污水处理过程控制的关键。

曝气能耗约占城市污水处理厂所有运行费用的50%或更多。如果通过有效控制，能将城市污水处理厂的运行费用节省1%，也是个天文数字。此外，城市污水处理厂的氨氮排放标准越来越严格，《城镇污水处理厂污染物排放标准》（GB 18918—2002）中规定氨的一级排放A标准和B标准分别为5mg/L和8mg/L，远远高于标准要求的15mg/L。如何实现曝气量的控制，对于降低出水氨氮浓度具有重要意义，也是降低污水处理厂运行成本的重要措施。

PID控制是污水处理行业应用最为广泛的控制方法，这得益于其结构简单、实用性强的特点。PID控制策略能够实时监控曝气过程中的关键参数，如溶解氧浓度和鼓风机曝气量等，并能够在短时间内对变化快速响应，调整鼓风机工作状态，使曝气过程能够迅速适应新的工况，保证系统的稳定运行。但是，PID控制方法的容错性和鲁棒性较差，且控制器参数难以整定，考虑到污水处理过程是一个复杂、多变的工业过程，仅凭已有的PID参数整定方法来调节PID控制器的自适应性难以克服污水处理过程的强非线性、大滞后和多变量耦合等问题。因此，PID控制方法性能的提升是有限的。

相比于PID控制方法，模糊控制可以更好地应对系统的非线性特性。模糊控制不需要精确的数学模型，只需要基于经验和专家知识的模糊规则，能够提高控制算法的容错性，在系统建模困难或实时性要求较高的情况下更加有效。例如，为了提高溶解氧浓度控制的鲁棒性，Belchior等针对入水扰动，通过构建模糊规则，提出一种自适应模糊控制方法，实现规则的自适应推理，提高了溶解氧的控制性能。乔等设计了基于溶解氧的模糊控制，即根据溶解氧的浓度区间及溶解氧浓度变化，设定专家规则或模糊规则，调节鼓风机的运行频率或者开机台数。

由于城市污水处理过程具有明显的时变特性，虽然模糊逻辑、专家系统等方法能够较好地逼近非线性、不确定性过程，但在外界环境和操作条件变化时，运用这些方法会出现信息表征不足或冗余的问题，影响控制性能。而人工神经网络以其强大的自主学习能力和非线性逼近能力广泛应用于复杂系统的智能控制。为了提高控制方法适应污水处理过程动态特性的能力，人工神经网络控制方法的自适应理念得到了广泛的研究。例如，面对强动态性和不确定的曝气过程，为了提高溶解氧的控制性能，Qiao等提出基于自组织模糊神经网络（Self-Organizing Fuzzy Neural Network，SOFNN）的控制器，基于模糊规则的激活强度和互信息自动增加或修剪控制器规则，提高了控制器的自适应能力，控制器能以较少的规则获得较高的控制精度。

作为一种有效的鲁棒控制方法，滑模控制及其衍生控制方法也广泛应用于污水处理过程控制中。与其他控制方法的不同之处在于，滑模控制可以在动态过程中根据系统当前的状态有目的地不断变化，迫使系统按照预定“滑动模态”的状态轨迹运动。Ding等采用动态滑模控制方法控制生化反应池内的生物量浓度，为了更好地抑制干扰，动态滑模控制方法采用自适应增益提高控制方法的控制精度。

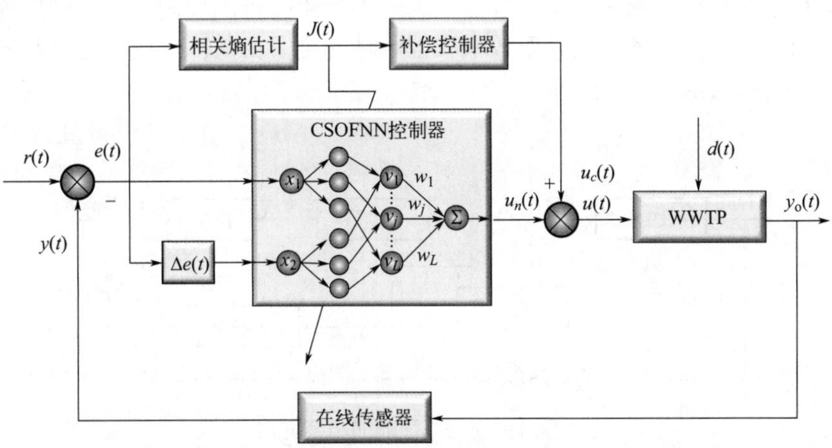


图1-10-8　混合智能控制方法

权利敏等提出了鼓风曝气过程溶解氧浓度的混合智能控制技术，其控制结构如图1-10-8所示。该控制技术由自组织模糊神经网络控制器和补偿控制器组成。补偿控制器根据当前计算的相关熵估计$J(t)$，计算得到补偿控制律$u_c$，使自组织神经网络控制器逼近最优控制律；在线溶解氧仪检测到的当前DO浓度为$S_o$，自组织神经网络控制器根据溶解氧浓度的设定值$S_{set}$与$S_o$之间的偏差和偏差变化率，采用神经网络模糊控制的算法计算得到控制律$u_n$，以适应污水处理过程的非线性特性；同时，根据相关熵估计$J(t)$，自组织模糊神经网络能够在线调整网络结构和参数，动态增加或删除模糊规则，保证动态工况下控制器的稳定性。通过计算得到控制律$u(t)$，并对鼓风机频率进行调整，实现曝气池中的DO浓度的精准控制。

#### 10.3.2.3 加药过程智能控制技术

污水处理过程中，为了达到预定水质标准，常需加入各种化学药剂来帮助去除污水中的有害物质。这些药剂可以结合悬浮物、重金属、有机物等形成容易沉淀的絮状物，从而便于分离和去除。根据污水的具体成分和处理目标，会选用不同的药剂。常见的加药过程包括：调节pH值、絮凝、消毒、脱色、去除重金属。

在加药过程中要根据不同的情况选用合适的药剂，如果选择了不合适的药剂可能导致污水处理效果不佳，或者需要加入更多的药剂才能达到预期效果。同样地，当药量控制不准确时则会导致处理效果不佳，过量可能会造成浪费和二次污染，少量可能导致污水没有得到有效处理。除此之外，加药点选择不当可能导致药剂与污水中的污染物没有充分的反应时间，从而降低处理效果。可以看出，对加药过程的控制可以确保污水的有效处理，满足出水标准；避免药剂的浪费，降低处理成本；避免了过量加药导致的二次污染，确保污水处理的友好性，同时避免了对环境和操作人员的伤害。

目前加药控制常用的方法包括：①定量加药法，即按照预设的剂量和时间间隔进行加药。这种方法通常适用于污水质量变化不大的情况。②反馈控制法，即基于实时或近实时的水质监测数据（例如pH值、浊度、余氯等）进行加药量的动态调整。例如，如果监测到pH值偏低，控制系统会增加碱的加入量。③前馈控制法，即通过预测污水的质量变化，提前调整加药量。④PID控制法，即通过比较设定值和实测值的偏差，并结合偏差的累计和变化率，计算出药剂的加入量。PID控制法的优点是结构简单、容易实现，缺点是难以处理多变量和控制滞后。相比之下，智能控制软件运用先进的控制方法，例如模型预测控制、模糊控制等，其能显著提高处理效率和控制精确度。目前，这些先进控制方法逐渐应用于加药过程控制技术中。

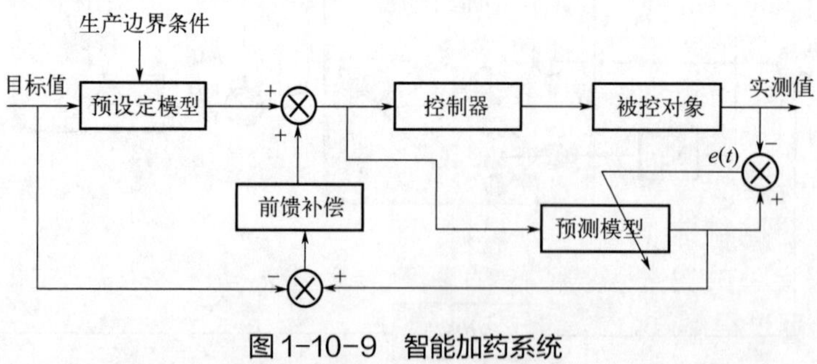


图1-10-9 智能加药系统

张会清等提出了一种污水处理厂智能加药系统（图1-10-9），由基础自动化系统、优化控制系统和监控系统组成。其中，加药优化控制系统通过采用BP神经网络，通过出水的含量和水中的磷与化学需氧量之间的关系建立出水预测模型，并建立处理厂加药系统的混合液悬浮固体浓度（MLSS）、DO浓度、COD、药剂投放量等的预设定模型和上述设定值与COD、$NH_3$-N之间的预测模型。然后，通过加药系统出水浊度目标值和预测模型的预测值的误差，研究优化设定值的前馈补偿策略，采用模糊控制算法对加药设定值进行前馈补偿。

#### 10.3.2.4 过程优化控制技术

过程优化控制技术是指通过监测和控制整个或者部分污水处理流程，利用模型和优化算法确定所涉及的参数的取值范围、初始值和调整策略，进而自动调整设备，例如调整曝气系统的曝气量、控制混合设备的搅拌程度等，以此避免仅凭人工设定而存在的滞后性和随机性等问题，最大程度地提高处理效率，减少能耗和化学品的使用。过程控制技术涉及优化决策和控制算法，其核心思想是通过算法和模型找到最优的解决方案和决策，自动地对被控对象进行决策和调节，以便实现控制过程的高效运行，达到污水治理的最佳性能和效益。

污水处理过程具有非线性、动态性的特点，难以确定明确的能耗优化目标，不易建立准确的能耗优化模型，影响了优化控制方法的控制效果。针对该问题，Chachuat等设计了基于遗传算法的曝气系统优化策略，以最优化出水水质和最小化运行能耗为目标，构建了出水水质、运行能耗和污水处理过程关键变量之间的关系模型，采用遗传算法求解溶解氧浓度优化设定值，实现城市污水处理过程曝气系统的优化，有效提升了出水水质，并减少了10%的能耗。为了降低出水氨氮浓度和运行能耗，Han等提出了一种城市污水处理出水氨氮优化控制方法，通过分析生化反应机理选择合适相关变量建立曝气模型，利用粒子群优化算法获取溶解氧浓度的优化设定值，设计自适应模糊神经网络控制器跟踪该设定值，提高了出水氨氮的去除效果，降低了能耗。

污水处理过程在降低能耗的同时，应该保证出水水质达标排放。出水水质和操作能耗是一对相互耦合的运行指标，各运行指标受到不同控制变量的影响。城市污水处理过程具有各运行指标动力学特性复杂且控制变量相互耦合等特点，导致难以获得有效的控制变量优化设定值，实现运行指标的动态平衡。因此，如何根据城市污水处理过程运行指标操作特点，设计智能优化控制策略，获取合适的控制变量优化设定值，实现出水水质达标排放和降低操作能耗是亟待解决的难题。针对这一难题，Vega等提出了一种污水处理过程分层优化控制方法。该方法的上层利用遗传算法对运行能耗进行优化，获得所需参数的优化设定值，下层利用预测控制方法，实现参数优化设定值的跟踪控制，以提高污水处理效率，降低系统运行能耗。Han等设计了一种基于粒子群算法的污水处理优化控制方法，该方法的上层利用基于变异算子的粒子群算法求取污水处理水流速率的优化设定值，下层对水量进行跟踪控制，减少异常工况的发生，确保系统稳定运行。Zhou等提出数据和知识驱动的城市污水处理过程多目标优化控制方法，通过确定不同优化时间段内状态变量与控制变量优化设定值的关系，确定稳定的关键变量优化设定值，保证关键变量优化设定值的实时获取和有效跟踪，从而提高城市污水处理过程的运行效率，实现城市污水处理过程高效稳定运行。

为了同时控制某污水处理厂的溶解氧浓度和硝酸盐浓度，提出了一种基于神经网络的污水处理过程动态多目标优化控制方法（图1-10-10）。分析污水处理过程控制变量、操作变量及优化性能指标间存在的联系，利用模糊神经网络建立污水处理过程优化设定值与性能指标、出水约束间的函数关系，构建污水处理过程带有约束的动态多目标优化模型，解决了污水处理过程中没有优化模型的难点问题，为污水处理过程能耗与水质的多目标优化问题提供了模型基础。采用改进NSGA-Ⅱ进化算法对建立的多目标优化问题进行求解，获得溶解氧与硝态氮浓度的优化设定值。

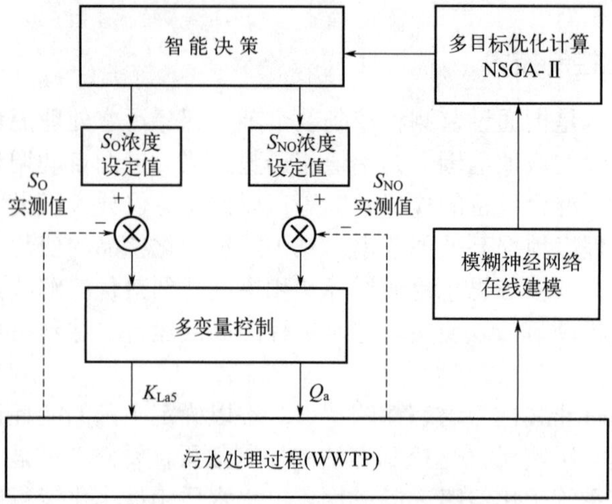


图 1-10-10　动态多目标优化控制方法

## 10.3.3　城市固废焚烧智能优化控制技术与方法

### 10.3.3.1　数据驱动的烟气含氧量模型预测控制技术

烟气含氧量控制是城市固废焚烧过程控制的重要一环，其稳定控制与否直接影响焚烧效率、处理成本和有毒有害污染物排放等方面。根据城市固废焚烧过程的现场控制经验，烟气含氧量一般应控制在4% ～ 8%范围内。传统的控制方法往往只是简单地通过热磁式氧传感器或氧化锆氧传感器等接触式传感器直接观测烟气含氧量的变化进行手动调控。虽然该方法具有直观简单和方便调控的特点，但传感器测量存在制造成本高、反应速度慢、探头易积灰、测量误差大等缺点，控制过度依赖于人工经验。城市固废焚烧过程非线性和时变性的特点使得传统的控制方法难以实现精准的烟气含氧量跟踪控制。

随着工业智能化的发展，通过智能化控制来替代人工控制以提升工业效率与可靠性成为未来的发展方向。模型预测控制方法因其在处理多输入多输出、有约束、不确定系统的控制问题上的优势，已在过程控制中得到广泛应用。此外，现场DCS系统中存储的大量历史数据为建立数据驱动模型预测控制方法提供了可能。基于自组织LSTM神经网络的城市固废焚烧过程烟气含氧量模型预测控制方案如图1-10-11所示。

具体包括以下几个方面：首先，数据驱动的模型预测控制器设计。设计了数据驱动的模型预测控制器方案，由参考轨迹调整、基于梯度下降方法的滚动优化、基于自组织LSTM神经网络的烟气含氧量预测模型和反馈校正等环节组成。其次，梯度下降法求解控制律。为了保证优化效率，借助梯度下降算法在滚动优化周期内优化控制目标函数，在线求解控制律，实现烟气含氧量的精准控制。最后，控制系统稳定性分析。基于李雅普诺夫理论分析了基于自组织LSTM神经网络的城市固废焚烧过程烟气含氧量模型预测控制方法的稳定性，保证控制系统在实际应用中的可靠性。

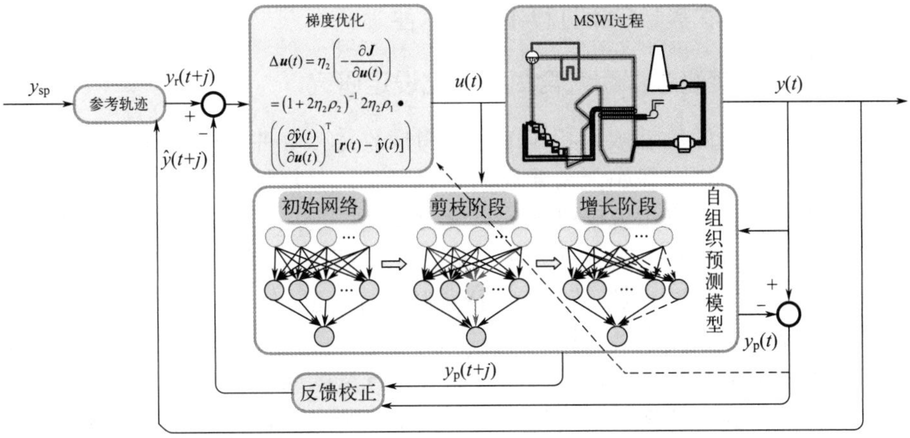


图 1-10-11　数据驱动的城市固废焚烧过程烟气含氧量模型预测控制方案

### 10.3.3.2　事件触发的烟气含氧量自适应预测控制研究

一般情况下，模型预测控制的最优控制序列是在每个控制时刻反复求解的，需要消耗大量的计算资源。然而，在模型预测控制实施过程中，一些相邻的操作可能产生了几乎相同的控制器动作，这些控制序列的重复优化操作是不必要的。事件触发模型预测控制的基本思想是仅在事件触发时才激活控制律优化操作，其策略是期望的控制性能和资源效率之间的权衡，可减少冗余控制律优化计算，实现有效控制。此外，对于存在扰动的非线性动态过程，由于过程的不确定性，过程模型会随时间发生变化。传统的反馈校正方法解决过程模型失配问题的能力有限，利用过程数据在线更新预测模型是解决模型预测控制器模型失配问题的一种可行方法。而事件触发机制也能够减少过程模型在线更新的频率，从而提高实时控制的适用性和效率。事件触发的数据驱动自适应模型预测控制方案如图 1-10-12 所示。

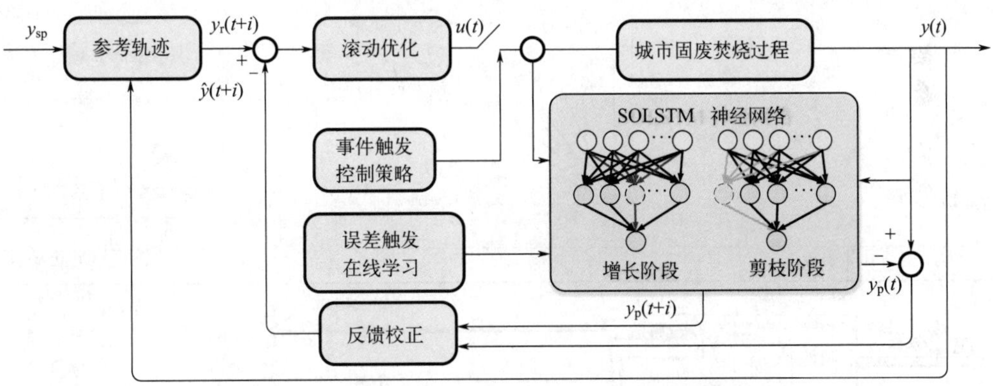


图 1-10-12　事件触发的数据驱动自适应模型预测控制方案

具体包括以下三个方面：第一，为了减少计算量和能量消耗，提出了事件触发控制策略，即只有满足一定的触发条件时才更新控制律。综合控制精度及稳定性设计事件触发条件，减轻控制律在线优化求解的计算负担，提高资源利用效率。第二，为解决控制过程中存在的模型失配问题，设计基于预测效果反馈的模型更新机制，依据累积误差触发模型动态在线更新，同时考虑预测误差以及预测模型参数的变化，提高了预测模型的动态自适应性。第三，从递归可行性和稳定性两方面分析了事件触发的数据驱动自适应模型预测控制的稳定性，确保控制器在实际应用过程中的可靠性。

#### 10.3.3.3 城市固废焚烧过程烟气含氧量优化设定研究

城市固废焚烧过程的焚烧效率和$NO_x$污染物排放是相互冲突的目标，同时受多个变量的共同影响。在实际焚烧过程中，需要充足的氧气参与焚烧炉内城市固废的充分燃烧、脱硫过程的亚硫酸钙氧化反应和脱硝过程的氮氧化物还原反应等工艺过程，但过量的氧气会增加排烟损失、风机电耗和尾气处理规模。因此，将烟气含氧量设定在合理范围内对于城市固废焚烧过程提高焚烧效率和降低$NO_x$污染物排放浓度具有重要意义。

此外，为了降低城市固废焚烧过程中的$NO_x$排放浓度，城市固废焚烧厂通常采用降低烟气含氧量的方式调节$NO_x$生成量。然而，烟气含氧量的降低会导致燃烧不充分，燃烧效率进而下降。显然，这是遵循“最大化效率，最小化污染”这一基本优化原则的多目标优化问题，由于优化目标之间一般都是相互冲突的，一个目标的改善有可能会引起另一个或另几个目标的性能降低，也就是说没有一个最优解能够同时优化所有的目标，而只能在它们中间进行协调和折中处理，使各个子目标都尽可能地达到最优化。

城市固废焚烧过程中燃烧效率和$NO_x$排放浓度相互冲突的特性，使得将多目标问题转化为单一目标问题的方法存在局限性。该方法受限于帕累托（Pareto）前沿的形状，过于依赖先验知识确定多个目标函数的权重系数。随着多目标优化方法以及人工智能技术的发展，可以将提高燃烧效率和降低$NO_x$排放浓度同时作为城市固废焚烧过程运行性能的评价指标。在多目标粒子群算法基础上，设计有效的多目标优化方法获得被控变量的Pareto最优前沿，并对解进行评估以确定合适的烟气含氧量设定点，是实现固废焚烧过程燃烧效率和$NO_x$排放平衡的关键，上述优化设定策略如图1-10-13所示。

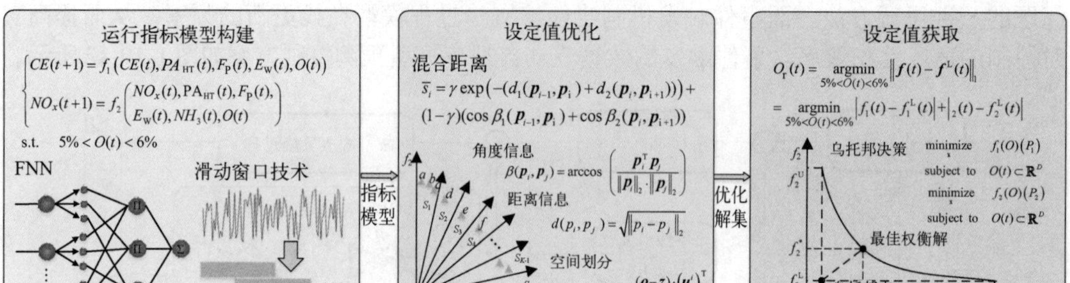


图1-10-13　城市固废焚烧过程烟气含氧量优化设定策略

具体包括以下几个方面：首先，运行指标模型构建。为实现对燃烧效率和$NO_x$排放浓度的准确在线估计，构建基于在线自适应模糊神经网络的运行性能指标模型。采用滑动窗口技术更新模型参数，保证指标模型的在线预测精度。其次，基于空间划分和混合距离的多目标粒子群优化算法。为准确求解烟气含氧量的优化设定解集，设计基于空间划分和混合距离的多目标粒子群优化算法。设计基于混合距离的外部档案维护策略和基于空间划分与混合距离的最优粒子选择策略，在提高全局极值选取准确度的同时使优化解集保持较好的分布性。最后，乌托邦决策。为减少决策者主观偏好的影响，采用乌托邦决策方法自动求解烟气含氧量的优化设定点。通过计算Pareto解集与乌托邦点之间的距离关系，将一范数距离最小的一个解作为执行解，对应的解即为烟气含氧量的优化设定值。

#### 10.3.3.4 城市固废焚烧过程烟气含氧量智能优化控制研究

近年来，城市固废产生量呈逐年增加态势，虽然新建城市固废焚烧厂和固废处理能力不断增大，但城市固废焚烧过程长期处于高负荷运转，燃烧效率下降且$NO_x$排放浓度升高。优化控制策略通过设计合理的优化方法和控制方法，能够实现运行指标最优化。前者提供最优的设定点，提升整体运行性能，后者实现对给定设定点的跟踪控制。为了实现城市固废焚烧过程烟气含氧量的优化控制，需要分析固废焚烧过程的运行需求，建立高效的烟气含氧量优化设定方法，设计精准的烟气含氧量设定值跟踪控制策略，实现城市固废焚烧过程烟气含氧量优化设定值的自动获取与精准控制，达到提高燃烧效率和降低$NO_x$排放浓度的目的。

随着智能控制技术的应用发展，线性二次调节控制、神经网络控制和模型预测控制等方法已成功应用于各种燃烧控制过程。在传统的燃烧控制过程中，一般需要依据运行情况和专家经验给定烟气含氧量设定值，但这种方式具有较大的主观随意性，没有充分考虑城市固废焚烧过程提高燃烧效率和降低$NO_x$排放浓度的迫切需要，难以实现有效的烟气含氧量优化控制。因此，为了提高燃烧效率、降低$NO_x$排放浓度，应根据实际运行情况动态优化求解烟气含氧量设定值，保证固废焚烧厂的高效运行。

在实际焚烧过程中，由于设备老化、结焦污垢和外部干扰等变化，过程模型往往也会随时间发生变化，数据驱动模型在干扰出现后可能无法正确预测系统未来动态，最终影响模型的预测控制性能。传统的方法是利用实测误差对模型预测结果进行补偿，然而这种误差反馈校正方法具有明显的滞后性，难以适应复杂非线性系统的动态变化。为了提高模型预测控制器在城市固废焚烧过程动态环境下的鲁棒性，可以通过构造误差校正模型，对系统动态模型的预测误差进行修正，进一步提高模型预测控制效果。基于此，设计城市固废焚烧过程烟气含氧量智能优化控制框架，如图1-10-14所示。

具体包括以下三个方面：第一，优化控制方案设计。为实现焚烧过程优化运行和烟气含氧量控制，设计基于空间划分和混合距离的多目标粒子群优化算法和乌托邦决策的智能优化控制策略，准确描述了多目标优化控制问题。该智能优化控制策略包含优化层和控制层两方面。第二，烟气含氧量优化设定。以最大化燃烧效率和最小化$NO_x$排放浓度作为优化目标，利用在线自适应模糊神经网络构建工艺参数与运行指标之间的动态关系模型，采用基于空间划分和混合距离的多目标粒子群优化算法求解烟气含氧量的优化解集，借助乌托邦决策方法获取烟气含氧量的优化设定值。第三，烟气含氧量设定值跟踪控制。为了提高模型预测控制器的鲁棒性，设计基于双LSTM神经网络的模型预测控制方法，构建基于LSTM神经网络的预测模型和误差反馈校正模型，提高烟气含氧量优化设定点的跟踪控制精度，实现提高燃烧效率和降低$NO_x$排放浓度的目的。

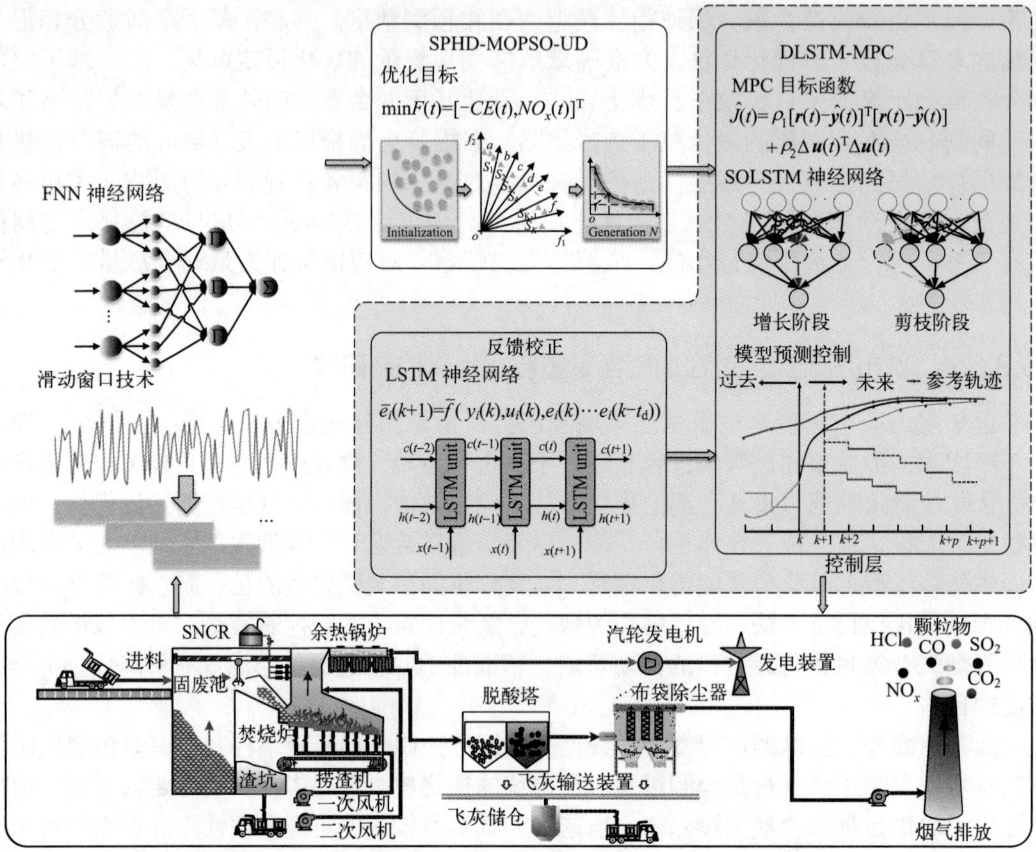


图 1-10-14　城市固废焚烧过程烟气含氧量智能优化控制框架

# 10.4　应用情况

## 10.4.1　污染物智能检测技术应用情况

### 10.4.1.1　大气治理处理过程智能检测技术应用情况

当前，对空气质量的检测一般通过传感器来实现，如半导体气敏传感器、固体电解质气敏传感器、电容型气敏传感器等。由于传感器成本及体积问题，难以实现其对具体地区或场景的空气质量检测，检测结果也难以确保绝对精确。在出现间歇性干扰或突发性干扰的情况下，直接采样的数据会与实际产生较大偏差从而影响判断结果。与此同时，收集器、传感器在恶劣条件下往往难以实现长期、有效、准确的工作，需要人工维护，譬如放空火炬的烟气感知因其高温环境就难以利用采集器进行烟气感知，所以传统的感知方法仍存在诸多弊端。

针对上述问题，提出了基于图像的大气治理处理过程智能检测技术，通过基于图像的检测方式，利用摄像机、遥感卫星等拍摄图像，对图像进行分析，从而判定空气的质量。受益于目前摄影技术的突飞猛进，利用图像分析可以快速、准确地对空气质量进行检测与分析。针对烟雾/火焰检测具体场景，采用RGB和热红外双摄像设备的非接触方式采集图像数据并提取火焰有效特征。然后，设计深度神经网络模型并优化特征提取机制，实现了烟雾/火焰的远程非接触式的实时检测，且检测准确率、检测率以及误报率等核心技术指标国际领先。例如，提出的基于一阶池混合注意力模型在烟雾/火焰数据集上的准确率、检测率和误报率分别为96.1%、95.2%和1.68%。目前，该烟雾/火焰检测技术已经在北京燕山石化有限公司、青岛安全工程研究院应用。

#### 10.4.1.2 城市污水处理过程智能检测技术应用情况

当前，城市污水处理过程中主要水质参数检测一般通过化学分析法完成（电化学法、光化学法、光谱法等），检测时间在30 ～ 120min之间，并且在实验室完成。基于化学分析法测量原理的污染物快速检测仪，其测量时间多在30min左右，测量精度多在80% ～ 85%之间。因此，水质参数的实时检测是国内外污水处理企业共同面临的“卡脖子”难题。

针对该问题，提出了城市污水处理过程出水水质智能检测技术，在污水生化反应过程中原位提取特征信息，通过建立智能特征模型，实现对污水处理的实时检测，即：将污水出水水质直接检测转化为研究与特征变量间的蕴含关系。首先，提出了传感器布置优化方案，铺设“五感”传感器（听觉、触觉、视觉、味觉和嗅觉）采集各项水质数据（例如温度、pH值等）。随后，基于人工智能技术和大数据技术，建立神经网络智能特征模型，模型结构和参数随污水处理工况改变而动态调整，实现了污水出水水质检测的无人化、自动化、智能化。检测时间、精度、范围等核心技术指标国际领先。例如，总氮浓度检测范围是0 ～ 20.7mg/L，总磷浓度为0 ～ 3.0mg/L，总氮浓度检测精度达99%以上，总磷浓度达到97%以上，而且测量的时间仅需要14ms，攻克了化学分析检测反应耗时长的技术壁垒。水厂的实际运行结果显示，COD、总磷浓度、氨氮浓度的在线检测准确度分别为：95%，89%和85%。目前，该水质检测技术已经在北京排水集团、南京太古可口可乐工业园区应用。国际上，也已经被美国、丹麦、韩国等多个国家借鉴应用。

#### 10.4.1.3 城市固废焚烧过程

$NO_x$作为城市固废焚烧的典型排放物之一，是造成环境污染的主要来源。因此，减少城市固废焚烧中的$NO_x$排放量尤为重要。目前，控制$NO_x$排放的主要方式是通过脱硝装置降低$NO_x$浓度，实时准确地检测$NO_x$浓度对于控制城市固废焚烧厂$NO_x$排放和提高环保要求具有重要意义。

针对城市固废焚烧过程的动态时变性，构建了基于动态模块化神经网络的$NO_x$排放智能检测模型。在实际的城市固废焚烧工业数据集上，能够有效地分析燃烧段炉排空气流量、干燥段炉排空气流量、一次燃烧室温度、一次风量和二次风量等过程变量的重要性变化情况，并提取不同阶段下的重要变量作为工况识别关键向量，从而对复杂工况实现动态划分，所提方法的测试性能平均提升23.25%（RMSE）、26.4%（MAPE）、8.65%（R2）。

针对城市固废焚烧过程复杂的非线性，设计了基于正则化自组织LSTM神经网络的污染物排放智能检测模型。可以根据给定的数据，例如温度、空气流量数据等，自适应地确定网络的结构和参数，从而准确地构建$NO_x$浓度和过程变量之间的非线性映射关系。该成果不仅可应用于$NO_x$排放检测，还可进一步作为城市固废焚烧过程中的二氧化硫、一氧化碳等其他污染物排放检测的有效措施，具有显著的推广应用价值。

基于上述理论及关键技术创新，结合实时数据采集、过程监控与人机交互技术，研发了固废焚烧过程仿真平台。该平台能够与算法实时对接，基于城市固废焚烧过程的物理特性和化学反应原理，采用所提方法构建$NO_x$排放智能检测模型，并通过与实时采集的$NO_x$真实值进行对比和验证，可以评估模型的准确性和实用性，实现城市固废焚烧过程中关键污染物的实时监测和控制，保证焚烧过程的安全和高效。

### 10.4.2 城市污水处理智能优化控制技术应用情况

曝气池是污水处理厂的核心处理构筑物。曝气能耗约占城市污水处理厂所有运行费用的50%或更多。如果通过有效控制，能将城市污水处理厂的运行费用节省1%，也是个天文数字。因此，曝气环节的优化控制是保证出水水质达标、降低运行成本的关键。然而，污水处理过程具有动态、非线性、多变量等特性，传统控制器难以实现溶解氧浓度的精准控制。

针对该问题，上海昊沧系统控制技术有限责任公司设计了精准曝气系统（AVS），并已在内江市污水处理厂进行了实际应用。该系统运用“前馈+模型+反馈”的多参数控制模式，实时并准确地计算出了所需的曝气量。更具体地说，鼓风机组由三台Siemens-Turbo高度离心鼓风机构成，运行模式为两用一备。三台鼓风机被整合为一个单一的控制组，通过AVS系统动态地调整总风量和气量需求。控制过程通过鼓风机主控柜（MCP）自动完成，包括控制鼓风机（组）的启停、进出口导叶开度、变频器频率。与此同时，系统还能与电动调节阀联动，实现精细化和稳定化的气量分配。

除此之外，北京工业大学开发了基于工业互联网的生物池溶解氧边缘优化控制系统，在边缘节点进行智能优化决策计算，提升了系统预测、预警、预案、预演的“四预”能力。首先，根据实际出水水质要求，建立相关的调控方案，包括形成机组健康状态优先、机组运行台时优先、水质优先、碳排放优先等多目标预案推荐。其次，选择相关调控方案后，可在孪生世界中模拟鼓风机机组开机、切机、调参等操作，预演前后水质变化、曝气量变化、机组工况运行情况，预判机组推荐方案的合理性和可行性。实践证明，这一系统成功地将小红门污水厂曝气环节鼓风机电耗降低了1%。除了节能，降低设备维护成本也是一个关键因素。因此，设计了一种基于离心脱水机状态数据的故障预测评价系统，小红门污水厂离心脱水机的故障率成功降低了5%。

综上所述，这些先进的技术和解决方案不仅显著提高了污水处理效率，还在节能降耗方面取得了显著成果，这些成果对于推动污水处理行业的可持续发展具有不可忽视的价值。

### 10.4.3 城市固废焚烧智能优化控制技术应用情况

针对固废焚烧过程中由于操作员的经验、专长与水平不同，对炉膛温度、烟气含氧量等关键被控变量控制的主观随意性较大，且易发生运行状态异常和污染物排放超标等问题，北京工业大学设计了基于数据驱动的城市固废焚烧智能控制方案，对提升固废焚烧全流程工艺智能化程度、提高运行效率、减少污染物排放具有实际意义。

研发了炉膛温度抗扰控制器以解决焚烧过程中抗扰性差的问题。首先，设计了自组织TS模糊神经网络控制器，并在其基础上引入紧格式的无模型自适应控制方法；其次，在对系统进行动态线性化处理的基础上设计指数趋近律的离散滑模控制策略，增强了控制器干扰抑制能力，以减弱焚烧过程中扰动对炉膛温度的影响。

研发了烟气含氧量自适应模型预测控制系统。首先，设计基于自组织LSTM神经网络的模型预测控制方案，建立基于自组织LSTM神经网络的烟气含氧量预测模型；其次，为保证优化效率，利用梯度下降法求解控制律，对焚烧过程中的烟气含氧量进行控制；最后，设计基于累积误差的预测模型在线更新机制，解决因不确定干扰、设备老化等引起的模型失配问题。

研发了基于多任务学习的协同事件触发多变量控制系统。首先，建立了模糊神经网络多变量控制器，实现了炉膛温度和烟气含氧量的同步控制；其次，设计了一种基于多任务学习的动态自组织机制，通过计算连续时间内神经元的动态时间弯曲距离和累积贡献度来分裂和融合神经元；接着，引入协同事件触发机制，在降低机械磨损和计算量的同时提高控制器的更新效率；在多变量设定值跟踪与外部扰动条件下，实现对炉膛温度和烟气含氧量的协同控制。

技术成果已应用于北京市门头沟鲁家山垃圾焚烧发电厂，提出的城市固废焚烧自适应智能控制技术能够精准地跟踪炉膛温度与烟气含氧量，在不同设定点和扰动条件下，提出的控制方案具有良好的控制性能和较低的控制律计算次数，和同类控制技术相比，其对炉膛温度的控制精度至少提升了29.8%，对烟气含氧量的控制精度至少提升了25.9%，执行机构的触发次数至少减少了29.3%。

## 10.5 发展建议

### 10.5.1 技术发展建议

环保自动化作为环保技术和自动化技术的有机结合，以信息化手段实现环保设施的操作、优化和管理，已经成为未来环保工作的主要方向。然而，由于环保自动化技术的复杂性和多样性，其发展仍面临着技术研发不足、二次污染问题、技术整合困难等挑战。因此需要制定明确的技术发展策略，以推动环保自动化技术的发展。

加强环保自动化技术研发方面，建议开发适应不同环境条件和污染源的智能监测、控制和处理设备，提高环保自动化的效率和精度：环保自动化技术的研发和创新是环保自动化的核心驱动力，也是环保自动化的竞争优势。当前，环保自动化技术面临着多样化的环境问题和复杂化的污染因素，需要不断地开发和更新适应性强、功能全、性能优的自动化设备，以满足环境保护的需求。

避免环保自动化技术二次污染方面，建议环保自动化技术逐步解决对化学制剂依赖、能源浪费和温室气体排放等问题，需要寻求更加环保的技术方案：例如，针对水体治理，推广使用太阳能、风能等可再生能源驱动的自主机器人和集群机器人，实现水体的自动化、无污染和低成本的清洁和修复。

推动环保自动化技术的整合方面，建议结合数字化、信息化和网络化技术构建环保自动化的互联网平台，实现数据的收集、分析和共享，为环境保护决策提供科学依据和智能支持：环保自动化技术的结合和协同，不仅要依靠自动化设备硬件，也要依靠数字化、信息化和网络化技术软件。当前，环保自动化技术还存在着数据的孤岛、分散和低效等问题，需要构建统一、开放和智能的互联网平台，实现环保自动化技术的整合和优化。例如，可以构建基于云计算、大数据和物联网的环保自动化互联网平台，实现环境数据的实时收集和共享分析，推动环境治理方案的智能化执行和评估，形成全方位、全过程的环保自动化解决方案。

### 10.5.2 人才培养建议

推动环保自动化的发展不仅需要先进的技术，更需要大量具备相关知识和技能的专业人才。结合环保自动化领域的人才现状和需求，提出培养和提升环保自动化专业人才的建议如下。

加强对环保自动化专业人才的教育和培训，提高理论水平和实践能力，培养创新意识和团队协作精神：环保自动化专业人才的教育和培训是环保自动化人才的基础和保障，需要不断完善环保自动化相关教育和培训体系，以适应环保自动化技术的发展和应用的需求。例如，针对环保自动化教学方法，可以采用以问题为导向、以项目为载体、以实践为主的教学模式，激发专业人才的学习兴趣和动力，培养专业人才的创新能力和实践能力。针对环保自动化实验设备，可以增加与环保自动化技术相关的智能控制系统实验平台、环境治理实验基地等。

建立多层次的环保自动化人才培养体系，包括高校、科研机构、企业和社会组织，形成人才的供需对接和互动交流机制：环保自动化人才培养体系是环保自动化人才的来源和渠道，需要构建涵盖各个层次和领域的环保自动化人才培养体系，以满足环保自动化技术的发展和应用的多元化需求。例如，针对环保自动化人才培养层次，可以建立从本科到博士的完整学历教育体系，或从初级到高级的多样职业教育体系，为不同层次的环保自动化人才提供不同的教育和培训机会。针对环保自动化人才培养结构，可以建立从理论到实践的全面知识结构，也可以建立从技术到管理的多方面能力结构，为不同领域的环保自动化人才提供不同的知识和能力培养。针对环保自动化人才培养，可以建立高校、科研机构、企业和社会组织之间的合作和交流机制，如联合培养、共建实验室、合作项目等，为环保自动化人才提供不同的学习和工作环境与平台。

### 10.5.3 政策措施建议

政策措施是推动环保自动化发展的重要手段，结合环保自动化领域的政策环境和制度保障，提出完善和优化环保自动化政策和制度的建议如下。

制定和完善环保自动化的相关法律法规和标准规范，明确环保自动化的目标、要求和责任，保障环保自动化的合法性和规范性：环保自动化的法律法规和标准规范是环保自动化的基础和依据，需要制定和完善适应环保自动化技术发展和应用的法律法规和标准规范，明确环保自动化的定义、范围、目标、原则、要求、责任、监督等，为环保自动化提供法律保障和法律依据。针对环保自动化标准规范，需明确环保自动化的技术条件、技术指标、技术方法、技术评价等，为环保自动化提供技术支持和技术参考。

加大对环保自动化的财政支持和税收优惠，鼓励和引导社会资本投入环保自动化的研发和应用，激发环保自动化的市场活力和竞争力：环保自动化的财政支持和税收优惠是环保自动化发展的动力和激励，需要加大和优化对环保自动化的财政支持和税收优惠，增加对环保自动化的科研项目、科研平台、科研人员等的资金投入和奖励。针对环保自动化税收优惠，可以减免或免除对环保自动化的设备、产品、服务等的关税、增值税、所得税等，为环保自动化的应用和推广提供税收减负。

加强对环保自动化的宣传和推广，提高公众的环保意识和参与度，形成全社会共同支持和参与环保自动化的良好氛围：环保自动化的宣传和推广是环保自动化发展的重要途径和手段，可以利用各种媒体和渠道，如电视、报纸、网络、社交媒体等，广泛传播环保自动化的理念、技术、成果、案例，为环保自动化提供正面的、全面的和及时的信息和评价。此外，可以利用展览、演示、体验、培训等方式，广泛展示环保自动化的设备、产品、服务等，为环保自动化提供直观且可互动的展示和推广。

## 参考文献


[1] 生态环境部、中国环保产业协会. 中国环保产业发展状况报告. 2022.

[2] 华经产业研究院. 国家统计局2012-2021年国家环保支出及增速. 2023.

[3] Liu B , Zhang Y . Calibration of miniature air quality detector monitoring data with PCA-RVM-NAR combination model[J]. Scientific Reports, 2022, 12(1): 9333. DOI: 10. 1038/s41598-022-13531-4.

[4] 生态环境部. 环境与可持续发展. 2020.

[5] 于经纬. 考虑时空特征的大气污染预测混合模型研究[D]. 成都：电子科技大学, 2023.

[6] 乔光明, 王汝秀, 禚林海. 自动化技术在环境保护领域中的作用[J]. 信息记录材料, 2020, 21(03): 131-133. DOI: 10. 16009/j. cnki. cn13-1295/tq. 2020. 03. 078.

[7] 乔俊飞, 郭子豪, 汤健. 面向城市固废焚烧过程的二噁英排放浓度检测方法综述[J]. 自动化学报, 2020, 46(06): 1063-1089. DOI: 10. 16383/j. aas. c190005.

[8] 辛斌, 陈杰, 彭志红. 智能优化控制：概述与展望[J]. 自动化学报, 2013, 39(11): 1831-1848.

[9] 孙剑, 蒙西, 乔俊飞. 城市固废焚烧过程烟气含氧量自适应预测控制[J/OL]. 自动化学报：1-12[2023-10-23]. DOI: 10. 16383/j. aas. c210935.

[10] 丁海旭, 汤健, 乔俊飞. 城市固废焚烧过程数据驱动建模与自组织控制[J]. 自动化学报, 2023, 49(3): 550-566.

[11] Wu H , Tang X , Wang Z , et al. Probabilistic automatic outlier detection for surface air quality measurements from the china national environmental monitoring network[J]. Advances in Atmospheric Sciences, 2018, 35(12): 1522-1532. DOI: 10. 1007/s00376-018-8067-9.

[12] Agarwal A K , Kumar V , Ankur Kalwar A J . Fuel injection strategy optimisation and experimental performance and emissions evaluation of diesel displacement by port fuel injected methanol in a retrofitted mid-size genset engine prototype[J]. Energy, 2022, 248: 123593.

[13] González-Martín J, Kraakman N J R, Cristina Pérez, et al. A state-of-the-art review on indoor air pollution and strategies for indoor air pollution control[J]. Chemosphere, 2021, 262: 128376. DOI: 10. 1016/j. chemosphere. 2020. 128376.

[14] Maulik U, Kundu S. Automatic vehicle pollution detection using feedback based iterative deep learning[J]. IEEE Transactions on Intelligent Transportation Systems, 2023, 24(5): 4804-4814.

[15] Zhuiykov S. Solid-state sensors monitoring parameters of water quality for the next generation of wireless sensor networks[J]. Sens. Actuators B Chem, 2012, 161: 1-20.

[16] Yaroshenko I, Kirsanov D, Marjanovic M, et al. Real-time waterquality monitoring with chemical sensors. Senscors, 2020, 20: 3432.

[17] Chen Y, Song L, Liu Y, et al. A review of the artificial neural network models for water quality prediction[J]. Appl. Sci, 2020, 10: 5776.

[18] Ahmed U, Mumtaz R, Anwar H, et al. Water quality monitoring: from conventional to emerging technologies. Water Sci. Technol. Water Supply, 2020, 20: 28-45.

[19] Jan F, Min-Allah N, Dü stegör D. Iot based smart water quality monitoring: recent techniques, trends and challenges for domestic applications[J]. Water, 2021, 13: 1729.

[20] Ahmad B, Wang J, Ali Z A, et al. Hybrid anomaly detection by using clustering for wireless sensor network[J]. Wireless Personal Communications, 2019, 106(4).

[21] Murphy K, Heery B, Sullivan T, et al. A low-cost autonomous optical sensor for water quality monitoring[J]. T alanta, 2015, 132: 520-527.

[22] Y Jiang, S Yin, J Dong, et al. A review on soft sensors for monitoring, control and optimization of industrial processes[J]. IEEE Sensors Journal, 2020.

[23] M X Yan, L P Fan. Constant voltage output in two-chamber microbial fuel cell under fuzzy PID control[J]. International Journal of Electrochemical Science, 2013, 8(3): 3321-3332.

[24] Yang T, Qiu W, Ma Y, et al. Fuzzy model-based predictive control of dissolved oxygen in activated sludge processes[J]. Neurocomputing, 2014, 136: 88-95.

[25] Qiao J, Su Y, Yang C. Online-growing neural network control for dissolved oxygen concentration[J]. IEEE Transactions on Industrial Informatics, 2023, 19(5): 6794-6803.

[26] 施汉昌，王玉珏. 污水处理厂故障诊断专家系统[J]. 给水排水，2001(08): 1, 88-90.

[27] Piotrowski R, Sawicki H, Zuk K. Novel hierarchical nonlinear control algorithm to improve dissolved oxygen control in biological WWTP[J]. Journal of Process Control, 2021, 105: 78-87.

[28] Ritz H, Nassar M R, Frank M J, et al. A control theoretic model of adaptive learning in dynamic environments[J]. Journal of Cognitive Neuroscience, 2018, 30(10): 1405-1421.

[29] 李彬彬. 大型异重循环流化床垃圾焚烧电厂监控系统的开发与研究[D]. 杭州：浙江大学，2004.

[30] Chua H, Jamaludin J, Lee P, et al. Development of a computer-based data acquisition and performance analysis of fuzzy-pid hybrid temperature control for torrefaction. Solid State Science and Technology, 2021, 28(1&2): 75-86.

[31] Ono H, Ohnishi T, Terada Y. Combustion control of refuse incineration plant by fuzzy logic[J]. Fuzzy Sets and Systems, 1989, 32(2): 193-206.

[32] Shen K, Lu J, Li Z, et al. An adaptive fuzzy approach for the incineration temperature control process[J]. Fuel, 2005, 84(9): 1144-1150.

[33] 吴智雄. 垃圾焚烧锅炉汽包水位控制模型建立及预测控制技术研究[D]. 杭州：浙江大学，2004.

[34] Bacci di Capaci R, Vaccari M, Pannocchia G. Enhancing sustainability of acid gas treatment in a Waste-to-Energy plant via Model Predictive Control[J]. Journal of Cleaner Production, 2023, 410: 137222.

[35] Cho S, Kim M, Lyu B, et al. Optimization of an explosive waste incinerator via an artificial neural network surrogate model[J]. Chemical Engineering Journal, 2021, 407: 126659.

[36] 何海军，蒙西，汤健，等. 基于ET-RBF-PID的城市固废焚烧过程炉膛温度控制方法[J]. 控制理论与应用，2022, 39(12): 2262-2273.

[37] Qin J, Zhang Y, Heberlein S, et al. Characterization and comparison of gasification and incineration fly ashes generated from municipal solid waste in Singapore[J]. Waste Management, 2022, 146: 44-52.

[38] Gordon M. Dioxin characterisation, formation and minimisation during municipal solid waste (MSW) incineration: review[J]. Chemical Engineering Journal, 2002, 86(3): 343-368.

[39] Tejima H, Nishigaki M, Fujita Y, et al. Characteristics of dioxin emissions at startup and shutdown of MSW incinerators[J]. Chemosphere, 2007, 66(6): 1123-1130.

[40] Intharathirat R, Abdul Salam P. Valorization of MSW-to-energy in thailand: status, challenges and prospects[J]. Waste Biomass Valor, 2016, 7: 31-57.

[41] Mondal P. Techno-economic and environmental performance assessment of a MSW to energy plant for Indian urban sectors[J]. Thermal Science and Engineering Progress, 2021, 21: 100777.

[42] Sheng X Y, Lai Y J, Yu S J, et al. Quantitation of atmospheric suspended polystyrene nanoplastics by active sampling prior to pyrolysis-gas chromatography-mass spectrometry [J]. Environmental Science Technology, 2023, 57(29): 10754-10762.

[43] 徐立恒，冯燕青，陈剑启. FTIR同时测定多组分室内有机污染气体的方法研究[J]. 光谱学与光谱分析，2006, (12): 2197-2199.

[44] 李锋. 室内环境中一氧化氮的化学发光检测及其催化消除方法研究[D]. 无锡：江南大学，2017.

[45] Li L, Zhang S. Research on key technology of $CO_2$ concentration measurement based on non-dispersive infrared[C]. 2017 2nd International Conference on Frontiers of Sensors Technologies (ICFST), Shenzhen, China, 2017: 99-103.

[46] Zhou Z, Shi Y, Gao Z, et al. Wildfire smoke detection based on local extremal region segmentation and surveillance[J]. Fire

Safety Journal, 2016, 85: 50-58.

[47] Töreyin B U, Dedeöglu Y, Cetin A E. Wavelet based real-time smoke detection in video[C]. 2005 13th European Signal Processing Conference, 2005: 1-4.

[48] Gu K, Xia Z, Qiao J, et al. Deep dual-channel neural network for image-based smoke detection[J]. IEEE Transactions on Multimedia, 2020, 22(2): 311-323.

[49] Gu K, Xu X, Qiao J, et al. Learning a unified blind image quality metric via on-line and of line big training instances[J]. IEEE Transactions on Big Data, 2020, 6(4): 780-791.

[50] Jing T, Zhou Y, Hao Q, et al. A nano-nickel electrochemical sensor for sensitive determination of chemical oxygen demand[J]. Analytical Methods, 2012, 4(4): 1155-1159.

[51] Gutiérrez-Capitán M, et al. Electrochemical nanocomposite-derived sensor for the analysis of chemical oxygen demand in urban wastewaters[J]. Analytical chemistry, 2015, 87(4): 2152-2160.

[52] Li Y, et al. Portable and smart devices for monitoring heavy metal ions integrated with nanomaterials[J]. TrAC Trends in Analytical Chemistry, 2018, 98: 190-200.

[53] Ma K, Qin Z, Zhao Z, et al. Toxicity evaluation of wastewater collected at different treatment stages from a pharmaceutical industrial park wastewater treatment plant [J]. Chemosphere, 2016, 158: 163-170.

[54] Gan T T, Zhao N J, Yin G F, et al. Optimal chlorophyll fluorescence parameter selection for rapid and sensitive detection of lead toxicity to marine microalgae Nitzschia Closterium based on chlorophyll fluorescence technology [J]. Journal of Photochemistry and Photobiology B: Biology, 2019, 197: 111551.

[55] Ibáñez M, et al. Rapid non-target screening of organic pollutants in water by ultraperformance liquid chromatography coupled to time-of-light mass spectrometry[J]. TrAC Trends in Analytical Chemistry, 2008, 27(5): 481-489.

[56] Chen B, Wu H, Li S F Y. Development of variable pathlength UV-vis spectroscopy combined with partial-least-squares regression for wastewater chemical oxygen demand (COD) monitoring[J]. Talanta, 2014, 120: 325-330.

[57] Chen X, Yin G, Zhao N, et al. Simultaneous determination of nitrate, chemical oxygen demand and turbidity in water based on UV-Vis absorption spectrometry combined with interval analysis[J]. Spectroc Acta Pt A-Molec Biomolec Spectr, 2021, 244.

[58] Lin K, Pei J, Li P, et al. Simultaneous determination of total dissolved nitrogen and total dissolved phosphorus in natural waters with an on-line UV and thermal digestion[J]. Talanta, 2018, 185: 419-426.

[59] Lin K, Xu J Guo H, et al. Flow injection analysis method for determination of total dissolved nitrogen in natural waters using on-line ultraviolet digestion and vanadium chloride reduction[J]. Microchem J, 2021, 164.

[60] Geng J, Yang C, Lan L, et al. Online rapid total nitrogen detection method based on UV spectrum and spatial interval permutation combination population analysis[J]. Spectrochimica Acta Part A: Molecular and Biomolecular Spectroscopy, 2022, 274: 121009.

[61] Yue J, Yang C, Li Y, et al. A spectrum denoising method based on low-rank recovery dictionary learning with its application to chemical oxygen demand detection[J]. Chemometrics and Intelligent Laboratory Systems, 2023, 240: 104919.

[62] Peleato N M, Legge R L, Andrews R C. Investigation of fluorescence methods for rapid detection of municipal wastewater impact on drinking water sources[J]. Spectrochimica Acta Part A : Molecular and Biomolecular Spectroscopy, 2017, 171: 104-111.

[63] Tian Z, Bi Z, Wang Y, et al. Rapid evaluation method based on DOM for water quality by microlaser fluorescence spectrometer[J]. Applied Physics B, 2020, 126: 1-5.

[64] Bagheri M, Mirbagheri S A, Ehteshami M, et al. Modeling of a sequencing batch reactor treating municipal wastewater using multi-layer perceptron and radial basis function artificial neural networks[J]. Process Safety and Environmental Protection, 2015, 93: 111-123.

[65] Canete J F, Del S O P, Baratti R, et al. Soft-sensing estimation of plant effluent concentrations in a biological wastewater treatment plant using an optimal neural network[J]. Expert Systems with Applications. 2016, 63: 8-19.

[66] Mirbagheri S A, Bagheri M, Boudaghpour S, et al. Performance evaluation and modeling of a submerged membrane bioreactor treating combined municipal and industrial wastewater using radial basis function artificial neural networks[J]. J Environ Health Sci Eng, 2015, 13: 17

[67] Han H, Wu X, Zhang L, et al. Self-organizing RBF neural network using an adaptive gradient multiobjective particle swarm optimization[J]. IEEE Transactions on Cybernetics, 2019, 49(1): 69-82.
[68] Yan J, Xu Z, Yu Y, et al. Application of a hybrid optimized BP network model to estimate water quality parameters of Beihai Lake in Beijing[J]. Appl. Sci. 2019, 9: 1863.
[69] Qiao J, Li F, Yang C, et al. A self-organizing RBF neural network based on distance concentration immune algorithm[J]. IEEE/CAA Journal of Automatica Sinica, 2019, 7(1): 276-291.
[70] Zhou H, Zhang Y, Duan W, et al. Nonlinear systems modelling based on self-organizing fuzzy neural network with hierarchical pruning scheme[J]. Appl Soft Comput, 2020, 95: 1-16.
[71] Qiao J, Wang G, Li X, et al. A self-organizing deep belief network for nonlinear system modeling[J]. Applied Soft Computing, 2018, 65: 170-183.
[72] 闻超垚, 周平. 污水处理过程出水水质稀疏鲁棒建模[J]. 自动化学报. 2022, 48(06): 1469-1481.
[73] Xiong J, Tao Z, Hua L, et al. An evolutionary robust soft measurement technique via enhanced atom search optimization and outlier robust extreme learning machine for wastewater treatment process[J]. Journal of Water Process Engineering, 2023, 55: 104102.
[74] Qiao J, Quan L, Yang C. Design of modeling error PDF based fuzzy neural network for effluent ammonia nitrogen prediction[J]. Applied Soft Computing, 2020, 91: 106239.
[75] Huang K, Tao S, Wu D, et al. Physical informed sparse learning for robust modeling of distributed parameter system and its industrial applications[J]. IEEE Transactions on Automation Science and Engineering, 2023.
[76] Belchior C A C, Araújo R A M, Landeck J A C. Dissolved oxygen control of the activated sludge wastewater treatment process using stable adaptive fuzzy control[J]. Computers & Chemical Engineering, 2012, 37: 152-162.
[77] Qiao J F, Fu W T, HAN H G. Dissolved oxygen control method based on self-organizing T-S fuzzy neural network[J]. CIESC Journal, 2016, 67(3): 960-966.
[78] Qiao J, Li D, Han H. Neural network-based adaptive tracking control for denitrification and aeration processes with time delays[J]. IEEE Transactions on Neural Networks and Learning Systems, 2024, 35(8): 10687-10697.
[79] Ding S, Wang J, Zheng W X, Second-order sliding mode control for nonlinear uncertain systems bounded by positive functions[J]. IEEE Transactions on Industrial Electronics, 2015, 62(9): 5899-5909.
[80] 权利敏. 数据驱动的城市污水处理过程智能控制方法研究[D]. 北京: 北京工业大学, 2021.
[81] 张会清, 李泽锋. 基于规则自适应校正的化学除磷控制方法研究[J]. 自动化技术与应用, 2020, 39(2): 18-23.
[82] Chachuat B, Roche N, Latifi M A. Optimal aeration control of industrial alternating activated sludge plants[J]. Biochemical Engineering Journal, 2005. 23(3): 277-289.
[83] Han H, Zhang L, Qiao J. Dynamic optimal control for wastewater treatment process under multiple operating conditions[J]. IEEE Transactions on Automation Science and Engineering, 2023, 20(3): 1907-1919.
[84] Vega P, Revollar S, Francisco M, et al. Integration of set point optimization techniques into nonlinear MPC for improving the operation of WWTPs[J]. Computers & Chemical Engineering, 2014, 68: 78-95.
[85] Han H, Lin Z, Lu W, et al. Dynamic MOPSO-based optimal control for wastewater treatment process[J]. IEEE Transactions on Cybernetics, 2021, 51(5): 2518-2528.
[86] Zhou P, Wang X, Chai T. Multiobjective operation optimization of wastewater treatment process based on reinforcement self-learning and knowledge guidance[J]. IEEE Transactions on Cybernetics, 2023, 53(11): 6896-6909.

本章负责人　乔俊飞　北京工业大学

参加编写人员　杨翠丽　李文静　蒙　西　郭　楠

第 2 篇

# 装备设备自动化

CHINA AUTOMATION TECHNOLOGY
DEVELOPMENT REPORT (2025)

# 第1章 数控机床自动化

## 1.1 引言

随着现代工业技术的飞速发展，传统的机械制造方式已经不能满足现代生产的高效、精准和自动化的需求。而数控技术作为现代先进制造技术的重要组成部分，已逐渐成为制造业中的核心技术。

### 1.1.1 数控技术起源与发展

#### 1.1.1.1 数控技术的起源

在第二次世界大战期间，航空工业的飞速发展对飞机零部件的精度和数量提出了前所未有的挑战。传统的手工操作机床在满足这些要求方面遭遇了巨大困难。为了解决上述问题，美国的空军资助了MIT（麻省理工学院）的一个项目，旨在研究如何利用现有技术提高机床的精度和效率。在这个项目中，研究人员提出了一个概念：使用打孔纸带来为机床提供预定的指令，从而控制其运动。这实际上是数控技术的雏形。通过打孔纸带的方式，机床可以按照预先设定的路径进行操作，这大大提高了零部件制造的精度和一致性。然而，使用纸带的方法还是存在一定的限制，例如纸带的磨损、存储问题等。随着计算机技术的发展，人们开始考虑将其应用于数控技术。在20世纪50～60年代，计算机技术和数控技术的结合使得数控机床的操作变得更加灵活和精确，从而诞生了计算机数控机床（CNC）。CNC技术的引入为机床加工带来了革命性的变化。不仅加工速度和精度得到了巨大的提升，而且机床操作员可以更加直观地进行编程和操作。随后，CNC技术与计算机辅助设计和制造（CAD/CAM）系统的结合进一步推动了这一领域的发展。

#### 1.1.1.2 数控技术的发展

从最初的打孔纸带控制到现在的计算机直接数控，数控技术经历了多次革命性的发展。现代的数控机床不仅具备高速、高精度的加工能力，还能与计算机辅助设计和制造（CAD/CAM）系统无缝对接，实现从设计到制造的全流程自动化。

**（1）初期（1950s ~ 1960s）**

数控技术起源于20世纪50年代的美国，最初是为了满足航空工业中复杂零件的生产需求。初始的数控系统主要基于打孔纸带来控制机床，这种打孔纸带上的孔位代表了机床的各种运动和操作。通过将纸带输入到一个读取设备中，机床可以按照预设的路径进行精确操作。每一个孔位或孔位的组合都代表着特定的命令或动作，这种命令系统被称为编码系统。例如，一系列的孔可能代表机床的旋转、前进或后退等动作。通过对纸带的精确控制和编程，可以确保机床按照设计师的意图和要求完成特定的加工任务。

尽管这种基于打孔纸带的系统看起来原始，但它为后来的数控技术发展奠定了坚实的基础。随着时间的推移，这些系统逐渐被更先进、更高效的电子控制系统所取代，为现代制造业带来了革命性的变革。

**（2）集成电路时代（1970s ~ 1980s）**

随着20世纪60～70年代集成电路（IC）的诞生和普及，这种高度小型化且功能强大的电子组件为各种技术带来了革命性的变化，其中数控技术也不例外。集成电路的出现意味着更强的数据处理和存储能力可以被集成到一个小巧的芯片中，从而为更为复杂和高效的机器控制提供了可能性。

在集成电路之前，数控技术依赖于打孔纸带来指导机床的操作。这种方法不仅操作复杂、效率较低，而且其灵活性和精度受到限制。但随着微处理器的引入，数控机床开始具备更高的计算能力，能够快速、精确地解析和执行复杂的命令。

微处理器和计算机控制系统的融入，使得机床可以通过软件编程进行操作，这大大提高了生产的灵活性，不再需要为每一个新的工件或操作更换物理纸带，而是通过电子方式加载不同的程序来实现。这种转变不仅简化了生产流程，还大大提高了制造效率和准确性。

此外，随着计算机技术的进步，数控系统的用户界面也变得更为友好和直观。工程师和操作员可以在计算机屏幕上直接进行设计、模拟和优化，而不必完全依赖于物理模型或试验性生产。

集成电路的出现为数控技术带来了一个新的时代，使得机床控制从原始的、基于物理介质的系统转向了现代的、基于微处理器和计算机的高度自动化系统，大大推动了制造业的技术革新和进步。

**（3）计算机辅助设计与制造（CAD/CAM，1980s ~ 1990s）**

在20世纪80年代和90年代，随着计算机技术的迅速发展，许多传统工业领域都经历了巨大的转变。其中，计算机辅助设计（CAD）和计算机辅助制造（CAM）的出现和普及，为机械设计和制造带来了深远的影响。

在CAD/CAM技术出现之前，工程师和设计师们通常依赖于手工草图和物理原型来进行设计。这些方法不仅耗时耗力，而且在多次修改和迭代中容易产生误差。随着CAD技术的引入，设计师可以在计算机上进行精确、详细的设计。这不仅允许他们轻松修改和优化设计，还使得复杂的三维模拟和分析成为可能，从而可以在生产前预测和解决潜在的问题。

与此同时，CAM系统为制造环节带来了革命。CAM软件可以直接读取CAD设计中的数据，自动为数控机床生成编程代码，从而指导机床进行加工。这种无缝的转换从设计到生产，减少了人为错误的可能性，确保了设计的忠实度，并显著减少了从概念到成品的时间。

此外，CAD/CAM集成系统的出现使得设计和制造过程更加紧密地联系在一起。在传统方法中，设计和制造往往是两个相对独立的环节，而在CAD/CAM的帮助下，它们成为了一个连续的、高度互动的流程。这不仅促进了跨职能团队的合作，也为快速迭代和产品创新提供了更大的空间。CAD/CAM技术的引入彻底改变了工业设计和制造的方式。通过电脑化的精确设计和高效生产，不仅生产效率得到了显著提高，产品的质量和精度也达到了前所未有的高度。

**（4）网络化与智能化（2000s至今）**

随着21世纪初互联网和物联网的快速发展，制造业经历了巨大的变革。互联网技术为设备之间的连接提供了无所不在的通信网络，而物联网则将物理世界的各种设备、传感器和系统与这个网络连接起来，形成了一个巨大的、相互交流的设备网络。

在这样的背景下，传统的数控技术也迎来了新的演变。与过去仅限于单独操作的机床不同，现代的数控机床已经变得更加智能和互联。它们不仅可以执行精确的加工任务，还可以与工厂内的其他机床、物流系统甚至是供应链管理系统进行实时通信。这种连接性为制造流程带来了前所未有的透明度，使得生产计划、调度和优化都能够更加迅速和精确地执行。

更为重要的是，随着大数据、机器学习和人工智能（AI）技术的崛起，数控技术得到了进一步的增强。机床现在可以收集和分析大量的生产数据，从而自动优化加工参数，预测设备维护需求，甚至自动适应新的设计变更。例如，通过机器学习算法，机床可能会识别出特定的加工模式可能导致的质量问题，并自动调整其操作以避免这些问题。

此外，人工智能技术也为自动化和机器人技术带来了新的机会。在智能工厂中，机器人不仅可以执行简单的重复任务，还可以进行更为复杂的决策和操作，如自主调度、产品检测和故障排查。随着互联网、物联网、机器学习和人工智能技术的综合应用，数控技术正快速向智能制造领域迈进，为制造业带来了革命性的变革。这种变革不仅提高了生产效率，还为产品质量、创新和定制化生产提供了新的可能性。

**(5) 最近的发展**

随着技术的不断进步和创新，制造业正经历着前所未有的变革。其中，3D打印技术，或称为增材制造技术，已经逐渐走入公众的视野并在多个领域得到应用。与传统的数控技术相结合，它开创了一种全新的制造模式。

3D打印技术的本质是通过逐层堆积材料来创建三维物体，这与传统的数控技术中的去材料方式形成鲜明对比。当3D打印技术与数控技术相结合时，它们共同为制造业提供了更加灵活和高效的生产方式。例如，对于某些复杂的部件，传统的制造方法可能需要多个步骤和工具。但使用增材制造，这些部件可以在一个连续的过程中被打印出来，大大简化了生产流程。此外，这种结合还允许生产出传统方法难以实现的复杂结构和定制化产品。

另外，随着虚拟现实（VR）和增强现实（AR）技术的兴起，数控技术也在迅速适应这一趋势。这些技术为操作人员提供了一个更加沉浸式和直观的界面，从而大大提高了操作的准确性和效率。例如，通过AR技术，操作员可以直接在真实环境中看到虚拟的机械操作指导或数据覆盖，这可以帮助他们更准确地定位工件、选择工具或判断加工进度。同时，使用VR技术，操作员可以在一个模拟的工厂环境中进行培训或模拟操作，这不仅提高了培训的效率，还大大降低了实际操作中的风险。这种技术的结合也为远程协作和维护提供了新的可能性。通过VR或AR技术，技术人员可以在远程为现场操作人员提供实时的指导和帮助，或者与其他团队成员进行协作，共同解决问题。

数控技术的发展历程反映了现代制造业中技术进步的脉络。最早的数控系统仅仅基于物理的打孔纸带来控制机床。这种方法，尽管在当时是一个革命性的跃进，但相对于现代技术而言，其速度、灵活性和精度都相对较低。随着计算机技术的不断进步，数控技术也随之进行了一次次的升级和变革。

与计算机技术的进步同步，数控系统从简单的物理介质逐渐转向了数字化和电子化。这使得数控机床能够处理更复杂的任务，执行更精确的操作，并实现更高的自动化程度。现代的智能制造系统不仅仅是简单的加工机器，它们可以进行自我学习、自我优化，并与其他系统实时交互，以实现整体的生产效率最大化。这种技术的进步并非孤立发生，而是与整个计算机和信息技术行业的飞速发展紧密相连。每一次技术的革新，无论是处理能力的增强、存储技术的提升，还是通信技术的进步，都为数控技术带来了新的可能性。

随着技术的继续进步，特别是人工智能、物联网和大数据等领域的发展，数控技术的未来将更加光明。预计未来的数控机床将更加智能化，能够根据实时数据进行自我调整、预测和排除故障，并与全球的生产网络实时连接。此外，通过与其他先进技术的结合，如虚拟现实和增强现实，操作员将能够以更加直观和高效的方式进行操作和维护。

#### 1.1.1.3 数控与制造业

随着科技的飞速发展和进步，数控机床已经渗透并成为航空、汽车、电子和医疗等众多领域里的关键设备。在航空领域，它助力制造精密的零部件，确保飞机的安全和高效运作；在汽车行业中，数控机床贡献于各种零件的快速生产，从发动机部件到车身结构，确保每一部分都精确到位；在电子和医疗行业，微型组件和精密工具的生产都离不开数控机床的高精度加工。

不仅如此，这种技术极大地提高了整体生产效率。与传统的手工操作或有限的自动化程度相比，数控机床可以连续不断地工作，不仅加快了生产速度，还确保了生产过程的连续性和一致性。

在经济方面，数控技术的应用大幅降低了生产成本，降低了因为人为失误造成的废品率，提高了材料利用率，而且在大规模生产中，机器的稳定运行减少了维护和修理的需求，进一步节约了成本。

但最为突出的变革在于，这种技术使得那些在传统制造环境中被认为是复杂甚至不可能生产的零件，现在变得轻而易举。无论是微小的电子零件，还是复杂的航空部件，数控技术都提供了一种高效、精确的制造手段。

**（1）金属机械加工**

金属机械加工是制造业的重要环节，涉及对各种金属材料的切削、成形、连接等操作。数控机床，由于其高度的精确性和自动化程度，已在金属加工中发挥了不可替代的作用。数控机床在金属机械加工中的主要应用包括数控车床、数控铣床、数控钻床与数控磨床等。

**（2）复合加工**

复合加工是一种将多种加工方式集成到一台机床上的技术，以提高加工效率、精度和柔性。结合数控技术和复合加工技术，数控复合加工机床是指在一台机床上集成了多种主要的加工功能，如车削、铣削、钻孔、磨削等，并使用数控系统对其进行控制的机床。

**（3）电火花加工与线切割**

电火花加工和线切割是现代制造业中的两种非常特殊且独特的加工方法。与传统的机械切削方法不同，它们利用火花放电产生的高温来去除材料。这两种方法尤其适用于加工硬质合金或难加工的材料。数控技术的引入进一步提高了这两种方法的精确性、复杂性和效率。

**（4）3D打印与增材制造**

数控技术使得3D打印设备可以按照计算机设计的模型，通过逐层堆叠的方式制造出复杂的物体。在3D打印与增材制造中，数控技术起到了关键的作用。具体包括：

① 路径规划：在3D打印过程中，打印机的喷头或激光器需要按照特定的路径进行移动以确保正确地打印出物体。数控技术能够提供精确的移动指令，确保打印层与层之间的精确对齐，从而获得高质量的输出。

② 材料控制：在增材制造中，材料的供应是非常关键的。数控技术可以控制材料的供应量、速度和时间，确保物体的每一部分都有恰当的材料分布。

③ 多材料打印：当使用多种材料进行打印时，数控技术可以在适当的时候切换到不同的材料，以制造具有多种属性和功能的复合物体。

④ 适应性：针对各种不同的3D打印技术（如FDM、SLA、SLS等），数控程序可以进行特定的调整和优化，以适应不同打印技术的特点。

⑤ 错误检测与纠正：现代的数控系统通常具备实时监控功能，可以检测打印过程中的任何偏差或错误，并立即进行纠正，确保打印质量。

⑥ 用户界面与交互：数控技术还可以为用户提供友好的界面，允许他们上传模型、选择打印参数、监视打印进度等，使3D打印更加直观和用户友好。

⑦ 后处理：有些增材制造过程需要后续的热处理或其他处理步骤。数控技术可以自动化这些步骤，确保每个步骤都严格按照规定的参数执行。

⑧ 集成与自动化：在大规模生产或复杂的打印任务中，数控技术可以实现多个设备或工序的集成和自动化，大大提高生产效率和准确性。

数控技术在3D打印与增材制造中起到了不可或缺的作用，它确保了打印过程的精确性、稳定性和可靠性，同时也大大提高了生产效率和打印质量。随着技术的进一步发展，数控技术在这个领域的应用将更加广泛和深入。

**（5）机器人技术**

在制造生产线上，尤其是汽车制造、电子设备组装等领域，机器人被广泛应用，其运动和操作均由数控技术控制。机器人需要能够精确地执行命令、移动到特定的位置并执行特定的任务。其应用包括：

① 关节驱动与运动控制：机器人的关节和驱动器是由电机、执行器等组成的。数控技术可以提供精确的控制信号，使机器人的每一个关节都能够按照预设的轨迹和速度移动。

② 路径规划与跟踪：当机器人需要从一个位置移动到另一个位置时，数控技术可以帮助计算最佳的移动路径，并确保机器人沿着这个路径准确移动。

③ 多任务操作：现代机器人可以同时执行多种任务，如搬运、焊接、装配等。数控技术可以确保机器人在执行多任务时，每个任务都能够按照预定的顺序和参数完成。

④ 感知与反馈：机器人需要通过各种传感器来感知外部环境并对其进行响应。数控技术可以处理传感器的数据，并提供必要的控制信号以确保机器人做出正确的反应。

⑤ 学习与自适应：随着人工智能和机器学习技术的发展，机器人可以学习新的技能或自适应不熟悉的环境。数控技术在这里可以提供强大的计算能力，支持机器人的学习和决策过程。

⑥ 安全与保护：机器人在操作中可能遇到各种意外情况，如障碍物、过载等。数控技术可以实时监控机器人的状态，并在出现问题时立即采取保护措施。

⑦ 人机交互：数控技术还可以帮助机器人与人类用户进行交互，如通过触摸屏、语音命令、手势等方式来接收命令或提供反馈。

⑧ 系统集成与协调：在某些应用中，可能需要多个机器人或其他设备共同工作。数控技术可以确保所有设备都能够按照预定的方式进行协调和合作。

数控技术在机器人技术中起到了核心作用，使机器人能够精确、高效地执行任务，同时也增强了机器人的智能性和自适应能力。随着技术的进一步发展，我们可以期待数控技术在机器人领域的应用将更加广泛和深入。

**（6）检测与质量控制**

数控技术在检测与质量控制中的应用已经深入到各个行业领域，尤其是在制造业中。其主要利用数字化的指令和数据处理技术，确保产品和过程达到预定的质量标准。数控技术在检测与质量控制中的应用包括：

① 自动化视觉检测：利用数控技术配合高分辨率的摄像头，机器可以自动扫描产品，并与预存的标准图像进行比较，从而检测产品上的缺陷、瑕疵或偏差。

② 精确位置控制：在一些需要高精度的质量检测任务中，数控技术可以确保传感器、摄像头或其他检测设备的精确位置和角度，从而确保检测结果的准确性。

③ 实时数据采集与分析：数控系统可以实时采集生产线上的各种数据，如温度、压力、速度等，并进行快速分析，从而及时发现任何偏离标准的情况。

④ 反馈控制：当检测到产品或过程中的问题时，数控系统可以自动调整机器或生产线的参数，确保产品质量的稳定性。

⑤ 报告与记录：数控技术可以自动记录检测结果，并生成详细的报告，为管理层提供决策支持，并满足法规和标准的记录要求。

⑥ 多传感器集成：在复杂的检测任务中，可能需要多种传感器来获取全面的数据。数控技术可以集成和协调这些传感器的工作，确保整体的检测效果。

⑦ 远程监控与诊断：利用数控技术，管理者可以远程监控生产线的状态和质量，甚至可以进行远程诊断和调试。

⑧ 高速检测与排序：在一些大批量生产的场合，数控技术可以实现高速的检测和排序，例如，对于电子元件、食品或药品等，可以快速检测其质量，并将不合格品自动剔除。

⑨ 智能化决策支持：通过结合人工智能和机器学习技术，数控系统可以提供更高级的质量控制策略和建议，帮助企业优化生产过程。

数控技术在检测与质量控制中起到了关键的作用，使企业能够实现高效、准确和自动化的质量管理，从而提高产品质量，降低生产成本，并满足消费者和市场的高质量要求。

**（7）非传统加工**

非传统加工也被称为特种加工，是指那些不直接依赖机械工具的切削或冲压来去除材料的加工方法。数控技术在非传统加工中的应用具有巨大的意义，因为这些加工方法通常要求高度的精度和复杂的控制策略。以下是数控技术在非传统加工中的应用：

① 电火花加工（EDM）：在电火花加工中，一个电极和工件之间形成的电火花被用来去除材料。数控技术可以精确地控制电极的位置和运动轨迹，以及电火花的能量和频率，从而获得所需的形状和尺寸。

② 电化学加工（ECM）：ECM是一种使用电解作用来去除材料的方法。数控技术可以控制电解的参数，如电压、电流和时间，以及工具电极的位置和移动。

③ 超声波加工：这种方法使用高频振动的工具来去除脆硬或硬化的材料。数控系统可以控制超声波的频率、幅度和方向，以及工具的位置和移动。

④ 激光加工：激光可以用来切割、钻孔或焊接各种材料。数控技术可以精确地控制激光的焦点、功率和移动轨迹，以获得所需的加工效果。

⑤ 等离子弧切割：数控技术可以控制切割的深度、速度和路径，从而确保准确和高效

地切割。

⑥ 喷射加工：如水刀切割，使用高速、高压的水流或混合物来切割材料。数控系统可以控制喷嘴的位置、移动速度和喷射参数。

⑦ 微米/纳米级加工：在这些超微米尺度的加工中，数控技术提供了对工具和材料的精确控制，以实现精密的结构和特性。

非传统加工通常涉及复杂的物理过程和高度的精确性要求，数控技术为这些加工方法提供了必要的控制策略和精度，使得它们在现代制造中越来越受到重视。

**（8）软件应用**

计算机辅助设计使设计师能够在数字环境中创建、修改、分析和优化设计。而数控技术则确保这些设计能够被精确地转化为实物制品。以下是数控技术在计算机辅助设计中的应用：

① CAD/CAM集成：CAM经常与CAD软件结合使用。设计师在CAD环境中创建的设计可以直接被转化为数控代码（如G-code），这些代码随后被送到数控机床进行加工。

② 仿真与验证：在CAD环境中，数控技术可以用于对制造过程进行仿真。这意味着设计师可以在物理制造之前预测和验证工具路径、加工时间和潜在的制造问题。

③ 自动工具路径生成：现代的CAD/CAM系统可以自动为给定的设计生成最优化的工具路径。数控技术确保这些路径被精确地遵循，以确保质量和效率。

④ 参数化设计与数控加工：通过参数化设计，设计师可以轻松地创建变种模型。这些模型的数控代码可以自动生成，从而实现快速的定制化生产。

⑤ 快速原型制造：CAD与数控技术的结合使得快速原型制造成为可能。例如，3D打印机可以直接使用从CAD模型中导出的数据进行生产。

⑥ 复杂几何形状的制造：传统的手工或机械制造方法可能难以生产某些复杂的几何形状。但通过CAD和数控技术，即使是最复杂的形状也可以被精确地制造出来。

⑦ 数据库与云集成：数控技术现在也与云技术和数据库集成，允许设计师、工程师和制造商共享和访问设计、工具路径和其他相关数据。

⑧ 多轴加工支持：现代数控机床可能具有多个工作轴。CAD/CAM软件可以为这些多轴机床生成相应的数控代码，从而实现复杂的加工操作。

数控技术在计算机辅助设计中的应用已经变得不可或缺，为现代制造业提供了高度的灵活性、精确性和效率。

**（9）其他应用**

如数控焊接、数控装配、数控折弯机等，这些先进的制造设备在现代工业生产中扮演了至关重要的角色。它们都依赖数控技术来执行精确、一致和高效的操作。通过数字化编程和自动化控制，数控技术确保这些机器能够根据预定的参数和路径进行工作，从而降低人为误差，提高生产质量和效率。在快速发展的制造业中，数控技术的应用已成为实现高精度和高标准生产的关键因素。

数控焊接是现代焊接技术的代表，它充分利用了数控技术的优势，为焊接操作提供了前所未有的精度和灵活性。首先，它确保焊枪可以按照精确设定的路径运动，这不仅减少了人为误差，还确保了焊接的精确性和一致性。此外，根据不同的焊接需求，系统可以实时调整电流、电压和焊接速度等关键参数，从而在各种情况下都能得到理想的焊接效果。自动化的材料输送系统则进一步提升了焊接的效率。例如，在MIG（金属惰性气体焊接）或TIG（钨惰性气体焊接）这样的焊接方法中，数控系统可以自动供应焊丝或其他必要的添加材料，确保焊接过程的连续性，同时避免了材料浪费。更为显著的是，数控焊接系统还具有多任务处理能力。这意味着它可以同时管理和执行多个焊接操作，极大地提高了生产线的效率。例如，一台数控焊接机可能同时焊接多个部件，而每个部件都有其独特的参数和路径设定。

数控装配是现代制造业中的重要技术，它利用高度精确的机械和软件控制，确保组件在装配过程中能够被准确地放置和定向，以满足严格的生产标准和客户需求。这种技术不仅能够单独完成一个任务，还能并行或顺序地执行多种操作，如螺钉的紧固、部件的夹紧和插入等，极大地提高了生产效率。另外，现代数控装配系统都配备了传感器技术，这些传感器可以实时监测装配过程中的各种情况，如组件的位置、压力和温度等。一旦传感器检测到与预设参数不符的情况，系统会自动进行调整，确保装配质量。这种自适应反馈机制不仅保证了生产过程的稳定性，还大大降低了因人为因素导致的错误。此外，数控装配系统还具有数据记录和跟踪功能。所有装配过程中的参数、操作和结果都会被详细记录下来。这为后续的质量控制、故障诊断和生产分析提供了宝贵的数据支持，帮助企业持续改进和优化生产过程。

数控折弯机是当今金属加工行业的重要装备，它利用最前沿的技术来实现金属板材的高精度加工。首先，其精确角度控制功能确保每一次折弯都能达到预设的角度和位置，从而满足严格的生产和设计要求。多轴折弯功能则允许机器在多个方向和角度上进行折弯，这对于制造复杂零件或产品尤为关键。此外，为了应对多变的生产需求，一些先进的数控折弯机还配备了自动工具更换系统，这使得在不同的折弯任务之间切换变得迅速而无缝。这种功能大大提高了生产效率，并减少了因工具更换而造成的停机时间。

更为重要的是，随着集成软件技术的进步，数控折弯机现在可以在实际操作之前模拟整个折弯过程。这种模拟和预测功能不仅帮助操作者更好地理解和计划折弯操作，还可以预警可能出现的问题，如过度弯曲或材料的撕裂，从而确保每一次折弯都能达到最佳的效果。

### 1.1.2 中国的数控发展

在过去的几十年里，我国的数控技术取得了飞速的发展。从最初的技术引进到现在的自主研发和制造，我国的数控机床产业已经从追赶者变为了领跑者。国内许多机床制造企业不仅为国内市场提供高质量的产品，还成功打入了国际市场。

#### 1.1.2.1 历史背景和起源

20世纪50年代末到60年代初，我国开始接触数控技术，并从苏联和一些西方国家引进了一批数控机床和技术。随着工业化的深入推进和科技发展的加速，尤其是在航空、航天、军工、精密机械和电子行业，对精确度和复杂性的要求逐渐增加。在这个时期，数控技术被广泛认为是提高生产效率、保证产品质量并满足高精度生产需求的关键技术。

20世纪60年代对于我国的工业和技术领域是一个关键的十年。在这一时期，我国正处于社会主义建设的初期阶段，面临巨大的工业化挑战。为了缩小与先进国家在技术和产业领域的差距，我国高度重视各种先进技术的研发和引进。其中，数控技术作为当时国际先进生产技术的代表，受到了特别关注。

我国开始进行数控技术的研究。主要的研究单位包括北京、哈尔滨、大连等地的研究机构和高校。通过几年的努力，研究团队成功研制出了我国第一套数控系统，并在机床上得到了应用。第一代国产数控系统的成功研发，为后续的技术进步打下了基础，也提高了我国在这一领域的自主创新能力。更为重要的是，它标志着我国正式进入了数控技术的研究和应用领域，为后来的工业发展奠定了坚实的基础。

20世纪70年代，随着稳定的政策和对经济的关注，我国开始更加注重技术和工业发展。这个时期，随着技术进步和对工业化的持续推进，数控机床在国内开始获得更广泛的关注和应用。我国的工业生产迅速增长，对机械制造、汽车、航空、电子等行业生产设备的需求也随之增加。为了提高生产效率和产品质量，许多制造中心开始广泛部署数控机床。重点制造中心，如上海、天津、哈尔滨、大连等地，成为数控机床的主要生产和应用基地。同时，与数控技术相关的配套产业，如数控系统、工具、配件制造等，也逐渐兴起。我国在这一时期加强了对高技术产业的支持，为数控机床产业提供了研发资金和政策扶持，并通过技术引进和国际合作，也开始引入和吸收国外的先进技术。这十年对于我国数控机床产业来说是一个快速发展的十年。在技术、政策、市场和人才的多重推动下，数控技术在国内得到了广泛的部署和应用，为我国的工业现代化打下了坚实基础。

#### 1.1.2.2　技术进步与创新

自数控技术问世以来，它不断演进，历经多个发展阶段，每个阶段都带来了重要的技术革新。从最初的硬连线控制到今日的计算机数控（CNC），技术的跃进使得机床操作更为简便，加工速度得到显著提升。数控机床从初期的三轴控制发展到能够处理五轴或更多轴的复杂加工任务。现代数控机床不只执行基本命令，还具备自动化和智能化的功能，如自动更换刀具和错误检测。CAM软件的使用也使得编程过程更加高效。此外，数控技术与云计算和物联网技术相结合，实现了实时远程监控和维护。在工业4.0时代，数控技术与其他制造技术、AI、大数据等融合，共同推动制造业的升级，强化了数控技术在现代制造业中的核心地位，促进了工业生产效率和质量的大幅提升。

**（1）国产数控系统的研发与市场应用**

数控系统是现代制造业的核心和灵魂，尤其是在机械加工、航空航天、军工等领域具有至关重要的地位。在全球市场长期被国外数控系统品牌所主导的背景下，我国自主研发的数控系统历经多年的技术积累，已经取得了显著的突破和进步。

经过多年的投入和不懈努力，国产数控系统在技术、功能和稳定性上都已经达到了与国际知名品牌相当的水平。国内的研发团队不仅针对我国的特定需求进行了深度定制，还在易用性、智能化和模块化设计上下足了功夫，从而提供了更加适合国内市场的产品。此外，国产数控系统在成本效益上也具有明显的优势，使得许多中小企业也能够享受到先进的数控技术带来的红利。

市场应用方面，国产数控系统已经广泛应用于各个领域，尤其是在军工、轨道交通、新能源等关键领域，其表现受到了广泛的认可。与此同时，随着技术的成熟和市场口碑的积累，越来越多的外资企业和外国市场也开始接受和采用我国的数控系统产品。

除此之外，国产数控系统在推进工业4.0、智能制造和大数据应用方面也展现出了强大的潜力。与其他高端制造装备、人工智能、物联网等技术的结合，为智能制造提供了坚实的技术支撑。

国产数控系统的研发与市场应用展现了我国在高端制造领域的自主创新能力和市场潜力。这不仅是技术和产业发展的巨大进步，更是我国制造业由大变强、迈向世界制造强国的有力证明。

**（2）技术水平的提升与国际对接**

随着制造业转型升级的浪潮，数控系统作为现代制造的心脏，在智能制造、高精度加工等领域中的地位显得尤为重要。近年来，我国国产数控系统技术水平经历了从追赶、并肩到领先的飞跃，与国际接轨的过程中也体现出了不凡的实力和勇气。

在早期，受制于技术基础薄弱、研发投入不足等因素，国产数控系统在全球市场中的地位相对较低。国内许多制造企业都选择进口高端数控系统。然而，随着国家政策的扶持、研发团队的不断努力与专家的引进培养，国产数控系统技术逐渐崭露头角。

先是在基础数控技术上，国内团队成功突破了多个关键核心技术，如高速、高精度插补算法，实时误差补偿技术等。在此基础上，我们还进行了大量的应用创新，特别是在模块化、智能化设计以及人机交互体验上进行了大胆尝试与优化。

国际对接的过程中，我国国产数控系统开始在全球各大展会、技术论坛中展现风采，与国际先进企业和研究机构建立起广泛的合作与交流。许多外国制造企业开始关注并采纳国产数控系统，一些国际知名企业也与我国数控企业展开深度合作，进行技术交流与共同研发。

这种技术交流与合作不仅加速了国产数控技术的提升，也为我国企业打开了国际市场的大门。逐渐地，国产数控系统在国际市场上取得了不小的份额，获得了国外客户的广泛认可。这不仅是因为相对低廉的价格，更重要的是其在技术与性能上与国际顶级品牌并无太大差异，甚至在某些方面还展现出了超越。

更为骄傲的是，在与国际对接的过程中，我国数控系统不仅吸取了外部先进技术，同时也成功输出了自主创新的核心技术。许多国外企业和研究机构都对我国的高速、高效率、低能耗的数控技术表示出浓厚的兴趣，希望引进并应用。

为了更好地与国际接轨，我国还积极参与了多项国际标准的制定与修订工作，推动国产数控技术的国际化进程，确保其在全球市场中的竞争力与可持续性。

经过多年的努力，国产数控系统已经从一个技术上的追赶者，变为与国际接轨、相互交流与合作的平等伙伴。这标志着我国数控技术的崛起与壮大，为我国制造业未来的发展奠定了坚实的基础。

### 1.1.2.3 政策支持与推进

我国数控机床行业的发展得到了国家的高度重视和大力支持，这主要是因为数控机床是制造业的“母机”，其技术水平和产能规模在很大程度上决定了一个国家制造业的竞争力。以下是我国对数控机床行业实施的一些国家政策和资金扶持措施。

**（1）政策规划**

①“中国制造2025”：该计划明确提出了“加快数控机床和机器人”等关键领域的发展，并确立了我国在这些领域到2025年的发展目标。

②“十三五”规划：强调加强高档数控机床和机器人等装备制造业的创新能力和产业化进程。

**（2）研发投入**

① 国家建立了专项资金，支持数控机床和其自动化装备的研发工作，鼓励企业加大技术创新力度。

② 对于承担国家科技重大专项和关键研发计划的项目，给予一定比例的资金补助。

**（3）税收优惠**

① 对于数控机床及其关键部件的研发、生产、购买，实施一系列税收减免政策。

② 对进口的关键高技术部件，给予关税减免。

**（4）金融支持**

① 鼓励金融机构向数控机床企业提供信贷支持，并优化信贷政策，降低融资成本。

② 设置专项资金，为数控机床企业提供低息或无息贷款。

**（5）产业园区和基地**

在全国各地建立了一系列的数控机床和装备制造产业园和基地，为企业提供集聚发展的平台，并提供优惠的土地、税收等政策支持。

**（6）推进产学研合作**

① 鼓励数控机床企业与科研机构和高等教育机构进行深度合作，共同开展技术研发。

② 设立研发资金，支持产学研合作项目。

通过上述一系列的政策和措施，我国数控机床行业得到了快速发展，技术水平不断提高，市场规模也逐渐扩大，为支撑我国制造业的高质量发展作出了重要贡献。

#### 1.1.2.4 市场应用与扩展

数控技术在制造业中的角色已经不可或缺，而且其影响力随着技术和市场的演进而持续扩大。现代机械加工行业中，如数控铣床和车床等已经成为标配，确保了各类零件的高效和精准生产。同时，这项技术在处理复杂和高精度零件，如航空部件或医疗设备时显得尤为关键。当今的生产模式也因工业4.0和智能制造的崛起而发生转变，数控技术与诸如云计算和大数据的现代技术结合，导致了生产模式的重大变革。此外，它在3D打印、机器人技术、木材加工，以及激光和水切割技术中都有所体现。随着这些技术的广泛应用，对于数控教育和培训的需求也随之增长，推动了教育界对这方面的关注和投资。总的来说，数控技术正不断地渗透到制造业的各个领域中，并预示着一个技术上的光明未来。

下面列举了数控技术的主要应用领域及其市场需求。

**（1）机械制造领域**

① 应用：数控技术广泛应用于铣削、车削、钻孔、磨削等金属加工过程，确保零部件的精度和质量。

② 市场需求：由于制造业中对质量和生产效率的持续追求，数控机床在此领域的需求持续增长。

**（2）航空航天领域**

① 应用：用于高精度、复杂形状的零件加工，如发动机零部件、飞机结构件等。

② 市场需求：随着航空技术的不断发展，对于高性能零部件的需求也在持续增长。

**（3）汽车制造领域**

① 应用：从发动机零部件到车架，数控技术确保了高效率和高质量的生产。

② 市场需求：新能源汽车、自动驾驶技术等创新为数控技术在汽车制造中的应用带来了新的机遇。

**（4）电子设备制造领域**

① 应用：在半导体制造、电路板钻孔和一些精密零部件的生产中都广泛使用数控技术。

② 市场需求：随着电子产品更新换代速度的加快，对数控技术的需求持续上升。

**（5）医疗器械领域**

① 应用：数控技术用于制造高精度的医疗器械和设备，如关节置换、牙科零件等。

② 市场需求：随着全球人口老龄化和医疗技术的进步，该领域的市场需求持续增长。

**（6）模具制造领域**

① 应用：用于制造复杂的模具和冲压模具。

② 市场需求：高品质的模具是许多制造过程的关键，市场对此有稳定的需求。

**（7）建筑和家具制造领域**

① 应用：数控技术用于生产结构构件、装饰元素以及家具部件。

② 市场需求：现代化的设计和生产方式促使该领域对数控技术的需求增长。

**（8）教育和培训领域**

① 应用：许多技术学院和研究机构为学生提供数控技术培训。

② 市场需求：随着技术在产业中的广泛应用，对于有数控技术背景的技术人才的需求也在增加。

数控技术在各个领域都有广泛的应用，同时伴随着各种市场需求的增长，预示着数控技术的未来发展潜力巨大。

#### 1.1.2.5 面临的挑战与机遇

我国数控技术的发展在近年来取得了长足的进步，但在全球竞争日益激烈的背景下，仍面临一系列挑战与机遇。

**（1）挑战**

① 技术瓶颈：虽然我国在数控技术领域取得了很多进步，但与国际先进水平相比，某些高端技术和关键部件仍存在差距。

② 对外依赖：中高端数控系统、关键零部件和软件等的研发和生产，很大程度上依赖外国企业，这给国内数控技术的发展带来了一定的制约。

③ 市场竞争：国内市场上数控机床品牌众多，竞争激烈，这可能导致价格战和产品质量不稳定。

④ 知识产权保护：在技术研发和创新过程中，知识产权保护仍然是一个挑战，可能影响技术的自主研发和转化应用。

⑤ 人才短缺：尽管我国拥有庞大的工程师队伍，但在某些高端数控领域，仍缺乏具有世界先进水平的顶尖人才。

**（2）机遇**

① 政策扶持：我国政府高度重视高端制造业，特别是数控技术的发展，不断推出一系列政策支持和资金扶持措施。

② 市场需求：随着制造业的升级转型，对高端数控机床和系统的需求将持续增加，市场潜力巨大。

③“一带一路”倡议：我国的“一带一路”倡议为数控技术开辟了新的国际市场，特别是在“一带一路”合作国家。

④ 技术创新：我国正在逐渐从技术引进转向自主创新，这为数控技术的发展提供了新的动力。

⑤ 产业链整合：随着技术进步和产业集中度的提高，整合资源和优化产业链成为可能，有助于形成数控技术的竞争优势。

综上所述，我国数控技术面临的挑战与机遇并存，关键在于如何抓住机遇，克服挑战，持续推进技术创新和产业升级，以实现持续健康的发展。

### 1.1.2.6　未来发展趋势与展望

我国数控技术经过多年的发展，现已进入一个关键的转型升级期。在新的时代背景下，我国数控技术的未来发展趋势与展望可从以下几个方面进行描述。

**（1）技术创新与自主研发**

随着技术的快速发展，未来数控技术将更加注重自主研发与创新。特别是在关键核心技术领域，我国将逐步减少对外部供应的依赖，加大对关键技术的研发力度，如高级数控系统、关键部件和先进控制算法等。

**（2）智能化与数字化**

未来的数控机床将更加智能化和数字化。通过集成物联网、大数据、人工智能和机器学习技术，实现机床的远程监控、自动诊断和自适应控制，从而提高生产效率和产品质量。

**（3）个性化与定制化**

随着市场需求的多样化和个性化，未来数控机床将更加注重产品的定制化和柔性生产。通过模块化设计和智能制造技术，实现快速响应市场变化和满足个性化需求。

**（4）环境友好与可持续发展**

随着全球环境保护意识的加强，未来数控技术将更加注重绿色、环保和可持续发展。这包括采用更加节能和低排放的技术，提高材料利用率和回收再利用，以及研发新的环保材料和工艺。

**（5）国际化与全球布局**

随着我国数控技术的快速发展，未来将加大对外合作和国际市场布局。通过"一带一路"倡议、跨国并购和技术输出等方式，进一步拓展国际市场和提高国际影响力。

**（6）整合与产业链升级**

在竞争日益激烈的市场背景下，未来数控技术产业将进一步进行整合和升级，形成从上游材料、中游设备到下游应用的完整产业链。同时，加大对高附加值和高技术含量产品的研发和推广，提高产业的整体竞争力。

综上所述，我国数控技术在未来将迎来更广阔的发展空间。面对新的挑战与机遇，关键在于坚持技术创新、开放合作和市场导向，不断提高自主研发能力和产业水平，为我国制造业的转型升级和全球竞争力提升作出更大的贡献。

## 1.2　数控系统技术分析

数控系统技术是现代制造业中的核心技术之一，它的广泛应用已经深刻地改变了传统制造业的工作方式。这种技术的最大特点是通过计算机程序直接控制和驱动机床或其他相关设备，从而在生产线上实现高度的精确度、自动化和灵活性。

数控技术的一个优势是它为企业提供了更大的灵活性，使它们能够迅速适应市场变化。在现代快速变化的市场环境中，能够快速调整生产策略以满足不断变化的客户需求是至关重要的。

数控系统技术为现代制造业带来了许多显著的优势，如高精度、自动化、灵活性，以及生产效率的显著提高。这些优势使得数控技术在全球制造业中得到了广泛的应用，并成为现代工业生产的重要基础。

### 1.2.1 数控系统的基本原理

#### 1.2.1.1 工作原理

数控系统代表了通过计算机程序直接控制和管理机床或其他工业设备的技术，从而在精度、自动化和灵活性方面达到前所未有的高度。为了深入理解数控技术背后的工作原理，下面逐步分析。

数控系统由三部分组成：输入部分（如CAD/CAM软件）、控制器部分（解读和转换输入为机器可执行的指令）以及执行部分（机床或其他设备）。

**（1）输入部分**

在整个数控加工流程的开始，工程师或技术员会使用计算机辅助设计（CAD）软件来设计零件或产品的3D模型。这一阶段是所有后续加工步骤的基础，因为这里确定了零件的尺寸、形状和其他特性。完成设计后，模型通过计算机辅助制造（CAM）软件进行加工路径的编程。这意味着为机床确定了一个精确的、步骤明确的路径，指导它如何加工零件。

**（2）控制器部分**

一旦获得了由CAD/CAM软件产生的数字指令，这些指令就需要被控制器所解读和执行。控制器是数控系统的"大脑"，通常它是一个计算机或专用的微处理器。这些数字指令一般以G代码的形式存在，描述了机床应该如何移动、旋转、切削或进行其他特定操作。

控制器不仅解读G代码，还将其转化为电信号，这些电信号随后会指导机床的驱动系统——通常是伺服电机或步进电机，来执行特定的动作。这种转换过程确保了机床能够根据预定的加工路径精确地进行操作。

**（3）执行部分**

机床接收到从控制器发出的指令后开始实际的加工操作。这可能包括旋转刀片、移动工作台或更换工具等。为了确保操作的精度，数控机床配备了各种传感器，这些传感器能够实时监测机床的位置、速度和方向。这种反馈机制允许控制器在必要时进行微调，确保加工过程始终按照预定路径进行。

除了主要的加工操作，数控机床还经常执行各种辅助操作。例如，机床可能需要冷却液来降低切削区域的温度，或者可能需要更换钻头或切削刀片以进行不同的加工任务。这些辅助操作同样受到G代码的控制，并在适当的时候被自动地、精确地执行。

数控技术的工作原理涉及一系列复杂的步骤，从设计和编程到控制和执行。通过这种方法，数控技术确保了加工任务的高精度、自动化和可靠性，满足了现代制造业对高效率和高质量产品的需求。尽管这个过程在外观上看起来可能很复杂，但每一个步骤都经过了精心的设计和优化，确保了整个系统的无缝协同工作。

#### 1.2.1.2 主要组成部分

数控系统主要的组成部分，以及对它们的详细描述如下。

**（1）数控装置（CNC）**

数控装置是数控系统的心脏，它读取和解析数控程序，负责坐标转换、插补计算、速度与进给控制、工具的管理和补偿，同时提供监控、诊断、数据存储和人机交互功能。它还具备与其他系统通信的能力和多重安全保护机制。简而言之，数控装置通过精确解析和执行数控程序，确保了机床高精度、自动化地运行，从而提高了生产效率和产品质量。

① 主控制器：它是整个数控系统的“大脑”，负责解释和执行数控程序中的指令。

② 输入/输出接口：负责与外部设备（如计算机、存储设备）通信，导入数控程序和输出加工结果。

③ 数据存储：用于存储数控程序、系统参数、工具信息等数据。

④ 操作面板：为操作员提供与数控系统交互的界面，包括各种按键、显示屏、旋钮等。

**（2）驱动系统**

数控技术的驱动系统在数控设备中起到关键作用，将数控装置的指令精确地转化为机床或其他设备的具体动作。这一系统的核心部件包括电源、驱动器、伺服电机和反馈装置。电源根据系统需求供应直流或交流电；驱动器作为数控装置与伺服电机之间的中介，解读并传达指令信号；伺服电机则依照这些信号进行指定的旋转或线性运动，带动机床完成相应操作。为保证机床运动的精确性，反馈装置如编码器或测量尺会实时监控并反馈实际运动信息，确保与预定轨迹一致。数控驱动系统可采用多种控制模式，如速度、位置或力/转矩控制，其主要特点在于高精度、快速响应、可靠稳定，能适应各种加工条件，保障产品质量和效率。

① 伺服电机：将电信号转换为机械运动。

② 伺服放大器：放大从数控装置发出的指令信号，驱动伺服电机。

③ 反馈装置：如编码器和转速表，用于检测机床的实际位置和速度，并将其反馈给数控装置。

**（3）机械部分**

数控系统的机械部分是其关键组成，主要决定了设备的操作性能和结构设计。这一系统核心包括如下元素：机床本体确保了整体的稳定和刚度，从而维持加工精度；主轴部件为切削加工提供动力；送料装置负责定位并移动机床各轴；刀具系统管理和自动更换刀具；工作台固定工件，某些工作台还可进行旋转；液压和气动系统提供动力支持，如夹持或冷却；冷却和润滑系统增强工件与刀具的生命周期和效率；保护装置如罩子和安全门确保操作的安全性；而其他如四轴头和磁性工作台等附件为特定加工任务提供支持。在设计此系统时，为满足各种需求，不仅要考虑其精确性和稳定性，还需持续创新以应对更高的技术挑战。

① 主轴：执行旋转运动，驱动切削工具。

② 进给系统：驱动机床各轴的直线运动。

③ 自动换刀系统：自动更换切削工具。

**（4）检测和反馈系统**

数控机床的检测与反馈系统是其精密和稳定性的核心。该系统持续追踪机床状态，返回数据至控制单元以确保加工流程的精准。其中，传感器感测位置、速度、温度等物理参数并转为电信号。编码器和测距尺分别监测机床轴的位置和速度，以确保位置的准确性。触探器在数控机床上定位工件、测量或确认刀具磨耗。特别地，动态调平系统针对如主轴的高速旋转部分，识别并消除不稳定性，保障机床稳健操作。温压传感器实时反馈机床状态，如冷却剂温度。反馈控制机制整合传感器和检测数据，传递至数控单元分析并在异常时自动调整。诊断软件解析数据，有助于操作者评估机床状况。总而言之，数控检测与反馈系统对确保机床的精度、效率和安全性至关重要，且伴随技术进步，此系统也在升级，满足日增的精度和复杂任务需求。

① 测量仪表：如工件坐标测量仪、工具测量仪等，用于测量加工过程中的各种参数。

② 传感器：检测各种物理量，如温度、压力、位移等，将其转换为电信号反馈给数控装置。

**（5）辅助系统**

数控机床的辅助系统优化了主控功能，确保了加工的流畅性与效率。虽不直接涉及切削，但它对机床的效率与稳定性至关重要。这些系统包括：冷却系统，用于冷却刀具和工件，延长其使用寿命；润滑系统，为机床部件提供润滑，降低磨损；气动和液压系统，支持如夹持和换刀等操作；排屑系统，清理加工残渣，确保清洁工作环境；照明系统，帮助操作员更好地观察工作区；安全系统，如防护罩和紧急按钮，保障操作安全；控制冷却和通信系统，分别维护设备温度和与外部的数据交流；工具冷却与环境控制系统，针对特定工具需求和维护良好的工作环境。随着技术的进步，更多高效的辅助功能被融入，增强了数控机床的性能和可靠性。

① 润滑系统：确保机床各部分的正常运行。

② 冷却系统：冷却切削区，提高工件和刀具的使用寿命。

③ 芯片去除系统：去除加工过程中产生的切屑。

**（6）人机交互界面**

数控系统的人机交互界面（HMI）是操作者与数控机床沟通的桥梁，提供直观和便利的操作手段，允许对机床的控制、状态监控和故障排查。现代HMI通过触摸屏或显示屏展示图形界面，如工具路径、加工图形等，并支持实时监测机床状态，如工具位置、主轴速度等。它也允许输入和修改参数，提供故障诊断，支持程序的管理和编辑，以及提供操作指南。考虑到全球化的需求，许多界面还支持多种语言。另外，数据统计、生成报告和远程控制功能也被集成于其中。这种交互方式简化了操作，提高了效率，并随技术进步而不断优化，为用户带来更优质的体验。

① 显示屏：显示数控程序、系统状态、加工过程等信息。

② 输入设备：如键盘、鼠标、触摸屏等，用于输入数据和指令。

**（7）软件部分**

数控系统的软件部分，作为系统的核心，负责机床的整体操作和流程管理。这包括从CAD软件的产品设计、CAM软件的加工路径生成，到数控编程、机床控制和人机交互界面设计。在加工前，模拟和验证软件可进行模拟操作，确保流程准确无误，而实时的监控和故障诊断则由诊断软件提供。为了更高效地管理资源，数据库软件被用于处理工具、工件和程序的信息。同时，通信软件确保数据交流，安全软件保护数据免受未授权访问。随着技术的进步，软件功能日益增强，不断满足复杂的加工需求，而工业4.0带来的云计算、数据分析和AI功能也被融入其中。

① 系统软件：如操作系统、驱动程序等，确保数控系统的正常运行。

② 应用软件：如编程软件、仿真软件、优化软件等，用于生成和优化数控程序。

**（8）安全系统**

数控系统注重机床、操作员及工件的安全，因此包含一套综合的安全措施和设备。为应对机床加速的加工节奏和日益增长的复杂性，这套系统包括了紧急停车功能、软件上的移动和速度限制、门禁保护、过载与过热传感器、碰撞预防、数据加密和通信安全，以及操作权限管理等。此外，为了确保稳定性，系统还会自动诊断潜在问题、备份数据并提供恢复方案，并为操作员提供培训和指导。随着技术的进步，数控系统的安全性能得到了不断提升，其结合物理和软件手段确保各方面的安全。

① 机械保护装置：如保护罩、门锁等，确保操作员的安全。

② 电气保护装置：如紧急停机按钮、过载保护、短路保护等，确保数控系统的安全。

**（9）通信和网络**

数控系统的通信和网络部分负责实现机床与外部设备或系统的数据交互，利用现代通信技术和网络协议，如以太网、无线通信等，确保数控程序、操作指令、状态监控和远程控制的快速、稳定传输，满足智能制造和工业4.0的高效连接需求。

① 通信接口：如RS-232、Ethernet等，用于与外部设备通信。

② 网络功能：支持远程监控、诊断、数据传输等功能。

**（10）电源和电气系统**

数控系统的电源和电气系统为整体机床提供必要的电能，并确保各个组件的稳定运行。这一系统包括变压器、驱动器、保护设备和控制单元等，确保精确、安全地将电能转化为数控机床的机械运动，同时提供过载、短路和电气干扰的保护，为数控加工的顺畅进行创造条件。

① 电源供应：为数控系统提供稳定的电力。

② 电气元件：如继电器、开关、变压器等，组成数控系统的电气控制部分。

数控系统是一个复杂而又高度集成的系统，它涉及多种技术和学科。其核心是通过计算机技术和自动化技术，实现对机床的精确控制，从而提高加工效率和精度。随着技术的不断发展，数控系统也在持续地进行优化和升级，以满足制造业的不断变化和增长的需求。

## 1.2.2 数控系统技术

数控系统根据其结构、功能和应用，可以划分为不同的技术类型。

### 1.2.2.1 开环与闭环系统

**（1）开环控制系统**

这是初级的数控系统，按预设的程序指示操作，但不接收或处理任何反馈。

数控系统中的开环控制系统是基于预先编写的指令或程序进行机床操作的系统。它被称为“开环”是因为在其工作流程中，没有实时的反馈机制来调整或修正输出。具体来说，这意味着开环系统会按照预定的指令执行任务，而不会对其产生的结果进行监测或调整。

尽管开放系统缺乏实时反馈和自我校正的能力，但它们仍然具有一定的优势。首先，开环系统结构相对简单、成本较低。对于许多简单、重复性强的加工任务，开环系统可能已经足够满足需求。其次，由于缺少复杂的传感器和反馈元件，开环系统的维护和故障诊断通常更为直接。

然而，由于开环控制系统的这种“盲目”操作方式，它们在需要高精度和复杂性的应用中可能不太适用。例如，在微米级精度的高端加工中，微小的误差、温度变化或刀具磨损都可能导致加工失误。在这种情况下，闭环系统因为具有实时反馈机制，能够自动校正这些偏差，将是更好的选择。

开环控制系统是数控技术中最基础的形式，适用于一系列简单和标准化的加工任务。尽管它们可能不如闭环系统那样精确和自适应，但在许多场合，它们仍然能够提供高效、经济和可靠的加工解决方案。随着技术的发展，开环系统仍然在某些特定应用中具有一席之地，但为了满足现代制造中日益增长的精度和灵活性要求，许多高端和复杂的数控任务现在更倾向于使用闭环或其他更先进的控制策略。

（2）闭环控制系统

这种系统具备反馈能力，可以实时调整和修正机床的实际运动，确保其与预定路径保持一致，从而提高加工精度。

数控技术中的闭环控制系统是一种高级、自适应的控制策略，它不仅执行预设的操作指令，还能够实时监测机床或执行元件的状态，并根据实际的工作情况进行自动调整，确保精确、稳定和高效的加工过程。它被称为“闭环”是因为系统中包含了一个连续的反馈环路，这个环路能够实时地将机床的实际输出与期望的输出进行对比，并基于这种对比来调整控制指令。

在闭环控制系统中，除了常规的驱动和执行元件外，还配备有各种传感器，如编码器、测量仪等，用于捕捉机床的实时状态，如位置、速度、力、温度等。这些数据会被实时地传送回控制器，与预设的目标值进行比较。如果发现有任何偏差，控制器会立即做出调整，修改驱动指令以纠正这些偏差。

例如，在数控铣削中，如果刀具受到过大的切削力导致产生偏移，闭环系统的传感器会立即检测到这一偏移，并将信息反馈给控制器，控制器随后会自动调整刀具路径或切削参数，确保工件的尺寸和形状精确无误。这种实时校正机制大大提高了加工的精度和稳定性，尤其在高精度、复杂形状或难加工材料的加工中尤为关键。

闭环控制系统的这种自适应能力不仅提高了加工效果，还能够延长刀具和机床的使用寿命，减少因误差或碰撞导致的损坏风险。此外，由于系统能够实时响应各种工况变化，它也使得机床在更宽的参数范围内稳定运行，提高了生产效率。

然而，尽管闭环控制系统带来了诸多好处，但它也有其复杂性高和成本高昂的缺点。系统中的传感器、数据处理和实时校正机制都需要高精度的硬件和软件支持，这增加了系统的购置和维护成本。因此，闭环控制系统通常用于那些对精度和稳定性要求特别高的应用中，如航空航天、精密模具、医疗设备等领域。

数控技术中的闭环控制系统是一种高效、精确的控制策略，它通过实时反馈机制确保机床的稳定和高效运行，满足现代制造业对精度和效率的严格要求。尽管其复杂性和成本较高，但在许多高端和关键应用中，它已成为首选的控制策略，展现出其不可替代的价值。

### 1.2.2.2 计算机数控系统

与传统数控系统不同，计算机数控（CNC）系统利用计算机进行操作，从而增加了灵活性、易于修改和存储程序的优点。

计算机数控系统是当今制造业中的一个核心技术，它将计算机技术与传统的机械加工紧密结合，为高精度、高效率的生产提供了前所未有的可能性。在这种系统中，计算机被用作控制设备，它能够根据预先编写的程序指令（如G代码）来驱动机床执行精确的动作，从而实现对材料的精确切割、雕刻或加工。与此同时，CNC系统的引入也极大地提高了生产的自动化程度，减少了人工参与，从而降低了误差和提高了重复精度。

计算机数控系统的工作原理相对直观：首先，工程师或设计师使用专门的CAD软件来创建一个产品的三维模型。然后，这个模型被输入CAM软件中，该软件会将模型转换为机床能够理解的一系列动作指令。这些指令随后被发送到CNC控制器，它会解释这些指令并驱动机床执行相应的动作。

其中，CNC控制器是系统的核心，它通常包括一个微处理器、内存、输入/输出接口和其他必要的硬件组件。控制器可以实时地处理从CAM软件发送过来的指令，同时监视机床的各种传感器，如位置传感器、速度传感器等，以确保加工过程的正确性和安全性。在加工过程中，控制器会持续地与机床上的伺服电机、主轴和其他关键组件通信，确保它们精确、同步地运作。

与传统的数控系统相比，计算机数控系统带来了许多明显的优势。首先，它大大提高了生产的灵活性。因为所有的加工指令都是数字化的，所以更改产品的设计或加工参数只需要简单地修改软件程序，而无须更改任何硬件或重新设置机床。其次，CNC系统具有出色的重复精度，这意味着即使生产成千上万的零件，每一个零件的尺寸和形状都可以非常接近。此外，由于CNC系统的自动化程度很高，所以它可以减少人工操作，从而降低生产成本，并提高生产效率。

然而，计算机数控系统也带来了新的挑战。由于其操作相对复杂，所以需要经过专门的培训才能熟练操作。同时，系统的初始投资成本较高，这可能会限制中小型制造商的使用。

计算机数控系统是现代制造业中不可或缺的一部分，它不仅为我们带来了前所未有的生产能力，而且还为产品的质量和可靠性设定了新的标准。随着技术的不断进步，我们可以期待这种系统会变得更加先进、高效和经济。

#### 1.2.2.3 直接数控系统

在直接数控（DNC）系统中，多台数控机床连接到一个中央计算机，这个计算机控制所有的机床，允许集中程序管理和数据传输。

直接数控系统作为现代制造业中的一个重要技术，为多台数控机床的集中控制和管理提供了方便的解决方案。它的核心思想是将多台数控机床连接到一个中央计算机，从而使这个中央计算机成为整个制造流程的“大脑”，负责分配任务、传输数据、管理程序和监控整个加工过程。这种模式与传统的每台机床都有独立控制系统的模式形成了鲜明的对比，为制造业带来了许多明显的优势。

首先，DNC系统的显著特点是集中化的程序管理。在传统模式中，每台机床都需要独立存储和管理自己的加工程序，这不仅占用了大量的存储空间，而且在多台机床之间共享或更新程序时可能会导致混乱。而在DNC模式下，所有的加工程序都存储在中央计算机中，这不仅大大节省了存储空间，而且使程序的管理、更新和共享变得更为简单和高效。操作者可以轻松地从中央计算机中选择适当的程序，然后将其传输到指定的机床上进行加工。

其次，DNC系统提供了高效的数据传输机制。由于所有的机床都连接到同一个中央计算机，这意味着数据可以快速、准确地在机床之间进行传输。无论是程序数据、工件坐标、加工参数还是实时的机床状态信息，都可以通过DNC系统实现快速的共享和同步。

此外，DNC系统还为生产过程的监控和优化提供了强大的支持。中央计算机可以实时收集各个机床的工作状态、性能数据和加工结果，然后进行统一的分析和处理。这不仅为生产管理者提供了全面、准确的生产数据，还为生产过程的持续优化提供了有力的支持。

然而，DNC系统也存在一些挑战和局限性。由于所有的机床都依赖于同一个中央计算机，所以一旦这个计算机出现故障，可能会影响到整个生产线的正常运作。此外，DNC系统的实施和维护需要专业的技术和设备支持，对于一些中小型制造企业来说，初期的投资和运营成本可能较高。

直接数控系统为制造业的数字化、集成和智能化提供了有力的支持。通过集中管理和控制多台数控机床，大大提高了生产的效率和灵活性，为制造企业在激烈的市场竞争中取得优势提供了有力的武器。随着技术的不断进步和制造业的深度变革，我们有理由相信DNC系统将在未来发挥更加重要的作用。

#### 1.2.2.4 自适应控制系统

自适应控制系统在现代数控技术中是一种非常重要的创新，它的核心理念是通过实时检测工件条件与刀具磨损，从而自动地调整加工参数，确保加工的质量和效率。在传统的数控系统中，加工参数一旦设置，通常不会随着工件或刀具状况的变化而进行动态调整。然而，随着工件的加工，刀具磨损是无法避免的，如果不进行相应的参数调整，可能导致加工质量下降、刀具过早损坏或加工效率降低。

自适应控制系统解决了这个问题，它通过各种传感器，如力、振动和声发射传感器，持续监测工件和刀具的状态。当系统检测到某些关键指标超出预设范围时，如刀具的磨损达到一定程度或工件材料的硬度发生变化，会自动调整数控机床的加工参数，如切削速度、进给速度和切削深度，以确保加工质量和效率。这种实时的、动态的调整机制，使得机床在整个加工过程中都能保持最佳的工作状态，大大提高了生产效率和刀具的使用寿命，同时减少了不合格品的产生。

除了上述基本功能，自适应控制系统还具有其他一些高级功能，如预测刀具磨损的发展趋势、根据实际加工状况自动选择最佳的加工策略和模式，实时监测和控制切削力和振动，从而避免机床产生过大的负载或振动。这些功能使得自适应控制系统在复杂、多变的加工条件下，如切削难加工材料、精密加工或高速加工，都能展现出卓越的性能。

然而，自适应控制系统的引入和应用也带来了一些挑战。首先，它的设计和实现需要深入的理论研究和丰富的实践经验，尤其是在建立与工件和刀具状态相关的数学模型、选择和安装合适的传感器、设计高效的控制算法方面。此外，自适应控制系统的实时性要求非常高，系统必须能够在极短的时间内对各种异常情况做出准确的判断和快速的响应，这对计算机硬件和软件的性能提出了很高的要求。

自适应控制系统是数控技术的一大飞跃，它将传统的静态、开环的控制方式转变为动态、闭环的控制方式，大大提高了加工的自适应性、智能性和灵活性。

#### 1.2.2.5 并行数控系统

该系统可以实现多个控制通道或多个轴的同时加工，尤其适用于复杂的加工任务。

并行数控系统代表了数控技术的一大飞跃，特别是在应对现代制造业中复杂且多变的加工需求时。这种系统的独特之处在于其能够实现多个控制通道或多个轴的同时加工，这意味着在一个机床上，可以同时进行多个加工操作，大大提高了生产效率和机床的利用率。

在传统的数控机床中，一个机床通常只能执行一个加工操作，例如铣、车或钻。每次完成一个操作后，都需要更换刀具或移动工件到另一个位置。这样的加工方式不仅效率低下，而且在某些复杂的加工任务中，如航空零件或汽车零件的加工，可能需要多次重复地定位和加工，导致加工精度降低。

并行数控系统的出现改变了这一局面。它的设计理念是将多个加工单元集成到一个机床上，每个加工单元都有自己的控制通道和驱动轴，可以独立或同时进行加工。这种设计不仅可以实现多个加工操作的同时进行，还可以实现复杂的加工策略，如五轴联动加工、多轴复合加工或并行切削。这些加工策略不仅可以提高加工效率，还可以实现超高的加工精度和复杂的加工形状。

例如，在五轴联动加工中，工件可以在五个自由度上进行旋转和移动，使得刀具可以从任何角度接触工件，实现复杂曲面的加工。在多轴复合加工中，一个机床可以同时进行铣、车、钻、磨等多种加工操作，大大缩短了加工周期和工件换位时间。

此外，由于并行数控系统可以实现多个加工操作的同时进行，它可以更加灵活地应对各种加工需求，如小批量多品种的加工、个性化定制加工或高混合度的加工。这为制造业提供了一个高效、灵活和经济的解决方案，尤其在现代制造业中，快速响应市场需求、减少库存和提高生产效率已成为企业的核心竞争力时的背景下。

然而，尽管并行数控系统具有诸多优点，但其设计和实现也面临着一些挑战。首先，由于系统中有多个加工单元和控制通道，如何协调这些单元和通道的运动，确保它们之间不发生干涉和碰撞，是一个技术难题。此外，如何有效地管理和调度多个加工任务，使得机床始终处于最佳的工作状态，也需要深入的研究和实践。这些挑战需要数控技术、控制理论、机械设计和制造工艺等多个领域的综合应用和创新。

并行数控系统是数控技术的一个重要方向，它为现代制造业提供了一个高效、灵活和经济的加工解决方案，有着广泛的应用前景。

#### 1.2.2.6 模块化数控系统

模块化数控系统代表了现代数控技术向灵活化、定制化发展的一大趋势。其核心思想在于将数控系统拆分为多个独立但可互相协作的模块，这些模块包括硬件和软件部分，每个模块都具有特定的功能。通过这种设计，用户可以根据自己的具体需求和应用场景选择和组合所需的模块，构建出完全满足其要求的数控系统。这种模块化的方法为用户提供了前所未有的灵活性和扩展性，使得数控系统更加符合现代制造业的多样化、个性化和快速响应的要求。

首先，模块化设计的数控系统可以轻松适应不同的机床和加工任务。传统的数控系统通常是为特定类型的机床或加工任务设计的，当需要改变加工任务或升级机床时，整个系统可能需要进行大规模的修改或替换。而在模块化数控系统中，只需要替换或添加相应的模块即可，大大降低了改造或升级的复杂性和成本。

其次，模块化数控系统为制造商和用户提供了更多的选择和定制的可能性。制造商可以提供多种不同功能和性能的模块，用户可以根据自己的需求，选择最合适的模块组合，构建出完全满足其要求的系统。这不仅为用户提供了更大的灵活性，也为制造商创造了更多的商业机会。

此外，模块化设计也简化了数控系统的维护和升级。当某个模块出现故障或需要升级时，只需要替换或更新该模块即可，而不需要对整个系统进行干预。这大大提高了系统的可维护性和长期稳定性，降低了维护和升级的成本和风险。

然而，模块化数控系统的设计和实现也面临着一些挑战。首先，如何确保不同模块之间的兼容性和协同工作是一个关键问题。这需要制造商制定统一的标准和接口规范，确保各个模块可以无缝集成和协作。此外，由于模块化系统通常涉及多个模块的组合和配置，如何提供一个直观、简单的配置和管理界面，使得用户可以轻松地构建和调整自己的系统，也是一个重要的设计目标。

模块化数控系统为现代制造业提供了一个高度灵活、可定制的控制解决方案，它反映了现代制造业向灵活化、个性化发展的趋势。

#### 1.2.2.7 智能数控系统

智能数控系统代表了现代高端数控技术的前沿发展。它是在传统数控技术的基础上，结合人工智能、神经网络、模糊逻辑等先进技术，为了解决复杂、高精度、高效率的加工任务而诞生的。与传统的数控系统相比，智能数控系统具有更强的数据处理能力、自适应能力和自我优化能力，能够自动处理各种复杂的加工情况，提高加工效率和精度。

首先，智能数控系统利用人工智能技术，可以对加工过程中的数据进行深入的分析和处理。例如，通过对加工数据的实时监测和分析，系统可以自动检测工件的质量、刀具的磨损状况，以及机床的工作状态。当系统检测到异常情况时，它可以自动采取相应的措施，如调整刀具的位置、改变切削参数，或者暂停加工，从而确保加工过程的稳定和工件的质量。

此外，智能数控系统还具备自我学习和优化的能力。通过对历史加工数据的学习，系统可以不断优化自己的加工策略，提高加工效率和精度。例如，系统可以根据历史数据自动选择最优的切削参数，或者调整机床的运动轨迹，从而提高加工速度和精度。这种自我学习和优化的能力，使得智能数控系统在面对新的加工任务时，可以快速适应并给出最优的加工策略。

另外，智能数控系统还利用神经网络、模糊逻辑等技术，提高了系统的自适应能力和鲁棒性。在面对复杂的、变化多端的加工环境时，系统可以自动适应各种变化，确保加工过程的稳定。例如，当工件的材料、形状或尺寸发生变化时，系统可以自动调整切削参数和机床的运动轨迹，确保加工的稳定和精度。

智能数控系统是现代高端数控技术的代表，它结合了多种先进技术，具备强大的数据处理、自适应和自我优化能力，能够自动处理各种复杂的加工情况，提高加工效率和精度。

#### 1.2.2.8 网络化数控系统

网络化数控系统代表了数控技术与现代网络技术相结合的产物，它为制造业的数字化转型提供了重要支持。在传统数控系统中，机床和控制系统往往是独立的，与外部网络相隔离，数据传输和共享都有限制。但随着信息技术的飞速发展，尤其是网络技术的日益成熟，网络化数控系统的出现打破了这种局限性，为制造业的智能化和互联化提供了强有力的技术支撑。

首先，网络化数控系统具有强大的远程监控功能。通过网络连接，工程师和技术人员可以在办公室甚至家中，通过计算机或移动设备远程实时监控机床的工作状态、数据流和加工效果。当机床出现异常或需要调整时，他们可以迅速介入，进行远程故障诊断和维护，大大提高了生产效率和减少了停机时间。

此外，网络化数控系统还支持云存储功能。传统数控系统中，加工程序、参数设置、历史数据等都存储在本地，数据容易丢失，共享和备份也不方便。但在网络化数控系统中，这些数据可以上传到云端进行存储，既确保了数据的安全性，也便于数据的备份和恢复。同时，工程师和技术人员可以随时随地访问云端数据，进行数据分析和决策，使得数据的利用更为灵活和高效。

而且，网络化数控系统还提供了云计算功能。对于一些复杂的加工任务，如模拟加工、大数据分析、优化计算等，需要强大的计算能力支持。传统数控系统往往难以满足这些需求，但网络化数控系统可以利用云计算资源，为用户提供强大的计算支持。用户只需要将数据和任务上传到云端，由云端完成计算，然后将结果返回给用户，大大提高了计算效率和响应速度。

网络化数控系统是制造业数字化转型的重要工具，它结合了数控技术和网络技术的优势，为用户提供了强大的远程监控、云存储和云计算功能，使得数据分析和决策更为灵活和高效。

### 1.2.3 数控系统的技术参数

数控系统的技术参数是评估其性能、功能和适用性的关键指标，对于确保精确、高效和可靠地加工至关重要。

**（1）系统类型**

数控系统的“系统类型”包括开环控制、闭环控制、点对点控制和轨迹控制等，每种系统类型都有其特定的特性和应用场景。

开环控制系统是最基本的控制形式。在这种系统中，控制器向驱动系统发出命令，但不接收任何关于系统实际状态的反馈。这意味着，如果发生任何偏差或错误，系统本身无法自动纠正。开环控制的主要优点是结构简单、成本低，但缺点是它对于外部扰动和系统内部变化不具备适应性。

相反，闭环控制系统是一种更为复杂和高级的控制形式。它通过接收来自各种传感器的反馈，不断地监测并调整系统的实际输出，以确保其与期望输出一致。闭环控制的主要优点是其高度的准确性和稳定性，因为它能够自动纠正任何偏差。但这种系统也更为复杂，需要更多的组件和更高的成本。

点对点控制是指数控系统只控制工具从一个点移动到另一个点，而不关心其在这两点之间的实际路径。这种控制方式适用于像钻孔或其他只需要开始和结束位置的操作。

轨迹控制与点对点控制相对，关注的是整个运动路径。这意味着，数控系统不仅要确保工具从起点移动到终点，还要确保其沿着特定的路径移动，如直线、圆弧或更复杂的轨迹。这对于切削、铣削等需要精确控制工具路径的操作尤为关键。

选择适当的系统类型是确保数控加工效果的关键。开环和闭环控制决定了系统对外部干扰和内部偏差的适应能力，而点对点控制和轨迹控制则决定了系统执行操作的方式和精度。正确地理解和应用这些技术参数，对于获取最佳的加工效果至关重要。

**（2）轴数**

轴数是评价数控系统性能的关键指标之一。轴数不仅影响机床的运动和操作方式，还决定了数控机床加工复杂零件的能力。

简单来说，轴数指的是数控系统可以独立控制的运动轴的数量。每一个轴代表了一个特定方向的运动。基于轴的数量，数控机床被归纳为3轴、4轴、5轴或更高的多轴机床。

3轴控制是最常见的，通常包括$X$、$Y$和$Z$轴，代表了三个正交方向的运动。在3轴数控机床上，工件通常在一个固定的平面上加工，而刀具可以在三个方向上移动，进行如铣削、钻孔等基本操作。

4轴控制增加了一个额外的旋转轴，这通常是围绕$X$或$Y$轴的旋转。这使得工件可以在特定的轴上进行连续旋转，允许刀具从不同的角度进行加工。这种配置特别适合制造复杂的零件，如涡轮叶片。

5轴控制进一步提高了机床的加工能力，包括3个线性轴和2个旋转轴。这5个轴可以同时运动，使刀具能够从几乎任何角度接触工件。这种配置非常适合精密和复杂的加工任务，如航空零件的制造。

多轴控制通常超过5个轴，这为制造提供了更大的灵活性。例如，在复合加工中，机床可能需要进行铣削、车削和磨削等多种操作。这需要多个旋转和移动轴来确保各种操作的准确性和效率。

选择数控机床时，轴数是决定购买哪种机床的关键因素。对于简单的任务，3轴或4轴机床可能就足够了。但对于需要高度精确和复杂加工的应用，5轴或多轴机床可能是必要的。

轴数是评价数控系统性能和能力的一个关键技术参数。它不仅决定了机床的加工范围和灵活性，还影响了加工效率和精度。随着制造工艺的不断发展和复杂化，多轴数控技术将继续在现代工业中发挥重要作用。

**（3）指令系统**

谈及指令系统，很多人首先想到的是G代码和M代码，两者是数控加工中最为关键和常用的编程语言。它们的存在使得复杂的机械运动和操作得以精确控制，并转化为具体、可执行的机械动作。

G代码又称为准备函数，是用来控制机床具体的运动路径和速度的。每一个G代码指令都代表一个特定的运动或操作，例如直线或圆弧插补、绝对或增量位置等。G代码使操作者能够描述工具从一点到另一点的确切路径，而机床则根据这些指令准确地执行。在现代数控系统中，G代码已经非常先进，允许进行3D曲面加工、五轴插补等复杂操作。

M代码又称为辅助函数，主要用于控制机床的辅助操作，如刀具更换、冷却液开关、主轴启动或停止等。这些操作虽然不直接涉及工具的移动，但对整体加工过程的顺利进行至关重要。M代码提供了一种机制，使得这些辅助功能能够被精确控制和实现自动化。

为了编写有效的G代码和M代码，操作者或程序员需要具备一定的专业知识和经验。他们不仅要了解机床的功能和能力，还需要对加工工艺、刀具参数和材料属性有深入的了解。此外，现代的CAM软件也为编写这些代码提供了很大的便利，允许用户在图形界面上设计零件，然后自动生成相应的数控程序。

值得注意的是，随着数控技术的发展，新的指令系统和编程语言也不断出现，它们为复杂和精密的加工提供了更大的灵活性和控制能力。这些新系统在基础上仍然遵循G代码和M代码的原则，但增加了许多新的功能和特性。

指令系统是数控系统技术参数的核心组成部分，它决定了机床的操作和加工能力。G代码和M代码作为这一系统的基础，为现代制造业提供了无与伦比的精度和效率。随着技术的持续发展，可以预期未来的数控指令系统将更加先进、更加智能化，满足各种复杂加工需求。

**（4）编程方式**

在数控系统的众多技术参数中，编程方式起着至关重要的作用，它决定了机床如何理解和执行编程者的意图，从而准确地加工出所需的零件。常见的编程方式主要有绝对编程、增量编程和混合编程这三种。

绝对编程，顾名思义，指的是在编写数控程序时，所有的坐标值都是基于一个固定的原点或参考点。也就是说，每一个操作的位置都是相对于这个原点的绝对位置。这种方式的主要优点是很直观，因为所有的坐标都是从同一个参考点开始的，使得编程者更容易理解和校验程序。但同时，如果需要修改或调整某一部分的加工路径，可能就需要重新计算所有相关的坐标值，这在复杂的零件加工中可能会非常麻烦。

增量编程与绝对编程相对，是基于前一个操作的位置来定义下一个操作的位置。这意味着每一步的坐标值都是相对于上一步的位置，而不是固定的原点。这种方式的优点是它在修改程序时更为灵活，因为只需要考虑和调整相关的部分，而不是整个程序。但它也有一定的缺点，那就是如果程序中的某一部分出错，那么其后的所有操作都可能会受到影响。

混合编程则结合了绝对编程和增量编程的特点。在一个程序中，某些部分可以使用绝对编程，而其他部分则可以使用增量编程。这种方式既保留了两者的优点，也避免了各自的缺点，为编程者提供了更大的灵活性。

在实际的数控编程中，选择哪种编程方式往往取决于零件的复杂性、加工要求和编程者的经验。有些简单的零件，使用绝对编程就足够了；而对于一些复杂的零件，混合编程可能会更为合适。

编程方式是数控系统技术参数中非常关键的一部分，它不仅影响到程序的编写和修改，还直接决定了机床加工的准确性和效率。随着数控技术的不断发展，编程方式也在逐步优化和完善，以满足日益增长的制造业需求。

**（5）输入/输出接口**

数控系统中的输入/输出接口是连接机床与外部世界的重要桥梁。它们使得数据和命令能够在数控系统与其他设备或计算机之间自由流动，确保整个制造过程的流畅和高效。在数控系统技术参数中，输入/输出接口的类型、性能和兼容性都是评估一个数控系统通信能力的关键因素。

首先，RS-232接口可能是最早和最常用的通信接口之一。作为一个标准的串行通信协议，RS-232已经被广泛应用于各种设备，包括许多早期的数控机床。它的主要优点是稳定性高、实施简单、成本低。然而，由于其低速的数据传输速率和有限的数据长度，RS-232在高速、大数据量的应用场景中显得有些力不从心。

随着技术的发展，USB接口逐渐成为一种流行的选择。与RS-232相比，USB提供了更快的数据传输速率和更大的数据容量。此外，USB接口还具有热插拔的特点，即在设备运行时可以随时连接或断开，而无须重新启动或配置。这为数控机床带来了更大的灵活性，使得数据传输和设备管理变得更为简单和高效。

然而，当涉及大型生产线或工厂自动化时，以太网接口往往是首选。作为一种标准的网络通信协议，以太网不仅提供了高速的数据传输能力，还支持多设备之间的并行通信，这意味着一个以太网接口可以同时连接多台数控机床、监控设备、数据服务器等，实现整个生产过程的集中管理和协调。此外，通过使用标准的网络技术和协议，以太网接口还可以轻松地实现远程监控和控制，为现代制造业带来了巨大的便利。

输入/输出接口在数控系统中起到了至关重要的作用。它们不仅支持数据的输入和输出，还为设备之间的互联互通提供了可能。随着技术的不断进步，可以预见未来的数控系统会拥有更多的接口类型、更高的通信速率和更强的兼容性，从而更好地满足制造业的各种需求。

**（6）最大进给速度**

数控系统的最大进给速度是衡量机床动作速度的一个关键参数，它直接影响到加工过程的效率、工件的加工质量，以及刀具的使用寿命。在选择和评估数控系统时，了解其最大进给速度对于保证加工过程的流畅和效果至关重要。

最大进给速度定义了机床在各个轴上的最大移动速度。在实际的加工过程中，机床的移动速度不仅取决于机床自身的性能，还受到工件材料、刀具类型、加工要求等多个因素的影响。因此，最大进给速度通常被视为机床性能的一个上限值，而实际的工作速度可能会低于这个值。

通常，最大进给速度以毫米/分或英寸/分为单位表示。不同的数控系统、机床类型和制造商可能会提供不同的最大进给速度。例如，简单的数控车床和铣床的最大进给速度可能在几百到几千毫米/分之间，而高端的五轴加工中心和高速切削机床的速度可能高达数万毫米/分。

最大进给速度的选择和设置对于保证加工质量和效率至关重要。过高的进给速度可能导致刀具过早磨损、加工表面质量下降、机床过热或振动等问题；而过低的速度则会浪费时间和能源，降低加工效率。因此，工程师和操作员需要根据实际的加工条件和要求，合理选择和设置进给速度。

除了最大进给速度，数控系统还有其他与速度相关的技术参数，如主轴转速、加速度、减速度等。这些参数共同决定了机床的动态性能和加工能力。合理的速度参数设置不仅可以提高加工效率，还可以延长机床和刀具的使用寿命，降低加工成本。

总之，最大进给速度是衡量数控系统性能的一个重要参数。它直接影响到机床的工作效率、加工质量和经济性。在选择和使用数控系统时，用户需要充分了解和考虑这一参数，确保机床在保证加工质量的同时，实现高效、稳定的运行。

**（7）最小输入增量**

数控系统是现代制造业中的核心技术之一，它大大提高了生产效率，保证了产品质量并增强了生产过程的自动化程度。在这众多的技术参数中，最小输入增量无疑是一个至关重要的概念。这一参数在决定数控机床精度、稳定性和高效性方面起着关键的作用。

首先，要理解最小输入增量。最小输入增量，简单地说，就是数控系统能够识别的最小移动量。也就是说，当指示机床移动一个特定的距离，如果这个距离小于系统的最小输入增量，系统可能无法准确地执行这一移动命令。这就好比有一个可以测量到0.1mm精度的卡尺，但想要测量更小的尺寸时，它就无法满足需求。

在实际生产中，这个参数对于工件的精度和表面粗糙度有直接的影响。考虑一个需要精密加工的零件，如果机床的最小输入增量过大，那么它无法准确地达到预定的尺寸，从而导致加工的零件无法满足精度要求。同样，如果零件的表面需要非常光滑，那么机床的最小输入增量也必须足够小，以确保在加工过程中能够连续地进行细微的调整。

最小输入增量并不只是与机床的移动精度有关，它还与数控系统的电子硬件、控制算法以及反馈系统直接相关。例如，一个高级的数控系统可能配备了先进的传感器和编码器，这些传感器和编码器可以读取非常小的位置变化，并将这些信息迅速地反馈给控制器。这样，控制器可以根据反馈的信息，快速而准确地调整机床的位置，确保其始终保持在预定的路径上。

另外，随着技术的发展，尤其是微电子技术、传感器技术和控制算法的进步，现代数控系统的最小输入增量已经达到了令人难以置信的水平。这意味着现代数控机床可以进行比传统机床更为精细的加工，从而生产出更加精密和复杂的零件。

此外，对于不同的加工任务和材料，最小输入增量的重要性也是不同的。例如，对于粗略的铣削或钻孔操作，最小输入增量可能不是那么关键，但对于精密的雕刻或微米级的加工，一个小的最小输入增量就变得非常关键了。

最小输入增量是衡量数控系统性能的一个重要参数。它直接关系到加工的精度、效率和质量。对于制造业企业来说，选择一个具有适当最小输入增量的数控系统是确保产品质量和提高生产效率的关键。

（8）加工精度

加工精度是评价数控系统质量和性能的关键指标。这不仅与生产的效率和成本密切相关，更直接影响到最终产品的品质。

加工精度通常以毫米或微米为单位，它表示数控机床在特定条件下的加工误差范围。简单地说，它是机床实际加工出的工件与预定的加工尺寸之间的差距。这个误差范围可以被看作是数控机床性能的一种量化表示。一个低的加工误差意味着机床具有高的加工精度，而一个高的加工误差则可能意味着机床的性能存在问题或其使用条件并不理想。

加工精度非常重要。首先，它决定了工件的质量。在高精度制造，如航空、宇宙、医疗器械、微电子等领域，微小的误差都可能导致产品性能的严重下降，甚至失效。例如，一个微小的尺寸误差在航空零件中可能导致其在高速、高压环境下的失效，从而危及飞行安全。

其次，加工精度也影响生产的效率和成本。高精度的加工可以减少后续的修整和检验工作，从而降低生产成本和加快生产速度。反之，低精度的加工可能导致大量的返工，增加生产成本，延长生产周期。

要实现高精度的加工，不仅仅需要高性能的数控系统，还需要配合高精度的工具、高质量的原材料，以及适当的加工技术和条件。数控系统本身的加工精度是由其机械结构、传动系统、测量系统和控制算法等多个因素共同决定的。例如，数控机床的刚性、导轨和丝杆的精度、伺服驱动和反馈系统的性能等都直接影响到机床的加工精度。

但同时，外部条件，如机床的工作环境、工件和工具的温度、机床的磨损状况等，也会对加工精度产生影响。因此，为了确保高精度的加工，需要对整个加工过程进行全面的控制和优化。

加工精度是衡量数控机床性能的一个核心参数。高精度的加工不仅可以保证工件的质量，还可以提高生产效率，降低生产成本。而为了实现高精度的加工，除了需要高性能的数控系统外，还需要综合考虑众多相关因素，进行全面的过程控制和优化。

（9）插补方式

插补技术，简而言之，就是基于已知的点生成中间点，从而实现连续的运动路径。其中，线性插补、圆弧插补和螺旋线插补是最常用的三种方式。

① 线性插补。线性插补可能是最基础的插补方式。它基于两个已知点之间生成一系列的中间点，从而创建一条直线路径。这在很多机床操作中都是必需的，例如从一个起点到另一个终点的直线切割。线性插补通常需要数控系统的控制算法来计算两点之间的每一个中间点的位置，以确保运动的连续性和平滑性。这种方法虽然简单，但在日常的数控加工中却十分常见和重要。

② 圆弧插补。当数控机床需要沿着圆形或部分圆形路径进行加工时，圆弧插补便成为关键。圆弧插补需要至少两个已知点以及一个中心点或者一个半径值。基于这些信息，数控系统可以生成一系列中间点，使得机床能够沿着预定的圆弧路径进行连续加工。圆弧插补在制造业中有广泛的应用，尤其是在需要加工曲线、轮廓和其他非直线形状的场合。

③ 螺旋线插补。螺旋线插补是一种更为复杂的插补方式，它结合了线性和圆弧插补的特点。通过螺旋线插补，数控机床可以沿着螺旋形状的路径进行加工。这种插补方式通常用于加工螺纹、螺旋齿轮等复杂零件。为了实现螺旋线插补，数控系统需要知道螺旋的起

始点、结束点、螺距和方向等信息。然后，系统会生成一系列中间点，确保机床沿着预定的螺旋路径平滑、连续地进行加工。

插补技术的正确和精确实现对于数控加工的质量至关重要。由于加工过程中的微小误差都可能导致工件的尺寸和形状与预期有所偏差，因此插补算法必须非常精确。此外，随着加工复杂度的增加，如五轴加工或高速加工，对插补技术的要求也日益增高。为了满足这些要求，现代数控系统都配备了先进的微处理器和算法，以确保插补的准确性和效率。

插补是数控系统中一个至关重要的技术参数，它决定了机床能否沿着预定路径进行精确、平滑的加工。不同的插补方式适用于不同的加工任务，而正确选择和实现插补方式是保证加工质量的关键。

**（10）运动控制**

在数控系统中，运动控制是最核心的部分，其主要任务就是确保设备能够按照既定的路径和速度进行运动。按照其控制方式，运动控制主要可以分为两大类：点对点移动和连续路径移动。

点对点移动又称为定位移动，是指数控系统按照预设的目标点，从一个点移动到另一个点。在这种移动过程中，起始点和终止点之间的运动路径并不重要，重要的是设备能够精确地从起始位置移动到预设的终止位置。这种控制方式常用于需要高精度定位的机械加工任务，例如钻孔、铣槽等。设备在完成一个操作后，会快速地移动到下一个工作位置，开始下一个加工任务。

而连续路径移动则不同，它要求设备不仅能够达到预定的终止位置，还必须按照预定的路径进行移动。这种控制方式对于设备的运动控制要求更为严格，因为它要求在整个移动过程中，设备都必须严格按照预设的轨迹进行。这种移动方式常用于那些需要连续加工的任务，例如切削、雕刻等。在这些任务中，材料的加工效果很大程度上取决于设备移动的轨迹。

为了实现这两种运动控制，数控系统内部配备了一系列高精度的传感器和执行器。这些组件可以实时监测设备的运动状态，并根据预先编制的程序来调整其运动轨迹。此外，现代数控系统还具备强大的自适应能力，它们可以根据实际加工情况，自动调整设备的运动参数，以保证加工过程的稳定性和效果。

数控系统技术参数运动控制是确保机械设备能够精确、稳定地进行加工的关键技术。它不仅涉及机械、电子、计算机等多个领域的交叉技术，更是现代制造业提高生产效率和产品质量的重要手段。

**（11）控制器内存大小**

控制器是数控系统的核心，它接收和解读加工程序，并将其转化为机械运动。而控制器内存大小是决定系统能够存储和执行多少加工程序的关键参数。

首先，控制器内存大小与加工程序的复杂性直接相关。在一些简单的加工任务中，所需的程序可能只有几行，而在复杂的三维雕刻或五轴联动加工中，所需的程序可能会有数千甚至数万行。如果控制器的内存容量有限，那么用户可能需要频繁地更换或删除旧程序，以存放新的程序，这无疑会增加操作的复杂性和出错的风险。

再者，随着技术的进步，加工程序的精度和复杂性也在逐渐提高。这意味着对于内存容量的需求也会随之增加。例如，高精度的曲线或曲面加工，可能需要更多的数据点来描述，这就直接增加了程序的长度和所需的存储空间。

控制器内存不仅用于存储加工程序，还需要存储各种操作参数、系统设置和日志信息等。这些信息对于确保加工的准确性和系统的稳定运行都是非常重要的。因此，控制器的内存容量不宜过小。

此外，随着智能制造、物联网等技术的发展，数控机床和系统的互联互通成为了趋势。这就要求控制器能够存储更多的数据，进行更为复杂的数据处理。而这也对控制器的内存大小提出了更高的要求。

然而，增加控制器的内存容量也会带来一定的挑战。首先，内存的增加可能会导致控制器的成本上升，这会影响到数控机床的整体成本和市场竞争力。其次，随着内存容量的增加，数据管理和维护的复杂性也会相应增加，这可能会对操作人员提出更高的技能要求。

控制器内存大小是数控系统技术参数中的一个关键因素。它直接关系到系统能够执行的加工任务的复杂性和数量。随着制造业向高精度、高效率、智能化的方向发展，对于控制器内存容量的需求也在逐渐增加。但同时，如何平衡内存容量、成本和操作复杂性，也是制造商和用户需要面临的挑战。

**（12）操作界面**

数控系统的操作界面是用户与机器进行交互的桥梁，它直接影响到操作的便捷性、效率，以及用户的使用体验。随着技术的进步，数控系统的操作界面也经历了从简单的按键式到复杂的图形用户界面，再到触摸屏等多种形式的发展。

首先，按键式操作界面是早期的数控系统中常见的一种形式。这种界面通常包含一系列的物理按键，每个按键对应一个特定的功能或指令。用户通过按下相应的按键来输入命令，控制机器进行操作。尽管这种操作界面较为简单直观，但其缺点也很明显，那就是功能受限、不够灵活，并且对于新手来说学习成本较高。

随着计算机技术的发展，图形用户界面（GUI）开始出现在数控系统中。相比于传统的按键式操作，GUI提供了更为直观和友好的操作体验。用户可以通过鼠标、键盘或其他输入设备，直接在屏幕上选择和操作各种图标和菜单来控制机器。GUI不仅增强了系统的功能性和灵活性，还大大降低了用户的学习成本。

近年来，随着触摸屏技术的普及，触摸屏操作界面也越来越受到制造商和用户的青睐。触摸屏结合了传统的图形用户界面的优点，同时提供了更为直接和便捷的操作方式。用户可以直接通过用手指在屏幕上进行滑动、点击、缩放等操作，完成各种命令的输入。触摸屏不仅提供了更为流畅和直观的操作体验，还节省了大量的物理空间，使得整体的机器设计更为紧凑、美观。

当然，不同的操作界面适用于不同的应用场景。例如，在高温、高湿或其他恶劣环境下，物理按键可能比触摸屏更为可靠和稳定；而在需要频繁输入复杂命令的高端数控机床上，图形用户界面或触摸屏可能更为合适。

数控系统的操作界面是连接用户和机器的重要桥梁。随着技术的进步和市场的需求变化，操作界面也在不断地发展和创新。而未来，随着语音识别、手势识别等新技术的发展，数控系统的操作界面可能还会有更为革命性的变革。

**（13）反馈系统**

在数控系统中，反馈系统发挥着至关重要的作用，尤其在闭环控制中，其用于实时监测机床的位置，确保加工精度和质量。为了准确地获取这些实时数据，各种传感器，如编码器、鳞规等，被广泛应用于数控机床中。

编码器是反馈系统中常用的传感器之一，它可以将机械运动转化为数字信号。根据其工作原理，编码器可以分为增量式编码器和绝对式编码器。增量式编码器每次都从一个固定的参考点开始计数，每次开机或复位都需要回到这个参考点。而绝对式编码器则可以记住其位置，即使在断电后也能够恢复。编码器可以非常精确地监测旋转或直线运动的位置、速度和方向。

鳞规也被称为线性尺或线性编码器，是另外一种常用的位置传感器。它可以直接测量直线运动的位置，并将其转化为数字信号。鳞规由一个读取头和一个带有精密刻度的尺条组成，当读取头沿着尺条移动时，它可以非常精确地读取位置信息。

闭环控制是数控系统中的一种先进的控制策略。与传统的开环控制相比，闭环控制具有一个显著的优势，即它可以实时地监测和校正机床的实际位置。在闭环控制中，反馈系统会持续地将机床的实际位置与预定位置进行比较，如果发现有偏差，控制系统就会立即做出调整，确保机床回到正确的轨迹上。

在数控加工中，精度是一个至关重要的指标。反馈系统，尤其是高精度的编码器和鳞规，为实现高精度加工提供了坚实的技术保障。通过实时监测和校正机床的位置，反馈系统确保了加工过程中的每一步都严格按照预定的参数进行，大大提高了加工的准确性和一致性。

除了加工精度外，反馈系统还对数控系统的稳定性和可靠性起到了关键作用。任何机械设备在长时间运行后，都可能出现一些偏差或误差。而反馈系统可以实时地发现并纠正这些偏差，确保数控机床始终保持在最佳的工作状态。

随着科技的进步，反馈系统的技术也在不断发展和完善。新型的传感器，如光学编码器、磁性编码器等，为数控加工提供了更高的精度和更快的响应速度。此外，随着人工智能和大数据技术的发展，未来的反馈系统可能还会具备自学习和自适应的能力，进一步提高数控加工的效率和质量。

**（14）电源要求**

数控系统的性能和稳定性在很大程度上取决于其电源系统的质量和稳定性。正确的电源要求不仅保证了数控系统的正常运行，而且也延长了其使用寿命，降低了故障发生率。因此，详细了解数控系统的电源要求，如电压、频率、功率等，对于设备的正确选择和安全运行至关重要。

电压：电压是数控系统电源要求中最基本的参数。大多数数控系统都设计为工作在特定的电压范围内，如110V、220V、380V等。使用不符合规定的电压可能会导致数控系统无法启动，或者在运行中出现不稳定和故障。此外，过高或过低的电压也可能损坏数控系统的电子元件，降低其使用寿命。

频率：频率是指交流电源的交变次数，通常以赫兹（Hz）为单位。常见的频率有50Hz和60Hz。不同的地区和国家可能有不同的标准电源频率。数控系统通常设计为在特定的频率范围内工作，使用不合适的频率可能会导致数控系统的性能下降或出现故障。

功率：功率是数控系统在正常运行时消耗的电能，通常以瓦（W）或千瓦（kW）为单位。数控系统的功率要求取决于其大小、复杂性和应用。大型的数控机床或生产线可能需要更高的功率，而小型的数控设备或家用设备则可能需要较低的功率。确保提供足够的功率是数控系统稳定运行的关键。

电源稳定性：除了基本的电源参数外，数控系统还对电源的稳定性有特定的要求。电源的波动、噪声或瞬时中断都可能导致数控系统的故障或失效。为了确保数控系统的稳定运行，可能需要使用电源稳压器、不间断电源（UPS）或其他电源管理设备。

接地要求：正确的接地对于数控系统的安全运行至关重要。良好的接地可以防止电气干扰，减少噪声，保护设备免受静电或电磁干扰的影响，并在发生故障时提供一个安全的放电路径。

电源保护：为了防止电源故障或突发事件导致的数控系统损坏，可能需要安装过载保护、短路保护、过温保护等电源保护装置。

环境要求：数控系统的电源要求可能还受到其工作环境的影响。例如，在高湿度、高温或有腐蚀性气体的环境中工作的数控系统可能需要特殊的电源设计和保护措施。

数控系统的电源要求不仅涉及基本的电源参数，还包括电源的稳定性、电源保护和环境适应性。选择和提供正确的电源对于确保数控系统的稳定性、效率和寿命至关重要。

（15）故障诊断功能

数控系统的高度复杂性可能导致问题和故障，因此，故障诊断功能对于数控系统来说是至关重要的。这个功能不仅可以提高生产效率，还可以避免可能的损害和高昂的维修成本。

自动故障识别：随着技术的发展，现代的数控系统配备了高度先进的传感器和诊断工具，使其能够自动检测并识别各种潜在的问题和故障。这种自动故障识别功能可以实时监测数控机床的各种参数，如温度、压力、速度、位置等，一旦检测到异常，系统就会立即发出警告。

详细的故障报告：除了能够识别故障，现代数控系统还可以提供详细的故障报告，帮助操作员或维修人员准确地确定问题的来源。这大大缩短了故障查找的时间，使得维修过程更为迅速和高效。

预测性维护：借助于先进的数据分析和机器学习技术，部分数控系统还能提供预测性维护功能。这意味着系统不仅能够检测当前的故障，还可以预测未来可能发生的问题，并提前采取预防措施，从而避免生产中断和高昂的维修成本。

用户友好的界面：为了使操作员和维修人员能够轻松地使用故障诊断功能，许多数控系统提供了用户友好的界面，如触摸屏、图形化界面、语音提示等。这些界面通常设计得直观易懂，即使是没有专业培训的用户也可以轻松地进行故障诊断和处理。

远程故障诊断：随着物联网和远程技术的发展，部分先进的数控系统还提供了远程故障诊断功能。这意味着即使在机床出现问题时，维修人员不在现场，也可以远程登录系统，进行故障诊断和初步的处理，大大提高了生产效率和系统的可用性。

与其他系统的集成：为了提供更全面的故障诊断功能，许多数控系统还与其他系统进行了集成，如生产管理系统、设备管理系统等。这样，当数控系统出现问题时，相关的信息和数据可以迅速地传输到其他系统，实现快速的响应和处理。

持续的软件更新：为了应对新的故障和问题，数控系统的故障诊断功能通常需要进行持续的软件更新。这不仅可以提供更准确和高效的故障诊断，还可以避免潜在的系统崩溃和数据丢失。

随着技术的进步，我们期待未来的数控系统能提供更先进和全面的故障诊断功能。

（16）安全特性

与所有机械和电子系统一样，确保操作的安全性是至关重要的。数控系统的安全特性是设计中的关键组成部分，旨在保护操作人员、设备，营造一个安全的工作环境。以下是关于数控系统技术参数中的几个关键安全特性的详细描述。

急停按钮：急停按钮是数控系统上最明显的安全功能之一，它设计成在任何紧急情况下迅速停止机器的运行。一旦按下此按钮，所有的动作和运动都将立即停止，从而避免可能的伤害或损坏。

门禁系统：为了确保在机器运行时操作员的安全，许多数控机床都配备了安全门或保护罩。当门打开时，机器将自动停止运行，防止操作员与移动部件接触。

过载保护：这是一个电气安全特性，当电机或其他部件的工作负荷超出规定的限制时，该功能会自动断开电源，从而保护设备不受损坏。

软件安全锁：为了防止未经授权的修改和篡改，一些数控系统软件具有安全锁功能。这确保只有经过适当培训的操作员和工程师才能更改机器的参数或操作模式。

限位开关：这些开关确保机械部件不会超出其设计的运动范围，从而避免损坏机器或其他设备。

冷却和温度监控：为防止过热，许多数控机床都配备有冷却系统。此外，温度传感器可持续监测关键部件的温度，并在超过安全阈值时触发警报。

手动操作模式：在此模式下，操作员可以在低速下手动移动机器的各个部分，使其更容易进行设置或调试，同时确保操作的安全性。

电气和电磁兼容性：为防止电磁干扰导致的操作失误或数据错误，数控系统必须符合特定的电气和电磁兼容性标准。

安全警告和指示灯：通过视觉和听觉的方式提醒操作员关于机器状态的信息。例如，当机器在运行时，一盏红色的指示灯可能会亮起。

备份电源和电池：在断电情况下，备份电源或电池能够为数控系统提供临时电源，确保数据不丢失，并允许安全地停止机器的运行。

数控系统的安全特性确保了操作员、机器和工作环境的安全。这些特性不仅降低了事故的风险，而且提高了生产效率和设备的使用寿命。随着技术的进步，未来的数控系统可能会融入更多的先进安全特性，为制造业提供更高水平的安全保障。

**（17）扩展性**

随着技术的不断进步和市场需求的不断变化，制造商和终端用户都希望他们的设备能够随时间演进，适应新的应用需求和技术标准。因此，扩展性成为了评价一个数控系统优劣的关键参数之一。一个具有良好扩展性的数控系统意味着它不仅能满足当前的需求，而且还能为未来的升级和扩展打下坚实的基础。

硬件扩展性：一个数控系统的硬件扩展性指的是其能够容易地添加新的硬件组件，如更多的输入/输出端口、更大的存储设备、新的通信接口等。这确保了当需要增加新的功能或提高性能时，用户无须替换整个系统，只需升级或添加特定的硬件部件。

软件升级：随着技术的进步和新的制造要求的出现，数控系统的软件也需要不断地升级。一个具有良好扩展性的数控系统应该允许用户轻松地进行软件更新，以适应新的制造策略、算法或工艺。

模块化设计：模块化设计意味着数控系统是由多个独立的、可互换的模块组成的。这种设计方式确保了当某个模块需要升级或替换时，整个系统都不会受到影响。这大大降低了升级和维护的成本。

开放性架构：开放性的系统架构允许制造商和第三方开发者为现有的数控系统开发新的应用和功能。这确保了系统能够适应不断变化的市场需求，而无须频繁地更换整个系统。

兼容性：随着技术标准的不断发展，一个具有良好扩展性的数控系统应该能够与最新的设备和技术标准兼容。这意味着当引入新的传感器、执行器或通信协议时，系统能够无缝地集成它们。

网络和云集成：随着工业4.0和物联网的兴起，现代的数控系统需要能够轻松地连接到网络和云服务。这种集成不仅允许远程监控和控制，而且还为数据分析和优化提供了可能性。

用户自定义功能：为了满足特定的应用需求，许多先进的数控系统允许用户开发和集成自己的算法和策略。这为制造商和终端用户提供了更大的灵活性，确保系统能够适应各种特定的应用场景。

扩展性是评估数控系统技术参数的一个关键指标，它确保了系统能够适应不断变化的技术和市场需求。

**（18）通信协议**

在现代制造环境中，数控系统作为制造流程的核心部分，其与各种设备、传感器和其他系统的通信能力变得尤为重要。为实现这一目标，各种通信协议被设计出来，以确保数据的顺畅、准确和实时交流。以下是对一些主要的通信协议，如Modbus、Profibus和EtherCAT的详细描述。

Modbus：Modbus是一种串行通信协议，用于连接工业电子设备。由于其简单和开放的特性，已经成为工业领域中最受欢迎的通信协议之一。Modbus可以在RS-485、RS-422、RS-232以及TCP/IP等多种通信介质上运行，从而提供了广泛的应用灵活性。这种协议主要用于传感器、执行器、PLC和计算机之间的通信。

Profibus：Profibus是由德国公司开发的标准化的、开放的、数字化的串行通信系统，广泛应用于自动化和过程控制中。与Modbus相比，Profibus提供了更高的数据传输速率和更大的网络容量。它可以支持多达126个设备的连接，每个设备都有一个唯一的地址。Profibus根据应用需求，分为两种主要变种：Profibus DP用于工厂自动化，而Profibus PA则用于过程自动化。

EtherCAT：EtherCAT的全称为“Ethernet for Control Automation Technology”，是一种实时以太网协议，专为自动控制应用设计。与传统的以太网技术相比，EtherCAT提供了更高的数据传输速率和更低的延迟。这使得它特别适用于需要高速、高精度控制的应用，如伺服控制和机器视觉。EtherCAT的主要特点是其出色的实时性能、灵活的拓扑结构，以及简单的硬件和软件集成。

以上三种协议都有其独特的特点和应用场景。然而，它们之间也有许多共同点：

开放性：这些协议都是开放的标准，这意味着任何制造商都可以为其产品集成这些协议，而不受许可限制。

可靠性：为确保工业环境中的稳定和可靠操作，这些协议都经过了严格的测试和验证。

兼容性：尽管这些协议在设计时有所不同，但它们都致力于确保与现有的系统和设备的兼容性。

通信协议在数控系统中起到了至关重要的作用，确保了数据的顺畅交流和系统的高效运行。随着技术的进步和工业应用的不断发展，新的通信协议和技术将不断出现，为数控系统提供更高的性能和更大的灵活性。

**（19）外部设备支持**

要最大化数控系统的效益，仅仅依赖基础的数控机床是不够的。多种外部设备与附件为数控系统提供了增强功能，进一步提高了加工效率、精度和自动化程度。以下将对一些常见的外部设备进行详细描述。

自动换刀系统：在高度自动化的生产环境中，为了避免手动更换刀具而中断加工过程，自动换刀系统成为了必备的辅助设备。这种系统可以快速、精确地更换刀具，无须停止机床的运行。通过这种方式，可以在同一台机床上完成多种不同的加工任务，大大提高了生产效率。

工件测量探头：为了确保加工精度，许多数控系统都配备了工件测量探头。这些探头可以在加工过程中或之前测量工件的尺寸、位置和形状。根据测量结果，数控系统可以自动调整刀具的路径，确保精确地加工。此外，这些探头也可以用于工件的零点设置，确保加工的准确起始。

冷却系统：在高速、高负荷的加工中，刀具和工件都会产生大量的热量。如果不加以控制，这些热量可能会导致刀具的磨损、工件的变形和加工精度的降低。因此，冷却系统成为了数控机床的标准配置。这些系统可以提供冷却液或气体，对刀具和工件进行冷却，确保加工的稳定和精度。

自动上下料系统：为了进一步提高自动化程度和生产效率，许多数控系统都配备了自动上下料系统。这些系统可以自动将原材料送入机床，并将加工完成的工件取出。通过这种方式，可以实现无人值守的连续生产，大大提高了生产效率。

其他外部设备：除了上述常见的外部设备外，还有许多其他的辅助设备和附件为数控系统提供了增强功能，例如切削油雾抽取系统、芯轴系统、第四轴和第五轴旋转台、刀具破损检测系统等。

外部设备对于数控系统来说是非常重要的，它们为系统提供了增强功能，使得加工任务更加灵活、高效和精确。

**（20）环境要求**

为了确保数控系统稳定、长期地运行，必须满足一系列的环境要求。因为数控系统是精密的电子设备，其性能、精度和寿命都会受到工作环境的直接影响。以下详细描述了数控系统的主要环境要求：

工作温度：大部分数控系统都有一个推荐的工作温度范围。超出这个范围可能会导致电子元件的故障、润滑油的性能降低或机械部件的热胀冷缩。一般来说，数控机床的推荐工作温度范围为15 ～ 35℃。但具体范围应参考制造商的技术规格。

湿度：湿度对数控系统的影响尤为重要。高湿度环境可能导致电子元件的氧化或腐蚀，降低电气连接的稳定性，而过低的湿度可能增加静电的风险。通常，推荐的湿度范围为40% ～ 70%。

防护等级：根据国际防护等级标准（IP Code），数控系统会被分配一个特定的防护等级。例如，IP65表示该设备对尘埃完全封闭，且可以承受从任意方向射来的低压喷射水流。数控机床的防护等级需考虑到加工过程中可能产生的冷却液溅射、切屑飞溅等情况。

气溶胶与尘埃：在某些加工过程中，如高速铣削或研磨，会产生大量的气溶胶和尘埃。这些微小的颗粒可能侵入数控系统，导致电子元件或机械部件的早期磨损。因此，良好的通风和过滤系统是必要的。

振动：数控机床需要在稳定的基础上运行。外部的振动，如邻近的重型机械或交通，可能影响数控系统的精度和稳定性。

电气要求：数控系统对电源的稳定性有严格要求。电压的突然变化、电磁干扰或电源中断都可能导致系统故障。因此，稳定的电源、电源保护装置和接地都是非常重要的。

其他环境因素：此外，还需考虑到其他可能影响数控系统的环境因素，如盐雾、化学腐蚀、紫外线辐射等。

数控系统的稳定性、精度和寿命都与其工作环境密切相关。选择和维护适当的环境不仅可以确保设备的顺利运行，还可以减少停机时间和维修成本，从而提高生产效率。因此，遵循制造商的环境要求并进行定期的环境监测和维护是非常必要的。

## 1.3 数控系统技术发展趋势和创新

随着技术与工业需求的演进，数控系统技术正经历飞速的创新与变革。未来的数控系统将更倾向于实时优化和自动化，如AI技术的引入和物联网的整合，可以使机床实时调整和报告设备状态。增强现实和虚拟现实为操作员带来了沉浸式体验，而系统的模块化与定制化满足了各种生产需求。技术进步使机床精度与效率日益提升，同时更加环保，实现资源高效利用。大数据与AI的结合强化了数据处理，而先进的人机交互方式、安全监测机制与软硬件一体化策略均进一步优化了系统的效率和稳定性。总体来看，数控系统正朝着更智能、高效和环保的方向快速发展，为制造业开辟了新的机遇。

### 1.3.1 最新发展和创新技术

**（1）智能化与自动化**

未来的数控系统将更加智能化，能够实时优化加工过程、自动调整参数，以达到最佳的加工效果。例如，AI技术的融入可以使机床根据实时的加工反馈自我调整，确保产品的一致性和质量。

在工业4.0的大背景下，智能化与自动化已成为各行业发展的核心方向，尤其在数控系统中，这一趋势表现得尤为明显。未来的数控系统将站在更高的智能化阶段，这不仅意味着机器将有更高的计算能力和决策水平，更意味着整个加工过程将实现前所未有的优化和高效。

首先，实时优化加工过程将是智能化数控系统的显著特点之一。传统的数控系统往往依赖于预设的参数和固定的加工模式，这无疑在某种程度上限制了加工效率和质量。而新一代的智能数控系统可以在加工过程中根据实际情况不断地调整和优化参数，确保加工的精准和高效。这一切都是基于系统的强大数据处理能力和深度学习算法。

再者，AI技术的引入将大大提升数控系统的自动化水平。可以想象，当机床在加工时遇到问题或者出现偏差，通过AI技术，它可以实时地获取反馈、分析问题的根源，并自我调整，而不需要人工干预。这不仅大大提高了加工效率，还确保了产品的质量和一致性。例如，如果加工的某一部分出现了尺寸偏差，智能数控系统可以立即识别这一问题，然后调整后续的加工参数，以确保整体产品的尺寸精度。这一过程既节省了人工调整的时间，又避免了因为初步的偏差导致的整体加工失败。

不仅如此，AI技术还可以使数控系统更好地理解和预测加工过程中可能出现的问题。通过对大量加工数据的学习，系统可以在很大程度上预测可能出现的问题，并提前调整参数或采取相应措施，以防止问题的发生。这一预测能力不仅限于单一的加工任务，还可以跨越不同的机床和材料，为整个生产线带来效率和质量的双重提升。

此外，智能数控系统还可以根据实时的加工数据，自动调整机床的运行状态，以适应不同的加工需求。这意味着，不同的产品和材料都可以在同一台机床上实现高效和高质量的加工，无须频繁地更换设备或调整参数。

智能化与自动化将是未来数控系统的核心特点，它不仅将大大提高加工的效率和质量，还将为企业带来更高的生产灵活性和经济效益。随着技术的不断进步，我们有理由相信，智能数控系统将为制造业带来前所未有的革命性变革。

**（2）物联网（IoT）与数控系统的融合**

通过传感器、云计算和实时数据分析，数控机床将更加智能和互联，能够实时报告设备状态、预测维护需求和优化生产过程。

随着信息技术和通信技术的迅猛发展，物联网已逐渐走入各个领域，为传统行业注入新的活力和创新机会。在制造业领域，特别是数控系统技术中，物联网的融合呈现出巨大的潜力和价值。

首先，要理解物联网与数控系统融合的重要性，就要明确物联网的核心概念。物联网，顾名思义，是各种“物”通过网络进行连接和交互的技术。这些“物”可以是家电、汽车，也可以是工业生产线上的机床。而数控系统作为现代制造业的核心部分，其自动化和智能化水平直接决定了生产效率和产品质量。

在物联网技术与数控系统融合后，第一大变革是数控机床的“感知”能力。传统的数控机床主要依赖操作员的经验和感知来调整和优化，但现代的数控机床，通过安装各种传感器，可以实时监测加工过程中的温度、压力、振动等关键参数。这些数据不仅可以实时回传给操作员，还可以上传到云端进行更深入的分析和处理。

其次，云计算技术的引入为数控系统带来了前所未有的计算能力。传统的数控系统大多依赖于本地的计算资源，但随着数据量和复杂性的增加，这种模式显然已经不能满足需求。而云计算通过集中化的数据中心，为数控系统提供了几乎无限的计算能力和存储空间。这意味着数控机床不再受限于自身的硬件性能，可以进行更复杂、更高精度的加工任务。

更为重要的是，实时数据分析技术的应用，使得数控机床不仅能够监测自身的状态，还能预测未来的维护需求。例如，通过对历史数据和实时数据的深度分析，系统可以预测机床的某一部件即将出现故障，从而提前进行维护，避免停机和生产损失。同时，数据分析还可以为生产优化提供支持，例如根据过去的加工数据，调整加工参数，以达到更好的效果。

而在整个生产流程中，数控机床与其他设备、系统之间的互联互通，也成为提高生产效率的关键。物联网技术使得各个机床、生产线甚至不同工厂之间都可以实现数据交换和协同，形成一个真正的智能制造网络。这不仅可以实现生产过程的自动化和智能化，还可以根据实时的市场需求、物料供应等外部因素，动态调整生产计划和策略。

物联网与数控系统的融合为制造业带来了巨大的机会和挑战。而随着技术的不断进步，我们相信这种融合将越来越深入，为制造业创造更多的价值。

**（3）增强现实（AR）和虚拟现实（VR）应用**

AR和VR技术可以为操作员提供沉浸式的交互体验，帮助他们更好地理解加工过程、设备状态和潜在问题。

AR与VR技术在近年来得到了飞速的发展和广泛的应用，它们已不再仅仅局限于娱乐和游戏领域。在制造和工业领域，尤其是数控加工行业，AR和VR技术的应用越来越受到重视，为操作员和工程师提供了全新的交互和理解方式。

首先，从增强现实技术的角度看，它通过叠加虚拟信息到真实环境中，为操作员提供了丰富的参考数据和辅助信息。比如在数控机床的操作过程中，操作员可能需要对照设备手册或者教程来进行操作。但有了AR技术，操作指南、关键参数、警告信息等可以直接叠加到操作员的视野中，无须分心去查阅其他资料。更进一步地，通过分析实时数据，AR设备可以为操作员提供即时的反馈和建议，比如预测即将出现的问题，或者优化当前的加工参数。

而虚拟现实技术则提供了一个完全沉浸式的交互环境。当一个操作员或者工程师面临一个复杂的加工任务或者机床故障时，他们可以直接进入一个VR环境，对机床进行模拟操作，或者进行故障排查。这不仅可以大大提高效率，减少实际操作中的错误，还可以为培训新员工提供一个安全的环境。他们可以在VR环境中进行大量的模拟操作，积累经验，然后再进行实际操作。

除此之外，AR和VR技术还为机床的维护和保养提供了新的方法。维护人员可以利用AR技术，直接看到机床内部的结构和状态，而不需要拆解或者打开机床。他们可以直观地看到哪些部件即将到达使用寿命，或者哪里有异常的磨损，然后针对性地进行维护。而在复杂的维修任务中，维护人员可以利用VR技术进行模拟维修，提前做好准备，确保维修工作的顺利进行。

更重要的是，AR和VR技术的应用不仅仅局限于单一的机床或者工厂。随着物联网和云计算技术的发展，各个机床、各个工厂之间都可以实现数据的互联互通。这意味着，当一个工厂中的操作员或者维护人员遇到问题时，可以立即获得其他工厂、其他地区甚至其他国家专家的帮助。这些专家可以通过AR或者VR技术直接参与到问题的解决过程中，提供宝贵的经验和建议。

从长远的角度看，AR和VR技术的应用将彻底改变数控加工行业的工作方式。未来的操作员和工程师不再需要花费大量的时间进行培训和学习，他们可以直接利用AR和VR技术进行模拟操作和实践。而在实际的加工过程中，他们也可以得到AR和VR技术的实时指导和帮助，确保加工的高效和准确。同时，这种技术也将促进全球范围内的技术交流和合作，使得数控加工行业真正步入一个新的时代。

**（4）模块化与定制化**

未来的数控系统将更加模块化，用户可以根据需要选择不同的模块或功能，以满足特定的生产要求。同时，系统将支持更多的定制化，以适应不同的工业应用。

模块化与定制化已成为现代工业技术发展的重要趋势，特别是在数控系统领域。随着生产技术复杂性和多样性的日益增长，企业和制造商正面临着更为复杂的生产任务和多变的市场需求。在这种背景下，模块化和定制化不仅仅是一种技术上的创新，更是满足现代生产需要的有效手段。

首先，从模块化的角度来看，数控系统的模块化设计意味着将一个复杂的系统拆分成多个独立但互相协作的模块。每个模块都负责一个特定的功能或任务，并且可以独立地进行升级或更换。这种设计方式具有多方面的优势。例如，当某一模块出现故障或需要升级时，用户只需要针对性地更换或升级该模块，而不是整个系统，大大提高了系统的维护效率和经济性。此外，模块化的设计还为系统的扩展提供了可能。当需要增加新的功能或应对更高的生产要求时，只需要增加相应的模块即可，无须更换整个系统，为企业节省了大量的成本。

同时，模块化设计也为定制化提供了基础。定制化意味着根据不同用户的具体需求，为其提供量身定制的数控系统。这种系统不仅能够满足用户的基本生产需求，还能够为其提供独特的优势和价值。例如，对于某些特定的工业应用，如航空、汽车或医疗设备制造，可能需要非常特殊的加工技术和参数。传统的通用数控系统可能难以满足这些需求，但模块化和定制化的设计，可以为用户提供完全符合其需求的系统，确保生产的高效和精确性。

而从更广泛的角度来看，模块化和定制化不仅仅是技术上的创新，更是现代制造业发展的必然趋势。在全球化和数字化的背景下，制造业正面临着前所未有的挑战和机遇。一方面，市场的需求日益多样化，消费者对产品的个性化和差异化要求越来越高。另一方面，制造技术的发展也为企业提供了更多的可能性和选择。在这种情况下，只有通过模块化和定制化，才能够确保生产的灵活性和效率，满足市场的多变需求。

模块化与定制化是现代数控系统发展的重要方向，它们不仅能够为企业提供高效、灵活和经济的生产手段，还能够帮助企业更好地应对市场的挑战和机遇。而对于数控系统的制造商和研发机构来说，深入研究和推广这两种设计理念，将是其持续创新和领先市场的关键。

**（5）更高的精度和效率**

随着技术的进步，数控机床的精度和效率也将得到进一步提升，满足高精度、复杂形状和高效率的加工需求。

更高的精度和效率在现代制造业中被视为关键因素，尤其是在数控机床领域。随着全球经济的发展和竞争的日趋激烈，制造商面临着更加苛刻的市场需求。这些需求不仅仅局限于产品的功能和性能，还涉及生产的效率、成本、质量和可靠性。因此，如何提高数控机床的精度和效率，已经成为制造业追求创新和优势的关键。

在制造业中，精度意味着制造出来的产品可以满足预定的规格和质量标准。对于很多高端应用，如航空、医疗和精密仪器制造，高精度是产品性能和可靠性的基础。如果制造出的部件不能达到所需的尺寸和形状，那么整个产品的性能都可能受到影响。因此，提高数控机床的精度，不仅可以提高产品的质量和性能，还可以减少不合格产品和返工，进而降低生产成本和提高利润率。

此外，随着现代制造技术的进步，产品的设计和结构变得越来越复杂。这意味着制造这些产品需要更高的精度和更复杂的加工技术。例如，现代飞机和汽车的部件往往具有复杂的三维形状，而且材料的选择和应用也变得更为多样化。在这种情况下，只有拥有高精度的数控机床，才能够满足这些高端应用的生产需求。

与此同时，效率也是现代制造业非常重视的一个因素。高效率意味着在单位时间内能够生产更多的产品，或者用更少的资源和成本完成相同的生产任务。这对于制造商来说，意味着更高的生产能力、更低的生产成本和更快的市场反应速度。因此，提高数控机床的效率，不仅可以提高企业的竞争力，还可以为其带来更多的市场机会和盈利空间。

为了实现更高的精度和效率，制造商和研发机构正在投入大量的资源进行技术研发和创新。这包括新型的机床设计、更先进的控制系统、更精确的测量和检测技术，以及更高效的加工技术和流程。这些技术和创新不仅可以提高数控机床的性能，还可以为制造商带来更多的市场机会和价值。

更高的精度和效率是现代数控机床发展的关键方向，它们代表了制造业的未来和机遇。对于制造商和研发机构来说，如何深入研究和推广这两个方向，将是其持续创新和领先市场的关键。

**（6）环境友好与可持续性**

考虑到环境保护和资源的有限性，未来的数控系统将更加环保、使用更少的资源、产生更少的废物，同时提高加工效率。

环境友好与可持续性已经成为21世纪的核心议题，影响着每一个产业，尤其是制造业。对于数控系统这一关键领域，如何结合这一理念，塑造未来的发展方向已经成为行业内许多决策者和研究者的主要考虑因素。随着环境问题的日益加剧和全球对可持续发展的关注加深，未来的数控系统必须在设计、生产和使用中都体现出更强的环境意识。

首先，考虑到地球资源的有限性，过度消耗会导致许多不可逆的问题，如资源枯竭、生态失衡等。这也意味着，如果数控系统继续按照传统的模式进行生产和运作，不仅会面临资源短缺的风险，还可能导致整个生态系统的破坏。因此，环保和高效利用资源已经成为数控系统研发的首要任务。通过采用更节能、更环保的材料和技术，数控系统可以在减少资源消耗的同时，提高生产效率和加工质量。

此外，废物管理也是一个重要议题。在数控加工过程中，常常会产生大量的废弃物，这些废弃物如果不加处理，可能会对环境造成严重污染。因此，未来的数控系统需要在设计和生产过程中考虑如何减少废弃物的产生，以及如何进行有效的回收和再利用。这不仅可以降低生产成本，还可以为企业带来更好的社会形象和市场机会。

同时，提高加工效率也是环保和可持续发展的关键。高效的加工不仅可以减少资源的浪费，还可以缩短生产周期，提高产品的出货速度。这对于制造商来说，意味着更高的生产能力、更低的生产成本和更快的市场反应速度。而对于社会和环境来说，这也意味着更少的资源消耗、更少的污染排放和更低的碳足迹。

为了实现这些目标，许多制造商和研究机构已经开始深入研究和开发新的数控技术和解决方案。这包括新型的环保材料、节能技术、废物回收和再利用技术，以及高效的生产流程和管理方法。这些技术和方法不仅可以提高数控系统的环保性和可持续性，还可以为制造商带来更多的经济利益和市场机会。

环境友好与可持续性已经成为数控系统发展的关键因素。对于制造商、研发机构和决策者来说，如何在这个方向上进行深入研究和创新，将是他们面临的主要挑战和机遇。

**（7）更强大的数据处理能力**

随着大数据和AI技术的融入，数控系统的数据处理能力将得到大幅提升，能够处理大量的加工数据，为生产决策提供支持。

在信息时代，数据被誉为“新时代的石油”。正如石油为工业革命提供了动力，数据也为现代工业和技术进步提供了关键推动力。特别是在制造业领域，数据的作用越来越显著。随着大数据和AI技术的飞速发展，未来的数控系统将拥有更强大的数据处理能力，使之成为制造业智慧升级的重要驱动力。

首先，我们必须认识到大数据的重要性。在传统制造中，许多决策是基于有限的数据和人工经验进行的，既不准确也不高效。然而，随着生产设备、传感器和其他智能设备的广泛应用，制造业产生的数据量呈几何级增长。这些数据涵盖了从原材料采购、生产流程、机器运行状态到最终产品质量等各个环节。正确分析和利用这些数据，可以帮助企业优化生产流程、提高生产效率、降低成本、提高产品质量，甚至创造出全新的商业模式。

然而，处理如此巨大的数据量并非易事。传统的数据处理技术和方法在面对如此庞大和复杂的数据时，往往显得力不从心。这就使AI技术的融入变得尤为重要。AI技术，特别是机器学习和深度学习，可以自动从数据中提取有价值的信息和模式，不需要复杂的编程和人为干预。这使得数控系统能够实时、自动地对大量数据进行分析和处理，从而为生产决策提供强有力的支持。

具体到数控系统，强大的数据处理能力意味着更高的自适应能力、更强的故障预测和维护能力、更高的生产效率和更低的生产成本。例如，通过对机器运行数据的实时分析，数控系统可以自动调整生产参数，以应对各种生产变量和不确定性。同时，系统还可以自动识别潜在的故障和维护需求，从而大大减少停机时间和维修成本。

此外，更强大的数据处理能力还为生产决策提供了更全面、更准确的数据支持。企业可以基于这些数据进行更精确的市场预测、产品规划、生产调度和资源分配。这不仅可以提高企业的市场反应速度和竞争力，还可以为企业创造更大的经济价值。

随着大数据和AI技术的融入，数控系统的数据处理能力将成为制造业智慧升级的关键。这不仅将帮助企业实现更高的生产效率、更低的生产成本和更高的产品质量，还将为企业带来更多的市场机会和经济价值。面对这一挑战和机遇，制造商、研发机构和决策者都必须做好充分准备，深入研究和开发新的技术和解决方案，以确保数控系统在未来能够充分发挥其潜力，为制造业和整个社会带来更大的价值。

**（8）人机交互的创新**

在信息技术和制造技术飞速发展的今天，人机交互成为了连接人与机器之间的重要桥梁。它关系到操作员如何有效、准确地与机器沟通，从而完成各种复杂的任务。对于数控系统而言，一个优秀的人机交互界面不仅可以简化操作流程，提高生产效率，还可以极大地降低操作失误，保障生产安全。因此，人机交互的创新变得尤为重要。未来的数控系统将拥有更加人性化的操作界面，能够通过诸如语音、手势等先进方式与操作员交互，大大提高操作效率和安全性。

随着自然语言处理技术的日趋成熟，语音识别的准确率也得到了极大的提升。未来的数控系统能够准确识别操作员的语音指令，从而实现无须物理接触即可对机器进行操作。这种方式不仅简化了操作流程，减少了操作员的负担，而且还能够在某些特定环境下（如高温、高噪声、有害气体等环境）为操作员提供更高的安全保障。

手势识别则是另外一个重要的创新点。通过高精度的摄像头和传感器，数控系统可以准确捕捉和识别操作员的手势，从而实现无触摸的操作。这种方式尤其适用于那些需要精确操作或者物理空间受限的场合。此外，手势交互还能够提供更加直观、自然的操作体验，使操作员更加得心应手。

除了语音和手势，未来的数控系统还可能融入更多的先进交互方式，如眼球追踪、情感识别、生物特征识别等。这些技术将使机器更加了解操作员的需求和意图，从而实现更为精确、个性化的操作。

当然，人机交互的创新不仅仅局限于操作界面。未来的数控系统还会拥有更加强大的反馈机制，能够实时为操作员提供关于机器状态、生产进度、潜在问题等方面的信息。这些信息将以更加直观、易于理解的方式展现，如三维可视化、虚拟现实、增强现实等，帮助操作员更好地理解机器的运行情况，做出正确的决策。

人机交互的创新将为数控系统带来革命性的变革。它将使操作变得更加简单、直观、安全，同时也能够大大提高生产效率。这不仅将为制造业带来巨大的经济效益，还将极大地提高操作员的工作满意度和安全感。

**（9）安全性和可靠性的提高**

随着生产过程变得越来越自动化，数控系统的安全性和可靠性将变得尤为重要。通过先进的传感器技术、实时监控和故障预警，系统将更加稳定和安全。

安全性与可靠性始终是工业生产中不可或缺的两大核心要素。随着工业4.0时代的到来，自动化、数字化与智能化逐渐成为制造业的主要发展方向，数控系统也日益发挥着至关重要的作用。然而，一个高度自动化的生产过程所带来的不仅是效率和质量的提升，更是对系统的安全性和可靠性提出了更高的要求。在这样的背景下，如何确保数控系统在持续稳定的运行中避免意外事故，使其达到预期的性能标准，成为了业界关注的焦点。

随着生产过程自动化程度的加深，任何一个小的错误或故障都可能导致整个生产链的中断，甚至造成严重的经济损失和安全事故。因此，保证数控系统的稳定运行不仅仅是为了提高生产效率，更是为了确保生产安全。

传感器技术的发展为数控系统的安全性和可靠性提供了有力的技术支持。通过部署在机器各个关键部位的传感器，系统可以实时收集各种工作参数，如温度、压力、速度、振动等。这些数据会被实时传输到中央控制系统，经过数据分析，可以迅速地发现异常情况，从而实现故障的预警和预防。

实时监控则是另外一个关键技术。通过高清摄像头和其他检测设备，操作员可以实时观察机器的工作状态，及时发现潜在的问题。此外，实时监控还可以配合数据分析技术，对机器的工作状态进行深入的分析，从而更准确地判断机器的健康状况。

故障预警技术则是数控系统安全性和可靠性提升的一个重要环节。通过对收集到的大量数据进行深度学习和模式识别，系统可以预测潜在的故障，并在故障发生前采取预防措施，如减速、停机或者调整工作参数。这种方式不仅可以避免故障带来的经济损失，还可以保障操作员的人身安全。

除了上述的技术手段，数控系统的硬件设计和软件算法也必须满足更高的安全性和可靠性要求。例如，系统的硬件部件应该具有更高的抗干扰能力，能够在恶劣的工作环境中稳定运行。软件算法则需要经过严格的验证和测试，确保其在各种情况下都能做出正确的判断和决策。

随着生产过程越来越自动化，数控系统的安全性和可靠性将成为制造业发展的重要支柱。只有确保系统稳定、安全、高效地运行，才能够充分发挥自动化技术的潜力，为制造业创造更大的价值。为此，必须加大研发投入，引入更先进的技术和理念，不断提高数控系统的安全性和可靠性，确保工业生产的顺利进行。

**（10）软硬件一体化**

软件和硬件的紧密融合将使数控系统更加高效，降低系统的复杂性，简化操作流程。

软硬件一体化的概念在现代技术领域中已经成为了一个至关重要的方向。对于数控系统来说，这个方向更是关乎其核心效率和性能的关键所在。硬件作为系统的基础，决定了机器的物理性能与能力上限，而软件则是驱动这些硬件、实现复杂操作的灵魂。传统上，硬件和软件往往是分开设计和优化的，但随着技术的进步，人们开始认识到，将它们紧密结合，进行统一的设计和优化，将带来前所未有的效益。

首先，紧密的软硬件结合可以大大提高数控系统的运行效率。当软件深度优化以适应特定硬件时，系统的响应速度和处理能力都会得到显著提升。这种优化不仅限于减少不必要的计算和操作，更包括利用硬件特性进行算法优化，充分发挥硬件的潜力。

其次，软硬件一体化可以简化系统的设计，降低其复杂性。在传统的设计中，软件和硬件往往需要通过复杂的接口进行通信，这不仅增加了设计的复杂度，还可能引入错误和不稳定因素。但在一体化的设计中，这些接口将被大大简化，甚至消除，使得整个系统更加稳定和可靠。

此外，一体化的设计还可以简化操作流程，提高用户体验。传统的数控系统往往需要用户掌握复杂的操作知识和技能，但在一体化的系统中，许多复杂操作都可以通过自动化流程或友好的用户界面来完成，使得系统更加易于使用和维护。

不仅如此，随着技术的发展，软硬件一体化还会带来更多的创新和突破。例如，通过将先进的人工智能算法与特定硬件结合，数控系统可以实现更智能、更自适应的操作，从而进一步提高生产效率和质量。

随着技术的进步，软硬件一体化已经成为数控系统发展的必然趋势。它不仅可以提高系统的效率和性能，还可以简化设计和操作，提高用户体验。

### 1.3.2 未来发展趋势

数控系统在过去几十年已取得显著进展，在技术持续发展和行业需求改变的背景下，其未来发展潜力持续被高度看好。随着人工智能和机器学习的应用，数控机床将展现出更强的自适应能力，能自动调整参数以适应加工需求；同时，物联网技术的融入使其能通过传感器实时监测并进行远程维护；加上AR和VR技术，操作员可以获得更加直观的培训和实时反馈；此外，用户可根据需求选择和定制功能，满足高精度甚至微纳米加工要求；考虑到环境挑战，数控技术也将越来越绿色、高效，并减少资源消耗；在操作交互上，新的界面如语音和手势控制将被引入以增强用户体验；数据处理能力也将显著增强，支持决策制定；网络连接带来便利性的同时，安全性问题被重视并加强；而软硬件的紧密融合则预示着系统设计的简化和效能的提升。综上所述，数控技术正向着更智能、高效、绿色和用户友好的方向发展，预计将为制造业和其他领域创造巨大的价值和机会。

#### 1.3.2.1 预测和分析

**（1）智能化与自适应控制**

预测：随着人工智能和机器学习的快速发展，未来的数控机床将具备更强的自适应能力，能够根据加工情况实时调整参数。

机器学习，特别是深度学习，通过分析大量数据来学习和识别模式。在数控机床的环境中，这意味着机器可以从过去的加工过程中学习，包括哪些策略在特定条件下是最有效的，以及在什么情况下需要进行参数调整。

考虑到这一点，未来的数控机床可能会配备多种传感器，这些传感器可以实时监测机床的运行状态、刀具的磨损程度、材料的性质等多种因素。通过这些传感器收集的数据，机床可以了解当前的加工情况，并与之前存储的数据进行比较。然后，通过机器学习算法，机床可以识别当前的操作模式并预测最佳的参数设置。

例如，如果机床正在加工一个新的材料，并且检测到由于材料硬度的变化导致的刀具磨损加快，它可以自动调整进给速度和切削深度，以保证加工质量并延长刀具的使用寿命。同样，如果机床检测到切削力突然增加，可能是由于加工过程中的某种异常，它可以立即调整或停止加工，以防止可能的损坏。

此外，未来的数控机床不仅可以根据实时情况调整参数，还可能具备预测功能。利用先进的机器学习模型，机床可能会预测刀具的寿命、加工过程中可能出现的问题，甚至是最佳的维护时间。这种预测能力可以极大地提高生产效率，减少停机时间，并保证加工质量的稳定性。

但是，实现这样的自适应能力并不简单。它需要大量的数据支持、高性能的计算能力以及高度复杂的算法。同时，为了保证机床的稳定性和安全性，任何自动参数调整都需要经过严格的测试和验证。这也意味着，未来的数控机床可能需要与云计算和大数据技术紧密结合，以获取所需的计算资源和数据。

分析：AI技术使机床能够从每次加工中学习并逐渐优化操作，降低了人为错误，提高了生产效率。

随着技术的进步，AI已逐渐成为现代工业制造的重要组成部分，特别是在数控机床领域。数控机床作为现代制造工艺中的核心设备，其性能直接影响到产品的质量、生产效率和制造成本。而AI技术的引入，为机床的操作和管理带来了前所未有的可能性。

传统的数控机床大多基于预定的参数进行操作，这些参数由经验丰富的技师设定，而且在整个加工过程中很少更改。但是，每次的加工条件，如材料的硬度、刀具的磨损程度等，都可能有所不同。这种情况下，固定的参数往往不能保证最佳的加工效果。而AI技术，特别是机器学习，能够通过分析大量的加工数据，自动地找出最佳的操作参数。这不仅可以提高加工质量，还可以减少刀具的磨损，延长其使用寿命。

其次，AI技术可以显著降低人为错误。尽管现代的数控机床已经高度自动化，但仍然需要操作员进行监控和管理。人为因素，如疲劳、注意力不集中等，往往是导致加工错误的主要原因。而AI系统通过其稳定和连续的数据分析能力，可以有效地避免这些错误。例如，如果AI系统检测到切削力的突然增加或刀具的异常振动，它可以立即警告操作员或自动停止加工，防止可能的损坏。

此外，AI还能提高生产效率。在传统的生产模式中，机床往往需要经常停机进行调试或更换刀具。而AI系统通过预测刀具的磨损情况和加工过程中可能出现的问题，可以提前做出调整，减少停机时间。这对于大批量生产尤为重要，因为即使是很小的效率提高，也可以显著降低生产成本。

但是，AI技术的引入也带来了新的挑战。例如，如何确保AI系统的稳定性和安全性、如何处理大量的数据、如何保护机床和加工数据的安全等。这些问题需要制造业和技术领域的专家共同努力来解决。

**（2）物联网（IoT）集成**

预测：未来的数控机床将与互联网紧密集成，实时收集和上传机床状态，实现远程监控和维护。

随着工业4.0和数字化制造的快速发展，传统的制造方法和流程正逐渐被更先进、更高效的方法所替代。其中，互联网的引入被视为下一代制造业的核心变革之一。数控机床作为制造业中的重要组件，其与互联网的集成将无疑带来革命性的变化。

首先，与互联网的集成使得数控机床能够实时地收集和上传其运行状态。这些数据，包括但不限于刀具的磨损程度、加工过程中的切削力、主轴的转速和负荷、冷却液的温度和流量等，都可以通过传感器实时捕获并上传至云端。这为企业提供了巨大的数据资产，这些数据可以用来进行进一步的分析，帮助工程师更深入地了解机床的运行状态和加工效果。

此外，这些实时数据的收集和上传也为远程监控提供了可能性。不再需要工程师或技师现场检查机床的运行情况，他们可以在办公室，甚至在家中通过电脑或移动设备实时查看机床的状态。这不仅节省了大量的人力和时间，还大大提高了生产效率和管理效率。

更进一步，远程监控的实现还为远程维护提供了基础。当机床出现故障或需要维护时，技师可以远程诊断问题并提供解决方案。在某些情况下，他们甚至可以远程操作机床，进行简单的维护或调试。这大大减少了因机床故障导致的停机时间，从而降低了生产成本。

然而，数控机床与互联网的紧密集成也带来了新的挑战。首先，数据的安全和保密成为了一大关注点。如何确保机床上传的数据不被非法访问或篡改，如何防止机床被黑客攻击，成为了制造企业和技术提供商需要共同面对的问题。此外，对于大量实时数据的处理和分析也需要更先进的技术和方法。

未来的数控机床将与互联网更加紧密地集成在一起，利用互联网的强大能力实时收集和上传机床状态，为制造业带来前所未有的机会和挑战。随着技术的进步和市场的需求，我们相信，这种集成将使制造业更加高效、智能和可靠。

分析：通过IoT，制造商可以在第一时间得知机床的故障或需要维护，大大减少了停机时间和维护成本。

IoT已经逐渐成为制造业中的关键技术，尤其在数控机床和其他先进设备的维护与管理中。IoT的核心是将物体连接到网络上，让它们可以收集、发送和接收数据。当应用于数控机床时，它带来了前所未有的优势和机会。

IoT设备，如传感器，可以实时监控机床的各种工作参数，包括温度、振动、转速等。这些数据不断地被收集并发送到中央数据库或云平台进行分析。通过分析从机床上传的数据，制造商可以迅速检测到潜在的问题或故障，比如过热、异常振动或者其他工作参数的不正常变化。这些信息可以被用来预测和识别可能导致设备损坏或效率下降的因素。当检测到潜在的问题时，制造商可以迅速采取措施，如调整参数、预定维护或者更换部件。这可以在问题变得严重之前得到解决，从而显著减少设备的停机时间。

通过对长期数据的分析，IoT技术可以帮助制造商预测何时机床可能需要维护或更换部件。这种预测性维护策略比传统的按计划维护或应急维护更为高效，因为它可以确保机床在最佳状态下运行，同时避免不必要的维护和部件更换。与传统的维护方法相比，IoT驱动的维护策略可以更加精确地确定何时和如何进行维护。这可以避免过早或不必要的维护，从而节省成本。

通过IoT，技术支持团队可以远程接入机床，进行诊断和故障排除，甚至进行远程维护。这大大减少了需要现场服务的次数，从而降低了维护成本和停机时间。IoT不仅可以帮助制造商减少停机时间和维护成本，还可以提高机床的运行效率。通过对数据的实时分析，可以调整机床的工作参数，使其在最佳状态下运行，从而提高生产效率。

IoT为数控机床的维护和管理带来了巨大的变革。它使制造商能够实时监控设备的状态，迅速检测和解决问题，从而减少停机时间和维护成本，提高生产效率。

**（3）AR和VR技术应用**

预测：AR和VR技术将更加广泛地应用于操作员培训、实时反馈及加工过程模拟。

随着科技的进步，AR和VR技术正在迅速改变许多行业的面貌，尤其在制造业中。下面详细论述。

① 操作员培训。

a. 实时模拟与交互：使用VR技术，新员工可以在一个完全模拟的工作环境中进行培训，而不是在实际的生产线上。这为他们提供了一个无风险的环境，在那里他们可以学习、犯错误并从中学习，而不必担心可能的生产损失或设备损坏。

b. 快速与高效：通过AR，可以为操作员提供实时的操作指导和提示，例如如何操作机器或执行特定任务。这可以加速培训过程，使新员工更快地达到生产要求。

② 实时反馈。

a. 即时修正：AR可以为操作员提供实时的视觉反馈，指示他们是否正确地执行了任务或操作。这可以立即纠正错误，提高生产质量。

b. 增强的视觉能力：使用AR眼镜，操作员可以看到机器的内部结构或难以看到的部分，这有助于更好地理解和操作复杂的设备。

③ 加工过程模拟。

a. 设计与测试：VR允许工程师在一个完全模拟的环境中设计和测试新的加工过程，这可以在生产之前识别并解决潜在的问题。

b. 多角度审查：AR和VR技术提供了一种从多个角度查看和分析加工过程的方法，这有助于更全面地理解过程并找到优化的方法。

④ 安全与风险管理。

a. 危险模拟：VR可以模拟危险或紧急情况，从而帮助员工了解如何在这些情况下采取正确的行动。

b. 现场提示：在执行可能存在风险的任务时，AR可以为操作员提供实时的安全提示和警告。

⑤ 自定义与个性化。

a. 按需学习：根据每个操作员的个人经验和知识水平，AR和VR培训可以进行定制，提供更为相关和有针对性的学习材料。

b. 用户友好的界面：与传统的手册和教程相比，AR和VR提供了更直观、交互式的学习体验。

⑥ 成本效益。

a. 减少实物原型：使用VR进行模拟和测试可以减少对实物原型的需求，从而节省成本。

b. 减少培训时间：通过AR和VR，培训过程可以变得更加高效，从而缩短培训时间、降低成本。

⑦ 未来的趋势与发展。

a. 更加逼真的模拟：随着技术的进步，AR和VR可以提供更加真实的模拟体验。

b. 更广泛的应用领域：除了培训和模拟，AR和VR技术在制造业中的应用还有很大的潜力，如远程协作、质量控制等。

AR和VR技术为制造业带来了前所未有的机会。从操作员培训到生产线的实时反馈，从加工过程模拟到危险情况的应对，这些技术都为提高效率、降低成本和确保生产质量提供了有效的工具。随着技术的进一步发展，AR和VR在制造业中的应用将会更加广泛和深入。

分析：这种沉浸式的体验可以帮助操作员更好地理解和掌握操作过程，从而提高工作效率和产品质量。

沉浸式体验通常与AR和VR技术相关联，正在为各种行业带来革命性的变化，特别是在制造和操作领域。以下是对沉浸式体验如何对操作员有所裨益的深入分析：

① 更深入的学习体验。

a. 直观的学习：传统的学习方法，如阅读手册或听讲座，往往是单向和被动的。而沉浸式体验通过模拟真实场景，为操作员提供了一个可以触摸、感受和互动的环境。

b. 实践中学习：沉浸式体验允许操作员在一个无风险的环境中尝试、犯错误并从中学习，而不是在真实的生产线上。

② 提高记忆与留存率。

a. 感官参与：沉浸式体验涉及多种感官的参与，如视觉、听觉和触觉。这种多感官的参与有助于加深对信息的理解和记忆。

b. 情境学习：通过在特定的情境和场景中学习，操作员可以更容易地关联和记住信息，从而提高长期记忆的留存率。

③ 增强操作员的信心。

a. 安全的实践：在虚拟的沉浸式环境中，操作员可以自由地尝试复杂的操作或新的方法，而不必担心实际的风险或后果。

b. 即时的反馈：通过AR和VR技术，操作员可以立即看到他们操作的结果，从而及时调整并提高其技能。

④ 提高工作满意度与参与度。

a. 更加有趣：沉浸式学习体验通常比传统的学习方法更有趣和引人入胜。这不仅可以提高操作员的参与度，还可以提高他们的满意度和积极性。

b. 减少培训时间：由于沉浸式体验的高效性，所需的培训时间往往比传统方法要少。

⑤ 提高产品质量。

a. 减少错误：操作员在沉浸式环境中的培训和实践可以大大减少在实际生产过程中的错误率。

b. 提高精确性：由于操作员可以在虚拟环境中多次实践，他们的技能和精确性会得到显著提高。

⑥ 经济效益。

a. 降低培训成本：虽然初次投资可能较高，但沉浸式体验可以显著减少培训时间和相关成本。

b. 提高生产率：更熟练、更有信心的操作员意味着生产过程更加流畅，从而提高生产率。

⑦ 应对未来挑战。

a. 持续的技能更新：由于技术和生产方法的快速变化，操作员需要不断更新他们的技能。沉浸式体验为他们提供了一个方便的平台，以适应这些变化。

b. 灵活的学习路径：操作员可以根据自己的进度和需要选择不同的学习路径，从而得到最佳的学习效果。

沉浸式体验在提高操作员的技能、信心和生产效率方面具有巨大的潜力。这不仅可以提高生产质量，还可以带来经济效益和满意度的提高。

**（4）模块化与定制化**

预测：数控机床将向模块化发展，用户可以根据自己的需求选择合适的功能模块。

模块化是一种设计和生产策略，其中产品或系统由一系列可互换的模块组成，每个模块都具有特定的功能。这种方法为生产商和用户提供了极大的灵活性和可扩展性。

① 个性化生产需求的满足：由于制造业中每家企业的需求都有所不同，模块化设计允许用户根据其特定的生产需求选择合适的功能模块。这可以确保机床完美地匹配生产线的需要，从而提高生产效率。

② 降低生产成本：从生产角度看，模块化的设计可以降低制造和存储成本。生产商只需大规模生产几种模块，然后按需组装，从而实现规模经济。

③ 简化维护和升级：当机床的某一部分需要维护或升级时，只需更换或升级特定的模

块，而不是整个机床。这不仅降低了维护成本，还大大减少了停机时间。

④ 增强系统的可持续性：模块化的设计理念可以延长数控机床的使用寿命。当某个模块过时或损坏时，用户可以简单地更换该模块，而不是购买一个全新的机床。

⑤ 提高创新速度：生产商可以针对特定的功能模块进行研发和创新，而不是整个机床。这可以加快创新速度，使得最新的技术和功能能够更快地应用到生产中。

⑥ 更广泛的市场应用：由于模块化数控机床可以针对不同的市场和应用进行定制，因此它们可以应用于从汽车制造到精密医疗设备生产等更广泛的行业和领域。

⑦ 灵活的生产策略：随着市场需求的变化，用户可以通过添加或更换模块来调整生产策略，使其始终保持与市场需求的同步。

⑧ 促进供应链协同作业：模块化也使得供应链管理变得更加简单和高效。供应商可以专注于生产特定的模块，从而确保质量和交付时间。

⑨ 增强的用户体验：对于操作员来说，能够使用专为特定任务设计的模块化机床意味着操作更为简便、效率更高，且更易于培训。

⑩ 更高的生产效率：通过选择最佳的模块组合，用户可以确保机床在特定的生产任务中达到最高的效率。

随着技术的进步和市场需求的变化，数控机床的模块化发展无疑将为制造业带来巨大的好处。从提高生产效率到降低成本，再到增强系统的可持续性和可靠性，模块化设计将是数控机床未来发展的重要趋势。

分析：这种模式将为数控系统提供更大的灵活性，满足各种生产需求，同时也有助于降低成本。

模块化的数控系统设计已经成为制造业中的一个热门话题，其背后的原因有很多。当我们深入分析这种模式时，我们可以明白为什么它如此受到欢迎，以及它对未来制造业的深远影响。

① 适应性与灵活性：传统的数控机床设计往往是固定和不变的，这意味着当生产需求发生变化时，它们可能不能满足这些新需求。而模块化设计允许制造商根据具体的生产要求快速地添加、移除或更换模块，从而提供高度的适应性。

② 经济效益：从长远的角度看，模块化设计能够降低生产和维护的成本。当一个特定模块过时或损坏时，只需更换这个模块，而不是整个机床，从而节省了大量的资金。

③ 快速响应市场需求：市场需求是不断变化的，模块化的数控系统可以更快速地响应这些变化。制造商可以迅速地调整生产线，以满足新的或不断变化的需求。

④ 简化训练和操作：对于操作员来说，与完全重新设计的机器相比，学习如何操作和维护一个新模块通常更为简单。这种简化的学习过程可以减少培训时间和成本，从而提高整体效率。

⑤ 可持续性与环保：模块化设计也对环境更加友好。替换模块而不是整台机器意味着减少了废物。此外，通过更新和升级模块，机床的使用寿命可以得到延长，进一步减少了废物和资源浪费。

⑥ 提高创新能力：对于生产商来说，模块化设计提供了一个创新的平台。他们可以独立地开发和优化单个模块，而不必担心对整个系统造成太大的影响。

⑦ 风险管理：当系统出现问题或故障时，模块化设计有助于快速定位和解决问题，因为它容易识别哪个模块出现了问题。这样可以大大减少系统的停机时间。

⑧ 兼容性与扩展性：由于模块是独立设计的，因此可以确保它们之间的兼容性。随着

技术的发展，新的模块可以轻松地集成到现有的数控系统中，无须进行大规模的改动。

模块化的数控系统设计正在改变制造业的面貌。它为生产商和用户提供了巨大的灵活性，使他们能够更好地适应变化多端的市场需求。同时，这种设计方法也有助于降低成本，提高生产效率和产品质量。

**（5）高精度和微纳米加工**

预测：数控机床的精度将进一步提高，能够满足微纳米级别的加工需求。

随着科技的进步和产业的更新，数控机床在制造领域已经成为了核心设备。现在，对于高精度和微纳米加工的需求日益增加，预测未来数控机床的精度将得到前所未有的提升，从而更好地满足微纳米级别的加工需求。

① 科技驱动的进步：微电子技术、新材料及精密传感器的发展使得数控机床能够达到更高的加工精度。这些技术不仅提供了更强大的处理能力，还确保了机床在运行过程中的稳定性。

② 产业需求：在半导体、生物医药、微电机等领域，对微纳米级别精度的需求日益增强。为了满足这些行业的特定需求，数控机床必须进一步提高其加工精度。

③ 新材料的应用：随着新材料如碳纳米管、石墨烯等的出现和应用，加工这些材料需要极高的精度。数控机床必须适应这种变化，从而为这些新材料的加工提供解决方案。

④ 软件的进步：先进的算法和模拟技术允许机床在加工前进行高度准确的预测。这不仅提高了加工效率，还确保了所加工的产品达到所需的精度标准。

⑤ 个性化和定制化的趋势：在当前的市场环境下，消费者对于个性化和定制化产品的需求持续增长。为满足这一需求，数控机床必须具备更高的精度，以确保每个产品都能满足消费者的个性化需求。

⑥ 全球竞争加剧：随着全球制造业的竞争日益加剧，提供高质量、高精度的产品成为了企业获得竞争优势的关键。这进一步推动了数控机床向高精度、微纳米加工方向的发展。

⑦ 教育和培训：当前，更多的教育和培训机构开始提供微纳米加工技术的培训课程。这意味着未来将有更多的技术人员具备这方面的专业知识，进一步推动数控机床在这一领域的发展。

高精度和微纳米加工已经成为制造业的必然趋势。随着技术的持续进步和市场需求的变化，数控机床必须不断创新和进步，以满足这一挑战。未来，我们可以预期数控机床将为微纳米级别的加工提供更强大的支持，从而为各种行业带来更多的机会和价值。

分析：在航空航天、生物医学和微电子等高精度领域，这种技术的需求将持续增长。

航空航天、生物医学和微电子是当今全球技术前沿领域，它们对精度和质量有着极高的要求。在这些领域中，高精度数控技术的应用正在引发一场革命，为相关行业带来更高的效率和更佳的性能。

① 航空航天领域。

a. 材料挑战：航空航天领域使用的材料，如钛合金、碳纤维复合材料等，要求极高的加工精度，确保零部件的质量和强度。

b. 安全性要求：飞行器的每个零部件都关乎人命安全。微小的加工误差可能导致严重的后果。因此，对加工精度的要求比其他领域更为严格。

c. 持续创新：随着航空技术的不断进步，新的设计和材料需要数控技术进行精确加工。

② 生物医学领域。

a. 微尺度工作：从生物芯片到微流控设备，生物医学领域的许多应用都需要在微米甚至纳米尺度上进行工作。

b. 个性化医疗设备：例如定制的假体和医疗植入物，都需要根据个体差异进行精确加工。

c. 研究与创新：随着医学研究的深入，对于新的医疗器械和治疗方法的开发，都需要数控技术的支持。

③ 微电子领域。

a. 微纳制造：随着电子设备的持续迷你化，微电子领域对数控技术的精度要求也在持续上升。

b. 集成电路生产：芯片制造的复杂性和对精度的需求都在迅速增加，这对数控技术提出了更高的要求。

c. 新材料应用：随着新材料如石墨烯等在微电子领域的应用，对加工技术的要求也随之上升。

④ 跨学科融合：在多个领域，如生物医学和微电子的交叉领域，例如生物传感器，也需要高精度的数控技术进行加工和集成。

⑤ 经济影响：这些领域的产品通常都有很高的附加值，因此投资于高精度数控技术可以带来显著的经济效益。

⑥ 全球竞争：随着全球化的加速，各国在这些高精度领域中的竞争加剧，这进一步推动了对数控技术的需求。

高精度数控技术在航空航天、生物医学和微电子等领域的需求有所提升并将继续增长。为了保持竞争力，各行各业都必须加大在这一技术上的投入和研发力度。

**（6）绿色和可持续性**

预测：面对全球气候变化和资源有限的挑战，数控技术将更加绿色和可持续。

随着全球气候变化和资源有限的挑战日益加剧，制造业和相关技术领域正面临着转型压力。作为制造业的核心技术之一，数控技术也不例外。预测未来，数控技术将更加注重绿色和可持续发展。

① 能源效率。

a. 数控机床和相关设备将采用更先进的设计和材料，以降低能耗。

b. 软件优化将更好地调度生产，减少不必要的运行时间和浪费。

c. 通过智能传感器和机器学习算法，机床将能够自我调整，确保在最佳状态下运行。

② 减少废物。

a. 通过更加精确的数控加工，制造过程中的废料和次品将大大减少。

b. 采用可回收或生物降解的润滑剂和冷却液，以减少环境污染。

c. 通过数字模拟和实验验证，确保在生产之前优化设计，从而减少物料使用和浪费。

③ 循环经济。

a. 设计数控机床和零部件，使其更容易进行拆卸、修复和再利用。

b. 采用模块化设计，当某一部分需要更新或维修时，无须替换整台机器。

c. 通过与供应商合作，建立循环利用和再制造的体系，将废旧机床或部件进行再利用或制造成新产品。

④ 使用可持续材料。

a. 在机床生产中使用可回收、再生或生物基材料。

b. 减少对稀缺资源如稀土元素的依赖，研发替代技术或材料。

c. 采用绿色供应链管理，确保供应商和合作伙伴也采取可持续做法。

⑤ 数字化和网络化。

a. 通过物联网技术，实时监控机床的运行状况，预测和预防可能的故障，减少停机时间和浪费。

b. 使用云计算和大数据技术，收集和分析生产数据，为可持续生产提供决策支持。

c. 建立数字孪生，模拟真实生产环境，以测试和验证绿色生产策略。

⑥ 绿色认证与标准。

a. 与国际组织合作，制定绿色数控技术的标准和认证体系。

b. 通过第三方审核和验证，确保产品和生产过程满足环境和社会责任要求。

c. 为客户和消费者提供绿色和可持续的产品选项，满足日益增长的绿色消费需求。

面对全球气候变化和资源有限的挑战，数控技术的未来发展将更加注重绿色和可持续性。这不仅是对环境和社会责任的回应，也是为了满足市场和消费者的需求，确保长期的竞争力和可持续发展。

分析：通过优化加工过程和减少废弃物，可以降低碳排放和资源消耗，这不仅有助于环境保护，也会成为制造业的竞争优势。

近年来，全球变暖和环境问题已成为人们关注的焦点。对于制造业，特别是使用数控技术的领域，如何在生产中实现资源高效利用和减少环境污染已成为其发展的关键因素。下面深入分析如何通过优化加工过程和减少废弃物，实现降低碳排放和资源消耗，为制造业带来竞争优势。

① 优化加工过程的重要性。

a. 提高效率：通过使用先进的数控技术和算法，可以确保在加工过程中每一步都是最优的。这不仅可以提高生产效率，还可以降低能源消耗、减少材料浪费。

b. 减少缺陷：加工过程的优化可以减少生产中的错误和缺陷，从而减少返工和废品，进一步节约资源。

② 废弃物减少的策略。

a. 生命周期思考：从产品设计阶段开始，就考虑其整个生命周期的影响，选择可回收或生物降解的材料，设计易于拆卸和维护的产品。

b. 再利用和回收：制定策略鼓励产品的再利用和回收，减少废弃物进入填埋或焚烧。

③ 降低碳排放的方法。

a. 绿色能源：在生产过程中使用可再生能源，如太阳能、风能等，减少对化石燃料的依赖。

b. 高效设备：选用高效的数控机床和其他设备，这些设备在运行时会产生更少的碳排放。

④ 资源消耗的管理。

a. 智能监控：使用传感器和物联网技术实时监控生产线上的资源消耗，确保资源得到高效利用。

b. 持续改进：通过数据分析和员工培训，不断寻找提高资源利用效率的方法。

⑤ 环境保护和竞争优势。

a. 品牌形象：越来越多的消费者开始关心环境，使用环保和高效的生产方法会大大提升品牌形象。

b. 法规合规：随着全球对环境保护的重视，各国都出台了严格的环境法规。通过采用绿色生产方法，企业可以确保合规，避免罚款和其他法律风险。

c. 成本节约：虽然初期投资可能会增加，但长期来看，节约的能源和材料成本会使企业获得更高的回报。

⑥ 面向未来的措施。

a. 研发投入：投资于绿色技术的研发，不断寻找更加高效和环保的生产方法。

b. 与供应商合作：与供应链伙伴合作，确保整个供应链都符合环保和高效的标准。

优化加工过程和减少废弃物是实现绿色和高效生产的关键。这不仅有助于环境保护，还可以为制造业带来明显的竞争优势。随着全球对环境问题的关注度不断提高，这种生产方式将成为未来制造业的主流趋势。

**（7）先进的人机交互**

预测：未来的数控系统将引入如语音控制、手势识别等先进的人机交互方式。

数控技术作为现代制造业的重要组成部分，已经在多个方面为我们的日常生活和工业生产带来了便利。但随着技术的不断进步，未来的数控系统将融合更多先进的人机交互技术，如语音控制、手势识别等，从而进一步提高生产效率、安全性和用户体验。

① 语音控制的引入。

a. 实时交互：语音控制将允许操作员在工作时与机床进行实时沟通，无须停下手中的工作或转移注意力。

b. 多语言支持：鉴于全球化的生产和操作环境，数控系统将支持多种语言，满足不同地区和文化的需求。

c. 智能理解：通过深度学习和AI技术，数控机床将能够理解并执行更复杂的指令，甚至能够通过与操作员的交流，进行问题诊断和解决。

② 手势识别的发展。

a. 无接触操作：在某些高风险或需要无菌环境的场合，手势识别可以减少物理接触，确保安全和清洁。

b. 直观的控制：对于某些复杂的操作，传统的按钮或触摸屏可能不够直观。手势控制，尤其是结合AR技术，可以提供更直观的反馈和控制。

c. 个性化设置：用户可以根据自己的习惯设置和调整特定的手势命令，使操作更加流畅。

③ 眼球追踪和面部识别。

a. 增加安全性：只有经过面部识别验证的操作员才能启动或控制机床，确保了设备的安全。

b. 专注度监测：通过眼球追踪，系统可以判断操作员是否保持专注。如果检测到分心或疲劳，可以自动发送警告或暂停操作。

④ 触觉反馈技术。

a. 真实的操作体验：当操作员通过触摸屏或其他界面进行操作时，触觉反馈可以模拟真实的触感，提供更加沉浸式的体验。

b. 错误警告：当系统检测到可能的错误或危险操作时，可以通过触觉反馈向操作员发出警告。

⑤ 综合多种交互方式。

a. 灵活的操作环境：操作员可以根据实际需要和个人喜好选择最适合的交互方式，或者结合多种方式进行操作。

b. 智能切换：在某些情况下，系统可以根据当前的任务和环境自动切换到最佳的交互方式。

随着技术的发展，未来的数控系统将为用户提供更加先进、灵活和个性化的交互体验。这不仅能够提高生产效率和安全性，也会大大增强用户的满意度和工作愉悦感。

分析：这将极大地提高操作效率和用户体验，降低培训和操作的难度。

人机交互是人与机器之间沟通和交互的一种方式，它直接影响到操作效率和用户的整体体验。随着技术的发展，如语音控制、手势识别等先进的人机交互方式逐渐成为主流，其带来的效率提升和用户体验的增强已经变得日益明显。

① 简化操作流程。

a. 直观的界面：传统的机械操作界面常常需要用户花费大量时间学习。但现代的人机交互技术，尤其是触摸屏、语音控制和手势识别，为用户提供了更加直观的操作界面，大大缩短了学习曲线。

b. 减少冗余步骤：先进的人机交互可以直接解释和执行用户的意图，无须经过多个中间步骤，从而简化操作流程。

② 提高操作效率。

a. 快速响应：现代的交互技术可以实时响应用户的操作，无须等待，使操作过程更加流畅。

b. 自动化操作：通过机器学习和人工智能，机器可以学习和预测用户的行为，自动执行常见任务，从而释放用户的时间和精力。

③ 增强用户体验。

a. 沉浸式体验：通过AR和VR技术，用户可以获得更加真实和沉浸式的操作体验，使操作过程更加生动和有趣。

b. 个性化设置：用户可以根据自己的习惯和需求，定制操作界面和交互方式，使其更符合个人喜好。

④ 降低培训难度。

a. 直观的指导：结合增强现实技术，新的人机交互系统可以为初学者提供实时的操作指导和提示，使培训过程更加直观和简单。

b. 模拟实践：通过虚拟现实技术，用户可以在一个模拟的环境中进行操作练习，无风险地掌握各种技能。

⑤ 减少操作错误。

a. 实时反馈：通过即时的反馈和提示，用户可以立即发现和纠正操作错误，避免产生更大的问题。

b. 智能纠错：通过分析用户的操作习惯和模式，机器可以预测并纠正即将发生的错误，进一步提高操作准确性。

⑥ 增强操作安全性。

a. 实时监控：通过传感器和摄像头，系统可以实时监控操作环境，及时发现并警告潜在的危险。

b. 自动应急处理：在发生紧急情况时，系统可以自动采取应急措施，如停机、报警等，保证用户和设备的安全。

先进的人机交互技术不仅可以极大地提高操作效率，还可以为用户提供更加舒适和安全的操作环境。它将改变我们与机器的交互方式，使之更加人性化，为未来的制造业和其他领域带来巨大的变革和机会。

**（8）数据处理与分析**

预测：数控系统将具备更强大的数据处理和分析能力，以支持生产决策。

随着数字化转型的加速，数据在各个领域都被誉为“新石油”。在制造业，尤其是数控技术领域，数据的作用不可小觑。对数据的处理和分析是决定生产效率、质量和创新能力的关键因素。

① 实时数据流的捕获与分析。

a. 高速传感器网络：未来的数控机床将装备有大量传感器，能够实时捕捉各种运行参数、机床状态和加工效果的数据。

b. 即时反馈：通过实时数据分析，机床可以在第一时间发现问题并做出调整，确保加工质量和效率。

② 深度学习与模式识别。

a. 自我学习：利用深度学习技术，数控系统将能够从大量的历史数据中学习，不断优化加工参数和策略。

b. 故障预测：通过模式识别，系统可以预测潜在的机械故障或加工问题，从而提前采取预防措施。

③ 智能生产决策支持。

a. 数据可视化：数控系统将提供丰富的数据可视化工具，帮助工程师和决策者快速了解生产状态和趋势。

b. 模拟与优化：在进行新产品的生产前，系统可以模拟加工过程，为工程师提供最佳的生产策略建议。

④ 集成其他业务数据。

a. 供应链管理：通过集成供应链数据，数控系统可以预测原材料的需求和供应情况，确保生产的连续性。

b. 质量控制：与质检部门的数据集成可以确保生产的产品始终达到或超过质量标准。

⑤ 数据安全与隐私保护。

a. 加密技术：鉴于数据的价值和敏感性，数控系统将采用先进的加密技术，确保数据在传输和存储过程中的安全。

b. 访问控制：只有授权的人员才能访问和修改数据，保证数据的完整性和准确性。

⑥ 开放式数据平台与生态系统。

a. 数据共享：企业可以选择将部分非敏感数据分享给其他企业或研究机构，共同推进数控技术的发展。

b. 应用市场：第三方开发者可以开发针对特定需求的数据处理和分析应用，为企业提供更多的选择。

未来的数控系统将成为一个数据驱动的智能平台，它将深刻地影响生产决策的方式和效果。企业将能够更加迅速、准确地做出决策，从而提高竞争力和市场地位。

分析：在大数据和AI技术的辅助下，企业可以更好地优化生产流程，提高效率并减少成本。

在当今时代，大数据和AI技术已经成为驱动各行各业进步的重要工具。特别是在制造业，这两项技术已经引发了一场变革，赋予企业前所未有的能力，从而优化生产流程、提高效率，并显著减少成本。

① 生产流程的实时监控。

a. 通过大数据技术，企业能够实时监控整个生产线的工作状态，从原材料采购到产品出货的每一个环节都能被精确地捕捉。

b. AI算法可以实时分析这些数据，预测生产线上的潜在问题，并在问题发生之前采取纠正措施。

② 质量控制与保证。

a. AI技术可以自动检测产品质量问题，并快速识别造成问题的原因，从而大大减少缺陷产品的数量。

b. 通过对历史数据的分析，AI可以帮助工程师更好地理解哪些环节最容易出问题，并采取预防措施。

③ 库存管理与预测。

a. 大数据分析可以帮助企业更准确地预测原材料和成品的需求，从而优化库存管理，避免资源浪费或短缺。

b. AI模型可以根据市场趋势、季节性因素和其他外部因素预测未来的销售和生产需求。

④ 能源和资源的有效利用。

a. 通过大数据的实时监控，企业可以更加精确地了解能源和资源的消耗情况。

b. AI算法可以为企业提供策略建议，如何更加有效地利用资源，减少浪费，降低生产成本。

⑤ 个性化生产与按需生产。

a. AI可以分析消费者数据，理解市场需求，帮助企业提供更加个性化的产品。

b. 大数据技术则确保在按需生产的模式下，所有相关的生产信息都被精确地捕捉和管理。

⑥ 维护与故障预测。

a. 通过对机器的运行数据进行分析，AI可以预测哪些部件可能会出现故障，从而提前进行维护或更换。

b. 这不仅减少了生产中断的风险，还降低了维护和修理的总体成本。

⑦ 决策支持。

a. 大数据提供了丰富的信息资源，帮助企业领导更好地理解市场和生产情况。

b. AI模型可以模拟不同的生产策略和决策的影响，为企业提供有价值的洞察。

⑧ 员工培训与发展。通过AI技术，企业可以开发个性化的培训方案，针对员工的具体需要提供培训，提高员工的技能和生产效率。

大数据和AI技术对于现代制造业的影响是深远的。它们为企业提供了强大的工具，帮助其在竞争激烈的市场中保持领先地位，提供高质量的产品，并以更低的成本运营。

**（9）网络安全性增强**

预测：数控机床的网络安全将得到加强，以抵御各种网络威胁。

随着工业4.0的到来和物联网技术的广泛应用，数控机床的网络连接性越来越强，这使得其暴露在各种网络威胁之下。为确保制造流程的顺利进行和企业资产的安全，加强数控机床的网络安全变得尤为重要。

① 网络威胁的多样性。随着技术的发展，网络攻击手段也日趋多样化和复杂化。从基础的恶意软件、病毒到高级的定向攻击、勒索软件，这些都可能对数控机床产生严重威胁，导致数据泄露、生产中断或设备损坏。

② 经济与声誉损失。一旦数控机床受到网络攻击，可能会导致生产停滞、订单延误，从而带来巨大的经济损失。同时，企业的声誉也可能受到严重损害，影响其在市场上的地位和客户信任。

③ 数据的价值。数控机床中存储的数据不仅包括生产参数和配置，还有可能包含关于

新技术、研发成果和商业机密的信息。这些数据如果落入竞争对手或恶意攻击者手中，可能对企业造成无法挽回的损失。

④ 加强网络安全的措施。

a. 定期更新：确保所有系统、应用程序和固件都得到及时更新，以防范已知的安全漏洞。

b. 防火墙与入侵检测：使用防火墙来阻止未经授权的访问，同时部署入侵检测系统，实时监控并报告任何可疑活动。

c. 访问控制：仅授权受信任的用户和设备访问数控机床，同时使用强密码和多因素认证来加强安全性。

d. 数据加密：对存储和传输中的数据进行加密，确保数据的完整性和机密性。

e. 定期审计与监控：定期进行系统审计，查找潜在的安全问题，同时实时监控网络流量，寻找异常模式。

f. 员工培训：培训员工识别和应对常见的网络攻击手段，如钓鱼邮件、恶意链接等。

⑤ 与供应商合作。与数控机床的供应商紧密合作，确保他们也遵循严格的安全标准，定期提供安全更新和补丁。

⑥ 备份策略。定期备份重要数据，并确保备份数据的安全存储。这样，在遭受攻击时，可以快速恢复数据和生产。

随着数控机床日益智能化和网络化，其网络安全也应得到足够的重视和加强。企业不仅要对技术进行持续投资，还需要建立健全的安全管理体系，确保生产的稳定和资产的安全。

分析：作为生产线的核心设备，数控机床的安全性对于生产的稳定性至关重要。

数控机床作为现代制造业的核心设备，其稳定、高效的运行直接影响到整个生产线的效率和质量。因此，确保数控机床的安全性不仅关系到生产效率，更是影响企业经济利益、员工安全和企业声誉的关键因素。

① 经济效益的保障。任何设备的故障或停机都会导致生产中断，从而带来直接的经济损失。数控机床由于其复杂性和其在生产线中的核心地位，其故障对生产的影响更为明显。此外，频繁的机床故障还会导致生产材料的浪费，增加维修成本，并可能延误交货期，影响与客户的合同履行。

② 员工安全的守护。数控机床如果操作不当或存在故障，可能会对操作员造成身体伤害。例如，由于机床的突发性停机，操作员可能会被夹住或被飞出的零件击中。因此，确保机床的安全运行不仅是为了生产效率，更是为了员工的生命安全。

③ 企业声誉的维护。在高度竞争的市场环境下，企业的声誉和品牌形象对其经济效益和市场地位至关重要。频繁的生产事故和质量问题会损害企业的公众形象，导致客户流失，进而影响企业的长期发展。

④ 生产质量的保证。数控机床的稳定运行直接决定了生产的质量。机床的任何小的偏差都可能导致产品质量问题，从而增加返工率，增加成本，甚至导致产品召回。

⑤ 生产计划的实施。企业通常会根据市场需求制定生产计划，而数控机床的稳定性直接影响到生产计划的完成情况。机床的故障和停机会导致生产计划的推迟，影响供应链的稳定性，从而影响整个生产和销售系统。

⑥ 设备投资的保值与增值。为了确保数控机床的长寿命和高效率，企业通常会进行大量的设备投资。通过定期维护和保养，可以确保设备的稳定运行，从而实现设备投资的保值和增值。

⑦ 技术创新的推动。数控机床的安全性和稳定性要求促使制造商不断进行技术创新，

研发更先进、更安全、更稳定的设备。这不仅可以满足市场的需求，还可以推动整个制造业的技术进步。

确保数控机床的安全性和稳定性对于生产的稳定性、员工的安全、企业的经济效益和声誉都至关重要。企业应该高度重视机床的维护和保养，加强安全管理，确保生产的稳定和高效。

**（10）软硬件融合**

预测：通过软硬件的深度集成，数控系统将更加高效和稳定。

随着技术的进步和工业4.0的深入发展，软硬件的深度集成已成为未来数控系统的一个重要发展方向。数控机床的核心，即数控系统，现在不再仅仅是硬件或电气控制，它涉及的是一个完整的、集成的系统，包括硬件、软件、传感器、驱动器等。

① 提高生产效率。当硬件与软件完美集成时，可以实现真正的实时数据处理和响应。这种实时性可以快速调整生产参数，实现自适应生产，进而大大提高生产效率。

② 系统的稳定性增强。深度集成可以减少外部接口和连接，从而降低故障率。通过软件的实时监控和自动调整，可以预防潜在的问题，确保系统的长时间稳定运行。

③ 减少维护成本。软硬件的集成可以简化系统结构，减少可能出现故障的部件。此外，软件可以提供自我诊断和远程维护功能，进一步降低维护成本、缩短停机时间。

④ 提供更好的用户体验。通过软硬件的深度集成，可以提供更为直观和友好的操作界面。操作员可以轻松地获取所需信息，进行操作和调整，从而提高工作效率和产品质量。

⑤ 增强扩展性和适应性。与传统的硬件控制系统相比，基于软件的控制系统更易于扩展和升级。企业可以根据生产需求和技术进步，轻松地增加新功能或进行系统升级。

⑥ 更好的数据利用。软硬件的深度集成可以实现数据的无缝采集、传输和处理。企业可以利用这些数据进行生产优化、质量控制和维护预测，进一步提高生产效率和降低成本。

⑦ 增强系统的安全性。通过软件的实时监控，可以及时发现和预防安全隐患，如机械故障、操作错误等。此外，软硬件的深度集成可以实现更为严格的访问控制和数据加密，进一步保障系统的安全性。

⑧ 推动技术创新。软硬件的深度集成为制造商提供了更大的设计自由度，可以实现更为复杂和先进的功能。这不仅可以满足市场的需求，还可以推动整个制造业的技术进步。

⑨ 提高资源利用率。通过软件的智能调度和优化，可以确保资源的最大化利用，如材料、能源和人力等，从而实现生产的绿色化和可持续性。

⑩ 提供更好的远程控制和管理。通过云计算和物联网技术，企业可以实现数控系统的远程控制和管理，提高生产的灵活性和响应速度。

软硬件的深度集成将为数控系统带来更高的效率和稳定性，是未来数控技术发展的一个重要方向。

分析：软硬件的紧密融合可以降低系统的复杂性，简化操作流程，从而提高生产效率。

软硬件融合已成为现代工业和技术发展的核心概念，特别是在数控机床和自动化领域。其背后的逻辑是，通过更紧密地集成软件和硬件，可以实现更高的效率、更好的性能和更低的总拥有成本。

① 减少中间环节。当软硬件高度集成时，多余的中间环节和接口可以被消除。每一个中间环节或接口都可能带来潜在的延迟、故障点和维护问题。通过消除这些环节，系统的响应速度得到提高，同时减少了故障的可能性。

② 直观的操作界面。紧密的软硬件融合通常伴随着更加用户友好的界面。这样的界面

可以更直观地反映出硬件的状态和功能，使得操作者无须深入了解背后的复杂技术就可以轻松操作。

③ 实时数据处理与反馈。系统内的数据处理和反馈成为实时的。这不仅能够为操作者提供即时的状态更新，还可以根据生产情况进行实时的调整，从而最大化生产效率。

④ 简化维护和升级。集成化的系统使得维护和升级变得更为简单。在传统的独立硬件和软件系统中，升级或维护通常需要大量的手动干预。但在集成系统中，这些操作可以自动完成，大大节省了时间和劳力。

⑤ 提高系统的稳定性。由于减少了接口和组件，系统的稳定性得到了增强。少了外部干扰和可能的兼容性问题，系统运行更为稳定，减少了停机和故障的风险。

⑥ 资源的最大化利用。软硬件融合可以更有效地分配和利用系统资源。软件可以根据硬件的实际情况进行调整和优化，从而确保资源得到最大化利用，提高生产效率。

⑦ 加速决策过程。高度集成的系统能够提供更准确和及时的数据，帮助管理层做出更快速的决策。这不仅可以快速应对生产中的突发情况，还可以更好地规划未来的生产策略。

⑧ 降低培训成本。由于操作变得更为直观和简单，新员工的培训时间和成本得到了大幅度的降低。这不仅提高了员工的工作效率，还为企业节省了大量的资金和时间。

⑨ 支持新技术的引入。集成化的系统更容易接入新技术和工具。企业可以轻松地引入新的算法、传感器和设备，从而持续地提高生产效率和质量。

⑩ 提高安全性。高度集成的软硬件系统往往具有更强的安全性。系统可以实时监测潜在的安全隐患，并采取预防措施，从而确保生产过程的平稳和安全。

软硬件的紧密融合为现代制造业带来了革命性的变化。通过简化操作流程、降低系统复杂性，企业可以实现更高的生产效率，更好地应对市场的变化和挑战。

随着科技的迅猛发展，数控技术正在经历一场前所未有的革命，这不仅为制造业带来了巨大的机遇，也带来了挑战。受人工智能和机器学习技术的助力，数控系统未来将呈现更高的智能化程度，使机床能够自主学习和调整，优化加工参数，提高生产效率。同时，云计算、大数据和物联网技术的应用将助力数控技术高效管理生产流程，确保其始终处于最佳状态。面对全球气候和资源的挑战，数控技术将加大对绿色、可持续生产的支持，优化能源使用和减少废物排放。此外，为提升用户体验，未来数控系统将采用更多的人机交互技术，简化操作过程。综合来看，数控技术的这些进步不仅为制造商带来了无限可能性，同时也强调了制造商对技术创新和市场趋势的敏锐关注的重要性。

#### 1.3.2.2 数控系统的未来挑战

数控系统作为现代制造业的重要支柱，面临着一系列挑战，这些挑战将塑造其未来发展的走向。

**（1）自动化和人工智能**

随着自动化和人工智能技术的快速发展，未来数控系统需要更好地集成这些技术，以提高生产效率和灵活性。这意味着需要开发更智能的数控系统，能够自主做出决策，优化生产过程，甚至进行自我维护。

自动化和人工智能是当今制造业领域的两大关键驱动力，它们正在以前所未有的速度和深度改变着数控系统的面貌。未来数控系统将面临着更多的机遇和挑战，以更好地适应这一新的现实。

首先，自动化技术的不断发展为数控系统带来了巨大的生产效率提升。传统的数控系统已经能够通过预编程来自动执行各种加工任务，未来，这一自动化将更加智能和灵活。随着机器学习和深度学习算法的应用，数控系统可以从历史数据中学习，并根据实时情况做出智能决策。这意味着数控系统能够更好地优化生产过程，自动调整参数以适应不同的工件和材料，从而提高生产效率和产品质量。

其次，人工智能的崛起使得数控系统更具智能化。未来的数控系统将不再仅仅是工具，而是智能合作者。它们可以通过自然语言处理技术与工作人员进行沟通，接收指令和反馈，甚至能够自主解决一些常见问题。这种智能化的数控系统可以减少人为操作的错误，提高生产的可靠性和一致性。

另外一个重要的趋势是自我维护。未来的数控系统将具备更强大的自诊断和自修复能力。它们可以通过传感器实时监测设备状态，并在出现故障或问题时立即采取措施，甚至可以提前预测潜在问题并采取预防措施，减少生产中断和维护成本。这将极大地提高生产设备的可靠性和持续性。

然而，尽管自动化和人工智能为数控系统带来了巨大的潜力，但也伴随着一些挑战。首先，智能化和自动化的实施需要大量的数据，而这些数据需要在网络上传输和存储，因此数据安全成为了一个重要问题。数控系统制造商需要采取强有力的措施来保护这些数据，防止未经授权的访问和潜在的网络威胁。

此外，智能化和自动化需要更多的技术培训，以确保操作人员能够充分利用这些先进的系统。这意味着制造企业需要不断投资于培训和教育，以确保员工具备适应未来制造环境的技能和知识。

未来数控系统将成为智能、自动化和自我维护的核心组成部分，将为制造业带来更高的效率、产品质量和可靠性。然而，要实现这些潜力，需要克服数据安全、技术培训和其他挑战，以确保数控系统的顺利实施和运行。

**（2）数据安全和隐私**

随着数控系统连接到互联网和其他网络，它们变得更容易受到网络攻击的威胁。保护数控系统中的数据和操作的安全性和隐私成为一个重要问题。制造商需要采取措施来防止未经授权的访问和数据泄露。

首先，随着数控系统网络连接性的增强，它们变得更容易成为网络攻击的目标。黑客和恶意软件可以利用网络漏洞，尝试入侵数控系统，从而破坏生产、窃取关键信息或勒索企业。这对制造业的稳定性和安全性构成了巨大的威胁。因此，制造企业需要采取一系列措施来加强数控系统的网络安全，包括防火墙、入侵检测系统、数据加密等。

其次，随着大数据和分析技术的广泛应用，数控系统中存储的数据变得越来越有价值。这些数据包括生产过程的详细信息、产品设计数据和供应链信息等。如果这些数据被未经授权的人访问或泄露，将对企业造成严重损害，包括知识产权侵犯、失去竞争优势和声誉损害风险。因此，数控系统必须采用强大的数据加密和访问控制措施，确保只有授权人员能够访问和使用这些数据。

此外，数控系统中可能包含敏感的操作信息，如生产计划、产品设计和质量控制参数等。这些信息的泄露可能会导致产品缺陷、生产停滞或法律风险。因此，制造商需要建立严格的权限管理和审计机制，确保只有经过授权的人员可以访问和修改这些操作信息。

另外一个重要问题是隐私保护。数控系统中可能包含员工和客户的个人信息，如姓名、地址和联系方式。制造企业必须遵守相关的隐私法规，确保这些个人信息的安全和保密，以防止数据泄露和可能的法律诉讼。

数据安全和隐私问题对数控系统的未来发展至关重要。制造企业需要采取全面的措施来保护数控系统中的数据和操作，以确保生产过程的安全性、可靠性和可持续性。这包括网络安全措施、数据加密、权限管理和隐私保护，以应对不断演变的网络威胁和法规要求。只有这样，数控系统才能在数字化时代充分发挥其作用，为制造业的进步和创新作出贡献。

**（3）网络连接性**

网络连接性在现代数控系统中扮演着关键的角色，它不仅提供了许多便利，如远程监控和管理，还使制造业能够更加灵活和高效地运作。然而，随着数控系统与网络的深度融合，网络连接性也带来了一些挑战，特别是在保证生产过程的稳定性和可靠性方面。

首先，网络连接性的优势在于可以实现远程监控和管理。这意味着制造企业可以通过互联网远程访问数控系统，实时监测生产进程、调整参数，甚至进行故障诊断和维护。这种远程控制能力为企业带来了更大的生产灵活性，尤其是在全球化供应链和分布式制造环境中。此外，它还可以降低维护成本，因为工程师不必亲临现场就能解决问题。

然而，网络连接性也伴随着一些风险和挑战。网络故障和延迟可能对生产过程造成严重影响。网络中断或不稳定的情况可能导致数据丢失、生产停滞甚至设备故障。特别是对于需要高度精确性和实时性的制造过程，这种风险尤为严重。因此，未来数控系统需要更可靠的网络连接，以确保生产过程的稳定性和可靠性。

为了应对网络连接性的挑战，制造企业可以采取以下措施：

① 冗余网络和备份系统：部署冗余网络和备份系统可以减少网络中断的风险。当主网络出现故障时，备份系统可以无缝切换，确保生产不中断。

② 负载均衡和优化带宽：负载均衡技术可以分散网络流量，减少单一网络节点的压力。此外，优化带宽可以确保网络连接的速度和稳定性，特别是在高峰时段。

③ 实时监测和远程诊断：实时监测网络健康状况，以及远程诊断网络问题，可以及时发现并解决潜在的故障，降低生产中断的风险。

**（4）物联网（IoT）和边缘计算**

将物联网传感器和边缘计算设备部署在制造现场，可以减少对互联网的依赖，提高实时性，并降低网络故障的影响。

网络连接性在数控系统中的重要性不容忽视，它为制造业带来了前所未有的便利，但同时也带来了一些风险。未来的数控系统需要更加强大和可靠的网络基础设施，以确保生产过程的稳定性和可靠性，从而更好地满足现代制造业的需求。这需要综合考虑技术、管理和安全等多个方面，以找到最佳的解决方案。

**（5）智能制造和定制化需求**

市场趋向于更多的个性化和定制化产品，这要求数控系统具备更高的灵活性和可适应性，能够快速调整以满足不同的生产需求。

智能制造和定制化需求是当今制造业领域的重要趋势，对数控系统提出了新的挑战和机遇。市场对个性化和定制化产品的需求不断增加，这意味着制造企业需要在生产过程中采取更加灵活和适应性强的数控系统，以满足不断变化的客户需求。

首先，智能制造的概念涵盖使用先进技术和数据驱动的方法来优化生产过程。数控系统在智能制造中发挥了关键作用，因为它们负责控制和监测制造设备的运行。未来的数控系统需要更高级的自动化和智能化功能，能够根据实时数据做出决策，优化生产流程，提高生产效率和产品质量。例如，它们可以根据生产工艺的要求进行自动调整，实现零废弃生产，从而降低成本并减少资源浪费。

其次，定制化需求意味着数控系统必须具备更大的灵活性和可适应性。传统的数控系统通常是针对特定产品或任务进行编程和设置的，但现在需要更快速、更容易地适应新产品或变化的需求。未来的数控系统应具备可编程性，能够轻松地接受新的任务和规格，而无须大规模地重新编程或配置。这将减少产品上市时间，提高生产效率，并使企业更具竞争力。

另外一个挑战是在生产中实现高度的个性化。定制化产品可能会涉及不同的材料、工艺和规格，数控系统必须能够适应这种多样性。这可能需要更智能的算法和控制系统，能够自动识别和调整参数以满足不同产品的要求。同时，数控系统需要能够与其他生产设备和系统无缝协作，以确保整个生产流程的协调和一致性。

此外，定制化制造还涉及与客户之间的紧密合作。数控系统需要能够接收来自客户的特殊要求和设计，然后将其转化为生产现实。这需要更强大的通信和协作能力，以确保生产过程与客户的期望保持一致。

最后，定制化制造可能涉及小批量生产，这与传统的大规模生产方式有所不同。数控系统需要适应这种生产模式的要求，确保即使在小批量生产中也能实现高效率和质量。

智能制造和定制化需求为数控系统带来了更多的机遇和挑战。未来的数控系统需要更具智能化、灵活性和可适应性，以满足不断变化的市场需求，并帮助制造企业实现更高效、更可持续的生产。这将需要技术创新、设备升级和人才培养等并行，以确保数控系统能够适应快速变化的制造环境。

**（6）环境可持续性**

制造业对环境的影响越来越受到关注。未来的数控系统需要更加注重节能和资源利用效率，以减少对环境的不良影响。

环境可持续性已经成为制造业未来不可回避的核心问题。随着环保意识的不断提高以及对气候变化和资源稀缺性的关注日益增加，制造业对环境的影响已成为国家和社会关注的焦点。在这一背景下，数控系统也面临着环境可持续性的挑战和责任。

首先，数控系统作为制造过程的控制中枢，在能源和资源利用方面扮演着关键角色。未来的数控系统需要更加注重节能和资源利用效率，以减少对环境的不良影响。这包括采用先进的节能技术，如高效电机、能源回收系统和节能的加工工艺，以降低能源消耗和碳足迹。同时，减少材料浪费和提高材料利用率也是关键目标，可以通过优化切割、加工和制造过程来实现。

其次，数控系统的设计和制造本身也需要考虑环境友好性。这包括选择可再生和可持续材料，减少有害物质的使用，以及设计产品和设备以便于回收和再利用。同时，数控系统的生命周期评估也变得至关重要，即评估其整个寿命周期内对环境的影响，包括制造、运输、使用到处置的各个环节。

另外一个方面是数控系统的运行和维护。未来的系统需要更高效的维护策略，以降低维护过程中产生的废物和污染物。智能监测和远程维护技术可以帮助及时发现设备故障并减少不必要的维护，从而减少资源浪费。

此外，数控系统制造商和制造企业还需要积极参与环境可持续性倡议和标准的制定。这包括遵守环境法规和标准，推动绿色供应链和环保认证，以确保整个制造生态系统的可持续性。

未来的数控系统将不仅仅是生产工具，还将是环境友好的生产工具。它们需要积极应对环境可持续性挑战，通过节能、资源高效利用、环保设计和维护等多方面措施，降低对环境的不良影响，以适应日益关注可持续发展的全球趋势。这将要求制造企业在技术、政策和文化上都进行重大改变，持续为未来的生产和社会做出更大的贡献。

**（7）技术更新和培训**

随着数控系统的技术不断更新，制造企业需要不断升级设备并培训工作人员，以适应新的技术和工艺。这需要投入时间和资源。

技术更新和培训是现代制造业中一个永恒的挑战，特别是在数控系统领域。数控系统是制造过程中的关键组成部分，其技术日新月异，为了保持竞争力和满足市场需求，制造企业必须不断升级设备并培训工作人员，以适应新的技术和工艺。

首先，技术更新是数控系统领域的一个持续不断的趋势。随着科学和工程的不断进步，新的加工方法、材料和控制技术不断涌现。新一代数控系统通常具备更高的性能、更多的功能和更好的精度，因此制造企业倾向于升级现有的数控系统或投资于新的设备。这有助于提高生产效率、产品质量和制造灵活性。

其次，新的制造工艺和工程方法也在不断发展。例如，增材制造、数值仿真和云制造等技术的出现，为制造业带来了新的机会和挑战。为了利用这些新技术，制造企业需要培训工作人员，使他们能够熟练掌握新的工艺和工具。这可能涉及学习新的编程语言、操作界面和数据分析工具，以便更好地应用新技术于实际生产中。

另外一个挑战是技术更新的速度。技术迭代迅速，数控系统制造商不断推出新的硬件和软件版本。这意味着制造企业需要定期评估他们的设备和系统，确定是否需要进行升级或更换。这需要耗费时间和资源，包括成本和生产中断的考虑。

同时，数控系统的操作和维护也需要经常更新。操作员和维护人员必须了解新的界面和功能，以便能够最大程度地利用系统的性能。这可能需要制订培训计划，包括课堂培训、在线培训和实际操作培训，以确保员工具备必要的技能和知识。

此外，制造企业还需要与数控系统制造商建立密切的合作关系，以获取及时的技术支持和升级建议。这可以帮助他们更好地了解最新的技术趋势，并及时采取行动以保持竞争力。

技术更新和培训对于数控系统的未来至关重要。制造企业必须认识到这一挑战，并投入足够的时间和资源来保持他们的设备和工作人员与行业的最新技术和工艺保持同步。只有如此，他们才能在不断变化的制造环境中取得成功，并满足客户的需求，保持竞争力。

## 1.3.3 数控系统技术的应用领域

### 1.3.3.1 金属加工和机械制造

金属加工和机械制造是制造业的核心领域之一，而数控系统已经成为这一领域中不可或缺的技术。数控系统以其精确、高效和可编程的特点，为金属加工和机械制造提供了卓越的工具和方法，推动了制造业的发展和演进。

在金属加工领域，数控系统的应用广泛而深入。它们被用于控制各种数控机床，包括铣床、车床、钻床、磨床和电火花切割机等。这些机床是制造金属零件的关键设备，通过数控系统的精确控制，它们可以实现对金属材料的高精度切削、成形和加工。这种精确度对于制造各种产品，从小型零部件到大型机械装置，都至关重要。

数控系统通过将数字指令传输到机床的运动控制系统来实现控制。这些数字指令指定了刀具或工件台的移动，以实现所需的切削操作。这些指令可以编程生成，通常是使用CAD和CAM软件来完成的。一旦程序编写完成，操作员可以将其加载到数控系统中，然后机床就可以开始执行这些指令，进行自动化的加工过程。

数控系统的一个关键优势是它们能够实现高度的精确度和重复性。相对于传统的手工加工方法，数控机床可以更精确地控制切削速度、深度和位置，从而提高了加工质量和减少了废品率。这对于制造行业来说至关重要，因为高质量的零部件能够保障产品的性能和可靠性。

此外，数控系统的可编程性也使其非常适合批量生产和定制化制造。一旦编写好加工程序，可以轻松地复制和修改以适应不同的产品规格和需求。这种灵活性对于应对市场需求的变化至关重要，制造商可以迅速调整生产线以满足客户的要求，而不需要更换设备。

数控系统的应用不仅局限于金属，还扩展到了其他材料的加工领域。它们也用于木材、塑料、复合材料和陶瓷等材料的加工，适用范围不断扩大。

金属加工和机械制造领域是数控系统技术的关键应用领域之一。通过精确的控制和可编程性，数控系统提高了生产效率、产品质量和制造灵活性，为制造业的不断发展和创新做出了巨大贡献。在数字化制造时代，数控系统将继续发挥关键作用，助力各个领域的制造商实现更高水平的生产和竞争力。

#### 1.3.3.2 汽车制造

汽车制造业作为全球制造业的巨头之一，一直在积极地采纳和推动最新的技术和创新，而数控系统技术已经成为汽车制造领域不可或缺的组成部分。在汽车制造中，数控系统的应用远远超出了传统的机械加工，它们在整个生产流程中发挥着关键作用，从设计和原型制作到最终装配和质量控制。

汽车制造的第一步通常涉及汽车设计和原型制作。在这个阶段，数控系统可以用于快速原型制作（RP），将设计概念转化为实际的物理模型。RP技术可以通过精确地层层堆叠材料来创建复杂的零件和组件，为设计师提供验证和改进设计的机会，同时减少开发周期。

一旦车型设计完成，数控系统技术就开始发挥更重要的作用。数控机床是汽车制造的核心工具之一。它们被用于制造各种汽车零部件，从车身钣金到引擎零件。数控机床可以精确地切削和成形金属、塑料和复合材料，以制造高质量的零件。这些机床通过数字指令控制工具的位置和运动，以实现高度精确的加工，从而确保零件的质量和精度。

在汽车制造中，数控机床通常用于以下几个关键领域：

① 车身制造：数控机床用于切割、冲压和成形汽车的车身部件。这包括车门、车顶、车窗框架等。高精度的数控切割确保了各个零件的精确匹配，以便在装配时获得无缝的外观和结构。

② 引擎制造：引擎是汽车的核心部件之一，它包括复杂的零部件，如曲轴、缸体和气缸头。数控机床用于加工这些零部件，以确保引擎的性能和可靠性。

③ 焊接和装配：除了数控机床，汽车制造也依赖于机器人技术。机器人在焊接、装配和涂装等工作中发挥关键作用。它们可以高效地完成重复性的任务，如车身焊接和零部件组装。这提高了生产效率，并减少了人为错误的风险。

④ 质量控制：数控系统还在汽车制造中用于质量控制和检测。通过使用高精度的测量设备和视觉系统，制造商可以检查和验证每个零件的尺寸和质量，确保它们符合规格。

除了在制造过程中的应用，数控系统技术还在汽车设计和研发中发挥了重要作用。CAD和CAE（计算机辅助工程）软件允许工程师在数字环境中设计和模拟汽车零部件和系统。这有助于优化设计，减少原型制作次数，从而加快产品开发周期。

此外，数字化制造和物联网技术也逐渐渗透到汽车制造领域。智能制造设备可以收集和传输大量生产数据，这些数据可以用于实时监控生产过程、预测设备故障和优化生产效率。汽车制造商正在积极探索这些新技术，以实现更高度自动化的生产流程和更智能的车辆制造。

汽车制造业对数控系统技术的依赖不断增加，这些技术在提高生产效率、产品质量和创新能力方面发挥了关键作用。随着汽车技术和智能制造的不断发展，数控系统将继续在汽车制造领域中发挥关键的推动作用，助力汽车制造商满足不断变化的市场需求。

#### 1.3.3.3 航空航天工业

航空航天工业是数控系统技术的重要应用领域。数控系统用于制造飞机、航天器和卫星的关键部件，如涡轮发动机、机翼、航空电子设备等。

**（1）飞机制造：精密工程的巅峰**

航空工业的最初目标之一就是让人类能够在大气中飞行。如今，制造现代飞机需要高度精密的工程和技术，数控系统技术在其中发挥着关键作用。它们用于制造飞机的各个部分，包括机身、机翼、机尾、起落架和发动机等。

在飞机制造中，数控机床是不可或缺的工具。这些机床可以通过数字指令来控制工具的位置和运动，以实现高度精确的切削、成形和加工。这是保障所制造飞机零部件的精密性的基础。例如，制造机翼和机身外壳需要高精度的切削，以确保零部件之间的完美匹配，从而提高飞机的性能和空气动力学效率。

数控系统技术的优势之一是其可编程性。一旦制定了加工程序，操作员可以将其加载到数控系统中，然后机床就可以自动执行这些指令。这种自动化的制造过程提高了生产效率，同时也降低了人为错误的风险。不仅如此，数控系统还可以轻松地应对不同飞机型号和配置的生产需求，从小型客机到大型商用飞机，都可以在同一生产线上制造。

发动机是飞机的关键部件之一，也是数控系统技术的应用重点之一。现代飞机发动机包括高度复杂的零部件，如涡轮叶片、燃烧室和涡轮增压器。这些零部件必须经过严格的质量控制和精密加工，以确保发动机的性能和可靠性。数控机床在发动机制造中起到了关键作用，可以实现复杂部件的高精度切削和成形，从而实现发动机的出色的动力性能和燃油效率。

**（2）航天器和卫星：突破太空的科技奇迹**

航天工程是航空航天工业的一个重要领域，数控系统技术也在其中扮演着重要的角色。航天器和卫星的制造需要高度精密的加工和装配，以满足其在极端环境中的运行要求。

航天器的结构和外壳必须能够经受极端的温度、辐射和重力条件。数控机床用于制造航天器的各个部分，包括外壳、隔热材料、结构支撑和推进系统。这些部件必须具备卓越的强度和轻量化特性，以满足太空中的特殊要求。

卫星是现代通信、导航和科学研究的关键工具，其制造需要高度精密的加工和组装。数控系统技术用于制造卫星的各个组件，包括通信设备、电池、太阳能电池板和科学仪器等。这些部件必须在太空中长期运行，因此必须具备出色的可靠性和耐久性。

**（3）数控系统的设计和仿真**

数控系统技术不仅在制造过程中发挥作用，还在航空航天工程的设计和仿真阶段发挥着关键作用。CAD和CAE软件允许工程师在数字环境中创建和模拟飞机和航天器的设计。这有助于工程师们在实际制造之前检查和改进设计，从而降低了开发过程中的风险和成本。通过CAD和CAE软件，工程师可以精确地模拟飞行、耐力测试和结构分析，以确保飞机和航天器在各种情况下的性能和安全性。

**（4）数控系统在维护和修理中的作用**

维护和修理对于航空航天工程中的设备和飞行器至关重要，数控系统技术也在这个阶段发挥着重要作用。通过数控机床和3D打印技术，维修人员可以制造并更换损坏或老化的零部件。这有助于确保设备的可维护性，延长其寿命，并降低维修成本。

**（5）未来的挑战和机遇**

尽管数控系统技术在航空航天工业中取得了巨大的成功，但仍然面临一些挑战，这些挑战也带来了新的机遇。其中之一是应对不断增加的复杂性和需求。现代飞机和卫星需要更高的性能、更轻的重量和更高的可靠性，这将需要不断改进和创新数控系统技术。

此外，航空航天工程也在不断追求可持续性和环保性。这将需要数控系统技术在材料选择、废弃物管理和能源效率方面发挥更大的作用。

航空航天工业是数控系统技术的一个重要应用领域，这些技术在飞机和航天器的制造、设计和维护中发挥着关键作用。随着技术的不断发展，数控系统将继续推动航空航天工业的进步，助力人类实现更远大的太空探索和科学研究目标。

### 1.3.3.4 医疗设备制造

数控技术在医疗设备制造中发挥着关键作用，它们用于制造各种医疗设备，如人工关节、医疗影像设备、外科工具和牙科设备。

医疗设备制造是一个关键的领域，它直接关系到人类的健康和生命。在这个领域中，数控技术已经成为一项不可或缺的工具，为医疗设备的制造提供了高度精确、高效和可靠的解决方案。从人工关节到医疗影像设备，再到外科工具和牙科设备，数控技术正在塑造着现代医疗保健的未来。

**（1）人工关节和骨科设备**

数控技术在制造人工关节和骨科设备方面发挥着关键作用。人工关节置换手术已经成为治疗关节退化病症的常见方法，而高质量的人工关节零件对于手术的成功至关重要。数控机床用于加工金属或陶瓷零件，以创建与患者自身关节兼容的关节置换部件。这些部件必须具备高度精确的形状和尺寸，以确保患者能够恢复正常的关节功能和减轻疼痛。此外，骨科设备，如骨钉、骨板和骨螺钉，也是骨科手术中不可或缺的工具。这些设备通常由高强度金属制成，并通过数控机床进行加工和制造。精确的加工确保了这些设备的质量，同时也有助于缩短手术时间和恢复期。

**（2）医疗影像设备**

医疗影像设备如X射线机、核磁共振（MRI）扫描仪和计算机断层扫描（CT）机等在医疗诊断和治疗中起着至关重要的作用。这些设备需要高度精密的制造和装配技术，以确保能够提供准确的影像和诊断结果。

数控技术在医疗影像设备的制造中发挥着关键作用。例如，X射线机的外壳和移动部件需要通过数控机床精确制造，以确保辐射的精准定位和安全性。MRI和CT扫描仪的核心组件，如线圈和旋转平台，也需要经过高精度的加工和装配，以确保影像质量和设备性能。

**（3）外科工具和器械**

外科工具和器械对于外科手术的成功至关重要。这些工具必须具备高度精确的设计和制造，以确保外科医生能够进行精细和复杂的手术操作。数控技术用于制造外科刀片、钳子、缝合针和其他外科工具。

外科刀片，如手术刀和割刀，需要经过精确的切削和磨削过程，以确保它们的锋利度和耐用性。外科钳子和缝合针必须具备出色的手感和控制性能，以便外科医生能够精确地操作它们。数控机床在这些工具的制造中发挥了关键作用，确保了它们的质量和性能。

**（4）牙科设备和义齿**

牙齿保健是人们日常生活中维护健康的一部分，而牙科设备的制造也离不开数控技术的支持。牙科设备包括牙椅、牙科X射线机、牙科手术仪器和义齿等。这些设备需要高度精确的制造技术，以确保患者的舒适性和治疗效果。

牙科椅子是牙科治疗的重要设备，它们通常具有多个可调节的部件，如椅背、头枕和扶手。数控技术用于制造这些可调节部件，以确保患者的舒适性和医生的工作效率。

牙科X射线机用于拍摄牙齿的X射线影像，以帮助诊断牙齿问题。其需要高度精确的组件和定位系统，以确保影像的清晰和准确，其制造也离不开数控技术。

牙科手术仪器需要精确的制造和装配技术，以确保外科医生能够进行牙科手术，并实现精确的切割和修复。

义齿制造是牙科领域的重要分支之一，数控技术用于制造各种类型的义齿，包括全口义齿、假牙和牙套。这些义齿需要与患者的口腔形状和咬合方式相匹配，因此需要高度精确的制造过程。

尽管数控技术在医疗设备制造中取得了巨大的成功，但仍然面临一些挑战。一个挑战是不断提高的医疗设备质量和安全标准要求。医疗设备必须满足严格的监管要求，以确保其在临床实践中的安全性和有效性。因此，数控技术需要不断提高制造过程的可追溯性和质量控制水平。另一个挑战是不断发展的医疗技术和患者需求。随着医疗技术的进步，新型医疗设备的需求不断涌现，这要求数控技术具备灵活性，以适应不断变化的市场需求。

未来，随着医疗设备制造的数字化和自动化程度的提高，数控技术将继续发挥关键作用。通过数字化制造，制造商可以更好地监控和管理生产过程，提高效率和质量。同时，智能化制造将为医疗设备制造带来新的机遇，包括机器学习和人工智能在设备制造中的应用，将不断优化生产和预测维护需求。

数控技术在医疗设备制造中的应用不仅提高了产品质量和生产效率，还有助于提升患者的医疗保健体验。随着技术的不断进步，数控技术将继续推动医疗设备制造领域的创新和发展，为人类的健康和生活质量做出积极贡献。

### 1.3.3.5 电子制造

在电子制造领域，数控系统被用于制造电子元件、电路板和半导体设备。这些系统可以实现微小零件的高精度加工，以满足电子产品的要求。

电子制造领域是现代科技和工业的中心之一，数控系统技术已经成为该领域不可或缺的一部分。在电子制造中，数控系统广泛应用于制造电子元件、电路板和半导体设备，为各种电子产品的生产提供了高度精确、高效和可靠的解决方案。

**（1）数控系统与电子制造**

电子制造涵盖了各种电子产品的制造，从智能手机和平板电脑到计算机和通信设备。在这个多样化的领域中，数控系统技术的应用范围非常广泛。

① 电子元件制造。电子元件是电子产品的构建基块，如电阻、电容、电感、晶体管和

二极管等。这些元件必须具备高度精确的电学特性和物理尺寸，以确保电子产品的性能和可靠性。数控系统在电子元件制造中发挥着关键作用，用于制造微小零件，如表面贴装技术（SMT）组件，这些组件通常用于印刷电路板（PCB）。

数控机床可以精确控制切削、磨削和加工工具的运动，以制造微小电子元件。这些机床使用数字指令来精确控制工具的位置和速度，以实现高精度的加工。例如，制造电子元件的电路板上的微小焊点必须具备一致的尺寸和连接质量，以确保电子设备的性能和可靠性。

② 电路板制造。电路板是电子产品的核心，它们承载着各种电子元件和连接电路。现代电路板通常具有高密度的布线和复杂的多层设计。数控系统在电路板制造中发挥着关键作用，用于控制PCB制造过程中的各个步骤。

首先，数控系统用于PCB基材的切割和成形，通常是玻璃纤维增强的树脂板。这些系统精确控制切割工具，以创建符合设计规格的板材。

其次，数控系统用于控制印刷工序，其中涂布、曝光和蚀刻工艺用于创建电路板的图案和导线。这些工艺的精确性对于电路板的性能至关重要，数控系统确保了精确的图案转移和导线制造。

最后，在电路板组装中，数控系统还用于精确定位和连接电子元件到PCB上，这包括表面贴装技术和插件组装，其中数控机床用于精确安装和焊接元件。

**（2）半导体设备制造**

半导体设备是现代电子产品的核心部分，如微处理器、存储芯片和传感器等。这些设备的制造需要极高的精确度和洁净度。数控系统在半导体设备制造中发挥着关键作用，用于加工和制造晶圆及芯片。

晶圆是半导体设备制造的起始材料，它们通常是硅片或其他半导体材料。数控系统用于控制切割和磨削工艺，以创建高度平整和精确的晶圆表面。

芯片制造是半导体设备制造的核心部分，它包括光刻、沉积、刻蚀和离子注入等工艺步骤。这些工艺需要高精度的加工和控制，以在芯片上创建微小的电子元件和导线。

**（3）挑战与未来展望**

电子制造领域在不断追求更小、更快、更强电子产品的同时，也面临着一些挑战。其中之一是复杂多层的印刷电路板和高密度集成电路的制造，这要求数控系统在制造过程中具备更高的精确度和速度。

另一个挑战是更小尺寸和更高性能的半导体设备制造。随着技术的发展，芯片上的元件变得越来越微小，制造过程需要更高的分辨率和精确度。

未来，电子制造领域将继续受益于数控系统技术的发展。随着工业自动化和数字化制造的不断推进，数控系统将更加智能化和灵活，有望提高制造效率、降低成本并加速产品上市时间。同时，数控系统还将成为支持新兴技术，如物联网和人工智能的关键因素，为创新的电子产品提供制造基础。

电子制造领域是数控系统技术的一个关键应用领域，这些技术在电子元件、电路板和半导体设备的制造中发挥着关键作用。随着技术的不断演进，数控系统将继续推动电子制造的创新和发展，为我们的生活和工作带来更多的便利和可能性。

#### 1.3.3.6 船舶建造

数控系统在船舶建造领域也有广泛的应用，它们用于切割和加工大型金属板，制造船体、船舱和引擎部件。

在船舶制造中，数控系统技术已经成为不可或缺的工具，为建造船体、船舱和引擎部件等关键组件提供了精确、可靠和高效的解决方案。

**（1）船舶建造的复杂性**

船舶建造是一个高度复杂的过程，涉及大型金属结构的制造、装配和调试。无论是商用船只还是军用舰艇，都需要具备高度的安全性、稳定性和可操作性。因此，在船舶建造中必须考虑多种因素，包括船体的形状、船舱布局、动力系统和电子设备等。

**（2）数控系统在船舶建造中的应用**

数控系统在船舶建造中的应用范围非常广泛，相关关键领域包括：

① 船体制造。船体是船舶的骨架，它决定了船的外形、尺寸和稳定性。船体制造通常涉及大型金属板的切割和加工，这些板材构成了船体的各个部分，如船头、船尾、侧壁和甲板等。

数控系统在船体制造中发挥着关键作用。数控切割机床可以精确控制火焰切割或等离子切割工具的运动，以切割大型金属板，创建符合设计要求的船体部件。这些系统能够自动执行复杂的切割轨迹，确保各个部件的尺寸和形状准确无误。

② 船舱制造。船舱是船内的重要部分，包括乘客舱、货舱和船桥等。船舱制造要求高度精确的加工，以确保良好的密封性、结构强度和内部布局。

数控系统用于制造船舱的各个部件，如舷窗、门、甲板、隔舱板和内饰等。这些部件通常需要精确的切削、打孔和折弯，以确保它们能够完美地适应船舱的形状和功能要求。

③ 引擎部件制造。船舶的动力系统是其核心部分，包括发动机、螺旋桨和推进系统。数控系统在制造这些引擎部件中发挥着关键作用。

船用发动机通常由大型金属部件组成，如发动机缸体、曲轴和气缸套等。这些部件需要高度精确的加工，以确保发动机的性能和可靠性。数控机床可以用于精确控制工具的位置和运动，以进行复杂的加工操作，如车削、镗孔和磨削。

船舶的螺旋桨也需要高精度的制造技术。数控系统可用于控制螺旋桨的叶片形状和表面光洁度，以最大程度地提高推进效率。

④ 数控系统的优势。数控系统在船舶建造中的应用带来了许多优势。首先，它们提高了制造过程的精确度和一致性。数控系统能够自动执行复杂的加工操作，减少了人为误差的风险，确保了各个部件的质量和尺寸一致性。

其次，数控系统提高了生产效率。与传统手工加工相比，数控机床能够以更高的速度和精确度执行任务，节省了时间和成本。这对于大型金属结构的制造特别有益，因为它们通常需要大量的加工工序。

另外，数控系统还提高了安全性。在船舶建造中，许多任务涉及大型、重型金属材料的搬运和加工，这可能对工人的安全构成风险。数控系统能够执行这些任务，减少了工人的接触和风险。

最后，数控系统提高了设计的自由度。设计师可以更灵活地制定船体、船舱和引擎部件的设计，因为数控系统能够实现复杂形状和结构的加工。

船舶建造领域将继续受益于数控系统技术的发展。未来，数控系统将更加智能化和自动化，可能集成更多的感知和反馈技术，以实现自动化调整和质量控制。

另外，数字化制造和虚拟建模技术将在船舶建造中发挥更大的作用。设计师和制造商可以使用虚拟模型来优化船舶设计，并在制造之前模拟各种情况，以提高生产效率和质量。

数控系统技术已经在船舶建造中取得了巨大的成功，它们提供了高精度、高效率和高安全性的解决方案。随着技术的不断进步，数控系统将继续推动船舶建造领域的创新和发展，为海洋运输和工程领域带来更多的可能性和进步。

### 1.3.3.7 建筑和建筑材料加工

建筑和建筑材料加工是一个广泛而多样化的领域，涉及从石材和木材到混凝土等各种材料的加工和制造。数控系统技术在这个领域中发挥着关键作用，为建筑项目提供了高效、精确和可靠的解决方案。

**（1）建筑和建筑材料加工的复杂性**

建筑和建筑材料加工是一个复杂而多样化的领域，涉及各种不同类型的材料和工艺。无论是建造大型建筑物、制造定制家具还是生产混凝土构件，都需要高度精确和高效的加工方法。以下是一些在建筑和建筑材料加工领域中常见的应用领域：

① 石材切割。石材在建筑和雕塑等领域中具有重要地位。然而，石材的加工通常需要精确的切割和雕刻，以满足设计要求。数控系统在石材切割中发挥着关键作用。

数控切割机床可以通过控制切削工具的位置和运动来实现高精度的石材切割。这些机床可以自动执行复杂的切割轨迹，以创建精美的石材雕刻和装饰。

② 木材加工。木材是建筑和家具制造的常见材料。数控系统技术可用于木材加工，包括切割、雕刻、打孔和装配。

数控木工机床可以通过精确控制工具的位置和运动来实现高度精确的木材加工。这些机床通常用于制造家具、门窗、楼梯和木质建筑构件等。

③ 混凝土制造。混凝土是建筑中常用的结构材料之一。混凝土制造涉及混凝土搅拌、浇注和成型等多个工艺步骤。数控系统在混凝土制造中发挥着关键作用，尤其是在创建复杂的混凝土模具方面。

数控机床可用于切割和成型混凝土模具，以确保模具的形状和尺寸准确无误。这些系统还可以用于在混凝土中创建孔洞、槽口和装配孔，以便后续的构建工作。

④ 钢结构制造。钢结构是建筑中常见的结构类型之一，用于建造高层建筑、桥梁和工业设施等。数控系统在钢结构制造中发挥着关键作用。

数控切割机床可以用于切割和加工大型钢材，以创建构件和梁柱等结构部件。这些机床可以实现高精度的切割，确保构件的尺寸和连接质量。

⑤ 建筑装饰。建筑装饰包括墙面装饰、天花板装饰和地板装饰等，这些装饰要求高度精确和美观。数控系统技术在建筑装饰中发挥着关键作用。

数控机床可以用于切割、雕刻和装饰各种建筑材料，如石材、木材、金属和塑料。这些系统可以根据设计要求创建精美的装饰元素，为建筑物增添独特的风格和美感。

**（2）数控系统的优势**

数控系统在建筑和建筑材料加工中的应用带来了许多优势。首先，它们提高了生产效率。数控机床可以以更高的速度和精度执行任务，减少了加工时间和成本。这对于大型建筑项目和生产流水线特别有益。

其次，数控系统提高了精确度和一致性。与传统的手工加工相比，数控机床能够自动执行复杂的加工操作，减少了人为误差的风险，确保了各个部件的质量和尺寸一致性。

另外，数控系统还提高了创新的自由度。设计师可以更灵活地制定建筑材料的设计，因为数控系统能够实现复杂形状和结构的加工，从而创造出独特的建筑元素。

最后，数控系统减少了浪费。由于其高精度的加工能力，这些系统可以最大程度地减少材料浪费，降低了成本，同时对环境友好。

**（3）未来展望**

建筑和建筑材料加工领域将继续受益于数控系统技术的发展。未来，数控系统将更加智能化和自动化，有望集成更多的感知和反馈技术，以实现自动化调整和质量控制。

数字化制造和虚拟建模技术将在建筑和建筑材料加工中发挥更大的作用。设计师和制造商可以使用虚拟模型来优化建筑材料的设计，并在制造之前模拟各种情况，以提高生产效率和质量。

数控系统技术在建筑和建筑材料加工领域的应用已经改变了传统的建筑和制造方式。随着技术的不断进步，数控系统将继续推动这个领域的创新和发展，为建筑和建筑材料加工带来更多的可能性和进步。无论是在大型建筑项目还是在小型定制制造中，数控系统都将继续发挥关键作用。

#### 1.3.3.8 艺术和雕刻

艺术和雕刻是充满创造力和表现力的领域，涵盖了从传统雕塑到现代数字艺术的广泛范围。在这个多样化的领域中，数控系统技术已经成为一种强大的工具，为艺术家和雕刻家提供了精确、高效和多样化的创作方式。

**（1）艺术与雕刻的复杂性**

艺术和雕刻是一门综合性的艺术领域，涉及各种材料和技术。从传统的大理石雕塑到现代的数码艺术，艺术家和雕刻家追求各种不同的表现方式和效果。然而，无论采用何种材料和风格，精确的制作和创作始终是关键因素。

**（2）数控系统在艺术和雕刻中的应用**

① 传统材料雕刻。数控系统技术在传统材料雕刻中发挥着关键作用，如大理石、木材、金属和玻璃等。这些材料通常需要高度精确的切割和雕刻，以创造出精美的艺术品和雕塑。

数控雕刻机床可以通过控制切削工具的位置和运动来实现高精度的切割和雕刻。艺术家和雕刻家可以将自己的设计或概念输入计算机，然后通过数控系统将其转化为实际的艺术品。这种数字化工作流程提供了更高的精确度和一致性，同时减少了制作过程中的人为误差。

② 数码雕刻。数控系统技术已经推动了数码雕刻的发展，这是一种基于计算机生成的艺术形式。数码雕刻通常涉及使用计算机软件创建三维模型，然后使用数控系统将模型转化为实际的物理对象。

数控机床可以使用各种材料，如塑料、树脂、泡沫和金属，进行数码雕刻。这种技术允许艺术家和设计师将复杂的设计和结构转化为现实，创造出独特的艺术品和装置。

③ 复杂结构制造。一些艺术作品和雕塑涉及复杂的结构和组装。数控系统技术可以帮助艺术家和雕刻家精确地切割和构建这些复杂的结构，而不需要大量的手工工作。

数控系统可以精确控制多轴运动，使得艺术品的组装和安装变得更加容易和准确。这对于大型雕塑和装置艺术特别有用，因为它们通常包含多个组件和部分。

④ 快速原型制作。数控系统还在艺术和设计的快速原型制作中发挥着关键作用。艺术家和设计师可以使用数控系统快速制作出他们的设计原型，以便在实际制作之前进行测试和修改。

快速原型制作允许艺术家和设计师更好地理解他们的创意概念，并在必要时进行改进。这种迭代过程可以帮助他们实现更好的设计和更高的创作效率。

⑤ 数控系统的优势。数控系统在艺术和雕刻领域的应用带来了许多优势。首先，它们提高了制作和创作的精确度。数控机床可以实现高精度的切割和雕刻，确保艺术品和雕塑的细节和质量。

其次，数控系统提高了制作的效率。与传统的手工加工相比，数控机床能够以更高的速度和精度执行任务，节省了时间和劳动成本。这对于大型和复杂的项目特别有益。

另外，数控系统还提供了更多的创作自由度。艺术家和雕刻家可以更灵活地尝试不同的设计和材料，因为数控系统能够实现复杂的创作要求。

最后，数控系统促进了数字化艺术的发展。艺术家可以将计算机生成的图像和模型转化为实际的艺术品，这种数字化工作流程为创意表达提供了新的可能性。

⑥ 未来展望。随着技术的不断发展，数控系统在艺术和雕刻领域的应用将继续扩展。未来，数控系统可能会更加智能化和自动化，集成更多的感知和反馈技术，以实现更高级的创作和制作。

数字化艺术和虚拟现实技术将进一步融合到艺术和雕刻中，为艺术家提供更多的工具和媒介，以创造出令人惊叹的作品。数字艺术品的收藏和展示也将面临新的挑战和机遇。

数控系统技术已经改变了艺术和雕刻的制作方式，为艺术家和雕刻家提供了更多的创作选择和可能性。随着技术的不断进步，数控系统将继续推动艺术和雕刻领域的创新和发展，为创作者和观众带来更多的视觉和感官体验。无论是在传统的工艺制作还是在数字化艺术领域，数控系统都将继续发挥关键作用。

#### 1.3.3.9 定制化生产

定制化生产是当今制造业中的一个重要趋势，它允许制造商根据客户的个性化需求生产产品。数控系统技术在定制化生产中发挥着关键作用，为各种领域提供了精确、高效和多样化的解决方案。

**（1）定制化生产的重要性**

定制化生产旨在满足个体客户的独特需求和偏好。与传统的大规模生产相比，定制化生产提供了更多的选择和灵活性，使制造商能够快速响应市场需求，同时提供高度个性化的产品。这对于满足不断变化的市场需求和客户期望至关重要。

**（2）数控系统在定制化生产中的应用**

① 定制家具制造。定制家具制造是一个广泛应用数控系统技术的领域。客户可以根据他们的需求和风格选择家具的设计、尺寸和材料。数控系统通过精确的切割、雕刻和装配来实现这些定制要求。

数控机床可以用于加工各种家具材料，包括木材、金属、塑料和玻璃等。通过输入客户的设计规格，数控系统可以精确地制造家具部件，并确保它们符合客户的要求。这种定制化生产方式提供了大量的家具选择，从个性化的沙发到定制的橱柜，都可以实现，从而满足客户的需求。

② 定制珠宝制造。珠宝也是一个定制化生产的领域，数控系统在其中发挥着关键作用。客户可以根据他们的审美品位和预算要求定制珠宝设计。数控系统用于切割和雕刻珠宝的宝石和金属。

数控机床可以以高精度制作珠宝部件，如戒指、项链、耳环和手镯等。客户可以选择宝石的种类、大小和形状，然后数控系统可以根据这些要求创建定制的珠宝设计。这种个性化制造方式允许客户拥有独一无二的珠宝作品。

③ 定制鞋类制造。鞋类制造业也在采用数控系统来满足客户的个性化需求。客户可以根据他们的脚型、风格和尺寸要求定制鞋类设计。数控系统用于切割和缝制鞋类的各个部件。

数控机床可以精确地切割鞋类的鞋底、鞋面和鞋帮等部件。通过客户的脚型扫描数据，可以定制鞋子的尺寸和舒适度。这种个性化制造方式可以提供更舒适和贴合的鞋类，同时满足了客户的时尚需求。

④ 个性化工业零件制造。定制化生产不仅在消费品领域中有影响，也在工业领域中有广泛应用。制造商可以根据特定项目的需求定制工业零件和组件。数控系统用于加工各种材料，如金属、塑料和陶瓷，以满足工程要求。

数控机床可以精确地制造工业零件的各种特征和几何形状。这种定制化生产方式允许制造商快速响应客户的需求，减少了库存和物料浪费。工程师可以根据项目的要求进行设计修改，并通过数控系统实现快速生产。

**（3）数控系统的优势**

数控系统在定制化生产中的应用带来了许多优势。首先，它们提高了生产的精确度。数控机床可以实现高精度的切割和雕刻，确保产品的质量和准确性。

其次，数控系统提高了生产效率。与传统的手工加工相比，数控机床能够以更高的速度和精度执行任务，减少了生产时间和成本。这对于定制化生产，特别是在小批量生产中，尤其有益。

另外，数控系统提供了更多的灵活性。制造商可以根据客户的需求和市场趋势调整生产线，快速响应变化。这种灵活性使他们能够保持竞争优势并满足客户的需求。

最后，数控系统减少了浪费。由于其高精度的加工能力，这些系统可以最大程度地减少材料浪费，降低了成本，同时对环境友好。

**（4）未来展望**

定制化生产将继续在制造业中发展壮大，数控系统技术将在其中扮演越来越重要的角色。未来，数控系统可能会变得更加智能化和自动化，集成更多的感知和反馈技术，以实现更高级的定制化生产。

数字化制造和虚拟建模技术将在定制化生产中发挥更大的作用。制造商可以使用虚拟模型来优化产品设计，然后使用数控系统将其转化为实际的产品。这种数字化工作流程将减少制造中的人为误差，提高了产品质量。

数控系统技术在定制化生产中的应用已经改变了传统的制造方式。随着技术的不断进步，数控系统将继续推动定制化生产的创新和发展，为制造商和消费者带来更多的个性化选择和可能性。不论是在家具制造、珠宝制作、鞋类生产还是在工业零件加工中，数控系统都将继续发挥关键作用。

#### 1.3.3.10 教育和研究

教育和研究是促进社会进步和技术发展的关键领域之一。在这个领域中，数控系统技术发挥着越来越重要的作用，其为学生提供了实践机会，同时为工程研究提供了关键工具。下面将深入探讨数控系统在教育和研究领域的广泛应用以及对知识传播和创新的影响。

**（1）数控系统在教育中的应用**

① 培训学生。教育是培养未来工程师和技术专家的关键环节。数控系统在学校中广泛用于培训学生，使他们能够了解数控技术和工艺。

数控机床提供了一个实验平台，让学生学习如何操作和编程。学生可以通过实际操作来掌握数控编程的基本原理和技巧。这种实际经验不仅增加了他们的技能，还提高了他们的就业竞争力。

② 提供实际经验。数控系统还为学生提供了增加实际经验的机会。在工程和制造领域，学生可以通过使用数控机床来制作零件和组装装置。这种实际经验帮助他们将理论知识应用到实际工作中，提高了他们的问题解决能力和创造力。

教育机构可以模拟真实工作场景，让学生参与实际项目并解决实际问题。这种综合性的培训有助于学生更好地准备面对未来的工作挑战。

**（2）数控系统在研究中的应用**

① 工程研究。工程研究是推动技术进步和创新的关键因素之一。数控系统广泛用于制造、材料科学和机械工程等工程研究领域。

研究人员可以使用数控系统来制造和测试新材料和产品。他们可以精确控制数控机床的运动和加工过程，以满足研究需求。这种灵活性允许他们进行各种实验，以改进材料性能和产品设计。

② 创新和原型制作。数控系统技术还促进了创新和原型制作。研究人员和工程师可以使用这些系统快速制作原型，以测试新概念和设计。这种原型制作方法缩短了研发周期，有助于更快地将新产品推向市场。

研究人员还可以使用数控系统来制造定制实验设备和工具。这些设备可以满足特定研究需求，有助于进行研究和测试。

**（3）数控系统的优势**

数控系统在教育和研究领域的应用带来了许多优势。首先，它们可以提供高度精确的控制，如利用数控机床可以实现高精度的加工和运动，从而确保实验和研究的准确性。

其次，数控系统提高了效率。与传统的手工加工相比，数控机床能够以更高的速度和精度执行任务，节省了时间和劳动成本。这对于学校和研究实验室来说特别有益。

另外，数控系统提供了更多的灵活性。教育机构和研究实验室可以根据不同的课程和项目需求调整数控系统的设置和程序。这种灵活性使他们能够满足不同学科和研究领域的要求。

最后，数控系统提高了安全性。与传统的手动机床相比，数控机床减少了操作员与机床接触的机会，降低了事故和伤害的风险。

**（4）未来展望**

数控系统技术在教育和研究领域的应用将继续发展。未来，这些系统可能会变得更加智能化和自动化，集成更多的感知和反馈技术，以提高教育和研究的效率和成果。

虚拟实验室和远程教育技术也将与数控系统相结合，为学生提供更多的在线学习机会。这种数字化教育方式将允许学生远程访问数控机床和实验设备，并参与实际项目和研究。

数控系统技术在教育和研究领域的应用已经改变了传统的教学和研究方式。随着技术的不断进步，数控系统将继续推动知识传播和创新的进程，为学生和研究人员提供更多的学习和研究机会。无论是在机械工程实验室还是制造研究中心，数控系统都将继续发挥关键作用。

## 1.4 结论

数控技术的发展经历了从早期的军事和航空航天应用到现代的智能化制造的多个关键阶段。如今，数控系统技术得到了广泛应用，涵盖了金属加工、汽车制造、航空航天工业、医疗设备制造、电子制造、船舶建造、建筑材料加工、艺术和雕刻等多个领域。

关键的技术进步包括：数控编程语言的发展，使编程更加直观和可操作；数控机床的不断改进，提高了精度和效率；CAD/CAM技术的引入，加速了产品设计和制造过程；智能化和自动化的发展，使数控系统能够自主做出决策和优化加工过程。此外，数控技术还在教育和研究领域发挥着关键作用，为学生提供实践机会，为工程研究提供关键工具。

未来，数控技术有望继续发展，变得更加智能化和自动化，集成更多的感知和反馈技术，以提高生产效率和产品质量。虚拟实验室和远程教育技术也将与数控系统相结合，为学生提供更多的在线学习机会。总的来说，数控技术已经深刻影响了制造业和工程领域，为现代制造和研究提供了关键支持，助推了技术创新和产业升级。

数控系统技术的前景充满着潜力和机遇，特别是在制造业不断发展和数字化转型的大背景下。它将继续在各个领域发挥关键作用，引领创新和改进。未来的数控系统将更智能化和自动化，利用人工智能、机器学习和大数据分析等技术，实现实时监测和自动优化生产过程，降低人为干预，提高效率和质量。同时，虚拟仿真和数字孪生技术将加速产品设计和生产过程的优化，减少原型制作和测试的成本，缩短上市时间。数控系统也将更加网络化，实现远程监控和管理，提高生产过程的可靠性和稳定性。面对市场趋向于个性化和定制化的需求，数控系统将具备更高的灵活性，快速适应不同的生产需求。此外，为了更好地应对环境可持续性的关切，数控系统将更注重节能和资源利用效率，减少对环境的不良影响。技术更新和培训也将成为制造企业不可忽视的任务，以确保工作人员具备适应新技术和工艺的能力。总之，数控系统技术将继续引领制造业的发展，助力实现高效、可持续和个性化的生产，制造企业需要积极采纳新技术，以满足市场需求并保持竞争力。在数字化时代，数控系统将持续推动制造业的发展。

## 参考文献


[1] Khalid A, Darmansyah D, Barry A, et al. Pelatihan pemprograman mesin CNC turning berbasis software mastercam bagi siswa SMKN 5 jurusan teknik mesin di kota banjarmasin[J]. Jurnal Impact: Implementation and Action, 2021, 3(1).

[2] Hicks B, Mullineux G, Matthews J, et al. Towards an integrated CAD/CAM process for the production of forming shoulders with exact geometry[J]. Proceedings of the Institution of Mechanical Engineers, Part B: Journal of Engineering Manufacture, 2007, 221(10): 1521-1531.

[3] Holechek J, Geli H, Sawalhah M, et al. A global assessment: can renewable energy replace fossil fuels by 2050? [J]. Sustainability, 2022, 14(8): 4792.

[4] Stein E J D, Kai E K, Foad J, et al. Estimation of the global prevalence of dementia in 2019 and forecasted prevalence in 2050: an analysis for the Global Burden of Disease Study 2019 [J]. The Lancet Public Health, 2022, 7(1): e72-e81.

[5] Noble D F. Forces of production: a social history of industrial automation [M]. New York: Knopf, 1984.

[6] Tache A, Huys S E F, Mommaerts M. CAD/CAM Arch Bars: A Technical Note [J]. 2021.

[7] Fieldhouse S. CAD/CAM in dentistry. Materials and methods: an overview for the dental team [J]. Dental Update, 2021, 48(8): 671.

[8] Markarian R, Vasconcelos E, Kim J H, et al. Effect of different milling devices on marginal fit of CAD/CAM zirconia

copings on implant stock abutments [J]. International Journal of Prosthodontics, 2021.

[9] Jain S, Sayed M, Shetty M S, et al. Physical and mechanical properties of 3D-printed provisional crowns and fixed dental prosthesis resins compared to CAD/CAM milled and conventional provisional resins: a systematic review and meta-analysis [J]. Polymers, 2022, 14(13): 2691.

[10] Marchesi G, Piloni A C, Nicolin V, et al. Chairside CAD/CAM materials: current trends of clinical uses [J]. Biology, 2021, 10(11): 1170.

[11] Wu Z, Song S, Khosla A, et al. 3D ShapeNets: a deep representation for volumetric shapes [J]. Proceedings of the IEEE Conference on Computer Vision and Pattern Recognition (CVPR), 20157298801.

[12] Çiçek Ö, Abdulkadir A, Lienkamp S, et al. 3D U-Net: learning dense volumetric segmentation from sparse annotation [J]. Medical Image Computing and Computer-Assisted Intervention (MICCAI), 201646723-8.

[13] Fang H, Guo J, Wu H. Wearable triboelectric devices for haptic perception and VR/AR applications [J]. Nano Energy, 2022: 107112.

[14] Zhang Y, Liang B, Chen B, et al. Force-aware interface via electromyography for natural VR/AR interaction [J]. Proceedings of the ACM on Human-Computer Interaction, 2022: 3555461.

[15] Lee K, Oh S. The users' intention to participate in a VR/AR sports experience by applying the extended technology acceptance model (ETAM) [J]. Healthcare, 2022, 10(6): 1117.

[16] Gołebski R, Boral P. Study of machining of gears with regular and modified outline using CNC machine tools[J]. Materials, 2021, 14(11): 2913.

本章负责人　　于海斌　中国科学院沈阳自动化研究所

参加编写人员　彭　慧　李　栋

# 第2章　车辆驾驶自动化

## 2.1　车辆驾驶自动化行业背景简介

### 2.1.1　数字交通背景下的车辆智能网联化

随着数字技术的飞速发展和城市化进程的加速推进，交通系统也正经历着前所未有的变革。数字交通作为一种综合信息技术、通信技术和智能系统的交通管理和运行方式，是数字化趋势的一个重要分支，旨在提高交通系统的效率、安全性和可持续性，同时为出行者提供更多便利和选择。数字交通背景下的车辆智能网联化正成为未来交通系统的关键发展方向。车辆智能网联化是数字交通的一个重要组成部分，将车辆与数字交通系统相连，并通过互联技术实现车辆之间、车辆与基础设施之间以及车辆与交通管理中心之间的实时通信。这一技术的发展通过实时通信提高了交通系统的整体效率和安全性。

数字交通下的车辆智能网联化将对社会、经济和环境产生深远的影响。第一，车辆智能网联化将显著提高交通安全性。通过实时监测道路状况、交通流量和其他车辆的动态信息，车辆可以避免潜在的危险情况，采取相应措施，减少交通事故的发生。自动驾驶技术的应用还能够减少人为驾驶错误，进一步提高安全性。第二，车辆智能网联化有望优化交通流动性，减少交通拥堵。车辆之间的实时通信可以协同行动，提高道路容量的利用率。交通管理中心可以根据实时数据进行交通调度，缓解拥堵，提高道路通行效率。第三，车辆智能网联化有助于减少环境影响。更高效的交通流动性可以减少交通排放，改善空气质量。此外，自动驾驶技术可以提高燃油效率，减少排放，有助于应对气候变化挑战。最后，车辆智能网联化将提高出行便利性，驾驶员可以享受更多的自动化和智能化功能，减轻驾驶负担，提高出行舒适性。出行者可以通过智能手机应用程序获取实时交通信息、路线建议和停车信息，使出行更加便捷。

然而，要实现数字交通背景下的车辆智能网联化，还需要克服一系列挑战，包括隐私和安全问题、技术标准和互操作性问题、法律和法规问题，以及投资和基础设施建设问题。要解决上述问题，需要从系统协同的角度重构车辆、交通基础设施、通信技术、计算服务等智能网联汽车产业核心领域之间的技术链与价值链，形成以车路业务实时融合计算为主要技术特征，以数据安全开放、可靠共享为主要价值特征的整体系统架构，促进智能网联汽车与交通系统的协同发展。

综上所述，数字交通背景下的车辆智能网联化是交通领域的一项重要趋势，其引发的深刻变革将影响社会、经济和环境。这一领域的研究和发展将不仅推动交通领域的技术创新，还有助于满足不断增长的城市交通需求，为未来的交通系统带来巨大的变革和机遇。在这个过程中，政府、产业界和学术界需要密切合作，制定合适的政策和法规，推动车辆智能网联化的发展，以实现更安全、高效和可持续的数字交通系统。

### 2.1.2 车辆驾驶自动化的发展与技术分级

车辆驾驶自动化从最初的概念到如今的商业化应用，经历了多次突破，不断改变着我们的道路出行方式。早在20世纪初，人们就开始设想能够实现汽车自动驾驶。然而由于技术水平限制，只进行了基本尝试，如巡航控制系统。2004年，美国国防高级研究计划局（DARPA）的自动驾驶挑战赛引发了全球关注。斯坦福大学的自动驾驶汽车“Stanley”在DARPA挑战赛中脱颖而出，成功完成了长途自动驾驶任务，标志着自动驾驶技术进入了新阶段。2010年，谷歌启动自动驾驶汽车项目，将自动驾驶技术商业化。同一时期，其他科技公司和汽车制造商也开始投资，积极研发自动驾驶技术。一些制造商开始推出配备高级驾驶辅助系统的汽车，如自动泊车、高速公路驾驶辅助和拥堵驾驶辅助。特斯拉的Autopilot系统成为其中的先锋，允许车辆在高速公路上实现部分自动驾驶。此外，自动驾驶出租车和无人送货车等商业化应用也开始崭露头角，这些应用对于改善城市交通和物流领域具有潜在的重大影响。车辆驾驶自动化有望在未来改善交通安全、减少交通拥堵，以及提高出行效率。

根据车辆驾驶自动化历程，SAE J3016将自动驾驶技术级别分为L0～L5。L0无自动化：车辆没有自动化驾驶功能，驾驶员完全负责车辆的控制，没有任何自动驾驶辅助功能。L1驾驶员辅助：只有某些自动化功能，如巡航控制，但驾驶员需要时刻监控车辆和环境，并随时准备介入。L2部分自动化：车辆可以同时控制加速、制动和方向，但驾驶员仍然需要保持警惕，准备随时接管控制。L3条件自动化：允许车辆在特定条件下完全控制，驾驶员不需要持续监控，但必须随时准备接管控制，包括城市交通中的自动驾驶出租车或特定高速公路条件下的自动驾驶。L4高度自动化：车辆可以在特定环境或条件下实现完全自动化，驾驶员只需在需要时介入。L5完全自动化：车辆可以在任何情况下都能实现完全自动化，无须驾驶员介入。

车路云协同自动驾驶系统包括协同感知、协同决策、协同控制。按不同等级逐个突破，最终实现一体化。主要包括以下3级车路云协同发展等级。等级Ⅰ：以协同感知为主，车路云协同感知，车-车、车-路、车-云、路-云等进行信息交互共享，实现车辆与道路、云控平台的信息交互共享。等级Ⅱ：以协同决策为主，在等级Ⅰ的基础上，协同完成数据融合、状态预测和行为决策。等级Ⅲ：以协同控制为主，在等级Ⅰ和Ⅱ的基础上，协同完成感知、预测、决策和协同控制功能，车辆和道路实现全面协同，支持全天候、全路网、全光照的自动驾驶。

## 2.2 车辆驾驶自动化关键技术的发展现状

### 2.2.1 环境感知研究进展

目前，车辆驾驶自动化水平主要涉及环境感知、智能决策以及规划控制三个层次的关键技术。其中，环境感知作为智能决策和规划控制的上游任务，在自动驾驶整个流程中起着举足轻重的作用。自动驾驶车辆的感知系统可以按照感知的层次分为环境感知、车身感知以及网联感知三个部分。环境感知作为自动驾驶汽车感知系统的一部分，其主要负责对车辆周边环境进行感知，目的是让车辆能够检测到周边环境中诸多移动和静止的障碍物（比如车辆、行人、建筑物等），以及收集道路上的各种信息（比如可行驶区域、车道线、交通标志、红绿灯等），从而为自动驾驶系统下游的规划控制任务提供足够精确且丰富的信息。

环境感知主要包括两个部分：传感器硬件和感知算法。目前应用于自动驾驶汽车环境感知的传感器硬件主要有视觉传感器（车载相机）、雷达两大类，如图2-2-1所示。车载相机又可以分为单目相机、单目结构光深度相机、双目深度相机、三目相机、TOF深度相机以及事件相机等诸多功能和成本不尽相同的类别。雷达相比于视觉传感器受外界影响较小，按照使用电磁波的不同可分为超声波雷达、毫米波雷达以及激光雷达。以上所述环境感知相关传感器所获得的数据均有自己的特点，如何分析传感器的数据得到可靠的环境感知结果，如何应用多种传感器的数据达到更准确、更详细的效果，是感知算法要解决的问题，也是环境感知技术的焦点。

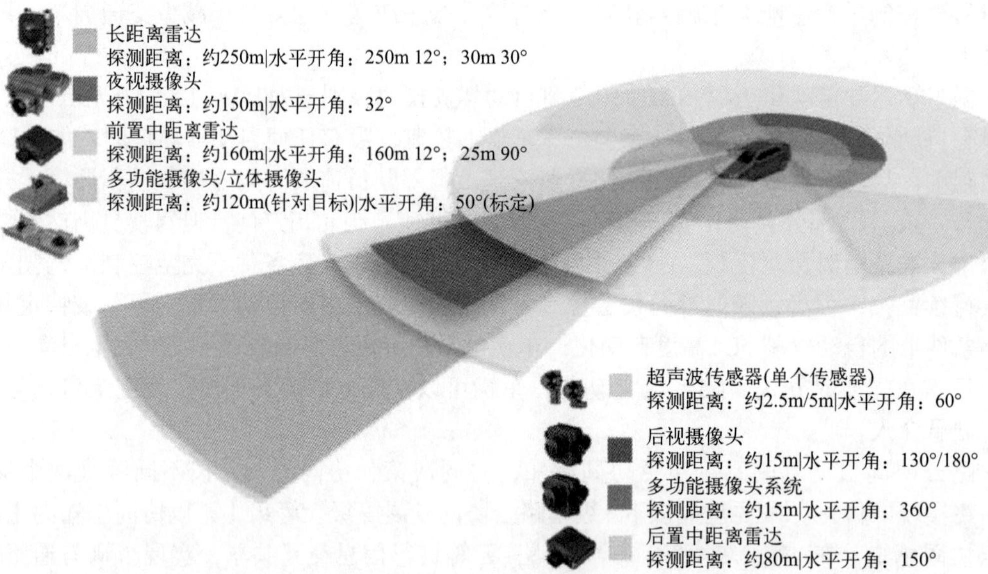


图 2-2-1　环境感知系统的常见传感器组成和其大致的感知范围

目前环境感知算法按照任务可以分为目标检测跟踪和语义分割两类，前者得到的是场景中重要信息的稀疏表示，后者则是获得场景中各个位置的稠密信息。倘若两者结合，便可以称为全景分割，这也是目前提出的较新概念。对于物体目标（比如车辆、行人），全景分割输出其分割Mask、类别和实例ID；对于非物体目标（比如道路、建筑物），则只输出其分割Mask和类别。

按照使用传感器的数量和类别，感知算法又可以分为单一传感器算法和多传感器融合算法。在目标检测和语义分割中，目前应用最多的是单一传感器感知算法。得益于计算机视觉的进步，最先应用的便是单图像物体检测算法，常见的经典算法包括单阶段的检测算法，如YOLO、SSD算法，以及双阶段的检测算法（见图2-2-2和图2-2-3），如R-CNN系算法（R-CNN、Fast R-CNN、Faster R-CNN）等，后续随着车载相机硬件的发展，逐步引入了三维信息和融合时序技术。在语义分割方面，常见的算法有FCN、U-Net以及SegNet、DeepLab等算法。在这一方面，雷达由于其相对于相机具有更强的抗干扰性和数据稀疏性，也逐渐诞生了基于点云的物体检测和语义分割算法，前者输出点云物体的三维边框，后者输出点云区域的语义类别。随着深度学习技术的发展，单一传感器的感知效果越来越好，但是囿于不同传感器本身特性的限制、车辆驾驶条件的复杂性，单一传感器当前无法满足车辆自动驾驶对于安全性、稳定性的要求。因此，车辆自动驾驶需要冗余多维的感知信息，这对传感器的融合算法提出了要求：传感器融合算法需要处理所有的输入，并产生具有高度准确性和可靠性的输出，即使在个别测量不可靠的情况下。

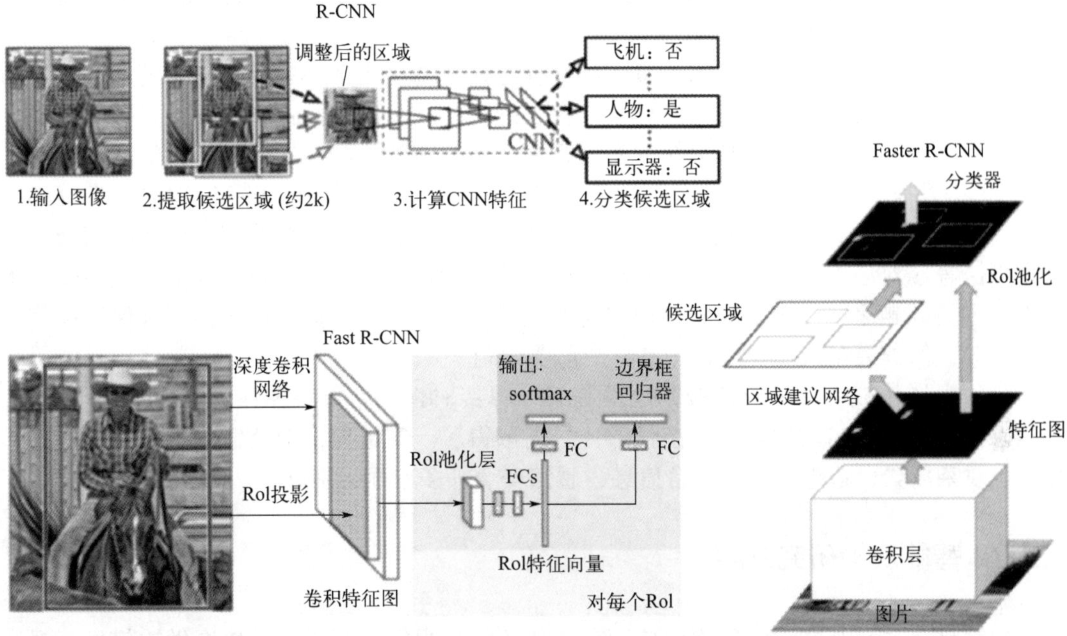


图 2-2-2　双阶段检测算法

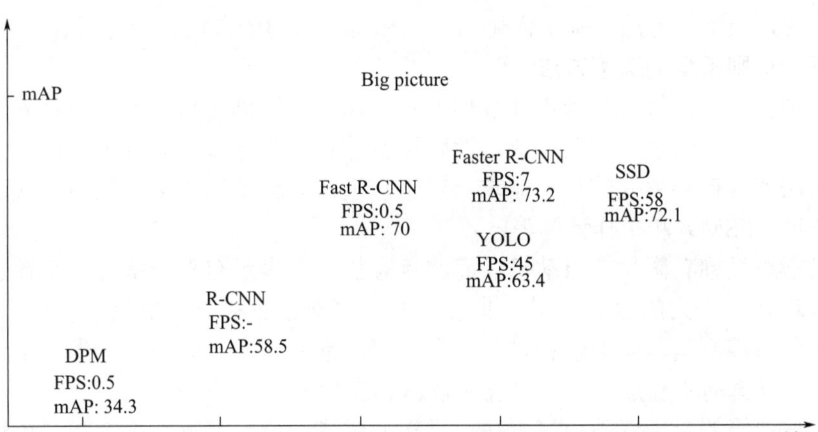


图 2-2-3　目标检测算法对比

一般来讲，车载相机是必不可少的传感器。可以增加车载相机的数量和类型，比如使用单目、双目、深度相机等，获取更广阔范围内的信息；也可以将车载相机和雷达融合，采用信息融合技术，输出感知结果，该融合算法可以在不同传感器获取结果后进行，也可以在感知过程中进行。对于多传感器融合技术，硬件是基础，算法是核心。目前多传感器融合的方法大致可以分为两类，一类是基于传统理论的贝叶斯准则法、卡尔曼滤波法、D-S（Dempster-Shafer）证据理论法等；另一类则是深度学习算法，随着Transformer在计算机视觉中的成功，基于Transformer架构的模型层出不穷。尽管当前车辆自动驾驶的环境感知技术正在蓬勃发展，在一般的驾驶场景中都有不错的表现，但目前仍然存在着诸多挑战。首先，传感器本身存在的误差和不确定性，传感器在实际使用中可能会受到各种环境因素的干扰和影响，例如天气、光照、电磁干扰等，这些都可能导致传感器数据的不准确性和不可靠性，因此开发具有更强抗干扰能力的传感器硬件是环境感知技术突破的基础。

此外，复杂多变、动态边缘场景下的环境感知能力是当前环境感知技术的瓶颈。复杂的道路环境、恶劣的天气以及驾驶场景中存在的非结构化的特异性物体等因素会导致环境的不可完全观测性，这给感知算法的发展带来了进一步的挑战，比如，行人的运动意图突然转变、“鬼探头”等突变场景，高速驾驶场景存在的与车辆驾驶无关的物体信息等都有可能使得感知算法失效。因此，需要开发更加高效、鲁棒的感知算法和多模态的高精感知融合算法等应对该挑战。最后，环境感知信息的安全性和隐私保护也是当前环境感知技术面临的主要问题之一。车辆驾驶自动化需要大量的环境感知数据支持，如何确保这些信息不被篡改，保护乘车人的安全性也是一个重要话题。

除了上述挑战，环境感知技术还面临着计算实时性、结果鲁棒性等诸多问题。总之，环境感知作为汽车自动驾驶的上游任务，目前取得了一定成果，但还需要进一步发展，从而克服复杂场景、边缘计算、融合信息、感知安全等多方面的困难。

### 2.2.2 智能决策研究进展

决策是自动驾驶技术的重要组成部分。决策模块根据环境感知模块提供的信息，规划出合适的驾驶行为，并将其发送给运动控制模块，实现驾驶目的。目前主流的决策方法主要包括基于规则模型的方法、基于优化的方法和基于学习的方法三个方面。

**（1）基于规则模型的决策方法**

基于规则模型的决策方法利用驾驶规则和专家知识来确定最优的逻辑行为，这种方法通过分析人类在开车过程中的实际决策逻辑以及动作行为方式，人为进行规则的提取和设计，设计算法实现自动驾驶的决策需求。对于基于规则模型的决策方法，其代表性方法包括有限状态机（FSM）和采样计算等。

有限状态机又称有限状态自动机，简称状态机，是表示有限个状态以及在这些状态之间的转移和动作等行为的数学模型。北京理工大学宋威龙利用有限状态机进行横向决策，同时利用部分可观测马尔可夫过程进行纵向决策，前者确定了有限个行为决策，而后者考虑了交互对象意图的不确定性，并生成加减速决策指令。

基于采样计算的自动驾驶决策方法，是指通过碰撞检测的解算来判断某个决策行为的安全程度，并结合更多评价指标来指导自动驾驶汽车的进一步动作。Huang等提出了一种新型的决策方法，其特点是将自我车辆与周围车辆之间的相互作用应用动态势场表示，并嵌入间隙接受模型中，以保证驾驶过程中的安全性和个性化。

基于规则的方法可靠且易于解释。对于简单的驾驶任务，如高速公路或固定路线，它可以通过手工设计的规则实现较高的安全性。但是，基于规则模型的方法依赖大量专家知识，需要人工设计大量有效的状态和逻辑，在进行扩展时有可能出现规则的冲突，因此，在复杂多变的实际交通情况下，基于规则模型的方法具有一定局限性。

**（2）基于优化的决策方法**

基于优化的方法是指将自动驾驶决策控制抽象为一个最优化问题并进行求解，以找到在某个优化目标下的最优行为。Ulfsjöö等提出了考虑不确定性的规划决策算法，该方法将可观察马尔可夫决策过程（POMDP）与情景模型预测控制（SCMPC）紧密结合，实现了高速公路场景下的安全高效行驶。

基于优化的决策控制方法可以针对多类场景进行设计，具有一定条件下的最优性，但是这类方法存在优化问题难以构建、求解成本高、计算复杂度大的问题，制约了其在自动驾驶决策控制算法中的应用。

**（3）基于学习的决策方法**

近年来，随着人工智能技术的不断发展，基于学习方法的自动驾驶决策方法的研究也越来越多。主流的基于学习的自动驾驶决策控制方法可分为基于模仿学习的决策控制方法和基于强化学习的决策控制方法两类。

模仿学习是机器学习的重要分支之一，旨在模仿给定任务中的人类行为，通过利用专家演示的数据集来训练智能体以学习观察和动作之间的映射关系，即模仿专家的行为和意图，从而适应所处的交互环境。被应用于自动驾驶决策控制的模仿学习方法主要有四种:行为克隆方法、数据集聚合方法、逆强化学习方法和生成对抗模仿学习方法。但是，由于模仿学习方法依赖于标签信息和专家数据，因此在所有可能环境中收集数据是不切实际的，这直接限制了算法的性能提升。

强化学习是机器学习领域之一，受到行为心理学的启发，主要关注智能体如何在环境中采取不同的行动，以最大限度地提高累积奖励。由于智能体与环境的交互方式和人类与环境的交互方式类似，且可以通过数据实现自进化和自学习，具有很大的优势与潜力，近年来出现很多基于强化学习的自动驾驶决策控制方法研究。其中，一些研究发现，将深度学习的学习能力与强化学习的决策能力相结合，可以实现优势互补，为复杂系统的感知决策问题提供解决思路，此即深度强化学习。Li等提出了一种基于深度强化学习的换道决策框架，其目标为实现具有风险意识且预期风险最小的自动驾驶决策策略。结果表明，该方法能够生成鲁棒的安全驾驶策略，并取得比以往方法更好的驾驶性能。

从已有研究现状中可以看到，强化学习算法在自动驾驶决策控制系统的研究中发挥着重要作用，取得了很好的效果。然而，由于强化学习算法自身所具有的问题，限制了其在自动驾驶算法开发过程中的应用与落地。例如，目前基于强化学习的自动驾驶决策控制方法多在仿真环境下进行训练和验证，需要研究如何在实车环境下进行强化学习算法训练，以提高自动驾驶决策控制系统在真实交通环境下的性能。此外，由于强化学习的试错机制，其在学习过程中缺乏安全保证，需要研究可保障安全性的强化学习算法，以满足自动驾驶落地应用的前提需求。

### 2.2.3 规划控制研究进展

当前主流的自动驾驶解决方案包括模块化方法和端到端方法。模块化的自动驾驶系统通常由感知、决策、规划和控制等独立而又相互关联的模块组成，其规划模块主要包括全局规划和局部规划。全局路径规划根据已有的地图信息为基础进行路径规划，寻找一条从起点到目标点的最优路径，规划出的路径可以作为局部路径规划的先决条件，生成短期轨迹。

**（1）全局规划方法**

目前全局轨迹规划算法主要有基于图搜索、基于采样、基于人工势场以及基于仿生思想的规划方法等。

① 基于图搜索的规划方法。Dijkstra 算法是一种经典的基于图搜索的方法，其原理是按照路径长度逐点增长的方法构造一棵路径树，从而得出从该树的根节点到其他所有节点的最短路径。这是一种广度优先的贪心算法，当需要扩大搜索范围或者进行更精细的规划时，算法的总搜索量也会随之增加，使得最优路径的求解时间急剧增长。

A* 算法是道路级规划任务中的一种著名算法，在Dijkstra 算法的基础上引入了启发式函数的优点，简化了搜索空间，提高了算法的实时性。启发函数是一个用于估计从当前节点到目标节点距离的估计函数，调节启发函数可以直接影响算法的搜索效率和精确度，因而启发函数的设计对A* 算法非常重要。

D* 算法与A* 算法类似，也是一种启发式的路径搜索方法，但D* 算法是反向搜索，即从目标节点开始寻找最短路径。D* 算法可以利用之前计算过的信息来更新当前状态，并且可以快速处理障碍物或者变化情况，适合面对周围环境未知或者周围环境存在动态变化的场景。

② 基于采样的规划方法。基于采样的方法将随机思想引入轨迹规划，以概率完备性代替解析完备性，如果规划地图中存在最优路径，那么当采样次数足够多时，总能找到最优解。最经典的基于采样的方法主要有概率路图（Probabilistic Road Map，PRM）法和快速探索随机树（Rapidly Exploring Random Tree，RRT）。

PRM 主要包含三个阶段，一是采样阶段，二是碰撞检测阶段，三是搜索阶段。该算法原理简单、容易实现，只需要调整参数即可实现不同场景的路径规划，且不需要对环境中的障碍物进行精确建模，在高维空间和动态环境中的路径规划有很大优势。

RRT 是一种多维空间中有效率的规划方法。它以一个初始点作为根节点，通过随机采样增加叶子节点的方式，生成一个随机扩展树，当随机树中的叶子节点包含了目标点或进入了目标区域，便可以在随机树中找到一条由从初始点到目标点的路径。相比于PRM，RRT 不需要搜索步骤，效率更高，搜索终点的目的性更强。但是RRT 作为一种纯粹的随机搜索算法，对环境类型不敏感，当地图空间中存在狭窄通道时，因被采样的概率低，导致算法的收敛速度慢，效率会大幅下降。

③ 基于人工势场的规划方法。人工势场法假设障碍物产生斥力，目标位置产生引力，从而可以沿着势场的最速梯度下降去做出决策。该方法的一个关键问题在于如何选择合适的势场函数。在简单场景下，人工势场法具有较高的求解效率，但其存在的最大问题是可能陷入局部最小值，无法得到最优路径，甚至存在无解的情况。

④ 基于仿生思想的规划方法。蚁群算法是一种根据蚁群的觅食行为提出的经典仿生算法。蚂蚁在寻找食物源时会在其经过的路径上释放一种信息素，并能够感知其他蚂蚁释放的信息素。信息素浓度的大小表征路径的远近，信息素浓度越高，表示对应的路径距离越短。

**（2）局部规划方法**

局部路径规划主要有基于曲线拟合的算法和基于数值优化的算法。曲线拟合的方法综合考虑车辆的动力学特性等约束条件，常见的有贝塞尔曲线、多项式曲线、B 样条曲线等。基于参数化曲线来描述轨迹比较直观，可以更加准确地描述车辆所需满足的道路条件，规划出的轨迹具有平滑、曲率变化连续且可进行约束的特点。缺点在于计算量较大、实时性不足。基于数值优化的算法中非常经典的是百度Apollo的EM Planner和Lattice Planner

规划器，图2-2-4中展示了EM Planner的方法架构。对于路径和速度优化，EM Planner基于期望最大化方法提出了一种由动态规划和二次规划组合构造的可扩展且易于微调的框架。Lattice Planner算法的输出轨迹将直接输入控制器，由控制器完成对局部轨迹的跟踪控制。因此，它输出的轨迹是一条光滑无碰撞满足车辆运动学约束和速度约束的局部轨迹，和EM Planner在设计上最大的区别在于，Lattice Planner是横向、纵向综合求解的，而EM Planner是分开求解的。

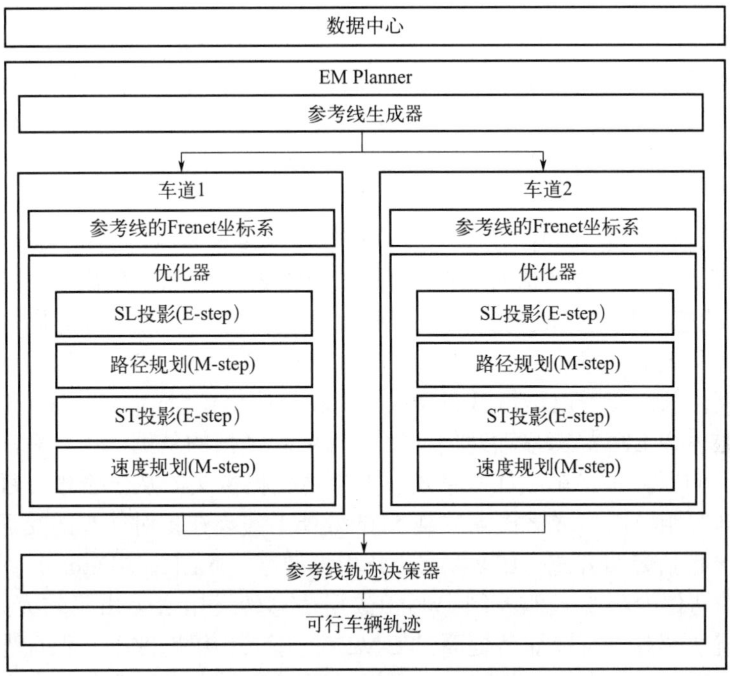


图2-2-4　EM Planner架构图

**（3）轨迹跟踪控制方法**

规划得到全局路径以及短期的局部轨迹之后，需要控制车辆进行轨迹跟踪，目前领域内主要运用到的算法包括LQR控制器、MPC控制器、PID控制、滑模控制、自适应控制、模糊控制理论、Stanley前馈控制器等。LQR即线性二次调节器，作为一种最优控制器，通过设计出的状态反馈控制器K使得二次型目标函数$J$取得最小值，从而达到最优控制的目的。MPC控制是一种基于模型的预测控制算法。它通过使用车辆动力学模型等信息，对车辆的未来行为进行预测，并根据预测结果调整控制量，以实现良好的轨迹跟踪和稳定性，相比于传统的PID控制算法，MPC控制具有更强的应对复杂性和非线性的能力，在自动驾驶系统中发挥着重要的作用。

## 2.3　车辆驾驶自动化关键新技术与新方法

### 2.3.1　车－路－云通信技术

随着自动驾驶技术的不断演进，车辆之间、车辆与基础设施以及车辆与云平台之间的高效通信变得愈发重要。车用互联通信技术是将车辆与一切事物相连接的新一代信息通信技术，能够实现车-车、车-路侧基础设施、车-人、车-云平台等全方位的连接和信息交互。智能网联汽车结合C-V2X网络与道路、路侧设施、智能网联汽车云有机结合形成新型车路云融合系统。

在车-路-云通信中，标准通信协议在沟通不同实体之间起到了桥梁作用，如车辆与基础设施之间的通信。应用协议则定义了具体的数据交换方式，确保信息的一致性和正确性。例如，V2X通信使用的协议包括专用短程通信技术（DSRC）和C-V2X。在智能网联汽车V2X通信系统中，每辆车定期广播其链路状态消息，产生的流量与运行车辆成正比，当车辆流量密度增加时，易导致车辆局部V2X通信失败。在V2X通信技术中应聚焦无线网络流量之间的控制研究，对各个运行环境的流量进行调节和动态更新，可便于缓解V2X信道之间的流量阻塞。具体而言，目前主流的通信技术有DSRC、LTE-V2X、5G-V2X等。

专用短程通信技术是一种高效的无线通信技术，基于802.11P标准，可提供高速的数据传输，并保证通信链路的低延时和低干扰。DSRC系统包含了车载装置（OBU）和路侧装置（RSU），能够在特定区域内实现对高速移动目标的识别和双向通信。通过实时准确传输图像、语音和数据信息，DSRC技术支持车辆与车辆（V2V）、车辆与基础设施（V2I）之间的高效交互，从而实现道路信息的高效协同和整体化管理。

LTE-V2X技术以LTE蜂窝移动通信网络作为V2X通信的基础，主要解决交通实体之间的“共享传感”问题，可将车载探测系统（如雷达、摄像头）从数十米、视距范围扩展到数百米以上、非视距范围，成倍提高车载AI的效能，实现在相对简单的交通场景下的辅助驾驶。LTE-V2X包括蜂窝方式（LTE-V-Cell）和直通方式（LTE-V-Direct）两种技术。LTE-V-Cell以通信基站作为集中式的控制中心和数据信息转发中心，由基站完成集中式调度、拥塞控制和干扰协调等，可以显著提高LTE-V2X的接入和组网效率，保证业务的连续性和可靠性。LTE-V-Direct针对道路安全业务的低时延高可靠传输要求、节点高速运动、隐藏终端等挑战，进行了资源分配机制增强。LTE-V-Direct可以独立于蜂窝网络，实现车辆与周边环境节点低时延、高可靠的直接通信，满足行车安全需求。

5G（也就是第五代通信技术）是最新一代蜂窝移动通信技术，是继4G、3G和2G系统之后的技术延伸。5G的优势体现在高速率、低延时及海量链接等多个方面。5G-V2X虽然并不能由LTE-V2X平滑演进而来，但是LTE-V2X的快速发展可以为5G-V2X通信奠定一定的技术基础。5G采用非正交多址介入技术，干扰低、高速运动下传输效率高且能被多用户共享。同时它采用高频段运输，可用频谱丰富，延迟几乎可以忽略，以低成本、高效率地实现车联网信息交互，而且基于大数据量实时传输能力，可能实现近零成本的更高效率，从而改变整个V2X技术的格局。

对这三种通信技术的抉择，应综合考虑其通信可靠性、部署成本、持续演进性、自主知识产权、信息安全等多方面因素，需要根据不同的场景进行灵活应用。

**（1）云平台架构与大数据处理**

云平台架构与大数据处理在车-路-云通信中扮演着不可或缺的角色。云平台的强大计算和存储能力，以及大数据处理的智能方法，共同构成了车辆感知数据和交通信息的核心引擎，从而驱动了自动驾驶技术的不断创新和提升。

云控系统是一个复杂的信息物理系统，其架构主要包括云控基础平台、云控应用平台、路侧基础设施、联网式智能汽车与其他交通参与者、通信网络以及行业相关支撑平台等六个主要部分。云控系统通过逻辑协同和物理分散的云控基础平台，以及采用标准统一、开放共享的数据交互方式，实现了车辆和其他交通参与者信息的采集与处理，同时与其他行业服务和管理平台进行信息交互，实现对车辆和交通系统的多维跨领域数据协同。基于实际应用的特征，云控基础平台的整体架构分为三级云平台，即边缘云、区域云和中心云，以满足不同范围的服务需求，从而在确保实时性和服务范围的同时，实现高效性和经济性的基础设施建设。

边缘云是云控基础平台中最靠近车辆和道路的一层环境。针对不同道路区域的需求，例如城市和城际道路（如高速公路），在合适的位置部署边缘云，每个边缘云负责特定区域内的道路上动态交通数据的采集与计算，为网联汽车提供实时性和弱实时性的云控应用基础服务，通过大数据处理技术，将海量的原始数据转化为有用信息，为驾驶决策和交通优化提供支持。这一层的架构框架旨在为车辆提供即时的交通数据支持，以提升安全性和能效。

区域云是多个边缘云的集聚点，主要为区域级交通监管、交通执法以及域内车辆提供基础服务。针对不同城市的规模，可以建设一个或多个区域云。区域云的组成包括基础设施和虚拟化管理平台、区域云接入网关、计算引擎和存储分析引擎、区域云领域特定标准件和标准化分级共享接口。区域云将通过大数据处理技术分析和挖掘车辆行驶数据、交通状况等信息，为交通管理部门提供决策支持和优化方案。这一层的架构框架旨在为交通运输和管理部门提供弱实时性或非实时性的基础服务。

中心云面向国家与行业管理部门、车辆设计与生产企业、交通相关企业以及科研单位，基于多个区域云数据的集成，为其提供多维度宏观交通数据分析的基础数据与数据增值服务。中心云将通过大数据处理技术，对全国范围内的交通数据进行深入分析，挖掘潜在的趋势和规律，为决策者提供更全面的信息支持。其组成部分包括基础设施和虚拟化管理平台、中心云接入网关、计算引擎和数据仓库与大数据分析引擎、中心云领域特定标准件和标准化分级共享接口。这一层的架构框架旨在为国家和行业提供全面的交通数据支持。

**（2）数据安全与隐私保护**

在自动驾驶中对安全可靠的通信有很高的要求，隐私和安全是自动驾驶汽车的关键问题，通信网络受到攻击可能导致致命事故。

联网自动驾驶车辆（Connected Autonomous Vehicles，CAVs）是未来5G车辆网络的重要应用，在改善机动性、增加舒适性和解决交通的社会环境成本方面具有至关重要的作用。这些车载网络可以实现彼此之间或与基础设施之间的通信，利用安全应用协议来提高道路安全性，提供新的视野和范围，从而可以通过车对车以及车对基础设施之间的通信提供定量和定性信息共享。

自动驾驶车辆将不断与其他车辆和基础设施共享信息，在受到攻击的情况下，攻击者可以窃听车辆之间共享的敏感信息，道路安全信息服务器在接收到这些信息后，会对车辆网络进行全面监测，并将特定的警告和通知发送给可能处于危险情况的车辆。在这种情况下，攻击者对这些信息的微小改变可能会产生连锁反应，导致致命事故。

为了防止数据隐私泄露，需要对通信信息进行加密。加密是将明文数据转换为称为密文数据的形式的过程，这样入侵者就无法访问原始信息。解密是加密的反向过程，将密文消息转换回原始数据。在过去的二十年里，混沌和密码学之间的紧密关系已经被证明，混沌映射产生的随机输出对初始条件（关键参数）高度敏感。如果初始条件未知，明文的解密是不可行的。只有拥有密钥的授权人员才能解密原始数据。混沌映射由于其初始参数的敏感性和轻量化的特性，被广泛应用于敏感信息的实时加密。由于其较低的计算时间成本和对攻击的鲁棒性，这种轻量级混沌加密有助于CAV网络中的低延迟通信。在保障车-路-云通信技术的数据安全与隐私方面，综合应用加密技术、混沌映射以及安全应用协议，为自动驾驶车辆提供了双重保护。这种综合性的安全措施可以有效抵御恶意攻击，确保车辆间通信的机密性和完整性，最终提高整体交通系统的安全性。

总而言之，随着自动驾驶技术的发展，保障车-路-云通信技术的数据安全与隐私保护不仅是技术创新的关键，更是社会安全的重要保障。通过应用加密、混沌映射和安全应用协议等技术手段，构建更加安全可靠的自动驾驶生态，确保车辆网络的抗攻击性，为未来智能出行提供可信的基础。

## 2.3.2 车－路－云协同控制技术

**（1）车－路－云协同控制的基本概念**

① 车-路-云一体化系统概述。车-路-云一体化系统（Vehicle-Road-Cloud Integrated System, VRCIS）是通过新一代信息与通信技术将人、车、路、云的物理空间、信息空间融合为一体，基于系统协同感知、决策与控制，实现智能网联汽车交通系统安全、节能、舒适及高效运行的信息物理系统（Cyber-Physical Systems，CPS）。车-路-云一体化系统也可称为车-路-云一体化融合控制系统/智能网联汽车云控系统，它是对已形成行业共识的智能网联汽车产业发展中国方案的简洁描述。

车-路-云一体化系统是由车辆及其他交通参与者、路侧基础设施、云控平台、相关支撑平台、通信网等部分组成的一个复杂大系统。

车-路-云一体化系统的应用实施将消除交通管理与车辆管理之间的信息孤岛效应，提高道路基础设施利用率，增强交通管理和优化水平，提升道路通行效率，减少交通安全事故，降低能耗与污染物排放，推进我国智能汽车-智能交通-智慧城市融合发展新模式的应用实践。同时，车-路-云一体化系统的建设过程将通过促进汽车、交通、通信、云计算等多行业的跨域融合和协同发展，形成综合性高新技术产业集群效应，为我国经济发展提供新的增长点，实现产业数字化转型模式的快速创新和迭代升级。

② 车-路-云一体化系统组成。车辆及其他交通参与者是动态交通环境的重要组成部分，通过无线通信网络或/和利用路侧基础设施向云控基础平台提供其运行动态信息，同时网联汽车及其驾驶人可接收来自云控应用的服务。车辆包含具有自动驾驶能力及车-路、车-云网联化能力的智能网联汽车，不具备自动驾驶能力但具备车-路、车-云联网能力的网联汽车，以及非网联汽车。车辆可通过车载终端或移动终端向路侧和/或云控基础平台提供自身行驶动态信息，接收来自路侧和/或云控基础平台提供的感知、决策甚至控制能力服务。其他交通参与者是指参与并且会影响车辆行驶安全、效率等的其他对象，如道路上的非网联汽车、非机动车、行人、动物、道路遗撒物等，其他交通参与者的动态信息可通过路侧感知设备或其他智能网联汽车进行感知并传送至云控基础平台。

路侧基础设施为云控基础平台采集来自车辆、道路以及其他交通相关系统的动态交通数据，并向车辆及交通参与者提供来自系统的交通相关信息。典型路侧基础设施包括路侧感知设备（摄像机、毫米波雷达、激光雷达、气象传感器等）、路侧单元（RSU）、交通信息化设备（信号灯、情报板等）和路侧计算单元等，实现环境感知、局部辅助定位、交通信号及交通通告信息实时获取，保障前述信息在车-路-云之间互联互通，保障交通相关通告信息在情报板上及时展示。

云控平台是产业车-路-云一体化发展理念在各地实践过程中进行信息化建设的系列平台的总称。它是包含“1”个云控基础平台与“N”个由云控基础平台所支撑的云控应用平台的“1+N”拓扑结构。云控应用分为网联汽车赋能类、交通管理与控制类及交通数据赋能类等三大类，涵盖产业链全域应用需求，由云控基础平台基于交通相关数据的采集、存储与处理，通过数据赋能提供满足各种应用需求的分级共享基础服务。

相关支撑平台为云控基础平台提供其服务赋能所需的平台既有交通相关信息，保障信息共享，避免重复建设。相关支撑平台是指保障云控基础平台发挥共性基础作用所必需信息的支撑平台，如提供地图服务的高精动态地图平台，提供米级、分米级和厘米级实时高精度定位的卫星导航增强定位服务平台，提供能见度、雨量、风向、雷暴、大雾（团雾）等信息的气象预警平台，提供路政、养护、服务区以及紧急事件等实时信息的交通路网监测与运行监管平台等，用于减少云控基础平台建设的重复研发，促进信息共享，降低研发成本。相关支撑平台也可基于自身的实际需求接受来自云控基础平台的交通信息相关基础服务。

通信网为系统各组成部分之间的数据传输与信息交互提供安全、可靠与时延要求保障。通信网包括C-V2X网络、光承载网、卫星通信以及其他专有网络，用于支撑车-路、车-云、路-云以及云-云之间信息的安全、高效互通。其中，C-V2X是基于3GPP全球统一标准的蜂窝通信和直连通信融合的车联网无线通信技术，包括LTE-V2X、NR-V2X及其后续演进版本。C-V2X包含了两种通信接口，一种是车、人、路之间的直接通信接口（PC5），另一种是终端和基站之间的通信接口（Uu）。C-V2X网络主要支撑网联汽车与路侧、云端的互联互通，光承载网主要保障路云之间以及云控基础平台各层级云之间的互联互通，卫星通信可以保障云控基础平台在地面通信没有覆盖的环境下（如越野）仍能提供通信服务，基于其他专有网络搭建的车-路-云通信环境由其自身保障车-云、路-云、云-云之间的安全、高效互通。

**（2）车-路-云协同控制的理论方法**

车-路-云一体化自动驾驶系统借助于车辆与道路基础设施之间的信息交互和协作，旨在实现更高效、安全和智能的自动驾驶。其成功部署与实现既取决于车载设备、路侧设施、云端能力、通信能力，又取决于相应的基于车、路、云的协同感知、协同控制与协同决策方法。

具体而言，单车智能技术依赖于车载传感器对周围环境的感知，以及通过车辆控制系统实现的交通行为。尽管单车智能技术经过了数十年的发展，但由于车载传感器安装位置、探测距离、视场角度、数据吞吐量、标定精度、时间同步等限制，使得车辆在诸如繁忙路口、恶劣天气、小物体感知识别、信号灯识别、逆光等环境条件下行驶时，仍然存在难以完全解决的准确感知识别和高精度定位问题。这些问题也会对高级别自动驾驶系统的规模化商业应用带来研发周期长、实现成本高、商业落地慢等一系列挑战。

车-路-云一体化协同技术利用道路和云端信息，可以为有限的单车感知提供更广阔的视野，有效补充单车智能的信息盲点，并利用协同决策与控制技术，优化车辆的行驶行为，从而提高车辆的智能化水平和行驶安全性。在技术层面，协同感知是通过对多源传感器数据的融合，精确获取实时交通状况，为决策和控制提供数据输入；协同决策是通过处理和分析感知数据，实现对交通流量和行驶路线的优化；协同控制则是通过分配和优化决策控制指令的制定和执行，实现更精准、高效的交通控制。在自动驾驶技术的迭代过程中，除了感知、决策、控制算法，还需要建立一体化评价模型，选取典型的测试场景对自动驾驶系统的性能进行多维度的量化评价，从而提高自动驾驶能力。

① 协同感知。鉴于交通场景的复杂性和多元性，自动驾驶车辆仅凭借自身感知能力，往往难以达到全面准确的感知。现行的协同感知技术透过车辆与道路基础设施间的信息共享与融合，能提供更精准、全面的交通信息，从而增强系统对环境的感知能力，进一步提升自动行驶的安全性和效率。

协同感知通常涉及多类型传感器和不同模态的数据类型。多源感知数据的融合能帮助车路协同系统获取更准确、全面的交通信息，为协同决策与控制的实施提供支撑。例如，结合车辆的速度、位置等信息以及交通摄像头的图像信息进行特征级融合，可以有效地实现交通拥堵预测。通用的多模态数据融合方法可以划分为：低级融合、高级融合和混合融合。低级融合是将来自不同传感器的原始数据进行简单的合并和处理，以获得更全面、准确的感知信息，其直接整合了不同传感器的信息，因此可以提供更为全面真实的数据。高级融合首先对各传感器的数据进行分析处理以提取特征信息，再将这些特征信息融合。这种融合方式对传感器故障具有更好的鲁棒性，但可能存在信息缺失的问题。混合融合则是对前两者的结合，通过分散处理以优先考虑高可靠度的传感器，并减少不太可靠的传感器对信息融合的影响。在混合融合的过程中，可靠度高的传感器数据可通过前期融合进行处理，而可靠度较低的传感器数据则通过后期融合进行处理。实际应用中，可以通过权重赋值、动态切换等数据融合策略来提高协同感知的准确性。例如，给高度可靠的传感器数据赋予更高的权重，给不太可靠的传感器数据赋予较低的权重，或者根据当前环境的变化自动调整传感器的权重。

而协同感知方法大部分只关注数据到达协同感知模块之后的融合精度，存在以下问题：数据来源有限，仅考虑了有限的数据源，未实现车端、路端、云端多源数据的全面融合；数据模态有限，仅处理了部分数据模式，交通流信息、感知数据的多模态融合未得到充分考虑，缺乏对不同类型信息的综合利用。因此，引入更多源的信息并形成统一的协同感知框架、提升感知精度、解决数据来源及模态受限的问题，是未来研究中需要考虑的问题。

② 协同决策。协同决策在自动驾驶领域是一个至关重要的研究领域，通过对车辆周边环境与路侧感知信息进行处理与分析，为自动驾驶车辆提供合理的行驶决策。常见的协同决策与控制应用场景包括：无灯控场景下的交叉口通行，匝道协同汇流和路段编队/借道超车；灯控场景下的匝道和路口协同通行，以及信号灯-车辆协同控制、快速路-灯控路口一体化协同控制和多匝道快速路一体化协同控制等。

协同决策可以分为分布式决策和集中式决策两种类型。分布式决策将决策权分散给多个决策单元，每个单元根据本地信息做出自主决策，并通过协同与其他单元进行信息交流和决策。在协同决策中，分布式决策实现车辆和基础设施之间的信息共享和协同决策以应对复杂的交通环境。集中式决策将所有的决策权集中在一个中心节点，根据收集到的所有信息做出全局最优的决策。在协同决策中，集中式决策可以实现对整个交通流的全局调度和优化，但也存在单点故障的风险，需要考虑可靠性和安全性等因素。

一些研究结合二者的优势，中心系统仅保留车辆通信次序的决策，而将轨迹规划任务转移至车辆端。而目前的决策方法可以大致分为：基于规则的方法、基于学习的方法、基于优化的方法、基于博弈论的方法，以及基于部分可观的马尔可夫决策过程的方法。基于规则的方法通常是针对具有手动设计规则的特定流量场景而开发的。基于学习的方法要求训练样本的多样性，而可解释性仍然是一个需要解决的挑战。基于优化的方法具有良好的可解释性和适用性，但解决方案的质量主要取决于目标函数和约束条件的设计。而从车-路-云协同控制的整体架构来看，这些方法只对车端、路端、云端进行独立建模，没有从架构设计层面进行全局建模，因而无法形成最优决策信息，难以处理复杂交通场景中的混行博弈等问题。因此，未来的研究需要建立一个整体化的框架，通过对车端、路端、云端信息进行全局建模从而实现全面协同。

③ 协同控制。协同控制旨在处理车辆控制和交通环境的复杂性，通过车辆、驾驶员、道路和云端的协作，帮助自动驾驶车辆应对复杂和极端情况，确保安全性。

控制对象通常包含对路云端与车端的控制。在路云端控制方面，交通信号调控是协同控制中的常见应用之一，通过协同处理和分析车辆与道路环境的数据，控制交通信号灯的时序和时长，实现道路交通流量的合理调节和优化。在车端控制方面，常见协同控制应用有车辆路权分配、车辆位置和速度控制，以及车辆路径规划和导航控制。系统可以通过基于历史车流信息、车辆实时位置及交通信号灯实时状态的设计，针对不同车辆类型和道路交通情况进行优化调整，实现车辆路权控制和交通流量的优化调节。

然而，由于仿真环境与真实世界之间存在差异，这些方法并未实现真正意义上的车-路-云的全面协同，未能提升自动驾驶车辆在极端场景中的应对能力，需要统一的架构表达来支撑物理世界中云端对车辆的控制，从而提升极端场景的通行率。

④ 系统评价。为了量化评价不同的自动驾驶解决方案在真实交通场景下的收益，需要构建评价模型，选取不同的典型测试场景、不同的交通交互方式以及评价指标，对系统表现的量化对比测试。自动驾驶系统评价通常从效率、安全性、舒适度、经济性与可持续发展等多个维度对系统做出全面且客观的评估，为系统的提升与发展提供量化标准。

安全评价通常从道路安全状态、车辆危险性与道路事故3个方面进行评估。道路安全状态评估在潜在道路危险发生前对道路的安全性能做出衡量，通常包含高峰时段平均车速、高峰时段路口阻塞率、路段车速差、交通流量突变等指标。车路危险性评估包含路口冲突点、碰撞时间（Time to Collision，TTC）指数与交通违法行为等指标，能够反映实时的交通安全性能。道路事故评估包含单次碰撞死亡/重伤概率、交通出行守法率、万车碰撞概率、万车死亡概率和特大交通事故起数等指标，在道路危险发生后对安全性进行统计与总结。

效率评价对协同系统带来的交通效率提升进行量化，包含对交通流量、速度、密度与时间等基础指标，通过统计车辆在特定观测路段给定时间段内的车流数据进行分析，计算协同系统的效率指标以验证系统的有效性。在基础指标的基础上，效率评价模型还包含路网运行效率、宏观基本图、Greenshield模型等综合评价指标。路网运行效率通过计算加权行程速度与路网加权流量的乘积反映交通流的车辆流量与运行速度间的关系；宏观基本图通过拟合宏观基本图曲线反映交通流的车辆密度与路段流量间的关系；Greenshield模型基于自由流行程速度与路网阻塞密度建模，以此衡量交通流的运行速度与车辆密度间的关系。

总体而言，目前虽然在单车智能、协同感知、协同决策、系统评价等方面均有一定的科研基础，但是由于缺乏统一的架构和全局建模考虑，还无法实现车-路-云各源头数据的充分利用，无法实现各阶段功能的统一建模，无法实现车-路-云整体系统的全局优化，无法应对自动驾驶现有的感知长尾、混行博弈、极端场景通行等问题。因此，需要统一的车-路-云一体化的技术框架，从数据、模型、系统实现等多角度，实现安全、可靠、高效、可扩展的自动驾驶系统，为自动驾驶规模商业落地提供支撑。

**（3）车-路-云协同控制的工程应用**

车-路-云协同控制是一种新兴的交通控制技术，它将车辆、道路和云端计算技术有机地结合起来，实现了交通系统的智能化和高效化。下面将从网联车辆赋能类应用及交通管理与控制类应用两方面展开，介绍车-路-云协同控制的工程应用，并探讨其在未来交通系统中的潜力。

① 网联车辆赋能类应用。在车-路-云一体化系统中，网联车辆扮演着至关重要的角色，其基本特性决定了它们对运行安全、行驶高效、节能减排、乘坐舒适的极高需求。云控基础平台将基于边缘云所采集的实时交通动态数据和感知、决策与控制标准件融合所产生的服务能力，为网联汽车提供满足其增强行驶安全与提升能效等的赋能服务，如超视距危险预警、盲区碰撞预警、多车协同避障、路口多车协同、行驶车道建议、绿波通行、匝道汇入汇出引导等。通过云控基础平台，区域云能够整合多个边缘云的数据以及相关的支持平台数据，为网联汽车提供针对道路施工和交通事故的及时提醒，引导驾驶员实现节能与舒适的车速控制，规划高效的出行路径，指导寻找停车位和充电桩，提供最佳的驾驶路线建议，控制车辆启停速度，强制接管特定区域的控制，以及在高速公路上实现节能巡航等服务。这些服务的具体内容会根据车辆的自动化水平和驾驶方式而有所不同，因此也会有不同的时效性要求。

② 交通管理与控制类应用。交通管理与控制类应用主要包含来源于政府职能部门工作推进的各类应用需求。车-路-云协同控制可以实现对城市交通的实时监测和管理，从而提高城市交通的效率和可持续性。面向交通秩序管理部门，车-路-云协同以及其他动态交通数据与感知、决策、控制、交通管控标准件融合所产生的服务能力，为其提供区域路网实时交通态势感知、交通事故评估、交通流量统计、交通拥堵分析、数字孪生、态势推演、交通流诱导与道路交通管控等应用服务支撑。结合区域级的协同决策和协同控制技术，还可以疏解交通拥堵、提升路网利用率、减少交通事故发生、降低温室气体与污染物排放、应对突发事件与重大活动等为目标，提供制定交通组织优化方案、交通信息发布、信号灯绿波协调控制、区域信号协同优化、可变车道控制、临时交通管制、应急预案管理等服务。

此外，车-路-云协同控制还可以实现对城市交通的智能化管理和运营，从而提高城市交通的可持续性和可靠性。面向公交与客货运管理部门，云控基础平台在交通态势感知的基础上，结合车端、路侧感知数据，以及公交与客货运相关支撑平台数据，可通过对居民出行特征和出行方式进行时空特征分析，协助编制公交线路和班次安排，优化公交运力配置，形成实时公交信息和公交出行建议，引导居民利用公交出行，缓解路网交通压力。

### 2.3.3 自动驾驶技术

**（1）自动驾驶多源传感与信息融合**

近年来，自动驾驶技术作为智能交通领域的热点之一，正逐步引领着交通方式和工业生产模式的根本变革。自动驾驶感知充分利用各种传感器感知周围环境，获取障碍物的形态、速度、距离、类别等信息，以便规划和预测障碍物的轨迹，做出相应的驾驶决策。但是目前环境感知技术发展的不成熟仍旧是阻碍自动驾驶汽车总体性能提高的主要原因，也是自动驾驶汽车进行大规模产品化的最大障碍。

目前，应用于自动驾驶感知模块的传感器主要有摄像头、毫米波雷达、超声波雷达、激光雷达等。摄像头有着分辨率高、速度快、传递的信息丰富、成本低等优势，依赖深度学习对复杂数据的强大学习能力能极大提高环境感知的分类能力；毫米波雷达有着反应速度快、操作简单、无视遮挡等优势，并且能在各种条件下提供目标有效的位置和速度；激光雷达有着精确的3D感知能力、对光线变化不敏感、信息丰富等优势。但是，图像数据无法提供准确的空间信息，毫米波雷达分辨率极低，激光雷达价格十分昂贵。

传统感知方案中通常是由单独一种传感器采集信息的，但这样一来采集到的对象信息过于孤立，无法全面、细致地对目标进行描述。为消除单一传感器获取的信息存在片面与不足的缺陷，多传感器信息融合通过计算机技术对多种传感器采集的数据信息采用合理有效的融合算法进行数学分析，从而剔除冗余的数据，得到更加有效的对象信息。相较于单传感器感知，多传感器信息融合主要有以下优势：检测精度高，感知维度广；短时间内处理信息，能适应多种应用环境；获取信息成本低，系统容错性好。

① 多源信息融合的类型——按照信息处理程度不同分类。通过多传感器融合过程中信息处理的程度不同进行划分，主要分为三类，分别是数据级、特征级和目标（决策）级上的融合，数据级为最初始的信息融合，特征级则是紧随数据级之后的融合，最后是级别最高的决策级融合。

a. 数据级融合：数据级融合也称为像素级融合，是将多个传感器的原始观测数据直接进行融合，融合前不会对原始数据进行预处理，而先在数据上进行融合，然后再从融合数据中提取特征向量进行判断识别，是最低层次的融合。每个传感器只是将其原始数据传输到融合模块，融合模块处理来自所有传感器的原始数据。然后将融合的原始数据作为输入提供相应的算法。此类融合方法要求所融合的各传感器信息具有非常高的配准精度。这种融合处理方法的优点是提供其他两种融合层次所不能提供的细节信息，可以通过融合来自不同来源的原始数据在很早的阶段对数据进行分类，不存在数据丢失的问题，得到的结果也较为准确，但是所要处理的传感器数据量大、处理时间长、需要很高的数据带宽、实时性差、抗干扰能力差，并且在实践中可能很复杂，且数据融合由于原始数据采用不同格式和不同传感器类型，要求传感器是同类的。因此在架构中添加新传感器需要对融合模块进行重大更改。

b. 特征级融合：对于数据级融合的问题，一些研究者开始引入特征级融合的思想。与直接使用来自不同传感器的原始数据进行融合不同，特征级融合首先分别对各自数据进行特征提取，然后对提取的特征进行融合处理。特征级融合需要对传感器采集到的数据做提取特征处理，抽象出特征向量，然后对特征信息进行处理，最后得到融合后的特征，用于决策，属于中间层次的融合。其优点在于有助于提高实时性，降低对通信宽带的要求。特征级融合提供了更多的目标特征信息，增大了特征空间维数。融合性能有所降低的原因是损失了一部分有用信息。特征级融合的实现技术主要有：模板匹配法、聚类算法、神经网络和支持向量机（Support Vector Machine，SVM）等。大多数基于深度学习的方法也是利用神经网络提取特征，对不同传感器提出的特征做级联或者加权，如RoarNet、AVOD、MV3D、F-PointNet等。特征级融合的主要优点是它能够减少传感器数据到融合模块的带宽，并且可以通过提升特征的互补性来提升效果。特征级融合保留了低级融合的相同分类和预处理能力，允许相关数据类似地、有效地集成到跟踪算法中。在融合的三个层次中，特征层融合技术发展较为完善，并且由于在特征层已建立了一整套行之有效的特征关联技术，可以保证融合信息的一致性；此级别融合对计算量和通信带宽要求相对降低，但由于部分数据的舍弃使其准确性也有所下降。

c. 目标级融合：目标（决策）级融合架构与低级融合相反。每个传感器分别进行目标检测算法，并产生跟踪目标列表。然后，融合模型将这些目标与一个目标跟踪序列融合相关联。对每个传感器进行预处理、特征提取、识别或判决，最后对得到的初步决策进行融合判断，因此是最高层次的融合。决策级融合可以在同质或异质传感器中进行融合。决策级融合的优点与不足恰好和数据级相反，目标级融合的主要优势在于其模块化和传感器特定细节的封装，并且通信量小，有一定的抗干扰能力，处理代价低，选用适当融合算法，可以将影响降到最低；主要缺点：预处理代价高，数据信息处理效果比较依赖于预处理阶段的性能。常用的方法有：专家系统方法、模糊集合论、贝叶斯推理、D-S 证据理论等。现阶段大多数目标级融合的目标检测方法十分低效，无法满足自动驾驶汽车对检测时间的要求。同时，特征层和数据层的融合也需要更多地考虑各自数据形式。

② 多源信息融合的类型——按照数据处理过程不同分类。根据数据处理过程的差别可以将以目标状态为基准的方法进行划分，包括分布式信息融合系统、集中式信息融合系统和混合式信息融合系统，通常需要根据该信息融合系统的实际应用需求来选择使用哪一种系统的架构。分布式融合是将各个传感数据进行预处理后，得到独立的检测结果，然后所有传感器的检测结果再传输到融合中心进行假设检验，生成最终的判决。分布式融合中每个传感器都具有估计全局信息的能力，任何一种传感器失效都不会导致系统崩溃，系统可靠性和容错性高，并且分布式系统对通信带宽要求低、计算速度快、可靠性和延续性好。然而，分布式传感器模块需要具备应用处理器，自身的体积将更大，功耗也就更高。相较于分布式的结构，集中式融合的特点为去除了先对各传感器的数据进行预判的操作，直接进行多传感器之间的数据融合，最后根据融合结果进行全局的分析判断，做出集中的决策。集中式传感器融合结构的工作模式基于对原始数据的直接判断，从而很大程度上降低了传输过程的信息损失率，但是传输过程需要比较大的通信宽带，并且数据融合中心的算力需求较高。混合式系统是集中式和分布式的混合应用，即部分传感器采用集中式融合方式，剩余的传感器采用分布式融合方式；该结构提炼了分布式高可靠性的优点，并结合了集中式低信息失真率的优点，其结构的判断能力、决策能力大大提升，能有效地灵活处理不同现实情况的不同任务请求。但是混合式传感器融合结构对自身的结构设计要求非常精细，并且该结构系统的鲁棒性较低。

③ 多源信息融合算法。对多传感器间异构信息进行融合的算法很多，包括不确定性理论、估计理论、最优化理论等知识，也包括模糊数学、神经网络、数据挖掘等技术。在目前的技术发展中，这些理论和技术的研究方法主要分为人工智能和随机类方法。随机类方法的研究对象是随机的，具体方法主要有卡尔曼滤波法、D-S 证据理论法、多贝叶斯估计法。卡尔曼滤波法通过建立线性状态方程对输入的检测系统进行分析，再输出检测结果数据，基于输入和输出来优化系统的状态。由于该过程能够过滤掉检测数据中的噪声影响和干扰等，因此称为滤波，是一个最优化的估计过程。D-S 证据理论法通过建立由“证据”结合“组合”而形成的完整架构来进行问题的求解。该算法中的辨识框架由一组能够构成完备集的相互排斥的命题组合构成，具体到实际场景中则是对某一问题的所有解答集合，并为每个不同的解答赋予相应的概率，以此表示该问题的不确定性。多贝叶斯估计法根据多传感器的多类型信息采集特点，将不同传感器分为不同的贝叶斯估计，通过对对象所有贝叶斯估计进行综合处理得到联合后的概率分布，最后计算联合分布函数的最小似然，进而得到对目标较为准确的描述。总体而言，贝叶斯估计是通过对参数的优化来得到与实际对象偏差最小的特征描述。

④ 人工智能类方法。人工智能类方法主要有小波变换、神经网络、深度图融合等方法。在多传感器信息融合领域，小波变换主要完成图像之间的融合，将多个视觉传感器检测的同一环境的多张不同格式的图像，或者是某一个视觉传感器对同一环境在不同时间周期下检测的多张图像，最终融合成一张图像，更全面立体且精准地描述和显示车辆周围的环境。深度图融合算法指的是多传感器之间的数据图像通过深度学习的方法进行信息融合。其主要应用场景为激光雷达传感器和相机的图像融合，因为激光雷达采集的深度数据虽然可靠性高，但数据分布较为稀疏且图像的分辨率较低，同时相机采集的数据分布致密且图像的分辨率高，而其数据却具有低可靠性的劣势，结合两种传感器的优缺点，可以利用深度图融合法进行联合互补。

⑤ 多源信息融合策略。多源信息融合策略主要包括传感器的布局、运动补偿、多传感器间的时空标定，以及多传感器的数据融合。对于不同传感器的布局，往往需要传感器的监测视野覆盖车辆周边区域。在此基础上，还要求传感器达到冗余配置，这样可以提高区域监测的精准度，各传感器之间的数据进行融合，互相校正。运动补偿分为自车的运动补偿和来自于其他目标的运动补偿。自车的运动补偿需要考虑传感器在采集过程中的某一时间戳内，由于车辆自身的运动，采集的对象会在该时间戳内发生相对位移变化；来自于其他目标的运动补偿需要考虑传感器在采集过程中的某一时间戳内，运动物体由于自身运动会产生相对位移变化。多传感器的时空标定是指多传感器的空间以及时间上的同步。传感器安装于汽车车身的不同位置，每个传感器定义了自己的坐标系，为了获得被测对象的一致性描述，需将不同的坐标系转换到统一的坐标系上。点云数据和图像数据的空间融合模型涉及的坐标系包括世界坐标系、激光雷达坐标系、相机坐标系、图像坐标系和像素坐标系。空间融合的主要工作是求取不同坐标系之间的转换矩阵。然而由于不同传感器的工作频率不同，数据采集无法同步，因此还需要根据工作频率的关系进行多传感器时间上的融合，通常做法是将各传感器数据统一到扫描周期较长的一个传感器数据上。

⑥ 多源信息融合应用。多传感器的信息融合能够让车辆更加全面综合地感知周围的交通环境，广泛应用于交通、军事等领域，其在车辆智能驾驶的应用场景十分多样。车辆在行驶过程中要按照实时道路情况进行变道、超车等操作，但突然改变行驶方向和速度极易引起人为事故。基于多传感器的信息融合，对交通道路的状况进行全方位检测，能够帮助车辆进行换道决策，减少安全事故的发生，提高道路通行率。导航是车辆必不可少的装备，能为车辆提供当前的位置，还能实现路径规划等功能。多传感器信息融合技术的应用，能够保证车辆GPS信号的稳定接收，同时减小噪声、缩短定位的延迟时间，输出车辆实时精准定位。一些研究者针对自动导航，对车辆的状态进行估计，采用循环神经网络，融合激光雷达、相机等传感器数据，消除了传统场景下状态估计的噪声和误差，实现了车辆状态的精准估计，为导航定位提供优质数据。

**(2)自动驾驶自主决策与规划控制**

面对复杂多变的实际道路场景，保障安全性是自动驾驶智能自主决策系统重要且基本的需求。目前，有关自动驾驶安全自主智能决策系统的研究还在快速发展中。然而，当前方法对智能系统所面临的复杂场景以及不确定外界环境的研究有所缺乏。以强化学习为理论基础的智能自主决策方法，可以从大量数据中提取知识，从而实现系统性能的充分提升，但其机制在于最大化累计回报，安全性缺乏保障。安全强化学习可以使智能体在学习或部署过程中能够保证合理的性能并且满足一定安全约束。该方法主要有三种思路：修改学习目标，修改学习过程，考虑人为介入。修改学习目标采用在线交互反馈机制，在强化学习的奖励函数或目标函数中引入风险相关因素，将约束优化问题转化为无约束优化问题。修改学习过程通过约束智能体的探索范围，采用在线交互反馈机制，在强化学习的学习探索过程中阻止其产生危险动作，从而确保训练时策略的安全性。考虑人工介入的方法引入外界因素，如专家指导、人工介入、额外的安全控制模块等，在发现不安全动作时进行中断或修正。

无模型方法是解决强化学习问题的基本方法，需要对外界进行大量探索，在面对复杂外界环境时具有采样稀疏的问题，这使得其搜索空间大、收敛困难。针对无模型强化学习的高效性问题，常见的解决方法包括好奇心驱动机制、课程学习和分层强化学习。好奇心驱动机制是指当智能体与环境进行交互时，其奖励设计不仅要针对实际任务进行，还希望智能体可以具有一种好奇心，使其倾向于选择风险比较大的动作，以增强其探索能力；课程学习是指当有待解决的问题或者面对的环境过于复杂时，采用由简到难的方式规划强化学习算法的课程，可以提高算法性能，提高采样效率；分层强化学习方法借鉴人类应对任务的处理方法，将一个复杂任务分解为若干个容易解决的子问题，并分而治之。这种思路将智能体的策略分为高层次策略和低层次策略，高层次策略根据当前状态决定如何执行低层次策略。这样，智能体就可以解决一些非常复杂的任务。

此外，对于在复杂开放环境下运行的自动驾驶，自进化机制有助于自动驾驶决策控制系统在保障安全的前提下根据自身状态或环境变化进行自我调整优化，不断克服边缘场景、扩展性能边界、向更好的性能自主进化，如图2-2-5所示，这是自动驾驶系统的一种潜在趋势。

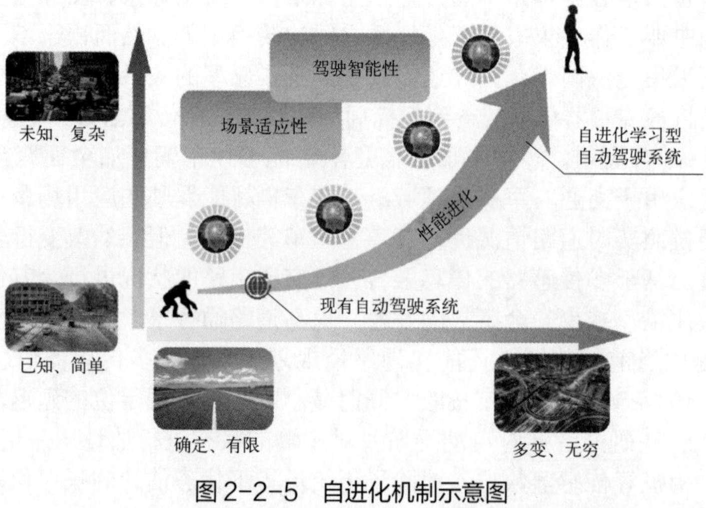


图 2-2-5　自进化机制示意图

自进化机制并非一种特定的机器学习或是深度学习方法，而是一种学习机制。我们考虑人类驾驶员是如何通过自主学习提高驾驶能力的——没有人生来就能熟练应对复杂未知的驾驶场景，人类往往通过在驾校的初步培训掌握基础的实车驾驶技术，随后在日常驾驶行为中不断尝试应对或常见或危险的驾驶场景，并积攒为驾驶经验，从而使驾驶技巧不断进阶，能够熟练应对绝大多数驾驶场景。自动驾驶汽车想要取代人类驾驶员，实现高度甚至完全自动驾驶，至少应具备人类驾驶员这种自我学习机制。以此为参照，可以提取出两个学习闭环——基于现有经验在线学习的自学习闭环，以及引入新的边缘场景进行扩展训练从而拓宽性能边界的自对抗闭环，构建出具有自进化特征的自动驾驶决策控制框架。自动驾驶系统的进化方向可以概括为：感知系统的目标是提高复杂环境的认知能力，使系统能够看到更多看不见的环境，理解更复杂的语义信息，识别更复杂的场景；决策系统的目标是提高对动态场景的响应能力，使其在更复杂的情况下能做出合理的决策，在紧急情况下及时采取后续行动，并在安全范围内探索决策行为的影响，以提高决策能力。控制系统的目标是提高对期望轨迹的跟踪能力，争取覆盖所有路况，同时保持车辆稳定性，在意外情况下确保自动驾驶汽车的安全性。

类似于人类驾驶员在驾校中初步学习驾驶技术，在整个自进化框架的初始阶段，需要先由自学习闭环训练得到在自然场景下具有较好表现的基础模型。目前已经有许多自动驾驶算法能够在特定场景下表现出优异的性能，可以用于自学习闭环中作为训练算法，通过闭环迭代适应更复杂多变的驾驶场景，实现算法自主进化。强化学习通过智能体与环境交互过程中的不断试错来反馈调整智能体的行为，从而完成特定任务，其本身具有自我更新和自我进化的特性。利用强化学习的这一机制，可以很好地构造出适用于自进化框架的自学习闭环。选定待进化的自动驾驶算法之后，基于自然场景数据集进行模型训练以及测试评价以评估模型当前性能边界。当模型在自然场景数据集下表现良好并达到收敛时，即场景适应域无法进一步拓宽时，认为模型已经具备基本的驾驶水平，切换到自对抗闭环引入更多边缘场景供模型探索，以进化至下一层级。

在自对抗闭环中，为发掘模型的性能缺陷，需要将其置于自然驾驶工况中不易出现的驾驶场景中观察其表现。这种低概率出现的边缘场景可能会对自动驾驶系统安全性产生致命威胁（见图2-2-6），这种场景称为安全关键场景。然而，其低概率出现的特点也导致很难在现实道路场景中大量采集数据集，因而，需要人为在仿真软件中生成足够多的安全关键场景以供模型训练。

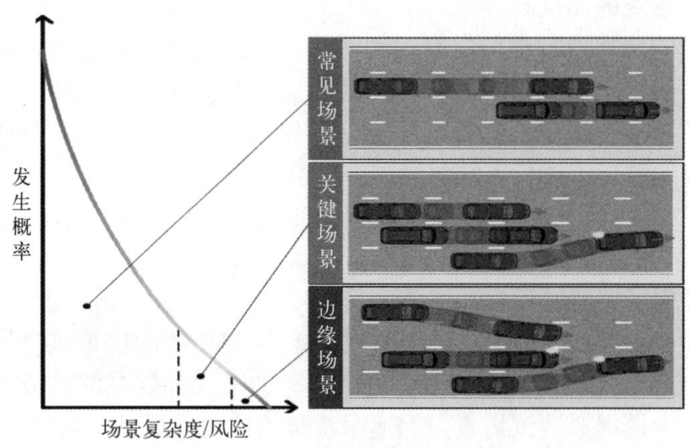


图 2-2-6　边缘场景及其概率示意图

目前，安全关键场景生成方法主要有基于搜索的方法、基于生成的方法，以及基于对抗的方法等。其中基于搜索的方法是指人为定义参数来描述场景，随后在参数空间中搜索安全关键场景。这种方法提供了对场景参数范围或描述的清晰描述，但在面对复杂的高维场景时需要大量的人工和巨大的计算消耗。而基于生成的方法是指通过深度学习从自然驾驶数据中或从专家那里获得先验知识，然后根据这些知识生成大量的场景。该方法可以生成更合理的安全关键场景，但生成过程不可控，效果难以保证，限制了该方法在复杂场景生成中的应用。基于对抗的方法中，通过优化车辆的轨迹或训练背景车辆的对抗策略来生成具有挑战性的场景。后者通常被建模为马尔可夫决策过程，其中自动驾驶车辆被视为环境的一部分，并使用深度强化学习来训练背景车辆的对抗策略。与上述方法相比，基于对抗性的方法通过与自动驾驶算法交互来探索弱点，不依赖大量的人类经验和数据，具有较高的效率。自动生成对抗训练的压力场景，弥补自动驾驶算法的短板，是实现“定制化自进化数据生成”，提高闭环迭代自进化效率的必要技术手段。

然而，模型在尝试克服安全关键场景后，面对自然场景时可能会丧失在自学习闭环中所获得的良好性能，此即灾难性遗忘问题。为兼顾未知新场景与上一轮次旧任务场景之间的性能平衡，离线强化学习方法提供了一种解决思路。不同于传统的在线强化学习方法，离线强化学习旨在利用过去与环境的交互数据，通过离线数据集的形式进行智能体的训练，无须与环境实时交互。离线强化学习能充分利用历史数据，提高模型对旧知识和新知识之间关系的整合能力，有望实现算法性能的持续进化。

当模型在当前自对抗闭环训练中性能收敛后，需要对模型进行安全性能评价，并对场景难度进行评级，以分析当前模型的缺陷并作为算法改进的指导，从而能更好地针对模型暴露的问题进行对抗。常用的安全性能评价指标主要有TTC、车头时距（Time Headway，THW），以及碰撞率等。而场景难度的评级则由场景道路拓扑的复杂性、附近交通参与者的数量、不确定性水平和环境的复杂性等多种因素决定。

经过反复的对抗场景生成以及离线强化学习迭代训练，在多轮自对抗闭环之后，模型的性能边界得到不断拓宽。由此构建了一种具有自进化特征的自动驾驶自主决策与规划控制框架，其适用于不同的自动驾驶决策控制算法，有望在自学习机制的驱动下，确保自动驾驶系统能够像人类一样不断进化以提高自我，不断增强应对复杂和不确定场景的能力，逐步克服实际道路中的安全关键场景，进而在真实世界中实现安全自动驾驶的最终目标。

**（3）自动驾驶系统的测试与评价**

自动驾驶技术的快速发展已经在交通和汽车行业引起了重大变革。随着自动驾驶系统的部署日益增多，确保其安全性、可行性和性能成为至关重要的任务。自动驾驶系统的测试与评价变得至关重要，以确保其在各种道路条件和交通情境下的可靠性。本节旨在深入探讨自动驾驶系统的测试、评价方法与挑战。

① 自动驾驶系统的测试方法。自动驾驶系统的测试方法涵盖了多个层面，以确保系统的稳定性和性能。这些方法可以分为静态测试、动态测试和软件测试，为保障自动驾驶技术的成熟和安全提供了坚实基础。

a. 静态测试。仿真测试：仿真技术充当着自动驾驶系统的虚拟试验场，通过模拟各种交通场景和路况，评估系统的反应能力。这不仅有助于大幅削减测试成本和潜在风险，同时也为系统提供了大量虚拟测试场景，加速了系统的学习并提高了其性能。

硬件在环（Hardware-in-the-loop，HIL）测试：HIL测试是一种使用模拟硬件来模拟车辆和环境特性的测试方法，主要用于测试自动驾驶系统的硬件组件性能。这种方法能够高效地评估硬件部分的性能，为系统的稳定性提供坚实保障。

b. 动态测试。公路道路测试：实地公路测试是评估自动驾驶系统性能至关重要的部分。这类测试覆盖了各种不同类型的道路，包括高速公路、城市道路和乡村道路，以确保系统能够在多样化的条件下安全运行。这种测试帮助系统真实地应对不同的道路特征和交通情境。

城市道路测试：城市道路测试考虑了更为复杂的交通情况，包括交通拥堵、行人、自行车和交通信号。这类测试对评估系统在城市环境中的应对能力至关重要，以确保安全、高效的城市道路行驶。

c. 软件测试。单元测试：单元测试针对自动驾驶系统的软件组件，以确保各个模块的功能正常运行。这有助于发现和解决潜在的软件问题，提高系统的可靠性。

集成测试：集成测试将不同组件整合在一起，以确保它们协同工作时不会出现问题。这有助于发现不同组件之间的交互问题，确保系统的完整性。

验收测试：验收测试是最终阶段的测试，以确保整个系统符合规范和性能标准。这是系统发布前的最后一道检验，确保其达到预期的水平。

这些测试方法的综合运用是确保自动驾驶系统稳定性和性能的关键，有助于提高道路安全、推动技术的进步，以及实现自动驾驶技术的广泛应用。但需要注意的是，自动驾驶技术仍然处于不断演进和发展的阶段，需要持续投入研究和发展以解决新的挑战。期待在未来看到这一领域的不断进步和创新。

② 测试数据的收集和处理。测试数据的收集和处理是自动驾驶系统测试不可或缺的关键步骤，以确保系统的可靠性和性能。

a. 传感器数据采集。自动驾驶车辆配备了多种高度精密的传感器，包括激光雷达、摄像头、超声波传感器等，用于感知周围环境。这些传感器实时产生庞大的数据流，记录了道路、车辆、障碍物等信息，为自动驾驶决策提供了关键支持。这些数据不仅有助于车辆的实时导航，还在后续的数据分析和改进中发挥着重要作用。

b. 数据记录和存储。为了进行深入分析和后续改进，测试数据需要被准确地记录和可靠地存储。数据记录系统必须确保数据的完整性，以便追溯和校准。这些数据的长期保存不仅对测试结果的复查具有重要价值，还可以用于系统的性能历史追踪，以了解其演化过程。

c. 数据清洗和处理。原始传感器数据通常包含噪声和不必要的信息。数据清洗和处理的过程包括去除噪声、滤波、校准和对数据进行时间同步，以提高数据的质量和可用性。这一过程不仅有助于减少数据中的错误信息，还确保了数据的一致性和可比性，使其更容易用于后续分析。

d. 数据标记和注释。数据标记和注释是为了帮助系统更好地理解数据。这包括标记道路标记、交通信号、行人、其他车辆等，以使自动驾驶系统能够理解周围环境。这个环节对于培训和改进自动驾驶系统的感知和决策能力非常重要，帮助系统建立更精确的环境认知。

③ 自动驾驶系统的评价指标。评价自动驾驶系统的性能需要考虑多个指标，包括安全性、可行性、自动化等级、法规和合规性。

a. 安全性评估。碰撞避免能力：自动驾驶系统必须具备卓越的碰撞避免能力，能够准确检测并迅速采取行动，以避免与其他车辆、行人和障碍物的碰撞。这是确保道路安全的基本要求，涉及技术的高度成熟和可靠性。

紧急制动性能：紧急制动性能是系统在紧急情况下是否能够快速而有效地采取紧急制动措施的关键因素。这关系到系统的响应速度和紧急情况下的安全性。

车辆稳定性：评估车辆稳定性是确保自动驾驶系统在各种路况下都能保持车辆的稳定性，不失控。这有助于避免意外事故和提高行驶的舒适性。

b. 可行性评估。车辆操控：车辆操控是评估自动驾驶系统是否能够平稳、准确地控制车辆的关键指标。高度精准的操控能力是确保车辆安全行驶和乘客舒适的重要保证。

舒适性：舒适性评估考虑了乘客的舒适度，以确保驾乘体验良好。这包括减少颠簸、顺畅的加速和制动，以及对乘客的晃动和噪声的最小化。

燃油效率：评估系统是否能够以更高的燃油效率运行，有助于减少能源消耗，降低环境影响。燃油效率也与可持续性和成本效益紧密相关。

c. 自动化等级评估。自动化等级评估是按照SAE J3016标准进行的，用于确定自动驾驶系统的级别，从级别0（无自动化）到级别5（完全自动化）。这有助于清晰定义系统的能力和局限性，以便用户和监管机构了解系统的自动化水平。

d. 法规和合规性。自动驾驶系统的测试与评价必须遵守相关法规和合规性标准。不同国家和地区可能有不同的法规要求，包括测试许可、车辆标准和安全要求。确保系统的合规性对于系统的上路应用至关重要，以维护公共安全和法律遵从。

这些评价指标共同构成了自动驾驶技术的全面评估，确保其在安全性、可行性和法规合规性方面都达到了高水平的要求。这是为了保证自动驾驶技术在未来的交通系统中发挥更大作用，提高道路安全和效率所不可或缺的步骤。随着技术的不断发展和完善，这些评价标准也将持续演进，以适应未来的需求和挑战。

④ 测试场景设计。设计测试场景是确保全面评估自动驾驶系统的关键步骤。

a. 常见道路和交通情境。测试应该覆盖常见的道路类型和交通情境，如高速公路、城市和乡村道路。

b. 极端情况和边界情况。测试场景还应包括极端情况，如极端天气条件、道路工程区域、道路封闭等。

c. 天气条件。天气条件的多样性对于评估系统在不同气象条件下的性能至关重要，包括雨天、雪天、雾天等。

d. 特殊事件模拟。特殊事件模拟是测试系统对于紧急情况的反应的重要部分，如突然的障碍物出现或其他车辆的不合规行为。

⑤ 测试工具和技术。测试自动驾驶系统需要各种工具和技术的支持。

a. 仿真工具。仿真工具用于模拟不同测试场景，以降低测试成本和风险。这包括车辆动力学仿真、交通流仿真等。

b. 传感器模拟。传感器模拟用于测试传感器的性能，以确保其在各种条件下都能正常工作。

c. 数据分析软件。数据分析软件用于处理和分析测试数据，以从大量的数据中提取有用信息。

d. 软件测试工具。软件测试工具用于确保自动驾驶系统的软件稳定性和可靠性。

⑥ 自动驾驶系统的改进和优化。基于测试结果的反馈是改进自动驾驶系统的重要组成部分。

a. 更新和校准自动驾驶系统。测试结果提供了系统可能存在的问题和改进点。系统应定期更新和校准，以应对新情况和挑战。

b. 深度学习和机器学习的应用。深度学习和机器学习可以用于改进系统的感知和决策能力，使其更具智能。

⑦ 持续监测和改进。持续监测和改进是确保自动驾驶系统持续安全和可行的关键。长期测试和监测帮助发现系统在不同条件下的演化，反馈回路的建立则有助于系统的不断改进，以适应不断变化的道路环境和需求。自动驾驶系统的测试与评价是确保其安全性和性能的关键步骤。通过综合考虑各种测试方法、数据处理、评价指标、测试场景设计、法规合规性和持续改进，可以确保自动驾驶技术在未来的交通系统中发挥更大的作用，提高道路安全和效率。然而，这仍然是一个不断发展和演进的领域，需要不断投入研究和发展来解决新的挑战。自动驾驶技术的广泛应用将在未来带来更多机会和挑战，我们期待看到这

一领域的不断进步。

**（4）自动驾驶中的人机智能交互**

自动驾驶是人工智能技术发展至先进性与实用性高度统一的重要体现。作为自动驾驶汽车智能化的一部分，人机智能交互直接影响驾乘人对智能驾驶的功能的体验和满意程度。人类在自动驾驶体验过程中着重关注两个方面：安全与舒适。所谓安全，既是指自动驾驶车辆客观表现出的安全性（客观安全），又代表了车辆给人带来的安全感和信任感（主观安全）。主观安全性要通过智能安全的人机交互，打消驾乘人对自动驾驶系统安全的疑虑。舒适则包括缓解驾驶过程疲劳状态、驾驶功能使用便捷两个方面，通过简易的人机交互指令和丰富的交互方式实现。基于人对自动驾驶系统安全和舒适性能的追求，人机智能交互内容则分为两个方面：人-车驾驶操纵和车-人驾驶显示。目前应重点关注人-车驾驶操纵方面的进展。现阶段随着人工智能技术的发展以及自动驾驶技术的研究深入，自动驾驶系统与驾驶人间的关联和交互越来越密切，形成“人机共驾”的交互概念，意指驾驶人和驾驶系统共同完成驾驶任务的驾驶方式，如图2-2-7所示。人机共驾与汽车自动化分级如图2-2-8所示。

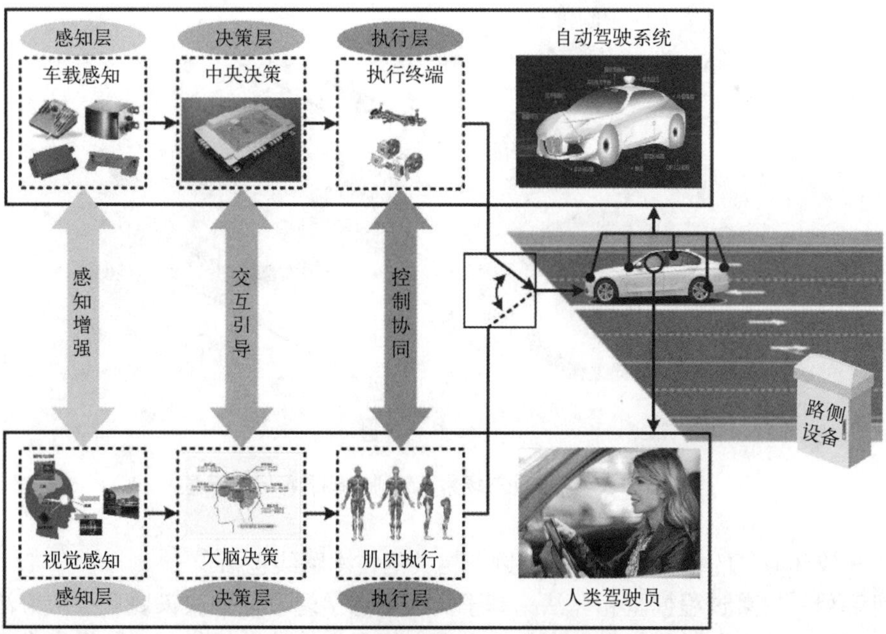


图2-2-7　自动驾驶汽车人机共驾示意图

尤其在现实开放世界动态环境下，可能同时出现人类驾驶车辆、无人驾驶车辆、人机共驾车辆混行的驾驶场景，如图2-2-9所示。针对这一类场景，一些人工智能方法，譬如深度学习由于其可解释性、可解译性未能得到充分的阐述，应用于人机共驾这类安全高度敏感的领域时，可信度受到挑战。理想的人机共驾系统能够实现驾驶人和驾驶系统同时在环共享驾驶权，协调驾驶人与驾驶系统之间的关系，消解两者之间的矛盾与冲突，实现和谐自然的人机交互，以及安全、可信、舒适的“人在环”自动驾驶。

具体而言，包括以下关键技术和先进方法：

① 可信可解释的人机共驾混合智能决策与在线评估。动态、开放的真实交通环境下智能驾驶车辆适应性差、安全性弱，急需更智能、自主和共生的人机共驾系统。针对人机协

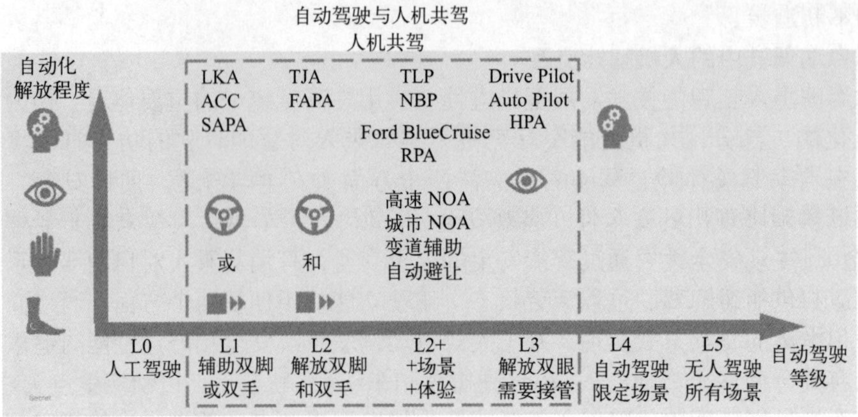


图 2-2-8　人机共驾与汽车自动化分级

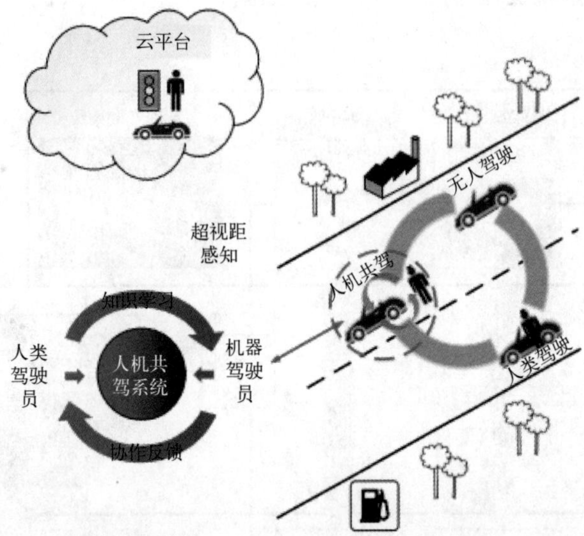


图 2-2-9　开放动态场景下驾驶车辆混行场景示意

同决策和开放环境下的车辆行为决策问题，相关的技术路线包括：

a. 可解释的决策过程模型和算法：基于类人概念学习设计的决策要素提取方法。依据经验预处理驾驶指令和场景信息数据构建有语义解释标签的数据集；从数据集中选取少量样本，选取特定特征并对特征进行推理学习，分解决策过程中的语义要素；通过对决策模型在训练数据和测试数据下输出一致性分析，实现要素解耦并提取最基本的决策语义要素，构建不可约分的条件语义集。通过对决策过程要素的提取，建立语义要素与决策输出之间的关系，为后续建立符合人类逻辑和推理的深度认知计算架构提供理论依据。利用机器学习框架构建决策解译模型。将决策过程划分为独立的子问题，并关联匹配已经建立的不可约分的条件语义集；基于“要素-决策关联模型”，研究面向条件语义的自学习机制，引入深度认知网络和符合人类逻辑的认知计算架构，构建决策过程解译模型，并引入参数优化算法，对模型参数进行整定，使其更符合人类决策习惯。通过构建可解译的决策过程模型，深入揭示决策过程的生成机制，为可信可解释的自主决策理论提供理论支撑和分析工具。

b. 可信可解释的自主决策理论与算法：第一，决策可解释特征提取。在人机共驾场景当中，机器会通过车内传感器进行人机交互数据采集，例如对人类的眼神移动追踪、对车运行状态的追踪，为人类驾驶员提供必要的驾驶指导决策。基于该逻辑，利用具备高复杂度、高参数冗余度的语义分析网络和决策提取模型，应对不同环境、不同决策的任务需求。同时引入类似显著图（Salient Map）一类方法，提取最终决策中的主导特征、主要因素等，通过数据比对映射成人类可理解的知识表征，并对各知识表征在决策过程中的作用进行量化和排序，供人类驾驶员参考，以加强人机混合智能过程中人类智能的参与度。第二，决策过程的解释推理。在交通系统混杂运行场景当中，周边车辆可能存在人类智能、机器智能以及人机混合智能，互动过程具有高度复杂性。为了指导在这类场景下的决策，需要通过对多车间互动过程的观测，解释周边车辆的决策过程，提取出决策过程中的主要要素，以实现互动中的优化。方法上采用贝叶斯图对整个决策过程进行建模，通过研究贝叶斯网络中各要素之间的互信息量的关系，对网络中各要素进行量化因果分析，梳理决策过程中有向信念传导图（Directed Belief Propagation Graph）。

c. 人机协同驾驶决策和车辆行为决策的在线评估：第一，预见性及满意度主观评价。利用人类对于自动驾驶整车级和系统级自动驾驶决策的主观评价，形成多层次的分析结构模型。整车级的主观评价包括“驾驶人对人机共驾车辆行驶的满意度”等，系统级主观评价包括“驾驶人对控制系统输出的预测与人类驾驶员相似度”等，采用层次分析法将问题分解为不同的组成因素，并按照因素间的相互关联影响以及隶属关系将因素按不同层次聚集组合，形成多层次的主观评价模型。第二，人机混合决策在线评估。人机决策优劣难以量化是一个影响决策评估精准度和可靠性的难题，针对这一特点，利用强化学习方法中的回报函数对其进行分析，研究利用逆强化学习方法的驾驶决策对应回报函数反向求解方法；建立包含行驶质量和人工干预度的车辆行为评价方法，研究学习能力的表现形式，构建以复述重现和泛化迁移为基础的学习能力评估方法，建立复杂交通环境下的多视角交通协调性量化评价指标。

② 人类驾驶员行为与机器感知决策的交互与协同。通过研究基于人类认知的驾驶人状态、意图和行为的识别，设计多层次人机交互，并提出人在回路混合增强智能架构，结合可信可解释的决策方法，实现安全可信人在回路的混合增强智能人机共驾系统。

a. 包含人类认知的驾驶人状态估计与意图预测：第一，基于贝叶斯网络的驾驶人状态估计模型。面向车内驾驶环境，利用多源异构传感器对驾驶人进行监测，研究人类认知机理，结合感知数据的处理与分析方法，实现实时精准的驾驶人状态估计，这对揭示人机交互机理乃至提高人机共驾下的行车安全至关重要。利用眼动仪、高清相机及立体相机等设备实时采集驾驶人的眼动和头部数据，构建基于贝叶斯网络的驾驶人状态估计模型，实现对分心、疲劳、情绪、波动等不良状态的多因素监测与评估，为驾驶人意图预测提供数据与信息支撑。第二，基于深度认知网络的驾驶人意图预测模型。利用驾驶舱的视频监测数据，开发基于深度认知网络的驾驶人行为感知模型；利用驾驶人行为习惯数据、当前感知信息、车辆动力学特性，以及交通规则模型，借助小样本学习方法，深入剖析各约束条件下驾驶人历史数据、当前状态行为与未来意图预测间的时空关联，建立多源异构数据下精确鲁棒的驾驶人意图预测模型。

b. 多层次人机交互系统：第一，基于马尔可夫条件随机场的人机预警交互。针对由驾驶人分心、疲劳驾驶和情绪波动等一系列可能威胁行车安全的问题，通过构建驾驶人行车习惯数据集，结合驾驶人状态估计与意图预测信息，并在交通规则知识的约束下，研究潜在危险因素推理和概率化预警模型，以提示和警告等方式对驾驶人进行预警，并根据车内传感器采集的驾驶人对预警信息的反应数据对驾驶人状态进行实时估计，形成在线闭环的人机交互设计。第二，基于因果模型的多层次人机交互研究。为了解决驾驶人行为意图与自动驾驶系统决策间的冲突问题，在语义层面上将驾驶人的行为进一步细化分类为转向、制动、加速等多种行为，研究并建立基于概率因果模型的组网式分析方法，揭示驾驶人与智能驾驶系统间的多层次交互机理以及多因多果和远因近因等关系，并建立驾驶人与智能系统间的托管、协同、纠偏等行为交互关系。

c. 人在回路混合增强智能人机共驾系统：第一，人在回路的混合增强智能架构。将人的作用和认知引入到智能系统的计算回路中，充分利用人类面对复杂不确定场景下的鲁棒性和稳定性，以及机器智能强大的运算和存储能力，实现“1+1>2”的混合增强智能。克服传统的基于深度学习的智能驾驶系统对于大量数据的依赖和缺乏泛化能力的问题，将人的认知模型作为先验知识和人的作用引入智能驾驶系统，指导并构建初始参数好、自然交互强且学习“平滑”的强化学习模型，建立人在回路的混合增强智能方法，实现类人智能驾驶系统。第二，可信可解释的混合增强智能人机共驾系统。针对驾驶人和智能系统同时在环时舒适的人机协同共驾问题，研究基于可信可解释的驾驶权分配方法，通过建立基于驾驶人状态、意图以及车辆动力学信息等多个属性的多点连接结构，构建驾驶人和智能系统之间的驾驶权分配模型。在此基础上，结合人在回路强化学习对驾驶人和车辆状态进行推理，实现人在回路的可信可解释的混合增强智能人机共驾系统。

### 2.3.4 功能安全与预期功能安全

#### （1）功能安全

功能安全（Functional Safety）是通过安全功能和安全措施来避免不可接受的功能风险的技术总称。20世纪以来，随着工业革命的发展，工业生产过程的自动化程度越来越高，以电气、电子、可编程电子产品的大量应用为标志的现代化控制系统越来越多地渗透到各个领域。自动化程度提高的同时，由于系统设计不合理、设备元器件故障或失效、软件系统的故障导致的事故、人身伤害、环境污染，越来越频繁地威胁着人类的生命安全和赖以生存的环境。

在这种背景下，用标准和法规来规范领域内安全相关系统的使用，使技术在安全的框架内发展，使人类既能尽可能享受新技术带来的安全和舒适，同时又能掌控危险至关重要。功能安全标准研究从此展开。国际电工委员会（International Electrotechnical Commission）于1998年发布IEC 61508-1，并于2000年完整发布IEC 61508，名为《电气/电子/可编程电子安全相关系统的功能安全》，该标准的发布标志着功能安全正式形成共识，成为独立的研究领域。IEC 61508发布后，各行业相继推出本领域的功能安全标准。对于汽车行业，汽车功能安全标准在IEC 61508的基础上，重新修订制定了ISO 26262标准，并于2011年11月正式颁布ISO 26262标准。

ISO 26262标准分为10个部分，具体包括：定义、功能安全管理、概念阶段、产品研发-系统级、产品研发-硬件级、产品研发-软件级、生产和操作、支持过程、基于ASIL和安全的分析、ISO 26262导则。该标准涵盖了全生命周期的安全要求，涉及功能安全管理、概念阶段、系统研发、硬件研发、软件研发、生产和操作过程、售后等。其中，产品设计阶段投入的时间成本是最大的，需要考虑怎样从设计上实现产品安全，可以基于原有的功能实现安全，也可以额外添加功能，实现安全。

ISO 26262不同于IEC 61508，它并非可靠性标准，也没有为可接受的失效概率设定精确数值。为了给产品设计提供安全指标，ISO 26262针对整个系统进行危害分析和风险评估，识别出系统危害并对危害的风险等级——汽车安全完整性等级（Automotive Safety Integration Level，ASIL）进行评估。不同于IEC 61508定义了SIL，ISO 26262则定义了ASIL。

在ISO 26262中，ASIL是危害的风险等级指标。ASIL有四个等级，分别为A、B、C、D，其中A是最低的等级，D是最高的等级。然后，针对每种危害确定至少一个安全目标，安全目标是系统的最高级别的安全需求，由安全目标导出系统级别的安全需求，再将安全需求分配到硬件和软件。ASIL等级决定了对系统安全性的要求，ASIL等级越高，对系统的安全性要求越高，为实现安全付出的代价越高，意味着硬件的诊断覆盖率越高，开发流程越严格，相应的开发成本增加、开发周期延长，技术要求严格。

依据ISO 26262标准进行功能安全设计时，首先对系统的功能进行逐个分析，识别系统所有的危害，然后依据三个因子（S/E/C）来评估危害的风险级别，三个因子分别是：严重度（Severity）、暴露率（Exposure）、可控性（Controllability）。严重度是指一旦风险成为现实，对驾驶员、乘员或者行人等涉险人员的伤害程度。严重度用S*X*表示，*X*取值从0至3，级别从低到高，级别越高，伤害越严重。暴露率是指描述风险出现时，人员暴露在系统的失效能够造成危害的场景中的概率。暴露率用E*X*表示，*X*取值从0至4，共5个等级。E0是几乎不可能暴露于危险中，E4是可能性极高。可控性是描述风险出现时，驾驶员或其他涉险人员能够避免事故或伤害的可能性。可控性用C*X*表示，最低C0可控，最高C3几乎不可控，共4个级别。ASIL等级的确定基于S、E、C这三个影响因子。

当ASIL等级确定之后，就需要对每个评定的风险确定安全目标，安全目标是最高级别的安全需求。安全目标确定之后，就需要在系统设计、硬件、软件等方面进行设计、实施和验证。具体执行步骤为：①安全目标设定；②功能安全需求的设定；③技术安全需求的设定；④系统设计；⑤硬件安全需求和功能安全的硬件开发；⑥软件安全需求的规范。

总体而言，ISO 26262标准提供了一套系统化的方法和过程，以确保汽车电子系统在故障情况下仍能保持安全，它涵盖了从风险评估到设计和验证的各个方面。ISO 26262标准暂时没有出现官方层面的强制执行要求，但该标准的执行，将减少因为电子器件失效造成的交通事故和降低潜在召回风险，因此汽车制造商和供应商非常重视ISO 26262标准的应用和推广。

**（2）预期功能安全**

预期功能安全（Safety of the Intended Functionality，SOTIF）是一种针对汽车行业的安全分析流程，主要关注由于系统的预期功能不足（设计不足或性能局限）或可预见的人员误操作导致的不可接受的风险。近年来，随着自动驾驶技术的快速发展，在实际生产测试中发现车辆安全问题并非都源于系统错误和失效。在复杂的系统以及场景中，问题时常源于外部环境影响带来的非预期性安全问题。因此，SOTIF重点关注“预期的功能”的安全性，即满足预期设计要求的功能所具有的安全水平。

在此背景下，诞生了预期功能安全国际标准ISO/PAS 21448《道路车辆　预期功能安全》，新的ISO 21448标准是ISO 26262标准的补充，填补了原有标准的空缺。该标准提供了一般性的论证框架和指导措施，以确保预期功能安全，即在没有系统故障的情况下，避免由于功能不足引发的危害。

预期功能安全的开发流程包括以下几个步骤：

① 功能和系统规范：确定系统的边界、功能、场景条件的假设等。

② 预期功能安全相关危害识别和评估：识别可能导致不可接受风险的危害，并评估其风险等级。

③ 触发事件识别和评估：识别可能导致危害发生的外部触发事件，并评估其发生概率。

④ 功能修改以降低预期功能安全风险：根据危害和触发事件的分析结果，提出相应的风险减轻措施，并将其转化为具体的功能需求。

⑤ 预期功能安全验证和确认：验证已知场景下系统是否满足预期功能安全需求，确认未知场景下系统是否存在未知不安全情况。

⑥ 预期功能安全发布方法和准则：确定发布系统前需要满足的条件和标准。

预期功能安全的分析方法主要基于假设场景来进行，即描述系统在特定环境条件下可能遇到的时序发展情况。ISO/PAS 21448将场景划分为四个区域，分别是已知-安全、已知-不安全、未知-不安全和未知-安全，目的是尽可能缩小不安全区域中的场景比例，即将场景控制在安全区域内。在这四种场景中，已知-不安全的场景是预期功能安全的最大挑战，它不可能完全消除，剩余的未知不安全场景将作为系统的残余风险，最终评判是否可接受。预期功能安全保障目标的实现可分解为将未知转化为已知、将不安全转化为安全两方面。首先，预期功能安全的分析评估、验证确认以及运行阶段的关键数据收集、记录和反馈等活动有助于充分挖掘未知场景；另外，开发阶段直接针对功能不足的改进、运行阶段的未知风险监测、防护和基于收集数据的系统功能改进是将不安全场景转化为安全场景的必要措施；此外，验证确认与残余风险评估以及安全论证等则是确保残余风险足够低的重要环节，从而为预期功能安全提供依据。

预期功能安全是近几年发布的标准，当前仍然面临许多研究挑战，例如：

① 自动驾驶汽车系统感知的不充分，主要包括漏检和错检。汽车的交通场景复杂，错检、漏检的问题突出。

② 由场景的随机变化及人工智能算法等因素造成SOTIF度量的不准确。

③ SOTIF的测试里程长、效率低、不全面。

因此，综合预期功能安全研究不足与发展趋势，可以总结出预期功能安全的研究展望：

① 加强SOTIF保障基础理论研究，完善和统一预期功能安全的标准和规范，并与功能安全和信息安全等其他安全领域进行协调和整合，形成一个完整的自动驾驶安全体系。

② 构建SOTIF风险防护技术体系，探索和应用更有效的分析方法和工具，以识别、评估和验证预期功能安全的风险场景，包括已知的和未知的场景。

③ 促进SOTIF保障技术的良性更新机制形成，建立SOTIF保障技术研究的良性更新机制，完善问题监控、反馈和更新的自动化流程，探究灵活快速可持续的自动分析、自学习成长与重认证体系。

总体而言，预期功能安全是一个相对新颖的概念，目前还处于探索阶段，尚未有成熟的项目应用案例。但随着自动驾驶技术的发展，预期功能安全将会成为保障汽车行业安全性能的重要手段之一。

### 2.3.5 先进优化算法和硬件实现技术

汽车芯片计算能力的不断提升为先进控制理论与方法在实车中的应用带来了机遇。自动驾驶汽车在动态开放道路中运行需要充分感知环境、道路交通等外界信息，并基于当前信息进行未来信息预测、车辆轨迹规划和跟踪控制，在满足安全性、经济性、舒适性等多种性能需求的同时还要考虑道路边界、交通法规、交通信号等多种约束，自动驾驶汽车控制问题通常是多目标并带有约束的。模型预测控制作为一种具有处理多变量约束优化能力的先进控制算法，被工业界认为是最有影响力的控制技术之一，因此，模型预测控制已逐渐成为解决自动驾驶汽车轨迹规划、路径跟踪、车辆稳定性等关键控制问题的重要方法。在智慧城市和网联交通的背景下，通过引入未来交通预警信息，MPC在车辆预测节能与预测安全等方面有了更广阔的应用前景。随着车辆系统的日益复杂，系统中含有大量不确定性或无法机理建模的动态，基于学习的MPC也逐渐成为了汽车控制的热点。

虽然模型预测控制在现有的自动驾驶汽车控制系统仿真环境中有良好的表现，但目前却很少有文献表明实现了模型预测控制的实车应用，其主要问题在于汽车控制系统硬件的低成本需求与非线性优化问题高计算量之间的矛盾。同时更多外界信息的引入和复杂多变的行车环境，如信号灯的通行限制和动力传动系统的非线性动态特性等，使控制系统的优化控制问题更加复杂，如何实现复杂非线性优化问题的快速求解和实时计算，是制约预测控制在自动驾驶汽车控制系统落地应用的主要技术瓶颈。为提高预测控制在线计算性能，国内外学者主要从优化算法层面和硬件实现层面提升预测控制的计算效率。优化算法层面主要指采用面向自动驾驶复杂需求场景下先进的迭代求解算法，提升系统的整体性能及计算效率。硬件实现层面指针对自动驾驶优化算法设计对应的定制硬件加速器，提升系统的整体算力。

**（1）面向自动驾驶的先进优化算法**

在算法层面，通常将约束优化问题转化为无约束优化问题进行求解，降低计算复杂度。标准的无约束优化算法主要分为两类：一类是依赖目标函数梯度信息来构造下降搜索方向的方法，包括最速下降法、共轭梯度法、牛顿法和拟牛顿法，其中共轭梯度法是介于最速下降法与牛顿法之间的一个方法，它仅需利用一阶导数信息，不但克服了最速下降法收敛慢的缺点，又避免了牛顿法需要存储和计算Hessian矩阵并求逆的缺点，是解决大型线性方程组最有用的方法之一，而拟牛顿法的本质思想是改善牛顿法每次需要求解复杂的Hessian矩阵的逆矩阵的缺陷，使用正定矩阵来近似Hessian矩阵的逆，从而简化了运算的复杂度，成为求解非线性优化问题最有效的方法之一；另一类是由目标函数值信息直接搜索的方法，主要包括Powell法、坐标轮换法和单纯形法，比较适合小规模无约束优化问题。针对约束预测控制在线优化问题的形式，可对标准优化算法进行改进或适当近似。文献[40]采用SQP迭代求解方法，用一系列的线性规划或二次规划来逐次逼近原非线性规划问题；文献[41]在预测控制架构下利用庞特里亚金极大值原理求解控制问题，提高了控制器的求解速度；文献[42,43]提出了基于车辆动力系统特性的长时域非线性模型预测控制快速求解方法，相比于直接法求解的模型预测控制算法，快速求解方法通过采用极大值原理的间接法，求解最优控制问题的必要性条件，从而找到原始问题的最优解，通过引入协态变量将非线性优化问题转化为两点边值问题，利用被控系统的特性获得协态变量初值下最优控制序列的解析表达，降低了优化控制问题的维度和复杂度；文献[44]将连续法和广义最小残差法相结合，提出基于多重打靶法的非线性预测控制数值求解方法；文献[45]修正了基于梯度的GRAMPC算法，采用增强拉格朗日公式与实时梯度方法和定制的线搜索与乘数更新策略相结合，提高了算法的适用性和实时性。受人类智能、生物群体社会性或自然现象规律的启发，近年来，有些学者开始采用智能优化算法进行预测控制的求解，例如嵌套分割法、遗传算法、粒子群算法等，这些算法一般迭代逻辑简单、灵活，但是计算效率低。

为了进一步提高算法的计算性能，有些学者开展了并行求解算法的研究，文献[49]提出了一种基于并行牛顿法的快速求解方法，使用耦合变量的合理近似来分解递归过程，以便能够进行并行计算，有效提高了求解速度。文献[50]将粒子群优化算法与非线性模型预测控制结合，通过粒子群的并行搜索计算和FPGA硬件的并行计算，提升了控制器的计算速度。

**（2）面向自动驾驶的硬件实现技术**

随着自动化程度的提高，汽车逐渐成为车轮上的数据交互与计算中心，传统车载计算电子控制单元（Electronic Control Unit，ECU）将难以满足未来高度自动化的整车控制需求。兼顾快速性、安全性、扩展性、低成本等多方面需求的车载边缘计算平台将是智能时代汽车控制的刚性需求。带有多线程和并行处理能力的图形处理单元（Graphics Processing Unit，GPU）和现场可编程门阵列（Field Programmable Gate Array，FPGA）是先进汽车控制与优化算法快速实现的可行方案。

嵌入式系统的计算平台一般资源受限，如何在计算能力有限的嵌入式设备上实现预测控制算法近年来已成为研究热点。GPU的应用程序采用大量并行线程编写，内核调用以及数据传输需要耗费大量时间，适用于规模较大的并行优化问题，有明显的加速效果。FPGA由于具有可定制性、并行计算能力，能够让设计人员自定义数据位宽、定制算法微架构，以及通过流水线和循环展开实现计算的并行化。因此，基于FPGA的预测控制器的实现研究成为热点。

基于FPGA实现控制器开发方案主要有两种：基于高级综合工具（High Level Synthesis，HLS）和基于硬件描述语言（Hardware Design Language，HDL）。HLS工具可以将高级编程语言代码（例如C/C++）转换为HDL代码。文献[52]使用DK Design Suite综合工具实现MPC控制器的设计；文献[53]采用FPGA IP原型工具箱，实现控制器的快速设计、验证算法；文献[54]基于Vivado HLS工具设计了嵌入式系统MPC控制器，提出了支持软件优化的FPGA实现方案。近年来，Vivado HLS工具被广泛用于MPC的FPGA实现。虽然基于HLS工具开发预测控制器方便、快捷，但是自动转化的代码可读性差、代码调试困难，同时硬件资源利用率低。基于HDL的开发方案是手动编写HDL代码，进行电路微架构的设计。文献[59,60]给出了线性预测控制器的FPGA自定义计算微电路架构；文献[61]针对不同的一阶优化方法，提出了几种定制的计算结构，以处理线性二次MPC问题。文献[62]直接用VHDL（超高速集成电路硬件描述语言）在FPGA上编写实现有限控制集MPC控制器。虽然手动编写HDL代码的硬件设计需要较长的开发时间，但是可以通过底层电路架构的设计和微调，获得最优的加速计算性能。

以上控制器实现方案主要是基于单核FPGA方案实现的，随着系统的集成度越来越高，片上系统（SoC）方案成为了嵌入式系统的刚性需求。SoC是一种由软/硬微处理器和FPGA协处理器组成的架构。文献[63, 64]在FPGA芯片中嵌入软核处理器，采用软、硬件相结合的方式实现MPC控制器；文献[65-67]将矩阵运算通过FPGA实现，其他计算任务在主处理器上实现。文献[68]设计了预测控制器的SoC系统，在FPGA上实现预测控制的调节器和稳态目标计算，主处理器上实现接口通信功能。

目前，无论是整车厂、互联网公司还是高校，都在投入巨大的人力、物力来抢占自动驾驶车辆计算平台的战略高地，研究快速、可靠、低成本的计算平台一直是智能驾驶汽车发展的热点。NVIDIA公司针对自动驾驶研发了DrivePXXavier高性能计算芯片；Mobileye

公司研发了EyeQ系列芯片；Google在2016年发布了TPU，该芯片专为Google深度学习平台Tensorflow框架而设计，与同期GPU相比，可获得高达30倍的性能提升，以及最高80倍的效能提升；百度在2018年发布了全能AI芯片“昆仑”，并声称是业内设计算力最高的计算芯片；高通公司将“骁龙”芯片成功地从手机平台移植至车载平台，在一块电路板上集成5G通信、神经网络处理引擎、GPS、Wi-Fi等多功能的芯片，可以适应未来智能网联与高度自动化汽车的需求。

## 2.4 车辆驾驶自动化关键技术挑战

### 2.4.1 环境感知

环境感知技术是实现自动驾驶功能的重要环节。当前，自动驾驶感知技术发展迅速，但仍有诸多瓶颈亟须解决：

① 传感器的局限性：相机容易受到光照变化和不利光照条件的影响，且缺乏深度信息，对3D位置的估计能力较弱；激光雷达容易出现鬼影现象（误检），同时缺乏相机可提供的丰富色彩信息，并且对雨雪天气较为敏感；4D毫米波雷达的点云稀疏、精度较低等问题，限制了单传感器的检测上限，环境感知系统需要针对不同的任务，扬长避短地使用多种传感器信息。同时，多传感器的融合也对标定精度、可扩展性提出了更高要求，并且需要考虑硬件的支持能力以及传感器的成本问题。

② 纯视觉bev感知的局限性：尤其以bev/occ为主。然而，现有模型的bev特征图大小一般为200×200，bev grid分辨率一般为0.5m，能够实现前后左右50m范围内的感知，还不足以支撑实际落地精细粒度的需求。另外，为了满足下游规控的需求，往往需要感知捕获200m范围内的红绿灯信息，以提前进行决策规划，进一步提升纯视觉bev的检测范围仍是一个巨大的挑战。Bev的两种方案：former-based的方案，对于硬件的支持还不够友好；lss-based的方案，上限较低。目前近距离的感知，bev相对于2D或单目3D都是质的提升；但是远距离依旧摆脱不了对2D的依赖；无论采用哪种方法，bev感知的检测距离和检测精度仍有待提升。

③ 边缘设备的算力局限性：随着环境感知方案的不断优化，部署低延迟要求和有限算力间的矛盾越发突出。自动驾驶是一个实时计算系统，无法像Web后端系统一样通过增加服务器来进行算力拓展。同时车载系统对能耗、散热也有约束，这间接约束了感知能使用的算力。在有限算力下部署复杂模型，感知输出延迟较大，会造成安全隐患及各种问题。尤其当前主流的环视相机bev/occ模型，对算力需求较高，存在复杂算子难以部署、难以达到城区/高速下的实时性要求等问题，需要通过模型压缩、神经结构搜索、代码优化的方式更巧妙地利用有限的算力资源，达成最佳的效果。

④ Corner case的局限性：面向极端复杂的长尾场景，环境感知准确性仍有待大幅提升，需要做更细粒度的识别，如各种奇怪的大车、地上的塑料袋、行人更细粒度的意图（如是否在打电话）等。环境感知模块应该具有更强的可扩展性、自学习性，理想情况下，长尾问题应该有自动的流程进入模型框架中自动进行学习，而不是简单地靠堆人力来改善这些问题。

⑤ 数据的局限性：为了保证环境感知模型能够处理更多、更复杂的场景，需要有海

量、准确、高质的场景数据，进而对其进行标注，环境感知系统，尤其是障碍物感知，对标注需求很大，高质量的训练数据越来越受到业界的重视。由于人工标注时间成本高、效率低，很有必要进一步挖掘自动标注、nerf三维重建技术的可能性。

⑥ 难以准确表征和处理不确定性：感知的输出是带有不确定性的，一个近处物体，在无遮挡的情况下，对其估计较为确定；而一个远处物体，激光雷达打上的点少，其类别、位置的不确定性都较大。一般来说，需要输出一个最置信的类别和位置信息，但此时该信息的不确定性是极大的，而感知内部或下游往往会直接忽略这种不确定性。如何更好地融合不确定性信息，需要感知内部和下游模块从底层进行更好的思考。

综上，自动驾驶对安全性有极高的要求，同时路测出现的场景千奇百怪，这对环境感知的挑战是巨大的。自动驾驶感知是一个需要综合算法、工程、数据的系统工程。算法方面，需要针对问题组合、定制已有算法。工程方面，需要让系统能够吞吐更大量的数据；数据方面，需要利用路测数据积累对长尾数据的认知和评估，同时形成模型-路测-数据标注闭环，增加数据的量级和利用率。

### 2.4.2 智能决策

现有的智能决策算法大多基于数据驱动，通过数据挖掘、机器学习等技术，建立系统状态和决策的外在映射关系，擅长对非线性决策机制进行描述。然而，其面临数据分布偏移、神经网络“黑箱”等问题。数据驱动算法通常依赖于大量的训练数据，但如果这些数据无法完全覆盖系统可能遇到的所有情况，就会导致数据分布偏移。例如，某些驾驶场景可能很少出现在训练数据中，使得模型无法在这些新场景中有效泛化。深度神经网络的复杂性导致其被视为黑箱，难以理解其内部决策过程。这使得解释系统的决策变得非常困难，特别是在需要说明为何某个决策被做出的情况下，更忽略了系统状态间的转移特性，造成决策模型的泛化性低、安全性弱、可解释性差，因此难以应对智能驾驶中遇到的环境不确定问题。

另外，智能决策算法及系统在动态开放环境下存在安全性低、适应性差等问题。未知的交通状况、突发事件或恶意攻击可能导致系统产生不安全的决策。并且，智能决策算法及系统与环境的交互信息混杂且多模态，交互机理难以描述，同时领域知识的融入机制难以构建，系统安全难以保证。在真实的驾驶环境中，智能决策系统需要处理来自多个传感器的信息，这些信息可能是多模态的。有效地融合和理解这些多模态信息，以支持更精确的决策，是一个复杂而具有挑战性的问题。

同时，智能决策的可解释性极大程度决定了人类对智能系统的信任和接受程度，是智能决策面临的基础理论问题之一。现有的可解释性研究主要集中在解释单个神经元或小规模神经网络模型。然而，在具有多子系统的智能系统中，涉及多个层次和多个模块的决策复杂性，这使得单一神经元或网络模型的解释难以提供系统整体决策的全面解释。由于环境因素复杂多变且交互耦合，导致对状态输入到决策输出的参数化解释极为困难。

### 2.4.3 规划控制

自动驾驶在规划控制方面已经取得较大进展，但在以下方面仍然存在挑战：

① 实时性与计算复杂度挑战：车辆的规划控制系统应在毫秒级时间内做出响应，且其全局最优往往是NP-hard问题，横纵向耦合的复杂建模、环境带来的多变约束、多目标冲

突等特性导致先进的规划控制算法往往需要考虑高维的变量和约束条件，造成复杂的计算和求解过程，如何保证收敛性和计算效率是算法设计的一大挑战。

② 复杂真实交通环境的动态适应性挑战：真实场景中道路环境是动态变化的，各影响因素之间动态耦合，具有时变、非线性、高阶和多态等特征，规划控制系统应主动识别并适应多变环境，实现对高维度、多模态和多样化动态驾驶场景的全工况自适应。

③ 算法自进化能力挑战：当前的规划控制算法一般只针对专门的场景具有较好的适应性，存在着适用场景固定单一、未知场景适用性弱、算法难以实现自主进化等问题，建立具备自学习、自进化的规划控制算法是提升汽车智能性的必经之路。

④ 多源不确定性处理的挑战：环境变化、传感器误差、系统建模不准确等因素导致多源不确定性的存在，且不确定性会在规划和控制算法中进行传播和累积，会造成系统稳定性问题、安全风险问题等，如何对不确定性进行有效管理和处理以降低其影响是一个理论和应用上的双重难点。

## 2.5 车辆驾驶自动化发展建议

### 2.5.1 技术发展建议

在自动驾驶技术仿真测试方面，需要不断改进仿真工具，以提高其准确性和复杂性，以评估自动驾驶系统的性能。同时，建议制定仿真数据验证的标准，以确保仿真结果的可信度。为了实现自动驾驶系统的全球性应用，需要建立统一的道路测试框架和标准。这些标准应包括测试方法、数据采集和处理标准、性能评价标准等。制定和遵守这些标准将有助于确保不同自动驾驶系统之间的可比性，并提高整个行业的透明度，推动自动驾驶技术的广泛应用。

对于自动驾驶技术的道路测试和验证也要进行更为细致和全面的规划。自动驾驶系统必须能够在各种道路条件和交通情境下可靠运行。因此，测试应涵盖多种不同的测试场景，包括不同类型的道路（高速公路、城市道路、乡村道路）、不同天气条件（雨天、雪天、雾天等）、交通拥堵、紧急情况模拟等。这将有助于确保系统在各种复杂情况下都能够表现出色。同时，提高传感器的性能和精度，以提高系统的感知和决策能力。并且测试过程中需与交通管理部门合作，明确测试区域和路段，确保测试的合法性和安全性。

测试自动驾驶系统需要大量的实时数据，建议建立大规模数据采集网络，将不同测试数据进行共享，以加速测试和开发过程。同时，注重数据隐私和安全问题至关重要。在推动自动驾驶技术的过程中，相关方应致力于制定更加健全的数据隐私和安全标准。建立起数据采集、存储和传输的安全机制，确保用户数据不被滥用，并防范潜在的网络攻击。

自动驾驶系统应建立长期监测与反馈机制，将实际道路运行数据定期回传至开发团队，以识别问题并改进系统。这种持续的监测和反馈循环对于技术的不断改进至关重要。

### 2.5.2 人才培养建议

自动驾驶技术对于培养符合行业需求的人才提出了更高的要求。首先，培养人才的过程应该注重跨学科的整合。自动驾驶领域涉及计算机科学、电子工程、机械工程等多个学科，因此学生需要全面理解这些领域的知识，培养跨学科的综合素养。其次，实践经验是培养自动驾驶人才不可或缺的一部分。学生需要参与实际项目，通过实践应用所学知识，了解行业的实际运作和挑战。这可以通过与汽车制造商、技术公司或研究机构的合作来实现，为学生提供更贴近实际工作环境的机会。

在技术层面，深度学习和人工智能是自动驾驶领域的关键技术。因此，学生需要接受深度学习和神经网络等方面的培训，以理解和应用这些先进技术。此外，对于自动驾驶而言，传感器技术也至关重要。学生需要深入了解各种传感器的原理和应用，以便更好地处理传感器数据。安全和伦理意识是培养自动驾驶人才过程中一个重要的方面。学生需要理解自动驾驶系统可能面临的风险，并学会如何设计系统以最大程度地确保乘客和其他道路用户的安全。同时，他们需要思考自动驾驶技术在社会和伦理层面的影响，为未来的发展提供可持续的解决方案。在软实力方面，团队合作和沟通技能是培养人才的重要一环。自动驾驶项目通常需要跨职能团队的协作，而团队合作和良好的沟通是保障项目成功的关键。此外，学生还需要具备持续学习和适应能力，因为自动驾驶技术在不断发展，要求从业者不断更新知识。在法规和政策方面，学生需要了解交通法规和相关政策对自动驾驶技术的要求。这有助于确保他们的工作在法律框架内进行，同时也为未来的技术发展提供合规性。

最后，将培训环境与实际应用场景结合起来是培养人才的有效途径。学生通过参与实际的自动驾驶项目，可以更好地应用所学的知识，更深入地理解系统的运作和实际应用中的挑战。

### 2.5.3 政策发展建议

随着自动驾驶技术的迅猛发展，政策制定者需要积极跟进，以确保这一技术的有序推广和安全实施。首先，政府应该积极推动法规的制定和更新，以适应自动驾驶技术的快速演进。这包括明确自动驾驶车辆的法律地位、责任界定和保险制度，为企业和用户提供清晰的法律框架。其次，政府在推动自动驾驶技术时需要加强与行业的合作。建立政府与企业的紧密合作机制，通过定期磋商和信息共享，促使政策更贴合实际需求。此外，政府可以设立专门的自动驾驶产业园区，提供必要的基础设施和政策支持，以吸引更多企业投入自动驾驶研发和应用中。

安全问题是自动驾驶技术推广的一个核心考虑因素。政府需要建立健全的安全标准和测试体系，确保自动驾驶车辆在各种复杂交通场景下能够安全行驶。此外，政府可以设立独立的安全评估机构，对自动驾驶系统进行独立评估和认证，提高技术的安全性和可信度。在法规层面，政府需要在保证公共安全的前提下鼓励创新。可以采用灵活的监管手段，例如建立“沙盒”机制，让企业在一定的试点区域内进行自动驾驶技术的试验，为技术创新提供更多空间。

为了推动自动驾驶技术的广泛应用，政府可以制定相关的激励政策。包括对研发和生产自动驾驶技术的企业给予税收优惠、补贴和研发资金支持等激励措施，以鼓励更多企业投入自动驾驶技术的研究和实践中。此外，政府需要投资于基础设施建设，以适应自动驾驶技术的发展。这包括提升道路标志、交通信号系统和车辆通信基础设施，以确保自动驾驶车辆能够在智能化的道路环境中更好地运行。

政府应该注重公众教育和社会接受度。通过开展宣传活动，提高公众对自动驾驶技术的理解，解答人们对于安全、隐私和道德等方面的疑虑，从而增强社会对这一技术的接受度。

## 参考文献


[1] 黄开胜，袁宏，钟薇. 以车路协同和互联互通为先导抓手推进智能网联汽车与智慧城市协同发展[J]. 建设科技，2022, 1(6): 47-52.

[2] 中国经济时报社，国研经济研究院. 中国智能交通产业生态发展战略研究[R]. 2022.

[3] Lee D, Hess D J. Regulations for on-road testing of connected and automated vehicles: assessing the potential for global safety harmonization[J]. Transportation Research Part A: Policy and Practice, 2020, 136: 85-98.

[4] Wang L, Wu J, Li X, et al. Longitudinal control for person-following robots[J]. Journal of Intelligent and Connected Vehicles, 2022, 5(3): 88-98.

[5] Wang S, Wang Z, Jiang R, et al. Trajectory jerking suppression for mixed traffic flow at a signalized intersection: a trajectory prediction based deep reinforcement learning method[J]. IEEE Transactions on Intelligent Transportation Systems, 2022, 23(10): 18989-19000.

[6] 葛雨明，余冰雁. 车联网与智能交通协同发展的思考[J]. 建设科技，2022, 1(05): 67-76.

[7] Ortuzar J D. Future transportation: sustainability, complexity and individualization of choices[J]. Communications in Transportation Research, 2021, 1: e100010.

[8] Larsson J, Keskin M F, Peng B, et al. Pro-social control of connected automated vehicles in mixed-autonomy multi-lane highway traffic[J]. Communications in Transportation Research, 2021, 1: 100019.

[9] 刘宗巍，匡旭，赵福全. V2X关键技术应用与发展综述[J]. 电讯技术，2019, 362(01): 121-128.

[10] 李克强，李家文，常雪阳，等. 智能网联汽车云控系统原理及其典型应用[J]. 汽车安全与节能学报，2020, 11(03): 261-275.

[11] Boban M, Kousaridas A, Manolakis K, et al. Connected roads of the future: use cases, requirements, and design considerations for vehicle-to-everything communications[J]. IEEE Vehicular Technology Magazine, 2018, 13(3): 110-123.

[12] 陆文杰，袁建华，罗为明，等. 自动驾驶汽车决策控制系统简介[J]. 道路交通科学技术，2019 (2): 3-6.

[13] 彭育辉，江铭，马中原，等. 汽车自动驾驶关键技术研究进展[J]. Journal of Fuzhou University, 2021, 49(5): 691-703.

[14] Ingle S, Phute M. Tesla autopilot: semi autonomous driving, an uptick for future autonomy[J]. International Research Journal of Engineering and Technology, 2016, 3(9): 369-372.

[15] 崔明阳，黄荷叶，许庆，等. 智能网联汽车架构，功能与应用关键技术[J]. 清华大学学报（自然科学版），2022, 62(03): 493-508.

[16] SAE International. Taxonomy and Definitions for Terms Related to Driving Automation Systems for On-Road Motor Vehicles: J3016_202104[S/OL]. [2024-12-02]. https://www. sae. org/standards/content/j3016_202104/.

[17] 中国智能网联汽车产业创新联盟. 车路云一体化白皮书[EB/OL]. 2023-01-17[2023-08-08]. https://www. cictci. com/uploads/20240925/ce9f98ae83c6e4353ddd2fbceec758fe. pdf.

[18] 詹德凯. 自动驾驶汽车环境感知系统传感器技术现状及发展趋势[J]. 辽宁省交通高等专科学校学报，2021, 23(03):21-26.

[19] 全国汽车标准化技术委员会，智能网联汽车分技术委员会. 车载感知融合标准化需求研究报告[EB/OL]. 2020-08[2023-08-08]. https://www. catarc. org. cn/upload/202107/13/202107132159375049. pdf.

[20] 宋威龙. 城区动态环境下智能车辆行为决策研究[D]. 北京：北京理工大学，2016.

[21] Huang C, Lv C, Hang P, et al. Toward safe and personalized autonomous driving: decision-making and motion control with DPF and CDT techniques[J]. IEEE/ASME Transactions on Mechatronics, 2021, 26(2): 611-620.

[22] Ulfsjöö C H, Axehill D. On integrating POMDP and scenario MPC for planning under uncertainty-with applications to highway driving[C]//2022 IEEE Intelligent Vehicles Symposium (Ⅳ). IEEE, 2022: 1152-1160.

[23] Li G, Yang Y, Li S, et al. Decision making of autonomous vehicles in lane change scenarios: deep reinforcement learning approaches with risk awareness[J]. Transportation Research part C: Emerging Technologies, 2022, 134: 103452.

[24] 雷俊廷. 基于改进RRT的自动驾驶路径规划与跟踪控制方法研究[D]. 重庆：重庆交通大学，2023.

[25] 熊晓勇. 自动驾驶汽车多场景复杂约束轨迹规划研究[D]. 长春：吉林大学，2023.

[26] Fan H, Zhu F, Liu C, et al. Baidu apollo em motion planner[J]. arXiv preprint arXiv:1807. 08048, 2018.

[27] 周颖．自动驾驶和车路协同系统中通信技术现状分析[J]. 智能网联汽车，2021(1): 92-96.

[28] 贯怀光，郭蓬，张登权，等．基于车路云协同的智能网联汽车研究态势[J]. 汽车文摘，2023 (06): 1-8.

[29] 王伟力，石胜华，张恒博，等．面向车路协同关键通信技术的研究[J]. 公路交通科技(应用技术版)，2020, 16(03): 311-315.

[30] Ansari S, Ahmad J, Shah S A, et al. Chaos - based privacy preserving vehicle safety protocol for 5G Connected Autonomous Vehicle networks[J]. Transactions on Emerging Telecommunications Technologies, 2020, 31(5): e3966.

[31] 中国智能网联汽车产业创新联盟．车路云一体化系统白皮书[EB/OL]. 2023. https://www. digitalelite. cn/h-nd-5740. html.

[32] 张亚勤，李震宇，尚国斌，等．面向自动驾驶的车路云一体化框架[J]. 汽车安全与节能学报，2023, 14(3): 249-273.

[33] 中国公路学会，中国汽车工程学会，中国通信学会．车路协同自动驾驶系统（车路云一体化系统）协同发展框架[EB/OL]. 2023. https://www. china-cic. cn/upload/202301/17/db3ee55551bd4fb2b2d978db86b90160. pdf.

[34] Yu G, Li H, Wang Y, et al. A review on cooperative perception and control supported infrastructure-vehicle system[J]. Green Energ Intel Transport, 2022, 1(3): 14-28.

[35] 张毅，姚丹亚，李力，等．智能车路协同系统关键技术与应用[J]. 交通运输系统工程与信息，2021, 21(5): 40-51.

[36] Bian Y, Li S, Ren W, et al. Cooperation of multiple connected vehicles at unsignalized intersections: distributed observation, optimization, and control [J]. IEEE Trans Ind Elect, 2019, 67(12): 10744-10754.

[37] Wang F. Scanning the issue and beyond: ITS with complete traffic control [J]. IEEE Trans Intel Transport Syst, 2014, 15(2): 457-462.

[38] 张玲玉，王力，张立立，等．智能汽车的切换型人机共驾研究进展与展望[J]. 重庆交通大学学报(自然科学版)，2022, 41(09):130-139.

[39] 福特汽车：自动驾驶人机共驾关键技术及发展趋势[EB/OL]. https://new. qq. com/rain/a/20230622A04AI200.

[40] Lu L. Separable nonlinear model predictive control via sequential quadratic programming for large-scale systems [C]. 5th IFAC Conference on Nonlinear Model Predictive Control NMPC, Spain, 2015, 495-500.

[41] Chen H, Guo L L, Ding H T, et al. Real-Time Predictive Cruise Control for Eco-Driving Taking into Account Traffic Constraints[J]. IEEE Transactions on Intelligent Transportation Systems, 2018:1-11.

[42] Chu H, Guo L, Gao B, et al. Predictive cruise control using high-definition map and real vehicle implementation[J]. IEEE Transactions on Vehicular Technology, 2018, 67(12): 11377-11389.

[43] Ozatay E, Ozguner U, Filev D. Velocity profile optimization of on road vehicles: pontryagin's maximum principle based approach[J]. Control Engineering Practice, 2017(61): 244-254.

[44] Shimizu Y, Ohtsuka T, Diehl M. A real-time algorithm for nonlinear receding horizon control using multiple shooting and continuation/Krylov method [J]. International Journal of Robust and Nonlinear Control, 2009, 19(8):919-936.

[45] Englert T, Völz A, Mesmer F, et al. A software framework for embedded nonlinear model predictive control using a gradient-based augmented Lagrangian approach (GRAMPC)[J]. Optimization and Engineering, 2019, 20(3): 769-809.

[46] Chauhdry M H M, Luh P B. Nested partitions for global optimization in nonlinear model predictive control [J]. Control Engineering Practice, 2012, 20(9): 869-881.

[47] Du X X, Htet K K K, Tan K K. Development of a genetic-algorithm-based nonlinear model predictive control scheme on velocity and steering of autonomous vehicles [J]. IEEE Transactions on Industrial Electronics, 2016, 63(11): 6970-6977

[48] 董娜，陈增强，孙青林，等．基于粒子群优化的有约束模型预测控制器[J]. 控制理论与应用，2009, 26(9): 965-969.

[49] Xu F, Chen H, Gong X, et al. Fast Nonlinear model predictive control on FPGA using particle swarm optimization [J]. IEEE Transactions on Industrial Electronics, 2016, 63(1): 310-321.

[50] Deng H, Ohtsuka T. A parallel Newton-type method for nonlinear model predictive control[J]. Automatica, 2019, 109: 108560.

[51] Mcinerney I, Constantinides G A, Kerrigan E C. A survey of the implementation of linear model predictive control on FPGAs[J]. IFAC-PapersOnLine, 2018, 51( 20):381-387.

[52] Ling K V, Wu B F, Maciejowski J M. Embedded model predictive control (MPC) using a FPGA[J]. IFAC Proceedings Volumes, 2008, 41(2): 15250-15255.

[53] Suardi A, Kerrigan E C, Constantinides G A. Fast FPGA prototyping toolbox for embedded optimization[C]// in European

Control Conference (ECC), Linz, Austria, 2015, 2589-2594.
[54] Lucia S, Navarro D, Lucia O, et al. Optimized FPGA implementation of model predictive control for embedded systems using high level synthesis tool[J]. IEEE Transactions on Industrial Informatics, 2018, 14(1): 137-145.
[55] Khusainov B, Kerrigan E C, Constantinides G A. Automatic software and computing hardware co-design for predictive control[J]. IEEE Transactions on Control Systems Technology, 2017, 27(5): 2295-2304.
[56] Tu W, Luo G, Chen Z, et al. FPGA implementation of predictive cascaded speed and current control of PMSM drives with two-time-scale optimization[J]. IEEE Transactions on Industrial Informatics, 2019, 15(9): 5276-5288.
[57] Rio A D, Basterretxea K. Towards the development of a CAD tool for the implementation of high-speed embedded MPCs on FPGAs[C]// European Control Conference, Saint Petersburg, Russia 2020: 941-947.
[58] Edwards S A. The challenges of synthesizing hardware from c-Like languages[J]. IEEE Design & Test of Computers, 2006, 23(5):375-386.
[59] Mills A, Wills A G, Weller S R, et al. Implementation of linear model predictive control using a field-programmable gate array[J]. IET Control Theory & Applications, 2012, 6(8):1042-1054.
[60] Wills A G, Knagge, et al. Fast Linear Model Predictive Control Via Custom Integrated Circuit Architecture[J]. Control Systems Technology IEEE Transactions on, 2012, 20(1): 59-71.
[61] Jerez J L, Goulart P J, Richter S, et al. Embedded online optimization for model predictive control at megahertz rates[J]. Automatic Control IEEE Transactions on, 2013, 59(12): 3238-3251.
[62] Dorfling T, Mouton H, Geyer T, et al. Long-horizon finite-control-set model predictive control with nonrecursive sphere decoding on an FPGA[J]. IEEE Transactions on Power Electronics, 2020, 35(7):7520-7531.
[63] Chen H, Xu F, Xi Y. Field programmable gate array/system on a programmable chip-based implementation of model predictive controller[J]. IET Control Theory and Applications, 2012, 6(8): 1055-1063.
[64] Wojtulewicz A, Awryńczuk M. Implementation of multiple-input multiple-output dynamic matrix control algorithm for fast processes using field programmable gate array[J]. IFAC-PapersOnLine, 2018, 51(6):324-329.
[65] Vouzis P D, Kothare M V, Bleris L G, et al. A system-on-a-chip implementation for embedded real-time model predictive control[J]. IEEE Transactions on Control Systems Technology, 2009, 17(5):1006-1017.
[66] Yang N, Li D W, Xi Y G. Model predictive controller design and implementation on FPGA with application to motor servo system[J]. Control Engineering Practice, 2012, 20(11): 1229-1235.
[67] Xu Y, D Li, Xi Y, et al. Improved predictive controller on FPGA by hardware matrix inversion[J]. IEEE Transactions on Industrial Electronics, 2018, 65(9): 7395-7405.
[68] Hartley E N, Jerez J L, Suardi A, et al. Predictive control using an FPGA with application to aircraft control[J]. IEEE Transactions on Control Systems Technology, 2014, 22(3): 1006-1017.
[69] Yang M, Otterness N, Amert T, et al. Avoiding pitfalls when using NVIDIA GPUs for real-time tasks in autonomous systems[C]//Proceedings of the 30th Euromicro Conference on Real-Time Systems (ECRTS 2018). Dagstuhl, Germany: Schloss Dagstuhl-Leibniz-Zentrum fuer Informatik, 2018: 1-21.
[70] Shi W J, Alawieh M B, Li X, et al. Algorithm and hardware implementation for visual perception system in autonomous vehicle: a survey[J]. Integration, 2017, 59: 148-156.
[71] Abadi M, Barham P, Chen J M, et al. TensorFlow: a system for large-scale machine learning[C]//Proceedings of the 12th USENIX Conference on Operating Systems Design and Implementation. Savannah, USA: ACM, 2016: 265-283.

本章负责人　　陈　虹　同济大学

参加编写人员　郭露露　高炳钊　张　琳　黄岩军　洪金龙　褚洪庆　许　芳　南　熠　王宇雷

# 第3章　轨道交通自动化

## 3.1　概述

随着经济的持续发展，轨道交通以高效便捷、安全可靠、快速通达、覆盖面广的优势成为综合交通运输体系的骨干和高品质快速交通网的关键组成部分。轨道交通按照服务对象、速度标准及运营制式等，可分为干线铁路（高速铁路、普速铁路、货运及重载铁路）、城际铁路、市域（郊）铁路、城市轨道交通（地铁、轻轨、单轨、磁悬浮、市域快轨等）四类。根据国际铁路联盟（UIC）的数据，截至2023年，全球铁路营业里程已经达到133万km，其中高速铁路占6.2万km；在货物运输方面，全球货运铁路总里程已超过50万km，年货运总量约为1169亿t·km，轴重27t以上的重载铁路总里程超过30万km。在城市轨道交通方面，现已有78个国家和地区累计545个城市开通运营，总里程已接近4.2万km，其中巴黎、东京、香港、北京、伦敦等城市已经形成了网络化、制式多样化的城市轨道交通系统。我国高铁运营里程为4.5万km，占比超过70%，是世界上唯一成网运营的高铁系统；货运铁路里程超过10万km，年货运发送量达到39亿t，重载铁路里程已到达5000km，形成覆盖全国铁路网的重载铁路运输新格局；我国共有55个城市开通运营城市轨道交通线路306条，运营里程1万km，全年实际开行列车3759万列次，完成客运量294.4亿人次。轨道交通发展呈现出多样化和快速增长的趋势，技术创新和运营模式升级推动了轨道交通系统向着更加智能化、高效化、可持续化的方向发展。

轨道交通系统是一个典型的复杂巨系统，主要由运行控制系统（简称运控系统）、基础设施和移动装备三个部分组成，如图2-3-1所示。随着大数据、5G通信、人工智能、云计算等技术在轨道交通系统的深入应用，轨道交通系统自动化程度得到了显著提升。

轨道交通自动化是利用先进感知、通信、控制和调度等技术实现列车自动控制、监

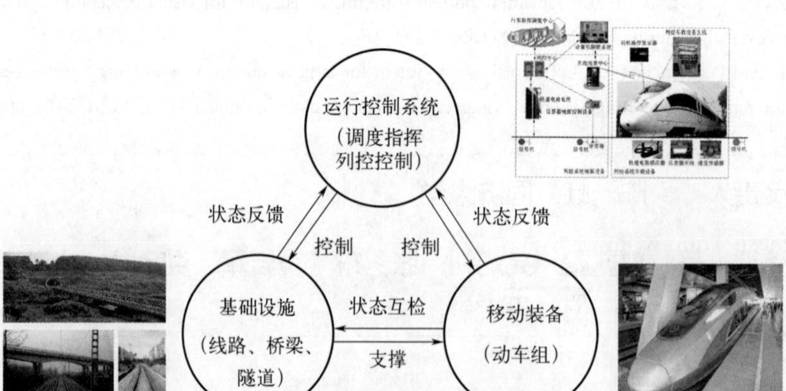


图2-3-1　轨道交通的组成

测、管理、运营和运维等，以进一步提高轨道交通安全性、运营效率和旅客舒适度的技术。随着自动控制、人工智能、通信、大数据、传感器等理论和技术的发展，轨道交通自动化水平得到了飞速提升。轨道交通自动化的主要发展历程可分为如下四个阶段：

初创阶段（19世纪末至20世纪中期）：这一时期标志着轨道交通自动化的起始。欧洲和美国是主要的领跑者，推出了如信号灯、自动闭塞等基础信号设备。例如，1868年，伦敦在威斯敏斯特街口投入使用了世界上第一个红绿臂板式燃气信号灯；1914年，美国克利夫兰则实现了电气信号灯的自动控制。这些设备和技术为后续的自动化发展奠定了基础。

发展阶段（20世纪中期至20世纪末）：在这一时期，轨道交通自动化进入了更为深入的研究和应用时期。以法国和德国为代表，开发了列车自动保护系统（Automatic Train Protection，ATP）、列车自动运行系统（Automatic Train Operation，ATO）、列车自动控制系统（Automatic Train Control，ATC）等前沿信号系统，为自动驾驶技术的进步提供了坚实的基础。例如，巴黎地铁14号线于1998年开通，为巴黎首条全自动化线路。

快速发展阶段（20世纪90年代至21世纪初）：这是轨道交通自动化迅速普及的阶段，技术开始呈现多样化特征且在全球范围内获得了广泛应用。不仅欧洲国家深化技术研发，如德国的高速铁路ICE系列列车，亚洲、北美的铁路也开始大规模引入高度自动化的系统。此阶段的显著特点是对新技术如无线通信的广泛采用，使得沿线设备大为减少，进一步提高了运营效率。

自主创新阶段（21世纪初至今）：轨道交通自动化技术在21世纪迎来了创新高峰。伴随着高速铁路技术的发展，自动驾驶技术在高速铁路领域得到了初步应用。运控系统、基础设施与移动装备作为轨道交通三大模块，在大数据、物联网以及人工智能等先进技术的支撑下，有效地提升了轨道交通在运维、调度、预测和服务等方面的自动化和智能化水平。各模块的自动化技术特征和内涵如下：

**（1）运控系统自动化**

作为轨道交通系统的大脑和中枢神经，运控系统在提高运营效率和确保乘客安全方面起到了至关重要的作用。运控系统由地面控制、车载控制、调度集中和通信网络四个子系统组成，其中地面控制子系统提供监控列车所需要的线路数据、行车许可等基础数据和信息，车载控制子系统将地面传来的信息进行处理，生成列车速度曲线及制动曲线并监控列车安全运行。作为车载前沿技术的典型代表，列车自动驾驶系统采用先进的智能控制理论和优化算法，在ATO系统的安全保护下为列车提供全自动或半自动驾驶支持，完成列车加速、巡航、惰行和制动的操作，实现列车的启动、运行调整、精确停车、车门控制等功能。调度集中子系统能够实时接收来自各列车和基础设施的数据并进行数据分析，从而实现列车的实时监控和调度。系统通过分析历史数据和实时数据，能够预测高峰和低谷时段，并据此优化列车开行方案。当检测到异常或故障，该系统能够快速制定应对策略，如自动调整列车行驶路径或者运行时刻，以确保乘客的安全和服务的连续性。以现有列车控制系统（Chinese Train Control System，CTCS-3级）为基础，高铁调度集中系统进一步完善了列车运行智能调整、进路与命令安全卡控、列车自动运行、行车调度系统综合仿真等优化功能，对列车进路和命令安全卡控进行创新，提升进路办理与安全卡控的效率。通信网络子系统包括有线网络和车-地通信无线网络两部分，主要功能为保障各子系统间的安全和可靠数据传输。随着通信技术的发展，车-车通信技术为城市轨道交通列车之间提供了直接信息交流的通道，使得运控系统更加高效、安全。这一系统能够确保列车之间实时交换关键数据，如位置、速度、制动状态等，同时传输重要的控制指令如列车的跟随和超车等操作。信息的实时交换和处理显著提高了列车运行的安全性和效率，并在一定程度上降低了事故的发生概率。

**（2）基础设施自动化**

轨道交通的基础设施主要包括轨道、桥隧、电气化设备、信号设备、车辆设备、道岔设备及配件设备。基础设施自动化主要运用自动化、智能传感等技术，通过安装应变计、振动传感器、红外传感器等各类传感器对基础设施进行实时监测与智能运维。检测系统实时监视车载子系统和地面信号设备，判断设备故障趋势并诊断设备的健康状态，同时对列车运行过程中的信号系统进行全生命周期安全管理，加强了轨道交通运行的安全性、乘客的舒适性以及灾害情况下乘客疏散的及时性，可将灾害情况下的损失降到最低。智能运维技术以提升业务设备全生命周期价值为出发点，实现不同基础设备间的互联互通与智能运维分析决策，结合设备故障预测与健康管理，完成基础设施的被动维护到主动检养修的转变，同时大数据和机器学习技术的结合则可以基于收集的数据进行维护需求的预测，进一步优化维护计划。

**（3）移动装备自动化**

轨道交通的移动装备主要是指列车、动车组、轻轨车辆等，其中地铁列车、高铁动车组等自动化进程尤为引人注目，核心技术如自动驾驶、无人驾驶、5G通信等均已投入了实际的运营中。在地铁列车方面，伦敦地铁、巴黎地铁等均已开通了无人驾驶的地铁线路，我国上海地铁15号线、北京地铁燕房线等线路均采用了无人驾驶技术。在高铁动车组方面，我国成功研发了拥有完全自主知识产权的复兴号CR400AF型和CR400BF型智能动车组，并已经于京张高速铁路投入运营，实现了全球首次时速350km的自动驾驶。动车组配置了包括以太网控车、车载安全监测等在内的9项智能运维与监控系统，显著增强了列车运行和安全性监测的智能化程度。同时，列车还融入了基于5G技术的列车Wi-Fi，为乘客带来更上乘的语音通话和移动网络服务体验。

为抢占世界轨道交通技术“制高点”，保持领域的领先优势，世界铁路强国均制定了轨道交通智能化发展战略。欧盟发布的“Shift2Rail”及“EUROPE′s Rail”等计划提出了数字化和自动化列车运营、全寿命周期管理、自动化车辆等发展方向。英国为实现提高列车载客量、行车频率与乘客满意度的目标，提出数字时代下的铁路发展蓝图。德国铁路4.0战略中提出数字化工作流程、设备自主化、货物智能化管理等目标。法国国家铁路公司在数字化铁路项目计划中，通过加强工业互联网基础设施的建设来构建一个综合网络，将列车、路网和车站紧密连接，从而提高生产效率和旅途舒适度。日本JR东日本铁路公司在“Move up 2027”中提出乘客便捷换乘计划，根据乘客需求与铁路公司目标对列车运行图进行优化。我国“十四五”规划明确提出加快建设交通强国的目标，积极推动各种运输方式的一体化融合发展，促进城市群都市圈内城际铁路和市域（郊）铁路的建设，致力于打造全国范围内的“四网融合”型现代铁路网络，初步形成涵盖全国的“全国123高铁出行圈”的发展格局。国家铁路局发布《“十四五”铁路科技创新规划》提出要在时速400km高速列车、3万t级重载列车等装备研制上实现重大突破；在提升运输服务方面，推动高速铁路更小的列车追踪间隔技术，并推广其应用，构建更为完善的旅客联程运输网络；同时进一步提升客货运服务技术，完善智能铁路成套技术体系，促进各种制式轨道交通信息的共享水平。全面推进轨道交通自动化、智能化、自主化和一体化成为了全球轨道交通发展的必然趋势。

## 3.2 国内外发展现状

### 3.2.1 高速铁路

作为现代交通网络的重要组成部分，高速铁路具有高速、舒适度高、绿色环保等特点，近年来在世界各国迅速发展。全球超过20个国家和地区正在建设或规划建设高速铁路，总运营里程超过6万km，最高商业运营时速达350km/h。高速铁路因其运行速度快、运行时间间隔更短等特点，需要高度依赖以计算机为代表的自动化技术来应对高速运行中独有的挑战，例如列车控制、调度指挥、复杂装备管理、复杂工况监测等难题。日本、欧洲、中国等国家和地区也在不断研发更高标准、更优质的智能化和数字化高速铁路关键技术，以提升高速铁路的运输效率和服务质量。

截至2023年，日本高速铁路开通的线路总里程超过3400km，最高运营时速为320km/h。日本高速铁路以新干线为代表，其列车全部采用动力分散型设计，使得总功率不受单一机车的限制，有助于减少高速行驶对轨道的冲击损害。同时，该线路完全使用最新一代的综合运输管理系统（COSMOS）来实现高速铁路的日常精细化管理。COSMOS系统是一个基于自主分散运行管理的大型信息共享平台，由多个子系统协同工作。它包括运输计划、运行管理、车站作业管理、维修作业管理、车辆管理、设备管理、信息集中管理和电力控制系统等八个部分，能够实现最短3min的运行间隔和12min的快速折返。

欧洲高速铁路以德国、法国、西班牙等最具代表性。截至2023年，德国高速铁路运营里程超过6000km，法国高速铁路运营里程超过4500km，最高运营时速均为320km/h。欧洲各成员国普遍采用欧洲轨道交通管理系统（European Rail Traffic Management System，ERTMS）来实现列车的信号和速度控制。这一系统的主要目的是确保欧洲各国间铁路信息系统的兼容性和互通性，从而降低系统的建设和维护成本。同时，ERTMS还旨在提升列车的运行速度、基础设施的运输能力以及整体的安全标准，优化跨国铁路运输效率。ERTMS系统主要由欧洲列车控制系统、铁路数字移动通信系统及欧洲交通管理层三大系统组成，是欧洲信息化铁路系统的重要基础。

虽然我国高速铁路的发展起步较晚，但增长速度和技术进步却极为显著。2008年，京津城际铁路的开通拉开了我国高速铁路的发展序幕。截至2023年底，我国已经完成了“四纵四横”高速铁路网的建设，同时“八纵八横”高速铁路网的加密布局已初步形成。我国90%以上的50万人口城市已开通高速铁路，总运营里程超过4.5万km，最高商业运营时速达到了350km/h，无论在规模还是运营速度上，我国高铁都位居世界首位。从2010年CRH380AL高速动车组在京沪高速铁路上创造的486.1km/h的纪录，到2014年超速试验车CIT500达到的605km/h的轮轨试验台试验速度，再到2016年实现的明线420km/h的动车组交会速度，我国高速铁路技术的进步一直处于世界领先水平。2019年开通运营的智能京张高速铁路采用CTCS3+ATO模式实现了350km/h的自动驾驶，并具备高速动车组车站自动发车、区间自动运行、车站自动精确停车、车门/安全门联动控制等功能，有效确保列车运行安全、提高列车运行效率、降低牵引能耗、减轻司机劳动强度、改善旅客乘车体验，标志着我国高速铁路正式进入自动驾驶时代。此外，随着云计算、大数据、物联网、移动互联、人工智能、北斗卫星导航、建筑信息模型等新技术与铁路业务的深度融合，以及数字孪生、区块链、通用人工智能、隐私计算、出行即服务、下一代通信等新技术的迭代更新，我国提出了智能高铁的科学定义和技术内涵，包括“全面感知、泛在互联、融合处理、主动学习、科学决策”。这些创新不仅推动了复杂巨系统管理方法的“模数驱动、轴面协同”模式，还构建了技术、标准、数据三位一体的智能高铁体系架构。中国国家铁路集团有限公司（简称：国铁集团）发布的《智能高速铁路体系架构1.0》标准被国际铁路联盟采纳，为全球智能高铁的发展提供了中国方案。

当下全球各国对于高速铁路的竞赛愈加激烈，从早期的技术探索到现代的持续创新，高速铁路已经成为全球范围内促进城市联系、加速经济发展的重要交通方式。随着技术的不断进步和网络的进一步扩张，高速铁路有望在未来实现更大的发展，为全球带来更加便捷、高效和环保的交通解决方案。

### 3.2.2 城市轨道交通

伴随着我国城市化进程的推进与不断演变，城市交通需求迅猛增长。城市轨道交通因其运量大、安全准点等优点，对于缓解城市交通压力具有显著的作用，近年来得到了快速发展。根据我国城市轨道交通的年度统计，2022年累计城市轨道交通完成客运量193.02亿人次，占公共交通客运总量的45.82%，日均客运总量达到5505.72万人次。为进一步实现轨道交通体系的全面高质量发展，保证出行的安全可靠、便捷高效，并倡导绿色可持续发展的新理念，发展城市轨道交通要致力于由依靠传统要素驱动向更加注重创新驱动的转变，开发新一代智能交通管理系统，推动人工智能等新技术与交通行业的重大需求的深度融合，从而助力实现国家交通强国战略目标。

针对轨道交通控制系统的智能化升级，国内外在城市轨道交通领域就包含车-车通信在内的全自动技术进行了不断探索与创新。2015年5月，主要由欧洲铁路行业协会与西班牙CAF公司牵头，组成包括西门子、阿尔斯通、庞巴迪公司在内的机车车辆制造商、铁路运营公司以及科研院校等机构的研究团队启动了Roll2Rail项目。2015年9月，美国纽约市的7号线地铁西延伸段就采用了全自动驾驶技术，可以实现无人值守、自动发车、自动停车等功能。2017年，芝加哥的北部线路开始采用全自动驾驶技术进行运营。我国城市轨道交通自动化技术展现出了独特的创新实力和广泛应用前景，包含车-车通信技术在内的全自动驾驶技术，也逐渐被运用在我国一些城市轨道交通线路中。例如，2017年12月，北京地铁燕房线正式运营，采用新兴发展的无人驾驶技术，成为我国拥有自主知识产权的轨道交通领域第一条全自动运行线路。燕房线搭载我国自主研发的城市轨道交通全自动驾驶系统，线路区段列车采用先进的自动驾驶系统及相关技术，能够成功实现无人值守、自动发车与自动停车的行车功能。同时该线路还采用了智能调度系统，可以实时监测列车的运行状态和周围的交通情况，从而进行自动调整和优化运行路线。2023年3月，上海地铁10号线、14号线、15号线、18号线、浦江线也在技术的发展升级中，实现了全自动驾驶的目标。2023年6月，苏州市轨道交通11号线正式开通运营，是国内市域轨道交通线路的应用全自动驾驶技术的首创之举。自建成通车后，实现了苏州与上海轨道交通路网的良好衔接。

为提高城市轨道交通的运输效率，缓解客流高峰期拥挤、平低峰期运力浪费的运力不均这一矛盾现象，能够根据客流变化而动态调整线路运力的虚拟编组技术已逐渐成为轨道交通领域的一类重要的研究课题。我国也已经将虚拟编组技术作为列车运行控制技术的下一重要发展方向，例如：《中国城市轨道交通智慧城轨发展纲要》将列车“协同编队”列为建设重点；《中国城市轨道交通绿色城轨发展行动方案》将采取灵活编组等方式，提高列车的满载率和乘客便捷舒适体验等作为节能降碳增效行动的重点内容；科技部国家重点研发计划中包含的“超大城市轨道交通系统高效运输与安全服务关键技术”项目，也将对城轨虚拟编组等关键技术进行深入发掘。

随着城市轨道交通系统在加速智能化发展方向的迈进和技术方面的不断升级，我国城轨系统的建设逐步向着智能化、绿色化、多元化的方向迈进。在列车视觉技术方面，智能化瞭望系统采用计算机视觉、图像处理等技术，可以实现自动识别、预警等功能，进一步提高列车驾驶的安全性和效率。智能化瞭望系统在我国北京、香港、成都等城市的线路上进行过相关测试，并在北京地铁17号线上开展了工程化应用实施。在列车信号技术方面，不同制式的轨道交通无感改造技术可应用于城市轨道交通轨道电路线路的改造，并可适用于城市群内干线铁路、城际铁路、市域（郊）铁路、地铁间的互联互通。例如，2019年至今上海地铁2号线、重庆地铁2号线等线路的改造实现在新系统架构完全或者部分兼容既有系统。在城市轨道交通制式的衔接发展方面，城市轨道交通已有与市内外其他交通产生衔接的发展趋势，例如京雄城际铁路首段-北京西至大兴机场段于2019年9月与轨道交通大兴机场线同日开通，实现了北京地铁大兴线与京雄城际铁路的衔接。2022年5月，《北京市“十四五”时期交通发展建设规划》指出，北京地铁19号线将与市郊S2线、平谷线与通密线、东北环线跨线运营，建立联通，1号线、八通线延伸工程在高碑店至国贸这一客流高断面区段形成双复线，不同制式的合理衔接能够很大程度上缓解客流压力。

通过先进的自动化技术手段提高运营效率和服务质量，提升多制式轨道交通在城市综合交通运输体系中的衔接发展效用，能够适应城市综合交通和绿色交通的需求，助力国内的城市轨道交通向着更先进、智能、高效、舒适、绿色的方向发展。

### 3.2.3 重载铁路

重载铁路运输凭借其高运力、低成本和低能耗等优势，成为煤炭、矿石等大宗货物运输的主力和能源运输“大动脉”。发展重载铁路运输是支撑国家战略、提升铁路货物运量、推动物流降本增效的根本需要。我国自20世纪80年代开始发展重载铁路以来取得了显著成效，已建成以大秦、朔黄、浩吉、瓦日等为代表的重载铁路，总运营里程接近1万km。长期以来，我国煤炭运量与铁路货运总量的比重一直在40%以上，2021年，我国铁路发运煤炭为25.8亿t，2022年发运量扩大至27.9亿t，同比增长8.1%。2017年，我国作出调整运输结构、增加铁路货运量的决策部署，鉴于我国煤炭运输“北煤南运”“西煤东运”的现状，以及交通运输部提出的煤炭等大宗货物运输“公路转铁路”政策，煤炭铁路运输需求将进一步提升。根据国家中长期铁路网规划，未来我国可发展重载铁路线网总规模约22700km。

随着重载铁路牵引重量和列车开行密度的逐渐增加，线路运输环境愈加复杂，运用先进的感知、控制、调度、通信和运维等技术，提高铁路运输的安全性、可靠性、效率成为了重载铁路发展的必然方向。澳大利亚、美国、俄罗斯、巴西等国家正在积极探索人工智能、自动驾驶等技术在重载铁路运输领域的创新应用，实现列车在无须人工操控的情况下安全、平稳、准点、节能运行。英国、法国、德国等国家已经在干线铁路上进行了基于欧洲列车控制系统（European Train Control System，ETCS）的ATO技术研究和试验。我国《交通强国建设纲要》中明确提出“推进大宗货物及中长距离货物运输向铁路有序转移”

铁路货运行业发展新目标；同时国务院印发的《"十四五"现代综合交通运输体系发展规划》中明确指出要推广铁路重载运输技术装备，构建高效货运服务系统和提升铁路货运能力。

对于重载列车运行控制，主要采用了LOCOTROL机车同步操纵技术和电控空气制动（Electric Controlled Pneumatic，ECP）技术实现全列车空气制动与缓解的同步进行。其中LOCOTROL机车同步操纵技术实现主控机车与从控机车的同步操纵，ECP系统可以通过电缆以电信号的形式传递制动信号。为了提高列车旅行速度，缩短安全行车间隔，减少轨旁设备（包括信号机、轨道电路、计轴等），2017年10月，世界上首次在皮尔巴拉地区进行了货运列车的无人驾驶测试。2018年12月，在该地区的重载铁路网上成功实现了GoA4等级的全自动无人驾驶货运列车的正式运营，总运距达到了1700km，是全自动无人驾驶技术在重载铁路领域的突破性进展。瑞典LKAB铁路公司开发出了Cato计算机辅助驾驶系统，可实时向司机更新并发送推荐速度曲线。俄罗斯国家铁路公司将虚拟编组技术应用于货运列车，行车间隔压缩了50%。主要重载运输国家和地区如北美和巴西正在积极推动装备健康监测技术的发展，他们致力于开发车辆和线路健康监测系统，并利用大数据进行监控、预测、综合报警、故障分析和实时处理。

与澳大利亚和美国使用的ECP系统不同，我国的货车车辆采用自动式空气制动系统（Pneumatic Controlled Pneumatic，PCP）。PCP系统通过贯穿整个列车的通信电缆传输制动指令，实现了全列车同步制动和缓解，确保制动力均匀分配，有效缩短制动时间，减少列车的纵向冲击和制动距离，并可进行阶段性缓解。与采用ECP制动系统的长大列车相比，采用PCP制动系统的列车更容易操作。2018年9月，中车株洲所成功在西安局国产化HXD1机车上安装了机车自动驾驶系统，实现了货运列车的正线自动驾驶；2019年12月，该系统还增加了异物入侵检测、站段自动调车等功能；自2020年以来，该系统解决了列车在长大下坡路段的平稳控制和循环空气制动控制等技术难题，在大秦铁路和朔黄铁路上成功进行了2万t组合重载列车的自动驾驶试验。针对我国组合式重载列车在长大下坡的循环空气制动难题，展开一系列动力学模型与最优控制问题的研究，实现速度曲线优化与跟随控制，为机车辅助驾驶与自动驾驶提供有力支撑，实现列车安全、准点、节能驾驶，降低列车操纵难度。

在调度指挥方面，浩吉铁路通过将智能化技术与信息系统紧密结合，于2019年启用了智能综合调度系统，实现了列车状态和编组情况的实时监控；同时，将计划调度、机械调度和行车调度相互衔接，实现了调度计划的协同编制、自动调整以及空车计划的自动生成；在调度指挥、运输管理与车站作业等运输全过程实现局站一体化，提升了调度指挥和车站作业效率。通过建设面向运输生产全过程的智能型调度指挥系统，在编组站合理安排组合方案，生成高效有序的列车时刻表，对重载铁路运行线路的计划和运营层面进行有效的自动化综合调度，保证铁路运输有序进行，提高重载铁路系统效率，降低运输成本。针对重载铁路集疏运体系，对重载铁路编组站组合优化、空重车协同调配等展开一系列研究，减少空车滞留时间，提升线路运营效率；针对线路扰动等突发事件，结合重载铁路运输组织特点，建立列车运行调整模型，实现列车运行自动调整，减少列车延误。

随着重载铁路运量的不断提升，万吨和2万吨长大编组重载列车常态化批量开行，铁路基础设施维护与安全保障压力随之加大。为此，我国开始广泛采用云计算、大数据、人工智能等新一代信息技术，对既有基础设施状态检测、维护管理与生产流程进行升级再造，开展基础设施智能运维技术研究和系统研发，以提升重载铁路基础设施安全保障水平、降低运营维护成本，推进重载铁路基础设施运维的智能化发展。朔黄铁路目前已建成“保安、降本、提质、增效”为目标，以“数据+模型”驱动的创新建设理念，通过应用BIM、人工智能等新一代信息技术，构建了空天车地一体化的智能检测监测体系，能够实时监控设施的状态，并提前发出预警，实现了对基础设施的全面监测。同时，实现了基础设施维修天窗和资源的高效共用，生产作业效率、设备质量和运营安全保障能力得到提升，为朔黄铁路基础设施设备从“计划修”向“状态修”的转变提供了重要技术支撑。

总体而言，国内外在重载铁路感知、控制、调度和运维等领域开展了研究，以自动驾驶、综合调度和智能运维为代表的重载铁路技术取得了较好的发展。随着大数据、人工智能、新型传感等技术的发展，未来重载列车将朝着自动化、智能化和一体化的方向发展。

### 3.2.4 普速铁路（货运）

普速铁路是世界铁路系统的主体和重要组成部分，包括既有普速铁路和新建的技术标准较低的铁路系统。美国普速铁路是世界上规模最大的铁路网络，其速度范围很广，从低速货运列车到较快速长途客运。根据我国标准，普速铁路指不大于160km/h速度级别的非客运专线以及不大于140km/h速度级别的客运专线。此外，与高速铁路系统主要服务于旅客运输不同的是，普速铁路采取旅客列车和货物列车共线运行的模式，其客货运输以其成本低、运输量大、受气候影响小等优势在运输领域扮演着关键角色，并发挥着越来越重要的作用。

随着普速铁路运营总里程与上线车次的日益增加，对运输能力和行车安全提出了更高的要求，列车运行过程的安全监测与故障诊断对行车安全有着极为重要的意义。美国、澳大利亚及加拿大等国家的货运铁路系统建立了规模庞大且运行可靠的信息存储系统，通过对各个零部件信息进行分类存储和实时更新，显著提升了检修效率，提升了铁路运输的安全性。德国、法国等国家的铁路货车运行里程相对较短，列车的轴重和编组都比较小，且列车车型较单一，因此主要关注车载设备的安全检测与故障诊断，通过赋予列车故障自诊功能，实现核心部件及重要子系统的状态监测和故障诊断。德国西门子股份公司的railigent系统通过内置传感器和监测设备对列车部件进行持续检测，利用大数据分析和机器学习技术，对收集到的数据进行深度分析，从而提供实时的数据分析与预测功能。在我国铁路货运系统中，除了各列检作业场的人工技术检查之外，铁路车辆运行安全监控系统（5T系统）在故障检测中发挥着重要作用。5T系统具备高度智能化的能力，能够识别车辆的具体信息，包括车次、车种、车型和车号等关键数据，可对运行列车的各个部位进行动态监测，实时获取车辆的运行状态信息并通过信息共享机制对车辆运行过程全程跟踪，从而有助于实现协同作业和资源调度。2022年，国家铁路局发布了新的《铁路车辆运行安全监控系统设计规范》，取代了旧版本，对5T的设计要求进行了全面修订，新增了客车故障轨旁图像检测、动车组运行故障图像检测、动车组车载信息无线传输等3个铁路车辆运行监控系统的设计要求。

目前货运列车普遍采用司机人工驾驶，列车驾驶辅助系统为列车司机提供详尽而直观的操控建议。德国IT子公司研发的EBuLa与列车的牵引和制动系统协同工作，根据不同的列车运行场景给予相应的推荐速度，保持列车之间的安全距离，并在必要时进行紧急制动，与之类似的还有德国的EFS系统以及法国的KVB系统等。在美国，安装在北美和南美铁路上的LEADER系统可以显示实际运行轨道和列车信息，监测列车的速度和负载状况并通过显示屏提供智能化的速度控制和向列车司机提供牵引、制动建议。我国对列车驾驶辅助系统的研究起步较晚，但是得益于铁路交通的高速发展及大量人力、物力的投入，也取得了瞩目的研究成果。目前已投入使用的铁路干线运行监控装置可以依据列车运行状态、线路数据等条件输出规划曲线并进行显示，便于司机对列车运行做出适当调整。同济大学的曾小清等研究的面向节能的列车驾驶辅助技术可用于驾驶员行车指导，实现列车驾驶节能的效果。我国普速铁路通常采用CTCS-0或CTCS-1级列控系统，车辆采用机车主体信号和列车运行监控装置LKJ来保障行车安全。然而，当前装备在普速铁路列车上的列控设备仅能起到超速防护及保障行车安全的作用，列车的正常驾驶还是司机来进行操控，司机驾驶列车不仅要实时观察运行前方线路情况，还需要实时观察车辆运行状态及人机交互界面DMI显示，其劳动强度较大，也容易出现人为操作事故。因此，基于成熟运用的城轨、高速铁路等ATO自动驾驶基础，继承已有的设备和技术，成为普速铁路列车自动驾驶相关系统设备和技术的发展方向。在国内，中车大连机车车辆有限公司面向普速铁路进行了机车自动驾驶系统的研究，其研制的D3系列机车自动驾驶系统推动了电力机车自动驾驶的技术进步，其中，HXD3C电力机车自动驾驶系统已于2020年完成线路试运，由中车大连所及相关单位联合承担的《铁路机车智能驾驶技术-HXD2机车自动驾驶技术》和《铁路机车智能驾驶技术-HXD3机车自动驾驶技术》两项科技成果也于2021年通过了科技成果评审。

总体来看，普速铁路的自动化技术在国内外已经取得了一定的发展和成功的应用，实现了故障检测、辅助驾驶等前沿技术。未来随着技术的不断发展，如何将高速铁路等已经发展成熟的自动驾驶技术、智能调度等技术成功应用于普速铁路，以进一步提升其运输效率和安全性是重要的发展方向。

### 3.2.5 磁悬浮

磁悬浮交通具有广泛适用速度（100 ～ 1000km/h）、安全可靠、节能环保等特点，在填补速度领域的需求、完善我国交通运输体系，以及促进区域经济一体化协同发展等方面具有重要意义。磁悬浮列车技术的研究与开发主要集中在中国、德国和日本等国家。德国致力于高速电磁悬浮（Electromagnetic Suspension，EMS）列车的开发，而日本专注于高速电动悬浮（Electrodynamic Suspension，EDS）列车，同时也在研发适用于城市轨道交通的低速EMS磁悬浮列车。我国磁悬浮轨道交通起步较晚，但经过十年的努力发展逐渐成为世界磁悬浮交通研究的中心，上海、北京、长沙等城市已经通车并投入运营磁悬浮线路。

德国是磁悬浮轨道交通技术的发源地。自20世纪60年代以来，德国通过国家研究与发展计划将磁悬浮交通技术发展到工程应用的成熟阶段。磁悬浮交通技术在德国的发展历程经历了“刚体悬浮”“磁轮抱轨”和“电磁模块”3个关键的技术演化阶段，相继研发了从TR01到TR09的多代TransRapid磁悬浮列车，最终实现了商业化运营。日本在20世纪70年代初期展开了高速磁悬浮和中低速常导磁悬浮列车的研究，先后开发了ML100常导磁悬浮实验列车，采用超导、直线同步电机驱动、磁斥式电动悬浮系统的MLU系列，包括MLU001-MLU002N磁悬浮列车以及L-Zero系列磁悬浮列车，并开通了世界上首条中低速磁悬浮线路-东部丘陵线（Linimo线），采用HSST型列车，最高速度约100km/h。20世纪80年代起，美国、韩国、加拿大、瑞士等国家纷纷开展了磁悬浮轨道交通的研究和实践，提出了多种代表性的方案，如美国的“超级高铁”系统、韩国的HML系列磁悬浮车型和

UTM系列磁悬浮列车。

我国针对磁悬浮交通的研究始于20世纪80年代初期。在国家政策的推动下，我国磁悬浮轨道交通迅速发展，并在“十二五”期间提出了“掌握高速磁悬浮技术，优化中低速磁悬浮技术”的目标。2002年，上海开通了世界首条商业运营高速磁悬浮线路，从浦东机场至龙阳路地铁站，全长33km，最高运行速度为430km/h。该线路采用TR08型常导电磁悬浮列车，包括悬浮架、电磁铁、悬挂系统、车厢、车载电磁和应急制动系统、悬浮控制等电气设备。通过上海磁悬浮示范线，我国掌握和验证了高速磁浮交通的关键技术，积累了磁浮交通的运营经验和运行数据，为磁浮交通技术的国产化和工程化提供了基础条件。2001～2015年，我国完成自主化车辆、线路轨道、牵引供电、运行控制等子系统功能样机的开发及验证，完成了磁浮交通系统由理论到工程的技术迭代。经过15年的持续研究，我国基本掌握了高速磁浮交通技术的基础理论和单元技术，具备了进一步提高速度和实现工程应用的基础。2016～2021年，我国开展了600km/h速度级高速磁悬浮交通的技术研发和工程化装备研制。我国拥有完全自主知识产权的时速600km高速磁浮交通系统于2021年7月成功下线，标志着我国在高速磁浮领域取得了重大突破。此外，我国中低速常导磁悬浮技术的研究自20世纪90年代开始，已完成多个型号中低速磁悬浮列车的研发，时速可达140km。随着中低速磁悬浮轨道交通的不断推进，我国多地建设并运营了多条磁悬浮线路，如北京市中低速磁悬浮交通示范线（S1线）、长沙磁悬浮线路等。

磁悬浮列车的自动化技术主要体现在其无接触的牵引和制动系统、高度集成的运营控制系统以及智能化的维护和监控系统。这些技术的应用不仅显著提高了运营效率和安全性，而且大幅降低了能耗和维护成本。未来磁悬浮列车将进一步融合大数据、人工智能等技术优化列车运行策略和能效管理，以进一步提升乘客服务的个性化和舒适度。同时，随着5G通信技术的应用，磁悬浮列车的实时数据通信和远程监控能力将得到显著加强，为实现完全自动化运营提供技术支撑。

## 3.3 轨道交通自动化关键技术

### 3.3.1 高速铁路

在当前的高速铁路技术发展中，自动化和智能化的应用已成为推动行业前进的关键驱动力，极大提升了高铁运输的效率和安全性，引领这一行业的发展变革。从自动驾驶技术的精准控制，到智能调度系统的高效管理，再到列车健康管理技术的前瞻性维护等，每一项技术的变革都极大地促进了高速铁路的快速、安全和高效发展。

**（1）自动驾驶技术**

高速铁路自动驾驶是确保列车运行更安全可靠、便捷快速、经济高效、舒适温馨及环保的关键因素。基于CTCS-2/3级列车控制系统，车载ATO单元和地面设备共同协作实现高铁的自动驾驶，其中车载ATO单元负责自动驾驶控制，地面设备通过专用的定位应答器，确保列车的精确准定位，进一步通过GPRS通信系统控制站台门、传输站间数据，并调整列车运行计划，其系统架构如图2-3-2所示。该系统具备车站的自动发车、区间自动运行、车站自动停车、车门自动开启（保护功能）以及车门与站台门的联动控制5项主要功能。

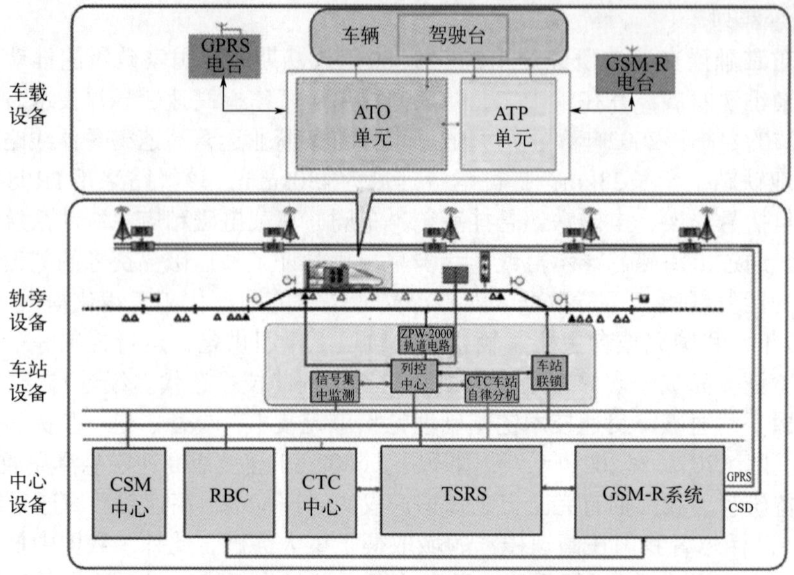


图 2-3-2　CTCS-3+ATO 系统架构

高速铁路ATO系统在运行控制的优化方面引入了高速动车组的精准停车技术和自动驾驶控制技术。精确停车技术依赖于ATO和应答器处理模块之间的紧密协作。ATO系统实时处理速度和雷达传感器提供的测速和测距数据，而应答器处理模块则向ATO提供关于应答器作用范围和延时的精确信息。利用这些数据，ATO计算出应答器中心点对应的速度脉冲数和雷达里程，进而精确计算出列车的实时位置。

自动驾驶控制的核心要素包括优化目标速度曲线和实现列车的有效跟随控制。ATO系统首先基于测速和测距数据，结合自动列车保护（ATP）提供的移动权限、应答器接收模块的停车点信息、应答器报文，以及临时限速服务器提供的站间运行计划，来构建并优化速度曲线模型。该曲线包括顶棚速度、减速曲线和过渡曲线。过渡曲线的主要作用是平滑地连接顶棚速度和减速曲线。该曲线考虑了线路坡度、制动曲线的减速度，以及动车组的制动响应延迟和制动级位的减速度等关键性能参数。基于此ATO能有效控制列车从巡航状态平稳过渡到制动状态。ATO的目标速度曲线跟随技术采用闭环控制算法，这些算法能够在列车运行过程中动态调整ATO的控制命令，以实现对目标速度曲线的精准跟随，保障列车能够按照既定的速度曲线实现安全、高效的运行，同时提高运营过程中列车状态的平稳性和安全性。

（2）智能调度系统

智能调度技术融合了最优化理论、运筹规划、人工智能、大数据统计及专家分析决策系统等先进前沿技术，通过综合感知列车运行环境，并将这些信息与高速铁路智能装备及运营数据相结合，形成对高速列车运行态势的智能评估和预测，最终实现高速铁路智能动态调度、智能协同控制等多项功能，为列车运行管理提供了全方位的智能化支持。高速铁路智能调度系统能够有效提高运输资源的利用效率、实现对列车运行的精确控制，并在突发事件下快速生成调度策略，使调度员能够摆脱繁重的日常工作，更加专注于监控关键任务和控制关键环节，从而全面提高运输组织的水平。

高速铁路智能调度系统的总体架构如图2-3-3所示，该系统充分利用铁路12306等对外系统实时掌握客运市场整体情况，经智能分析与态势研判后，根据基本运行图，系统生成了未来一段时间的运营计划，并与车-机-工-电-辆各专业管理系统进行即时互动和高效调度，以充分协调和优化运力资源，最后通过智能运行图系统保证运营方案精准落实。系统可以随时调用基础信息、规章规定和历史安全数据库汲取决策依据，同时通过灾害报警、异物侵限等系统实时监控高速铁路运营状态，以多维度、全方位的信息支撑保证高速铁路系统整体运营的安全、稳定和高效。

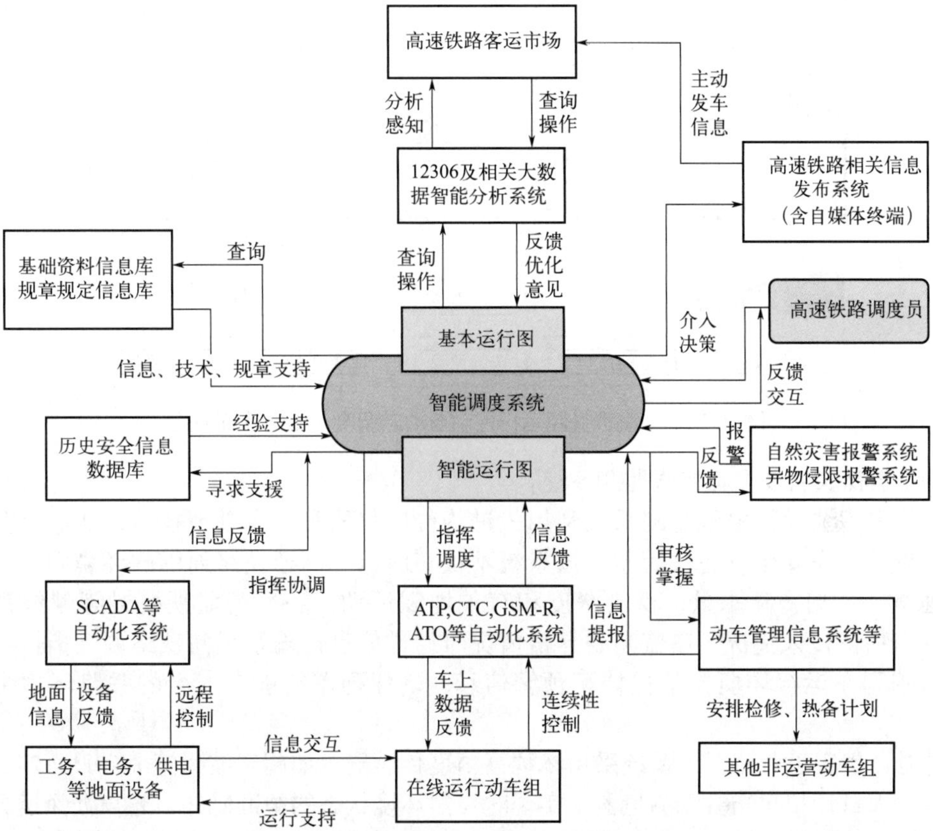


图 2-3-3　高速铁路智能调度系统的总体架构

### （3）运行控制与动态调度一体化系统

高速铁路运行控制与动态调度一体化系统能够通过全面、快速且精确的智能检测手段，对高铁的运行状况进行多层次全局监测，对人员、列车、车站、线路和网络等全局资源进行细致的分析和评估，通过列控与调度系统纵向贯通以及车-机-工-电-辆多专业横向协同，实现调度策略和列车控制决策的一体化生成，保障调度侧和控制侧的内在协同，实现路网资源分配和列车运行效率的全局最优，极大提升高速铁路的应急处置能力，强化运行秩序的鲁棒性，是实现高速铁路智能化和自主化的重要保障。

高速铁路运行控制与动态调度一体化以既有运控系统为基础，通过增强信息感知和一体化决策系统实现，其框架如图2-3-4所示。增强信息感知通过智能感知和理解获取人、车、站、线、网全局运行环境状态信息，解决感知不全面的问题；一体化决策系统实现单车智能控制、多车协同控制和控制调度一体化。一体化决策是通过与无线闭塞中心（Radio Block Center，RBC）和中心CTC进行通信，获取列车在途运行信息和实际运行图信息，与TSRS共同分享临时限速信息，并据此计算出最优的列车运行速度曲线和调整的列车运行计划图，ATC和调度集中（Centralized Traffic Control，CTC）系统执行一体化决策实时生成的控制和调整策略。

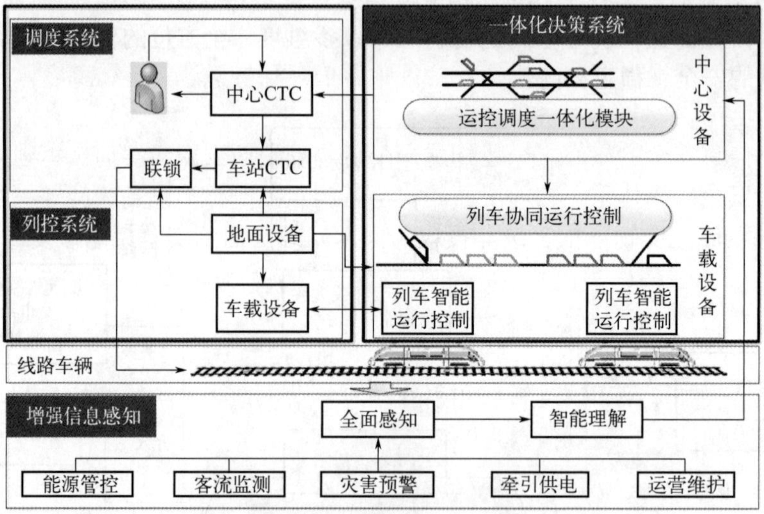


图 2-3-4　高速铁路运行控制与动态调度一体化系统框架

(4)自然灾害及异物侵限监测系统

自然灾害及异物侵限监测系统利用先进的传感仪器和信息处理技术，实时监测并预警可能威胁列车安全的各种因素。该系统不仅实时监控高速铁路周围的环境因素，比如强风速度、风向、降水量、积雪深度和有关地震活动，还严密监视桥梁等越线铁路结构的外来物体侵入情况。在监测到异常情况时通过信息传输系统向铁路调度指挥中心提供实时的列车运行环境异常报警和预警信息，确保列车能够在安全的铁路环境中正常行驶。

针对自然灾害监测，该系统采用多种高精度传感器，如超声波风速风向计、24GHz多普勒雷达雨量计和激光雪深测量器，实现对自然环境状态的精准感知。超声波风速风向计利用空气中的声波传播特性，实现了在正常天气状态甚至极低风速条件下风速和风向数据的准确测量与分析。多普勒雷达雨量计则通过分析反射信号的频率变化来测定降雨量，能够精确区分不同类型的降水。

在异物侵限监测方面，系统结合了红外传感器和可见光探测器，以及基于YOLO算法的图像处理技术，显著提升了对气候条件与光照变换的适应能力，保证了对物体的识别准确率。YOLO算法在全图信息处理上的优势使其能够一次性完成目标的定位和分类，从而在铁路场景中准确识别并定位异物。针对高速铁路接触网的异物监测挑战，系统采用了图像预处理技术和混合神经网络结构。通过动态图像稳定和噪声滤波，以增强高速条件下图像的清晰度和细节识别。同时融合卷积神经网络和递归神经网络构建特征融合网络，能够有效提取和分析静态和动态图像中的不同信息特征，从而提高异物识别的准确度。此外，系统还利用了迭代优化技术，如迁移学习和增量学习，以适应环境变化和新出现的异物类型。这种迭代的模型优化机制确保了系统在新情况下的准确性和鲁棒性。高速铁路自然灾害及异物侵限监测系统在确保安全运营方面起到了关键作用，同时推动了铁路系统向智能化和自动化的转型。

(5)信息网络安全技术

在当今数字化和网络化日益发展的时代背景下，高速铁路信息网络安全技术已成为铁路运输领域的关键组成部分。随着高速铁路系统越来越依赖于先进的通信技术、自动控制系统和数据处理平台，确保这些关键基础设施的安全与稳定运行变得尤为重要。高速铁路信息网络安全技术的主要目的在于防范和应对各种网络安全威胁，如网络攻击、数据泄露、系统入侵等，从而保证列车运行安全、乘客信息保护以及关键铁路运营数据的安全性和完整性。

高速铁路信息安全的核心之一是构建一个从物理层面到网络层面，再到应用层面的多层次、全方位安全防御体系。物理层面的安全措施包括严格的设备访问控制和监控，确保所有网络硬件设施免受物理损害或非授权访问。网络层面的安全策略涉及高级的防火墙、入侵检测系统和入侵防御系统，以识别和阻止恶意流量和未授权的网络访问。在应用层面，使用了数据加密、访问控制和持续的安全审计，以确保应用程序的安全性和数据的保密性。而且，为了应对日益复杂的网络安全威胁，高速铁路信息网络安全技术不断引入新的技术和策略。例如，采用人工智能和机器学习算法来增强网络监控的能力，通过自动分析大量的网络流量和日志数据，快速识别潜在的安全威胁。此外，区块链技术的应用可以增强数据完整性和防篡改能力，尤其是在车票销售、乘客信息管理等关键数据处理领域。同时，高速铁路信息网络安全技术还注重于建立全面的应急响应和灾难恢复计划，这包括定期进行网络安全演习和培训，以提高铁路运营人员和IT支持人员对网络安全事件的应对能力。通过模拟各种网络安全攻击和故障场景，确保在真实的安全事件发生时能够迅速有效地采取应对措施。

高速铁路信息网络安全技术的进步和实施对于保障铁路系统安全运行至关重要。随着网络技术的不断进步和网络安全威胁的不断演变，这一领域将持续面临新的挑战和机遇。未来，通过不断创新和优化技术手段，高速铁路信息网络安全技术将继续提升，以适应不断变化的安全需求，保障铁路系统的稳定、安全和高效运行。

**（6）健康管理技术**

基于新兴技术如先进传感技术、无线通信网络、人工智能、边缘计算及大数据分析的不断发展，高速列车预测性健康管理（Predictive Health Management，PHM）系统在数据收集、故障检测、分析预测和决策支持等方面实现了重要技术突破。PHM系统不只是涵盖了高速列车从研发、设计、制造到维护的全生命周期数据的收集与模型分析，还包括构建基于组件的整套解决方案和可定制化的场景支撑技术以及工具化系统，有效提升了高速列车的运行维护安全性和经济效率。

高速列车的系统结构极为复杂，各个系统之间的相互影响关系同样错综复杂。关键系统和核心部件的失效机制及其数据表征特性具有高度差异性。通过集成多种传感技术，如视频图像分析、振动和温度监测、光纤传感以及声发射检测，配合高效的数据采集仪器和先进的信号解调软件，PHM系统能够对高速列车中容易出现损坏或故障的关键子系统（如车体、轮对、转向架、车顶高压电接收与处理系统、车厢门等）进行实时性状态监测和数据采集以实现故障的检测定位，其技术架构如图2-3-5所示。

此外，PHM系统还应用机器学习和数据挖掘技术对收集到的数据进行深度分析，以识别潜在的故障模式和性能退化趋势。这种分析不仅依赖于历史数据和实时数据，还结合了列车运行的环境因素，如气候条件和轨道状况，以提高诊断和预测的准确性。系统的智能决策支持模块使用这些分析结果来优化维护计划，减少意外停机时间，并延长关键部件的使用寿命。整个PHM系统的设计旨在为运营商提供一个全面的、实时的高速列车健康状况视图，以支持更高效、更经济的运维决策。通过将这些高级技术集成到高速列车的日常运营中，可以大幅提升运营效率，降低维护成本，并提高乘客的安全和舒适度。

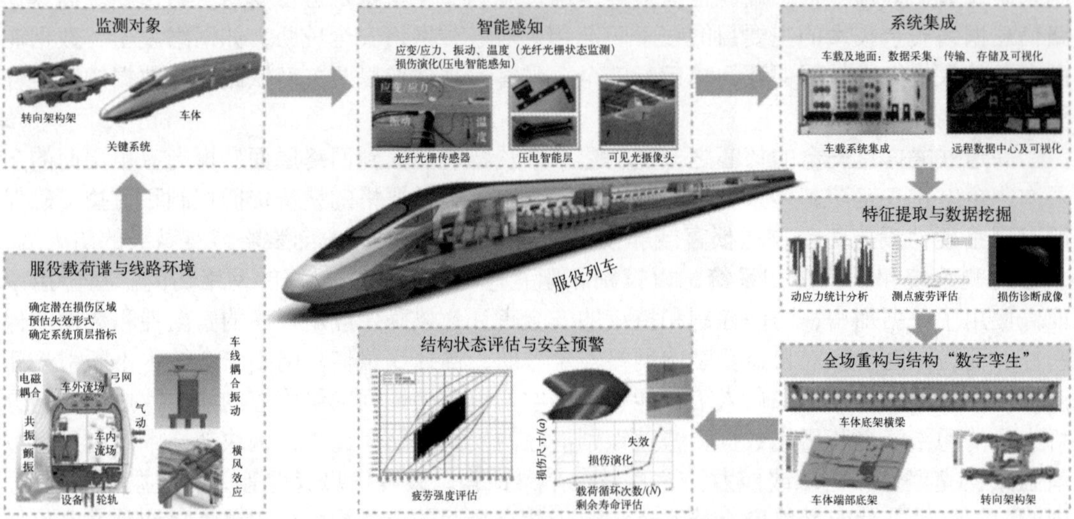


图 2-3-5　高速列车关键系统健康监测技术架构

（7）智能客服技术

智能客服系统在高速铁路服务中发挥着至关重要的作用，特别是在应对客户服务需求增加和提高服务效率方面。该系统通过整合先进的计算机科学技术，如深度学习和自然语言处理，极大地提升了12306互联网售票系统的客户服务能力。其中，语义理解和处理技术使系统能够准确理解和处理铁路客运服务的专业语言，通过深度学习和多场景交互技术，智能客服系统可以对用户的询问做出迅速反应。

智能语音交互技术涵盖了语音识别、自然语言处理、语音合成及自然语言生成，构成了智能客服系统的核心。这套技术使得系统不仅能够解析用户的语音指令，还能以流畅自然的方式回应用户。此外，系统结合了基于“语义相似度”和“业务相似度”的评分算法进行知识搜索和排序，从而提升了答疑的及时性和准确度。语音情绪识别技术进一步使系统能够根据用户的情绪变化提供定制化服务，有效增强了铁路智能客服的服务水平和用户满意度。智能客服系统还整合了多种深度学习模型，如一维匹配模型、二维匹配模型和推理模型，提高了处理用户查询时的精确度和深入推理能力。系统还具备自动巡检和自调节功能，能够持续优化知识库并根据用户反馈调整对话策略，以提高效率和精确度。精准营销和用户画像技术的应用也是铁路智能客服技术的一个关键方面，通过分析用户数据来构建用户画像，实现更精准的服务和营销策略。这些技术的综合运用极大地增强了铁路智能客服的服务能力，降低了运营成本并提升了用户体验。随着技术的不断发展，预计这些系统将变得更加智能化，以满足不断增长的客户服务需求。

## 3.3.2　城市轨道交通

从信号系统到列车自动控制系统，再到电力监控系统和乘客信息系统，自动化技术为城市轨道交通的安全、高效和舒适运营提供了有力支持。这些技术的日趋完善，不仅提升了轨道交通的运营效率，也确保了乘客的出行安全。因此，自动化技术在城市轨道交通领域的发展，对于提升城市交通运营水平、促进城市可持续发展具有重要意义。

### （1）全自动运行（Fully Automatic Operation，FAO）技术

作为人工智能的先行者，全自动运行系统能够根据列车运行的场景代替人员操作，由系统根据列车运行计划自动触发控制，从而实现列车自检、列车上电、车站停车及启动、段内行驶、正线区间行驶、休眠断电、列车回段、洗车等全过程自动控制。在根据驾驶主体分级的自动驾驶L0～L5等级中（见图2-3-6），将L0～L2这三个等级称为辅助驾驶，而L3～L5这三个等级称为自动驾驶。FAO系统具有安全可靠、灵活运营及节能减排的特点，自动化处理环节实现各专业的联动控制，节省人员需求。

<table>
<tr><td colspan="8">自动驾驶分级</td></tr>
<tr><td rowspan="2">分级</td><td>NHTSA</td><td>L0</td><td>L1</td><td>L2</td><td>L3</td><td colspan="2">L4</td></tr>
<tr><td>SAE</td><td>L0</td><td>L1</td><td>L2</td><td>L3</td><td>L4</td><td>L5</td></tr>
<tr><td colspan="2">称呼(SAE)</td><td>无自动化</td><td>驾驶支持</td><td>部分自动化</td><td>有条件自动化</td><td>高度自动化</td><td>完全自动化</td></tr>
<tr><td colspan="2">定义</td><td>人类驾驶员全权驾驶汽车，在行驶过程中可以得到警告</td><td>通过驾驶环境对方向盘和加速、减速中的一项操作提供支持，其余由人类来做</td><td>通过驾驶环境对方向盘和加速、减速中的多项操作提供支持，其余由人类来做</td><td>由无人驾驶系统完成所有的操作，根据系统要求，人类提供适当的应答</td><td>由无人驾驶系统完成所有的操作，根据系统要求，人类不一定提供适当的应答；限定道路和环境条件</td><td>由无人驾驶系统完成所有的操作，可能的条件下，人类接管，不限定道路和环境条件</td></tr>
<tr><td rowspan="4">主体</td><td>驾驶操作</td><td>人类驾驶者</td><td>人类驾驶者/系统</td><td colspan="4">系统</td></tr>
<tr><td>周边监控</td><td colspan="3">人类驾驶者</td><td colspan="3">系统</td></tr>
<tr><td>支援</td><td colspan="4">人类驾驶者</td><td colspan="2">系统</td></tr>
<tr><td>系统作用域</td><td>无</td><td colspan="4">部分</td><td>全部</td></tr>
</table>

图2-3-6　自动驾驶等级划分

FAO列车采用车载+地面的车轨协同感知单元和基于人工智能的图像识别环境感知技术，通过车-车通信实现虚拟连挂灵活编组，可基于减小列车间隔而提高运行效率，其中全自动运行技术如图2-3-7所示。利用人工智能、机器视觉、障碍物检测、智能控制等技术和安全策略，使列车基于感知自主运行，采用调度控制一体化、基于行车安全的保护约束等控制策略，提升城市轨道交通的整体运营安全水平，提高系统的并行智能性，降低建设和运营成本。通过车载中央计算机集成APP+执行单元+传感器进一步深度融合牵引、制动、列控、信号控制逻辑，实现整车电子化控制。打造标准化底盘+不同功能的车厢作为核心特征，底盘集成了牵引系统、制动系统、供电系统、控制系统、感知系统等，实现可独立行走的底盘+定制化的车厢任意组合并且零调试上线运行，满足个性出行、客货混运等具体运用场景，如图2-3-7（b）所示。采用中央集中硬件架构和满足软硬件解耦的中间件适配层，由分布式电子控制单元向域控制/中央集中架构方向转变，形成通用硬件平台+

(a) 虚拟编组　(b) 车和底盘分离

图2-3-7　全自动运行技术

中间件适配层+各类应用软件的分层架构。

**（2）跨线互联互通与无感改造技术**

在原有的CBTC列车控制系统的基础上，互联互通运营线路可以实现列车自由切换至其他线路运营。无须通过换乘即可到达目的地的新型组织运营模式，可以满足城市轨道交通未来的运营需求。互联互通过程如图2-3-8所示，跨线互联互通具有多重特色，能够进行全方位的资源重编与共享，实现路网间与不同厂商信号设备的互联互通，同时提高线路和设备利用率。在特大城市区域能够形成网络化行车，在中小城市的中心区能够满足高频服务的需求，实现高速和长时的服务保障。

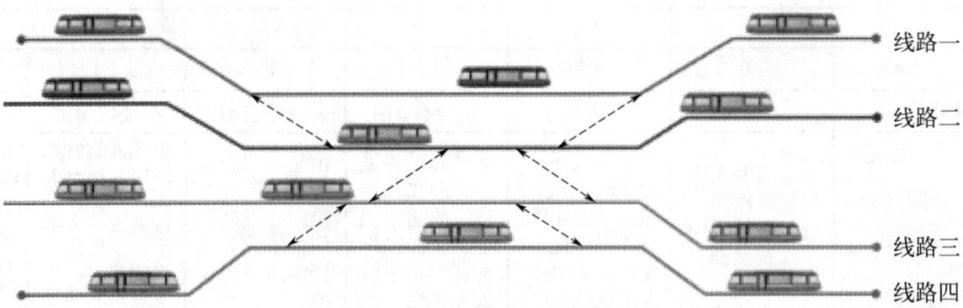


图2-3-8　互联互通过程

随着轨道交通信号系统设备使用年限的增长，系统设备的缓慢老化，发生故障隐患的概率也会随之逐渐增大；同时，早期建设的信号系统采用的技术相对落后，设备体量大，从而导致实际运营中维护成本的增加、部分关键设备停产、备品备件不足等实际问题，以及由此引起的高昂的维护成本让维护管理部门难以承受的同时也在进一步地影响线路的服务质量。信号系统无感改造主要采用兼容多制式车载信号系统，兼容多制式车载信号系统在不影响安全运营的前提下采用一套车载设备，兼容既有轨道电路与新系统改造，并兼容未来CBTC/FAO/互联互通改造。以该系统开展既有线路改造，大幅度降低了既有线改造项目的周期与成本。该项技术能够解决车载设备高故障率，降低维修难度，实现信号系统ATO功能，端站自动折返，降低司机工作强度，并且保障改造后的车载设备实现与后续系统改造的兼容。

**（3）基于感知的车-车通信列控系统（Perception-based Train Autonomous Control System，PB-TACS）技术**

PB-TACS以车载移动体为核心，采用多车协同控制、车-车、车-地通信的通信形式，搭载高性能可扩展智能车载平台，利用主动感知列车自主运行，结合轨道环境感知，实现列车运行控制。对PB-TACS技术的运用较大地简化了系统设备，并且在通信形式上由传统的CBTC的车-地-车通信转变为车-车通信数据流。该系统突破了CBTC基于进路的控车模式，通过双向、大容量、高速度的车-地无线通信和多传感器融合技术，列车能够依靠自身感知和自主决策实现智能测速定位和列车自主协同移动闭塞控制，实现更加灵活和高效的列车运行控制，如图2-3-9所示。车-车通信技术主要研究列车摆脱以往受区域控制器设备控制的方式，地面设备中在不考虑区域控制中心（Zone Controller，ZC）、联锁、计轴、信号机、可变应答器等组件的情况下，仅通过对象控制器实现列车与轨旁设备的交互。列车不再依赖ZC获取运行信息，车载控制器可自主规划安全行驶路径和实时计算行车许可，实现快速便捷的列车控制。车-车通信的过程中，列车间的交互信息更加丰富，包括位置、速度、移动授权等，考虑列车的运动趋势，采用“撞软墙”的方式进行基于安全间距的防护约束，缩短追踪间隔。列车可依据自身需求和实时位置，更及时地申请和释放线路资源，实现线路资源的精细化管理，提升折返效率。系统允许多个列车之间进行通信，因此对通信通道的要求更宽，同时对通信的实时性要求更高。

图 2-3-9　基于多传感器融合的轨道环境感知

PB-TACS的发展能够有效减少轨旁设备，减少信号机、计轴设备，车站及轨旁设备精简，降低设备运营维护成本及维护难度。能够在改造时提升老系统降级运行效率，安全性高，能够达到SIL4水平，全生命周期成本减少20%。主动感知设备安装在司机室头部及底部位置，无须在列车下方安装设备，头尾无线通信、无须车辆解编。采用人工智能感知技术智能车载设备实现列车和轨旁资源控制，在无线通信系统、列车BTM定位故障等情况下，无须停车等待，故障区域列车可同步启动，通过高可靠感知维持FAM模式自动进站，快速升级，运营恢复效率提升40%以上。

**（4）城市轨道交通的多模式衔接运营**

在城市与城市对外交通网络上建立快速便捷的衔接，能够提高整个城市交通网络的出行效率。而这一举措的关键之处在于建立与在行的道路运输系统具有较好隔离性的轨道交通为骨架的交通体系。同时，发展好城市轨道交通与其他公共交通体系衔接的技术也是关键一环。

为了建设城市群一体化交通网络，持续推进干线铁路、城际铁路、市域（郊）铁路与城市轨道交通的融合协调发展，国内大型都市圈、城市群需要结合城市轨道交通与市域铁路、国铁线网衔接运行的现实需求，实现交通方式之间的多模式衔接换乘。目前，城市轨道交通逐渐与市内外其他交通产生衔接，逐步形成以城市轨道交通为骨干、地面公交为主体、便捷汽车与客车为补充的集配合与发展为一体的新运输网络以满足城市现代出行与运输需求。在市内交通方面，城市轨道交通可以建立与公交线网、市郊铁路线、地面铁路车站、公交车站、私家车、单车的衔接。在对外交通衔接方面，城市轨道交通以地下形式、地面形式、高架形式、出入口通道、综合性交通建筑为主要的模式区分衔接。以铁路与其他线路的衔接为例，已经实现了多种运营模式，如市域铁路与城市轨道交通同台换乘与贯通运营、国铁制式与全地下的市域铁路与城际铁路的互联互通、国铁与城市轨道交通以及城市轨道交通线网之间的连通式互联互通等。在这一多模式衔接技术的发展中，需要重点致力于建立一体化的公交网络，推动地面资源的有效利用，能够辅助建立以轨道交通为骨架的一体化城市快速交通网络，提高整个城市网络的出行效率。

**（5）智慧城轨一体化监控平台技术**

基于云平台、物联网、大数据、机器学习、人工智能、区块链等先进技术的支持，构建包括列车一体化平台、线路CPHM平台和中心综合调度管理平台在内的智慧城轨一体化平台，通过统一汇总和处理各专业数据，能够连接信息孤岛，加强信息的传输与沟通。综合智能平台能够实现信息共享和设备统一监测，提供更优质的服务体验。智慧城轨一体化平台技术支持多种数据接口，采用标准化的数据接入协议，解决设备硬件接口不足、接口谈判难等问题，消除行业间的壁垒。中心系统存储设备数据于分布式数据库中，并向外提供标准的数据获取接口和算法接口，满足不同应用的数据需求，增强应用功能性，有效协调多专业间的数据联动。

智慧城轨一体化平台系统基于物联网协议，能够实时监测各设备的状态并进行在线监测。一旦发现设备故障，系统会及时向运维检修人员推送相关信息，以便及时处理问题，确保行车安全。该系统采用天枢架构搭建，具有感知、存储、应用一体化交付手段，可有效缩短产品上线部署周期。系统拥有丰富的计算资源，兼容性和可拓展性良好，方便后续增添新需求。在此采用分布式服务应用架构，系统可随着接入点数量的增多进行横向扩容，满足不断增长的数据处理和计算需求。此外，系统提供的远程监控能力可降低运维检修人员的工作强度，实现“增设备不增人力”的目标，其整体架构如图2-3-10所示。

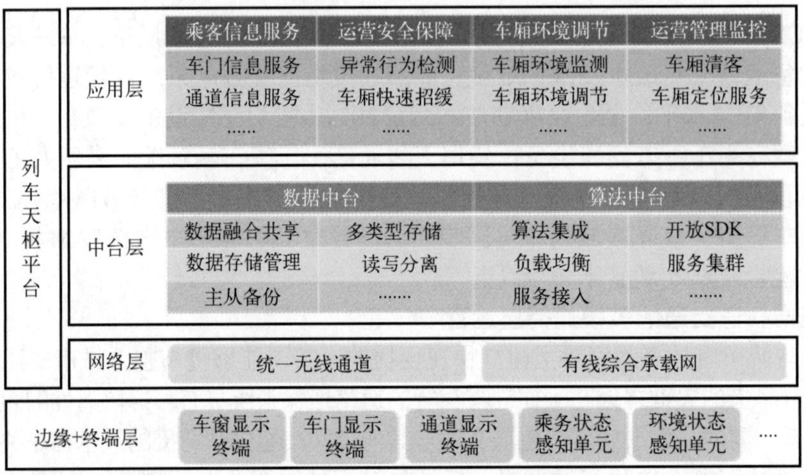


图2-3-10　天枢系统整体架构

**(6) 自动运营管理系统AOMS (AI Operation Management System) 和车辆基地综合自动化MDIAS (Metro Depot Integrated Automation System) 技术**

AOMS系统建立任何时间、地点、人、设备之间信息的有效连接，让运营管理体系自动运行。AOMS系统是架构在自主化的数据中台和应用中台之上的一套智能化的运营管理平台。系统按照《城市轨道交通大数据平台技术规范》进行大数据开发、加工、共享和数据治理，通过汇聚各业务系统关联数据，以实时监控、智能分析及可视化等手段，实现多系统联动的智能运营管理场景。

MDIAS系统集成车辆、进路、信息、决策等管理系统为一体，实现各类计划的自动规制与调整，以及计划的智能执行与进路控制。这使得作业过程更加自动化，线路调度与车场调度更加一体化，运输管理与决策支持更加智能化。MDIAS系统还全面智能化了车辆基地的日常管理过程，提高了车辆基地的作业能力和效率，进一步保障了运营生产的安全。

**(7) 智慧车站T-IPSS (Transportation-Integrated Platform for Smart Station) 技术**

T-IPSS应用云计算、大数据、物联网、移动互联和人工智能等新兴信息技术，利用与乘客、设施、设备、环境等实体信息的全面感知和深度连通实现智能融合。同时高度集成多项运营管理业务，促进了多专业网络之间的融合与联动，实现管理运营过程高效化、管理设备过程智能化、乘客服务人性化，打造最佳出行体验、最佳安全运营的新一代智慧地铁解决方案。该技术有效提升了乘客自主化出行效率和全时程服务体验，精准感知乘客行为异常、客流信息、车站设备运营状态，降低资源的重复投资和车站运营生产成本。

T-IPSS系统采用现场感知及服务层、网络传输层、数据处理及展示层在内的三层架构系统。现场感知及服务层负责实时采集场站相关信息，并满足乘客需求，其涵盖多种探测器、传感器等相关控制系统设备。网络传输层构建现场感知及服务层与数据处理和展示层的通信通道，涵盖了5G移动网络、无线网络和有线网络。数据处理及展示层处理前端设备获取的信息资料，与其他系统的数据进行整理，最终应用于智慧车站的运行中，以可视化的形式出现在大屏幕上，其主要涵盖了数据平台、服务器数据库以及相关智慧化的应用模块等。

### 3.3.3 重载铁路

重载铁路承担着大宗货物运输任务，如何推动重载铁路的技术革新，提升重载铁路运输能力和运输效益是服务支撑国家重大战略的关键。应用大数据、物联网、人工智能、先进计算、大语言模型等多种新技术，综合高效利用重载铁路内外部资源，实现对运控系统、移动装备和基础设施内外部信息的全面感知、泛在互联、主动学习和科学决策。

**（1）重载列车运行态势智能感知**

重载列车运行态势智能感知是通过卫星、沿线/车载相机、激光雷达、毫米波雷达等各类传感设备，实时、准确、可靠地获取关键设备的运行状态和外部环境信息。针对重载铁路运行监测数据与运行态势内在关联规律和耦合机理复杂的特性，建立了面向列车间、列车与线路间（长大坡道）相关性分析的列车运行态势感知模型，采用多种传感器信息融合提高感知可靠性和准确性，典型的列车融合感知应用所需的传感器配置及其系统功能架构如图2-3-11所示。通过分析机车车辆性能、空气制动响应时间的不同，以及线路状况差

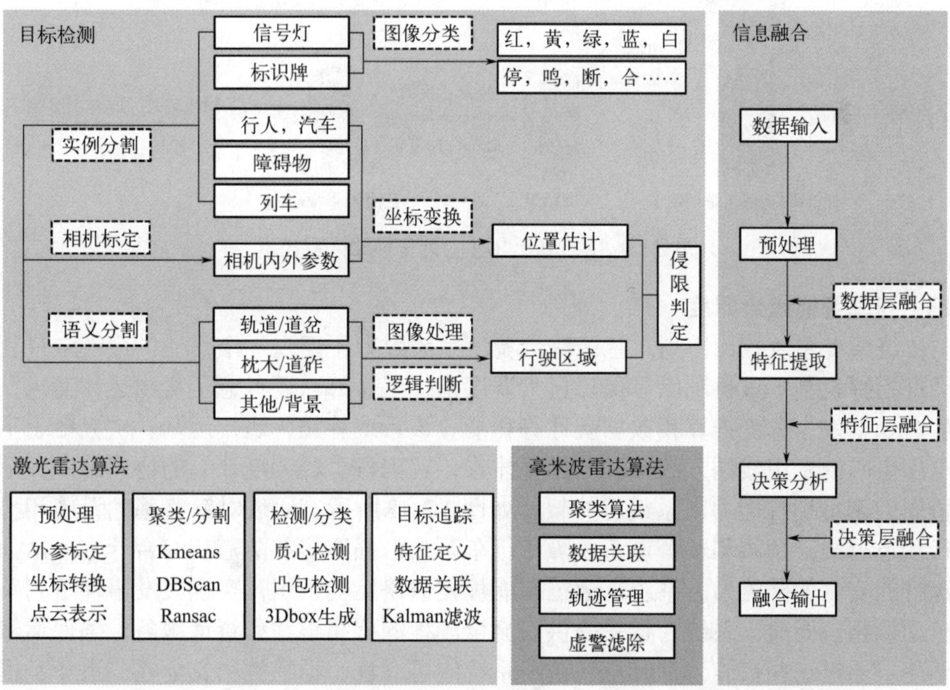


图2-3-11 典型的列车融合感知应用所需的传感器配置及其系统功能架构

异等复杂的非线性异质特征，采用基于深度学习的高层语义特征提取算法，实现复杂环境下重载列车多模态数据的精准协同表征，揭示主从机车动态运行过程中的认知差异。针对突发事件下自主感知数据在维度、广度和丰度等方面的强动态变化特性，采用基于自适应增量学习的多模态异构数据融合分析方法，实现对列车运行态势的精准评估，为列车调度和自动驾驶提供必要的信息和参考依据。

**（2）重载列车无线通信传输**

无线通信在重载铁路运输及安全生产过程中起着基础保障作用，是实现重载列车的车-车、车-地间信息传输的手段，目前主要采用无线GSM-R和LTE-R网络技术实现。重载铁路与其他轨道交通制式相比，开行组合式列车是其显著的特征，一组列车采用多台机车牵引，并分布在列车首部、中部、尾部等不同位置，无线重联同步控制技术（LOCOTROL）通过无线方式为机车间的通信搭筑桥梁，主车利用机车同步控制系统发送控制命令，并通过无线传输系统控制从控机车。从车根据主车的控制命令以及本车的情况实时控制行驶。在基于北斗卫星通信的移动闭塞系统中，如图2-3-12所示，在车载定位单元安装卫星接收处理模块和天线实现通信，铁路沿线地面差分基站平均相距50km，调度中心设置差分服务器，利用高精度列车定位实现移动闭塞，从而大大提高了重载铁路线路的运输能力。

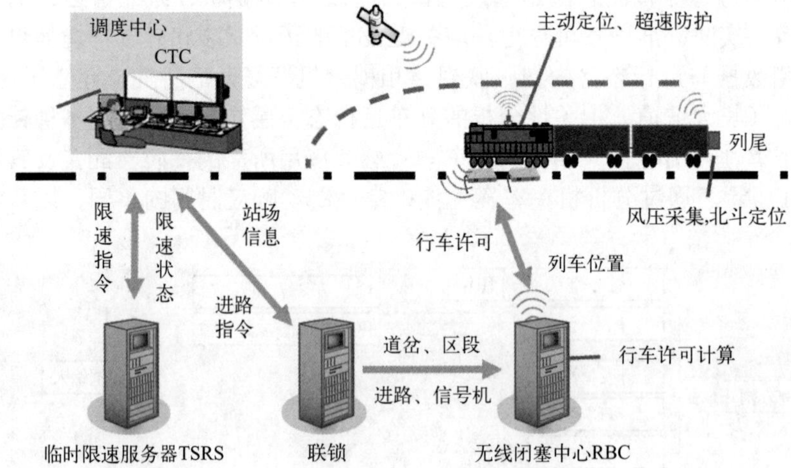


图2-3-12　基于北斗的列车移动闭塞技术

**（3）列车智能综合调度**

与传统调度系统相比，列车智能综合调度系统致力于建立一个贯通供应链全过程的一体化调度指挥机制。该机制除了保障日常调度指挥工作外，还考虑了货物运输需求，可实现调度命令下发、车流推算和数据统计等功能。该系统将集、疏、运端、供应链上下游和相关电厂煤矿的专用线纳入统一调度指挥体系，实现各工种调度计划的协同编制，形成全过程协同的调度指挥能力，系统总体架构如图2-3-13所示。通过对铁路基础设施和移动装备进行状态感知，预测和预警设备故障和行车事故，强调超前防范和综合计划，从而提升铁路运行的安全保障能力。系统还通过智能优化铁路运输组织，实现突发事件下列车运行图的自动调整。同时，系统为货主提供物流全流程的货物跟踪和查询服务，确保运输信息的透明化。通过这些措施，提升重载铁路系统的可靠性、稳定性和安全性，进一步提高了运营效率。

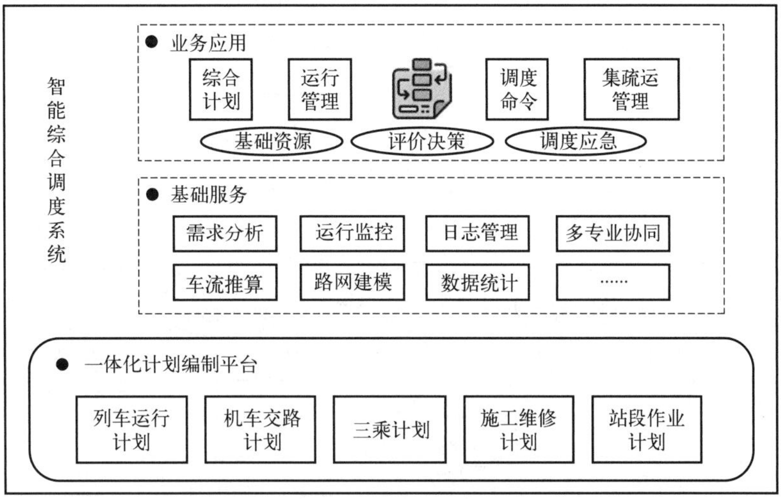


图 2-3-13 智能综合调度系统架构

### 3.3.4 普速铁路（货运）

铁路货运自动化的发展在现代物流体系中扮演着关键角色。首先，自动化系统能够全面监控货运列车的运行过程，确保行车安全和运行效率。其次，自动化系统还能辅助列车驾驶，降低运营成本，减少对人力的依赖，这对于劳动力成本日益上升的国家尤为重要。总之，铁路货运自动化的发展对于保障安全、提高效率以及推动铁路系统的现代化至关重要，主要代表性技术如下：

**（1）铁路货车运行安全监控技术**

为顺应铁路自动化发展趋势、保障货运列车的安全和运行效率，铁路货车运行安全监控系统（5T系统）应运而生，其架构如图2-3-14所示。该系统整合了先进的计算机技术和自动化技术，以多角度的方式实现对货运列车的实时动态监测，数据的采集、处理和共享，以及远程诊断。5T系统主要由货车故障轨边图像检测（TFDS）、客车运行安全监控（TCDS）、车辆轴温智能探测（THDS）、货车滚动轴承早期故障轨边声学诊断（TADS）以及车辆运行品质动态监测（TPDS）五个基本系统构成，通常与铁路车号识别系统一同协同工作。

铁路车号识别系统能够在指定地点自动读取运行车辆的型号和车次号等信息，相较于传统人工手动抄录车次相关信息的流程，该系统有效提高了列车信息采集效率，大大提高了铁路运输管理以及车辆管理的自动化水平。该系统的主要任务是实现车辆信息的自动识别并有效存储，从而提高铁路运输的管理效率。现有的车号识别技术主要分为基于天线射频识别（Radio Frequency Identification，RFID）和基于视觉识别两种方法。RFID技术要求在货车底部安装RFID电子标签作为货运车辆唯一的身份标识，这些标签上存储了车辆的相关信息。随后通过RF微波射频设备等组成的地面识别系统，对运行列车车辆进行准确识别即可获取当前运行车辆的基本信息。相比之下，基于视觉识别的车号识别技术则主要涉及图像传感器以及人工智能技术。该技术首先利用目标检测、文本检测等深度学习算法，对车身上包含文本信息的区域进行检测。随后，检测到的文本区域通常需要进一步利用文本识别算法进行识别，最终实现基于视觉的货运列车车号识别。

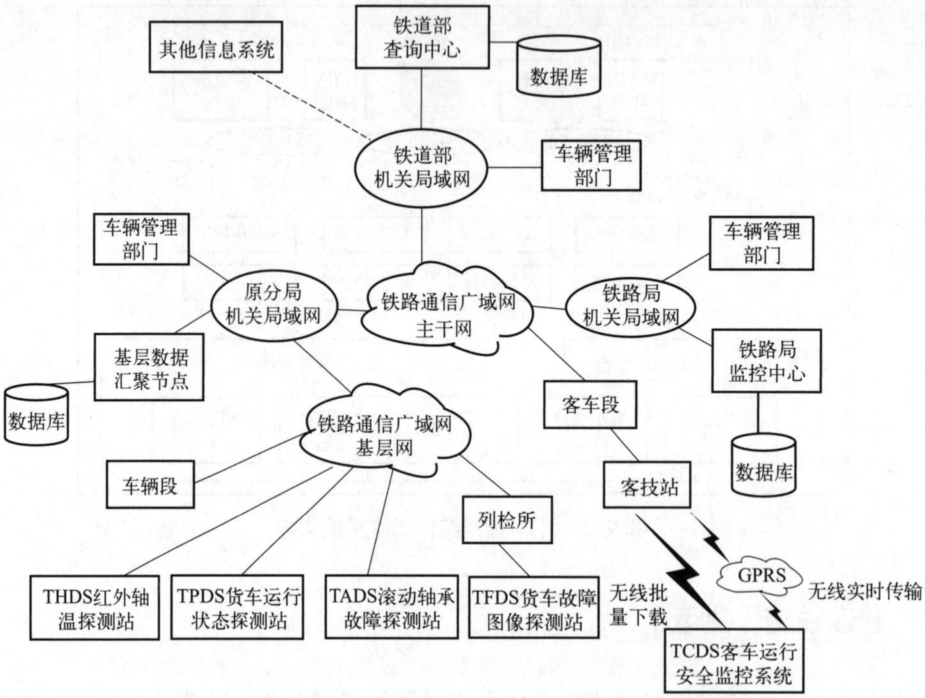


图 2-3-14　铁路货车运行安全监控系统架构

列车机械部件的故障检查是确保列车安全运行的一项至关重要的日常维护任务，TFDS系统通过在轨旁安装高速摄像装置，检测车辆的走行部、制动梁等关键安全防范部位，以预防关键部件脱落等不安全因素，为列车运行提供整体性、预防性的保障。TFDS系统利用高速摄像装置，可实现运行车辆底部以及下部部件图像数据的实时采集，采集之后的图像往往需要通过传统图像算法进行特征分析和处理，之后根据处理所得到的特征利用机器学习等方法进一步对特征进行分类判断。THDS系统主要运用红外线轴温探头等轨旁设备，以实现对车辆轴承温度的实时测量。通过将检测数据实时上传至检测中心，并结合配套的车号识别系统，THDS系统能够实现对热轴货车的精准预测和跟踪报警，这种技术为后续防范车辆热切轴事故提供了有力支持。TADS系统主要利用安装于轨旁的声学传感器实时采集通过的货运列车滚动轴声音，并利用一些特定的算法对这些声音数据进行特征分析，从而实现对走行车辆轴承的实时监测分析，确保系统能够及时发现货运列车轴承的早期故障，从而对轴承故障进行预报，为维护人员提供预警，进而预防切轴事故的发生。TPDS系统通过安装在轨边的各种压力传感器来完成轮轨间动力学参数的实时监测，检测的动力学参数主要涉及脱轨系数、减载率等，并结合车号识别技术对货运车辆进行准确辨识，实现对脱轨、车轮踏面擦伤和货物超偏载等行车安全事故的监测和预防。

**（2）货运列车辅助驾驶技术**

货运列车控制系统自动化的研究主要聚焦于优化操纵和辅助驾驶等方面，主要集中在设计速度跟踪等算法来改善对货运列车的控制，旨在降低控车困难以及司机的劳动强度、提高列车的运行效率、缩短列车的追踪间隔，使货运列车运行变得更加安全、效率和节能，进一步促进货运铁路系统的自动化发展。

货运列车辅助驾驶的核心技术之一是货运列车速度跟踪控制算法，其主要目标在于实现货运列车的自动调速，以降低对人工干预的依赖。考虑到货运列车的组成结构、长距离运输的特性以及不同地区的运输特点和天气因素对货运列车速度跟踪控制的影响，货运列车速度跟踪算法主要基于优化控制算法和基于规则控制算法。基于优化控制算法主要包括最优控制理论、自适应控制、规划算法等，其核心思想是通过最小化目标函数来求解最优控制量。而基于规则控制算法涵盖了模糊控制、专家系统以及结合模糊控制的智能控制算法等方法，其策略在于通过总结控制经验，确保设计的控制器能够尽可能接近人类思维推理的过程，以达到近似最优控制的效果。此外，货运列车运行曲线的多目标优化不仅是推动货运列车自动化与智能化发展的关键技术，而且在增进整个铁路系统的运输效能、降低运营成本以及减轻对环境的影响方面具有关键意义。货运列车运行曲线的优化旨在克服列车在运行过程中面临的多重操纵约束，从列车节能操纵优化和列车多区间节能时刻表优化两个角度，实现最小化列车能耗、获得最优列车速度和操纵曲线的目标。在列车节能操纵优化方面，主要采用解析法、直接法和启发式算法。解析法主要依赖于最优控制理论，通过寻找最优工况序列和工况转换点，并结合一定的必要条件来间接获取当前的最优操纵和最优速度。直接法则是将动态系统离散化为具有有限变量的问题，通过非线性规划方法直接解决由此产生的非线性规划问题。同时，启发式算法如人工智能、遗传算法和蚁群算法等也在解决列车节能操纵问题中发挥着重要作用。当货运列车在运行过程中跨越多个站点和区间时，通常会受到来自多区间时刻表的严格约束。为了确保货运列车在整个区段内运行高效，需要综合考虑操纵优化以满足时刻表约束和区间运行时刻表的优化，获得整个区段内货运列车多区间运行的优化曲线，以提高整体运输效率。

### 3.3.5 磁悬浮

磁悬浮列车通过电磁力抵消重力及其他外力扰动，实现车辆与轨道之间的无接触运行，从而具备高速快捷、运能强大、舒适准点、安全可靠、环境相容性好等一系列优势。牵引系统是高速磁悬浮列车的动力来源，其牵引供电与控制系统的性能直接影响着列车的最高运行速度、运行平稳性以及乘坐舒适性。作为磁悬浮列车的关键核心，磁悬浮技术和牵引供电与控制技术直接影响着列车的自动化水平和实际工程应用。

**（1）磁悬浮技术**

磁悬浮技术是一种利用磁力克服重力实现物体悬浮的技术，属于典型的机电一体化技术。该技术综合运用了电力电子、电磁学、机械学、动力学、控制工程和信号处理等多个领域的技术，全面应用于磁悬浮列车的设计与实施。根据车辆悬浮原理和方式的不同，磁悬浮技术主要分为以下几种:

① 常导电磁悬浮技术。常导电磁悬浮技术基于铁磁原理，依赖于车载电磁铁与铁磁性轨道之间的磁吸力来平衡重力，实现车体的悬浮。其原理如图2-3-15所示，车辆上安装的常规电磁铁不仅用于悬浮和导向，同时也充当同步直线电机的励磁绕组。长定子铁芯和导向铁轨安装在T形导轨（轨道梁）上，与电磁铁相互作用产生悬浮力和导向力。电磁铁内的三相电枢绕组通过长定子铁芯槽内的连续排布，与电磁铁相互作用产生驱动力。供电采用千万瓦级电力电子变频电源，根据车速变频调节，并实时切换到列车所在区段。列车位置和速度信息需要实时传输到控制室，而地面控制系统必须采用最先进的技术。常导电磁悬浮系统对控制的要求非常高，依赖车载直流电磁铁吸引轨道下方的磁回路，从而实现车体的悬浮。

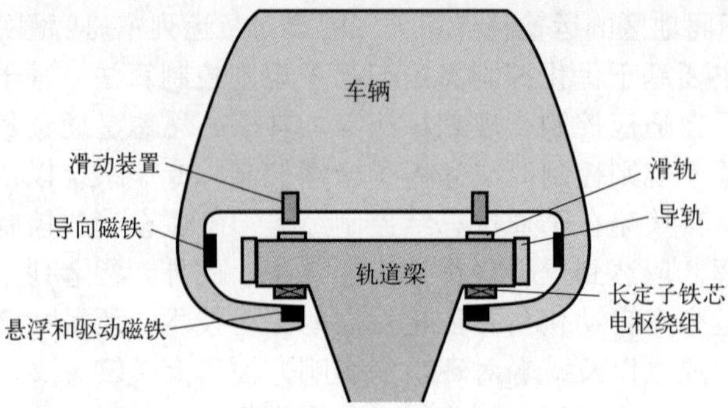


图 2-3-15　常导电磁悬浮列车原理示意图

② 永磁电动磁悬浮技术。永磁电动磁悬浮技术利用永磁体同极相斥的原理实现车体的悬浮。其悬浮原理简单，通过在车辆走行部底端安装由钕铁硼材料制成的永磁体，并在轨道上方安装导电体（导体板）。图2-3-16为美国蒙哥马利院士团队提出的永磁电动磁悬浮列车方案的示意图。

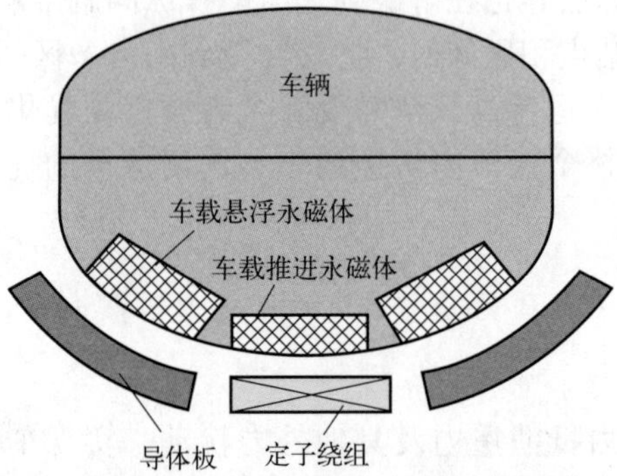


图 2-3-16　永磁电动磁悬浮列车原理示意图

在车载悬浮永磁体（悬浮Halbach阵列）相对于导电轨道运动时，导体板轨道内的磁场分布发生变化。根据电磁感应定律，在导体板内产生感应电动势，导体板本身的各部分构成回路，生成与悬浮永磁体一起运动的镜像涡流。涡流磁场与车载磁体相互排斥，产生悬浮力。只要悬浮力足够大，车辆就会悬浮起来，但需要达到一定车速（20km/h）才能产生足够的悬浮力使车体悬浮。因此，在静止或低速时，车体无法悬浮。同时，由于系统无法直接为车辆提供导向力，需要设立导向机构。永磁电动磁悬浮采用长定子直线电机驱动，定子沿轨道连续分布，转子采用安装在车体中央的车载推进永磁体（驱动Halbach阵列）。推力由轨道上定子绕组（驱动绕组）的高频交流电流产生。车辆的悬浮高度可达20 ～ 30mm，速度可达550km/h。

③ 低温超导电动磁悬浮技术。低温超导电动磁悬浮利用低温超导材料将其降至−269℃，电流几乎为零，电磁铁功率大，悬浮高度可达80 ～ 150mm。采用轨道包围列车，通过车载磁体与轨道线圈的磁斥力实现悬浮，适用于速度在500km/h及以上的列车。基于动生电动势原理，车载磁体与轨道线圈之间的磁斥力平衡重力使车体悬浮。如图2-3-17所示，当超导线圈通电流时，在U形轨道梁侧壁上排布的“8”字线圈内产生感应电流，从而实现车体悬浮。由于低速时感应电流较小，列车须达到一定运行速度（120km/h）才能悬浮。“8”字线圈的零磁通原理不仅适用于悬浮系统，还适用于导向系统。悬浮线圈和

导向线圈位于两侧，通过电缆连接。

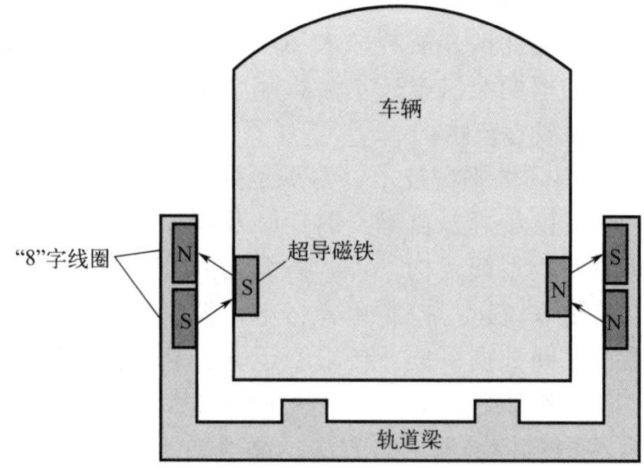


图 2-3-17　低温超导电动磁悬浮列车原理示意图

④ 高温超导磁悬浮技术。高温超导相对于低温超导，其冷却温度提高到了 −196℃，而低温超导的冷却温度为 −269℃，表示工作温度取得了显著提高。高温超导磁悬浮技术利用感应原理，通过车载高温超导体与永磁轨道之间的感应磁斥力平衡重力，实现车体悬浮。在外磁场中，高温超导体的强钉扎力使得磁力线既难逃离束缚中心，又难渗透进入超导体内。这一独特特性使得超导体能感应出阻碍外磁场变化的超导强电流，与外磁场相互作用产生悬浮力，平衡悬浮体自身重力，并提供横向稳定所需的导向力。高温超导磁悬浮整车系统主要由车载超导块材及其低温系统、地面永磁轨道系统和直线驱动系统三大关键部分组成，其原理如图 2-3-18 所示。

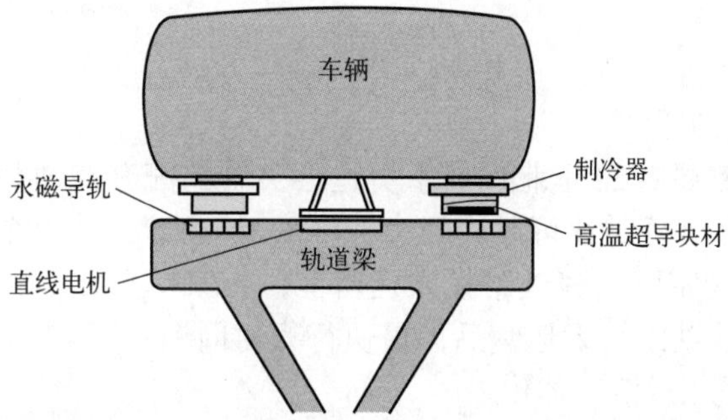


图 2-3-18　高温超导磁悬浮列车原理示意图

**（2）高速磁浮交通牵引供电与控制关键技术**

高速磁浮交通牵引系统的工作原理是牵引控制系统精准调节地面牵引变流系统的输出电压和电流，对磁浮列车所在的长定子直线电机定子段供电，从而实现对磁浮列车牵引力、制动力和法向力的有效控制，完成启动、恒速运行、惰行及制动停车等各种运行要求，使磁浮列车严格按照设定的速度曲线安全、稳定和高效地运行。高速磁浮交通牵引供电与控制关键技术可分为大功率牵引供电技术、牵引控制硬件平台技术和大功率长定子直线电机控制技术。

① 多端口宽变频大功率牵引供电技术。高速磁浮列车采用牵引变流器远距离多端口并联、本地串并联结合的运行方式及定子段分段换步供电模式，目的是克服磁浮列车长定子

直线同步电机结构局限，降低牵引供电容量，满足电机低速大电流、高速高电压的驱动要求。多端口的协同供电技术直接影响列车的运行安全与可靠性。高速磁浮列车采用百兆瓦级大功率牵引变流器进行电能变换，需解决大功率半导体器件开关频率低和变流器宽频率范围输出的矛盾问题。大功率变流供电技术会影响牵引变流器输出波形质量、供电稳定性和系统损耗，是牵引系统的核心技术。

② 分布式实时牵引控制硬件平台技术。为满足列车多分区运行、变流器远距离多端口变频并联供电和电机定子段换步等多目标实时控制及可靠性要求，高速磁浮列车采用多分区多层级冗余分布式实时控制系统架构，控制系统之间具备冗余热备份功能。牵引控制系统硬件平台要满足牵引控制系统运行控制单元、电机控制单元、变流器控制单元、轨旁开关站等多个分布式子系统之间数据采集、传输、运算、高性能实时控制等功能。牵引控制系统硬件平台是牵引供电各子系统之间精准协同工作的基础和保证。

③ 大功率长定子直线电机控制理论与方法。高速磁浮列车长定子直线电机定子沿轨道分段铺设，动子励磁磁极同时作为车辆悬浮电磁铁使用。在运行中，高速磁浮列车与轨道之间相对位置存在多个维度的波动变化，多端口的供电特性和定子段分段换步方式增加了电磁耦合的复杂度和控制难度，传统旋转电机的控制理论与方法不再适用于高速磁浮直线电机，需要研究多源耦合下的长定子直线电机理论与控制方法。电机控制效果影响列车平稳性和系统能效，高性能直线牵引电机控制理论与方法决定列车是否可以稳定运行与可靠制动，是高速磁浮交通牵引系统的核心技术。

## 3.4 应用情况

### 3.4.1 高速铁路

#### (1) 智能京张示范工程

智能京张高速铁路是2022年北京冬季奥运会关键的配套交通基础设施之一，线路全长为174km，列车最高运行时速可以达到350km/h，标志着全球首个基于智能化概念的高铁项目的诞生。在智能京张高速铁路投入运营前，张家口至北京之间的最快行程时间为3h7min，智能京张高速铁路投入运营后，最快行程时间缩短至47min，极大地促进了京津冀区域的交通互联互通和经济一体化。

智能京张高速铁路在设计与运营上集成了众多智能化技术，通过与传统动车技术的融合，实现了车辆在自我感知、自我诊断、自我决策和自我适应等方面性能的显著提升。特别是其智能行车系统运用了先进的CTCS-3+ATO技术，首次在时速350km条件下实现了有人值守的自动驾驶。该系统能将停车精度控制在0.5m以内，自动控制速度的精度实现了不超过2km/h的目标，显著降低了驾驶员的工作负担并提升了行车效率。列车配备的先进车载状态传感器、雷达和天线等装置能实时收集和分析周边环境（如地理位置、线路信息等）及车辆状态。通过将这些信息与动车技术的整合，支持了自动发车、自动区间运行、自动停车及自动车门开启等功能的实现。在智能运维方面，相较于传统高速铁路与列车，京张高铁的动车组新增了10%的传感器，监控点数量达到2718个，建立了一个全方位的车载预测性维护系统，详细架构见图2-3-19。该系统能综合处理自感知数据，并与动车组的制造商、运营部门及部件供应商共享数据，如研发、试验、运维、检修和履历数据。利用大数据、监控分析技术和高容量车地传输技术，系统为用户提供了关键部件健康评估、故障预警、故障精确定位、维修建议、备件库存智能建议及更换提醒、列车健康状态和全面监控服务。这些服务不仅提高了车辆的安全性和维护效率，还降低了维修成本，满足了动车组全生命周期管理需求，将列车服务性能从阈值管理提升至状态管理。

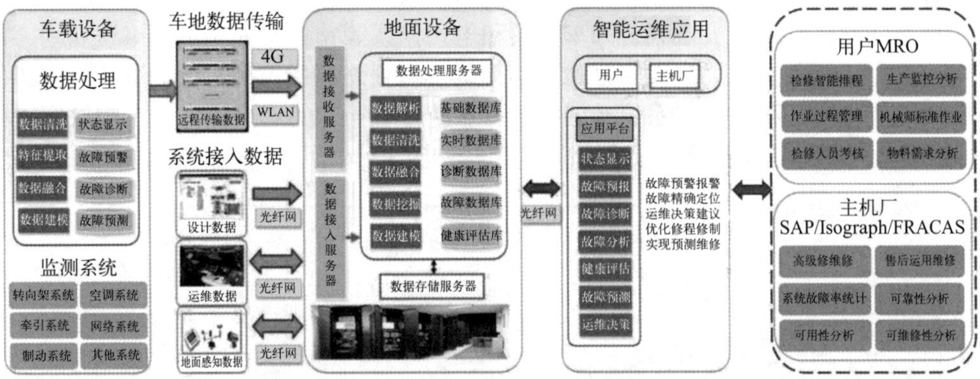


图 2-3-19　智能京张车载 PHM 系统架构

智能京张的建设和运营管理是一个极其复杂的系统工程，它覆盖了设计、施工、运营等全生命周期的各个阶段。该项目运用了一种独特的建设管理模式，即“模数驱动、轴面协作”。此方法以全生命周期管理作为核心，把所有业务元素纳入基础架构中，实现了在整个生命周期和所有业务层面的有效协同。这种管理技巧在设计阶段就考虑到了各个关键要素，包括路基、桥梁、轨道、隧道、工程经济、地质、通信和信号等，保证了项目的全面和协调发展，施工阶段的投资、安全、质量、进度、环保等要素的协调，以及运营阶段的工务、电务、客流、运输、车辆和安全保障等要素的综合管理。通过利用包括线路、桥梁、车站、通信、信号和供电在内的多领域、多层次的BIM（建筑信息模型）技术，并结合在规划设计、工程建设、调度指挥、运营服务和安全监控等方面的大数据应用，项目成功实现了整个系统的优化运作和最大化效能。

**（2）12306电子客票系统**

12306网上售票平台，作为我国铁路最新一代的客票系统的核心，彻底革新了铁路票务的销售模式。它已经成为铁路票务的主流销售途径，具有每天处理高达2000万张车票的能力。这个系统由一个国家铁路集团的双备份客票中心、18个铁路局集团的客户服务中心和超过2000个车站系统组成，支撑着超过30000个售票窗口和10000多台自助售票机。12306网站的注册用户近4亿，其移动应用的安装量达到2亿。系统平均每日售票量为1000万张，最高峰值达到1639万张。特别是12306网站，在互联网售票高峰期的售票量达到1443万张，约占总售票量的80%，极大地推动了客运业务的迅速增长。作为全球规模最大的票务系统，这一新一代客票系统在处理业务量和吸引用户方面均居于领先地位，每年售出的车票超过40亿张。

该系统在研发和建设过程中采用自主研发路线，技术团队掌握了所有关键技术。作为国铁集团“互联网+出行”战略的重要组成部分，这一系统使高铁客运业务发生了深刻变革。互联网售票比例的提升和自动售检票设备的广泛应用，大大降低了车站的售票组织力，显著提升了客运服务质量，改善了车站秩序。特别是在春节等旅客运输需求高峰期，旅客在窗口长时间排队购买车票的情况已成为我国铁路客运中的历史。

12306电子客票系统逻辑架构如图2-3-20所示。该系统的逻辑架构分为客票核心系统、客票交易平台、应用层和系统接口四个部分。客票核心系统负责数据维护、席位管理、计价、经由、交易管理和电子客票等核心管理和交易功能，以及财务统计、客运统计、管理监控、版本管理、软件分发和业务监控等辅助功能。客票交易平台统一管理客票核心系统的服务接口，实现服务管理、组合服务引擎和企业服务总线。应用层基于客票核心系统，提供包括互联网售票、手机售票、列车售票和电话订票等销售功能，以及旅程规划、检验票和电子支付等服务。系统接口则分为内部系统接口和外部系统接口，负责铁路内部各信息系统间的信息交互和与外部系统（如银行、旅游订餐等）的对接，为出行的旅客提供丰富性和便捷性的综合配套服务，提升旅客的出行体验。

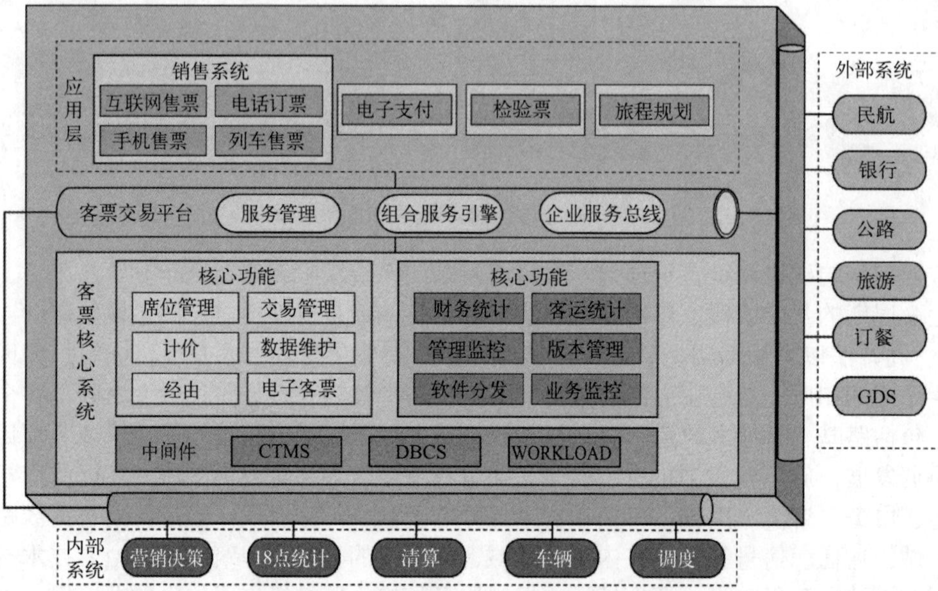


图2-3-20　12306电子客票系统逻辑架构

**（3）网络安全技术平台**

随着铁路行业信息化程度的不断提高和互联网应用的扩展，铁路网络面临着来自系统外部的潜在威胁、网络攻击以及日益增多的网络犯罪活动，这对铁路网络的安全提出了严峻挑战。因此，加强对铁路网络的安全管理，提高网络安全防范能力，并对铁路关键信息系统实施一体化安全保护措施变得格外重要。

铁路关键信息系统的一体化安全保护工程是对当前铁路网络安全措施的补充和完善，目的是增强铁路的五网三级安全保障体系（其中五网包括综合信息网、客票网、列车调度指挥网、旅服网以及资金结算网，三级是指国铁集团、铁路局集团公司、站段）。这一工程的关键是针对铁路领域面临的主要网络安全风险和威胁，确保铁路公共服务平台、列车调度指挥、安全运输生产和管理等关键业务的安全运作。同时，工程旨在提升计算环境、网络边界和应用的安全管理能力，优化现有安全防护技术，强化网络安全管理及应急响应机制，构建一个全面的铁路信息安全防御体系。

在技术实施方面，系统的整体方案包括对保护对象进行全面的基础安全和扩展安全防护规划；构建一个安全数据平台，为数据的传输、采集和存储提供统一服务，为上层应用平台提供基础支撑；利用统一的安全管理平台，可以实现对各种防护目标的集中式管理和维护操作；利用安全态势感知平台，从多角度获取数据，展示、预测和分析整体安全态势，并动态监控防护状态；建立统一的电子认证服务平台；以及预留标准接口，便于与国家、行业主管部门或外部机构进行数据交换。

根据等级保护的基本要求，底层防护的建设分为基础安全和扩展安全防护两部分。基础安全防护主要针对的是网站群安全、通信网络安全、计算环境安全、区域边界安全和业务风险控制，而扩展安全防护着重于确保云服务的安全性以及移动应用接入的安全性。安全数据平台处于核心层，它为底层防护和上层平台提供数据服务，涵盖数据的传输、采集和存储。例如，平台能够将防护设备的状态数据传递给上层平台，同时根据安全态势或集中安全管理的需求，指导防护设备实施安全策略；将防护设备或保护对象的数据进行存储，以便进行实时或历史的综合分析和展示。

### 3.4.2 城市轨道交通

**（1）广清城际铁路**

为了解决广清线站间距短、对标停车频繁等问题，广清城际铁路综合了城市轨道交通与高速铁路特点的新式轨道交通，是为城际铁路量身打造的“高铁+地铁”列控系统。广清城际铁路装备了我国自主研发的C2（CTCS2级）+ATO列车运行控制系统，在高铁C2级列控系统基础上，增加地铁列车ATO功能的自主研发的城际铁路信号系统。C2+ATO系统下，列车不仅可以自动运行，而且具备车站定点停车功能；能实现运行自动调整，到站后可以自行折返作业；车站站台设置的站台门与列车门可联动控制，将地铁特性移植到城际铁路，融合了高铁的快速与地铁的便捷，有效适应了城际铁路高速度、高密度、站间距短、公交化运营的特点。广清城际铁路满足城际列车最高时速200km、最短追踪间隔3min的运行需求，实现了列车按运行图自动驾驶、站内自动对标精确停车、列控系统对站台门实现管控等功能，满足城际铁路大流量、高密度运行需要。其中车门与站台门的联动功能，极大程度地减轻了车站工作人员的劳动强度，提升了列车停靠站台运营的防护能力。

**（2）TACS**

PB-TACS具有高可靠、高性能、一体化的优质安全性能，采用实时以太网总线，形成智能化车载平台，方便升级和扩展。支持多种列车运行制式，包括C2+ATO、CBTC等，实现了接口兼容。系统以列车为核心，实现了系统资源管理更精细化、系统架构更简单、故障情况下韧性更强。通过高可靠激光雷达+毫米波雷达+机器视觉+人工智能深度学习算法对周围环境进行高可靠感知，实现基于视觉感知的高安全、高精度的自主定位，障碍物检测以及物体识别，并结合灵活的感知移动授权的计算，故障可靠性感知与检测技术模块如图2-3-21所示，能够实现故障情况下韧性的多方面提升。

自主定位

列车检测

图2-3-21

障碍物检测　　感知移动授权计算

图 2-3-21　故障可靠性感知与检测技术模块

## 3.4.3　重载铁路

**（1）智能浩吉示范工程**

智能浩吉是国铁集团首个重载铁路智能化示范工程，系统架构如图2-3-22所示，该系统以智能大脑平台为中心，以智能装备和智能运营为典型应用。智能浩吉大脑平台包括大数据分析技术、智能计算技术、行业专用模型和大数据可视化等先进技术；在智能装备方面，主要包括基于LKJ的机车辅助驾驶、基于北斗的单线CTC和智能牵引供电等；智能运营包括智能综合调度、基础设施智能运维、综合安全大数据应用等核心功能。

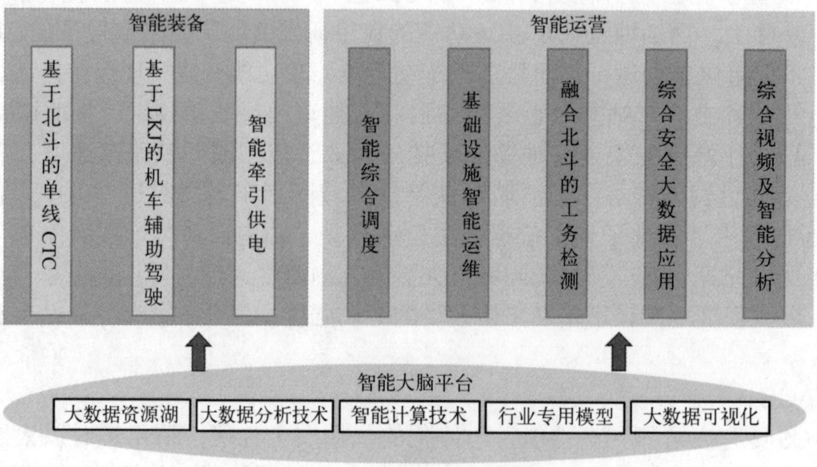


图 2-3-22　智能浩吉功能架构

浩吉铁路智能综合调度系统实现了高质量的综合运输调度一体化，通过深度融合智能化技术和信息系统，能够实时监控列车状态和编组情况。该系统将计划调度、机械调度和行车调度紧密结合，实现调度计划的协同编制、自动调整和空车计划的自动生成。同时，在调度指挥、运输管理和车站作业等整个运输过程中实现了局站一体化，大大提升了调度指挥和车站作业的效率。基于智能大脑的全程综合调度功能架构如图2-3-23所示，涵盖计划智能化编制、智慧化行车调度调整、数据驱动的车流调整、车站生产一体化、作业自主化组织和集疏运端统一组织等关键应用。同时，该系统充分利用了浩吉铁路的内外部资源，能够全面感知、泛在互联、融合处理、科学决策和主动学习移动装备、固定基础设施以及内外部环境信息，实现线路与车辆全生命周期一体化管理。

**（2）重载列车自动驾驶**

澳大利亚力拓公司开发的AutoHaul机车自动驾驶系统，2018年成功应用于西澳

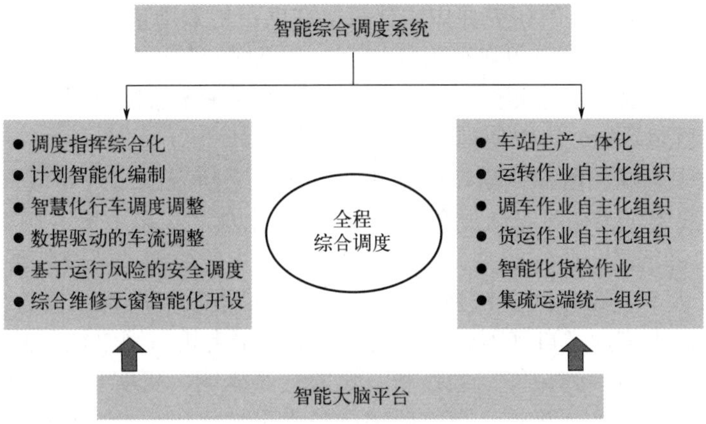


图 2-3-23　基于智能大脑的全程综合调度功能架构

铁路皮尔巴拉地区的重载铁路网，成为世界上第一个应用该技术的系统。该系统采用ERTMS+ATO的系统架构，达到GoA3/4运行等级，实现了全自动无人驾驶技术在重载铁路领域的突破性进展，系统架构如图2-3-24所示。车载配备了全球首个通过SIL4 ISA认证的列车GPS定位系统（LDS），取消轨旁应答器的设置，同时配备了驾驶员辅助系统，根据轨旁提供的运行时刻表和列车运行策略，辅助实现列车自动驾驶和运行控制，同时满足节

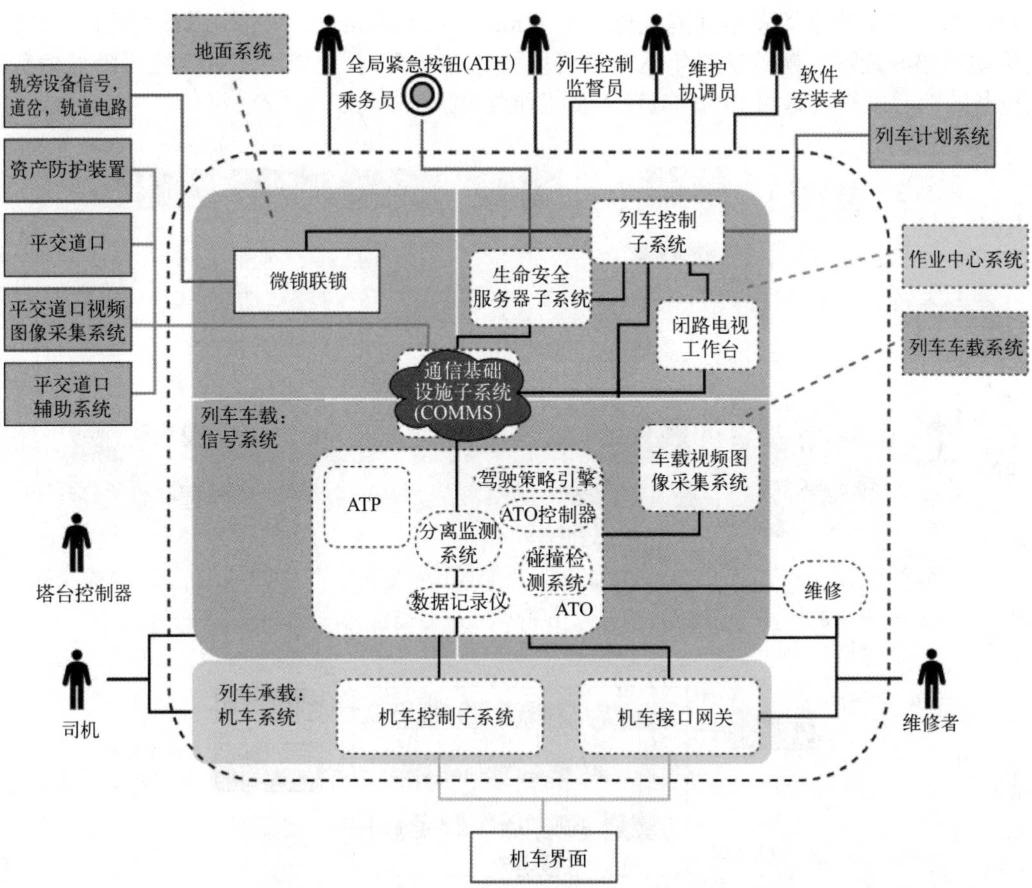


图 2-3-24　AutoHaul 重载列车自动驾驶系统架构

能需求。瑞典LKAB矿石铁路研究并应用计算机辅助司机驾驶系统（Cato），该系统计算的最优速度曲线基于计划运行图和列车运行参数，并根据实际运行情况动态调整，保证列车按时到达目标位置，避免不必要的制动和停止。如果列车无法按时到达目标位置，列车还可以通知调度员更新目标位置以使其可以按时到达。

在国内，由中车株洲所牵头研制的机车自动驾驶系统在过去几年取得了重要的突破。2018年9月，该系统首次在西安局国产化HXD1机车上成功实现了货运列车正线自动驾驶。2019年12月，该系统进一步升级，具备干线铁路异物入侵检测、站段自动调车功能。2020年以来，开始在大秦铁路和朔黄铁路进行2万t组合式重载自动驾驶实验，系统在车载监控信号系统的基础上增加了自动驾驶控制装置，集成融合机车网络控制系统、制动控制系统、无线重联控制系统、列尾等车载设备。试验结果表明，可实现全面自动化智能控车，运行平稳，到站停车精准、正点，有效解决了长大下坡路段组合式重载列车的平稳控制、循环空气制动控制等难题，减轻了司机操纵强度，提升了重载铁路运行效率。

为进一步提升线路运输能力，国家能源集团组织实施“重载铁路移动闭塞关键技术及装备研究”攻关，在全球范围内首次开展基于TD-LTE、适用于大运量高密度重载铁路的移动闭塞系统研究。2021年6月，朔黄铁路首次开行基于移动闭塞制式的重载列车。该项目基于对重载铁路运营模式的研究，根据场景文件形成了重载铁路移动闭塞系统架构，如图2-3-25所示。该系统利用北斗卫星进行列车定位，并根据行车许可来实施超速防护。移动闭塞系统被广泛认可为提高安全性和运输效率的最佳列车控制技术。通过应用移动闭塞系统技术，列车的平均发车间隔从原来的11min缩短至7.3min，缩短了34%的时间。在完成移动闭塞改造后，朔黄铁路年运输量可以增加4000万t。此外，该系统还可降低信号系统设备的综合维修成本约20%，减轻人员工作强度。

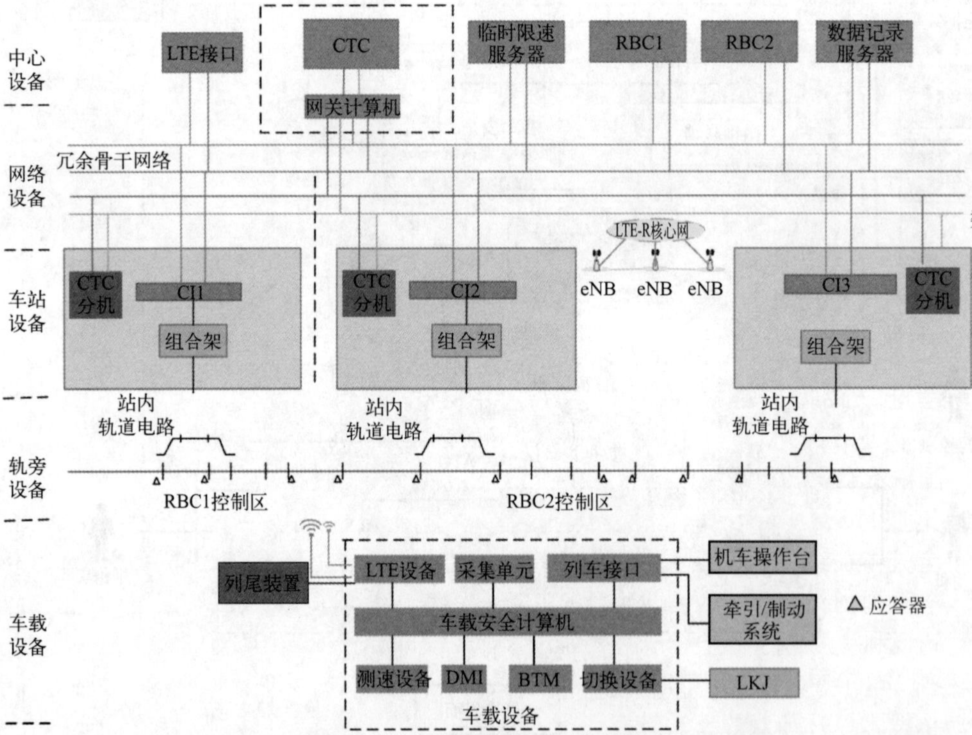


图2-3-25　重载铁路移动闭塞系统架构

### （3）重载铁路智能运维

国家能源集团在2023年5月发布了重大科技创新项目“朔黄重载铁路基础设施智能运维技术研究与应用”的成果。这一成果的发布标志着我国在重载铁路智能技术方面取得了重要突破，重载铁路基础设施的智能运维水平得到了显著提升。该项目研发了一套多专业融合、全生命周期管理的智能运维系统，实现了设备资产的数字化管理、检测监测的一体化、决策评估的智能化、检修维护的精准化，以及生产过程的可视化闭环管理。朔黄铁路基础设施智能运维系统的总体架构采用了分层设计思想和“平台+应用”的模式，由物理层、感知层、传输层和平台层（包括数据层、业务层和应用层）组成。同时，该系统制定并遵循了相关的数据标准和安全标准。基础设施智能运维系统架构如图2-3-26所示。该系统汇集多源设备状态信息，基于智能大脑平台形成数据资源湖；采用各类智能分析算法模型，智能评估设备状态、科学预测状态演变趋势、自动生成维修决策建议；通过将作业人员与履职项目进行精准匹配，并利用生产环境视频监控技术，实现了作业资源的合理调配、作业过程的实时监控、作业质量的自动评价，以及作业流程的闭环管理。

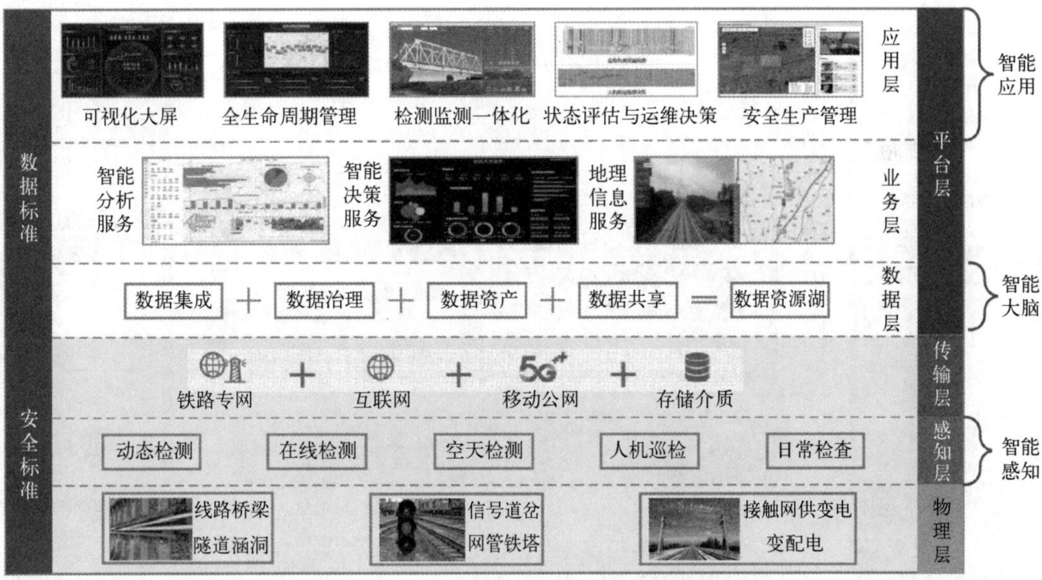


图2-3-26 基础设施智能运维系统架构

## 3.4.4 普速铁路（货运）

### （1）国铁货运95306系统

2021年12月8日，随着铁路货运电子商务系统95306的全面升级，系统正式投入使用并实现了全天候在线办理货运业务，为客户提供更为高效便捷的全方位货运服务。95306系统引入一系列创新服务，致力于实现“信息多跑路、企业货主少跑腿”，从而显著提升铁路货运的便利程度，这标志着铁路货运服务改革取得了显著进展。这些创新服务包括网上自助注册、电子签名应用、货物位置精准追踪、电子支付拓展以及移动办公实现。通过引入自动化技术提升运营效率、降低成本，95306系统为客户提供了更为便捷、高效的货运服务。

货运95306系统通过网页、应用程序和微信等多种渠道实现服务接入。系统基于微服务技术构建货运95306对外和对内两套业务应用体系；能力中心提供支撑各业务微服务逻辑计算和数据加工的综合服务能力，系统通过货运PaaS平台保障大量微服务间的协同运转及管控治理；构建了铁路货运数据处理中心，高效衔接内部各货运业务支撑系统，实现货运数据资源的融合，形成货运统一且唯一的数据资源，实现对货运数据的精准赋权和使用管理；通过集成服务平台下的数据服务平台实现车信息、主数据信息、GIS信息等与非货运数据的交互共享；系统通过集成服务平台下的外部协作平台建立与大型企业、上下游行业等信息系统及大宗商品交易服务平台间的信息交换机制。国铁货运95306系统总体结构如图2-3-27所示。

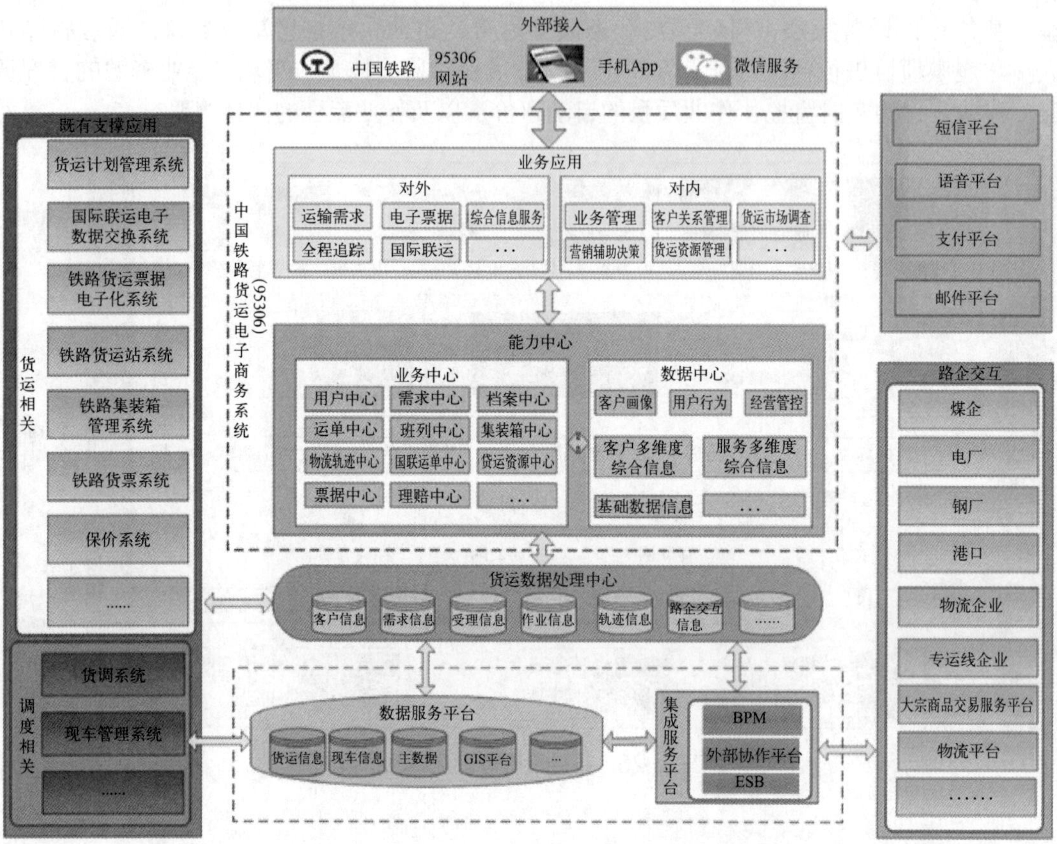


图2-3-27　国铁货运95306系统总体结构

**（2）中欧班列**

中欧班列是指按照固定车次、线路、班期和全程运行时刻开行，往来于我国与欧洲以及“一带一路”沿线各国的集装箱等国际铁路联运班列。中欧班列是连接我国与欧洲的一项重要物流运输服务，通过普速铁路实现货物的长途运输。

目前，中欧之间已建立了三条主要的铁路物流通道：西部、中部和东部通道。西部通道主要服务于西南、西北、华中、华北和华东等地区的进出口需求。该通道通过新疆的阿拉山口和霍尔果斯铁路口岸与哈萨克斯坦铁路连接，经过俄罗斯、白俄罗斯、波兰等国家的铁路网络，最终抵达欧洲的其他国家。中部通道主要服务于华中和华北地区的进出口需求，通过内蒙古的二连浩特铁路口岸与蒙古国铁路连接，并经过俄罗斯、白俄罗斯、波兰等国的铁路网络，通往欧洲其他国家。东部通道则主要吸引华东、华南和东北地区的进出口货源，通过内蒙古的满洲里铁路口岸和黑龙江的绥芬河铁路口岸与俄罗斯铁路相连，经由白俄罗斯、波兰等国的铁路网络，最终通达欧洲其他国家。

中欧班列的运输时间主要由两部分组成：途中运输时间和中转站处理时间。途中运输时间是根据城市之间的实际距离和列车的平均速度计算得出的，通常是运输距离除以平均速度得到的结果。而中转站处理时间指的是货物在一个运输节点到达后，到使用另一种运输方式离开该节点所花费的全部时间。由于中转站操作相对复杂，涉及人工、设备及处理能力等多种因素，这部分时间的波动性较大，是运输过程中的一个不确定性因素。中欧班列对于运输时间有严格的要求，如果这种不确定性波动较大，可能会影响到货物在不同运输方式之间的顺畅转接，从而对整个运输过程造成影响。

中欧班列应用铁路“快速通关”模式，铁路进出口货物转关运输效率和便利化水平得以提高，单趟班列运行时间缩短2～3天，企业申报成本降低约20%。提高沿线通关便利化水平，不断优化口岸营商环境，持续完善国际运输规则。在“直达一站式”运行模式下，中欧班列在起点站进行编组，形成完整的列车后直接驶往目的地，全程无须进行解组作业。此方式确保了班列组建的高效率，并避免了由于货源不足导致的组建难题。例如，“渝新欧”班列作为最早开行的中欧班列之一，现已基本达到常态化运作。这种“直达一站式”班列不仅大幅缩减了运输的距离和时间，而且由于途中技术站仅进行无须解组的中转作业，对途经站点的运营压力较小，极大地提升了中欧班列的经济效率和时效性，确保了运输的整体效益。

中欧班列的运输时间相对较快，从我国到欧洲的运输时间通常为12～18天，比海运节省了大约30天。尽管较空运而言时间较长，但成本大幅降低，同时运输能力和稳定性强于航空运输。中欧班列能够运输各种类型的货物，包括机械设备、电子产品、汽车零部件、服装、消费品等。此外，普速铁路的稳定性和大容量使得它能够有效地处理大量和不同类型的货物。普速铁路运输相对稳定，受天气条件和其他外部因素的影响较小。同时，整个运输过程中的安全措施和监控系统确保了货物的安全。

## 3.4.5 磁悬浮

**（1）长沙磁悬浮快线**

我国首条国产磁悬浮线路于2016年5月在长沙运行，该线路是我国具有完全自主知识产权的中低速磁悬浮线路。长沙磁悬浮快线采用常导电磁悬浮技术，以短定子直线异步电机作为推进系统，额定运行速度不超过150km/h。长沙磁悬浮线路完全由我国自主建设、自主研发列车、自主运营、自主管理，全长18.55km，采用高架敷设，设车站3座，即磁浮高铁站、磁浮榔梨站、磁浮机场站，预留车站2座，列车采用3节编组，设计速度为140km/h，运行速度为110km/h和140km/h。

**（2）北京磁悬浮交通示范线**

我国第二条自主知识产权磁悬浮线路为北京磁浮S1线，又称北京地铁S1线，于2017年12月30日开通，与长沙磁悬浮快线类似，同样采用常导电磁悬浮技术。它是我国第三条磁悬浮线路，全长10.2km，其中高架线9953m，隧道线283m，共设置8座车站，全部为高架站，采用6节编组，最高速度为100km/h。

## 3.5 存在的问题与挑战

虽然轨道交通自动化水平的提升大大提高了轨道交通行业的综合效能，但轨道交通仍然面临着诸多技术挑战，例如轨道交通自动化系统的复杂性、海量实时数据处理与集成、可靠性和故障智能诊断等。这些挑战不仅依赖于技术本身，还关系到整个轨道交通行业的可持续发展。下面详细介绍当前面临的三大主要技术挑战。

① 轨道交通自动化系统的复杂性。车辆位置、速度控制、信号系统状态和乘客流量等大量动态信息是造成系统复杂性的主要原因。此外，随着技术的发展，新的功能和需求不断被加入系统中，也进一步增加了系统的复杂性。例如，集成先进的预测维护算法和实现更高级别的自动控制，都需要高性能的算法和大量的数据处理能力。这不仅对硬件设备提出了更高要求，也对软件系统的设计和实现提出了新的挑战。

② 海量实时数据处理与集成。轨道交通自动化系统需要具备收集、处理和分析多源数据的功能，包括车辆性能、轨道状况、天气信息等。这些数据的多样性和大规模要求系统具备高效的数据处理能力和智能的数据分析算法。此外，涉及乘客信息和运营数据的数据安全和隐私保护也是重要的考量。因此，如何在确保数据的安全性和隐私性的同时，又能充分利用这些数据来优化系统性能，是一个需要解决的关键问题。

③ 可靠性和故障智能诊断。系统的可靠性和故障诊断能力是确保轨道交通安全高效运行的基础。任何系统故障都可能导致运营中断、乘客安全事故等严重的后果。因此，如何构建一个高度可靠的自动化系统是面临的又一课题。使用高质量的组件、设计冗余系统以及实现高效的故障检测和响应机制是重要的解决途径。然而，随着系统变得更加复杂，故障诊断又将变得更加困难，如何快速准确地诊断和解决故障也是技术发展中的一个重要方向。

随着技术的不断进步，新的挑战也在不断出现。人工智能和机器学习的应用在提高系统效率和智能化水平方面具有巨大潜力。但同时也带来了新的问题，如算法的透明度、决策的可解释性以及与现有系统的兼容性等。综上所述，这些新兴技术的融合和应用需要在保证系统安全和可靠的前提下不断探索和创新，以满足未来轨道交通自动化系统的发展需求。

## 3.6 发展建议

### 3.6.1 技术发展建议

在城市化进程不断推进的背景下，轨道交通自动化和智能化系统迎来了广阔的发展前景。现代科技手段，包括信息技术、控制技术、通信技术等，将在轨道交通系统全过程中实现精准监测、预测、控制和优化。轨道交通技术的发展将主要体现在以下几个方面：

① 智能列车控制系统的持续升级：投入更多资源和精力，不断升级智能列车控制系统，包括自动驾驶技术、列车间通信系统、车辆位置监测等，以提高列车的运行效率和安全性。

② 实时监测和故障诊断系统的应用：引入先进的实时监测和故障诊断系统，能够对轨道、车辆和设备进行实时监测和预警，及时发现并解决潜在问题，提高轨道交通系统的可靠性和运行稳定性。

③ 推动轨道交通智能化管理系统的建设：建立智能化的轨道交通管理系统，包括列车调度、车站运营管理、乘客信息服务等，通过数据分析和人工智能技术，提高运输效率和服务水平。

④ 加强信息化和网络安全保障：加强轨道交通信息化建设，包括信息采集、传输和处理等方面，同时加强网络安全防护措施，确保轨道交通系统的信息安全和运行稳定。

⑤ 推广智能交通信号控制技术：引入智能交通信号控制技术，优化列车运行间隔和速度，提高轨道交通系统的运输能力和效率，减少运行延误和拥堵现象。

总体而言，轨道交通技术的发展将以完善的标准体系为目标，结合各种不同交通方式的需求和发展阶段，注重技术的先进性、适应性和经济性，推动轨道交通向更高效、更智能、更绿色、更安全的方向发展。

### 3.6.2 人才培养建议

随着轨道交通技术的不断进步，人才的培养成为了保障行业可持续发展的关键。为满足未来轨道交通自动化领域的人才需求，以下几点建议对于人才培养至关重要。

① 注重实践能力培养：与基础教育同样重要的是对学生实践能力的培养。教育机构应与工业界建立合作关系，为学生提供实地实习和实训机会，使他们在真实的工作环境中掌握轨道交通自动化技术。

② 鼓励跨学科学习：由于轨道交通自动化涉及多个学科领域，建议学生在专业学习的同时涉猎其他相关学科，如数据分析、人工智能、通信技术等，以培养跨学科的综合能力。

③ 培训软技能：未来的轨道交通工程师需要具备良好的沟通、团队合作和项目管理能力。因此，教育过程中应加强对这些软技能的培训，使学生更好地适应职业需求。

④ 与产业界紧密合作：学校和科研院所等人才培养机构应与轨道交通产业界建立紧密合作关系，定期邀请产业界专家开办讲座并进行研讨和指导，确保学习内容与产业发展保持同步。

综合来看，为了满足轨道交通自动化领域的人才需求，必须采取多方面的措施，确保学生在专业知识、实践能力、跨学科学习、软技能和创新意识等各方面都达到行业前沿标准。未来的轨道交通不仅需要精通技术的工程师，还需要具备全局视角、综合分析能力和创新精神的行业领袖。因此，教育机构、产业界和政府部门需要共同努力，建立完善的教育和培训体系，培养出能够适应未来挑战、引领行业发展的高素质人才。

### 3.6.3 政策发展建议

轨道交通自动化已成为全球交通技术革命的重要方向。为了确保这一领域持续、健康地进步，政策制定与引导成为关键因素。以下是面向轨道交通自动化发展的核心政策建议：

① 加强基础研究和技术创新投资：为确保技术的持续创新和突破，政府应设立专门的研发基金，支持相关的基础研究。该投资不仅会促进国内的科技进步，还会吸引全球的顶级科研机构和专家进行合作与交流。长期而言，一个健康的研发环境将使国家在全球轨道交通领域保持领先地位。

② 建立标准化体系：统一、严格的标准体系对于确保轨道交通自动化技术的安全与互通性至关重要。我们需要参考国际先进的标准，但同样要结合国内的实际情况进行适当调

整，以确保标准的适用性与前瞻性。

③ 加强产学研合作：产学研合作已被证明是技术进步与创新的有效路径。通过鼓励高校、科研机构与产业界的紧密合作，不仅能够加速技术成果的应用和转化，还能为产业提供持续的人才支持和技术创新动力。

④ 推动绿色发展：环保与可持续发展已成为全球共识。轨道交通自动化技术的研发与应用也应遵循这一原则，如利用清洁能源、采用节能技术、优化运行策略等，从而在提高交通效率的同时降低对环境的影响。

轨道交通自动化技术代表了未来交通的方向，其成功实施和发展不仅能改变人们的出行方式，还将极大地推动交通与相关产业的进步。为此，我们需要制定和实施合理、前瞻的政策，确保这一领域的健康、稳定发展，同时也为我国在全球轨道交通领域的持续领导地位奠定坚实基础。

## 参考文献


[1] 宁滨，董海荣，郑伟，等. 高速铁路运行控制与动态调度一体化的现状与展望[J]. 自动化学报，2019, 45(12): 2208-2217.

[2] 董海荣，荀径，谭立刚，高士根. 高速铁路运行控制调度一体化. 北京：科学出版社，2023.

[3] 王同军. 中国智能高速铁路体系架构研究及应用[J]. 铁道学报，2019, 41(11):1-9.

[4] 李刚，卢佩玲. 基于数据驱动的高速铁路信号智能运维技术研究[J]. 铁道运输与经济，2021, 43(10):61-67.

[5] 李红侠. 京张高速铁路智能化技术应用进展[J]. 铁道标准设计，2021, 65(05):158-161.

[6] 王同军. 中国智能高速铁路2.0的内涵特征，体系架构与实施路径[J]. 铁路计算机应用，2022, 31(7): 1-9.

[7] Di Meo C, Di Vaio M, Flammini F, et al. ERTMS/ETCS virtual coupling: proof of concept and numerical analysis[J]. IEEE transactions on intelligent transportation systems, 2019, 21(6): 2545-2556.

[8] Felez J, Kim Y, Borrelli F. A model predictive control approach for virtual coupling in railways[J]. IEEE Transactions on Intelligent Transportation Systems, 2019, 20(7): 2728-2739.

[9] Quaglietta E, Wang M, Goverde R M P. A multi-state train-following model for the analysis of virtual coupling railway operations[J]. Journal of Rail Transport Planning & Management, 2020, 15: 100195.

[10] Zhang Z, Song H, Wang H, et al. Cooperative multi-scenario departure control for virtual coupling trains: a fixed-time approach[J]. IEEE Transactions on Vehicular Technology, 2021, 70(9): 8545-8555.

[11] Liu Y, Liu R, Wei C, et al. Distributed model predictive control strategy for constrained high-speed virtually coupled train set[J]. IEEE Transactions on Vehicular Technology, 2022, 71(1): 171-183.

[12] 中国城市轨道交通协会. 中国城市轨道交通智慧城轨发展纲要[J]. 城市轨道交通，2020(4): 8-23.

[13] 中国城市轨道交通协会. 中国城市轨道交通绿色城轨发展行动方案[J]. 城市轨道交通，2022(8): 20-35.

[14] Liu W, Su S, Tang T, et al. A DQN-based intelligent control method for heavy haul trains on long steep downhill section[J]. Transportation Research Part C: Emerging Technologies, 2021, 129: 103249.

[15] Wang X, Tang T, He H. Optimal control of heavy haul train based on approximate dynamic programming[J]. Advances in Mechanical Engineering, 2017, 9(4):1-15.

[16] Huang Y, Tan L, Chen L, et al. A neural network driving curve generation method for the heavy-haul train[J]. Advances in Mechanical Engineering, 2016, 8(5):1-14.

[17] Su S, Huang Y, Liu W, et al. Optimization of the speed curve for heavy-haul trains considering cyclic air braking: an MILP approach[J]. Engineering Optimization, 2022:1-15.

[18] Wang X, Su S, Cao Y, et al. Robust cruise control for the heavy haul train subject to disturbance and actuator saturation[J]. IEEE Transactions on Intelligent Transportation Systems, 2023, 24(8): 8003-8013.

[19] Wang D, Zhao J, Peng Q. Optimizing the loaded train combination problem at a heavy-haul marshalling station[J].

Transportation Research Part E: Logistics and Transportation Review, 2022, 162: 102717.

[20] Jing Y, Zhang Z. A study on car flow organization in the loading end of heavy haul railway based on immune clonal selection algorithm[J]. Neural Computing and Applications, 2019, 31: 1455-1465.

[21] Wu T, Dong W, Ye H, et al. A deep reinforcement learning approach for optimal scheduling of heavy-haul railway[J]. IFAC-PapersOnLine, 2023, 56(2): 3491-3497.

[22] Zhang Y, Wang M, Wang R, et al. A freight train dispatching approach for handling perturbations: a real case for the longest heavy-haul railway in China[J]. Smart and Resilient Transportation, 2020, 2(2): 85-99.

[23] 王建华，李乐，孟学雷．基于收敛粒子群算法的重载铁路列车运行调整方法[J]. 计算机应用，2023, 43(S1):307-313.

[24] 赵有明，张格明，凌烈鹏，等．朔黄铁路基础设施智能运维系统研发与应用[J]. 铁道运输与经济，2023, 45(11):1-10.

[25] 李江昆．TFDS车辆故障自动识别系统研究及应用[J]. 铁道车辆，2021, 59(05):125-127.

[26] 中华人民共和国中央人民政府．国家铁路局发布《铁路车辆运行安全监控系统设计规范》等两项行业标准．[2022-01-05]. https://www. gov. cn/xinwen/2022-01/05/content_5666492. htm

[27] Panou K, Tzieropoulos P, Emery D. Railway driver advice systems: Evaluation of methods, tools and systems[J]. Journal of Rail Transport Planning & Management, 2013, 3(4):150-162.

[28] Gimpel G. Bringing dark data into the light: Illuminating existing IoT data lost within your organization[J]. Business Horizons, 2020, 63(4): 519-530.

[29] 孟军．基于LKJ的机车辅助驾驶系统行程规划方案与实现[J]. 铁道通信信号，2023, 59(03):1-7.

[30] 曾小清，熊启鹏，王奕曾，等．面向节能的列车驾驶辅助技术研究[J]. 同济大学学报(自然科学版)，2022, 50(06):899-905.

[31] 臧一佩，梁志国，冯浩楠，等．普速铁路信号系统控车优化方案研究[J]. 铁道运输与经济，2021, 3(12):109-115.

[32] 郑清华，倪菲．高速磁浮交通：从德国到中国[J]. 前瞻科技，2023, 2(4): 31-39; doi: 10. 3981/j. issn. 2097-0781. 2023. 04. 003

[33] 程剑锋，冯凯，李科．高速铁路CTCS3+ATO列控系统技术研究[J]. 中国铁路，2019(01):74-77.

[34] 田锐，赵飞．高速铁路智能调度系统功能架构及关键技术探讨[J]. 铁道运输与经济，2022, 44(05).

[35] 王军，丁荣军．中国高速列车健康监测与管理：进展及展望[J]. 中国工程科学，2023, 25(2):232-242.

[36] Dong H, Ning B, Cai B, et al. Automatic train control system development and simulation for high-speed railways[J]. IEEE circuits and systems magazine, 2010, 10(2): 6-18.

[37] Dong H, Zhu H, Li Y, et al. Parallel intelligent systems for integrated high-speed railway operation control and dynamic scheduling[J]. IEEE Transactions on Cybernetics, 2018, 48(12): 3381-3389.

[38] Dong H, Liu X, Zhou M, et al. Integration of train control and online rescheduling for high-speed railways in case of emergencies[J]. IEEE Transactions on Computational Social Systems, 2022, 9(5): 1574-1582.

[39] Gao S, Dong H, Ning B, et al. Cooperative prescribed performance tracking control for multiple high-speed trains in moving block signaling system[J]. IEEE Transactions on Intelligent Transportation Systems, 2019, 20(7): 2740-2749.

[40] Gao S, Hou Y, Dong H, et al. High-speed trains automatic operation with protection constraints: a resilient nonlinear gain-based feedback control approach[J]. IEEE/CAA Journal of Automatica Sinica, 2019, 6(4): 992-999.

[41] Gao S, Wei J, Song H, et al. Fuzzy adaptive automatic train operation control with protection constraints: a residual nonlinearity approximation-based approach[J]. Engineering Applications of Artificial Intelligence, 2020, 96: 103968.

[42] 郭兵，贺亮，张晓军，等．货运监控系统在铁路专用线上的应用[J]. 冶金设备，2023(S2):236-238.

[43] 王同军．京张高铁智能化服务总体架构、关键技术与应用示范[J]. 铁路计算机应用，2021, 30(7): 1-8.

[44] 刘峰，孙远运．高速铁路信息化技术[M]. 北京：中国铁道出版社，2023.

[45] 刘洋．基于集中部署的铁路货运电子商务系统（95306)应用设计及关键技术研究[J]. 铁道运输与经济，2023, 45(02):68-75.

本章负责人　董海荣　北京交通大学

参加编写人员　周　敏　宋海锋　白卫齐　高士根　吴兴堂

# 第4章　航天航空自动化

## 4.1　航天航空自动化背景介绍

### 4.1.1　概述

为了提高航天器和航空器的稳定性和性能指标，航天器和航空器的控制过程中都应用自动控制系统。航天器的自动控制是指对航天器的姿态和轨迹的自动控制。航天器是一个有交叉耦合的多自由度（即多个状态变量）的系统。各种测量值和系统状态又是间接相关的，在系统和测量中存在各种干扰因素，为解决这些复杂难题，需要应用多变量控制、统计滤波、最优控制和随机控制等理论。在大型的航天器和未来的航天站（由各种模块组装而成）上有许多设备需要控制、航天站上各种挠性体需要稳定、站上各种观测仪的定向要求控制，以及航天飞机在航天站停靠时引起的扰动力矩应当克服等。这样的控制对象又是一个典型的大系统，要求有一个多级的分布式的控制系统。大系统理论为设计这样的控制系统提供了理论依据。航天站的系统结构和控制可以在轨道上经常改变，因此它的控制系统应具有自适应和自组织的能力。此外，当航天器在星际航行时，要求它的控制系统不仅更可靠、更精确，而且应具有自动维修、自行学习、自行分析和判断的能力，能够自动改进控制方法和修改系统的性能，最好地完成复杂的任务。系统学、模式识别、人工智能与专家系统等为分析设计这样的智能控制系统创造了条件。

航空器采用主动控制技术。主动控制技术主要包括：放宽静稳定度要求的控制、阵风减缓与乘坐品质控制、机动载荷控制、结构振动控制和道接力控制。采用主动控制技术后飞机性能有了极大的提高。在飞机上实现主动控制技术，要求综合许多信息和控制许多操纵面，靠飞机上原有的机械操纵系统是难以胜任的，或者说会使机械操纵系统变得复杂笨重。为解决此矛盾，可采用电传操纵。所谓电传操纵是指用电的信号来传递飞行员的操纵信息，这样可省去机械操纵系统，改善了飞机的性能。但要看到机械操纵系统有可靠性高的优点。一般的电子、电气系统达不到如此高的可靠性。为提高电传操纵系统的可靠性，目前最主要的手段是采用余度技术，即相同的多套系统同时工作。当某一套出故障时，监控/表决器诊断出故障并将此套系统隔离。余下的仍保证系统正常工作。这样，可保证电传操纵系统有与机械操纵系统相同的可靠性。近代飞机的功能又多又全，而各种功能都有相应的自动控制分系统来实现，例如自动飞行控制系统、自动导航系统、自动推力控制系统等等。为了协调这些分系统的动作，由机上的飞行管理计算机来统一管理和控制，这就形成了飞行管理系统。但这仅仅是将各分系统联合起来使某种性能达到最好的水平。在军用机上要进一步提高战斗力和生存能力，采用简单的联合不能满足要求，由此出现了综合控制。在综合控制中，许多复杂的自动控制和高指标都是按人们所希望实现的那样去控制和操纵飞机，这里已包含了智能控制的因素。此外，为进一步提高系统的可靠性，不仅可采用余度技术，且可采用自组织控制等。

## 4.1.2 航天航空自动化系统简介

### 4.1.2.1 航天航空飞行器的自动控制

航天航空飞行器的自动控制是一个含义很广的概念，它是指为了完成飞行任务而对飞行器实施的各种控制和引导技术。在目前常见的飞行器中，按它们的任务特点和飞行范围，可分为航空器、航天器和火箭及导弹三大类。在这三大类飞行器中，控制系统的任务是不完全相同的。

飞机是航空器中的主要飞行器。飞机的自动控制是指对飞机的自动稳定及引导飞机沿预定航线从一处飞到另一处的技术。对飞机的自动稳定包括对其姿态和高度的稳定，实现这种自动稳定的系统常称为自动驾驶仪。引导飞机沿预定航线从一处飞到另一处的系统常称为导航系统。因而飞机的自动控制系统可包括自动稳定系统及导航系统两部分。

导弹的自动控制系统的任务包含对弹体姿态（和高度）的自动稳定及按一定规律引导导弹飞向目标。实现对导弹弹体姿态（和高度）自动稳定的系统常称为自动稳定系统或自动驾驶仪；引导导弹飞向目标的系统常被称为导引系统。这两者的组合被称为制导系统。导弹的导引系统和飞机的导航系统的任务均是引导飞行器飞向目标。但是，导航系统常指引导至固定目的地的那种自动控制系统；而导引系统常指引导至活动目标的那种自动控制系统。因而在导引系统中需要包含有能测量出目标相对导弹的方位或坐标的装置。

航天器的自动控制系统的任务主要包含对航天器姿态的稳定和控制，以及对航天器轨道的控制。航天器的自动控制系统常被称为航天器的控制和导航系统。

从以上简述可见，这三大类飞行器的控制系统的任务是不完全相同的。但是笼统地说，飞行器控制系统的任务是姿态和轨迹控制。由于这三大类飞行器的不同特点，它们的控制系统的作用原理、构成均有相当大的差别，下面将分别介绍三大类飞行器的控制系统。

### 4.1.2.2 飞机的导航系统

飞机导航系统根据工作原理的不同可分为：

① 仪表导航系统。利用飞机上简单仪表所提供的数据，通过人工计算得出各种导航参数。这些仪表是空速表、磁罗盘、航向陀螺仪和高度表等。后来由人工计算发展为自动计算而有了自动领航仪。各种简单仪表也逐渐发展成为航向姿态系统和大气数据计算机等。

② 无线电导航系统。利用地面无线电导航台和飞机上的无线电导航设备对飞机进行定位和引导。无线电导航系统按所测定的导航参数分为5类：a.测角系统，如无线电罗盘和伏尔导航系统（VOR）；b.测距系统，如无线电高度表和测距器（DME）；c.测距差系统，即双曲线无线电导航系统；如罗兰C导航系统和奥米加导航系统；d.测角测距系统，如塔康导航系统和伏尔-DME系统；e.测速系统，如多普勒导航系统。

作用距离在400km以内的为近程无线电导航系统，达到数千千米的为远程无线电导航系统，1万km以上的为超远程无线电导航系统和全球定位导航系统。全球定位导航则借助于导航卫星。此外，利用定向和下滑无线电信标可组成仪表着陆系统。

③ 惯性导航系统。利用安装在惯性平台上的3个加速度计测出飞机沿互相垂直的3个方向上的加速度，由计算机将加速度信号对时间进行一次和二次积分，得出飞机沿3个方向的速度和位移，从而能连续地给出飞机的空间位置。测量加速度也可以不采用惯性平

台，而把航向系统和姿态系统提供的信息一并输入计算机，计算出飞机的速度和位移，这就是捷联式惯性导航系统。

④ 天文导航系统。以天体（如星体）为基准，利用星体跟踪器或敏感器测定水平面与对此星体视线间的夹角（称为星体高度角）。高度角相等点构成的位置线是地球上的一个大圆。测定两个星体的高度角可得到两个大圆，它们的交点就是飞机的位置。

⑤ 复合导航系统。由以上几种导航系统组合起来所构成的性能更为完善的导航系统。

#### 4.1.2.3 导弹的制导系统

导弹制导系统的任务是控制导弹以一定的精度飞向目标。为了控制导弹能准确地飞向目标，制导系统一方面需要测量目标和导弹的相对位置，确定导弹的飞行轨迹；另一方面还要保证导弹能沿上述确定的轨迹稳定地飞行。在导弹制导系统中完成前一任务的称为导引系统，完成后一任务的称为稳定系统，因此制导系统可分为导引系统和稳定系统两部分。导引系统的任务是确定目标和导弹的相对位置并按预定规律加以计算和处理，形成控制信号；而稳定系统的任务是执行导引系统给出的控制导弹飞行轨迹的命令，并保证导弹沿理想的轨迹稳定地飞行。

制导系统按照产生导引信号的来源通常可分为自主式制导系统、遥控式制导系统和自动寻的式制导系统。

**（1）自主式制导系统**

在这种系统中，导引信号的产生不依赖于目标或指挥站（地面的或空中的），而仅由装在导弹内的测量仪器测出飞行器本身或地球或宇宙空间的物理特征，从而决定导弹的飞行轨迹。例如，根据物质的惯性，测量导弹运动的加速度来确定导弹飞行航迹的惯性导航系统；根据某些星体与地球的相对位置来进行导引的天文制导系统；根据预定方案控制导弹飞行的方案制导系统；以及根据目标地区附近的地形特点导引导弹飞向目标的地形匹配制导系统等。自主式制导系统的特点是它不与目标或指挥站联系，因而不易受到干扰。此外，用这种系统制导的导弹，一旦发射出去，就不能再改变其预定的航迹，因而单用自主式系统制导的导弹不能攻击活动目标。

**（2）遥控式制导系统**

在这种系统中，导引信号由设在导弹外部的指挥站发出。指挥站可设在地面，也可设在空中。它测定目标和导弹的相对位置，通过人或计算机形成导引信号，然后发送给导弹，控制导弹飞向目标。这种系统可用于攻击活动目标。遥控式制导系统按遥控信号的传输方式又可分为波束制导系统和指令制导系统。在波束制导系统中，按波束的物理特性可分为雷达波束和激光波束制导系统。在指令制导系统中，按指令传输线可分为有线指令和无线指令两类；而按目标观测线来分，又可分为目视、光学、雷达及电视指令系统等几类。

**（3）自动寻的式制导系统**

这种系统依靠导弹上的设备直接感受目标辐射或反射的各种电磁波（如无线电波、红外线、可见光等）来测量目标和导弹的相对位置并形成导引信号，控制导弹自动飞向目标。显然，这种系统也适用于攻击活动目标。自动寻的式制导系统按信号的来源可分为主动式、半主动式和被动式三种；按信号的物理特性可分为红外、电视及雷达式三种；它还可以按把目标当作点源或面源分，可分为点源跟踪系统和成像制导系统两种。

综上所述，制导系统的分类如图2-4-1所示。

- 制导系统
  - 自主式制导系统
    - 惯性制导系统
    - 天文制导系统
    - 方案制导系统
    - 地形匹配制导系统
  - 遥控式制导系统
    - （雷达、激光）波束制导系统
    - （雷达、电视、目视、光学）指令制导系统
  - 自动导的式制导系统
    - 按信号来源分
      - 主动式自动导的式制导系统
      - 半主动式自动导的式制导系统
      - 被动式自动导的式制导系统
    - 按信号物理特性分
      - 红外自动导的式制导系统
      - 雷达自动导的式制导系统
      - 电视自动导的式制导系统
    - 按像的尺寸分
      - 点源自动导的式制导系统
      - 成像自动导的式制导系统

图 2-4-1　导弹制导系统的分类

图2-4-1中的制导系统，在一个具体的导弹上，可能只采用一种，例如在射程较短的导弹上；也可能采用由两种或三种组成的复合制导系统，例如在射程较远的导弹上。

### 4.1.2.4　航天器控制

一个刚体航天器的运动可以由它的位置、速度、姿态和姿态运动来描述。其中位置和速度描述航天器的质心运动，这属于航天器的轨道问题；姿态和姿态运动描述航天器绕质心的运动，属于姿态问题。从运动学的观点来说，一个航天器的运动具有6个自由度，其中3个位置自由度表示航天器的轨道运动，另外3个绕质心的转动自由度表示航天器的姿态运动。

航天器在轨道上运动将受到各种力和力矩的作用。从刚体力学的角度来说，力使航天器的轨道产生摄动，力矩使航天器姿态产生扰动。因此，航天器的控制可以分为两大类，即轨道控制和姿态控制。

对航天器的质心施以外力，以有目的地改变其运动轨迹的技术，称为轨道控制；对航天器绕质心施加力矩，以保持或按需要改变其在空间的定向的技术，称为姿态控制。

**（1）轨道控制**

获取航天器的位置和速度信息是实现轨道控制的前提，这个过程称为轨道确定，而轨道控制就是在轨道确定的基础上，根据航天器现有位置、速度、飞行的最终目标，对质心施以控制力，以改变其运动轨迹的技术，有时也称为制导。

轨道控制按应用方式可分为以下四类。

① 轨道机动：指使航天器从一个自由飞行段轨道转移到另一个自由飞行段轨道的控制。例如，地球静止卫星在发射过程中为进入地球静止轨道，在其转移轨道的远地点就须进行一次轨道机动。

② 轨道保持：指克服摄动影响，使航天器轨道的某些参数保持不变的控制。例如，地球同步轨道卫星为精确保持其定点位置而定期进行的轨道修正；太阳同步轨道和回归轨道卫星为保持其倾角和周期所加的控制；有的低轨道卫星为克服大气阻力，延长轨道寿命所进行的控制。

③ 轨道交会：指航天器能与另一个航天器在同一时间以相同速度达到空间同一位置而实施的控制过程。

④ 再入返回控制：指使航天器脱离原来的轨道，返回进入大气层及大气层内的控制。

**（2）姿态控制**

获取航天器相对于某个基准的姿态角和姿态角速度信息是实现姿态控制的前提，这个过程称为姿态确定。参考的基准可以是惯性基准或者人们所感兴趣的某个基准，例如地球。姿态确定一般采用姿态敏感器和相应的数据处理方法，姿态确定的精度取决于数据处理方法和航天器敏感器所能达到的精度。姿态控制是航天器在规定或预先确定的方向（可称为参考方向）上定向的过程，它包括姿态稳定和姿态机动。姿态稳定是指使姿态保持在指定方向，而姿态机动是指航天器从一个姿态过渡到另一个姿态的再定向过程。

姿态控制通常包括以下几个具体概念。

① 定向：指航天器的本体或附件（如太阳能电池阵、观测设备、天线等）以单轴或三轴按一定精度保持在给定的参考方向上。此参考方向可以是惯性的，如天文观测；也可以是转动的，如对地观测。由于定向需要克服各种空间干扰以保持在参考方向上，因此需要通过控制加以保持。

② 再定向：指航天器本体从对一个参考方向的定向改变到对另一个新参考方向的定向。再定向过程是通过连续的姿态机动控制来实现的。

③ 捕获：又称为初始对准，是指航天器由未知不确定姿态向已知定向姿态的机动控制过程。如航天器入轨时，星箭分离，航天器从旋转翻滚等不确定姿态进入对地、对日定向姿态；又如航天器运行过程中因故障失去姿态后的重新定姿等。为了使控制系统设计得更为合理，捕获一般分粗对准和精对准两个阶段进行。

④ 粗对准：指初步对准，通常需用较大的控制力矩以缩短机动的时间，但不要求很高的定向精度。

⑤ 精对准：指粗对准或再定向后由于精度不够而进行的修正机动，以保证定向的精度要求。精对准一般用较小的控制力矩。

⑥ 跟踪：指航天器本体或附件保持对活动目标的定向。

⑦ 搜索：指航天器对活动目标的捕获。

从上述概念可知，定向属于姿态稳定问题，而再定向和捕获则属于姿态机动问题。姿态稳定要求控制系统在航天器的整个工作寿命中进行工作，这种控制一般是长期而持续的，所要求的控制力矩较小。姿态机动一般是一短暂过程，需要较大的控制力矩，使姿态在较短的时间内发生明显的改变。由于这两种姿态控制的目标有显著差别，所以这两种控制在工程上所基于的系统结构也往往不同。

总之，姿态控制是获取并保持航天器在空间定向的过程。例如，卫星对地进行通信或观测，天线或遥感器要指向地面目标；卫星进行轨道控制时，发动机要对准所要求的推力方向；卫星再入大气层时，要求制动防热面对准迎面气流。这些都需要使星体建立和保持一定的姿态。

姿态稳定是保持已有姿态的控制，航天器姿态稳定方式按航天器姿态运动的形式可大致分为以下两类。

① 自旋稳定：卫星等航天器绕其一轴（自旋轴）旋转，依靠旋转动量矩保持自旋轴在惯性空间的指向。自旋稳定常辅以主动姿态控制来修正自旋轴指向误差。

双自旋卫星由自旋体和消旋体两部分组成，相互间由消旋轴承连接。自旋体绕轴承轴

（自旋轴）旋转而获得自旋轴定向，消旋体在自旋轴定向的基础上又受轴承轴上消旋电机控制而获得三轴稳定。有效载荷一般放在消旋体中。

② 三轴稳定：依靠主动姿态控制或利用环境力矩，保持航天器本体三条正交轴线在某一参考空间的方向。

**（3）姿态控制与轨道控制的关系**

航天器是一个比较复杂的控制对象，一般来说轨道控制与姿态控制密切相关。为实现轨道控制，航天器姿态必须符合要求。也就是说，当需要对航天器进行轨道控制时，同时也要求进行姿态控制。在某些具体情况或某些飞行过程中，可以把姿态控制和轨道控制分开来考虑。某些应用任务对航天器的轨道没有严格要求，而对航天器的姿态却有要求。例如，空间环境探测卫星绕地球的运行往往不需要轨道控制，卫星在开普勒轨道上运行就能满足对环境探测的要求。在这种情况下，航天器只有姿态控制。

航天器控制按控制力和力矩的来源可以分为两大类：

① 被动控制：其控制力或力矩由空间环境和航天器动力学特性提供，不需要消耗星上能源。例如利用气动力或力矩、太阳辐射压力、重力梯度力矩、磁力矩等实现轨道或姿态的被动控制，而不消耗工质或电能。

② 主动控制：包括测量航天器的姿态和轨道，处理测量数据，按照一定的控制规律产生控制指令，并执行指令产生对航天器的控制力或力矩。主动控制需要消耗电能或工质等星上能源，由星载或地面设备组成闭环系统来实现。

综上所述，图2-4-2给出了航天器控制所包含的基本概念、内容和分类，以及相互之间的关系。

**（4）主动控制系统的组成**

航天器主动控制系统，无论是姿态控制系统还是轨道控制系统，都有以下两种组成方式。

① 星上自主控制：指不依赖于地面干预，完全由星载仪器实现的控制，其系统结构见图2-4-3。例如双自旋卫星的消旋控制和三轴稳定卫星姿态控制，一般都采取自主控制方式，有的地球同步静止轨道卫星东西位置保持也采用了自主式轨道控制。

② 地面控制：或称星-地大回路控制，指依赖于地面干预，由星载仪器和地面设备联合实现的控制，其结构见图2-4-4。例如，自旋和双自旋卫星的姿态机动和目前多数卫星的轨道控制均采用地面控制方式。

随着航天技术的发展，航天器的规模越来越大，大型挠性附件（如太阳能电池阵、天线等）振动、储箱内液体（液体燃料、生活用水等）晃动、多体结构刚挠性耦合等的影响已成为航天器控制，特别是姿态控制中重要而复杂的问题。

### 4.1.3 航天航空行业概况

航空航天产业处于装备制造业的制高点，是一个国家科技水平、国防实力、工业水平和综合国力的集中体现和重要标志。

#### 4.1.3.1 全球航空航天产业

在航空产业领域，不仅美、欧发达国家加快发展民用航空工业，巴西、日本、韩国、印度等国家也将民用航空工业作为战略性产业重点发展。世界干线飞机市场基本被美国波音公司和欧洲空客公司瓜分，支线飞机市场主要由庞巴迪宇航公司、巴西航空工业公司垄

- 航天器控制
  - 轨道控制
    - 1.轨道确定（导航）
      - 自主测轨(自主导航)
        - (1) 对天体测角(例如空间六分仪)
        - (2) 地面目标基准测量(例如区域相关：线特性、干涉仪等)
        - (3) 对已知信标测距(例如全球定位系统)
        - (4) 惯性导航(由陀螺、加速度计和计算机组成)
      - 非自主测轨
    - 2.轨道控制（制导）
      - (1) 变轨控制(包括轨道改变和轨道转移)
      - (2) 轨道校正(包括中途航向校正)
      - (3)轨道保持
        - ① 同步轨道位置保持(自主和非自主位置保持)
        - ② 两星相对位置保持(非同步轨道)
        - ③ 太阳同步轨道保持
        - ④ 轨道扰动补偿系统(无阻力卫星)
      - (4)交会和对接
      - (5)再入返回和落点控制
      - (6)其他
  - 姿态控制
    - 3.姿态确定
      - 姿态确定方法(软件)和星载信息处理机(硬件)
      - 姿态敏感器
        - (1) 利用地球物理特性：红外地平仪、磁强计、地球反照敏感器、陆标跟踪器
        - (2) 利用天体位置：太阳敏感器、星敏感器
        - (3) 利用惯性信标：陀螺、加速度计
        - (4) 利用无线电信标:射频敏感器
        - (5) 其他：例如离子敏感器
    - 4.姿态控制
      - 姿态稳定
        - (1) 稳定方式
          - ① 被动：自旋、重力梯度、磁稳定等
          - ② 半被动：重力梯度 + 惯性轮或控制力矩陀螺等
          - ③ 半主动：双自旋、自旋+速度控制等
          - ④ 主动：纯喷气三轴控制、以飞轮为主三轴控制、零动量双自旋稳定等
          - ⑤ 混合：多体多自由度控制系统
        - (2) 执行机构（也适用姿态机动）
          - ①质量排出（推力器）
            - 冷气推力器
            - 热气(单、双组元)推力器、电、离子推力器 — 也可用于轨道控制的执行机构
          - ② 动量交换（飞轮）
            - 动量矩方向不变，大小可变(惯性轮)
              - 零动量反作用轮($H$=0)
              - 偏置动量轮($H$≠0)
                - 一个大动量轮
                - 一对安装为V形的飞轮或多个斜装轮
            - 动量矩方向可变，大小不变(控制力矩陀螺)
              - 单框架
              - 双框架
            - 动量矩方向、大小均可变
              - 带框架动量轮
                - 单框架
                - 双框架
              - 无框架(动量球)
          - ③ 环境场(磁力场、重力场、太阳辐射压力、气动力等)
        - (3) 姿态控制电子部件或星载控制计算机
      - 姿态机动（包括姿态捕获，例如对地球捕获、对星体捕获等）

图 2-4-2　航天器控制基本概念、内容和分类，以及相互之间的关系

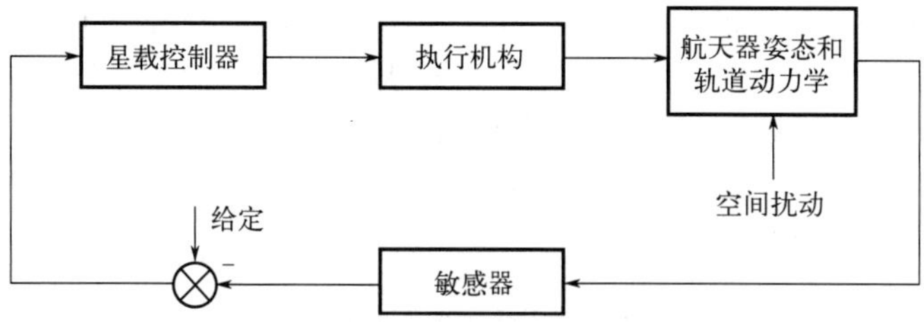


图 2-4-3　星上自主控制方框图

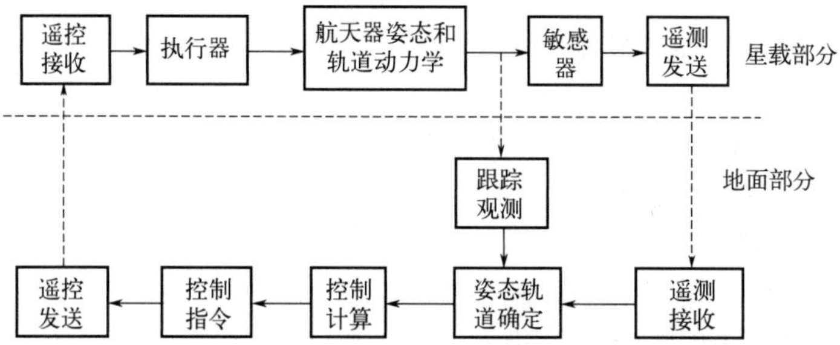


图 2-4-4　星 - 地大回路控制方框图

断。通用飞机市场排名前十位的制造商占据全球总产量的90%以上，高端公务机市场被庞巴迪、塞斯纳、湾流等公司垄断，民用直升机市场被贝尔公司、罗宾逊公司、西科斯基公司等占领。预测未来20年，世界干线飞机需求超过3万架，价值3万亿美元，支线飞机需求超过1.2万架，价值6千亿美元。未来10年，全球通用飞机需求超过5万架，价值4千亿美元。

在航天产业领域，美国、俄罗斯、欧洲、日本及印度等国家和地区持续加大航天产业投入，加强空间基础设施建设，为航天产业快速发展提供坚实基础。全球航天产业进入高速成长期，航天制造业发展势头强劲，航天服务业占据产业最大比重，卫星通信、导航、遥感商业化程度不断加大，卫星应用成为航天产业保持快速发展的重要带动力。

### 4.1.3.2　我国航空航天产业

在航空产业领域，近年来，我国C919大型客机、ARJ21涡扇支线飞机、歼十五舰载战斗机、中型直升机等产品研制稳步推进，民用飞机由研制生产中小型飞机逐渐向大型飞机延伸发展。随着低空领域改革进程的加快，我国通用航空产业将步入发展快车道。2012年，我国航空装备产值2300亿元，较2011年增长了20%，其中，支线飞机、通航飞机及相关配套装备是推动行业增长的主要力量，基本形成了以陕西、珠三角、东北地区为中心，以北京、天津、四川、江西等研发、制造为支撑的航空装备产业格局。我国已成为世界第二大民用航空市场，为我国航空产业提供了巨大的发展空间，预计2009～2028年，我国需要补充各型民用客机3800架，其中大型喷气客机2900架，支线客机900架，价值约4000亿美元。

在航天产业领域，我国已具备快速发展的基础条件，发展前景广阔。据测算，2013年，我国航天产业产值约1700亿元，卫星制造、运载系统、地面设备和卫星应用各领域均实现快速增长。目前，我国在轨卫星100余颗，空间基础设施具备一定基础，为发展航天产业提供了基本物质、技术条件。卫星应用产业的加快发展及卫星运营服务能力的不断提高，使其成为了推动航天产业跨越发展的生力军。下一步，我国航天产业将由试验应用型向业务服务型加速转变，正步入需求牵引、应用为核心的产业化发展轨道，将从满足国家战略需求拓展到全面服务经济社会发展，并从以国家投入为主向多层次、多渠道投资体系转变。

## 4.2 航天航空自动化技术国内外现状

### 4.2.1 航天航空自动化技术现状

在航空、航天领域由于自身的特点对可靠性有特殊的要求。

航空航天技术的发展对控制方面可归纳出三方面的要求:

① 要求保证有极高的可靠性;

② 要求进一步提高航空、航天器的性能;

③ 要求减轻飞行员或宇航员的负担。

为了解决这三个问题，利用了自动控制技术，并进一步引入了人工智能技术，将自动控制技术和人工智能技术相结合，形成智能控制技术。

为提高航天器、航空器的可靠性，除保证设备、系统的固有性能和余度外，还必须加强故障诊断、定位、隔离和系统重构。由于飞行器上的设备和系统极其复杂，单靠飞行员是无法完成的。专家系统应用的主要领域是故障诊断、定位，因此利用为诊断问题求解的实时知识的专家系统就可实现提高可靠性的要求。

在改进性能方面，例如要提高武器发射的精度，要实现自动、自主式航天器的交会等。因为周围的环境过于复杂，要考虑的因素很多，单靠飞行员或宇航员是难以实现的，而这些可以采用分级递阶智能控制系统或专家控制系统来实现。

### 4.2.2 高超声速飞行器控制领域的研究现状

自20世纪50年代提出高超声速燃烧的概念以来，中国、美国、俄罗斯、法国、德国、日本和印度等国家经过多年不懈的努力，陆续取得了技术上的重大进展，制定出多项高超声速飞行器发展计划，并进行了地面和飞行试验。

#### 4.2.2.1 面向控制建模研究现状

建立吸气式高超声速飞行器的动力学模型是控制系统设计的前提。如何建立能够更全面反映高超声速飞行器独特动态特性和物理机理的动力学模型，并以此为基础采取合适技术手段建立更有利于控制系统设计的面向控制模型，是高超声速飞行器建模技术所面临的主要问题。

传统的飞行器建模一般是基于牛顿力学推导出飞行器的六自由度刚体动力学与运动学模型，并认为弹性模态与刚体动力学分属于两个不同的带宽范围，因此将弹性模态作为模型的动态不确定性进行处理。在传统飞行器的建模过程中，一般将空气动力学与推进系统分别看成两个相互解耦的控制回路，气动力和力矩的建模采用较为完备可靠的空气动力学风洞数据拟合得到，推进系统则单独采用二阶振荡环节近似描述。但是，由于高超声速飞行器采用了超燃冲压发动机和机体/发动机一体化构型，使得其建模与传统飞行器的建模极为不同。机体和发动机之间的严重耦合以及飞行姿态与发动机推进效率之间的相互作用关系，使得高超声速飞行器的建模不能按照传统飞行器的建模方式进行。

目前，由于计算流体力学（CFD）方法的复杂性、风洞模拟设备的局限性和飞行试验的高风险高代价性以及各种实验数据不足等原因，高超声速飞行器面向控制的建模能力十分有限。现有文献中的高超声速飞行器建模工作主要采用理论上的解析式建模方法和数值计算方法相结合，力求建立面向控制的高超声速飞行控制模型，刻画飞行器的主要动力学行为和固有特性，为飞行控制系统设计提供研究平台。作为高超声速飞行器的预研阶段，考虑到问题的复杂性，现有文献中大多数仅考虑飞行器的纵向动力学模型，力求描述其主要的动力学特性。

但是，即使是针对纵向动力学建模问题，现有文献中的面向控制模型也是多种多样的，其中按照飞行器构型、建模方法等大体上可归纳为四大类：带翼锥形体模型（Winged-Cone Model）、一体化解析式模型（Schmidt-Chavez Model）、通用高超声速飞行器模型（CSULA-GHV Model）、面向控制一体化解析模型（AFRL-OSU Model）。其中，早期得到的前三类模型主要是通过忽略或者简化高超声速飞行器的某些特征，如弹性影响、不确定性因素等，以得到简化的纵向动力学方程来描述高超声速飞行器的主要特性。因此，可将这些模型统一地概括为“简化解析式动力学模型”。与上述提及的三类简化解析式模型不同，俄亥俄州立大学的Serrani、Parker和Sigthorsson等学者在Bolender和Doman建立的复杂机理模型基础上，初步尝试了“面向控制”的模型简化与处理思路，得到了便于控制系统设计的解析式面向控制模型，并将其成功应用于不同方法的控制系统设计。因此，从控制系统设计角度出发，作为向控制建模的一个开端，第四类模型可以被称为高超声速飞行器真正的“面向控制模型”。

**（1）简化解析式动力学模型**

① 带翼锥形体模型（Winged-Cone Model）。在高超声速飞行器面向控制建模的研究初期，带翼锥形体模型就被广泛应用于具有锥形加速器结构的纵向刚体建模。早在1990年美国NASA兰利研究中心就对这种结构的建模及其动力参数进行了详细的讨论，并首次向全世界公布了这一构型的风洞实验数据和CFD计算结果。在锥形体建模的推导过程中，一般将机体视为刚体，完全忽略了空气动力学、推进系统与结构动力学之间的耦合效应。在NASA的支持下，文献[3]描述了一个六自由度水平起飞的概念型高超声速飞行器。Bushcek和Calise基于一个工作点处的线性模型建立了控制系统的不确定性模型，将耦合效应考虑为线性模型的加性不确定性，将推进系统对空气动力学的耦合考虑为俯仰力矩对攻角系数的参数不确定性，采用加权函数，以附加的不确定性的形式在频域内将弹性自由度与刚体动力学的耦合信息包含进来。这种建模方法的缺点在于，首先是一个线性模型，所包含的信息非常有限，而且完全将耦合效应作为不确定性处理，必然给控制器设计带来巨大麻烦，而且也很难实际地描述高超声速飞行器所独特的耦合动力学特性。此后许多学者对该带翼锥形体模型进行了大量研究，并以此为基础建立了多个面向控制的模型，以用于控制器设计方面的研究。其中，最具代表性的是Heller和Stengel等学者在文献[5-7]中研究了这类模型的气动力和力矩的拟合近似，给出了简化解析式模型，为后续开展这类飞行器刚性模态的飞行控制研究奠定了基础。

近些年来，Keshmiri和Lee等学者对带翼锥形体模型的建模问题做了进一步的深入研究。例如，Colgren和Keshmiri等在文献[8]中基于刚体飞行器的六自由度运动方程组结合风洞试验和计算流体力学，考虑导弹质心、重心位置和转动惯量的时变性，以及气动环节和推进系统之间的相互耦合，建立了某外形为带翼锥形的通用高超声速飞行器的十自由度非线性仿真模型。如果不考虑导弹的不确定性因素和干扰，该模型是一个比较完备的可用于做机理分析和设计的面向控制模型。

② 一体化解析式模型（Schmidt-Chavez Model）。1994年，以美国马里兰大学Schmidt和Chavez为首的研究小组在机体/发动机一体化建模方面做出了开创性工作，文献[12]给出了一体化解析式建模的详细推导过程。该模型考虑了空气动力学、推进系统与结构动力学之间的耦合效应，对以后的一体化建模起到了重要的指导意义。文献[13]提出了一个降阶气动热弹性模型用于时域研究，并对降阶模型和保真模型进行了比较。在后续文献[12]中，详细讨论了模型的不确定性来源，建立了实参数、非结构以及结构的三类不确定性模型，力求采用线性鲁棒控制方法设计高超声速飞行控制器。另外，在文献[13]中详细地推导了基于拉格朗日方程的弹性飞行器的刚体与结构动力学一体化建模过程，在后续的研究工作中，对弹性与刚体动力学耦合问题的考虑都是在此模型基础上做一般性简化假设，力求描述其主要动力学特征，以减小控制器的设计复杂度。

③ 通用高超声速飞行器模型（CSULA-GHV Model）。自2000年以后，后续的面向控制建模工作也大都是在Schmidt的基础上做一些改进与扩展工作，其中以Mirmirani和Bolender等学者的工作最具代表性。由于近期的研究方向转为高超声速巡航飞行器，因此飞行器的前体多采用斜激波理论，而早期采用的牛顿撞击理论是采用简单表达式对斜激波理论的高马赫数近似，当飞行马赫数较低时，会产生很大的误差。Mirmirani等学者自2005年开始就与多个研究机构合作开发通用高超声速飞行器模型（CSULA-GHV Model）。Mirmirani等分别采用斜激波理论和普朗特-迈耶尔膨胀波理论对前体和后体建模，发动机建模仍然采用了Schmidt的方法。文献[18,19]基于风洞和CFD数据，给出了GHV关于Matlab的六自由度数据库，充分描述了飞行器的动态数据。不同于其他学者，Mirmirani等学者在建模过程中加入了计算流体力学（CFD）数值方法来得到面向控制的简化模型，然后将CFD模型与理论解析模型进行数值对比，验证模型的准确性和对飞行器主要动力学特性的描述。目前，已有许多高超声速飞行器控制系统的设计工作是基于这类模型进行的。

### （2）面向控制一体化解析模型（AFRL-OSU Model）

美国空军研究实验室的Bolender和Doman从2005年开始一直致力于吸气式高超声速飞行器的解析式建模，并一直将该模型推广应用于控制系统设计，使其成为目前控制系统设计中应用最为广泛的一类飞行控制模型。文献[27]建立了三维六自由度的高超声速模型，从面向控制的角度更细致地刻画了飞行器的动态特性。主要进行了刚体运动方程、几何外形的参数、气动载荷和推进模型的研究。同样，Bolender和Doman的建模也是以Schmidt的工作为基础展开的，但他们改进得到的机理模型更全面地刻画了吸气式高超声速飞行器的纵向动力学行为，有助于深入理解高超声速飞行器独特动力学特性和物理机理。但是，由于该模型无法得到闭环的解析模型且部分表达式过于复杂，不适合直接将其应用于控制系统设计。为此，俄亥俄州立大学的Parker、Sigthorsson以及Fiorentini等学者在此基础上进行了面向控制的模型简化，并将其成功应用于不同方法的控制系统设计。可将这类模型称为“面向控制一体化解析模型”。

目前，这类模型仍在发展和改进中，如考虑非最小相位特点而增加鸭翼舵面控制，或者考虑气动热、气动黏性、推力敏感度，以及制导与控制一体化等。综上所述，上述的各个模型主要针对高超声速飞行器的部分动力学特性进行了面向控制建模，各有优缺点和研究问题的侧重点。虽然目前很多学者在这方面做了大量的工作，但是吸气式高超声速飞行器的面向控制动力学建模问题还远没有完全解决，上述提及的面向控制一体化解析模型也只是面向控制建模的一个开端，需要进一步地完善和发展，因此值得继续关注和深入研究。

#### 4.2.2.2 控制方法研究现状

从现有文献调研的结果来看，当前有关飞行控制系统设计的所有方法均已应用于高超声速飞行控制系统设计中，内容遍及古典控制、现代控制、时域方法、频域方法、线性控制、非线性控制、鲁棒控制、自适应控制、预测控制、智能控制等诸多范围。因此，可以采取多种不同的分类方法或描述角度对高超声速飞行器控制系统设计方法研究现状进行综述。

下面从控制系统设计中所基于的高超声速飞行器模型类别的角度出发，大体上将这些成果分为三大类：基于线性化模型的控制方法、基于非线性模型的控制方法，以及基于线性时变/参变模型的控制方法。

**（1）基于线性化模型的控制方法**

在基于线性化模型的控制设计方面，以Schmidt为首的众多学者针对Schmidt-Chavez Model，采用古典多变量控制方法在高超声速飞行器动力学特性分析、不确定性建模和控制器设计方面做了大量研究工作。Thompson和Myers也采用常规飞行器自动驾驶仪的设计方法对高超声速飞行器进行了控制系统设计。Vu和Biezad研究了飞行员操作高超声飞行器的直接升力控制方法，给出了较为详细的控制器设计方法和控制效果评估。胡永琴以Winged-Cone刚性模型为对象，先后给出了工程中易于实现的PID古典控制系统设计和基于部分自抗扰理论的LQ控制器的设计。此外，德国学者Heller和Breitsamter等分别在文献[38]和[39]中研究了高超声速飞行器侧向运动的动力学特性，并给出了控制系统设计方法，是现有关于高超声速飞行器控制系统中为数不多的侧向运动控制结果。

基于现代鲁棒控制理论，文献[33]是鲁棒设计的里程碑。Gregory等针对线性化模型的大气干扰和模型不确定性等因素，以加权函数描述系统的约束性能指标，设计了$H_2$和$H_\infty$综合控制器。文献[34]在统一结构下采用优化方法设计了$H_2$和$H_\infty$综合控制器。文献[35]采用$H_\infty$和$\mu$控制方法为高超声速飞行器在$V = 8\text{Ma}$和$h = 2612\text{km}$平衡条件下的线性化模型设计鲁棒控制器，并认为其状态变量是可测的。文献[36]将T-S模糊模型用于研究离散时间非线性系统范数有界的参数不确定性和马尔可夫跳跃参数。文献[37]讨论了带有时变时滞和时变范数有界参数不确定性的离散随机系统的鲁棒$H_\infty$控制。Buschek和Calise对推进系统的摄动和气动弹性导致的机身弯曲进行了不确定性建模，并考虑到控制系统的阶次问题，设计了三个固定阶次的$H_\infty$控制器。Lohsoonthorn等学者针对Winged-Cone刚性模型，分别采用特征结构配置和频域加权受限$H_\infty$方法研究了长周期模态和短周期模态的解耦控制问题。Cai等在文献[39]中对于高超声速巡航飞行器，基于平衡点线性化模型设计了鲁棒参数化方法的跟踪控制器；鲁棒控制的优点在于抑制干扰和补偿未建模动态，但鲁棒设计往往是在考虑最坏条件下获得的，往往过于保守，在一定程度上牺牲了性能指标。将经典的鲁棒控制与其他控制方法相结合，在航空航天领域也有广泛的应用前景。此外，在非平衡点状态下，文献[40]采用正切线性化方法设计了巡航条件下的姿态跟踪控制器。朱云骥基于Riccati方程和LMI两种方法研究了高超声速飞行器不确定系统鲁棒控制器设计。Mooij利用模型参考自适应方法研究了高超声速飞行器的姿态控制问题。文献[41]针对小扰动线性化得到的模型，给出了基于LMI方法的保性能控制器设计。孟中杰和闫杰在文献

[42]中考虑气动参数和模态参数的大范围摄动，采用主动控制策略，基于鲁棒$H_{\infty}$理论和LQR理论设计精细姿态控制系统。

针对计算流体力学模型的线性化结果，Huo等人在文献[43]中采用自适应线性二次型控制方法研究了高度和速度跟踪控制问题。Kuipers等学者采用自适应的增益调度线性二次性跟踪控制方法设计了高超声速巡航飞行器的高度和速度跟踪控制器；其后，他们进一步考虑了空气弹性结构影响，将一种新的多模型自适应混合控制策略应用于具有不确定性的高超声速飞行器纵向模型，取得了良好的控制效果。

针对Bolender和Doman建立的改进解析式模型，Serrani与其他学者合作展开了一系列的姿态控制系统设计研究，其中基于线性化模型的设计结果有：Groves和Sigthorsson分别在文献[44]和[28]中给出了基于隐式模型跟踪和积分扩展方法的线性二次型调节器和基于内模原理与鲁棒伺服理论的输出反馈控制器。Ochi和Dong分别在文献[45,46]中研究了基于线性化模型的切换控制。Li等人在文献[47]中针对带弹性的模型研究了参考跟踪控制，并考虑了模型的时滞和不确定性影响。

另外，在基于线性化模型进行设计的成果中，有一大批是基于增益调度的控制方法。增益调度控制是当前最常规的飞行控制设计方法。其核心思想是用线性控制器的设计方法来解决非线性控制问题。飞行器控制中通常的增益调度是以攻角、高度等作为调度变量。高度的变化影响了大气压力、温度、空气密度，从而直接影响到导弹的气动参数。文献[48]中增益调度控制系统采用高度作为调度变量，针对大空域机动反舰导弹飞行空域大、速度变换范围大的特点，在理想弹道计算的基础上选取特征点，保证导弹在所有特征点的性能要求。文献[49]提出了一种基于近似变结构控制及模糊局部控制器网络的鲁棒增益调度控制设计方法，引入了模糊控制技术的隶属函数，将它当作增益调度控制器的有效度函数，得到模糊局部控制器网络。文献[50]提出了基于协调增益调度策略的姿态控制器设计方法，建立了有别于小扰动线性化的各通道线性化模型，独立设计了各通道的增益调度控制器。

虽然上述方法各不相同，但是控制器设计的出发点基本相同，即首先将非线性模型在特征点附近线性化，然后基于线性化模型和所考虑问题的侧重点，采用不同的控制策略设计姿态控制器，使闭环系统达到稳定并满足一定的控制性能，如考虑渐近跟踪性能、鲁棒性以及自适应性等。

**（2）基于非线性模型的控制方法**

考虑到线性化处理可能对非线性模型动态信息的丢失，以及基于平衡点线性化方法所设计控制器存在的局限性，许多学者直接针对非线性模型研究飞行器的控制系统设计。Stengel等人在文献[5]和[6]中，针对Winged-Cone刚性模型及其气动参数和惯性量的参数不确定性，综合利用随机鲁棒控制、遗传算法以及非线性动态逆方法，在随机意义下设计了鲁棒控制器，并取得了较好的控制效果。Tournes等人最先在文献[51]中将滑模控制方法应用于高超声速飞行器控制系统设计；之后，Xu和Mirmirani等人采用反馈线性化方法将非线性模型转化为等价的线性模型，再利用自适应滑模控制和滑模观测器方法设计了滑模控制器。

考虑到原始机理模型的复杂性，文献[24]研究了面向控制的模型简化，并基于反馈线性化和非线性动态逆方法设计了反馈线性化控制器。在此基础上，Fiorentini和Serrani等人在文献[53]和[54]中研究了一种鲁棒自适应非线性控制设计方法，考虑将吸气式高超声速纵向飞行控制系统分解为多个子系统，然后将反步法与自适应动态逆相结合对每个子系统设计控制律，最后利用Lyapunov方法对闭环系统进行了稳定性分析。

Ataei和Wang在文献[55]中给出了一种基于多项式平方和方法与非线性动态逆方法的具有不确定性模型的高超声速飞行控制设计。文献[56]给出了具有弹性动力学的一种非线性自适应控制方法。Gao等人给出了一种基于动态面方法的模糊自适应控制方法。Vaddi和Sengupta利用模型预测方法研究了状态和输入受限的轨迹控制问题。Li等人利用高增益观测器进行了非线性输出反馈控制设计。基于非线性动态逆控制方法，文献[60]给出了相应的设计结果。应用Backstepping方法或DSC方法，文献[61,62]分别给出了非线性控制器设计结果。文献[63]研究了非线性输出反馈控制跟踪控制器，基于假设发动机推力和速度是有界的，给出了非线性观测器用于估计一个对于输出反馈反步法控制器的不可测状态。Saeks和Cox等人针对美国空军和NASA在LoFLYTER计划中的高超声速飞行器模型设计了自适应神经网络控制器。澳大利亚学者Austin采用遗传算法设计了高超声速飞行模糊控制器。Chamitoff利用先验和在线信息将智能优化算法应用于高超声速飞行器的实时飞行控制。刘燕斌在文献[67]中采用反馈线性化、自适应反步法、变结构反步法以及模糊神经网络方法等综合设计了具有内外回路的控制器。基于一类不确定非线性系统控制方法，文献[68]设计了高超声速飞行器的自适应鲁棒输出容错控制律。Gao和Sun将T-S模糊控制理论应用于高超声速飞行控制设计中以近似拟合系统中非线性和不确定性因素。

目前，除了上述提及的典型的基于非线性化模型的控制设计外，还有很多将不同非线性控制方法进行结合应用的控制设计思路，如文献[70]研究了高超声速飞行器纵向有神经网络补偿的非线性自适应动态逆控制。但是，通过分析不难发现，在高超声速飞行器控制系统设计的非线性方法中，主要有以下几类方法：第一类，利用反馈线性化或非线性动态逆控制结构，将非线性系统模型进行精确得到等价的线性化模型，然后利用现有的线性化方法设计控制器；第二类，利用反步法（Backstepping）或其改进方法（如动态面控制方法）等非线性控制方法直接针对非线性模型进行控制器设计，其中可以加入模糊系统、神经网络等智能算法以实现控制系统的自主智能或自适应性；第三类，利用现有的智能算法或凸优化算法直接进行非线性控制设计；第四类，利用常规的线性化方法将非线性模型转化为线性模型，但是针对具体的问题，在控制器设计过程中加入非线性因素，如饱和、输入受限、时滞等，甚至有些学者开始综合考虑制导与控制一体化、气动热弹性效应、超燃冲压发动机控制与姿态控制系统设计一体化等问题。

**（3）基于线性时变/参变模型的控制方法**

考虑到吸气式高超声速飞行器在大包络范围内飞行时的快时变特性和严重不确定性以及传统增益调度方法的不足，近年来有学者开展了基于线性时变和线性参变模型的控制研究。Lind用线性变参数模型建立了气动热效应对结构动力学特性的影响，并利用线性变参数控制技术设计了动态补偿器；之后，Lind和Bhat等学者在文献[72]和[73]中进一步针对机体周围的热量梯度变化所引起的气动热弹性效应，进行了详细动力学特性分析并建立了温度依赖的线性变参数模型，并利用线性参变模型方法、Lyapunov稳定方法和鲁棒控制方法设计了基于Lyapunov的连续鲁棒控制器，稳定性分析和仿真结果验证了闭环控制系统的鲁棒性和有效性。Sigthorsson和Serrani等人详细地给出了高超声速飞行器的线性变参数建模过程，并针对过驱动姿态控制问题设计了LPV鲁棒控制器，仿真结果验证了控制系统的鲁棒稳定性和控制性能。Cai等人在文献[75]中针对高超声速飞行控制系统，建立了一套基于变化率方法的线性变参数建模、控制器设计与仿真实现的框架。针对具有弹性作用的高超声速飞行器纵向动力学模型，Qin等人在文献[76]中基于线性参变方法分别研究了高超声速飞行控制系统的鲁棒模型预测控制和鲁棒变增益控制。在文献[77]中，Yu等人建立了高超声速飞行器的线性参变模型，并以此为基础利用μ综合方法设计了增益调度鲁棒控制器。Fidan等人通过建立了高超声速飞行器纵向运动模态的线性时变模型，给出了线性时变系统的自适应极点配置控制方法。Ma和She将多时间尺度连续时变控制方法应用于具有建模不确定性和外界扰动的高超声速飞行控制系统的指令跟踪控制设计。

从以上关于高超声速飞行控制系统设计的研究现状分析可知，现有文献中有关一般飞行控制系统设计的方法在高超声速飞行器姿控系统设计中几乎都有所应用，而且每种方法都存在着一定的优缺点。成熟的线性时不变控制系统设计理论使基于线性化方法的飞行控制设计对模型的精度性要求较低，有利于系统的稳定性分析与控制性能设计，但对于具有快时变、强耦合、强非线性以及严重不确定性的高超声速飞行控制系统而言，一般的基于线性化的控制设计方法存在着不同程度的局限性。

相比之下，非线性控制设计方法更加符合高超声速飞行控制系统的非线性本质，所设计的控制器更具有全局性，但非线性控制方法对模型结构和精确性要求较高，且不便于进行稳定性和鲁棒性分析，这对于具有较强模型参数与结构不确定性以及未建模动态的高超声速飞行器控制系统而言，限制了许多非线性控制理论与方法的应用。

基于线性时变/参变模型的控制方法是近年来高超声速飞行控制研究中备受关注的一个方向，但目前由于线性时变控制理论还远不及线性时不变控制理论的发展那么完善，因此所得到的研究结果十分有限。近年来，基于线性变参数控制理论的飞行控制系统设计方法的发展日趋成熟，尤其是对具有快时变、强耦合、强非线性和严重不确定性的高超声速飞行控制系统具有广阔的应用前景。线性变参数系统不仅自身具有的时变特性能够描述高超声速飞行器的快时变特性，而且既能以线性化形式表示具有强非线性的高超声速姿控系统，又能推广利用现有的成熟的线性控制理论解决非线性控制设计问题。因此，基于线性变参数模型的控制理论与方法有望成为解决高超声速飞行控制系统设计这一重要科学难题的可能技术手段。

### 4.2.3 航天器轨道控制领域研究的研究现状

航天器轨道控制技术国内外研究现状概述如下。

**（1）轨道机动技术的国内外发展概况**

航天器轨道机动可以分成两大类。

绝对轨道机动：指航天器相对引力中心（地心）的轨道运动。主要包括轨道改变或轨道转移，即大幅度改变轨道要素，例如从低轨道转移到高轨道，从椭圆轨道转移到圆轨道和改变轨道平面等。这种转移一般需要大冲量的发动机。

相对轨道机动：指追踪航天器相对目标航天器的运动。主要包括空间交会、拦截、悬停和绕飞，这是指追踪航天器通过一系列的机动动作，与目标航天器保持一定的位置和速度关系，此时要控制航天器的相对运动。

① 绝对轨道机动。国内外学者在航天器连续推力轨道转移优化方面做了大量工作。连续推力轨迹优化问题的整个转移时间较长，推进系统是连续推力型，一般求解相对困难，只能给出数值解。传统上轨迹优化的数值方法主要分为间接法和直接法，但是并非所有方法都可归为上述两类，例如奇异值摄动法、动态规划法等。

间接法利用Pontryagin极大值原理或变分法推导最优控制的一阶必要条件，将最优控制变量表示成状态变量和协态变量的函数，从而连续空间的最优控制问题转化为求解一系列联立非线性微分方程组的求解问题，即一个两点边值问题，然后应用Bound间接打靶法、临近极值法等数值方法进行求解。间接法的优点是计算过程收敛速度较快、解的精度较高，并且最优解满足一阶最优性必要条件。但是该方法也有不足之处。例如，其推导过程过于复杂和烦琐，对于初值的猜测较敏感，尤其是对于毫无物理意义的协态变量初值的猜测比较困难，复杂约束条件下的求解相对困难。

直接法无须求解协态变量的最优解，而是离散化原始问题并将其转化为一个参数优化问题，即将连续空间的最优控制问题转化为一个非线性规划问题，应用罚函数法、序列二次规划等数值方法或者遗传算法、神经网络算法等非数值算法进行求解。直接法的优点是不需要满足一阶最优性必要条件，收敛域相对更广，对初值的猜测精度要求不高，无须猜测协态变量初值，易于程序化。直接法同样也有不足之处。例如，直接法由于未利用协态变量信息，得到的解有可能并非原问题的最优解；节点越多使得计算量越大。

间接法求解连续推力轨道转移优化问题已有大量文献可考。间接法将轨迹优化问题转化为两点边值问题，其数值计算方法主要有单点打靶法、多点打靶法、最小化边界条件方法和Pathed方法等。文献[80]利用单点打靶法求解了时间最优轨道转移问题。Gergaud和Haberkorn利用单点打靶法求解了燃料最优轨道转移问题。但是单点打靶法在某些情形下是不充分的，此时可以采用多点打靶法，目前比较常用的是Oberle发展的Boundsco算法，文献[83]利用该算法求解最优轨道转移问题。最小化边界条件方法是由Chuang在1987年提出的，它是单点打靶法的改进，通过移除一个边界条件来扩大可行解集，而这个边界条件的选取是任意的，未知数的个数没有改变，可行解变成一个一维族。由于可行解域变大，求解相对应的边值问题更加容易。上述求解完成后，将寻找与边界条件不符的解看作最小化问题，计算梯度用于更新初始状态直到最后一个边界条件满足。Chuang利用该方法研究最优轨道转移问题，结果表明，最小化边界条件方法在处理两点边值问题上与文献[85]中的算法同样有效。Goodson利用Pathed方法研究了燃料最优轨道转移问题。Yue、Yang和Geng利用改进轨道根数描述的高斯动力学方程应用间接法设计最优轨道机动控制律。1987年，Hargraves和Paris提出了直接配点法（Direct Point Collocation Method），通过配点策略离散化运动方程，将原始的最优控制问题转化为NLP问题。1991年，Enright和Conway采用直接配点法利用分段多项式表示状态变量和控制变量，将航天器有限推力轨迹优化问题转化为NLP问题进行求解，同时利用已知分段最优轨迹（滑行段），从而无须计算，减小了计算量；1992年，他们针对求解NLP问题过程中离散化运动方程精度问题，采用了一种龙格-库塔“平行-打靶”方法（Runge-Kutta ‘Parallel-Shooting’ Method）提高精度。Betts在轨迹优化方面取得了一系列的研究成果：Betts和Huffman首先提出了稀疏矩阵方法与非线性规划方法相结合的优化算法，即稀疏非线性规划。随后，Betts利用该方法计算低推力最优轨道转移，同时Betts和Huffman又利用该方法解决了带有路径约束的轨迹优化问题；Betts利用直接变换方法求解了地球到金星的轨道转移问题，结果表明，该方法在求解轨迹优化问题方面是十分有效的；1998年，Betts发表了一篇综述，总结了早期的轨迹优化算法，该文献被广泛引用；针对极小推力轨道转移问题，Betts利用直接变换方法给出了轨道转移的解。Scheel和Conway利用直接变化方法研究了连续极小推力最短时间轨道转移问题，主要包括由低地轨道（Low Earth Orbit，LEO）到地球静止轨道（Geostationary Earth Orbit，GEO）和由GEO到指定轨道半径的轨道转移。Tang和Conway利用配点法结合非线性规划求解了低推力行星际最短时间轨道转移。Herman和Conway利用基于高阶

Gauss-Lobatto Quadrature定律的配点法求解最省燃料轨道转移轨迹。Herman和Spencer研究了最优地球轨道转移问题，采用高阶配点法来进行求解。Chen和Sheu研究了极坐标系下的共面轨道转移问题，利用参数优化方法和二阶梯度方法求解了最省燃料轨道转移问题。另外，一些随机搜索方法也被引入轨道转移之中，如遗传算法、进化算法、模拟退火算法等。

国内学者在连续推力轨道转移方面也有一定的研究。在文献[102]中，王明春、荆武兴和杨涤等人利用非线性规划解决了能量最省有限推力同平面轨道转移问题。在文献[103,104]中，荆武兴、吴瑶华和杨涤基于交会概念给出了最省燃料共面和异面有限推力轨道转移方法。在文献[105]中，梁新刚和杨涤研究了一种应用非线性规划求解有限推力作用下异面最优轨道转移问题的方法。在文献[106]中，任远、崔平远和栾恩杰基于标称轨道研究了推力可变情况下燃料最省小推力轨道转移问题。另外，他们还基于退火遗传算法研究小推力轨道优化问题。

② 相对轨道机动。航天器相对轨道机动涉及两个航天器，即追踪航天器和目标航天器。大多数研究都是基于线性化相对运动方程，即Clohessy和Wiltshire推导出的C-W方程与Tschauner和Hempel推导出的T-H方程，前者适用于目标航天器运行在圆轨道，而后者适用于椭圆轨道。

Carter和他的合作者在连续推力最优交会方面取得了一系列的研究成果。他们的研究最早可以追溯到20世纪80年代，Carter基于C-W方程研究了邻近圆轨道给定交会时间的最省燃料交会问题，假设追踪航天器固定推力大小和其质量均为常数，利用Pontryagin极大值原理转化为两点边值问题，分别研究了深空和近地两种情况的交会问题，指出所有非奇异解情形下最优推力曲线由最大推力弧段和滑行段组成，并且一个轨道周期内其数目不超过七段，同时也给出了奇异解的情形。Carter和Humi把文献[111]的结果推广到了一般的开普勒轨道，同样利用Pontryagin极大值原理求解，指出非圆的开普勒轨道交会问题无奇异解，最优推力曲线的组成与文献[125]的结果相同。

然而上述最优控制律都是开环的，鲁棒性较差，对于外界的干扰极其敏感，而且求解过程相对复杂，实时性较差，因此很多学者开始研究基于C-W方程的闭环控制方法。在文献[111]中，Lopez和McInnes提出了人工势函数（Artificial Potential Function）进行交会制导，该方法的精度较高、相对简单，对于具有路径约束和障碍规避的情形十分有效。在文献[112]中，Ortega利用模糊控制方法解决了地球静止轨道两个卫星的交会、对接和停靠问题。在文献[113]中，Singla、Subbarao和Junkins研究了带有测量误差的交会对接问题，给出了模型参考输出反馈控制律，并分析了有界输出误差对于控制器性能的影响。在文献[114]中，Gao等人利用H-infinity控制解决了航天器交会过程中的鲁棒多目标优化问题。

由于上述的制导和控制方法都基于C-W方程，因此只适用于目标圆轨道的交会问题。目前，对目标航天器运行在椭圆轨道上的交会问题有了一定研究，Carter和Wolfsberger分别给出了任意椭圆轨道的状态转移矩阵，但其形式对于工程应用过于复杂。在文献[117]中，Melton将相对运动方程的偏心率作级数展开进行求解。在文献[118]中，Inalhan、Tillerson和How考虑线性化方程的解，推导出椭圆参考轨道的初始化程序。在文献[119]中，Yamanaka和Ankersen通过线性化给出了任意椭圆轨道相对运动方程更为简单的状态转移矩阵。在文献[120]中，陈统和徐世杰设计了滑模和势函数制导律实现控制力定常的椭圆轨道自主交会。在文献[121]中，卢山和徐世杰应用自适应控制解决缺少绝对轨道信息时的航天器椭圆轨道交会问题。

**（2）轨道交会技术的国内外发展概况**

交会对接（Rendezvous and Docking，RVD）技术是指两个航天器（一个称为目标航天器，另一个称为追踪航天器）于同一时间在轨道同一位置以相同速度相会合并，在结构上连成一个整体的技术。空间交会对接技术分为空间交会和空间对接两个方面。所谓交会是指追踪航天器执行一系列的轨道机动，与目标航天器在空间轨道上按预定位置和时间相会。交会的预定位置范围随着空间交会目的不同有各种不同的规定，例如以目标航天器为中心的若干公里为半径的球形范围。所谓对接是指在完成交会后，两个航天器在空间轨道上接近、接触、捕获和校正，最后紧固连接成一个复合航天器的过程。

下面简要介绍在航天器空间交会对接的发展史上一些具有划时代意义的标志性事件。

1965年12月15日，美国Gemini 6号与7号飞船在航天员的参与下，实现了世界上第一次载人空间交会。

1966年3月16日，美国Gemini 8号飞船通过手动操作，与无人操作的Agena航天器对接，实现了两个航天器之间的首次交会对接。

1967年10月30日，苏联的Cosmos 186号与188号飞船完成了首次自主交会对接，也是历史上第一次自主交会对接。

1975年7月17日，美国Apollo飞船和苏联Soyuz飞船完成了联合飞行，实现了从两个不同发射场发射的航天器之间的交会对接。

1984年4月，美国Challenger航天飞机利用交会接近技术，辅以遥控机械臂和航天员的舱外作业，在地球轨道上成功地追踪、捕获并修复了已失灵Solar Max观测卫星。

1987年2月8日，苏联Soyuz-TM2号飞船与在轨道上运行的Mir空间站实现了自主交会对接。

1995年6月29日，美国Atlantis航天飞机与空间运行的俄罗斯Mir空间站对接成功。这次对接与20年前美国和苏联飞船对接相比，规模大、时间长，而且合作的项目多。

1998～2005年，国际空间站的组装、航天员的替换以及物资补给。

2007年，ATV（Automated Transfer Vehicle）与国际空际空间站交会对接成功，其主要参与对国际空间站进行的推进和补给任务的一部分。

相比于国外，我国在载人航天工程的研究上投入得比较晚。1992年，我国开始实施载人航天工程，计划分三步：第一步的任务是以飞船起步，发射几艘无人飞船和一艘有人飞船，将航天员安全地送入近地轨道，进行适量的对地观测及科学实验，并使航天员安全返回地面，实现载人航天的历史突破；第二步，除继续进行对地观测和空间实验外，重点完成交会对接、出舱活动实验和发射长期自主飞行、长期有人照料的空间实验室，尽早建成我国完整配套的空间工程大系统，解决我国一定规模的空间应用问题；第三步是建造更大的长期有人照料的空间站。

1999年11月20日，我国自主研制的第一艘载人试验飞船神舟一号发射成功，经过21h11min的太空飞行，在轨正常运行14圈后，顺利返回地球。2003年10月15日，我国首位航天员杨利伟乘坐神舟五号飞船升空，在轨运行21h后于16日安全返回地面，实现了我国载人航天历史性的突破。2005年10月12日，我国第二艘载人飞船神舟六号发射升空，航天员费俊龙和聂海胜完成了在天空115h的飞行后于10月17日胜利返回地面，表明我国载人航天技术日趋完善。神舟五号和神舟六号飞船的安全返回标志着我国载人航天第一步任务目标已完成。2011年9月29日，我国发射首个空间站天宫一号，该空间站的使用寿命约为两年，天宫一号的发射标志着我国迈入了中国航天“三步走”战略的第二步第二阶段

（即掌握空间交会对接技术及建立空间实验室）；同时也是我国空间站的起点，标志着我国已经拥有建立初步空间站，即短期无人照料的空间站的能力。之后，我国又成功发射神舟八号飞船、神舟九号飞船、神舟十号飞船，分别与天宫一号进行交会对接的飞行试验。通过飞行实验，我国已突破无人与有人飞船交会对接技术。

### 4.2.4 航天器姿态控制领域的研究现状

航天器姿态控制技术国内外研究现状概述如下。

经过将近四十年的发展历史，航天器姿态控制领域取得了丰硕的研究成果，推动着航天事业不断发展，也促进了控制科学的不断进步。姿态控制的发展经历了由经典控制到现代控制、由线性控制到非线性控制、由确定性控制到鲁棒控制、自适应控制的发展历程。

**（1）线性控制方法**

随着状态空间方法在系统描述、分析与设计中的逐渐兴起，现代控制理论被广泛用于航天器姿态控制之中。航天器姿态控制本质上是一个多输入多输出的动态系统，在以往利用经典控制理论的姿态控制器设计中，只能忽略系统状态变量之间的耦合关系，将姿态运动强行分解为三个独立的单输入单输出系统。而现代控制理论可以很好地解决上述问题，直接针对航天器三个轴向的耦合动力学模型进行设计。在现代控制理论发展初期，线性系统理论的研究占据了研究的主导地位。因此，现代控制理论中的LQG优化控制、$H_2/H_\infty$控制，以及基于LMI的多目标控制先后被用于航天器的姿态控制系统设计之中。

① LQG控制。将LQG方法应用于航天器姿态控制的研究集中在20世纪80～90年代。Sundararajan在大型空间天线精确指向控制系统综合中使用了LQG/LTR方法，得到了在满足指向精度的同时保持着对未建模动态具有鲁棒稳定性的结果。Tahk等人给出了一种柔性结构控制的参数鲁棒LQG设计综合法。Bhat等人使用改进的LQG理论为太阳电推进航天器设计了最优低阶动态姿态控制器。Parlos等人采用了LQR法和增益调度相结合的方法，设计了大角度姿态机动控制器。Grewal使用LQG/LTR方法研究了空间站的姿态与振动同时控制问题。

② $H_\infty$控制。$H_\infty$控制理论是线性控制理论中备受青睐的一个分支，其出现也使鲁棒控制理论得到了突破性进展。鲁棒控制在一定程度上弥补了现代控制理论对数学模型依赖过高的缺点。1989年，Wie等人首先考虑将$H_\infty$控制方法应用到空间站的姿态控制中，考虑空间站惯量变化时采用全状态鲁棒$H_\infty$综合，后续又进行了一系列研究。文献[128]研究了空间站姿态和角动量控制问题中$H_\infty$控制方法的应用，与典型的线性二次型综合相比较，$H_\infty$控制可以明显提升系统对转动惯量结构不确定性的鲁棒稳定性。文献[129]结合所谓的内部模型原理研究了持续干扰抑制的鲁棒$H_\infty$控制方法，取得了良好的效果。文献[130]将鲁棒$H_\infty$控制方法用于对哈勃望远镜的姿态控制应用当中。文献[131]通过引入内部反馈回路，在控制设计过程中集成了系统的结构参数不确定性，使航天器控制系统的鲁棒稳定性得到了显著改善。其他学者也在这方面做了大量的工作。Meirovitch等人研究了存在常值干扰和附件运动时的姿态控制和振动抑制问题，文中的工作是采用摄动方法求解时变Riccati方程。该控制器需要已知伪模态坐标、伪模态坐标的导数及二阶导数，实际中较难实现。Li等人研究了采用动量轮进行姿态控制和振动抑制的问题，文中结果表明采用动量轮可以有效地控制姿态，同时能抑制振动。后来，Li等人又采用动量轮和压电陶瓷同时控制姿态并

抑制柔性附件的振动。根据压电陶瓷适合于抑制小幅振动的特点，当附件振动比较大的时候，采用动量轮控制姿态并抑制振动，当振动由动量轮得到有效抑制，振动幅值足够小的时候采用压电陶瓷进行高精度振动抑制，同时可以提高姿态控制精度。由于数值技术和地面实验水平的限制，挠性航天器的一个重要特点是结构频率和阻尼水平的不准确，这导致控制器对系统频率和阻尼的建模误差十分敏感。Balas等人集成这些模型误差于控制设计过程中，设计出对系统频率误差较不敏感的鲁棒控制器，在结构自然频率存在较大误差时也可以获得较好的系统性能。ETS-Ⅵ是日本国家航空局于1994年发射的第六颗工程测试卫星，是带有双翼太阳帆板的三轴稳定地球同步卫星。它采用双自由度的$H_\infty$控制器以保证卫星的鲁棒稳定性，并通过在轨测试证明了方法的有效性，测试结果还表明了系统具有快速的跟踪响应和很强的扰动抑制能力，所得到的测试结果可以应用到未来的卫星姿态控制系统设计中。Sandrine等人使用回路成形方法研究了地球观测卫星SPOT-4的姿态控制器的设计问题，太阳帆板的转动引起卫星模型动力学的变化，并且挠性模态频率具有±30%的不确定性，使用$H_\infty$互质分解方法进行卫星控制器设计，设计过程包括经典回路成形和$H_\infty$鲁棒稳定两个步骤，使用$\mu$分析保证了控制律的鲁棒性，由于获得的控制器阶次较高，必须对控制器进行降阶处理。由于挠性航天器出现了大挠性、低频率的特点，$H_\infty$反馈具有较好的抗外界干扰能力和良好的鲁棒性，因此得到了较多的应用。Charbonnel等把回路成形$H_\infty$控制方法应用于具有强的不确定性的微弱阻尼模态的对地观测卫星姿态控制设计中，研究了由LMI方法得到最小阶控制器的方法，且在控制律的鲁棒稳定性分析中，使用了不同结构的奇异值上界和不确定性描述以使混合分析的计算量最小。Fujisaki等人利用结构参数的对称正定特性设计了两个控制器，这两个控制器都是仅利用输出反馈，不依赖于模态阶数、刚度阵、阻尼阵，以及耦合矩阵等结构信息，对参数不确定性和未建模动态具有完全的鲁棒性。Bai研究了当传感器和执行器同位布置时的静态输出反馈$H_\infty$控制问题。首先根据有界实引理得到了一般系统$H_\infty$范数的一个上界。然后对输出反馈$H_\infty$控制问题得到了控制器增益的一个明确的参数化表示。和标准的$H_\infty$问题相比，其结果更适合于数值计算。Wen等人针对刚体航天器姿态跟踪问题，分别设计了$H_\infty$最优鲁棒姿态跟踪器和$H_\infty$逆最优鲁棒姿态跟踪器。然而，由于采用$H_\infty$控制方法设计的控制器将会增加系统的维数，并且有时控制器的阶次比较高，在实际应用中存在一定的局限性。

③ 多目标控制。进入新世纪以来，随着LMI技术在$H_2$、$H_\infty$控制中的发展成熟，人们逐渐开始研究多目标综合技术在航天器控制问题中的应用。Pittet等人研究了基于LMI的多目标综合在挠性微小卫星控制中的应用，使用$H_\infty$优化技术综合系统干扰、传感器时延、执行器饱和以及挠性模态等因素，设计了微小卫星的动态输出反馈控制器。Yang等人研究了基于LMI的混合$H_2/H_\infty$控制在微小卫星上的应用。基于LMI的多目标综合技术不仅能保证控制系统的鲁棒稳定性，而且可以优化多个性能指标，满足各种约束情况，比较接近实际情况。

**（2）非线性控制方法**

现代航天器由于实际任务的需要，例如，对机动目标持续跟踪、大范围对地观测等，通常要求具备姿态机动或姿态跟踪能力。为了描述航天器的任意角度姿态机动，通常使用姿态四元数或修正罗德里格参数作为姿态运动参数。由其构成的航天器姿态动力学系统是一个只包含二次项的非线性常微分方程组。针对这样的动力学模型，需要使用非线性控制方法进行控制器设计，同时还要考虑系统的鲁棒性能。利用非线性方法设计姿态控制器的研究起始于20世纪末，进入21世纪之后，得到了大量学者的研究，已经成为姿态控制研究的主流方法。

① 基于Lyapunov直接方法的控制。1892年，俄国数学家A.M.Lyapunov发表了论文《运动稳定性的一般问题》，奠定了现代稳定性理论的基础。Lyapunov直接法又称Lyapunov第二方法，它的特点是直接由原系统出发，通过构造一个类似于“能量”的Lyapunov函数，并分析它和其一次导数的定号性而获得系统稳定性的相关结论，该法概念直观，方法具有一般性，并且物理意义清晰，因此，Lyapunov直接法在姿态控制领域得到了良好的发展，该方法也是目前比较完善的非线性控制方法之一。Wie等人利用Lyapunov方法分析了基于四元数的刚体航天器的姿态控制器设计，得到了一种经典的PD控制器结构，并分析了该控制器对于转动惯量参数的鲁棒性能。Akella针对修正罗德里格参数作为姿态描述，基于Lyapunov方法，通过构建合适的动态滤波器设计了输出反馈姿态跟踪控制器。Fragopoulos等人分析了在四元数描述卫星姿态时，以往选择的一些Lyapunov函数会导致闭环系统出现不稳定的平衡点，为解决这种现象选择了不同的Lyapunov函数，设计了不连续的控制器，保证了闭环系统的全局渐近稳定性，同时还考虑了闭环系统的收敛速度问题。Subbarao等人提出了非线性PI姿态调节控制器，研究通过积分控制项减小常值干扰力矩引起的定常调节误差，但在用Lyapunov定理进行闭环稳定性分析的时候，模型中没有显式地考虑干扰力矩的影响，只是在最后的仿真中验证了积分控制对消除稳态误差的有效性。Park研究了存在外部干扰的卫星姿态调节的鲁棒和最优镇定问题，文章中首先设计了具有传统PD形式的线性鲁棒控制器并采用Lyapunov稳定性定理证明了闭环系统的全局渐近稳定性，然后通过最小最大法和逆最优法给出了所设计鲁棒控制器的最优特性，即它相对于某个性能指标是最优的。

Lyapunov直接法不仅可以直接用来设计航天器姿态控制器，而且也是滑模控制、Backstepping控制、自适应控制等其他非线性控制方法中，分析闭环系统稳定性时不可缺少的工具。基于Lyapunov直接法进行控制器设计的最大缺点是没有一种构造Lyapunov函数的通用有效方法，因而不得不采用凭经验和直觉的试凑方法。当研究问题比较复杂时，Lyapunov函数的构造比较困难。

② 滑模变结构控制。变结构控制思想由苏联学者Emelyanov于1964年首次提出。该方法于20世纪70年代传入欧美，经过学者Utkin和Itkis对早期的变结构控制的总结和发展，奠定了滑模变结构控制的基础。滑模变结构控制被广泛地应用于卫星姿态机动和姿态跟踪的控制器设计当中。针对刚体航天器，Vadali针对大角度机动控制提出了全局变结构控制算法，但因其忽略了卫星动力学中的非线性因素，导致其理论分析上的不完整性。Singh等人采用欧拉角描述航天器姿态，在设计变结构控制器的过程中考虑了不确定性的因素，文中给出的控制器可以实现航天器对期望欧拉角的渐近跟踪。Lo等人针对转动惯量存在摄动以及受到外干扰的刚体航天器姿态跟踪问题，基于四元数描述，提出了一种模型参考滑模控制来改善系统状态在到达阶段的动态特性。Chiou等人在滑模控制中引入神经网络以克服滑模控制的颤振和高控制增益，并将之应用于航天器姿态控制。针对挠性航天器姿态控制存在模型不确定性与干扰的问题，Zheng等人将变结构控制方法应用于挠性航天器的姿态控制中，基于输出反馈变结构控制理论提出了一种自适应控制器的设计方法，该控制器在实现姿态机动控制的同时，可有效地抑制挠性结构的振动。Shen等人分析了在状态不完全可测时带有非线性输入系统的控制问题，提出了一种输出反馈变结构控制方法。Matthew等人将变结构控制成功地应用到挠性系统中，改进常用的减少抖动的边界层法，实现动特性与稳态特性的折中，较好地解决了挠性系统的姿态机动控制问题。Liang等

人使用改进的变结构控制方法设计了具有模型不确定性和外部干扰的航天器姿态跟踪控制器，解决了符号型变结构控制器固有的抖振问题，并加强了其一致最终有界性。反作用飞轮在低速过零时，摩擦力矩的突变严重影响了小卫星姿态控制的精度和稳定度。近年来，终端滑模控制（Terminal Sliding Mode Control）研究引起了国内外学者的重视。与通常的滑模控制不同，终端滑动模态方法采用特殊的非线性切换面（终端滑动模态），可以使状态沿着滑动模态在有限时间内到达平衡点。Feng等人提出了非奇异终端滑模控制技术，解决了二阶系统终端滑模控制的奇异问题，并得到了有限时间收敛性质。Yu等人提出了一类新型连续终端滑模，它不仅具有一般终端滑模面的有限时间收敛属性，同时通过终端滑模控制律能使系统状态在有限时间内抵达终端滑模面。Bang等人针对挠性航天器的结构振动问题，将原有的针对刚体航天器姿态控制的滑模控制器进行了改进，这种新控制器提供了更多的自由度来设计挠性航天器的动态响应。Morteza等人为使对象不确定性和扰动的影响最小化提出了一种混合滑动面的自适应滑模控制方法。Yen等人针对航天器姿态镇定问题，基于变结构方法给出了一个可靠性控制系统，利用一个观测器来检测航天器执行机构的故障。该文设计方法的优点是无须求解Hamilton-Jacobi（HJ）方程。Li等人针对受到未知外干扰力矩以及系统参数不确定的刚体航天器，设计了姿态跟踪滑模控制器，并要求其控制器的输出在执行机构的最大幅值范围内，实现了对控制输入受限问题的解决。Hu针对同时考虑了参数不确定性、外部扰动和某种控制非线性的柔性航天器姿态控制进行了大量的研究，给出了鲁棒变结构姿态控制器的设计方法。文献[149]比较了三种用于刚体航天器姿态跟随的时变滑模变结构控制方法。Jin研究了带有挠性部件的三轴航天器姿态跟踪控制问题，给出了两种控制方案：基于比例微分型滑模面的控制器与基于时变滑模面的控制器，以克服滑模控制中控制器因使用符号函数而引起的抖振问题。滑模控制缺点主要有：为实现滑模控制，往往需要获得全部状态信息，这在多数情况下是较困难的；由于控制能量的有限性和惯性的存在，控制切换必然伴随滞后，这种不连续的控制将会产生高频颤振，这一本质问题迄今还没有完全解决。

③ Backstepping控制。反步法（Backstepping）是一种非线性的递推设计方法，其要求被控系统是满足“三角”形式的非线性系统。针对卫星姿态动力学方程和运动学方程的级联结构，Backstepping控制在航天器姿态控制中也得到了应用。Singh等人设计了Backstepping姿态控制器。Kim等人采用鲁棒反演法解决了卫星的回转机动控制问题，在设计时没有考虑干扰和转动惯量对系统的影响。

④ 非线性$H_\infty$控制。当卫星系统考虑外部扰动以及参数不确定性时，非线性$H_\infty$控制也是解决航天器姿态控制问题的主要方法之一。Dalsmo等人通过选择了一个普遍意义上的Hamilton-Jacobi函数，避免了对HJIPDI的直接求解，从而导出了适合LMI的设计框架，紧接着给出姿态稳定以及扰动抑制的LMI描述，并计算得到控制器参数。Wu等人采用欧拉姿态角描述的非线性动力学方程，统一设计了非线性二次最优跟踪控制器、非线性$H_\infty$姿态跟踪控制器以及非线性混合$H_2/H_\infty$姿态跟踪控制器，文中将这三种控制设计都看成是微分对策问题的特例，因此，求解两个耦合时变的Riccati-like微分方程是求解三种控制器的首要步骤，紧接着通过适当的状态变换将Riccati-like微分方程转换为Riccati-like代数方程，并采用Cholesky分解法来求解，最后得出简化的$H_2$、$H_\infty$以及混合$H_2/H_\infty$跟踪控制律。随后，Wu等人又在考虑转动惯量不确定和外干扰存在时，提出了自适应混合$H_2/H_\infty$姿态控制方法，使得在满意的$H_\infty$性能指标限制下获得更好的$H_2$最优控制性能。Show等人利用非线性$H_\infty$方法对航天器姿态控制问题进行了一系列的研究。其中，文献[154]将姿态调节问题扩

展到姿态跟踪问题上，并同样采用了欧拉姿态角描述设计了控制器。Luo等人将逆最优方法与非线性$H_\infty$控制相结合，研究了航天器姿态跟随控制问题。另外，Luo等人还考虑了外部扰动因素的影响，设计了鲁棒逆最优控制器，所设计的控制律具有传统的PD控制形式，而且对于由跟踪误差、控制能量及外部扰动所限定的性能指标是最优的。

⑤ 自适应控制。自适应控制是处理被控系统不确定性问题的有效手段之一。很多文献都已成功地应用自适应方法实现卫星的各种姿态控制任务。Wen等人研究了卫星姿态的自适应控制问题，自适应控制律依赖于一个足够小的参数以保证系统的全局渐近稳定，但没有考虑非参数不确定性的影响，系统的鲁棒性难以保证。Ahmed等人针对航天器的姿态跟踪问题，提出了基于全状态反馈的自适应姿态控制器设计方法。Schaub等人针对普遍意义下的有界干扰设计了自适应姿态调节控制器并完成了对干扰的估计。Singh等人针对挠性模态不可测，采用输出反馈模型参考自适应控制律，设计了一个单轴的鲁棒控制器，控制结果表明在模型存在不确定边界的情况下，偏航角跟踪以及附件振动的抑制都有很好的效果。此外，Singh等人针对一个单轴机动的挠性飞行器模型，在系统所有模型参数完全未知的情况下，设计了一个自适应模型跟踪控制器，然而，由于其利用挠性模态直接进行反馈，在实际情况下很难实现。Shahravi等人针对挠性航天器姿态控制问题，将转动惯量参数不确定性当作未知参数，设计了鲁棒自适应跟踪控制器，但没有考虑干扰的影响。Nalin等人针对航天器含有参数不确定的情况，采用自适应控制器估计惯性矩阵，构造了一种鲁棒自适应控制器。Hu等人提出了一种将自适应控制与变结构输出反馈控制相结合的一类姿态控制器设计方法，在仅利用姿态输出信息的同时，避免了确定外部干扰上界的困难。Seo等人基于确定性等价原理，通过构造合适的参数估计算法，设计姿态自适应反馈跟踪控制器，使得参数不确定情况下的闭环系统控制性能迅速恢复到确定参数时的理想控制水平，突破了经典的确定性等价性原理。事实上，在轨航天器必将受到各种外干扰力矩，且这些干扰将对姿态控制产生一定的影响，为了消除这种影响，Scarritt等人提出了一种模型参考自适应控制算法，实现对因执行机构安装偏差以及惯量矩阵摄动而引起的系统参数不确定的航天器姿态跟踪鲁棒控制。

⑥ 反馈线性化控制。反馈线性化方法是非线性控制理论中发展比较成熟的一种控制设计方法。Singh等人采用反馈线性化方法研究了卫星姿态控制问题，通过设计非线性控制规律，使得闭环系统的运动方程是线性的，然后根据线性系统理论如极点配置等设计控制参数。文献[162]应用反馈线性化控制方法设计了刚性航天器姿态大角度机动控制问题。反馈线性化的缺点是要求精确的模型知识，模型的变动通常会导致精确线性化的失败，同时需要很大的控制力矩来抵消非线性项。

⑦ 无源化控制。无源化控制方法是分析非线性系统的一个有力工具。Lizarralde等人采用无源化方法，设计了滤波器方程实现了输出反馈控制。然后通过Lyapunov稳定性证明是全局渐近稳定的。Tsiotras等人采用类似的方法设计了输出反馈控制器。主要不同在于Lizarralde等人是采用罗德里格参数和修正罗德里格参数作为姿态描述的，而Tsiotras等人采用的是四元数作为姿态描述。Jin等人在考虑航天器姿态受到参数不确定性和外部力矩的影响下，利用无源化理论设计了两个扩展PD控制器，实现了航天器姿态运动的全局渐近稳定性。

⑧ 控制输入受限的控制。在实际的控制系统中，由于控制系统执行机构自身的物理特性，系统控制输入的幅值总是有限的，即存在控制输入受限问题。在航天器姿态控制方面，飞轮等执行机构只能提供有限的控制力矩，当其输入较小时其输出能够随着输入的增大而增大，但是当输入达到一定程度时，执行机构输出将不随输入的增大而增大，并最终产生饱和非线性问题。该问题在某种程度上将影响航天器姿态控制精度，甚至使得整个姿

态控制系统不稳定。Bang等人针对执行机构输出受限的航天器大角度姿态调节问题，设计了一种改进型PID控制器，该控制器应用Anti-windup控制策略来解决因积分控制而引起的控制幅值快速增加问题。Boskovic等人针对控制输入受限的刚体航天器姿态控制问题，利用Lyapunov第二方法，给出了一种鲁棒变结构控制器设计，该控制器对于航天器面临的参数不确定性和外部干扰都具有鲁棒性。Akella等人针对卫星姿态跟踪问题，采用四元数作为姿态描述，在控制力矩幅值和控制量变化率受限的情况下，设计了不需要角速度反馈的姿态控制器。Wallsgrove等人在控制输入饱和下针对姿态调节问题设计了鲁棒控制器，对并无外干扰和有界干扰下的情况进行了分析，所设计的控制器能保证闭环系统是全局渐近稳定的。Zhu等人在考虑控制输入饱和的同时考虑了航天器面临的参数不确定性和外界干扰，设计了自适应滑模控制器。在挠性航天器的输入饱和非线性问题方面，Hu等人针对带有大型挠性部件的航天器大角度机动问题，设计了控制受限的鲁棒控制器实现对挠性部件振动的主动振动控制。

⑨ 基于高阶全驱系统方法的控制。近年来，由段广仁院士提出的全驱系统方法由于其在控制器设计方面的优良特性逐渐受到关注。一方面全驱系统普遍存在，许多系统的原始模型是天然的二阶或高阶全驱系统，另一方面全驱系统形式简单，且具有全驱特性，降低了控制器设计的难度。目前在有关全驱系统控制的研究中广泛涉及的方法是直接参数化方法。它首先通过反馈消除非线性项实现闭环系统的定常化和线性化，然后配置闭环系统的特征多项式系数矩阵完成设计。这种线性主导的设计能够引入熟悉的线性系统设计方法简化设计，但是也有可能消除与稳定性无关或有益的非线性项。

航天器姿态运动系统是一个天然的二阶全驱系统，然而，采用不同的姿态参数可以得到不同形式的全驱模型。针对航天器大角度姿态机动任务，考虑存在姿态禁止区域和干扰力矩影响，提出一种基于全驱系统模型的姿态机动控制方法。文献[175]利用高阶全驱系统方法研究了具有非线性和时变惯性的柔性航天器的姿态控制问题，与大多数现有结果不同的是，所提出的方法保证了闭环系统为任意特征结构配置的线性时不变系统。另外，文献[176]将高阶全驱系统方法应用于单输入球形充液航天器的姿态控制，该研究根据航天器的欧拉角和液体燃料的角速度建立刚流耦合动力学方程，通过高阶全驱系统方法将动力学方程转化为欧拉角的三阶或二阶微分方程，并设计相应的控制律使得闭环系统为线性时不变形式。文献[177]将Nussbaum增益技术和扩展状态观测器引入全驱系统理论中，并针对刚体航天器在外界扰动和执行器饱和作用下的姿态控制问题，建立了姿态误差动力学的全驱系统模型。文献[178]针对航天器编队飞行系统，提出了一种基于全驱系统方法的姿态-轨道综合控制律。文献[179]从全驱系统方法的角度出发，建立了航天器姿态动力学模型的二阶四元数系统，并以此提出了两种姿态控制策略，分别用于姿态跟踪和稳定。

在航天器姿态跟踪控制方面，文献[180]研究了基于全驱系统方法的执行器饱和的刚性航天器姿态跟踪控制。文献[196]从状态空间模型出发，采用变量消去的方法，建立了六自由度航天器运动的全驱系统模型，解决了刚性航天器的位置和姿态跟踪控制问题。文献[181]选取修正的Rodrigues参数来描述航天器姿态，并将航天器的数学模型转化为具有不确定性的高阶全驱系统。然后，设计了一类不确定全驱系统的鲁棒控制器，保证了系统状态收敛到任意椭球区域。文献[182]则采用直接参数化法设计了线性滑模控制器，并针对基于全驱系统方法的航天器姿态控制器参数整定困难的问题，提出了一种基于粒子群优化算法的参数整定方法。文献[183]利用全驱系统方法解决了受外部扰动和挠性附件振动影响的全驱柔性航天器的有限时间姿态控制问题。文献[184]研究了轨道注入过程中结构不确定性约束下的发射器姿态跟踪控制问题。通过引入Neumann级数进行处理后，采用全驱系统方法设计了反馈增益矩阵，保证了系统的综合性能。

**（3）我国在航天器姿态控制领域的研究概况**

根据SCI数据库的信息（检索主题词"'spacecraft' and 'attitude' and 'control'"），我国在该领域被SCI收录的期刊文章仅次于美国，排在第二位。并且，很多文章发表在该领域很有影响力的期刊当中。可见，随着中国航天事业的快速发展，我国在该领域的研究已经接近了世界先进水平。

我国在该领域的主要研究人员及其具体研究方向如表2-4-1所示。

表2-4-1 我国在该领域主要研究人员及其具体研究方向

| 作者（及所在高校） | 具体研究方向 |
|---|---|
| 段广仁（哈尔滨工业大学） | 航天器控制的参数化方法 |
| 周彬（哈尔滨工业大学） | 执行器饱和航天器姿态与轨道控制 |
| 胡庆雷（北京航空航天大学） | 挠性航天器的鲁棒变结构控制 |
| 李世华（东南大学） | 航天器的有限时间姿态控制 |
| 孙兆伟（哈尔滨工业大学） | 航天器的鲁棒姿态控制 |
| 陈利群（上海大学） | 航天器的非线性姿态动力学与控制 |
| 李俊峰（清华大学） | 航天器姿态动力学与控制 |
| 夏元清（北京理工大学） | 变结构、有限时间、输入饱和等方面 |

## 4.2.5 航天器姿轨联合控制领域的研究现状

航天器姿轨联合控制技术国内外研究现状概述如下。

航天器相对运动的姿态轨道一体化建模与控制方式突破了传统上将姿态与轨道独立处理的局限性，具有效率高、机动性强和控制精度高等诸多突出的优点和广阔的应用前景。然而，姿轨耦合动力学系统所呈现的高维、强耦合、强非线性，甚至欠驱动特性也使得对航天器姿轨联合控制问题的研究带来很大的难度。直至20世纪90年代末期，国内外学者开始针对这一具有重要理论意义和工程应用价值的挑战性课题逐渐开展了研究，下面针对建模和控制两方面来说明研究现状，并给予必要的分析。

**（1）姿轨一体化建模**

控制系统设计的首要问题就是确立被控对象的动力学模型。因此，航天器相对运动的姿轨耦合动力学建模是姿轨联合控制的基础。针对这一问题，现阶段主要有以下几类建模方式。

① 姿态轨道"独立-耦合"建模方式。在现有的研究中，这种建模方法占据主流地位。它的主要思想是，针对航天器轨道运动和姿态运动，分别采用合适的数学工具进行建模，再根据两者的耦合关系，将两部分动力学联立在一起形成姿轨耦合动力学模型。

以单个刚体航天器为研究对象，如空间碎片清除任务中的轨道机动器（Orbital Maneuvering Vehicle，OMV），文献[185,186]在惯性坐标系下，建立了六自由度姿态轨道耦合动力学模型，其中，对于轨道子系统在笛卡儿坐标系中利用牛顿定律和哥氏定理建立；而对于姿态子系统，为避免姿态运动学的奇异问题，利用四元数来建立其姿态运动学模型。轨道与姿态的耦合关系集中体现在姿态角速度对轨道运动的影响。并且，文献[195]还分析了轨控发动机的偏心安装对姿态运动的影响作用。同样是针对单个航天器，文献[187]建立了在重力作为耦合源的情况下空间站的轨道与姿态的耦合动力学方程，其中轨道子系统基于球坐标建立；而姿态子系统则利用欧拉角来描述。Naasz等学者针对一种特殊推力器配置的纳卫星（Nanosatellite）建立了姿轨耦合动力学模型，其中轨道子系统利用轨道六根数描述，而姿态子系统则采用单位四元数和欧拉方程建立。

针对多航天器参与的空间近距离任务，文献[188-191]给出了基于主动航天器本体坐标系建立的相对姿轨耦合动力学模型，其中相对姿态运动利用四元数来描述，而相对轨道动力学利用哥氏定理及牛顿定律建立，姿态与轨道的本质耦合关系可以在表达式中很明确地显示出来，尽管非线性较强，但这类模型适用范围较前述模型更广，不仅能够涵盖目标为开普勒运动的情形，而且还能包含目标做非开普勒运动的情形。

可以看出，姿态轨道独立建模方式的特点就是，所用的数学工具都只是对各自问题最有效，如采用轨道六要素或者笛卡儿坐标描述航天器的轨道运动，采用欧拉角、姿态四元数或修正的罗德里格参数等描述航天器的姿态运动，所得到的动力学方程的状态变量具有明确的物理意义。

② 基于对偶四元数建模方式。Chasles定理指出：任意刚体的运动均可通过绕一轴的转动加上平行于该轴的移动实现。这种旋转加平移的运动组合类似于一种螺旋运动。根据此定理，刚体变换对应了旋转变换群。同时，文献[192,193]还指出，归一化的对偶四元数（单位对偶四元数）构成的像空间能够对旋转变换群形成双覆盖。换言之，利用对偶四元数能够同时描述刚体的位姿变化。对偶四元数已率先在空间机器人、机械、捷联惯导、计算机辅助设计等领域中，应用于对刚体运动学和动力学问题的处理，并显示了其数学表达式直观、明了、计算效率高等诸多优势。目前，国内外一些学者已逐步开始利用对偶四元数这一数学工具描述刚体航天器姿态轨道一体化运动。

武元新等学者利用对偶四元数重新解释了捷联式惯性导航的基本原理，得到了基于对偶四元数的刚体航天器运动学方程，其形式均与姿态四元数微分方程一致。借鉴成熟的姿态四元数积分的双速算法结构，构建了基于对偶四元数的捷联惯性导航算法。该运动学模型也被应用到了文献[196-198]中。韩大鹏等学者基于李群结构，利用对偶四元数进行了多自由度空间机械臂位姿控制的研究。Brodsky等学者利用对偶四元数及对偶向量描述了刚体的动力学方程。随后，基于文献[188,203]提出的一体化的姿轨运动学模型和文献[199]中提出的一体化动力学模型，文献[200-202]给出了基于对偶四元数的相对姿轨一体化模型。这种建模方式所得到的动力学方程形式较为简单，但是由于对偶四元数特殊的运算规则较为复杂，传统的基于矢量的运算规则并不能直接应用于这类模型，给控制律的设计带来较大的不便。

③ 其他建模方式。采用一体化手段描述航天器轨道和姿态的运动学与动力学已引起了国内外学者的关注，除上述的对偶四元数外，Ploen等学者应用矢阵（Vectrix）方法将航天器姿态运动和轨道运动统一到同一代数框架内，建立了单个刚性航天器和$N$个编队航天器的姿态与轨道耦合动力学模型。Gaulocher等人针对空间干涉成像的编队多航天器，考虑到测量装置的要求，在小角度近似和一系列假设下，建立了线性化的姿轨耦合动力学模型。Sinclair等学者分析了四维刚体旋转运动与航天器一般空间运动（包括姿态和轨道运动）之间的类推关系，从而将姿态运动模型的形式扩展到航天器一般空间运动的表示中，并利用Cayley形式在同一数学框架内建立了航天器姿态和轨道运动的耦合动力学模型。然而这些

数学工具或者不能统一地描述航天器的相对运动，或者在描述时物理意义并不明确，因而应用性受到很大限制，并未引起更多的关注。

（2）执行机构配置

航天器的姿态动力学与轨道动力学耦合的一个主要来源是执行机构配置。因此，在进行姿轨耦合动力学建模时，执行机构如何配置以实现轨道机动和姿态调整所需的控制力和控制力矩，是一个必须说明的问题。根据上文对航天器相对运动的划分，现作两点分析。一方面，考虑到在空间近距离操作任务中，航天器相对位姿运动的时间与空间尺度差异并不大，文献[188,203,204]设计了统一的姿态与轨道控制系统共用的推力器配置方案，通过设计推力器的个数和布局，能够为姿轨耦合动力学系统提供足够的控制维数，同时产生姿轨联合控制所需要的力和力矩，使得航天器的相对位姿同时变化。而文献[189,205,206]虽然并未提及执行机构的配置问题，但通过对航天器六自由度的相对姿轨运动的六维控制律设计过程可以看出，这些研究成果均假设在空间近距离操作中的姿轨耦合动力学系统是一个全驱动控制系统，所配置的执行机构能够提供足够的控制维数来实现航天器相对位姿控制。另一方面，当相对轨道运动与相对姿态运动的时间或空间尺度差异较大的时候，航天器往往配置一台大推力轨道发动机用以实现轨道机动，但推力方向的变化需由姿态系统来完成，因而控制维数小于系统的自由度，姿轨耦合动力学系统表现出欠驱动特性。这种情形往往存在于相对轨道机动中，如空间交会、月面软着陆和部分编队飞行任务。

### 4.2.6 空间联合体控制领域的研究现状

自从20世纪50年代以来，科学技术和工业生产的发展促使人们不得不面对空间联合体系统，例如绳系卫星、空间机器人和交会对接等等。随着科学技术及航天事业的发展，航天器联合体系统姿态动力学与控制问题具有重要的学术价值和工程实践意义。

#### 4.2.6.1 多体系统现状分析

航天器多体系统动力学已有20多年的历史，并广泛地应用到航天、航空和地面机构各领域。随着近几年航天技术的急速发展，航天器多体系统动力学的研究对象体的组成数目变得越来越多，因此对多体系统动力学的计算效率提出了更高的要求，计算机技术的发展使得高效率计算得到了硬件保证。

（1）动力学建模问题

多体挠性航天器动力学建模大致可分为三个发展阶段：带挠性附件的航天器动力学建模、大型挠性空间结构的航天器动力学建模和挠性多体航天器动力学建模。

① 带挠性附件的航天器动力学建模。早在20世纪70年代，一些学者就对挠性系统做了大量的研究。文献[207]对复杂航天器建模的各种动力学原理进行了工作量和方程形式上的比较，指出了Kane方法在复杂系统建模中的优越性。

② 大型挠性空间结构的航天器动力学建模。20世纪70年代后期，国外许多学者针对未来大型航天器的发展趋势，开始转入大型空间结构动力学建模方面的理论研究工作，主要研究对象是大型空间平台、大型载人空间站和空间基地等。

③ 挠性多体航天器动力学建模。20世纪80年代以后，随着计算机技术和有限元技术的发展，挠性多体系统动力学的研究开始受到一定程度的关注。挠性多体航天器姿态动力学的主要任务是建立拓扑结构多体系统的具有程式化和通用性的数学模型，分析中心体和

挠性体之间的耦合关系。

文献[208]对挠性多体系统动力学的建模作了简要的总结，基于Kane方程建立了高计算效率的多体系统动力学方程，并且扩展到带约束的系统中，反映了挠性多体系统动力学建模开始从理论研究向工程应用发展。

国内在挠性多体系统动力学的建模领域虽然起步较晚，但近年来也取得了较大进展，发表了不少文章，出版了多本专著对这个问题进行研究，其中有代表性的是洪嘉振、黄文虎、邵成勋、陆佑方和覃正等人的研究成果。

**（2）控制问题**

① 基于线性模型的控制研究现状。在低速运行的情形，对于单轴柔性航天器和单臂柔性机械臂等联合体对象，此时模型通常是线性的。目前以此为背景，基于线性模型提出了各种控制方案，现代控制理论得到了广泛的应用，同时这也促进了现代控制理论自身的发展和进一步完善。目前常用的控制方案包括最优控制、鲁棒控制、自适应控制、滑模变结构控制、智能控制等等。

② 基于非线性模型的控制研究现状。柔性多体系统的非线性来源于两个方面：一是速度要求较高时，柔性体动态特性受到大范围运动的影响呈现较强的非线性；二是柔性多体系统可能具有耦合非线性之外的其他非线性因素。广泛采用的非线性模型有零次近似耦合模型和一次近似耦合模型。采用的非线性控制方法主要有模糊控制、非线性滑模控制、自适应变结构控制和反馈线性化等。

③ 基于高阶全驱系统方法的控制研究现状。当目标航天器被捕获时，组合航天器的质心和推进器的配置矩阵将发生变化，且产生未知的初始角动量，使得整个组合体航天器系统呈现本质的非线性。近年来，段广仁院士提出了全驱系统方法，不同于将实际系统物理模型强行转化为状态空间模型的控制思路，全驱系统方法基于面向控制的高阶全驱模型，给出了被控系统控制量的求解方法。其中，文献[209]利用全驱系统的最优控制器，解决了无自主控制能力的目标航天器被服役航天器捕获后形成的组合航天器的姿态和轨道控制问题。文献[210]从全驱系统博弈的角度，研究了利用多个微小航天器对故障航天器进行姿态接管控制问题，并建立了组合式航天器的全驱系统模型。在离散情况下，文献[211]设计了离散全驱系统的自适应扰动观测器，并将其应用于航天器组合模拟器系统。针对带有机械臂的空间联合体控制，文献[212]基于全驱系统方法，设计了空间机械臂的跟踪控制器，使闭环系统成为具有任意配置特征结构的常线性系统。然后，在参数方法的框架下，采用满足输入饱和约束的最优参数整定方法确定控制增益矩阵。

### 4.2.6.2 绳系卫星现状分析

绳系卫星是指用柔性系绳将两个或者两个以上的航天器连接在一起所构成的空间飞行系统，其中最具代表性的是将一颗卫星（子星）通过柔性系绳连接到另一颗质量较大的飞行器（基星）上，构成基星-系绳-子星空间组合体，基星可以是卫星、飞船、航天飞机、空间站等多种空间飞行器，甚至可以是废弃的运载火箭上面级。

该系统具有广阔的应用前景，如人工重力、绳系交会、太空发电、深空探测、行星际航行、航天器轨道保持与升降以及大气层的研究等等。

空间绳系具有很长的长度，可以通过释放或者回收系绳的长度来改变整个系统的构型和运动状态。空间绳系还具有柔性大、阻尼小、非线性强等特点。动力学与控制是空间绳系研究的两个重要内容，建立精确的绳系动力学模型并选择合适的控制策略是研究的重点和难点。

（1）建模问题

文献[213,214]对绳系卫星系统的动力学进行了研究，建立了绳系在视线坐标系下的动力学模型，重点对系绳系统的定常运动进行了讨论，分析了其稳定性。

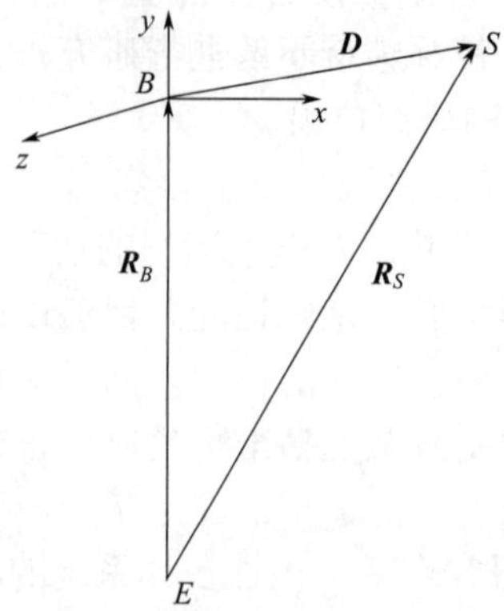


图 2-4-5　卫星几何位置和轨道坐标系

① 含无质量系绳的卫星系统的动力学。图2-4-5中的$E$、$B$和$S$分别为地心、基星和子星的空间位置，以及由它们构成的位置向量$\boldsymbol{R}_B$和$\boldsymbol{R}_S$；$BS$为两星间视线，相对位置向量用$\boldsymbol{D}=\boldsymbol{R}_S-\boldsymbol{R}_B$表示，取$B_{xyz}$和$B_{s\varphi\theta}$分别为固连于基星上的轨道坐标系和视线坐标系，则绳系卫星的运动方程为：

$$\begin{cases}\ddot{\boldsymbol{D}}-\boldsymbol{D}\dot{\theta}^2-\boldsymbol{D}(\dot{v}+\dot{\varphi})\cos^2\theta=\dfrac{\mu}{\boldsymbol{R}_B^2}\boldsymbol{D}(3\cos^2\theta\sin^2\varphi-1)-\dfrac{T}{m}\\ \boldsymbol{D}(\ddot{v}+\ddot{\varphi})+2\boldsymbol{D}(\dot{v}+\dot{\varphi})-2\boldsymbol{D}(\dot{v}+\dot{\varphi})\dot{\theta}\tan\theta=3\dfrac{\mu}{\boldsymbol{R}_B^3}\boldsymbol{D}\cos\varphi\sin\varphi\\ \boldsymbol{D}\ddot{\theta}+2\dot{\boldsymbol{D}}(\dot{v}+\dot{\varphi})^2-\cos\theta\sin\theta=-3\dfrac{\mu}{\boldsymbol{R}_B^3}\boldsymbol{D}\sin^2\varphi\cos\theta\sin\theta\end{cases}\tag{2-4-1}$$

式中，$\mu$为地球引力常数；$v$为基星轨道的真近点角；$m$为子星质量；$T$为系绳张力；$\varphi$为轨道平面内的相位角；$\theta$为偏轨角。

② 有分布质量系绳的卫星系统的动力学。这种情况下动力学模型很复杂，这里仅给出不可拉长的系绳系统的轨道面内的留位运动方程。此时系统状态变量不仅是时间$t$的函数，同时也是系绳长度$s$的函数，下文˙表示对$t$微分，而'表示对$s$微分。系绳拉长后的密度为$\rho$，其他各符号的意义同上。

$$\begin{cases}\ddot{\boldsymbol{D}}-\boldsymbol{D}(v+\varphi)^2-\dfrac{T}{\rho_0}(\boldsymbol{D}''-\boldsymbol{D}(\varphi')^2)=\dfrac{\mu}{R_B^3}\boldsymbol{D}(3\sin^2\varphi-1)+\dfrac{T'}{\rho_0}\boldsymbol{D}'+f_1\\ \boldsymbol{D}(\ddot{v}+\ddot{\varphi})+2\boldsymbol{D}(v+\varphi)-\dfrac{T}{\rho_0}(\boldsymbol{D}\varphi''+2\boldsymbol{D}'\varphi')=3\dfrac{\mu}{\boldsymbol{R}_B^3}\boldsymbol{D}\cos\varphi\sin\varphi+\dfrac{T'}{\rho_0}\boldsymbol{D}\varphi'\\ (\boldsymbol{D}')^2+\boldsymbol{D}^2(\varphi')^2=1\end{cases}\tag{2-4-2}$$

求其积分仍是一个极困难的理论计算问题。但是作为应用科学研究，可以避开该计算问题，代以研究系统的定常运动和它的稳定性。

③ 其他动力学建模。文献[215]采用拉格朗日方法建立了基于椭圆轨道的绳系卫星动力学模型，通过模型分析证明了面内伸展运动是稳定的，选择匀速和指数型展开控制律对面内伸展运动进行了仿真，给出了子卫星释放后轨道半长轴及偏心率的计算公式。文献[216]建立了绳系子卫星在有偏置位移情况下的动力学方程，通过简化方程组深入讨论了绳系子卫星的展开策略及相应的运动特征。文献[217]建立了绳系卫星三维空间动力学方程，运用Pontryagin极小值原理求出了释放过程中张力优化控制规律，得到了最佳的释放速度变化曲线，并对子卫星工作阶段的动力学进行了分析。

（2）控制问题

对于绳系卫星的动力学与控制问题，目前的文献都试图用接近绳系实际特性的模型描述系统的动力学，然后进行控制，取得了很多研究成果。但由于绳系系统本身的复杂性以及缺乏足够的空间试验支持，绳系动力学和控制方面还有很多问题亟待解决。

① 姿态稳定性。文献[218]讨论了单一绳系的稳定性问题，控制的目标更为严格，不但要求卫星的姿态控制，还要与系绳的运动一致。通过两个方法实现，首先将姿态动力学从绳系动力学里解耦，然后设计线性反馈使姿态稳定，也可以使用卡尔曼分解使不可控的模态解耦，然后再用线性反馈使可控模态稳定。作者推断滚转和偏航姿态稳定比俯仰控制要求更严格，卡尔曼分解方法非常有效，只要求很少的激励器动作，并且对绳系动力学影响较小。

② 姿态控制。文献[219]认为绳系航天器姿态的稳定非常重要，并研究了姿态控制问题，研究发现单一绳系需要进行反馈控制才能确保卫星的稳定性，但是两绳系统可以提高性能。作者提出非线性无量纲化的拉格朗日模型，通过对平衡状态线性化系统的稳定性分析得知物理约束对于稳定性是必要的。文献[220]提出了三维空间绳系卫星的非线性姿态控制方法。

③ 回收控制问题。文献[221]研究了远程机器人从航天器上释放后回收的控制问题，机器人质心的平动要通过绳系张力来控制，角动量要通过绳系附着点和系绳控制来实现。这些控制通过系绳张力和关节运动来操控。文献[222]提出了电动式绳系卫星回收时的模型预测反馈控制方法。反馈控制器的设计基于简单的模型，优化只需较少的计算量，但具有较好的有效性和鲁棒性。

④ 释放子星后基星的补偿控制。文献[223]基于绳系卫星系统的概念研究了由大型平台释放绳系子星的补偿控制，补偿机制建立在绳系末端平台附有的操控器具有水平和垂直方向运动的能力，反馈线性化技术用来控制姿态动力学，同时鲁棒LQG控制算法用来控制振动模态，全面的补偿算法可以有效调节平台的斜度和绳系振动，但是对绳系姿态调节不是很有效，它需要更大的补偿运动。

#### 4.2.6.3 空间机器人现状分析

由于机械臂工作过程中的运动必然引起载体的耦合运动，使得空间机器人系统的运动学、动力学及控制问题与地面固定基座机器人相比具有许多新的特点。首先，由于动量守恒和动量矩守恒的约束，系统雅可比矩阵不仅取决于系统的运动学特性，还取决于机械臂和载体本体的质量分布等动力学特性。其次，空间机器人系统的工作空间不仅与系统的几何参数有关，还与系统的质量、惯性矩等动力学参数有关，这些参数的变化会引起工作空间范围的很大变化。这些问题使得自由漂浮空间机器人系统运动学、动力学分析和控制算法的设计比地面机器人复杂得多。

以下针对空间机器人系统的建模、路径规划和轨迹跟踪控制等方面问题说明国内外研究现状。

（1）建模问题

空间机器人动力学模型的建立属于多体系统动力学的研究范畴，多体系统动力学的建模方法对空间机器人都是适用的。但同时自由漂浮空间机器人的机械臂运动会对载体产生反作用力，干扰载体的位置和姿态，因此各国学者在建立空间机器人模型（图2-4-6）的过程中都考虑了空间机器人与载体的动力学耦合问题。目前主要的建模方法可分为如下几类：

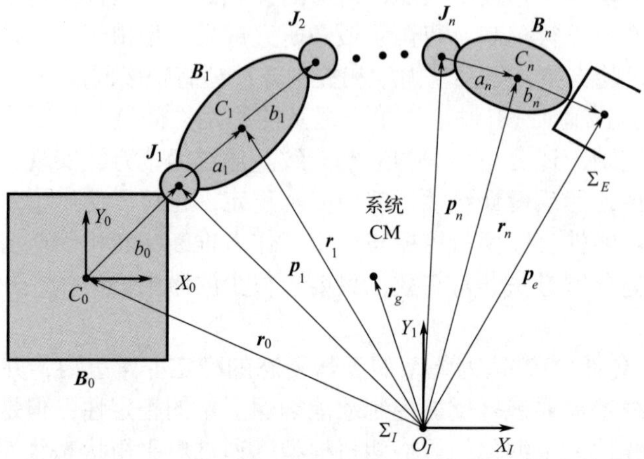


图2-4-6 空间机器人模型

① 基于Lagrange方程。文献[225]和[224]分别基于Lagrange方程建立了空间机器人单臂和多臂的动力学模型。这种方法原理清晰，能够得到解析形式的公式。由于系统不受重力，因此机器人的势能为零，结合动能定理和拉格朗日方程，得到了描述系统运动速度、加速度和力矩的动力学模型。

空间机器人系统的微分运动学模型可以描述为：

$$\begin{bmatrix} \boldsymbol{V}_{\mathrm{e}} \\ \boldsymbol{\omega}_{\mathrm{e}} \end{bmatrix} = \boldsymbol{J}_b \begin{bmatrix} \boldsymbol{V}_0 \\ \boldsymbol{\omega}_0 \end{bmatrix} + \boldsymbol{J}_m \dot{\boldsymbol{\Theta}} \tag{2-4-3}$$

式中，$\boldsymbol{J}_b$为基座的Jacobian矩阵；$\boldsymbol{J}_m$为机械臂的Jacobian矩阵。

考虑末端执行机构和目标的接触，空间机器人系统动力学模型可以描述为：

$$\begin{bmatrix} \boldsymbol{H}_b & \boldsymbol{H}_{bm} \\ \boldsymbol{H}_{bm}^{\mathrm{T}} & \boldsymbol{H}_m \end{bmatrix} \begin{bmatrix} \ddot{\boldsymbol{X}}_b \\ \dot{\boldsymbol{\Theta}}_s \end{bmatrix} + \begin{bmatrix} \boldsymbol{c}_b \\ \boldsymbol{c}_m \end{bmatrix} = \begin{bmatrix} \boldsymbol{F}_b \\ \boldsymbol{\tau}_m \end{bmatrix} + \begin{bmatrix} \boldsymbol{J}_b^{\mathrm{T}} \\ \boldsymbol{J}_m^{\mathrm{T}} \end{bmatrix} \boldsymbol{F}_h \tag{2-4-4}$$

可以看出，空间机器人系统模型非线性、强耦合。

② 广义雅克比矩阵。文献[226]提出了反映空间机器人微分运动的广义雅可比矩阵（GeneralizedJacobian Matrix，GJM）。将线动量守恒和角动量守恒方程与系统的特征方程相结合，并假设初始动量为零，可得：

$$\begin{bmatrix} \boldsymbol{v}_e \\ \boldsymbol{\omega}_e \end{bmatrix} = (\boldsymbol{J}_m - \boldsymbol{J}_b \boldsymbol{H}_b^{-1} \boldsymbol{H}_{bm}) \begin{bmatrix} \boldsymbol{v}_0 \\ \boldsymbol{\omega}_0 \end{bmatrix} \tag{2-4-5}$$

$$\boldsymbol{J}_g = \boldsymbol{J}_m - \boldsymbol{J}_b \boldsymbol{H}_b^{-1} \boldsymbol{H}_{bm} \tag{2-4-6}$$

称其为广义雅克比矩阵。

与地面固定基座机器人的雅可比矩阵不同，GJM不仅与机器人的几何参数有关，还与机器人各部分的惯性参数如质量、转动惯量等有关。GJM可应用在分解运动速度控制，分解运动加速度控制和转置雅可比控制等不同控制方法中。

③ 虚拟机械臂。文献[227,228]在空间机器人系统不受外力作用下，系统质心在运动过程中位置保持不变的前提下提出了虚拟机械臂（Virtual Manipulator,VM）的概念。

系统线动量守恒是一致约束，可以用于消去3个非独立变量。通过计算可得:

$$\boldsymbol{p}_e = \boldsymbol{r}_g + \hat{\boldsymbol{b}}_0 + \sum_{i=1}^{n} (\hat{\boldsymbol{a}}_i + \hat{\boldsymbol{b}}_i) \tag{2-4-7}$$

其中:

$$\hat{\boldsymbol{b}}_i = \frac{\sum_{q=0}^{i} m_q}{M} \boldsymbol{b}_i, \quad \boldsymbol{a}_i = \frac{\sum_{q=0}^{i} m_q}{M} \boldsymbol{a}_i \tag{2-4-8}$$

从上式中可以看出，向量$\hat{\boldsymbol{a}}_i$和$\hat{\boldsymbol{b}}_i$分别平行于$\boldsymbol{a}_i$和$\boldsymbol{b}_i$，长度与$\boldsymbol{a}_i$和$\boldsymbol{b}_i$成正比。因此，$\hat{\boldsymbol{a}}_i$和$\hat{\boldsymbol{b}}_i$称为虚拟链向量。当真实的空间机械手运动时，VM的运动和真实机械手上的选择点的运动保持一致。

文献[235]分析了单臂和多臂、开链和闭链空间机器人的基于VM的建模方法，并将其应用在工作空间分析和逆向运动学求解等方面。VM方法的理论基础为微重力环境下的线动量守恒和角动量守恒，将虚拟机械臂的基座定义在真实机械臂与其载体共同的质心上，再通过几何原理构造出虚拟机械臂结构，以使地面机器人的控制方法可以应用到上述VM结构。然而，VM方法只适用于空间机器人的运动学建模。

④ 动力学等价臂。文献[229]提出了动力学等价臂（Dynamic Equation Manipulator, DEM）的概念，将自由漂浮空间机器人等价成一个通常的固定基座上的机器人，阐述了DEM与空间机器人动力学的等价性（图2-4-7）。它继承了虚拟机械臂的优良性质，但DEM是真正的机械臂，在实际中可以建造出来。DEM的第一个关节是被动、球形三自由度关节，表示空间机器人基座的自由漂浮特性。动力学等价臂的参数与原空间机械应参数满足线性关系。

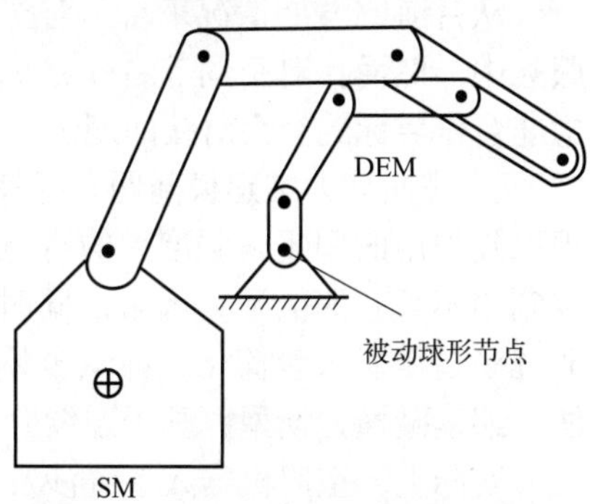

图 2-4-7　空间机器人和相应的动力学等价臂

该方法能较好地描述系统的动力学特性，同时它本身的几何定义包含了线动量守恒约束，从而降低了系统的维数，简化了系统的模型，有助于分析、设计和控制空间机器人系统。但该建模方法需要大量的前期处理，增加了建模过程中的计算量，并且系统模型不直观。

**（2）控制问题**

空间机器人系统载体自由漂浮，位置、姿态控制系统在机械臂操作期间常处于关闭状态，机械臂与载体之间存在强烈的动力学耦合作用，搭载在载体上的机械手的运动会对载体产生反作用力，引起载体姿态发生变化，且整个系统遵守动量及动量矩守恒关系，这使得空间机器人系统的控制问题变得非常复杂。

控制方法主要可以分为以下几类:

① 自适应控制方法。

a. 增广变量法：为了克服自由漂浮空间机器人动力学方程无法线性参数化和系统不确定性的影响，文献[230]将机械臂末端与关节角坐标组成增广变量，使系统动力学方程中的惯性参数符合线性规律，并通过引入的中间变量及精心构造的Lyapunov函数，得到系统的控制规律和参数自适应规律。在此基础上，陈力及他的团队改进了增广变量法，将其应用于自由漂浮单臂和双臂空间机器人系统中，进行了其他一系列研究，从1997年至今发表论文70余篇。

b. 运动学和动力学不确定性：现有大部分轨迹控制器都是假设空间机器人系统运动学特性精确已知，而在有些情况下，系统的运动学参数不可能精确得到。文献[231,232]提出了针对同时带有运动学和动力学不确定性的空间机器人系统的自适应Jacobian控制器。文献[233]提出了基于无源性的自适应Jacobian控制器，包含转置Jacobian反馈和动力学补偿项，参数自适应率由类Lyapunov稳定性分析得出，并且定义了新的参考速度，以避免使用加速度。

c. 基于四元数表述：2008年至今，IEEE上发表了近20篇基于四元数表述的空间机器人方面的论文。这种方法可以避免三参数表述产生的奇异点。

② 鲁棒控制法。鲁棒控制一般与其他方法相结合。文献[234]提出了一种鲁棒自适应控制策略，可以适用于实时控制。文献[235]提出了一种基于神经网络的鲁棒$H_\infty$控制器，控制器设计步骤可以分为：计算力矩控制、变结构滑模控制和神经网络鲁棒控制。

③ 智能控制方法。建立在精确模型基础上的空间机器人动力学控制在面临不确定性（包括参数不确定性和非参数不确定性）时遇到了很大的困难。而模糊控制、神经网络控制等智能控制方法不需要建立被控对象的精确数学模型也能实现对非线性系统的控制，并且智能控制对系统参数的变化具有较强的鲁棒性，因而引起了人们越来越多的关注。

**（3）交会对接现状分析**

从目前的发展情况来看，对空间合作目标的抓捕技术已相对成熟，并成功应用于在轨服务中。然而，对空间非合作目标的抓捕，还没有进行过在轨演示验证。因此这里主要考虑非合作目标的交会对接问题。

① 碰撞动力学建模问题。抓捕过程中的接触碰撞属于非连续动力学问题，接触碰撞过程以其作用时间短、强度大的特点给系统动力学性态造成了巨大影响，已成为系统分析和控制中不可忽略的重要因素，同时也给动力学建模和数值仿真带来了一定的困难。现有的研究多是做了大量简化，并从多体系统本身考虑接触碰撞动力学建模，方法包括冲量动量法、连续碰撞力模型、基于连续介质力学的有限元方法等。

实际上，空间机器人系统涉及的学科领域很多，包括机械、电气、自动控制、计算机、航天器姿态及轨道动力学等，整个系统的动力学特性为多个领域交互的结果。未来的趋势将考虑从多学科出发，开展多领域统一建模与仿真研究，以实现多学科优化设计的目标。

② 组合体稳定控制问题。抓捕完成后，空间机器人需要计算组合体的中心，并对组合体进行稳定调整。空间非合作目标往往是具有一定运动速度（线速度和角速度）的目标，因此，抓捕后组合体的动量将发生突变，有可能引起空间机器人基座的失稳。

如果开启飞轮进行控制，由于飞轮本身所能吸收的角动量和控制力矩很有限，无法有效稳定基座；如果开启喷气进行姿态控制，将消耗宝贵的燃料。因此，组合体的稳定需要通过协调控制来完成。

### 4.2.7 航天器编队飞行控制领域的研究现状

航天器编队飞行凭借巨大的技术优势、广阔的应用前景，从诞生之初就获得了世界各航天大国的青睐，成为当今一大热门研究领域。各国学者对航天器编队飞行的研究从20世纪90年代到现在始终热情不减，而且该领域研究得到了各国政府部门和科研机构的有力支持。各国分别提出并实施了一系列航天器编队研究计划。目前，对航天器编队飞行的研究已经在工程上和理论上取得了一定的成果。下面对航天器编队飞行控制在工程上和理论上的国内外现状进行简要阐述和分析。

#### 4.2.7.1 工程实践

**（1）美国的航天器编队飞行控制技术在工程上的发展概况**

美国凭借其航天领域的雄厚实力，始终走在航天器编队飞行技术研究的前列。“航天器编队飞行技术”已被美国科学咨询委员会空间技术展望小组确定为导向性的空间应用范例的革命性概念。美国宇航局和美国空军则把航天器编队飞行技术定位为未来空间任务的支撑技术。美国通过TechSat-21项目对航天器编队飞行技术进行了验证，并以此推动本国航天器编队飞行技术的发展。

最早的验证航天器编队飞行概念的实例是NASA的EO-1卫星与地球资源7号卫星（Landsat-7）进行的编队飞行试验。该试验将两颗编队航天器对地面同一目标区域拍摄的图像进行科学对照，来检验编队飞行对地观测的效果。EO-1卫星发射于2000年11月，与Landsat-7卫星运行于同一轨道并跟随其运行，两颗航天器相距大约450km，大约1min的飞行距离。通过此次编队飞行试验，检验了EO-1的自主导航能力。试验过程中还对编队成员进行了保证测量“同步”的轨道控制，控制要求编队卫星的飞行时间的误差在7.5s之内（约50km），EO-1与Landsat-7的地面轨迹偏离不超过3km。在整个轨道保持控制过程中，EO-1和Landsat-7共享导航数据和任务规划，成功地实现了粗略编队飞行。

“新千年计划”（NMP）也是NASA的一个卫星编队飞行技术验证项目。这项计划包含多个编队飞行任务：StarLight任务、ST-5任务等，目的是验证航天器编队飞行的概念和与应用相关的关键技术。

21世纪初，由美国国防部、NASA和工业界投资，旨在验证一系列纳米卫星（质量小于10kg）相关技术的“美国大学纳米卫星计划”全面启动。“美国大学纳米卫星计划”支持10所大学进行纳米卫星的应用研究，该计划中关于航天器编队飞行技术验证的项目有：电磁辐射和闪电探测项目，任务的目的是验证闪电和电离层结构以及航天器编队飞行所需要的自主运行技术；电离层观测纳米星编队（ION-F）是一项用来验证编队航天器协同工作能力的编队飞行任务，同时对先进的绳系系统、微推力器、磁力姿态控制等先进技术和设备进行了验证。

Orion（猎户座微卫星工程）是NASA支持的另外一个演示验证航天器编队飞行技术的项目，其主要验证内容有两个：应用于微小航天器的多通道GPS接收机的实时轨道和姿态确定技术与控制多个航天器形成预定编队构型的技术。该航天器编队由一颗Orion卫星和两颗Emerald卫星构成，具体任务目标是：三颗航天器中至少两颗航天器能够实现星间距离为1km的沿轨迹编队飞行，而且能够控制航天器保持住这个编队构型达到30min以上，利用GPS实现编队飞行的实时定轨精度达到50m，无线电星间测距精度5m，相对位置控制精度达到20m。MUSTANG项目是英国国家空间中心（BNSC）资助的用于演示验证航天器编队飞行技术的项目，该项目由两颗质量不到10kg的纳卫星组成，整个任务工作期内将演示多种相对位置测量技术、大型编队构型技术以及检验燃料最优的构型初始化和保持算法。

**（2）欧洲的航天器编队飞行控制技术在工程上的发展概况**

由航天器编队构成天基雷达是编队飞行的一个重要应用方向。法国空间局提出的CartWheel计划是一个利用编队飞行技术实现分布式合成孔径雷达（SAR）任务的空间计划。编队中参考航天器为常规SAR卫星，3颗具有接收功能的伴随航天器飞行在主星之前或之后约100km，并且在整个轨道上通过编队构型来进行干涉测量。这一方案能克服当前获取干涉雷达数据的限制，可以获取全球高精度的数字模型数据和充分利用现有的SAR星资源。

NASA和德国地球科学中心（GFZ）联合实现了空间任务GRACE计划。GRACE计划由两颗运行于500km高度轨道上的航天器组成，两星组成距离为170～270km的串行编队。利用K波段微波测量装置可测量星间相对距离，测量精度可以达到微米级。通过分析相对距离的变化最终得出较精确的重力场模型。GRACE所获得的数据还将被用于研究地球系统各部分的变化因素。

Cluster Ⅱ则是航天器编队飞行在多点同步测量方面得到成功应用的例子。这项任务的目标是探测和研究地球空间等离子体边界层结构、地球空间环境三维小尺度结构及电磁场和粒子的时空变化。整个项目由欧空局领导，该项目还是“国际日地物理计划”的一部分。

**（3）中国的航天器编队飞行控制技术在工程上的发展概况**

我国在积极研究利用航天器编队飞行技术来组建天基雷达，而且已经正式开展航天器编队飞行技术飞行试验研究，并在神舟七号载人飞船运行过程中成功进行了小航天器与载人飞船的编队飞行试验，取得了许多宝贵经验。但由于我国对航天器编队飞行的研究起步比较晚，在编队飞行技术的在轨试验验证方面与先进国家的发展水平相比，还存在一定的差距。

#### 4.2.7.2 理论成果

对航天器编队飞行动力学控制方面的研究主要包括编队初始化、构型保持控制以及构型重构。而编队动力学控制研究主要围绕相对运动模型以及编队控制器设计两方面展开。

**（1）编队飞行相对运动模型**

航天器编队飞行相对运动模型包括运动学模型和动力学模型。基于运动学方法（利用坐标变换）建立的相对运动方程是代数方程，解算速度快，在编队构型分析和设计方面有优势，但无法基于该类模型设计控制器。动力学模型是微分方程模型，可基于此类模型设计控制器。动力学模型有两类，一类是以相对位置和相对速度为状态变量的微分方程，另一类是所谓的高斯摄动方程，即以轨道根数为状态变量的微分方程。在航天器编队飞行的研究初期，研究对象主要是以圆或近圆Kepler轨道为参考轨道的编队。此时，广泛用于描述航天器编队飞行相对轨道运动的动力学模型为C-W方程（Hill方程）。C-W方程是20世纪60年代Clohessy和Wiltshire在研究航天器交会对接问题时提出的近距离航天器相对运动的线性化方程。C-W方程形式简单，物理意义明确，很容易求得其解析解。但是C-W方程描述的航天器编队飞行对编队成员有诸多限制条件，如主星必须运行在圆轨道上，编队成员间的相对距离与主星轨道半径相比为小量，而且未考虑空间摄动对编队飞行影响。Yan等人将C-W离散化，从而得到了航天器编队飞行相对轨道运动的离散模型，并利用脉冲控制方法设计了相应的控制器。然而，此离散模型的模型误差过大，对于大多数编队飞行任务来说是不可接受的。在文献[238,239]中，Queiroz和Kapila等人分别研究了圆参考轨道航天器编队飞行相对运动的非线性模型，但仍未考虑空间摄动对编队飞行的影响。在文献[240]中，Alfriend研究了地球引力函数的带谐项即J2项对C-W方程描述的相对运动影响，得出了若考虑J2项的影响，可以减小相对运动的退化，节约控制过程中消耗的燃料的结论。在该文献中，Alfriend还用几何方法推导出了航天器近距离相对运动的状态转移矩阵。文献[241]假设参考轨道为圆轨道，在考虑J2项影响的情况下，改进了C-W方程，利用非线性仿真验证了其推导的改进方程的准确性，但圆参考轨道的假设条件仍然限制了其研究成果的应用范围。

在文献[242]中，Tschauner和Hempel以椭圆轨道航天器交会对接为研究背景，假设航天器间距与其地心距的比值为一阶小量，将上述非线性微分方程简化为线性时变方程即T-H方程，得到二体条件下用偏近点角描述的解析解。该方程是C-W方程的推广，可描述任意偏心率轨道航天器间的近似相对运动。文献[243]提出用积分常数描述T-H方程解，其最终形式包含奇点和长期项。在文献[244]中，Carter得到方程解的另一积分常数表达式，消除了原解中的奇点，并给出始末相对运动状态间的转移矩阵，但仍含有长期项。在文献[245,246]中，Melton和Vadali将T-H方程相对偏心率作级数展开，分别忽略三阶和四阶以上高阶项，得到关于时间的显式解，但该解仅适用于偏心率小于0.3的轨道。

航天器编队相对运动模型还可以用主、从航天器绝对轨道根数或相对轨道根数表示。Battin最早给出了以平均轨道根数为状态变量的高斯变分方程。在文献[247,248]中，Balaji等人给出了用主航天器质心轨道坐标表示相对运动矢量以主、从航天器12个绝对轨道根数为变量的相对运动方程。在文献[249]中，Vadali提出了单位球模型，即先在主航天器质心轨道坐标系中得到主、从航天器单位球面投影位置矢量之差，再经过转化推导出真实相对位置矢量，该模型可用主航天器绝对轨道根数和主、从航天器相对轨道根数描述。

**（2）编队飞行控制**

航天器编队飞行的本质是利用了多颗星之间的相对运动特性，因此编队构型的保持是一个关键问题。由于参与编队飞行的每个成员不可能同时处在同一空间位置，并保持相同的姿态，因此所受的地球引力摄动、大气阻力、太阳光压、第三体引力等摄动的影响不尽相同。这些因素会使相对运动构型产生漂移，甚至导致构型失败。要保持精确的相对运动构型，就必须对编队实施轨道控制。编队构型保持控制贯穿系统的整个任务周期，是编队飞行任务顺利开展和完成的基础。

早期的编队构型保持控制研究大多围绕圆参考轨道的线性化相对运动方程即C-W方程展开。Vassar和Redding等人最早利用C-W方程轨道面内运动与轨道平面法线方向的运动相互解耦的特性，设计了圆参考轨道的编队构型控制器。针对脉冲推力器的工作性质，Kapila等人设计了基于离散化的C-W方程的全状态反馈控制器。受发动机安装位置的限制，航天器上往往不能提供地心径向方向的推力。在文献[250]中，Yedavalli等人采用混合系统稳定性分析技术来研究编队飞行相对轨道运动“连续”而执行器“离散”的控制问题，将控制能耗和相对位置导航精度同时考虑在内，设计了相应的控制器。燃料消耗问题是编队构型保持研究中的一个需要重点考虑的问题，在文献[251]中，Sparks以地面投影圆构型编队为研究对象，设计了离散时间线性二次型调节器，并且估算了地球扁率摄动影响下构型保持所需要的能量，通过仿真得出了控制能耗与控制脉冲频率有关的结论。

由于航天器编队飞行成员间的相对运动本质上是非线性的，因此利用线性控制方法设计的相对轨道构型保持控制律会带来一定的误差，而非线性的相对轨道构型控制方法可以在一定程度上弥补这个不足。在文献[252]中，Qi考虑了C-W方程所产生的模型误差，基于Lyapunov方法，设计了相对轨道构型保持的非线性输出反馈控制律，该控制律对卫星质量的变化和常值摄动具有较好的鲁棒性。在文献[239]中，Queiroz等人以非线性轨道动力学方程描述编队飞行相对运动，考虑了摄动影响和模型参数的不确定性，设计了能够保持位置控制误差大范围渐近稳定的非线性反馈控制律。为了使控制器对模型参数不确定性具有较好的鲁棒性，在文献[253]中，Yeh将滑模控制方法应用到编队构型控制器的设计中，得到了较好的控制效果。在文献[254]中，王鹏基将模糊控制与时间燃料最优控制相结合，利用两种控制方法取长补短，设计了一种轨道构型保持的最优控制器，可以在提高系统响应速度的同时降低燃料消耗。

对于椭圆参考轨道编队飞行的控制问题，一些学者也进行了相关研究。在文献[255]中，Tillerson和How以线性时变相对运动方程为动力学模型，提出了一种确定椭圆参考轨道理想相对运动状态的线性规划方法。崔海英、李俊峰和高云峰描述了J2项摄动和大气阻力对近地轨道编队构型的影响，基于T-H方程，通过选择合适的加权矩阵使用二次型最优调节器实现了在有控制约束条件下对椭圆参考轨道航天器编队构型的保持控制。文献[256]将鲁棒控制参数化方法用于椭圆参考轨道航天器相对运动控制中，该方法不依赖绝对轨道信息。文献[257]利用相平面控制法设计了一种相对轨道构型保持控制器，充分利用了空间干扰的作用，在实现精确控制的同时节约了燃料。

此外，很多学者基于Gauss变分方程提出了航天器编队的非线性连续推力控制方法和脉冲控制方法。文献[258]指出在任意时刻均可以计算两航天器实际与理想相对轨道根数间的差异，并将其作为反馈量设计编队飞行动力学系统的非线性控制律。Schaub等人以绕飞航天器平均轨道根数误差作为反馈输入，将J2项不变轨道作为控制目标，设计了相对轨道构型保持控制器，并将平均轨道根数反馈控制与笛卡尔状态变量反馈控制的控制效果做了对比。在此基础上，Schaub在文献[259]中，用轨道根数差来表示绕飞航天器的目标轨道，用笛卡尔相对状态描述绕飞航天器的实际轨道，设计了一种笛卡尔状态变量和轨道根数的混合反馈控制律，在生成反馈控制的过程中，会用到将轨道根数差转换为笛卡尔相对状态的映射。通过分析用轨道根数描述的航天器编队飞行相对运动方程，在文献[237]中，Naasz设计了一种相对轨道构型保持的非线性控制律，并在此基础上分析了不同参考轨道情况下的反馈增益优化问题。Breger和How将J2项引入Gauss变分方程中，使用模型预测方法对其进行控制。模型预测控制使用线性规划的方法，很容易在相对运动模型中引入控制约束及其他控制器的性能指标，其在燃料最优控制方面具有较大的优势。Schaub和Alfriend基于Gauss变分方程提出了一种四脉冲控制方法。

### 4.2.8　航天器自主导航领域的研究现状

航天器自主导航技术是指：在不依赖地面支持的情况下，仅利用自身携带的测量设备在轨实时确定航天器位置、速度、姿态及其他导航参数的技术。自主导航是航天器实现自主运行的信息来源，同时也是实现轨道姿态自主控制以及执行地外天体软着陆、巡视等空间任务的重要前提。

运行于地球轨道上的卫星、飞船等航天器，通常依靠地面站测控进行导航，实现自主导航是对地面测控的有效补充，不仅能够降低航天器对地面测控的依赖程度，提高自主生存能力，而且可以缓解国土面积有限对地面测控站布局的制约，提升航天器在测控区外的任务能力。运行于深远空间的深空探测航天器，由于探测目标远、通信时延大，难以实现实时测量，为保证航天器能够安全、准确地完成地外天体着陆、巡视等任务，要求其必须具有极强的自主导航能力。

按照获得信息方法的不同，自主导航技术主要可以分为以下四类：

① 惯性导航：发展较成熟，由惯性测量单元IMU（主要包括加速度计、陀螺仪等）和计算机组成；惯导系统将测量的加速度或速度对时间进行积分得到位置信息。

② 光学导航：通过测量航天器相对于目标天体的斜距、斜距速度，或者测量目标天体的视角半径、表面图像，运用一定的数据处理或图像处理来估计航天器的轨道和姿态信息。

③ 天文导航：通过测量已知运动规律的天体（称为参考天体，如太阳、月球、其他行星等）相对于某基准面的高度角和方位角来确定探测器的轨道和姿态信息的方法；已知运动规律的天体主要分为三大类：太阳和行星、小行星和行星卫星、脉冲星；天文导航系统不依赖于地面设备，也是一种完全自主的导航系统，其导航精度高，不仅适用于短距离探测，也适用于远距离的探测。天文导航的关键问题是参考天体的测量值信号不能太弱。

④ 组合导航：为了能充分发挥各种导航方式的特点，往往将几种导航方法组合为一体进行自主导航，达到取长补短、综合发挥各种导航方式优势的目的，目前发展的自主导航系统大多是组合导航系统。对于深空探测任务而言，常见的组合导航方式包括：在地球逃逸段，采用惯性导航和光学导航的组合导航方式，用光学导航校准惯性基准；在日心过渡轨道段，利用光学导航来完成；在最后的接近段，采用光学导航和器载雷达导航相结合的方式，以达到改善精度的目的。

#### 4.2.8.1　航天器自主导航技术的工程应用现状

**（1）美国的航天器自主导航技术在工程上的发展概况**

作为世界头号的航天强国，美国对于航天器自主导航技术的工程应用开始于20世纪60年代。工程应用的发展概况可以概括为以下2个阶段：

① 基于地面测控补充的自主导航技术应用（1968～1997年）。在该阶段，自主导航技术主要用于确认轨道安全和在地面无法向探测器提供导航支持时为航天器返回地球提供支持；相关测量信息需要传回地面处理后再通过上传指令返给航天器。

典型的应用案例包括：1968年发射的“阿波罗8号”航天器，在巡航段、月球入轨段，将六分仪作为光学导航敏感器辅助校正探测器的轨道信息，基于已知天体与遥远恒星视线之间夹角的自主导航理论，第一次验证了天文导航技术的可行性。在此基础上，1971年发射的“水手9号”航天器，在火星入轨阶段，利用星载光学相机通过获取火卫一、火卫二和恒星之间的测角信息，再次验证了天文导航技术的可行性；随后，1973年发射的“水手10号”航天器，在水星入轨段，利用科学摄像望远镜相机实现了自主导航。此外，1975年发射的“海盗1号”与“海盗2号”火星探测航天器、1977年发射的“旅行者1号”外太阳系空间探测航天器、1989年发射的“伽利略号”木星探测航天器等也应用了自主导航技术。进入20世纪90年代，“克莱门汀号”月球探测航天器，在地月转移段和环月段，利用紫外/可见光敏感器开展了自主导航试验；“NEAR号”小行星探测航天器，在绕飞段和降落段，利用光学成像跟踪测量方法实现了自主导航；“卡西尼号”航天器（美国国家航空航天局、欧洲航天局和意大利航天局的合作项目），在木星捕获段，利用成像科学子系统（ISS）实现了自主导航。

② 全自主导航技术应用（1998～至今）。1998年发射的“深空1号”航天器，在巡航阶段、接近及飞越小行星段，分别利用小行星及背景恒星图像、目标天体图像实现了光学全自主导航的第一次真正在轨验证，技术指标满足巡航段的导航精度要求（位置和速度误差分别为250km与0.5m/s）。

除此之外，2004年发射的“信使号”航天器，在地球/金星/水星捕获段，采用双镜头敏感器实现了自主导航；2005年发射的“深度撞击号”航天器，在彗星接近和撞击段，利用成像敏感器实现了自主导航；2006年发射的“新地平线号”航天器，在冥王星捕获段，利用可见光红外光谱仪实现了自主导航；2007年发射的“黎明号”航天器，在小行星捕获段，利用导航相机实现了自主导航；2011年发射的“火星科学实验室号”航天器，在着陆过程中，利用成像敏感器实现了自主导航；2018年，在国际空间站上，首次在轨演示了完全自主、实时的X射线导航技术，在两天多的时间里，通过X射线计时和导航技术测器（SEXTANT）与GPS数据进行比对验证，可以实现在轨定位精度5～10km的自主导航。

**（2）其他国家的航天器自主导航技术在工程上的发展概况**

日本、以色列、印度和欧洲航天局（ESA）等多个国家和国际组织，继美国之后，也陆续开展了航天器自主导航技术的在轨验证与工程应用，主要的典型案例包括：

① 日本：1990年发射的“缪斯-A”航天器，基于导航相机，首次将天文导航技术应用于自旋稳定卫星；2003年发射的“隼鸟1号”探测器，在小行星交会、附着段，利用光学导航敏感器、激光测距仪和雷达测距仪实现了自主导航。

② ESA：2003年发射的“智能1号”航天器，在月球转移轨道段和接近轨道段成功完成了自主导航技术的在轨试验验证。

**（3）中国的航天器自主导航技术在工程上的发展概况**

近年来，我国在自主导航技术的工程应用方面也取得了一系列显著的成果。典型的案例包括：

① 2013年发射的“嫦娥三号”航天器，在月球正面软着陆过程中，首次利用光学图像实现了自主导航及障碍识别与避障。2018年发射的“嫦娥四号”航天器，在月球背面软着陆过程中，首次基于序列图像实现了月球背面崎岖、未知地形环境下的高精度自主导航及避障。2020年发射的“嫦娥五号”航天器，在月球着陆过程中，所设计的自主导航方案基本继承和沿用了“嫦娥三号”和“嫦娥四号”航天器的成熟方案与策略；在月球交会对接段，根据相对测量敏感器的测量数据，实现了轨返组合体和上升器之间的相对自主导航。

② 2020年发射的“天问一号”航天器，在火星的进入、下降与着陆（EDL）过程中，采用IMU与测距测速敏感器实现了自主导航；其中，在伞降段抛大底前，仅IMU可用，为惯性导航；在抛掉大底后，测距测速敏感器可以提供相对于火星表面的速度和距离信息，

对惯导进行修正，为惯性+测距测速的修正导航。“天问一号”航天器，在火星软着陆过程中，所设计的自主导航框架基本继承自“嫦娥三号”航天器。但是，和月球软着陆任务相比，火星进入、下降和着陆（EDL）过程的大动态、强不确定性给导航系统的设计带来了新的挑战：开伞过程的大动态可能导致惯性导航姿态确定性能下降，甚至可能超过陀螺量程导致导航姿态基准丢失；火星EDL过程大动态过程会给测距测速敏感器的性能、波束可用性带来一定影响；火星环境先验知识的匮乏性可能会导致测距测速敏感器实际性能与设计性能不一致；大底、背罩等多运动体的不规则特性也会给测距测速敏感器带来影响。针对这些问题，“天问一号”航天器提出了多波束测速同时故障监测算法、基于测距测速敏感器和惯性测量单元的导航基准重构等关键性导航算法，实现了EDL过程的高容错强自主导航。

③ 2017年发射的“慧眼”卫星X射线脉冲星导航实验定位误差小于10km。

#### 4.2.8.2 航天器自主导航技术的理论研究现状

按照研究内容的侧重点不同，航天器自主导航技术主要包括以下三部分。

**（1）可观测性分析**

可观测性分析是航天器通过导航滤波算法实现自主导航的前提条件；具体又可以细分为定性判定和定量评估。其中，定性判定通过分析可观测性来判断深空探测器是否具备实现自主导航的能力，并以此作为指导判定自主导航系统设计的合理性；定量评估是在定性判定的基础上，通过准确评价能力的大小来进一步量化自主导航系统的可观测能力。

主要代表性成果包括：文献[311]将航天器自主导航系统近似化为分段线性定常系统（PWCS），并根据格拉姆矩阵进行可观测性分析。文献[312]通过提取可观测性矩阵（SOM），在可观测性分析的基础上，对状态变量和状态空间进行选择和划分；由于基于SOM矩阵的可观测性分析方法的简便易行，在航天器自主导航领域应用广泛。文献[313]在仅有测角信息的约束下，通过几何关系分析状态估计的协方差矩阵，并根据协方差矩阵的大小来制定自主导航策略。文献[314]利用条件数来量化系统可观测能力，即矩阵最大特征值与最小特征值之比。当条件数接近于1时，系统具备较好的可观测能力。文献[315]和[316]将Cramer-Rao下界用于量化状态估计值与已知误差统计特性的真实值之间的期望误差的下界，进而实现了系统可观测能力的量化；由于Cramer-Rao下界能够有效评估每个状态变量的精度，所以在实际工程中得到了广泛应用。

**（2）导航滤波算法**

导航滤波算法是航天器实现自主导航的关键核心；针对自主导航系统模型的特点不同，又可以细分为非线性滤波、鲁棒滤波及多信息融合滤波。为了处理非线性模型，主要采用线性近似法和粒子分布近似等方法来改进经典的卡尔曼滤波算法；由于航天器在轨运行环境复杂，不确定性因素多，使得非线性滤波算法性能受到影响，这也推动了鲁棒滤波算法的兴起和发展。在自主导航系统中，X射线脉冲星星表误差、敏感器系统误差校正后残余以及未知摄动力模型等均可视为典型的不确定性影响因素；针对上述不确定性模型，进行鲁棒滤波算法设计，有助于消除或者抑制模型不确定性的影响，改善系统导航参数的估计精度。随着导航敏感器技术的发展，现有的测量手段也发生了变化，由单一的测量平台/系统向多源发展，也促进了多源信息融合滤波算法的发展；目前，融合滤波算法具体又可以细分为集中式、分布式和混合式，在自主导航技术领域常用的是前两种。

主要代表性成果包括：文献[320]提出了一种规范化鲁棒滤波算法，其设计指标是使不确定性对测量残差的最大影响值最小化，其形式与传统的卡尔曼滤波算法类似，更易于被工程技术人员接受。文献[321]从信息熵理论的角度阐述了极大相关熵准则权重函数的优越性，并通过权重函数的选择来最小化不确定性因素的影响，进而可以在保留更多有效信息的同时较好抑制更多不确定性因素的影响。文献[322]结合正交性原理，提出了一种强跟踪滤波算法，使得残差在每一步都相互正交，并基于残差序列中的有效信息克服不确定性带来的影响。文献[323]在Sage-Huge自适应卡尔曼滤波这一经典算法的基础上，提出了一种新的滤波算法，可以在未知统计特性噪声条件下实现状态的有效估计。文献[324]在协方差交叉法的基础上提出了一种基于交互多模型的卡尔曼滤波算法（IMM），提升了目标运动状态不确定、噪声特性信息不足等约束条件下系统状态的估计精度。

（3）系统误差补偿

系统误差补偿是提升航天器自主导航精度的有效途径。误差源主要包括：测量随机误差和系统误差。其中，测量随机误差通过滤波算法可以被消除；系统误差是制约自主导航精度提升的主要问题，主要包括测量偏差和安装误差等。目前，对于系统误差补偿的研究工作，又可以细分为系统误差进行建模和在轨补偿。

主要代表性成果包括：文献[296]将成像式导航敏感器的系统误差统一描述成地心方向的旋转误差，有效降低了状态变量的维数，便于星上自主运行。文献[333]基于傅里叶变换，在获得星敏感器测量数据和低频误差傅里叶级数模型的基础上，实现了低频误差的准确估计，进而提升了系统的自主导航精度。文献[334]提出了一种信息辅助校正方法，通过比对测量敏感器输出信息和已知信息，以高精度测量信息和星敏感器测量信息的差作为测量信息，再结合星敏感器系统误差模型，实现了自主导航系统误差的估计和补偿。文献[335]提出了一种系统误差的分步补偿方法，具有准确性高、鲁棒性好的特点。文献[336]提出了一种系统误差自校正方法，即不依赖任何外部信息，仅利用导航敏感器观测量和系统模型，通过姿态机动辅助来实现系统误差补偿。

### 4.2.9 航天器自主诊断重构领域的研究现状

自主诊断重构技术是指航天器不依赖地面，仅靠自身携带的多种测量装置和执行机构以及构建的解析冗余关系等，自主地实现故障检测与隔离，并根据诊断结果，通过改变测量装置或执行机构的配置构型或控制算法等方式应对与处理故障，以恢复系统全部或部分既定功能。

目前大多数深空探测器还是由“地上人”监测“天上星”，即采用“天地大回路”的方式实现故障诊断与系统重构：当航天器检测到系统异常后，通过遥控遥测将数据传输给地面测控站，基于人工判读、专家会诊的方式对故障进行分析和确诊后，再将处理结果通过指令的形式上注给航天器。然而，上述传统的故障诊断重构技术无法满足航天器自主运行的迫切需求。

按照工作内容的不同，自主诊断重构技术主要可以分为以下两类。

① 自主故障诊断技术：在故障发生之后，航天器通过设计的合理可行方法与技术，对故障源进行快速检测与准确定位，为后续处置措施的有效实施提供参考依据。

② 自主系统重构技术：航天器针对不同的故障源和故障特征，采取硬件备份切换或软件修改重构等故障处置措施，确保系统正常运行并完成既定任务，或以牺牲性能为代价保证系统安全运行并具备基本功能。

需要强调的是，文献[337-358]以系统故障诊断能力的定性判定和定量表达为突破口，发现了自主诊断重构技术在轨实施受限的关键核心在于——对系统的诊断重构能力认知不清，即缺乏相关的理论方法表征、判定和量化系统的可诊断性与可重构性。以此为出发点，突破了自主诊断重构亟须解决的重大基础问题和技术难题，改变了传统的航天器诊断重构设计理念，将以往仅仅关注后端的诊断重构算法转变为在系统设计之初就进行可诊断性与可重构性研究。提出创建的可诊断性与可重构性理论和方法是表征系统诊断重构能力的本质属性，基于此理论突破的正常与故障模式一体化设计、故障诊断与系统重构一体化设计等关键核心技术，是从根本上提升航天器系统自主诊断重构能力的有效手段，是保障航天器安全可靠自主运行的重要保障。

#### 4.2.9.1 航天器自主诊断重构技术的工程应用现状

根据航天器诊断重构技术在实际工程应用的发展概况，可以概括为以下4个阶段：

**(1) 20世纪50 ~ 70年代**

在该阶段，航天器的故障诊断与重构主要利用地面遥测数据完成，即将航天器上的遥测数据发送至地面站，由地面站进行监测并诊断故障后，通过航天器设计硬件的冗余切换对故障进行简单处理。典型的应用案例包括：从1961年5月至1963年5月美国发射的6艘“水星号”载人宇宙飞船；从1961年4月至1963年6月苏联共发射的6艘“东方号”载人宇宙飞船。

由于没有在系统设计阶段考虑航天器系统的诊断重构能力，仅通过运行时的遥测数据难以完成故障的精确定位，导致只能通过整机切换的方式实现故障诊断与系统重构，这对航天器的运载能力提出了极高的要求。

**(2) 20世纪70 ~ 90年代**

在该阶段，航天器的诊断重构技术，特别是基于硬件冗余的故障诊断与容错技术得到了很大发展。典型的应用案例包括：美国的“陆地遥感”（Landsat）系列卫星、法国的“斯波特”（SPOT）系列卫星、日本的“地球资源卫星1号”（JERS-1）等航天器都具备了不同程度的故障诊断能力和重构能力。我国航天器的自主故障诊断与重构技术的研究起步相对较晚，20世纪发射的“资源1号”卫星配置了具有智能接口的部件和模块级备份计算机，成为我国第一颗具有一定自主故障诊断与重构能力的航天器。

**(3) 20世纪90年代 ~ 21世纪初**

在该阶段，基于解析冗余的自主故障诊断与容错技术被广泛应用于包括美国的“阿波罗号”载人飞船和俄罗斯的“联盟号”飞船等第3代航天器系统，以实现自主诊断重构功能。特别是“阿波罗号”载人飞船通过关键部件的多重冗余，能够实现故障的自主诊断重构，满足了航天器软着陆过程中的安全性、可靠性要求，可以做到“一重故障保工作，双重故障保安全”。我国研制的遥感卫星、气象卫星、通信卫星以及各类小卫星的系统也都具备了不同程度的故障诊断与系统重构能力。特别是我国2007年发射的“嫦娥一号”航天器，根据实际任务需求，设计了“天线展开控制监控与应急操作、整星应急控制、复位/切机后自主恢复操作”等自主故障诊断策略，增加了深空探测器在轨的生存能力和可靠性。

**(4) 21世纪初 ~ 至今**

在该阶段，航天器从原本单一配置于各分系统（如控制分系统、电源分系统、推进分系统等）的诊断故障与系统重构方式，向系统级状态监测、故障预测和故障修复的方式发展，逐步形成了航天器集成健康管理系统，从保障任务完成的系统顶层实现对航天器的故障综合检测、定位、隔离与重构。到目前为止，门限值检验法、推断检验法、一致性检验法等实用的故障诊断方法，以及备份部件切换、系统切换、敏感器和执行机构重构等冗余控制方法都在我国已发射或在研型号中得到了应用。

值得一提的是，“嫦娥四号”航天器基于月球背面软着陆任务的特点，将原本依赖地面的基于人工判断处理的方式改变为交由器上自主进行诊断与执行。在部件级层面，重点针对推进发动机、陀螺、加速度计、测距敏感器、测速敏感器等关键部件，设计了自主故障诊断与重构算法；在系统级层面，重点针对导航、姿控等关键分系统，设计了自主故障定位与重构策略，极大提升了探测器系统故障的自主能力。

### 4.2.9.2 航天器诊断重构技术的理论研究现状

#### （1）航天器故障诊断技术

根据航天器故障诊断作用机理的不同，又可以细分为以下三类：解析模型、信号处理和人工智能。

基于解析模型的自主故障诊断技术从影响机理的角度出发，利用航天器系统的动力学和运动学模型，实现故障检测与隔离；为减小系统内部不确定性与外部环境的多因素耦合影响，要求该方法具有极高的鲁棒性。主要代表性成果包括：文献[337]针对一类具有参数不确定性和未知扰动的飞行系统，将执行器故障视为未知输入，设计了一种未知输入全对称多胞形集员滤波器，用于估计测量输出的上下界，进而利用未知输入滤波器实现了执行器故障的检测与分离。

基于信号处理的自主故障诊断技术具有原理简单、动态响应快、实时效率高等特点，仅利用系统的输出量与故障源之间的关联关系，通过提取与故障相关的信号特征，实现故障检测与隔离。主要代表性成果包括：文献[349]针对陀螺的常值漂移阶跃变化故障、姿控发动机的堵塞和泄漏故障等，利用多种小波变换技术手段，有效提升了故障诊断的性能。文献[350]通过硬件冗余实现了故障检测，在此基础上利用小波变换方法对故障实现了精准隔离，该方法相对于以往单一方法有效提升了计算效率。类似地，文献[351]针对航天器中的陀螺故障，提出了一种基于等价空间和经验模态分解的混合故障诊断方法，对于突变故障具有极高的检测与隔离精度。

基于人工智能的故障诊断技术，利用各变量之间存在的模糊逻辑、建立的因果模型、基于专家系统的详细描述以及确定的故障征兆案例来获得诊断模型，通过构造系统功能以模仿和实现人类在诊断过程中的某些思维和行为，自动完成整个诊断过程。按照实现方法的不同又具体包括以下三类：专家知识、定性模型和数据挖掘。

基于专家知识的智能故障诊断技术：首先，将航天领域长期的实践经验和故障信息进行总结，并归纳成规则知识库使得计算机能够识别；然后，将实时数据与已归纳生成的知识库进行分析、对比和推理；最后，推算出是否发生故障（故障检测）以及发生何种故障（故障隔离）。

基于定性模型的智能故障诊断技术：首先，利用不同组件之间以及结构、功能与参数等之间的连接关系，建立系统的故障诊断模型；然后，根据该模型和输入，利用定性推理技术得到的预测行为与系统实际输出量进行对比分析，获取系统的异常征兆（故障检测）；最后，利用该异常征兆，在上述模型中搜索得到与上述行为一致的状态假设（故障隔离）。

基于数据挖掘的智能故障诊断技术：首先，对海量的历史数据进行处理，获得系统的行为模型；然后，利用深空探测器系统的先验知识，与输入的实时数据进行比较分析，实现故障的快速检测；最后，将检测出的故障与数据库中的征兆信息进行比对分析，实现故障源的准确定位（故障隔离）。值得一提的是：与深度学习、智能决策等新一代人工智能技术相结合，该方向已成为目前故障诊断领域的研究热点和重点。

主要代表性成果包括：文献[352]设计了一种实时故障诊断专家系统，通过总结原理性、结构性和经验性知识，基于深浅层知识相结合的混合模型，采用数据与知识并行处理的系统结构，实现了在线实时的故障诊断。文献[353]针对航天器资源严重有限、推进系统测量参数少的特点，提出了一种基于符号有向图的动态故障诊断方法，有效提升了某卫星推进系统的故障诊断分辨率。文献[354]提出了一种新颖的模糊C均值方法，利用无监督的学习特性，有效检测与隔离出动量轮的多种故障模式，与有监督学习的数据挖掘方法（例如传统的神经网络方法）相比，具有明显优势。

**（2）航天器系统重构技术**

根据航天器系统重构技术作用机理的不同，可以细分为硬件备份切换与软件修改重构两种。

硬件备份切换技术：将备用的硬件直接参与航天器系统的运行或一直处于准备状态，当系统发生故障之后，通过硬件的自动切换，确保系统始终处于正常状态、不间断地执行既定任务。但由于器上资源严重受限，无法配置数量更多的冗余硬件，必须通过优化设计确定冗余硬件的数量及安装，从而提升系统的安全可靠自主运行能力。

软件修改重构技术：不同于硬件备份切换技术主要是依靠硬件冗余关系，而是利用系统内部各变量之间的解析冗余关系，通过设计的容错策略，从软件算法层面，使得航天器对于故障具有容错能力。从控制方面，主要分为以下两种技术：被动容错控制和主动容错控制。其中，被动容错控制技术不依赖于故障诊断结果，主要通过控制算法本身的鲁棒性，使得其对故障不敏感，进而实现其对故障的抑制和容错。主动容错控制技术则是基于故障诊断结果，通过具有适应调整能力的控制算法或冗余执行结构的重新分配，实现故障抑制与容错。

主要代表性成果包括：文献[355]考虑航天器控制系统存在的参数不确定性影响，针对执行器故障，提出了一种鲁棒变增益PID的被动容错控制方法，通过仿射二次稳定方法来降低控制算法的保守性，引入保守性能控制思路确保系统对于执行器乘性故障的鲁棒性。文献[356]针对执行器未知故障、控制输入饱和与外部干扰情况下航天器的跟踪控制问题，提出了一种基于变结构的自适应容错姿态控制方法，与传统的鲁棒容错控制方法相比，该方法仅通过一个专用参数来控制闭环系统的瞬态响应，且不需要执行器故障的准确知识。文献[357]针对执行器发生意外故障或退化故障的情况，采用非线性解析模型来描述系统，提出了连续滑模控制和非奇异终端滑模控制方法，能够确保存在未知外部扰动的情况下，实现姿态控制误差的全局渐近收敛，并通过数学仿真验证了非奇异终端控制方法在执行器故障时的性能要优于连续滑模控制方法。文献[358]以火星着陆探测任务过程中面临的精确可靠控制问题为研究背景，针对推力器故障问题，提出了一种非线性容错控制分配方法，通过将冗余推力器在线进行重新配置控制，使得控制故障或损坏对航天器轨迹跟踪的影响降到最低；提出了一种稳定性分析方法，并在非实时仿真的情况下，评估了完整的火星进入轨道跟踪方案的容错性能，即在推力器故障以及设备和环境不确定性的情况下，具有令人满意的跟踪预定轨迹的性能。

### 4.2.10　航天器的半实物仿真研究现状

航天技术代表着一个国家最高的科学技术水平，自从1970年成功发射第一颗人造卫星开始，我们国家从来没有停下探索太空的脚步。21世纪以来，我国完成了载人航天、月球探测、北斗卫星、空间站建设等一系列重大项目，取得了显著的成果，突破了很多技术难关。随着航天技术的进一步发展，探索太空要求航天器的稳定性能更好、使用寿命更长，能够完成更多的复杂任务。

航天项目的工作环境位于太空，普通的项目可以反复调试、测试和验证，而航天器一旦发射进入太空，其维护和回收成本都非常高，因此必须在地面上就完成对航天项目的仿真测试。在仿真过程中我们希望能够完美地模拟航天器在太空中执行任务的工作环境。其中有数学仿真，即完全用数学语言描述研究对象和工作过程，但航天器的结构复杂，不利于使用纯数学仿真。物理仿真有半物理和全物理两种方式，半物理仿真是航天器的数学模型接入整个实体项目中，主要用于产品的检验，全物理仿真是指控制系统和航天器都使用实体进行仿真。全物理仿真更加接近于航天器的实际工作环境，同时避免了数学模型与实际系统差别较大的问题。目前模拟微重力环境的方法有落塔法、抛物飞行、水浮法和气浮法。前两种模拟方法都是基于失重的原理，但是由于吊舱或者飞机会在失重情况下会快速落地，这两种方法的仿真时间都很短。水浮法是在水中依靠浮力抵消重力产生微重力环境，但水中复杂的流体力学环境不利于机械臂仿真等实验，因此，气浮法是当前应用范围最广的一种模拟方法。

#### 4.2.10.1 工程实践

在航天控制领域，最初只有政府实验室或大公司才拥有能够真实模拟太空环境的三自由度气浮仿真试验系统，并且基于知识产权及保密的原因而未见公开的文献资料。近些年来，高度敏捷自治的智能空间航天器成为了一个很重要的研究方向，同时一些非政府的机构以及院校也开始研究和建造用于培养下一代航天动力学与控制方面工程技术人才的空间航天器运动模拟器，因此出现了一些不同形式的多自由度气浮仿真试验系统，由于国内外多个研究机构对气浮仿真试验系统的描述不是完全一样，本章统称为“气浮仿真试验系统”，一个完整的“气浮仿真试验系统”通常包括一个或多个“气浮仿真试验台”（简称“气浮台”）以及相应的辅助设施，如工作台面、供气设备、地面测控装置等。

**（1）国内外的气浮仿真试验系统的发展概况**

国外采用三轴仿真气浮台进行航天器姿态控制系统仿真已有近70年的历史。美国各研究单位和企业部门如Lockheed Martin、Boeing、TRW、Honeywell等在20世纪60年代先后建立的各种气浮台超过了30个。随后，西德宇航研究院、西德慕尼黑技术大学、欧洲空间局荷兰仿真中心、日本航空宇宙技术研究所、宇宙开发事业集团筑波空间中心和东京大学宇宙研究所等单位也相继建立了各种气浮台。据不完全统计，20世纪80年代初，仅日本就有5个气浮台。

**（2）国内的气浮仿真试验系统的发展概况**

相对来说，国内对于气浮仿真试验系统的研究时间要晚得多，起初是通过国外引进对航天器控制系统进行仿真，后来开始对单轴和三轴等模拟星体进行过相关的研制开发。但是进入21世纪之后，我国对于航天事业发展的重视程度越来越高，国内的相关高校和研究单位也陆续开始了引进和自主研制不同类型的气浮台，并且取得了较多的成果。

早在20世纪60年代，我国第一个三轴气浮台研制成功，目前已经退役。主要服务于东方红一号卫星的发射任务，借助三轴气浮台完成了喷气控制律的设计和卫星天线展开实验，应用单轴气浮台完成了飞轮控制系统和太空望远镜姿态控制系统的设计与验证。

21世纪初，北京控制工程研究所和俄罗斯设计局合作研制了我国第一台大型三自由度气浮台，如图2-4-8所示，在应用单自由度和三自由度气浮台进行卫星控制系统仿真方面开展了大量有效的研究工作，2001年至今已经进行了挠性结构卫星控制方法的物理仿真试验研究、卫星动量轮控制系统的单自由度气浮台仿真试验、多体卫星复合控制物理仿真试验、大型航天器单框架控制力矩陀螺控制系统物理仿真试验研究、大型卫星平台单框架控制力矩陀螺（CGCMG）控制系统三自由度气浮台物理仿真试验研究、空间太阳望远镜高精度姿控系统单自由度气浮台物理仿真试验研究、东方红四号卫星控制系统全物理仿真试验等。

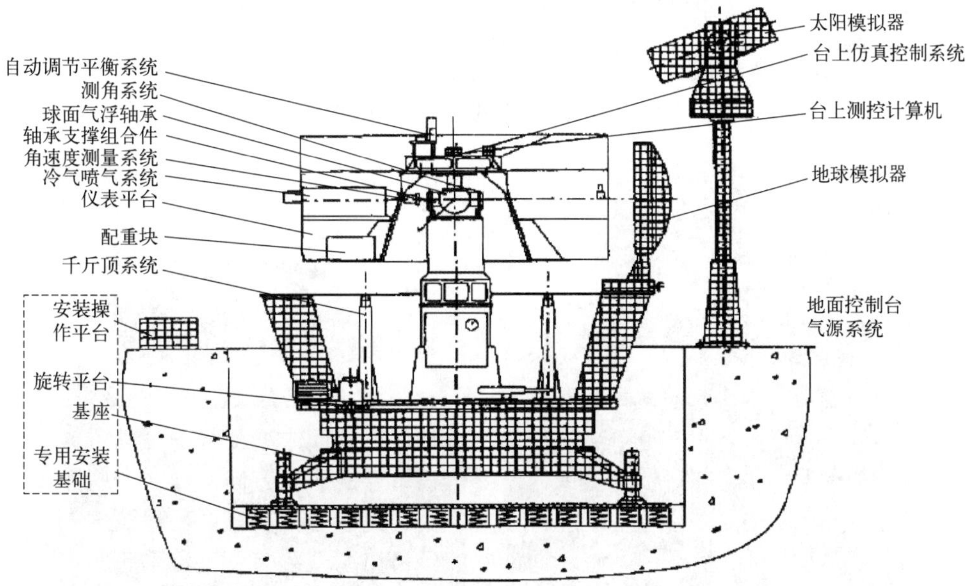


图2-4-8　我国引进的大型三自由度气浮台

西北工业大学航天学院近年来以航天器姿态运动为工程背景，以三自由度气浮台为物理试验平台，研究了三自由度气浮台转动惯量的测试问题，对气浮台测控软件系统进行了设计与开发，还在气浮台上研究和验证了混沌控制与反控制问题、卫星多轴指向姿态控制以及一种基于解耦的模糊变结构控制等姿态控制算法等。对于同种类型的三自由度模拟星体，国防科技大学也进行了一系列交会实验，成功地改良了现有的在轨加注技术。清华大学的学生设计并开发了一种气浮台导航系统，实现了对模拟星体的精确定位与复杂信号的路径规划功能。

哈尔滨工业大学在气浮台方面的研究也颇具成果，该校的卫星技术研究所研制出了一套微小卫星模拟器（SSACSS），如图2-4-9所示。姿态控制由飞轮和磁阻尼实现，主要用于微小卫星姿态控制算法的测试与验证，该所还引进过前文提到的德国生产的两台五自由度气浮台，用于交会对接和编队飞行相关方面的技术验证和方案设计。哈尔滨工业大学的气动技术中心开展了对轴承特性和气浮台动力学方面的理论研究，参与并完成了多种不同类型的气浮轴承的研制，在此过程中培养了一大批优秀的研究人员。该中心成功研制出了具有三自由度和四自由度的气浮台，主要用于教学和实验研究，四自由度平台如图2-4-10所示。哈尔滨工业大学还进行了六自由度气浮台方面的研究，如图2-4-11所示。通过对立柱型气浮轴承内外套之间的气腔通气实现垂向位移，平台上具有质心调节系统、传感器和喷气控制系统，主要用于交会对接技术研究的仿真平台。

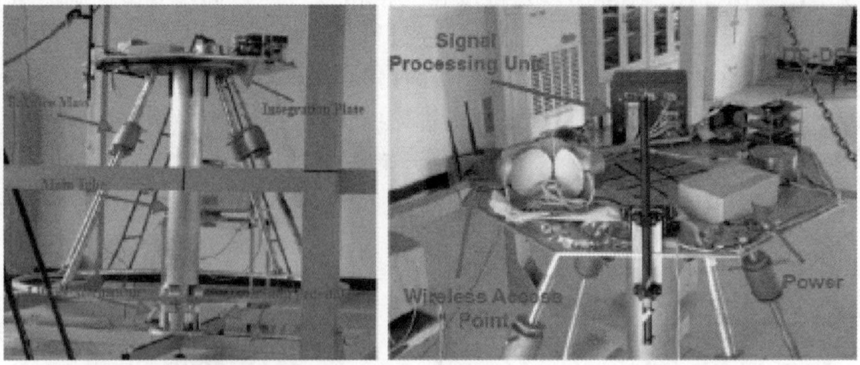


图 2-4-9　哈尔滨工业大学卫星技术研究所的三自由度气浮台

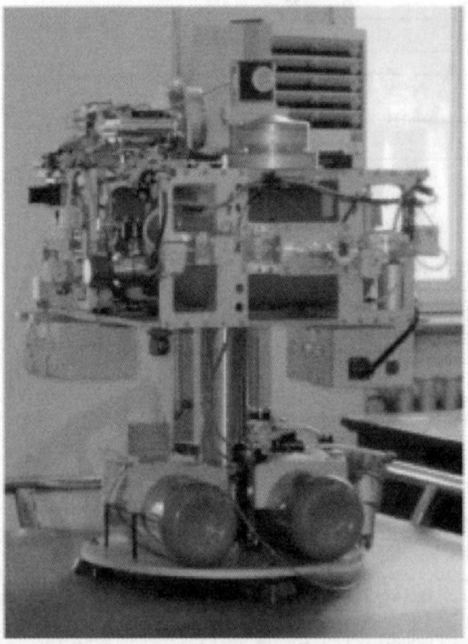

图 2-4-10　哈尔滨工业大学的四自由度模拟星体

图 2-4-11　六自由度气浮台

目前，哈尔滨工业大学控制理论与制导技术研究中心的航天器的半实物仿真平台基于Vicon系统构建，该系统由英国的Oxford Metrics Limited公司开发。这项技术在20世纪70年代服务于英国海军，从事遥感、测控技术设备的研究与生产。进入80年代他们将自己在军事领域里的高新技术逐渐用于民用方面，在医疗、运动、工程、生物等诸多领域生产制造用于动作捕捉的Motion Capture系统。80年代末，OML又将动作捕捉系统技术应用于影视的动画制作领域。它是世界上第一个设计用于运动捕捉的光学系统，它以自己非凡的技术性能在Motion capture系统硬件制造领域赢得了极高的声誉，并且改写了Motion capture系统传统意义上涵盖的内容。

它由一组网络连接的Vicon MX运动捕捉摄像机和其他设备建立起一个完整的三维运动捕获系统，以提供实时光学数据，这些数据可以被应用于实时在线或者离线的运动捕捉、分析，应用领域涉及动画制作、虚拟现实系统、机器人遥控、互动式游戏、体育训练、人体工程学研究、生物力学研究等方面。平台的示意图如图2-4-12所示。

其中，气浮台的说明图如图2-4-13所示。

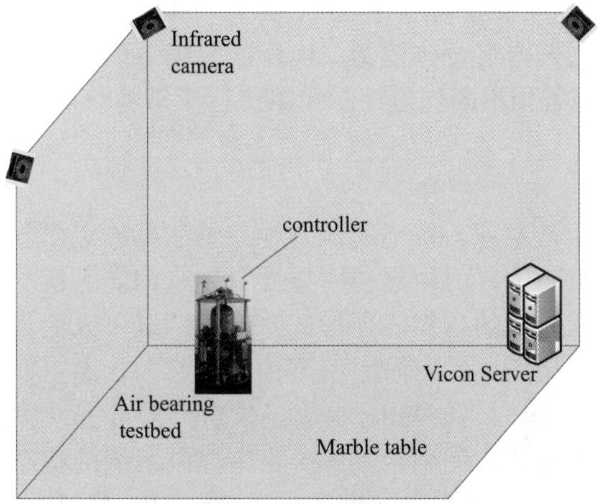

图2-4-12　气浮台控制平台示意图

图2-4-13　三自由度气浮台说明图

该中心的硬件平台主要包括：大理石平台（图2-4-14）、光学摄像机、Vicon服务器、PC机。

大理石平台：主要用于承载被控对象如智能小车、四旋翼及气浮台。气浮台正常工作要求其运行的平台具有高平整度、不易变形的特点，因此经高精度打磨后的大理石成为了理想的承载平台。大理石平台的平整度对于运动控制系统十分重要，尤其是对于用于卫星仿真实验的气浮台，大理石台的瑕疵将导致气浮台和大理石的摩擦，和实际卫星运行的无摩擦环境产生偏差，从而对试验的控制目标产生消极影响。大理石平台长6m、宽5m，其大小足以完成基于气浮台的卫星编队、协同控制等实验。

图2-4-14　大理石平台

MX光学摄像机：光学摄像机在运动控制系统中扮演着重要角色，由包括捕捉特殊波长区域光波的红外拍摄器、发光器、镜头、光学过滤器及连线等构成。其工作原理为发光器发出的特定频率的光经置于被控对象上的标记球反射后重新被摄像机捕获到，结合摄像机之间的相对位置计算出每个标记球的空间坐标。MX摄像机可同时跟踪多个标记球的坐标，从而使得姿态控制及编队控制实验成为可能。

Vicon服务器及PC机：Vicon服务器的功能是处理摄像机采集到的信号，并将处理后的信息传递给PC机，然后PC机将所得标记球的位置信息传递给相应的控制器。

由于该平台具有试验成本低、试验时间长、试验准备简单等优点，因此已被用来对包括卫星高精度交会对接、卫星高精度时变编队、航天器组合体控制、执行器故障下的容错控制和网络攻击防御策略等在内的不同复杂空间任务和不同先进控制策略进行了试验验证。

### 4.2.10.2 理论成果

现实的物理世界主要由牛顿定律、动量（矩）定理、拉格朗日方程、基尔霍夫定律等物理定律主导，因此众多系统的原始模型都是二阶的，而由这些模型复合起来的复杂模型自然是高阶的。因此，二阶和高阶系统才是物理系统的自然表现形式，但长期以来人们都将这些模型转化为增广的一阶系统来研究，这就是所谓的一阶系统方法，也称为状态空间方法。一阶状态空间模型的使用可以追溯到1750年，当时Euler提出了求解高阶非齐次常微分方程的降阶方法，这一先入为主的事实自然导致人们利用其解决当今控制系统的状态响应分析、状态观测和估计问题。半个多世纪以来，状态空间模型一直被认为是普遍的，大多数控制科学家和科研工作者已经习惯于将遇到的任何系统转换为状态空间表示，且控制系统理论的成就大多数局限于一阶状态空间框架，比如鲁棒控制、自适应控制、优化控制、干扰抑制等。还有控制理论的标志性进展，如Lyapunov稳定性定理、Lasalle不变集原理、卡尔曼滤波理论等，也均是建立在一阶系统框架之上的。为应用上述控制理论，势必要率先将天然的高阶系统经过变量增广的形式，将其转化为状态空间描述。可以说，一阶系统方法在控制理论上占有绝对的主导地位。

一阶系统方法的突飞猛进有力推动了控制科学基础理论的研究，但也不可避免地存在一些问题。状态空间方法的核心关注点是一阶微分方程组的求解，即系统状态向量的求取，它是一种求解所有状态变量的意图和可能性的模型。这意味着对于控制系统的状态求解（响应分析）和估计（观测、滤波和预测）等问题，采用状态空间方法可能是最佳解决方案。然而，动态系统的控制问题核心在于控制量的求取。一阶系统方法在解决状态分析问题的同时对于控制量的求取并未提供足够多的便利，即它对控制器设计的帮助不大。况且，很少有系统最初就具有一阶系统的描述形式。不假思索地将天然的二阶或高阶物理系统转化为状态空间描述，可能会直接破坏系统系数矩阵的性质（如正定性、稀疏性等）。而本章要介绍的全驱系统方法是使用系统的全驱特性来直接进行高阶系统分析和设计的方法，其不需要将高阶系统转化为一阶状态空间形式。因为全驱系统就是天然的高阶系统，其基本的物理特征是其每一个自由度都受有直接的控制作用，且广泛存在于机器人、航天等领域。它具有的全驱特性可以保证解析地求出控制变量，为系统的控制设计提供了极大的便利。然而，一旦把全驱系统转化为一阶系统，全驱特性这一优越的控制特性就不复存在，也很有可能把一些原本简单的分析设计问题复杂化。

如前所述，一阶状态空间模型非常适合状态求解，但并不是处理控制问题的最佳选择，它在处理动力学系统的控制问题方面确实存在一定的局限性，尤其是在非线性情况下，结果更加不如预期的那样令人满意。事实上，针对一般的非线性系统，其响应分析是无法得到的，即使能够求得，也不一定能够保证闭环系统的全局稳定性。且非线性系统规模庞大、自身特性复杂，系统中的不确定性表现形式更是千差万别。目前情况下，只能针对具有特殊结构形式的非线性系统寻求更具优势的方法进行分析和设计。正如一些文献中反复强调的一样，对于非线性系统来说，不存在统一的、一般性的研究方法，其中Casti在文献[360]中指出："…a complete theory of nonlinear systems seems remote, at least at our current level mathematical sophistication. All current indications point toward the conclusion that seeking a completely general theory of nonlinear systems is somewhat akin to the search for the Holy Grail: a relatively harmless activity full of many pleasant surprises and mild disappointments, but ultimately unrewarding." 高为炳院士在非线性系统综述文献[361]中将最后一句翻译为"是相对无害的活动，充满了许多愉快意外和轻微失望，而最终则是白费力气"。因此非线性系统在某种意义上陷入了停滞不前的状态，或者说其核心问题始终无法突破。

**（1）全驱系统理论方法简介**

针对一阶系统方法存在的诸多问题，Duan提出了全驱系统方法并发表了四个系列的论文。起初人们受狭义物理概念的影响，误认为与欠驱动系统相比现实中只有小部分系统是全驱系统，从而导致全驱系统的控制问题并没有得到足够的重视。实际上，Duan发现完全驱的物理概念可以在数学上推广到描述现实物理世界的一类普遍系统，并且大多数欠驱动系统也可以转换为全驱系统。具体而言就是对原系统的高阶微分方程组进行消元升阶的数学操作，这正是一阶系统方法的逆向思维。

特别地，已经证明，所有完全能控的系统，这些包括但不限于以下状态空间中的典型系统形式：线性能控系统，包含连续时间情形和离散时间情形；线性能控时滞系统，包含具有状态和输入定常时滞的离散时间情形和具有定常输入时滞的连续时间情形；反馈线性化系统，包含连续时间情形和离散时间情形；严反馈系统，包含连续时间情形、离散时间情形、两者兼有时变时滞情形；一些一般形式的非线性系统都可以等效地转换为全驱系统。这一发现激发了用于控制系统分析和设计的非常有效和简单的全驱系统方法的研究。与动态控制系统的状态空间模型一样，全驱系统也是控制系统的模型。前者更适合状态的求解和估计，而后者专注于控制变量，具有能够求解控制向量的特性，因此，它们便于解决（非线性系统）控制问题。全驱系统模型的一个巨大优势是它的全驱特性允许消除系统中的非线性，并最终获得具有可任意分配特征结构的线性定常系统。全驱系统方法实际上解决了许多一阶Lyapunov稳定方法无法解决的问题。事实上，基于Lyapunov函数分析的一阶状态空间稳定方法在很大程度上取决于非线性的复杂性。因此，在某些复杂的情况下，它甚至可能无法提供解决方案，更不用说给出一些全局稳定性结果或产生定常的线性闭环系统，而全驱系统方法利用全驱特性，理论上可以轻松消除非线性，无论它们多么复杂。由此可见，全驱系统方法一方面在处理非线性、时变性和时滞特性方面都表现出了超强能力；另一方面，它把复杂的非线性问题转化为了线性问题，让状态空间方法中最完善的部分即线性系统理论，有了更广阔的用武之地。

全驱系统方法与状态空间方法完全不同，其核心思想是凭借全驱特性可以抵消掉开环系统的所有动态特性，同时建立全新期望的闭环动态特性。因此该方法首先推导系统的全驱系统或亚全驱系统模型，然后根据全驱或亚全驱特性设计控制器，从而解决动态系统的控制问题。这种方法的一个很大的优点是可以很容易地设计一个确定性全驱系统的控制器，使得闭环系统是全局指数稳定的，并且可以很容易地设计一个确定性亚全驱系统的控制器，使得闭环系统是指数亚稳定的，除了从系统初始值空间中的一个子集开始的那些点之外，设计系统的所有轨迹都以指数方式衰减到零。在上述四个系列的论文中，相当多的非线性控制问题得到了很好的解决，包括鲁棒控制、自适应控制、鲁棒自适应控制、干扰抑制、最优控制和跟踪控制。此外，全驱系统方法也被证明在处理具有时变时滞的离散时间和连续时间非线性时变系统方面非常有效，并且在一定程度上解决了亚全驱系统的控制。

从本质上来说，状态空间方法以状态变量为主角，以控制变量为配角。1750年欧拉的微分方程求解是状态的定量分析，1892年李雅普诺夫的稳定性是状态的定性分析。利用状态空间方法求解系统的状态及其估计问题是顺畅的，但是利用它来求解控制问题却是扭曲的。控制问题需要求取的是控制变量，不再是系统状态。而全驱系统方法则以控制变量为主角、以状态变量为配角，允许解析地求出其控制变量，用来求解控制问题自然是简单、方便的。综上，全驱系统理论是一个非常广阔的开拓性研究领域，其解除了对于现代控制理论底层的状态空间模型的依赖，不再是状态空间方法的拓展，而是一种方法论层面上的变革。它将从此开启控制理论界的另一个黄金时代，进而引发自动化和人工智能领域的一次新的技术进步。

**（2）基于气浮台的高阶全驱系统理论方法**

高阶全驱系统可按初始描述形式大致分为两类：一类是天然的全驱系统，另一类是由欠驱动系统做等价的数学变换转化而来的。而天然的全驱系统在航天器及机器人控制等领域广泛存在。其发展现状本章的前几个小节中多有提及，这里不再赘述。本节主要介绍基于气浮台的高阶全驱系统理论方法。

在航天器轨道机动方面，文献[360]研究了离散时间全驱系统的输出跟踪问题及其在气浮台仿真试验平台中的应用。其将全驱系统模型作为一种新颖的系统表示形式，用于建立离散控制系统的动力学模型。并且通过利用Diophantine方程构造增量全驱系统预测模型来代替降阶预测模型，利用多步输出预测最小化涉及跟踪性能的成本函数，提出了一种全驱系统预测控制方案。最后该文献将全驱系统预测控制方案应用于气浮台仿真试验平台中。以单个刚体航天器为研究对象，文献[361-363]均利用气浮台仿真试验平台研究了航天器位姿控制。其中文献[363]针对可能存在的网络攻击，如传感器到网络控制器和网络控制器到执行器通信通道中注入虚假数据篡改输出和控制信号等，提出了一种基于全驱系统的预测滑模控制方案来实现系统的安全跟踪。文献[364]则从博弈论的角度出发，利用Diophantine方程建立全驱系统形式的增量预测模型，完成多步超前输出预测，使得网络约束补偿达到Nash均衡的最优方案。在相对轨道机动中的绕地飞行方面，文献[364,365]分别对该系统加入了通信时滞和输入饱和等限制条件。文献[366]通过建立增量式全驱系统预测模型，给出了一种基于预测控制的约束控制方法，而文献[211]在此基础上，通过多步输出预测优化考虑输入饱和和给定性能的代价函数，建立满足跟踪要求和给定约束的最优约束跟踪控制器。在轨道交会方面，文献[366]则根据姿态和轨道动力学，建立了全驱系统模型。并针对航天器交会任务，设计了全驱系统的线性二次型最优控制器。

2022年11月12日，天舟五号货运飞船满载货物，昂首起航。飞船入轨后顺利完成状态设置，于当天12:10采取自主快速交会对接模式，成功对接于空间站天和核心舱后向端口，中国航天员首次在空间站迎接货运飞船来访。交会对接完成后，天舟五号转入组合体飞行段。由此可见，随着科学技术和工业生产的发展，人们不得不面对空间联合体系统。而气浮台仿真试验平台在模拟空间联合体方面也有其独特的优势。文献[211]研究了离散全驱系统的自适应扰动观测器的设计问题，并将其应用于航天器组合模拟器系统。文献[361]

则引入一种一般化的离散时间高阶全驱后向差分模型，并对其中的两种干扰（具有未知参数的输入端干扰和常值外部干扰）分别进行了干扰估计，并基于全驱系统框架设计了基于干扰观测器的复合控制器。文献[368]研究了无自主控制能力的目标航天器被服役航天器捕获后形成的组合航天器的姿态和轨道控制问题。并且利用气浮台仿真试验平台完成了基于组合航天器模拟器的物理实验。文献[369]针对非合作航天器被成功捕获后所形成的组合航天器的位姿控制任务，考虑系统中含有的未知扰动的影响，并且进一步应用全驱系统方法，对带有未知扰动的组合航天器位姿误差系统设计自适应预设性能控制器。利用气浮台仿真试验平台实现了组合航天器的精确位姿控制，且使得系统的状态误差始终收敛于预设性能包络内。

除了上述单个体或者多个体的仿真模拟试验外，针对多个体的航天器编队飞行，气浮台仿真试验平台同样可以胜任。文献[370,371]均研究了高阶全驱多智能体系统的协同控制及其在航天器模拟器中的应用。其中文献[372]在前文基础上针对具有输入饱和和给定性能的高阶全驱多智能体系统的约束协同控制问题，提出了一种预测控制方案，并利用气浮台进行仿真和试验，其结果表明了该方案的有效性。文献[373]则考虑了具有通信时延的高阶全驱网络化多智能体系统比例积分预测控制，并给出了三个气浮台的编队控制试验，验证了预测控制策略的有效性。文献[372]研究了反馈信道和前向信道中网络高阶全驱多智能体在随机欺骗攻击下的协同控制问题。为了实现安全协同，该文献通过引入了一个滑模变量来提高闭环系统的鲁棒性，以防御随机欺骗攻击，并提出了一种预测滑模控制方法。最后，利用气浮台模拟编队控制的仿真和试验结果表明了该方法的可行性。

## 4.3 航天航空自动化技术与方法

### 4.3.1 高超声速飞行器控制技术发展中的前沿研究

**（1）横向转弯控制技术**

针对高超声速飞行器飞行过程系统参数大范围剧烈变化以及存在严重不确定性的特点，同时考虑外界环境干扰复杂、内部干扰严重的特殊问题，提出了一种新型强鲁棒自适应控制器构型。该新型强鲁棒自适应控制器将控制器分为标称控制器和补偿控制器。标称控制器可采用成熟的控制理论来设计，主要考虑闭环系统的性能；采用合适的手段估计系统参数大范围剧烈变化、系统的不确定性以及内外部干扰等“系统扰动”作为补偿控制器的输入，通过设计强鲁棒补偿控制器对“系统扰动”进行补偿，使整个闭环控制系统对“系统扰动”具有强鲁棒性。将新型强鲁棒自适应控制器应用于高超声速飞行器的姿态控制系统的设计，大大提高了高超声速飞行器控制系统对内外部干扰的抑制和对系统参数大范围剧烈变化以及严重不确定性的适应能力，可满足高超声速飞行器飞行控制的需求。

为了提高飞行器的生存率以及更好地打击目标，目前各国在积极发展高超声速巡航飞行器的总体技术以外，也在积极开展巡航段的机动变轨突防技术特别是横向转弯控制技术研究。

飞行器转弯控制技术主要分为STT和BTT两类。目前，世界大多数飞行器都是采用STT控制技术。BTT控制技术是当今飞行器控制领域内的一项先进技术。对于高超声速巡航飞行器来说，采用BTT控制技术是一种很好的选择。原因主要在于：首先，采用BTT控制技术相比于采用STT控制技术而言可以充分利用飞行器的高升阻比，明显地提高飞行器的机动能力，缩短作战时间，扩大飞行器的作战空域，能够达到高精度、高命中率攻击机动目标的目的；另外，BTT控制技术具有提高飞行器的气动稳定性、与冲压发动机进气道的设计兼容、降低飞行器定向战斗部的设计复杂性等一系列优点，成为国内外热门的研究课题。而采用BTT技术直接导致飞行器系统的三通道强耦合特性，针对耦合控制问题，国内外学者进行了许多研究，最优控制、滑模变结构控制、鲁棒控制等现代控制方法均得到了应用。

（2）基于特征模型的全系数自适应控制

特征模型理论由北京控制工程研究所吴宏鑫院士提出，是一种结合对象动力学特征、环境特征和控制性能要求进行的建模，而不是仅仅基于对象精确动力学分析的建模。基于特征模型的全系数自适应控制方法能够保证参数未知系统在参数尚未收敛情况下闭环系统的稳定性，具有简单的形式，调试方便，直接给出控制器的离散形式，易于硬件实现，有着极强的鲁棒性和适应性。目前，这一建模和控制方法已经由北京控制工程研究所的技术人员成功应用于天宫一/二号与神舟八～十一号的交会对接、“嫦娥五号”飞行试验器跳跃式返回再入等关键航天任务中，取得了非常好的制导和控制效果。

2005年以来，吴宏鑫院士课题组将这一原创性的建模与自适应控制方法应用于高超声速飞行器上升、滑翔和再入等几个典型机动过程的姿态控制中，在横纵平面内分别开展特征建模与自适应控制的研究，实现了X-34爬升段控制、类X-20滑翔段的控制以及大升力体飞行器的再入控制。针对再入过程大不确定性和参数大范围变化的特点，提出了多特征模型的自适应控制方法以及黄金分割“鲁棒”自适应控制，同时结合模糊神经网络实现了特征模型参数的快速准确辨识，较好地解决了通道耦合及参数大范围快速变化的控制难点。

（3）基于神经网络的智能控制方法

在高超声速飞行器的控制系统设计中，神经网络往往与其他控制方法相结合实现控制，主要包括基于神经网络的动态逆控制方法、基于神经网络的自适应控制方法、基于神经网络的滑模控制方法等。其中以单隐层前馈神经网络为主，激活函数有Sigmoid函数和径向基函数，此外也有少量文献采用递归神经网络。神经网络往往被用来补偿建模误差或动态逆误差，以及补偿控制分配误差。神经网络能够给控制系统设计带来如下两方面的优点：①提高系统处理意外故障的能力；②飞行器结构或任务的小范围改动，不需要重新进行大量的地面调试。

文献[377-379]详细介绍了X-33神经网络与模型参考自适应相结合的控制方案，其中，用于补偿动态逆误差的神经网络是一个Sigmoid型的单隐层前馈网络。

针对高超声速飞行器的未建模动态，文献[380]采用了单隐层神经网络的辨识方法，且基于神经网络模型进行控制器设计，从而避免了单纯自适应动态逆方法对被控对象可控性的限制。仿真表明，这一控制方法能够处理对象具有短周期不稳定模态的情形。

文献[381]以径向基函数作为激活函数，构建单隐层神经网络对自适应增益进行在线辨识，并在X-45A上进行了仿真验证。

文献[382]引入Hopfiled递归神经网络对高超声速飞行器模型中的未知参数进行辨识，以及求解最优控制增益。作者认为，基于神经网络的优化和控制，不但非常适用于非线性对象，同时对象模型小范围变化时，神经网络控制器的结构保持不变。

国内学者也开展了大量相关研究。西北工业大学的许斌等人采用了单隐层神经网络实现高超声速飞行器纵平面控制，为了克服反步学习算法在局部最优、过拟合和收敛速度等方面的局限，采用了极限学习方法（ELM），这一训练方法能够自动随机生成隐层单元，并通过调节输出层的权值达到收敛目的，而不是直接对隐层参数进行迭代学习。这一神经网络控制器通过数值仿真得到验证。哈尔滨工业大学的逯晓光等人和孔庆霞、南京航空航天大学的鲁波等人，利用单隐层结构的Sigmoid神经网络来重构因空气动力学模型不确定性产生的逆误差，以提高动态逆控制性能。东南大学的张瑞民利用递归Hermite神经网络实现复合干扰的在线逼近，与二阶终端滑膜控制方法相结合，实现了动态参数不确定性和大干扰情况下的跟踪控制。其中网络权值自适应估计采用了比例、积分形式以加快网络收敛。天津大学的张红梅和南京航空航天大学的周丽等人采用径向基函数的神经网络，与反步控制方法相结合，实现了高超声速飞行器纵平面的姿态控制。

可以看出，高超声速飞行器领域涉及的神经网络，主要还是与其他控制方法如动态逆控制、滑模控制方法相结合，用于补偿建模误差，而不是直接对飞行器模型进行辨识，更没有直接进行控制器设计。其中很重要的一个原因，是随着网络规模的复杂化，神经网络的训练速度受限，且容易陷入局部最优。而深度神经网络正是针对上述问题的有效解决途径。

**（4）基于模糊逻辑的智能控制方法**

文献[390]针对X-38飞行器再入大气层的姿态控制问题，基于模糊逻辑的方法将其整个过程分为5个阶段，对应不同的执行器机构；在此基础上，文献[391-393]进一步研究针对X-38的模糊控制，详细讨论了再入模态中，在不同执行机构组合的情况下，采用线性传递函数调节控制器输入，保证了同一模糊控制器可完成整个控制任务。文献[394]采用遗传算法设计模糊逻辑控制器，并应用于X-34的姿态控制中。文献[395,396]针对带有执行器故障的近空间高超声速飞行器，基于模糊系统理论设计了容错控制系统。文献[397]直接利用模糊规则，选择攻角和俯仰角速率作为逻辑变量，基于14条模糊规则，得到升降舵的控制量。数值仿真表明系统具有一定的鲁棒性。

国内方面，模糊规则用于在线补偿飞行器模型由于气动参数变化而引起的不确定性；用于实现多个特征模型的融合，以缩短模型参数的收敛速度；用于调节系统误差使其沿滑模面收敛到原点；用于实现不同滑模控制器之间的切换，或滑模控制器参数的在线调整；也可直接基于模糊规则得到控制量。

此外，文献[407]和[408]利用遗传算法优化控制器参数，实现了有动力高超声速飞行器纵平面轨迹跟踪。

### 4.3.2 航天器轨道控制技术发展中的前沿研究

为解决基于局部线性化模型设计轨道保持控制器时存在的控制精度不高、模型精确性过度依赖等问题，应用自抗扰控制（ADRC）技术设计了轨道保持控制器。

太阳帆作为一种利用太阳光压获得连续推力而不需要燃料的新型推进系统，受到了广泛关注。2010年，日本“IKAROS”号太阳帆航天器成功发射并圆满完成了全部性能测试，昭示着太阳帆的巨大应用前景。然而，当前太阳帆仍处于技术萌芽阶段，相比之下，高比冲、能够提供连续小推力的太阳电推进技术更加成熟，目前已成功应用于Deep Space1、SMART-1以及Dawn等多项深空探测任务。

混合小推力航天器即结合太阳帆推进系统和太阳电推进系统的新型连续小推力航天器，其一方面具备了太阳帆推进不需要能耗和太阳电推进工作效率高的双重优势，另一方面克服了太阳帆无法提供指向太阳方向的推进分量的缺陷，适合执行复杂任务。

### 4.3.3 航天器姿态控制技术发展中的前沿研究

近几年，国内外研究人员针对在航天器姿态控制过程中遇到的问题进行了大量的研究，并针对不同的问题提出了相应的控制方案和解决办法。

胡庆雷、李理针对航天器姿态控制过程中同时存在输入饱和与姿态角速度受限的问题，提出了一种新型的姿态控制设计方法，并通过引入一个时变锐度参数来增强系统对外部干扰的抑制能力。胡庆雷、姜博严等人针对受干扰的刚体航天器冗余执行器存在故障与控制受限的姿态跟踪控制问题，提出了一类基于新型指数形式的非奇异快速滑模面（ENFTSM）与趋近律的姿态容错控制器设计方法。

韩治国、张科等人针对存在外部干扰、转动惯量矩阵不确定、控制器饱和以及执行器故障的航天器姿态跟踪控制问题，提出了基于自适应快速非奇异终端滑模的有限时间收敛控制方案。

### 4.3.4 航天器姿轨联合控制技术发展中的前沿研究

对于姿轨运动存在严重耦合的空间相对接近操作，必须解决相对运动的姿轨同步控制问题。传统的相对姿轨分开建模串行控制方法忽略了姿轨耦合，控制周期长且姿轨同步性差，显然不能满足要求。朱占霞等人基于螺旋理论中的对偶数描述，建立了航天器六自由度相对运动模型，不仅包含了姿轨耦合项，而且形式统一，有利于同步控制律的设计。

为解决复杂的挠性航天器的姿轨控制问题，对于挠性航天器的姿轨耦合动力学建模与控制展开研究。杨一岱、荆武兴等人基于对偶四元数原理，推导给出一套挠性航天器的姿轨一体化动力学模型。

以挠性太阳帆板耦合严重的追踪航天器为研究对象，吴宏鑫、解永春、胡军等人构建了以航天器本体三个姿态角为输出、以外部力矩为输入的多输入多输出的特征模型，并进一步研究了与状态相关的特征模型的参数辨识问题。

针对交会对接过程中，追踪器挠性问题严重、姿轨耦合严重、发动机开机羽流干扰大、控制系统存在时间延迟等影响交会对接的精确控制的因素，解永春、胡军在特征模型的基础上提出了带逻辑微分的黄金分割自适应相平面控制方法。

### 4.3.5 空间联合体控制技术发展中的前沿研究

目前，关于空间机器人捕获目标过程碰撞冲击效应的理论研究主要是针对单臂机器人，而为了能够操作更大的目标载荷，防止目标被弹开，以及满足多任务协调操作的灵活性要求，双臂或多臂协调操作空间机器人已成为新的发展趋势。相对于单臂空间机器人，双臂或多臂空间机器人更加复杂，特别是当各机械臂协作操作同一目标后形成的闭链混合系统，对其进行控制除了要考虑控制系统的位形，还要考虑各机械臂对目标操作时相互作用内力的控制，这也增加了对空间机器人控制的难度。陈力在建立漂浮基双臂空间机器人动力学模型的基础上，利用动量定理对漂浮基双臂空间机器人捕获翻滚目标后的冲击效应进行计算分析，并针对捕获目标后形成闭环链混合系统的空间机器人提出一种鲁棒控制算法进行镇定控制，以保持空间机器人系统漂浮基姿态和构型的稳定。

谢箭、刘国良等人提出了一种针对自由漂浮状态的空间机器人模型不确定性的神经网络自适应控制方法。通过RBF神经网络逼近模型的非线性函数和不确定性上界，无须预先估计系统的不确定性程度和外部干扰，提出的自适应控制律保证了权值的有界性，解决了神经网络权值的UUB（Unknown Upper Bound）问题，即未知上界有界问题，完成了笛卡尔空间内空间机器人轨迹规划任务。

## 4.3.6 航天器编队飞行控制技术发展中的前沿研究

跟瞄设备是空间编队飞行中普遍使用的相对测量敏感器。目前，在相对导航滤波器设计中，普遍采用卡尔曼滤波以及扩展卡尔曼滤波作为滤波估计算法。当系统为线性并且噪声统计特性满足高斯分布时，卡尔曼滤波是最小方差估计器。当噪声不满足高斯分布，特别是噪声中含有粗差时，卡尔曼滤波的估计精度会大幅下降。由Huber提出的以其名字命名的滤波算法Huber滤波器从鲁棒统计的角度出发，通过结合L1和L2范数估计器的特点，其估计性能在测量误差含有粗差的情况下具有较好的鲁棒性。冯刚、杨东春和颜根廷结合UKF滤波器和Huber滤波器各自的优点，设计了用于空间编队飞行的Huber-UKF相对导航滤波器，该滤波器在测量误差不完全满足高斯分布或含有粗差情况下具有较好的鲁棒性。黄勇、李小将等人针对卫星编队飞行协同控制存在质量、转动惯量不确定性及外部扰动的问题，提出了一种应用虚拟结构的卫星编队飞行自适应协同控制方法。

## 4.3.7 航天器自主导航技术发展中的前沿研究

### 4.3.7.1 难点与挑战

在航天器自主导航技术领域，传统的可观测性理论、融合结构和滤波算法，由于算法复杂，难以在计算资源受限的航天器上直接应用。究其原因，传统可观测性理论的计算过程十分复杂，星上无法自主评估系统的观测能力，进而无法在理论指导下优化融合结构、简化滤波算法。主要难点及挑战如下:

① 可观测能力评估只能在导航方案设计阶段进行，无法在航天器上直接应用。现有的可观测能力评估方法需要用到复杂高维矩阵运算及高阶偏微分运算，在航天器上计算资源严苛约束条件下，只能在导航方案设计阶段使用，难以满足航天器可观测能力星上自主评估的需求。因此，需要创新发展现有可观测性理论，针对星上计算资源的严苛约束，研究既可精确评估又可星上运算的航天器可观测能力分析方法。

② 多源融合估计方法需要配准时空异构信息、运算高维系统矩阵，异常复杂的计算过程难以向上实现。根据数据处理层级的不同，融合系统的体系结构一般分为集中式和分布式。集中式结构估计精度高、信息损失少，但数据互联困难，计算负担重，要求系统必须具备大容量的计算能力。航天器由于处理器计算能力有限，一般只能用于解决敏感器种类少、数据结构简单的估计问题。对于配备微波雷达、激光雷达、光学相机、惯性测量单元等多种测量敏感器、多个复杂信源通道的融合方式，集中式结构在前端对多源异构数据处理的运算量异常庞大，且在后端需要构建高维状态和测量矩阵。分布式结构一定程度上克服了集中式计算量大的问题，但容易丢失过多数据造成系统不客观或融合结果错误。目前

分布式结构在航天器上的应用鲜有报道，其根本原因是缺乏一套能够器上自主分配各子系统估计结果到融合中心置信度水平的信息共享算法，以确保导航系统具备对深空复杂动态环境的容错能力和适应能力。

③ 系统误差不能统一建模进行星上自校正、滤波算法中的增益矩阵无法在线更新，严重制约导航精度等关键性能的提升。航天器星上计算资源严重受限，然而多源导航敏感器的系统误差数目众多并且更新增益矩阵时需要高维矩阵求逆运算，这使得传统滤波中基于复杂矩阵运算的状态方差预测及增益矩阵的递归式更新难以在航天器多源融合自主导航系统中实现。在系统误差校正方面，目前主要是借助于地面辅助计算进行在轨校正；在随机误差抑制方面，传统的卡尔曼滤波算法需要采用矩阵求逆等复杂运算法则计算增益矩阵，难以在星上运行。综上，传统方法难以实现航天器高精度自主导航。如何在满足星上计算资源约束的前提下，实现系统误差的精确校正和随机误差的有效抑制是亟须解决的关键问题。

#### 4.3.7.2 研究思路与创新方法

**（1）冗余观测系统可观测能力等价降维表征及解析量化方法**

目前，航天器可观测能力分析方法多以复杂的高维可观测性矩阵运算及高阶偏微分运算为基础，未考虑星上计算资源严重受限的约束，难以满足航天器可观测能力星上自主评估的需求。需要创新发展现有航天器可观测性理论，研究既可精确评估又可星上计算的可观测能力分析方法，实现系统可观测能力器上自主评估，为自主导航技术的星上运行奠定理论基础。

**（2）面向多源异构数据的自适应融合结构构建方法**

在严苛的器上资源约束条件下，多敏感器测量数据结构不一致、采样时间不同步、工作模式不统一等问题，为航天器多源融合自主导航技术提出了全新的挑战。需要以航天器可观测性理论为基础，构建面向多源异构数据的自适应融合结构，利用可观测度量化评价准则指导滤波器结构随测量数据可观测度变化的动态调整，最大限度地降低滤波器结构的复杂度和冗余度。

**（3）基于约束流形的系统误差精确校正及参数解析化滤波方法**

导航滤波算法对观测数据、动力学模型等信息源进行处理，通过系统误差的校正和随机误差的抑制，以实现高精度的状态估计。需要基于航天器可观测性理论和状态、观测约束，构建系统误差降维表征和增益参数解析化方法，提高自主导航滤波估计精度。

### 4.3.8 航天器自主诊断重构技术发展中的前沿研究

#### 4.3.8.1 难点与挑战

航天器通常具有不易在轨维修和资源严重受限两大特点，其诊断重构能力确定于设计之初且受制于有限资源，这意味着航天器自主诊断重构研究需要关注系统前期设计，充分利用有限资源。然而，一方面，传统研究主要关注诊断重构算法的创新突破，存在以下局限性：①未关注系统前期设计，无法从根本上提高空间飞行器的诊断重构能力；②未考虑空间飞行器资源约束与诊断重构算法精准性、实时性之间的矛盾，设计的算法通常比较复杂，对计算和存储资源提出了极高要求，仅能在地面运行，无法在航天器上自主实现。另一方面，传统的航天器设计多依赖工程经验对系统进行打补丁式的冗余添加，未进行诊断重构能力量化评估，缺乏理论指导，难以对系统进行有针对性的优化设计。主要难点及挑战如下：

① 如何结合机理知识和工程数据建立完整的航天器系统模型，实现其诊断重构能力的表征、判定和量化；

② 如何在资源严重受限下，实现有限资源配置在正常模式与故障模式下的统筹分配；

③ 如何在时空严苛约束条件下，实现故障诊断与系统重构方案的协同优化；

④ 如何构建诊断重构能力的演化模型，实现诊断重构过程的动态调整。

### 4.3.8.2 研究思路与创新方法

**（1）数据驱动与机理模型相融合的可诊断性与可重构性理论**

构建航天器的数据驱动模型，并利用机理知识对其进行可解释性分析，准确描述系统的输入输出特性及内部状态变化；给出故障现象到测量信息、资源配置到重构目标的映射关系数学表征，实现空间飞行器诊断重构能力的完整表征。

对诊断需求（检测、隔离、辨识）和重构目标（完全重构、部分重构、安全重构）进行逐层分解研究故障现象到测量信射关系的连通性分析方法，建立不同诊断需求可行性分析模型，推导可诊断性判据，实现诊断能力的准确判定；研究资源配置到重构目标间映射关系的连通性分析方法，建立各类时空约束条件下重构目标的可行性分析模型，推导可重构性判据，实现重构能力的准确判定。

利用KL散度、黎曼距离等数学工具，从距离和方向等不同角度，对不同故障分布的差异性进行度量，建立通用的可诊断性量化评估指标体系；研究不同资源配置对航天器重构能力影响程度的量化分析方法，利用Gramian矩阵、李代数等数学工具，对航天器在不同故障下的重构性能边界进行度量，建立通用的可重构性量化评估指标体系，实现航天器在各类资源约束与运行条件下诊断重构能力的完备量化。

**（2）正常模式与故障模式一体化设计方法**

基于正常模式与故障模式间的平衡策略以及具体的任务需求，制定科学的奖惩机制，并根据奖惩机制确定正常模式与故障模式一体化设计的目标函数；研究航天器在不同模式下资源包络的量化方法，对优化过程中的解目标空间和自变量空间进行描述，由此确定正常模式与故障模式一体化设计的约束条件；基于深度强化学习等多元手段研究多目标优化问题的高效求解方法，进而对航天器进行正常模式与故障模式的一体化设计，实现其有限资源在不同模式下的统筹分配，在系统设计阶段提升空间飞行器标称性能与自主诊断重构能力。

**（3）故障诊断与系统重构一体化设计方法**

基于构建的诊断能力与重构能力关联机理，量化诊断时间、诊断精度对重构效果的影响，以此构建综合的重构性能评价指标，作为航天器诊断重构方案设计的统一优化目标函数；基于不同因素对诊断能力与重构能力的影响机理和航天器可诊断性与可重构性理论，分析诊断重构时间约束和可用资源配置包络，确定故障诊断与系统重构一体化设计的约束条件；描述优化过程中解的目标空间和自变量空间，并结合强化学习等方法求解多约束优化问题，以搜索最优的诊断重构算法参数以及诊断时间与重构时机，实现故障诊断与系统重构的一体化设计，确保诊断重构能力的协同优化；基于航天器正常模式与故障模式、故障诊断与系统重构的一体化设计结果，得到其自主诊断重构的地面最优设计方案。

**（4）基于能力在轨评估的诊断重构方案动态调整方法**

基于可用资源配置包络和闭环系统可处理故障空间的变化特性，建立方案在轨调整的动态阈值，根据诊断重构能力评估结果和动态阈值的比对，实现诊断重构方案调整时机的自主决策；基于“能力评估-方案调整-预期结果”的动态反馈，在给定的调整时机对航天器的诊断方案与重构方案进行在轨动态调整，实现诊断重构方案与系统当前诊断重构能力的动态匹配，使系统诊断重构方案在航天器长期运行过程中一直保持最优状态。

## 4.4 应用

### 4.4.1 先进控制技术在高超声速飞行器领域中的典型应用

从公开报道的文献来看，目前已经试飞的高超声速飞行器所采用的控制方法还是基于PID的经典控制方法，如X-43A便是采用PID控制，根据马赫数和攻角进行调度。因此，目前无法从公开资料中获知实际飞行试验所采用的先进控制技术。

**（1）增益预置控制技术**

增益预置控制方法的主要思想是将复杂的非线性控制问题分解成多个线性模型以及多个线性控制器的设计问题。对于分解成的局部模型可以应用一些标准的线性控制系统设计方法。它有非常显著的易于工程实现的优点，如设计调试简单、计算复杂度低、可以考虑系统的鲁棒性等。X-43A试飞成功也表明增益预置控制方法仍旧是目前飞控系统设计的主流方案。

**（2）反馈线性化控制技术**

反馈线性化是非线性控制方法中最重要也是应用最广泛的方法之一，主要包括微分几何（Differential Geometry，DG）和动态逆（Dynamic Inverse，DI）两类方法。

DG的主要思想是通过微分同胚变换把非线性系统变为形式上等价的线性系统，把非线性系统的综合问题转换为线性系统的综合问题。在反馈线性化理论研究中，DG是发展较早的一种方法，主要包括状态反馈精确线性化和输入输出解耦线性化等，从工程应用角度讲，大多并不要求对非线性系统的全部状态线性化，只需要关心系统的输入输出，因此关于输入输出解耦线性化的研究更多。与其他线性化方法相比，DG不产生较大的模型精度损失，因而受到控制科学家和工程师的广泛关注，并被应用到飞行器控制系统的研究中。

DI方法是FL的另一类方法，适合多变量、非线性、强耦合和时变对象的控制，近年来也得到了显著发展，在非线性系统线性化解耦控制方面取得了一系列的理论研究成果。已有的理论结果表明，系统的可解耦性与可逆性有着直接的联系，因此，DI实际上属于解耦算法。对一般非线性系统应用DI，其作用表现为解耦和线性化，在这一点上，DI与输入输出解耦线性化十分相似。作为一种反馈线性化的具体方法，动态逆设计一方面要求对象精确的模型解析式，另一方面，有时即使建立了对象的非线性数学模型，也很难解析地求出模型的逆。

**（3）滑模变结构控制方法**

滑模变结构控制（Sliding Mode Variable Structure Control，SMVSC）系统中所谓“变结构”本质上是指系统内部的反馈控制器结构所发生的不连续非线性切变。当系统状态穿越不同区域时，反馈控制的结构按照一套由设计者根据系统性能指标要求制定的切换逻辑发生变化，使得控制系统对被控对象的内在参数变化和外部环境扰动等因素具有一定的适应能力，保证系统性能达到期望的性能指标要求。滑模变结构控制有两个主要的优点：首先，可以通过选择适当的滑模面来实现系统的动力学特征，以满足闭环系统的性能指标；其次，闭环系统响应对满足匹配条件的不确定性完全不敏感。目前，基于滑动模态的变结构控制理论在国际上受到了广泛重视，但是实际应用中变结构控制系统仍然存在诸多问题，如系统的颤振，需要较大的控制增益来抵消系统的参数不确定性和外扰，容易遭受测量噪声的影响等。此外，对于非线性系统的滑模变结构控制，等效控制的计算需要系统的精确数学模型，这就增加了对系统模型的依赖。为了克服这些缺陷，国内外许多学者提出了比较有效的方法。

### 4.4.2 先进控制技术在航天器轨道控制领域中的典型应用

文献[420]将准最优控制理论用于航天器轨道自主快速交会控制中线性二次型调节器的设计。根据线性二次型调节器的设计方法和理论，为减少高阶模型的计算量，提出了基于准最优控制理论的线性二次型调节器设计。理论分析和仿真结果表明此方法正确、有效。就控制模型仿真而言，当参数$Q$、$R$设置得合理时，用准最优控制理论设计的性二次型调节器的控制精度与能耗均与用最优控制理论设计的二次型调节器相当，但其运算时间和运算量远小于后者。本节方法具有一定的工程应用价值。

### 4.4.3 先进控制技术在航天器姿态控制领域中的典型应用

**（1）自抗扰控制**

文献[421]为抑制航天器自身结构参数变化和内外扰动对姿态控制精度和姿态稳定度的影响，设计了航天器姿态自抗扰控制器。自抗扰控制器（ADRC）由跟踪微分器（TD）、扩张状态观测器（ESO）和姿态反馈控制器（AFC）三部分组成。跟踪微分器负责安排姿态指令过渡过程，并提取其微分信号。扩张状态观测器（ESO）充分利用姿态敏感器与速率陀螺的量测信息，可对航天器姿态及内部和外部干扰进行观测。姿态反馈控制器则在补偿ESO估计的干扰的同时，实现航天器的姿态控制。与已有研究相比，扩张状态观测器采用复合量测信息对状态估计进行校正，性能较好，而自抗扰控制器只采用一个环路即可实现姿态控制及干扰补偿，结构简单。对某航天器姿态控制系统的仿真结果表明，以上自抗扰控制器是可行的。

**（2）自适应鲁棒控制**

基于自适应鲁棒控制思想，利用Backstepping和扩张状态观测器技术，设计了一种挠性航天器的分散自适应鲁棒姿态控制律，使得航天器存在转动惯量不确定性、外界干扰的情况下，能够完成对指令信号的跟踪，并基于Lyapunov理论给出了闭环系统的稳定性分析。通过数值仿真验证了控制律的有效性和鲁棒性。

### 4.4.4 先进控制技术在航天器姿轨联合控制领域中的典型应用

**（1）变结构控制**

其基本思想就是首先将系统的状态变量拉到一个事先选定滑模切换面上，再沿该滑模面趋近于原点。这种控制律具有结构简单、对于参数和外界的扰动具有很强的鲁棒性等优点，在控制理论界和工程领域受到了广泛关注。文献[185]针对单个航天器的姿轨耦合动力学模型，利用滑模变结构方法设计了姿轨联合控制律，并证明了系统的渐进稳定性。文献[422]利用高阶滑模设计方法，针对交会对接最后逼近段的追踪航天器设计了姿轨联合控制律，该控制律有效地削弱了“抖振”现象，并提高了系统的鲁棒性。

（2）最优控制

最优控制是现代控制理论中较成熟的一个分支，在航天器的姿轨联合控制律的设计中也得到了应用。由于姿轨耦合动力学系统呈现出较强的非线性，因此，最优控制律的设计也集中于非线性最优控制方法的研究上。在非线性最优控制方面，众所周知，其最大障碍在于Hamilton-Jacobi-Bellman（HJB）方程很难求得解析解。为了克服这个困难，两种有效的数值解法被提出：一种是状态依赖Riccati方程（State Dependent Riccati Equation，SDRE）方法，这种方法通过实时地求解一类状态依赖的Riccati方程，得到局部渐进稳定的次优反馈控制律；另一种是通过求HJB方程的黏性解，该方法在20世纪80年代由Crandall和Lions提出，黏性解是偏微分方程的一种非光滑解，它的主要特点是由上/下导数代替传统意义下的倒数，并且在这种温和的条件下还保持了解的唯一性。在解决最优控制问题时，这些特点使它成为了一种强大的理论工具。

（3）自适应控制

该控制方法能够根据系统信号实时在线调整控制律中的部分参数，能够保证在被控对象含有部分未知参数的情况下，系统性能得以良好地保持。

（4）基于特征模型的智能自适应控制

该控制方法针对飞船时延大、挠性强、对象特性不确定性大、位置与姿态控制耦合强、羽流干扰大等问题，解决了自主交会对接过程中飞船姿态的稳定控制问题以及最后平移靠拢段高精度六自由度的相对控制问题。该方法已成功应用于神舟八号～神舟十号与天宫一号、神舟十一号与天宫二号交会对接过程中飞船绝对姿态控制和六自由度相对位置和相对姿态控制，自主交会过程中姿态稳定，6次自主交会对接相对姿态精度均优于0.4°，横向位置精度均优于5cm，居同类飞船国际领先水平。

### 4.4.5 先进控制技术在空间联合体控制领域中的典型应用

在低速运行的情形，对于单轴柔性航天器和单臂柔性机械臂等联合体对象，此时模型通常是线性的。目前以此为背景，基于线性模型提出了各种控制方案，现代控制理论得到了广泛的应用，同时这也促进了现代控制理论自身的发展和进一步完善。目前常用的控制方案包括最优控制、鲁棒控制、自适应控制、滑模变结构控制、智能控制等。

在非线性模型情况下，常用的控制方法为模糊控制、非线性滑模控制、自适应变结构控制和反馈线性化等。

### 4.4.6 先进控制技术在航天器编队飞行控制领域中的典型应用

协同控制是航天器编队飞行的关键技术之一，常用的航天器编队协同控制策略包括基于主从式的方法、基于行为的方法和基于虚拟结构的方法。

基于主从式的方法是对传统单星跟踪控制的拓展，其基本思想是为每个成员航天器指定一个中心航天器，各成员航天器分别以一定的精度跟踪其中心航天器，进而实现编队协同。主从式是使用最广泛的协同控制方法。

基于行为的方法首先定义各种期望的系统行为，而后各航天器利用其期望行为的加权平均来决定自身的控制输入。基于行为的方法一般采用局部信息交互进行协同，本质上是一种分布式的协同控制方法。基于行为的方法的系统鲁棒性和可靠性较好，但缺乏有效的稳定性分析工具。

基于虚拟结构的方法将整个编队的期望状态看成一个虚拟的刚体结构，通过定义虚拟结构的期望动力学分析得到各航天器的期望状态，再利用单星跟踪控制方法得到实际航天器的控制规律。

## 4.5 发展建议

### 4.5.1 技术发展建议

基于前文分析的结果，并借鉴国内外现有的成熟技术发展路线，我们提出如下建议:

① 加强航天航空相关技术的研究，为实现我国空间技术的跨越式发展提供坚实的基础。

② 对航天航空自动化系统的各个组成部分进行合理安排，从整体上推进航天航空自动化发展进程。

航天航空自动化领域覆盖多个学科，该领域的发展需要依靠其他领域的支持。因此，在大力发展航空航天自动化的同时，与其相配套的各项技术研究发展也应得到重视。

③ 遵循“先期概念研究-地面仿真、测试和试验-飞行试验-建设实用系统”的发展思路，稳步推进航天航空自动化系统的发展。

任何航天技术的研究和设备的研制，在上天飞行之前都需要经过地面的测试、仿真与演示。在其可行性得到验证之后方可进行飞行试验。通过飞行试验可以对在轨服务技术进行全面的测试和验证，并对其进行进一步完善，为最终迈向实用化奠定基础。通过合理制定地面和飞行的实验方案和演示计划，能够有效地提高研究效率，并实现该技术的稳步发展。

### 4.5.2 人才培养发展建议

将学生发展和社会需求作为教学改革的出发点，积极推进教学平台建设、实践教学体系建设和教学管理制度建设，使人才培养质量稳步提升。

① 优化学科专业结构。

② 创新教育教学方法。

③ 健全协同培养机制。

④ 探索技术型人才的培养方式。

⑤ 构建寓研于教的培养模式。

⑥ 在理论扎实的基础上，强化实践教学环节。

⑦ 加强和改进思想教育，培养德才兼备的人才。

### 4.5.3 政策发展建议

近几年，我国的载人航天和探月工程都取得了新的突破，获得了举世瞩目的成就，中国航天科学技术的发展进入了一个新的历史时期。在新时期、新形势下如何继续保持并加速中国航天事业的发展势头，是摆在航天科技工作者面前的一个重要课题。毫无疑问，我国的卫星轨道控制研究已迫在眉睫。由于国际上这类技术的保密性，在文献中往往查不到关键技术的细节。因此，国内急需在相关的基础研究方面展开深入、细致、系统和大量的研究攻关，在不太长的时间内突破和掌握交会对接过程的关键技术，实现我国载人航天工程的跨越式发展。

从以下几个方面提出该领域的发展政策建议：

① 实施“顶层设计”，打破条块分割，统筹科学规划。

② 瞄准国际前沿，实行适当的倾斜政策，孕育重点突破。

③ 营造良好的科学环境，支持科学家潜心研究。

④ 加大科技投入，加强队伍建设和培养。

⑤ 加强国际合作，逐步形成以我为主的国际研究计划。

⑥ 加强项目的评审和管理。

## 参考文献


[1] Fidan B, Mirmirani M, Ioannou P. Flight dynamics and control of air-breathing hypersonic vehicles: review and new directions. AIAA, 2003.

[2] Rodriguez A A, Dickeson J J, Sridharan S, et al. Control-relevant modeling, analysis, and design for scramjet-powered hypersonic vehicles. AIAA, 2009.

[3] Shaughnessy J D, Pinckney S Z, McMinn J D, et al. Hypersonic vehicle simulation model: winged-cone configuration. NASA TM-102610, 1990.

[4] Heller M, Sachs G, Gunnarsson K S, et al. Flight dynamics and robust control of a hypersonic test vehicle with ramjet propulsion. AIAA, 1998.

[5] Marrison C I, Stengel R F. Design of robust control systems for a hypersonic aircraft. Journal of Guidance, Control, and Dynamics, 1998, 21(1): 58-63.

[6] Wang Q, Stengel R F. Robust nonlinear control of a hypersonic aircraft. Journal of Guidance, Control, and Dynamics, 2000, 23(4): 577-585.

[7] Lee J. Modeling and controller design for hypersonic vehicles. Ph.D. Dissertation, University of Kansas, 2006.

[8] Colgren R, Keshmiri S, Mirmirani M. Nonlinear ten-degree-of-freedom dynamics model of a generic hypersonic vehicle. Journal of Aircraft, 2009, 46(3): 800-813.

[9] Schmidt D K. Integrated control of hypersonic vehicles -a necessity not just a possibility. AIAA, 1993.

[10] Chavez F R, Schmidt D K. Analytical aeropropulsive/aeroelastic hypersonic-vehicle model with dynamic analysis. Journal of Guidance, Control, and Dynamics, 1994, 17(6): 1308-1319.

[11] Bilimoria K, Schmidt D K. Integrated development of the equations of motion for elastic hypersonic flight vehicles.Journal of Guidance, Control, and Dynamics, 1995, 18(1):73-81.

[12] Chavez F R, Schmidt D K. Uncertainty modeling for multivariable-control robustness analysis of elastic highspeed vehicles. Journal of Guidance, Control, and Dynamics, 1999, 22(1): 87-95.

[13] Falkiewicz N, Cesnik C, Crowellz A, et al. Reduced-Order aerothermoelastic framework for hypersonic vehicle control simulation. AIAA Atmospheric Flight Mechanics Conference, Toronto, Ontario, 2010.

[14] Mirmirani M, Wu C, Clark A, et al. Airbreathing hypersonic flight vehicle modeling and control, review, challenges, and a CFD-based example. Proceedings of the Workshop on Modeling and Control of Complex Systems, Ayia Napa, Cyprus, 2005, 1-15.

[15] Mirmirani M, Wu C, Clark A, et al. Modeling for control of a generic airbreathing hypersonic vehicle. AIAA Guidance,

Navigation and Control Conference and Exhibit, San Francisco, 2005.

[16] Kuipers M, Ioannou P, Fidan B, et al. Robust adaptive multiple model controller design for an airbreathing hypersonic vehicle model. AIAA, 2008.

[17] Clark A, Mirmirani M, Wu C, et al. An aeropropulsion integrated elastic model of a generic airbreathing hypersonic vehicle. AIAA, 2006.

[18] Keshmiri S, Mirmirani M D. Six-DOF modeling and simulation of ageneric hypersonic vehicle for conceptual design studies.AIAA Modeling and Simulation Technologies Conference and Exhibit, AIAA, 2004: 1-12.

[19] Keshmiri S, Colgren R, Mirmirami M. Development of an aerodynamic database for a generic hypersonic air vehicle.AIAA Guidance, Navigation, and Control conference and Exhibit, 2005: 1-21.

[20] Bolender M A, Doman D B. A non-linear model for the longitudinal dynamics of a hypersonic air-breathingvehicle. AIAA Guidance, Navigation, and Control Conference, 2005: 3937-3958.

[21] Bolender M A, Doman D B. Flight path angle dynamics of air-breathing hypersonic vehicles.AIAA: 2006.

[22] Bolender M A, Doman D B. Nonlinear longitudinal dy-namical model of an air-breathing hypersonic vehicle.Journal of Spacecraft and Rockets, 2007, 44(2): 374-38.

[23] Frendreis S G V, Skujins T, Cesnik C E S. Six-degree-of-freedom simulation of hypersonic vehicles. AIAA Atmospheric Flight Mechanics Conference, Chicago, Illinois, 2009:1-19.

[24] Parker J T, Serrani A, Yurkovich S, et al. Control-oriented modeling of an air-breathing hypersonic vehicle. Journal of Guidance, Control, and Dynamics, 2007, 30(3): 856-869.

[25] Skujins T, Cesnik C E S, Oppenheimer M W, et al. Canard-elevon interactions on a hypersonic vehicle. Journal of Spacecraft and Rockets, 2010, 47(1): 90-100.

[26] Frendreis S G V, Skujins T, Cesnik C E S. Six-degree-of-freedom simulation of hypersonic vehicles. AIAA, 2009.

[27] Dalle D J, Frendreis S G V, Driscoll J F, et al. Hypersonic vehicle flight dynamics with coupled aerody-namics and reduced-order propulsive models. AIAA, 2010.

[28] Sigthorsson D O. Control-oriented modeling and output feedback control of hypersonic air-breathing vehicles.Ph.D. Dissertation, the Ohio State University, 2008.

[29] Thompson P M, Myers T T, Suchomel C. Conventional longitudinal axis autopilot design for a hypersonic vehicle. AIAA, 1995.

[30] Vu P, Biezad D J. Direct-lift design strategy for longitudinal control of hypersonic aircraft. Journal of Guidance, Control, and Dynamics, 1994, 17(6): 1260-1266.

[31] 胡永琴. 冲压推进的高超声速导弹建模与控制方法研究. 哈尔滨: 哈尔滨工业大学, 2005.

[32] Breitsamter C, Cvrlje T, Laschka B, et al. Lateral-directional coupling and unsteady aerodynamic effects of hypersonic vehicles. Journal of Spacecraft and Rockets, 2001, 38(2): 159-167.

[33] Gregory I M, Chowdhry R S, McMinn J D, et al. Hypersonic vehicle model and control law development using $H_\infty$techniques andμ-synthesis, NASA, 1994.

[34] Naidut D S, Banda S S, BufEngton J M. United approachto $H_2$ and $H_\infty$optimal control of a hypersonic vehicle. Proceedings of the 1999 Amencan Control Conference, SanDiego, California, June 1999, 2737-2741.

[35] Hunter H, Wu F. H-infinity LPV state feedback control for flexible hypersonic vehicle longitudinal dynamics. AIAA Guidance, Navigation, and Control Conference, Toronto, Ontario, AIAA, 2010.

[36] Wu H N, Cai K Y. Robust fuzzy control for uncertain discrete-time nonlinear Markovian jump systems without mode observations. Information Sciences, 2007, 177: 1509-1522.

[37] Xu S Y, Lam James, Chen T W. Robust $H_\infty$ control for uncertain discrete stochastic time-delay systems. Systems & Control Letters, 2004. 51:203-215.

[38] Lohsoonthorn P, Jonckheere E, Dalzell S. Eigenstructure vs Constrained $H_\infty$ Design for HypersonicWinged Cone. Journal of Guidance, Control, and Dynamics, 2001, 24(4):648-658.

[39] Cai G B, Duan G R, Hu C H, et al. Robust parametric approach for tracking control of an air-breathing hypersonic cruise vehicle. Journal of Harbin Institute of Technology, 2010, 17(1): 58-64.

[40] Cai G B, Duan G R, Hu C H, et al. Tracking control for air-breathing hypersonic cruise vehicle based on tangent

linearization approach. Journal of Systems Engineering and Electronics, 2010, 21(3): 469-475.

[41] Gao H, Si Y, Li H, et al. Modeling and control of an air-breathing hypersonic cehicle. Proceedings of the 7th Asian Control Conference, Hong Kong, China, August 2009, 304-307.

[42] 孟中杰，闫杰. 弹性高超声速飞行器建模及精细姿态控制. 宇航学报, 2011, 32(8): 1683-1687.

[43] Huo Y, Mirmirani M, Ioannou P, et al. Altitude and velocity tracking control for an airbreathing hypersonic cruise vehicle. AIAA, 2006.

[44] Groves K P, Sigthorsson D O, Serrani A, et al. Reference command tracking for a linearized model of an air-breathing hypersonic vehicle//Proceedings of AIAA Guidance, Navigation, and Control Conference and Exhibi, San Francisco, 2005: 6138-6144

[45] Ochi Y. Design of a fight controller for hypersonic fightexperiment vehicle. Asian Journal of Control, 2004, 6(3):353-361.

[46] Dong C, Hou Y, Zhang Y, et al. Model reference adaptive switching control of a linearized hypersonic fight vehi-cle model with actuator saturation. Proc. IMechE, Part I:J. Systems and Control Engineering, 2010, 224: 289-303.

[47] Li H, Cheng Y, Si Y, et al. Reference tracking control for fexible air-breathing hypersonic vehicle with actuator delay and uncertainty. Journal of Systems Engineering and Electronics, 2011, 22(1): 141-145.

[48] 李聪颖，顾文锦，王土星，等. 大空域机动反舰导弹增益调度控制系统设计. 海军航空工程学院学报, 2004: 19(1): 101-104.

[49] 胡建波，苏宏业，褚健. 一种新的基于AVSC 与模糊局部控制器网络的增益调度控制器. 控 制理论与应用, 2000: 17(3): 465-468.

[50] 许江涛，崔乃刚，吕世良. 协调增益调度的重复使用助推器姿态控制设计. 光学精密工程, 2010: 18(12): 2590-2596.

[51] Tournes C, Landrum D B, Shtessel Y, et al. Ramjet powered reusable launch vehicle control by sliding modes. Journal of Guidance, Control, and Dynamics, 1998, 21(3):409-415.

[52] Xu H J, Mirmirani M D, Ioannou P A. Adaptive sliding mode control design for a hypersonic flight vehicle. Journal of Guidance, Control and Dynamics, 2004, 27(5): 829-838.

[53] Fiorentini L, Serrani A, Bolender M A, et al. Robust nonlinear sequential loop closure control design for an air-breathing hypersonic vehicle model. Proceedings of the 2008 American Control Conference, 2008, 3458-3463.

[54] Fiorentini L, Serrani A, Bolender M A, et al. Nonlinear robust adaptive controller of fexible air-breathing hypersonic vehicles. Journal of Guidance, Control, and Dynamics, 2009, 32(2): 401-416.

[55] Ataei A, Wang Q. Non-linear control of an uncertain hypersonic aircraft model using robust sum-of-squares method. IET Control Theory & Applications, 2012, 6(2):203-215.

[56] Lei Y, Cao C Y, Cliff E, et al. L1 adaptive controller for air-breathing hypersonic vehicle with fexible body dynamics. Proceedings of the 2009 American Control Conference, St. Louis, MO, USA, June, 2009: 3166-3171.

[57] Gao D X, Sun Z Q, Du T R. Dynamic surface control for hypersonic aircraft using fuzzy logic system. Proceedings of the IEEE International Conference on Automation and Logistics, Jinan, China, August, 2007: 2314-2319.

[58] Vaddi S S, Sengupta P. Controller design for hypersonic vehicles accommodating nonlinear state and control constraints. AIAA, 2009.

[59] Li X, Xian B, Diao C. Nonlinear output feedback control design of a hypersonic vehicle via high gain observers. Proceedings of the 2010 IEEE Multi-Conference on Systems and Control, Yokohama, Japan, September, 2010: 2391-2396.

[60] Holm-Hansen B, Lee H P. Neuro-fuzzy dynamic inversion control for a hypersonic cruise vehicle.AIAA, 2010.

[61] Rehman O U, Fidan B, Petersen I. Uncertainty modeling for robust multivariable control synthesis of hypersonic fight vehicles. AIAA, 2009.

[62] Cai G B, Duan G R, Hu C H. Neural network-based adaptive dynamic surface control for an airbreathing hypersonic vehicle. Proceedings of the 3rd International Symposium on Systems and Control in Aeronautics and Astronautics, Harbin, China, 2010: 598-603.

[63] Zong Q, Ji Y H, Zeng F L, et al. Output feedback back-stepping control for a generic Hypersonic Vehicle via small-gain theorem. Aerospace Science and Technology, 2011: 1-9.

[64] Saeks R, Jeidhoefer J, Cox C, et al. Neural control of the LoFLYTER aircraft. Proceedings of IEEE International Conference on System, Man, and Cybernetics, San Diego, CA, USA, 1998: 3112-3117.

[65] Austin K J. Evolutionary design of robust fight control for a hypersonic aircraft. Ph.D. Dissertation, The University of Queensland, 2002.

[66] Chamitoff G E. Robust intelligent fight control for hypersonic vehicles. Ph.D. Dissertation, Massachusetts Institute of Technology, 1992.

[67] 刘燕斌，陆宇平. 基于反步法的高超音速飞机纵向逆飞行控制. 控制与决策，2007, 22(3):313-317.

[68] Gayaka S, Yao B. Output feedback based adaptive robust fault-tolerant control for a class of uncertain nonlinear systems. Journal of Systems Engineering and Electronics, 2011, 22(1): 38-51.

[69] Gao D X, Sun Z Q. Fuzzy tracking control design for hy-personic vehicles via T-S model. Science China Information Sciences, 2011, 54: 1-18.

[70] Lu Y P. Nonlinear adaptive inversion control with neural network compensation for a longitudinal hypersonic vehicle model. 2009 IEEE International Conference on Intelligent Computing and Intelligent Systems, Proceedings, 2009, 2: 264-26.

[71] Lind R. Linear parameter-varying modeling and control of structural dynamics with aerothermoelastic effects. Journal of Guidance, Control, and Dynamics, 2002, 25(4):733-739.

[72] Bhat S, Lind R. Linear parameter-varying control for variations in thermal gradients across hypersonic vehicles.AIAA, 2009.

[73] Fidan B, Kuipers M, Ioannou P A, et al. Longitudinal motion control of air-breathing hypersonic vehicles based on time-varying models. AIAA, 2006.

[74] Sigthorsson D O, Serrani A, Bolender M A, et al.LPV control design for over-actuated hypersonic vehicles models. AIAA, 2009.

[75] Cai G B, Duan G R, Hu C H. A velocity-based LPV modeling and control framework for an airbreathing hypersonic vehicle. International Journal of Innovative Computing, Information and Control, 2011, 7(5A): 2269-2281.

[76] Qin W, Zheng Z, Zhang L, et al. Robust model predictive control for hypersonic vehicle based on LPV. Proceedings of the IEEE International Conference on Information and Automation, Harbin, China, 2010: 1012-1017.

[77] Yu B, Zhu J, Xue X, et al. The design for robust controller for hypersonic vehicle based on LPVmodel. Proceedings of the International Conference on Intelligent Control and Information Processing, Dalian, China, 2010: 43-49.

[78] Ma G F, She Z Y. Time-varying control via nominal trajectory linearization for an air-breathing hypersonic vehicle. Journal of Control Theory and Application, 2011, 9(4):535-540.

[79] Betts J. Survey of numerical methods for trajectory optimization. Journal of Guidance, Control, and Dynamics, 1998, 21(2):193-207.

[80] Bonnard B, Faubourg L, Trelat E. Optimal control of atmospheric arc of a space shuttle and numerical simulations with multiple shooting method. Mathematical Models and Methods in Applied Sciences, 2005, 15(1): 109-140.

[81] Gergaud J, Haberkorn T. Homotopy method for minimum consumption orbit transfer problem. ESAIM: Control, Optimisation and Calculus of Variations, 2006, 12: 294-310.

[82] Oberle H. Hinweise zur benutzung des mehrzielverfahrens fur die numerische liisung von randwerproblemen mit schaltbedingungen. Hamburger Beitrage zur Angewandten Mathematik, 1987.

[83] Chuang C, Goodson T, Hanson J. Computation of optimal low- and medium-thrust orbit transfers. AIAA, 1993.

[84] Chuang C, Speyer J. Periodic optimal hypersonic SCRAMjet Cruise. Optimal Control Applications and Methods, 1987, 8: 231-242.

[85] Ryzhov S, Grigoriev I. On solving the problems of optimization of trajectories of many-revolution orbit transfers of spacecraft. Cosmic Research, 2006, 44(3): 258-267.

[86] Goodson T. Fuel-optimal control and guidance for low and medium thrust orbit transfer. Georgia:Georgia Institute ans State University, 1995.

[87] Yue X, Yang Y, Geng Z. Indirect optimization for finite-thrust time-optimal orbital maneuver. Journal of Guidance, Control, and Dynamics, 2010, 33(2): 628-634.

[88] Hargraves C, Paris S. Direct trajectory optimization using nonlinear programming and collocation. Journal of Guidance, Control, and Dynamics, 1987, 10(4): 338-342.

[89] Enright P, Conway B. Optimal Finite-thrust spacecraft trajectories using collocation and nonlinear programming. Journal of Guidance, Control, and Dynamics, 1991, 14(5): 981-985.

[90] Enright P, Conway B. Discrete approximations to optimal trajectories using direct transcription and nonlinear programming. Journal of Guidance, Control, and Dynamics, 1992, 15(4): 994-1002.

[91] Betts J, Huffman W. Application of sparse nonlinear programming to trajectory optimization. Journal of Guidance, Control, and Dynamics, 1992, 15(1): 198-206.

[92] Betts J, Huffman W. Path-constrained trajectory optimization using sparse sequential quadratic programming. Journal of Guidance, Control, and Dynamics, 1993, 16(1): 59-68.

[93] Betts J. Optimal interplanetary orbit transfers by direct transcription. Journal of the Astronautical Sciences, 1994, 42(3): 247-268.

[94] Betts J. Very low-thrust trajectory optimization using a direct SQP method. Journal of Computational and Applied Mathematics, 2000, 120(1-2): 27-40.

[95] Scheel W, Conway B. Optimization of very-low-thrust, many-revolution spacecraft trajectories. Journal of Guidance, Control, and Dynamics, 1994, 17(6): 1185-1192.

[96] Tang S, Conway B. Optimization of low-thrust interplanetary trajectories using collocation and nonlinear programming. Journal of Guidance, Control, and Dynamics, 1995, 18(3): 599-604.

[97] Herman A, Conway B. Direct optimization using collocation based on high-order gauss-lobatto quadrature rules. Journal of Guidance, Control, and Dynamics, 1996, 19(3): 592-599.

[98] Herman A, Spencer D. Optimal, low-thrust earth-orbit transfers using higher-order collocation methods. Journal of Guidance, Control, and Dynamics, 2002, 25(1): 40-47.

[99] Chen Y, Sheu D. Parametric optimization analysis for minimum-fuel low-thrust coplanar orbit transfer. Journal of Guidance, Control, and Dynamics, 2006, 29(6): 1446-1450.

[100] Igarashi J, Spencer D. Optimal continuous thrust orbit transfer using evolutionary algorithms. Journal of Guidance, Control, and Dynamics, 2005, 28(3): 547-549.

[101] Sentinella M, Casalino L. Genetic algorithm and indirect method coupling for low-thrust trajectory optimization. AIAA, 2006.

[102] 王明春，荆武兴，杨涤，等．能量最省有限推力同平面轨道转移．宇航学报，1992, (2): 24-31.

[103] 荆武兴，吴瑶华，杨涤．基于交会概念的最省燃料共面有限推力轨道转移方法．哈尔滨工业大学学报，1997, 29(4): 132-135.

[104] 荆武兴，吴瑶华．基于交会概念的最省燃料异面有限推力轨道转移研究．哈尔滨工业大学学报，1998, 30(2): 124-128.

[105] 梁新刚，杨涤．应用非线性规划求解异面最优轨道转移问题．宇航学报，2006, 27(3): 363-368.

[106] 任远，崔平远，栾恩杰．基于标称轨道的小推力轨道设计方法．吉林大学学报（工学版），2006, 36(6): 998-1002.

[107] Clohessy W, Wiltshire R. Terminal guidance system for satellite rendezvous. Journal of the Aerospace Sciences, 1960, 27(9): 653-658, 674.

[108] Tschauner J, Hempel P. Rendezvous zueinem in elliptischer bahn umlaufenden ziel.Astronautica Acta, 1965, 11(2): 104-109.

[109] Carter T. Fuel-optimal maneuvers of a spacecraft relative to a point in circular orbit. Journal of Guidance, Control, and Dynamics, 1984, 7(6): 710-716.

[110] Carter T, Humi M. Fuel-optimal rendezvous near a point in general keplerian orbit.Journal of Guidance, Control, and Dynamics, 1987, 10(6): 567-573.

[111] Lopez I, McInnes C. Autonomous rendezvous using artificial potential function guidance. Journal of Guidance, Control, and Dynamics, 1995, 18(2): 237-241.

[112] Ortega G. Fuzzy logic techniques for rendezvous and docking of two geostationary satellites. Telematics and Informatics, 1995, 12(3-4): 213-227.

[113] Singla P, Subbarao K, Junkins J L. Adaptive output feedback control for spacecraft rendezvous and docking under measurement uncertainty. Journal of Guidance, Control, and Dynamics, 2006(29):892-902.

[114] Gao H, Yang X, Peng S. Multi-objective robust control of spacecraft rendezvous. IEEE Tranzactions on Control Systems Technology, 2009(17): 794-802.

[115] Carter T. State transition matrices for terminal rendezvous studies: brief survey and new example. Journal of Guidance, Control, and Dynamics, 1998, 21(1): 148-155.

[116] Wolfsberger W, Wei J, Rangnitt D. Strategies and schemes for rendezvous on geostationary transfer orbit. Acta Astronautica, 1983, 10(8): 527-538.

[117] Melton R. Time explicit representation of relative motion between elliptical orbits. Journal of Guidance, Control, and Dynamics, 2000, 23(4): 604-610.

[118] Inalhan G, Tillerson M, How J. Relative dynamics and control of spacecraft formations in eccentric orbits. Journal of Guidance, Control, and Dynamics, 2002, 25(1): 48-59.

[119] Yamanaka K, Ankersen F. New state transition matrix for relative motion on an arbitrary elliptical orbit. Journal of Guidance, Control, and Dynamics, 2002, 25(1): 60-66.

[120] 陈统，徐世杰. 椭圆轨道航天器自主接近的制导律研究. 宇航学报，2008, 29(6): 1786-1791.

[121] 卢山，徐世杰. 航天器椭圆轨道自主交会的自适应学习控制策略. 航空学报，2009, 30(1): 127-131.

[122] Sundararajan N, Joshi S M, Armstrong E S. Robust controller synthesis for a large flexible space antenna. Journal of Guidance, Control, and Dynamics, 1987, 10(2): 201-208.

[123] Tahk M, Speyer J L. Parameter robust linear-quadratic-gaussian design synthesis with flexible structure control applications. Journal of Guidance, Control, and Dynamics, 1989, 12(4): 460-468.

[124] Bhat M S, Sreenatha A G, Shrivastava S K. Robust low order dynamic controller for flexible spacecraft. IEEE Proceedings, PartD: Control Theory and Applications, 1991, 138(5): 460-468.

[125] Parlos A G, Sunkel J W. Adaptive attitude control and momentum management for large-angle spacecraft maneuvers. Journal of Guidance, Control and Dynamics, 1992, 15(4): 1018-1028.

[126] Grewal A, Modi V J. Robust attitude and vibration control of the space station. Acta Astronautica, 1996, 38(3): 139-160.

[127] Wie B, Byun K W, Warren V W, et al. New approach to attitude/momentum control for the space station. Journal of Guidance, Control and Dynamics, 1989, 12(5): 714-722.

[128] Byun K W, Wie B, Geller D, et al. Robust $H_\infty$ control design for the space station with structured parameter uncertainty. Journal of Guidance, Control, and Dynamics, 1991, 14(6): 1115-1122.

[129] Wie B, Gonzalez M. Control synthesis for flexible space structures excited by persistent disturbances. Journal of Guidance, Control, and Dynamics, 1992, 15(1): 73-80.

[130] Wie B, Liu Q, Bauer F. Classical and robust $H_\infty$ control redesign for the hubble space telescope. Journal of Guidance, Control, and Dynamics, 1993, 16(6): 1069-1077.

[131] Wie B, Liu Q, Sunkel J. Robust stabilization of the space station in the presence of inertia matrix uncertainty. Journal of Guidance, Control, and Dynamics, 1995, 18(3): 611-617.

[132] Li Z, Bainum P M. Momentum exchange - feedback control of flexible spacecraft maneuvers and vibration. Journal of Guidance, Control, and Dynamics, 1992, 15(6): 1354-1360.

[133] Balas G J, Young P M. Control design for variations in structural natural frequencies. Journal of Guidance, Control, and Dynamics, 1995, 18(2): 325-332.

[134] Sandrine B L, Gilles D. $H_\infty$ Control of an earth observation satellite. Journal of Guidance, Control and Dynamics, 1996, 19(3): 628-635.

[135] Pittet C, Mignot J, Fallet C. LMI based multi-objective $H_\infty$ Control of flexiblemicro-satellites. Proceedings of the 39th IEEE Conference on Decision and Control, Sydney, Australia, 2000: 4000-4005.

[136] Yang C D, Sun Y P. Mixed $H_2/H_\infty$ state-feedback design for micro-satellite attitude control.Control Engineering Practice, 2002, 10(9): 951-970.

[137] Akella M R. Rigid body attitude tracking without angular velocity feedback. Systems and Control Letters, 2001, 42(4): 321-326.

[138] Fragopoulos D, Innocenti M. Stability considerations in quaternion attitude control using discontinuous lyapunov functions. IEE Proceedings of Control Theory and Applications, 2004, 151(3): 253-258.

[139] Subbarao K, Akella M R. Differentiator-free nonlinear proportional-integral controllers for rigid-body attitude stabilization. Journal of Guidance, Control and Dynamics, 2004, 27(6): 1092-1096.

[140] Park Y. Robust and optimal attitude stabilization of spacecraft with external disturbances.Aerospace Science and Technology, 2005, 9(3): 253-259.

[141] Vadali S R. Variable-structure control of spacecraft large-angle maneuvers. Journal of Guidance, Control and Dynamics, 1986, 9(2): 235-239.

[142] Singh S A, Iyer A. Nonlinear decoupling sliding mode control and attitude control of spacecraft. IEEE Transactions on Aerospace and Electronic Systems, 1989, 25(5): 621-633.

[143] Lo S C, Chen Y P. Smooth sliding-mode control for spacecraft attitude tracking maneuvers. Journal of Guidance, Control and Dynamics, 1995, 18(6): 1345-1349.

[144] Shen Y, Liu C, Hu H. Output feedback variable structure control for uncertain systems with input nonlinearities. Journal of Guidance, Control and Dynamics, 2000, 23(4): 762-764.

[145] Matthew A, Franco B Z, Riccardo S. Sliding mode control of a large flexible space structure.Control Engineering and Practice, 2000, 8(8): 861-871.

[146] Feng Y, Yu X H, Man Z H. Non-singular terminal sliding mode control of rigid manipulators.Automatica, 2002, 38(12): 2159 -2167.

[147] Yu S H, Yu X H, Yu B J, et al. Continuous finite-time control for robotic manipulators with terminal sliding mode. Automatica, 2005, 41(11): 1957-1964.

[148] Liang Y W, Xu S D, T sai C L. Study of VSC reliable designs with applicationto spacecraft attitude stabilization. IEEE Transactions on Control Systems Technology, 2007, 15(2): 332-338.

[149] Jin Y, Liu X, Qiu W, et al. Time-varying sliding mode controls in rigid spacecraft attitude tracking. Chinese Journal of Aeronautics, 2008, 21(4): 352-360.

[150] Singh S N, Yim W. Nonlinear adaptive backstepping design for spacecraft attitude control using solar radiation pressure. Proceedings of 41st IEEE Conference on Decision and Control, 2002: 1239-1244.

[151] Kim K S, Kim Y. Robust backstepping control for slew maneuver using nonlinear tracking function. IEEE Transactions on Control System and Technology. 2003, 11(6): 822-829.

[152] Wu C S, Chen B S, Jan Y W. Unified design for $H_2$, $H_\infty$, and Mixed Control of Spacecraft.Journal of Guidance, Control and Dynamics, 1999, 22(6):884-896.

[153] Wu C S, Chen B S. Adaptive attitude control of spacecraft: mixed $H_2/H_\infty$ approach. Journal of Guidance, Control and Dynamics. 2001, 24(4): 755-766.

[154] Show L L, Juang J C, Lin C T, et al. Spacecraft robust attitude tracking design: PID control approach. American Control Conference, 2002: 1360-1365.

[155] Luo W, Chu Y C, Ling K V. $H_\infty$ inverse optimal attitude-tracking control of rigid spacecraft. Journal of Guidance, Control, and Dynamics, 2005, 28(3): 481-494.

[156] Wen J T, Delgado K K. The attitude control problem. IEEE Transactions on Automatic Control, 1991, 36 (10): 1148-1162.

[157] Ahmed J, Coppola V T, Bernstein D S. Adaptive asymptotic tracking of spacecraft attitude motion with inertia matrix identification. Journal of Guidance, Control and Dynamics, 1998, 21(5): 684-691.

[158] Singh S N, Araujo De D. Adaptive control and stabilization of elastic spacecraft. IEEE Transactions on Aerospace and Electronic Systems, 2002, 38(1): 334-341.

[159] Hu Q L. Adaptive output feedback sliding mode maneuvering and vibration control of flexible spacecraft with input saturation. IET Control Theory and Applications, 2008, 2(6): 467-478.

[160] Scarritt S K. Nonlinear model reference adaptivre control for satellite attitude tracking. AIAA Guidance, Navigation and Control Conference and Exhibit, Honolulun, Hawaii, 2008: 7165-7175.

[161] Singh S N, Bossart T C. Feedback linearization and nonlinear ultimate boundedness control ofthe space station using CMG. AIAA Guidance, Navigation, and Control Conference. 1990: 369-376.

[162] Schaub H, Akella M R, Junkins J L. Adaptive control of nonlinear attitude motions realizing linear closed loop dynamics. Journal of Guidance, Control and Dynamics, 2001, 24(1): 95-100.

[163] Lizarralde F, Wen J T. Attitude control without angular velocity measurement: a passivity approach. IEEE Transactions on Automatic Control, 1996, 41(3): 468-472.

[164] Tsiotras P. Further passivity results for the attitude control problem. IEEE Transactions on Automatic Control, 1998, 43(11): 1597-1600.

[165] Jin E D, Sun Z W. Passivity-based control for a flexible spacecraft in the presence of disturbances. International Journal of Non-Linear Mechanics, 2010, 45: 348-356.

[166] Bang H, Tahk M J, Choi H D. Large angle attitude control of spacecraft with actuator saturation. Control Engineering Practice, 2003, 11(9): 989-997.

[167] Boskovic D J, Li S M, Mehra K R. Robust adaptive variable structure control of spacecraft under control input saturaion. Journal of Guidance, Control, and Dynamics, 2001, 24(1): 14-22.

[168] Akella M R, Valdivia A, Kotamraju G R. Velocity-free attitude controllers subject to actuator magnitude and rate saturations. Journal of Guidance, Control and Dynamics, 2005, 28(4): 659-666.

[169] Zhu Z, Xia Y Q, Fu M Y. Adaptive sliding mode control for attitude stabilization with actuator saturation. IEEE transactions on industrial Electronics, 2011, 58(10): 4898-4907.

[170] Xiao B, Hu Q L, Zhang A H. L2 disturbance attenuation control for input saturated spacecraft attitude stabilization without angular velocity measurements. International Journal of Control, Automation and Systems, 2012, 10(1): 71-77.

[171] Duan G R. Quasi-linear system approaches for flight vehicle control - part 2: methods and prospects. Journal of Astronautics, 2020, 41(7): 839-849. (in Chinese)

[172] Zhao Q, Duan G R. Fully actuated system approach for 6DOF spacecraft control based on extended state observer. Journal of Systems Science and Complexity, 2022, 35(2): 604-622.

[173] Duan G R. High-order fully actuated system approaches: Part I. models and basic procedure. International Journal of Systems Science, 2021, 52(2): 422-435.

[174] Duan G R. Quasi-linear system approaches for flight vehicle control-part 1: an overview and problems. Journal of Astronautics, 2020, 41(6): 633-646. (in Chinese)

[175] Zhao T, Duan G R. Fully actuated system approach to attitude control of flexible spacecraft with nonlinear time-varying inertia. Science China Information Sciences, 2022, 65(11):212201.

[176] Xiao F, Chen L. Attitude control of spherical liquid-filled spacecraft based on high-order fully actuated system approaches. Journal of Systems Science and Complexity, 2022, 35(2):471-480.

[177] Feng Z, Liu M, Cao X. A fully-actuated system approach for spacecraft attitude control with input saturation, 2023 2nd Conference on Fully Actuated System Theory and Applications (CFASTA). IEEE, 2023: 705-710.

[178] Wu J, Liu Y, Liu M, et al. Fully-actuated-system-approach-based attitude-orbit integrated control for spacecraft formation flying, 2023 2nd Conference on Fully Actuated System Theory and Applications (CFASTA). IEEE, 2023: 717-722.

[179] Xiao F Z, Chen L Q. Fully actuated systems in terms of quaternions for spacecraft attitude control. Acta Astronautica, 2023, 209: 1-5.

[180] Liu G, Zhang K, Li B. Fully-actuated system approach based optimal attitude tracking control of rigid spacecraft with actuator saturation. Journal of Systems Science and Complexity, 2022, 35(2):688-702.

[181] Jin D, Jia S, Wang T, et al. Spacecraft attitude tracking control based on high-order fully actuated system approach//2023 2nd Conference on Fully Actuated System Theory and Applications (CFASTA). IEEE, 2023: 1040-1044.

[182] Li J, Liu M, Nie T. Spacecraft attitude control with fully actuated system and particle swarm optimization approaches//2023 2nd Conference on Fully Actuated System Theory and Applications (CFASTA). IEEE, 2023: 77-82.

[183] Huang Q, Zhang Y. Finite-time attitude tracking for fully-actuated flexible spacecraft without angular velocity measurements//2023 2nd Conference on Fully Actuated System Theory and Applications (CFASTA). IEEE, 2023: 1061-1066.

[184] Zhang F, Chen H, Wu S. Attitude tracking control of launcher with structural misalignment based on fully-actuated system approach//2023 2nd Conference on Fully Actuated System Theory and Applications (CFASTA). IEEE, 2023: 1051-1054.

[185] Terui F. Position and attitude control of a spacecraft by sliding mode control. proceedings of the 1998 american control conference. Philadelphia, USA: IEEE Press, 1998. 217-221.

[186] Stansbery D T, Cloutier J R. Position and attitude control of a spacecraft using the state-dependent riccati equation technique. Proceedings of the 2000 American Control Conference. Chicago, USA: IEEE Press, 2000:1867-1871.

[187] 荆武兴，杨涤，吴瑶华，等. 引力引起的空间站轨道与姿态耦合动力学方程的建立与计算. 哈尔滨工业大学学报，1991, 6(3): 53-59.

[188] Curti F, Romano M, Bevilacqua R. Lyapunov-based thrusters' selection for spacecraft control: analysis and experimentation. Journal of Guidance, Control and Dynamics, 2010, 33(4): 1143-1160.

[189] Fragopoulos D, Innocenti M. Autonomous spacecraft 6-DOF relative motion control using quaternions and H-infinity methods. Proceedings of AIAA Guidance, Navigation and Control Conference. San Diego, USA: AIAA Press, 1996.

[190] Kristiansen R, Grotli E I, Nicklasson P J, et al. A model of relative position and attitude in a leader-follower spacecraft formation. Proceedings of the 46th Scandinavian Conference on Simulation and Modeling. Trondheim, Norway, 2005.

[191] 吉莉，刘昆，项军华. 内编队重力场测量卫星全推力姿轨一体化控制研究. 中国科学：技术科学，2012, 42(2): 220-229.

[192] Murray R M, Li Z, Sastry S S. A mathematical introduction to robotic manipulation. 1st. Florida: CRC Press, 2000: 30-110.

[193] 斯利格. 机器人学的几何基础. 1版. 杨向东，译. 北京：清华大学出版社，2008:23-105.

[194] Wu Y, Hu X, Hu D, et al. Strapdown inertial navigation system algorithms based on dual quaternions. IEEE Transactions on Aerospace and Electronic Systems, 2005, 41(1): 110-132.

[195] 武元新. 对偶四元数导航算法与非线性高斯滤波研究. 长沙：国防科学技术大学，2005: 18-53.

[196] Han D P, Wei Q, Li Z X. A Dual-quaternion method for control of spatial rigid body.Proceedings of IEEE International Conference on Networking, Sensing and Control. Sanya, China: IEEE Press, 2008: 1-6.

[197] Han D P, Wei Q, Li Z X. Kinematic control of free rigid bodies using dual quaternions.International Journal of Automation and Computing, 2008, 5(3): 319-324.

[198] 韩大鹏. 基于四元数代数和李群框架的任务空间控制方法研究. 长沙：国防科学技术大学，2008: 18-53.

[199] Brodsky V, Shoham M. Dual numbers representation of rigid body dynamics. Mechanism and Machine Theory, 1999, 34: 693-718.

[200] Wang X, Yu C. Feedback linearization regulator with coupled attitude and translation dynamics based on unit dual quaternion. 2010 IEEE International Symposium on Intelligent Control Part of 2010 IEEE Multi-Conference on Systems and Control. Yokohama, Japan: IEEE Press, 2010: 2380-2384.

[201] Wang J, Liang H. Relative motion coupled control based on dual quaternion. Aerospace Science and Technology, 2012.

[202] Wang J, Sun Z. 6-DOF robust adaptive terminal sliding mode control for spacecraft formation flying. Acta Astronautica, 2012, 73: 76-87.

[203] Pena R S, Alonso R, Anigstein P A. Robust optimal solution to the attitude/force control problem. IEEE Transactions on Aerospace and Electronic Systems, 2000, 36(3): 784-792.

[204] Servidia P A, Pena R S. Thruster design for position/attitude control of spacecraft. IEEE Transactions on Aerospace and Electronic Systems, 2002, 38(4): 1172-1180.

[205] Chung S J, Ahsun U, Slotine J J E. Application of synchronization to formation flying spacecraft: lagrangian approach. Journal of Guidance, Control and Dynamics, 2009, 32(2): 512-526.

[206] Kristiansen R, Nicklasson P J, Gravdahl J T. Spacecraft coordination control in 6DOF: integrator backstepping vs passivity-based control. Automatica, 2008, 44: 2896-2901.

[207] Kane T R, Levinson D A. Formulation of equations of motion for complex spacecraft. Journal of Guidance, Control, and Dynamics, 1980, 3(2): 99-112.

[208] Arun K B. Multibody dynamics of systems with flexible components. Proceeding of International Symposium Advances in Aerospace Sciences and Engineering. 1992: 53-65.

[209] Duan G Q, Liu G P. Attitude and orbit optimal control of combined spacecraft via a fully-actuated system approach. Journal of Systems Science and Complexity, 2022, 35(2): 623-640.

[210] Duan G Q, Liu G P. Fully actuated system game-based attitude control for combined spacecraft//2023 2nd Conference on Fully Actuated System Theory and Applications (CFASTA). IEEE, 2023: 983-986.

[211] Cui K X, Duan G R. Adaptive disturbance observer design for discrete-time high-order fully actuated systems based on LMI and its application to combined spacecrafts//2023 2nd Conference on Fully Actuated System Theory and Applications (CFASTA). IEEE, 2023: 12-17.

[212] Zhao Q, Duan G. Fully actuated system approach based tracking control of space manipulator with an optimal gain//2023 2nd Conference on Fully Actuated System Theory and Applications (CFASTA). IEEE, 2023: 966-971.

[213] 于绍华，刘强．含无质量系绳的卫星系统平面运动和常规动力学．空间科学学报，2001a, 21(2): 172-180.

[214] 于绍华，刘强．有分布质量系绳的卫星系统的动力学．宇航学报，2001b, 22(3): 52-61.

[215] 崔乃刚，刘暾，林晓辉，等．基于椭圆轨道的绳系卫星伸展及释放过程仿真研究．哈尔滨工业 大学学报，1996, 28(4): 117-122.

[216] 苟兴宇，马兴瑞，邵成勋，等．绳系子卫星的展开．哈尔滨工业大学学报，1998, 30(1): 11-14.

[217] 顾晓勤．绳系卫星释放及工作态动力学分析．空间科学学报，2002, 22(2): 154-161.

[218] Cho S, McClamroch N H. Attitude control of a tethered spacecraft. Proceedings of the American Control Conference. 2003: 1104-1109.

[219] Kumar K D, Yasaka T. Satellite attitude stabilization through kitelike tether configuration. Spacecraft Rockets, 2002, 39(5): 755-760.

[220] Chang I, Park S Y, Choi K H. Nonlinear attitude control of a tether-connected multi-satellite in three-dimensional space. IEEE Transactions on Aerospace and Electronic Systems, 2010, 46(4): 1950-1968.

[221] Nohmi M, Nenchev D N, Uchiyama M. Momentum control of a tethered space robot through tether tension control. Proceedings of the IEEE International Conference on Robotics and Automation. 1998: 920-925.

[222] Wen H, Jin D, Hu H. Feedback control for retrieving an electro-dynamic tethered sub-satellite. Tsinghua Science and Technology. 2009: 79-83.

[223] Pradhan S, Modi V J, Misra A K. Tether-platform coupled control. Acta Astronautica, 1999, 44(5): 243-256.

[224] Papadopoulos E, Moosavian S. Dynamics and control of space free-flyers with multiple manipulators. Advanced Robotics. 1995, 9(6): 603-624.

[225] Papadopoulos E. On the dynamics and control of space manipulators. Ph. D. Dissertation. MIT, Cambridge, MA. 1990.

[226] Umetani Y, Yoshida K. Resolved motion rate control of space manipulators with generalized Jacobian matrix. IEEE Transactions on Robotics and Automation, 1989, 5(3): 303-314.

[227] Vafa Z, Dubowsky S. On the dynamics of manipulators in space using the virtual manipulator approach. IEEE Proceeding in Robotics and Automation, 1987: 579-585.

[228] Vafa Z, Dubowsky S. The kinematics and dynamics of space manipulators: the virtual manipulator approach. International Journal of Robotics Research, 1990, 9(4): 3-21.

[229] Liang B, Xu Y, Bergerman M. Mapping a space manipulator to a dynamically equivalent manipulator. ASME Journal of Dynamic Systems, Measurement, and control, 1998, 120(1): 1-7.

[230] Gu Y L, Xu Y S. A normal form augmentation approach to adaptive control of space robot systems. IEEE International Conference on Robotics and Automation, 1993, (2): 731-737.

[231] Cheah C C, Liu C, Slotine J J E. Adaptive tracking control for robots with unknown kinematic and dynamic Properties. International Journal of Robotics Research, 2006a, 25(3): 283-296.

[232] Cheah C C, Liu C, Slotine J J E. Adaptive Jacobian tracking control of robots with uncertainties in kinematic, dynamic and actuator models. IEEE Transactions on Automatic Control, 2006b, 51(6): 1024-1029.

[233] Wang H, Xie Y. Passivity based adaptive Jacobian tracking for free-floating space manipulators without using spacecraft acceleration. Automatica, 2009(45) : 1510-1517.

[234] Oh S B, Lee W S, Ha D W. A robust model reference adaptive control of robot system based on TMS320C3X Chips. International Conference on Control, Automation and Systems, COEX, Seoul, Korea, 2007: 2304-2308.

[235] Zuo Y, Wang Y N, Liu X Z. Neural network robust $H_\infty$ tracking control strategy for robot manipulators. Applied Mathematical Modelling, 2010(34): 1823-1838.

[236] Frayssinhes E, Lansare E. Mission analysis of clusters of satellite. Acta Astronautica, 1996, 39(5): 347-353.

[237] Naasz B J. Classical element feedback control for spacecraft orbital maneuvers. Master Thesis of Virginia Polytechnic

Institute and State University, 2002.
[238] Queiroz D, Kapila V, Qi G Y. Adaptive nonlinear control of satellite formation flying. AIAA Guidance, Navigation, and Control Conference and Exhibit, Portland, OR, 9-11 August, 1999(3): 1596-1640.
[239] Queiroz D, Qi G Y, Yang G, et al. Global output feedback tracking control of spacecraft formation flying with parametric uncertainty. Proceedings of the 38th Conference on Decision and Control, Phoenix, Arizona USA, 1999: 584-589.
[240] Alfriend K T, Schaub H, Gim D W. Gravitaional perturbations nonlinearity and circular orbit on formation flying control strategies. AAS Guidance and Control, 2000: 139-158.
[241] Vadali S R, Alfriend K T, Vaddi S. Hill' s equations, mean orbital elements, and formation flying of satellites. Proceedings of the Texas A&M University/AAS Richard H. Battin Astrodynamics Symposium, College Station Texas, 2000: 187-203.
[242] Tschauner J, Hempel P. Optimale beschleunigeungs programme fur das rendezvous-manover.Astronautica Acta, 1964, 10: 296-307.
[243] Marec J. Optimal space trajectories. New York: Elsevier Scientific Publishing Company, 1979.
[244] Carter T E, Brient J. Linearized impulsive rendezvous problem. Journal of Optimization Theory and Applications, 1995, 86(1): 553-586.
[245] Melton R G. Relative motion of satellites in elliptical orbits. Advances in the Astronautical Sciences, 1997, 97(2): 2075-2094.
[246] Melton R G. Time-explicit representation of relative motion between elliptical orbits. Journal of Guidance, Control and Dynamics, 2000, 23(4): 604-610.
[247] Balaji S K, Tatnall A R. Relative trajectory analysis of dissimilar formation flying spacecraft.AAS/AIAA Space Flight Mechanics Meeting, Ponce, Puerto Rico, 2003: 531-543.
[248] 杨嘉墀，范剑峰. 航天器轨道动力学与控制. 北京：中国宇航出版社，1995.
[249] Vadali S R. An analytical solution for relative motion of satellites. 5th International Conference on Dynamics and Control of Systems and Structures in Space. King' s College, Cambridge, 2002: 309-316.
[250] Yedavalli R K, Sparks A G. Satellite formation flying control design based on hybrid control system stability analysis. Proceeding of the American Control Conference, Chicago, IL, 2000: 2210-2214.
[251] Sparks A. Linear control of spacecraft formation flying. AIAA Guidance, Navigation, and Control Conference and Exhibit, Denver CO, 2000: A00-37335.
[252] Qi G Y. Nonlinear dynamics and output feedback control of multiple spacecraft in elliptical orbits. Proceedings of the American Control Conference, Chicago, Illinois, 2000: 839-843.
[253] Yeh H, Nelson E, Sparks A. Nonlinear tracking control for satellite formation. Journal of Guidance, Control and Dynamics, 2002, 25(2): 376-386.
[254] 王鹏基. 卫星编队飞行相对运动动力学与对性控制方法及应用研究. 哈尔滨：哈尔滨工业大学，2004.
[255] Tillerson M, How J P. Advanced guidance algorithms for spacecraft formation-keeping.Proceedings of the American Control Conference, Anchorage, AK, 2002: 2830-2835.
[256] 顾大可，段广仁. 航天器椭圆轨道自主交会的鲁棒参数化设计. 哈尔滨工业大学学报，2011(43): 1-6.
[257] 于萍，张洪华. 椭圆轨道编队飞行的典型模态与构形保持方法. 宇航学报，2005, 26(1): 7-12.
[258] Breger L, Ferguson P, How J P. Distributed control of formation flying spacecraft built on OA. AIAA Guidance, Navigation and Control Conference and Exhibit, Austin, Texas, 2003: 1-11.
[259] Schaub H, Alfriend K T. Impulsive feedback control to establish specific mean orbit elements of spacecraft formations. Journal of Guidance Control and Dynamics, 2001, 24(4): 739-745.
[260] 王巍，邢朝洋，冯文帅. 自主导航技术发展现状与趋势. 航空学报，2021, 42(11): 525049.
[261] 王大轶，符方舟，孟林智，等. 深空探测器自主控制技术综述. 深空探测学报，2019, 6(4): 317-327.
[262] 王大轶，魏春岭，熊凯. 航天器自主导航技术. 北京：国防工业出版社，2017: 1-32.
[263] 王大轶，李茂登，黄翔宇，等. 航天器多源信息融合自主导航技术. 北京：北京理工大学出版社，2018: 1-31.
[264] 张瑜，房建成. 基于Unscented卡尔曼滤波器的卫星自主天文导航研究. 宇航学报，2003, 24(6): 646-650.
[265] 王大轶，黄翔宇，魏春岭. 基于光学成像测量的深空探测自主控制原理与技术. 北京：中国宇航出版社，2012: 1-9.
[266] 吴伟仁，李骥，黄翔宇，等. 惯导/测距/测速相结合的安全软着陆自主导航方法. 宇航学报，2015, 36(8): 893-899.

[267] 王鹏，张迎春. 基于天文/GPS的HEO卫星自主导航方法. 控制与决策，2015, 30(3): 519-525.

[268] 李建军，王大轶. 一种图像辅助火星着陆段自主导航方法. 宇航学报，2016, 37(6): 687-694.

[269] Xu C, Wang D Y, Huang X Y. Land-mark-based autonomous navigation for pinpoint planetary landing. Advances in Space Research, 2016, 58(11): 2313-2327.

[270] 李建军，王大轶. 摄动因素对火星环绕段轨道长期影响研究. 深空探测学报，2017, 4(1):77-81.

[271] Xu C, Wang D Y, Huang X Y. Autonomous navigation based on sequential images for planetary landing in unknown environments. Journal of Guidance, Control, and Dynamics, 2017, 40(10): 2587-2602.

[272] Yu M, Li S, Huang X Y, et al. A novel inertial-aided feature detection model for autonomous navigation in planetary landing. Acta Astronautica, 2018(152): 667-681.

[273] 熊凯，魏春岭，郭建新. 航天器导航滤波器设计方法. 北京：中国宇航出版社，2022: 1-25.

[274] 强祺昌，林宝军，刘迎春，等. 深空探测自主导航技术综述. 导航与控制，2023, 22(1): 19-32.

[275] 王大轶，侯博文，王炯琦，等. 航天器自主导航状态估计方法研究综述. 航空学报，2021, 42(4): 524310.

[276] Kalman R E. Mathematical description of linear dynamical systems. Journal of the Society for Industrial and Applied Mathematics, Series A: Control, 1963, 1(2): 152-192.

[277] Chen Z, Jiang K, Hung J C. Local observability matrix and its application to observability analyses The 16th Annual Conference of IEEE Industrial Electronics Society, Pacific Grove, USA, Nov. 27-30, 1990.

[278] Goshen-Meskin D, Bar-Itzhack I. Observability analysis of piece-wise constant systems. Ⅱ. Application to inertial navigation in-flight alignment (military applications) . IEEE Trans. on Aerospace and Electronic systems, 1992, 28(4): 1068-1075.

[279] Li J R, Li H Y, Tang G J, et al. Research on the strategy of angles-only relative navigation for autonomous rendezvous . Science China Techno-logical Sciences, 2011, 54(7): 221-228.

[280] Dochain D, Tali-Maamar N, Babary J P. On model-ling, monitoring and control of fixed bed bioreactors . Computers & Chemical Engineering, 1997, 21(11): 1255-1266.

[281] Cramer H. Mathematical methods of statistics . Princeton: Princeton University Press, 1946: 525-548.

[282] Hou B W, Wang J Q, Zhou H Y, et al. Guide-post-based autonomous orbit determination method for GEO satellite . Advances in Space Research, 2021, 67(3): 1090-1113.

[283] 李晓宇，姜宇，金晶，等. 脉冲星导航系统的星历表误差RKF校正算法. 宇航学报，2017, 38(1): 26-33.

[284] Zhan R, Xin Q, Wan J W. Modified unscented particle filter for nonlinear Bayesian tracking . Journal of Systems Engineering and Electronics, 2008, 19(1): 7-14.

[285] 韩崇昭，朱洪艳，段战胜. 多源信息融合. 北京：清华大学出版社，2010: 265-323.

[286] Xiong K, Liu L D, Liu Y W. Regularized robust filter for spacecraft attitude determination. Chinese Journal of Aeronautics, 2011, 24(4): 467-475.

[287] Principe J C. Information theoretic learning: Renyi’ s entropy and kernel perspectives. Berlin: Springer Science & Business Media, 2010: 257-489.

[288] Xie X Q, Zhou D H, Jin Y H. Strong tracking filter based adaptive generic model control. Journal of Process Control, 1999, 9(4): 337-350.

[289] 朱云峰，孙永荣，赵伟，等. 包含乘性噪声自适应修正的非合作目标相对导航算法. 航空学报，2019, 40(7): 245-255.

[290] Li W, Jia Y. An information theoretic approach to interacting multiple model estimation. IEEE Trans. on Aerospace and Electronic Systems, 2015, 51(3): 1811-1825.

[291] Jiao Y Y, Zhou H Y, Wang J Q, et al. Linearization error’ s measure and its influence on the accuracy of MEKF based attitude determination method. Aerospace Science and Technology, 2012, 16(1): 61-69.

[292] Wang D Y, Li M D, Huang X Y, et al. Kalman fil-tering for a quadratic form state equality constraint. Journal of Guidance, Control, and Dynamics, 2014, 37(3): 951-958.

[293] 朱蓉. CKF滤波算法及其在航天器自主导航中的应用. 长沙：国防科学技术大学，2015.

[294] 熊智，邵慧，华冰，等. 改进故障隔离的容错联邦滤波. 航空学报，2015, 36(3): 929-938.

[295] Chen B, Liu X, Zhao H, et al. Maximum correntropy Kalman filter. Automatica, 2017, 76(1): 70-77.

[296] Hou B W, He Z M, Zhou X Y, et al. Maximum correntropy criterion Kalman filter for α-Jerk tracking model with non-

Gaussian noise. Entropy, 2017, 19(12): 648.

[297] 邓剑峰，于正湜．模型参数扰动下的火星大气进入鲁棒状态估计方法．宇航学报，2018, 39(2): 184-194.

[298] Li M D, Jing W X, Huang X Y. Dual cone-scanning horizon sensor orbit and attitude corrections for Earth Oblateness. Journal of Guidance, Control, and Dynamics, 2012, 35(1): 344-349.

[299] Xiong K, Zong H. Performance evaluation of star sensor low frequency error calibration. Acta Astronautica, 2014, 98(1): 24-36.

[300] Jing Y, Kang W, Kai X. In-orbit error calibration of star sensor based on high resolution imaging payload. 2015 IEEE SENSORS. Busan, Korea (South), Nov. 1-4, 2015.

[301] Liu H B, Tan J C, Jia H, et al. Autonomous on-orbit calibration of a star tracker camera. Optical Engineering, 2011, 50(2): 023604.

[302] 魏春岭，张斌，张春青．一种姿态机动辅助下的天文导航系统偏差自校准方法．宇航学报，2010, 31(1): 93-97.

[303] 汤文涛，王振华，王烨，等．基于未知输入集员滤波器的不确定系统故障诊断．自动化学报，2018, 44(9): 1717-1724.

[304] Yin S, Xiao B, Ding S X, et al. A review on recent development of spacecraft attitude fault tolerant control system. IEEE Trans. on Industrial Electronics, 2016, 63(5): 3311-3320.

[305] Wang D Y, Fu F Z, Li W B, et al. A review of the diagnosability of control systems with applications to spacecraft. Annual Reviews in Control, 2020, 49: 212-229.

[306] Fu F Z, Wang D Y, Ding S X, et al. Fault identifiability analysis of linear discrete time-varying systems. IEEE Trans. on Circuits and Systems-I, 2019, 66(6): 2371-2381.

[307] Tu Y Y, Wang D Y, Li W B, et al. Optimization of controller reconfiguration instant for spacecraft control systems with additive actuator faults. Inter-national Journal of Systems Science, 2021, 52(14): 3076-3090.

[308] Tu Y Y, Wang D Y, Fu F Z, et al. Reconfigurability evaluation for disturbance rejection control systems under actuator outages. Journal of the Franklin Institute, 2021, 358(8): 4239-4256.

[309] 刘文静，李文博，张秀云，等．基于图论的深空探测航天器故障可诊断性评价．控制理论与应用，2019, 36(12): 2074-2084.

[310] 王大轶，屠园园，符方舟，等．航天器控制系统的自主诊断重构技术．控制理论与应用，2019, 36(12): 1966-1978.

[311] 李文博，王大轶，刘成瑞．动态系统实际故障可诊断性的量化评价研究．自动化学报，2015, 41(3): 497-507.

[312] 王大轶，符方舟，刘成瑞，等．控制系统可诊断性的内涵与研究综述．自动化学报，2018, 44(9): 1537-1553.

[313] 王大轶，屠园园，刘成瑞，等．航天器控制系统可重构性的内涵与研究综述．自动化学报，2017, 43(10): 1687-1702.

[314] 王大轶，刘成瑞，刘文静，等．航天器控制系统自主诊断重构技术——系统可诊断性与可重构性的评价和设计．北京：中国宇航出版社，2019.

[315] 沈毅，李利亮，王振华．航天器故障诊断与容错控制技术研究综述．宇航学报，2020, 41(6): 647-656.

[316] 郝慧，王南华．基于小波分析的航天器姿态控制系统故障诊断方法研究．航天控制，2005, 23(5): 73-78.

[317] Kim S, Kim Y, Park C, et al. Hybrid fault detection and isolation techniques for aircraft inertial measurement sensors. AIAA Guidance, Navigation, and Control Conference and Exhibit, Providence, USA, Aug. 16-19, 2004.

[318] 王振华，沈毅，张筱磊．基于等价关系和经验模态分解的卫星陀螺故障诊断方法．南京理工大学学报，2011, 35(S2): 127-131.

[319] 王南华，倪行震，李丹，等．卫星控制系统地面实时故障诊断专家系统SCRDES. 航天控制，1991, 9(3): 37-44.

[320] 晏政．航天器推进系统基于定性模型的故障诊断方法研究．长沙：国防科学技术大学，2013.

[321] Hu D, Sarosh A, Dong Y F. A novel KFCM based fault diagnosis method for unknown faults in satellite reaction wheels. ISA Transactions, 2012, 51: 309-316.

[322] 耿云海，金荣玉，陈雪芹，等．执行机构故障的航天器姿态容错控制．宇航学报，2017, 38(11): 1186-1194.

[323] Bustan D, Sani S K H, Pariz N. Adaptive fault-tolerant spacecraft attitude control design with transient response control. IEEE/ASME Transactions on Mechatronics, 2014, 19(4): 1404-1411.

[324] Lu C, Chen X Q, Sheng T. Fault tolerant small satellite attitude control using adaptive non-singular terminal sliding mode. Advances in Space Re-search, 2013, 51(12): 2374-2393.

[325] Monika M, John V. Fault-tolerant control allocation for Mars entry vehicle using adaptive control. International Journal of Adaptive Control and Signal Processing, 2011, 25: 95-113.

[326] Schwartz J L, Peck M A, Hall C D. Historical review of air-bearing spacecraft simulators. Journal of Guidance, Control, and Dynamics, 2003, 26(4): 513-522.

[327] 林来兴. 试论气浮台仿真的功能——卫星姿态控制系统全物理仿真. 控制工程. 1983, 4:1-11.

[328] 李季苏, 牟小刚, 张锦江. 卫星控制系统全物理仿真. 航天控制, 2004, 22(2): 37-41.

[329] 李季苏, 牟小刚, 孙维德, 等. 大型卫星三轴气浮台全物理仿真系统. 控制工程 (北京), 2001(3): 22-26.

[330] 李季苏, 牟小刚, 张锦江, 等. 气浮台在卫星控制系统仿真中的应用. 航天控制, 2008, 26(5): 64-68.

[331] 张锦江, 李季苏, 吴宏鑫. 用单框架控制力矩陀螺的大型航天器姿态控制系统实物仿真研究. 宇航学报, 2004, 25(4): 383-390.

[332] 李季苏, 曾海波, 李铁寿. 多体卫星复合控制物理仿真试验系统. 航天控制, 2003, 21(2): 27-32.

[333] 孔令云, 周凤岐. 用三轴气浮台进行混沌控制与反控制研究. 宇航学报, 2007, 28(1): 99-102.

[334] 贾杰, 周凤岐, 周军. 三轴气浮台转动惯量测试方法研究. 航天控制, 2006, 24(2): 73-77.

[335] Chen X, Yao W, Huang Y, et al. A common ground experiment testbed for synthetic mission demonstration of small satellites. 2009.

[336] Yao H, Wang Y, Cui J, et al. Implementation of three DoFs small satellite ground simulation system//54th AIAA Aerospace Sciences Meeting. 2016: 0697.

[337] Yang Y, Cao X. Design and development of the small satellite attitude control system simulator//AIAA Modeling and Simulation Technologies Conference and Exhibit. 2006: 6124.

[338] 庞慧. 基于分数阶理论的气浮台姿态控制系统设计. 哈尔滨: 哈尔滨工业大学, 2013.

[339] Casti J L. Recent developments and future perspectives in nonlinear system theory. SIAM Review, 1982, 24(3): 301-331.

[340] 高为炳, 程勉, 夏小华. 非线性控制系统的发展. 自动化学报, 1991.

[341] Duan G R. High-order system approaches - Ⅰ. Full-actuation and parametric design. Acta Automatica Sinica, 2020, 46(7): 1333-1345. (in Chinese)

[342] Duan G R. High-order system approaches - Ⅱ. Controllability and fullyactuation. Acta Automatica Sinica, 2020, 46(8): 1571-1581. (in Chinese)

[343] Duan G R. High-order system approaches: - Ⅲ. Observability and observer design. Acta Automatica Sinica, 2020, 46(9): 1885-1895. (in Chinese)

[344] Duan G R. High-order fully actuated system approaches: Part Ⅱ. Generalized strict-feedback systems. International Journal of Systems Science, 2021, 52(3): 437-454.

[345] Duan G R. High-order fully actuated system approaches: Part Ⅲ. Robust control and high-order backstepping. International Journal of Systems Science, 2021, 52(5): 952-971.

[346] Duan G R. High-order fully actuated system approaches: Part Ⅳ. Adaptive control and high-order backstepping. International Journal of Systems Science, 2021, 52(5): 972-989.

[347] Duan G R. High-order fully actuated system approaches: Part Ⅴ. Robust adaptive control. International Journal of Systems Science, 2021, 52(10): 2129-2143.

[348] Duan G R. High-order fully-actuated system approaches: Part Ⅵ. Disturbance attenuation and decoupling. International Journal of Systems Science, 2021, 52(10): 2161-2181.

[349] Duan G R. High-order fully actuated system approaches: Part Ⅶ. Controllability, stabilisability and parametric designs. International Journal of Systems Science, 2021, 52(14): 3091-3114.

[350] Duan G R. High-order fully actuated system approaches: Part Ⅷ. Optimal control with application in spacecraft attitude stabilisation. International Journal of Systems Science, 2022, 53(1): 54-73.

[351] Duan G R. High-order fully-actuated system approaches: Part Ⅸ. Generalised PID control and model reference tracking. International Journal of Systems Science, 2022, 53(3): 652-674.

[352] Duan G R. High-order fully actuated system approaches: Part Ⅹ. Basics of discretetime systems. International Journal of Systems Science, 2022, 53(4): 810-832.

[353] Duan G R. Discrete-time delay systems: Part 1. Global fully actuated case. Science China Information Sciences, 2022, 65(8): 182201.

[354] Duan G R. Discrete-time delay systems: Part 2. Sub-fully actuated case. Science China Information Sciences, 2022, 65(9):

192201.
[355] Duan G R. Fully actuated system approaches for continuous-time delay systems: Part 1. Systems with state delays only. Science China Information Sciences, 2023, 66(1): 112201.
[356] Duan G R. Fully actuated system approaches for continuous-time delay systems: Part 2. Systems with input delays. Science China Information Sciences, 2023, 66(2): 122201.
[357] Duan G R, Zhou B. Fully actuated system approach for linear systems control: A frequency-domain solution. Journal of Systems Science and Complexity, 2022, 35(6): 2046-2061.
[358] Duan G R. Stabilization via fully actuated system approach: a case study. Journal of Systems Science and Complexity, 2022, 35(3): 731-747.
[359] Duan G R. Brockett’s first example: a FAS approach treatment. Journal of Systems Science & Complexity, 2022, 35: 441-456.
[360] Zhang D W, Liu G P, Cao L. Predictive control of discrete-time high-order fully actuated systems with application to air-bearing spacecraft simulator. Journal of the Franklin Institute, 2023, 360(8): 5910-5927.
[361] Zhang D W, Liu G P. Predictive sliding-mode control of networked high-order fully actuated systems under random deception attacks. Science China Information Sciences, 2023, 66(9): 1-14.
[362] Zhang D W, Liu G P. Game-based control of systems under network constraints via a high-order fully actuated predictive control//2023 9th International Conference on Control Science and Systems Engineering (ICCSSE). IEEE, 2023: 338-343.
[363] Zhang D W, Liu G P. An observer-based high-order fully actuated predictive control for systems with network constraints//2023 42nd Chinese Control Conference (CCC). IEEE, 2023: 5212-5217.
[364] Zhang D W, Liu G P. Predictive control for networked high-order fully actuated systems subject to communication delays and external disturbances. ISA transactions, 2023, 139: 425-435.
[365] Zhang D W, Liu G P. Constrained control of networked high-order fully actuated systems via predictive control//2022 41st Chinese Control Conference (CCC). IEEE, 2022: 4366-4371.
[366] Duan G Q, Liu G P. Optimal control of fully-actuated systems for spacecraft rendezvous//2022 41st Chinese Control Conference (CCC). IEEE, 2022: 1690-1695.
[367] 崔凯鑫，段广仁. 基于干扰观测器的一类组合航天器高阶全驱抗干扰控制. 航空学报，2023: 1-13[2023-11-21]. http://kns.cnki.net/kcms/detail/11.1929.V.20230804.1721.006.html.
[368] Duan G, Liu G P. Attitude and orbit optimal control of combined spacecraft via a fully-actuated system approach. Journal of Systems Science and Complexity, 2022, 35(2): 623-640.
[369] 段广全，刘国平. 基于全驱系统方法的组合航天器位姿自适应预设性能控制. 航空学报，1-10[2023-11-21]. http://kns.cnki.net/kcms/detail/11.1929.V.20230824.1940.004.html.
[370] Zhang D W, Liu G P, Cao L. Coordinated control of high-order fully actuated multiagent systems and its application: a predictive control strategy. IEEE/ASME Transactions on Mechatronics, 2022, 27(6): 4362-4372.
[371] Zhang D W, Liu G P, Cao L. Constrained cooperative control for high-order fully actuated multiagent systems with application to air-bearing spacecraft simulators. IEEE/ASME Transactions on Mechatronics, 2023, 28(3): 1570-1581.
[372] Zhang D W, Liu G P, Cao L. Proportional integral predictive control of high-order fully actuated networked multiagent systems with communication delays. IEEE Transactions on Systems, Man, and Cybernetics: Systems, 2022, 53(2): 801-812.
[373] Zhang D W, Liu G P. Predictive sliding-mode control for networked high-order fully actuated multiagents under random deception attacks. IEEE Transactions on Systems, Man, and Cybernetics: Systems, 2023.
[374] 解永春，胡军. 基于特征模型的智能自适应控制方法在交会对接中的应用. 系统科学与数学，2013, 33(9): 1017-1023.
[375] 胡军. 载人飞船全系数自适应再入升力控制. 宇航学报，1998, 19(1): 8-12.
[376] 胡军，张钊. 载人登月飞行器高速返回再入制导技术研究. 控制理论与应用，2014 (12): 1678-1685.
[377] Johnson E N, Calise A J, EI-Shirbiny H A. Feedback linearization with neural network augmentation applied to X-33 attitude control. AIAA Guidance, Navigation, and Control Conference, 2000.
[378] Doman D B, Ngo A, Leggett D B, et al. Development of a hybrid direct-indirect adaptive control system for the X-33.

AIAA Guidance, Navigation, and Control Conference and Exhibit, 2000.

[379] Johnson E N, Calise A J, Corban J E. Reusable launch vehicle adaptive guidance and control using neural networks. AIAA Guidance, Navigation, and Control Conference and Exhibit, 2001.

[380] Xu H J, Mirmirani M, Ioannou P A. Robust neural adaptive control of hypersonic aircraft. AIAA Guidance, Navigation, and Control Conference and Exhibit, 2003.

[381] Ikeda Y, Ramsey J, Lavretsky E, et al. Robust adaptive control of UCAVs. NASA tenical report, 2004.

[382] Balakrishnan S N, Shen J, Grohs J R. Hypersonic vehicle trajectory optimization and control. Nasa Technical Report, 1997.

[383] Xu B, Pan Y P, Wang D W, et al. Discrete-time hypersonic flight control based on extreme learning machine. Neurocomputing, 2014, 128: 232-241.

[384] 逯晓光，孔庆霞，余颖. 基于自适应动态逆的高超声速飞行器姿态复合控制. 宇航学报，2013, 34(7): 955-962.

[385] 孔庆霞. 高超声速飞行器动力学建模与复合姿态控制问题研究. 哈尔滨：哈尔滨工业大学，2012.

[386] 鲁波，陆宇平，方习高. 高超声速飞行器的神经网络动态逆控制研究. 计算机测量与控制，2008, 16(7): 966-968.

[387] 张瑞民. 近空间高超声速飞行器再入飞行的高阶滑模姿态控制研究. 南京：东南大学，2013.

[388] 张红梅. 高超声速飞行器的建模与控制. 天津：天津大学，2011.

[389] 周丽，姜长生，都延丽. 基于FTRBFNN的积分反步法及高超声速飞行器纵向控制. 2008全国博士生学术论坛.

[390] Wu S F, Engelen C, Babuska R, et al. Intelligent flight controller design with fuzzy logic for an atmospheric re-entry vehicle. 38th Aerospace Sciences Meeting and Exhibit, 2000: 174.

[391] Wu S F, Costa R R, Chu Q P, et al. Nonlinear dynamic modeling and simulation of an atmospheric re-entry spacecraft. Aerospace science and technology 2001, 5: 365-81.

[392] Wu S F, Engelen C, Chu Q P, et al. Fuzzy logic based attitude control of the spacecraft X-38 along a nominal re-entry trajectory. Control Engineering Practice, 2001, 9: 699-707.

[393] Wu S F, Engelen C, Babuška R, et al. Fuzzy logic based full-envelope autonomous flight control for an atmospheric re-entry spacecraft. Control Engineering Practice, 2003, 11: 11-25.

[394] Jacobs P. Application of genetic algorithms to hypersonic flight control. IFSA World Congress and 20th NAFIPS International Conference, 2001 Joint 9th: IEEE; 2001: 2428-2433.

[395] Shen Q, Jiang B, Cocquempot V. Fault-tolerant control for T-S fuzzy systems with application to near-space hypersonic vehicle with actuator faults. IEEE Transactions on Fuzzy Systems, 2012, 20:652-65.

[396] Shen Q, Jiang B, Cocquempot V. Fuzzy logic system-based adaptive fault-tolerant control for near-space vehicle attitude dynamics with actuator faults. IEEE Transactions on Fuzzy Systems, 2013, 21: 289-300.

[397] Zhou Z, Lin C F, Burken J. Fuzzy logic based flight control system for hypersonic transporter. IEEE Conference on Decision and Control, 1997: 2730-2735.

[398] 高道祥，孙增圻，罗熊，等. 基于Backstepping的高超声速飞行器模糊自适应控制. 控制理论与应用，2008, 25: 805-10.

[399] 王士星，孙富春，许斌. 高超声速飞行器的模糊预测控制. 东南大学学报，43(z1), 2013: 22-27.

[400] 胡超芳，刘运兵. 基于ESO的高超声速飞行器模糊自适应姿态控制. 航天控制，33(2), 2015: 45-51.

[401] Luo X, Li J, Fuzzy dynamic characteristic model based attitude control of hypersonic vehicle in gliding phase. Science China Information Sciences, 2011.

[402] 李菁菁，任章，宋剑爽. 高超声速再入滑翔飞行器的模糊变结构控制. 上海交通大学学报，2011, 45(2): 295-300.

[403] Jiao X, Fidan B, Jiang J, et al. Adaptive mode switching of hypersonic morphing aircraft based on type-2 TSK fuzzy sliding mode control. Science China Information Sciences, 2015, 58: 070205:1-070205:15.

[404] Gao J L, Yuan R Y, Yi J Q. Adaptive fuzzy high-order sliding mode control for flexible air-breathing hypersonic vehicle. 2014 IEEE International Conference on Mechatronics and Automation (ICMA), 2014: 1515-1520.

[405] 刘燕斌，陆宇平，何真. 高超声速飞机纵向通道的多级模糊逻辑控制. 南京航空航天大学学报，2007, 39(6): 716-721.

[406] Yang F, Yuan R Y, Yi J Q, et al. Direct adaptive type-2 fuzzy neural network control for a generic hypersonic flight vehicle. Soft Comput, 2013, 17: 2053-2064.

[407] 王健. 基于动态逆的高超声速飞行器高度控制方法. 航天控制，2012, 30(3): 19-22.

[408] 朱纪立，刘向东，王亮，等. 巡航段高超声速飞行器的高阶指数时变滑模飞行控制器设计. 宇航学报, 2011, 32(9): 1945-1952.
[409] 胡庆雷，李理. 考虑输入饱和与姿态角速度受限的航天器姿态抗退绕控制. 航空学报, 2015, 36(4):1259-1266.
[410] 胡庆雷，姜博严，石忠. 基于新型终端滑模的航天器执行器故障容错姿态控制. 航空学报, 2014, 35(1): 249-258.
[411] 韩治国，张科，吕梅柏，等. 航天器自适应快速非奇异终端滑模容错控制. 航空学报, 2016, 37(10): 3092-3100.
[412] 朱占霞，马家瑨，樊瑞山. 基于螺旋理论描述的空间相对运动姿轨同步控制. 航空学报, 2016, 37(9): 2788-2798.
[413] 杨一岱，荆武兴，张召. 一种挠性航天器的对偶四元数姿轨耦合控制方法. 宇航学报, 2016, 37(8): 946-956.
[414] 吴宏鑫，胡军，解永春. 基于特征模型的智能自适应控制. 北京: 中国科学技术出版社, 2009.
[415] 董楸煌，陈力. 双臂空间机器人捕获非合作目标冲击效应分析及闭链混合系统力/位形鲁棒镇定控制. 机械工程学报, 2015, 51(9): 37-44.
[416] 谢箭，刘国良，颜世佐，等. 基于神经网络的不确定性空间机器人自适应控制方法研究. 宇航学报, 2010, 31(1): 123-130.
[417] 冯刚，杨东春，颜根廷. 近程编队飞行鲁棒非线性导航滤波器设计及相对路径控制. 指挥与控制学报, 2015, 1(2):181-191.
[418] 黄勇，李小将，杨业伟，等. 应用虚拟结构的卫星编队飞行自适应协同控制. 中国空间科学技术, 2015, 3(10): 73-83.
[419] Voland R T, Huebner L D, McClinton C R. X-43A Hypersonic vehicle technology development. Acta Astronautica, 2006, 59: 181-191.
[420] 孙俊，刘胜忠. 准最优控制理论在航天器轨道交会中的应用. 上海航天, 2007, 5: 14-18.
[421] 吴忠，黄丽雅，魏孔明，等. 航天器姿态自抗扰控制. 控制理论与应用, 2013, 30(12): 1617-1622.
[422] 李鹏，陈兴林，宋申民，等. 交会对接最后逼近段姿轨耦合控制. 智能系统学报, 2010, 5(6): 530-533.

本章负责人　　杨雪飞　哈尔滨工业大学

参加编写人员　周　彬

# 第5章　陆用（运载）装备自动化

## 5.1　陆用装备自动化背景介绍

### 5.1.1　引言

本章所针对的陆用装备是指广泛应用于地面作战的各种装备，不仅包括常规重型机械化设备和轻型地面作战装备，如火炮、装甲车、防空武器、制导兵器、轻武器和低成本无人机等，还包括相应的作战指挥系统、后勤支援设备以及作战模拟训练系统等。

陆战是人类社会最早运用的作战形式，陆用装备是世界上最早出现的兵器。在工业革命出现之前的封建社会，战争主要是人力和物力的较量。尽管当时物质和科技水平较低，但人们在长期摸索实践中逐渐发现了自动化技术对兵器能力的巨大提升作用。例如，三国时期出现的诸葛连弩实现了弩机的连续发射，在诸葛亮北伐战争中发挥了强大的威力，被誉为“世界上最早的自动武器”。

进入工业革命之后，科学技术的飞速发展推动了自动化技术在陆用装备上的大规模应用，使得陆用装备先后经历了机械化和信息化阶段。在机械化阶段，陆用装备的发展目标主要是提升机动力、火力和防护力，通过综合利用动力设备、石化能源等物理实体及相关技术，使各项机械性能指标达到最优。在信息化阶段，陆用装备通过计算机和网络接入信息化作战体系，大大提升了信息的获取、处理、共享等能力和可靠性，实现战场环境透明化、指挥控制高效化、操作过程自动化、目标打击精确化和维护保障集约化。1991年海湾战争中，美国陆军和其他军种依托信息化手段在作战中相互支援、优势互补，以闪电般的速度取得了战争的决定性胜利，让世界意识到了信息化武器装备的强大威力。

当前，人工智能技术正在对陆用装备产生巨大深远的影响，海量数据、强大算力和先进算法赋予了陆用装备自主“认知”“思考”和“学习”的能力，显著提升了从单件陆用装备到指挥控制系统、从战场态势感知到装备维护保障的智能化水平，推动陆用装备向智能化阶段快速迈进。例如，截至2023年，美国陆军已经连续3年开展融合计划（Program Convergence）系列演习，旨在通过利用人工智能技术形成“观察-判断-决策-执行”（Observation，Orientation，Decision，Action，OODA）一体化，实现情报信息融合、威胁自主分析、任务智能分配、打击敏捷响应、决策高速轮动等目的，从而加速杀伤链流程。我国在《新一代人工智能发展规划》中也明确指出，要强化新一代人工智能技术对指挥决策、军事推演、国防装备等的有力支撑，推动各类人工智能技术快速嵌入国防创新领域。

尽管航海、航空、航天等新域新质装备不断出现，但陆用装备依旧是现代战场中应用最为广泛的武器装备，对战场胜负起着重要作用。自动化技术贯穿了陆用装备机械化、信息化和智能化发展过程，是现代陆用装备的神经中枢和威力倍增器，很大程度上决定了其作战效能和先进性。面向未来作战需求，我国需要积极吸收最新科技发展成果，努力吸取国外陆用装备的长处，对陆用装备所涉及的理论、方法、技术和应用进行创新攻关，进一步提高我国陆用装备自动化水平。

### 5.1.2 陆用装备自动化系统的典型特征描述

陆用装备自动化系统是指由计算机技术、控制技术、传感器技术和执行器技术等多种技术共同组成的陆用装备系统，能够对感知、决策、打击、评估、维护、保障等方面进行全方位控制和优化，降低士兵体力和脑力消耗，大幅提高装备整体作战效能。陆用装备自动化系统具有如下几大特征：

① 装备高度集成，涉及多个分系统的密切配合。陆用装备自动化系统是一个高度集成的整体，包括感知系统、导航系统、控制系统、通信系统、决策支持系统和健康监测系统等，这些分系统通常高度集成，彼此之间互联互通、协调配合，共同实现陆用装备的自动化运行。例如，在一个无人战车中，需要环境感知、导航定位、运动控制和武器控制协同工作，才能共同实现自主侦察打击任务。

② 弱/无人工依赖，可自动高效地执行作战任务。与传统陆用装备依赖人工操作不同，陆用装备自动化系统能够依赖自身的感知、决策和执行能力，独立自主地完成作战任务，不需要持续的人工干预，操作员通常只需指定任务和目标，而后由系统按照设计的算法程序自动执行。上述特征将士兵从繁重且危险的作战任务中解放出来，提高了陆用装备的操作便捷性、可靠性和安全性。

③ 信息至关重要，成为改变制胜机理的核心要素。信息对于陆用装备自动化系统至关重要，是能否完成战场认知、任务决策、目标打击、彼此通信等任务的前提。近年来，陆用装备智能化趋势更是对战场信息规模和质量提出了越来越高的要求，信息的流动和掌握已经成为战场制胜和防御的关键，抢夺数据资源、占领信息优势成为掌握战场主动权的关键，并催生了信息战的出现。

④ 注重体系协作，不过度强调单体能力和规模。在很长一段时间，陆用装备发展的主要目的是提升单体能力或以数量优势取胜，当单体性能接近瓶颈后上述做法效率比较低。为此，陆用装备自动化系统越来越注重与其他系统的协作，共同组成一个信息化作战整体，各系统基于智能指挥控制系统实现信息共享、火力协同和综合防御，更加强调体系优势而不仅仅是个别系统的独立性能。

⑤ 效能优势明显，具备传统装备不具备的能力。随着信息获取、处理、利用和保障技术的不断完善，陆用装备自动化系统能够与其他武器系统、作战单元协同作战，适应各种不同作战环境，快速响应战场变化，及时调整作战策略，精确实现预期战略战术目标，成本效益高、可扩展性好、系统可靠性强，具备传统陆用装备所不具备的数字化、无人化、网络化、自主化、智能化等能力。

⑥ 技术更新迅速，紧跟当前软硬件发展水平。陆用装备自动化系统的发展很大程度上体现了当前科学技术水平，如新型传感器、智能算法、通信协议的更新迭代不断提升了装备的作战效能。然而，陆用装备通常面临小平台、小样本、小资源等约束，不断增加的数据量和算力需求通常会受到硬件性能的限制，使得陆用装备的实际作战效能是软硬件之间相互妥协的结果。

总的来说，陆用装备自动化系统是作战需求变化和科学技术发展共同推动的结果，在信息、微电子、人工智能等技术的加持下，陆用装备体系正在由“以平台为中心”向“以网络为中心”转变，架构正在由“多层级、集中式”向“扁平化、分布化”转变，推动陆上主战武器系统、信息支援系统、指挥控制系统以及维护保障系统间的协同化、自动化、智能化水平不断提升。

### 5.1.3 陆用装备自动化技术发展趋势

#### 5.1.3.1 发展重点逐渐聚焦顶层，认知对抗将成为未来焦点

陆用装备自动化系统的结构大体可以分为物理层、信息层以及认知层三个部分，如图2-5-1所示。信息层主要负责信息获取、传递和共享，认知层基于不同单元的态势认知信息进行协调、磋商和决策，物理层根据所获取信息和决策结果进行任务分配和火力打击。三层环环相扣、交互联动，形成完整作战过程。

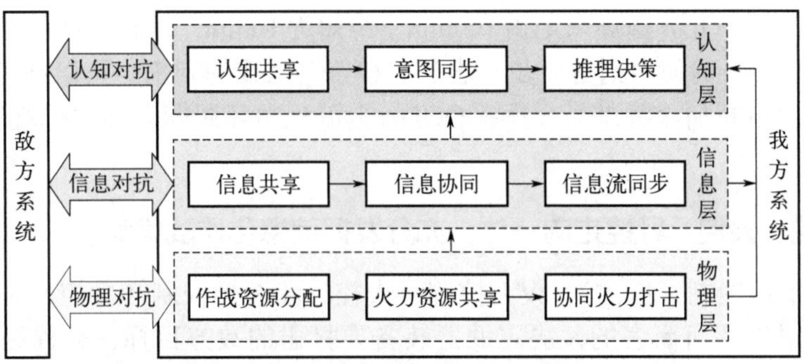


图 2-5-1 陆用装备自动化系统结构层次

随着现代战争加速向智能化方向发展，底层物理层、中层信息层和顶层认知层间的交互耦合关系将进一步深化，同时随着物理层和信息层技术的逐渐成熟完善，陆用装备发展的重点将进一步向认知层聚焦，认知智能将成为陆用装备的关键核心能力，认知对抗将成为未来战争舞台的焦点。需要强调的是，上述趋势并不意味着可以忽视物理层和信息层的存在，相反，它们是认知对抗的物质基础和连接手段，具有不可替代的重要作用。

在上述趋势下，需要增强陆用装备个体和群体的认知智能。在个体认知方面，陆用装备将配备更多传感器用于搜集敌方信息，从海量情报数据中提取有用信息，准确分析并理解敌方意图和行动，自主规划并执行行动任务，提高复杂环境下的适应能力。在群体认知方面，需要综合利用各方局部认知信息，结合先进人工智能算法实现对复杂战场的一致性认知，赋予装备体系等同甚至超越人类的认知和推理能力，并在此基础上做出明智的战术和战略决策，制胜未来智能化战场。

#### 5.1.3.2 集成化、智能化不断加深，OODA循环周期持续缩短

陆用装备的典型作战过程包括观察（Observation）、判断（Orientation）、决策（Decision）和执行（Action）四个阶段，如图2-5-2所示。首先需要观察周围环境感知战场态势变化，而后结合知识经验正确判断敌方威胁，接着做出明智决策并确定行动方案，最后快速而准确地执行相应行动。这四个阶段相互影响形成闭环，构成了动态的OODA循环。一场作战行动成功与否，很大程度上取决于敌我双方谁能更快更好地完成OODA循环。

微电子技术和人工智能技术的飞速发展推动陆用装备自动化技术进一步走向集成化和智能化。集成化意味着多种功能和组件将被整合到同一系统中，利用信息技术将OODA中的多个不同流程合为一体，减少不同流程间的通信和等待时间，更好地实现资源优化和信息共享，提高陆用装备的综合性能。智能化意味着以大模型为代表的先进智能算法将驱动OODA加快自主循环，使信息获取和处理更快速、态势和目标判断更准确、计划制定和行动执行更高效。

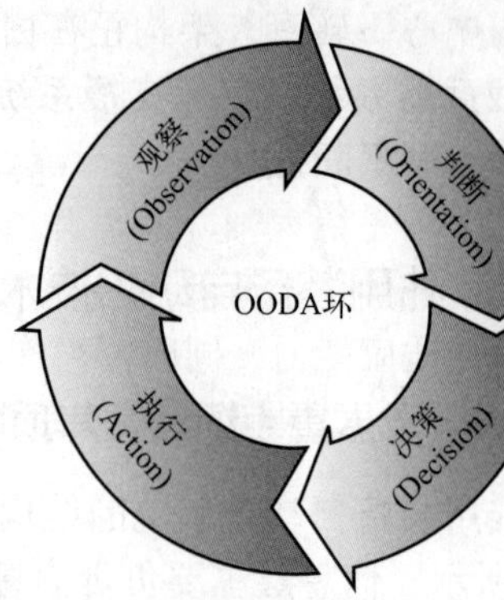


图 2-5-2　陆用装备 OODA 作战循环

压缩OODA循环周期是加快反应速度、提高作战效率、增强战场适应性和战略灵活性的有效手段。自20世纪90年代至今，美军先后经历了多次战争，其OODA循环周期由100min、缩短为10min，而在一些作战行动中，智能侦察打击一体化装备的使用则进一步标志着“秒杀”时代的到来。可以预见的是，装备集成化和智能化的不断加深将进一步压缩OODA全流程循环周期，实现“发现即摧毁”，夺取作战制胜先机。

#### 5.1.3.3　指控、火控、导控走向一体，充分发挥信息化作战优势

传统上，指挥控制（指控）、火力控制（火控）和制导控制（导控）是三个不同的概念。指控是针对指挥所而言的，决定武器装备要打击的敌方目标；火控是针对火力而言的，决定打击指定敌方目标的初始射击条件；导控是针对飞行中的武器而言的，决定打击指定敌方目标的过程和终端效果。将弹头准确送达敌方适当目标区域是陆用装备指控系统、火控系统与导控系统共同作用的结果。

信息化时代使现代战争形态发生了根本性变化，随着敌我双方体系化、信息化和网络化作战模式的逐渐成熟和各种低成本智能精确打击弹药的大量涌现，陆用装备火控系统的内涵正在不断向前（即指控）、向后（即导控）拓展，因此需要将指控、火控、导控进行一体化融合设计，对作战信息进行一体化管理与分发，对作战单元进行一体化指挥和控制，将传统火控反馈控制功能一直延伸到命中目标，提升打击的精确度和时效性。

指控、火控、导控一体化是构筑$C^4$KISR（信息通信指挥攻击系统）作战体系的必由之路，将促进形成一条覆盖目标搜索与发现、目标跟踪与监视、目标识别与打击、战斗损伤与评估等功能的强有力“杀伤链”。集火控、指控、导控为一体的武器综合控制系统设计将是未来发展的重点，构建一个具有标准接口、规范通信协议的分布式计算机网络，构建指控、火控与导控功能兼备的实时闭环校射系统，在指控和火控解算时考虑导控能力和精度，在发射后继续对飞行弹头进行制导控制减少发射误差，有效打击体系化作战下广泛使用的制导武器、无人机等高机动目标。

#### 5.1.3.4　有人/无人高效协同作战，人逐渐脱离实际作战前线

以人工智能为代表的现代科技蓬勃发展，不断推动无人装备实现自主感知、自主决策、自主规划、自主控制等能力。无人装备具备快速程序决策、精准作战行动以及复杂环境高耐受度等优势，必将在未来战场大显身手。另外，人类具有决策可控、灵活适应、主观能动等独特优势，能够在动态战场中做出及时、可信、可靠的应对策略和行动，这是无

人作战平台在短期内难以实现的。

将人类与无人装备的优点进行结合，构成人机协作的混合智能方式，将是未来陆用装备的重要发展趋势。例如，远程精确打击弹药将宝贵的兵力资源后移至指挥机构，同时智能辅助决策系统大幅降低指挥员工作负荷，使士兵远离作战前线，集中精力于高层次决策和关键事件确认，有效满足未来动态战场对高实时响应的需求，提高陆用装备在高度复杂环境下的适应能力，同时精简作战人员编组、降低我方伤亡概率。

有人/无人协同作战系统是由“人-机-环境”相互作用的新的“信息-物理-人”系统，是物理空间、信息空间、人类空间相互耦合、相互影响的复杂系统。通过平台之间的密切配合，该系统能够实现人与装备之间的深度合作与融合，最大程度地发挥二者互补增效优势，达成战场信息顺畅交互、作战决策优中择优、作战行动密切配合，形成有人/无人一体化作战能力，增强陆用装备毁伤打击效能，有效拓展作战任务空间，是改变未来战争形态的利器。

#### 5.1.3.5 陆海空天边界逐渐淡化，跨域协同最大化体系效能

现代战争对武器装备的作战方式提出了越来越高的要求，同时随着先进军事科技的蓬勃发展与新锐作战力量的不断调整，自动化、智能化的武器装备不断涌现，如今几乎每个军兵种都在不断突破单一作战域界限，或多或少地具备远程跨域精确打击能力。对于陆用装备而言，其作用范围已经不仅限于近程陆地作战，还具备了较远距离的精确打击能力与近海兵力投送能力，不同空间域装备之间跨域协同作战的趋势已经初现端倪。

未来战场是体系与体系的对抗，陆海空天作战空间将进一步模糊。在此背景下，陆用装备与其他空间域装备将更加密不可分，形成多维立体的一体化作战体系，综合利用陆用装备与海洋装备续航时间长、稳定性强等优点，空中装备搜索范围大、通信距离远等优点，太空装备侦察监视全球覆盖、突发事件快速响应等优点，弥补单一空间域作战能力的不足，利用更广、更准、更快的多维感知能力，产生更精、更稳、更强的复合打击效能。

跨域协同是装备发展的高级阶段，面临更加复杂的环境和任务，属于典型的复杂系统，其技术体系不仅包含传统无人装备技术体系，还具有更加丰富的技术内涵和外延。为了实现跨域协同，装备感知、决策、规划、控制等技术均需在跨域协同的框架下进行统一梳理和研究，进一步促进高度智能化的指挥控制系统和高度协同的装备体系，实现陆海空天不同空间域装备之间的信息交换与融合、任务分配与合作、行为交互与协调，达成信息共享、功能互补、战术协同、能效倍增。

## 5.2 陆用装备自动化技术国内外现状

### 5.2.1 陆用装备自动化技术现状

随着科学技术的不断发展，当今现代化军事领域也不断演变为了科技上的战争。在高新技术的战争背景下，智能自动化技术的理论及应用研究全面推动了陆用装备的快速发展，军事领域逐步向智能信息化的形态转变。总的来说，围绕技术的自动化和智能化等特征，可以从智能化、无人化、网络化、信息化、数字化、一体化六个方面对陆用装备自动化技术现状进行阐述。

#### 5.2.1.1 智能化

现代化军事的背景下，需要处理的数据信息更加庞大、复杂，由于人类自身认知能力的受限，单凭情报分析人员的人工处理，特别是针对非结构化数据，如图像、自然语言文本，以及视频等，难以高效且及时地完成任务。这种情况妨碍了实时且精确的战争预测能力的实现，由此直接导致指挥层决策的效率和准确性受到严重影响。当下陆军装备依靠人工智能技术，利用大数据、机器学习、神经网络等技术，向着具有精确灵敏的感知识别功能、快速高效处理数据信息并准确做出指挥判断以及自主学习的方向发展，从而极大提高作战效率、降低人员操作上的失误。

人工智能技术的快速发展极大程度地推动了现代战争形态朝着智能化转变，智能控制在军事领域应用的规模和复杂程度也在不断扩大。人工智能技术对于提高感知-判断-决策-行动环的快速性有着重要作用。美国在其“第三次抵消战略”中提出了新概念武器，包括智能武器和自动化无人武器系统等，推动了颠覆性技术的发展，这可能彻底改变未来战争的动态格局。此外，美国战略与预算评估中心也引入了“决策中心战”的概念，该战略在兵力运用上采取了物理上的分散化和逻辑上的一体化原则，并借助智能技术迅速提升决策效率。智能化的战争形态与机械化战争、信息化战争相比较，已经初步呈现出自主化、人机协同化、集群协作化等特征。自主化，即智能化设备能够自行感知环境、数据等信息做出精准的预测和决策，而不是只能靠人类控制才能进行活动；人机协同化，即作战时依靠人类和智能设备的相互配合进行指挥决策；集群协作化，即通过将多个作战单元（如飞机、舰艇、陆军部队等）组成一个大规模集群，并借助蜂群智能和自组织性等形成高效率、高灵活度、低成本的协同作战方式，从而实现对战场态势的控制和作战决策支持。

智能化控制系统依靠先进的人工智能技术，建立在先进的识别感知算法、机器学习算法、大数据等多项技术上。陈静等人提出了机器视觉技术的应用，凭借其非接触测量、实时性好、可持续工作等优点，在复杂环境辨识与判断，提高火炮、导弹精度上有很好的应用。柏财通、高志强等人设计了基于门控网络的军事装备控制指令语音识别，该控制指令语音识别能够准确高效地实现对军用装备的精准识别与控制。

#### 5.2.1.2 无人化

无人化，即智能技术使得战场形态从以前的实体武器之间的战争转变为了信息战、算法战，使用智能的无人系统进行对抗；无人化武器装备主要指的是能够自主执行军事任务并不需要人类操作员直接参与的武器系统。这类装备可以通过人的远程操作进行作业，减少了人员危险，降低了人员工作负荷，增强了侦测能力。无人装备的设计以任务为主，不受乘员需求制约，因而具备了更紧凑的体积、更轻的质量、更卓越的机动性、更出色的隐蔽特性、更持久的连续操作时间，以及更广的作战范围。我国正在积极推进国防和军队现代化转型建设，其中，陆军在促进武器装备信息化和智能化方面正迈出坚实的步伐，此外，无人装备的发展已经成为其中不可或缺的关键领域之一。

随着人工智能时代的兴起，地面无人作战系统已然确立为未来陆军信息化装备发展的重要组成部分。这一领域的发展旨在创造一种高度自主化的战术系统，其不仅能够自主执行侦察、搜索、目标瞄准和攻击任务，还具备感知、决策和执行的智能能力，呈现出高度智能化和类人化的特征。此类地面无人作战系统将不再需要直接人工操作，而能够借助先进的人工智能技术自主完成多重任务，包括信息收集、目标识别、兵力部署等，从而为未来陆军作战提供更大的灵活性和效能。目前，美军已先后研发出多种无人运输车辆，部分车型已装备部队，例如R-加特尔多用途无人车、班用多用途无人驾驶装备运输车、多用途战术运输无人地面车辆。我国目前较为典型的地面无人系统有混合动力无人机动平台、无人驾驶核化侦察车、末制导炮弹专用遥控靶车、神行-Ⅲ军用地面智能机器人系统等。

#### 5.2.1.3 网络化

随着近年来网络技术的不断发展，网络化控制系统也成为了作战装备、作战形式重要的研究方向。网络化利用通信技术和计算机技术，通过遵循特定的网络协议，使得不同地点的各个终端设备可以进行相互通信，实现用户之间的资源共享。在军事的背景下，网络化武器装备能够集群作战，实现信息的实时交互，使作战体系网络化。网络化控制系统是通过网络闭环的反馈控制系统，连接了实体空间和网络空间，可以在长距离下执行许多任务，该系统的最大特点是各控制器可以有效率地分享装备与战场信息，因此可以在大实体空间内分析战争态势，做出明智的作战决策。

网络化作战体系以信息流和逻辑流为纽带，以网络为中心涵盖侦察预警、指挥控制、防空反导、火力打击、信息攻击和综合保障等多个作战要素。通过网络化平台实现协同探查，可有效提升目标探测概率，从而在战争情境中显著提高破案率和及时侦察敌军的能力。此外，网络化手段还可被利用以迷惑敌对势力，以达到干扰目标识别和增强隐蔽性的效果。共享网络信息的实践能够显著增强信息的准确性、全面性和可信度。同时，通过组网技术实现目标追踪、武器发射和武器导引功能的分离，有助于提高平台的安全性以及供给过程的精确性。鲁磊、卢厚清等人结合层次分析和复杂网络方法提出了新的网络化作战体系中目标重要度评估方法；刘志强等人研究了智能弹药网络化协同作战的优势和特点，认为其将成为新趋势。陈杰和陈晨等人以网络化防空作战为背景，提出并构建了基于联邦Kalman滤波技术的航迹融合技术，子滤波器可根据网络传输状态，处理数据丢包和时延情况。

#### 5.2.1.4 信息化

信息化战争是指在信息时代，基于信息技术和信息化武器装备，以系统集成和信息控制为核心，实现快速、精确和全面的作战行动，并对敌方实施打击和防御，以达到战争目标和战略利益的目的。美国以网络为主要场域，广泛运用现代信息技术，以多种方式全面推进信息战，试图影响和改变目标国家的舆论风向和认知。此外，美国还大力扩展信息战同盟，将更多国家纳入其同盟体系以进一步限制竞争对手的活动环境。

随着5G通信技术的出现和不断发展，该通信技术在陆用装备自动化的应用也逐渐拉开帷幕。5G通信技术具有超高速率、超大容量和超低延迟的特点，使情报人员能够更加高效快速地进行数据、信息、情报的共享，也使得各个武器和控制器之间可以做到低延迟的交互，并且做到精确打击，通过运用负载均衡信息技术、模块化信息技术、分布式计算信息技术和行动通信等先进技术，实现对离散配置的战斗资源优势的有机整合，形成一个具备高度弹性和移动性的战斗资源池。这个池子同时具备分布式、互联性、模块化、按需提供服务和易于扩展等特点，为作战单位创造了按需获取战斗网络资源的机会，从而为实现“跨域协同”提供了必要的条件和保障。

#### 5.2.1.5 数字化

数字化部队具备了数字技术和电子信息装备等现代技术，实现了信息化和智能化的军队，提高了作战效能和战场优势。信息化强调的是去中间化，而数字化强调的则是去中心化，让机器人的控制系统分布到每个脚、每个执行机构上而不单单只有一个中心控制器。随着大数据技术的发展，该技术在军事领域的运用是重要的研究方向，未来战争可能就会发展为信息战、数据战。

目前，国内外提出了一系列关于数字化领域的战略规划和布局，这让军队朝着数字化转型成为了必然趋势。美军基于数字化部队中数字化系统数量的激增，提出了数字化训练战略；美军打造的“陆地勇士”也是数字化单兵装备的典型代表，从陆地勇士概念的提出到初具规模，陆地勇士系统已经发展为完整的武器系统，士兵是这个武器系统的核心。我军的数字化单兵装备目前仍处于研究阶段，但已经取得了重大突破，一些数字化单兵装备，如一体化多功能头盔、单兵武器装备已经装备了数字化部队。

#### 5.2.1.6 一体化

随着智能技术、信息化、数字化作战体系的发展，一体化作战应运而生。一体化联合作战通过整合各种作战要素和资源，使作战效能最大化，这使其成为了众多战争指导者的必然选择，也是战争态势发展的必然结果。在未来的联合作战中，各种参战军种、参战力量的作战安排、作战指挥都通过网络信息体系为枢纽，紧密围绕整体作战目标协同展开，多域协同和跨域融合的作战理念已经成为不可抗拒的趋势。在局部战争中，往往需要海、陆、空等不同军种的协同、配合，发挥出各个军种的优势完成作战任务。

一体化作战是指一体化指挥系统、一体化作战力量等。一体化指挥系统是一体化作战的“大脑”和“神经”。该指挥系统具备纵向指挥和横向联系的双重能力，通过交叉融合实现了在纵横两个层面的高效协同，其运作过程呈现出明显的非程序化和非线性化特征，构成了相互渗透、互为依托的一体化作战指挥布局。一体化作战力量是一体化作战的“拳”和“脚”，一是武器装备系统的一体化，二是作战单元的一体化，使各个作战单元实现互联、互通、互操作。孙笑天等人对信息化条件下的一体化联合指挥控制流程建模进行了研究，分析了一体化指挥控制的重要性，建立了合理正确的指挥控制模型。

一体化协同作战是一体化作战的主要形式。一体化协同作战依赖于网络中心化的指挥控制系统。这些系统允许指挥官实时监控、指挥和协调作战部队，以快速做出决策。美国海军部队提出了网络中心战的概念，通过信息共享的方式，将指挥控制系统、传感器、武器平台和武器装备等进行各节点的联网连接，提高了作战时的协同能力。网络中心战所构建的复合跟踪网，实现了由下而上的自协同，下级指挥官也能实时地获取到战场的状态，使作战效能最大化。积极推动智能化、网络化的分布式协同作战技术的发展，对于提升现有的装备作战效能和作战配合能力、整合各军种的陆用武器装备，凸显各军种的优势，推进军队武器装备的发展和综合国防实力的提升，争取未来战场的主导权，具有重大意义。

### 5.2.2 陆用装备智能指挥控制系统技术现状

随着越来越多的高科技武器投入到战争中，现代战争的信息化水平不断提高，并逐渐向着多元化方向发展。智能指挥控制系统能够实现对作战信息全方位的获取和传输、对复杂战术信息的高效处理，以及直观清晰的信息显示，为现代化军队作战模式的变革提供重要支持。

陆用装备智能指挥控制系统是指装载在陆用装备上，以计算机和软件为核心，具备类脑式智能感知决策能力，可以根据作战任务、敌我态势等进行自动分析评估，对战场态势数据进行深度挖掘，形成可供人工干预的决策支持建议，并不断加强自我学习的电子信息系统装备或装置。通过使用智能算法和模型，智能指挥控制系统可以实现作战信息的预测、收集、传递、处理的自动化，并根据实时情况调整指挥策略，以提高部队的陆地作战效能。

#### 5.2.2.1 智能指挥控制系统技术的组成

智能指挥控制系统技术以脑机工程、神经网络、人工智能等关键技术为基础，主要包含智能态势分析、智能指挥决策、智能组网与数据传输、智能人机交互等方面。

**（1）智能态势分析技术**

智能态势分析即通过智能方法对敌目标情报和自我情况进行分析判断，估计预测敌方对我方可能造成的威胁以及破坏等，为指挥员进行作战决策提供依据。智能态势分析技术在对以往实战数据、实兵对抗数据、兵棋推演数据等进行态势标注的基础上，可将其作为训练数据对模型进行训练，以实现对战场态势的理解。深度学习方法作为常用的态势分析技术，被用于分析指挥员理解战场态势的思维模式，模拟指挥员战场态势高级理解思维过程，实现对复杂战场态势的有效感知。

**（2）智能指挥决策技术**

智能指挥决策即通过深度学习、智能优化等智能技术方法，根据战场态势实时匹配作战预案或实时调整作战方案，形成智能化的作战决策，实现作战资源的优化部署、作战资源的优化分配等。智能指挥决策技术以大数据、人工智能等现代新技术为支撑，在实时对抗、不确定性推理等复杂动态场景问题上都表现出优秀的能力。如在作战资源优化部署问题上，常通过粒子群算法等智能优化方法实现快速、高效的部署。针对作战资源的分配问题，通过引入MOEA/D等多目标优化方法以及强化学习等人工智能技术，可实现对多平台、多阶段装备资源的快速分配。

**（3）智能组网与数据传输技术**

智能组网与数据传输即保证武器平台可快速接入网络、快速完成网络切换的同时，支持高可靠性的数据传输。具体来讲，将赛博空间的电磁频谱相关技术融入机器自主系统和人工决策系统中，可实现数据快速传输与共享，并且在其中可以对节点进行实时更新，具有高可靠性，在某一设备出现问题时，可以及时进行判断与修正，尽可能降低数据故障。

**（4）智能人机交互**

智能人机交互的关键在于自适应作战过程中的变化，根据作战人员的需求，动态改变交互界面，实现更好的战场指挥和决策效果。例如，针对步兵野外作战任务，智能人机交互系统应提供实时情报展示、多模态交互、自适应界面等功能，来适应野外作战环境的复杂性和不确定性；针对无人机侦察任务，智能人机交互系统应提供实时视频传输、多任务切换、飞行状态控制等功能，帮助无人机高效、灵活地完成侦察任务。

#### 5.2.2.2 智能指挥控制系统技术的应用

在智能指挥控制系统建设方面，研究人员针对新时期下多维的作战空间和多变的战场态势，根据军队对指挥控制系统提出的新需求，开展了多域指挥控制系统的建设；在智能指挥控制系统的分析评估方面，研究人员在构建作战方案评估指标体系的基础上，对在不同态势下的仿真数据进行采集，利用数据挖掘等大数据处理技术对仿真评估数据进行指标体征提取与处理，实现对仿真评估结果的样本数据的优化。

“进攻一号”军事专家支持系统是一种典型的智能辅助指挥决策工具，利用基于人工智能的专家系统，使得决策规则与模拟相结合，可以提供辅助决策或评估替代方案，以及用传统的方程或模拟技术不易得到的解析结果，目前已投入使用并通过鉴定。“进攻一号”的知识库由4000多条不同性质的规则库构成，按模块可分为符合上级意图知识源、位置恰当知识源、地形有利知识源等。由于战场上各信息的不确定性，“进攻一号”系统还基于模糊推理建立了处理不确定信息的知识模型。“进攻一号”系统的推理机制采用模糊推理，在证据节点事实库的可信度统一在模糊隶属的基础上，则可实现正向、反向模糊推理。在人机接口方面，“进攻一号”的系统输出由解释子系统、决心文输出、图形输出三部分组成，用以辅助指挥人员做出决策。

#### 5.2.2.3 智能指挥控制系统技术的发展方向

在现代战争中，各种作战力量交杂，武器装备种类繁多，多种打击方式配合。智能指挥控制系统的发展将注重于作战信息的采集、智能算法的引入、信息网络的建立等方面。智能指挥控制系统对信息的依赖性非常高，它需要从各种信息源中获取实时和准确的数据，以支持数据处理和决策行动。无线传感器由于其部署简单灵活、数据传输实时性好，被广泛应用于军事领域中，被称为战场上的“隐形侦察兵”。由多种传感器组成的无线传感器网络，有利于获取更多的信息，并进行多节点、多角度和多方位的信息综合，有效地提高了侦察信息的可信度。

此外，基于大数据建立的智能决策辅助系统，将定性定量评估、专家系统、仿真系统，以及各类模型库、知识库和规则库有机整合，智能地生成更加优化、更加精准的作战决策，为指挥人员提供定性和定量相结合的决策支持，实现从数据优势到决策优势再到行动优势的转变，提升智能指挥控制系统决策的精准性。未来战场上，作战行动将不局限于单一作战环境。各作战单位之间有大量的数据存储、仿真计算。云计算技术能够集成系统内计算、存储资源，形成大容量的计算、存储池，并能迅速响应系统用户的资源请求，在短时间内为用户部署好所需计算环境和存储能力。

### 5.2.3 陆用装备智能火力控制系统技术现状

火力控制系统简称火控系统，是协助射击武器或投掷武器自动瞄准、跟踪与命中目标的系统的总称，通常由搜索和跟踪系统、火控计算系统、武器瞄准系统、气象与弹道条件测量装备、通信系统等部分组成，与火力、火炮（枪械）、弹药系统和运载系统一起构成完整的武器系统。火控系统是现代陆用武器装备的重要组成，可有效提高在实际战场环境下武器装备瞄准与发射的快速性、准确性和适应性，充分发挥陆用武器装备的毁伤能力，是信息化战争的主要依据，也是国家装备水平先进性的重要标志。

陆用装备火控系统通常包括地炮火控系统、防空火控系统、坦克火控系统以及单兵轻武器火力控制系统等类型。火控系统的核心任务是准确、实时地求出射击诸元并将其装订到武器装备，为此需要具备如下主要功能：搜索与辨识目标、跟踪与测量目标、测量气象条件与弹道修正量、分析数据计算射击诸元、实时传输各类战场数据、控制调整火炮指向、观察评估毁伤效果、抵抗多种外界干扰等。

自动化的火控系统诞生于第二次世界大战时期，首次应用于高炮射击控制中。随着武器装备和电子技术的发展，陆用装备火力控制系统已历经四代，功能也随之复杂。第一代火控系统装配可见光瞄准仪器，以目视测距为基础，采用人工方式手动装定射角和调整火炮位置；第二代火控系统升级为光学测距，利用电力或液力调整火炮位置；第三代火控系统装配昼夜瞄准镜，并进一步引入了模拟计算机和激光测距方法，能够自动装定射角；现代信息技术的发展催生了第四代火控系统，装配多功能综合瞄准镜，具备多种目标和环境传感器，采用智能算法进行复杂分析和处理。

显而易见，火控系统的升级离不开信息技术的发展；同时，火控系统的实际作战需求也促进了信息技术的进步。随着军事科技的不断发展，传统的陆用装备受到来自陆、海、空、天、磁、网等各方面的巨大威胁。智能火力控制系统成为陆用装备未来发展的必然趋势，该系统在传统的火力控制系统的基础上，采用数字化、智能化手段，将火力控制的观察、跟踪、瞄准、发射、控制等各个环节智能化、无人化和一体化，具有灵活性、对抗性、精确性、自主性、协同性、可靠性等重要特征。

#### 5.2.3.1 智能战场信息感知

战场信息感知是指对战场信息进行搜集、处理和分析，为后续判断、决策和执行提供必要条件。随着以深度神经网络技术为代表的人工智能技术的不断进步，理论界和工业界越来越多的学者和工程师开始研究和应用智能战场信息感知方法。

在作战环境感知方面，传统陆用装备主要依靠士兵通过目视观察感知周围环境，工作强度大、感知效率低、响应速度慢。当前在人工智能技术的加持下，借助多样主被动传感器，能够方便地获取装备周边的多维立体环境信息，进一步通过处理、融合、理解等步骤，勘测地形，检测道路和障碍物。俄罗斯最新研发的T-14坦克周围设置有360°无死角的全方位光学摄像头，能够实时观测坦克周边环境情况，炮长配备了集成光学瞄准、激光测距和热成像于一体的新型光学瞄准设备。美国“黑骑士”无人战车安装了大量的环境传感器，炮塔两侧安装了激光雷达用于扫描周围地形，并配合高精度立体摄像头用于识别和判定障碍物，炮塔顶部还装有热成像和可见光摄像机，能够将图像信息传送给远程操作人员。

在战场目标感知方面，陆用装备火控系统理论和应用研究中最常见的目标检测方式主要包括红外图像、可见光图像、合成孔径雷达图像、激光雷达点云等，当前在工程中应用较为广泛的方法是基于手工特征的传统目标检测方法，但是该方法由于对图像特征的表达能力有限，在计算代价、检测准确率和泛化能力等方面存在不足。近年来，以Faster R-CNN、YOLO、SSD和FPN等为代表的深度学习算法已经逐渐发展成为主流的目标检测方法，在陆用装备上具有强大的应用前景。以色列Smart Shooter公司研发的SMASH智能武器瞄准火控系统就使用了通过人工智能的目标采集/跟踪与图像处理算法，自动捕捉瞄具视场中的敌方目标，并在反射瞄具中给目标打上边界框高亮，为射手提高目标可视度。

#### 5.2.3.2 智能战场态势判断

战场态势判断是指综合敌我双方兵力特征、战场部署及环境因素，推断目标运动状态和威胁程度，识别敌方作战意图，研判战场态势发展，从而为决策提供基础。人工智能技术使得对海量数据进行快速准确的处理、分析和挖掘成为可能，实现智能战场态势判断。

为了实现对目标的准确定位，传统方法主要基于目标的距离和方位信息，采用特定的定位算法对目标位置进行估计。但是这种基于测距的方法对节点的软硬件和计算能力要求较高，能量消耗也较大，通常隐蔽性也较差。因此，近年来无须测距的定位算法得到了越来越多的关注，如利用机器视觉技术进行目标定位。目标定位技术的核心思想是利用传感器测量各节点电磁、光线和声音等信号的时间差、方位差和强度差等数据，然后利用数学方法或智能算法估计目标位置。目前公开报道中已经有学者利用目标多特征信息进行融合，实现了坦克分队对战场目标的协同被动定位。近年来，为了进一步提升目标定位精度，也有学者考虑同时采用空中平台和地面平台进行跨域协同目标定位。

为了评估目标威胁和毁伤程度，需要解决两个关键问题：一是如何对海量目标数据进行处理，二是如何建立威胁和毁伤评估指标体系。目标威胁评估技术是战场决策级的推理行为，受类别属性、运动状态和现场环境等因素影响，现有研究多基于目标自身属性进行排序并评估目标威胁程度。在遥感技术、计算机技术、通信技术等的推动下，目标毁伤评估先后经历了基于人工标注判断的评估方法、基于贝叶斯概率的评估方法和基于图像分析的评估方法三个阶段。基于图像分析进行毁伤评估的关键在于图像变化检测的精度，包括特征级变化检测和像素级变化检测两种方法，前者需要人工确定先验条件，而后者能够对经过配准后的图像直接进行变化检测，是目标毁伤评估的研究热点和发展方向。例如，文献[32]基于目标可见光图像信息，提出一种基于深度学习及模糊层次分析的毁伤评估算法。

#### 5.2.3.3 智能火力分配决策

未来战场是体系与体系间的对抗，如何合理调配和利用火力资源，实现对敌方高价值目标的有效打击是火力分配决策系统的关键任务。随着战场信息的逐渐繁杂，综合各方面信息做出快速决策已超出了人的能力范围，推动了智能火力分配决策的产生与发展。

武器目标分配与射击决策是实现陆用装备智能化和自主化的重要落脚点和关键核心技术，但是目前相关研究还比较少。在陆用装备实际使用过程中，由于目标识别和分类的精度尚无法满足实战需求，目前仍需要士兵根据目标类别、距离等因素人工选择弹种和射击时机。但是在理论上，受益于人工智能方法对目标识别准确度的显著提升，已经有学者在此基础上研究了目标弹种智能分配方法，提升匹配度。另外，现代战场是体系与体系的对抗，武器目标分配问题对于制定正确的战术战略决策有着重要意义，该问题是军事运筹学中一个经典的组合优化问题，本身是一个多参数、多约束、非线性的NP-完全问题，需要在多个目标之间做取舍和权衡，通常通过启发式算法或强化学习算法进行求解。

近年来，智能辅助决策系统引起了越来越多人的关注，成为陆用武器装备火控系统的研究热点。智能辅助决策根据获取的战场信息、评估的战场态势和估计的目标威胁程度，利用智能、快速、准确的算法协助人类进行火力分配和决策。辅助决策传统的求解方法是建立在以数学规划为基础的建模方式上的，计算机技术与人工智能技术快速发展使得许多智能优化算法不断涌现，如蚁群算法、粒子群算法、模拟退火算法、遗传算法、差分进化算法、深度学习算法等。此外，也有学者针对激烈对抗条件下系统与系统的对抗问题，建立了目标-进攻-防御博弈对抗模型，实现了具有角色切换的三角色定性微分对策的求解，为侦察与防御部署提供实时决策依据。

#### 5.2.3.4 智能火力打击执行

精确化、自主化和智能化是陆用装备的重要发展趋势，现代信息技术的飞速发展使陆用装备拥有强大算力和智能算法成为可能，能够实时在线处理分析收集到的各类信息，在此基础上自主规划装备的运动机动方案，减少装备使用过程中的人力资源和成本。

由于当前技术水平的限制，目标探测识别和火力分配决策尚无法完全实现自主化，人机协同仍然是当前甚至未来相当长的一段时间内智能火力控制系统的主流实现方式。为此，当前学术界和产业界重点围绕如何合理进行人机分工以及如何实现自然人机交互两方面开展研究。对于前者，需要充分结合无人装备行动精准、环境耐受和人类灵活全面、主观能动的优势，将士兵从繁重的体力劳动和繁杂的数据分析中解脱出来，使其专注顶层战略决策和关键事件确认，提升装备系统的可靠性和性能优势。对于后者，人机协同要求人与机器进行密切、频繁的信息交互，如何实现人机多模态自然交互是其中的关键技术，也是近年来备受关注的前沿方向。在俄罗斯最新研发的T-14坦克上，就装配了交互式液晶监视器，辅助士兵观察战场、发现目标并调动火力，显著减少了士兵目视观察的工作量。

此外，随着集群智能技术的进一步发展完善，多装备间的协同操控成为未来的重要趋势。为了实现更好的灵活性和可拓展性，多装备协同操控通常采用分布式架构，通过操控不同平台进行分布式感知、决策、控制和攻击，实现分布式一体化协同作战效果，在位置、时机和功能上实现跨平台、分布式融合操控，改变传统火控系统集中式紧耦合型架构，打造分布式开放型新范式，实现作战模式从以平台为中心的个体独立作战向以网络为中心的体系对抗作战的转变。例如，欧洲新推出的KF51“黑豹”坦克搭载了巡飞弹发射器和旋翼无人机，提升对战场环境的立体便捷感知和实时持续监视能力，也能直接对目标发起自杀式精确打击。

## 5.2.4 陆用装备维护保障自动化技术现状

随着陆用装备系统的快速更新、尖端科技的不断应用，系统的复杂度和集成度越来越高，不断向轻量化、高效化和智能化方向发展，对稳定性、可靠性、维护保障时效性提出了更高要求。因此，装备的维护保障对作战效能发挥和部队战斗力提升起着关键作用，逐渐发展成为与作战能力同等重要的中坚力量。为满足作战需求，装备信息化水平、装备维护保障和诊断技术都在不断更新与发展，装备系统的健康状况同样受到各军事大国的广泛关注。装备维护方式从计划性向高自适应性转变。维护保障模式从修复性维护、预防性和预测性维护等阶段，正迈向智能化维护方向。通过结合集成状态监控、故障诊断和预测以及健康评估，大力发展军事装备维护保障的精准化和智能化技术，对实现精准定位、故障隔离，提高装备维护效率，节约维护保障成本具有重要意义。

装备健康管理（EHM）系统是指为满足作战需要，使用监测、诊断与修复技术，对故障装备损伤评估和故障定位，进行损伤部位修复，使其恢复战斗力的保障系统。陆用装备系统的EHM技术主要包括：状态监控、故障诊断、故障预测、健康评估和决策调控等方面。EHM超出了传统装备监控和维护的范围，将装备纳入规范化、科学化和智能化的管理之中。因此，EHM能将维护和管理有机地结合在一起。装备维护保障中的自动化技术主要集中在装备故障诊断和预测、健康评估和决策支持等方面。

### 5.2.4.1 装备系统故障诊断和预测

现代化战争的特点是作战时间周期短并且军需用品消耗巨大，传统故障诊断技术已经无法满足对大量陆用装备的故障进行快速精准地预测、定位和修复，不再满足现代化大规模战争装备保障的需求。因此，作战部队对陆用装备系统维护和保障性能提出了更高要求，同时也需要陆用装备系统在故障诊断和预测等全面的技术支持，该方面的研究受到世界各军事大国的广泛关注。陆用装备系统故障的精准及时预测、检测与诊断、高效维护、快速恢复战斗力是装备系统持续发挥作战能力的重要保障，具有重要的军事意义。同时，故障诊断和故障预测技术在陆用装备系统维护保障中的使用能够节省大量维护费用，对装备的储存、使用及维护具有显著的经济价值。

故障诊断技术主要包括基于精确系统模型的方法、基于系统信号的方法以及基于大数据与人工智能技术的方法。首先，状态估计法、参数估计法以及等价空间法是一些典型的基于模型的故障诊断方法。然而，这种基于模型的故障诊断技术和方法通常需要精确的系统建模。实际场景中，装备系统通常受到多种复杂环境因素和装备自身因素的影响，建立精确的数学系统模型是非常困难的，限制了基于模型方法的实际应用。特别地，针对处在复杂且多变战场环境中的陆用装备系统，其数学模型往往带有很强的非线性和参数不确定性，难以建立精确的数学系统模型。因此，基于模型的故障诊断方法很难适用于陆用装备系统的故障诊断。其次，基于信号处理的方法利用可获得的信号模型，提取出信号的关键特征，如信号的幅值、频率和方差等，通过对提取的这些信号特征进行相应的分析和比对进一步判断出故障类型和故障位置。现代陆用装备系统的复杂化和集成化水平日益提高，需要处理大量的信号且容易受到战场环境干扰，故该方法难以适用于海量数据信号下的实际要求。随着大数据与人工智能技术的发展，基于人工智能的故障诊断方法不依赖于精确的数学模型，通过建立智能学习算法进行学习、训练、推理、决策等方式对故障装备进行在线或者离线的诊断、识别和定位。基于人工智能技术的故障诊断方法适用于强非线性、强干扰、强耦合的复杂不确定性系统，因此，这种基于数据的人工智能故障诊断方法可广泛应用于陆用装备系统的故障诊断和识别。

装备的故障预测技术属于预防性的维护保障技术，是一种建立在对系统的实时状态监测上，在线分析和估计系统的未来发展趋势，以及对系统可能发生的故障进行提前预测和提示，以实现系统的视情况维护。相对于计划维护和故障发生后维护，这种方法能够使装备系统更安全稳定地工作，同时节约大量资源，是武器装备维护方法一个重要的发展趋势。故障预测方法主要包括基于模型驱动、基于数据驱动和基于概率统计的方法。基于模型驱动的方法是在系统物理模型精确已知的前提条件下实现的。该方法可以在线通过武器装备功能的损伤情况评估零部件的损耗程度，实现对部件使用情况下剩余寿命的分布状况预测，具有深入系统本质和实时故障预测的优点。主要方法有：卡尔曼滤波、扩展卡尔曼滤波、粒子滤波、基于专家经验的方法等。当无法获取精确的系统模型信息时，基于数据驱动的故障预测技术可以实现采集定量的系统运行数据信息为基础，借助大数据处理技术分析和挖掘其中隐含数据信息实现一定的预测操作，进一步弥补了基于模型故障预测技术的缺点。此外，还有基于概率统计的故障预测技术，它的主要思想是根据系统发生故障的历史数据，分析其统计特性来预测故障，主要方法包括时间序列预测法、回归预测法、支持向量机等。

#### 5.2.4.2 健康评估和决策支持

陆用装备系统的健康状况需要及时有效地进行监测和管理，以避免系统突发失效的极端情况。根据系统实时运行状态进行精准评估，制定合理的维护和保障计划。在面对复杂多变的战场环境中，陆用装备系统可能面临多种原因而发生故障，因此，可采用基于专家经验知识、数据信息、失效机理等方法构建相应的健康评估模型。基于此，可进一步采用各种推理方法（如规则推理、模糊推理、贝叶斯网络等）评估出陆用装备系统的健康指数，及时安排维护保养，为排除故障隐患提供参考依据。此外，陆用装备系统的健康状态也可由监测到的相关参数信息来反映，根据得到的这些监测参数数据综合分析比较便能得到装备系统健康水平。在故障诊断与预测和健康评估的基础上，进一步综合考虑装备系统中可再次利用的资源，构建陆用装备系统健康保障决策支持系统是极其重要的。其目的是自动分析和识别系统中各组成部件可能出现的健康问题，对系统的整体健康状况进行全面评估，从而形成决策方案。根据现有的决策方案和战时实时需求，调配一切可用的维护资源和人力资源，大大提高陆用装备系统的健康管理水平和维护的时效性。

未来战争呈现出协同智能化、纵深立体化，以及战场环境复杂多变等特点，陆用装备的维护保障工作需向智能自主化、自动无人化方向再次转型。为了能够在未来作战环境中掌握作战主动权，需要进一步加强陆用装备维护保障的智能数字化作战保障体系研究，加强利用人工智能与大数据技术在维护保障中的应用，使陆用装备维护保障的智能化、高效化、集成化水平大大提高。目前，陆用装备系统健康管理的理论研究和实践应用上还存在一定的差距，维护与保障还缺乏精准性和时效性。因此，需以故障诊断和预测技术为基础，建立高效智能的陆用装备系统维护保障决策框架，进一步改善和提高装备健康管理的自动化水平。

### 5.2.5 陆用装备的试验、检测与效能评估技术现状

随着现代化战争向信息化、集成化和智能化方向发展，不同作战单元构成了作战网络体系。在未来战争中，陆用装备是陆上作战中的中流砥柱，是制胜的重要基石。为了准确地掌握战场态势并探究决定战场中影响胜负的重要因素，需要对装备体系进行全面、科学的评估，以支撑武器装备的规划论证、设计研制、作战运用等技术研发流程。对陆用武器装备进行效能评估，可以为武器装备规划论证、设计研制、作战运用等提供决策支持。图2-5-3给出了陆用装备研发流程示意图。从图中可以看出，试验方法和检测技术为效能评估阶段提供了数据支持，当评估完成后将结果反馈到陆用装备，对其进行改进升级。

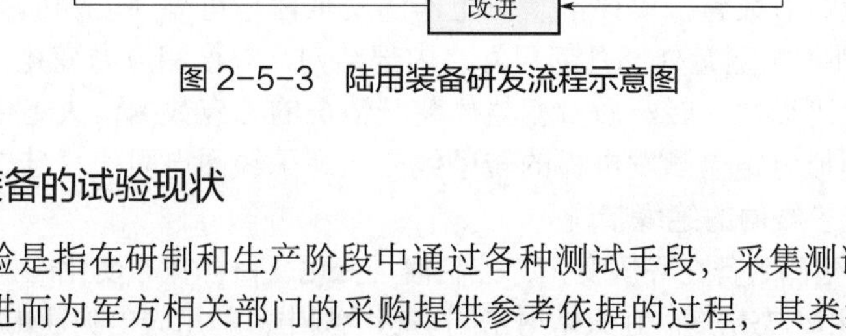


图2-5-3 陆用装备研发流程示意图

#### 5.2.5.1 陆用装备的试验现状

陆用装备试验是指在研制和生产阶段中通过各种测试手段，采集测试数据并用于评估陆用装备性能，进而为军方相关部门的采购提供参考依据的过程，其类型如图2-5-4所示。装备体系试验按照方法可分为实装试验、仿真试验和虚实结合试验；按照场所可分为外场试验与内场试验；按照装备试验流程可分为性能试验、作战试验和在役考核；按照试验内容主要分为作战效能试验和作战适用性试验。

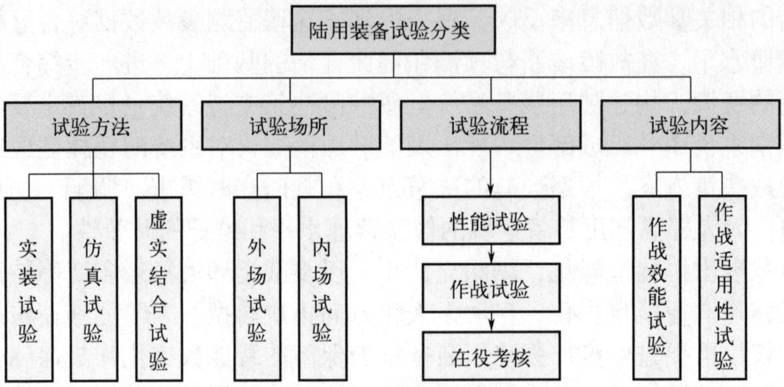

图 2-5-4　陆用装备试验分类

实装试验是指武器装备在实际环境中针对其执行任务的效能进行的检验性活动，其数据可靠性高、实战贴合度好，但试验代价大。仿真试验则通过计算机进行模拟仿真获得试验数据，其安全性高、经济性强并且可重复性好，但模型的可信度不高。虚实结合试验是在实装试验难以进行、仿真试验可信度不足的情况下进行的试验活动，其中半实物仿真试验是最早的虚实结合试验，主要应用的三个技术领域为LVC仿真、数字孪生和平行系统试验。

外场试验是武器装备在实验室以外的场地所进行的各种试验，能够直接反映武器的作战效能。在涉及海量试验样本难以获取的情况下，外场试验很难进行，需要在实验室环境下进行小规模的内场试验。

按照现有的新装备体制，试验贯穿新装备的全生命周期，按照流程可分为三个阶段：第一个阶段通过性能试验对装备进行状态鉴定；第二个阶段为作战试验，依据评估结果决定装备是否列装定型；第三个阶段则通过在役考核确定装备的改进升级方案。

针对试验内容，作战效能试验是为了得到装备自身的效能评估结果，而作战适用性试验是为了确定装备能否适用于当前的装备体系和战场态势。针对火炮、雷达、装甲车辆与导弹等陆用装备，常见的试验包括威力试验、飞行试验、精度试验、抗干扰试验等。

#### 5.2.5.2　陆用装备的检测方法

检测的本质是将试验中装备的各种性能通过检测方法转化为可分析的数据，为后续武器装备的作战效能评估提供数据支撑。针对陆用装备性能与检测要求的差异，常用的检测手段可分为静态检测、动态检测与智能化检测。

静态检测用于检测装备在外界环境恒定或控制信号恒定下的静态性能，包括结构特征量、几何尺寸、运行参数等，以评价装备工作的安全性与可靠性。例如弹药的静态检测是通过工业CT、红外相机测量外部几何尺寸、内部结构、温度和应力变化，得到弹体铸造质量、引信安全性、可靠性、装药质量和整体装配情况的相应数据；火炮供电系统的静态检测，则通过数字模拟电路检测发电机的转子线圈、定子线圈电阻值，硅二极管的单向导电性，定子线圈和转子线圈的绝缘情况。

动态检测用于检测装备在环境变化、控制信号变化、目标状态变化的情况下的动态性能，如跟踪性、稳定性和动态精度。在火炮射击的动态检测中，利用光电测速传感器、多普勒效应雷达与工业CT，测量火炮的炮口初速、膛压和复进运动状态等数据；对于火控系统，通过定焦镜头、数字CCD相机和红外感应相机，实现对火控系统动态跟踪瞄准误差的精确检测。

针对复杂的智能化装备，其综合化、集成化和信息化程度较高，需要采用智能化检测方法。智能化检测是通过智能化传感器网络，通过信息处理与融合技术为决策者提供更具针对性、时效性的检测结果，实现装备的网络化与信息化检测。以炮兵射击指挥系统为例，对于该典型智能化装备，需要使用集成了多种接口的嵌入式系统，检测指挥系统的响应情况和故障情况，以实现智能化检测。

### 5.2.5.3 陆用装备效能评估现状

陆用装备的效能指标反映了作战目标的实现程度，GJB 1364—92对效能做了如下定义：效能为武器装备在“规定的条件”下达到“规定使用目标”的“能力”。效能主要包括三种：单项效能、系统效能和体系效能。单项效能通常用单一指标表示，衡量武器装备在“单一目标”上的表现水平；系统效能表示武器装备多种单项效能的综合评价；体系效能指装备体系在特定条件下完成作战任务的能力。效能评估的相关研究十分丰富，主要分为经典效能评估方法和基于机器学习的效能评估方法，如图2-5-5所示。其中，经典效能评估方法包括专家评估法、数学解析法和模拟仿真分析法；基于机器学习的效能评估方法可分为基于神经网络、基于支持向量机和基于贝叶斯网络的方法。

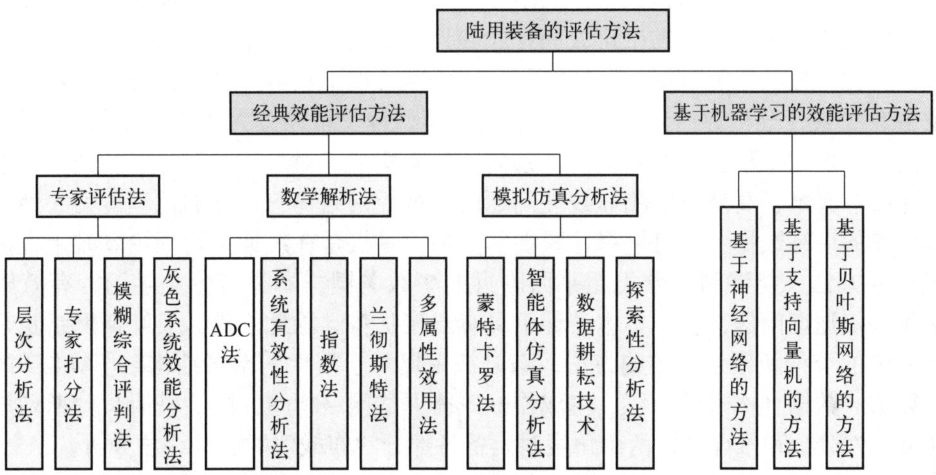


图2-5-5 陆用装备效能评估方法

**（1）经典效能评估方法**

专家评估法是以专家主观评估为主的方法，具体可以分为层次分析法、专家打分法、模糊综合评判法和灰色系统效能分析法。其中专家打分法是按照专家个人评价标准对陆用装备效能进行评价。层次分析法可用于确定多目标、多因素的复杂陆用装备的效能评估指标体系和指标权重。模糊综合评判法以模糊数学为理论基础，利用隶属度函数和模糊统计方法对系统中的模糊性指标进行定量操作。灰色系统效能分析法则利用灰色关联矩阵和层次分析法将专家意见和灰色关联分析矩阵相匹配，实现构建基于层次结构的指标体系。专家评估法在以往的作战效能评估中被广泛采用，具有操作简单、数据易于处理等优点，但在大数据处理和指标客观性等方面存在不足。

陆用装备效能评估的数学解析法包括ADC法、系统有效性分析法、指数法、兰彻斯特法和多属性效用法。ADC法依据效能计算公式E=ADC进行评估，其中A为系统可用性；D为任务信赖度；C为系统运行、作战能力。系统有效性分析法基于六个基本概念（系统、使命、域、尺度参数、属性和系统效能）对陆用装备系统进行评价。指数法又称杜派指数法，通过实际杀伤力指数评估武器装备的固有杀伤效能。兰彻斯特法通过微分方程描述一组战斗单元在火力毁伤过程中战斗损耗随时间的变化，可用于分析装备体系对抗的效能。多属性效用法将装备各项属性指标化为统一的效用值，从而进行客观的效能评估。数学解析法针对陆上复杂电磁环境中多武器个体互相作用的复杂系统，通过数学解析建模保证效能评估的客观性和准确性。

模拟仿真分析法的实质是通过计算机模拟相关装备参与的作战行动，从仿真中获得作战进程和数据，进而获得效能评估结论。其方法包括蒙特卡罗法、多智能体仿真分析法、数据耕耘技术和探索性分析法。蒙特卡罗法是计算数据模型对应函数的概率分布特征以及函数的分布曲线等评价结果的随机模拟方法。智能体仿真分析法依托智能体仿真系统PDMAS平台仿真，获得试验数据。数据耕耘技术以问题为导向，给出支持问题解决的可操作信息。探索性分析法则关注不确定性条件对决策方案的影响，期望描述各方案和要素间的相关特征等信息。模拟仿真分析法能够较详细地考虑影响实际作战过程的因素，对于非实战对抗条件下装备体系的效能评估具有不可替代的作用。

**（2）基于机器学习的效能评估方法**

随着现代化陆军作战体系复杂性的不断增加，传统的评估方法可能无法全面而准确地评估体系的效能。机器学习算法可以通过非线性模型构建模复杂的非线性关系网，在装备的视频、音频、传感器等数据中抽取特征，用于模式识别和特征分类，进而推理数据间的高层次关联关系并分析评估结果。基于非线性模型种类可以分为支持向量机、神经网络、贝叶斯网络等多种方法。神经网络由一系列神经元构成，对数据进行记忆、处理、学习和应用，在面对高维、高复杂度和非线性问题时，神经网络具有良好的处理能力，然而其性能依赖大量的训练数据，且可解释性较弱。支持向量机是在统计学习理论基础上提出的一种模式识别方法，能够利用分类超平面附近的少数关键样本进行分类学习，有效解决高维问题和决策速度问题，在小样本条件下具有一定优势。除此之外，贝叶斯网络也是装备效能评估中的一种新颖且有效的方法，该方法采用基于搜索的网络结构学习算法和EM参数学习算法对数据样本进行训练，生成作战效能评估网络模型，随后基于贝叶斯网络的特性，从敏感性分析和推理分析两个角度对装备各部分的作战效能进行评估分析。

纵观国内陆用装备试验、检测与效能评估技术的发展，相关的研究已经较为丰富与完善，但仍存在一定问题，如试验设计难以兼顾真实性和经济性、检测方法存在误差、多方法效能评估结论不一致、理论研究与实际应用脱节等。基于这些实际问题，陆用装备试验、检测与效能评估技术未来的发展趋势主要分为两方面：一方面是相关技术方法的发展，主要由权威机构针对系统性能研究中的某一方面立题，研究更深层次的问题；另一方面是相关应用的发展，从实际出发，在分析问题的基础上建立整体的概念，确定合适的评估方法来解决相应问题。二者结合，互相促进，使陆用装备的试验、检测与效能评估向新的深度和广度发展。

## 5.3 陆用装备自动化新技术与新方法

### 5.3.1 陆用装备自动化系统体系结构智能优化技术

陆用装备自动化系统是由指挥系统、作战系统、决策制定系统、感知系统以及保障系统等关键部分构成的复杂系统。这一系统的体系结构与装备支撑能力相配合，直接影响陆用装备的作战能力。因此，针对其体系结构的智能优化技术不仅是一个重要的核心技术问题，也具有相当的学术研究价值。

#### 5.3.1.1 陆用装备自动化系统体系结构的优化模型

**（1）陆用装备自动化系统的集中式和分散式体系结构**

传统陆用装备自动化系统采用集中式体系结构，这种结构在解决确定性指挥控制等任务时非常有效，但在处理不确定性任务时面临反应滞后和难以适应的问题。在集中式体系结构中，不同系统具有相应的地位和权力，上层的人或系统处于中心，而底层的人或系统处于边缘，层次不等的中间层连接上层和底层。

尽管在网络信息时代，中心化的指挥控制范式依然有其适用性，但其能力已难以满足现代战争的需求。随着中心化指挥控制范式的局限性逐渐暴露，能够弥补中心化指挥控制缺陷的去中心化的事件驱动指挥模式得到了越来越多的关注。在未来的战争环境中，不确定性和偶发性将更为常见，局部战争和跨领域战争的可能性也会增大，因此分散式体系结构受到了广泛的关注，并成为众多研究的焦点。

近年来，美国提出联合全域作战、马赛克战等概念，其核心理念也在不断创新，从“网络为中心”向“决策为中心”转变，美国、英国、北约分别制定了DoDAF2.0、MoDAF和NAF等体系架构来指导武器装备和信息系统顶层设计。我国学者提出“认知为中心”的作战概念，基于钱学森所提出的系统论，结合我国现有需求和技术，提出了涵盖“云、网、边、端”的陆用装备自动化系统分散式体系结构。

面向我国的国防需要，学者将自上而下的任务式指挥系统结构与自下而上的事件式指挥系统结构相结合，开发了多种不同的陆用装备自动化系统分散式体系结构，包括边缘指挥控制体系结构、（分层）分布式指挥控制体系结构等。分散式体系结构的核心包括网络化体系和智能认知决策方法两部分。网络化体系的拓扑结构对武器系统的效能起到了至关重要的作用。高效、灵活的拓扑结构不仅可以缩短“发现”到“打击”的决策链路长度，还可以增强系统对复杂环境、战场任务的适应性。智能认知决策方法依靠人工智能和分布式自主化系统的大规模应用为己方带来更多的“作战方案选择”，在保障自身战术选择优势的同时，向敌方施加高复杂性，以干扰其指挥决策能力，以获取战场优势。

**（2）陆用装备自动化系统体系结构的优化目标和建模**

陆用装备自动化系统体系结构的能力优化通常聚焦提高陆用装备自动化系统的决策和评估能力。决策能力的一个重要方面是战前筹划能力，即体系结构可以给出最优化杀伤链；决策能力的另一个重要方面是临机决策能力，即当战场发生变化时，可以快速进行作战方案的调整。评估能力包括对作战行动方案的评估和对系统组织结构的评估，包括网络可靠性、脆性、弹性、敏捷性等。

陆用装备自动化系统体系结构的优化目标是为满足体系结构能力要求提供合理的装备组成。与具体任务结合，学者开发了诸多典型的陆用装备自动化系统体系结构优化模型。例如，中国人民解放军国防大学联合作战学院从陆军防空作战的实际需求出发，在火力作用区域、综合火力效能、突出掩护重点和火力重叠次数等方面建立了评估火力配系效果的数学模型；解放军炮兵学院针对当前作战目标转移速度快、转移方向多样化的特点，建立了一种基于排队论的侦察配系效能分析模型；解放军理工大学工程兵工程学院为解决战场工程保障时效性和兵力与装备不足等难点，提出了一种兵力与装备分配的建模方法；中国人民解放军国防大学联合作战学院针对信息化条件下陆军合成部队如何进行战斗部署的问题，从兵力与装备部署、火力分配和兵力与装备三方面构建相应的数学模型。

#### 5.3.1.2 陆用装备自动化系统体系结构的智能优化方法

陆用装备自动化系统体系结构优化是一个高度复杂的决策问题，陆用装备种类多、数量多、任务环境复杂，导致体系优化的变量多、约束复杂，需要有效的智能优化方法求解。以下介绍几种主要的体系结构优化方法。

**（1）基于军事运筹学的体系结构优化方法**

军事运筹学是一种应用数学模型、统计分析和优化技术来解决军事问题的学科。该方法采用数学规划模型对体系结构优化模型进行求解，常见优化算法包括线性规划、非线性规划、整数规划、动态规划等，同时也包含一些决策分析技术，如决策树、多目标决策分析等。该方法的优点是求解速度快、处理规模大；缺点是无法处理现实任务中的复杂性、涌现性、不确定性、非线性等特征。需要注意的是，这种方法需要大量专门的知识和技能来应用。

**（2）基于群体智能与进化算法的体系结构优化方法**

群体智能与进化算法主要借鉴自然界生物的优化策略，用于解决复杂优化问题，其典型算法包括蚁群算法、鸟群算法、鱼群算法、遗传算法、差分进化算法、粒子群优化算等。基于群体智能与进化算法的方法可被广泛用于任务分配、通信机制选择、作战效能评估等多个方面。这种方法的优点是对初始解和参数选择的依赖较小。然而，它也有一些缺点，如收敛速度慢、需要大量的计算资源等。

**（3）基于人工智能与机器学习的体系结构优化方法**

基于人工智能与机器学习的体系结构优化方法可以对系统体系结构进行自动化分析和优化，常见手段包括预测模型、学习算法、自动化决策算法等。利用机器学习算法（如线性回归、支持向量机、神经网络等）建立系统性能的预测模型，这些模型可以用于预测在不同体系结构设计下的系统性能；利用人工智能和机器学习的学习算法（如深度学习、强化学习等）进行体系结构的优化设计，这些算法可以自动地寻找最优的体系结构设计，而无须人工参与；利用人工智能和机器学习的决策算法（如决策树、随机森林、贝叶斯网络等）进行体系结构的决策分析，这些算法可以在面临多个选择时，辅助做出最佳的决策。基于人工智能与机器学习的体系结构优化方法，可以有效地处理系统设计中的复杂问题，提高系统的性能和效率。但是，它也面临一些挑战，如对数据质量要求高、深度网络缺少可解释性，以及对计算资源的需求高等。

**（4）基于仿真模拟的体系结构优化方法**

基于仿真模拟的体系结构优化方法是一种使用计算机模拟来分析和评估不同体系结构设计性能的方法。该方法的优点在于它可以处理非常复杂的系统，而且可以对系统的性能进行全面的评估。然而，这种方法也存在一些挑战，包括仿真模型的准确性要求高、方案空间和相应空间规模大、计算资源需求大等。

**（5）基于复杂系统的体系结构优化方法**

基于复杂系统的体系结构优化方法是一种利用复杂系统理论来理解和优化系统体系结构的方法。复杂系统理论主要关注大量单体之间的互动和如何影响整体系统行为的问题，提供了一种全局和整体的视角，强调挖掘全局性和整体性之间的关系，即整体的性能可能超过部分的性能之和；考虑非线性和动态行为，避免过度优化某一部分而忽视了系统的整体性能；考虑适应性和学习性，要求系统中个体能够根据环境的变化调整自身的行为，使系统能够自动优化自身的体系结构。基于复杂系统的体系结构优化方法可以用于处理非常复杂的系统问题。然而，这种方法也存在一些挑战，例如需要理解复杂的系统行为、需要处理大量的数据和模型等。

## 5.3.2 陆用装备自动化系统的建模技术与方法

在现代军事和工业应用中，陆用装备自动化系统包括压制武器、坦克与装甲车辆等，需要在多变的环境和任务条件下高效运行。系统建模是实现高效设计和性能分析的关键步骤。通过有效的建模，工程师可以更好地理解系统行为，进行虚拟测试，并优化设计，从而实现卓越的陆用装备自动化系统。

传统系统建模方法，如Lancaster方程、Monte Carlo法和Dupuy指数法，关注火力损耗和单一兵种的行动。这些模型简单而理想化，忽略了人员、网络和信息等因素。此外，它们未体现集体涌现的思想。国内对装备系统建模的研究起步较晚，但发展迅速。目前，建模方法种类很多，各有优缺点，国内常用的装备系统建模技术与方法如下。

### 5.3.2.1 典型装备系统建模技术与方法

**（1）有限元分析技术**

有限元分析通过将结构划分成有限元素，运用数学原理和计算技术来模拟系统的行为。其原理简单、求解方便，是解决工程问题的一种普遍方法。该技术考虑到装备系统中不同材料的物理特性，以及静态和动态加载、温度变化等因素，能够准确模拟实际工作条件下的结构响应，在合理简化的前提下建立高精度、高效率的动力学模型。

**（2）数据驱动方法**

数据驱动建模技术利用大量的数据来建立数学模型，从而揭示数据背后的规律和关联性。这些数据可以包括作战装备的性能参数、传感器输出、维修记录、环境数据，以及作战任务的执行情况等。利用统计分析如贝叶斯理论、深度学习等将实时信息融合到作战装备系统中，具体包含预测和校正两个环节。该建模技术的持续优化机制确保模型与不断变化的战场环境保持同步，提高作战效率、可靠性。

**（3）有限状态机技术**

有限状态机（FSM）是描述有限个系统的状态、状态之间的转移和动作的数学模型。美国国防部牵头建设的ModSAF等系统广泛采用FSM建模技术，实现从单兵、排连级作战单位到坦克、装甲车等武器系统中的感知、通信和射击等行为。FSM可以表示为一个四元组$G=<S, X, Y, f>$，其中，$S$、$X$和$Y$分别为状态、输入、输出空间的非空有限集，$f$为状态转移函数。状态机要素包括条件、动作、状态和转移。对于军事复杂系统的建模过程，模型的状态数量往往跟模型的复杂程度成正比。为了减少跳转，往往采用层次化FSM结构，将状态分类归并，从而简化了对军事复杂系统的描述。

**（4）Petri网**

Petri网是一种形式化方法，以信息流为主导，通过节点和有向弧的连接表示状态之间的转移。该技术能够有效处理系统的并发操作和异步事件，具有强大的动态系统建模能力。然而，其无法刻画大规模作战体系的复杂性。进一步，层次化结构的Petri网，即着色

Petri网，可以更好地表示系统的层次关系，对数据、时滞和分层操作进行改进。

**（5）基于统一建模语言**

统一建模语言（UML）是一种标准化、图形化的建模语言，用于描述、可视化、规约和构建软件系统的结构和行为，是军事概念建模的重要工具。在陆军信息火力战中，由于军事人员与仿真技术人员在专业背景上存在差异，理解模型会有偏差，导致后续的仿真工作困难。UML的设计目标是提供一个通用、可扩展的建模语言，使得不同领域的和不同方法的工程师能以共同的标准来沟通和理解系统设计。

**（6）平行系统建模**

平行系统指现实和虚拟系统构成的系统。平行系统建模方法采用数字孪生技术，将实际的战场环境、武器装备和作战行动等投影到虚拟战场空间，得到与实际系统平行的人工系统，在人工系统中进行建模，运用从物理实体中获得的数据，驱动虚拟模型的运行。该方法采用虚实平行的建模方式，并将人引入模型运行过程之中，是对武器系统建模的一种比较实用的理论和方法。

**（7）人机交互建模**

人机环境系统包括人员、智能交互产品和环境之间的交互。工程师可以使用人机交互建模来设计直观的操作界面，优化任务分配，培训操作员，并评估人员与自动化系统的交互效果。该方法涉及人的行为和决策，如认知建模。目前，“机进人退”趋势明显，人机关系由传统的“奴仆关系”演化为“伙伴关系”。然而，人机环境系统耦合规律和机理不明，智能交互产品极易与用户行为模式因不匹配而产生“行为冲突”。

#### 5.3.2.2 网络化装备系统建模技术与方法

随着新型作战理念的涌现，如分布式作战、有人/无人协同作战和多域战等，作战的体系结构和形态不断变革。在“平台为中心”向以“网络为中心”转变的大趋势下，网络化成为复杂一体化陆用武器的典型特征。网络化系统建模需要考虑网络拓扑、通信协议、数据传输和网络安全等方面，以确保系统在信息化战场中的有效运行。如果将各型系统或系统的组合看成节点，系统间的关联或相互作用关系作为边，指挥控制体系的动态对抗行为就可以抽象为网络。网络的拓扑结构常用无向图$G=(V, E)$表示，由顶点集合$V$和边集合$E$构成。

**（1）层次型体系结构建模方法**

体系结构设计方法可以从复杂作战中提取关键特征，如参与要素、逻辑关系和行为结构等，为智能和自主作战系统的顶层设计提供分析支持。层次型建模技术将系统分为高层和底层结构，其中高层结构涉及整体战术战略，而低层结构涉及具体的战术和操作。例如，针对一体化陆用武器系统，从系统功能上进行分级，可分为指挥层和执行层。由于平面型拓扑结构对体系结构建模会导致信息流通和维护的巨大计算负担，而集中式结构信息处理速度慢、抗毁性差，因此具有抗毁性的层次型体系结构的分布式构建方法应运而生。这种层次型结构建模方法使得整个作战体系指挥层次明确，但可能会产生不兼容问题。

**（2）基于MAS建模技术**

在未来战争中，智能无人装备组成的无人集群作战被视为未来智能化战争的典型模式，也是当前军事理论研究关注的前沿问题。多智能体（MAS）作为分布式人工智能领域的领先技术，为作战系统的建模和实施提供了全新的方法。采用智能体的概念来定义智能作战平台或系统，网络中系统间的关联关系建模为智能体间的信息交互。随着该技术的迅速发展，一些改进的MAS建模方法，如基于信念、愿望和意图的MAS建模、免疫智能体交互网络建模理论方法等层出不穷。该建模方法依赖MAS的相互作用，目前的“智能体”实际上并不智能，因而建立的系统模型比较简单。

**（3）基于人工智能和机器学习技术**

目前，关于指挥与控制描述使用最多的仍是20世纪50年代由博伊德基于空战平台对抗的优劣势分析提出的OODA循环，即观察、判断、决策和行动。研究学者将OODA循环与学习过程融合，构建基于深度网络的强化学习框架。将智能无人实体抽象为智能体，并将作战活动描述为马尔可夫决策过程。智能体在与环境的交互中学习，结合数据驱动和知识驱动，不断迭代进化，从而获取智能提升。

上述介绍的国内常用的装备系统建模技术，可以根据装备系统的特点和需求组合使用。由于涉及前沿性、基础性的理论知识和具体实现手段方面的局限，仍有很多问题亟待解决。军事模型是智能化指挥控制的基础，也是让计算机理解战争的前提。未来武器系统的发展将以作战需求为牵引，通用的系统模型将不能满足未来数字化高技术战争对战术细节的需求。因此，数字化武器系统的建模及后续的优化与控制问题是控制科学与陆用武器相结合中永恒的研究主题。

### 5.3.3 战场多元信息智能感知、融合与定位技术与方法

随着现代军事的发展，战场上的信息获取和处理变得越来越重要，传感器技术、信息融合和定位精度的提升使得军事行动变得更加精确和高效，战场多元信息智能感知、融合与定位技术与方法在现代军事中扮演着至关重要的角色。

#### 5.3.3.1 战场多元信息智能感知

战场环境是指在作战条件下的战场自然环境（地理和气象环境）、电磁环境、心理环境、网络环境以及人文环境等。在战场多元信息智能感知中，无人平台充当感知载体，通过计算机技术对按时序获取的多种传感器观测信息进行综合分析，以获取战场上的诸多信息，如武器分布、武装人员状态、敌我态势识别、地理和气象环境（包括烟雾、光线、雨雪等天气状况）等。

多元感知的信号源主要有可见光、红外、超声波和雷达波等，主要传感器包括摄像头、激光雷达、毫米波雷达、超声波雷达和夜视系统等。多元信息智能感知系统基本采用模块化方式，主要由光电探测模块、测角模块、定位模块、定向模块、数据处理模块、控制驱动模块、遥控界面模块、无线数传模块等组成。目前依据战场监视与侦察的作战需求变化，构造具有目标自动捕获与识别功能、高精度自动测量功能、集成的智能辅助决策射击指挥功能的侦察装备是当前战场装备环境信息感知技术的发展趋势。

#### 5.3.3.2 战场多元信息融合

在现有设备条件下，每种传感器都有其相对优势，难以互相替代，要实现无人平台的智能感知，需要多种传感器之间的协同工作，构建环境感知系统。战场多元信息融合是指将来自不同传感器的多源信息进行集成和分析，以提供更全面、准确和可靠的战场态势认知。

通常来说，融合系统可分为三个主要功能部分：信源、算法、融合权重。按照信源的组合方式，融合定位可分同构融合和异构融合，其中同构融合是指基于同一类信源下提取

的不同特征进行融合，而异构融合是指不同类信源提取的同种或不同种特征进行融合。

按照融合权重的求解方式，融合定位可分为有监督融合和无监督融合。有监督融合需要在离线阶段采集额外数据进行训练，然后在在线阶段用这些权重融合不同信源信息，从而得到更精确的结果；无监督融合省略了离线训练步骤，直接进行线上融合预测。

常见的多源信息融合方法包括概率论、模糊推理和智能算法等。概率论作为信息融合的基础之一，采用贝叶斯方法和D-S证据理论等技术。模糊推理多用于处理具有模糊性、不完全性以及不同粒度等特性的数据。人工智能算法包括神经网络法、支持向量机理论、多智能体技术等，神经网络具有处理非线性关系的能力，可以高速处理并行信息，能够解决信息融合系统中信息量过大的问题。

然而，现有的融合工作存在融合空间受限的问题，无法充分挖掘不同信源/技术的互补优势。此外，目前的工作还忽略了不准确、非一致的融合信息，导致实际应用中面临融合性能不稳定的问题。

#### 5.3.3.3 战场多元信息定位

战场多元信息定位是指通过多元信息融合确定战场上各个目标或自身位置。常见的被动测距技术包括：几何测距法、图像双目视觉测距法和光谱辐射传输测距法。

几何测距法通过测量目标和定位设备之间的距离、角度等几何特性来进行位置估算。在实际工程应用中，常基于时间和角度信息进行几何定位。其优势在于实现原理简单，可以在较大信号带宽或较多天线数量时实现高精度定位。然而，该类方法存在以下几点缺陷：①需要在环境中部署多个位置已知的定位基站；②需要时钟同步、相位同步等校准技术实现准确的定位测量值提取；③复杂场景下需要估计噪声分布。如何利用图像处理、模式识别等技术提高测量过程的自动化，缩短测量准备时间，提高操作便捷性，是当前研究的重点。

图像双目视觉测距法能够处理立体图像，进而获取地图的三维信息，并进一步得到目标在三维空间的位置，难点在于准确的图像匹配。目前，双目测距技术广泛应用于无人平台导航、地图建立以及未知场景下的测距等领域。然而，当前双目测距系统仍处于不成熟阶段，在测距精度、小型化、最大量程等方面与装备使用需求之间尚存在明显差距。

光谱辐射传输测距法包括：单站双波段红外被动测距法、基于$O_2$或$CO_2$等气体衰减吸收特征关系的被动测距法等。近几年来，国内多家公司一直在强化红外成像单站定位技术方面的研究开发工作。有的采用红外焦平面阵列凝视成像，增大了探测距离和定位精度；有的采用探测列阵传感器，可连续地给出来袭导弹的精确位置，还能根据威胁程度自动地发出告警信号。但是上述方法在测量精度和范围等方面有待提高。

战场多元信息智能感知、融合与定位技术与方法在现代军事中具有重要意义。但是，多信息融合方法的使用和测试仍然缺乏可靠的资料和数据，与战场实用性密切相关的可解释性理论和技术研究仍然有待探索。因此，采集可靠的复杂战场环境多信息源融合数据，并深入研究深度学习的可解释性，对我国未来地面无人平台智能感知能力的建设具有重要意义。

### 5.3.4 多元信息驱动的战场态势智能分析及预测技术与方法

战场态势分析与预测是作战指挥控制中的关键环节，是做出快速、准确指挥决策的前提。随着智能化联合作战形态的不断演进和发展，产生了海量、多元、异构的情报信息，这对指挥员快速掌握当前战场局势并预测未来变化趋势带来了极大的挑战。因此，亟须发展和利用智能化态势分析与预测技术，大力提升战场态势分析与预测能力。

#### 5.3.4.1 多元信息驱动的战场态势智能分析技术

战场态势分析是对敌方作战情况、我方作战情况以及战场环境所处状态变化的感知与理解，是实施作战指挥决策的基础支撑。在新型作战样式和人工智能等新技术发展的双重驱动下，战场态势分析发生深刻变革并向智能化逐步转变。下面介绍几种主要的战场态势智能分析技术。

**（1）基于边缘计算的分布式战场态势分析技术**

边缘计算是一种在网络边缘执行计算任务的新型分布式计算模型。在边缘计算中，边缘设备或终端具备计算能力，部分或全部计算任务可在本地处理，数据无须传输到云端。由于边缘计算将计算资源和高效服务下沉到网络的边缘端，相比于云计算模型，能够更快、更可靠地响应用户需求，具有低时延、强隐私保护和带宽占用少等特点。通过在边缘设备和战场上部署计算和存储资源，可以实现对战场多元信息的实时采集、融合和分析，大幅提高战场态势分析的准确性和实时性。然而，边缘计算技术的应用也存在一些挑战。比如，由于边缘设备的计算能力、硬件和软件资源有限，很难支持处理复杂任务。同时，与传统云计算相比，边缘计算需要更多的管理和监控，以确保设备在不断变化的环境中正常工作。因此，需要更多的人力、物力和财力来维护。

**（2）基于大数据与机器学习的战场态势分析技术**

大数据技术是指采用先进的处理、管理、分析和挖掘方法，从海量数据中提取出有价值信息和知识的技术。大数据技术本质上是一种数据处理和分析工具，其包括大数据采集与存储、大数据计算与分析以及大数据挖掘与机器学习等方面的内容。战场态势信息种类庞大而复杂，可以利用数据挖掘和机器学习技术（如分类、回归分析、关联规则挖掘等）从中提取出潜在的有效信息和知识，为作战指挥提供更准确、更全面的信息支持。然而，大数据技术的应用也面临着一些挑战和困难。例如，数据的保密性和安全性无法得到严格的保证；同时，数据的真实性和准确性无法辩证等。

**（3）基于人机混合智能的战场态势分析技术**

人机混合智能理论侧重于对人类、机器和环境系统三者之间相互作用关系的描述，其是区别于人类智能和人工智能的一种新型的智能形式。人机混合智能技术包括自然语言处理、计算机视觉、机器学习、语音识别和智能推荐等多个领域。通过深度互补人类与机器的优势，将人的智慧作为机器或算法的一部分宝贵资源，人机混合智能可实现对战场上物理域、信息域、认知域的互通共享，从而形成对战场态势的更高阶理解和认知。目前，人机混合智能的发展仍处于初级阶段，还存在诸多问题。例如，人与机器的分工明确，并没有产生有效的结合作用，以及还没有明确的规则来规定人机混合的时机与方式等。

**（4）基于平行仿真推演的战场态势分析技术**

平行仿真推演系统通过构建与真实系统平行的仿真战场态势环境，基于实时战场态势信息，在线仿真模拟战场目标运行状态，辅助作战人员进行战场态势分析和作战方案的快速制定。通常情况下，可把智能博弈、人机混合智能和边缘计算等科学技术集成到平行仿真推演系统中，对当前战场态势的可能发展变化进行模拟，来提升指挥信息系统对战场态势的分析能力。然而，由于战场环境的复杂性和不确定性，仿真推演技术在处理大规模和高度动态问题时可能面临计算和存储的挑战。同时，由于仿真推演技术依赖于预定义的规则和逻辑，当面对模糊、不完整或模型未知的情况时，推理的准确性和可靠性可能会受影响。

#### 5.3.4.2 多元信息驱动的战场态势智能预测技术

战场态势预测是指在态势分析的基础上，对海量、多元、异构的战场数据加以分析利用，实现对战场态势的动态预测，从而辅助指挥员快速地掌握战场态势。接下来介绍几种战场态势预测技术。

**（1）基于复杂网络和模糊推理的战场态势预测技术**

复杂网络是研究复杂系统的一种方法，通过研究系统中个体间的拓扑关系揭示系统的演化规律。模糊推理以模糊数学为基础，以推理的方式解决不确定问题。将复杂网络和模糊推理技术相结合应用于战场态势预测，首先将真实战场抽象为一个复杂网络模型，通过构建战场态势网络模型，重构其动力学行为变化，理解战场态势的发展演进；接着以专家经验和历史信息为基础，建立推理规则，结合战场态势网络模型的动力学演化过程，利用模糊集理论分析节点间的相互作用，实现对战场态势的预测。

**（2）基于大数据分析技术的战场态势预测技术**

基于大数据分析技术的战场态势预测技术利用Hadoop收集战场态势历史数据，战场态势的数据信息包括双方作战能力、兵力部署、战场环境等；将要分析的数据存储到分布式文件系统（HDMS）中，使用K-means、支持向量机、K-最近邻、决策树等机器学习算法进行数据分析；最后选择粒子群算法-极限学习机（PSO-ELM）算法，建立战场态势预测模型。极限学习机算法具有所需训练参数少、学习速度快、泛化能力强等优点，在保证学习精度的前提下，该算法具有较好的预测效果。

**（3）基于深度学习模型的态势预测技术**

随着军事智能化的不断推进，兵棋推演技术成为了态势预测的重要辅助手段。基于深度学习模型，利用海量、多元的战场历史数据进行数据补全，实现敌方算子位置的准确预测，以辅助预测战场态势。

① 基于注意力机制的兵棋对抗态势预测技术　兵棋对抗态势预测需要大量特征，编码后特征向量稀疏高维，难以快速捕捉其中具有预测价值的特征。Transformer利用注意力机制识别关键特征效果显著，在提取战场关键态势特征方面具有较大潜力。首先将兵棋复盘数据进行预处理，得到算子兵棋特征向量，基于注意力机制训练实时预测模型，通过低维嵌入和特征交叉技术，实现对不可见算子的位置预测。该方法具有良好的可解释性，同时，其预测准确度相比于分类算法和推荐类算法有所提高。

② 基于图神经网络的兵棋态势预测技术　图神经网络能够以图结构数据作为输入，实现准确预测。首先对兵棋推演中的态势数据进行预处理，实现态势到图结构数据的转化，构造图结构战场态势数据集；接着利用图神经网络模型，基于图结构战场态势数据集，生成补全算子关系信息后的图；最后，基于通过图神经网络模型补全的图结构，实现对敌方算子位置的准确预测。通过图结构，该方法能够清楚地表示算子之间的关系，并能有效解决具有重复性、稀疏性等特点的战场态势数据问题。

**（4）基于对抗博弈环境平台的战场态势预测技术**

面向态势预测需求，搭建对抗博弈环境平台。针对缺乏态势样本问题，基于初级网络对抗样本，分析态势特征、识别效能，随机化模型参数，建立样本生成模型，实现态势样本扩量；接着构造博弈收益矩阵，基于网络动力学方法，分析态势演变关键点，根据战场态势演变关键点和链路，实现对关键态势点、未来战场态势走向的预测；最后建立双层意图预测模型，实现对敌方作战任务和重点打击目标的预测。

### 5.3.5 复杂战场的数字孪生体系的建模、仿真技术与方法

现代化战争正在向智能化和体系化方向发展，未来战场作战要素多、数据量大、定性及不确定因素繁多，很难用精确量化方法研究。通过复杂战场建模及仿真来研究战局势态，对战争的胜负有着重要的意义。随着以物联网、大数据、云计算、人工智能等为代表的新技术席卷全球，出现了一种全新的建模、仿真技术——“数字孪生”技术，其非常适合应用于陆军数字化战场的构建与仿真之中。

数字孪生技术起源于工业制造领域，目前尚未建立统一的行业标准，各研究与应用领域对其提出了多种定义。2009年，美国空军研究实验室首次提出“数字孪生”一词，随后作为独立概念由美国国家航空航天局提出，深受美军重视，并很快得到了国内外各研究领域的高度关注。近年来，我国学者就数字孪生技术进行了广泛探讨与研究，包括其应用探索、体系架构、技术核心、理论研究等。北京航空航天大学陶飞团队关于数字孪生的定义是，一种集成多物理、多尺度、多学科属性，具有实时同步、忠实映射、高保真度特性，能够实现物理世界和信息世界交互与融合的技术手段。

数字孪生技术的出现和应用解决了真实战场和数字战场之间数据分离、相互隔离、无法闭环的问题。数字孪生战场环境是真实战场环境的映射，是战场环境数字化的高级阶段，能够实现真实战场和数字战场之间的实时双向互动，高效共享实时数据。

#### 5.3.5.1 基于数字孪生的复杂战场体系设计

数字孪生技术的核心是通过集成大量的信息与技术，在虚拟空间中构建某一现实对象或系统的模型，使虚拟空间中模型的仿真变化与现实空间中实体的对应变化高度一致。基于数字孪生的典型特征，可以设计一种数字孪生战场体系，如图2-5-6所示，其中物理实体代表复杂战场中的一切要素，包括战场环境、武器装备、兵力编成等。整个数字孪生体系分为感知层、数据层、计算层、功能层和应用层，每一层的实现建立在前一层的基础之上，其中感知层单向接收实体信息，计算层、功能层和物理实体同步构建、实时交互。

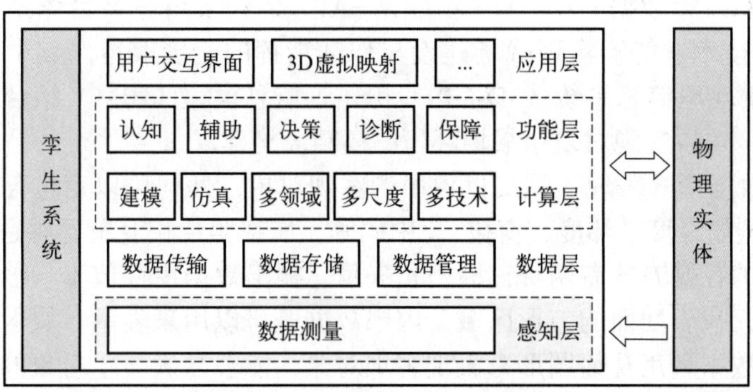


图 2-5-6 数字孪生战场体系

感知层是整个体系的基础，是构建数字孪生战场的基石，作用是通过传感器实时探测战场物理信息，提高模型的保真性。战场感知系统通常由多种地面传感器和侦察设备组成，包括红外传感器、压力传感器、振动传感器、雷达、侦察车、电子侦察装备等。战场

感知系统可根据任务需求对战局进行探测，多元信息获取实时掌握战争势态，提供大量高精度数据，保障上层高质量运行。

数据层由传输单元、存储单元和管理单元三个子系统组成，是数字孪生战场体系的重要支撑。数字孪生对实时性要求很高，如何将海量战场信息分布管理、快速存取，是数字孪生战场系统面临的挑战。高宽带光纤技术的应用使得大量传感器数据可以自由传输，不再受制于硬件。通过全寿命周期数据管理，系统还将拥有历史状态回放功能，能够对战局的任何时刻进行智能解析，并从战争结果退化分析每个决策的重要程度。

计算层是数字孪生战场体系的核心，直接影响了数字孪生体能否真实反映物理实体。为了实现对战场的超现实镜像呈现，体系中的建模通常具备以下三个典型特征：多领域、多尺度、多技术。多领域建模是指从不同领域视角对战场实体进行跨领域融合建模，强调模型保真性。以坦克动力学建模为例，传统建模一般用发动机功率代表驱动能力，而数字孪生则从深层次的机理建模，通过计算发动机对驱动轮的作用，驱动轮、支重轮、导向轮和拖链轮对履带的带动作用以及地面的反作用力构建动力学建模。多尺度建模是指在不同时间长度和尺度下建模，每个独立战场模型可以通过调节参数相互连接，最终构建整体战场环境。多技术建模是多领域建模和多尺度建模的要求，由于涉及领域广、建模要求高，数字孪生体系中单一模型的构建通常需要融合多种技术，常见技术包括：数字孪生虚实同步技术、数字主线技术、数字孪生模型构建技术、数字孪生模型更新/管理技术、模式识别与机器学习技术等。

功能层是数字孪生战场体系的直接价值体现。不同的作战任务以及任务中的各个阶段，往往有着不同的需求，数字孪生能够针对这些实际需求进行个性化定制，提供面向设计、生产、使用、决策、对抗、协同、维护等不同需求的功能。

应用层是面向用户与各类场景的最终呈现，目的在于提供良好的人机交互环境。未来的系统使用方式将集成压力感知、重力感知、触摸感知、肢体动作感知等多种技术，让使用者不再局限于视觉感知和听觉感知，使用者将能够身临其境，迅速掌握物理实体的状态。

#### 5.3.5.2 基于数字孪生的复杂战场环境构建

数字孪生战场是一种复杂的综合技术体系，其实现需要许多重要技术的支持。基于前沿技术的“WIM+大数据+云计算+物联网+AI”架构采用多平台体系建设模式，同时融合了多种新兴技术，能够实现战场建设与作战指挥的无缝兼容。其中，战场智慧模型（WIM）是将三维地理信息系统（3D-GIS）和建筑信息模型（BIM）结合应用于战场环境的一种集成模型，可以实现对复杂战场环境的高精度构建。

GIS以数字数据形式表现了现实世界中的客观对象，任何可以定位存放的变量都能被反馈到GIS中，例如经度、纬度、海拔、ZIP码等。航空照片和卫星遥感是地理数据的重要来源，这些数据的存储方式有两种：栅格和矢量。栅格数据由存放唯一值存储单元的行和列组成，存储单元代表地面的方形区域，内部数据既可以用来表示一块区域，也可以代表一个实物。矢量数据利用几何图形来表现客观对象，能够准确显示对象的边界和位置，例如以多边形代表建筑边界，以点来精确表示建筑位置。传统战场模型存在无法有效描述、匹配真实环境的缺陷，近年来GIS的发展极大推动了战场环境构建，通过地理信息数据库能够最大化模拟地形地貌，实现数字孪生战场与真实战场环境的高度一致。

BIM的核心是利用数字化技术建立虚拟的建筑工程三维模型，并同步构建完整的工程信息库。该信息库不仅包含了建筑物的几何信息，还包含了大量建筑物的状态信息，例如层级空间、运动行为、耐火能力、承重能力等。传统战场模型中的建筑物普遍缺乏现实依据，几乎不具备交互能力，而BIM能模拟高楼的受灾情况、结构失稳时间、坍塌时间和坍塌姿态等，智能体能够主动改变战场环境，环境变化将成为对抗策略的重要变量之一，这将使得复杂战场的作战仿真进入更高维度。

数字孪生战场还需要同步推进战场大数据、战场云计算和战场物联网的多平台建设工作。战场云计算采用分布式计算技术，仅在边缘端保留一些小规模数据进行轻量级学习和仿真，而将大规模数据传输至中心云端进行深度学习和分析，实现对整个作战系统的集中统一存储、管理和调度。战场物联网的作用在于链接智能体与智能体之间、智能体与数字孪生系统之间的数据交互，借助蓝牙、移动网络、卫星网络等通信技术，将数据传输到数字孪生体中。此外，数字孪生战场还需要充分利用人工智能技术，同步推动WIM安全标准和模型构建标准，最终实现涵盖战场建设全要素的一体化应用平台。

#### 5.3.5.3 基于数字孪生的复杂战场智能体构建

作战智能体是复杂战场的重要组件之一，在陆地战场中通常以各式装甲车为主。我国学者就复杂战场的智能体数字孪生构建进行了广泛研究，以陆战坦克为例，基于数字孪生的保真性要求，数字孪生体系建模主要包含：动力学建模、感知建模、火控建模、车身与装甲建模等；数字孪生体系仿真主要包括：流体仿真技术、控制系统仿真技术、作战对抗仿真技术、火力性能仿真技术、防护性能仿真技术等。

数字孪生动力学模型是从深层次机理层面构建的模型，将整个坦克的动力系统划分为柴油机、主动轮、从动轮、履带这四个部分。通过柴油机获取功率驱动主动轮，由齿轮之间的啮合次数和效率决定整体传动装置效率，在坦克的重量下土壤与接地履带发生挤压、摩擦和切割，计算土壤受力同时反作用于履带，推动坦克行进。当系统发生变动时，例如场地转移或齿轮受损，模型各个环节通过更新自身状态以维持坦克运动的正常仿真，不会因某一节点的失效而导致整个动力系统停止运作。

数字孪生感知模型通过红外扫描探测敌方目标，探测距离等效噪声探测距离，最大识别距离根据红外大气透过率、衰减系数和感知对象温差计算。数字孪生火控模型的控制对象为炮塔，角度陀螺仪为惯性元件，速度陀螺仪为反馈元件，电动机为执行元件，电子放大器、液压放大器等作为放大元件，在充分考虑干扰力矩的情况下建立火控动力学方程。

数字孪生装甲及毁伤模型采用德马尔穿甲公式计算武器穿甲能力，根据命中点位护甲分布判定毁伤。交战导致的毁伤效果、故障诊断等可通过毁伤树模型实现，该模型采用演绎分析法，将目标的作战能力划分为多个功能系统，并作为毁伤树的顶事件逐级向下继续划分。当智能体某个部件失效时，毁伤树中该部件的所有下属分支都将失效，对应的作战功能也将丧失。通过树形结构，可以清晰地表示目标毁伤与部件失效之间的功能逻辑关系。

#### 5.3.5.4 基于数字孪生的复杂战场指挥决策

数字孪生同步提供作战支撑和推演支撑，能够优化作战指挥体系，创新作战指挥模式，提高指挥决策效率，辅助指挥员实施远程高效指挥。在作战支撑方面，数字孪生技术为各级指挥员与数字孪生系统之间提供清晰准确的直接交流通道，相比传统文书管理、指令管理系统的多级中转，可有效增强不同层次指挥对象之间平行和交叉的纵横联通能力。数字孪生技术具有自主数据挖掘、联合态势感知、智能辅助决策和协同指挥控制等能力，通过虚拟映射形成数字孪生体，将实时展现战场变化和态势走向，指挥员可以及时挖掘支撑指挥决策的关键信息，大大压缩作战构想、任务分配、目标打击、毁伤评估的指挥周期。

在推演支撑方面，数字孪生能够实现对战场未来状态的预测，辅助指挥员做出更合理的决策。利用数字孪生模型对战局进行多路径作战推演和主战场博弈对抗推演，以实现智能对抗、博弈对抗和业务决策功能，为提供新的战术方法、创新思维和全新产品打下基础。通过连接各种数据和算法，并根据指挥需求提供面向通信、目标、情报、火力、保障、精确制导和指挥控制等多方面的模型，为兵力编成、装备参数、战法规则等提供了多样选择。在大数据等人工智能技术的加持下，信息交互进入更高维度，数理模型精度不断提高，数字孪生技术必将在未来智能化战争中大显身手。

### 5.3.6 分布式智能指挥与火力控制一体化技术和方法

#### 5.3.6.1 陆用智能指挥控制核心关键技术

陆用智能指挥控制核心关键技术包括：网络化指挥控制技术、作战智能决策支持技术、战场火力资源优化部署技术和武器目标动态分配技术等。

**（1）网络化指挥控制技术**

在传统的“烟囱式”中心化指挥控制结构中，存在几个关键问题：①信息共享受限，不同机构和作战单元之间的信息流通受到约束，限制了整体协同作战效率；②一旦指挥结构受到损坏，重新组织困难，缺乏足够的灵活性和生存能力；③传统结构限制了各组织和单位之间的网络化协作能力，难以适应复杂的战场环境。因此，传统的指挥模式已不再满足新时代陆军作战所需的灵活性要求。有学者提出构建完全开放式的网络化分级体系结构，该结构分为指挥层系统和执行层系统，各个系统通过其各自的网络化火控指控中心连接起来，实现组内和组间的通信。从信息数据流的角度来看，这种分级体系打破了自上而下烟囱式的传统指挥控制结构，实现了集中与自主相结合的扁平化体制，系统内的信息既能实现上下级节点的纵向指挥联系，又可以实现同层次火控作战单元间的横向通信，增强了各作战单元对指控信息的掌握能力。

**（2）作战智能决策支持技术**

现代战场信息量庞大、变化复杂，容易干扰指挥员的决策过程，同时也对指挥决策提出了越来越高的要求，如连续作战、快速信息综合和目标评估等。为此，决策支持技术成为了指挥控制系统的研究重点。传统辅助决策方法基于数学规划建模与智能优化算法，通常依赖于严格的数学模型，可能需要大量的计算资源和时间。随着大数据、人工智能等技术的不断发展，构建以“人脑+人工智能”协作为基本方式的新型决策模式，可以更好地应对这些挑战，并提供更灵活、自适应和高效的决策支持。目前已有学者将人工智能技术分布式地引入网络化指控节点中，实现网络化作战中的智能决策支持，在解决海量信息的同时满足了信息战场实时性要求。这种“人脑+人工智能”的决策模式代表了作战决策的新趋势，提高了决策效率。

**（3）战场火力资源优化部署技术**

在战斗开始前，需要对战场态势进行评估，充分利用可用的传感探测和武器资源进行空间部署，以应对可能的作战情景，确保在实际战斗中保持主动和先发制人的优势。在实际的作战中，需要评估不同装备的重要性以及战略资源受损的概率等，这使得作战资源部署更多地依赖于指挥者的经验。此外，系统中的数据可能呈随机、模糊、分布未知或随时间变化的形式。在进行资源部署时，必须综合考虑这些不确定因素。针对不确定战场环境下的火力资源部署问题，目前有学者设计了含扰动机制的智能优化算法，用于资源存在参数不确定性条件下的高效传感器部署。此外，针对探测和火力单元的参数区间不确定性，通过建立探测与火力单元协同部署模型，提出了包括松弛方法和构造性启发式算法的鲁棒优化模型。同时，考虑模糊不确定性的情况，建立了协同部署模型，采用多目标优化算法进行资源部署。

**（4）武器目标动态分配技术**

在实际作战中，需要将多种作战资源分配给多个目标，最优地实现指挥员的作战意图。根据属性不同，作战资源分配问题可分为传感探测资源分配和武器资源分配，现有研究集中于武器目标分配问题，可分为静态武器目标分配（SWTA）和动态武器目标分配（DWTA）。大多数研究集中在小规模的SWTA上，而大规模问题目前没有好的解决方案。该技术面临以下挑战：①动态战场环境充满不确定因素，包括来袭目标的数量、类型、位置，以及己方武器状态和性能，这种不确定性增加了武器目标分配的难度；②作战决策需要在极短的时间内做出，分配需要具备高效的实时性能，以应对迅速变化的战场态势。针对该技术，有学者将问题描述为优化问题，使用大规模邻域搜索的方法进行求解，在可行解中求取最优结果，但在得到准确解的同时牺牲了计算资源和求解时间。有学者利用遗传算法搜索近似最优解，利用模拟退火算法进行优化，取得了良好的求解效果。还有学者通过将问题建模为双方零和博弈问题，通过寻找均衡策略，进而制定下一步的武器目标分配策略。

### 5.3.6.2 陆用装备火力控制核心关键技术

陆用装备火力控制核心关键技术包括：目标探测与识别技术、目标机动建模与跟踪技术、智能化网络互联控制技术等。

**（1）目标探测与识别技术**

在实际作战场景中，目标探测与识别具有极其重要的意义，尤其是面对进攻方采用小型化、高速度和隐蔽性高的武器平台。在实际作战中，需要：①及时发现和识别敌方小型化和隐身目标，以防止潜在的袭击；②准确识别目标类型和位置，提高打击精度和作战效率；③探测敌方小型化和隐身目标，了解敌情和敌方意图。目标探测与识别过程中有以下几个挑战：①目标或背景变化较大且背景复杂；②目标存在遮蔽或模糊等情形；③识别过程存在各种干扰。针对以上难题，目前主流方法可主要分为：统计模式识别方法、模型和知识融合驱动的识别方法、神经网络等监督学习的识别方法和基于深度学习的识别方法。

**（2）目标机动建模与跟踪技术**

火控系统在陆地武器的使用中，发挥作战效能的关键因素之一是武器的稳定跟踪精度。而通常情况下，武器和目标都会处于高速机动状态，为了实现精准打击，需要突破目标运动模型建立和抗扰精准跟踪技术。所构建的目标运动模型需要兼顾实际目标运动特性，同时要便于理论分析和实时计算。精准跟踪技术通过处理一个或多个传感器获取带有噪声的目标观测数据，克服陆用装备系统内的电磁噪声、负载扰动、摩擦和传动间隙等本质非线性因素，识别目标并进行高精度跟踪。当目标发生机动时，要能够追踪目标运动状态的变化，以确保输出正确的目标运动信息。

**（3）智能化网络互联控制技术**

传统陆用网络化指挥控制系统仅以简单的网络连接方式将不同级别的火控作战单元连

接，忽略了作战环境的复杂性和恶劣条件，以及系统分布式协同控制的拓扑结构影响。由于其信息处理速度较慢和抗毁性较差，已无法满足现代化作战的需求，迫切需要研究智能化网络互联控制技术。这一新技术将广泛应用智能化指挥控制平台和智能化武器平台，它们之间的联系将由智能化信息通信系统实现。该信息通信系统类似于神经和血管系统，发挥着连接和协调的关键作用。因此，建立全维度、不间断的智能化信息网络，支持智能化装备之间的互通和协调，进行智能化网络结构的智能优化、智能抗毁重构以及智能抗干扰能力的发展，是确保各火力之间实现智能协同作战，从而发挥最佳整体作战效能的重要前提。

#### 5.3.6.3 陆用平台分布式控制系统核心技术

陆用平台分布式控制系统核心技术主要包括：人在回路的异构多无人平台分布式协同控制技术、面向多约束的异构多无人平台分布式控制技术和异构无人平台的动态分组理论及其体系结构设计与优化等。

**（1）人在回路的异构多无人平台分布式协同控制技术**

随着异构多无人平台在复杂、动态、非结构化环境中的大量部署，传统单纯依赖平台自身感知、决策能力的多平台协同控制模式的弊端愈发明显。人机协同通过发挥指挥员在复杂环境中感知、决策的优势，能够提高多机器人系统执行任务时的安全性与任务完成效率。但由于异构多无人平台系统具有高度非线性、分布式运行的特点，同时平台的稳定性与快速响应能力必须得以保证，这给异构多无人平台的人机协同带来了巨大的困难与挑战。因此，应致力于研究人与平台的意图高效融合方法，并进一步采用李雅普诺夫稳定性、模型预测控制和输入-状态稳定性等理论，设计加权共享控制器，实现“以少控多”的灵活控制。

**（2）面向多约束的异构多无人平台分布式控制技术**

在复杂战场环境下，多异构无人平台的协同作战可以弥补单平台能力上的不足，通过协调与合作来完成复杂的作战任务，并提高作战效率和灵活性。但是，无人平台本质具有强非线性运动学耦合，再加上复杂的战场环境和作战任务带来的安全约束、通信范围和交互方式限制带来的分布式控制要求，使得多异构无人平台之间的协同控制具有很大的挑战性。为此，应着力研究多约束下安全分布式控制方法，提高多异构无人平台的协同安全性。此外，应综合期望作战目标，设计相应的优化指标，提高系统的作战效能。针对不同优先级的作战任务，设计信息物理融合的控制方法，实现优先级顺序严格执行的同时也保证所有任务都有较好的完成效果。

**（3）异构无人平台的动态分组理论及其体系结构设计与优化**

由于异构平台的不同功能，为了实现特定目标，一些平台可以在一段时间内组成临时协作小组，这种灵活的动态分组机制可以有效提高各异构平台的执行能力、活动范围和感知范围，从而提高整个系统的协作效率。传统的集中式或半分布式控制方法容易带来巨大的计算负担和通信代价，因此，应致力于构建层次型拓扑结构，以提高系统对复杂环境和任务动态变化的适应性，从而降低系统的通信开销，并便于控制指令的分解和下发。此外，对于大规模异构平台系统，通过提取简洁且没有冗余的拓扑“抽象”结构，可以利用少数代表性个体来描述系统的整体特性，从而克服大规模异构平台系统的管理和任务分解的挑战。

### 5.3.7 陆用装备检测、诊断、维修与保障自动化的技术与方法

武器设备在检测诊断和维修过程中需要海量的技术信息数据，传统的检测维修中，这

些技术信息数据主要包括工程图纸、设计说明书、使用手册、培训手册和维修手册等。近些年来，科技的发展日新月异，在高新技术的推动引领以及部队需求的牵引下，一大批结构复杂、功能强大、打击精准的新型武器装备不断涌现。与此同时，先进的技术水平和高技术性能，导致武器装备的保障资源和保障条件要求越来越多，进而使维修保障费用急剧增加。然而，依赖传统的检测、诊断、维修方法会使武器装备的维修保障时间周期大幅延长并且极易出现检测失误，影响武器装备的后续使用。因此，发展自动化技术进行检测维修将成为未来陆用装备检测维修的一大趋势。

21世纪以来，随着计算机的广泛发展与应用，计算机辅助设计（Computer Aided Design，CAD）技术迎来蓬勃发展，从以人为核心到以计算机为核心，武器装备的诊断保障的设计和分析的效率和质量均飞速提升。以计算机为核心，将自动化技术应用于武器装备系统，在测试、诊断、维修和保障方面，可以有效提高陆军装备的后勤保障能力，缩短保障周期和维修周期，提升武器装备的战备状态，大幅度降低维修保障成本，增强武器装备的战备能力，实现“装备管理信息化、设备检测数字化、故障诊断远程化、质量监控可视化、操作维修程序化”的五化要求。由于武器装备诊断的正确性和效率会严重影响修复保障过程以及装备的使用周期，装备的检测诊断过程尤为重要，本小节主要介绍陆用装备的故障诊断流程以及诊断方法。

陆用装备具有技术含量高、使用强度高、损失和消耗大等特点，因此陆用装备结构具有复杂性和独特性。在陆用装备的大量使用中，由于各种不确定因素的影响，会使其在服役期间出现各种不确定的问题，严密高效的诊断技术对陆用装备的可靠性、精确度以及对风险程度的降低都有着深远影响。传统的陆用装备检测技术通常由数据采集和传输、装备测试数据库、测试诊断程序集和维修方案等几个部分组成，具体流程如图2-5-7所示。国内外现有的陆用装备故障诊断方法可以分为基于解析模型的方法、基于信号处理的方法、基于知识的方法和故障诊断树分析法四种。

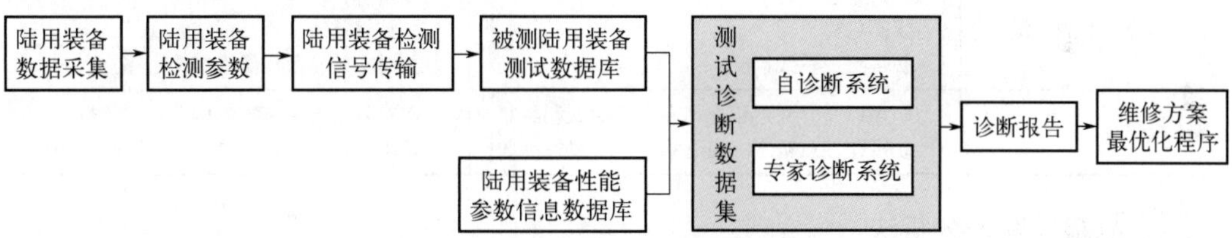


图2-5-7　陆用装备检测技术流程

### （1）基于解析模型的方法

基于解析模型的故障诊断方法大体上分为以下三种：①状态估计法。它根据系统构建起来的数学模型和与系统相关的测量信号重新建立起一个可计算的估计状态变量，将根据模型估计出的数值与实际测量出的数值进行比较得到残差，该值可用来进行系统故障检测和故障分离。②等价空间法。它是一种依赖于装备系统输入输出的实际测量数据技术，核心在于验证系统的数学模型与其物理实体之间的等价性，主要用于诊断和隔离系统中的故障。③参数估计法。它结合了理论建模与参数识别，通过分析参数的统计变化来探测故障信号，以参数估计值与实测数据之间的偏差情况为依据对系统故障进行有效判断。

上述三种解析模型方法表明：在已充分掌握装备系统的精确数学模型的前提下，状态估计技术是一种极为直接且高效的方法；此外，在参数估计技术的应用中，特别强调装备系统模型参数与其物理参数之间的直接映射关系。因此，在实际的军事装备应用中，通常以参数估计技术为基础，结合解析模型技术对陆用装备进行综合故障检测与分离。

**（2）基于信号处理的方法**

基于信号处理的故障诊断方法通常运用频谱分析和相关函数等信号处理技术，对可获取的信号数据进行深入分析，这一过程包括从信号模型中提取关键参数，如方差、幅值和频率等特征值。通过详细分析这些特征值，可以有效地监测和识别设备是否出现故障，从而实现对装备故障状况的精准评估。基于信号处理的故障检测准则主要分为以下三种：利用Kullback信息准则、基于小波变换的故障诊断和主元分析法。其中主元分析法被广泛应用于大规模的稳态动态系统，该方法具备实时监测和诊断故障的能力，能够在系统运行过程中连续进行故障检测，从而提高系统的可靠性和效率，并且该方法还可以快速识别出系统性能中的异常波动，实现了对潜在故障的即时响应，因此更适用于陆用装备的实时故障诊断检测。与此同时，结合另外两种检测方法的高精度特性，将主元分析法与其他两种方法综合应用可以极大提高装备故障检测的灵敏度和精度。

**（3）基于知识的方法**

在解决实际问题的过程中，经验丰富的专家会通过故障源和故障征兆两者之间的关联性来对所发生的故障进行检测，这些知识来源于专家们长时间的学习经验积累，对于精确分析检测故障有着十分重要的作用。表2-5-1展示了三种基于知识的故障检测方法及其各自的优缺点。在陆用装备检测中，通过实际场景对三种方法的优缺点进行分析对比，从而挑选对应的故障检测方法。

表2–5–1　基于知识的故障检测方法对比

| 检测方法 | 优点 | 缺点 |
|---|---|---|
| 基于专家系统的方法 | ① 效率高；<br>② 可靠性高；<br>③ 具有可复用性 | ① 依赖于专家知识；<br>② 知识获取成本高；<br>③ 缺乏灵活性 |
| 基于神经网络的方法 | ① 自适应性强；<br>② 高鲁棒性；<br>③ 可实现在线检测 | ① 可解释性差；<br>② 数据需求量大且训练时间长；<br>③ 对初始参数和网络结构敏感 |
| 基于模糊数学的方法 | ① 可以充分利用和处理专家的知识和经验；<br>② 可在任意精度上逼近给定的非线性函数 | ① 对复杂的系统很难构造隶属函数；<br>② 不合理的特征元素选择会影响诊断结果 |

**（4）故障诊断树分析法**

故障树分析（Fault Tree Analysis，FTA）是一种高级系统故障诊断方法，其特点是利用一个倒置的树状结构来阐明逻辑因果关系，也通常称为图形演绎技术。这种方法包括三种不同类别的事件符号：矩形、菱形和圆角矩形。矩形事件位于顶部，代表顶级事件，表示故障现象的节点；菱形事件表示中间事件，对应于基于诊断测试的决策节点，每个中间事件根据测试结果的真实性分为两个路径，即真或假，这些事件之间的关系通过有向线表示以标示出逻辑层级结构；圆角矩形事件位于底部，表示故障的源头。故障树的发展是由诊断测试的结果驱动的，其中一个测试的结果直接影响后续的测试阶段，从而建立了一系列从故障根源追溯的因果关系。

故障诊断树分析法中树的建立主要由三个步骤构成，分别是故障分析树的构建、定性评估与定量分析。此分析树构建完成后，故障的因果逻辑得以明确和形象化展现，使得对事故的众多成因及其逻辑联系能进行精练、明确且直观的阐述。与此同时，通过故障树建立步骤可以看出，该方法既可以进行定性分析又可以进行定量计算和系统评价，使故障树的建立更加科学合理。然而，该方法的局限性在于，定量分析前需要确定各个基本事件发生的概率，否则无法进行定量计算，并且对于复杂系统的设计故障树步骤较多，故障树的体量也较大，这导致整体计算繁琐。

### 5.3.8 陆用装备智能化实时评估技术与方法

装备作战效能评估是对装备的单项效能、系统效能或作战效能的定量或定性表述，是对其效能做出的科学评价，在现代军事和作战问题研究领域中发挥着重要作用。实时评估陆用武器装备的效能对于维护军事优势、保证作战效果都具有重要意义。一方面，战争环境是动态的，敌方的战术和装备在不断发展和改进。为了保持军事优势，我方需要实时评估武器装备的性能和效能，以便对新情况做出适应性调整。另一方面，战斗中的作战效果直接关系到战争的胜败。实时评估武器装备的性能和效能可以及时获取作战效果的反馈，从而能够及时调整战术和战略，提高作战效果。

智能化评估相比于传统的基于模型的方法具有更大优势。从评估准确性角度出发，智能化评估方法可以同时考虑多个因素和指标，对武器装备的性能、可靠性、稳定性等多个方面进行全面评估。相比于传统方法，智能化评估更加客观、全面和准确。从评估时效性角度出发，智能化评估方法有利于更快速、准确地获取和分析武器装备的性能数据，提供实时的决策支持和反馈，并实现数据共享和协同作战。综上，装备智能化实时评估方法能够更好地为军队在陆用装备的验证、开发、评估以及实战应用的整个过程中提供迅速而准确的技术支撑，具有显著的现实意义和应用价值。

国外的装备效能评估研究开展较早，相比之下，国内对装备作战效能评估的研究起步比较晚，但是发展迅速。近年来，先进的人工智能算法在装备效能评估中得到了广泛应用。在消化吸收国外效能评估模型相关研究的基础上，专家学者根据实际应用情况对评估技术方法进行了完善和发展。目前，陆用装备智能化实时评估方法主要分为基于多属性决策、复杂网络和机器学习的效能评估方法。

#### 5.3.8.1 基于多属性决策的效能评估方法

多属性决策的效能评估方法是一种用于评估和比较多个候选方案或决策选项的方法，其目的是确定最佳的决策方案或选项。该方法考虑了多个属性或指标，并根据这些属性的重要性和权重对不同方案进行综合评估。多属性决策效能评估方法具体可分为经典确定性分析方法和模糊综合分析法。

**（1）确定性分析方法**

确定性分析方法通过对目标场景进行细化分析，构建多属性决策模型，基于准确的输入数据和确定性的数学模型，通过严格的计算和推理来得出决策结果。以层次分析法（AHP）为代表的诸多确定性分析方法至今在效能评估领域仍有广泛的应用。AHP法最早由美国学者Saaty于1973年提出。对于陆用装备效能的实时化评估需求，AHP可以帮助决策者考虑多个影响效能的因素，并确定它们之间的相对重要性。具体步骤包括明确评估的目标和范围，将效能评估问题分解为多个层次的准则和子准则，通过专家判断或实证数据建立判断矩阵，计算权重并进行一致性检验。AHP法的优点是能够将复杂的决策问题分解为层次结构，使问题更加可管理和可理解；缺点是判断矩阵的构建和权重的确定依赖于决策者的主观判断或经验，可能存在主观偏好或不一致性。

（2）模糊综合分析法

模糊综合分析法是由我国学者汪培庄基于模糊变换原理和最大隶属度原则提出的一种综合定量分析与定性分析的评价方法。在陆用装备作战效能评估中，一些如战术灵活性等指标的描述存在模糊性。模糊综合评判可以考虑这些不确定性因素对评价结果的影响，借助模糊推理的方法得到一个合理的、综合的总体评判。具体步骤包括：根据问题的背景明确评估决策的目标；确定评估对象的因素和对应的评语集；根据各因素的模糊性和不确定性，确定各因素权重和隶属度向量，并依此构建模糊评判矩阵；最后进行模糊运算并归一化，得到综合评估结果。模糊综合评估法的优点是数学模型相对简单，并且可以综合考虑多个不确定的因素和指标，提供全面的评估结果；其不足之处在于计算复杂度较高，存在一些主观性较强的操作，如隶属度函数的定义等。并且，当指标集过大时，易出现超模糊现象。

### 5.3.8.2 基于复杂网络的效能评估方法

复杂网络最早可追溯到Garvey提出的功能依赖网，后来被推广到武器装备效能评估中。该方法通常由大量相互连接的元素组成，这些元素之间的关系通过边来表示，可用于分析复杂系统结构和相互关系。在现代化作战体系中，各评估指标之间关联密切。为了评估武器装备体系，许多专家学者开始采用复杂网络分析方法。步骤为利用网络节点表示系统组成部分或参与者，并使用边表示它们之间的相互作用或关系，通过测量和分析网络的度分布、聚类系数、介数等指标，揭示体系的内在规律和全局特性，进而评估体系的关键性能指标。基于复杂网络的效能评估方法的优势是能够捕捉系统的动态性和复杂性，为集群作战和复杂陆用武器装备系统提供了新的视角和方法，缺点是节点之间的依赖强度和依赖关键度都被建模为实数，导致存在较强的主观性，并难以准确描述装备之间的依赖关系。

### 5.3.8.3 基于机器学习的效能评估方法

基于机器学习的效能评估方法是一种利用实际数据和信息来评估军事作战有效性和效率的方法。它依赖数据分析、模型构建和决策支持系统，更精确、客观地评估军事行动的成果。该类型的方法运用人工智能、机器学习等高性能计算和数据处理技术，对实时采集到的数据进行快速处理和分析，可有效提高效能评估的正确性、精准性和实时性。

（1）随机森林方法

随机森林方法是由Leo Breiman提出的一种机器学习算法。它融合了决策树算法和Bagging算法的思想，是一种现代分类和回归技术。在作战效能评估中，方法的时效性是一个重要的评估标准。而随机森林方法可以并行执行，训练和执行速度很快，能够对评估需求进行实时响应。随机森林方法的优点有很多，该方法不需要特征工程的辅助就可以有效地处理高维数据，进一步提升算法实时性。随机森林方法最终会采用不同的权重对所有决策树的输出进行集成加权，这可以大大减少过拟合的风险。但是该方法的可解释性较差，也无法处理时间序列问题。

（2）贝叶斯网络方法

贝叶斯网络也被称为信念网络或概率网络，是一种用于建模不确定性和概率推断的图形化概率模型。贝叶斯网络的概念可以追溯到贝叶斯统计学和概率论的早期发展，于1985年由Judea Pearl首先提出，它用有向无环图（DAG）来表示变量之间的依赖关系，其中节点代表随机变量，边表示变量之间的条件依赖关系。贝叶斯网络主要用来解决陆用装备作战效能评估中的时间序列问题，它可以处理同一时间序列上的实时输入数据，对作战效能进行快速、准确的评估。该方法主要包括结构学习和参数学习。结构学习是指该方法基于问题定义的节点和依赖关系，构建DAG。参数学习是指在得到贝叶斯网络的结构后，通过对数据集进行极大似然估计得到每个节点之间的条件概率分布。贝叶斯网络提供的图形化模型可以清晰地展示变量之间的关系，具有较强的可解释性。但是建立准确的贝叶斯网络需要领域专家的知识，比如条件独立性的假设等。并且对于大型贝叶斯网络，推断将会尤为复杂，需要大量的计算资源。

**（3）深度学习方法**

深度学习能够实现对复杂任务的学习和推断。在现代作战中，有大量的多源数据，如传感器数据、图像、视频和语音等。深度学习方法可以有效地处理大规模和多模态的数据，通过学习大量数据集的规律，深度学习模型逐步构建目标问题对应的非线性数学模型。随着训练的不断进行，模型会通过减小学习输出与目标值之间的差距，实现对数据的准确预测和对特征的有效学习，从而可以在保证准确率的同时，完成对陆用装备的快速评估。深度学习方法能够自动学习数据中的特征，无须手动设计特征工程，这对于处理多样性和复杂性较高的数据尤其有益。但是，深度学习方法通常需要大规模地标注数据用于学习和训练。在实时评估中，数据的采集和标注可能会面临挑战。

以上是对陆用装备智能化实时评估方法的分类介绍。从中可以看出，虽然现在已经存在多种类别的智能化效能评估方法，但这些方法相比于已取得广泛应用的成熟技术还处于初步研究阶段，装备作战效能智能化实时评估技术还有很多问题亟待解决。未来的发展方向主要涉及加强基于大数据的评估指标挖掘与优化技术研究、加强以深度学习为主导的效能评估技术研究，以及开展一体化效能评估平台建设等。

## 5.4 陆用装备自动化技术应用

### 5.4.1 智能无人战车系统的典型应用

近年来，我国智能无人战车系统技术飞速发展，逐渐成为了面向未来现代化战争中的重要力量。智能无人战车作为一种新型的作战装备，具有高效、智能、精准等特点，能够在复杂战场环境条件下完成各种复杂作战任务，提高地面战斗能力和作战效率。

智能无人战车系统是指一种具有高度自主性、智能性和灵活性的无人驾驶车辆，它集成了全地形底盘系统、环境感知传感器、自主行动控制器、功能模块执行器等多种部件，能够机动灵活地完成多种复杂任务。

智能无人战车系统的典型应用任务包括：

① 战场侦察：智能无人战车可以代替人类在危险的环境中进行侦察任务，通过搭载的高清电视摄像头、红外传感器、轻型侦察雷达等设备，对敌方阵地、地形、战场环境等信息进行收集和传输，为指挥系统提供实时、准确的战场情报。

② 火力支援：智能无人战车可以配备多种火力打击武器，如机枪、火箭弹、迫击炮等，为作战部队提供火力协同支援，增强地面部队的作战能力。

③ 反装甲作战：智能无人战车可以携带反装甲武器，如反坦克导弹等，对敌方装甲车辆进行打击，削弱敌方机动战斗力。

④ 城市作战：智能无人战车可以在城市环境中执行任务，通过感知街巷周围环境与实时建模，避免障碍物和敌方攻击，为作战部队提供重要城市态势、情报和火力支援。

⑤ 边境巡逻：智能无人战车可以用于边境巡逻任务，通过搭载的远近距离高清光电系统、战场传感器等设备，对边境线进行实时监控和巡逻，防止非法越境与侵扰行为。

⑥ 反恐维稳：智能无人战车可以用于反恐维稳任务，通过实时监控和传输情报信息、即时火力突击与火力压制，协助警方进行反恐行动，维护社会稳定。

智能无人战车系统的核心支撑技术包括传感器融合、自主导航、目标识别与跟踪、控制与决策等。

**（1）传感器融合技术**

通过对多种传感器的数据进行融合和处理，获得对环境的全面感知和认知。在智能无人战车系统中，主要应用的传感器包括激光雷达、电视摄像头、红外传感器等。激光雷达通过激光束进行空间扫描，生成周边三维空间点云信息，具有测量精确、抗干扰能力强等优点。电视摄像头能够获取周围环境的视频信息，具有直观、信息丰富等优点。红外传感器能够获取周围环境的红外信息，具有夜视、远距离探测等优点。通过将这些传感器的数据进行融合，能够提高对环境的感知精度和认知能力。

**（2）自主导航技术**

能够让无人战车自主规划路径、避障、跟踪等任务。自主导航技术主要涉及地图构建、定位、路径规划等方面。地图构建是自主导航技术的基础，它通过多种传感器获取环境信息，并通过对环境信息的处理和分析，构建出环境的地图。定位技术则是基于地图和传感器数据，确定无人战车的位置和姿态。路径规划则是根据任务需求和环境信息，规划出一条安全、高效的路径。

**（3）目标识别与跟踪技术**

能够让无人战车对目标进行识别、跟踪和打击。目标识别与跟踪技术主要涉及图像处理、特征提取、目标跟踪等方面。图像处理是对获取的图像进行处理和分析，提取出与目标相关的特征信息。特征提取则是根据目标的特点和要求，从图像中提取出目标的特征。目标跟踪则是根据目标的特征和位置信息，对目标进行跟踪和定位。

**（4）控制与决策技术**

能够让无人战车根据任务需求和环境信息进行决策和控制。控制与决策技术主要涉及控制算法、决策算法等方面。控制算法是根据任务需求和环境信息，对无人战车的运动进行控制和调整。决策算法则是根据任务需求和环境信息，对无人战车的行动进行决策和分析。控制与决策技术的关键是保证无人战车的安全性和稳定性，同时提高其响应速度和决策效率。

2021年，我国珠海航展上展示了多款智能无人战车系统产品，包括无人地面作战车辆、仿生机器平台等。其中VU-T10和VU-T2分别为中型和轻型无人地面作战平台。

VU-T10中型无人战车的设计面向城市作战场景。履带式底盘保障了复杂地形通过性能，配备的武器系统包括30mm口径遥控武器站、可选配的4枚“红箭-12”反坦克导弹，以及7.62mm机枪。多种武器配置提高了无人战车的火力支援能力，保障了在城市作战中的火力优势。VU-T2轻型无人战车配备的武器系统包括14.5mm机枪、2枚轻型反坦克导弹；虽然在综合火力打击能力上弱于VU-T10中型无人战车，但VU-T2轻型无人战车凭借外形尺小、隐蔽性强、机动性高的特点，能够为作战分队在复杂城市地形条件下提供更为灵活的辅助火力支援。

珠海航展展示的其他多款小型无人作战车辆，均配备有光电侦察设备、火箭发射装置等侦察、打击装备，可以根据各自能力划分，配合作战部队完成复杂环境下的侦察和打击作战任务。

2022年的珠海航展上展示了VT-5U轻型坦克、基于REEV驱动架构+6轮毂电机的无人作战轮式装备等智能无人战车系统。

VT-5U轻型坦克具有先进的性能和信息化水平，可以在几千米外对本体进行操控。VT-5型坦克的长度为7.5m，宽3.3m，全重36t，采用模块化装甲结构，具备不同程度的防护级别。其炮塔顶部安装了激光告警探头，可以及时发现危险。在动力系统上，它采用新型一体化的动力传动装置，具备自动变速和无级转向的特点，最大速度达到70km/h。在火力系统上，它配备105mm的坦克炮，可发射多种弹药，对敌方实行有效打击。基于REEV驱动架构+6轮毂电机的无人作战轮式装备，全车配置6组激光雷达（前后各3组，左、中、右布设）、6组毫米波雷达、10余组白光/夜视/热成像器材构成的完整环境感知系统。它最大的特点是在REEV驱动架构下，引入了6组液冷散热轮毂电机+动力电池技术方案。与此同时，这款超级无人作战轮式装备的第2驱动桥采用可以前后移动的设定，不仅有助于应对复杂路况甚至更加恶劣的高原、戈壁、泥沼等路况的通过性和机动性，还能依靠全电驱动模式，达成隐蔽设伏/精准打击/侦察反馈战术的“倍增器”。

这些智能无人战车系统产品能够高效地完成各种任务，提高作战效率和战斗力，例如在侦察与情报收集方面，智能无人战车系统可以通过多种传感器获取周围环境的详细信息，并将数据传输给指挥中心或作战部队，提高作战的针对性和效果。在火力支援与打击方面，智能无人战车系统可以通过自主导航技术和目标识别与跟踪技术，精确地对目标进行打击和支援。在战场巡逻与警戒方面，智能无人战车系统可以通过控制与决策技术，自主地进行巡逻和警戒任务，提高作战的安全性和效率。上述装备的自主智能与火力打击技术性能引领了同类无人战车装备的发展趋势，具有先进性、自主性和高效性等特点。在应对未来更加复杂和多样化的作战环境方面具有技术优势。

### 5.4.2 自动化火炮系统的典型应用

自动化火炮系统是一种集成了传感器、火控系统、自动装填和火炮的武器系统。它可以自动完成火炮的瞄准、射击和弹药装填等操作，从而提高了火炮的作战效率和准确性。自动化火炮系统已经成为现代战争中的一种重要武器，它具有高度的自动化和精准打击能力。在信息化战争中，自动化火炮系统具有重要的作用，可以为地面部队提供火力支援和掩护，对敌方阵地和装备进行精确打击。

我国在自动化火炮系统的研究和应用方面起步较晚，但近年来随着国防科技工业的发展和国家重点项目的支持，我国在自动化火炮系统的研究方面取得了较大的进展。我国先后研制出了多种自动化火炮系统，如45mm自动榴弹炮、100mm自动突击炮、155mm自行加榴炮等。这些火炮系统采用了先进的传感器、火控系统和自动装填技术，具有较高的自动化和精准打击能力。

国产先进自动化火炮技术主要体现在以下几个方面：

① 自动化火控系统：国产自动化火炮采用了先进的火控系统，包括数字式火控计算机、高精度测距仪、热成像仪等设备。这些设备可以自动完成火炮的瞄准和射击操作，提高了作战效率和准确性。

② 自动装填系统：国产自动化火炮采用了自动装填系统，可以快速、准确地装填弹药。这种系统可以减少人力装填弹药的时间和误差，提高射击速度和精度。

③ 数字化通信系统：国产自动化火炮采用了数字化通信系统，可以与其他武器系统进行信息共享和协同作战。这种系统可以快速传递火炮的位置、弹道和目标信息，提高了作战的协同性和灵活性。

④ 高效能弹药：国产自动化火炮配备了多种高效能弹药，包括穿甲弹、破甲弹、高爆弹等。这些弹药可以打击各种目标，包括坦克、装甲车辆、建筑物等，提高了火炮的作战能力。

火控系统是自动化火炮的控制核心，主要由任务计算机、捷联惯性导航装置、炮长火控终端机、火炮姿态传感器以及其他传感器和装置等组成。其中任务计算机是火控系统的核心，用于处理各种任务数据，包括火炮的瞄准数据、射击控制数据等。任务计算机还负责与外部传感器和其他武器系统进行信息交换和协同作战。捷联惯性导航装置用于提供火炮的位置和姿态信息，以及目标的方位和速度信息。该装置通过陀螺仪和加速度计等传感器获取这些信息，并经过处理后传递给任务计算机。炮长火控终端机是火控系统的人机界面，用于显示火炮的瞄准信息和射击控制数据，同时接收炮长的操作指令。该终端机还配备了各种控制开关和显示器，以便炮长能够直观地控制火炮的瞄准和射击操作。火炮姿态传感器用于监测火炮的姿态变化，包括俯仰角和方位角的变化。该传感器将实时监测到的数据传递给任务计算机，以便进行火炮的瞄准和射击控制。其他传感器和装置，如高精度测距仪、热成像仪、激光测距仪等，用于提供更准确的目标信息和射击控制数据。

自动化火炮系统典型应用如下。

#### （1）45mm 自动榴弹炮

45mm 自动榴弹炮是一种轻型自动榴弹炮，主要用于对敌方阵地和装备进行火力支援和掩护。它采用了先进的火控系统和自动装填技术，可以快速、准确地打击敌方目标。45mm 自动榴弹炮的射程较远、威力较大，可以有效地压制敌方炮兵和装甲车辆的行动。

#### （2）100mm 自动突击炮

100mm 自动突击炮是一种中口径自动火炮，主要用于对敌方步兵和轻型装甲目标进行打击。它采用了先进的传感器和火控系统，可以自动完成瞄准和射击操作，提高了作战效率和准确性，以自动完成瞄准、射击和弹药装填等操作。通过配备先进传感器和控制系统，实现了自动跟踪和打击移动目标的能力。100mm 自动突击炮的机动性较强，可以快速部署到战场上，为地面部队提供及时的火力支援和掩护。

#### （3）155mm 自行加榴炮

155mm 自行加榴炮是一种大口径自动火炮，主要用于对敌方重型装甲目标和防御工事进行打击。它采用了先进的火控系统和自动装填技术，可以快速、准确地打击敌方目标。通过采用先进的自动化火控系统和全数字化控制系统，能够实现全自动瞄准、射击和弹药装填等操作，从而提高作战效率和准确性。通过采用自动装填技术，可以快速、准确地装填弹药，提高了射击速度和精度。同时，该炮还配备了自动故障诊断系统，能够及时发现并排除故障，提高了系统的可靠性和安全性。此外，该炮还采用了先进的模块化发射药和自动装填系统，能够实现快速更换和多种弹药的装填，提高了作战灵活性和适应能力。该炮还配备了高精度导航和定位系统，能够实现快速部署和精确打击。155mm 自行加榴炮的射程较远、威力较大，可以有效地压制敌方炮兵和装甲车辆的行动。此外，155mm 自行加榴炮还可以与无人机、导弹等其他武器系统配合使用，提高作战效果。

自动化火炮系统的应用优势包括：

① 提高作战效率：可以自动完成瞄准、射击和弹药装填等操作，从而提高作战效率和准确性。

② 降低人员伤亡：可以减少人员接触危险区域的机会，从而降低人员伤亡。

③ 增强机动性：采用先进的悬挂系统和轮式底盘，具有较高的机动性和部署能力。

④ 提高打击精度：采用先进的传感器和火控系统，可以实现对目标的精确打击。

⑤ 多样化的作战应用：可以适应不同的作战环境和任务需求，为地面部队提供火力支援和掩护。

随着科技的不断进步和战争形态的变化，自动化火炮系统在未来战场中的应用前景更加广阔。未来自动化火炮系统将朝着更加智能化、精准化、小型化的方向发展，同时还将与其他武器系统进行融合发展，如无人机、导弹等。此外，随着人工智能技术的发展和应用，未来自动化火炮系统还将实现更加智能化的自主决策和作战行动。

### 5.4.3 我国防空装备自动化系统的典型应用

第二次世界大战中的防空作战推动了自动化技术的快速发展，同时催生了大量的自动化武器系统。在防空作战方面，防空装备担负的使命包括：国土防空反导、野战防空反导和海上防空反导等。我国已经自主研制定型并得到广泛应用的防空装备包括：远程/中程/近程、高空/中空/低空导弹武器系统，近程、低空高炮武器系统和火箭武器系统等。

为纪念世界反法西斯战争胜利70周年而举行的“9·3”大阅兵分列式上，我国向全世界公开展示了我国自主研制的五种新型的地面防空装备，其中包括PGZ-07履带式自行高炮、HQ-9防空导弹、HQ-12防空导弹、HQ-6A弹炮结合武器系统（由HQ-6低空导弹和LD-2000近防高炮组成）。以下按照高炮武器系统、防空导弹武器系统等分别进行说明。

**（1）高射炮武器系统**

首先，高射炮用于防空作战的历史最为悠久。它具有发射准备便捷、射界射速大、打击精度高、抗干扰性好、机动灵活等特点。国内高射炮的口径大多集中在25mm、30mm、35mm三种。具体来说，35mm口径高射炮单发装药量大，主要用于攻击敌人直升机和武装直升机；30mm口径高射炮侧重于末端反导和拦截敌方高速导弹；25mm口径高射炮的射速快，非常适合对抗近年来大放异彩的各类低空飞行无人机。

不管各类高射炮口径多大，装载在什么平台上，其作战使命是一致的，就是以尽可能小的弹药量摧毁敌方的空中目标，其工作原理基本一致。高射炮武器系统的作战效能依赖于高度自动化的指挥控制系统和火力控制系统。

高射炮的指挥控制系统属于战术级的指挥控制系统，是高射炮武器系统的神经中枢。它早已进入了数字时代，通过集成各种先进的传感器、计算机通信网络、指挥机构、武器平台、作战人员为一体，通过计算机技术、控制决策技术，为指挥员提供及时周到的辅助决策，为各种武器系统之间的火力协调分配，发挥武器系统的整体效能提供保证。其中，各种优化决策算法、仿真技术、网络和通信技术，甚至日趋火热的人工智能技术得到了充分应用，使得似曾过时的高射炮武器系统重新焕发出新生命力。

高射炮的火力控制系统更是典型的自动化设施，其早期通过雷达来发现目标，再通过有线通信传送给指挥仪，由指挥仪经过相对简单的计算，操纵高射炮的方位射向和高低射角，在合适的时间点上控制高射炮的击发，使得发射弹药与来袭空中目标在空中相遇并将其毁伤。如今，除了早期连续波雷达外，更多新型雷达和红外、可见光的探测设备得以研制并使用，现代化的火力控制系统包括远距离目标搜索系统，能够搜索确定多个目标，并由指挥系统确定打击目标。对于要打击的目标，通过单独的目标精确跟踪系统，控制跟踪设备的运动位置、速度和加速度，加以激光测距等技术手段，可以精确计算得到目标的连续坐标，从而由火控系统计算出射向、射角等诸元，由火炮伺服系统驱动火炮身管到达指定位置，并装定弹药引信。在弹药内部还有引信控制系统，比如装有近炸引信的弹药，在空中探测到与目标的距离小于一定阈值时即控制弹药起爆，达到摧毁目标的效果。因为现代控制技术的使用，当今的高射炮武器系统的效能得到了大幅提升，而弹药消耗量却减少了。

高射炮武器系统的作战效果取决于其指挥控制系统、火力控制系统、高射炮本身及其弹药等多方面的综合效能，只有武器系统的各个组成部分达到比较完美的匹配协调，缺一不可，才能保证防空作战的目标顺利达成。

有公开资料显示，PGZ-07履带式自行高炮自动化系统是我国新一代双35mm自行高炮，是目前解放军陆军最先进的自行高炮武器系统，射击速度快、命中精度高、抗干扰能力强。PGZ-07自行高炮可对50~5000m范围内的直升机、无人机、巡航导弹等低空目标进行有效拦截。

PGZ-07自行高炮火控系统的探测方式包括雷达、红外、激光、热成像和可见光等。PGZ-07自行高炮的雷达火控系统和光电火控系统相互独立。搜索雷达最大搜索距离20km，具有不间断对空监视能力。PGZ-07自行高炮火控系统的工作过程是：由搜索雷达对空域进行大范围搜索，当发现的目标信息传输给火控跟踪雷达或光电跟踪装置时，控制火炮随动，火炮在满足攻击条件时对目标实施自动射击。

**（2）防空导弹武器系统**

导弹采用火箭发动机获得推力，从一开始被研制作为进攻武器出现。针对高空高速的导弹突袭目标来说，原有的高射炮武器系统效能不佳，因此用导弹来防导弹成为可行的选择，这是防空导弹的由来。

防空导弹面对的目标在空域上更广更高，速度也更快，因此对于防空导弹的空中姿态、运动轨迹和速度的控制要求很高。防空导弹一旦脱离发射平台，在空中就需要根据目标的运动自主做出判断和调整，由此发展出了弹上控制系统。通常来说，防空导弹头部装有探测传感器，可能是小型的相控阵雷达，也可能是高分辨率的红外或可见光探测成像装置，所获取的目标信息经由弹上的高性能嵌入式计算机处理后，再经过处理器中的控制决策单元运算，形成下一步的控制指令，从而调整发动机、飞翼参数，实现导弹在空中姿态自动调整，最终准确命中来袭目标。

我国现役装备的防空导弹型号较多，已成为国土防空和野战防空的重要力量。比较典型的防空导弹武器系统包括HQ-9和HQ-12。

其中，HQ-9防空导弹是我国第三代低空导弹系统，其最大射程为200km，最大射高为30km，能够精确拦截飞机、中短程弹道导弹、巡航导弹、精确制导滑翔弹、无人机等空中目标，能够有效拦截多种空袭武器，提高应对敌方饱和攻击的能力。

HQ-12防空导弹指控系统雷达探测距离为115km，追踪距离为80km，导引距离为50km。该雷达的工作波段是G波段，可同时导引6枚导弹攻击3~6个目标，具备一定抗干扰能力。

**（3）弹炮结合系统**

在战场上空地导弹，尤其是巡航导弹和各种灵巧炸弹的大量使用，将防低空导弹、小口径高射炮结合使用，兼有防空导弹和小口径高射炮的优点，又能协调一致有效和及时地对付不同的空中目标。但是，由于防空导弹和高射炮的不同控制模式，将两种控制系统无缝连接，实现1+1＞2的作战效能，对于控制系统工程师来说，也是很大的挑战。

我国已经成功研发和装备的弹炮结合系统包括HQ-6A弹炮结合武器自动化系统和LD-2000近防炮等武器系统。

其中，HQ-6A弹炮结合防空系统由两部分组成：红旗6地空导弹和陆盾2000近防炮。HQ-6地空导弹是一种中低空地空导弹武器系统。HQ-6导弹指控系统具备了处理器智能模块技术，使全系统变成有人工干预能力的指令控制系统，使其抗干扰能力、目标识别能力、反应能力大幅提高。

LD-2000近防炮系统主要用于机场、指挥中心、交通枢纽等重要阵地的末段防御，可以有效拦截空地导弹、巡航导弹以及直升机等低空目标。LD-2000高炮指控系统可直接使用HQ-6A的雷达站信息，可直接控制相邻阵地发射的HQ-6导弹，形成信息共享体制防空兵是陆军对空作战的主要力量，由高射炮兵和地空导弹部（分）队组成。其武器装备具有良好的射击精度和较高的机动能力。防空兵能独立或协同航空兵遂行对空作战任务。

### 5.4.4 坦克装甲装备自动化系统的典型应用

装甲部队是现代陆战中的主要突击力量，一般来说，坦克装甲装备主要包括各种主战坦克（重型、中型），以及适应高原和沼泽地带作战的轻型坦克，还包括带有防护装甲的各种战车、输送车、突击车和指挥车等。坦克装甲装备一般由武器、推进、防护、电气等子系统组成。

坦克装甲装备最初源于增强纯步兵部队的防护能力的目的，依托厚实的装甲来抵御敌方的进攻，此后，通过与能够高速行进的机械化底盘、大威力的火炮相结合，构造了规模和毁伤力远远超越纯步兵人海战术的机械化部队，以下主要从主战坦克中的自动化系统应用角度进行介绍。

主战坦克技术发展，除了坦克炮自身的材料、工艺以及弹药性能的提高外，坦克车辆的电气化和信息化是一大亮点。由于车辆信息化水平的提升，更多的自动化装置代替了原来的手工操作，比如自动装弹机、自动搜索瞄准装置等。

目前，各军事大国主战坦克已经逐渐从第二代和第三代主战坦克发展到了第四代。所谓第几代，其主要特征在于主战坦克的火控系统的技术水平，早期的火控系统分为扰动式和非扰动式火控，其本质就是“瞄准线随动于火炮”，即炮口指向哪里，瞄准线就跟随到哪里。扰动式和非扰动式火控分别通过手动调整或是自动调整使得坦克瞄准镜的瞄准线随动于火炮，也就是要不断驱动炮塔和火炮，调整火炮身管指向目标，因为炮塔和火炮转动惯量很大，其操纵速度不高，作战效能严重依赖于瞄准手的操作水平。

从第三代主战坦克开始，发展了稳像式火控，也称指挥仪式火控，其主要思路是“火炮随动于瞄准线”，与早期的坦克火控系统相比，性能有了大幅提高。此时，炮手只需要控制重量和转动惯量很小的瞄准镜，始终精确跟踪目标在瞄准镜中的运动，瞄准线到位的同时，坦克火炮身管指向也随之到位，可以迅速进行射击，系统反应时间由此大幅缩短，而射击精度也得到了提高。

2022年12月15日，在第二届航空航天航海国际工程科技战略高端论坛上，我国发布了对新一代主战坦克的几项关键指标，即在机动力方面需要具备全域自适应快速机动、在打击力上需要具备高速行进间的精确打击、在防护力上需要具备多层次全方位高效防护、在协同能力上需要具备多平台自组织智能协同。能协同无人机和无人车辆，突破复杂战场条件，超视距对空对地精确引导打击。

在坦克防护上，新一代主战坦克必须具备多层次全方位防护，研发多层次全方位高效防护技术，比如激光干扰、电子干扰、烟雾干扰和硬杀伤等主动防御手段，以提高坦克的战场生存能力。新型的主动防御技术是自动化技术在坦克防护端的典型应用，基于对于来袭导弹和弹药的准确探测，由火控系统确定选择合适的弹药，在合适的时间，控制和发射拦截弹准确地摧毁来袭目标。我国出口的GL-6主动防御系统，就能通过毫米波雷达发现来袭导弹，并通过拦截弹摧毁来袭导弹。

在火力方面，需要能够在野战环境起伏不定的地面高速行进时，主战坦克还能够进行精确打击。这需要在坦克观瞄系统上进一步提高其自动化水平，提高其快速性和控制精度，与之配套研制的瞄准镜通过采用最新科研成果，具备在复杂战场环境中自动快速捕捉目标的能力，只要对准目标，停止运动，瞄准镜还会自动进行变焦，准确瞄准目标，从而使得瞄准精度相比于手动瞄准方式进一步提高。同时，通过最新的自动控制算法，提高坦克炮塔稳定系统消除路面扰动的性能。除此之外，在坦克弹药上同样可以引入自动化技术，使弹药自身在命中目标过程中，通过连续探测目标，实时获得其相对于自身的相对位置、速度等信息，逐步修正飞行轨迹，从而具备某种意义上的制导能力。

随着计算机以及人工智能技术的引入，新型主战坦克的乘员人数将进一步减少，很可能采用双人制车组，只分为车长和驾驶员，炮长完全被自动火控系统取代。同时，坦克车长的态势感知能力将有质的飞跃，新型智能头盔技术的引入，将为坦克乘员提供源源不断的准确信息，并可高效完成多种任务使命。

新一代主战坦克可能引入多智能体和无人系统方面的最新科研成果，将具备多平台自组织智能协同能力，能协同无人机和无人车辆对敌方目标进行超视距对低空和对地面目标精确打击。依托新一代主战坦克的陆战将真正呈现出信息化、智能化、少人或者无人化和体系化的特点。

我国的96式主战坦克于20世纪90年代中期正式立项研制，90年代末完成远距离机动和实弹射击等相关试验，之后少量列装，2002完成军队提出的火控等子系统的改进设计并最终定型，列装代号“ZTZ-96式主战坦克”，投入批量生产，成为这一时期国产主战坦克的中坚力量。

96式主战坦克整体布局沿用了88系列主战坦克，车体和炮塔采用装甲钢焊接而成，正面布置复合装甲模块，车体由前至后依次为驾驶舱、战斗室和降噪隔热隔板隔开的动力舱，驾驶舱位于车辆左前方，驾驶操纵装置包括昼夜观察装置、仪表检测、指示报警装置、潜渡方位仪和可调式驾驶椅等；中部战斗室布置主要武器装备和电子设备等，上方安装焊接多边形炮塔，两侧各有6具烟幕/干扰弹发射器，内侧4具，外侧2具，炮塔尾部另有全套潜渡装置；动力舱主要安装主动力装置，在车体尾部有2个附加油箱。

坦克车体设计十分紧凑，车长约10m（含炮管），宽3.3m，高2.3m，战斗全重41.5t，除了火炮和装弹机增重外，还有复合装甲模块重量有所增加，整体较88系列明显增重，坦克最高公路时速为57km，最大公路行程不小于450km。

火控部分，96式装备ISCFS-212B型下反稳像式火控系统，主要特点就是省钱好用，该系统具备行进间射击移动目标的能力，系统由昼夜观瞄设备、激光测距仪、弹道计算机、横风传感器、火炮双向稳定器等组成，具有自动追踪目标的能力，在2000m距离上，静对静射击首发命中率可达90%、动对动射击首发命中率超过85%（二级路面，且车速不超过35km/h）；火控系统的反应时间从发现目标到首发炮弹发射7s（对静止目标）和8s（对运动目标），对目标的发现距离大于3000m、识别距离超过2000m。

## 5.4.5 空地协同智能无人集群作战系统的典型应用

在复杂多变的战场环境中，受限于其功能局限性、载荷性能、工作空间和工作方式等诸多因素，单一种类的有限功能无人装备难以独立完成多样复杂的作战任务。无人机因其具备快速灵活、广阔视野和较小环境影响等特点而备受青睐，但由于其自身限制，如有限载荷和短续航时间，因此在大部分的多目标侦察任务中，需要采用无人集群的方式进行协同工作。与此不同，地面无人车具有强大的载荷能力和较长的续航时间等优势，但受地形环境限制较大，因此在侦察任务中的视野受限。空地协同智能无人集群作战系统综合利用了空中和地面无人平台各自的优点，可以同时发挥广阔视野和强大载荷的优势，以实现协同作战，因此，空地协同集群作战系统被视为适应未来战场的必然选择。

### 5.4.5.1 无人集群系统

**（1）无人机集群系统**

在现代战争中，制空权通常被认为是决定战争胜负的关键要素。无人机系统凭借其在空中的高度优势，成为了实现集群作战的首选工具。无人机集群作战是一种战术策略，通过使用大量的小型无人机，实现对战局的主动控制，这类小型无人机具有成本低、易携带、速度快以及适应力强等特点。

智能无人集群系统是一个典型的群智能系统，通过无人机、无人车等无人系统之间的相互协调和信息共享，以建立一体化通信网络为基础，实现整个系统的协同作战应用。它能够提供更高效的作战能力和响应速度，减少对人员的依赖，同时也提供更安全的操作环境。智能无人集群系统利用先进的算法和人工智能技术，对战场上的各种数据信息进行态势分析和作战决策，实现更高效、更灵活的作战行动。

**（2）地面无人系统**

地面无人系统是一种具有自主移动能力的机器人系统，专门设计用于在地面执行各种任务，而不需要人员直接驾驶。其优势在于可以在危险环境下执行任务，并且具有平台损毁无人员伤亡、可长期值守等特点。在军事上，可以用于侦察、巡逻、目标识别、战场情报搜集、支援火力打击等任务。此外，地面无人系统还在民用领域发挥重要作用，例如在搜索救援、边境巡逻、危险品处理和城市规划中应用广泛，是各国装备研究技术水平的重要标志。

地面无人系统主要包括地面无人车和地面机器人两部分。无人车辆主要是指通过自主导航和控制系统进行移动和执行任务并且采用轮式或履带式行走的车辆，地面机器人主要是指行动不同于无人车采用车轮或履带的在地面执行各种任务的自主机器人或机械装置。

### 5.4.5.2 空地协同无人集群系统的应用

综合国内外的研究发现，无人集群的特征主要包括以下方面：首先，集群内的无人机不依赖于中心控制单元，而是通过分布式系统来协调动作，每个无人机都能自主做出决策，能够实现分散协同行动；其次，集群内的无人机只能进行有限信息感知，无法直接获取全局信息，因此需依照自治规则行事，依据自身感知数据采取行动；另外，集群内的无人机通过通信网络进行协作，相互通信，协同执行复杂任务，其通信负荷随着集群规模的增加而显著上升；最后，集群内的无人机个体具备高度自主性，能够在没有或最小人为干预的情况下协同执行相对复杂的任务。综上所述，无人集群本质强调的是一个有机整体，这不仅仅是简单地将无人机个体叠加在一起的概念，而是指多个无人机通过集体的智能和协同合作，以实现集体的共同目标。下面简单介绍几个空地协同无人集群系统的实际应用。

**（1）Raven-PackBot协作计划**

Raven-PackBot协作计划是由iRobot公司和CMU机器人研究所合作开发的项目。此项目依靠单一的操作单元对Raven（小型无人机）和PackBot（无人车）同时进行控制，通过自主协作实现准确识别并且跟踪移动目标的技术。Raven配备了机载航点导航算法，包括基于立体视觉的导航设备、GPS和高精度惯性测量单元；PackBot搭载了两个车载摄像头（侧视和前视摄像头）。操作人员使用卫星调查感兴趣的区域，同时标记出目标的位置。接着将选定的目标的位置分享给Raven与PackBot，采用分散控制和数据融合软件体系结构，使它们能够自主地协同检测目标并保持对目标的跟踪。操作人员只需要通过操作单元就能实现对被控单元的任务方案设定、任务进展的监视，并且在必要时进行一定的人工干预。

**（2）拒止环境中协同作战项目**

美国国防部高级研究计划局在2014年启动了拒止环境中协同作战项目，该项目针对拒止行动（例如反恐、反劫持、反炸弹等）中的复杂和危险环境，通过无人系统的协同作战来提高作战效能和安全性的项目。通过研发出一套先进的无人机控制与系统算法以及模块化软件系统，让一名只经过简单培训的操作员在极具挑战性的情况下（例如通信中断或强电磁干扰）也能准确地掌握战场局势，并且能有效地对无人机进行控制，从而提高无人集群的自主性、智能性和协同性。拒止环境中协同作战项目的核心焦点在于扩展美国军队现役无人机的能力，以实现在具备拒止或对抗性质的战场环境中，对高度机动的地面和海面目标执行动态、远距离作战任务。该项目通过开发协同算法，成功突破了提升无人机编队的自主协同作战能力所需的关键技术，从而实现了支持美国军队智能无人集群的能力目标。

**（3）美国智能无人集群**

上述协同作战项目与智能无人集群的发展紧密相关，接下来介绍几种较为先进的无人集群。

①“小精灵”无人机：一类小型、轻便、可部分回收使用的低成本的多用途无人机系统。这些无人机通常具有便携性和灵活性，可以进行短程、低空飞行，并且可以用于各种任务。

②“郊狼”无人机：美国海军研究实验室研制，具有小体积、轻重量的优势，是“低成本无人集群技术”项目的主要成果，能进行集群空中监视、护航、饱和攻击，并且利用体积小及规模优势对抗舰载武器。

③“山鹑”无人机：由麻省理工学院研制，其主要用途是作为一种可投放的战斗机干扰弹发射装置，并执行低空侦察任务。这一无人机还可用作诱饵，同时，正在研究和验证适用于该无人机的各种侦察和干扰载荷设备。

④“蝉”无人机：一款自主GPS控制的无人机，不配备电机，在行动时十分安静，不易被检测。机体有扁平的机翼和机身，便于存放，能够通过战斗机进行大量部署。

### 5.4.6 智能化作战指挥控制系统的典型应用

进入21世纪，在科技高速发展、国际安全形势转变的背景下，世界主要军事强国都在积极推进陆军改革，尤其是在信息高度发达的当今社会，陆军指挥系统的智能化转变迫在眉睫。

智能化作战指挥控制是正在发展的军事技术，它可以提高指挥决策的准确性和效率，还可以增强作战力量的协同作战能力，提高作战效能。智能化指挥控制系统整合了大量的战场信息和数据，利用人工智能、大数据分析、通信技术和实时监控等技术，帮助指挥官在战斗中更好地理解和应对局势，做出正确的决策。在未来的智能化作战中，智能化武器和装备也需要智能化作战指挥系统的辅助。

在陆军作战中，智能化指挥系统就有不少典型的应用前景，如下所述。

#### 5.4.6.1 战场态势的感知与预测

智能化作战指挥控制系统是一种先进的情报工具，它能够收集和传输情报，以帮助指挥官更好地了解敌人的位置、意图、军事能力等战场信息。通过该系统，指挥官可以获取全面的陆地作战情报，并且还能够联合获取海、空、天多维度的其他战场信息。这些信息包括卫星图像、间谍情报、情报人员的报告以及无人飞行器的数据等。

智能化作战指挥控制系统具备强大的目标识别能力，它能够通过对收集到的情报进行分析和处理，准确地识别出敌方的目标。同时，系统还能够对威胁等级进行估计，判断敌方的威胁程度，构建战场态势情报地图。

此外，智能化作战指挥控制系统还能够对敌方作战行动进行预判。通过对战场情报的分析，系统可以预测敌方可能采取的行动，并提前做出相应的准备。这种预判能力可以帮助指挥官在战场上占据优势地位，提前制定战术和战略计划。

最后，智能化作战指挥控制系统还能够进行未来战况走向的预估。通过对历史数据和实时情报的综合分析，系统可以预测未来的战场态势，帮助指挥员准确理解复杂的战场环境，以供指挥官参考。

#### 5.4.6.2 指挥控制的辅助决策

智能化作战指挥控制系统可以根据收集的敌我战场情报信息，评估指挥官作战计划的效能，并进行模拟计算，预测结果，还能够帮助指挥官制定作战策略，以供选择。

智能化作战指挥系统具备高效的计算能力，具备庞大的知识库，具备有推理能力的人工智能模型，非常适合于进行决策任务。庞大的知识库和推理能力保证了决策结果的正确性、可预测性和可评估性，为指挥官提供了丰富的选择方案；高效的计算能力保证了人工智能模型的推理和计算效率，能够有效减少决策计算时间。

此外，智能化作战指挥系统在面对紧急情况时能够快速自动做出响应，并自动进行反击。这种能力可以加快我方被袭后的响应速度，减少我方作战单元的损失。

#### 5.4.6.3 智能无人装备的协同控制

随着智能化和自动化技术的深入发展，智能自动化装备也逐渐在陆军作战中出现，如无人战车、侦察无人机、自动火炮等。未来，无人化的陆军装备将会越来越多，以往由人完成的任务逐渐被计算机系统替代，人在指挥决策环路中承担的任务越来越少，而计算机系统承担的任务却越来越多，当单个指战员指挥无人陆军兵团作战时，要求有智能化水平极高的智能指挥作战系统协调各个兵种之间的协作关系，实现各个无人自动化装备的精确控制，指挥员的主要职责将集中在敌我作战博弈与下发作战的高级指令。

智能化作战指挥控制系统在自动化装备的单兵作战中也有重要作用。一方面，智能化作战指挥控制系统通过与单兵装备的传感器等设备连接，可以实时获取战场上的第一手情报；另一方面，智能化作战指挥控制系统具备战场全局情报信息，可以为单兵补全战场情报，并从纵览战场的角度自动生成最优的任务计划，如基于全局信息，规划安全的机动路线等；可以提高单兵的存活率，并提升作战效能。

因此，智能化装备好比是智能化作战指挥控制系统的手眼，而智能化作战指挥控制系统同时也充当了智能化装备的情报大脑。

## 5.5 陆用装备自动化发展建议

### 5.5.1 技术发展建议

当前，我军建设正处于从传统的机械化装备向现代化的信息化装备转型的一个关键过渡阶段。陆用装备的自动化发展是实现信息化部队建设和提升作战效能的重要方向。为了实现陆用装备的自动化，我们需要跳出传统战争模式的限制，彻底摒弃过时的思维模式，注重作战理论在促进综合发展中的导向作用，确保“作战需求”始终处于核心位置。通过加强研发和应用人工智能技术、推进无人化技术的发展、注重数据安全和网络防护、加强装备智能化维修和保障系统的研发，能够加速推进我军装备的全面信息化建设。

陆用装备自动化的发展应符合智能化、远程操作、精确打击、数字化和无人化等标准，从而提升整体作战效能，实现多样化陆军武器装备系统。在精确打击武器研制方面，将加快发展远程火炮、反坦克和反直升机武器系统的信息化建设。在指控系统发展方面，将重点发展数字化作战指控系统，以实现作战系统与作战支援系统的无缝融合。在火力综合打击系统研制方面，将加大对陆军战术导弹系统的研制力度，以中远程防空导弹系统为重点，构筑防空火力全方位体系，同时进行防空反导系统的研发。除了中远程防空导弹系统，还应考虑短程防空导弹系统、防空炮、反导系统等不同射程和作战方式的防空火力装备。另外，为了提升战场感知能力，将着重开发一体化侦察预警网络系统与探测系统等。最后，在新概念武器的领域，将专注于新型弹药和激光武器的研制，以保持我国的技术优势。

### 5.5.2 人才发展建议

为了构建高效的信息化部队并在信息化战争中取得优势，发展陆用装备自动化成为了必然趋势，其关键在于培养变革意识和创新思维。因此，人才的培养与发展成为了其中关键的一环，以下是人才发展方面的一些建议：

① 需要建立完善的人才培养体系。建立专业化的培训机构和学院，培养和选拔具备自动化装备操作和维护技能的专业人才。通过提供系统化的培训课程，包括理论知识、实操技能和模拟训练等，以确保人才具备全面的技术能力，提高军事人才的自动化素养。

② 在军事院校和军事培训中，加强对自动化技术的教育和培训。培养军事人员对自动化装备的理解和应用能力，提高他们的自动化素养和适应信息化战争的能力。同时，加强职业技能培训和继续教育，通过开展职业技能培训和继续教育课程，提升军事人员的自动化装。

③ 加强与高校和科研机构的合作。利用国家重大科研项目和项目，在加强实践教育的同时，配合重点学科的发展和重要科研基地与国际间广泛的学术交流，为学生搭建一个高水平的科技创新平台，促进学术界和军事界的交流与合作，推动自动化技术的发展和应用。

④ 着重领军人才和核心技术研发人才的培养以及创新团队的构建。通过打造一个层次分明、结构合理、功能完备的科研人才梯队，确保科研人才的高效流动和优化配置，最终形成一个能够自主创新，应对国际科技竞争的强大人才支持系统。这种全新的人才培养模式不仅提高了人才的综合素质，更为国家的长远发展和科技创新积蓄了强大的动力。

总的来说，人才的培养和发展是陆用装备自动化发展变革和创新的关键。通过建立完善的人才培养体系，加强与高校和科研机构的合作，提高军事人才的自动化素养，加大对军事科技创新人才的培养和引进力度，以及加强职业技能培训和继续教育，可以为我国陆用装备自动化的发展提供有力支持，推动军队的现代化转型。

### 5.5.3 政策发展建议

对陆军武器装备的发展战略进行深度优化和战略性重构是增强陆军的战斗力和战略能力的一大关键。从战略层面出发，我国需要围绕推动中国特色军事变革为导向，基于军事战略调整和军队使命任务，以国家安全和军队长远发展战略为框架，调整和完善陆军武器装备自动化发展战略和总体规划，审慎策划陆军武器装备建设。从战术层面出发，应注重陆用武器装备自动化产业布局及发展规划、加强标准化和规范化建设，以及推动军民融合发展。

首先，注重陆用武器装备自动化发展规划和政策支持。通过制定全面、系统的武器装备自动化发展规划，明确自动化技术应用的重点领域和发展方向。同时，建立政策支持体系，提供资金支持和政策激励，鼓励军民企业合作，加强对武器装备自动化技术的研发和应用。

其次，加强陆用武器装备的标准化和规范化建设。制定统一的技术标准和规范，提高自动化装备的互操作性和协同作战能力，并建立装备质量测试和评估体系，确保自动化装备的性能和安全可靠。同时，还需建立健全的装备维修和保障体系，提升装备的维修和保障能力。

最后，推动军民融合发展，建立完善的科技创新体系。通过加强与高校、研究机构及企业的合作，加大科研投入，培养创新型人才，完善科技创新体系。在保障国防安全的基础上，加强军民企业融合，深入研究陆用武器装备自动化技术，鼓励合作研发军用武器装备系统无人化、信息化、智能化等先进技术，从而促进军民技术创新和产业转化，推动自动化技术在军用武器装备领域的广泛应用。

综上所述，我国陆军装备发展应基于军事战略调整和军队使命任务，以国家安全和军队长远发展战略为指导，注重装备自动化需求，建立现代化武器装备系统，以适应现代信息化战争的需求。

# 参考文献


[1] 孙健, 邓方, 陈杰. 陆用运动体控制系统发展现状与趋势. 自动化学报, 2018, 44(11): 1985-1999.

[2] 李皓昱. 2021年世界军事指挥控制领域发展分析[J]. 中国电子科学研究院学报, 2022, 17(04): 317-323.

[3] 梁金龙, 王虓宇, 赵俊峰. 智能化变革战场环境保障模式[J]. 军事文摘, 2022(01): 17-20.

[4] 陈杰, 樊邦奎, 邓方, 等. 智能群系统的衍化与协同——第252期双清论坛学术综述[J]. 中国科学基金, 2021, 35(4): 604-610.

[5] 赵亚平, 黄毅, 李虹, 等. 人工智能技术在军事情报领域的应用与发展[J]. 指挥控制与仿真, 2023, 45(04): 36-43.

[6] 祝学军, 赵长见, 梁卓, 等. OODA智能赋能技术发展思考[J]. 航空学报, 2021, 42(04): 16-25.

[7] 彭昉, 田尧, 南永刚, 等. 人工智能在军事领域的发展应用[J]. 甘肃科技, 2022, 38(17): 47-49, 57.

[8] 陈静, 宫黎明. 机器视觉在军事领域的应用现状及发展趋势[J]. 遥测遥控, 2022, 43(06): 124-135.

[9] 柏财通, 高志强, 李爱, 等. 基于门控网络的军事装备控制指令语音识别研究[J]. 计算机工程, 2021, 47(07): 301-306.

[10] 贾红丽, 辜会宁, 李照申, 等. 美国陆军无人装备发展规划现状及启示[J]. 国防科技, 2022, 43(06): 20-27.

[11] 高明, 周帆, 陈伟. 地面无人作战系统的发展现状及关键技术[J]. 现代防御技术, 2019, 47(03): 9-14.

[12] 潘思成. 网络化、信息化条件下火力控制系统的发展[J]. 电子技术与软件工程, 2018(10): 252.

[13] 鲁磊, 卢厚清, 卢天鸣, 等. 网络化作战体系中目标重要度评估方法[J]. 陆军工程大学学报, 2023, 2(04): 78-84.

[14] 刘志强, 张建卿, 常宇飞. 智能弹药网络化协同作战运用研究[J]. 舰船电子工程, 2022, 42(10): 20-24.

[15] 陈杰, 陈晨, 夏元清, 等. 网络化防空火控系统中的航迹融合[J]. 控制理论与应用, 2009, 26(09): 977-982.

[16] 唐睿. 美国信息战的新特征与新动向[J]. 人民论坛, 2023(19): 72-75.

[17] 朱赫男, 徐磊. 5G在军事领域的应用与分析[J]. 广东通信技术, 2022, 42(10): 57-60.

[18] 孙笑天, 李昉, 刘佳毅. 信息化条件下的一体化联合指挥控制流程建模[J]. 无线电工程, 2023, 53(05): 1180-1185.

[19] 刘怡静, 高岚岚, 李华莹, 等. 美军作战协同能力发展演进分析[J]. 飞航导弹, 2021(11): 98-103.

[20] 唐胜景, 史松伟, 张尧, 等. 智能化分布式协同作战体系发展综述[J]. 空天防御, 2019, 2(01): 6-13.

[21] 亢京力, 陈善松, 田睿. 人工智能技术在指挥控制系统的现状与发展分析[C]// 中国指挥与控制学会. 2019第七届中国指挥控制大会论文集, 2019: 4.

[22] 胡桐清, 陈亮. 军事智能辅助决策的理论与实践[J]. 军事运筹与系统工程, 1995(增刊1): 5-12.

[23] 皇甫莹丽. 无线传感器技术在军事领域中智能化的具体应用[J]. 科技创新与应用, 2016(18): 69.

[24] 吴伟, 李亚东, 夏耘. 智能指挥平台之新理念、新方法、新技术[C]// 第五届中国指挥与控制大会论文集. 北京: 电子工业出版社, 2017.

[25] 韩星晔, 李新明. 云计算军事应用研究[J]. 装备指挥技术学院学报, 2011, 22(2): 103-107.

[26] 孙优贤, 陈杰, 等. 中国自动化技术发展报告[M]. 北京: 化学工业出版社, 2018.

[27] 薄煜明, 郭治, 钱龙军, 等. 现代火控理论与应用基础[M]. 北京: 科学出版社. 2013.

[28] 常天庆, 张雷, 褚凯轩, 等. 地面突击装备火控系统智能化技术发展研究[J]. 装甲兵学报, 2022, 1(01): 89-97.

[29] 郝娜, 张波, 陈军伟, 等. 一种基于多特征判别的坦克分队战场目标定位方法[J]. 弹箭与制导学报, 2016, 36(5): 129-132.

[30] Zhang L, Gao F, Chen B, et al. Weighted decentralized information filter for collaborative air-ground target geolocation in large outdoor environments[J]. IEEE Transactions on Systems, Man, and Cybernetics: Systems, 2023, 53(11): 7292-7302.

[31] 阮国庆, 易侃, 孙家栋, 等. 智能战场感知技术研究现状与发展趋势[J]. 指挥信息系统与技术, 2022, 13(03): 17-22.

[32] 孔祥锡, 秦闻远, 苏飘逸, 等. 基于深度学习及模糊层次分析的毁伤评估算法[J/OL]. 航空学报:1-18.

[33] Liang L, Deng F, Lu M, et al. Analysis of role switch for cooperative target defense differential game[J]. IEEE Transactions on Automatic Control, 2021, 66(2): 902-909.

[34] 罗亮, 张向东, 郭锋, 等. 加快推进陆军装备维修保障转型建设的思考[J]. 军事交通学院学报, 2021, 23(2): 43-47.

[35] 孙朋成, 张卫, 尹严研. 未来战争条件下航天装备维修保障数字化研究与应用[J]. 航天工业管理, 2022(05): 7-11.

[36] 王新军, 蔡艳平, 成曙. 故障诊断技术在武器装备维修中的应用研究[J]. 中国修船, 2006, 19(B08): 23-27.

[37] 王昌荣, 赵玉龙, 蒋有才. 故障预测技术在武器装备中的应用及发展[J]. 价值工程, 2015, 34(05): 41-43.

[38] 邱立军. 武器装备故障预测与健康管理系统的关键技术[J]. 舰船电子工程, 2012, 32(05): 17-18.

[39] 吴文友, 唐海龙, 盘其华. 智能化战争装备维修保障体系构建[J]. 军事交通学报, 2022(08): 6.

[40] 陈东恒. 大力推进武器装备现代化[N]. 学习时报, 2018(7).
[41] 张子伟, 郭齐胜, 董志明, 等. 装备体系试验原理与工程方法研究[J]. 火力与指挥控制, 2022, 47(12): 179-185.
[42] 毛子泉, 高家隆, 龚建兴. 虚实结合仿真在军事领域的应用综述[J/OL]. 系统仿真学报, 2022: 1-23. 10.16182/j.issn1004731x.joss.22-0672.
[43] 邵思杰, 曹勇, 王磊. 无损检测技术在弹药质量检测中的应用[J]. 火力与指挥控制, 2006(S1): 39-41.
[44] 陈化良, 黄建中, 王春燕. 武器装备动态跟踪精度测量系统的研究[J]. 长春理工大学学报, 2004(01): 100-102, 105.
[45] 陈国顺, 王格芳, 王学明, 等. 炮兵射击指挥系统的智能检测诊断系统[J]. 火力与指挥控制, 2000, 25(4): 55-57.
[46] 魏海龙, 李清, 黄诗晟, 等. 模型驱动的武器装备系统效能评估方法[J]. 清华大学学报(自然科学版), 2019, 59(11): 925-933.
[47] 王化中, 强凤娇, 陈晓暾. 模糊综合评价中权重与评价原则的重新确定[J]. 统计与决策, 2015, 32(08): 24-27.
[48] 罗小明. 复杂电磁环境下装备保障指挥效能评估指标体系及方法研究[J]. 装备指挥技术学院学报, 2008(03):1-5.
[49] 吴朝晖, 宋保维, 梁庆卫. 鱼雷作战效能分析方法论[J]. 火力与指挥控制, 2006(10): 33-36.
[50] 黄松平, 闫晶晶, 张维明, 等. 从重心到边缘:指挥控制的历史及进程[J]. 指挥与控制学报, 2020, 6(04): 341-348.
[51] 张维明, 黄松平, 朱承, 等. 指挥控制的新范式: 边缘指挥控制[J]. 指挥信息系统与技术, 2021, 12(01): 1-7.
[52] 李强, 王飞跃. 马赛克战概念分析和未来陆战场网信体系及其智能对抗研究[J]. 指挥与控制学报, 2020, 6(02): 87-93.
[53] 林波, 黄今辉, 尹俊松. 一种分布式智能指挥控制体系架构[J]. 指挥与控制学报, 2023, 9(04): 425-433.
[54] 孙立健, 周鋆, 张小可, 等. 杀伤链支撑的C2组织结构分析与评估[J]. 指挥与控制学报, 2022, 8(04): 460-470.
[55] 游翰霖, 李孟军, 姜江, 等. 装备技术体系网络建模与结构优化方法[J]. 国防科技大学学报, 2014, 36(06): 123-127.
[56] 李仁传, 张合勇, 殷燕. 对武器装备体系结构优化几个基本问题的理性认识[J]. 军事运筹与系统工程, 2011, 25(02): 5-10.
[57] 丁友宝, 彭志刚, 张洪群. 智能化作战及军队战略推进与发展[J]. 国防科技, 2019, 40(04): 4-8, 49.
[58] Guo X, Li L, Ansari N, et al. Knowledge aided adaptive localization via global fusion profile[J]. IEEE Intemet of Things Journal, 2017, 5(2): 1081-1089.
[59] Guo X, Zhu S, Li L, et al. Accurate Wi-Fi localization by unsupervised fusion of extended candidate location set[J]. IEEE Intemet of Things Journal, 2018, 6(2): 2476-2485.
[60] Yazici A, Keser S B, Gunal S. Integration of classification algorithms for indoor positioning system[C]. International Conference on Computer Science and Engineering (UBMK), 2017: 267-270.
[61] Guo X, Li L, Ansari N, et al. Accurate Wi-Fi localization by fusing a group of fingerprints via a global fusion profile[J]. IEEE Transactions on Vehicular Technology, 2018, 67(8): 7314-7325.
[62] 李程, 夏丹, 董世运, 等. 复杂陆战场环境下的智能感知理论现状与发展[J]. 国防科技, 2021, 42(03): 42-48.
[63] 周知, 于帅, 陈旭. 边缘智能: 边缘计算与人工智能融合的新范式[J]. 大数据, 2019, 5(02): 53-63.
[64] 李林哲, 周佩雷, 程鹏. 边缘计算的架构、挑战与应用[J]. 大数据, 2019, 5(02): 3-16.
[65] 贺玲, 贺照晖. 大数据技术在战场态势感知中的应用[J]. 科技与创新, 2023(07): 178-181.
[66] 刘伟, 厍兴国, 王飞. 关于人机融合智能中深度态势感知问题的思考[J]. 山东科学大学学报, 2017, 19(6): 10-17.
[67] 吴章华, 曹志敏, 贾贞. 基于实时态势的作战仿真推演技术研究[J]. 指挥控制与仿真,2018, 40(1): 93-97.
[68] 刘科. 认知技术在战场态势感知中的应用[J]. 指挥信息系统与技术, 2021, 12(03): 13-18.
[69] 王秀娟, 曹瑾, 王建强, 等. 基于大数据分析技术的战场态势分析及预测[J]. 兵工自动化, 2022, 41(09): 60-64, 92.
[70] 陈锦阳, 郝文宁, 靳大尉, 等. 基于注意力机制的兵棋对抗态势预测方法[J]. 火力与指挥控制, 2023, 48(03): 18-24.
[71] 余晓晗, 王启迪, 于坤. 基于图神经网络GraphVAE的兵棋态势预测方法[J]. 指挥控制与仿真, 2023, 45(5): 129-136.
[72] 袁翔, 左毅, 王菁, 等. 数据驱动的态势认知技术及发展思考[J]. 中国电子科学研究院学报, 2022, 17(02): 134-140.
[73] 陶飞, 刘蔚然, 刘检华, 等. 数字孪生及其应用探索[J]. 计算机集成制造系统, 2018, 24(01): 1-18.
[74] 邓烨, 奉祁林, 赵健. 数字孪生战场建设探讨[J]. 防护工程, 2020, 42(03): 58-64.
[75] 任浩. 数字孪生环境下陆战智能体对抗决策研究[D]. 阜新: 辽宁工程技术大学, 2023.
[76] 傅琛, 周芳, 吴云超. 面向数字孪生战场的交战效果裁决方法[J]. 指挥信息系统与技术, 2022, 13(04): 26-31.
[77] 王旭东, 陈昇, 宦国杨, 等. 面向作战指挥的数字孪生应用[J]. 指挥信息系统与技术, 2021, 12(06): 26-32.
[78] 方顺, 陶华堂, 赵阳. 武器装备故障的实验室检测和诊断算法实现[C]// 中国通信学会青年工作委员会, 北方工业大学信息工程学院. 2007通信理论与技术新发展——第十二届全国青年通信学术会议论文集（上册）. 北京: 电子工业

出版社, 2007: 4.
[79] 陆雪梅, 尚群立. 动态控制系统的故障诊断方法综述[J]. 机电工程, 2008(06):103-107.
[80] 杨国振, 苏健. 一种复杂系统的快速故障诊断方法[J]. 计算机测量与控制, 2016, 24(05): 8-11.
[81] 许斌, 周鸣岐. 测试点优化及故障诊断树生成技术[J]. 国外电子测量技术, 2006(03): 15-19.
[82] 郑伟, 冯富强, 皮文静, 等. 故障诊断树生成技术研究与实装验证[J]. 装备指挥技术学院学报, 2012, 23(01): 119-122.
[83] 刘玉倩, 袁勃. 中国07式自行高炮世界一流 可拦截巡航导弹[N]. 人民网, 2015-09-09. http://military.people.com.cn/n/2015/0909/c1011-27562487.html.
[84] 中国航天科工. 我是中国航天人| 插播一条: 红旗-9! [N]. 澎湃新闻, 2020-11-16. https://www.thepaper.cn/newsDetail_forward_10013141.
[85] 武文亮, 周兴社, 沈博, 等. 集群机器人系统特性评价研究综述 [J]. 自动化学报, 2022, 48(05): 1153-1172.
[86] 范博洋, 赵高鹏, 薄煜明, 等. 多目标空地异构无人系统协同任务分配方法[J]. 兵工学报, 2023, 44(06): 1564-1575.
[87] 贾永楠, 田似营, 李擎. 无人机集群研究进展综述[J]. 航空学报, 2020, 41(S1): 4-14.
[88] 马培蓓, 隋江波, 纪军, 等. 智能无人集群系统协同控制关键问题分析[J]. 战术导弹技术, 2022, 04: 124-131.
[89] 郭佳. 地面无人系统研究综述[C]// 中国航天电子技术研究院科学技术委员会. 中国航天电子技术研究院科学技术委员会2020年学术年会优秀论文集. 北京航天控制仪器研究所, 2020: 15.
[90] 张旭东, 李少波, 李传江, 等. 无人机集群综述: 技术、挑战与未来[J]. 无线电工程, 2023, 53(07): 1487-1501.
[91] Cheung C, Grocholsky B. UAV-UGV collaboration with a PackBot UGV and Raven SUAV for pursuit and tracking of a dynamic target[C]. Conference on Unmanned Systems Technology, International Society for Optics and Photonics, 2008, 696216: 1-10.
[92] 程子阳, 任国全, 张银, 等. 空地无人装备联合应用现状与趋势[J]. 战术导弹技术, 2018, (06): 7-12.
[93] 张邦楚, 廖剑, 匡宇, 等. 美国无人机集群作战的研究现状与发展趋势[J]. 航空兵器, 2020, 27(06): 7-12.
[94] 陈士涛, 李大喜, 孙鹏, 等. 美军智能无人机集群作战样式及影响分析[J]. 中国电子科学研究院学报, 2021, 16(11): 1113-1118.

本章负责人　邓　方　北京理工大学

参加编写人员　方　浩　彭志红　白永强　蔡　涛　陈　晨　陈文颉　曾宪琳
俞成浦　吕茂斌　杨庆凯　张乐乐　董　伟

# 第6章　船舶设备自动化

## 6.1　船舶自动化背景介绍

### 6.1.1　引言

在人类历史的长河中，船舶作为一类重要交通运输载体，承担着将世界各地连接到一起的重要使命。从古代的原始木筏和独木舟，到现代的巨型货轮和豪华游轮，船舶的发展见证了人类文明的进步。随着信息技术、电子电气、机械装备、新材料、新能源等行业的突飞猛进，船舶设备自动化已经成为了行业的新趋势，正在以前所未有的速度改变着我们的航海作业方式。

船舶设备自动化，简单来说，就是通过计算机系统和各种传感器，实现对船舶设备的自动控制和管理。这种技术的应用，不仅可以提高船舶的运行效率，降低运营成本，还可以提高船舶的安全性，减少人为因素导致的事故。想象一下，未来不论船只大小及类型，船上空无一人，操控者只需要坐在远程控制中心，船舶的各种运行数据和设备状态实时展现，只需要简单下达任务指令，船舶就可以自主控制舵、锚、发动机、载荷等设备，实现船舶的自动驾驶和自主作业。这就是船舶设备自动化将给整个行业带来的美好愿景，而实现这一愿景离不开自主导航、智能控制、集群协同等船舶自动化技术的支撑。

### 6.1.2　船舶自动化简介

船舶自动化的发展源于航海安全和作业效率的需求。传统的船舶操控不仅需要大量的人力，而且受到天气、海况等自然因素的严重制约，安全性和效率都存在一定的问题。船舶自动化，简单来说，就是通过使用各种先进的电子设备和系统，实现对船舶航行、操纵、监控等过程的自动控制，不仅提高了船舶的运行效率，也极大地提升了航行的安全性。

船舶自动化的发展可以追溯到20世纪50年代，当时主要是通过电动或液压设备来实现船舶的部分自动化操作。到了21世纪，随着电子技术和计算机技术的高速发展，船舶自动化技术逐渐成熟，自动化程度不断提高，无人船舶也开始进入人们的视野，并在近十年得到蓬勃发展。

船舶自动化系统主要由以下几个部分组成：船舶动力系统、船舶导航系统、船舶操纵系统、船舶监控系统和船舶通信系统。

### 6.1.3　船舶动力系统自动化

动力系统在结构组成方面，多以测量系统、主动力系统以及控制器为主，具体如图

2-6-1所示。这三大部分相互协调运行。其中，主动力系统主要由主机、传动系统、推进系统构成，并且可划分为原始动力系统和辅助动力系统。主机包含柴油机、燃气轮机等动力机组；推进系统主要由主向推进器、侧向推进器、螺旋桨等构成；传动系统主要由离合器、齿轮箱、联轴器等构成，作为动力系统至关重要的一环，其作用是将主机提供的动力传输至推进系统，主要实现动力匹配、转速调节等功能。

除主动力系统外，测量系统和控制器也是船舶发动机不可或缺的一部分，其主要由发电机、自动化操作装置等构成，这些装置主要用于保障船舶可实现良好的可操控性。

为实现船舶动力系统的智能控制，可通过模糊神经网络进行控制。在船舶动力系统汽轮机调速环节，可依托模糊神经网络控制及PID控制器，提升动力系统的运行水平，基于模糊神经网络控制，可实现对智能控制结构的有效简化，极易转至智能控制状态，进一步提升动力系统智能水平。因为船舶汽轮机组表现出强耦合、非线性等特征，可以通过智能化处理的PID控制，应用模糊神经网络控制器，实现对动力系统智能控制中非线性问题的有效解决。自动控制系统可以通过粗糙集处理，实现神经网络参数初始化，进而使模糊PID控制得到有效简化。依托粗糙集的船舶动力系统模糊神经网络控制器，在汽轮机组运行状态发生转变时，可实现自助调节，缩减超调量，缩减智能控制响应时长，进一步实现船舶动力系统的智能控制。

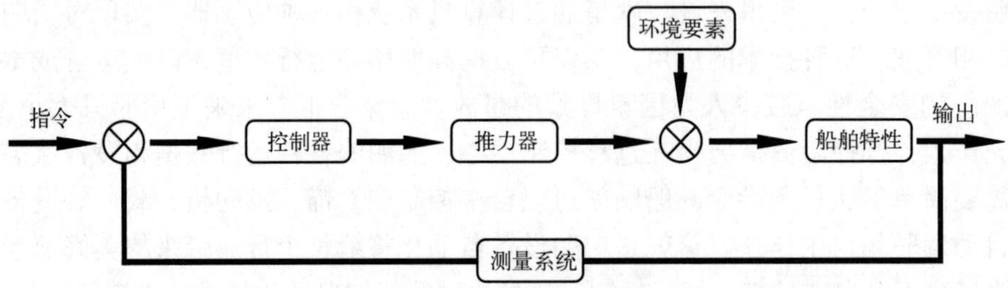


图2-6-1　动力系统结构组成

## 6.1.4　船舶导航系统自动化

导航系统是无人船舶的核心，主要包括雷达、GPS、声呐、电子海图等设备，通过卫星定位、雷达和声呐探测等技术实现船舶的精确定位和路径规划。RNS与AIS是船舶导航系统中关键的设备技术，在具体实践中，船用RNS技术与船舶AIS技术都可以整体感知船舶运行状态，最大程度保证船舶行驶的安全。

船用RNS技术是由无线电导航技术发展而来的，早期的RNS技术原理简单，依靠微波天线对船舶周围一定范围内的障碍物进行定位与测距。随着雷达技术不断成熟，RNS技术与裂缝天线技术深入融合，RNS计算机系统可以对障碍物的方位距离进行测量，对船舶航向与航速进行计算测量，减轻航海部门人员工作的强度，为船舶行驶提供更加可靠的安全保障。船舶AIS技术可组建区域内的导航网络系统，可以在具体的系统软件中获取船舶的有效信息与有效通信距离内的其他信息，比如识别其他船舶的航向航速、船籍船名等。系统自带的软件可以计算船舶所处环境的风险等级，并及时预警。AIS还具备电子海图的功能，可以对海面上的危险区域及危险航向进行警示，并结合全球定位系统定位船舶的具体位置，数据精准度较高。

在实际应用时，将船用RNS与船舶AIS结合运用，可以使导航系统信息更为丰富，RNS可以利用船舶自动导航系统中的数据计算具体的航迹推力，并通过经纬度及相关公式计算得出大致航向，进一步将计算出的结果用于实际目标船舶的方向计算上，与AIS对比，更进一步保障数据的精准性，避免视觉盲区带来的航海安全问题。

### 6.1.5 船舶操纵系统自动化

船舶操纵系统包括决策系统、控制系统和动力系统，由决策系统分析和处理外界环境信息，做出相应决策，随后将决策内容传至控制系统，用来控制船舶动力参数，最后由动力系统予以执行。在航行过程中，人的因素不占据主导地位，而是利用各种设备及其搭载的软件完成相应的任务，自主船舶操纵系统（S0）的组成如图2-6-2所示。

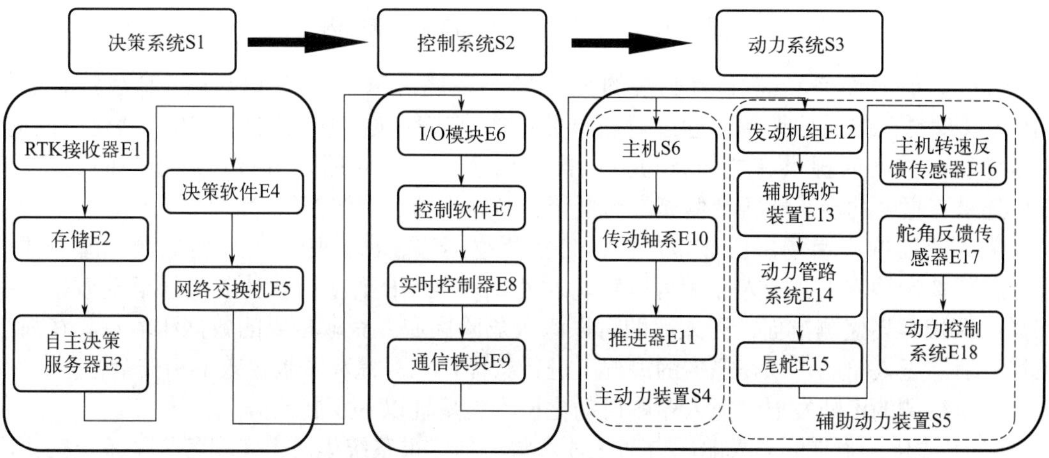


图2-6-2 船舶操纵系统组成

### 6.1.6 船舶监控系统自动化

主要包括各种传感器和监控设备，通过自动控制系统，可以实现对船舶运行状态的实时监控。基于3D可视化的船舶航行状态监控系统结构如图2-6-3所示。系统结构分为传感、通信、数据融合处理、3D可视化显示模块。3D可视化显示模块用于显示电子海图、航行状态信息。数据融合处理模块收到多种传感器感知的导航数据后，对其进行融合、存储等管理。传感、通信模块分别用于感知、传输船舶航行环境信息、监控信息。传感模块采集航行环境信息后，由以太网发送至数据融合处理模块，计算船舶碰撞风险度后，将航行状态信息全方位显示于3D可视化显示模块的界面之中。

### 6.1.7 船舶通信系统自动化

船舶通信导航技术是一种综合通信手段，结合了多种通信技术，以确保船舶运输的顺利执行。海上通信导航技术主要依靠卫星和短波进行信息传播。船舶通信导航所使用的设备之间不需要其他设施进行连接，各个设备互相联系又互相独立，可以最大限度地保障船舶通信导航技术的应用安全。

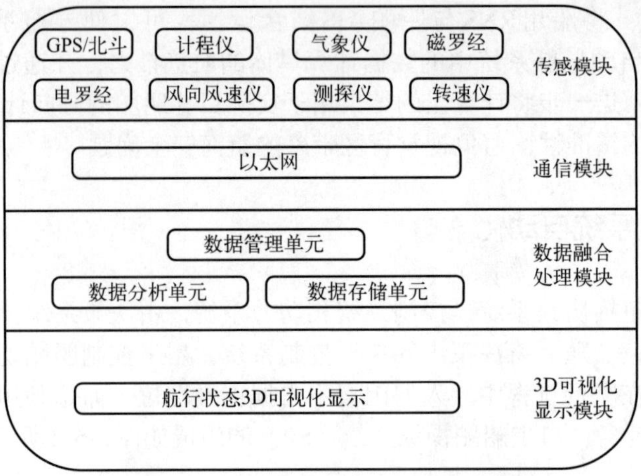


图 2-6-3 船舶航行状态监控系统结构

GPS船舶导航系统是中远航线的最佳导航系统，GPS导航可以匹配罗盘、船舶的ARPA以及类似的通信设备，通过对航行数据的真实采集实现船舶导航的自动化。同时，GPS导航能够实时提供有关航行位置的准确信息，并且对船舶进行连续不间断的定位。GPS还具有报警功能，能实现偏离方向报警、时间报警、到达报警等。

无人船舶的应用场景已非常广泛，包括货物运输、海洋勘探、环境监测、海上救援等。在货物运输方面，无人船舶可以实现24小时不间断的作业，大大提高了运输效率。在海洋勘探和环境监测方面，无人船舶可以深入危险区域，获取重要的数据和信息。在海上救援方面，无人船舶可以在恶劣的海况下进行救援作业，提高了救援效率和安全性。

随着科技的不断发展，无人船舶自动化技术将呈现以下发展趋势：

① 集成化：未来的无人船舶自动化技术将更加注重系统集成，实现各个子系统的协同工作，提高整体性能。

② 智能化：通过引入人工智能技术，未来的无人船舶自动化技术将具备更强的自主学习和决策能力，实现更高水平的智能化。

③ 网络化：随着物联网技术的发展，未来的无人船舶自动化技术将实现各个设备之间的互联互通，形成一个庞大的信息网络。

④ 绿色化：未来的无人船舶自动化技术将更加注重环保性能，实现更低的能耗和排放，满足国际海事组织（IMO）的环保要求。

总之，随着科技的不断发展，无人船舶自动化技术将在未来的航运业中发挥越来越重要的作用。

## 6.2 水面 / 水下无人船舶国内外研究现状

### 6.2.1 水面 / 水下无人船舶单体国内外研究现状

无人船舶的发展史始于1898年第一艘远程遥控船“无线机器人”的诞生，从此无人船舶的发展拉开了序幕。第一次大规模无人船舶的使用是在第二次世界大战期间，用于执行排雷和扫障等任务。但是由于控制、通信以及导航等技术的限制，致使无人船舶的发展较为缓慢。随着控制、通信以及导航技术的突破，尤其是20世纪70年代GPS的出现，无人船舶掀起了新的浪潮。无人船舶早期的研究主要是美国等国家在进行，国内关于无人船舶的研究起步相对较晚，研究进程相对滞后，但许多单位也有各自的创新性工作。

### 6.2.1.1 国外研究现状

水面无人船舶相对于大型舰艇具有体积小、速度快、成本低等优点，搭载环境感知传感器、军用器械、温盐深仪等设备，能实现自主航行避障，并可完成监视侦察、精准打击、水文地理勘察等任务。自20世纪90年代以来，为了加强本国军事实力，一些发达国家开始了水面无人船舶的相关研究。军用水面无人船舶在作战中可以大幅度减少海军伤亡并对对方造成巨大杀伤力。美国、日本、以色列、德国和法国等海洋强国都针对无人船舶开展了相应的研究，并投入了大量的人力物力。其中，美国和以色列凭借其自身的技术优势，开发了多款不同系列以及不同应用场景的无人船舶，研究成果处于领先地位。

以美国为例，其针对无人船舶的研究和部署属于世界领先地位，到目前为止已经成功研制并且服役的无人船舶有20余种类型。美国无人船舶研究体制完备，发展目标明确，研发产品逐步向系列化发展。美国于2007年提出《海军无人水面舰艇主计划》，该计划详细介绍了美国水面无人船舶当下及未来的发展规划和技术发展重点，立志于开发成本节约型水面无人船舶以改善海军联合作战能力。时至今日，美国已经研制了“斯巴达”（Spartan Scout）、“海上猎手”（Sea Hunter）、“幽灵卫士”（Ghost Guard）等多款军用无人船舶，用于美国海军侦察跟踪、无伤亡扫雷、火力打击等军事任务。图2-6-4（a）所示为美国军用无人船舶“斯巴达”，搭载丰富的智能设备，主要用于反恐、监视和电子信息战。“斯巴达”是一种半自主式水面无人船舶，可以携带载荷为1.5～2.5t，最高速度可以达到20m/s，也是无人船舶迄今为止最大的成就。图2-6-4（b）为美国的“海上猎人”，该艇于2016年下海首航测试，同年在开放水域试验中，其机动性、稳定性和燃油消耗性等众多测试性能指标全部达标。该艇采用三体船结构，拥有两个柴油动力引擎，续航里程可以达到一万海里，可用于敌情监视侦察、潜艇追踪等。除此之外，美国还研发了用于警戒和防护的“幽灵卫士”，负责移动海军实弹训练标靶的“水虎鱼”（Piranha）、“海狐”（Sea Fox）、“海上猫头鹰”（Sea Owl）等一系列民用、军用无人船舶。

(a)“斯巴达”号

(b)“海上猎人”号

图2-6-4 美国系列化无人船舶系统

以色列对水面无人船舶的研究也取得了不错的成果，处在世界先列。如图6-2-5（a）和（b）所示的分别为“保护者”（Protector）和“武士刀”（Katana）。“保护者”于2003年研制成功，主要用于海上兵力保护、情报监视等，目前已经通过控制算法形成编队对领海域进行巡逻。“武士刀”作为以色列新一代无人船舶，艇长12m，最高航速60节

（1节=1.852km/h），装配智能传感系统和军用器械，可以实现浅水巡逻、远近目标识别和追踪、提供实时情报图像等。除此之外，以色列的“海星”“银色马林鱼”“黄貂鱼”等水面无人船舶均已在国家军民领域投入使用。

(a)“保护者”号

(b)“武士刀”号

图2-6-5 以色列无人船舶系统

除了美国、以色列取得了上述一系列重要成果之外，西方一些其他海洋强国也取得了重大的研究成果，部分无人船舶平台如表2-6-1所示。2007年，法国Sirehna公司研制出了可用于执行侦察监视、海洋环境检测等任务的“Rodeur”号无人船舶；2014年，日本EMP公司成功研制出了可用于执行海洋地理环境勘测、港口巡逻、舰船状态观测等任务的“Aquarius”号无人船舶；意大利CNR-ISSIA机构成功研制的“Charlie”号双体无人船舶可用于探测海底鱼雷、检测海洋气候、海水取样检测等科研任务；英国研发的“Springer”号通过其搭载的三台高性能计算机提高了数据采集能力、控制以及导航能力。此外，一些知名科研教学机构在无人船舶研究领域也取得了巨大成就，比如：MIT开发的“SCOUT”号无人船舶实现了无线遥控和全自主控制；挪威科技大学开发的MSS（Marine Systems Simulator）工具包为海事系统相关数学模型的设计和开发提供了有力的工具支撑。

表2-6-1 欧洲部分发达国家典型无人船舶系统平台

| 国家 | 研究机构 | 无人船舶 | 用途 | 年份 |
|---|---|---|---|---|
| 意大利 | Institute of Intelligent Systems for Automation | Charlie | 矿产探测 | 2003 |
| 葡萄牙 | Instituto Superrior Tecnico | Delfim, DelfimX | 协同作业 | 2004 |
| 挪威 | Norwegian University of Science and Technology | Cybership | 科研 | 2005 |
| 德国 | University of Rostock | Measuring Dolphin | 海洋探测 | 2006 |
| 英国 | University of Plymouth | Springer | 地理测量 | 2007 |
| 匈牙利 | Eotvos Lorand University | Sillverlit | 科研 | 2011 |
| 荷兰 | Delft University of Technology | Delfia | 科研 | 2015 |

### 6.2.1.2 国内研究现状

相对于国外海洋强国对于无人船舶的研究，我国针对无人船舶的研发起步较晚，在无人船舶的核心技术如控制方面，很多研究还处在刚刚起步阶段。但是随着我国对海洋需求程度的不断提高，无人船舶作为海军力量的重要一环，大力发展无人船舶已经刻不容缓。

“天象一号”无人船舶是我国第一艘在海上进行实际应用的无人船舶，其由沈阳新工集团自主研发而成，2008年在青岛顺利完成了气象监测等任务。“天象一号”无人船舶由新型复合材料制成船体，船长6.7m，宽2.45m，高4m，质量2.3t。该艇有两种操作方式，其中远程遥控操作是由通信系统对其航行速度、转向等进行操控。还有一种是自动控制，给无人船舶派发任务后，由无人船舶自主航行到达任务地点，无人船舶可以在航行过程中感知到周围的环境，根据预设的避障策略，对环境中的障碍物进行避障。2014年，珠海云州智能科技有限公司发布的“领航者”号无人船舶属于海洋高速无人船。它的出现打破了该技术被几个海洋强国垄断的局面，填补了国内的技术空白。“领航者”号无人船舶能够在海面上进行高速航行时保持平稳，最高航行速度可以达到60节，能在海上连续航行上千公里。船载定位系统通过北斗系统实现高精度的自主定位航行，可应用于勘探、搜救以及军事等众多领域。此外，我国第一个无人船舶的专业研究机构上海大学无人船舶工程研究院研制出了具有代表性的“精海”系列无人船舶，其“精海”系列无人船舶由“精海一号”“精海二号”“精海虹号”等多种型号组成。其中“精海一号”无人船舶在2013年前往我国南海海域，进行海域的海图检测、航路探测以及地下地貌勘测等工作。在目前已经发布的众多“精海”系列无人船舶中，均具有半自主和自主控制两种控制方式，可以搭载诸如海洋测绘仪、水质检测仪等众多专业设备在常规船只不能进入的复杂性和危险性高的海域中完成工作，是我国首艘装备于中国海事局海巡船、中国极地研究中心“雪龙号”科考船和自然资源部海监船的无人船舶。近年来，我国已经认识到自身在海洋领域存在着许多薄弱环节，因此国内的许多高校、企业以及船舶研究所都对此在进行大力研发，推动我国自主研发无人船舶的进展。例如，哈尔滨工程大学自主研发的“天行一号”智能无人船舶，最高航速可达80km/h，同时具有良好的隐蔽性。图2-6-6所示是国内典型无人船舶系统。

(a) 天象一号　　(b)“领航者”号　　(c) 精海一号

图2-6-6　国内典型无人船舶系统

## 6.2.2　水面/水下无人船舶集群国内外研究现状

和平年代的海洋无人艇协同作业，主要针对的是爆发的局部冲突事件，例如全球主要水域上的海盗武装抢劫事件。目前，世界上各国的海洋协同作业均采用有人舰艇编队，见表2-6-2。而无人化舰艇集群具备无人员伤亡、成本低、配置灵活、功能丰富等诸多优势，以无人化舰艇集群替代有人舰艇编队，是技术进步下海洋协同作业发展的必然趋势。

在国外无人艇集群协同方面，2014年，美国海军围绕无人系统集群开展了试验，采用13艘无人艇，其中5艘自主控制艇和8艘远程遥控艇进行了第一次实艇集群护卫实验，如图2-6-7（a）所示。当出现威胁时，每艘无人艇采取各自独立的应对措施，缺乏集群层面的规划。所有无人艇都会阻拦第一个威胁，忽略其他威胁的存在。2016年，美国海军进行第二次集群演习，采用4艘无人水面艇进行港口协同演习，如图2-6-7（b）所示。无人艇集群在发现可疑船只进入巡逻水域后，先进行任务分配，协同4艘艇完成巡逻、识别、追踪和跟踪等任务，能很好地应对先后出现的可疑船只。从美国海军的两次实验结果可知，加入集群任务分配后，无人艇集群从混乱变得井井有条地执行各自的任务，提升了集群护卫性能。无人艇集群护卫研究，也是从体系的角度出发，先从宏观层面上研究任务分配，将巡逻任务和拦截任务分配给各艇，再从微观层面上研究协同巡逻和协同拦截，解决实际协同任务中的实时决策、集群联合动作无冲突等需求。在国内无人艇集群护卫方面，2016年，上海大学在黄海进行了无人/有人艇的协同作业，包括1艘有人艇和2艘无人艇，如图2-6-8所示。除此之外，国内还没有纯无人艇集群协同护卫的实艇验证。

表 2-6-2　世界各国海洋舰艇协同作业情况

| 国家 / 组织 | 时间 | 载人情况 | 详细情况 |
|---|---|---|---|
| 中国 | 2008 年至今 | 有人 | 中国海军共派遣 39 批载人舰艇，每批由 2 艘战舰和 1 艘补给舰组成，执行逾 1300 批次协同任务 |
| 日本 | 2009 年至今 | 有人 | 日本海军自卫队派遣驱逐舰和 P-3C 巡逻机，在亚丁湾执行协同任务 |
| 俄罗斯 | 2009 年至今 | 有人 | 俄罗斯海军多次派遣由“智者雅罗斯拉夫”号护卫舰、“维克多·科涅茨基”号海上拖船和“叶尔尼亚”号油轮组成的护卫编队，在索马里海域执行协同任务 |
| 印度 | 2008 年至今 | 有人 | 印度海军共派遣 86 艘驱逐舰、护卫舰等舰艇，在亚丁湾和索马里海域执行协同任务 |
| 多国联合特遣部队 | 2009 年至今 | 有人 | 由美国、日本、新加坡、巴西、印度尼西亚、澳大利亚、韩国和英国等国家组成多国联合特遣部队，在亚丁湾和索马里海域执行协同任务 |
| 欧盟 | 2008 年至今 | 有人 | 欧盟派遣 1200 名军事人员及 4 ～ 6 艘军舰、2 ～ 3 艘巡逻舰和部分侦察机，护送向索马里运送援助物资的世界粮食署船只 |
| 北约海洋盾牌行动 | 2009 ～ 2016 年 | 有人 | 在印度洋、瓜达菲海峡和亚丁湾等区域提供救济物资运输协同作业 |

(a)美国海军第一次无人艇集群演习

(b) 美国海军第二次无人艇集群演习

图 2-6-7　国外无人艇集群协同作业研究成果

图 2-6-8　上海大学有人 / 无人艇协同护卫

## 6.2.3 水面/水下无人船舶发展趋势

无人艇作为现代新型的海洋智能装备，在海洋观测与科研、海上巡逻与监视、搜救与打捞以及海上资源勘探等各种海上任务方面有广泛的应用前景，具有高灵活性、低风险性、高度智能化以及减少人员风险等特点，如图2-6-9所示。

(a) 海洋观测　(b) 海上巡逻　(c) 海上救援　(d) 海上勘探

图2-6-9　无人艇的海上任务

但在实际的应用环境中，无人艇执行海上任务，会受到环境极端、任务区域过大和任务时间有限等因素的影响，并且单艘无人艇容易受到传感器、续航等性能限制，无法满足日益复杂的海洋作业需求。因此，和单无人艇相比，多无人艇协同系统具有以下显著优势：①多无人艇系统可以分布式地执行任务，将任务区域进行划分，相比于单个无人艇在区域内执行任务，可以大大缩短任务时间，提高完成效率。②多无人艇协同还体现在了无人艇之间可以实时共享信息，提高完成任务的准确性和可靠性。③在多无人艇协同系统中，当某一艘无人艇出现故障或损坏时，其他无人艇可以接管其任务，确保任务的顺利进行。这种冗余性提高了任务完成的稳定性和可靠性。④多无人艇协同还具有较高的灵活性，可以根据任务需求调整无人艇的数量和分布，还可以通过增加无人艇数量来应对更复杂、更庞大的海上任务。因此，多无人艇系统逐渐成为当前各种海洋应用场景的研究重点，未来，无论军事或是民用领域，其必将成为一种主流方式。

### 6.2.3.1 海面目标检测

海面船舶作为海上侦察和港口监控的常见目标，准确识别并定位船只目标对无人艇自主航行及维护海洋安全起到重要作用。由于海洋气候复杂多变，雾、低照度等气象对船只高精度检测极具挑战性。如何快速准确地识别船只类别并定位其位置成了最大的难题。目前基于深度学习的海面目标检测定义如下：给定一幅图像或者一段视频，需要识别图片或者视频中感兴趣的目标的类别并将其位置标示出来（通常是一个矩形边界框），目标检测的过程如图2-6-10所示。在图中类别指的是目标对应的类别，位置一般由目标框中心点在图像坐标系中的坐标（$x, y$）和宽$w$、高$h$表示。

图 2-6-10 海面目标检测用于监视海上船只（左侧是输入图片，右侧是检测图片）

21世纪，海洋船舶的应用越来越广泛，但是水面船只目标检测的研究尚早。目前，国内外致力于船舶检测的相关研究。传统的船舶检测研究一般是基于数字图像的方法，其本质上是通过数字图像方法提取更好的图像特征，然后将特征进行融合，将提取的表层信息转变为深层的信息，进而实现特征的匹配。国外，例如Knapskog通过从TerraSAR-X图像中提取船舶的轮廓特征，再根据建立好的模板库进行匹配度量确定船舶的类别。QuentinOliveau首先采用极坐标方式提取了船头特征，然后根据船体对称的方向梯度显著性确定船舶边缘，最后采用一个SVM的分类器对船舶进行分类。国内，李双双等人提出了一种算法，首先计算输入图像的显著图，然后将显著图转化为二值图像，这样更能凸显船舶轮廓。紧接着，将二值化图像和经过背景差分的运动前景结合处理，最后输出船舶坐标信息。但是传统方法鲁棒性差，受限于手动提取特征不准确以及推理速度慢的特点。随着近年来深度学习的发展，基于深度学习的船舶检测主要聚焦于海上遥感图像检测和合成孔径雷达图像检测。例如Zhou提出了一种基于多尺度Faster R-CNN的合成孔径雷达图像的船舶检测算法，该方法通过多尺度网络提取特征，利用RPN网络在每个尺度特征层生成候选框，最后送入分类和回归网络获取最后的检测结果。该方法精度高，但是速度较慢。此外，一种基于SSD算法的SAR图像船只检测方法由Ma等人提出，该方法能够解决由于高分辨率图像造成的船只识别中的问题。然而遥感图像和雷达图像主要都是由传感器俯拍的船舶图像。对于无人艇平台做近岸船舶检测时，一般需要获取船舶的不同姿态图像，这样才能更好地区分船舶的类型，为后续跟踪特定船只及导航避障任务做铺垫。目前，基于遥感图像的船舶检测存在一些不足，例如其分辨率低且纹理信息不足，导致能够提取的船舶特征不清晰。同时，很多遥感图像中的船只目标体积小，难以准确定位船只的坐标。相反，基于合成孔径的雷达图像船舶检测，其图像分辨率高，但是光谱信息不丰富。

研究目标检测应用在海面船舶检测任务时，大多数学者提出的方法基本是基于某个特定场景，例如小目标、遮挡以及背景的干扰对检测算法精度的影响。而针对无人艇平台在海上执行船舶检测任务时，海上复杂气象条件容易造成检测器对船只目标漏检和错检，导致检测精度下降以及定位效果差的问题，给无人艇后续导航任务带来严重干扰。目前基于复杂海面气象条件下的船舶检测研究的内容较少，多数是基于海面雾天的船舶检测研究。例如，一种基于海面复杂气象的YOLO v3船舶检测研究，其利用支持向量机（SVM）区分模糊和清晰图片，对模糊图片采用暗通道先验算法进行图像去雾，最后对去雾后的清晰图像进行船舶识别和定位，但是该算法针对的是单一特定的雾天气象条件。针对海面场景，在执行海上无人艇船舶检测任务时，有时候需要适应多种海面复杂天气，并且对船舶检测算法的定位精度要求较高。因此需要设计一个基于复杂气象条件下的海上船舶检测系统，可以自动地根据不同的气象条件下造成的模糊船只图片进行气象分类，并自适应地对模糊图片进行图像增强，最终对清晰船只图片进行识别和定位。

#### 6.2.3.2 海上巡逻与目标搜索

目标搜索任务作为海上任务的应用之一，涉及的应用场景有很多，例如，在环境监测方面，执行智能体需要对特定区域进行环境监测以搜寻海洋环境中存在的污染源等。在救援与搜索方面，当海洋环境中存在故障船只或者落水人员时，需要对其进行搜索，以便救援。在军事领域中，目标搜索也是重要的一环，例如，在战争或者海防巡逻中，搜索者需要前往指定区域进行搜索，监测敌方的战略目标、武器装备以及人员，以排除可能造成的威胁。将多无人系统应用于目标搜索问题中，具有以下优势：其可以覆盖更大的搜索范围，同时并行地进行搜索任务，从而加快搜索任务的完成速度，提高搜索效率。无人系统之间可以相互协作和通信，通过分工合作和优化路径规划来减少冗余搜索和提高搜索精度。因此，由于多无人系统在目标搜索问题的应用中表现出了高效性、鲁棒性、灵活性、协同性等优势，其逐渐成为了目标搜索领域的研究热点。尽管对于目标搜索问题，无人系统的应用研究已经相当成熟，并且在无人机和无人车等领域取得了广泛的实验成果，然而，由于海洋环境的独特性与复杂性，对于无人艇集群在目标搜索问题上的研究还是相对较少的。无人艇集群执行目标搜索任务，面临着一些挑战。其中包括未知环境中障碍物的威胁以及复杂的洋流环境对无人艇运动造成的影响。

20世纪50年代，美国数学家R. Bellman提出了动态规划方法，并将其应用于目标搜索问题。同时，随机搜索理论也开始建立。1972年，美国科学家Peter Hart等人提出了A*算法，该算法成为了目标搜索问题的重要求解问题。20世纪90年代，遗传算法、蚁群优化算法等启发式搜索算法在目标搜索问题上取得突破。

针对多无人系统，研究人员同样对其在目标搜索问题上展开了广泛的研究。针对未知水下环境中的目标搜索和跟踪，Cao等人基于Glasius仿生神经网络和跟踪控制方法，提出了多自主水下机器人协作团队的集成算法，实现了在水下环境对静态和动态目标的协同搜索和跟踪，上述方法经过仿真实验验证了有效性，但是缺点在于，并未考虑洋流等真实环境中的因素对AUV运动轨迹的影响。Manon Raap等人提出了一种用于移动目标搜索的无人机搜索路径优化方法，在所提方法中考虑了固定翼和旋转翼飞行器的飞行运动学，对动态目标展开搜索。虽然该方法考虑了无人机的运动学约束，但是对于目标的运动学模型是基于条件确定性建立的，不具备真实环境下的目标随机性条件，可能导致算法适应性较低。Yao等人针对AUV在海洋环境中搜索静态目标的路径规划问题，提出了基于最大累积探测奖励的分层方法，采用自适应椭圆旋螺覆盖（AOSC）策略规划子区域内的覆盖路径，通过合理分配搜索区域，提高了搜索成功率，具有较强的鲁棒性。

启发式方法在目标搜索问题中具有重要研究价值，通过利用经验、规则和问题特性来指导搜索过程，以快速找到近似最优解或高质量的搜索路径解。Sun等人基于改进的智能水滴优化算法提出了多无人机协同搜索路径优化问题的解决策略，该方法可以降低搜索重叠路径的概率，提高无人机的搜索效率，但是它并不能完全避免路径重叠的发生，可能导致无人机发生碰撞的风险。Cimino等人针对机器人集群协同搜索提出了一种超启发式的设计方法，实验结果表明，其效果显著优于自适应生物启发式算法。Zhou等人针对无人机集群在飞行距离、初始和终端航向约束下的目标搜索问题，提出了免疫遗传算法，提高了无人机在不确定环境中的目标搜索效率，并且设计了一种确定性路径优化算法，为无人机集群返回基地提供了最优路径。Manh Duong Phung等人针对运动目标，提出了一种新的运动编码粒子群优化算法，将目标搜索问题转化为监测目标概率的代价函数优化问题。

#### 6.2.3.3 舰艇编队控制

在单艇运动控制技术日益成熟和任务场景日趋复杂的背景下，2002年挪威科技大学Fossen团队开启了船舶编队控制研究的先河。编队控制是指利用适当的控制方法，使个体和群体均能保持期望的运动姿态和运动轨迹，完成指定任务。主要的编队控制方法有：领航-跟随法、虚拟结构法、基于行为法。领航-跟随法于1991年被Wang首次提出并应用到移动机器人队形控制；其思想是先在群体中指定个体为领航者或者跟随者，通过控制跟随者与领航者的相对距离和相对角度保持为期望值，达到期望的编队效果；这种编队控制方法实际上是将编队控制问题简化为跟踪控制问题，因此控制器设计较其他方法相对简单且易于实现。虚拟结构法可以追溯到1997年Tan的首次应用；基本思想是先将编队整体看作一个刚体，根据期望的编队队形在刚体中为编队个体选定参考点，再通过控制个体实现对各自参考点的跟踪，实现期望的编队结构；这种方法属于集中控制，便于指定群体行为，适用于灵活度要求较低的小集群编队。基于行为法于1999年被Balch和Arkin首次提出；基本思想是指定编队中的局部规则和个体的行为，通过控制个体实现指定行为来达到期望的编队效果；这种方法需要根据个体的行为准则设计编队控制算法，导致群体行为难以预测，在船舶编队控制中应用较少。

领航-跟随法因为被简化为跟踪控制，所以不需要知道相邻个体的信息，控制器结构简单，被广泛应用于船舶编队控制，如图2-6-11所示。Peng基于前馈神经网络和反步法设计了一种鲁棒自适应编队控制器，并给出了基于反步法的欠驱动无人水面舰艇领航者-跟随者编队控制器设计框架。针对其中计算虚拟控制命令数值导数时出现的“微分爆炸”问题，Peng引入动态面技术，设计基于神经网络的动态反步法控制策略，能够有效降低控制器结构的复杂性。Zhang在考虑领航者和跟随者速度不可测以及模型不确定性和海洋扰动的情况下，提出了一种自适应输出反馈编队控制方案，该方案将高增益观测器、RBF神经网络和最小学习参数（MLP）算法结合到反步法设计框架中，只要获取领航者和跟随者的位置信息即可实现编队控制任务。Xu针对跟随者存在加法乘法型执行器故障的欠驱动自主水面舰艇领航者-跟随者编队，提出了一种容错编队控制方案，在所提出的控制策略下，尽管存在执行器故障和系统不确定性，编队跟踪误差仍能在有限时间内收敛到零附近任意的小邻域内。考虑跟随者与领航者间的避碰问题和有效通信距离问题，Ye通过设置跟随者和领航者之间的相对距离约束和相对角度误差约束来确保跟随者在规定范围内运动，进而实现编队避碰；Dong研究了通信约束下一组具有模型不确定性的无人水面舰艇输出反馈编队跟踪控制问题，基于障碍Lyapunov函数设计控制器实现了整个操作过程中领航者和跟随者之间的连通性保持和碰撞避免。

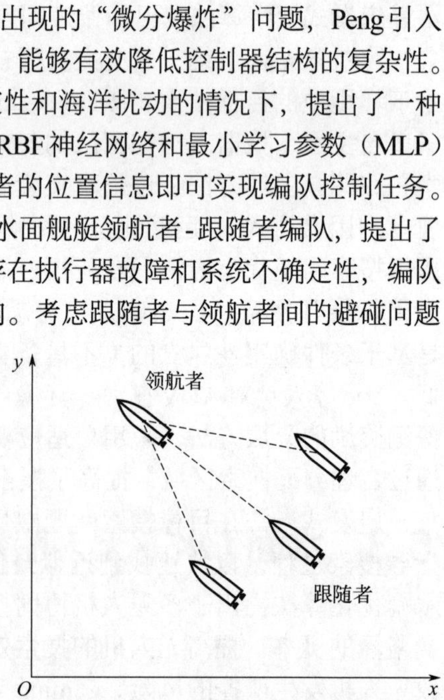

图2-6-11　领航-跟随法

虚拟结构法在船舶编队控制领域，通常被转化为协同目标跟踪控制问题和协同路径跟踪控制问题，如图2-6-12所示。Breivik在2008年率先通过船舶实验验证了基于“常方位”导航法所设计的控制器在欠驱动无人水面艇高速运动目标跟踪问题中的有效性。Skjetne在2002年通过矢量反步法实现了协同路径跟踪控制的两层控制任务：第一层为路径跟踪控制任务，通过虚拟速度命令控制编队个体跟踪期望的参考路径；第二层为动力学跟踪任务，通过设计控制律使个体船舶以规定的速度运动，进而实现路径参数同步，路径参数由中央制导系统产生，属于集中式控制。Ihle在该控制框架下引入无源性理论，即预先为每个个体的参考路径指定路径参数，通过协同约束函数实现路径参数同步，这种方法不要求全局通信属于分布式控制。在2006年，Aguiar总结提出了协同路径跟踪控制框架，包含控制层（即参考路径跟踪控制）和协调层（即参考速度同步控制）两层控制。欠驱动无人艇协同路径跟踪控制任务难度更大，因为船舶侧向没有控制输入，所以控制层与协调层的控制无法完全解耦。针对直线协同路径跟踪控制，Borhaug针对欠驱动三自由度水面舰艇的跨轨道编队控制问题，设计了分散控制器，首先基于视线制导法控制船舶个体收敛到期望的参考路径，其次控制个体行进速度以保持期望的编队队形结构。针对曲线协同路径跟踪控制，Ghommam将控制器设计分为两步以解决两个子问题，第一步：设计一个路径跟踪控制器，迫使每个欠驱动船舶在波浪、风和海流引起的持续扰动下跟踪参考路径；第二步：调整船舶速度以同步相应的虚拟目标位置。所设计的控制器实现协同路径跟踪控制的同时还考虑了通信拓扑结构延时问题。此外，Do和Ghabcheloo还在他们的工作中研究了协同路径跟踪控制中的通信距离约束和通信失效问题。

基于行为法如图2-6-13所示，Fan针对传统零空间行为规划方法在无人水面舰艇编队控制方面存在的饱和规划和适应性不足问题，提出了一种自适应零空间行为规划方法。首先，引入矩阵理论，提出了一种基于矢量图的行为优先级理论确定方法；其次，引入具有物理意义的可变系数重新定义行为运动模型，解决船舶机动范围内各工况下的速度限制；最后针对编队个体相互判断为障碍物时，都采取避碰行为导致航向偏离目标点方向的问题，提出了一种逻辑优先的避碰策略。

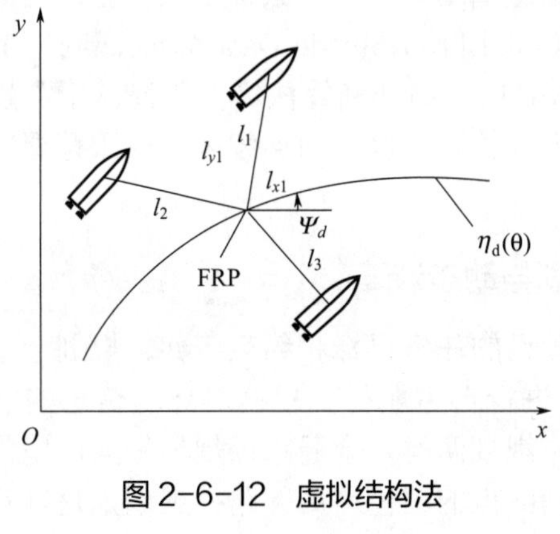


图2-6-12 虚拟结构法

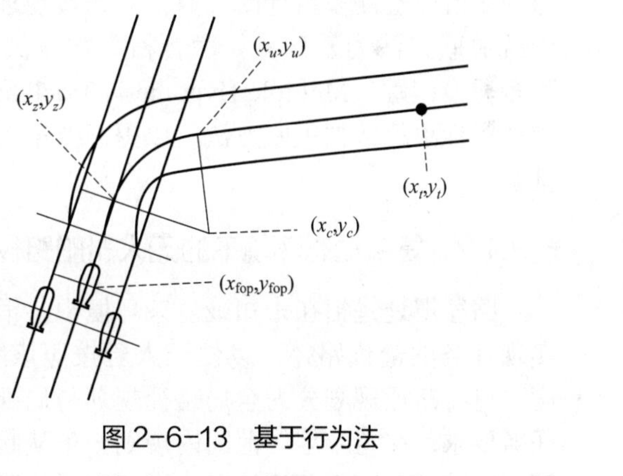


图2-6-13 基于行为法

# 6.3 水面/水下无人船舶自动化新技术与新方法

## 6.3.1 水面/水下无人船舶自主导航新技术

水面无人船舶自主导航是水面无人系统自主完成探测、救援、打击等任务的核心技术，其主要包括水面船舶环境感知、路径规划与动态避障及轨迹跟踪控制等技术方法。对海面环境目标进行准确感知是实现水面船舶自主导航的重要基础，水面船舶环境感知通过不同传感器信息完成自身定位，同时识别检测、追踪船舶、小岛、海岸线等目标，为后续水面船舶自主导航提供环境感知信息；同时，根据任务需求，通常采用全局规划方法确定无人船舶整体路径，并以环境感知结果为基础，根据避障及航行效率需求进行局部路径规划，从而实现无人船舶整个任务航行路线的路径规划与实施的局部避障，保证无人船舶安全高效到达目的地；此外，由于无人船舶数学模型具有很强的非线性和不确定性，且长时间航行于海况复杂的海面，在高海况下，无人船舶航行过程中遭遇的波浪载荷展现出更强的随机性和非线性，导致船体受力更加复杂，难以按照期望的轨迹/路径完成航行作业，必须准确实时跟踪并控制无人船舶航行轨迹，使得无人船舶作业过程中能够在指定的时间、空间等约束条件下完成任务并保证航行安全。下面分别对水面无人船舶自主导航中水面环境感知、路径规划与动态避障、轨迹跟踪控制所涉及的主要技术方法进行介绍。

#### 6.3.1.1 复杂场景下的无人船舶水面环境感知

利用多种传感器实现无人船舶航行作业过程中的环境与目标感知是实现自主导航的重要基础。通过研究GPS卫星信号拒止条件下的无人船舶自主定位技术，如基于惯性测量单元（IMU）、视觉、激光雷达、航海雷达等多传感器融合的同步定位与建图等技术，可为无人船舶自身位置感知提供技术支撑。通过研究弱观测条件下的水上目标检测技术、基于深度学习的数据增强方法，可进一步提升复杂气象条件下海面目标的检测精度。此外，研究基于多光谱/可见光/红外视觉图像的多传感器融合目标检测技术是进一步提升检测精度的重要方向，以便满足海洋复杂气象环境下的目标检测感知需求。面向复杂海面环境的多目标追踪需求，研究基于单阶段检测、双阶段检测的多目标跟踪方法，如CenterNet、YOLO系列的单阶段多目标跟踪算法及SORT、V-IOUTracker、TrackRCNN等基于深度学习的多阶段检测多目标跟踪算法。为实现连续帧检测结果与目标跟踪结果的正确匹配，以传统关联方法为基础，如联合概率数据关联（Joint Probabilistic Data Association，JPDA）和多假设跟踪（Multiple Hypothesis Tracking，MHT）、匈牙利算法等，研究基于深度学习的多目标跟踪数据关联方法，以提高数据关联准确性和精度，为连续多目标跟踪提供技术基础。

#### 6.3.1.2 复杂动态环境下的无人船舶路径规划与动态避障

路径规划是指在未知或复杂环境中，根据预设的任务目标和约束条件，规划一条能够实现任务的最优路径，以便无人艇按照该路径进行自主航行。根据对环境信息的掌握程度，可将路径规划分为全局路径规划与局部路径规划两类。全局路径规划根据环境信息和任务要求，在整个地图范围内规划一条从起点到终点的路径。局部路径规划则是针对遇到障碍物或其他不可预测情况，进行实时的路径调整。以无人船舶任务目标及环境感知信息为基础，采用先进的路径规划方法实现高效精确的路径规划是无人船舶安全快速完成任务的重要保障。因此，针对复杂海面动态环境无人船舶路径规划问题，研究考虑路径平滑性、计算效率、安全性等约束条件的全局路径规划算法，保证无人船舶整个任务航行过程全局路径的最优，如根据实际场景需求，基于经典的Dijkstra算法、A*算法、栅格法、蚁群算法、遗传算法以及粒子群优化算法等进行改进以提升路径规划的效率、平滑性、安全性等。同时，在复杂的海洋环境中按照全局规划的路径自主航行时，必然会遇到一些未知的动态障碍物，因此需要研究局部路径规划算法来解决紧急避障问题，如基于环境感知信息研究基于人工势场法、动态窗口法、矢量场直方图法和BUG系列算法的改进型局部路径规划方法。此外，可将全局路径规划与局部动态规划相结合，基于深度强化学习等人工智能技术，结合环境感知信息、任务地图信息、无人船舶自身姿态信息研究全局与局部相结合的多层次架构下的高速动态避障与路径规划算法，实现高效、实时、最优的混合路径规划，提升无人船舶在复杂动态海面作业时的航行安全性。

#### 6.3.1.3 复杂海况下的无人船舶轨迹跟踪控制

无人船舶轨迹跟踪控制问题是指根据某种控制理论，为跟踪控制系统设计一个控制输入作用，使无人船舶按照期望的位置和期望的速度进行航行。具体而言，轨迹跟踪是指对于给定的任意无人艇初始状态，无人艇能够沿着所给出的期望轨迹进行跟踪运动，并在指定的时间与给定的速度约束条件下完成任务。然而，无人船舶数学模型的非线性与不确定性强，无人船舶在航行过程中受到风、浪、流的外界环境干扰，对无人船舶运动控制有着很大的负面影响，且执行器故障和执行器输出饱和等问题多重作用加剧了无人船舶轨迹跟踪控制器的设计难度。为此，以现有常用轨迹跟踪控制策略为基础，如自适应控制、反演控制、动态面技术、鲁棒控制、滑模控制、反馈线性化控制、线性二次调节器、神经网络等典型控制策略，针对无人船舶航行过程中所存在的外界环境干扰和模型参数不确定的问题，研究基于无人艇积分终端滑模积分反演的轨迹跟踪控制，设计有限时间轨迹跟踪控制器，研究基于自适应控制的模型参数不确定和外界环境干扰估计，降低负面因素对于轨迹跟踪控制器的影响。针对无人船舶轨迹跟踪系统的执行器故障问题，建立考虑各种执行器故障函数的无人船舶数学模型，研究基于非奇异快速终端滑模、RBF神经网络和自适应控制等技术的容错轨迹跟踪控制器设计方法，实现无人船舶被动容错轨迹跟踪控制，同时，设计基于固定时间容错观测器和非奇异滑模轨迹跟踪控制器的无人船舶主动容错轨迹跟踪控制策略，从而保证无人船舶在复杂海洋环境、多变海况下完成稳定有效的连续轨迹跟踪控制，为无人船舶航行作业提供有力技术支撑。

### 6.3.2 水面 / 水下无人船舶智能控制新技术与新方法

欠驱动无人艇编队控制中不仅需要考虑通信、队形、避碰等编队群体问题，而且需要考虑单艇模型的非线性、强耦合性、不确定性以及未知海洋环境扰动的影响，因此无人船舶智能控制主要分为单艇运动控制和多艇编队控制两部分。

#### 6.3.2.1 无人艇运动控制

被控对象的精确模型是控制器设计的基础，然而现有的船体参数获取方法无法获得精确的船舶动力学模型。常见的处理方法：一类是增强系统鲁棒性使其对扰动不敏感；另一类是在控制器设计中加入对未知扰动和不确定动态的补偿环节，主要以自适应神经网络、模糊逻辑系统和各类观测器为主，即先通过自适应神经网络/模糊逻辑系统或者观测器获取不确定动态和未知扰动的估计值或者观测值，再通过前馈补偿的方式将其设计到控制律中。除上述两类方法外，人工智能的快速发展为解决不确定系统控制问题带来了新思路，不同于上述基于模型的方法，这类策略通过数据样本学习控制律，属于数据驱动方法。考虑小型欠驱动无人艇负载能力和通信成本，速度传感器被舍弃时将导致船舶系统中间状态不可测。针对这类问题，基于观测器的输出反馈控制被引入船舶控制器设计中。此外，考虑船舶运动过程中的可靠性、安全性，将容错控制算法、避碰控制算法引入欠驱动无人艇控制器设计中。

**（1）基于自适应双幂次趋近律的欠驱动无人艇轨迹跟踪控制**

无人艇轨迹跟踪控制研究成果的一个共同点是通过滑模控制保证误差渐近收敛，这种处理方法可以有效抑制模型中的非线性、不确定性，具有较强的鲁棒性。另一个共同点是控制器的设计中都没有考虑执行器饱和的影响。通常任何执行器的控制范围都是有限的，因此该方法综合考虑欠驱动无人艇系统模型不确定、外部干扰和执行器饱和等问题。首先，在运动学回路设计中，通过反步法思想求出虚拟控制律，并采用动态面技术解决了反步法中的“微分爆炸”问题，并通过整体替换将对$\psi_e$的控制转化为对其他变量的控制，避免了欧拉角中的奇异值问题。其次，在动力学回路设计中，以滑模技术为基础，引入一种改进的双幂次趋近律，有效减少滑模抖振问题，RBF神经网络有效解决了动力学方程中的不确定性部分，并设计了一种自适应律来估计外部扰动上界。为了减小执行器饱和的影响，还引入了抗饱和补偿器。

**（2）基于有限时间观测器的欠驱动无人艇分层滑模轨迹跟踪控制**

基于反步法的欠驱动无人艇跟踪控制需要针对不同的约束条件设置不同的控制策略，以反步法为基础解决的欠驱动系统控制问题存在计算结构复杂、抗干扰能力弱等问题。因此，该方法综合考虑在海洋环境中的未知扰动以及船舶欠驱动特性下，具有有限时间收敛的、输入饱和约束和未知环境扰动的无人艇轨迹跟踪控制问题。针对欠驱动特性，使用基于分层技术的非奇异终端滑模控制方法，以保证欠驱动系统跟踪误差在有限时间内更快地收敛到零附近，同时避免了终端滑模中的奇异性问题，采用分层滑模技术，通过构建多个滑模面解决了无人艇欠驱动问题，设计了有限时间扰动观测器来观测不确定外部扰动，并利用动态面来解决传统反步法中的计算微分爆炸问题。

**（3）基于反步法的航迹跟踪控制**

反步控制（Backstepping Control）也称为反演控制，是一种主要针对具有下三角结构的系统的递归设计方法，也是一种可以解决系统不确定性的综合控制方法。其基本思想是：首先，将一个复杂的高阶系统分解成$n$个（不超过原系统阶数）低阶子系统；然后从前往后设计，把当前子系统的控制输入当作下个子系统的状态变量，分别为每个子系统设计Lyapunov函数（V函数）与中间虚拟变量，并利用Lyapunov稳定性定理证明每个子系统的收敛性；其次，逐步增加所要设计系统的阶次，一直“倒退”至整个系统；最后完成整个系统控制律的设计，并得到最终满足要求的状态反馈控制器。此外，过程中每一步的Lyapunov稳定性分析最终保证了整个闭环系统的稳定性与收敛性。反步控制算法适用于线性和非线性系统，对系统的限制条件相对较少，能够有效避免对消系统中的有用非线性方面，因此经常被用来分析解决系统的镇定与跟踪问题、自适应控制以及鲁棒性控制问题，应用的范围较为广泛。

**（4）基于积分终端滑模积分反演自适应的无人艇轨迹跟踪控制**

无人艇轨迹跟踪效果容易受到外界环境干扰和无人艇模型参数不确定等影响，该方法结合积分反演控制、积分终端滑模控制和自适应控制。其中通过使用积分终端滑模函数保证无人艇轨迹跟踪系统的全局有限时间收敛，通过使用积分反演控制减少滑模控制中的抖振现象，通过自适应控制对外界环境干扰和模型参数不确定进行处理。

**（5）基于RBF神经网络的自适应非奇异快速终端滑模无人艇被动容错轨迹跟踪控制**

无人艇在海上航行时，常常会因为恶劣的海洋环境导致执行器故障。当发生执行器故障时，由于无人艇的执行器输出受限，其轨迹跟踪效果势必会下降，因此需要针对性地设计无人艇容错轨迹跟踪控制器来减少执行器故障对于轨迹跟踪控制效果的影响，确保无人艇轨迹跟踪器即使出现执行器故障也能够取得良好的控制性能。该方法在综合考虑外界环境干扰、模型参数不确定和执行器故障的情况下，设计基于RBF神经网络的自适应非奇异快速终端滑模控制器来进行容错轨迹跟踪控制。首先在考虑外界环境扰动和模型参数不确定的情况下，设计非奇异快速终端滑模控制器来保证轨迹跟踪控制效果，但将外界环境扰动和模型参数不确定假设为已知常量进行处理。然后通过设计RBF神经网络来对未知的外界环境扰动和模型参数不确定项的上界进行估计，此时外界环境扰动和模型参数不确定项为神经网络的估计值。最后在原有的无人艇数学模型中加入执行器故障函数，通过使用自适应控制来对执行器故障进行补偿。

#### 6.3.2.2 无人艇编队控制

编队控制是指利用适当的控制方法，使个体和群体均能保持期望的运动姿态和运动轨迹，完成指定任务。主要的编队控制方法有：领航-跟随法、虚拟结构法、基于行为法、基于图论法。领航-跟随法就是从多艘船中选出一个作为领航者，而编队中剩余的其他船就作为跟随者紧跟领航者航行。该策略的关键在于它将编队与轨迹位置的偏差进行了变换，这样就方便用控制理论的方法对其进行研究。虚拟结构法最关键的思想就是将整个编队系统看作一个整体，也就是一个虚拟的刚性结构，而编队的每个成员都看作刚性结构中相对固定的一点。当队形进行运动时，就是整个编队跟踪一虚拟点的问题。相对于领航-跟随法，因为虚拟结构法不存在领航者，而且可以将编队带来的误差引入系统中，所以可取得较高的控制精度。基于行为法就是将多船编队行为分成几个小的动作，每个小的动作都有自己的目标控制器，而且每个动作的输出又可以当作输入输送到其他动作的控制器中。通过这样一系列的行为交互，最终实现编队控制的任务。基于行为法的核心在于如何设计并选取有效的一系列行为来最终实现多船编队任务。由于多船编队控制在执行任务的过程中具有相当的规模，所以它们之间的结构是至关重要的，当多船由于通信、控制而形成了网络结构时，就必须通过数学中的图论将此网络结构建模成图的形式。因为图论的发展已经非常完善，所以以图论为基础将编队进行建模后，就能更成熟地来分析多船系统的性质。

**（1）欠驱动无人艇的自适应输出反馈编队控制**

针对具有输入饱和约束、速度不可测、模型不确定性和未知环境干扰的欠驱动水面无人艇领航-跟随法编队问题，该控制策略利用RBF神经网络逼近不确定动态和扰动，利用MLP算法将神经网络在线更新参数减少到两个，缩短神经网络学习时间，提高系统动态性能；在速度不可测时仅依赖位置信息进行输出反馈编队控制，降低设备装配和通信成本，在速度可测量时可移植为状态反馈控制；通过一阶低通滤波器获取虚拟控制信号的导数，以解决传统反步法中的“微分爆炸”问题。

**（2）欠驱动无人艇的自适应输出反馈编队控制**

该方法针对具有输出误差约束的欠驱动水面无人艇，首先将标准型障碍Lyapunov函数结合到反步法中设计虚拟速度命令以满足编队输出误差约束；其次设计非线性扰动观测器补偿未知扰动和神经网络对不确定动态的逼近误差。该方法具有以下优点：①将避碰和通信保持等群体行为对系统状态的约束转换为对输出误差的约束，简化控制器设计过程；②考虑编队输出误差约束，应用该方法设计的控制器与基于tan型障碍Lyapunov函数设计的控制器相比，能够在不降低系统性能的前提下简化控制器结构；③控制器中包含了逼近误差和扰动的前馈补偿环节，能够降低收敛误差，提高系统稳态性能。

（3）欠驱动无人艇有限时间容错编队控制

该方法旨在提高系统可靠性和收敛速度。该方法基于有限时间收敛定理，在运动学层面将障碍Lyapunov函数结合到反步法中，设计有限时间虚拟控制律；在动力学层面针对执行器存在的加法乘法型故障设计有限时间容错控制律。该方法具有以下优点：①能够在执行器存在加法乘法型故障的情况下，实现对欠驱动无人艇编队系统的有限时间容错控制；②能够在满足编队输出误差约束条件的情况下，保证系统误差在有限时间内收敛到任意小，同时保证闭环系统所有信号一致最终有界；③有限时间收敛定理的引入能够使系统获得更快的收敛速度和对执行器故障更好的鲁棒性。

（4）基于神经网络与动态面技术的欠驱动无人艇编队控制

该方法针对欠驱动无人艇动力学模型中存在不确定动态项的问题，利用RBF神经网络的逼近特性，对模型中的不确定动态项进行在线估计，降低因无人艇模型中存在的不确定动态项对整个编队控制器性能的影响，从而实现对无人艇的精准控制。基于反步法设计控制器的过程中每一步递推均需要对虚拟控制律进行求导，而求导过程会引起微分计算“复杂性爆炸”的问题，最终可能导致控制器设计失败。动态面控制技术的引入可以巧妙地解决求导计算“复杂性爆炸”的问题。

（5）基于扰动观测器与神经网络技术的欠驱动无人艇编队控制

该方法在基于神经网络与动态面控制技术处理无人艇动力学模型中含有不确定动态项与传统反步控制器设计过程中存在“微分爆炸”的问题上，进一步引入扰动观测器技术以处理受未知外部环境干扰（风、浪、涌流等）的欠驱动无人艇编队控制问题。对未知外部环境扰动在线估计，并将估计值反馈到闭环控制系统中达到补偿扰动的目的，提高欠驱动无人艇编队控制系统抵抗外部环境干扰的鲁棒性。

### 6.3.3 水面 / 水下无人船舶集群协同新技术与新方法

无人艇集群协同的环境具有不稳定性、高动态性，无人艇集群决策存在约束条件众多且耦合度高、求解复杂等特点，需研发实时动态任务分配算法，合理解决各艇在时间空间上的冲突，高效科学地分配集群任务，以最小的代价获得最大的集群效益。以下分别从集中式任务分配和分布式任务分配两个方面介绍相关技术与方法。

#### 6.3.3.1 集中式任务分配

集中式任务分配是采用集群主控节点上的中央规划器将多个任务分配给多个智能体，优点是目标函数易于优化、实现简单、智能体执行任务效率高等，缺点是解空间随着问题规模增大呈指数增长，难以在多项式时间内通过穷举得到问题的最优解。学者们从精确方法和近似方法两方面对集中式任务分配问题展开研究。

精确方法是指在优化问题的目标函数和系统模型最优的情况下，可以解得全局最优解的一类算法，包括分支定界法、动态规划等。该类算法是将优化问题分解为子问题，不断迭代求解得到全局最优解。虽然能保证得到最优解，但是在问题规模增长时，将产生巨大的计算量，很难拓展到大规模问题上。

实际应用中，大多是近似模型，采用大量的近似方法来解决任务分配问题。近似方法主要有近似算法和启发式算法两类。近似算法包括贪心算法、局部搜索算法、线性规划等。启发式算法包括模拟退火算法、进化算法、蚁群优化算法、粒子群算法、禁忌搜索等。

相关文献提出基于滚动时域控制的任务规划方法，可满足集群任务规划过程中的实时动态性要求，但难于设计高效的代价函数的近似表示。相关文献设计了混合整数线性规划模型，在一定程度上减少问题的变量和约束，能够有效降低计算量，但其可扩展性极差。

#### 6.3.3.2 分布式任务分配

分布式任务分配中没有中心节点，多智能体系统内部通过局部通信共享信息，各自决策，进行多任务分配，能更好地应对高维、动态的集群任务环境，但无法保证解的质量，这也是分布式任务分配的关键技术挑战。

学者们基于智能体之间信息的一致性以及市场拍卖机制进行了许多研究，通过将两者结合，Brunet等人提出了基于一致性的竞拍算法（CBAA）和基于一致性的束算法（CBBA）。两种方法中多智能体都基于局部通信对中标价格达成一致，解决任务冲突，但不可避免地会导致巨大的通信成本。Kim等人对CBBA进行扩展，提出了基于共识的分组捆绑算法（G-CBBA），在降低通信成本的同时实现足够好的分配。Zhao等人提出了性能影响（PI）算法，不仅考虑任务分配的成本，还考虑该任务分配对集群任务列表中其他任务成本的影响。PI算法可以解决CBBA无法解决的时间约束型任务分配问题。相关文献对PI算法进行改进，可根据实时态势信息，动态地重新进行任务分配，但会消耗更多的计算时间。

当通信障碍时，多智能体各自计算的任务分配方案之间可能是冲突的，因此学者们开始研究如何降低任务分配中的通信量。相关文献提出了基于异步共识的捆绑算法，消除了在CBBA的共识阶段中进行协调同步通信的需要，在保持CBBA收敛性的同时，最大限度地减少了使用的消息数量。Chen等人提出了一种新颖的智能任务分配方法NECTAR，可以快速响应动态任务，而几乎不需要通信，并且由于智能体基于本地状态相互协作，因此能够连续进行分配。

无人艇协同巡逻指的是多个无人艇连续访问区域中的所有目标点，收集环境信息或者观察是否有突发事件。目标函数为最小化环境中任意一个巡逻点的两次连续访问的时间间隔或者总巡逻路径长度，保证整个区域中的目标点都尽可能频繁地被访问。

在分布式的方法中，Machado等人将巡逻任务中的智能体分为反应式智能体和认知式智能体，前者从相邻节点中选择一个具有最高空闲度的节点进行访问，后者从所有节点里选择当前空闲度最大的节点作为下一个访问目标。Yan等人在决策时计算所有机器人到达当前智能体的邻居节点所需的时间，从邻居节点中选择效用值最大的点作为下一个访问目标。

这类方法智能体仅基于局部信息做巡逻决策，忽略了智能体间的决策冲突，易陷入局部最优中。因此，Hwang等人采用协同拍卖系统来解决巡逻问题。每个机器人通过拍卖系统从已有的巡逻点中选择下一个巡逻点和处理新出现的目标地点，该系统可在已分配的基础上持续重拍卖，来改进多智能体系统的协同巡逻性能。Li等人提出了一种基线贪婪方法和一种顺序单物品拍卖方法，解决在线巡逻决策问题，并在机器人之间可能发生互相干扰的真实环境中验证了所提算法的性能。

为使智能体能够更好地应对动态时变的环境，相关文献采用Q-learning训练机器人的智能自适应巡逻策略，并通过实验表明自适应策略通常优于其他非自适应策略。Li等人结合强化学习和指针网络，从组合优化的角度解机器人集群巡逻问题，目标是求解完整图的最小哈密顿回路。这类方法的缺点是针对大型复杂动态的应用场景时学习训练成本较大。

#### 6.3.3.3 无人舰艇协同巡逻技术

协同巡逻中另一大研究方向是集中式方法。集中式巡逻采用无向图模型来表示巡逻区域，图的顶点表示需要频繁访问的关键位置，边及其权重表示这些位置之间的连接和路径长度。因此图论中的算法可以用来解决巡逻问题。基于图的集中式算法可以分为两类：循环算法和基于分区的算法。

循环算法中，Chevaleyre证明了基于TSP解的循环路径存在最大空闲的上边界。该文还指出，当图具有分隔多个区域的长边时，最好使用基于分区的算法。Portugal等人对循环算法和基于分区的算法进行了进一步分析和比较研究。Elmaliach等人在循环路径上均匀分配机器人的行程时间，以保证在均匀频率下访问所有顶点。基于分区的算法将地图划分为几个不相交的区域，并为每个机器人分配一个独立的区域进行巡逻。Portugal等人提出的多级子图巡逻算法，是一种典型的基于分区的算法，使用多级方法对图进行分区，并优化每个机器人的局部巡逻路线。Pasqualetti等人设计了一个基于最小刷新时间和延迟团队巡逻轨迹的集中多项式时间算法来计算一个最优的巡逻分区。Wiandt等人研发了基于自组织分区的分布式巡逻算法，不需要中央规划器。上述方法很好地降低了多智能体系统内部的相互影响和不平稳性，提高了任务效率，解决了智能体之间的巡逻路径冲突。

#### 6.3.3.4 无人舰艇协同拦截技术

无人艇博弈拦截方面，用于多人集群对抗问题的理想方法是HJI方法，在该方法中，求解HJI偏微分方程，以获得两个团队的最优策略。Huang等人基于HJI可达性分析方法给出了微分博弈的最优解，但随着参与者数量的增加，复杂性呈指数增长，又将基于泰森多边形划分的方法应用于多个追踪者和一个逃避者博弈。Pierson等人也采用类似的研究思路，通过最小化攻击者的泰森多边形单元面积，保证捕获一个或多个逃犯。另一类解决方法是最优控制理论，Garcia等人针对攻击导弹的纯追击策略，为一个目标和一架防御飞机制定了合作策略，阻截攻击导弹。Lee等人在中为港口防御提出了基于后退地平线控制律的控制策略，其中考虑针对攻击者的三种不同的最坏情况策略，并为防御者开发了后退地平线控制器。

## 6.4 水面/水下无人船舶自动化新技术应用

### 6.4.1 水面无人船舶装备自动化典型应用

① 典型应用一：中国地质部门利用无人艇在海南三亚湾海岸带做综合地质调查。任务总调查面积约96平方千米，通过60多条测线调查，获得大量地质调查数据和影像资料，调查效率得以显著提升。此次地质调查由广州海洋地质调查局与上海大学合作，相关团队利用“精海3号”和“精海虹号”两艘无人艇，携带包括多波束测深系统、侧扫声呐、浅地层剖面仪、单波束测深仪、ADCP、CTD、水下摄像机等调查设备，在三亚湾东瑁洲岛的东部和北部复杂浅水区，共做出60多条测线调查。

“精海3号”长6.28m、宽2.86m、深0.90m，设计吃水0.43m，载重2.60t，续航力大于200n mile，采用高度集成化和模块化的设计理念，能满足多种海况下的地形测绘、海底勘探和环境监测等任务。至于“精海虹号”艇长2.7m，最大航速为6节，续航力约20n mile，最大负载为0.15t，具备路径规划和自主导航等功能，可自主完成近岛礁浅水区域地形地貌的测绘，以及水文信息的采集。

地质调查须无缝对接海陆交接处的各类数据，但若利用小船搭载各类地质调查设备等传统方式，须有多名人员随船或下海调查；鉴于沿岸水浅，小船不易作业，而且调查人员下海风险大，整体效率会较低。而利用无人艇就可有效避免或减少上述问题，提高效率。

② 典型应用二：针对海上风电场的相关运维痛点，具有机动灵活、经济高效、安全性高等特点的无人船艇，则可以弥补常规方式在环境复杂、工况恶劣水域作业的局限性，以全新的解决方案破解传统作业难题，实现海上风电智能运维。

海上风电场从建设到运维的全生命周期，无人船都可以实现智能化应用。例如前期在勘察设计阶段，无人船可对海床地形地貌、水深、底质情况进行调查。在中期运维阶段，无人船可对海缆路由区域和风机桩基周边定期进行冲刷和埋深检测；在风电场安防方面，无人船可利用雷达、光电、船岸协同监控系统，对海上风电场区水域昼夜监控、巡视，为海上风电场的高质量发展保驾护航。

采用无人船搭载实时三维声呐对某海域的风电桩基及海缆进行检测。检测目标为15km 110kV主海底电缆、80km 35kV回路海底电缆、38台风机和升压站。经过数天的作业，共检测出桩基处海缆悬空多处，悬空高度数米；海缆冲刷裸露多处，J形管接出后持续裸露数十米；还发现海缆弯折半径过小，海缆路由与已知施工坐标偏差等现象，为风电场避免了重大经济损失和安全风险。

采用无人艇集群勘察可大幅提升作业效率、节能减排。以面积50平方千米的海上风电场勘察任务为例，使用1艘母船配合4条无人船联合作业，作业时间可减少75%，降低燃油消耗及碳排放83%，替代传统人力进行高强度、高风险、重复性的海上作业，推动海上风电行业进入智能化、无人化时代。

### 6.4.2 水面 / 水下无人船舶集群协同典型应用

随着单个无人平台技术的不断发展，有机整合多个无人平台的无人集群成为无人系统领域发展的重要方向，美国、俄罗斯和中国等国家纷纷出台各种无人集群战略报告，推动无人集群技术的发展，如表2-6-3所示。海洋表面积约3.6亿平方千米，是未来世界军事与经济的必争之地，急需大批量智能化、无人化和系统化的海洋高端装备来支撑海洋发展。

表 2-6-3　无人集群相关报告

| 国家 | 时间 | 报告 | 重点研发技术 |
|---|---|---|---|
| 美国 | 2016 年 | 《2016—2036 年小型无人机系统飞行规划》 | “蜂群”作战 |
| 俄罗斯 | 2016 年 | 《2025 年先进军用机器人技术装备研发专项综合计划》 | 无人作战部队 |
| 美国 | 2018 年 | 《无人系统综合路线图 2017—2042》 | 集群协同技术 |
| 美国 | 2020 年 | 《无人系统计划框架报告》 | 无人作战系统 |
| 中国 | 2020 年 | 《2019 年人工智能发展白皮书》 | 群体智能技术 |

无人艇作为海洋高端装备的重点发展方向，受限于单体能力而无法满足日益复杂多样的海洋作业的需求，因此无人艇集群必是未来海洋智能无人装备研发的焦点。无人艇集群广泛应用于海战、应急事故处理、巡逻警戒、海上护卫等领域，如表2-6-4所示。

一般无人艇集群协同从功能性上分为巡逻任务分配和拦截任务分配。其中巡逻任务是基于一定的先验知识（如已知地图信息）进行的，给定目标附近区域内的一组关键地点，无人艇集群对所有关键地点进行访问，视为巡逻附近区域。每个关键地点的访问需求被视为一个巡逻任务，需要在满足无人艇运动学约束的情况下，为多艘无人艇分配多个巡逻任务并规划路线以实现对区域内所有关键地点的访问，从而尽早发现恶意入侵船只。该问题通常需要优化巡逻路径的长度。拦截任务则是针对随机出现的恶意入侵者，需要在满足无人艇运动学约束的情况下，采用一艘或多艘无人艇进行拦截，阻止入侵者接近被护目标，将入侵者阻拦在离目标尽可能远的地方，保证目标的安全。无人艇集群协同作业的目标就是考虑无人艇的数量、任务的数量和类别、无人艇运动学约束条件以及环境的动态变化，以达到集群总效益最大化。因此，无人艇集群协同技术成为了近年来前沿技术研究的热点，如表2-6-5所示，各国纷纷在无人艇集群控制方面部署重要研究计划，旨在解决海战、海洋勘测、反潜、护卫等任务。

表 2-6-4　国内外无人艇集群的应用

| 集群任务 | 时间 | 单位 | 无人系统 | 实际场景 |
|---|---|---|---|---|
| 协同作战 | 2021 年 | 美国海军 | 多艘无人艇、无人机、无人潜航器、载人舰艇和直升机 |  |
| 应急事故处理 | 2018 年 | 上海大学无人艇工程研究院 | 2 艘无人艇 |  |
| 协同巡逻 | 2016 年 | 约翰霍普金斯大学 | 6 艘高速无人艇队 |  |
| 协同护卫 | 2016 年 | 美国海军 | 4 艘无人艇 |  |

基于上述分析，无人艇集群协同作业作为未来海洋护卫的必然趋势，尚有很大的研发和应用空间。

表 2-6-5　国际无人艇集群研发项目

| 项目名称 | 国家 | 时间 | 研究内容 |
|---|---|---|---|
| 中型排水量无人水面艇项目 | 美国 | 2014 年 | 根据不同的任务自主切换集成模块，无人艇集群自动识别舰船、协同巡逻和追踪可疑船只 |
| 无人战士 2016 | 英国 | 2016 年 | 多域无人装备代替士兵执行乏味、危险的任务，执行监视、情报收集以及反潜艇等任务 |

续表

| 项目名称 | 国家 | 时间 | 研究内容 |
|---|---|---|---|
| GREX 项目 | 欧盟 | 2006 年 | 在有限通信条件下，多个无人潜航器完成协同导航、编队航行等任务 |
| 自主水面和水下探测系统 | 英国 | 2015 年 | 多个水面和水下无人系统协作进行低成本、全海域的海洋勘测 |
| “幽灵舰队” | 美国 | 2019 年 | 多艘无人艇自主协调情报交流，仿“蜂群”快速移动且避碰，联合执行监视、侦察、攻击等任务 |
| “海上列车” | 美国 | 2020 年 | 多艘无人艇采用分布式物理连接或编队航行，为海军作战部队提供远程力量投送 |

## 6.5 水面 / 水下无人船舶设备自动化发展建议

### 6.5.1 技术发展建议

**（1）强化核心技术自主研发**

针对水面无人船舶设备自动化领域，核心技术的自主研发具有至关重要的意义。核心技术应涵盖自动驾驶算法、传感器技术、能源系统等领域。推进这一研发，不仅有赖于企业的技术积累和创新，更需要国家政策的支持和引导。建议设立专门的研发基金，推动企业、科研机构与高等教育机构的深度合作，形成一个完善的技术研发体系。

**（2）加强国际交流与合作**

在全球化背景下，积极与国际先进技术团队交流与合作，将有助于提升国内技术水平。建议通过建立国际交流平台、组织国际研讨会、技术交流活动等方式，与国际先进企业和研究机构建立长期合作机制，引进先进技术，培育国内技术人才，逐步提升国内技术的国际竞争力。

**（3）建立技术创新平台**

建议创建一个国家级的水面无人船舶设备自动化技术创新中心。该中心应汇聚各方资源，形成一个技术研发、人才培养和成果转化的综合性平台。这不仅可以加速技术研发，还能为行业提供技术支持和服务。

### 6.5.2 人才培养建议

**（1）产学研深度合作，打造人才培养高地**

为了确保水面无人船舶设备自动化领域的持续发展，产学研合作模式显得尤为重要。建议从国家层面推动高等教育机构、科研单位与产业界之间的密切合作，形成共同培养、双向流动的机制。此外，通过合作设立联合实验室、研究中心等，针对产业发展的关键技术和瓶颈问题进行深入研究，培养高水平的研发人才。

**（2）完善技术人才激励政策**

对于无人船舶产业中的技术人才，其价值不可忽视。为确保其在产业中的稳定发展，建议完善相关的激励政策，如提供优惠的税收政策、优化的职业发展路径、研究资金支持等，从而吸引和留住顶尖人才。

**（3）建立行业技术培训体系**

为响应产业的迅速发展，建议设立专门的技术培训中心，提供系统性的技术培训和认证。这不仅能够提升从业者的技能水平，也能够为企业提供系统的技术支持和服务，推动整体产业的快速发展。

### 6.5.3 政策发展建议

**（1）制定支持性政策，推动自主创新**

为确保水面无人船舶设备自动化领域的健康、快速发展，政府应制定一系列支持性政策，鼓励自主创新。建议为那些在自主技术研发、原创设计、核心零部件制造等方面取得突出成果的企业和团队提供税收减免、研发资金补助等优惠政策。此外，对于成果转化中的关键环节，例如技术验证、产品试制、市场推广等，政府也应提供必要的政策支持和资金扶持。

**（2）完善标准体系，促进行业健康发展**

随着技术的不断进步，有必要建立和完善水面无人船舶设备的相关标准体系，确保行业的健康、规范发展。政府应该引导相关部门与行业协会、科研机构、领军企业等多方共同参与，制定一套科学、实用的行业标准和规范，包括设备的安全性、互通性、可维护性等方面的要求。此外，还应建立标准更新和修订机制，确保其与技术发展同步，适应市场需求。

**（3）加强国际合作，引导全球市场**

在全球化背景下，水面无人船舶设备自动化领域的发展不仅仅局限于国内市场。政府应积极与国际组织、其他国家政府进行合作，推进国际规则的制定，共同建立全球市场准入和运营规则。同时，为国内企业走出去提供政策和资金支持，鼓励其参与国际竞争，分享全球市场的发展机会。

**（4）注重环境保护，实现可持续发展**

水面无人船舶设备的广泛应用不仅关系到经济发展，也与环境保护息息相关。政府应强化对无人船舶产业的环境影响评估，推动企业采取绿色、低碳、环保的技术和产品。建议为那些在节能减排、生态保护等方面做出积极贡献的企业提供额外的政策优惠和资金支持，鼓励整个行业走向可持续发展的道路。

## 参考文献


[1] 吴珏斐. 船舶动力系统的智能控制技术研究[J]. 电子技术, 2021, 50(09): 278-279.

[2] 白珍, 白新科, 冯强. 3D可视化设计在船舶航行状态监控系统中的应用[J]. 舰船科学技术, 2023, 45(15): 139-142.

[3] 刘启新, 等. 基于GO-贝叶斯方法的自主船舶操纵系统可靠性分析[J]. 中国造船, 2023, 64(04): 186-193.

[4] 谢鹏. 船舶通信导航技术及其发展研究[J]. 船舶物资与市场, 2022, 30(10): 16-18.

[5] 叶姗. 船舶动力系统控制器的研究与设计[J]. 内燃机与配件, 2018(21): 103-104.

[6] 俞司思. 多平台信息融合背景下的船舶导航技术分析[J]. 科技与创新, 2023(12): 69-71, 75.

[7] 杨文韬. 世界无人水面艇发展综述[J]. 现代军事, 2014(10): 3.

[8] 陈华, 等. 水面无人艇路径规划研究综述[J]. 世界海运, 2015, 38(11): 4.

[9] 陈呈. 基于改进栅格法和人工势场法的无人艇路径规划研究[D]. 镇江: 江苏科技大学, 2018.

[10] 程杰. 基于电子海图的无人水面艇全局路径规划方法研究[D]. 武汉: 武汉科技大学, 2021.

[11] 李大光 . 美国海上猎手无人战舰将使未来反潜作战发生改变 [J]. 飞航导弹, 2016, 000(009): 3-7.
[12] 薛春祥, 等 . 外军无人系统现状与发展趋势 [J]. 雷达与对抗, 2016, 36(1): 6.
[13] Campbell S, Naeem W, Irwin G W. A review on improving the autonomy of unmanned surface vehicles through intelligent collision avoidance manoeuvres[J]. Annual Reviews in Control, 2012, 36(2): 267-283.
[14] Caccia M, et al. Basic navigation, guidance and control of an Unmanned Surface Vehicle[J]. Autonomous robots, 2008(4): 25.
[15] 李伟, 等 . 水面无人艇技术发展及展望 [J]. 舰船电子工程, 2021, 41(4): 4.
[16] Naeem W, et al. The design of a navigation, guidance, and control system for an unmanned surface vehicle for environmental monitoring[J]. Proceedings of the Institution of Mechanical Engineers, Part M: Journal of Engineering for the Maritime Environment, 2008, 222(2): 67-79.
[17] 王石, 等 . 国内外无人艇发展现状及典型作战应用研究 [J]. 火力与指挥控制, 2019, 44(2): 5.
[18] Curcio J, Leonard J, Patrikalakis A. SCOUT - a low cost autonomous surface platform for research in cooperative autonomy[C]//Proceedings of OCEANS 2005 MTS/IEEE, 2005.
[19] 王子静 . 水面无人艇编队路径规划与避障技术研究 [D]. 南京 : 东南大学, 2021.
[20] 刘超然 . 改进的无人艇路径规划与避障算法研究与仿真 [D]. 武汉 : 华中科技大学, 2021.
[21] 江涛 . 欠驱动水面无人艇的路径规划及轨迹跟踪控制研究 [D]. 上海 : 上海大学, 2020.
[22] 瞿栋, 等 . 面向障碍速度不确定性的无人艇动态避碰 [J]. 上海大学学报: 自然科学版, 2019. 25(5): 13.
[23] 蔡悦 . 水面无人艇固定时间协同路径跟踪控制 [D]. 镇江 : 江苏科技大学, 2022.
[24] 沈童 . 基于混合智能算法的无人艇自主避障研究 [D]. 大连 : 大连理工大学, 2022.
[25] 魏新勇 . 水面无人艇自主局部避障系统关键技术研究 [D]. 广州 : 华南理工大学, 2019.
[26] 谢伟杰 . 基于蜂拥算法的无人艇集群编队研究 [D]. 哈尔滨 : 哈尔滨工程大学, 2020.
[27] 顾尚定 . 面向复杂环境的无人艇运动规划研究 [D]. 武汉 : 武汉理工大学, 2020.
[28] 王广明, 郭传福, 刘喜作 . 基于 CPN Tools 的舰艇编队护航反潜作战建模 [J]. 兵器装备工程学报, 2019, 40(6): 4.
[29] Rozas J. Piracy and Armed Robbery against ship[J]. 2021.
[30] 杨捷摄 . 海军第 39, 40 批护航编队在亚丁湾中部海域分航 [J]. 现代舰船, 2022(003): 000.
[31] The situation with respect to piracy and armed robbery at sea off the coast of Somalia :report of the Secretary-General[EB/OL]. New York: UN, 2020.
[32] Gurjar S. Russia Returns to the Indian Ocean: Exploring the Expanding Strategic Presence[J]. India Quarterly, 2022, 78(3): 413-430.
[33] 关孔文, 房乐宪 . 海洋安全视阈下欧盟打击非洲海盗政策 [J]. 国际论坛, 2021, 000(005): 39-54.
[34] T E. Unmanned boats demonstrate autonomous swarm, gunnery support techniques[EB/OL]. 2014-10-06; Available from: https:/ldefense-update.com/20141006_usv_demo.html.
[35] Wolf M T, et al. CARACaS multi-agent maritime autonomy for unmanned surface vehicles in the Swarm Ⅱ harbor patrol demonstration[J]. International Society for Optics and Photonics, 2017. DOI:10.1117/12.2262067.
[36] C4irnet. Autonomous warships get smarter[EB/OL]. 2016-04-21; Available from: https://www.c4isrnet.com/unmanned/uas/2016/04/21/autonomous-warships-get-smarterl.
[37] Lin M, Yang C. Ocean Observation Technologies: a Review[J]. Chinese Journal of Mechanical Engineering, 2020, 33(1): 32.
[38] Oleynikova E, et al. Perimeter patrol on autonomous surface vehicles using marine radar[C]// OCEANS'10 IEEE SYDNEY, 2010.
[39] Queralta J P, et al. Collaborative multi-robot search and rescue: planning, coordination, perception, and active vision[C]. IEEE Access, 2020, 8: 191617-191643.
[40] Wang Z, et al. Cloud-based mission control of USV fleet: architecture, implementation and experiments[J]. Control Engineering Practice, 2021, 106: 104657.
[41] 张卫东, 刘笑成, 韩鹏 . 水上无人系统研究进展及其面临的挑战 [J]. 自动化学报, 2020, 46(5): 11.
[42] 彭周华, 等 . 多无人艇集群协同控制研究进展与未来趋势 [J]. 中国舰船研究, 2021, 16(1): 15.
[43] 谢少荣, 刘坚坚, 张丹 . 复杂海况无人艇集群控制技术研究现状与发展 [J]. 水下无人系统学报, 2020, 28(6): 13.

[44] 李坤垚，郗润平，连春艳．基于深度学习的海面目标检测方法研究[J]. 中国体视学与图像分析，2019(4): 10.

[45] 刘俊琦，李智，张学阳．可见光遥感图像海面目标检测技术综述[J]. 计算机科学，2020. 47(3): 8.

[46] 潘美艳，等．基于Faster R-CNN网络的海面目标检测方法[J]. 现代雷达，2021, 43(6): 8.

[47] Knapskog A O. Classification of Ships in TerraSAR-X Images Based on 3D Models and Silhouette Matching[C]. in 8th European Conference on Synthetic Aperture Radar. 2010.

[48] Leng X, et al. 2D comb feature for analysis of ship classification in high-resolution SAR imagery[J]. Electronics Letters, 2017, 53(7): 500-502.

[49] 李双双，等．基于背景差分和视觉显著性的运动船舶检测方法[J]. 物联网技术，2018. 8(1): 4.

[50] Zhou Y, et al. Automatic ship detection in SAR image based on multi-scale faster R-CNN[C]. Journal of Physics: Conference Series, 2020, 1550(4): 042006.

[51] Ma M, et al. Ship classification and detection based on CNN using GF-3 SAR images[J]. Remote Sensing, 2018, 10. DOI: 10.3390/rs10122043.

[52] 武凯利，等．基于深度学习的复杂气象条件下海上船舶识别[J]. 科学技术与工程，2019, 19(3): 6.

[53] 刘颖．基于最优搜索理论的流域事故性污染源搜索方法研究[D]. 成都：西南交通大学，2007.

[54] Michael T W, et al. CARACaS multi-agent maritime autonomy for unmanned surface vehicles in the Swarm Ⅱ harbor patrol demonstration[C]//Proc.SPIE, 2017.

[55] Wang G, et al. A multi-AUV maritime target search method for moving and invisible objects based on multi-agent deep reinforcement learning[J]. Sensors, 2022, 22(21): 8562.

[56] Zhao C, et al. Secure consensus of multi-agent systems with redundant signal and communication interference via distributed dynamic event-triggered control[J]. ISA Trans, 2021, 112: 89-98.

[57] Bellman R E. Some applications of the theory of dynamic programming[J]. Santa Monica, CA: RAND Corporation, 1954.

[58] Hart P E, Nilsson N J, Raphael B. A formal basis for the heuristic determination of minimum cost paths[J]. IEEE Transactions on Systems Science and Cybernetics, 1968, 4(2): 100-107.

[59] Cao X, Sun H, Jan G E. Multi-AUV cooperative target search and tracking in unknown underwater environmen[J]t. Ocean Engineering, 2018, 150: 1-11.

[60] Raap M, Zsifkovits M, Pickl S. Trajectory optimization under kinematical constraints for moving target search[J]. Computers & Operations Research, 2017, 88: 324-331.

[61] Yao P, et al. AUV path planning for coverage search of static target in ocean environment[J]. Ocean Engineering, 2021, 241: 110050.

[62] Sun X, et al. A cooperative target search method based on intelligent water drops algorithm[J]. Computers & Electrical Engineering, 2019, 80: 106494.

[63] Cimino M G C A, et al. A hyper-heuristic methodology for coordinating swarms of robots in target search[J]. Computers and Electrical Engineering, 2021, 95: 07420.

[64] Zhou Z, et al. Immune genetic algorithm based multi-UAV cooperative target search with event-triggered mechanism[J]. Physical Communication, 2020, 41: 101103.

[65] Phung M D, Ha Q P. Motion-encoded particle swarm optimization for moving target search using UAVs[J]. Applied Soft Computing, 2020. 97: 106705.

[66] Skjetne R, Moi S, Fossen T I. Nonlinear formation control of marine craft[C]//Proceedings of the 41st IEEE Conference on Decision and Control, 2002.

[67] 彭周华．舰船编队的鲁棒自适应控制[D]. 大连：大连海事大学，2011.

[68] Wang P K C. Navigation strategies for multiple autonomous mobile robots moving in formation[J]. Robotic Syst, 1991, 8(2): 177-195. DOI: 10.1002/rob.4620080204.

[69] Lewis M A, Tan K H. High precision formation control of mobile robots using virtual structures[J]. Autonomous Robots, 1997, 4(4): 387-403.

[70] Balch T, Arkin R C. Behavior-based formation control for multirobot teams[J]. IEEE Transactions on Robotics and Automation, 1998, 14(6): 926-939.

[71] Lu Y, et al. Robust adaptive formation control of underactuated autonomous surface vessels based on MLP and DOB[J].

Nonlinear Dynamics, 2018, 94(1): 503-519.

[72] Peng Z, et al. Adaptive dynamic surface control for formations of autonomous surface vehicles with uncertain dynamics[J]. IEEE Transactions on Control Systems Technology, 2013, 21(2): 513-520.

[73] Lu Y, et al. Adaptive output-feedback formation control for underactuated surface vessels[J]. International Journal of Control, 2018, 93: 1-27.

[74] Jin X. Fault tolerant finite-time leader-follower formation control for autonomous surface vessels with LOS range and angle constraints[J]. Automatica, 2016, 68: 228-236.

[75] Ye Q, He S, Dai S L. Platoon formation control of USVs with output tracking error constraints[C]//2018 IEEE 8th International Conference on Underwater System Technology: Theory and Applications (USYS), 2018.

[76] Dong C, Ye Q, Dai S L. Neural-network-based adaptive output-feedback formation tracking control of USVs under collision avoidance and connectivity maintenance constraints[J]. Neurocomputing, 2020, 401: 101-112.

[77] Breivik M, Hovstein V, Fossen T I. Straight-line target tracking for unmanned surface vehicles[J]. Modeling Identification and Control, 2008. 29: 131-149.

[78] Ihle I A F, Arcak M, Fossen T I. Passivity-based designs for synchronized path-following[J]. Automatica, 2007, 43(9): 1508-1518.

[79] Ghabcheloo R, et al. Coordinated path-following control of multiple underactuated autonomous vehicles in the presence of communication failures[C]//Proceedings of the 45th IEEE Conference on Decision and Control, 2006.

[80] Borhaug E, Pavlov A, Pettersen K Y. Cross-track formation control of underactuated surface vessels[C]//Proceedings of the 45th IEEE Conference on Decision and Control, 2006.

[81] Ghommam J, Mnif F. Coordinated path-following control for a group of underactuated surface vessels[J]. IEEE Transactions on Industrial Electronics, 2009, 56(10): 3951-3963.

[82] Do K D. Formation control of underactuated ships with elliptical shape approximation and limited communication ranges[J]. Automatica, 2012, 48(7): 1380-1388.

[83] Fan J, et al. Formation control of multiple unmanned surface vehicles using the adaptive null-space-based behavioral method[J]. IEEE Access, 2019, 7: 87647-87657.

[84] Duan K, et al. CenterNet: keypoint triplets for object detection[C]//2019 IEEE/CVF International Conference on Computer Vision (ICCV), 2019.

[85] Redmon J, et al. You only look once: unified, real-time object detection[C]//2016 IEEE Conference on Computer Vision and Pattern Recognition (CVPR), 2016.

[86] Bewley A, et al. Simple online and realtime tracking[C]//2016 IEEE International Conference on Image Processing (ICIP), 2016.

[87] Bochinski E, Senst T, Sikora T. Extending IOU based multi-object tracking by visual information[C]//2018 15th IEEE International Conference on Advanced Video and Signal Based Surveillance (AVSS), 2018.

[88] Bergmann P, Meinhardt T, Leal-Taixé L. Tracking without bells and whistles[C]//2019 IEEE/CVF International Conference on Computer Vision (ICCV), 2019.

[89] Fortmann T, Bar-Shalom Y, Scheffe M. Sonar tracking of multiple targets using joint probabilistic data association[J]. IEEE Journal of Oceanic Engineering, 1983, 8(3): 173-184.

[90] Bar - Shalom Y, Fortmann T E, Cable P G. Tracking and data association[J]. The Journal of the Acoustical Society of America, 1990, 87(2): 918-919.

[91] Wojke N, Bewley A, Paulus D. Simple online and realtime tracking with a deep association metric[C]//2017 IEEE International Conference on Image Processing (ICIP), 2017.

[92] 温家一. 基于深度强化学习的水面无人艇路径规划算法研究[D]. 上海: 上海海事大学, 2021.

[93] 杜哲. 基于轨迹单元的水面无人艇运动规划研究[D]. 武汉: 武汉理工大学, 2018.

[94] 马丹. 基于免疫遗传算法的无人艇路径规划研究[D]. 武汉: 华中科技大学, 2018.

[95] 袁志豪. 基于粒子群算法的水面无人艇动态避碰方法研究[D]. 哈尔滨: 哈尔滨工程大学, 2020.

[96] Wang Z, Li G, Ren J. Dynamic path planning for unmanned surface vehicle in complex offshore areas based on hybrid algorithm[J]. Computer Communications, 2021, 166: 49-56.

[97] Li L, et al. A path planning strategy unified with a COLREGS collision avoidance function based on deep reinforcement learning and artificial potential field[J]. Applied Ocean Research, 2021, 113: 102759.

[98] Liu Y, Bucknall R. Path planning algorithm for unmanned surface vehicle formations in a practical maritime environment[J]. Ocean Engineering, 2015, 97: 126-144.

[99] Wang N, et al. Hierarchical path planning of unmanned surface vehicles: a fuzzy artificial potential field approach[J]. International Journal of Fuzzy Systems, 2021, 23(6): 1797-1808.

[100] Sang H, et al. The hybrid path planning algorithm based on improved A* and artificial potential field for unmanned surface vehicle formations[J]. Ocean Engineering, 2021, 223: 108709.

[101] Wu Y, Low K H, Lv C. Cooperative path planning for heterogeneous unmanned vehicles in a search-and-track mission aiming at an underwater target[J]. IEEE Transactions on Vehicular Technology, 2020, 69(6): 6782-6787.

[102] Khatib O. Real-time obstacle avoidance for manipulators and mobile robots[C]//Proceedings. 1985 IEEE International Conference on Robotics and Automation, 1985.

[103] Lee S M, Kwon K Y, Joh J. A fuzzy logic for autonomous navigation of marine vehicles satisfying COLREG guidelines[J]. International Journal of Control Automation and Systems, 2004, 2: 171-181.

[104] Borenstein, J, Koren Y. The vector field histogram-fast obstacle avoidance for mobile robots[J]. IEEE Transactions on Robotics and Automation, 1991, 7(3): 278-288.

[105] 李一波，张庆涛. 室内未知环境遍历路径规划算法综述[J]. 计算机科学，2012(S3): 5.

[106] Kopyt A, Narkiewicz J, Radziszewski P. An unmanned aerial vehicle optimal selection methodology for object tracking[J]. Advances in Mechanical Engineering, 2018, 10(12).

[107] Liao Y, et al. Methods of motion control for unmanned surface vehicle: state of the art and perspective[J]. Ship Building of China, 2014. 55: 206-216.

[108] Liu H, Zou L. Robust finite-time convergent trajectory tracking control for unmanned surface vehicle[C]//2019 Chinese Automation Congress (CAC), 2019.

[109] Stateczny A, et al. Accuracy of trajectory tracking based on nonlinear guidance logic for hydrographic unmanned surface vessels[J]. Sensors, 2020, 20(3): 832.

[110] Deng Q, et al. Neuro-adaptive containment control of unmanned surface vehicles with disturbance observer and collision-free[J]. ISA Transactions, 2022, 129: 150-156.

[111] Peng Z, et al. Autopilot design for a robotic unmanned surface vehicle[C]//2015 34th Chinese Control Conference (CCC), 2015.

[112] Zhang H T, et al. Visual navigation and landing control of an unmanned aerial vehicle on a moving autonomous surface vehicle via adaptive learning[J]. IEEE Transactions on Neural Networks and Learning Systems, 2021, 32(12): 5345-5355.

[113] CAO X M, HENG H, SHEN Z P. Dynamic surface backstepping trajectory tracking control of unmanned underwater vehicles with ocean current disturbances[J]. Systems Engineering and Electronics, 2021, 43(6): 1664-1672.

[114] Gao Y, Wang N, Zheng Z. Disturbance observer-based trajectory tracking control of unmanned surface vehicles with unknown disturbances and input saturation[C]//2017 36th Chinese Control Conference (CCC), 2017.

[115] Weng Y, Wang N. Data-driven robust backstepping control of unmanned surface vehicles[J]. International Journal of Robust and Nonlinear Control, 2020, 30(9): 3624-3638.

[116] Zhou W, et al. State observer-based adaptive fuzzy backstepping point stabilisation control of underactuated unmanned surface vehicles with input constraints[J]. International Journal of Vehicle Design, 2020, 84(1-4): 162-179.

[117] Gao H T, Zhang T P, Wang R R. Adaptive dynamic surface control of stochastic pure-feedback nonlinear systems including dynamic uncertainties[C]. Chinese Control Conference, CCC, 2013: 1558-1563.

[118] Pan C, et al. Robust adaptive dynamic surface tracking control of an underactuated surface vessel with unknown dynamics[C]//2018 37th Chinese Control Conference (CCC), 2018.

[119] Suzhen W, Qinglong L, Guofa S. Dynamic surface control of heat exchanger based on extended state observer[J]. CIESC Journal, 2018.

[120] Zhang T P, et al. Adaptive neural-network dynamic surface-control with unmodeled dynamics[J]. Kongzhi Lilun Yu Yingyong/Control Theory and Applications, 2013, 30: 475-481.

[121] Zhang Y H, Jiang J G, GAO D K. Dynamic positioning of dredgers using nonlinear dynamic surface control and feed-

forward compensation[J]. Journal of Applied Sciences, 2012, 30(2): 203-208.

[122] Huayna-Aguilar M, Cutipa Luque J C, Raul P. Robust control and fuzzy logic guidance for an unmanned surface vehicle[J]. International Journal of Advanced Computer Science and Applications, 2020, 11.

[123] Guzmán M J V, et al. Robust control for the dynamics of an unmanned surface vehicle under the perturbations (marine waves and currents)[C]//2018 15th International Conference on Electrical Engineering, Computing Science and Automatic Control (CCE), 2018.

[124] 张成举, 等. 欠驱动水面无人艇鲁棒自适应位置跟踪控制 [J]. 兵工学报, 2020, 41(07): 1393-1400.

[125] Zhang Z, Li H. Robust consensus optimal control of unmanned surface vehicles[C]//2020 IEEE 16th International Conference on Control & Automation (ICCA), 2020.

[126] Fahimi F. Sliding mode formation control for under-actuated autonomous surface vehicles[C]//2006 American Control Conference, 2006.

[127] Ma Z, Feng J, Yang J. Research on vertical air-water trans-media control of Hybrid Unmanned Aerial Underwater Vehicles based on adaptive sliding mode dynamical surface control[J]. International Journal of Advanced Robotic Systems, 2018, 15(2):

[128] Mu D, Wang G, Fan Y. An novel model switching course control for unmanned surface vehicle with modeling error and external disturbance[J]. IEEE Access, 2021, 9: 84712-84723.

[129] Mu D, et al. Course control strategy for unmanned surface vehicle based on mode switching[C]//2021 4th International Conference on Intelligent Autonomous Systems (ICoIAS), 2021.

[130] Lv G, et al. Extended-state-observer-based distributed model predictive formation control of under-actuated unmanned surface vehicles with collision avoidance[J]. Ocean Engineering, 2021, 238: 109587.

[131] Yiqun D, et al. Position and heading angle control of an unmanned quadrotor helicopter using LQR method[C]//2015 34th Chinese Control Conference (CCC), 2015.

[132] Liu Z, Zhang Y, Yuan C. Active fault tolerant control of an unmanned surface vehicle[C]//2015 15th International Conference on Control, Automation and Systems (ICCAS), 2015.

[133] Liu Z X, et al. A learning-based fuzzy LQR control scheme for height control of an unmanned quadrotor helicopte[C]//2014 International Conference on Unmanned Aircraft Systems (ICUAS), 2014.

[134] Yu B, et al. Fault-tolerant control with linear quadratic and model predictive control techniques against actuator faults in a quadrotor UA[C]//2013 Conference on Control and Fault-Tolerant Systems (SysTol), 2013.

[135] Gao S, et al. An asymptotically stable identifier design for unmanned surface vehicles based on neural networks and robust integral sign of the error[C]//Advances in Neural Networks - ISNN 2019, 2019. Cham: Springer International Publishing.

[136] Meng C, et al. Neural-network-based modular dynamic surface control for surge speed tracking of an unmanned surface vehicle driven by a DC moto[C]//Advances in Neural Networks - ISNN 2019, 2019. Cham: Springer International Publishing.

[137] Qin H, Li C, Sun Y. Adaptive neural network-based fault-tolerant trajectory-tracking control of unmanned surface vessels with input saturation and error constraints[J]. IET Intelligent Transport Systems, 2020, 14: 356-363.

[138] Sun W, Gao X, Yu Y. Dual deep neural networks for improving trajectory tracking control of unmanned surface vehicle[C]//2020 Chinese Automation Congress (CAC), 2020.

[139] Brumitt B L, Stentz A. GRAMMPS: a generalized mission planner for multiple mobile robots in unstructured environments[C]//Proceedings. 1998 IEEE International Conference on Robotics and Automation (Cat. No.98CH36146), 1998.

[140] 么立双, 苏丽颖, 李小鹏. 多机器人系统任务分配方式的研究与发展 [J]. 制造业自动化, 2013, 35(10): 5.

[141] Pelt D M, Bisseling R H. An exact algorithm for sparse matrix bipartitioning[J]. Journal of Parallel and Distributed Computing, 2015. 85: 79-90.

[142] Ma Y C, Chen T F, Chung C P. Branch-and-bound task allocation with task clustering-based pruning[J]. Journal of Parallel and Distributed Computing, 2004, 64(11): 1223-1240.

[143] Sniedovich M. Dynamic programming. foundations and principles. 2nd ed[J]. Dynamic Programming: Foundations and Principles, Second Edition, 2010.

[144] Soylu B. A general variable neighborhood search heuristic for multiple traveling salesmen problem[J]. Computers & Industrial Engineering, 2015, 90: 390-401.

[145] Wolfram B, Oliver B, Cyrill S. Emergent task allocation for mobile robots, in robotics: science and systems Ⅲ [J]. MIT Press, 2008: 49-56.

[146] Wu W, Li L, Yao X. Improved simulated annealing algorithm for task allocation in real-time distributed systems[C]//2014 IEEE International Conference on Signal Processing, Communications and Computing (ICSPCC), 2014.

[147] Shima T, Rasmussen S J, Sparks A G. UAV cooperative multiple task assignments using genetic algorithm[C]// Proceedings of the 2005, American Control Conference, 2005.

[148] Darrah M, et al. Using genetic algorithms for tasking teams of raven UAVs[J]. Journal of Intelligent & Robotic Systems, 2013, 70(1): 361-371.

[149] Wang J, Gu Y, Li X. Multi-robot task allocation based on ant colony algorithm[J]. Journal of Computers, 2012, 7.

[150] Zhu Z, Tang B, Yuan J. Multirobot task allocation based on an improved particle swarm optimization approach[J]. International Journal of Advanced Robotic Systems, 2017, 14(3).

[151] Geng N, et al. Particle swarm optimization algorithm for the optimization of rescue task allocation with uncertain time constraints[J]. Complex & Intelligent Systems, 2021, 7(2): 873-890.

[152] Alighanbari M, Kuwata Y, How J P. Coordination and control of multiple UAVs with timing constraints and loitering[C]// Proceedings of the 2003 American Control Conference, 2003.

[153] Khosravi M, Aghdam A G. Cooperative receding horizon control for multi-target interception in uncertain environments[C]//53rd IEEE Conference on Decision and Control, 2014.

[154] Yao P, Wang H, Ji H. Gaussian mixture model and receding horizon control for multiple UAV search in complex environment[J]. Nonlinear Dynamics, 2017, 88(2): 903-919.

[155] Atay N, Bayazit B. Mixed-integer linear programming solution to multi-robot task allocation problem[C]. 2006.

[156] Alidaee B, Wang H, Landram F. On the flexible demand assignment problems: case of unmanned aerial vehicles[J]. IEEE Transactions on Automation Science and Engineering, 2011, 8(4): 865-868.

[157] 李相民，等. 多智能体协同任务分配问题研究综述[J]. 计算机与数字工程，2014, 42(12): 8.

[158] Brunet L, Choi H L, How J. Consensus-based auction approaches for decentralized task assignment[C]//AIAA Guidance, Navigation and Control Conference and Exhibit. 2008, American Institute of Aeronautics and Astronautics.

[159] Kim K S, Kim H Y, Choi H L. A bid-based grouping method for communication-efficient decentralized multi-Uav task allocation[J]. International Journal of Aeronautical and Space Sciences, 2020, 21(1): 290-302.

[160] Zhao W, Meng Q, Chung P W H. A heuristic distributed task allocation method for multivehicle multitask problems and its application to search and rescue scenario[J]. IEEE Transactions on Cybernetics, 2016, 46(4): 902-915.

[161] Whitbrook A, Meng Q, Chung P W H. A novel distributed scheduling algorithm for time-critical multi-agent systems[C]//2015 IEEE/RSJ International Conference on Intelligent Robots and Systems (IROS), 2015.

[162] Whitbrook A, Meng Q, Chung P W H. Reliable, distributed scheduling and rescheduling for time-critical, multiagent systems[J]. IEEE Transactions on Automation Science and Engineering, 2018, 15(2): 732-747.

[163] Johnson L, et al. Asynchronous decentralized task allocation for dynamic environments[C]//Infotech@Aerospace 2011. 2011, American Institute of Aeronautics and Astronautics.

[164] Johnson L B, et al. Improving the efficiency of a decentralized tasking algorithm for UAV teams with asynchronous Communications[J]. 2010.

[165] Chen C, et al. NECTAR-an agent-based dynamic task allocation algorithm in the UAV Swarm[J]. Complexity, 2020, 2020: 6747985.

[166] Elmaliach Y, Agmon N, Kaminka G A. Multi-robot area patrol under frequency constraints[J]. Annals of Mathematics and Artificial Intelligence, 2009, 57(3): 293-320.

[167] Ahmadi M, Stone P. A multi-robot system for continuous area sweeping tasks[C]//Proceedings 2006 IEEE International Conference on Robotics and Automation, 2006. ICRA 2006.

[168] Machado A, et al. Multi-agent patrolling: an empirical analysis of alternative architectures[C]//Multi-Agent-Based Simulation Ⅱ. 2003. Berlin, Heidelberg: Springer Berlin Heidelberg.

[169] Yan C, Zhang T. Multi-robot patrol: a distributed algorithm based on expected idleness[J]. International Journal of Advanced Robotic Systems, 2016. 13(6).
[170] Hwang K S, Lin J L, Huang H L. Cooperative patrol planning of multi-robot systems by a competitive auction system[C]//2009 ICCAS-SICE, 2009.
[171] Li N, et al. Fault-tolerant and self-adaptive market-based coordination using hoplites framework for multi-robot patrolling tasks[C]//2018 IEEE International Conference on Real-time Computing and Robotics (RCAR), 2018.
[172] Santana H, et al. Multi-agent patrolling with reinforcement learning[C]//Proceedings of the Third International Joint Conference on Autonomous Agents and Multiagent Systems, 2004. AAMAS 2004.
[173] Hu Z, Zhao D. Reinforcement learning for multi-agent patrol policy[C]//9th IEEE International Conference on Cognitive Informatics (ICCI'10), 2010.
[174] Li W, Chen D, Le J. Robot patrol path planning based on combined deep reinforcement learning[C]//2018 IEEE Intl Conf on Parallel & Distributed Processing with Applications, Ubiquitous Computing & Communications, Big Data & Cloud Computing, Social Computing & Networking, Sustainable Computing & Communications (ISPA/IUCC/BDCloud/SocialCom/SustainCom), 2018.
[175] Chevaleyre Y. Theoretical analysis of the multi-agent patrolling problem[C]//Proceedings. IEEE/WIC/ACM International Conference on Intelligent Agent Technology, 2004. (IAT 2004).
[176] Portugal D, et al. Finding optimal routes for multi-robot patrolling in generic graphs[C]//2014 IEEE/RSJ International Conference on Intelligent Robots and Systems, 2014.
[177] Portugal D, Rocha R. MSP算法：基于区域分配的平衡图划分多机器人巡检. 2010 ACM 应用计算研讨会论文集[C]. Sierre, 瑞士: 计算机协会, 2010: 1271-1276.
[178] Pasqualetti F, Franchi A, Bullo F. On cooperative patrolling: optimal trajectories, complexity analysis, and approximation algorithms[J]. IEEE Transactions on Robotics, 2012, 28(3): 592-606.
[179] Wiandt B, Simon V, Kokuti A. Self-organized graph partitioning approach for multi-agent patrolling in generic graphs[J]. 2017: 605-610.
[180] R I, ed. Differential games[M]. New York, 1967.
[181] Huang H, et al. A differential game approach to planning in adversarial scenarios: a case study on capture-the-flag[C]//2011 IEEE International Conference on Robotics and Automation, 2011.
[182] Huang H, et al. Safe-Reachable Area Cooperative Pursuit[J]. 2012.
[183] Pierson A, Wang Z, Schwager M. Intercepting rogue robots: an algorithm for capturing multiple evaders with multiple pursuers[J]. IEEE Robotics and Automation Letters, 2017, 2(2): 530-537.
[184] Garcia E, et al. Cooperative aircraft defense from an attacking missile[C]//53rd IEEE Conference on Decision and Control, 2014.
[185] Lee S, Polak E, Walrand J. On the use of min-max algorithms in receding horizon control laws for harbor defense[J]. 2014: 211-216.
[186] 张婷婷, 蓝羽石, 宋爱国. 无人集群系统自主协同技术综述[J]. 指挥与控制学报, 2021, 7(2): 10.
[187] 李楠, 等. 无人艇装备技术发展与作战运用探析[J]. 舰船科学技术, 2019, 41(23): 6.
[188] 谷旭平, 唐大全, 唐管政. 无人机集群关键技术研究综述[J]. 自动化与仪器仪表, 2021(4): 7.
[189] 吴恭兴, 王琳玲, 张家伟. 无人艇集群控制技术及其应用[J]. 中国船检, 2020(11): 4.
[190] A, P. Unmanned integrated battle problem(UxS IBP) 21[EB/OL]. 2016-12-12; Available from: https://www.dvidshub.net/image/6612207/unmanned-integrated-battle-problem-uxs-ibp-21.
[191] University, T.A.P.L.t.J.H. Johns Hopkins APL, navy demonstrate high-speed, autonomous surface patrol capability[EB\OL]. 2016-12-12; Available from: https://www.jhuapl.edu/PressRelease/161212.

本章负责人 罗 均 重庆大学

参加编写人员 王 刚 易 进 徐 浪 肖登宇 吴 浪

第 3 篇

# 共性关键技术

CHINA AUTOMATION TECHNOLOGY
DEVELOPMENT REPORT (2025)

# 第1章 工业互联网技术

## 1.1 工业互联网技术体系

工业互联网的核心技术由工业自动化技术、网络技术、平台技术、产业链协同技术、安全防护技术、标准规范六大方面组成。工业互联网作为新一代网络信息技术与制造业深度融合的产物，其技术进步取决于检测与自动化、计算机与网络通信、云计算与信息安全、大数据与人工智能等各项技术的整体水平。

**（1）工业自动化技术**

工业自动化技术是以计算机技术和现代控制理论为基础，实现工业生产自动化的技术，它是工业互联网的重要组成部分。工业自动化技术主要包括：

① 自动控制系统：自动控制系统主要是利用计算机技术和现代控制理论，实现工业生产过程的自动控制。传感器和执行器的信号通过数据采集系统，传递到控制系统进行处理和分析。自动控制系统旨在提高工业生产的效率和质量，并节省成本和资源，提高生产线的灵活性。

② 工业机器人：工业机器人是指一类可以自动执行工业操作任务的机器人。它们用于替代人工程序中的重复性和危险性高的任务，例如焊接、搬运、涂装和装配等。工业机器人的应用可以提高生产线的自动化程度，降低劳动成本和风险，同时还可以提高生产质量和速度。

③ 智能制造：智能制造是指利用信息技术和自动化技术，实现生产系统智能化、灵活化和高效化的制造方式。智能制造包括智能设计、智能工艺、智能制造和智能服务等四个方面。智能制造的实现可以提高制造企业的竞争力，优化生产过程和资源配置，提高生产效率和生产质量。

④ 传感器技术：传感器是工业物联网中的关键组件之一，用于感知和采集环境中的各种数据。通过传感器，物理量、化学量、位置、图像等信息可以被转化成数字信号，以便进行传输和处理。传感器技术广泛应用于工业设备和系统中，提供实时的数据反馈和监测。

**（2）网络技术**

工业互联网中应用到的重要网络技术主要有：

① 以太网（Ethernet）：以太网是一种局域网技术，已成为工业互联网中最常用的网络技术。它通过传输以太网帧来连接各种设备和系统，实现数据的传输和通信。以太网具有高带宽、低延迟和广域性等特点，适用于连接工业设备和系统，并支持工业数据的实时传输和高速通信。

② 无线网络技术：无线网络技术在工业互联网中广泛应用，为工业设备提供无线连接和通信。其中包括Wi-Fi（无线局域网）、蓝牙、ZigBee等常见的无线通信标准。无线网络技术可以实现设备间的远程监控、数据采集和控制，为工业生产带来更大的灵活性和便利性。

③ 工业以太网（Industrial Ethernet）：工业以太网是一种专门用于工业环境的以太网技术，与普通以太网相比具有更高的可靠性和实时性。工业以太网支持工业协议和工业通信标准，例如PROFINET、EtherNet/IP和Modbus TCP等，能够满足工业环境对数据传输实时性和可靠性的要求。

④ 5G通信技术：5G通信技术在工业互联网中有着重要的应用前景。5G网络具有高带宽、低延迟和大容量的特点，可以支持实时数据传输和大规模设备的连接。5G通信技术可为工业互联网提供更迅捷、更稳定的通信网络，为工业设备和系统的互联互通提供更好的支持。

除了以上提到的几种网络技术，还有一些其他网络技术在工业互联网得到了应用，例如LoRaWAN、NB-IoT等低功耗广域网技术，用于连接大规模的物联网设备和传感器。这些网络技术共同构成了工业互联网中的网络基础设施，为工业设备和系统的互联互通提供了各种选择和解决方案。

**（3）平台技术**

工业互联网中的平台技术是构建和支持工业互联网生态系统的核心基础。工业互联网平台共同构成了工业互联网的基础设施，为企业提供了可靠的数据管理、分析和决策支持，主要包括：

① 物联网平台：物联网平台是一种集成、管理和监控物联网设备和系统的技术平台。物联网平台提供了设备管理、远程监控、数据采集和分析等功能，使企业能够连接和管理大量的物联网设备，并实现设备之间的互联互通。物联网平台在工业互联网中扮演着关键的角色，支持企业实现设备的智能化和自动化，并提供全面的数据分析和决策支持。

② 边缘计算平台：边缘计算平台是一种将计算和存储功能部署在物联网设备或边缘节点上的技术平台。边缘计算平台利用靠近设备的计算资源，能够实时处理和分析数据，并减少数据传输到云端的延迟和带宽需求。边缘计算平台在工业互联网中可以提供实时响应和高效的数据处理能力，适用于对数据实时性要求较高的场景。

③ 云平台：云平台是指基于云计算技术构建的具有弹性、可扩展和灵活性的平台。它提供了计算、存储和服务等基础设施，使用户能够通过网络访问和管理应用程序和数据。在工业互联网中，云平台提供了数据存储、大数据分析、远程监控和管理等功能，为企业提供了可靠的基础设施和服务。

④ 大数据处理与工业智能平台：随着工业互联网设备的不断普及和数据采集的不断增加，企业面临着庞大的数据量。如何高效地处理这些数据，将其转化为有价值的信息，成为了企业必须面对的挑战。大数据处理平台就是针对大数据处理而设计的一种平台技术，它可以从海量的数据中提取并分析有用的信息，为企业制定决策提供数据支持。在大数据处理平台中，包括数据采集、数据存储、数据处理以及数据可视化等多个方面，例如Apache Hadoop和Apache Spark等都是应用广泛的大数据处理平台。

⑤ 数字孪生平台：数字孪生平台是一种通过建立物理系统的数字副本来模拟和分析现实世界中的工业过程和系统的技术。数字孪生平台将物理世界和虚拟世界相连接，可以实时监测和模拟设备与系统的运行情况，并通过数据分析和模型预测来优化生产过程。数字孪生平台在工业互联网中可以帮助企业提高生产效率、降低成本并优化设备的运营。

⑥ 工业智能平台：工业智能平台是一种将人工智能技术应用于工业领域，支持工厂智能化运营的平台。工业智能平台通过整合生产过程、设备数据以及人员能力等信息，建立智能模型，实现对生产环节的全面监控和分析，并根据数据推出优化方案，从而实现工业

生产升级与转型。工业智能平台集成了多种技术，包括大数据、机器学习和自然语言处理等，致力于解决工厂生产过程中的各种难题，例如ABB Ability、Siemens MindSphere和GE Predix等都是知名的工业智能平台。

（4）产业链协同技术

工业互联网中的产业链协同技术是指企业、供应商、客户和其他利益相关方之间进行协调和合作，以实现供应链协同和生产协同的技术和方法。产业链协同技术不仅可以有效促进生产和供应链的协同优化，还可以帮助企业通过优化利润、降低成本和提高质量等方面，提升整体竞争力。主要包括：

① 供应链协同技术：利用物联网技术和数据平台，企业可以与供应商共享实时数据，包括库存水平、生产计划和物流信息等。通过实时监控和分析数据，企业可以更加精准地预测和满足市场需求，同时可以减少库存、缩短供应链周期，提高生产效率和资源利用率。

② 生产协同技术：在工业互联网中，生产协同技术是指使用物联网技术和智能设备实现工厂内部生产过程的协同和优化。通过使用传感器和自动化设备，企业可以监测和控制生产过程，减少人为因素和故障带来的误差，有效提高生产效率和产品质量。

③ 信息化协同技术：工业互联网通过物联网技术和云计算技术实现了企业内部和外部信息的共享和管理。信息化协同技术可以实现不同部门之间的协同，包括设计、采购、生产和销售等各个环节。通过信息化协同技术，企业可以更加高效地管理和利用各种形式的信息，并实现业务过程的优化和协同。

（5）安全防护技术

工业互联网的安全防护技术是保护工业控制系统和工业物联网设备免受恶意攻击和数据泄露的关键。常见的安全技术有：

① 防火墙：防火墙是用于保护网络免受未经授权访问和网络攻击的常见技术。它可以设置网络访问策略、监控和过滤网络流量，并阻止潜在的恶意访问。

② VPN（虚拟私人网络）：VPN技术通过加密隧道在公共网络上建立私密的连接，使得远程设备可以安全地与内部工业系统进行通信。这有助于保护数据不被未经授权的访问截获。

③ IDS/IPS（入侵检测/入侵防御系统）：IDS和IPS系统用于监测和识别网络中的异常活动和潜在的入侵行为。IDS负责检测，而IPS则可以主动采取措施以阻止恶意行为。

④ 安全认证和访问控制：通过使用强密码、身份验证、访问控制列表等安全措施，可以限制对工业互联网设备和系统的访问，这可以有效地保护设备免受未经授权的访问和控制。

⑤ 加密技术：加密技术使用密码算法对数据进行加密，确保数据在传输和存储过程中的机密性和完整性。这有助于防止敏感信息被窃取或篡改。

⑥ 安全审计和日志管理：安全审计技术通过监测和记录设备和系统的活动，以及检查和分析日志数据来发现潜在的安全问题。这有助于及时发现异常行为并采取相应的安全措施。

⑦ 物理安全措施：除了网络安全技术，也需要采取物理安全措施来保护工业互联网设备和系统。这包括访问控制、视频监控、防火墙等。

（6）标准规范

工业互联网标准体系是指为了促进工业互联网技术和应用的发展，对其相关技术和规范进行统一和规范化的一套标准和体系。这些标准涵盖了工业互联网网络架构、安全性、数据交换、设备连接、通信协议等方面。几个重要的工业互联网标准和标准组织包括：

① 工业互联网标准化主要涉及国际标准化组织ISO中的TC184和ISO/IEC JTC1两个技术委员会。其中TC184为工业自动化领域的核心标准化组织之一，在系统集成等方面影响力较大。目前，TC184也在积极跟进工业互联网新的标准化需求，如WG10工作组正在推进服务机器人模块化、人机协同安全等标准制定。

② IEC/TC65是国际电工委员会（IEC）下属的国际标准化委员会，主要负责制定连续和批量控制领域用于工业过程测量和控制的系统和元件方面的国际标准。为更有效地对接工业4.0的标准化需求，IEC陆续成立了一系列专门工作组，包括IEC/SMB/SG8工业4.0战略研究组和IEC/MSB未来工厂白皮书项目组等，开展与智能制造/工业4.0相关的战略研究、体系构建和技术标准研制。

③ 我国高度重视互联网标准化工作，提出要以高标准助力高技术创新，引领高质量发展。标准化是实现工业互联网行业互治、推广应用的基础，也是推动产业创新发展的有效手段。目前已正式发布了多项政策文件，如《工业互联网创新发展行动 计划（2021—2023年）》《工业互联网综合标准化体系建设指南》等。《工业互联网综合标准化体系建设指南》提出，须识别出320项工业互联网标准项目，到2025年制定标准数量超过100项。工业互联网标准体系依托行业龙头企业，已经在部分领域开展应用层面的重点突破，如标识解析、工厂内网、网络资源管理、边缘设备、工业大数据等产业发展急需的标准。

## 1.2 工业互联网相关技术国内外现状

### 1.2.1 工业互联网网络技术现状

在工业互联网体系架构中，网络是基础，它为产品全生命周期中涉及的人、机、物提供了数据传输及信息共享的基础设施，促进了各种工业数据、产品数据及应用数据的全流程流转和无缝集成。

网络互联，即通过有线、无线连接方式，将工业互联网体系中相关的“人、机、料、法、环”，以及企业上下游、产业链伙伴、用户等全要素进行连接，实现端到端数据传输及信息流转。总而言之，工业互联网中网络互联的总体目标就是增强工厂内外各系统间的互联互通，避免“信息孤岛”的出现，促进数据在行业内和跨行业的应用中产生更大的价值。

网络互联整体架构主要分为工厂内网和工厂外网。工厂内网主要实现产品生命周期和生产制造过程管理，提高生产运营整体效率和产能、降本提质。工厂外网主要实现工厂与客户及产业链伙伴的数据交互与信息流转，提高产品流转效率、增强产品价值。

工厂内网主要用于连接工厂中的各种生产元素，包括人员（例如生产人员、工程师）、机器（例如工业机器人、数控机床）、材料（例如原材料、在制品和成品）及环境。工厂内网实现了工业设备与工业控制系统、工厂生产管理应用与位于企业内部数据中心的服务器间的互联，以支撑工厂中生产系统与信息系统中的各种业务应用。

工厂外网用于连接工厂及其分支机构、产业链上下游协作企业及用户、外部数据中心。工厂中的数据中心/应用服务器通过工厂外网与工厂外部的工业云互联。分支机构/协作企业、用户和智能产品也通过工厂外网连接到工业云或企业数据中心。工厂外网将针对海量设备广覆盖、企业上网、业务系统上云、公有云与私有云互通等不同场景，提供细分服务。通过工厂外网连接，工厂可以实现全供应链信息整合与分享，并对物流状态进行实时收集，对流通环节（例如运输、仓储等）进行在线监控和预警，进而实现全供应链的可视化管理，提高工业企业内部与合作伙伴间高效生产调度与资源配置，提升定制化产品和服务的敏捷响应速度。

#### 1.2.1.1 工厂内网互联现状（常用通信技术）

工厂内网用于连接工厂内的各种要素，包括人员、机器、材料、环境等。工厂通过工厂内网与企业数据中心及应用服务器互联，支撑工厂内的业务应用。

从网络技术角度来看，工厂内网可分为OT（Operational Technology）网络和IT（Information Technology）网络两个部分。在传统的生产环境中，OT网络是一套独立的网络，实现生产单元之间的可靠信息交互，采用的网络通信技术有现场总线、工业以太网、工业无线网络等。IT网络为办公局域网，采用以太网技术及Wi-Fi网络。工业互联网中的工厂内网需要将OT网络和IT网络融合，两张网合并为一张网。

典型的工厂内网呈现“两层三级”结构。“两层”是指“工厂IT网络”和“工厂OT网络”，“三级”是指根据目前工厂管理层级的划分，网络也被分为“现场级”“车间级”“工厂级/企业级”3个层级。

在现场级网络通信中，工业现场总线被大量用于连接现场检测传感器、执行器与工业控制器，通信速率为1～100kbit/s。近年来，虽然已有部分支持工业以太网通信接口的现场设备，但仍有大量的现场设备依旧采用电气硬接线直连控制器的方式连接。在现场级网络通信中，无线通信只是在部分特殊场合被使用。这种现状造成工业系统在设计、集成和运维的各个阶段的效率受到很大制约。

车间级网络通信主要是完成控制器之间、控制器与本地或远程监控系统之间，以及控制器与生产管理系统之间的通信连接。这部分主流方式是采用工业以太网通信，也有部分厂家采用自有通信协议进行控制器和系统间的通信。当前不同种类的工业以太网协议之间的兼容性不高，限制了大规模网络互联。

工厂内网IT网络通常采用高速以太网及传输控制协议/互联网协议（Transmission Control Protocol/Internet Protocol，TCP/IP）进行网络互联。工厂OT网络与工厂IT网络之间通过工业防火墙连接。

工业通信网络作为实现工厂中各类要素互联互通的基础设施，对于工厂自动化发挥着至关重要的作用。工业通信网络中最核心的是传感器、控制器、执行器之间的通信网络，其往往具有严格的性能指标要求。自20世纪80年代至今，伴随着制造业需求的不断升级演进，工厂内网连接技术取得了长足的进步，工业通信经历了从现场总线到以太网、工业以太网，再到5G、TSN等的不断演进。

20世纪80年代，随着分立线缆与现场设备的出现，现场总线技术开始发挥作用，引入了工业现场总线与现场设备通信控制器的概念。但是传统工业现场总线成本高、缺乏统一标准、交互兼容性差。

1990年，以太网开始成为家喻户晓的名字。传统以太网虽然应用广泛、成本低，但无法满足工业环境的实时性要求。工业以太网在标准以太网协议的基础上改进，从高速、交换机和同步机制3个方面来保证实时性和可靠性，在2000年开始被业界逐渐采用。目前工业以太网市场份额已超过现场总线，成为工厂内网通信的主要手段。但工业以太网协议有多个标准，它们的互不兼容造成了市场割据。

TSN通过使用标准以太网的组件，改进数据链路层协议，基于服务质量（Quality of

Service，QoS）等级确定传输优先权，可在此通用架构上跨越车间级、工厂级、企业级多个层级的网络实现直接通信，实现OT与IT的融合。

未来无线化成为了工业通信技术发展的重要趋势。5G技术以其高可靠、低时延的优越特性，与TSN协同，有望进一步实现无线替换有线，使TSN大大扩展其可用的应用场景，移动性更佳、灵活性更好，同时有效降低运维成本。

工业有线通信、短距离无线通信、射频识别、远程无线通信是工业应用会同时采用的通信方式，而这几种通信方式又有很多不同的标准。现场总线、工业以太网、无线通信技术是目前工业通信领域的三大主流技术。

**（1）现场总线**

现场总线是一种工业数据总线，是自动化领域中的底层数据通信网络。它不仅简化了系统结构，还使整个控制系统的设计、安装、投运、检修维护都大大简化，给工业自动化带来了一场深层次的革命，在工业控制领域得到了迅速发展，并且在工业自动化系统中得到了广泛的应用。传统的现场总线协议有PROFIBUS、Modbus、DeviceNet、CANopen等。很多公司也推出其各自的现场总线技术，彼此的开放性和互操作性难以统一。

目前，世界上存在着大约40种现场总线，工业现场总线网络可归为3类：485网络、HART网络、FieldBUS现场总线网络。

① 485网络：RS485/Modbus是现在流行的一种工业组网方式，特点是实施简单方便，支持RS485的仪表多。RS485的转换接口不仅便宜而且种类繁多。在低端市场上，RS485/Modbus仍将是最主要的工业组网方式。

② HART网络：HART是由艾默生提出的一个过渡性总线标准，主要特征是在4~20mA的电流信号上面叠加数字信号，但该协议并未真正开放，由国外几家大公司主导。从长远来看，由于HART通信速率低、组网困难等，HART仪表的应用将呈现下滑趋势。

③ FieldBus现场总线网络：现场总线是连接控制现场的仪表与控制室内的控制装置的数字化、串行、多站通信的网络，支持双向、多节点、总线式的全数字化通信。它的出现使传统的控制系统结构产生了革命性变化，使自控系统朝着“智能化、数字化、信息化、网络化、分散化”的方向迈进，形成新型的网络通信全分布式控制系统——现场总线控制系统（Fieldbus Control System，FCS）。

**（2）工业以太网**

现场总线标准“大战”正酣之时，以太网进入了控制领域，工业以太网诞生。以太网传输速率更快，近年来发展势头盖过了现场总线。但工业以太网也同样陷入了标准之争，例如Ethernet/IP、PROFINET、Modbus-TCP、EtherCAT、POWERLINK等，而且这些网络在不同层次上基于不同的技术和协议，其背后有不同的厂商在支持，形成了多种以太网技术并存的局面。

EtherCAT（以太网控制自动化技术）是一个以以太网为基础的现场总线系统，最初由德国倍福自动化有限公司研发。EtherCAT为系统的实时性能和拓扑的灵活性树立了新的标准，同时，它降低了现场总线的使用成本。它的特点还包括高精度设备同步、可选线缆冗余和功能性安全协议（SIL3）。

Ethernet/IP是一个面向工业自动化应用的工业应用层协议。它建立在标准UDP/IP与TCP/IP之上，利用固定的以太网硬件和软件，为配置、访问和控制工业自动化设备定义了一个应用层协议。

PROFINET是新一代基于工业以太网技术的自动化总线标准。它为自动化通信领域提供了一个完整的网络解决方案，包括了实时以太网、运动控制、分布式自动化、故障安全，以及网络安全等当前自动化领域的热点，并且作为跨供应商的技术，可以完全兼容工业以太网和现有的现场总线（例如PROFIBUS）技术，保护现有资产。

Modbus-TCP是简单的、中立的、用于管理和控制自动化设备的Modbus系列通信协议。Modbus-TCP以一种比较简单的方式将Modbus帧嵌入TCP帧中。目前，Modbus-TCP网络支持有线、无线类的多传输介质。

POWERLINK = CANopen+Ethernet：POWERLINK融合了CANopen和Ethernet这两项技术的优点，即拥有了Ethernet的高速、开放性接口，以及CANopen在工业领域良好的服务数据对象（Service Data Object，SDO）和过程数据对象（Process Data Object，PDO）的数据定义。物理层、数据链路层使用了Ethernet介质，而应用层则保留了原有的SDO相PDO对象字典的结构。

**（3）无线通信技术**

在工厂内，采用无线网络可以消除线缆对车间内人员缠绕等危险，使工厂内的环境更安全、整洁，且具有低成本、易部署、易使用、灵活调整等优点。

相比于有线网络，无线网络具有移动性，没有通信线缆的限制，通信终端可以在通信区域内自由移动或灵活布置；组网快速灵活，覆盖面积广，扩展能力强，可以组成多种拓扑结构，容易扩展节点。

但是，由于信号传输的可靠性可能受到实际环境因素的影响，这对无线通信在工厂的应用产生较大的阻力。目前，工业无线技术的主要应用领域还是在非关键工业应用中，主要用于工厂内部信息化、设备信息采集，以及部分非实时控制等，例如物料搬运、库存管理、巡检维护等场合。

工业无线局域网（IWLAN）是工厂内网主要应用的工业无线通信技术。

1997年，IEEE制定出无线局域网（Wireless Local Area Network，WLAN）协议标准IEEE 802.11。WLAN最初主要用于办公、家庭等局域网用户终端的无线接入。使用IEEE 802.11系列协议的局域网又被称为Wi-Fi。

IWLAN继承了WLAN的基本功能和特性，但工业现场对无线网络有更严苛的要求，使传统WLAN难以直接应用于工业通信。IWLAN主要解决网络传输的确定性，该确定性定义为在确定的时限内完成可靠的数据通信，即以可靠性为前提的网络实时性。

IEEE 802.11ax协议是IEEE 802.11协议的修订版本，也被称为Wi-Fi 6，于2019年发布。Wi-Fi 6采用正交频分多址、上行链路多用户多输入多输出等技术，适用于高密度无线接入和高容量无线业务，不但支持接入更多的客户端，同时还能均衡用户带宽。在工业制造场景中，Wi-Fi 6的应用场景丰富。例如在需要大量高清视频回传以进行质量检验的场景，Wi-Fi 6可以支持更多的高清摄像头同时回传更高质量的视频数据，提高检验质量和效率。

#### 1.2.1.2 工厂外网互联现状（典型外网网络技术）

工厂外网互联主要解决企业设备广域连接、企业业务系统上云、企业上网、企业私有云和公有云互通等通信场景，实现企业与分支机构、企业与产业链上下游企业及客户的连接和信息的及时交互。

工厂外网网络技术大多具有广域连接、大带宽及高数据速率等特征，然而，由于行业间信息化水平差异较大、企业间信息系统架构及外部互联需求不一，因此，不同企业对于工厂外网网络技术方案的选择存在较大差别，但由于网络IP化趋势日趋普及，基于互联网互联互通的方案成为了工厂外网各种解决方案的核心。

工厂与工业云平台、分支机构/上下游企业、客户的连接都承载于互联网之上，根据连接对象不同、业务类型不同而采用不同的互联网连接方式。工业互联网的发展建立在大数据、云计算、先进蜂窝移动系统等新兴信息通信技术基础之上，因此工厂外网的技术发展也呈现新的趋势和特征。

数据上云、系统云化带来工厂外网技术的多样化。企业原有信息系统大多部署在企业内网，工厂外网连接对象较少、业务类型单一，更多在于产业链上下游企业信息的共享。然而，随着云计算带来的系统部署灵活、接入快捷便利、服务普遍化等优势进一步凸显，一些企业信息系统（例如ERP、CRM等）正在外网化，越来越多的IT软件也基于互联网上云提供服务。此外，随着工业产品和装备的远程服务业务的发展，未来海量设备的远程监控、维修、管理、优化等业务将基于工厂外网开展。在此背景下，工厂外部连接对象、工厂业务类型的变化，对工业外网提出了更高的要求，也带来了工厂外网连接技术更加多样化的趋势，企业间的互联网专线、私有云和公有云之间的互联专线、基于固网和移动网的广域网络连接方式成为了工厂外网的重要技术方案。

业务类型多样化对工厂外网服务质量提出了更高要求。在工业互联网系统架构中，工厂外网将实现全产业链、价值链的泛在互联，复杂多样的连接场景促进了服务的精细化发展。企业上网需求向上云需求转变，促使专线服务精细化，新的企业专线技术将针对企业上网、业务系统上云、公有云与私有云互通等不同场景提供细分服务。

移动化接入成为工厂外网发展的新趋势。伴随着蜂窝移动通信系统能力的不断提升，移动接入提供大带宽、有保障的广域连接成为可能。另外，工厂外网通信需求将不再局限于人与人之间的通信，伴随着机器视觉、机器人等工业人工智能技术的发展，海量设备信息采集及分析、工厂远程维护等需求进一步凸显，推动了工厂移动网络的建设和广覆盖服务的快速发展。此外，大量移动通信网络技术的应用，提高了网络接入的便捷程度和部署速度，为企业实现广泛互联提供更灵活的方式。

当前，工厂外网主要采用基于TCP/IP的IP网络技术，根据所承载业务类型和QoS要求的不同，采用基于互联网的虚拟专用网络（Virtual Private Network，VPN）方式和互联网专线的方式来实现工厂外网的互联。

**（1）基于互联网的VPN技术**

VPN的功能是在公用网络上建立专线网络，进行加密通信。VPN作为一项成熟的技术，广泛应用于组织总部和分支机构之间的组网互联，其利用组织已有的互联网出口，虚拟出一条“专线”，将组织的分支机构和总部连接起来，组成一个大的局域网。

VPN的基本工作原理是“加密+隧道”，将需要在互联网公网中传输的数据封装在加密的数据包中，只有VPN端口或网关的IP地址暴露在外面，从而实现不在同一局域网或工厂内网中的用户能够通过互联网实现业务的远程交互或远程访问。

为了保证数据在公共网络中传输的安全性，VPN技术还需要信息加密技术、用户认证技术和访问控制技术等支撑，从而形成安全的隧道。

根据所采用的隧道协议不同，VPN可以分为二层隧道VPN和三层隧道VPN。二层隧道VPN的通信协议主要包括：二层隧道协议（Layer 2 Tunneling Protocol，L2TP）、点对点隧道协议（Point to Point Tunneling Protocol，PPTP）和二层转发（Layer 2 Forwarding，L2F）协议。

二层隧道VPN建立在点对点协议（Point to Point Protocol，PPP）的基础上，先把各种网络协议封装到PPP帧中，再把整个数据帧装入隧道协议，适用于通过公共电话交换网

（Public Switched Telephone Network，PSTN）或综合业务数字网（Integrated Services Digital Network，ISDN）线路接入的VPN。

三层隧道VPN的通信协议主要包括：通用路由封装（General Routing Encapsulation，GRE）和IP安全性协议（IP Security Protocol，IPSec）。

三层隧道VPN将各种网络协议直接封装入隧道协议，在可扩展性、安全性和可靠性方面优于二层隧道VPN。

在企业互联网VPN中，IPSec VPN应用较为广泛，成为了企业多个分支结构件互联互通的重要技术手段。IPsec VPN的应用场景分为3种，具体如下：

① 网关到网关（Site-to-Site）：例如企业的3个机构分布在互联网的3个不同的地方，各使用一个IPSec网关相互建立VPN隧道，企业内网若干计算机（PC）之间的数据通过这些网关建立的IPSec隧道实现安全互联。

② 端到端（End-to-End）：两个PC之间的通信由两个PC之间的IPSec会话保护，而不是网关。

③ 端到站点（End-to-Site）：两个PC之间的通信由网关和异地PC之间的IPsec进行保护。

IPSec是一个框架性架构，具体由以下两类协议组成。

① 验证头部（Authentication Header，AH）协议（使用较少）：可以同时提供数据完整性确认、数据来源确认、防重放等安全特性；AH协议常用摘要算法（单向哈希函数）MD5和SHA1实现该特性。

② 封装安全载荷（Encapsulated Security Payload，ESP）协议（使用较广）：可以同时提供数据完整性确认、数据加密、防重放等安全特性；ESP通常使用DES、3DES、AES等加密算法实现数据加密，使用MD5或SHA1来实现数据完整性。

IPSec可提供两种数据封装模式，即传输模式和隧道模式。在传输模式中，IP分组头部保持不变，主要用于端到端通信的应用场景；在隧道模式中，原始数据经过AH协议或ESP协议处理后，再封装一个外网IP头，主要用于站点到站点的通信应用场景。

对于基于互联网的VPN技术而言，更多应用于企业多个分支机构之间办公信息化系统的访问、企业员工或产业链上下游企业对企业内部服务系统的访问和接入等场景。此外，针对互联网平台中前端感知数据与云平台间的通信，综合考虑成本及数据重要程度，也会考虑用VPN方式进行连接和数据传输。

**（2）互联网专线技术**

① MPLS VPN专线。多协议标签交换（Multi-Protocol Label Switching，MPLS）是一种IP高速骨干网络交换标准，由互联网工程任务组（Internet Engineering Task Force，IETF）提出。MPLS是利用标签（Label）进行数据转发的。当分组进入网络时，要为其分配固定长度的标签，并将标签与分组封装在一起，在整个转发过程中，交换节点仅根据标签进行转发。在MPLS中，数据传输发生在标签交换路径（Label Switching Path，LSP）上。LSP是每一个沿着从源端到终端的路径上的节点的标签序列。

MPLS VPN是指采用MPLS技术在骨干的宽带IP网络上构建企业IP专网，实现跨地域、安全、高速、可靠的数据、语音、图像多业务通信，并结合差别服务、流量工程等相关技术，将公网可靠的性能、良好的扩展性、丰富的功能与专网的安全、灵活、高效结合在一起。与IPSec VPN不同，MPLS VPN不需要用户增加任何VPN设备，是由运营商在MPLS网络上为用户提供VPN的服务。

用户边缘（Customer Edge，CE）路由器是提供商连接的用户端路由器。CE路由器通过连接一个或多个提供商边缘（Provider Edge，PE）路由器，为用户提供服务接入。CE路由器通常是一台IP路由器，它与PE路由器建立邻接关系。

PE路由器是服务提供商骨干网的边缘路由器，相当于标签边缘路由器（Label Edge Routing，LER）。PE路由器连接CE路由器和P路由器，是最重要的网络节点。用户的流量通过PE路由器流入用户网络，或者通过PE路由器流到MPLS骨干网。

P路由器是核心层设备、提供商路由器，是不连接任何CE路由器的骨干网路由设备，它相当于标签交换路由器（Label Switching Routing，LSR）。

MPLS VPN相比IPsec VPN等基于互联网的VPN技术而言，其大多由运营商提供的专线接入，可根据业务需求进行带宽预定，其组网方式更灵活、接入更便捷。然而，由于MPLS VPN仍然是基于IP层的转发技术，在网络负载较重的时候，其带宽保障难度将会进一步加大。

MPLS VPN适用于在企业多个分支机构之间的信息办公系统互联、产业链集群企业间信息系统互联等业务。此外，MPLS VPN还适合企业中通信数据量不大的智能仪表、测量装置采集数据与云平台之间的互联互通。

② 光传送网专线。光传送网（Optical Transport Network，OTN）是以波分复用技术为基础、在光层组织网络的传送网。OTN处理的基本对象是波长级业务，它将传送网推进到真正的多波长光网络阶段。由于结合了光域和电域处理的优势，OTN可以提供巨大的传送容量、完全透明的端到端波长/子波长连接及电信级的保护，是传送宽带大颗粒业务的最优技术。

传送网的业务接口从先前的2MB、155MB业务接口演化到目前的FE、GE、10GE等接口，如果企业外部专网的主要调度颗粒度达到Gbit/s量级，可以考虑优先采用OTN技术进行网络构建。随着企业网络应用需求的增加，大型企业也有了大颗粒的带宽需求，引入OTN技术可以实现大颗粒带宽调度灵活性。相比于MPLS VPN，OTN技术可以实现端到端的物理专网，在大带宽承载（Gbit/s以上）、对数据和业务的可靠性及安全性要求更高的特定企业，更具备吸引力。

OTN专线业务主要为企业与工业互联网平台之间的大带宽业务提供支撑，并且适用于产业集群企业间数据中心、平台互联、数据共享等大带宽业务。随着混合云在企业信息化系统中的广泛使用，OTN专线业务将在企业云网协同等业务中发挥巨大价值。

## 1.2.2 工业互联网平台技术现状

### 1.2.2.1 智能控制器技术

国外工控领域大型公司和研究机构近三十年来开展了大量关于工控组态软件和可编程控制器（PLC）的研发工作。德国西门子（SIEMENS）公司推出复杂工业制造系统“全集成自动化”解决方案，实现虚拟生产与现实生产环境的融合，采用组态开发软件、自动化监控技术，以及智能控制器，实现汽车装配、冶金等行业的智能制造。德国倍福（Beckhoff）公司提出了基于PC-based 的开放式自动化系统和组态软件TwinCAT，通过结合EtherCAT 实时以太网协议，开发出基于X86架构的可编程控制器，融合PLC控制和工控机的优点，可集成PC端的机器学习算法包，提高可编程控制器的智能学习功能。德国PHOENIX融合了前些年收购的KW技术，推出PLCnext产品，实现PLC的实时性能，结合PLCnext STORE可集成多种开放源软件和应用程序，增强控制器硬件产品的能力。2023年上海工博会，博世力士乐展出ctrlX AUTOMATION自动化平台的全系运动控制解决方案以及ctrlX OS，ctrlX OS独立于硬件，可以将更多自动化组件连接到ctrlX AUTOMATION产品组合中，包括ctrlX World的合作伙伴解决方案，也可适用于第三方供应商的硬件和虚拟化环境。

我国自主研发集散控制系统（DCS）、PLC起步较晚，就整体技术水平和在市场上的地位而言，目前处于全球中等偏下水平，缺乏中高端产品，与美欧日等发达经济体仍有不小的差距。目前相关产品主要有：

① 中国科学院沈阳自动化研究所2019年提出基于工业软件定义网络（SDN）概念开发DCS的国家标准，在机器人柔性生产示范线、大庆油田等场景中进行示范应用。浙江中控技术公司开发了面向流程工业的DCS系统、APC组态监控软件，以及PLC控制器，在石化炼油、环保治理等行业推广应用。

② 北京和利时公司开发了面向轨道交通、火力发电等行业的DCS系统和PLC控制器产品，已实现规模化应用。

③ 北京东土科技股份有限公司基于自主研发的Intewell操作系统和MaVIEW控制软件，率先开发出全自主知识产权的软件定义的智能控制器，融合传统IPC的功能以及PLC的功能，支持IEC61131-3控制编程，支持高级编程语言C和C++编程等，可实现一台设备同时执行逻辑控制、运动控制以及边缘计算、机器视觉分析等业务，已在离散工厂、轨道交通等行业小批量应用。需要指出的是，这些国产工业控制产品相对于国外工业控制产品缺乏广泛的批量应用，在市场影响力方面特别是在高端制造业领域处于竞争弱势。

④ 浙大中控（SUPCON）在集散控制系统研发方面，经历了从打破国外垄断到引领技术创新的跨越。早期通过自主研发成功推出首台国产DCS，逐步在国内市场站稳脚跟并不断扩大份额，随后持续迭代技术，其产品系列如Webfield ECS、ECS-700已广泛应用于石化、化工、电力等关键行业。

### 1.2.2.2 端边云协同的管控一体化技术

目前，在工业企业广泛使用的以ISA95标准定义的PLC/DCS计算机管理与控制系统结构如图3-1-1所示，主要由L4层的企业资源计划（Enterprise Resource Planning，ERP）、L3层的制造执行系统（Manufacturing Execution System，MES）和L2 ～ L1层的过程控制系统（Process Control System，PCS）或设备控制系统（Device Control System，DCS）组成。

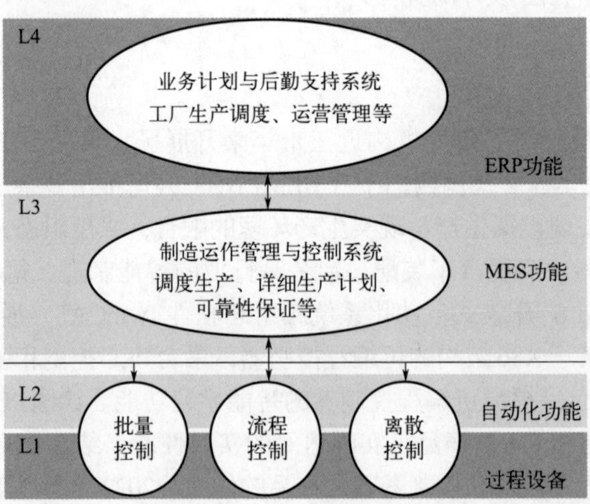


图3-1-1　ISA95功能体系架构

企业资源计划ERP和制造执行系统MES通过获得企业生产管理与经营管理的生产信息、市场信息及决策信息实现企业管理与决策的信息化，企业管理者与工程技术人员通过ERP和MES依靠经验和知识进行企业资源计划和生产制造过程的决策，将决策结果通过ERP和MES下达控制系统执行。

PLC/DCS控制系统利用传感器获取生产与制造过程被控变量的值，根据控制系统指令，通过控制算法，产生控制输入，通过执行机构，作用于被控对象，实现回路控制和设备的逻辑控制。监控系统（SCADA系统）获取PLC/DCS数据并将数据存储在系统数据库中，同时在HMI（人机界面）上显示，实现生产与制造过程的监控和报警等功能。传统PLC/DCS计算机管理与控制系统采用由设备网、控制网和管理网组成的工业网络系统连接执行机构、检测装置、PLC、DCS、监控与管理计算机等，实现工业过程或装备控制、生产运行管理和企业资源计划管理等功能。传统PLC/DCS计算机管理与控制系统中ERP和MES主要实现企业管理与决策的信息化，企业目标、资源计划与调度、运行指标、生产指令与控制指令的决策仍然依靠操作者和知识工作者凭经验和知识决策，PLC/DCS计算机管理与控制系统无法获取和处理工业大数据，无法实现大数据驱动的智能感知与识别、预测与回溯、优化决策等智能算法。

随着工业大数据、工业互联网、边缘计算和工业云等技术的发展，为传统PLC/DCS计算机管理与控制系统带来了挑战和机遇。为了解决PLC/DCS受自身存储、运算等能力的限制难以实现工业大数据驱动的智能算法的问题，需要将工业互联网与PLC/DCS计算机管理与控制系统相结合，发展工业互联网驱动下的企业管理与控制系统。

企业管理与控制系统架构也在不断发生变化，管理与控制系统开始向云化转变，从而提供管理与控制系统云服务，此外部分管理与控制系统开始利用收集的大数据进行大数据分析，提供更加智能化的功能。例如，在企业管理方面，Salesforce、PTC、SAP、用友、金蝶等提供云ERP、云CRM、云SCM等服务，解决企业的生产运营管理、供应链协同与客户管理问题；在生产制造管理方面，黑湖科技面向机加工、塑料地板、环保设备等离散行业提供云MES服务，博拉云协面向离散行业提供云MES服务，用户可按需个性化选择各功能模块；在生产过程监控方面，PTC（美国参数技术公司）基于在工业软件领域的经验积累推出ThingWorx平台，其功能定位是为应用开发商或工业SaaS运营商提供现代化的快速应用开发工具和服务运营能力。此外，与传统用户购买软件服务不同的是，管理与控制系统在产品云化的基础上加快推动订阅服务，既降低了客户成本，又实现了持续服务营收。随着信息技术的发展，管理与控制系统的逻辑界限被打破，管理与控制系统以功能模块的形式存在，功能涵盖ERP、MES、CRM、SCADA、QMS等常规管理与控制软件部分功能，用户可以按需选择功能。

结合工业管理与控制系统面向工业数字化、网络化、智能化需求，以及云计算、虚拟化、容器等技术的快速发展，国外主流PLC厂商凭借各自在工控领域的优势，推出了各自的工业管理与控制系统平台。

① 霍尼韦尔推出的Experion PKS高度集成虚拟环境（HIVE），是该公司旗舰Experion过程知识系统（PKS）的演变。HIVE的目标是在通过虚拟化技术减少控制系统IT设施的同时，保证控制系统的更高可靠性和安全性，从而保证虚拟化技术的高可用性，其将控制系统的IT设备集中到远程的数据中心，在本地仅需要保留瘦客户端的IT设备，通过虚拟化技术可以减少80%左右物理上的IT设备。此外，其通过容器技术，将多个物理控制器组成单个虚拟HIVE控制器。将控制策略发给Control HIVE容器后，HIVE容器自动将控制策略

平均分配到可用的控制器，控制器自动连接通用IO，而且自动平衡各物理控制器的负荷。

② 施耐德发布的EcoStruxure平台探索将数字技术与其在电力设备等领域的专业优势结合，实现施耐德集团制造设备的互联。EcoStruxure平台包括三个层级，第一层是互联互通的产品，涵盖断路器、驱动器、不间断电源、继电器和仪表及传感器等。第二层是边缘控制。边缘控制可以进行监测及任务操作，简化管理的复杂性。第三层是应用、分析和服务：应用可以实现设备、系统和控制器之间的协作；分析则通过运营人员的经验形成模型，通过模型促进改善策略的形成，提升决策效率与精准度；服务提供可视化的人机接口，实现业务控制和管理。

③ 西门子推出的MindSphere平台采用基于云的开放物联网架构，使用OPC UA通信协议，允许西门子和第三方设备的数据接入，可以将传感器、控制器以及各种信息系统收集的工业现场设备数据，通过安全通道实时传输到云端，并在云端为企业提供大数据分析挖掘、工业APP开发以及智能应用增值等服务。而ABB推出的Ability平台则侧重于工业数据采集，包括对SCADA和DCS的数据融合，通过数据预处理和分析，形成智能决策和服务应用。

#### 1.2.2.3 云原生大数据平台技术

2013年，Docker容器技术被提出，随后在2014年，容器编排管理平台Kubernetes发布，这使得云计算资源的抽象和管理变得更加精细化。与此同时，云计算与不同业务场景深度融合，推动了云计算基础设施和编排体系的重构，促进了云原生的兴起。2015年，谷歌与Linux基金会联合成立了云原生计算基金会（CNCF），标志着云原生技术的发展进入了快车道。CNCF对云原生技术的定义是："有助于在公有云、私有云和混合云等新型动态环境中构建和运行可弹性扩展应用程序的技术集合。其中，容器、服务网格、微服务、不可变基础设施和声明式应用程序编程接口（API）等代表性技术有助于构建容错性好、易于管理、便于观察的松耦合系统。同时，可靠的自动化技术也有助于工程师实现频繁的软件调试和更新。"云计算发展历程如图3-1-2所示。

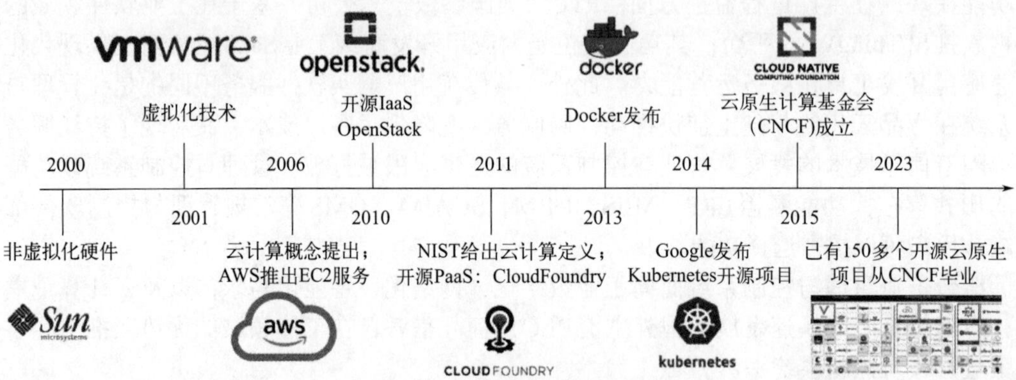


图3-1-2 云计算发展历程

云原生的核心目标是解决如何将应用迁移到云计算环境的技术体系与方法论。随着云原生技术体系的不断发展，基于云计算环境构建、部署和运行应用程序的过程得到加速，推动了"应用上云"的新业态的出现。截至2023年3月，已有超过150个云原生开源项目从CNCF"毕业"，这些开源项目有力推动了云原生技术体系的发展。

云原生大数据平台架构技术是在云计算和大数据技术的基础上发展起来的一种创新架构（图3-1-3），旨在提供高可靠性、可扩展性和弹性的数据处理能力；是利用容器化、动态管理、微服务等云原生技术，实现在公有云、私有云和混合云等云化环境下构建和运行弹性可扩展的大数据系统。该技术契合了大数据系统云化过程中求弹性、求扩展的诉求，实现了数据的按需创建、按需扩缩、运维托管。该技术能够为行业客户提供快速可复制的大数据处理能力，是解决未来超大规模下的特征工程、计算资源等性能瓶颈问题的重要底座。

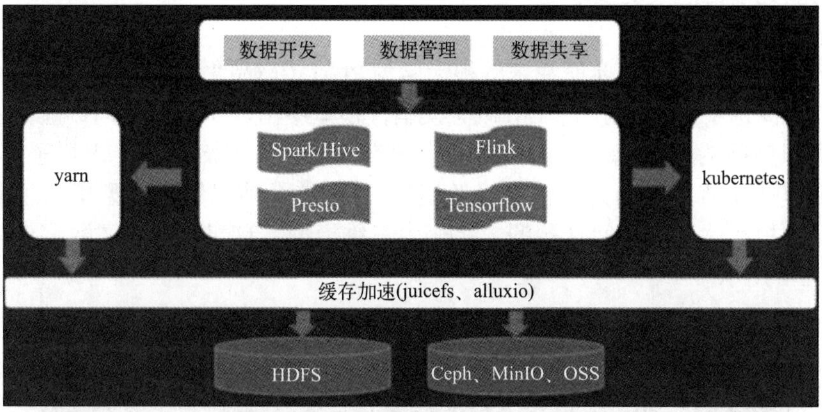

图3-1-3　云原生大数据平台架构

传统大数据平台架构主要基于集中式的存储和计算模式。这些架构使用独立的硬件和存储模块，需要事先规划好硬件的容量和资源分配，无法灵活应对变化的数据需求和工作负载。而云原生大数据平台架构技术则采用了分布式存储和计算的思想，并结合容器化、微服务和自动化的概念，以适应现代大规模数据处理的需求。

云原生大数据平台架构技术结合了云计算、大数据处理和容器化等关键技术，提供了高可靠、可扩展和弹性的数据处理能力。它强调自动化、容器化和分布式的特性，使得大数据处理任务能够更加灵活、高效地运行在云环境中。与传统的大数据平台相比，云原生大数据平台在资源利用率、可移植性和可管理性等方面具有明显优势，能够更好地满足快速发展、变化多样的大数据应用需求。

云原生利用大数据技术如Apache Hadoop和Apache Spark等，提供了分布式存储和计算能力，能够处理大规模数据。容器技术如Docker和Kubernetes等提供了轻量级且可移植的应用环境，使得云原生应用能够在不同的平台上快速部署和运行，有效解决了软件环境配置和应用依赖的问题。此外，还有微服务架构技术，它将大型应用拆分为多个小型、独立的服务，每个服务可独立开发、部署和扩展。这种架构使得云原生大数据平台更加模块化和可维护。

对比传统大数据平台，云原生技术在弹性和可扩展性方面，可以根据需要弹性地分配和调整计算和存储资源，以适应变化的数据需求和工作负载，而传统大数据平台则需要预留硬件资源或进行烦琐的扩容配置。云原生大数据平台使用容器技术，可以将应用及其依赖打包成独立的容器，实现跨不同环境的部署和迁移。而传统大数据平台则需要手动迁移和重新配置。此外，云原生大数据平台借助自动化和容器编排工具，可以实现自动化的部署、监控和管理。相比之下，传统大数据平台需要手动配置和管理各个组件和模块。

云原生大数据平台架构技术通过集成不同的开源工具和框架，提供了多样化的数据处理方式，包括批处理、实时流处理和机器学习等。传统大数据平台主要关注批处理，对实时和机器学习处理的支持较为有限。而且，云原生大数据平台具备高度的可靠性和容错能力，能够自动处理故障和节点失效；而传统大数据平台则需要手动处理故障和容错。

#### 1.2.2.4 数字孪生与工业元宇宙技术

工业元宇宙是个概念，工业元宇宙涉及多类技术群的融合和创新。其中，数字孪生技术是实现工业元宇宙的关键技术之一。

**（1）数字孪生技术**

2002年，迈克尔·格里弗斯在密歇根大学为PLM（产品生命周期管理）中心成立而向工业界发表的演讲中首次提出了PLM概念模型，模型中出现了现实空间、虚拟空间，从现实空间到虚拟空间的数据流，从虚拟空间到现实空间的信息流，以及虚拟子空间的表述。迈克尔·格里弗斯将其命名为“信息镜像模型”，在这个信息镜像模型里格里弗斯定义了物理实体、虚拟实体及二者间连接的数字孪生三维模型，这已经具备了数字孪生的所有要素，如图3-1-4所示。

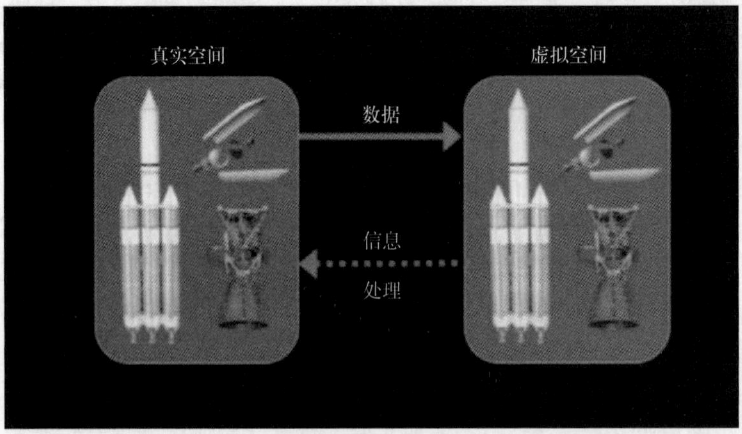


图3-1-4 迈克尔·格里弗斯提出的信息镜像模型

数字孪生的发展与应用已由初期主要面向军工及航空航天领域，逐步拓展到了更广泛的民用领域，并且与物联网、大数据、人工智能等新一代信息技术深度集成融合。2011年，美国空军探索了数字孪生在飞行器健康管理中的应用，并详细探讨了实施数字孪生的技术挑战。通用电气（GE）公司也把数字孪生技术应用于航空事业部（Aviation），包括机身设计与维修、飞行器能力评估、飞行器故障预测等。

制造业企业经过二十多年的信息化发展，工业软件主要关注业务流程数字化管理，而在生产过程数字化运营上还有巨大的提升空间，要充分利用生产现场的大量设备数据，借助数字化的力量，进一步降低设备的故障率、提高整体设备效率、提升产品质量、降低能耗和物耗、保障生产过程的合规性；同时，我们不能只孤立地关注单台设备，更需要打通生产工序上下游多设备的高效协同运行；另外，我们也需要把精益管理的原则和方法融入数字化生产运营管理中，追求生产过程的标准化、稳定性和持续改善。

数字孪生是工业数字化的一种思路、方法论，是一种技术体系和技术能力，是持续改善的机会和手段。数据是数字孪生的核心驱动力，与传统数字化技术相比，数字孪生更强调信息物理融合数据，通过信息物理数据的融合来实现信息空间与物理空间的计算，以实现企业更高效和智能的运行，进一步达到提升运营效率、降低运营成本、提高产品质量并可持续保障运营效果的目的。在目前这一轮的数字化发展中，不管是在产品与工艺设计，还是在生产过程中，关注的重点就是如何利用来自于物理世界的数据帮助我们对实况做出精准的判定、智能化的决策、及时的执行。

数字化的手段就是利用计算机去完成以往由人来做的逻辑处理和计算，虽然计算机硬件是计算的基础，但是，计算机软件却是我们当前解决具体问题的核心。如果我们要利用计算机对物理世界的实况`做出精准的判定、智能化的决策，那么我们就需要在计算机（也就是虚拟世界或数字空间）表征物理世界的状况。任何物理实体的状态变了，需要及时地在计算机里得到反映。这就是在数字孪生的定义中经常看到的这个“映射”的概念。简单地说，数字孪生就是物理实体的数字化虚拟复制，以计算解决现实问题，如图3-1-5所示。

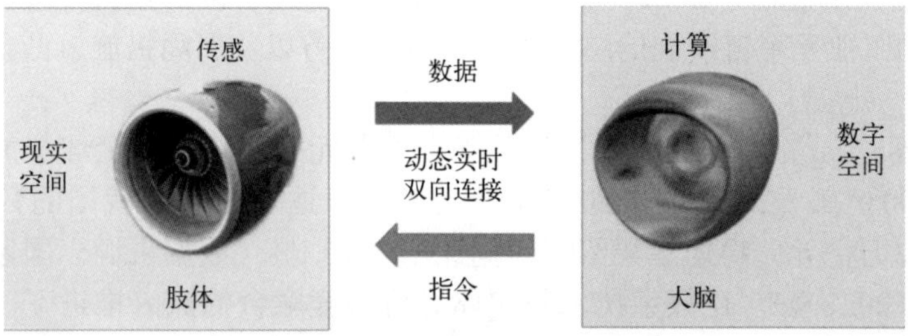


图 3-1-5　数字孪生的概念

Gartner在其物联网（Internet of things，IoT）数字孪生技术报告中提出构建一个物理实体的数字孪生体需要4个关键要素，即模型、数据、监控和唯一性，提出了数字孪生的五维模型{PE，VE，Ss，DD，CN}，其中，PE表示物理实体，VE表示虚拟实体，Ss表示服务，DD表示孪生数据，CN表示各部分之间的连接。国际标准化组织（International Organization for Standardization，ISO）发布了面向制造的数字孪生系统框架标准草案，提出包含数据采集域、设备控制域、数字孪生域和用户域的参考框架。

**（2）工业元宇宙**

元宇宙概念来源于1992年科幻作品《雪崩》中提到的“Metaverse”。2021年3月，随着元宇宙概念第一股Roblox上市，2021年被称为元宇宙的元年。元宇宙最主要的特征是虚实融合、时空融合，通过在虚拟空间对物理空间的实时映射，实现对物理空间的实时控制。

工业元宇宙是元宇宙的重要应用领域。李伯虎院士指出“工业元宇宙是指在新发展理念的指引下，在新一代人工智能技术的引领下，借助新时代各类新技术群的跨界融合，实现工业领域中‘人、虚拟空间与现实空间’虚实映射/交互/融合、以虚促实、以虚强实的工业全要素链、全产业链、全价值链（三链）智慧、协同、开放、服务、互联的复杂数字工业经济系统”。

工业元宇宙涉及多类技术群的融合和创新，实现工业元宇宙的关键技术包括数字孪生技术、虚拟引擎技术、人工智能技术、物联网技术、区块链技术、人机交互技术、智能网络技术。其中数字孪生技术概念起源于美国密歇根大学教授迈克尔·格里弗斯在2002年提出的“产品生命周期管理”。格里弗斯认为，通过物理设备的数据，可以在虚拟信息空间构建一个表征该物理设备的虚拟实体和子系统，并且这种联系不是单向和静态的，而是在整个产品的生命周期中都联系在一起。在数字孪生技术的基础上，加以AR/VR/MR等技术，有望实现真实世界与虚拟信息空间的结合。

工业元宇宙是个概念，而数字孪生技术是实现虚实融合的关键技术，数字孪生技术也是工业互联网平台中的关键技术。工业元宇宙的应用场景主要有研发设计协作、智能化制造、工艺流程管控、产业链与供应链协同、虚拟仿真培训等。以英伟达的公司于2021年底发布Omniverse元宇宙平台为例，Omniverse是一个易于扩展的开放式平台，专为虚拟协作和物理级准确的实时模拟打造，创作者、设计师、研究人员和工程师可以连接主要设计工具、资料和项目，从而在共享的虚拟空间中协作和迭代。宝马新型数字工厂借助英伟达Omniverse平台，设计人员可以在全球范围内获得31座工厂的各类数据，借助平台的协作工具，设计人员可以无视距离和时间的限制，达成全球范围内的高效协作，有效解决了设计规划耗时、产品无法兼容和数据更新滞后的问题。

在政策层面，以数字孪生、工业互联网、元宇宙为代表的数字产业成为国家“十四五”规划的重点，工信部于2022年10月发布的《工业元宇宙三年行动计划（2022—2025年)》，提出我国工业元宇宙发展的总体要求、重点任务以及保障措施，凸显对元宇宙产业发展的支持。

根据集邦咨询公司（TrendForce）的预测，工业元宇宙将推动全球智能制造市场规模于2025年达5400亿美元，2021～2025年复合增长率达15.35%。我国的数字经济规模在2022年达到50.2万亿元，稳居世界第二，同比增长10.1%（数据来源：国家网信办《数字中国发展报告（2022)》）。在数字技术与实体经济深度融合的深入推进下，我国在工业互联网和工业元宇宙的发展态势将继续保持强劲。

### 1.2.3 工业互联网安全技术现状

工业互联网的快速发展造就了工业系统和设备之间的高度连接，使得工业控制系统和信息技术的融合成为可能。这种融合为制造企业带来了巨大的便利和效益，但同时也增加了系统受到网络攻击的风险。工业系统的特点包括长期运行、严格的实时性要求和对高可靠性的需求，一旦受到破坏，将直接对现实世界造成影响，甚至还会威胁到人民生命和国家安全。工业互联网安全的挑战不仅来自于传统的网络安全威胁，如病毒、恶意软件和攻击，还需要兼顾工业系统的安全性和可用性。

为了应对工业互联网的安全挑战，研究者和企业积极开展工业互联网安全技术的研究和应用。

**（1）工业安全防火墙**

过去，工业控制系统往往独立于外部网络，与互联网隔离，因此对于网络安全的要求相对较低。然而，随着工业互联网的兴起，工业控制系统与企业网络和互联网相连，成为攻击者的潜在目标。工业控制系统的漏洞和未经授权的网络访问可能导致生产中断、设备损坏甚至危及人员安全。因此，实施工业安全防火墙是保护工业控制系统免受这些威胁的重要手段之一。工业安全防火墙是一种网络安全设备，用于监控和筛选工业网络中的流量，以阻止未经授权的访问和潜在的攻击。

早期的工业防火墙技术主要采用规则基础的访问控制、网络地址转换（NAT）和状态检测等功能来保护工业控制系统（ICS）免受网络威胁和攻击。通过基于固定规则集的访问控制策略，管理员可以设置规则来确定通过防火墙的流量，并提供一定程度的网络安全，尽管这种方法缺乏灵活性和实时响应能力。此外，使用NAT技术可以将内部私有IP地址映射为公共IP地址，从而隐藏系统的真实网络拓扑，提高系统的安全性。同时，早期工业防火墙还通过检测流量的状态和特征来识别非法的会话建立尝试和异常的流量传输行为，并及时做出阻断或告警。

然而，随着工业互联网的发展和工业控制系统的复杂性增加，新型的工业防火墙技术应运而生，以满足更高的安全需求。新型工业防火墙技术引入了深度包检测（DPI）、行为分析和人工智能与机器学习等先进技术。深度包检测通过对网络流量进行细粒度的分析和检测，能够识别和阻止更复杂的攻击和恶意行为。行为分析技术监测和识别异常的网络活动模式，建立正常的网络行为模型并实时监测偏离模型的行为，采取相应的措施。而利用人工智能和机器学习算法的工业防火墙能够进行安全分析和决策，通过学习和理解网络行为模式，自动检测和阻止未知的威胁和攻击，提高系统的自适应和防御能力。综合应用这些技术，新一代的工业防火墙在网络安全保护方面具备更高的智能和精确性。

**（2）工业主机安全**

目前，工业主机的安全防护以采用黑名单方式的防病毒软件和白名单方式的工控主机防护软件为主。在工业控制现场，使用黑名单的防病毒技术存在很多挑战，包括只能识别已知病毒、运行缓慢且资源占用量大、容易误报并损坏工业控制软件等问题，严重制约了其在工业现场的推广应用。此外，工业现场主机无法连接互联网，病毒库更新缓慢，病毒查杀效果打折扣。与之相比，白名单技术可以实现优势互补，可以有效抵抗未知威胁、资源需求低、误判率低、操作简单、避免误报和不需要联网更新，更加适合工业控制现场的实际需求。

白名单是一种安全策略，用于控制系统或网络中允许访问的可信实体列表。在白名单中列出了被授权或被信任的实体，它们被允许执行特定的操作或访问资源。只有在白名单中明确提及的实体才能通过验证，并且其他未列入白名单的实体将被阻止或限制其访问权限。

目前，基于白名单机制的主机安全防护方案已经得到越来越多的企业客户和国内外安全专家的认可，已经逐步替代传统防病毒技术成为主流的工控主机安全产品采用的关键技术。工业现场主机防护白名单技术，通过文件加载执行控制技术进行白名单控制，保证只有可信的程序才能执行，并结合设备管控和访问控制技术有效地保护工控主机。相对于病毒技术，白名单技术更适合工业现场环境，具有抵御零日漏洞和APT攻击、低系统资源开销、简单易用和无须升级的优点，可以降低生产中断的风险，提高工作效率和主机性能。

**（3）工业流量监测与入侵检测**

工业流量监测与入侵检测是工业网络安全中的重要组成部分，用于实时监控和识别工业网络中的异常流量和入侵行为。它们帮助保护工业控制系统免受恶意攻击和未经授权的访问。工业流量监测旨在实时监控和分析工业网络中的数据流，以了解正常通信模式和行为特征，并识别异常流量。异常行为包括数据包丢失、重复传输和异常的传输频率等。通过分析这些异常流量模式，及时发现潜在的网络问题和安全威胁，并采取相应措施。工业入侵检测是在流量监测的基础上，识别和举报工业网络中的入侵行为。入侵检测系统检查网络流量中的数据包，与已知的攻击特征进行比对，以识别出潜在的入侵行为，如网络扫描、恶意代码、未经授权的访问等。一旦发现入侵行为，入侵检测系统及时报警和采取必要响应措施，保护工业网络安全和正常生产运行。

早期的工业流量监测和入侵检测主要采用基于规则的方法和基于签名的检测方法。在工业流量监测方面，它们会通过预先定义的规则或签名，来识别数据流中的正常和异常行为。如果数据流中存在不符合预定规则或签名的行为，则被认为是异常的流量，需要进一步分析处理。然而，这种方法的局限性在于它们只能对预先定义的行为进行识别和检测，无法适应不断变化的攻击手段和攻击者策略。

目前，新型的工业流量监测和入侵检测采用了基于机器学习的方法以及深度学习技术。这些技术可以从大规模的数据流中自动学习和识别正常和异常行为模式，在实时场景中进行智能分析和处理。这样，可以对新型和未知的威胁进行准确检测，及早采取相应的解决措施。此外，基于AI技术的工业入侵检测还可以通过学习攻击者的行为模式和策略，识别隐藏的通信通道、APT（高级持久性威胁）等高级威胁，从而掌握攻击者的意图和目标，并及时采取相应的防御措施。

**（4）工业蜜罐/蜜网**

工业蜜罐和蜜网作为工业互联网安全领域的重要技术，受到了广泛的关注和研究。蜜罐是一种主动防御工具，通过模拟真实系统或网络环境，诱使攻击者进入并暴露攻击者的行为、策略和工具等信息，从而提供有价值的攻击情报和保护策略。蜜网是一种基于蜜罐的网络架构，由多个蜜罐系统和多个部分组成，其相对于独立蜜罐要更加复杂。

目前国内外，工业蜜罐/蜜网的研究不断取得进展。许多技术机构、大学和安全厂商积极探索蜜罐在工业领域的应用。Cisco公司以Honeyd为基础实现了具有Modbus服务的工控蜜罐系统。2013年，Honeynet项目组推出了工控蜜罐系统Conpot，它专注于ICS设备的仿真，支持FTP、SNMP、Modbus、IEC-104、EtherNet/IP和BACnet等工业协议。

早期的蜜罐交互性和伪装性较低，容易被攻击者识别出来。目前，蜜罐技术已在不同工业领域得到广泛应用，涵盖了工业控制系统、供应链管理、智能制造等多个领域。研究者们致力于开发高交互性的蜜罐和蜜网，模拟真实系统的行为和响应，使攻击者感到获得了对真实系统的访问权限，从而更深入地揭示攻击者的意图和手法。近年来，中国科学院信息工程研究所实现了针对电力系统的IEC104规约蜜罐、人机接口电力调度系统蜜罐等与行业紧密结合的蜜罐。北京大学计算机研究所“狩猎女神”项目组利用蜜罐捕获并分析攻击案例。东北大学开发的工控蜜罐系统实现了多种工控协议的模拟仿真、攻击者的溯源追踪及可视化分析。THP提出了分布式蜜罐或蜜网，它可以支持蜜罐系统在网络的不同位置进行部署，有效扩大对网络攻击者监控的覆盖范围。

**（5）工业互联网安全管理平台**

由于国家或行业的政策合规要求以及工业企业业务发展中的网络安全管理的切实需求，工业企业的网络系统中往往已经部署了包括工业防火墙、工控安全审计、工业流量监测与入侵检测等多种工控环境专属的网络安全产品。但各个防御产品相对独立，各防护系统缺乏协同能力，因此工业互联网安全管理平台尤为重要。工业互联网安全管理平台是一种用于管理和保护工业互联网系统安全的综合解决方案。它提供了一套功能完善的工具和技术，能将设备日志进行集中收集、范化、分析，并对安全策略集中配置和下发，从而实现对工控网络安全状态的全面监控、实时展示，以及对安全事件的统一响应和处置。

目前，各工控安全厂商在基于工控安全设备的基础上开发了各自的工业互联网管理平台，平台一般以工业资产的集中管理、安全策略的集中管控、安全事件的集中分析、安全问题的集中处置为核心，基于大数据模型和架构，提供普渡模型中Level 1～Level 4层工控资产的安全管理能力，为工业企业解决工控资产安全管理、日常安全监测、安全巡检、安全事件分析、安全响应处置、安全事件回溯等安全运维问题。近年来，威努特开发的工业互联网安全管理平台支持工控设备指纹，基于主动发现和被动发现方式解决工业资产识别的问题，既能够实现将众多的安全设备集中管理，对安全策略集中管控、安全事件集中分析，又能够对工控系统进行安全状态监控、故障快速定位、事件关联分析、实现IT和

OT安全的统一管理，广泛应用于各行各业的工控网络。

**（6）工业互联网安全态势感知**

随着工业互联网的快速发展，安全的边界不仅限于工业控制系统，而是不断延伸至工业云、工业APP等领域。攻击者的关注点也从过去仅关注工业控制系统，扩展至包括对工业云和工业APP的关注。自2011年以来，国内对工控安全问题已经开始系统性地关注，并且在2017年之后，由于工业互联网对工业领域生态的重新构建，相关的安全问题已经不能再简单地通过边界防护来解决。

工业互联网的发展带来了新的挑战和威胁，必须从更广泛的角度考虑安全措施，只有通过全方位的安全保护，才能有效应对工业互联网中各个环节可能出现的风险和攻击。因此，为了确保工业互联网的安全，在工业互联网中需要使用综合性的安全策略和控制措施，并借助工业互联网安全态势感知平台实现这一目标。通过工业互联网安全态势感知平台，能够实时监测和分析工业网络中的安全态势，识别潜在的风险，并及时采取相应的安全措施，以确保工业互联网系统的安全性。

目前，以色列claroty公司的CTD平台可以有效监测工业网络中各个资产的运行状态、监测工业资产所面临的安全风险、脆弱性的分布、威胁的攻击路径，综合人工智能技术实现对于工业网络的未知威胁进行监测。建立的工业互联网态势感知平台，从监管的角度对工业互联网的运行状态进行监视。绿盟科技通过对于工业互联网中资产的感知和分析，实现对工业互联网中运行资产的安全监测，包含漏洞监测、威胁监测、配置变更管理、运行异常分析、全业务运行过程的分析、结合业务运行属性的一键安全处置、勒索病毒专项处置等功能。

随着工业互联网的不断发展和演进，网络安全威胁将持续存在并进一步复杂化，而工业互联网安全技术的发展对于保障工业系统的安全和稳定运行具有重要意义。因此，工业互联网安全领域需要持续关注新型的网络攻击手段和威胁，不断研究和应用创新的安全技术，以保护工业系统的安全和稳定运行。

### 1.2.4 工业人工智能技术现状

流程工业智能优化制造的内涵是以流程工业的高端化、智能化、绿色化为目标，以制造企业生产全流程全局智能优化和跨企业产品全生命周期的全过程集成优化为特征的制造模式。生产全流程全局智能优化的含义是在全球市场需求和原料变化时，以高端化、智能化、绿色化为目标，使原材料的采购、经营决策、计划调度、工艺参数选择、生产全流程运行管理与控制实现无缝集成优化，使企业全局优化运行。

**（1）流程制造企业智能优化制造研究现状**

目前，流程工业普遍采用企业资源计划（ERP）、制造执行系统（MES）和过程控制系统（PCS）三层结构。PCS实现工业过程各回路的闭环控制，以及对各装备的逻辑控制和过程监控。人们利用ERP和MES获得的生产信息、市场信息及需求信息进行经营决策，再将决策结果通过信息系统执行。流程工业生产过程中，对于可以建立数学模型的石化工业的生产过程，运行优化控制采用实时优化进行回路设定值优化。对于我国矿产品这类工业原料性质变化频繁、工况波动剧烈、机理不清，难以建立过程的精确数学模型，学者提出了由控制回路预设定模型、运行指标预测模型、前馈与反馈补偿器、故障工况诊断与自愈控制器组成的设定值智能闭环优化控制策略，并成功应用于竖炉等实际工业过程。

目前，工业互联网虽然实现了流程制造企业设备状态的远程监控和运维、资源调配等功能，但仍缺乏如何利用工业互联网实现制造过程多单元协同、控制与决策全局智能优化制造的深入研究和实践。正如发表在*Nature*的文章中所指出的，多尺度、多源信息获取、预测模型和资源计划决策与控制过程集成是智能制造的挑战难题，具体而言：①生产过程运行工况识别、工艺参数和运行指标依赖人的经验和知识判断与决策；②生产全流程各过程协同控制与运行管理依赖人的经验和知识判断与决策，难以实现运行控制与管理集成优化；③ERP、MES决策依赖人的经验和知识；④ERP、MES和控制系统无法实现纵向无缝集成，流程制造企业难以实现全局优化。

**（2）数据驱动的智能感知与建模研究现状**

目前，针对企业经营管理与决策和生产过程运行管理与控制等生产活动中目前只能依靠人的感知、认知、分析与决策能力和经验与知识来完成的影响经济效益的知识工作，实现知识工作的自动化与人机互动与协作的智能化，来显著提高经济效益。

但是，当生产条件频繁变化时，由于人难以及时准确地感知动态变化的运行工况，难以及时准确地处理异构信息，使得生产经营决策者难以及时准确地决策企业综合生产指标、生产制造过程的生产指标、运行指标和控制系统指令，难以实现生产过程的全局优化。

流程工业生产过程通过工业互联网获取工业大数据的智能感知与工况识别，有助于实现制造流程全局优化新模式。智能感知与工况识别系统利用工业互联网将人工化验相关的控制系统输入输出数据、反映运行工况的音视频等多源异构工业大数据汇聚，采用工业人工智能技术，实现人工化验的工艺参数实时预测和运行工况智能感知、预测和异常工况溯源。

在工业物联网领域，提出利用人工智能技术增强的传感器应用，如基于图神经网络的异常检测方法、基于张量分析的多属性视觉特征识别技术等。提出能耗和物耗的智能感知与动态监控技术，通过工业物联网实时采集设备温度、声音、振动、油液状态数据等多源异构信息，实现设备运行状况的智能感知与识别，实现数据驱动的全流程设备远程集中实时监控和设备健康状态识别。上述方法和技术使得设备使用者能够掌控设备的运转率、完好率，减少设备连锁损坏、空转与非计划停机，设备生产厂家能够对售后设备的运行状况进行智能感知与识别，进行远程运维服务。

但是，人工智能发展到深度学习没有考虑如何应用于制造过程、因果关系不清的复杂工业动态系统建模、控制与优化涉及机理不清、难以建立数学模型、输入与输出相关信息处于开放环境且不确定的变化中、信息难以获取及感知、控制与决策目标多尺度多冲突。因此，难以采用基于完备信息空间的人工智能技术，需要进行动态系统人工智能的研究。并且当市场需求和生产条件发生变化时，目前的信息化系统难以有效感知这些变化，使得决策者难以及时准确地决策，人的行为制约发展。

**（3）可视化监控研究现状**

远程移动可视化监控通过工业互联网采集工业大数据，实现生产过程要素的数字孪生、可视化监控、预测与回溯，实现控制系统性能的可视化监控。操作者和专业人员无须亲临环境恶劣的工业现场，随时随地通过其他终端如智能手机远程监控和操作工业过程控制系统，实现无人值守和移动决策。同时，方便地利用本地和云端的高性能软硬件资源对生产过程进行优化、控制与决策，保障其运行安全和优化。

在流程工业中，对运行工况进行实时可视化监控，及时预测异常工况；当异常工况出现时，通过自愈控制和自优化控制排除异常工况，实现安全优化运行。在能耗物耗智能分析过程中，针对生产过程反映单位产品能源利用效率的指标——产品单吨能耗，将机理分析与机器学习相结合，建立单吨能耗数字孪生模型，实现单吨能耗可视化监控与分析和终点预报。

在产品质量数字孪生、可视化监控中，汇聚产品质量相关的可见光图像、光谱图像、质量检测数据、设备控制参数等数据进行产品质量数字孪生，实现产品质量缺陷可视化分析和在线检测。对影响产品质量指标的因素进行分析，通过质量智能预测，提前掌握工序质量指标和变化趋势。

在碳排放智能感知与动态监控中，利用工业互联网动态感知生产全流程运行态势，采集碳排放相关数据（$CO_2$排放量、$SO_2$排放量、CO排放量等），对其进行自动分类与标记索引，实现大数据驱动的各个生产环节中碳排放的可视化监控。生产全流程碳排放智能分析、预测与异常回溯。在大数据驱动的各生产环节中碳排放可视化监控的基础上，计算与分析生产过程单位产品的碳排放量，预测碳排放量变化趋势，回溯碳排放量的超限原因。

上述已经提出的工业过程可视化监控系统做出了许多有价值的成果，但面向工业过程的建模未考虑到不同单元间的耦合，无法解决流程工业的协同优化问题。也缺乏统一的数据采集传输方案，造成数据管理和使用效率低下，产生“数据信息孤岛”，影响工业过程的实时交互和故障诊断等。

**（4）面向产品全生命周期的跨企业流程工业智能优化制造研究现状**

由于流程型制造业的产品是为下游制造企业提供的原材料和能源，产品全生命周期所涉及的工业场景与离散制造不同，所需工业互联网平台不同。目前，缺乏面向流程行业特定技术领域的专业性工业互联网平台。产品全生命周期的数字化、网络化、智能化程度不高，所涉及的制造活动的智能化程度低，制造活动涉及的知识工作依赖人的经验和知识完成，难以实现产品全生命周期的制造系统优化。

具体而言：①目前工业互联网将行业和产业集群的原料供应商、制造企业、物流和市场需求之间的信息互联、共享和可视化，但是上下游企业产品设计、生产制造和制造服务协同效率低下、智能化水平不高；②需求、设计与供应链协同方面，目前主要是基于工业互联网平台获取市场需求，缺乏市场需求预测能力且动态响应市场变化的能力较弱；设计与生产协同方面，设计与生产互操作性不强；生产、销售与服务协同方面，目前主要是基于工业互联网回溯产品，生产及时响应服务需求能力不强，制造企业对产品质量管控的客户服务尚未延伸到产品全生命周期；③尚未实现在产品全生命周期内支持全球设计、采购、生产和服务等业务的高效并行协作。

## 1.3 工业互联网的新技术与新方法

### 1.3.1 工业互联网网络新技术与新方法

#### 1.3.1.1 5G无线通信技术

第五代移动通信技术（5th Generation Mobile Communication Technology，5G）是最新一代蜂窝移动通信技术。5G分为三大主要应用场景，分别是增强型移动宽带（enhanced Mobile Broadband，eMBB）、大连接物联网（massive Machine-Type Communication，mMTC）、超可靠低时延通信（ultra-Reliable Low-Latency Communication，uRLLC）。

eMBB：在现有移动宽带的基础上，5G将进一步增强无缝覆盖能力、数据传输能力及频谱效率。最高数据传输速度达到20Gbit/s；装置收发数据所需功耗能效比4G提升100倍；频谱效率方面，每无线带宽和每网络单元数据吞吐量是4G网络的3～4倍。

mMTC：通常这类需求是指终端发送数据量较少、时延要求比较宽松，但对低功耗和低成本要求很高的场景，而且终端数量一般很多。连接密度要求达到每平方千米100万个连接以上。对于低端的大规模机器通信，5G NR没有独立提出解决方案，而由长期演进（Long Term Evolution，LTE）技术中的eMTC2和NB-IoT来解决这类需求。

uRLLC：该场景是5G赋能行业的重要需求，这类应用在可靠性和时延方面要求都很高，在该类场景中5G空口时延达到1ms。该场景主要应用在工业控制等场景中。

**（1）5G系统架构及组网方式**

5G移动通信网络由新无线/新空口（New Radio，NR）无线接入网和核心网络两部分组成，其中，无线接入网负责所有无线相关的部分和功能，例如调度、无线资源管理、重传协议、编码及各种多天线方式；核心网则负责鉴权、计费、控制策略制定、端到端连接设置等其他与无线接入无关的网络功能。

对于5G移动通信系统核心网而言，NR无线接入可以连接到演进分组核心网（Evolved Packet Core，EPC），即传统LTE的核心网上，这种情况称为5G的非独立组网（NSA）。若核心网采用5G核心网，则该组网方式为独立组网（SA）。5G的技术标准协议能实现对两种组网模式的支持。

5G核心网建立在EPC基础上，与EPC相比有3个方面的增强：基于服务的架构、支持网络切片及控制面和用户面分离。

5G核心网架构中用户面的核心网网元主要包含用户面功能（User Plane Function，UPF），它是无线电接入网（Radio Access Network，RAN）和互联网等外网之间的网关，负责处理数据包路由和转发、数据包检测、服务质量处理和数据包过滤、流量测量等。

控制面功能主要由多个网元组成。会话管理功能（Session Management Function，SMF）处理移动终端的IP地址分配、策略实施的控制及一般会话管理功能。接入和移动性管理功能（Access and Mobility Management Function，AMF）负责核心网和终端之间的控制信令、用户数据的安全性、空闲态移动性和鉴权。策略控制功能（Policy Control Function，PCF）负责相关策略规则制定和QoS管理。统一数据管理（Unified Data Management，UDM）负责鉴权认证和接入授权。

需要注意的是，核心网功能的具体实现可以是多种形式的，所有功能可以在单个物理节点中实现，也可以在多个节点上实现，或者运行在云平台上。

**（2）5G频谱**

LTE只支持3GHz以下的频段，5G的频率范围分为两种：一种是6GHz以下，另一种在24GHz以上。

频谱资源是一切无线通信的基石，频率范围越大，电信运营商越有可能找到可用的频率资源来部署NR。不同的频谱范围意味着不同的时延拓展、多普勒频移、相位噪声特性，为此，NR在定义正交频分复用信号参数时，引入了多组参数（参数集），灵活支持不同的频谱范围。此外，频率资源丰富的中高频（特别是毫米波）信号在传播过程中会遭受严重的衰减，限制了网络覆盖范围。为此，NR进一步引入先进的多天线发射和接收技术，增加覆盖。同时通过上下行解耦，低频和高频联合工作，充分融合低频覆盖好、高频容量大的优势。

### （3）5G关键技术

① 大规模多输入多输出技术（MassiveMIMO）。在无线通信系统中，多输入多输出（Multi-Input Multi-Output，MIMO）无线传输技术并非首次在5G系统中引入，其在4G系统中就开始了应用。MIMO的引入将网络资源从传统的“时频”二维扩展成“空时频”三维，资源维度的扩展带来了更大的系统容量。

大规模MIMO无线通信的初步构想最早是由贝尔实验室Marzetta博士于2009年提出的，它是在MIMO技术上的拓展和延伸。区别于传统4G MIMO天线的最多8通道，大规模MIMO将原有发送侧天线数提高到了64通道或最高到128通道，进一步提升系统容量，获取更大的系统分集增益。

大规模MIMO就是大量天线的波束赋形，波束赋形技术是通过移动设备和网络基站上的先进天线技术，将无线信号聚集到特定方向，而不是扩散到广域中，从而形成指向明确、能量集中的窄波束为特定区域的用户进行通信服务，从而在无线通信系统中增加了“空间”这个维度的资源，提升了系统时频资源的利用率。

大规模MIMO能够对5G系统的性能带来多方面的增益：一方面，能够大幅提升系统容量，同时能量可以集中在空间中很小的区域内，能量效率提升100倍以上；另一方面，大规模MIMO能有效应对信道衰落，通过分集增益实现信号的可靠接收，进而实现5G的低时延高可靠连接。此外，大规模MIMO还能提升系统的抗干扰性能。

② 毫米波技术。毫米波和大规模MIMO这两个技术相辅相成，是5G物理层的两个关键技术。大规模MIMO可以提供超高的信号增益，弥补毫米波的信号衰减；毫米波可以降低天线阵列尺寸，使大规模MIMO的部署成为可能。

毫米波（Millimeter Wave，mmWave）通常指波长在1～10mm的无线电波，即频率为30～300GHz的无线电波。目前，无线通信广泛使用的是6GHz以下的中、低频段，尤其是2.9GHz以下频段，但此类频段上的无线电业务越来越多，可用的频谱资源日益匮乏。此外，静态的频谱划分规则又导致可用频谱呈现严重的碎片化和零散化，使通信带宽严重受限。为了拓展通信带宽，学术界和工业界逐渐将研究的重点放在毫米波频段。超高的通信带宽可助力5G通信实现10Gbit/s的高速宽带通信。

毫米波通常只适用于视距传输的场景，例如近距离点对点通信。5G中辐射范围较广的信号传输仍然需要在6GHz以下频段完成，因此，未来通信需要毫米波和6GHz以下频段配合实现。

③ 先进的信道编码技术。目前LTE网络的编码还不足以应对未来的数据传输需要，因此迫切需要一种更高效的信道编码设计，以提高数据传输速率，并利用更大的编码信息块契合移动宽带流量配置，同时，还要继续提高现有信道编码技术（例如LTE Turbo）的性能极限。奇偶校验码（Low Density Parity Check Code，LDPC）的传输效率远超LTE Turbo，且其易平行化的解码设计能以低复杂度和低时延扩展达到更高的传输速率。

④ 网络切片。将实体网络划分为若干网络切片，每个切片都是服务于特定业务或客户需求的逻辑网络，最大限度地满足各种业务的需求。例如，与LTE提供的移动宽带服务类似，构造一个网络切片并支持完整的移动性，或者构造另一个网络切片以支持特定的非移动但有低时延要求的工业自动化应用。这些切片将运行在共同的、基础性的物理核心网和无线网络上，但从用户应用的角度来看，它们像是运行在各自独立的网络中。在许多方面，网络切片类似于在同一个物理计算机上配置多个虚拟计算机。

### 1.3.1.2 时间敏感网络TSN

TSN即在非确定性的以太网中实现确定性的最小时延的协议族，是IEEE 802.1工作组中的TSN工作组开发的一套协议标准，定义了以太网数据传输的时间敏感机制，为标准以太网增加了确定性和可靠性，以确保数据实时、确定和可靠地传输。

**（1）时间同步**

对于实时通信而言，时间在TSN中起着重要的作用，因此网络中的所有设备都需要共同的时间参考，需要彼此同步时钟。TSN中的时间通常从一个中央时间源直接通过网络本身分配，使用通用精准时间协议（general Precision Timing Protocol，gPTP）完成，IEEE 802.1AS中时间感知系统的端口共有以下4种状态：

① 主端口（Master Port）：在一条gPTP通信路径上，距离从节点更近的时间感知系统的端口。一个时间感知系统可以有多个主端口。

② 从端口（Slave Port）：时间感知系统中距离根节点最近的PTP端口。一个时间感知系统只能有一个从端口，且不会通过从端口发送Sync（同步）或Announce（宣布）消息。

③ 禁用端口（Disabled Port）：时间感知系统中端口操作、端口支持和可访问变量不都为真的PTP端口。

④ 被动端口（Passive Port）：在时间感知系统上端口状态不是主端口、从端口或者禁用端口的端口。

有了不同的端口状态后，可根据组网要求，通过设置每一个时间感知系统的端口状态来构建网络拓扑结构。TSN时钟同步机制显示了时间感知系统中的一个主/从层次结构。

gPTP基于主-从模式工作，从站节点接收主站节点的时间同步信息，保持与主站节点的时钟同步。TSN中时间感知系统可以分为两种类型的节点，这两类节点都必须满足传输时间同步信息的要求。

① 终端：这类设备可以是系统内的主时钟（Clock Master，CM），也可以是被校时的从时钟（Clock Slave，CS）。

② 网桥：这类设备可以是系统内的主时钟，也可以仅仅是个中转设备，类似于传统的交换机，连接网络内的其他设备。作为中转设备，它需要接收主时钟的时间信息并将该信息转发出去。但在转发信息时，需要校正链路传输时延和驻留时间，并重新传输校正后的时间。

IEEE 802.1AS的核心在于时间戳机制（TimeStamping）。时间同步消息在进出具备IEEE 802.1AS功能的端口时，会根据协议触发对本地实时时钟（Real Time Clock，RTC）的采样，将自己的RTC值与来自该端口相对应的主时钟的信息进行比较，利用路径时延测算和补偿技术，将其RTC值匹配到PTP域的时间。当PTP同步机制覆盖了整个TSN局域网时，各网络节点设备间就可以通过周期性的PTP消息的交换精确地实现时钟调整和频率匹配。最终，所有节点都将同步到相同的主时钟的时间，即主时钟时间。

为了实现高精度的时间同步，相比IEEE 1588协议，gPTP采用介质访问控制（Medium Access Control，MAC）层作为时间采集点：在发送方，当报文离开MAC层进入物理（PHY）层时记录当前时刻；在接收方，当报文离开PHY层刚到达MAC层时记录当前时刻。这样可以消除协议栈带来的不确定性。

gPTP采用硬件时间戳的方式提升时间精度。MAC层可以采用软件时间戳的方式，也可以采用硬件时间戳的方式，硬件方式可以消除系统调度带来的不确定性，会比软件方式更精确。

**（2）流量整形机制**

由于端口转发机制的限制，在标准的以太网中，实时性是难以保证的。调度和流量整形允许在同一网络上共存不同优先级的不同流量类别，每个类别对可用带宽和端到端时延都有不同的要求。所有参与实时通信的设备在处理和转发通信包时遵循相同的规则。TSN中提出了多种整形器，目前广泛应用的是基于信用的整形器（Credit Based Shaping，CBS）及时间感知整形器（Time Awareness Shaping，TAS）。

IEEE 802.1Qav提出了基于信用的整形器（CBS），CBS是最早用于AVB的整形器，在交换机内对时间敏感的音视频流和普通数据流进行区别处理，并且赋予实时帧最高的优先级，减少了周期性数据被非周期性数据影响的情况，可以消除突发，降低干扰流量的影响，从而提供最差时延的估计。IEEE 802.1Qav可以在以太网中在7个跳转情况下提供高优先级业务2ms和低优先级业务50ms的时延保障。

IEEE 802.1Qbv提出了时间感知整形器（TAS），基于预先设定的周期性门控列表，动态地为出口队列提供开/关控制的机制。IEEE 802.1Qbv定义了一个时间触发型窗口。门控制列表（Gate Control List，GCL）被周期性地扫描，只有当门控打开时，相应队列才能被调度，以保证高优先级队列的传输，并能够进一步降低抖动。TAS是为更低时间粒度、更严苛的工业控制类应用而设计的调度机制，目前被工业自动化领域的企业采用。

**（3）配置机制**

IEEE 802.1Qcc提出了集中式的用户与网络配置方式。IEEE 802.1Qcc集中化配置模式如图3-1-6所示，图中提出了集中式用户配置（Centralized User Configuration，CUC）实体和集中式网络配置（Centralized Network Configuration，CNC）实体。CUC用于接收来自终端的业务请求和业务特征信息，并将信息传递给CNC。CNC在进行路径优化、调度整形决策后，完成对网络传输路径中相关TSN交换机的配置。IEEE 802.1Qcc支持集中式的网络配置与管理服务，也前向兼容IEEE 802.1 Qat分布式的网络需求与资源分配机制。此外，IEEE 802.1Qcc还支持混合配置模式。

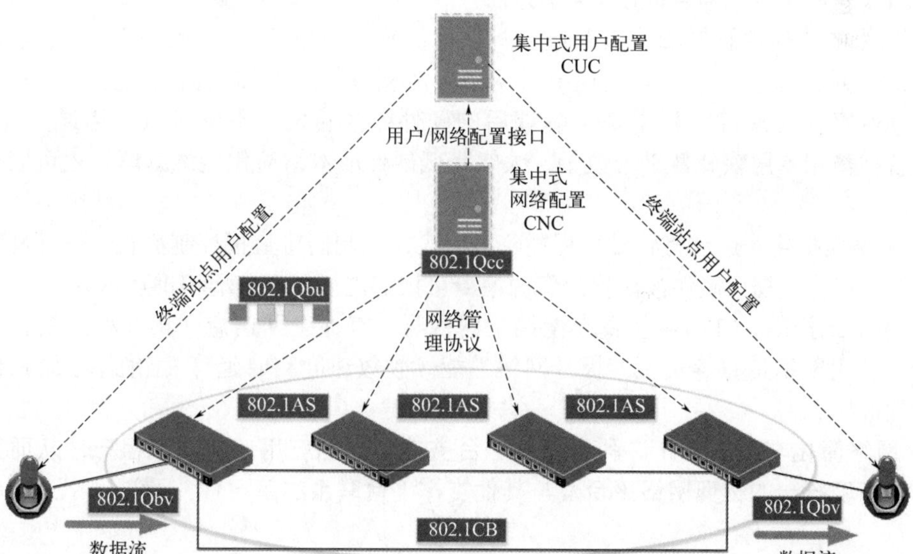


图3-1-6　IEEE 802.1Qcc集中化配置模式

### 1.3.1.3 软件定义网络SDN

SDN是一种新型的网络体系架构，其主要属性为将传统的紧耦合网络架构分离为控制平面、转发平面和业务平面，从而将控制逻辑集中到控制平面，实现网络的开放可编程特性。该架构的提出有效地支持了未来网络业务的创新。

SDN的目标是通过软硬件解耦隔离，实现网络虚拟化、IT化和软件化。底层只负责数据转发，可由相对廉价的通用商用IT设备（大容量服务器、存储器及以太网交换机）构成；上层负责集中的控制功能，由独立软件构成，网络设备种类与功能由上层软件决定，通过远程、自动配置部署和运行网络，提供所需的网络功能、参数和业务。这种模式符合IT低成本、多样化的大趋势，即硬件负责性能，软件负责功能。

传统网络设备紧耦合的架构在SDN体系中被拆分成应用、控制、转发3层分离的、全可编程和开放的架构。上层应用、底层基础设施被抽象成多个逻辑实体。

应用层为网络各种应用需求，例如移动视频、云存储、企业应用商店、桌面云等，通过北向接口（Northbound API）灵活、可编程地调用控制层提供的统一的网络抽象模型与业务功能。北向接口因为涉及业务较多，开放的标准化过程还处于研究阶段。

控制层为整个SDN架构的核心，也被称为网络操作系统，可集中控制拓扑和管理设备，进行流表的控制和下发。其主要功能包括路由优化、网络虚拟化、质量监控、拓扑管理、设备管理、接口适配等。

南向接口（Southbound API）定义了控制层（控制器）与基础设施层（数据转发层）之间的交互协议，通过将转发过程抽象为流表，控制器可直接控制流表、屏蔽硬件，实现网络虚拟化。物理硬件被淡化为资源池，可按需进行灵活分配和相互隔离。目前主流的控制层与转发层之间交互的协议OpenFlow已经发布了完善的1.4.0版本。

基础设施层包括标准化的网络设备和虚拟的网络设备，负责多级流表处理和高性能的数据转发，并作为硬件资源池，为控制层提供按需的网络拓扑、数据处理和数据转发。目前主流的网络设备和芯片厂商已经提供了支持OpenFlow的网络设备。

SDN架构的主要优势包括以下4个方面:

① 网络的软硬件解耦和接口开放。解耦后的软件可以实现灵活的控制层面功能，满足用户的多元化需求，还可以快速部署网络功能和参数，例如路由、安全、策略、流量工程、QoS等，提升链路利用率。解耦后的硬件专注转发，不仅可以采用通用IT设备，减少设备种类和专用软硬件平台数量，大幅降低硬件成本，简化运维管理，还可以提升转发性能。

② 网络虚拟化。通过将转发过程抽象为流表，控制器可直接控制流表、屏蔽硬件，实现了网络虚拟化。物理硬件被淡化为资源池，可按需进行灵活分配和相互隔离。

③ 集中式控制。SDN架构具有全局全网视野，掌握全网信息（拓扑和网络状态等），可最佳地利用网络带宽等资源，提升网络性能（收敛速度和时延等），确保系统路由和性能的可预报性。

④ 网络简化与集成。允许利用单一平台支持不同的应用、用户和租户，从而简化网络。利用高度统一的物理网络平台及与其他支撑平台联系的单一性，改进网络运行和维护效率。

SDN是工业互联网技术的重要演进方向，基于SDN的工业网络将为OT网络与IT网络的融合提供重要的支撑。

## 1.3.2 工业互联网平台新技术与新方法

### 1.3.2.1 智能控制器技术

工业边缘服务器的发展趋势是向智能化方向发展，通过部署工业服务器融合控制、计算、AI多种业务，底层由工业操作系统和工业软件提供支撑。其中，工业操作系统要求支持微内核、高实时、虚拟化功能。

**（1）实时操作系统**

以东土科技的Intewell操作系统为例，它是我国自主研发的可配置混合异构系统，采用基于国产多核平台的，支持非实时系统、实时系统、任务关键和非关键任务混合运行的容错构型，及分区资源可配置的高可靠高端工业控制系统。通过内核级的安全隔离与虚拟化等技术手段，实现业务共享同一个资源池，解决了传统虚拟化实时业务和非实时业务应用的短板，确保实时业务资源优先供给、智能部署、安全隔离。操作系统典型实时抖动时间达到＜10μs，中断响应时间达到＜10μs，上下文切换时间达到＜10μs，为工业控制系统提供可配置混合异构系统体系结构，保证非实时系统和实时系统相互隔离，并且实时系统的分区操作系统支持多种软硬件安全隔离手段：虚拟机间、虚拟机空间与核心空间相互隔离，虚拟机的运行时间相互隔离，虚拟机间的中断资源、故障相互隔离，虚拟机空间与核心空间的访问相互隔离；支持软硬件资源的故障诊断及预测功能，可快速隔离故障模块。

① 分时分区操作系统：实时系统采用国产分时分区操作系统，该系统基于实时虚拟化微内核，可支持多个多任务实时操作系统TTOS，既支持一个物理核心上运行多个TTOS，也可实现单个TTOS系统跨多核。通过此架构可实现同一核心处理机上任务关键以及非关键等多种不同安全级别任务的混合运行；也支持通过分区隔离保护与分区健康管理机制，使故障不在多个分区之间传播和相互影响，从而为多种类任务提供安全隔离的运行环境；支持基于时间调度表的时间确定性调度算法，提供面向不同分区应用的系统行为预测和时间预测中间件，保障任务的强实时和确定性运行；支持分区与应用的增量快照保存和快速恢复，为多种容错构型的快速重构恢复提供手段支撑。

② 硬件资源抽象层：硬件资源抽象层实现非实时系统和实时系统在同一物理硬件上同时运行。对于多核CPU，实现逻辑分区和物理分区共存的情形，对于非实时系统运行在部分物理核上，对于实时部分运行到其余物理核上，采用虚拟化技术，在此部分物理核上可以运行多个TTOS。

多核CPU上多操作系统启动时，启动核读取预设的资源配置文件，并根据预设的资源配置文件，启动基础操作系统，根据预设的资源配置文件，确定客户机操作系统对应的应用核，使能对应的应用核，以及将资源配置文件发送给对应的应用核。启动核用于读取预设的资源配置文件，并根据所述预设的资源配置文件，启动基础操作系统，并根据预设的资源配置文件，确定客户机操作系统对应的应用核，使能所述对应的应用核，以及将资源配置文件发送给所述对应的应用核。系统根据静态资源配置文件，对硬件资源进行分配。每个操作系统运行时，都根据资源配置文件中的配置是初始化使用特定的硬件资源，系统中针对存储资源和部分网卡资源采用共享机制。

实时操作系统一般需要支持多种硬件架构，包括X86/ARM/龙芯/RISC-V等CPU，支持英伟达等GPU/NPU，基于多核硬件通过高实时虚拟化技术，实现软件定义控制、人工智能等业务在一个硬件上的融合。

## （2）工业控制软件

工业控制软件的功能是提供跨平台的一体化开发环境，支持Windows、Linux等多种图形桌面系统。实时控制任务的运行环境支持跨平台，支持多种操作系统环境，如国产Intewell、Linux、Vxworks等，如图3-1-7所示。

实时控制任务开发环境支持IEC61131-3标准，包括ST、LD、FBD、SFC等编程语言，通过IEC61131-3编译器编译生成可以在IEC61131-3运行环境上运行的代码。支持C++、Python等高级语言编程，开发在智能控制器非实时环境上运行的应用程序。为了便于行业算法组件的封装，提供功能块开发工具，支持采用C++编程开发算法库并进行FB封装，然后导入IEC61131-3成为标准的FB，形成实时控制任务开发可用的行业算法库。

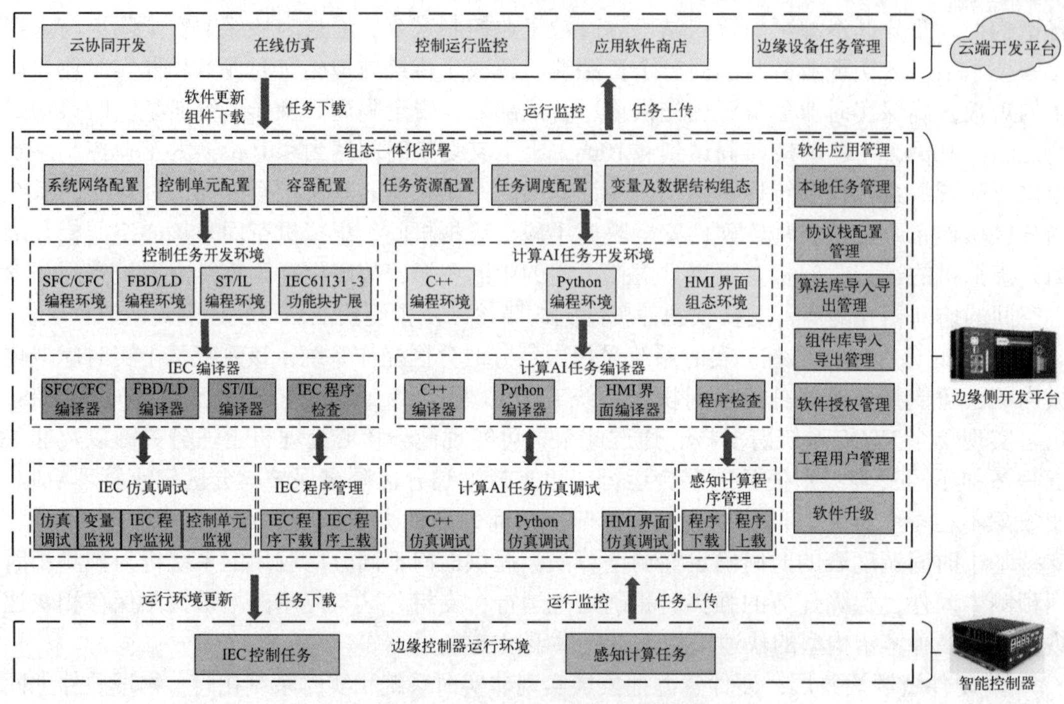


图 3-1-7　工业控制软件的功能

以工业控制软件MaVIEW为例，其功能主要包括：

① 支持多业务融合一站式开发，开发环境支持将各个控制单元的控制程序按照机器码形式编译，保证控制程序运行的高效率。支持的CPU目标平台包括：X86（包括Intel x86全系列）、MIPS（包括龙芯及其他）、ARM（包括飞腾及其他）。

② 支持调试和验证。IEC61131-3语言程序支持断点调试，可在运行时通过MaVIEW软件的图形化界面随时设置断点陷入，陷入时用户计算任务全部挂起，能查看堆栈信息并找到陷入的POU实例，并能从陷入点恢复继续执行，整个调试过程中可随时查看用户变量的实时值。

③ 工业控制单元支持周期任务、中断任务和循环任务，基于优先级抢占。每个控制单元均支持10个周期任务。

④ 提供多种符合PLCopen规范的运动控制算法库、单轴管理、单轴运动、多轴电子齿轮耦合、电子凸轮、挺杆等功能，支持多轴空间圆弧、空间直线插补、路径规划等。集成

单轴基本信息配置，提供可视化的面向轴为单位的调试界面，凸轮表节点设计，挺杆节点动作设计的界面，使信息的输入更加直接便捷，信息数据显示也更加直观。

⑤ 支持主流的工业现场协议，包括Modbus TCP、Modbus RTU、EtherCAT、Ethernet/IP、CANopen、Profinet、PHB、AUTBUS等，支持自定义串口/CAN/TCP的使用方式。对上支持MQTT，支持OPC UA。支持时间敏感网络TSN。

⑥ 对于一个控制系统来说，它的可靠性和安全性最为重要。因此需要支持热备冗余、掉电保持、在线增量下装。

⑦ 工业控制功能支持控制单元热备冗余，工作中的控制单元和备用控制单元都能接收现场设备数据，但只有工作中的控制单元才能将控制数据发送给现场设备。互为冗余的控制单元实时监测本机和对端控制单元的运行状态，并保持主备之间的数据同步。根据检测结果快速做出是否进行主备切换的判断。如果判断结果是满足切换条件，即启动主备切换。冗余切换时间小于两个运算周期，例如运算周期为2ms，则冗余切换时间小于4ms。

⑧ 控制程序支持多种下装方式，如全下装和增量下装。全下装是全部组态数据编译后生成的全联编，联编成功后，进行系统库全部下装，此种下装模式需要对控制器重新启动；增量下装是只下装修改和追加部分的内容，控制器以一种增量方式追加在原数据库中。增量下装为一种无扰在线下装模式，不需要停止控制器的运行，便可实现对控制方案的修改。尤其在流程行业是刚需的应用方式。

⑨ 提供互联网环境下的应用商城以及云边协同架构，实现控制算法工艺包、工业应用软件、工程文件的下载、上传、升级、部署，支持互联网化的扩展生态应用软件、工艺包。支持云端对智能控制器的远程管理，互联网化协同开发。

#### 1.3.2.2 端边云协同的管控一体化技术

随着云计算、机器学习和大数据等IT技术与工业控制领域OT技术的不断融合，工业互联网和智能制造已经成为工业生产的大势所趋。工业互联网使得生产数据可以进行规模化集中存储，实现以前不可能实现的大数据采集和存储，并利用边缘计算、云计算平台等提供的计算能力对这些大数据进行分析，挖掘和优化生产效率，使得现场设备、机器和工厂变得“更智能”。

通过分析ISA95标准定义的PLC/DCS计算机管理与控制系统架构可知，传统的工业自动化金字塔代表了工业控制系统领域的一个典型模型。从传感器到执行器的所有物理设备都处于现场级，用于控制这些现场级物理设备的数据和动作处于第二级，第二级通过使用PLC等物理硬件来控制现场级的物理设备。第三个级别是一个数据采集和监控级别，允许用户通过SCADA系统实现监控工业生产制造过程。MES和ERP系统则分别处于SCADA之上，实现生产制造过程的信息集成和管理等功能。

但是，目前的工业互联网技术并没有对工业管理与控制系统的核心设备PLC做出更进一步的技术变革。PLC设备无法灵活扩展和支持智能化功能，这无疑将会大大限制工业管理与控制系统的智能化发展。传统的PLC/DCS计算机管理与控制系统越来越难以满足工业生产过程不断提升的功能需求，已经几十年没有变化的PLC/DCS架构是否需要改变以及如何改变都是工业管理与控制系统必须面对的问题。

**（1）开放过程自动化架构**

The Open Group是一个全球性联合机构，拥有超过600个会员组织，旨在帮助企业通过技术标准实现业务目标。The Open Group提出了一个新的开放过程自动化架构（O-PAS），如图3-1-8所示。

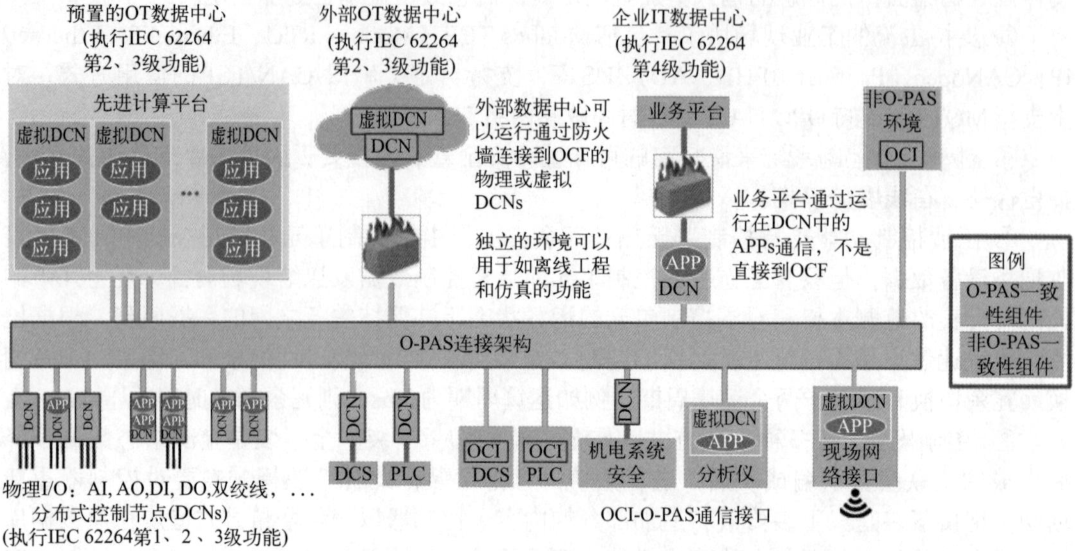


图3-1-8　开放过程自动化系统的架构（O-PAS）

该架构支持的系统主要是由通过O-PAS连接框架（OCF）连接的分布式控制节点（DCNs）组成。分布式控制节点DCN一方面可以作为过程控制器，每台可以控制至少一到两个回路，实际上执行的是过程自动化的微服务，另外也可以不带IO设备，只是作为边缘计算设备使用。先进计算平台是由服务器构成的虚拟系统，当今工厂中所用的任意PLC/DCS系统的HMI功能、先进控制算法的运算功能以及MES的功能，都可以在这一开放型的软件环境下实现。连接架构提供确定性和高质量数据交换的实时环境，定义不同设备间信息流的处理机制，支撑不同设备间的互操作。不符合O-PAS标准的设备（例如PLC/DCS、分析仪等）一方面可以使用OCF通信接口（OCI）进行通信，另一方面还可以通过执行网关功能的DCN介入连接框架进行通信。业务平台可实现企业资源规划（ERP）、材料资源规划（MRP）、产品生命周期管理（PLM）、供应链管理（SCM）和运行在其他IT数据中心的业务系统的基本功能。

**（2）端边云协同的管理与控制一体化技术**

发挥工业互联网平台获取与处理工业大数据的强大能力和应用软件快速开发能力，采用5G、边缘计算、工业云等信息技术和端-边-云协同实现技术，结合基于PLC/DCS的计算机管理与控制系统架构，将工业互联网与基于PLC/DCS的计算机管理与控制系统相集成，形成端边云协同的管理与控制一体化系统。包括：①企业智能化管理与决策系统（内部IT数据中心）；②外部OT数据中心；③生产过程运行管理与控制一体化系统（由智能自主优化控制系统和工业网络系统组成）；其中，智能自主优化控制系统包括：PLC/DCS控制系统、基于工业服务器的智能化边缘控制系统、检测仪表、执行机构、智能感知装置、智能数据采集器等，工业网络系统包括连接架构、设备网、控制网和管理网、5G网络和防火墙等。

企业运行管理与控制一体化系统主要由系统硬件平台与软件平台、制造全流程运行管理与控制一体化应用软件平台和应用软件组成；智能自主优化控制系统中，PLC/DCS控制系统由系统的硬件平台与软件平台，实现工业过程（工业装备）的多个回路控制、设备的逻辑与顺序控制和过程监控的应用软件平台和应用软件组成，基于工业服务器的智能化边缘控制系统由系统的硬件平台与软件平台，实现数字孪生驱动的工业过程（工业装备）运行工况智能感知与识别、可视化监控、预测与回溯等的应用软件平台和应用软件组成；工业网络系统实现工业互联网系统上述各部分的实时互联、互通、互操作。由设备网和控制网组成的工业控制网络、5G网络和连接架构将PLC/DCS控制系统的检测装置、智能数据采集系统和智能感知系统的工业大数据传输到基于工业服务器的智能化边缘控制系统、PLC/DCS控制系统和制造全流程智能化运行管理与控制一体化系统，实现生产与制造过程数字孪生驱动的运行工况识别、智能运行优化控制。通过连接架构、管理网和防火墙将企业智能化管理与决策系统和外部OT数据中心所需的数据和信息传输到上述系统，使之实现企业智能化管理与决策。

① 硬件平台及功能。主要由企业智能化管理与决策系统硬件平台、外部OT数据中心硬件平台、制造全流程运行管理与控制一体化系统硬件平台、智能自主优化控制系统硬件平台和工业网络系统硬件平台等组成。其中企业智能化管理与决策系统硬件平台是云服务器集群，主要由计算服务器、存储服务器、交换机等组成，是系统的硬件资源池；外部OT数据中心硬件平台是数据中心服务器；制造全流程运行管理与控制一体化系统硬件平台是工业服务器；智能自主优化控制系统硬件平台主要包括PLC/DCS控制系统的硬件平台（检测仪表、执行机构、PLC/DCS）、工业服务器、智能数据采集器和智能感知装置；工业网络系统硬件平台包括5G传输装置、工业网络设备、防火墙等。

② 软件平台及功能。主要由基于PLC/DCS的企业工业互联网管理与控制系统的系统软件平台、应用软件平台和应用软件三个部分组成。其中系统软件平台主要由操作系统和数据库等基础软件平台构成，为基于PLC/DCS的企业工业互联网管理与控制系统的应用软件平台提供基础运行环境和平台工具，对于企业智能化管理与决策系统，其系统软件平台中的操作系统主要是企业私有工业云平台，由于企业智能化管理与决策系统需要实现企业闭环决策，因此对私有工业云平台有时间确定性的要求，这是目前云平台并不具备的特性。基于PLC/DCS的企业工业互联网管理与控制系统的应用软件平台是系统的核心，通过基于PLC/DCS的企业工业互联网管理与控制系统的应用软件平台快速构建出基于PLC/DCS的企业工业互联网管理与控制系统的应用软件，不同的应用场景其应用软件平台不同，最终通过基于PLC/DCS的企业工业互联网管理与控制系统的应用软件实现管理与控制功能，不同的应用场景其应用软件功能也不同。

③ 智能化管理与控制应用软件平台及功能。主要由企业智能化管理与决策系统、制造全流程运行管理与控制一体化系统、智能自主优化控制系统等组成。

针对流程型智能制造企业，智能化管理与决策系统应用软件平台主要用于实现企业资源计划与制造执行信息化与智能化应用，为快速构建企业资源计划与制造执行信息化和智能化应用软件提供平台，其核心是企业资源计划与制造执行信息化和智能化低代码开发环境，包括UI界面组态设计、算法全生命周期管理、算法求解引擎、数据采集与集成等组件。制造全流程运行管理与控制一体化应用软件平台是快速构建制造全流程运行管理与控制一体化应用软件的关键所在，为了快速和高效地构建该平台，需要在操作系统层上有制造全流程智能化运行管理与决策一体化开发平台支撑，从而能够通过低代码开发方式实现制造全流程智能化运行管理与决策一体化应用平台，进行智能化应用系统的构建。智能自主优化控制系统核心包括DCS/PLC控制系统和边缘控制系统，其应用软件平台一方面是控制应用软件平台，通过该平台可以快速构建应用软件，实现回路控制、逻辑控制和过程监控；另一方面是基于工业服务器的智能化边缘控制系统应用软件平台，通过该应用软件平台开发面向特定企业和场景的信息化和智能化应用，实现工况识别、运行优化等功能。

针对离散型智能制造企业，智能化管理与决策系统应用软件平台主要用于实现物料资源规划采购、财务管理与控制，利用智能技术手段实现生产资源最优化配置，生产任务和物流实时优化调度、生产过程精细化管理和智慧科学管理决策。运行管理与控制一体化系统应用软件平台主要用于实现订单执行、质量管理互锁和追溯、生产线物流管理，实现生产计划的高效调度，使得生产计划、物料管理等数据实时传送，实现企业内各个生产流程管理与生产的高度协调。智能自主优化控制系统应用软件平台主要用于实现计算机辅助智能制造实时数据交互产线的智能控制等功能。

④ 智能化管理与控制工业应用软件。主要由企业智能化管理与决策应用软件、制造全流程运行管理与控制一体化应用软件和智能自主优化控制应用软件组成，用于实现企业管理与控制的信息化和智能化。企业智能化管理与决策应用软件主要实现企业资源计划与制造执行信息化和智能化，包括ERP、MES、MOM、生产管理信息化；大数据驱动的管理可视化监控、预测和回溯；大数据驱动的生产要素可视化监控、预测和回溯一体化和人机合作的智能化决策等应用软件。制造全流程运行管理与控制一体化应用软件主要实现工况识别、工序协同、管控一体化、运行优化、数字孪生等功能，包括传统RTO、MPC、大数据驱动的运行优化、数字孪生、运行管理与控制智能化等应用软件。智能自主优化控制应用软件主要包括控制应用软件、边缘计算应用软件、数据采集与智能感知软件，控制应用软件主要实现回路控制、逻辑控制和过程监控，边缘计算应用软件主要实现工况识别、运行优化等功能，数据采集与智能感知软件主要实现数据采集与感知功能。

#### 1.3.2.3 云原生大数据平台技术

容器化和微服务化是工业互联网PaaS平台的主流方向，以容器、微服务架构为代表的云原生技术作为底层技术架构，已经逐渐成为工业互联网平台的新引擎。基于云原生技术的工业互联网大数据平台是由微服务、容器、DevOps、服务网络、不可变基础、声明式API等关键技术所构建。

**（1）容器及容器编排技术**

容器编排技术是指管理和协调大规模容器部署的自动化过程。在云原生环境中，通常需要同时运行数十甚至数千个容器实例，因此需要一种机制来自动化管理这些容器，包括调度容器的位置、扩展和收缩容器群集、监视容器的健康状况等。容器编排工具，如Kubernetes，提供了一种集中管理和编排容器的方式。它通过定义容器的部署、服务发现、负载均衡、存储管理等功能，帮助用户轻松管理大规模容器集群。容器编排工具能够自动地处理容器的生命周期管理，确保容器的健康运行，并根据负载和需求进行弹性的部署和缩放。通过云原生容器和容器编排，企业可以实现更高效的应用部署和管理，同时提供弹性扩展和故障恢复能力。云原生容器和容器编排技术为应用程序的快速开发、持续部署和弹性运行提供了强大的基础设施。

**（2）微服务技术**

云原生微服务技术旨在构建和部署具有弹性、可扩展和可持续运行特性的微服务架构应用程序。它是云原生技术的一部分，利用容器、服务网格、自动化管理和持续交付等技术来实现高效的微服务架构，主要包括：

① 微服务架构：采用微服务架构来设计和组织应用程序，将大型应用拆分为一系列

小型、自治的服务，每个服务可独立开发、部署和扩展。微服务之间通过定义的API进行通信。

② 容器化部署：使用容器技术，如Docker，将每个微服务及其依赖项打包成一个独立的容器。容器提供了隔离性和可移植性，使得微服务能够在不同的环境中快速部署和运行。

③ 服务网格：引入服务网格技术，如Istio，以管理和控制微服务之间的通信和流量。服务网格提供了流量管理、安全性、监控和故障恢复等功能，使得微服务之间的通信更加可靠和可管理。

④ 自动化管理：借助自动化工具和平台，实现对微服务的自动扩展、部署、监控和故障恢复。自动化管理减轻了人工管理的负担，提高了应用程序的可靠性和稳定性。

⑤ 持续交付：采用持续交付和持续部署的实践，使得开发团队能够快速地发布新的功能和修复。通过自动化的构建、测试和部署流程，实现快速迭代和持续交付价值。

**（3）DevOps技术**

DevOps不是Dev（开发人员）与Ops（运维人员）的简单相加，而是两者的全新组合。DevOps强调的是如何通过自动化的工具协作和沟通来完成软件的生命周期（开发、测试、运维）管理，从而更快速、更频密地交付更稳定的软件。

云原生微服务技术的好处包括更快的应用开发和部署速度、更高的可扩展性和弹性、更好的故障隔离和恢复能力，以及更高的可靠性和可管理性。它使得企业能够更好地适应快速变化的业务需求和云计算环境，并实现更高效的应用交付和运营。

**（4）无服务架构**

云原生无服务器架构（Cloud Native Serverless Architecture）也称为无服务器计算或函数即服务（Function as a Service，FaaS），是一种基于事件驱动的架构范式，旨在简化应用程序的开发和部署。无服务器架构的主要组成部分是函数（Function），开发者将应用程序逻辑打包为一个个独立的函数。这些函数可以按需响应事件触发，并在高负载时自动扩展以满足需求。在无服务器架构中，开发者只需关注函数的业务逻辑，而不需要担心底层的基础设施管理，如服务器、容器等。云原生无服务器架构提供了一种灵活、高效和经济的方式来构建和运行事件驱动的应用程序，让开发者能够更专注于应用程序的业务逻辑，而不必关心底层的基础设施。

**（5）不可变基础**

云原生不可变基础设施（Immutable Infrastructure）是一种基础设施架构方法，它介绍了一种使用自动化工具进行部署、测试、运行和替换服务的模式。它的核心概念是将基础设施定义为不可变的组件，而不是修改现有组件。在不可变基础设施中，服务以镜像形式打包，这意味着每个服务都是可重现和可部署的部件。每次服务更新时都会构建和部署新的镜像，并将其推送到容器镜像仓库中。无论是在部署还是在维护服务时，不可变基础设施允许开发者和运维人员始终基于镜像更新和管理服务。云原生不可变基础设施使构建和维护基础架构变得更加可靠和简单，它允许服务在整个生命周期内始终保持稳定和可靠。这样对于软件交付和运维来说，都提供了一种更高效的方式。

**（6）声明式API**

声明式API是与命令式API截然不同的一种编程方式。命令式API可以直接向服务器发出执行命令：我要做什么，而声明式API更像是一个指导，明示要执行什么操作：你要做什么。声明式API容许系统不断调整实际状态，直到与期望状态相一致。

#### 1.3.2.4 数字孪生

**（1）数字孪生的技术框架**

数字孪生要映射生产现场的设备的状态和行为，需要在软件中建立相应的镜像对象。如果借鉴面向对象编程的范式，我们需要在数字孪生中设定与设备对应的参数，这些参数包括属性、状态、指令等类型。在这个基础上把这些参数与从设备采集的数据一一对应连接，如果设备的某个运行参数变化了，在相应数字孪生体上也几乎实时地得到反映。这是一个对设备数据梳理的过程，也是工业知识沉淀到软件的过程。

在此之后，我们可以利用算法模型对这些数据进行分析计算，实现对物理实体的行为进行映射。比如，对设备的运行状态进行模式判定或预测，是否属于运行异常、是否符合工艺要求、是否符合能效要求等，如果判定了异常，对异常的根因分析，还有解决的策略，这些会用到机理模型和数据算法的模型。然而，数字孪生体的数据和算法并不是最终的解决方案。最终的解决方案必须把数字孪生体所映射的设备的运行特征和行为作为输入，结合生产运营管理的业务逻辑和生产规则，特别是精益管理的原则和方法论，做出合适的决策，并得以执行。这些逻辑一般可用APP的方式实现。

这就是数字孪生作为一种技术框架体系、作为数字化工业应用架构的中间件的意义：下启物联数据，连接现场，上承工业APP，输送对现场状态和行为的洞察认知，支撑管控现场的决策，如图3-1-9所示。

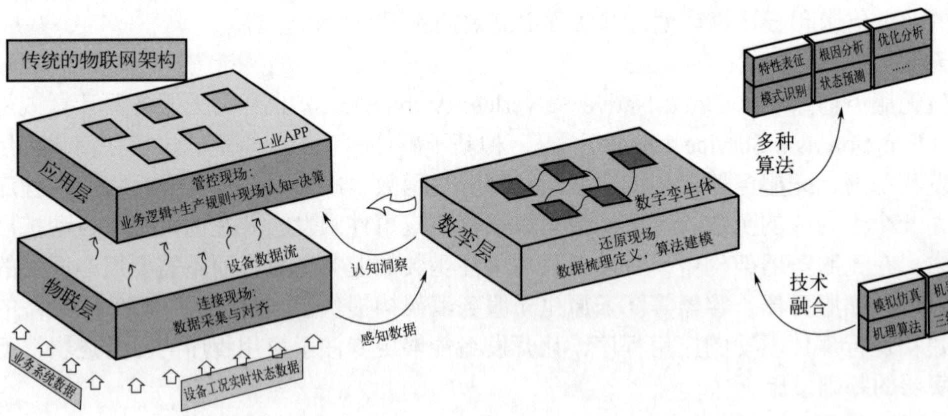


图3-1-9　数字孪生技术框架作为数字化工业应用架构的中间件

数字孪生概念提出以来，国外率先在各自企业原有优势的基础之上将数字孪生应用到其产品中，比较典型的例子包括GE Predix、PTC ThingWorks、西门子Mindsphere、达索3DEXPERIENCE孪生体。

GE Predix是把数字孪生体作为资产和过程的软件表达，用于理解、预测和优化性能以改进业务产出。数字孪生体由三部分组成：数据模型、一组分析方法或算法以及知识。

PTC ThingWorks把数字孪生体作为由物（产生数据的设备和产品）、连接（搭接网络）、数据管理（云计算、存储和分析）和应用构成的函数。因此，它将深度参与物联网平台的定义与构建。PTC公司对数字孪生体的研究侧重于“数字孪生体+增强现实（AR）技术”，让数字孪生体更具有真实感和工作场景感。

西门子公司提出了“综合数字孪生体”的概念，其中包含数字孪生体产品、数字孪生体生产和数字孪生体运行的精准的连续映射递进关系，最终达成理想的高质量产品交付。

“3DEXPERIENCE孪生体”是达索公司给出的一个数字孪生体的新概念，着重强调体验一致性、原理一致性、单一数据源、宏观与微观统一。物理孪生体与3DEXPERIENCE孪生体在功能/性能/逻辑上相互对应。

作为中间件，数字孪生需要结构化地表征物理空间的实体特征，一个好的技术框架的创新性主要体现在以下几个方面：

① 对象化：对象化表征物理实体的属性、状态和行为，提供独立的工业知识沉淀的载体。

② 单元化：封装对象单元组件，支持同类复用、多处复用。

③ 组态化：以简单单元积木式搭建复杂系统。

④ OT化：以设备为核心建立软件组件，使能工业专家的知识沉淀。

⑤ 插件式：以插件方式独立更新。

⑥ 数孪库：建立数字孪生库框架，支持规模化重用复用。

⑦ 多模式：支持多种数据类型，融合多种算法和可视化模型。

⑧ 解耦式：数字孪生与应用业务逻辑分层解耦，保障数字孪生与业务逻辑灵活独立更新。

⑨ 物联性：实现数字孪生与物理世界的双向连接、数据同步。

一个好的数字孪生的方法论和技术框架，有机会建造一种可以有效支持数字化技术和工业知识的融合的技术框架，促进工业知识的沉淀、积累与持续提升，推动生态型工业知识的广泛重用共享。

**（2）数字孪生平台**

数字孪生平台是工业互联网平台的工业数据操作系统和赋能平台。其功能是作为工业数字化技术平台，面向工业生产运营环境，涵盖设备连接、数据采集、实时分析和动态决策与反馈整个过程，简化数字化工业应用的构建、运行和持续改善。

数字孪生平台的架构所抽象解耦的功能通常可以划分为三层，每一层提供一系列专门封装的工具，大部分是图形工具，尽可能简易地解决现场使用的问题，如图3-1-10所示。

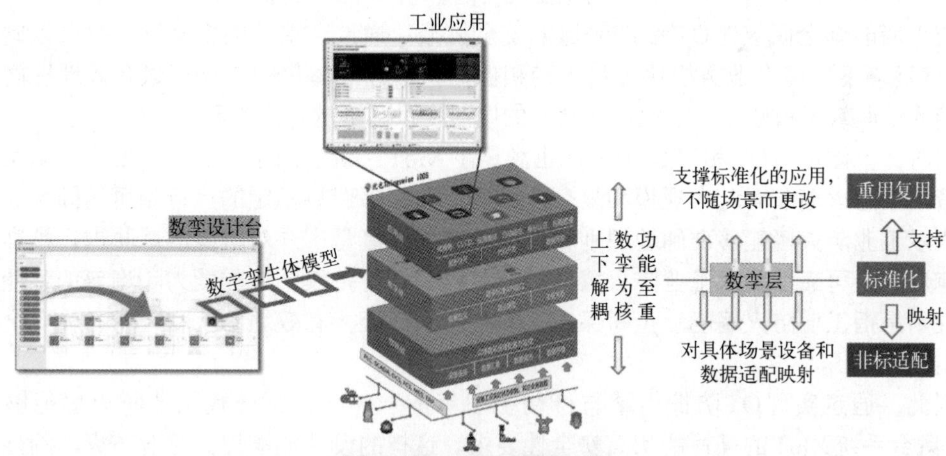


图3-1-10 平台的三层架构（Thingswise iDOS）

① 物联层：解决设备连接、数据采集、预处理和同步对齐的问题；

② 数孪层：解决工业现场数字化表征和还原，工业知识沉淀、复用共享和持续提升的问题；

③ 应用层：解决把算法模型实时计算的结果，结合生产运营管理的业务规则，并融入精益管理的方法论，动态生成管理策略，并加以执行的问题。

数孪层提供标准化的设备和场景结构还原表征、标准化的知识沉淀和复用共享。数孪层与应用层解耦，提供标准的物模型API支持应用调用设备数据和算法，把应用与多变的现场设备环境隔离，增强应用对多场景的适配通用能力。数孪层与物联层解耦，在其间提供数据映射工具，把多源异构的现场数据与标准的数字孪生对齐，保障数孪层的标准化，灵活支持现场的多样化。数孪层与物联层和应用层的解耦，保障了工业知识在数孪层的独立沉淀、提升和复用共享，不受现场的多变性的影响，以及避免与跟物理过程无关的应用业务逻辑产生相互干扰。这样可以让数采、工业专家和应用开发者各专其业、各司其长，相对独立地工作。

每个行业所用的设备类型大同小异，相应的数字孪生体具有高度的通用性，可建立行业数字孪生体包，对具体场景进行适配之后直接使用。我们在平台中提供了数字孪生的图形开发工具，支持工业数据梳理和工业算法构建，提供多级梯的重用复用，数据字典、实体原型、对象实例、数孪库包，支持同类单体数字孪生的重用、跨越场景的复用。

## 1.3.3 工业互联网安全技术

### 1.3.3.1 工业安全防火墙

**（1）技术创新性和突破性**

随着两化融合的发展，工业互联网的建设加速，OT与IT网络的边界扁平化，单OT和单IT的防护能力无法防护现代工控系统的边界，新一代工业防火墙实现了OT与IT的一体化防护功能。

① OT/IT防护引擎一体化。一体化的OT防护引擎与IT防护引擎的结合，使得下一代工业防火墙能够全面应对OT和IT领域的安全挑战。通过一次性的报文解析，可以同时为OT和IT环境下的多个业务模块提供支持和保护。这种一体化的设计可以有效地提高工业防火墙的处理效率和性能，在保证安全性的同时提供高度的可用性和可靠性。

同时，一体化的OT和IT防护引擎也满足了XIoT系统的四个核心特性要求。高可用性意味着工业防火墙在面对大规模和复杂网络环境时能够保持稳定的运行和可访问性。高确定性表示工业防火墙能够准确地识别和处理各类网络流量，并对可能的威胁进行精准的判定和响应。高可靠性要求工业防火墙在工作过程中具备持续的工作能力和稳定的性能。高安全性则是指工业防火墙能够全面保护工业互联网系统，有效地防范和应对各种安全威胁和攻击。

因此，通过实现OT防护引擎与IT防护引擎的一体化，下一代工业防火墙能够满足OT/IT融合系统XIoT的高性能和高安全性要求。这样的设计能够提高工业防火墙的处理效率和性能，并确保工业互联网系统具备高可用性、高确定性、高可靠性和高安全性的重要特性。

② OT/IT防护知识库一体化。现有的防护知识库包括网络入侵特征库、病毒库、应用识别特征库、工控协议解读库、指纹识别库、安全漏洞库和威胁情报库等。然而，由于工业信息安全发展的历程，这些知识库通常是根据信息技术（IT）和操作技术（OT）分别积累的。

随着IT和OT的融合，现在的工业互联网系统成为了一个混杂的系统。攻击者采用的攻击技术和方式往往不明确地划分为IT或OT模式。因此，防护技术也不能将OT防护知识库和IT防护知识库割裂开来使用，否则容易造成防护的绕过和严重的攻击逃逸现象。

这意味着在XIoT系统中，为了有效地进行防护，防护技术需要整合OT和IT的防护知识库。通过将不同领域的防护知识、相关技术和经验进行交叉和融合，可以更全面地识别和阻止不断变化的安全威胁。在XIoT系统中，防护技术需要考虑到网络入侵、病毒攻击、应用层识别、工控协议解析、指纹识别、安全漏洞、威胁情报等方面。这些知识库的整合和综合运用可以帮助防护技术在面对复杂的攻击技术和方式时更加高效和准确地识别和阻止安全威胁。

③ OT/IT防护功能一体化。由于工业信息安全的发展路径不同，IT网络防火墙和OT工业防火墙在功能和应用方面有所区别。

IT网络防火墙主要专注于传统IT网络的安全保护。它的主要目标是保护企业的计算机网络，防止未经授权的访问和恶意攻击。IT网络防火墙通过边界隔离、访问控制、入侵检测和阻止等技术手段，确保网络流量的安全和合规性。它通常针对的是传输层和应用层的网络通信，以保证数据的完整性、机密性和可用性。

相比之下，OT工业防火墙更关注工业控制系统（ICS）和物联网（IoT）设备的安全。它的主要任务是防止对工业生产系统和设备的非法访问、操控和破坏。OT工业防火墙通常通过边界隔离、访问控制、协议过滤和漏洞检测等技术手段，保护工控网络的安全和可靠性。它着重于对实时工业数据、控制指令和关键系统的保护，以防止潜在的操作故障、生产中断和安全风险。

尽管IT网络防火墙和OT工业防火墙在功能和应用方面存在差异，但随着工业互联网的发展和OT与IT的融合，将两者进行整合已成为一种趋势。基于XIoT系统的需求，一体化的防火墙解决方案正在兴起，旨在兼顾IT和OT环境的安全需求。这样的解决方案集成了传统的IT网络安全功能与针对工业控制系统的特殊要求，以提供一体化的安全防护和综合管理。通过整合IT网络防火墙和OT工业防火墙的功能，可以在XIoT系统中实现更全面、综合和高效的安全保护。

**（2）技术未来发展趋势或发展建议**

随着工业网络的快速发展和技术进步，工业防火墙在适应下一代工业网络和应对新的安全挑战方面发挥着重要的作用。其发展方向主要体现在以下几个方面：

① 下一代工业防火墙需要适应新兴的工业网络技术，如时间敏感网络（TSN）、工业以太网、IPv6、5G等。它需要具备对这些新技术的支持和适配能力，以满足工业网络的需求。这包括适应工业网络的扁平化、无线化、软件定义化等趋势，以确保工业防火墙的有效应用和功能。

② 下一代工业防火墙需要更高效地解决OT/IT融合后的XIoT（Extended Internet of Things）系统所面临的安全风险和挑战。相较于上一代工业防火墙仅能部署在封闭的OT网络边界，下一代工业防火墙需要具备部署在OT/IT融合后的XIoT系统的能力。它需要提供全面的安全保护，从OT和IT环境的统一管理，有效应对XIoT系统中的安全威胁和漏洞。

③ 下一代工业防火墙需要与网络安全的新技术相融合，形成新的安全生态。这包括与零信任技术相结合的主动式边界安全访问控制技术、与AI技术相结合的智能工业白名单技术等。这些新技术的应用将为下一代工业防火墙带来更强大的安全能力和智能化特性，提升工控系统的安全性和可靠性。

④ 下一代工业防火墙将体现出针对下一代工业网络的适配能力，并在适应新技术、应对 XIoT 系统安全挑战以及与新安全技术融合等方面取得进展。这将为工业网络的安全建设和保护提供更加全面、高效和智能化的解决方案。

#### 1.3.3.2 工业主机安全

**（1）技术创新性和突破性**

在互联网时代，网络攻击成为了一种常见的威胁，而主机防护则是保护计算机系统免受网络攻击的重要手段，工控主机的安全防护是关乎工业生产安全的重要环节。“白名单”主机防护技术规避了传统防病毒软件导致工控主机运行缓慢、过分依赖升级病毒库等问题，保障安全机制和业务生产长期稳定共存，实现基于业务内生的安全。但当前主流白名单技术依然存在问题。首先，白名单无法确保真的“白”。仅依赖病毒特征以及数字签名评价白程序，存在被高级威胁污染、穿透的风险导致白名单列表中存在威胁。其次，威胁告警无法确保真的“黑”。缺乏业务应用准确识别能力，经常拦截业务应用的执行/更新，误报警较多，需要一线运维频繁做告警信息甄别和处理。

为了高效使用白名单技术，需要维持安全性与易用性的平衡，威努特采用文件信誉度评估机制，从应用普遍性、首次发现、存活时间、数字签名、文件来源、病毒引擎等多个维度对文件进行安全性评估，减少白名单维护的人力投入，形成工业场景下白名单自动化维护机制，帮助企业用户构建安全高效的生产业务运维流程。

① 白名单动态维护技术。如图 3-1-11 所示的白名单动态维护流程主要包括文件变更监测、文件信誉度评估、文件变更响应、可信白名单维护四个环节。

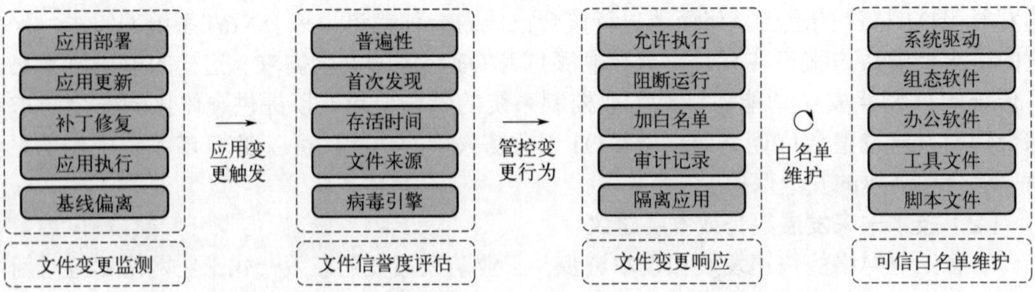


图 3-1-11　基于文件信誉评估的白名单动态维护技术

a. 文件变更监测：通过接管操作系统底层驱动，监测新应用部署、应用版本更新、操作系统补丁修复、应用执行、应用基线偏离等主机应用变更行为；

b. 文件信誉度评估：通过业务合规和安全威胁两个方面，对文件进行多个维度的风险识别和标记，形成文件信誉度的综合评估；

c. 文件变更响应：基于文件信誉度评估结果，形成对文件属性的恶意、非恶意、安全评价，对文件变更行为进行响应，安全文件允许执行并加白，恶意文件禁止执行并隔离，非恶意文件可根据预置规则处理；

d. 可信白名单维护：通过文件变更响应机制，动态维护可信白名单列表，拦截存在安全风险的文件。

② 可见性地应用白名单技术。运用建立的应用程序白名单，即可定义操作系统或者应用程序操作及访问行为，识别出异常及不安全的访问及操作行为，并进行阻断及保护，用于

限定服务或应用程序的定制行为控制描述（Behavior Control Descriptions BCDs）定义哪些行为是允许的，其他所有行为都被限制，比如IIS服务只需要提供最基本的Web服务，不需要调用cmd.exe命令。通过BCDs定义哪些行为被禁止，其他所有行为都不受约束，这样可以限定一般程序对于系统关键信息的修改（比如：并不是所有的程序都需要对外网连接）。

通过对操作系统及应用程序分类定义为独立的程序集，每一个程序集根据实际行为需求设定行为控制策略，根据程序集对应的行为控制策略实现有限的资源访问和行为控制，从而构建出多维度的应用程序白名单识别方法，形成具有充分可见性的应用白名单技术。

**（2）技术未来发展趋势或发展建议**

随着工业互联网的不断发展，物理世界和虚拟世界的界限已经变得越来越模糊。各种新兴技术和应用如AI、云计算、大数据、IoT等深度赋能社会的方方面面，但同时也给网络空间安全带来了更大的挑战。未来，工业互联网安全防护的思维模式将从传统的事件响应式向持续智能响应式转变。

① 未来的工控主机安全防护将更加普遍化，并且会更加注重主动性和智能化。防护的重心将从单纯的被动防护向具有持续性的监测和响应，以及自动化、智能化的安全防护转变。这些新技术可以利用大数据和AI技术，通过不断地学习、识别和分析网络流量中的异常活动，快速检测到潜在威胁并采取相应措施进行拦截，在网络安全方面变得更加敏锐。

② 大数据平台将工业大数据技术和工业云相结合，实现对云端数据和本地数据的采集、分析，并从功能维度进行汇总、查看、统计及处置。这些平台可以实时监视网络流量，并针对大规模分布式攻击进行分析、处理和应对。借助工业互联网的大数据分析能力以及边缘计算能力，能够及时分析工业互联网当前运行状态并预判未来安全走势，阻止安全威胁的持续蔓延。

总之，随着工业互联网的发展，网络空间安全问题也会变得越来越复杂，具备主动性、智能化的威胁检测与安全防护技术将不断发展。未来的工控主机安全防护将更加注重智能化，利用AI和大数据技术快速识别威胁并采取相应措施进行拦截。大数据平台将成为工业互联网安全防护的重要手段，实时监视网络流量，并对大规模分布式攻击进行分析、处理和应对，为工业互联网的安全发展提供可靠的支持。

### 1.3.3.3 工业流量监测与入侵检测

工业流量监测与入侵检测作为工业网络安全的必要组件，起着至关重要的作用。随着工业网络的快速发展和网络化程度的提高，网络安全威胁也变得更加复杂和严峻。因此，仅仅依靠传统的防火墙和网络安全措施已经无法满足工业网络的安全需求。工业流量监测与入侵检测通过监控工业网络数据流量，提供了一种主动的、全面的安全保护机制。

**（1）技术创新性和突破性**

在人工智能技术的应用下，工业流量监测与入侵检测实现了创新性和突破性的发展。随着工业网络的不断数字化和互联化，网络安全威胁也日益严峻，传统的检测方法已经无法满足对新型攻击和未知威胁的应对需求。而AI技术的引入，为工业网络的安全提供了全新的解决方案。

工业流量监测与入侵检测在AI技术的驱动下，克服了传统方法的局限性，实现了从静态、基于规则的检测模式向动态、自适应的智能检测模式的转变。AI技术的核心是机器学习和深度学习，通过对大规模的网络流量数据进行训练和分析，系统能够自动学习正常网络流量的行为模式，并在实时环境下识别和阻止异常流量，从而提高了对新型和未知威胁的检测能力。

① 安全审计。安全审计分为工业协议审计和流量审计两部分。工业协议审计功能以分析业务的通信数据基础，记录主机与主机之间的协议报文，深度解析工业协议，将报文在人机界面上转换为业务信息。流量审计是通过多个维度记录流量速率的趋势，包括基于主机、协议的流量速率趋势，为分析网络攻击提供数据分析。

a. 协议审计：协议审计界面显示当前协议审计内容，包括序号、起始时间、设备名、IP地址、MAC地址、端口、协议类型及详情。协议审计的内容支持通过源/目的设备名、源/目的IP、源/目的MAC、源/目的端口、时间和协议进行检索查询。

b. 流量审计：流量审计界面显示设备最近一段时间内的总流量、设备流量占比和协议流量占比情况，设备流量使用图表展现。在每个设备的详情内容中包括协议占比排行，并可以设置基于时间周期（如小时、天等）的协议占比展示。

协议审计与流量审计结合使用可以对网络中存在的所有活动提供协议审计、流量审计，生成完整记录，便于事件追溯。保障正常生产，对网络数据、事件进行实时监测、实时警告，帮助用户实时掌握工业控制网络的运行状况。

② 攻击取证。攻击取证即在检测到入侵攻击时，将匹配到的攻击报文原始数据包留存起来，并通过SID与数据包对应。通过对攻击报文的分析，定位攻击者的大致地理位置，获取攻击者的习惯、特点，制定更有针对性的安全策略来保护业务系统。攻击取证采取了接口镜像的方式实时提取报文件，在取证接口上连接PC就可以抓取到攻击报文。

同时，工业网络审计与入侵检测系统在检测到攻击的基础上可以提供防御策略建议，完善防御体系，根据监测结果提供防御策略建议，帮助用户构建适用的专属工业控制网络安全防御体系。

③ AI驱动下的入侵检测。AI驱动下的入侵检测系统实现了基于攻击特征库的入侵检测，同时也实现了基于AI技术的威胁检测能力。针对各种威胁场景创新多种算法模型进行高级威胁与未知威胁全面检测，攻关无监督算法异常检测技术难点，支持基于非结构化数据的智能分析与挖掘，发现疑似APT、暴力破解、蠕虫病毒、异常登录、DdoS攻击等高级威胁与未知威胁，完整呈现攻击过程及攻击行为并可联合已知威胁特征库和威胁情报库进行自动威胁判定和溯源，实现基于人工智能的全流量威胁检测与回溯的面向工业互联网的攻击检测与溯源系统。

该系统的检测原理依赖于人工智能技术，如机器学习和神经网络等。此算法体系可让每个用户和设备在网络中建立人工智能行为模型，全面分析不同资产之间的网络流量，并自动发现资产群集，不仅可以检测已知的威胁，还可以发现未知或变种的威胁。

④ 自动学习客户自身的健康行为模式。该模式不依赖于历史攻击样本的特点，使其具备固有的免疫力，能够防范各种攻击的变种和绕过方式。无论攻击采用何种绕过防御的手法，并成功侵入客户的内网，获取C&C服务器地址并采用无法破解的加密算法，系统都能够准确检测其与不常见服务器的通信与控制、其对内网异常端口和设备的访问，以及横向渗透和数据收集的迹象。在攻击被曝光之前，系统能够记录其行为历史，并清晰呈现，为客户提供准确的溯源信息，及时采取措施，以避免损失进一步扩大。

**（2）技术未来发展趋势或发展建议**

在工业互联网的背景下，随着工业系统的数字化转型和互联化发展，各种工业设备和网络之间的连接越来越密集，使得工业网络面临着更多的安全威胁和漏洞。传统的入侵检测系统主要关注计算机系统和通用网络的安全，而对于工业设备和工业网络的安全需求，需要更加专业化和深度化的解决方案。因此，工业网络审计与入侵检测系统的未来发展，必将注重针对工业设备、工业网络和工业流量的深度一致性，其中包括工业设备的智能识别、工业网络分析识别以及工业流量智能分析。

① 工业设备的智能识别。工业设备或资产属性包括名称、厂商、类型、型号、外观形态（导轨、机架、机箱等）、网络属性（MAC、IP、服务端口等）、固件版本、操作系统、应用进程等。工业设备或资产可视化要实现三个层面的可视化：工业设备或资产属性、工业设备或资产与其他设备或资产的网络连接关系、工业设备或资产与其他设备或资产的网络互访行为。工业设备或资产之间网络互访行为包括网络连接、网络会话、流量负载内容如工控操作功能码等。工业设备或资产之间网络互访行为可视化方式支持基于时间维度的趋势图、时序图，基于空间维度的流量成分分布图、访问关系图等。

② 工业网络分析识别。工业网络可视化要实现工业网络边界、工业网络区域、工业网络物理拓扑和逻辑拓扑的可视。在OT/IT融合趋势下，工业网络边界和区域的划分不再仅仅依靠物理连接、VLAN等，还会使用到软件定义网络边界等技术，因此工业网络审计与入侵检测系统要实现的工业网络可视化应该支持软件定义的网络边界可视化技术，比如Overlay网络（比如VXLAN网络、NVGRE网络）、VPN网络、微分段、微分片等，应该支持TSN、IPv6、5G等新型网络。

③ 工业流量智能分析。工业流量可视化技术主要涉及对工业流量协议及载荷进行深度解析与解读，以及基于机器学习/深度学习方法的对流量静态特征和动态特征进行分析统计。下一代工业网络审计与入侵检测系统实现工业流量可视化至少包括基于空间的流量成分分布图（比如工控操作指令类型分布图、操作指令次数或频率分布图），基于时间的流量大小、速率、成分的趋势图和时序图（比如操作指令时序图、操作指令频次趋势图）。

#### 1.3.3.4 工业蜜罐/蜜网

随着工业物联网的快速发展，工业网络安全的重要性日益凸显，并呈现出复杂多变的攻击手段、技术和目的。因此，为了应对不断变化的风险和威胁，工业安全领域需要动态防御策略的保障。工业控制系统协议标准不统一，设备之间存在高耦合度，这使得攻击面变得复杂。传统的安全技术和工具通常只能提供有限的信息，难以检测针对工业控制系统的高级恶意行为以及深入了解攻击者的详细行为和意图。此外，在评估和测试工业网络安全时，难以在不影响生产业务的情况下进行，而工业蜜罐/蜜网的出现解决了这一问题。

工业蜜罐/蜜网是一种特殊的主动防御安全设备，旨在诱使攻击者入侵并攻击，以便企业能够监测、识别和分析攻击者的行为和手段。

**（1）技术创新性和突破性**

随着大数据、云服务等技术的不断发展和创新，工业网络安全技术也在不断更新和升级，以应对越来越复杂的网络攻击。传统工业蜜罐/蜜网技术已经不能再满足当前需要。目前工业蜜罐/蜜网技术在交互能力和部署成本方面都取得了显著的提高，使其能够更好地满足大规模、实时和全面的网络安全需求，并更好地应对各种类型的攻击。

① 高交互式工业蜜罐/蜜网。根据系统允许与攻击者交互的深度，蜜罐/蜜网可分为低交互、中交互与高交互。目前多数产品型蜜罐/蜜网属于中、低交互，它们通常只能模拟一些小型服务，不会向攻击者提供对操作系统的访问，因此容易被攻击者察觉。

相较于传统的工业蜜罐，高交互式工业蜜罐/蜜网具有更强的实时交互性能和更真实的模拟工业控制系统环境能力。通过模拟工业控制系统的网络组件、控制对象和安全环境，允许攻击者与正常工业设备进行交互，攻击者无法分辨真实工业控制系统和高交互式工业蜜罐/蜜网之间的区别，从而将他们的攻击策略和技术暴露出来。

高交互式蜜罐/蜜网能够提供更多的信息和洞察力。通过更为真实的互动，攻击者可能尝试使用新的漏洞、工具和技术来攻击蜜罐。这使得高交互式蜜罐具备识别和研究新型攻击的能力。在攻击发生时，蜜罐会详细记录攻击者的行为，包括攻击流量、输入的命令、传输的恶意代码等。这些记录有助于安全专业人员分析攻击者的意图、策略和技术，进一步提高对攻击行为的认知水平，并采取相应的防御措施。

高交互式蜜罐/蜜网不仅用于监测和侦测攻击行为，还有助于提高攻击者的成本。攻击者必须花费更多的时间和资源来与蜜罐进行交互，并试图深入了解蜜罐的真实性。这种阻碍攻击者的策略有助于减少实际网络的攻击活动，保护正常的生产环境和敏感信息。

② 虚拟云蜜罐/蜜网。真实的蜜罐/蜜网设备部署需要工业企业具有专业的安全人员，维护的成本较高。由于目前云服务的不断发展，蜜罐/蜜网可以通过采用Docker技术、云服务以及软件定义网络（SDN）技术（如Mininet）等虚拟化解决方案来模拟整个操作系统和网络结构。它可以通过分布式的云计算资源将多个虚拟蜜罐/蜜网部署在云端，构建了一个覆盖范围更广、对攻击者更具吸引力的攻击场景。

虚拟云蜜罐/蜜网克服了传统蜜罐技术需要占用大量物理资源的问题，降低了设施的成本。而云计算平台往往具备资源池化和动态分配的特点，可以按需调配计算、存储等资源以满足蜜罐/蜜网运行所需的计算能力和存储容量。

虚拟云蜜罐/蜜网基于云计算，其部署过程简单，可以快速搭建和管理。在云平台提供的统一管理界面中，安全专业人员可以对其进行集中式监控和管理，搜索、过滤和分类攻击数据，同时也可以通过REST API接口进行自动化任务的编排，实现自动化管理。

虚拟云蜜罐/蜜网还具有良好的可重复性，因为其可以方便地制定并实现重要安全演练任务，这有助于组织培训工作人员进行响应和缓解安全事件和数据意外情况，改善其应对能力和处理能力等。

③ AI下的工业蜜罐/蜜网。目前深度学习和人工智能等前沿技术不断发展，工业蜜罐/蜜网可以与收集的威胁情报信息相结合，利用AI技术对攻击者的行为和攻击方式进行深入的分析和预测。

通过对海量数据的学习和处理，工业蜜罐/蜜网可以模拟真实的设备和系统，吸引攻击者并记录攻击行为。AI技术可以利用这些数据进行训练和学习，识别攻击模式和行为特征。通过AI算法的应用，工业蜜罐/蜜网可以实时监控网络流量、数据交换和用户行为，以及检测和预警潜在的攻击。

AI技术还具有自适应的安全保护能力。工业蜜罐/蜜网可以不断收集和更新攻击数据，将这些数据用于AI模型的训练和改进，可以动态地调整和优化自己的参数，以适应新的攻击形式和威胁，使得蜜罐/蜜网不仅具备了主动防御和反制的能力，而且使得它可以自适应地响应和应对新的攻击技术和手段，从而提高了安全防御的鲁棒性。

AI技术可以进行精细的攻击识别和分类，将攻击行为进行细化分类。传统的安全策略往往只能较为笼统地对抗攻击，无法精确区分不同类型的威胁。工业蜜罐/蜜网与AI技术结合可以通过分析攻击数据和行为特征，将攻击进行细致分类，并对其特定的威胁性标志做出相应的响应。这种精细化的分类能够提供更精确和针对性的威胁处理策略，提高工业蜜罐的安全性和防御能力。

**（2）技术未来发展趋势或发展建议**

工业蜜罐/蜜网技术作为一种重要的工业网络安全手段，将继续在未来得到广泛应用和发展。随着物联网、大数据、云服务的不断发展，工业蜜罐/蜜网未来也将逐步发展为更加智能化、虚拟化、共享化的安全产品。

① 智能化和自适应蜜罐/蜜网。随着人工智能和机器学习的不断发展，未来的工业蜜罐/蜜网技术将变得更加智能化和自适应。蜜罐/蜜网设备将能够自动识别和学习新的攻击模式和漏洞，从而更好地保护工业系统。此外，它还可以自动应对攻击行为，例如自动隔离和阻止攻击者的访问。

② 云端和虚拟化蜜罐/蜜网。未来的工业蜜罐/蜜网技术将更加关注云端和虚拟化部署。通过将蜜罐/蜜网设备部署在云端环境中，可以更轻松地监测和分析大规模的攻击数据，提高效率和可扩展性。同时，使用虚拟化技术可以减少对物理设备的依赖，并提供更灵活和可配置的蜜罐/蜜网环境。

③ 工业物联网的整合。随着工业物联网的迅速发展，工业蜜罐/蜜网技术将与工业物联网相结合，提供更全面的网络安全保护。它可以监测和保护与物联网设备和传感器相连的工业网络，防止针对这些设备的攻击。此外，它还可以为工业物联网设备提供实时的安全分析和反馈，以及及时修复潜在的漏洞和风险。

④ 攻击行为分析和情报共享。未来的工业蜜罐/蜜网技术将更加注重对攻击行为的分析和情报共享。通过深入分析攻击者的行为模式和攻击手段，可以更好地了解当前的网络安全威胁，并针对性地采取防御措施。此外，建立起工业蜜罐/蜜网技术的情报共享平台，可以提高行业内各个企业的网络安全水平，共同应对网络攻击的威胁。

⑤ 蜜罐/蜜网技术与可视化。未来的工业蜜罐/蜜网技术将更加注重与数据分析和可视化技术的结合。工业蜜罐/蜜网技术不仅仅是收集攻击者的行为数据，还能通过数据分析算法和可视化工具，将这些数据转化为有意义的洞察力和情报。通过对攻击数据的深入分析，安全专业人员可以识别出攻击的模式、趋势和特点，从而更好地了解攻击者的行为和威胁。

总的来说，工业蜜罐/蜜网技术的未来发展趋势将集中在智能化、云端和虚拟化、工业物联网、攻击行为分析与情报共享、可视化等方面。为了促进工业蜜罐/蜜网技术的发展，需要加强标准化与合规性、提供培训与教育、加强合作与协作、强化日志记录与分析能力、注重用户体验与易用性、持续创新与研发以及加强法律保护与规范。这将有助于提升工业蜜罐/蜜网技术的安全性、可用性和应用范围，为工业系统提供更全面的网络安全保护。

### 1.3.3.5 工业互联网安全管理平台

工业互联网安全管理平台是以工业资产的集中管理、安全策略的集中管控、安全事件的集中分析、安全问题的集中处置为核心，基于大数据模型和架构，提供普渡模型中Level1 ～ Level4层工控资产的安全管理能力，为工业企业解决工控资产安全管理、日常安全监测、安全巡检、安全事件分析、安全响应处置、安全事件回溯等安全运维需求。主要内容如下：

a. 工业资产的集中管理。工业资产安全状况的模糊不清是机构工业资产安全管理的主要痛点，因此，工业资产识别是工业资产的集中管理的基础，一般通过主动识别和被动识别两种模式满足不同网络条件下的工业资产识别需求。

通过对工控网络中的控制设备、安全设备、网络设备和主机系统等各类资产的统一管理，实时监视网络和资产的运行状态、健康状态和安全状态，并以图形化的形式集中展示出来，实现工业资产的集中管理。

b. 安全策略的集中管控。安全策略的集中管控主要是针对工控网络中安全设备的安全策略统一管理，包括：安全策略模板配置、安全策略统一下发、安全策略变更可视等。工业互联网安全管理平台作为安全管理的统一入口，具备设备状态监控、安全策略配置和下发、软件升级和授权、安全事件收集和处置等管控能力。通过工控网络中安全设备的多区域管理及跨地域级联管理能力，解决机构面临的多种安全设备带来的安全管理分散问题，提升机构日常安全运维效率。

c. 安全事件的集中分析。集中分析主要是通过对工业互联网安全管理平台管辖范围内资产和设备运行状态、网络链路、安全状况进行监测，通过整合多维安全事件监测数据，利用安全事件关联分析引擎对大数据量级的各维度安全数据进行实时关联分析，发现更复杂的、更具价值的威胁事件，并实现威胁事件的回溯分析。

综上，工业互联网安全管理平台贯穿工控资产识别与管理、工控安全防护策略管控、工控网络安全监测、工控网络安全分析回溯、工控安全事件响应处置整个安全管理闭环体系，是工控安全管理不可或缺的一环。

**（1）技术创新性和突破性**

工业互联网安全管理平台引入了先进的安全技术，实现对工业设备和网络的全面保护。它提供了一体化的安全管理和防护解决方案，覆盖工业网络的各个层次和环节，包括网络边界防护、主机防护、应用安全和数据安全等。然而，随着工业互联网安全管理平台的不断演进，对于各环节的风险量化和分类管理变得尤为重要。根据攻击发现后资产和任务的影响程度，平台使用先进的风险评估模型和算法，将风险分为不同的等级，以便针对不同的风险级别采取相应的安全措施。因此，为了在工业互联网安全管理平台中提供全面且可靠的风险评估和响应支持，可以使用工控网络安全健康指数评估技术和基于任务树的业务影响评估技术。

① 工控网络安全健康指数评估技术。针对工控安全态势的分级评估是为了对工业互联网安全管理平台进行有效的风险量化和分类管理。而为了实现这一目标，工业互联网安全管理平台采用了工控网络安全健康指数评估技术。通过工控网络安全健康指数评估技术，工业互联网安全管理平台可以对工控网络的合规性和风险状况进行量化评估，并基于评估结果进行分级管理。这有助于企业在工控网络安全领域做出科学决策，优先处理高风险和非合规的网络部署，提高网络安全水平和响应能力。

如图3-1-12所示的工控网络安全健康指数评估技术，其方法包括以下几个关键步骤：

a. 获取合规指数参数。从网络系统中的主机终端以及网络边界和通信网络中获取相关的合规指数参数。这些参数可以包括系统的安全配置、补丁管理情况、账户权限等，用来评估系统是否符合安全合规标准。

b. 获取风险指数参数。获取资产的漏洞风险指数参数、威胁风险指数参数和资产的业务价值评分参数。漏洞风险指数参数可以通过扫描系统中的漏洞数据库或其他漏洞评估工具得到，威胁风险指数参数可以根据资产所面临的威胁情报和风险情况进行评估，而业务价值评分参数可以由业务部门提供或基于资产的重要性来评估。

c. 计算合规指数。通过对主机终端和网络边界的合规指数参数进行计算，得出网络安全的合规指数。这个指数可以反映系统是否符合安全规范和合规要求。

d. 计算风险指数。根据资产的漏洞风险指数参数、威胁风险指数参数和业务价值评分参数，计算网络安全的风险指数。这个指数可以评估系统面临的风险程度。

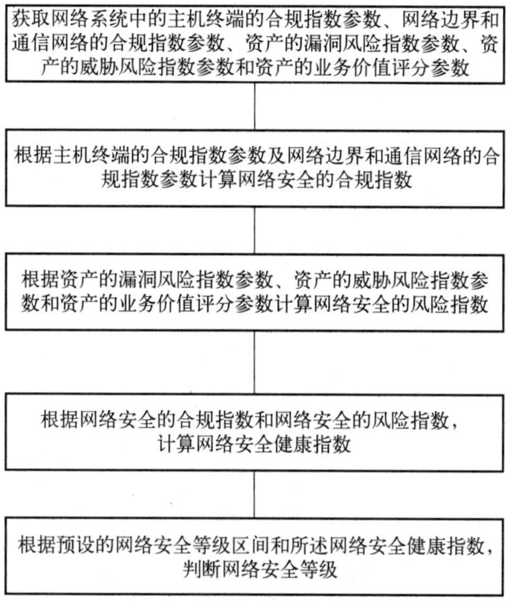


图 3-1-12　工控网络安全健康指数的计算流程

e. 计算健康指数。综合合规指数和风险指数，计算出网络安全的健康指数。这个指数综合考虑了系统的合规性和风险情况。

f. 确定安全等级。根据预设的网络安全等级区间和网络安全健康指数，判断网络安全等级。根据具体的安全等级，可以制定相应的风险管理策略和措施。

② 基于任务树的业务影响评估技术。为了实现对工业企业生产任务进行全面的分析和量化评估，确定正在受到攻击影响的资产或工作任务，识别恶意攻击对企业生产的潜在影响。工业互联网安全管理平台采用了基于任务树的业务影响评估技术。

基于任务树的业务影响评估技术利用树形结构来计算攻击对工业生产任务的影响。每棵任务树由一个工作任务构成，其中包含了具体的工业控制系统网络和相关资产。如图3-1-13所示，任务树分为三种不同类型的节点：资产节点、聚合节点和工作任务节点。用资产节点表示工业系统中的具体资产，如物理设备、工控设备等。用聚合节点表示具体资产的影响程度。工作任务节点代表了工业生产任务的具体工作。

通过基于任务树的业务影响评估技术，工业互联网安全管理平台可以构建具体的攻击树，分析恶意攻击对工业企业生产的影响。这有助于企业在发生网络攻击时，了解攻击的具体影响范围和程度，从而采取相应的应急响应和恢复措施，保障工业生产的正常运行。并且可以帮助企业更好地了解潜在的威胁和风险，优化安全决策和资源分配。这种综合性的评估方法能够提供针对业务影响的量化分析，帮助企业制定安全策略、优化网络防护措施，并及时应对和恢复从网络攻击中产生的业务中断和损失。

**（2）技术未来发展趋势或发展建议**

随着工业互联网的迅猛发展，工业互联网安全管理平台正在向云端化、智能化和集成化的方向不断发展。云端技术的应用可以为工业互联网安全管理平台提供更高效、更灵活的安全管理方案。智能化管理则能够利用人工智能、大数据等先进技术，提高安全管理的效率和准确性。工控安全管理系统的集成化可以管理更多类型的安全设备，打破厂商间的兼容性壁垒，并且能够和其他企业级系统进行集成，实现统一的安全管理，提高整体的安

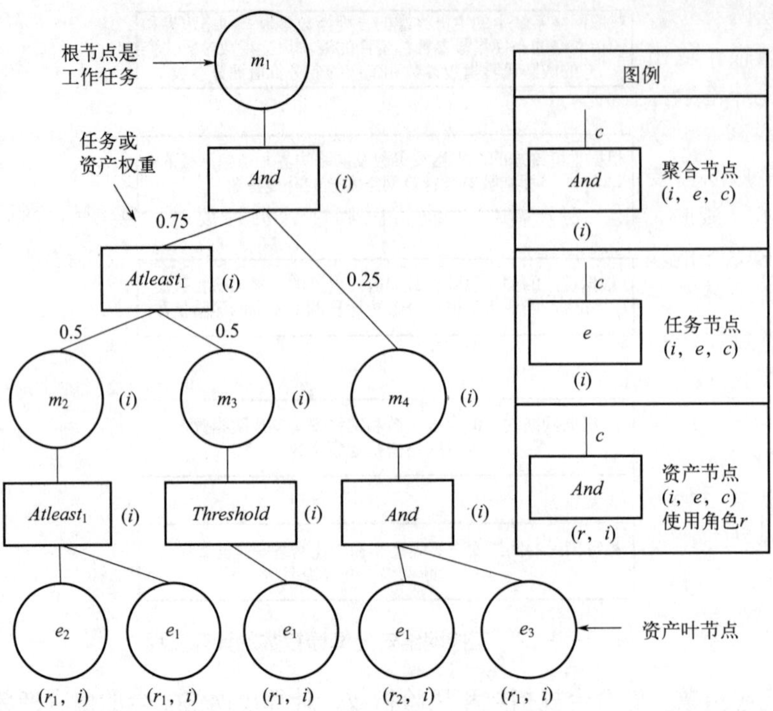


图 3-1-13 利用任务树评估可疑活动对工控系统业务的影响

全防护能力。这些应用可以让工业互联网的安全管理更加完善、高效，从而更好地保护和维护工业网络的安全。面对层出不穷的安全威胁和攻击手段，未来的工业互联网安全管理平台应该进行以下改进策略。

① 强化实时监测和响应能力。随着工控系统的复杂性和连接性的增加，实时监测和响应能力变得至关重要。未来的工业互联网安全管理平台应该具备高级威胁检测和分析功能，能够实时监测异常活动，并快速响应和应对潜在的威胁。

② 加强漏洞管理和补丁管理。工控系统中的漏洞是攻击者入侵的一个重要入口。未来的工业互联网安全管理平台应该提供全面的漏洞管理和补丁管理功能，能够自动扫描和识别系统中的漏洞，并及时提供相应的补丁和修复方案。

③ 支持自动化安全控制。随着工业自动化的发展，未来的工业互联网安全管理平台应该能够与自动化系统集成，实现自动化的安全控制和响应。例如，通过与工控设备和传感器的集成，实现自动化的安全事件检测和响应。

#### 1.3.3.6 工业互联网安全态势感知

工业互联网安全态势感知源自网络安全态势感知中面向工业互联网的安全监测与防护。工业互联网的安全发展是网络安全“云、大、物、移、工”细分领域发展的一个重要组成部分。工业互联网安全态势感知伴随着工业互联网融入技术的发展以及动态防御在工业互联网场景中的需求融合，成为工业互联网安全态势感知的主要动力。工业互联网安全态势感知技术能够提高安全威胁识别和响应能力、改善系统运行和可靠性、保护重要数据和资产安全并且促进合作和信息共享，为工业互联网系统提供了全面的安全保障，使企业在数字化时代中更具竞争力和可持续发展力。

工业互联网安全态势感知可以作为一个信息共享平台，帮助不同组织之间更好地合作和交流安全情报、攻击事件和安全最佳实践。通过分享经验和知识，组织能够共同对抗威胁，并共同提升整个行业的安全水平。

工业互联网态势感知需要从业务场景出发，从不同场景来定义安全和业务之间的关系，对于安全威胁需要从业务视角看待威胁在侵入后对业务的影响来分析，需要综合应用人工智能技术、威胁情报、资产测绘、业务影响性分析等技术，实现包含业务资产管理、基于ATT&CK ICS的攻击链分析、基于业务影响的攻击形态分析、漏洞管理与业务影响分析、基于业务场景的安全策略的编排和处置等安全综合运营平台。

**（1）技术创新性和突破性**

随着互联网的不断发展和工业互联网的普及，工业互联网安全态势感知也在不断演进和进化。为了应对日益增长的安全威胁和攻击，工业互联网安全态势感知已逐步过渡到综合立体化的感知能力。为了实现这一目标，工业互联网安全态势感知结合了工业协议深度解析技术、威胁检测技术、攻击溯源技术和大数据分析技术等先进技术。这样的综合感知能力能够实时监控和分析工业网络中的流量、日志和设备行为等数据，以识别安全威胁和异常行为，并进行有效的响应。通过不断升级和优化这些技术，工业互联网安全态势感知能够提升工业网络的安全防护能力，保证工业系统的稳定、可靠和安全运行。

① 工业协议深度解析技术。工业协议深度解析技术是指对工业协议进行精准的DPI深度报文解析，主要应用于工业互联网安全态势感知技术中，能够梳理出人、资产、业务之间的关系，用一个经过梳理、有逻辑关联性的知识库来训练算法，让算法更加精准。

目前，工业协议深度解析技术主要应用于工业互联网安全态势感知技术中，通过采集工业互联网的流量、资产、日志、告警、安全处置数据和第三方数据，利用统计分析和数据挖掘等方法，分析工业互联网的网络行为及用户行为，识别能引起工业互联网态势变化的安全要素，从而展示整个网络的当前安全状态，并预测未来发展趋势。

② 威胁检测技术。为了提高网络安全的水平和防护能力，工业互联网安全态势感知领域将各种新的技术和方法不断应用。其中，基于行为和机器学习的威胁检测方法已经成为了重要的研究方向和实践应用。

基于行为的威胁检测方法通过分析网络流量、系统日志等信息中的行为模式和规律，可以有效检测和识别未知的威胁和攻击行为。这种方法具有较高的灵活性和智能性，能够适应不断变化的威胁形态和攻击手段。它不依赖于特定的威胁情报或已知的攻击签名，而是通过分析和学习网络与系统中的行为模式，能够发现新型的、未知的威胁和攻击行为。这种方法的优势在于它可以检测到那些尚未被标识和归类的攻击，从而提供了一种主动的、预防性的安全措施。

基于机器学习的威胁检测方法是通过训练机器学习模型，使其能够学习和理解正常的网络流量和系统行为模式，从而能够高效地检测出异常的流量和行为。这种方法利用大数据和算法来构建模型，通过分析数据的特征和模式，能够快速识别潜在的威胁和攻击行为。它可以检测到一些未知的威胁和攻击行为，即使这些行为没有明确的签名或先前的记录。这使得它在应对新型威胁和零日攻击方面表现突出。并且，通过不断地训练和更新模型，机器学习算法可以自动适应和适应不断变化的威胁环境，提高检测的准确性和及时性。此外，该方法还可以减少虚假警报，因为它能够学习识别正常的网络和系统行为，从而能够更好地区分异常和正常行为。

③ 攻击溯源技术。攻击溯源技术是通过收集和分析攻击事件的各种证据，包括日志、网络数据包、磁盘镜像等，以及识别网络流量中的IP地址、域名、数据包等信息，来追踪攻击者的位置和来源，揭示攻击背后的黑手，还原攻击发生的顺序和过程，并建立攻击链路，找到攻击者入侵的路径和方法。

攻击溯源技术可以应用于网络安全领域，帮助企业和组织发现黑客攻击和其他网络攻击的源头和攻击者，保护企业资产和信息安全。攻击溯源技术也可以用于识别恶意域名和钓鱼网站，并及时采取相应的安全措施，以保护用户的信息和资产安全。

**（2）技术未来发展趋势或发展建议**

随着工业互联网规模和复杂度的增加，工业互联网安全态势感知的未来发展需要采用多维度数据采集和分析、大模型技术与态势感知融合，以及态势感知与处置自动化协同等技术和方法，实现实时响应和自愈能力，以及通过人机协同和可视化展示等方式帮助用户更好地理解和掌握安全态势，并做出相应的决策和行动。

① 大模型技术与态势感知融合。大模型的应用在工业互联网态势感知场景中具有诸多优势。大模型拥有更多的参数和更复杂的结构，使其能够更好地拟合数据，并具有更强的学习能力。这对于处理复杂多变的工业数据是至关重要的。并且大模型能够处理更大规模的数据集，从而能够更好地发现数据中的规律和模式，并具有更好的泛化能力。在工业互联网场景中，数据量通常非常庞大，使用大模型能够更充分地利用这些数据进行分析和挖掘。此外，大模型还可以充分利用更多的计算资源和硬件资源，加速数据处理的速度和准确性。因此，将大模型技术应用于工业互联网态势感知场景，将提高工业系统的整体性能和效率。

② 态势感知与处置自动化协同。自动化协同可以降低安全运营人员的工作强度。然而目前已经有了一些自动化技术可以应对一些已知的安全威胁，但是这类威胁往往只占所有安全威胁的一小部分。对于大量的未知或复杂的威胁，仍然需要人工介入进行分析。这主要是因为自动化技术还存在一定的局限性，不能完全替代人类专家的判断和决策。设备之间的集成能力确实是自动化的一大挑战。很多安全设备厂商为了保护自己的利益，往往将自己的设备设计成封闭的系统，这给不同设备之间的联动和信息共享带来了困难。要解决这个问题，需要厂商和用户共同努力，打破设备的封闭性，实现设备的互通和信息的共享。自动化技术就像导航系统，它可以根据用户的目标和当前的路线，为用户规划出一条最合适的路线，并引导用户到达目的地。这个需要自动化协同手段具备学习和适应的能力，能够根据用户的需求和环境的变化做出相应的调整。

## 1.3.4 工业人工智能新技术

### 1.3.4.1 数字孪生驱动的生产与制造过程工况感知与运行优化控制技术

**（1）生产与制造过程的数字孪生技术**

建立生产与制造过程的数字孪生平台，需要协同不同尺度生产与制造系统的运行的静态和动态特性。传统的针对特定层面对象的建模方法难以反映出全局联动的内涵。需要将系统辨识方法与机器学习相结合，研究物流、能量流、价值流交互的生产与制造过程智能建模算法，执行机构与检测装置的数字孪生算法，生产指标与工艺参数和生产与制造过程与设备的数字孪生算法，以及端-边-云协同的复杂工业系统的数字孪生算法。

**（2）生产与制造过程工况感知与识别技术**

复杂生产与制造过程工况变化频繁且存在未知干扰，难以采用基于机理模型的方法进行工况识别。在实际生产中，运行工况（异常、正常非优、优化运行等）的感知与识别依靠知识工作者凭经验和知识识别，易出现不及时、不准确的难题。为了实现工况的智能感知与识别，需要利用运行中产生的大数据，将机理分析与机器学习相结合建立生产与制造过程的数字孪生算法，研究数字孪生驱动的工况感知与识别算法。

智能感知与工况识别系统利用工业互联网将人工化验相关的控制系统输入输出数据、反映运行工况的音视频等多源异构工业大数据汇聚，采用工业人工智能技术，实现人工化验的工艺参数实时预测和运行工况智能感知、预测和异常工况溯源。

**（3）生产与制造过程运行指标与生产指标的智能预测与回溯技术**

运行指标与生产指标的预测与回溯对于工业过程（设备）运行优化和生产制造全流程全局优化具有重要的作用。由于复杂工业生产过程中物质流、信息流、能量流相互影响，物理化学反应过程状态难以检测和观测，反应机理不清，动态特性随交互过程发生变化等，复杂生产制造过程往往是阶次未知的复杂非线性系统。只有将自动化、计算机、通信等计算资源与工业系统的物理资源深度融合与协同，利用生产与制造过程的控制系统的特性，将机理建模、系统辨识与大数据驱动的深度学习相结合，研究运行指标与生产指标的智能预测和回溯算法。

**（4）复杂生产与制造过程智能运行优化控制技术**

复杂生产与制造过程的运行优化控制涉及复杂动态系统的非凸优化科学难题，需要将建模与控制、优化与预测相结合，机器学习与优化算法相结合，研究复杂生产与制造过程智能运行优化控制算法。

高性能智能自主控制技术通过大数据驱动的智能感知与工况识别系统，智能感知生产条件的变化，自适应决策控制回路设定值，使回路输出跟踪设定值，实现运行指标的优化控制；对运行工况进行实时可视化监控，及时预测异常工况；当异常工况出现时，通过自愈控制和自优化控制排除异常工况，实现安全优化运行。

全流程多工序协同优化控制技术通过智能感知与预测多工序的运行指标（表征产品质量、产量、消耗、成本、排放的工艺参数）实际值，自适应优化决策各生产单元的运行指标目标值，使生产单元的自动化系统跟踪运行指标目标值，自主学习与自优化，实现全流程多工序协同优化控制。

### 1.3.4.2　大数据驱动的生产要素智能处理技术

集中式企业管理与决策信息化系统（ERP和MES）向分散式大数据驱动的生产要素数据采集、数字孪生、可视化监控、预测、回溯、决策一体化系统发展的关键是研发大数据驱动的生产要素数据采集、数字孪生、可视化监控、预测、回溯、优化决策智能算法。具体研究内容如下：

**（1）工业大数据的采集与处理算法**

工业制造流程产生大量的工业数据需要集成和存储，需要确保信息采集的实时性、精确性和延伸性，这就要求研究大容量数据的预处理与存储算法。由于工业中存在各类型的工业协议，而且各个自动化设备与系统的生产企业和集成商开发了各种私有的工业协议，需要研究工业协议的高效转换算法。对于传输所需带宽巨大的高清视频等数据，需要研究高速可靠的网络传输算法，以及数据采集和传输过程中的数据安全与算法安全。

（2）大数据驱动的生产要素的数字孪生算法

大数据驱动的生产与制造过程的生产要素（设备、产品质量、安环、能耗与物耗、碳排放）的数字孪生在产品与工艺设计和生产与制造过程的管理与决策的信息化与智能化发挥着重要作用。这就需要将生产要素的工艺与管理的物理资源与大数据驱动的人工智能技术、先进计算机技术、工业互联网技术相结合，研发大数据驱动的生产制造过程的生产要素（设备、产品质量、安环、能耗与物耗、碳排放）的数字孪生算法。

（3）数字孪生驱动的生产要素可视化监控算法

运用计算机图形学和图像处理技术与生产要素的数字孪生相结合，以图形或图像的方式显示生产要素的动态变化过程，并通过显示界面使管理者清楚直观地了解生产要素的动态变化，对于实现生产要素管理的智能化具有重要作用。这就需要将生产要素的数字孪生与生产要素的管理功能、图像处理技术、人机交互技术、软件技术相结合研发改进与提升管理者对生产要素管理能力的可视化监控算法。

传统的生产过程监控系统采用PLC/DCS控制系统，操作人员只能在控制室对生产过程的控制信息进行监控。远程移动可视化监控系统通过工业互联网采集工业大数据，实现生产过程要素的数字孪生、可视化监控、预测与回溯，实现控制系统性能的可视化监控。操作者和专业人员无须亲临环境恶劣的工业现场，随时随地通过其他终端如智能手机远程监控和操作工业过程控制系统，实现无人值守和移动决策。同时，方便地利用本地和云端的高性能软硬件资源对生产过程进行优化、控制与决策，保障其运行安全和优化。

（4）大数据驱动的生产要素智能预测与回溯算法

生产要素的动态特性变化预测和产生动态变化的因素回溯对于实现生产要素的管理与优化决策具有重要作用。需要将生产要素的数字孪生、可视化监控与其机理特性、运行条件、环境参数以及工业领域知识相结合，研究生产要素未来的状态变化趋势（包括设备状态、产品质量、安环状态、能耗与物耗、碳排放情况等）的智能预报算法和生产要素相关的相关事件或特定状态的成因溯源算法。

产品质量数字孪生、可视化分析、预测与回溯：汇聚产品质量相关的可见光图像、光谱图像、质量检测数据、设备控制参数等数据进行产品质量数字孪生，实现产品质量缺陷可视化分析和在线检测；对影响产品质量指标的因素进行分析，通过质量智能预测，提前掌握工序质量指标和变化趋势；对生产全流程质量数据、原料供应商质量信息和售后产品质量管理信息等及时进行查询和关联分析，跟踪产品在其生命周期中流转的全过程，当发现产品质量异常或物料质量异常时，采用数据驱动的贡献图和重构等方法进行快速正向、反向回溯来实现采、销、生产中的缺陷定位及原因分析，包括产品生产线信息回溯、产品工序质检人员回溯。

（5）大数据驱动的生产要素智能化管理与优化决策算法

生产要素的智能化管理与优化决策涉及企业管理层、生产制造运行层和生产制造控制层的决策与控制问题；涉及不同的时间尺度和空间尺度，多冲突目标，如产品质量与效率指标尽可能高、能耗与物耗和成本指标尽可能低，而且生产制造过程的动态特性发生频繁未知变化，其信息处于不完全不确定的开放环境中；涉及非凸与非平稳动态优化的科学难题，这就要求将生产要素的数字孪生与可视化监控、预测与回溯和智能优化相结合，与生产要素的管理与决策功能相结合，研究大数据驱动的生产要素智能化管理与优化决策算法。

① 设备在线与远程智能运维管理与决策。以设备安全和优化运行为目标，在设备运行状况智能感知与识别和设备运行工况数字孪生、可视化分析与识别、预测与回溯的基础上，生产企业实现人机合作的智能巡检，设备停机、消耗性备件更换决策等，具体是：a.利用移动终端、地理信息和设备履历信息，自动推送待检设备；b.建立移动终端自录入的巡检业务系统，运用移动终端来减少设备诊断流程及现场设备运行管理；c.建立智能化喷注润滑系统；d.基于增强现实技术的智能点检与保养。设备生产厂商通过跨企业工业互联网实现远程智能运维管理与决策，根据设备运行工况或负荷等量化部件劣化程度，预测剩余寿命，实现视情维护；利用设备剩余寿命信息，设备运维管理部门与采购部门联动来实现以保障生产和库存最小为目标的离线检修计划决策和备件管理智能决策。

② 产品质量异常处理智能决策。产品质量发生异常变化或预测出异常趋势时，进行调整控制参数、维护生产设备等决策，推送决策信息，使相关生产人员及时处理，保证产品质量满足要求。

③ 能耗管控与生产管控的协同优化决策。目前生产管理与控制和能耗管理与控制采用不同的系统分别进行。例如耗能超限，能耗管控系统采用停机等手段保证用电量符合要求，造成不必要的停机和损耗。利用工业互联网，实现能耗管控与生产管控的协同优化，在满足企业总能耗和产品交货期要求的前提下优化不同耗能设备的能源分配和计划排产，例如：a.在对能耗物耗精准分析的基础上，以满足产品交货期、生产能耗、产品质量与产量等优化为目标，制定生产计划；b.监控与预测当前单元设备能耗，与本企业其他产线或其他单元的生产联动实现生产节奏的节能优化。

④ 经济效益指标和碳排放指标协同优化决策。以实现经济指标和碳排放指标目标值优化为目标，优化生产链与供应链，实现能源分配和物资调配与生产计划与调度的智能协同优化决策。

### 1.3.4.3 决策与控制集成优化技术

工业互联网驱动ERP/MES/PCS三层结构向智能自主控制和人机互动与协作的管理与决策智能化系统两层结构的决策与控制一体化系统发展，实现人机互动与协作的管理与决策智能化系统和智能自主控制系统一体化集成，包括三个层面的决策与控制一体化集成。

① 设备运行管理与控制一体化集成：智能自主控制系统实现生产条件和设备运行状态智能感知和工况识别，以实现设备安全优化运行为目标，自适应决策控制系统指令，在频繁干扰和工况变化的情况下，控制系统仍然能够很好地跟踪控制指令，保证设备安全可靠优化运行。

② 生产全流程运行管理与控制一体化集成：人机互动与协作的管理与决策智能化系统获取生产全流程多单元运行状态信息，以生产指标优化为目标，优化决策各工业过程智能自主控制系统的运行指标，生产全流程中各工业过程的智能自主控制系统随决策指令协同运行，实现生产全流程运行管理与控制一体化集成。

③ 企业资源计划、生产计划与调度和运行管理与控制一体化集成：人机互动与协作的管理与决策智能化系统利用工业互联网对市场信息、生产条件实时感知，智能感知物质流、能源流和信息流的状况，自主学习和主动响应，以企业全局优化为目标，自适应优化决策企业综合生产指标、全流程生产指标和运行指标；智能自主控制系统根据优化决策的运行指标协同运行，实现企业资源计划、生产计划与调度和运行管理与控制一体化集成。

# 1.4 应用情况

## 1.4.1 在离散制造业中的应用

### 1.4.1.1 智能控制器技术应用

东土科技在汉诺威工业博览会上发布了我国自主研发的智能控制器操作系统、工业控制软件及硬件产品。在离散行业，东土科技智能控制器针对视觉+控制融合应用的场景提供了自主可控创新性的一站式解决方案。智能控制器内置高性能多核心处理器，支持GPU/NPU扩展，为应用提供大算力支撑。智能控制器中预装Intewell操作系统，通过高实时虚拟化技术在一台硬件上运行桌面系统环境如Windows/Linux，用于运行机器视觉、数据库、MES、仿真等应用，以及同时运行若干个实时系统，用于产线或工作站机台机构的逻辑控制、运动控制，各个实时系统之间，以及实时系统与桌面系统之间互相隔离。智能控制器已经在智能制造产线、工业机器人、能源行业、过程控制行业、工程车辆控制、轨道交通等多种工业场景中成功应用。

案例一：刀片视觉检测工作站。在工作站中采用了一台加装GPU的智能控制器，配置8核心处理器，配置英伟达专用显卡为视觉分析提供强大算力支撑。系统通过EtherCAT连接伺服驱动器控制相机云台快速调整相机的位置，通过一套分布式I/O，配置DI、DO等接口连接现场的传感器、按钮、气缸、开关等设备。边缘控制器预装了Intewell操作系统，在Intewell上同时运行了Windows10和一个实时系统。Windows10系统运行机器视觉检测刀片的外形和尺寸，运行HMI软件提供人机交互能力，装置中配置一个显示屏幕，配置USB的鼠标键盘即可实现操作员站功能；实时系统通过MaVIEW组态实现装置的多轴运动控制和逻辑控制任务；Windows10和实时系统之间采用共享内存方式交互，实现视觉业务和实时控制业务的数据高速实时交互通信。

案例二：机床柔性自动上下料工作站，采用桁架式或六关节工业机器人实现对两台或三台数控机床进行工件自动上下料。工作站包括一套多轴桁架机构或六轴工业机器人，用于识别工件的视觉系统、原料库及成品库机构、抓手机构，以及一套智能控制器及分布式I/O系统。东土科技使用一套智能控制器整合传统方案的机器视觉工控机、机器人控制器及工作站总控的PLC控制器，应用Intewell操作系统的虚拟化，在一台智能控制器上同时运行一个Windows桌面系统处理机器视觉，一个实时系统处理机器人控制，一个实时系统处理产线逻辑控制。为了保证视觉分析的算力基础，把八核心处理器的六个核心分配给Windows，一个核心用于机器人控制的RTOS，一个核心用于做工作站总控的逻辑控制RTOS。

在离散制造领域，除了视觉检测工作站、机床自动上下料工作站场景外，智能控制器的应用领域还包括视觉分拣工作站、视觉柔性拆码垛工作站、视觉引导装配工作站、机器人移动工作站等场景。

另外，在移动工程机械场景中，应用智能控制器还可以打造智能自动驾驶工程机械，使用一套智能控制器系统整合原有的自动驾驶工控机、车载PLC控制器，在一台智能控制器上同时运行一个Linux系统做自动驾驶，一个实时系统做车载逻辑控制。自动驾驶业务通过以太网连接IP摄像头，分析处理后通过共享内存方式与车载PLC控制之间交互数据，由车载PLC控制通过CAN总线连接车辆的各个ECU实现车辆控制。这样的部署方式可以减少设备数量，减少设备安装空间要求。应用案例包括自动摊铺机、压路机、环卫清扫车等。

#### 1.4.1.2 数字孪生技术应用

以优也的Thingswise iDOS工业数字孪生系统为例，它的数据操作系统已经在能源、工艺与质量、设备管理等应用领域研发和落地了多个工业应用和解决方案；也有不少客户利用这个系统开发了他们自主研发的工业应用。这些实践初步验证了Thingswise iDOS工业数据操作系统在面向对象这个编程范式技术框架下的数字孪生的技术落地。未来需要更多的生态伙伴一起来完善产品并推进数字孪生和工业的数字化发展。

**（1）降低能源资源浪费成本的价值**

上海优也信息科技有限公司在钢铁和热电行业的能源智能导航系统，采用数字孪生技术对全工序能源介质数据进行实时映射，构建跨工序协同优化模型和秒到分钟级实时计算，即时应对异常与波动，基于角色智能推送调节策略，实现以单位小时成本最小化与利润最大化的能源整体平衡，为企业带来5% ～ 10%的能源消耗降低，并实现从事后管理、靠人调度到实时决策、自动协同计算的管理模式的转变。

**（2）提高已有产品良率的价值**

在钢铁和有色行业中，针对材料质量过程管控系统，通过搭建材料产品本体的动态数字孪生体，实现全流程跨时空跨系统的数据实时匹配，通过对工艺执行的监控、比对、分析和判定，实现质量过程管理数字化全追溯，快速识别偏差、持续开展控制与操作优化，不断提高材料产品制成质量与成品精度，为基础材料的高质量、高规格发展提供数字化支撑。

### 1.4.2 在流程制造业中的应用

#### 1.4.2.1 端边云协同的电熔镁生产过程PID 整定智能系统

端边云协同的PID整定智能系统，是将工业互联网的端边云协同技术与PLC控制系统相结合，采用系统辨识与自适应深度学习技术，建立了端边云协同的PID控制系统，并成功应用在电熔镁生产过程中。其中数据采集与传输装置通过交换机和无线网络（如5G）将闭环控制下的被控过程的输入输出等大数据传输到云-数据服务器，将边-PID控制器参数整定系统整定的最优控制器参数传输到端-PLC控制系统校正PID控制算法的比例、积分和微分参数，云-PID控制过程数字孪生系统以实际被控对象的输入作为孪生模型的输入，使模型输出与被控过程的实际输出一致。

该系统在某电熔镁生产厂中电熔镁炉控制中成功应用，解决了电熔镁炉控制过程中最优设定值求解与设定问题，取得显著的节能减排效果，相较于常规PID控制系统产品产量提高了4.98%，单吨能耗降低了4.90%。

#### 1.4.2.2 端边云协同的磨矿过程运行控制智能系统

端边云协同的磨矿过程运行控制智能系统将工业互联网与工业过程控制系统相结合，采用系统辨识与深度学习的方法，建立由云-运行控制过程数字孪生模型、边-过程控制系统设定值智能控制模型和自校正机制组成的端边云协同的工业运行控制智能系统，控制系统设定值智能控制模型产生控制系统优化设定值，数据采集与传输装置通过交换机和无线网络（如5G）将运行控制过程的输入输出等大数据传输至云-数据服务器，将控制系统设定值智能控制模型产生的控制系统优化设定值传输至端-PID控制系统，PID控制系统的输出跟踪优化设定值。

该系统在某选矿厂的高压辊磨机控制的应用，解决了皮带传输系统电流、进出料仓料位、高压辊磨左右辊间压力、阀门开度等生产过程变量的频繁波动，导致操作工凭借经验和知识难以及时准确地给出控制回路设定值的问题。运行控制智能系统与人工运行控制相比，显著降低了动定辊电流和返矿比与目标值的误差，并将动定辊电流和返矿比控制在目标值范围内，辊磨效率提高了4.5%，辊磨电耗降低了约13.4%。

#### 1.4.2.3 基于端边云电熔镁砂生产用电需量协同的多步预报与智能决策系统

基于端边云电熔镁砂生产用电需量协同的多步预报与智能决策系统，将工业互联网与电熔镁砂用电量需求预报过程相结合，利用电熔镁砂生产过程熔化电流闭环控制系统方程建立了由线性模型和未知非线性动态系统组成的需量多步预报与智能决策模型，将系统辨识与深度学习相结合，提出基于端边云电熔镁砂生产用电需量协同的多步预报与智能决策系统，实现对电熔镁砂用电量需求的智能决策，避免因用电需求高峰造成拉闸断电，保证电熔镁砂生产平稳连续进行。

该系统在某电熔镁生产厂中电熔镁砂群炉生产用电需量上的应用，解决了电熔镁砂生产过程中避免用电需量尖峰造成的不必要的断电的问题。与基于支持向量机、极限学习机和循环神经网络的用电需量多步预报方法相比，均方根误差$RMSE_i$降低了51.86%，平均绝对百分比误差$MAPE_i$降低了0.24%，上升趋势预报准确率$TPR_i$提高了10.22%，下降趋势预报发$TNR_i$准确率提高了14.22%，预报精度明显提高。

#### 1.4.2.4 端边云协同的氧化铝生产过程苛性碱浓度智能预报方法

端边云协同的氧化铝生产过程苛性碱浓度的智能预报与智能决策系统，将工业互联网与氧化铝生产过程相结合，在分析苛性碱溶液浓度控制过程动态特性的基础上建立了由线性模型和未知非线性动态系统描述的苛性碱浓度预报模型，将参数辨识与自适应深度学习相结合，提出端边云协同的氧化铝生产过程苛性碱浓度的智能预报与智能决策系统，从而控制氧化铝生产过程中苛性碱的浓度更好地跟随需求量要求。其中端–运行控制的数据采集系统采集氧化铝生产过程中的数据，边–边缘控制器执行苛性碱浓度在线智能预报模型，云–数据服务器和人工智能计算平台执行苛性碱浓度自校正深度学习模型。

该方法在某氧化铝生产厂中氧化铝溶出系统的应用，解决了氧化铝溶出系统机理不清，难以建立数学模型，只能依靠运行工程师凭经验和知识决策加碱流量控制系统设定值的问题。使用端边云协同的氧化铝生产过程苛性碱浓度智能预报方法与人工运行控制的氧化铝溶出系统相比苛性比值合格率提高了4.13%，氧化铝溶液的溶出率提高了0.11%，汽耗降低了16.9%，产品质量即氧化铝含量提高了3.69%。

## 1.5 发展建议

### 1.5.1 技术发展建议

**（1）发展自主可控的工业互联网系统技术和工业人工智能关键算法**

将加速实现我国制造业数字化、网络化、智能化的自主可控的工业互联网系统和工业人工智能作为实施制造强国的原创性引领性科技攻关任务，集中优势资源，攻克工业互联网系统和工业人工智能领域关键核心技术，使我国在工业互联网和工业人工智能领域的基础研究、前沿技术研发、产品开发和工程化应用处于国际领先水平。

**（2）建立跨行业跨领域数字化治理及安全体系技术专项**

研究工业知识图谱技术；研究多源大数据融合分析技术，并制定相应的数据标准规范和建立完善的数据安全保障体系；研究多源异构统一的数据采集与交换，满足跨企业制造数据、业务数据、基础数据、主数据、数据标准化、数据质量等数据存储及管理，提供实时或离线数据分析计算，满足数据模型、服务、工具等的应用开发支撑；研究数据隐私保护与应用，数据安全共享与管理、数据安全防护等技术，保障数据在跨企业集成、交互等过程中安全可控。

**（3）面向多场景的工业资源/能力/产品智能软件及APP研发与产业化**

提供大数据驱动的生产要素一体化与智能化管理平台软件工具；研发能够兼容多软件框架、满足工业不同场景实时性要求的工业操作系统软件、高兼容性编译软件；研发面向多源异构数据、支持流批融合的数据库管理软件；研发面向跨行业跨领域应用的通用中间件软件；研发面向异构系统的互操作框架、软件集成框架、评估框架等互操作软件。

### 1.5.2 人才培养建议

加快培育产教融合及复合型工业互联网领域人才培育。健全企业、高校、研究所对跨行业跨领域工业互联网系统建设所需的综合型人才联合培养机制、考核机制，大力培养和引进跨行业、跨领域复合型人才；深入实施专业技术人才知识更新工程，围绕工业互联网等产业重点领域组织实施高级研修项目，培养高层次、急需紧缺专业技术人才；鼓励探索人才培养新模式，建立健全成果导向型和创新导向型人才激励机制，推动建设突破性创新型工业互联网高端人才队伍。

### 1.5.3 政策建议

**（1）加快推进政策的完善与落实，促进实现领域、行业互联互通**

推动创新资源集聚，建立科学、长效的投资机制，从多渠道加大对跨行业跨领域工业互联网系统产业的投资力度，促进通过工业互联网系统实现领域、行业互联互通，形成广泛、深入、成体系的发展路径。集产、学、研、用等各方力量推动应用软件与工业互联网系统的融合发展机制，充分发挥工业互联网系统在跨行业、跨领域的连接引领作用和对新一代应用软件生态体系的基础培育作用。

**（2）加快行业、领域互联互通标准研究，加快推动数据产业立法**

持续推进由各领域领军企业组成的工业互联网国家创新中心的融合发展，进行行业、领域互联互通的关键技术研发与标准制定，构建完善的工业互联网大数据获取、共享和使用机制，制定健全工业互联网大数据相关法律法规，推动政产学研用全面合作，从体系建设、融合应用、产业生态和行业监管等角度，加快开展国家、行业和团体标准研制工作，加强完善跨行业、跨领域工业互联网数据融合安全标准、技术评价标准、工业标识解析体系等。

本章负责人　**丁进良、卢绍文　东北大学流程工业综合自动化全国重点实验室**

# 第2章　工控安全技术

## 2.1　绪论

### 2.1.1　工控系统与工业互联网

工控系统（Industrial Control Systems，ICS）是指用于自动控制和监测工业生产过程的各种控制设备、软件和通信系统的总和。它们涵盖了控制器（如PLC）、传感器、执行器等核心组成部分。工控系统是工业设施中实现过程自动化、资源优化和质量控制的基础，广泛应用于能源、制造、化工、电力、水处理等行业。

工业互联网（Indutrial Internet of Things，IIoT）是基于网络的工业信息技术，是利用物联网（Internet of Things，IoT）、云计算、大数据和人工智能等新兴技术，增强工业设备和系统的智能化、互联性和协作能力。工业互联网将工控系统、智能设备和信息系统通过互联网进行连接，实现设备间的实时数据交换、智能决策和远程控制等功能，进而推动生产效率的提升和资源的优化配置。

工控系统是工业互联网的核心组成部分，是实现智能制造和工业自动化的基础。通过集成工控系统的控制层和通信网络，工业互联网能够提供全面的数据采集、远程监控、预测性维护、智能决策等能力。在这一过程中，工控系统不仅承担了传统的生产控制任务，还成为了工业互联网架构中的关键数据源和执行单元。

#### 2.1.1.1　工控安全与工业互联网安全

随着工业互联网的发展，传统工控系统所面临的安全威胁日益增多，安全问题成为亟需解决的关键挑战。工控安全技术主要是指保护工控系统免受网络攻击、数据泄露、系统故障和设备损坏等威胁的技术和措施。它的核心任务是确保工业过程中的设备和控制系统在执行过程中保持机密性、完整性和可用性。

在工业互联网环境下，由于工控系统与互联网的深度融合，传统的工控安全技术面临着更复杂的安全挑战。这些挑战不仅仅局限于工控系统本身，还包括数据传输、设备间的互联互通和智能设备的网络安全等问题。因此，工业互联网安全技术必须包含工控安全技术的基本要求，并在此基础上扩展到网络层面、数据层面和应用层面的综合安全防护。这意味着，工控安全技术已经成为工业互联网安全技术的重要基础，并且随着工业互联网的不断发展，二者的边界愈加模糊，逐渐形成一个综合的安全防护体系。

尽管工业互联网安全技术涉及更广泛的领域，但工控安全技术始终是其中的核心组成部分。工业互联网安全技术不仅继承了传统工控安全技术的基本理念，还在此基础上进行了扩展和深化，覆盖了更加复杂的安全需求。因此，工业互联网安全技术可以看作是工控安全技术的自然延伸和完善。

工控安全技术与工业互联网安全技术在核心目标和基本框架上是一致的。在工业互联网环境下，工控安全技术的作用不仅没有减弱，反而更加重要。工业互联网的基础设施和应用正是建立在传统工控系统的基础之上，工控安全技术的核心任务依然是保障设备、系统与控制过程的安全。

工业互联网安全技术是在此基础上，针对更复杂、更广泛的网络连接、数据传输和跨域协作的需求，进一步扩展和补充的。它涵盖了工控安全技术中的设备、控制、网络安全等要素，同时加入了云计算、数据安全、身份认证等更广泛的内容。因此，工业互联网安全技术是对工控安全技术的全面覆盖，并在此基础上进行了纵深防御与综合优化。

综上所述，随着工业互联网技术的持续演进，工控安全技术将继续作为工业互联网安全架构的基础，深度融合到工业互联网的各个层面。未来，工业互联网安全技术将更加智能化、自动化，并结合更多前沿技术，如人工智能和大数据分析，以更高效、更全面地应对不断变化的安全威胁。同时，随着网络环境和生产技术的不断发展，工控系统的安全性将持续得到增强，特别是在跨域协作、云平台和边缘计算等新技术的应用下，工控安全技术的作用将更加重要。未来的工业互联网安全技术将不仅仅是工控安全技术的扩展，而是两者深度融合的体现。通过更加智能的安全防护机制、全方位的安全体系建设，工业互联网安全将成为全球制造业安全保障的基石。

#### 2.1.1.2 工业互联网在核心领域的广泛应用

工业互联网技术在智能制造领域中的应用构建了便捷、灵活、广泛适用的网络服务环境，满足行业发展需求，控制工业互联网成本。我国工业企业的研究人员在建设工业自动化通用技术平台时取得了很多成果。研究人员通过IAP技术搭建了异构环境的控制软件，增强了应用软件操作系统的开发力度，使工业互联网能更好地为智能制造系统提供服务。互联网可以将智能制造系统控制器内的有效信息传递到信息传输系统中。工业互联网的应用充分发挥了数字技术的潜力，并对各行各业的发展产生了积极影响，为我国产业的优化升级创造了良好条件。大数据分析是互联网产业发展的基础，与物联网技术融合有利于打破数据孤岛，实现数据信息系统的整合，为工业企业的发展创造业务价值，并带来新的商业模式。对于工业互联网的科学分析，需要进一步揭示其在智能制造中的作用，解决行业发展问题，打破行业和技术发展的障碍，并推广和研究互联网通信标准，实现数据互通的标准化，提高工业企业之间的流程管理效率。

制造业作为我国国民经济的支柱产业，在经济发展中起到了至关重要的作用。然而，随着全球化和科技进步的不断推动，传统制造业供应链面临着许多挑战和问题。这些问题既包括内部的工作效率和成本控制，也涉及外部的信息安全性保障等方面，严重制约了我国工业制造的智能化发展进程。通过工业互联网和区块链技术的融合和拓展，可实现新兴信息化技术在供应链中的数据共享、业务流程优化、成本降低、协同效率提升和可信体系建设等方面的作用。攻克自主关键核心技术，探索基于工业互联网+区块链的供应链管理模式创新，推进工业制造供给侧结构性改革，加速工业产业高质量发展，已经成为当前工业发展的有效路径。参照国家工业互联网技术架构及相关标准，基于工业互联网和区块链的供应链管理服务平台采用工业互联网+区块链的分层云-微核心架构，即分层架构、云架构、微内核融合的架构，如图3-2-1所示。

我国在安全生产与隐患排查治理工作中所采用的信息化水平是较为先进的，然而存在一些信息系统间相互独立，未形成全面互联的应用模式等方面的问题。发展基于工业互联网平台的安全生产创新应用，是适应现代企业发展与数字化管理体系建设的新趋势。在

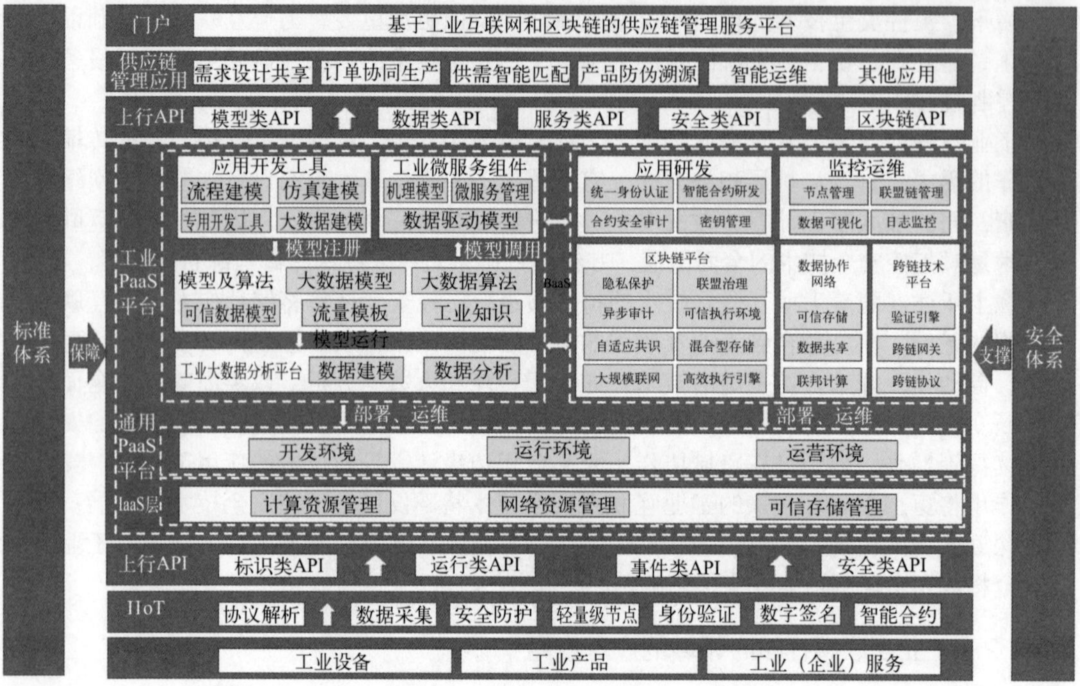


图 3-2-1　平台技术架构

安全生产领域，工业互联网主要提供数据管理相关的服务，部分工业互联网平台通过构建“人、机、物”互联的安全生产管理体系，为企业提供了安防、火灾、矿山等安全监测。现有的工业互联网平台在面向化工、制药、煤炭、电力、钢铁等行业构建了完善的平台功能体系和服务体系，实现全要素、全产业链、全价值链的连接。工业互联网的大数据分析能力为安全生产提供了辅助决策的支撑能力，是工业互联网与安全生产深入结合方面富有价值的探索。

以轨道交通为例，轨道交通装备制造体系是我国高端装备制造领域在全球轨道交通装备市场中的核心竞争优势，推动了新兴产业的快速发展，制造业未来的角力点围绕着数字化、网络化、智能化。工业互联网在质量管理体系的质量管控、质量追溯等关键模块有助于数字化转型升级。质量管理数字化是以质量管理业务流程和数据为基准，围绕质量管理经营活动提供数据化决策支撑能力的过程，最终实现数据驱动质量管理的持续提升，加速企业经营管理的数字化转型。基于工业互联网的质量管理数字化支撑应用体系搭建是基于PaaS平台架构的系统支撑体系，其主要利用边缘层多种通信协议能力，实现多源数据的接入，引入卫星、3G/4G网络、Internet网络等多种传输方式为一体的传输能力，实现数据的集中传送。在IaaS层提供服务器、存储、虚拟化等多样化能力支撑，确保数据的统一存储与管理能力。在PaaS层，整合大数据工具与组件、应用开发交付、轨道交通微服务组件等云服务，集成数据存储、数据库、计算框架等通用PaaS平台能力形成基础PaaS平台，为质量管理数字化应用提供能力支撑；SaaS以质量管理需求为基础，搭建覆盖供方质量管控、生产过程质量管理、服务质量管控、产品质量追溯等相应应用能力。系统架构框图如图3-2-2所示。

当前，发展数字经济已成为我国把握新一轮科技革命和产业变革新机遇的战略选择，对推动构建新发展格局、建设现代化经济体系等具有重要作用。各行各业的工业数据“爆

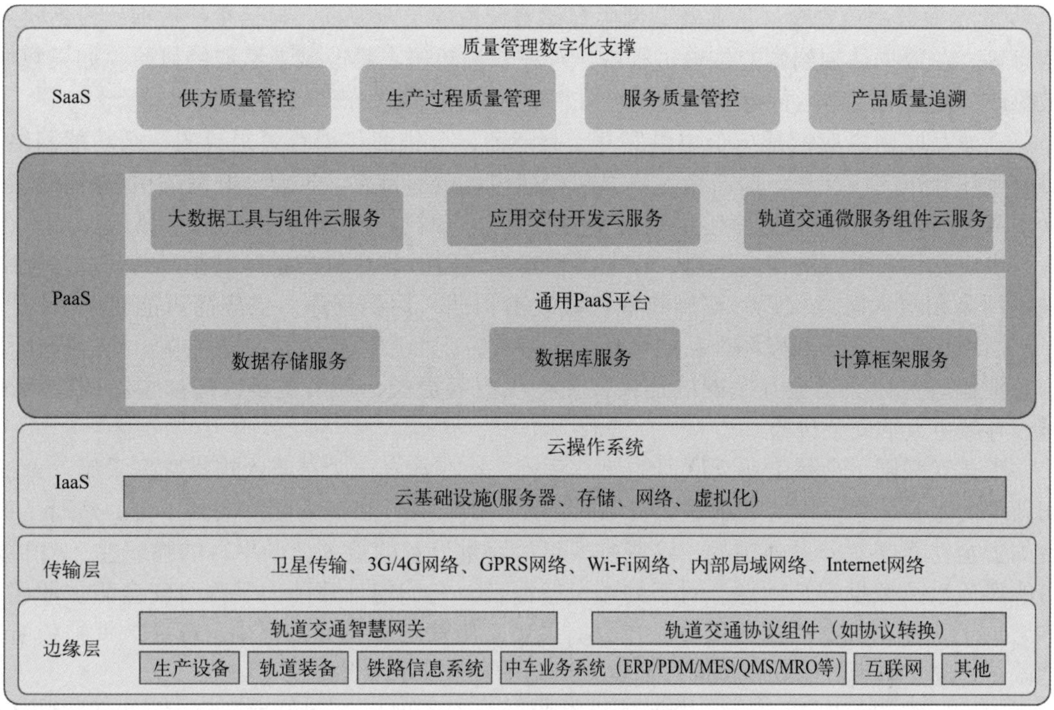


图 3-2-2　系统架构框图

发式增长”，智慧城市作为数字经济中最热门的话题，也随着数字经济的发展持续进化。工业互联网以数据闭环为核心，以业务场景为驱动，实现海量工业数据的高效集成与管理，解决海量工业数据资源孤立、分散等问题，已成为我国数字经济发展的“新引擎”。如通过工业互联网技术，实现道路交通信号灯、公交车、停车场等协同作业，并与民生结合，推出市民卡、市民网、智慧公交等。

### 2.1.2　工业互联网所面临的安全威胁

从工业互联网诞生起，安全问题就如影相随。它具有广泛的威胁对象和攻击类型，风险因素复杂，攻击模式多样。广泛的互联导致了更多的攻击路径，不完善的管理和标准体系导致协同防护不足，企业责任意识淡薄导致安全防护薄弱。信息侧安全的老问题没有解决，信息物理融合的新问题又不断引入进来。因此，必须明晰工业互联网安全威胁的特点，以应对未来的挑战。

与传统工业系统相比，“云边网端”结构在为工业转型升级和产业创新发展提供重要支持的同时，也面临着复杂的安全挑战。以下是一些存在的安全隐患：

① 广泛的端点连接：工业互联网涉及多个端点设备的连接，这扩大了整个系统的攻击面。每一个连接的设备都可能成为潜在的安全漏洞，攻击者可以通过这些设备入侵系统或者获取敏感信息。

② 棕色地带存在：工业互联网中存在大量“老化”或者“过时”的工业设备，这些设备在连接到网络时会引入新的安全风险。这些设备可能没有得到及时的安全更新和修补，易受到已知的漏洞和攻击手段的威胁。

③ 工业数据流安全：工业互联网中存储着大量的工业数据，包括生产数据、设备状态信息等。在数据从端到端的传输过程中，存在着被攻击者篡改或者截取的风险。如果数据被篡改，企业的正常运行可能会受到严重影响，甚至导致生产事故或数据泄露。

工业互联网供应链是一个由供应商、制造商、分销商和消费者组成的复杂功能网络，具有全球分布的广泛性、覆盖全生命周期和结构复杂的特点。工业互联网的供应链环境包含多种不同功能的产品，使得供应链变得复杂，同时也带来了更多的安全风险。从攻击者、供应商和需求方的角度来看，存在各种安全风险。恶意攻击者可以在产品开发过程中进行污染和植入恶意代码，实施物理拦截攻击和插入后门程序。供应商可能泄露机密信息、滥用大数据分析或破坏产品的可靠性。需求方则面临内部人员篡改数据、违规操作和信息泄露等风险。工业互联网的连接性使得供应链更长、环节更多，增加了脆弱性和漏洞，导致更大的安全风险。

工业互联网平台是工业互联网的核心系统，旨在建立一个基于大规模数据采集、分析和计算的服务体系，以实现制造业资源的连接、供给弹性和高效配置的云平台。然而，平台的安全性面临着一系列挑战。这些挑战包括海量设备的接入、云平台的脆弱性、API接口的风险以及数据安全问题。对于终端设备而言，它们的计算能力受限且安全防护薄弱，这增加了入侵和数据泄露的风险。在数据采集、传输和转换的过程中，存在数据被侦听、拦截、篡改甚至丢失的安全风险，而这些风险的程度也大大增加了。

边缘计算、数字孪生、5G等新技术在驱动工业互联网飞速发展的同时，也拓展了安全的边界，带来了新的安全风险。边缘计算在工业互联网提高数据计算实时性方面也起着重要作用。然而，由于计算节点部署在开放环境中，边缘计算节点的数据安全问题更加突出。数字孪生具有数字化、网络化、智能化特点，但其开放、互联和共享的应用环境使网络安全问题凸显。数字孪生数据在通过外网传输时存在被窃取或被劫持的风险，可能导致企业陷入混乱。5G是实现万物互联的重要基础设施，推动经济社会数字化转型。它融合了计算和通信，利用大数据和人工智能进行智能化监控和网络运维，提高安全防御水平。然而，5G的虚拟化和软件定义能力也引入了新的安全风险。

在工业互联网环境中，来自网络的威胁不仅会破坏数据的机密性和完整性，更会影响信息与物理环境。数字化、网络化的发展使传感器、发动机等控制系统暴露在物理可靠性、弹性和安全性威胁之下。由于跨域网络攻击日益成为现实，物理域、信息域乃至认知域都将面临新的网络安全挑战。工业互联网系统不仅面临信息侧的威胁，还面临物理与信息域的叠加影响，增加了防范难度。实际案例显示，这种融合表现为信息物理融合，攻击从信息侧开始，扰动关键信息基础设施并引发更大尺度的暂态变化，同时结合物理手段影响其他域的正常工作。

### 2.1.3 发展工业互联网安全技术乃大势所趋

#### 2.1.3.1 工业系统日益联网

工业系统日益联网是工业4.0时代最显著的特征，这种联网不仅仅局限于单一工厂或企业内部，而是在全球范围内形成了一个庞大、复杂的网络生态系统。每一台机器、每一个传感器，甚至是最微小的生产单元，都可能通过互联网连接到更广泛的网络中，实现数据的实时交换和分析。这种深度的互联带来了前所未有的透明度和互动性，使得生产过程变得更加高效和适应性强。

在这个联网的工业系统中，数据流通像血液一样贯穿整个生产链。从原材料的采购到产品的最终销售，每一个环节都会产生大量数据，这些数据被用来优化生产流程、预测维护需求，甚至自动调整供应链管理。例如，通过实时监控设备性能，可以在故障发生前采取预防性维护措施，从而减少停机时间和维修成本。

然而，随着工业系统越来越多地依赖于网络和数据，它们也变得更加脆弱。网络攻击、数据泄露或系统故障都可能导致严重的后果，不仅影响生产效率，还可能危及员工安全和环境健康。因此，工业互联网的安全性成为了一个至关重要的问题。加强网络安全措施、实施严格的数据管理和保护政策，以及持续监控系统的健康状况，都是保护这些日益联网系统的关键措施。

#### 2.1.3.2 网络攻击日益增多

随着工业系统日益数字化和网络化，网络攻击的频率和复杂性也在不断增加，这已经成为工业互联网面临的一大挑战。在这个背景下，各种网络攻击手段变得更加高级和隐蔽，给工业系统带来了前所未有的安全威胁。

首先，恶意软件和病毒攻击正在变得越来越普遍。这些恶意软件不仅能够破坏系统的正常运行，还可能窃取敏感数据，甚至控制整个工业控制系统。例如，勒索软件攻击可以锁定关键数据，并要求赎金以恢复访问权限。这类攻击不仅对生产线造成直接的破坏，还可能导致重要信息的泄露。

其次，针对工业系统的定向攻击也在增加。这些攻击通常由专业的黑客团队发起，目标明确，攻击方式复杂，难以防范。它们可能专门针对某个企业或某个特定的工业控制系统，使用精心设计的策略来破坏生产过程或窃取商业机密。

除此之外，工业系统还面临着来自内部的威胁。员工的错误操作或内部人士的恶意行为都可能导致严重的安全问题。在复杂的网络环境中，这些内部威胁往往更难被及时发现和防范。

此外，随着越来越多的工业设备接入互联网，设备的安全性也成为一个重要问题。许多工业设备并不具备抵御网络攻击的能力，它们可能成为攻击者入侵更广泛系统的跳板。

#### 2.1.3.3 数据泄露风险增加

随着工业互联网的迅速发展和工业系统越来越多地依赖于数字技术，数据泄露的风险显著增加，并成为企业和组织必须面对的一个重大挑战。在这个数据驱动的时代，从生产线的操作数据到企业的商业机密，再到员工的个人信息，大量敏感数据在网络中流通和存储。这些数据的安全性直接关系到企业的运营安全、竞争地位乃至整体声誉。

首先，随着工业系统的互联互通，越来越多的设备和系统被连接到互联网上，这不仅提高了工作效率，也极大地增加了数据泄露的风险。黑客可以通过各种手段，比如网络钓鱼、恶意软件或者直接攻击脆弱的网络系统，来窃取敏感数据。

其次，由于工业系统中的数据往往具有高度的专业性和复杂性，一旦这些数据被泄露，可能会导致严重的后果。例如，生产过程的详细数据可能泄露企业的核心技术和工艺流程，而员工和客户的个人信息泄露则可能导致法律诉讼和信誉损失。

再者，随着数据分析技术的发展，企业越来越依赖数据来指导决策和优化流程。这种对数据的依赖使得数据泄露的影响更加严重，不仅会影响企业的日常运营，还可能对企业的长期战略产生负面影响。

最后，数据泄露还可能导致客户信任度下降。在客户越来越关注数据安全和隐私的今天，一次严重的数据泄露事件足以让企业失去客户的信任，严重影响企业的市场地位。

#### 2.1.3.4 法规和合规要求

随着工业互联网的迅速发展和网络安全威胁的增加，各国政府和国际组织对法规和合规要求的制定和实施日益重视。这些法规和合规要求旨在确保工业互联网的安全运营，保护关键基础设施免受网络攻击，同时保障用户数据和隐私的安全。

首先，许多国家已经制定了一系列针对网络安全的法律法规。例如，欧盟的《通用数据保护条例》（GDPR）对数据保护和隐私提出了严格要求，影响了全球范围内的企业。美国的《网络安全信息共享法》（CISA）旨在鼓励政府与私营部门在网络安全方面的信息共享和合作。

其次，工业互联网的安全合规不仅涉及技术层面的安全措施，还包括对员工进行安全意识培训、建立应对网络攻击的应急响应计划等管理层面的要求。企业需要定期进行网络安全评估和审计，以确保其安全措施符合最新的法规要求。

此外，行业内也出现了一系列标准和最佳实践指南，如ISO/IEC 27001信息安全管理体系标准和NIST的网络安全框架。这些标准和指南为企业提供了具体的指导，帮助它们建立和维护有效的网络安全管理体系。

然而，法规和合规要求的不断变化也为企业带来了挑战。企业需要投入相应的资源来保持对最新法规的了解，同时更新其安全策略和措施以确保合规。这不仅是为了避免潜在的法律风险和罚款，更是为了维护企业的信誉和客户的信任。

#### 2.1.3.5 技术发展与创新

技术发展与创新对工业互联网安全领域的影响是深远且多方面的。在不断演变的网络安全威胁面前，新兴技术的应用已经成为提高防护能力、应对复杂威胁的关键手段。

首先，人工智能（AI）和机器学习技术的发展对工业互联网安全产生了重大影响。这些技术可以分析大量数据，快速识别出异常模式，从而及时发现潜在的安全威胁。例如，通过机器学习算法，安全系统可以学习和预测恶意软件的行为模式，有效地阻止新型和复杂的攻击。

其次，区块链技术在数据安全和完整性保护方面显示出了巨大潜力。区块链通过其去中心化和不可篡改的特性，可以为工业互联网提供一个安全、透明的数据交换平台，这对于防止数据篡改和确保交易安全至关重要。

再者，云计算和边缘计算技术的发展也为工业互联网安全带来了新的挑战和机遇。通过云计算，企业可以利用强大的云端安全服务来保护其数据和资产。同时，边缘计算能够在数据产生的地点进行处理，减少数据传输中的安全风险。

除此之外，物联网（IoT）设备的安全也成为了一个重要话题。随着越来越多的设备接入网络，确保这些设备的安全变得尤为重要。这需要从硬件和软件两个层面加强安全性，比如通过加密技术保护数据传输的安全，以及定期更新固件和软件来防范安全漏洞。

综上所述，技术发展与创新在工业互联网安全领域扮演着至关重要的角色。随着新技术的不断涌现，企业需要不断适应和采纳这些技术，以提高其网络安全防御能力，应对日益复杂的安全威胁。

### 2.1.4 工业互联网安全的内涵剖析

工业互联网安全的内涵涉及多个层面，主要包括数据安全、设备与系统安全、网络安全、合规性遵循，以及提升人员的安全意识。这不仅要求技术上的防御措施来防止数据泄露、系统入侵等，还需要遵守相关的法律法规。此外，提升员工对网络安全的认识，建立安全优先的企业文化也是至关重要的。

#### 2.1.4.1 数据安全

在工业互联网的领域内，数据安全是一个极为关键的组成部分，涉及保护大量生成和流通的数据不被非法访问、泄露或篡改。随着工业自动化和智能化的深入，企业对数据的依赖程度越来越高，这使得数据安全变得尤为重要。

首先，确保数据的保密性是数据安全的首要任务。这涉及防止敏感信息，如商业机密、工艺流程、客户数据等被未授权的第三方获取。在这方面，加密技术、访问控制和网络隔离等措施常被用来确保数据的保密性。

其次，数据的完整性同样重要。这意味着必须确保数据在存储、处理和传输过程中不被篡改。为了保障数据的完整性，通常需要实施数据校验机制和完善的数据备份策略，以及定期进行数据完整性的审核。

再者，数据的可用性也是数据安全的一个重要方面。这要求数据在需要时能够被可靠地访问和使用。为此，企业需要采取措施确保数据存储系统的稳定性和抗灾能力，以及在发生数据丢失或损坏时能够迅速恢复数据。

此外，随着数据分析和人工智能技术的应用，数据安全的挑战也在不断增加。这要求企业不仅要关注数据的静态保护，还要关注数据在分析过程中的安全性。

#### 2.1.4.2 设备和系统安全

在工业互联网环境中，设备和系统安全是确保整个生产流程平稳运行的基石。随着工业自动化和智能化水平的提升，工业设备和控制系统越来越多地依赖于网络连接，这不仅带来了效率和灵活性的提升，同时也引入了新的安全风险。

首先，物理安全是设备和系统安全的基本要求，这涉及防止设备被盗、破坏或非法访问。为此，企业需要实施严格的物理访问控制，比如使用监控摄像头、门禁系统和安全警报系统，来保护关键的设备和基础设施。

其次，网络安全对于工业设备和系统同样至关重要。随着越来越多的设备连接到网络，它们可能成为黑客攻击的目标。这要求企业采取有效的网络安全措施，如使用防火墙、入侵检测系统和安全协议，以防止恶意软件感染和网络攻击。

此外，系统的稳定性和可靠性也是保障生产安全的关键。这不仅要求硬件设备的高质量和可靠性，还要求软件系统具备强大的容错能力和快速恢复能力。例如，通过实施冗余设计和备份策略，可以确保关键系统在面临故障时仍能维持运行。

最后，随着工业互联网技术的不断发展，设备和系统安全的维护也需要不断适应新的挑战。这包括定期更新系统和软件以修补安全漏洞，以及对新引入的技术进行安全评估和测试。

#### 2.1.4.3 网络安全

在工业互联网环境中，网络安全是维护整个生产和运营体系安全的核心环节。随着工业系统越来越多地依赖于网络技术，如云计算、物联网（IoT）和远程监控，网络安全面临的挑战也在不断增加。

首先，入侵防御是网络安全的基本要求。企业需要部署有效的防火墙和入侵检测系统（IDS）来监测和阻止未授权的访问尝试。这些系统能够识别出潜在的攻击行为，如恶意软件传播和网络扫描，从而防止黑客入侵工业控制系统。

其次，数据加密在网络安全中扮演着重要角色。加密技术可以保护数据在传输过程中不被截取或篡改，特别是在开放的网络环境中，如通过互联网进行的数据传输。使用强加密算法和安全的通信协议能够显著提高数据传输的安全性。

安全监控也是保护网络安全的关键。这涉及实时监控网络流量和系统活动，以便及时发现异常行为或潜在的安全威胁。通过部署网络监控工具和安全信息与事件管理系统（SIEM），企业能够更有效地管理安全警报并快速响应安全事件。

最后，随着新技术的不断引入，网络安全策略和措施也需要持续更新和改进。这包括定期进行安全评估、更新防御策略以应对新的威胁，以及对员工进行网络安全培训，提高他们的安全意识。

## 2.2 工业物联网安全技术发展现状

随着万物互联时代的到来，云计算、大数据、人工智能等新一代电子信息技术正与传统工业技术加速融合，工业互联网已经成为推动工业企业数字化转型升级的新引擎。然而，与此同时，工业互联网的安全事件在全世界范围内频频发生、安全挑战日趋凸显，提升工业互联网的安全技术保障能力，已成为各国普遍面临的主题和亟须解决的关键技术问题。世界各国相继制定和发布了各自的工业互联网标准体系和安全架构，从多个角度阐述了对于工业互联网安全防护技术的理解和实现。本节主要介绍以美国、德国、日本等为代表的工业发达国家的工业互联网安全框架，以及我国工业互联网产业联盟提出的《工业互联网标准体系》（版本3.0）中的工业互联网体系结构，探讨工业互联网安全技术的发展现状。关于我国工业互联网标准体系结构、安全框架、建设思路等方面的详细内容，读者可查阅由工业互联网产业联盟提出的《工业互联网标准体系》（版本3.0），这里不再赘述。

### 2.2.1 国外工业互联网安全技术发展现状

以美国、德国、日本等为代表的工业强国在工业互联网安全领域的产业和技术优势明显，这些国家正积极推动工业互联网安全技术从战略规划到实际部署的转变，侧重关注工业互联网安全技术的实际应用。

**（1）美国发布《2022制造业网络安全路线图》**

美国能源部旗下的国家级研究机构网络安全制造创新研究所（CyManII）发布了《2022制造业网络安全路线图》（图3-2-3）。为确保未来五年美国制造业及其关键基础设施的网络安全，该计划明确了网络安全部署的基本目标和实施路线，并为各种规模、类型的制造企业以及服务于生产行业的设备提供商提出了发展建议，突显了美国在制造业数字化转型中构筑竞争优势、争夺网络空间安全主导权所采取的重要措施。

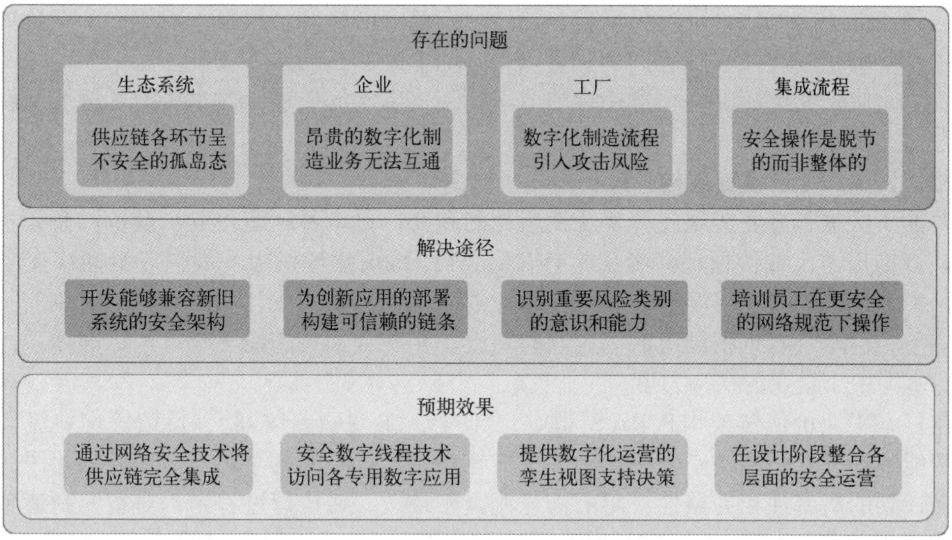


图 3-2-3　美国制造业网络安全路线图

美国的工业互联网侧重于软件和互联网服务方向，企图通过新的技术、标准，甚至是商业模式重新定义制造业。鉴于美国企业部署大量先进的数字技术而引入的网络风险管理，该计划从生态系统、企业、工厂、集成流程四个层面出发，研究网络安全和数字制造两者之间存在的问题、解决问题的途径以及预期达到的效果。

在生态系统层面，整个供应链还处在孤立的、不安全的分离状态，应开发兼容新旧系统弹性连接的安全框架，通过安全数字网络将多样的供应链环节全部集成，确保整个生态在统一的安全框架下运行。

在企业层面，企业部署的先进的、昂贵的数字化制造业务多是专用的，应为这些创新应用构建可信赖的数字化线程作为通信框架，使得各专用的数字应用能够互相访问。

在工厂层面，数字化制造流程给工厂生产引入了极大的安全风险，应提高生产者识别重要风险类别的意识和能力，通过提供生产运营的数字孪生视图来支持智能的、安全的决策。

在集成流程层面，由于未在系统设计层面考虑网络安全设计，使得安全操作是脱节的而非整体的，通过培训计划提高员工在安全的网络运营下操作的技能，实现集成流程层面的安全运营，并最终在设计阶段整合各层面的安全运营规范。

**（2）德国工业4.0安全架构**

德国作为欧盟成员国中重要的工业国家，在工业4.0、智能制造新型工业模式下始终保持领先地位，并且专注于工业4.0下网络安全的基础研究、应用研究、标准制定和推广等一系列复杂任务和难题的解决。德国的工业互联网发展模式有别于美国，提出工业4.0参考架构RAMI 4.0模型，强调信息网络系统与工业生产系统的深度融合，聚焦设备、车间、工厂、信息层等制造流程的全过程，将传统工厂转化为智能工厂。

基于德国工业4.0参考架构RAMI 4.0模型，应在企业层面构建一个可持续的网络安全策略。从企业生产的角度出发，网络安全概念贯穿于产品开发、生产、维护、使用的全生命周期，利用数据技术将产品、现场设备、生产车间等信息实时整合和高效分析，使企业能够更好地应对网络威胁，保护关键数据和系统免受潜在的网络攻击风险。从企业经营的角度出发，在资产配置、物料采集、业务经营等整个价值流链条上，采用网络安全技术对企业运营进行安全评估、监测和预防。通过全方位的网络安全策略，构建一个安全可靠的制造生态系统和生产经营系统，企业可以更好地抵御潜在的网络攻击，保护关键生产数据和系统，促使企业更加灵活和可持续地适应数字化生产的要求，为企业的可持续发展提供强有力的安全保障。

（3）日本工业价值链架构IVRA

为推动日本制造业实现向“智能工厂”的转变，日本各制造企业、设备厂商、系统集成商联合推出了工业价值链参考架构IVRA，并围绕该架构积极开展供应链网络安全体系建设、生态建设、人才培养等一系列行动计划，以期实现工业互联网面向制造业的安全部署和应用。日本政府也积极出台工业互联网设备和安全相关的配套政策和标准体系，尤其重视对本国中小企业的扶持力度。

在日本工业价值链架构IVRA模型中，针对计划、执行、检验、反馈等作业流程所细分的智能制造单元，网络安全设计必须贯穿整个生产过程的各个环节。在计划阶段，需考虑生产计划的机密性和完整性，防范信息泄露和篡改。在执行过程中，对智能制造单元的实时监控和访问控制是关键，以确保生产设备和系统不受未经授权的访问。在检验环节，网络安全需关注数据采集和传输的安全性，以防止数据被篡改或窃取。在反馈环节，确保生产数据和反馈信息安全传输至计划阶段，以支持制定更为精确和可靠的生产计划。网络安全的设计综合考虑生产过程的每个环节，从而建立一个全面的、可靠的网络安全体系，确保智能制造单元的平稳运行、生产数据的可信性，以及整个工业价值链的顺畅运转。这种细致入微的网络安全策略有助于防范潜在威胁，维护生产系统的稳定性，从而实现智能制造环境下的高效、安全、可持续的生产运营。

（4）安全框架对比

通过综合对比美、德、日三国工业互联网安全技术发展现状，可以发现，美国发展工业互联网安全技术主要由企业主导，以市场和资本为导向，注重从软件和通信领域突破信息安全关键技术。德国发展工业互联网安全技术的逻辑是以其自身在制造研发领域的优势为出发点，强调信息物理系统的深度融合打造网络安全架构。日本则更加注重剖析精益生产的各个环节，在各个细分单元实施网络安全防护技术，最终建立一整套网络安全体系。

### 2.2.2 我国工业互联网安全技术发展现状

工业互联网是我国制造业数字化转型的重要手段，而安全是发展工业互联网的必要条件。针对我国工业互联网发展过程中所面临的安全风险，结合发达国家所积极开展的工业互联网安全架构设计和技术实践，我国工业互联网安全体系架构在探索中不断完善和发展。2017年和2019年，工业互联网产业联盟分别发布了《工业互联网标准体系》（版本1.0）和《工业互联网标准体系》（版本2.0），为我国工业互联网的发展方向提供了基本指引。2021年12月，我国工业互联网产业联盟发布了《工业互联网标准体系》（版本3.0），梳理了已有的国家标准和行业规范，修订了工业互联网体系架构及未来重点发展方向，旨在更好地满足技术进步和制造业转型升级的需要。图3-2-4展示了我国工业互联网体系结构，包括基础技术、网络、平台、安全以及行业应用等组成部分。其中，基础技术提供底层技术支撑，网络、平台、安全构成核心要素，行业应用则是整体体系的重要焦点。

从概念角度而言，工业互联网安全通常包含物理安全、功能安全和信息安全三方面的含义。由于工业互联网中设备种类繁多、数据私密性强、应用行业广泛等特点，因此，建

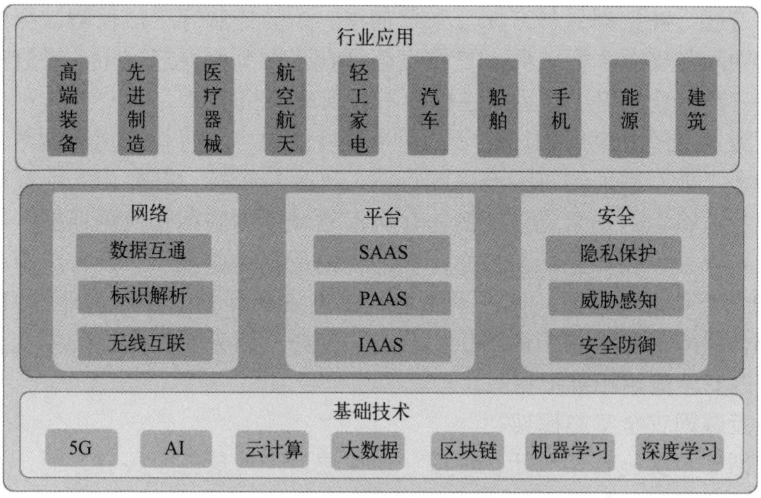


图 3-2-4　工业互联网体系结构

立系统性的工业互联网的安全防护措施和体系，对于工业互联网的安全、健康、有序发展有着重要意义。本节将从安全功能和安全实施两个维度出发，阐述工业互联网安全的体系结构及应用场景。

**（1）工业互联网安全功能框架**

工业互联网安全功能框架包含三部分，主视图为安全，辅助视图为应用行业和产业环节，如图3-2-5所示。

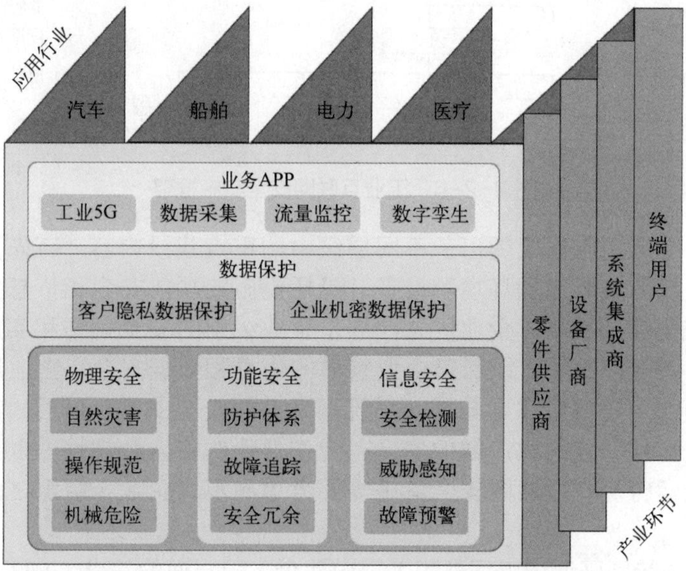


图 3-2-5　工业互联网安全功能框架

主视图从物理安全、功能安全、信息安全三个方面展示了工业互联网安全的底层逻辑，物理安全关注设备和设施的保护，功能安全则注重系统在各种工作状态下的安全性，信息安全关注数据的机密性、完整性和可用性。

此外，主视图还从数据保护和业务APP两个维度展示了工业互联网安全在应用中的保护措施和实现方式。在数据保护方面，采用加密、访问控制等手段保障数据的机密性，确保工业数据的隐私和安全。而业务APP维度强调在工业互联网应用中，通过安全设计和应用层面的措施，确保业务应用在运行过程中不受到威胁和攻击。

辅助视图聚焦在行业应用和产业环节两个维度的内容。行业应用包括汽车、船舶、电力、医疗等众多工业互联网部署和应用的行业，确保每个行业在使用工业互联网时能够安全可控，满足行业特定的安全需求，例如在医疗领域强调隐私和数据保护，而在电力领域强调稳定性和可靠性。在产业环节方面，辅助视图从零件供应商、设备厂商、系统集成商到终端用户的全产业层次出发，阐述了工业互联网安全保护在整个价值链中的各个环节。这包括对零部件供应商和设备厂商的供应链安全保障，对系统集成商的系统整合安全，以及对终端用户的安全应用和维护保障。

**（2）工业互联网安全实施框架**

工业互联网安全实施框架包括物理层、企业层、产业层三个关键方面，并同时考虑工厂外和工厂内的不同需求和环境，如图3-2-6所示。

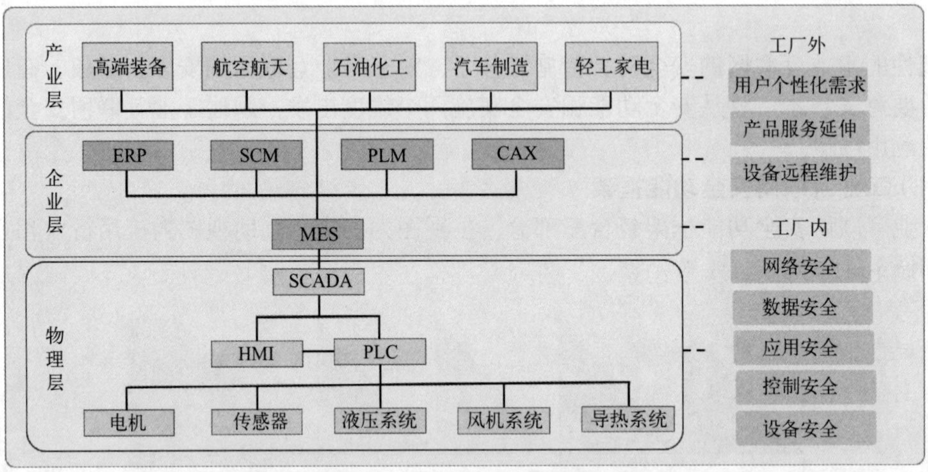


图3-2-6　工业互联网安全实施框架

工业互联网安全实施框架提出了不同层级中的重点建设内容。首先，物理层关注的是工业互联网系统的实际物理环境和设备，包括设施的功能安全和信息安全，以确保生产现场的物理安全性。其次，企业层关注的是企业级别的安全策略和实施，包括网络安全、身份验证、访问控制等，以保障企业整体的信息和数据安全。企业层的安全措施不仅仅限于工厂内部，还要考虑到与外部系统和网络的安全交互。最后，产业层关注的是整个产业链的安全性，包括供应链的安全、合作伙伴的安全合规性，以及确保整个产业生态系统的安全运行。产业层的安全措施需要考虑到不同企业、组织之间的协同和互操作性。

同时，框架还特别强调了工厂外和工厂内两个不同层面的需求。在工厂外，强调与供应链、合作伙伴和其他外部实体的安全合作。在工厂内，关注生产设备、网络系统和内部业务应用的安全保障，以确保工厂内的各个层面都能达到高标准的安全性。

这种综合性的安全实施框架有助于构建一个全面的工业互联网安全体系，使得各个层面的安全措施能够协同工作，形成一个有力的安全保护网络，确保工业互联网系统的稳定性和可靠性。

### 2.2.3 工业互联网安全突出新技术与方法

#### 2.2.3.1 工业互联网威胁分析技术

**（1）工业互联网威胁模型构建**

随着工业互联网的快速发展，工业系统面临着越来越严重的网络威胁。针对工业互联网以及相关工业控制系统（ICS）的攻击已经成为黑客的主要目标，对国家关键基础设施产生了严重的影响。其中典型的攻击事件如下：

① 2010年，纳坦兹核设施遭到了Stuxnet病毒的感染，该病毒通过探测离心机的变频器驱动器改变电流频率，使离心机在高速和低速之间切换，逐渐破坏离心机的功能。

② 2011年，病毒研究人员发现了一种名为Duqu的木马，该木马专注于对未知的工控系统进行侦查。它通过盗取密码、抓取桌面截图监视用户操作以及盗取敏感文件等方式，窃取了ICS中的敏感信息。

③ 2014年6月，安全厂商F-Secure发现了一种专门针对ICS的远程访问木马Havex。Havex通过多种途径传播，包括利用钓鱼邮件、漏洞利用工具和“水坑攻击”，感染了制造商的合法APP。攻击者通过这种方式获取对ICS的访问权限，并安装后门程序，以搜集大量的数据信息。

④ 2017年11月，中东地区的能源行业发现了针对安全仪表系统（Safety Instrumented System，SIS）的Triton病毒，该病毒突破了控制系统的最后一道防线，使物理过程进入不安全状态。

针对工业互联网真实攻击案例，研究人员也在不断研究能够适应工业互联网的威胁模型，主要包括杀伤链模型、钻石模型、滑动标尺模型等。例如，有研究人员基于已有的杀伤链模型提出了工控系统杀伤链。该杀伤链从网络入侵准备和执行、攻击发展和调整两个阶段剖析了工控恶意病毒的攻击全过程，在网络入侵之前，攻击者需要通过规划和侦查找到攻击目标潜在的风险点，在获得初始访问权限后，建立多个连接链路以确保连接不被中断，并在对目标对象的过程环境彻底了解后实施针对工控系统的重大攻击。也有研究人员针对乙酸乙烯酯加工过程的控制模型，研究了真实化工厂攻击的五个阶段：网络接入、发现、控制、破坏、清理。这种模型可以帮助理解攻击者如何渗透、控制和破坏工业过程。针对风力发电厂的潜在安全威胁，有研究人员开发了概念验证攻击。这些攻击包括了物理接近并破坏保护设备、植入远程控制木马、利用漏洞破坏控制站点、使用Telnet和FTP在控制器间扩散等，其强调了对工业设施物理和信息层面的多重攻击路径的重视。

对于工业互联网的杀伤链模型可以分为以下四个主要阶段，其示意图如图3-2-7所示。

① 规划与准备：目标是选择入侵路径，包括初始路径选择和最终入侵目的。攻击者可能需要详细了解目标系统的拓扑结构和脆弱性。

② 执行入侵：通过网络或社交工程手段实施入侵，进入目标系统网络。这可能涉及使用漏洞、密码猜测、钓鱼攻击等手段。

③ 攻击开发：在攻击者已经获得对目标PLC的网络接触权限后，进行攻击程序的开发。这可能包括根据控制器的特征，设计并编写专门的恶意代码或攻击载荷。

④ 实施攻击：攻击者向控制器发送精心设计的攻击载荷，试图修改系统行为。核心攻击手段可能包括篡改PLC内存、修改工程文件、实施拒绝服务攻击等，以达到破坏、干扰

或控制目标系统的目的。

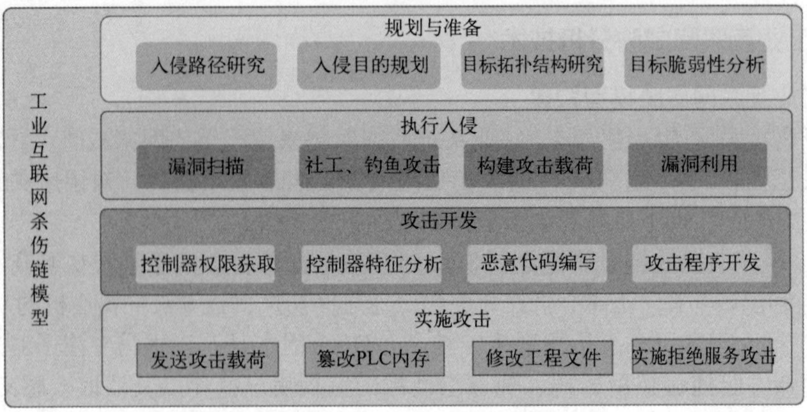


图 3-2-7　杀伤链模型示意图

这个模型强调了攻击者在ICS环境中可能采取的步骤和技术。在防御方面，重要的措施包括强化网络安全、限制物理访问、进行设备和系统漏洞管理、实施入侵检测系统等。定期的安全审计和培训也是确保系统安全的关键因素。模型的目标是帮助理解攻击者的行为路径，以便采取有效的防御措施来减轻潜在的风险。

针对该模型以及对攻击成功的定义，可以总结出实施攻击所必须经过的两个关键点，即控制上位主机或者进入工控网络，能对PLC发起直接攻击，进而从中总结出攻击者为达到攻击成功的目的而进行的两类攻击途径：

① 攻击途径一：第一阶段中攻击者利用社工、漏洞等手段攻击上位机；第二阶段中则尝试篡改PLC运行的工程文件或利用漏洞使PLC执行攻击者意图。例如Stuxnet、triton、logiclocker等典型案例。

② 攻击途径二：第一阶段中攻击者直接进入了PLC所在的网络中；第二阶段中攻击者通过重放或伪造攻击使PLC执行攻击意图或利用漏洞控制PLC，例如BlackEnergy、Industroyer等典型案例。

**（2）工业互联网威胁指标体系**

威胁评估的任务涉及构建工业互联网威胁指标体系，该体系通过对数据信息比、系统风险、系统置信度、系统纯净度和系统时效性等指标的衡量，为工业互联网提供全面的安全评估。以下是对威胁指标体系构建的描述：

① 数据信息比：通过数据信息比（DIR）衡量，表示展现给用户的源数据的整体损失率。DIR值的评估提供了对系统数据完整性的定量度量。

$$\mathrm{DIR}=\frac{\text{观测次数}}{\text{复杂实体的数量}}$$

② 系统风险：通过风险评估公式进行测量，其中，asset表示关键资产，vulnerability表示系统脆弱点，threat表示资产面临的威胁。这有助于全面理解系统所面临的风险程度。

$$\mathrm{Risk}=R(\mathrm{asset},\mathrm{vulnerability},\mathrm{threat})$$

③ 系统置信度：衡量系统检测真实攻击的可能性的能力。利用精确率（Precision）和错误关联率（Mis-association Rate）等指标来评估系统置信度。

$$\text{Precision} = \frac{\text{正确检测次数}}{\text{检测次数}}$$

$$\text{Mis-association Rate} = \frac{\text{错误检测次数}}{\text{检测到的攻击轨迹数}}$$

④ 系统纯净度：用于度量系统正确检测攻击痕迹的能力。通过证据召回率（Evidence Recall）等指标，系统纯净度提供了对系统对攻击迹象的敏感性和准确性的评估。

$$\text{EvidenceRecall} = \frac{\text{正确警报数}}{\text{实际警报数}}$$

⑤ 系统时效性：衡量系统在特定领域内做出响应的能力。通过响应时间的评估，系统时效性提供了对系统在检测到攻击后采取行动的速度的认识。

**（3）工业互联网威胁态势感知**

针对工控网络的高实时性、资源受限以及私有协议众多的特点，接下来介绍一种工业互联网威胁态势感知方法，如图3-2-8所示，主要包含如下三个关键内容：

① 多源主动监管设备的报警信息融合方法：通过融合内置安全、CPS异常检测、APT攻击检测和仿真诱捕生成的实时报警信息，旨在降低单一类型报警系统的误报率。基于多源报警数据中的攻击属性及其时间顺序构建攻击图，并从攻击图中自动学习攻击者的攻击策略。研究攻击策略之间的相似性度量方法，识别并合并属于相同类型但是不同变体的攻击，从而获得精简后的攻击策略序列。

② 攻击时机预测方法：在围绕工业互联网内的机密信息建立的动态数学模型中，本方法通过建立攻击者、防御者和内部人员三方博弈的动态数学模型，预测攻击者的最佳攻击时机。在动态博弈过程中，攻防双方和内部人员在每次行动前计算其期望取得的收益。博弈三方达到纳什均衡条件时的状态即是各方的最终目标，从而预测出攻击方的攻击时机。若达到的纳什均衡条件是严格的占优均衡，那么各方的最优策略均唯一，从而能够准确预测攻击方的最佳攻击时机。

③ 认知驱动的态势评估决策推理系统：由于态势评估过程具有较强的主观性，且感知数据存在不精确和模糊的特点，我们通过采用动态贝叶斯网络，以不确定或不完全的态势

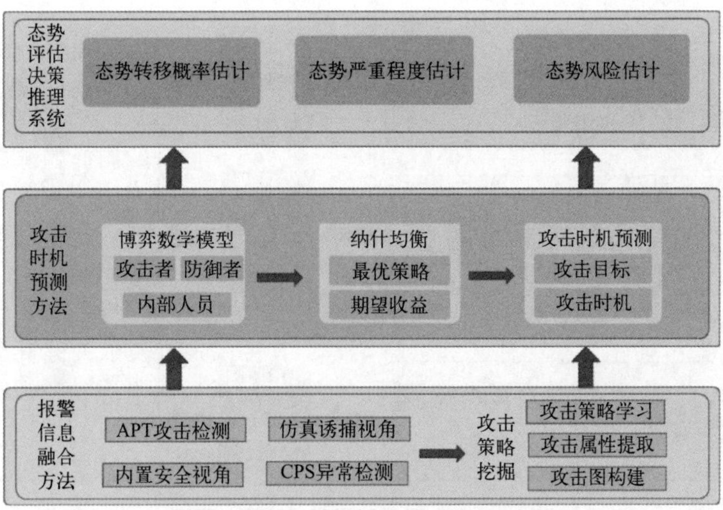


图3-2-8 工业互联网威胁态势感知

感知数据为输入，研究易于理解和修改的模糊逻辑方法，构建风险评估决策推理系统，以动态生成企业工控网络的态势评估结果。通过将概率值、严重程度值和风险值模糊化，实现决策推理系统的三大功能，即态势转移概率估计、态势严重程度估计和态势风险估计。

**（4）工业互联网威胁攻击溯源**

针对工业互联网攻击隐蔽性强、追溯困难的特点，本节介绍工业互联网威胁攻击溯源方法，从入侵痕迹中还原完整的攻击链。主要步骤包括：研究路由调制、数据包标记等多种追溯方法，标记攻击源和攻击目的主机；基于工控网拓扑结构、资产及脆弱性信息，研究快速生成大规模攻击图的方法，构建所有可能的攻击路径；基于态势感知发现的攻击线索，从威胁情报库中关联相关线索，丰富溯源信息；基于攻击图、被标记的主机和溯源信息，构建覆盖探测扫描、渗透攻击、攻陷入侵、安装工具和恶意行为的完整攻击链，从而识别攻击者意图。主要流程示意图如图3-2-9所示，由三方面组成：

① 攻击图生成方法：离线模式下，基于主机、应用和网络等资产配置信息，研究自动生成大规模攻击图的方法。以工业互联网脆弱性信息为输入，通过逻辑编程系统从资产配置信息中抽取漏洞利用的交互规则；结合工控网络的拓扑结果，推理出所有可能的攻击路径。依次遍历所有的攻击路径，研究攻击图构建算法从中发现最有可能的路径，从而生成树形结构的逻辑攻击图。

② 基于主机标识的内网追溯方法：在线模式下，采用基于主机标识的工控内网追溯方法，发现攻击主机和被攻击者控制的主机。基于网络预警系统发现的攻击行为，研究IP追踪技术，分析并确定发送攻击数据的网络设备或主机，定位直接实施网络攻击的主机；调查该攻击主机的输入、输出数据及系统日志，分析其是否被攻击者控制，据此确定攻击链路的上一级控制节点，并进行循环逐级追踪，定位所有被攻击者控制的主机。

③ 基于特征挖掘与关联的组织画像：基于威胁情报库和主动监管设备发现的攻击线索，研究大数据下的特征挖掘与关联技术，发现攻击者及其背后隐藏的组织或机构。基于主动监管设备发现的攻击线索，从构建的威胁情报库中挖掘更多的组织信息；基于上述溯源信息、攻击图和带标识的主机信息，研究自学习的假设与推理模型，构建覆盖探测扫描、渗透攻击、攻陷入侵、安装工具和恶意行为的完整攻击链，并依此绘制攻击组织画像。

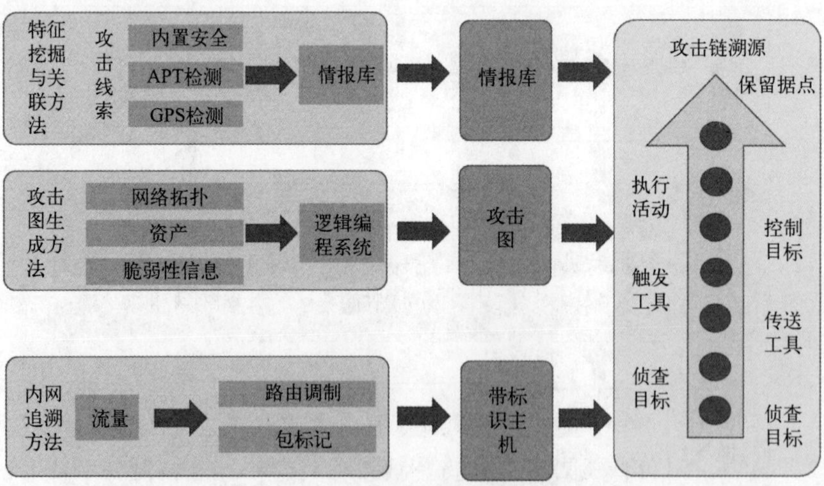


图3-2-9　工业互联网威胁攻击溯源

### 2.2.3.2 工业互联网安全检测技术

设备是工业互联网的核心，承担了工业互联网的大量重要功能。为了避免设备安全问题影响工业互联网的运行，需要对其进行安全分析。

检测工业互联网设备安全的时候，重点是要对设备进行全生命周期安全检测。根据这一角度，设备安全分析技术可分为在线安全分析、离线安全分析两类。离线安全检测在设备投入使用前进行。在设备投入使用前，需要对设备进行离线安全分析；在设备正常运行后，需要对设备进行在线安全分析。

在线安全分析的重要技术有设备发现、设备定位。从防御方的系统管理员的角度，发现、定位设备，能解决日常管理中的信息缺失、滞后问题，从而使管理员充分掌握工业互联网中的设备资产和网络拓扑，将其纳入安全管控，其他的防御技术才能更好地发挥作用。“千里之堤，溃于蚁穴”，实战中攻击者的突破口常常并不是未被披露的高危漏洞，而是工业互联网中未被有效管控的边缘资产。

设备发现在不影响设备运行的前提下，发现网络中可用的设备，并提取设备的基础信息，同时排除蜜罐等非真实设备，设备定位和漏洞分析提供信息。工业互联网中除了传统网络设备，还存在传统工控设备，这一特点为设备发现提出了更高的要求。传统网络的设备发现，一般需要识别操作系统版本、开放的网络端口、网络服务版本等信息。类似地，对于PLC等工控设备，设备发现需要识别设备型号、固件版本、网络协议、端口服务等信息。

设备发现工具根据扫描模式可分为主动式和被动式，主动的扫描工具主动向目标直接或间接发送数据包进行交互，根据目标的响应数据包，匹配指纹库中的规则以分析目标设备的信息，并决定是否进一步交互。被动的扫描工具则不主动发送数据包，而是捕获网上已有的数据流量，并进行分析。因为被动扫描的限制，它的效率、精度等不如主动扫描，但对网络的负担小，更适合工业互联网中可靠性要求高、设备性能较低的场景。

目前设备发现相关的成熟工具较多，在线的网络空间测绘工具有Shodan、ZoomEye等，离线的扫描工具有Nmap、fscan等。但工控设备的型号、固件、协议等，相比于传统设备更加多样化，设备发现技术只有针对各种设备，提取指纹信息，才能适应工业互联网的环境。

操作系统指纹信息提取，可以利用操作系统在TCP/IP协议栈的众多细微实现差异，例如TCP协议栈的默认TTL、窗口大小，ICMP错误消息的数据报长度和服务类型，TCP可选字段。应用服务的响应中有时也能帮助识别操作系统信息，例如FTP的220响应随操作系统不同。

工控设备指纹信息的方法较为综合。一是通过设备私有的协议，如S7系列设备在102端口开放了S7Comm协议，发送S7Comm协议的功能码11，就能返回设备的型号等基础信息。二是通过公有协议的字段特征，如EtherNet/IP协议的Vendor ID字段。三是通过应用层协议开放的端口，如果设备开放了SSH的端口22，就有可能基于嵌入式Linux。四是利用设备内置的常用应用服务，如设备支持的Web服务，返回的页面内容差异很大，往往包含厂商名等关键字，且不容易修改。

经过指纹信息识别提取基本信息后，设备发现还需要排除蜜罐，确认设备真实性。蜜罐设备伪装成真实设备，吸引攻击者，从而延缓攻击者入侵，并记录攻击者行为，所以不是安全管控的范围。识别蜜罐的常用方法有：利用MAC地址的厂商信息识别，利用默认配置的蜜罐的指纹特征识别，利用蜜罐实现的协议与真实设备的区别识别。蜜罐开发者也在提高蜜罐与真实系统的相似度，因此蜜罐识别的研究也是一项长期的工作。

设备定位能帮助确定设备的位置、分布情况、网络拓扑等信息。IP地址是工业互联网中设备定位的重要依据。对于公网IP地址，可以利用互联网信息挖掘技术，查询它的定位信息。常用的查询方式有直接查询WHOIS登记信息、分析DNS主机名称信息的含义、聚类分析APP定位的IP地址历史基准点信息等。此外，也有专门维护的IP与真实地理位置对应的数据库。

如果利用上述数据库不能获得IP地址的精确位置，也可以分析IP块特征、网络拓扑等，完成对IP的定位。IP块特征分析利用目标IP地址所在的小IP段（/24以下）的其他IP地址信息，对目标IP进行定位。

网络拓扑分析采用Traceroute工具，该工具利用协议中的生存期TTL机制，确定从源主机到目标主机的路径中，途经的路由器的IP地址和时延。首先，不同位置的探测机器为源主机，多次的Traceroute探测后，合并探测所得到的信息，并对每个路由器的网络时延进行修复处理。然后，在各个路由器下的网络中选取若干基准点，使用各个探测机器进行探测，并分析每个路由器下的基准点时延的离散度。在离散度最小的路由器中，选取一个基准点，使得各个探测主机到该基准点的时延，与探测主机到目标主机的时延的相似度最高。最终以这个相似度最高的基准点的定位信息作为目标主机的定位。

上述方法中，IP历史位置和IP块特征分析的定位方法置信度较高，网络拓扑分析、聚类分析APP定位更适合定位单IP, WHOIS登记信息、IP块特征更适合定位IP块。一般来说，优先采用置信度高、与其他方法定位结果相近、适合目标的类型（IP块或单IP）的方法。

设备漏洞分析是离线安全分析的重要技术。工业互联网中的设备软硬件更定制化、多样化，安全审查、更新换代等方面也不及普通的计算机。工业互联网吸收了传统互联网的一些技术，如提供基于Web的远程诊断界面，降低网络之间的隔离，这些变化使一些在严格隔离的环境下本不存在的安全问题浮现出来。与传统软件类似，工业互联网设备的常见漏洞有输入认证不当、访问控制不当、完整性校验缺失、安全配置不当、凭据管理不当等。

工业互联网中的工控设备对实时性要求较高，往往未针对网络攻击问题设计冗余，对生产系统在线进行自动化漏洞验证，存在引发错误或崩溃的风险，可能影响生产的正常进行。因此离线漏洞分析一般在仿真测试床中进行。仿真测试床有全实物复制工业真实工程、纯软件仿真模拟、实物与软件仿真相结合等实现方式。其中，全实物仿真测试床的还原度高，但资金投入巨大，安全测试中可能受到不可逆的破坏，而软件仿真测试床更加灵活。

设备漏洞分析的一种途径是从固件入手。固件介于软件与硬件之间，是设备上运行的程序、数据，处理应用程序的指令，同时与硬件设备交互。获取固件的方式主要有：从互联网获取，例如通过生产商官方网站下载，或者监听抓取固件更新的数据包；从硬件接口获取，例如通过调试接口的读取固件指令，或者尝试通过UART通信接口引导其他固件；从闪存中直接提取，例如将外置闪存从电路板上直接取出，或者利用芯片漏洞读取内置Flash。工业互联网设备具有一定的封闭性，生产商多数时候不会提供固件，设备发行时也往往会设法阻止通过调试接口提取固件，应当具体情况具体分析。此外，提取到的固件也不一定包含设备运行所需要的所有数据。

获取到固件文件后，可以进行静态分析。获取到的固件文件一般是二进制文件，且没有通用的格式，所以需要利用binwalk等工具分析处理。从固件中提取到可执行程序后，可以对其逆向分析。固件的逆向分析与一般的逆向分析类似，可用的工具有IDA、Ghidra、

Binary Ninja等。但工业互联网设备中的指令集架构更为多样，固件与硬件结合得也更紧密，可能出现应用程序绕过操作系统直接操作硬件、操作系统与应用程序链接在同一可执行文件中等情况，需要对底层操作硬件设备的操作有所了解。

获取到固件文件后，也可以进行动态分析。固件的动态调试因为嵌入式环境中操作系统功能的缺失，较一般情况更为烦琐。如果固件没有操作系统，或者操作系统与应用程序紧密结合，则可以使用硬件调试器进行调试；如果固件在嵌入式Linux上运行，则可以尝试向设备中上传gdbserver进行调试；在没有相应的硬件，如固件从互联网中获取的情况下，也可以利用QEMU仿真进行调试，但适配QEMU需要对固件进行调试工作。QEMU仿真具有灵活性的优点，也是对固件进行模糊测试的主流选择。

设备分析中的另一种途径是进行协议分析。工控协议设计时往往未能充分考虑机密性、完整性保护的要求，尽管厂商也在逐渐改进协议的设计，但由于工业互联网设备更新周期长，生产环境可能仍然在使用不安全的协议。工控协议在工业互联网中开放性日益增加的情况下，逐渐成为了工业互联网安全中的一块短板。PLC的协议解析中容易出现对非法输入验证不当，使用明文或不可靠加密算法传输用户名、密码等机密信息，硬编码加密参数或者后门口令等问题。以知名工控协议Modbus/TCP为例，该协议所有数据通过明文传输，也没有设置校验机制。

工业互联网的协议具有私有性、封闭性、场景性，协议逆向的难度既增加了攻击者的攻击成本，也为防御方的安全研究带来了阻碍。协议分析可以基于提取到的固件，利用逆向分析、符号执行等技术，对协议解析相关函数挖掘漏洞。协议分析也可以基于网络流量，在不需要固件的条件下，利用监听设备抓取通信数据进行分析。设备与云端的IP网络通信，可以通过支持端口镜像的交换机抓取。而设备与网关之间的通信，则需要相对复杂的抓取方式，如Zigbee通信通常可以用usb dongle作为监听设备。

目前，应用层协议分析主要采用人工逆向，这是极为繁复缓慢的工程。自动化协议逆向也有基于程序和基于网络流量两种途径。传统协议分析中，基于程序的主流方法是动态污点分析，基于网络流量的主流方法是比对流量获得公共子序列，并采用聚类等方法分析其中的分隔符等字段。但这些方法在工控协议分析中效果不佳。基于程序分析的方法面对的是固件提取、动态分析上的困难；基于网络流量的方法，不论是公共序列比对还是自然语言处理，都更适用于文本协议分析，而工控协议一般以紧凑的二进制协议为主，缺少分隔符等关键要素。

随着工业互联网的发展，工业以太网等技术得到应用，控制网络与传统网络之间的连接更加紧密，而恶意代码也能更方便地攻击控制层的设备、协议，乃至从虚拟的信息网络中破坏物理的实体设备，严重损害破坏工控系统的可用性，具有严重的破坏性。同时由于这类恶意代码并没有传统病毒的特征，也不能通过传统的杀毒软件进行查杀。

攻击者会针对相应的工控系统的工艺流程，设计破坏流程安全性的恶意代码，并制定触发、传播的方式。经过精心设计的恶意代码，能够伪装成正常的控制逻辑，并设置隐蔽的触发条件，在意想不到的时候篡改系统的设定值等参数，引发生产故障。恶意代码同时能修改监控数据，通过重放运行状态数据等手段，使操作人员难以发现异常。

作为防御方，面对控制层的恶意代码，可以从两个角度缓解风险。一是部署入侵检测系统，监测工业互联网中的木马蠕虫和PLC更新过程中恶意的控制逻辑。二是内生安全加固，加强对重放、中间人攻击等手段的保护，加强协议保密以防攻击者逆向，更新设备以修复已知的漏洞。

## 2.3 工业互联网安全防御技术

### 2.3.1 工业互联网安全风险评估技术

**(1)工业控制系统网络结构模型**

工业控制系统(Industrial Control System, ICS)的一般拓扑结构分为四个层次。

每一个层次根据功能的划分由不同的网络设备或现场设备组成，这些层次分别为:

① 企业网络。这是公司系统，主要是商业计划/物流系统。

② LAN/WAN/DMZ。这是操作管理层，主要是系统管理/监视控制。

③ 监控LAN。这是监视控制设备层，主要监控功能/网站监测和局部显示。

④ 控制网络。这是现场控制层，主要包括保护、局部控制设备和一些传感器和执行器。

其中企业网络和操作管理层在ICS网络层次中为上层网络，监控层和现场控制层为控制网络。

**(2)工业控制系统脆弱性的定义**

工业控制系统由工艺设备、过程控制硬件、网络设备和工业计算机等组成，是一个非常复杂的系统，远远超越了计算机系统的范畴。从系统策略、平台和网络上对工业控制系统脆弱性的概念进行定义:

① 在ICS安全中，存在于ICS安全政策、实现指南、安全培训、安全架构、配置管理等事件中的，能够被威胁主体渗透以获取对ICS信息的未授权访问或者扰乱关键步骤的弱点。

② 在ICS安全中，存在于ICS硬件、操作系统、应用程序等平台中的，能够被渗透从而对ICS或组件造成损害的缺陷、误配置以及不良维护等弱点。

③ 在ICS安全中，存在于控制系统网络以及与其他网络连接中的，能够被渗透从而对ICS网络组件或行为造成损害的缺陷、误配置以及不良维护等弱点。

简而言之，ICS的脆弱性就是控制系统在硬件、软件、协议的具体实现或系统策略上存在的与网络安全相关的缺陷或不足，对该缺陷的渗透可获得控制系统的额外控制权限，从而获得更多的控制系统资源，或产生对控制系统更大的破坏。

**(3)工业控制系统脆弱性的主要来源**

整体上来看，ICS脆弱性主要来自于安全策略与管理流程、工控平台和ICS网络。具体而言，ICS脆弱性主要来自于以下方面:

① 集成在ICS中的未打补丁的第三方应用程序;

② ICS组件上未打补丁的操作系统;

③ 不必要的服务造成的组件暴露;

④ 不安全的ICS代码;

⑤ 易于受到欺骗和中间人攻击的远程访问协议和工业通信协议;

⑥ ICS通信和数据传输中脆弱的服务器应用;

⑦ 数据库脆弱性，Web脆弱性;

⑧ 认证绕过问题和证书管理;

⑨ 未能保证ICS组件环境的安全;

⑩ 不安全的网络设计，不良的防火墙规则;

⑪ 未能保证网络设备的安全，无效的网络监控。

(4)工业控制系统脆弱性研究面临的问题

信息系统中的主要组成单元是计算机，而网络上的计算机是被攻击和入侵的主要对象。黑客经常利用计算机软件或配置上存在的脆弱性进行无授权访问、特权提升、DoS攻击等。信息系统的网络安全本质上讲就是网络上的信息安全，攻击者的攻击目的一般是获取计算机上的信息资产。一旦攻击成功后，被攻击计算机一般遭受的是信息破坏，严重一点是处于瘫痪状态。

而ICS中的组件有操作员站、工程师站、控制器、操作服务器、监控计算机、OPC服务器、实时数据库和PLC等，这些控制组件一旦遭到网络攻击，往往造成的是关键数据、生产工艺与流程的破坏，甚至会引起人员伤亡、设备损坏、环境污染等重大事故。同时，这些组件所控制的系统资源的重要程度是不一致的，而ICS中的攻击往往具有很强的目的性，攻击者的一般目的是攻击那些能够引起最大生产损失的核心组件。同时，攻击者在ICS网络中的攻击发起点往往不是那些核心组件，他们需要利用ICS网络中的脆弱性来找到所关心的攻击目标并展开攻击。

可见，对ICS脆弱性的研究要能呈现出攻击者可能的攻击目标和针对目标的不同攻击策略带来的系统危害（换句话说就是攻击者的收益）。此外，ICS中的脆弱性修复往往需要付出一定的代价，这是因为脆弱性修复往往会影响到系统上的一些实时任务。因此，有必要找到攻击者的最佳攻击目标和对应的攻击路径，来确定需要重点修补的脆弱性对象。

### 2.3.1.1　控制器脆弱性分析

在信息物理系统中，控制器在保证可靠性和稳定性方面起着至关重要的作用。特别地，冗余控制器结构在分布式控制系统及监测控制与数据采集系统中广泛应用。冗余控制器在关键工业过程如电力系统、水处理系统、化工过程等典型工业网络系统中保障系统正常运行尤为重要。然而，这种扩展结构也带来了新的网络攻击面，攻击者可以利用冗余的控制器设计破坏性更大的隐蔽性攻击。工业现场常用的控制器如PLC本身存在着大量漏洞，从PLC的通信协议到固件，均有可能被攻击者攻破，而设计直接针对现场设备和物理过程的攻击，危害极大。因此，分析冗余结构控制器的脆弱性对增强控制系统现场层的安全性具有重大意义。

### 2.3.1.2　PLC脆弱性分析

PLC（可编程逻辑控制器）是工业自动化领域中至关重要的设备，负责控制和监测生产过程。然而，随着信息技术的发展，PLC系统也面临着越来越复杂和严峻的网络安全挑战。为了确保工业控制系统的安全性，进行PLC安全脆弱性分析变得至关重要。

首先，通信安全性是分析的核心之一。PLC通常通过各种通信协议与其他设备和系统交互，包括传感器、执行器以及上层的监控与控制系统。评估这些通信通道的安全性，确保数据传输的机密性和完整性，以及防止未经授权的访问，是保障整个系统稳定运行的首要任务。

访问控制也是一个至关重要的方面。PLC系统必须确保只有经过授权的用户或设备能够访问其功能和配置。这涉及有效的身份验证机制、强大的授权策略和访问审计，以应对潜在的内部和外部威胁。

另一个关键方面是固件和软件漏洞的分析。定期审查PLC使用的固件和软件，及时安装厂商提供的安全更新，是防范恶意攻击和病毒传播的有效手段。这需要密切关注相关漏洞数据库和安全公告，以便及时采取措施来修复潜在的漏洞。

物理安全性也是不可忽视的一环。PLC设备必须受到适当的物理保护，以防止未经授权的人员物理接触，从而防止设备被篡改或损坏。

网络安全性方面，分析网络架构、配置防火墙规则、实施入侵检测系统等措施是必不可少的。这有助于减缓网络攻击对PLC系统的潜在影响。

在整个分析过程中，详细的日志记录和审计是发现异常行为和进行事后调查的关键工具。通过实施全面的安全培训和意识活动，提高PLC系统使用者和管理员对安全威胁的认识，也是确保系统安全性的一项重要措施。

协议安全性方面，分析PLC使用的通信协议，确保其安全性，以防范中间人攻击等威胁。

最后，灾难恢复和备份策略是在发生安全事件时确保系统快速恢复的关键组成部分。这包括定期的备份、紧急恢复计划和相关培训，以降低系统中断的风险。

综合而言，PLC安全脆弱性分析是一个综合性的过程，需要综合考虑硬件、软件、网络和人为因素，以确保工业控制系统的稳定运行和安全性。

#### 2.3.1.3 ICS脆弱性分析组件

在进行工业控制系统（ICS）脆弱性分析时，对关键组件的安全性进行深入分析至关重要。这包括可编程逻辑控制器（PLC）、监控与数据采集系统（SCADA）、传感器与执行器、网络基础设施、安全监测与响应系统、数据存储与处理，以及人员操作和供应链安全等方面。

PLC作为工业自动化的核心，需要关注其通信安全性、固件和软件的安全性，以及访问控制。确保通信协议的安全、定期审查和更新固件，以及强大的身份验证和访问控制机制，都是保障PLC系统安全性的关键。

SCADA系统作为监控与数据采集的核心组件，需要评估其网络安全性和对数据完整性的保护。配置有效的防火墙规则、实施网络隔离，以及确保准确采集和处理传感器与设备数据，都是为了应对潜在攻击和数据篡改的必要措施。

传感器与执行器的物理安全性和通信加密是确保工控设备正常运行和防范未经授权访问的关键。物理安全性措施包括防止设备被恶意篡改，而通信加密则保障数据传输的机密性。

网络基础设施的防火墙配置、入侵检测系统的实施，以及网络隔离，都有助于预防网络攻击，降低ICS系统受到威胁的概率。同时，确保网络中的关键组件之间采用适当的隔离措施，限制横向移动的可能性。

安全监测与响应系统的攻击检测和事件响应能力是提前发现潜在威胁并及时应对的关键环节。对攻击的快速检测和响应，可以降低威胁对系统造成的损害。

数据存储与处理阶段需要加强对存储在数据库中的数据的加密和完整性保护，以防止数据篡改和泄露。

此外，人员操作和培训，以及供应链安全也是不可忽视的方面。通过为操作人员提供安全培训，增强他们对潜在威胁的认识，可以降低人为因素对系统的风险。供应链安全方面，审查从供应商获取的硬件和软件，确保供应链的可信性，对于防范后门和恶意注入也至关重要。

在整个ICS脆弱性分析中，这些安全性考虑的综合应用有助于建立一个稳健、可靠、安全的工业控制系统。

## 2.3.2 安全设计与规划技术

工业互联网安全防御技术中的安全设计与规划技术是指在工业互联网系统建设的初期阶段，通过合理的设计和规划来确保整个系统在安全性方面的健壮性。以下是一些与安全设计与规划技术相关的关键方面:

① 系统架构安全设计：安全设计的起点通常是系统架构。通过采用安全的系统架构，可以确保各个组件和模块之间的相互隔离，减少横向攻击面，提高系统的整体安全性。这包括硬件和软件的安全设计，以及网络架构的安全规划。

② 安全需求分析：在系统设计的早期阶段，进行安全需求分析是关键的一步。通过识别系统对安全性的具体要求，可以在设计阶段就有针对性地考虑并集成相应的安全机制，确保系统在满足业务需求的同时保持足够的安全性。

③ 威胁建模与风险评估：安全设计需要考虑潜在的威胁和风险。通过进行威胁建模和风险评估，可以识别系统的脆弱性，并采取适当的措施来降低潜在威胁的影响。这可以包括对攻击路径的分析、威胁模型的建立，以及系统漏洞的评估。

④ 访问控制和身份认证：安全设计需要关注访问控制和身份认证机制。确保只有经过授权的用户和设备可以访问系统，并采用强大的身份认证手段，如双因素认证，以提高系统的安全性。

⑤ 数据保护与加密：在设计阶段，需要考虑如何保护系统中传输和存储的数据。采用加密技术，确保数据在传输和储存过程中的机密性，是保障信息安全的关键措施。

⑥ 安全培训与意识：安全设计还需要考虑人为因素。为系统的使用者和管理者提供相关的安全培训，增强他们对潜在威胁的认识，有助于建立一个安全意识高度的使用者群体。

⑦ 合规性与标准遵循：在设计阶段考虑并确保系统的合规性是至关重要的。遵循相关的行业标准和法规，有助于确保系统满足特定领域的法规要求，提高系统的整体安全水平。

⑧ 更新与维护策略：安全设计需要考虑系统的更新与维护策略。确保系统能够及时应对已知漏洞，并采取适当的措施进行修复，以保持系统的安全性。

综合来说，安全设计与规划技术在工业互联网安全防御中是一个综合性的过程，需要综合考虑技术、人员和流程，以建立一个安全性强大的工业互联网系统。

## 2.3.3 安全运营与响应技术

### 2.3.3.1 安全运营技术

随着工业互联网在当代生产中广泛应用，其高效性和创新性为工业生产注入了新的活力。然而，随着这种数字化浪潮的兴起，同时也带来了潜在的隐患。工业互联网安全运营技术在这一背景下崭露头角，它为工业系统的可靠性、完整性和保密性提供了坚实的保障，旨在防范和应对各类潜在的网络威胁和安全风险。这一技术体系的应用不仅为工业生产带来了全新的可能性，而且有效地应对了数字化转型中面临的挑战。其目标是保护工业系统免受未经授权的访问、恶意攻击以及数据泄露等威胁。

**（1）网络安全防护**

网络安全防护是工业互联网系统的重要组成部分，旨在抵御各种网络威胁，确保系统的稳定性和安全性。首要的安全措施之一是防火墙，充当系统和外部网络之间的关键防线，通过监控和过滤网络流量，有选择地允许或阻止数据传输，有效地防范未经授权的访问和网络攻击。可以通过入侵检测系统（IDS）和入侵防御系统（IPS）实时监控网络流量，检测异常行为和主动阻止潜在攻击，加强了系统对各种威胁的应对能力。网络隔离将系统划分为不同的区域，限制了攻击的传播范围，提高了整体安全性。应用层过滤技术对通信协议的数据进行深度分析，防止恶意指令传递。此外，网络审计记录和分析网络活动，为事后溯源和问题分析提供了有力支持。安全更新和漏洞修复也是保持系统安全的必要步骤，定期更新系统和应用程序有助于修复已知漏洞，防范潜在攻击。

网络安全防护通过综合运用这些技术手段，构建了一个多层次、多维度的安全体系，为工业互联网系统提供了强大的保护，确保其在数字化时代能够安全、高效地运行。

**（2）身份验证和授权**

身份验证和授权是工业互联网的安全框架中的重要环节，是确保系统安全性的核心措施。这一层面的技术和策略旨在有效地确认用户身份，并在确认身份的基础上授予合适的权限，以保障系统只对合法用户开放，且这些用户仅能获得其所需的最低权限。以下是一些技术方法。

① 强密码策略是保障身份验证的第一步。系统要求用户采用足够复杂和难以被破解的密码，通常包括字母、数字和特殊字符的组合。这样的密码策略使得破解密码变得极为困难，提高了系统的整体安全性。

② 多因素身份验证进一步提升了身份确认的安全性。除了传统的用户名和密码外，用户还需要通过另一种或多种身份验证方式。这可能包括使用硬件令牌生成的动态验证码、生物识别技术（如指纹或虹膜扫描）等。这种多层次的验证方式极大地降低了身份被冒用的风险，因为攻击者不仅需要获取密码，还需要获取其他身份验证因素。

③ 可以采用差异化的访问控制机制。访问控制机制通过管理用户对系统资源的访问权限，确保用户只能够访问其合法授权的范围。这包括差异化的权限分配，即给予用户特定的访问权限，而不是将所有权限授予每个用户。差异化的访问控制意味着即便一个账户被破解，攻击者也只能获得有限的权限，从而最小化潜在风险。

④ 最后在身份验证和授权的实施过程中，审计和监控是不可或缺的环节。系统需要记录和分析用户的身份验证和访问行为，以便在有异常情况时及时察觉并采取相应措施。通过审计和监控，系统管理员可以更好地了解用户活动，发现潜在的安全威胁，及时做出反应。

这些身份验证和授权的技术手段的整合，构建了一个严密而复杂的安全层，使得只有合法且经过强化验证的用户才能够访问系统，并在访问时受到严格的权限控制。这种差异化和多层次的安全策略有助于最小化潜在的风险，为工业互联网系统提供了可靠的安全保护。

#### 2.3.3.2 安全响应技术

工业互联网的安全响应技术旨在构建了一套高效辨识、应对和恢复网络安全事件的战略和措施。这一综合技术框架的目标在于加强工业系统对潜在威胁的感知和响应能力，以确保系统能够在可能受到损害的情况下迅速而有序地采取适当的行动。

该技术体系注重提高工业系统的警觉性，通过实时监控、智能分析和先进的威胁检测工具，迅速识别潜在的异常行为和安全事件。随着数字化工业的复杂性增加，这种技术体系致力于更全面、智能化地管理安全事件，以便系统能够对各种威胁做出敏捷而有针对性的应对。

在安全响应的过程中，系统会立即采取措施，包括但不限于实施应急响应计划、隔离受感染部分、修复漏洞、清除恶意代码，并通过高效的数据备份和恢复机制降低潜在损害。这一技术框架强调了响应的及时性和有序性，确保系统在受到网络安全事件冲击时能够保持稳定运行。

**（1）SIEM系统**

SIEM（Security Information and Event Management，安全信息与事件管理）系统是一种综合性的安全信息与事件管理工具，用于实时监控、收集、分析和响应与信息安全相关的数据和事件。该系统的核心功能包括实时监控网络流量、系统日志和各种安全事件，旨在及早发现和应对潜在的威胁。SIEM系统通过整合日志管理、事件管理、威胁情报分析等多个关键功能，为企业提供了全方位的安全解决方案。

SIEM系统的实时监控能力使其能够快速识别网络中的异常行为，并通过强大的分析工具检测潜在的威胁。SIEM集中管理和存储事件日志，为系统管理员提供了便捷的审计和分析工具，使其能够深入了解网络活动和潜在的风险。在安全事件发生时，SIEM系统能够通过预定义的规则触发实时响应机制，采取必要的安全措施，例如自动隔离受感染的设备，以降低潜在威胁对系统的影响。

**（2）网络隔离技术**

工业网络隔离技术是一项关键的安全响应策略，通过在工业互联网系统中实施网络分割和访问控制，有效降低了网络攻击的传播风险。通过将工业网络划分为不同的区域，这项技术限制了数据流量在系统内的传播范围，使得即使在发生安全事件时，攻击难以跨越不同区域，从而有效遏制横向传播。

工业网络隔离技术可以实现差异化的访问控制，只允许经过授权的设备和用户在不同网络区域之间进行通信。这种精确的控制手段不仅提高了系统对未经授权访问的抵御能力，而且有助于限制恶意活动的影响范围。使用安全网关技术，实时监测网络流量，对跨越不同网络区域的流量进行深度检查和过滤，确保只有合法且安全的通信能够通过。

### 2.3.4 工业互联网安全攻防技术

#### 2.3.4.1 网络攻击技术

**（1）拒绝服务攻击**

拒绝服务攻击（Denial of Service，DoS）是一种恶意行为，其目标是通过超过系统处理能力的方式，使目标服务或网络资源无法正常提供服务。攻击者通过向目标系统发送大量请求，耗尽其带宽、计算资源或网络连接，从而使合法用户无法访问服务。这种攻击类型对工业互联网系统尤为危险，因为它可能导致关键组件无法正常工作，影响整个生产过程。

DoS攻击包括大数据攻击、连接攻击和分布式DoS攻击。大数据攻击通过发送大量请求充斥目标系统，占用大量网络带宽和计算资源。连接攻击则是利用系统的连接机制，发送大量未完成的连接请求，耗尽系统的连接资源。分布式DoS攻击是DoS攻击的扩展，使用多个攻击源，增加攻击强度和难以追踪性。

可以使用入侵检测系统（IDS）和入侵防御系统（IPS）来实时监测和阻止可疑流量可

以有效防范拒绝服务攻击。另外，通过配置防火墙和负载均衡器，有效过滤恶意流量，确保合法用户能够正常访问服务。最重要的是定期进行系统漏洞扫描和更新，以确保系统能够抵御已知漏洞的利用。

（2）中间人攻击

中间人攻击的攻击者通过截取、篡改或窃听通信流量，介入两个通信实体之间的交互过程。这种攻击的目标是获取敏感信息，如用户名、密码，或者篡改通信内容以实施欺骗。在工业互联网环境中，中间人攻击可能导致对控制系统的误导，从而引发严重的安全隐患。

中间人攻击的执行方式包括拦截通信、修改通信内容和欺骗认证。攻击者可以通过在通信路径上插入恶意设备，如代理服务器或恶意软件，来拦截数据流量。一旦攻击者获得数据，就可以进行修改，篡改通信内容，或者伪装成合法通信实体以欺骗其他系统。在工业互联网中，这可能导致虚假的控制指令被发送，危及整个工业系统的运行。

为防范中间人攻击可以使用加密技术，确保通信数据在传输过程中是加密的，即使被截获也难以解读。此外，实施身份验证和授权机制，确保通信实体的真实性，减少中间人的机会。定期审查网络流量，监测异常行为，及时发现和应对中间人攻击。加强员工的网络安全意识培训也是防范中间人攻击的有效手段，提高对潜在风险的警觉性。

（3）数据驱动攻击

数据驱动攻击是一种旨在直接控制系统组件的恶意行为。攻击者通过利用系统中的安全漏洞，试图获取权限、篡改数据、隐藏攻击痕迹或在系统中安装后门。在工业互联网系统中，数据驱动攻击可能对监控层和现场控制层的所有存在安全脆弱性问题的组件和控制器构成威胁。

数据驱动攻击主要包括数据污染和数据篡改等。数据污染利用操作系统和应用程序中的安全漏洞，破坏系统或应用程序的运行状态，干扰其正常运行过程。数据篡改主要发生在数据库注入攻击中，攻击者试图修改实时数据库中的数据，影响监控和决策制定的准确性。

（4）口令攻击

口令攻击是一种常见的网络安全威胁，攻击者为了获取合法用户的账户信息，通过暴力破解或其他手段破解密码，试图获取系统或用户的访问权限，以便进一步访问系统、数据或资源。

口令攻击包括词典攻击、暴力攻击和重放攻击。词典攻击利用预先准备的密码词典，逐个尝试可能的口令组合，利用用户设置弱密码的习惯。暴力攻击则是采用穷举搜索法，在所有可能的组合方式中尝试口令，耗费系统资源直至找到正确的密码。重放攻击基于窃听，攻击者截获口令报文并通过重放报文冒充用户登录系统。

为防范口令攻击，需要强化身份验证机制，采用强密码策略和多因素身份验证，提高口令的复杂性。定期更新口令，并限制用户权限以最小化潜在风险。使用账户锁定功能，防止攻击者进行暴力破解。实施网络加密，减少窃听和重放攻击的可能性。

#### 2.3.4.2 网络防御技术

内生安全智能攻防技术是一种先进的网络安全方法论，注重系统自身的保护和主动防御能力。该技术整合了机器学习、人工智能和先进的行为分析等技术手段，以实现系统的自我保护、自我修复和自我学习。这种方法不仅仅依赖于传统的防御措施，更强调系统能够在不断变化的威胁环境中适应和演进。

学习能力是内生安全智能攻防技术的又一显著特征。通过分析历史数据和安全事件，系统能够不断改进其防御机制，适应不断演进的威胁态势。这使得系统在面对新的攻击形式时能够更具适应性和智能性。

在内生安全智能攻防中，智能防御是关键的组成部分。通过实时监测和分析系统的活动，利用先进的算法和模型，系统能够识别潜在的异常行为和威胁特征，使系统不仅识别已知攻击模式，还能够识别新型的威胁，从而提高对未知威胁的检测能力。智能攻击模拟也是内生安全智能攻防中的另一个关键方面。通过有目的的、有计划的攻击模拟，系统可以评估其弱点和漏洞，提前发现并修复潜在的安全问题。这种方法使得系统能够更好地理解自身的安全状况，并采取相应的策略来增强防御。

内生安全智能攻防技术是一个综合性的网络安全战略，要求系统整合多种技术，从多个方面进行全方位、多层次的安全防护。

### 2.3.5 控制系统全生命周期的内容安全

在工业控制系统发展初期，生产者主要关注系统的运行效能和设备的可靠性，对于网络和信息安全的要求相对较低。这种疏忽导致了系统存在潜在的安全漏洞，成为攻击者渗透的目标。典型案例如2010年的“震网”病毒事件，揭示了信息安全不足可能导致的严重后果。随着信息技术的蓬勃发展，工业控制系统逐渐从孤立、封闭的状态演变为大规模、开放、互联互通的状态。这为系统带来了更多的便利性和效率，同时也加剧了信息安全面临的挑战。工业控制系统成为信息域和物理域交互的复杂系统，信息攻击的威胁直接影响物理系统的运行稳定性。因此，控制系统全生命周期的信息安全管理变得至关重要，从系统设计、部署到运行和维护，都需要综合考虑安全策略。

下面，我们将深入探讨控制系统全生命周期的内容安全，包括控制装备与软件平台的安全增强技术和控制系统运行安全技术两方面的内容。只有全面加强信息安全防护，才能确保工业控制系统在当前数字化浪潮中安全可靠地运行。

**(1) 控制装备与软件平台的安全增强技术**

由于工控系统的使用生命周期较长，一般都在10～20年，所以相关厂商大多以系统功能作为第一要素，而在设计、研发和集成阶段不会充分考虑安全问题。这导致多数工业控制系统在设计之初是封闭的“单机系统”，没有考虑联网需求，甚至没有防护软件，也不能安装杀毒系统，一旦上网就是“裸奔”状态。同时，许多企业缺乏识别和应对入侵与攻击的能力，潜在攻击者一旦利用系统漏洞就会对生产线造成严重后果。

为解决工业控制系统的安全隐患，需要采用安全增强技术。这一概念涵盖了多个方面的技术和策略，其中包括完整性检测、信源可信和协同安全认证、安全联动、多重异构容错、动态隔离与在线恢复等。通过这些技术的交叉融合和深度应用，工业控制系统可以实现嵌入式可编程电子组件和控制工程软件开发平台的安全增强和动态防护。

① 嵌入式可编程电子组件的安全增强技术：传统的控制系统信息安全技术主要以防火墙、入侵检测和病毒防护为主，侧重于封堵来自外部的非法用户和越权访问，以达到防止外部攻击的目的。然而，这些技术对于内部的安全威胁无效。为了保障工业控制系统的可靠性、安全性、实时性、可用性和可维护性，需要提供一个可信赖的、安全可靠的工业测控系统及可信检测方法。

可信平台控制模块（Trusted Platform Control Module，TPCM）使可信平台模块具有对

平台资源进行控制的功能。TPCM以三阶三路架构为理论基础，对计算机系统平台整个运行过程进行保护，是具备自主防御能力及安全可信服务的广义计算机全生命周期闭环主动防御系统模块。当在可信设备上采用TPCM模块时，该模块接管了测控系统主控处理单元的供电单元与系统总线。通过电源控制，实现对主控处理单元的延迟受控供电。同时，通过系统总线的仲裁管理，实现对系统资源的动态同步监测、虚拟隔离与安全控制。这种结构的设计旨在有效抵御外部和内部的安全威胁，从而确保系统的可信度和稳定性。

② 控制工程软件开发平台的安全增强技术：控制工程软件开发平台的安全增强技术主要包括认证授权技术、黑白名单技术、动态加密技术等。

a. 认证授权技术：认证授权技术是确保工业控制系统安全的核心手段，传统基于角色的访问控制规则难以满足开放环境下的数据保护需求。因此，新型认证授权策略应基于用户、资源、操作和上下文属性进行权限控制，利用硬件器件的自然物理变化作为全局身份标识。在授权管理方面，引入功能区和安全区的概念，通过实体属性发现等手段实现访问请求的在线授权，确保权限控制的灵活性和细粒度要求下的高等级安全防护。

b. 黑白名单技术：为应对工业控制系统面临的网络安全挑战，控制工程软件开发平台采用“可信网络白环境”和“软件应用白名单”的理念，建立工业控制系统的网络安全“白环境”。只有可信任的设备、操作请求和网络才能接入控制网络并执行，而列入黑名单的设备、操作请求和网络将被屏蔽在外。通过安全监测和建立安全模型，确保只有可信任的设备、控制命令和软件才能在网络中传输和执行，实现数据的动态可信性和保证数据的安全性与完整性。

c. 动态加密技术：数据是工业控制系统实时监控和异常识别的基础，因此采用分级动态加密技术，对工程信息和实时数据进行保护。在数据传输阶段，通过过滤和哈希计算敏感数据包，采用动态路由选择上传链路，确保只有可信任的设备和网络才能访问控制网络。通过不同强度和类别的加密算法，对重要数据实现非对称加密和对称加密机制的双重保护。在数据存储和处理阶段，通过基于逻辑关系的访问控制策略对数据进行加密，并将访问策略嵌入用户密钥中，以实现敏感数据的高安全性、高可用性和防篡改特性。这些动态加密技术有助于工控系统更好地抵御内部和外部的安全威胁，确保系统的可靠性和稳定性。

**（2）控制系统运行安全技术**

可信计算涵盖硬件、软件和网络技术，包括信任链传递、安全芯片设计、可信BIOS、可信计算软件栈（TSS）等。基于可信计算技术和访问控制技术，组态监控软件可构建可信、可控、可管的主动防御体系，提高设计和编程效率，确保控制系统工程设计链的可信和可控。基于可信计算的组态监控软件安全防护框架如图3-2-10所示。

以基于远程证明的可信Modbus/TCP协议为例，改进ICS网络的安全性。通过修改Modbus/TCP通信栈实现双向认证，使用远程证明基于白名单认证通信双方的身份和安全状态信息。通信数据通过可信硬件保护的消息认证密钥和加密密钥进行保护，确保数据不被篡改。可信Modbus/TCP协议具备完整性、认证性、新鲜性和机密性等安全属性，性能消耗较小。

除此之外，还有工业组态监控软件执行过程的动态保护方法和基于Web组态软件的脚本控制方法等可信技术。这些技术构建了一个综合的安全防护体系，涵盖控制系统全生命周期，旨在应对各阶段的安全威胁。通过整合硬件和软件层面的安全增强技术，以及采用全方位的安全策略，有效提高工业控制系统的整体安全性。

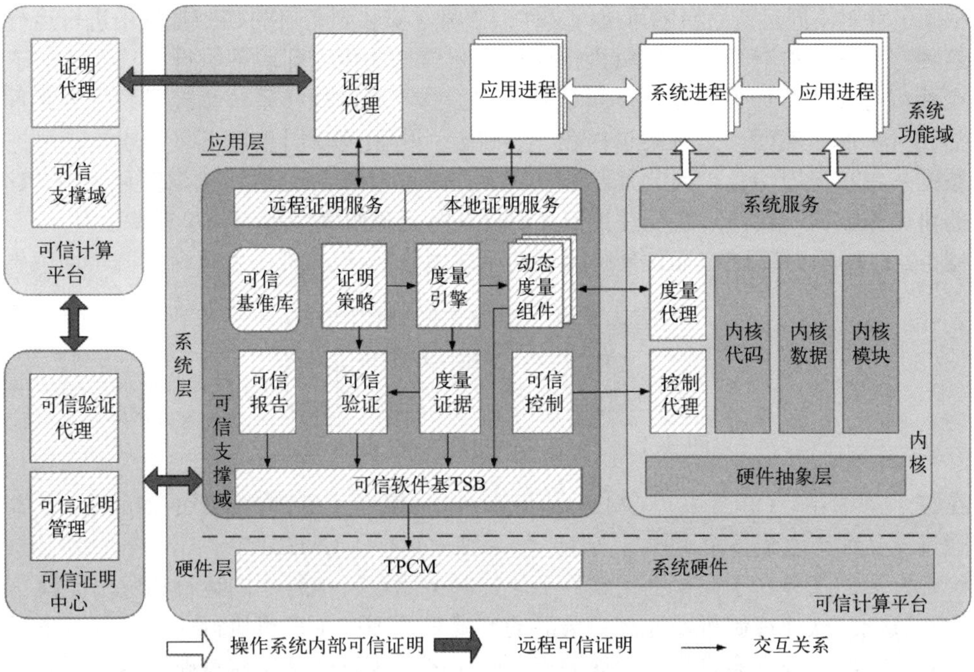


图 3-2-10　基于可信计算的组态监控软件安全防护框架

## 2.3.6　工程文件全生命周期保护

工程文件全生命周期保护是现代信息安全领域中的一个重要议题。随着信息技术的快速发展和广泛应用，工程文件的安全性问题也日益凸显。为了保护工程文件的机密性、完整性和可用性，人们提出了一系列的技术手段和方法，其中包括工程文件安全编译技术、工程文件安全运行技术、工程文件安全存储技术和工程技术安全传输技术。

**（1）工程文件安全编译技术**

在软件开发过程中，编译是将源代码转化为可执行文件的过程。然而，恶意攻击者可能会利用编译过程中的漏洞或者恶意代码注入来破坏工程文件的安全。为了解决这个问题，工程文件安全编译技术采用了一系列的防护措施。其中包括代码静态分析技术，通过对源代码进行静态分析，检测和排除潜在的安全隐患；代码审计技术，对编译后的可执行文件进行审计，检查是否存在恶意代码；代码加密技术，通过对源代码或者可执行文件进行加密，防止源代码泄露或者被篡改。涉及多路逻辑执行体的运行方式有两种解决方案，分别是多CPU插件硬件装置和单CPU插件硬件装置。

图3-2-11所示为多CPU插件硬件装置的示意图。

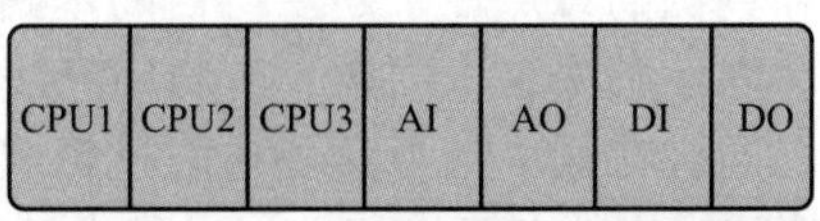


图 3-2-11　多 CPU 插件硬件装置示意图

在该示意图中，CPU1、CPU2、CPU3代表了不同体系结构的CPU，例如X86、ARM和PowerPC等。每个CPU上都可以运行不同的操作系统。逻辑软件Nuclide通过交叉编译生成逻辑相同但针对不同运行平台的可执行文件，并将其安装到各自的CPU插件中进行运行。

这种方案的优势在于多个逻辑执行体在完全异构的运行环境下执行，从而增加了系统的安全性和可靠性。每个CPU插件可以独立地运行不同的操作系统和应用程序，使系统更加灵活和可扩展。然而，该方案也存在一些缺点。由于逻辑同步输出需要依赖专用的插件进行数据采集和逻辑仲裁，因此开发难度较大，开发成本也较高。为了确保各个CPU插件之间的协调和数据一致性，需要设计和实现复杂的逻辑仲裁机制。

图3-2-12所示为单CPU插件硬件装置的示意图。

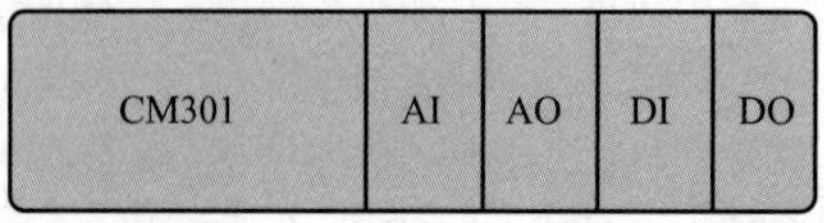


图3-2-12 单CPU插件硬件装置示意图

在该示意图中，CPU1采用CM301，双核ARM架构。多个逻辑软件Nuclide实体各自独立通过交叉编译生成多个可执行文件，然后独立运行于CM301中。

这种方案的优势在于完全使用软件手段控制多路逻辑执行体的运行和输出仲裁，因此成本相对较低。软件控制可以通过更灵活的方式来管理多个逻辑执行体，从而减少了对硬件的依赖。然而，该方案也存在一些缺点。多路逻辑执行体是在相关硬件运行环境下不同的进程空间执行，这可能会降低系统的安全性和可靠性。由于各逻辑执行体在相同硬件上独立运行，因此可能存在一些共享资源的竞争和冲突，需要通过软件手段来进行有效的管理和调度。

总的来说，多CPU插件硬件装置方案在安全性和可靠性方面具有优势，但在开发难度和成本方面存在一定的挑战，单CPU插件硬件装置方案在成本方面具有优势，但在安全性和可靠性方面存在一定的挑战。软件控制的灵活性需要与系统的安全性和稳定性进行权衡，以确保系统能够可靠地运行并满足相关的安全要求。可根据实际情况选择不同硬件装置方案。

**（2）工程文件安全运行技术**

在工程文件被编译成可执行文件后，其在运行时也可能面临各种安全威胁。例如，恶意软件可能会利用漏洞或者恶意行为来攻击工程文件。为了保护工程文件在运行时的安全，工程文件安全运行技术采用了一系列的安全措施。其中包括沙箱环境技术，将工程文件运行在隔离的环境中，限制其对系统资源的访问；权限控制技术，限制工程文件的权限，防止其执行恶意操作；漏洞修复技术，及时修复工程文件中的漏洞，减少攻击面。目前，在工控场景中，工程师站将逻辑组态工程文件和编译文件批量下装到PLC的过程中存在一个验证环节的缺失。由于缺乏快速、自动识别下装文件真伪的能力，PLC容易受到文件攻击或病毒注入的威胁，这可能对整个工控环境的安全产生严重影响，成为工控网络安全的一个关键问题。文件验证真伪的难点在于建立可信的基础，而这个可信基础需要通过算法来保证文件的不可篡改。为了解决这个问题，逻辑组态工程文件安全存储技术利用了区块链技术的不可篡改特性。通过在区块链上实现PLC逻辑组态工程编译文件的快速、自动校验功能，该技术可以有效防止文件在下发和编译过程中被篡改。

**（3）工程文件安全存储技术**

在工程文件的整个生命周期中，存储是一个至关重要的环节。恶意攻击者可能会通过窃取或者篡改存储的工程文件来获取机密信息或者破坏文件的完整性。为了保护工程文件的安全存储，工程文件安全存储技术采用了多种手段。其中包括文件加密技术，对存储的工程文件进行加密，确保其机密性；访问控制技术，限制对工程文件的访问权限，确保只有授权人员可以访问；备份和恢复技术，定期备份工程文件，以防止数据丢失。

**（4）工程技术安全传输技术**

在工程文件的传输过程中，文件可能会被窃听、篡改或者拦截，从而导致文件的泄露或者被恶意篡改。为了保护工程文件的安全传输，工程技术安全传输技术采用了一系列的安全措施。其中包括加密传输技术，通过使用加密算法对文件进行加密，确保传输过程中的机密性；数字签名技术，对文件进行数字签名，确保传输过程中的完整性和真实性；安全协议技术，使用安全协议来保护文件的传输过程，确保传输的可靠性。

现有工业以太网传输协议大多采用传统的OSI模型，但在重构协议方面存在以下几个难点：首先，现有工业控制基础网络和组件需要在考虑实施可行性的前提下进行改造。其次，传统的OSI模型存在一些问题，如传输路径相对固定、传输可靠性和安全性无法得到保证，以及NAT穿透问题。在重构协议的过程中，需要解决现有工业控制基础网络和组件的改造问题。这意味着在保持可行性的前提下对其进行必要的改进和调整。同时，传统的OSI模型的局限性也需要克服。传输路径的相对固定性限制了灵活性和可扩展性，而传输的可靠性和安全性也需要更好的保障。此外，NAT穿透问题也需要被解决，以确保在网络中的各个节点之间能够进行有效的通信。因此，在重构协议的过程中，需要克服这些难点，通过对现有基础网络和组件的改造，解决传统OSI模型的局限性，并找到解决NAT穿透问题的方法，以提高传输协议的灵活性、可靠性和安全性。

这些技术手段和方法的综合应用可以全面保护工程文件的安全，从编译到运行、存储和传输的整个生命周期。随着信息技术的不断发展，工程文件的安全保护将面临新的挑战，需要不断研究和创新，以应对不断变化的安全威胁。只有加强工程文件的安全保护，才能确保工程文件的机密性、完整性和可用性，促进信息化建设的健康发展。

### 2.3.7 信息物理融合异常检测

在工控蜜罐领域，基于工控系统工程知识，现有研究致力于构建高度真实的蜜罐和模拟真实工控网络流量的技术。这样的蜜罐可以与真实的工控系统进行业务上的互动。现有的研究工作对于工控系统安全具有重要意义。通过使用高度真实的蜜罐和模拟真实流量的技术，可以更好地理解和应对潜在的威胁。同时，通过协同检测机制和精确的设备状态检测，能够及时发现设备的异常行为。此外，基于信息物理特点和时空依赖关系的分析，能够构建适度粒度的安全模型，以便有效地监测生产流程中的异常情况。总之，现有的研究成果有助于提高工控系统的安全性和可靠性，有助于更好地保护工控系统免受潜在威胁的影响。

高真实度的蜜罐构建主要涉及工控协议层、设备层和业务层三个方面。

在工控协议模拟方面，根据协议规定的报文格式和数据交互方式，可以构建协议仿真框架。这个框架可以模拟不同协议的实现，能够响应符合协议标准的数据请求，并实现协议规定的功能。通过这样的模拟，可以自动识别和解析工业网络通信流量，以达到应用的目的。简单来说，工控协议模拟就是根据协议的要求，模拟出符合标准的数据交互过程。这样的模拟有助于更好地理解和分析工业网络通信的流量，从而提高对工控系统的保护和安全性。

在实现协议仿真的基础上，根据不同设备支持的协议种类，将这些协议集成在一起，以实现设备层的仿真。设备层仿真是根据与不同厂商的真实设备进行交互，获取设备的特征信息，并根据这些信息进行设备的仿真。这样的仿真使得设备能够参与到具体的业务流程中，完成准确的数据交互、请求和应答操作。现有研究支持多种设备仿真类型，包括Modicon、S7-200、S7-300、S7-400、电网设备等。通过对这些设备的仿真，我们能够更好地模拟真实环境中的设备行为，从而提供更真实的工控系统仿真环境。这样的仿真环境对于测试和研究工控系统的安全性非常重要，有助于更好地理解和应对潜在的威胁。

为了模拟真实的工业网络体系（如电力调度、楼宇控制、轨道交通等），现有研究参考了真实工业系统内部网络的拓扑结构，并使用虚拟设备代替真实设备进行组网配置。通过将仿真的设备组合起来，我们能够完成具体的业务流程，并实现对工业网络的模拟。在这个过程中，人机界面（Human-Machine Interface，HMI）起着重要的作用。HMI是工业控制系统的可视化展示和操作平台，也是攻击者可能选择的攻击入口。为了还原行业真实的工业网络环境，我们根据真实工业系统中相关行业的HMI来设计和实现仿真系统的HMI。这样可以提供最直观的展示和操作界面，并吸引攻击者的注意，有助于更好地评估工控系统的安全性。通过以上的模拟和仿真工作，能够建立一个高度真实的工业网络环境，用于测试和研究工控系统的安全性，以及探索潜在的安全威胁和防御策略。

为了引诱攻击并评估工业网络的安全性，仿真子系统上设置了安全攻击点。工业网络的脆弱性主要体现在相关网络技术的滞后和更新速度缓慢。一旦攻击者侵入工业网络内部，常见的攻击手段往往能够成功。因此，安全攻击点的部署策略有两个方面。首先，安全攻击点可以配置在网络入口，如HMI。这些攻击点包括SQL注入、弱口令、文件上传等。通过在网络入口处设置这些攻击点，可以模拟真实的攻击情境，评估工业网络的防御能力。其次，安全攻击点可能是由于协议本身的缺陷或设备的缺陷而存在的。这些漏洞在协议仿真和设备仿真阶段就已经存在。通过在仿真系统中模拟这些缺陷，可以评估工业网络在面对协议和设备级别的攻击时的表现。

通过在仿真系统中部署安全攻击点，能够全面评估工业网络的脆弱性和安全性，并测试其对常见攻击的抵抗能力。这样的评估有助于发现和修复潜在的安全漏洞，提高工业网络的安全性和防御能力。工控流量诱饵的设计和部署旨在保护真实的工控系统。通过深入研究工控交互操作，现有工作将流量诱饵插入设备认证、文件传输、前端访问、命令下发等流量中。这样做可以有效引导攻击者发现蜜罐设备的敏感特征信息，吸引他们的注意力和更多的后续精力。

蜜罐设备将接收业务过程模型实时仿真的生产数据，并动态构建与业务模型相匹配的通信网络环境。这样，现有工作将原本的设备级蜜罐推进到系统级蜜罐，并通过不同脚本语言调用的方式实现设备的多种协议、多种行为的响应和真实调控生产过程。通过这种方式，现有研究构建了一种新型的过程控制蜜罐系统。这样的系统能够更好地吸引攻击者，并保护真实的工控系统。

### 2.3.8 控制逻辑代码安全审计

PLC作为工业控制系统的核心组件，面临各种可能导致系统受到威胁、遭受攻击或发生故障的安全隐患。如果PLC系统缺乏适当的访问控制，未经授权的人员可能能够修改控制逻辑或配置，对生产过程造成严重影响。如果没有足够的安全审计和监控机制，则使得对潜在的攻击或异常行为的及时发现和响应变得困难。

代码审计主要涉及两个主要方面：定义安全规范和进行代码分析。安全规范包含多个方面，如编码规范、权限规范、配置规范以及逻辑规范。代码分析是审计的核心，通常采用自动化审计工具与人工分析相结合的方式。自动化审计工具主要用于检查编码规范，但由于可能存在漏报和误报的情况，因此必须结合人工分析来仔细审查、跟踪和排除问题。这种混合方法使得审计人员能够更全面地了解代码的安全性。目前代码审计的理论与技术在IT领域的发展相对成熟，针对C、Java等编程语言的成熟标准和自动化审计工具得到了广泛应用。然而，PLC拥有独特的编程语言和运行机制，其图形化编程语言使得通用的代码分析技术无法直接应用。

控制逻辑代码审计是确保工业控制系统中的PLC程序安全性的关键步骤。由于PLC直接参与对工业过程的控制，因此对其进行安全审计有助于发现潜在的漏洞和缺陷，提高系统的稳定性、可靠性和安全性。在进行安全审计时，需要关注静态和动态分析、通信安全、权限控制等方面，以保障PLC程序的正常运行和免受恶意攻击。审计的目的不仅是修复已知问题，还包括预防潜在的安全风险，确保PLC程序符合相关的安全标准和法规。

**（1）PLC程序运行机制**

要进行控制逻辑代码审计，首先需要了解PLC程序的运行机制。PLC程序是一组指令，其中包含了定义控制逻辑的代码。PLC程序的运行机制通常遵循以下步骤：

① 扫描：PLC以循环的方式执行扫描。在每个扫描周期内，PLC依次执行一组指令。

② 输入扫描：PLC读取与工业过程相关的输入信号，这些信号可能来自传感器、开关等设备。

③ 执行控制逻辑：根据程序中定义的控制逻辑，PLC进行计算和决策，确定输出信号的状态。

④ 输出扫描：将计算得到的输出信号发送到与工业设备相关的输出模块，以实现对设备的控制。

PLC的程序也属于函数式程序，这里的“函数”指的是块，程序由若干种不同的块组成。根据国际电工委员会制定的工业控制编程语言标准（IEC1131-3），PLC有五种标准编程语言：分别是梯形图语言（Ladder Diagram，LD）、指令表语言（Instruction List，IL）、功能模块语言（Function Block Diagram，FBD）、顺序功能流程图语言（Sequential Function Chart，SFC）、结构化文本语言（Structure Text，ST）。其中梯形图和功能块图属于图形化编程语言，指令表和结构化文本属于文本编程语言。顺序功能流程图较为特殊，不属于上述两类。

**（2）PLC代码安全编码规范**

PLC编码规范是PLC编程中极为重要的一环，良好的编码规范可以提高程序的可读性和可维护性。以梯形图语言为例，常见的编码规范有“输入变量不能同时作为输出变量”，一些开发软件可以自动地识别此类问题；还有“输出变量常值问题”，出现这种情况要么该变量是无效变量，否则应该是程序的控制逻辑出现了问题；还有“一些变量的值需要满足某个范围”，在一些特定应用场景中，某些设备只能在设定的阈值下工作。目前有一些常见的PLC代码安全编码标准，例如IEC 61131-3标准，具体编码规范可以参考相关标准。

**（3）编程语言安全分析方法**

对于文本化编程语言，与其他通用语言安全分析的方法类似。对于一般的语法问题，可以采用源码静态扫描和规则匹配进行检查，如语法错误、命名规范以及不安全的输入等。但程序中的有些问题需要在动态测试的过程中才可以发现，针对这些问题可以采用代码形式化方法进行分析。针对动态行为问题，较为准确的方法是进行软件测试，但测试难以保证对程序分析的覆盖率，因此代码形式化分析通过抽象来遍历程序模型，提供一种近似性的结果。

对于具体方法而言，又可以分为非流敏感分析和流敏感分析。流敏感分析一般用于检测动态行为问题，如死循环、变量是否为常值等，通常在程序的控制流图上进行。使用控制流图进行流敏感分析又有活跃变量分析（Liveness Analysis）和定义可达分析（Reaching Definitions Analysis）等经典迭代分析方法。静态分析主要用于检测一般性问题，而动态分析更侧重于程序的实际运行情况。在实际应用中，综合使用这些方法可以更全面地评估文本化编程语言的安全性。

对于梯形图编程语言，需要将其转换为文本形式的中间语言程序再进行分析。梯形图程序的一种自动化分析方法主要包括抽象域的定义、生成集合约束式的规则和方程组的求解。

① 抽象域的定义：对于控制逻辑程序，关注变量在执行期间的值。常用的抽象域元素包括⊥（空集）、T（真值）、F（假值）、⊤（全集）。这些元素构成一个格，用于进行程序的抽象分析。

② 生成集合约束式的规则：定义抽象值之间的映射关系，包括变量与其抽象值的映射，以及运算符 + 的扩展。生成规则形如 $E \subseteq E'$，其中 $E$ 和 $E'$ 分别表示变量与其抽象值的映射关系。通过定义生成规则，将梯形图中的语句转换为中间语言，同时生成相应的集合约束式。

③ 方程组的求解：对生成的集合约束式进行方程组求解，得到问题的解。方程组的求解过程通常采用迭代的方式，确保求解结果收敛。在求解中，可以采用上近似和下近似的方式，具体选择取决于问题的敏感性。

在具体问题的分析中应用上述方法，例如：

① 应用于输出变量常值问题：对输出变量常值问题的分析，可以通过生成集合约束式来表示变量的取值，并通过方程组求解来得到问题的解。需要注意抽象域的选择和映射关系，以确保抽象值与实际数据值的对应关系。

② 应用于Relay Race问题：对于Relay Race问题，需要考虑多个连续的扫描周期。通过生成集合约束式和方程组求解，可以检测是否存在Relay Race问题。在分析过程中，需要对变量在不同扫描周期的取值进行建模，并通过方程组的求解来判断是否存在不一致的情况。

总体而言，梯形图编程语言的安全分析可以帮助发现输出变量常值问题、Relay Race问题等潜在安全隐患，提高梯形图编程语言程序的安全性。

## 2.4 工业互联网安全技术应用与行业案例

### 2.4.1 工业互联网设备系统安全案例

#### 2.4.1.1 背景描述

某市级水务集团为保障市区的用水需求，已建成现代化水厂8座，日供水峰值可达120万$m^3$。随着生产设备大规模建设的进行，该水务集团公司出现了智慧水务系统相关的需求，并因此实施了智慧水务建设项目，用于实现其旗下8家现代化水厂的统一运营管理、生产调度、状态监测、安全管理等。水厂网络和集团网络实现更高效的互联互通后，安全问题变得更加突出。为保证智慧水务项目的安全稳定实施，该水务集团开展了“工业互联网信息安全防护”项目，该项目提高了该水务集团下辖所有水厂工业控制系统的安全等级，保证了关键信息基础设施的安全运行，完成了工控系统网络安全备案、整改建设和等级保护测评工作。通过信息化、智慧化建设，水务集团将网络安全建设与业务场景相结合，实现了合规性和提高实际防护能力与安全管理能力的双重目标。北京启明星辰信息安全技术有限公司根据智慧水务项目的实际安全需求，帮助用户实现了业务运行和系统安全防护的有机融合。

#### 2.4.1.2 安全问题描述

各自来水厂所使用的工业控制系统不仅负责监控水源、水处理过程、管道压力、流量以及成品水的供应，还具有数据记录、报警和诊断功能，用以保证大型、复杂的水务系统的持续运营。当前使用的工业自动控制系统在设计、研发时几乎没有考虑安全问题，技术员工在部署、运维时又缺乏安全意识、管理、流程、策略和相关专业技术的支撑，导致供水、排水系统存在着诸多安全问题，一旦被无意或恶意利用就会导致各种信息安全事件。供水、排水调度工业自动化控制系统的安全直接关系到“生命线”的安全。该水务集团股份有限公司面临的工业信息安全风险主要包括以下3个方面:

**（1）安全防护水平相对落后**

当前的安全配置策略难以应对普遍存在于各个公司的供水调度、排水工业控制系统中的安全漏洞，外网边界容易被攻破；内网边界的访问控制缺乏管理，安全防护设备严重不足；工控设备普遍开启高风险的远程访问服务，处于高危状态；工控系统主机的安全防护措施不到位，控制权限极易被远程获取，这可能导致病毒感染、扩散和生产中断等风险。

**（2）网络攻击风险加剧**

供水、排水工业控制系统使用了大量的IT技术，随着互联性的逐渐增强，工业控制信息安全逐渐成为黑客的研究对象，工业控制系统信息安全已经成为国内外大型的信息安全交流会议中一个重要的讨论议题。黑客们逐渐增强的攻击技术和日益丰富的攻击的手段，能够更加轻易地入侵到某个常用系统，并成功破坏其完整性。工业控制系统普遍缺乏网络准入和控制机制，上位机与下位机通信时身份鉴别和认证机制缺失，只要能够从协议层面跟下位机建立连接，就可以对下位机进行修改；除此之外，系统最高权限普遍缺乏限制，工业控制系统中的高权限账号往往掌握着数据库和业务系统的命脉，任何一个操作都可能导致数据的修改和泄露。

**（3）安全管理机制尚待健全**

工业控制系统信息安全的重要性没有得到工作人员的足够重视，工控安全责任意识、风险意识不强，管理制度不完善，相关标准规范缺乏，技术防护措施不充分，安全防护能力和应急处置能力不高，需要建立常态的安全运营机制，定期进行事件分析、安全运维、安全培训等。

#### 2.4.1.3 具体解决方案

全部8个自来水厂采用类似的工艺流程，分析水务工业控制系统的环境特点和技术特点，大型自来水厂一般采用常规处理和深度处理相结合的手段，具有工艺复杂、设备先进的特点。常规处理包括：混合、反应、沉淀、过滤和消毒。深度水处理工艺在常规水处理工艺的基础上增加了臭氧处理和碳过滤或投加高锰酸钾和粉末活性炭等工艺流程。从现场调研的工艺流程分析来看，可以将整个大型自来水厂工艺流程包含的全部现场控制层设备分为机械设备和控制设备。机械设备一般有几十种，例如鼓风机、提升泵、刮泥机、加压泵、臭氧制备机、回流泵、加药泵、搅拌机等。这些设备都是工艺处理环节中的关键设备。控制设备比如现场控制层的PLC、仪器仪表、RTU等，监控层有上位机组态软件、工业数据库、网络摄像头等。生产系统由企业管理层、生产执行层、过程监控层、现场监控层组成，分别承担以下任务：

① 企业管理层：负责对各个水厂工艺流程进行实时监控、生产调度和数据分析等，涉及水管网地理信息系统（GIS）、供水调度自动化控制系统（SCADA）、供水管网水质管控分析系统等系统。设备类型主要是传统服务器和传统信息系统，企业管理层同时承担为水务集团总部传送业务数据的功能，实现上下级平台联动。

② 生产执行层：负责下发执行指令给各工艺流程的具体生产活动，其中包括操作员站、数采工作站、上位机等设备，以工作站设备为主。

③ 过程监控层：负责监控自来水生产流程和厂区环境数据，以及进行数据采集。主要包括SCADA系统、DCS系统、视频监控服务器等。

④ 现场监控层：负责执行具体生产指令和收集数据。具体设备包括PLC、温度传感器、压力传感器、液位传感器、工业摄像头等终端设备。水厂的生产数据包含流量、液位、压力、浊度等，生产数据均汇聚到水务集团办公网的集中控制中心的智慧水务平台进行分析处理。通过对水务集团业务场景进行梳理、分析，本方案为三个安全场景提供了解决措施，分别为边缘安全防护场景、企业安全防护场景和企业安全综合管理平台。分别针对不同安全需求和风险，部署安全措施：自来水厂工控系统通过实施分层分域安全策略，部署工业防火墙、工业主机防护系统、工业入侵防御系统等，从终端管控、主机防护、平台管理、跨网跨域防护等角度保障设备安全，控制安全和边缘侧的网络安全。

该解决方案依据工业互联网体系架构2.0的思路与方法，从业务视图、功能架构、实施框架及技术体系四个维度解决现阶段该水务集团工业控制系统面临的最主要的安全问题，同时结合水务行业工业系统的环境特点及最新的工业安全标准与技术进行方案设计，拓扑结构如图3-2-13所示。

该解决方案在智慧水务项目建设背景下实现以下场景化防护效果。

基于生产控制系统的安全稳定运行，按照工艺流程以工控子系统为防护对象，分成取水口控制站、送水泵房控制站、絮凝池控制站、加药消毒控制站、滤池控制站等安全域，以“域间隔离，统一监测”为防护策略，采取安全措施如下：

① 边界防护：在厂区安全域之间采用适用于工业环境的专用防火墙，以逻辑串接的方式进行部署，对安全域边界进行监视，识别边界上的入侵行为并进行有效阻断。通过工业协议的深度识别与过滤，实现了从边界、区域到终端的完整防护，降低了网络被入侵及安全威胁迁移扩散的风险。

② 入侵防护+安全策略：在工控环网与生产执行层的接口处部署入侵防御系统，根据水务行业的特点制定安全策略，提供工控信息安全特色场景化的防护。通过对设备固件进行安全增强，识别并阻断该高危端口扩散，预防攻击传播风险。

③ 异常监测+安全审计：在工控环网与生产执行层的接口处部署异常监测与审计系统，对工控网络敏感指令数据进行记录和异常检测。可检测工控网络中发生的入侵攻击，

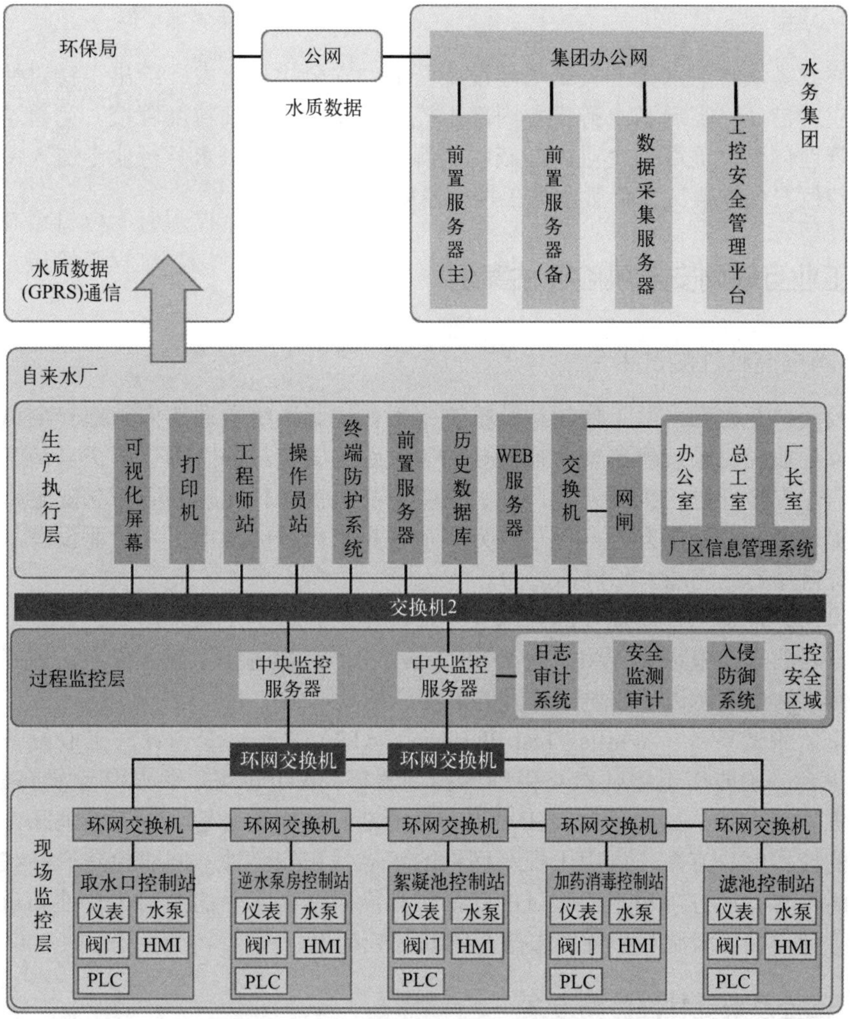


图 3-2-13　水厂等级保护建设规划拓扑

实时监测工控网络中的敏感操控，实现故障与异常的预警。

④ 保障工控系统日志集中管理：通过旁路部署日志审计系统，将网络中存在的网络设备、操作系统、数据库系统、安全设备等产生的日志信息统一存储、分析、告警。用于解决水务集团现存的工控系统中日志存储分散，不利于统一管理和数据存储时间、维度没有进行统一管理的问题。

为了保证自来水厂中的生产数据安全可靠地上传到集团网络，消除造成安全风险的暴露点，影响水厂工控系统和智慧水务平台的安全稳定运行，采取了以下措施：

① 主机防护+白名单：在设备层和边缘层部署主机防护系统，制定白名单安全策略，尽可能阻止恶意代码的运行，消除病毒或恶意代码通过终端外设进入工控终端及工控生产网络的可能性。对操作系统内核、协议栈等方面进行安全增强，并努力实现设备固件的自主可控。

② 边界防护：在集团办公网与下属水厂边界部署工业加固型网闸，对两网间的数据交换进行安全防护，同时对OPC、Modbus/TCP等工业协议进行深度解析和指令级的控制，保证只允许合法的指令和访问通过。

#### 2.4.1.4 小结

该解决方案从智慧水务下关键基础设施面临的安全挑战出发，给出了针对性的场景化安全防护应对措施，实现了水务集团内部工控网络安全风险细粒度管控，完善了企业工控网络安全管理体系，提高了企业内部威胁监测能力，构建出以水务行业专属入侵监测系统为核心的特色安全框架，为智慧水务工控信息安全赋能。

### 2.4.2 工业互联网安全风险评估案例

#### 2.4.2.1 网络健壮性测试平台

随着我国“两化融合”工作的持续推进，工业控制系统遭遇的内外部安全风险越来越严峻，确保工业控制系统信息安全已经成为国家级的安全战略。为了解决当前工业控制系统存在的信息安全问题，工控系统厂商、安全产品厂商、行业机构等信息安全相关方从各自的角度提出了一些安全方案，但这些方案往往是从修补的角度出发，而没有从根本上增强工控系统自身的免疫能力和抗击能力。

阿基里斯认证是一种国际性的网络安全标准，已经得到了众多用户、行业组织和供应商的认可。西门子、施耐德、ABB等公司的自动化产品都进行了阿基里斯认证并符合其全部要求，使得阿基里斯认证成为了业界的事实标准。

阿基里斯测试平台（Achilles Test Platform，ATP）是一种专门针对工业设备的网络健壮性测试平台，主要用于测试PLC和DCS控制器等，ATP也可以测试其他具有Ethernet端口和网络堆栈的设备，如服务器、HMI、工程师站、网络设备等。ATP提供了一种主动式先期预防的技术解决方案，可用于提高网络的可靠性和安全性，同时检测产品在遭受网络攻击时的耐受力。通过阿基里斯测试的产品，都满足最高水平的通信可靠性要求，可以有效抵御上万种“零日漏洞”和其他未公开的漏洞或隐患。

#### 2.4.2.2 工控系统健壮性检测方案

阿基里斯测试平台支持两种组网方式，一种是直接测试工控设备，另一种是桥接到工控设备和上位机之间。

① 直接测试工控设备。采用直连方式，如图3-2-14所示。

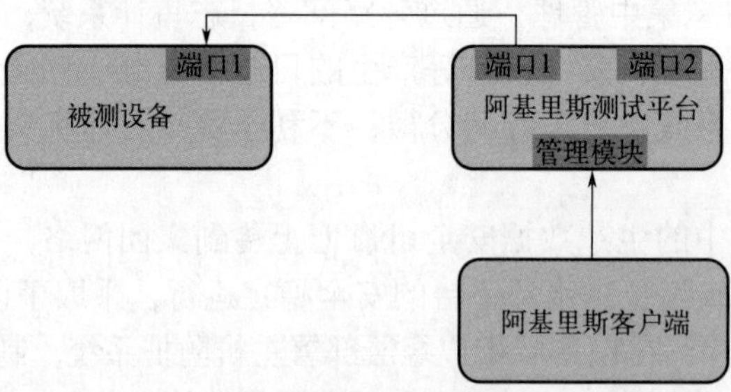


图3-2-14　直连方式

② 桥接到工控设备与上位机之间。采用桥接方式，如图3-2-15所示。

阿基里斯测试平台与被测设备（Device Under Test，DUT）的连接如图3-2-14、图3-2-15所示，针对不同的测试对象、测试要求，拓扑结构会做出某些调整，应以具体情况为准。

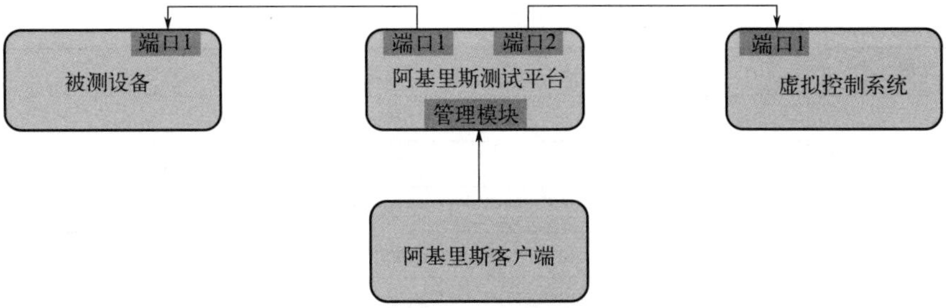


图 3-2-15　桥接方式

ATP与DUT物理连接后，需要对ATP配置界面进行相应的设置，输入ATP和DUT的IP地址和MAC地址，以便二者之间能够互相连接和通信。并且启动相应的监视器，以监测DUT的端口或者协议在通信过程中是否正常运行。

配置完成后，需要对DUT进行端口扫描，为后期测试项的执行做好前期准备工作。ATP与DUT连接并完成配置和端口扫描等准备工作后，可以开始正式的测试过程。ATP主要有两个等级：一级和二级。根据不同的检测级别，ATP中有不同的测试项，如表3-2-1和表3-2-2所示。

表 3-2-1　Level-1 测试项

| 协议类型 | Level-1 测试项 |
|---|---|
| Ethernet | Ethernet Unicast Storm (L1) |
| | Ethernet Multicast Storm (L1) |
| | Ethernet Broadcast Storm (L1) |
| | Ethernet Fuzzer (L1) |
| | Ethernet Grammar (L1) |
| ARP | ARP Request Storm (L1) |
| | ARP Host Reply Storm (L1) |
| | ARP Cache Saturation Storm (L1) |
| | ARP Grammar (L1) |
| IP | IP Unicast Storm (L1) |
| | IP Multicast Storm (L1) |
| | IP Broadcast Storm (L1) |
| | IP Fragmented Storm (L1) |
| | IP Fuzzer (L1) |
| | IP Grammar - Header Fields (L1) |
| | IP Grammar - Fragmentation (L1) |
| | IP Grammar - Options Fields (L1) |
| ICMP | ICMP Storm (L1) |
| | ICMP Grammar (L1) |
| | ICMP Type/Code Cross Product (L1) |

续表

| 协议类型 | Level-1 测试项 |
|---|---|
| TCP | TCP Scan Robustness (L1) |
| | TCP SYN Storm (L1) |
| | TCP/IP LAND Storm (L1) |
| | TCP Fuzzer (L1) |
| | TCP Grammar (L1) |
| UDP | UDP Scan Robustness (L1) |
| | UDP Unicast Storm (L1) |
| | UDP Multicast Storm (L1) |
| | UDP Broadcast Storm (L1) |
| | UDP Fuzzer (L1) |
| | UDP Grammar (L1) |

表 3-2-2 Level-2 测试项

| 协议类型 | Level-2 测试项 |
|---|---|
| Ethernet | Ethernet Unicast Storm (L1/L2) |
| | Ethernet Multicast Storm (L1/L2) |
| | Ethernet Broadcast Storm (L1/L2) |
| | Ethernet Fuzzer (L1/L2) |
| | Ethernet Grammar (L1/L2) |
| | Ethernet VLAN Grammar(L2) |
| | Ethernet LLC/SNAP Grammar(L2) |
| | Ethernet VLAN/LLC/SNAP Chaining(L2) |
| | Ethernet Data Grammar(L2) |
| ARP | ARP Request Storm (L1/L2) |
| | ARP Host Reply Storm (L1/L2) |
| | ARP Cache Saturation Storm (L1/L2) |
| | ARP Grammar (L2) |
| IP | IP Unicast Storm (L1/L2) |
| | IP Multicast Storm (L1/L2) |
| | IP Broadcast Storm (L1/L2) |
| | IP Fragmented Storm (L1/L2) |
| | IP Bad Checksum Storm(L2) |
| | IP Fuzzer (L1/L2) |
| | IP Grammar - Header Fields (L1/L2) |
| | IP Grammar - Fragmentation (L1/L2) |
| | IP Grammar - Options Fields (L1/L2) |
| | IP Data Grammar(L2) |

续表

| 协议类型 | Level-2 测试项 |
|---|---|
| ICMP | ICMP Storm (L1/L2) |
| | ICMP Fuzzer(L2) |
| | ICMP Grammar (L2) |
| | ICMP Type/Code Cross Product (L1/L2) |
| TCP | TCP Scan Robustness (L1/L2) |
| | TCP SYN Storm (L1/L2) |
| | YCP SYN Storm from Broadcast(L2) |
| | TCP/IP LAND Storm (L1/L2) |
| | TCP URG Storm(L2) |
| | TCP FIN Strom(L2) |
| | TCP RST Storm(L2) |
| | TCP Closed Receive Window Storm(L2) |
| | TCP Segment Reassembly Storm(L2) |
| | TCP Fuzzer (L1/L2) |
| | TCP Grammar-Header Fields (L2) |
| | TCP Grammar-Contextually Invalid Packets(L2) |
| | TCP Priority Traffic Interleaving(L2) |
| | TCP Timestamp Manipulation(L2) |
| | TCP/IP Grammar (L2) |
| | TCP Selective Acknowledgement(L2) |
| | TCP Receive Window(L2) |
| | TCP Data Grammar(L2) |
| | TCP Maximum Concurrent Connections(L2) |
| | TCP Initial Sequence Number Randomness Check(L2) |
| UDP | UDP Scan Robustness (L1/L2) |
| | UDP Unicast Storm (L1/L2) |
| | UDP Multicast Storm (L1/L2) |
| | UDP Broadcast Storm (L1/L2) |
| | UDP Fuzzer (L1/L2) |
| | UDP Grammar (L2) |
| | UDP Data Grammar (L2) |

通过测试设置，选择测试所需的ATP中的不同测试项作为测试执行的测试案例，在测试执行界面执行已选择的测试项，进行被测设备网络健壮性检测。

测试过程中发现的问题会在事件日志中详细记录，用于帮助测试产品厂商进行产品优化。在测试结果界面，相关信息包括：测试结果、测试参数、测试环境信息、监视图表、事件日志、抓包分析或流量分析。最后，ATP会根据测试结果生成PDF报告，通过分析测试数据自动判断被测设备是否通过认证。

#### 2.4.2.3 小结

根据上述工控安全健壮性测评的思路对国内某LK系列PLC进行了阿基里斯认证工作，分别对基础TCP/IP协议栈、工业应用层总线进行了Fuzzing测试、风暴测试、资源耗尽型测试、错误数据型测试和完整性测试工作。经过近一个月的迭代测试与持续优化代码，解决了控制器底层控制总线在恶意攻击、不完整报文、广播风暴等多种情况下保持正常运行的技术难题，并最终通过认证，获得Achilles Level I认证证书。

### 2.4.3 智能制造行业安全技术防护建设案例

#### 2.4.3.1 案例背景

随着制造业信息化和智能化的推进，原本封闭的生产系统被曝光，使其呈现出一定程度的脆弱性。虽然制造业的信息化与智能化的迅猛发展极大提高了生产效率而且大幅降低了生产成本，但与此同时也导致了安全事件的频发。自2017年以来，“勒索病毒”“挖矿病毒”等术语频繁在各大新闻媒体中出现，工业界也遭受着诸如“起亚汽车美国分公司遭受的勒索病毒攻击”“本田Ekans勒索软件攻击事件”“台积电遭遇勒索病毒事件”等网络安全事件的影响乃至威胁，以上种种均使得这些事件成为行业内热议的焦点。由Nozomi Networks最新发布的*New OT/IoT Security Report*指出，智能制造行业在受到威胁方面处于最高风险之列。因此，加强智能制造业的工业控制系统网络安全建设已经成为一项紧迫任务。

某省新材料集团公司是一家致力于航空航天交通铝新材料制造的综合性企业，聚焦于产品的研发、生产和销售等多个环节。其旗下拥有多个铝加工生产制造厂，经由这些制造厂生产的铝材产品广泛应用于航空航天、轨道交通、汽车、船舶、3C电子等行业。为了紧随国家“智能制造”步伐，提高企业竞争力，该集团对旗下各生产企业进行智能制造的升级和改造，并引进先进的智能自动化系统MES，以进一步提高生产效率，推进产供销一体化。然而，随着新引入的MES系统，企业在促进“智能制造”的同时也面临着网络安全方面的挑战。

#### 2.4.3.2 安全问题分析

整个企业中，铝加工车间作为至关重要的一环，其中包括熔铸、挤压、热轧和冷轧等重要生产车间，各车间均部署有多套PLC控制设备，主要包括SIEMENS S7-300、SIEMENS S7-400和AB SLC5等品牌系列PLC，并由此组成了单个工艺或生产线的PLC控制系统，其生产车间中的PLC结构如图3-2-16所示。

经过现场调研和风险评估，各生产车间的生产系统存在以下安全隐患现象：

① 生产系统网络存在违规外联至办公网的现象，网络边界缺乏可靠隔离技术防护措施。

② 生产系统内部缺乏入侵检测、安全审计以及集中监测等技术措施。

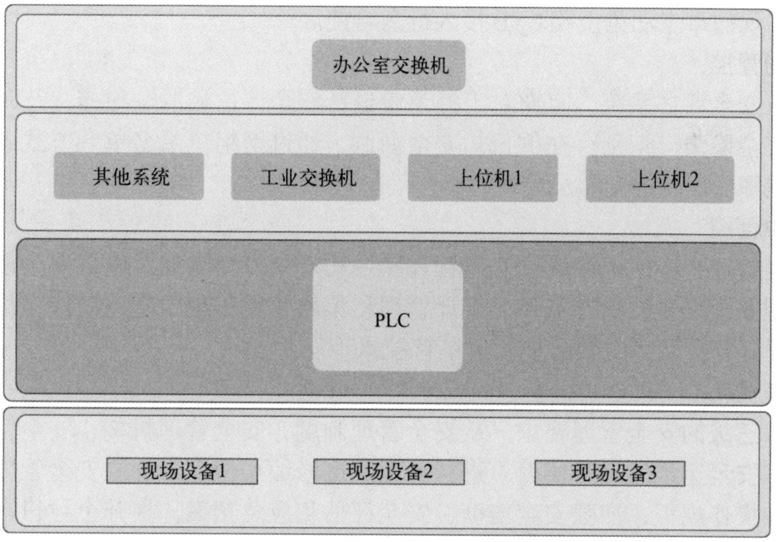

图 3-2-16　生产车间 PLC 系统网络结构图

③ PLC、组态软件以及上位机操作系统存在大量高中危安全漏洞，缺乏安全漏洞防范技术措施。

④ 上位机等操作站缺乏恶意代码防范技术措施，病毒防护技术手段“空白”。

⑤ 上位机等操作站针对USB外设接入等行为缺乏有效的技术管控措施，外设终端等设备可随意通过USB接口方式接入。

⑥ 上位机操作系统、数据库、组态软件和应用软件等未进行安全加固，存在弱口令等现象。

⑦ 针对生产系统未建立配套的安全管理体系，日常安全管理制度不完善，在规章制度、责任部门、管理人员和日常运维操作等方面均缺乏制度管理。

### 2.4.3.3　解决方案

根据企业及生产车间中现有网络的客观情况、网络中所暴露的突出问题，以及有关等级保护相关规定，制定了解决方案，其具体内容如下:

**（1）边界防护**

在各生产车间网络的边界处部署工业防火墙和工业隔离网闸，采用适用于工控网络的“黑白名单”机制和协议解析，细化访问控制粒度，对非法及异常访问行为进行拦截阻断，保障网络边界安全。

**（2）网络监测**

分别在各生产车间网络关键节点中旁路部署工业入侵检测系统和监测审计系统，对攻击行为进行检测和告警，实现网络流量的采集分析监测和异常告警。

**（3）日志审计**

分别在各生产车间网络中部署日志审计系统，实现日志信息的收集和集中分析，并提供日志查询、历史日志查询和事件告警功能，及时了解网络设备运行状态和识别存在的安全事件，提高系统安全防护能力。

**（4）上位机安全**

部署工业终端安全卫士和USB安全防御系统，对操作系统进行安全加固，采取“白名单”机制，实现病毒主动免疫和USB接入行为管控。

**（5）漏洞管控**

部署工业安全评估系统，定期对工控系统进行安全评估和漏洞扫描，及时发现系统网络中存在的安全隐患，识别存在的已知安全漏洞，通过网络“黑名单”方式进行安全漏洞防护，消除或降低面临的威胁风险。

**（6）集中管控**

建立安全管理中心，部署统一安全管理平台和堡垒机，实现对网络安全设备的统一安全管控，实现安全设备的状态监控、审计管理和策略管理等集中管控功能，构筑安全管理中心平台，提升整体网络安全防护和运维管控水平。

**（7）管理优化**

根据等保三级的安全管理要求，从安全管理制度、安全管理机构、安全管理人员、安全建设管理和安全运维管理等层面，进行管理制度修编和梳理，建立安全管理制度体系和日常安全运维操作规程，加强安全培训、安全评估和应急预案，提升企业日常网络安全运维水平。

综上，根据《信息安全技术 网络安全等级保护基本要求》（GB/T 22239—2019）标准的指引，遵循“一个中心三重防御”的技术防护方针，同时结合工业控制系统的网络结构分层，从企业资源、生产管理、过程监控、现场控制以及设备操作等多个层面出发，运用工控协议解析、指纹识别、黑白名单机制和主动防御等多种工业控制系统防护技术。同时引入安全隔离、入侵检测、安全审计和恶意代码防范等技术手段，以构建统一的安全管理中心。通过优化日常安全管理流程、完善安全管理规章制度，提升生产系统网络安全的整体防护水平，达到符合等级保护标准的目标，确保“安全合规”，进而有力地保障企业的安全生产。

## 2.4.4 工业系统应急响应取证安全案例

### 2.4.4.1 工业控制系统概述及挑战

随着物联网等技术的不断发展，工控系统在带来便利的同时已成为网络空间安全的重要战场，智能制造环境下的工控系统面临着下面几种新的安全挑战。

① 工业网络IP化使入侵途径增多。近年来工控系统不断发展，引入了工业以太网和TCP/IP等通信协议，整个控制系统都可以与远程终端互联，工控系统被入侵的风险大幅增加。

② 终端接入多样化增加了网络管理的困难。工业控制网络连接的终端愈加多样化，终端上可能运行着各种操作系统、应用等，这些都增加了安全管理的难度。

③ 开放环境使得攻击风险大大增加。传统情况下，工业设备运行在工业园区局域网内，环境较为封闭，但当今运行的大多数工业控制系统都直接或间接连接到Internet，原来相对封闭的工控网络环境日趋开放，使得攻击风险大大增加。

### 2.4.4.2 工业系统安全攻击事件案例

2018年8月，世界500强的半导体制造公司台积电生产园区电脑遭大规模病毒入侵，导致新竹、台中、台南三大生产基地全线停工，损失高达17.4亿元。而造成如此轰动的罪魁祸首就是前年席卷全球的勒索病毒“wanna cry”，全球上百个国家曾遭受该勒索病毒的攻击，造成了30多万民众大约80亿美元的损失。而台积电勒索事件只是工业控制系统面临的众多攻击事件之一，从德国的“工业4.0”到“中国制造2025”，数字化转型浪潮开展得如火如荼，在迎来发展新机遇的同时，工业控制系统也面临着新的网络安全问题。以下列举几个重大的工控网络攻击事件：

**（1）澳大利亚马卢奇污水处理厂非法入侵事件**

2000年3月，澳大利亚昆士兰新建的马卢奇污水处理厂出现故障。前后三个多月，总计有100万公升的污水未经处理直接经雨水渠排入当地的公园和河流中，导致当地环境受到严重破坏。后查明是该厂前工程师Vitek Boden因不满工作续约被拒而蓄意报复所为。

**（2）乌克兰电网攻击事件**

2015年12月，网络攻击者利用他们在乌克兰能源网络中的立足点关闭了三家电力配送公司，此次事件被称为“oblegnergos”，导致225000家用户持续断电数小时。

**（3）NotPetya勒索软件攻击**

2017年6月27日，全球再次陷入勒索软件的梦魇。勒索软件NotPetya迅速感染了全球多家机构，包括俄罗斯最大的石油企业Rosneft、美国医药巨头默克集团（Merck）、联邦快递（FedEx）等。此外病毒攻击已经波及到英国、俄罗斯等欧洲多国的机场、银行和大型企业的网络系统，这次的攻击事件让全球经济损失了约100亿美元。

**（4）思科漏洞被利用，全球20万台路由器中招**

2018年4月7日，一个名为“JHT”的黑客组织利用思科远程代码执行漏洞攻击了俄罗斯和伊朗两国的网络基础设施，进而波及了两国的ISP（互联网服务提供商）、数据中心以及某些网站。伊朗通信和信息技术部称，全球超过20万台路由器受到此次攻击的影响，其中伊朗有3500台受影响设备。

**（5）委内瑞拉大停电**

2019年3月7日起，委内瑞拉全国23个州中的18个州大停电。媒体报道称，这场大规模停电的直接原因是该国最重要的古里水电站遭到反对派蓄意破坏，本次停电时间长达6天。

#### 2.4.4.3 工业系统应急响应措施

以上种种分析都指向在如今两化融合不断深入，物联网、云计算、大数据等新一代电子信息技术迅速发展，工业控制系统日渐智能化、网络化的大环境下，各种病毒、木马等威胁向各个领域持续扩散，其中对工业控制系统造成的杀伤尤为之最。预防安全事件的发生固然十分重要，但是不论系统多么完善，其控制效果多么优越，它总会存在各式各样的漏洞给不法分子以可乘之机。因此，当工控安全事件发生后，能否迅速做出正确的应急处置，采取科学有效的方法及时施救，力争将损失降低到最小就显得尤为关键，以下给出了一些针对工控安全的保障措施，能够在事前预防以及事后应急处置两方面有效处理相关问题。

**（1）加强风险监测**

风险监测是掌握工控安全事件、感知风险动向的基础性工作。可以通过实施持续监测机制、引入智能监测技术、建立安全事件响应团队、开展定期演练与评估等方式加强工业系统风险监测。

**（2）开展信息报送与通报**

信息报送与通报是帮助工控安全应急相关部门及时了解风险及事件全貌的重要途径。通过建立信息报送机制，工业企业可以及时向相关部门通报发现的安全威胁、异常事件以及可能存在的漏洞，有助于快速形成整体安全态势感知，进而采取及时有效的防范措施。

同时，信息报送与通报也有助于建立合作共享的信息平台，促进安全事件信息的交流与分享，提高行业应对威胁的整体能力。

**（3）做好应急处置**

工控安全事件应急处置是应急工作的重中之重，做好工控安全应急处置对于维护国家安全、社会秩序、经济建设和公众利益都具有举足轻重的意义。具体工作可分为如下几方面：一是工业企业应积极开展先期处置。对于可能或已经发生工控安全事件时，工业企业应采取科学有效的方法及时施救，力争将损失降到最小，尽快恢复受损工业控制系统的正常运行；二是重点做好应急处置中的信息报送。应急处置过程中，地方工业和信息化主管部门与工业企业应及时报告事态发展变化情况和事件处置进展情况；三是必要时工业和信息化部将派出工作组赴现场，指挥应急处置工作，并协调应急技术机构提供技术支援；四是应急结束后及时开展总结评估。

## 2.5 工业互联网安全存在的问题与挑战

### 2.5.1 复杂性和多样性挑战

基于工业互联网的蓬勃发展，其各个组成部分的复杂性与多样性持续增长，包括业务复杂性与多样性、终端设备复杂性与多样性、网络协议复杂性与多样性等。随着功能的全面化，这些复杂性和多样性不仅增加了工业互联网的灵活性和效率，也带来了众多问题与挑战，成为当前亟待解决的工业互联网安全难关。

工业互联网涉及钢铁、能源、化工、制造等众多领域，包括智能制造、自动化生产、智能调度等各种应用场景。不同领域与应用场景之间的差异造成了业务上的复杂性与多样性。具体地，不同的工业互联网应用场景往往需要配备多样化的设备、操作语言和业务逻辑，使得工业互联网流量因领域、场景不同呈现出不同的分布及统计规律特性，进一步导致无法设计通用的流量分析方案。此外，针对不同应用场景，安全防护人员难以制定通用的入侵行为模式，使得基于模式匹配的入侵检测技术落地更加困难。

终端设备的复杂性与多样性是当今互联网安全的又一挑战来源。根据现有规划，未来工业互联网将接入海量终端，异构的终端设备使工业互联网的流量采集、数据分析愈发困难。首先，大部分工业互联网终端在设计时没有考虑流量采集接口问题，使得终端流量数据难以远程统一获取。同时，不一致的流量数据格式会带来信息缺失、分析精度不足等缺点，带来安全隐患。其次，在远程流量采集问题之外，现有工业设备种类繁多，难以形成通用的物理采集方案，定制化采集方案成本过高。最后，部分终端数据涉及企业的核心业务信息，使得该部分数据无法开放。为保证数据的机密性，部分厂家选择关闭流量采集接口，使工业互联网的终端数据采集和标注缺乏全局视野，导致分析能力不足。

工业互联网的业务与终端设备的复杂与多样性使不同场景、设备间的通信高度异构，衍生出网络协议的复杂性与多样性。当前，工业互联网设备厂商繁多，不同厂商生产设备往往采用定制化通信协议。此类定制化通信协议通常仅能用于少量设备间交互。此外，大部分定制化协议为私有协议，具有封闭性、排他性的特点，使得针对工业互联网流量进行安全分析不仅需要具备识别和分析工业资产、厂商、传输协议、应用协议等多维度技术能力，还需具备对未知协议识别分析的增量扩展能力。即使具备一定的协议格式分析技术，由于当前大量工业互联网设备固件闭源，安全分析人员难以确定分析目标，一定程度上也会带来知识产权问题。另外，为了保障数据传输的安全性，部分工业互联网平台与系统尝试采用加密的工业互联网协议进行安全传输，例如工业控制协议OPC-UA、S7comm-PLUS，工业物联网协议MQTT、CoAP，标识解析协议Handle等。这些加密协议虽然一定程度上保证了数据层面的隐私，但也导致数据解析、实体识别、资源识别、文件识别和有害恶意特征签名检测等传统流量分析检测技术失效，为工业互联网加密流量安全分析带来挑战。同时，当协议加密时，诸如模糊测试等传统测试技术由于无法生成符合加密格式的协议报文，往往无法正常开展。测试技术的停滞使工业互联网软件质量保障受到限制，安全开发人员无法及时高效地发掘潜在漏洞，使工业互联网软件安全生态受到威胁。

为解决复杂性与多样性带来的挑战，工业互联网的发展策略需转向更加灵活、综合的安全解决方案。一方面，需要强化跨领域的合作与标准制定。工业互联网安全领域的参与者，包括设备制造商、软件开发商、服务供应商以及最终用户，应共同参与制定全行业统一的安全标准。这些标准不仅要涉及数据安全和隐私保护，还要考虑到设备间的兼容性和交互性。例如，制定统一的数据格式和通信协议，可以大大减少由于设备和协议多样性带来的安全隐患。另一方面，对工业互联网的安全监控和响应机制也需进行创新。传统的基于规则和模式匹配的入侵检测技术已不再适应当前的复杂环境。因此，应用人工智能和机器学习技术进行动态安全分析和实时威胁检测变得尤为重要。这些技术可以帮助安全专家分析大量数据，快速识别异常行为和潜在风险，提高对复杂攻击的防御能力。同时，也可以通过深度学习技术来识别和适应新的或未知的攻击模式。

### 2.5.2 工业互联网连接性增加的风险

不同于传统互联网，工业互联网包括人、机、物、系统等，连接种类和数量繁多，场景较为复杂，具有更高的连接性。工业互联网的连接性具体表现在更复杂的网络节点以及多样的节点联系，以实现跨设备、跨系统、跨厂区、跨地区的全面互联互通。更高的连接性同样也为工业互联网安全带来了特殊的挑战。

工业互联网连接性的提升为攻击者提供了更大的攻击面：工业互联网中的装置、设备、系统互联互通，相互影响，从大量传感器、执行器等现场设备到PLC、RTU、DCS等控制设备。因而攻击者可以对其中的任一节点及节点之间的通信从内外部同时发起攻击。如中间人攻击、分布式拒绝服务攻击、供应链投毒攻击等。由于攻击面的扩大，安全通信、安全网络监控、安全代码执行等技术机制是必不可少的。

鉴于更高的连接性，工业互联网的大量设备交互更加频繁、节点标识与解析高频发生、不同平台互联互通，产生了海量的流量。更进一步，不同的工业系统、标识解析协议也产生了多种类型的流量。出于工业设备高实时性的要求，工业互联网流量安全解析必须在满足高并发的同时，将处理时延控制在毫秒级甚至微秒级。这为工业互联网流量的快速解析、精确识别、安全服务带来了巨大挑战。

5G+工业互联网的落地与实施使工业互联网的连接性达到新的高度，同样地，引入5G、TSN等新型网络技术的同时也对流量采集与安全分析带来了挑战。在5G新型网络中，因为时延要求引入切片技术，新型业务在不同切片的灵活配置，使得5G网络流量采集涉及面广，流量安全分析需要具备海量应用识别能力和快速更新迭代能力，导致安全分析难度加大。为了解决连接性提高带来的挑战，工业互联网的安全策略必须进行创新和升级。

首先，强化网络边缘的安全防护成为关键，这包括对边缘设备实施更严格的身份认证和访问控制，确保只有授权的用户和设备能够访问网络。此外，对边缘设备的实时监控和异常行为检测也是保障网络安全的重要手段。这些措施能够及时识别和阻断潜在的威胁，减少对整个工业互联网的影响。其次，加强内部网络的隔离和分段策略也是关键。通过将网络划分为多个小的、更易于管理和监控的区域，可以有效地限制攻击者在网络内的横向移动，减少攻击的影响范围。此外，采用更高级的加密技术来保护数据传输，特别是在不同工业系统和地理位置之间的数据交换，也是提高工业互联网安全的重要方面。

### 2.5.3 供应链安全风险

工业互联网的供应链环境是一个涉及核心工业控制系统用户的复杂网络，从部件的初始配置、中间产品的制造，到最终产品的完成，并通过销售网络将产品传递给消费者。这个网络包括供应商、制造商、分销商和消费者，特点是全球性分布、覆盖产品全生命周期且结构复杂。与传统IT网络不同的是，工业互联网供应链包括各种功能的工业、通信和信息产品，使得供应链更为错综复杂，并带来显著的供应链安全风险。

工业互联网供应链安全风险的主要来源之一是工业互联网软件供应链。随着近年来开源软件的蓬勃发展，现代化软件的开发和供应模式极大地促进了开源软件自身的快速迭代和演进，也提高了社会效益。新兴的开源协作的软件开发模式，使得软件开发供应流程由较为单一的线条转变为复杂的网络形态。在盘根错节的开源软件供应关系中，总体安全风险趋势显著上升，日益受到学术界和产业界的重视。根据Verocode的科技报告显示，超过96%的产业机构在其开发实现的软件应用代码库中使用开源组件，而近70%的应用程序都存在开源软件缺陷。在工业互联网场景下，攻击者可以通过各种途径向软件供应链投毒，包括而不限于攻击开源软件提供者，在原始版本工业互联网软件中植入恶意代码或软件后门，利用开源组件仓库，通过误导工业互联网软件开发人员下载错误的软件包引入恶意代码，或者在物理世界拦截工业互联网设备，通过直接植入恶意软件的方式进行投毒。这种软件供应链的脆弱性不仅增加了工业互联网系统的攻击面，而且在安全漏洞被发现之前，恶意行为可能已经潜伏在系统中长达数月甚至数年。这种长期的潜伏使得一旦恶意代码被激活，可能会对整个工业系统造成灾难性的后果，例如制造过程的中断、生产数据的泄露或设备的物理损坏。典型样例如Dragonfly小组在2013年制作的Havex病毒。Havex病毒会在目标供应链使用的软件中植入恶意代码，进入目标网络并持续不断地收集情报和信息。

除了软件供应链之外，工业互联网的物理硬件供应链也存在着显著的安全风险。这包括了从生产、运输到部署的整个硬件生命周期。硬件组件，如传感器、控制器和各种嵌入式系统，可能在制造过程中受到干扰，或在运输途中被恶意篡改。这些篡改行为可能涉及安装后门、植入未授权的功能，或更改硬件的操作参数，使其在未被检测的情况下为攻击者打开可利用的安全漏洞。荷兰特温特大学的研究员Abbasi利用Linux操作系统pin引脚管理子系统模块的缺陷，开发了PLC的RootKit，对pin进行的引脚控制攻击就是一个显著的例子。此外，由于硬件组件通常需要跨越国际边界进行运输，因此它们在国际运输和仓储过程中面临着更高的风险。这些风险包括但不限于物理损坏、非法复制或盗窃。在某些情况下，供应链的参与者甚至可能无意中采用了非正规渠道的仿冒或劣质产品，这些产品可能包含安全漏洞或完全不符合工业标准。

为了缓解这些风险，工业互联网的硬件供应链需要实施更加严格的安全措施。首先，供应商应该接受彻底的背景调查和安全审核，以确保他们的制造和分销过程符合最高安全标准。其次，物流和运输环节需要增强安全监控，确保硬件在整个运输过程中的安全性和完整性，可行措施包括使用密封和可追踪的包装、安装监控设备，以及采取其他防篡改措施。

### 2.5.4 物理安全问题

在工业互联网的生态系统中，各种智能设备通过网络相互连接，形成一个复杂的网络结构，使得系统更为智能、高效，但同时也引入了潜在的安全隐患。工业互联网在发展的过程中带来了很多物理安全问题。这些安全因素可能包括工业互联网系统中设备自身的安全性、物理访问控制，以及受到攻击的无线通信环境和物理环境本身的安全因素。在面对传感器、控制器和其他设备可能面临的物理攻击、破坏或篡改等威胁时，这些威胁不仅仅是理论上的问题，而是可能对整个工业生产过程造成深远影响的实际挑战。

传感器作为工业互联网系统的基础组件，负责采集各种环境数据以支持实时监测和决策。然而，这些关键组件容易成为恶意攻击的目标。物理攻击可能通过破坏或篡改传感器的工作机制来导致虚假数据的生成，进而误导系统做出错误的决策。这不仅可能导致生产中断，还可能引发质量问题，影响最终产品的性能和安全性。同时，控制器在工业生产中扮演着至关重要的角色，负责调节和管理各种生产过程。然而，这些控制器同样面临着来自物理攻击的潜在威胁。一旦控制器受到攻击，生产过程可能失去必要的控制，导致设备的异常运行甚至损坏。这对于需要高度精密和自动化的工业系统而言，可能带来严重的经济损失和安全隐患。

除了传感器和控制器，工业互联网系统中的其他设备也可能成为攻击目标。例如，通过对设备的物理破坏或篡改，黑客可能实现对生产链的干扰，从而对企业的正常运营产生负面影响。

而直接导致设备安全性受到威胁的原因，往往是未经授权的人员访问导致的。这种潜在威胁不仅暴露了工业系统的脆弱性，同时也可能为恶意行为提供了机会，从而危及整个生产环境的安全性和稳定性。因此，确保设备受到适当的物理安全控制，成为工业互联网系统维护不可或缺的一环。

物理访问威胁可能通过多种途径实现，包括但不限于未经授权的人员进入工厂、生产线或设备区域。这种情况下，黑客或者其他恶意行为者有可能直接接触到关键的工业设备，从而进行操控、破坏或篡改。这不仅可能导致生产中断和设备故障，还可能为信息窃取、恶意软件注入等更加隐蔽的攻击铺平道路。在工业互联网系统中，物理安全问题不仅仅是关乎设备的保护，还牵涉到整个生产环境的安全。因此，建立完备的监控系统，包括视频监控、入侵检测等，是防范未经授权访问的关键。这些监控系统可以及时发现异常行为，并迅速采取相应的措施，以保护工业设备和生产环境的安全性。

在不断演进的工业互联网环境中，物理安全控制将继续是确保系统稳健运行的不可或缺的一环。通过结合先进的技术手段和健全的管理制度，工业互联网系统可以更好地应对物理安全威胁，确保生产过程的稳定性和持续性。

除了上述人为因素外，工业互联网设备运行环境中的物理损害也是不可忽视的一个方面。工业场景中常见的因素，如灰尘、湿气和振动等，可能对设备造成严重的影响，从而引发潜在的安全隐患和生产风险。细小的灰尘颗粒可能渗入设备内部，阻塞风扇或散热器，导致设备过热，从而影响性能甚至引发故障；在高湿度的环境中，设备的电子元件也容易受潮，从而导致短路、腐蚀等问题；此外，工业环境中的振动也可能对设备的物理结构和连接件产生负面影响，导致设备部件的松动、脱落，甚至损坏关键组件。

### 2.5.5 持久性和容错性挑战

工业互联网的持久性和容错性挑战主要涉及数据的可靠性和持久性、网络通信可用性和容错性以及设备可靠性和冗余性三个方面。

首先，实时数据在工业环境中是至关重要的，因为基于这些数据的决策直接影响生产效率和产品质量。因此，如何有效地存储和管理这些庞大的数据成为了一个不可忽视的问题。对于实时数据的存储，工业互联网系统需要采用高效的数据库系统，这种数据库系统应具备快速写入和查询的能力，以确保实时数据能够被及时、准确地记录和检索。同时，对于不同类型的数据，例如传感器数据、生产日志等，可能需要采用不同的存储策略，以充分利用存储资源并提高数据的读写效率。另外，持久性挑战还涉及如何在系统故障或中断发生时保持数据的完整性。工业互联网系统往往是复杂的分布式系统，系统中的任何一个组件出现故障都可能影响到整个系统的正常运行。为了应对系统故障，工业互联网系统通常采用容错机制。容错技术包括数据冗余、备份和自动故障转移等措施，以保证系统在部分组件发生故障时能够继续提供服务。此外，实施定期的数据备份和恢复方案也是确保数据完整性的有效手段，即使在系统故障后也能够快速恢复到正常运行状态。

其次，除了数据安全本身，负责数据传输的网络服务本身也对工业互联网的持久性和容错性具有非常重要的意义。工业互联网的实施中，大规模设备和传感器之间的网络通信扮演着关键的角色。这个庞大而复杂的网络生态系统需要保证高度的可用性和容错性，以确保信息在各个节点之间流畅传输，从而防止系统中断和数据丢失。

在工业环境中，网络中断可能由多种原因引起，如设备故障、网络拥堵、恶劣天气等。因此，在设计工业互联网系统时，需要采取措施确保网络设备的可靠性，例如使用冗余网络路径、优化网络拓扑结构等手段，以降低单点故障的风险，提高网络的可用性。另外，网络通信的可用性和容错性直接关系到系统对实时数据的及时采集和传输。工业互联网系统需要建立健全的监控机制，及时检测网络异常并进行相应的处理，以保障数据的流畅传输。同时，对网络设备的定期维护和更新也是维持网络可用性和容错性的关键步骤。

最后，在工业互联网中，设备和传感器的可靠性是确保系统持续运行的基石。为了保障高度可靠性，冗余设计成为了工业互联网系统的一项关键策略。冗余设计意味着在系统中引入额外的备用设备或组件，以防止主要组件的故障对整个系统造成影响。

采用冗余设计的设备和传感器系统可以在主要组件发生故障时迅速切换到备用设备，从而避免系统的中断和数据的丢失。这种冗余设计不仅体现在硬件层面，还可以延伸到软件和网络结构。通过在系统中引入备用服务器、冗余传感器节点以及备份数据库等手段，工业互联网系统能够提高抗故障能力，确保在面对单点故障时系统依然能够平稳运行。

### 2.5.6 人员素质和安全意识问题

随着工业互联网技术的迅猛发展，设备和网络本身的安全措施已经日趋成熟，而在这一背景下，在职人员安全意识薄弱，专业培训不及时、不到位已然成为工业互联网系统的新威胁和新挑战。特别是在工业互联网系统的网络安全方面，许多人员可能缺乏足够的知识，不了解如何防范和应对网络威胁，这进一步加大了系统面临的安全风险。

许多从事工业互联网工作的人员可能缺乏足够的网络安全知识，这可能导致他们难以应对不断演化的网络威胁。不了解网络威胁的种类和攻击方式可能导致对系统潜在漏洞的忽视，增加了系统被攻击的风险。很多企业缺乏对于这一问题的重视程度，没有提供专业的网络安全培训、举办定期的安全演练或引入最基本的信息安全团队，没有实际举措提高员工对于网络安全的认识。

此外，工业互联网系统涉及大量的物联网设备，包括传感器和连接设备。人员对这些设备的安全性和潜在风险了解不足，可能在设备的选择、配置和维护上存在安全漏洞。许多从业人员可能并未接受过充分的物联网设备安全培训，缺乏对这些设备工作原理和潜在风险的深入理解。这使得在日常操作中，人们难以判断设备是否处于安全状态，也无法有效地应对潜在的威胁。因此，提高从业人员的技能水平和安全意识显得尤为迫切。另一个问题是，由于工业互联网系统的复杂性，人员可能对系统整体架构和各个组件之间的关系了解不足。这使得在面对安全事件时，难以迅速准确地定位问题并采取有效的措施。人员素质的提升不仅仅需要关注设备层面的安全性，还需要深入了解整个系统的运行机制，以更好地应对潜在的威胁和风险。

在工业互联网系统中，权限管理是另外一个至关重要的方面。不当的权限分配可能导致未经授权的访问和操作，增加了潜在的内部威胁，然而，权限管理往往在实际操作中面临一系列挑战。由于工业互联网系统的复杂性，许多从业人员可能难以正确理解系统中不同角色的权限需求。缺乏对权限分配原则和方法的充分了解，可能导致过度赋予权限或权限不足，从而影响到正常的系统运行。人员素质的提升包括对权限管理的深入理解，以确保每个角色都仅拥有其工作职责所需的最低权限，从而最大程度地降低潜在的安全风险。其次，工业互联网系统中可能存在着频繁变动的人员构成，包括员工的进入、离职以及岗位变动等情况。这就要求系统管理员及时更新和调整权限，以适应组织内部人员变动的动态性。然而，如果人员在这方面的培训不足，可能会导致权限分配的延误和不准确，增加了系统遭受未经授权访问的风险。

## 2.6 发展建议

### 2.6.1 技术发展建议

**(1) 增强安全协议和标准**

在工业互联网安全领域，增强安全协议和标准是一项至关重要的任务，其核心在于不断适应新兴技术的发展，确保整个网络环境的安全可靠。随着技术的进步，现有的安全协议可能无法满足新兴技术的安全要求，因此需要不断地更新和强化已有安全协议，以应对新的威胁和挑战。其次，考虑到物联网、云计算和大数据等技术在迅速改变工业互联网的格局，相关的安全协议应当与这些技术兼容，确保数据的安全传输和处理。例如，在物联网设备中，考虑到其计算能力和存储空间的限制，需要设计更轻量级的加密和认证协议。

此外，随着技术的不断发展和新的安全威胁的出现，安全协议和标准也需要定期进行审查和更新，这一过程需要行业专家、政府机构和企业的共同参与，以确保标准能够反映最新的技术发展和安全需求。

**（2）增强安全防御技术研究**

在工业互联网安全领域，增强安全防御技术研究尤为关键，特别是在工控系统深度安全防御网络体系架构研究和可信增强主动防御技术方面。工业互联网需要全方位、多层次的安全防御体系，旨在不仅仅是被动地响应安全威胁，而是主动地识别和防范潜在的风险。在工控系统深度安全防御网络体系架构的研究中，关键在于构建一个综合的防御策略，这涉及从物理安全到网络安全的各个层面。深度安全防御网络体系架构应当能够监测和分析工控系统的所有数据流和指令流，使用先进的异常检测技术来识别潜在的攻击活动，同时，还应包括对系统关键组件的加固，以及对通信协议和数据传输的安全加密。

另外，可信增强主动防御技术的研究则更侧重于构建一个能够主动应对威胁的系统。这种技术不仅要能够识别和阻止已知的威胁类型，还应能够预测和应对新出现的攻击方式。这需要引入更加智能化的技术，如基于人工智能和机器学习的安全分析工具，实现从过去的攻击中学习，不断优化防御策略。同时，主动防御技术还应包括实时的安全态势感知和快速响应机制，确保一旦检测到威胁，系统能够立即采取行动，减少潜在的损害。

**（3）发展基于人工智能的安全技术**

在当前的网络安全领域，发展基于人工智能的安全技术是应对复杂网络威胁的关键战略。人工智能技术特别是机器学习和深度学习，可以用于构建先进的威胁检测系统。这些系统通过分析大数据，能够学习和识别出复杂且多变的攻击模式，包括先前未知的威胁。此外，人工智能在提高安全响应速度方面具有巨大潜力。通过自动化的响应机制，AI系统在检测到潜在威胁后，可以迅速执行预定的防御策略，例如自动隔离攻击源、部署安全补丁或关闭受影响的系统部分。这种自动化响应大大减少了从发现威胁到采取行动的时间，从而最大限度地减少攻击的潜在影响。另外，人工智能也在安全决策支持方面发挥着重要作用。AI技术能够分析历史安全事件和实时数据，为安全专家提供更准确的风险评估和决策支持。在安全管理和运维方面，人工智能同样展现出了巨大的应用潜力。智能化的安全运维工具能够自动化执行日常的安全管理任务，如安全配置更新、日志分析和漏洞扫描等。这不仅提高了安全运维的效率，而且释放了安全专家的时间，使他们能够专注于更复杂的安全挑战。

### 2.6.2 人才培养建议

**（1）加强高等院校相关专业建设**

加强高等院校在工业互联网安全领域的专业建设是应对当前和未来安全挑战的关键策略之一，这一举措旨在通过教育和培训系统培养出具备必要技能和知识的专业人才。随着工业互联网技术的迅速发展和广泛应用，相关的安全问题也日益凸显，这就要求相关专业的教育不仅要覆盖基础的网络安全知识，还要深入到工业互联网特有的安全问题，如工业控制系统的保护、物联网设备的安全，以及云计算和大数据在工业应用中的安全管理。为此，高等院校需要设立专门的课程和专业，不仅涵盖传统的网络安全理论，还应包括最新的工业互联网技术和安全挑战。

在课程设计上，应该强调理论与实践的结合，旨在让学生不仅了解安全技术的原理，还能够掌握如何在实际工业环境中应用这些技术。例如，可以通过模拟工业网络环境的实验室训练，让学生亲身体验和解决实际的安全问题。此外，还应该加强与工业界的合作，通过实习和项目合作等方式，让学生有机会直接接触到工业互联网的实际应用，了解行业的最新动态和需求。这样的实践经验不仅能够增强学生的职业技能，还能帮助他们在未来的职业生涯中更快适应工作环境。

**（2）跨领域人才培养**

跨领域人才培养在工业互联网安全领域尤为重要，它涉及鼓励计算机科学、网络安全、工程学和管理学等多个领域的学者和学生进行交叉学习和研究。这种跨学科的融合不仅促进了知识和技能的互补，还有助于培养具有更全面视角和创新能力的人才。在这样的教育模式下，学生不仅能够学习到自己专业领域的深层次知识，还能够了解其他领域的基本概念和技术，这对于理解和解决工业互联网安全中的复杂问题至关重要。例如，网络安全专业的学生通过学习工程学和管理学，可以更全面地了解工业系统的运作过程和组织结构，从而在安全管理和风险评估方面有更深入的认识。

为了实现有效的跨领域人才培养，高等院校和研究机构需要设计灵活多样的课程和项目，鼓励学生在不同学科间选择课程，并提供跨学科项目的机会。这可能包括联合课程、研讨会、工作坊，以及跨学科的研究项目。

**（3）加强校企合作**

加强校企合作是现代教育体系中一项重要的发展策略，这种合作模式的核心在于促进企业和教育机构之间的密切协作，以便为学生提供实习机会，让他们能在真实的工作环境中学习和成长。通过这种方式，学生不仅能够将在课堂上学到的理论知识应用于实际问题的解决，还能够直接接触到最新的工业互联网技术和安全挑战，了解企业对安全专业人才的真实需求，有助于更好地定位自己的学习和职业发展方向。

此外，校企合作也为企业带来了巨大的好处。通过这种合作，企业可以直接参与到未来人才的培养过程中，有机会根据自身的需求和市场的变化，影响和指导教育机构的课程设置和教学方向。这不仅有助于企业从源头上解决专业人才的匮乏问题，还能够确保新一代的工作人员能够更好地适应企业的实际工作需求。同时，企业还可以通过这种合作模式，及时了解学术界的最新研究成果和技术动态，从而促进自身技术的创新和发展。

为了实现有效的校企合作，需要建立一个双向互利的机制。教育机构应提供灵活的课程设置和实习项目，使学生能够在保持学术学习的同时，获得足够的实践机会。同时，企业则需要提供良好的实习环境和指导，确保学生在实习期间能够得到真正的学习和成长。此外，双方还可以通过共同开展研究项目、举办研讨会和讲座等方式，进一步加深合作和交流。

**（4）持续职业培训**

为在职工程师和技术人员提供持续的职业培训，更新他们的知识和技能。

在快速发展的工业互联网领域，为在职工程师和技术人员提供持续的职业培训是至关重要的。这一培训机制的目标在于确保这些专业人员的知识和技能与时俱进，能够应对不断变化的技术挑战和市场需求。随着工业互联网技术的迅速发展，新的安全威胁和挑战也在不断出现，这就要求工程师和技术人员不仅要有坚实的基础知识，还需要掌握最新的技术和工具。持续的职业培训能够帮助他们了解最新的网络安全趋势、学习先进的安全技术。

此外，持续的职业培训不仅仅局限于技术层面的更新，也包括法规、政策和管理实践方面的知识。随着数据保护法律和行业标准的不断演化，了解这些变化对于确保企业合规同样重要。通过定期的培训，工程师和技术人员可以及时掌握相关法律法规的变化，更好地理解和应对相关的合规要求。

有效的持续职业培训应该是结构化和系统化的，包括线上课程、研讨会、工作坊，以及实际的项目实践。线上课程提供了灵活性和便利性，使工程师和技术人员能够根据自己的时间安排进行学习。而研讨会和工作坊则提供了与行业专家交流和学习的机会，有助于扩展视野和深化理解。实际的项目实践则是将理论知识应用于实际问题解决的重要环节，它能够帮助参训者加深对新技术和方法的理解和掌握。

### 2.6.3 政策措施建议

**（1）制定和完善相关法规**

在当前快速发展的工业互联网时代，制定和完善相关法规对于确保网络空间的安全至关重要。政府在这方面扮演着关键角色。政府通过制定和更新法律法规来提供强有力的法律保障，从而支持工业互联网的健康发展。随着工业互联网的不断演进，新的技术和应用不断涌现，法律法规的制定需要不仅覆盖传统的网络安全问题，还应针对这些新兴技术的特点和安全风险，确保覆盖面的全面性和针对性。

制定相关法规时，政府需要深入了解工业互联网的特点，包括其技术架构、运行机制，以及可能面临的安全威胁。法规的制定应基于对行业现状的充分调研和理解，确保既能有效应对当前的安全威胁，又能灵活适应未来技术的发展。同时，法规的完善也需要考虑到不同利益相关方的需求和观点，包括企业、消费者、技术专家等，以确保法规的公平适用。

此外，法律法规的实施和执行同样重要。政府需要建立相应的监管机构和机制，确保法规得到有效执行。这可能包括监督机构的设立、监管人员的培训，以及监管技术的更新。同时，政府还应提供指导和支持，帮助企业和组织了解和遵守这些法规。

**（2）建立国家级安全评估体系**

建立国家级的安全评估体系对于确保工业互联网的安全至关重要，这不仅涉及安全技术的评估，还包括对整个工业互联网生态的持续监测和分析。

安全评估体系的建立需要从多个层面进行。首先，技术层面的评估应包括对硬件、软件、网络和数据的全面检查，以确保所有组成部分都符合最新的安全标准。这一过程中，不仅要考虑每个单独部分的安全性，还要分析它们之间的相互作用和潜在风险。其次，从管理层面来看，安全评估还应包括对企业安全政策、流程和员工培训的评估，以确保企业有能力管理和应对安全威胁。为了确保评估的有效性和准确性，安全评估体系还应定期更新其评估标准和方法，以适应技术发展和安全环境的变化。

**（3）提供政策支持和资金投入**

在工业互联网的发展过程中，政府的政策支持和资金投入起着至关重要的作用，尤其是在安全研究领域。为了促进工业互联网安全的创新和技术发展，政府应当提供必要的资金支持和政策引导。这种支持可以帮助研究机构、高等院校和企业克服资金短缺的问题，鼓励他们在安全技术的研究和开发上进行更深入的探索。通过资金投入，可以促进新的安全技术、工具和方法的研发，这对于应对日益复杂和多变的网络安全威胁至关重要。

政府的资金支持不仅限于直接的财政投入，还可以包括税收优惠、研发补贴、创新基金等多种形式。这些措施可以降低研究和开发新技术的经济风险，激励更多的企业和研究机构参与到工业互联网安全领域的创新中。此外，政府还可以通过设立专项资金来支持特定的研究领域，如物联网安全、数据保护、云计算安全等，这有助于解决行业发展中的关键技术问题。

除了资金支持，政策引导也是政府支持工业互联网安全研究的重要手段。政府可以通过制定相应的政策和指南来鼓励企业和研究机构遵循最佳实践，提高安全水平。例如，可以制定安全标准和认证体系，鼓励企业提升其产品和服务的安全性能。同时，政府还可以通过政策引导，促进公私部门的合作，建立起安全信息共享和协同防御的机制。

此外，政府在资金和政策支持方面还应注重长期性和可持续性。这意味着支持不应仅仅是一次性的，而应该是一个持续的过程，以确保安全技术能够随着威胁的演变而不断进步。通过这样的长期和持续的支持，可以帮助形成一个稳定且充满活力的工业互联网安全研究生态系统。

---

本章负责人　**王文海　浙江大学**

参加编写人员　**相嘉慧　侯黎阳　刘沛宇　张益南　谢辰承**

---

# 第3章 工控网络技术

## 3.1 概述

工控网络致力于将计算机网络技术应用于工业控制系统领域。随着现代工业的发展，工控网络技术在提高生产效率、降低成本、增强系统可靠性等方面发挥着越来越重要的作用。

### 3.1.1 工控网络技术的定义

工控网络技术是一种特殊的网络技术，旨在满足工业控制系统对实时性、可靠性、稳定性等方面的高要求。它将计算机网络技术引入工业控制领域，实现工业设备之间的数据交流、控制指令传递等功能。

工控网络相较于通用网络有着一些明显的区别。首先，工控网络对实时性和可靠性的要求更高，因为在工业控制中，任何时间的延迟都可能导致系统失效。其次，工控网络通常需要支持更广泛的工业协议和通信标准，以适应多样化的工业设备。

### 3.1.2 工控网络的关键技术

**（1）实时通信技术**

工控系统中的实时性要求决定了工控网络必须支持实时通信。实时通信技术包括周期性通信和事件触发通信，确保在严格的时间限制内完成数据传输和控制指令的下发。

**（2）网络拓扑结构**

工控网络的拓扑结构直接影响了系统的稳定性和可靠性。常见的工控网络拓扑包括总线型、星形、环形和树形等，一般根据具体应用需求选择合适的拓扑结构。

**（3）网络协议与标准**

工控网络使用的协议和标准直接关系到设备之间的互操作性。常见的工控网络协议包括Modbus、Profibus、Ethernet/IP等，它们在不同的工业场景中具有广泛的应用。

**（4）网络安全技术**

随着工业互联网的普及，工控系统面临着越来越严重的网络安全威胁。网络安全技术包括防火墙、入侵检测系统、加密通信等，以保护工控系统免受恶意攻击和数据泄露的威胁。

**（5）无线通信技术**

传统的有线工控网络在某些场景下存在布线难、维护成本高等问题，因此无线通信技术成为了一种重要的选择。工控系统中的无线通信技术包括Wi-Fi、LTE/4G/5G、WIA-PA等，它们为工业设备提供了更灵活的连接方式。

### 3.1.3 工控网络技术的应用领域

**（1）制造业**

在现代制造业中，工控网络技术被广泛应用于多个关键领域。例如，在自动化生产线上，工控网络技术支持设备之间的高效通信，实现机器设备的同步协调，从而大幅提升生产效率。在机器人控制方面，通过高精度的实时网络传输，确保机器人能够执行复杂的装配、加工任务，减少人为干预并提高产品质量。此外，工控网络技术还在物联网设备的集成中扮演重要角色，借助传感器和控制设备，实现对整个生产过程的实时监测和动态调整，从而构建高度智能化和柔性化的生产体系。这种技术应用不仅减少了资源浪费，还提高了企业的生产灵活性和市场响应能力。以我国为例，奇瑞公司构建了基于PROFINET工控协议的新总线架构，对汽车制造系统的冲压生产线进行了改造升级，该系统采用了PROFINET现场总线IRT（同步实时）功能来同步处于所有阶段的进给装置，实现进给装置的自动化，大大减少了工程设计、调试、维护和生产的成本，比手动操作提高多达15%的产量。

**（2）能源行业**

能源行业是工控网络技术的重要应用领域之一。该技术在电力系统中承担着关键任务，例如变电站的远程监控、输电网络的状态跟踪以及负荷的动态调整，有效提高了电力系统的稳定性和安全性。在智能电网建设中，工控网络技术支持电力设备与管理平台的互联互通，实现了电力需求的预测、优化调度以及分布式能源的高效整合。在矿产行业，工控网络技术用于采矿过程的远程监测与控制，通过实时数据传输和智能分析，能够快速发现潜在风险并采取预防措施，从而显著提升设备运行的安全性和能源利用效率。以我国国家能源集团准能集团为例，按照国家推进煤矿智能化建设的政策要求及行业发展趋势，于2021年开始实施“5G+智慧矿山应用实践”项目，通过新建103个5G宏站实现应用落地，将5G传输网络应用于智慧矿山建设，实现矿山生产环节的智能感知、泛在连接和精准控制，催生远程控制、智能采煤、智能巡检等多个5G应用场景，实现露天矿山生产本质安全，提升生产运营效益。

**（3）交通运输**

在交通运输领域，工控网络技术应用广泛，为智能交通系统的构建提供了重要的技术支持。例如，智能交通灯控制系统能够根据实时车流量调整信号灯配时，缓解交通拥堵并提高道路通行效率。智能交通监控系统则结合视频分析和数据通信，实现对交通状况的全方位监测和实时调度。在物流运输领域，车辆追踪与调度系统通过工控网络技术对运输车辆的状态、位置进行实时跟踪，为企业提供高效的运输管理方案，从而提升运营效率并降低成本。此外，工控网络技术还为无人驾驶和自动化运输设备提供了稳定的通信支持，加速了交通领域的智能化进程。以加拿大物联网公司X-TELIA为例，其开发的智能交通解决方案成功利用了LoRa协议。该系统配备了一块智能显示屏，用于实时显示进出公交车的发车时间。显示屏依靠太阳能供电，并通过LoRa网络进行数据传输，能够实时显示可能的公交延误信息，并立即更新时间表。这一解决方案是同类系统中的首创，加拿大计划部署该系统以实现公交车的智能跟踪与调度。该智能交通系统的引入不仅能够为日常通勤者节省宝贵的时间，还可以确保公共交通运营的高效与顺畅。

**（4）医疗设备**

在医疗领域，工控网络技术推动了医疗服务的智能化和信息化发展。例如，医疗设备的监控与控制通过网络实时连接医院信息系统，可以对设备运行状态进行精准监测，确保设备在最佳条件下运行，同时减少设备故障对诊疗工作的影响。工控网络技术还广泛应用于智能手术室，通过设备间的数据共享，支持远程医疗和机器人手术的实现，为患者提供更高质量、更安全的医疗服务。此外，医疗信息系统的建设也离不开工控网络技术，它通过整合病人信息、检查结果和诊疗记录，支持医生快速获取全面的诊疗数据，提高医疗效率并优化患者体验。以我国为例，华三通信携手医惠科技创新推出业内首个医疗物联网解决方案。该方案融合了Wi-Fi和物联网射频技术，使医院实现同一网络下，同一平台上的移动医疗全应用，解决了以往网络割裂的运维和应用难题。

**（5）环境监测**

工控网络技术在环境监测中扮演着不可或缺的角色。通过部署传感器网络，实时监测大气质量、水质变化和土壤状况等关键环境参数，为环境保护与治理提供了翔实的数据支持。例如，在空气污染监测中，工控网络技术帮助实现数据的快速采集与传输，使得监测站能够实时追踪污染源头并及时采取应对措施。在水资源管理中，工控网络技术可以对河流、湖泊和地下水的质量进行动态监测，帮助相关部门制定科学的保护方案。此外，该技术还被用于自然灾害的预警和监测，为防灾赈灾工作提供重要的数据支撑和决策辅助。以我国为例，针对密集观测中台站实时波形数据汇集的应用需求，中国地震局地震预测研究所提出基于物联网MQTT协议的地震波形实时汇集方案，研发了地震数据采集器中基于MQTT协议的地震波形数据传输软件和云服务端的数据汇集软件，利用物联网和云平台实现地震观测数据实时汇集与处理。

工控网络技术作为推动工业自动化和智能化的重要力量，在国内外都取得了显著的成就。然而，随着技术的不断发展和应用场景的不断拓展，工控网络技术仍然面临一系列的挑战。通过不断创新和合作，相信工控网络技术将在未来取得更为辉煌的成就，为工业领域的发展贡献更大的力量。

## 3.2 技术与应用

工控网络按照通信方式一般可分为无线和有线网络，有线网络根据发展历史，又可以进一步分为现场总线和工业以太网。近年来，不同工控网络逐步进行融合，出现多种融合网络。

### 3.2.1 无线网络

WirelessHART是一种专门为过程工业而设计的开放的可互操作的无线通信标准，是HART 7技术规范的一部分，保持了现有HART设备、命令和工具的能力，同时增加了HART协议的无线能力。WirelessHART标准使用运行在2.4GHz频段上的无线电IEEE 802.15.4标准，采用直接序列扩频（DSSS）、通信安全与可靠的信道跳频、时分多址（TDMA）同步、网络上设备间延控通信（Latency-controlled Communications）等技术，实现了高可靠、低功耗、实时通信等特点。WirelessHART标准主要应用于工厂自动化领域和过程自动化领域，如石油、化工、电力、水处理等行业，可以实现对现场设备的监测、控制和优化。

WIA-PA是一种适合于复杂工业环境应用的无线通信网络协议，是我国自主研发的工业无线标准之一，已于2011年正式成为IEC 62601国际标准。WIA-PA技术提供了一种自组织、自治愈的智能Mesh网络路由机制，能够针对应用条件和环境的动态变化，保持网络性能的高可靠性和强稳定性。WIA-PA技术在时间上（时分多址TDMA）、频率上（巧妙的FHSS跳频机制）和空间上（基于网状及星形混合网络拓扑形成的可靠路径传输）的综合灵活性，使这个相对简单但又很有效的协议具有嵌入式的自组织和自愈能力，大大降低了安装的复杂性，确保了无线网络具有长期而且可预期的性能。WIA-PA技术主要应用于冶金、石化等领域，可以实现对现场设备的监测、控制和优化。

ISA100.11a是一种开放的、面向多种工业应用的无线标准族，是由ISA国际自动化协会（原美国仪器仪表协会）发布的工业无线标准之一，已于2014年9月获得了国际电工委员会（IEC）的批准，成为正式国际标准，标准号为IEC 62734。ISA100.11a标准定义的工业无线设备包括传感器、执行器、无线手持设备等现场自动化设备，主要内容包括工业无线的网络构架、共存性、鲁棒性，以及与有线现场网络的互操作性等。ISA100.11a标准可解决与其他短距离无线网络的共存性问题以及无线通信的可靠性和确定性问题，其核心技术包括精确时间同步技术、自适应跳信道技术、确定性调度技术、数据链路层子网路由技术和安全管理方案等，并具有数据传输可靠、准确、实时、低功耗等特点。ISA100.11a标准主要应用于过程自动化领域，如石油、化工、电力、水处理等行业，可以实现对现场设备的监测、控制和优化。

GINSENG是一种基于IEEE 802.15.4标准的无线传感器网络技术，是由欧盟资助的一个研究项目，旨在为严格的工业监测和控制应用提供可靠和实时的无线通信。GINSENG技术采用了一种基于时间同步的MAC协议，通过在每个节点上维护一个全局时钟，实现了高效的信道分配和调度，从而保证了数据传输的实时性和可靠性。GINSENG技术还采用了一种基于负载的路由协议，通过动态地选择最佳的下一跳节点，实现了网络的自适应和鲁棒性。GINSENG技术主要应用于工厂自动化领域，如汽车制造、机械加工等行业，可以实现对现场设备的监测、控制和优化。

NB-IoT是一种基于蜂窝网络的窄带物联网技术，是3GPP标准化组织在LTE标准中定义的一种低功耗广域网（LPWAN）技术，具有低成本、低功耗、大连接、广覆盖等特点，适用于大规模、低速率、低频率的物联网应用。NB-IoT技术使用授权频段，有三种部署方式，即独立部署、保护带部署和带内部署，可以兼容现有的LTE网络，也可以利用GSM网络的空闲频谱。NB-IoT技术的链路预算达到了164dB，相比于GPRS和LTE有20dB的提升，可以实现更深的室内穿透和更远的通信距离，一般覆盖范围可达15km$^3$。NB-IoT技术主要应用于智能表计、智慧城市、智能停车、环境监测、农业物联网、工业物联网等领域，可以实现对各类设备和终端的监测、控制和优化。

LoRa是一种基于扩频技术的长距离无线通信技术，是Semtech公司的专利技术，也是LoRa联盟推广的一种开放的物联网标准，具有低成本、低功耗、大连接、广覆盖等特点，适用于低数据率、低频率的物联网应用。LoRa技术使用免授权的ISM频段，不同地区的频段不同，如我国使用的是470～510MHz的频段。LoRa技术的链路预算达到了168dB，可以实现超过10km的通信距离，同时具有较高的抗干扰能力和接收灵敏度。LoRa技术主要应用于智能表计、智慧楼宇、智慧农业、智能家居、环境监测、工业物联网等领域，可以实现对各类设备和终端的监测、控制和优化。

5G是一种全新的移动通信技术，是第五代移动通信技术的简称，具有高速率、低时延、大连接等特点，可以支持多种场景和应用，如增强型移动宽带（eMBB）、超可靠低时延通信（URLLC）和大规模机器类通信（mMTC）。5G技术使用授权频段，分为三个频段：低频段（Sub-1GHz）、中频段（1 ～ 6GHz）和高频段（24 ～ 100GHz）。其中高频段又称为毫米波频段，可以提供更高的数据速率和更大的频谱资源。5G技术的峰值速率可达20Gbps，端到端时延可低至1ms，每平方千米的连接数可达100万。5G技术主要应用于高清视频、虚拟现实、车联网、工业互联网、远程医疗、智慧城市等领域，可以实现对各类设备和终端的高速、低时延、大规模的通信。

### 3.2.2 现场总线

（1）LonWorks

LonWorks是埃施朗（Echelon）公司于1988年推出的一种开放式网络协议。LonWorks中的Lon代表局部操作网络（Local Operating Network）。该协议有多种网络配置，在各行各业如楼宇自动化、农业自动化、智能家居、交通管理、工业自动化、能源管理等都有广泛的应用。LonWorks目前由LonMark协会（LonMark International）维护。

LonWorks是一个完全对等的网络（Peer-peer Network）。任何设备都可以与网络上的任何其他LonWorks设备交换数据，而不是通过“主”设备移动数据。而且，LonWorks不受单一物理通信层的限制。LonWorks可以使用双绞线、以太网甚至电力线作为通信通道。

神经元芯片是LonWorks技术的核心，这是一种专门设计用于支持LonWorks通信协议的芯片，它允许设备、传感器、执行器和控制器之间进行数据交换和通信。这些芯片通常包括处理器、内存、通信接口以及LonWorks协议栈等组件。

LonTalk是LonWorks技术中的通信协议，该协议是一个分层的、基于数据包的对等通信协议。它直接面向对象，具有LON总线的所有网络通信功能。LonTalk支持OSI七层模型，在物理层提供介质、电气接口标准；在数据链路层中的MAC子层使用带预测P-坚持CSMA协议处理网络上的报文冲突，在链路层定义帧结构、完成数据解码和CRC错误检查功能等。在一个仲裁周期内，该协议允许有128个优先级时隙，优先级报文可以在对应的优先级时隙内发送，优先级较高的节点可以优先获得总线使用权。在优先级时隙之后还设有随机时隙，允许优先级较低的节点在随机时隙内随机竞争获得总线使用权。这种优先级时隙和随机时隙相结合的MAC机制，在一定程度上保证了LonWorks总线的实时性和可靠性。但是，由于存在较高优先级节点交替占用总线的问题，导致一些优先级较低的节点长期无法获得总线使用权，无法满足实时性与可靠性要求。

LonWorks网络在设计上并未包含内建的强加密机制，尤其是在早期的实现中，安全性更多依赖于物理隔离和访问控制来确保网络的安全。通常情况下，LonWorks网络部署时会使用物理层的隔离措施（例如将关键控制设备和监控系统部署在独立的网络环境中）来减少外部干扰和攻击。

（2）PROFIBUS

过程现场总线（Process Field Bus，PROFIBUS）最初创建于1989年，是一种开放的、不依赖于设备生产商的现场总线标准。它旨在实现各种自动化设备之间的数据通信和控制，包括传感器、执行器、PLC（可编程逻辑控制器）等。该现场总线技术广泛适用于制造业自动化、工厂自动化、汽车制造、建筑自动化等领域的自动化系统中。

PROFIBUS由以下三个部分组成:

① PROFIBUS-FMS（Fieldbus Message Specification）：这是PROFIBUS的消息规范部分，用于定义通信消息的格式和结构，以便设备之间可以进行数据通信。PROFIBUS-FMS通常用于较复杂的应用，例如过程控制和制造执行系统。

② PROFIBUS-DP（Decentralized Peripherals，分布式外围设备）：PROFIBUS-DP是PROFIBUS的一个变种，通常用于高速数据传输，适用于工厂自动化应用，例如自动生产线上的设备和控制系统。

③ PROFIBUS-PA（Process Automation，过程自动化）：PROFIBUS-PA专门设计用于过程工业应用，例如化工和制药工厂。它针对过程控制和监测而优化，支持处理变量（如温度、压力、液位）的通信。

PROFIBUS控制系统通常由主站（Master Station）和从站（Slave Station）两部分组成。主站是PROFIBUS网络中的控制单元，负责协调和控制整个网络的操作。主站可以与多个从站通信，发送命令、接收数据以及协调通信周期。从站是PROFIBUS网络中的外围设备，如传感器、执行器或其他自动化设备。它们响应来自主站的命令，向主站发送数据，以及根据主站的要求执行各种控制任务。

PROFIBUS的实时性和可靠性可以通过以下两种方法保证:

① 无约束的低优先流量配置方案。该方案适用于对响应时间要求更严格的系统，通过实施基于截止时间的优先级机制，可以显著提高无约束低优先级流量配置方案的实时性能。

② 受约束的低优先级流量配置方案。该方案允许更多的非实时流量通过，可以通过在PROFIBUS MAC层添加低优先级消息周期计数器的方式来实现该配置方案。

有研究人员提出一种将PROFIBUS工业网络与互联网互联的安全机制。他们提出了一种嵌入式网关，作为通信平台，将PROFIBUS设备连接到互联网，并实现远程实时监控和控制。该安全机制的关键方面包括：①正确转换PROFIBUS和TCP/IP协议，以实现可靠的数据传输；②身份验证和强制访问控制，以防止未经授权访问PROFIBUS系统：③数据传输安全技术，以防止窃听、篡改和冒充攻击。该嵌入式网关采用紧凑结构和低成本设计，使其成为通过互联网远程安全访问PROFIBUS设备的可行解决方案。

（3）CC-Link

控制与通信链路系统（Control&Communication Link，CC-Link）是一种用于工业自动化和控制系统的现场总线系统。它最初由三菱电机公司开发，其设计目的是提供高效、一体化的工厂和过程自动化控制。CC-Link具有高实时性、支持分散控制、提供可靠性、可用性和可维护性（Reliability，Availability，and Serviceability，RAS），并支持开放式的环境，这使其成为了广泛应用于工业领域的通信协议。目前有CC-Link、CC-Link/LT、CC-Link V2.0、CC-Link Safety等专用的通信协议。CC-Link/LT是CC-Link的一种变体，专门设计用于低速传输和小型控制系统。它适用于较小规模的应用，以降低成本和简化通信要求。CC-Link V2.0是CC-Link的第二代版本，提供更高的数据传输速度和更多的功能。它允许更复杂的自动化系统进行高速通信和控制。

CC-Link Safety是CC-Link的安全版本，通过集成高标准的安全功能、分布式安全控制、安全协议的双重检查、冗余设计和安全数据传输等，专门用于实现安全相关的通信和控制，如紧急停机、安全监测等。它帮助确保工业系统中的安全性。

除此之外，还有CC-Link IE（Industrial Ethernet）对应CC-Link的工业以太网版本，其使用以太网技术进行高速数据传输和通信。它提供了更大的带宽和更灵活的网络拓扑，适用于更大规模的工业自动化系统。

CC-Link采用广播轮询的方式通信。主站通常会按照从站的编号进行轮询，以实现数据的交换和协调。这种方式确保了每个从站都有机会与主站进行通信，从而实现了有效的数据传输和控制，不会有通信冲突的问题。

（4）HART

可寻址远程传感器高速通道（Highway Addressable Remote Transducer，HART）是一种开放式通信协议，最初由美国的ROSEMOUNT公司于1985年推出，其在各种工业领域，包括化工、石油和天然气生产、制药和食品加工等领域得到了广泛应用。

HART协议可以被看作是模拟系统向数字系统过渡的一种通信协议，它允许在4～20mA电流环路上传输数字信息，这一特性使得传统的模拟仪表和控制系统可以逐步过渡到数字化系统，而不需要完全替换掉旧的设备。HART协议为模拟设备提供了数字通信的能力，同时保持了与传统4～20mA电流环路的兼容性。

HART协议使用OSI模型中的物理层、数据链路层和应用层3层体系结构。物理层负责数字电压信号与FSK信号的转换。采用基于Bell 202调制解调器的标准，将数字“1”调制为1200Hz，将“0”调制为2200Hz。这种调制方式稳定可靠，抗噪性极佳。数据链路层规定了数据帧格式，常用的数据帧包括请求帧、应答帧和突发帧。应用层规定了HART协议的各种命令，分为通用命令、一般行为命令和特殊设备命令3类。

HART协议采用统一的设备描述语言DDL。现场设备开发商使用标准设备描述语言来定义其设备的性能和特性。这些设备描述被提交给HART基金会，该基金会负责管理和维护这些设备描述，并将它们编制成设备描述字典。主设备利用DDL技术来解析和理解这些设备描述，而无须为每个不同的设备开发专门的通信接口。

HART协议本身并没有内置的强大安全功能，但可以通过物理安全、访问控制、数据加密、身份认证等手段增强其安全性。尤其在现代工业自动化环境中，通过与其他安全协议和技术的结合（如HART-IP、加密通道等），可以实现更高层次的安全防护。为了确保HART协议的安全性，通常需要结合多种外部安全措施，从物理安全到网络安全层层加强保护。

（5）CAN

CAN（Controller Area Network）总线是一种广泛应用于车辆和工业领域的串行通信协议和总线系统。它最初是由德国公司Bosch于20世纪80年代开发的，旨在满足汽车电子系统的通信需求，后来被广泛用于工业自动化、医疗设备、家用电器等领域。

CAN是一个多主网络协议，网络上的节点不分主从，均可在任意时刻主动向网络上的其他节点发送信息，使其非常适用于分布式系统和实时通信应用。在CAN总线系统中，每个设备都有一个唯一的标识符（通常是11位或29位的标识符），这些标识符用于区分不同的设备和消息。多个设备可以并行地发送消息，这些消息根据其标识符被接收设备筛选和处理。

CAN协议具有一组内置功能，可提供稳定的通信。当多个设备同时发送消息并导致碰撞时，CAN协议使用非破坏性仲裁来解决冲突，而不会导致消息的破坏或数据损坏。优先级较低的节点会主动退出发送，而最高优先级的节点可以继续传输数据并不受影响。另一个功能是具有冲突避免功能的载波侦听多路访问（CSMA/CA），它规定节点在传输之前必须等待一定时间的不活动状态。

CAN协议底层只采用了OSI模型中的物理层和数据链路层，高层只采用了应用层。应用层数据直接取自数据链路层或直接向链路层写数据。数据链路层（DLL）含有逻辑链路控制（LLC）子层和介质访问控制（MAC）子层。CAN协议的物理层定义了电气特性，如电压、线路阻抗和传输速率等。它确保了在CAN总线上的比特能够可靠地传输和接收。在CAN V2.0A规范中，数据链路层的LLC子层和MAC子层的服务及功能分别被解释为“目标层”和“传输层”。

CAN总线现有的内置安全功能主要是为了确保可靠的通信而设计的，而不是为了网络安全，因此它无法防止遭受网络攻击。CAN协议没有固有的加密方法来确保机密性。这使得入侵者能够访问敏感的用户数据并导致隐私受到侵犯。该协议也没有全面的完整性检查，无法维持完整性。CAN协议的漏洞也引起了业界的关注，目前针对CAN攻击的对策主要有四种，包括网络分段、加密、身份验证和入侵检测系统（IDS）。

### 3.2.3 工业以太网

#### （1）PROFINET

PROFINET作为一项工业总线标准，旨在应用于工业系统的数据采集与传输，并可以实现实时数据的高速发送和接收。该标准由位于德国卡尔斯鲁厄的PROFIBUS&PROFINET INTERNATIONAL（PI）负责统筹标准化事务。PROFINET是一种开放式的工业以太网通信协议，其主要提出方包括西门子公司以及PROFIBUS&PROFINET国际协会。PROFINET借助TCP/IP和相关信息技术标准，成为了一种实时的工业以太网通信方案。

PROFINET技术首次明确了PROFIBUS和工业以太网之间数据交换的格式，解决了跨商和跨平台系统通信问题，提供了一套完整、高性能、可伸缩的工业以太网升级解决方案。该技术基于开放、智能的分布式自动化设备，整合了成熟的PROFIBUS现场总线技术和基于工业以太网的通信技术，定义了符合IT标准的统一通信模型。PROFINET采用基于组件对象模型（COM）的分布式自动化技术作为工程方法，强调开放性、一致性和可扩展性，并向下兼容传统工控系统，实现了由分散智能设备组成的模块化自动化系统。

PROFINET根据不同的实时性要求分成了三个版本：PROFINET TCP/IP、PROFINET RT（Real-Time）、PROFINET IRT（Isochronous Real-Time）。PROFINET TCP/IP实时响应时间是100ms，通常用于实时性要求不高的一般工业控制场合，PROFINET RT是软实时PROFINET网络，用于工厂自动化的PLC层面控制，响应时间达到了10ms，而PROFINET IRT是同步实时PROFINET网络，也可以说成是硬件实时，响应时间小于1ms，可以满足大多数运动控制领域的实时和同步要求。

PROFINET主要分为两种架构：PROFINET IO和PROFINET CBA。

① PROFINET IO（Input/Output）：PROFINET IO是PROFINET的一种实时数据交换模式，专为工控系统中的分布式输入/输出设备设计。在PROFINET IO系统中，控制器（例如PLC）作为IO-Controller（IO-C）运行，与一个或多个IO-Devices（IO-D）进行实时通信。IO-Devices可以是传感器、执行器或驱动器等现场设备。PROFINET IO支持各种实时通信类别，包括RT和IRT，以满足不同的实时性需求。通过PROFINET IO，用户可以实现高效、灵活且可扩展的自动化系统。

② PROFINET CBA（Component Based Automation）：PROFINET CBA是对PROFINET

系统进行的一种设计方法，用于实现模块化和分布式的自动化解决方案。PROFINET CBA使用分布式的组件模型，允许自动化系统中的各个模块相对独立地操作，有助于在设计和配置过程中实现高度的重用和灵活性。当前，PROFINET CBA在实际应用中较少见，而PROFINET IO则是PROFINET在工业自动化中的主要应用方式。

（2）EtherCAT

以太网控制自动化技术（EtherCAT）是一个开放架构，以以太网为基础的现场总线系统，其名称CAT为控制自动化技术（Control Automation Technology）字母的缩写。EtherCAT是确定性的工业以太网，最早是由德国的Beckhoff公司研发的。自动化对通信一般会要求较短的资料更新时间（或称为周期时间）、资料同步时的通信抖动量低，而且硬件的成本要低，EtherCAT开发的目的就是让以太网可以运用在自动化应用中。

EtherCAT是一种高速实时以太网，不分不同的版本，直接对标的是Profinet IRT。EtherCAT具有独特的“On-the-fly”（边传边处理）处理机制，使之能以极低的通信延迟和高数据吞吐率在网络上传输数据。通过“On-the-fly”机制，EtherCAT协议能够支持大量的从站设备，同时保持极高的数据传输效率和低延迟，这使其成为广泛应用于高速和高精度自动化系统的有线工业以太网解决方案之一。除了“On-the-fly”机制，EtherCAT还使用了高速的以太网硬件基础设施、数据包结构优化、分布式时钟同步以及逻辑环技术，这使得EtherCAT的总线性能十分优越，响应时间可以达到微秒级甚至纳秒级。这也正是各大运动控制厂商对EtherCAT技术趋之若鹜的原因。

EtherCAT的应用层分为CoE（CANopen over EtherCAT）、FoE（File over EtherCAT）、EoE（Ethernet over EtherCAT）、SoE（Servo Drive over EtherCAT） 和AoE（ADS over EtherCAT），其中应用最广泛的是CoE协议，通过这些应用层协议，EtherCAT能够实现配置、控制、数据交换和故障诊断等功能。

EtherCAT协议的架构是基于Master-Slave结构，其中一个主站（Master）可以向多个从站（Slaves）发送控制和数据命令。EtherCAT的主站是控制自动化系统的核心，负责发送控制和数据命令。主站设备可以是PLC、PC或其他控制设备。每个从站是连接到主站的实际设备，如传感器、执行器、驱动器等。从站设备通过EtherCAT电缆通过串行连接在一起，可以在总线上连续传递数据。

（3）EPA

EPA（Ethernet for Plant Automation）的全称为用于工业测量与控制系统的EPA系统结构与通信标准，是在国家“863”计划的支持下，由浙江大学、浙江中控技术股份有限公司共同主持，联合中国科学院沈阳自动化所、清华大学、大连理工大学、重庆邮电学院、上海工业自动化仪表研究所、北京华控技术有限责任公司、机械工业仪器仪表综合技术经济研究所等国内部分高校、科技院所、高新技术企业，在解决了以太网用于工业现场设备间通信的确定性通信调度、总线供电、网络安全、可互操作等关键技术的基础上，起草的我国第一个拥有自主知识产权的现场总线国家标准。该标准被国际电工委员会IEC作为PAS（Pulblic Available Specification）标准予以发布，并被IEC接收为正在制定的国际实时以太网标准IEC61784-2中的实时以太网类型14（Common Profile Family 14，CPF 14），成为我国第一个被国际认可和接收的工业自动化领域的标准。

EPA采用了ISO/OSI开放系统互联模型的一、二、三、四、七层，并在第七层之上增加了第八层（用户层）。其中最关键的一点是EPA在数据链路层扩展定义了一个EPA通信调度管理实体。EPA在链路层采用带碰撞检测的载波侦听多址访问的访问方法和物理层规范（参见标准GB/T 15629.3—2014）。EPA通信调度管理实体用于对EPA设备向网络上发送报文的调度管理。它采用分时发送机制，按预先组态的调度方案，对EPA设备向网络上发送的周期报文与非周期报文发送时间进行控制，以避免碰撞。EPA在传输层与网络层使用的协议十分常见，包括IP、ARP、ICMP、IGMP、UDP和TCP。EPA应用层以OSI应用层结构标准（GB/T 17176—1997）为基础。

### 3.2.4 确定性网络

确定性网络（Deterministic Networking，DN）旨在提供可预测和可靠的网络服务，满足严格的时延、抖动和可靠性要求。本节旨在探索DN领域的几个关键技术，即TSN、DetNet、DIP、DetWi-Fi和5GDN，以及它们的技术特点和关键应用。

**（1）时间敏感网络TSN**

时间敏感网络（Time-Sensitive Networking，TSN）是基于IEEE 802.1标准的增强版以太网协议，目的是在非确定的以太网中实现高可靠、低延迟的通信。它通过一系列先进的机制和协议，如精确的时间同步、流量整形、资源预留以及时间敏感流量配置，确保数据传输的实时性和高可靠性。这些机制为网络中的不同类型数据流提供优先级处理和确定性传输，极大地降低了网络的不确定性和变化性，特别适用于要求严格的时间同步和低延迟的应用场景。例如，在汽车控制系统、工厂自动化和智能电网管理等领域，TSN技术能有效保证关键操作的实时性和准确性。然而，TSN的应用主要集中在局域网环境，涉及广域网时，其时间同步和流量调度机制在更复杂的网络架构中难以保持一致性和效率，这限制了它的扩展性和应用范围。尽管存在这些限制，TSN仍然是工业互联网和实时数据处理领域的关键技术，其在确保数据传输的精准性和可靠性方面的优势不可替代。

① 实时性AS、Obv。高精度的时钟同步是确保TSN确定性传输的基础，目前TSN主要基于IEEE802.1AS标准定义的广义精确时钟协议（general Precision Time Protocol，gPTP）来实现网络系统内所有设备的时钟同步。gPTP支持MAC层通信，是一个基于二层网络的非IP路由协议，并定义了媒体独立子层，允许不同的媒体介入，为上层应用程序提供了标准的接口定义。网络系统内所有设备都有本地时钟，并在系统中作为主时钟或从时钟出现，AS协议通过在网络中传播时间戳和同步信号，使主从时钟之间能够保持高度一致的时间基准，从而支持低延迟和高精度的数据通信。

TSN中的流量调度是保证时间关键业务流量实时性传输的基础，流量整形是确保网络可以处理不同类型的流量，特别是时间触发流量。流量整形的目的是控制网络中的流量速率，避免由于突发流量造成的网络拥塞或延迟的增加。流量整形在流量的发送端进行处理，确保数据包以一定的速率，按照预定的时间窗口进入网络。流量调度主要负责决定何时将不同优先级的数据包发送到网络中，确保高优先级的流量及时被处理。IEEE 802.1Qbv标准采用非抢占式的流量调度，引入了门的概念，并在输出端口实现了基于时间感知的整形器（Time-Aware Shaper，TAS）功能。TAS的核心是一个周期性的门控调度表（Gate Control List，GCL），通过周期性地打开或关闭队列控制流量的传输，从而提供确定性的传输时延和抖动。TAS的优势在于能够提供对网络资源与流量的严格时间控制，支持有高实时性需求的业务流量传输。

② 可靠性CB、Qca。数据传输的可靠性是指网络在出现设备失效、流量异常、线路断路或外部攻击等问题时，依然能按照需求至少传输一个流量副本到目标主机。TSN通过帧

检测、帧复制与消除、路径预留等方式确保数据传输的高可靠性。IEEE 802.1CB定义了以太网中实现冗余传输的方案，全称为帧复制与消除机制（Frame Replication and Elimination for Reliability，FRER）。FRER通过在网络的源节点或者中继节点对数据帧进行复制和编号，并将这些数据帧通过不同的路径传输，并在目标节点或其他中继节点收到相同编号的帧时，将冗余的帧消除，仅保留一份数据，以减少不必要的带宽占用。IEEE 802.1Qca为路径控制与预留协议，协议包括链路的状态检测，利用链路监控技术检测每条链路的可用性，以及为时间触发流提供冗余路径并做资源预留。IEEE 802.1CB和IEEE 802.1Qca结合，通过帧复制以及多路径传输，降低由于设备故障或者网络攻击造成的帧丢失概率，减少网络恢复的时间，提高网络的可靠性。

③ 安全性Qci。TSN会对网络中每个数据流采取过滤和控制策略的协议确保网络中的输入流量符合规范，从而避免由故障或恶意攻击（例如DoS攻击）引起的异常流量问题。IEEE 802.1Qci标准指定了流量过滤与控制策略（Per-Stream Filtering and Policing，PSFP）。PSFP通过流过滤器（Stream Filter）、流门控（Stream Gates）和流计量器（Flow Meters）三个主要组件来实现其功能。流过滤器根据流标识（Stream ID）和优先级（Priority）信息识别流量，流门控决定是否允许流量流入，而流计量器则统计流量并判断是否超出限额，超出限额时则根据配置采取限流或阻断措施。这一协议的实施显著提高了网络的可靠性和安全性，对于未知来源的流量，可以通过设置门控关闭来阻止可疑流量流入；对于已知来源的异常流量，Qci协议可以选择阻断或限流，以保证网络的健壮性。总的来说，Qci协议为时间敏感网络提供了限制或阻断异常流量的功能，从而提升了整体网络的健壮性和安全性。

（2）DetNet（Deterministic Networking）

DetNet（Deterministic Networking）是一个先进的网络架构，专注于在网络的第二层桥接和第三层路由段实现高可靠性、有界延迟、丢包及抖动。其核心思想借鉴了TSN的机制和架构，定义了适用于这两个网络层的通用架构，并提供了三层端到端的确定性方案。这一方案旨在统一标准，提升网络的可靠性和效率。技术上，DetNet重点侧重于IP层的调度保障，特别关注边缘路由和骨干路由之间的时延抖动测量、确定路径与资源预留，以及端到端显式路由与无缝冗余，以实现终端业务流的三层确定性传输。这使得DetNet能够将确定性服务扩展到广域网环境，从而支持更广泛的应用领域，如专业音视频传输、车载多媒体系统和复杂的工业控制系统。此外，DetNet还专注于IP层的确定性服务，为网络集成和扩展奠定了基础。通过软件定义网络（SDN）解决方案，DetNet能够提供一个可扩展的网络架构，并高效地管理大量网络流量。DetNet的核心优势在于其能够控制并降低端到端时延，实现从“尽力而为”到“准时、准确、快速”的转变。DetNet工作组主要研究在单一管理控制下或在一个封闭的管控组内的网络的确定性保障，如园区网络和专用广域网。当前，DetNet致力于沿多跳路径转发数据流，同时确保具有确定性延迟、可控的低丢包率和高可靠性。DetNet支持单播或多播流的确定性转发，并能与其他业务流共网传输。其实现方法涵盖了资源预留、释放或重用闲置网络资源、集中控制、显性路由、抖动消减、拥塞保护和多径路由等多种技术。

（3）DIP（Deterministic IP）

确定性IP网络（Deterministic IP，DIP）是一种创新性的确定性网络架构。这一架构的显著特点是其三层结构，旨在为传统的IP网络引入更高层次的可靠性和效率。DIP的主要创新之一是引入了周期性转发机制，这种机制能够通过精确控制每个数据包的转发时机，有效减少网络中的微突发现象，并消除长尾效应。这一机制在数据面上引入周期调度，进行转发技术的创新突破，在控制面提出免编排的高效路径规划方法，从而实现确定性时延和抖动。DIP的另一个显著优势是它对时间同步要求的灵活性。DIP技术不需要网络节点之间的严格时间同步，使得DIP特别适用于长距离链路，尤其是在广域网环境中，大幅扩展了其应用范围和灵活性。这一点对于需要跨越广阔地理区域的网络尤为重要，因为它减少了对精确时钟同步的需求，从而降低了实施的复杂性和成本。DIP的独特设计还意味着它能够轻松应对网络规模的扩展，适用于从小规模的工业制造和园区网络到大规模IP网络的各种场景。这种可扩展性使得DIP能够适应不断变化的网络需求，无论是在局部网络还是全球范围内。此外，DIP还采用了Segment Routing IPv6（SRv6）技术，提供明确的路由和灵活的隧道能力。SRv6技术的应用使得DIP在路径选择和网络流量管理方面更加灵活和高效。而网络云引擎则控制数据包的传输过程，并通过与网络实体交换信息来分配通道和资源。这种智能的云引擎可以优化网络资源的使用，提高网络的整体性能和效率。随着网络技术的不断发展和对确定性网络需求的增长，DIP有望在未来的网络架构和应用中扮演更加重要的角色，特别是在需要高度可靠和低延迟网络的场景中。

## 3.3 问题与挑战

工控网络面临着多重挑战，涉及网络安全、标准化、技术应用等方面，对工业自动化和智能制造的稳健发展构成了威胁。首先，网络安全问题是工控网络面临的首要挑战。随着工业互联网的普及，工控系统成为了网络攻击的目标。勒索软件、远程入侵、数据篡改等威胁逐渐增多，威胁到了生产系统的正常运行。建立强大的网络安全体系，包括防火墙、入侵检测系统、数据加密等技术，变得尤为重要。其次，标准化与异构系统的问题也是一个亟待解决的挑战。由于工控系统涉及多种设备和厂商，缺乏统一的标准导致设备之间的互操作性受限。制定统一的工控网络标准，加强国际合作，成为了推动工业互联网普及和工控网络发展的重要方向。大数据和云计算的兴起也给工控网络带来了挑战。工业生产中产生的大量数据需要有效管理和分析，而云计算作为处理大规模数据的重要手段，需要更好地整合到工控网络中。然而，这也带来了数据隐私、存储管理等方面的复杂问题。此外，人才短缺也是一个不可忽视的挑战。工控网络技术跨足多个学科领域，需要具备跨学科背景的专业人才。然而，当前人才市场对于工控网络领域的需求远远超过供给，培养合格的工控网络专业人才亟待加强。

综合而言，工控网络技术的挑战是多方面的，从网络安全到标准化、技术应用再到人才培养，都需要全球产业、学术界以及政府部门共同努力，以推动工控网络技术的进步，确保工业自动化和智能制造的可持续发展。

### 3.3.1 安全性

**（1）工业协议安全**

工业协议在工业控制系统中负责连接各个工控设备，是保证完成各种业务的“血液”，因此一旦工业协议遭到攻击，将会影响整个工业控制系统的安全运行。安全人员通过分析已经披露的震网、Triton等工控攻击事件，发现攻击者都是通过利用工业协议的安全漏洞对工控系统发起攻击的。而由于工业协议的私有、封闭、场景化，导致急需更加精确和高效的协议分析、测试和监测方法以及更加有效的安全认证机制来保护工业协议安全。

**（2）工业协议逆向分析技术**

工业协议作为工业控制系统的血液，负责在工程师站和PLC之间输送关键数据。工业控制设备除了支持公开工业协议，如Modbus TCP协议等，大部分工控设备会使用生产厂商设计的私有协议，这部分私有协议厂商一般不会公开协议的设计规约，一方面是考虑公开后生产的工控设备更容易被攻击，另一方面是出于经济利益考虑，使用私有协议会增加用户单位使用第三方工控设备的经济成本。但是从安全防护的角度来看，如果无法准确解析私有协议，将无法对私有协议的有效载荷数据进行准确分析，以发现潜在的攻击行为。

协议规约包含三个要素：协议的语法、语义和时序。其中，语法定义协议报文中各个字段的边界，语义定义各字段对应的功能，时序则定义报文的顺序规范。协议的语义和语法构成协议的格式，协议的时序定义协议状态机。协议逆向分析就是通过各种手段得到上述要素的过程。

目前，国内外主流的自动化协议逆向分析方法包括基于网络流量和基于程序分析的逆向分析方法等。

① 基于网络流量的逆向分析方法。基于网络流量的方法通过分析数据包中的公共模式和特征来推断协议的结构，一种常用的网络流量逆向分析方法是通过对消息序列进行对齐获取协议格式，另一种基于网络流量的分析方法是通过识别频繁项集进行逆向分析。通过应用统计方法对高频字段集进行分析，可以推断出协议的关键字段。

基于网络流量的分析方法的优势是只需要获取到目标设备的网络流量便可以进行分析，跨平台适用性较强，但也存在先天不足。首先因为只依赖网络流量数据，因此一般只能分析出协议格式和字段语义，比如可以识别出功能码字段，但是难以分析出功能码字段特定数值的具体含义。

② 基于程序分析的逆向分析方法。基于程序分析进行协议逆向通过观察协议实现程序（对协议报文进行处理和后端交互的程序）收发报文时程序的运行轨迹，将报文数据与程序上下文进行语义关联，从而区分报文的字段边界。目前主流方法是通过动态污点分析技术，将程序接收到的数据包标记为污点数据，然后根据预先定义的污点传播规则通过程序插装等方式记录污点数据在程序执行过程中的传播轨迹，最后通过分析污点传播轨迹推测报文格式。

基于程序分析的逆向分析方法通过追踪程序运行轨迹来还原协议数据包的封装过程从而完成协议分析，因此可以较为准确地推测出目标协议规约。但是这种方法需要访问组态软件或设备固件，而一方面，不同厂家的组态软件或固件的开发平台和开发语言差别较大，另一方面，部分厂家没有公开发布设备固件或加密发布设备固件，基于这两个原因导致这种方法适用性较差。

**（3）工业协议安全测试技术**

在工业控制系统中，工业协议负责将数据传输到各个节点，其重要性不言而喻。工业协议的安全性会直接影响工业控制系统中的数据安全、物理安全甚至人身安全。在工业控制系统逐渐互联互通的趋势下，一旦攻击者利用不安全的工业协议发起攻击，很有可能会引起一些系列的连锁反应。为了解决工业控制系统的安全问题，采取适当的安全防护策略是必不可少的。而工业协议安全测试技术作为工业控制系统安全防护的基础，对于避免工业控制系统中的安全问题至关重要。

① 工业协议脆弱性分析。协议认证机制用于在用户访问工控设备时，设备根据协议规约验证用户身份信息，根据校验结果判断用户是否为合法用户，并确定用户对设备的操作权限。认证机制在工业控制系统中起着重要的安全作用，因此一旦认证机制存在安全缺陷，被攻击者突破，会带来严重的安全问题。通过分析现有工业协议存在的脆弱性，有助于提出针对性的安全防护策略。常见的认证机制包括以下几种:

a. 无认证。早期的工控设备运行在企业的局域网中，甚至采用总线协议进行通信，没有接入互联网，因此没有采用任何认证。针对此类设备，如果攻击者能通过以太网访问目标设备，只需要通过“重放攻击”或构造出正确格式的攻击数据包便可以对目标设备进行任意操作，包括篡改目标设备的运行状态、内存数据，甚至使目标设备拒绝服务。此类设备一般即将退役或生命周期已经结束，设备厂商不会继续更新固件版本，或者即使设备厂商发布了新的固件版本，用户单位考虑到自身的使用习惯和维护成本，也不愿意更新设备固件。

b. 口令认证。大部分工控厂商会采用口令认证，还有少部分厂商支持为不同操作权限分别设置认证口令，依据用户输入口令判断当前用户的身份是否合法以及对应的操作权限。但是根据现有研究发现，部分厂商在口令认证开发过程中，因安全意识不足，导致存在安全漏洞，例如在进行口令传输时，未对口令进行加密，直接采用明文传输，或者采用弱加密算法对口令进行加密，容易被攻击者解密，或者口令的有效性在上位机软件中进行校验，攻击者可通过篡改组态软件的程序执行流程，绕过口令认证。

c. 会话认证。为了标识会话的唯一性，防止“重放攻击”，工控设备厂商会在工业协议中设置一个字段，用于存储每次会话的ID号。当上位机组态软件请求登录工控设备时，有些工控设备会生成一个随机数作为会话ID并返回给上位机，上位机组态软件在收到响应数据包后，需要在后续的数据包中返回正确的会话ID，工控设备才会通过校验，并进行后续通信。还有部分厂商为了提高安全性，甚至还会返回一段与会话ID相关的认证数据给上位机，上位机组态软件需要通过特定算法计算出正确的会话ID并发送给工控设备，在通过工控设备校验后才能进行后续通信。如果工控设备直接返回作为会话ID的随机数，则攻击者需要预先分析出会话ID字段在数据包中的位置，然后在收到包含会话ID字段的响应数据包后，准确提取出会话ID字段数值，再将后续所有数据包的会话ID字段都设置为该数值，即可实现会话认证绕过攻击。

d. 完整性认证。为了防止通信过程中的数据被攻击者篡改或者为了防止通信过程中数据出现传输错误，工控设备厂商会在工业协议中设计一个校验和字段，每次发送数据包前会计算某些字段的校验和，并将校验和连同传输数据一起发送。接收方在收到数据包后，会用同样的算法计算特定字段的校验和，与收到的数据包中的校验和字段进行比较，如果两个字段数值一致则表示没有异常。常见的校验和算法包括CRC8、CRC16、CRC32等。针对此种认证，攻击者首先需要解析出校验和字段的具体位置，一般来说，大部分工控厂商为了简化设计和软件开发，会将校验和字段设置在数据包结尾；然后需要分析对哪些字段计算校验和；最后需要分析出具体的校验和算法。

e. 工业协议加密。有些工控设备厂商为了保护交互过程中工业数据的信息安全，会对工业协议通信数据进行加密。罗克韦尔MicroLogix 1400、施耐德M340等PLC的部分固件版本为了保护用户密码的安全性，会对用户密码进行加密传输或者直接传输密码的哈希值，防止在传输过程中被攻击者窃取。但是其他交互数据仍以明文形式进行传输。还有部分厂商为给PLC通信协议提供更高的安全性，会对PLC通信协议的整个数据段进行加密传输，例如西门子S7-1500。西门子在其新版本的S7私有协议中加入了对特定负载（例如控制程序源代码和二进制文件）的加密、认证和完整性保护机制。其中消息加密保护机制包括以下模块：

i. 密钥交换协议：由PLC和博图组态软件双方使用，以建立一个会话密钥的共享密钥；

ii. 消息完整性保护算法：基于会话密钥和消息字节计算MAC（消息认证码）值；

iii. 负载加密算法。针对这种机制，需要人工逆向组态软件或固件中与协议加密相关的程序代码，通过分析加解密流程，挖掘潜在的安全漏洞。

f. 其他认证机制。部分厂商为了提高安全性，会设计一些专有的认证机制。例如，S7comm协议在V3版本中设置了四次握手验证机制和会话密钥生成机制，涉及椭圆曲线加密等复杂的加密算法，大大提高了设备通信的安全性。

② 工业协议攻击技术。工业控制系统的协议攻击是指通过利用工业协议漏洞来非法攻击工控设备的攻击方式，主要包括以下几种：

a. 控制逻辑篡改攻击；攻击者可以在控制逻辑下载过程中通过插入、删除或修改指定的数据包从而完成控制程序篡改攻击，如果工控设备未对接收到的控制逻辑数据进行校验便直接执行，可能会导致工控设备拒绝服务。

b. 变量寄存器篡改攻击：攻击者利用工业协议漏洞读取或篡改PLC各类变量的数值，例如数字量输入输出、模拟量输入输出等I/O变量，计时器、计数器等软件变量，内部存储器变量，系统变量等，以影响或破坏工业现场。

c. 配置篡改攻击：此类攻击利用工业协议的漏洞篡改工控设备中重要的配置数据，达到劫持工控设备的执行流程或者干扰正常工业流程的目的。

③ 工业协议自动化测试技术。模糊测试是一种主流的软件测试技术，其核心思想是将生成的随机数据输入待测程序中，并监视程序执行是否出现异常，以发现程序实现中的错误。受到软件模糊测试的启发，模糊测试技术已经广泛应用到不同领域的工业控制系统安全测试中，并作为一种主流的自动化测试技术帮助安全研究人员找到能导致工业控制系统进入不安全的状态或破坏系统的输入。

协议模糊测试有不同的分类标准，通常可以从测试用例生成方式和测试对象两个角度进行分类。从测试用例生成方式来看，协议模糊测试可以分为基于生成的协议模糊测试和基于变异的协议模糊测试；而从测试对象来看，协议模糊测试则可以分为黑盒、白盒和灰盒协议模糊测试。

a. 基于生成的协议模糊测试和基于变异的协议模糊测试。基于生成的协议模糊测试是一种根据协议规约创建测试用例来测试工控设备的方法。这种方法的优点在于能够系统地覆盖协议的各种可能输入情况，具有较高的准确性和针对性，能够更精准地触发潜在漏洞。其缺点在于需要对协议有深入了解，在测试私有协议时耗费较多时间和资源进行私有协议格式解析。

基于变异的协议模糊测试是一种通过对已有的协议数据进行变异来测试系统的方法。测试者根据现有的协议数据包，通过随机修改某些字段数值、插入无效数据、调整字段顺序等方式生成新的测试数据。这种方法的优点在于实现简单，不需要对协议有深入了解，可以快速部署并进行测试，但缺点在于因不了解协议格式，随机变异时测试用例可能不符合协议设计规约，导致大量测试用例有效性较低。

b. 黑盒、白盒和灰盒协议模糊测试。黑盒协议模糊测试是一种在测试者对协议程序实现细节一无所知的情况下进行的测试方法。测试者依赖于输入和输出，通过随机或半随机生成的协议数据包来测试系统的反应。此方法的优势在于简单易行，跨平台适用性较强，只要协议格式相同便能够迅速部署并测试，广泛应用于漏洞挖掘的初步阶段，但其反馈只依赖设备运行状态和响应数据包，因此代码覆盖范围和测试效率可能受限。

白盒协议模糊测试是一种测试者对协议程序实现细节有深入了解的测试方法。通过利用协议的源代码、文档和内部设计信息，测试者可以有针对性地生成协议数据包，并通过代码覆盖率分析指导测试，确保测试用例能够尽可能多的覆盖代码路径。白盒协议模糊测试的优势在于其高效性和高覆盖率，能够深入挖掘协议程序中的潜在漏洞和边缘情况。然而，这种方法需要能够获取协议实现的源码，相对来说受限较大。

灰盒协议模糊测试是一种介于黑盒和白盒测试方法之间的测试技术。在进行灰盒协议模糊测试时，测试者对协议程序的内部结构和实现细节有部分了解，但并不完全掌握。这种测试方法利用已知的部分信息，生成更具针对性的模糊测试用例，从而提高测试的有效性和漏洞发现率。灰盒协议模糊测试的主要优点在于相对黑盒测试，由于测试者对协议有一定了解，可以生成更有效的测试用例，提升漏洞发现的效率。同时，相较于白盒测试，灰盒测试实施起来相对简单，不需要完全掌握协议的所有细节。这种方法既能发现已知信息范围内的常见问题，又能通过随机性捕捉到一些意想不到的漏洞。

**（4）工业协议入侵检测技术**

入侵检测是工业控制系统安全中的一项关键技术，它可以帮助管理员及时发现和防止未经授权的系统访问和其他异常行为，其原理是基于对系统或网络行为的监控和分析，来检测和报告异常行为。目前安全研究人员主要根据检测技术、数据来源和检测对象等标准对入侵检测技术进行分类。

① 基于检测技术分类。根据检测技术，Mitchell等人将入侵检测分为基于知识的入侵检测和基于行为的入侵检测。

基于知识的入侵检测技术一般从已知的攻击数据或漏洞利用脚本中提取特征并撰写入侵检测规则，入侵检测系统监测数据是否与规则匹配，如果匹配则进行报警，例如Snort和Suricata等。因为是从已知数据中提取规则，因此该类检测方式针对已知攻击行为的检测结果误报率低，但无法检测未知攻击。

基于行为的入侵检测技术通过监控系统或网络的行为来检测潜在的安全威胁和入侵。它与基于知识的入侵检测不同，不是依赖于已知攻击的特征模式，而是关注系统和用户行为的异常活动。常见的方法包括基于物理建模和机器学习等方法。例如，在研究机械臂攻击检测时，有安全研究人员采用基于物理建模的方法，首先建立机械臂的数学模型，然后利用系统运行状态数据来识别模型参数，最后在检测过程中，将接收到的真实系统运行状态数据与基于控制指令估算的运行状态数据进行比较，如果差异超过某个阈值，则表明系统可能出现异常。同时也有安全研究人员使用工业机械臂的运行状态数据来训练机器学习模型，并通过该模型评估机械臂的运行是否正常。

基于行为的入侵检测技术不依赖于预定义的检测规则，因此它可以检测未知攻击，且具有较强的灵活性，能够适应不同的环境和应用。此外，通过建立正常行为基线，能够有效减少误报，提高检测的准确性。然而，这种方法需要较长时间来建立准确的行为基线，在此期间系统对入侵的检测能力较弱。此外，实时监控和分析系统行为需要较高的计算资源和存储空间，增加了资源消耗。由于行为模式变化多样，检测算法复杂，容易产生误报或漏报，并且在动态变化的环境中，基线需要频繁更新，维护成本较高。

② 基于数据来源分类。根据不同的数据来源，可分为基于网络的入侵检测和基于主机的入侵检测。

基于网络的入侵检测技术通过监控和分析网络流量来发现潜在的安全威胁，通常部署在网络边界或关键节点，通过捕获和检查数据包来识别异常活动。通过协议解析、流量重组和签名匹配技术来检测已知攻击，并进行行为分析以识别异常模式。这种技术的优点是覆盖面广，能够监控整个网络，实时检测和响应网络攻击，并且对被监控工控系统无侵入性。但缺点是难以分析加密或未知格式的流量数据，对高流量网络处理压力大，可能导致性能瓶颈，并且需要针对特定ICS协议进行定制化，增加了实现复杂性。

基于主机的入侵检测系统通过监控单个主机上的活动来检测潜在的安全威胁，主要分析操作系统日志、文件完整性、进程活动和系统调用等。这种技术通过与正常行为基线比较，检测异常行为，并且能够对本地的入侵行为进行详细分析。这种技术能够提供详细的主机级别的入侵检测，能够检测出主机内部的攻击行为，对本地主机保护效果好。不足之处在于这种技术仅能监控单个设备，覆盖范围有限，对系统资源消耗较大，并且主要针对工程师站或操作站，难以部署在PLC上进行使用。

### 3.3.2 标准化

工业控制网络的标准化不足是制约其发展的关键因素，影响了设备的互联互通和系统的整体效率。

**（1）工业控制网络协议和标准体系**

工业控制网络涵盖了广泛的通信协议和标准体系，据估计，全球工业通信协议的种类超过5000种，其中已有超过30种被国际电工委员会（IEC）61158标准组织认可为国际标准。主流协议包括Modbus、PROFINET、EtherCAT、OPC UA和TSN等。其中，Modbus是早期的通信协议之一，因其简单易用而被广泛应用于小型自动化系统。然而，随着系统复杂性的提升，PROFINET和EtherCAT等基于工业以太网的协议，在工业控制网络中占据了主导地位，尤其是在需要高实时性和高可靠性的应用场景中表现出色。例如，EtherCAT以其超低延迟和高精度同步的特性，非常适合机器人控制和运动控制系统；而PROFINET则因其灵活的网络拓扑和高兼容性，在工厂自动化领域得到了广泛应用。尽管如此，这些协议之间缺乏统一的跨协议标准，导致互操作性受限。OPC UA作为新一代通信协议，提供了高度安全性和跨平台支持能力。其服务导向的架构能够支持从传感器到云端的多层级通信，非常适合工业物联网和智能制造的应用场景。TSN通过时间同步和流量优先级控制，实现了数据的确定性传输，被认为是未来工业控制网络通信标准的关键发展方向。尽管这些协议在各自的领域内具有显著优势，但它们之间的互操作性不足仍是一个挑战。不同设备和系统间的通信往往需要依赖额外的网关或适配器进行联通协作，这无疑增加了集成和维护的难度。因此，制定统一的跨协议标准，提升协议间的兼容性和互操作性，已成为工业控制网络标准化工作中的紧迫任务。

**（2）产品差异化挑战**

在工业控制网络的标准化实施过程中，厂商在产品设计时的技术差异化导致了标准化落地的困难。为了满足特定客户的需求，工业设备制造商通常会对产品进行高度定制化，这种做法虽然能够提升单一产品的性能，但同时也对整体系统的兼容性和互联性构成了障碍。不同厂商的设备在通信接口、数据格式、协议实现等方面存在较大差异，这使得设备间的协同工作和数据共享变得复杂。此外，厂商为了提升产品竞争力，可能会优先考虑特定领域的高性能需求，而忽视与其他系统的兼容性，例如在实时性要求高的应用场景中，厂商可能会选择自定义协议或对现有协议进行非标准化的扩展，这进一步加剧了设备在同一网络中运行时的兼容性问题。这种技术差异化不仅增加了系统集成的难度，也提高了用户的长期运营成本，因为用户往往需要额外购买适配器或网关来解决不同设备间的兼容性问题，从而无形中增加了工业控制网络的总体拥有成本。为在技术差异化与标准化之间找到平衡，应当推动国际和国内层面统一通信协议的制定，确保设备间的基本兼容性，同时鼓励厂商采用开放协议和接口，减少对专有技术的依赖，提高系统的互操作性，再者，建立行业联盟以加强技术交流合作，共同推动标准化进程，同时，确保标准化成果满足用户实际需求，以用户需求为导向。政府应通过政策支持和引导，鼓励厂商参与标准化工作，并支持标准化成果的推广应用。这些措施将有助于在保持技术多样性的同时，推动工业控制网络的标准化，促进工业自动化和智能制造的高效发展。

**（3）标准化与技术更新协调性**

工业控制网络的标准化进程常常落后于技术的快速发展，特别是在工业物联网、人工智能、大数据和边缘计算等新兴技术的应用背景下，这种滞后性问题尤为突出。新技术的引入带来了新的需求和应用场景，但现有标准往往难以全面覆盖这些变化，导致企业在部署新技术时缺乏明确的参考规范，增加了技术实施的成本和风险。例如，传统的工业通信协议如Modbus和Profibus在设计时并未预见到工业物联网的需求，其数据传输速率、设备地址空间和功能扩展能力已无法满足当前的应用要求。虽然新兴协议如OPC UA和TSN能更好地支持现代化工业场景，但由于这些标准尚未完全成熟，其推广和普及面临挑战。这种标准滞后性不仅给企业技术部署带来困扰，也影响了市场对新技术的接受度，一些企业因担心新技术与现有系统的兼容性或后续支持问题而选择延迟采纳或放弃新技术，这在一定程度上阻碍了工业控制网络的整体创新进程。为了解决这一问题，行业需要推动标准化组织与技术提供商、用户群体之间的深度合作，建立动态标准更新机制。这包括通过行业试点项目验证新技术的适用性，并基于试点结果对现有标准进行修订；同时，采用“标准预发布”策略，让新技术的标准在实际推广前进行市场测试，以减少标准与技术之间的时间差，提升标准化对技术创新的支撑能力。

**（4）测试与认证机制的不足**

尽管工业控制网络的标准化工作正在逐步推进，但缺乏权威的测试与认证机制仍然是限制其应用范围的重要障碍。目前，不同厂商的产品即使声称符合同一标准，实际运行时可能依然存在兼容性问题。由于缺乏统一的测试认证平台，这些问题通常难以在早期阶段暴露，直到系统集成或实际运行时才显现出来。认证机制的缺失主要体现在以下几个方面：首先，行业中尚未建立广泛认可的测试机构，用户难以判断设备是否真正符合标准。这种不确定性使得企业在选择供应商时需要额外进行测试验证，增加了时间和成本负担。其次，目前的测试环境往往与真实工业场景存在差距，例如网络负载、实时性要求和环境干扰等复杂因素在实验室中难以完全模拟，导致认证结果的实用性不足。此外，认证标识的缺乏也限制了市场对标准化产品的接受度。例如，如果一个工业设备通过了权威的“OPC UA认证”，用户对其可靠性和兼容性的信任度会显著提升，从而更愿意采用符合标准的产品。为解决这些问题，行业需要建立独立且权威的第三方认证机构，同时开发基于真实工业场景的测试流程，以确保认证结果的有效性和适用性。政府或行业协会也可以通过推动认证体系的标准化和国际化，提升测试认证机制的公信力，从而促进工业控制网络标准化的广泛落地和推广。

### 3.3.3 技术应用

技术应用是推动工业控制网络升级和创新的核心驱动力。然而，尽管新兴技术在推动工业控制网络智能化方面展现出了巨大潜力，其实际应用中仍面临多重问题和技术瓶颈。

**（1）工业物联网（IIoT）**

工业物联网旨在通过设备间的智能互联和数据共享，实现生产效率和资源利用率的提升。然而，工控网络在IIoT的实际应用中面临网络延迟、设备兼容性和网络安全三大技术挑战。在许多工业场景中，实时性至关重要。传统的以太网和无线通信技术（如Wi-Fi）可能无法满足关键任务对低延迟的要求。TSN技术通过提供确定性的低延迟通信，成为解决这一问题的潜在方案。然而，在大规模设备部署中，实现高精度的时间同步仍面临挑战。此外，IIoT涉及大量异构设备，不同厂商采用各自的通信协议、数据格式和接口标准，缺乏统一性。这种兼容性问题严重影响了数据的采集、传输和处理效率，阻碍了系统的集成和协同工作。同时，IIoT的开放性增加了网络攻击的风险。未授权访问、数据篡改和设备劫持等问题可能导致生产中断和数据泄露。

**（2）人工智能（AI）**

当前，工业领域正广泛接纳人工智能技术，其应用涵盖设备故障预测、流程优化、质量检测和自动化决策等关键领域。然而，AI的实际部署仍然面临显著的技术和实践挑战。AI算法的有效训练依赖大量高质量的工业数据，这些数据通常分布于不同设备和系统之间，格式多样且来源复杂，需要通过工业网络进行高效的收集、传输和整合。然而，由于工业现场的异构设备间的通信标准缺乏统一性，导致数据采集与预处理过程高度复杂，尤其是在涉及多厂商设备或老旧系统的情况下，数据流通的技术障碍更加明显。此外，许多工业场景对数据的隐私和安全性具有严格要求。特别是在涉及核心生产流程、专利技术或关键基础设施的情况下，数据共享可能因法规限制或潜在的安全隐患而受到阻碍。这种数据敏感性不仅影响了跨企业协作，也对大规模数据驱动的AI模型构建形成限制，进一步阻碍了工业智能化的全面推进。与此同时，AI模型的训练和推理通常需要高速网络传输和强大的计算能力，而传统工业设备的硬件资源往往无法满足这些需求，特别是在边缘设备中部署复杂AI模型时问题更加突出。边缘设备的硬件限制加剧了实时数据处理和模型推理的难度，迫使企业寻找更为高效的计算架构，例如边缘与云计算的协同应用。然而，由于现有工业网络在带宽、延迟和安全性方面的不足，边云协同架构的潜力尚未得到充分发挥。

**（3）大数据与云计算**

工业生产过程中的设备运行、生产监控和流程管理等环节会产生海量数据，这些数据包含了优化生产效率、降低成本和提升质量的重要价值。云计算技术凭借其强大的计算能力和存储资源，为大规模数据处理和深度分析提供了关键支撑。然而，在实际应用中，数据整合、数据隐私以及传输安全等问题显著制约了云计算在工业领域的推广和应用，成为企业采用云计算的主要障碍。工业控制网络的数据来源具有多样性和分散性，包括PLC（可编程逻辑控制器）、DCS（分布式控制系统）以及SCADA（数据采集与监控系统）等。这些数据系统采用不同的格式和协议，缺乏统一的标准，导致数据整合过程极为复杂，难以实现跨平台的数据流通和统一处理。此外，工业场景中的实时性要求较高，而现有系统在传输效率和数据一致性方面仍存在较大改进空间，影响了数据的充分利用和即时决策能力。在数据传输至云端的过程中，企业担心敏感数据在传输或存储过程中可能被窃取、滥用或非法访问，特别是在涉及核心工艺、专利技术或关键客户信息时，这种风险更加不可忽视。区域性法规对数据存储位置、传输方式和访问权限提出了严格要求，进一步增加了云计算应用的合规性挑战。这使得企业在选择云计算方案时更加审慎。此外，工业场景中大规模数据的实时上传对网络带宽提出了极高要求，而传统工业网络基础设施的带宽、延迟和稳定性往往无法满足这一需求。尤其是在设备分布广泛的环境中，数据传输的不稳定性可能导致分析结果滞后或数据丢失，影响生产效率和质量管理。这些因素都限制了云计算在工业数据分析中的广泛应用。

### 3.3.4 协议异构性

**（1）有线无线融合TSN-5G/DIP**

在工业互联网中，超可靠低时延通信（ultra Reliable Low Latency Communication，uRLLC）是5G最为关键的需求之一。按照3GPP R16 22.261 *Service requirements for the 5G system*中的描述，进一步增强5G系统以支持工业场景下时间敏感网络应用的要求，并预测在此场景下最严格的工业应用可能需要网络具备1ms时延、1μs抖动和99.9999%的网络传输质量。而时间敏感网络（TSN）的技术机制正是决定了其可以提供高可靠确定有界低时延的传送服务，时间敏感网络（TSN）技术与5G网络融合部署将为构建灵活、高效、柔性、可靠及安全的工业互联网网络奠定基础。

5G系统与TSN网络系统的融合创新和协同部署主要包含TSN Over 5G uRLLC、5G承载网over TSN以及5G作为TSN系统网桥三种技术方向。

① TSN over 5G uRLLC。TSN与5G网络系统拼接部署，即将原有已经具备时间敏感特性的业务系统（如工业控制网络、车载网络等）与5G系统进行网络对接，利用5G uRLLC实现TSN系统的拉远。流量调度协同，通过分段实现业务传输的确定性来提升端到端业务传送质量。

在此类方案中，整个业务系统被看成一个用户设备（UE），时间敏感网络中的流量分类要与5G网络系统的业务类型建立映射关系，同时需要保留TSN对于流量配置的相关标记，在经过5G网络系统的远程传输后剥离5G封装，进入协同业务系统中后，仍然按照TSN流量调度类型进行确定性传输。

② 5G承载网over TSN。5G承载网over TSN，即将TSN相关技术原理深度集成进5G，致力于保证数据在5G网络的端到端确定上限时延传输。目前，3GPP已经开展与TSN相对应的时间同步、流量调度等相关特性与5G空口、前传网络在物理层、数据链路层映射的相关研究，目标是通过对以太网时间敏感网络技术的集成，进一步增强5G的可靠性，实现更为灵活的上行链路流量调度和更为快速的高精度时间同步。

③ 5G作为TSN系统网桥。3GPP R16 23.501中已经明确提出将整个5G网络升级为具备时间敏感特性的逻辑桥接系统，承载业务系统流量的远程确定性传送，在这一框架下，5G网络相对于业务系统被视为黑盒的TSN交换机，支持TSN集中式架构和时间同步机制，并通过定义新的QoS模型（流方向、周期、突发到达时间）来实现精准的流量调度，实现5GS中UE到UPF之间的确定性多种业务流量的共网高质量传输。

目前，已经有众多研究机构开展TSN与5G融合部署相关的研究工作，如高通公司研究组提出了面向工业互联网的利用5G实现具备TSN特性桥接功能的思想和原型系统，以实现与有线TSN网络的互联互通。英特尔公司研究组阐述了将TSN技术能力应用至无线网络面临的技术挑战，以及如何扩展现有无线网络包括Wi-Fi与5G的可靠性与低时延能力的相关技术，并讨论了无线TSN与有线TSN网络融合面临的挑战。德国应用科学大学联合诺基亚贝尔实验室提出了融合5G与工业以太网的方案并对相应的融合应用场景进行了分析，对融合网络的配置管理技术进行了讨论。

**（2）异构协议融合OPC UA**

OPC UA打通了工业通信中的各个层级，从传感器到企业云都可以通过OPC UA的通信方式将数据层层传递。同一层级的不同设备部署OPC UA也能完成数据的横向传递，为整个工厂的智能车间提供了统一的信息交互方式和管理平台。OPC UA推出的Pub/Sub传输模式是其演进的重要方向，它的实施有助于OPC UA在现有工厂车间的应用推广。OPC UA的Pub/Sub传输模式将在制造业IoT和IIoT应用程序与设备集成中发挥重要作用。

OPC UA的主要技术特点和优势有以下4点：

① 统一架构。采用一套优化的基于TCP的统一架构二进制协议进行数据交换，同时支持网络服务（WEB SERVICES）和HTTP。在防火墙中只需打开一个端口即可。集成化的安全机制可确保在互联网上的安全通信。

② 平台开放。OPC UA软件的开发不再依靠和局限于任何特定的操作平台。过去只局限于Windows平台的OPC技术拓展到了Linux、Unix、Mac等各种其他平台。

③ 安全通信。OPC UA支持会话加密、信息签名等安全技术，每个UA的客户端和服务器都要通过OpenSSL证书标识，具有用户身份验证、审计跟踪等安全功能。

④ 可扩展性。OPC UA的多层架构提供了一个“面向未来”的框架。诸如新的传输协议、安全算法、编码标准或应用服务等创新技术和方法可以并入OPC UA，同时保持现有产品的兼容性。

OPC UA技术可以应用在所有自动化层面上，包括人机界面、现场智能设备，以及企业高级应用，如MES、ERP等。OPC UA技术可以方便不同系统间完成信息兼容。其高安全性、网络兼容性、可升级性、独立平台等优点可以满足当今工控企业管控一体化发展需求，方便企业在地域、业务上的扩展。

## 3.4 发展建议

### 3.4.1 技术发展建议

随着技术发展与产业升级，作为具体工业业务的通信、传输载体，工业界对工控网络技术的服务质量要求不断提高，建议以下列几个技术作为抓手，进一步赋能工业生产发展。

① 实时通信技术：继续开发和优化工控网络中的实时通信技术，确保数据传输和控制指令的及时性，满足高端装备生产、复杂运动控制、复合协同制造等重大场景的应用需求。

② 无线通信技术：鉴于无线技术在某些应用场景中的灵活性优势，应进一步研发和优化工业环境中的无线通信技术，拓宽无线通信技术在复杂工业场景中的应用范围。

③ 网络安全技术：工控系统安全是实现工业控制过程全面深度感知、高效精准分析和智能决策优化的前提与基石。随着工业互联网的普及，工控系统面临着日益严峻的网络安全威胁。应加强网络安全技术的研发，如防火墙、入侵检测系统、加密通信等。

④ 协议标准化与融合技术：标准化是促进设备互操作性和技术集成的关键，对营造良好工控设备生态，打破贸易和技术壁垒，提高工控系统的灵活性，构建装备制造产业和工业生产行业的良性互动闭环有着至关重要的意义。

⑤ 算网融合技术：大力促进算力与网络融合，结合大数据、边缘计算、云计算等技术，对工控网络进行升级，提升工控网络内生数据管理和分析能力。

### 3.4.2 人才培养建议

① 跨学科教育项目：建立工控网络技术与计算机科学、网络安全、数据科学等领域的跨学科教育项目，开展工业网络通用技术基础研究，培养具有综合技能的专业人才。

② 持续的职业培训：依托职业学校，细化工业网络相关学科专业，针对国内外常见的工业网络，打造各应用领域的工业网络职业技校，培养专业技术人才。此外，为在职工程师和技术人员提供持续的职业培训，以便他们能够跟上技术的快速发展。

③ 产学研用合作：加强高等院校、研究机构与工业界的合作，建立“产、学、研、用”综合实践应用平台、人才实训基地等，把握研发端和需求端的特点和需求，供需两侧共同培养一批适应未来的高端型工业网络人才。

### 3.4.3 政策措施建议

① 政策支持和资金投入：政府应制定支持工控网络技术研发的政策，提供必要的资金支持，以政府资金撬动社会资金持续投入，促进技术创新和应用。

② 国际合作与标准制定：鼓励国际合作，共同制定和推广工控网络技术标准，以促进全球范围内的技术兼容性和互操作性。

③ 强化网络安全法规：制定和更新网络安全法规，以应对工控网络面临的安全威胁，确保关键基础设施的安全。

## 参考文献


[1] Song J, Han S, Mok A K, et al. WirelessHART: applying wireless technology in real-time industrial process control[C]//2008 Real-Time and Embedded Technology and Applications Symposium. IEEE, 2008: 377-386.

[2] 宋健，韩松，莫爱克，等．WirelessHART：一种应用于实时工业过程控制的无线技术[C]//2008年实时与嵌入式技术与应用研讨会．IEEE, 2008: 377-386.

[3] 曹坤．WIA-PA工业无线传感器网络系统的研究与应用[D]．上海：华东理工大学，2012.

[4] 李海，孟祥旭．一种适合于复杂工业环境应用的无线通信网络协议——WIA-PA[J]．机电工程技术，2011, 40(12): 1-4.

[5] 宋健，韩松，莫爱克．ISA100.11a：一种面向工业自动化的无线传感器网络技术[C]//2010年分布式计算与传感系统国际会议．IEEE, 2010: 1-5.

[6] Song J, Han S, Mok A K. ISA100. 11a: wireless sensor networks for industrial automation[C]//2010 IEEE International Conference on Distributed Computing in Sensor Systems. IEEE, 2010.

[7] Raza U, Ghibaudi M, Voigt T. Low-power wireless sensor networks protocols, services and applications[C]//2011 IEEE Symposium on Computers and Communications (ISCC). IEEE, 2011: 352-357.
[8] 张晓峰, 郭瑞, 王晓峰, 等. 基于蜂窝的窄带物联网技术NB-IoT[J]. 电信科学, 2016, 32(9): 1-7.
[9] Raza U, Kulkarni P, Sooriyabandara M. Low power wide area networks: an overview[J]. IEEE Communications Surveys & Tutorials, 2017, 19(2), 855-873.
[10] Attaran M. The impact of 5G on the evolution of intelligent automation and industry digitization[J]. Journal of Ambient Intelligence and Humanized Computing, 2023, 14: 5977-5993.
[11] 赵睿斌. 5G+AI助推工业数字化转型升级[J]. 中国信息化, 2023, 01: 8-112.

本章负责人　　顾超杰、车　欣、贺诗波、程　鹏　浙江大学

参加编写人员　韩福济　田文彬　林李萌　刘博雅　郭苗　周华健　郑景泽

# 第4章 工控装备技术

## 4.1 工业控制系统技术

### 4.1.1 工业控制系统技术发展综述

#### 4.1.1.1 工业控制系统技术概述

工业控制系统（Industrial Control System，ICS）是指工业部门与关键基础设施中的控制系统，包括过程控制中的多种系统以及相关仪器设备集成，主要用于监控、管理与控制工业设施与基础设备等，是现代工业自动化与控制领域的核心技术。通过实现生产过程自动化，从而提高生产效率与安全性，涉及技术包括软硬件、网络通信、控制理论等，当前已广泛应用于工业生产、制造业、交通运输、石油化工等领域。

随着近年来“工业4.0”概念的提出，以及工业现代化的快速推进，ICS经历了从最初机械化控制到电子、计算机技术控制，再到网络化与智能化控制的演变过程。其涉及生产自动化、数字化以及智能化转型升级，使其成为实现工业自动化目标的关键工具。

**（1）工业控制系统发展历程**

① 机械化控制——初期探索（20世纪初至50年代）。在机械化控制时代，ICS主要依赖机械装置与简单电气设备来完成生产过程中的控制任务，控制技术相对简单，包括电动机、继电器与简单机械设备等。对于控制过程，通常采用物理开关或机械臂等手动操作实现，如流水线上的皮带输送机与机床等；也可通过继电器实现简单自动控制，如自动升降机、早期的自动生产线等，通过一系列物理开关完成有限的控制任务。二者都需时刻监控设备运行状态，来确保生产过程的顺利进行。

由于缺乏复杂控制系统，生产灵活性与效率受到限制。许多工业流程依赖人工干预，导致效率低下，且易出现人为错误。此外，由于设备之间的互联性差，信息传递延迟使得操作人员难以快速反应，ICS的技术局限性显著影响了生产效率与安全。

② 电子技术控制——技术进步（20世纪50～80年代）。随着电子技术的迅速发展，这一阶段的工业控制系统引入了基于继电器的控制方法，使得控制精度显著提高，反应速度加快。最早的可编程逻辑控制器在这一时期出现，成为工业控制领域的重大突破，如在当时应用广泛的Siemens公司的S5系列PLC，提供了强大的计算能力与网络连接功能，使得复杂控制系统转为灵活智能的电子控制，不仅能执行复杂逻辑运算，同时具备数据存储与处理能力，实现生产实时监控与调节；Ford汽车公司在20世纪50～60年代采用电子控制技术，通过简单的电子电路精确控制生产流程。电子技术控制大幅提高了自动化水平，降低了人为操作错误的风险，提升了生产效率。

此外，电子技术控制时代也见证了标准化通信协议的引入，设备间的连接变得更加灵活。这一阶段的技术进步为后来的计算机技术控制打下了坚实的基础，使得工业控制系统逐步走向更为复杂与先进的智能化阶段。

③ 计算机技术控制——智能化变革（20世纪80年代至21世纪初）。20世纪80年代，随着计算机技术的快速发展，将其引入工业控制，标志着ICS进入了新时代。计算机控制系统的出现，不仅使得控制过程更加智能化，还推动了分布式控制系统的发展，较为著名的有Honeywell公司的TDC 3000 DCS系统、Emerson公司的DeltaV分布式控制系统等，在当时广泛应用于石油化工、电力等行业，实现了集中监控与分散控制。计算机相较于常规设备，能够处理复杂的数据分析与运算，极大提升了控制系统的性能。

在这一时期，数据采集与远程监控功能成为了计算机技术控制的重要组成部分：基于生产现场的各类传感器与设备，通过网络将数据实时传输至中央控制室，后台可即时获取生产数据，并针对不同情况及时做出对应响应。实时监控能力显著提高了生产过程的透明度与可控性，帮助企业在更短的时间内做出正确决策。

此外，计算机控制同样促进了软件发展，先进控制算法与优化模型不断被编写成相关软件应用到工业控制，使得ICS的智能化程度不断提高，推动了工业领域的现代化进程。

④ 网络化与智能化控制——发展新纪元（21世纪初至今）。进入21世纪，网络化与智能化控制开始迅速发展，ICS迎来了新的机遇与挑战。随着物联网（Internet of Things，IoT）、云计算（Cloud Computing）等新兴技术的发展，ICS逐渐实现了网络化，形成了更加复杂完整的工业生态系统，如Schneider电气的EcoStruxure是一种开放式IoT架构，通过将设备与云端连接，实现全球范围内的设备监控、数据收集、远程控制与预测性维护，在能源管理、智能制造等行业应用广泛，帮助企业降本增效。

在这一阶段，设备间的互联互通使得信息流动更加高效，实时数据采集与分析成为可能。大数据分析与人工智能的应用为工业控制系统的智能决策提供了有力支持。通过对海量数据的分析，工业控制系统能够识别出潜在的生产问题并进行实时调整。此外，智能算法的引入使得系统具备了自学习能力，可根据历史数据与实时信息优化控制策略，提高了生产效率与产品质量。同时，ICS逐渐开始向数字化转型，许多企业开始积极引入工业云平台，通过集中化数据管理与分析，实现生产过程优化与资源高效利用。同时边缘计算技术的兴起使得数据处理更加贴近现场，提高了实时反应能力，为智能制造的进一步发展奠定了基础。

**（2）工业控制系统关键技术**

① 分布式控制系统（DCS）。DCS是一个多层次、分布式的系统。其通常采用集中管理、分散控制的系统架构，即将整个控制任务分布到内部的多个控制器中，主要用于过程自动化，包括处理连续性工业流程的控制。对于大型的工程与生产，如电力、石油化工、钢铁等，可基于DCS经中央监控系统获取当前状态，并使用通信网络进行各部分的连接与协调。通过将控制分散化，降低了单点故障的风险系数，提高了系统的整体稳定性。DCS的特点如下：

a. 分布式架构：DCS通过分散环境中的控制器与监控设备，减少了因集中控制而可能出现的生产瓶颈与故障点，使其有较高的冗余与容错性，适合较为复杂的广域系统。

b. 数据处理与分析能力：DCS在生产中不仅能实现过程控制，还能进行实时数据的采集与分析，实现工业生产的全过程优化。

c. 支持与人机界面（Human Machine Interface，HMI）的交互性：DCS通常具备高度可视化的HMI功能并配备中央控制室，操作员可在其中进行远程监控并集中调整调度。

② 可编程逻辑控制器（PLC）。PLC是一种数字计算机控制系统。最初设计目的为取

代传统继电器控制，现广泛应用于流程自动化（生产线）中。其可通过编程实现机械设备与生产流程的控制，是当前主流工业控制系统的基础之一。通过接收传感器的输入信号，按照预定程序实现顺序控制、定时、计数、逻辑运算等功能后输出控制信号驱动执行器。因其拥有高度可靠性、灵活性以及对恶劣工业环境的强适应性，广泛应用于离散制造、包装、装配线等领域。PLC的特点如下：

a. 模块化设计且易于编程：PLC通常采用模块化设计，易于扩展与功能维护；同时其拥有多种编程方式，如梯形图（Ladder Diagram，LD）、指令表（Instruction List，IL）、功能模块（Function Block Diagram，FBD）等，在流程设计上的表现更灵活多样。

b. 高可靠性：PLC可适用于高温、潮湿、粉尘等恶劣工业环境，在实现系统控制的同时确保其能够稳定运行。

c. 实时性强：目前市面上生产的PLC种类基本为PLC-HMI一体机，其人机交互能力更强，适合于单机或小型系统控制；同时其能以毫秒级别速度响应输入变化实现及时控制。

③ 安全仪表系统（Safety Instrument System，SIS）。SIS是用于工业过程中的关键安全系统。当检测到危险情况或异常条件时，SIS将会自动执行紧急措施以保护人员、设备与环境。可通过实时监控关键工艺参数（如压力、温度、流量等）以及工艺设备运行状态，确保在可能发生事故时系统能够迅速、安全地进行响应，防止事故的升级或恶化。其广泛应用于涉及高温、高压或有害物质操作的存在较大安全隐患的高风险行业，如石油化工、天然气处理与大型制造业等。SIS的特点如下：

a. 高可靠性：SIS在设计之初通常在内部预留冗余，即当某些部件发生故障时，系统仍能正常运行。多层备份与定期测试保证了其在关键时刻的稳定性与可靠性。

b. 实时响应：当系统工艺参数超出安全范围时，SIS会迅速做出反应，执行如紧急停机（Emergency Shutdown Device，ESD）等安全措施。其反应时间极短，能在事故发生前及时阻止危险扩展。

c. 独立性：SIS与过程控制系统（Process Control System，PCS）分离，确保即便控制系统出现故障，安全系统仍能独立工作，保证不受其他系统干扰。

d. 自动化保护：SIS在上述异常或紧急情况下无须进行人工干预，其能自启动应急措施，如关闭阀门、停机或启动备用系统，确保设备与人员安全。

④ 监控与数据采集系统（Supervisory Control And Data Acquisition，SCADA）。SCADA系统是一种用于远程监控与控制广域分布系统的工具。其用于监控与控制地理上分布较广的设备，通过各种传感器采集远程设备的运行数据，并将这些数据传输到中央控制室进行监控与分析。常见的应用场景包括了电力传输、管道运输、水处理等在工业控制中涉及广泛地理分布的领域。SCADA系统的特点如下：

a. 实时数据采集与监控：SCADA系统能够持续采集现场设备的实时数据，监控重要参数（如压力、温度等），确保生产过程在设定范围内正常运行。

b. 远程操作与控制：在实际控制中，可以通过SCADA系统远程管理与控制分布广泛的设备，减少现场操作的需求，提高操作效率与灵活性。

c. 事件与报警管理：SCADA系统能自动检测异常情况并生成报警，帮助操作人员及时发现并解决潜在问题，防止事故或停机。

d. 数据存储与历史记录：SCADA系统会存储大量历史数据，用于故障排查、趋势分析与优化操作，帮助企业改善长期决策与维护计划。

e. 高度可扩展性：SCADA系统同样具有模块化设计，能够根据需要轻松进行扩展，适应从小型设施到大规模分布式系统的需求。

⑤ 工业以太网与无线通信技术。工业以太网与无线通信技术是现代ICS实现信息化与自动化的关键。工业以太网基于工业环境设计，可提高数据传输可靠性与实时性。通过提供高带宽、低延时的通信，支持大规模设备联网与复杂的自动化控制流程；无线通信技术（如Wi-Fi、5G等）则增强了工业系统的灵活性，使得设备连接不再受物理限制，适用于不便布线的环境与移动设备，有效推动工业物联网的发展。相关特点如下：

a. 高带宽与低延时：工业以太网提供高达千兆带宽，确保实时满足复杂控制系统的数据传输需求与状态响应，同时低延时特性满足了对时间敏感的工业控制应用，如机器人控制与智能制造等领域。

b. 确定性通信：在工业环境中，对于通信的确定性与稳定性要求极高，因此可使用时间敏感网络（Time-Sensitive Networking，TSN）等技术，通过严格进行时间同步与优先级调度，确保重要数据基于时效性与顺序及时到达，避免出现传输延迟与数据丢失。

c. 灵活性与可扩展性：使用无线通信技术，摆脱了有线连接的局限性，适合难以布线或布线混乱的大型工业场景，如移动机器人或大规模设备的远程监控，同时还能轻松支持设备插件扩展与重新配置，可满足动态变化的工业生产需求。

d. 强抗干扰性：在实际工业环境中，使用无线通信容易受到外界因素干扰，可通过专用的通信协议、频谱管理以及抗干扰设计，确保生产期间设备通信在复杂环境中依然稳定可靠，降低因通信受阻导致生产中断的风险。

⑥ 网络安全技术。随着工业控制系统逐步接入互联网，网络安全风险愈加严峻。由于其涉及关键基础设施与敏感数据，网络攻击可能带来生产中断、设备损坏，甚至对公共安全构成威胁。因此，保障工业控制系统的安全至关重要。为此，必须建立完善的多层次防护体系，采用防火墙、加密技术与访问控制等手段，全面提升系统抵御网络威胁的能力，确保系统的稳定与安全运行。有关网络安全技术的相关特点如下：

a. 防火墙与入侵检测：防火墙通过对内外部网络流量进行筛选，有效阻止未授权的访问与恶意攻击。入侵检测系统（Intrusion Detection System，IDS）实时监控网络活动，识别可疑行为与潜在威胁，帮助及时采取防御措施，防止系统被侵入。

b. 加密通信：在工业控制系统中，加密技术（如TLS/SSL）用于保护敏感数据的传输安全。通过对通信数据的加密，可以有效防止中间人攻击与数据泄露，确保关键操作与信息在网络传输中的完整性与机密性。

c. 多层访问控制：通过严格的身份验证与权限管理，确保只有经过认证的用户与设备可以访问系统关键部分，减少未经授权的操作可能性。不同级别的用户拥有不同的访问权限，进一步提高系统的安全性。

d. 安全更新与漏洞管理：通过定期提供系统补丁与安全更新，及时修复已发现漏洞，防止恶意软件利用安全缺陷进行攻击。漏洞管理体系帮助企业持续监控系统中的潜在风险，使其能够提前采取防护措施，从而增强整体的安全防御能力。

**（3）工业控制系统组成部分**

ICS应用在工业生产中，不仅提升了工业操作的效率与准确性，还保障了工业流程的安全性与稳定性。为了实现这一目标，ICS通常由多个关键组成部分协同工作。

① 传感器与执行器。

a. 传感器：传感器是ICS中信息获取的基础。通过将物理环境中的状态或参数（如温度、压力、液位、流速等）转换为电信号，并传输给控制器或监测系统。精度、响应速度以及稳定性将影响控制精度与可靠性。基于不同测量参数，常见的传感器包括：

- 温度传感器：用于测量环境温度变化，如热电偶、热敏电阻等；
- 压力传感器：用于监测气/液体的压力，常用于管道或储罐等；
- 流量传感器：用于测量流体流速，常用于流体处理、化工领域等；
- 位置传感器：用于检测物体的移动或位置变化，如位移传感器等。

传感器通常具备抗干扰能力强、适应恶劣工业环境、输出信号稳定等特点。ICS中的传感器通过获取过程信号，为后续的控制与决策提供实时数据基础。

b. 执行器：执行器是ICS的输出装置，根据控制器命令来执行动作。作为ICS的“执行者”，通过物理动作改变过程参数或系统状态以达到控制目的。常见的执行器包括：

- 电动执行器：用于驱动电动机调节阀门、控制输送带速度等；
- 气动执行器：利用压缩空气驱动装置控制阀门或其他设备，常用于防爆区域；
- 液压执行器：利用液压油驱动机械装置，常用于重型机械或高压力操作场合。

② 控制器（如PLC、DCS、SCADA等控制器）。控制器是整个工业控制系统的核心部件，负责对传感器收集的数据进行实时处理，并根据预设的逻辑或控制算法生成控制指令。

PLC、DCS与SCADA是常见的工业控制系统类型。其中，PLC通常用于单一设备或小型系统，如包装生产线、装配线与机械设备的自动化控制；DCS适合更大、分布更广的系统，如石油化工、发电厂与大型制造工厂的过程控制；而SCADA则用于地理范围广、需要远程监控的大型分布式系统，如电力输配网、油气管道与水处理设施。

③ 通信网络（Communication Networks）。通信网络在工业控制系统中的作用至关重要，其负责在系统各组成部分（如传感器、控制器、执行器与HMI）间以有线或无线的形式实时传递数据与控制信号，常见的应用于工业通信网络的协议包括Modbus、Profibus、Ethernet/IP等。基于这些协议，设备间可以可靠地进行信息交换，确保数据实现准确实时传输。

在ICS中，使用通信网络能提供稳定、实时的数据传输，保证各设备间的同步工作，支持远程控制与监控，增强控制系统的自动化程度，广泛应用于当前工业生产线的实时数据监控、远程设备控制，以及DCS中的设备协调等。

④ 人机界面（HMI）。HMI是操作人员与ICS间的交互工具，通常以图形化界面显示系统的运行状态、设备的参数信息、报警信息等，其可以是触摸屏、计算机显示器或专用的操作面板。通过提供直观、用户友好的界面显示实时数据、历史记录及报警信息，操作员可以监控系统运行状态、输入控制指令与调整系统参数，并允许在HMI中手动输入命令或调整参数，已在车间生产线监控、化工厂过程监控、发电厂的远程操作与监控等领域得到广泛应用。

⑤ 历史数据库（数据存储系统）。历史数据库用于存储ICS运行过程中生成的大量数据，包括传感器测量数据、报警记录、控制指令与操作日志等。这些数据可以长期保存，可以进行历史数据存储、查询与分析，支持系统的优化与故障排查，帮助提升生产效率与维护计划的准确性；同时还可用于分析系统运行趋势、排查故障、优化生产过程，甚至可进行预测性维护。数据可以按时间顺序存储，并可通过查询工具进行回溯分析。当前在生产线的运行记录分析、设备故障排查、长期性能监控、预测性维护等方面已得到有效应用。

⑥ 安全系统。安全系统是工业控制系统中关键的保护机制，确保在出现设备故障或危

险状况时系统能够安全停机或采取防护措施。常见的安全系统包括安全仪表系统（SIS），用于防止意外的工艺条件导致危险发生。此外，随着工业系统联网化，网络安全也成为关键问题，入侵检测系统（IDS）与防火墙等技术可以有效防止网络攻击与未授权访问。当出现意外时，安全系统能保护人员、设备与环境的安全，同时防止设备失灵、系统故障或外部攻击造成的损害，确保系统在紧急情况下能迅速采取安全措施，常用于石化厂的安全停机控制、发电厂的应急保护系统、工业网络中的防入侵与数据保护等。

#### 4.1.1.2　工业控制装备技术发展简述

20世纪80年代初，个别高校开始研制以微机为核心的工业控制装备。1988年，国务委员、国家科委主任宋健同志对此做出重要批示，相关部门作为高新技术在全国推广以微机为核心的造纸机定量水分控制装备及系统。

1988年前后，我国一大批重大工程开工建设，急需与之配套的高性能高可靠控制装备，但国产控制装备经过“七五”“八五”两轮科技攻关，仍然无法满足工业生产要求。与此同时，国外产品大量涌入国内，占据了控制装备极大部分市场。在国家“八五”“九五”科技攻关项目支持下，集中分散控制系统DCS和现场总线控制系统FCS等高性能高可靠控制装备以及计算机优化控制等系列重大成果的实现，打破了国外产品垄断的局面。

2000年以后，在全球市场的激烈竞争下，我国千万吨炼油、百万吨乙烯、百万千瓦火电等大规模流程工业迫切需要全集成大规模控制装备及全流程动态优化控制，以获取最大的经济效益和社会效益，但此类控制装备绝大部分被国外所垄断。在国家重大产业化专项支持下，全集成新一代工业自动化系统PAS和大规模联合控制系统ECS以及全流程动态优化等系列重大成果的实现，打破了国外产品及系统的垄断局面。

2010年以后，在全球信息化背景下，工业控制装备及系统的安全威胁增加，工业控制装备及系统面临信息安全和功能安全的双重威胁，安全形势十分严峻。在国家自然科学基金重大项目、国家重点研发计划项目等的支持下，系列高端控制装备、高安全成套专用控制系统和仪表安全系统SIS等重大成果的实现，解决了国家的心腹大患。

2018年以来，工业生产日趋大型化、高速化、精细化、自主化、智能化，对广域协同的高端大规模可编程控制装置及全过程动态智能在线优化系统提出了迫切需求，但是我国这类装置95%的国内市场被国外垄断。在国家重大科技专项、国家重点研发计划项目等的支持下，超大规模/大规模可编程自动化系统，并促进大规模多变量预测控制、大系统智能协调控制等的工业应用的研发，彻底解决了“卡脖子”问题。

一直以来，国内外自动化工作者习惯将工业控制装备称为工业控制系统。为方便读者，本章将工业控制装备统称为工业控制系统。

### 4.1.2　DCS分布式控制系统

#### 4.1.2.1　DCS技术概述

分布式控制系统（Distributed Control System，DCS）是一种工业自动化技术，主要用于对大型、复杂的生产过程进行实时监控与控制，在国内自控行业中也被称为集散控制系统。相对于集中式控制系统而言，DCS系统是集4C技术于一体的新型计算机控制系统，即现代计算机（Computer）技术、现代通信（Communication）技术、现代图形显示（CRT）

技术和现代控制（Control）技术。目前，DCS系统应用于控制工业过程，如电力、油气炼油、水和废水处理，以及化学、食品和汽车生产等行业。

DCS系统的主要特点可归纳为“集中管理，分散控制”，其核心设计理念包括分布式控制、模块化架构、高可靠性和开放性。因此，DCS系统一般具有以下特点：

① 分布式处理：DCS将控制任务和数据处理分散到多个控制节点上，这些节点相对独立运行，并通过局域网等技术与其他控制单元协同工作。这种分布式设计降低了中央系统的负荷，提升了系统实时响应的能力；同时，个别控制单元的故障不会影响整体的运行，增强了系统的容错性，保障了系统的可靠性和可维护性。

② 实时性：在分布式控制架构中，控制任务由就近的现场控制单元直接处理，减少了数据传输的延迟，提高了响应速度。每个控制器能够独立对现场设备进行实时监控和调节，确保生产过程中发生的变化都能迅速反应并处理。此外，DCS系统通过高效的通信协议和网络技术保证了各个控制单元之间的同步和数据交换，进一步提升了系统的整体实时性能。这种高实时性使DCS系统能够适应对时间要求极高的工业过程，确保操作的精准性和稳定性。

③ 冗余与可靠性：通过冗余设计，DCS系统在关键组件如控制器、通信网络、电源和I/O模块等方面配备备份设备，确保在某一组件发生故障时，备用设备能够立即接管工作，避免系统停机。多重冗余结构不仅提升了系统的容错能力，还能确保重要数据和操作的连续性，从而减少生产中的停工时间。此外，DCS系统采用高可靠性的硬件和软件平台，结合故障检测和报警机制，进一步增强了系统的运行稳定性。这样的设计使得DCS系统在复杂和关键的工业环境中能够以高度可靠的方式运行，保障工艺过程的安全性和效率。

④ 可扩展性与模块化：模块化架构允许系统根据实际需求进行灵活配置，用户可以通过添加或移除模块来扩展或调整功能，而无须大规模修改整个系统。这样的设计不仅简化了系统的安装和维护，还使得在生产规模扩大或工艺流程改变时，系统能够轻松适应新的需求。可扩展性使得DCS系统在最初部署后仍能不断升级和扩展，延长了其生命周期，并确保企业能够灵活应对未来的技术更新和生产变化。

⑤ 开放性与集成：开放性设计使得DCS系统能够与不同厂商的设备和软件无缝对接，通过遵循国际标准和协议（如OPC UA、IEC 61131等），实现不同系统之间的数据互通和功能整合。这种开放架构避免了对单一供应商的依赖，增强了系统的灵活性和兼容性。同时，DCS系统的集成性允许它与企业资源规划（ERP）、生产执行系统（MES）等高层管理系统紧密配合，形成完整的工业自动化解决方案。这种集成不仅优化了生产流程，还提高了数据流通的效率，帮助企业实现实时监控和精确决策。

DCS技术在工业自动化领域经历了不断的演进，随着新技术的引入，逐步呈现出自动化、开放化、集成化等趋势。系统的开放性和标准化需求增强，DCS系统逐步采用开放架构，能够支持来自不同厂商的设备和软件的互联互通。开放性不仅拓宽了系统的兼容性，还使DCS能够与企业资源规划（ERP）和生产执行系统（MES）深度集成，实现从车间到管理层间的无缝数据流动，提升整体运营效率。

随着人工智能（AI）和机器学习（ML）的引入，DCS系统的自动化程度逐渐提高。通过这些技术，系统能够具备自学习和自优化的能力，能够进行故障预测、流程优化等智能操作，进一步提升生产效率和设备可靠性。同时，云计算和边缘计算的应用同时推动DCS架构的升级：某些非实时任务会进行云处理，而对实时性要求高的任务则由边缘节点执行。这些架构提高了系统的响应速度和数据处理能力，满足复杂生产环境的需求。

在DCS技术发展的过程中，系统安全性成为了一个关键问题。未来的DCS系统将采用更先进的安全防护措施，如数据加密、多层防火墙等，以获取潜在的网络攻击和数据。同时，5G技术的广泛应用使得DCS系统具备更强的移动化能力，操作人员可以通过移动设备实现远程监控和操作，在一些危险环境下，这一功能将大大提升操作的安全性和便捷性。

定制化和可扩展性也是未来DCS系统的发展趋势。用户可以根据具体的生产需求灵活配置系统，延长设备的使用寿命，同时能够满足不断变化的工艺要求。这种定制设计不仅降低了升级和维护成本，还提升了系统的灵活性和启动。另外，随着新一代通信技术的发展，DCS系统将进一步实现低延迟和高可靠性。通过先进的硬件设计和新型通信技术，系统的实时性和稳定性将得到显著提升，从而满足现代工业对高效、智能控制系统的严格要求。

#### 4.1.2.2 DCS体系结构

DCS（分布式控制系统）的架构分为多个层次，旨在实现高效、可靠的工业控制，核心包括现场层、控制层、监控层和信息管理层。现场层由传感器、执行器等设备组成，负责数据采集和执行指令。控制层作为系统的核心，由多个控制单元组成，处理现场数据并确保生产过程的稳定性。监控层包括操作员站和人机界面（HMI），用于实时显示系统状态、报警信息和历史数据，便于操作人员管理。信息管理层则负责整合系统数据，支持决策和企业资源管理。各层通过高速网络通信进行数据传输，确保各层高效协作。

**（1）现场仪表层**

DCS系统的现场仪表层是系统架构中最接近实际工业过程的部分，负责数据采集和执行控制指令。该层由各种现场设备组成，包括传感器、执行器、I/O模块等。传感器实时监测生产过程中的各种参数，如温度、压力、流量等，将这些数据传输至控制层。执行器则根据控制指令调整现场设备的操作状态，如开关阀门、调节流量等。I/O模块在现场层扮演关键角色，它们负责将现场设备的模拟信号或数字信号转换为系统可以处理的数据，并将控制指令从控制层传递至现场设备。通过这一层的高效工作，DCS系统能够实现对生产过程的实时监控和精确控制，确保工业操作的稳定性和可靠性。

**（2）控制层**

DCS系统的控制层是系统架构的核心部分，负责处理从现场层传来的数据并执行控制任务。控制层由多个分布式控制单元（如控制器）组成，这些控制单元配备有强大的处理能力，能够实时分析现场数据，进行复杂的计算和逻辑决策。每个控制器通常负责特定的控制任务或区域，通过集中控制和协调，确保各个现场设备按照预定的工艺流程运行。控制器之外，控制层还可能包括数据采集和处理模块，负责收集、存储和分析数据，以支持过程优化和故障诊断。通过控制层的精确控制和高效数据处理，DCS系统能够实现对生产过程的精确调节和稳定运行，提升整个系统的效率和可靠性。

**（3）操作与监视层**

操作与监视层是系统架构中与用户直接交互的部分，主要用于实时监控和操作生产过程，包括操作员站（操作界面）和人机界面（HMI）。操作员站提供了一个集中式的界面，操作人员可以实时查看系统状态、接收报警信息和执行控制指令。HMI则以图形化的方式展示系统的运行数据和流程图，使操作人员能够直观地了解生产过程并进行有效管理。通过操作与监视层，用户可以对生产过程进行监控、调整和优化，同时获取历史数据和报告，以支持决策和分析。该层的设计强调易用性和实时性，确保操作人员能够迅速响应系统状态的变化，维护生产的安全性和高效性。

**（4）信息管理层**

DCS系统信息管理层的主要功能包括数据分析、报告生成和绩效监控，通过分析实时和历史数据，帮助企业优化生产流程、提高效率和降低成本。该层通常包括生产管理系统（PMS）、企业资源规划系统（ERP）和生产执行系统（MES）。信息管理层通过与控制层和操作层的数据接口，收集和汇总各类生产数据，如设备运行状态、生产进度和质量指标等。信息管理层还支持跨部门的数据共享和信息流通，促进了生产计划的协调和资源的有效配置。通过集成企业管理系统，该层提供了一个综合的平台，支持战略决策和业务管理，确保整个生产系统与企业目标的一致性。

DCS系统通过其四层架构实现了对工业过程的高效管理和控制。现场仪表层负责数据采集和执行控制指令，控制层进行实时数据分析和控制决策，操作与监视层提供直观的操作界面和实时监控，而信息管理层则通过数据分析和报告支持生产优化和战略决策。这种层次分明的结构不仅保证了生产过程的稳定性和可靠性，还提升了系统的整体效率和管理能力。

### 4.1.2.3 DCS硬件结构

DCS系统的硬件结构是工业过程控制的基础，主要包括控制器、输入/输出模块、操作员站（HMI）、通信网络和冗余组件等。控制器执行控制任务并处理数据，通常以分布式方式部署。输入/输出模块连接现场设备，处理信号转换和控制指令传输。操作员站提供实时监控和操作界面，展示系统状态和报警信息。通信网络确保各组件之间的数据传输，包括交换机和路由器。冗余组件如冗余控制器、电源和网络设备提高系统的可靠性和容错能力。整体架构通过这些组件实现高效的数据处理和稳定控制。

控制器是DCS系统的核心组件，负责执行现场数据的处理和控制任务。控制器通常分布在系统的各个部分，靠近被控设备，进行特定区域的控制工作。控制器一般通过I/O模块与传感器、执行器等设备连接，并在本地执行控制任务，减少对中央控制的依赖。控制器接收来自现场设备的输入信号，进行实时数据处理，并根据预设的控制逻辑生成输出信号，指挥执行器进行相应操作。控制器还具备强大的计算能力和存储功能，能够处理复杂的控制算法和数据分析。控制器的分布式布局不仅提升了系统的响应速度，还增强了系统的容错能力和扩展性。为了确保系统的高可靠性，DCS控制器通常具有冗余设计，保障了系统的可靠性。

输入/输出模块是系统中的关键组件，负责连接现场设备并管理信号的转换。输入模块接收来自传感器的信号，这些信号可以是模拟信号（如温度、压力等）或数字信号（如开关状态）。输入模块将这些信号转换为系统可以处理的数据，并将其传送到控制器进行进一步的分析和处理。输出模块则负责将控制器发出的指令转换为现场设备能够执行的信号，例如，调整阀门的开度或启动/停止电机。它们将控制信号转换为实际的电气信号或控制信号，传递给执行器。输入/输出模块通常具备高精度和高可靠性，确保信号的准确传递和控制的精确执行。这些模块的设计和配置对整个DCS系统的实时性和稳定性有着直接的影响。

DCS操作员站是系统的用户交互界面，一般在计算机上安装专用软件，提供实时监控、控制调整、报警处理和数据分析等功能。操作员站通常配备有图形化的人机界面（HMI），显示系统的运行状态、工艺流程和关键参数。通过操作员站，用户可以实时查看系统的运行数据、接收报警信息，并对生产过程进行控制和调整。操作员可以通过触摸屏、键盘和鼠标等输入设备与系统进行互动，执行如启动/停止设备、调整设置和查看历史数据等操作。操作员站不仅提供直观的系统状态展示，还支持数据分析和报告生成，帮助操作人员做出有效的决策。

DCS系统中的网络与通信设备用以实现控制单元和操作员站之间的高效数据传输。这些设备包括交换机、路由器和通信模块。交换机负责在网络内部传输数据包，确保数据能够快速、准确地到达目标设备。路由器则用于连接不同的网络段，管理数据流向，并实现与外部系统的接口。通信模块提供了标准化的通信协议支持，如Modbus、Profibus或Ethernet，确保各种设备和系统之间的兼容性和互操作性。通过这些网络与通信设备，DCS系统能够实现实时的数据交换和控制指令的传递，保证了系统的协调性和整体性能。同时，这些设备也支持网络的冗余设计，确保了工业过程的连续运行。

冗余组件在DCS系统中扮演着至关重要的角色，旨在提高系统的可靠性和容错能力。冗余设计通常涵盖多个关键部分，包括控制器、电源、网络设备和通信模块。控制器冗余确保当主控制器出现故障时，备用控制器可以自动接管任务，避免系统停机。电源冗余通过配备备用电源或电池组，确保在主电源故障时，系统能够持续供电。网络设备冗余则包括冗余交换机和路由器，确保网络故障时系统的通信不受影响。通信模块冗余通过双链路设计，保证在一条通信链路失效时，另一条链路可以继续传输数据。通过这些冗余组件的配置，DCS系统能够实现高水平的稳定性和可靠性，确保工业过程的连续性和安全性。

#### 4.1.2.4 DCS软件结构

DCS系统的软件设计是实现其复杂控制功能的关键，通常采用分层和模块化设计，保证系统的灵活性和扩展性。DCS系统的软件结构通常包括控制软件、监控软件和数据管理软件：控制软件负责实现实时控制算法和逻辑处理，通过控制器执行现场设备的操作；监控软件提供用户界面，展示系统状态、报警信息和操作界面，使操作人员能够实时监控和调整生产过程；数据管理软件负责数据的存储、分析和报告生成，支持历史数据查询、趋势分析和优化决策。DCS系统通过这三个层次的软件相互配合实现了高效的过程控制、直观的操作界面和全面的数据管理。

DCS系统中的控制软件是实现实时过程控制的核心组成部分。它负责执行复杂的控制算法和逻辑，通过与控制器紧密集成，处理来自现场设备的数据，并生成控制指令。控制软件的具体功能包括监测传感器输入、执行控制策略、调节执行器输出，并实时响应生产过程中的变化。软件通常支持高度可配置的控制策略，如PID控制、逻辑控制和序列控制等，确保系统能够精确调节和优化生产过程。控制软件还提供故障检测和诊断功能，通过实时分析数据和状态，帮助识别和解决潜在问题。合理设计控制软件，可以确保DCS系统的稳定性和高效性，使得工业过程能够按照预定的工艺要求平稳运行。

DCS系统中的监控软件提供了用户与系统之间的交互界面，允许操作人员实时监控和管理生产过程。监控软件通过图形化的人机界面（HMI）展示系统的关键参数、工艺流程和设备运行状态，方便操作人员直观地了解生产过程中的各项指标。同时，监控软件一般提供报警管理功能，实时显示系统故障或异常情况，并提供历史数据的回顾功能，帮助用户分析问题的根源。用户可以通过操作员站进行控制操作，如启动/停止设备、调整设置和修改工艺参数。监控软件的设计目标是提升操作人员的可视化体验和响应速度，以确保生产过程的安全、高效运行。

DCS系统中的数据管理软件负责处理和分析生产过程中的数据，为优化决策和流程改进提供支持。该软件主要包括数据存储、历史数据查询、趋势分析和报告生成等功能。数据管理软件将来自控制层和现场设备的大量数据进行整理和存储，支持实时数据监控和历史数据的检索。通过数据分析和趋势跟踪，软件能够帮助识别生产瓶颈、预测设备故障并优化工艺流程。此外，报告生成功能允许用户定制和导出各类生产报告，为管理层提供决策依据。为了确保系统的高安全性，软件结构还包含报警与事件管理系统，该系统负责对异常状态和重要事件进行记录、报警和处理，并生成报警日志。数据管理软件通过有效的数据处理和分析，提升了生产过程的透明度和效率。

在高级应用中，DCS系统还集成了优化与高级控制软件，如模型预测控制（MPC）等先进控制算法，以提高系统的运行效率和工艺优化效果。综上分析，DCS系统的软件结构包括控制、操作、数据记录、网络管理、报警处理等多个功能模块，既保障了系统的实时性和高效性，也提供了丰富的管理和优化工具。以上软件模块紧密集成，为工业现场的自动控制、数据管理和系统安全提供了强有力的支持。

#### 4.1.2.5 DCS的应用设计

DCS（分布式控制系统）应用设计是根据工业需求进行配置和设计。一般流程包括需求分析、系统规划、控制策略设计、硬件配置和软件开发等。首先，需求分析明确系统的功能和性能要求。随后，系统规划设计整体架构，配置控制器、I/O模块、操作员站和网络设备。控制策略设计则制定控制算法，确保生产过程稳定优化。硬件配置选择合适的设备与模块，软件开发则包括控制、监控及数据管理软件的编写。最后，通过集成测试和优化，确保系统在实际运行中的高效性。

需求分析是DCS系统设计的基础，目标在于明确系统功能与性能标准。通过对生产过程、控制目标、操作要求及环境条件的调研，分析用户需求。与用户及相关方的沟通有助于识别关键功能，如实时监控、报警处理、过程控制和数据记录。同时，还需考虑扩展性、可靠性及安全性，以保证系统能适应未来的变化和挑战。最终，需求分析形成需求规格说明书，为后续设计和实施提供依据。

系统规划是DCS系统设计中的关键阶段，涉及系统架构的制定和配置方案的确定。首先需要明确系统的基本架构，包括控制层、现场层、操作员站及网络通信设备。在此过程中，规划控制器的数量、类型，I/O模块的布局，操作员站的设置及通信网络的设计极为重要。此外，需评估系统的生产与备份要求，以确保高可靠性和容错能力。规划还需要考虑接口和集成要求，保证与现有设备的兼容性。通过系统规划，设计团队能够制定具体的实施方案和时间表，为后续的控制策略设计、硬件配置和软件开发奠定基础。

策略设计是DCS系统应用设计的核心阶段，旨在制定系统的控制逻辑与算法，实现对生产过程的精确管理。此阶段包括明确控制目标、选择控制方法及编写控制逻辑。首先要确定控制系统的控制逻辑与算法、主要目标，例如维持温度、压力、流量等关键参数。根据控制需求，选择合适的控制方法，如PID控制、逻辑控制或序列控制。然后编写控制算法，进行模拟测试，以验证控制策略的有效性。此外，还需要制定异常处理和故障恢复策略，确保系统在出现故障时能够快速恢复。最终的控制策略设计保证了生产过程的自动化和优化，提升了系统的效率和可靠性。

硬件配置是DCS系统设计中关键的步骤，主要涉及系统设备的选型与配置。此阶段需要确定控制器、I/O模块、操作员站、网络设备及读出组件的规格与数量。设备的选择要满足控制策略的处理能力需求，I/O考虑则需与现场设备良好对接，处理各类信号。操作员站则需借助用户界面进行显示与操作，提供实时监控功能。网络设备的选择旨在保证数据传输效率与连接的稳定性的选择，需要合适的交换机、路由器等。同时，还应配置相应组件，如备用控制器和电源，以提升系统的容错能力。整个配置硬件过程还包括安装、路由及调试，保证系统在实际运行中的稳定性与性能。

软件开发是DCS系统设计中的关键步骤，负责将控制逻辑和操作界面转化为可执行的应用程序。开发过程中强调分层设计，将报警、趋势分析、控制逻辑等功能模块独立开发和测试，然后是系统的扩展和维护。本阶段包括控制软件、监控软件和数据管理软件的开发。首先，控制软件基于设计好的控制策略，通过编写代码实现对现场设备的实时控制和反馈处理。监控软件用于构建操作员站的人机界面（HMI），通过图形化显示生产流程、设备状态及报警信息，帮助操作人员了解监控并控制系统。数据管理软件则负责记录、存储及分析过程数据，支持历史数据查询并生成报告。软件开发后，需要进行严格的集成测试与优化，保证其在实际运行中的可靠性、稳定性及实时性。通过软件开发，DCS系统的控制与监控功能才能高效运行，满足工业生产的实际需求。

为保证系统的高可靠性，设计中通常会加入生产和容错机制，例如控制器、传动通信网络和电源驱动，以保证部分设备或网络发生故障时系统仍能正常运行。另外，系统安全与权限管理设计也非常重要，它确保只有授权人员才能够访问和操作系统，并通过网络安全措施防止外部入侵。

设计完成后，系统需经过测试和调试来验证其正确性和稳定性。首先进行模拟测试，随后再同时完成设备安装和调试，并通过性能测试验证系统的实际运行效果。在此之后，设计者还需要编写详细的文档和培训材料，确保操作员和维护人员能够正确使用和管理系统。这些步骤不仅保证了DCS系统的高效运行，还提高了生产过程的自动化和安全性。

### 4.1.3 PLC可编程控制器与系统

#### 4.1.3.1 PLC技术概述

可编程逻辑控制器（Programmable Logic Controller，PLC）是一种为工业环境设计的数字运算操作电子系统。该系统通过可编程存储器存储和执行用户指令，实现逻辑运算、顺序控制、定时、计数与算术操作等功能，以控制各类机械或生产过程。PLC的卓越灵活性使其成为应对复杂工业控制挑战的关键，推动自动化生产向更高效、更精确、更可靠的方向发展。

PLC的设计和功能体现了现代工业自动化的复杂性和多样性。

PLC集成了多种尖端技术，如光电隔离和滤波，确保了PLC即使在极端或恶劣的工业环境中也能保持稳定的性能和高度的抗干扰性。光电隔离技术通过电气隔离输入和输出电路，有效防止外部干扰信号对控制系统的影响，同时也保护了PLC免受潜在的电压冲击。滤波技术用于平滑电源和信号线上的波动，确保PLC接收到的信号清晰且准确，从而提高了控制精度和系统的整体可靠性。

PLC的图形化编程界面和软件开发工具进一步增强了其易用性和灵活性。图形化编程界面，如梯形图和功能块图，使得工程师能够直观地设计控制逻辑，而无须深入理解复杂的编程语言。这种图形化方法降低了编程的难度，使得非专业程序员能够参与到编程工作中来，提高了开发效率。同时，丰富的软件开发工具，如模拟软件和调试工具，使得工程师能够在实际部署之前在虚拟环境中测试和优化控制程序，缩短了项目调试周期，加快了产品上市的时间。

模块化设计理念是PLC架构的核心，它允许各个组件，如CPU模块、电源模块、输入/输出模块等，根据需要进行快速更换和升级。这种设计使得PLC的安装和配置过程变得简单快捷，故障诊断和维护工作更加高效。当某个模块发生故障时，可以迅速地将其更换，而无须对整个系统进行复杂的检查和维修。此外，模块化结构还意味着PLC可以轻松地根据特定的应用需求进行扩展，无论是增加更多的输入/输出点，还是集成更高级的功能，如运动控制或通信接口。

PLC的紧凑轻巧的模块化结构不仅便于安装和维护，而且也优化了设备空间的利用，使得PLC可以灵活地部署在空间受限的环境中。这种紧凑的设计还有助于减少机械应力和热应力，进一步提高了系统的稳定性和寿命。多样化的I/O接口模块是PLC适应不同控制场景需求的关键。这些模块支持各种类型的信号，包括数字信号、模拟信号，使得PLC能够与各种传感器和执行器进行通信和控制。这种灵活性和扩展性使得PLC成为了解决各种工业自动化挑战的理想选择。

随着工业自动化技术的不断进步，PLC也在不断地集成新的功能和技术，如无线通信、以太网连接、高级数据处理和人工智能算法。这些新技术的应用使得PLC不仅仅是一个简单的控制设备，而是一个能够实现智能决策和优化生产过程的智能系统。PLC的未来发展将更加注重与工业物联网（IIoT）的集成，实现设备的远程监控、预测性维护和自适应控制，推动工业自动化向更高效、更智能、更环保的方向发展。

PLC的功能性是其在工业自动化领域中备受青睐的主要原因之一。

PLC不仅能够执行基本的逻辑控制，还能够处理更为复杂的控制策略，以适应多变的生产需求。逻辑控制是PLC的基础功能，涉及对输入信号的简单处理，如启动或停止机器，或是在满足特定条件时激活某个过程。这种控制策略在简单的开关应用中非常有效，也是构建更复杂控制逻辑的基石。

PLC的定时控制功能允许其根据预设的时间参数激活或关闭控制信号，这在需要精确控制事件发生时间的应用中至关重要。例如，在烘焙过程中，PLC控制烤箱的加热时间，确保产品质量。计数控制功能则使PLC能够追踪生产过程中的对象数量，这对于管理装配线和包装过程非常有用。

顺序控制是PLC的关键功能之一，它允许机器按照特定的顺序执行一系列操作。这种控制策略在自动化装配线和复杂工艺流程中尤为重要，确保每个步骤都能在正确的时间以正确的顺序执行。

此外，PLC拥有快速且完善的数学运算能力，能够执行复杂的算术运算，包括加法、减法、乘法和除法，以及更高级的数学函数，如平方根和三角函数。这些功能在处理模拟信号和实现精确控制时尤为重要，如在温度控制或流体混合过程中。

PID控制进一步增强了PLC的功能，允许对过程变量进行连续调节，以达到设定的目标值。PID控制器通过比例（$P$）、积分（$I$）和微分（$D$）三个参数的组合，对系统行为进行精细调整。这种控制策略在需要精确控制温度、压力、流量等过程变量的应用中非常有效。

数据存储功能使PLC能够存储和检索大量信息，如历史数据、生产记录和故障日志。这些数据可用于分析和优化生产过程，也可用于故障诊断和预测性维护。

A/D和D/A转换模块是PLC的重要组成部分，它们使PLC能够处理模拟信号。A/D转换器将模拟信号转换为数字信号，以便于PLC处理，而D/A转换器则执行相反的操作。这种转换能力对于控制需要模拟信号输入或输出的过程至关重要。

最后，通信协议的支持是PLC的一个重要功能，它使PLC能够与其他设备进行数据交换和信息共享。PLC支持多种通信协议，如Modbus、Profibus、EtherCAT等，这些协议使PLC能够与各种上位计算机、传感器、执行器和其他智能设备进行通信。这种通信能力对于实现系统集成和远程监控至关重要，它使操作人员能够从远程位置监控和控制PLC，提高了操作的灵活性和效率。

自20世纪60年代末期诞生以来，PLC技术经历了从基础的逻辑控制到高度集成化、智能化控制器的演变。这一技术进步不仅扩展了PLC的应用范围和深度，还改变了现代制造业的生产方式和效率，为智能制造、工业互联网等新兴领域的快速发展提供了坚实的技术支撑。

#### 4.1.3.2 PLC体系结构

PLC的体系结构是其功能实现的基础，主要包括中央处理单元（CPU）、存储器、输入/输出接口（I/O接口）、电源及外部设备接口、编程设备和软件等关键组成部分，如图3-4-1所示。

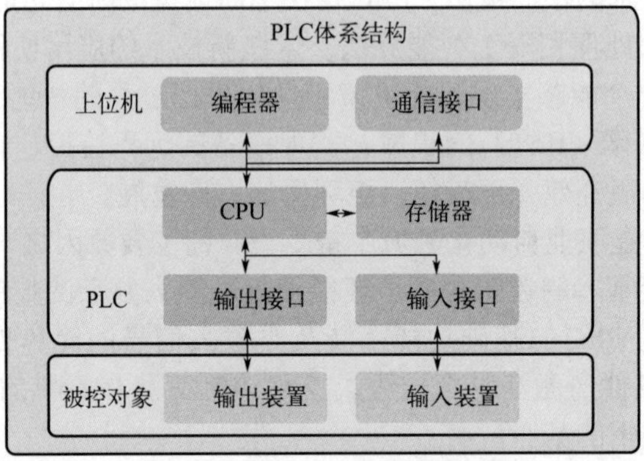


图3-4-1 PLC体系结构图

中央处理单元（CPU）：在PLC中，CPU扮演着核心角色，其功能类似于人类大脑，负责执行用户编写的程序，进行必要的数据处理与逻辑判断，并对工业过程实施实时监控与精确控制。当前的PLC系统普遍采用高性能微处理器作为其CPU，这些微处理器具备卓越的运算速度和广泛的指令集，使得PLC能够处理包括复杂控制逻辑和算法在内的多样化任务。

存储器：作为PLC的数据处理与保持中心，存储器被划分为系统存储器与用户存储器两大类。系统存储器主要负责存储PLC的操作系统、监控程序以及系统配置信息等基础数据，是确保PLC正常运行的前提。用户存储器则为用户提供了一个平台，用户可以在此编写并存储特定的控制程序，以实现特定的控制功能。这两类存储器的有机结合，为PLC提供了强大的数据处理和存储能力，从而满足了各种工业应用的需求。

输入/输出接口（I/O接口）：作为PLC与外部设备进行信息交换的关键通道，输入/输出接口（I/O接口）包括输入接口电路和输出接口电路。输入接口电路的功能是将外部设备如按钮、传感器等发出的模拟信号转换为CPU能够识别的数字信号，而输出接口电路则执行相反的操作，将CPU的数字信号转换为能够驱动外部执行元件如电机、阀门等的模拟信号。这些接口电路通常集成了电气隔离、滤波、放大等技术，以确保信号在传输过程中的准确性和系统的稳定运行。

电源及外部设备接口：电源模块负责为PLC提供稳定的工作电压，保障了系统的连续运行。而外部设备接口则允许PLC连接触摸屏、打印机、扩展模块等外部设备，从而扩展了PLC的功能和应用范围，增强了其在工业自动化中的适应性和灵活性。

编程设备和软件：构成了用户与PLC交互的重要媒介，编程设备和软件包括编程软件和编程设备。通过编程软件，用户能够编写、调试和监控PLC的控制程序，这些软件通常提供图形化编程环境和文本编程语言，使得编程工作更为直观和便捷。编程设备则提供了将控制程序传输至PLC的物理通道，这些设备可能包括USB驱动器、以太网线等。这些工具的结合使用，极大地提高了PLC编程和调试的效率，缩短了开发周期，提升了生产效率。此外，现代编程软件还支持远程编程和调试功能，使得工程师能够在远离PLC现场的位置进行程序的编写和维护，这对于大型工业设施或分布式系统尤为重要。

### 4.1.3.3 PLC通信系统

PLC通信实现了不同PLC设备之间、PLC与计算机之间、PLC与现场设备之间的信息传输和交换。通过构建高效、可靠的通信网络，PLC能够实现对远程设备的监控、控制和管理，提高生产效率和灵活性。

**（1）通信协议**

PLC通信涉及多种通信协议，包括广泛应用的Modbus、Profibus、DeviceNet、Ethernet/IP、Profinet、CAN、OPC等。这些协议各具特色，适用于不同的应用场景和需求。例如，Modbus因其简单、易用、兼容性强的特点，在工业自动化领域得到了广泛应用；而Ethernet/IP则凭借其高速、大容量、易与IT系统集成等优势，成为未来PLC通信的主流方向。

① Modbus协议：Modbus作为一种工业通信协议，其设计初衷是为了满足工业环境中的串行通信需求。该协议支持多种通信介质，包括但不限于串行端口和以太网。Modbus协议的三种主要变体——Modbus TCP、Modbus RTU和Modbus ASCII分别适用于不同的通信场景。Modbus TCP是为以太网环境设计的版本，而Modbus RTU和Modbus ASCII则适用于串行通信，其中后者以较强的抗干扰能力为特点。Modbus协议之所以在工业自动化领域得到了广泛应用，归功于其简洁性和易于实施的特性。

② Profibus协议：Profibus是一种基于现场总线的通信协议，专为满足工业自动化领域的高速数据传输和长距离通信需求而设计。该协议支持分布式控制系统，尤其适用于自动化技术、楼宇自动化、电力工程和运输系统等应用场景。Profibus的高速传输能力和高可靠性使其成为大型控制系统的优选方案。

③ Ethernet/IP与Profinet协议：Ethernet/IP是一种工业以太网协议，基于CIP（通用工业协议）并在OSI模型的应用层操作，实现了控制设备与输入/输出设备间的通信。该协议利用TCP和UDP协议进行数据传输，支持显式和隐式报文的传送方式。Profinet则是一种基于以太网的实时通信技术，通过精确的时钟同步和优化的数据传输机制，确保了通信的高确定性，特别适用于对实时性要求极高的工业应用。

④ CAN协议：CAN（Controller Area Network）是一种多主控总线系统，最初为汽车电子控制单元间的通信而开发。该协议采用广播式通信机制，现已广泛应用于工业控制领域。CAN协议的高速和低速传输模式使其能够适应不同的通信需求。CAN协议的物理层和数据链路层定义了其通信的基础，而其应用层则允许用户根据特定需求进行自定义。

⑤ DeviceNet协议：DeviceNet是基于CAN总线技术的工业网络标准，为工业控制系

统中的设备提供了一套数据通信规范。该协议采用CIP，并提供显式报文和隐式报文两种通信方式，支持点对点和多点通信。DeviceNet的连接基于逻辑关系，而非物理层连接，为设备间的灵活数据交换提供了可能。

⑥ OPC协议：OPC（OLE for Process Control）是一种数据交换标准，允许不同厂商的设备和系统之间进行数据通信。基于微软的OLE技术，OPC协议促进了工业自动化系统的集成与互操作性。该协议使用户能够通过网络对远程设备进行访问和操作，增强了系统的灵活性和扩展性。

**（2）通信方式**

PLC通信系统集成了多样化的通信方式，灵活应对各种工业环境需求，包括RS-232、RS-485、以太网、Profibus、CAN总线、光纤通信，以及无线技术（如Wi-Fi、蓝牙、ZigBee）等，以适应从近距离低速率到高速长距离的多样化通信需求，确保了在复杂工业环境中的稳定和高效运行。以下是对PLC通信方式的详细阐述。

① RS-232串口通信：RS-232是一种广泛使用的串行通信接口标准，主要用于短距离和低速率的数据传输。该标准支持点对点的通信模式，通常用于PLC与计算机、打印机或其他串行设备之间的连接。尽管RS-232的传输速率和距离有限，但它在某些特定的工业应用中仍然发挥着作用。

② RS-485总线通信：RS-485是一种采用差分信号传输的串行通信标准，它提供比RS-232更远的传输距离和更强的抗干扰能力。RS-485支持多点通信，允许多达32个设备连接到同一总线上，这使得它成为工业现场传感器和执行器网络的理想选择。

③ 以太网通信：以太网通信基于TCP/IP协议族，支持高速数据传输和长距离通信。在工业自动化中，以太网因其高速传输能力、广泛的网络基础设施和成熟的网络管理技术而变得越来越重要。它适用于需要大量数据传输和高速实时通信的应用场景。

④ 现场总线通信：现场总线如Profibus和CAN总线是专为工业环境设计的通信协议。Profibus以其高速传输和高可靠性而适用于大型控制系统，而CAN总线则以其多主控能力和广播式通信机制在汽车和工业控制领域得到了广泛应用。

⑤ 光纤通信：光纤通信利用光纤作为传输介质，提供高速、长距离和高抗干扰能力的通信方式。在要求极高数据传输速率和长距离通信的工业应用中，光纤通信是首选方案，特别是在大型工厂自动化系统中。

⑥ 无线通信：无线通信技术，如Wi-Fi、蓝牙和ZigBee，为PLC通信提供了无须物理布线的解决方案。这些技术适用于移动设备或难以布线的场合，如物流跟踪、远程监控和设备维护。

⑦ 硬件直接通信：某些PLC支持硬件直接通信，利用其自身的硬件接口实现与其他设备的快速通信。这种通信方式通常用于PLC与特定硬件设备（如变频器、伺服驱动器等）之间的实时控制。

⑧ 电力线通信（PLC-IoT）：电力线通信是一种利用现有电力线进行数据传输的技术，适用于智能家居、远程监控和工业自动化等领域。

⑨ 串行通信协议：除了RS-232和RS-485，还有I2C、SPI和UART等串行通信协议，它们在特定的应用场景中用于实现设备间的低速数据传输。

#### 4.1.3.4 PLC应用设计

在工业自动化领域，PLC的应用设计是一个综合性的工程过程，涉及PLC的选型、编程、调试和维护等多个环节，确保系统高效、稳定地满足实际需求。

**（1）被控对象分析**

设计过程通常从熟悉被控对象开始，这涉及对其工艺流程、工作特性以及机电液配合方式的深入理解。在此基础上，制定出符合实际需求的控制方案，并明确系统对PLC的具体控制要求。

**（2）输入/输出设备**

在明确了被控对象的需求之后，设计者需进一步确定系统中所需的输入/输出设备。这包括对各类输入设备（如按钮、行程开关、选择开关等）和输出设备（如接触器、电磁阀、信号指示灯等）的选型。此步骤对于整个控制系统的性能至关重要，因为它直接关联到了PLC的I/O点数配置。随后，设计者需根据系统的具体需求，选择适当的PLC型号，这涉及对PLC的容量、I/O模块以及电源模块的精心挑选，以确保整个控制系统的性能和稳定性。

**（3）I/O地址分配**

在PLC控制系统的设计过程中，I/O地址分配是一个基础而关键的步骤。这一过程涉及将每个输入和输出设备与PLC的特定内存地址相对应，从而确保在编程和运行时能够准确控制这些设备。设计师需要根据控制逻辑的要求，为每一个按钮、传感器、继电器等设备分配一个唯一的标识符。这个过程要求高度的精确性和细致的规划，因为任何错误的分配都可能导致系统运行异常。地址分配工作完成后，设计者将编制一份I/O地址分配表，该表是编程和接线工作的重要参考，它详尽地列出了每个设备对应的PLC地址，为后续的硬件安装和软件编程提供了清晰的指导，如图3-4-2所示。

| 输入 | | | 输出 | | |
|---|---|---|---|---|---|
| 名称 | 作用 | 地址 | 名称 | 作用 | 地址 |
| 开始 | 开始 | I0.0 | 01 | 灯 | Q0.0 |
| 复位 | 复位 | I0.1 | 02 | 灯 | Q0.1 |
| 按钮1 | 作用 1 | I0.2 | 03 | 电机 | Q0.2 |
| 按钮2 | 作用 2 | I0.3 | 04 | 电机 | Q0.3 |

图3-4-2　I/O地址分配表

**（4）接线图设计**

接线图是PLC控制系统设计中的另外一个关键文档，它详尽地展示了所有输入/输出设备的物理连接布局。在接线图中，每个设备的标识符与I/O地址分配表中的数据相对应，明确指出了设备的连接端口和布线路径。对于现场工程师而言，接线图是不可或缺的指导文件，它指导他们如何正确地将电缆连接至PLC的I/O模块，以及如何合理布置电源线、信号线和接地线至各个控制设备。接线图还包含了关于电缆类型、线径和颜色等信息，这些信息对于确保系统的安全性和可靠性至关重要。此外，一个设计精良的接线图还应考虑到系统未来可能的扩展需求，预留足够的空间和接口，以便于未来新增设备的接入。通过精确的I/O地址分配和清晰的接线图，PLC控制系统的安装和调试工作将变得更加高效和有序。

**（5）程序编写**

程序编写是PLC应用设计中的核心步骤，它涉及将设计的控制逻辑转换为PLC可执行的代码。在这一阶段，工程师需根据技术规格书和控制需求，选择适宜的编程语言，如梯形图、功能块图或结构化文本，以实现具体的控制策略。

① 梯形图（Ladder Diagram，LAD）：梯形图是一种以图形化方式表示的编程语言，其结构类似于传统的电气控制线路图。它由接点（常开或常闭）和线圈构成，通过视觉化的方式展现逻辑关系，便于实现直观的逻辑控制。LAD适用于那些逻辑关系明确、以开/关控制为主的简单应用场景，例如启动/停止控制、互锁逻辑和简单序列控制。

② 功能块图（Function Block Diagram，FBD）：功能块图通过图形化的块来表示控制逻辑，每个块代表一个特定的功能，类似于数字逻辑电路中的组件。FBD允许工程师将复杂的控制任务分解为独立的功能块，这些块可以执行顺序控制、数据处理或算法实现等任务。FBD的优势在于其模块化和可重用性，有助于处理复杂的控制任务，并便于团队协作和代码维护。

③ 结构化文本（Structured Text，ST）：结构化文本是一种高级编程语言，其语法类似于高级编程语言，如Pascal或C。ST提供了丰富的编程结构，包括循环、条件语句、函数和数据类型定义等，适用于实现复杂的算法和数据处理任务。ST的高级特性使得工程师能够编写出高效、灵活且易于维护的代码。

在选择编程语言时，工程师需综合考虑项目的复杂性、个人熟练程度、维护和扩展性需求，以及性能要求。在程序编码过程中，应注重代码结构的合理性，通过使用函数和功能块来封装重复的逻辑，以提升代码的可读性和可维护性。同时，为代码添加清晰的注释，编写详尽的文档，说明程序的功能、操作和维护事项，并使用版本控制系统来管理代码的变更，以确保程序的稳定性和可追溯性。此外，编写测试程序来验证代码的正确性，确保程序在实际应用中的可靠性，是程序编码过程中的关键环节。

**（6）联机调试**

联机调试是PLC控制系统设计过程中的关键环节，它标志着从模拟测试到实际应用的过渡。在这一阶段，程序将被上传至PLC中，并在实际的工业环境中进行测试。调试初期，通常先不连接输出设备，如接触器线圈和信号指示灯等负载，以确保操作安全并简化调试过程。通过PLC编程器或专用软件的监控功能，工程师可以逐步执行程序，并观察PLC的输入/输出响应是否符合预期。这一过程可能包括对程序的逐步执行、监控变量的变化，以及对逻辑错误的诊断。在分段调试确认无误后，系统将连接实际负载，并进行全面测试，以验证其在实际工作条件下的性能。在此过程中，任何不符合要求的地方都需要对硬件配置或程序代码进行调整。联机调试的最终目的是确保系统能够稳定、可靠地运行，满足所有的控制要求。

**（7）应用文件编制**

应用文件的编制是PLC控制系统实施过程中的重要文档化工作，它涵盖了设计说明书、电气安装图、电气元件明细表以及使用说明书等关键文件。这些文件对于系统的长期运行和维护至关重要。设计说明书详细阐述了系统的设计思路、控制逻辑、功能实现以及关键的技术决策。电气安装图提供了系统布线的详细视图，包括电缆的走向、连接点以及各种电气元件的布局。电气元件明细表列出了系统中使用的所有元件的型号、规格和数量，为维护和替换提供了参考。使用说明书则是面向操作人员和维护工程师的，它详细说明了如何操作PLC控制系统，以及进行日常维护和故障排除的步骤。这些文档不仅为系统交付后的运行提供了指导，也为未来的系统升级和扩展奠定了基础。

## 4.1.4 SIS安全关键控制系统

### 4.1.4.1 SIS技术概述

SIS安全关键控制系统是工业自动化领域中用于防止、减少危险事件发生或保持过程安全状态的重要系统。SIS主要由检测单元、控制单元与执行单元三大组件构成。这些组件协同工作，负责监控报警与联锁功能，实时监测生产过程中的现发或潜在危险，并立即施展出报警、调节或停机等控制手段，有效规避事故，降低事故损失。如图3-4-3所示是SIS安全关键系统的概览图。

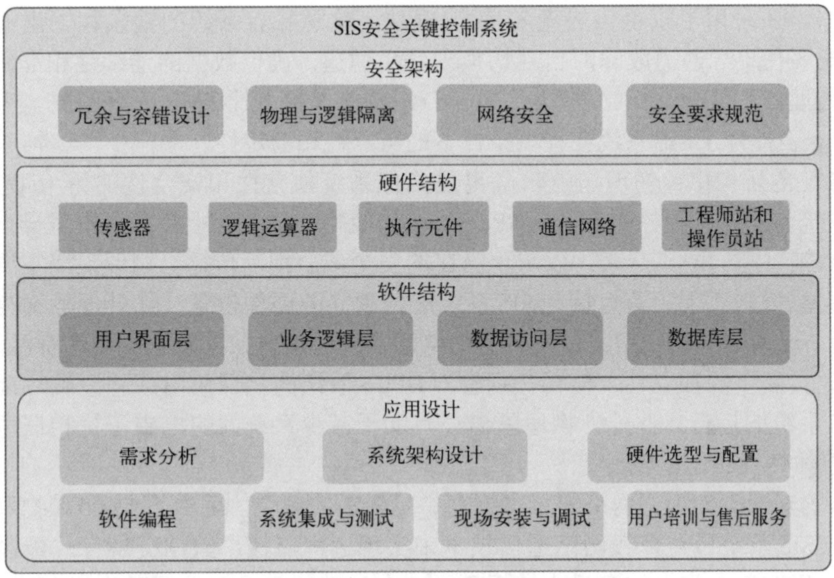


图3-4-3 SIS安全关键系统的概览图

SIS安全关键控制系统的概念最早于1997年由中国电力规划设计总院专家委员会委员侯子良教授提出，当时被称为“厂级监控信息系统”。该系统的初衷在于构建一个覆盖全厂范围的实时信息管理平台，旨在通过高度集成的技术手段，实现生产过程数据的实时采集、分析与优化，进而提升生产流程的综合效率与监控能力。随着工业自动化与信息技术的进步，SIS逐渐演化为专注于工业过程安全的关键技术。

SIS安全关键控制系统已经被广泛应用于石化、电力等流程工业领域，是工厂企业自动控制中的重要组成部分。近年来，随着网络安全威胁的增加，SIS的安全防护也变得越来越重要。SIS不仅需要具备高度的安全性和可靠性，还需要采取严格的网络安全措施，如物理隔离、严格的访问控制、定期的安全评估和漏洞扫描等，以确保其免受恶意攻击。

综上所述，SIS安全关键控制系统是一种专门用于保护工业过程和设施安全的自动化系统，具有高安全性、高可靠性、独立性、自动化和冗余设计等特点。它在各种工业领域中发挥着重要作用，并通过不断的技术进步和安全防护措施的加强，为工业过程的安全和稳定运行提供了有力保障。

#### 4.1.4.2 SIS安全架构

在深入探讨SIS安全关键控制系统的安全架构时，我们首先需要关注的是其如何确保在复杂多变的工业环境中保持高度的可靠性和安全性。SIS的安全架构是保障系统稳定运行、及时响应安全威胁并防止潜在灾难性后果的关键所在。

冗余与容错设计是SIS安全架构中的核心要素之一。TMR（三重化）结构是冗余与容错设计的一种典型实现方式。在这种结构中，SIS系统采用三个完全相同的处理器并行运行，它们各自独立地执行相同的任务，并实时比较输出结果。通过多数表决机制（通常是2oo3D，即两个输出一致则视为有效），系统能够识别并排除由于单个处理器故障可能导致的错误输出。这样，即使其中一个处理器发生故障，其余两个正常的处理器也能确保系统继续正确运行，从而避免了系统因单一故障而全面瘫痪的风险。而2oo4D（四重化双重输出）结构则在此基础上提供了更高级别的冗余和容错能力。该结构不仅包含了四个并行的处理器，还采用了双重化的输入/输出模块。这意味着系统的输入和输出通道也具备冗余性，能够在单一通道故障时自动切换到备用通道，确保数据的连续性和准确性。通过四重化的处理器和双重化的I/O模块，2oo4D结构能够提供比TMR更高的安全完整性等级（SIL），进一步提升了SIS系统在极端条件下的可靠性和稳定性。

在SIS安全架构中，物理与逻辑隔离是确保系统独立性和安全性的另一项关键措施。由于SIS系统与基本过程控制系统（BPCS）在功能和安全要求上存在显著差异，因此必须采取有效措施将它们隔离开来，以防止潜在的安全威胁相互传播。物理隔离主要通过硬件层面的独立配置来实现。这包括为SIS系统配备独立的硬件设备（如处理器、存储器、通信接口等）、专用的通信线路，以及独立的电源系统。这些独立配置的硬件资源确保了SIS系统在物理层面上的独立性，使得任何针对BPCS系统的物理故障或恶意破坏都无法直接影响到SIS系统的运行。此外，物理隔离还有助于减少系统间的电磁干扰和信号串扰，提高系统的整体性能和稳定性。

在SIS的安全架构中，网络安全占据着举足轻重的地位。随着工业4.0和物联网技术的蓬勃发展，SIS系统日益依赖网络通信技术来实现远程监控、数据交换、故障诊断及预防性维护等高级功能。这一转变极大地提升了工业自动化水平，但同时也将SIS系统暴露于复杂多变的网络环境中，使其面临着前所未有的安全威胁和挑战。为了有效抵御这些来自网络空间的潜在风险，SIS系统必须构建一套多层次、全方位的安全防护体系。防火墙是第一道防线，其通过预设的安全规则和策略，严格控制进出SIS系统的网络流量，能有效过滤掉非法访问、恶意软件、拒绝服务攻击等潜在威胁，确保只有经过授权的通信才能通过。这种基于策略的控制机制极大地降低了SIS系统遭受外部攻击的风险。然而，仅仅依靠防火墙不足以全面保障SIS系统的安全，还需要引入入侵检测/预防系统（IDS/IPS）等高级网络安全设备。IDS/IPS能够实时监测网络流量和系统行为，利用模式匹配、统计分析、协议分析等技术手段，及时发现并阻止潜在的安全威胁和恶意攻击。与防火墙相比，IDS/IPS具有更高的智能化和自动化水平，能够更加精准地识别并应对各种复杂的网络攻击手段。此外，为了进一步提升SIS系统的网络安全防护能力，还可以采用加密技术、身份认证、访问控制等多种安全机制。这些机制相互补充、协同工作，共同构成了SIS系统的网络防护屏障，确保了系统在网络环境中的安全性和稳定性。

安全要求规范（SRS）是SIS安全架构中不可或缺的基础性文件。它不仅是SIS系统设计、实施和维护的重要依据，也是确保系统满足特定安全需求并达到预期安全性能的关键所在。SRS文件的制定过程通常涉及危险与可操作性分析（HAZOP）和安全完整性等级（SIL）定级两个关键环节。HAZOP分析是一种系统化的风险评估方法，旨在通过多学科专家团队的共同努力，全面识别工艺过程中的潜在危险和操作性问题。这一过程不仅有助于加深对工艺过程的理解，还能为制定针对性的安全措施提供有力支持。SIL定级则是根据HAZOP分析的结果，结合危险事件的后果和发生的可能性，来确定SIS系统所需达到的安全完整性等级。SIL等级越高，意味着系统需要具备更高的可靠性和安全性能，以应对更为严重的潜在风险。在明确了SIS系统的功能性要求和安全完整性要求后，SRS文件将对这些要求进行详细阐述和规定。这些规定不仅涵盖了系统的硬件配置、软件功能、网络通信等方面，还涉及系统的安装、调试、运行、维护等全生命周期的各个环节。通过遵循SRS文件的要求，可以确保SIS系统的设计、实施和维护都遵循统一的标准和要求，从而最大限度地降低安全风险并提升系统的整体安全性能。

不同的工业过程（如生产规模、原料和产品的种类、工艺和设备的复杂程度等）对安全的要求是不同的。国际标准将其划分为若干安全完整性等级（SIL）。安全完整性等级可分为4个等级，SIL4是安全完整性最高的等级（平均概率最高），SIL1是最低等级；安全完整性等级越高，应执行所要求的安全功能的概率也越高。根据安全相关系统的使用方式，要求发生的频率可分为低要求操作模式（≤1次/年）和高要求或连续操作模式（＞1次/年）。根据GB/T 20438标准，在不同的操作模式下，安全完整性的目标危险失效概率和目标风险降低见表3-4-1、表3-4-2。

表3-4-1 高要求或连续操作模式下的SIL评估

| 高要求或连续操作模式（每小时危险失效概率） | |
|---|---|
| 安全完整性等级（SIL） | 执行仪表安全功能的目标危险失效概率 |
| 4 | $\geqslant 10^{-9} \sim <10^{-8}$ |
| 3 | $\geqslant 10^{-8} \sim <10^{-7}$ |
| 2 | $\geqslant 10^{-7} \sim <10^{-6}$ |
| 1 | $\geqslant 10^{-6} \sim <10^{-5}$ |

表3-4-2 低要求操作模式下的SIL评估

| 低要求操作模式（平均失效概率） | | |
|---|---|---|
| 安全完整性等级（SIL） | 要求时的目标平均失效概率 | 目标风险降低 |
| 4 | $\geqslant 10^{-5} \sim <10^{-4}$ | $>10000 \sim \leqslant 100000$ |
| 3 | $\geqslant 10^{-4} \sim <10^{-3}$ | $>1000 \sim \leqslant 10000$ |
| 2 | $\geqslant 10^{-3} \sim <10^{-2}$ | $>100 \sim \leqslant 1000$ |
| 1 | $\geqslant 10^{-2} \sim <10^{-1}$ | $>10 \sim \leqslant 100$ |

### 4.1.4.3 SIS硬件结构

SIS的硬件结构是实现其安全控制功能的基础。一个完整的SIS硬件结构通常包括多个关键组件，这些组件协同工作以确保在紧急情况下能够迅速、准确地响应，保护人员、设备和环境的安全。

（1）传感器

传感器作为SIS不可或缺的“感官”元件，扮演着至关重要的角色。它们如同工业过程的眼睛和耳朵，时刻关注并捕捉着关键工艺参数的变化。这些参数，如温度、压力、流量、液位以及气体浓度等，都是评估工艺状态、预测潜在风险的重要依据。传感器通过精密的感应机制，将这些物理量转化为可处理的电信号或数字信号。这一转换过程不仅要求高度的准确性，还需要快速的响应速度，以确保在工艺条件发生微小变化时，系统能够立即捕捉到这些变化并做出相应反应。

在选择传感器时，工程师们会综合考虑多个因素。首先，测量精度是首要考虑的因素，它直接关系到系统对工艺状态评估的准确性。其次，响应速度也是不可忽视的，特别是在需要快速响应的紧急情况下，传感器的快速响应能力尤为重要。此外，环境适应性也是选择传感器时必须考虑的因素之一，因为工业环境往往复杂多变，传感器需要能够在各种恶劣条件下稳定工作。最后，长期稳定性也是评估传感器性能的重要指标，它关系到传感器在整个生命周期内的可靠性和耐用性。

（2）逻辑运算器

逻辑运算器作为SIS的“大脑”，是系统决策和控制的核心。它接收来自传感器的信号，并根据预设的安全逻辑算法进行复杂的判断和决策。这些算法基于深入的工艺过程分析和风险评估，旨在确保在紧急情况下，系统能够迅速识别并有效应对潜在的危险。

逻辑运算器的选择，往往取决于SIS的复杂性和性能要求。对于需要高度灵活性和可编程性的系统，可编程电子系统（如PLC）成为首选。PLC以其强大的编程能力、丰富的功能模块和灵活的配置选项，能够满足各种复杂的控制需求。同时，PLC还具备高可靠性和稳定性，能够在恶劣的工业环境中长时间稳定运行。此外，PLC还提供了丰富的通信接口和协议支持，便于与其他系统进行数据交换和集成。

然而，在某些特定场合下，继电器系统也可能被用作逻辑运算器。虽然继电器系统的灵活性和可编程性相对有限，但其结构简单、成本低廉且易于维护，因此，在一些对成本有严格要求的场合下仍有一定的应用空间。但总体而言，随着工业自动化技术的不断发展，PLC等可编程电子系统已成为SIS中逻辑运算器的主流选择。

（3）执行元件

执行元件作为SIS中直接执行安全措施的“手脚”，其重要性不言而喻。它们如同系统的执行者，根据逻辑运算器发出的精确控制信号，迅速而准确地执行一系列关键动作。这些动作包括但不限于紧急关闭阀门以切断潜在的危险物料流、启动停机程序使设备迅速进入安全状态、激活报警装置以引起操作人员的注意等。执行元件的性能直接关系到SIS能否在紧急情况下迅速响应并有效遏制事态发展。

在选择执行元件时，需要综合考虑多个关键因素。首先，动作速度是关键，因为它决定了系统响应紧急情况的快慢。其次，可靠性是执行元件不可或缺的属性，确保在关键时刻不会失效。耐用性同样重要，因为执行元件往往需要长期承受恶劣的工业环境和高频次的操作。此外，执行元件还需符合特定的安全标准，以保证其在执行安全指令时的有效性和安全性。常见的执行元件如控制阀、继电器、电磁阀等，均通过精密的机械或电子结构设计，实现了对安全指令的精确执行。

（4）通信网络

通信网络作为SIS中各组成部分之间信息交换的“桥梁”，其重要性不言而喻。它像一张无形的网，将传感器、逻辑运算器、执行元件以及工程师站和操作员站紧密地连接在一起，实现了数据的实时传输和指令的快速下达。为了确保通信的可靠性和稳定性，通信网络通常采用冗余设计，即设置多条通信路径以应对可能的单点故障。这种设计大大提高了系统的容错能力，即使在部分通信链路中断的情况下，系统仍能保持正常的通信和数据传输。

此外，通信网络还需具备高带宽、低延迟以及强抗干扰能力。高带宽保证了大量数据能够快速、高效地传输；低延迟则确保了紧急指令能够在最短的时间内到达执行元件；强抗干扰能力则使通信网络能够在复杂的工业环境中稳定运行，不受外界信号的干扰。这些特性共同构成了通信网络的核心优势，为SIS的安全监控和控制提供了强有力的支持。

**（5）工程师站和操作员站**

工程师站和操作员站作为SIS的人机交互界面，为系统的编程组态、系统诊断、状态监测、编辑修改以及系统维护等操作提供了直观、便捷的操作平台。工程师站通常配备有专业的编程软件和工具，允许工程师对SIS进行深入的配置和优化。通过这些软件工具，工程师可以轻松地设置安全逻辑算法、调整系统参数、监控系统运行状态等，从而确保SIS始终保持在最佳的工作状态。而操作员站则更加侧重于实时操作和监控。它提供直观的操作界面和丰富的信息显示功能，使操作人员能够实时了解系统状态、监控工艺参数、接收报警信息等。在紧急情况下，操作员可以通过操作员站迅速响应并采取相应的安全措施。此外，操作员站还提供了历史数据查询和报表生成等功能，为系统的性能评估和优化提供了有力的支持。工程师站和操作员站通过安全可靠的通信方式与SIS的其他部分相连，共同构成了一个完整、高效的安全监控和控制系统。

#### 4.1.4.4 SIS软件结构

SIS的软件结构是实现其安全控制逻辑、数据处理、用户交互及系统维护的关键。一个完善的SIS软件结构不仅要满足功能需求，还要确保系统的可靠性、安全性和可维护性。以下是对SIS软件结构的详细阐述。

**（1）用户界面层**

用户界面层作为SIS与操作员之间的直接交互界面，其设计旨在提供直观、友好的操作体验。这一层次通过图形界面、报警窗口、操作按钮等多种形式，将系统的运行状态、工艺参数、报警信息等重要信息清晰地呈现给操作员。操作员可以通过该界面实时监控系统的运行情况，并在必要时进行干预和操作。用户界面层的设计不仅注重信息的直观性和易读性，还充分考虑了操作的便捷性和响应速度，以确保操作员能够迅速准确地处理各种紧急情况。

**（2）业务逻辑层**

业务逻辑层是SIS的中枢神经，负责处理系统的核心业务逻辑，确保系统能够准确、快速地响应各种安全需求。该层通过集成先进的数据处理算法、逻辑判断规则和控制策略，实现了对传感器数据的深度挖掘和实时分析。传感器数据经过预处理、滤波、校准等步骤后，被送入业务逻辑层进行进一步的处理和判断。

在业务逻辑层中，系统会根据预设的安全逻辑算法对传感器数据进行综合评估，判断当前工艺过程是否处于安全状态。一旦发现异常情况或潜在风险，系统将立即触发相应的安全逻辑，生成控制指令并传递给执行元件。这些控制指令可能包括关闭阀门、停机保护、紧急排放等，旨在迅速消除安全隐患并防止事态扩大。

业务逻辑层的设计充分考虑了工艺过程的复杂性和安全性要求。它不仅能够处理常规的安全逻辑判断任务，还能够应对各种复杂的工况变化和异常情况。通过引入自适应控制算法、模糊逻辑等先进技术，系统能够在不确定性和动态变化的环境中保持稳定的运行状态，并有效应对潜在的风险。

此外，业务逻辑层还提供了丰富的配置和扩展接口。工程师可以根据实际需求对安全逻辑算法进行调整和优化，以适应不同的工艺过程和安全要求。同时，该层还支持与其他系统的集成和联动，如与DCS（分布式控制系统）或BMS（建筑管理系统）等系统的数据交换和协同工作，实现更广泛的安全监控和管理功能。

**（3）数据访问层**

在SIS中，数据访问层扮演着核心角色，它是连接业务逻辑层与数据库层的桥梁，负责处理所有与数据库直接相关的数据操作。

数据访问层定义了一套标准化的接口，这些接口规定了如何与数据库进行交互，包括数据查询、插入、更新和删除等操作。这种标准化的设计使得业务逻辑层无须直接关心数据库的具体实现细节，降低了系统间的耦合度，提高了系统的可维护性和可扩展性。为确保数据的准确性，数据访问层在执行数据操作时，会遵循数据库的事务管理机制，确保所有操作要么全部成功，要么在遇到错误时全部回滚，从而保持数据的一致性。此外，还会通过校验逻辑（如数据类型、范围、依赖关系等）来避免无效数据的产生。考虑到数据的安全敏感性，数据访问层会集成多种安全措施，如SQL注入防护、数据加密传输、访问权限控制等，以防止未授权访问和数据泄露。为了提高数据访问的效率，数据访问层会采用先进的查询优化技术，如索引优化、查询缓存、连接池管理等，以减少数据库的负载和响应时间，满足SIS对实时性的高要求。数据访问层还负责处理数据操作过程中可能遇到的错误，如数据库连接失败、数据不一致等，并通过日志记录机制详细记录错误信息，以便进行问题追踪和故障排查。

**（4）数据库层**

数据库层作为SIS的数据存储核心，承载着系统所有重要数据的存储与管理任务。其设计的合理性和高效性直接影响到系统的整体性能和可靠性。数据库层首先需要设计合理的数据模型，以准确反映系统数据的结构和关系。这包括确定数据的表结构、字段类型、主键、外键等，以确保数据的完整性和一致性。同时，还需要考虑数据的可扩展性和灵活性，以适应未来可能的变化。根据数据的特性和访问需求，数据库层会采用合适的存储策略，如分区表、归档旧数据等，以提高数据存储的效率和可管理性。对于大量实时数据的存储，还可能采用时间序列数据库等专门技术。数据库层通过优化查询算法和索引策略，提高数据检索的速度和准确性。这包括创建合适的索引、优化查询语句、利用查询缓存等技术手段，以减少数据库的I/O开销和CPU占用率。为确保数据的安全性和可用性，数据库层会实施定期的数据备份和恢复策略。这包括全量备份、增量备份、远程备份等多种方式，以便在数据丢失或损坏时能够及时恢复。数据库层还需要进行定期的监控和维护工作，包括性能监控、空间管理、错误日志分析等，以确保数据库的健康运行和及时发现潜在问题。同时，还需要根据系统的运行情况和业务需求，对数据库进行调优和扩展。

综上所述，SIS的软件结构通过用户界面层、业务逻辑层、数据访问层和数据库层的紧密协作，共同实现了对工业过程的安全监控和控制。每个层次都承担着特定的职责，并通过标准化的接口和机制进行通信和协作，以确保系统的高效运行和安全性。

#### 4.1.4.5 SIS应用设计

SIS的应用设计是将SIS技术应用于具体工业过程或装置中，以确保在潜在的危险条件下实现快速、准确的安全响应。

作为SIS设计的基石，需求分析阶段要求与工业过程的设计、操作和维护团队紧密协作。此阶段明确SIS的核心功能需求，如监测范围的具体界定，确保关键工艺参数得到不间断的监控；设定测量精度标准，保障数据的高准确性与可靠性；以及确立响应时间阈值，以在紧急情况下迅速触发安全响应。这些详尽的需求分析为后续的系统构建提供了坚实的依据。

基于需求分析的结果，系统架构设计阶段致力于规划SIS的整体框架与功能模块划分。设计过程中，综合考虑系统的安全性、可靠性、可维护性及可扩展性，确保各组件间能够高效协同，共同支撑起预定的安全功能。这一阶段的成果为后续的软件编程、硬件选型等提供了明确的蓝图。

在系统架构的指导下，硬件选型与配置成为了SIS实现的关键步骤。此阶段精心挑选传感器、控制器、执行器等核心硬件，充分考量其性能参数、环境适应性、认证状况及供应商支持等因素。随后，进行细致的硬件配置与连接工作，确保各硬件单元间的通信顺畅，共同满足系统整体性能要求。

SIS的智能化实现离不开软件编程的支持。此阶段专注于编写控制程序与算法，涵盖数据采集、处理、风险评估及安全控制等多个功能模块。编程过程中严格遵循行业标准与最佳实践，确保程序逻辑清晰、易于维护，并通过充分的测试与验证，保障系统能够准确无误地执行安全控制任务。

系统集成阶段将硬件与软件紧密融合，形成完整的SIS系统。此过程中，明确系统间接口、数据交换协议及通信方式，确保各子系统间的无缝对接。随后，进行系统全面的测试与调试，包括功能验证、性能评估及安全测试等，通过模拟多种潜在危险场景，检验SIS系统的响应速度与准确性，确保其在实际应用中能够稳定可靠地保障工业过程安全。

将SIS系统从设计蓝图转化为实际应用的最后一步是现场安装与调试。此阶段严格按照设计要求进行布线、安装与调试工作，根据现场实际情况对系统参数进行精细调整与优化，确保SIS系统与实际生产过程高度匹配，实现最佳运行效果。

为确保SIS系统的长期稳定运行与高效利用，用户培训与售后服务同样重要。通过全面的操作与维护培训，提升用户技能水平；提供完善的售后服务与技术支持体系，及时解决用户在使用过程中遇到的问题；建立定期维护计划与故障排查机制，保障SIS系统的长期可靠运行。

## 4.2 工业控制系统突出新技术与新方法

### 4.2.1 通用智能前端控制器与重构

#### 4.2.1.1 工业控制系统的演变

工业控制系统经历了从传统控制到智能控制的深刻演变。传统控制系统主要是以机械或简单的电气控制为基础，依赖于操作员手动调节或预设的机械设备。因此，传统控制系统的特征就在于其较高的稳定性和可靠性，但同时也具备自动化程度低、响应速度慢、难以应对复杂工业流程的问题。

随着计算机技术的飞速发展，工业控制进入了自动化时代。可编程逻辑控制器（PLC）和分布式控制系统（DCS）的引入，标志着工业控制系统从模拟到数字的转变。这些系统能够通过预先编写的程序实现自动化控制，提高了生产效率和精度。然而，这一时期的工业控制仍然是以预先定义的逻辑为基础，系统灵活性有限，难以实时适应动态环境的变化。

进入智能控制时代，物联网（IoT）、大数据、人工智能（AI）等技术的融合，极大地提升了工业控制系统的智能化水平。现代智能控制系统能够通过传感器收集大量实时数据，利用机器学习算法进行预测性维护、故障诊断和自主优化，从而大幅提高生产的灵活性和效率。同时，智能控制系统具备自学习能力，能够根据历史数据优化控制策略，减少人为干预，降低潜在风险。

总体而言，工业控制系统正朝着更加智能、自主的方向发展，未来的工业控制不再局限于生产流程的自动化，还将涵盖全生命周期的管理和优化，为工业4.0的实现奠定了基础。

#### 4.2.1.2 智能控制器

随着工业4.0和智能制造的蓬勃发展，工业控制系统逐渐引入新技术与新方法，显著改变了传统工控架构与功能。其中，前端控制器作为工控系统的关键组成部分，在智能化、通用性和可扩展性方面的创新，为系统提供了更高的灵活性和智能化控制能力。

通用智能前端控制器是一种高度通用、智能化的控制设备，旨在满足多样化的工业控制需求。智能控制器通常由微控制器芯片和执行电路两部分组成。微控制器芯片负责执行控制程序并生成控制信号；执行电路则由隔离、放大芯片、功率器件及其他分立元件如电阻、电容、电感等组成，负责对控制信号进行隔离、放大并增强输出。通过将智能控制器内置于设备中，它能够实时获取设备运行状态、执行命令结果及环境信息，并根据内置控制程序输出控制信号，以调整设备参数，实现自动化控制。

与传统控制器相比，智能控制器依靠其内部处理器的强大计算能力，能够处理更加复杂的参数特征，提供更精确的控制。作为系统的“大脑”，智能控制器通过接收传感器反馈信号，与用户设定的预期输出进行比对，计算出控制偏差。然后，它根据当前和历史的偏差值，利用预先设计好的控制算法进行运算，最后将结果转换为被控设备可以接收的控制量，以实现精确控制。整个过程将持续进行，直到输出达到用户设定的目标或控制被主动终止。

随着基础技术的不断发展，智能控制器在分析处理精度与可拓展性上也将展现更好的效果，未来也将继续在工业控制系统中扮演关键角色。

#### 4.2.1.3 智能控制器的重构

在传统工业中，控制器通常具有专一的功能，主要目的是确保加工设备或生产线的效率。然而，这种专注于单一任务的控制方式，往往会限制加工的灵活性。当产品需要调整时，控制器自身难以适应变化，这就导致生产线需要大幅调整才能适应新的生产需求。因此，为了应对现代工业对高效、灵活、智能化制造的需求，可重构智能控制器成为一种有效的解决方案。

可重构控制器是一种能够根据不同操作和控制需求，通过软硬件的重构和重配，灵活调整控制结构的设备。它可以在不同模式下自适应地调整控制策略，以满足各种应用需求。可重构控制器的主要类型包括可编程控制器（PLC）、可重构逻辑控制器（RLLC）和通用计算机控制器（DPC），它们适应不同的控制需求，涵盖了控制、监测、通信和数据处理等功能。

相较于传统单一功能的控制器，可重构控制器具有以下特点：

**（1）灵活性强**

可重构控制器的一大特点是其灵活性。通过结合软硬件的动态重构机制，它能够在不同工作模式之间进行快速、无缝的切换。传统控制器通常是为单一任务设计的，缺乏应对多样化需求的能力。然而，可重构控制器则不同，它采用模块化架构和虚拟化技术，可以根据应用需求进行动态配置。这种灵活性允许控制器在不更换硬件的情况下调整系统，以适应新场景或不同类型的任务。例如，在自动化生产线中，它可以根据生产需求在不同制造工艺之间切换；在机器人系统中，它可以从自主导航模式切换到精细操作模式。这种灵活性不仅提高了系统的适应性，还大大增强了控制器的通用性，满足了工业环境中不断变化的需求。更重要的是，软硬件解耦使得未来的技术更新和功能扩展更加容易，确保了控制系统的长久适用性和可扩展性。

**（2）应用范围广**

可重构控制器的应用不局限于传统工业自动化领域，它还在新兴领域中展现出了巨大的潜力。自动化生产线和机器人技术是早期应用的典型例子，在这些场景中，可重构控制器通过优化生产流程、提高生产效率发挥了重要作用。但其应用前景远不止于此。在医疗设备领域，可重构控制器能够为各种复杂设备提供智能化的控制解决方案。例如，在现代手术机器人系统中，可重构控制器可以在微创手术和精细操作模式之间切换，增强手术的精准性和安全性。此外，在智能家居领域，它还可以为家庭设备提供动态调整和个性化控制，通过与物联网设备的协同工作，优化能耗管理、提高设备使用体验。随着人工智能和物联网技术的快速发展，可重构控制器的应用范围将进一步拓展，能够满足不同领域对智能控制和灵活配置的需求。

**（3）节约成本**

节约成本是可重构控制器的显著优势之一。传统工业控制系统通常需要为不同的任务配置不同的控制设备，这不仅增加了硬件成本，还带来了维护和管理的复杂性。相比之下，可重构控制器通过集成多种控制模式，能够在一套硬件平台上完成不同类型的控制任务，大幅减少了对专用控制设备的需求。例如，在自动化生产中，通常需要为不同的生产工艺配置不同的控制系统，而可重构控制器则可以通过软硬件调整在同一设备上执行多种工艺控制。这样的设计极大减少了对多个控制器的依赖，从而降低了硬件购置、安装和维护的成本。再者，由于系统的高通用性和灵活性，未来在需要升级或扩展时，也无须频繁更换硬件，这进一步降低了长期的运营和维护成本。企业因此能够更有效地管理资源，获得更高的投资回报率。

**（4）效率提升**

可重构控制器不仅具备灵活性和通用性，还能够通过智能化的控制策略大幅提升效率。在传统控制系统中，调整控制参数或更新控制策略常常需要人工干预，过程耗时且易出错。而在可重构控制器中，智能算法能够根据系统的实时状态进行自主调整。例如，通过引入机器学习和人工智能技术，控制器能够分析历史数据和当前状态，预测可能出现的异常情况，并提前调整控制策略，从而避免潜在的生产问题。这种自适应能力使得系统能够在动态环境下保持高效运行。此外，智能化控制策略还能够通过优化资源调度和能量消耗，实现更高的生产效率。例如，在复杂的制造流程中，控制器能够自动优化各个环节的操作顺序，减少设备空闲时间和能源浪费。最终，这种智能化的控制策略不仅提升了系统整体的响应速度，还减少了生产中的停机时间，极大地提高了系统的工作效率。

目前，国内外对可重构控制器的研究仍处于早期阶段，但已经吸引了广泛关注，研究方向包括基于计算机的可重构控制系统、可编程逻辑控制系统、软开关控制系统等。为了促进可重构控制器的持续改进，相关专利的申请和保护也成为了重要领域。未来的发展趋势集中在专利的整合、标准化以及国际化。

随着智能制造的不断深入，可重构智能控制器将成为工业自动化的核心驱动因素。相比于传统的控制器，其主要优势在于对复杂工业环境的自适应能力。通过引入先进的算法和人工智能技术，可重构控制器能够在运行过程中实时分析系统状态，并动态调整其控制策略。例如，在生产过程中，它能够根据传感器反馈的实时数据自主优化设备的运行参数，从而最大化生产效率和资源利用率。

### 4.2.2 融合功能安全与信息安全的综合安全技术

#### 4.2.2.1 功能安全

功能安全的核心在于确保系统在出现故障时仍能执行预期的安全功能，从而保护人员、设备及环境免受伤害。其基础是通过设计和技术手段确保当系统或设备失效时，不会产生危险状态。国际标准如IEC 61508、IEC 61511和ISO 13849对功能安全提出了明确的要求，将安全功能分为不同的安全完整性等级（SIL）或性能等级（PL）。

功能安全的具体内容包括：

**（1）风险评估**

识别潜在的危险事件，并评估其可能性和后果。根据评估结果，采取适当的安全措施，如增加冗余或实施紧急停车机制，以降低风险。

**（2）安全设计**

在设计阶段采取适当的技术措施，以确保即使某个组件失效，系统仍能在规定的安全参数内运行。例如，在自动化生产系统中，如果传感器故障，控制系统应启动备用的控制逻辑或进入安全模式。

**（3）验证与测试**

在系统开发完成后，需要通过模拟各种故障场景，测试安全功能的有效性。这确保了当系统出现预期内的故障时，系统能够按照设计进行响应。每个安全功能的执行应能达到预期的安全目标。

**（4）安全维护与管理**

功能安全不仅仅是设计和制造阶段的要求，它贯穿整个系统生命周期，包括运行和维护阶段。设备运行期间，应定期进行检查和测试，以确保安全系统的持续有效性。

举个例子，一个常见的功能安全应用是在工厂自动控制系统中使用的紧急停止按钮。如果检测到机械设备有失控或故障的迹象，操作员可以按下紧急停止按钮，系统将进入安全状态，停止所有动作，从而避免人员受伤或设备损坏。

功能安全广泛应用于核电、铁路交通、化工等对安全要求极高的领域。例如，石化行业的安全仪表系统（SIS）用于监测和控制过程变量，一旦检测到异常，系统会自动激活安全措施，如关闭阀门或停止反应过程，防止危险事故的发生。

总结而言，功能安全是为了确保在出现错误或失效时，系统能够自动采取措施，防止进一步的危险，保护人员、环境和设备。

#### 4.2.2.2 信息安全

信息安全（Information Security）有时也被称为资讯安全，是指通过技术手段和管理措施来保护信息的机密性、完整性和可用性，防止未授权访问、使用、泄露、篡改、删除或破坏信息。这是现代数字化社会中一项至关重要的任务，因为几乎所有行业和组织都依赖于信息系统和数据来支持业务运营和决策。随着信息技术的飞速发展，信息安全的重要性和复杂性也在不断增加。

信息安全的核心概念可以分为三个主要方面，即机密性（Confidentiality）、完整性（Integrity）和可用性（Availability），通常简称为CIA三要素。

在实践中，信息安全涵盖了广泛的领域和技术，从物理安全到高级加密技术，以下是信息安全的几个关键组成部分:

**（1）身份验证与访问控制**

身份验证是确认用户身份的过程，常见的验证方法包括密码、生物识别（如指纹、面部识别）、智能卡等。访问控制则是在确认身份后，确保用户只能访问其被授权的数据和资源。这两者结合可以有效防止未授权人员访问敏感数据。

加密是一种常用的技术，用于在数据传输或存储时，将信息转换为不可读的形式，只有持有解密密钥的用户才能读取。对称加密和非对称加密是两种常见的加密类型，其中非对称加密更常用于需要公开密钥和私有密钥进行加密解密的场景。

**（2）网络安全**

网络安全是信息安全的重要组成部分，旨在保护通过网络传输的数据信息不被窃取或篡改。防火墙、入侵检测系统、VPN（虚拟专用网络）等技术都是网络安全的核心工具。

**（3）数据备份和灾难恢复**

为了应对数据丢失或系统崩溃等事件，组织通常会制定数据备份和灾难恢复计划。定期备份数据、制定应急恢复方案，并进行测试，确保在灾难发生时能够快速恢复关键业务数据。

**（4）物理安全**

尽管信息安全大多与虚拟世界相关，物理安全仍然是至关重要的一部分。保护服务器、数据中心和工作站免受物理威胁（如盗窃、火灾或水灾）同样是信息安全的一环。门禁系统、视频监控以及设施的防火措施是常见的物理安全手段。

**（5）安全审计与合规性**

组织必须定期进行安全审计，以评估其安全措施的有效性，并确保遵循相关法律法规和行业标准。常见的安全标准包括ISO 27001、GDPR（通用数据保护条例）和HIPAA（健康保险可携性和责任法案），它们规定了不同领域的信息安全要求。

为了防止攻击事件发生，企业和个人都需要定期更新操作系统和软件，确保已知的漏洞被及时修复。

信息安全不仅仅是一个技术问题，它涉及管理、流程、技术和法律等多方面的综合措施。保护信息的机密性、完整性和可用性，需要各个层面协同工作。面对不断演变的威胁，组织不仅需要加强技术防御手段，还需要培养员工的安全意识，建立健全的信息安全管理制度，这样才能有效应对日益复杂的网络安全挑战。

#### 4.2.2.3 综合安全技术

随着工业自动化和信息化的不断发展，功能安全与信息安全的融合成为了现代工业和企业系统的一个重要趋势。功能安全旨在确保系统在出现故障时，能够有效防止人员伤害、设备损坏和环境灾害，而信息安全则专注于保护系统中的信息免受未授权访问、篡改或破坏。两者虽然在目标和重点上有所不同，但在实际应用中却密不可分。特别是在当今的智能制造、工业控制系统和物联网环境中，功能安全与信息安全的结合显得尤为重要。这一融合可以称为综合安全技术（Safety-Security Integration），旨在提供一个更加全面的安全防护体系。

综合安全技术是将功能安全和信息安全相结合的技术框架，旨在同时保护系统的物理安全和信息安全，防止由于功能故障或信息安全漏洞引发的安全事故。这种融合的目的是通过一体化的安全架构，不仅保证系统能够在硬件或软件故障时维持安全状态，还能够防止因网络攻击、数据泄露等引发的潜在危害。现代工业和企业环境，特别是工业控制系统、智慧工厂和物联网系统中，综合安全技术通过统一的管理和技术手段，提供了更加可靠的安全保障。

**（1）风险评估与管理**

综合安全技术首先需要对系统中的功能安全和信息安全风险进行全面评估。功能安全的风险评估主要集中在设备故障、系统异常等导致的潜在危害，而信息安全的风险评估则关注外部攻击、数据泄露、未经授权的访问等威胁。通过统一的风险评估模型，识别系统的脆弱点和潜在威胁，制定综合的风险管理策略，从而降低系统在这两方面的风险。

**（2）安全设计与架构**

在系统设计阶段，综合安全技术要求将功能安全和信息安全的要求都纳入考虑。例如，在自动化生产系统中，紧急停止按钮的设计不仅要确保在机械失控时可以及时响应，还需要考虑防止网络攻击者远程篡改或禁用这一安全功能。通过引入多层次的安全机制，例如冗余设计、网络隔离、加密通信和多因素身份验证，可以确保系统在故障或攻击的情况下，能够保持安全运行。

**（3）实时监控与检测**

现代工业和企业系统越来越依赖于网络连接和信息交换，这增加了系统暴露于网络攻击的可能性。为了应对这些威胁，综合安全技术要求在系统运行过程中进行实时监控和检测。通过功能安全监控技术（如传感器监控、故障检测）与信息安全监控技术（如入侵检测系统、网络行为分析）的结合，系统能够在故障或攻击发生的第一时间检测到异常，并采取预防措施。这种多层次的监控和检测技术可以帮助减少由于攻击或故障引发的灾难性后果。

**（4）冗余设计与容错机制**

冗余设计和容错机制是确保功能安全的重要手段之一，而在信息安全领域，数据冗余和容错也起着至关重要的作用。综合安全技术要求同时考虑到硬件和软件的冗余设计。例如，在工业控制系统中，如果一个控制器失效，备用控制器应能够立即接管并保持系统的正常运行；而在信息安全中，如果一部分数据被篡改或破坏，系统应具备恢复数据的能力。这种综合的冗余设计能够极大提高系统的可靠性和安全性。

**（5）故障响应与恢复**

综合安全技术不仅关注如何预防故障和攻击，还重视系统在发生故障或攻击后的响应和恢复能力。当系统检测到功能故障或网络攻击时，综合安全体系应该能够快速做出反应，切换到安全模式，并在确保安全的情况下进行恢复。例如，某些工业系统在遭遇攻击时，可能需要立即断开网络连接，防止攻击者进一步入侵，同时保持核心功能的独立运作，确保人员和设备的安全。

**（6）标准化与合规性**

综合安全技术需要符合多种国际标准和法律法规。功能安全领域有如IEC 61508和ISO 13849等标准，信息安全则包括ISO 27001和GDPR等。在综合安全技术的实施过程中，必须确保系统设计和操作符合这些标准，以便在法律和监管要求的框架内提供最优的安全保护。此外，标准化的安全流程和合规性审计也有助于提升系统的整体安全性。

一个典型的综合安全案例出现在现代智能制造工厂中。在这些工厂里，工业机器人、生产线自动化控制系统、物联网设备等共同协作完成复杂的生产任务。这些系统一方面需要保证功能安全，确保即使某个设备出现故障也不会造成生产事故；另一方面，也需要防范黑客通过网络攻击干扰生产、盗取敏感数据或造成设备瘫痪。通过将功能安全和信息安全融合，工厂可以设计多重安全防护机制：一旦某个设备故障或遭到攻击，系统能够自动切换到安全模式，并通过网络隔离措施防止攻击蔓延。

综合安全技术是功能安全与信息安全的深度融合，在现代化工业系统和复杂的网络环境中，这种融合不仅能够保护系统免受设备故障的影响，还能防止外部攻击带来的安全隐患。通过风险评估、实时监控、冗余设计和快速响应机制的结合，综合安全技术为各类关键系统提供了更加可靠的安全保障。在未来，随着物联网、人工智能等技术的进一步发展，功能安全和信息安全的融合将变得更加重要，成为现代企业和工业系统安全防护的核心技术。

### 4.2.3 多时间尺度时间敏感网络与先进物理总线技术

“多时间尺度时间敏感网络”（Multiple Time Scale Time-Sensitive Network，MTS-TSN）与“先进物理总线技术”通常涉及工业物联网（IIoT）中复杂的时间调度与数据传输技术。

#### 4.2.3.1 多时间尺度时间敏感网络（MTS-TSN）

在复杂的工业和通信系统中，时间敏感任务的种类多样，执行要求也不尽相同。为了适应不同任务的需求，多时间尺度时间敏感网络（MTS-TSN）概念应运而生。多时间尺度指的是在同一网络中，处理不同时间尺度任务的能力，从微秒级的控制信号到秒级的数据传输，能够提供相应的网络服务。这种设计确保了高优先级的实时任务可以在极低延迟下完成，而低优先级的任务则在相对长的时间内执行，从而优化资源利用率。

在MTS-TSN中，时间尺度通常划分为短时延和长时延任务。短时延任务一般要求毫秒级甚至微秒级的响应时间，通常与控制信号、紧急指令等实时操作有关。例如，在智能制造系统中，生产线上的机械手臂需要实时调整动作，这类控制命令必须在毫秒级内传输和响应，否则可能导致生产效率下降，甚至设备损坏。

另外，长时延任务则允许更长的传输和处理时间，通常在秒级甚至更长的时间尺度上执行。这类任务包括系统监控、诊断数据收集、日志记录等。这些数据对于系统的长期维护和优化非常重要，但对实时性要求较低，因此可以在网络资源空闲时传输。

两类任务在同一网络中并行运行时，时间敏感任务必须保证不会因为低优先级任务的干扰而延迟。这也是MTS-TSN技术的核心目标之一——在满足不同时间需求的同时，保障网络的确定性和高效性。

在多时间尺度调度的背景下，网络资源的分配变得更加复杂，需要结合任务的实时性、优先级和网络的实际状况进行优化。通常，调度器会将任务划分为不同的时间窗口，在每个时间窗口内完成短时延任务的调度，然后再根据剩余的带宽处理长时延任务。这种动态调度方式能够在保障实时性的同时，最大化网络资源的利用率。

此外，资源分配也可以通过虚拟化技术实现，将网络资源划分为多个虚拟通道，不同的任务可以通过专用的虚拟通道传输，互不干扰。这种方法能够进一步提升网络的确定性，尤其是在处理高优先级的任务时，避免低优先级任务的干扰。

协同调度是多时间尺度时间敏感网络的核心。通过对任务优先级和时间尺度的综合考虑，系统能够确保不同优先级的任务在同一网络中和谐共存。高优先级任务享有更高的带宽和更低的延迟，而低优先级任务则在资源空闲时得到调度，从而提高整体网络的效率。

在多时间尺度时间敏感网络（MTS-TSN）技术的实际应用中，智能制造、自动驾驶和机器人系统等领域成为了典型的代表性场景。每个应用场景中，不同任务对延迟和实时性的要求各不相同，而MTS-TSN通过协调不同时间尺度的任务调度，确保系统的高效运行。

在智能制造领域，生产线的自动控制系统需要处理大量实时的控制指令。这些控制指令通常具有较高的优先级，必须在毫秒级的时间内完成传输和响应。例如，生产线上机械臂的运动控制要求非常低的延迟，因为任何微小的延迟都会导致生产效率下降，甚至可能引发机械故障或安全事故。MTS-TSN可以通过短时间尺度的实时调度，确保这些高优先级的控制信号在网络中迅速传输，保证生产过程的流畅性。同时，智能制造中还存在一些非关键任务，例如生产设备的状态监控、诊断数据收集和远程维护等。这类任务不要求极低延迟，可以接受较长的传输时间。MTS-TSN可以将这些任务分配到较长时间尺度的网络资源中，确保它们在不影响关键控制任务的前提下完成，从而优化网络资源的整体利用率。

自动驾驶领域是另一个典型的应用场景。自动驾驶系统需要处理大量来自不同传感器的实时数据，包括摄像头图像、激光雷达的环境感知数据、车速和位置等。这些数据对于实时决策至关重要，尤其是在需要紧急制动或规避障碍时，传感器数据必须毫秒级甚至微秒级地传输和处理。MTS-TSN能够在短时间尺度内保障这些高优先级数据的低延迟传输，从而确保车辆在复杂环境下的安全行驶。然而，自动驾驶系统还需要进行长时间的路径规划和任务调度，这类任务不需要极低延迟，可以在更长时间尺度上执行。通过MTS-TSN的多时间尺度调度，自动驾驶系统可以在保障安全驾驶的同时，为长时间的路径计算和任务调度留出网络资源，从而实现短时效任务与长时效任务的协同工作。

最后，在机器人系统中，MTS-TSN的应用同样至关重要。机器人系统通常涉及多任务调度，不仅需要处理实时的机械动作控制，还要进行任务规划和路径计算。机械动作控制是一个对时间极为敏感的任务，必须在极低的延迟下完成，因为机械动作的反馈和调整往往要求毫秒级的响应。例如，工业机器人在精密装配过程中，任何延迟都可能导致操作失败或降低生产精度。MTS-TSN通过在短时间尺度内调度这些高优先级的控制任务，确保机械动作的实时性。与此同时，机器人系统的任务规划和路径计算则可以在较长的时间尺度内执行，这些任务对延迟的敏感性较低，允许网络调度器在完成高优先级任务后再处理这些较低优先级的任务。通过这种多时间尺度的任务分配，MTS-TSN能够有效提高机器人系统的工作效率，确保高精度的实时操作和长期任务的协调进行。

#### 4.2.3.2 先进物理总线技术

先进物理总线技术在现代通信系统中扮演着重要角色，尤其是在高要求的工业自动化、航空和航天等领域。物理总线是负责在计算机系统和外部设备之间传输数据的硬件通道，位于通信层次的物理层，其主要作用是确保数据能可靠且高效地在不同设备间传递。物理总线技术的核心特点包括高带宽、低延迟、抗干扰性及高可靠性，这些特性保证了系统在复杂环境中依旧能够保持稳定的通信。

现代物理总线技术的发展十分迅速，典型技术包括PCIe（Peripheral Component Interconnect Express）、EtherCAT和CAN（Controller Area Network）总线。PCIe是高速内部连接技术，广泛应用于计算机硬件系统，提供超高带宽和低延迟的传输能力。EtherCAT则常用于工业自动化系统，它以高速、确定性传输为特点，能够在复杂的实时控制应用中提供优越表现。CAN总线则多用于汽车、航空等领域，以其抗干扰性和高可靠性著称，适合环境苛刻的场景。

随着科技进步，高速物理总线技术的发展方向主要集中在提升传输速度、减少延迟、提高带宽，同时增强抗干扰性和可靠性。如今的物理总线技术还强调与多协议的兼容性，使其能够适应不同的通信标准和应用需求。

在应用方面，先进物理总线技术广泛应用于工业自动化中的数据交换，确保生产设备的实时控制和监测。同时，航空和航天领域的关键通信也依赖高速、可靠的总线技术，保证在严苛环境下的通信稳定性和数据传输的精确性。总的来说，先进物理总线技术是现代高性能通信系统的基础，推动了各行业的数字化与智能化转型。

#### 4.2.3.3 多时间尺度TSN与先进物理总线技术的集成

多时间尺度TSN与先进物理总线技术的集成，是现代高性能通信系统的一大趋势。通过网络层和物理层的协同优化，能够有效提升通信的实时性、可靠性和效率，尤其在工业自动化、自动驾驶和机器人系统中发挥着关键作用。网络层中的TSN负责为不同优先级的任务进行时间敏感的调度，而物理总线则通过高带宽、低延迟和抗干扰性等特性，确保这些任务在底层硬件之间快速传输。

物理总线技术如PCIe、EtherCAT等可以极大地提升TSN的性能，尤其是在处理高优先级、低延迟任务时，物理总线的高速传输能力可以减少数据传输的等待时间，进一步优化整体系统的性能。通过将多时间尺度调度与高速物理总线结合，网络层的调度任务能够快速、高效地传递到物理层，实现从实时控制到数据监控的无缝衔接。

在智能工厂中，多时间尺度TSN与物理总线技术的结合能够实现实时的生产设备控制和监控，保障生产线的高效运作。在自动驾驶领域，车辆的传感器、导航和决策系统通过TSN进行多时间尺度的调度，而物理总线的高速通信保障了车载各子系统之间的快速数据交换，使得自动驾驶系统能够及时响应复杂的路况。在工业机器人系统中，机械动作的实时反馈和任务规划等不同时间尺度的任务通过TSN与物理总线的协同优化，实现机器人高精度的协作与通信。

总体而言，TSN与先进物理总线的集成为复杂系统提供了强大的通信能力，提升了任务调度的效率和系统的整体性能。

### 4.2.4 基于多领域机理建模的控制系统设计开发平台

基于多领域机理建模的控制系统设计开发平台是工业4.0时代的一项重要技术，它通过将多种物理领域的模型整合在一起，实现了复杂工业系统的高效设计、优化和仿真。现代工业过程往往涉及多个物理领域的相互作用，如机械、电气、热力、流体等，单一领域的控制系统设计已经难以满足实际需求。因此，集成不同领域的机理模型成为了设计复杂控制系统的关键途径。通过多领域建模，设计者可以在同一平台上同时考虑多个物理过程，全面分析系统的行为和性能，从而优化控制策略，提升系统的稳定性和效率。

多领域机理建模平台的核心在于其能够有效处理多物理场的耦合问题。在工业和工程领域，系统通常涉及多个物理场（如电磁学、热力学、机械运动、流体动力学等）的相互作用。不同物理场各自遵循特定的数学描述方式，这使得跨学科的模型整合成为一个极具挑战性的任务。例如，机械系统中的运动方程与电力系统中的电磁场方程之间可能存在完全不同的时间尺度和动态响应。如何将这些不同的模型有效整合，既保证仿真的精确性，又能确保模型的耦合正确，是多领域机理建模平台需要解决的核心难题。为了解决这一复杂性问题，多领域建模平台通常提供统一的建模语言和工具链支持。这些建模语言和工具链，例如Modelica等物理建模语言，允许工程师在一个高度抽象的层次上定义各个物理场的行为和相互作用。不同于传统的基于块图或信号流的建模语言，Modelica采用方程式的方式建模，这意味着用户可以直接描述系统的物理定律，而不需要人为指定信号流的方向。这样极大地提升了建模的灵活性与表达能力，特别是在控制系统中，工程师可以专注于控制算法和物理系统的耦合建模，减少实现复杂系统模型时的工作量。此外，MATLAB/Simulink等仿真环境也提供了强大的工具，帮助设计者从电气系统、机械系统到流体系统进行全局建模与仿真。

NGM是一个国内自主研发的建模与仿真平台，提供了高度的开放性和可扩展性。用户可以根据自己的需求开发自定义的Modelica库，或对现有的库进行修改。这种开放性非常适合控制系统设计开发中的特殊需求。Modelica语言和NGM平台都支持模块化建模。对于复杂的控制系统设计，可以将不同的物理子系统与控制器模块化开发，随后通过层次化的方式集成。这种模块化设计提高了模型的可重用性和维护性，便于对系统进行局部修改和改进而不影响整体结构。

NGM平台的一大优势是模块化设计，如图3-4-4所示，这种设计方法允许用户将复杂系统分割为多个相对独立的子系统，每个子系统代表一个独立的物理领域或过程。这种分割不仅使系统设计更加清晰，同时也方便了模型的复用。例如，一个电机模型可以在多个不同的控制系统中重复使用，而无须每次重新设计。模块化设计通过标准化接口将各个子系统进行连接，从而保证了不同物理场之间的高效通信与数据交换。每个子系统通过预定义的接口进行交互，无论是机械系统的数据输入，还是电力系统的反馈输出，都能通过这些标准接口进行流畅的协同工作。

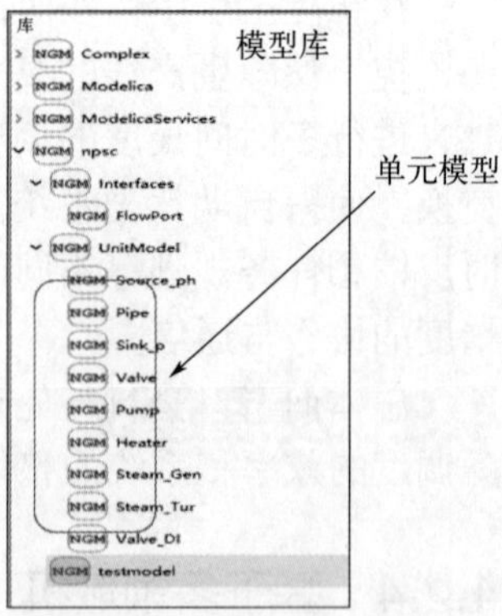


图 3-4-4　NGM 关于核电二回路的模块化设计

在整个建模过程中，标准化接口的应用是实现高效协作和复用的关键。这些接口不仅在同一平台内起作用，还可以跨平台进行数据传输和功能调用。例如，机械模型可以通过标准化接口与流体模型进行信息交换，电力系统可以通过接口向热力系统传递功率消耗和效率数据。这种灵活的模块化设计方式使得多领域建模平台能够应对工业中复杂系统的多样化需求，从而为跨领域系统的集成与优化提供了有力的技术支持。

为了支持多领域系统的联合仿真，NGM内置多物理场仿真引擎，能够处理机械、流体、电气、热力等多个领域的仿真需求。这种跨学科的仿真能力使得设计者可以在一个集成环境中分析整个系统的动态行为，尤其是涉及多个领域耦合的复杂工业过程。例如，在电动车辆的控制系统设计中，需要同时考虑电池管理系统、动力传动系统以及车辆热管理系统的相互影响。多物理场仿真不仅能够帮助设计者全面分析车辆的能量分配和传输效率，还可以通过仿真优化管理策略，延长电池寿命，提高系统的整体性能。

数字孪生技术是多领域建模平台中的一项关键技术。数字孪生通过在虚拟环境中构建物理系统的数字模型，可以实时模拟系统运行状态并提供反馈，从而帮助设计者不断优化控制系统。数字孪生不仅用于设计和仿真，还可以支持系统的全生命周期管理，包括维护、升级以及故障预测。通过将传感器数据实时输入数字孪生模型中，设计者能够在运行过程中持续调整控制策略，优化系统性能。例如，在工业机器人系统中，数字孪生可以实时监测机器人关节的运动状态，并根据反馈数据调整运动路径，从而提高工作效率，降低机械磨损。

除了数字孪生，NGM还集成了硬件在环（HIL）仿真技术。HIL仿真通过将实际硬件设备与仿真模型连接，进行闭环测试，验证控制系统在真实工况下的表现。这种方法广泛应用于自动驾驶系统、智能制造等领域。例如，在自动驾驶系统的开发中，HIL仿真可以模拟不同的驾驶场景，测试自动驾驶控制算法在复杂环境下的响应速度和安全性。通过HIL仿真，开发者可以在不依赖实际车辆的情况下验证算法的有效性，降低开发成本并加速产品上市。NGM支持实时仿真，这对控制系统的开发尤为重要。通过实时仿真，开发者可以在系统运行的过程中动态调试和优化控制算法。特别是当控制系统需要与物理硬件或虚拟控制器协同工作时，NGM提供了良好的接口支持，可以快速实现HIL仿真。

NGM平台在工业控制系统设计中的应用非常广泛。在智能制造系统中，机器人控制系统、机床数控系统、物流调度系统等涉及机械、电气、流体等多个物理领域的复杂系统，通过该平台能够实现从物理建模到控制算法设计，再到仿真验证的全流程支持。智能电网系统则通过该平台集成电力传输、储能设备、负载控制等多个领域的模型，实现电力设备的实时监控和能源调度优化，提升了电网系统的稳定性和可靠性。

自动驾驶系统中，车辆动力学、传感器数据处理、路径规划等多个物理领域的模型通过NGM平台得以无缝集成。通过该平台，开发者可以同时仿真车辆的动力学行为和传感器数据处理流程，设计出更加精确的控制算法，并在虚拟环境中进行安全性验证。

诸如NGM等基于多领域机理建模的控制系统设计开发平台为现代工业系统的设计、优化和仿真提供了强有力的支持。它不仅解决了跨领域建模的复杂性，还通过集成实时仿真、硬件在环测试等技术，提升了控制系统的性能和稳定性。随着数字孪生、人工智能等新兴技术的不断发展，多领域机理建模平台将在工业4.0的实现过程中发挥越来越重要的作用，推动工业控制系统向更加智能、高效的方向发展。

## 4.3 发展建议

### 4.3.1 技术发展建议

随着智能制造和工业自动化的快速发展，工业控制系统正面临着技术革新与应用场景不断扩展的挑战。如何通过新兴技术手段提升控制系统的性能与安全性，已经成为推动工业现代化的关键所在。未来的工业控制系统将不仅仅依赖于单一设备或技术，而是通过多系统的融合与互联，全面提升生产效率、数据处理能力，以及设备的安全性与可控性。

#### 4.3.1.1 现场总控与工业PC协同发展

作为新一代底层设备控制网络，现场总控系统（FCS）能够实现工业现场智能化设备与自动控制设备的高效连接，并将在未来逐步融合和替代分布式控制系统，成为下一代可编程逻辑控制器的主流。然而，当前FCS仍需在标准化建设和仪表智能化应用方面进行进一步优化。此外，尽管FCS具备广阔的应用前景，DCS仍然在工业控制领域中占据着核心地位，并将在短期内继续作为主流控制系统。尽管如此，FCS作为一种更加灵活且可靠的数据传输方式，展现出了极大的潜力。能够遵循现场总线通信协议或实现与之信息交换的PLC设备，将逐渐成为未来主流，并充分发挥其在开关量处理中的优势。

工业PC凭借其丰富的硬件资源、软件生态、人力资源，以及高度的开放性，正展现出在自动化领域广阔的应用前景。工业PC以其低成本的优势，尤其适合小型企业及初创公司，并且基于工业PC的控制器已经被证明在可靠性上可以媲美PLC。工业PC还具备易于安装、操作和维护，且能够实现高级诊断功能等特点，为系统集成商提供了更多灵活选择。在高端应用场景中，工业PC与PLC的结合能够更好地应对复杂的数据处理与高设备集成度的需求。未来，工业PC还可以与现场总线控制技术相互补充，进一步推动其在大规模应用中的广泛普及。

#### 4.3.1.2 控制系统与管理系统的深度融合

工业控制系统的管控一体化是通过多系统集成与多技术耦合，将工业控制系统与企业管理系统有效集成，实现信息的实时共享与流通，从而提升生产效率、降低运营成本，促进企业的智能决策，达到简化操作流程并提高生产效率的目的。

管控一体化系统向下为控制软件提供智能决策支持，向上为管理软件提供有价值的数据。这使得生产过程中的各个环节能够无缝连接，实现对设备和数据的集中管理，提升系统的整体可控性，并有助于提升生产效率。通过集成先进的安全技术，也可以对系统进行全方位的监控与防护，实现风险的早期预警和应对。此外，管控一体化为管理层提供了更为精准的数据分析与决策支持。通过将生产数据与市场需求、财务状况等信息结合，管理者能够在复杂环境下做出更科学的决策。

#### 4.3.1.3 基于工业物联网的互联互通

工业物联网（IIoT）的发展为工业控制系统的进步做出了长足贡献，IIoT不仅实现了设备间的高效数据交互，也推动了工业生产过程的自动化与智能化，极大地增强了工业系统的运行效率和灵活性。传统工业控制系统往往依赖于集中式或者封闭的网络结构，但IIoT的引入促使了这些系统向开放式、分布式和模块化的方向发展。这不仅降低了系统的复杂性和成本，也使得系统更加可靠和可维护。例如，通过实时数据监控和分析，IIoT使工厂管理者能够实现设备的预测性维护，从而减少意外停机和维修成本，提升整个生产线的效率和生产力。

IIoT的网络通信技术和信息处理技术使得工业控制系统能够在更广泛的范围内进行数据集成和优化决策支持。利用云计算和边缘计算，数据可以在产生地点近旁进行处理，这样不仅加快了数据处理速度，还提高了数据处理的安全性和准确性。IIoT不仅改善了工业控制系统的结构和功能，还极大地提高了工业生产的自动化水平和智能化程度，推动了整个工业领域向更高效、更可持续的未来发展。通过这种转型，IIoT有力地推动了经济的创新驱动转型，为传统产业注入了新的活力。

#### 4.3.1.4 着力加强技术的自主可控

当前我国工业控制系统的核心技术仍然高度依赖国外，亟须实现自主可控。在安全防护方面，现有的体系多参考IPDRR模型，侧重自卫防护，但与工业控制系统的深度融合不足，面对未知攻击时防御手段有限。要提升自主可控能力，必须深化现有安全防护体系，推动联动护卫模式的实施。

工业控制系统需要引入更先进的安全架构，以增强风险感知与主动防御能力。通过构建零信任架构，强化身份验证和细粒度访问控制，从而有效防范内部威胁。每个用户、设备和应用都需经过严格验证，即便来自可信网络的访问也需授权。此外，集成威胁情报平台，实时监测潜在攻击行为，能够在威胁发生前采取预防措施。

#### 4.3.1.5 深化数字孪生与数值仿真技术的应用

数字孪生技术通过在数字空间内创建物理设备的虚拟模型，利用物理模型、传感器数据及运行历史，在虚拟空间中实现映射，以同步反映实体装备的全生命周期，广泛应用于建筑、能源、医疗和制造业等领域。在工业控制系统中，基于数字孪生技术构建关键设备的虚拟副本，从而监控、优化和维护设备的全生命周期。结合边缘计算与云计算技术的强大数据集成平台，实时处理数据，优化控制策略，提高系统响应速度及运行效率。此外，该技术促进了行业间的数据共享与技术合作，支持跨行业领域的应用。

通过数值仿真在虚拟环境中测试和调试设备，可以显著降低实际设备调试的时间与成本。利用数值仿真手段进行机理建模，模拟潜在的故障并预先制订解决方案，能够有效降低实际环境下的故障发生概率，有效防范系统运行过程中的潜在风险。另外，数字孪生技术与数值仿真技术存在诸多相似之处，二者的深度融合能够助力企业快速部署与验证设备。

### 4.3.2 人才培养建议

随着工业自动化和数字化转型的推进，工业控制系统的重要性愈加凸显。为适应这一变革，对工业控制系统专业人才的需求不断增长，也更加多元化，涉及自动化控制、网络安全、数据分析、人工智能等多个领域，教育和培训体系面临更新迫切性。为应对这一需求变化，必须通过多学科人才培养、专业认证制度以及持续学习机制来提升人才质量和数量，以配合技术进步和行业需求。

#### 4.3.2.1 建设多学科融合的培养体系

随着工业控制系统向智能化和数字化的快速发展，传统自动化人才的技能需求正在发生变化。未来的工业控制系统更加需要具备跨学科背景的人才，既要掌握控制学科的基础知识，又要具备信息技术、数据科学、人工智能等方面的技能。

推动建设多学科融合的人才培养体系，引进人才和培养人才相结合，着力加强人才队伍建设。重点关注跨学科领域人才的引进，确定未来工业控制系统中需要的关键技能和知识领域，不断扩展工业控制系统的应用范围。设立专门的交叉学科课程，将自动控制技术与新兴的信息技术相结合。鼓励工业企业加强与院校合作，联合培养控制系统的专业人才。学术界与工业界的紧密协作不仅能够为学生提供真实的学习环境，还能够确保教育内容与行业需求保持同步，从而培养出能够迅速适应行业变革的高素质人才。此外，设立专项基金、支持跨学科领域研究和教育项目等措施都可以激发研究者在新兴技术领域的研究热情，进一步推动该领域的科技进步和应用创新。

#### 4.3.2.2 注重非技术性内容的融入

在工业计算机控制系统课程中，非技术性指标的融合对于满足自动化专业的教学目标至关重要。课程内容设计需要结合控制与环境、控制与效益，以及相关的规范与法律要求，使得教学内容不仅技术性强，还具有实用性和多维度的教育价值，从而全面实现课程目标。

自动控制人员通常作为合同的乙方，需要从乙方的视角出发，对甲方的控制需求进行详细分析。这包括对控制的约束性和非约束性指标以及特定需求的分析，进而选择满足这些需求的技术手段和方法。在选择控制方案时，除了考虑系统的先进性，还需考虑其适用性与技术继承性。方案论证阶段应深入考虑控制系统对环境的适应性及潜在的法律风险，如环境污染、事故应急处理以及系统安全措施是否能有效避免法律风险。

此外，在控制系统成本核算过程中，需要明确工程成本的计算方式，合理划分硬成本与软成本。通过引入技术经济与管理课程的相关知识，学生能够在具体案例分析中，从实际工程角度出发，解析并解决问题，从而在提升技术能力的同时增强非技术能力。这种立体化、多角度的教学方法不仅提升了学生的综合职业能力，也加深了对工业控制系统专业知识的理解和应用。

#### 4.3.2.3 加强实践教学，促进产学研结合

在工业控制系统的教育中，强化实践技能是培养专业技术人才的关键。未来的工业控制专业人才应具备在复杂环境下实施调试、维护和优化操作的能力。因此，高校在人才培养体系设计中，应重视实践教学的组织，加强与企业的合作，使学生能够通过参与企业的现场项目，如智能制造的实施和工业控制系统的日常运维，来获取宝贵的实际经验。

随着工业控制技术的迅猛发展，高等教育机构、研究机构和企业的协同合作显得尤为重要，这不仅能推动技术的创新，还能加速其在实际中的应用。人才培养应建立在产学研协同机制的基础之上，促进学生、研究者与企业技术人员在技术开发和项目执行方面的深度合作。通过与企业签订合作协议，高校可以创建面向企业需求的“订单班”或“定制人才培养计划”，专门针对企业具体技术需求进行人才培养。这种教育模式使得学生能在学习期间深入理解企业的技术需求和运营模式，毕业后可以更加顺利地适应职场环境。

#### 4.3.2.4 建立专业的认证体系

随着工业控制系统技术的迅速演进，企业对技术人员的专业能力要求也日益增高。为此，构建一个全面的专业认证体系成为了行业发展的必要支撑，该体系能够明确区分技术人员在各个专业领域的技能水平，并为企业招聘提供可靠的评判标准。例如，国际自动化学会（ISA）提供了多种认证项目，包括Certified Control System Technician（CCST）和ISA/IEC 62443 Cybersecurity Certificates等，旨在评估技术人员在工业控制系统的安装、维护、故障诊断及网络安全等方面的专业能力。

这些认证项目不仅设定了清晰的职业发展轨迹，而且通过综合培训和评估，确保技术人员掌握必要的专业知识和技能。这种系统性的认证有助于提升整个行业的技术水平和实施质量。统一的认证标准可以保障操作的一致性和安全性，显著降低操作失误和潜在风险。规范化的操作流程和技术指南也有助于保持工业控制系统的安全性和稳定性。此外，完备的认证制度还鼓励技术人员持续学习，促进知识的不断更新和技术的精进，确保行业人才能够跟上技术发展的步伐。

### 4.3.3 政策措施建议

为了推动工业控制系统的技术创新和产业升级，政府和相关机构需要通过一系列政策措施提供支持，尤其是在技术研发、行业标准、资金支持以及网络安全监管方面的政策引导，确保工业控制系统产业健康、有序发展。

#### 4.3.3.1 鼓励技术研发的政策导向

为了鼓励企业加大在工业控制系统新技术领域的研发投入，促进工业控制系统领域的技术进步，政府可以出台相关政策，通过研发补贴、税收减免等方式，降低企业研发成本，提升技术创新的积极性。如设立专项研发基金，用于支持工业控制系统领域的技术创新，特别是对于智能控制、网络安全、工业物联网等前沿技术的研发给予优先资助。

同时，为推动工业控制系统的创新和商业化，应积极建立支持创新创业的平台，尤其是为初创企业和中小科技企业提供必要的政策支持。这些企业往往在技术创新方面更为灵活，但在发展初期常因资金和资源限制而遇到困难。政府可以通过设立技术创新基金，对有潜力的初创企业和中小企业进行投资，助力这些企业渡过难关，从而促进工业控制系统技术的快速发展和广泛应用。这些措施不仅可以加快技术创新的步伐，还可以加强行业的整体竞争力和持续发展能力。

#### 4.3.3.2 推动产学研合作项目

为推动工业控制系统技术的发展，促进学术界、研究机构与产业界之间的深度合作，可以通过政策导向，激励包括智能制造、数字孪生技术及网络安全等关键领域内的产学研协作项目。确保高校与研究机构的创新成果能高效转化为实际应用，同时鼓励企业向科研机构提供必要的实际应用场景和试验条件。

此外，增强此类合作的政策支持不仅可以加快技术革新和应用的实施，还能为学术研究提供更广阔的实践平台，从而促进理论与实践的互动。这不仅增强了学术成果的实用性，还有助于培养符合行业需求的高技能人才，进一步加强了工业控制系统技术的核心竞争力和创新能力。通过这些政策措施，可以建立起一个互利共赢的产学研生态系统，推动工业控制系统领域的持续发展和技术进步。

#### 4.3.3.3 推动工业控制系统的标准化建设

随着工业控制系统的快速发展和全球化合作的加深，行业的标准化建设将变得至关重要。标准化不仅有助于技术的推广与应用，还能确保不同系统之间的兼容性和互操作性，提升整个行业的整体水平。

政府应推动国内工业控制系统行业标准与国际标准的对接，确保我国的工业控制系统能够符合国际市场的需求，可以与国际标准接轨，增强国际竞争力，使得我国企业在全球市场上更具竞争优势。针对国内特殊需求，制定具有中国特色的行业标准，确保在涉及国家安全和关键基础设施的领域内，采用自主可控的技术和标准。

#### 4.3.3.4 资金支持与融资便利

为加速工业控制系统的创新与应用，政府应实施专项资金策略以促进企业，尤其是中小企业的技术研发。资金短缺常常阻碍中小企业的创新活动，因此，提供资金援助和增加融资途径变得尤为重要。政府应创建专门的资金，支持具有创新潜力的中小企业在工业控制系统领域的发展，特别是在技术创新和产品开发的初期阶段。

此外，政府可以与银行及其他金融机构协作，为专注于工业控制系统研发的企业提供优惠贷款和融资担保，以减轻企业融资的负担。这些措施将有助于降低企业的融资成本，并提升其在市场上的竞争能力。通过这种多方面的财政和金融支持，政府能够有效促进工业控制系统领域的持续创新和健康发展。

#### 4.3.3.5 政府采购与产业化支持

政府有能力通过其采购力量推进新技术的应用和普及，特别是从高层如政府和军事部门开始，采用自上而下的方法来促进创新技术的广泛使用。在智能制造和工业控制系统这样的领域里，政府的采购活动不仅为新兴技术提供了关键的实验环境，还能加速其成熟和市场化过程。

此外，通过优先选购国内企业开发的新产品，政府可以扮演支持国内技术创新和企业成长的角色。设置关键的工程项目和试点计划，制定针对创新产品的采购政策，不仅支持本土企业技术发展，还促进了技术在实际应用中的测试和完善，进而加快整个行业的产业化步伐。这种策略有助于本土技术在国内外市场的竞争力，同时推动了整个工业控制系统领域的技术进步和产业升级。

#### 4.3.3.6 强化工业控制系统的网络安全监管

制定专门针对工业控制系统的网络安全标准，全面覆盖从设备设计到数据传输、系统维护等所有关键环节，以确保企业在系统构建和操作期间严格遵守安全规定。此外，建议设立一个全面的网络安全检测和认证流程，要求所有与工业控制系统相关的设备与软件在部署前必须经过细致的安全审核和认证，以防止它们成为网络攻击的潜在目标。

建立专业的工业控制系统网络安全应急响应机制，以便在发生网络安全事件时，能够快速地进行响应和协调，动员必要资源进行紧急处理，保障受影响系统的迅速修复和恢复正常运行。这些措施将加强对工业控制系统安全防护的系统性管理，提升整个行业的安全保障能力，确保关键基础设施的安全与稳定。

随着工业控制系统中数据量的显著增长，企业面临的数据安全挑战也在加剧。为此，政府需要制定相关政策以促进企业增强数据保护措施，尤其是对国家关键基础设施相关的企业，因为数据泄露可能导致严重的安全风险。推动企业在数据收集、传输和存储过程中实施加密措施，确保数据的安全性和完整性。同时，加强对企业在处理用户和客户隐私数据方面的监督，防止滥用数据。此外，通过政府领导的宣传和教育活动，可以提升企业及其员工对数据安全的认识和重视。确保企业定期进行网络安全培训，提高企业防御网络攻击的技能。这些措施将有助于建立一个更为安全和可靠的数据环境，以保护关键信息资产不受威胁。

#### 4.3.3.7 国际交流与合作

在全球化的大背景下，工业控制系统的发展已跨越国界，国际合作日益成为推动技术创新的关键途径。政府应促进本国企业和科研机构与国际伙伴的技术交流与合作，学习国际先进的技术和经验，从而提高国内的技术能力。

“一带一路”倡议为我国企业提供了广阔的国际合作空间，尤其是在工业基础设施建设领域。通过参与“一带一路”项目，我国的工业控制系统企业有机会扩大其在国际市场的份额。政府应通过与合作国家政府签订合作协议，合作建设和更新工业基础设施，从而推广我国的工业控制技术，增强我国在全球工业领域的影响力。在与“一带一路”合作国家的合作项目中，政府应积极推动技术输出和人才培训的合作，不仅帮助这些国家发展本土的工业控制系统，同时为我国技术人员提供国际化的工作与实践机会。这种合作模式不仅有助于提升我国技术的国际形象，还促进了国内技术的进一步发展和完善。

## 参考文献


[1] 柴天佑. 工业过程控制系统研究现状与发展方向[J]. 中国科学：信息科学，2016, 46(08): 1003-1015.

[2] 黄岳. 基于计算机通信技术的DCS控制系统在工业自动化中的应用[J]. 信息与电脑(理论版)，2024, 36(07): 16-18.

[3] 刘双龙，卢永慧. 石化企业DCS工业控制系统信息安全防护系统的开发和应用[J]. 化学工程与装备，2022(03): 153-155.

[4] 郭帆，蒋薇，杨兴林，等. S7 PLC在实验物理及工业控制系统中的集成（英文）[J]. 强激光与粒子束，2017, 29(08): 114-117.

[5] 杨泽域. 基于系统不变量的PLC脆弱性分析与攻击检测研究[D]. 杭州：浙江大学，2022.

[6] 唐士杰，袁方，李俊，等. 工业控制系统关键组件安全风险综述[J]. 网络与信息安全学报，2022, 8(03): 1-17.

[7] 杨婷，张嘉元，黄在起，等. 工业控制系统安全综述[J]. 计算机研究与发展，2022, 59(05): 1035-1053.

[8] 赖英旭，刘静，刘增辉，等. 工业控制系统脆弱性分析及漏洞挖掘技术研究综述[J]. 北京工业大学学报，2020, 46(06): 571-582.

[9] 张文安，洪榛，朱俊威，等. 工业控制系统网络入侵检测方法综述[J]. 控制与决策，2019, 34(11): 2277-2288.

[10] 赖英旭，刘增辉，蔡晓田，等. 工业控制系统入侵检测研究综述[J]. 通信学报，2017, 38(02): 143-156.

[11] 王良伟. 冶金企业工业4. 0背景下的智能化电气控制系统研究[J]. 冶金与材料，2023, 43(11): 46-48.

[12] 徐肃，王飞，刘永胜，等. 基于宽带电力线载波的工控系统通信网络设计[J]. 内蒙古电力技术，2023, 41(05): 19-27.

[13] 彭勇，向憧，张淼，等. 工业控制系统场景指纹及异常检测[J]. 清华大学学报(自然科学版)，2016, 56(01): 14-21.

[14] 彭勇. 工业控制系统信息物理跨域风险分析技术和应用[D]. 北京：北京邮电大学，2020.

[15] 吴丹. 工业控制系统软件设计质量管理体系研究[J]. 中国设备工程，2024, (12): 81-83.

[16] 韩正. 智能制造领域工业控制系统网络安全防护研究[J]. 网络安全技术与应用，2020, (11): 161-163.

[17] 陈思，吴秋新，张铭坤，等. 基于边云协同的智能工控系统入侵检测技术[J]. 计算机应用与软件，2020, 37(11): 280-285, 333.

[18] 褚健. 流程工业智能工厂的未来发展[J]. 科技导报，2018, 36(21): 23-29.

[19] 中国国家标准化管理委员会. 电气/电子/可编程电子安全相关系统的功能安全 第1部分：一般要求[S]. GB/T 20438. 1—2017. 2017-12-29.



本章负责人　王文海　浙江大学

参加编写人员　曹天宇　嵇月强　张奕楠　王秋婷　徐　斌　李颖梅　张稳稳

# 第5章　数字孪生技术

## 5.1　数字孪生简介

### 5.1.1　数字孪生的内涵

随着大数据、云计算、人工智能、5G技术等新一代信息技术的进步，各行各业都在向数字化、智能化方向发展，例如智慧城市、智能制造、数字建筑和数字电网等。在此背景下，数字孪生（Digital Twin，DT）技术作为推动制造企业智能化转型、促进数字经济发展的重要抓手，迅速成为工业界和学术界的研究应用热点。

数字孪生的相关概念最早是由美国密歇根大学的Grieves教授于2002年提出的，当时称之为“与物理产品等价的虚拟数字化表达”。经过20多年的发展，数字孪生的含义逐渐完善，相关的理论研究日益丰满。表3-5-1列举了不同研究者对于数字孪生的定义。虽然不同的研究机构和专家对于数字孪生定义的具体阐述不尽相同，但其本质都是一致的，即数字孪生是物理对象在数字空间中的全生命周期动态复制体，具有与物理实体相同的外观、属性、行为、规则等，可基于丰富的数据和模型对物理对象的状态和行为提供高保真的模拟、仿真、预测等多种功能。根据组成要素对其内涵进行剖析，数字孪生主要包含物理实体维度、虚拟实体维度、孪生数据维度、虚实连接维度以及服务应用维度五大维度。

表3-5-1　不同研究者对于数字孪生的定义

| 研究者 | 数字孪生的定义 |
| --- | --- |
| 美国空军研究实验室 | 机身数字孪生是一种用于建造和维护飞机超写实的模型，该模型与用于建造和维护特定机身的材料、制造规范、控制以及流程紧密相关 |
| 英属哥伦比亚大学 | 数字孪生实际上是有形资产或系统的生命模型，它基于收集的在线数据和信息不断适应业务变化，并可以预测相应有形资产的未来 |
| 美国辛辛那提大学 | 数字孪生是在云平台上运行的用于模拟真实机器健康状况的数字模型，使用来自数据驱动的分析算法及其他可用物理知识的集成知识进行仿真 |
| 德国西门子公司 | 数字孪生是产品或生产工厂的精确虚拟化模型，它展示了产品和生产全生命周期的演进，用于理解、预测和优化对应物的性能特点 |
| 美国通用电气公司 | 数字孪生是资产、过程的软件形式的代表，用于理解、预测和优化其绩效，其目的是提高资产和流程的性能，进而达到改进业务结果的目标 |
| 美国 ANSYS 公司 | 数字孪生是利用安装在真实系统上的传感器数据作为该仿真模型的边界条件，实现真实世界的系统与数字世界的系统运行性能完全一致 |
| 中国北京航空航天大学 | 数字孪生是一种集成多物理、多尺度、多学科属性，具有实时同步、忠实映射、高保真度特性，能够实现物理世界与信息世界交互与融合的技术手段 |
| 浙江大学 | 数字孪生是构建物理对象在几何、物理、化学和行为特性上“四位一体”的高保真数字镜像，具有实时在线、虚实交互、平行运行、共生演进等特征，具备模拟仿真、预测回溯、分析诊断、优化控制等功能的数字化方法和技术 |
| 中国哈尔滨工业大学 | 数字孪生是指在信息化平台内建立、模拟一个物理实体、流程或者系统 |

（1）物理实体维度

物理实体是数字孪生的构成基础，对物理实体的结构分解和需求分析是构建数字孪生体的前提。根据层级，物理实体可分为设备单元级、流程系统级、企业资源级三个层次。以数字孪生车间为例，车间内各设备如鼓风机、热风炉、机床、机械臂等可视为设备单元级物理实体，是功能实现的最小单元；根据产品的工艺及工序，由设备组合配置构成的生产线可视为流程系统级物理实体，可以完成特定产品或中间产品的加工任务；在生产线之上，企业各管理部门组成的包含了物料流、能量流、信息流的综合系统归属企业资源级物理实体。

不同的物理实体层级对应着不同的数字孪生应用需求和管控力度。例如，针对设备单元级物理实体构建数字孪生，故障监测、设备维护将会是主要的应用需求；针对流程系统级物理实体构建数字孪生，更关注生产线的调度优化、产品质量管控等方面；针对企业资源级物理实体构建数字孪生，需要对各子系统间的交互和耦合关系进行重点刻画，从而实现企业制造、财务、销售、采购、人力等多方面协同分析，制订更优的经营计划。

（2）虚拟实体维度

虚拟实体是数字孪生的主要表现形式，通过几何模型、物理模型、行为模型和规则模型对物理实体进行多维多尺度刻画。几何模型描述了物理实体的几何参数、装配关系等外部形态，使虚拟实体与物理实体具有良好的视觉一致性；物理模型刻画了物理实体的内部动态运行情况，如流场、电场、磁场建模等；行为模型模拟了物理实体在外部环境干扰与内部运行机制共同作用下的实时响应行为；规则模型囊括了基于历史关联数据的规律规则、基于隐性知识总结的经验，以及相关领域标准与准则等。最后通过对以上四类模型进行组装、集成与融合，并进行模型校核以验证虚拟实体和物理实体的一致性、准确性等，创建出能够完整代表物理实体的虚拟实体。

（3）孪生数据维度

数字孪生需要海量的孪生数据来支持模型构建、服务开发等过程，因此孪生数据是数字孪生的内驱力。孪生数据主要包括物理数据、虚拟数据、服务数据、知识数据、衍生数据等。物理数据包括体现实体规格、功能及性能等的物理要素属性数据与反映实体运行状况的真实数据，虚拟数据包括三维模型以及仿真、验证、评估、分析与预测等的仿真数据，服务数据包括业务应用算法与行为结果，知识数据包括专家知识、行业标准、规则约束与推理推论等，衍生数据包括数据预处理、分类、关联、集成、融合等相关处理后得到的新数据。孪生数据集成融合了信息数据与物理数据，满足信息空间与物理空间的一致性与同步性需求，并提供了更加准确、全面的全流程数据支持。

（4）虚实连接维度

虚实连接实现了数字孪生各组成部分的互联互通，支撑着数字孪生最本质的实时连接交互、迭代优化的虚实融合功能。数字孪生的虚实连接过程通常是基于各种传感器、嵌入式系统、数据采集卡等对物理实体数据进行实时采集，利用LoRa、Wi-Fi等数据传输技术和OPC-UA、MQTT等协议规范将数据在虚拟实体、数据库、应用服务等模块间传输，并将虚拟实体的实时仿真计算数据和服务应用模块产生的决策优化等转化为控制指令下达至现场执行器，实现对物理实体的实时反馈控制。低延时、低功耗、大带宽、高可靠的先进数据传输技术是实现数字孪生虚实连接的基石。

（5）服务应用维度

数字孪生的服务呈现多元化，不仅能在仿真、可视化等方面体现其应用价值，还可针对不同的对象和需求，为产品设计、原料采购、加工制造、运行维护等全生命周期提供相应的服务，如流程优化、故障诊断、质量追溯等。先进的人机交互也是数字孪生系统的重要服务，其中增强式交互技术可以将物理空间与数字空间叠加，以沉浸式的3D显示方式呈现给体验者，并通过手柄、穿戴式传感器采集人体动作，实现人与数字空间的人机交互。上述服务通过封装成应用软件、移动端APP等形式向用户提供标准的输入输出，从而降低数字孪生应用实践中对用户专业能力与知识的要求，实现便捷的按需使用。

### 5.1.2 数字孪生的特点

相较于传统的工业信息技术，数字孪生技术具备虚实融合与实时交互、全要素融合、迭代优化等突出特点。

**（1）虚实融合与实时交互**

虚实融合与实时交互是数字孪生有别于传统信息化系统和数字应用的本质特性。数字孪生技术的关键在于孪生，即虚拟实体和物理实体是双向真实映射的。虚拟实体是对物理实体高度真实的刻画和模拟。通过虚拟现实、增强现实、建模与仿真等技术，虚拟实体对物理实体中的要素、行为、规则等多维元素进行建模，得到对应的几何模型、行为模型和规则模型等，从而真实地还原物理实体。反之，物理实体忠实地再现虚拟实体模拟的生产过程，严格按照虚拟实体定义的生产过程以及仿真和优化的结果进行生产，使生产过程不断得到优化。并且物理实体与虚拟实体是实时交互的。在数字孪生运行过程中，物理实体的所有数据会被实时感知并传送给虚拟实体。虚拟实体根据实时数据对物理实体的运行状态进行仿真优化分析，并对物理实体进行实时调控。通过物理实体与虚拟实体的实时交互，二者能够及时地掌握彼此的动态变化并实时地做出响应。

**（2）全要素融合**

在工业系统中存在着生产流程、设备、人员、订单、资金等不同生产要素和资源，数字孪生系统将这些要素囊括其中进行整体考虑，实现对各要素合理的配置和优化组合，保证了生产顺利进行和效益最大化。在数字孪生系统中，人是工程命令的发出者，机负责执行由人发出的命令，物是机器的指令作用对象，环境保证了人、机、物安全、有效、稳定地交互和协作。通过互联网、物联网等信息手段，物理实体的人、机、物、环境等各种要素被全面接入信息世界，实现彼此间的互联互通和数据共享，消除信息孤岛，在整体上提高了数字孪生的效率。

**（3）迭代优化**

在数字孪生系统中，虚拟实体和物理实体之间持续迭代优化运行。针对外部环境以及需求的不断变化，物理实体与虚拟实体之间通过实时交互和迭代优化计算，使得生产过程一直保持在当前目标下的最优情况。在生产过程中，虚拟实体实时地监控物理实体的运行，根据物理实体的实时状态生成优化方案，并反馈指导物理实体的生产。在此优化控制中，生产过程以最优的方案进行，直至生产结束。

### 5.1.3 发展数字孪生的重要意义

数字孪生最早应用在航空航天领域，它突破了物理条件的限制，用计算仿真的方式进行虚拟实验来获取实验数据，以更少的成本和更快的速度迭代火箭的发射周期，进而对火箭发射过程进行优化。时至今日，数字孪生技术已经在各种领域工业场景中进行应用，对于工业生产提质增效发挥了很大的作用。

数字孪生对于工业生产的重要意义是多方面的：针对工业系统状态分析困难、观测信息不完备的问题，通过搭建与物理实体一一对应的数字孪生模型，将“黑箱”的生产过程白箱化，实现工业系统多维度深入观测与分析；针对在线实验验证困难、试错成本高的问题，利用数字孪生系统的自主运行能力，为新方法提供测试平台，可以减少实际物体的实验次数，缩短产品设计周期，降低实验和测试成本，提高可行性和成功率；针对全局协同优化困难的问题，基于数字孪生系统模拟仿真和迭代优化功能，可以实现不同工序中工艺参数的全局协同动态优化，改进产品开发流程，提高生产效率；针对生产精确控制困难的问题，通过数字孪生的实时运行控制，能够提高控制操作精度，实时响应扰动，提高生产灵活性；依托数字孪生的故障监测诊断、设备寿命预测、产品质量溯源、可视化监控等功能，可以及时定位故障，减少宕机时间，降低事故风险，提高产品质量，保障生产安全。

## 5.2 数字孪生国内外研究现状

数字孪生自2002年被提出以来经历了20多年的探索研究，在当前以及未来的一段时间里，数字孪生仍将处于理论和应用研究快速发展的时期，驱动更全面的工业数字化转型。

目前在研究学者的共同努力下，数字孪生的概念和内涵逐渐明晰，对于数字孪生定义的剖析也越来越深刻。关于维度的划分，除了较早的Grieves经典三维结构，近几年发展起来的还有陶飞等人的五维模型、Van der Valk等人的分类模型、Jones等人的十二维特征模型等。Tomczyk等人对于上述的几种主流维度划分方法进行了梳理和比较，如表3-5-2所示。除了维度的划分，国内外许多文献积极关注数字孪生的整体架构搭建，例如Silva等人提出了一个数字孪生的五层通用层次结构，包含物理层、数据层、集成层、服务层、决策层等，为后续数字孪生的建立提供了标准参考。

表3-5-2 四种主流维度划分方法对比

<table>
<tr><th>三维结构</th><th>五维模型</th><th>十二维特征模型</th><th>分类模型</th></tr>
<tr><td>真实空间的物理产品</td><td>物理实体</td><td>物理实体<br>物理环境</td><td rowspan="2">模型精度</td></tr>
<tr><td>信息空间的虚拟产品</td><td>虚拟实体</td><td>虚拟实体<br>虚拟环境</td></tr>
<tr><td>双向数据链路</td><td>连接</td><td>物理-虚拟连接<br>虚拟-物理连接<br>孪生率<br>保真度</td><td>数据链路<br>概念要素<br>同步性</td></tr>
<tr><td></td><td>孪生数据</td><td>参数<br>状态</td><td>数据输入</td></tr>
<tr><td></td><td>服务</td><td>物理进程<br>虚拟进程</td><td>目的<br>接口</td></tr>
</table>

许多工业软件公司如西门子、达索、通用电气、PTC等企业在数字孪生的技术应用架构上进行了研究并开发了相应的数字孪生平台。德国西门子公司2016年就开始尝试利用数字孪生以完善工业4.0应用，2017年底正式发布了基于开放式物联网操作系统MindSphere的生命周期数字孪生应用模型。美国通用电气公司基于Predix云计算环境构建了Genix DT框架，使工业领域的产品生命周期管理流程延伸到设备生产、操作的现场，从而建立起完整、闭环的“设计-制造-运营-优化”的产品周期。2018年，美国ANSYS公司构建了系统级多物理域数字孪生平台Twin Builder，帮助用户在统一的工作流程中构建、验证和部署基于仿真的数字孪生体，实现工业资产的连接功能与整体系统仿真充分结合。法国达索公司利用云技术建立了基于浏览器的三维体验平台3DExperience，连接了从设计到制造和交付的产品开发流程，随着组织和需求的发展，可以访问不断扩展的互联工具组合来管理产品生命周期的各个方面。美国PTC公司通过Thingworx物联网平台与Twin Builder进行数字孪生建模。中国阿里巴巴集团开发了阿里云工业大脑DTwin平台，采用模块化的可视化框架引擎，提供了从产线建模、数据、3D模型、场景搭建等一体化能力，从而实现数字孪生工厂的远程运维和可视化管理。

由于数字孪生在定义之初没有限制工程背景和应用场景，随着数字孪生理论研究的快速发展，关于数字孪生的技术应用也从最初的航空航天领域迅速扩展到了制造业、农业、城市、建筑、电力、医疗等十余个行业，涉及几十种应用场景。在离散制造行业，陶飞等人提出了数字孪生车间的概念，阐述了数字孪生车间的系统组成、运行机制、特点、关键技术等，设计了数字孪生车间的参考系统架构，为企业实践数字孪生车间提供了参考。新加坡政府和达索公司合作搭建了城市数字孪生系统“虚拟新加坡平台”，用于社区服务、城市规划、环境维护和灾害预警等方面。Zaballos等人提出智慧校园，将建筑信息建模（Building Information Modeling，BIM）和物联网无线传感技术结合，基于Azure构建校园环境的数字孪生监测系统，对舒适度、温度、噪声、室内空气质量等环境指标进行可视化评估。李婷婷等人根据数字孪生的理念，采用BIM、5G、人工智能、大数据等技术构建了医院数字化运维平台，为智慧医疗提供了新的管理范式。

数字孪生与人工智能、大数据、物联网等新一代信息技术深度融合，应用场景全面铺开，从军事领域向民用领域、从单一领域向多领域不断拓展，推动各行业数字化、智能化转型升级。在未来的一段时间内，可以预见数字孪生将继续在理论方面不断完善，在应用方面继续拓宽，创造新的可能。

## 5.3 数字孪生的技术与方法

数字孪生的关键技术包括五个主要议题：数据基础技术、模型构建技术、连接交互技术、赋能技术与软件平台技术。

### 5.3.1 数据基础技术

准确、丰富的过程数据是数字孪生系统的基础，通过数据采集模块完成物理空间实体感知，感知数据通过数据传输技术被上传至本地或云端存储，以支撑孪生系统上层模型的运作。如图3-5-1所示，以流程工业中的高炉产线为例，展示数字孪生系统中数据基础的框架。

数据从物理空间中的生产线产生，经过传感器采集实现多源信息的获取，而协议解析可以实现数据的标准化、一致性和可用性，处理后的数据经过数据传输到达数据存储和管理层，完成上游数据处理。

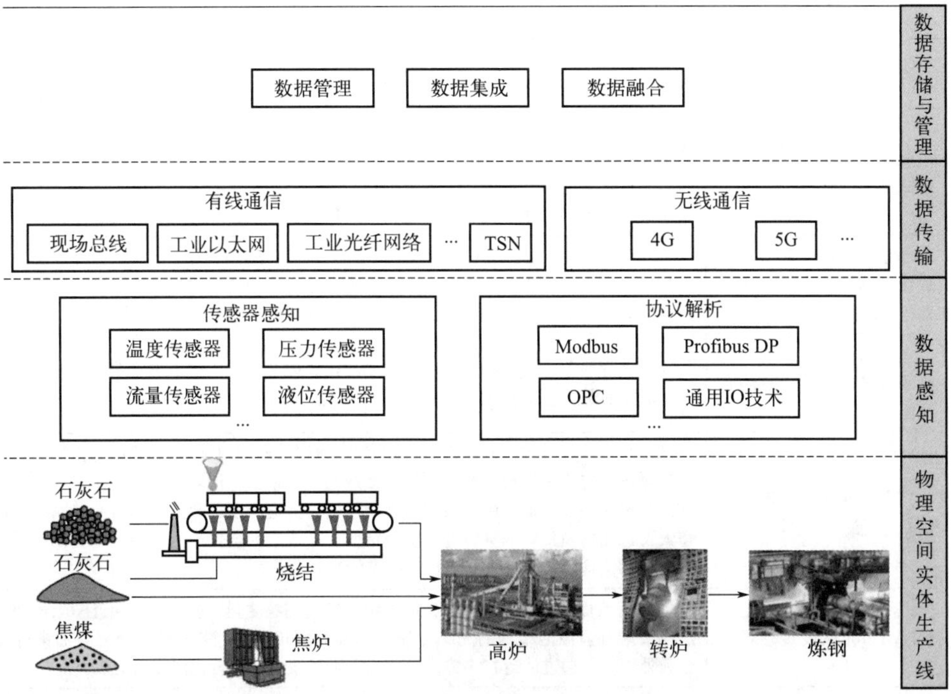


图 3-5-1 数字孪生数据基础框架

**(1) 数据感知的技术与方法**

数据感知是指采用现代化手段采集和获取数据的能力。

数据的获取主要有人工录入和自动化采集两种途径。人工录入是一种传统的数据获取方式，通常涉及由人员手动输入或记录数据。该方法通常用于情境复杂或数据源不易自动化采集的情况。自动化采集是一种现代化的数据获取方式，依赖于各种传感器和控制设备等，如采集环境信息的温湿度传感器、读取设备状态所需专用硬件采集模块、分布式控制系统、可编程逻辑控制器，以及图像、声音、振动等。所获取的数据类型主要包括结构化数据、半结构化数据与非结构化数据。结构化数据是指二维表结构来逻辑表达和实现的数据。非结构化数据是数据结构不规则或不完整，没有预定义的数据模型，如文本、图片、HTML、各类报表、图像和音频/视频信息等。

传感器的精度直接影响数字孪生的性能，各类传感器反馈数据的准确性、实时性以及协调性奠定了数字孪生系统的虚实交互过程的基础。因此，在设备级数字孪生设计的初期，应慎重考虑传感器种类的选择、传感器的安装位置和传感器的组合，同时必须保证系统中多个传感器单元之间的时间同步。使用额外的传感器来实现设备级数字孪生，将增加产品的开发和制造成本。在设计和开发阶段，设计者需要在多方面取得平衡。目前在数字孪生中常用的传感器有测量功率用的电流传感器、测量振动用的加速度传感器、测量温度用的温度传感器、测量力用的测力计和声发射传感器、测量距离的位移传感器等。表3-5-3列出了部分先进传感器及其特点。

表 3-5-3　部分先进传感器及其特点

| 对象 | 技术 | 特点 |
| --- | --- | --- |
| 振动 | 自供电振动传感器 | 国家轨道交通控制与安全重点实验室公开了一种自供电的摩擦电纳米振动加速度计，采用弹簧构建了弹簧质量振动加速度计结构，基材和振块材料为聚甲基丙烯酸甲酯，接触电极由铝薄膜制备。两种不同的薄膜材料可以通过摩擦生电效应产生不同极性的电荷 |
| | 无线射频识别振动传感器 | 射频识别技术是一种基于后向散射理论的通信技术，具有无线、无源、低成本和鲁棒等特点。将射频识别技术引入振动传感器中，可实现无源、无线、低成本非接触测量 |
| | 抗电磁宽频率响应型压电式振动传感器 | 抗电磁宽频率响应型压电式振动传感器，从传感器结构，灵敏度、频率响应范围、正弦振动极限等性能以及电荷转换电路等方面进行模态分析和频响分析，并结合 ANSYS 有限元软件对设计结构进行了随机振动仿真，展现了良好的抗电磁干扰能力，可用于航空航天、船舶、工业设备等领域的振动测量 |
| | 基于 K-means 聚类双重数据压缩算法的振动传感器信息采集 | 基于 K-means 聚类双重数据压缩算法的压缩方法旨在延长无线振动传感器在需要对大量高频振动数据进行采集情况下的使用寿命，该传感器对振动数据进行数据聚合，可以非常明显地提高数据压缩的效率，从而在传输时有效减少冗余数据 |
| 温度 | 基于人工神经网络与模糊逻辑多传感器信息融合算法 | 基于人工神经网络与模糊逻辑多传感器信息融合算法来提高信息的精准度，结合模糊 PID 来控制温度进而进行加热或制冷，该方法的精度、工作效率及可靠性均较高 |
| | CMOS 正反馈式温度传感器 | CMOS 正反馈式温度传感器是应用在半导体集成电路片上热管理中的正反馈式新型温度传感器，它将运算放大器中的正反馈结构设置在了电流转化电路内，使其和电阻相结合，实现对半导体器件中的微弱温度变化信号做进一步的放大处理，使其输出摆幅显著增大，进而达到足够的灵敏度与测量精度，有效放大器件中的微弱温度变化信号，实现温度传感器检测范围的扩大和检测精度的提升 |
| | 基于油封方法的光纤 Fabry-Perot 温度传感器增敏技术 | 为了有效提升二氧化硅基底光纤温度传感器的温度灵敏度特性，通过膨胀辅助放电方法形成端部呈微泡结构的光纤 Fabry-Perot 温度传感器，并对传感器外表面进行镀铬与金膜处理，并通过油封方法将传感器的压强灵敏度特性转化温度增敏效果 |
| 力 | 真空微电子压力传感器 | 其构成包括真空微腔、绝缘层、弹性阳极膜等，具有实际应用优势，如能够支持批量生产、体积较小、灵敏度高、响应速度快、抗辐射性能好，以及稳定性高 |
| | 结合 ZigBee 技术的分布式压力传感器 | 采用分布式压力传感器阵列实现姿态监测。采用 ZigBee 技术形成无线传感器网络，协调器（从机）和多个目标姿态节点连接，各协调器（从机）之间相连，主机与协调器连接。将目标姿态信息安全有效地传输，实现联网监测形成无线监测和管理 |
| | 基于微机械电子技术的自动化压力测量传感器 | 微机械电子技术在传感器中的应用，主要发挥的是数据采集和监测的作用，该技术能够将微传感器的内部部件缩小，在集成封装之后，将其嵌入其他设备当中，并且不会对原有装置的性能产生影响。微传感器的设计和研发是以集成电路为基础的，微机械电子技术则主要应用半导体技术，因而在对压力传感器进行设计时，可以模拟出整个传感器的工作流程，对传感器承受的压力值、输出电压等数值进行计算 |
| 音频 | 基于多传感器融合技术的视频音效控制 | 通过音频处理器选型、数字调音控制台设计、传感器选型等硬件设计和基于多传感器融合的视频音效数字信号处理、视频音效自动增益控制等软件设计，提出一种全新的控制系统。新的控制系统与传统基于单一传感器的控制系统相比，无论是控制效率还是控制精度均明显提高，可为视频质量提供重要保障 |
| | 基于多传感器的声景大数据在线采集 | 可根据任务需求持续不断地进行声景大数据的在线采集和分析，能适应户外恶劣的自然环境（如暴雨和高温）。系统能快速地实现声学指数计算、声纹特征提取、声景特征分类等计算业务，能为声景大数据的在线采集和分析提供详细的参考 |
| 位移 | 基于人工智能技术的激光位移传感器测距误差自动校正方法 | 基于人工智能技术的激光位移传感器测距误差自动校正方法，建立激光位移传感器测距误差预测模型，根据预测结果对激光位移传感器测距误差进行校正 |
| | 基于 AT89C51 单片机的高精度位移测量系统 | 该系统利用步进电机旋转带动被测物体直线移动，AT89C51 单片机根据长光栅传感器采集的信号计算出位移方向和大小，传输给 LCD 显示屏实时显示。同时采用两个光电传感器作为限位开关，控制电机切换旋转方向，实现被测物体的来回移动 |
| | 基于复合形式跟踪微分器的电容式位移传感器 | 用于电容式位移传感器位置信号跟踪以及速度信号估计，可较好地兼顾跟踪信号相位滞后及速度信号噪声放大 |

续表

| 对象 | 技术 | 特点 |
|---|---|---|
| 视觉 | 结合单目相机（彩色相机、黑白相机、红外相机）的立体相机 | 彩色相机更适合于环境感知任务，因为彩色相机能够获得的物体特征更多，从而有利于完成各类任务，但在非理想条件下，单色相机可能更适合于此，这是因为彩色相机所能获得的有效特征有限，而黑白相机在光线较暗的情况下表现更好。红外相机的优点就是能够捕捉到热辐射，某些物体与水温度偏差较大的物体通常会在红外相机的图像上清晰可见，夜间也是如此，但是红外相机的造价贵、分辨率低，在特定场合才会使用。将两个相机和目标物三者构成一个三角形，通过三角测量法可以计算出距离 |
| | 基于左右一致性的无监督多损失融合的方法 | 可以在没有真实标签的情况下进行基于单目相机的深度估计 |
| 遥感 | 固态激光雷达传感器 | 与传统机械式激光雷达相比，固态激光雷达具有更小的尺寸、更低的成本、更高的空间分辨率和效率，可以集成到便携式设备中 |
| | 单光子激光雷达 | 单光子激光雷达是一种光学相机，它采集自身发出的激光到达目标后反射的光子数量信息，不依赖自然光，穿透力强，可以全天候全天时工作，主要面向低功耗、高分辨率等实用化需求的远距离激光雷达应用 |
| | 高密度激光雷达 | 高密度激光雷达能大幅提高激光发射频率，实现高密度采样，获取更加全面的数据 |
| | 全波形激光雷达 | 全波形激光雷达是近年来发展迅速的激光雷达分支之一，每个激光脉冲的反向散射信号被记录为几百个样本，可产生激光覆盖区中待测目标结构的高度细节，有助于显著提高区分不同对象的性能 |

一个系统中往往包含多种类型的设备与传感器，而每种传感器或设备可能会采用不同的协议，这为数据采集的兼容性带来了挑战。根据协议解析的不同方法，目前主要存在两种针对不同设备与传感器的数据采集结构，其结构示意图如图3-5-2所示。

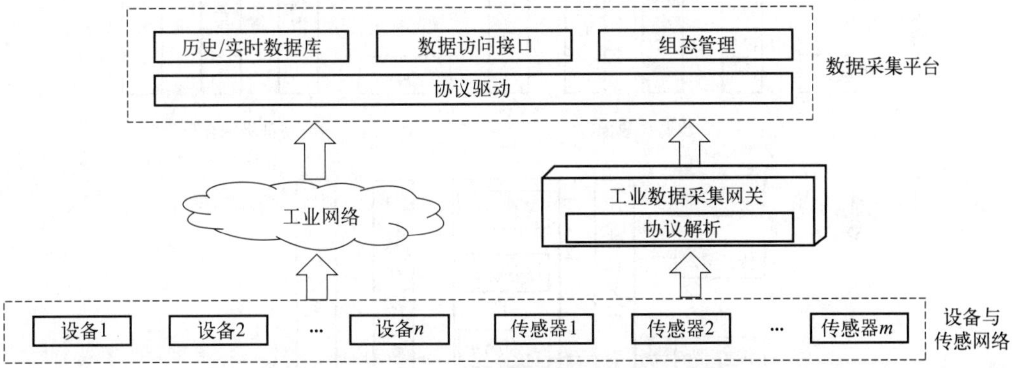


图3-5-2　数字孪生系统数据采集结构示意图

① 将协议驱动集成在数据采集端：各个设备与传感器采集的数据直接通过工业网络上传至数据采集平台，而工业网络主要包括工业以太网、串口线等，数据采集平台利用相关的协议驱动模块或协议解析方法对数据进行处理和统一。该方法网络更加简单，系统延时小，但是对数据采集平台的要求更高，集中化更明显。

② 在数据采集网关执行协议解析：终端设备与传感器通过网关间接接入数据平台，在数据网关中完成各类工业协议数据的转换，将其转换成统一数据格式后，集中上传至数据采集平台。该方法采用分布式计算模式，并支持边缘计算，分担了数据采集平台的压力，但是系统更加复杂，硬件成本更高。

**（2）数据集成的技术与方法**

数据集成是对来自多个传感器的数据和相关信息进行合成、关联与集成处理，以获得更高的检测概率以及可信度。目前，主流的多源数据集成模式包括数据仓库法、联邦数据库法与虚拟数据库法。

数据仓库法将来自不同异构数据源的数据抽取出来，按照全局模式的方式存储在数据仓库中。数据仓库是一个面向主题的、集成的、相对稳定的、反映历史变化的数据集合。数据仓库主要包括数据的提取、转换与装载、元数据、数据集市和操作数据存储等部分。用户可以如同使用本地数据库一样使用数据仓库。

联邦数据库法是异构数据采集中较为简单的一种方式。联邦数据库的所有数据源之间都通过数据交互接口连接，任意两个数据源之间都可以使用对应的数据交互接口来互相访问，从而实现每个数据源都能对其他数据源进行数据访问。这种集成方法设计简单，但需要大量的数据交互接口。

虚拟数据库法是另外一种重要的数据集成方式，它克服了数据仓库法中数据不能得到实时更新的缺点。在虚拟数据库法中，上层的数据查询会分解成对各个异构数据源的子查询，各个子查询的结果进行综合处理后，以虚拟视图的方式呈现给用户。通过这种方式，虚拟数据库法可以保证查询的数据与各异构数据源的数据同步。

多传感器网络具有多源性、异构性、非完备性以及冗余性等特点，经过多方面、多层次以及多级别的融合，形成对客体对象统一的表征。根据数据融合发生的位置，可将其分为数据级融合、特征级融合和决策级融合，如图3-5-3所示。

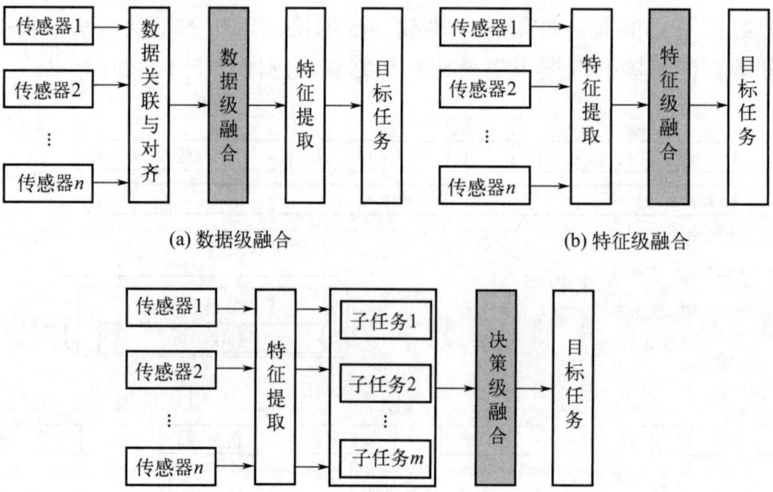


(c) 决策级融合

图3-5-3 不同层级数据融合

不同的单源感知数据在感知设备、时空分布、数据类型等方面存在差异显著，进行融合时往往需要对数据进行差异分析、数据分析及关系分析实现不同源数据的匹配，在不扭曲单源数据分布的前提下，用一种统一的模式描述各数据源数据，从结构、语义、模式等角度实现数据的统一，以消除多源异构数据的冲突问题，实现信息综合利用。

对于数字孪生系统而言，除了物理实体系统中通过传感器产生的感知数据，还包含虚拟映射系统中产生的仿真数据，实现"虚实交互"的数据融合是数字孪生系统中独有的数据融合需求。通过孪生数据与实体数据的融合，实现孪生虚拟模型与实体产线之间的交互映射，完成虚实系统的整体化以及信息综合化利用，使得数字孪生系统与单一系统相比，发挥更大的优势。

目前，多源异构数据融合方法大致可分为估计理论、概率与统计、信息论、人工智能算法四大类。其中，估计理论中以加权平均法、最小二乘法、卡尔曼滤波算法、极大似然法、蒙特卡洛法为代表；概率与统计包含贝叶斯网络、主成分分析、聚类分析等方法；信息论包含熵理论、信息测度等方法；人工智能算法包含粗糙集理论、D-S证据理论、随机集理论、进化算法、人工神经网络（ANN）、支持向量机、深度学习、随机矩阵理论等方法。表3-5-4和表3-5-5列出了几种多源异构数据融合方法的优缺点。

表 3-5-4 几种经典的多源异构数据融合方法

| 方法 | 优点 | 缺点 |
| --- | --- | --- |
| 加权平均法 | 简单、实时 | 需要已知系统和数据具体含义的准确理解 |
| 卡尔曼滤波算法 | 适用于动态冗余数据融合，可以缓解系统数据传输和存储压力 | 必须为同构数据 |
| 贝叶斯网络 | 可以处理具有噪声的不确定性数据 | 数据须满足概率分布 |
| 聚类分析 | 无监督学习，不需要事先给出分类标准，可以自动探索分析 | 高维数据运算复杂度高 |

表 3-5-5 几种较新颖的多源异构数据融合方法

| 方法 | 优点 | 缺点 |
| --- | --- | --- |
| 专家系统 | ①融合规则直观、模块化；②可以增加、删除或修改规则，系统实时性和有效性好；③融合结果具有一定的解释能力 | ①需要完备的知识库，知识获取及完备性验证难度较大；②分析时需要搜索、匹配知识库内的规则集，系统较大时融合速度较慢；③系统结构或配置变化时，需要修改知识库，后续校核难度较大，大型系统维护难度大；④容错能力较差，若数据源质量不佳，专家系统无法识别错误信息，可能得到错误结论；⑤一般不具备学习能力，若知识库缺少新的目标情况，将得到错误融合结果或无法得到结果 |
| 模糊理论 | ①可以处理不确定性问题；②使用语言变量表达专家经验，较好理解；③可以得到依据模糊度高低排序的多个融合结果 | ①数据融合时需要搜索规则集，系统较大时融合速度较慢；②系统网络结构或配置变化时，需要修改知识库及相关规则模糊度，维护较为复杂；③不具备学习能力 |
| ANN | ①具有学习能力，可实现知识的自组织；②具备一定的泛化能力；③容错能力较强，可以处理带有噪声的输入数据；④神经元可以并行处理，融合速度较快；⑤具有良好的自适应能力，可以实现复杂的映射，非线性处理能力较好 | ①需要大量样本数据，收敛速度较慢；②如果系统结构变化，需重新组织网络，增加新的样本数据重新训练；③通常只能输出一个0~1的数字，融合结果缺乏解释性；④黑箱工作，虽然具有一定的容错能力，但是无法反映具体错误数据；⑤外推时误差较大，在系统具有病态特性时更加严重；⑥电力系统网络规模扩大时，输入及输出节点数量会迅速增加，不适用于大型网络，需要分区处理，再综合得出结果 |
| 进化算法 | ①对待所需融合问题几乎无限制；②全局搜索性好 | ①算法的参数对结果影响较大；②多复杂数据处理效率低 |
| D-S 证据理论 | ①不需要提前给出先验概率，擅长处理不确定性问题；②可以直接表达“不确定”与“不知道” | ①数据需要独立；②证据合成规则的合理性和有效性难以判断；③计算上存在组合爆炸问题 |

### （3）数据传输与存储的技术与方法

数据的传输与存储是数字孪生系统使用数据的基础，通过数据传输与存储，数据的功能才得以体现。数字孪生系统中数据的交互是连接各个环节的纽带，也是将数据传输、存储与整个系统联系在一起，整个系统中数据的交互可以用图3-5-4来表示。

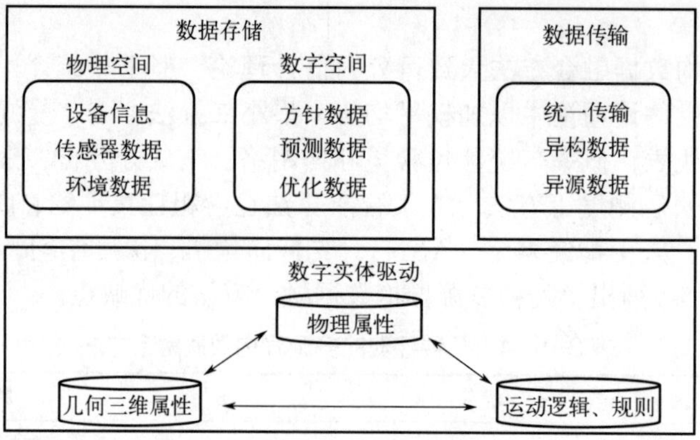


图 3-5-4　数字孪生系统中的数据交互模块

数据交互最重要的就是数据的实时传输，通过实时传输保证数据的时效性。数据存储是将物理实体运转过程产生的数据存放于物理空间或数字空间，将不同层面采集的数据进行处理，并以统一的格式存储。而数字实体驱动是数字孪生系统数据存储和传输的基础，包含对物理实体的物理属性、几何三维属性以及运动逻辑、规则的描述。

数据传输是数据互联的重要通道，它将采集的数据传输到虚拟系统，按数据传输顺序分类可分为并行传输和串行传输。并行传输是将数据以成组的方式在两条以上的并行信道上同时传输。例如采用8单位代码字符可以用8条信道并行传输，一条信道一次传送一个字符。因此不需要另外的措施就实现了收发双方的字符同步。缺点是传输信道多、设备复杂、成本较高，故较少采用。串行传输是数据流以串行方式在一条信道上传输。该方法易于实现。缺点是要解决收、发双方码组或字符的同步，需外加同步措施。串行传输采用较多。

数据传输技术应需具备更高的带宽、低延时、安全性等特性，按传输介质分类可分为有线传输与无线传输两类。无线传输的远距离、低成本、低功耗都给数字孪生技术带来了很大的便利。但无线传输受限于其自身的传输方式，相较于有线传输，可靠性和安全性都存在一定的隐患。如使用无线网络的形式对数据进行传输，则必须考虑到数据在传输过程中因为各种可能丢包，甚至被恶意非法篡改的可能性，因此无线传输通常采用一种特殊加密的通信协议来确保目标能够收到发出端发出的完整、可靠、安全的信息。双绞线电缆、同轴电缆、光缆等是常用的有线传输方式。无线电波、地面微波、卫星微波为主要的无线传输方式。作为一种先进的卫星微波模式，5G技术将提供超高速、高可靠性、低能耗、高安全性的通信和数据传输。此外，区块链技术和微云技术作为补充工具，也将进一步增强数据之间的智能连接。

采集到的数据需要大量的智能存储系统，一般是通过内部存储和云端存储这两种方式进行部署。内部存储是在数字孪生的物理系统上部署存储系统，将数据存储于其中。虽然该方案拥有更高的数据安全性，但需要较高的设备采购成本以及维护基础设施的专业知识。云端存储是将收集到的数据传输到云端存储提供商的存储基础设施中，其成本远低于内部存储。云端存储使得进一步的数据分析和机器学习解决方案集成更快、更可行，所需的专业知识更少。因此，更多的研究工作者偏向于更加灵活的基于云端的解决方案。

通常情况下，分布式数据库系统存储结构化数据，关系数据库管理系统存储XML格式描述的非结构化数据。区块链是一种新兴技术，其本质上是一类分布式数据库，用于记录已执行的数字事件，并以点对点的方式在参与者之间共享。其技术特点是分布式、非中介化、不可变和不可信，可以有效解决制造服务协同中的数据同步、数据加密等问题。

### 5.3.2 数字孪生体构建技术

数字孪生模型是在虚拟空间中对物理实体的属性、方法、行为和其他特征进行数字建模。该过程主要包括五个议题：需求分析、模型构建、模型装配、模型融合、模型验证。数字孪生体构建理论体系如图3-5-5所示。

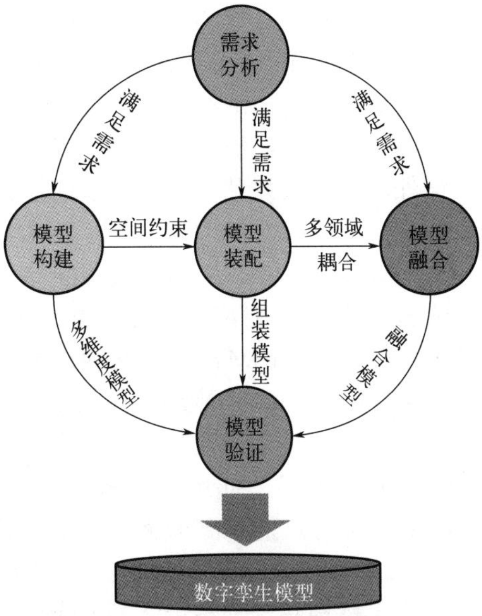


图 3-5-5　数字孪生体构建理论体系

**（1）需求分析**

需求分析是数字孪生模型构建的第一步，包括产业需求分析、明确设备对象、数据需求分析等。数字孪生模型在当今工业领域中具有重要的应用潜力，它能够在虚拟空间中对物理实体进行数字建模，为生产流程的优化和决策提供指导。数字孪生模型的设备对象包括整个生产线，涵盖了多个关键设备和系统，如高炉炼铁过程中的上料、布料、鼓风、打孔、热风和TRT设备。数字孪生模型对于生产流程各个阶段具有以下指导意义：

① 优化生产流程。通过模拟分析数字孪生模型，可以识别生产过程中的瓶颈短板，进而提出优化方案。模型可以帮助确定最佳生产参数、工艺调整和设备配置，以提高生产效率和产品质量。

② 预测故障和维护计划。数字孪生模型可以通过监测设备运行状态和关键指标，提前发现潜在故障，并进行预测性维护计划。这有助于降低设备停机时间、减少维修成本，并增强整体生产线的稳定性和可靠性。

③ 决策支持。数字孪生模型可以提供决策支持，帮助我们制定生产计划、调度资源和应对变化。通过模拟和优化，我们可以评估不同决策方案的效果，并选择最佳方案以实现生产效益的最大化。

建立数字孪生模型的数据需求包括设备运行数据、传感器数据、操作记录和环境数据等，建模策略包括模型构建、装配、融合、验证等技术。通过明确产业需求、设备对象的合集、数字孪生模型的指导意义、数据需求以及策略研究，能够为数字孪生模型的成功构建和应用奠定基础。

**（2）模型构建技术**

数字孪生模型构建是指针对物理对象，构建其基本单元的模型，根据物理对象多维度可划分为几何建模、物理建模、行为建模、规则建模等建模技术。

① 几何建模。几何模型的构建描述了物理实体的形状、大小、内部结构、空间位置、几何关联等信息。几何模型不仅用于造型，其结构完整性与复刻精度也是物理实体运动分析、优化设计、虚拟交互等环节的关键。有限元建模技术、点云与建筑信息建模（Building Information Modeling，BIM）是最常用的几何建模技术。

有限元建模技术作为一种经典的建模技术，是将物体分割成有限个小单元，并在每个单元上进行数值计算的方法。有限元建模技术将物体分割为离散单元，为每个单元分配适当的几何形状和属性，以便进行力学分析和模拟，常被用于数控机床的几何建模。

点云是通过一定的测量手段收集的点的密集集合。利用激光扫描和摄影扫描（如摄影测量、针孔相机建模等）导出的点云称为密集点云，其中点的数量更大，更密集。点云可以被处理和转换为几何模型，以描述物体的外部形状和表面特征。通过点云数据，可以对目标表面进行特征化，最后直接高效地表示三维物理实体。

BIM结合了静态结构建模和面向对象建模的技术优点，从而创建具有非图形特征和信息的3D模型。与专注于宏观层面的地理信息系统（Geographical Information System，GIS）分析技术相比，BIM涵盖了微观层面。通过整合点云的高效数据采集和GIS的宏观几何空间概念，BIM可以实现更细致的几何建模场景。

几何建模工具通常由专用的3D建模软件完成，如Pro/E、CATIA、SolidWorks、Autodesk REVIT、Surfer等。Pro/E、CATIA、SolidWorks是工业机械专用的三维建模软件。Autodesk REVIT和Surfer分别专注于建筑信息建模和三维地理信息建模。LiDAR扫描仪、Zenfone AR、Kinect传感器、激光扫描仪也可以实现物理实体的几何建模。此外，将上述软件和工具构建的模型导入Flexsim、Abaqus、Demo 3D、Unity3D和Siemens NX等平台，可以进行更复杂的几何信息构建和动画制作。

对于Web端几何建模，Web图形库结合了开放图形库和JavaScript编程语言，以提供3D图形应用程序编程接口，具备更好跨平台能力的网页3D渲染。图3-5-6展示了大型高炉系统的几何模型。

图3-5-6　大型高炉系统几何建模示意图

② 物理建模。物理模型构建为质量控制和物理性质的分析、预测等服务提供了基础。具体地说，物理模型的构建可分为静态建模与动态建模两种模式。

静态物理模型构建包括物理性质、状态、行为、结构和材料属性等静态特征的定量建模，其仅由物理实体确定并且独立于变化的物理分析方法。静态建模主要用于静态分析、结构优化、质量控制等领域。在工程领域中，通过静态建模可以进行应力分析、变形分析和刚度评估等。典型例子如流体-热电多物理场耦合模型，揭示了纳米流体对热电性能的强化作用。

动态建模是指基于动态数据和物理原理构建的模型。它考虑物体的运动、变化和相互作用等动态特性，以描述物体在时间上的演变和响应。动态建模主要用于动态分析、运动仿真、性能预测等领域。例如，在机械系统设计中，通过动态建模可以进行运动学分析、动力学分析和系统响应预测等。对于动态变化的物理系统，如机械零件内部的热传导，需要在时空解域上创建和计算有限个节点，以获得整个系统的物理状态分布。典型例子如有限元模型，描述了数控机床实时磨损状态，实现了数控机床性能衰减的动态评估。

对于物理建模，最常用的技术是有限元建模。有限元建模使用数学近似来开发物理实体的材料、载荷、约束和机械特性的模型。有限元建模的核心是离散化。然而，离散化操作与物理实体的复杂性正相关。因此，降阶建模技术可用于减少复杂物理实体的计算工作量。物理建模的其他技术包括数据增强法、计算流体动力学（Computational Fluid Dynamics，CFD）建模、系统动力学建模、统计建模等。

目前，物理建模的工具包括Ansys、Abaqus、Simulink等。Ansys是一种通用有限元分析软件，包含多个物理场。它为快速有限元建模提供了丰富的组件，并通过各种图表可视化其分析结果。Abaqus也是一种主流的有限元分析软件，更擅长复杂的非线性问题和结构分析。通过创建自定义物理建模组件，Simulink可以描述物理实体背后的物理概念和变量之间的物理连接。Simulink和Ansys联合建模是一种很有前途的方法。对于连续的物理建模优化，研究人员可以将Simulink生成的物理参数加载到Ansys的有限元模型上，并将分析结果反馈到Simulink中。

除了软件之外，OpenModelica是一种面向对象的多领域建模语言，通常用于构建机械、液压与电气组件的物理模型。PreComp是一种专门用于创建复合材料叶片结构特性（如交叉耦合刚度）的代码。除此之外，还存在其他物理建模工具，如MWorks、Simcenter Amesim软件、Flexsim、Demo 3D和Mechatronic Concept Designer。

③ 行为建模。行为模型被构造为表示物理实体的顺序、并发、链接、周期性和随机行为。准确的行为模型决定了数字孪生模型的运动和控制的精确性。行为建模技术基于运动学和动力学分析对象在时间和空间中的运动演化，通过微分方程来描述。运动学建模、动力学建模、微分方程建模是最常用的行为建模技术。

运动学建模关注物体的运动性质。它使用位置、速度和加速度等参数来描述物体在时间和空间中的运动。运动学建模通常基于几何关系和运动学方程，例如位移、速度和加速度之间的关系。

动力学建模考虑物体的力学特性和相互作用，并描述物体的运动和力学行为。它涉及物体受力、惯性、质量等因素，并使用动力学方程来描述物体的运动。动力学建模可以包括牛顿力学、拉格朗日力学和哈密顿力学等。

微分方程是用于描述物体运动和行为的数学工具。行为建模中的微分方程可以是一阶或高阶的，用来描述物体的运动、变化和响应。通过求解微分方程，可以得到物体的运动状态和行为，例如式（3-5-1）所示的拉格朗日方程：

$$\frac{\mathrm{d}}{\mathrm{d}t}\times\frac{\partial L}{\partial \dot{q}}-\frac{\partial L}{\partial q}=Q \tag{3-5-1}$$

对于机器人的行为模型构造，Denavit-Hartenberg（D-H）符号通过在基础坐标系上制定末端执行器位置和姿态来建立机器人的动力学方程。随机建模技术通过随机变量和概率分布描述随机因素的影响，可以建立系统在随机干扰下的行为模型。

常见的行为建模工具如下。

在基于Web的数字孪生应用中，基于ThreeJ的JavaScript控制脚本在基于Web的应用程序中创建和渲染3D场景，可以根据真实场景需求实现数字孪生模型的功能实现、内部调整、外部交互和事件响应。AutomaExcisionML是一个用于建立离散对象互操作性的行为模型的工具。它提供了一种描述离散对象行为的方式，可以用于模拟和分析系统中的离散事件和行为。

Unity3D是一个用于交互式内容创建的实时3D平台。它通过将基于C#的脚本安装到虚拟场景中的3D对象来实现快速行为建模。Unity3D因其可访问性、多功能性和丰富的学习资源而被推荐用于行为建模。然而，缺点是从Unity3D导出的包消耗了更大部分的资源。Simcenter Amesim、Ansys、Flexsim、CarSim、Demo 3D和Mechatronic Concept Designer等都是常用的行为建模软件，可以进行多领域的行为建模和仿真分析。

④ 规则建模。规则模型的构建揭示了隐含的知识，描绘了物理实体的内部动态及演化趋势。通过数据挖掘、信息处理、知识度量和图形映射等手段，复杂的经验和知识被赋予规则模型。规则模型往往是对物理实体执行设计（模拟、优化与调度）、估计（预测与过滤）、控制（稳定性分析、控制器设计与性能评估）与监测（统计质量控制与故障检测）的关键。

基于对知识和数据的依赖程度，规则建模技术可以分为三类：白箱模型（机理模型）、黑箱模型（数据驱动模型）、灰箱模型（混合模型）。

白箱模型依赖于过程机制（知识），可以提供对物理实体内部动态的深刻理解，白箱模型需要结合具体物理实体机理知识构建模型。

黑箱模型依赖于过程数据，从输入输出数据中提取有用信息并构造辅助变量与主导变量间的数学关系。而目前常用的黑箱模型建立方法主要可分为基于传统统计回归的方法和基于人工智能机器学习的方法。前者包括多元线性回归（Multiple Linear Regression, MLR）、主成分回归（Principal Component Regression，PCR）、偏最小二乘回归（Partial Least Squares Regression，PLS）等，后者包括人工神经网络（Artificial Neural Network, ANN）、支持向量机（Support Vector Machine，SVM）、集成学习方法等。其中，多元线性回归模型表达式如式（3-5-2）所示。

$$\begin{cases} \boldsymbol{Y}=\boldsymbol{X}\boldsymbol{\theta}+\boldsymbol{b} \\ \boldsymbol{\theta}=(\boldsymbol{X}^{\mathrm{T}}\boldsymbol{X})^{-1}\boldsymbol{X}^{\mathrm{T}}\boldsymbol{Y} \\ \boldsymbol{b}=\boldsymbol{Y}-\boldsymbol{X}\boldsymbol{\theta} \end{cases} \tag{3-5-2}$$

白箱模型的性能受限于模型假设有效的范围，黑箱模型的性能受限于可用数据的范围，灰箱模型通过串行或并行手段将两者组合，在建模过程中既考虑了物理实体的机理知识，也利用了数据驱动的方法。灰箱模型可以在提供一定理解能力的同时，克服白箱模型对于完整机理知识的依赖，以及黑箱模型对大量标记数据的需求，通常具有更大的优势。表3-5-6列出了灰箱模型与黑箱模型、白箱模型的对比。

表 3-5-6　灰箱模型与黑箱模型、白箱模型的对比

| 模型属性 | 灰箱模型优于黑箱模型之处 | 灰箱模型优于白箱模型之处 |
| --- | --- | --- |
| 结构 | · 一些灰箱模型参数具有物理意义；<br>· 参数空间降维 | · 更容易开发 |
| 性能 | · 提高模型结果的统计可信度；<br>· 在进行实验之前更深入地了解系统行为；<br>· 由于适应性的本质，更好地泛化 | · 即使物理实体动态特性是部分未知的，也可以建模；<br>· 在非线性和动态系统中表现更好 |

续表

| 模型属性 | 灰箱模型优于黑箱模型之处 | 灰箱模型优于白箱模型之处 |
|---|---|---|
| 动态效应 | • 更好地处理在线应用程序的动态效果；<br>• 在设定点变化或严重干扰时具有更好的控制性能；<br>• 更有意义的控制决策；<br>• 获得新数据后更容易模型校准；<br>• 更好的多变量控制性能 | • 在消除偏移方面有着更好的性能；<br>• 只需要传输和存储部分统计信息或特征，节省带宽和存储资源 |
| 数据依赖 | • 与灰箱模型相比，需要更少的数据集；<br>• 稀疏和噪声数据下更好的估计性能 | • 保护敏感数据隐私，隔离数据拥有者和模型使用者 |

**（3）模型装配技术**

模型装配是将单元级数字孪生模型实现为更高层次数字孪生模型的过程，包括需构建模型的层级关系并明确模型的装配顺序，在装配过程中添加合适的空间约束条件，通过适当的实物空间约束来实现模型装配。在模型装配中，必须根据模型层次和装配顺序考虑模型间的拓扑信息。

数字孪生体包含物理和虚拟两种装配模型，物理装配模型和虚拟装配模型相互关联。物理装配模型代表了实际的装配空间，包含装配设备和实体等要素。虚拟装配模型是对物理装配模型的虚拟映射，通过装配工艺规则、产品模型和二维布局等元素来描述装配过程和相关信息。数字孪生装配系统如图3-5-7所示。

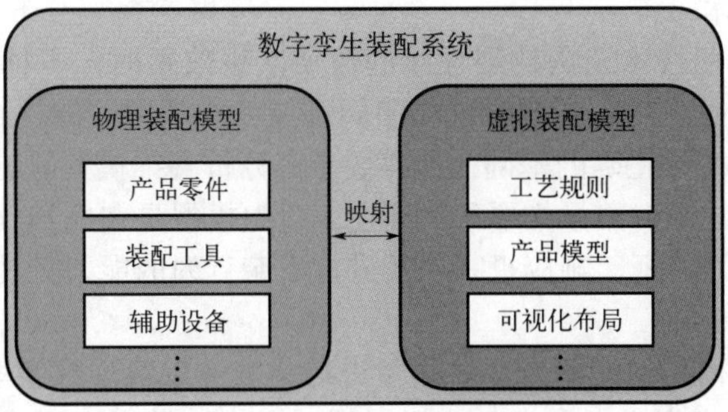


图3-5-7　数字孪生装配系统

常用的模型装配技术：计算机视觉技术可以从图像中提取信息并进行处理，为实际测量提供依据。通过将其与粒子群优化算法等优化算法相结合，可以实现快速自动装配。蒙特卡罗方法也是可用于模型装配的一类方法，其基于随机抽样和统计分析，通过多次模拟和迭代，得到模型装配的最优解或近似解。

数字孪生体的装配过程依赖于实时的数据支持，知识图谱方法可用于复杂产品装配工艺信息的结构化存储，能够对装配信息和装配关系进行形式化和规范化的描述。数字孪生模型装配涉及的信息包括装配工艺信息、场景资源信息、装配协同信息，可将信息以三元组的形式存储到知识图谱中，其属性存储了装配要素、装配特征、装配要求等基本信息。

数字孪生增强现实（Augmented Reality，AR）技术能通过孪生体节点和语义关系，完整获取到预规划的装配工艺信息，并通过节点遍历获取整个装配的集合，完成复杂产品装配信息的可视化。物理装配场景中，通过场景资源信息动态构建的AR系统能够满足基本的AR资源可视化，通过协同类别和协同坐标信息共享AR空间的构建和装配信息关联，消除信息隔离，进行单工位和多工位的AR协同装配。数字孪生AR协同装配信息集成结构如

图3-5-8所示。

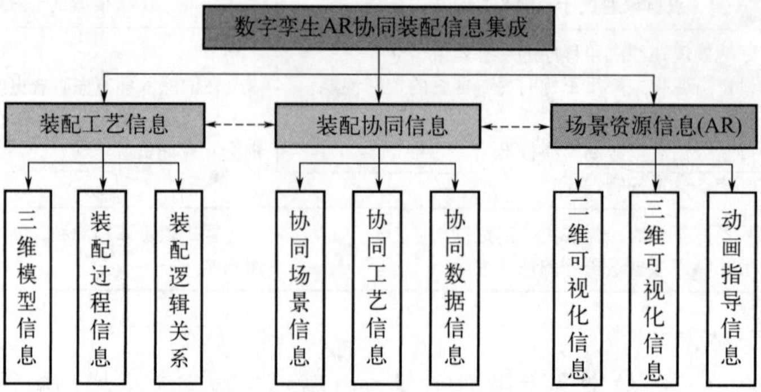


图 3-5-8　数字孪生 AR 协同装配信息集成结构

除了上述模型装配技术外，有一些商业软件也可以实现模型装配：FlexSim是一款流程仿真软件，提供了强大的3D模拟环境，可以模拟和优化生产线、物流系统等复杂的装配过程。Demo3D是一款用于物流仿真和装配仿真的软件，可以帮助用户在三维环境中进行数字孪生模型的装配和优化。此外，用于PC的Unity3D和用于Web的ThreeJS也可以有效地解决数字孪生模型之间的几何关系，包括重叠、相交、邻接等。Simscape是MathWorks的一款多物理场建模软件。它可以用于建立复杂系统的物理模型，并进行装配和仿真分析。

**（4）模型融合技术**

当某类模型的装配技术无法达到理想的数字孪生效果时，多种模型的相互融合是必要的。模型融合的核心是明确耦合模式和不同领域多模型之间的耦合关系。在“几何-物理-行为-规则”模型构建正确的基础上，需要研究分析各维模型间的关联与映射关系。几何模型和物理模型是建模对象异构要素的描述，行为模型是在此基础上加入驱动及扰动因素，使各要素具备行为特征、响应机制以及进行复杂行为的能力，规则模型使各模型具备评估、推理、演化等能力。

模型融合应从结构和功能两方面对模型进行集成，以实现数字孪生模型的综合效果。例如，CNC机床的数字孪生模型由包含不同领域的各种学科知识的电气、液压和机械系统等数字孪生模型组成，电气系统通过通信接口控制液压系统，液压系统通过驱动连接件驱动机械系统，运动中的机械系统将信息反馈给电气系统。这些模型通过通信接口进行耦合，实现控制和驱动机械系统的协调运动。图3-5-9以机床为例展示了数字孪生多维模型的融合过程。

模型融合的技术：语义信息建模技术建立了数据的语义和关系，来自模型装配的几何信息和来自生产过程文档的过程信息可以被智能地集成以构建数字孪生模型之间的静态融合。Petri网技术可以表示和分析系统中的并发活动、同步和异步行为以及资源竞争等关系，实现数字孪生模型之间的动态融合。

针对“几何-物理-行为-规则”模型，可综合利用数据和机理驱动方法、多时空尺度协同方法、多元非线性回归分析方法，得到空间几何模型加入运行机理后的行为要素与规则要素的关联映射，最终得到多维模型的关联与映射关系。针对规则模型，可通过机器学习和数据挖掘技术将多个规则模型进行融合，融合方法包括：投票法，基于多数表决原则对多个规则模型的评估结果进行投票来确定最终的预测结果；平均法，对多个规则模型的评估结果进行平均来得到最终结果；Stacking方法，通过训练组合规则模型来结合多个基

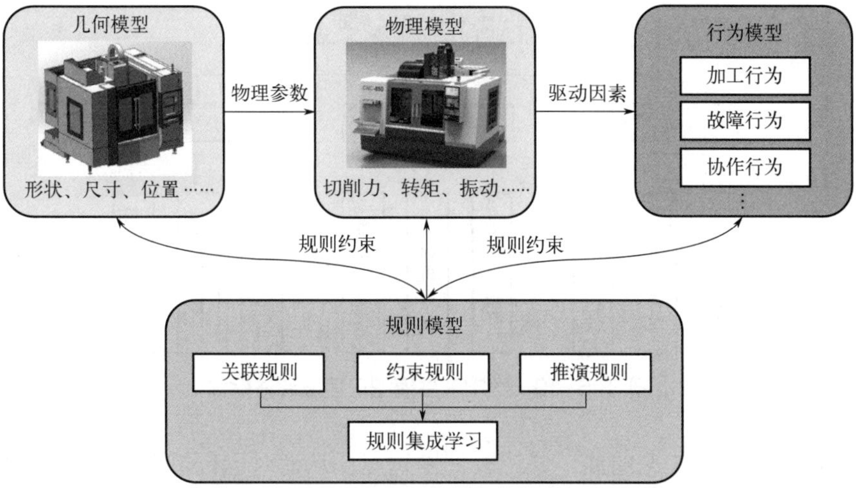


图 3-5-9　数字孪生多维模型的融合过程

模型的评估结果，组合模型使用基模型的评估结果作为输入，从而产生最终结果。

模型融合的工具：Functional Mockup Interface（FMI）是一种开放标准，定义了一组接口和文件格式，用于实现不同维度（例如机械、电气、控制等）的模型融合，FMI允许不同建模和仿真工具之间的模型互操作性，可以将不同工具生成的模型进行耦合和联合仿真。除了不同维度的模型融合，Mechatronic Concept Designer基于统一建模语言无缝集成了机械、电气和自动化多领域的多模型，提供了一个统一的建模环境，使得不同领域的模型可以无缝集成和协同工作。OpenFAST常被用于融合空气、水力、伺服和弹性模型进行仿真分析。此外，基于OpenModelica、OMEdit等开源的建模和仿真环境，可以提供交互式API，便于用户定义模型扩展以进行模型融合。

**（5）模型验证技术**

为了实现功能功效和满足需求一致性，需要模型验证，以确保数字孪生模型准确地反映实际系统。模型验证是对数字孪生模型与物理对象在相同条件下输出的一致性进行评价。模型验证过程可被总结为：建立模型精度及可信度评测算法与融合客观检测数据及先验知识，构建孪生体模型评估验证平台，对孪生体的精度与稳定性进行测试。

模型精度可信度评测算法可分为静态数据一致性分析方法和动态数据一致性分析方法。其中静态数据一致性分析方法主要是统计学方法，包括K-S检验、卡方检验和置信区间法。动态数据一致性分析方法包括灰色关联分析方法、经典谱估计方法、小波分析方法、最大熵谱分析方法等。数字孪生模型可信度评估指标可分为模型设计可信度、模型运行可行度和模型交互可信度三个方面，具体指标如图3-5-10所示。

模型验证技术的选择要根据实际应用场景进行量身定制。以流程工业数字孪生模型为例，首先，从流程工业设备工序间的耦合关系和运行机理角度出发，建立数字孪生模型精度及可信度评测算法，验证运行机理多时空尺度模型的精度以及空间几何模型与运行机理多时空尺度模型融合后的孪生模型的可信度。其次，根据机理建模建立的强耦合的输入输出关系构建量化评价指标，对运行机理多时空尺度模型进行精度的定量评测，依据准确的数值计算结果反映机理模型与实际生产流程的偏差程度。结合流体力学、传热学和能量守恒等理论，分析各工艺在复杂环境下相互联系的运行规则，采集实际工艺获取的生产数据以及孪生体的数字生产数据，选取量化评价指标并设定权重关系，构建非线性方程拟合出

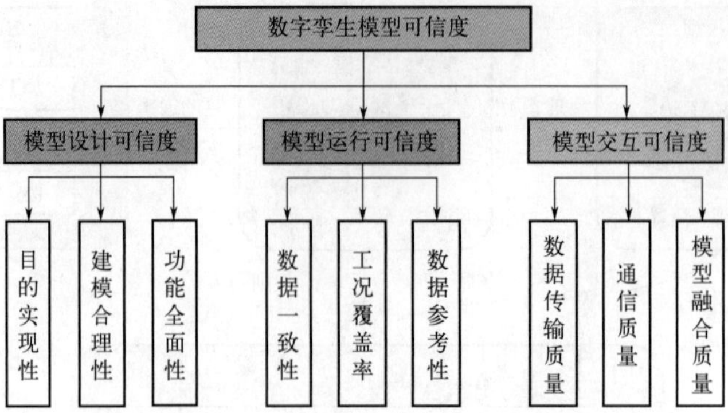


图 3-5-10 数字孪生模型可信度评估指标

数字孪生体和实际生产工艺曲线，并比较偏差程度，从而对运行机理模型动态输出做出定量的、合理的验证。

此外，小位移扭转理论和蒙特卡罗方法可以识别不确定的模型装配位置，因此，可以通过避免装配误差来执行装配精度的评估。静动力方程分析技术可以识别和分析用户自定义的单元误差，为模型修改奠定基础。格子玻尔兹曼方法可以通过分析像素级模型来验证多孔介质的渗透稳定性。其他模型验证技术包括非线性最小二乘法、卡尔曼滤波法、超快裂纹扩展方法等。

模型验证的工具：MWorks可以通过仿真结果中的模型变量与实测度量变量之间的数值比较，验证参数值对真实的场景的适用性；Simulink可以通过其图形化调试器和分析器检查仿真结果并对异常模型行为进行故障排除；Flexsim与Demo 3D也可以实现模型的验证功能。

模型验证仿真平台搭建流程示例：首先分析建模对象的几何结构和组成，利用CAD软件解析建模对象关键的结构参数，采用3Dsmax、Maya、SolidWorks、UG、ProE等软件工具建立其空间几何模型，在Polygon Cruncher、3DS VIZ、Inspire 3D、Autodesk VIZ等软件平台上对三维模型进行减面优化，同时结合Zbrush、Mudbox、Modo、3DCoa等烘焙工具进行模型烘焙；其次，利用unity3D、Blender、Unreal4、Source2、Frostbite Engine等软件平台实现实体对象与孪生体的虚拟交互，再基于Cg编程和Shader贴图渲染及Occlusion Culling的遮挡剔除功能实时优化模型渲染效果；最后，利用各类CAE分析软件，如NASTRAN、ADINA、ANSYS、ABAQUS、MARC、MAGSOFT、COSMOS、OpenFOAM、CFD、Fluent等，对各类设备的运行机理、能量交换、多场耦合演变规律等进行建模及数值模拟仿真，以实现数字孪生体的仿真模拟及验证。

### 5.3.3 数字孪生连接交互技术

连接与交互是数字孪生的重要组成部分之一，其主要功能是实现数字孪生虚实要素间的数据传输与信息交换，同时不同数字孪生间、数字孪生与人及与环境间也需连接与交互实现数据传输。通过信息交互，数字孪生能实现物理空间的状态预测、优化和控制，在一定程度上体现了数字孪生与传统仿真的区别与差异。

连接与交互技术在数字孪生中的具体应用有：

① 可视化建模：连接与交互技术可以将数字孪生中的物理实体、结构和过程以可视化

的方式呈现给用户。通过3D建模、虚拟现实等技术，用户可以在数字孪生中进行虚拟操作和实验，从而更好地理解实际场景，并进行改进和优化。

② 数据可视化：数字孪生可收集大量的数据，连接与交互技术可以将这些数据转化为直观的图表、图像或动画，使用户能够更好地理解和分析数据。通过数据可视化，用户可以发现潜在的模式、趋势和异常，为决策提供支持。

③ 实时监测与预测：连接与交互技术可以将实时采集的传感器数据与数字孪生进行融合，实现对实际系统的监测和预测。用户可以通过可视化界面实时查看系统状态，并进行预测和模拟分析，以便及时做出调整和决策。

④ 协同设计与远程协作：连接与交互技术支持多用户之间的协同设计和远程协作。用户可以通过数字孪生平台共享和交流设计想法，并进行实时的沟通和协作。这种方式可以大大提高设计效率和准确性，减少沟通成本和时间。

⑤ 教育与培训：连接与交互技术为教育和培训提供了全新的方式。通过数字孪生和交互可视技术，学生和培训人员可以进行虚拟实验、模拟操作和情景演练，提升学习效果和实践能力。

数字孪生的发展为各行各业带来了巨大的机遇和挑战，而连接与交互技术则是数字孪生实现与用户交互的重要手段，具体包括交互可视技术和扩展现实技术等。随着技术的不断进步和创新，连接与交互技术将在数字孪生领域发挥越来越重要的作用，推动数字化发展。

**（1）交互可视技术**

交互可视技术是指通过各种手段将数字孪生中的数据和信息展示给用户，并实现用户与数字孪生之间的交互。它为用户提供了直观、高效的方式来理解和操作数字孪生，发挥了桥梁和纽带的作用。交互可视技术使用户能够深入了解各个层次的细节，帮助用户构建统一的数据分析及应用场景，帮助用户构建从数据采集→分析→洞察→决策→执行到可持续应用的数字化闭环。它以数据为核心，对行业中复杂、多变的场景进行数据化、可视化、自动化、智能化和流程化的数字化落地，提升数字化系统的实时性、易用性，主要包括脑机接口、人机接口和全息交互技术。

脑机接口是在人或动物大脑与外部设备之间建立连接，用户可通过信号采集、信号翻译和信号执行，实现脑与设备信息的交换。在数字孪生系统中，无须借助语言、手势或其他工具，用户可通过大脑直接操纵实体或表达想法，通过直接进行神经感知，获得超越现实、完全沉浸的元宇宙体验。具体实现流程为：

① 采集脑信号：使用脑电图或其他脑信号采集设备，记录用户的脑电波信号。

② 信号处理和特征提取：对采集到的脑信号进行预处理和特征提取，以提取与用户意图相关的信息。

③ 意图识别和分类：应用机器学习或模式识别算法，将脑信号特征映射到预定义的命令或操作，实现对数字孪生的意图识别和分类。

④ 孪生操作控制：根据识别的用户意图，将相应的命令或操作传递给数字孪生系统，实现对模型的控制和操作。

人机接口是指人与计算机之间建立连接、交互信息的输入/输出设备技术，这些设备包括键盘、鼠标、显示器和打印机等。在数字孪生系统中，人机接口可提供和谐的人机交互环境，使得人与计算机之间的交互能像人与人之间的交流一样方便、自然。人机接口能够显著提高人机交互的友好性，提高人们对数字孪生的应用水平，促进数字孪生产业的发展。人机接口实现流程：

① 设备选择：根据具体应用场景和需求，选择合适的人机接口设备，如触摸屏、键盘、鼠标、语音识别设备等。

② 交互设计：设计界面布局、交互元素和操作方式，使用户能够直观、便捷地与数字孪生进行交互。

③ 交互实现：根据交互设计，开发相应的软件或应用程序，实现人机接口的功能和交互逻辑。

④ 用户操作：用户通过人机接口设备进行操作，如点击触摸屏、输入文本、使用鼠标进行拖拽等。

⑤ 孪生系统响应：数字孪生系统接收用户的操作指令，执行相应的操作，更新模型或提供反馈信息。

全息交互通过全息技术为用户提供一种全新情境，增进数字孪生体与用户之间的交流，让用户产生科幻般的体验。全息交互是计算机交互发展的产物，具有多样性、直观化、信息量大等特点，基于人工智能算法和智能硬件，让用户在使用数字孪生系统时拥有更加强烈的操控感和沉浸感。全息交互技术实现具体实现流程：

① 数据建模与处理：将数字孪生模型进行三维建模，并进行数据处理和准备，使其适应全息投影或可穿戴设备的展示要求。

② 设备配置：配置全息投影设备或可穿戴设备，确保其与数字孪生系统的连接和通信正常。

③ 交互设计：根据全息交互的特点和限制，设计交互方式和手势识别规则，使用户能够与全息投影的数字孪生进行交互。

④ 交互实现：根据交互设计，开发相应的软件或应用程序，实现全息交互技术的功能和交互逻辑。

⑤ 用户操作：用户通过手势、眼神或声音等方式与全息投影的数字孪生进行交互，执行相应的操作或控制。

⑥ 孪生系统响应：数字孪生系统接收用户的交互指令，根据指令更新模型、展示结果或提供反馈信息。

**（2）扩展现实技术**

数字孪生技术应用虚拟现实（Virtual Reality，VR）、增强现实（Augmented Reality，AR）以及混合现实（Mixed Reality，MR）的3R技术，建立可视化程度极高的智慧能源系统虚拟模型，提升可视化展示效果。利用计算机生成视、听、嗅等感官信号，将现实与虚拟的信息融为一体，增强用户在虚拟世界中的体验感和参与感，辅助技术人员更为直观、高效地洞悉智能设备蕴含的信息和联系。

VR采用以计算机为核心的高新科技，构建集听觉、视觉、味觉、触觉和嗅觉等感官于一体的高保真数字化人工环境，用户通过I/O设备，以较为自然的方式与虚拟世界的虚拟实体进行互动，实现相互影响、相互作用，进而产生身临其境的体验感。在数字孪生中，VR技术可以被应用于以下方面：

① 可视化与模拟：用户可以进入虚拟环境中，与数字孪生模型进行交互，观察和探索模型的细节，提供更直观的可视化效果。

② 虚拟协作：多个用户可以共同进入同一个虚拟环境，同时进行数字孪生的协作编辑、讨论和决策，增强团队合作效率。

③ 虚拟培训与仿真：通过在虚拟环境中模拟真实场景，用户可以进行虚拟培训、操作

演练和风险评估，提高工作安全性和效率。

AR采用以计算机为核心的高新科技技术，提供附加信息对用户感知到的物理世界进行增强，产生的附加信息以听觉、视觉、味觉、触觉和嗅觉等生理感觉相融合的方式叠加至真实场景中。AR技术可以被应用于以下方面:

① 增强可视化：用户可以通过AR设备在实际场景中观察数字孪生模型的可视化展示，实时获取模型相关的信息和指导。

② 虚实融合：将数字孪生模型与实际场景进行融合，用户可以通过AR设备在实际环境中进行模型操作、标记和注释，实现更加直观和准确的交互。

③ 智能导航和维护：AR技术可以通过实时的位置和方向识别，将数字孪生模型与实际设备或系统进行关联，为用户提供导航、维护和故障排除的指导和支持。

MR能够实现真实场景和虚拟场景的混合匹配，真实场景中的物理实体和虚拟场景中的虚拟实体同时存在且可进行实时交互，从而构建出物理实体和虚拟实体实时交融的全新环境。混合现实的两种形态分别是增强现实和增强虚拟，其理想状态是实现物理实体和虚拟实体在物理、几何、光照和交互一致性上的完全匹配。在数字孪生中，MR技术的应用有:

① 虚实互动：用户可以通过MR设备在实际环境中与数字孪生模型进行互动，触发虚拟内容的显示、操作和反馈，实现更加自然和直观的交互。

② 虚实可视化：将数字孪生模型与实际场景进行实时融合，用户可以在实际环境中观察和操作虚拟对象，提供更真实和具体的可视化体验。

③ 环境感知和反馈：MR技术可以通过环境传感器和虚拟信息的交互，为用户提供实时的环境感知和反馈，如碰撞检测、避障引导等。

### 5.3.4 数字孪生赋能技术

#### 5.3.4.1 预测回溯

数字孪生赋能的预测技术是一种具有应用价值和意义的数字孪生应用技术，旨在利用数字孪生模型实现建模对象状态变量、性能指标等参数的计算和预测，并将实时数据与模型进行比对和分析，从而预测系统未来的状态、性能或行为。数字孪生赋能的预测技术将有助于系统、设备的潜在问题检测和运行策略优化等下游工作。

基于已知的、由数字孪生系统感知得到的自变量$\boldsymbol{X}$，对数字孪生系统需要推理得到的因变量$\boldsymbol{Y}$的拟合是数字孪生赋能的预测技术的基础。因变量$\boldsymbol{Y}$随着自变量$\boldsymbol{X}$改变的模式可能会表现出简单时不变线性，也可能呈现复杂时变非线性。特别是在工业生产领域中，因变量$\boldsymbol{Y}$对于自变量$\boldsymbol{X}$的时间依赖的动态特性是一种较为常见的现象。针对不同的模式，预测技术也有所不同。一般而言，针对因变量$\boldsymbol{Y}$所建立的预测模型可以分为白箱模型、黑箱模型或者由两者结合而成的灰箱模型。受制于工业数字孪生系统的复杂性，白箱模型的应用场景相对较为有限。而近年来随着机器学习技术的发展，数据驱动的黑箱模型正得到越来越广泛的应用。

面向较为简单的时不变线性关系，一些简单、高效的拟合方法便可实现较好的预测效果。以最小二乘法（Least Squares Method，LSM）为例，这一方法通过以实际输出与期望输出之间的残差平方和最小为目标，对模型的参数进行估计。狭义上的最小二乘算法已成功被应用在诸多领域，而其中蕴含的优化思想也为后续诸多预测算法的研发提供了参考。

线性特性意味着，若以下关系对任意的$\boldsymbol{a}$、$\boldsymbol{x}$、$\boldsymbol{b}$都成立，则称$f$具有线性特性。

$$f(\boldsymbol{ax}+\boldsymbol{b})=\boldsymbol{a}f(\boldsymbol{x})+\boldsymbol{b} \tag{3-5-3}$$

而时不变特性则表明，$f_{t_1}=f_{t_2}$对任意$t_1$和$t_2$而言皆成立。因此，对于一个线性时不变系统而言，若因变量$Y$受自变量$X$的影响，则二者之间的代数关系可以表示为:

$$\boldsymbol{y}=\boldsymbol{x}^{\mathrm{T}}\boldsymbol{a}+\boldsymbol{b} \tag{3-5-4}$$

其中，$\boldsymbol{a}$和$\boldsymbol{x}$分别代表权重向量和自变量向量:

$$\boldsymbol{a}^{\mathrm{T}}=[a_1,a_2,\cdots,a_m] \tag{3-5-5}$$

$$\boldsymbol{x}^{\mathrm{T}}=[x_1,x_2,\cdots,x_m] \tag{3-5-6}$$

因此，式（3-5-4）可以表示为:

$$\boldsymbol{y}=\int_{i=1}^{m}a_i x_i+\boldsymbol{b} \tag{3-5-7}$$

或用增广矩阵形式加以表示:

$$\bar{\boldsymbol{a}}^{\mathrm{T}}=[\boldsymbol{b},a_1,a_2,\cdots,a_m] \tag{3-5-8}$$

$$\bar{\boldsymbol{x}}^{\mathrm{T}}=[1,x_1,x_2,\cdots,x_m] \tag{3-5-9}$$

$$\boldsymbol{y}=\bar{\boldsymbol{x}}^{\mathrm{T}}\bar{\boldsymbol{a}} \tag{3-5-10}$$

并定义优化目标为:

$$\boldsymbol{L}=\min_{\bar{\boldsymbol{a}}}(\bar{\boldsymbol{x}}^{\mathrm{T}}\bar{\boldsymbol{a}}-\boldsymbol{y})^2 \tag{3-5-11}$$

由于优化目标为凸函数，根据凸函数的极值存在定理，该目标函数极值存在且当且仅当$\bar{\boldsymbol{a}}=\dfrac{\partial \boldsymbol{L}}{\partial \bar{\boldsymbol{a}}}$时优化目标取得极值，因而将其转化为一个显性的二次多项式向量求导问题。针对这一问题，可以简单得到其解析解为:

$$\bar{\boldsymbol{a}}=(\bar{\boldsymbol{x}}\bar{\boldsymbol{x}}^{\mathrm{T}})^{-1}\bar{\boldsymbol{x}}\boldsymbol{y} \tag{3-5-12}$$

通过求解相关参数，可以揭示因变量$Y$与自变量$X$之间的变化模式。上述普通最小二乘（Ordinary Least Squares，OLS）算法可以有效解决时不变线性关系目标的预测问题，然而在数字孪生系统的实际应用过程中，自变量$X$的多重共线性是一种更为常见的现象，例如在高炉炼铁数字孪生系统中，原料成分、炉温、炉压、鼓风量等参数之间相互影响，它们与预测目标（例如铁水中的硅含量等）之间的关系难以用简单的线性关系进行概括。除此之外，考虑到铁水采样和化验的频率，少样本问题也会对上述方法的实际效果产生影响。对此，一系列改进算法被用于处理上述两个问题。其中代表性算法之一即为偏最小二乘（Partial Least Squares，PLS）算法。为了求解自变量共线性问题和样本数量过少问题，偏最小二乘采用线性变换预处理操作，首先对自变量矩阵$\boldsymbol{X}\in\mathbb{R}^{n\times m}$（其中$n$代表样本个数，$m$代表变量个数）进行降维线性变换，使其成为$\bar{\boldsymbol{X}}\in\mathbb{R}^{n\times k}$（其中$k$远小于$m$），然后对$\bar{X}$

进行OLS变换。这一降维线性变换的本质要求在于，不仅希望降维后的矩阵$\bar{\boldsymbol{X}}$能够携带原始数据矩阵$\boldsymbol{X}$的主要信息，更希望$\bar{\boldsymbol{X}}$能够剔除原始数据矩阵中对于预测$\boldsymbol{Y}$而言无关的部分信息。

由于偏最小二乘是一个迭代的过程，可以假设初始两类数据矩阵（自变量数据矩阵和因变量数据矩阵）分别为:

$$\boldsymbol{E}_0 = \boldsymbol{X} \in \mathbb{R}^{n\times m} \tag{3-5-13}$$

$$\boldsymbol{F}_0 = \boldsymbol{Y} \in \mathbb{R}^{n\times o} \tag{3-5-14}$$

不失一般性地，假设两类数据矩阵已经经过归一化处理，则在线性条件下相关系数最能反映自变量中所能包含的因变量变化信息，因此偏最小二乘的目标思想可由下列公式表征:

$$\max\left(\boldsymbol{w}_1^{\mathrm{T}}\boldsymbol{E}_0\boldsymbol{F}_0\boldsymbol{c}_0^{\mathrm{T}}\right) \tag{3-5-15}$$

$$\text{s.t.}\begin{cases}\boldsymbol{w}_1^{\mathrm{T}}\boldsymbol{w}_1 = 1\\ \boldsymbol{c}_1^{\mathrm{T}}\boldsymbol{c}_1 = 1\end{cases} \tag{3-5-16}$$

由拉格朗日乘子法可以解得以下两式:

$$\begin{cases}\boldsymbol{E}_0^{\mathrm{T}}\boldsymbol{F}_0\boldsymbol{c}_1 = 2\lambda_1\boldsymbol{w}_1\\ \boldsymbol{F}_0^{\mathrm{T}}\boldsymbol{E}_0\boldsymbol{w}_1 = 2\lambda_2\boldsymbol{c}_1\end{cases} \tag{3-5-17}$$

由于:

$$\boldsymbol{w}_1 = \boldsymbol{E}_0^{\mathrm{T}}\boldsymbol{F}_0\boldsymbol{c}_1\frac{1}{2\lambda_1} \tag{3-5-18}$$

将$\boldsymbol{w}_1$代入式（3-5-17）中可得:

$$\boldsymbol{F}_0^{\mathrm{T}}\boldsymbol{E}_0\boldsymbol{w}_1 = \boldsymbol{F}_0^{\mathrm{T}}\boldsymbol{E}_0\boldsymbol{E}_0^{\mathrm{T}}\boldsymbol{F}_0\boldsymbol{c}_1\frac{1}{2\lambda_1} = 2\lambda_2\boldsymbol{c}_1 \tag{3-5-19}$$

即:

$$\boldsymbol{F}_0^{\mathrm{T}}\boldsymbol{E}_0\boldsymbol{E}_0^{\mathrm{T}}\boldsymbol{F}_0\boldsymbol{c}_1 = 4\lambda_1\lambda_2\boldsymbol{c}_1 \tag{3-5-20}$$

由于:

$$\lambda_1 = \lambda_2 = \boldsymbol{w}_1^{\mathrm{T}}\boldsymbol{E}_0^{\mathrm{T}}\boldsymbol{F}_0\boldsymbol{c}_1 \tag{3-5-21}$$

即拉格朗日常数与优化目标一致，而拉格朗日常数正是矩阵$\boldsymbol{F}_0^{\mathrm{T}}\boldsymbol{E}_0\boldsymbol{E}_0^{\mathrm{T}}\boldsymbol{F}_0$的特征值，其特征向量为$\boldsymbol{c}_1$，同理可以得到$\boldsymbol{w}_1$也是某一矩阵的特征向量，该矩阵为$\boldsymbol{E}_0^{\mathrm{T}}\boldsymbol{F}_0\boldsymbol{F}_0^{\mathrm{T}}\boldsymbol{E}_0$。

由于$\boldsymbol{w}_1$和$\boldsymbol{c}_1$分别代表着自变量数据矩阵$\boldsymbol{E}_0$和因变量数据矩阵$\boldsymbol{F}_0$在相关系数最大优化目标下的投影方向，因此可以迭代更新两类数据矩阵:

$$\boldsymbol{E}_1 = \boldsymbol{E}_0 - \boldsymbol{t}_1\boldsymbol{p}_1^{\mathrm{T}} \tag{3-5-22}$$

$$\boldsymbol{F}_1 = \boldsymbol{F}_0 - \boldsymbol{t}_1\boldsymbol{m}_1^{\mathrm{T}} \tag{3-5-23}$$

其中:

$$\boldsymbol{t}_1=\boldsymbol{E}_0\boldsymbol{w}_1 \tag{3-5-24}$$

$$\boldsymbol{p}_1=\frac{\boldsymbol{E}_0^{\mathrm{T}}\boldsymbol{t}_1}{norm_2(\boldsymbol{t}_1)} \tag{3-5-25}$$

$$\boldsymbol{m}_1=\frac{\boldsymbol{F}_0^{\mathrm{T}}\boldsymbol{t}_1}{norm_2(\boldsymbol{t}_1)} \tag{3-5-26}$$

式中，$\boldsymbol{p}_1$和$\boldsymbol{m}_1$分别是利用OLS方法求解的系数参数向量。值得注意的是，此时并没有使用上$\boldsymbol{c}_1$线性变换，这是由于在实际应用当中，对因变量矩阵进行线性变换的需求不高，因此只需采用迭代更新自变量矩阵的方式，增大对因变量矩阵的解释力度。最终可得:

$$\boldsymbol{E}_0=\boldsymbol{t}_1\boldsymbol{p}_1^{\mathrm{T}}+\boldsymbol{t}_2\boldsymbol{p}_2^{\mathrm{T}}+\cdots+\boldsymbol{t}_k\boldsymbol{p}_k^{\mathrm{T}}+\boldsymbol{E}_{k+1} \tag{3-5-27}$$

式中，$k$为可以手动选取的迭代次数，最终获得数据矩阵$\bar{\boldsymbol{X}}=[\boldsymbol{t}_1,\boldsymbol{t}_2,\cdots,\boldsymbol{t}_k]\in\mathbb{R}^{n\times k}$。

事实上，针对数字孪生系统中预测目标因变量$\boldsymbol{Y}$和自变量$\boldsymbol{X}$之间的少样本、多重共线性、时不变的关系，已形成了较多成熟的算法，除了PLS回归之外，还有支持向量回归（Support Vector Regression, SVR）、主成分回归（Principle Component Regression, PCR）等，并得到了广泛的应用。在钢铁行业，浙江大学杨春节教授团队提出了数据驱动高炉炼铁多元铁水质量非线性子空间建模方法，发明了基于多输出支持向量回归机的铁水质量多元动态软测量技术，构建了多元在线序贯极限学习机驱动的高炉铁水质量在线预报体系，突破了铁水质量指标在线检测与高精度智能感知的难题，将世界领先水平（俄罗斯钢铁巨头MMK集团）的铁水质量指标（硅含量）的感知误差由0.09%降低到0.0664%。该算法已成功部署于高炉炼铁数字孪生系统，用于硅含量等铁水性能指标的预测。

在实际的工业过程数字孪生系统构造过程中，对应的工业生产流程往往具有较强的动态性，即预测目标$\boldsymbol{Y}$与$\boldsymbol{X}$之间的关系和模式会随着时间发生变化，因而产生时间序列的概念。针对时变数字孪生系统，往往需要通过时间序列分析的方法实现预测。时序建模的经典模型包括移动平均（Moving Average，MA）模型、自回归（Autoregressive，AR）模型、自回归移动平均（Autoregressive Moving Average，ARMA）模型，以及带外生变量的自回归移动平均（Autoregressive Moving Average with Exogenous Inputs，ARMAX）模型等。这些模型都旨在解释时间序列内在的自相关性，从而关注、预测目标的未来状态。AR模型本质假设时间序列是随机游走的一个扩展，当前时刻及未来时刻的所有信息都包含在过去时间步的数据和白噪声当中。具有以下结构的模型往往称为AR模型:

$$x_t=a_0+a_1x_{t-1}+a_2x_{t-2}+\cdots+\phi_p x_{t-p}+\omega \tag{3-5-28}$$

MA模型与AR模型假设相似，区别在于在MA假设之下，当前时刻及未来时刻所有信息都包含在过去时间步的白噪声当中。具有以下结构的模型往往称为MA模型:

$$x_t=c_0\omega_t+c_1\omega_{t-1}+\cdots+c_q\omega_{t-q} \tag{3-5-29}$$

ARMA模型具有比单一AR模型或MA模型更高的泛化性能，ARMA模型融合了AR和MA模型的特色，既具有自回归项，也具有移动平均项。具有以下结构的模型往往称为ARMA模型:

$$x_t = -a_0 - \sum_{j=1}^{p} a_j x_{t-j} + \sum_{j=1}^{q} c_j \omega_{t-j} \tag{3-5-30}$$

一般情况下，数字孪生系统的预测目标并非完全由历史数据和白噪声决定，许多真实的物理系统都受到输入的控制。相比ARMA模型而言，ARMAX添加了额外的输入项。具有以下结构的模型往往被称为ARMAX模型：

$$x_t = -a_0 - \sum_{j=1}^{p} a_j x_{t-j} + \sum_{j=1}^{q} c_j \omega_{t-j} + \sum_{j=1}^{k} b_j u_{t-j} \tag{3-5-31}$$

而其矩阵表示方法为：

$$\boldsymbol{A}(q) x_t = \boldsymbol{B}(q) \omega_t + \boldsymbol{C}(q) u_t \tag{3-5-32}$$

$$x_t = \frac{\boldsymbol{C}(q)}{\boldsymbol{A}(q)} \omega_t + \frac{\boldsymbol{B}(q)}{\boldsymbol{A}(q)} u_t \tag{3-5-33}$$

此时，对于数字孪生系统中相关目标的预测，即转变为参数 $\{\boldsymbol{A}, \boldsymbol{B}, \boldsymbol{C}\}$ 的辨识问题。当前，ARMAX模型已被应用于高炉炼铁数字孪生系统中用于实现高炉的故障诊断。除此之外，ARMAX模型也为更加先进的预测技术提供了具有价值的思路和参考。

ANN在拟合因变量和自变量之间的非线性关系方面具有优良的能力，但由于计算能力以及理论方面的限制，在其提出后的较长一段时间内难以得到大规模应用。近年来，随着学术界中各类ANN理论的突破，数据科学与技术的发展以及计算能力的提高，一系列基于ANN的方法被提出，以解决钢铁、水泥、造纸、化工等流程工业数字孪生系统中预测目标与建模变量之间高非线性、强动态性的问题。

反向传播神经网络（Backpropagation Neural Network，BP-NN）是最基本且最常见的神经网络之一。作为一种前馈神经网络，通过使用反向传播算法来训练网络，从而实现对输入数据的模式识别和预测。BP-NN的基本结构由输入层、隐藏层和输出层组成。输入层接收输入数据，隐藏层通过一系列的神经元和权重连接将输入数据进行加权和转换，最后输出层产生最终的预测结果。每个神经元都通过激活函数对加权和的结果进行非线性变换，以引入网络的非线性能力。BP-NN的训练过程主要依赖于反向传播算法。该算法通过计算预测输出与实际输出之间的误差，并将误差从输出层向隐藏层和输入层进行反向传播，不断调整网络中的权重，以减小误差。这个过程被称为梯度下降，它利用误差梯度来更新网络中的权重，以最小化损失函数。

具有代表性的ANN变种包括了循环神经网络（Recurrent Neural Networks，RNN）、卷积神经网络（Convolutional Neural Networks，CNN）等，并由此衍生了大量的改进和组合。RNN在处理时间序列数据和具有时序依赖关系的数据方面表现出色。传统的前馈神经网络在处理时间序列数据时存在困难，因为它们无法捕捉到数据中的时间依赖性。RNN通过引入循环连接的方式，使得信息能够在网络中传递和持久化。这样的结构使得RNN能够记忆先前的信息并将其用于当前的预测或建模任务中。在流程工业中，时间序列数据非常常见，例如生产过程中的温度、压力、流量等参数的变化趋势。通过使用RNN，可以对这些参数进行准确的预测，并及时检测到工艺过程中的异常情况，从而实现对流程的及时调整和优化。而CNN在处理图像和空间数据方面表现出色。CNN的核心思想是通过卷积操作来捕捉输入数据中的局部特征，并通过池化操作来减少参数数量和提取更高层次的抽象特征。在流程工业中，图像识别、部件分割和异常检测等任务中，CNN表现出了优良的性能。例如，在生产线上，使用摄像头捕捉的图像可以用于识别产品缺陷、分割设备的各个部件，或者检测工业场景中的异常情况。通过应用CNN，可以高效地处理这些图像数据，并实现自动化的识别和检测功能。这些网络不仅可以单独用于数字孪生系统预测任务，同时还可以进行组合、堆叠，实现深度学习、宽度学习、集成学习等各种功能。

除了RNN和CNN以外，Transformer作为一种较为创新的框架，也被广泛应用于处理序列数据和建模时序关系。Transformer是一种基于注意力机制的神经网络架构，最初被引入用于自然语言处理任务，如机器翻译。它的独特之处在于它不依赖于传统的循环或卷积结构，而是通过自注意力机制来捕捉序列中不同位置之间的依赖关系。在流程工业中，时间序列数据和具有时序关系的数据是常见的，例如传感器数据、设备状态变化等。这些数据通常具有长期依赖性和复杂的时序模式。相较于传统的RNN结构，Transformer在处理这些序列数据时具有一些明显的优势——Transformer的自注意力机制允许网络在每个位置上对序列中的其他位置进行关注，从而能够捕捉到全局的上下文信息。这种机制使得Transformer能够更好地处理长期依赖性，避免了RNN中的梯度消失或梯度爆炸问题。同时，Transformer通过并行计算的方式提高了模型的训练和推断效率，使其可以处理更长的序列数据。

针对流程工业数字孪生系统中的预测任务，在上述网络和架构的基础上做出了长足的改良和创新。在数字孪生高炉炼铁铁水性能指标预测领域，提出了选择性注意机制嵌入的上下文感知增强型门控循环神经网络模型，提升了铁水质量及能耗在线预测精度；在数字孪生烧结系统烧结矿氧化亚铁含量预测领域，提出了专家知识和卷积神经网络协同的烧结机尾图像多层特征提取方法，发明了采样回溯时空匹配的图像特征与数值数据融合技术，研发了烧结过程数据序列自相关计算、序列分解与前馈等算法模块，创建了先验知识和卷积神经网络融合的烧结矿FeO含量时序感知模型，将世界领先水平（比利时IRM集团）的FeO含量感知误差由0.058%降低到了0.028%；在烧结终点预报方面，创新设计了降噪门嵌入门控循环单元的编码网络，提出了基于自主研发的降噪门控循环网络的原始序列数据潜变量提取方法，发明了选择性注意机制融入编码解码网络的烧结终点预测技术，解决了烧结终点高精度多步预测的国际性技术难题，将世界领先水平（韩国大学、现代制铁集团）的烧结终点预测误差由1.32%降低到了1.11%。未来，随着数字孪生技术和神经网络的不断发展，流程工业数字孪生系统中的预测任务将继续受益于创新和改进的网络架构。强化学习、半监督学习、多模态数据融合、迁移学习、可解释学习等新兴技术的发展将为数字孪生赋能的预测技术和工业领域的数字化转型提供强而有力的支持。

数字孪生系统的回溯是指通过存储的记录标识来核实被追溯对象的历史、位置或者应用情况，通过追溯和分析过去事件、决策或操作的轨迹，从中学习和优化未来的决策和操作。系统回溯最早应用于食品领域，近年来逐渐拓展至医疗保健、物流、仓库管理以及工业等领域。数字孪生系统中预测回溯功能可由图3-5-11表示。

实现生产过程的回溯，需要对现场回溯信息进行关联，基于设备级、工序级、产线级的互联互通，完成回溯决策。根据实际决策的内容可将回溯分为：面向故障的回溯以及面向优化的回溯。

通过设备各部件、传感系统、控制系统等状态参数的回溯仿真，可以实现设备“亚健康”部件发展趋势的预测和分析，进而预测设备寿命以及提前发现故障。依托于回溯历史信息的分析结果，提前制定故障的维修策略、人员需求，对生产过程实现合理规划。此

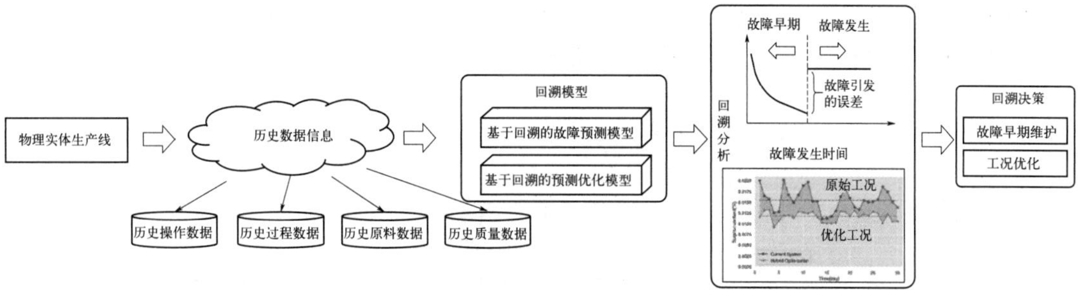


图 3-5-11　数字孪生系统中的预测回溯功能

外，故障发生以后，故障阶段的数据也是非常珍贵的样本，研究人员应对历史数据进行存档分析，丰富回溯系统的样本量与健壮性。面向故障的回溯功能允许用户深入分析故障事件，以查找导致故障的根本原因，有助于未来系统故障的预防。

基于回溯的故障预测模型可选用统计分析方法、机器学习或深度学习模型，将系统的健康状态量化为具体的故障指标，通过该指标反映真实系统的状态，并实现故障的提前预报，减少因故障带来的损失。

除此之外，对历史数据的回溯分析模块还可以支撑孪生系统的优化决策。基于历史数据信息建立预测优化模型，在历史工况的基础上评估不同的操作策略，有助于确定最佳的操作方案，根据优化后的操作方案实现生产优化、质量控制以及资源优化。

对于复杂的系统，凸优化难以建立准确的预测优化模型时，可采用群体智能优化算法，对系统的预测回溯模型进行寻优，建立的回溯模型是基于已有的数据信息，作为优化算法的评估函数，实现物理生产线的仿真，优化算法在回溯模型的基础上完成决策优化。优化模型对生产过程中的操作、原料的配比等给出具体的优化策略，为操作者提供优化解决方案。

预测回溯是数字孪生系统赋能的一项关键技术，它为系统赋予了历史记忆和学习的能力，再现历史阶段真实的信息，有助于提高系统的可靠性和智能化。

### 5.3.4.2　优化控制

数字孪生的优化控制赋能技术是指充分利用数字孪生模型，结合实时监测数据，设计优化算法，控制物理实体的工艺参数、工序步骤等，实现生产过程优化、降低成本、提高效率等目标。一般地，待求解的优化问题往往可描述为如下约束动态优化模型，通过优化控制变量 $\boldsymbol{u}(t)\in\mathbb{R}^m$，使目标函数 $J$ 最小。

$$
\begin{gathered}
minJ=\Phi(\boldsymbol{x}(t_0),t_0,\boldsymbol{x}(t_{\mathrm{f}}),t_{\mathrm{f}})+\int_{t_0}^{t_{\mathrm{f}}}\Psi(\boldsymbol{x}(t),\boldsymbol{u}(t),t)\mathrm{d}t\\
\text{s.t. }\dot{\boldsymbol{x}}(t)=f\left(\boldsymbol{x}(t),\boldsymbol{u}(t),t\right),t\in[t_0,t_{\mathrm{f}}]\\
\varphi\left(\boldsymbol{x}(t_0),t_0,\boldsymbol{x}(t_{\mathrm{f}}),t_{\mathrm{f}}\right)=0\\
c\left(\boldsymbol{x}(t),\boldsymbol{u}(t),t\right)\leqslant 0
\end{gathered}
\tag{3-5-34}
$$

其中，$\boldsymbol{x}(t)\in\mathbb{R}^n$ 为系统状态，$t_0\in\mathbb{R}$ 和 $t_f\in\mathbb{R}$ 分别为起始时刻和终端时刻，函数 $\Phi$、$\Psi$、$f$、$\varphi$ 与 $c$ 的具体结构由数字孪生体中的规则/物理模型结合实际工况需求设定。如图

3-5-12所示，动态规划与最优控制是求解上述优化问题的两种主流方法，也是目前数字孪生技术实现生产过程优化、降本增效的主要算法内核。

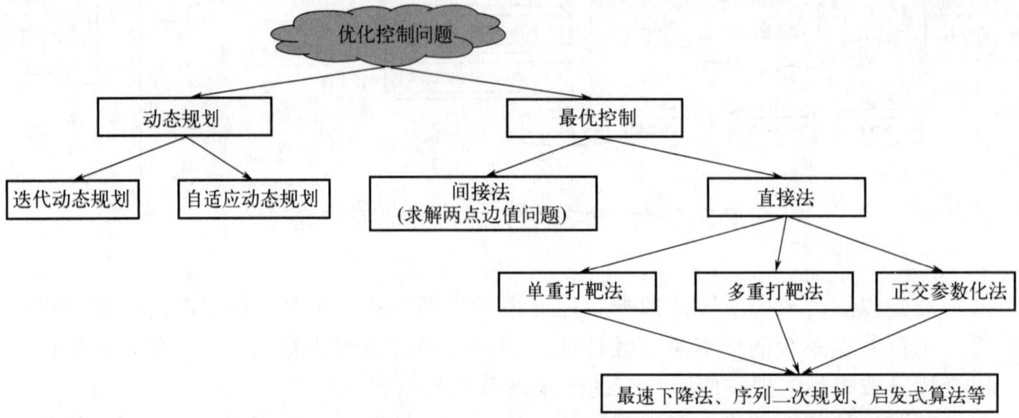


图3-5-12　面向数字孪生系统的动态优化问题求解方法

**（1）最优控制方法**

最优控制方法包括间接法与直接法两类：间接法是基于变分法、Pontryagin极大值原理将原问题转化成一个两点边值问题，然后计算最优轨迹的数值解，但对初值估计精度的要求很高，且推导过程非常烦琐；而直接法的本质是通过对控制和状态变量的离散化，将原问题转化成多阶段非线性规划问题进行求解，是一种更常用的求解策略。相应地，离散化方法与优化求解算法将是直接法的关键技术。本部分将围绕这两个模块，介绍数字孪生赋能技术中已有的先进最优控制方法。

① 离散化方法。单重打靶法、多重打靶法与直接配点法是目前已有的三种参数化方法，其中配点法最受关注。配点法又可被划分为局部法和全局法两类。前者使用固定的低阶近似，将变量划分为若干子区间，并在每个子区间内求解最优的变量逼近值，常见代表包括Euler法、Runge-Kutta法等，它们的优势在于离散后得到的多区间非线性规划是稀疏的，这有利于提高计算效率，但当问题较复杂、决策变量规模较大时，需要增加子区间的数目来提高近似精度。与局部法相反，全局法需要少量且数目固定的近似区间，通过增加每个区间内插值多项式的阶数来提高逼近度，从而收敛至近似最优解，典型代表为伪谱法，其离散求解最优控制问题的计算过程可概括为：

a. 选取全局多项式作为基函数，在其正交配点上，基于插值近似将连续的状态变量和控制变量离散化；

b. 利用谱微分矩阵与正交求积公式，在配置点上实现微分代数方程的配置，构建多区间非线性规划模型；

c. 采用非线性规划算法求解模型，获得配置点处的最优控制，连接即得原问题的近似最优解。

伪谱法作为一种直接法，不必如间接法一样估计伴随变量，且相较于其他配点法具有计算效率和计算精度上的优势、良好的收敛性以及较低的初值敏感度。目前伪谱法常采用的全局多项式包括Chebyshev、Legendre与Laguerre三类，正交求积形式有Gauss、Gauss-Lobatto与Gauss-Radau三种，将不同的基底多项和正交求积形式组合可形成不同的伪谱法构造。Legendre-Gauss（LG）、Legendre-Gauss-Lobatto（LGL）和Legendre-Gauss-Radau（LGR）

为最常见的三种伪谱法。在三种伪谱法中，LGR满足协态映射定理，且往往可以获得最高的近似精度，因此往往与数字孪生技术相结合，服务于物理对象的优化需求。本节以LGR伪谱法为例，介绍如何离散化最优控制模型。

引入一个新的时间变量 $\tau \in \mathbb{R}_{[-1,1]}$，满足:

$$t = \frac{t_f - t_0}{2}\tau + \frac{t_f - t_0}{2} \tag{3-5-35}$$

令 $\mathrm{d}t / \mathrm{d}\tau = \left(t_f - t_0\right)/2$，则最优控制模型（3-5-34）可被改写为:

$$\begin{gathered}\min J = \Phi\left(\boldsymbol{x}(-1), t_0, \boldsymbol{x}(1), t_f\right) + \frac{t_f - t_0}{2}\int_{-1}^{1}\Psi\left(\boldsymbol{x}(\tau), \boldsymbol{u}(\tau), \tau\right)\mathrm{d}\tau \\ \text{s.t.}\dot{\boldsymbol{x}}(\tau) = \frac{t_f - t_0}{2} f\left(\boldsymbol{x}(\tau), \boldsymbol{u}(\tau), \tau\right), \tau \in [-1,1] \\ \varphi\left(\boldsymbol{x}(-1), t_0, \boldsymbol{x}(1), t_f\right) = 0 \\ c\left(\boldsymbol{x}(\tau), \boldsymbol{u}(\tau), \tau\right) \leqslant 0\end{gathered} \tag{3-5-36}$$

定义一个 $N+1$ 阶的Lagrange插值多项式为:

$$\ell_i(\tau) = \prod_{j=1, j\neq i}^{N+1}\frac{\tau - \tau_j}{\tau_i - \tau_j}, \quad i = 1,2,\cdots,N+1 \tag{3-5-37}$$

则状态矢量 $\boldsymbol{x}(\tau)$ 的第 $j$ 个分量可由 $\ell_i(\tau)$ 近似表示为:

$$x_j(\tau) \approx X_j(\tau) = \sum_{i=1}^{N+1} X_{ij}\ell_i(\tau) \tag{3-5-38}$$

同理，控制矢量 $\boldsymbol{u}(\tau)$ 的第 $g$ 个分量也可被近似为:

$$u_g(\tau) \approx U_g(\tau) = \sum_{i=1}^{N} U_{ig}\tilde{\ell}_i(\tau) \tag{3-5-39}$$

其中，$\tilde{\ell}_i(\tau) = \prod\limits_{j=1, j\neq i}^{N}(\tau - \tau_j)/(\tau_i - \tau_j)$ 为 $N$ 阶Lagrange插值多项式。标准LGR伪谱法在其 $N$ 个LGR配置点上近似微分方程，而这些配置点为下述Jacobi多项式 $P_k^{(\alpha,\beta)}(\tau)$ 的根。

$$P_k^{(\alpha,\beta)}(\tau) = \frac{(-1)^k}{2^k k!}(1-\tau)^{-\alpha}(1+\tau)^{-\beta}\frac{\mathrm{d}^k[(1-\tau)^{k+\alpha}(1+\tau)^{k+\beta}]}{\mathrm{d}\tau^k}, \quad \tau \in (-1,1) \tag{3-5-40}$$

且满足正交性:

$$\int_{-1}^{1}(1-\tau)^{\alpha}(1+\tau)^{\beta}P_n^{(\alpha,\beta)}(\tau)P_m^{(\alpha,\beta)}(\tau)\mathrm{d}\tau = 0, \quad n,m \in \{1,2,\cdots,N\}, \quad n \neq m \tag{3-5-41}$$

其中，$\{\alpha = 0, \beta = 1\}$ 或 $\{\alpha = 1, \beta = 0\}$。由此，$x_j(\tau)$ 在第 $k$ 个LGR配置点 $\tau_k$ 处的导数可近似表示为:

$$\dot{x}_j(\tau_k) \approx \dot{X}_j(\tau_k) = \sum_{i=1}^{N+1} X_{ij}\dot{\ell}_i(\tau_k) := \sum_{i=1}^{N+1} D_{ik}X_{ij} \tag{3-5-42}$$

其中，$D_{ik}\ (i=1,2,\cdots,N+1,k=1,2,\cdots,N)$ 为LGR微分矩阵 $\boldsymbol{D}\in\mathbb{R}^{N\times(N+1)}$ 中的元素。为便于描述，将矩阵 $\boldsymbol{D}$ 划分为：

$$\boldsymbol{D}=[\boldsymbol{D}_1\ \boldsymbol{D}_2\cdots\boldsymbol{D}_{N+1}]=[\boldsymbol{D}_{1:N}\ \boldsymbol{D}_{N+1}] \tag{3-5-43}$$

这里，$\boldsymbol{D}_i\in\mathbb{R}^{N\times1}$ 表示矩阵第 $i$ 列，$\boldsymbol{D}_{1:N}\in\mathbb{R}^{N\times N}$ 为矩阵的前 $N$ 列。式（3-5-38）中 $N+1$ 个状态分量 $X_{ij}$ 和式（3-5-39）中 $N$ 个控制分量 $U_{ig}$ 可分别构成下述状态矩阵和控制矩阵：

$$\boldsymbol{X}=\begin{bmatrix}\boldsymbol{X}_1\\\boldsymbol{X}_2\\\vdots\\\boldsymbol{X}_{N+1}\end{bmatrix},\boldsymbol{U}=\begin{bmatrix}\boldsymbol{U}_1\\\boldsymbol{U}_2\\\vdots\\\boldsymbol{U}_N\end{bmatrix} \tag{3-5-44}$$

记LGR配置点 $\tau_k$ 处的导数逼近为 $\dot{\boldsymbol{X}}(\tau_k)=[\boldsymbol{DX}]_k$，则基于上述LGR伪谱法近似，可得下述非线性规划模型：

$$\begin{gathered}\min J=\Phi(\boldsymbol{X}_1,t_0,\boldsymbol{X}_{N+1},t_{\mathrm{f}})+\frac{t_f-t_0}{2}\sum_{k=1}^{N}\vartheta_k\Psi(\boldsymbol{X}_k,\boldsymbol{U}_k)\\ \text{s.t.}\boldsymbol{DX}=\frac{t_{\mathrm{f}}-t_0}{2}f(\boldsymbol{X}_{1:N},\boldsymbol{U}_{1:N})\\ \varphi(\boldsymbol{X}_1,t_0,\boldsymbol{X}_{N+1},t_f)=0\\ \boldsymbol{c}(\boldsymbol{X}_{1:N},\boldsymbol{U}_{1:N})\leqslant 0\end{gathered} \tag{3-5-45}$$

其中，$\vartheta_k$ 为第 $k$ 个LGR配置点的权重系数。当LGR配置点位置选取合理时，通过求解静态优化模型式（3-5-45）即可获得每个LGR配置点处的最优控制近似值，它们共同组成了最优控制轨迹。

② 优化算法。求解非线性规划问题的传统优化方法包括最速下降法、拟牛顿法、序列二次规划等。与之相对的是启发式算法（又称智能优化算法、进化算法），这类算法通过模仿自然界中的生物智能或物理现象而随机搜索最优解，它们原理简单、泛化能力强，无须求解复杂的梯度和伴随方程，受原始问题局限性小，作为解决优化问题的一类重要手段，目前已发展为人工智能领域重要的研究方向，也是数字孪生技术执行优化实现的主流方法。本节以粒子群算法（PSO）为例，介绍如何求解最优决策。

PSO算法是指模拟鸟群捕食过程的算法，它的基本核心是利用群体中的个体对信息的共享，使用整个个体的运动在问题求解空间中产生从无序到有序的演化过程，从而得到问题的最优解。PSO算法的信息共享机制可以解释为一种共生合作行为，即每个粒子都在不断地搜索，并且其搜索行为在不同程度上受到群体中其他个体的影响，同时这些粒子还具备对所经历最佳位置的记忆能力，即搜索行为在受其他个体影响的同时还受到自身经验的引导。PSO算法种群中包含多个粒子，它们共同组成一套决策方案。以 $\boldsymbol{A}_i=(a_{i1},a_{i2},\cdots,a_{in})$ 表示第 $i$ 个粒子的位置向量，以 $\boldsymbol{V}_i=(v_{i1},v_{i2},\cdots,v_{in})$ 表示第 $i$ 个粒子的速度向量，对于粒子 $i$，其速度的迭代公式可以表示为：

$$\boldsymbol{V}_i^{t+1}=\omega\boldsymbol{V}_i^t+c_1r_1(Pbest_i-\boldsymbol{A}_i)+c_2r_2(Gbest-\boldsymbol{A}_i) \tag{3-5-46}$$

位置公式表示为：

$$\boldsymbol{A}_i^{t+1}=\boldsymbol{A}_i^t+\boldsymbol{V}_i^{t+1} \tag{3-5-47}$$

其中，$Pbest_i$ 表示粒子 $i$ 的历史最佳位置；$Gbest$ 表示整个群体的历史最佳位置；$c_1$ 和 $c_2$ 为学习因子；$\omega$ 为惯性系数；$r_1$ 和 $r_2$ 为 $[0,1]$ 范围内的均匀随机数。从粒子的速度与位置更新公式中可以看出，种群中的粒子通过不断向自身和种群的历史信息学习，从而引导整个种群往问题最优解处靠近。

基于以上描述，对于基于数字孪生系统的连续优化问题，粒子群的整体迭代步骤如下：

a. 种群初始化：对种群进行随机初始化或先验初始化，基于数字孪生模型计算每个粒子的适应度值，进而得到个体最优位置向量与种群最优位置向量。

b. 迭代条件设定：设定相应迭代停止条件。

c. 根据式（3-5-46）更新每个粒子的速度向量 $\boldsymbol{V}_i^t$。

d. 根据式（3-5-47）更新每个粒子的位置向量 $\boldsymbol{A}_i^t$。

e. 个体最优位置向量与全局最优位置向量更新：更新每个粒子的 $Pbest_i$ 和种群 $Gbest$。

f. 迭代停止判定：依据设定的停止条件判断当前是否停止迭代，如果是，输出最优解，否则回到步骤c。

面向数字孪生系统的PSO连续优化方法的整体流程如图3-5-13所示。

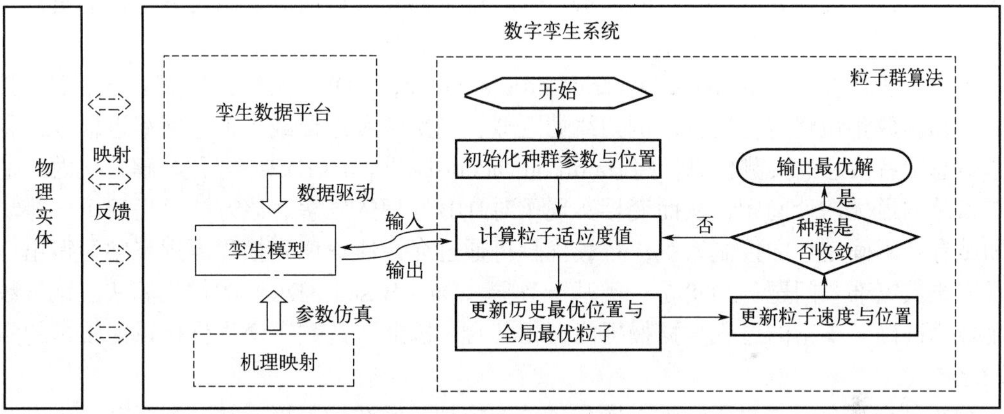


图 3-5-13　粒子群算法流程图

③ 多目标优化算法。在实际工业生产中，可能存在多个目标函数，且多目标间一般存在冲突，无法同时达到最优。如何求解多目标优化（Multiobjective Optimization，MOO）也是数字孪生优化控制技术需要考虑的问题之一。

MOO不存在同时优化多个目标的单一全局最优解，通常情况下会获得一组权衡解。过去二十年来，MOO的求解方法逐步发展为两个方向：解析法与数值法。前者推导严格的数学证明，尽可能提供精确的最优解集，但对MOO问题的特征非常敏感；后者利用各种数值求解或迭代方法来获得近似最优解，优势在于原理简单、泛化能力较强，也更受复杂工程应用的青睐。进一步地，数值法又包括加权处理法与多目标启发式算法，前者将多个目标函数加权处理从而将原问题转化为单目标优化问题，这是一种较为简单的处理手段，过于依赖决策者的主观性；后者可以基于种群进化方向迭代搜索一组在非支配性方面表现更好的非支配解集，为决策者提供更完整的解决方案，这也是当下求解MOO的最常用的有效策略之一。

多目标启发式算法的技术思路可以分为三类：a.基于指针的选择策略。主要基于某种预设的绩效指针，如Hype、R2指标、一元$\varepsilon$指标等，来评估当前种群的优劣。然而，一个常见的问题是，单指针的选择偏好也容易导致进化过程的多样性失衡，一些算法如2REA等使用双重选择策略来规避种群早熟，但计算多绩效指针的时间往往较长，需要占用更多的计算负荷。b.基于分解的选择策略。将MOO视为一系列同步优化的单目标优化（Single-objective Optimization，SOO）子问题，并设计一组参考向量用于指导种群进化进程，MOEA/DD、VaEA等算法使用基于分解的选择策略来搜索最佳种群分布，并取得了较好的寻优表现，但这类算法对参考向量的选取很敏感，能否保证Pareto前沿均匀分布是衡量参考向量优劣的重要依据。c.基于优势的选择策略。这类技术通常使用Pareto优势关系从每代的种群中选择非支配解，并根据多样性指标不断更新种群。然而，随着非支配解集规模的增加，基于Pareto优势支配的传统选择策略也容易失效，导致不能获得完整的Pareto前沿。由此，一些新型优势关系被给出，如模糊优势等，来进一步提高算法的收敛性。

**（2）自适应动态规划方法**

动态规划由美国学者Bellman提出，其主要思想为：基于最优化原理，将多段决策问题转化为一系列单阶段优化问题，利用各阶段之间的关系逐个求解。动态规划在求解过程中往往需要遍历所有的状态，求解大量的伴随方程和梯度，求解效率很低，当系统状态维数较高时，自身会存在维数灾难的缺点。针对这个问题，自适应动态规划是目前更常用的求解方法。

自适应动态规划（Adaptive Dynamic Programming，ADP）又称为近似动态规划，其思想是对值函数和策略进行近似，例如线性近似、二次函数近似或者神经网络近似等，利用样本信息或者状态的实测信息，将Hamilton-Jacobi-Bellman（HJB）方程求解转化为对值函数与策略的最优估计问题，从而变相实现了对HJB方程的求解。该方法可适用于一些动态未知或存在不确定性的控制系统，且最优解可通过允许决策序列按程序逐步学习得出，避免了“维数灾难”问题。ADP是一类基于数据（Data-Based，DB）的优化算法，这与数字孪生技术准确、丰富的过程数据捕捉能力相契合，因此，是数字孪生优化赋能技术的常用手段之一。

ADP结合马尔可夫过程特性，融合了动态规划与函数近似等方法，利用在线或离线数据，采用函数近似结构来估计系统性能指标函数，并依据最优性原理来获得近优的控制策略，目前人工智能领域较流行的强化学习策略的本质就是条件概率不确定下的ADP。传统控制方法是基于系统模型来设计控制器，而ADP方法可以基于数据来学习控制器。在ADP中，定义值函数为：

$$V\left(\boldsymbol{x}(t)\right)=\int_t^{\infty} r\left(\boldsymbol{x}(\tau),\boldsymbol{u}\left(\boldsymbol{x}(\tau)\right)\right)\mathrm{d}\tau \tag{3-5-48}$$

其中，$r(\boldsymbol{x},\boldsymbol{u})=\boldsymbol{x}^{\mathrm{T}}\boldsymbol{Q}\boldsymbol{x}+\boldsymbol{u}^{\mathrm{T}}\boldsymbol{R}\boldsymbol{u}$为效用函数，$\boldsymbol{Q}\in\mathbb{R}^{n\times n}$与$\boldsymbol{R}\in\mathbb{R}^{m\times m}$为常数对称正定矩阵，最优性能指标可表述为：

$$V^*\left(\boldsymbol{x}(t)\right)=\min_{\boldsymbol{u}}\int_t^{\infty} r\left(\boldsymbol{x}(\tau),\boldsymbol{u}\left(\boldsymbol{x}(\tau)\right)\right)\mathrm{d}\tau \tag{3-5-49}$$

ADP以执行器-评价器-模型为基本架构，同时对值函数与策略进行逼近。如图3-5-14所示，ADP框架中一般包括三个模块：评价器（Critic）、执行器（Actor）和模型（Model）。

① 评价器：对执行器的策略进行评价，估计与当前策略相对应的值函数；

② 执行器：根据评价器对值函数估计的结果来优化策略；

③ 模型：产生训练信号，它既可以是精确的数学模型，也可以是通过系统辨识得到的近似模型。

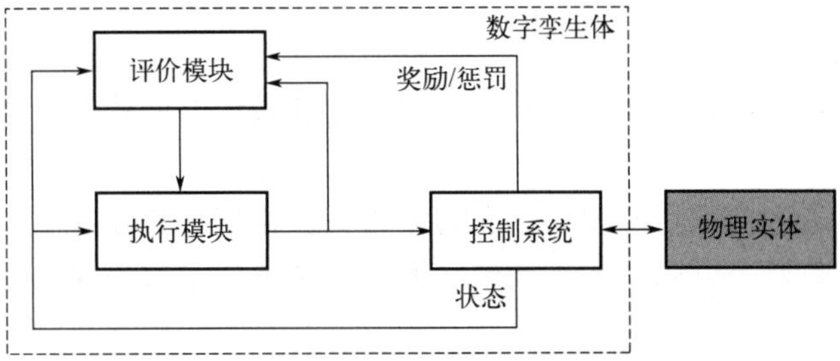


图 3-5-14　近似动态规划结构示意图

ADP算法利用函数近似手段实现迭代求解过程。Werbos将ADP的实现框架分成了四类：启发式动态规划（Heuristic Dynamic Programming，HDP）、对偶启发式规划（Dual Heuristic Programming，DHP）、动作依赖的启发式动态规划（Action-Dependent HDP，ADHDP）和动作依赖的对偶启发式规划（Action-Dependent DHP，ADDHP）。在这四类框架中，权值的更新则采用反向传播的梯度算法。HDP中的评价器用来逼近值函数本身，DHP中的评价器逼近的是值函数对状态的导数；由于DHP用到了更多的模型信息以及其评价器的逼近特性，通常认为比HDP拥有更好的控制性能，它们的结构分别如图3-5-15与图3-5-16所示。

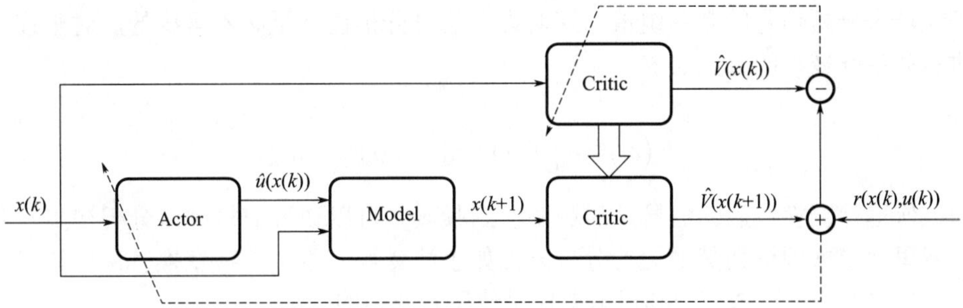


图 3-5-15　HDP 算法结构图

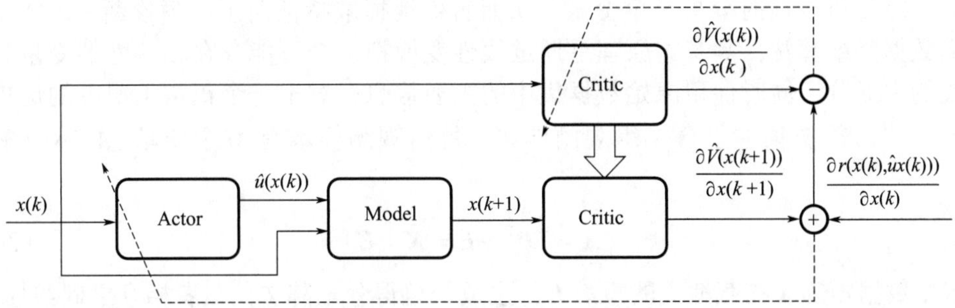


图 3-5-16　DHP 算法结构图

#### 5.3.4.3　诊断分析

数字孪生技术利用物理实体在虚拟空间的实时映射，实现了物理实体状态、故障诊断等信息的可视化显示与处理。数字孪生技术可以通过以下几个方面来帮助诊断分析：

① 通过传感器实时采集各种运行参数和状态数据，建立与实际系统高度一致的数字孪生系统，进行实时的状态监测。

② 通过高保真的虚拟模型模拟实际系统，进行工业数据的增强，可以在数字环境中进行各种仿真试验和故障诊断。

③ 通过不断更新和优化数字孪生模型，使其更加接近实际系统，提高诊断和分析的准确度。

④ 借助AR/VR等技术，可以以更直观的方式展示数字孪生的运行状态，辅助诊断分析。

⑤ 借助云计算能力，可以部署大规模的数字孪生模型来代表全系统，进行全面的系统级诊断。

诊断分析的核心在于算法模型，而数字孪生技术可以增强训练数据集，从而使诊断算法模型取得更好的效果。工业上用于故障诊断的数据类型多种多样，借助数字孪生技术进行诊断的数据类型有传感器数据和图像视频数据等。传感器数据是最常用的数据类型，传感器数据是来自各种传感器的实时数据，如温度、压力、流量等数据，可以反映设备的实时运行状态。并且根据其历史趋势数据，即设备在过去一段时间内的运行参数数据，可以挖掘趋势变化相关的故障信息。现在主要的诊断分析算法有信号分析方法、统计分析方法、机器学习方法以及深度学习方法等。

信号分析方法是早期常见的故障诊断方法，其有效利用声音、电流、振动等信号监测设备的故障。信号分析方法可以分为时域分析、频域分析、时频分析等方法。选择合适的信号分析方法，可以有效提取信号的特征用以故障诊断。傅里叶变换能够将信号从时域转换到频域来分析信号的频率组成，这对许多信号分析任务是必不可少的。对于连续信号 $f(t)$ 进行傅里叶变换的公式如下：

$$F(\omega)=F\left[f(t)\right]=\int_{-\infty}^{+\infty} f(t)\mathrm{e}^{-\mathrm{j}\omega t}\mathrm{d}t \tag{3-5-50}$$

通过傅里叶变换以后，信号从时域变换到频域，可以通过信号频谱分析初步判断故障原因。傅里叶变换理论为其他信号分析方法如小波变换、希尔伯特变换、快速傅里叶变换等奠定了数学基础，这些方法都可以看作是傅里叶变换的扩展。

针对工业数据多变量的特点，主成分分析、因子分析、判别分析、聚类分析等多元统计分析方法可以同时分析多个变量，从而有效地提取特征用于故障诊断。PCA是一种常用的数据降维算法，其基本原理是通过线性变换把多个可能存在相关性的变量转换为不相关的主成分，同时保留原始数据集中的主要信息。对于一个正常工况下的历史数据集 $\boldsymbol{X}\in\mathbb{R}^{N\times M}$，数据集中包含 $N$ 组观测样本，每组观测样本有 $M$ 个变量。PCA分解定义如下：

$$\boldsymbol{X}=\boldsymbol{T}\boldsymbol{P}^{\mathrm{T}}+\boldsymbol{E}=\hat{\boldsymbol{X}}+\boldsymbol{E} \tag{3-5-51}$$

依据数据矩阵 $\boldsymbol{X}$ 在载荷上的投影 $\boldsymbol{P}$，生成一组得分矩阵 $\boldsymbol{T}$，二者相互之间线性无关。通常在载荷矩阵 $\boldsymbol{P}$ 中只选择几个占主导地位的主成分，从而得到残差矩阵 $\boldsymbol{E}$。利用PCA进行诊断分析时，模型将观测向量 $\boldsymbol{X}$ 投影到预测子空间 $\hat{\boldsymbol{X}}$ 或残差子空间 $\boldsymbol{E}$，通过Hotelling-T2统计量和平方预测误差（Squared Prediction Error，SPE）进行诊断分析。T2统计量是预测子空间中得分向量的缩放二范数，SPE统计量是残差子空间中残差向量的二范数。

机器学习则是在统计分析的基础上发展起来的，但其更强调借助算法从数据中自动找到相关模式。经典的机器学习故障诊断方法有SVM、随机森林（Random Forest，RF）、决策树（Decision Tree，DT）、ANN等，它们可以处理更高维的数据并避免维数灾难，同时通过持续学习对新数据进行自适应。SVM是一种基于统计学习理论的监督学习方法，其基础原理是寻找一个最优分类超平面，使得分类器在保证经验风险最小的前提下泛化能力最强。在图3-5-17中，实心圆点和空心圆点表示两类样本，直线$H$为分类线，$H_1$与$H_2$是平行于分类线，且分别穿过两类样本点并与分类线距离最近的直线，$H_1$与$H_2$之间的距离为分类间隔Margin。想要足够的泛化能力，就必须得到最大的分类间隔，才能获得最大的分类准确率。

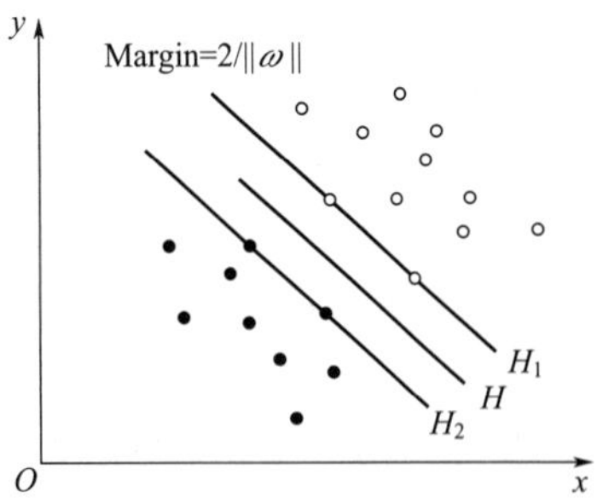

图3-5-17　最优分类面示意图

设分类面$H$的方程为$f(\boldsymbol{x})=\boldsymbol{\omega}^{\mathrm{T}}\boldsymbol{x}+\boldsymbol{b}=0$，有线性可分样本集$(x_i,y_i)$，$i=1,\cdots,n,y\in\{-1,1\}$，$H$能够对样本集中的所有样本进行正确分类。进行归一化处理，则有：

$$y(\boldsymbol{\omega}^{\mathrm{T}}x_i+\boldsymbol{b})-1\geqslant 0,i=1,\cdots,n \tag{3-5-52}$$

容易求得分类间隔Margin为$2/\|\omega\|$，最大化分类间隔相当于最小化$\|\omega\|^2$。故能够对样本集中的所有样本进行正确分类，并能使$\|\omega\|^2/2$取得最小值的分类面叫作最优分类面，$H_1$、$H_2$上的训练样本点叫作支持向量。求解支持向量机最优分类面的问题转化为在满足式（3-5-52）的条件下求式（3-5-53）的最小值。

$$\Phi(\omega)=\|\omega\|^2/2 \tag{3-5-53}$$

相较于传统的机器学习，深度学习具有更深层的模型结构，可以自动学习特征表示，从大规模数据集中学习更抽象的特征。深度学习方法有CNN、RNN以及自编码器（Autoencoder，AE）等，它们可以从大量数据中自动提取深层特征。数字孪生技术可以提供大量工业数据，从而更好地训练深度学习诊断模型。

通过以上基准模型，可以初步完成对工业故障的诊断分析。但是工业数据往往存在许多特点，这会使得诊断模型的效果不尽如人意。常见的工业数据特点有：

① 非线性：许多工艺过程本身包含复杂的物理化学变化，而且存在不同工作状态下的切换、工作条件（如原料、环境）的改变，这些都会导致工业数据内存在非线性。

② 强噪声：复杂的工艺环境、传感器质量差、设备老化以及工艺本身的随机性等原因都会给工业数据引入大量的噪声干扰。

③ 非平稳性：非平稳性是指数据的统计分布发生改变，工业数据的非平稳性与工作状态切换、工作条件变化、设备老化等原因有关。

④ 带标签故障数据少：现在工业生产过程中可以产生大量的数据，但是在生产环境下，获取大量标注完善的故障数据会造成巨大的开销。此外，故障数据的标注需要一定的专家知识，验证成本较高。

因此，针对工业数据的特点进一步构建和设计新模型迫在眉睫。

核方法常用于解决机器学习模型的非线性问题。核方法是指通过核技巧把样本输入空间的非线性问题转换为特征空间的线性问题，通过引入核函数不显式地定义特征空间和映射函数，而是将优化问题的解表示成核函数的线性组合。用核函数代替映射函数可以有效减少计算，避免“维数灾难”问题。郑天标提出了一种基于核主成分分析与核密度估计相结合的非线性过程故障监测与识别方法。Xue等引入高斯核SVM-RFE来提取非线性特征进行故障诊断。当然，对于深度学习模型而言，其本身就具有非线性拟合能力。

去噪自编码器（Denoising Autoencoder，DAE）是处理工业数据噪声的一种有效模型，DAE有两个部分：编码器和解码器。在DAE中，通过将高斯噪声添加到输入数据$\boldsymbol{x}$中产生损坏数据$\hat{\boldsymbol{x}}$。编码器将损坏数据从高维空间映射到低维空间来提取损坏数据$\hat{\boldsymbol{x}}$的特征表示，解码器通过最小化输入数据$\boldsymbol{x}$与重构数据$\boldsymbol{r}$之间的残差向量来重构输入数据$\boldsymbol{x}$。DAE的组成如图3-5-18所示，$F(\hat{\boldsymbol{x}})$和$G(h)$分别表示解码器和编码器。编码器$F$将损坏输入$\hat{\boldsymbol{x}}$压缩成潜在空间表示$h$：

$$h = F(\hat{\boldsymbol{x}}) = f(W_e\hat{\boldsymbol{x}} + b_e) \tag{3-5-54}$$

其中，$f$表示编码器的激活函数。另外，解码器将潜在空间表示$h$输入解码器$G$，将原始向量$\boldsymbol{x}$重构为$\boldsymbol{r}$：

$$\boldsymbol{r} = G(h) = g(W_d h + b_d) \tag{3-5-55}$$

其中，$g$表示解码器的激活函数。而DAE的训练目标是最小化$x$和$r$之间的误差。Li等人提出了一种基于CNN和DAE的混合故障诊断模型，集成了CNN特征提取能力和DAE去噪分类的优势，并在脱丙烷精馏过程中进行了案例研究。Wang等人开发了一个多通道长期短期记忆网络捕获传感器观测值和预测值之间的残差。然后引入了多模型架构下的DAE，基于预测误差和阈值来进行故障检测和隔离。

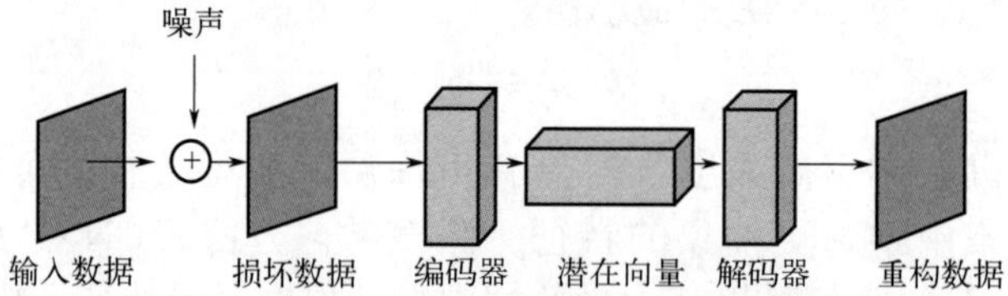


图3-5-18　去噪自编码器

对于非平稳性而言，假设原始信号$\boldsymbol{x}(t) \in \mathbb{R}^m$是$l$个平稳投影（Stationary projection，SP）$s_s(t) \in \mathbb{R}^l$和$m-l$个非平稳投影（Nonstationary projection，NP）$s_n(t) \in \mathbb{R}^{m-l}$的线性叠加以满足：

$$\boldsymbol{x}(t) = \boldsymbol{A}\boldsymbol{s}(t) = [\boldsymbol{A}_s \boldsymbol{A}_n]\begin{bmatrix} \boldsymbol{s}_s(t) \\ \boldsymbol{s}_n(t) \end{bmatrix} \tag{3-5-56}$$

式中，$\boldsymbol{A} \in \mathbb{R}^{m\times m}$是由$\boldsymbol{A}_s$和$\boldsymbol{A}_n$组成的可逆矩阵。根据稳态子空间分析的目标，可以估计投影矩阵$\boldsymbol{B} = \boldsymbol{A}^{-1} = [\boldsymbol{B}_s^{\mathrm{T}}\boldsymbol{B}_n^{\mathrm{T}}]^{\mathrm{T}}$，从而将观测信号分解为SP：$\boldsymbol{s}_s(t) = \boldsymbol{B}_s\boldsymbol{x}(t)$和NPs：$\boldsymbol{s}_n(t) = \boldsymbol{B}_n\boldsymbol{x}(t)$。通过对稳态子空间的分析，SP可以用于提取信号的特征、检测信号的变化模式或进行其他相关的信号处理任务。针对动态和非平稳性的混合特性，Lou等人提出了一种自适应动态推理的稳态子空间分析法来对高炉炼铁过程进行故障诊断。

针对标签故障数据量少的问题，可以用生成对抗网络（Generative Adversarial Network，GAN）对故障数据进行生成。一般来说，GAN由两个神经网络组成，分别称为生成器和鉴别器。模型的训练目标是在GAN中实现零和博弈的纳什均衡。GAN的体系结构如图3-5-19所示。

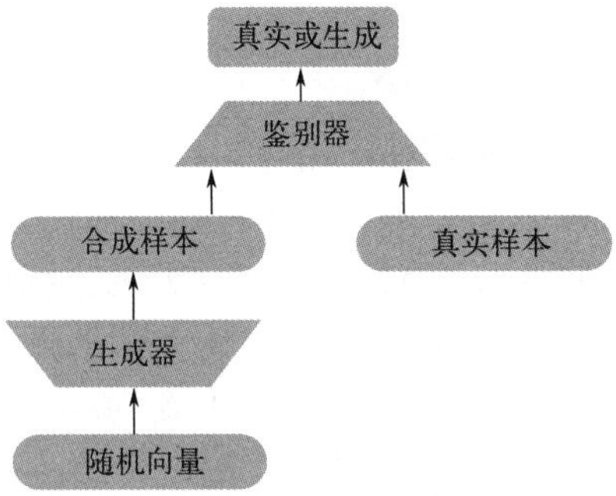


图 3-5-19　生成对抗网络

生成器的任务是利用先验分布中提取的随机向量$z$来合成真实数据样本。同时，鉴别器试图学习一个鉴别函数，以区分真实样本$x$和合成样本$G(z)$。GAN的目标函数如下：

$$\min_G \max_D V(D,G) = E_x \sim p_{\text{data}}(x)[\log D(x)] + E_z \sim p_z(z)\left[\log\left(1-D\left(G\left(z\right)\right)\right)\right] \quad (3\text{-}5\text{-}57)$$

其中，$x \sim p_{\text{data}}$和$z \sim p_z$是真实数据和随机向量的分布，$D$和$G$表示鉴别器和生成器。生成对抗网络通过学习输入数据的分布，可以生成现实中未采集到但符合分布条件的样本，因此可以较好地解决工业领域故障诊断中的类不平衡问题。

以上诊断分析技术主要依赖于系统数学模型和传感数据，借助智能算法对目标系统进行分析，提供系统故障诊断和健康管理功能等。数字孪生技术可以实现传感数据的增强，从而使模型得到更好的训练。此外，训练好的模型也可以用数字孪生模型进行验证，而不是直接在真实的工业设备或系统上验证，这样可以大大降低风险、提高效率、降低成本。这也是数字孪生技术的重要价值之一。

## 5.3.5　数字孪生软件平台技术

数字孪生作为一项技术，将其转化成软件进行应用，为企业带来实际效益才能发挥它真正的价值。现阶段的数字孪生技术大多基于云计算、SAAS（Software as a Service）平台的构架，通过APP软件，为客户提供服务应用与解决方案。SAAS是一种通过网络提供软件的模式，厂商将应用软件统一部署在自己的服务器上，客户可以根据自己的实际需求，通过互联网向厂商订购所需的应用软件服务，按订购的服务多少和时间长短向厂商支付费用，并通过互联网获得厂商提供的服务。这种模式大大减少了中小型企业购买、构建以及维护基础设施和应用程序的需要，减少了对信息技术的投资，并可以获得更稳定、更有效的服务应用。现阶段这种模式在离散行业、智慧城市中有大量的应用。

例如，Altair作为仿真和优化技术领先的工程软件供应商，通过收购电子设计自动化软件供应商MODELiiS、物联网技术公司Carriots S.L、无网格仿真软件SimSolid和数据智能提供商Datawatch，形成了面向设计、仿真分析、数据科学与优化、物联网、云计算的完整解决方案，构建了面向物联网的“多物理特性 + 系统模型建立 + 物联网平台Carriot”的数字孪生软件平台。

但是对于大部分的工业过程，由于相关企业需求复杂，行业专业性强，专业开发数字孪生软件平台的IT人员并不了解相关领域知识，无法有针对性地提供孪生模型服务。而常年工作在生产线的员工们也对IT技术不了解，没有足够的能力完成信息化和孪生模型的构建。因此就需要企业建立专门的信息技术部门，在专业开发人员的指导下完成数字孪生软件平台的建立，将开发的模型进行部署和应用。

搭建一个完善的数字孪生平台需要考虑多个方面，其中主要包括服务器的选择和配置、后端技术的应用、前端平台的展示，以及工业APP的开发，流程大致可以分为以下8点。

**（1）确定服务器需求**

服务器是整个数字孪生软件平台的基石，在开发之前，首先要确定数字孪生平台的规模和预期负载，例如预计的用户数、数据量和并发访问量，要确保服务器具备足够的计算能力、存储容量和网络带宽来支持数字孪生模型和应用的处理和传输需求。然后根据需求选择合适的服务器类型，可以是物理服务器或云服务器（如AWS、Azure、Google Cloud等）。同时，还要考虑到数据的备份和灾难恢复策略，以确保数据的安全性和可靠性。

**（2）部署后端技术栈**

部署后端技术栈要求完成服务器端编程语言和框架的选择，如Python（Django、Flask）、Java（Spring、JavaEE）或Node.js（Express.js）等。同时要选择适合的数据库管理系统（DBMS），如MySQL、PostgreSQL或MongoDB，根据实际的数据管理需求选择合适的数据库类型。然后根据需求和技术选择合适的第三方库和工具，如对象关系映射（Object Relation Mapping，ORM）工具、数据缓存系统、消息队列等。在这个过程中，最好使用适当的框架和工具简化后端开发过程，提高开发效率和代码质量，并考虑后端的安全性，包括对用户身份验证、访问控制和数据加密的支持。

**（3）构建数字孪生模型**

确定数字孪生模型的范围和目标，包括要建模的物理实体、模拟的行为和需要监测的参数。使用合适的建模工具或编程语言进行模型的创建和开发，如MATLAB、Simulink和Python等。开发过程中需要为模型提供必要的接口和数据格式，以便与后端平台进行交互和集成。此外，模型的开发最好有统一的标准，以方便后续的完善和二次开发。

**（4）设计和开发前端界面**

前端界面可以为用户提供简洁高效的可视化和交互功能，是数字孪生软件平台对外重要的展现方式之一。在这一步中，首先要确定数字孪生平台的用户界面需求和功能，包括展示实时数据、模型结果和分析报告的需求，界面设计应符合用户体验原则，注重易用性、直观性和可访问性。具体用户界面的设计和实现可以使用HTML CSS和JavaScript等前端开发技术，如果匹配了合适的前端框架和库，如React Angular或Vue.js，还可以进一步提高开发效率和用户体验。

**（5）开发数字孪生3D软件**

3D软件是整个数字孪生系统更全面、形象的展现形式。3D软件的开发需要收集和整理与目标系统相关的数据，包括物理参数、传感器数据、设备规格等。再通过合适的建模工具（如Blender、Maya等）创建3D模型、纹理和动画，反映真实系统的外观和行为。随后，利用合适的3D引擎和开发工具，如Unity或Unreal Engine，构建数字孪生平台的3D界面，并添加交互和控制功能。为了保障3D软件的真实性，还需要采集的数据与模型进行关联，以实现实时的模拟和仿真。此外，软件中也可以集成前端页面的展现结果，方便用户对实体进行更快速、准确的优化和调控。

**（6）开发APP**

APP在数字孪生软件平台中也发挥着重要的作用，它是基于移动设备的应用程序，旨在提供远程过程管理、监控和控制的功能。APP根据数字孪生应用的目标平台（如iOS、Android）选择相应的开发框架和工具。目标平台不同，也需要选择不同的开发语言和工具，如Swift（iOS开发）或Kotlin（Android开发），并与后端平台进行集成。开发APP界面的过程中要确保能够展示数字孪生的模型和应用，并能与后端平台进行数据交互和通信。同时，还可以考虑与硬件设备的集成，如传感器、摄像头等，以实现更丰富的功能和交互体验。

**（7）测试与优化**

在数字孪生软件平台部署前，还需要进行全面的测试，包括负载测试、安全测试和体验测试。通过模拟实际使用情况下的并发访问和数据处理负载，可以评估系统的性能和稳定性。通过定期进行安全性评估和漏洞扫描，及时修复发现平台的安全问题，可以确保系统的数据和用户隐私得到保护。而通过检查前端界面和APP的易用性和用户满意度调研，则能进一步把握平台的设计方向。根据上述的测试结果，开发者可以有针对性地进行优化和改进，修复漏洞和性能问题。

**（8）部署与维护**

最终，在完成一系列的前期准备，确保服务器环境的配置正确后，可以将数字孪生软件平台进行部署和上线运行。上线运行之后也要定期进行系统维护和监控，包括更新操作系统和软件、备份数据、监测系统性能和故障排除等，保证系统的可靠运行和数据的安全性。此外，也可以根据实际需求和用户反馈进行系统的迭代和更新，以提升系统的功能和性能。

通过上述数字孪生软件平台开发的8个步骤，可以构建一个功能强大的数字孪生软件平台，在物理系统建模、模拟、优化和决策支持方面提供了强大的功能，可以帮助提高系统性能、减少风险和成本，并加强用户对系统的理解和控制。

## 5.4 数字孪生的应用

数字孪生的理念与技术最初应用于制造业，随着建模仿真与控制技术的进步，以及新一代信息技术的发展，数字孪生在城市、建筑、医疗等多个领域快速推广，这一理念目前已成为这些领域的前沿与热点方向。将数字孪生体的预测回溯、优化控制、智能运维、精准管理等功能以最为便捷的形式提供给用户，服务应用于各行各业，是其最终目的。

### 5.4.1 工业数字孪生系统

数字孪生技术在工业中的应用成熟度相对较高，它可以实时反映实体设备的生产情况并对实际生产过程进行控制，从而增加生产系统的灵活性、提高生产效率和产品质量、降低能耗和物耗。具体工业应用场景包括流程工业、离散制造业、产品设计、电网行业等。

**（1）数字孪生技术在流程工业中的典型应用**

流程工业主要包括化工、冶金、石化、造纸等行业，原料在生产过程中发生物理、化学、相变等反应，经连续加工生成新的物质。通过数字孪生体与工业实体的平行运行、实时交互与迭代优化，实现生产过程精准预测与控制、生产自组织优化调度、设备全生命周期管理、产品质量追溯与管控等功能，可以大幅提升流程行业的生产质量和效益，促进流程行业高质量发展。

数字孪生技术应用于流程工业需要依托工业互联网平台，为现场工人提供服务应用与解决方案。浙江大学杨春节团队面向广西柳钢、辽宁鞍钢、江苏兴澄特钢等钢铁企业，构建了一套包含一千余个模型组件的炼铁生产线数字孪生系统，基于工业互联网平台的炼铁生产线数字孪生系统的主要架构如图3-5-20所示，包含物理层、边缘层、IAAS（Infrastructure as a Service）层、PAAS（Platform as a Service）层以及SAAS层，并开发部署了多款优化应用APP依托工业互联网平台在线运行，实现对炼铁过程操作优化的在线指导。

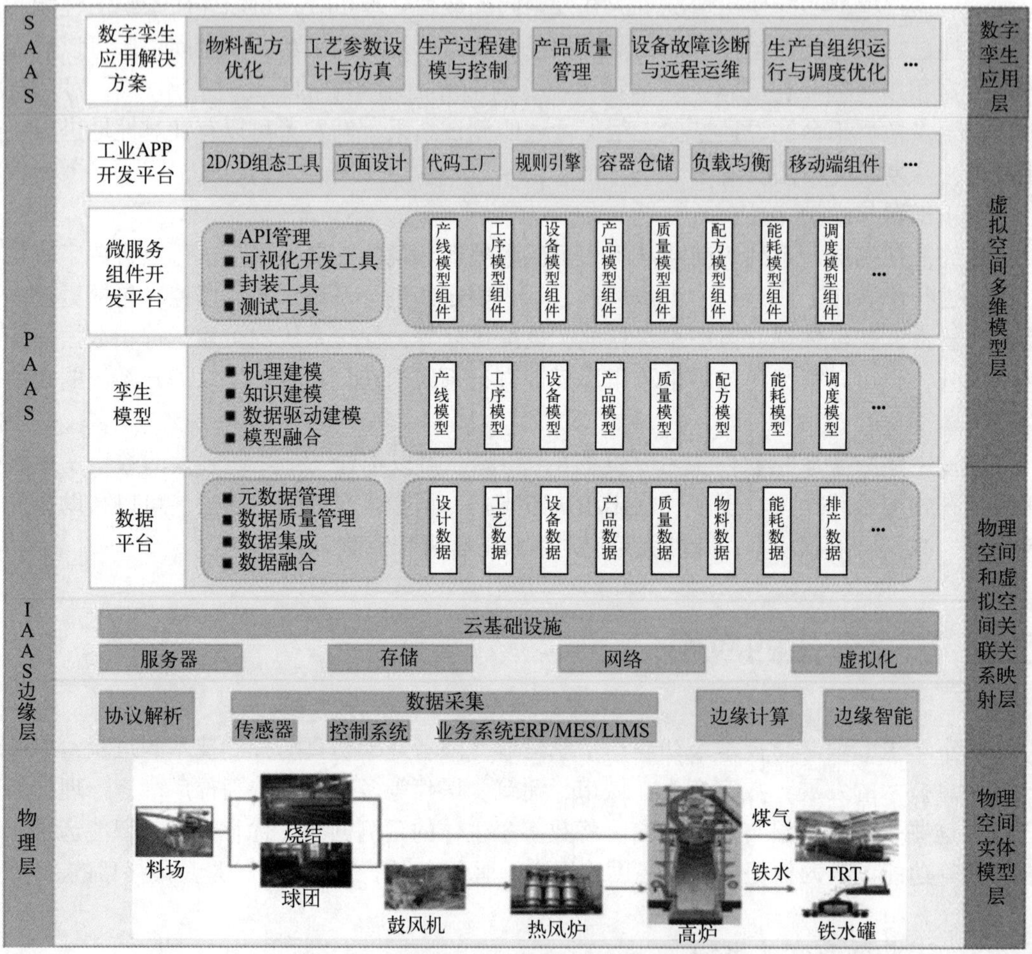


图3-5-20 基于工业互联网的炼铁生产线数字孪生系统的主要架构

如图3-5-21与图3-5-22所示，炼铁生产线数字孪生系统包含多个工序级孪生体与设备级孪生体。如图3-5-23所示，它可服务于多个需求，表现为：

① 数字化学习工厂：通过分析炼铁流程/设备的几何结构与组成，利用CAD软件解析关键的结构参数，结合设计图纸和实景拍摄照片建立空间几何模型；随后，建立炼铁过程中的交互模拟和物料运动全过程模拟，并实时读取现场或其数字孪生体运行数据，重构出随现场运行过程实时变化的高炉料面形状、软熔带位置和形状等关键信息，建立完整的几何模型。

图 3-5-21　炼铁生产线数字孪生系统的工序级孪生体

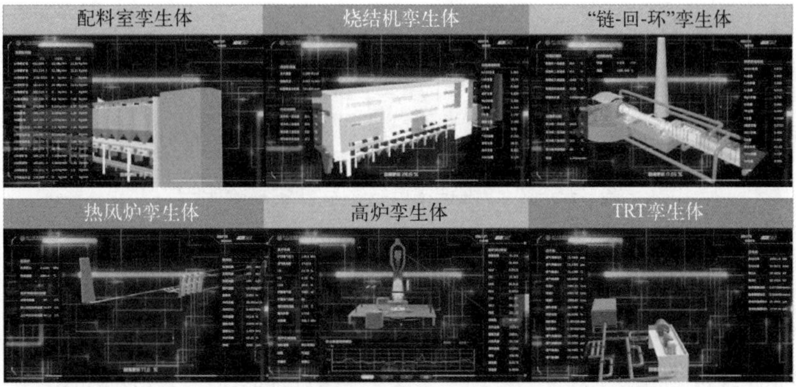


图 3-5-22　炼铁生产线数字孪生系统的设备级孪生体

② 炼铁过程协同优化：炼铁生产线过程涉及多项优化过程，包括物料配方优化、工序优化、工艺参数优化等。数字孪生体获取不同工况下的海量虚拟数据，并与实际感知数据融合，可实现多工序监控覆盖，为各变量间的未知耦合关系分析评价，内嵌优化算法可为协同优化方案提供指导，保证炼铁生产过程的优化运行。

③ 炼铁过程故障诊断与设备维护：依靠数字孪生体与物理实体的耦合关系，在实际生产线运行过程中，结合内嵌的故障诊断算法模块，提供异值反馈与诊断溯源。此外，数字孪生体还可用于对设备的性能退化情况与剩余使用寿命进行预测。

④ 炼铁过程自组织运行：在基于数字孪生驱动的炼铁生产自组织运行和调度下，生产调度要素能够实现全流程、全业务数据之间的集成和融合，使得物理世界主动感知炼铁生产运行状态。此外，利用虚拟世界自组织、自学习、自仿真机制，可及时对生产调度方案和决策评估进行调整，快速、精准地确定异常范围，具有更好的自适应、扰动响应和异常解决能力。

除炼铁行业外，数字孪生技术在其他流程工业中也有出色的应用前景：

① 在石油化工领域，华东理工大学钱锋院士团队采用人工智能等新一代信息技术与制造流程深度融合，首创了产权自主可控的炼化一体化数字孪生系统，研发了油品在线快评、调和实时优化与在线控制技术，解决了原油性质、成品油质量在线优化与精准调控技

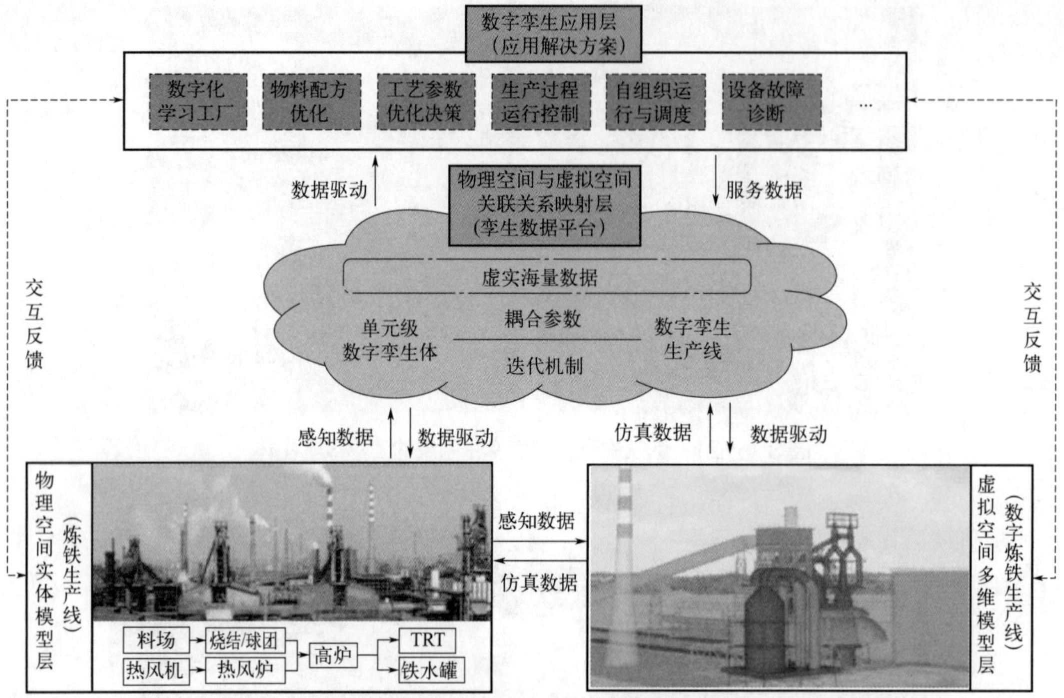


图 3-5-23　炼铁生产线数字孪生系统架构

术难题。石化盈科公司联合中国石油大学（北京）构建了一套面向石油炼化装置的数字孪生系统，包括了工厂分解结构、信息编码规则、色卡定义、种子文件、设计图元库、模型标准体系等六大模块，实现了炼化装置的生产数字化转型。国际上，斯伦贝谢、哈里伯顿、壳牌等油服公司也在积极利用数字孪生技术驱动石油化工的一体化服务：2021年，斯伦贝谢公司提供了基于Petrel的四维地质力学耦合模拟技术来建立地下油藏数字孪生模型，为$CO_2$驱油技术提供力学模拟支撑；2022年，壳牌公司为尼日利亚的某浮式生产储卸油轮成功部署了结构化数字孪生系统，实现了生产运营平台清零；哈里伯顿公司服务于科威特石油公司，通过油田的设计和运营数字孪生技术实现工作流程的自动化，缩短了80%的数据-决策周期。

② 在采矿业领域，太原理工大学团队提出了一种数字孪生与深度学习融合驱动的采煤机健康状态预测方法，基于物理空间多物理参数构建数字孪生体和深度学习的关键零件寿命预测模型，实现采煤机实时状态可视化与关键零部件剩余寿命预测，保证预测误差在0.01以内，为采煤机的性能维护提供了决策性指导。

③ 在冶金领域，中冶华天自主研发的原料场数字孪生系统和综合调度管理平台，于2023年在河北天柱钢铁铁前集控中心完成了上线运行调测，平台包含10个功能模块、42个功能界面，范围覆盖3个主料库、83个流程、79条皮带机、17个堆取卸料装置和44个料仓，建立了料场进料到出料的全链条数据治理与关联规则挖掘方法，实现了从“经验”到“数字”的智能解析。

**（2）数字孪生技术在离散制造业中的典型应用**

不同于流程工业，离散制造业强调产品的生产过程通常要被分解成多个加工任务来完成。数字化制造是离散制造业未来发展的必然趋势，数字孪生技术在高端装备智能制造领域的应用，可以促使传统制造运维模式的数字化、网络化与智能化转型，因此受到人们的广泛关注。在离散制造业领域，数字孪生可实现车间生产调度优化、生产物流精准配送、车间装备智能控制等服务需求。

数字孪生车间是数字孪生技术应用于离散制造业的典型应用，它由物理车间、虚拟车间、车间服务系统和车间孪生数据组成。在车间孪生数据的驱动下，数字孪生车间实现了车间生产要素管理、生产活动计划、生产过程控制等在物理车间、虚拟车间、车间服务系统间的迭代运行，从而在满足特定目标和约束的前提下，达到车间生产和管控最优的车间运行新模式。北京航空航天大学陶飞等人提出了数字孪生车间的概念，并设计了一种数字孪生驱动的车间设备故障预测和健康管理方法，建立了相应的数字孪生五维模型。新疆大学房峰团队利用Unity3D软件构建了一个纺机制造钣金车间孪生系统，解决了实时信息掌握困难、生产流程监控可视化程度低的困扰。湖南长沙岳阳数字孪生智慧工厂利用数字孪生技术将车间中的各种物理设备和生产过程进行数字化建模，实现了工厂车间数字化三维仿真交互功能。上海数字孪生技术公司以全数字化方式展现了汽车配件生产所需要的生产线和装配线，实现了生产过程的可视化和智能化管理，提高了管理的精细化程度。北京智汇云舟科技公司研发了孪生智慧车间系统，构建高逼真的车间内外数字孪生场景，实现了工厂车间安全、设备、环境、告警等综合态势的直观掌控，赋能车间运营管理过程中的科学决策与精准指挥。

在其他离散制造业，陕西省矿山机电装备智能监测重点实验室研发了一种基于数字孪生和混合现实的机电设备辅助维修指导总体模型，并对其关键技术进行了验证，解决了物理维修空间与虚拟维修空间的虚实融合、双向映射和仿真预警，为现场维修人员提供了技术支撑。美国加利福尼亚大学Mortlock等人提出了基于图学习的制造业数字孪生体构建方法，将来自不同数据类型和不同产品的数据聚合到图表示中，用于推理或解决特定问题。中国石油大学（北京）联合中国通用技术集团设计了多层分级的数控机床数字孪生功能实现框架，解决了数控机床虚拟调试、健康管理、性能评估等智能化需求。

**（3）数字孪生技术在产品设计行业中的典型应用**

产品设计是指根据用户使用要求，经过研究、分析与设计，提供产品生产所需全部解决方案的工作过程。基于数字孪生的产品设计是指在产品数字孪生数据的驱动下，利用已有物理产品与虚拟产品在设计中的协同作用，不断挖掘产生新颖、独特、具有价值的产品概念，转化为详细的产品设计方案，不断降低产品实际行为与设计期望行为间的不一致性。基于数字孪生的产品设计更强调通过全生命周期的虚实融合，以及超高拟实度的虚拟仿真模型建立等方法，全面提高设计质量与效率。通常情况下，产品数字孪生体以产品为载体，涉及产品全生命周期，从概念设计贯通到工艺设计、制造以及后续的使用、维护和报废/回收等阶段。

在航空航天领域中，空间飞行器数字孪生体可以帮助掌握飞行器在实际服役环境中的状态、行为、任务成功概率、运行参数，以及一些在设计阶段没有预料到的问题，为后续的飞行任务制定、飞行任务参数确定以及面对异常情况时的决策制定提供依据，并可通过改变飞行任务参数来模拟不同参数对飞行任务成功率、飞行器健康和寿命等产生的影响。北京航空航天大学陶飞等人提出了一种基于数字孪生技术的产品设计框架，它着重于将物理产品与虚拟产品连接起来，主要适用于对现有产品进行迭代优化设计，已被证明对于重新设计现有产品更为有用。德国埃尔朗根-纽伦堡大学Schleich教授团队提出了一种基于表面模型形状概念的综合参考模型，在设计和制造过程中作为物理产品的数字孪生模型用于几何变化的管理。德国柏林工业大学Stark教授团队提出了一种基于数字孪生的信息物理生产系统新型架构模块化设计方法，通过将现有的生产资源和新的信息物理系统单元整合到构建工具模块中，工厂制造商可以使用虚拟原型创建、验证和优化信息物理生产系统的体系结构。

### 5.4.2 城市数字孪生系统

城市数字孪生系统是数字孪生技术应用落地的一种典范。中国信息通信研究院发布的《数字孪生城市白皮书》深入分析了城市数字孪生系统的典型特征、总体架构、核心能力、共性问题和实施策略。城市数字孪生系统通过城市物理世界、网络虚拟空间的一一对应、相互映射和协同交互，在网络空间再造一个与之匹配的“孪生城市”，实现城市全要素的数字化、城市全状态的可视化和城市管理决策的协同化。

城市数字孪生系统的主要研究对象包括水、电、交通等基础设施，警力、医疗、消防等市政资源，以及洪水、台风和地震等自然灾害。城市数字孪生系统主要用于交通疏导、能源调度和疫情监控等场景，系统数据大部分来自布置在道路上的摄像头采集的海量视频数据，系统运行以人和城市环境为主导。目前，城市数字孪生系统存在城市信息模型复用率低、海量数据传输汇聚、数据表达不到位、计算资源分配不合理等问题，针对这些问题需开展地理信息系统和“城市大脑”搭建等关键技术研究，其中“城市大脑”是构建城市数字孪生系统的核心使能技术，需要研究视觉认知计算和数字视网膜架构等。

2018年，雄安新区政府宣布将坚持数字城市和现实城市的同步规划建设。通过雄安城市计算中心承载的强大边缘计算、超级计算、云计算能力，为整个数字孪生城市的大数据、区块链、物联网等提供网络、计算和存储服务，从而为建设数字城市，打造“云上雄安”提供重要支撑。2020年，明珠湾落实国家“粤港澳大湾区”的发展战略，基于数字孪生技术，构建了明珠湾智慧城市信息平台。作为城市空间可视化平台，该平台在GIS的基础上，整合BIM技术实现了实体明珠湾向数字明珠湾的实体映射，通过物联网技术实现了物联感知映射，通过数字化的业务规则实现了规律映射，最终形成动态可视化的城市空间模型，构建了明珠湾数字孪生城市的整体框架。

新加坡是第一个构建完整的全国级数字孪生系统的国家，其借助Bentley Systems Tools加速了把原始地理信息系统、激光雷达和图像数据转换为实景网络、建筑和全国交通模型的过程。成功搭建的虚拟新加坡平台集成了城市基础设施、交通、环境、建筑等多个方面，实现了对城市的实时监控和预测，将创造可观的经济效益。

2022年7月，阿里云发布超融合数字孪生平台，将感知、仿真、控制、可视等领域的数据进行融合和计算，保障孪生世界中分析推演的速度和准确性。目前，该平台已经广泛应用于高速管理、城市交通、港口调度、机场运营、车路协同等场景中。

此外，世界上许多高校与企业也展开了不少关于城市数字孪生系统领域的研究。都柏林圣三一大学开发了一款基于爱尔兰城市的数字孪生系统。该系统使用智慧城市的物联网传感器收集实时数据，并加入实时反馈系统，使得城市居民可以对城市规划提供反馈，有利于城市建设；德克萨斯大学奥斯汀分校设计了一款用于管理排水系统的数字孪生模型，能够实现洪水预警；微软公司提出了名为Azure的数字孪生模型，用户可以利用该模型将多个设备连接至云端，平台会使用基于真实世界实体创建的虚拟世界模型执行分析，辅助决策过程。

### 5.4.3 建筑数字孪生系统

建筑数字孪生系统能够赋予居住者对自己的工作区和环境条件更多的控制权。与城市相比，建筑数字孪生系统聚焦建筑物本身，其定义是在物理建筑模型中使用各种传感器全方位获取数据的仿真过程，以在虚拟空间中反映相对应实体建筑的全生命周期过程。

建筑数字孪生系统的研究对象主要包括用水、暖通、供电、关键设施、建筑结构等，系统的数据来源于摄像头、传感器、终端辅助设施采集的视频、传感器数据，系统运行以环境为主导。建筑数字孪生系统的目标是实现建筑规划、设计、施工、运营的一体化管控。但是，目前存在建筑“信息-物理”交互性低、能源管控依赖人工、建筑物安全隐患预测精度低、建筑设备故障预警分析能力不足等问题，需要重点开展基于数字孪生的建筑安全状态预警、基于数字孪生的建筑能耗管控等技术研究。

阿联酋Beeah公司打造的新总部智慧大楼应用了数字孪生系统技术，该总部大楼基于人工智能的预测和自动控制系统实现了建筑内部资源的高效利用，目标是达成能耗降低5%，耗水量降低20%，运营两年内零净碳排放量。另外，“数字巴黎”也是一个建筑数字孪生系统，通过数字化建模和仿真完整还原了巴黎圣母院的原貌和几百年的建造过程。在我国武汉雷神山医院的设计建造过程中，建筑数字孪生系统帮助设计师进行可视化设计、流线分析、管线综合、装配式设计、室内室外计算机流体力学模拟等，助力武汉雷神山医院快速建成。

### 5.4.4 电网数字孪生系统

2021年，我国数字孪生体联盟发布了《数字孪生电网白皮书——电力企业数字化转型之道》，给出了电网数字孪生系统的定义、参考架构和典型案例。电网数字孪生系统将物理电网以数字化方式映射至虚拟空间，通过接收来自物理电网的状态信息进而同步演化，以实现对物理电网的全面精准检测，并基于物理电网的状态信息进行诊断、预测等一系列计算分析，将分析结果反馈给物理电网，从而推动物理电网的优化调整。

电网数字孪生系统已经能够灵活满足数字化电网内不同场景、不同规模的需求，例如对于单个配电柜、机柜，数字孪生可以支持三维扫描、可视化呈现，实现数字化交付；对于单个配电站、开关站，数字孪生可以支持站点设备全要素数据的连接，实现数字化运维管理；对于区域配电站，数字孪生可以为区域电网实现配电智能管理、按需配电；针对环网数字化，数字孪生则可以助力实现站点联通、快速检测等功能。

我国电网设备数字孪生系统的首个试点站为上海市张江科学城的35kV蔡伦智慧变电站，蔡伦站内运用25类传感技术搭建全维度前端感知网络，实现更为全面、准确、及时的状态感知，形成了以“机器为主、人工为辅”的巡视模式，大幅提高了巡视效率和质量，降低运维人工成本的同时，也让运维工作更安全。2021年，国家电网广元供电公司实现了220kV袁家坝变电站三维全景可视化展示及设备全状态感知、检修作业装备智能匹配、检修路径和作业范围自动规划、变电站三维电路及虚拟电气操作、检修作业全景仿真模拟和停电区域确定、作业方案的自动生成等功能。同年，安徽省电科院与铜陵供电公司合作开发了一套“铜陵变电站数字孪生系统”，复刻后的虚拟系统能够对主变套管温度与开关柜温湿度进行实时监控，根据配置好的算法开展数据分析研判，出现问题会及时弹出告警提示，给出最优解方案。法国施耐德公司建立了一套全新电气系统数字孪生平台，旨在实现源网荷储各环节的精准反映、全域计算、深度协同，并提供了覆盖无人巡检、设备运维、现场作业、客户服务等多维度的完整应用场景。

### 5.4.5 医疗数字孪生系统

医疗数字孪生系统能够基于数字病历、疾病登记库、穿戴式传感器等获取数据信息，构建患者的数字虚拟状态、器官的剖析结构和医院虚拟环境等数字孪生体，最终实现个性化医疗保健、医疗与手术方案验证和医疗资源管理优化等。医疗数字孪生系统的研究对象包括患者、医生和医疗资源，系统的数据来源于急诊卡、医疗设备和患者病例等。

2019年，中国国家卫生健康委员会首次提出了“智慧医疗”的概念，指出将云计算、大数据、人工智能和物联网等技术应用于医疗服务领域，围绕患者就医体验、临床诊疗水平、医院管理等方面，全方位提升医疗服务效率和质量。目前，医疗数字孪生系统的研究和应用目前处于起步阶段，具有代表性的是法国达索公司使用磁共振成像和心电图测量结果开发了一种数字孪生模型，将难以观察的解剖结构可视化，以开发更安全有效的心脏治疗设备与器械。美国Onscale公司与LEXMA Technology公司共同开发了“数字双肺”模型，帮助临床医生预测肺炎患者的通气需求。

牛津大学的一项研究构建了融合机制模型和统计模型的双域模型来分析心肌电兴奋传导过程，通过Navier-Stokes方程来描述心脏血流的运动情况（机制模型），采用随机森林来评价心脏疾病的风险概率、高斯过程模型捕捉心率变异性（统计模型）。评估结果显示这种模型的整合可以提高数字孪生系统的有效性。

比利时FEops公司发布的FEops HEARTguide软件包括基于人工智能的MSCT图像解剖分析，用于结构性心脏介入手术的术前规划。通过这一分析，医生不需要再手动进行测量，可大幅简化工作流程。

伦敦帝国理工学院使用机械模型研究心脏再同步化治疗（Cardiac Resynchronization Therapy，CRT）功效对细胞尺度机制和器官的依赖性，并确定新的患者选择标准。这种模型用于确定作为CRT调节器的张力的长度依赖性，缓解患者对CRT治疗的反应。

英国Cydar公司的Intelligent Maps软件应用了最新的云图形处理单元计算、计算机视觉和机器学习技术，以推进整个手术路径的手术可视化和决策制定。

日本Takeda制药已在生产中使用数字孪生技术，以在全球范围内提供变革性疗法。数字孪生模型的创建可以缩短制药过程，并允许对生化反应进行实际的输入-输出预测。此外，德国Atos与西门子合作，使用物理数字孪生模型改进制药过程，以克服效率和生产方面的困难。

大连医科大学附属第一医院尝试了数字孪生在人体腰椎上的应用。通过收集特定实验者腰椎骨骼的定制信息，构建形状性能综合数字孪生体，用于预测不同人体姿势下真实腰椎的生物力学特性。使用可穿戴设备和传感器数据计算相应人体的腰椎姿势。利用逆向运动学系统信息，采用有限元法和高斯过程回归，建立腰椎数字孪生体，实时评估和预测腰椎的生物力学特性。最后，利用Unity3D软件开发了3D虚拟现实系统，记录了腰椎在身体运动过程中的实时生物力学性能，为腰椎运动领域的预警和实时规划提供了一种新的有效方法。

### 5.4.6 数字孪生系统在其他领域中的应用

除上述领域外，数字孪生技术在农业、安全急救、船舶航运等领域均有实践探索，展现了良好的发展前景和应用潜力。

数字孪生技术在农业领域可以实现作物种植监测、家畜健康监测、动物运动跟踪、病虫害与农药监测等需求。全球顶尖农业科研机构荷兰瓦格宁根大学已于2019年将数字孪生技术列为该校未来4年的三大重点研究领域，并在作物生产应用层面启动了“虚拟番茄系统”项目，虚拟番茄系统是一个由环境、作物、管理和社会经济的实时数据驱动的虚拟番茄作物模拟模型，通过推演温室番茄产前、产中、产后的外界因素交互作用对经济回报的影响，旨在实现以高产高效为目标的番茄生产智慧管控。

在安全急救领域，数字孪生可应用于风险或危害防治、重大灾难预防、安全网络保护、物流安全运维等场景。2022年，水利部印发了《关于大力推进智慧水利建设的指导意见》，指出推进智慧水利建设是推动新阶段水利高质量发展的六条实施路径之一，应以构建数字孪生流域为核心，全面推进算据、算法、算力建设，加快构建具有预报、预警、预演、预案“四预”功能的智慧水利体系。水利部珠江水利委员会响应号召，以西江流域为单元，基于珠江委信息化基础设施，搭建数据底板，构建模型和知识平台，开发具有雨情、水情、险情、灾情“四情”态势感知，分级分类智能预警，多维多尺度场景全链条预演的珠江水旱灾害防御“四预”平台，为珠江流域水旱灾害防御工作提供支撑。

在船舶航运领域，数字孪生可以提供生命周期管理、故障预测维护、工艺优选、远程监测运维等服务。芬兰Eniram公司以收集船舶及周边环境的历史与实时数据为基础，建立基于统计数据的船舶航行数字孪生体，利用实时数据与预测模型实现情境感知与能效管理，降低船舶燃料消耗与污染排放。丹麦马士基航运在2017年基于数字孪生技术实现了集装箱远程管理，利用冷藏集装箱孪生数据，向管理部门、港口和供应商提供查询冷藏集装箱实时状态、异常报警等服务，极大地改善了易腐货物的安全运输。

## 5.5 数字孪生存在的问题与挑战

数字孪生技术为当前多领域的创新和发展提供了新的理念和工具，得到了工业界和学术界越来越广泛的关注。目前，数字孪生技术尚处于高速发展阶段，真正实现基于数字孪生的高端智能运维还面临如下挑战。

### 5.5.1 复杂环境智能感知技术的挑战

物理实体自身以及外部的工作环境复杂，需要开发多类型、多参数、宽量程、高精度、低能耗、自校准、抗干扰的智能传感器，为数字孪生物理对象的各种参数感知提供支撑。如何设计智能化、微型化、新材料传感器是数字孪生技术数据感知的关键。此外，面向工业环境的无线感知技术也极具探索价值。首先，复杂工业环境中的确存在数量众多、种类繁杂的真实监测需求；其次，工业环境中的感知赋能需要最小化对现有产线设备的影响。无线感知在满足监测需求的同时，既无须对产线设备改造升级，又不干扰其运行工况。然而现有的无线感知技术要么仅能够实现对感知量的定性检测，要么对其定量刻画的精度难以满足工业监测需求。因此，如何提升无线感知面向工业监测应用的量化感知能力也是一个亟待解决的难题。

### 5.5.2 高速安全可信数据传输的挑战

数字孪生平台的实现需要建立安全可信的数据传输环境，如何保证数据双向高速传输的安全可信也是需要深入研究的重要方向。数据实时传输是数字孪生实现动态仿真、控制、预测、优化等功能的基础，为保障数字孪生各要素能及时准确获取所需信息，需实现：实时通信，建立海量感知数据的高并发处理与通信机制，为物理实体的实时分析与控制、数字孪生模型的动态仿真与更新演化、数字孪生数据的更新推理与融合、服务的动态决策与优化提供实时数据支持；可靠通信，为数字孪生各要素提供完整、准确、一致的数据支持，保障数字孪生高效稳定运行；安全通信，提供安全可用的通信协议和交互机制，保证通信数据机密完整、交互对象安全可靠。因此，为保障数字孪生要素间的可靠通信，须建立实时、可靠、安全的通信机制，实现高质量信息互通。

### 5.5.3 高保真数字孪生建模技术的挑战

在海量的网络数据下，数据建模不仅要保证模型的功能丰富，而且要兼顾模型的灵活性、可扩充性，这就使得构建高效、层次化的基础模型和功能模型更加困难。面对现实工况可能存在的同源异构数据，如何构建高可信度、可实时演化的数学模型一直是一个难题。对于黑箱模型来说，如何设计开发高效的学习算法是一个挑战；对于灰箱、白箱模型来说，如何设计参数、结构可在线更新的机理模型同样面临挑战。此外，如何实现非平稳数据下的高保真建模、多模型装配、多模型融合，也是该领域的难点。

### 5.5.4 高性能算力存储技术的挑战

强大的算力是整个数字孪生能够顺畅运行的基石，数字孪生系统的建模、应用等各个环节的实现都依赖于高性能的计算、存储技术。考虑到数字孪生平台对于算力、存储等的高性能要求以及对物理实体系统的远程部署，数字孪生体的搭建与运维未来应该朝着云边协同的架构模式发展，这对云端平台的总体架构以及边缘侧的资源分配提出了更高的要求。对于系统所搭载的云计算平台，如何优化数据结构、算法结构并配套足够的算力是一个问题；对于部署在终端的边缘计算平台，如何平衡算力和功耗之间的矛盾也面临难题。除此之外，如何与端网络实现连接，打通底层数据通道，让数据在云边之间快速传递，释放算力动能，加速终端数据的处理和传递同样是需要研究的课题。

### 5.5.5 高质量连接交互技术的挑战

为实现高质量虚实交互，数字孪生还需考虑如何进一步实现交互融合。具体表现为：虚实融合，一方面，感知物理实体的实时状态，并据此驱动数字孪生仿真与分析，达到虚实同步（从实到虚），另一方面，将数字孪生提供的决策信息准确、实时地传输给物理实体（从虚到实）；数模融合，一方面，数字孪生数据可用于补充、修正、完善数字孪生模型，保障模型精准运行，另一方面，数字孪生模型可用于校验融合数据的准确性，提供精准数据分析；人机共融，通过人机智能的互促互进，使机器能准确理解人类需求与反应，同时具备智能感知和自主协同能力，从而实现人机密切合作、深度融合与和谐共生。

### 5.5.6 完备健全评价体系的挑战

评价标准是衡量事物的准则，评价体系的设立能够统一衡量尺度，规范事物的运行。然而，评价体系不完备是数字孪生行业普遍面临的问题。由于缺乏通用的评价标准和评价方法，数字孪生系统的数据完备性、模型准确性、交互实时性、系统可靠性等方面缺乏相应的规范和保障，制约着数字孪生技术的高水平发展和实践，建立数字孪生完备健全评价体系势在必行。构建完备的评价体系需要从数字孪生所涉及的模型要素、数据要素、连接交互要素、赋能应用要素、工具平台要素等所有环节，全方位、全生命周期地进行标准的设立和约束。如何开发具有科学性、通用性、完整性、可操作性、可比性、可量化的评价指标和评价方法是亟待研究的课题。

## 5.6 数字孪生技术的发展建议

### 5.6.1 技术发展建议

借鉴国内外现有的成熟技术发展路线，我们提出如下建议：

① 加强数字孪生技术的理论研究，为实现数字孪生技术在我国多领域成功落地应用奠定坚实基础。

② 从全景感知、高效传输、交互感知平台等多方面入手，满足数字孪生体监控、仿真、预测、优化等实际功能服务和应用需求。

③ 为数字孪生平台建立安全可信的数据传输环境，实现模型安全保障相关的鉴权、认证、授权、加密与完整性保护，也是未来技术发展的重要一环。

### 5.6.2 人才培养发展建议

① 组织实施数字孪生产业人才培养计划，加强高校信息科学相关专业学科建设，建立完善的数字孪生理论课程体系，加大数字孪生职业培训教育力度。

② 整合不同学科优势资源，组建具有竞争力的研究团队，是人才培养的重点。加强与本学科领域处于引领地位的国际著名大学和科研机构的合作，有计划地派遣学者到国际大学和科研机构学习，是促进数字孪生产业人才水平提高的有效途径。

③ 联合企业、政府、研究机构和高校成立产业联盟，促进产、学、研、用结合。结合高校、企业和研究机构的优势，让企业的技术人员多到高校和研究机构进行深层次的技术培训，让高校的学生多到企业进行技术实践，从而实现学以致用。

### 5.6.3 政策制定建议

**（1）设立数字孪生发展专项**

将数字孪生发展作为国家战略，集中解决我国数字孪生科研布局散、产业技术能力弱、产学研合作虚、技术转移难等一系列问题，支持和引导国内科研机构、大学、高新技术企业积极参与数字孪生关键技术的研发和应用。专项研究目标和内容要减少低水平的重复，不断提高研究水平，集中力量攻克难点，保证数字孪生技术研发的系统性和可持续性。

**（2）对从事数字孪生产业化的企业出台鼓励扶持政策**

特别是在央企设备采购中，鼓励和支持采购国产数字孪生产品和系统；在重大工程项目中，对采用国产数字孪生产品应有单独的规定和要求。扩大对重要行业批量化应用的支持，对采购企业进行补贴，进而加快数字孪生体的应用推广。

## 参考文献


[1] 李浩，王昊琪，刘根，等. 工业数字孪生系统的概念，系统结构与运行模式[J]. 计算机集成制造系统，2021, 27(12): 18.

[2] 陶飞，刘蔚然，张萌，等. 数字孪生五维模型及十大领域应用[J]. 计算机集成制造系统，2019, 025(001): 1-18.

[3] 汪枫. 面向数字孪生基于CIM平台的数据治理研究[J/OL]. 土木建筑工程信息技术：1-7 [2023-09-04]. http://kns.cnki.net/kcms/detail/11.5823.tu.20230524.1341.006.html.

[4] 李彦瑞，杨春节，张瀚文，等. 流程工业数字孪生关键技术探讨[J]. 自动化学报，2021, 47(3): 501.

[5] 陶飞，张萌，程江峰，等. 数字孪生车间——一种未来车间运行新模式[J]. 计算机集成制造系统，2017, 23(1): 9.

[6] Gelernter D. Mirror worlds: or the day software puts the universe in a shoebox...how it will happen and what it will mean[M]. New York: Oxford University Press, 1993.

[7] Grieves M. Product lifecycle management: the new paradigm for enterprise[J]. International Journal of Product Development, 2005, 2(1): 71-84.

[8] Grieves M. Product lifecycle management: driving the next generation of lean thinking[M]. New York: McGraw-Hill, 2005.

[9] 陈华鹏，鹿守山，雷晓燕，等. 数字孪生研究进展及在铁路智能运维中的应用[J]. 华东交通大学学报，2021, 4(1): 27-44.

[10] Grieves M. Virtually perfect: driving innovation and lean products through product lifecycle management[M]. Cocoa Beach, FL: Space Coast Press, 2011.

[11] US Air Force. Global horizons: united states air force global science and technology vision: AF/ST TR-13-01[R]. Washington D C, USA: United states Air Force Chief Scientist, 2013.

[12] Grieves M, Vickers J. Digital twin: mitigating unpredictable, undesirable emergent behavior in complex systems[M]// Transdisciplinary Perspectives on Complex System. Berlin, Germany: Springer-Verlag, 2017: 85-113.

[13] Glaessgen E, Stargel D S. The digital twin paradigm for future NASA and US Air Force vehicles[C]//Proceedings of the 53rd AIAA/ASME/ASCE/AHS/ASC Structures, Structural Dynamics and Materials Conference, Reston, Va., USA: AIAA, 2012.

[14] Kraft E M. HPCMP CREATE-AV and the air force digital thread[C]//53rd AIAA Aerospace Sciences Meeting, Florida, 2015.

[15] 杨一帆，邹军，石明明，等. 数字孪生技术的研究现状分析[J]. 上海应用技术学院学报（自然科学版），2022, 022(002): 176-188.

[16] Tao F, Zhang M. Digital twin shop-floor: a new shop-floor paradigm towards smart manufacturing[J]. Ieee Access, 2017(5): 20418.

[17] Van der Valk H, HaBe H, Möller F, et al. A taxonomy of digital twins[C]//Proceedings of 26th Americas Conference on Information Systems (AMCIS). Salt Lake City: Association for Information Systems, 2020:1.

[18] Jones D, Snider C, Nassehi A, et al. Characterising the digital twin: a systematic literature review[J]. CIRP Journal of Manufacturing Science and Technology, 2020, 29: 36.

[19] Tomczyk M, van der Valk H. Digital twin paradigm shift: the journey of the digital twin Definition[C]//Proceedings of the 24th International Conference on Enterprise Information Systems-Volume 2: ICEIS. Online: ICEIS, 2022: 90.

[20] da Silva Mendonça R, de Oliveira Lins S, de Bessa I V, et al. Digital twin applications: a survey of recent advances and challenges[J]. Processes, 2022, 10(4): 744.

[21] Tao F, Cheng J, Qi Q, et al. Digital twin-driven product design, manufacturing and service with big data[J]. The International Journal of Advanced Manufacturing Technology, 2018, 94(9-12): 3563-3576.

[22] Todorovic M H, Datta R, Stevanovic L, et al. Design and testing of a modular SiC based power block[C]//PCIM Europe 2016; International Exhibition and Conference for Power Electronics, Intelligent Motion, Renewable Energy and Energy Management. Nuremberg, Germany: VDE, 2016: 1-4.

[23] He K, Li X, Wu J, et al. Three-dimensional temperature field numerical simulation of twin-arc high-speed submerged arc

welding process based on ANSYS[C]//Advanced Materials Research. Zurich, Switzerland: Trans Tech Publications Ltd, 2011, 216: 188-193.

[24] Liu M, Fang S, Dong H, et al. Review of digital twin about concepts, technologies, and industrial applications[J]. Journal of Manufacturing Systems, 2021, 58: 346-361.

[25] 陶飞，程颖，程江峰，等. 数字孪生车间信息物理融合理论与技术[J]. 计算机集成制造系统，2017, 23(8): 1603-1611.

[26] Zaballos A, Briones A, Massa A, et al. A Smart campus' digital twin for sustainable comfort monitoring[J]. Sustainability, 2020, 12(21): 1-33.

[27] 李婷婷，刘锐，常青，等. 浅析基于数字孪生技术的智慧医院后勤运维场景应用[J]. 智能建筑电气技术，2022, 2: 16.

[28] 曹启友. 面向工业物联网的智能数据采集系统设计[D]. 杭州：浙江大学，2019.

[29] 姜延吉. 多传感器数据融合关键技术研究[D]. 哈尔滨：哈尔滨工程大学，2010.

[30] Yang C, Yang C, Zhang X, et al. Multi-source information fusion for autoformer: soft sensor modeling of FeO content iniron ore sintering process[J]. IEEE Transactions on Industrial Informatics, 2023, 19(12): 11584-11595.

[31] 冯成. 多源异构数据融合关键技术研究[D]. 北京：北京邮电大学，2020.

[32] 刘基阳. 面向多源异构数据的数据集成中间件的设计与开发[D]. 成都：电子科技大学，2018.

[33] 范柯岐. 基于数字孪生的织机虚实交互监控系统[D]. 天津：河北工业大学，2022.

[34] 刘帅. 基于数字孪生的产线状态虚实映射监测系统研究与实现[D]. 西安：西安电子科技大学，2021.

[35] 陶飞，张贺，戚庆林，等. 数字孪生模型构建理论及应用[J]. 计算机集成制造系统，2021, 27(01): 1-15.

[36] 丁凯，张旭东，周光辉，等. 基于数字孪生的多维多尺度智能制造空间及其建模方法[J]. 计算机集成制造系统，2019, 25(06): 1491-1504.

[37] Cerrone A, Hochhalter J, Heber G, et al. On the effects of modeling as-manufactured geometry: toward digital twin[J]. International Journal of Aerospace Engineering, 2014, (1): 439278.

[38] Debroy T, Zhang W, Turner J, et al. Building digital twins of 3D printing machines[J]. Scripta Materialia, 2017, 135: 119-124.

[39] Kraft E M. The air force digital thread/digital twin-life cycle integration and use of computational and experimental knowledge[C]//54th AIAA aerospace sciences meeting. 2016: 0897.

[40] Geng R, Li M, Hu Z, et al. Digital twin in smart manufacturing: remote control and virtual machining using VR and AR technologies[J]. Structural and Multidisciplinary Optimization, 2022, 65(11): 321.

[41] He R, Chen G, Dong C, et al. Data-driven digital twin technology for optimized control in process systems[J]. ISA transactions, 2019, 95: 221-234.

[42] 胡兴，刘检华，庄存波，等. 基于数字孪生的复杂产品装配过程管控方法与应用[J]. 计算机集成制造系统，2021, 27(02): 642-653.

[43] Li C, Zheng P, Li S, et al. AR-assisted digital twin-enabled robot collaborative manufacturing system with human-in-the-loop[J]. Robotics and Computer-Integrated Manufacturing, 2022, 76: 102321.

[44] 卢山雨，刘世民，丁志昆，等. 基于增强现实的数字孪生加工系统建模与多视图交互[J]. 计算机集成制造系统，2021, 27(02): 456-466.

[45] 李浩，陶飞，王昊琪，等. 基于数字孪生的复杂产品设计制造一体化开发框架与关键技术[J]. 计算机集成制造系统，2019, 25(06): 1320-1336.

[46] Wiens M, Meyer T, Thomas P. The potential of FMI for the development of digital twins for large modular multi-domain systems[C]//Modelica Conferences. 2021: 235-240.

[47] 陶飞，马昕，胡天亮，等. 数字孪生标准体系[J]. 计算机集成制造系统，2019, 25(10): 2405-2418.

[48] 任宇航. 数字孪生系统可信度评估方法研究[D]. 哈尔滨：哈尔滨工业大学，2021.

[49] Murashov I, Zverev S, Smorodinov V, et al. Development of digital twin of high frequency generator with self-excitation in Simulink[C]//IOP Conference Series: Materials Science and Engineering. IOP Publishing, 2019, 643(1): 012078.

[50] 陶飞，马昕，戚庆林，等. 数字孪生连接交互理论与关键技术[J]. 计算机集成制造系统，2023, 29(1): 1-10.

[51] 蒲雨彤，张岭江，范凌杰，等. 数字孪生应用与虚拟现实技术发展综述[J]. 工程技术与发展，2019 1(8): 116-120.

[52] 杜银学，高灵宝. 数字孪生助力3D打印产业实现虚拟制造[J]. 铸造设备与工艺，2022(03)：16-18.

[53] Zhang H, Jia C, Chen M. Remaining useful life prediction for degradation processes with dependent and nonstationary increments[J]. IEEE Transactions on Instrumentation and Measurement, 2021, 70: 1-12.

[54] 柴天佑，刘强，丁进良，等. 工业互联网驱动的流程工业智能优化制造新模式研究展望[J]. 中国科学：技术科学，2022, 52(1): 14-25.

[55] 解学书. 最优控制理论与应用[M]. 北京：清华大学出版社，1986.

[56] 陈杨，邵之江，钱积新，等. 联立法中全局和局部正交配置算法[J]. 化工学报，2010, 61(2): 384-391.

[57] Garg D, Patterson M A, Hager W W, et al. A unified framework for the numerical solution of optimal control problems using pseudospectral methods[J]. Automatica, 2010, 46(11): 1843-1851.

[58] Das S, Suganthan P N. Differential evolution: a survey of the state-of-the-art[J]. IEEE Transactions on Evolutionary Computation, 2011, 15(1): 4-31.

[59] Zhou H, Yang C, Sun Y. Intelligent ironmaking optimization service on a cloud computing platform by digital twin[J]. Engineering, 2021, 7: 1274-1281.

[60] Bader J, Zitzler E. HypE: an algorithm for fast hypervolume-based many-objective optimization[J]. Evolutionary Computation, 2011, 19(1): 45-76.

[61] Li F, Liu J, Tan S, et al. R2-MOPSO: a multi-objective particle swarm optimizer based on R2-indicator and decomposition[C]. 2015 IEEE Congress On Evolutionary Computation, 2015: 3148-3155.

[62] Luo J, Huang X, Yang Y, et al. A many-objective particle swarm optimizer based on indicator and direction vectors for many-objective optimization[J]. Information Sciences, 2020, 514: 166-202.

[63] Liang Z, Hu K, Ma X, et al. A many-objective evolutionary algorithm based on a two-round selection strategy[J]. IEEE Transactions on Cybernetics, 2021, 51(3): 1417-1429.

[64] Li K, Deb K, Zhang Q, et al. An evolutionary many-objective optimization algorithm based on dominance and decomposition[J]. IEEE Transactions on Evolutionary Computation, 2015, 19(5): 694-716.

[65] Xiang Y, Zhou Y, Li M, et al. A vector angle-based evolutionary algorithm for unconstrained many-objective optimization[J]. IEEE Transactions on Evolutionary Computation, 2017, 21(1): 131-152.

[66] Wang G, Jiang H. Fuzzy-dominance and its application in evolutionary many objective optimization[C]. International Conference on Computational Intelligence Security Workshops, 2007: 195-198.

[67] Liu D, Wei Q. Policy iteration adaptive dynamic programming algorithm for discrete-time nonlinear systems[J]. IEEE Transactions on Neural Networks and Learning Systems, 2014, 25(3): 621-634.

[68] Liu D, Xue S, Zhao B, et al. Adaptive dynamic programming for control: a survey and recent advances[J]. IEEE Transactions on Systems Man Cybernetics-Systems, 2021, 51(1): 142-160.

[69] Zhou J, Yang M, Zhan Y, et al. Digital twin application for reinforcement learning based optimal scheduling and reliability management enhancement of systems[J]. Solar Energy, 2023, 252: 29-38.

[70] 魏庆来，宋睿卓，孙秋野. 迭代自适应动态规划理论及应用[M]. 北京：科学出版社，2015.

[71] 陈静. 基于声音信号分析的牵引变压器故障诊断方法研究[J]. 电气应用，2020, 39(02): 25-29.

[72] You F, Wang D, Li G, et al. Fault diagnosis method of escalator step system based on vibration signal analysis[J]. International Journal of Control, Automation and Systems, 2022, 20(10): 3222-3232.

[73] 朱亚军，胡建钦，李武，等. 基于频域窗函数的短时傅里叶变换及其在机械冲击特征提取中的应用[J]. 机床与液压，2021, 49(18): 177-182.

[74] Luo K, Li S, Deng R, et al. Multivariate statistical kernel PCA for nonlinear process fault diagnosis in military barracks[J]. International Journal of Hybrid Information Technology, 2016, 9(1): 195-206.

[75] 晏新奇，杨学宾，何如如. 基于主成分分析与模式匹配的空调箱故障检测[J]. 建筑热能通风空调，2021, 40(02): 6-10, 5.

[76] 董周杰，郭迎清. 基于综合模糊聚类算法的液体火箭发动机故障诊断[J]. 航空动力学报，2020, 35(06): 1326-1334.

[77] 范汉林. 基于扩展记忆粒子群优化支持向量机的汽轮机故障诊断[J]. 电气开关，2023, 61(03): 68-71.

[78] Guo K, Wan X, Liu L, et al. Fault diagnosis of intelligent production line based on digital twin and improved random forest[J]. Applied Sciences, 2021, 11(16): 7733.

[79] 袁钰林，郑运鸿，游一民，等. 基于随机森林与长短时记忆神经网络的真空接触器故障诊断方法研究[J]. 高压电器，2022, 58(05): 103-111.

[80] Zhao C. Perspectives on nonstationary process monitoring in the era of industrial artificial intelligence[J]. Journal of Process Control, 2022, 116: 255-272.

[81] Pan T, Chen J, Zhang T, et al. Generative adversarial network in mechanical fault diagnosis under small sample: a

systematic review on applications and future perspectives[J]. ISA transactions, 2022, 128: 1-10.

[82] 郑天标，肖应旺. 基于核主元分析与核密度估计的非线性过程故障监测与识别[J]. 计算机系统应用，2022, 31(10): 329-334.

[83] Xue Y, Zhang L, Wang B, et al. Nonlinear feature selection using Gaussian kernel SVM-RFE for fault diagnosis[J]. Applied Intelligence, 2018, 48: 3306-3331.

[84] Li C, Zhao D, Mu S, et al. Fault diagnosis for distillation process based on CNN-DAE[J]. Chinese Journal of Chemical Engineering, 2019, 27(3): 598-604.

[85] Wang K, Guo Y, Zhao W, et al. Gas path fault detection and isolation for aero-engine based on LSTM-DAE approach under multiple-model architecture[J]. Measurement, 2022, 202: 111875.

[86] Lou S, Yang C, Zhu X, et al. Adaptive dynamic inferential analytic stationary subspace analysis: a novel method for fault detection in blast furnace ironmaking process[J]. Information Sciences, 2023, 642: 119176.

[87] Shao S, Wang P, Yan R. Generative adversarial networks for data augmentation in machine fault diagnosis[J]. Computers in Industry, 2019, 106: 85-93.

[88] Luo J, Huang J, Li H. A case study of conditional deep convolutional generative adversarial networks in machine fault diagnosis[J]. Journal of Intelligent Manufacturing, 2021, 32: 407-425.

[89] 郭磊，张红旗，程五四，等. 基于数据驱动的数字孪生技术研究现状与展望[J]. 机械，2023, 50(07): 1-10.

[90] 张瀚文，杨春节，李俊方，等. 基于工业互联网平台的炼铁生产线数字孪生系统[C]//第32届中国过程控制会议(CPCC2021)论文集，2021, 1237-1244.

[91] 许永泓，杨春节，楼嗣威. 钢铁行业数字孪生研究现状分析和综述[J]. 冶金自动化，2023, 47(1): 10-23.

[92] 陈健，杨春节，胡兵，等. 基于XGBoost和反向自适应粒子群的烧结配料智能优化方法[J]. 冶金自动化，2023, 47(3): 71-80.

[93] Zhang H, Shang J, Zhang J, et al. Nonstationary process monitoring for blast furnaces based on consistent trend feature analysis[J]. IEEE Transactions on Control Systems Technology, 2022, 30(3): 1257-1267.

[94] Lou S, Yang C, Wu P. A local dynamic broad kernel stationary subspace analysis for monitoring blast furnace ironmaking process[J]. IEEE Transactions on Industrial Informatics, 2023, 19(4): 5945-5955.

[95] 黄海松，陈启鹏，李宜汀，等. 数字孪生技术在智能制造中的发展与应用研究综述[J]. 贵州大学学报(自然科学版)，2020, 37(5): 1-8.

[96] Tao F, Zhang M, Liu Y, et al. Digital twin driven prognostics and health management for complex equipment[J]. CIRP Annals, 2018, 67(1): 169-172.

[97] 房峰，袁逸萍，王波，等. 基于Unity3D的纺机制造车间数字孪生系统开发与实现[J]. 工业控制计算机，2023, 36(8): 143-144.

[98] Mortlock T, Muthirayan D, Yu S, et al. Graph learning for cognitive digital twins in manufacturing systems[J]. IEEE Transactions on Emerging Topics in Computing, 2022, 10(1): 34-45.

[99] Tao F, Sui F, Liu A, et al. Digital twin-driven product design framework[J]. International Journal of Production Research, 2019, 57(12): 3935-3953.

[100] Schleich B, Anwer N, Mathieu L, et al. Shaping the digital twin for design and production engineering[J]. CIRP Annals, 2017, 66(1): 141-144.

[101] Stark R, Kind S, Neumeyer S. Innovations in digital modelling for next generation manufacturing system design[J]. CIRP Annals, 2017, 66(1): 169-172.

[102] Shahat E, Hyun C, Yeom C. City digital twin potentials: A review and research agenda[J]. Sustainability, 2021, 13(6): 3386.

[103] Yoon S. Building digital twinning: data, information, and models[J]. Journal of Building Engineering, 2023, 76: 107021.

[104] Lu Y, Liu C, Wang K, et al. Digital twin-driven smart manufacturing: connotation, reference model, applications and research issues[J]. Robotics and Computer-Integrated Manufacturing, 2020, 61: 101837.

本章负责人　杨春节　浙江大学

参加编写人员　刘　哲　许永泓　楼嗣威

# 第6章 特种传感器技术

## 6.1 概述

### 6.1.1 背景简介

传感器作为“工业基石”，是各类产业赖以生存和发展的基础，作为“性能关键”，直接决定重大装备和整机产品的性能、质量。以传感器为代表的感知制造业将是未来重要的战略性新兴产业，是信息系统的源头，是实现自动化、智能化的核心。传感器具有广泛的应用领域和巨大使用量，在工业生产制造中扮演着重要的角色，也应用于航天、国防和工农业等多个领域，将成为构筑未来智能社会基础设施、工业基础支撑体系、各类装备产品的关键。传统传感器基本属于基础类别，存在反应较慢、精度不高、稳定性差、体积偏大、对恶劣工业场所（高温、粉尘、潮湿、电磁干扰等）的适应能力不强、能耗高、技术含量低和寿命短等问题。而以大数据分析作为实现智能制造的基础，要求传感器更加智能化、精准和稳定，来保障设备高质量和高效率地运行，这对大数据和工业自动化融合至关重要，也是实现智能制造的突破口。智能系统化、移动数字化、微型化、多功能化、低功耗、低成本、高灵敏度、高可靠性将是传感器新技术、传感器工业测量技术和传感器信息融合技术发展的重要方向。

### 6.1.2 国内外发展简述

传感器的发展与制造业息息相关，作为数据采集的唯一功能器件，先进传感器技术和产业的发展水平是人工智能技术发展和产业应用的基础，美国《关键与新兴技术国家战略》中更是将高端传感器列为战略清单20项技术之一。美国《国家人工智能研发战略计划2023》指出，要在柔性和可穿戴传感器、微纳传感器、生物传感器、无线传感网络、光学传感器等多个领域资助项目、制定标准和提供支持。美国智能感知计划（Advanced Sensing Capability Program）以传感器、MEMS和CMOS等技术发展的推动，拟实现微小化、智能化、网络化、分布式和传感器信息融合，能够为更低级别层面的战士提供增强的态势感知手段。美国国防预先研究计划局（DARPA）制定了“太赫兹作战延伸后方（THOR）”计划。该计划包含研发和评估一系列可用于移动的Ad-Hoc自由空间光通信系统的技术，通过移动自由空间光路径将宽带通信（宽管道类型）延伸到战区。欧洲传感器协会发布了包括《传感器系统产业地图》（Sensor Systems Industry Mapping）、《全球传感器市场现状及未来发展趋势》（Global Sensor Market Status and Future Trends）等关于传感器技术发展的文件，对传感器技术发展进行指导和规划，促进了传感器技术在智能制造、生物、环境、安防的应用和市场发展。

为了实现制造业强国的目标，我国陆续出台多项政策，进一步明确智能传感器产业的发展方向和路径。政策规划注重促进高端传感器及关键技术和核心材料的突破，推进智能传感器相关产业的研发。《中国制造2025》对传感器产业发展提出明确要求，大力发展具有自主知识产权的高端智能传感器，为打造工业互联网平台和实现智能制造夯实基础。早在2016年8月，国务院发布《“十三五”国家科技创新规划》，提出了发展工业传感器，进行工业传感器核心器件、传感器集成应用等方面的技术攻关，提高工业传感器产业的技术创新能力；2017年，工信部制定了《智能传感器产业三年行动计划（2017—2019年）》，明确传感器产业的发展目标和方向；2017年，我国发布了《物联网产业发展规划（2015—2020）》，明确提出加强传感器技术研发和应用，推动物联网技术的发展；2021年，工业和信息化部印发了《“十四五”信息化和工业化深度融合发展规划工业》，明确提出通过产品试验、市场化和产业化引导，加快工业芯片、智能传感器、工业控制系统、工业软件等融合支撑产业培育和发展壮大，增强工业基础支撑能力；2021年，工信部、国家发改委等八部门联合发布《“十四五”智能制造发展规划》，明确提出研发微纳位移传感器、柔性触觉传感器、高分辨率视觉传感器、成分在线检测仪器等；科技部国家重点研发计划自2021年开始设立“智能传感器”重点专项，系统布局了智能传感基础及前沿技术、传感器敏感元件关键技术、面向行业的智能传感器及系统和传感器研发支撑平台，一体化贯通智能传感器设计、制造、封装测试和应用示范环节等，推动了传感器产业的可持续发展；2023年，国家发改委在《产业结构调整指导目录（2023年本，征求意见稿）》中列出鼓励类的传感器产业条目主要集中在“智能制造”领域。

目前，全球传感器市场主要由欧美日的龙头公司主导。虽然我国的传感器市场规模增速较快，但国产化程度依然很低，特别是高端传感器产品基本被美国、德国和日本传感器企业占据。在近几年的政策推动下，我国传感器企业正在快速扩张，与美国、德国和日本的差距也在持续缩小中，特别是在汽车传感器市场，我国已经超越了美国和日本，全球市场份额排在了全球第二。

### 6.1.3 存在的问题和挑战

目前，我国传感器体系建设形成了以中国科学院研究所、国家重点实验室、高等院校为核心的研发体系，以传感器国家工程研究中心、企业为主体的产业体系，以物联网、智能制造、人工智能、消费电子、民生工程等为对象的应用体系。面向国家安全和医疗健康领域的重大需求，经过多年持续的努力，取得了一系列具有国际先进水平的科研成果，部分技术处于国际领先地位，其中多项核心技术尚属国际首创，但也面临着高端传感器研发能力不足、产业链尚未形成等问题。作为信息系统的源头，我国传感器领域无论是技术还是产业与国外相比都有一定差距。例如，MEMS陀螺芯片、高性能磁传感器、超声波传感器、红外阵列传感器长期被欧美日厂商垄断，在研发基础、量产能力、封装技术等方面还与国外有较大差距；智能光纤传感器和集成化气体传感器等国内起步较晚，多为单独的气敏元件，与国外的研制水平相差较大；复杂工业场景下需要进行多参数数据获取，在传感器网络技术和智能处理算法等方面也存在网络协议、功耗、无线射频、自校准等技术亟待提升。

在制造与集成工艺方面，缺少微系统制造开发软件与集成的国产化关键设备；在产业化方面，国外许多公司已具备批生产能力，而国内总体处于集成、封装及工程化的初级阶段，在深度和广度上差异较大，主要表现为产品品种不全、规格少，新品欠缺，科技创新差，拥有自主知识产权的产品少。

工艺装备落后，产品质量有待提高。国内传感器生产工艺与工艺设备相对落后、微机械加工技术和封装技术不够先进、手工操作比较多、检测手段不规范等，造成主要性能指标和国外差1～2个数量级，使用寿命差2～3级。尤其在化工、电站、冶金、石油、环保、机械等领域重大工程中，许多高性能传感器仍依赖于进口。

我国在关键核心技术上和传感器领军人才方面均落后欧美日等发达国家，导致我国内部供给能力不足，尤其是特殊用途的传感器，比如航天、航海、航空专用的传感器。传感器及其产业的特点之一是技术密集，自然也要求人才密集。从目前国内的情况看，能够适应当今传感器技术发展需求的具有高水平的科研队伍及中青年科技专家、技术骨干、学术带头人相对缺乏，使行业技术更新换代步伐慢，产业发展后劲不足。

我们在研发投入方面较少，科研投资强度偏低，在信息技术发展的过程中，对传感器技术重要性的认识滞后于计算机技术和通信技术，传感器技术的发展速度缓慢牵制了信息技术的飞速发展。

## 6.2 传感器新技术

### 6.2.1 太赫兹探测技术

#### 6.2.1.1 技术简介

太赫兹波（Terahertz wave，THz wave）是指频率在0.1～10THz（1 THz = $10^{12}$Hz）、波长在3mm～30μm范围内的电磁波，其具有诸多优点，如：低光子能量，不会对生物组织造成电离损伤；许多生物大分子在此频段表现出强烈的吸收和谐振，因此显示出物质的“指纹谱”特性；太赫兹波能够穿透非金属、非极性物质；并且太赫兹波对水分具有敏感的吸收特性。因此，太赫兹技术在生命科学、通信技术、物理科学和国防科技等领域具有广阔的应用前景。

在电磁波谱中，不同频率点的振幅和相位存在差异性，基于薛定谔方程的费米子描述和基于麦氏方程组的玻色子描述均只能算是相对合理的。太赫兹处于费米性消减和玻色性增强的过渡区域，其频率范围和特征属性亟须实验论证和科学化。如果瞬态性是太赫兹波的基本属性，其与分子作用时间达到了皮秒级及更快，则太赫兹探测应具备在皮秒及更快尺度的振幅和相位信息，这可以作为太赫兹波频率范围的实验论证依据。超快激光的迅猛发展，为解析太赫兹波的振幅和相位信息提供了重要帮助。目前被捕捉到的最短电子脉冲为53as±5as1，超过了已知分子运动速度的最快纪录100as和电子在原子之间的转移时间320as，开辟了阿秒物理和纳米光学的新视野。太赫兹探测属于交叉融合科学领域，尚需探索太赫兹与费米子、玻色子之间的本质关系，在探测原理上也需解析振幅信息和相位信息的产生机理。

#### 6.2.1.2 国内外发展情况

太赫兹技术研究主要是指太赫兹通信技术、太赫兹分子光谱技术和太赫兹成像技术。

**（1）太赫兹通信技术**

太赫兹波段位于红外和微波之间，在空间通信、近程战术通信等国防领域有巨大的应用前景。太赫兹波相对于红外辐射有“穿透”功能，可穿透非金属和非极性材料，相对于毫米波有较高的空间分辨率。太赫兹通信具有容量大、方向性好、保密性及抗干扰能力强等特点，适用于战场末端多域组网、空间飞行器抗“黑障”通信、高分辨率战场信息高速实时传输。日本、美国、德国等发达国家太赫兹通信技术居于领先水平，其中日本NTT公司电子通信实验室在太赫兹无线局域网通信技术方面处于国际领先地位。美国国防预先研究计划局（DARPA）制定了“太赫兹作战延伸后方（THOR）”计划，该计划包含研发和评估一系列可用于移动的AdHoc自由空间光通信系统的技术，通过移动自由空间光路径将宽带通信（宽管道类型）延伸到战区。目前，国际上完成的太赫兹无线通信系统有日本NTT的0.125THz和0.3THz通信系统、德国IAF的0.22THz和0.24THz通信系统、美国Bell实验室的0.625THz通信系统。国内代表性成果有：中国工程物理研究院电子工程研究所的0.14THz和0.34THz通信系统、中国科学院微系统与信息技术研究所的4.1THz通信系统。

**（2）太赫兹分子光谱技术**

飞秒化学和阿秒物理的发展推动了太赫兹分子光谱识别技术的研究。太赫兹波与中红外的分子光谱识别均属于非接触式的探测识别技术，对于分子测量学均有广阔前景，基金委已经在化学科学部设置了化学测量学代码，探测活体分子的生物测量学势必未来可期。中红外探测波长范围主要是2.5 ～ 25μm，振动能级达到$\Delta E_V$=0.05 ～ 1.0eV，居于官能团识别区和指纹谱识别区，虽然获得的是振动-转动光谱，但转动光谱往往被掩盖，因此主要适用于官能团识别。太赫兹分子探测主要在220GHz ～ 3THz，转动能级仅为$\Delta E_r=10^{-4} \sim 10^{-2}$eV，居于分子转动吸收区，能观察到气体分子转动光谱的精细结构。太赫兹可获得振幅信息和相位信息，尤其是可获得气体分子转动光谱，具有广阔的研究价值。

**（3）太赫兹成像技术**

随着太赫兹技术的发展，太赫兹成像技术在生物医学诊断、无损检测和安检等领域表现出了许多独特的优点，得到了越来越广泛的关注。太赫兹成像技术结合了光谱与成像的共同优势，既可以对物质的形貌进行测量，同时可以通过数字信号处理和频谱分析等方法对物质的太赫兹光谱响应特性进行分析，目前已成为太赫兹技术最重要的应用之一。

#### 6.2.1.3 技术的创新性和突破性

**（1）太赫兹通信技术**

国际电信联盟在2015年已将81 ～ 86GHz列为候选频段，但2019年5G“扩容”也只是到了66 ～ 71GHz；随着美国联邦通信委员会于2019年3月15日投票决定开放95 ～ 3000GHz，掀起了6G的研究热潮，即被认为迈向了太赫兹通信时代。太赫兹通信系统，从技术框架而言主要是基于固态电子学器件和基于光-电结合两种方式，虽然已经在140GHz、220GHz和260 ～ 270GHz的室内信道测量方面取得了一定进展，但一直存在频效提升问题、站点密集问题和频率扩展问题。近年来，虽然在宽带信道估计技术方面取得了较好的研究进展，但2030年实现太赫兹通信的商业化尚需解决系列的关键技术，部分关键技术问题也一直制约5G技术的发展和推广。

**（2）太赫兹分子光谱技术**

太赫兹分子光谱探测的辐射源技术主要包括真空电子技术、激光光学技术和超快激光技术。在同一频率点上（比如300GHz），既可以通过电子学产生，也可以通过光子学产生，还可以通过超快激光技术产生，不同产生方式的300GHz太赫兹波具有不同的特征属性。光子学产生方式的光谱探测仪器主要是基于光电导天线或光整流的太赫兹时域光谱系统（TDS），其次是基于量子级联激光器（QCL）的光梳光谱系统。TDS系统探测范围大、可获得幅度和相位信息，但扫描时间长、光谱分辨率低（GHz级）。QCL系统频谱分辨率高（KHz）、输出功率高、发射光谱宽、可实现快速扫描，但往往需要低温的工作环境、频率调制带宽较窄。电子学产生方式的光谱探测仪器主要是矢量网络分析仪（VNA）和固态电子学倍频链系统（FMC）。VNA系统与TDS系统在传输型频率选择表面（FSS）具有一致性和有效性。FMC频谱分辨率高（kHz），可在室温条件下长时间工作，已经实现了基于谱峰展宽特异性的痕量气体成分和浓度的探测分析。在太赫兹分子光谱识别方面，FMC系统较VNA系统和TDS系统具有优势，也较QCL系统具有常温工作优势，但目前功率还较低、频率范围还需要扩充。太赫兹分子光谱技术已经在药品、食品和农业领域获得了应用，极可能为化学测量学带来革命性改变。

**（3）太赫兹成像技术**

太赫兹成像是基于时间轴上的振幅和相位的二维成像，可直观呈现物质的分子成分和内部结构。太赫兹成像突破了传统科学领域“成像无光谱”和“光谱不成像”的历史，真正的太赫兹成像是“先光谱、后成像”，即通过在时间轴上二维的分子光谱进行重构，建立三维的内部结构成像。太赫兹成像需要结合基础物理、应用场景、技术实现和图像分析，目前尚未发现真正体现太赫兹波应有的分子光谱与结构成像的融合成果。

太赫兹成像仪器在本质上与分子光谱探测仪器是一致的，在结构上只是添加了图像处理装置。太赫兹成像系统主要有逐点扫描系统、实时成像系统、层析成像系统、近场成像系统和连续波成像系统。基于TDS的成像系统是目前太赫兹成像系统的主流，这主要是TDS的低价格导致的，但其光路校准问题迄今尚未得到有效解决。光子学的QCL、电子学的VNA系统和TDS系统都能应用于太赫兹成像，甚至分辨率更高，但仪器系统获得渠道少且价格较贵。

太赫兹图像的重构思想主要基于波形的特定参数或者峰位的延迟时间，常见的重构方法包含了飞行时间成像、最大最小值成像、功率谱成像和脉宽谱成像。近年来，机器学习技术助力了太赫兹成像技术发展。太赫兹连续波成像技术已经实现了恶性肿瘤的无标记诊断，在植物水分分布的3D映射、任意形状样品的太赫兹反射成像、烧伤创面成像和糖尿病的早期诊断方面也取得了较好的进展。太赫兹生物光子学的快速发展开辟了对组织和细胞研究的新视角，有望实现病毒和细胞群落的群体性成像。

#### 6.2.1.4 技术实际应用

太赫兹技术在医疗诊断、天文、物体成像、工业探伤、宽带移动通信、雷达探测等众多领域显示出了重大的科学价值及实用前景。例如，在无损检测方面，太赫兹检测技术广泛应用于工业质量控制过程中，可以用于检查结构件的形状、位置、尺寸以及表面缺陷；在公共安全方面，由于太赫兹的非电离性及强穿透性，它能够在机场、车站等地对隐藏的爆炸物、违禁品、武器、毒品等危险物品提供远距离、大范围的预警；在军事领域，宽频太赫兹雷达能够对目标物体进行高分辨率的三维成像，而且它还能从光谱数据中提取出目标物成分的详细信息；在陆、海、空、天、电磁五维战场中，太赫兹都可以对目标物进行对象识别。在通信方面，太赫兹作为微波和毫米波的延伸，它所提供的通信带宽要远远大于毫米波。随着太赫兹辐射源和探测器的发展，以及太赫兹调制器和滤波器的问世，促进了太赫兹在通信领域的发展应用。

#### 6.2.1.5 未来发展趋势

随着太赫兹技术研究的不断深入发展，越来越多的国家认识到其研究的重要性。早在2004年，太赫兹技术首次被美国政府评为“改变未来世界的十大技术”之一；2005年，日本将太赫兹技术列为“国家支柱十大重点战略目标”之首。太赫兹技术的研究被称为本世纪最重要的新兴学科之一。我国虽然在太赫兹技术领域的研究起步时间较晚，但对其给予了高度重视。近年来，在各国的大力支持下，太赫兹技术得到了极大的发展。太赫兹探测技术属于交叉融合科学领域，属于革命性技术。制约太赫兹技术发展的主要有三个方面：一是太赫兹、费米子、玻色子三者的运动机理和特征属性尚未揭示；二是太赫兹与基础物理，尤其是阿秒物理的研究尚不深入；三是太赫兹元器件所需材料科学的支撑力度尚不充分。

### 6.2.2 微纳气体传感器

**（1）技术简介**

气体传感器是人类嗅觉的技术延伸，是至关重要的环境气体感知核心。基于微机电系统加工技术（MEMS）的微纳气体传感器由加热和敏感元件集成，具有高可靠性、低功耗特性。微纳结构敏感材料的较大比表面积和高表面活性使传感器有高灵敏度的优势，广泛应用于易燃易爆、有毒有害气体以及挥发性有机物（VOCs）的现场检测任务。随着工业化的推进，气体排放问题引发环境健康和安全隐患。传统气体检测依赖离线采样和实验室分析，时间延迟不适应实时需求。因此迫切需要推进工业气体在线检测技术的研究。基于微纳气体传感器的工业气体在线检测技术实现了快速响应、准确识别的定性定量环境气体监测，为制定有效的环境保护策略提供了重要依据。高精度传感器的自动监测方案，通过网络通信完成数据传输交换实现远程监管，连续监测工业生产中的气体排放，全面反映气体排放实际情况，及时发现潜在异常，快速自动决策干预，为决策者提供科学依据，提升现场运行效率，增强工业生产的安全性和合规性，保障民生经济稳定可持续发展。

**（2）国内外发展情况**

微纳气体传感器已广泛应用于环境、能源、石化、医疗、工业等领域，成为各国高新技术的发展方向之一。气体传感技术包括金属氧化物半导体（MOS）、电化学检测（EC）、光离子式（PID）和红外（IR）检测等。当前，MOS气体传感器因其成本低、响应恢复速度迅速、高灵敏度和长寿命等优势被广泛采用。国外企业如日本的费加罗（Figaro）、神荣（FIS）、意大利的Nenvitech等推出了各种MOS气体传感器产品，其中Figaro的技术领先且涵盖多种气体检测。国内企业进入气体传感领域较晚但发展迅速，有炜盛科技、芯核防务、四方光电等知名企业，以及东北大学、华中科技大学、上海交通大学、吉林大学、中国科学院上海微系统与信息技术研究所、中国科学院空天信息创新研究院等高校和科研机构，在高增敏材料构筑、检测方法设计、低功耗传感器芯片设计和复杂背景下多组分气体的智能识别方面取得了显著进展。

随着微电子技术的进展和芯片集成度的提高，气体传感器正朝着微型化、低功耗和高性能的方向发展。采用微纳加工（MEMS）技术的微纳结构气体传感器，由于其微型化、低能耗、高灵敏度、可重复性强、易于批量生产等优势，成为了研究的热点。国际企业Bosch推出了集成气体、气压、湿度和温度传感功能的小型环境传感器BME680。Figaro和Sensirion推出了结合MEMS技术的金属氧化物类型的室内空气质量传感器，具备小尺寸封装和极低功耗特性。Cambridge CMOS Sensors推出了基于金属氧化物敏感层的MEMS气体传感器CCS801，用于挥发性有机化合物检测。国内从事MEMS气体传感器研究和生产的公司相对较少，与国外领先企业相比，仍存在一定差距，尤其是在功耗和封装方面，需要进一步开发新构架和发展先进的封装工艺。

**（3）技术的创新性和突破性**

微纳气体传感器基于分子之间的相互作用进行响应识别，其敏感机理涉及气体分子在接触敏感材料表面时发生的吸附/脱附和氧化还原等反应，引起材料电阻值的变化。通过微观结构调控、缺陷结构优化、贵金属修饰和异质结构构建，可进一步提升传感器的气敏性能。微观结构调控通过调整晶粒尺寸和孔隙率增加金属氧化物半导体活性位点的关键因素。大孔径加速气体分子扩散，促进吸附/脱附速度，缩短响应/恢复时间。缺陷结构优化通过晶界和空位等敏感材料缺陷影响气体传感特性。通过异价金属阳离子掺杂引入缺陷，调节电子结构以优化传感性能。贵金属修饰通过在敏感材料表面担载纳米贵金属颗粒（Au、Ag、Pd、Pt），优化化学和电子敏化作用提高了气敏性能。异质结构构建通过异质结合并两种不同费米能级的半导体材料，导致电荷转移和费米能级平衡。异质结是气体吸附和反应的活性位点，显著提高了传感器的响应速度、选择性和检测下限。

工业气体在线检测技术以微纳气体传感器为基础，创新地整合了工业气体检测信号收集、处理和识别技术。这一创新为工业领域带来了安全、环保和效率的协同发展。信号收集技术应用微纳传感器与监测设备，实时捕获环境气体信号数据，为后续分析提供丰富信息。信号处理技术通过多模态分析和滤波原始信号数据，提升数据质量和空间表达的特异性，为深入决策识别模型构建奠定坚实基础。信号识别技术运用智能优化与机器学习等前沿方法，从处理后的数据中精准识别气体成分，实现高效准确的定性定量识别。这些技术的创新性在于整合了微纳气体传感器和多种智能分析决策技术，实现了对工业环境气体的实时监测，为工业安全提供了有力支持。其突破性在于推动工业领域数字化转型，实现气体检测的自动化、远程化和智能化，为生产决策提供了智能数据决策支持，促进生产管理可持续。

**（4）技术实际应用**

国内外商用半导体气体传感器企业如费加罗、霍尼韦尔和中国的炜盛科技，开发的MEMS半导体气体传感器用于泄漏报警，涵盖可燃气体、液化气、天然气、氢气等。安徽芯核防务装备技术股份有限公司依托安徽军工集团及中科大、中国科学院技术基础及学科优势，成立了中国科学技术大学先进技术研究院特种传感器研发中心，开发了基于微纳气体传感器的场站式挥发物监测告警装置，检测精度为$10^{-6}$，响应时间小于3s。东日瀛能（深圳）生产的厂界空气质量在线监测站SK9500-W由气态污染物检测仪、颗粒物检测模块、气象参数传感器等组成，能监测多种污染物，以及挥发性有机化合物、硫化氢、二氧化碳等。保时安工业气体在线监测平台借助物联网、云技术和大数据技术，预防危险气体泄漏，实现了气体数据实时上报、远程控制和设备管理。深国安物联网工业气体在线监测系统，连接工业气体检测产品，通过报警信息通知、数据存储和监测等方式实现了安全生产和环保监测。随着工业自动化智能化水平的提升，气体传感器技术也在不断发展，未来注重实用性和高效性。

**（5）未来发展趋势**

微纳气体传感器在工业气体在线检测领域具有广阔前景，但同时也面临一系列挑战。材料方面的创新起着核心作用。新的气体敏感膜材料需通过化学修饰改性等途径开发，同时对现有材料进行掺杂、改性和表面修饰，优化成膜工艺，以提高传感器的灵敏度和稳定性。进一步的研发应聚焦于先进气体传感器，利用晶体材料和先进加工技术，研制新型MEMS传感器及系统，以获得更完善的性能，实现传感器的小型化、微型化和多功能化。

基于微纳气体传感器的技术将朝集成化、智能化和自动化方向不断发展，传感器检测方法和智能识别算法的关键创新亟待提高。整合先进的微纳气体传感器、网络通信和智能决策技术，对信号实时采集、远距离传输和快速分析，提升信号反馈实时性和决策准确性，将为工业环境管理开辟新方向。将注重同时在线监测多组分气体，结合网络系统、大数据处理和人工智能技术，将传感器数据、历史数据和其他相关数据整合进行深入分析，挖掘有价值的信息，强化预测性维护，通过关键数据分析提前预测设备和气体泄漏问题，降低停机时间、提高生产效率和降低安全风险。

与可穿戴技术进一步结合应用，结合智能眼镜、手持设备等，使现场工作人员实时获取气体信息，提升工作效率和响应能力，全面为智慧工业进程优化提供整体智能微纳气体传感解决方案。

### 6.2.3　自供电传感技术及其在工业自动化中的应用

**（1）技术简介**

随着集成电路、微处理器技术、无线通信技术尤其是微机电系统技术的发展，传感器的形态、功能和性能不断被重新定义。传感器在工业自动化系统的大规模应用，尤其是无线传感器及其网络的建立和应用，使传感器的电源供给成为制约传感器应用的技术瓶颈问题：电池的有限容量必然决定传感器的使用周期长短；采用电源供电将把无线通信赋予传感器的优势消除殆尽。所以，进入本世纪以来，让具有信息获取功能的传感器同时具有能量采集功能，成为了传感技术的热点研究内容，其目的就是通过采集环境能量或者无线主动供给的能量，形成电源支持传感器发挥功能，实现传感器件的自供电，使传感器成为独立自洽的子系统。传感器的自供电，不仅仅是为传感器的传感功能提供工作电源，提供的电源还需要满足传感信号调理、采集和无线发送的需求，甚至有时还需要对传感信息的预处理或者初步处理提供电源。

显然，由于具有自供电功能，传感器有更加独立的形态，几乎可以不受限制应用于各种环境条件。自供电传感技术不仅仅是传感技术的创新发展，也将对信息获取技术、物联网技术和自动化技术产生重要而深远的影响。

**（2）国内外发展情况**

无源无线传感器具有自供电传感技术的典型特征：不对传感器提供电源或电池，可以无线获取传感信号。早在20世纪80年代就开始了对无源无线传感器的研究。1987年，美国宾夕法尼亚州立大学Bao等人首次提出了无线查询声表面波（SAW）传感器的原理方案，巧妙利用SAW反射效应以及本身工作在射频频段的特点，实现了传感无源化（即传感器侧无须供电），并能无线获取传感信号。无线无源SAW传感器在过去的30年中研究成果颇丰。尤其是近年来，SAW器件本质无源和信息无线传输的特点受到物联网、智能电网、智慧城市等领域应用的格外青睐，且SAW器件能经受高低温、强冲击、射线辐照，特别适合于极端恶劣及危险环境的传感应用。国内清华大学、重庆大学以及上海交通大学等单位也从20世纪90年代开始从事相关研究，其中上海交通大学一直持续研究到现在，成功研发了无源无线SAW射频标签（RFID）、温度、压力、转矩等传感器，并在电力、油田、船舶、冶金等行业的生产过程中获得批量应用。但是，一方面，无源无线SAW传感器，仅仅是通过射频电磁波和声表面波的相互转换实现传感和传感输出的无线传送，所以传感器端不具备信号调理、采集功能，无线发送的也只是传感输出的射频模拟信号，而且由于无源无线SAW传感器的传感查询原理限制，只能获取传感器的瞬态输出，所以获得的传感信号信噪比不高，传感误差较大。另一方面，SAW传感器能够传感的参量毕竟有限，至今为止，国内外比较成熟而广泛应用的只有无源无线SAW温度传感器。

进入21世纪采集光、热、声、振动等环境能量转换为电能，一直是应用物理和工程各个学科有着明确应用导向的热点研究问题，每年均有大量的研究论文发表。但是，由于环境能量的不确定性，特别是除太阳能以外，环境能量分布的密度往往较低，采集到的能量往往十分微弱，量值也不稳定。所以，除了太阳能电池能够给传感器稳定供电以外，其他的环境能量采集装置/器件，除非环境中有稳定的能量源，都不能给传感器持续稳定供能，鲜有实际应用。2012年，分别报道了美国和德国的研究者通过采集火车经过引起的环境振动能量，为监测火车通过铁轨运行状态的无线传感器供电的应用实例。2010年以来，一直有关于采集电力环境中交流电场、磁场能量，为监测电力线缆等电力设施运行状况的传感器/设备供电的研究和技术应用报道。可以看到，这些环境中有较强的来自监测对象的能量源，而更多的、更广泛的监测对象，其自身不可能产生较强的能量。为了解决这一问题，国内外都进行了多元能量采集实现传感器自供电的研究。但是，这只能从一定程度上弥补环境能量源的不确定性造成的电源供给的不稳定性和间断问题。

由于传感功能的特点，要求给传感器供电的电源必须具有较高的稳定度，电源的波动大小直接影响到了传感输出的误差。通过能量采集获得的电输出需要通过电源管理才能作为电源提供给传感器。电源管理是自供电传感器的关键技术之一。2009年，美国凌特（Linear）半导体公司发布了第一款能量采集电源管理芯片，该芯片适合于压电、热释电等电压输出的能量采集器件，也适合于光电转换（光电池）、电磁感应等电流输出的能量采集器件。其后，美国德州仪器（TI）也发布了能量采集电源管理芯片。由于这些芯片电路本身就具有能耗，它们给出的性能指标只在能量采集具有较强输出功率（mW量级）时才能达到。而这在一般环境条件下是很难达到的。

受射频识别技术启发，最近十年来，一些研究者开始研究用近场耦合（NFC）或者射频标签（RFID）查询方式来实现自供电传感。传感器端将近场耦合或者远场接收查询器发出的射频电磁波，转换成电能，支撑传感器的传感、信号调理和采集功能，并后向散射查询电磁波返回传感数据。这种方式其实是对传感器无线主动供能，所以能量采集的输入功率是可控的，原则上可以保证传感器的电源需求。另外，传感数据采用的后向散射，不需要传感器端主动发射电磁波，只需要控制阻抗调制开关，因此传感器无线通信的功耗极低。但是，根据无线通信的管理规则，实际发射的电磁波功率都是受到限制的，公众可使用频段的发射功率一般都限制在33dBm左右。所以射频无线主动供能的能量也是有限的。近场耦合（NFC）可以从电磁波中采集更多能量，但是无线作用距离限制在1/4波长左右。

**（3）技术的创新性和突破性**

自供电传感技术集微机电技术、集成电路技术、微处理器技术和无线通信技术于一体，重新定义了传感器件的功能和结构：传感器同时具有信息获取、能量采集和无线通信功能，它由敏感材料结构、换能元件、信号调理及采集电路、电源管理电路、微处理器和无线收发部件构成。自供电传感器由于不需要信号以及电源的物理连线，而且不需要电池维护，其使用具有极大的便利性和灵活性，基本上不受限制。对于任何的对象和系统，都可以采用自供电无线传感器来实现非侵入式的、可方便扩展、不需维护的智能感知。而且采用自供电无线传感器来实现一个系统中所要求信息的获取功能，不再需要考虑传感器可能会给系统带来的限制。

**（4）技术实际应用**

自供电传感技术尽管是最近十多年的研究热点，每年在*Science*、*Nature*这样影响极高的学术刊物上都有论文发表，但是绝大部分研究还只是原理性探索以及可能应用的样机展示。许多采集环境能量的自供电微传感器，甚至不包含无线通信功能，其应用价值大打折扣。

2004年，美国加州伯克利分校开始研发采集电器电源线电流磁场的自供电电流传感器，以监测电器的用电状况。2010年展示了完整的监测系统：磁场能量采集以及电流传感都采用专门研发的、基于微机电技术（MEMS）的压电换能器，并为这个自供电传感器设计了专门的极低功耗无线通信集成电路。当线缆中电流达到13A时，该自供电无线传感器可以持续发出线缆电流的传感输出，无线距离为2m。尽管这个研究以民用电器为应用对象，但实际上绝大多数民用电器在操作时产生不了这么大的用电电流。2010年，重庆大学为江苏一家公司开发了供电线电流、温度自供电无线传感器，并构建起了分布在重庆、南京等地的无线传感网络。可以传感电流、温度的自供电无线传感器直接扣装在被监测电线的包层外，不侵入用电回路，也不需要接入电源或者电池，只要电线中有0.5A及以上的交流电流，就可以传感并无线传出传感数据至最远可达30m的网络节点。上海交通大学开发的无源无线SAW标签及高温传感器，已经在宝钢公司用于钢包在生产过程中的标识和温度传感。

基于NFC技术，美国德州一公司开发了埋在路面下的无源无线应力、温度传感器，车载的传感查询器接近路面（0.5m）以读入反映混凝土、柏油路面状况的传感数据。2014年，华盛顿大学传感实验室发布了无线识别和传感平台（Wireless Identification and Sensing Platform，WISP），以RFID标签的架构为主，还提供数据采集接口和可为传感器供电的电源端，不过提供的电源功率仅在几十至百微瓦量级，很难满足一般微传感器及其调理电路的功耗需求。2018年，西班牙Faesens公司上架了无源RFID传感器，包括传感标签和查询器，传感标签同时具有温度传感和标识功能。2020年，上海交通大学研发出了无源RFID磁场传感标签，可以用国际RFID标准（6C标准）或者RFID国标标准查询器查询获得传感数据，查询距离不小于5m，磁场传感误差小于1%。无源RFID磁场传感标签可用于电力线缆等装置的电流测量，不需要电源或电池供电，现正在作为新型无源无线电子互感器为南方电网贵州公司试用。

**（5）未来发展趋势**

自供电传感技术可以提供一个通用的、自洽的无线传感平台，这个平台可以接入各种满足功耗要求的敏感器件，实现要求的传感功能，同时这个平台上的所有传感数据都是按照公共的通信协议无线传送的。这样就像RFID已经成为社会生活/工业/国防不可或缺的最方便灵活的信息获取手段一样，自供电传感器可以完美地匹配发展迅猛而且应用普及的无线通信和网络技术，使得人以及包括工业自动化系统在内的各种人造系统可以不受时空限制获取环境/对象的客观信息。

### 6.2.4 分布式光纤应变传感技术进展

**（1）技术简介**

分布式光纤传感使用光纤本身作为传感介质，主要利用光纤中的散射效应，如拉曼散射、瑞利散射、布里渊散射，来获取光纤中各个位置的传感信号，具有结构简单、可复制性强、抗电磁干扰、抗腐蚀、耐高温、体积小等优点。随着城市化的发展，大型基础设施的投入不断增多、规模不断扩大。然而这些设施在长期的服役过程中，不可避免地受到环境的侵蚀、外力破坏，以及固有寿命的限制进而导致安全事故频发，给我国造成了严重的人员伤亡和经济损失。因此迫切需要一种对这些大型基础设施和自然灾害健康监测和安全预警的技术，避免重大安全事故发生。

**（2）国内外发展情况**

基于布里渊散射和基于瑞利散射的分布式光纤传感都能够对应变进行分布式测量。其中，分布式布里渊光纤传感具有准确率高、空间分辨率高、测量距离可达上百公里、监测点多达百万量级等优点，利用光纤布里渊频移的变化可实现绝对应变的测量。分布式瑞利光纤传感具有结构简单、空间分辨率高和灵敏度高等优点，利用光信号相位变化可实现纳应变的高精度测量。因而，分布式光纤传感作为一种实用的表征和探测手段在油气管道、高铁隧道、桥梁、大坝等基础设施的结构健康监测和安全状况诊断等方面有长足的应用，为结构健康监测的早期预警和故障排除提供了可靠依据，从而提高基础设施寿命以及保障人民生命财产安全。

基于布里渊散射和瑞利散射的分布式光纤传感技术均可用于应变测量，其在油气管道、桥梁等基础设施的健康监测中的应用已成为国内外的研究热点之一。基于布里渊散射的光纤传感方案主要包括：利用后向布里渊散射的光时域传感技术、光相干域传感技术和光频域传感技术，以及利用前向布里渊散射的光力时域分析技术和光力时域反射技术等。基于后向布里渊散射的光时域传感技术在长距离线性基础设施的状态监测和大型土木工程结构的健康监测中广泛使用，且商业化最为成熟，该技术主要包含布里渊光时域分析技术（BOTDA）和布里渊光时域反射技术（BOTDR）。国外企业如瑞士Omniens SA、加拿大OZ、日本Neubrex等公司均推出了BOTDA产品，环路传感距离均已达到120km，其中日本Neubrex公司的BOTDA在空间分辨率和动态测量方面的研究也有了较大突破。我国对基于布里渊散射的分布式光纤传感技术的研究起步较晚，但商业化方面仍取得了一定的成效。国内的鞍山睿科光电、苏州光格、杭州光传、广州佰翎等公司也推出了BOTDA、BOTDR产品，且技术上已达到国际先进水平。此外，哈尔滨工业大学、太原理工大学、南京大学、电子科技大学、华中科技大学、重庆大学、上海交通大学、浙江大学等高校在布里渊光纤应变传感方面的研究也都取得了显著进展。

随着硬件的不断发展和技术的不断改进，分布式光纤应变传感系统不断朝着长传感距离、高空间分辨率和低测量时间的方向发展。相比于其他分布式光纤传感技术，BOTDA的空间分辨率不是最高的，但却拥有更长的传感距离和更快速的测量，从而能够应用于长距离油气管道、特高压输电线等结构的检测中。相比于BOTDA，BOTDR采用光纤中的自发布里渊散射，信号弱、信噪比差，但仅需获取传感光纤的单端，具有更强的工程适应性。布里渊光相干域技术可以突破时域技术的限制，实现高达毫米级的空间分辨率，目前还没有商业化的报道。相比于布里渊光时域技术，频域技术可实现更高空间分辨率的测量，但测量时间变长，难以实现超长距离传感。深入分析与研究布里渊传感技术，攻克快速响应、超长距离测量和更高空间分辨率等关键问题，对提高该技术在应变方面的测量应用具有重要的意义。

基于瑞利散射的分布式光纤应变传感方案主要包括光频域反射技术（OFDR）和分布式光纤声波传感技术（DAS）。国外美国Luna公司、德国西门子公司、牛津大学等单位在大力开展基于瑞利散射的分布式光纤传感。国内中国科学院上海光机所、天津大学、上海交通大学、电子科技大学等单位在该方面的研究也取得了显著成效。相比于国外，我国在基于瑞利散射的分布式光纤应变测量的商业应用方面也取得了一定的成就，且部分领域已经达到国际先进水平。

**（3）技术的创新性和突破性**

对于BOTDA系统来说，实现高空间分辨率、长距离和动态测量是研究重点。在高空间分辨率测量方面，采用预泵浦BOTDA技术，利用光脉冲微弱的直流基底与连续光的受激布里渊散射激发声波场，由较窄的光脉冲对其进行探测可实现厘米级空间分辨率测量；采用差分脉冲对BOTDA技术，利用具有微小脉宽差的脉冲对，由脉宽差决定系统空间分辨率，同样可获得厘米级空间分辨率测量，且具有更强的信噪比。在长距离测量方面，采用脉冲编码技术、时分复用技术和频分复用技术可提高布里渊光纤传感的测量距离。利用宽带探测光也可获得长距离分布式布里渊光纤传感：一种是基于探测光频率周期性线性调制的传感技术，该技术中泵浦脉冲光的固定频率不变，探测光随时间进行周期性的频率调制，该方法可使探测光的受激布里渊散射阈值提高，泵浦脉冲光的频谱均匀放大；另一种为基于光学频率梳的传感方案，泵浦光选择单频脉冲光，探测光为频率梳连续光，该方法同样可提高受激布里渊散射阈值和避免非局域效应。在动态测量方面，研究人员也提出了很多改进方案，例如光学捷变频技术、斜坡法、光学啁啾链技术、光学频率梳技术等。这些技术的提出和改进共同促进了BOTDA系统的发展和应用。

BOTDR采用光纤中的自发布里渊散射，信号弱，可采用组合脉冲法提高空间分辨率，如合成光谱、相移脉冲、差分脉冲对等方法。另外也可采用信号处理法，如基于能量密度分布的迭代细分法来提高空间分辨率。在传感距离方面，采用分布式拉曼放大是提升传感距离的有效手段。分布式拉曼放大技术引入受激拉曼散射用于补偿探测光和布里渊散射光传输损耗，通过在传感光纤起始端或尾端引入拉曼泵浦光，利用受激拉曼散射效应，把拉曼泵浦光的能量分布式转移到探测光和布里渊散射光上，解决了探测光因光纤损耗在长距离传感中远端信噪比过低的问题。为降低该系统的测量时间，可对布里渊散射信号与本地参考光相干检测后直接采用FFT（快速傅里叶变换）。这些技术的发展突破了BOTDR系统的固有缺陷，实现了更高性能的传感。

基于瑞利散射的分布式光纤应变传感技术在发展过程中也遇到了一些阻碍，OFDR系统空间分辨率较高，然而易受光源相位噪声和扫频非线性的影响，且传感距离受限。DAS可用于纳应变的测量，然而受到相位噪声、相干衰弱等问题的限制，无法长期稳定测量。

**（4）技术实际应用**

分布式光纤传感的长距离、分布式应变测量在大型基础设施安全状况监测中受到了越来越多的关注。国际知名咨询公司曾发布报告称，全球分布式光纤监测设备采购将在2028年达到560亿元，我国是全球最大的分布式光纤监测设备消费市场。基于布里渊散射的分布式光纤应变传感技术具有高空间分辨率、长距离和高精度测量等优点，受到了国内外的广泛关注。鞍山睿科光电公司依托哈尔滨工业大学，研制了高性能分布式布里渊光纤应变监测仪等系列产品，空间分辨率高达2cm，尤为适合飞行器、船舰结构光纤陀螺环和光纤水听器等装备的应变监测。而长距离系列最长可实现130km传感，在长距离油气管道、特高压输电线、海底电缆等领域具有广泛的应用空间。此外，快速测量BOTDA产品，针对100m标准单模光纤布里渊频移分布式测量响应频率可达1kHz。广州佰翎光电科技有限公司推出了秒级测量时间的BOTDR仪器，在传感距离为5km、空间分辨率为1m的情况下系统测量时间优于5s，解决了传统BOTDR测量的耗时问题，可有效提高处于振动状态结构的应变测量精度。基于布里渊光相干域传感技术的产品也有了一定的进展，太原理工大学张明江团队开发了基于混沌激光的光相干域传感系统，该系统在传感距离为10km的情况下，空间分辨率达到了5cm。此外，基于瑞利散射的分布式光纤应变传感技术在航空航天、地球物理、资源勘探等领域的应用也越来越广泛。

**（5）未来发展趋势**

随着我国物联网、智慧城市、人工智能、大数据等先进技术和应用的兴起，分布式光纤应变传感技术也迎来了发展的春天。市场产业已从最初单一领域单一产品逐步走向自主研发、生产和销售、多机理融合的分布式光纤传感产品，并在电力、油气等领域开始广泛应用，部分产品技术已经达到国际先进水平。

分布式光纤应变传感技术在挑战与机遇中不断发展，针对电网、铁路、油气管道、大型基础设施等实际监测需求，需要研制无中继超长传感距离的解调设备，解决温度与应变之间的交叉干扰、更高性能、更丰富功能、小型化、高可靠的仪器，以及优化传感数据的解调算法，从而在更多领域推广应用。

### 6.2.5 光纤多参数检测技术

**（1）技术简介**

光纤多参数检测技术是20世纪70年代后期发展起来的传感技术。该技术利用外界物理量引起的光纤中传播的光的特性参数（如强度、相位、波长、偏振、散射等）变化，对外界物理量进行测量和数据传输。光纤本身是一种高绝缘、化学性能稳定的物质，抗电磁干扰、安全性高（无电火花，可在易燃、易爆环境下工作），适用于电力系统及化学系统中需要高压隔离和易燃易爆等恶劣的环境中；在传感器技术中有非常显著的应用优势，如传感器端无须供电、耐高温，以及便于组成传感器网络、融合进物联网等，在极端环境下能完成传统传感器很难甚至不能完成的任务，扩展了传统传感器的功能。绝缘于污秽、磁、声、压力、温度、加速度、陀螺、位移、液面、转矩、光声、电流，光纤可应用于位移、振动、转动、压力、弯曲、应变、速度、加速度、电流、磁场、电压、湿度、温度、声场、流量、浓度、pH值和应变等多参数的检测。

**（2）国内外发展情况**

随着我国国民经济的飞速发展，各个领域对更高精度、多指标检测方面的需求越来越迫切，这就对光纤传感检测技术提出了更高要求。随着研究的深入和技术的创新，光纤的多参数检测技术取得了较快的发展，其中比较突出地体现在研究光纤布拉格光栅传感技术、光纤陀螺技术、光纤水听器技术、分布式布里渊光纤传感技术、$\phi$-OTDR/DAS光纤传感技术、OFDR光纤传感技术等。光纤布拉格光栅（FBG）是业界公认的种类最多、商用化程度最高、应用领域最广泛的一类光纤传感技术。同其他光纤传感技术相比，FBG的传感信号强、精度高、响应快，不受光源波动和链路损耗变化的影响，抗干扰能力强；通过合理的设计与封装，单个传感器可达到很强的环境耐受能力，同时具有组网复用方式灵活多样的特点。目前对于光纤光栅传感的研究主要致力于实用和廉价解调系统的研究。美国、德国、加拿大、英国等都在致力于新型光纤光栅传感器及解调系统的研究。我国对光纤光栅传感器的研究相对晚一些，但已经有了较大发展。相对于国际光栅传感检测技术，国内大规模化的生产及实际应用尚未成熟，而且在极端工作条件下，光纤光栅传感器本身及其熔接组网的可靠性较低，例如油气井下耐高温高压以及抗氢损的能力、核辐射环境下的耐受能力较弱等。

**（3）技术的创新性和突破性**

经过四十多年的努力，光纤多参数检测技术已经成为我国传感器领域的一个重要分支，成为现场在线检测的重要手段。近年来，上海交通大学在地壳微弱形变观测的高精度光纤应变传感技术方面取得了一系列重要进展与成就，提出了基于Pound-Drever-Hall技术的光纤法布里－珀罗（F-P）干涉仪/相移光纤光栅解调方案和射频强度调制边带探测技术，将准静态频段应变信号测量分辨率提升至亚纳应变（$10^{-10}\varepsilon$）级；通过实时双闭环控制技术，进一步提高了测量分辨率并拓宽了响应频带，实现了在大于100Hz高频响应下$10^{-11}\varepsilon$级的准静态应变分辨率。深圳大学开展了利用飞秒激光制备光纤光栅的研究，实现了光纤光栅的并联和串联集成，并成功制备出了耐高温的光纤光栅。光纤表面等离子激元共振（SPR）传感、倾斜光栅等在生物学、医学、食品安全和石油化工等领域在最近几年也得到了很好的应用。光纤SPR传感技术对环境折射率的变化非常敏感，成为了当前光纤传感领域的研究热点之一。光纤SPR传感技术克服了传统SPR技术检测系统体积大、仪器价格和维护成本昂贵、难于实现遥测及在线监测等局限，具备耐腐蚀、耐高温、抗电磁干扰、传输距离远等技术优点，可实现灵巧系统、在线遥测、响应速度快、特异识别功能强、分辨率和灵敏度高，及免标记生化测量等，有效地推动了SPR检测技术的发展和普及。近年来，我国在光纤SPR传感理论、传感器件、仪器化和实用化方面开展了一系列研究工作。北京交通大学研究了光纤光栅结SPR传感理论，结果表明，表面等离子激元模式的传播长度决定了光栅长度的阈值，在光栅长度接近阈值长度时可实现有效的模式耦合。深圳大学采用光纤侧面抛光镀银的方法制作了SPR传感器，研究了银镀层降解对传感器性能的影响，提出基于相位解调的光纤SPR传感器。这些研究有望逐步实现更高灵敏度、高可靠性、高集成度和功能复用的智能化光纤SPR传感系统，拓展了光纤多参数检测技术在工业实际应用中的新路径。

**（4）技术实际应用**

光纤多参数检测技术的应用范围很广，几乎涉及国民经济和国防上所有重要领域和人们的日常生活，尤其可以安全有效地在恶劣环境中使用，解决了许多行业多年来一直存在的技术难题，具有很大的市场需求。主要表现在建筑工程、电力系统、石油化工系统、环境监测、军事安防等几个方面。在建筑工程中，可以利用光纤传感器实时监测桥梁、大坝、重要建筑物等的温度、应力、压力、振动、倾角等物理量，以评估其短期及长期的结构安全性能。例如桥梁、大坝、油田等的干涉陀螺仪和光栅压力传感器可预埋在混凝土、碳纤维增强塑料及各种复合材料中，用于测试应力松弛、施工应力和动荷载应力，从而评估桥梁短期施工阶段和长期营运状态的结构性能。光纤以其特有的抗电磁干扰能力，与传感器结合，在电力系统中可用于测量电流、电压、温度等参数。基于光时域反射OTDR（Optical Time-Domain Reflectometry）的布里分布式光纤传感器通过测量背向瑞利散射光得到沿光纤的衰减分布，对光缆衰减特性和断点的测量性能良好，但是由于瑞利散射光基本不受温度和应力等外界条件的影响，所以这种测量方式不能用于检测环境温度和应力对光纤性能的影响，其应用受到了一定的限制。基于布里渊光时域反射（BOTDR，Brillouin Optical Time-Domain Reflectometry）的分布式光纤传感系统与在光纤测量中广泛应用的OTDR相似。BOTDR光纤传感系统测量的是光纤的自发布里渊散射信号，其信号强度非常微弱，但可以采用相干检测技术提高系统信噪比。这种方案可单光源、单端工作，系统简单，实现方便，而且可同时监测光纤断点、损耗、温度和应变。在石油化工系统、矿井、大型电厂等中，需要检测氧气、碳氢化合物、CO等气体，采用电类传感器不但达不到要求的精度，更严重的是会引起安全事故。因此，研究和开发高性能的光纤气敏传感器，可以安全有效地实现上述检测。使用光纤多参数传感技术可以克服恶劣的井下环境取代传统的电子传感技术，实现油井的持气率、含水率、压力、温度、多相流和声波的测量。光纤多参数检测技术正在逐步信息化、网络化和数据化，在化工、军事、航空航天和地质工程中得到了很好的应用与发展，在我国未来的经济及科技发展中占有十分重要的地位。

**（5）未来发展趋势**

光纤多参数检测技术及其相关技术的迅速发展，满足了各类控制装置及系统对信息的获取与传输提出的更高要求，使得各领域的自动化程度越来越高，作为系统信息获取与传输核心器件的光纤多参数检测技术的研究非常重要。目前，光纤多参数检测技术发展的方向是：以市场为导向的产业化发展。我国光纤检测技术的发展已获得长足的进步，进入了实用化阶段，但是需要清醒地看到，我国的研究水平、技术水平及产品水平仍然远不能满足实际需要，与国外发达国家相比还有一定的差距，相关市场刚刚形成，而且市场是有风险和不确定性的。光纤多参数检测技术的参数，即压力、温度，特别是化学参数（碳氢化合物、一些污染物、湿度、pH值等）对光纤的影响；新型光纤传感材料、传感技术等的开发；在恶劣条件下（高温、高压、化学腐蚀）低成本传感器（支架、连接、安装）的开发和应用；光纤连接器及其他微技术（微机械、微流态学、喷镀薄膜等）结合的微光学技术。光纤多参数检测技术经过发展实现了技术上的进步，出现了许多实用性产品。但是，由于多种实际需要，还需要注重实用化研究，提高性价比。

### 6.2.6 面向复杂工况的实时互联网融合感知技术

**（1）技术简介**

工业信息的精确感知是工业生产高效运行的前提。传统的单点、单一维度的感知技术存在信息缺失严重、抗干扰性差、容错性差等问题，感知精度已无法满足当前大规模、广分布、场景多、对象多、需求多、空间密闭、干扰严重的复杂工况下的生产需求。为实现复杂工况下的精确感知，首先需全方位地对工业人、机、物信息进行高速采样，采样后的结果通过工业网络实时、可靠地汇聚到处理单元，之后由处理单元对多点、多维度的采样信息进行精确的融合，从而全面掌握工况信息。在工业生产中基于精确的感知可以实现精准的高效控制、减少故障时间、提高工业产能。感知在2017年工信部批准发布的《智能传感器产业三年行动指南》中被升级为国家战略。

**（2）国内外发展情况**

融合感知已广泛应用于冶金、化工、建造、通信制造等领域，与工业控制系统紧密结合，可显著提升工业产能。融合感知包括采样、传输、融合三项关键技术，每项关键技术均有各自的发展方向。

采样技术为应对复杂工况下的生产需求，近年来呈现高速、多通道、频谱覆盖广的发展趋势。同时兼顾以上多种特性的高端采样技术是国内外学术界与工业界共同追求的目标。目前，高端采样设备主要掌握在以西门子、ABB、霍尼韦尔、RF Engines、Bruel&Kjaer Vibro、日立为主的国外企业手中。国内企业，例如宝信，已基于该领域内的先进技术与设备研发了工业整体解决方案，能够支撑国内各行业复杂工况下的苛刻生产需求。但对于关键核心技术无法做到自主可控，相关技术难题仍需进一步攻克。

传输技术在各个领域均被广泛使用，但在工业自动化领域，传输技术必须有较高的实时性和可靠性。工业感知信息具有较短的时效性，一旦丢失或者没有按时发送到目的端，将导致工业生产过程停顿、失败，甚至引发生产事故。因此，工业自动化中的传输技术主要围绕实时性和可靠性展开。相关领域的国外知名企业包括西门子、派克汉尼汾、欧姆龙、罗克韦尔自动化、菲尼克斯、施耐德、通用电气等，国内企业包括华为、浪潮通信、中国移动通信研究院等。与国外知名企业的产品相比，国内产品在自动化相关的垂直行业应用中仍存在差距，尚需进一步提升产品竞争力。

融合技术整合多维感知信息，为工业自动化系统带来更高级别的智能化，近年来已逐渐成为信息领域的重要前沿方向。一些国内外知名企业已在融合感知技术领域取得突出进展，例如谷歌旗下的Waymo、以色列的Mobileye、NVIDIA、华为、海康威视等公司已在相关领域展现出强大的技术实力。但在自动化领域，与工业控制紧密结合的垂直解决方案仍较少，亟须攻克相关技术，推动高端应用的普及。

**（3）技术的创新性和突破性**

实时互联网融合感知技术将分散在不同空间、不同时间、不同频率的物理世界信息汇聚并融合在一起，使物理世界能够更精准地接入信息世界，从而为后续的智能化提供必要的支撑。

高速高并发的全频段数据采集需基于硬件实现，软件在处理速度与并行性方面无法满足工业应用中的数据采集需求。在有限的硬件资源下同时兼顾采集速率、并发性以及全频率覆盖需要创新性的技术作为支撑。一方面，通过自适应的频率调整与功能的细粒度划分，实现工业特定场景下的全频率支持。另一方面，通过细粒度硬件功能的分时复用，有效地降低高端采样技术对硬件资源的需求，进而增加有限资源所能支撑的采样通道数量。最终，实现高端自动化场景中的数据采集。

实时可靠传输技术通过对网络多维资源的灵活按需调度，突破了已有网络架构的性能限制。在实时性方面，基于时、频、网络设备多维度调控手段，通过分级无冲突实时调度方法，优化数据传输过程，消除传输间的资源竞争，提升传输的可控性，确保传输的完成时间。在可靠性方面，通过分布式动态局部自修正技术，在传输异常发生时，根据全局先验信息与本地当前信息，以最小改动为目标，对传输时机与路径进行修正，尽可能在本地消除异常传输，确保端到端整体传输的可靠性。

高精度实时融合技术首先基于系统整体的时间同步，将海量信息在时间维度对齐。对于大规模系统所包含的多种时间尺度子系统，通过分尺度级联与同步技术，使同步误差满足工业需求。之后，通过硬件并行化技术对海量信息进行高速的特征提取，实现实时信息的处理。最终，人机物特征通过分级机器学习进行逐级的凝练融合，实现复杂工况的融合感知。

**（4）技术实际应用**

我国工业互联网已在45个国民经济大类中得到应用，产业规模已达万亿元。工业互联网的普及促进了融合感知技术的实际应用。施耐德具有生产过程全面感知的智能制造解决方案，已应用于宜宾锂宝，成功打开了车间的“黑匣子”，有效提高生产效率25%以上，人员数量比规划减少了20%。基于西门子技术的宝马工厂实现了全生产周期感知、决策、优化，设备运行率达到了99%以上，产能增长了100%。数字孪生iSSMeta平台，通过精确感知连通物理世界与信息世界，实现了工业过程的高效管理，使原铝产量提升了10%。上海宝信的智能制造监测、诊断与调试系统可同时采集上千路模拟量和数字量，使生产过程更为透明，支撑更精准的控制，是智能制造故障诊断与调试的必要工具。本钢、宝钢等国内众多钢铁企业已将感知用于工业生产。在智慧无人行车系统中，精确的位置感知是自主决策的前提，目前系统的自动运行率已达97%以上。类似的技术也已应用于中兴通讯南京滨江智能制造基地，使得生产成本降低了1.2%，生产效率提升了1.7%。在北京冬奥竞技训练中，通过融合感知技术，实现了高速滑行中的厘米级定位，使运动员的运动过程能够接入数字孪生系统，支撑了运动参数数字化、可视化，为运动过程的参数和姿态优化提供依据。

**（5）未来发展趋势**

融合感知是工业智能化的基础，是未来工业自动化的重要组成部分，但仍有若干难题需要进一步攻克。在标准化与互操作性方面，工业设备种类多、厂商多、协议多，异构设备间难以交互与协同，使融合过程难以有效实施。在系统复杂性方面，由于融合感知需要多类设备、多种技术作为支撑，通常系统架构复杂，整体调控难度大，融合感知系统的运行效率仍有可提升的空间。在信息安全方面，由于待融合的感知信息需长距离传输到异地进行处理，该过程加剧了信息安全风险，需有针对性地研发融合感知的安全策略。

融合感知的应用推广至关重要，目前由于感知具有极强的针对性，导致融合感知技术和产品必须针对应用目标定制开发，这严重限制了该项技术的大规模推广应用。未来尚需进一步提升定制化开发效率。

### 6.2.7 无线无源传感器

**（1）技术简介**

高温、高旋、复杂结构表面等极端环境下的力热参数测试是航空航天、钢铁冶金、石化化工、汽车制造等领域广泛且长期存在的共性难点问题。例如，发动机等装备内部空间狭小、封闭且环境恶劣，需要传感器具备良好的耐高温侵蚀和低剖面的特性，尽可能减少对装备结构的影响且确保自身的正常工作。传统有线传感器由于受限于布线和电缆长度，无法在高温等极端环境下实时监测温度等参数变化，无线无源传感器的出现填补了这一空白，为相关行业提供了重要的解决方案。无线无源传感器是指无须电池供电和复杂布线，利用无线通信技术进行传感信息传输的一类新型传感器。无线无源传感器技术的发展解决了传统有线传感器存在的引线材料价格昂贵、线路结构繁冗复杂、高温下焊点易失效等问题限制，并在智能化、实时监测和节能减排等方面发挥着重要的作用，为国防工业、物联网、智能城市等领域的发展提供了新的技术手段，应用前景广阔。

**（2）国内外发展情况**

与传统的有线有源器件相比，无线无源传感器件在高温、高旋等极端环境下的参数测试具有显著优势。常用的无线无源测量手段主要包括三个方面：电感-电容耦合（LC）、声表面波技术（SAW）以及微波散射技术。三种测量手段均通过敏感结构单元谐振频率的偏移实现对外部环境参数的监测，因其材料选型、制造工艺，以及信号传输原理的不同，分别适用于不同环境下参数的无线无源传感测试。

LC无线无源传感技术的研究应用已经涉及高温、潮湿、密闭空间等多种恶劣环境，尤其是在生物医学方面已经得到广泛的应用，近年来，在高温环境中的力热参数检测逐渐成为研究热点。国外企业中如通用电气（General Electric）和德州仪器（Texas Instruments）

等，推出了一系列适用于高温环境的LC无线无源传感器设备，其中Texas Instruments在高温下应用LC无线无源传感器技术方面进行了深入研究，推出了LMT01高温单点温度传感器，适用于高温环境下的单点温度测量。相比于国外，国内在LC无线无源传感技术的应用上存在一些差距，但各企业高校在该应用领域也在不断壮大，如江苏合智、中科曙光、深圳华大智造等企业，以及清华大学、中山大学上海交通大学等高校，在高温环境下的LC无线无源传感器技术方面取得了不小的进步。例如：中北大学提出了适用于高温环境的基于高温共烧陶瓷的无线无源传感器距离补偿测量系统，制备了基于高温共烧陶瓷（HTCC）工艺的系列无线无源LC高温传感器，设计了由读出仪器和隔热单元组成的遥测测量系统。LC耦合式谐振传感器具有结构简单、易于集成和数据传输率高等优点，但较低的$Q$值和近场耦合特性使其无法适用于远距离信号读取。

声表面波传感器体积小、稳定性高且具有较高的$Q$值和较远的信号传输距离。国外众多研究机构开展了基于声表面波原理的无线无源传感器研究，国外品牌如Texas Instruments、Siemens、Murata、TDK等，其中Murata推出的SCC2000系列传感器因其高可靠性和稳定性，被用于测量气体浓度和压力变化。国内品牌虽然起步较晚，但在该技术上的差距也在逐渐缩小。中国科学院上海微系统与信息技术研究所（SIMIT）在民用领域研发出了三轴加速度传感器、温度传感器和振动传感器等产品；石英晶体电子（Quartzdyne）推出了基于声表面波传感器技术的压力传感器系列产品，具有高精度、高稳定性等特点，广泛应用于石油工业、地震勘探等领域；深圳博创思研究院开展了声表面波传感器相关研究并推出了测量加速度、温度、压力等参数的声表面波传感器产品，适用于各种自动化控制和监测领域。中北大学近年来也对SAW传感器进行了系统的研究，并取得一定的成果。2019年，研制了基于$LiNbO_3$的温-压集成SAW传感器，该传感器可以在25～325℃，0～1000gf（1gf=9.80665×$10^{-3}$N）的温、压范围内稳定工作。2020年，基于相同的压电基底，设计了温-压-湿三参数集成传感器，可在40～200℃、0～42kPa、10%～90%RH的温、压、湿复合环境中工作。2021年，基于前期SAW传感器的设计制造原理，开展了LGS压电材料表面微结构制造工艺，并利用该工艺实现了可工作于700℃的LGS基SAW压力传感器。2022年，突破了LGS微结构制造工艺，制造了耐1000℃的SAW压力传感器，利用双通道解耦算法实现高温环境下压力传感器的准确测试。

微波传感器具有抗干扰能力强、$Q$值高等特点，且工作频率与带宽高，可实现远距离信号定向传输。国内外对无线无源微波散射高温传感器进行了大量的研究工作，法国图卢兹大学研制了一种双层分离谐振环温度传感器，可实现25～100℃范围内的温度检测。美国中佛罗里达大学Xun Gong团队将陶瓷基底与缝隙天线结合，利用缝隙天线进行信号的接收和发送，基于介质微扰理论实现了25～1000℃范围内的温度检测，温度灵敏度为380kHz/℃，并利用相同原理实现了常温环境下0～100psi（1psi=6894.76Pa）的压力检测。国内方面，中北大学对高温微波传感器进行了系统研究，基于LTCC陶瓷微组装技术，将贴片天线无缝集成在LTCC基底上部进行信号的无线传输，实现400℃的温度检测。基于相同的温度敏感机理，将缝隙天线集成在HTCC基底上，利用缝隙天线与波导天线之间的信号耦合实现了800℃的温度检测。基于HTCC三维集成制造工艺，将缝隙天线与消逝模谐振腔集成实现了800℃温度下、120kPa的压力测试，压力灵敏度为73.125kHz/kPa。

在无线无源传感器件用于高温、高旋等极端环境的研究方面，国内与国外之间存在一些差距。国外在该领域下的研究较为活跃，技术创新相对较多，设备性能具有更好的适应能力和稳定性，然而，需要指出的是，国内也在逐渐加强对无线无源传感器件在极端环境下的研究。随着国内对航空航天、汽车、工业等领域的重视和投资增加，相关研究也在不断发展。未来，随着技术不断进步和经验的积累，国内与国外在该领域的差距有望减小。

**（3）技术的创新性和突破性**

与传统的有线传感器相比，无源无线传感器具有许多优势，由于不需要复杂的电路结构和冗余的电气连接，因此总成本很低。同时，不需要大型电源系统，使传感器的使用更加方便，使用寿命更长。由于采用无线通信，因此可以用于无法使用有线连接的领域，例如人体内部、密封或超高温环境。该技术的创新性及突破性主要体现在以下三个方面：

① 微型化与集成化：该技术结合微纳技术与无线通信技术，将传感器、信号处理单元和通信模块集成在微小封装中，实现了传感器的无线供能和通信功能。与传统有线传感器相比，无线无源传感器不受布线限制，可以灵活布置在各种复杂环境中，有效地降低了传感器的维护成本和工作风险，使得监测系统可以更加方便地应用于不同的场景和环境。

② 高速、高旋环境下信号可靠获取：无线无源传感器可部署在旋转装备的关键部位，通过无线信号接收器接收并分析传感器返回的信号，实现对装备压力、振动、温度等参数的实时监测，解决高速、高旋环境下传感信号的传输问题。无线无源传感器广泛应用于旋转动力装备健康监测、目标检测与跟踪、空间飞行器姿态控制以及高速机械设备监测等多个领域。

③ 突破高温测试极限：无线无源传感技术可与HTCC陶瓷、硅酸镓镧（LGS）、铌酸锂（$LiNbO_3$）、碳化硅（SiC）等多类耐高温敏感材料配合，解决高温环境下传感器性能退化的问题；同时采用无线信号读取技术可解决引线焊点失效导致的温度限制问题。

**（4）技术应用情况**

无线无源传感器及测量系统已广泛应用于航空航天、汽车制造、石油化工等领域。例如，在航空航天领域，该技术可用于监测航空发动机的高温工作状态，提高飞行安全性；通过该技术实时测量飞行器的角速度、加速度、磁场及气压等参数，实现对空间飞行器的稳定控制。在汽车制造领域，可以用于测量发动机和排气系统的温度，有效提升汽车性能和燃烧效率。在石油化工领域，应用于测量反应器内部的温度变化，优化工艺控制，减少能源消耗。

此外，该技术在智能农业、智能医疗、智能建筑、环境监测等领域具有广阔应用前景。在智能农业中，通过布置无线无源传感器网络，可以实现对土壤温度、湿度、光照等参数的实时监测，从而为农作物的合理种植和管理提供科学依据。在智能医疗方面，该技术可以实时监测患者的体温、眼压、心率等重要生理参数，为医疗人员提供准确且实时的数据，帮助做出更加准确的诊断和治疗方案。

**（5）未来发展趋势及发展建议**

随着我国新型工业化发展的不断深入，对无线无源传感器及集成测量系统的需求也在不断增加。未来，需在优化传感器的灵敏度、稳定性等性能指标，提高系统的集成度等方面进一步发展和完善该技术。

首先，需要进一步研究提升传感性能的机制与方法，开发配套制造工艺及装备，不断优化传感器的稳定性、精度和响应速度，提高数据采集和处理的效率。其次，实现无线传感器信号未能实时处理分析、解耦，揭示温度对力学参数的测量影响规律，为高温下各参数敏感传感器件的解耦算法提供方法。再次，应该加强系统的安全性和可靠性，保障数据的隐私和完整性，以应对越来越复杂的网络安全威胁。最后，与其他领域（如物联网、人工智能等）的融合发展也是未来的趋势，通过结合无线无源传感技术与物联网、人工智能等技术，以实现更加智能化和自动化的监测和控制。

### 6.2.8 无线传感网络技术

**（1）技术简介**

无线传感器网络（Wireless Sensor Networks，WSN）是一种分布式传感网络，它的末端是用于感知和检查外部世界的传感器。WSN中的传感器通过无线方式通信，因此网络设置灵活，设备位置可以随时更改，还可以跟互联网进行有线或无线方式的连接。无线传感器网络是由大量静止或移动的传感器以自组织和多跳的方式构成的无线网络，以协作地感知、采集、处理和传输被感知对象的信息，并最终把这些信息发送给网络的所有者。

无线传感器网络具有众多类型的传感器，可探测包括地震、电磁、温度、湿度、噪声、光强度、压力、土壤成分，以及移动物体的大小、速度和方向等周边环境中多种多样的现象。潜在的应用领域可以归纳为：军事、航空、防暴、救灾、环境、医疗、保健、家居、工业、商业等领域。无线传感器网络的应用正蓬勃发展，向各个领域迅速渗透。随着无线通信技术的发展，通信的可靠性不断提高，设备成本不断降低，工业无线通信技术成为该领域发展的一个主要方向。目前的工业无线通信技术包括4G/5G移动通信、蓝牙、Wi-Fi、ZigBee、Lora等技术，这些技术在单独用于传感网络的时候，分别存在可靠性低、使用成本过高、通信距离过短等问题，WirelessHART作为第一个获得IEC（国际电工委员会）认证的工业无线网络标准（IEC 62591），其在可靠性、抗干扰性、安全性、组网灵活性和兼容性方面具备独特优势。

**（2）国内外发展情况**

工业控制网络技术经历了几次重大发展，从20世纪90年代的现场总线技术，到21世纪初兴起的工业以太网技术，再到近几年的热点技术——工业无线传感网技术。每次技术的创新和发展都会为产品供应商带来新的更大的市场，谁先推出产品，谁就占领市场制高点，成为最终的赢家。因此，工业无线网络技术从一开始就引起了许多先进工业国家及国际自动化巨头公司的高度关注，纷纷投入巨资开展相关研发工作。WirelessHART就是其中一个很具有代表性和得到广泛认可的技术，也最先成为工业无线方面的IEC国际标准（IEC 62591）。

WirelessHART得到Emerson、Siemens、ABB、E+H等公司的鼎力支持。目前，WirelessHART标准已有大量的网络设备和应用设备被研制出来。全球已在使用的HART设备超过4000万台，用户已经具有一定的HART培训和使用经验，熟悉WirelessHART无线协议只需要极少的改变。艾默生已经推出的兼容HART标准的WirelessHART适配器、WirelessHART仪表、网关，在市场上的销售与应用已经取得相当大的成绩。ABB、E+H、P+F等仪表和现场设备提供商都在积极地推广WirelessHART产品。

国内的沈阳中科博微科技股份有限公司在WirelessHART产品国产化研发道路上同样取得了一系列成果。2017年WirelessHART通信模块通过美国FCG产品认证，2020年WirelessHART智能网关通过美国FCG中国区的成果鉴定。WirelessHART产品经过多年市场应用及产品升级，包括WirelessHART通信模块、WirelessHART网关、WirelessHART适配器和WirelessHART温度变送器等产品获得了国内外用户的一致认可，产品性能已经达到国际同等水平，实现了“走出国门，进军全球”的跨越目标，在石油、化工、冶金、电力等领域取得了良好的应用效果。

### （3）技术的创新性和突破性

WirelessHART是建立在多年严谨的前沿性实验基础之上的，在标准委员会成员开始起草标准的几年前，无线网络实际上已经被尝试应用到过程工业中。所有的这些实验的经验和教训都被纳入WirelessHART标准中。其中很多重要发现告诉了我们，在动态变化的现实工业世界中什么能有效工作、什么是重要的。这包括：

① 功耗是一个非常关键的性能参数，用户期望任何现场设备在需要维护之前都能运行几年的时间，这就要求容量足够大的电池以及对能耗的智能化管理。

② 工业无线系统必须具备像有线系统一样的可靠性，才能够引起足够的关注。

③ 客户需要更快的更新速率，任何无线解决方案必须在其设计中保证这一要求，以使其产品具有持久的生存期。

④ 点对点通信在工厂车间环境中是不可靠的，在工厂车间里布置设备间能够始终保持视距通信是非常困难的，最好的无线通信系统是由网状拓扑结构构成，因为网状拓扑结构能提供多路径冗余。

⑤ 任何无线网络必须能生存于拥挤和嘈杂的环境中。

⑥ 在网络规模比较大的时候，基于CSMA的冲突避免机制效果不好。基于这一发现，WirelessHART标准用TDMA机制取代了IEEE 802.15.4标准中的CSMA机制。

WirelessHART技术的许多特性保证其在工业环境中也能提供可靠的数据通信，而这些工业环境通常不利于无线通信。WirelessHART网络的亮点主要包括：

① 网状网络。WirelessHART网络是一种冗余的、可自愈的网络。它是一种能支持多个接入点的网状网络，而非星形或树形拓扑结构的网络。它能检测到传送路径的恶化并自动修复，还可以自动选择路径从而绕过障碍物，随机地在不同信道上通信。

② 安全性。WirelessHART技术在多个子层里都使用了工业标准的128位AES加密算法。数据链路层的网络密钥用于认证每次数据传输。在网络层每个会话都有不同的密钥以加密和认证点对点通信。在网络的整个生命周期中，网络管理器会周期性地更新网络中所有的密钥。

③ 可靠性。WirelessHART标准利用多种复用技术保证其通信具有很高的可靠性。时分复用：所有非广播报文都要求接收方在同一时隙内对其进行确认，当传输不成功的时候，重传机制将会启动。空间路径复用：WirelessHART网络的拓扑结构是网状的，每对端到端的通信必须有两条以上的可用路径。频率复用：WirelessHART标准提供了基于16个信道的跳信道技术。

### （4）技术实际应用

如今，数以百万计的HART设备已经被部署在工业现场，其中只有一小部分HART设备被数字式地连接到上位机以提供过程数据以外的数据。有了WirelessHART标准，用户可以给已经存在的或新的系统添加无线功能。无线解决方案在现场设备、控制系统、资产管理软件包之间提供灵活性、可扩展性、互操作性。同时，WirelessHART技术依靠低功耗、低数据率的无线通信将许多小型传感器互联起来。随着大量新环境数据的出现，我们可以不断地探索潜能以提高过程控制的质量。WirelessHART技术利用智能现场设备提供的信息来提高生产力。

① 资产管理。设备故障以及相关维护通常会花费很多时间和金钱，还会减少工厂的产量和可用性。随着WirelessHART网络的使用，资产设备的健康情况可以被不断地监测，小问题可以被及时发现和消除，从而可以延长资产设备的使用寿命。

② 提高工厂效率。WirelessHART无线解决方案可以高性价比地增加所需的额外测量，从而能用来优化工厂的效率。这些测量点可以涉及我们过去不可能监测的对象，例如移动或旋转的设备，或在恶劣环境中的监测对象。

③ 预测性维护。工厂通过WirelessHART无线解决方案可以实现预测式和主动的设备维护方法，大大提高了工厂资产的可用性。

④ 安全。WirelessHART无线解决方案可以实现安全设备的无线监控，以便尽早采取行动来防止事故的发生。通过在工厂的危险区域安装无线监控仪表，来减少工作人员的安全风险。

**（5）未来发展趋势**

随着无线网络调度技术的完善以及更好的电池技术的出现，无线应用将会被应用到越来越多的工业现场。

在过程工业的大多数工厂中，离散测量和动作在整个工厂控制系统和操作中发挥着重要的作用。在一些工厂区域，控制系统中输入输出总量的80%以上可能是离散的。包括离散值和状态信息随着时间戳一起被传送，代表着WirelessHART标准的不断演进，因为它满足了更多的测量要求以及工业现场中更广泛的需求。

定位技术可用于跟踪工厂车间的人员和资产。最初的WirelessHART标准已经包含了许多定位应用所需的功能。例如所有设备对时间都有同样的时间概念、必须能够发送通过报文、路由报文、跟踪信号强度、发布健康报告和利用代理设备的设备地址来路由报文。随着WirelessHART标准的更新，离线定位计算是有可能实现的。

WirelssHART标准中另一个可能会继续发展的领域是设备的预配置。在某些情况下，对设备的无线预配置将会很有优势。WirelessHART标准的初始版本考虑到了这个问题，并且为公共密钥加密技术敞开了大门。公共密钥加密技术将会被添加到WirelessHART标准的后续版本中。

## 6.3 传感器工业测量技术

### 6.3.1 黑体空腔式钢水温度连续测量技术

**（1）技术简介**

钢水凝固是决定钢材质量的关键一环，钢水温度是凝固控制最关键的参数。然而，高温、强腐蚀性的极端恶劣环境使得实时连续测量钢水温度面临挑战。一方面，基于一次性快速热电偶的测温技术存在测量值分散性大，且只能间断测温的问题；另一方面，基于铂铑热电偶的连续测温技术存在成本高、难以在钢铁企业广泛应用的问题。长时间以来，如何低成本、连续准确测量钢水温度成为了冶金行业的瓶颈问题。

为解决恶劣测量条件与长时间、低成本、连续准确测量钢水温度的需求之间的矛盾，东北大学的谢植教授等历经20余年的艰苦工作，成功研发了黑体空腔式钢水测温技术，从黑体空腔测温理论与传感器技术两个维度解决了这一难题。该技术的成功研发与广泛应用，支撑了钢铁企业对于钢水温度的精准控制，特别是显著提高了过热度的控制精度。过热度控制精度的提高，一方面提高了钢材生产质量，另一方面降低了能耗和成本。统计表明，钢水过热度每降低1℃，吨钢成本降低约1元，对于我国约10亿吨产量的钢铁行业而言，具有重要的社会效益与经济价值。

**（2）国内外发展情况**

随着钢铁生产技术的持续发展，冶金检测领域一直在研究钢水测温技术，主要包括：热电偶测温和黑体空腔式测温两种方式。

① 热电偶测温技术：消耗型快速热电偶的成功研发，实现了钢水温度测量，其利用钢水对保护帽加热，然后传热给热电偶测温。该传感器测温存在的问题是测量值分散性较大且不能实时连续测量。Heraeus和Vesuvius等国际知名企业研发了铂铑热电偶加保护管的方法，实现了钢水温度连续测量，利用钢水对保护管加热，然后再传热给热电偶测温。该传感器面临的关键问题是铂铑热电偶的高成本，使其难以在钢铁企业广泛应用。

② 黑体空腔式钢水连续测温技术。东北大学研发的黑体空腔式测温技术首次实现了低成本的钢水温度连续测量。该技术利用钢水对测量管加热，测量管与钢水达到热平衡后发出黑体空腔辐射，通过对该黑体空腔辐射的测量，从而得到钢水温度。其不仅没有热电偶的高成本，而且基于黑体辐射源理论设计的测量管可获得高测温精度。

近年来，面对钢铁行业的转型升级和智能制造对钢水温度的新需求，以黑体空腔式测温理论为基础，东北大学在快速响应测温和浇注温度测量技术方面取得了重要突破，成功研发了具有快速响应特性的抗强侵蚀薄壁金属陶瓷传感器和塞棒测温传感器，正在成为新一代的钢水连续测温技术产品。

**（3）技术的创新性和突破性**

黑体空腔式钢水测温技术解决了常规辐射测温面临的被测对象发射率不确定引起的温度测量不准问题。该技术创造性地将黑体辐射源理论应用于温度测量，利用钢水加热测量管，测量管构建在线黑体空腔，腔体有效发射率近似为1，消除了被测对象发射率不确定对测温准确性的影响，获得了测温误差≤±3℃的高精度。

黑体空腔式钢水测温技术不仅解决了高测量精度的问题，而且解决了长寿命、快速响应的问题。在新型传感器材料研究上取得重要突破，研发了多种增韧技术（相变增韧、微孔增韧和金属增韧）融合的新型金属陶瓷传感器材料，攻克了传感器的薄壁与强侵蚀、强热震条件下的长寿命之间的矛盾。传感器的壁厚由20～30mm变薄至3mm，实现了钢水测温的快速响应，将钢水测温的响应时间由约5min缩短至1min以内。

近年来，为提高钢水凝固控制的精准度，成功研发了测量钢水浇注温度的塞棒测温技术。浇注温度测量面临钢水流速快、冲刷距离短、空间狭小等困难，是钢铁企业和冶金检测领域一直想解决而未解决好的难题。新一代黑体空腔式测温技术创造性地将测温传感器与控流塞棒“合二为一”，通过在塞棒底端复合具有强冲刷特性的小型化金属陶瓷测温传感器解决了上述难题。浇注温度测量将为钢水凝固的精准控制提供重要支撑，特别是多流连铸的每流钢水实现“私人订制”的凝固控制，而之前通常只能采用相同的凝固控制工艺，不精准且冗余大。

**（4）技术实际应用**

黑体空腔式钢水测温技术不仅在国内的大中型钢铁企业广泛应用，在欧洲、俄罗斯、巴西、印尼等国外钢铁企业也应用广泛，应用企业共计超过80家。该技术为钢铁企业的钢水凝固控制、高品质和高附加值钢材产品的生产提供了重要支撑。近年来，为适应钢铁行业的转型升级和智能制造需要，黑体空腔式测温技术在钢水测温的“快速”和“精准”两个方面持续攻关，成功研制出了快速响应传感器和塞棒测温传感器，已在宝钢、南钢、三钢、湘钢等钢铁企业工程应用。工程应用表明，上述传感器正在成为新一代的钢水连续测温标准技术产品。

**（5）技术未来发展趋势或发展建议**

钢铁工业是我国最重要的制造业之一，智能化、绿色化是其发展趋势。为适应钢铁工业的发展需求，黑体空腔式钢水测温技术面临两方面挑战：一是现有钢水测温技术的快速化、精准化需进一步提升，测温技术的智能化也越来越迫切；二是现有钢水连续测温技术主要解决了凝固过程的温度测量问题，精炼、转炉炼钢、炼铁等过程的连续测温技术需持续攻关。

钢水温度的精准控制是控制产品质量和实现节能降耗的关键，精准测量是钢水温度精准控制的前提。现有测温技术虽在测温响应速度上取得了显著进步，但最快的响应时间仍在1min左右，制约了温度控制精度的提高。如何从快速传热的传感器材料、超薄传感器结构、快速响应动态测温方法等方面深入研究，是新一代黑体空腔式钢水测温传感器面临的挑战之一。

黑体空腔式测温技术较好地解决了连铸的钢水连续测温问题，为钢水凝固精准控制提供了重要支撑。然而，钢铁生产是涉及炼铁、转炉炼钢、精炼、连铸等多个工艺的长流程，其余环节连续测温也有迫切需求。如何针对炼铁的长时间、更低成本需求，转炉炼钢、精炼的更强冲刷和更强热震考验等，研发专用测温传感器，也是新一代黑体空腔式钢水测温传感器面临的重要挑战。这需要对恶劣条件下的新型传感器材料研究、测温理论与方法进行持续攻关。

传统的温度测量技术聚焦于如何将温度测准，随着智能化技术的发展和应用，还应关注基于质量控制需求的温度特征测量与分析，将测温技术向工艺和质量端前移。例如，基于质量控制需求给出温度的均匀性特征和温度变化速率特征等，构建质量与温度分布、温度变化特征等之间的关联，更好地服务于质量的控制与优化，而不仅仅给一个温度数值。

## 6.3.2 颗粒尺寸检测技术

**（1）技术简介**

颗粒（Particle）是与周围有界面分割状态的微小固体、液体或气体，也可以是微生物、细菌、病毒等生命体。现代工业中约70%的产品或原料属于颗粒，如锂电池正极和负极材料、粉剂药品、稀土材料、电子材料、化工材料、3D打印粉、水泥、陶瓷、涂料、染料、油墨、磨料及制品等。此外，纳米颗粒、生物颗粒、药物颗粒、能源颗粒、微纳气泡等新兴颗粒应用层出不穷，也推动了颗粒科学的发展。其中颗粒尺寸检测技术在上述各领域有着不可替代的重要性。第一，颗粒尺寸对于产品质量至关重要。在制药、食品加工、化工等行业，颗粒尺寸的一致性直接影响产品的性能和稳定性。通过颗粒尺寸检测技术，生产商可以确保产品的质量符合标准，提高产品竞争力。第二，颗粒尺寸检测在环境保护方面也具有重要作用。大气中的颗粒物（PM2.5和PM10等）对人体健康和环境造成了严重影响，通过颗粒尺寸检测技术，可以监测空气中颗粒物的大小和浓度，为环境保护提供数据支持。第三，颗粒尺寸检测技术在科学研究中也发挥着关键作用。在材料科学、地球科学、生物学等领域，研究颗粒的大小和分布有助于科学家深入了解物质的特性和行为。因此，颗粒尺寸检测技术是评估或研究颗粒性能和质量、能源消耗、环境污染、人类健康、全球气候变化以及生物成长等的必要手段，是促进科技进步、提升产业核心竞争力、保障经济稳定持续发展的坚实基础。

（2）国内外发展情况

随着光电子技术、计算机技术、信息技术的进步，颗粒尺寸检测技术也得到了飞速的发展，主要包括散射光能颗粒检测技术、透射光能颗粒检测技术、动态光散射颗粒检测技术、超声法颗粒检测技术、图像法颗粒检测技术和电感应法颗粒检测技术等。当前，激光粒度仪（属于散射光能颗粒检测技术）是应用最为广泛的颗粒尺寸检测仪器。20世纪80年代，英国、美国、日本、德国等仪器公司相继研制成功了商品化的激光粒度仪。国内相关研究起步较晚，最早是天津大学承接国家“六五”科技攻关项目，开始激光粒度仪的研制。之后有上海理工大学（原名为“上海机械学院”）、重庆大学、山东建材学院（现并入“济南大学”）、四川轻工研究院、丹东仪器仪表研究所等单位相继开展研制。20世纪90年代起，国内厂商通过创新发展，走出了一条有别于国外多光束系统的创新发展的道路，包括双镜头技术、双镜头斜入射技术、激光散射+显微图像二合一技术等，这些技术具有完全自主知识产权，同样实现了扩大量程和提高精度的效果，性能达到了国外同类产品水平。目前，国产激光粒度仪国内市场数量占有率超过了80%，还出口到数十个国家。不仅如此，我国激光粒度仪融合互联网技术、电子技术、软件技术、控制技术等，在全自动、无人值守、在线检测等方面实现了突破，走到了世界前列，实现了自主可控。

（3）技术的创新性和突破性

散射光能颗粒检测技术通过检测颗粒散射光能的空间分布获得颗粒尺寸信息，具有适用性广、粒径检测范围宽、检测速度快、准确度好、精度高、重复性好等优势。近年来，激光粒度仪的创新和突破主要集中在光学系统设计方面，包括双镜头技术、双镜头斜入射技术、正反傅里叶结合技术等，这些创新技术提高了量程和精度，提高了检测结果的准确性。

透射光能颗粒检测技术通过检测光束穿过颗粒体系后的透射光信号获得颗粒的尺寸信息，同时可获得浓度信息。近年来创新发展了消光法、消光起伏法和光脉动法等，具有测试结构简单、响应快等特点，有望在大型工业过程中实现不同粒径和浓度颗粒物的在线检测。

动态光散射颗粒检测技术通过检测颗粒散射光的涨落变化获取颗粒的布朗运动信息，进而获得颗粒尺寸，用于纳米颗粒尺寸的检测。近年来，该技术的发展趋势是逐渐由软件自相关取代传统硬件自相关，并发展了偏振/去偏振、多角度动态光散射等功能，实现了不同形状、尺寸、浓度纳米颗粒的测量。上海理工大学还创新发展了图像/偏振图像动态光散射方法，实现了纳米颗粒尺寸、形状、一致性的超快速测量。

超声法颗粒检测技术通过检测由颗粒引起的声特性变化，如声衰减、声速、声阻抗等来获得颗粒尺寸，适合于高浓度颗粒对象和现场恶劣条件下的在线检测。近年来创新发展了基于蒙特卡罗方法颗粒声散射特性模型，能有效处理复散射、粒子相互作用、非球形颗粒等问题。

图像法颗粒检测技术可通过直接成像方法获得微米级以上颗粒的尺寸信息，也可与光散射法结合通过颗粒的光学信号图像获得颗粒的尺寸信息。创新提出的离焦颗粒图像测量方法有望实现颗粒尺寸、位置、浓度、速度等多参数的同步测量。后向散射颗粒图像测量方法可实现开放空间颗粒尺寸和浓度的远距离遥测。

电感应法颗粒检测技术通过检测颗粒流动过程中检测电路的电阻变化获得颗粒尺寸信息，且兼具颗粒技术功能。创新采用芯片技术的微型电感应法可实现纳米颗粒粒度测量，并可在一张芯片上集成多个微型电感应粒度仪，实现高通量测量。

（4）技术实际应用

目前基于散射光能测量方法的静态光散射激光粒度仪（俗称“激光粒度仪”）和基于

动态光散射原理的纳米粒度仪在颗粒测量领域及国际、国内市场上占据了主导地位。前者主要用于测量微米、亚微米颗粒，后者则主要用于测量纳米颗粒及Zeta电位。目前，激光粒度仪的应用领域非常广泛，包括制药、化工、能源、冶金、建材、地矿、环保、食品、化妆品、半导体等行业。就国内市场而言，2022年国产品牌占比攀升，市场占有率已远超过进口品牌。市场热门型号包括马尔文帕纳科Matersizer系列、Zetasizer Advance系列，丹东百特Bettersize系列、BeNano系列，欧美克LS系列、NS系列，安东帕Litesizer500、布鲁克海文90Plus PALS等。丹东百特、珠海真理光学、珠海欧美克、马尔文帕纳科等仪器公司还开发了应用于喷雾测量的激光粒度仪。此外，图像法粒度分析仪已实现市场化，主要应用于金刚砂、研磨材料、机制沙、河沙等。电感应法（库尔特法）粒度分析仪及颗粒计数器则主要被用于医药、食品饮料、工业粉剂的质量控制领域等，代表企业有贝克曼库尔特等。近年还出现了基于芯片技术的电感应法纳米颗粒粒度分析仪和计数器。超声粒度检测分析仪则已应用于工业过程的在线粒度测量，主要应用领域包括泥浆、油墨、油漆、颜料、陶瓷卡瓦、催化剂、乳液（包括石油相关产品）等。透射光能法颗粒检测技术、离焦图像颗粒检测技术、图像动/静态光散射颗粒检测技术等分别在湿蒸汽测量、喷雾测量、无组织排放及油烟颗粒测量、纳米颗粒及纳米气泡测量等方面有一定的应用，但尚未形成成熟的应用市场。

**（5）未来发展趋势或发展建议**

颗粒尺寸检测技术的未来发展趋势可概括为：指标多元化，方法复合化，检测智能化，技术标准化。首先，颗粒检测指标将不限于颗粒尺寸，还将包括颗粒形状、数量、成分、电学特性、流动特性等。多元化的检测指标有助于更好地反映颗粒的理化性质和应用。就颗粒尺寸检测指标而言，正朝着更大的粒径检测范围、更宽的粒径分布及浓度适用范围、更高的检测准确度和更快的检测速度等发展。其次，颗粒检测方法将呈现多种技术融合的趋势，发挥各自特长，实现综合多指标多参数分析，如粒度检测与粒形检测结合、粒度检测与拉曼光谱结合、粒度检测与颗粒带电特性检测结合等。再次，结合人工智能和物联网技术，实现仪器的运行过程自动化、智能化、网络化，使粒度测试在无人值守下完成，提高检测时效，减少人为误差，提高工作效率。同时，将目前的实验室粒度检测技术结合自动取样、自动分散、自动控制、物联网等技术，与生产设备和生产工艺融合，形成具有实时检测、实时分析、实时控制的闭环系统。最后，颗粒检测技术的发展离不开技术规范化工作的协同推进，包括相关颗粒检测技术国际/国家标准的制定和相关标准颗粒物质的生产等。

### 6.3.3 矿用激光传感器

**（1）技术简介**

由于矿山井下属于潮湿、粉尘、易燃易爆及充斥有害气体，具有强电磁干扰、冲击振动等传感器恶劣工作环境，无源式矿用激光/光纤传感器研究对于实现本质安全型技术装备具有重要意义。光纤光栅类传感器，分布式温度、应变、声音、振动传感器，激光/光纤气体传感器研究，对于冲击地压、煤与瓦斯突出等动力灾害，设备在线监测与故障诊断，移动物联网空间全覆盖监测网络，以及适于应急情况下的无源信息采集和通信系统与矿山安全综合监测远程智能大数据系统建设，都具有广阔的应用空间。

**（2）国内外发展情况**

经过多年的努力，我国矿用激光/光纤传感器科技人员已相继研发出激光光谱分析的

$CH_4$、CO、$O_2$等气体传感器，光纤光栅类温度、位移、压力、振动、风速等传感器，以及分布式温度、振动、应变传感器。山东省科学院激光研究所、山东微感光电子有限公司于2007年首次把激光甲烷传感器用于煤矿井下现场检测，进而研发了基于1650nm波段DFB和VCSEL激光器的全量程激光$CH_4$传感器，技术性能为：量程0% ～ 100%；精度±0.05%@（0% ～ 1%）；±5%真值@（1% ～ 100%），使产品维护周期从原来的两周延长到6个月。量子级联中红外激光CO、$C_2H_4$等痕量气体传感器研究，也已形成低功耗、小尺寸等多项技术，山东省科学院激光研究所使用的2.3μm DFB激光器和光程为20m的气室，实现了痕量CO $10^{-7}$检测灵敏度。而国外采用1567nm外腔式半导体激光器和20m长光程气室，CO检测灵敏度仅为$5\times10^{-6}$。

在光纤分布式测温技术方面，已经从理论研究走向实际应用，在多个领域获得成功。伴随着分布式光纤温度传感技术的发展，距离和温度的测量范围及精度不断提高，国外多家公司已推出了多种产品，如英国YorkSensors、Sensornet，美国Sensortran、Agilent，德国Geso、LIOS公司与西门子公司，韩国Shinkwang公司，广泛应用于电力、石油化工、水库大坝、桥梁隧道等领域。国内在光纤分布式测温技术研究方面，重庆大学、中国计量学院、北京理工大学、北京航空航天大学等单位开展了传感原理、信号处理与温度解调等方面的研究，研制出了一些实验样机并得到应用。

目前，欧美等发达国家在光纤压力传感器领域处于领先地位，其主要应用于航空、轨道交通、海洋工程等领域。其中，美国公司Micron Optics生产的Fiber Optic Pressure Sensor具有较高的可靠性和精度，可测量范围广泛，且适用于不同环境下的复杂应用场景。与国外相比，我国在光纤压力传感器领域起步较晚，但是，近年来在我国政府大力支持下取得了长足进展。目前，我国已经涌现出多个拥有自主知识产权并具有核心竞争力的企业和机构，如华中科技大学、哈尔滨工业大学、西安电子科技大学等高校在该领域开发了很多优秀项目，并取得了许多重要成果。

**（3）技术的创新性和突破性**

矿用光谱吸收式激光气体传感器是基于分子振动和转动吸收谱与光源发光光谱间的光谱一致性的传感器。当光通过某种介质时，即使不发生反射、折射和衍射现象其传播情况也会发生变化。这是因为光频电磁波与组成介质的原子、分子将发生作用，作用的结果使得光被吸收和散射而产生衰减。由于气体分子对光的散射很微弱，远小于气体的吸收光能，故衰减主要由吸收这一过程产生，散射可以忽略。利用介质对光吸收而使光产生衰减这一特性制成吸收型激光气体传感器。

矿用光纤光栅传感器是通过激光微加工，在单模光纤纤芯内沿轴向对激光光波进行周期性折射率调制，使其发生永久性改变。对于光纤光栅的波长检测，早期多基于可调滤波器与宽带光源进行。对于高灵敏度检测，可采用长光程差光纤干涉仪。设计矿用光纤光栅物理量传感器时，可采用光通信DWDM系统中的可调激光器，其具有光功率密度大、扫描速率快、多通道同步监测、功耗低、可实现本安设计等特点，工作波段通常为光通信的C波段（典型值为1525 ～ 1565nm），检测灵敏度为1pm，精度为±（3 ～ 5）pm，扫描范围为40nm，对应于0.5℃检测精度，可同时监测16个通道。对于高灵敏度光纤光栅动态测量，基于分布式反馈（Distributed Feedback，DFB）激光器输出波长伺服跟踪光纤光栅反射谱3dB波长的检测技术可获得高灵敏度（0.01pm），适用于制作矿用振动加速度传感器。

矿用光纤分布式温度监测基于拉曼散射原理的矿用光纤分布式温度传感监测在矿井火灾监测方向有较多应用。光在光纤中传播时，由于光子与声子相互作用，光子将产生后向散射信号，包括1个波长较长的斯托克斯光和1个波长较短的反斯托克斯光。反斯托克斯光的强弱随环境温度变化而变化，因此可用来实现温度测量。

**（4）技术实际应用**

将光纤传感器应用于矿井安全监测，实现矿井内部环境、机电设备状态、微震、水害、皮带安全状态等的监测与信息采集，将对矿山安全生产起到重要作用。比如，火灾是矿井生产重大安全隐患之一，通过激光气体检测技术对矿井发火过程中产生的标志性气体的实时检测，实现火灾的监测预警。基于光纤传感技术的激光甲烷传感器越来越成熟，已在全国1000多个煤矿推广应用，逐步将完全替代催化式$CH_4$传感器。光纤光栅加速度传感器、压力传感器、位移传感器、离层传感器、光纤分布式应变等已在煤矿顶板监测领域、机电设备监测领域得到广泛应用；煤矿顶板安全监测是煤矿生产的重要保障，通过分布式光纤传感技术则能够实现对煤矿井筒形变、巷道形变、煤矿采动覆岩移动、采空区塌陷等煤矿顶板安全的实时监测。光纤光栅水位、水压传感器已在水文监测领域得到应用。未来，随着光纤传感技术的进步，其在煤矿行业将有更大的应用空间。

**（5）未来发展趋势**

光纤传感技术凭借着无源、体积小、重量轻、检测精度高、抗干扰能力强等优势，在矿井、油气储运、自然灾害等领域有着广泛应用，将产生积极的社会效益，市场前景广阔。激光/光纤传感技术在温度测量、静力测量、动力测量和有害气体浓度测量等煤炭行业应用中起着重要作用。未来，矿井物联网、无人工作面等前沿发展方向对激光/光纤传感器或监测系统的稳定性、一致性、灵敏度和功耗等硬件属性提出了更高的要求，这些新需求必将引领矿用激光/光纤传感技术的未来发展趋势。

在信号强度弱的环境下进行振动监测，在巷道或采空区微风状态下的风速监测，在多气体干扰严重的情况下实现$CH_4$和CO超过$10^{-6}$的监测灵敏度，都要求激光/光纤传感器灵敏度有极大提高。激光痕量CO气体传感器在2.3μm波段$CH_4$将产生较大干扰，此外在背景噪声强的环境下进行振动监测，都需要传感器及监测系统具有很好的抗干扰性。降低激光/光纤类气体传感器的整体功耗至关重要，因为所有激光器均需靠井下本安供电电源供电，如果每个气体传感器功耗过高，一个本安供电电源将不能提供足够数量的气体传感器来满足煤矿井下检测的要求。在提高各传感器监测精度的前提下，实现多种传感器的数据融合，对提升矿井灾害预警水平至关重要。基于瓦斯浓度传感器、光纤温度传感器、钻孔应力传感器和瓦斯压力传感器多种参量共同作用的煤与瓦斯突出监测，基于光纤振动加速度传感器、光纤压力传感器、光纤应力传感器的冲击地压监测，基于光纤振动传感器和光纤温度传感器的机电设备安全监测等，都需要对监测到的各种参量进行数据融合综合分析。

## 6.3.4 基于气力输送粉体流动参数检测技术

**（1）技术简介**

炼铁高炉采用气力输送技术来输送煤粉，并通过喷吹风口进入炉内进行燃烧。由于能源、环境、安全及生产工艺指标等要求，迫切需要简单、可靠的方法和设备来监测气力输送管道中粉体的流动参数状况，包括煤粉浓度、流动速度以及质量流量。对煤粉流动参数的实时检测，可以监测总体喷吹煤粉水平和各风口喷吹煤粉的情况，了解高炉各风口的工作状态，保证煤粉流量稳定，各风口喷吹煤量均匀、不堵塞。同时为控制总喷吹煤粉量和各喷口的喷吹量提供信号，为实现高炉喷煤总质量流量自动控制和各风口喷煤量自动控制及氧/煤比优化控制提供基础，最终实现喷煤总质量流量按需喷吹，各风口喷煤量实现均匀、不堵塞的有效喷吹。

然而，气力输送煤粉流动过程中形成了具有复杂流动结构的气固两相流，气固两相流与其他多相流动系统一样，各相间存在界面效应和相对速度，相界面在时间和空间上都是随机可变的，固相速度分布及浓度分布极不均匀。此外，煤粉的如介电常数的物理特性由于煤种的变化及水分的改变而不断变化，给流动参数监测及流动测量模型建立带来了挑战。在过去的几十年中，国内外许多仪器生产商、大学以及企业用户密切合作，投入了相当的资源用于开发适合的技术来解决煤粉气固两相流测量难题。许多不同的传感技术和设备得到了研究和开发。目前基于以上检测技术已有一些商品化的流量仪表或样机出现。然而这些方法或产品还不十分成熟，存在着原理上或技术上的一些不足之处，在实际中的应用效果并不十分令人满意。因此开展气力输送煤粉流动参数检测技术的研究，实现气力输送煤粉的流动状态的监测和计量，对于推动炼铁企业喷煤科技进步，保证炼铁高炉燃烧的稳定性和安全性有着重要的作用，对进一步提高企业的生产质量和经济效益具有重要的意义。

**（2）国内外发展情况**

对于煤粉流动参数的测量，许多不同的传感技术得到了开发，并取得了一系列的研究成果。主要的测量方法包括静电法、微波法、声学法、光学法、射线法及电容法等。根据测量原理，各方法均有各自的优缺点与适用范围。静电法是基于流动粉体颗粒静电特性实现两相流参数检测的，具有成本低、灵敏度高、易于实现等优点。英国的ABB和PCME、芬兰TR-Tech、南非ESKOMD都开发了相应的市场化产品，并在一些燃煤电厂中进行了试验。应用静电法时，浓度信号受到包括煤粉颗粒物理和化学特性以及管道内周围环境各种因素的影响，由于煤质和流动条件随时间变化的不可预测性，测得的浓度信号受到多种因素干扰，且该方法只适合于稀相、颗粒完全分散的条件。微波法通过传感器向管道中发射高频微波，利用微波的多普勒效应或基于微波的相位移动或幅值衰减敏感效应进行测量。目前推广应用最好的微波流量计是德国SWR公司的DenseFlow流量计。由于微波法是基于对介电特性敏感而进行测量的，因此也受煤粉介电特性变化的影响。声学法利用超声波在气固两相流中的传播特性如飞行时间及超声波衰减等特性而进行测量，在应用时需要防止如温度及介质密度等对声波传播的影响。射线法受其轨迹上固相分布及固相湿度的影响较小，但需要考虑使用时的安全防护问题。光学法可以实现不受固相介电特性及湿度影响的测量，但应用时受介质透明度的限制且需防止光学器件被污染，具有相对较高的应用成本。电容法通过测量极板间的电容值来测量气固两相流，具有成本低、响应速度快、传感器结构灵活多样、性能稳定等优点。但电容法测量以固相介电常数已知为前提，当煤种或者固相水分含量变化时，其介电特性会发生改变，进而给电容法的测量带来困难。目前来看，以往研究多针对固相物理特性为已知定值的气固两相流流动参数测量。然而在很多工业过程，煤粉的物理特性如介电常数是一个易变化的未知量，实现该条件下的气固两相流的参数检测是相关技术落地的重要前提。

**（3）技术的创新性和突破性**

实际的高炉气力输送煤粉过程中存在着煤种及水分含量变化的情况，这给依赖于固相物理特性不变而进行测量的常规方法带来了严重的测量误差。该技术基于电容法，具有如下创新性：

① 设计了一种高压激励方式电路用于微小电容测量，该电路能将交流激励信号提高到

几十伏甚至上百伏，可以大大提高微小电容测量的灵敏度和分辨率，同时具有良好的稳定性和线性度。

② 提出了一种具有介电常数自校正功能的浓度测量方法，该方法优化设计了螺旋形状的表面极板电容传感器作为测量传感器来获取煤粉浓度信号，该结构形式的电容传感器具有检测场均匀性好的特点，能明显改善由于气固两相流流型复杂多变和电容传感器“软场”特性对于测量的影响。同时优化设计了校正传感器，通过优化布置，保证体积浓度为固定值，进而实时提供介电常数的补偿信息，与测量传感器联合，实现介电常数自校正的固相浓度测量。

③ 提出了一种具有在线校正功能的质量流量模型。该模型将介电常数补偿数据、浓度信息、基于互相关测速的速度信息结合工艺参数作为模型输入参数，构建了考虑物理机理的智能模型，最终实现煤粉质量流量的准确预测。

这些工作的突破性在于：

① 解决了微小电容信号难以获取的难题。

② 解决了传统的电容传感器在固相介电常数变化的情况下无法准确测量固相浓度的难题。

③ 解决了固相质量流量模型难以准确建立的难题。

**（4）技术实际应用**

国内外相关产品主要有德国的SWR、F.BLOCK，英国的ABB及PCME等，芬兰TR-Tech，南非ESKOMD，巴西Conseistec以及国内部分高炉用于煤粉输煤异常监测的工业视频方法等。然而各个产品都有自身的适用范围，也存在着原理上或技术上的一些不足之处，在实际中的应用效果并不十分令人满意。尤其是针对介电常数变化的实际工业场景，难以获得准确的测量结果。

目前该技术的研究成果已经过多阶段的测试，开发的煤粉流动参数监测系统已在宝钢1BF、2BF与4BF，宝钢中厚板分公司COREX，韶钢8BF、南钢3BF等现场试用。相对于国内外相关产品，该技术的特点包括：系统结构采用非接触测量技术，无节流部件及移动部件，系统可靠性高；检测原理基于电容检测原理，响应快、成本低，传感器的结构形式采用自主设计的螺旋电容传感器，是已有文献报道中均匀性误差最小的相浓度传感器；日常生产免维护；煤粉质量流量检测准确度≤±5%，与德国SWR等国外产品的技术指标相当，输煤故障诊断准确率＞99%。现场试用结果表明，该研究成果能够实现对高炉喷吹煤粉浓度、速度、质量流量等流动参数的监测，对煤粉喷吹支管的输煤故障以及流量分配情况能够实现可靠监测。技术水平已达到进行成果转化，设备进行规模生产并推广应用的程度。

**（5）未来发展趋势**

在工业生产中，煤粉通过气力进行输送，为了优化燃烧过程、减少环境污染、降低能耗，必须进行煤粉流动参数的实时监控的研究。这是一类典型的气/固两相流动态参数实时监控问题，也是冶金及电力等行业急需而一直未能很好解决的难题。研发用于气力输送煤粉流动参数实时监控技术是各国政府相关部门优先考虑实施的课题。开发气力输送煤粉流动参数检测技术符合我国社会的发展方向，对于促进社会经济发展和科技进步具有重要的现实意义。

随着科学技术的发展以及对气力输送粉体流动参数检测要求的不断提高，气力输送粉体流动参数检测技术已朝着多源化、集成化及智能化方向发展。针对现场存在多因素干扰的现状，仅依靠一种传感器的传统方法很难解决干扰问题，实现参数的准确测量，必然需要多源传感器联合探测，充分地获取流体的信息，进而建模推导出被测参数。现场安装条件及管理方面的要求也促使传感器系统向集成化方向发展。通常被关注的参数都是耦合在包括干扰信息的多参数中，尽管多源传感器可以获取充分的信息，然而如何将被测参数从耦合的状态中解耦出来是面临的重要课题。借助机器学习等智能算法建模推导被测参数将是重要的途径之一。整合多源先进传感器、智能化技术、网络通信技术以及智能控制与决策技术，将为实现气力输送系统智能状态监测与控制需求提供系统性的智能化解决方案，对科技进步及提高企业的生产质量和经济效益具有重要的意义。

### 6.3.5 多模态过程层析成像与多参数测试技术

**（1）技术简介**

工业过程密闭容器或管道中普遍存在多种不相溶流体的混合或流动过程，具有过程与物性参数多、状态丰富且随机时变等特点，对其参数的在线准确获取，是流体力学、热工、化工等科学研究与工艺过程控制的迫切需求。由于在容器或管道内部流体的浓度、速度、粒径等均呈随机时变的复杂分布，如能同时获取以上多种分布参数，则可有效指导工艺优化与反应强化等，进而提升生产效率、产品质量和过程安全的保障能力。特别是在高温、高压等过程装备中，对具有多组分分布及流动特点的复杂过程的多参数在线检测与状态的在线诊断是实现过程健康监测的重要手段。

过程层析成像技术是通过安装在密闭容器或管道等装置某一个或多个截面边界上的传感器阵列，向容器或管道中注入交变的激励能量，形成一个可从不同观测角度扫掠被测物场的空间敏感场，物场内部组分分布或运动变化对敏感场产生调制作用，使传感器阵列以非接触或非侵入方式获取被测物场的物理、化学或生化特性二维/三维分布状况的“投影”信息，输出相应的信号；由信号采集处理单元实现传感器阵列的输出信号的实时采集，完成相应的解调、滤波等处理，获得直接反映物场变化信息的数据；采用一定的数学方法对数据进行投影变换，获得被测物场组分分布或运动变化的二维或三维图像及变化的时间历程，实现密闭容器或管道内部某一个或多个截面上组分分布或运动变化的可视化图像，同时可提取被测物场的各种过程参数。

过程层析成像技术根据所采用敏感原理场的不同，可分为电学、声学、光学、核辐射等多种模态。针对不同特性的被测物场，采用不同的模态，可获取被测物场中不同组分不同的特性分布及变化。然而，当物场中分布的组分较多或需获取的特性参数较多时，因单一敏感模态层析成像技术敏感原理的限制，难以同时获取多种组分及多种特性参数，需通过多种模态测试信息的组合或融合才能实现，称为多模态过程层析成像技术。

**（2）国内外发展情况**

国际上，英国、德国、芬兰、挪威等欧洲国家的一些大学和科研机构在20世纪80年代中期开始工业过程层析成像技术研究，在单模态工业过程层析成像技术的研究与系统的开发方面起步较早，组建了相关的仪器研发、生产与推广企业，如英国ITS公司、芬兰Rocsole公司等，产品包括电阻层析成像系统、电容层析成像系统、射线层析成像系统等，并在石油、化工等领域取得应用。国内在20世纪90年代初期开始，以天津大学、浙江大学、北京航空航天大学、中国科学院等科研机构为主开始工业过程层析成像技术研究，部分研究成果在我国的化工、石油、电力等领域取得应用，目前已有部分企业参与工业过程层析成像系统的开发及应用的推广，但尚以单模态过程层析成像技术为主，功能相对简单。

多模态过程层析成像技术的研究与系统的研发方面，英国的巴斯大学、利兹大学，挪威的卑尔根大学，德国的亥姆霍兹研究中心及我国的天津大学、浙江大学等已开展了大量的探索性工作，逐渐形成了电学+超声、电学+射线等多模态过程层析成像技术，并开发了相应的多模态系统。近年来，我国在该领域投入了较多的研究资源，已逐渐在多模态数据采集系统、多模态图像融合重建算法等方面取得了明显的优势，并形成了很好的发展势头，部分产品已在工业过程装置上取得应用。

目前，多模态过程层析成像技术向着柔性化、智能化方向发展，也即不同模态层析成像技术之间由相互独立的组合变为相互融合，在敏感场、硬件和算法层面进一步打通不同模态之间的差异之处，使其传感器更集成、仪器更通用、算法更智能，形成用一套传感器和仪器能同时获取被测过程的多种分布参数，是当前研究和开发工作的重要方向和发展趋势。此外，工业过程层析成像的分布参数检测结果也开始与过程控制相结合，形成基于过程分布参数的控制方案与装备。同时，国际上一些科研机构与自动化装备公司在该方向已经开始布局并增加研究力量，相继取得了一些示范性应用。

**（3）技术的创新性和突破性**

多模态过程层析成像技术利用不同敏感模态所获被测对象的不同敏感数据，充分利用模态间信息的互补或冗余，通过数据融合算法反演出多种分布参数，以更综合地反映出被测过程信息，并提高对被测对象过程参数的测试精度和范围，突破单模态过程层析成像技术在信息获取方面单一的局限，在复杂多参数测试方面有独特的优势。以油气工业生产中常见的油气水三相流为例，现有单模态过程层析成像难以分辨出油、气、水三相流体信息，如采用超声模态与电学模态组成声电双模态成像技术，则可利用超声波区分气液信息（声阻抗差异），利用电学法区分水与油气信息（电导率或介电常数差异），进而实现三种流体信息的综合获取与分布图像重构。

由于现代工业过程中常具有十分复杂的组分分布特性和多种过程参数的监测需求，采用多模态过程层析成像技术能同时获取被测过程的多种分布特性及参数，并引入工业过程状态监测与诊断技术，利用包含有丰富过程信息的检测数据能够实现过程健康状态的在线诊断及状态发展趋势的及时预测。

**（4）技术实际应用**

我国石油、化工、核能等领域普遍存在高温高压密闭容器及管道，其中的复杂流体过程状态难以直接观测，其关键过程参数及其时空分布与演化特性难以获取和监测，特别是在中试与生产相关装备的高温高压等复杂工况下，工业过程的多种分布参数无法在线监测，制约了工艺水平与控制精度的进步。当前，过程层析成像技术已经逐步应用在化工流化床、分离器、油气集输等大型过程装置中，用于在线获取气固、气液等流体的浓度和速度等参数，丰富了过程检测与控制手段。以化工反应容器为例，电学过程层析成像技术可实现高温高压流化床中，催化颗粒与流体间润湿或作用过程以高速高温气体与固体颗粒两相流动状态的在线可视化监测，传感器耐温可达到400℃以上，具有很好的应用潜力。

德国德累斯顿亥姆霍兹研究中心开发了超快速X射线层析成像装置，并与电学丝网传感器组成双模态监测系统，可获取垂直上升气液两相流的高精度图像，进而揭示在不同工况下两相流的流动机理。我国天津大学的超声/电学多模态过程层析成像系统在中海油、徐工集团等多相流装置上进行了实际应用，可获取油气水、气固等多相流体过程状态参数，为管道动态腐蚀、消防干粉流态监测等提供了新颖有效的监测工具，解决了在高温高压容器中多相流多种分布参数在线监测的难题，可在150℃与15MPa工况条件下使用。

（5）技术未来发展趋势或发展建议

多模态过程层析成像与多参数测试技术在各类工业过程在线检测中具有十分广阔的应用前景，但在发展中存在一些问题。如：①不同模态的过程层析成像技术所用的传感器原理不同，例如电学电极、超声探头或射线源等，目前尚缺少集成多种敏感原理的传感器，只能采用模态间独立的传感阵列，并在安装中尽可能将所有传感器阵列安装在同一截面内或最临近之处，以保证数据融合的空间和时间配准，增加了工程应用难度；②多模态层析成像需要解决跨模态间的数据采集与协调问题，特别是对快速过程多种参数同时采集时，由于采样速率很高，瞬时的大量数据传输及其在线处理问题亟待解决；③由于不同模态层析成像所获数据的物理含义不同，目前多采用单模态分别成像后再进行图像融合的方法，亟待突破异类传感信息融合，以及基于融合信息的多分布参数反演方法，以从机理层面提升多模态成像的范围和精度。

多模态过程层析成像与多参数检测技术正朝向多模态敏感机理融合及模态内多种测量模式间融合的趋势发展。首先，进一步拓展单一模态敏感场不同传感机理的利用及对信号谱信息的利用，例如超声透射与反射模式融合以及超声谱信息的挖掘，以解决在一套传感器阵列下同时获取对象更丰富的信息；其次，多模态过程层析成像系统应向集成化、便携化与分布式方向发展，作为工业互联网的智能节点并与虚拟现实相结合，使现场操作人员能直接观察到封闭容器中多种过程参数的实时分布及其历史状态，并可通过与数字孪生等技术的融合，实现对被测过程未来状态的长短期预测；进一步加强多参数检测与工业控制技术相融合，逐渐发展成为面向过程分布参数的在线控制新装备或新方法。

## 6.4 传感器信息融合技术

### 6.4.1 基于成像和光谱检测的电站锅炉及工业炉窑三维温度场可视化在线监测

（1）技术简介

基于成像和光谱检测的电站锅炉及工业炉窑三维温度场可视化在线监测是一种辐射光谱测温技术，该技术以工业相机和光纤光谱仪为硬件基础，根据辐射传递方程通过融合高空间分辨率的辐射图像和高光谱分辨率的辐射光谱数据实现三维温度场和辐射参数的同步解耦重建。由于该技术的检测结果通常以多层断面的形式呈现，所以也被称为“锅炉CT”。现阶段，电站锅炉和工业炉窑等燃料炉仍需消耗全国60%以上的化石能源，污染严重，节能减排潜力巨大。在这些高温炉膛中，开展炉内温度分布的监测对于提高生产效率、节约生产成本、降低污染物排放有重要作用。高温炉膛温度监测的发展方向是从接触式测量到非接触式测量，从离线检测到在线检测，从一维到二维直至三维。热电偶、辐射高温计等传统的炉膛温度测量装置只能检测某一个位置或某一个方向的温度，声学测温和激光光谱测温技术只能逐层检测断面温度，都难以给出温度在三维空间中的分布。炉内三维温度场的可视化在线监测是燃煤电站锅炉及工业窑炉智能化升级改造的关键一环，推进相关研究迫在眉睫。基于成像和光谱检测的电站锅炉及工业炉窑三维温度场可视化在线监测可以实时提供全面准确的炉内温度和辐射参数三维分布数据，并在此基础上监测运行稳定性和炉膛壁面热流分布，协同厂内控制系统实现优化控制，保障电站锅炉和工业炉窑运行的安全性、经济性和环保性，为“双碳”目标的实现保驾护航。

（2）国内外发展情况

现阶段，可以应用于大型炉膛的温度场可视化监测技术有声学法和光学法两种，而光学法又可以根据是否需要外加光源细分为激光光谱法和辐射光谱法两种。

声学法测温技术是根据声波在传播过程中速度和频率的变化来求解温度分布的，其原理公式最早由牛顿于1687年提出，1817年由拉普拉斯进行了修正和完善，并于1873年由声学家Mayer完成了实验验证。英国中央电力产业局（CEGB）在1983年首次提出将声学测温技术应用于炉膛温度检测，掀起了该项技术的研究热潮。1988年，英国中央电力产业局和矿业能源研究公司依靠美国电力研究院（EPRI）的资助在某锅炉机组上开展了声学测温实验，证实了声学测温技术在炉内高温烟气温度检测上应用的可行性。随着电子和计算机技术的发展，声学测温技术因其测量精度高、测量范围广（0～2000℃）和非插入式等优点被广泛应用于大型工业炉膛的温度场可视化监测。国外在这一领域的研究起步较早，经过几十年的发展形成了一些可以用于炉膛温度场可视化监测的商业化产品，如英国CODEL公司开发的PyroSonic Ⅱ系统、美国SEI公司开发的Biolerwatch系统、美国Entertechnix公司开发的Pyrometrix系统和德国Bonnenberg & Drescher GmbH公司开发的AGAM系统。相比而言，国内在声学测温技术方面的研究起步较晚。1998年，东北大学的邵富群、田丰等学者最早成立专门研究燃烧炉膛环境中的声学测温技术的团队，在重建算法上进行了深入的理论研究，但多数研究均停留在仿真或初步验证阶段，未能开展有效的现场实验验证。2000年起，华北电力大学的安连锁、沈国清等学者对声学测温技术展开研究，参考声学CT原理提出了基于代数迭代的温度场重建算法，并于2009～2017年间将声学测温技术成功应用于国内200MW、300MW和600MW的火电机组锅炉温度场可视化监测。尽管国内外声学测温技术领域已经形成了一些较为成熟的商业化产品，但该方法存在的局限性也不容忽视。当使用声学法测温技术测量电站锅炉炉膛段的温度场时，首先要获得足够数量的不同传输路径上的声学数据，然后使用逆问题求解算法重建截面温度场。但由于锅炉受热面布置和现场设备等因素，难以在炉壁上开设很多观察孔。对此，意大利国家研究委员会在1996年的电站锅炉声学测温实验研究中就曾指出，针对声学法测温系统的安装，需要在锅炉制造时就考虑相应的设计。此外，声学测温技术无法同时测量炉内温度分布和颗粒浓度分布信息，测量结果容易受到锅炉内部吹灰系统的高频噪声干扰，在线监测延时较大。

激光光谱法测温技术是基于激光穿过气体前后的变化来计算气体温度分布的，可以进一步细分为干涉法、散射光谱法和可调谐半导体激光吸收光谱（TDLAS）法。其中TDLAS法作为一种新兴的激光光谱测温技术，国外已经形成了一些商业化产品，其中最具代表性的是美国Zolo公司生产的ZoloBOSS系统，该系统已被应用于650MW和1300MW的燃煤电厂锅炉炉膛二维温度场分布监测。国内在该项技术上的研究大部分停留在实验室研究阶段，通常用于测量实验室小型火焰，针对国内发电企业燃烧系统的TDLAS成型产品和应用实例非常有限。硬件布置方式、检测原理上的局限性限制了TDLAS测温技术在国内炉膛温度场检测领域的发展。首先，TDLAS检测系统的布置方式与声波法类似，在测量高温物体的二维或三维温度场分布需要多个激光器和接收器，这会损坏受热面，增加系统的复杂性。电站锅炉膛尺寸大，存在高温、振动等恶劣工业环境，很难保证激光发射端和接收端始终对齐。另外，TDLAS测温技术的检测对象为气体，当煤种灰分大于30%时将影响到系统的正常运行，而国内火电厂燃用煤质较差，导致炉膛内煤粒、粉煤灰多，激光在炉膛中的穿透性差，大大影响了测量精度。

声学法和激光光谱法在检测炉内温度场时都需要成对的声波/激光发射器和接收器，在检测炉内三维温度场时只能通过分层的方式，温度场检测的分辨率和维度受限于测温路径的数量和布置的层数，尚不能实现真正意义上的炉内三维温度场在线监测。

辐射光谱法是利用布置在不同角度的相机采集炉内燃烧火焰的三维自辐射信号，根据辐射传递方程在相机接收到的二维信号和炉内三维温度分布之间建立辐射成像方程，再结合求解辐射传递逆问题得到炉膛温度分布。基于辐射光谱法的炉内三维温度场检测系统的信号接收端通常为工业相机，不需要发射端，与声波法和激光光谱法相比具有系统紧凑、响应快和时空分辨率高等优点，更适合锅炉炉内三维温度场的在线监测。目前，对于炉内三维温度场的测量，国外的研究热点主要集中在PLIF、CARS和TDLAS等激光光谱法上，在辐射光谱法领域国内处于领先水平。20世纪90年代，周怀春教授首次提出基于炉内辐射图像测量炉内三维温度场，开辟了辐射光谱测温技术在炉内温度三维温度场监测领域应用的先河。在该领域，周怀春教授团队提出在重建大尺寸火焰时将Tikhonov正则化方法引入重建算法，提高了测量精度和稳定性；提出利用蒙特卡洛法（MCM）求解辐射传递方程，并在此基础上考虑炉内燃烧介质的散射和壁面反射作用；提出了利用DRESOR法求解辐射传递方程的新方法，提高了温度场重建的空间分辨率和适用性，相关技术已在国内多台电站锅炉和工业窑炉中得到应用。浙江大学的岑可法、王飞等同样进行了深入的研究，提出了可以快速重建火焰三维温度场的逆向MCM法，该方法相对于DRESOR法进行了忽略散射作用的简化，减少了重建时间，但由于对吸收系数的计算采用了碳烟吸收系数经验公式，对于碳烟含量低、固体颗粒物种类多的煤粉火焰适用性差。此外，东南大学的许传龙、王式民教授团队基于光场成像技术开发了火焰三维温度场测量的新方法，并开展了一系列小型火焰的三维温度场重建实验，但该技术尚未在工业锅炉炉内三维温度场检测中得到应用。

**（3）技术的创新性和突破性**

除了温度分布，辐射参数表征的炉内介质的浓度分布也是炉膛可视化在线监测所需的重要信息。早期基于Tikhonov正则化方法的炉内三维温度场重建的误差在5%左右，这会给辐射参数重建结果带来更大的误差，因此需要更高精度的辐射成像模型和温度重建结果，这要求辐射采集设备具有较高的光谱分辨率。常用的RGB工业相机具有较高的空间分辨率，但光谱分辨率较低。光纤光谱仪的光谱分辨率极高，但空间分辨率极低。高光谱相机通过牺牲一定的空间分辨率为代价换取较高的光谱分辨率，但成本过高难以普及。基于成像和光谱检测的电站锅炉及工业炉窑三维温度场可视化在线监测以工业相机和光纤光谱仪为硬件基础，创新地将成像数据和光谱数据融合，将光谱分析得到的辐射特性引入基于成像检测的三维温度场重建过程，用以提高辐射成像模型和温度重建的精度，使得三维温度场和辐射参数的同步解耦重建成为可能。辐射参数三维分布的检测结果能够反映炉内介质的相对浓度分布，这是推动炉内三维燃烧过程可视化检测技术从炉内三维温度场在线检测向炉内煤粉燃烧过程（煤粉浓度、燃尽度和燃烧放热量空间分布）三维全面可视化检测的阶段过渡的重要数据基础。其突破性在于推动高温燃料炉数字化改造，为生产决策提供具有空间分辨能力的精细三维信息，促进生产管理可持续，是高温燃料炉智能化发展的一个重要方向。

**（4）技术实际应用**

基于成像检测的电站锅炉及工业炉窑三维温度场可视化在线监测技术已经得到包括中国工程院院士秦裕琨教授、倪维斗教授、岑可法教授在内的国内权威专家组成的鉴定委员会的科技成果鉴定，获评“达到国际领先水平”。2003～2018年间，该项技术已应用于国内200MW、300MW和600MW等十多台火电机组的锅炉炉内三维温度场在线监测。除了在国内推广应用，三维温度场检测系统先后被巴西圣保罗州陶贝特大学、日本JPOWER公司，以及Alstom美国PPL（电站研究所）购买采用。Alstom美国PPL书面评价该技术是：“目前世界上首例三维温度场在线检测技术，具有良好的适应性，可使燃煤锅炉运行人员快速调节锅炉关键运行参数，保持锅炉最优运行工况。”基于成像和光谱检测的电站锅炉及工业炉窑三维温度场可视化在线监测技术是该项技术的进一步发展，能够在获取更高精度三维温度场的同时重建辐射参数的三维分布，实现炉内介质的相对浓度分布的在线监测。2019年至今，基于成像和光谱检测的电站锅炉及工业炉窑三维温度场可视化在线监测技术已经在四川福溪电厂1#机组（600MW）和河北良村电厂1#机组（300MW）上投入运行。其中四川福溪电厂1#机组的相关项目已经通过中国电力国际发展有限公司的测试并完成验收，测试结果表明：基于成像和光谱检测的电站锅炉及工业炉窑三维温度场可视化在线监测的投运可以使该机组煤耗下降约0.773g/(kW·h)，每年可节约标准煤0.1294万吨。

**（5）技术未来发展趋势或发展建议**

基于成像和光谱检测的电站锅炉及工业炉窑三维温度场可视化在线监测技术正在推动炉内三维温度场在线检测向炉内煤粉燃烧过程三维全面可视化检测的阶段过渡，为三维、动态、实时数字化锅炉技术发展奠定了良好的基础，具有广阔的应用前景，但在监测信息的时效性和丰富性上仍需进一步发展。首先，应采用机器学习和人工智能理论进一步提升耦合重建问题的求解能力，特别是重建算法的时效性，实现在低负荷和快速变负荷下炉内三维温度场的精确、快速重构。其次，将炉内可视化监测结果与炉内工况以及热力系统三维实时、动态建模相结合，实现炉内三维工况分布参数（炉内气氛、颗粒物、污染物、炉内热负荷、炉壁热负荷分布等）的实时监测及诊断，以及锅炉水冷壁内水动力、热力系统分布参数的建模预测。最后，可以将来自厂方的运行大数据、燃烧可视化检测数据以及高精度燃烧数值分析进行整合，构建多时间尺度大数据驱动的燃煤发电机组数字孪生系统，为开发智能锅炉及工业窑炉智能优化控制系统作出贡献。

### 6.4.2 工业视觉检测技术

**（1）技术简介**

工业视觉作为在工业场景下替代人眼的强大技术，日益取得重大突破和广泛应用。工业视觉检测系统是通过图像摄取装置将被摄取目标转换成图像信号，传送给专用的图像处理系统，得到被摄目标的形态信息，根据像素分布的亮度、颜色等信息，转变成数字化信号，图像系统对这些信号进行各种运算来抽取目标的特征，根据分析的结果来控制现场的设备动作。这一信息处理过程与人眼视觉及基于视觉的判断和动作非常相似，形象地说，工业视觉的本质是为机器植入“眼睛”和“大脑”。为机器植入“眼睛”，代表着机器视觉利用环境和物体对光的反射来获取及感知信息；为机器植入“大脑”，意味着机器视觉需要对信息进行智能处理与分析，并应用分析得到的结果来执行相应的活动。作为多学科的交叉应用，机器视觉系统涉及精密光学、精密机械、电子器件、光电半导体、深度学习、AR/VR等支撑技术。在实际应用市场中，工业视觉主要表现为成像器件、工业智能相机、视觉机器人、可配置视觉系统、视觉应用专机、视觉智能装备等不同产品形态。工业视觉作为第四次智能化工业革命的典型载体，为机器植入“眼睛”和“大脑”，让机器取代人工，帮助制造业实现自动化和智能化，是现代化制造提质、增效、降本、减排的刚需，是推动智能制造的关键引擎。目前工业视觉已经在电子制造、汽车制造、半导体制造、印刷包装、轨道交通等典型行业得到广泛应用。随着我国进入全面推进智能制造阶段，工业视觉将向全行业覆盖，应用市场需求急剧扩增。

（2）国内外发展情况

工业视觉的发展史可追溯至20世纪60年代末。1969年，美国贝尔实验室成功研制出CCD传感器，随后十余年在成像传感器诞生的驱动下，工业视觉进入产业萌芽期。但受限于半导体工艺成熟度和成本等因素制约，工业视觉只在高端的科学研究和航天、军工项目中有少量初级应用，尚未形成完整的概念。直到20世纪末，在行业应用的驱动下，工业视觉进入起步期。在此期间诞生了首批工业视觉企业，如加拿大的DALSA、美国的柯达和仙童、英国的E2V等CCD传感器与工业相机公司，以及美国康耐视等具有代表性的软件算法公司。在美国和日本等发达国家，工业视觉技术开始得到实际应用，但成像技术和算法算力的发展尚不成熟，不能全面满足行业应用需求，无法全面推广。进入21世纪后，在应用和算力的共同驱动下，工业视觉进入产业快速发展期。在此期间，FPD平板显示制造、PCB检测和汽车制造等行业陆续对工业视觉技术应用表现出强烈需求。同时，CPU算力提升使工业视觉系统在PC-Base条件下可以处理一般性的问题。尤其是2016年后，人工智能赋能的工业视觉开始在智能制造应用中加快普及，产业得到了空前发展。产业需求和技术进步共同促进了工业视觉产业的快速发展与繁荣。

与国外工业视觉的发展历程相比，我国的工业机器视觉发展技术起步较晚，1995年才开始有初步应用，代表性产业如人民币印钞质量检测、烟草和原棉异物剔除、邮政分拣等，对工业视觉提出强烈的应用需求，我国开始出现一些专业的工业视觉公司。2010年后，以苹果手机加工制造为核心的3C电子制造产业进入高精度时代，手机产业的飞速发展带来了整个3C电子制造业的变革，大大扩展了工业视觉的应用场景，加速促进了我国工业视觉产业与技术的发展。2016年后，AI算法的发展更进一步促进了我国工业视觉技术的发展。到2020年，我国的工业视觉产业规模基本与欧洲体量相当，技术发展与国际先进水平同步。

（3）技术的创新性和突破性

按照整个视觉系统信息流动的方向，工业视觉系统可分为三个部分：图像信息获取，数据图像处理和分析，信息决策与执行。图像信息获取对应着成像环节，是工业视觉系统的最前端，主要包含光源、镜头、相机、图像采集卡、控制器和相关配件。图像分析处理对应着信号分析与处理环节，主要由信息处理平台和工业视觉算法库组成。其中信息处理平台主要有基于个人计算机（PC）进行视觉信息处理、使用专用的图形处理器（GPU）或嵌入式神经网络处理器（NPU）进行视觉信息处理、使用专有的嵌入式系统进行视觉信息处理（也称嵌入式视觉）等不同形式。工业视觉算法平台主要包括halcon、visionpro等商业算法库和Opencv等开源算法库，目前在工业视觉应用主要基于算法平台结合应用需求做二次开发。智能决策执行对应着决策及执行环节，由AI能力平台和现场应用软件组成。其中AI能力平台中的模式识别是基于人的经验来赋予机器智能；机器学习是由机器通过统计概率对大量数据进行分析从而总结规律获得智能（如线性回归、逻辑回归、神经网络、SVM等）；深度学习可以看作机器学习更深层的分支，具有超多层的神经网络，能够学到更多特征、获得更高智能。

工业视觉在工业现场主要实现检测、定位、识别、测量等四类技术及应用。识别是利用工业视觉对图像进行处理、分析和理解，以识别各种不同模式的目标和对象，包括字符识别、颜色识别、一维码/二维码的识别，并能完成字符质量、打码质量的检测。检测是工业视觉工业领域最主要的应用之一，可实现基于二维和三维图像的缺陷检测，检测出残次品，保证生产质量。测量是同时具有高精度和高速度的性能，可实现2D和3D的非接触测量，在工业视觉中用于对加工件的物理尺寸规格进行控制。定位是能够快速准确地找到被测零件并确认其位置，引导工业机器人或者执行机构实现准确抓取、摆放、组装等。这些技术的创新性在于和简单的检测传感器不同，视觉传感器集光学、机械、电子、计算、软件等技术于一体，生成大量图像数据，对所获取图像的各种特征量进行处理、分析和测量，根据测量结果做出定性分析和定量解释，同时可以在AI和深度学习算法的帮助下不断学习并优化。其突破性在于基于图像传感的工业视觉检测方法不仅可以克服人眼标准的不一致性、非重复性和主观性等问题，为行业制定品质管控的数字标准，还能在高速、高光谱、高分辨率、高可靠性以及工作持续性、环境适应性等方面全面超越人眼极限，让机器取代人工，帮助制造业实现自动化和智能化。

**（4）技术实际应用**

工业视觉已经被广泛应用于众多行业，其支撑的核心行业体量巨大、发展迅猛。在汽车制造行业，工业视觉的应用包括车身及零部件尺寸测量，冲压零件、白车身、油漆车身的外观检测，涂胶、焊接、铆接等连接工艺质量检测等质量控制环节；也包括工业机器人抓放件视觉引导、车身零部件装配引导、制孔切割磨削等工艺加工引导等效率提升环节。在半导体行业中，工业视觉的应用包括半导体外观缺陷、尺寸、数量、平整度、距离、定位、校准、焊点质量、弯曲度等检测，尤其是晶圆制作中的检测、定位、切割和封装过程全程都需要工业视觉技术的辅助。在新型显示行业中，工业视觉的应用包括前道的ITO玻璃检测、背光模组检测，到Cell贴合、LCD模组的COG设备、对位贴合、切割机、飞针探测设备等。在新能源电池行业，工业视觉的应用覆盖了从电芯到模组的整个制造过程，包括极耳极片的外观尺寸缺陷检测、电芯焊接检测、电芯外观检测、模组焊接和PACK组装等多个工艺环节。工业视觉在汽车、半导体、新型显示、新能源等领域应用的广度和深度均在提高，并加快在食品饮料、医药等其他领域的渗透，并逐渐向交通、现代服务业、文旅等消费领域融合应用，迸发巨大潜力。

**（5）未来发展趋势**

工业视觉技术作为重要的图像获取、智能决策以及自动控制技术，对现代工业、医疗、安防等多个领域的发展起到了至关重要的作用。随着技术的快速发展，工业视觉系统性能得到了显著提升，成本也得到了极大的降低，促进了工业视觉系统的普及。与此同时，工业视觉作为数据感知、处理及执行的重要途径，工业视觉与数字经济技术是相互促进、共同成长的。工业视觉的普及为海量数据的获取提供了便捷的途径，而数字经济技术也为工业视觉注入新的活力，推动着工业视觉技术的发展。此外，随着智能制造的快速崛起，生产线的精度要求不断提高，生产效率不断加快，规模化集成化不断扩大，个性化定制的柔性生产需求日益增多以及无人化工厂快速推进，这些迫切的需求也给工业视觉发展带来了巨大的机遇和挑战。

在工业应用领域，工业生产中的数据获取主要通过视觉系统，在大数据的基础上构建的支持图谱关系为企业工厂提供智能的大脑，从而进行辅助生产决策、质量分析和风险管控等，达到提质增效、降本减存的目的。在智能制造环境下，为了解决对多品种、小批量定制产品甚至是单件定制产品的识别等工作，实现产品混流生产的类型检测的柔性生产线，生产线中各设备进行实时快速通信，实现流水线无缝衔接，多条生产线以及多个智慧无人工厂之间进行数据共享，形成知识图谱，实现问题溯源，提高生产质量，降低生产风险；工业视觉系统为无人工厂生产线提供图像数据，并结合智慧决策技术根据获取的图像数据进行分析，做出合理判断。这些技术将对智能制造行业向智能化和无人化方向转型发挥强劲的驱动作用；这种无人工厂是智能制造未来重要的发展方向，也是工业化、信息化和智能化融合的应用体现。

### 6.4.3 钢板表面三维形貌检测技术

**（1）技术简介**

裂纹是铸坯的主要质量缺陷，在各类缺陷中占比达50%以上，且大部分的裂纹缺陷特别是表面裂纹会在后续加热、轧制过程中扩展。2022年，国家三部委联合印发的《关于促进钢铁工业高质量发展的指导意见》明确指出，要以推动钢铁工业高质量发展为主题，持续提高产品实物质量稳定性和一致性，促进钢材产品实物质量提升。然而，裂纹缺陷细小达0.1mm，混杂在大量外观相似的复杂干扰物中极难发现，而且受高温环境、铸坯在线运动等影响，仅有的光学检测方式也无法实现裂纹缺陷的可靠识别，根源在于铸坯表面三维形貌信息的缺失。在众多光学三维测量方法中，相移正弦条纹投影法是满足强抗干扰能力、高分辨能力、高精度以及高效率等要求的最优选择，但铸坯运动不满足静止条件，冶金工业现场的瞬变强光干扰和铸坯表面的复杂纹理及高反射特性导致结构光信号难以提取，如何在线获取铸坯表面的三维信息成为了利用光学检测手段解决铸坯表面裂纹缺陷检测的瓶颈问题。

**（2）国内外发展情况**

考虑铸坯高温特点以及测量难点，能够远距离安装，同时具有高分辨能力、高精度和高效率的检测方式只有光学检测。目前，基于光学检测的金属表面三维形貌测量可以分为立体视觉、光度立体、结构光扫描、面结构光投影等四类方法。立体视觉方法精度较低，而且金属表面具有典型的镜面反射特性，不同视角下的铸坯表面纹理特征差别很大，容易出现立体匹配失败或者误差大。光度立体方法依赖被测体表面准确的光反射模型，但铸坯表面纹理复杂、属性未知，存在反射模型不确定以及多变的问题，测量可靠性差。结构光扫描方法测量效率低，通常存在在线测量的空间范围和时间窗口受限的问题。面结构光投影方法测量效率高，其中基于相移法的正弦条纹投影测量方式还具有以下优点：相移法通过时域求解相位、不依赖空间纹理信息，具有一定的克服被测体表面纹理差异以及环境光干扰的能力，鲁棒性强；正弦条纹采用连续相位编码，不受相机和投影仪分辨率限制，测量精度和分辨能力高。

**（3）技术的创新性和突破性**

现有金属表面三维形貌测量方法的比较表明：考虑抗干扰能力强、高精度、高分辨能力及高效率等方面的要求，基于相移法的正弦条纹投影测量方式是最优选择。相移正弦条纹投影三维测量方法的基本要求是被测体静止以及投射的结构光信号能够被可靠获取，适用于静止或准静止测量对象、黑暗或者环境光干扰影响不大、被测体表面反射特性良好的三维测量场合。然而，面对高温运动铸坯表面三维形貌的在线测量，相移正弦条纹投影法的上述基本要求得不到满足，问题在于三方面：铸坯运动、瞬变强光干扰、复杂纹理及高反射特性。其中每一方面都是该方法当前的研究难点和热点。

通过分析上述三个方面的问题及其相互影响形成的原因，找到了关键影响因素——铸坯运动引起的相位误差，利用正弦条纹的一维编码方式和工业产线物体运动方向固定且已知的特点，以消除运动引起的相位误差为切入点，提出改进的相移正弦条纹投影法，构建冶金工业产线运动物体的高精度在线三维测量理论与技术框架：

① 探索物理知识驱动的隐式神经网络表示方法，进行条纹图案覆盖下物体运动的快速跟踪；

② 建立双探测器同步差分窄带滤波理论与方法，实现工业现场瞬变强光干扰的大衰减比抑制；

③ 提出基于运动跟踪的双视角多帧重复曝光方法，解决物体表面复杂纹理及高反射特性下结构光信号的高动态范围提取；

④ 建立基于特征点位置高精度提取的联合标定方法以及基于极限高度平面约束的包裹相位快速展开方法，完成铸坯表面三维形貌高精度在线测量。

**（4）技术实际应用**

铸坯表面三维形貌在线检测技术于2020年由东北大学智能仪表研究所谢植教授课题组完成。该技术目前已经先后成功应用于福建三钢炼钢厂1#板和2#板全部板坯产线的铸坯火焰切割熔渣及毛刺尺寸的在线检测。利用该技术，铸坯火焰熔渣及毛刺尺寸测量精度达到了0.1mm，对应板坯尺寸规格为1600mm×220mm，板坯最快运行速度达1m/s。自投入使用以来，将作为板坯轧制主要缺陷的翘皮问题比例由1.4%降低至0.03%以内，按每台铸机年产能100万吨计算，年创效益达2100万元。

**（5）技术未来发展趋势或发展建议**

当前工业的快速发展对复杂零部件的高精度设计、制造和检测提出了更高的要求。在工业生产线上集成三维形貌测量技术有利于保证产品质量，加快生产进度，节省时间和人力成本，并且有助于优化整个生产制造过程。而生产线上的零部件在线检测对三维测量技术提出了严峻的挑战，即大数据量的处理能力、细小目标的检测需求、待测物体的复杂纹理等，对测量技术提出了同时具备抗干扰能力强、高分辨率、高精度和高效率等要求。

在众多现有三维测量技术中，基于相移法的正弦条纹投影测量方式的突出特点是能够以非接触的方式实现高分辨率、高精度、全场的被测体三维形貌测量。本技术提出了改进的相移正弦条纹投影法，并构建了工业产线运动物体的高精度在线三维测量理论与技术框架。铸坯表面三维形貌在线测量是工业产线运动物体三维形貌测量在线需求的一个典型代表，因此，该技术可以很好地推广至一般工业产线应用场景。

## 6.4.4 高炉风口成像技术

**（1）技术简介**

高炉风口是高炉炉体与外界环境的关键连接点，是获取高炉炉缸乃至整个高炉工作状况的重要窗口，高炉的工作状态对钢铁的冶炼过程起着极其重要的作用。高炉风口成像系统作为一种用于监控高炉冶炼过程的关键技术系统，在冶金工业中应用广泛。它通过高精度的成像技术，实时地获取高炉内部风口区域的图像信息，以提高高炉冶炼的安全性与稳定性。传统的对高炉风口工作状态进行监测的方法主要依赖人工巡检和经验判断，这种方法存在许多问题，包括人力成本高、效率低下、主观性强等。而随着计算机视觉的发展，自动化的高炉风口成像系统逐渐引起了广泛的关注和应用。高炉风口成像系统运用了先进的实例分割、目标追踪等技术，通过对高炉风口图像数据的分析和处理，实现对高炉风口区域状态的实时监测，为制定有效策略提供重要依据。高炉各个风口通过安装摄像装置，将视频信号传至服务器，并通过图像处理算法对喷煤支管流量进行监测，对回旋区焦炭颗粒进行轨迹的追踪、计数以及分类，全面反应高炉风口的工作状态，及时发现潜在危险，快速地自动决策，保持高炉正常冶炼，防止事故发生，为决策者提供科学依据，以提高生产效率。

**（2）国内外发展情况**

中国的钢铁行业在过去的几十年间取得了巨大的发展，高炉风口成像系统作为智能制造的一部分，得到了广泛的发展和应用。高炉风口成像系统包括一个光学镜头、一个高分辨率的RGB相机，以及后端数字图像处理单元。它采用风冷箱保护光学镜头和RGB相机免受高炉高温的影响，通过CCD摄像机采集到高炉风口的图像信号后以8位数字图像的形式传输到图像处理单元，经过降噪处理后运用图像处理方法对煤团区域以及焦炭颗粒进行提取，并分析其特征，实现对焦炭颗粒的类别进行划分，对喷煤支管流量进行监控。高炉风口成像系统应用广泛，国内的大型钢铁企业如马钢集团、武钢集团、北京神网科技公司等，都采用了高炉风口成像系统，以提高高炉冶炼的效率和质量，降低生产成本。同时，国内一些知名高校，如北京科技大学也积极参与了高炉风口成像技术的研究与开发，不断提升系统的技术成熟度，增强了高温、高尘等环境下的可靠性和稳定性，推动了高炉风口成像技术的发展。

随着计算机视觉和图像处理技术的进步，通过人工智能（AI）和机器学习（ML）技术实时分析数据的高炉风口成像系统成为了主流发展趋势。通过这些智能监控系统，操作人员能够远程访问高炉数据并进行调整，提高了操作的灵活性。马钢技术中心炼铁测绘团队自主研发的高炉风口在线检测系统能精准量化高炉风口中套倾角、休风料面参数等，能自动提取数据、自动分析，实现了风口关键设备状态检测智能化，为高炉安全稳定顺行提供了强有力的支撑。奥地利约翰开普勒林茨大学研究团队推出了依靠热风流速数据和高炉风口图像数据来监控高炉风口的工作状态的监控系统。通过对高炉运行数据的详细分析，该系统可以实时监控高炉喷煤支管的工作状态，对炉况监控、异常情况处理及对高炉操作具有重要的指导作用，极大提升了生产管理效率和质量，为生产风险的及时发现提供了一种科学有效的工具。

**（3）技术的创新性和突破性**

高炉风口成像系统是一种基于图像处理的智能检测系统，这一系统的设计和功能十分复杂，其核心优势在于能够同时提取高炉风口图像中的煤团区域和焦炭颗粒，并对其进行分析计算，从而获取更多的有效信息，以提高工业生产过程对高炉风口的监控和对高炉的控制水平。

高炉风口成像系统利用霍夫梯度法，能够对高炉风口区域进行实时的高度精确的检测和定位，这一技术的应用有效避免了摄像机移动引起的风口区域识别不准确的问题。系统随后采用实例分割算法和开运算技术，实现了对煤团区域和焦炭颗粒的准确提取。这是一项重要的创新，因为传统图像分割方法在处理煤团区域和焦炭颗粒的边缘区域时，往往面临灰度变化平滑的挑战，而高炉风口成像系统通过采用深度学习的方法巧妙地克服了这个问题。在精确提取到煤团区域后，采用了线性加权法来计算煤团区域的灰度值，以更准确地反映喷煤支管流量。另外，通过运用支持向量机对焦炭颗粒的费雷特直径进行分析，系统能够深入研究颗粒的尺寸分布和主要组成，除此之外，系统还可以对焦炭颗粒的运动轨迹进行追踪，以便了解高炉炉体内工作状态的变化。这些功能赋予系统关键的数据支持，对于高炉工艺控制至关重要。

与传统的高炉风口成像系统相比，此系统引入了通过霍夫梯度法动态获取高炉风口位置的方法，放弃了静态模板的使用，因此大幅提高了高炉风口区域识别的准确性，减少了在煤团区域提取过程中可能产生的误差。此外，通过焦炭颗粒的精确定位和识别，成功排除了焦炭颗粒对喷煤支管流量检测的不良影响，减少了对喷煤支管流量计算的干扰，从而使高炉风口成像系统更加可靠和高效，为高炉操作提供了准确的数据和可靠的监控，生产决策提供智能数据决策支持，促进生产管理可持续。

**（4）技术实际应用**

当前，我国的钢铁生产行业正经历着产业结构的升级和产品不断更新换代的阶段。为了提高钢铁生产水平，必须实现炼钢生产流程的高效化。在科技创新的推动下，大型高炉的自动化水平迅速提高，这也对生产作业管理提出了新的具体要求和方法。然而，当前在高炉冶炼过程中，通常采用人工巡检结合风口喷煤设备的自动检测方法来监视风口状态。这种方式存在明显不足，它不仅增加了工人的工作负担和潜在风险，而且自身存在一系列问题，如实时性差、工作量繁重、连续性欠佳等。这些问题导致了工作质量很大程度上取决于相关人员的态度和能力，从而产生了明显的主观风险和滞后性风险。往往，这种方式难以及时发现和有效处理高炉风口堵塞、喷煤不均等异常问题，对高炉的正常生产运行造成了不利影响。新余钢铁集团有限公司的10号高炉引入的北京神网SW-FK型风口成像摄像仪系统，用于实时监控风口状况。该系统捕捉到的风口内部视频被传输至中控室，操作人员可通过视频画面来监测风口内焦炭分布、喷煤流量以及其他潜在异常情况。利用风口图像分析软件，操作人员能够更有效地监控高炉状态，减少了人工成本，并更好地应对异常情况，为钢铁冶炼提供依据。武汉某公司研发生产了高炉炉内红外热像监控系统，该系统便于高炉操作人员及时获取炉内信息，为高炉上部调剂提供依据，从而更好地操控高炉，变被动为主动操作，避免事故的发生，使高炉实现安全、稳产、高产、低耗和长寿的目标，从而取得良好的社会效益和巨大的经济效益。

**（5）未来发展趋势**

高炉风口成像系统在钢铁工业中正呈现广泛的发展潜力，然而，伴随这一前景而来的是一系列挑战。随着硬件技术的不断进步，相机的分辨率和帧率不断提高，这要求图像处理算法必须不断改进，以适应高速和高分辨率的环境，以实现对高炉状态的实时检测和分析。

随着人工智能和传感器技术的迅猛发展，高炉风口成像系统的未来势必朝着智能化和自动化方向迈进。高炉风口成像系统开发者可以利用各类传感器，如压力传感器、振动传感器等，获取更加丰富和有价值的高炉内部信息。然而，这也将为智能算法等领域带来巨大的挑战。与此同时，为了推动高炉风口成像系统技术的发展，国际合作和标准的制定变得至关重要。这将有助于传播最佳实践和技术创新，以确保全球高炉行业保持竞争力和可持续性。

总的来说，未来高炉风口成像系统技术将不断演进，以满足高炉工业的需求。通过不断改进成像技术并整合智能化技术，高炉风口成像系统将变得更加高效可靠，在冶金领域大放异彩，为钢铁工业的发展作出重要贡献。

### 6.4.5 井下全自主无人机三维激光扫描测量技术

**（1）技术简介**

我国是矿业大国，随着矿山开采的不断进行，许多矿山转入地下开采甚至深部开采阶段，在地采条件下，空区、溜井、天井、竖井等难进入空间的三维形态高精度获取需求愈加迫切，这些三维空间数据对于开采过程优化、安全控制及矿山信息化都具有重要意义。由于三维激光扫描技术具有高精度、非接触、高速度、无损伤、低成本等独特技术优势，已越来越多地被我国矿山企业所认可。现有三维激光测量产品多为架站式或手持式，对于未知采空区、溜井、高风险巷道等存在遮挡的区域、无法进入的地下空间、大范围测量区域无法达到测量目的，甚至根本无法使用。然而，这些区域安全隐患排查与应急处置极为困难，迫切需要攻克适合我国地下矿山的井下全自主无人机三维激光扫描测量技术，自主飞入到人员难以进入的区域，在无通信信号或信号不稳定的条件下进行灾害灾变感知与实时分析，保障矿山井下关键区域生产作业安全。

**（2）国内外发展情况**

国外在三维激光测量技术方面起步较早，已研制出多种型号的架站式、手持式和机载式三维激光扫描仪。架站式三维激光扫描仪的典型产品有澳大利亚MAPTEK公司的远距离三维激光扫描仪I-SITE8820、奥地利RIEGEL公司的远距离三维激光扫描仪VZ-2000I、美国FARO公司的高精度三维激光扫描仪X30、加拿大OPTECH公司的地下采空区三维激光扫描仪CMS、英国MDL公司的钻孔式三维激光扫描仪C-ALS等。手持式三维激光扫描仪的典型产品有英国GEOSLAM公司的移动式三维激光扫描仪ZEB-REVO、意大利GEXCEL公司与欧盟委员会联合研究中心合作研制的移动式三维激光扫描仪HERON等。机载式三维激光扫描仪的典型产品有奥地利RIEGEL公司的无人机载三维激光扫描仪miniVUX、澳大利亚昆士兰大学研制的地下空间的无人机载三维激光扫描仪样机等。

目前，市场上现有面向地下矿山的无人机飞行探查设备，主要以人为手动控制飞行为主，对于人员难以进入、非通视的区域难以实现自主飞行探查。

近年来，我国在三维激光扫描仪研制方面也取得了长足的进步，涌现出了很多成熟的三维激光扫描仪产品。但我国在井下全自主无人机三维激光扫描测量技术产品研制方面尚属空白，亟须开展相关核心技术攻关，为矿山灾害灾变感知与应急处置提供高效可靠的技术手段。

**（3）技术的创新性和突破性**

为实现无人机在地下矿山自主飞行探测，需要实时确定无人机自身位置和周围环境三维地图，但是地下矿山缺乏GNSS定位信号，无法利用GNSS定位信号来实时确定无人机位置，同时无人机探测的是地下矿山未知环境，导致无法预先获取被测环境的三维地图。地下矿山拓扑结构复杂，存在众多分支通道，导致无人机在地下矿山进行自主飞行存在巨大挑战。为了有效解决该问题，井下全自主无人机三维激光扫描测量技术瞄准地下矿山对于无法进入的区域、单站测量存在盲区的区域以及大范围连续空间探测等应用场合愈加迫切的精细化三维空间形态获取需求，重点解决无人机高精度建图和位姿优化、无人机飞行路径自主规划、高分辨率点云数据管理和显示、无人机避障飞行和故障处置等技术难题，打造高可靠、高精度、轻量化的井下无人机三维激光自主探测系统，创新地下空间三维测量、灾变感知与应急处置的作业模式，填补我国在地下矿山自主飞行探查与应急处置装备领域的空白，促进三维测量技术、无人机技术与传统采矿技术的协同创新，有助于显著提升我国矿山灾变感知和应急处置水平。

**（4）技术实际应用**

我国矿山数量众多，矿山现场环境恶劣、危险区域多、管理粗放，极大影响矿山作业效率和安全生产，为了改善这种状况，目前大部分矿山正朝着设计三维化、开采智能化、生产规模化、管理精细化方向发展，对矿山三维空间数据需求迫切，使用矿山三维空间数据可有效用于采矿作业的超爆欠爆定量评价、井巷工程及采场验收、矿石资源损失贫化分析、保有资源计算、矿山采空区调查与安全分析、边坡形变分析与监测、采矿溜井与井巷工程治理、数字矿山建设等。但地下矿山存在众多的采空区、溜井、硐室等人员难于进入的区域，常规的架站式三维激光扫描仪或手持式三维激光扫描仪无法全面获取现场真实三维空间数据，开展地下空间无人机自主飞行探测技术与装置、海量点云数据与三维实体模型处理软件、面向采矿工艺的三维激光扫描应用技术研究，可有效解决地下矿山尤其是未知区域在数据获取和数据使用等方面的难题。

**（5）未来发展趋势**

三维激光扫描技术，因其高精度、非接触、高速度、无损伤、低成本等独特技术优势，已广泛应用于航天、军事、建筑、考古、测绘等领域的三维空间形态获取和模型重建。伴随着信息技术的快速发展，目前三维激光扫描系统的核心部件激光测距器件已逐步实现了小型化、低功耗和低成本，且在体积重量、探测距离、采样频率和测量精度方面均实现了跨越式发展，使该技术得以快速推广应用。另外，无人机技术近年来得到了突飞猛进的发展，特别是多旋翼无人机，在成功突破了GNSS精确定位、智能飞行控制、长效高密度电池等技术瓶颈之后，已越来越多地应用于工业乃至民用领域的低空飞行作业。将三维激光扫描设备搭载于灵活的无人机平台，构建机载三维激光探测系统，无论在测量效率、盲区控制还是测量成本上均具有明显优势，对原有三维激光扫描系统将会产生颠覆性的突破，也初步形成了无人机三维激光扫描这一新热点技术方向。然而，目前的无人机飞行作业大多需要以GNSS作为定位基准，辅以惯导系统实现轨迹控制优化，因此仅能用于具有卫星信号的户外开放区域，并不适合封闭的地下矿山环境。

未来通过开展相关研究开发，形成适合地下矿山条件的可实现高效率、大范围、高精度连续三维空间探测的井下无人机三维激光自主探索系统，可有效推动有色行业在数字矿山、智能开采和安全管控方面的技术快速进步。

### 6.4.6 边云协同的高精度微震监测系统

**（1）技术简介**

《非煤矿山领域遏制重特大事故工作方案》要求：开采深度800m以上的地下矿山，必须安装在线地压监测系统；边坡高度200m以上的露天矿山高陡边坡、堆置高度200m以上的排土场，必须进行在线监测，定期进行稳定性专项分析。GB 16423—2020《金属非金属矿山安全规程》明确提出：岩爆危害严重的矿山应建立微震监测设施和危险区域日常监测和预警制度。

矿用微震监测技术具有实时、动态、连续监测优势，技术上可实现开采过程岩体渐进破坏过程的有效识别、精确定位、量化评估及风险预警等应用，但当前技术及产品存在微震波形原始信号信噪比低、有效波形自动提取困难、波形人工处理时效性低、主观性强且一致性差等问题，导致监测数据处理低效、分析标准不一、质量难以把控、风险预警严重滞后，难以满足矿山尤其是深井复杂地质条件下的地压灾害快速预警与风险防控的紧迫需求。

**（2）国内外发展情况**

随着矿产资源开发深度的增加、安全挑战的增大、资源品质的下降、环境约束的趋紧，矿山安全监测预警与风险管控技术装备成为了矿山提升安全管理水平、推进安全管理体系完善、保障矿山高效可持续开采的重要技术与装备支撑。地下矿山尤其是深井矿山在开采过程中，以塌方、岩爆等为代表的地压灾害逐渐成为矿山安全、高效、可持续开发的重大瓶颈。针对矿山地压灾害监测，国内外多采用以岩体中的应力、变形和能量释放为对象的位移监测、应力监测和微震监测为主的被动监测法，根据监测原理不同大致分为岩石力学方法和地球物理方法。其中，以应力（应变）、位移等监测为主的岩石力学方法，主要借助应力计、应变计、位移计等仪器设备对岩体进行直接的监测和测试，根据实时监测数据、实验现象及相关指标评价动力灾害发生的可能性，包括围岩体变形观测法、顶底板位移监测法、岩体应力（应变）测量法等，简便易行，但缺点是单点监测在时间和空间上不连续，所测数据只能表征所选测点的单个状态值，存在“以点代面”的弊端，难以实现一定区域的监测；以微震监测为代表的地球物理方法，通过在井下分布式安装监测设备，捕捉岩体变形破裂过程中向外所释放的各种能量信息，预测岩体的受力变形状态，进而分析岩体稳定性和评估地压灾害风险，此方法可实现时间、空间上的连续监测。总体上，国外矿用微震监测技术发展较早，形成了南非/澳大利亚IMS、加拿大ESG等代表性产品，并被大量引进国内进行推广应用；相对而言，国内相关研究及产品研制起步较晚，但近年来取得了快速发展，但国内自主研发的微震监测产品存在研发投入不足，国内产品大部分仍处于初期发展阶段。

**（3）技术的创新性和突破性**

针对国内外微震监测系统普遍存在的复杂且变化干扰环境下的有效微弱微震信号自动触发、提取及识别，各向异性、非均质速度模型下的岩体破裂诱发微震源的高精度自动定位，高应力、强扰动的井下开采过程岩体动力灾害智能分析预警等共性关键卡点技术难题，创新监控-监测-处理-分析-服务的全流程地压风险在线管控新模式，攻克传感-传输-采集-同步-通信的全数据流的健康状态全面监控与自诊断、信号-触发-配对-分类-拾取-计算等全过程的智能化和无人化处理等关键技术，突破复杂且变化的干扰环境下的有效微弱微震信号触发、提取及识别，各向异性、非均质速度模型下的岩体破裂诱发微震源的高精度定位，高应力、强扰动的井下开采过程岩体动力灾害快速分析预警等技术难题，可为矿山安全生产以及地压灾害防控提供重要技术支撑。

**（4）技术实际应用**

通过岩体微破裂过程复合感知、传感信息多尺度协同、监测台网阶段收敛、岩体波速动态反演、岩体破坏精确定位、实时自动处理及安全风险在线管控等微震监测核心关键技术，捕捉岩体变形破裂过程中向外所释放的各种能量信息，预测岩体的受力变形状态，进而分析岩体稳定性和评估灾害风险。同时，搭建矿山安全监测分析与风险管控服务平台，提供基于灾源辨识、风险登记、指标评价、专家评估、灾害预警、风险管控的全流程在线云服务，构建矿山开采过程地质、采矿、力学等多元信息可视化和精细化管理，形成矿山采动环境下的大区域、实时性、立体式的高可靠地压灾害在线监测预警与风险防控的综合解决方案，指导矿山优化开采、合理支护、安全生产，为矿山开采潜在冒顶、片帮、底鼓、塌方、岩爆等突发地压灾害预警及其引发的重大安全事故预防和控制提供重要技术保障，进一步推进和加强矿山灾害预警和风险防范能力建设。

**（5）未来发展趋势**

随着矿山开采深度的增加，原岩应力升高、抗压强度增大及开采扰动增强，导致资源开采难度加大、作业环境恶化、安全风险加剧、管控难度增大。面对深部“高应力、强扰动”的恶劣环境、现有监测技术及装备适用性差、矿山安全风险防范能力滞后，进一步加剧了岩爆、塌方、变形破坏等突发地压灾害与重大安全事故的发生，成为矿产资源安全、高效、可持续开发的重大负担，严重影响了采矿效率和效益。针对以上问题，实现矿山深部岩体动态响应及其演化特性的实时获取、微观到宏观多尺度破裂的机理分析、围岩表面到岩体深部变形的量化表达、离线人工处理到在线自动监管的运维服务，解决现有系统管理原始粗放、处理分析耗时低效、数据精度难以保证、运维服务严重脱节等现实难题，是实现地下尤其是深井矿山复杂地质条件下的矿产资源安全、高效与可持续开发的重要保障。

## 6.5 发展建议

为了推动我国传感器产业的全面发展并缩小与国外的差距，亟须补齐设计、制造关键环节短板，提高自主研发能力，开展工业传感器核心器件、智能仪器仪表传感器集成应用等技术攻关，加强工业传感器技术在智能制造体系建设中的应用，提升工业传感器产业技术创新能力，推进智能传感器向中高端升级，进一步完善产业链，促进产业集聚发展。

首先，在政策和机制方面，应完善政策措施，建立高效的实施机制，营造良好环境，吸引投资和人才。同时，深化体制机制改革，坚持市场导向，促进产业发展。此外，加快转变政府职能，创新政府管理方式，制定和实施传感器行业发展战略、规划、政策、标准等。简化审批程序，加快行政审批制度改革，提高审批效率。

其次，在产业发展方面，应结合市场化配置资源和政府引导，研究传感器先进技术领域的发展规划。建立产学研用政一体化协同创新机制，促进厂商之间的高效协同，打造传感器先进技术标杆企业。同时，建立健全的产业生态链，缩短技术到产品的研发周期，提升技术产品研发能力，实现产业突破。推进智能微系统领域的学术-技术-产品-用户-金融等产业创新链、产业链、资金链的生态建设。

此外，在金融支持方面，应完善金融扶持政策，加大财税政策支持力度。支持传感器先进技术、新材料等重点领域的研发和应用，通过政策性金融、开发性金融和商业金融的优势提供支持。鼓励金融机构创新符合企业特点的产品和业务，增加对企业的贷款投放。此外，人才培养也是推动传感器产业发展的关键。应建立多层次人才培养体系，设立智能微系统相关的跨学科门类培养机制。加强教学、科研与产业的融合，培养复合型人才。

同时，引进国内外高层次人才，改革评价机制，加大扶持力度。最后，在推动创新和应用方面，应推动基础研究，鼓励原始创新，发展新原理、新材料、新结构的智能传感器技术。加强军民融合发展，重点关注具有广泛军民应用和产业化前景的关键技术。推动新一代传感器先进技术在关键领域的产品示范应用，促进产业发展。通过以上措施的实施，可以形成一个完整的推动我国传感器产业发展的战略框架。政策和机制方面的改革、产业发展的协同创新、金融支持的优化、人才培养的多层次推进，以及创新和应用的推动，将共同助力我国传感器产业实现全面发展，并缩小与国外的差距。

本章负责人　赵　勇、王玉涛　东北大学

参加编写人员　孟凡利　王　琦　张亚男　苑振宇　邓庆旭　张　玖　何　庆
王大阳　郑小平　文玉梅　董永康　郗继贵　周怀春　刘　俊
蔡小舒　刘统玉　张　达　董青云　王进超

# 第7章　人机交互技术

## 7.1　人机交互背景简介

人机交互（HCI）致力于解决人类与计算机之间的信息交流难题，这一领域自计算机问世以来便是研究的尖端课题。HCI研究人员的目标是设计出与人类使用习惯更为契合的交互模式，从而实现人与机器间自然而高效的信息互通。

万内瓦尔·布什（Vannervar Bush）在1945年发表的文章*As We May Think*中设想了未来的人机（注：当时数字电子计算机尚未问世）关系。1960年，布什在MIT的年轻同事、拥有心理学博士学位的计算机科学家利克莱德（J.C.R.Licklider）将其阐释为人机共生（Man-computer Symbiosis）。人机共生被认为是人机交互的启蒙观点，利克莱德领导和支持了系列交互式计算研究项目，研制出了分时操作系统、图形与可视化、虚拟对象操控、互联网络与远程交互等创新技术，奠定了20世纪70年代产生的划时代的交互模式——图形用户界面（Graphical User Interface，GUI）的技术基础。

GUI因其界面元素组成又被称为WIMP（Windows，Icons，Menu，Pointing Device），它成就了20世纪80年代崛起的PC产业，并产生了三位图灵奖获得者，他们是：

① 伊凡·苏泽兰（Ivan Sutherland）：图形学和虚拟现实之父，1963年提出Sketchpad: A Man Machine Graphical Communication System，1988年获得图灵奖。他的研究使交互界面得以从不可见的抽象转向可见的形象。

② 道格拉斯·恩格尔巴特（Douglas Engelbart）：鼠标之父，1963年为其Augmenting Human Intellect/oNLine System发明鼠标，1997年获得图灵奖。鼠标让交互得以从人脑记忆搜索转向动手在显示屏上浏览选择。

③ 艾伦·凯（Alan Kay）：PC和SmallTalk之父，1971年提出现代笔记本电脑原型Dynabook，2003年获得图灵奖。他的发明让交互作为操作系统功能得以从形式语言命令转变为所见即所得。

此外，1975年获得图灵奖的艾伦·纽厄尔（Allen Newell）在对人的感知认知能力和运动控制力建模方面有重要贡献。

1979年，年轻的乔布斯拜访施乐PARC研究中心时，看到了施乐新发明的GUI，相比当时的文本命令行界面，施乐GUI的程序图标、窗口化、下拉菜单和绚丽的图像效果把乔布斯狠狠震撼了一把。之后，苹果公司将GUI迅速移植到自己的产品上，凭借先进的交互技术，苹果创造了产业奇迹。

图形用户界面的出现标志着人与计算机间自然交流的一大飞跃，它极大地拓宽了计算机的普及度，让普通用户也能轻松完成各项计算工作。这不仅加速了计算机技术的繁荣发展，也对信息产业的进步产生了深远影响，同时也突出了人机交互设计的重大价值。

### 7.1.1 人机交互的内涵

人机交互作为实现人与计算机之间信息交换的核心领域，涵盖了人机接口的设计和实现，以及交互管理系统UIMS等关键组件。这些技术不仅仅是界面的物理实现，它们代表了人与计算机沟通的桥梁，旨在提供直观、高效且用户友好的交互体验。人机接口，如触摸屏、语音识别系统，以及各种传感器设备，是用户与机器交流的直接媒介，它们使得信息的输入和输出更加自然和便捷。

进一步地，交互管理系统UIMS作为这些接口的后台支持，承担了将复杂的程序逻辑转化为用户可以直接操作的界面的重任。UIMS不仅管理用户界面的布局和元素，还处理用户的输入和系统的响应，确保交互流畅且有效。这种系统的设计和实现，使得用户能够无缝地与后端应用程序进行交互，无论是在桌面计算机还是移动设备上。

在这一切的背后，用户信息处理模型提供了理论基础和设计指导。这一模型深入探讨了用户如何接收、处理和回应信息的心理和认知过程。它指导设计师从用户的视角出发，创建符合人类认知习惯和心理特性的交互界面。这种以用户为中心的设计方法有助于提升用户体验，减少认知负荷，从而使人机交互更加直观和高效。

综上，人机交互领域的发展不仅是技术革新的产物，更是跨学科融合的结果。它结合了工程技术、设计原理和心理学理论，以期创造出既符合用户需求又高效的交互系统。随着技术的不断进步，这个领域将继续探索更加先进、多样化的交互方式，旨在为用户提供更为丰富和满意的体验。

**（1）人机交互接口**

在人机交互界面的发展史上，我们见证了从早期的鼠标和键盘到当代触摸屏和语音识别技术的演进。这一变迁的核心在于用户交互方式的转变：从依赖物理工具到采用更加本能的自然行为进行指令输入。这种进步对技术提出了新的要求：如何从用户的自然行为中精准捕获并识别出意图。

为了应对这一挑战，触摸屏技术必须采用高效的图像信息处理方法，这些方法能够在海量的触摸数据中迅速识别出关键信号，并将其转化为机器可理解的指令。这不仅涉及对触摸点的检测，还包括对手势的理解，如滑动、缩放等复杂动作的识别。在语音交互领域，挑战则体现在如何将用户的语音信号准确转换成文本，这涉及声音的采集、去噪、声学模型和语言模型等一系列复杂处理过程。而更进一步，语音交互还要把握用户语言中的意图和情感，这不仅是技术的挑战，也是对人类语言复杂性的探索。

技术的进步推动了人机交互界面朝着更加人性化和智能化的方向发展（图3-7-1）。这不仅是软硬件技术协同的成果，也凸显了模式识别算法在人机交互中的重要性。随着这

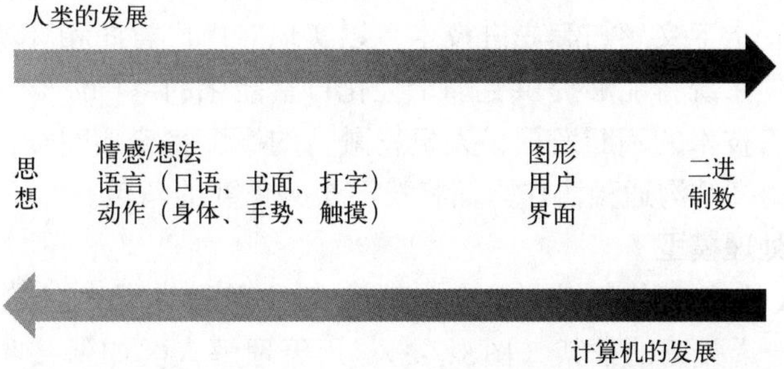


图 3-7-1　交互界面一直在朝着对人更加友好的方向发展

些算法变得更加精细和高效，人机交互界面将能够更好地理解和响应人类的自然行为，从而提供更为流畅和直观的交互体验。未来，我们可以期待一个更加无缝融合人机交互的世界，其中技术的透明性和智能性能让交互变得如呼吸般自然。

**（2）交互管理系统**

交互管理系统（UIMS）是建立在人机交互界面技术之上的一层复杂软件架构，它的根本任务是将后端的应用服务转换为用户可以直接操作的界面元素。这类系统不仅仅是映射关系的承载体，更是用户体验设计的舞台。以图形用户界面管理系统为例，如广泛应用的X Window系统，它不仅实现了用户界面图形元素与后台程序命令之间的互动转换，而且精巧地管理了多个应用程序的并行展示，允许用户在各式各样的服务之间自如切换。

进入移动计算时代，触摸操作成为了主流的交互方式，催生了如谷歌的Android（图3-7-2）、苹果的iOS这样的交互管理系统。它们通过优化触摸界面的响应性和直观性，极大地提升了移动设备的使用体验。在这一基础上，交互管理系统的快速发展也反映了技术进步的趋势和用户需求的变化。例如，华为提出的鸿蒙操作系统，就是在传统的设备和计算资源管理功能上进一步拓展，加入了对用户行为和界面交互的综合管理。

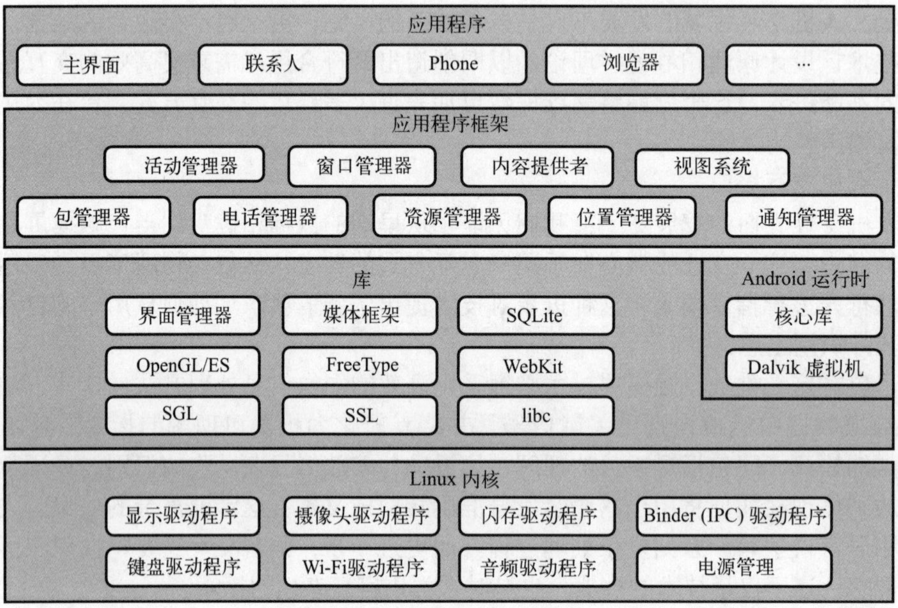


图3-7-2 安卓系统的框架

在未来的发展中，交互管理系统将不仅仅局限于设备的操作和资源分配，它将越来越多地融入人工智能、上下文感知等先进技术，以实现对用户意图和环境的深度理解。这意味着未来的交互管理系统将能够提供更加个性化、智能化的用户体验，让人机交互变得更加无缝和自然。随着技术的不断发展，人机物融合的概念将愈加明晰，交互管理系统在促进人、机、物三者间高效沟通和协作方面将扮演至关重要的角色。

**（3）用户信息处理模型**

在心理学和人机交互的研究中，“人类信息处理”（Human Information Processing, HIP）模型提供了一个关键的框架（图3-7-3），用于理解人类如何接收、处理、存储以及响应信息。这一模型将人的心智过程类比于计算机操作，包括信息的输入（感知）、处理

（注意力和认知）以及输出（行为响应）几个阶段。

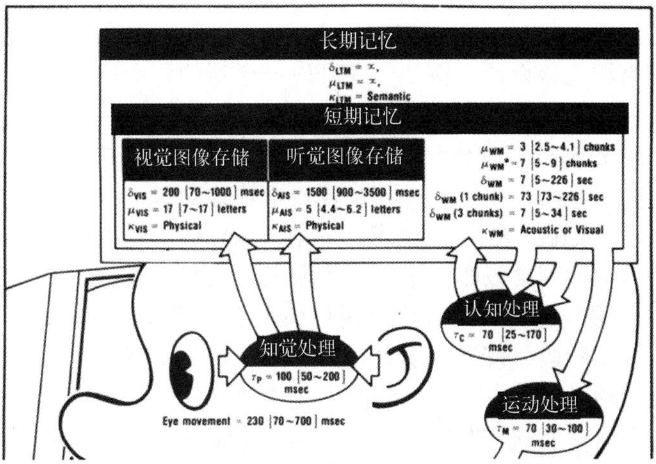


图 3-7-3 *The Psychology of Human-computer Interaction* 中的用户信息处理模型

在感知阶段，人们通过感官（如视觉和听觉）收集外部信息。随后，在注意力阶段，个体会选择性地关注某些信息，而忽略其他不相关的信息。这一阶段决定了哪些感官信息将被优先处理。在认知阶段，信息被进一步加工和解释，这通常涉及短期记忆（处理当前信息）和长期记忆（存储和检索旧信息）。此阶段包含思考、理解、学习和决策等过程。最终，在响应阶段，处理过的信息导致某种决策或行动，这可能是物理动作、言语回应或内部决策。

在HCI的背景下，理解人类信息处理模型对于设计符合人类自然处理信息方式的用户界面和交互至关重要。例如，一个设计过于复杂或信息量过载的界面可能会超出用户的注意力和记忆容量，导致用户体验不佳。因此，通过应用人类信息处理的原理，设计师能够创建出更直观、高效和用户友好的界面，从而提高人机交互的质量和效率。

### 7.1.2 人机交互的特点

人机交互（HCI）作为一个独特而复杂的研究领域，其核心特点可以围绕三个主要方面进行深入探讨：以用户为中心的设计、跨学科的融合，以及软硬件的整合。

**（1）以用户为中心的设计**

以用户为中心是人机交互（HCI）领域的核心理念，其基本原则是在设计过程中始终将用户的需求、体验和反馈放在首位。包括以下方面：

① 用户需求的深入理解：在以用户为中心的设计中，首先要深入理解用户的需求和问题。这通常通过用户访谈、观察、问卷调查等方式进行。例如，如果设计一款面向老年人的健康管理应用，设计师需要了解老年人的视觉、触觉和认知特点，以及他们对健康信息的具体需求。

② 设计的可用性和易用性：设计应易于理解和使用，无论用户的技术水平如何。这包括直观的界面布局、明确的指示和简单的操作流程。例如，为了提高网站的易用性，设计师可能会使用大而明显的按钮、清晰的导航栏和直观的图标。

③ 用户体验的全面考虑：除了功能性，还要考虑用户的情感和美学体验。这意味着设

计不仅要高效，还要赏心悦目、引起用户的正面情感。举个例子，苹果公司的产品设计就非常注重用户体验，从流畅的操作系统到优雅的硬件设计，都体现了对用户体验的深入考虑。

④ 不断的迭代和用户测试：以用户为中心的设计是一个迭代过程。设计师会根据用户测试的反馈不断调整和完善设计。例如，在开发一个新的移动应用时，设计团队可能会进行多轮用户测试，收集反馈，并据此修改应用的界面和功能。

⑤ 针对特定用户群体的定制化设计：考虑到不同用户群体的特殊需求。例如，为视障用户设计的界面可能需要语音读屏软件的兼容性和触觉反馈。例如，微软的"看见AI"应用就是专为视障用户设计的，利用AI技术帮助他们识别周围的物体和文本。

以用户为中心的设计理念核心在于让技术服务于人，而不是迫使人们适应技术。这种方法论要求在产品和服务的研发过程中，用户体验的考虑优先于技术的实现。具体而言，这意味着在设计的初期阶段，首先要明确定义用户友好的交互方式，然后才是利用技术手段来实现这些交互体验。这种方法与传统的"先构建后评测"的模式有显著的不同。在传统模式中，技术和产品功能的开发往往优先于用户体验的考虑，这可能导致最终的产品虽然功能强大，但用户却难以使用或不愿使用。相比之下，以用户为中心的研发模式更注重从用户的需求出发，确保所开发的技术和产品能够真正满足用户的实际需求，从而提高研发的有效性和产品的市场接受度。

"Wizard of Oz"是实现以用户为中心设计的一种常用研发模式（图3-7-4）。在这种方法中，通过人（通常是研究人员或设计师）模拟计算机或系统的响应，来测试和研究用户的交互体验。这种模拟可以在技术开发之前快速地获取用户对特定交互方式的反应，从而指导后续的技术开发和设计。这种方法特别有效，因为它允许设计师在开发成本较低时就能测试和完善用户交互的概念。

总而言之，以用户为中心的设计强调了用户体验在产品和服务开发过程中的重要性。通过将体验放在技术之前，确保最终产品不仅在技术上先进，而且在用户实际使用中高效、愉悦和方便。这样的研发模式有利于缩短产品开发周期，降低成本，并提高产品的市场竞争力。

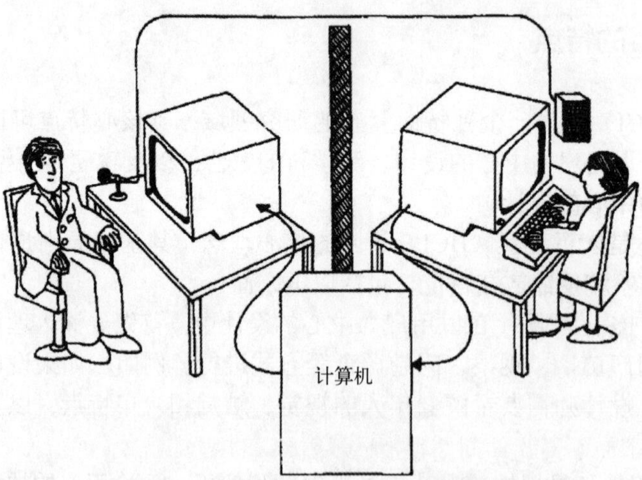


图 3-7-4　Wizard of Oz 的实验方法示意图

**（2）跨学科的融合**

实现高质量的人机交互（HCI）确实需要跨学科知识的综合应用，涵盖用户心理学、人体工程学、硬件传感技术和智能算法等多个领域。这些学科的融合不仅是提高HCI质量的必要条件，也是该领域不断创新和进步的动力。

① 用户心理学：心理学在HCI中扮演着理解用户需求和行为的关键角色。通过研究用户的认知过程、情感反应和行为模式，设计师能够创建出更符合用户心理和习惯的交互体验。例如，认知心理学可以帮助理解用户如何处理复杂信息，指导设计简洁有效的界面布局。再例如，由心理学家费兹揭示的人体运动控制能力模型，可以有效预测用户在图形用户界面的操作能力，对于图形用户界面的性能评估有着重要意义。

② 人体工程学：人体工程学的应用确保交互设计符合人体的生物力学特性和生理限制。这有助于减少用户在交互过程中的身体疲劳和不适，提高长时间使用的舒适度。设计符合人手形态的鼠标或考虑工作站的人体工程学布局都是这一学科应用的例子。目前，随着新型终端设备的不断涌现，比如手表、眼镜等，其人体工学的设计成为了吸引用户的首要因素。

③ 硬件传感技术：硬件传感器是捕捉用户输入的关键，包括触摸屏、运动传感器、语音识别设备等。这些技术使得用户能够以更自然和直观的方式与计算机系统进行交互。随着传感技术的发展，如增强现实（AR）和虚拟现实（VR）设备的推广，硬件的作用在HCI中变得越来越重要。比如，苹果最近发布的Vision Pro头盔显示器，就专门为传感器融合设计了高效处理芯片，运行多种计算机视音频算法。

④ 智能算法：特别是人工智能和机器学习技术，使得交互系统能够理解和预测用户的需求和行为，提供个性化的交互体验。这些算法可以用于用户行为分析、自然语言处理、个性化推荐系统等，增强交互系统的智能性和适应性。

综上所述，实现优秀的人机交互需要多个学科的知识和技术相互协作，每个领域都为HCI的发展做出了独特而重要的贡献。跨学科的融合不仅提高了交互系统的实用性和用户满意度，也推动了这一领域的技术革新和发展。随着科技的不断进步和用户需求的变化，这种跨学科的合作在未来的人机交互设计和研究中将扮演更加关键的角色。

### 7.1.3 发展人机交互的重要意义

在人机共生的概念中，人类与机器系统在日常活动中紧密协作，互为补充。HCI在这一过程中起着桥梁的作用，确保人类用户能够自然、高效地与机器系统交互。随着技术的进步，如智能家居、智能办公和自动驾驶等领域的发展，HCI正在变得越来越无处不在，成为日常生活和工作的一部分，促进人与技术的和谐共生。

**（1）优化交互效率**

在提升效率方面，人机交互（HCI）的发展具有至关重要的作用。

① 简化用户界面：通过创建直观且逻辑清晰的用户界面，HCI使得用户能够快速地找到所需功能，降低了学习和使用新技术的时间成本。例如，现代操作系统和应用程序采用了统一的设计语言和常见的界面元素，如按钮、菜单和图标，这些都是HCI原则的实践，它们帮助用户减少了在不同软件间切换时的认知负担。

② 优化交互流程：高效的HCI设计通过减少不必要的步骤和简化复杂的流程，使得完成任务变得更加迅速和容易。举例来说，自动化工具和智能表单填写功能都是通过HCI的原则设计的，它们能够自动完成重复性的任务，从而让用户能够将注意力集中在更为重要的决策和创造性工作上。

③ 减少执行操作所需的时间和精力：通过对用户行为的深入理解和预测，HCI设计师可以创建出更符合用户工作习惯的界面，从而减少用户执行操作所需的时间和精力。比如，通过自定义快捷键和手势控制，可以让专业用户通过更少的动作完成复杂的操作，极大地提升了专业工作的效率。

**（2）提升用户体验**

提升用户体验是人机交互（HCI）的核心目标之一，其重要性体现在以下几个方面：

① 创造直观的用户界面：HCI旨在设计出直观明了的界面，使用户能够无须长时间学习或阅读说明书就能理解如何使用产品或服务。例如，智能手机的图标和手势操作设计就是直观性的典范，用户几乎可以凭直觉操作，不需要复杂的学习过程。

② 增加愉悦感：优秀的HCI设计不仅关注于功能性，还包括审美和情感元素，以创造愉悦和吸引人的用户体验。例如，使用鲜艳的颜色、流畅的动画和令人愉悦的声音反馈，可以增加用户的情感参与和满意度。

③ 激发正面情感：当用户发现产品易于使用且美观时，会产生正面情感，如满足感、成就感和信任感。设计师通过理解用户的情感需求和偏好，可以创造出能够引起用户情感共鸣的产品，从而增强用户体验。

④ 提高满意度和忠诚度：用户体验的提升直接关联到用户对产品的满意度。当用户体验良好时，他们更可能推荐产品给他人，成为品牌的忠实支持者。

**（3）信息无障碍**

人机交互（HCI）在实现信息无障碍方面的重要性不容忽视，它确保所有人，包括残障人士和具有特殊需求的群体，都能平等地访问和使用信息技术及服务。HCI通过设计多样化的交互方式，如触摸、语音命令、手势控制等，使得不同能力和需求的用户都能舒适地使用技术产品。这包括为视障、听障或运动障碍的人士提供适合的交互解决方案。此外，HCI专家还致力于设计易于阅读和理解的界面和内容布局，如使用高对比度颜色方案、提供字体大小调整选项，以及确保网站和应用对屏幕阅读器的兼容性，从而改善整体用户体验。这样的努力不仅有助于促进社会包容和平等，还支持了法规的遵从，如遵守各国家和地区关于信息无障碍的法律和标准。在满足信息无障碍要求的过程中，HCI还常常激发技术创新，例如开发更先进的语音识别和触觉反馈技术，以适应特殊需求群体的使用习惯。综上所述，人机交互在构建一个更加开放和易于访问的数字世界方面发挥着关键作用，确保每个人都能从技术进步中受益，推动了社会的包容性和公平性。

**（4）促进对人的认识**

人机交互（HCI）的研究对于深入理解人类的认知过程、决策行为和情感反应具有重要意义。它不仅关注技术本身，更重要的是探索人们如何使用这些技术。通过观察和分析用户与技术的互动，HCI揭示了人类处理信息的各种模式。例如，研究用户如何接收、处理和记忆信息，可以发现哪些设计元素更易于用户理解和记忆，哪些则可能导致混淆。此外，观察用户在使用技术时的决策过程，如选择使用特定功能或导航路径，可以揭示他们的偏好、优先级和决策策略。HCI还涵盖了对用户情感和心理体验的探索，设计师可以通过用户界面的布局、颜色、图形和反馈机制等影响用户的情绪状态和满意度。这种对用户行为的深入分析，不仅帮助改善技术产品的设计，还提供了理解人类心理和行为的新视角。随着HCI领域的不断发展，我们将获得更多关于人类与技术互动的深入洞见，从而深化对人类行为和心理的认识。

## 7.2 人机交互发展阶段

人机交互的发展可以根据代表性技术的革新和代表性产品的出现分为个人主机时代、移动计算时代和人工智能时代三个阶段，各个阶段之间并没有明显客观的分界，存在交叉重叠。例如移动计算时代的手机并没有取代个人主机；目前我们仍处于移动计算时代，但人工智能技术正在改变人机交互的方式。

### 7.2.1 个人主机时代

个人主机时代是个人计算机从出现到快速普及，再到成为主流的时期，时间范围大致为20世纪70年代末到90年代末。在这个时期，计算机的使用者逐步从专业人员扩大到普通人，因此保证所有用户能够方便高效地与计算机进行交互就变得至关重要。人机交互技术也应运而生，并得到了快速发展。命令行界面和图形用户界面是此时期的主要人机交互方式。

命令行界面（Command Line Interface，CLI）是早期个人主机时代的主要交互方式，操作者通过输入命令与计算机进行交互，计算机通过文本输出提供反馈。命令行交互对操作者的要求较高，操作者需要记住各种命令，熟练使用键盘。命令行交互模式对于初学者和大多数普通用户而言，学习成本高、交互效率低，但该方式已能够让操作者较方便地控制计算机，了解计算机的运行状况。

图形用户界面（Graphical User Interface，GUI）是个人主机时代最重要的交互方式之一。图形用户界面通过图形元素（包括图标、窗口、按钮、菜单等）来呈现信息、实现交互。其核心思想是将复杂抽象的命令转化为形象直观的图标，并且通过鼠标点击、拖拽、滚动的方式进行信息输入。图形用户界面极大地提高了交互效率，降低了学习成本，对个人计算机的普及起到至关重要的推动作用。图形用户界面最初由美国施乐公司PARC于20世纪70年代开发，并应用于Xerox Alto计算机系统，这是世界上第一个商用化的图形用户界面计算机系统。时至今日，图形用户界面依然是计算机系统的主要用户界面范式。

### 7.2.2 移动计算时代

移动计算时代是指移动设备（包括智能手机和平板电脑等）普及并成为主流的时代，具体时间为21世纪初到2020年前后。随着通信设备硬件小型化和无线网络的技术革新，移动设备逐步成为了现代人生活中不可缺少的设备，让用户可以随时随地获取信息、参与社交媒体讨论、观看视频、玩游戏、进行电子商务等各种活动。

触摸屏交互是移动计算时代的代表性交互方式。用户可以通过手指触摸、滑动、捏合等手势来操作设备和应用程序。触摸屏幕主要包括电阻式触摸屏、电容式触摸屏、表面声波触摸屏、表面电容触摸屏等实现手段。电容式触摸屏具有高灵敏性、支持多点触控、响应速度快、触摸体验好等优点，是目前移动设备中最常见和广泛使用的技术手段。触摸屏交互方式的革命性产品是苹果公司于2007年发布的第一代iPhone，具备多点触控功能，允许用户使用多个手指同时在屏幕上进行放大缩小、旋转和拖动等操作，开启了智能手机的新时代，此后的主流智能手机逐渐抛弃了键盘，而都采用触摸屏技术。

体感交互是移动计算时代的另一种重要交互方式，利用传感器来捕捉人体动作、姿态和力度等信息，从而理解人体的运动，并将其转化为交互指令。体感交互技术中常见的传感器包括加速度计、陀螺仪、磁力计、摄像头、深度传感器等，用来感知人体或移动设备的加速度、旋转、朝向等信息。体感交互方式由于其直观、自然的特点广泛应用于游戏控制器、虚拟现实、增强现实、穿戴式设备、智能手机/手表等设备和场景。例如iPhone手机内置的惯性传感器能够检测设备的方向，从而调整屏幕方向，用户也可以通过摇晃手机来实现撤销操作；Apple Watch智能手表可以通过内置传感器感知人体运动的强度和运动类型，从而记录用户运动信息。体感交互技术的代表性产品还包括任天堂Nintendo Wii游戏机，玩家在佩戴Wii遥控器的情况下通过真实的动作来操作游戏中的决策。Oculus Rift和HTC Vive是虚拟现实（VR）头盔，配备了多个传感器和摄像头，可以追踪用户的头部和身体动作。用户戴上头盔后，可以通过自然的头部转动和身体动作来探索虚拟现实环境。Fitbit和其他健康追踪器采用了加速度计、心率传感器等传感器，可以监测用户的步数、睡眠质量、心率等健康数据。

苹果公司的Vision Pro空间计算设备，结合了高分辨率显示屏、眼动追踪、手势识别和语音输入等多模态交互方式。用户无需传统手柄即可通过眼睛注视、手指轻点或语音指令来完成操作，实现虚拟与现实的自然融合。作为新一代人机交互的代表性产品，它标志着移动计算向空间计算的进一步延伸。

### 7.2.3 人工智能时代

人机交互发展过程中的人工智能时代从大约2010年开始。随着深度学习技术的突破和电子设备计算能力的提升，人工智能技术被应用于各种人机交互方式。虽然语音交互、自然语言交互、手势交互、情感识别、脑机接口等交互方式已被提出多年，它们直到与深度学习技术相结合后才真正取得突破。

自然语言交互是人工智能时代的代表性交互方式。首先通过语音识别技术将人的语音转化为文字，然后计算机分析和理解人类的自然语言，从而做出回应。初期的产品对人类的知识理解和记忆不足，不能与人类进行长段落的对话交流。近几年来，以ChatGPT为代表的语言大模型突破了这些局限，具备了很高程度的自然语言理解和推断能力。ChatGPT是由美国OpenAI开发的基于GPT（Generative Pre-trained Transformer）架构的聊天型人工智能模型，2018年，OpenAI发布了GPT模型的第一个版本，通过大规模预训练和生成式的方式能够生成连贯的文本。2022年，OpenAI推出了ChatGPT，这是专门针对聊天对话任务进行优化的版本，能够针对开放问题与用户连贯对话，引起了人工智能领域的强烈反响。目前最新版本GPT-4 Turbo于2023年11月7日发布，其知识库更新到了2023年4月，这标志着人工智能已经完成对人类目前所有知识的学习，并且支持多模态的交互（如文本、图像、语音等）。OpenAI在2025年发布了GPT-5，相较前代在推理能力、上下文理解深度和多模态交互的自然性上进一步提升，被认为是人工智能人机交互进入更高阶段的重要标志。ChatGPT对于人机交互技术的发展具有里程碑意义，可以预见大模型将成为未来人机交互的重要接口。

“机”的范畴扩大是人工智能时代人机交互技术的一大特点。2010年以前人机交互技术中的“机”一般是指计算机或手机，然而目前“机”的范畴已明显扩大，也产生了适应于各种设备的人机交互技术。新兴的机器包括智能音箱和智能助手、虚拟现实和增强现实、智能家具设备、无人驾驶汽车、无人机等，交互的场所从封闭固定的办公场所扩展到了开放动态的各种环境，因此人工智能驱动的多模态交互技术仍需要不断更新和突破。

纵观人机交互的三个发展阶段，从个人主机时代的图形界面交互到移动计算时代的触摸屏交互和体感交互，再到人工智能时代的ChatGPT和多模态交互，人机交互技术呈现出更智能、更自然、个性化、拟人化的发展趋势。然而新的人机交互方式也不会完全取代旧的方式，通常是新旧并存，例如触控智能手机依然保留了实体音量按键。新旧交互模型并存才能满足用户多样性需求。人机交互技术依然在快速发展，走向真正的以人为本。未来，人类与智能设备之间的交互方式将更加无缝、高效和愉悦。

# 7.3 人机交互的技术与方法

## 7.3.1 人机交互输入技术

### 7.3.1.1 触摸交互

触摸交互依赖于用户通过手指或其他身体部位在特定表面上的轻触或滑动来实现命令的输入，因其“所触即所得”的交互体验，被广泛应用于各种智能设备，如智能手机、平板电脑、触摸屏幕终端、可穿戴设备等，触摸交互的直观性和易用性使其成为现代人机交互中最流行的方法之一。

触摸交互离不开传感技术的发展，主要包含四种感知方式：①基于视觉的触摸感知；②电阻测量的触摸感知；③电容测量的触摸感知。以下分别介绍。

其中基于视觉的触摸感知主要通过摄像头来捕捉手指或其他物体在屏幕表面或近表面的动作。从工作原理上可以分为扫描红外感知（Scanning IR，即通过触摸屏边缘安装的红外发射器和相对应的红外接收器，在用户的手指接触屏幕时识别中断来确定触摸位置）和成像（Imaging，即通过屏幕周围或背后的摄像头，捕捉手指触摸屏幕时反射或遮挡光线的变化来确定触摸动作及其位置）两种方式。一种技术方案是通过分析摄像头捕捉到的图像来进行手势识别，从而实现触摸感知。近年研究更多结合深度摄像头和视觉算法，可以识别和追踪手指或手部在三维空间中的动作，用于VR和AR应用中。另外一种技术方案是通过在传感器的表面或内部嵌入一些可视标记（如小球、点或其他图形标志），在传感器的表面受到触摸压力作用时，用摄像头捕捉这些标记的位移来判断触摸并量化触摸压力大小、方向及分布，主要应用于机器人触觉传感、高精度医疗设备。

电阻触摸屏是一种经典和常见的平面触控感知方案。这种方案价格低廉，能够探测感知各类物品的接触和按压，例如手指、手套、触屏笔等。电阻屏的基本结构可参考图3-7-5。由内到外，电阻屏由多层堆叠而成。其中，最内层由硬质玻璃构成基底，而最外层由聚酯纤维片封装。在这两层相对的面上各覆盖有氧化铟锡（ITO）导电层，并由绝缘点构成的阵列隔开。当受到按压时，最外侧聚酯纤维层会弯曲，使得两片ITO导电层接触而导通。触摸屏的控制电路会在一个ITO层予以$X$或$Y$方向的电压梯度，同时在另一个ITO层监测对应垂直方向的电压，通过两层导通时的电压来推断按压点在$X$或$Y$维度的坐标。另外，除了利用$X$、$Y$两个方向坐标外，在一些设计中，采用在不同的电压梯度下进行测量，来构造电阻触摸屏。经典的电阻触摸屏存在一些问题，其透光性较差、无法探测微小力度触摸和多点触摸、也容易受到刮擦和弯折造成失效。近些年，新的材料和制造工艺的创新让柔性电阻屏成为可能，进一步拓宽了电阻屏的适用范围。

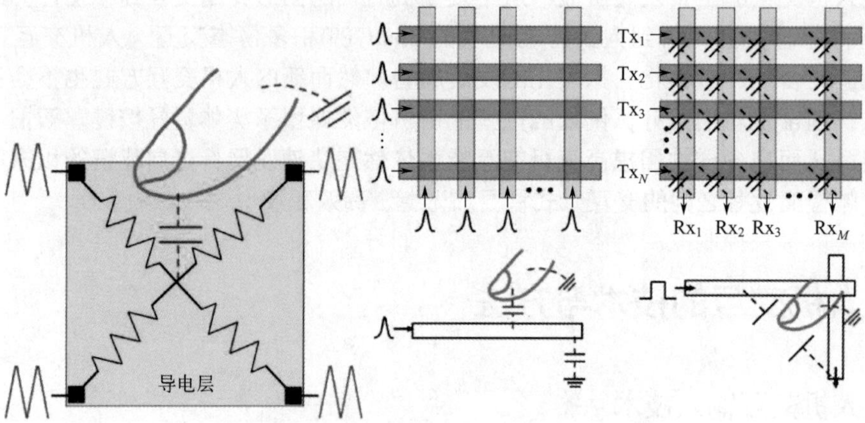


图 3-7-5　表面电容触摸屏（左）与投影电容触摸屏（右）示意图

基于电容测量的触摸感知技术，是一种利用手指或其他导电物体对电容变化产生的影响来检测触摸位置的技术。该技术通过在物体表面或内部设置电极，并测量电极之间的电容值，获取物体是否被触摸及触摸的位置、压力、方向等信息。该技术的典型应用是电容触摸屏。电容触摸屏可以分为表面电容触摸屏和投影电容触摸屏。表面电容触摸屏只有一层导电层，通过四个角的交流电压源来测量触摸点的电流变化。投影电容触摸屏有两层交叉的导电图案，形成一个互电容阵列。投影电容又可以分为自电容和互电容两种结构。自电容测量每个电极与地之间的电容，互电容测量每个交叉点的电容。互电容触摸屏是目前最常用的电容触摸屏技术，因为它可以支持多点触控，且具有高耐久性、良好的光学性能，支持流畅的滑动操作。电容测量的触摸感知方法有以下几个优点：高灵敏度，能够识别极细微的触摸动作；高透明度，不会影响屏幕显示效果；支持多点触控，多个手指可同时操作。

然而，触摸交互常常受到“胖手指”问题的困扰，这是由于触摸表面尺寸有限、使用场景丰富，使得精确选择和操作成为一项挑战。为了解决这个问题，研究者们采用了一系列创新技术，旨在提升触摸交互的效率和准确性。一方面，人工智能算法的应用已经在原有受限表面的触摸交互中实现了显著的进步。例如，通过贝叶斯推理等智能算法，Yi 等人的研究针对微型 QWERTY 键盘上的打字能力进行了深入探究，提出了一种基于贝叶斯推理的高效文本输入方法，使得输入速度大幅提升。类似地，ZoomBoard 采用触摸后放大效果的方法，显著提高了目标点击的准确性。Yu 等人的研究则聚焦于手指指点后反馈对触摸效能的影响，实现了误触率的显著降低。另一方面，智能感知技术的发展为触摸输入区域的拓展提供了新的可能性。通过将可触摸区域扩展到设备之外的身体表面，如手掌、手臂、脸部等，实现了更广泛的输入带宽。这种方法通常依赖于多源传感器来捕捉用户在身体表面的指定位置。例如，Harrison 等人的研究通过在天花板上安装红外摄像机和数字光处理投影仪，将可交互界面投射到用户的四肢上，从而实现了身体表面触摸的可能。此外，DRG-Keyboard 通过双 IMU 戒指实现了拇指 - 食指滑动 QWERTY 微型键盘，提供了高效的输入方法和良好的触觉反馈。

触摸交互的未来发展方向可能集中在进一步提高输入准确性和效率上。随着人工智能和智能感知技术的进步，我们可以预见到更多创新的触摸交互技术的出现。这些技术不仅将优化小型设备上的交互体验，还可能推动新的交互方式的发展，如基于手势的交互和基于语音的交互等。触摸交互的另外一个重要发展方向是提升用户体验。这不仅包括提高交互的响应速度和准确性，还涉及优化用户界面的设计，使其更加符合用户的直觉和习惯。例如，通过改进触摸算法和界面布局，可以使用户在更小的屏幕上也能轻松进行复杂的操作。为了进一步提高触摸交互的准确性，研究者们还在探索利用机器学习和数据分析来优化触摸系统的性能。通过分析大量的触摸数据，可以训练算法来更好地理解和预测用户的触摸意图，从而减少误触和提高交互的流畅性。除此之外，随着可穿戴设备和物联网技术的发展，触摸交互也在向更多的设备和应用领域扩展。例如，在智能家居系统中，用户可以通过触摸屏幕来控制家中的各种智能设备，如灯光、温度控制器和安全系统等。在这些应用中，触摸交互提供了一种直观且方便的控制方式，极大地提升了用户的生活质量和便利性。

总之，触摸交互作为一种主流的人机交互方式，其未来的发展将继续受到人工智能、智能感知技术以及用户体验设计的深远影响。随着技术的不断进步和创新，可以期待未来看到更加高效、准确和直观的触摸交互体验。

#### 7.3.1.2 手势和动作交互

随着普适传感设备与传感算法的发展，新型的人机交互场景，例如可穿戴输入、虚拟现实、增强现实、智能家居、智慧城市等，正在不断涌现。这些新型的交互场景中，物理环境、传感方式与交互方式动态异构，因而催生出下一代自然人机交互接口（Natural User Interface，NUI）的研究。在NUI中，手势和动作具有很高的自由度与和丰富的时空表达能力，可实现与环境中的计算机自然、高效的信息交换，是一种重要的输入模态。

早在20世纪50年代，医学研究者已经开始对人体手部的运动与控制机理展开研究，例如，通过解剖学与机械学方法，对骨骼、肌肉与神经控制原理进行建模。从20世纪80年代开始，随着传感技术与计算设备的发展，计算机研究者们逐渐关注于手势的建模与可计算性表示。早期的研究通过数学模型对交互手势与手型的表示进行建模，例如通过隐马尔可夫模型建模不同手势的形态特征、通过高斯混合模型来表示三维手型等。同时，手的运动与交互能力也被广泛研究。Lin等人对手内关节自由度的物理约束进行建模，得到一系列关节约束，其中一个重要的约束是手指远端关节（DIP）角度与近端关节（PIP）角度在不受外力的条件下比值约为2∶3。另外一些重要研究包括Fitts定律，它刻画了用户通过手势完成最基本的点选（Pointing）交互任务的复杂程度，即任务完成时间正比于$-\log\left[W/(2A)\right]$，后者也被定义为任务的复杂度或信息量；手臂最优运动控制理论，它验证了人对于末端关节（例如手）的控制满足最小急动度（Minimum Jerk）假设。

近年来，随着计算机算力的提升与深度学习的发展，基于深度神经网络的视觉手势追踪技术逐渐普及，从LeapMotion到Kinect再到Meta Quest和Microsoft Hololens，基于多目摄像头与深度摄像头的手势追踪模型已广泛部署于虚拟/增强现实（VR/AR）眼镜、体感装置等商用设备中，为第一人称或固定空间中的用户提供基于全手手型的丰富的交互空间。为了实现高效的手势传感，研究者们致力于建立统一的手部物理表示模型（图3-7-6），以适应不同技术在摄像头放置、传感原理（单目/多目/深度）等因素的差异。其中，最经典、应用最广泛的手部参数化模型为MANO/SMPL-X，其基本原理为通过对大规模的三维手型网格进行对齐与降维，表示为形状参数$\beta$、姿态参数$\theta$以及一组内部的线性变换参数，即对于形状$\beta$和姿态$\theta$，通过MANO层可得到手的网格形态表示，其正向变换的表达式如下：

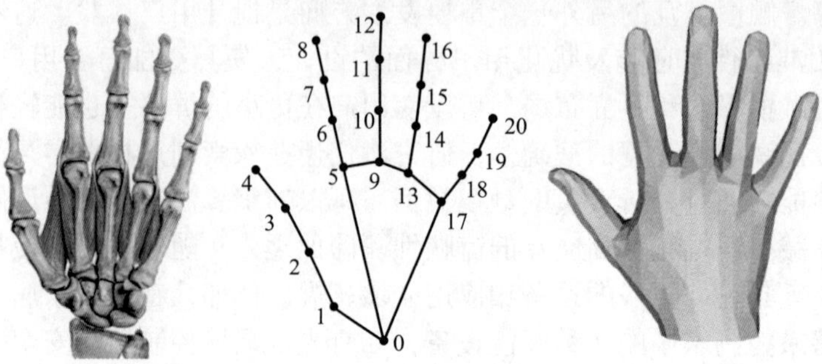


图3-7-6　手部解剖图（左）、手部关键点示意图（中）、参数化模型示意图（右）

$$M(\beta,\theta)=W(T_{\mathrm{P}}(\beta,\theta),J(\beta),\theta,\Omega) \tag{3-7-1}$$

$$T_{\mathrm{P}}(\beta,\theta)=\bar{T}+B_{\mathrm{S}}(\beta)+B_{\mathrm{P}}(\theta) \tag{3-7-2}$$

式中，$W$为蒙皮函数；$T_{\mathrm{P}}$为模板函数；$J$为关节位置函数；$\Omega$为混合系数；$\bar{T}$为平均手型模板；$B_*$为线性加权函数。

在MANO中，其手部骨架关键点表示与传统的21关键点表示一致。对于视觉神经网络模型，其预测目标为手部关键点或MANO参数$\beta$、$\theta$。然而，MANO模型的局限性在于，它主要是对于手型的形态学建模，忽略了关节受力与肌肉形变等特征。为了实现更精细的解剖学（物理）建模，NIMBLE通过MRI成像，采集不同手型的肌肉形态图像进行参数化建模，实现更丰富的手部信息表示。另外，近年来也出现了LISA、HandAvatar等通过隐式点云（NeRF）进行手部外观与姿态建模的方法。

另外，用户日常交互场景中，环境与交互任务动态变化，全时的视觉手势追踪方案无论是从硬件佩戴还是计算上都有较高的成本，因此，研究者们也致力于研究基于轻量化可穿戴传感器的手势感知方案。主流的传感方案包括惯性传感（IMU）、电磁传感、射频传感、机电传感、声学传感等。对于惯性传感器，它由三轴加速度计、三轴陀螺仪以及可选的三轴磁力计构成，被集成于智能手表、智能戒指等可穿戴设备，可直接采集用户手腕或手指的瞬态、高频的运动信号，进而实现手势、事件的检测。例如，Gu等人通过加速度与角速度的统计特征，实现高准确率低延迟的触摸检测；Liang等人提出了一种参数化映射的方法，通过两个独立IMU姿态估计手指间相对的精细运动。对于其他可穿戴传感器，根据传感原理的不同，其各自支持的有效传感空间也各不相同，例如：Finexus通过多层级联设计的电磁传感，实现多手指节点的6DoF定位；ElectroRing通过射频传感（人体响应较好的典型频率为10～13MHz），实现手内多路径的阻抗测量，以识别精准的接触信号；NeuroPose通过8通道的肌电信号结合先验的物理约束，以预测真实手型；Acustic利用声波在固体与空气中传播速度的差异设计基于TDOA的点击位置预测算法。这些不同传感通道提供了互补的传感能力，使能普适异构的传感环境中高效的手势交互。

#### 7.3.1.3　语音输入

语音交互是指通过语音与计算机进行信息交流的一种技术。随着人工智能和自然语言处理技术的不断发展，语音交互已经成为人机交互的重要方式之一。其中语音输入的识别与理解是语音交互的关键技术与方法，包括语音唤醒、语音增强和语音识别等。

**（1）语音唤醒**

语音唤醒是语音输入的第一步，其目的是让设备能够识别用户的语音指令，做出相应的反应。目前，常用的语音唤醒技术主要有以下几种。基于音频特征的唤醒方法主要是通过分析音频信号，提取一些特征参数，利用这些特征参数来判断是否为唤醒词。常用的特征参数有梅尔频率倒谱系数（MFCC）、线性预测编码（LPC）等。基于深度学习的唤醒方法主要利用深度学习模型对音频信号进行端到端的识别，实现唤醒功能，常用的深度学习模型有卷积神经网络（CNN）、循环神经网络（RNN）、Transformer等。

**（2）语音增强**

语音增强的目的是使带噪语音的可懂度更高、语音质量更好，旨在降低噪声的同时尽可能保持语音不失真，让设备更好地识别用户的语音指令，提高语音识别的准确性。语音增强主要是用于抑制噪声、混响、人声等干扰，增强目标语音，包括语音降噪、语音去混响和语音分离等技术。早期的语音增强主要通过信号处理方法抑制干扰信号，如谱减法、维纳滤波法、最小均方误差法等，这些方法计算复杂度相对较低，但是难以有效抑制非平稳干扰。基于麦克风阵列的语音增强方法可以有效增强目标方向的语音，但通常受限于麦克风阵列的结构。非负矩阵分解算法是另外一类语音增强方法，该方法通过矩阵分解的方式分离出有效的语音成分，去除干扰信号。这类方法的缺点是计算复杂度相对较高。近几年，随着深度学习的成功应用，基于深度学习的单通道语音增强方法也越来越流行；利用深度神经网络去学习听觉域声学特征和目标掩蔽值之间的映射，有效提升了语音增强算法的性能；另一种基于深度学习的语音增强方法利用深度神经网络建立噪声信号的幅值谱和干净目标语音的幅值谱之间的映射关系。近几年，基于循环神经网络、卷积神经网络和对抗网络等网络结构也用于语音增强中，并且都取得了不错的效果其可以有效抑制复杂场景下的噪声、混响、人声等干扰源。

**（3）语音识别**

语音识别是将用户的语音指令转换为文本的过程，它是语音交互的核心部分。语音识别是人机语音交互的第一关，是让机器听懂人声音的“耳朵”。早期语音识别技术主要为模板匹配方法。该方法将语音识别问题看作模式匹配问题，核心是针对特定文字目标设计典型的语音参照模板。这种方法思路自然，系统结构简单，然而，设计的模板难以适应复杂的语音变化，导致其无法应用于真实的大词汇量连续语音识别问题。为实现语音识别的实际应用，研究者们发展了基于噪声信道的概率模型方法。在这种技术路线中，语音识别问题被看作噪声信道下的最大后验决策问题，即给定声学特征序列，计算对应概率最大的文本序列。其中声学特征和语言特征分开进行建模，对应语音识别系统中的声学模型和语言模型。解码器需要将声学模型、发音词典、语言模型融合为一体。这一阶段的代表性方法是基于隐马尔科夫模型框架的声学模型和统计语言模型。隐马尔科夫模型建模语音特征帧之间的动态转移概率以及声学特征与语音建模单元之间的关系。另外，为有效建模隐马尔科夫模型观测概率，最广泛使用的是基于高斯混合模型的生成式模型和基于人工神经网络的判别式模型。其中规模较大的深度神经网络极大地提升了语音识别系统的表现，并由此引发了深度学习的快速发展应用。神经网络结构不断优化改进，序列级区分性训练技术初步统一优化声学模型与语言模型，大词汇量连续语音识别系统真正实现在实际场景中的使用。然而，基于概率模型的技术路线也存在诸多问题，比如需要语音帧级别的标注数据、声学模型与语言模型分别优化导致累积误差、声学建模单元的设计需要语言学专家知识、统计语言模型导致解码图巨大等。这些问题促进了声学模型与语音模型统一建模的端到端语音识别方法的研究。端到端语音识别方法使用深度神经网络对两种模型进行联合优化，损失误差可以传导至神经网络中所有的模型结构。端到端模型大致可以分为两类：神经网络转换器语音识别模型和基于注意力机制的编码器-解码器语音识别模型。神经网络转换器模型一般包括声学编码模块、文本编码模块和联合编码模块。利用动态规划的思想，通过枚举所有可能的语音-文本对齐路径，估计给定声学输入条件下目标文本的最大概率。根据统计得到的概率值，优化更新模型的参数。这种方法较好地结合了声学模型与语言模型，不需要语音帧级别的标注数据，是一种自然的流式语音识别方法。但是其训练过程需要耗费较大的计算时间与空间，已有很多提升其训练效率的研究工作。基于注意力机制的编码器-解码器模型使用编码器编码声学特征序列，使用解码器编码文本序列，通过注意力机制学习声学序列与文本序列之间的对齐关系，得到声学特征条件下最匹配的目标文本。其训练效率高、性能出色，在诸多场景下能达到当前最优的识别准确率。

#### 7.3.1.4 眼动输入

眼动输入主要研究利用眼动追踪技术作为用户输入方式的应用，涉及新一代眼动识别技术和眼动行为感知理解技术，研究的主要方向包括：①研究智能、便携、无侵入式、高精度的眼动输入设备，搭建支持眼动输入的支撑性软硬件系统；②研究智能理解眼动行为、状态和意图的表示方法和准确感知。研究基于眼动追踪、多通道融合的自然交互技术，提高眼动输入精确度。

人机交互中的眼动输入方式可以追溯到早期“眼动打字系统”。例如，因身体状况等特殊情形无法使用传统键盘鼠标作为输入方式的人群，可以通过眼动进行打字。眼动输入方式是基于眼动追踪技术，即测量眼睛注视点或眼睛相对于头部的运动的过程。目前常用的眼动追踪方法包括：红外线法、电流记录法和视频记录法。随着人工智能技术的发展，眼动追踪技术也出现了重大突破，借助卷积神经网络和深度学习等方法，可以获取之前方法无法检测到的大量信息。

在人机交互与自动化中，眼动输入主要有两种使用方式：

**（1）主动式**

主动式的眼动输入常用于基于眼动的交互界面，采用实时眼动作为输入命令的交互方式。其功能可以概括为实现交互接口上的操控目标对象、表达抽象命令，以及输入语言内容。在其他交互方式不方便使用或不可用的情况下，基于眼动的主动交互非常有用，其常见的典型任务包括：点击、移动屏幕上的物体、在菜单中选择与确认和文本输入等常规任务；支持娱乐游戏、机器人和无人机的远程操控等；为脑瘫或肌萎缩侧索硬化症等运动性障碍患者提供眼动输入打字和轮椅控制等。此外，主动输入方式也常与脑机器接口等技术相结合，提高输入的有效性。在虚拟现实（VR）中，除了上述典型任务，眼动输入还用于位移（Locomotion）和系统控制，与其他多模态机制协同完成相关任务。VR中眼动输入面临的主要挑战是如何保持交互性能，避免由于连续眼动追踪而导致误触发。清华大学团队提出的GazeDock能够在VR中实现快速、稳健和基于凝视的菜单选择，一定程度上降低了错误触发率，并且借助基于眼睑运动的方法提高了VR中的pointing准确率。

**（2）被动式**

被动式眼动输入主要是指系统通过实时跟踪眼动输入数据，用于系统优化和辅助等目的。常见的应用包括基于眼睛凝视点实现的自动变焦功能和凝视点渲染。被动式眼动输入在很多领域发挥着重大作用。在智能驾驶领域，利用非接触性获取的驾驶员眼动数据，可以实时有效分析驾驶员在具体交通场景中的感知、分析和决策的过程，能够作为一种有效的驾驶系统解决方案。在自动驾驶应用中，人机共驾是重要研究方向之一。基于驾驶员眼动追踪数据的研究是人机切换时机的一个重要研究方向。在医疗健康领域，基于科学研究及临床工作中对眼动数据研究发现，眼动相关指标是大脑活动的客观体现，对多学科疾病的辅助诊断具有重要意义，在精神分裂、抑郁症、孤独症、睡眠障碍、多动症等疾病相关的辅助诊断中发挥着重要的作用。在认知工程领域，眼动追踪数据可以作为注意力、认知负荷、疲劳等重要因素的关键指标，可以帮助探究人类认知机理，从而构建人在回路的混合增强平行智能。例如，在航空相关的安全研究中，可用于估计飞行员的技能、分析机组人员的共同注意力和共享态势感知。在军用飞机上，头盔式显示系统和多功能显示器中平视目标锁定与平视目标采集的研究中，该技术能显著降低飞行员的认知负荷，有助于设计下一代自适应驾驶舱，提高飞行安全性。

上述眼动输入方式相比于其他输入方式具备一定优势。例如，相对于传统鼠标键盘，眼动输入提高了光标控制的效率。相对于脑机接口等依赖于实验室设备的方式，被动式眼动输入的数据能够通过轻量、非接触式的设备高效获取，这使得基于眼动追踪技术在不同领域得到广泛使用。

随着眼动追踪技术的发展，目前全球多家公司提供眼动追踪仪器，最新设备主要包括三种类型，即眼镜式、遥测式和头盔式。眼镜式的设备包括瑞典Tobii的Pro Glasses 3，支持100Hz采样，内置陀螺仪，超广角摄像机，具有完整的数据采集、分析、应用程序编程接口（API）支持。具有类似特征的设备还有加拿大AdHawk的MindLink，支持500Hz采样。遥测式设备包括加拿大SR Research的EyeLink 1000 Plus（支持1000Hz采样）和Tobii Dynamax（支撑600Hz采样），都支持采样过程头部自由运动，兼容多种第三方数据处理平台。虚拟现实和增强现实设备也常内置眼动追踪传感器，可作为眼动追踪仪器，例如HTC VIVE Pro Eye头盔，可同步采集眼动和瞳孔数据，支持脑电数据的采集，配备数据可视化平台，支持基于Unity和UNREAL引擎，可通过API定制用户交互界面和特效。另外，还有Oculus、微软发布的HoloLens等商用设备等都集成了眼动跟踪系统，在交互控制、目标识别、身份验证、健康监测、社交和多人协作等领域广泛应用。

综上所述，眼动输入具备一定优势，应用广泛。未来研究应着力对支持眼动输入的软硬件系统的提升。借助新技术研究智能理解眼动行为、状态和意图的表示方法和准确感知，例如，解决眼动输入常见的Midas Touch问题，即输入意图和输入的误差问题。同时，研究基于眼动追踪，多模态融合的自然交互技术。

#### 7.3.1.5 脑机接口

脑机接口（Brain-Computer interface，BCI）是一种利用记录和处理得到的脑信息以执行所需驱动的技术。过去的20年间，随着记录大脑信号的可用技术的拓展，脑机接口相关研究进展迅速。啮齿动物以及非人灵长类动物上微电极以及单神经元记录的成功，说明实验中的动物学会了使用自己的大脑活动来控制计算机光标的运动或者机器臂的驱动。这些成功的动物实验案例也成为了人用脑机接口研究的基础。脑机接口的潜在应用遍及神经科学、神经假体、生物医学电子学以及虚拟现实和增强现实等领域，应用包括解码神经计算代码、病患康复、治疗神经系统疾病等。

各类型脑机接口的一般原理是相似的，将检测的大脑信号根据相关特征进行处理后作为奖励反馈给用户，以增加用户重现大脑活动的可能性。脑机接口的工作过程通常可划分

为三个阶段:

① BCI输入: 局部场电位（LFP）、植入微电极收集的尖峰信号（Spike）、脑电图（EEG）、皮质电图（ECoG）和近红外光谱（NIRS）是常见的可采集的大脑信息。通过这些技术手段获取与大脑活动相关的一个或多个特征相关数据，从大脑的特定功能区（例如，与视觉感觉相关的枕叶区，与计划、决策与语言相关的额叶区）获取大脑信号进行进一步处理。

② 翻译算法: 将通过接口采集的大脑信号作为输入，经过各类分类算法的使用，包括线性判别分析（LDA）、人工神经网络（ANN）等，将脑信息分类为特定类别，并与特定动作相对应。

③ BCI输出: 为特定应用设备生成离散或者连续性的控制输出。离散输出通常用于固定输出模式（例如字母选择），而连续输出可以用于导航类输出（例如光标移动）。

根据获取脑信息的介入程度，脑机接口可以划分为侵入式和非侵入式脑机接口，根据各自与脑部的连接模式获取不同类型的脑信息。

侵入式脑机接口的使用涉及手术植入电极或多电极网络。侵入式接口得益于与神经细胞的直接接触，能够测量神经元的活动模式以及神经元编码行为相关信息。测量的典型大脑活动包括局部场电位（LFP）、单元活动（SUA）、多元活动（MUA）、皮质电图振荡以及钙通道通透性。在信号获取上，硬脑膜、颅骨、头皮的低通滤波作用使得非侵入式脑电中低频段信号，例如α波与β波占主要成分，导致关键信号的丢失，而侵入式脑机接口得益于直接与大脑相接触，能够获得更丰富且完整的脑电信号。

微纳加工工艺的快速发展，使得可达细胞级的小型化穿透式多电极阵列的开发成为可能，犹他电极阵列（Utah array）是美国相关部门批准的第一个侵入式脑机接口，在4mm×4mm的区域内集成了多达100个电极，作为组成单元的硅基电极具有足够的信噪比以用于单神经元动作电位的分辨。犹他电极已在临床患者中实现机器人肢体控制、微刺激恢复感觉以及解码手写动作实现文本翻译。

侵入式脑机接口的发展致力于在大脑大体积中以单细胞分辨率进行多细胞信息采集，时间尺度上在单细胞水平上对同一细胞稳定的跟踪和调节。具有与大脑机械特性相容的柔性电极逐渐成为主流的侵入式信号接口，柔性电子器件本身与大脑相近的杨氏模量可以很容易地贴合神经系统的多种3D结构，并连接较难接近的组织区域。薄膜式电极阵列（例如NeuroGrid）以及特征尺度小于10μm的超柔性纳米电子器件，可以实现与单个神经元的刚度兼容，进而显著降低以至于消除慢性免疫反应，实现长时间的生物稳定。

相较于侵入式接口，非侵入式脑机接口不需要手术植入，以无创形式记录来自头皮外表面的大脑信号，并且主流使用的脑电图设备相对便宜、便捷、设置简单并能提供高时间分辨率的信号。同时，无创的使用方式使得非侵入脑机接口能更被健康个体接受并用于研究和开发应用场景。

主流的非侵入式脑机接口的研究根据所采集的脑电信息类型的不同可分为以下几类。

① 慢皮质电位: 利用直流放大器在头皮上（主要是额叶中央区域）采集的皮质极化值反映皮质准备，即下层神经元组织兴奋程度。BCI用户可以通过对慢皮质电位振幅的控制实现光标的移动等指令。

② 感觉运动节律: 感觉运动节律是分布在α波范围（8 ～ 13Hz）的正弦信号，常见于躯体感觉和运动皮层区域，其振幅伴随着运动、运动准备或运动意向而减弱，从而实现通过控制感觉运动节律实现控制输出。

③ P300事件相关电位：P300诱发电位往往出现在全新或者惊奇性刺激后约300ms的时间窗口内，具有正电极性，并且振幅随着对特定刺激的关注度上升而增加。基于检测P300事件相关电位的范式是最常用的BCI拼写范式。借助用户对特定字母的关注度以在随机闪烁中诱发特定字母亮起时的P300事件相关电位，实现选择。

④ 稳态视觉诱发电位（SSVEP）：稳态视觉诱发电位是在枕叶区域出现的受高频（大于6Hz）周期性视觉刺激诱发的EEG信号。借助关注目标刺激实现用户特定脑电活动的诱发，依赖于注意力能力以及视力的完好性。

⑤ 错误相关的负诱发脑电位（ERNP）：ERNP来源于连续刺激序列中接收到错误信号后200～250ms中发生的与错误相关的负向诱发脑电，与P300事件相关电位相反。通常来说，在预期信号出现时会唤起P300事件相关电位，而出现非预期信号时会唤起ERNP。

⑥ 血氧水平/脑氧合变化：借助功能性核磁（fMRI）或近红外光谱（NIRS）检测反映神经活动变化的大脑内代谢变化，包括血氧水平依赖性（BOLD）以及脑氧合水平。并且患者在接受学习任务训练后能控制这些生理参数的变化，作为控制任务执行的输出信号。

随着认知神经科学、信息科学和工程技术的发展和融合，脑机接口进入了快速发展的新时代，大脑与计算机之间的联系越来越紧密，信息交换已经从感觉和知觉向认知层面发展。更充分地了解大脑的功能和工作机制，多模态、大规模神经元记录、超高速无线信号传输、超强数据处理能力是脑机接口未来实现发展和拓展的方向。

#### 7.3.1.6 文本输入

文本输入是指人通过人机界面向计算机输入文本信息的过程，是人表达交互意图和输入交互命令最主要的方式之一，也是最基本的人机交互任务之一。在生活中，最历史悠久和广为使用的文本输入方式是键盘输入。键盘的种类主要包括物理键盘（Physical Keyboard）、软键盘（Software Keyboard）和虚拟键盘（Virtual Keyboard）三种。其中，物理键盘的按键为机械或电路形式，用户一般通过十指盲打来进行输入；软键盘往往显示在显示器或触摸屏上，用户通过鼠标点击或手指触摸进行输入；而虚拟键盘则不提供实体的键盘布局，用户更多凭借着对按键位置的认知经验和肌肉记忆进行文本输入。对应于不同的输入设计目标，键盘的布局有非常多的变体（图3-7-7），其中，最常见的为QWERTY布局，该布局从传统的打字机按键布局继承而来，目的是将连续的字母搭配分别拆分到左右

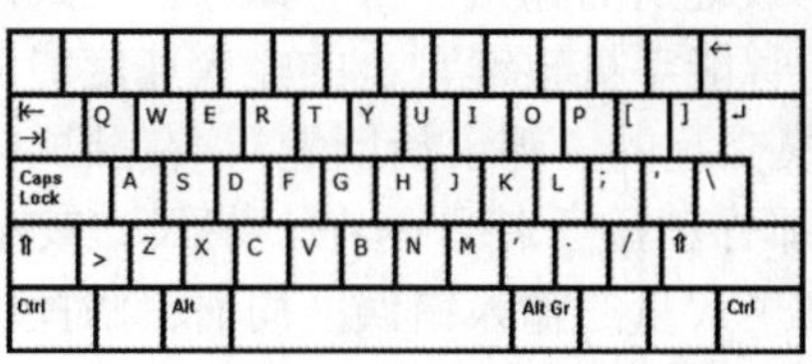


(a) QWERTY布局

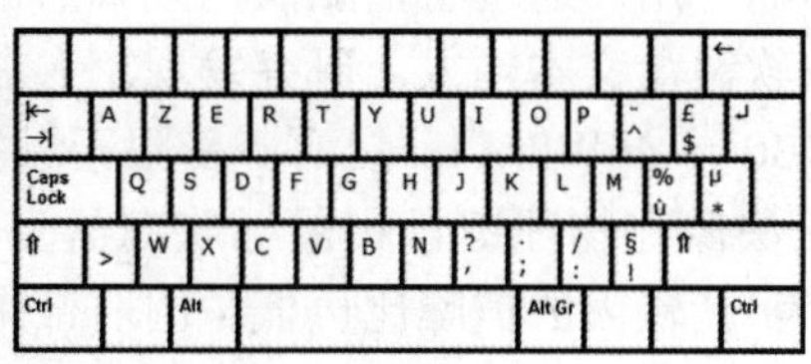


(b) AZERTY布局

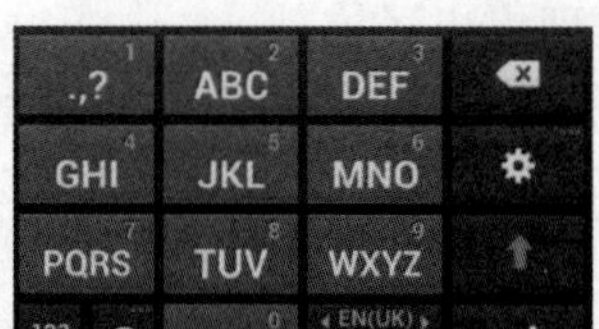


(c) T9布局

图3-7-7 几种不同的键盘布局

手。此外，还有专门针对法语输入的AZERTY布局、针对中文输入的T9布局等。

与人机界面的发展相对应，键盘接口的形态也在不断发生改变（图3-7-8）。在命令行界面和图形用户界面上，文本输入的主要接口是物理键盘，其优势是具有丰富的触觉反馈，因而击键的准确率很高。此外，用户往往同时使用十个手指进行盲打，因而每个手指的移动距离很短，输入的速度也很快。研究发现，普通用户在物理键盘上平均能达到60～100WPM（Words Per Minute，英文单词/分钟）的输入速度。

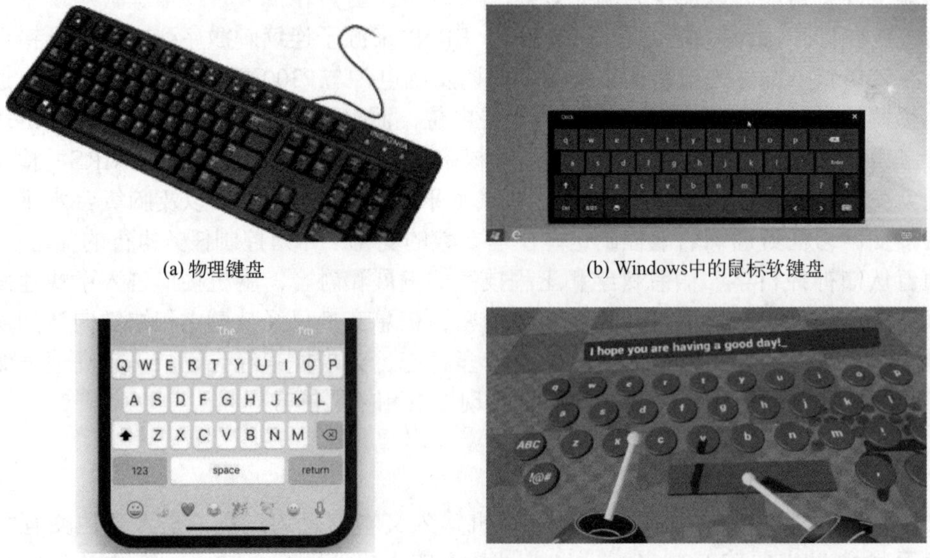


(a) 物理键盘　(b) Windows中的鼠标软键盘

(c) 智能手机上的触屏软键盘　(d) 虚拟现实中的虚拟键盘

图3-7-8　不同的键盘接口形态

为了解决物理键盘不可用时的文本输入需求，人们提出了软键盘的概念，即在屏幕上显示一个键盘的布局，用户使用鼠标点击键盘上的按键来输入字符。然而，由于无法进行双手盲打，而只能由一个鼠标来依次点击不同按键，所以鼠标运动的距离相对较长。此外，由于鼠标需要准确点击每个按键，考虑到人运动中的速度-精度制约，所以输入的速度十分缓慢。

随着触摸交互界面的出现，人们开始将软键盘的技术转移到触摸屏上，即在触屏上显示键盘的布局，用户通过手指触摸的方式点击按键从而输入字符。如今，绝大部分的智能手机都支持软键盘文本输入，研究发现，人在智能手机软键盘上的输入速度能达到物理键盘的一半（30～40WPM）。然而，受限于触摸交互的“胖手指问题”，在触屏软键盘上的击键行为无法像在物理键盘和鼠标软键盘上那样精确，特别是在一些尺寸较小的键盘上（如智能手表），输入的信噪比更低，因而带来了大量的输入错误。同时，触摸屏上的误触（如在触摸桌面上的手掌误触，以及单手操作手机时的大鱼际误触等）也构成了输入错误的一部分，对文本输入中的意图推理提出了挑战。

近年来，伴随着虚拟现实和增强现实等三维交互界面的发展，虚拟键盘文本输入技术逐渐进入人们的视野。该类技术通过显示一个键盘的布局，模拟出一个空中的虚拟键盘，用户通过手部运动或控制器控制光标的位置，从而在键盘上进行按键选择操作。然而，这种通过光标选择的交互方式需要用户进行刻意的瞄准和确认动作，与人们在现实世界中物理键盘上的输入行为习惯并不一致，因而输入体验不够自然。而且这种键盘往往没有或只有非常弱的输入纠错功能，于是为了保证输入的精度，用户不得不仔细瞄准，从而难以达到较高的输入速度。

值得一提的是，传统的文本输入往往通过物理键盘或较大尺寸的软键盘来实现。用户经过一段时间的练习后，可以在一定的视觉瞄准的情况下，实现基本无错误的文本输入。然而，在可穿戴设备、虚拟/增强现实等新一代自然交互场景中，用户往往面临着交互接口尺寸小（智能手表）、缺乏触觉反馈（三维空中交互）等挑战，这使得用户难以保证输入的准确性，输入信号的信噪比较低。此时，传统的无纠错功能的文本输入技术的输入正确率显著下降，最终导致其无法完成文本输入任务，或者在输入过程中导致用户紧张、疲劳，输入效率低，输入体验差。

为了解决这一问题，研究者们和业界逐渐开始探索从有噪声的文本输入信号中推理输入意图的方法，并提出了一些实用的技术。在进行文本输入意图推理时，目前在研究和实践中最常用的方法是Goodman等人提出的经典统计解码方法，其本质是贝叶斯方法。该算法体现为一个概率模型，它预先维护一个包含所有合法单词的词库，在输入过程中，算法将用户的输入视为一个包含噪声的随机信号，并在给定该信号的前提下，计算词库中每个单词的似然度，并且将那些似然度最高的单词作为输入纠错结果。我们形式化地定义文本输入的意图推理问题为：设I是输入信号的序列，W是词库中的任意一个候选单词，算法需要寻找的是使$P(\mathrm{W}|\mathrm{I})$最大的W。根据贝叶斯公式，我们有：

$$P(\mathrm{W}|\mathrm{I})=\frac{P(\mathrm{I}|\mathrm{W})P(\mathrm{W})}{P(\mathrm{I})} \tag{3-7-3}$$

由于在输入预测时，$P(\mathrm{I})$对于每个W都是相同的，不会对不同单词的似然度相对大小产生影响，因而在计算时我们可以将它约去，得到：

$$P(\mathrm{W}|\mathrm{I})\propto P(\mathrm{I}|\mathrm{W})P(\mathrm{W}) \tag{3-7-4}$$

在研究中，将$P(\mathrm{W})$称为语言模型（Language Model），其量化了不同单词出现的概率。在实际应用中，这个概率值可以利用多种不同的模型进行估计，如N元词频或基于神经网络的语言模型等。$P(\mathrm{I}|\mathrm{W})$称为点击模型（Touch Model），其量化了用户的输入信号中的噪声。可以看出，该贝叶斯方法同时考虑了用户输入行为的规律和语言本身的信息，从而能得到较好的输入意图推理效果。目前为止，该算法已经被证明在很多智能键盘技术中都有效。

## 7.3.2 人机交互输出技术

### 7.3.2.1 三维成像技术

**（1）三维感知技术的物理原理**

传统二维成像技术能够获取目标的颜色、纹理和二维形状等信息，但是由于缺乏目标的深度信息，导致无法完成高精度测量与定位等一系列高度依赖深度信息的任务。三维成像技术具有强大的空间信息描述能力，可以对目标同时进行各个维度的数据采集，在机器视觉、自动驾驶、虚拟现实、医疗诊断和消费电子等领域具有广泛的应用前景。

三维成像技术可以根据是否对目标进行主动照射分为主动式和被动式三维成像两大类，主动式主要包括基于光子飞行时间和基于结构光的三维成像技术，被动式主要分为立体视觉和波动光学三维成像技术（图3-7-9）。

主动式三维成像的基本原理为对探测目标进行主动照射，采集回波光子信息并利用相关

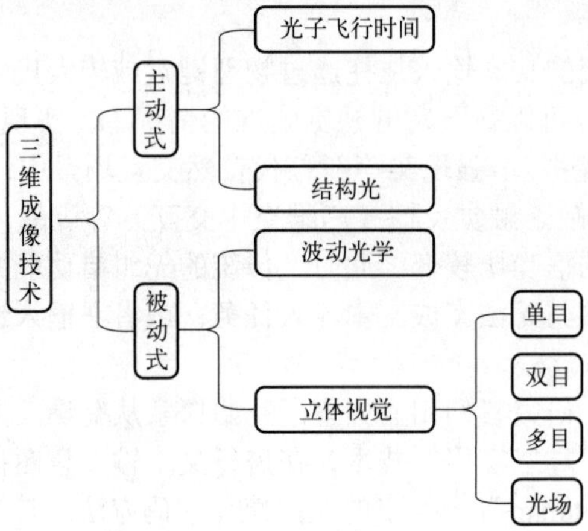


图 3-7-9　三维成像技术

算法处理最终得到目标的三维信息。其中，光子飞行时间是通过光速乘以光波飞行时间得到目标深度信息，而结构光则主要利用投影照射然后采集被目标调制后的图像进而恢复三维信息。

立体视觉三维成像的基本原理为从不同的视点获取两幅或多幅图像，根据图像提供的深度感知视觉线索如视差等信息对目标进行三维重构，主要分为单目、双目、多目和光场等几种方法。与立体视觉中利用立体几何信息不同，波动光学对成像的物理过程进行建模，通过求解成像系统的PSF等信息实现目标三维成像，由于此种方法更接近真实光波传播，因此具有巨大的潜力。

（2）三维成像与重建方法

三维成像与重建旨在从多张二维图像中恢复出物体的三维结构并进行纹理和细节的渲染，最终实现客观世界的数字化表达。三维重建作为计算机图形学的一个重要研究方向，经过数十年的发展，其方法从传统的立体视觉技术、体渲染技术发展到了最近流行的隐式表征，从复杂计算、低质量图像渲染过渡到了高效生成、高质量图像渲染。

多视角立体视觉技术（MVS）是一种常见的三维成像与重建。它通过视差图和深度图来构建场景的三维几何结构，随后根据投影点的颜色和光照信息，进行像素级的合成操作，生成新的光场图像。

运动恢复结构（SfM）通过拍摄的一系列普通RGB图像估计出成像时照相机的相对位姿，基于相机位姿与图像之间的视差关系，利用增量式的优化方法构建出场景的点云，从而实现对场景的表达。

神经辐射场（NeRF）模拟体渲染过程，将场景用一个多层感知机表示为一个连续的函数，该函数可以接收三维空间中的坐标作为输入，并输出该点的颜色和透明度。由此网络可以学习到场景的辐射场，从而能够对新的视角进行渲染。

（3）三维成像技术的应用

目前，三维成像技术在虚拟现实、数字城市、智能工业等多个方面产生了深远影响。谷歌公司研发Starline视频通话新技术，具有裸眼三维效果功能，有望实现全息网络视频通话。该项技术拓展了虚拟现实的应用、提高了虚拟现实的体验感，如图3-7-10（a）所示。三维成像技术在影音娱乐的应用市场巨大，如VR游戏、3D电影、文物重建、AR旅游等，如图3-7-10（b）所示。三维成像技术还被部署到基于VR、AR的数字医疗中，辅助医生进行远程诊断、虚拟医生早期疾病预防、沉浸式远程外科手术等应用中，如图3-7-10（c）所示。随着工业4.0时代的到来，三维成像构建了精准的三维静态几何模型［图3-7-10（d）］，可用于生产线监控、模拟操作、协作运营等多个方面。通过三维成像技术，可实现资源调配、智能化生产，显著提高生产效率。

(a) Google Starline裸眼视频通话

(b) AR游西湖

(c) VR远程医疗示意图

(d) 工业检测数字化建模

图 3-7-10　三维成像的多种应用

#### 7.3.2.2　立体声场

立体声场主要研究声场的采样与重构，通过扬声器阵列或者耳机创造具有真实空间感的听觉体验。近年来，研究者们探索空间听觉定位机理，利用香农-奈奎斯特空间采样定理与心理声学理论，研究立体声场采样与重构技术，通过多扬声器或耳机合成携带位置信息的三维音频。立体声场的最终目的是提供更真实、更具沉浸感和空间感的音频听觉体验。立体声场主要的研究方向如下：

**（1）空间听觉定位机理**

空间听觉定位机理主要研究与人类空间感知相关的因素及因素之间的协同作用，可为立体声场采样和重建提供理论基础，涉及物理学、生理学和心理声学等多个学科领域，一直是研究者们关注的重点。当前研究表明，在听觉方向定位中，双耳时间差和双耳声级差在侧向定位中占据重要作用；个性化谱因素和动态因素为前后和垂直定位提供了信息。听觉距离定位涉及多个因素的综合作用，包括声压、谱变化、距离相关的双耳声级差等。尽管已取得一些研究成果，然而，许多因素与空间定位感知的关系仍然缺乏充分的心理声学基础，因此需要进一步深入研究，以更全面地理解人类听觉系统如何解释和理解声音中的空间信息。

**（2）立体声场重构**

立体声场重构的目的是通过对声场采样，布置扬声器阵列以精确或近似地重建目的声场，是立体声场中的一个基础研究方向。物理声场的精确重构试图在局部区域内重建物理声场，使其与目的声场一致，从而实现对空间信息的还原。根据香农-奈奎斯特空间采样定理，通过合理布置足量的扬声器，可以在一定的区域和频域内精确恢复出目标声场，从而获得真实的空间听觉感知。代表技术为波场合成和Ambisonics。这一方向的难点在于通常满足香农-奈奎斯特空间采样定理所需的扬声器数目较多，导致系统的复杂度较高。因此，较多研究者研究基于听觉感知的立体声场的近似重建，通过利用心理声学理论模拟目标空间听觉感知，力图在扬声器数目和空间感知性能之间取得平衡，在有限的扬声器配置下提供真实的空间听觉效果。在实际应用中，研究者充分考虑人类听觉系统的特性，利用心理声学原理，通过合理设计声场参数，包括声源数目、可听区域大小、扬声器配置等，最大限度地保留空间信息，使得声音的定位和传播效果在听觉感知上更为接近目标空间。代表技术有立体声、多通道环绕声等。

**（3）双耳听觉**

由于空间声信号最终是通过人的双耳接收的，因此可以通过双耳信号渲染产生空间感知。双耳听觉的研究目标是通过模拟人的双耳接收过程，实现逼真的声音定位和空间感知效果。主要包括两个研究方向：①双耳拾拾与重放技术。该技术首先将一对麦克风放置在人工头或人耳道内采集声场信息，然后用耳机进行重放。这一方法能保留主要的空间信息，多应用于音乐厅、讲堂等厅堂音质评价中。②双耳合成技术：利用头相关传输函数对声源进行滤波，以模拟声波从特定方位传播到双耳的过程，从而实现对目标声场信息的重构。其中，头相关传输函数是声波从声源位置到双耳传播的传输函数，包括了声源的方位和距离信息以及人体生理结构对声波的影响。然而，这一方法在实际空间音频重放时会产生前后混淆、垂直定位错误、头内定位等听觉感知问题。减少双耳重放的空间畸变问题是这一方向的研究重点。主要方法包括构建个性化的头相关传输函数、加入环境声及混响、引入动态因素等。目前，个性化头相关传输函数的获取包括直接构建、数值计算、听觉选择、基于统计机器学习和深度学习的个性化头相关传输函数生成等。

**（4）立体声场应用技术**

立体声场技术在虚拟现实和增强现实中的应用是目前的前沿方向之一。通过融合视觉和听觉元素，可以为用户创造更为沉浸式、真实的虚拟体验。在虚拟现实和实时通信等应用中，环境场景、声源位置和用户位置的不断变化使得声场的重构变得更加复杂，需要保证用户体验的连贯性和真实感。为此，该方向的研究内容包括：实时音频处理技术，为确保音频在虚拟环境中的实时性和稳定性，研究者们探索采用专用硬件、优化算法以及结合云计算等手段，不断改进网络和处理技术，减小延迟，提高音频传输的稳定性，确保声音与虚拟环境中的视觉保持同步，提升音视觉的协调感；动态声场调整技术，随着环境中场景的变化，声源位置的实时监测和调整成为关键，通过动态地调整扬声器输出，以保持声源的准确定位，维持听觉感知的一致性；实时头部追踪技术，通过使用传感器和摄像头等设备追踪用户的头部运动，并根据用户的视线和头部方向实时调整声场，保持声源的空间定位；智能环境感知技术，通过传感器和环境感知技术，感知周围环境的特征，并根据环境条件智能调整声音效果，提供更加自适应和个性化的听觉体验。

#### 7.3.2.3 触控和触觉交互

在人机交互研究中，相比于视觉和听觉，触觉的交互能力和研究深度尚有很大空间和潜力。本节先介绍人的触觉系统和触觉能力，再基于此分别阐述通过触觉的感官代偿和融合触觉的多模态交互。

**（1）触觉系统**

人类自古以来便会利用触觉能力使用工具来进行劳动。随着信息技术的出现，人们尝试将触觉应用于人机交互中。触觉系统（Haptics），即人通过触觉能力进行一系列的活动，包括触觉感觉（Haptic Sensing）和触觉操作（Manipulation）。触觉感觉（Haptic Sensing）既包括皮肤被动感受到的外界刺激感觉（Tactile/Cutaneous），也称作肤觉，也包括皮肤内的肌肉因内在控制或外力驱动而发生了伸缩或扭曲等形变而产生的感觉（Kinesthetic/Proprioception），又叫作肌肉运动知觉或本体感觉。主动和被动的触觉感觉能够赋予人“具身的”感知周围环境的能力，例如物体表面的纹理、材质、温度等丰富的信息。同时，触觉操作（Manipulation）为通过手部等身体部位，以触觉接触被操作物，并进行位移、按压、转动、施加压力等操作动作。触觉感觉和操作作为触觉交互的输入和输出，构成了人的触觉系统（图3-7-11）。

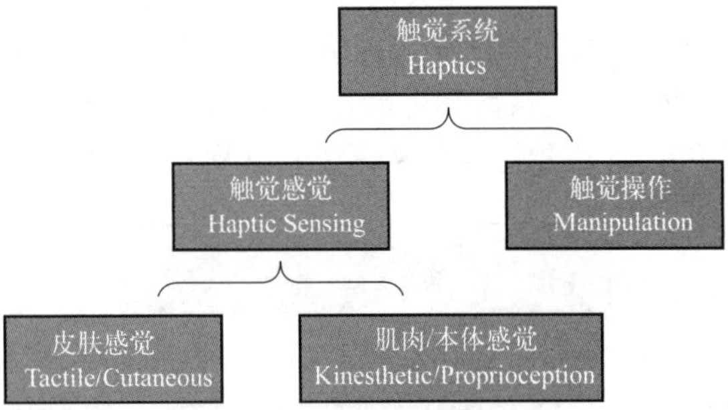


图 3-7-11　触觉系统

（2）通过触觉的感官代偿

在早期的人机交互中，人们通常使用视觉和听觉通道，而触觉交互更多的是用来面向视觉或听觉障碍（残疾）的用户，作为视觉听觉的感官代偿（Sensory Substitution）。例如，美国神经系统科学家Paul Bach.y.Rita提出了在神经可塑性和感官替代领域中的“Tactile Vision Substitution System”（触视觉替代系统），并发表于Nature杂志上。在该系统中，视觉信息被转化为触觉信息。如图3-7-12左图所示，一个大型摄像装置用于捕捉前方物体的轮廓。系统将物体的轮廓等视觉信息映射到二维平面上，再通过触觉方式将图形渲染出来。图中右侧的口腔治疗座椅后背有四片触觉渲染装置，每片拥有10×10共100个触点。触点直径1mm，点间距12mm，整个座椅靠背共有400个触点。每个触点有高低两种状态。通过触点矩阵的高低排布，用户可以在背部感觉到触觉轮廓信息，从而以触觉方式进行视觉认知。图3-7-12右图所示为触视觉替代系统的一个渲染例子。

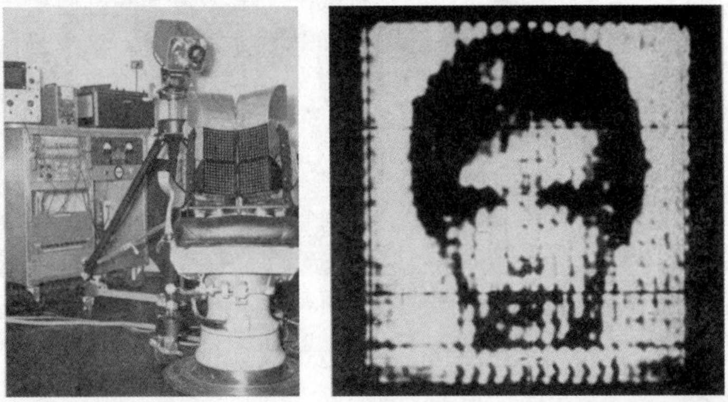

图 3-7-12　触视觉替代系统（左图为系统构成，专用摄像头、计算设备和后背安装触点阵列的椅子；右图为该系统渲染的图像举例，一位女士面部图像用 400 个触点的渲染效果）

触觉还用于对听觉的代偿，表达语言/语音的信息。例如20世纪90年代Tan等人设计开发的多手指触觉显示设备（Multi-Finger Tactual Display），通过手指运动和振动感知，对语言实现了约12bit/s的信息传输速度。

近年来，随着材料和交互技术的发展、信息无障碍的进步，更多的触觉辅助设备相继研发。例如帮助视障用户阅读盲文和触觉图形图像、通过触觉反馈进行定向行走；帮助听障用户通过触感增强声音体验、通过触觉振动感知声音频率和语言音节。皮肤作为人体面积最大的器官，当视觉听觉遇到障碍时，能承担重要的信息交互任务。

**（3）融合触觉的多模态交互**

随着计算能力和交互技术的发展，人机交互逐渐迈向多媒体、多模态、自然交互方式。触觉作为人的重要感知能力，不仅作为视听觉的代偿，更能与视觉听觉联动参与交互，从而提升交互效率与交互体验。在目前融合触觉的多模态交互研究中，大致分为以下三个研究方向：机器触觉（硬件）、计算触觉（软件算法）以及人的触觉（人因）（图3-7-13）。

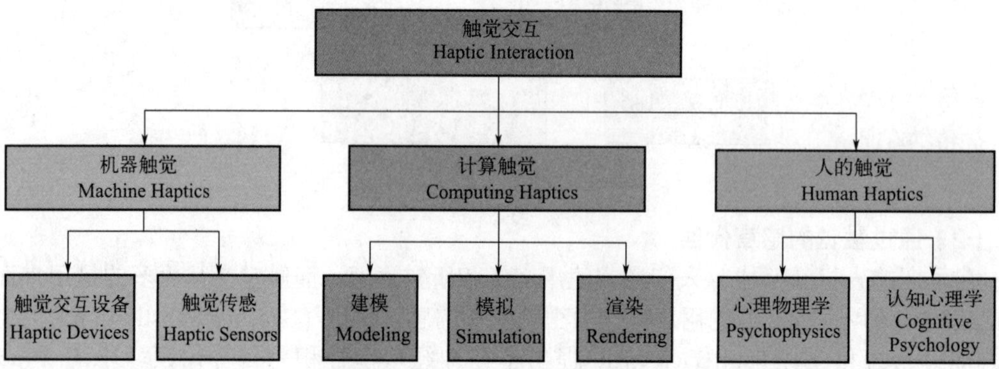


图3-7-13 触觉交互研究方向

第一，机器触觉方面，有多种专门基于触觉的交互设备，更好地联结了真实物理世界与虚拟数字世界。例如Phantom触觉交互设备［图3-7-14（a)］，用户手握设备末端“笔状”的部位，不仅可以控制虚拟三维空间中的指点，设备还能给予拟真的力反馈，从而模拟虚拟空间中鸟的翅膀纹理和粗糙程度［图3-7-14（b)］。该类触觉交互设备能充分利用触觉“操作”和“感知”并行的特征，提升了交互真实感和体验感。

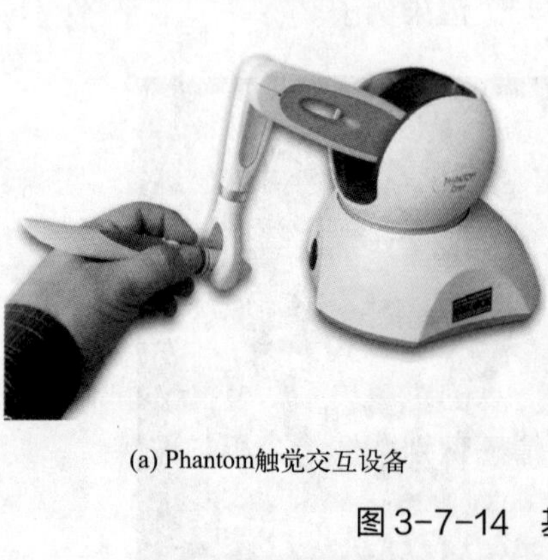

(a) Phantom触觉交互设备

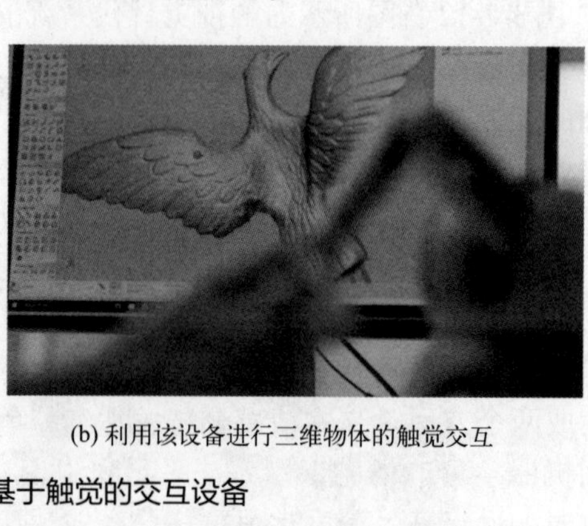

(b) 利用该设备进行三维物体的触觉交互

图3-7-14 基于触觉的交互设备

此外，还有多种应用于触觉的传感器件，例如：用于检测压力的应变片传感器，即传感表面压力的增大而线性改变器件电阻；以及检测手部是否贴合的电容传感器，可用于方向盘中，检测辅助驾驶时驾驶员是否手握方向盘。

第二，计算触觉方面，通常作为触觉设备的软件算法而研究。例如，为了实现精准的力反馈，可将三维模型表面抽象为三角面片，通过计算施力方向向量与模型表面法向量的关系，计算力反馈方向和相应纹理材质的力学特点。

第三，人的触觉方面，则重点研究外界客观的触觉刺激与心理主观量度的关系，即心理物理学，以及主观感受到以后，对更高层的认知的心理作用，即认知心理学。心理物理学致力于研究测量心理过程的强度。与物理过程（物理过程是外在的、公开的、客观的、可以进行直接测量的）不同，心理过程是内在的、隐秘的、主观的、不能直接进行测量的。关于外界刺激与心理量度的关系，通常通过心理学实验进行推测和总结。心理强度的相对增强可以根据其所需身体能量的相对提高来进行测量。费希纳与韦伯在这两者的关系上有如下数学描述与概括：

许多感觉系统中，刺激（$R$）的最小可觉差是一个固定比例，我们能注意到一个刺激的比例变化，而不是该刺激强度增加或降低的绝对值。

$$\Delta R / R = C \tag{3-7-5}$$

式中，$\Delta R$为差别阈限；$R$为刺激的强度；$C$为固定比例，即常数。

费希纳在此基础上提出，刺激量按几何级数增加，而感觉量按算术技术增加，并进一步推导出一个对数公式：

$$S = k \log R \tag{3-7-6}$$

式中，$S$为感觉到的刺激量；$R$为实际刺激强度水平；$k$为常数。

式（3-7-6）称为“韦伯定律”“费希纳定律”或“测量的基本公式”。

同时，人的触觉存在“最小可觉差”，即外界刺激量达到一定比例时，人才在心理上感知出来。触觉系统中，力的大小、本体运动的变化、移动角度等都有最小可觉差，通过多角度的触觉心理实验得出，触觉系统的最小可觉差通常在5%～15%之间。

总之，触觉硬件设备、软件算法，以及人的触觉感知的研究，互为支持与对应。在人机交互深入发展的今天，触觉交互致力于将身体更多地参与交互，进行认知，不仅作为视听感官的代偿，更能在多模态交互中提升交互效率，使交互体验更上一层楼。

#### 7.3.2.4 情感交互

情感交互是人机智能交互的重要组成部分，主要研究如何让计算机具备感知、理解和表达情感的能力，建立更和谐的人机交互环境。情感交互通常利用自然语言理解、语音、视觉技术和机器学习、深度学习算法提取多模态化情感信息，理解情感状态，生成具有特定情感的表达。情感交互的核心技术主要包括文本、语音、视觉情感计算和多模态融合情感计算。

**（1）文本情感计算**

文本情感计算技术主要研究情感状态与文本信息的对应关系，包括文本情感分析和文本情感生成两个方面。文本情感分析关注细粒度情感识别、情绪分析与理解。早期基于词典规则和机器学习的情感识别方法采用人工设计的规则或者特征进行建模，人工投入大、泛化能力弱。近年来，深度学习算法已经成功用于情感分析任务，主要包括长短时记忆网络、门控循环单元、注意力机制等。基于语言预训练模型的情感分析技术在BERT和GPT的深度文本表征基础上微调建模，有效提高了情感识别精准度。文本情感生成的主要任务是在交互中生成蕴含特定情感类别的文本回复，通常借助情感词显式表述或者暗喻、隐喻、反讽等隐含表达。文本情感表达的主流方法是端到端的情感生成模型，即根据输入的上文，使用编码器和解码器进行特征编解码，对情感信息进行融合，输出富有情感的回复。基于生成式预训练语言模型GPT和T5的情感可控文本生成算法有效提升了情感一致性和语义连贯性。近年来，研究者们也开始关注具有共情能力的文本交互生成，在预训练模型基础上融入交互情感信息和交互行为等多种情感因素与认知因素，生成更有温度的共情交互响应。

**（2）语音情感计算**

语音交互是人机交互的主要方式之一，语音信号能够通过音调变化展示所蕴含的情感特征和情感强度。语音情感计算主要包括语音情感识别和语音情感合成。语音情感识别利用声学和自然语言处理相关技术，提取与情感相关的声学特征，如语音、语调、语速等，对给定语音所蕴含的情感进行分类。常用的语音情感识别方法主要包括基于统计、基于判别和基于深度学习几种技术路线。基于统计的语音情感分类器多采用隐马尔可夫模型、高斯混合模型建模。基于判别的语音情感分类则采用决策树和SVM建模。近年来，基于深度学习的语音情感识别已经成为主流方法，通常采用深度玻尔兹曼机、递归神经网络、卷积神经网络等方法建模。基于深度学习的语音情感合成通常将文字内容和特定情感风格需求输入神经网络模型，生成与情感相一致的语速、语调、语气，合成具有特定情感风格的语音，增强情感交互的可信度和真实感。

**（3）视觉情感计算**

视觉情感计算主要是基于面部表情、肢体动作等视觉信息分析、理解人的情绪，表达与生成更细致、更微妙的情感信息。基于面部表情的情感识别利用计算机视觉技术分析静态图像和动态视频中的人脸表情特征，识别人物情绪状态。基于肢体动作的情感识别则侧重分析肢体动作所蕴含的情感信息。视觉情感计算通常可以采用传统机器学习算法和深度学习算法进行建模。常用的传统机器学习算法包括方向梯度直方图、支持向量机、K最近邻、随机森林等。基于传统机器学习的视觉情感分析模型泛化能力较弱，很难快速准确处理大规模视觉数据。基于深度学习的视觉情感计算模型能够从大规模图片和视频中学习情感分类的深层特征，具有更好的鲁棒性和精准性。目前，图片情感计算主要基于卷积神经网络。视频情感计算则通常采用循环神经网络高效处理视频等序列输入。基于VGGNet、卷积神经网络等深度学习算法在面部表情识别上已取得了不错的效果。面部微表情识别近年来受到广泛关注，其主要任务是检测转瞬即逝的面部微表情，识别隐含心理变化和情绪状态。现有微表情检测和识别的常用方法有基于帧插值和多核学习、CNN、原型神经网络、自适应图神经网络等。

**（4）多模态情感计算**

人的情感一般是以多种模态方式综合呈现的，由于人机交互场景的复杂性和情感表达方式的多样性，单模态情感计算具有一定局限性。多模态情感计算则可借助多种模态情感信息增强情感识别、理解与生成能力，提供更精准、鲁棒性更好、更自然的情感交互。基于深度学习的多模态情感分析通过多模态情感信息的深度融合和相互补充，有效处理多模态情感时序，提升情绪识别精准率。在多模态情感分析与理解中，由于不同模态的情感信息量大小和维度各有差异，通常先补齐、完善每个模态的情感维度，然后进行多模态情感特征融合，识别总体情感倾向。多模态情感融合的常用方法包括模型无关的特征层融合、决策层融合以及模型相关的深度融合。特征层融合基于预先构建的特征集合或混合特征空间进行情感识别。决策层融合则基于各模态在情感识别中的可信度进行协同决策，识别情感状态。模型相关的深度融合则在建模中显式融合多模态信息。基于深度学习的多模态情感融合多基于Transformer架构和多模态预训练模型，采用多模态注意力机制、基于门机制、基于张量等融合模式。多模态情感生成通常采用多模态逐级生成模式，首先基于文本内容及其蕴含的情感合成具有特定情感风格的语音，然后根据文本内容、合成的语音、所蕴含的情感以及目标对象参考视频，生成面部特征点的序列，进行语音时序、情感表达、面部表情、动作多模态对齐，生成具有丰富情感特征的多模态响应。在多模态情感交互中，通常采用情感强度表征、情感强度排序等方法控制所生成的情感强度，增强情感表达的自然度，利用情感转移矩阵或时间序列建模等方法提高交互系统情感转移的平滑性，增强情感表达的稳定性。

综上所述，情感交互在人机交互中融入了丰富多样的情感要素。多模态个性化情感交互是未来情感交互的发展趋势。多模态融合的情感理解、多模态协同驱动的情感生成、多模态个性化的情感交互等核心技术的深度探索和应用落地，将为自然和谐的人机交互提供有力支撑，让人机交互更具亲和力、更加人性化。

## 7.4 人机交互的应用

### 7.4.1 智能家居领域

智能家居是典型的人机交互场景之一，人机交互技术通过将人与智能设备之间的交互变得更加便捷、高效，提供了更好的智能家居体验。人机交互在智能家居领域的应用主要体现在与智能设备的交互以及智能家居的自动化设定中。

随着科技的不断发展，可供用户使用的智能设备越来越多，家中互联的各种智能设备构成了一个智能环境，方便用户获取信息并采取行动。人机交互技术为用户与这些智能设备之间的交互和控制提供了更高效的方案。遥控器是典型专门为智能设备控制而设计的设备，随着人机交互技术的研究，智能手机、平板电脑等正在逐步取代专有的遥控器完成设备控制。除了特定设备以外，语音输入与手势输入由于其直观和便利性也被应用在智能设备的控制领域中。常见的智能家居中，用户可以通过跟智能音箱中的助手交互完成所有设备的控制。对于老年人或行动不便的人来说，语音识别技术是非常有帮助的。在部分情况下，由于指定设备仅通过语音命令进行交互是不方便的，并且存在多个歧义设备的误报响应。因此，基于用户注视的智能设备的选择和交互也得到了人机交互研究领域的探索，使得用户可以通过注视方向更直接地选择设备。

除了用户直接完成对设备的控制以外，智能家居中的自动化设置也为用户提供了更加个性化的服务。家中的智能设备与基于人工智能的代理为用户提供了可编程的物联网生态系统，用户可以根据家庭中的使用习惯定制自动化的服务，让设备自动响应环境变化或者用户的输入。IFTTT（If This Then That）是一种典型的自动化编程范式，通过用户设定的条件来执行对应的功能。例如，在早晨醒来时，智能家居设备可以自动升起窗帘，调整照明亮度，并播放用户喜爱的音乐作为闹铃。这样的自动化应用减少了居民的操作成本，提高了居住者的生活质量。为了让用户能够更自然地完成自动化配置，人机交互将多模态交互与情景感知交互引入到了自动化的配置中，用户可以在家居环境中通过自然表达完成自动化设置。

除此之外，虚拟现实（VR）和增强现实（AR）技术为智能家居用户提供了虚拟游览、模拟装潢等功能，大大提升用户的参与度和娱乐性。人机交互技术在智能家居领域的应用依然在不断发展。通过各类识别技术，智能家居设备能够更好地理解用户的需求，并提供更加个性化、便捷、沉浸式的智能家居体验。随着技术的不断进步，人机交互技术在智能家居领域的应用将会越来越广泛，为用户提供更加智能化的生活方式。

### 7.4.2 智能穿戴领域

智能穿戴技术起源于20世纪后半叶的科幻影视作品，如《回到未来》和《少数派报告》，在2000年后逐渐成为公众关注的焦点。这一技术的发展经历了由影视作品中的概念走向现实生活的过程。近年来，随着软硬件技术的成熟，诸如苹果智能手表、谷歌增强现实眼镜、华为智能耳机等智能穿戴设备大量涌现，这些设备不仅改变了我们的日常生活方式，还使用户能够随时随地享受计算机服务。智能穿戴计算设备的定义广泛，包括衣物、鞋帽、首饰，乃至生物电子设备。这些设备的多样性体现在形态、尺寸、佩戴位置和功能上，能够满足不同用户的需求。

智能穿戴设备的核心特点在于其独特的人机交互方式。与传统的桌面电脑和其他嵌入式电子设备相比，这些设备由于其便携性和智能感知能力，能够更加贴近用户的身体，从而为用户提供个性化的健康管理服务。这些设备通常内置多种传感器，如麦克风、加速度计、陀螺仪和GPS等，以及输出单元如LED显示器、振动单元和喇叭。这些组件共同支持用户行为感知、生理指征计算、自然人机交互等多项功能。例如，心率传感器和心电传感器可以实时监测用户的健康状况，而加速度计和陀螺仪则能够捕捉用户的运动和姿势，为健身和运动提供数据支持。随着人工智能技术的快速发展，智能穿戴的人机交互技术正在快速智能化，提供了多模态的交互方式，如触摸、手势、语音和生理信号等，这些交互方式使用户的体验更加直观和自然。例如，手势控制允许用户通过简单的手势操作设备，而语音控制则让用户能够通过语音命令与设备进行交互。此外，随着生理信号交互技术的发展，用户的生理数据可以被设备实时捕捉和分析，从而提供更加个性化和精准的健康监测和建议。智能穿戴设备的多样性和灵活性使它们能够适应各种不同的使用场景和用户需求。从健康监测到运动追踪，从个人助手到娱乐体验，这些设备正逐步成为我们日常生活中不可或缺的一部分。随着技术的不断进步和用户需求的日益增长，智能穿戴设备的设计和功能也将继续演化，为我们的生活带来更多便利和丰富的体验。

最后，智能穿戴技术的未来发展展望十分广阔。随着新型生物传感器技术的革新，智能穿戴设备正逐渐向更自然的用户体验方向发展。这些设备不仅在感知和计算能力上得到了提升，还在人机交互技术上实现了显著的进步。智能穿戴设备的应用领域涵盖了设备操控、健康监测、用户行为感知、人身安全以及无障碍服务等多个方面，使得这些技术在日常生活中发挥着越来越重要的作用。随着技术的持续进步和创新，智能穿戴设备将为人类生活带来更多便利和安全保障。

### 7.4.3 机器人领域

人-机器人“自然”交互是新一代的人机交互方式，它赋予机器人以类人的智慧，使机器更智能地服务人类。目前人机自然交互的发展趋势逐渐从单一模态感知转化到多模态信息融合感知，从机器人指令化操作到拟人化操作。

单一模态信息量有限且容易受外界因素的影响，如视觉信息容易被遮挡、语音信息容易受噪声干扰等。鉴于各个模态之间存在互补性，多模态融合的人机自然交互已逐渐成为研究热点。清华大学计算机系开发的智能穿戴人机交互操作机器人系统，结合脑电和增强现实头盔视觉的多模态信息，建立了一种新交互方式。系统使用户更自然地选择意图目标，并能在有限数量的交互目标下让机器人抓取更多种类的不同物体，适应于复杂多变的人机交互操作场景，达到"所想即所得"的效果。斯坦福大学团队在*Science Robotics*发表的智能导航盲杖，设计了语音、接触力度、运动状态手感等多模态信息融合交互方式，有效提高了导航到达目的地的效率。英国帝国理工学院在*Science Robotics*发表的多模态人机交互辅助穿衣机器人系统，通过视觉、深度等多模态信息，教会了一个双臂机器人抓取医院的长袍并为躺在床上的人体模型穿衣。

在机器人拟人化交互方面，清华大学计算机系利用多组IMU开发的智能穿戴装置提取人手臂的运动特征，机器人通过对运动特征的学习，实现了基于体势的拟人化交互操作。同时开发的拟人假肢手抓取操作系统，通过多组肌电信号提前了拟人抓取的运动意图，结合开发的触觉感知灵巧手，可以辅助残肢患者完成各类动态抓取操作任务，如各种不同软硬程度的物体抓取、不同工具的使用操作等，有效提升了残肢患者的生活自理能力。德国弗莱堡大学建立了一种灵活的基于图的方法来表示人的任务结构并利用贝叶斯逆强化学习方法来学习人类之间的社交关系，从而使机器人避免对人类交互的打扰。中国科学院自动化研究所建立了机器人学习人类行为准则和逻辑关系的模型，并在服务机器人自主导航上实现验证，实现了机器人对交互人群的主动绕行。

人类和外界交流的本质是跨模态的，融合视、听等多源信息。从人脑与环境交流的角度，多模态信息融合的人机交互是回归交互认知本源的必然趋势，其在沟通效率和完整性上都要优于传统的单一模式。从技术发展轨迹来看，多源信息融合的人体行为识别、交互情境感知以及机器人拟人化决策与交互将是未来的发展趋势。

### 7.4.4 数字人领域

2022年，《虚拟数字人深度产业报告》预测，到2030年我国虚拟数字人整体市场规模将达到2700亿元。数字人存在于虚拟空间，是由现实世界的人通过计算机技术驱动生成创造的产物。目前主要有两种驱动生成形式，即数据驱动（Agent）和真人驱动（Avatar）。基于多模态数字人的人机交互是元宇宙虚实结合的重要桥梁。随着动作捕捉、三维重建、语音技术、多模态人机交互、全息显示等技术日益成熟，虚拟数字人可以拥有与真实世界的人类相同的特征，甚至在某些情况下达到了以假乱真、肉眼难以分辨的情况。

数字人的应用场景十分广泛，涵盖从工业到日常生活的众多领域。虚拟数字人依据人机交互应用场景可分为两类：①身份型虚拟数字人，即用户通过数字分身方式，以不同身份呈现；②服务型虚拟数字人，即用户通过数字人获得特定服务，已落地应用场景较多，可提供多种服务，在人机交互过程中完成虚拟教室、虚拟陪伴、虚拟关怀等任务。在基于数字人的多种人机交互应用场景中存在多样化的数字人角色，具体包括：教育（虚拟教师、虚拟体验中的学生角色扮演、虚拟学习伴侣）、健康（虚拟医生/虚拟看护人/虚拟心理咨询师、特色治疗中基于数字人的虚拟自我）、福祉（基于数字人的虚拟永生、特殊患者的数字人分身）、娱乐（数字人游戏角色、明星数字人分身、虚拟演员、虚拟歌手）、社交（数字化身、社交属性数字人、服务属性数字人）、消费（数字偶像代言人、数字人客服、数字人销售员）、工业（用于工作效率、安全状况、工作环境舒适度等仿真测试的数字人）、文旅（虚拟导游、虚拟博物馆讲解员）和传媒（虚拟主持人、虚拟主播）等。

当前，虚拟数字人产业正处于快速发展阶段。虚拟数字人的制作流程逐步简单化和自动化，无须穿戴专业传感器设备，可获取数据并生成数字人。但是，非交互类、离线渲染型的虚拟数字人仍是主流。在人工智能技术的驱动下，实时交互和实时渲染等技术不断取得突破，将带来更加智能可交互的数字人，提供沉浸式的、多模态、实时、自然的人与数字人交互方式。除了带来更真实的沉浸感和体验，这将丰富数字人的应用价值，拓宽数字人的应用场景，迎来更多的实际落地应用。

### 7.4.5 智能办公领域

在数字化浪潮的推动下，企业办公环境正面临着前所未有的变革。智能办公利用人工智能及自动化技术工具，实现办公信息化、网络化、数字化、智能化，为办公环境带来了一场效率和员工体验的革命。人机交互技术在智能办公领域的应用非常丰富，通过不同的技术手段，可以提供更加智能、便捷和舒适的办公环境和工作方式，代表性应用如下：

① 语音助手：Siri、Cortana和Alexa等助手工具，可回答用户提问、提供信息、执行指令并控制办公设备。

② 智能会议室：智能会议室配备了自动化系统，可以自动调节光线、温度和音响等，还可以通过语音控制打开会议设备、投影演示文稿等。会议室的智能调光玻璃可通过电路实现玻璃透明和不透明的切换，隔开了外部空间，保证会议室的私密性。

③ 视频会议及协同工作平台：协同工作平台如Slack和Microsoft Teams等，提供了即时通信、文件共享、任务管理等功能，团队成员可实时通过云端远程参与会议，实现清晰畅快交流、资料共享、自动记录会议记录等，提升工作效率，提高沟通效率和灵活性。

④ 智能照明：智能照明系统可结合人体与光照传感器，根据光线强度和办公场景，自动调节灯光模式与色温，提升舒适度与工作效率，维护健康的室内照明环境。

⑤ 智能门禁：智能门禁系统可以通过刷卡、指纹识别或人脸识别等方式，确保办公室的安全和员工的身份验证。系统可以对进出人员进行人脸识别，实现了无感知打卡，同时提升进门体验及办公室安全性，还可以延展到访客管理、智能迎宾、平面导航、智能门禁、人脸考勤等各种企业办公场景。

⑥ 智能办公设备：智能打印机可以通过手机或电脑远程打印文件，方便员工随时随地进行打印。智能投影仪可以通过手机或电脑无线投影，方便员工进行演示和报告。

⑦ 智能化办公软件：微软将GPT-4接入Office套件，推出AI功能全新的Microsoft 365 Copilot，掀起了一场“生产力革新”的浪潮。

此外，智能化办公空间还集成智能机器人、声控交互、互动桌面、一键Wi-Fi、无线充电等多种技术元素，打造丰富多样的智能办公新场景。

### 7.4.6 智能医学领域

2019年后，在政策以及技术等多个因素的推动下，智能医学飞速发展。智能医学以创新技术为基础，根据医疗场景的特征、不同的产品组合，以解决医院、患者及亚健康人群、区域公共卫生、制药企业这四方在医疗场景中的痛点为目的。当前阶段，以互联网和ICT类企业为代表，技术型企业纷纷加入智能医学赛道。人机交互在智能医学领域的代表性应用如下：

① 语音识别医疗设备：通过语音识别技术，医生可以与医疗设备进行交互，如语音控制诊断仪器、查询患者病历等，提高医疗工作效率。

② 虚拟助手：虚拟助手可以帮助医生回答患者的疑问、提供医疗建议，支持自动化问诊流程，以及进行疾病预测和风险评估。例如，微软的虚拟助手Microsoft Healthcare Bot可以提供基于自然语言的医疗信息查询服务。

③ 智能诊断系统：通过机器学习和深度学习技术，智能诊断系统可以整合与分析临床记录、病历及影像资料，协助医生诊断疾病，利用生物识别技术提高准确率并提供个性化建议。

④ 智慧医疗机器人：不同类型智慧医疗机器人的结构各有不同，重要组成部分一般有控制端、视觉及成像系统、执行端、传感器等。智慧医疗机器人的功能主要包括手术导航及操作、医药物资运输、无人值守医疗后勤操作等，主要用于手术、院外护理、医院后勤院内患者服务。

⑤ 康复辅助设备：康复辅助设备可以帮助患者进行康复训练，如外骨骼机器人、智能轮椅等。人机交互技术可以实现设备的精确控制和实时反馈，提高康复效果。

⑥ 智能药物研发：借助人机交互技术，研究人员可以在计算机辅助下进行药物筛选、药效预测和副作用分析等任务，加速新药研发过程。

⑦ 医疗信息管理系统：医疗信息管理系统可以实现患者病历、诊断结果、治疗方案等信息的电子化管理。人机交互技术可以提高系统易用性，方便查询和修改信息。

总之，人机交互技术在智能医学领域有很多应用，可以提高医疗工作效率、诊断准确率，并改善患者体验。随着AI技术的不断发展和应用，人机交互在医疗领域的应用将更加广泛。

### 7.4.7 智能工业领域

智能工业是人工智能技术与工业生产的融合，贯穿于设计、生产、管理、服务等环节，实现人类感知、分析、决策等能力的模仿或超越。人机交互在智能工业领域有很多代表性应用，以下是一些例子：

① 工业机器人：工业机器人是智能工业领域中广泛应用的人机交互技术之一。它们可以执行各种重复性、危险或精细的任务，如装配、焊接、涂漆、包装、物料搬运以及轮毂打磨和去毛刺等。通过使用传感器、机器视觉和人工智能技术，工业机器人可以与人类一起工作，提高生产效率、准确性和安全性。

② 智能工厂：智能工厂是人机交互技术的重要应用之一，它利用传感器、物联网（IoT）、大数据分析和人工智能技术来提高生产效率和质量。在智能工厂中，工人可以使用移动设备或虚拟现实（VR）头盔来与生产设备和系统进行交互，实现实时监控、数据分析和决策支持。

③ 工业自动化：工业自动化是人机交互技术的另外一个重要应用。通过使用传感器、执行器、控制系统和机器人技术，工业自动化可以实现生产流程的自动化和优化。例如，工厂可以使用机器学习算法自动调整生产流程，以适应不同的生产需求。

④ 工业设计：工业设计也是人机交互技术在智能工业领域的一个应用。通过使用计算机辅助设计（CAD）和计算机辅助工程（CAE）软件，工程师可以设计、模拟和优化产品结构和性能。例如，工程师可以使用CAE软件来模拟产品在不同环境条件下的行为，并识别和解决潜在的设计问题。人机交互设计在工业设计中的应用贯穿于产品设计的全过程，从需求分析到用户体验评估，可以提供更愉悦、更高效的产品使用体验。

⑤ 供应链管理：供应链管理是智能工业中人机交互技术的另一重要应用。通过使用企业资源规划（ERP）和供应链管理（SCM）软件，企业可以实现供应链的实时监控和数据分析。例如，企业可以使用SCM软件来跟踪库存、订单和运输信息，并优化供应链管理。

总的来说，人机交互技术在智能工业领域有着广泛的应用，可以提高生产效率、质量和安全性。

## 7.5 人机交互存在的问题与挑战

目前，人工智能技术正飞速发展，机器智能已提升至空前水平，涵盖知识存储、认知对齐、意图推理、任务决策等领域，这些都是通用人工智能必备的核心能力。机器智能的进步不仅能够支持更高级的人机交互任务，也对人机交互技术从业者在交互理念和设计等方面提出了更高的要求。同时，众多新兴交互终端与场景的出现，丰富了所谓的“感知驱动交互”的实际内涵，并为人机交互功能的实现提供了更多样化的应用空间。新机遇伴随新挑战，将先进智能、先进设备以及多元群体的需求和服务进行有效对齐，成为人机交互新发展阶段的重点问题和挑战。

### 7.5.1 感知、理解与反馈：基于现有技术的准确性和实时性挑战

在当下的人机交互系统中，主要包含三个核心模块：①前端感知模块，负责从物理世界和用户中采集数据，完成特征提取和识别；②核心理解模块，基于收集到的数据和特征进行智能计算；③反馈生成模块，根据不同的情境任务、个体需求和机器角色，产生相应的反馈。这些模块共同构成了一个直观、智能、高效的交互系统。为了深入探讨这一阶段人机交互系统中的准确性和实时性挑战，将分别对这三个模块进行详细分析，并最终从更高的视角进行综合总结。

感知模块：其功能主要是针对感兴趣目标信息完成数据的收集，以及数据特征的提取和识别。感知模块的准确性挑战主要体现在：①对目标信息的精确获取，这包括其所采集数据对于传递该目标信息的信噪比。例如在触摸式交互中，触摸屏的软硬件系统对于人手指移动的追踪精度；又如在人体动作交互中，惯性传感设备对于指定部位动作在空间中位移的估计精度和粒度（设备的工作帧率）。②特征提取和识别的精度，特别是因为感知模块传递给理解模块的信息往往是在原始采集数据上所提取和识别出的一些特征信息。例如从手机麦克风收集的语音数据中识别出的文本信息和从视频中切割得到的物体形状和种类信息。这两点当前遇到的突出挑战在于在感知某类数据上达到较高精度的设备，如针对人体姿态估计而搭建的高精度光学动捕设备Optitrack和可穿戴动捕系统Noitom Perception Neuron Studio，正逐渐由于其在日常使用中的种种不便而被舍弃，但同时，新提出的方法，比如基于Wi-Fi感知的姿态估计方法，和基于常见可穿戴设备的姿态估计方法等，由于其

精度的限制，也还没有得到更加广泛的使用和推广。在特征的提取和识别上，一个老生常谈的问题便是对目标特征识别得还不够准，而这一方面最近的挑战在于，机器所提取的特征往往不足以支撑后续理解模块完成更高级智能的推理，比如机器若仅仅掌握用户的整体动作种类（如坐到椅子）和次数，还不足以了解用户身体状况的好坏以及在完成这个动作过程中其心理的变化等信息。新阶段的人机交互研究，亟待解决感知模块在易用性和特征提取识别的全面性上形成的挑战，因此，相当一部分工作集中在解决如何从硬件层面提高其采集数据的保真度，并尝试设计制造新型硬件以提高移动性并获取以往难以获得到的信息数据。另一部分的工作，则关注从软件算法和识别模型层面上提高感知模块对数据特征提取的全面性和粒度。

实时性方面，感知模块在硬件上往往会着重使用在功耗和性能上较为均衡的硬件，以便于在日常生活特别是移动式场景下长期连续部署，进而能够实现机器对事物发展全貌的掌握。相对应地，在数据的特征提取和识别算法搭建上，相关工作也会强调其运行时的速度（包括计算复杂度和每秒浮点数等）和功耗。当前感知模块在实时性上的挑战往往是在解决上述准确性的基础上产生的，特别是当所采集数据模态的种类变得更加丰富之后，相关特征的计算和识别过程也变得更加依赖高算力和复杂设备，如何在准确和高效之间实现平衡是一个引起国内外相关科研人员重视的问题。

理解模块：在获得感知模块提供的原始数据和相关特征信息的基础上，理解模块需要完成机器对用户输入进行理解和推理的过程。其准确性主要表现在对用户表达的准确理解，特别是从用户碎片化的输入信息下依据语境、情境、用户背景资料等信息，完成对其实际需求和意图的全面推理和理解。这些任务以往是非常困难的，而得益于以大语言模型为代表的通用人工智能的问世，理解模块的性能得到了大幅度的提升。例如，在一项最新的人机交互工作中，研究人员尝试了利用手机传感器反映出的用户位置信息、时间信息、粗粒度活动等情境信息，针对用户的依据临时需求（如“提高音量”），形成对其长期需求的推理（如“在操场上跑步且听音乐的时候提高音量”）。此外，对用户内隐在多模态数据中的隐式表达进行准确的推理理解，也是人机交互研究最新关注的方向。在另一项工作中，研究人员尝试使用了多种感知模块（内嵌于多种智能居家设备中）建立对用户居家习惯的理解，并实现智能居家自动化的在线生成。显而易见，随着用户对机器智能期待的提高，机器的智能核心——理解模块将面临更加复杂的使用情景和需求，其中主要的挑战包括：用户表达中的不确定性建模、多模态数据内蕴的用户意图提取，以及针对用户短期个性化表达与长期习惯的平衡处理。

与感知模块类似，理解模块在实时性上主要面临的挑战是，其在智能任务的执行能力与算力资源缺乏之间的平衡问题。特别是当前诸多人机交互应用都运行在移动式的终端设备上，如智能手机、手表、手环等，其受限的计算资源很大程度上阻碍了机器智能的提升。另外，由于用户需求和环境因素的多变性，理解模块需要不断地进行知识的更迭和自身决策的进化，如何在实时运行中实现理解模块的在线进化也是另一个值得突破的挑战。

反馈模块：反馈模块承载着机器与用户直接“对话”的过程，它的形式可以是由自然语言组织而成的一句话，通过语音模组进行输出，也可能是对用户所关心和需要内容的可视化、可听化、可触化的呈现。因此，反馈模块的准确性体现在对内容的清晰、精准且易懂的表达，这涉及机器语言生成过程中对用户认知能力的建模和对齐过程，以及对于相关呈现元素的自适应选择和设计。比如，研究人员在机器内容的视觉呈现上付出了多样的努力，包括使用人工智能手段在给定上下文后自动生成可对齐人类认知水平的内容可视化。

反馈模块的实时性在于对用户反馈的及时性上，这一方面表现在机器生成内容的速度，另一方面则是机器针对用户认知、关注点和可交互通道的变化，及时调整反馈输出的内容和形式的效率。其中一个典型的案例是华为公司打造的鸿蒙系统，其在针对同一个事件的提醒上，能够准确识别出用户当前最易接受的交互通道，并在异构设备上完成同一内容的自适应呈现。

### 7.5.2 新兴终端设备对现有人机交互技术的挑战

人工智能和人机交互技术和理念的迅速发展和普及，激励着各大科技厂商利用先进设计和制造方法打造出了一系列新型交互式设备，例如头戴式VR/AR设备、AR眼镜、智能戒指，以及在新能源汽车潮流下涌现出的智能座舱等。这些新设备的出现一方面带来了比以往更加丰富和自然的交互通道，例如从触摸屏到隔空手势的转变，以及从鼠标到手指指示的进化等。同时，交互自然性的提升必然给人机交互技术带来新的挑战和问题。在这一部分，我们从目前热门的硬件设备和框架出发，厘清它们的交互特点并进一步阐明其对当前人机交互技术发展的挑战或者机遇。

头戴式VR/AR设备：诸如中国HTC公司的Vive以及美国苹果公司推出的Vision Pro，通过对用户头部和手部的追踪以及空间化的音视频内容控制，能够为用户带来沉浸式的内容和交互体验。对此，这类产品一直在致力于提高对人体动作的追踪精度，并不断优化现实空间与虚拟世界在动作映射、物理逻辑，以及视听对齐方面的体验。具体来说，面向未来AR/VR设备的发展，甚至是元宇宙概念的迭代、推广和普及，人机交互研究在当前还将要重点关注并解决的挑战包括：①面向自然交互的用户界面和交互设计，特别是因为用户的输入正逐渐从最基础的手柄交互转变为手势交互，交互界面应该适应人的自然动作输入习惯进行对应的改进，以此降低用户交互过程中的感知代沟，提高交互的效率和舒适性；②动作追踪的精度和响应速度，相较于自由度更少的头部运动追踪，手势追踪和识别面临着手部关节自由度高以及空间位置难定位的问题；除此之外，由于脱离了手柄上功能按键的支持，纯手势组合下的语义识别也是当下的一个热门研究课题。在第二点挑战上，人机交互研究一方面正着重提高算法的性能，优化对复杂手势类型和语义的识别提取精度，另一方面还在着手从感知硬件上进行突破。例如苹果公司的产品在手势识别上特别加入了激光雷达模块，意在解决传统RGB相机信噪比低且易受光照和遮挡影响的问题。

AR眼镜：以雷鸟、Rokid、和XReal公司为代表，其利用比VR设备更好的便携性和性价比，在元宇宙市场的占比逐年升高。相比于传统VR设备，AR眼镜进一步增加了虚拟内容同现实物理世界的互动，对情境信息的识别和适配，同时也更加依靠人的自然输入完成人机交互过程，例如手势、语音、触摸等。这一交互范式的进化同样给人机交互技术在这一硬件上的落地部署带来了挑战，包括在户外环境多变条件下的高精度手势和语音感知以及多种视觉信息的呈现，以及与上面提到的反馈模块所遇到的重要挑战一致，基于AR的交互需要解决的另一个问题是如何在复杂场景下实现虚实信息的无缝整合，这既强调对用户认知负荷的平衡管理，又需要完成信息的高效传递。作为以人为中心的科技，人机交互格外注重对用户隐私性的保护——这也成了AR设备需要妥善解决的另一项挑战：设备被用户带入其工作生活全流程条件下的隐私性保护设计。

智能戒指：以芬兰Oura公司的可穿戴指环为代表，得益于柔性电子的发展进步和面向用户对穿戴设备进一步小巧化的追求，在实现智能手环和手表除内容显示外的大部分功能的基础上，具备相对较好的便携性、舒适性，以及时尚性。智能戒指在交互上的一个特别之处在于，其直接的对外输出通道比较有限，包括简单的LED指示灯与振动反馈，智能戒指更为丰富的人机交互功能一般是通过其连接的手机APP实现的。如此，一个显著的挑战在于，如何充分利用多端设备（戒指本体和智能手机）的协作，实现更加丰富、有效、易用的交互功能。此外，一个更为开放的问题是，我们在智能戒指上是否有必要或者可以添加更多的交互通道?

智能座舱：以华为公司打造的鸿蒙智能座舱为例，类似于一个小型的智能家居环境，一般具备触摸屏（中控屏）、摄像头、麦克风和音响等设备。与智能家居的交互逻辑类似，智能座舱的智能软体核心依靠各个设备返回的用户以及路面信息，在多种驾驶场景下主动响应用户的需求，如查询路线、控制车窗等，并对用户的风险行为发出提醒，如疲劳监测、车道偏移检测和前车距离检测等。因其具备丰富的感知和交互通道，其交互的实现具有鲜明的多模态（涵盖视、听、触、手势等）、个性化（除鸿蒙之外的主流车机系统均支持基于驾驶员身份和喜好的功能适配）、强感知（除了利用视觉和语音感知乘员信息之外，车辆外部一般还有多种光学和雷达探测设备）特点。智能座舱作为实现人车交互的载体，其在交互的实现上也存在特别的挑战：①首先是安全性，这包括交互路径要根据驾驶员的可用通道进行及时调整，其次呈现的内容要在保证信噪比较高的同时减少对用户注意力的过度吸引；②情境感知，车辆具备的多种感知设备为智能座舱的决策提供了丰富的上下文信息，这既包括路面上动态多变的信息，以及车内人员的实时状态等，对此智能软体需要建立对以上信息的全面感知，以辅助其决策；③多端互联，人车交互不仅仅是从驾驶员进入车辆就开始的，这一方面意味着智能座舱需要掌握一段时间内周遭环境的变化（天气情况、道路拥挤情况等），另一方面可能还需要通过用户其他设备返回的信息，了解其在车辆之外产生的“驾驶关联”数据（日程中的行程信息等），以此支持和用户间的更自然和人性化交互功能。

总的来看，人机交互技术的传统课题在新兴终端设备的使用中依旧有研究的空间，例如用户界面与交互设计和用户意图推理等，但在内涵上会随着新设备、新场景、新范式的产生而得到不同的丰富和拓展。让人机交互技术与终端设备相辅相成、互相促进，是我们社会接下来发展这一阶段的长期命题。

### 7.5.3 新兴应用场景对现有人机交互技术的挑战

人机交互技术正在多个应用场景中得到越来越多的重视、探索和应用，特别是智能家居、智能办公、智慧医疗，以及智慧工业场景。过去一段时间，这些场景在各自的相关技术领域中均取得了一系列的突破和进展，对此人机交互技术亟待进一步的创新以促进交互理念、方法和技术与各自场景人员、设备，以及现有技术的有机结合。这里，我们简要地分享一些新兴应用场景对于人机交互技术未来发展形成的挑战，借此摸索人机交互发展的新机遇。

智能家居场景中，不同的家用电器设备，例如灯光系统、冰箱、空调、电视以及扫地机器人等，能够在一个统一的智能体控制下，完成针对使用情境和用户需求的自动组织和调度。其中，随着家用设备种类和功能的日渐丰富，以及用户需求的不断发展，此智能体需要执行的任务也变得更加复杂。对此，人机交互技术的介入，需要重点解决以下几个挑战：①用户主被动表达意图的准确理解与设备功能的关联性映射，这意味着机器智能既要解读用户的外显和内隐的意图，同时又要建立多设备协同下的服务关联，完成智能家居任务的闭环；②未见设备的自组织方法，在用户的生活轨迹中，不同的设备会在不同的时间点被添置到家中，对此机器智能需要及时更新家中设备功能关联下的知识架构，并主动将新的服务提供给用户；③隐私性与交互负荷，机器需要审时度势，厘清智能可介入任务与用户隐私保护之间的边界，以及服务推介和用户可接受度之间的平衡，做到与用户需求的均衡匹配。

智能办公场景中，近年出现了两个较为突出的技术应用方向，一是远程协作办公的进一步推广和增强，二是用户群体对于办公自动化的强烈需求。对于前者，目前无论是政府、企业、高校还是医院，其在实际的运作过程中均存在大量的跨区域合作和办公需求。而对于后者，则是人们对于低智力和高劳动力工作的厌倦，特别是海量的数据录入、数据处理和数据导出工作，占据了很多一线工作人员使用脑力进行创造性开发的时间和精力。对此，与人工智能相辅相成的人机交互技术应当发挥更大的作用，从人因的角度解决好智能办公场景下突出应用中的新挑战。这包括：①远程协作中的高效沟通和任务协作，这一方面需要突破以往视频通话与实际沟通之间存在的认知与信任隔阂问题，另一方面需要更好的在线协作平台，完成对除了文字编辑和代码编写等基础办公需求之外复杂任务的协作；②面向人自然表达下的办公自动化，当前已经有一些功能软件能够实现简单的表格标记和文本自动填写功能，但无法应对用户存在的其他更高级办公需求，并且这种需求往往是用自然语言的方式加以描述的。

智慧医疗场景中，这一阶段的发展里面涌现了三个方面的交互需求，一是远程诊疗中的医机患三元交互，二是基于患者端的交互式数据监测与反馈，三是院内医疗设备与操作人员之间的交互。面向第一个方面，人机交互在其中扮演的角色更像是一个桥梁，例如在一次远程的诊疗过程中，医生端需要机器将患者的各方面信息呈现出来，并根据医生的查询完成相关的计算和分析；而在患者端，机器则需要把医生的描述进一步丰富和生动化，便于患者理解医生传递的信息和知识。面向第二个方面，现有智能穿戴设备已经具备多种生理信号的监测能力，例如心跳、血氧、血压、体温等，机器需要根据这些基础生理数据建立与患者的身体实际状况和病情发展的联系，根据医嘱等专业知识给出对应的反馈和建议。最后，针对在院内期间所使用的复杂医学监测设备，机器需要根据医生的需求完成自适应的事件监控以及内容智能检索和可视化呈现，实现医生与多种设备的自然交互，降低其工作负荷。

智慧工业场景中，机器人在其中的比例已经达到了前所未有的高度，众多高劳动力需求的工作逐渐被机器替代，而场地内的工作人员主要负责设备参数的设定和设备间配合的组织等工作。其中，工作人员当前的主要输入通道是点触和键盘输入，而基于更高级自然表达的人机协同还需要一定时间的探索，比如在自动化产线上，如何在保障安全性的大前提下，让操作人员的控制命令高效自然地传递给机器，将是未来的一个研究重点。工业环境中存在大量的实时监控数据，机器需要在人的输入下对数据进行智能的计算和处理，并将内容以简明的形式呈现给操作人员，这样的一个完整的人机交互路径也需要进一步研究，以完善其准确性和实时性。

总的来看，随着社会上热点领域的快速发展，人机交互技术在其感知-理解-反馈的各个环节均将面临着新的挑战和机遇，相关从业者应本着交互领域的以人为本的理念和与人工智能紧密结合下的新形势，投入科研力量与需求方强强联手以创新方法实现交互技术与各个场景的深度融合，最终优化用户体验，全面提升社会方方面面的智能化水平。

## 7.6 人机交互技术的发展建议

人机交互作为一个多学科交叉的领域，其发展不仅依赖于技术创新，还涉及人才培养、产业、政策等多个方面。本节旨在提出一系列发展建议，以促进人机交互学科技术的全面发展。

### 7.6.1 技术发展建议

人机交互技术在各行各业中拥有广阔的发展前景，已在多学科领域取得了显著成就，但其智能水平提升仍有较大发展空间。未来人机交互技术需要在以下几个方面进行探索：

① 多模态融合感知技术。人类通过语言、发音、语调、面部表情、手势以及血压、心跳等多种生理信号表达情感和意图。目前，大多数感知方法侧重于单一模态，忽视了不同模态之间的相互作用和整合潜力。未来研究需重点关注多模态数据的融合处理，如何更有效地结合视觉、听觉、触觉等多种感知方式，以实现更加全面和准确的情感和意图识别，这不仅涉及数据处理技术的创新，还包括对人类行为和心理的深入理解。

② 多源协同分析与推理机制。目前的人机交互研究多从外部表现出发，采用传统工程方法，重点在于感知理论和技术的研究与实施。然而，多源数据的协同分析和智能推理机制的形成尚处于起步阶段。未来的研究应着重于多模态异构情感数据的协同表征，深度自适应协同语义理解机制的构建，以及融合本体知识和包含知识的高效推理机制的开发。这不仅需要技术层面的创新，还需要对数据的深入理解和处理，以实现更加准确和高效的数据分析和智能推理。例如，通过结合不同来源的数据（如视觉、听觉、文本等），构建更为全面的情感和意图识别模型，从而提高人机交互的智能化水平。

③ 情绪感知与自然人机交互。情感是自然人机交互中的关键因素，对人机交互技术的发展起着至关重要的作用。目前，大多数交互平台未能有效整合多通道信息及其相应的反馈机制，因此难以实现真正的情感交互。未来研究需要探索如何将人类情感映射到机器情感，以及如何构建情感循环的动态反馈机制。这包括对人类情感的识别、理解和模拟，以及如何在机器人与人类交互过程中实现情感的有效表达和响应。例如，开发能够识别用户情绪变化并相应调整交互方式的智能系统，从而提供更加自然和富有同理心的交互体验。

④ 心理健康感知与计算。在人机交互过程中，语言、声音、面部表情和手势等行为是传达情感的重要途径，同时也是判断个体心理健康状态的关键指标。例如，声音的低沉和面部表情的痛苦可能预示着心理健康问题。因此，通过多源信号（如语音、视觉、文本等）准确感知和计算个体的心理健康状态，成为人机交互领域的一大挑战。未来的研究需要开发能够综合这些信号，准确识别和预测心理健康状况的智能系统。此外，如何在交互过程中有效地指导和改善人们的心理状态，也是一个重要的研究方向。

⑤ 自然语言的深度理解与个性化交互。自然语言的深度理解和个性化交互是人机交互领域面临的重要挑战。这不仅涉及对话语言的字面意义的理解，还包括对场景、历史交互信息、语用学和情感等更深层次元素的综合理解。智能机器人需要能够根据不同的场景、交互对象和交互状态，灵活调整交互方式和策略，以实现更加自然和高效的交互体验。这要求机器人具备高度的语境适应性和个性化交互能力，能够根据用户的特性和需求提供定制化的交互方案。

在未来人机交互技术发展中，以下几个方面需要重点关注：

① 基础研究与应用研究的结合。基础研究是推动技术创新的根本。在人机交互领域，基础研究不仅局限于计算机科学，还涉及心理学、认知科学等多学科领域。加强这些领域的基础研究，可以为人机交互技术提供更为深入的理论基础和创新思路。同时，应用研究的快速转化也至关重要。需要构建高效的机制，确保基础研究成果能够迅速转化为实际应用，促进理论与实践的紧密结合，加速技术创新的步伐。

② 推动跨学科合作。建立跨学科研究平台至关重要。鼓励计算机科学、心理学、设计学等不同学科间的深度合作，可以为人机交互技术的综合发展提供强有力的支持。此外，加强学术界与工业界的交流也不可忽视。通过促进理论与实践的结合，可以更好地理解市场需求和技术趋势，推动人机交互技术的创新和应用。这种跨界合作不仅能够拓宽研究视野，还能够加速新技术的开发和应用，为人机交互领域带来更多创新成果。

③ 强化用户体验研究。用户体验是人机交互技术发展的核心。坚持以用户为中心的设计理念，关注用户的实际需求和体验感受，是确保技术发展方向正确的关键。进行多元化的用户研究，涵盖不同年龄、文化背景和使用习惯的用户群体，对于提升技术的普适性和易用性至关重要。这不仅有助于设计出更符合用户需求的交互界面和功能，还能够推动技术的应用。

④ 技术标准与规范制定。为了确保人机交互技术的健康、有序发展，制定一系列统一的技术标准和规范是必不可少的。这些标准应涵盖技术实现的细节，同时也要兼顾用户隐私保护、数据安全等关键方面。在全球化的大背景下，国际合作在技术标准制定中扮演着重要角色。通过与国际组织和其他国家的合作，可以推动全球统一的技术标准的制定和实施，这不仅有助于提升技术的国际竞争力，还能够促进全球范围内的技术交流和合作。

⑤ 促进技术的伦理和社会责任。技术伦理是人机交互技术发展中不可忽视的一环。在追求技术进步的同时，必须确保技术的发展不会侵犯用户的隐私权和其他基本权利。此外，企业和研究机构应提升社会责任意识，确保技术的可获取性和可持续性，以及在追求技术创新的过程中承担起相应的社会责任。

⑥ 加强数据安全和隐私保护。随着人机交互技术的发展，数据安全和隐私保护变得越来越重要，需要制定严格的数据保护政策和标准，以保护用户数据不被滥用。同时，通过公共教育和宣传，提高公众对个人数据安全和隐私保护的意识，这对于构建一个安全、可信的技术环境至关重要。

综上所述，人机交互技术的发展需要多方面的考虑和努力。从加强基础研究到促进跨学科合作，从投资新兴技术到强化用户体验研究，再到制定技术标准和强调技术伦理，每一个方面都是推动这一领域健康发展的关键。未来，随着技术的不断进步，我们将面临更多的机遇和挑战，需要持续地创新和适应，以确保人机交互技术能够更好地服务于人类社会。

### 7.6.2 人才培养发展建议

在我国，人机交互领域的人才培养虽已取得初步成果，但与欧美国家相比，尚缺乏一套系统化的培养体系。人机交互作为一个多学科交叉领域，目前在我国尚未形成独立的学科分类代码，其相关课程多分布于交互设计、工业设计、计算机应用技术、智能交互等多个专业之中。在这一领域，诸如清华大学、北京大学、浙江大学等顶尖高校已建立起较为完善的人才培养机制，拥有独立的课题组和实验室，享有较高的学术声誉。然而，在其他高校中，人机交互的研究和教学相对零散，尚未形成较为系统和规模化的研究格局。

具体而言，当下我国人机交互领域的人才培养还存在以下薄弱环节：①高校人才培养定位不清晰。目前，不同院校的人机交互教育往往分散于不同专业，缺乏明确的培养目标定位。这导致学生在学习过程中难以形成系统的知识结构，对于人机交互领域的专业技能和理论知识的掌握存在困难。②课程建设不够完善。我国高校人机交互方向的研究相对较短，课程体系还处于摸索阶段，尚未形成可供参考的课程体系标准。这导致目前的人机交互课程体系缺乏系统性和逻辑性，无法满足学生对于深入理解人机交互领域的需求。此外，教学内容与最新科研成果脱钩的情况也较为普遍，使得学生难以跟上领域的最新发展动态。③人机交互师资匮乏。我国高校在人机交互学科领域缺乏领军学者。大多数高校对顶级人机交互科学家的延揽能力不足，导致师资队伍建设存在困难。缺乏具有丰富研究经验和深厚学术造诣的师资，使得学生在学习过程中无法得到充分的指导和启发，限制了他们在人机交互领域的深入研究和创新能力的培养。④产学研结合不紧密：当前的产学合作协同育人机制仍待深化。一方面，企业往往追求短期效益，对于与高校的合作动力不足，难以提供学生实践机会和培养平台。另一方面，高校在与企业合作中也存在动力不足的问题，缺乏对产业需求的深入了解和对学生培养的有效引导，这导致学生在实践环节的培养不够充分，无法真正将理论知识与实践能力相结合，从而限制了他们在人机交互领域的综合素质的提升。

人机交互方向的人才使用方面，我国在人机交互领域的人才广泛分布于各交叉学科，拥有较多人才储备，并在领域研究、应用和创新方面发挥着重要作用。然而，我国在人机交互人才的有效利用方面仍有进一步提升的空间：一方面，高校的人机交互科研成果和技术创新难以与实际应用相结合，缺乏对行业需求的深入了解；另一方面，一些企业与高校之间的信息沟通和合作机制还需要进一步完善，以促进技术转移和产业化。另外，人机交互领域是一个全球性的领域，高校在人才使用方面还存在国际化视野不足的问题。最后是人才流失问题。我国人机交互高校人才队伍相对不稳定，许多教研人员不断被国内外科技巨头高薪招揽，存在人才流失问题。

针对人机交互领域人才培养和使用薄弱环节，可从以下几个方面进行改进。

首先，根据人机交互学科发展特点构建完整课程体系。该课程体系应包括基础理论课程、设计与创新课程、实践与应用课程等。基础理论课程应包括人机交互原理、认知心理学、人机界面设计等内容，以帮助学生建立坚实的理论基础。设计与创新课程应注重培养学生的创新思维和设计能力，包括交互设计、用户研究、用户体验等内容。实践与应用课程则应注重培养学生的实际操作能力，包括交互界面开发、用户测试与评估等内容。通过构建完整的课程体系，可以帮助学生系统地学习和掌握人机交互领域的知识和技能。

其次，加强人机交互师资队伍建设。高校应积极引进具有丰富研究经验和深厚学术造诣的人机交互科学家，提高师资队伍的学术水平和教学能力。同时，应鼓励和支持现有教师参与国内外学术交流和合作研究，提升其学术影响力和专业素养。此外，还可以通过设立人机交互领域的研究中心或实验室，吸引更多优秀的研究人员加入，推动人机交互领域的研究和教学发展。

再次，加强产学研结合，提高学生实践能力。高校应积极与企业开展合作，建立产学研结合的人机交互人才培养模式。通过与企业合作，提供学生实践机会和培养平台，让学生能够在真实的项目中进行实践，锻炼他们的实际操作能力和团队合作能力。同时，高校还应加强对产业需求的深入了解，调整教学内容和方法，使其更贴合实际需求，提高学生的就业竞争力。

最后，加强交流与合作，推动人机交互领域的发展。高校应积极组织学术交流会议、研讨会等活动，为人机交互领域的学者和研究人员提供交流和合作的平台，提升国际化视野。通过与国内外相关学术机构和企业的合作，共同研究和解决人机交互领域的关键问题，推动人机交互领域的发展。

### 7.6.3 政策制定建议

人机交互与人工智能、量子信息技术已经成为全球关键与新兴技术代表，是引领新一轮科技革命和产业变革的战略性技术。2022年，基金委官网发函强调："加强人机交互学科基础研究和领军人才培养，对于推动我国人机交互科学技术发展、促进领军人才和重大成果产生具有重要意义。"鉴于此，为促进人机交互技术的持续发展，本章提出以下政策制定建议。

① 提升人机交互学科地位。考虑到人机交互的重要性，建议将其作为独立学科，设立相关学科分类代码和基金申请代码。全国政协委员、北京理工大学教授王涌天提出，应将人机交互纳入国家自然科学基金二级申请代码。欧美等发达国家对此领域的基础研究重视程度远超我国，我国在这一领域尚缺乏战略性的主动支持。在人才项目评审过程中，应邀请人机交互领域的专家参与评审，确保该领域的研究和项目能得到公正和专业的评价。

② 加强对人机交互方向重大重点项目的支持。切实落实"十四五"信息科学部优先发展领域规划，在设置信息领域年度重大重点项目指南的过程中，主动对以往支持不足的人机交互方向予以倾斜。加强人机交互学科的基础研究，进而带动国家相关部门、各省市、企业等全社会力量的支持和投入。加强对人机交互方向重大重点项目的支持，重点支持人机物三元融合、多模态人机协同推理等人机交互范式等关键"卡脖子"问题的研究。

③ 加大人才引进待遇和力度。近年来，政府已实施多项政策，如海外优青计划、博士后国际交流引进计划等，旨在吸引海外高层次人才回国发展，并提供了相应的经费和政策支持。此外，我国高校在人才引进的范围和领域也在不断扩大，包括积极引进国内外知名学者和专家，以拓宽人才引进的渠道和方式。然而，目前的人才引进策略仍存在一些薄弱环节，包括：奖励性政策主要侧重于一次性补贴，而轻视长期薪酬待遇，这不利于提高人才的留用率；发展性政策中的人才对接机制不够健全，过于重视选拔而忽视培育；对高层次海外人才的重视程度远高于一般海外人才；人才引进流程烦琐，需经过多轮审批，造成资源的浪费；大城市的虹吸效应使地方院校的人才需求难以满足。

针对上述问题，建议地方政府采取以下措施：a. 转变奖励性政策。从一次性补贴转向提供更加稳定和吸引人的薪酬待遇，以提高人才的留用率。b. 建立健全人才对接机制。强化人才选拔与培育的平衡，加强对人才的长期发展支持。c. 平衡对不同层次海外人才的关注度。确保高层次和一般海外人才均能获得适当的关注和支持。d. 简化人才引进流程。减少审批环节，提高效率，减轻申请者的负担。e. 关注地方院校人才需求。采取措施减少大城市对人才的虹吸效应，平衡区域人才分布。

④ 推动产学研协同创新机制。为深化人机交互领域的技术发展，建议政府采取以下策略，推动产学研协同创新：a. 专项研发资金和税收激励政策。政府应设立针对人机交互领域的专项研发基金，同时为参与此类项目的企业和研究机构提供税收优惠。b. 建立跨领域研发合作平台。通过政府引导，建立多学科交叉的研发合作平台，如联合研发中心或

技术创新实验室，以促进不同领域专家的知识交流和技术融合。c.制定产学研协作激励机制。制定明确的政策框架，鼓励高校和科研机构与企业开展合作，特别是在原创性研究和应用技术开发方面。政府可以通过资助、政策支持或项目评估激励等方式，促进三方的有效合作。

# 参考文献


[1] Alsharif M. Touch Screen Technologies, 2013.

[2] Mochizuki T, et al. Fabrication of flexible transparent electrodes using PEDOT: PSS and application to resistive touch screen panels[J]. Journal of Applied Polymer Science, 2018, 135(10): 45972.

[3] Nam H, et al. Review of capacitive touchscreen technologies: Overview, research trends, and machine learning approaches[J]. Sensors, 2021, 21(14): 4776.

[4] Schwarz, Robert J, Taylor C. The anatomy and mechanics of the human hand[J]. Artificial limbs, 1955, 2(2): 22-35.

[5] Fitts, Paul M. The information capacity of the human motor system in controlling the amplitude of movement[J]. Journal of experimental psychology, 1954, 47(6): 381.

[6] Romero J, Tzionas D, Black M J. Embodied hands: Modeling and capturing hands and bodies together[J]. arXiv preprint arXiv, 2022: 2201. 02610.

[7] Tang X, et al. Flexible brain-computer interfaces[J]. Nature Electronics, 2023, 6(2): 109-118.

[8] Nicolas-Alonso, L F, Gomez-Gil J. Brain computer interfaces, a review[J]. Sensors, 2012, 12(2): 1211-1279.

[9] Pires G, Nunes U, Castelo-Branco M. Statistical spatial filtering for a P300-based BCI: tests in able-bodied, and patients with cerebral palsy and amyotrophic lateral sclerosis[J]. Journal of neuroscience methods, 2011, 195(2): 270-281.

[10] Goodman J, et al. Language modeling for soft keyboards[C].Proceedings of the 7th international conference on Intelligent user interfaces, 2002.

[11] Marikyan D, Papagiannidis S, Alamanos E. A systematic review of the smart home literature: a user perspective[J]. Technological Forecasting and Social Change, 2019, 138 : 139-154.

[12] Bach-y Rita P, Collins C, Saunders F, et al. Vision substitution by tactile image projection[J]. Nature, 1969, 08: 963-964.

[13] Tan H Z, Durlach N I, Rabinowitz W M, et al. Information transmission with a multi-finger tactual display[J]. Scandinavian Audiology, 1997, 26(47): 24-28.

[14] 焦阳，徐迎庆. 无障碍设计研究：面向视障人群的触觉图形显示设备 [J]. 科技导报, 2023, 41(8): 065-073.

[15] 古斯塔夫•费希纳. 心理物理学纲要(一)[M]. 李晶，译. 北京：中国人民大学出版社, 2015.



本章负责人　戴琼海　清华大学

参加编写人员　史元春　丁贵广　陶建华　郭宏蕾　喻　纯　方　斌　温正棋　易江燕　于　涛　焦　阳　刘　冉　章广涛　赵佳晨　杨天威

# 第8章　工业机器人技术

机器人作为一种能够半自主或全自主工作的具有高度灵活性的智能机器，具有感知、决策、执行等基本特征，可以辅助甚至替代人类完成危险、繁重、复杂的工作，提高工作效率与质量，服务人类生活，扩大或延伸人的活动及能力范围。习近平总书记在2014年两院院士大会上指出，机器人是“制造业皇冠顶端的明珠”，其研发、制造、应用是衡量一个国家科技创新和高端制造业水平的重要标志。工业机器人作为智能制造的重要技术载体和使能工具，在航空、航天、船舶、汽车、高铁等国家重点行业以提质增效为目标的智能化升级、人口红利耗尽倒逼劳动密集型产业向少人化生产方式转变、高危/高负荷/高恶劣环境行业以保障工人安全为目标的人工替代等方面均发挥了重要的支撑作用，引领了制造业向高端化、智能化升级，推动了制造业高质量发展，促进了新型工业化、新质生产力形成。

## 8.1　工业机器人研究与产业概况

### 8.1.1　工业机器人研究进展概况

美国、日本、欧洲等对工业机器人技术开展了大量研究，传统工业机器人技术已较为成熟，而仿生结构、人工智能、类脑机器人、智能机器人、人机交互人机协作等成为了新一代工业机器人技术和系统研究的热点。

面向汽车、航空航天、轨道交通等领域，对于高精度、高可靠性、重载、移动加工型工业机器人的应用需求依旧旺盛，工业机器人的动力学分析方法，高速、高精度的位置和轨迹跟踪控制，用于切削、钻铣、磨抛等机加工、移动加工、原位加工等工业机器人的结构、测量、定位和控制等，仍是技术研究的重点。

在电子产品制造、精密装配等人机合作任务中，轻型、柔性、双臂、移动等协作机器人，具有灵活抓取和操控能力的移动操作复合型机器人，得到了越来越多的重视。安全的机械结构、简洁的一体化关节、人机协作的安全控制、意图理解、人机共融等，是新一代工业机器人研究的关键技术。

面对复杂的生产制造环境，波士顿动力公司将研发的Atlas人形机器人、Spot四足机器人围绕工业环境的监控、物品搬运等应用场景也开展了研究和验证工作。特斯拉围绕其新能源汽车生产环节需求，也开发了人形机器人Optimus，身高约1.72m，体重约57kg，运动速度为8km/h，可以承载的负重为20kg，手臂可以托举的重量为4.5kg，开展了工厂中工件搬运等任务的验证。上述研究展现了人形机器人落地工业场景应用的潜在可行性。

### 8.1.2　工业机器人产业发展概况

据国际机器人联合会（International Federation of Robotics，IFR）和中国机器人产业联

盟（China Robot Industry Alliance，CRIA）联合统计，2022年全球新装工业机器人数量达到55.3万台，创下新纪录，比2021年52.6万台安装量的历史纪录又增加了5%，在2022年工业机器人总安装量中，我国新装机量约占全球机器人安装量的52%，连续两年超过全球市场的一半。尽管受到供应链中断、投入减少以及不同地区阻力等影响，2022年对机器人的需求仍显示出强劲增长态势。

全球主要工业机器人应用领域的装机量中，电气/电子行业是工业机器人的最大客户，占2022年新安装机器人的28%，之后依次为汽车行业（25%）、金属和机械行业（12%）、塑料和化学制品行业（4%），以及食品和饮料行业（3%）。在电气/电子行业中，家用电器、电机、半导体、太阳能电池板、计算机、电信设备以及视频和电子娱乐产品的生产中安装了156936台机器人，比上一年增加了10%，是有记录以来的最高水平。自2017年以来，该行业的机器人需求平均每年增长5%。而汽车行业在2020年失去了工业机器人最大客户的地位，尽管该行业以16%的强劲增长率在2022年达到136130台的新峰值水平，但仍位居第二。虽然汽车行业正在从内燃机向替代驱动转变，但需求的下降限制了产能扩张的需要。从2017年到2022年，汽车行业的机器人年装机量每年平均增长2%（复合年增长率）。

从2017年到2022年，全球机器人安装量平均每年增长8%。2022年全球工业机器人销量前五名分别是中国、日本、美国、韩国、德国，合计占全球总销量的79%。中国自2013年以来一直是全球最大的工业机器人市场，2022年中国市场更是约占全球市场的52%，达到29.7万台，比2021年增长了5%。日本仍是全球第二大工业机器人市场，实现了9%的增速，达到5.0万台，占全球机器人安装量的9%。2022年，美国占全球机器人安装量的7%，美国在2018年以创纪录的4.0万台安装量超越韩国，跃居第三位，此后一直保持在该位置。在韩国，年度机器人安装量从2016年41373台的峰值水平一直下降到2020年，此后缓慢增长。2022年，韩国机器人安装量占全球总安装量的6%，稳定在3.1万辆。德国是全球第五大机器人市场，2022年安装2.5万台，其安装量下降了1%，仍占全球机器人安装量的5%。

每万名从业工人装备工业机器人数量是衡量一个国家制造业自动化水平的重要指标。截至2022年，中国工业机器人市场连续十年成为全球最大的工业机器人消费市场，中国工业机器人密度从2015年的49台/万名员工增长到392台/万名员工，达到全球平均水平的近2.6倍，位居世界第五。2022年中国品牌工业机器人销售超过11.2万台，市场占有率为37.8%，同比增长19%。2022年，全球协作机器人年销量5.5万台，同比增长31.5%，2022年全球工业机器人销量中，协作机器人占比10%，而中国协作机器人占比不到5%，还有很大的发展空间。

### 8.1.3 国际主要发达国家的机器人发展规划

美国发布了《重振美国制造业框架》，促进美国制造业的研发、创新以及劳动力的技术提升；为了重塑美国制造业的竞争优势，发布了《先进制造业国家战略计划》，将精益制造、柔性制造、敏捷制造、计算机集成制造、虚拟制造以及绿色制造等先进制造业提升为国家战略。美国发布了《国家机器人计划》《美国机器人发展路线图——从互联网到机器人》《国家机器人计划2.0》《先进制造业美国领导力战略》等系列化战略。

欧盟发布《欧盟机器人研发计划》，旨在开发保持机器人行业世界领先地位的技术和能力，解决主要经济和社会挑战，在欧盟范围内建立所有核心机器人技术领域的全球领先能力。在运行模式方面，该计划采取公私合作伙伴关系（PPP）方式，欧委会出资7亿欧元，欧洲机器人协会出资21亿欧元。

日本发布《新机器人战略》，旨在建立世界机器人技术创新基地、世界一流的机器人应用社会，引领机器人发展。重点关注制造业、服务业、医疗健康、基础设施建设、救灾救援和农林业等领域的机器人，通过研发关键技术、提供财政补贴、推进相关标准、放宽行政限制、修改不利的法律法规、开设机器人专业、培养技术人才等多措并举，推进机器人化，增强国际竞争力。2021年日本出台的《2021科技创新白皮书》指出，到2050年，通过人工智能与机器人的共同进化，实现自主学习、行动、与人共生的机器人。

韩国出台了《关于推进工业机器人产业发展的指导意见》等工业机器人相关政策与智能机器人重点专项，大力推进工业机器人产业的发展。韩国发布《2020智能机器人行动计划》，在2020年投资1271亿韩元（约合7.32亿元人民币），支持关键机器人部件和软件的本地化，5G、人工智能和机器人的融合创新，开发脊柱手术等新型机器人，聚焦于制造业、物流、护理等行业的机器人应用。

## 8.2 工业机器人核心零部件

精密减速器、电机和伺服驱动系统、控制器等零部件是工业机器人的基础组成部分，其技术性能对于工业机器人的整机性能具有决定性影响。下面对工业机器人核心零部件的发展情况进行具体介绍。

### 8.2.1 精密减速器

精密减速器是决定工业机器人运行轨迹精准性、稳定性等性能指标的重要机械传动元件。精密减速器占工业机器人成本的30%以上，几乎是工业机器人中成本占比最高的核心零部件。日本厂商如纳博特斯克公司和哈默纳科公司仍占据龙头地位。哈默纳科（Harmonic Drive）在全球谐波减速器市场的占有率达80%以上，纳博特斯克（Nabtesco）在全球RV减速器市场中的占有率约为60%。

在谐波减速器方面，国内企业在技术、制造工艺、产品可靠性等方面都取得了巨大进步，尤其是苏州绿的开发的国产高精度谐波减速器产品，达到了10r/s的国际最高传动精度、2万小时的国际最高精度保持寿命。国产谐波减速器产品批量供应市场，实现国产工业机器人谐波减速器国产化率超过65%，并进入国际知名机器人企业供应链。

工业机器人采用的摆线针轮传动的RV减速器技术起源于德国，后来被日本企业不断发展成熟，逐步形成现今多种型号、多种用途的RV减速器及更便捷的衍生产品。日本的纳博特斯克拥有大量专利，掌握着RV减速器的核心技术，占据着绝大部分RV减速器全球市场份额。日本的纳博特斯克、住友等企业在RV减速器领域长期积累使其产品技术性能稳定，规格系列完善，产品被国际主流工业机器人主机厂广泛采用。

围绕RV减速器基础理论研究，国内高校做了大量的工作。重庆大学机械传动国家重点实验室对传动误差、接触与啮合特性做了重点研究；北京工业大学联合智同科技针对齿廓修形、参数优化、寿命与寿命试验进行了研究；大连交通大学最早对RV减速器的原理、刚度、动力学以及有限元仿真进行了大量研究；天津大学、河南科技大学、西安交通大学高校等针对减速器用轴承、传动精度、齿廓修形等均做了大量研究。但理论研究成果开展大规模实验验证和获取实验数据存在瓶颈，对实际应用指导不足。

我国RV减速器企业起步较晚，国内企业生产的RV减速器在结构上还处于仿制阶段，尽管掌握了RV减速器的啮合原理和制造工艺，但对减速器内部各零件的力学计算和轴承的寿命计算等正向设计方面还存在技术瓶颈，满足新载荷需求的新结构尺寸减速器设计问题仍需系统性解决，RV减速器的正向设计能力和自主创新水平提升将极大促进工业机器人的产品创新和领域拓展。

伴随着国内机器人市场的持续发展，双环传动、智同科技、南通振康、中大力德、秦川机床等一批RV减速器企业快速发展，RV减速器产品的转矩范围为200～7000N·m，适用于6～300kg的机器人，并实现了规模商业应用供给。在材料、热处理、关键零部件的精密加工工艺、整机装配工艺等方面的进步，使国产RV减速器性能上接近国外一流产品水平，主要性能参数包括齿隙与回差控制在1arcmin以内，寿命可达6000小时。在传动误差、扭转刚度、回差温升以及噪声等核心指标上，国内产品与国外一线品牌产品相当，可以满足国内机器人的使用要求。双环传动、智同科技等RV减速器产品在国内主流机器人厂商，如埃斯顿、埃夫特、配天、汇川、华数、钱江、新松、新时达、珞石等实现大量应用，市场占有率已达到80%以上。但国产RV减速器还存在产品种类单一、尺寸型号较少等问题。国内企业在产品规模、产品稳定性以及工艺的先进性等方面与国外相比仍存在差距，大部分生产制造及检测设备依赖进口，部分核心轴承尚未实现国产化，导致成本居高不下。国内主要厂商如双环传动、智同科技、南通振康、中大力德、秦川机床等在产能规模上均与日本纳博特斯克存在着较大的差距。

### 8.2.2 伺服驱动系统

工业机器人中，伺服驱动+电机一般安装于机器人关节处，而机器人关节驱动离不开伺服系统，关节越多，机器人的柔性越高，伺服系统决定了工业机器人的响应速度、负载能力、控制连续性、调速范围和运行稳定性等多项重要参数，是工业机器人实现精准操作、柔性制造的核心决定因素。近年来，伺服系统技术水平的持续提升推动着全球伺服电机市场规模不断增长。从全球伺服电机区域分布看，亚洲是全球最大的伺服电机市场，目前市场份额达到了37%，主要受中国和印度等新兴市场需求不断上升的影响。欧洲地区、北美地区的市场份额分别为28%和24%。

目前主流伺服驱动品牌可分为欧系、日系和国产品牌等类别，其中欧系、日系占据中高端市场，而国产主要集中在中低端市场。近年来，国产品牌市场占有率在快速提升，但同多数高精密产品一样，日本和欧美品牌长期占据国内伺服系统市场的大部分份额，市场占有率达65%。日系品牌包括松下、三菱电机、安川、三洋、富士等，这些老牌工业自动化设备生产商技术全面且性能水平高，同时价格也比较高。美国知名的伺服厂商有罗克韦尔、丹纳赫、帕光等，德国则拥有西门子、博世力士乐、伦茨、施耐德等品牌。欧美品牌主要集中于大型伺服系统。松下、安川的伺服系统市场占有率处于第一梯队，市场占有率分别为13.9%和12.2%，在高端装备上使用较多。台达、三菱的伺服系统市场占有率处于第二梯队，市场占有率分别为11.9%和7.9%。汇川、西门子等处于第三梯队，市场占有率分别为4.4%和5.0%。三洋、施耐德、罗克韦尔、博世力士乐等处于第四梯队，市场占有率约为3%。

随着我国工业自动化和机器人技术的不断发展，国内伺服电机企业逐渐崛起，国产替代加速。国内品牌如汇川、埃斯顿等已经在部分领域实现了进口替代。目前我国企业在中低端伺服领域已经可以实现大规模量产，以性价比的优势满足中小型和经济型用户的需求，例如汇川、埃斯顿、禾川、华数、广数等企业的伺服驱动器及电机产品已相继进入批量化生产阶段，国产伺服品牌的市场占有率有明显提升。2022年，汇川已在我国伺服电机行业市场份额占比第一。“十三五”期间，在国家重点研发计划“智能机器人”重点专项支持下，汇川、广数等企业国内电机和伺服驱动系统产品已覆盖负载6～500kg系列化工业机器人性能需求。

我国中小功率伺服系统开发的技术路线已接近日系产品，整体性能水平逐渐追平进口品牌，但在大型伺服系统产品中，国产伺服质量、产品稳定性参差不齐，功能、性能以及产品可靠性方面仍存在差距。国产伺服基础性研究深度有所欠缺，在齿槽设计以及结构设计方面存在差距，在产品性能上表现为过载能力、齿槽转矩波动、振动与噪声等。除产品性能水平外，在包括绝对值编码器技术、高端电机的产业化制造技术、生产工艺的突破、性能指标的适用性验证和标准的制定等方面还需深入开展工作。

## 8.2.3 控制器

工业机器人控制器的主要任务是控制机器人在工作空间中的运动位置、姿态和轨迹，操作顺序及动作的时间等。它同时具有编程简单、软件菜单操作、友好的人机交互界面、在线操作提示和使用方便等特点。工业机器人整机产品的控制器一般由机器人制造厂家自主设计研发。目前，国外主流机器人厂商的控制器多为在通用的多轴运动控制器平台基础上进行自主研发，各品牌机器人均有自己的控制器与之匹配。美日韩等国外企业依托其掌握的机器人控制器核心技术在工业机器人控制器市场具有领先优势，其工业机器人控制器应用于其工业机器人产品进行销售。

近年来，我国工业机器人产业链日益成熟，在机器人控制器软硬件方面的开发实力不断增强。但国内控制器企业较为分散，虽然有卡诺普、万讯自控、固高科技、英威腾、海得控制等一批专业控制器企业，但市场竞争力与国外企业仍存在差距。国内外控制器的性能差距主要体现在：①国内工业机器人的控制算法模型等关键技术研究相对薄弱，在算法水平和二次开发平台的易用性等方面与国际水平有差距；②实际应用工艺研究起步晚，高端应用还较少，与运动控制、路径规划等相关的底层算法无法依靠大量的工业机器人的生产实践所积累的数据进行优化。国外ABB、发那科、KUKA、安川等企业在控制器算法方面具有先发优势，尤其是在汽车、3C行业的应用经验积累，使得国内控制器进入这些领域面临巨大挑战；③高性能的控制器的底层芯片、配套设备（如伺服电机、编码器、减速器）等硬件系统的国产化、与本体的磨合度都需提升。

## 8.2.4 专用传感器

专用传感器技术是实现工业机器人智能和感知能力的使能技术，不仅能够赋予机器人视、声、力位、触等环境感知能力，更能够使其在复杂的生产环境中实现高效的自主作业。

在视觉传感技术方面，工业机器视觉的核心是通过机器视觉系统对物体进行识别、测量、定位以及检测等，感知效率高、精准度好，其核心零部件主要包括工业镜头、工业相机、光源以及软件算法。随着3D感知需求爆发式增长，3D视觉传感器技术发展迅速，较为成熟的解决方法主要包括双目视觉、基于飞行时间的深度相机以及基于结构光的深度相机。以康耐视COGNEX为代表的海外企业仍旧占据3D工业相机技术的领先地位。但国内以梅卡曼德为代表的专攻3D工业相机的国内厂商已掌握了部分核心部件的关键技术和设计能力，产品性价比优势明显。以海康威视为代表的机器视觉公司也陆续推出了以工业相机、立体相机、视觉控制器以及集成视觉处理与智能感知算法的智能相机为代表的多维度视觉感知组件，在3C电子、锂电/光伏、物流、汽车制造、半导体/集成电路以及食品/医疗等领域取得了广泛应用。

力/力矩传感器用于测量工业机器人执行器的力和转矩，从而实现对操作力度和力的控制，通常被用于装配、夹持、抓取等需要精准力控制的应用中，保证操作的精确性和安全性。力觉传感器可以分为一至六维力传感器，其中以六维力/力矩传感器工艺要求最为复杂，其核心关键技术在于全方位机械过载保护和动态性能。根据传感元件的不同，六维力/力矩传感器主要分为：应变片式、光学式以及压电/电容式。目前市场应用以应变片式为主。自20世纪70年代开始，JPL实验室、东京大学等国际单位开始研究多维力传感器。国内对六维力传感器的研究起始于20世纪80年代初期，中国科学院合肥智能机械研究所于1987年研制出了我国第一台六维力传感器，以燕山大学、哈尔滨工业大学为代表的国内院校对传感结构进行了持续研究改进，以提高传感器的灵敏度和抗过载能力。多维力矩传感器的技术壁垒较高，以ATI为代表的美日企业先发优势明显，国内仍处产业早期，在动态性能以及测量偏差方面存在差距。总体而言，工业机器人力/力矩传感技术趋于成熟，核心技术在于过载保护结构设计、动态性能以及误差一致性等方面。

触觉传感是机器人感知外部环境的重要方式，能够使机器人“感受”到与周围物体接触时的各种特性。这些传感器能够提供关于物体质地、硬度、温度、压力等方面的信息，通常被设计为可集成到机器人手指、手腕或其他接触部位的薄型器件，应用于物体检测定位、压力分布分析、物体表面检测以及精准抓取操作等场合。依据其原理不同，工业机器人触觉传感器包括光学、压电、电阻式、电容式以及磁性触觉传感器等，其中以电阻式以及电容式触觉薄膜阵列工艺最为成熟。近些年来，以麻省理工学院GelSight为代表的相机触觉传感器（视触觉传感器）以高空间分辨率、成本低廉、信号稳定等优势逐渐成为学术研究与应用热点方向，美国Meta公司于2022年开始商业化产品尝试。国内较为代表性的视触觉传感器研究工作有中国科学院自动化研究所的GelStereo系列视触觉传感器、清华大学多模态视触觉传感器等，在光路建模、曲面形变感知以及多模传感方面具有特色优势。

移动工业机器人需要通过距离传感器来实时获取周围的障碍物信息，包括尺寸、形状和位置信息，来实现避障，常见的有激光传感器、红外传感器、超声波传感器以及视觉传感器等。配合具体的应用需求，射频识别（RFID）传感器、声学传感器、温度传感器、化学/光学/颜色传感器等也应用于工业机器人系统。

### 8.2.5 专用芯片

智能机器人专用芯片是专门用于实现感知、控制、驱动、通信、导航、决策、规划等机器人功能的集成电路芯片，是机器人在复杂环境中完成各类作业任务的关键。中国科学院、清华大学、北京航空航天大学、浙江大学、上海交通大学、复旦大学、哈尔滨工业大学、湖南大学、遨博研究院等科研院校围绕机器人需求开展了专用芯片、算法和软件研发。而随着国内芯片设计和制造工艺的提升，国内涌现了一批机器人专用芯片设计的研发企业。但总体上，我国目前在机器人所需的核心高性能芯片领域仍相对薄弱，核心芯片的自主研发生产能力与国际领先水平相差较大，仍处于起步阶段。

在伺服驱动控制芯片方面，工业机器人的商用高端伺服主控芯片被美国德州仪器、日本瑞萨、意法半导体和恩智浦等国外厂商占据，我国长期依赖进口。随着工业机器人对伺服驱动性能需求的提升，美国德州仪器（TI）推出的TMS320F2838X系列、日本瑞萨的RZ/T系列、恩智浦的RT1170系列高端电机主控芯片均采用双核架构，集成多种工业通信总线模块，集成度高、性能优、可靠性好，已经成为工业机器人关节伺服控制的主流方案。

目前，国产的电机主控芯片产品主要针对中低端电机控制应用，以ARM Cortex M0/M3/M4内核的MCU为主，少量厂商（兆易、先楫、凌鸥等）开发基于RISC-V指令集的低成本MCU芯片。但RISC-V应用生态尚处于发展完善阶段，高端应用很少。峰绍科技推出的FU69双核电机驱控芯片实现了对同步电机的高性能驱动，但主要服务于小家电。凌欧创芯推出了车规级运动控制芯片LKS32ATO89XLN8Q9，集成了预驱，通过了AECQ100等级测试认证。国产中端电机主控MCU芯片主要有国民技术的N32G系列和兆易创新的GD32F系列，其产品主频可达150MHz，接近日本瑞萨RX-T系列、意法半导体STM32系列和恩智浦的KV4系列。随着服务机器人、协作机器人、人形机器人的发展，新驱控机构和新控制算法对伺服驱控芯片的集成度、功耗、热稳定性、抗电磁干扰能力和计算能力都提出了苛刻要求。国产芯片起步较晚，在高端伺服主控芯片方面与国外厂商还存在较大差距。

在机器人主控芯片方面，英特尔、AMD、ARM等国外厂商仍占据市场主导地位。国内在主控芯片开发及应用探索方面也开展了大量工作。瑞芯微的RK3588芯片采用8核64位架构、6TOPs NPU，具有高性能、低功耗特点，已被多家机器人公司采用。龙芯中科推出的第四代微架构处理器也在推进高端嵌入式计算机等方面的应用。海思的昇腾（HUAWEI Ascend）910和310分别代表其高端算力和移动端性能芯片。其中昇腾310为高性能、灵活可编程的人工智能处理器，在典型配置下可以输出16TOPS@INT8、8TOPS@FP16，功耗仅为8W。国产通用型计算控制芯片快速发展，为工业机器人主控芯片提供了重要支撑，但还需针对工业机器人的应用需求特点进一步优化。

在感知导航规划方面，英伟达的Xavier系列、英特尔神经计算棒（Neural Compute Stick）等在工业机器人感知、导航与规划方面具有广泛应用。国内企业也进行了大量专用芯片开发工作。炬芯科技ATS3609D是一款支持多麦克风整列、远场拾音以及语音识别方案的智能语音交互芯片。湖南兴芯微电子的32位RISC处理器XC9080具有高性能双路图像处理能力和多种图像处理功能。上海富瀚微电子的FH8562图像处理芯片可支持高质量专业图像处理。一微半导体推出的AM980是一款高端激光导航方案机器人主控芯片，内建32bit CPU，外设接口丰富，可适配3D ToF和线激光模组，在实现激光导航算法计算和机器人运动控制的同时避开障碍物。AM780是针对VSLAM推出的单芯片解决方案，内置多个32bit RISC CPU，集成单目视觉SLAM算法引擎、视觉特征获取引擎、导航引擎、图像引擎、地图引擎、传感器处理引擎和多种算法硬件单元，可实现视觉处理计算和机器人运动控制。随着AI模型在机器人中的应用，机器人对计算能力的需求大幅提高。平头哥的曳影1520是首款基于无剑600 SoC平台设计的多模态AI处理器SoC原型，性能指标对标中高性能应用场景。寒武纪的Cambricon-1M-4K，在1GHz主频下，进行8位定点运算峰值8 Tops，16位定点运算峰值4 Tops，32位定点运算峰值1 Tops。地平线的旭日3 AIoT智能芯片集成了其最先进的伯努利2.0架构引擎，可提供5 Tops的算力。强大的计算能力为工业机器人应用更复杂、高效的人工智能算法、感知算法奠定了基础。

## 8.3 核心控制算法与软件

### 8.3.1 运动学与动力学建模

机器人运动学将几何学应用于研究形成机器人系统结构的多自由度运动链的运动，研究运动链的尺寸和连接性与机器人系统中每个连杆的位置、速度和加速度之间的关系，以便规划和控制运动。运动学研究是机器人设计、分析、控制和仿真的基础，传统的串联结构或并联结构的机器人运动学研究较为成熟，有许多成熟的产品和解决方案可供选择。

机器人运动学的一个基本工具是形成机器人运动链的运动学方程。这些方程描述了机器人系统中各个连杆位置、速度和加速度之间关系的数学表达式，用于分析和预测机器人的运动行为，进行路径规划、碰撞检测和运动控制等任务，以实现机器人的精确运动和操作。通常使用的运动学方程有两种类型：前向运动学方程和逆向运动学方程。前向运动学方程用于计算机器人系统中末端执行器的位置和姿态（根据给定的关节角度）。这些方程通过连续的坐标变换和旋转矩阵乘法来描述机器人系统中各个连杆之间的几何关系，可以表示为：$T=T_1T_2\cdots T_n$。其中，$T$表示机器人末端执行器的位姿变换矩阵，$T_1$至$T_n$表示机器人各个连杆的位姿变换矩阵，$n$表示机器人的自由度数。逆向运动学方程用于计算机器人系统中各个关节角度，以实现期望的末端执行器位置和姿态。逆向运动学方程通常是非线性的，求解过程比较复杂，常使用迭代方法、优化算法和数值求解等技术来求解。逆向运动学方程的一般形式为：$q=f(x)$。其中，$q$表示机器人的关节角度向量，$x$表示机器人末端执行器的位置和姿态。

运动学方程的时间导数产生机器人的雅可比行列式，它将关节速率与末端执行器的线速度和角速度联系起来。雅可比行列式的形式取决于具体的机器人结构和坐标系选择。通过研究其雅可比行列式来识别机器人的奇异配置。奇异配置对于机器人的运动规划和控制具有挑战性，因为在奇异配置下，机器人的运动性能可能会受到限制。当雅克比行列式的值接近于零、行列式的条件数较大或者行列式的秩降低时，判定机器人处于奇异配置，需要调整关节角度或采取其他措施来避免奇异点，确保机器人的正常运动和控制。

虚功原理表明，雅可比行列式还提供了关节转矩与末端执行器施加的合力和转矩之间的关系。虚功原理产生一组线性方程，将合成的力-转矩六维矢量联系起来，作用在末端执行器上与机器人的关节转矩之间。如果末端执行器的六维矢量已知，则直接计算即可得出关节转矩。

机器人运动学还涉及轨迹规划、避碰等控制方法。轨迹规划是为机器人生成适当的轨迹或动作序列以完成特定任务的过程。常见的轨迹规划方法包括位置和姿态的直线圆弧轨迹规划和过渡方法、基于采样的运动规划（如RRT等）和优化方法（如基于优化算法的运动规划）。碰撞方法旨在通过感知、规划和控制来避免机器人与环境中的障碍物发生碰撞。常见的方法包括基于障碍物检测和规划的方法、基于碰撞检测和力/力矩传感器的反馈控制方法等。

机器人动力学研究机器人的运动和力/力矩之间的关系。机械臂的动力学方程可以写成$\tau=M(q)q''+V(q,q')+G(q)$。其中，$M(q)$为机械臂的质量矩阵，$V(q,q')$为离心力和哥氏力矢量，$\boldsymbol{G}(q)$为重力矢量。已知轨迹点$q$、$q'$、$q''$，求关节转矩$\tau$或末端执行器受力$f$的问题是逆动力学问题，用于直接控制机器人机构中涉及的运动和力，也用于研究轨迹、优化和设计机器人机构。当给定关节转矩$\tau$，求解各关节的加速度的问题是正向动力学问题，主要用于仿真计算和模拟机器人的运动行为。

机器人常用的动力学建模方法包括牛顿-欧拉法和拉格朗日方程法。牛顿-欧拉法是基于牛顿力学和欧拉动力学原理的计算方法，通过递归地计算机器人的加速度、速度和位置来推导出关节力/力矩。这种方法计算效率高，适用于多种机器人结构和运动情况。而拉格朗日方程法是基于拉格朗日动力学原理的计算方法，将机器人的运动学和动力学关系表示为一组偏微分方程，并通过求解这组方程来计算机器人的加速度、速度和位置。该方法的优点是能够考虑机器人的非线性和非惯性效应，适用于复杂的机器人结构和运动情况。

机器人动力学计算常碰见的问题是动力学参数未知，需要校正。目前已经有很多成熟的校正方法，包括最小二乘的方法（IDIM-OLS、WLS）、工具变量法（IDIM-IV）、最大似然法、直接和逆动态识别模型方法（DIDIM）、闭环输出误差（CLOE）方法、闭环输入误差（CLIE）方法、非线性卡尔曼滤波直接动态识别模型（DDIM-NKF）、Adaline神经网络（AdaNN）、Hopfield-Tank循环神经网络（HTRNN）以及物理一致的方法。

基于机器人动力学模型能够开展高速和高精度的控制，常用的控制方法有模型预测控制、基于神经网络的高精度控制、自适应控制、柔性控制等。这些方法在机器人上的应用能够提高特定场景的控制性能。

### 8.3.2 智能控制与规划

在AlphaGo取得巨大成功之后，强化学习（RL）受到了显著的关注，为机器人领域提供了智能控制的方法。强化学习结合了基于代理行为的奖励技术和使用神经网络来学习特征表示，使得代理能够在复杂环境场景中做出决策，尤其对于非结构化和高维输入数据。最常用的强化学习算法可以分为无模型方法和基于模型的方法。基于模型的方法可以访问环境转变动态，这些动态可以是给定的，也可以是从经验中学习的。尽管基于模型的方法具有更高的样本效率，但它们仅限于环境的精确或近似模型。然而，准确的模型很少可用且难以学习。相比之下，无模型的方法无须构建模型即可学习控制策略。这种能力在动态复杂的环境中为机器人控制提供了优势，因为它们不需要使用模型即可提供最佳控制序列。然而，无模型方法可能需要大量的学习数据。为了克服这个问题，研究者们探索了基于模型的方法和无模型方法的结合。根据学习方法，这两种类型都可以分为基于策略的学习和基于价值的学习。

强化学习通常通过计算累积奖赏来学习最优策略，这种方式简单直接，而且在获得较多训练数据的情况下有较好的表现。然而在多步决策中，学习器不能频繁地得到奖励，且这种基于累积奖赏的学习方式存在非常大的搜索空间。模仿学习的方法经过多年的发展，已经能够很好地解决多步决策问题，在面向复杂序列任务的机器人规划中有不错的应用效果。为了实现对人类行为技能的模仿，最简单直观的方法是使用样本数据对机器人行为策略进行监督式训练，得到决策网络，即行为克隆，但是这种方法在遇到执行器噪声或稍有变化的环境时，容易出现累计误差。为了规避累计误差，目前较新的模仿学习方法将强化学习和环境探索引入了模仿过程中，以最大化自身完整行为和专家的整体相似度为优化指标，通过不断探索环境试错，最终得到对环境变化不敏感的行为策略，即逆强化学习方法。当行为的整体相似度由对抗生成网络来近似得到时，又被称为对抗生成模仿学习方法（GAIL）。面对复杂序列任务，人类能够很自然地对任务进行拆解，也可以将子任务重新组合实现更复杂的任务需求。为了赋予机器人类似的能力，Jing等人提出机器人智能体行为模仿学习算法“Option-GAIL”，通过分析、利用专家给定的行为示教信息，学习其背后的行为逻辑，使得机器人在相似环境和任务下能完整重现与专家一致的行为结果。该算法将同一时刻的状态信息输入记为S，机器人行为输出记为动作A，操作任务记为事件O，这种对任务的建模方式构成了option模型。为了实现一个复杂的长序列任务，该模型定义了一个顶层调度策略，当一个子任务结束后，根据当前所处的子任务和观测到的状态决定采取相应动作。

面对复杂序列任务，人工编程和验证不仅烦琐，耗费大量的时间，而且还存在泛化性差的问题，因此机器人的自主生成策略成为了机器人迈向智能化的关键。以知识图谱为代表的符号主义具备表达各类实体、概念以及它们之间语义关系的能力，而且具有实体/概念覆盖率高、语义关系多样、结构友好、质量较高等优势。在这方面，KnowRob构建了与机器人运动相关的本体，能够支持简单的时空推理。这种推理可解释性强、精度高，当涉及大规模数据时，可以使用统计方法总结归纳出规则，这也称为归纳式的推理。Beetz等人将知识表示中的符号表达转化为感知和驱动程序以及控制程序的基本数据结构，为此开发了一个软件工具箱CRAM，用于设计、实现和部署执行日常操作活动的认知自主机器人。CRAM为自主机器人配备了轻量级推理机制，可以推断控制决策，而不需要对决策进行预编程。相比于缺乏认知能力的控制程序，CRAM编程的自主机器人更加灵活、可靠和通用。在设计智能推理系统时，机器人视觉需要向规划模块提供有关环境和对象信息。Bálint-Benczédi等人提出了一种基于知识的认知感知系统RoboSherlock。用于移动机器人执行人类日常操作任务。该框架从三个方面入手：第一，将感知问题表述为知识查询问答过程，从而提高感知系统在给定任务上的适应性；第二，利用规则和先验知识动态简化感知任务，从而针对各种任务和情境设计专门的方法；第三，通过基于逻辑符号的知识推理来解释感知结果。

在复杂度不高的任务上，自动规划器效率很高，但是由于规划器不与环境交互，因此受限于事先提供的静态知识量。此外，当任务场景越来越复杂，知识规模越来越大，规划器往往无法很好地扩展，也难以在合理的时间内找到解决方案。机器学习算法由于经常与环境交互，因此不受静态知识集的限制，在面对复杂任务的扩展方面，可以使用概率而不是穷举的方法。但是在处理复杂度不高的任务上比自动规划器慢很多。Styrud等人提出了一种将两个分支结合起来的方法，他们将自动规划器的结果插入遗传规划算法的种群中，在保证收敛速度的同时，避免了自动规划器的局限性。该方法用行为树来表示策略，支持任务层次、行动顺序和反应执行状态。

然而，目前还存在一些挑战，例如如何生成能够高质量连续化表示自主智能体复杂操作技能的知识图谱，以及如何融合时空约束和常识知识等因素。目前相关研究还较为有限。目前，基于大语言模型的知识生成与推理是解决上述挑战的一个有希望的方向。随着大语言模型的发展和应用，它们展现出在自然语言处理和知识表示方面的强大能力。这些模型可以学习大规模的语料库中的语义和语法信息，自动抽取和生成实体、概念以及它们之间的语义关系，从而生成具有连续表征的高质量知识，弥补传统手工构建知识图谱的不足，并且具有较高的覆盖率和灵活性。

### 8.3.3 工业机器人操作系统

工业机器人操作系统为工业机器人提供底层硬件抽象描述、底层驱动程序管理、程序间消息传递等计算、操作服务，以及开发环境和基础库用于机器人任务程序的开发和运行，为专用工艺包提供支持，保证工业机器人实时、稳定、可靠地工作。

国际知名机器人整机厂商，如库卡、ABB等，多采用美国风河公司VxWorks定制化版本作为其底层操作系统，应用层自主开发，有独立的机器人编程语言和开发环境，提供基础运动控制算法库和应用工艺算法库。此外，也有工业机器人厂家采用德国的Codesys和欧盟的Open Robot Control Software（ORCOS）进行工业机器人操作系统开发，或购买成熟控制器产品（例如KEBA、德国倍福的winCAT）进行二次开发。这类专用的工业机器人操作系统经过长期的应用检验，实时性好、安全性高，但开放性、兼容性差。

随着开源软件社区的发展，基于开源Linux操作系统的工业机器人操作系统技术得以快速发展。美国开源组织基于Linux开发的Robot Operating System（ROS）在机器人领域应用广泛。该系统采用基于时间片的分时计算方式，支持多线程、多进程交互，通过中间件机制集成了OpenCV、RVIZ、Gazebo等丰富的开源工具，支持多种传感器和执行器，可为机器人的环境感知、运动控制、智能决策、建模仿真、三维显示等功能实现提供支持。在ROS2.0版本中采用了DDS中间件通信机制。此外，还有OpenRTM、YARP等机器人框架也有应用。国内基于Linux的机器人操作系统主要有图灵Turing OS、优必选ROSA等。这类操作系统的开放性好、兼容性强，具有开源社区支持，新功能、新特性迭代快，但实时性弱、安全性差。尽管通过RTAI和Xenomai等实时内核补丁可以在一定程度上弥补，实现了多协作机器人应用，但在工业机器人高速高精运动控制方面仍有待加强研究。

工业机器人的应用场景越来越丰富，对实时和非实时任务都有很多需求，如何兼顾不同需求成为工业机器人操作系统研究的重点。目前，主流方案是通过多核异构等技术构建多个虚拟系统，在实时内核上运行实时操作系统、执行高实时性任务，在非实时内核上运行非实时操作系统、执行非实时任务。相关工作有美国Intel开发的轻量级开源混合操作系统软件ACRN、加拿大QSSL公司开发的操作系统Hypervisor、哈尔滨工业大学开发的SunshineOS、北京东土科技的Intewell、北京翼辉的SylixOS等。

随着人工智能技术越来越多地应用到工业机器人领域，工业机器人操作系统在支持经典机器人控制算法的基础上，还需进一步支持基于GPU的深度神经网络人工智能算法、新一代有线和5G通信、工业互联网等。这些新的需求和新的特征从开放性、兼容性、实时性、易用性、可配置性、可扩展性等多维度对工业机器人操作系统提出了新的技术挑战。

### 8.3.4 离线编程、低代码编程和自动编程

机器人离线编程是指在建立三维场景后，由软件仿真计算生成控制机器人运动轨迹，进而生成机器人控制指令的过程。在离线编程过程中，工业机器人等生产设备无须离开生产线，生产不必中断，可通过离线编程软件对机器人进行配置，对速度、轨迹等进行全方位优化。

国际知名工业机器人厂商围绕其工业机器人产品及其应用场景开展了大量离线编程技术和系统研发，在弧焊、喷涂、激光切割等领域处于领先地位。如瑞典ABB的RobotStudio、德国KUKA的KUKA Sim Pro、日本发那科的Robotguide、日本安川的Motosim等离线编程软件，与其厂商的工业机器人产品紧密结合，基于其产品开发和优化应用工艺。不同机器人整机厂家的离线编程系统和工艺包对其他品牌机器人的支持不完整、兼容性差、难以快速迁移。此外，国外的通用离线编程软件，如加拿大Jabez开发的

RobotMaster，支持编程、仿真和代码生成，可满足切割、铣削、焊接、喷涂等应用。意大利的Robotmove支持大多数在售机器人产品，可定制开发，支持多台机器人仿真。但这些通用离线平台大多基于CAM软件开发机器人的相关离线编程系统，在雕刻、打磨等减材加工方面较为成熟，在焊接、喷涂、铺覆等方面支持不足。

我国在离线编程技术和系统研发方面虽然晚于国外，但在国家的大力支持下，也取得了长足进步。华中科技大学、北京航空航天大学、哈尔滨工业大学、清华大学、天津大学、中国科学院沈阳自动化研究所等科研机构在机器人工艺和离线编程系统方面开展了大量基础研发。国内机器人整机厂商研发并形成了各自的离线编程系统，如新松机器人开发的SiasunStudio、遨博机器人开发的AuboStudio等，促进了国产机器人在相关行业的应用。在通用离线编程软件方面，华航唯实公司开发完成的PQArt机器人离线编程软件、PQFactory智能产线与虚拟调试软件、PQKit机器人开发组件等主流产品，广泛应用于国内航空、航天、高铁、船舶等高端行业。

低代码编程是一种软件开发方法，可极大提升工业机器人应用的开发效率，得到了国内外研究机构和企业的广泛重视。低代码编程采用可视化和模型驱动的方式，通过拖拽组件、设置属性和连接线来构建应用程序界面，减少了人工编写代码的工作量；低代码开发平台通常具有丰富的模板、预构建组件和自动化编程功能，帮助开发者快速搭建应用程序。

工业机器人低代码编程可以简化编程过程，允许用户通过图形界面和简单的交互以创建应用，减少了工业机器人传统编程的复杂性，适合不具备深厚编程技能的用户，帮助快速开发和部署机器人应用。采用低代码的方式进行工业机器人控制器开发，将能够在一定程度上降低其开发难度，缩短机器人控制器的软件开发的时间。通过对低代码开发平台的发展进行研究发现，低代码开发平台大多面向企业用户的应用开发，主要进行网页端或手机端的应用开发等。国内的低代码供应商包括华航唯实公司、埃夫特等。华航唯实公司自主研发的工业机器人编程软件PQArt实现了机器人CAM领域的工业软件国产替代，已广泛应用于航空航天、船舶、工程机械、高铁、新能源、新基建等高端领域。埃夫特作为国内主要的工业机器人制造商，可以提供支持低代码或简化编程的工具，加速机器人产品的全套自动化解决方案设计开发，更方便地部署和使用机器人。

工业机器人自动编程是使用先进的软件和技术自动生成机器人的控制代码，不需要人工编写详细的指令，减轻传统机器人编程的复杂性和时间成本，使机器人部署更加快速、灵活，并对非专家用户更加友好。针对复杂构件、复杂曲面等场景的工业机器人的自动编程技术，国内有很多相关研究，并且进行了系列产业应用推广。在工业机器人自动编程领域，对于复杂构件的工业机器人自动编程系统，通过基于点云数据的离线编程方法对构件表面的三维点云数据进行处理和分析，从而自动生成机器人的运动轨迹和工具路径，实现机器人自动编程。针对复杂曲线加工的机器人离线自动编程技术，根据自适应轨迹规划算法自动生成程序。例如，针对叶轮几何结构分析并提取边缘曲线，通过迭代最近点实现定位及轨迹规划，自动生成机器人路径规划后的程序。

### 8.3.5　工业机器人的云服务

工业机器人的工业云服务技术是一个集成了云计算、物联网（IoT）、大数据分析和人工智能等多种技术的交叉领域。工业云服务技术可由云端对用户需求进行处理，工业机器人本身不需要存储所有数据信息或配备超强的运算能力，而是通过网络连接到云端的控制核心，获取了人工智能、大数据和超高计算能力的支持。一方面，通过卸载运行时数据、计算任务到云端，本地机器人的机载处理能力可大幅降低；另一方面，云端获取、分析得到的知识能够通过数据库共享，为多机器人系统提供决策辅助，显著提升资源共享效率、减少开发人员在数据管理及迁移上的工作量。

为应对不断拓展的工业机器人应用场景和应用领域及其在新应用、新行业的工艺数据积累、工艺过程优化等方面存在的技术瓶颈，以西门子和达索为首的工业巨头已经开始部署基于云架构的设计制造平台。西门子推出云服务平台MindSphere，通过对制造业中生成的海量数据进行深度分析，实现工业知识的沉淀和复用；同时提供低代码开发平台Mendix，实现工业APP的敏捷开发、测试和部署。西门子与IBM进行合作，为MindSphere提供多个分析工具，如预测分析、规范分析和认知分析，从而提高云平台的智能化水平。达索基于云架构的3DEXPERIENCE平台实现了云端协同、开放互联、数据驱动、基于模型等功能。平台采用单一模型数据源实现全生命周期工艺数据的交换，通过对工艺数据的挖掘分析，实现制造业数据闭环，基于云的协同工艺优化为高端行业工艺能力的提升提供了强大的辅助。依托于强大的云服务能力，工业机器人在智能制造领域可以发挥更大的作用。

在机器人云服务方面，华航唯实等国内企业已进行了开发，通过云端支持国内外各机器人品牌，研发了多种行业工艺包与专业解决方案，在云端积累了焊接、喷涂、磨抛等大量工艺应用资源。

## 8.4 新型工业机器人系统

在工业机器人整机方面，传统工业机器人趋近成熟，以ABB、库卡、FANUC、安川为代表的四大国外机器人制造商持续占据主导。ABB的核心技术是运动控制系统；库卡公司专注于向工业生产过程提供先进的自动化解决方案；FANUC工业机器人的独特之处在于工艺控制更加便捷、同类型机器人底座尺寸更小、更拥有独有的手臂设计；安川电机侧重于伺服和运动控制器等关键零部件。随着工业机器人的应用领域不断拓展，新型工业机器人系统得以大量研发，以满足新作业需求。下面介绍部分新型工业机器人系统。

### 8.4.1 混联机器人

混联机器人泛指一类由串联机构与并联机构组成的机器人，此类机器人兼具串联机构运动灵活度高与并联机构精度刚度高的优点，特别适合于执行大型复杂构件的铣削、钻削、磨削、抛光等作业，目前已成为大型结构件现场短流程加工的一种有效手段。

在机构创新与优化方面，当前成功实现工程应用的混联机器人主要包含两类。第一类机器人以串联机构实现空间大范围移动，并在串联机构末端设置并联机构执行相应的作业任务。例如，清华大学将4-UCU&UCR五自由度并联机器人放置于具备两个移动自由度的串联机器人末端，开发出满足航空、船舶等领域大型复杂构件高效加工需求的移动加工混联机器人，成功解决了大型工件传统加工中机床庞大、成本高和大工件工序转移不方便等难题。广东工业大学在SCARA机器人末端串接3-RSR并联机械手实现空间抓放操作，开发出的混联机器人兼具SCARA机器人工作范围大、定位速度快与并联机械手抓放能力强的优点。第二类机器人以并联机构实现其空间位置能力，并在并联机构末端串接串联机构实现其姿态能力。例如，天津大学在R(2-RPS&RP)&UPS三自由度并联机构末端串联A/C摆角头设计出TriMule五自由度混联机器人，该机器人正逆运动学均具备解析解，且结构紧凑、模块化程度高，基于该机器人已成功开发出执行铣削、抛光以及搅拌摩擦焊等作业的多款工程样机。燕山大学研发出两款五自由度混联机器人：一款为在2-RPU&UPR并联机构末端串联R副，并在下方辅以单自由度移动导轨组成的(2-RPU&UPR)R+P混联机器人，该机器人正逆运动学均具备解析解，易于实现轨迹规划与运动控制；另一款为在R(2-RPR)R&SP并联机构末端串联A/C摆角头组成的R(2-RPR)R&SP+RR混联机器人，该机器人动平台具有大范围位置调整能力，可实现五自由度联动加工。浙江理工大学采用2-UPR&RPU并联机构实现空间内的一平两转运动，并在动平台末端安装A/C摆头实现整机的五轴联动加工。

混联机器人是一类典型的强耦合强非线性多输入多输出系统，其完整精确的数学模型难以建立和获取，这些特性使得此类机器人的高速、高精度、平稳运动控制面临诸多技术挑战。目前，实际应用于混联机器人系统的控制方法主要包括PID控制和滑膜控制。由于混联机器人非线性特征明显，轴间耦合效应突出，经典的线性固定增益PID控制器无法获得令人满意的控制品质。天津大学基于混联机器人的动力学特征，提出一种PID参数局部迭代整定方法，并在此基础上开发了一种可在线自适应调节PID参数的模糊增益调度控制器，保证机器人在任意位形下均具有良好的控制品质。清华大学提出一种机器人工作空间优选和控制器参数设计策略，解决了混联机器人在工作空间内精度波动的问题。燕山大学也在混联机器人动力学特性和控制系统设计方面进行了深入研究。滑模控制具有响应速度快、对参数变化和扰动鲁棒性强的优点。江苏大学针对混联机构运行时存在模型参数变化、外界扰动突变等不确定因素，提出了一种基于时延估计的自适应惯性增益滑模控制方法，动态调节滑模控制器惯性增益，削弱不确定因素对系统控制性能的不良影响。天津大学考虑到机器人非线性动力学特性的影响，提出了一种自适应滑模控制方法，可在有效抑制系统抖振的同时，大幅提高系统的控制精度。此外，天津大学还开发了一种由摩擦前馈控制环路和连续滑模反馈控制环路组成的新型连续摩擦前馈滑模控制器，提高了混联机器人的轨迹跟踪性能。

混联机器人结合了串联机器人的灵活性和并联机构的高刚性特征。通常情况下，其刚度是串联机器人的数倍。因此，相较于串联机器人，混联机器人目前常用于铣削、钻孔等加工领域，以发挥其高刚度和开放式加工的技术优势。混联机器人加工常借鉴多轴数控机床进给率规划技术，以生成高速平稳轨迹。平滑无奇异的加工刀路和快速的刀具进给率是影响加工效率的两大核心要素。由于混联机器人加工过程中存在奇异区域，会导致机器人关节转速超限并降低加工质量。天津大学通过优化机器人或工件相对位置、修改奇异刀具路径与利用插值法避免奇异轴转速突变。针对加工路径过渡点频繁启停降低加工效率的问题，考虑刀具位置与刀轴方向的同步条件，天津大学采用基于样条曲线实现局部平滑。此外，清华大学提出了一种全局拟合平滑技术解决以上问题。获得光顺的加工刀路后，需要考虑如何规划刀具进给率以最大限度地发挥机器人的固有能力，并评估机器人的加工性能。这类研究通常考虑机器人关节约束，包括关节速度、加速度与转矩等参数，同时结合加工工艺需求末端刀具加减速能力、刀轴角度变化率等参数约束条件，进行末端刀具进给率规划。清华大学提出了一种利用S形加减速过渡的前瞻策略。天津大学先后研究了通过设定初始样条进给率并优化调整其控制点的方法，与基于3阶轨迹发生器的前后向积分法。混联机器人在航天航空等领域的加工应用具有良好的应用前景，是解决大型构件高质高效现场加工的重要设备。

### 8.4.2 协作工业机器人

协作工业机器人，即为能与人在同一共享空间中协同作业、与人进行直接交互的机器人，是一种全新的工业机器人品类。协作工业机器人具备一定的自主行为感知和协作能力，可以在没有隔离护栏的情况下与人共同作业，完成包括小零件装配、包装、打磨等具有高重复性和高精度要求的工作，不局限于工作空间与工位布局。与传统工业机器人相比，协作工业机器人具备安全性、易用性、灵活性、低成本等特点。

欧洲DLR-KUKA、FRANKA和UR公司相继推出了多款新一代协作机械臂产品。协作机械臂起源于德国的DLR，并最终转化到KUKA公司，代表产品是IIWA机械臂，以关节力矩灵敏感知和柔顺控制著称；KUKA一部分研发人员独立出来，研发了Franka机械臂，重点关注力控、友好界面、智能交互和多传感器融合；UR机械臂则是专注协作机械臂的低成本实现。

在863计划和国家重点研发计划支持下，国内在机器人模块化技术、一体化关节、协作机器人技术方面开展了大量基础研发工作，培养了一批技术人才，也涌现出如遨博、节卡、珞石、艾利特等一批协作机器人企业，技术竞争力和市场占有率不断提高。

在结构设计方面，协作工业机器人既要有轻量化的机械本体结构，又必须具备柔顺运动性能。通过开发高能量密度、高集成度的高效关节驱动单元，协作机器人的本体结构更加紧凑。另外，通过电流环、关节转矩、六维力传感器或电子皮肤等不同技术对机械臂进行碰撞检测，优化动力学模型或构建观测器，实现对协作机器人的自适应柔性控制。

在复杂的工作场景中，传统方法是使用控制器编辑指令对机器人的运动进行控制。随着手势识别、视觉系统等相关技术的发展，出现了拖动示教、无线示教、体感示教等方式，简化了机器人的示教过程和操作流程。为了实现人与机器人协同工作及信息交互，协作机器人需要具有超强的主动感知与自然交互能力，根据对人类、时空变化等状态的感应识别和推理，协作机器人可以在设计无法预测的一些场景中做出合理的自适应系统输出，而人类根据情景意识、任务、目标等自适应地调整交互行为。仿生视觉、电子皮肤等多类传感器的加入及多模态信息融合，使协作机器人能够自主感知安全环境，通过声音、手势、图形等理解人类指令，通过研究多模态信息融合与跨模态信息迁移模型，融合视觉、力觉、触觉、位置、手势、体势等信号特征，实现环境感知和人类指令理解，提高协作机器人的智能和感知能力。

国内科研院所、高校和企业持续推动协作机器人与应用场景深度结合。例如，在零件装配场景中，遨博智能将自动螺丝枪与协作机器人第六轴融合组装作为末端执行器，自动螺丝枪的运动由机器人控制系统直接控制，进一步降低机器人应用成本，提高零件装配效率。随着机器视觉、大数据、云计算等信息技术与机器人技术的融合，协作机器人的性能将进一步提高，应用场景进一步拓展。

### 8.4.3 移动操作型工业机器人

移动操作型工业机器人（又称复合机器人）是面向工业场景的集轮式移动底盘、机械臂、夹爪、传感系统等于一体的机器人装备。由于整合了移动底盘和机械臂，复合机器人同时具备了移动性和可操作性，拥有超大的工作空间。在移动操作型工业机器人研究方面，清华大学、北京航空航天大学、浙江大学、上海交通大学、哈尔滨工业大学、湖南大学、中国科学院自动化研究所、中国科学院沈阳自动化研究所等单位开展了大量工作。国内企业也开发了多款复合机器人产品，如遨博智能海纳系列、睿尔曼仿生多臂、迦智科技MORA系列、优艾智合复合协作系列、斯坦德复合移动机器人、新松定制化系列等，应用领域已涉及物流、汽车、半导体、3C、巡检、农业、建筑等行业。目前，以上下料、分拣递送、清洁消毒、巡检维护、农业采摘等移动操作需求迫切的场景为主。

复合机器人研究集中在新构型设计、智能感知、规划控制、多机协同、灵活操作等方面。其中，新构型设计追求灵活的操作构型，延伸出上层仿人双臂、升降单臂等，底盘轮足式、履带式等，中层托盘式、料仓式、辊筒式等多种构型，充分考虑任务操作需求、机械臂工作空间、操作灵活性等约束，探索优化出更加符合灵活作业要求的复合机器人构型。在感知方面，抓取任务的多模态融合识别与追踪、自主导航的环境构建、语义理解、精准定位、安全协作和人机交互、大模型与具身智能等是研究重点。在规划与控制层面关注于车臂统一运动学/动力学建模、运行稳定性判据、主动安全防护、多约束下高维动态全身运动规划、面向动态操作的全身优化控制方法等。在多机协同作业方面聚焦于集中式与分布式机器人集群控制、任务与资源分配优化、多机调度与实时状态监控等。同时，机器人用操作系统、芯片、高性能伺服系统、智能控制器、离线编程软件、云服务平台、检测评估体系建设等基础零部件和检验检测也得到了重视。

## 8.5 工业机器人标准与认证

### 8.5.1 工业机器人国际标准现状

目前，国际标准化组织ISO/TC299（原ISO/TC184/SC2机器人与机器人装备分技术委员会）机器人标准化技术委员会聚焦于机器人相关国际标准编撰。

ISO/TC184/SC2从1983年开始进行工业机器人标准化工作，从2006年开始服务机器人的标准化工作。2015年，ISO/TC184/SC2升级为ISO/TC299。当前，ISO/TC299与机器人标准制定相关的工作组有10个，涉及工业机器人工作组有5个，包括WG1词汇和特性（Vocabulary and Characteristics）、WG3工业安全（Industrial Safety）、WG 8协作应用程序的验证方法（Validation Methods for Collaborative Applications）、WG 9工业机器人末端执行器的电气接口（Electrical Interfaces for Industrial Robot End-effectors）和WG 10工业移动机器人性能及测试（Industrial Mobile Robot Performance and Test）。近5年来，工业机器人国际标准化工作集中在对工业机器人本体及集成安全标准的修订（新增功能安全和信息安全等要求）。新型工业机器人领域的国际标准主要集中在协作机器人安全及验证方法、工业移动机器人（复合机器人）性能和测试方法以及末端执行器的电气接口等方面。

截至2023年12月，ISO/TC299已发布的有关机器人的国际标准及技术报告有29项。其中工业机器人16项，服务机器人13项。正在修订的工业机器人标准有4项。工业机器人领域的国际标准主要涉及词汇、特性、安全、性能测试及试验方法、接口等方面。

### 8.5.2 工业机器人国家标准化现状

2013年前，我国机器人标准化工作一直早于产业发展，工业机器人国家标准主要是采用国际ISO标准为主。2013年，国内机器人产业快速发展，机器人标准也开始了快速跟进。在国家科研计划项目和质检公益项目支持下，机器人科研技术成果加速转化为标准，国家机器人标准的数量快速增长。

根据GB/T 13016的标准体系表编制三原则“完整齐套、层次恰当和分工明确”及GB/T 13017中对生产一个行业产品的技术标准体系层次结构图的要求，参考ISO相关标准，以及我国工业机器人的技术发展趋势，SAC/TC591建立了相对完善的工业机器人标准体系。其中，“工业机器人基础标准”聚焦于组成工业机器人技术通用方面的标准，包括与工业机器人有关的术语图形符号、特性表示、编程语言，坐标系和运动命名原则，安全和可靠性标准等。“整机技术标准”聚焦于有关整机的型号编制方法、通用及专用技术条件、产品验收实施规范等方面的标准。“单元技术标准”聚焦于直接影响工业机器人的功能和性能的技术及构件标准，包括控制及编程、接口、末端执行结构及其部件等标准。“性能测试标准”聚焦于直接影响工业机器人的功能及性能和安全可靠性的有关标准，包括性能规范及测试方法、电磁兼容性测试、试验设备及面向应用的测试等。“系统及支撑环境标准”聚焦于直接影响工业机器人赖以工作的系统、周边设置、工作的基本环境及系统集成方法标准，包括工业环境工作条件、应用维护等标准。

SAC/TC591已经发布的机器人领域国家标准有115项，行业标准有14项，其中已经发布的工业机器人的国家标准有66项（包括强制性标准2项），行业标准有11项。从工业机器人国家标准范围来看，除了国际采标的词汇、安全、性能测试及试验方法和接口等标准外，还自主制定了各种工业机器人通用技术规范，覆盖焊接、喷涂、搬运、洁净、加工等应用领域，另外，在可靠性、编程语言、离线编程、工业机器人模块化、工业机器人云平台、机器视觉、柔性控制、信息安全领域都制定了相应的国家标准，推动了产业发展。但也必须看到，我国的国家标准引用的标准多，缺乏创新的试验方法和试验设备，数量多，宣贯和实施得少。

在认证方面，国内已建立了自己的机器人认证制度、体系和标志，即“国家机器人产品认证”（英文缩写CR），为自愿性产品认证。已发布的“CR认证”实施规则有17项，其中安全和EMC相关基础认证规则有13项（整机9项，核心零部件3项，系统集成1项），智能化、功能安全、信息安全、可靠性等认证实施规则有4项。

## 8.6 工业机器人行业应用

在工业机器人高端应用方面，ABB、库卡、FANUC、安川等国外机器人制造商仍占据汽车制造、电子制造、半导体制造、轨道交通装备等高端制造领域的垄断地位，应用于焊接、打磨、喷涂、搬运、涂胶、装配等各个环节，其机器人产品的可靠性、稳定性、精度、负载能力，以及完善的工艺应用软件，构建起极高的行业壁垒，对竞争对手形成先发优势。尽管产业基础薄、起步晚、竞争压力巨大，国内企业仍坚持技术和产品的研发，不仅在国外机器人制造商的优势领域努力追赶，同时不断拓展工业机器人的应用领域、探索新应用场景。

### 8.6.1 汽车行业应用

2018年以前，我国汽车行业主要集中于传统燃油乘用车市场，机器人应用场景较少且品牌相对集中，机器人市场增速相对平缓。2020～2023年，随着本土加快新能源发展，汽车生产工艺大幅改变。汽车轻量化、电动化，加快了车体材质以及结构的改变，机器人应用工艺、场景进一步开拓。且除主机厂外，汽车零部件以及汽车电子多样化需求的增多，也促进了近两年汽车行业工业机器人应用规模高速增长。

依据MIR DATABANK数据，2023年，全年汽车整车市场机器人新增需求下滑，行业价格竞争加剧。国外机器人制造商FANUC、KUKA凭借较大的优惠力度仍占据较大的市场份额，国内品牌虽有所突破但市场占有率仍不足10%，以埃斯顿、埃夫特为代表的厂商开始获得主机厂的认可，国产工业机器人产品应用规模将持续加大。

从应用场景来看，工业机器人点焊、搬运仍占据主要份额。铆接、螺钉锁附、打磨等应用占比有所增长，系新能源汽车铝合金加工相关工艺成熟之后持续放量以及总装端机器人方案渗透率提高。从机型来看，由于采用汽车一体化压铸工艺的零部件负载需求上升和电驱动搬运新增需求增大，大于25kg负载的六轴机型（尤其280kg、360kg机型）在整车行业占比有所上升。协作机器人锁螺钉、涂胶等方案的成熟应用使其渗透率也有所提升，遨博、JAKA国产协作机器人有所突破。

在汽车零部件方面，机器人需求一方面集中在动力总成（电驱动）、电池盒等新增应用场景，渗透率有所提高；另一方面，车身铝合金等轻量化材料的增多，使车身结构件、底盘件等零部件的加工工艺更加丰富（一体化压铸、铆接、激光焊等），机器人应用场景增多。汽车底盘件新增机器人需求增多，尤其是电池盒因工艺变化较快，对机器人的导入增多。新能源电驱动的投资增多，动力总成机器人新增需求有较大提升。由于一体化压铸件增多，激光焊、打磨、切割等应用占比有所增长。得益于汽车电子、内外饰的自动化装配需求增大、机器人锁螺钉、涂胶、装配等方案的成熟，协作机器人以及SCARA机器人在汽车零部件的应用占比有较大提升。

汽车电子行业对于生产节拍要求不高，以六轴机器人为主，在一些需要高精度的场景中SCARA应用也相对较多，而协作机器人由于性价比更高，作为六轴机器人的替代品近年增长较明显。由于汽车电子行业对产品稳定性的要求较为严格，目前以外资品牌为主，同时，不少国产机器人已经积极布局，并取得较多订单。

### 8.6.2 电子制造行业应用

工业机器人在计算机、通信和消费类电子产品等3C产品制造过程中的应用逐年增长，为工业机器人企业带来了全新的发展机遇。3C产业具有生命周期短、成本持续降低及弹性的全球运筹等特性，制造过程涉及装配、喷涂、工件搬运、加工、检验检测等环节，流程和步骤较复杂，高速高精度要求较多。3C行业是目前工业产业中应用工业机器人最为广泛的领域之一。从全球范围来看，3C行业机器人装机量主要来自中国、韩国及日本，其中中国占比高达43%。国内工业机器人终端应用主要集中在电子、汽车、金属加工、锂电池、光伏等行业。根据MIR DATABANK数据，2022年，我国电子、汽车、金属制品等行业的工业机器人应用占比分别为30%、19%、17%。在3C产品制造过程中，传统3C产品（包括个人电脑、智能手机等）的机器人应用保持长期平稳增长，新兴3C产品（包括可穿戴设备、智能家居等）的机器人应用增速较快，是3C行业未来机器人市场的主要增长点。

在整个3C产业链自动化智能化升级中，上游零部件制造端，典型的工艺需求为搬运、冲压、CNC、磨抛、阳极氧化、装配、喷涂、热压、涂胶、镭雕等，机器人在每个工艺中都有巨大应用需求，实现自动化、智能化生产。在下游制造企业，主要应用工艺包含CNC、磨抛、涂胶、去毛刺、装配、测试、缺陷检测、贴标等。产品从零部件完成组装，到形成产品，其间涉及的装配、测试、贴标等工艺环节对机器人的速度、精度、运动平稳性都有较高的要求。

面向3C行业小型、轻质零部件的装配、分拣、焊接、贴附、封装及检测等应用，德国KUKA公司研发了3千克负载机器人KR3AGILUS，适用于对空间和精确度要求苛刻的3C制造行业。ABB公司也提出了适用于3C行业的视觉引导机器人自动化装配系统解决方案，在理想测试部件下实现毫米以下误差，推出了YuMi双臂机器人。此外，日本的安川、FANUC、ESPON等相继推出适用于电子制造场景的小型机器人、SCARA机器人等。在工艺要求高的部分制造环节，国外工业机器人具有领先优势。

从现阶段我国工业机器人分行业的装机量来看，工业机器人在3C行业的装机量已超过汽车行业，成为国内工业机器人装机量最大的行业。国产机器人品牌如华数、珞石、新松、埃夫特等推出的一系列3～50kg四轴、六轴、协作等多关节机器人，面向电子产品制造工艺需求持续迭代优化打磨、点胶、贴附、组装等机器人工艺技术，并在3C行业机加、冲压、磨抛、装配、镭雕、包装、码垛、分拣、检测、涂胶等领域实现批量应用，逐步向更精密电子元器件的组装、点胶、焊接、分拣、质量检测等精细化工艺领域发展。

### 8.6.3 五金行业应用

五金制品广泛应用于工业、农业和人们生活的各个领域。五金产品种类繁多，且每种产品根据形状、工艺、材料、内外表面处理等方式存在多种规格与工艺，如炊具、锁具、拉手、门窗、水暖、卫浴、文具、厨房家电等，目前自动化、智能化水平很低，急需改造传统模式进行转型升级，提升竞争力。而五金制造行业产品多样化、小批量、市场需求变化迅速等特点，使其实现智能制造面临巨大挑战，亟须在加工、贴标、包装、码垛、转运等关键工序推动机器人化作业，以满足快速换线、精整工序、提高效率质量等需求。

面向金属加工，FUNAC、ABB等国际机器人主机厂家均有机器人单站产品和应用方案，可应用于五金行业。国内主要机器人厂商和科研机构，如埃夫特、钱江机器人、新松、启川、湖南大学等，针对机器人五金工艺应用开展相关研发，研制了专用工作站设备、智能制造产线，但本体性能和工艺适应性都可进一步优化。

埃夫特针对办公家具文具生产线进行了整线设计和开发，在上料、冲压、焊接、打磨、喷涂、包装、质检、贴标、码垛、转运及入库等工序均使用了大量的工业机械臂完成操作任务，提升了办公家具、文具、五金产品制造的效率。爱仕达公司针对五金炊具制造需求，开发了五金炊具拉伸、复打成型、挤压成型、涂装、抛光打磨、转运等生产工艺，研制了五金炊具柔性化生产线，实现了国产工业机器人在五金行业的规模化应用，形成了基于机器人的五金炊具柔性制造解决方案。

### 8.6.4 冶炼行业应用

冶炼区域的烧结、炼焦、高炉、铁水运输、预处理、炼钢、精炼及连铸等工序，存在大量炉前的铁水测温、取样、投料、烧氧清渣、水口更换的繁重危险重复的人工作业。操作人员需要高频度近距离长时间面对超过1300℃高温铁水钢液热辐射、钢渣飞溅和扬尘，作业安全问题长期困扰行业。这类困难（Difficult）、危险（Danger）、肮脏（Dirty）及灰尘（Dust）的作业是工业机器人应用的重要领域。

冶炼耐高温重载工业机器人缺少专用产品，但冶炼场景与铸造场景相似，通常采用铸造型工业机器人，不过冶炼环境更为恶劣，机器人应用难度更大。铸造型工业机器人应用场景的特征为潮湿、多尘和高温，不仅防护等级要求IP65以上，而且腕部、小臂、电机、密封、线束及油脂等隔热耐蚀有较高环境耐受度要求。KUKA、ABB、FUNAC及安川等机器人本体厂商均有铸造级产品系列，其中KUKA铸造型工业机器人产品系列最全，市场占有率最高。在全球钢铁业现有的冶炼场景工业机器人应用中，KUKA/库卡铸造型F系列产品占比超过90%。埃夫特等国产工业机器人制造厂家进行个案尝试和应用，但均未形成独立的铸造型产品系列，亟待填补自主化铸造型产品系列空白。

冶炼场景的工业机器人作业系统因潮湿、多尘、高温、飞溅等极端恶劣工况，以及技术实现难度大、应用代价高，研发及应用进展相对缓慢。20世纪80年代起，钢企和集成商针对冶炼和产成品轧制区域的90多个工序点的高危作业陆续开展了机器人替代人工作业应用研发的探索，包括钢液测温、取样、炉/包清渣、投料、在线喷补、拆解和堆砌、喷印、贴标及清淤等作业。不完全统计全球钢铁企业冶炼区域在役的机器人作业系统不超过400台套，应用需求超过10000台套，国内需求超过5000台套。国内钢企在役冶炼机器人作业系统占全球钢企应用比例约50%。专注冶炼机器人应用的国外集成商有奥地利普瑞特PT、意大利Polytec和Danieli、德国BSE、瑞士Vesuvius和Stopinc AG公司，国内钢企、集成商和科研机构有宝钢、宝钢工程、宝信软件、镭目、攀钢、首钢、哈工大和上海交大等。中国宝武钢铁集团近五年大力推进工业机器人应用，制订了万台机器人应用规划，在役冶炼机器人作业系统266台套，为全球钢铁企业机器人工序覆盖面、应用类型最全的领先企业。

目前，为满足未来钢铁业冶炼区域工业机器人快速增长的需求，解决极端恶劣工况下作业安全的问题，实现传统冶炼工艺的作业一致性和精准化工艺投入，国内在冶炼铸造型工业机器人产品的自主化、系列化方面还亟待深入开展，产品可靠性和技术成熟度还有待提升，尤其是满足冶炼场景需求的末端执行器、感知检测、防护及工艺等单元的技术和标准研发。

## 8.7 存在的问题与挑战

尽管我国工业机器人技术和产业方面取得了长足进步，但在工业机器人技术基础、技术优势、技术储备、产业国际竞争力、产业生态、产业可持续发展等方面仍面临若干挑战和问题。

### 8.7.1 工业机器人技术存在的问题与挑战

工业机器人基础研究和技术创新有待加强。工业机器人自20世纪50年代历经数十年发展，形成了以多关节工业机械臂、SCARA等产品为典型代表的成熟技术和应用体系。尽管工业机器人已广泛应用在汽车、电子制造、金属加工等行业的焊接、搬运、装配、上下料、涂胶等场景，但其应用场景仍不能满足产业需求，很多肮脏、枯燥、困难、危险的工作依然缺少新型工业机器人产品和成熟的解决方案，如狭小空间内的焊接、装配、修复，柔脆软零部件和线缆装配等。这些极端、特殊的应用场景，需要深入研究工业机器人的基础理论（如连续体机器人、高冗余机器人、刚柔耦合机构等），研发原创性颠覆性技术和产品（如移动加工、技能型作业等），进而推动工业机器人的技术新发展。

工业机器人设计研发的共性关键技术仍有待系统性突破。工业机器人正向设计涉及的共性关键技术直接关系到整机产品的性能，主要包括结构设计技术（机构设计、结构轻量化及优化、机电控联合建模等）、运动学（正逆运动学、动力学及快速求解等）、运动规划（运动路径规划、轨迹规划生成等）、控制（控制结构、系统参数自辨识与整定、抑振控制、转矩波动补偿等）、可靠性（可靠性计算、估计、故障诊断等）及标定技术。国产工业机器人在单一方法和技术方面均有研究，但理论研究与实际存在脱节现象。机器人作为一种机电控强耦合产品，单一技术的攻克在整机综合性能提升方面的贡献有限，亟须系统性突破。

工业机器人高性能核心零部件、软件与国际先进水平仍存在差距。国产三大核心零部件在精度保持性、可靠性等主要性能指标与国外同类产品相比差距明显，只能用于中低端，而高性能核心部件仍依赖进口，价格高、响应慢，难以满足我国工业机器人产业快速发展需求、支撑我国工业机器人整机产品快速提升性能、进入高端应用市场、形成技术优势。工业机器人核心软件包括产品设计、操作系统、低代码编程、应用工艺包、产线仿真及离线编程等，大部分为国外产品。国产中低端功能软件已有应用，与国产工业机器人协同发展，但在功能和性能方面与国外产品仍存在明显差距，特别是高端功能软件方面尤为明显。随着多样化的应用场景需求和新一代信息技术的发展，工业机器人核心软件也面临新的技术挑战，亟须与新场景、新技术深度融合。我国完整的制造业体系、丰富的应用场景以及人工智能、5G等技术优势，为国产工业机器人核心软件发展提供了良好的环境，有望通过新技术快速迭代优化和多场景应用推广形成竞争力，满足制造业绿色化、可持续发展需求。

### 8.7.2 工业机器人产业存在的问题与挑战

在检测评定方法与平台、标准体系、中试等方面还不完善。我国已经建立了4+1个国家机器人检测评定中心，但在机器人性能和安全方面的检测评定方法及平台、标准体系方面还不完善，机器人伦理方面严重缺失。同时，工业机器人、测试技术、仪器的发展，部分评测方法和标准已不适应当前需求。大量工业机器人新场景亟待系统性应用验证，但适于相应场景验证的中试平台建设不足、能力有限。

人才供给不足，难以满足产业的快速发展。随着智能制造的发展、工业机器人的应用场景拓展，工业机器人产业对各层次人才的需求愈发迫切。国内很多高校开设了机器人工程专业，但缓解人才供给不足的矛盾还需要时间。同时，突破核心技术和解决关键工艺所需的优秀人才仍匮乏，工业机器人产业对优秀人才的吸引力仍显不足。

工业机器人行业高质量发展急需更完善、良性的产业生态。国内工业机器人产业的发展一直面临激烈的国际和国内竞争。在中低端应用中，国产机器人占据了优势，但激烈的竞争也使很多国内企业或低利润，或处于亏损，支撑持续的创新研发面临巨大压力。而航空、航天、船舶、高铁、汽车等高利润、高端应用被ABB、KUKA、FANAC、安川等外资品牌长期垄断，国产机器人受限于功能和性能差距、品牌影响力等，进入高端应用市场虽有突破，但依然面临挑战。更完善、良性的产业生态至关重要，这不仅需要工业机器人产业链的协同发展，也需要行业自律、产业政策的支持。

## 8.8 发展建议

### 8.8.1 技术发展建议

支持工业机器人基础研究和新型工业机器人研发，构建优势技术和创新产品。在工业机器人新材料、新机构、建模与控制、智能感知与决策、云边端协同等基础研究方面深入开展工作，研发复杂、精密、灵巧、柔顺作业的操作技能学习、多臂协同作业、高精度定位与移动加工、操作辅助与行为增强、人机协作、在线自主识别与测量等关键技术，研制加工型机器人、工业用助力外骨骼机器人、移动操作机器人、双臂/多臂协作型机器人等新型工业机器人与系统，支撑了我国工业机器人基础理论的发展和技术创新能力的提升。

攻克工业机器人核心零部件与共性关键技术，促进产品高端化、提升产业竞争力。研发核心零部件正向设计、性能优化、可靠性、一致性、稳定性等技术，研制高质量、高性能核心零部件产品，系统性突破整机综合设计、高性能控制等核心技术，以及高端工艺等应用技术，开发工业机器人基础软件和高端功能软件，为国产工业机器人的性能提升提供共性技术支撑，实现产品高端化，加深拓宽高端应用领域。

完善安全、检测、认证、标准、伦理等体系，建立中试平台，提升行业公共服务能力。研究工业机器人的安全性、可靠性、作业能力、交互能力、智能化水平等检测和评定技术，构建工业机器人检测平台，完善并推广工业机器人标准和认证体系，制定人机协作作业的工业机器人伦理，针对工业机器人应用场景验证需求搭建中试平台，支撑我国工业机器人的性能和质量提升。

### 8.8.2 政策措施建议

进一步加大工业机器人科研投入，推进自主创新。通过重大项目、重点专项、重大工程等，加强高校、科研机构、企业等围绕工业机器人技术和高端应用合作攻关、协同创新，坚持竞争择优，引导资源向优势企业聚集，支持龙头企业带动全产业链的完善发展。

优化产业生态系统，整合优势资源，提升产业竞争力。通过行业规范、行业自律等优化产业生态，避免恶性竞争，促进产业良性发展。建设开源开放的基础研究平台、中试平台，提升产业公共服务能力。通过国家、地方政府、企业、资本市场等多方资源优势整合，支持鼓励企业工业机器人技术研发和产品创新，构建产业国际领先优势。

完善人才培养体系，支持鼓励优秀人才进入工业机器人产业。从工业机器人研发、生产和应用等需求出发，完善初、中、高级人才培养体系，加快人才培养。制定鼓励机制和政策，促进优秀的研发、技术和管理人才流入工业机器人产业，推动行业全面发展。

加强国际合作，推进开放交流。通过国际合作模式创新，进一步加强国际交流，促进工业机器人研发、技术和产业的国际合作。加大国际高端技术人才引进，推动技术创新，加快机器人新技术应用落地。

## 参考文献

[1] Optimus by Tesla. https://spectrum.ieee.org/tesla-optimus-robot, 2024.

[2] Zhang H, Liu L Z, Xie H, et al. Deep learning-based robot vision: high-end tools for smart manufacturing. IEEE Instrumentation & Measurement Magazine, 2022, 25(2): 27-35.

[3] 张涛，刘玉婷，杨亚宁，等. 基于机器视觉的表面缺陷检测研究综述[J]. 科学技术与工程，2020, 20(35): 14366-14376.

[4] 马宏宾，王鑫，边金岳，等. 3D机器视觉发展及其工业应用综述[J]. 微纳电子与智能制造，2022, 4(04): 50-61.DOI: 10.19816/j.cnki.10-1594/tn.2022.04.050.

[5] 茅晨，宋爱国，高翔，等. 六维力/力矩传感器静态解耦算法的研究与应用[J]. 传感技术学报，2015, 28(02): 205-210.

[6] SAFS-I六维力传感器. 中国科学院合肥智能机械研究所，1987-10-01.

[7] Li Q, Kroemer O, Su Z, et al. A review of tactile information: perception and action through touch[J]. IEEE Transactions on Robotics, 2020, 36(6): 1619-1634.

[8] 宋爱国. 机器人触觉传感器发展概述. 测控技术，2020, 39(05): 2-8.

[9] 崔少伟，王硕，胡静怡，等. 面向机器人操作任务的视触觉传感技术综述[J]. 智能科学与技术学报，2022, 4(02): 186-199.

[10] Lambeta M, Chou P W, Tian S, et al. Digit: a novel design for a low-cost compact high-resolution tactile sensor with application to in-hand manipulation[J]. IEEE Robotics and Automation Letters, 2020, 5(3): 3838-3845.

[11] Cui S, Wang R, Hu J, et al. In-hand object localization using a novel high-resolution visuotactile sensor[J]. IEEE Transactions on Industrial Electronics, 2021, 69(6): 6015-6025.

[12] Sun F, Fang B, Xue H, et al. A novel multi-modal tactile sensor design using thermochromic material[J]. Science China Information Sciences, 2019, 62: 1-3.

[13] 莫洋，王耀南，刘杰，等. 我国智能机器人核心芯片技术发展战略研究[J]. 中国工程科学，2022, 24(04): 62-73.

[14] Zhang S, Jing F, Wang S. A transition method based on Bezier curve for trajectory planning in Cartesian space[J]. High Technology Letters, 2017, 23(2): 141-148.

[15] Nascimento H, Mujica M, Benoussaad M. Collision avoidance in human-robot interaction using kinect vision system combined with robot’s model and data[C]//2020 IEEE/RSJ International Conference on Intelligent Robots and Systems (IROS). IEEE, 2020: 10293-10298.

[16] Zhang S, Wang S, Jing F, et al. A sensorless hand guiding scheme based on model identification and control for industrial robot[J]. IEEE Transactions on Industrial Informatics, 2019, 15(9): 5204-5213.

[17] Kroemer O, Niekum S, Konidaris G. A review of robot learning for manipulation: challenges, representations, and algorithms[J]. Journal of Machine Learning Research, 2021, 22: 1-82.

[18] Chebotar Y, Hausman K, Zhang M, et al. Combining model-based and model-free updates for trajectory-centric reinforcement learning[C]//Proceedings of the International Conference on Machine Learning, 2017: 703-711.

[19] Arulkumaran K, Deisenroth M P, Brundage M, et al. Deep reinforcement learning: a brief survey[J]. IEEE Signal Processing Magazine, 2017, 34: 26-38.

[20] Le H, Jiang N, Agarwal A, et al. Hierarchical imitation and reinforcement learning[J]. International conference on machine learning, 2018: 2917-2926.

[21] Sharma P, Pathak D, Gupta A. Third-person visual imitation learning via decoupled hierarchical controller[C]. Advances in Neural Information Processing Systems, 2019, 32: 1-11.

[22] Zhang Z, Paschalidis I. Provable hierarchical imitation learning via em[C]. International Conference on Artificial Intelligence and Statistics, 2021: 883-891.

[23] Sharma A, Sharma M, Rhinehart N, et al. Directed-info gail: learning hierarchical policies from unsegmented demonstrations using directed information. arXiv preprint arXiv:1810.01266, 2018.

[24] Ho J, Ermon S. Generative adversarial imitation learning[J]. Advances in neural information processing systems, 2016, 29: 4572-4580.

[25] Jing M, Huang W, Sun F, et al. Adversarial option-aware hierarchical imitation learning[C]. International Conference on Machine Learning, 2021: 5097-5106.

[26] 葛悦光，张少林，蔡莹皓，等. 本体知识表示方法在机器人领域的应用研究综述[J]. 智能科学与技术学报，2022, 4(2): 212-222.

[27] Manzoor S, Rocha Y G, Joo S H, et al. Ontology-based knowledge representation in robotic systems: a survey oriented toward applications[J]. Applied Sciences, 2021, 11(10): 4324.

[28] Kroemer O, Niekum S, Konidaris G. A review of robot learning for manipulation: challenges, representations, and

algorithms[J]. Journal of machine learning research, 2021, 22(30): 1-82.

[29] Beetz M, Bálint-Benczédi F, Blodow N, et al. Robosherlock: unstructured information processing for robot perception[C]. 2015 IEEE International Conference on Robotics and Automation, 2015: 1549-1556.

[30] Styrud J, Iovino M, Norrlöf M, et al. Combining planning and learning of behavior trees for robotic assembly[C]. 2022 International Conference on Robotics and Automation, 2022: 11511-11517.

[31] Talebi S, Tong E, Mofrad M R. Beyond the hype: assessing the performance, trustworthiness, and clinical suitability of GPT3. 5. arXiv preprint arXiv:2306.15887, 2023.

[32] He Y, Xie F, Liu X J, et al. Stiffness-performance-based redundant motion planning of a hybrid machining robot[J]. Machines, 2022, 10(12): 1157.

[33] 梁峰. 一种混联机器人（SCARA-并联手腕）的设计与分析[D]. 广州：广东工业大学, 2019.

[34] 董成林, 岳巍, 刘海涛, 等. TriMule与Tricept机器人刚度解析与比对[J]. 机械工程学报, 2021, 57(19): 30-38.

[35] 张东胜. 过约束五自由度混联机器人机构设计理论研究[D]. 秦皇岛：燕山大学, 2018.

[36] 李佳旺. 2UPU-SP+RR五轴混联机器人的控制系统设计与实验研究[D]. 秦皇岛：燕山大学, 2023.

[37] Zhang D, Xu Y, Yao J, et al. Design of a novel 5-DOF hybrid serial-parallel manipulator and theoretical analysis of its parallel part[J]. Robotics and Computer-Integrated Manufacturing, 2018, 53: 228-239.

[38] 王潇剑, 吴军, 岳义, 等. 2UPU/SP 3自由度并联机构的动力学性能评价[J]. 清华大学学报(自然科学版), 2019, 59(10): 838-846.

[39] 李寅翔. 2-UPR-RPU并联机构运动学标定研究[D]. 杭州：浙江理工大学, 2016.

[40] Han J, Shan X, Liu H, et al. Fuzzy gain scheduling PID control of a hybrid robot based on dynamic characteristics[J]. Mechanism and Machine Theory, 2023, 184: 105283.

[41] 王煜天, 张瑞杰, 吴军, 等. 移动式混联喷涂机器人的动力学性能波动评价[J]. 清华大学学报, 2022, 62(05): 971-977.

[42] 陶征鑫. 适用于搅拌摩擦焊机器人的运动控制器设计与研究[D]. 秦皇岛：燕山大学, 2017.

[43] 蒋毅赟, 高国琴, 方志明. 基于时延估计的不确定混联机构自适应惯性增益滑模控制方法[J]. 软件导刊, 2022, 21(10): 205-211.

[44] 赵艳芹. 一种五自由度混联机器人优化设计方法及控制策略研究[D]. 天津：天津大学, 2021.

[45] Yang X, Liu H, Xiao J, et al. Continuous friction feedforward sliding mode controller for a TriMule hybrid robot[J]. IEEE/ASME Transactions on Mechatronics, 2018, 23(4): 1673-1683.

[46] Li G, Liu H, Huang T, et al. An effective approach for non-singular trajectory generation of a 5-DOF hybrid machining robot[J]. Robotics and Computer-Integrated Manufacturing, 2023, 80: 102477.

[47] Liu H, Li G, Xiao J. A C3 continuous toolpath corner smoothing method for a hybrid machining robot[J]. Journal of Manufacturing Processes, 2022, 75: 1072-1088.

[48] Xie Z, Xie F, Liu X J, et al. Global G3 continuity toolpath smoothing for a 5-DoF machining robot with parallel kinematics[J]. Robotics and Computer-Integrated Manufacturing, 2021, 67: 102018.

[49] Zhang S, Liu X, Yan B, et al. A real-time look-ahead trajectory planning methodology for multi small line segments path[J]. Chinese Journal of Mechanical Engineering, 2023, 36(1): 59.

[50] Wang M, Xiao J, Liu S, et al. A third-order constrained approximate time-optimal feedrate planning algorithm[J]. IEEE Transactions on Robotics, 2022, 38(4): 2295-2307.

[51] 高工咨询(GGII), 等. 2022年协作机器人产业发展蓝皮书, 2023.

[52] Lippi M, Marino A. Human multi-robot safe interaction: a trajectory scaling approach based on safety assessment[J]. IEEE Transactions on Control Systems Technology, 2021, 29(1): 1565-1580.

本章负责人　王　硕　中国科学院自动化研究所

参加编写人员　刘海涛　杨书评　杨海滨　吴承东　吴瑞珉　肖永强　宋仲康
张少林　张跃明　陶　永　崔少伟